NR. 20
REFERAT 0001—3198
SEITE 1—336

1964
20. MAI

CHEMISCHES ZENTRALBLATT

1830 gegründet
1897—1945 von der Deutschen Chemischen Gesellschaft fortgeführt

Herausgegeben im Auftrage
der Deutschen Akademie der Wissenschaften zu Berlin,
der Chemischen Gesellschaft in der DDR,
der Akademie der Wissenschaften zu Göttingen
und der Gesellschaft Deutscher Chemiker
von Prof. Dr. HEINRICH BERTSCH und Prof. Dr. Dr. h. c. WILHELM KLEMM

Chefredakteure
Dr. EUGEN KLEVER und Prof. Dr.-Ing. EBERHARD LEIBNITZ

135. JAHRGANG
1964

AKADEMIE-VERLAG GMBH · BERLIN · VERLAG CHEMIE GMBH · WEINHEIM · BERGSTRASSE

Chem. Zbl. 135. Jg. Nr. 20 Ref. 0001—3198 S. 1—336 Berlin, 20. Mai 1964

A 23 D 20399 C Postverlagsort: Weinheim

Inhalt

CHEMISCHES ZENTRALBLATT

1830 gegründet
1897—1945 von der Deutschen Chemischen Gesellschaft fortgeführt

Herausgegeben im Auftrage
der Deutschen Akademie der Wissenschaften zu Berlin,
der Chemischen Gesellschaft in der DDR,
der Akademie der Wissenschaften zu Göttingen
und der Gesellschaft Deutscher Chemiker
von Prof. Dr. HEINRICH BERTSCH und Prof. Dr. Dr. h. c. WILHELM KLEMM

Chefredakteure
Dr. EUGEN KLEVER und Prof. Dr.-Ing. EBERHARD LEIBNITZ

135. JAHRGANG

1964

Nr.	Referat	Seitenzahl	Ausgabe-Datum
17	0001—3161	1—296	29. April 1964
18	0001—2983	1—304	6. Mai 1964
19	0001—2960	1—288	13. Mai 1964
20	0001—3198	1—336	20. Mai 1964

AKADEMIE-VERLAG GMBH · BERLIN · VERLAG CHEMIE GMBH · WEINHEIM · BERGSTRASSE

Abkürzungsverzeichnis

A	Ampère
A.	Äthylalkohol
Å	Ångström
a	Jahr (nur für Dimensionen)
Abb.	Abbildung(en)
abs.	absolut(e)
Ae.	Diäthyläther
akt.	aktiv(e)
allg.	allgemein(e)
App.	Apparat(e), Apparatur(en)
asymm.	asymmetrisch(e)
at	Atmosphäre, technisch
atm	Atmosphäre, physikalisch
Atomgew.	Atomgewicht
ausg.	ausgegeben
AZ.	Acetylzahl
bar	Bar
bes.	besonders, besondere, insbesondere
Best.	Bestimmung(en)
Bibl.	Bibliographie(n)
bin.	binär
Bldg.	Bildung(en)
bzgl.	bezüglich
Bzl.	Benzol
Bzn.	Benzin
bzw.	beziehungsweise
C.	Chem. Zentralblatt (nur bei Zitaten)
c	Curie
ca.	zirka
cal	Calorie(Grammcalorie)
Chlf.	Chloroform
const	constans
cP	Centipoise
cSt	Centistokes
D_4^{20}	Dichte (bei 20° gemessen u. bezogen auf Wasser von 4°)
D	Debye
d	Tag (nur für Dimensionen)
DAB.	Deutsches Arzneibuch
dad. gek.	dadurch gekennzeichnet
Darst.	Darstellung(en)
Deriv.	Derivat
Derivv.	Derivate
Dest.	Destillation(en)
dest.	destillieren, destilliert(e)
d.h.	das heißt
DK	Dielektrizitätskonstante
DL	Dosis letalis
DTA	Differentielle Thermoanalyse
$E^{1\%}_{1\,cm}$	Extinktion (1%ige Lsg.; 1 cm Schichtdicke)
Eig.	Eigenschaft
Eigg.	Eigenschaften
Einfl.	Einfluß, Einflüsse
Einw.	Einwirkung(en)
EMK	Elektromotorische Kraft
Entw.	Entwicklung(en)
Ep.	Erstarrungspunkt
Epp.	Erstarrungspunkte
eV	Elektronenvolt
evtl.	eventuell
EZ.	Esterzahl
°F	Grad Fahrenheit
F.	Schmelzpunkt
FF.	Schmelzpunkte
Fl.	Flüssigkeit
Fll.	Flüssigkeiten
fl.	flüssig(e)
g	Gramm
Geh.	Gehalt(e)
gek.	gekennzeichnet(e)
gesätt.	gesättigt(e)
Geschw.	Geschwindigkeit(en)
Gew.	Gewicht(e)
ggf.	gegebenenfalls
Ggw.	Gegenwart
h	Stunde (nur für Dimensionen)
Herst.	Herstellung(en)
Hz	Hertz
I.E.	Internationale Einheit
i.m.	intramuskulär(e)
inakt.	inaktiv(e)
I.P.	Isoelektrischer Punkt
IR	Infrarot (Ultrarot)
i.v.	intravenös(e)
J	Joule
JZ.	Jodzahl
°K	Grad Kelvin
kcal	Kilogrammcalorie
Koeff.	Koeffizient(en)
Koll.	Kolloid(e)
koll.	kolloid(e), kolloidal(e)
Kondens.	Kondensation(en)
Konst.	Konstante(n)
konst.	konstant(e)
Konstit.	Konstitution(en)
Konz.	Konzentration
Konzz.	Konzentrationen
konz.	konzentriert(e)
korr.	korrigiert(e)
Kp.	Siedepunkt
Kpp.	Siedepunkte
krist.	Kristallisiert(e)
KW-Stoff	Kohlenwasserstoff
KW-Stoffe	Kohlenwasserstoffe
Labor.	Laboratorium, Laboratorien
l.c.	loco citato
Leg.	Legierung
Legg.	Legierungen
lösl.	löslich(e)
log	Logarithmus (allgemein)
Lsg.	Lösung
Lsgg.	Lösungen
Lsgm.	Lösungsmittel (Ein- u. Mehrzahl)
m	Meter
m	molar (Konzentrationsangabe)
Meth.	Methode(n)
Min.	Minute(n) (allgemein)
min	Minute (nur für Dimensionen)
Mitt.	Mitteilung(en)
mkr.	mikroskopisch(e)
ml	Milliliter
mμ	Millimikron
Mol	Grammolekül(e)
Mol.	Molekül
Moll.	Moleküle
mol.	molekular(e)
Molgew.	Molekulargewicht(e)
Mol.-Refr.	Molekularrefraktion(en)
n	normal (Konzentrationsangabe)
n-	normal (Isomerieangabe)
n_D^{20}	Brechungsindex (bei 20° u. D-Linie)
nachst.	nachstehend(e)
Nachw.	Nachweis(e)
Nd.	Niederschlag
Ndd.	Niederschläge
Oe	Oerstedt
opt.-akt.	optisch-aktiv(e)
p	Pond
PAe.	Petroläther
pH	Wasserstoffionenkonzentration (negativer dekad. Logarithmus)
pK	Dissoziationskonstante (negativer Logarithmus)
ppm	parts per million
Präp.	Präparat
Präpp.	Präparate
prim.	primär(e)
Prior.	Priorität(en), Unionspriorität(en)
Prod.	Produkt
Prodd.	Produkte
qual.	qualitativ(e)
quant.	quantitativ(e)
quart.	quartär(e) (Bindigkeit)
quatern.	quaternär(e)
°R	Grad Reaumur
r	Internationale Röntgeneinheit
rac.	racemisch(e)
rad	Einheit der absorbierten Strahlendosis
°Rank.	Grad Rankine
Red.	Reduktion
Redd.	Reduktionen
red.	reduziert(e)
Ref.	Referat
Reff.	Referate
rem	roentgen-equivalent-men
rep	roentgen-equivalent-physical
R_F	Retentionsfaktor (anteilmäßige Steighöhe)
RhZ.	Rhodanzahl
Rk.	Reaktion
Rkk.	Reaktionen
S	Sedimentationskonstante
s	Sekunde (nur für Dimensionen)
s.	siehe
schm.	schmelzend(e)
sd.	siedend(e)
Sek.	Sekunde(n), allgemein
sek.	sekundär(e)
sog.	sogenannt(e)
spezif.Gew.	Spezifisches Gewicht
Std.	Stunde(n) (allgemein)
std.	stündig(e)
symm.	symmetrisch(e)
Synth.	Synthese(n)
Syst.	System(e)
SZ.	Säurezahl
t	Tonne, metrisch
Temp.	Temperatur(en)
tern.	ternär(e)
tert.	tertiär(e)
u.	und
u.a.	und andere, unter anderem
u.dgl.	und dergleichen
U/min	Umdrehungen pro Minute
ungesätt.	ungesättigt(e)
unlösl.	unlöslich(e)
unsymm.	unsymmetrisch(e)
Unters.	Untersuchung
Unterss.	Untersuchungen
USP.	United States Pharmacopeia
usw.	und so weiter
UV	Ultraviolett
V	Volt
Val	Grammäquivalent
Verb.	Verbindung
Verbb.	Verbindungen
verd.	verdünnt(e)
Verf.	Verfahren (Einzahl)
Verff.	Verfahren (Mehrzahl)
Verh.	Verhalten
Vers.	Versuch
Verss.	Versuche
Verw.	Verwendung(en)
Vf.	Verfasser(in) (Einzahl)
Vff.	Verfasser(innen) (Mehrzahl)
Vgl.	Vergleich(e)
vgl.	vergleiche
Vol.	Volumen, Volumina
Vork.	Vorkommen (Ein- u. Mehrzahl)
vorl.Mitt.	vorläufige Mitteilung(en)
Vorr.	Vorrichtung(en)
vorst.	vorstehend(e)
VZ.	Verseifungszahl
W	Watt
W.	Wasser
Wrkg.	Wirkung(en)
wss.	wässerig(e)
X	X-Einheit
z.B.	zum Beispiel
Zers.	Zersetzung(en)
z.T.	zum Teil
Zus.	Zusammensetzung(en)
♂	männlich (im biolog. Sinne)
♀	weiblich (im biolog. Sinne)
°	Grad Celsius
%ig.	prozentig
‰ig.	promillig
~	angenähert, etwa
	gleich mit, rund
≧	gleich oder größer als
≦	gleich oder kleiner als
>	größer als
<	kleiner als
≙	entspricht
∞	unendlich
Ø	Durchmesser

Griech. Abkürzungen

$[\alpha]_D^{20}$	Opt. Drehung, spezifische (gemessen mit D-Linie bei 20°)
λ	Wellenlänge
λ_{max}	maximale Wellenlänge
λ_{min}	minimale Wellenlänge
μ	Mikrometer (auch Mikron genannt)
μg	Mikrogramm (auch Gamma genannt)
Ω	Ohm

Kurzzeichen der Vorsätze für Einheiten

T	Tera-	10^{12} Einheiten
G	Giga-	10^{9} Einheiten
M	Mega-	10^{6} Einheiten
k	Kilo-	10^{3} Einheiten
h	Hekto-	10^{2} Einheiten
da	Deka-	10^{1} Einheiten
d	Dezi-	10^{-1} Einheiten
c	Zenti-	10^{-2} Einheiten
m	Milli-	10^{-3} Einheiten
μ	Mikro-	10^{-6} Einheiten
n	Nano-	10^{-9} Einheiten
p	Pico-	10^{-12} Einheiten

Patent-Abkürzungen

D.A.S.	Deutsche Auslegeschrift
D.B.P:	Deutsches Bundes-Patent
D.P.[DDR]	Deutsches[DDR] Pat.
A.P.	Amerikanisches Patent
Aust.P.	Australisches Patent
Belg.P.	Belgisches Patent
Can.P.	Canadisches Patent
Dän.P.	Dänisches Patent
E.P.	Englisches Patent
Finn.P.	Finnisches Patent
F.P.	Französisches Patent
Ind.P.	Indisches Patent
Israel.A.S.	Israelische Auslegeschrift
It.P.	Italienisches Patent
Jap.A.S.	Japanische Auslegeschr.
Niederl.P.	Niederländisches Patent
Norw.P.	Norwegisches Patent
Oe.P.	Österreichisches Patent
Port.P.	Portugiesisches Patent
Schwed.P.	Schwedisches Patent
Schwz.P.	Schweizer Patent
Tschech.P.	Tschechoslowakisches Patent
UdSSR.P.	Sowjetisches Patent
Ung.P.	Ungarisches Patent

Für die fachliche Rechtschreibung in den Referaten und Registern des Chemischen Zentralblattes ist die 2. Auflage (Verlag Chemie GmbH Weinheim/Bergstr. u. VDI-Verlag GmbH Düsseldorf; 1959) der „Rechtschreibung der technischen und chemischen Fremdwörter" von Jansen-Mackensen bestimmend.

Dr. Eugen Klever und Prof. Dr.-Ing. Eberhard Leibnitz, Chefredakteure

Namenregister

Ein vollständiger oder gekürzter Abdruck der Referate ist ohne Genehmigung der Redaktion und des Verlages verboten!

Patentregister

Amerikanische Patente (A.P.)

Nr.	Ref.-Nr.
2855441	2760
2893992	1598
2907805	3145
2909467	1589
2911367	3157
2921027	3158
2921100	2404
2923643*	2582
2928838	2465
2934500	3169
2937181	2464
2939199	2123
2940930	3174
2941021	2403
2942005	2447
2944978	3114
2944979	3115
2944980	3115
2944981	3115
2944982	3115
2944983	3115
2944984	3115
2944985	3115
2945900	2451
2949451	2476
2949480	2666
2950246	3113
2956411	3116
2957027	2409
2957030	2441
2960467	3185
2962430	3170
2963435	3156
2963490*	2726
2967857*	2719
2969381	2004
2970177	2397
2971824	1962
2972522	1960
2974106	1856
2976241	3175
2976262	2626
2976263	2626
2976280	2686
2977360	2474
2978412	3166
2978428	1992
2979383	1977
2979384	1966
2979458	3136
2979461	3137
2980510	2029
2980606	3118
2980612	3187
2980613	3150
2980615	3176
2981591	2047
2981603	1979
2982715	3164
2983661	2423
2983678	3131
2984593	2653
2984607	1931
2985507	2041
2985586	3163
2985601	2681
2986517	3188
2987379	1963
2987456	1969
2987471	3117
2987479	3144
2987540	2692
2988506	3177
2988514	2992
2988536	2678
2988549	3002
2988782	3032
2989365	3020
2989409	2994
2989417	3182
2989569	2408
2990232	3005
2990233	3005
2990234	3011
2990250	2027
2990299	3010
2990346	3178
2991146	3007
2991243	3152
2992076	1964
2992115	2856
2992138	3022
2992189	2405
2992288	2859
2992762	3179
2992881	3012
2992922	2853
2992943	3031
2992944	3018
2992988	3184
2993018	3027
2993048	2195
2993747	3008
2993749	3013
2993762	1994
2993811	3029
2993856	3142
2993859	3143
2993933	3130
2993937	2438
2994615	2993
2996384	2854
2996432	2765
2996435	2432
2996452	3162
2996453	3162
2996455	3134
2996543	2442
2997407	3004
2997504	2390
2998295	3042
2998347	2214
2998384	3147
2998385	3138
2999735	1995
2999760	3030
2999807	3124
2999813	3132
3000821	3180
3000824	3141
3000826	3153
3000845	2640
3001941	3133
3002011	2420
3002934	2399
3003887	2119
3003998	2655
3003999	2656
3004065	2424
3004829	1953
3005730	3019
3005797	2676
3005798	2677
3006731	1958
3006847	3140
3006849	3139
3006874	2711
3006883	2711
3006909	2625
3007763	2997
3007802	2858
3007905	2641
3007916*	1643
3007975	2456
3008930	2688
3008932	2688
3008935	2688
3009782	1934
3009875	3149
3009878	3189
3009879	3190
3009943	2412
3010792	2026
3010849	2996
3010896	3191
3010899	3151
3010900	3148
3010935	2705
3010939	2622
3012859	1983
3012961	3127
3012974	2007
3013065	2426
3013860	1946
3013861	2002
3014000	3006
3014010	2689
3014011	2690
3014059	2435
3014060	2436
3014782	1948
3014785	1947
3014849	2634
3014860	3120
3014867	3186
3014871	3181
3014943*	2235
3015582	2928
3018282	2898
3019182	1857
3020313	2209
3021328	2202
3023163	2345
3024175	2356
3024176	2357
3024277	3192
3030199	2196
3030240	2358
3030396	2049
3031074*	3193
3031291*	2231
3032406	2201
3032569	2052
3032581	1586
3034881	2197
3035931	1854
3036982	2648
3037999	2055
3038926	1587
3041142	2121
3041280	3159
3041335	2476
3041350	2215
3042525	2863
3045341*	2371
3047356	3045
3047396	2855
3047572	1593
3047580	1590
3047625*	1628
3050438	2218
3051566	2122
3051748	2006
3053681	2900
3053685	2116
3054726	1937
3056657	1936
3057740	2117
3058975*	2934
3058995	2897
3060231*	2500
3061520	2766
3062621	2560
3062707	2212
3062709	2222
3062766	2899
3062870*	1625
3063892*	2932
3065214*	2745
3066114*	2581
3067031	2341
3069409*	2933
3070621*	2496
3070623*	1641
3072693*	2574
3073856*	2732
3074899*	2747
3076031*	2712
3077488*	1867
3079344*	2902
3079395*	1637
3084161	1594
3084177*	2730
0387860*	1654
3089814*	1624
3090707*	2787

Australische Patente (Austr.P.)

Nr.	Ref.-Nr.
228286	1896
232192	2995
232324	3023
232699	1996
233434	2021
233496	2050
233677	2000
233700	1996
233825	2054
233840	1957
234069	2034
234216	1999
234458	2998
234565	2675
234653	2680
234698	2652
234822	2627
235089	2864
235299	2044
235439	1607
235657*	2372
235665*	1630
235668*	2770
235676*	1629
235755*	2931
235760*	1632
235763*	2542
235834*	2232
236961*	2490
238401	2861
238920*	2130
238921*	2130
238924*	1661
238925*	1660
238929*	1626
238930*	1623
238937*	2731
238980*	2478
239527*	2746
239710*	2723
239721*	1621
239737*	1657
239739*	1658
239740*	1663
239753*	2495
239762*	2728
239771*	2768
239832*	1662
239833*	1667
239835*	1664
239928*	1635
239929*	2713
239930*	1620
239931*	3049
239933*	3047
239935*	1656
239936*	2477
239937*	2727
239942*	1651
239944*	1639
239948*	1631
239954*	2769
239955*	1627
239967*	1655
239971*	2483
239977*	2721
239981*	1634
239982*	2497
240199*	1646

Belgische Patente (Belg.P.)

Nr.	Ref.-Nr.
555426*	2234

Dänische Patente (Dän.P.)

Nr.	Ref.-Nr.
88250	2929

Auslegeschriften der Patentanmeldungen des Deutschen Patentamtes München (D.A.S.)

Nr.	Ref.-Nr.
1086690	1582
1118468*	2360
1122500	1961
1123297	1954
1123470	2561
1125714*	2229
1126361	1950
1126392	1588
1126520	1893
1127085	2565
1130416	1971
1130797	1952
1130798	2042
1131194	2024
1131195	2025
1131645	1987
1131815	1895
1132101	1975
1133349	1959
1133351	2005
1133352	1951
1134058	1973
1135431	1978
1135581	1894
1136315	1997
1136317	2043
1136343	1619
1136677	1991
1136680	2032
1136681	2036
1136785	3155
1138482	1891
1139104	2022
1140558	1944
1140617	1884
1141266	1974
1141849	2359
1143205	1617
1143502	2419
1144562	2353
1144666	3173
1147759*	2369
1147818	2354
1147932*	2486
1148210	2927
1148386*	2364
1149480	3159
1150014	2127
1150076	1603
1150195*	2748
1150961	2031
1151005	2194
1151129*	2366
1151431	2924
1151432	2925
1151706*	2376
1151805	1597
1151975	2198
1152002*	2371
1152094	2035
1152117	2193
1152385*	3194
1152688*	1648
1152690	1602
1152776*	2132
1153001	1980
1153002	1939
1153037	2192
1153363	1605
1153517	2129
1153612*	2936
1153727	1864
1153746	2219
1153761	1584
1154031	2126
1154102	1604
1154103	1609
1154116	1595
1154117	1596
1154233	1610
1154445	1940
1154467	1606
1154597	1613
1154752	2128
1154801	1608
1154805	1612
1154806	1594
1154972	2225
1154973	2217
1154990*	2375
1155050	2124
1155100	1942
1155125	1599
1155126	1601
1155131	1611
1155135	1581
1155426	1938
1155434	1580
1155446	2221
1155563	1600
1155565	1578
1155631	2216
1155667*	2935
1155764	1943
1155778	2006
1155784	1614
1155880	1579
1155910*	3198
1155938	2228
1156057	1935
1156061	1990
1156070	2220
1156085	1615
1156202	2764
1156236*	1866
1156239*	2722
1156272	2210
1156273	2211
1156348	2125
1156398*	2494
1156561*	2725
1156720*	2787
1156796*	2499
1156817*	2498
1156984*	3048
1157228*	2491
1158067*	2714

Deutsche Bundes-Patente [München] (D.B.P.)

Nr.	Ref.-Nr.
974909*	3194
976306	2368
976458*	2365
976461*	2479

Deutsche Patente (D.P.[DDR])

Nr.	Ref.-Nr.
14368	1887
14373	1898
14426	2348
14438	1892
14494	1880
14563	2350
14573	1885
14699	1886
15280	2351
15371	1889
15532	2349
16132	1897
16304	2008
24805*	2576
25135	1993

Englische Patente (E.P.)

Nr.	Ref.-Nr.
828258	2343
830112	1856
832677	2451
834323	3170
835570	3146
841981	3145
844448	2469
844597	2400
845446	2701
847785	2431
848287	2453
848370	2742
848894*	2234
850373	2445
854948	3170
854977	2458
855199*	2501
855861	1591
855862	1592
858675	2628
861855	1970
861986*	2718
861991	2030
867853	1967
868080	3009
868361	2539
869144*	2578
869830	2666
870415	2014
871580	3041
871642	2033
872208*	2580
873234	3182
874236	1616
875274	3000
875531	2392
875596	2851
875601	2631
875734	2648
875971	2476
876011	2649
876034	1858
876093	2635
876447	3172
876535*	2716
877031	2352
877050	2637
877106*	2504
877128	2650
877750	2630
877897	3015
878034	2679
878120	2643
878287	2665
878508	2355
879008	2660
879168	2038
879198	2632
879508	2991
880017	2048
880897	2702
880991	3159
881810	2037
882008	2651
882296	2708
882719	1881
882972	1981
883313	1945
884027	2541
884621	1985
884784	3129
885008	2767
885462	3026
885514	2051
885787	2629
885818	1956
887589*	2729
890147	2346
892263	2223
893268	2006
893524*	2485
895105	1968
895624	1972
896113	1951

CHEMISCHES ZENTRALBLATT

Nr. 20 · 20. Mai 1964
Referat 0001–3198
Seite 1–336

A. Allgemeine, physikalische und anorganische Chemie

0001 **Formulierung des quantenmechanischen Vielkörperproblems in Termen von Ein- und Zweiteilchenfunktionen.** L. Szasz. (Physics Letters [Amsterdam] **4,** 267–69, 1963; Cambridge, Mass., MIT, Solid State and Mol. Theory Group; engl.) Herbert Weber 10◇

0002 **Grundzustand eines Fermi-Gases mit hard-sphere-Wechselwirkung.** H. Kümmel. (Z. Physik **166,** 243 bis 256, 1962; Mainz, MPI für Chem., Otto Hahn-Inst.; dt.) O. Jansen 10◇

0003 **Ergänzende Bemerkungen zu der Arbeit über Zwischenstatistik von Guénault und MacDonald.** P. T. Landsberg. (Molecular Physics **6,** 341–43, 1963; Cardiff, Univ. Coll., Dep. of Appl. Math. and Math. Phys.; engl.) — Vgl. C. **1964,** 9-0023. Es wird betont, daß bisher keine Anwendung der Zwischenstatistik auf ein reales physikal. Problem bekannt geworden ist. A. Blaschette 10◇

0004 **Wechselwirkung von gequantelten und nichtgequantelten Systemen.** Asher Peres. (Nuclear Physics [Amsterdam] **48,** 622–24, 1963; Haifa, Israel Inst. of Technol; engl.) — Vf. zeigt, daß Wechselwrkg. obiger Art nicht zu dynam. Widersprüchen führen. Gerhard Schmidt 10◇

0005 **Verallgemeinerte Näherungsausdrücke für die Durchlässigkeit von Potentialschwellen.** St. G. Christov. (Ann. Physik [7] **12,** 20–31, 1963; Sofia, Inst. für Physikal. Chem. der Bulgar. Akad. der Wiss.; dt.) — Verallgemeinerung der Eckartschen Potentialfunktion. Herbert Weber 10◇

0006 **Erläuterung der Gesetze der thermischen Strahlung.** Eligio Perucca und Claudia Gentile. (Ric. sci., Parte II, Sez. A [2] **2,** 208–15, 1962; Torino, Politecn., Ist. di Fis. Sper.; Torino, Ist. Elettrotecn. Naz. „Gallileo Ferraris"; engl.) — Die Strahlungsgesetze von Kirchhoff, Stefan-Boltzmann u. Planck werden nach modernen Gesichtspunkten behandelt. Durch diese Veröffentlichung soll die im Laufe der Jahre entstandene Verwirrung über die Gesetze, die numer. Werte der Konst. sowie ihre Dimensionen beseitigt werden. K. Roß 10◇

A_1. Kernphysik und Kernchemie

0007 **Asymmetrieparameter von Neutronen und Tritonen aus dem Einfang polarisierter μ^- in ^{4}He.** A. Bietti. (Physics Letters [Amsterdam] **4,** 63–64, 1963; Roma, Univ., Ist. di Fis., Ist. Naz. di Fis. Nucl.; engl.) — Für $\mu^- + {}^4He \rightarrow {}^3H + n + \nu$ wurden aus Einfangraten u. Neutronen- sowie Tritonenspektren die Asymmetrieparameter für Einschluß oder Ausschluß des Terms für schwachen Magnetismus ermittelt. Sie waren von den Kernparametern nur wenig abhängig, stark dagegen von der Kopplungs-Konst. g_p. M. Wiedemann 90◇

0008 **μ^--Einfang in ^{4}He.** C. A. Caine und P. S. H. Jones. (Nuclear Physics [Amsterdam] **44,** 177–86, 1963; Oxford, Clarendon Labor.; engl.) — Berechnungen der totalen Einfangsrate negativer Myonen in ^{4}*He* durch explizite Summierung über die möglichen Endzustände. H. Schroeder 90◇

0009 **Bestimmung der Isotopenunterschiede bei mesonischer Röntgenstrahlung in Calcium.** H. L. Anderson, C. S. Johnson, E. P. Hincks, S. Raboy u. C. C. Trail. (Physics Letters [Amsterdam] **6,** 261–64, 1963; Chicago, Ill., Univ.; Ottawa, Nat. Res. Council of Canada; Argonne, Ill., Nat. Labor.; engl.) — Die Isotopenverschiebung der Energien der Übergänge 2p–1s in ^{44}Ca u. ^{40}Ca wurde bestimmt. Myonen wurden in CH_2 verlangsamt u. in $CaCO_3$, natürlich oder mit 95% ^{44}Ca angereichert, abgebremst. Die Röntgenspektren wurden mittels Scintillationsspektrometer mit einem NaJ(Tl)-Antikoinzidenz-Ring aufgenommen. Es ergab sich $K_\alpha(^{44}Ca)-K_\alpha(^{40}Ca) = 4{,}8 \pm 2{,}0$ keV. Es erscheint unwahrscheinlich, daß der Ladungsradius von ^{44}Ca größer ist als der von ^{40}Ca. M. Wiedemann 90◇

0010 **Suche nach Anomalien des μ^--Mesonenzerfalls in paramagnetischen Metallen.** L. B. Jegorow, A. Je. Ignatenko, A. W. Kupzow und M. G. Petraschku. (J. exp. theoret. Physik [UdSSR] **43,** 873–76, 1962; Vereinigtes Kernforschungs-Inst.; russ., Auszug: engl.) — Vgl. C. **1964,** 16-0008. — Die relativen Ausbeuten von Elektronen aus μ^--Mesonenzerfällen in Mesonen-Atomen von *Pd* u. *Ti* u. ihrer Hydride wurden gemessen. Es liegen keine Effekte von ungepaarten Elektronen vor. H. Liepack 90◇

0011 **Streuung von π^--Mesonen von 960 MeV/c durch Kerne.** Michel Crozon und Jacques Tocqueville. (C. R. hebd. Séances Acad. Sci. **254,** 1963–65, 1962; Coll. de France, Labor. de Phys. atom. et mol.; franz.) — π^- von 960 MeV/c aus dem Synchrotron wurden an *Be, C, Cu* gestreut u. die Winkelverteilung mittels eines Teleskops aus Scintillatoren gemessen. Die differentiellen Wrkg.-Querschnitte sind angegeben. Für R_0 des opt. Modells würde sich etwa $1-1{,}4 \cdot 10^{-13}$ cm ergeben, doch befriedigt das Modell die Daten nicht vollkommen. M. Wiedemann 90□

0012 **„Bootstraps" und das Pion–Nucleon-System.** Ernest Abers und Charles Zemach. (Physic. Rev. [2] **131,** 2305–18, 1963; Berkeley, Calif., Univ. of California, Dep. of Phys.; engl.) — Selbstkonsistente Berechnung zur Nucleonenmasse u. zur Pion–Nucleon-Kopplungs-Konst. unter der Annahme, daß das Nucleon zusammengesetzt ist u. daß seine Existenz eine Folge der gleichen Kräfte ist, die Pion–Nucleon-Resonanzen erzeugen. Herbert Weber 90◇

0013 **Beweis für eine Dreipionen-Resonanz nahe 550 MeV.** A. Pevsner, R. Kraemer, M. Nußbaum, C. Richardson, P. Schlein, R. Strand, T. Toohig, M. Block, A. Engler, R. Gessaroli und C. Meltzer. (Physic. Rev. Letters **7,** 421–23, 1961; Baltimore, Md., Johns Hopkins Univ.; Evanston, Ill., Northwestern Univ.; engl.) — 233 Fälle der Rk. $\pi^+ + d \rightarrow p + p + \pi^+ + \pi^- + \pi^0$ mit 1,23-GeV-Pionen in einer Blasenkammer, wo beide Protonen sichtbar sind u. mindestens eines in der Kammer mit einer Reichweite unter 15 cm abgestoppt wird, wurden analysiert. Neben dem ω^0-Teilchen bei 770 MeV ergibt sich eine zweite neutrale Dreipionen-Resonanz bei 550 MeV. M. Wiedemann 90□

0014 **Experimentelle Bestimmung der neutralen Verzweigungsverhältnisse des η-Mesons.** Frank S. Crawford jun., L. J. Lloyd und Earle C. Fowler. (Physic. Rev. Letters **10,** 546–49, 1963; Berkeley, Calif., Univ. of California, Lawrence Radiat. Labor.; engl.) — Die η wurden in der H_2-Blasenkammer durch $\pi^+ + p \rightarrow \pi^+ + p + \eta$ beim Beschuß mit π^+ von 1170 MeV/c erzeugt. Folgende Verzweigungsverhältnisse wurden gemessen: $\Gamma(\eta \rightarrow \gamma\gamma)/[\Gamma(\eta \rightarrow \pi^+\pi^-\pi^0) + \Gamma(\eta \rightarrow \pi^+\pi^-\gamma)] = 0{,}99 \pm 0{,}48$ u. $\Gamma(\eta \rightarrow 3\pi^0)/[\Gamma(\eta \rightarrow \pi^+\pi^-\pi^0) + \Gamma(\eta \rightarrow \pi^+\pi^-\gamma)] = 0{,}66 \pm 0{,}25$. Herbert Weber 90◇

0015 **Ist der Isotopenspin eine gute Quantenzahl für neue Isobare?** Sheldon L. Glashow. (Physic. Rev. Letters **7,** 469–70, 1961; Stanford, Calif., Stanford Univ., Dep. of Phys., Inst. of Theoret. Phys.; engl.) — Der Elektromagnetismus bewahrt den Isotopenspin nicht, daher kann er strahlungslose Übergänge zwischen ω u. ϱ_0 induzieren. Wenn die Massen zweier Vektormesonen (ϱ = 2-Pionen-Resonanz u. ω = 3-Pionen-Resonanz) sich nahe kommen (750 u. 785 MeV), so wird das Ausmaß erhöht, in dem ihre Zerfälle die Isotopeninvarianz verletzen. M. Wiedemann 90□

0016 **Elektromagnetische Übergänge zwischen Vektormesonen.** J. C. Taylor. (Physic. Rev. Letters **8,** 219 bis 220, 1962; Cambridge, England, Univ., Dep. of Appl. Math. and Theoret. Phys.; engl.) — Der $\varrho_2{}^0$–ω-Übergang (ω = isoskalare 3-Pionen-Resonanz u. ϱ^0 = neutrale isovektorielle 2-Pionen-Resonanz) wird diskutiert u. im Zusammenhang damit die Verletzung der Ladungssymmetrie behandelt. M. Wiedemann 90□

0017 **Direkte Messung des η^0-Zerfalls in zwei γ.** L. Behr, P. Mittner und P. Musset. (Physics Letters [Amsterdam] **4,** 22—23, 1963; Paris, École Polytechn.; engl.) — Die Rk. $\pi^- + p \to n + (2 \text{ oder } 3\,\gamma)$ wurde mit einem 1,15-GeV/c-Pionenstrahl in einer Blasenkammer mit $C_3H_8 + CF_3Br$ untersucht, indem im Magnetfeld von 17500 Gauß die Energie der aus den γ-Strahlen gebildeten Elektronenpaare aus der Ablenkung ermittelt wurde. Das Spektrum der effektiven Masse wurde ermittelt. Die Existenz eines Teilchens, das in zwei γ zerfällt u. dessen Masse mit η^0 verträglich ist, wurde bestätigt. M. Wiedemann 90◇

0018 **Das ϱ-Meson bei den Elektro- und K-Erzeugungen von N_{33}*.** B. Jouvet, J. M. Abillon und G. Bordes. (Physics Letters [Amsterdam] **6,** 273—76, 1963; Paris, Collège de France, Labor. de Phys. Atom. et Mol.; engl.) — Bei den beiden Rkk. $e + p \to e + p^* \to e + p + \pi^0$ oder $\to e + n + \pi^+$ u. $K^+ + p \to K^0 + p^{++} \to K^0 + \pi^+ + p$ tritt die N_{33}*-Resonanz als Maximum auf. Aus diesen Daten u. aus dem Nucleon-Isovektor-Formfaktor werden die Kopplungs-Konst. des ϱ-Mesons mit den $K\bar{K}$- u. N*N-Strömen ermittelt. M. Wiedemann 90◇

0019 **Eigenstruktur und $\pi\pi$-Streuung niedriger Energie im $K^{\pm} \to 3\pi$-Zerfall.** G. Barton und C. Kacser. (Physic. Rev. Letters **8,** 226—28, 1962; Oxford, Clarendon Labor.; engl.) — Vgl. C. **1964,** 10-0017. — Für ein (Strom)×(Strom)-Modell der schwachen Wechselwrkg. ist die Existenz einer Eigenstruktur sehr wahrscheinlich. Über $\pi\pi$-Streuung können die quadrat. Komponenten des Spektrums Aufschluß geben. Sie werden durch die $\pi\pi$-Streulängen ausgedrückt u. berechnet. M. Wiedemann 90□

0020 **Einige analytische Eigenschaften von Dreipionzerfalls-Amplituden.** G. Bonnevay. (Proc. Royal Soc. [London], Ser. A **266,** 68—83, 1962; Birmingham, Univ., Dep. of Math. Phys.; engl.) — Mittels der Landau-Störungs-Meth. werden die analyt. Eigg. der Dreikörperzerfalls-Amplitude als Funktion der Energien der End-Teilchen u. der Masse des zerfallenden Zustands untersucht (z. B. $K \to 3\pi$, $\gamma \to 3\pi$). Die Doppelspektralfunktion ist komplex u. gilt im ganzen physikal. Bereich. Die Singularitäten werden behandelt. M. Wiedemann 90□

0021 **Winkelkorrelationen beim Zerfall der K*- und N*-Zustände.** G. B. Chadwick, D. J. Crennell, W. T. Davies, M. Derrick, J. H. Mulvey, P. B. Jones, D. Radojicic, C. A. Wilkinson, A. Bettini, M. Cresti, S. Limentani, L. Peruzzo und R. Santangelo. (Physics Letters [Amsterdam] **6,** 309—12, 1963; Oxford, Univ., Nucl. Phys. Labor.; Padova, Univ., Ist. di Fis., Ist. Naz. di Fis. Nucl.; engl.) — Die 32-cm-H_2-Blasenkammer wurde dem 1,455-GeV/c-K^+-Strahl ausgesetzt u. 907 Rkk. $K^+ + p \to K^0 + p + \pi^+$ u. 198 $K^+ + p \to K^+ + p + \pi^0$ gefunden. Der K*-Zustand hat eine Masse von 898 u. eine Breite von 46 MeV, N* von 1214 u. 100 MeV. Für die K*-Erzeugung kann die Winkelkorrelation durch den Austausch vektorieller u. pseudoskalarer Mesonen verstanden werden. M. Wiedemann 90◇

0022 **K* und K^+–3π-Zerfall.** Riazuddin und Fayyazuddin. (Physic. Rev. Letters **7,** 464—66, 1961; Lahore, Pakistan, Panjab Univ., Phys. Dep.; London, Imp. Coll., Phys. Dep.; engl.) — Es wird gezeigt, daß die beobachtete Abweichung im Spektrum des τ^+-Zerfall von der statist. Verteilung erklärt werden kann, wenn der τ^+-Zerfall über das K*, dessen Spin 1 beträgt, verläuft. M. Wiedemann 90□

0023 **$\bar{K}$–N-Streuung in der Mandelstam-Darstellung.** 2. Mitt. **Regge-Trajektorie des K*-Mesons.** S. Iwao. (Nuovo Cimento [10] **28,** 1246—57, 1963; Genova, Univ., Ist. di Fis., Sez. di Genova del Ist. Naz. di Fis. Nucl.; engl.) — 1. vgl. ibid. [10] **25,** [1962], 973. — Unters. der Rk. $K^- + p \to \Sigma^+ + \pi^-$. Herbert Weber 90◇

0024 **Eine Bemerkung über eine isoscalare $K\bar{K}$-Resonanz.** I. M. Barbour und K. Nishimura. (Nuovo Cimento [10] **29,** 288—90, 1963; Roma, Univ., Ist. di Fis.; engl.) — Berechnungen zur Annahme von Sakurai (C. **1964,** 3-0074), daß die $K\bar{K}$-Resonanz als Zerfall eines „φ-Mesons" mit $I = 0$ u. $J = 1^{--}$ angesehen werden kann. H. Schroeder 90◇

0025 **Analyse von Y_0* (1520) und Bestimmung der Σ-Parität.** Mason B. Watson, Massimiliano Ferro-Luzzi und Robert D. Tripp. (Physic. Rev. [2] **131,** 2248—81, 1963; Berkeley, Calif., Univ. of California, Lawrence Radiat. Labor.; engl.) — Die Wechselwrkg. von K^--Mesonen mit Protonen (Blasenkammer), die zu elast. u. Ladungsaustausch-Streuung sowie Hyperonenerzeugung führen, werden für Impulse von 250—513 MeV/c mitgeteilt. Es wird ein Resonanzzustand mit einer Masse von 1519 MeV u. einer vollen Breite Γ = 16 MeV identifiziert, der in $\bar{K}N$, $\Sigma\pi$ u. $\Lambda\pi\pi$ mit dem Verzweigungsverhältnis 30:55:15 zerfällt. Für die Resonanz wird Isotopenspin 0 u. Spin $^3/_2$ gefunden, seine Parität ist die des $\bar{K}N$–$D_{3/2}$-Zustands. Unter Benutzung der Polarisation, die aus der $D_{3/2}$–S-Wellen-Interferenz resultiert, wird ein starkes Argument für negative $KN\Sigma$-Parität erhalten. Herbert Weber 90◇

0026 **Bestimmung von Spin und Zerfallsparametern von Fermionenzuständen.** N. Byers und S. Fenster. (Physic. Rev. Letters **11,** 52—55, 1963; Los Angeles, Calif., Univ. of California, Dep. of Phys.; engl.) — Diskussion des Zerfallsprozesses $Y^* \to Y + \pi$, wobei Y* Spin J hat u. in ein Teilchen mit Spin $^1/_2$ (Y) u. eins mit Spin 0 (π) zerfällt. Herbert Weber 90◇

0027 **Spin des Y_1*.** Robert P. Ely, Sun-Yiu Fung, George Gidal, Yu-Li Pan, Wilson M. Powell und Howard S. White. (Physic. Rev. Letters **7,** 461—64, 1961; Berkeley, Calif., Univ. of California, Lawrence Radiat. Labor.; engl.) — In der Propanblasenkammer wurden mit 1,11-GeV/c-K^- Y_1* nach $K^- + p \to \Lambda + \pi^+ + \pi^-$ erzeugt u. ihre Eigg. untersucht. Zur Analyse wurden 378 Fälle mit $M_{\Lambda\pi}$ zwischen 1310 u. 1450 MeV benutzt. Der Spin des Y_1* ergibt sich nach den Winkelverteilungen zu $J \geq {}^3/_2$. M. Wiedemann 90□

0028 **Verbesserte Bestimmung der Verzweigungsverhältnisse neutraler Zerfälle des $K_1{}^0$-Mesons und des Λ^0-Hyperons.** M. Chrétien, V. K. Fischer, H. R. Crouch jun., R. E. Lanou jun., J. T. Massimo, A. M. Shapiro, J. P. Averell, A. E. Brenner, D. R. Firth, L. G. Hyman, M. E. Law, R. H. Milburn, E. E. Ronat, K. Strauch, J. C. Street, J. J. Szymanski, L. Guerriero, I. A. Pless, L. Rosenson und G. A. Salandin. (Physic. Rev. [2] **131,** 2208—18, 1963; Waltham, Mass., Brandeis Univ., Phys. Dep.; Providence, R. I., Brown Univ., Phys. Dep.; Cambridge, Mass., Harvard Univ., Phys. Dep. and MIT, Phys. Dep. and Labor. for Nucl. Sci.; engl.) — Unter Benutzung einer Blasenkammer mit Füllung aus Methyljodid, Propan u. Äthan wurden die Häufigkeiten der Zerfälle $K_1{}^0 \to \pi^0 + \pi^0$ u. $\Lambda^0 \to n + \pi^0$ untersucht. Herbert Weber 90◇

0029 **Auflösung der Σ^--Massenanomalie.** Walter H. Barkas, John N. Dyer und Harry H. Heckman. (Physic. Rev. Letters **11,** 26—28, 1963; Berkeley, Calif., Univ. of California, Lawrence Radiat. Labor.; engl.) — Auf der Grundlage von Messungen in einem großen Emulsionsstapel wird vermutet, daß langsame negative Hyperonen Energie weniger schnell verlieren als positive Teilchen der gleichen Geschwindigkeit. Herbert Weber 90◇

0030 **Direkte Messung der mittleren Lebensdauer von Ξ^- und Ξ^0.** L. Jauneau, D. Morellet, U. Nguyen-Khac, P. Petiau, A. Rousset, H. Bingham, D. C. Cundy, W. Koch, B. Ronne, H. Sletten, F. W. Bullock, A. K. Common, M. J. Esten, C. Henderson, F. R. Stannard, J. M. Scarr, J. Sparrow, A. G. Wilson, A. Halsteinslid und R. Möllerud. (Physics Letters [Amsterdam] **4,** 49—51, 1963; Paris, École Poly-

techn.; CERN; London, Univ. Coll. and Rutherford Labor.; Bergen, Norway, Univ.; engl.) — In einer mit C_2F_5Cl gefüllten Blasenkammer wurden mittels 1,47-GeV/c-K^- Kaskadenhyperonen erzeugt. Es wurden etwa 220000 Aufnahmen ausgewertet. Aus 57 Fällen wurde nach Korrektur erhalten $\tau(\Xi^-) = 1{,}91\ (+0{,}35\ -0{,}25) \cdot 10^{-10}$ s u. für die 78 Λ°-Tochterhyperonen 2,55 (+0,30 −0,21) · 10^{-10} s. Aus 16 Fällen wurde gefunden $\tau(\Xi^\circ) = 3{,}9\ (+1{,}4\ -0{,}8) \cdot 10^{-10}$ s u. für die 16 Λ° 2,4 (+0,8 −0,5) · 10^{-10} s. Das Verhältnis $\tau(\Xi^\circ)/\tau(\Xi^-) = 2{,}0$ stimmt mit der Regel $\Delta T = 1/2$ überein.
M. Wiedemann 90◇

0031 **Analyse von Sternen mit Hyperfragmenten, die durch 9-GeV-Protonen in Photoemulsionen gebildet werden.** I. B. Berkowitsch, A. P. Shdanow, F. G. Lepechin und S. Ss. Chochlowa. (J. exp. theoret. Physik [UdSSR] **44,** 793—97, 1963; russ., Auszug: engl.) — Vgl. C. **1963,** 5697. — In den untersuchten Photoemulsionen wurden 20 Fälle der Bldg. von Hyperfragmenten durch 9-GeV-Protonen gefunden. Vff. bestimmten die Impulse der identifizierten schnellen Teilchen. Die mittlere Normalkomponente des Impulses von 11 π-Mesonen beträgt 250 ± 150 MeV/c, von 8 Protonen u. 3 K^+-Mesonen 430 ± 140 MeV/c. Es wird gefolgert, daß bei der Entstehung von Hyperfragmenten Λ°-Teilchen vor allem in der Rk. $N + N \rightarrow N + \Lambda^\circ + K$ gebildet werden. Das K-Meson u. das Nucleon bilden im Endzustand wahrscheinlich ein stationäres Syst., das später zerfällt.
G. Ewald 90◇

0032 **Die Untersuchung von durch 8,8-GeV-Protonen erzeugten Hyperfragmenten.** M. Je. Arusstamowa, A. R. Kanetzjan, M. G. Ssarinjan, R. T. Toschjan, W. A. Tumanjan und E. R. Tumanjan. (J. exp. theoret. Physik [UdSSR] **44,** 861—65, 1963; Phys. Inst. der Akad. der Wiss. der ArmenSSR; russ., Auszug: engl.) — Vff. untersuchten 132 Fälle des Hyperfragmentzerfalls. Sie fanden u. a. folgende Zerfalls-Rkk.: $^{11}{}_\Lambda Be \rightarrow t + {}^7Li + n$, $^{10}{}_\Lambda B \rightarrow {}^3H + {}^6Li + n$, $^9{}_\Lambda Be \rightarrow p + {}^7Li + n$. Weitere Zerfalls-Rkk. betreffen die Fragmente $^3{}_\Lambda H$, $^5{}_\Lambda He$, $^7{}_\Lambda Li$, $^8{}_\Lambda Li$, $^8{}_\Lambda Be$, $^9{}_\Lambda Be$, $^{11}{}_\Lambda B$, $^{12}{}_\Lambda B$, $^{11}{}_\Lambda C$, $^{14}{}_\Lambda C$, $^{15}{}_\Lambda C$ u. $^{15}{}_\Lambda N$.
G. Ewald 90◇

0033 **Raum-Zeit-Struktur und Massenspektrum von Elementarteilchen.** J. I. Horváth. (Acta physica Acad. Sci. hung. **16,** 77—92, 1963; Szeged, Univ. of Szeged, Dep. of Theoret. Phys.; engl.) — Diskussion der Ableitung von Feldgleichungen für Fermionen.
Herbert Weber 90◇

0034 **Elementarteilchen der konventionellen Feldtheorie als Regge-Pole.** 2. Mitt. M. Gell-Mann, M. L. Goldberger, F. E. Low und F. Zachariasen. (Physics Letters [Amsterdam] **4,** 265—67, 1963; Cambridge, Mass., MIT, Dep. of Phys. and Labor. for Nucl. Sci.; Pasadena, Calif., California Inst. of Technol.; engl.) — 1. vgl. Physic. Rev. Letters **9,** [1962], 275.
Herbert Weber 90◇

0035 **Wandernde Pole und Elementarteilchen.** Reinhard Oehme. (Physic. Rev. Letters **9,** 358—60, 1962; Upton, N. Y., Brookhaven Nat. Labor.; engl.) — Unters. zur Beschreibung aller Teilchen durch Regge-Pole. Mit den allg. Beziehungen der relativist. Dispersionstheorie u. der Annahme der Abwesenheit einer natürlichen Schranke in der komplexen Drehimpulsebene wird gezeigt, daß die interpolierenden Partialwellenfunktionen F (s, λ) keine s-unabhängige Pole in der λ-Ebene haben, zumindest für $\mathrm{Re}\lambda > -1/2$. H. Schroeder 90◇

0036 **Regge-Pole und multiple Erzeugung.** Kenneth G. Wilson. (Acta physica austriaca **17,** 37—44, 1963; Geneva, Switzerland, CERN; engl.) — Unters. zur Theorie von Wechselwrkg. bei hohen Energien, z. B. π-N- u. N-N-Streuung oberhalb einiger GeV.
Herbert Weber 90◇

0037 **Totale Querschnitte und Neigung von Regge-Trajektorien.** John M. Cornwall. (Physic. Rev. Letters **11,** 21—22, 1963; Pasadena, Calif., California Inst. of Technol.; engl.) — Vf. zeigt, daß eine einfache obere Schranke zum totalen π-π-Querschnitt aus der Partialwellenunitarität folgt, wobei die Schranke zum Residuum $\beta(s)$ der Vakkumtrajektorie bei $s = 0$ eine Funktion der Neigung $\alpha'(s)$ bei $s = 0$ ist. Herbert Weber 90◇

0038 **Regge-Trajektorien bei der Grenze schwacher Kopplung.** A. Bastai, L. Bertocchi und M. Tonin. (Nuovo Cimento [10] **29,** 247—55, 1963; Torino, Univ., Ist. di Fis.; Bologna, Univ., Ist. di Fis., Ist. Naz. di Fis. Nucl.; Padova, Univ., Ist. di Fis., Ist. Naz. di Fis. Nucl.; engl.) — Die Beziehung zwischen dem asymptot. Verh. des Potentials im Impulsraum u. den Grenzen der Regge-Trajektorien an der Grenze hoher Energie wurden für die nichtrelativist. Theorie u. das multiperiphere Modell untersucht. H. Schroeder 90◇

0039 **Die Fusion von Teilchen in der funktionellen Theorie.** Jean-Louis Destouches. (J. Physique Radium **22,** 27—34, 1961; Paris, Inst. Henri Poincaré; franz.) — Vgl. C. **1963,** 20270. — Mehrere Spezialfälle, z. B. successive Fusionen, Fusionen von Teilchen mit dem Spin $1/2$ zu solchen mit dem Spin $3/2$ oder 2, werden behandelt. M. Wiedemann 90□

0040 **Anwendung einer verallgemeinerten Feldtheorie auf Baryonen.** H. C. Corben. (Physic. Rev. [2] **131,** 2219—25, 1963; Redondo Beach, Calif., Space Technol. Labor., Inc.; engl.) — Vgl. C. **1963,** 21799. — Unters. der verallgemeinerten Dirac-Gleichung für Teilchen mit Spin $1/2$ u. $3/2$. Sie beschreibt Spin u. Ladungszustände der Teilchen u. Resonanzen Ξ^-, Ξ°, n, p, N**, N**° u. liefert auch ihre Massen. Herbert Weber 90◇

0041 **Über höhere Symmetrien der starken Wechselwirkung.** P. Breitenlohner. (Nuovo Cimento [10] **26,** 231—46, 1962; Graz, Univ., Inst. für Theoret. Phys.; dt.) — Unters. zur SU_3-Symmetrie.
H. Schroeder 90◇

0042 **Neue Resonanzen und Symmetrie starker Wechselwirkungen.** J. J. Sakurai. (Physic. Rev. Letters **7,** 426—28, 1961; Chicago, Ill., Univ. of Chicago, Enrico Fermi Inst. for Nucl. Studies and Dep. of Phys.; engl.) — Es wird gezeigt, daß in einer Klasse von Theorien, die zwischen N u. Ξ genügend symmetrisch sind, der Zerfall des Y_1^* zu $\Sigma + \pi$ verboten sein kann u. die Zerfallsrate des $\omega^\circ \rightarrow \pi^+ + \pi^- + \pi^\circ$ so klein sein kann, daß die NΞ-Massendifferenz zu vernachlässigen ist. Ferner wird gezeigt, daß die postulierte Symmetrie eine natürliche Konsequenz der Vektortheorie starker Wechselwirkungen ist, falls N u. Ξ zusammen mit Λ u./oder Σ als Fundamentalbaryonen gelten. M. Wiedemann 90□

0043 **Baryon-Baryon-Wechselwirkungen und der Achtfach-Weg.** R. J. Oakes. (Physic. Rev. [2] **131,** 2239—41, 1963; Stanford, Calif., Stanford Univ., Dep. of Phys., Inst. of Theoret. Phys.; engl.) — Es wird gezeigt, daß das Deuteron zu einer zehndimensionalen irreduzierbaren Darst. der Gruppe SU(3) im Symmetrieschema des Achtfach-Weges gehört. Die Baryon-Baryon-Zustände, die zusammen mit dem Deuteron dieses Supermultiplett umfassen, werden untersucht. Herbert Weber 90◇

0044 **SU_3-Symmetrie und die Existenz eines neunten Vektormesons.** Jörgen Kalckar. (Physic. Rev. [2] **131,** 2242—48, 1963; Pittsburgh, Pa., Carnegie Inst. of Technol.; engl.) — Diskussion von Baryon-Baryon- u. Baryon-Antibaryon-Wechselwrkg. im Rahmen des SU_3-Symmetrie-Oktettmodells ohne Annahme von R-Invarianz. Die Unters. führt zum Vorschlag der Ggw. eines neunten Vektormesons, eines unitären Singuletts, für das einige experimentelle Anhaltspunkte vorliegen.
Herbert Weber 90◇

0045 **Elektromagnetische Eigenschaften eines geladenen Vektormesons.** James A. Young und Sidney A. Bludman. (Physic. Rev. [2] **131,** 2326—34, 1963; Berkeley, Calif., Univ. of California, Lawrence Radiat. Labor.; engl.) — Die verschiedenen Formalismen zur Beschreibung geladener Teilchen von Spin 1 werden verglichen; eine neue Formulierung erster Ordnung der Stückelberg-Theorie wird entwickelt. Die Theorie wird auf eine Berechnung der Zerfallsraten $\mu \rightarrow e + \gamma$ mit einem Zwischenvektormeson angewendet.
Herbert Weber 90◇

0046 **Vektormesonen und mögliche Verletzungen der Ladungssymmetrie in starken Wechselwirkungen.** Sergio Fubini. (Physic. Rev. Letters **7,** 466—68, 1961; Genf, CERN; Torino, Univ., Ist. di Fis.; engl.) — Die theoret.

Bedeutung u. die experimentellen Folgen der Existenz eines neutralen Vektormesons mit 780 MeV, das sowohl in zwei als in drei Pionen zerfallen kann, werden erörtert. Die Ladungssymmetrie-Verletzungen dürften zu klein sein, um experimentell bemerkt zu werden. Eine Prüfung wäre der Nachw. der Abweichung des Verzweigungsverhältnisses $p + p \rightarrow {}^3He + \pi^0, \rightarrow {}^3H + \pi^+$ von $^1/_2$, wie es die Ladungsunabhängigkeit voraussagt.
M. Wiedemann 90□

0047 **Gebrochene Symmetrien und masselose Teilchen.** Sidney A. Bludman und Abraham Klein. (Physic. Rev. [2] **131,** 2364—72, 1963; Philadelphia, Pa., Univ. of Pennsylvania, Dep. of Phys.; engl.) — Unters. zur Prüfung einer Version des Goldstone-Theorems (Nuovo Cimento [10] **19,** [1961], 154; Bosonen als Elementarfelder). Herbert Weber 90◇

0048 **Dublett-Parität und ihre Erhaltung in elektromagnetischen und schwachen Wechselwirkungen.** K. H. Tzou. (J. Physique Radium **23,** 73—77, 1962; Paris, Inst. Henri-Poincaré; franz.) — Vgl. C. **1963,** 7603. — Es werden Quantisierungsregeln für das M-Dublett-Feld gegeben u. die Dublett-Parität von Leptonen, Photonen u. Baryonen mit schwacher Wechselwrkg. definiert. Teilchen u. Antiteilchen besitzen dieselbe Dublett-Parität. Die Dublett-Paritäts-Erhaltung u. die entsprechenden Selektionsregeln werden diskutiert. Für verschiedene elektromagnet. u. schwache Wechselwrkg. werden relative Wahrscheinlichkeiten angegeben.
M. Wiedemann 90□

0049 **Die phänomenale Existenz des neutralen Elektrons (Actron) und seine inhärente Konstitution.** Mizuho Odagiri. (Sci. Rep. Soc. Res. theoret. Chem. [Osaka] [9] **7,** 1—12, 1961; Fuse-shi Osaka-fu, Kinki Univ., Inst. of Phys.-Chem.; engl.) — Theoret. Exkursionen nach den vom Vf. früher entwickelten Theorien: Vgl. C. **1962,** 6282 u. 8858 [4 Reff.]. Herbert Weber 90◇

0050 **Der Ursprung der positiven elektrischen Ladung und die phänomenale Existenz des Debeons (Caloric) im Gegensatz zum Beon (Photon).** Mizuho Odagiri. (Sci. Rep. Soc. Res. theoret. Chem. [Osaka] [9] **7,** 13—20, 1961; engl.) — Vgl. vorst. Referat.
Herbert Weber 90◇

0051 **Die phänomenale Existenz des neutralen Protons (Reactron); die inhärenten Konstitutionen von Reactron, Proton und negativem Proton.** Mizuho Odagiri. (Sci. Rep. Soc. Res. theoret. Chem. [Osaka] [9] **7,** 21—29, 1961; engl.) — Vgl. vorst. Referate.
Herbert Weber 90◇

0052 **Die inhärenten Konstitutionen von Neutron und Neutrino.** Mizuho Odagiri. (Sci. Rep. Soc. Res. theoret. Chem. [Osaka] [9] **7,** 31—37, 1961; engl.) — Vgl. vorst. Referate. Herbert Weber 90◇

0053 **Einige Betrachtungen über den Fermi-Prozeß des β-Zerfalls und einige andere intranucleare Prozesse vom Gesichtspunkt der Theorie der dialektischen Überlagerung von Prä-Zuständen.** Mizuho Odagiri. (Sci. Rep. Soc. Res. theoret. Chem. [Osaka] [9] **7,** 39—49, 1961; engl.) — Vgl. vorst. Referate. Herbert Weber 90◇

0054 **Antiteilchen vom Gesichtspunkt der Theorie der dialektischen Überlagerung von Prä-Zuständen.** Mizuho Odagiri. (Sci. Rep. Soc. Res. theoret. Chem. [Osaka] [9] **7,** 51—60, 1961; engl.) — Vgl. vorst. Referate.
Herbert Weber 90◇

0055 **Verhalten von Feynman-Amplituden bei hoher Energie.** 2. Mitt. **Nichtplanare Darstellungen („graphs").** George Tiktopoulos. (Physic. Rev. [2] **131,** 2373—80, 1963; Chicago, Ill., Univ. of Chicago, Enrico Fermi Inst. for Nucl. Stud. and Dep. of Phys.; engl.) — 1. vgl. ibid. [2] **131,** [1963], 480. Herbert Weber 90◇

0056 **Zur Frage der Querschnitte für elementare Prozesse mit großer Absorption.** P. E. Nemirowski und Ju. P. Jelagin. (J. exp. theoret. Physik [UdSSR] **44,** 1099—1105, 1963; russ., Auszug: engl.) — Unters. von Stößen zwischen nichtrelativist. Teilchen, die von einer großen Absorption begleitet sind.
Herbert Weber 90◇

0057 **Vorwärts- und Rückwärts-„Auswahlregel" bei einer Klasse von unelastischen Stößen.** G. Morpurgo. (Physic. Rev. [2] **131,** 2205—07, 1963; Genova, Italy, Sottosez. di Genova del Ist. Naz. di Fis. Nucl.; Univ., Ist. di Fis.; engl.) — Die aufgestellte Regel hängt nur von der Erhaltung von Drehimpuls u. Parität ab.
Herbert Weber 90◇

0058 **Čerenkov-Strahlung für Teilchen mit Spin 3/2.** W. K. Gronski. (Ber. Akad. Wiss. BelorussSSR **4,** 456—57, 1960; Inst. für Phys. der Akad. der Wiss. der BelorussSSR; russ.) — Die Intensität der Čerenkov-Strahlung eines Teilchens mit dem Spin 3/2 sowie die Richtung der Strahlung wird berechnet.
M. Wiedemann 90◇

0059 **Koaleszenz von Photonen im Coulomb-Feld von Kernen.** E. A. Kurajew und Ss. Ss. Ssannikow. (J. exp. theoret. Physik [UdSSR] **44,** 1015—22, 1963; Phys.-techn. Inst. der Akad. der Wiss. der UkrainSSR; russ., Auszug: engl.) — Ableitung von Gleichungen für die Wahrscheinlichkeit der Photonenvereinigung.
Herbert Weber 90◇

0060 **Erzeugungsquerschnitt intermediärer Bosonen durch Neutrinos im Coulomb-Feld von Protonen und Eisen.** T. D. Lee, Peter Markstein und C. N. Yang. (Physic. Rev. Letters **7,** 429—33, 1961; Princeton, N. J., Inst. für Advanced Studies; Yorktown Height, N. Y., IBM Res. Center; engl.) — Es wird gezeigt, daß die differentiellen Querschnitte der Prozesse $\nu' + Z \rightarrow W^+ + \mu^- + Z$ (Z in verschiedenen Zuständen) u. $\bar{\nu}' + Z \rightarrow W^- + \mu^+ + Z$ (verschiedene Zustände) gleich sein müssen, (ν' = mit dem Myon assoziiertes Neutrino). Ferner werden die totalen Querschnitte für Z = Proton u. Z = Fe berechnet; Größenordnung 10^{-38} cm². Für energiereiche Neutrinos überwiegt der Beitrag des kohärenten Prozesses. Im allg. übernimmt W den Hauptteil der Energie.
M. Wiedemann 90□

0061 **Rolle des Prozesses $\gamma + \gamma \rightarrow \gamma + \nu + \bar{\nu}$ bei der Neutrinoemission durch Sterne.** Ngujen Wan-Cheu und Je. P. Schabalin. (J. exp. theoret. Physik [UdSSR] **44,** 1003—07, 1963; russ., Auszug: engl.) — Querschnittsberechnungen. Herbert Weber 90◇

0062 **Neutrinostrahlung von entarteten Gasen.** G. Marx und T. Nagy. (Acta physica Acad. Sci. hung. **16,** 141—53, 1963; Budapest, Roland Eötvös Univ., Inst. for Theoret. Phys.; engl.) — Die Querschnitte für die Erzeugung von Neutrinopaaren ($\gamma \rightarrow \nu + \bar{\nu}$) im nuclearen Coulomb-Feld werden berechnet, bes. im Hinblick auf die Rolle im Inneren von entarteten Sternen.
Herbert Weber 90◇

0063 **Skalarer Nucleon-Formfaktor $F_1^n + F_1^p$.** Norman K. Glendenning und Gustav Kramer. (Physic. Rev. Letters **7,** 471—72, 1961; Berkeley, Calif., Univ. of California, Lawrence Radiat. Labor.; engl.) — Die innere Region des Nucleon–Nucleon-Potentials wird so abgeändert, daß die Daten über n–p-Wechselwrkg. bei niederer Energie (z. B. elast. Elektron–Deuteron-Streuung) erfüllt sind. Der Neutronen-Ladungsformfaktor F_1^n ist null.
M. Wiedemann 90□

0064 **Regge-Pole bei Nucleon–Nucleon- und Nucleon–Antinucleon-Streuamplituden.** D. W. Wolkow und W. N. Gribow. (J. exp. theoret. Physik [UdSSR] **44,** 1068—77, 1963; Phys.-techn. Ioffe-Inst. der Akad. der Wiss. der UdSSR; russ., Auszug: engl.) Herbert Weber 90◇

0065 **Asymptotisches Verhalten der Nucleon–Nucleon-Streuung.** David H. Sharp und William G. Wagner. (Physic. Rev. [2] **131,** 2226—38, 1963; Pasadena, Calif., California Inst. of Technol.; engl.) — Analyse der NN- u. $N\bar{N}$-Streuung auf der Grundlage der Regge-Hypothese.
Herbert Weber 90◇

0066 **Bremsstrahlungsmechanismus des Prozesses der multiplen Erzeugung bei Nucleon–Nucleon-Stößen.** Z. Chyliński. (Nuclear Physics [Amsterdam] **44,** 58—77, 1963; Copenhagen, Denmark, Univ. of Copenhagen, Inst. for Theoret. Phys.; engl.) — Unters. unter Annahme einer skalaren Kopplung zwischen Nucleon- u. Pionenfeldern.
Herbert Weber 90◇

0067 **Über die Reaktion $n + d \rightarrow 2n + p$ und die Nucleon–Nucleon-Wechselwirkung.** F. Ferroni und V.

Wataghin. (Nuovo Cimento [10] **28**, 1342—50, 1963; Torino, Univ., Ist. di Fis., Sez. di Torino del Ist. Naz. di Fis. Nucl.; Bologna, Univ., Ist. di Fis., Sez. di Bologna del Ist. Naz. di Fis. Nucl.; engl.) — Anwendung eines feldtheoret. Modells auf die Rk. n + d → 2 n + p. Der Vgl. mit experimentellen Daten zeigt, daß kein gebundener Singulettzustand von 2 Neutronen vorliegt.
Herbert Weber 90◇

0068 **Über die elektromagnetische Wechselwirkung mit dem Deuteron bei der Schwelle.** B. Bosco, G. Ciocchetti und A. Molinari. (Nuovo Cimento [10] **28**, 1427—36, 1963; Torino, Univ., Ist. di Fis., Sez. di Torino del Ist. Naz. di Fis. Nucl.; engl.) — Die Meth. der Analytizität u. Unitarität wird auf die Best. des M1-Matrixelements angewendet. Es wird gezeigt, daß der berechnete n–p-Strahlungseinfang in Einklang mit dem Experiment ist. Der Einfl. der Endzustandswechselwrkg. wird diskutiert für die Photozertrümmerung des Deuterons unmittelbar oberhalb der Schwelle. Herbert Weber 90◇

0069 **Das Rückwärts-Maximum bei der energiereichen n–p-Streuung.** R. J. N. Phillips. (Physic Letters [Amsterdam] **4**, 19—20, 1963; Harwell, A.E.R.E.; engl.) — Mittels des Austausches eines einzelnen π^+-Mesons kann durch Interferenz mit anderen Beiträgen das enge Maximum nach rückwärts bei der n–p-Streuung erklärt werden, wie es z. B. bei 2,04 GeV beobachtet wurde.
M. Wiedemann 90◇

0070 **Bestimmung der Kopplungskonstanten der π-Meson–Nucleon-Wechselwirkung aus dem Querschnitt der elastischen Neutron–Proton-Streuung bei 630 MeV.** N. Ss. Amaglobeli, B. M. Golowin, Ju. M. Kasarinow, Ss. W. Medwed und N. M. Polew. (J. exp. theoret. Physik [UdSSR] **38**, 660—61, 1960; Vereinigtes Inst. für Kernforsch.; Physik. Inst. der Akad. der Wiss. der GrusinSSR; russ.) — Vff. berichten über die Best. der Kopplungskonst. f^2 nach einer von Tschu beschriebenen Methode. Die Funktion $x^2 = (1 + \mu^2/2k^2 + \cos\vartheta)^2$ wird nach der Meth. der kleinsten Quadrate in die Form $x^2\sigma_{pr}(\vartheta) = A + Bx + Cx^2 + \cdots + dx^m$ überführt. μ = Masse des Mesons, k = Impuls des Nucleons, ϑ = Winkel der elast. Streuung. Der Koeff. A entspricht der Kopplungskonst. f^2; f^2 wird zu 0,04 ± 0,005 ermittelt.
R. Teichmann 90◇

0071 **Berechnung von partiellen differentiellen Streuquerschnitten für langsame Neutronen.** H. L. McMurry. (Nuclear Sci. Engng. **15**, 429—37, 1963; Idaho Falls, Idaho, Phillips Petroleum Comp., Atom. Energy Div.; engl.) — Unters. von 5 Approximationen zum exakten Formalismus von Zemach u. Glauber, die auf die Behandlung der Streuung durch Gase, die aus halbstarren Moll. zusammengesetzt sind, angewendet werden.
Herbert Weber 90◇

0072 **Abschätzung von Verfahren zur Berechnung partieller differentieller Streuquerschnitte.** H. L. McMurry, L. J. Gannon und W. A. Hestir. (Nuclear Sci. Engng. **15**, 438—50, 1963; engl.) — Die im vorst. Ref. dargestellten Meth. werden durch Vgl. berechneter Werte mit experimentellen Resultaten für *Methan* u. *Propan* abgeschätzt, ferner durch Vgl. der Ergebnisse über ein hypothet. *OH*-Mol. mit genaueren Theorien.
Herbert Weber 90◇

0073 **Die Theorie der quasi-elastischen Streuung kalter Neutronen in einer Flüssigkeit.** W. Ss. Osskotski. (Festkörperphysik [UdSSR] **5**, 1082—85, 1963; Leningrad, Akad. der Wiss. der UdSSR, Halbleiter-Inst.; russ.) — Untersucht wird die Diffusion von Moll. in einer Fl., wobei das Auftreten einer „kontinuierlichen Verrückung" zwischen aufeinanderfolgenden Sprüngen in Rechnung gestellt wird. Die Breite des Maximums der Energieverteilung quasi-elast. gestreuter Neutronen wird als Funktion des Streuwinkels berechnet. Als Vgl. werden die experimentellen Werte für W. herangezogen, die folgende Parameter liefern: Zeit zwischen zwei aufeinanderfolgenden Sprüngen = $1{,}7 \cdot 10^{-12}$ s, mittlere Verrückung zwischen zwei aufeinanderfolgenden Sprüngen = 0,31 Å u. mittlere Sprunglänge = 1,63 Å. K. Jaeger 90◇

0074 **Analyse und Erklärung des Neutronenwirkungsquerschnittes von Vanadin unterhalb 25 keV.** F. W. K. Firk, J. E. Lynn und M. C. Moxon. (Proc. physic. Soc. **82**, 477—87, 1963; Harwell, Didcot, Berks., A.E.R.E.; engl.) — Der totale Neutronenwirkungsquerschnitt von ^{51}V wurde bei einer Neutronenenergie von 600 bis 25000 eV gemessen. Eine Mehrniveau-Analyse des Wrkg.-Querschnittes ergibt den Wert der s-Wellen-Neutronenstärke-Funktion $\overline{\Gamma_n}^{(o)}/\overline{D} = (10{,}7 \pm 2{,}6) \cdot 10^{-4}$ u. zeigt die Existenz einer spinabhängigen s-Wellen-Potentialstreuung. Die Potentialstreulänge für einen Drehimpuls J = 3 ist ca. 7,5f, die für J = 4 ca. 5f oder geringer.
Hartmut Braun 90◇

0075 **Unelastische Neutronenstreuung in ^{208}Pb.** J. H. Towle und W. B. Gilboy. (Nuclear Physics [Amsterdam] **44**, 256—67, 1963; Aldermaston, Berks., Atom. Weapons Res. Establ.; engl.) — Die Unterss. wurden mit Neutronen mit Energien bis zu 4,5 MeV unter Verw. der Flugzeittechnik durchgeführt. Neutronengruppen, die Anregungen von (2,61 ± 0,02), (3,20 ± 0,02) bzw. (3,48 ± 0,02) MeV in ^{208}Pb entsprechen, wurden in Übereinstimmung mit bekannten Niveaus beobachtet. Als Streumaterial wurden Pb-Proben mit 71,3% ^{208}Pb, 26,7% ^{206}Pb u. 2,0% ^{207}Pb u. — zur Messung der Beeinflussung durch ^{206}Pb — eine Probe mit 88,3% ^{206}Pb, 8,64% ^{207}Pb u. 3,04% ^{208}Pb verwendet. Die Wrkg.-Querschnitte für diese Niveaus wurden bei verschiedenen Energien gemessen. Die experimentellen Daten werden mit theoret. Voraussagen, die an Hand von Kernpotentialen lokaler u. nichtlokaler Typen erhalten wurden, verglichen. H. Schroeder 90◇

0076 **Untersuchungen über Thermalisierung von Neutronen.** M. S. Nelkin und E. R. Cohen. (Progr. nuclear Energy, Ser. I **3**, 179—93, 1959; San Diego, Calif., Gen. Atomic Div. of Gen. Dynam. Corp., John Jay Hopkins Labor. for Pure and Appl. Sci.; Canoga Park, Calif., Atom. Internat.; engl.) — Überblick mit 38 Literaturangaben (bis 1958). Herbert Weber 90◇

0077 **Energiespektren schneller Neutronen in graphitmoderierten Reaktoren.** Mark T. Robinson, O. S. Oen und D. K. Holmes. (Nuclear Sci. Engng. **10**, 61—69, 1961; Oak Ridge, Tenn., Oak Ridge Nat. Labor., Solid State Div.; engl.) — Das Energiespektrum schneller Neutronen in graphitmoderierten Reaktor-Syst. wurde berechnet, um Strahlenschäden-Erscheinungen erklären zu können. Eine eingehende Unters. des Einfl. der Streusymmetrie auf das Abbremsen von Neutronen aus monoenerget. Quellen in homogenen Syst. zeigte deutlich die Notwendigkeit, möglichst genaue Werte der Streusymmetrie bei der Berechnung von Spektren schneller Neutronen einzusetzen. Neutronenstoßdichte u. Flußdichte wurden für Spaltneutronen, die in einem unendlichen, homogenen Graphitreaktor abgebremst werden, berechnet. Der Einfluß der Quellenheterogenität wurde durch Anwendung von theoret. Alters-Best.-Meth. auf den ORNL-Graphitreaktor untersucht. Die berechneten Werte stimmen mit den experimentellen Werten überein. H. Schroeder 90□

0078 **Fortdauer der Isobarenkorrespondenz zwischen Kernzuständen in Massenbereichen, wo der Isotopenspin keine gute Quantenzahl ist.** A. M. Lane und J. M. Soper. (Physic. Rev. Letters **7**, 420, 1961; Harwell, Berks., A.E.R.E.; engl.) — Es ist theoret. verständlich, daß das Ausmaß, in dem zwei isobare Kerne ähnlich sind, nicht durch den Reinheitsgrad des Isotopenspins bestimmt ist. Die Korrespondenz zwischen isobaren Kernzuständen kann daher, wie gezeigt wird, auch über die Massenbereiche hinaus gelten, wo der Isotopenspin eine gute Quantenzahl ist, also bei etwa A ≈ 100.
M. Wiedemann 95□

0079 **Über die Anregungsenergie der ersten 2^+-Niveaus der gerade–gerade-Kerne.** C. Ythier und R. van Lieshout. (J. Physique Radium **22**, 23—26, 1961; Amsterdam, Inst. voor Kernphys. Onderzoek; franz.) — Die Feinstruktur in der Abhängigkeit der Anregungsenergie des ersten 2^+-Niveaus der gerade–gerade-Kerne von der Neutronenzahl wird an Hand von Literaturdaten diskutiert, bes. für den Bereich 30 < N < 46 (Ni, Zn, Ge, Se, Kr). M. Wiedemann 95□

0080 **Modell des angeregten Cores der Kerne mit ungerader Massenzahl und die ^{63}Cu(p,p′)-Reaktion.** F. Perey, R. J. Silva und G. R. Satchler. (Physics Letters [Amsterdam] **4,** 25–27, 1963; Oak Ridge, Tenn., Oak Ridge Nat. Labor.; engl.) — Die unelast. Streuung von 11-MeV-Protonen an ^{63}Cu u. ^{62}*Ni* wurde untersucht u. die Winkelverteilung aufgenommen. Als Detektor dienten Si-Oberflächenzähler. Das Modell des angeregten Cores vermag die Daten zu deuten, es sagt ein Quartett von Niveaus, $1/2^-$, $3/2^-$, $5/2^-$, $7/2^-$ mit dem Zentrum 1172 keV (erster angeregter 2^+-Zustand des ^{62}Ni) voraus. M. Wiedemann 95◇

0081 **Zustände nicht-normaler Parität von ^{14}N.** Hans Georg Wahsweiler. (Z. Physik **175,** 370–81, 1963; Freiburg/Br., Univ., Phys. Inst.; dt.) — Für einige Zustände des ^{14}N mit ungerader Parität wurden Berechnungen nach dem Schalenmodell durchgeführt, vor allem wurde der Fall der Kopplung des inäquivalenten Teilchens im jj-Schema an die p-Schalen-Konfiguration untersucht. Bei geeigneter Wahl der Potentialmulde können die Zustände 4,91 MeV (0^-, 0) u. 5,83 MeV (3^-, 0) befriedigend beschrieben werden. Die Struktur der p-Schale wird durch das Hinzufügen des 2s,1d-Schalenteilchens nicht wesentlich verändert. M. Wiedemann 95◇

0082 **Unelastische Elektronenstreuung an Kernen und Einzelteilchenanregungen.** Wieslaw Czyż. (Physic. Rev. [2] **131,** 2141–48, 1963; Stanford, Calif., Stanford Univ., Dep. of Phys., Inst. of Theoret. Phys.; engl.) — Vgl. C. **1964,** 12-0060. — Theoret. Unters. u. Vgl. des berechneten unelast. Querschnittes für ^{12}C bei 135° mit experimentellen Daten. Herbert Weber 95◇

0083 **Zur Theorie des aus zwei ^{12}C-Kernen bestehenden Kernmoleküls.** P. Gombás und D. Kisdi. (Z. Physik **167,** 250–57, 1962; Budapest, Univ. für Techn. Wiss., Phys. Inst.; Ungar. Akad. der Wiss., Forschungsgruppe für theoret. Phys.; dt.) — Mit Hilfe einer Variations-Meth. wird gezeigt, daß auf Basis des Energieausdruckes von Skyrme das „Kern-Mol.“, welches aus zwei ^{12}C-Kernen besteht, einen stabilen Gleichgewichtszustand besitzt. Die Energieniveaus des Kern-Mol. wurden berechnet, u. es wurde oberhalb 13 MeV kein Energieniveau gefunden, was in qual. Übereinstimmung mit der Resonanzstruktur des empir. Wrkg.-Querschnittes steht. O. Jansen 95◇

0084 **Über den Mössbauer-Effekt in dünnen Schichten.** A. Corciovei und A. Berinde. (J. Physique Radium **24,** 89–98, 1963; Bucarest, Inst. de Phys. Atom.; franz.) — Vff. untersuchen theoret. den Mössbauer-Effekt in dünnen Metallschichten u. geben eine Funktion an, die die Abhängigkeit des Debye-Waller-Faktors von Schichtmasse u. Richtung der γ-Emission beschreibt. Herbert Müller 95◇

0085 **Mössbauer-Effekt in Eisenpentacarbonyl und ähnlichen Carbonylen.** R. H. Herber, W. R. Kingston und G. K. Wertheim. (Inorg. Chem. [Washington] **2,** 153–58, 1963; New Brunswick, N. J., State Univ., Rutgers, R. G. Wright Labor. and Nuclear Sci. Center; Murray Hill, N. J., Bell Telephone Labor.; engl.) — Bei Verss. mit ^{57}Co (eindiffundiert in Cr) als Strahlenquelle u. den Carbonyl-Verbb. $Fe(CO)_5$, $Fe_2(CO)_9$, $Fe_3 \cdot (CO)_{12}$ u. $Fe(CO)_4J_2$ als stationäre Absorber trat bei allen vier Verbb. Resonanzabsorption der 14,4 keV-γ-Strahlung des ^{57}Fe bei 78 °K ein. Die beobachteten isomeren Verschiebungen werden im Hinblick auf die Bindungsverhältnisse in Übergangsmetall–CO-Verbb. interpretiert. Isomere Verschiebung u. Quadrupolaufspaltung stehen im Einklang mit einer trigonal-bipyramidalen Struktur für $Fe(CO)_5$ u. mit einer (3.3.3)-Struktur für $Fe_2(CO)_9$. Die Werte für $Fe_3(CO)_{12}$ deuten stark auf eine (3.3.3.3)-Struktur u. lassen sich nicht mit einer trigonalen Anordnung der drei Fe-Atome erklären, wie auf Grund von Röntgendaten vorgeschlagen wurde. Die Quadrupolaufspaltung für $Fe(CO)_4J_2$ ist im Bereich von 78–298 °K im wesentlichen temperaturunabhängig, während für ähnliche Fe(II)-Verbb. eine starke Temp.-Abhängigkeit beobachtet wurde. Die isomere Verschiebung stimmt mit der Oxydationsstufe +2 für Fe in dieser Verb. überein. Gerhard Schulze 95◇

0086 **Die Kernquadrupolwechselwirkung von ^{57}Fe in Oxiden vom Spinell-Typ.** Tadashi Mizoguchi und Midori Tanaka. (J. physic. Soc. Japan **18,** 1301–06, 1963; Tokyo, Univ., Fac. of Sci., Dep. of Phys.; engl.) — Die ^{57}Fe-Quadrupolwechselwrkg. wird durch Messung der Mössbauer-Absorptionsspektren der 14,4 keV-Gammastrahlen von ^{57}Fe in verschiedenen Spinellen untersucht. An Oktaederplätzen in $ZnFe_2O_4$ wird im paramagnet. Zustand eine Aufspaltung des Spektrums in zwei Linien beobachtet, die auf Kernquadrupolwechselwrkg. der Fe^{3+}-Ionen zurückzuführen ist. Für Tetraederplätze in $FeNiAlO_4$ u. $FeNiCrO_4$ werden ähnliche Spektren erhalten. Die Ursache der Quadrupolwechselwrkg. in diesen Verbb. ist das gleichzeitige Vorliegen 2- u. 3-wertiger Ionen in gleichwertigen räumlichen Lagen. In $FeAl_2O_4$ wird nur eine Absorptionsbande beobachtet, da die Atome sich homogen auf die verschiedenen Plätze im Kristallgitter verteilen. K. Scheffler 95◇

0087 **Die Messung der ungestörten Winkelkorrelation sukzessiver Kernstrahlungen in dünnen Aufdampfschichten.** H. Kaiser. (Z. Physik **166,** 355–58, 1962; Zeuthen, Kernphys. Inst. der Dt. Akad. der Wiss. zu Berlin; dt.) — Es wird gezeigt, daß die Kernquadrupolwechselwrkg. angeregter Kernzustände mit den elektr. Feldgradienten in dünnen Metallschichten kub. Kreistallstruktur verschwindet, wenn die Konz. der gelösten Atome in der Trägerschicht klein ist. Durch Einbau von *In* in *Pb*-Schichten einer Dicke von $5 \cdot 10^{-5}$ cm bis $3 \cdot 10^{-4}$ cm konnte die ungestörte Winkelkorrelation von ^{111}In gefunden werden. Die gemessene Anisotropie A = −(0,23 ± 0,012) stimmt mit dem in fl. Quellen gefundenen Wert überein. Die einwandfreie Arbeitsweise der Anlage wurde durch Messung der bekannten Winkelkorrelation von ^{60}Ni u. der ungestörten Winkelkorrelation von ^{111}In in fl. Ga überprüft. O. Jansen 95◇

0088 **Resonanzformel für Kernphotoreaktionen.** A. W. Brawin. (Hochschulnachr. [Tomsk], Physik **1962,** Nr. 3, 14–20, Saratow, Staatsuniv.; russ.) — Es wird eine Formel für den Wrkg.-Querschnitt von Kernphoto-Rkk. abgeleitet, die die Resonanzabhängigkeit von der Energie der einfallenden Quanten zum Ausdruck bringt. Die Wechselwrkg. zwischen den Nucleonen wird durch Zweiteilchen-Kräfte beschrieben. Es ist dann möglich, den Absorptionsquerschnitt der γ-Quanten, die Wahrscheinlichkeit der Emission eines Nucleons u. die Gesamtbreite des Niveaus zu berechnen. M. Wiedemann 103◇

0089 **Photonucleare (γ, np)-Reaktion und Nucleon–Nucleon-Korrelationen in leichten Kernen.** T. I. Kopaleishvili und R. I. Jibuti. (Nuclear Physics [Amsterdam] **44,** 34–43, 1963; Tbilisi, USSR, Tbilisi State Univ.; engl.) — Die (γ, np)-Rk. an leichten Kernen wird nach dem Modell der unabhängigen Paare untersucht, um Informationen über Nucleon–Nucleon-Korrelationen im Kern zu erhalten. Die (γ, np)-Rkk. an ^{16}O u. ^{14}N dienen als Beispiele. Die Rolle der Viernucleonenkorrelationen bei ^{16}O wird diskutiert. Herbert Weber 103◇

0090 **Emission von ^{8}Li- und ^{9}Li-Kernen bei Wechselwirkungen von Protonen von 25 GeV mit schweren Kernen der ionographischen Emulsion.** Germain Baumann, Henri Braun und Pierre Cüer. (C. R. hebd. Séances Acad. Sci. **254,** 1966–68, 1962; franz.) — Auf 10 cm² der Protonen von 25 GeV ausgesetzten G5-Emulsion wurden unter 90000 Sternen 969 Emissionen von Hammerspuren gefunden, von denen 89% aus schweren Kernen herrühren u. 97% den Fragmenten ^{8}Li u. ^{9}Li zugeschrieben werden können. Bei Energien unter 40 MeV entspricht Energie- sowie Winkelverteilung der Hammerspuren der Verdampfungstheorie, bei Fragmenten mit höheren Energien, wo die Vorwärtsrichtung überwiegt, muß ein anderer Mechanismus vorliegen. M. Wiedemann 103□

0091 **Kernsynthese infolge Heliumverbrennung in Sternen.** H. L. Duorah und R. S. Kushwaha. (Proc. nat. Acad. Sci. India, Sect. A **33,** 179–88, 1963; Delhi, Univ., Dep. of Phys.; engl.) — Die Geschw. verschiedener Rkk. in Sternen bei Temp. über 10^8 °K u. Dichten von 10^5 g/cm³ werden berechnet. Im Bereich $1-2 \cdot 10^8$ °K ist die

Produktion nach $^{16}O(\alpha, \gamma)^{20}Ne$ über die angeregten Zustände mit 5,64 u. 5,80 MeV langsam, dagegen die Rk. $^{14}N(\alpha,\gamma)^{18}F$ $(\beta + \nu)^{18}O$ über das angeregte Niveau 4,651 MeV des ^{18}F schnell. Bei $3-6 \cdot 10^8$ °K werden ^{20}Ne u. ^{24}Mg leicht gebildet, bei noch höheren Temp. tritt Photospaltung von ^{20}Ne auf, ferner wird die Bildung von ^{22}Ne u. ^{26}Mg durch mehrfachen He-Einfang beachtet.
M. Wiedemann 103◇

0092 **Der Umwandlungsfaktor für thermische Neutronen in schnelle von 14 MeV Energie durch ^{6}LiD und die Herstellung einer ^{6}LiD-Bestrahlungsröhre.** F. Baumgärtner. (Radiochim. Acta [Frankfurt/M.] **1,** 222—25, 1963; München, TH, Inst. für Radiochem.; dt.) — Durch Ausnutzung der Rk.-Kette $^6Li(n_{th}, \alpha)T(D, \alpha)n_{14\,MeV}$ gelang es, therm. Neutronen in 14 MeV-Neutronen umzuwandeln. Als Neutronenkonverter diente eine dünnwandige Bestrahlungsröhre aus ^{6}LiD. Die Herst. dieser Röhre aus einer durch Deuterierung von fl. Li erhaltenen Schmelze wird beschrieben. Mit den Ausbeuten der Schwellen-Rkk. $^{50}Cr(n, 2n)^{49}Cr$ (Q = — 13,2 MeV) bzw. $^{46}Ti(n,2n)^{45}Ti$ (Q = —13,5 MeV) konnten bei gleichzeitiger Best. des therm. Neutronenflusses u. unter Berücksichtigung des schnellen Spaltneutronenflusses Konversionsfaktoren zwischen $5,7 \cdot 10^{-5}$ u. $1 \cdot 10^{-4}$, entsprechend den unterschiedlichen Literaturangaben über die Wrkg.-Querschnitte der betrachteten Schwellen-Rkk., berechnet werden. W. Wiechmann 103◇

0093 **Das Verzweigungsverhältnis der Reaktion $^{10}B(n,\alpha)^7Li$.** S. Malmskog. (Physica [Utrecht] **29,** 987 bis 989, 1963, Studsvik, Sweden, Aktiebolaget Atomenergi; engl.) — Li entsteht beim Beschuß von ^{10}B mit therm. Neutronen sowohl im Grund- als auch im ersten angeregten Zustand. Die freiwerdende Energie beträgt 2,78 bzw. 2,30 MeV. Mit einem $^{10}BF_3$-Proportionalzähler u. Multikanalanalysator wird das Energiespektrum der Rk. aufgenommen u. daraus das Verzweigungsverhältnis $\sigma\,[^{10}B(n,\alpha)^7Li]/\sigma[^{10}B(n,\alpha)^7Li^*]$ zu 6,47 ± 0,07% berechnet. Die Herst. u. Reinigung des $^{10}BF_3$ wird beschrieben.
Hartmut Braun 103◇

0094 **Langwellen-Kristallspektrometer und die Neutronenabsorptionsquerschnitte für Gold und Bor.** F. T. Gould, T. I. Taylor, W. W. Havens jun., B. M. Rustad und E. Melkonian. (Nuclear Sci. Engng. **8,** 453—66, 1960; New York, N. Y., Columbia Univ., Chem. and Phys. Dep.; Upton, N. Y., Brookhaven Nat. Labor.; engl.) — Mit Hilfe eines Kristallspektrometers werden die Absorptionsquerschnitte von Au u. B im Wellenlängenbereich von 5—11,5 Å gemessen. Für Wellenlängen von 4—8,75 Å dient Glimmer zusammen mit mikrokrist. Filtern von Be u. BeO als Monochromator, während für größere Wellenlängen ein mechan. Monochromator zur Unterdrückung der Neutronen 2. u. höherer Ordnung verwendet wird. Der Gesamtwirkungsquerschnitt für Au ergibt sich im Wellenlängenbereich von 5—11,5 Å zu $\sigma_t = (54{,}56 \pm 0{,}09)\,\lambda - (0{,}46 \pm 0{,}67)$ barn. Der Absorptionsquerschnitt für therm. Neutronen (2200 m/s) beträgt für Au (98,8 ± 0,3) barn u. für B (756 ± 8) barn.
H. Schirrwitz 103□

0095 **Emission schneller Deuteronen bei dem Photozerfall von ^{16}O.** A. P. Komar, A. W. Kulikow, W. P. Tschishow, I. P. Jawor und Ju. M. Wolkow. (J. exp. theoret. Physik [UdSSR] **43,** 1657—59, 1962; russ., Auszug: engl.) — Die Deuteronenemission resultiert aus komplexen Photozerfällen, bei welchen neben dem Deuteron mindestens ein weiteres Teilchen emittiert wird. Die höchste d-Ausbeute wurde bei den Rkk. $^{16}O(\gamma, dp)^{13}C$ u. $^{16}O(\gamma, dn)^{13}N$ gefunden. Bei diesen Rkk. wurde eine Winkelkorrelation zwischen der Emissionsrichtung der Deuteronen u. der begleitenden Nucleonen bei Energien > 2 MeV nachgewiesen.
P. Sliwinski 103◇

0096 **Die Struktur der Riesenresonanz bei der $^{27}Al(\gamma,n)$-Reaktion.** Naoshi Mutsuro, Kosuke Kageyama, Masanori Mishina, Takemi Nakagawa, Eiji Tanaka und Motoharu Kimura. (J. physic. Soc. Japan **17,** 1672—63, 1962; Sendai, Japan, Tohoku Univ., Dep. of Physics; engl.) — Die Wrkg.-Querschnitte der $^{27}Al(\gamma,n)$-Rk. sind für γ-Energien von 12,5—24 MeV in Schritten von 0,1—0,25 MeV untersucht worden. Dabei zeigen sich 8 Maxima bei 13,75; 14,75; 15,75; 17,1; 18,25; 19,1; 20,5 u. 22,5 MeV, von denen jedoch die beiden letzten nicht mit der gleichen Sicherheit belegt werden können. Die ersten 6 sind den angeregten Dipolzuständen des ^{27}Al zuzuschreiben.
K.-D. Asmus 103◇

0097 **Die Vorwärts-Rückwärts-Asymmetrie der Rückstoßkerne in der Reaktion $^{27}Al(n,\alpha)^{24}Na$.** J. Csikai, B. Gyarmati, I. Hunyadi und J. Németh. (Physics Letters [Amsterdam] **4,** 33, 1963; Debrecen, Hung. Acad. of Sci., Inst. of Nucl. Res.; engl.) — Die Vorwärts-Rückwärts-Asymmetrie in der Ausbeute der Rückstoßkerne wurde mit 14,8 MeV-Neutronen der Reaktion d + t untersucht. Die Al-Folie befand sich zwischen 2 Polyäthylenfolien, senkrecht zur Neutronenrichtung. Die β-Aktivitäten der ^{24}Na-Kerne wurden bestimmt u. für $F_V/F_R = 5{,}1 \pm 0{,}3$ (extrapoliert auf eine Schichtdicke des Al von null) gefunden. Mit der Niveaudichte nach Fermi würde sich 7,0 ergeben.
M. Wiedemann 103◇

0098 **Durch hochenergetische Protonen induzierte einfache Kernreaktionen an ^{48}Ca.** I. Lewenberg, W. Pokrowski und I. Jutlandow. (J. exp. theoret. Physik [UdSSR] **43,** 1619—24, 1962; russ., Auszug: engl.) — (p,pn)-, (p,2n)- u. (p,n)-Rkk. an ^{48}Ca wurden für Protonenenergien zwischen 120 u. 660 MeV gemessen. Der (p,pn)-Querschnitt hängt nur schwach von der Protonenenergie ab u. ist ca. 105 mbarn. Der (p,2n)- u. (p,n)-Querschnitt nimmt von ca. 20 bzw. ca. 8 mbarn bei 120 MeV auf 6 bzw. 2 mbarn bei 660 MeV ab. Die Abhängigkeit der Verhältnisse $\sigma_{p,2n}/\sigma_{p,n}$ u. $\sigma_{p,pn}/\sigma_{p,n}$ von der Massenzahl des Targetkerns u. der Protonenenergie wird diskutiert. P. Sliwinski 103◇

0099 **(p,pxn)-Reaktionen von ^{79}Br und ^{81}Br mit 2,9-GeV-Protonen.** Norbert T. Porile und Shigeo Tanaka. (Physic. Rev. [2] **132,** 397—400, 1963; Upton, N. Y., Brookhaven Nat. Labor., Chem. Dep.; engl.) — Vgl. C. **1964,** 6/7-0071. — Die Querschnitte für obige Rkk. nehmen stetig ab, wenn x ansteigt, die Abnahme mit zunehmendem x ist schneller für ^{79}Br als für ^{81}Br. Die Ergebnisse werden mit Monte-Carlo-Kaskaden-Verdampfungsberechnungen verglichen. Die experimentellen Werte sind größer als die berechneten für $x \leq 3$, sie stimmen jedoch für x = 4—5 überein. Eine quant. Analyse der (p,p3n)- u. (p,p4n)-Rkk. zeigt, daß der Verdampfungsprozeß die Änderung im Querschnitt von Target zu Target bestimmt.
Gerhard Schmidt 103◇

0100 **Innere Bremsstrahlung von ^{89}Sr.** S. Belletti, C. Manduchi, G. Nardelli und M. T. Russo-Manduchi. (Nuovo Cimento [10] **25,** 254—64, 1962; Padova, Univ., Ist. di Fis.; Ist. Naz. di Fis. Nucl.; engl.) — Die Messung erfolgte mit einer Koinzidenzanordnung, wobei die Photonen durch einen NaJ(Tl)-Scintillationskristall u. die entsprechenden β-Strahlen durch zwei plast. Scintillatoren nachgewiesen wurden. Die Unterss. beziehen sich auf zwei Emissionswinkel zwischen den β-Teilchen u. der inneren Bremsstrahlung: 45° u. 70°. O. Jansen 103◇

0101 **Einfangquerschnitt für schnelle Neutronen in Cu und Zr.** Ju. Ja. Stawisski und A. W. Schapar. (Atomenergie [UdSSR] **15,** 323, 1963; russ.) — Durch Registrierung der prompten γ-Strahlung mittels eines Scintillationszählers mit CaF_2-Kristall wurde bei Cu u. Zr der natürlichen Isotopen-Zus. der Strahlungseinfangquerschnitt in Abhängigkeit von der Neutronenenergie gemessen. Er nahm mit steigender Energie im Bereich 20—1000 keV ab u. lag im Bereich 10—100 mbarn.
M. Wiedemann 103◇

0102 **Eigenschaften der Spektren von Einfang-Gammastrahlen von s-Wellen- und p-Wellen-Resonanzen in Zr, Nb und Mo.** H. E. Jackson. (Physic. Rev. [2] **131,** 2153—62, 1963; Argonne, Ill., Argonne Nat. Labor.; engl.) — Vgl. C. **1963,** 19090. — Die Einfang-Gammastrahlen von Neutronenresonanzen in ^{91}Zr, ^{93}Nb u. ^{95}Mo wurden untersucht, um individuelle Resonanzen aus dem p-Wellen-Einfang zu identifizieren. Eigg. der Einfangspektren, von denen erwartet wird, daß sie mit der Parität des Einfangzustandes in Beziehung stehen, werden diskutiert. Für die untersuchten Nuclide wurde der p-Wellen-Einfang durch Beobachtung anomal hoher Intensitäten von Übergängen von dem Resonanzzustand zu einer Gruppe von tiefliegenden Zuständen positiver Parität nachgewiesen. Für Nb ist die Interpretation der Spektren durch die Ggw. eines 3^--Zustandes bei 40 keV in ^{94}Nb kompliziert. Herbert Weber 103◇

0103 **Wirkungsquerschnitte der (n,p)-Reaktionen für Zinnisotope bei einer Neutronenenergie von 14,5 MeV.** G. P. Tschurssin, W. Ju. Gontschar, I. I. Saljubowski und A. P. Kljutscharew. (J. exp. theoret. Physik [UdSSR] **44,** 472–74, 1963; Charkow, Univ.; Inst. für Kernphys. der Akad. der Wiss. der KasachSSR; russ., Auszug: engl.) — Nach der Aktivierungs-Meth. wurden die Querschnitte der Rkk. ^{112}Sn(n,p)^{112}*In*; ^{116}Sn(n,p)^{116}In; ^{118}Sn(n,p)^{118}In; ^{119}Sn(n,p)^{119m}In; [^{119}Sn(n,p)^{119g}In + ^{119}Sn(n,np)^{118}In] u. ^{120}Sn(n,p)^{120}In zu 10,0; 5,4; 11,7; 11,1; 10,6 u. 4,6 mb (max. ± 25%) bestimmt. Als Eich-Rk. diente ^{63}Cu(n,2n)^{62}Cu = 552 mb. Die Ergebnisse stimmen nicht mit den von Gardner erhaltenen halbempir. Gesetzmäßigkeiten überein. G. Ewald 103◇

0104 **Das Niveauschema von ^{119}Sb.** J. Svedberg und G. Andersson. (Nuclear Physics [Amsterdam] **48,** 313–20, 1963; Uppsala, Univ., Gustaf Werner Inst.; engl.) — Zur Festsetzung der Energieniveaus von ^{119}Sb werden die Konversionselektronen u. e–γ-Koinzidenzen beim Zerfall von ^{119m}*Te* mit einem β-Spektrometer, das eine Fokussierung in 2 Richtungen gestattet, untersucht. Beim Vgl. mit früheren Werten anderer Autoren wird auf eine Intensitätsdiskrepanz hingewiesen, die frühere Spin- u. Paritätszuordnungen fraglich erscheinen läßt. Die Differenz kann behoben werden, falls einem Niveau mit hohem Spin bei 1,37 MeV negative Parität zugeordnet wird. Gerhard Schmidt 103◇

0105 **Niveauschema von ^{134}Ba.** S. O. Schriber und B. G. Hogg. (Nuclear Physics [Amsterdam] **48,** 647–51, 1963; Manitoba, Canada, Univ. of Manitoba, Allen Phys. Labor.; engl.) — Mit einem Summen-Koinzidenzspektrometer werden die γ-Kaskaden nach dem Zerfall von ^{134}Cs gemessen, die Compton-Summenpeaks werden subtrahiert. Die Existenz von Niveaus bei 1846, 1773 u. 1570 keV wird nicht nachgewiesen. Gerhard Schmidt 103◇

0106 **Neue Neutronendefizit-Isotope der Seltenerdmetalle der Cer-Gruppe.** A. K. Lawruchina und G. M. Kolessow. (Ber. Akad. Wiss. UdSSR **148,** 1047–48, 1963; Inst. für Geochem. u. analyt. Chem.; russ.) — Pr_6O_{11} wurde mit 66-MeV-Protonen bestrahlt, die Seltenerdmetalle chromatograph. abgetrennt u. Cer durch Extraktion von $H_2Ce(NO_3)_6$ mit Diäthyläther erhalten. Für ^{134}*Pr* wurde eine Halbwertszeit von 40 ± 7 min erhalten. Mittels Ringzähler u. Scintillationsspektrometer wurde das γ-Spektrum untersucht. Ferner wurde die folgende Zerfallskette analysiert: ^{129}*Ce* (13 min) → ^{129}*La* (20 min) → ^{129}*Ba* (2,2 h) → ^{129}*Xe* (stabil). M. Wiedemann 103◇

0107 **Ist der Betazerfall des ^{144}Pr ein 1⁻ → 0⁺-Übergang?** B. Eman und D. Tadić. (Physics Letters [Amsterdam] **4,** 13–14, 1963; Zagreb, Inst. „Rudjer Bošković"; Univ. of Birmingham, Dep. of Math. Phys.; engl.) — Die Analyse zeigt, daß das β-Spektrum u. die longitudinale Polarisation bei ^{144}Pr mit der Zuordnung 1^- statt 0^- zum Grundzustand verträglich sind. M. Wiedemann 103◇

0108 **Der Zerfall des ^{151}Gd.** E. Streichele und P. Kienle. (Z. Physik **185,** 405–15, 1963; München, TH, Labor. für Techn. Phys.; dt.) — Durch Bestrahlung von angereichertem $^{151}Eu_2O_3$ mit 25-MeV-Deuteronen wurde nach (d, 2n) ^{151}Gd (T_h = 150 d) erhalten, das chromatograph. gereinigt wurde. Es zerfällt durch Elektroneneinfang. Mittels NaJ(Tl)-Scintillationszählern wurden Messungen der γ-Strahlung u. der $\gamma\gamma$-Koinzidenzen durchgeführt. Gefunden wurden die Linien mit 22, 154, 175, 244 u. 308 keV u. neu 107 u. 350 keV, ferner die Kaskaden 107–244 keV, 154–175–22 keV u. 308–22 keV. Die Konversions-Koeff. in der K-Schale wurden ebenfalls ermittelt. Für ^{151}*Eu* wurde das Termschema verbessert. M. Wiedemann 103◇

0109 **Messungen der Konversionselektronen-γ-Winkelkorrelation an durch den β-Zerfall von ^{152}Eu populiertem ^{152}Gd.** J. Burde, A. Catz und S. Palti. (Nuclear Physics [Amsterdam] **44,** 212–19, 1963; Jerusalem, Hebrew Univ., Dep. of Phys.; engl.) — Zwischen den K-Konversionselektronen des 344-keV-Überganges u. den aus dem Abklingen aller oberen Niveaus in ^{152}Gd auftretenden γ-Quanten wurden Winkelkorrelationsmessungen ausgeführt. Mit einem Vielkanal-Impulshöhenanalysator wurden gleichzeitig die Koinzidenzspektren unter Winkeln von 270°, 180° u. 90° aufgenommen. Die aus den Messungen erhaltenen Anisotropien ergaben zusammen mit den Werten für die Konversions-Koeff. Spinzuweisungen von 2+, 3– u. 2– für die Niveaus bei 755, 1124 bzw. 1614 keV. Das 755 keV-2^+-Niveau u. das 615-keV-0^+-Niveau wurden als 2 Mitglieder des Zweiphononenschwingungs-Anregungstripletts erkannt. Eine schwache γ-Strahlung wurde um 500 keV beobachtet; es soll sich um das bisher fehlende 4+-Mitglied des Tripletts handeln. Für das 1440-keV-Niveau wird 3– vorgeschlagen. H. Schroeder 103◇

0110 **Zerfall von ^{205}Bi.** S. H. Vegors jun., R. L. Heath und D. G. Proctor. (Nuclear Physics [Amsterdam] **48,** 230–62, 1963; Idaho Falls, Idaho, Phillips Petrol. Co., Atom. Energy Div.; engl.) — Die Zerfallsmessungen werden mit Scintillationsspektrometern für γ-Strahlen u. $\gamma\gamma$-Koinzidenzen u. mit 180°-Magnetspektrometern für die inneren Konversionselektronen durchgeführt. Insgesamt werden 83 γ-Strahlen identifiziert, von denen 40 bisher nicht mitgeteilt worden sind. Die relativen Intensitäten vieler hervorstechender γ-Strahlen werden durch eine Analyse des γ-Spektrums erhalten. Ein partielles Zerfallsschema für ^{205}*Pb* wird wiedergegeben. Gerhard Schmidt 103◇

0111 **Spaltung von ^{232}Th durch Reaktorneutronen: Massenausbeutekurve.** R. H. Iyer, C. K. Mathews, N. Ravindran, K. Rengan, D. V. Singh, M. V. Ramaniah und H. D. Sharma. (J. inorg. nuclear Chem. **25,** 465–72, 1963; Trombay, Bombay, Atom. Energy Establishm., Radiochem. and Isotope Div.; engl.) — Für die Spaltung von ^{232}Th durch Neutronen eines Swimming-pool-Reaktors werden die Spaltprod.-Ausbeuten der Massen 77–156 mit radiochem. Meth. untersucht, wobei ^{99}Mo als Standard gewählt worden ist. Die Ausbeutekurven zeigen zwei Maxima bei den Massen 90 u. 140 mit ca. 8% der Gesamtausbeute, während der kleinste Wert in der dazwischenliegenden Mulde 0,03% beträgt. Darüber hinaus deutet sich im mittleren Teil der Massenausbeutekurve ein drittes Maximum an, das eine Höhe von 0,5% u. eine Halbwertsbreite von ca. 17 Massenzahlen besitzt. Das Verhältnis dieses Maximums zum Minimum hat den Wert 2,4. Die diesem Maximum entsprechende symm. Spaltung läßt sich öfters beobachten, wenn hochenergetische Geschoßteilchen zur Spaltung verwendet werden. Die Ergebnisse werden im Rahmen der sog. „two-mode"-Spaltungstheorie diskutiert. Die Kurve mit insgesamt 3 Maxima entsteht demnach durch Überlagerung einer aus der asymm. Spaltung herrührenden Kurve mit 2 Maxima u. einer Kurve mit einem Maximum aus einer symm. Spaltung. K.-D. Asmus 103◇

0112 **Zwei Typen der Spaltung und Verteilung der Kernladung.** W. P. Eissmont. (J. exp. theoret. Physik [UdSSR] **44,** 744–47, 1963; russ., Auszug: engl.) — Die Analyse früherer Unterss. zur Best. der partiellen Spaltausbeuten unter Berücksichtigung neuerer Angaben zur Emission von prompten Neutronen macht auf Grund der Ladungs- u. Massenverteilungen u. der Verteilung der kinet. Energie die Existenz zweier unabhängiger Spaltungsmechanismen wahrscheinlich (symm. u. asymm. Spaltung). G. Ewald 103◇

0113 **Der Spaltprozeß — Mechanismus und Daten.** R. B. Leachman. (Progr. nuclear Energy, Ser. I **3,** 144–70, 1959; New Mexico, Univ. of California, Los Alamos Scient. Labor.; engl.) — Überblick, bes. über Spaltung durch Anregungen bis zu einigen 10 MeV (u. a. ^{232}Th + p, U + n, spontane Spaltung von ^{252}Cf, …). — 105 Literaturangaben (bis 1958). Herbert Weber 103◇

0114 **Das Atominstitut der österreichischen Hochschulen.** G. Ortner. (Atomkernenergie **7**, 471—76, 1962; Wien; dt.) — Beschreibung des Atom-Inst. in Wien, bei dem am 21/3. 1962 der Reaktor TRIGA Mark II in Betrieb genommen wurde. Herbert Weber 112◇

0115 **Ein Ionenbeschleuniger für 150 kV.** P. Principi, T. Rossini und L. Zetta. (Energia nucleare **10**, 146—50, 1963; Segrate, Milano, Labor. CISE; Milano, Univ., Ist. di Fis.; ital.) — Beschreibung des in den CISE-Labor. entwickelten Hochspannungsbeschleunigers, der zur Erzeugung von 14-MeV-Neutronen durch $^3H(d, n)^4He$ benutzt werden kann. Herbert Weber 103◇

0116 **Speicherringe.** Gerard K. O'Neill. (Science [Washington] **141**, 679—86, 1963; Princeton, N. J., Princeton Univ., Dep. of Phys.; engl.) — Überblick (Grenzen für die Teilchendichte, Elektronenspeicherringe, stoßende Protonenbündel). Herbert Weber 112◇

0117 **Hohe Magnetfelder.** T. H. Fields. (Proc. Conf. Instrumentation High-Energy Physics, CERN, Geneva 1962, Sonderband zu: Nuclear Instruments Methods [Amsterdam] **20**, 465—76, 1963; Argonne, Ill., Argonne Nat. Labor.; Evanston, Ill., Northwestern Univ.; engl.) — Übersichtsartikel über Meth. zur Erzeugung magnet. Felder oberhalb 20 kG. Es werden behandelt Elektromagnete im Impulsbetrieb, „cryogene" Magnete (M) (damit werden alle M bezeichnet, die bei tiefen Temp. betrieben werden, ausgenommen supraleitende M) u. supraleitende Magnete. Die letzteren werden eingehender besprochen. Bes. wird auf Nb_3Sn u. die Nb–Zr-Leg. näher eingegangen, da ihre Eigg. sie zur Herstellung von supraleitenden M bes. geeignet erscheinen lassen. P. Detje 112◇

0118 **Ein Analogienetzwerk für ein Quadrupollinsensystem.** C. F. Coleman. (Nuclear Instruments Methods [Amsterdam] **14**, 53—62, 1961; Harwell, Didcot, Berks., A. E. R. E.; engl.) — Die Zylinderlinsen, aus denen man sich die Quadrupollinsen zusammengesetzt denken kann, werden durch ein Syst. von parallelen u. in Reihe geschalteten Widerständen in einem Wechselstromnetzwerk nachgebildet. Anwendung auf spezielle Probleme. P. Detje 112◇

0119 **Experimente über Elektronenstreuung unter Benutzung eines Zwischenbild-β-Spektrometers.** C. J. Andreen. (Nuclear Instruments Methods [Amsterdam] **17**, 321—24, 1962; Gothenburg, Sweden, Chalmers Univ. of Technol., Dep. of Phys.; engl.) — Es wird gezeigt, daß das Zwischenbild-β-Spektrometer nicht nur für die reine β-Spektroskopie (Messungen des β-Spektrums von ^{153}Sm), sondern auch für Streumessungen geeignet ist. Die wahrscheinlichsten Energieverluste von Elektronen werden für Beschußenergien von 20—100 keV für Streutargets aus *Al*, *Cu*, *Ag* u. *Pb* wiedergegeben. Herbert Weber 112◇

0120 **Eine neue Methode zur Messung der Einbettungstiefe von Radiotracer-Atomen unter Verwendung eines Präzisions-β-Spektrometers.** R. L. Graham, F. Brown, J. A. Davies und J. P. S. Pringle. (Canad. J. Physics **41**, 1686—1701, 1963; Chalk River, Ontario, Canada, Atomic Energy of Canada Ltd., Gen. Phys. and Res. Chem. Branches; engl.) — ^{125}Xe wurde in einem Massenseparator auf keV-Energien beschleunigt, in Metallfolien eingeschossen u. die intensiven Konversionselektronen von 54,96 u. 188,4 keV wurden in einem β-Spektrometer gemessen. Die Form der Konversionslinien änderte sich in charakterist. Weise mit der Eindringtiefe des ^{125}Xe. Die Peakhöhe nahm nahezu exponentiell mit zunehmender Tiefe ab. Geeicht wurde durch Abdecken mit bekannten Schichtdicken von Al oder Au. Die Anwendung der Meth. zur Reichweite-Best. von ^{125}Xe-Ionen u. zur Unters. der Oxydation von Metallen wird diskutiert. H. H. Stamm 112◇

0121 **Einfluß von Gasbeimischungen auf die empfindliche Zeit von Funkenkammern.** F. Schneider und K. H. Höhne. (Proc. Conf. Instrumentation High-Energy Physics, CERN, Geneva 1962, Sonderband zu: Nuclear Instruments Methods [Amsterdam] **20**, 152—55, 1963; Genf, CERN; engl.) — Untersucht wurden Beimischungen von O_2 oder N_2 zu Ar. Es wurde festgestellt, daß durch Beimischung von elektronegativen Gasen oder solchen Gasen, die die Drift-Geschw. der Elektronen erhöhen, zur Edelgasfüllung einer Funkenkammer die empfindliche Zeit verringert werden kann. P. Detje 112◇

0122 **Benutzung der relativen Ionisierung zur Teilchenidentifizierung in Vielfachspur-Funkenkammerbildern.** C. T. Coffin, L. J. Curtis, D. I. Meyer und K. M. Terwilliger. (Proc. Conf. Instrumentation High-Energy Physics, CERN, Geneva 1962, Sonderband zu: Nuclear Instruments Methods [Amsterdam] **20**, 156—60, **1963**; Ann Arbor, Mich., Univ. of Michigan; engl.) — Untersucht wurde die Rk. 1,5-GeV/c-$\pi^- + p \rightarrow \Lambda^\circ + K^\circ + \pi^\circ$. Die Λ° u. K° zerfallen in der Kammer. Es wurde festgestellt, daß die Teilchen mit niedrigerer Geschw. (berechnet aus der Rk.-Kinematik) die dichteren Funken hervorrufen. P. Detje 112◇

0123 **Die Schall-Funkenkammer und einige ihrer experimentellen Aspekte.** B. C. Maglić. (Proc. Conf. Instrumentation High-Energy Physics, CERN, Geneva 1962, Sonderband zu: Nuclear Instruments Methods [Amsterdam] **20**, 156—67, 1963; Berkeley, Calif., Univ. of California, Lawrence Rad. Labor.; engl.) — Die Tatsache, daß Funken ein knackendes Geräusch hervorrufen, kann dazu benutzt werden, die Funken zu lokalisieren. Gegenwärtig kann damit eine räumliche Auflösung von (0,8 ± 0,2) mm erreicht werden. P. Detje 112◇

0124 **Magnetfeld-Funkenkammern.** G. K. O'Neill, F. V. Murphy, K. Wright und D. Yount. (Proc. Conf. Instrumentation High-Energy Physics, CERN, Geneva 1962, Sonderband zu: Nuclear Instruments Methods [Amsterdam] **20**, 176—79, 1963; Princeton, N. J., Princeton Univ.; engl.) — In Fortführung der C. **1963**, 20279 referierten Arbeit wurde eine 128-Spalt-Kammer mit Al-Platten gebaut. Sie wird in einem 40-t-Magneten betrieben, der für 18 kG bei 1,5 MW ausgelegt ist. P. Detje 112◇

0125 **Verwendung von Funkenkammern in der Hochenergiephysik.** V. S. Kaftanov und V. A. Liubimov. (Proc. Conf. Instrumentation High-Energy Physics, CERN, Geneva 1962, Sonderband zu: Nuclear Instruments Methods [Amsterdam] **20**, 195—97, 1963; Moscow, Inst. of Theoret. and Exp. Phys.; engl.) — Vff. beschreiben je eine Funkenkammer mit 6, 12 (in einem Magnetfeld von ca. 14 kG) u. 40 Spalten. Die Elektroden der letzteren bestehen aus Messing, die der beiden ersten aus Al. Die erste Kammer wurde zur Unters. der Zerfallsvorgänge $\mu \rightarrow e + \gamma$ u. $\mu \rightarrow 3e$ benutzt, mit der zweiten sollen Experimente zur Auffindung neuer Resonanzen u. mit der dritten Messungen der Polarisation des μ-Mesons beim $K_{\mu 3}$-Zerfall durchgeführt werden. P. Detje 112◇

0126 **Ein magnetisches Spektrometer unter Benutzung von Funkenkammern zur Erzielung eines großen Raumwinkels und hoher Auflösung bei Untersuchungen von π-π-Wechselwirkungen.** D. Keefe, L. T. Kerth, C. M. Noble, J. J. Thresher und W. A. Wenzel. (Proc. Conf. Instrumentation High-Energy Physics, CERN, Geneva 1962, Sonderband zu: Nuclear Instruments Methods [Amsterdam] **20**, 171—72, 1963; Berkeley, Calif., Univ. of California, Lawrence Rad. Labor.; engl.) — Es wird ein System zur Unters. der entstehenden Teilchen bei π-p-Wechselwirkungen am Bevatron im Impulsbereich 2—5 GeV/c beschrieben. P. Detje 112◇

0127 **Anordnung zylindrischer Funkenkammern zur Messung von Winkel, Reichweite und Polarisation bei einer Untersuchung von K^--p-Wechselwirkungen.** E. F. Beall, W. Holley, D. Keefe, L. T. Kerth, J. J. Thresher, C. L. Wang und W. A. Wenzel. (Proc. Conf. Instrumentation High-Energy Physics, CERN, Geneva 1962, Sonderband zu: Nuclear Instruments Methods [Amsterdam] **20**, 205—07, 1963; engl.) — Vgl. vorst. Referat. — Großer Raumwinkel u. hohe Winkelauflösung wurden dadurch erreicht, daß das Target, das aus fl. H_2 bestand, mit einer zylindr. Funkenkammer mit 10 Spalten umgeben wurde. Zur Messung von Reichweite u. Polarisation wurde in Vorwärtsrichtung (vom Target aus gesehen) eine große halbzylindr. Kammer auf-

gestellt. Sie bestand aus 21 Funkenkammern mit dazwischen angeordneten Absorbern. Alle Kammern waren mit einer Mischung von 90% Ne u. 10% He gefüllt.
P. Detje 112◇

0128 **Die Anwendung von Funkenkammern mit dünnen Platten auf π-p-Experimente bei hohen Energien.** E. Bleuler, D. O. Caldwell, B. Elsner, D. Harting, L. W. Jones, W. C. Middelkoop, B. Zacharov, M. L. Perl und C. C. Ting. (Proc. Conf. Instrumentation High-Energy Physics, CERN, Geneva 1962, Sonderband zu: Nuclear Instruments Methods [Amsterdam] **20,** 208—12, 1963; Genf, CERN; Ann Arbor, Mich., Univ. of Michigan; engl.) — Die Funkenkammern wurden in einiger Entfernung voneinander aufgestellt, um mit einem Minimum an Material die Bahnwinkel mit maximaler Genauigkeit bestimmen zu können.
P. Detje 112◇

0129 **Funkenkammer-Wirksamkeit zum Nachweis von Elektronenschauern.** H. Faissner, F. Ferrero, A. Ghani, F. Krienen, T. B. Novey und M. Reinharz. (Proc. Conf. Instrumentation High-Energy Physics, CERN, Geneva 1962, Sonderband zu: Nuclear Instruments Methods [Amsterdam] **20,** 161—64, 1963; Genf, CERN; engl.) — Vier Al-Kammern u. eine Messingkammer wurden hintereinander angeordnet. Die Kammern waren entweder mit reinem He oder einer Mischung von 80% Ne u. 20% He gefüllt. Die Spuren wurden stereoskopisch photographiert. Zwei Funken mit einem vertikalen Abstand von 2—3 mm konnten noch aufgelöst werden. Die Messung der Wirksamkeit als Funktion der Funkenzahl (in zwei ausgewählten Spalten) ergibt für die Ne–He-Mischung etwas höhere Werte.
P. Detje 112◇

0130 **Die Neutrino-Funkenkammer bei CERN.** H. Faissner, F. Ferrero, A. Ghani, E. Heer, F. Krienen, G. Muratori, T. B. Novey, M. Reinharz und R. A. Salmeron. (Proc. Conf. Instrumentation High-Energy Physics, CERN, Geneva 1962, Sonderband zu: Nuclear Instruments Methods [Amsterdam] **20,** 213—19, 1963; engl.) — Vgl. vorst. Referat. — Zur Erreichung größtmöglicher Flexibilität wurde bes. Gewicht auf das Prinzip kombinierbarer Untereinheiten (UE) gelegt, die je nach den Erfordernissen mit Zählern u. Absorbern zusammengestellt werden können. Die UE bestehen aus zwei Außenplatten u. einer Hochspannungsplatte im Innern. Zur Unters. von Einzelheiten der jeweiligen Rk. dienen UE mit Al-Platten; UE mit Messingplatten werden verwendet, wenn Gewicht auf hohe mittlere Dichte u. kurze Strahlungslänge gelegt wird. Mehrere Photos veranschaulichen die Anwendungsmöglichkeiten der Kammer. P. Detje 112◇

0131 **Berechnung der wirksamen Anodenlänge und des empfindlichen Volumens von Geiger-Müller-Zählern mit Glaswänden und äußerer leitender Schicht.** André Birot und Daniel Blanc. (C. R. hebd. Séances Acad. Sci. **254,** 1978—79, 1962; Toulouse, Fac. des Sci., Centre de Phys. Nucl.; franz.) — Für Zähler aus Glaszylindern mit äußerer Graphitierung wird die Potentialverteilung im Innern durch successive Iterationen mittels Rechenmaschine numer. ermittelt. M. Wiedemann 112□

0132 **4π-Zähler mit minimalem Untergrund.** W. A. Jurgensson. (Versuchsgeräte u. Versuchstechn. [UdSSR] **6,** Nr. 3, 60—63, 1961; russ.) — Es wurde ein 4π-Proportionalzähler mit relativ großer Fläche bei kleinem Vol. konstruiert, der noch Intensitäten von 3—5 Zerfällen/Min. zu erfassen gestattet. Der Untergrund ist stark herabgedrückt, es wird ein Pb-Schutz benutzt. M. Wiedemann 112◇

0133 **Methode zur Aktivitätsbestimmung von tritiummarkierten Polymeren.** W. Hoffmann. (Radiochim. Acta [Frankfurt/M.] **1,** 216—17, 1963; Höchst, Farbwerke Hoechst AG; dt.) — Ein Verf. zur Serienmessung gleichartiger Proben (bis 200 mg/Ansatz) T-markierter Polymere unter Verw. fl. Scintillatoren wird beschrieben. Man arbeitet in heterogener Phase, in dem man das auf ca. 200 μ Korndurchmesser zerkleinerte Unters.-Material in dem Gelbildner Aerosil (hochdisperses SiO_2 in Toluol) unter Zusatz von Toluolscintillationslsg. suspendiert. Die anschließende Messung der T-Aktivität des entstandenen Gels geschieht mit einem Scintillationszähler + Photovervielfacher. W. Wiechmann 112◇

0134 **Kontinuierliche Dosimetrie mit dem Fricke-Dosimeter.** Ken'ichi Sugimoto, Ryuzo Tsujino und Sôichirô Musha. (Bull. Univ. Osaka Prefect., Ser. A **11,** 75—80, 1963; Osaka, Univ., Coll. of Engng., Dep. of Appl. Chem.; engl.) — Eine schwefelsaure, luftgesätt. Eisen(II)-ammoniumsulfat(I)-Lsg. wurde der γ-Strahlung einer 100 Curie-^{60}Co-Quelle ausgesetzt. Die strahlungsbedingte Oxydation der Fe(II)-Ionen wurde durch Messung der Redoxpotentialänderung verfolgt. Man untersuchte die Einfl. der Bestrahlungszeit, der Dosisleistung u. der Anfangskonz. an I auf das Redoxpotential. Die experimentell ermittelten Potentialkurven deckten sich weitgehend mit den nach der Nernstschen Gleichung berechneten. Die Steigung der Potentialkurven nahm mit steigender Fe(II)-Konz. ab. Um eine möglichst große Empfindlichkeit zu erzielen, verwendet man daher für die kontinuierliche Messung kleiner Dosismengen geringe, für größere Dosismengen höhere Fe(II)-Konzentrationen. In der Praxis empfiehlt sich I bes. wegen seiner leichten Handhabung, hohen Empfindlichkeit, großen Genauigkeit u. relativen Stabilität zur kontinuierlichen γ-Dosimetrie. Dabei kann das Fricke-Dosimeter zu Dosismessungen bis 200 kr verwendet werden.
W. Wiechmann 112◇

A$_2$. Optisches Verhalten der Materie

0135 **Kontinuierliche Darstellung in der statistischen Theorie der Elektronenenergien.** Sidney Golden und George S. Handler. (J. chem. Physics **39,** 1543—50, 1963; Brandeis Univ., Dep. of Chem.; Tufts Univ., Dep. of Chem.; engl.) — Vff. untersuchen die Verw. kontinuierlicher Darstellung (außer der einer ebenen Welle) in der statist. Theorie von Vielelektronensyst. (Thomas-Fermi-Theorie) am Beispiel von Eigenfunktionen der Hamilton-Operatoren eines Teilchens in einem Kraftfeld, das mit der dritten Potenz des Abstands von einem festen Punkt abnimmt. Die Energie des H-Atoms wird mit diesem Modell berechnet; der Wert liegt erheblich näher am quantenmechan. Ergebnis als der nach der ursprünglichen Thomas-Fermi-Meth. erhaltene. Die numer. Berechnungen deuten auf die mögliche Existenz eines statist. Analogons zum Variationsprinzip von Rayleigh-Ritz. A. Blaschette 114◇

0136 **Analytische Methode zur näherungsweisen Bestimmung der Eigenfunktionen und Energien von Elektronen in Thomas-Fermi-Atomen.** T. Tietz. (J. chem. Physics **39,** 1908—09, 1963; Łódź, Poland, Univ., Dep. of Theoret. Phys.; engl.) A. Blaschette 114◇

0137 **Verwendung von „rescaled“ Eigenfunktionen als Variations-Wellenfunktionen in Berechnungen von Atomen und Ionen.** Frank O. Ellison und Norman T. Huff. (J. chem. Physics **39,** 2051—56, 1963; Pittsburgh, Pa., Carnegie Inst. of Technol., Dep. of Chem.; engl.) — Vgl. C. **1963,** 9181. — Elektron-Elektron-Abstoßungsenergien $\overline{C}$ u. Elektron-Kern-Anziehungsenergien $\overline{L}$ werden aus den nichtrelativist. Gesamtenergien E der isoelektron. Reihen von Zwei-, Drei- u. Vierelektronen-Atomen in ihrem niedrigsten Elektronenzustand berechnet. Unter Verw. der so erhaltenen „empir.“ $\overline{C}$- u. $\overline{L}$-Werte u. von „rescaled“ Eigenfunktionen (für Zwei- u. Mehrelektronen-Syst.) wird eine begrenzte Variationsnäherung für die Atomstruktur der betrachteten Syst. entwickelt. Wird die Eigenfunktion eines Atoms der Kernladung Z + 1 zur Ermittlung der Energie eines isoelektron. Syst. der Kernladung Z herangezogen, so beträgt der Fehler ca. 0,3 eV für Zwei- bzw. ca. 0,7 eV für Vierelektronen-Atome; mit Hilfe einer halbempir. Korrektur kann dieser Fehler auf 0,01 bzw. 0,1 eV herabgesetzt werden. Es werden die Energien der Zustände $H^-(1s^2\,^1S)$, $H^-(1s2s\,^3S)$, $H^-(1s2p\,^3P)$, $H^-(1s2p\,^1P)$, $H^{2-}\cdot(1s^22s\,^2S)$, $He^-(1s^22s\,^2S)$, $He^-(1s^22p\,^2P)$, $He^{2-}(1s^22s^2\,^1S)$ u. $Li^-(1s^22s^2\,^1S)$ vorausgesagt. A. Blaschette 114◇

0138 **SPO (split-p-orbital)-Methode. 4. Mitt. Berechnungen für den (2p)^2-Zustand von Helium.** Michael J. S.

Dewar und Alice L. H. Chung. (J. chem. Physics **39,** 1741—47, 1963; Chicago, Ill., Univ. of Chicago, George Herbert Jones Labor.; engl.) — 3. vgl. J. physic. Chem. **66,** [1962], 2310. — Die Energien der drei möglichen $(2p)^2$-Zustände des He (^1S, ^1D, ^3P) werden mit SPO-Funktionen u. mit korrelierten Hylleraas-Funktionen berechnet. Weitere Rechnungen werden für den nichtstationären $(2p_z)^2$-Zustand durchgeführt. Die Ergebnisse zeigen, daß die vertikale Korrelation eine wichtige Rolle in Syst. mit p-Elektronen spielt.

A. Blaschette 114◇

0139 **Zeitabhängige Messungen und Molekülstruktur: Ozon.** R. Stephen Berry. (Rev. mod. Physics **32,** 447—54, 1960; Ann Arbor, Mich., Univ. of Michigan, Dep. of Chem.; engl.) — Diskussion stationärer Zustände in ihrer Beziehung zu zeitabhängigen spektroskop. Messungen u. zum Tunneleffekt im O_3-Molekül.

A. Blaschette 114◇

0140 **Induzierte Emission bei starker Einstrahlung.** Harry Paul. (Ann. Physik [7] **11,** 411—12, 1963; Berlin, DAW zu Berlin, Inst. für spez. Probleme der theoret. Phys.; dt.) — Vf. untersucht quantenmechan. den Vorgang der induzierten Emission bei starker Einstrahlung durch ein äußeres elektromagnet. Feld.

Herbert Müller 114◇

0141 **Anisotropie der K-Absorption in Galliumeinkristallen.** W. M. Weber. (Physica [Utrecht] **28,** 689—94, 1962; Groningen, Univ., Natuurkund. Labor.; engl.) — Deutlich unterschiedliche K-Röntgenabsorptionsspektren zeigten Ga-Einkristalle, die in verschiedenen Winkeln zur c-Achse durchstrahlt wurden. K. Jaeger 116◇

0142 **Untersuchung der L_{III}-Absorptionsspektren des Cers in Cer-Aluminium-Legierungen.** Ss. A. Nemnonow und W. W. Kljuschin. (Metallphysik u. Metallkunde [UdSSR] **6,** 951—52, 1958; Ural-Abt. der Akad. der Wiss. der UdSSR, Inst. für Metallphys.; russ.) — Die röntgenspektroskop. Unters. von $CeAl_2$ u. $CeAl_4$ ergibt, daß der Bindungscharakter in diesen intermetall. Verbb. von Seiten des Ce hauptsächlich durch die 6s- u. 5d-Niveaus bestimmt wird. H. Jäger 116◇

0143 **Charakteristisch modifizierte Röntgenstreuung.** K. Das Gupta. (Physic. Rev. [2] **128,** 2181—88, 1962; Pasadena, Calif., California Inst. of Technol., W. M. Keck Labor. of Engng. Materials; engl.) — Die spektroskop. Analyse der gestreuten Röntgenstrahlen von *Li*, *Li₂O*, *LiF*, *Be* u. *B* zeigt, daß auf der langwelligen Seite des von einem Cu-Target kommenden Primärstrahls scharfe charakterist. modifizierte Linien auftreten. Die K-Termwerte von Li, Be u. B u. der L_1-Termwert von F in LiF wurden daraus zu 58,1; 113,6; 199,0 bzw. 40,6 eV berechnet. Sie stimmen gut mit Werten überein, die durch Spektroskopie weicher Röntgenstrahlen erhalten wurden. P. Detje 116◇

0144 **Untersuchung der optischen Anregungsfunktionen des Natriums nach der photoelektrischen Methode.** I. P. Sapessotschny und L. L. Schimon. (Optik u. Spektroskopie [UdSSR] **13,** 621—25, 1962; russ.) — Die Anregungsfunktionen des Resonanzdubletts u. einiger anderer Linien des Na werden unter solchen Bedingungen untersucht, die zu einer minimalen Verzerrung des richtigen Verlaufs der Kurven der Anregungsfunktionen führen. Diese Bedingungen liegen vor, wenn der Dampfdruck erheblich unter $1 \cdot 10^{-3}$ Torr liegt u. die Dichte des Elektronenstroms $5 \cdot 10^{-4}$ A/cm² nicht übersteigt. Dann ist die Feinstruktur des Dubletts zu erkennen. Die Anregungsfunktionen von Linien, die verschiedenen Serien angehören, verhalten sich verschieden. R. K. Müller 118◇

0145 **Absorptionsspektren des Stickstoffmoleküls im Bereich von 600—1500 Å.** Y. Tanaka. (Mém. Soc. roy. Sci. Liège [5] **4,** Nr. 1, 198—201, 1 Tafel, 1961; Bedford, Mass., Geophys. Res. Directorate, L. G. Hanscom Field, Headquarters, Air Force Cambridge Res. Labor., Air Force Res. Div.; engl.) — Mit einem 2m-Vakuumspektrographen wird mit Edelgaskontinuum als Untergrund das Absorptionsspektrum von N_2 bei Atmosphärendruck zwischen 1070 u. 1500 Å vermessen. Neben den bereits bekannten Banden werden zwischen 1200 u. 1300 Å eine Reihe Absorptionsbanden beobachtet, die offensichtlich nicht den oberhalb liegenden verbotenen Syst. zuzuordnen sind. Wahrscheinlich sind die Banden auf den Übergang des Grundzustandes in den $\omega^1\Delta_u$-Zustand zurückzuführen. Unterhalb 1000 Å treten eine ganze Anzahl diskreter, meist sehr starker Banden auf. Die tiefste Grenze der drei Rydberg-Serien liegt bei 15,580 eV u. entspricht der Energie des Grundzustandes $X^2\Sigma_g^+$ von N_2^+. Eine andere Serie, deren Grenze bei 16,693 eV $A^2\Pi_u$ von N_2^+ zuzuordnen ist, zeigt Dublettstruktur, für deren Dublettaufspaltung 82 cm^{-1} gefunden wird. Die Serie des $B^2\Sigma_u^+$-Zustandes, deren einzelne Banden bis $v = 20$ leicht nach dem Roten abschattiert sind, besitzt ein Ionisationspotential von 18,750 eV. Die z. T. in Emission beobachteten Banden sind keine reinen Emissionsbanden, sondern sind vermutlich auf eine Wechselwrkg. zwischen den oberen Zuständen der Absorptionsbanden u. dem Ionisationskontinuum zurückzuführen.

H. Pförtner 118◇

0146 **Die Absorptionsspektren von Kohlenstoffdioxid und Stickstoff im Bereich von 160—1000 Å.** N. Damany-Astoin, L. Sanson, J. Romand und B. Vodar. (Mém. Soc. roy. Sci. Liège [5] **4,** Nr. 1, 202—06, 1961; Bellevue, C. N. R. S., Labor. des Hautes Pressions; franz.) — Die Messungen werden mit einem 2m-Gitterspektrographen unter einem Einfallswinkel von 86° bei ca. 10^{-2} Torr durchgeführt. Die beobachteten Spektren setzen sich aus mehreren Bandensyst. zusammen, die einem Absorptionskontinuum überlagert sind. Beim N_2, das 6 ppm O_2 u. 3 ppm W. enthält, werden 6 Unstetigkeitsstellen gemessen: Bei 15,7 u. 18,9 eV das 1. u. 2. Ionisationspotential des Mol.; 24,5 eV entspricht wahrscheinlich dem Dissoziationsvorgang $N_2 \rightarrow N(^4S) + N^+(^3P)$, könnte jedoch auch dem $C^2\Sigma^+$-Zustand von N_2^+ zugeordnet werden. Die Absorption bei 42 eV ist auf die Dissoziation $N_2 \rightarrow N(^2P^0) + N^+(^3P^0)$ zurückzuführen. Die sehr schwache Unstetigkeit bei 48,5 eV entspricht vermutlich der Bldg. des N_2^{2+}-Ions, während dem Wert bei 66 eV wahrscheinlich der Vorgang $N_2 \rightarrow N(^2P) + N^{2+}(^4P)$ zugrundeliegt. — Beim O_2- u. H_2O-freien CO_2 sind 3 Absorptionsbereiche deutlich getrennt. Das 2. Ionisationspotential bei 17,8 eV ist nur schwach ausgebildet. 29,8 eV könnte der Dissoziation $CO_2 \rightarrow C^+(^2P) + 2O(^4S)$ oder $CO_2 \rightarrow CO^+(B^2\Sigma) + O(^1D)$ entsprechen. Die auf den Vorgang $CO_2 \rightarrow C^+ + O^+ + O$ zurückzuführende Absorption liegt bei 42 eV. H. Pförtner 118◇

0147 **Druckabhängigkeit der rotationsgestörten Linien im UV-Bandenspektrum von CN.** H. P. Broida und Sidney Golden. (Canad. J. Chem. **38,** 1666—77, 1960; Washington, D. C., Nat. Bur. of Stand.; engl.) — Gemessen wurden die Intensitäten der Komponenten der rotationsgestörten Linien ($K' = 4, 7, 11, 15$) in dem O.O-Übergang des UV-Syst. ($B^2\Sigma^+$-$X^2\Sigma^+$) von CN in einer „aktiven" N_2-Flamme (0,1—100 mm Hg). Bei hohen Drücken hängt die Intensität der Komponenten nur von der Wahrscheinlichkeit der leuchtenden Übergänge ab, bei tiefen Drücken nur von den relativen Geschw. ihrer Besetzung u. bei mittleren Drücken von der Stoßfrequenz der gestörten Zustände. Diese Stoßfrequenz ist von der gleichen Größenordnung wie die gaskinetische.

K. Jaeger 118◇

0148 **Rotationsanalyse des ($A^3\Sigma^-$-$X^3\Sigma^-$)-Systems von SeO.** R. F. Barrow und E. W. Deutsch. (Proc. physic. Soc. **82,** 548—56, 1963; Oxford, Univ., Phys. Chem. Labor.; engl.) — Es wird eine vollständige Analyse von fünf Banden des Syst. $A^3\Sigma^-$-$X^3\Sigma^-$ sowie eine partielle Unters. von vier weiteren Banden des SeO durchgeführt u. aus dem Isotopieeffekt des Paars $^{78}SeO/^{80}SeO$ eine korrekte Schwingungszuordnung getroffen. Die Struktur der Banden gehört einem bisher nicht beschriebenen Typ an. Vgl. mit den Spektren von O, S, Se, Te, CO u. CS.

A. Blaschette 118◇

0149 **Singulett-Elektronenzustände von Aluminiummonofluorid.** R. F. Barrow, I. Kopp und R. Scullman. (Proc. physic. Soc. **82,** 635—36, 1963; Stockholm, Univ., Inst. of Phys.; engl.) — Vgl. vorst. Referat. — Es werden Rotationsanalysen für die Banden von fünf Singulett-Zuständen des AlF durchgeführt (E-A $^1\Pi$; H-A $^1\Pi$; H-B $^1\Sigma^+$; $Y^1\Pi$-$W^1\Sigma$; $X^1\Sigma$-$W^1\Sigma$). E ist ein

$^1\Pi$-, H ein $^1\Sigma^+$-Zustand. Der W-Zustand wird versuchshalber mit dem niedrigsten $^1\Sigma^-$-Zustand (ca. 6 eV über dem Grundzustand) identifiziert.

A. Blaschette 118◇

0150 **Das Ultraviolett-Bandenspektrum von Siliciumdifluorid.** S. Sankaranarayanan. (Proc. nat. Inst. Sci. India, Part A **28**, 311—16, 1962; Bangalore, Indian Inst. of Sci., Dep. of Phys.; engl.) — Das bei der elektr. Entladung in SiF_4 auftretende δ-Bandensyst. wurde dem SiF_2 zugeschrieben. Bei der 15000 V/30 mA-Anregung wurden 20 neue Banden aufgefunden. u. das Bandensyst. in Quartetts zugeordnet. Mit der bei 39176 cm^{-1} beobachteten Bande als (o,o,o,o)-Bande lassen sich alle beobachteten Banden durch die Gleichung $\nu = 39176 + 766\ \nu_1' + 388\ \nu_2' - 937\ \nu_1'' - 427\nu_2''$ ausdrücken. Die Deformations- bzw. symmetr. Valenzschwingung des angeregten Zustands liegt bei 338 bzw. 766 cm^{-1}.

P. Sartori 118◇

0151 **Erweiterung des ($C^2\Sigma \rightarrow X^2\Sigma$)-Systems von SrD.** M. Aslam Khan. (Proc. physic. Soc. **82**, 564—71, 1 Tafel, 1963; Chicago, Ill., Univ. of Chicago, Dep. of Phys.; engl.) — Die Banden (1,1), (1,0) u. (0,1) des Syst. $C^2\Sigma \rightarrow X^2\Sigma$ von SrD wurden in Emission beobachtet u. analysiert. Ähnlich der (0,0)-Bande des gleichen Syst. zeigen auch diese Banden vielfache Störungen u. einen scharfen Abbruch der Äste im oberen Zustand. Es werden Rotationskonst. berechnet. A. Blaschette 118◇

0152 **Ultraviolettspektrum von MgH und MgD.** M. Aslam Khan. (Proc. physic. Soc. **82**, 572—80, 1 Tafel, 1963; engl.) — Vgl. vorst. Referat. — Die Banden 2819, 2702 u. 2590 Å von MgH u. MgD werden in Absorption untersucht. Die beiden ersten sind die Übergänge (0,0) u. (1,0) eines gleichen Syst., während die letztere den (0,0)-Übergang eines anderen Syst. darstellt. Rotationsanalysen werden durchgeführt für die (0,0)- u. die (1,1)-Banden des MgD im 2590-Å-Syst. u. für die (1,1)-Banden des MgH im 2819-Å-System. A. Blaschette 118◇

0153 **Bandenspektrum von Aluminiumoxid.** Maurice Bécart und Jean-Marie Mahieu. (C. R. hebd. Séances Acad. Sci. **256**, 5533—34, 1963; Lille, Fac. des Sci., Inst. de Phys.; franz.) — Ein Entladungsrohr nach Schüler mit wassergekühlter Al-Kathode wird mit 2,4 Torr O_2 gefüllt u. eine Gasentladung mit 1800 V u. 90 mA aufrechterhalten. Das Emissionsspektrum wird spektrograph. aufgenommen u. die Banden werden dem sichtbaren Syst. $X^2\Sigma^+ \rightarrow {}^2\Sigma^+$ von AlO zugeordnet.

Herbert Müller 118◇

0154 **NiH- und NiD-Banden in violettem Spektralbereich.** E. Andersén, A. Lagerqvist, H. Neuhaus und N. Åslund. (Proc. physic. Soc. **82**, 637—38, 1963; Stockholm, Univ., Inst. of Phys.; engl.) — Die Spektren von NiH u. NiD werden in Absorption mit einem großen konkaven Gitterspektrographen aufgenommen u. die Banden im violetten Bereich analysiert. Sie gehören zu einem $^2\Delta$-$^2\Delta$-Übergang. Für NiH werden die Unterbanden $\Delta_{3/2}$-$\Delta_{5/2}$, für beide Moll. die Unterbanden $\Delta_{5/2}$-$\Delta_{5/2}$ u. $\Delta_{3/2}$-$\Delta_{3/2}$ untersucht. Für die (0,0)-Banden werden die Konst. T_0 u. B berechnet. A. Blaschette 118◇

0155 **Die Temperaturabhängigkeit der Spin-Gitter-Relaxationszeit von F-Zentren in KCl-Kristallen.** A. A. Bugai. (Festkörperphysik [UdSSR] **5**, 955—57, 1963; Kiew, Inst. für Halbleiter der Akad. der Wiss. der UdSSR; russ.) — Die Spin–Gitter-Relaxationszeit der F-Zentren in KCl-Kristallen (Konz. der Zentren $1 \cdot 10^{17}$) wird bei 300, 78 u. 20°K bestimmt u. mit theoret. Werten verglichen. — Die Relaxationszeit sinkt von 20°K bis ca. 80°K rasch u. von dieser Temp. an bedeutend langsamer ab. Die Berechnung der Werte nach dem Spin–Bahn-Mechanismus gibt bei 20°K um zwei Größenordnungen zu hohe Werte; am besten stimmt mit dem Experiment bei dieser Temp. die Berechnung nach dem Mechanismus der Kontakt-Hyperfeinwechselwrkg. unter Berücksichtigung des Raman-Effektes der Phononen.

J. Tůmová 119◇

0156 **Beobachtung des Dispersionseffektes der Reflexionsbanden in CdS-Kristallen.** Guan-in Tschshan. (Optik u. Spektroskopie [UdSSR] **13**, 701—07, 1962; russ.) — Als Beispiel für einachsige Kristalle werden aus der Dampfphase gezüchtete CdS-Kristalle untersucht, die in Plättchen mit zur natürlichen Oberfläche paralleler opt. Achse erhalten werden. An diesen wird die Reflexion bei 77,3°K gemessen. Auf diesem Wege wird das Vorhandensein eines Dispersionseffektes experimentell nachgewiesen. Die Bande λ_1 zeigt bei $\theta \leq \arccos(1/n_e)$ Antidispersionsform u. bei $\theta > \arccos(1/n_e)$ Dispersionsform. Bei $n_e = 2{,}8$ erfolgt der Übergang von der einen zur anderen Form beim Winkel $\theta = 69°$. Die Lichtdispersion innerhalb der Excitonenbanden bei CdS- u. HgJ_2-Kristallen unterscheidet sich nicht wesentlich von der Lichtdispersion in Absorptionsbanden anderen Ursprungs. R. K. Müller 119◇

0157 **Reflektographie von Kristalloberflächen.** I. Šolc. (Jemná Mechan. Optika **8**, 7—8, 1963; tschech.) — Es wird eine opt. Meth. beschrieben, die eine zuverlässige Unters. von glänzenden Kristalloberflächen ermöglicht. Parallelgerichtete Lichtstrahlen fallen auf die Kristallplatte, werden dort spezif. in einem Winkel von ca. 10° reflektiert u. in einer bestimmten Distanz photograph. registriert. Durch eine zwischengeschaltete weitere Linse kann auch ein charakt. fokales Bild erhalten werden. Die Empfindlichkeit der Meth. liegt zwischen denen der interferometr. u. der mechan. Methode.

J. J. Pohl 119◇

0158 **Versuch der Ausarbeitung einer Theorie der Bildung von dünnen Schichten.** M. Bourg. (J. Physique Radium **24**, 162—64, 1963; Marseille, Fac. des Sci.; franz.) — Bei Restgasdrücken p zwischen 10^{-6} u. 10^{-4} Torr werden auf Glasträger mit Temp. von 0—150° dünne Schichten von Na_3AlF_6 bzw. CaF_2 aufgedampft. Aus Reflexionsmessungen bei normalem u. schiefem Lichteinfall werden die opt. Konst. der Schichten erhalten, die nach der Beziehung von Lorentz-Lorenz die Füllfaktoren q für die Schichten liefern. Während q von Na_3AlF_6-Schichten mit steigender Träger-Temp. nahezu unabhängig von p wird, tritt bei CaF_2-Schichten der umgekehrte Fall ein. Der Schichtaufbau in Ggw. eines Restgases wird unter Berücksichtigung der Adsorptionstheorie diskutiert. Herbert Müller 119◇

0159 **Experimentaluntersuchung der Absorption sehr dünner Silberschichten im Ultravioletten.** Roger Payan. (J. Physique Radium **24**, 156—58, 1963; Marseille, Fac. des Sci., Labor. de Phys. Gén.; franz.) — Bei $5 \cdot 10^{-6}$ Torr werden auf Quarzglasträger 2,6—15,6 nm dicke Ag-Schichten aufgedampft u. von ihnen für Wellenlängen λ zwischen 2000 u. 4000 Å die Transmissions- u. Reflexionsfaktoren T bzw. R bestimmt. In $T = f(\lambda)$ werden bei ca. 2500 (Å) Minima u. bei 3200 Maxima beobachtet, die mit steigender Schichtdicke immer ausgeprägter werden; für die gleichen λ-Werte treten in $R = f(\lambda)$ Maxima bzw. Minima auf. Herbert Müller 119◇

0160 **Reflexion und Transmission von Licht durch eine irreguläre Oberfläche. Anwendung auf dünne Schichten.** P. Bousquet. (J. Physique Radium **24**, 161—62, 1963; Marseille, Fac. des Sci.; franz.) — Vgl. C. **1963**, 1162. — Vf. untersucht theoret. den Einfl. einer irregulären Oberflächenstruktur, in der die Entfernungen zwischen benachbarten Abweichungen von einem Mittelwert kleiner als die Wellenlänge des eingestrahlten Lichtes sind, auf Reflexion u. Transmission von Licht durch diese Schichten. Anwendung auf die Wellenlängenabhängigkeit des Reflexionsfaktors von dünnen, aufgedampften CaF_2-Schichten. Herbert Müller 119◇

0161 **Über eine anomale Absorptionserscheinung in dünnen Schichten gewisser Metalle.** Georges Rasigni. (J. Physique Radium **24**, 151—56, 1963; Marseille, Fac. des Sci., Labor. de Phys. Gén.; franz.) — Auf Quarzträger werden bei 10^{-6} Torr 0,6—3,6 (nm) dicke *Ag*-, 0,5—3 dicke *Au*- bzw. 0,4—2,4 dicke *Cu*-Schichten aufgedampft u. im Vakuum ihr opt. Transmissions- (T) u. Reflexionsvermögen (R) zwischen 4000 u. 7500 Å untersucht. T u. R durchlaufen in Abhängigkeit von der Wellenlänge λ des eingestrahlten Lichtes Extrema, die mit steigender Schichtdicke d zu größerem λ verschoben sind. Aus $2\nu\varkappa d = f(\lambda)$ u. $(\nu^2 - \varkappa^2 - \varepsilon_a)\ d = f(\lambda)$ (ν = Brechungsindex, $\varkappa$ = Extinktionskoeff., ε_a = DK in der Schicht) folgt das Vorliegen einer Resonanzabsorption. Die für d → 0 extrapolierte Resonanzfrequenz liegt für Ag bei 4000 (Å), Au zwischen 5200 u. 5500 bzw. Cu zwischen 5800 u. 6000. Während Au-Schichten an Luft unverändert bleiben, werden die opt. Eigg. von Ag- u. Cu-Schichten an Luft stark geändert. Der Einfl. der Kristallitstruktur von dünnen, diskontinuierlichen Schichten auf ihre opt. Eigg. wird diskutiert. Herbert Müller 119◇

0162 **Untersuchung der besonderen optischen Eigenschaften dünner Schichten von gewissen Metallen im Sichtbaren und Infraroten.** Jacques Richard. (J. Physique Radium **24**, 158—60, 1963; Marseille, Fac. des Sci., Labor. de Phys. Gén.; franz.) — Auf Flächen von Fluorit-Kristallen werden bei ca. 10^{-5} Torr 6—10 nm dicke *Ag*- bzw. 6—33 nm dicke *Al*-Schichten aufgedampft. Von den Schichten werden im Vakuum die Transmissions- u. Reflexionsfaktoren T bzw. R für Wellenlängen λ zwischen 0,4 u. 1,4 μ bestimmt. Aus $2\nu\varkappa d = f(\lambda)$ (ν = Brechungsindex, $\varkappa$ = Extinktions-Koeff., d = Schichtdicke) folgt für Ag das Vorliegen einer anomalen Absorptionsbande bei ca. 600 nm, die für Al in ein breites, abgeflachtes Maximum ausartet. Im IR zeigen die Schichten keine Absorption. Die Meßergebnisse werden quantenmechan. unter Berücksichtigung der Schichtstruktur diskutiert. Herbert Müller 119◇

0163 **Änderungen des Reflexionsfaktors an der Oberfläche von durch Vakuumaufdampfen erhaltenen dünnen Schichten mit der Dicke.** Denise Fabre, Jacques Romand und Boris Vodar. (C. R. hebd. Séances Acad. Sci. **256**, 5525—28, 1963; Bellevue, S.-et-O., C.N.R.S., Labor. des Hautes Pressions; franz.) — An durch Aufdampfen erhaltenen Schichten von BaF_2 mit Dicken d von 1100 bzw. 2000 Å wird die Abhängigkeit des Reflexionsfaktors R auf der Seite Schicht/Vakuum von d für Wellenlängen zwischen 1026 u. 2363 Å bestimmt. Der Einfl. der Schichtstruktur auf die Änderungen von R wird diskutiert. Herbert Müller 119◇

0164 **Infrarotreflexionsvermögen von im Hochvakuum aufgedampftem Aluminium.** H. E. Bennett, M. Silver und E. J. Ashley. (J. opt. Soc. America **53**, 1089—95, 1963; China Lake, Calif., Michelson Labor.; engl.) — In einer bei 450° ausheizbaren Vakuum-App., mit der Restgasdrücke von 10^{-10} Torr erreicht werden können, werden auf opt. glatte Quarzglasträger von Raumtemp. in ca. 1 Min. opake Al-Schichten aufgedampft. Die Schichten werden unter trocknem N_2 in das von Bennett u. Koehler (ibid. **50**, [1960], 1) beschriebene Reflektometer gebracht u. ihr Reflexionsvermögen R wird mit einem Fehler von $\pm$ 0,1% für Wellenlängen von 0,3 bis 32 μ gemessen. Die Ergebnisse sind tabellar. angegeben. Die R-Werte sind durchweg höher als Werte, die durch Aufdampfen bei ca. 10^{-6} Torr erhalten wurden. Die Meßwerte stimmen gut mit theoret. Werten überein, die unter Verw. der Gleichstromleitfähigkeit von kompaktem Al u. einer effektiven Elektronendichte von ca. 2,6 Elektronen/Atom berechnet wurden. Abweichungen bei kürzeren Wellenlängen werden damit gedeutet, daß die Relaxationszeit im Bereich der Zwischenbandübergänge abhängig von der Wellenlänge wird. Herbert Müller 119◇

0165 **Reflexionsmessungen an Reststrahlen-Kristallen im fernen Infrarot-Bereich.** Akiyoshi Mitsuishi, Yahiko Yamada und Hiroshi Yoshinaga. (J. opt. Soc. America **52**, 14—16, 1962; Osaka, Japan, Univ., Dep. of Appl. Phys.; engl.) — Die starken, auf Gitterschwingungen von Ionenkristallen zurückzuführenden Reflexionsbanden im fernen IR (Reststrahlenbanden) werden für *NaF*, CaF_2, BaF_2, *NaCl*, *KCl*, *KBr*, *KJ*, *CsBr*, *CsJ*, *TlCl*, *TlBr*, *KRS-6* u. *KRS-5*-Einkristallen unter einem Einfallswinkel von 12° bei 300 °K gemessen. Die Reproduzierbarkeit der Messungen liegt bei Wellenlängen $< 100\ \mu$ bei $\pm$ 1%, $> 100\ \mu$ bei ca. $\pm$ 2%. Für NaCl, KCl u. KBr wird das Reflexionsvermögen auch bei 100 u. 200 °K bestimmt. Die Verschiebung der Banden nach kürzeren Wellenlängen mit sinkender Temp. ist auf den Abfall der Dispersionswellenlänge, das bei tieferer Temp. höhere Reflexionsvermögen u. auf die kleinere Dämpfungs-Konst. zurückzuführen. Die Messungen stimmen mit den z. T. schon bekannten Werten (unter anderen Einfallswinkeln) gut überein. H. Pförtner 119◇

0166 **Schwingungsspektren von Rubin und Haematit im Infrarot-Bereich.** Akiyoshi Mitsuishi, Hiroshi Yoshinaga, Shigeru Fujita und Yoshiro Suemoto. (Jap. J. appl. Physics **1**, 1—4, 1962; Osaka, Japan, Univ., Fac. of Engng., Dep. of Appl. Phys.; engl.) — Die Reflexions- u. Transmissions-Spektren von Rubin (1% Cr_2O_3), reinem α-Al_2O_3 u. Haematit (natürliche Kristalle) werden im Bereich 200—2 μ gemessen. Für jede der Verbb. werden 6 Banden gefunden, die in Übereinstimmung mit Voraussagen der Gruppenanalyse stehen. Zwei Banden sind parallel u. vier Banden sind senkrecht polarisiert. Im Reflexionsspektrum wurde für die 17,5-μ-Bande der Polarisationscharakter festgestellt. Eine vollständige Zuordnung der 6 Banden war nicht möglich, da die Polarisations-Meßergebnisse unterhalb 17,5 μ unzulänglich sind. D. Kunath 119◇

0167 **Optische Streuung an dünnen Magnesiumschichten.** Janine Dalmas und Roger Garron. (Rev. Opt. théor. instrument. **42**, 282—90, 1963; Marseille, Fac. des Sci., Labor. de Phys. exp.; franz.) — Von 80—1250 Å dicken Mg-Schichten auf Quarz werden für Wellenlängen λ zwischen 244 u. 440 nm Transmissions-, Reflexions- u. Streufaktor bestimmt. Der Streufaktor weist im untersuchten λ-Bereich für Schichtdicken von 250—350 Å Maxima auf, u. der Maximalwert steigt mit λ auf ca. 3% an. Die Abhängigkeit des Streufaktors von der Schichtstruktur wird theoret. diskutiert. Herbert Müller 119◇

0168 **Meßprinzip für geringe Änderungen des Brechungsindex einer dünnen Schicht von der gleichen Art wie ihr Träger.** Jean-François Riollet. (C. R. hebd. Séances Acad. Sci. **256**, 5529—32, 1963; Joinville-le-Pont, Seine, Co., Française Thomson-Houston, Labor. de Phys. du Solide; franz.) — Für geringe Unterschiede der Brechungsindices n von Aufdampfschicht u. Träger durchläuft der Reflexionsfaktor R Extrema. Vf. beschreibt eine Meth., die aus Meßwerten von $(R_{max}-R_{min})/R_{max}$ die Berechnung von n der Aufdampfschicht gestattet. Die Anwendung auf 1,1 bzw. 1,5 μ dicke poly- bzw. einkristalline *Ge*-Aufdampfschichten auf Ge ist angegeben. Herbert Müller 119◇

0169 **Lichtstreuung durch Vielkomponentensysteme.** R. K. Bullough. (Proc. Roy. Soc. [London], Ser. A **275**, 271—83, 1963; Manchester, Brit. Rayon Res. Assoc.; engl.) — Zu den zwei Termen, die in der Einsteinschen Streuformel für die Extinktion von Licht durch eine Lsg. enthalten sind, wird ein dritter hinzugefügt. Dieser hängt von der natürlichen „Überschuß"-Polarisierbarkeit des gelösten Stoffes u. von der Polarisierbarkeit des Lsgm. ab. Der erweiterte Ausdruck dürfte die Mol.-Gew., die aus der Extinktion berechnet werden, gegenüber den nach der alten Formel berechneten um nicht mehr als einige Zehntel des Mol.-Gew. ändern. Er ist aber nur für Lsgg. kleiner Moll. von Bedeutung. Gute Übereinstimmung mit experimentellen Daten für CS_2 in CCl_4 u. Ae. in Bzl. wurde festgestellt. P. Detje 119◇

0170 **Infrarotabsorption von Ni-Zentren im Korund.** G. V. Schultz und D. Haberland. (Mber. dtsch. Akad. Wiss. Berlin **3**, 258—59, 1961; Liebenwalde, Dt. Akad. der Wiss., Phys.-Techn. Inst., Bereich Luminescenzforsch.; dt.) — Gemessen wurde das IR-Absorptionsspektrum von Al_2O_3-$<$ 1 Gew.-% *NiO*-Einkristallen. K. Jaeger 120◇

0171 **Absorptionsspektren dreier allotroper Formen von Eis im langwelligen Infrarot.** Paul-Antoine Giguère und Jean-Pierre Arraudeau. (C. R. hebd. Séances Acad. Sci. **257**, 1692—94, 1963; Québec, Univ. Laval, Fac. des Sci., Dép. de Chim.; franz.) — Die IR-Spektren der glasartigen, kub. u. hexagonalen Modifikationen von H_2O u. D_2O wurden im Bereich zwischen 1000 u. 50 cm^{-1} aufgenommen. Die starke Bande bei 850 cm^{-1} (H_2O) ist in zwei Komponenten aufgelöst. Bei der glasartigen Modifikation tritt eine im Fall der anderen Phasen inakt. Bande bei 800 cm^{-1} (H_2O) auf. Bei etwa 200 cm^{-1} treten zwei scharfe mittelstarke Banden auf, die Teil einer äquidistanten Serie mit dem Abstand 35 cm^{-1} (H_2O) bzw. 33 cm^{-1} (D_2O) sind. Die Ergebnisse werden diskutiert. B. Krebs 120◇

0172 **Rotations- und Schwingungskonstanten des $H^{35}Cl$- und $D^{35}Cl$-Moleküls.** D. H. Rank, D. P. Eastman, B. S. Rao und T. A. Wiggins. (J. opt. Soc. America **52**, 1–7, 1962; University Park, Pa., Pennsylvania State Univ., Phys. Dep.; engl.) — Aus den mit großer Genauigkeit im IR vermessenen (1,0)-, (2,0)-, (3,0)-, (4,0)- u. (5,0)-Banden von $H^{35}Cl$ (**I**) u. den (1,0)- u. (2,0)-Banden von $D^{35}Cl$ (**II**) werden die Mol.-Konst. der beiden Moll. bestimmt. Die Frequenzen werden durch ein Polynom 6. Grades gut wiedergegeben. Für **I** ist $B = 10{,}440254 \pm 0{,}000010\ cm^{-1}$ u. $D_0 = -5{,}28350 \cdot 10^{-4}\ cm^{-1}$, für **II** $5{,}392261 \pm 0{,}000010$ bzw. $-1{,}40064 \cdot 10^{-4}\ cm^{-1}$. Durch Verb. der B_0-Werte aus IR- u. Mikrowellenmessungen von **II** ergibt sich eine Lichtgeschw. von $299793{,}1 \pm 0{,}65$ km/s. Mit den beobachteten Rotations- u. Schwingungskonst. werden mit Hilfe der Theorie von Dunham die Potentialkonst. von **I** berechnet. Dabei zeigt sich, daß **I** nicht rein rotierend schwingt, da die beobachteten u. berechneten Werte von $Y_{02} \sim D_e$ nicht übereinstimmen. Aus den Mol.-Konst. von **I** u. **II** u. den bekannten Atommassen wird abgeleitet, daß der Grundzustand B_e durch die oberen Elektronenniveaus gestört ist, wodurch B_e im Vgl. zum ungestörten Wert zu hoch liegt. Die Störung deutet darauf hin, daß **I** u. **II** ein positives magnet. Moment $\mu = +0{,}2$ bzw. $+0{,}1$ Kernmagnetonen besitzen. H. Pförtner 120

0173 **Infrarotspektrum von Chlordifluoramin, $ClNF_2$.** Raymond Ettinger. (J. chem. Physics **38**, 2427–29, 1963; Huntsville, Ala., Rohm & Haas Co., Redstone Arsenal Res. Div.; engl.) — Von den sechs auf Grund der Symmetrie C_s des $ClNF_2$ zu erwartenden Grundschwingungen wurden fünf im IR-Spektrum der gasförmigen Verb. aufgefunden u. zugeordnet. Das Spektrum zwischen 250 u. 4000 cm^{-1} wird graph. u. die Zuordnung der beobachteten Frequenzen tabellar. mitgeteilt. P. Sartori 120◇

0174 **Das Infrarotspektrum und die Struktur des Difluoroborsäuremethylesters.** J. E. de Moor und G. P. van der Kelen. (Ber. Bunsenges. physik. Chem. **67**, 429–34, 1963; Ghent, Belgium, Univ., Labor. for Gen. and Inorg. Chem.; engl.) — F_2BOCH_3 ist im Dampfzustand monomer, Symmetrie C_s. Sein IR-Spektrum wurde zwischen 1 u. 25 nm aufgenommen u. auf Grund der Bandenkonturen u. des Vgl. mit BF_3 bzw. $B(OCH_3)_3$ zugeordnet. Die beobachteten Frequenzen stimmen im allg. gut mit den nach der Lechner-Gleichung berechneten überein, die Kraftkonst. ergeben sich zu $k_{BO} = 6{,}65 \cdot 10^5$ (dyn/cm), $k_{BF} = 5{,}20 \cdot 10^5$, $k_{FBF} = 0{,}60 \cdot 10^5$, $k_{FBO} = 0{,}45 \cdot 10^5$. Für die B–O-Bindung ergibt sich nach Siebert der Bindungsgrad 1,5. P. Sartori 120◇

0175 **Absorptionsspektrum von SnJ_4 im fernen Infrarot.** X. Gerbaux und A. Hadni. (J. Physique Radium **23**, 877, 1962; Nancy, Fac. des Sci.; franz.) — Von 0,5 mm dicken SnJ_4-Einkristallen wird für Wellenlängen zwischen 40 u. 700 μ das Absorptionsspektrum aufgenommen. Starke Absorptionsbanden werden bei 50 u. 155 μ beobachtet, während bei ca. 300 μ eine breite, schwache Bande auftritt. Der Zusammenhang mit im Raman-Spektrum beobachteten Banden wird diskutiert. Herbert Müller 120◇

0176 **Infrarotspektren der Komplexe von Zinn(IV)-chlorid mit Anilin und Vinylestern von Phenol und o-Aminophenol.** M. F. Schosstakowski, G. G. Skworzowa, K. W. Sapunnaja, N. I. Schergina und N. N. Tschipanina. (Ber. Akad. Wiss. UdSSR **149**, 862–64, 1963; Irkutsk, Sibir. Abteil. der Akad. der Wiss. der UdSSR, Inst. für organ. Chem.; russ.) — Vff. bestimmen die IR-Spektren (1150–3600 cm^{-1}) von $SnCl_4 \cdot C_6H_5OCH{=}CH_2$ (**I**), $SnCl_4 \cdot 3C_6H_4NH_2OCH{=}CH_2$ (**II**) u. $SnCl_4 \cdot 4C_6H_5NH_2$ (**III**) sowie die der organ. Komponenten. Die Hauptbanden sind angegeben. Aus den Frequenzänderungen werden Aussagen über die Donator-Acceptor-Eigg. des $SnCl_4$ gemacht. **I**: weiße Kristalle, F. 120°, **II**: weiße Kristalle, F. 93,2°; **III**: weißes Pulver, F. 155°. $C_6H_5OCH{=}CH_2$: Kp. 31,2°/5 Torr, n_D^{20} 1,5222, $C_6H_4NH_2OCH{=}CH_2$: Kp. 114°/24 Torr, n_D^{20} 1,5716; $C_6H_5NH_2$: 97°/40 Torr, n_D^{20} 1,5856. D. Hoene 120◇

0177 **Die Infrarot-Spektren von einigen ferroelektrischen Verbindungen mit kurzen Wasserstoff-Brückenbindungen.** R. Blinc und D. Hadži. (Molecular Physics **1**, 391–405, 1958; Ljubljana, Univ., Chem. Labor. and Inst. Boris Kidrič; engl.) — Vgl. C. **1964**, 4-0221. — Die IR-Spektren von KH_2PO_4, $NH_4H_2PO_4$, NaH_2PO_4, KH_2AsO_4, $NH_4H_2 \cdot AsO_4$, $Ag_2H_3JO_6$ u. $(NH_4)_2H_3JO_6$ u. ihren deuterierten Derivv. werden mitgeteilt (bei Raumtemp. u. einige bei niedriger Temp.). Der Spektralbereich 1500–3000 cm^{-1}, in dem OH-Banden liegen, wird eingehend diskutiert. An Hand der zwei Energieminima der H-Brücke wird für das Proton auf der Grundlage eines Term-Schemas die Tunnelung betrachtet. Für die nichtferroelektr. Phase werden die Energieminima gleich groß angenommen; für die ferroelektr. Phase wird eine unsymmetr. Potentialkurve gewählt. Für letztere wird eine quantenmechan. Behandlung des Schwingungsproblems durchgeführt. Ihre Ergebnisse stimmen mit experimentellen Daten gut überein. D. Kunath 120◇

0178 **Weitere Untersuchungen von druckmodulierter Infrarot-Absorption.** Richard R. Patty und Dudley Williams. (J. opt. Soc. America **51**, 1351–56, 1961; Columbus, Ohio, Ohio State Univ., Dep. of Phys., Labor. of Mol. Spectroscopy and Infrared Studies; engl.) — Zur Unters. druckmodulierter IR-Emissions- u. -Absorptionsspektren wurde ein Druck-Modulator konstruiert, mit dem sinusförmige Vol.-Änderungen von Gasproben mit einer Frequenz von maximal 8 Hz u. Kompressionsverhältnissen von 2 : 1, 3 : 1, 4 : 1, 5 : 1 u. 6 : 1 hervorgerufen werden können. Grund- u. erste Oberton-Absorptionsbanden des *CO* wurden ohne u. während der Druck-Modulation gemessen. Die Änderungen im IR-Spektrum lassen sich befriedigend auf der Grundlage der adiabat. Modulation erklären, obwohl eingehende Nachprüfung des erwarteten Verh. für Übergänge zwischen höheren Rotationszuständen durchaus nicht erfolgreich waren. Während der adiabat. Modulation eines Gasvol. ($\nu = 1{,}66$ Hz, Kompressionsverhältnis 5 : 1) werden Temp. von 225–640°K erhalten, ohne daß die Temp. der Meßzelle höher als 45° über Raumtemp. ansteigt. D. Kunath 120◇

0179 **Die Alkalihalogenid-Preßtechnik in der Infrarot-Spektroskopie. Anomales Verhalten einiger Proben in Alkalihalogenid-Preßlingen.** A. Tolk. (Spectrochim. Acta [London] **17**, 511–22, 1961; Utrecht, State Univ., Analyt. Chem. Labor.; engl.) — Komplikationen, die durch Wechselwrkg. der Probesubstanz mit dem Alkalihalogenid (AH) auftreten, werden experimentell nachgeprüft u. ihre Auswrkg. bei der AH-Preßtechnik der IR-Spektroskopie diskutiert. Es wurde gefunden, daß das anomale Verh. von *Benzoe-*, *Bernstein-*, *Adipinsäure* u. *Bernsteinsäureimid* (**I**) in KBr- u. KCl-Preßlingen der Adsorption dieser Moll. an der AH-Oberfläche zuzuschreiben ist. *α-Naphthylacetamid* zeigt beim Verpressen mit AH Polymorphie, während **I** in KJ-Preßlingen eine Art Additionsverb. bildet. Die Wechselwrkg.-Effekte, die durch Adsorption verursacht werden, können durch Lagerung der Preßlinge in feuchter Atmosphäre beseitigt werden; dieser „Alterungs-Effekt" wird prim. durch Rekristallisation der AH unter dem Einfl. feuchter Atmosphäre hervorgerufen. D. Kunath 120◇

0180 **Hochauflösende Raman-Spektroskopie im Roten und nahen Infraroten.** 1. Mitt. **Schwingungs-Raman-Spektrum von natürlichem flüssigem Chlor.** H. Stammreich und R. Forneris. (Spectrochim. Acta [London] **17**, 775–84, 1961; São Paulo, Brazil, Univ., Dep. of Phys.; engl.) — Experimentelle Gesichtspunkte u. Anwendungsmöglichkeiten der hochauflösenden Raman-Spektroskopie werden diskutiert. Ein bes. einfacher hochauflösender Spektrograph für dieser Unterss. im roten u. nahen infraroten Bereich wird beschrieben (Auflösung 0,3 bis 1,5 cm^{-1}). Das hochaufgelöste Raman-Spektrum von Cl_2 wird gemessen (Anregung: He 5875, 62 Å). Die Übergänge $\Delta G_{1/2}$ u. $\Delta G_{3/2}$ der drei isotopen Moll. $^{35}Cl_2$, $^{35}Cl^{37}Cl$ u. $^{37}Cl_2$ (in natürlichem Cl_2 im Verhältnis 9 : 6 : 1 vorhanden) konnten beobachtet werden. Aus den gemessenen Frequenzen wurden Werte für den 2. Differenzenquotienten $\Delta^2 G_{1/2,\,3/2}$ u. für den anharmon. Term erster Ordnung $\omega_e x_e$ abgeschätzt. D. Kunath 120◇

0181 **Raman-Spektren von Festkörpern.** J. R. Ferraro, J. S. Ziomek und G. Mack. (Spectrochim. Acta [London] **17,** 802—14, 1961; Argonne, Ill., Argonne Nat. Labor.; Chicago, Ill., DePaul Univ.; engl.) — Die Raman-Spektren von festem KNO_3, NH_4NO_3, $Th(NO_3)_4 \cdot 5H_2O$, $Y(NO_3)_3 \cdot 6H_2O$, $NaClO_3$, $Cd(SCN)_2$, *Naphthalin, Acetamid, Benzolphosphonsäuremonophenylester, Phosphorigsäurediphenylester, Maleinsäureanhydrid, Bernsteinsäuredinitril, Oxalsäure, Poly-3-methylbutylen, Polypropylen, Lucite* u. *Polystyrol* werden mit einer Aufnahmeeinrichtung für Fll. (Cary-Spektrometer Modell 81) gemessen. Die Qualität der Spektren wurde in Abhängigkeit vom Typ des Raman-Rohres, des Kristallisationsgrades u. der Dicke der Probe als auch der Probenjustierung u. der Darst.-Weise der Proben untersucht. Bei allen Variationen wurde Übereinstimmung der Spektren (auch mit solchen der Literatur) erhalten. D. Kunath 120◇

0182 **Mikrowellenspektrum, Struktur und Dipolmoment von „cis"-N_2F_2.** Robert L. Kuczkowski und E. Bright Wilson jun. (J. chem. Physics **39,** 1030—34, 1963; Cambridge, Mass., Harvard Univ., Mallinckrodt Chem. Labor.; engl.) — Die Mikrowellenspektren von $F^{14}N^{14}NF$ u. $F^{15}N^{14}NF$ wurden für den Grund- u. ersten Anregungszustand aufgenommen, mit berechneten Werten verglichen u. tabellar. mitgeteilt. Hierdurch wird die für die akt. Form des N_2F_2 noch diskutierte Formulierung $\overset{\ominus}{\underline{\overline{N}}}=\overset{\oplus}{N}\langle^{F}_{F}$ ausgeschlossen. cis-N_2F_2 ist planar, d(NN) $= 1{,}214 \pm 0{,}005$, d(NF) $= 1{,}384 \pm 0{,}01$ Å, ∢ FNN $= 114{,}5 \pm 0{,}5°$; Dipolmoment $0{,}16 \pm 0{,}01$ D; Schwingungsfrequenz des angeregten Zustands $300 \pm 35\ cm^{-1}$. Die Möglichkeit der Messung relativer Intensitäten mit einem Stark-Effekt-Spektrometer bei ungenügender Trennung der Seitenbanden von der Hauptlinie wird diskutiert. P. Sartori 121◇

0183 **Das Mikrowellenspektrum und die Struktur von NSF.** William H. Kirchhoff und E. Bright Wilson jun. (J. Amer. chem. Soc. **85,** 1726—29, 1963; Cambridge, Mass., Harvard Univ., Dep. of Chem.; engl.) — Die von Glemser u. Richert (C. **1961,** 13465) als SNF beschriebene, bei der Rk. von AgF_2 mit S_4N_4 neben NSF_3 entstehende Verb. wurde durch Mikrowellenspektroskopie als *NSF* mit $d_{SF} = 1{,}646$, $d_{SN} = 1{,}446$ Å u. ∢ NSF $= 116°52'$ identifiziert. Rotationskonst. u. Trägheitsmomente für $N^{32}SF$ u. $N^{34}SF$ u. die beobachteten u. berechneten Rotationsübergänge werden tabellar. mitgeteilt. NSF hydrolysiert mit W. bei $-78°$ unter Bldg. von cis-HNSO. P. Sartori 121◇

0184 **Temperaturabhängigkeit der Frequenz der Kern-Quadrupolresonanz von ^{121}Sb in einigen Einkristallen.** W. Ss. Gretschischkin und I. A. Kjunzel. (Festkörperphysik [UdSSR] **5,** 948—49, 1963; Perm, Univ.; russ.) — Die Temp.-Abhängigkeit der Kern-Quadrupolresonanz von ^{121}Sb hinsichtlich der Eignung von Sb-Verbb. als Quadrupol-Temperaturstandards wird im Temp.-Bereich von 77—340°K gemessen. Der Temp.-Koeff. beträgt für $SbCl_3$ 5 kHz/Grad; 2 $SbCl_3 \cdot C_6H_6$ 11 kHz/Grad; $SbCl_3 \cdot C_6H_5C_2H_5$ 17 kHz/Grad; $2SbCl_3 \cdot (C_6H_5)_2$ zeigt bei 140°K eine Strukturumwandlung (die grüne Färbung bei der niedrigeren Temp. geht bei Zimmertemp. in eine blaugrüne über). Die grüne Modifikation besitzt einen Temp.-Koeff. von 11, die blaugrüne von 4,5 kHz/Grad. Die letztgenannte Verb. zeigt auch piezoelektr. Eigg.; alle Verb. zeigen Protonenresonanz (Linienbreite 10 Oe). J. Tůmová 121◇

0185 **Die Luminescenzspektren von Diamant.** A. Jayaraman. (Proc. Indian Acad. Sci., Sect. A **52,** 189—96, 5 Tafeln, 1960; Bangalore, India, Raman Res. Inst.; engl.) — Untersucht wurden bei 80°K die Luminescenzspektren verschiedener Diamanten. Drei neue Emissionszentren wurden entdeckt: 4958, 5106 u. 5786 Å. Das Schwingungsspektrum der 4152-Å-Emission wurde genau vermessen; es stimmt mit der Theorie der Gitterdynamik von Raman gut überein. Die 4152-, 4958-, 5034- u. 5786-Emissionen treten unabhängig voneinander auf, u. die Farbe des Diamanten ist vom Intensitätsverhältnis dieser Emissionen abhängig. K. Jaeger 125◇

A_3. Elektrizität, Magnetismus, Elektrochemie

0186 **Untersuchung der elektromagnetischen Erscheinungen bei der Bewegung von Körpern in einer leitenden Flüssigkeit in einem Magnetfeld.** L. I. Dorman und Ju. M. Michailow. (J. exp. theoret. Physik [UdSSR] **43,** 752—62, 1962; Akad. der Wiss. der UdSSR, Labor. für Magnetismus; russ., Auszug: engl.) — Unters. der Bewegung einer Kugel in einer inkompressiblen Fl. endlicher Leitfähigkeit in einem äußeren Magnetfeld für kleine magnet. Reynold-Zahlen u. kleine Stuart-Zahlen. Die bei der Bewegung einer Kugel in *Hg* erzeugten elektr. u. magnet. Felder werden für Reynold-Zahlen zwischen $5 \cdot 10^4$ u. $5 \cdot 10^5$ experimentell untersucht. H. Liepack 130◇

0187 **Einheitsgeschwindigkeits-Analyse einer Elektronenströmung mit nicht einheitlicher Geschwindigkeit.** J. E. Carroll. (J. Electronics and Control [1] **14,** 403 bis 424, 1963; Harlow, Essex, Microwave Electron. Div., Services Electron. Res. Labor.; engl.) — Die analyt. Behandlung von Elektronenströmungen mit nicht einheitlicher Geschw. arbeitet üblicherweise mit dem Begriff der Verteilungsfunktion. Aussagen über diese sind aber vor allem im mehrdimensionalen Fall nur schwer ohne große mathemat. Komplikationen zu gewinnen. Es wird daher ein vereinfachtes Verf. beschrieben, das mit der mittleren Geschw. als einheitlicher Geschw. rechnet u. die allg. richtungsabhängigen Abweichungen von dieser durch einen Temperaturtensor beschreibt. Die Anwendbarkeit dieser Denkweise wird an verschiedenen Beispielen demonstriert (ebene Diode, Aufspreizung zylindr. Bündel durch Raumladung, Informationsverlust in Cyclotronwellen begrenzter Phasengeschw., Aufstellung eines kinet. Leistungstheorems u. a.). F. Lenz 131◇

0188 **Bündelungssysteme mit Feldumkehr für Elektronenbündel mit erheblichen Raumladungsdichten.** J. Kelly. (J. Electronics and Control [1] **14,** 21—63, 1963; Salfords, Mullard Res. Labor.; engl.) — Die Bündelung mit Feldumkehr (Reversed Field Focusing = RFF) ist eine Bündelung durch zur Bündelachse rotationssymm. Magnetfelder, deren Axialkomponente ein- oder mehrmalig ihr Vorzeichen wechselt. Die Felder sind dabei nicht notwendig in axialer Richtung period., u. die Abstände zwischen den Vorzeichenwechseln sind groß gegen die Periodizitätsabstände des längs der Achse variierenden Bündelquerschnitts. Während die mit kürzeren Abständen der Vorzeichenwechsel arbeitende period. Fokussierung vorwiegend bei Wanderfeldröhren verwandt wird, kommt die RFF-Fokussierung, die mit der period. Fokussierung die Ersparnis an Magnetgewicht gemeinsam hat, beispielsweise für Mehrkammerklystrons in Frage. Der Verlauf des Bündelquerschnitts beim Übergang von einem homogenen Feld zu einem anderen von umgekehrtem Vorzeichnen wird rechner. u. experimentell untersucht. F. Lenz 131◇

0189 **Nichtlineare Raumladungswellen mit eingefangenen Elektronen.** H. S. C. Wang. (Physic. Rev. Letters **11,** 141—43, 1963; Boulder, Colo., Univ., Dep. of Phys.; engl.) — Theoret. Unters. der Ausbreitung u. Wechselwrkg. zweier eindimensionaler Elektronenströmungen, in deren einer Elektronen in den Wellentälern eingefangen sind. Die Strömungen haben unendliche gleichförmige Querschnitte, u. Ionenbewegung, Stöße u. relativist. Effekte werden vernachlässigt. Es wird gezeigt, daß auch Wellen, in deren Tälern viele Elektronen eingefangen sind, fortschreiten können. F. Lenz 131◇

0190 **Resonanz bei der elastischen Streuung von Elektronen in Helium.** G. J. Schulz. (Physic. Rev. Letters **10,** 104—05, 1963; Pittsburgh, Westinghouse Res. Labor.; engl.) — Mittels des ersten elektrostat. Analysators wurde ein Elektronenstrahl mit einer Halbbreite von 0,06 eV erzeugt. In der Stoßkammer kreuzte er sich mit einem Strahl von He-Atomen. Die elast. unter 72° gestreuten Elektronen wurden auf den zweiten elektrostat. Analysator gegeben. Es wurde eine scharfe Resonanz bei $19{,}3 \pm 0{,}1$ eV gefunden. M. Wiedemann 131◇

0191 **Bildung von langsamen negativen Ionen bei einmaligen Zusammenstößen schneller negativer Wasser-**

stoff- und Sauerstoff-Ionen mit Gasmolekülen. Ja. M. Fogel, A. G. Kowal und Ju. S. Lewtschenko. (J. exp. theoret. Physik [UdSSR] **40,** 13—22, 1961; Physik.-techn. Inst. der Akad. der Wiss. der UkrainSSR; russ., Auszug: engl.) — In der früher (C. **1964**, 17-0177) beschriebenen Meßanordnung werden die Gesamt-Wrkg.-Querschnitte für die Bldg. von negativen Ionen bei Zusammenstößen von H^-- u. O^--Ionen mit O_2-, CCl_4- u. SF_6-Moll. gemessen. Die Bldg. negativer Ionen kann nach folgenden Prozessen vor sich gehen: Das Ion A^- trifft auf das Mol. BC, es kommt zu einer Umladung, bei der A neutralisiert und BC^- negativ geladen, eventuell auch angeregt wird. Das angeregte BC^--Ion kann in $B^- + C$ oder $B + C^-$ dissoziieren. Ferner ist der Prozeß möglich, daß beim Zusammenstoß von A^- mit BC das A^--Ion seine Ladung behält, BC aber in $B^- + C^+$ oder $B^+ + C^-$ dissoziiert. Die Messungen werden bei Ionen-Primärenergien von 10 bis 50 keV durchgeführt. Nach den Ergebnissen massenspektrometr. Analysen werden beim Durchgang von H^-- u. O^--Ionen durch CCl_4, SF_6 u. CCl_2F_2 die folgenden Ionen gebildet: Cl^{2+}, Cl^+, CCl_2^{2+}, CCl_2^+, CCl^+, CCl_3^{2+}, Cl_2^+, CCl_3^+, CCl_4^+, C^+, C^-, Cl^-, CCl^-, Cl_2^-, CCl_2^- bzw. F^+, S^+, SF^+, SF_2^+, SF_3^+, SF_4^+, SF_5^+, SF_2^{2+}, SF_3^{2+}, SF_4^{2+}, SF_6^-, SF_5^-, F^- bzw. C^{2+}, F^{2+}, C^+, F^+, CCl^{2+}, CF^+, Cl^+, $CCl_2F_2^{2+}$, $CCl^+ + CF_2^+$, CCl_2F^{2+}, $CClF^+$, CCl_2F^+, F_2^+, Cl_2^+, $CCl_2F_2^+$, C^-, F^- u. Cl^-. Ferner werden die bei Stößen zwischen O^--Ionen und H_2O- bzw. CO_2-Mol. gebildeten negativen Ionen analysiert. Die Wrkg.-Querschnitte für die Bldg. langsamer negativer Ionen bei Ionenstoß werden mit denen für Elektronenstoß verglichen. Die Abhängigkeit der Wrkg.-Querschnitte bei Ionenstoß von der Ionenenergie ist durchweg viel schwächer als die Abhängigkeit von der Elektronenenergie bei Elektronenstoß. F. Lenz 131◇

0192 **Querschnitte für die Dissoziation von D_3^+-Ionen in D_2^+- und D^+-Ionen bei Stößen mit Deuteriummolekülen.** Ss. Je. Kuprijanow, A. A. Perow und N. N. Tunitzki. (J. exp. theoret. Physik [UdSSR] **43,** 763—64, 1962; russ., Auszug: engl.) — Best. der Wrkg.-Querschnitte für D_3^+-Energien zwischen 30 u. 100 keV mit einem Doppelmassenspektrometer. Mit zunehmenden D_3^+-Energien nehmen die Wrkg.-Querschnitte zu; sie betragen $1{,}4 \cdot 10^{-16}$ cm²/Atom bei 100 keV. H. Liepack 131◇

0193 **Der Wirkungsquerschnitt für die Dissoziation von 3,5—100-keV-D_2^+-Ionen bei Zusammenstößen mit D_2-Molekülen.** Ss. Je. Kuprijanow, A. A. Perow und N. N. Tunitzki. (J. exp. theoret. Physik [UdSSR] **43,** 1636—37, 1962; russ., Auszug: engl.) — Vgl. vorst. Referat. — Der Wirkungsquerschnitt der Deuteronenbldg. wurde mit Hilfe eines Doppelmassenspektrometers bestimmt. Die Art der Abhängigkeit des Wirkungsquerschnittes von der D_2^+-Ionenenergie steht im Einklang mit den Ergebnissen von Fedorenko u. Mitarbeitern (C. **1960,** 8090), ist aber angenähert 30% niedriger. P. Sliwinski 131◇

0194 **„Schwere" Ionen und thermisches Ionisationsgleichgewicht in Gasen.** I. K. Larin und W. L. Talrose. (Kinetik u. Katalyse [UdSSR] **3,** 305—13, 1962; Inst. für chem. Phys. der Akad. der Wiss. der UdSSR; russ.) — Das therm. Ionisationsgleichgewicht wird für Wasserdampf, H_2 u. Ar berechnet. Es ergibt sich, daß die Gesamtkonz. an geladenen Teilchen bei Beachtung der Bldg. von Mol.-Ionen wie H_3O^+, H_3^+, Ar_2^+ um 2—4 Größenordnungen im Bereich 2000—5000°K erhöht ist gegenüber dem Fall, daß derartige Ionen nicht auftreten.
M. Wiedemann 131◇

0195 **Messungen an einer im T-Rohr laufenden Plasmafront mit Hilfe von 3 cm-Mikrowellen.** Horst Klingenberg und Elisabeth Meder. (Z. Naturforsch. **18a,** 459—65, 1963; dt.) — Zur Geschw.-Messung der Plasmafront in einem hydromagnet. T-Rohr aus Glas diente eine 3 cm-Mikrowellenapparatur. Dazu wurde über das Glasrohr ein zylindr. Metallhohlleiter geschoben. Die an der laufenden Plasmafront reflektierten elektromagnet. Wellen sind infolge des Doppler-Effektes frequenzverschoben. Sie werden den Wellen mit der ursprünglichen Frequenz überlagert. Die resultierende, mit dem Oscillographen aufgezeichnete Differenzfrequenz ist ein Maß für die Geschwindigkeit. Allerdings wirkt sich bei den Mikrowellenmessungen eine Vorionisation des Gases im T-Rohr sehr störend aus, so daß die Geschw. erst in größerer Entfernung von der Entladungsstrecke bestimmt werden kann. H. Jehne 131◇

0196 **Stabilität eines Plasmas in einem inhomogenen Magnetfeld.** B. Lehnert. (Ark. Fysik **22,** 445—47, 1962; Stockholm, Roy. Inst. of Technol.; engl.) — Diskutiert wird die Stabilität eines Plasmas in inhomogenen Magnetfeldern verschiedener Geometrie sowie der stabilisierende Einfl. der Coriolis-Kraft auf ein rotierendes Plasma.
K. Jaeger 131◇

0197 **Injektion schneller geladener Teilchen in starke Magnetfelder.** Malcolm A. MacLeod und Ralph W. Waniek. (J. appl. Physics **34,** 1415—23, 1963; Costa Mesa, Calif., Advanced Kinetics, Inc.; engl.) — In einer theoret. Abhandlung wird das Problem des gepulsten Magnetfeldes (Amplitude im Megagauß-Gebiet) u. der Injektion geladener Teilchen in ein solches behandelt. Es werden die die Injektionsbedingungen kennzeichnenden geometr. Parameter herausgestellt u. gezeigt, wie diese die Injektion der Teilchen in die Äquatorialebene des Feldes beeinflussen. Dabei wird ein glockenförmiges Magnetfeld vorausgesetzt. W. Reusse 131◇

0198 **Erzeugung und Berechnung schneller konzentrischer Stoßwellen in Helium.** W. Bötticher und H. Dammann. (Z. Naturforsch. **18a,** 580—86, 1963; Kiel, Univ., Inst. für Experimentalphys.; dt.) — Mit einer Schmierkamera wird die Weg-Zeit-Kurve von konzentr. Zylinderstoßwellen gemessen, die in einer linearen Pinch-Entladung auftreten. Die gasdynam. Berechnung der Strömung erfolgt im Anschluß an Guderley [1942]. Der Guderleysche Ansatz wird so erweitert, daß Abweichungen von den idealen Gasgesetzen (Ionisation) berücksichtigt werden. Die Ergebnisse der numer. Rechnungen werden angegeben u. mit spektroskop. Messungen verglichen. H. Jehne 131◇

0199 **Der „Slant-line-Effekt" in axialen Gasentladungen bei Gegenwart axialer Magnetfelder.** H.-W. Drawin. (Z. Physik **174,** 489—506, 1963; Fontenay-aux-Roses (Seine), EURATOM-CEA, Groupe de Recherches sur la Fusion; dt.) — Vf. behandelt den Effekt (vgl. McNally u. Skidmoore, C. **1959,** 1559) theoret. u. zeigt, daß die Neigung der Linien durch die Annahme einer vollständig oder teilweise rotierenden Plasmasäule erklärt werden kann. H. Schroeder 131◇

0200 **Untersuchung des Einflusses eines äußeren Magnetfeldes auf die Lichtcharakteristiken einer Impulsentladung in Helium.** Ss. I. Andrejew, M. P. Wanjukow und A. T. Starowoitow. (J. exp. theoret. Physik [UdSSR] **43,** 804—07, 1962; Opt. Staatsinst.; russ., Auszug: engl.) — Der Einfl. eines longitudinalen quasistationären Feldes bis zu 150000 Oe auf die Helligkeit der Säule wurde untersucht. Die Helligkeit sowie die Plasmaleitfähigkeit nahmen mit der Feldstärke ab.
H. Liepack 131◇

0201 **Untersuchung der Wirkung eines äußeren Magnetfeldes auf die Lichtcharakteristiken einer Impulsentladung in Argon.** Ss. I. Andrejew, M. P. Wanjukow und A. T. Starowoitow. (J. exp. theoret. Physik [UdSSR] **43,** 1616—18, 1962; russ., Auszug: engl.) — Vgl. vorst. Referat. — Die Helligkeit der Lichtblitze einer gepulsten Entladung in Ar in einem quasistationären Magnetfeld u. ohne Magnetfeld wurde gemessen. Der Gasdruck variiert zwischen 20 u. 740 mm Hg. Bei Drücken von 20 u. 100 mm Hg u. einem Magnetfeld $H = 150000$ Oe wächst die Helligkeit der Entladungsblitze. Bei $H = 150000$ Oe ist im Anfangszustand der Entladung die Ausbreitungsgeschw. der Entladungssäule geringer als bei Abwesenheit eines Magnetfeldes.
P. Sliwinski 131◇

0202 **Über die Beziehung zwischen der Selbstabsorption von Spektrallinien, ihrer totalen Intensität und dem Wert b für eine Reihe von in der Fackel einer Funkenentladung angeregten Linien.** I. Ss. Fischman. (Optik u. Spektroskopie [UdSSR] **13,** 630—34, 1962; russ.) — Bei verschiedenen Parametern der Inhomogenität einer Strahlungsquelle werden Gleichungen für die Beziehung zwischen Selbstabsorption u. Intensität der Spektrallinien abgeleitet. Daraus ergibt sich eine allg. Meth. der Best. der physikal. Parameter der Entladung u. der Eigg. der Spektrallinien durch den Vgl. zwischen Berechnung u. Versuch. R. K. Müller 131◇

0203 **Eine mögliche Abweichung vom Gesetz von Paschen in Wasserstoff bei tiefen Temperaturen.** P. Avivi und F. Deutsch. (Brit. J. appl. Physics **14,** 819, 1963; Jerusalem, Israel, Hebrew Univ., Dep. of Phys.; engl.) — Die Werte der Funkenüberschlagsspannung (FS) in H_2 in der Nähe des Paschen-Minimums liegen bei 85 °K bei konst. Elektrodenabstand d höher als bei 298 °K. Mit Duraluminiumelektroden beträgt die Differenz der Minima von FS ca. 10%. Demnach scheint die Paschen-Regel (FS = konst. für $\varrho \cdot d$ = konst., ϱ = Dichte des Gases) bei tiefen Temp. durchbrochen, wenn nicht Oberflächenveränderungen der Elektroden den Effekt herbeigeführt haben. H. Roschkowski 131◇

0204 **Untersuchung von Molekülumwandlungen in Naturgas bei hochfrequenter elektrischer Entladung.** Ss. W. Starodubzew, Sch. A. Abljajew, F. Bachramow, L. G. Keitlin und E. N. Jussowa. (Nachr. Akad. Wiss. UsbekSSR, Ser. physik.-math. Wiss. **1961,** Nr. 2, 3—11; Phys.-techn. Inst. der Akad. der Wiss. der UsbekSSR; russ., Auszug: usbek.) — Naturgas mit 98% CH_4 wurde durch ein U-förmiges Entladungsrohr einer Entladung bei 2 kV, 25—30 mHz zugeleitet. Die entstehenden Prodd. wurden IR-spektroskop. u. massenspektrometr. untersucht. — Unter den gasförmigen Rk.-Prodd. wurden außer H_2 u. CH_4 Acetylen u. Äthylen ermittelt; unter den fl. Prodd. können sich Alkylbenzole befinden. Die festen Prodd. bestehen außer Ruß aus einer braunen, in Bzl. leicht löslichen Masse. — Die massenspektrometr. Unters. ergab außer H^+, C^+, CH_2^+, CH_3^+ u. CH_4^+ die Ggw. von C_2^+, C_2H^+, $C_2H_2^+$, $C_2H_3^+$, $C_2H_4^+$, $C_2H_5^+$, $C_2H_6^+$, C_3^+, C_3H^+, $C_3H_2^+$, $C_3H_3^+$, $C_3H_4^+$, $C_3H_5^+$ u. $C_3H_6^+$. J. Tůmová 131□

0205 **Dipolmomente und Struktur von Molekülverbindungen des Antimonpentachlorids.** S. R. Jain und S. Soundararajan. (Chem. and Ind. **1963,** 652—53; Bangalore, Indian Inst. of Sci., Dep. of Inorg. and Phys. Chem.; engl.) — Vff. stellen folgende Additions-Verbb. des $SbCl_5$ dar u. bestimmten die Dipolmomente in Bzl. bei 35°: $SbCl_5 \cdot CH_3OH$ (6,50 D), $SbCl_5 \cdot CH_3CN$ (7,80), $SbCl_5 \cdot C_6H_5CHO$ (8,65), $SbCl_5 \cdot 2C_6H_5COOH$ (6,44), $SbCl_5 \cdot 2C_6H_5NO_2$ (7,61) u. $SbCl_5 \cdot 2CH_3COC_6H_5$ (8,66). Auf Grund der Ergebnisse wird die Struktur der Verbb. erörtert. Gerhard Schulze 132◇

0206 **Die physikalische Natur der Polarisation in festen Lösungen von Strontium- und Wismuttitanat.** W. Fritzberg. (Nachr. Akad. Wiss. LettSSR **1961,** Nr. 5, 39—51; russ., Auszug: dt.) — Feste Lsgg. in den Syst. $PbTiO_3$–$SrTiO_3$–$Bi_2O_3 \cdot nTiO_2$ ($n = 2, 3$) werden auf ihre dielektr. Eigg. u. Strukturen in Abhängigkeit von der Temp. untersucht. Die Lsg.-Syst. zeigen ferroelektr. Eigg., die sich mit ferroelektr. Polarisationsprozessen erklären lassen. W.-D. Heußner 132□

0207 **Über genaue Messung der dielektrischen Parameter ferroelektrischer Substanzen bei superhohen Frequenzen.** Ju. M. Poplawko. (J. exp. theoret. Physik [UdSSR] **43,** 800—03, 1962; Kiew, Polytechn. Inst.; russ., Auszug: engl.) — H. Liepack 132◇

0208 **Eine Resonanzmethode zur Messung von $\varepsilon/\varepsilon_0$ und μ/μ_0 in Ferriten im Bereich der Zentimeterwellen.** Fahri Domanic. (Commun. Fac. Sci. Univ. Ankara, Ser. B **11,** 26—39, 1961; Ankara, Univ., Inst. of Exp. Phys.; engl.) — Diskutiert wird die Theorie einer Resonanz-Meth. im 10-cm-Bereich zur Messung der DK u. Permeabilität von Ferriten. Mitgeteilt werden erste Ergebnisse von Verss. an einer solchen App. mit einem kommerziellen Ferrit. K. Jaeger 132◇

0209 **Experimentelle Untersuchung der Temperaturabhängigkeit der Thermo-EMK und des Widerstands von Mangan–Zinkferriten.** Ss. Wartschenja. (Nachr. Akad. Wiss. LettSSR **1961,** Nr. 6, 43—49; Inst. für Phys. der Akad. der Wiss. der LettSSR; russ., Auszug: engl.) — Vf. untersucht die Änderung der thermoelektr. Eigg. u. des Widerstandes von Ferriten in Abhängigkeit von der Temp. im Bereich des Curie-Punktes. Mn–Zn-Ferrite (47,7—50,4 Mol-% Fe_2O_3; 17,3—30,3 MnO; 16,0—34,6 ZnO, 0—2,9 Fe; 0—2,4 Mn_2O_3) zeigen in diesem Bereich Anomalien der Thermo-EMK mit positivem u. negativem Vorzeichen. Die Aktivierungsenergie des Übergangs von Para- in Ferromagnetismus ist unveränderlich positiv. E. Winkler 133◇

0210 **Die thermoelektrische Kraft von Oxidkathoden auf Platinkernen.** N. A. Surplice und R. P. Jones. (Brit. J. appl. Physics **14,** 444—48, 1963; Keele, Staffs., Univ. of Keele, Dep. of Phys.; engl.) — Auf 0,3 mm dicke Pt-Prismen werden $BaCO_3$, $SrCO_3$ bzw. (Ba, Sr)CO_3-Mischungen aufgebracht. Die Prismen werden paarweise zusammengesetzt u. im Vakuum bei 575—1075° zu den entsprechenden Oxiden umgesetzt. Für Temp. T zwischen 70 u. 800° wird zwischen den Prismen eine Temp.-Differenz eingestellt u. die auftretende Thermo-EMK Θ bestimmt. Θ ist für T < 180° kleiner als 1 (mV/Grad) u. steigt für 180—300° rasch auf Werte über 2 an. Oberhalb 300° bleibt Θ für BaO- u. SrO-Überzüge bis 800° konst., während an (Ba, Sr)O-Überzügen für T > 600° eine erneute Abnahme von Θ beobachtet wird. Der Einfl. einer Alterung sowie der Änderung der therm. u. elektr. Leitfähigkeit wird untersucht u. unter Berücksichtigung der Porenleitfähigkeit einer Oxidkathode u. der therm. Stabilität der Erdalkalimetalloxide diskutiert. Herbert Müller 133◇

0211 **Radiofrequenzschwingungen von rechteckigen AT-geschnittenen Quarz-Platten.** Issac Koga. (J. appl. Physics **34,** 2357—65, 1963; Atlanta, Ga., Georgia Inst. of Technol., Engng. Exp. Station; engl.) — Die Dickenschwingungen von AT-geschnittenen piezoelektr. Quarzplatten hängen von den Dimensionen u. der Form der Platten ab. Diesen Schwingungen sind Scher- u. Biegungsschwingungen überlagert. Meßergebnisse u. mathemat. ermittelte Werte der Polarisationsverteilung stimmen befriedigend überein. H. U. Borgstedt 133◇

0212 **Statistik in Halbleitern mit negativen Temperaturen.** F. W. G. Rose. (J. Electronics and Control [1] **14,** 609—16, 1963; Rugby, Warwickshire, A.E.I. Res. Labor.; engl.) — Es werden in einer Analogbehandlung zur theoret. Best. der Lebensdauer die Bedingungen für negative Temp. sowie Formeln für die spontane Rekombination u. die stimulierte Emission in Halbleitern mit Rekombinationszentren abgeleitet. R. Nink 135◇

0213 **Das Rauschen von Halbleitern als statistisches Problem.** D. A. Bell. (Proc. physic. Soc. **82,** 117—20, 1963; Reading, Berks., AMF Brit. Res. Labor.; engl.) — Theoret. Arbeit, die eine Erklärung für das 1/f-Rauschen (f = Frequenz) von Halbleitern angibt. Dabei werden statist. Rechnungen über Ionisations- u. Rekombinationsprozesse zwischen Elektronen im Leitungsband u. ionisierten Donatoren u. die dabei sich ergebenden Elektronendichteschwankungen durchgeführt. K. H. Härdtl 135◇

0214 **Wanderwellen-Wechselwirkung zwischen den optischen Schwingungen eines polaren Gitters und einem Strom von Ladungsträgern.** J. B. Gunn. (Physics Letters [Amsterdam] **4,** 194—95, 1963; Yorktown Heights, N. Y., IBM Corp., Thomas J. Watson Res. Center; engl.) — Mathemat. Ableitung. H. Roschkowski 135◇

0215 **Eine Analogmethode zur Bestimmung der Potentialverteilungen in Halbleitersystemen.** H. W. Loeb. (J. Electronics and Control [1] **14,** 581—98, 1963; Cranfield, Bletchley, Bucks., Coll. Aeronaut.; engl.) — Vf. entwickelt eine allg. Meth. zur Lsg. der nichtlinearen Shockley-Poisson-Differentialgleichung, welche es möglich macht, die Breite der Verarmungsrandschicht, die Ladungsträgerdichten u. die Kapazitäts-Spannungs-Verhältnisse von p–n-Übergängen zu bestimmen. Die Meth. beruht auf der Verw. eines speziellen Modell-Widerstandsnetzwerks. Für verschiedene repräsentative Konfigurationen werden vorläufige Ergebnisse angegeben. R. Nink 135◇

0216 **Maximaler thermomagnetischer Wirkungsgrad von Zweibänder-Mehrtal-Halbleitern.** R. Simon. (Appl. Physics Letters **3,** 58—59, 1963; Columbus, Ohio, Battelle Memorial Inst.; engl.) — Die allg. Theorie der galvanomagnet. Effekte von Abeles u. Meiboom (C. **1957,** 3730) für Halbleiter mit einer Bandstruktur mit mehreren Extrema wird so erweitert, daß auch die thermomagnet. Effekte erfaßt werden können. Die dabei erhaltenen kinet. Gleichungen in Vektorform erleichtern die Formulierung expliziter Ausdrücke für die verschiedenen galvanomagnet. u. thermomagnet. Effekte mit Einschluß des Umkehreffektes der thermoelektr. u. der thermomagnet. Erscheinungen. Diese Ausdrücke enthalten die partiellen Beweglichkeiten der Ladungsträger in den Richtungen der Hauptachsen der Ellipsoide konstanter Energie im Wellenzahl-Vektorraum in der Nachbarschaft jedes Energie-Extremwerts, ferner die Zustandsdichten der Ladungsträger in der Nähe jedes Energie-Extremwertes, das Fermi-Energieniveau aus den Messungen jedes Extremwertes u. den Tensor der Gitter-Wärmeleitfähigkeit. Endlich werden auch Aussagen über den thermomagnet. Wirkungsgrad bei einigen Effekten ermöglicht.
H. Fahlenbrach 135◇

0217 **Verstärkung von Ultraschallwellen in piezoelektrischen Halbleitern.** D. L. White. (J. appl. Physics **33,** 2547—54, 1962; Whippany, N. J., Bell Telephone Labor., Inc.; engl.) — In einem piezoelektr. Halbleiter wie CdS kann Ultraschall unabhängig von der Richtung durch ein elektr. Feld verstärkt werden. Verstärkung tritt ein, wenn die Elektronenwanderungsgeschw. die Schallgeschw. übersteigt. Die Frequenzgrenze für die Verstärkung liegt über 1000 MHz. Die Erscheinung läßt sich zur Unters. von piezoelektr. Halbleitern anwenden.
H. U. Borgstedt 135◇

0218 **Piezoeffekte in Halbleitern.** M. Zerbst. (Festkörperprobleme **2,** 188—202, 1963; Siemens & Halske AG., Forsch.-Labor.; dt.) — Der Einfl. mechan. Spannungen auf die physikal. Eigg. von Halbleitern (elektr. Leitfähigkeit, opt. Absorption) wird im Rahmen einer Übersicht auf Grund eines Modells der Energiebänder behandelt. Neuere experimentelle Ergebnisse werden besprochen. — 35 Literaturangaben.
H. Roschkowski 135◇

0219 **Zur Theorie des Ventilphotoeffektes am p-n-Übergang.** W. K. Ssubaschijew und Ju. I. Rawitsch. (Physica Status solidi [Berlin] **2,** 1043—61, 1962; Leningrad, Halbleiterinst. der Akad. der Wiss. der UdSSR; russ., Auszug: engl.) — Für ein Photoelement mit Bereichen, die an den p–n-Übergang angrenzen u. in der zum Übergang senkrechten Richtung ungleich sind, werden die Strom-Spannungs-Charakteristika bei Belichtung mit nichtmonochromat. Licht berechnet. Es wird gezeigt, daß der gesamte Strom durch den Übergang aus einer von der Belichtung unabhängigen (Dunkelstrom-) u. einer vom Kurzschlußstrom unabhängigen (Lichtstrom-) Komponente besteht. Diese „Sammel"-Funktion wird für einige Sonderfälle berechnet: 1. innerhalb der p- u. n-Gebiete konst. Parameter für Diffusion, Rekombination u. Drift der Minoritätsträger; 2. Änderung der Parameter als Stufenfunktionen; 3. starkes elektr. Feld im n-Gebiet; 4. geringe Dicke des n-Gebietes.
R. K. Müller 135◇

0220 **Reinigung von Silicium durch tiegelfreies Zonenschmelzen mittels Elektronenstrahlheizung.** Z. Ban und M. Sikirica. (Croat. chem. Acta **34,** 175—79, 1962; Zagreb, Croatia, Yugoslavia, Inst. „Ruder Bošković", Dep. of Struct. and Inorg. Chem.; engl.) — Beschreibung der Apparatur. Es wurden Kristalle von 140 mm Länge u. 10 mm ⌀ erhalten, der Widerstand beträgt am unteren Ende im Zentrum des Stabes ca. 200 $\Omega \cdot$ cm, an der Oberfläche scharf ansteigend mehr als 1000 $\Omega \cdot$ cm. In den oberen Bereichen des Stabes sinkt der Widerstand auf 2—3 $\Omega \cdot$ cm ab. B. Schmitt 135◇

0221 **Versetzungen in Silicium.** Hans-Joachim Queisser. (Festkörperprobleme **2,** 162—87, 1963; Palo Alto, Calif., Clevite Corp., Shockley Transistor; dt.) — Übersicht (Wechselwrkg. von Fremddiffusion u. Stufenversetzungen bei Si, elektr. Eigg. von Versetzungen, Phononen-Streuung an Versetzungen). — 95 Literaturangaben. H. Roschkowski 135◇

0222 **Über die Verteilung von B in Silicium bei der Diffusion.** D. N. Michailowa. (Festkörperphysik [UdSSR] **4,** 2992—94, 1962; Sofia, Akad. der Wiss., Phys. Inst.; russ.) — Werden zonengereinigte n-Si-Einkristalle mit einer spezif. Leitfähigkeit von 0,5 Ωcm bei 1200° ± 1% mit einer Suspension von $K_2B_4O_7$ in Terpentin oder B_2O_3 in Methanol (Oberflächenkonz. $5 \cdot 10^{17} - 1 \cdot 10^{21}$ cm^{-3}) in Berührung gebracht, so fand Vf., daß die Verteilung des B im Si nur bei Oberflächenkonzz. $> 10^{19}$ cm^{-3} von der durch das zweite Ficksche Gesetz erwarteten abweicht. H. Dahmen 135◇

0223 **Einphonon-Absorptionsbanden in mit schnellen Neutronen betrahltem Silicium.** M. Balkanski und W. Nazarewicz. (J. physic. Soc. Japan, Suppl. Nr. II, Proc. int. Conf. Crystal Lattice Defects, Kyoto **1962,** 37—42, 1963; Paris, E.N.S., Labor. de Phys.; engl.) — C. **1963, 6469.** H. U. Borgstedt 135◇

0224 **Einfluß des Ausheilens von Bestrahlungsschäden auf die mittlere Lebensdauer der Ladungsträger in Si.** Kenji Matsuura, Uichi Kubo und Yoshio Inuishi. (Technol. Rep. Osaka Univ. **12,** 39—47, 1962; Osaka, Japan, Univ., Dep. of Electr. Engng.; engl.) — Untersucht wurde die Abhängigkeit der mittleren Lebensdauer der Ladungsträger in Si-Einkristallen von der Bestrahlung mit Röntgen- u. Neutronenstrahlen u. dem anschließenden Ausheilen der Bestrahlungsschäden. Die Abhängigkeiten werden durch Verunreinigungen (z. B. O) stark beeinflußt. In O-haltigen Si-Proben ($> 10^{17}$ O/cm^3) wurde A-Zentren-Bldg. durch Röntgenstrahlen bei Zimmertemp. beobachtet. Zwischen 180 u. 240° dissoziierten diese A-Zentren in O u. eine Gitterleerstelle. A-Zentren-Bldg. u. -dissoziation hängen u. a. stark von der Bestrahlungsdosis ab. Die Aktivierungsenergie des Ausheilens (Röntgenbestrahlung) beträgt für die Lebensdauer in O-freien Si-Proben 1,2 eV. Durch Neutronenbestrahlung wurden bei Zimmertemp. Haftstellen für Minoritätsladungsträger gebildet. Die Haftstellenniveaus liegen in O-reichen n-Si-Proben bei 0,17 u. 0,29 eV (vom Valenzband), in O-freien n-Si-Proben bei 0,11 u. 0,41 eV. In beiden Kristallarten lagen bei höheren Temp. die höheren Haftstellenniveaus vor. Ferner wurde die Tiefe der durch Bestrahlung (Röntgen- u. Neutronenbestrahlung) erzeugten Rekombinationszentren bestimmt.
K. Jaeger 135◇

0225 **Eine direkte Messung der Tal-Bahn-Aufspaltung flacher Donatoren in Silicium.** T. G. Castner jun. (Physic. Rev. Letters **8,** 13—15, 1962; Schenectady, N. Y., Gen. Electr., Res. Labor.; engl.) — Bestimmt werden die Tal-Bahn-Aufspaltungen für P-, As-, Si- u. Sb-Donatoren in Si durch Messung der Temp.-Abhängigkeit der Spin–Gitter-Relaxation zwischen 4,2 u. 33°K. Für As wird eine Umklappzwischentalstreuung angenommen.
K. Jaeger 135◇

0226 **Raumladungsbegrenzte Löcherinjektionen und Haftstelleneffekte in p-Silicium.** H. Lemke. (Physica Status solidi [Berlin] **3,** 2083—92, 1963; Berlin, Dt. Akad. der Wiss., Phys.-techn. Inst., Bereich elektron. Halbleiter; dt.) — Die Löcherinjektion in p$^+$–p–p$^+$–Si-Schichten wird im Temp.-Bereich von 77—300°K untersucht. Für die Messungen werden zonengereinigte Si-Einkristalle mit spezif. Widerständen von $10^3 - 10^4$ Ωcm verwendet, die mit tiefen Donatoren *Fe*, *Au* u. *Cu* dotiert werden. Die stationären Kennlinien zeigen neben einem ohmschen Ast bei kleinen Spannungen einen stark superlinearen Ast. Quadrat. Charakteristiken wurden nur bei der Wrkg. flacher Haftstellen gefunden. Die Impulsstromkennlinien entsprechen bei geeignetem Tastverhältnis dem Gesetz von Mott-Gurney. Die U^2- u. L^{-3}-Abhängigkeit konnten experimentell bestätigt werden. Die Entleerung der Haftstellen kann durch Lichteinstrahlung im Grundgitter- u. Ausläufergebiet beschleunigt werden.
H. Roschkowski 135◇

0227 **Mit einem Oberflächensperrschichtdetektor gemessene Diffusionslänge der Minderheitsträger in n-leitendem Silicium.** Pu-Shan Tang, Ming-Hsia Huo, Tso-Yü Chen und Chu Wang. (Acta physica sinica **19,** 448—55,

1963; chin., Auszug: engl.) — Die beim Durchdringen von α-Teilchen durch die Diffusionsschicht des Au–Si-Oberflächensperrschichtdetektors gebildeten Nichtgleichgewichts-Minoritätsträger diffundieren in die Sperrschichtgrenze u. werden gesammelt. Aus der Sammelausbeute wird die Diffusionslänge ermittelt.
H. Liepack 135◇

0228 **Lawineneffekte in Silicium-p-n-Schichten.** 1. Mitt. **Untersuchung lokalisierter Photoverstärkung an Mikroplasmen.** R. H. Haitz, A. Goetzberger, R. M. Scarlett und W. Shockley. (J. appl. Physics **34**, 1581—90, 1963; Palo Alto, Calif., Unit of Clevite Transistor, Shockley Transistor; engl.) — Es wird eine Unters.-Meth. beschrieben, mit der die Photoverstärkung von Ladungsträgern bes. in Mikroplasmen gemessen werden kann. Ein Lichtfleck von einigen μ Durchmesser bedeckt ein Mikroplasma von vergleichbarer Größe. Der verstärkte Photostrom wird in Abhängigkeit von der Sperrspannung aufgenommen. Der Verstärkungsfaktor M (gemessen bis 10^6) hängt je nach Größe des Lichtfleckes bei Spannungen kurz vor dem Durchschlag von den Eigg. des Mikroplasmas ab. Aus dem Verlauf von 1/M als Funktion der Spannung (V) wird entnommen, daß der Durchmesser der Mikroplasmen in der Größenordnung 1—5 μ liegt. Bei $M > 100$ ist die Abhängigkeit $1/M = f(V)$ nicht mehr linear. Diese Abweichung wird erklärt: 1. durch den Einfl. der Raumladung der verstärkten Ladungsträger u. eventuell durch eine Sättigung von M in Abhängigkeit von der Lichtintensität, 2. durch Impulsvorgänge des Mikroplasmas. Diese Impulsvorgänge verursachen vermutlich auch den negativen Widerstand, der bei der Strom-Spannungs-Kennlinie der Diode beobachtet wird.
H. Schibilla 135◇

0229 **Lawineneffekte in Silicium-p-n-Schichten.** 2. Mitt. **Strukturell einwandfreie Schichten.** A. Goetzberger, B. McDonald, R. H. Haitz und R. M. Scarlett. (J. appl. Physics **34**, 1591—1600, 1963; engl.) — 1. vgl. vorst. Referat. — Es wird die Herst. von ebenen Si-Schutzring-Dioden beschrieben, bei denen gleichförmiger Durchschlag (keine Mikroplasmen) vorausgesetzt wird. Einwandfreie p-n-Schichten mit extrem komplizierten Kennlinien können erhalten werden. Die meisten Mikroplasmen der beschriebenen Unters. sind aus Oberflächenverunreinigungen entstanden. Die Durchschlagspannung der Mikroplasmen liegt nahe der Durchschlagspannung des Kristalles. Die gemessenen Größen für den Ionisations-Koeff. u. das Durchschlagsfeld ($E_B = 445 \pm 25$ kV/cm bei einem 32-V-Übergang) liegen 30% unter den Werten von Chynoweth (vgl. ibid. **31**, [1960],1161). Mit der l. c. Meßmeth. wird die Linearität von $1/M = f(V)$ im Bereich $1{,}6 \leq M \leq 500$ bestätigt. Die experimentellen Ergebnisse bestätigen ferner die Folgerungen der Theorie von Shockley über den Einfl. der statist. Verteilung der Verunreinigungen in der Raumladungsschicht auf das elektr. Feld u. auf die Verteilung der Durchschlagsspannung in der gesamten Schicht. Die Strom-Spannungs-Kennlinie wird näherungsweise mit Hilfe des Rausch-Effektes in einwandfreien Schichten behandelt. Die Lichtemissionsfiguren aus den einwandfreien p-n-Schichten werden untersucht u. Zusammenhänge mit den Kristall-Eigg. diskutiert. Die Lichtemission reagiert empfindlich auf die Verteilung von Verunreinigungen im Substratkristall. H. Schibilla 135◇

0230 **Steuerbare Siliciumgleichrichter.** W. Gerlach und G. Köhl. (Festkörperprobleme **2**, 203—15, 1963; Frankfurt/Main, AEG-Forsch.-Inst.; dt.) — Übersicht (Strom-Spannungs-Charakteristik, Wrkg.-Weise, Kennlinienberechnung, Dimensionierungsfragen, Strombelastbarkeit). — 16 Literaturangaben.
H. Roschkowski 135◇

0231 **Übergangsprozesse der Volumenphoto-EMK in Halbleitern.** N. F. Kowtonjuk. (Hochschulnachr. [Tomsk], Physik **1962**, Nr. 2, 174; Moskau, Inst. für chem. Maschinenbau; russ.) — Es wurde an *Ge* mit heterogenem Leitfähigkeitsverlauf beobachtet, daß die Photo-EMK vor Erreichung des stationären Wertes sich zeitlich verändert, wobei auch Richtungsumkehrung auftreten kann. Dies wird auf die Wrkg. von Haftstellen zurückgeführt, da verschiedene Oberflächenbehandlungen nur den Wert, aber nicht den Verlauf der Photo-EMK beeinflussen. H. Dahmen 135◇

0232 **Anomal-negativer Strom und anomal-positiver Photostrom.** W. I. Swjagin, Je. M. Lobanow, G. Leuschkina und I. N. Bartnitzki. (Nachr. Akad. Wiss. UsbekSSR, Ser. physik.-math. Wiss. **1961**, Nr. 2, 29—32; Inst. für Kernphys. der Akad. der Wiss. der UsbekSSR; russ., Auszug: usbek.) — In einer früheren Arbeit (vgl. C. **1962**, **14410**) wurde darauf aufmerksam gemacht, daß der Umkehrstrom von *Ge* nach γ-Bestrahlung nicht wie üblich steigt, sondern fällt. Ähnliche anomale Eigg. zeigen Ge-Dioden nach dem Ätzen (Bldg. einer Monoxidschicht). — Diese Erscheinungen werden damit erklärt, daß bei Dunkelheit ohne äußere Spannung auf der n-Ge-Oberfläche infolge der Ggw. der Monoxidschicht eine Inversionsschicht besteht. Bei Anlegen einer äußeren Spannung verteilt sich diese zwischen der Inversionsschicht u. dem Ge-Inneren, wobei die Lochkonz. der Schicht steigt u. den Umkehrstrom verursacht. Bei Bestrahlung der Oberfläche mit Licht ($\lambda < 1\ \mu$) gehen Elektronen aus der Valenzzone der Oxidschicht in ein leeres erlaubtes System der verbotenen Zone der Oxidschicht über, wobei die überzähligen Löcher nach Übergang in die Inversionsschicht den Umkehrstrom verursachen. — Kurze mathemat. Darlegung. J. Tůmová 135□

0233 **Über die Beobachtung einer Anisotropie des transversalen galvanomagnetischen Effekts in n-Ge.** A. Allanasarow. (Nachr. Akad. Wiss. TurkmenSSR, Ser. physik.-techn. chem. geol. Wiss. **1963**, Nr. 2, 116—17; russ.) — An zwei Einkristallkugeln aus n-Ge ($\varrho_1 = 3{,}6$; $\varrho_2 = 45\ \Omega$ cm) wurde gefunden, daß die Anisotropie des transversalen galvanomagnet. Effekts im Bereich der Eigenleitfähigkeit (ϱ_2) schwächer ist als im Bereich der Störstellenleitfähigkeit (ϱ_1). Die Anisotropie bei Stromrichtung in [001] zeigt die Form einer Sinuskurve (Periode 90°), in [110] werden zwei starke u. zwei schwache Maxima sowie vier Minima beobachtet, in [111] ist sie nur schwach ausgebildet u. nicht deutbar. Bei gegebener Temp. ist der Effekt unabhängig von der Konz. der Störstellen. H. Dahmen 135◇

0234 **Über den Einfluß von tiefe Haftstellen erzeugenden Verunreinigungen auf die Strom-Spannungs-Charakteristik von Halbleiterdioden.** P. M. Karageorgii-Alkalajew. (Nachr. Akad. Wiss. UsbekSSR, Ser. physik.-math. Wiss. **1961**, Nr. 2, 12—28; Phys.-techn. Inst. der Akad. der Wiss. der UsbekSSR; russ., Auszug: usbek.) — Gleichungen zur Strom-Spannungs-Charakteristik von dünnen Halbleiterschichten (Ge, Si), bei denen das n-Gebiet durch Kontakt mit dem Zuleitermetall begrenzt ist, werden abgeleitet u. Wege zu ihrer Lösung angegeben. Es wird gezeigt, daß die Anwesenheit von Beimischungen mit Acceptor- oder Donatorcharakter, die tiefe Haftstellen erzeugen, bereits bei geringen Konzz. die Strom-Spannungs-Kurve zu höheren Potentialen u. geringeren Strömen verschiebt. — 25 Literaturangaben.
J. Tůmová 135□

0235 **Einige Bemerkungen über Messungen des spezifischen Widerstandes von Germanium.** Jadwiga Skierczyńska. (Ann. Univ. Mariae Curie-Skłodowska, Sect. AA **14**, 115—21, 1959; pol.) — Die Messung des spezif. Widerstands ϱ (Ω · cm) von Ge ist bei Verw. von 4 Elektroden erheblich empfindlicher gegen Nebeneinfl. (Oberflächenwiderstand der Elektrode usw.) als bei 2 Elektroden; im ersten Falle schwanken die ϱ-Werte bei Dunkelheit u. Belichtung mit 25—100-W-Lampen nur zwischen 15,49 u. 15,51, im zweiten zwischen 14,21 u. 14,81. Für die Praxis ist die Zweielektrodenmeth. vorzuziehen.
R. K. Müller 135◇

0236 **Eigenschaften des mit Titan legierten Germaniums.** M. A. Kriwow, Je. W. Malissowa, W. A. Pressnow und N. W. Tschernowa. (Hochschulnachr. [Tomsk], Physik **1962**, Nr. 2, 108—13; Tomsk, Univ., Sibir. Phys.-Techn. Inst.; russ.) — Vff. untersuchten in p- u. n-Ge den Einfl. von Ti, das aus im Vakuum auf das Ge aufgedampften Ti-Schichten in das Ge bei 800° 8 Std. lang eindiffundiert war, auf die elektr. Leitfähigkeit u. die Hall-Konst. bei 100—480°K. Die Ti-Konzz. lagen ∼ eine Größenordnung höher, als die Konzz. der Stör-

stellenatome in der Ausgangssubstanz. Es wurde gefunden, daß Ti im Innern der Probe Acceptorniveaus bildet ($\Delta E = 0{,}2$ eV), an der Oberfläche jedoch n-leitende Schichten erzeugt. Im Bereich 100—300°K sind die Ti-Störstellenniveaus nicht vollständig ionisiert, wie aus Messungen des chem. Potentials folgt. Der Diffusionskoeff. für Ti beträgt bei 800° 5,5 · 10^{-7} cm^2/s.
H. Dahmen 135◇

0237 **Cyclotronresonanz heißer Elektronen in reinem Germanium.** Eiichi Hanamura, Teturo Inui und Yutaka Toyozawa. (J. physic. Soc. Japan **17,** 666—75, 1962; Tokyo, Univ., Fac. of Engng., Dep. of Appl. Phys. and Inst. for Solid State Phys.; engl.) — Untersucht wurde das frequenzabhängige nichtohmsche Verh. der Leitungselektronen von Ge in einem stat. Magnetfeld unter dem Einfl. eines äußeren Mikrowellenfeldes. Mit „heißer" werdenden Elektronen wird die Wechselwirkung zwischen Elektronen u. akust. Phononen größer, u. die Relaxationszeiten werden kürzer. Dadurch nimmt die Halbwertsbreite der Cyclotronresonanzlinie $(\omega\tau)^{-1}$ zu. $(\omega\tau)^{-1}$ ist $(P/m_x)^{1/n}$ proportional (P = Energie der Mikrowelle); $2{,}5 \leq n \leq 4$. Theoret. u. experimentell wird ein Abweichen der Absorptionslinie von der Lorentz-Kurve gefunden. K. Jaeger 135◇

0238 **Die Adsorption von Sauerstoffgas an Germanium und die Oberflächenleitfähigkeit.** M. J. Sparnaay und J. van Ruler. (Physica [Utrecht] **27,** 153—62, 1961; Eindhoven, N. V. Philips' Gloeilampenfabrieken, Philips Res. Labor.; engl.) — Vf. beschreiben eine neue, sehr einfache Meth. zur Unters. der elektr. Eigg. von Halbleiteroberflächen. An dünnen Ge-Einkristallzylindern (Durchmesser 1—10^{-2} mm) werden unter O_2-Drücken von 10^{-9}—10^{-2} Torr Widerstandsmessungen durchgeführt. Durch „Abbrennen" bei 700° unter O_2 von 10^{-2} Torr Druck lassen sich die Ge-Zylinderdurchmesser verändern. Hierdurch können Oberflächen- u. Gesamtleitfähigkeit voneinander getrennt (subtrahiert) werden.
G. Ruban 135◇

0239 **Untersuchung der Zwischenschicht Germanium-Elektrolyt.** M. D. Krotova und Yu. V. Pleskov. (Physica Status solidi [Berlin] **3,** 2119—26, 1963; Moscow, Acad. of Sci., Inst. of Electrochem.; engl.) — Die Ladungsdichte langsamer Oberflächenzustände wurde aus dem Verhältnis des Potentialabfalls im Raumladungsbereich u. der Helmholtzschen Schicht bei Verss. mit n-Ge (spezif. Widerstand ca. 30 Ω cm) u. unter Verw. von 0,01n bis gesätt. Lsgg. von KBr in Methylformamid als Elektrolyt bestimmt. Der Potentialabfall wurde über die Oberflächenleitfähigkeit u. die Elektrodenkapazität der Syst. gemessen. Die Abhängigkeit der Impuls-Photospannung vom Potential u. die Messungen der Oberflächenrekombinations-Geschw. u. der Elektrodenkapazität zeigen die Ggw. einer beträchtlichen Dichte schneller Oberflächenzustände ($\geq 10^{11}$ cm^{-2}) an, deren Energieniveaus sich gut vom Zentrum der verbotenen Zone abheben. Die Konz. der Minoritätsträger an der Grenze der Raumladungszone verändert sich, wenn die Elektrode durch kurze Rechteckstromimpulse geladen wird. Anstieg oder Abfall dieser Konz. verursacht Anstieg bzw. Abfall der Elektrodenkapazität im Vgl. zum stat. Zustand.
H. Roschkowski 135◇

0240 **Thermische Pinch-Erscheinung im Elektronen-Loch-Plasma.** Betsy Ancker-Johnson und James E. Drummond. (Physic. Rev. [2] **131,** 1961—65, 1963; Seattle, Wash., Boeing Sci. Res. Labor.; engl.) — In dem in *InSb* gebildeten Elektronen-Löcher-Plasma wurde eine von dem Bennett-Pincheffekt unterschiedliche Form des Strompinchs beobachtet, die durch die Temp. bestimmt wird. Die Auslösung erfolgt durch den Bennett-Effekt. Die notwendige Bedingung für das Einsetzen des therm. Pinchs ist, daß die um die Wärmeleitungsverluste verminderte Eingangsenergie des Pinch-Kanals > 0 ist. Die Größenordnung der Radien von 8 Kanälen wurde zu ca. 2 · 10^{-3} cm bestimmt. Die Plasmadichte überschritt 10^{18} cm^{-3}. Die Temp. des Plasmas reichte aus, um das Gitter innerhalb des Kanals zu schmelzen (F. = 808°K).
H. Liepack 135◇

0241 **Abhängigkeit der langwelligen Grenze des Photostroms in GaAs-p-n-Übergängen vom elektrischen Feld.** A. A. Gutkin und D. N. Nassledow. (Festkörperphysik [UdSSR] **4,** 1360—63, 1962; Leningrad, physik.-techn. Ioffe-Inst. der Akad. der Wiss. der UdSSR; russ.) — Die langwellige Grenze der spektralen Charakteristik von GaAs-Photoelementen mit p–n-Übergang bei der Verw. als Photodiode wurde untersucht. Der Photostrom ergab sich als lineare Funktion des Logarithmus der Feldstärke, er hing ferner von der Energie der auffallenden Photonen ab. M. Wiedemann 135◇

0242 **Einfluß des Drucks auf die spontane und stimulierte Emission von GaAs.** Julius Feinleib, Steven Groves, William Paul und Richard Zallen. (Physic. Rev. [2] **131,** 2070—78, 1963; Cambridge, Mass., Harvard Univ., Div. of Engng. and Appl. Phys.; engl.) — Die Unterss. wurden an GaAs-Dioden mit kurzen Impulsen hoher Stromstärke bei Zimmertemp. u. Temp. des fl. N_2 in Abhängigkeit vom hydrostat. Druck bis zu 8 kbar ausgeführt. Die Druckverschiebung des Maximums der spontanen Emission beträgt 1,1 · 10^{-5} eV/bar. Aus der Konstanz der Linienbreite mit dem Druck wird geschlossen, daß eine Elektronenverteilung im Leitungsband nicht für die Linienbreite verantwortlich ist. Oberhalb ca. 4000 Acm^{-2} treten auf der Seite niedriger Energie des Maximums der spontanen Linie Spitzen auf, deren Energie sich mit dem Druck wie Brechungsindex u. Kristalldimensionen ändert. H. Liepack 135◇

0243 **Quantenausbeute von GaAs-Injektionslasern.** G. Cheroff, F. Stern und S. Triebwasser. (Appl. Physics Letters **2,** 173—74, 1963; Yorktown Heights, N. Y., IBM Res. Center; engl.) — Gemessen wurden innere Quantenausbeute η (Photonen pro Ladungsträger, die den p-n-Übergang passieren) u. die äußere Quantenausbeuten (Photonenemissionsgeschw. pro I/e) $\eta_{ext.}$. Für Laser vom Fabry-Perot-Typ (p–n-GaAs) nimmt $\eta_{ext.}$ oberhalb eines Schwellenwertes I_{th} stark (linear) mit der Diodenstromstärke zu. K. Jaeger 135◇

0244 **Emissionsvermögen eines p–n-Diffusionsübergangs.** Ju. O. Tchorik. (Ukrain. physik. J. **7,** 476—82, 1962; Kiew, Inst. für Halbleiter der Akad. der Wiss. der UkrainSSR; ukrain., Auszug: engl.) — Das Emissionsvermögen wird für einen p–n-Übergang ermittelt. Es wird gezeigt, daß es bei einem Diffusions-Übergang unter sonst gleichen Bedingungen nicht kleiner ist als bei einer linearen Verteilung der Verunreinigung.
M. Wiedemann 135◇

0245 **Eine optische Untersuchung der magnetischen Einschnürung eines Elektron–Loch-Plasmas in InSb.** B. D. Ossipow und A. N. Chwoschtschew. (J. exp. theoret. Physik [UdSSR] **43,** 1179—83, 1962; Akad. der Wiss. der UdSSR, physikal. Lebedew-Inst.; russ., Auszug: engl.) — Untersucht wurden Änderungen der transversalen Intensitätsverteilung der Rekombinationslumineszenz von einem Elektron–Loch-Plasma in InSb-Einkristallen bei einem Kaskadendurchschlag unter Einw. eines longitudinalen Magnetfeldes. Die Existenz einer magnet. Zusammensetzung (Pinch-Effekt) wurde direkt in einem Kaskadendurchschlag nachgewiesen, die Temp. des Plasmas wurde aus dem Strahlungsspektrum bestimmt u. die Dichte des nicht im Gleichgewicht befindlichen Plasmas berechnet. P. Sliwinski 135◇

0246 **Driftbeweglichkeit und Lebensdauer von Löchern in CdS-Kristallen.** J. Mort und W. E. Spear. (Physic. Rev. Letters **8,** 314—15, 1962; Leicester, Univ., Phys. Dep.; engl.) — Mit Hilfe einer Elektronenimpuls-Meth. (40 keV, Dauer einige ns) u. elektron. Messung der im Kristall entstehenden Ladungsverschiebungen werden Lochlebensdauern von 1 · 10^{-7}—3 · 10^{-7} s u. Driftbeweglichkeits(μ_H)-Werte bei Raum-Temp. zwischen 10 u. 18 cm^{-2} V^{-1} s^{-1} gefunden. Die Temp.-Abhängigkeit von μ_H wurde an einigen Proben für Temp. von 500 · 77°K untersucht. Die Aktivierungsenergie der Driftbewegung beträgt danach bei Temp. < 210° 0,019 ± 0,002 eV.
H. Roschkowski 135◇

0247 **Galvanomagnetische Effekte in Cadmiumsulfid.** J. David Zook und Richard N. Decter. (Physic. Rev. [2] **129,** 1980—89, 1963; Madison, Wis., The Univ. of Wisconsin; engl.) — Hall-Effekt u. magnet. Widerstandsänderung wurden bei 297, 196 u. 77°K in Einkristallen aus n-dotiertem CdS mit einem spezif. Widerstand von 4 Ωcm (bei Zimmertemp.) gemessen. Die Ergebnisse für Hall-Beweglichkeit u. Leitfähigkeitsänderung im Magnetfeld lassen sich aus der Streutheorie für polare Halbleiter bei Annahme einer effektiven Masse $m_x = 0,19\ m_e$ deuten. Helmut Seifert 135◇

0248 **Dotierungseigenschaften von $Bi_2Te_{2,7}Se_{0,3}$.** Olof Beckman und Pär Bergvall. (Ark Fysik **24**, 113—22, 1963; Uppsala, Univ., Dep. of Phys.; engl.) — Mischungen von Bi_2Te_3 u. Bi_2Se_3 werden zusammen mit Donator-Verbb. (Cu, CuBr, $CuBr_2$, BiJ_3 bzw. BiOCl) im geeigneten Gew.-Verhältnis in einem evakuierten Quarzrohr eingeschmolzen. Durch Absenken der Heizzone mit 23 mm/h werden Kristalle von $Bi_2Te_{2,7}Se_{0,3}$ mit Spaltebenen in Richtung der Rohrachse erhalten. Von polykristallinen u. Einkristallproben werden Hall-Koeff., elektr. Leitfähigkeit σ, Seebeck-Koeff. S u. Wärmeleitfähigkeit λ zwischen 77 u. 293°K bestimmt. Aus der graph. Darst. von $\lambda = f(\sigma)$ wird durch Extrapolation für die Gitterwärmeleitfähigkeit 1,03 Watt/m · Grad erhalten; die verschiedenen Dotierungen zeigen ähnliches Verhalten. Parallel zur Spaltebene der Kristalle liegt $\mu_0(m^*/m)^{3/2}$ (μ_0 = nichtentartete Beweglichkeit, m^*/m = Verhältnis der Ladungsträgermassen) zwischen 0,032 u. 0,036 $m^2/V \cdot s$ u. liefert als optimalen Gütefaktor Z = 0,3 $(Grad)^{-1}$. Aus galvanomagnet. Unterss. folgt, daß eine ähnliche Bandstruktur wie in n-leitendem Bi_2Te_3 vorliegt. Die effektive Masse beträgt 0,57 m_0. Der Anisotropiefaktor für Hall-Messungen ist mit dem Tensor ϱ_{123} 0,24. Der Zusammenhang zwischen Dotierungs-Konz. u. Ladungsträgerdichte wird diskutiert. Herbert Müller 135◇

0249 **Elektrische Eigenschaften des Systems $Ni_{(1-x)}O$.** Shigenao Koide und Humihiko Takei. (J. physic. Soc. Japan **18**, 319—20, 1963; Kawasaki, Tokyo Shibaura Electric Co., Ltd., Central Res. Labor.; engl.) — Vff. untersuchten die Temp.-Abhängigkeit des spezif. Widerstandes von einer Reihe nicht stöchiometrischer NiO-Proben, die durch Zers. von $NiCO_3$ bei Temp. zwischen 500 u. 1500° dargestellt wurden. Gemessen wurde der spezif. Widerstand der Pulverproben zwischen Zimmertemp. u. 500° bei einem konst. Druck von 8 t/cm^2. Trägt man den spezif. Widerstand ϱ gegen die Temp. graph. auf, dann ist aus den Kurven ersichtlich, daß ϱ/T angenähert proportional $\exp(\varepsilon/kT)$ ist, wo ε eine Aktivierungsenergie bedeutet. Ferner wurden ϱ u. ε als Funktion von x graph. aufgetragen, wo x die prozentuale Abweichung von der stöchiometr. Zus. bedeutet. Aus den Verss. geht einwandfrei hervor, daß der Einfl. der Abweichung von der stöchiometr. Zus. nicht vernachlässigt werden darf. C. Gottfried 135△

0250 **Die Wirkung zugesetzter Oxide auf p-leitendes Nickeloxid.** G. M. Schwab und H. Schmid. (J. appl. Physics, Suppl. zu **33**, Nr. 1, 426—28, 1962; München, Univ., Inst. for phys. Chem.; engl.) — NiO wurde bis zu 1 Mol-% dotiert mit Ga_2O_3, In_2O_3, Cr_2O_3, *MgO*, *ZnO*, Li_2O, Na_2O u. Ag_2O. Der Einfl. des chem. Unterschiedes der Dotierungsmittel auf die elektr. Eigg. des NiO wurde untersucht. So zeigt z. B. trotz gleicher Ionenradien von Ga^{3+} (0,62 Å) u. Cr^{3+} (0,64 Å) Cr^{3+} eine wesentlich stärkere Erhöhung der Aktivierungsenergie der Leitfähigkeit ΔE des NiO als Ga^{3+} (NiO, Ga_2O_3-dotiert: $\Delta E = 0,80$ eV; NiO, Cr_2O_3-dotiert: $\Delta E = 1,12$ eV). K. Jaeger 135◇

0251 **Ionen- und Elektronenleitung in binären Oxiden und ihre Untersuchung mittels EMK-Messungen.** Hermann Schmalzried. (Z. physik. Chem. [Frankfurt/M.] [N. F.] **38**, 87—102, 1963; Göttingen, MPI für phys. Chem.; dt.) — Theoret. untersucht wird die Kette $O_2(Po_2')$, Me/festes Oxid/Me, $O_2(Po_2'')$. Meßdaten über *MgO*, Al_2O_3, ZrO_2 (+ CaO), *Quarzglas*, *Seltene Erden* u. Mischkristalle aus SiO_2 u. Al_2O_3 als feste Elektrolyten bei hohen Temp. werden auf Grund der abgeleiteten Beziehungen diskutiert. K. Jaeger 135◇

0252 **Anisotropie der elektrischen Leitfähigkeit von Ferriten mit Magnetoplumbitstruktur.** K. Záveta. (Physica Status solidi [Berlin] **3**, 2111—18, 1963; Prague, Czech. Acad. of Sci., Inst. of Solid State Phys.; engl.) — Elektr. Messungen an einkristallinen Proben von *Ba-* u. *Pb-Ferrit* mit Magnetoplumbitstruktur zeigen eine ausgeprägte Anisotropie der elektr. Leitfähigkeit. Die Absolutwerte des Widerstands längs der hexagonalen Achse ($\varrho_{\parallel}$) sind ungefähr eine Größenordnung höher als die in der Basisebene ($\varrho_{\perp}$), die Temp.-Verläufe sind ähnlich. Aus den Leitfähigkeitswerten, der chem. Analyse u. dem Vorzeichen des Seebeck-Effekts folgt, daß der Leitungs-Mechanismus wahrscheinlich mit Fe^{2+}-Ionen verbunden ist. Die Analyse der Magnetoplumbitstruktur vom Standpunkt des „hopping-Mechanismus" unter Einbeziehung einer groben Näherung über die Ionenabstandsabhängigkeit der Elektronenübergangswahrscheinlichkeit ermöglicht es, eine halbquant. Übereinstimmung mit den experimentellen Daten zu erreichen. H. Roschkowski 135◇

0253 **Elektrischer Widerstand und Kationenverteilung im Fe–Mn–Ferrit-System.** Zenya Funatogawa, Nahonori Miyata und Seiji Usami. (J. physic. Soc. Japan **14**, 854, 1959; Yokohama, Japan, Univ., Dep. of Phys.; engl.) — Vgl. C. **1961**, **1463**. — Gemessen wurde der spezif. elektr. Widerstand von $Mn_xFe_{3-x}O_4$ ($0 \leq x \leq 1,14$) als Funktion der Temp. (100—280°K) u. der Zusammensetzung. Die Analyse der Ergebnisse zeigte, daß Mn im untersuchten x-Bereich Oktaederplätze besetzt. K. Jaeger 135◇

0254 **Ionenleitung in nach dem Zonenschmelzverfahren gereinigtem KCl.** H. Kanzaki, K. Kido und T. Ninomiya. (J. appl. Physics, Suppl. zu **33**, Nr. 1, 482—86, 1962; Tokyo, Univ. of Tokyo, Inst. for Solid State Phys.: engl.) — Im Temp.-Bereich der Fremdleitung (250 bis 400°) wurde die Ionenleitfähigkeit von KCl-Einkristallen gemessen, die vorher durch Zonenschmelzen gereinigt worden waren. Der Einfl. der Versetzungsdichte auf die Ionenleitung wurde untersucht. In den reinsten Kristallen nahm die Leitfähigkeit um den Faktor 10 zu, wenn die Versetzungsdichte von 10^6 auf 10^7 cm^{-2} erhöht wurde. Für positive Ionen-Leerstellen wird eine Bldg.-Energie von 0,7 eV berechnet. K. Jaeger 135◇

0255 **Energie des Grundzustands eines Elektronengases in einem Gitter aus positiven Punktladungen.** A. Bellemans und M. DeLeener. (Physic. Rev. Letters **6**, 603—04, 1961; Brussels, Univ., Fac. of Sci.; engl.) — Berechnung mit Hilfe des quantenstatist. Formalismus von Bloch u. de Dominicis. A. Blaschette 136◇

0256 **Einfluß von Restgasen auf den Hall-Koeffizienten dünner, im Vakuum aufgedampfter Wismutschichten.** Jean Salardenne. (C. R. hebd. Séances Acad. Sci. **257**, 1058—60, 1963; Bordeaux, Fac. des Sci., Labor. de Phys. S.P.C.N. et Electrotechn.; franz.) — Auf Glasträger werden bei $7 \cdot 10^{-7}$—10^{-5} Torr 100 Å—3 μ dicke Bi-Schichten aufgedampft. Von den Schichten werden mit einer magnet. Induktion von 0,4 Weber/m^2 die Hall-Koeff. R_H als Funktion der Schichtdicke e bestimmt. Die Änderungen, die für $R_H = f(e)$ beobachtet werden, sind um so geringer, je größer der Restgasdruck ist. Einen ähnlichen Einfl. zeigt die Vergrößerung des Abstandes zwischen Träger u. Dampfquelle infolge Verringerung der Aufdampfgeschwindigkeit. Offenbar wird während des Aufdampfens O_2 aus dem Restgas in die Schicht eingebaut. Durch die dabei erzeugten „Löcher" wird das Auftreten eines negativen Vorzeichens von R_H zu größeren e-Werten verschoben. Herbert Müller 136◇

0257 **Über die Temperaturabhängigkeit des Gebietes des schwachen magnetischen Feldes in Wismut und dessen Legierungen mit Antimon.** G. A. Iwanow und A. M. Popow. (Festkörperphysik [UdSSR] **5**, 946—48, 1963; Leningrad, Pädagog. Hertzen-Inst.; russ.) — Vgl. C. **1964**, 5-0255. — Bei Stoffen mit komplizierter Zonenstruktur wie Bi hängt bei schwachen Magnetfeldern $H/c \ll 1$ die Hall-Konst. nicht von der Feldstärke ab. Bei reinem Bi liegt die Grenze des schwachen Feldes bei Raum-Temp. bei 1300 Oe, bei 77°K bei ~60 Oe. Nach Zulegieren von 7 Atom-% Sb geht diese Grenze bedeutend herab (bis ca. 8°K). Vff. weisen darauf hin, daß beim Vgl. der Hall-Konst. bei hohen Feldern im breiten Temp.-Gebiet aus dieser Tatsache bedeutende Fehler entspringen können. J. Tůmová 136◇

0258 **Direkte Bestimmung der Streuzeiten in Wismut- u. Antimon–Wismut-Kristallen bei tiefen Temperaturen.** Leo Esaki und John Heer. (J. appl. Physics **34,** 234, 1963; Yorktown Heights, N. Y., IBM Corp., Watson Res. Center; engl.) — Die Streuzeit τ wird direkt bestimmt durch Messung des realen u. imaginären Teils der Impedanz von sehr reinen Bi- u. 0,8% Sb–Bi-Einkristallen. Mit einem Fehler von 10% wurde τ für Bi bei 2°K zu τ = 0,35 nsec u. bei 4,2°K zu τ = 0,27 nsec bestimmt. Mit etwas größerer Ungenauigkeit wurde für die Bi–Sb-Leg. τ = 0,15 nsec erhalten. I. Zoll 136◇

0259 **Nachweis der Leitfähigkeit des Trägers bei Untersuchung der Leitfähigkeit sehr dünner Metallschichten (Dicken unterhalb 100 Å).** Bui Dinh-Vuong. (J. Physique Radium **24,** 164, 1963; Bordeaux, Fac. des Sci., Labor. SPCN et Electrotechn.; franz.) — Durch Verdampfung aus W-Körbchen auf chem. u. durch Ionenbeschuß gereinigte Glasträger werden folgende Schichten hergestellt: *Ag* 20—120 (Å), *Au* 40—100, *In* 100—600 bzw. *Ge* 100—4000. Die Temp.-Abhängigkeit der mit Potentialen von 200—1000 V bei 30—60° gemessenen elektr. Leitfähigkeit σ wird mit $\sigma = A \cdot \exp(-W/kT)$ (A = Konst., W = Aktivierungsenergie, T = Temp.) beschrieben. W erreicht für Schichtdicken d < 100 Å einen Grenzwert von 0,70 eV, der auch beobachtet wird, wenn die Verdampferquelle ohne Zusätze unter gleichen Bedingungen erhitzt wird. Vf. nimmt an, daß unter den Vers.-Bedingungen extrem dünne W-Schichten abgeschieden werden, die den Raum zwischen den Metallinseln anfüllen. Herbert Müller 136◇

0260 **Die Streuung von Leitungselektronen an Fehlstellen in Metallen nach der Pseudopotential-Methode.** K. Fischer. (Physica Status solidi [Berlin] **3,** 2035—50, 1963; Jülich, Inst. für Reaktorwerkstoffe der Kernforsch.-Anlage; dt.) — Für zwei verschiedene Pseudopotentiale wird ein Ausdruck für die Übergangswahrscheinlichkeit für die Streuung von Leitungselektronen an Punktfehlstellen in Metallen hergeleitet. Hiermit wird in der Näherung mit einer orthogonalisierten ebenen Welle die elektr. Widerstandsänderung für Leerstellen in *Cu, Ag* u. *Au* berechnet. Als Störpotential wird ein abgeschirmtes Coulomb-Potential verwendet u. die Abschirm-Konst. mit Hilfe der Friedelschen Bedingung bestimmt. Man erhält für Cu unter Verw. der effektiven Masse $m^* = m$, $\Delta\varrho$ = 1,46 ($\mu\Omega$ cm/Atom-%) bzw. 1,70. Bei Verw. von $m^* = 1{,}4$ m für Cu u. $m^* = m$ bei Ag u. Au führt eine aus den 1s-Elektronen im Pseudopotential resultierende Anziehung zu nicht begründeten Widerstandswerten. In der Näherung freier Elektronen erhält man für Cu, Ag u. Au 1,73; 2,07 u. 2,11 $\mu\Omega$ cm/Atom-%. H. Roschkowski 136◇

0261 **Der Einfluß von Wasserstoff auf elektrische und magnetische Eigenschaften einer Nickel–Palladium-Legierung.** J. J. van Loef. (Philips Res. Rep. **18,** 71—74, 1963; Eindhoven; engl.) — Es wurden der elektr. Widerstand u. die Sättigungsmagnetisierung einer Ni/Pd-Leg. (50 Atom-% Ni) vor u. nach der Aufnahme von H_2 gemessen. Der Widerstand steigt um fast 20% an, während die Magnetisierung bis zu einem Wasserstoff-Geh. H/Pd = 0,45 um 50% abnimmt. Der Grund ist die Aufnahme eines Elektrons des gelösten Wasserstoffs in die d-Schale des Ni-Atoms. Metallograph. Unterss. der hydrierten Leg. zeigen Korngrenzenbrüche von 100 μ Länge. W. Pruss 136◇

0262 **Änderung des elektrischen Widerstandes von Metallen bei der elektrolytischen Sättigung mit Wasserstoff.** W. W. Kusnetzow und W. A. Frolow. (J. angew. Chem. [UdSSR] **33,** 628—32, 1960; Perm, Gorki-Univ., Naturwiss. Inst., Labor. für Elektrochem.; russ.) — Der Einfl. der kathod. H_2-Sättigung durch Polarisation in H_2SO_4 mit verschiedenen Zusätzen von As_2O_3 (C_{As} in mg/Liter) auf die Änderung des spezif. Widerstandes $\Delta\varrho$ von Metallen wird untersucht. Bei U 9 A-Stahldraht mit 0,91(%) C, 0,22 Mn, 0,25 Si, < 0,02 S u. < 0,03 P nimmt $\Delta\varrho$ in den ersten Min. der H_2-Sättigung bis zu einem Maximalwert zu, der während der weiteren Dauer t der Polarisation konst. bleibt. Die Zunahme von $\Delta\varrho$ erfolgt in 2 n H_2SO_4 rascher u. führt zu einem höheren Wert als in 0,1 n H_2SO_4 (C_{As} beidemal 10); die Abhängigkeit von der Stromdichte ist aber ähnlich. Bei 7tägigem Stehen bei Zimmertemp. nach der Sättigung ändert sich $\Delta\varrho$ wenig. Bei 1 Ch 18 N 9 T u. Monel (I) nimmt $\Delta\varrho$ linear mit t zu. Mit C_{As} steigt $\Delta\varrho$ bei I rasch auf einen Maximalwert bei C_{As} = 5—7 u. bleibt dann bis C_{As} = 160 konstant. Die Zunahme von $\Delta\varrho$ wird auf die Bldg. fester Lsgg. u. die Zunahme der inneren Spannung unter der Einw. von mol. H_2 zurückgeführt. R. K. Müller 136□

0263 **Theorie des elektrischen Restwiderstands binärer ungeordneter Legierungen mit periodisch veränderten Zusammensetzungen.** 2. Mitt. I. D. Kolomijetz und A. A. Smirnow. (Metallphysik u. Metallkunde [UdSSR] **14,** 161—64, 1962; Kiew, Schewtschenko-Univ.; russ.) — 1. vgl. ibid. **14,** [1962], 3. — Der elektr. Restwiderstand bin. ungeordneter Legg., deren Zus. eine beliebige period. Funktion einer der Gitter-Koordinaten ist, wird bestimmt. Die Bldg. einer period. modulierten Struktur führt zur Verringerung des elektrischen Widerstandes. Für eine Cu–Ti-Leg. werden erhaltene Ergebnisse mit den experimentellen Daten verglichen. N. Kubeth 136◇

0264 **Elektrischer Widerstand der polykristallinen Legierung Cu + 22,8 Atom-% Mn und seine Änderung im magnetischen Feld.** B. W. Snamenski und I. G. Fakidow. (Metallphysik u. Metallkunde [UdSSR] **13,** 784—85, 1962; Akad. der Wiss. der UdSSR, Inst. für Metallphys. u. Swerdlowsk, Pädagog. Inst.; russ.) — Wie bei den intermetall. antiferromagnet. Verbb. $MnAu_2$ u. MnHg zeigt die Kurve der Änderung des spezif. elektr. Widerstandes ϱ mit der Temp. t auch bei der Leg. Cu + 22,8 At.-% Mn beim Curie-Punkt T_c einen (schwachen) Knick. In den Kurven der Änderung des elektr. Widerstands im longitudinalen Magnetfeld $\Delta R_{\parallel}/R$ mit t unter- u. oberhalb des Schwellenfeldes tritt bei T_c ein deutliches Minimum auf, das wahrscheinlich wie bei den gewöhnlichen Ferromagnetiken mit dem Paraprozeß zusammenhängt. Die Änderung im transversalen Magnetfeld $\Delta R_{\perp}/R$ ist bei $t < T_c$ in Magnetfeldern bis 10—12 kOe erheblich größer als $\Delta R_{\parallel}/R$, mit Zunahme des Feldes vermindert sich die Differenz u. bei > 14 kOe sind beide Effekte gleich, ebenso wie bei $t > T_c$. R. K. Müller 136◇

0265 **Zum spezifischen elektrischen Widerstand und der elektronischen Struktur von Cu_3Au.** B. R. Coles. (Physica [Utrecht] **26,** 143—44, 1960; London, Imp. Coll., Phys. Dep.; engl.) — Der Einfl. der kristallograph. Struktur auf die elektron. Struktur einer Verb. wird durch Messungen des spezif. elektr. Widerstandes als Funktion der Temp. (u. damit des Ordnungsgrades) von Cu_3Au gezeigt. Diskutiert werden die Änderungen der Brillouin-Zonenstruktur. K. Jaeger 136◇

0266 **Der relative und der Gesamttransport einer Substanz in Metallen bei Einwirkung von Gleichstrom.** I. N. Franzewitsch, D. F. Kalinowitsch, I. I. Kowenski und M. D. Smolin. (Festkörperphysik [UdSSR] **5,** 1238—42, 1963; Kiew, Akad. der Wiss. der UkrainSSR, Inst. für Metallkeramik u. Speziallegg.; russ.) — Untersucht wurde der „Elektrotransport" in Ag–Zn-Legg. mit 25, 35 u. 50 Atom-% Zn bei 550°. Aus den Ergebnissen werden die Nettotransportzahlen u. die individuellen Drift-Geschw. u. Transportzahlen von Ag u. Zn abgeleitet. K. Jaeger 136◇

0267 **Elektrotransport in Einlagerungsmischkristallen.** I. I. Kowenski. (Festkörperphysik [UdSSR] **5,** 1423 bis 1427, 1963; Kiew, Akad. der Wiss. UkrainSSR, Inst. für Metallkeramik u. Speziallegg.; russ.) — Untersucht wird die Wanderung von C in einem elektr. Feld („Elektrotransport") in *Fe, Co, Ni, Ti, Ta* u. *W*. Die effektive Ladung der C-Ionen bei 950—1200° in γ-Fe sinkt von 10,8 auf 8,7 elektr. Einheiten. Diese Ergebnisse werden gemeinsam mit früheren Ergebnissen über den Elektrotransport diskutiert. K. Jaeger 136◇

0268 **Magnetoplasmaresonanzen bei niedrigen Frequenzen in Metallen.** M. T. Taylor, J. R. Merrill und R. Bowers. (Physic. Rev. [2] **129,** 2525—29, 1963; Ithaca, N. Y., Cornell Univ., Dep. of Phys., Labor. of

Atomic and Solid State Phys.; engl.) — Untersuchungen an *Cu*, *Ag*, *Au*, *Pb*, *Sn*, *Zn*, *Cd* u. *Hg*. Es werden Hall-Koeff. u. spezif. Widerstand in Abhängigkeit vom Magnetfeld ermittelt. Die ohne Sonden erhaltenen Ergebnisse für die Edelmetalle u. Pb sind in Übereinstimmung mit denen nach der üblichen Methode.
G. Klotz 136◇

0269 **Beobachtung eines Widerstandsminimums in Cadmium durch magneto-akustische Messungen.** B. C. Deaton. (Physics Letters [Amsterdam] **7**, 7—8, 1963; Fort Worth, Tex., Gen. Dynamics, Appl. Sci. Sect.; Austin, Tex., Univ. of Texas, Dep. of Phys.; engl.) — Sehr reine Cd-Kristalle zeigen bei etwa 3°K in einem Schallfeld in Richtung [$10\bar{1}0$] u. einem Magnetfeld bis zu 19000 Gauß in Richtung [$\bar{1}2\bar{1}0$] ein Maximum der mittleren freien Weglänge der Elektronen. An der gleichen Stelle zeigt die reziproke Halbwertsbreite u. -höhe der Bahnresonanz ein Maximum u. der elektr. Widerstand ein Minimum. Als Ursache werden ferromagnet. Verunreinigungen angesehen. H. U. Borgstedt 136◇

0270 **Besondere Anomalien des elektrischen Widerstands von einigen Seltenerdmetallen bei tiefen Temperaturen.** R. V. Colvin und Sigurds Arajs. (J. less-common Metals [Amsterdam] **5**, 337—55, 1963; Monroeville, Pa., U. S. Steel Corp. Res. Center, E. C. Bain Labor. for Fund. Res.; engl.) — Stufenartige Anomalien des Verlaufs des elektr. Widerstands zwischen 4 u. 5°K werden bei *Ho*, *Er*, *Tu* u. *Lu* festgestellt u. auf eine Verunreinigung mit *Ta* zurückgeführt, das supraleitende Filamente bildet. Einige weitere Effekte des elektr. Widerstands (Hystereseeffekte oberhalb der krit. Temp. von Ta, Widerstandsminima) werden besprochen. Sie sind vom Standpunkt einer supraleitenden Substruktur schwer zu erklären. Es ist möglich, daß in bes. Fällen ein kooperativer magnet. Ordnungsvorgang zur Erklärung dieser Erscheinungen angenommen werden kann. Meßdaten zur magnet. Widerstandsänderung werden zusammengestellt. H. Roschkowski 136◇

0271 **Elektronentransportvorgänge in Zink bei der Temperatur des flüssigen Heliums.** C. G. Grenier, J. M. Reynolds und N. H. Zebouni. (Physic. Rev. [2] **129**, 1088—1104, 1963; Baton Rouge, La., Louisiana State Univ., Dep. of Phys.; engl.) — Die Magnetfeldabhängigkeit des elektr. u. therm. Widerstandes, der Thermospannung, des Hall-, Righi-Leduc-Peltier-, Ettingshausen- u. Ettingshausen-Nernst-Effekts wurden bei der Temp. des fl. He in Magnetfeldern bis 14 kG an Zn-Einkristallen untersucht. Ein konst. Wärmestrom oder ein konst. elektr. Strom flossen dabei senkrecht u. das Magnetfeld verlief parallel zur hexagonalen Achse. Schwingungen des de Haas-van Alphen-Typs wurden beim Righi-Leduc-, Peltier- u. Ettingshausen-Effekt mit Perioden von 6,14, 6,28 bzw. 6,45 · 10^{-5} G^{-1} beobachtet. Der Hall- u. der Righi-Leduc-Effekt wechseln bei ca. 5500 G das Vorzeichen. Die longitudinalen u. transversalen Lorenz-Verhältnisse sind gleich u. haben in hohen Feldern prakt. einen konst. Wert von 2,35 · 10^{-8} V^2/$Grad^2$. Der extrapolierte Wert der Gitterleitfähigkeit bei 20°K ist 0,02 W/Grad. Die Ergebnisse für die longitudinalen Effekte stimmen gut mit neueren quantenmechan. Theorien der Leitfähigkeit überein.
P. Detje 136◇

0272 **Änderungen des Widerstands von Uran bei Bestrahlung bei tiefen Temperaturen.** Y. Quéré. (J. nuclear Mater. [Amsterdam] **9**, 290—308, 1963; Fontenay-aux-Roses, C. E. N., Dép. du Plutonium; franz.) — Die Änderung des elektr. Widerstandes von U-Proben unter Neutronenbestrahlung bei 77 u. 20°K wird untersucht. Die Widerstandsänderungen lassen sich nach Korrektur für die Größenänderung der Proben infolge der Bestrahlung nur durch Annahme von zwei Spaltungs-Voll. erklären, die der Vernichtung von Fehlstellengruppen bzw. der Rekombination von Fehlstellen entsprechen. Für die beiden Typen ist die Existenz eines Vol.-Spektrums wahrscheinlich. H. Roschkowski 136◇

0273 **Längenänderungen bei Zerstörung der Supraleitung.** H. Rohrer. (Helv. physica Acta **29**, 215—17, 1956; Zürich, ETH, Inst. für calor. App. u. Kältetechn.; dt.) — Die Längenänderung von *Pb*-, *In*- u. *Tl*-Proben bei der Aufhebung des supraleitenden Zustands durch Anlegen eines überkrit. homogenen Magnetfeldes wurde bestimmt.
H. Roschkowski 136◇

0274 **Über die Knight-Verschiebung von Supraleitern.** A. A. Abrikossow und L. P. Gorkow. (J. exp. theoret. Physik [UdSSR] **39**, 480—83, 1960; Inst. für phys. Probleme der Akad. der Wiss. der UdSSR; russ., Auszug: engl.) — Die von Schrieffer (Physic. Rev. Letters **3**, [1959], 323) u. Anderson (Physic. Rev. Letters **3**, [1959], 325) gegebene Erklärung über die Existenz einer endlichen Verschiebung beim abs. Nullpunkt, wird als fehlerhaft bezeichnet. G. Kirschstein 136□

0275 **Über die Theorie der Ultraschallabsorption in Supraleitern.** I. A. Priworotzki. (J. exp. theoret. Physik [UdSSR] **43**, 1331—38, 1962; russ., Auszug: engl.) — Die Absorption in Supraleitern enthält 2 Mechanismen der Phononenstreuung: Absorption eines Phonons durch ein Elektron u. Zerfall eines Phonons in ein Quasi-Teilchenpaar. Im isotropen Modell erleidet der Absorptionskoeff. unterhalb der Übergangstemp. einen endlichen Sprung, der bei anisotropen Supraleitern fehlt. Bei hohen Ultraschallfrequenzen wächst der Absorptionskoeff. mit abnehmender Temperatur. P. Sliwinski 136◇

0276 **Verwendung eines Elektronenstrahls zum Nachweis supraleitender Bereiche in Blei in seinem Übergangszustand.** M. Blackman, A. E. Curzon und A. T. Pawlowicz. (Nature [London] **200**, 157, 1963; London, Imp. Coll. of Sci. and Technol., Dep. of Phys.; engl.) — Ein 0,28 cm dicker Zylinder aus spektroskop. reinem Pb wird in eine modifizierte Elektronenbeugungskamera gebracht u. mit Hilfe eines in Richtung der Zylinderachse mit 50 Hz abgelenkten 20 kV-Elektronenstrahls ein Schattenbild des Zylinders erzeugt, der sich gleichzeitig in einem homogenen Magnetfeld von 0—50 Oe befindet. Die Änderungen der Oberflächenstruktur des Zylinders beim Durchlaufen der Sprung-Temp. zur Supraleitung sind graph. angegeben. Die Abstände der Minima in der aufgerauhten Oberfläche, die in Pb im Übergangszustand zwischen 0,08 u. 0,29 mm beobachtet werden, geben unter den Vers.-Bedingungen die Ordnung der Periodizität der supraleitenden Bereiche an.
Herbert Müller 136◇

0277 **Supraleitfähigkeit fester Lösungen von Edelmetallen.** T. H. Geballe, B. T. Matthias, V. B. Compton, E. Corenzwit und G. W. Hull jun. (Physic. Rev. [2] **129**, 182—83, 1963; Murray Hill, N. J., Bell Telephone Labor.; engl.) — Die Supraleitungseigg. der Syst. *Cs–Ir* u. *W–Pt* wurden untersucht. Die Übergangstemp. wurden als Funktion der Zus. u. der Valenzelektronen-Konz. bestimmt. Aus den Messungen wird der Schluß gezogen, daß reines Ir, W u. Pt bei genügend tiefer Temp. supraleitend werden müssen. P. Detje 136◇

0278 **Supraleiter als Permanentmagneten.** C. P. Bean und Margaret V. Doyle. (J. appl. Physics **33**, 3334—37, 1962; Schenectady, N. Y., Gen. Electr. Res. Labor.; engl.) — Die theoret. Voraussagen über die Eigg. von Supraleitern als Permanentmagnete werden experimentell an vollen u. hohlen *Pb*-Zylindern geprüft. Verss. an Nb_3Sn zeigten ein maximales Energieprodukt $>$ 25 MOe bei 4,2°K. Die Erscheinung der sprunghaften, diskontinuierlichen Flußänderung wird kurz diskutiert.
K. Jaeger 137◇

0279 **Erzeugung starker Magnetfelder mit Hilfe von Supraleitern.** T. G. Berlincourt. (Brit. J. appl. Physics **14**, 749—58, 1963; Canoga Park, Calif., Atomics Internat.; engl.) — Übersicht über die theoret. Grundlagen u. einige experimentelle Ergebnisse der Verw. von Supraleitern zur Erzeugung von starken Magnetfeldern an Hand von ca. 70 Literaturangaben.
H. Roschkowski 137◇

0280 **Spektrometer der paramagnetischen Elektronenresonanzabsorption mit Hochfrequenzmodulation des magnetischen Feldes.** W. A. Kolbassow, M. M. Muchina und W. P. Nasarow. (Versuchsgeräte u. Versuchstechn. [UdSSR] **7**, Nr. 2, 107—10, 1962; Inst. für elementorgan. Verbb. der Akad. der Wiss. der UdSSR;

russ.) — Das paramagnet. Elektronenresonanz-Spektrometer arbeitet im 3 cm-Bereich u. bei Zimmertemp. bis 77°K mit Hochfrequenzmodulation des Magnetfelds u. automat. Frequenzkontrolle eines Klystrons am Resonator. Es können 10^{-11} Mol freie Diphenylpikrylhydrazyl-Radikale nachgewiesen werden. Die Frage der Abschirmung läßt sich gut lösen. M. Wiedemann 137◇

0281 **Spingeneratorstabilisiertes Spektrometer.** K. W. Wladimirski und B. A. Labsow. (Versuchsgeräte und Versuchstechn. [UdSSR] 7, Nr. 2, 103—06, 1962; Phys. Inst. der Akad. der Wiss. der UdSSR; russ.) — Die Resonanzbedingungen in einem kernmagnet. Resonanzspektrometer werden durch ein selbsterregendes elektron. Syst. mit Spin-Generator stabilisiert. Dabei wird die Schwingungsfrequenz des Spin-Generators durch eine der Linien der zu untersuchenden Probe bestimmt. Die geringe Breite dieser Linie verbessert die Genauigkeit. Zur Stabilisierung wie zur Unters. wird dieselbe Probe benützt, infolgedessen wirken Änderungen in der Konfiguration des Magnetfelds nicht auf die chem. Verschiebung der Linien. Als Beispiel sind die Linien der Methylgruppe von Toluol angeführt. M. Wiedemann 137◇

0282 **Spinentkopplung bei der hochauflösenden protonenmagnetischen Resonanz.** R. Freeman. (Molecular Physics **3,** 435—39, 1960; Teddington, Middlesex, Nat. Phys. Labor.; engl.) — Es wird eine einfache Schaltung zum Einbau in ein Resonanzspektrometer beschrieben, die zur Beseitigung der Spinkopplung zwischen zwei Gruppen von H-Kernen im selben Mol. dient. Wie die Anwendung der Meth. auf das *Propionaldehyd*-Mol. zeigt, wird die Analyse des hochaufgelösten Spektrums bei **60 MHz** wesentlich vereinfacht. D. Jörchel 137◇

0283 **Kernmagnetisches Breitlinien-Resonanzspektrometer.** Kálmán Tompa und Ferenc Tóth. (Magyar fizik. Folyóirat [Ung. physik. Z.] **11,** 177—89, 1963; Budapest, Zentralforsch.-Inst. für Phys.; ung.) — Beschreibung eines kernmagnet. Resonanzspektrometers für den Frequenzbereich von 1—15 MHz sowie von Kontroll-Verss. mit ^{63}Cu. J. Plank 137△

0284 **Anwendung eines Analog-Digital-Umformers bei der Impulskernresonanz.** E. O. Stejskal. (Rev. sci. Instruments **34,** 971—75, 1963; Madison, Wis., Univ. of Wisconsin, Dep. of Chem.; engl.) — Die Anwendung eines Spannungs-Frequenz-Wandlers u. eines elektron. Zählers als Integrator von KMR-Signalintensitäten wird besprochen. Die Meßwerte werden durch einen Digitalrechner verarbeitet. An Hand von Messungen von Spin-Gitter-Relaxationszeiten, die auf 0,01% genau sind, wird der geringe Fehler dieser Meßmeth. gezeigt. K. Scheffler 137◇

0285 **Theorie der magnetoakustischen Effekte in Metallen.** 3. Mitt. H. Stolz. (Physica Status solidi [Berlin] **3,** 1957—98, 1963; Berlin, Dt. Akad. der Wiss., Phys.-techn. Inst.; dt.) — 2. vgl. ibid. **3,** [1963], 1493; 1. vgl. C. **1964,** 1-0305. — Fortsetzung der Übersicht (Abhängigkeit der magnetoakust. Effekte an geschlossenen Bahnen vom Winkel zwischen dem Magnetfeld u. der Schallausbreitungsrichtung; magnetoakust. Effekte an offenen Bahnen u. magnetoakust. de Haas-van Alphen-Oscillationen). Einige Druckfehler aus den vorhergehenden Mitt. werden berichtigt. H. Roschkowski 137◇

0286 **Zur Theorie der Ultraschallabsorption durch Metalle in einem starken Magnetfeld.** 2. Mitt. E. A. Kaner. (J. exp. theoret. Physik [UdSSR] **39,** 1071—77, 1960; Akad. der Wiss. der UkrainSSR, Inst. für Radiophys. u. Elektron.; russ., Auszug: engl.) — 1. vgl. C. **1963,** 4603. — Metalle mit offenen Fermi-Oberflächen zeigen in einem starken Magnetfeld einen asymptot. Verlauf der Ultraschallabsorption. Der Koeff. der Deformationsabsorption erreicht hierbei Sättigung, unabhängig vom Vorhandensein offener Bahnen. Bzgl. der Lage des Wellenvektors des Schalls zum Magnetfeld u. zur Richtung der offenen Bahn ist die Sättigung stark anisotrop. Die Besonderheiten der Induktionsabsorption des Ultraschalls im Falle offener Fermi-Oberflächen werden untersucht u. die Asymptotik des Leitfähigkeitstensors im Magnetfeld unter Berücksichtigung der räumlichen Dispersion berechnet. R. K. Müller 137□

0287 **Spin–Spin-Wechselwirkungen über einPhononenfeld in paramagnetischen Kristallen.** L. K. Aminow und B. I. Kotschelajew. (J. exp. theoret. Physik [UdSSR] **42,** 1303—06, 1962; Kasan, Univ.; russ., Auszug: engl.) — Vgl. C. **1963,** 21430 u. **1964,** 10-0274. — Die Wechselwrkg. von Spins über ein Phononenfeld wird nach den Meth. der Quantentheorie eines Feldes behandelt. Für Fälle, in denen die Verzögerung vernachlässigt werden kann, wird die Energie der paarweisen Wechselwrkg. der Spins in Operatorform beschrieben u. der Einfl. dieser Wechselwrkg. auf die Form der Resonanzlinien erörtert. R. K. Müller 137◇

0288 **De Haas–van Alphen-Effekt in Zirkonium.** A. C. Thorsen und A. S. Joseph. (Physic. Rev. [2] **131,** 2078 bis 2081, 1963; Canoga Park, Calif., A Div. of North American Aviat., Atom. Internat.; engl.) — Der Effekt wurde in Zr-Einkristallen in pulsierenden Magnetfeldern bis zu 190 kG beobachtet. Die Perioden der Oscillationen wurden in Abhängigkeit von der Magnetfeldrichtung in den (00 · 1)-, (10 · 0)- u. (1$\bar{1}$ · 0)-Flächen untersucht, sie lagen zwischen 2,0 u. 3,4 · 10^{-8} G^{-1}. Die Ergebnisse entsprechen im allg. nicht der Fermi-Oberfläche, die aus dem Modell nahezu freier Elektronen folgt. H. Liepack 137◇

0289 **Magnetische Untersuchungen von spinfreien Kobalt(II)-Komplexen.** 2. Mitt. **Tetraedrische Komplexe.** Richard H. Holm und F. Albert Cotton. (J. chem. Physics **32,** 1168—72, 1960; Cambridge, Mass., MIT, Dep. of Chem.; engl.) — 1. vgl. C. **1960, 6404.** — Für $[CoL_2]X_4$, $[CoL_2]X_2$ (L = Chinolinium, p-Toluidin; X = Cl, Br, J), $[Co(Ph_3PO)_2]X_2$ (Ph = Phenyl; X = Cl, Br, J, NO_3, ClO_4), $\{Co[(p\text{-}Me_2NC_6H_4)_3PO]_4\}(ClO_4)_2$ (Me = Methyl), $[Co(Me_3PO)_4](ClO_4)_2$, $K_2[Co(NCS)_4]\cdot 4H_2O$, $K_2[Co(NCS)_4]$, $Hg[Co(NCS)_4]$ sowie Oxidgemische mit 2,90(%) CoO u. 97,1 ZnO werden nach der Gouy-Meth. die magnet. Momente μ_B bei 73,2—302,2°K bestimmt. In allen Fällen ist das Gesetz nach Curie-Weiss erfüllt. Der Einfl. der Bahnbeiträge auf μ_B ist in Übereinstimmung mit Voraussagen der Ligandenfeldtheorie (Schlapp u. Penney [1932]). Die Verwendbarkeit der Meßergebnisse zur Ableitung von Zusammenhängen zwischen magnet. Eig., opt. Absorptionsspektren u. Strukturen der Co(II)-Komplexe wird diskutiert. Herbert Müller 137◇

0290 **Untersuchung der Elektronenspin-Resonanz von Chrom(III)-Komplexen in wässeriger Lösung.** K. M. Sancier und J. S. Mills. (J. physic. Chem. **67,** 1438 bis 1442, 1963; Menlo Park, Calif., Stanford Res. Inst.; engl.) — In sauren (HNO_3; $HClO_4$) Cr(III)-Lsgg. wurde die ESR bei Säurekonz. von 10^{-5} bis 22 m untersucht. Im pH-Bereich 0—3 ist die Intensität der Spinresonanz konst. u. maximal groß. Der abs. Betrag entspricht 3 Spinmomenten pro Cr(III), u. ist dem $[Cr(H_2O)_6]^{3+}$ zuzuschreiben. Bei höheren pH-Werten nimmt die Spinresonanz, verursacht durch Hydrolyse des Komplexes u. Bldg. mehrkerniger Komplexe, auf 17% des Maximums ab. Für die Bldg. eines zweikernigen Komplexes spricht 1. die niedrige Spinresonanz von Cr(III)-Lsgg. (dargestellt durch Oxydation von Cr(II)-Lsgg. mit O_2) 2. der Anstieg der Resonanz infolge Dissoziation des Komplexes, wenn die Lsg. stark sauer gemacht wird, 3. die starke Abnahme der Resonanz bei Zugabe starker Alkalihydroxidlösung. In konz. HNO_3 nimmt die Resonanz auf etwa die Hälfte des Maximum-Wertes ab, in konz. $HClO_4$ nimmt sie weniger ab. Diese Abnahme ist nicht auf die Ionenstärke oder auf innere Komplexbildung mit NO_3^- oder ClO_4^- zurückzuführen, denn bei Zugabe stark konz. $Ca(NO_3)_2$- oder $Mg(ClO_4)_2$-Lsgg. ist keine Abnahme erkennbar. Die Abnahme steht scheinbar mit der Zunahme an undissoziierter Säure in Verbindung. Absorptionsspektren starker salpetersaurer Lsgg. lassen einen zweikernigen Komplex vermuten. Die Linienbreite durchläuft mit zunehmender HNO_3-Konz. ein Minimum bei 140 Gauß u. steigt bis auf 310 Gauß. W. Pruss 137◇

0291 **Paramagnetische Elektronenresonanz einiger Rußsorten.** N. Ss. Garifjanow, A. W. Iljassow und Ju. M. Ryshmanow. (J. techn. Physik [UdSSR] **31,** 694 bis 698, 1961; Kasan, Akad. der Wiss. der UdSSR, Phys.-techn. Inst.; Inst. für organ. Chem.; russ.) — Bei Frequenzen von 300 u. 9450 MHz wurde im Temp.-Bereich -193 bis $+300°$ die paramagnet. Elektronenresonanz einiger Ruß-Arten nach Erwärmung auf 20 bis 900°, untersucht. Die Zahl der paramagnet. Zentren pro Gramm der Proben nahm mit steigender Behandlungstemp. von $8{,}8 \cdot 10^{20}$ auf $6 \cdot 10^{16}$ ab. Ferner wurde an Gaskanalruß die Spin-Gitter-Relaxation in Abhängigkeit von der Behandlung bestimmt, die Werte lagen in der Größenordnung von 10^{-8} s. M. Wiedemann 137□

0292 **Bestimmung paramagnetischer Relaxationsgeschwindigkeiten durch Impulsdoppelresonanzversuche.** B. Bölger und B. J. Robinson. (Physica [Utrecht] **26,** 133—41, 1960; Leiden, Nederland, Kamerlingh Onnes Labor.; engl.) — Bestimmt wurden die Relaxations-Geschw. für synthet. *Rubin* u. von mit $K_3Co(CN)_6$ verd. $K_3Cr(CN)_6$ für verschiedene Cr-Konz., Temp. u. magnet. Feldbedingungen. Es wird gezeigt, daß unter Beibehaltung der Maserwirkung bei Erhöhung der Temp. auch die Cr-Konz. erhöht werden kann. K. Jaeger 137◇

0293 **Das ESR-Spektrum von PF_4 in bestrahltem NH_4PF_6.** J. R. Morton. (Canad. J. Physics **41,** 706—08, 1963; Ottawa, Canada, Nat. Res. Council, Appl. Chem. Div.; engl.) — Aufspaltungen 2. Ordnung im ESR-Spektrum von bei 295°K mit ^{60}Co-γ-Strahlung bestrahltem NH_4PF_6 zeigten das Auftreten der paramagnet. Radikale PF_4, PF^+ (oder PF^-) u. F. PF_4 scheint tetraedr. aufgebaut zu sein mit dem ungepaarten Elektron in einem ^{31}P-4s-Orbital. $PF^+(PF^-)$- u. F-Bruchstücke traten in Proben, die bei 77°K bestrahlt u. bei 295°K untersucht wurden, nicht auf. Die isotropen Hyperfein-Wechselwrkg.-Konst. u. g-Werte betragen für PF_4 a_P 3769 $\pm$ 10, a_F 549 $\pm$ 5 MHz, g 1,9985 $\pm$ 0,0006; für $PF^+(PF^-)$ 470 $\pm$ 5; 1952 $\pm$ 10; 1,9988 $\pm$ 0,0006; für F —; 1771 $\pm$ 10; 2,0016 $\pm$ 0,0006. P. Sartori 137◇

0294 **Paramagnetische Elektronenresonanz in konzentrierten wäßrigen VO^{2+}-Lösungen.** N. Ss. Garifjanow, B. M. Kosyrew, R. Ch. Timerow und N. F. Ussatschew. (J. exp. theoret. Physik [UdSSR] **41,** 1076 bis 1078, 1961; Phys.-chem. Inst. der Kasan. Zweigst. der Akad. der Wiss. der UdSSR; russ., Auszug: engl.) — Die ESR-Spektren von konz. wss. $VOCl_2$-Lsgg. wurden aufgenommen. Die beobachtete Abhängigkeit der Breite der einzigen beobachteten Linie von der Konz. (6—1 m) u. Temp. (278—390°K) der Lsgg. stimmt mit der Theorie der Linienverschmälerung durch Austauschrkk. überein. Eine Austauschfrequenz von $5 \cdot 10^{10}$ s^{-1} bei einer Konz. von 6 Mol/Liter wurde abgeleitet. G. Winkhaus 137◇

0295 **Kernrelaxation in Lösungen von Vanadylsalzen. Bildung von wasserstoffhaltigen Komplexen von $VO \cdot H^{3+}$.** A. I. Riwkind. (Ber. Akad. Wiss. UdSSR **142,** 137—40, 1962; Physiko-techn. Inst. der Kasan-Abt. der Akad. der Wiss. der UdSSR; russ.) — Vf. untersucht den Einfl. des Säure-Geh. auf die Kernrelaxation in wss. Vanadylsalzlsgg. mit Hilfe von Kernspinecho-Messungen bei einer Frequenz des Magnetwechselfeldes von 18,1 MHz u. Raum-Temp. bei Säure-Konzz. bis 10 n HNO_3; 5,5 n $HClO_4$; 35,2 n H_2SO_4 u. 0,7 m $H_2C_2O_4$. Bei wachsenden Protonenkonzz. wird die Bldg. von wasserstoffhaltigen Vanadylkomplexen beobachtet. Die Instabilitäts-Konst. der gebildeten $VO \cdot H^{3+}$-Komplexe hängt stark vom Säurerest ab u. verläuft in der Reihe $H_2C_2O_4 > H_2SO_4 > HNO_3 > HClO_4$. Nach den Ergebnissen der Unterss. besitzt das „saure" Vanadylsulfat sehr wahrscheinlich die Struktur $(BH^+)_2SO_4{}^{2-}$, mit B = $VOSO_4$. W.-D. Heußner 137□

0296 **Über die magnetische Resonanz in Ionenkristallen an Atomkernen von Elementen der Eisengruppe.** K. A. Walijew. (Metallphysik u. Metallkunde [UdSSR] **6,** 776 bis 780, 1958; Kasan, Univ.; russ.) — Betrachtung der Möglichkeiten der magnet. Kernresonanz bei paramagnet. Atomen in magnet. verdünnten Kristallen (Alaune) der Elemente der Fe-Gruppe. Es zeigt sich, daß bei Temp. ≥ 1 °K die Linienbreite der Kernresonanz durch die Wahrscheinlichkeit der elektron. Relaxationsübergänge bestimmt wird; danach kann die Kernresonanz nur bei He-Temp. erscheinen. Bei der Ableitung der Wahrscheinlichkeit der Kernrelaxationsübergänge bei V^{3+} (S = 1) u. Cr^{3+} (S = $^3/_2$) wird gezeigt, daß die Wahrscheinlichkeit der Kernrelaxationsübergänge parallel mit der Wahrscheinlichkeit der Elektronenübergänge verläuft; die Werte der Kernrelaxationsübergänge sind jedoch bei V^{3+} ca. 10^5 mal u. bei Cr^{3+} ca. 10^4 mal geringer als die Werte der Elektronenübergänge. J. Tůmová 137◇

0297 **Mehrquantenübergänge in der kernmagnetischen Resonanz.** Shaul Yatsiv. (Physic. Rev. [2] **113,** 1522 bis 1537, 1959; Stanford, Calif., Stanford Univ.; engl.) — Die Theorie der KMR von Bloch u. Wangsness wird auf Mehrquantenübergänge angewandt. Bei Anregung können mehrere Quanten gleichzeitig absorbiert werden, wobei alle Quanten zumeist die gleiche Energie bzw. Frequenz besitzen, so daß nur ein Signal erhalten wird. Mehrquantenübergänge können jedoch durch die spezif. Abhängigkeit des Mehrquantensignals bestimmt werden. Die Abhängigkeit des Signals von verschiedenen Relaxationsparametern wird abgeleitet, wobei für Relaxationsprozesse Ergebnisse erhalten werden, die nur mit Mehrquantenübergängen zu erklären sind. Es wird eine Meth. beschrieben, mit der es möglich ist, Mehrquantenübergänge durch Modulationssteuerung des Radiofrequenzfeldes zu verstärken. K. Scheffler 137◇

0298 **Protonenspinrelaxation in flüssigem Chlorwasserstoff und Bromwasserstoff.** K. Krynicki und J. G. Powles. (Physics Letters [Amsterdam] **4,** 260—62, 1963; London, Univ., Queen Mary Coll., Phys. Dep.; engl.) — Die Abhängigkeit der Protonenspin-Gitter-Relaxationszeiten T_1 von der Temp. in reinem HCl u. HBr, die unter ihrem eigenen Dampfdruck stehen, wird im fl. Zustandsbereich untersucht. Die Messungen zeigen bei tiefen Temp. eine Zunahme, bei höheren Temp. eine Abnahme von T_1 mit steigender Temperatur. Die experimentellen Ergebnisse werden theoret. erörtert. Bei tiefen Temp. wird die Relaxation vorwiegend durch direkte dipolare Wechselwrkg. zwischen Protonen u. zwischen Protonen u. Halogenkernen bestimmt. Der wachsende Einfl. von Spinrotationswechselwirkungen bewirkt bei höheren Temp. eine Abnahme von T_1. K. Scheffler 137◇

0299 **Kopplung von Brückenprotonen mit endständigen Protonen in Diboran.** Donald F. Gaines, Riley Schaeffer und Fred Tebbe. (J. physic. Chem. **67,** 1937—38, 1963; Bloomington, Ind., Indiana Univ., Dep. of Chem.; engl.) — Die ^1H-, ^{11}B- u. ^{10}B-KMR-Spektren von B_2H_6 werden untersucht. Das ^1H-Spektrum von normalem B_2H_6 (80% ^{11}B, 20% ^{10}B) besteht aus 4 Linien nahezu gleicher Intensität, die z. T. eine 7-Liniengruppe überlappen, die den mit den zwei ^{11}B koppelnden Brücken-$^1H(^1H_B)$ zuzuschreiben ist. Die Kopplung der ^1H_B mit den endständigen ^1H (^1H_e) führt zur Aufspaltung jeder der 7 ^1H_B-Resonanzen in ein Quintett. Ferner sollte jede ^1H_e-Resonanzlinie in ein Triplett infolge Kopplung mit ^1H_B aufspalten, was nicht beobachtet wird: Die Kopplung der ^1H_e mit ^{11}B ist viel stärker u. die Symmetrie an den ^1H_e derart herabgemindert, daß infolge der daraus resultierenden Linienverbreiterung die ^1H_B–^1H_e-Kopplung verdeckt wird. Im ^1H-Spektrum von auf 96% ^{10}B angereichertem B_2H_6 ist jedoch u. a. eine feinstrukturierte Liniengruppe zu erkennen, die von ^1H_B herrührt, die mit den zwei ^{10}B u. den vier ^1H_e koppeln: Die 13 Linien der ^1H_B–^{10}B-Kopplung sind je in ein Quintett infolge ^1H_B–^1H_e-Kopplung aufgespalten. K. Scheffler 137◇

0300 **Die Protonenresonanz von Aktivkohle bei verschiedenen Temperaturen.** Rudolf Becherer. (Arch. Sci. [Genève] **13(165),** Sonderh. 402—05, 1960; Fontenay-aux-Roses, Seine, Labor. d'Electron. et Radioélectr. de la Sorbonne; franz.) — Unterss. an Zuckerkohle bei 70, 300 u. 500°K. A. Blaschette 137◇

0301 **Untersuchungen an Hand von protonenmagnetischen Resonanzspektren über die Alterung von $Al(OH)_3$ bei 100° in Gegenwart von Wasser.** Sho Suzuki. (Rep. Government chem. ind. Res. Inst., Tokyo **58,** 145—46, 1963; jap., Auszug: dt. — C. **1963,** 3502.) K. Scheffler 137◇

0302 **Die Struktur des Grignardreagens von Pyrrol.** Manfred G. Reinecke, Harry W. Johnson jun. und John F. Sebastian. (J. Amer. chem. Soc. **85**, 2859 bis 2860, 1963; Riverside, Calif., Univ. of California, Dep. of Chem.; engl.) — Das Protonen-KMR-Spektrum einer 10%ig. Lsg. von Pyrrylmagnesiumchlorid (**I**) in Ae. besteht aus 2 Tripletts ($\tau = 2{,}9$ u. $\tau = 3{,}63$) gleicher Fläche u. ist dem KMR-Spektrum des ion. Na-Pyrryls ($\tau = 3{,}16$ u. $\tau = 3{,}74$) sehr ähnlich. Für die NH-Gruppe wird weder im KMR- noch im IR-Spektrum eine Absorptionsbande beobachtet. Daher sind für **I** nur 2 Strukturen möglich: eine ion. Struktur oder die Struktur mit N–MgCl-Bindung. K. Scheffler 137◇

0303 **Chemische Verschiebungen der Methylderivate der hauptsächlichen Elemente.** C. R. McCoy und A. L. Allred. (J. inorg. nuclear. Chem. **25**, 1219—23, 1963; Evanston, Ill., Northwestern Univ., Dep. of Chem.; engl.) — Die chem. Verschiebungen δ der Protonenresonanz der Methylverbb. der Elemente (Y) F, Cl, Br, J, O, S, N, P, As, Sb, Bi, C, Si, Ge, Sn, Pb, Zn, Cd u. Hg werden zusammengestellt u. hinsichtlich einer allg. Gesetzmäßigkeit untersucht. Wird die chem. Verschiebung δ' gegenüber Bzl. als äußerem Standard in Abhängigkeit von der Differenz der Elektronegativitäten für die Komponenten der C–Y-Bindung graph. dargestellt, so ergeben sich für Elemente gleicher Gruppen des period. Syst. annähernd Geraden. Die 5 Geraden verlaufen etwa parallel zueinander. Die Deriv. der Elemente der 3. Hauptgruppe werden wegen der verschieden starken Tendenz zu dimerisieren nicht untersucht. K. Scheffler 137◇

0304 **Protonenmagnetisches Resonanzspektrum und Molekulargewicht von Indiumtrimethyl in Lösung.** Norbert Muller und Arthur L. Otermat. (Inorg. Chem. [Washington] **2**, 1075—76, 1963; Lafayette, Ind., Purdue Univ., Dep. of Chem.; engl.) — Durch ^1H-KMR-Messungen u. Dampfdruck-Unterss. an Lsgg. von $In \cdot (CH_3)_3$ in Cyclopentan, Methylenchlorid, Bzl. u. Toluol wird bewiesen, daß $In(CH_3)_3$ in diesen Lsgg. in der monomeren Form vorliegt. $In(CH_3)_3$ liefert in allen bei verschiedenen Temp. u. Konzz. aufgenommenen KMR-Spektren nur ein Signal, während für polymere Formen ein zusätzliches Signal für die Brücken-CH_3-Gruppe zu erwarten ist. Molgew.-Best. auf Grund der Dampfdruckerniedrigung von Lsgg. ergeben unter Berücksichtigung experimenteller Fehlerquellen das Molgew. des monomeren $In(CH_3)_3$. K. Scheffler 137◇

0305 **Kernmagnetische Spin-Spin-Kopplung in Tetramethylverbindungen.** Herbert Dreeskamp. (Z. physik. Chem. [Frankfurt/M.] [N. F.] **38**, 121—24, 1963; Stuttgart, TH, Labor. für Phys. Chem.; dt.) — Die Spin-Kopplungs-Konst. I_{x-H} der Verbb. $X(CH_3)_4$ ($X = C, Si, Sn, Pb$) werden bei Zimmertemp. bestimmt. Da I_{x-H} proportional dem Prod. der magnet. Momente μ der Kerne ist, wird die Größe $I'_{x-H} = I_{x-H}\,(1/\mu_x\mu_H)$ eingeführt. Wird $\log(I_{x-H}')$ gegen den log der Ordnungszahl Z von X aufgetragen, so ergibt sich annähernd eine Gerade. Die Darstellung des Fermi-Kontaktterms, der als die Kopplung bestimmende Größe angenommen wird, in Abhängigkeit von Z ergibt bei geeignetem Maßstab auf dem gleichen log–log-Papier eine Parallele zur 1. Kurve.
K. Scheffler 137◇

0306 **Untersuchung von Zeiseschem Salz durch protonenmagnetische Resonanz.** S. Maričić, C. R. Redpath und J. A. S. Smith. (J. chem. Soc. [London] **1963**, 4905 bis 4913; Leeds, Univ., School of Chem.; engl.) — Die Breitband-^1H-KMR-Spektren von $K[PtCl_3(C_2H_4)] \cdot D_2O$ u. $K[PtCl_3(C_2H_4)] \cdot H_2O$-Einkristallen mit einem äußeren Magnetfeld in den verschiedenen Richtungen der Kristalle sowie die Spektren der wasserfreien Kristallpulver werden untersucht. Es ergibt sich, daß die Ebene der H-Atome des C_2H_4-Mol. senkrecht auf der Ebene der $PtCl_3$-Gruppe steht, wobei die H–H-Vektoren der CH_2-Gruppen zur Cl–Pt–Cl-Achse parallel verlaufen. Die H–H-Abstände können nicht genau bestimmt werden, da das C_2H_4-Mol. vermutlich Rotationsschwingungen um die C–C-Bindung u. um die Senkrechte zur Mol.-Ebene ausführt. K. Scheffler 137◇

0307 **Kernmagnetische Resonanz in polykristallinem UF_6.** R. Blinc, V. Marinković, E. Pirkmajer, I. Zupančič und S. Maričić. (J. chem. Physics **38**, 2474 bis 2477, 1963; Ljubljana, Yugoslavia, J. Stefan Nucl. Inst.; Zagreb, Yugoslavia, R. Bošković Inst.; engl.) — Das ^{19}F-KMR-Spektrum von UF_6 wurde in Abhängigkeit von der Temp. u. vom Magnetfeld aufgenommen. Die Aufspaltung der Resonanzsignale mit fallender Temp. läßt sich durch zwei ungleichwertige U–F-Bindungen erklären, zwischen denen rascher F-Austausch mit einer Aktivierungsenergie von ca. 0,5 eV erfolgt.
P. Sartori 137◇

0308 **Anisotropie des Tensors der chemischen Verschiebung von Fluor in Xenontetrafluorid.** R. Blinc, I. Zupančič, S. Maričić und Z. Veksli. (J. chem. Physics **39**, 2109—10, 1963; engl.) — Vgl. C. **1963**, 16812 u. vorst. Referat. — Aus KMR-Spektren von polykristallinem XeF_4 (aufgenommen bei — 110° u. Feldstärken von 3500, 5000, 6500, 7200, 7900 u. 8800 Gauß) wird nach der Meth. des zweiten Moments $\Delta\sigma = |\sigma_{\|} - \sigma_{\perp}| = 5{,}7 \cdot 10^{-4}$ u. $\Delta H_2^2(H_0 = 0) = 4{,}2 \pm 0{,}2$ Gauß^2, nach der Meth. von Lebedew $\Delta\sigma = 7{,}9 \cdot 10^{-4}$ erhalten.
A. Blaschette 137◇

0309 **Xenonfluoride: ^{19}F-kernmagnetische Resonanzspektren.** A. C. Rutenberg. (Science [Washington] **140**, 993—94, 1963; Oak Ridge, Tenn., Oak Ridge Nat. Labor., Chem. Div.; engl.) — Die KMR-Spektren von festem u. fl. XeF_2, XeF_4, $XeOF_4$ u. XeF_6 bei 56,4 MHz wurden aufgenommen, die chem. Verschiebungen u. die Spinkopplungs-Konst. tabellar. mitgeteilt u. die Spin–Spin-Kopplungs-Konst. von $^{129}XeF_4$, $^{129}XeOF_4$, $^{121}SbF_6$ u. $^{125}TeF_6$ miteinander verglichen. P. Sartori 137◇

0310 **Kernmagnetische Resonanz in metallischem Thallium.** Ju. Ss. Karimow und I. F. Schtschegolew. (J. exp. theoret. Physik [UdSSR] **41**, 1082—90, 1961; Inst. für phys. Probleme der Akad. der Wiss. der UdSSR; russ., Auszug: engl.) — Die kernmagnet. Resonanz in metall. Tl-Proben mit natürlicher Isotopenverteilung u. in metall. Tl-Proben, die an ^{205}Tl u. ^{203}Tl angereichert waren, wurde in Feldern von 550—5500 Oe bei He-Temp. untersucht. In den Proben mit natürlicher Isotopenverteilung fallen in schwachen Feldern die Linien der beiden Isotopen wegen indirekter Austauschwechselwrkg. zwischen den Kernen infolge Ggw. von Leitungselektronen zusammen. Für die indirekte Austauschfrequenz wurde der Wert 37,5 kHz abgeleitet. Die Ergebnisse stimmen mit Berechnungen an Hand der Theorie von Kubo u. Tomita (C. **1955**, 9733) überein. G. Winkhaus 137◇

0311 **Kernmagnetische Resonanz in ferromagnetischem ^{57}Fe.** A. C. Gossard, A. M. Portis und W. J. Sandle. (Physics Chem. Solids **17**, 341—42, 1961; Berkeley, Calif., Univ.; engl.) — Auf 76,7% an ^{57}Fe angereichertes Fe-Pulver wird untersucht. Ohne äußeres Feld werden die Resonanzfrequenzen 45,49 MHz bei 295 °K u. 46,54 MHz bei 77 °K mit einer Halblinienbreite von 60 kHz gemessen. Das Verh. von ^{57}Fe bei KMR-Unterss. ist dem des ^{59}Co ähnlich, obwohl die Linienintensitäten beim ^{57}Fe wegen des kleineren magnet. Momentes geringer sind.
K. Scheffler 137◇

0312 **Reflexion und Transmission von Mikrowellen durch eine dünne Metallschicht bei der ferromagnetischen Resonanz.** J. P. Bern und A. Coumes. (J. Physique Radium **23**, 872—73, 1962; Grenoble, Labor. d'Électrostat. et de Radioélectr.; franz.) — An 1000 Å dicken Permalloy-Schichten auf Glasträgern wird Reflexion R u. Transmission T von Mikrowellen mit Frequenten von 9,5 GHz in Magnetfeldern von ca. 1000 Oe untersucht. R. u. T weisen zwei Maxima auf, von denen eines der ferromagnet. Resonanz u. das andere verschiedenen Eindringtiefen der Mikrowellen zugeordnet werden kann.
Herbert Müller 137◇

0313 **Spinwellenresonanz in dünnen Permalloyfilmen bei 36 GHz.** Z. Frait. (Physica Status solidi [Berlin] **3**, K 408 bis K 411, 1963; Prague, Czech. Acad. of Sci., Inst. of Phys.; engl.) — Permalloy-Filme von ca. 3300 Å Dicke wurden durch Aufdampfen aus einer Leg. mit 63,87(%) Ni, 34,30 Fe u. 1,92 Mn (Spuren Si, P, S, C) auf Glassubstrate hergestellt. Die Mikrowellenmessungen wurden bei Raumtemp. bei 9,2 u. 36,2 GHz unter Verw. von Mikrowellenenergien von einigen mW durchgeführt. Aus den Resonanzfeldmessungen in paralleler u. senkrechter Konfiguration wurde ein g-Wert von 2,10 ± 0,01 u. eine effektive Magnetisierung von 1130—1160 elektromotor. Einheiten abgeleitet. Unterschiede zwischen berechneten u. experimentellen Resonanzfeldintensitäten, die unter bestimmten Bedingungen auftreten, können auf magnetoelast. Wechselwrkg. von Magnonen u. Phononen zurückzuführen sein. H. Roschkowski 137◇

0314 **Resonanzlinienbreite und Änderung der Anisotropie in dünnen Filmen.** Thomas D. Rossing. (J. appl. Physics **34,** 995, 1963; Northfield, Minn., St. Olaf Coll., Dep. of Phys.; engl.) — Vf. bestimmt von ca. 2000 Å dicken Permalloy-Schichten mit einer Koaxialbrücke die ferromagnet. Linienbreite ΔH im Frequenzbereich 100 bis 1600 MHz. Mit einem Magnetfeld parallel u. senkrecht zur Richtung leichter Magnetisierung steigt ΔH linear mit der Frequenz an. Der frequenzunabhängige Teil $(\Delta H)_0$ hängt zwar von der Dispersion in der Größe des effektiven Anisotropiefeldes, nicht jedoch von der Anisotropierichtung ab. Herbert Müller 137◇

0315 **Zusammenhang von Trägertemperatur und Einflüssen des Einfallswinkels mit Anisotropieänderungen in aufgedampften dünnen Nickel–Eisen-Schichten.** Albert J. Hardwick. (J. appl. Physics **34,** 818—22, 1963; Paoli, Pa., Burroughs Corp., Burroughs Labor.; engl.) — Auf Glasträger, die normal bzw. mit verschiedenen Winkeln zur Verdampferquelle geneigt sind u. Temp. zwischen 200 u. 400° haben, werden bei 10^{-6} Torr mit Aufdampfgeschw. von 10—15 Å/s in einem Magnetfeld von 50—60 Oe parallel zur Trägerachse 2000 Å dicke Schichten von Permalloy mit 17(%) Fe u. 83 Ni aufgedampft. Nach Abkühlung auf Raumtemp. im Vakuum wird von den Schichten an Luft das magnet. Anisotropiefeld H_k bestimmt. Die Abhängigkeit von H_k von Temp. u. dem Einfallswinkel des Dampfstrahls ist graph. angegeben. Unterhalb einer krit. Temp. steigt H_k mit dem Einfallswinkel an. Mit steigender Temp. nimmt die elektronenmkr. beobachtete Korngröße in den Schichten zu, während die H_k-Werte bei 425° ein ausgeprägtes Minimum zeigen. Herbert Müller 137◇

0316 **Temperaturabhängigkeit der magnetischen Kristallanisotropie-Energie dünner elektrolytisch niedergeschlagener Nickelschichten.** W. Andrä und I. Müller-Pfeiffer. (Physica Status solidi [Berlin] **3,** K412—K414, 1963; Jena, Dt. Akad. der Wiss., Inst. für magnet. Werkstoffe; dt.) — 2700—6000 Å dicke Ni-Schichten wurden durch epitaxiales Aufwachsen auf (100)-Flächen von Cu-Einkristallen bei der Elektrolyse einer Lsg. von 100 (g/Liter) $NiSO_4 \cdot 7\,H_2O$, 50 $(NH_4)_2Ni(SO_4)_2 \cdot 6\,H_2O$, 10 NaCl u. 15 H_3BO_3 bei 15 mA/cm² hergestellt u. ihre Anisotropie-Konst. k_1 bei Temp. von ca. 70—470°K nach der Drehmomenten-Meth. gemessen. Unterhalb von 470°K tritt kein Vorzeichenwechsel von k_1 auf. H. Roschkowski 137◇

0317 **Zur Thermodynamik des kritischen Bereichs für das Ising-Problem.** G. S. Rushbrooke. (J. chem. Physics **39,** 842—43, 1963; Eugene, Oreg., Univ. of Oregon, Chem. Dep.; engl.) — Die Gleichung $C_H - C_M = [T(\partial M/\partial T)_H{}^2/(\partial M/\partial H)_T]$ wird für $H = 0$ u. $T \lesssim T_C$ an Hand der Ergebnisse von Essam u. Fisher (C. **1963,** 20295) untersucht. H. Liepack 137◇

0318 **Methode der Gaußschen Mittelung in der statistischen Theorie des Ising-Modells.** E. Mühlschlegel und H. Zittartz. (Z. Physik **175,** 553—73, 1963; Köln, Univ., Inst. für Theoret. Phys.; engl.) — Die Zustandssumme des Ising-Modells wird als Gaußscher Mittelwert der Zustandssumme freier Spins dargestellt. Diese Darst. wird dazu benutzt, die Freie Energie mittels eines Extremal-Verf. zu approximieren. Variationsparameter sind 1. die Magnetisierung, 2. die N Eigenwerte einer Matrix, die in engem Zusammenhang mit der Spin–Spin-Korrelationsfunktion steht, u. 3. ein Parameter, der die Gesamtzahl der Spins konstant hält. Herbert Weber 137◇

0319 **Verteilung der Bloch-Wandenergien.** E. Kratochvílová. (Physica Status solidi [Berlin] **3,** K397 bis K400, 1963; Prague, Czech. Acad. of Sci., Inst. of Solid State Phys.; engl.) — Es wird eine Meth. zur Ermittlung der statist. Verteilung der Bloch-Wandenergien für magnet. Stoffe mit diffusionsinduziertem magnet. Nacheffekt beschrieben. H. Roschkowski 137◇

0320 **Dickenabhängigkeit der Domänenstruktur bei Kobalt.** R. Gemperle, A. Gemperle und I. Bursuc. (Physica Status solidi [Berlin] **3,** 2101—10, **1963;** Prague, Czech. Acad. of Sci., Inst. of Phys.; Jassy, Cuza-Univ.; engl.) — Frühere Messungen über die Abhängigkeit der Domänenbreite D von der Kristalldicke T in Co wurden bestätigt u. bis zu Dicken von 0,4 μ erweitert. Die Gültigkeit der Beziehung $D \sim T^{2/3}$, die von verschiedenen Theorien infolge der Oberflächenstruktur abweicht, wurde bestätigt. Es wird ein Modell für die Oberflächenstruktur von Co vorgeschlagen, das auf den beobachteten Kolloidbildern beruht. Ein Magnetfeld bewirkt verschiedene Arten von remanenten Domänenstrukturen, einschließlich der sog. Wabenstruktur. H. Roschkowski 137◇

0321 **Die Temperaturabhängigkeit der Domänenstruktur von Magnetoplumbit.** R. Gemperle, E. V. Shtolts und M. Zelený. (Physica Status solidi [Berlin] **3,** 2015—28, 1963; Prague, Czech. Acad. of Sci., Inst. of Phys.; Sverdlovsk, Acad. of Sci., Inst. of Phys. of Metals; engl.) — Es wurde der Temp.-Einfl. auf die Domänenstruktur von Magnetoplumbit untersucht, die mit Hilfe des Faraday-Effektes sichtbar gemacht wurde. Die Temp.-Abhängigkeit der Breite der Gleichgewichtsdomänen ist zwischen — 150 u. + 380° gemessen worden, woraus die Temp.-Abhängigkeit der Austauschkonst. berechnet wurde. Die therm. Hysterese der Domänenstruktur wurde untersucht u. qual. gedeutet. H. Roschkowski 137◇

0322 **Domänenstruktur der intermetallischen Verbindung Mn_5Ge_3.** A. Wrshetziono. (Metallphysik u. Metallkunde [UdSSR] **14,** 182—86, 1962; Poznań, Poln. Akad. der Wiss., Phys. Inst., Labor. für Ferromagnete; russ.) — Mit der Meth. der Pulverfiguren wurde die Domänenstruktur von Mn_5Ge_3 auf Ebenen, die parallel bzw. senkrecht zur hexagonalen Achse liegen, u. von Ebenen, die einen Winkel von $0 < \alpha < 90°$ mit der hexagonalen Achse bilden, untersucht. N. Kubeth 137◇

0323 **Magnetische Struktur der Legierung Mn_5Ge_3.** R. Ciszewski. (Physica Status solidi [Berlin] **3,** 1999 bis 2004, 1963; Warsaw, Inst. of Nucl. Res.; engl.) — An einer pulverförmigen Mn_5Ge_3-Probe wurden bei 50° u. bei der Temp. des fl. N_2 Neutronenbeugungs-Unterss. durchgeführt. Die Verb. krist. danach mit a = 7,184 u. c = 5,053 Å in $P6_3$/mcm (D 8_8). Die magnet. Momente der Atome auf 4 (d)- u. 6 (g)-Plätzen sind gleich (3 ± 0,1) bzw. (2 ± 0,1) Bohrschen Magnetonen. Die Spinrichtung ist parallel zur [0001]-Achse. H. Roschkowski 137◇

0324 **Der Barkhausen-Effekt bei Spinellferriten.** J. Roche. (Brit. J. appl. Physics **14,** 784—89, 1963; Christchurch, Hants., Min. of Aviat., Signals Res. and Dev. Establ.; engl.) — Der Barkhausen-Effekt in Mn–Zn-, Ni–Zn- u. Mg–Mn-Ferriten wurde untersucht. Länge u. Verteilung der Barkhausen-Diskontinuitäten während der Magnetisierung u. die Verteilungen der Änderungen des Barkhausen-Moments gegebener Größe pro Einheitsfeld wurden bestimmt. Ein Modell, aus dem die Dauer des Effekts bestimmt werden kann, wird vorgeschlagen; die Ergebnisse hieraus stimmen mit dem Experiment gut überein. Für die Beziehungen zwischen der Anzahl der Diskontinuitäten der Probe u. dem magnet. Moment werden Exponentialgleichungen erhalten. Die irreversible Änderung der Induktion wurde berechnet u. ergab als Summe mit der gemessenen reversiblen Induktionsänderung allg. Übereinstimmung mit der Gesamtveränderung. H. Roschkowski 137◇

0325 **Herstellung und Eigenschaften von dünnen Ferritfilmen.** E. Banks, N. H. Riederman, H. W. Schleuning und L. M. Silber. (J. appl. Physics, Suppl. zu **32,** Nr. 3, 44S—45S, 1961; Brooklyn, N. Y., Polytechn. Inst. of Brooklyn; engl.) — Leg.-Schmelzen mit geeigneter Zus. werden im Vakuum auf Träger aus Quarzglas, Sinterkorund bzw. Pyroceram aufgedampft u. anschließend in

Luft bzw. geeigneter O_2-haltiger Atmosphäre bei 600 bis 1100° oxydiert. Mit diesem Verf. werden die polykristallinen Spinelle Fe_3O_4, $CuFe_2O_4$, $MgFe_2O_4$, $NiFe_2O_4$, $Ni_{1-x} \cdot Zn_xFe_2O_4$, $NiFe_{2-y}Al_yO_4$, $CoFe_2O_4$ u. $Mg_{1-y}Mn_yFe_2O_4$ bzw. der Granat $Y_3Fe_5O_{12}$ in 100 bis > 1000 Å dicken Schichten erhalten. Die spezif. elektr. Widerstände der Schichten sind mit denen der kompakten Verbb. vergleichbar. In den meisten Schichten werden mit einem stat. Magnetfeld in Schichtebene bei Frequenzen von ca. 9 GHz ferromagnet. Resonanzen beobachtet. Die Breite der Resonanzlinien ist in den meisten Fällen beträchtlich größer als für kompakte Proben, da die Schichten offenbar porös u. nichtstöchiometr. sind u. mechan. Spannungen enthalten. Die Schichten sind zur Unters. von Spinwellresonanzen geeignet. Herbert Müller 137◇

0326 **Dünne Ferritfilme.** Henry P. Lemaire und William J. Croft. (J. appl. Physics, Suppl. zu **32,** Nr. 3, 46S—47S, 1961; Needham Heights, Mass., RCA, Semiconductor and Materials Div.; engl.) — Wss. Aufschlämmungen der entsprechenden Metallhydroxide in geeigneten Mischungsverhältnissen u. mit Temp. von 50—90° werden mit Hilfe eines Luft- bzw. O_2-Stromes auf Glas- oder Quarzträger gesprüht, deren Temp. einige Grad über denen der fl. Phase liegen; die Spinell-Bldg. erfolgt bei der gleichen Temp. u. ist nach einiger Zeit beendet. Mit dem Verf. werden 100 Å—1 μ dicke Schichten von Fe_3O_4, $Ni_xFe_{1-x}{}^{2+}Fe_2O_4$, $Ni_yZn_{1-y}Fe_2O_4$ bzw. $Zn_xFe_{1-x}{}^{2+}Fe_2O_4$ (**I**) hergestellt. Die Struktur der Schichten wird röntgenograph. untersucht u. aus den mit ca. 1 kHz aufgenommenen Hystereseschleifen die Koerzitivkraft K abgeleitet. K nimmt bei gegebener Schicht-Zus. mit steigender Dicke ab. Außerdem fällt K von **I** für x zwischen 0,1 u. 0,6 von 294 auf 50 Oe.
Herbert Müller 137◇

0327 **Bestimmung der Curie-Temperatur einiger Granate mit Hilfe der Differentialthermoanalyse.** A. Aharoni, E. H. Frei, Z. Scheidlinger und M. Schieber. (J. appl. Physics **32,** 1851—53, 1961; Rehovoth, Israel, Inst. of Sci., Dep. of Electron.; engl.) — Mit Hilfe der DTA wurden die Curie-Temp. von Sm-, Nd-, Pr- u. La- substituiertem sowie von reinem *Y-Fe-Granat* gemessen (± 1°). Mit zunehmendem Substitutionsgrad nimmt die Curie-Temp. mehr oder weniger linear zu; für Pr ist die Steigung am größten, für Sm am geringsten. Mit La-Substitution ließ sich einzig die Verb. $Y_{2,5}La_{0,5}Fe_5O_{12}$ darstellen, deren Curie-Temp. gegenüber dem reinen Granat prakt. nicht verändert ist. Zwei mögliche Deutungen der Resultate werden diskutiert. K. Jaeger 137◇

0328 **Negativer ΔG-Effekt und innere magnetische Reibung von Nickel in Abhängigkeit von der Wärmebehandlung.** I. B. Kekalo und B. G. Liwschitz. (Metallphysik u. Metallkunde [UdSSR] **14,** 223—30, 1962; Moskau, Stahl- u. Legg.-Inst.; russ.) — Von dem Ausgangszustand der Ni-Proben hängen die Eigg. der magnet. inneren Reibung wesentlich ab: mit steigender Glühtemp. der verfestigten Probe wächst die Höhe des magnet. Peaks u. der Wert von Q^{-1} bei H = O wird größer, das Feld des magnet. Peaks $H_{Q^{-1}_{max}}$ wird kleiner. Die Eigg. verändern sich bei Temp. von ca. 150°. In magnet. Gleich- u. Wechselfeldern wird bei Ni ein negativer ΔG-Effekt beobachtet, dessen Größe mit wachsender Glühtemp. steigt. Der negative ΔG-Effekt ist in Wechselfeldern höher. Bei Gleichfeldern findet der Übergang vom negativen zum positiven ΔG-Effekt bei geringeren Feldstärken statt, als in Wechselfeldern. Es wird eine Beziehung zwischen den Veränderungen der Eigg. der magnet. inneren Reibung u. den Eigg. des negativen ΔG-Effekts beobachtet. N. Kubeth 137◇

0329 **Temperaturabhängigkeit der elektrischen Leitfähigkeit von Nitraten und ihren Gemischen in Schmelzen.** N. P. Popowskaja und P. I. Protzenko. (J. anorg. Chem. [UdSSR] **7,** 2237—40, 1962; russ.) — Vff. untersuchten die elektr. Leitfähigkeit ϰ von Schmelzen aus Nitraten bzw. Nitratgemischen. Für die Syst. $RbNO_3$–$TlNO_3$, $RbNO_3$–KNO_3, $NaNO_3$–$AgNO_3$, $NaNO_3$–$NaNO_2$ wurde wie bei den Komponenten selbst eine lineare Abhängigkeit von lg ϰ von 1/T festgestellt. Die gleiche Abhängigkeit zeigen eutekt. Gemische von $LiNO_3$–$NaNO_3$, $LiNO_3$–$AgNO_3$ u. $NaNO_3$–$TlNO_3$, während bei $Ba(NO_3)_2$–$NaNO_2$, $Ca(NO_3)_2$–$LiNO_3$, $LiNO_3$–KNO_3, $LiNO_3$–$TlNO_3$, $NaNO_3$–$RbNO_3$ u. $Cd(NO_3)_2$–$LiNO_3$ Abweichungen vom linearen Verlauf der Kurven auftreten. Die Messungen wurden von Temp. nahe der Kristallisations-Temp. bis 100° darüber ausgeführt. Es wird darauf hingewiesen, daß auf den Temp.-Verlauf der Leitfähigkeit die Struktur der Schmelze, ihre Viscosität u. andere Faktoren Einfl. nehmen. E. Winkler 138◇

0330 **Elektrische Leitfähigkeit binärer oxidischer Systeme, die Niobpentoxid enthalten.** A. I. Manakow, O. A. Jessin und B. M. Lepinskich. (J. anorg. Chem. [UdSSR] **7,** 2220—25, 1962; Ural-Zweigstelle der Akad. der Wiss. der UdSSR; russ.) — Vff. untersuchten die elektr. Leitfähigkeit ϰ der bin. Syst. Me_aO_b–Nb_2O_5 (Me_aO_b = K_2O (**I**); Li_2O (**II**), CaO (**III**), Al_2O_3 (**IV**), Fe_2O_3 (**V**), V_2O_5 (**VI**) bei 700—1600° u. Konzz. von 0—50 Mol-%. Die Aktivierungsenergie $E_ϰ$ u. die Konst. A der Beziehung ϰ = A exp ($-E_ϰ$/RT) werden für den fl. u. festen Zustand der Syst. tabellar. angegeben. Nach den Leitfähigkeitspolythermen lassen sich die Syst. in zwei Gruppen einteilen. Bei den Syst. Fe_2O_3–Nb_2O_5 u. V_2O_5–Nb_2O_5 steigt die Leitfähigkeit stetig mit der Temp. an, die Syst. behalten wie Nb_2O_5 elektron. Leitfähigkeit. Bei den weiteren Syst. nimmt die Leitfähigkeit mit steigender Temp. u. steigendem Me_aO_b-Geh. einen teilweise ion. Charakter an. Für die Syst. mit ion. Leitfähigkeit werden aus den Leitfähigkeitspolythermen die Liguidus- u. Soliduskurven u. orientierende Zustandsdiagramme entnommen. E. Winkler 138◇

0331 **Diffusion von Ionen in einem elektrischen Feld.** Richard W. Laity. (J. physic. Chem. **67,** 671—76, 1963; Princeton, N. J., Princeton Univ., Frick Chem. Labor.; engl.) — Unter Anwendung der „Reibungs-Koeff.“ wird eine strenge mathemat. Behandlung der „polarisierten Diffusion“ in beliebigen elektrolyt. Systemen gegeben. Als Anwendungsbeispiele werden behandelt 1. wss. bin. Elektrolyt; 2. geschmolzene Mischung von 2 bin. Salzen; 3. wss. Lsg., die einen Überschuß des Trägerelektrolyten enthält; 4. „diffusionsgesteuerte“ Redox-Rkk.; Metallkorrosion. P. Detje 139◇

0332 **Versuch einer theoretischen Deutung der schwachen Acidität der Borsäure.** Jean Ploquin. (Bull. Soc. Pharmac. Bordeaux **102,** 12—16, 1963; Nantes, Fac. de Méd. et de Pharm., Labor. de Pharm. Chim.; franz.) — Vf. berechnete die Ladungen von B, O u. H sowie den Ionencharakter aller Bindungen in H_3BO_3 u. den entsprechenden Anionen u. leitet daraus die Säureeigg. der Borsäure ab. B. Krebs 139◇

0333 **Bestimmung des Normalpotentials der Kette Pa(IV)/Pa(V).** Moïse Haïssinsky und Elisabeth Pluchet. (J. Chim. physique Physico-Chim. biol. **59,** 608—10, 1962; Paris, Labor. Curie; franz.) — Durch partielle Red. von Pa(V) in extrem verd. Lsg. (~ 10^{-10}m) zu Pa(IV) mit Cr^{2+} + Cr^{3+} oder V^{2+} + V^{3+} mit verschiedenen Verhältnissen der jeweiligen beiden Ionenarten wurde das Potential der Kette Pa(IV)/Pa(V) in 6 n HCl bestimmt zu −0,29 ± 0,03 V. Daraus wird für das Normalpotential ein Wert von etwa 0,25 V errechnet.
B. Krebs 140◇

0334 **Theorie der Silberchloridelektrode und Bestimmung der Instabilitätskonstante komplexer Chloride.** W. I. Altynow und B. W. Ptitzyn. (J. anorg. Chem. [UdSSR] **7,** 2103—09, 1962; Sibirsk, Zweigst. der Akad. der Wiss. der UdSSR, Inst. für anorg. Chem.; russ.) — Vff. führten bei 25° Potentialmessungen mit der Ag/AgCl-Elektrode in KCl-Lsgg. der Konz. 10^{-7} — 9,62 · 10^{-2} Mol/Liter durch. Für E_0 wurde bezogen auf die Normal-H_2-Elektrode ein Wert von 222,5 ± 0,7 mV ermittelt. Im Aktivitätsbereich 4 · 10^{-6} — 7,26 · 10^{-2} hängt das Elektrodenpotential linear von log a ab, bei a(Cl^-), < 4 · 10^{-6} erlangt das Potential einen konst. Wert. Die für die Instabilitäts-Konst. von $PbCl_2$, $PbCl^+$, TlCl, $InCl_2{}^+$, $InCl^{2+}$, $CdCl_2$ u. $CdCl^+$ ermittelten Werte stimmen gut mit den aus der Literatur bekannten Daten überein.
E. Winkler 140◇

0335 **Herstellung von Monosulfiden der Lanthaniden und Actiniden durch Elektrolyse in geschmolzenen Salzen.**

R. Didchenko und L. M. Litz. (J. electrochem. Soc. **109,** 247—50, 1962; Parma, Ohio, Union Carbide Corp., Parma Res. Center; engl.) — Die Monosulfide der Lanthaniden- u. Actinidenelemente werden durch elektrolyt. Red. der höheren Sulfide dargestellt. Diese werden in geschmolzenem NaCl–KCl-Eutektikum, welches zusätzlich das Chlorid des betreffenden Metalls enthält, suspendiert. Die Elektrolyse erfolgt bei 800° unter Argonatmosphäre. Die Schmelze befindet sich in einem Graphittiegel, der gleichzeitig als Anode dient. Die Kathode besteht aus Mo u. dient gleichzeitig als Rührer. Anoden- u. Kathodenraum sind durch ein Alundum-Diaphragma voneinander getrennt. Bei der Elektrolyse laufen folgende Vorgänge ab: $MeCl_3 \rightarrow Me + 1^1/_2 Cl_2$; $Me + Me_2S_3 \rightarrow 3MeS$. Die während der Elektrolyse an den Elektroden liegende Klemmenspannung wird in Abhängigkeit vom durch die Zelle gehenden Strom graph. dargestellt. Nach beendeter Elektrolyse werden die Salze vom Monosulfid weitgehend mechan. abgetrennt, die Reste werden bei 1000° im Hochvakuum abdestilliert. Auf diese Weise werden *CeS*, *LaS*, *GdS*, *YbS*, *ThS*, *US* mit 80—90%ig. Ausbeute hergestellt. Alle Monosulfide entsprechen der Formel $MeS_{0,95-1,00}$. Auf die Notwendigkeit strengsten Sauerstoff- u. Feuchtigkeitsanschlusses während der Synth. wird hingewiesen. Bei Ggw. dieser Stoffe werden Oxidsulfide gebildet, welche die Eigg. der Monosulfide schon in geringen Konzz. sehr stark beeinflussen, da sie feste Lsgg. mit ihnen bilden.
W. Kretschmer 141□

0336 **Elektrochemische Reduktion von Uran(VI) zu Uran(IV) in Carbonatlösungen.** V. Pravdić, M. Branica und Z. Pučar. (Croat. chem. Acta **33,** 151—53, 1961; Zagreb, Inst. „Ruđer Bošković“; engl.) — Das Red.-Potential für U(VI) (10^{-3}—$3 \cdot 10^{-2}$ m Lsgg.) bei pH 8,7 (1 m $NaHCO_3$ mit 0,05 Mol Na_2CO_3) liegt zwischen — 1,00 u. — 1,50 V. Die Stromausbeute erreicht bei $5 \cdot 10^{-3}$ m U(VI)-Lsg. ein Maximum. Das coulometr. bestimmte O/U-Verhältnis des ausgefällten Red.-Prod. beträgt 2,01. Die Unterss. werden in H-förmigen Zellen durchgeführt, deren Elektrodenräume durch eine Kationenaustauschermembran getrennt sind.
F. M. Friedrich-Anderseck 141◇

0337 **Untersuchung des Systems Uran(IV)–Uran(III).** I. P. Alimarin, Je. R. Nikolajewa und W. M. Massalowitsch. (Nachr. Moskauer Univ., Ser. II **17,** Nr. 5, 50—54, 1962; Lehrst. für anal. Chem.; russ.) — Vff. untersuchten die Bedingungen der elektrolyt. Red. von Uranylsalzen an einer Hg-Kathode in H_2SO_4-, HCl- bzw. $HClO_4$-Lsgg. Die maximale Red. von 47—49% U(IV) → U(III) wurde in 0,4 n HCl-Lsg. bei 12—15° u. 2 Std. Elektrolysedauer beobachtet. Das Redox-Potential des Syst. wurde mit Hilfe einer Wolfram-Indicatorelektrode gemessen. Das nach der Nernstschen Gleichung für [U(IV)]/[U(III)] = 1 errechnete formale Potential E_f beträgt bei $[U]_{gesamt}$ = 0,01 m u. 13° für 0,2 n H_2SO_4 — 0,335 ± 0,001 V, für 0,4 n H_2SO_4 — 0,315 ± 0,008 V, für 0,2 n HCl — 0,304 ± 0,002 V, für 0,4 n HCl — 0,303 ± 0,005 V u. für 0,2 n $HClO_4$ — 0,280 ± 0,005 V. E_f fällt in der Reihe $HClO_4$, HCl, H_2SO_4 infolge der Bldg. stabiler U(IV)-Komplexe mit SO_4^{2-}-Ionen, weniger stabiler Komplexe mit Cl^--Ionen u. des Fehlens von Komplexen mit ClO_4^--Ionen. U(III) wurde unter Verw. einer W-Elektrode mit NH_4VO_3 titriert. Der Potentialsprung beträgt für Säure-Konzz. 0,1—1 m 350—400 mV. Diese neue Meth. liefert mit der $K_2Cr_2O_7$- u. $KMnO_4$-Meth. übereinstimmende Werte. H.-J. Lunk 141◇

0338 **Die gemeinsame Entladung der Ionen des Grundmetalls und der Beimengungen bei der elektrolytischen Raffination von Nickel aus einer Chloridlösung.** A. L. Rotinjan und I. A. Schoschina. (Hochschulnachr. [Ordshonikidse], Nichteisenmetalle **4,** 50—56, 1961; Leningrad, technolog. Inst., Lehrst. für die Technol. der elektrochem. Ind.; russ.) — Vff. untersuchten die gemeinsame Entladung von Ni-, Pb-, Cu-, Fe(III)- u. Zn-Ionen in einem $NiCl_2$-Elektrolyten (135 g/Liter) bei 60° u. Stromdichten von 100—800 A/m². Es wurde festgestellt, daß die Entladung der Cu-, Pb- u. Fe-Ionen beim Grenzstrom erfolgt. E. Winkler 141◇

0339 **Elektrodenpolarisation bei Überlagerung von Wechselstrom auf Gleichstrom.** W. I. Tschernenko, M. A. Loschkarew und Sh. N. Lewitin. (J. physik. Chem. [UdSSR] **37,** 1015—22, 1963; russ., Auszug: engl.) — Die Beziehungen des Elektrodenpotentials bei der Polarisation durch Gleichstrom, der von einem Wechselstrom mit großer Amplitude überlagert wird, wurden untersucht. Es wurden Gleichungen abgeleitet, die das Normalpotential mit den Gleich- u. Wechselstromdichten u. der Wechselstromfrequenz in Beziehung setzen. Sie wurden durch die Ergebnisse der Wasserstoffionenentladung aus H_2SO_4-Lsgg. an Nickel- u. Goldelektroden bestätigt. Aus den Vers.-Werten wurden die durchschnittliche Durchgangszeit der reagierenden Teilchen durch die Energiebarriere u. die Barrierendicke, die gleich der der Doppelschicht ist, berechnet. W. Pump 142◇

0340 **Die Kinetik der anodischen Oxydation von Molybdän in Borsäure.** W. A. Lawrenko und A. A. Penkow. (J. physik. Chem. [UdSSR] **37,** 1049—56, 1963; russ., Auszug: engl.) — Die Kinetik der anod. Oxydation von hochreinem Mo in gesätt. Borsäure-Lsg. wurde in Beziehung zum Zustand des Metall-Kristallgitters untersucht. Die Vers.-Temp. betrug 15—50° u. die Anodenstromdichte bis 50 mA/cm². Der Mechanismus des Prozesses wurde durch Vgl. der kinet. u. Röntgendaten festgestellt. Er wird äußerlich bei Proben mit gedehntem Gitter durch das Auftreten von zusätzlichen akt. Zentren der anod. Oxydation bestätigt. Es wird ein Schema der Anfangszustände der Mo-Oxydation vorgestellt, in dem die nicht-stöchiometr. Natur des prim. Films u. sein Halbleiter-Verh. berücksichtigt werden. Es werden empir. Gleichungen für den Gleichgewichtszustand des Prozesses aufgestellt, die die Geschw. der Potentialveränderung u. die spezif. Geschw. der Oxydation in Beziehung setzen. W. Pump 142◇

0341 **Verhalten von Eisenelektroden in geschmolzenen Chloriden.** W. N. Dewjatkin und Je. A. Uksche. (J. angew. Chem. [UdSSR] **35,** 1328—33, 1962; Zweigst. des Aluminium-Magnesium-Inst. der UdSSR; russ.) — Vff. untersuchten das Verh. von Fe-Elektroden in geschmolzenen Chloriden auf galvanostat. Wege. Es wurden Stromdichte-Potentialkurven bei 720° an der galvan. Kette $Mg/MgCl_2$, KCl, NaCl/Fe aufgenommen. Der Elektrolyt bestand zu 75(%) aus einem äquimolaren Gemisch von NaCl u. KCl sowie 25 $MgCl_2$. Nach 25—30 Min. stellt sich an der Fe-Elektrode ein konst., von der Stromdichte abhängiges Potential ein. Das Potential der fl. Mg-Elektrode lag in allen untersuchten Fällen konst. bei ca. — 1,30 V u. hängt nicht von der Belastung ab. Die Stromdichte-Spannungskurven der Kette unterscheiden sich nicht von den Stromdichte-Potentialkurven der Fe-Elektrode. Unter Verw. von Elektrolyten mit unterschiedlichem $MgCl_2$-Geh. (0—25 Gew.-%) wurden Ladungskurven bei I_K = 1,9 u. 2,2 mA/cm² an Fe-Elektroden aufgenommen. Aus den Vers.-Ergebnissen wird geschlossen, daß als Depolarisator des Fe-Korrosionsvorgangs in den untersuchten Schmelzen gelöstes W. angesehen werden muß, während Mg^{2+}-Ionen keine depolarisierenden Eigg. zeigen. Im Elektrolyten vorhandene Fe^{2+}-Ionen werden bei — 0,35 V reduziert. E. Winkler 142◇

0342 **Elektrochemische Bestimmung der Adsorptionswärme des Wasserstoffs an einer dispersen Palladiumelektrode.** Sh. L. Wert, I. A. Mossewitsch und I. P. Twerdowski. (Ber. Akad. Wiss. UdSSR **140,** 149—52, 1961; Leningrad, Inst. für angew. Chem.; russ.) — Das durch elektrolyt. Abscheidung aus salzsaurer $PdCl_2$-Lsg. an einer Pt-Elektrode erhaltene „Palladiumschwarz“ adsorbierte bei 43° 0,09 Grammatom H/Grammatom Pd. Der Einfl. der Bedeckung θ der Pd-Oberfläche mit H_2 auf das Elektrodenpotential ist für θ = 0—1 für 1 n H_2SO_4 bei 0, 18, 23 u. 43°, für 1 n HCl bei 43° graph. dargestellt. Für den Beginn der Adsorption des H_2 ($\theta = 0$) wurden 400—700 mV, für den Beginn der Lsg. von H_2 ($\theta = 1$) bei 43, 23, 18 u. 0° 54, 65, 70 bzw. 82 mV gemessen. $[\log p(H_2)]_{\theta = const}$ nimmt mit steigender reziproker Temp. linear ab. Mittels der Clausius-Clapeyronschen Gleichung wurde die Adsorptionswärme Q des H_2 berechnet. Q in Abhängigkeit von $\theta = 0-1$ ist für Pd (Q_1) u. die Leg. 42% Ag, 58% Pd (Q_2) in 1 n H_2SO_4 u. für Pd in HCl (Q_3) graph. dargestellt. Q_1 fällt bei $\theta = 0-0{,}2$ von ca. 27,5 kcal/Mol auf ein Minimum bei θ = ca. 0,18 mit ca. 22,5 kcal/Mol u. beträgt im Intervall $0{,}2 < \theta < 0{,}5$ wiederum 27,5 kcal/Mol. Für $\theta > 0{,}5$ sinkt Q_1. Q_3 ist bedeutend $< Q_1$ u. verändert sich im gesamten Intervall. Q_2 beträgt für $0 < \theta < 0{,}4 \sim 20{,}5$ kcal/Mol; für $\theta > 0{,}4$ sinkt Q_2 analog Q_1. H.-J. Lunk 142◇

0343 **Der Einfluß der Adsorption auf die Reaktionsgeschwindigkeit an einer Platin-Elektrode im System Chinon/Hydrochinon.** Lu-An Jo, W. Je. Kasarinow, Ju. B. Wassiljew und W. Ss. Bagotzki. (Ber. Akad. Wiss. UdSSR **151,** 151—54, 1963; Akad. der Wiss. der UdSSR, Inst. für Elektrochem.; russ.) — Vff. untersuchten die Zusammenhänge zwischen der Kinetik der Elektroden-Rk. u. Adsorptionserscheinungen an der rotierenden Pt-Scheibenelektrode im Syst. Chinon-Hydrochinon. Es wurden Polarisationsmessungen an einer Lsg., die $5 \cdot 10^{-3}$ (Mol/Liter) Chinon, 0,12 $HClO_4$ u. 0,1 NaH_2PO_4 enthielt, durchgeführt u. der Einfl. der Anionen F^-, Cl^-, Br^-, J^-, der Kationen $[(CH_3)_4N]^+$, Cs^+, Rb^+, NH_4^+, K^+ sowie der von Hexanol, Isoamylalkohol u. Phenylessigsäure überprüft. Die untersuchten Zusätze verringern die Austauschstromdichte. Es wird eine Beziehung für den Zusammenhang zwischen Rk.-Geschw. u. Kenngrößen der Adsorption angegeben. Die Wrkg. der Anionen u. der organ. Stoffe wird auf eine Blockierung bestimmter Oberflächenbezirke zurückgeführt, während der Einfl. der Kationen durch Veränderungen im Bau der Doppelschicht erklärt wird. E. Winkler 142◇

0344 **Reduktion von Amminkobaltkomplexen mit negativen Liganden in der inneren Sphäre an der Quecksilber-Tropfelektrode.** N. W. Nikolajewa-Fedorowitsch und A. N. Frumkin. (Ber. Akad. Wiss. UdSSR **134,** 1135—37, 1960; Moskau, Lomonossow-Univ.; russ.) — Bei der Red. des $[Co(NH_3)_4(CO_3)]^+$-Kations an der Hg-Tropfelektrode wird wie bei der Red. mehrfach geladener Anionen eine Hemmung der Rk. beim Übergang der positiv geladenen Hg-Oberfläche in den negativen Bereich beobachtet. Das hierbei auftretende Absinken der Stromstärke wird erklärt durch die verschiedenen Adsorptionsbedingungen des Kations an der Hg-Oberfläche beim Wechsel des Vorzeichens der Ladung. Bei positiv geladener Hg-Oberfläche erfolgt die Adsorption des Kations durch die negativ geladene CO_3^{2-}-Gruppe in der inneren Sphäre des Komplexes. Bei negativ geladener Hg-Oberfläche ist diese Adsorption nicht mehr möglich, infolgedessen sinkt die Stromstärke. Wird die negative Ladung der Hg-Oberfläche durch die Kationen eines Grundelektrolyten $[(C_2H_5)_4N]_2SO_4$, $[(C_2H_5)_4N]Br$, KCl abgeschirmt, tritt keine Hemmung der Rk. mehr auf, die Rk.-Geschw. nimmt zu. Die Rk.-Geschw. hängt von der Art, der Ladung u. der Konz. der Kationen des Grundelektrolyten ab. Auch bei der Red. der Kationen $[Co(NH_3)_4 \cdot Cl_2]^+$, $[Co(NH_3)_5NO_2]^+$ u. a. an der Hg-Tropfelektrode treten Rk.-Hemmungen auf. W. Büttner 142◇

0345 **Über die Kurven der Differentialkapazität in $K_4[Fe(CN)_6]$-Lösungen.** B. B. Damasskin, Je. Schwarz und A. N. Frumkin. (Ber. Akad. Wiss. UdSSR **140,** 630—33, 1961; russ.) — Vgl. vorst. Referat. — Mittels einer Impedanzbrücke werden in 1, 0,1, 0,01 u. 0,001 n $K_4[Fe(CN)_6]$-Lsgg. Kurven der Differentialkapazität C in Abhängigkeit vom Potential φ an einer Hg-Elektrode bei 400 Hz u. 25° aufgenommen. Nahe dem Nulladungspunkte (NP) — 0,473 V, der dem NP von NaF-Lsgg. entspricht, wird ein deutliches Minimum von C festgestellt. Bei positiven φ zeigt $[Fe(CN)_6]^{4-}$ eine deutliche spezif. Adsorbierbarkeit an der Hg-Oberfläche; beim Übergang zu negativen φ wird $[Fe(CN)_6]^{4-}$ infolge elektrostat. Wechselwrkg. mit Hg wieder desorbiert, wobei C stark abnimmt. Der Maximalwert von C beträgt in 1 n $K_4[Fe(CN)_6]$ 59,0 $\mu F/cm^2$ (in 1 n KCl-Lsg. 43,2). Die Ergebnisse sind mit der Theorie von Watts-Tobin (Philos. Mag. **6,** Nr. 61, [1961], 133; vgl. auch C. **1962,** 14041) nicht zu erklären. Bei 0° wird in 0,1 n $K_4[Fe(CN)_6]$-Lsg. ein Maximum auch der K-ε-Kurve gefunden (ε = Elektrodenladung, $K = \varepsilon/\varphi_a$, $\varphi_a = \varphi$ vom NP aus gerechnet), es besteht also ein Gebiet, in dem $\delta K \delta\varphi < 0$ ist. Das Vorliegen der Maxima bei den C-φ- u. K-ε-Kurven kann mit der Annahme einer Orientierung der Dipole des W. mit dem negativen Ende nach der Hg-Oberfläche beim NP u. einer Änderung dieser Orientierung beim Entritt in eine dichte Anionendoppelschicht mit genügendem Polarisiervermögen erklärt werden. Höhe u. Form des Maximums der C-φ-Kurven müssen dann von der Adsorbierbarkeit des Anions u. seinem Polarisiervermögen abhängen. Bei dem stark hydratisierten $[Fe(CN)_6]^{4-}$ führt die starke Änderung der Orientierung der adsorbierten Wasserdipole zu einem hohen u. relativ schmalen Maximum der C-φ-Kurve, wobei der Polarisationswiderstand dem Umbau der Doppelschicht beim Eintritt der $[Fe(CN)_6]^{4-}$-Anionen entspricht. R. K. Müller 142◇

0346 **Korrosion und Passivität von Titan in Schwefelsäure.** R. W. Zwetnowa, Ss. L. Djatkina, Ss. N. Scheremetjewa, A. R. Keln und A. I. Krassilschtschikow. (J. physik. Chem. [UdSSR] **37,** 1037—42, 1963; russ., Auszug: engl.) — Das Korrosions- u. elektrochem. Verh. von Ti in 5 n u. 10 n H_2SO_4, allein oder unter Zusatz von *KJ*, $(C_2H_5)_4NJ$, $CuSO_4$ u. HNO_3, in einer N_2-Atmosphäre wurde mit potentiometr. Meth., Entladungskurven-Meth. u. durch gravimetr. Best. der Korrosionsverluste untersucht. Durch Temp.-Erhöhung wird die Passivierung verhindert. Die Zugabe von J, Cu^{2+} u. HNO_3 verzögert die anod. Auflösung des Ti in H_2SO_4 u. fördert die anfängliche Passivierung des Metalls. Es wird vermutet, daß die Passivität des Titan auf die Bldg. einer passivierenden Adsorptionsschicht auf seiner Oberfläche zurückgeht. W. Pump 143◇

A_4. Thermodynamik, Thermochemie

0347 **Partielle Differenzierung mit besonderem Bezug auf die Thermodynamik.** G. C. Benson und E. A. Flood. (Nature [London] **200,** 259, 1963; Ottawa, Nat. Res. Council of Canada, Div. of Pure Chem.; engl.) — Anmerkung zu Elliot, C. **1963,** 21439. A. Blaschette 146◇

0348 **Partielle Differenzierung mit besonderem Bezug auf die Thermodynamik.** G. A. Elliott. (Nature [London] **200,** 259, 1963; Perth, Univ. of Western Australia, Dep. of Chem.; engl.) — Erwiderung auf vorst. referierte Arbeit. A. Blaschette 146◇

0349 **Über ein zweidimensionales klassisches Konfigurationsmodell.** Franz Rys. (Helv. physica Acta **36,** 537—59, 1963; Zürich, ETH; dt.) — Das behandelte Modell (F-Modell) für Phasenumwandlungen ist ein Konfigurationsmodell auf einem quadrat. Gitter. Die Energie ist nur abhängig von der Konfiguration; es tritt kein dynam. Term auf. Die Anzahl der möglichen Konfigurationen wird durch bestimmte Zwangsbedingungen eingeschränkt. Das F-Modell weist eine große Ähnlichkeit mit dem Ising-Modell auf, woraus sich die Möglichkeit einer Tieftemp.-Entwicklung ergibt. Ferner läßt sich in Analogie zum Ising-Modell eine lange Reichweite der Ordnung für tiefe Temp. beweisen. Es wird eine Operatormeth. entwickelt, u. es werden Aussagen über die Meth. des größten Eigenwerts des Operators gemacht. Für endliche Streifenbreiten (n = 2, 4 u. 6) wird die exakte Lösung angegeben. A. Blaschette 146◇

0350 **Konvexe Moleküle im gasförmigen und im kristallinen Zustand.** Taro Kihara. (Advances chem. Physics **5,** 147—88, 1963; Tokyo, Univ., Dep. of Phys.; engl.) — Übersicht über die bisherige Anwendung der von Ishihara (1950) bewiesenen geometr. Identität für konvexe Körper in der Theorie der Mol.-Wechselwrkg. in chem. Syst. (Geometrie konvexer Körper; konvexe Mol.-Cores; Diffusionskoeff. für schwere Moll.; 2. Virialkoeff. für konvexe Moll.; konvexe Moll. im kristallinen Zustand am Beispiel von CH_4, CO_2, Bzl. u. C_2H_4; Multipol-Wechselwrkg. in Kristallen; Stabilität kub.-dichter Packungen aus schweren Edelgasatomen). — 24 Literaturangaben. A. Blaschette 146◇

0351 **Wärmeausdehnungskoeffizient und Elastizitätsmodul für ein eindimensionales Festkörpermodell.** J. Mazur und Robert J. Rubin. (Amer. J. Physics **31,**

835—36, 1963; Washington, D. C., Nat. Bur. of Stand.; engl.) — Die klass. statist.-mechan. Theorie eines eindimensionalen Syst. aus Teilchen, die nur mit ihren nächsten Nachbarn in Wechselwrkg. stehen, wird auf ein einfaches Festkörpermodell angewendet. Der relative Abstand zwischen benachbarten Teilchen ist durch die Form der Wechselwrkg.-Potentials auf einen endlichen Bereich beschränkt. Für den Grenzfall Druck = 0 werden einfache exakte Ausdrücke für den Wärmeausdehnungskoeff. u. den Elastizitätsmodul erhalten.
A. Blaschette 146◇

0352 **Eine störungstheoretische Methode zur Lösung der Dyson-Schmidt-Gleichung.** Werner A. Schlup. (Helv. physica Acta **36**, 570—82, 1963; Zürich, Univ., Inst. für theoret. Phys.; dt.) — Die Dyson-Schmidt-Gleichung für die Auslenkungsquotienten- u. Frequenzverteilung der Gitterschwingungen in einer isotop. ungeordneten linearen Kette wird für den bin. Kristall durch eine Störungsentwicklung gelöst. Die Lösung stimmt mit der Cluster-Entwicklung überein. A. Blaschette 146◇

0353 **Hydrodynamische Gleichungen und Korrelationsfunktionen.** Leo P. Kadanoff und Paul C. Martin. (Ann. Physics **24**, 419—69, 1963; Urbana, Ill., Univ. of Illinois, Phys. Dep.; Cambridge, Mass., Harvard Univ., Lyman Labor., Labor. of Phys.; engl.) — Die Rk. eines Syst. auf äußere Störungen kann in jedem Fall durch zeitabhängige Korrelationsfunktionen des ungestörten Syst. ausgedrückt werden; bewirkt die äußere Störung nur eine sehr langsame zeitliche u. örtliche Änderung aller physikal. Größen, so kann die Rk. des Syst. auch durch linearisierte hydrodynam. Gleichungen beschrieben werden. Untersucht wird die komplizierte Struktur, welche die Korrelationsfunktionen annehmen müssen, damit beide Beschreibungen koinzident werden (Beispiele: Spindiffusion; Transport in einem gewöhnlichen einkomponentigen fluiden Syst.). Da die beiden Beschreibungen äquivalent sind, müssen alle Transportvorgänge, die im Nichtgleichgew.-Syst. auftreten, auch in den Gleichgew.-Korrelationsfunktionen zum Ausdruck kommen. Die Beschreibung mit Hilfe von Korrelationsfunktionen führt in natürlicher Weise zu Ausdrücken für die Transportkoeff., die denen der Kuboschen Theorie entsprechen. Weiterhin ergeben sich Summenregeln, die zu Beziehungen zwischen den dissipativen linearen Koeff. u. den thermodynam. Ableitungen führen.
A. Blaschette 146◇

0354 **Die formale statistische Theorie der Transportvorgänge.** James A. McLennan jun. (Advances chem. Physics **5**, 261—317, 1963; Bethlehem, Pa., Lehigh Univ.; engl.) — Übersicht über neuere Ergebnisse. — 27 Literaturangaben. A. Blaschette 146◇

0355 **Eine Notiz über die formale Theorie der Transportkoeffizienten.** Robert J. Swenson. (Physica [Utrecht] **29**, 1174—80, 1963; Bruxelles, Univ. Libre, Fac. des Sci.; engl.) — Die verallgemeinerte nichtmarkoffsche Master-equation von Janner wird zur Beschreibung der Zeitabhängigkeit einer bin. Korrelationsfunktion von Flüssen herangezogen. Der Transportkoeff. wird zur Fourier-Transformierten einer Korrelationsfunktion in Beziehung gesetzt, wodurch sich zeigen läßt, daß für niedrigfrequente Prozesse eine Markoffsche Näherung der verallgemeinerten Master-equation zur exakten Best. eines niedrigfrequenten Transportkoeff. ausreicht.
A. Blaschette 146◇

0356 **Die Grundlagen der statistischen Mechanik des Nichtgleichgewichts.** 1. Mitt. Guido Sandri. (Ann. Physics **24**, 332—79, 1963; Princeton, N. J., Aeronaut. Res. Assoc.; engl.) — Es wird ein neuer Formalismus der irreversiblen Dynamik entwickelt, der davon ausgeht, daß alle bekannten kinet. Gleichungen (Boltzmann-, Landau- u. Bogoljubow-Lennard-Gleichung) prinzipiell richtig u. nicht verbesserungsfähig sind. Diese Hypothese wird mit Hilfe eines Verf. bewiesen, welches die verschiedenen Zeitkomponenten der Gasevolution vollständig trennt, wenn eine geeigneter, für den Entwicklungszustand des Gases charakterist. Parameter klein gehalten wird. Weiterhin wird gezeigt, daß nicht alle isolierten Gase unbedingt kinet. werden müssen. Wird mehr statist. Information über ein Gas verlangt, als aus der Kenntnis der Bewegung eines mittleren Teilchens abgeleitet werden kann, so muß eine neue asymptot. Entwicklung der Liouville-Gleichung herangezogen werden. Die Gültigkeitsgrenzen der Synchronisationsannahme u. der Randbedingung von Bogoljubow werden definiert u. es wird die Gleichwertigkeit der Kirkwoodschen Zeitmittelung u. der Bogoljubowschen Technik bewiesen. A. Blaschette 146◇

0357 **Die Grundlagen der statistischen Mechanik des Nichtgleichgewichts.** 2. Mitt. Guido Sandri. (Ann. Physics **24**, 380—418, 1963; engl.) — 1. vgl. vorst. Referat. — Die kinet. Entwicklung der Liouville-Gleichung wird eingehend behandelt u. es werden sog. „superkinet." Entwicklungen eingeführt u. diskutiert.
A. Blaschette 146◇

0358 **Die statistische Thermodynamik des Gleichgewichts.** Laszlo Tisza und Paul M. Quay. (Ann. Physics **25**, 48—90, 1963; Cambridge, Mass., MIT, Dep. of Phys.; engl.) — Es wird eine statist. Thermodynamik entwickelt, die auf extensiven Variablen (additiven Invarianten) beruht, welche über eine Zelleneinteilung des Raumes verteilt sind. Sie gilt nur für die Schwankungen gekoppelter Syst., die ihr Gleichgew. erreicht haben. Das wichtigste einer Reihe von Postulaten sagt aus, daß für zwei grundlegende Kopplungssituationen Verteilungsfunktionen existieren. Das Syst. weist einen Gedächtnisverlustmechanismus auf; die Verteilungsfunktion ist unabhängig von der Vorgeschichte (ergod. Eig.). Diese Annahmen genügen zur Ableitung der Gibbsschen Verteilungsfunktionen in ihrer quant. Form. Es ergeben sich neue Gesichtspunkte für das Ergodenproblem u. die Rolle des Nernstschen Gesetzes bei der Definition des thermodynam. Gleichgew. sowie für die Beziehungen zwischen Entropie, Information u. Unsicherheit. A. Blaschette 146◇

0359 **Bedingungen für stabiles Gleichgewicht von Systemen bei negativen absoluten Temperaturen.** V. Vyšín. (Physics Letters [Amsterdam] **7**, 120—22, 1963; Olomouc, Czechoslovakia, Palacký Univ., Dep. of Theoret. Phys. and Astron.; engl.) — Vf. zeigt theoret., daß ein thermodynam. Syst. im Gleichgew.-Zustand bei negativen abs. Temp. existent ist. G. Gattow 146◇

0360 **Zustandsgleichung eines Plasmas.** Don C. Kelly. (Amer. J. Physics **31**, 827—28, 1963; Oxford, Ohio, Miami Univ.; engl.) — Die Zustandsgleichung für ein Plasma wird aus dem Virialtheorem abgeleitet. Das Ergebnis zeigt, daß die Abweichungen vom Verh. eines idealen Gases gering sind, wenn die Bedingungen die Anwendung des Debye-Hückel-Potentials erlauben.
A. Blaschette 146◇

0361 **Die Zustandsklassen thermischer Systeme — eine Betrachtung zur Einführung des Entropiebegriffes.** W. Schlegelmilch und W. Kaufmann. (Wiss. Z. Hochschule Elektrotechn. Ilmenau **9**, 249—57, 1963; Inst. für Phys., Abt. für theoret. Phys.; dt.)
A. Blaschette 146◇

0362 **Negative Freiheitsgrade und die Phasenregel.** H. F. Halliwell und S. C. Nyburg. (Nature [London] **200**, 670—71, 1963; London, Nuffield Found. Sci. Teaching Project.; engl.) — Vgl. C. **1961**, 7500. — Als Entgegnung zur Publikation von Brynestad (C. **1964**, 11-0390) weisen Vff. noch einmal darauf hin, daß die Gibbssche Phasenregel nicht die Aussage enthält, daß negative Freiheitsgrade unmöglich sind. Ein theoret. Beispiel wird angeführt. G. Gattow 146◇

0363 **Über die thermodynamische Ableitung der Zustandsdiagramme von Zweistoffsystemen.** A. M. Tschernyschew. (J. physik. Chem. [UdSSR] **36**, 2072—74, **1962**; Baikow-Inst. für Metallurg.; russ.) — Vf. leitet aus den allg. Bedingungen des isotherm.-isobaren Gleichgew. von Zweiphasen-Zweistoffsyst., die durch die Gleichheit der chem. Potentiale der Komponenten in den Phasen ausgedrückt werden ($\mu_1^A = \mu_2^A$; $\mu_1^B = \mu_2^B$), ohne zusätzliche Annahmen unmittelbar die Gleichung der gemeinsamen Tangente der Kurven $\varphi - c$ der Abhängigkeit der thermodynam. Phasenpotentiale der Phasen 1 u. 2 von ihren Zus. ab: $\varphi_1 - \psi_2 = (d\varphi/dc)(c_1 - c_2)$, wo φ das spezif. thermodynam. Phasenpotential u. c die Konz. bedeuten. H.-J. Lunk 146◇

0364 **Doppelter Vergleich von Reaktionen und Verbindungen eines Typs.** W. A. Kirejew. (J. physik. Chem. [UdSSR] **37**, 452—56, 1963; Moskau, Kuibyschew-Ing.-Bau-Inst.; russ.) — Vf. entwickelt die Meth. des doppelten Vgl. der thermodynam. Parameter von Rkk. bzw. Verbb. eines Typs. Diese Meth. ist genauer u. breiter anwendbar als die vom Vf. früher angegebene Meth. des einfachen Vgl., erfordert jedoch eine größere Zahl von Ausgangsdaten. Als Beispiel ist die Best. der Bldg.-Enthalpien ($H_T{}^\circ - H_{298}{}^\circ$) u. Bldg.-Entropien ($S_T{}^\circ - S_{298}{}^\circ$) von Fe_2TiO_4 für 400, 600, 800, 1000, 1200 u. 1400 °K aus den entsprechenden Daten für Mg_2TiO_4, Mg_2SiO_4 u. Fe_2SiO_4 angeführt. Der hier betrachtete Fall von 4 Verbb. der Form AX, BX, AY u. BY ist nur ein Sonderfall. Die Meth. ist u. a. anwendbar auf den Vgl. von Rkk. eines Paares aus den ersten Gliedern einer homologen Reihe, die analoge Struktur besitzen, mit den Rkk. eines analogen Paares einer anderen homologen Reihe. H.-J. Lunk 146◇

0365 **Die Dichte einiger Schmelzen des Systems KF–HF.** I. A. Ssemerikowa und A. F. Alabyschew. (J. physik. Chem. [UdSSR] **35**, 2791—93, 1961; Inst. für angew. Chem.; russ.) — Mit Hilfe eines Pyknometers mit elektr. Fixierung des Niveaus der Schmelze wurde die Dichte von KF–HF-Schmelzen für 39,2—45,3 (Gew.-% HF) bei 80—130°, für 37,8 u. 38,4 bei 100—150°, für 36,5 bei 130—170° u. für 34,3 bei 150—190° im 10°-Intervall gemessen. Bei allen untersuchten Schmelzen steigt die Dichte mit zunehmender KF-Konz. u. nimmt mit steigender Temp. geradlinig ab. Der Temp.-Koeff. beträgt für 29,4—34,4 Mol-% KF konst. $100 \cdot 10^{-5}$ (g/cm³ · Grad); darauf steigt er von $107 \cdot 10^{-5}$ für 34,8 Mol-% KF auf $158 \cdot 10^{-5}$ für 39,8 Mol-% KF. Die Dichte-Isothermen haben im untersuchten Gebiet S-förmigen Charakter; der horizontale Abschnitt von 31,1—32,8 Mol-% KF entspricht der Bldg. der Verb. *KF · 2 HF*. H.-J. Lunk 148◇

0366 **Die thermische Ausdehnung der Feldspate.** H. Saucier und A. Saplevitch. (Norsk geol. Tidsskr. **42**, 224—43, 1962; Strasbourg, Fac. des Sci., Labor. de Miner.; franz.) — Der *Orthoklas* hat ein Ellipsoid der therm. Ausdehnung, dessen Hauptachse senkrecht (100) sehr viel größer ist als die beiden Nebenachsen parallel (010) u. (100). Der *Adular* von Göschenen hat die Achsen $\alpha_1 = 18{,}7 \cdot 10^{-6}$, $\alpha_2 = 1{,}3 \cdot 10^{-6}$ u. $\alpha_3 = -1{,}6 \cdot 10^{-6}$. Die größte Ausdehnung läuft parallel der Tetraederkette von SiO_4 u. AlO_4 im Gitter. Bei *Plagioklas* tritt eine starke Rotation des Ellipsoids mit steigenden Temp. ein. Während die Volumzunahme beim Erhitzen bei Orthoklas u. Albit sehr groß ist, hat sie für Kalkfeldspate erheblich kleinere Werte. Die Volumausdehnung bei Orthoklas zeigt bei 580—600° einen Sprung. Es wurde eine neue Meth. zur Messung des Ellipsoids der therm. Ausdehnung entwickelt. F. Ensslin 148◇

0367 **Stoß-Kompressibilität von flüssigem Stickstoff und fester Kohlensäure.** W. N. Subarew und G. Ss. Telegin. (Ber. Akad. Wiss. UdSSR **142**, 309—12, 1962; russ.) — Mittels der Meth. des Bremsens sehr schnell schwingender Lamellen wurden in N_2 u. CO_2 Drücke von $5 \cdot 10^5$ atm erreicht. Für die Stoßwellen wurden in N_2 bei 77,4 °K (I) Wellengeschw. D von 3,14—9,05 km/s; in CO_2 bei 196 °K (**II**) von 3,57—9,05 km/s gemessen. Entsprechend betragen die Massengeschw. 1,17—2,52 km/s bzw. 1,03 bis 4,79 km/s; die Drücke 29,6—404 kbar bzw. 53,4—631 kbar u. die Dichten ϱ 1,29—2,07 g/cm³ bzw. 2,04—3,10 g/cm³. Vff. vergleichen die Stoßadiabaten, die mittels der experimentellen Werte bzw. gemäß der Theorie des freien Vol. berechnet wurden. Aus der Berechnung der Temp. auf den Adiabaten folgt, daß für I bei Vergrößerung von ϱ von 1,056 auf 2,14 g/cm³ die Temp. von 160 auf 15500°, für **II** bei Vergrößerung von ϱ von 1,62 auf 3,22 g/cm³ von 965 auf 13200° ansteigt. Aus theoret. Überlegungen folgt, daß die Wärmebewegung der Moll. bei Unters. der Zustandsgleichung der Explosionsprodd. eine entscheidende Rolle spielt. H.-J. Lunk 148◇

0368 **Die Schwingungsrelaxation in Sauerstoff bei hohen Temperaturen.** 1. Mitt. N. A. Generalow. (Nachr. Moskauer Univ., Ser. III **17**, Nr. 2, 51—59, 1962; Lehrst. für Molekularphys.; russ.) — Mittels einer Stoßröhre, bestehend aus einer Hoch- u. einer Niederdruckkammer, einer Ionisationsanordnung zur Messung der Geschw. der Stoßwellen u. Registration der Ultraviolettstrahlung unter Benützung eines Oscillographen wurde die Schwingungsrelaxationszeit τ von O_2-Moll. an der Front der Stoßwellen im Bereich 2500—10000 °K bestimmt. Es ergab sich eine Abhängigkeit des log τ von $T^{-1/3}$, wobei τ zwischen 2,5 u. 0,17 Mikrosekunden lag. M. Wiedemann 149◇

0369 **Zu den Faktoren der Wärmediffusionssäulenform für ein Gas aus Molekülen mit einem inversen Energiepotential.** G. Reinhold und G. Vojta. (Physics Letters [Amsterdam] **2**, 230—33, 1962; Leipzig, Dt. Akad. der Wiss., Abt. für Statist. Phys.; engl.) — Die Theorie der Wärmediffusionssäule von Furry u. Jones (Physic. Rev. [2] **69**, [1946], 459) wird verallgemeinert für Moll. mit einer zwischenmolekularen Kraft proportional $1/R^\nu$ [R = Mol.-Abstand u. $\nu = (2\,n + 3)/(2\,n - 1)$ mit n als Parameter]. K. Jaeger 149◇

0370 **Über die Beziehung zwischen relativer Flüchtigkeit und gegenseitiger Löslichkeit.** G. W. Sserjakow und L. A. Nisselsson. (J. angew. Chem. [UdSSR] **35**, 482—86, 1962; russ.) — In bin. Syst. mit geringer Löslichkeit der Komponenten kann die relative Flüchtigkeit nach der Gleichung $\alpha_{ber} = \alpha_R \cdot x$ berechnet werden. Dabei ist α_R der nach dem Raoultschen Gesetz berechnete Wert, x die Löslichkeit der geringer lösl. Komponente in Molenbrüchen. An Beispielen ($FeCl_3$ in $TiCl_4$ bzw. $SiCl_4$, $AlCl_3$ u. $SbCl_3$ in $SiCl_4$, *Mg* in *Na*) wird die Gültigkeit der Gleichung bewiesen. R. Teichmann 150◇

0371 **Messung der Differenz der Dampfdrücke von $^{10}BF_3$ und $^{11}BF_3$.** A. W. Borissow und I. G. Gwerdziteli. (J. physik. Chem. [UdSSR] **35**, 1212—14, 1961; Moskau, Lomonossow-Univ.; russ., Auszug: engl.) — Die Sättigungsdampfdrücke von $^{10}BF_3$ (**I**)–$^{11}BF_3$ (**II**)-Gemischen mit 81,6 u. 18,6% **I** bei 160,0—170,4 °K wurden gemessen. Im untersuchten Temp.-Intervall ist **II** flüchtiger als **I**. Unter Annahme idealen Verh. von **I–II** in Lsg. u. als Gas errechnet sich der Trennungsfaktor ε gemäß $\varepsilon = (P_{01}/P_{02}) - 1$ zu ca. $(p_1 - p_2)/p_2(c_1 - c_2)$ wo P_{01} u. P_{02} die Sättigungsdampfdrücke von **I** u. **II**; p_1 u. p_2 die Sättigungsdampfdrücke der Gemische mit den Konzz. c_1 u. c_2 sind. ε wächst mit fallender Temp. von $(8{,}40 \pm 0{,}13) \cdot 10^{-3}$ bei 170,4 °K auf $(10{,}10 \pm 0{,}24) \cdot 10^{-3}$ bei 160,0 °K. H.-J. Lunk 150◇

0372 **Über Gleichgewichtslinien zwischen Coesit und einer rutilähnlichen Modifikation von Siliciumdioxid.** Ss. M. Stischow. (Ber. Akad. Wiss. UdSSR **148**, 1186—88, 1963; Inst. für Kristallograph. der Akad. der Wiss. der UdSSR; russ.) — Die rutilähnliche Modifikation der Kieselsäure(**I**) wurde mittels Schmelzflußsynth. bei P = 130 ± 5 kbar u. bei T = 1600 ± 100° hergestellt. Durch den Vgl. der Standard-Entropien u. der Dichte der isotypen Verbb. GeO_2–SnO_2–PbO_2 wurde die Standard-Entropie für **I** nach der Formel $S_{298}{}^0 = 2{,}393 \cdot \varrho - 4{,}130$ berechnet. (ϱ = Dichte in g/cm³). Der gefundene Wert betrug 6,28 cal/Grad · Mol. Die Abhängigkeit der Entropie u. der Dichte von der SiO_2-Struktur (Quarzglas, Quarz, Coesit, **I**) wird graph. angegeben. Mit zunehmender Dichte nimmt die Entropie ab. Entlang der Stabilitätsgrenze von Coesit bleibt bis 25° $\Delta S/\Delta V$ konst.; $\Delta S/\Delta V$ ist druckunabhängig. Die Gleichgewichtslinien berechnen sich nach der Gleichung $P = 97500 \pm 5000 + 20{,}33\,T$ (P in bar, T in °C). Aus den Gleichgewichtslinien Quarz–Coesit u. Coesit-**I** wurde die Standard-Enthalpie von **I** für druckunabhängiges ΔT berechnet. Die Synth. von SiO_2 mit Rutilstruktur gibt Vf. nach folgendem Schema an: $Mg_2SiO_4 \rightleftharpoons 2\,MgO + SiO_2$ (Forsterit ⇌ Periklas + SiO_2 mit Rutilstruktur). Die Rk.-Bedingungen gehorchen der Gleichung: $P = 174300 \pm 5000 + 19{,}13\,T$ (P in bar, T in °C). Die Dichten (g/cm³), Standardenthalpien (kcal/Mol) u. -Entropien(cal/Grad · Mol) betragen für *Quarz*: 2,65; —205,4; 10,00; *Coesit*: 3,01; —204,4; 9,27; für **I** 4,35; —190,3; 6,28. Peter Krüger 150◇

0373 **Der Einfluß des Zusatzes von Natrium- und Kaliumchlorid zum reziproken System KH_2PO_4–Na_2HPO_4–H_2O auf den pH-Wert und die Zusammensetzung während des Gefrierens.** L. van den Berg. (Arch. Biochem. Biophysics **84,** 305–15, 1959; Ottawa, Canada, Nat. Res. Council, Div. of Appl. Biol.; engl.) — Vgl. C. **1963,** 412. — Vf. untersuchte den Einfl. des NaCl (**I**)- bzw. KCl(**II**)-Zusatzes zum Puffer-Syst. KH_2PO_4–$Na_2 \cdot HPO_4$–H_2O auf den pH-Wert der überstehenden Lsg. u. die Zus. von Bodenkörpern u. Lsg. beim Gefrieren durch Analyse u. pH-Messungen der überstehenden Lösung. Wie beim Puffer-Syst. ohne **I**- u. **II**-Zusatz hängt der pH-Wert vom relativen Geh. an Na u. K ab. **I**-Zusatz bewirkt meist pH-Abnahme, bes. in der eutekt. Lösung. **II**-Zusatz beeinflußt den pH-Wert der eutekt. Lsg. kaum, zu Beginn des Gefrierens tritt aber pH-Anstieg ein. Der pH-Wert aller **I** enthaltenden Lsgg. ist < 4, der der **II** enthaltenden Lsgg. > 6. Die eutekt. Punkte des Syst., sowie die Phasenbeziehungen beim Auskristallisieren von Eis u. einem oder mehrerer Salze werden angegeben.
W. Feldmann 150◇

0374 **Dampfdruck von Lösungen flüssiger Metalle: Quecksilber–Zinn.** George C. Suydan und Luh C. Tao. (J. chem. Engng. Data **8,** 537–39, 1963; Lincoln, Nebr., Univ. of Nebraska, Dep. of Chem. Engng.; engl.) — In einer App. aus rostfreiem Stahl wurden nach der Kp.-Meth. die Hg-Dampfdrücke (DD) über fl. Lsgg. des Syst. Hg–Sn im weiten Konz-Bereich unter He-Atmosphäre zwischen 235 u. 325° bestimmt. Die DD, Verdampfungswärmen u. Aktivitäten sind tabellar. u. graph. wiedergegeben.
G. Gattow 150◇

0375 **Untersuchung der Aluminiumoxidhydrat-Verteilung zwischen Wasser und gesättigtem Wasserdampf.** M. A. Styrikowitsch, O. I. Martynowa, K. Ja. Katkowskaja, I. Ja. Dubrowski und E. I. Mingulina. (Atomenergie [UdSSR] **15,** Nr. 2, 161–63, 1963; russ.) — Vff. bestimmen den scheinbaren u. den wirklichen Verteilungs-Koeff. K von AlOOH zwischen W. u. Wasserdampf bei 100 u. 185 atm in Abhängigkeit vom pH-Wert der Lösung. $K = (\gamma_W/\gamma_D)^{-0,77} = [AlOOH]_D/[AlOOH]_W$ (γ_W u. γ_D Dichte des W. bzw. Wasserdampfes bei gegebenem Druck.)
D. Hoene 150◇

0376 **Verdampfungsgeschwindigkeit des Thalliumselenids (TlSe).** L. Ch. Genow, A. N. Nessmejanow und Ju. A. Prisselkow. (Nachr. Moskauer Univ., Ser. II **17,** Nr. 5, 34–35, 1962; Lehrst. für Radiochem.; russ.) — In einer von den Vff. früher beschriebenen App. wurde der Dampfdruck des als $Tl[TlSe_2]$ (**I**) zu formulierenden Tl-Selenids bei 434–576°K gemessen. Die Kondensatmenge wurde mittels ^{204}Tl bestimmt. Die Berechnungen wurden unter der Annahme durchgeführt, daß der Dampf von **I** aus äquimol. Mengen Tl_2Se u. Tl_2Se_3 besteht. Der Dampfdruck von **I** wurde mittels Effusions-Meth. ($k\sigma = 7{,}82 \cdot 10^{-4}\ cm^2$) zu $\log P\,[Torr] = 9{,}9638 - 7384{,}6/T$, $\Delta H_T = 33{,}56$ kcal/Mol u. mittels Verdampfungs-Meth. mit offener Oberfläche ($S = 1{,}68\ cm^2$) zu $\log P[Torr] = 11{,}3501 - 8613{,}3/T$, $\Delta H_T = 39{,}41$ kcal/Mol bestimmt. Die unterschiedlichen Ergebnisse beider Meth. zeigen, daß der Verdampfungs-Koeff. ungleich 1 ist.
H.-J. Lunk 150◇

0377 **Über den Effekt der mikroheterogenen Kondensation von Metallen im Vakuum.** L. Ss. Palatnik und N. T. Gladkich. (Ber. Akad. Wiss. UdSSR **140,** 567–70, 1 Tafel, 1961; Charkow, Gorki-Univ.; russ.) — Vff. setzen frühere (vgl. C. **1962,** 15859) Unterss. der beiden Kondens.-Mechanismen der Metalle im Vakuum, Dampf → Kristall u. Dampf → Fl. (→ Kristall) fort. Bei Unterkühlung wandelt sich die instabile (Dampf-) Phase über die metastabile (fl.) Phase in die thermodynam. Gleichgew.-Phase nach der Stufenregel in 2 bestimmten Temp.-Intervallen um: 1. $T_k > T > \theta_1$ (oberes Intervall); 2. $\theta_2 > T > 0$°K (unteres Intervall), wo T_k die krit. Gleichgew.-Temp. der Existenz zweier Phasen (der stabilen u. instabilen), θ_1 u. θ_2 die oberen u. unteren Temp.-Grenzen darstellen, innerhalb deren ($\theta_2 < T < \theta_1$) die Stufenregel nicht erfüllt ist. Zum experimentellen Auffinden von θ_2 wurden die Vakuum-Kondensate von *Cr, Pt, Ti, Fe, Co, Ni, Be, Cu, Au* u. *Ag* mkr. u. röntgenograph. untersucht. Das Temp.-Intervall $\Delta\theta_2$ der „mikroheterogenen" Kondens. der Metalle, die mit dem gleichzeitigen u. gemeinsamen Auftreten der beiden Kondens.-Mechanismen verbunden ist, wurde durch Auftragen von Brinell-Härte gegen Kondens.-Temp. der Unterlage bestimmt. $\Delta\theta_2$ u. $\bar{\theta}_2$ (mittleres θ_2) betragen für Cr 15 (430), Pt 25 (405), Ti 30 (390), Fe 20 (325), Co 30 (315), Ni 25 (300), Be 30 (250), Cu 25 (180) Au 25 (170), Ag 25 (140) (Angaben in °). Das Verhältnis $\bar{\theta}_2$(°K)/T_s (°K) beträgt für alle 10 untersuchten Metalle $^1/_3 \pm 1\%$ (T_s = Schmelztemp.) u. verändert sich bei Erhöhung der Verdampfungsgeschw. um den Faktor 1000 u. Ersatz der Metallunterlage durch eine amorphe Unterlage (Glas u. andere) fast nicht. $\bar{\theta}_2/T_s = {}^1/_3$ kann damit zumindest für die untersuchten Metalle als physikal. Konst. bewertet werden. Dies findet seine Bestätigung durch die in der Literatur angeführten elektronenmkr. Unterss. von Cu, Ag, Au, Pt, Ni u. Cr. Infolge der beiden Kondens.-Mechanismen entsteht die „Anomalie" in Struktur u. Eigg. der Kondensate. So entstehen bei niedrigen Tempp. größere Kondens.-Einkristalle als bei höheren Temperaturen.
H.-J. Lunk 150◇

0378 **Calorimetrie der Metalle im Bereich tiefer Temperaturen.** C. Gutiérrez Losa. (Selecta Chim. [São Paulo] **1959,** Nr. 18, 3–52; Zaragoza, Univ., Fac. de Ci., Labor. de Quím. fís.; span.) — Übersicht: Gitterbeitrag zur Atomwärme; Elektronenwärme bei Metallen. — 201 Literaturangaben.
R. K. Müller 151◇

0379 **Beziehung zwischen der Entropie der Elemente und der Temperatur des ersten Phasenübergangs.** L. I. Iwanowa. (J. physik. Chem. [UdSSR] **37,** 437–39, 1963; Tadshik. Lenin-Univ.; russ.) — Vgl. C. **1963,** 3876. — Vf. stellt $S = f\,(T/T_{pr})$ graph. dar für die Elemente der0., 1. u. 2. Haupt- u. Nebengruppen u. der übrigen Hauptgruppen des Periodensyst., wo S die Entropie, T die Temp. in °K u. T_{pr} die Temp. des ersten Phasenübergangs (Schmelze, Sublimation u. dgl.) bedeuten. Bei Temp. $< 0{,}3\ T_{pr}$ verändert sich S der verschiedenen Elemente bei gleichen T/T_{pr} unterschiedlich. Für Na, K, Cu, Ag, Au, Be, Mg, Ca, Zn, Cd, Hg, B, Al, Si, Ge, Sn, Pb, As, Sb, Bi, J, Ru, Yb, Kr u. Xe beträgt $S_{T_{pr}} - S_{0,3T_{pr}} = 7{,}75$ cal/Grad · g-Atom mit einer Abweichung von $\pm 2\%$.
H.-J. Lunk 151◇

0380 **Die Entropie von Halogenid-Komplexen in der Gasphase.** W. P. Wassiljew und W. N. Wassiljewa. (J. physik. Chem. [UdSSR] **37,** 1089–94, 1963; Iwanowo, Chem.-technol. Inst.; russ., Auszug: engl.) — Die Standardentropien 88 gasförmiger Ionen u. Moll. wurden mit der Meth. der statist. Thermodynamik berechnet. Es wurde eine einfache Beziehung zwischen den Rotations- u. Schwingungskomponenten der Entropie gefunden. Die Entropieänderung bei der Bldg. der gasförmigen Verbb. aus gasförmigen Ionen unter Standardbedingungen wurde bestimmt. Sie ist negativ u. bei erster Annäherung proportional der Koordinationszahl des gebildeten Komplexes. Bei den Verbb. mit gleicher Ligandenzahl wurde eine konst. Entropieänderung gefunden. Tabellar. Angabe der Bewegungs-, Rotations-Schwingungs- u. Elektronenanteile der Entropie sowie der Änderung der Entropie bei der Bldg. von gasförmigem *LiF, NaF, KF, RbF, CsF, CuF,* BeF^+, MgF^+, CaF^+, BaF^+, CdF^+, *LiCl, NaCl, KCl, RbCl, CsCl, CuCl, AgCl, AuCl, TlCl,* $BeCl^+$, $MgCl^+$, $CaCl^+$, $SrCl^+$, $BaCl^+$, $ZnCl^+$, $CdCl^+$, $HgCl^+$, $PbCl^+$, $AlCl_2^{2+}$, $GaCl^{2+}$, $InCl^{2+}$, $BiCl^{2+}$, $SnCl^{3+}$, *LiBr, NaBr, KBr, RbBr, CsBr, CuBr, AgBr, TlBr,* $MgBr^+$, $CaBr^+$, $SrBr^+$, $BaBr^+$, $CdBr^+$, $HgBr^+$, $AlBr^{2+}$, $GaBr^{2+}$, $InBr^{2+}$, $BiBr^{2+}$, $SnBr^{3+}$, *LiJ, NaJ, KJ, RbJ, CsJ, CuJ, AgJ, TlJ,* MgJ^+, CaJ^+, SrJ^+, ZnJ^+, CdJ^+, HgJ^+, AlJ_2^+, GaJ^{2+}, InJ^{2+}, $ZnCl_2$, $CdCl_2$, $HgCl_2$, $ZnBr_2$, $CdBr_2$, $HgBr_2$, ZnJ_2, CdJ_2, HgJ_2, $[ZnBr_4]^{2-}$, $[CdBr_4]^{2-}$, $[GaBr_4]^-$, $[InBr_4]^-$, $[ZnJ_4]^{2-}$, $[CdJ_4]^{2-}$, $[GaJ_4]^-$ u. $[InJ_4]^-$. Weiterhin werden tabellar. die Entropieänderung für die stufenweise Komplex-Bldg. in der Gasphase nach $MX^+ + X^- \rightarrow MX_2$ für $MX^+ = ZnCl^+$, $CdCl^+$, $HgCl^+$, $CdBr^+$, $HgBr^+$, ZnJ^+, CdJ^+ u. HgJ^+ u. für die Rk. $MX_2 + 2X^- \rightarrow [MX_4]^{2-}$ für $MX_2 = ZnBr_2$, $CdBr_2$, ZnJ_2 u. CdJ_2 angegeben.
W. Pump 151◇

0381 **Experimentelle Bestimmung der Entropie von Berylliumhydroxid.** Alain Baur und Alfred Lecocq.

(C. R. hebd. Séances Acad. Sci. **257,** 1445–47, 1963; Fontenay-aux-Roses, Centre d'Étud. nucl.; franz.) — Die quant. Unters. der Zers. von $Be(OH)_2$ oberhalb 223° in BeO u. H_2O wurde benutzt, um die Freie Bildungsenthalpie u. die Entropie von $Be(OH)_2$ zu berechnen. Es gilt: $\Delta G_T^0 = 2{,}16 \cdot 10^5 + 71{,}33$ T cal, für S wurde $11{,}2 \pm 1$ cal/Grad Mol gefunden. B. Krebs 151◇

0382 **Die spezifische Wärme bei tiefer Temperatur und der Wärmeinhalt bei hoher Temperatur von Mullit.** L. B. Pankratz, W. W. Weller und K. K. Kelley. (U. S. Dep. Interior, Bur. Mines, Rep. Invest. **1963,** Nr. 6287, 1–7; Berkeley, Calif., Bur. of Mines, Berkeley Thermodynam. Labor.; engl.) — Die spezif. Wärme von Mullit wurde für Temp. von ca. 50 bis ca. 300°K gemessen. Sie folgt der Beziehung $C_p = 111{,}29 + 13{,}06 \cdot 10^{-3}T - 33{,}12 \cdot 10^5 T^{-2}$. Aus den Werten ergibt sich für $S_{298,15}^0 = 60{,}8 \pm 0{,}8$ cal/Grad · Mol. Der Wärmeinhalt zwischen 298,15 u. 2000°K folgt der Gleichung $H_T - H_{298,15} = 111{,}29\,T + 6{,}53 \cdot 10^{-3}T^2 + 33{,}12 \cdot 10^5T^{-1} - 44870$ (cal/Mol). Die entsprechenden Entropieinkremente werden angegeben. Unter Verw. bekannter Entropiewerte für Korund u. Quarz werden für die Bldg.-Entropien von Mullit aus diesen Verb. für Temp. von 298,15–2000°K die Werte ermittelt u. tabellar. angegeben (4,3 cal/Grad · Mol bei 298,15°K). F. Rosendahl 151△

0383 **Thermodynamische Werte von Magnesiumoxid (Periklas).** L. B. Pankratz und K. K. Kelley. (U. S. Dep. Interior, Bur. Mines, Rep. Invest., **1963,** Nr. 6295, 1–5; engl.) — Vgl. vorst. Referat. — Der Wärmeinhalt u. die Entropien von MgO (Periklas, **I**) oberhalb 298,15°K sowie die Enthalpien ΔH u. Freien Enthalpien ΔG der Rk. Mg (krist., fl., Gas) + 1/2 O_2 (Gas) → MgO(krist.) für Temp. von 298,15–1100°K werden tabellar. zusammengestellt. Für $\Delta H_{298,15}$ (= − 143,770 ± 80 cal/Mol) u. $S_{298,15}^0$ (= 6,45 ± 0,02 cal/Grad · Mol) werden z. T. gemittelte Literaturwerte angenommen. **I** eignet sich besser als Korund als nichtmetall. Substanz in App. zum Bestimmen u. Vergleichen des Wärmeinhaltes bei hohen Temperaturen. F. Rosendahl 151△

0384 **Wärmeinhalt von Hafnium bei hohen Temperaturen.** Donald T. Hawkins, Marc Onillon und Raymond L. Orr. (J. chem. Engng. Data **8,** 628–29, 1963; Berkeley, Calif., Univ. of California, Lawrence Rad. Labor. and Dep. of Mineral Technol.; engl.) — Mit Hilfe eines Diphenyläther-Calorimeters wurden die Wärmeinhalte (WI) von Hf (mit 2,8% Zr) zwischen 298 u. 1346°K nach der Drop-Meth. bestimmt; die WI lassen sich durch nachst. Gleichung beschreiben (in cal/g-Atom; Genauigkeit: ± 0,4%): $H_T^0 - H_{298,15}^0 = 5{,}607 \cdot T + 0{,}911 \cdot 10^{-3}T^2 - 1753$. Die thermodynam. Daten sind zwischen 298 u. 1350°K tabelliert; für 298,15°K werden angegeben: $C_p = 6{,}15$ u. $-(G_T^0 - H_{298,15}^0)/T = 10{,}50$ cal/Grad · g-Atom. G. Gattow 151◇

0385 **Thermodynamische Funktionen der Hafniumhalogenide.** A. M. Alexandrowskaja, I. N. Godnew und A. Ss. Sberdlin. (Hochschulnachr. [Iwanowo], Chem. u. chem. Technol. **6,** 165–66, 1963; Iwanowo, Chem.-technol. Inst., Lehrst. für Phys.; russ.) — Tabelle von Werten von C_p^0, S^0, $(H^0 - H_0^0/T)$ u. den isobar-isotherm. Potentialen für Temp. von 298,2–1500°K für *HfCl$_4$*, *HfBr$_4$* u. *HfJ$_4$*. Ch. Weiske 151◇

0386 **Molwärmen von $AuAl_2$, $AuGa_2$ und $AuIn_2$ bei tiefen Temperaturen.** J. A. Rayne. (Physics Letters [Amsterdam] **7,** 114–15, 1963; Pittsburgh, Pa., Westinghouse Res. Labor.; engl.) — Die Molwärmen der im CaF_2-Typ krist. intermetall. Phasen $AuAl_2$ (**I**; a = 5,987 kX), $AuGa_2$ (**II**; 6,063) u. $AuIn_2$ (**III**; 6,504) wurden zwischen 1,4 u. 4,2°K bestimmt; die Werte, die graph. wiedergegeben sind, lassen sich durch die Beziehung $C/T = \gamma + \beta T^2 + \delta T^4$ mit $\beta = (^{12}/_5)\pi^4(1/\Theta^3)$ beschreiben. Die γ-Werte (in mJ/Grad² · Mol) u. die Debye-Temp. Θ betragen **I** 3,03 ± 0,09 u. 297 ± 8°K, **II** 2,70 ± 0,09 u. 192 ± 5°K, **III** 3,15 ± 0,03 u. 187 ± 5°K. G. Gattow 151◇

0387 **Berechnung der Verdampfungs- und Schmelzwärmen nichtionischer Flüssigkeiten mit Hilfe der Hartkugel-Zustandsgleichung.** S. J. Yosim und B. B. Owens. (J. chem. Physics **39,** 2222–26, 1963; Canoga Park, Calif., Atomics Internat., Div. of North American Aviation, Inc.; engl.) — Mit Hilfe der Zustandsgleichung starrer Kugeln (Reiss, Frisch u. Lebowitz, C. **1960,** 4110) wurden die Verdampfungswärmen von He, Ne, Ar, Kr, Xe, H_2, N_2, O_2, F_2, Cl_2, Br_2, J_2, NO, CO, HCl, HJ, CS_2, N_2O, SO_2, CH_4, C_2H_4, C_2H_6, C_4H_{10}, C_6H_6, C_6H_{12}, CH_3Cl, $CHCl_3$, CCl_4, CH_3OH, C_2H_5OH u. die Schmelzwärmen der Edelgase berechnet. Die errechneten Werte, die tabelliert sind, stimmen gut mit den experimentellen Daten überein. G. Gattow 155◇

0388 **Errechnung der Verdampfungswärme von Elementen und von Verbindungen mit homöopolarer Bindung mit Hilfe der Antoine-Konstanten.** Gy. Kollár und J. Proszt. (Z. physik. Chem. [Leipzig] **223,** 327–32; Magyar Kémiai Folyóirat [Ung. Z. Chem.] **69,** 278–80, 1963; Budapest, TU, Inst. für Anorg. Chem.; dt.) — Vff. leiten unter Verw. der Antoine-Konst. eine allg. Gleichung ab, mit der die molaren Verdampfungswärmen λ_s (in kcal) unpolarer anorgan. u. organ. Substanzen, die in der Gasphase nicht assoziiert sind, allein aus den Kpp. (T_s in °K) errechnet werden können: $\lambda_s = T_s^{1,2246}/178{,}4$; die mittlere Abweichung von den calorimetr. bestimmten Werten beträgt ± 2,5%. G. Gattow 155◇

0389 **Über die Sublimationswärmen von Berylliumoxidsalzen.** K. N. Ssemenenko, G. M. Kurdjumow und I. W. Gordejew. (J. anorg. Chem. [UdSSR] **6,** 2025 bis 2028, 1961; russ.) — Zur Best. der Sublimationswärme ΔH von *Be-Oxidformiat* $Be_4O(HCOO)_6$ (**I**), *Be-Oxidpropionat* Be_4O $(C_2H_5COO)_6$ (**II**), *Be-Oxidtrimethylacetat* $Be_4O[(CH_3)_3CCOO]_6$ (**III**) u. *Be-Oxidbenzoat* Be_4O $(C_6H_5 \cdot COO)_6$ (**IV**) wurden die Sättigungsdampfdrücke (p, Torr) im bestimmten Temp.-Intervallen gemessen. **I**: log p = 10,0242–5208,1/T (151–196°); ΔH = 23,8 kcal/Mol; **II**: log p = 17,3981–7449,6/T (90–135°); ΔH = 34,1 kcal/Mol; **III**: log p = 18,6844–8357,7/T (117 bis 160°); ΔH = 38,2 kcal/Mol; **IV**: log p = 14,8031–9109,6/T (240–308°); ΔH = 41,7 kcal/Mol. ΔH wächst von **I** zu **IV** infolge der Zunahme des Molgew. u. der damit verbundenen Vergrößerung der Oberfläche. H.-J. Lunk 155◇

0390 **Thermodynamische Charakteristik der Bildung von Dichlormonoxid in Kohlenstofftetrachlorid.** W. A. Kusstodina, K. P. Mischtschenko und I. Je. Fliss. (J. angew. Chem. [UdSSR] **35,** 1374–76, 1962; russ.) — Im Calorimeter wird die Bldg.-Wärme ΔH von Cl_2O aus den Elementen bei 5, 10, 25 u. 35° bei einer Konz. von 0,45 m in 1 Liter CCl_4 unter Verw. von drei Hilfsgleichungen bestimmt. Nach der Meth. der kleinsten Quadrate erhalten Vff. die Gleichung für die Temp.-Abhängigkeit von ΔH. $\Delta H_T = 30{,}52 - 0{,}4546\,T + 0{,}001041\,T^2$ (kcal/Mol). Daraus folgt $\Delta Z_T^0 = 30{,}52 + 0{,}4546\,T \ln T - 0{,}001041\,T^2 + JT$. $\Delta Z_{298}^0 = +21{,}54$ kcal/Mol in CCl_4. J wird zu − 2,3102 berechnet. $S_{298}^0 = 47{,}69$ cal/Grad · Mol für Cl_2O in CCl_4. R. Teichmann 156◇

0391 **Thermochemie der Reaktion zwischen Berylliumoxid und Wasser.** Robert L. Altman. (J. chem. Engng. Data **8,** 534–36, 1963; Livermore, Calif., Univ. of California, Lawrence Radiat. Labor.; engl.) — Die Funktionen der Freien Energien von gasförmigem $Be(OH)_2$ (**I**) wurden (unter Zugrundelegung der Mol.-Parameter Be–O–H = 100°, HO–Be–OH = 95°, Be–O = 1,35 Å, O–H = 0,97) zwischen 298 u. 2500°K berechnet; die Werte sind tabelliert. Für 298°K werden angegeben: $(H_T^0 - H_0^0) = 2{,}655$ kcal/Mol u. $-(G_T^0 - H_0^0)/T = 49{,}255$ kcal/Grad · Mol. Für die Rkk. BeO(fest) + H_2O(Gas) → $Be(OH)_2$(Gas) u. BeO(fest) + Be(Gas) + H_2O(Gas) → 2 BeOH(Gas) ergeben sich bei 298°K die Rk.-Enthalpien von $\Delta H^0 \sim 40$ u. 76,8 kcal/Mol; für die Bldg.-Wärmen von **I** u. BeOH folgen bei 298°K: ΔH = − 161 u. − 23 kcal/Mol. Über die Unters.-Ergebnisse anderer Autoren wird diskutiert. G. Gattow 156◇

0392 **Dissoziationsdruck des Strontiumfluoroberyllats.** A. W. Nowosselowa, F. Sch. Muratow und L. P. Reschetnikowa. (Nachr. Moskauer Univ., Ser. II **17,** Nr. 5, 36–37, 1962; Lehrstuhl für anorg. Chem.; russ.) — Vff. maßen den Dissoziationsdruck von $SrBeF_4$(**I**) bei

915—1145°. In der von den Vff. früher beschriebenen App. sättigt sich N_2 als Trägerphase mit dem Dampf bei Gas-Geschw. von 480 bzw. 720 ml/h. Nach Lösen des Kondensats in 2 m HCl wurde Be gravimetr. als BeO u. Sr als ^{89}Sr radiometr. bestimmt. Im Intervall 1010 bis 1145° dissoziiert **I** gemäß **I** (Schmelze) ⇌ SrF_2 + BeF_2 (Gas). Sr verbleibt bis auf Spuren in der Schmelze. Die über den Partialdruck von BeF_2 bestimmte Gleichgew.-Konst. beträgt für 1283—1418°K lg K_p = 1,8162 — 6392/T, woraus die Dissoziationswärme von **I** zu $\Delta H_T{}^0$ (1283—1418°K) = 29,0 ± 3,0 kcal/Mol folgt. H.-J. Lunk 156◇

0393 **Enthalpieänderungen während des Erhitzens von $CaHPO_4 \cdot 2H_2O$.** R. E. Mesmer und R. R. Irani. (J. chem. Engng. Data **8**, 530—32, 1963; St. Louis, Mo., Monsanto Chemical Co; engl.) — Nach der DTA-Meth. von Barshad (C. **1953**, 4253) wurden die therm. Zers. von $CaHPO_4 \cdot 2H_2O$ (**I**) in Ggw. von H_2O-Dampf u. die Umwandlungen von $Ca_2P_2O_7$ (**II**) bis 1300°K thermochem. untersucht; als innerer Standard diente $CaCO_3$. Die Rk.-Prodd. wurden röntgenograph. charakterisiert. Nachfolgende Zers. bzw. Umwandlungen u. Enthalpieänderungen (bezogen auf 1 Mol **I**) wurden ermittelt: **I** → $CaHPO_4$ + $2H_2O$(Gas) ΔH_T = 21,1 kcal/Mol bei 135°; $CaHPO_4$ → $^1/_2$ γ-**II** + $^1/_2 H_2O$(Gas) 7,2 bei 430°; $^1/_2$ γ-**II** → $^1/_2$ β-**II** — 0,20 bei 850°; $^1/_2$ β-**II** → $^1/_2$ α-**II** 0,76 bei 1220°. Über die Stabilität von γ-**II** wird diskutiert. G. Gattow 156◇

0394 **Bildungswärme von Bariumselenit.** S. L. Leschtschinskaja, N. M. Sseliwanowa und I. Ss. Strelzow. (J. anorg. Chem. [UdSSR] **8**, 763—74, 1963; Moskau, Chem.-techn. Mendelejew-Inst.; russ.) — Aus dem bei 25° gemessenen Wärmeeffekt der Rk. von Na_2SeO_3 mit $BaCl_2 \cdot 2H_2O$ wird $\Delta H_{298}{}^0$ zu — 249,31 kcal/Mol berechnet. Ch. Weiske 156◇

0395 **Über die Stabilität der Mineralien Cyanit, Andalusit und Sillimanit.** Hans-Ernst Schwiete, Hermann Müller-Hesse und Oktay Tekin Orhun. (Forsch.-Ber. Landes Nordrhein-Westfalen **1962**, Nr. 1077, 7—67; Aachen, Rhein.-Westf. TH, Inst. für Gesteinshüttenk.; dt.) — Die thermochem. Rkk. der $Al[AlSiO_5]$-Minerale mit Zusätzen von Oxiden in verschiedenen Konzz. bei erhöhten Temp. wurden mit dem dynam. Differenz-calorimeter bzw. röntgenograph. untersucht. Fremdoxide führen zur Zers. der 3 Minerale. Die Lsg.-Wärme des metall. Al in 40%ig. HF wurde zu –L = 147,4 kcal/g · Atom gemessen u. daraus die Lsg.-Wärme des Korunds bei 25° zu -L = 97,7 kcal/Mol berechnet. Die Neumannschen Lsg.-Wärmedaten der $Al[AlSiO_5]$-Minerale sind nicht reproduzierbar. Die Temp.-Abhängigkeiten der Freien Enthalpien (ΔG) für die Bldg.-Rk. von Cyanit, Andalusit u. Sillimanit aus den oxid. Komponenten bei 1 atm. sind berechnet worden. Die Kurven ΔG = f(T) dieser Minerale laufen im allg. horizontal u. annähernd parallel zueinander. Im Bereich 298 bis 1600°K ist während der Bldg. des Sillimanits aus den Oxiden die Freie Rk.-Enthalpie am größten, d. h. der Sillimanit ist im genannten Temp.-Bereich die stabilste Modifikation, der Cyanit die instabilste. Die chem. Stabilität gegenüber Fremdoxiden nimmt dagegen in der Reihenfolge Cyanit, Sillimanit, Andalusit ab. J. Heinze 156◇

0396 **Einige Daten zur Thermochemie der Komplexbildung von Thallium(III).** F. Ja. Kulbs und Ju. A. Makaschew. (J. angew. Chem. [UdSSR] **35**, 663—64, 1962; Leningrad, Lensowjet-Inst. für Technologie; russ.) — Die thermodynam. Größen ΔH, ΔZ u. ΔS der Komplexbldg. von Tl(III) mit 1.10-Phenanthrolin (Ph) u. 2.2'-Dipyridyl (Dp) werden bei 25° in wss. Lsg. calorimetr. bestimmt. Der Fehler liegt um 1%. Folgende Werte werden in der Folge —ΔZ (kcal/Mol), —ΔH (kcal/Mol), ΔS (cal/Mol · Grad) angegeben: $[TlDp]^{3+}$ 12,8; 10,1; 9; $[TlDp_2]^{3+}$ 22,0; 20,1; 6; $[TlPh]^{3+}$ 15,8; 11,8; 13; $[TlPh_2]^{3+}$ 25,0; 23,6; 5; $[DpH]^+$ 6,4; 4,0; 8; $[PhH]^+$ 7,4; 4,6; 8. R. Teichmann 156◇

0397 **Thermodynamische Eigenschaften von niederwertigen Titanchloriden.** R. B. Head. (Austral. J. Chem. **13**, 332—40, 1960; Melbourne, Univ., School of Metallurg.; engl.) — Vf. untersuchte die Red.-Gleichgew. $2TiCl_4$ + H_2 ⇌ $2TiCl_3$ + 2HCl, $TiCl_4$ + Hg ⇌ $^1/_2 Hg_2Cl_2$ + $TiCl_3$ u. $TiCl_4$ + Ag ⇌ AgCl + $TiCl_3$ u. errechnete unter Verw. bekannter thermodynam. Daten nachst. Werte für $TiCl_3$ bei 298°K: Bldg.-Entropie ΔS_f = —53,3, Normalentropie S° + 34,0 cal/Grad · Mol u. Bldg.-Enthalpie ΔH_f = —172,3 ± 1 kcal/Mol. Aus dem Disproportionierungsgleichgew. $2TiCl_3$ ⇌ $TiCl_4$ + $TiCl_2$ folgt für $TiCl_2$ bei 298°K: ΔS_f = —37,0, S° = 24,0 cal/Grad · Mol u. ΔH_f = —122,4 ± 3 kcal/Mol. Die Beziehungen zwischen der Existenz der verschiedenen Titanchloride u. der Temp. (298—2500°K) sind in Form eines Freien Energie-Diagramms graph. wiedergegeben. G. Gattow 156◇

0398 **Thermodynamische Eigenschaften flüssiger metallischer Lösungen.** 11. Mitt. **Das System Ag–In.** Emilia Przeździecka-Mycielska, Janusz Terpiłowski und Krystyna Strożecka. (Arch. Hutnictwa **8**, 85—101, 1963; Wroclaw, Med. Akad., Inst. für anorg. Chem., Pharmazeut. Abt.; pol., Auszüge: russ. u. engl.) — 8. vgl. C. **1863**, 13074. — Gemessen wurde die EMK der Kette (+) $In_{fl.}$ | (0,6 LiBr + 0,4 KBr) + 0,1 InBr (Schmelze) | Ag_xIn_{1-x} (fl. Lsg.) (—) (95—30 Atom-% In). Berechnet wurden aus den Ergebnissen: ΔG_{In}, ΔS_{In}, ΔH_{In} (= partielle molale thermodynam. Funktionen), die Aktivitäten u. die Aktivitäts-Koeff. a_{In} u. f_{In}. Durch Extrapolation wurden die gleichen Funktionen für (hypothet. u. unterkühlte) Ag–In-Lsgg. mit < 30% In berechnet. Ferner wurden Mischungsenthalpien, -entropien, -energien u. -Voll. sowie die entsprechenden partiellen molalen thermodynam. Größen für Ag bestimmt. K. Jaeger 156◇

0399 **Bestimmung der thermodynamischen Funktionen von Sauerstoff enthaltenden Salzen mit der EMK-Methode.** T. N. Resuchina, W. I. Lawrentjew, W. A. Lewitzki und F. A. Kusnetzow. (J. physik. Chem. [UdSSR] **35**, 1367—69, 1961; Moskau, Lomonossow-Univ.; russ., Auszug: engl.) — Vff. erweitern die Best. thermodynam. Funktionen mit der EMK-Meth. auf Sauerstoff enthaltende Salze, wobei die zu untersuchende Elektrode aus einem Gemisch des Salzes u. seinen Gleichgew.-Red.-Prodd. besteht. Die EMK der Zelle Pt/$Fe_{0,95}O$, Fe/fester Elektrolyt/$CaWO_4$, CaO, W/Pt wurde bei 1090 bis 1373°K gemessen. Beide Elektroden $Fe_{0,95}O$, Fe u. $CaWO_4$, CaO, W sind die Gleichgew.-Prodd. der Red. von Fe_2O_3 bzw. $CaWO_4$ mittels H_2 oder CO. Als fester Elektrolyt dienten vor allem CaO–ZrO_2-Mischkristalle, bei zwei Verss. La_2O_3–ThO_2-Mischkristalle. Die Gleichgew.-EMK-Werte entsprechen der Veränderung des isobaren Potentials $\Delta G°$ der Rk. $3Fe_{0,95}O$ + CaO + W → 3 · 0,95 Fe + $CaWO_4$. Im untersuchten Temp.-Intervall werden die Vers.-Ergebnisse bei ± 1,5% Genauigkeit durch $\Delta G°$ = —48090 + 17,33 T erfaßt. Daraus errechnet sich für die Rk. CaO + W + 1,5 O_2 → $CaWO_4$ $\Delta H_{298}°$ = —242,9 u. $\Delta G_{298}°$ = —221,7 kcal/Mol. H.-J. Lunk 156◇

0400 **Geräuscherzeugung in offenen turbulenten Flammen.** T. J. B. Smith und J. K. Kilham. (J. acoust. Soc. America **35**, 715—24, 1963; Los Angeles, Calif., Univ. of California, Dep. of Engng., Aerosonics Labor.; Leeds, Univ., Houldsworth School of Appl. Sci.; engl.) — Das Verbrennungsgeräusch entsteht in der Verbrennungszone u. ist von geometr. u. hydrodynam. Parametern der Flammen abhängig, die sowohl die Schallintensität als auch das Lärmspektrum bestimmen. Experimentell untersucht wurden C_2H_4-, Propan-, Propylen- u. CH_4-Luft-Flammen. H. U. Borgstedt 157◇

0401 **Einflüsse verschiedener Inhibitoren auf die Geschwindigkeiten von Wasserstoff-Luft-Flammen.** D. R. Miller, R. L. Evers und G. B. Skinner. (Combust. and Flame **7**, 137—42, 1963; Dayton, Ohio, Monsanto Res. Corp., Dayton Labor.; engl.) — Der Einfl. einer Reihe von Gasen u. verdampften Fll. in Mengen von bis zu 6,58 Vol.-% des H_2-Luftgemischs auf die Flammen-Geschw. wurde bestimmt. Untersucht wurden 1.3-Butadien, n-Butan, Äthylchlorid, Methan, Äthylen, Methylchlorid, 1.1-Difluoräthan, Acetylen, Dibromtetrafluoräthan, NH_3, Methylbromid, Vinylchlorid, 1.1-Difluoräthylen, H_2S, HBr, Bromtrifluormethan, Chlortrifluoräthylen, Methylamin, Dichlortetrafluoräthan, Dibromdifluormethan, SO_2, Chlorbromdifluormethan, SF_6, Trifluormethan, Äthylenoxid, NO, Phosgen, HCl, SiF_4, Tetrafluormethan, BCl_3, CO_2, BF_3, Fluortrichlormethan, CO, NO_2, ClF_3, N_2O, Cl_2, $SbCl_5$, Anilin, Brombenzol, Bzl., Methylsulfid, Thiophen, Ae., $SnCl_4$, $Fe(CO)_5$, Äthyljodid, Methylborat, Äthylbromid, Chlorbenzol, PCl_3, $POCl_3$, Toluol, $TiCl_4$, Bleitetramethyl, n-Octan, Aceton, Acetonitril, $SiCl_4$, CS_2, Essigsäure, Methylhydrazin, Bromchlormethan, Nitromethan, Bleitetraäthyl, Methylalkohol, Formaldehyd (Lsg.; 37,2% HCHO; 11,6 CH_3OH; 51,3 H_2O), Chlf., Chloral, CCl_4 u. Wasser. Am wirksamsten erweisen sich KW-Stoffe, bromsubstituierte KW-Stoffe, einige Metallchloride u. $Fe(CO)_5$. Cl- u. F-substituierte KW-Stoffe haben geringen Einfluß. Die Einfl. von CH_4 u. C_2H_4 auf H_2-Luft-Flammen wurden genauer als Funktion des H_2-Luft-Verhältnisses, der Menge des Additivs u. der Temp. des Gases vor der Flamme untersucht. Beide KW-Stoffe sind in fetten Brennstoffgemischen wirksamer.

H. Roschkowski 157◇

0402 **Der Einfluß von Metallsalzen auf vorgemischte Kohlenwasserstoff-Luft-Flammen.** W. A. Rosser jun., S. H. Inami und H. Wise. (Combust. and Flame **7,** 107 bis 119, 1963; Menlo Park, Calif., Stanford Res. Inst.; engl.) — Die Inhibierung vorgemischter Flammen durch feinverteilte Metallsalze wurde untersucht. CaF_2, *Talk*, $CaCO_3$ u. $Ca(OH)_2$ wirken auf stöchiometr. Methan-Luft-Flammen nicht stark ein. *NaF*, *NaCl*, *NaBr*, *CuCl*, K_2SO_4, $NaHCO_3$, $KHCO_3$ u. Na_2CO_3 sind effektive Inhibitoren des Verbrennungsvorgangs von Methan in Luft. Der Einfl. von Na_2CO_3 bzw. $NaHCO_3$ ändert sich mit der Art des Brennstoffs u. verringert sich beim Übergang von Methan-Luft- zu Propan-Luft-Flammen. Auf die Verbrennung von NH_3 in N_2–O_2 wirkt $NaHCO_3$ kaum ein. Der Inhibitionsmechanismus besteht wahrscheinlich aus 4 Stufen: Erhitzung der Salzteilchen in den Flammengasen, Verdampfung der Teilchen, Zers. unter Bldg. von Metallatomen, die dann inhibierend wirken.

H. Roschkowski 157◇

0403 **Verbrennung von Magnesiumteilchen.** 2. Mitt. **Zündtemperaturen und Wärmeleitfähigkeit der umgebenden Atmosphären.** H. M. Cassel und I. Liebman. (Combust. and Flame **7,** 79—81, 1963; Pittsburgh, Pa., Bur. of Mines, Explosives Res. Labor.; engl.) — 1. vgl. C. **1964,** 5-0368. — Die zur Zündung individueller Mg-Teilchen mit einem ⌀ von 20—120 μ erforderlichen Minimal-Temp. der umgebenden Atmosphären aus Luft, 2 O_2 + 8 Ar bzw. 2 O_2 + 8 He wurden bestimmt. Unter Annahme einer Rk.-Gleichung vom Arrhenius-Typ führt die van't Hoff-Le Chateliersche Theorie der Zündung zu einem Ausdruck für die Zünd-Temp. als Funktion der Wärmeleitfähigkeit der umgebenden Atmosphäre u. der Aktivierungsenergie, der die Berechnung dieser Größen gestattet. Derart abgeleitete Wärmeleitfähigkeits-Koeff. stimmen befriedigend mit der ersten Näherung von Hirschfelder, Bird u. Curtiss für bin. Wärmeleitfähigkeits-Koeff. überein. H. Roschkowski 157◇

0404 **Über die Übertragung einer Detonation über einen Abstand.** A. Ja. Apin, A. N. Afanassenkow, G. W. Dimsa und W. N. Stafejew. (Ber. Akad. Wiss. UdSSR **147,** 1141—43, 1962; Akad. der Wiss. der UdSSR, Inst. für chem. Physik; russ.) — Bei Verss. über die Fernzündung von Explosivstoffen wird mit R_{50} der Abstand bezeichnet, in dem in 50% der Fälle Detonation der „passiven Ladung" eintritt. Bei TH-50/50 (Trotyl + Hexogen 1:1) als „akt. Ladung" erreicht R_{50} für Ten u. Hexogen > 40 cm bei Korngröße 0,5 mm; die Zündung scheint hier durch die heißen Gase zu erfolgen In Verss. mit verschiedenen Explosivstoffpaaren wird eine Abnahme von R_{50} bei zunehmender Ladungsdichte ϱ (g/cm^3) nach einer komplizierten Kurve mit einer Verzögerungsteilstrecke bei Annäherung an den ϱ-Wert für Einkristalle festgestellt. Der bei der Detonation in der Luftstoßwelle auftretende Druck steigt bei Zunahme von ϱ u. nähert sich bei Hexogen mit $\varrho \sim 1{,}7$ 800 at. Außer den Gasen können bei der Detonationsübertragung auch von der Zündladung ausgeschleuderte Feststoffe eine Rolle spielen. R. K. Müller 157◇

0405 **Lichtemission der durch Stoßwellenfronten komprimierten Luftschichten in Rohren.** C. H. Johansson und T. Sjölin. (Nature [London] **200,** 352—53, 1963; Stiftelsen Stockholm SV, Svensk Detonikforskning; engl.) — Die Lichtemission der Luftschichten an Stoßwellenfronten, die durch die Explosion von Trinitrotoluol in Plexiglasrohren entstanden sind, ist in ihrer Intensität von Wandeinfl. u dem dynam. Verh. der komprimierten Luftschicht abhängig.

H. U. Borgstedt 157◇

0406 **Der Einfluß von Raumladungen in hochisolierenden Flüssigkeiten auf den Wärmeübergang unter Wirkung elektrischer Felder.** Hermann Senftleben und Peter Schnabel. (Z. Physik **170,** 82—92, 1962; Marl, Hüls AG; dt.) — Kleine Gleichfeldstärken, bei denen der Einfl. der Elektrostriktion noch verschwindend gering ist, verursachen in hochisolierenden Fll. (*Bzl.*, *Cyclohexan*, CCl_4) eine bisher unbekannte beträchtliche Verringerung des Wärmeüberganges. Im Wechselfeld ist dieser Effekt nicht vorhanden. Die Verringerung des Wärmeüberganges beruht auf einer Bremsung der therm. Konvektionsströmung durch elektr. Raumladungen an den Elektroden. Bei konvektionsfreiem Wärmeübergang wird eine geringe Zunahme des Wärmestromes im elektr. Feld gemessen. K. Jaeger 158◇

0407 **Messung der Wärmeleitfähigkeit in einem magnetischen Feld mit Hilfe der vergleichenden Serienmethode.** Robert G. Morris und Fred Hornstra jun. (Rev. sci. Instruments **33,** 1067—68, 1962; Rapid City, S. Dak., School of Mines and Technol.; engl.) — Vgl. C. **1962,** 16576. — Mit Hilfe dieser Meth. haben Vff. die Wärmeleitfähigkeit ΔK von polykristallinem Bi_2Tl_3 u. an einem Einkristall von InSb in Magnetfeldern von B = 0—8000 Gauß gemessen. Für B = 0 stimmen die Werte von K_0 innerhalb 13% mit Werten von anderer Seite überein. Für Bi_2Tl_3 war die Änderung von K bei 460°K u. B = 8000 Gauß < 2%. Für InSb wurde gefunden, daß die Änderung $\Delta K/K_0$ bei 530°K u. B = 8000 Gauß gleich — 10% war. C. Gottfried 158△

0408 **Meßeinrichtung für die Wärmeleitfähigkeit von Halbleitern.** 2. Mitt. **Die Ångström-Methode.** J. Gatecel und G. Weill. (J. Physique Radium, Physique appl. **23,** Nr. 6, 95A—101A, 1962; Bellevue, France, C. N. R. S., Labor. Magnétisme et de Phys. du Solide; franz., Auszug: engl.) — 1. vgl. C. **1963,** 12695. — Untersucht wurde mit Hilfe der Ångström-Meth. die Wärmeleitfähigkeit des Syst. $30Bi_2Te_3$–$70Sb_2Te_3$ + x Te (x ≦ ± 6%) im Temp.-Bereich 20—300° als Funktion von x. Prinzip u. Anwendung der Ångström-Meth. werden diskutiert.

K. Jaeger 158◇

0409 **Über den thermischen Kontaktwiderstand bei der Wärmeabgabe durch flüssige Metalle.** O. P. Asstachow, W. I. Petrow und O. Ss. Fedynski. (Atomenergie [UdSSR] **11,** 255—57, 1961; russ.) — Die Mehrzahl der aus der Literatur bekannten Daten über die Wärmeabgabe geschmolzener Metalle stimmt mit der Theorie von Martinelly [1947] bzw. Lyon [1951] nicht überein. Die Theorie wird bei Verss. besser bestätigt, in denen breitere Wärmeaustauschröhren (⌀ 25—40 mm) Anwendung finden, während engere Röhren (⌀ < 10 mm) die Theorie nicht bestätigen. Die Ursache der Abweichung wird darin gesehen, daß das Vorhandensein eines zusätzlichen therm. Kontaktwiderstandes unberücksichtigt gelassen wird. — 14 Literaturangaben.

A. v. Wilpert 158□

0410 **Experimentelle Untersuchung der Druckabhängigkeit des Wärmewiderstandes von Kontakten.** Henri Cordier. (C. R. hebd. Séances Acad. Sci. **250,** 2853—55, 1960; Acad. Sci. France; franz.) — Experimentell wurde eindimensional die Druckabhängigkeit (P ≦ 180 kg/cm^2) des Wärmewiderstandes von Kontakten (*Thomasstahl-Messing*) untersucht. Beschreibung der benutzten Apparatur. K. Jaeger 158◇

0411 **Der Einfluß einer Neutronenbestrahlung auf die Wärmeleitfähigkeit von Berylliumoxid.** M. K. Cooper, A. R. Palmer und G. Z. A. Stolarski. (J. nuclear Mater. [Amsterdam] **9,** 320—26, 1963; Lucas Heights, N. S. W., Australia, Australian Atomic Energy Comm., Res. Establ.; engl.) — Heißgepreßte BeO-Proben wurden bei Temp. von 70—660° mit Neutronendosen von 1,5 ·

$10^{19}-4 \cdot 10^{20}$ nvt beschossen, ihre Wärmeleitfähigkeit (WL) wurde bei Temp. von 0—85° bestimmt. Mit Anstieg der Dosis fällt WL, ihre Temp.-Abhängigkeit wird geringer, bei genügend hoher Dosis ist WL konstant. Die bestrahlungsinduzierten Änderungen von WL heilen bei Erwärmen bis 1400° (2 Std.) aus. Die Änderung von WL ist bei Bestrahlung bei hohen Temp. geringer.
H. Roschkowski 158◇

0412 **Zweiter Schall in Festkörpern.** Marvin Chester. (Physic. Rev. [2] **131,** 2013—15, 1963; Los Angeles, Calif., Univ. of California, Phys. Dep.; engl.) — Berechnung einer krit. Frequenz, oberhalb der der Wärmetransport bevorzugt durch Wellenfortpflanzung an Stelle der Diffusion erfolgt. Die Erscheinung, die in einigen dielektr. Festkörpern auftreten kann, ist dem 2. Schall in He II analog. H. Liepack 158◇

0413 **Eine Untersuchung des durch breite, hochfrequente Ultraschallstrahlen gebeugten Lichts.** W. R. Klein und E. A. Hiedemann. (Physica [Utrecht] **29,** 981—86, 1963; East Lansing, Mich., Michigan State Univ., Dep. of Phys.; engl.) — Die Intensitäten des abgebeugten Lichts höherer Ordnung weichen bei hochfrequenten breiten Ultraschallstrahlen von der Raman-Nath-Theorie ab. Die Experimente entsprechen besser der Theorie von Mertens, jedoch auch dieser nicht sehr exakt. Nur ein sehr homogener Teil des Schallstrahls kann zur Prüfung der Theorie herangezogen werden.
H. U. Borgstedt 159◇

0414 **Effekte der Ausrichtung des Schallgebers auf die Lichtbeugung durch Ultraschallwellen.** Walter G. Mayer. (J. acoust. Soc. America **35,** 1288—90, 1963; East Lansing, Mich., Michigan State Univ., Phys. Dep.; engl.) — Der Raman-Nath-Parameter v hat für eine gegebene Spannung am Schwingquarz ein Maximum, wenn Lichtstrahl u. Fortpflanzungsrichtung des Schalls aufeinander exakt senkrecht stehen. Kleine Abweichungen lassen sich durch Abweichungen der Intensitäten der ersten Ordnung bei höheren Werten von v bestimmen. Die Theorie wird auch bei guter Ausrichtung nicht voll erfüllt, da die Wellenfront nicht plan ist. H. U. Borgstedt 159◇

0415 **Beschreibung und Konstruktion einer thermoelektrischen Sonde zur Messung der akustischen Intensität im Wasser.** Geneviève Morand, Maurice Meton und Gérard Lejeune. (C. R. hebd. Séances Acad. Sci. **257,** 1018—20, 1963; Paris, Labor. de Phys.-Enseignement; franz.) — Die punktförmige Sonde zur Messung der Schallintensität in W. besteht aus einem absorbierenden Körper u. einem Thermoelement oder einem Widerstandsthermometer. Der absorbierende Körper aus einem Epoxyharz wandelt die akust. Energie in calor. um. Die Temp.-Änderung wird durch ein Cu-Konstantan-Mikrothermoelement empfindlich angezeigt.
H. U. Borgstedt 159◇

0416 **Messung der Schallintensität in Wasser: Eichung der thermoelektrischen Sonden.** Geneviève Morand, Maurice Meton und Gérard Lejeune. (C. R. hebd. Séances Acad. Sci. **257,** 1231—34, 1963; franz.) — Vgl. vorst. Referat. — Bei 800 u. 1600 kHz wurden die l. c. beschriebenen thermoelektr. Sonden verschiedener Durchmesser mit Hilfe einer calorimetr. Meth. geeicht. Die Empfindlichkeit ist vom Radius der Sonde abhängig nach $K = (1/2R)^2$. H. U. Borgstedt 159◇

0417 **Torsionswaage für Strahlungsdruckmessungen.** I. Gabrielli und G. Iernetti. (Acustica [Stuttgart] **13,** 175—80, 1963; Trieste, Univ., Ist. di Fis.; engl.) — Eine Torsionswaage zur Messung von Kräften in einem weiten Bereich wird beschrieben. Hohe Empfindlichkeit, Stabilität, Genauigkeit u. einstellbare Dämpfung wurden durch eine spezielle Aufhängung mit zwei Drähten von verschiedenen Torsionskonst. erreicht. Diese Torsionswaage wird mit den herkömmlichen Waagen u. Torsionspendeln zur Schalldruckmessung in Ultraschallfeldern verglichen. H. Jehne 159◇

0418 **Über die Theorie der Ultraschallverstärkung durch Halbmetalle in elektrischen und magnetischen Feldern.** R. F. Kasarinow und W. G. Skobow. (J. exp. theoret. Physik [UdSSR] **43,** 1496—1503, 1962; russ., Auszug: engl.) — Ultraschall wird beim Durchgang durch ein Halbmetall in einem elektr. Feld verstärkt, wenn die Elektronendriftgeschw. die Schallgeschw. in deren Richtung überschreitet. In vielen Fällen wird der Verstärkungsfaktor durch ein senkrecht zum elektr. Feld stehendes Magnetfeld vergrößert. P. Sliwinski 159◇

0419 **Scheinbare Verstärkung von Mikrowellen-Ultraschall in dotiertem Magnesiumoxid.** V. W. Rampton und P. M. Rowell. (Physics Letters [Amsterdam] **7,** 12—14, 1963; Univ. of Nottingham, England, Dep. of Phys.; engl.) — An einem mit 5% Co u. Spuren von Fe(III) u. Mn dotierten MgO-Kristall wurde mit einer Ultraschall-Impuls-Echo-Meth. bei 9,46 GHz u. 1,46 °K eine beträchtliche Verstärkung des Schalles gefunden, die von der Stärke u. Richtung des überlagerten Magnetfeldes abhängig ist. H. U. Borgstedt 159◇

0420 **Ultraschallmessungen in Metallen im geschmolzenen Zustand und beim Erstarren.** K.-G. Plass. (Akust. Beih. Nr. **1,** 240—44, 1963; Göttingen, Univ., III. Phys. Inst.; dt.) — Die bei 15—50 MHz auf direktem Wege gemessenen Ultraschalldämpfungen in geschmolzenem *Sn, Pb, Bi, Zn* u. *Cd* stimmen mit den aus Wärmeleitung u. Zähigkeit berechneten Werten gut überein, ebenso in verschieden zusammengesetzten *Sn–Pb*-Schmelzen. Während des Erstarrens tritt zunächst eine zusätzliche Dämpfung durch Streuung an festen Teilchen, dann eine Impulsverformung durch Überlagerung von Teilimpulsen auf Grund der verschiedenen Schallgeschw. im festen u. fl. Zustand ein. H. U. Borgstedt 159◇

0421 **Die Schallgeschwindigkeit in äquimolaren wäßrigen Lösungen und in einigen organischen Flüssigkeiten.** Constantin Sălceanu. (C. R. hebd. Séances Acad. Sci. **257,** 1595—98, 1963; Timişoara, Univ.; franz.) — Mit Hilfe der Meth. der akust. Resonanz nach Bungetzianu wurde die Schallgeschw. in den wss. Lsgg. von NH_4Cl, Na_2CO_3, $CaCl_2$, *NaCl*, *KCl*, u. *KJ* bei 1273 Hz bestimmt. Bei 1528 Hz wurde die Schallgeschw. in den folgenden Fll. gemessen: *W.*, *Methanol*, *Äthanol*, *Propanol*, *Aceton*, *Bzl.*, *Toluol*, *Chlf.*, *Tetrachlorkohlenstoff*, *Schwefelkohlenstoff*, *Heptan* u. *Hg*. Die Werte geben gute Übereinstimmung mit der Formel von Newton-Laplace.
H. U. Borgstedt 159◇

0422 **Kompressibilität, Hydratation und akustische Eigenschaften von wäßrigen Lösungen einiger Metallsulfate.** M. Satyanarayana Murty und Bh. Krishnamurty. (Indian J. Physics Proc. Indian Assoc. Cultivat. Sci. **37(46),** 359—67, 1963; Waltair, India, Andhra Univ., Phys. Dep.; engl.) — Bei 28° u. 1,4 MHz wurden die Schallgeschw. in 0—3 m wss. Lsgg. der Sulfate von Li, Mg, Cd, Ni, Co, Mn, Fe(III), Cr interferometr. gemessen u. daraus die Kompressibilität, Hydratationszahl u. akust. Impedanz berechnet. Die molare Kompressibilität nimmt mit der Wurzel aus der Konz. zu, der Anstieg ist von den Mol.-Gew. abhängig. H. U. Borgstedt 159◇

A$_5$. Kolloidchemie, Grenzschichtforschung

0423 **Theorie der Kolloide. Valenz der Gegenionen.** Jacques Duclaux und Charlotte Cohn. (J. Chim. physique Physico-Chim. biol. **59,** 603—07, 1962; Paris, École prat. des Hautes Études et Inst. de Biol. phys.-chim.; franz.) — Prakt. bei allen anorgan. Hydrosolen sind nur einwertige Gegenionen vorhanden. Die Existenz stabiler Hydrosole in Ggw. mehrwertiger Ionen ist zweifelhaft. Im Falle der Halbkoll. können jedoch daneben Ionen beliebiger Wertigkeit vorliegen. (Beispiel: *bas. Chromsulfat*). Derartige Halbkoll. können durch ihre Ggw. die Kristallisation von Salzen in wss. Lsg. verhindern, da sie deren Löslichkeit bis auf das 7fache erhöhen können. Es ergeben sich neue Beziehungen zwischen anorgan. Halbkoll. u. organ. Makromolekülen.
B. Krebs 160◇

0424 **Einige Besonderheiten beim Vorgang der Emulsionsbildung unter Ultraschalleinwirkung.** Ss. A. Nedushi. (Kolloid-J. [UdSSR] **23,** 448—53, 1 Tafel, 1961; Moskau, Forsch.-Inst. für Photo- u. Kinowesen, Labor. für Akustik; russ., Auszug: engl.) — In Verss. am Syst. dest. W.–Dibutylphthalat, das in einem Glaszylinder mit

22 kHz ultrabeschallt wurde, erfolgt eine Bldg. von Emulsionen Öl in W. u. W. in Öl. Diese Emulgierung tritt nur bei einer bestimmten Intensität des Ultraschalls ein. Jeder Intensität entspricht eine Grenzkonzentration. Die Teilchengröße der dispersen Phase ist unabhängig von der Intensität des Ultraschalls,. Die Intensitätsschwelle liegt für Öl in W. bzw. W. in Öl bei 0,5 bzw. 1,5 Watt/cm^2 (errechnet aus Stromstärke u. Spannung am Umformer). O. Lebtag 161△

0425 **Eine Theorie der Polymerisation von Kieselsäure.** An-Pang Tai. (Scientia sinica **12,** 1311—20, 1963; Nanking Univ., Chem. Dep.; engl.) — Vf. nimmt an, daß die Polymerisation der Kieselsäure je nach pH-Wert nach 2 verschiedenen Mechanismen abläuft. Im schwach alkal. bis schwach sauren Gebiet reagiert das neutrale Mol. mit der einwertig negativen Form („Oxolierung": $H_3SiO_4^- + H_4SiO_4 \rightarrow H_6Si_2O_7 + OH^-$). Das dabei freiwerdende OH^--Ion verursacht eine pH-Verschiebung der Lsg., was experimentell nachgewiesen werden konnte. In stark sauren Lsgg. verläuft die Rk. zwischen dem neutralen Mol. u. dem einwertig positiv geladenen Ion (Verolung). Auf Grund dieser Mechanismen wird eine Gleichung abgeleitet, die die Beziehung zwischen Gelierungszeit u. ursprünglichem pH-Wert der Lsg., sowie viele Charakteristiken der Polymerisations-Rk. u. Eigg. des resultierenden Gels beschreibt. J. J. Pohl 161◇

0426 **Die Festigkeits-, Elastizitäts- und Thixotropieeigenschaften der konzentrierten Gele von Aluminiumnaphthenat und ihre Beeinflussung durch polare Substanzen.** T. I. Satzepina und A. A. Trapesnikow. (Kolloid-J. [UdSSR] **23,** 690—98, 1961; Moskau, Inst. für physikal. Chemie der Akad. der Wiss. der UdSSR; russ., Auszug: engl.) — Untersucht wurde die Abhängigkeit der elast. (umkehrbaren) Deformation ε_e der 4—8%ig. Gele von *Al-Naphthenat* (**I**) in Dekalin von der vorgegebenen Deformation ε, der Einfl. der Zugabe von *Hexylalkohol* (**II**), *Äthylcellulose* (**III**) u. *Xylenol* (**IV**) auf ε u. den Verlauf der Kurve ε_e–ε, der Einfl. der wiederholten Verformung auf die thixotropen Eigg. u. der Einfl. von **II, III** u. **IV** auf die Alterung der Gele. Danach besitzen die **I**-Gele mit 1350—5500% eine hohe Grenzdeformation (ε_{max}). Durch Erhöhung der **I**-Konz. wird ε_{max} vermindert, durch Zusatz von **II, III** oder **IV** erhöht. Am stärksten wirksam ist **II**, am wenigsten **IV**. Bei Zusatz von **II, III** u. **IV** geht ε_{max} bei $c_{zus.}: c_I \approx 0{,}5:1{,}0$ durch ein Maximum. Bei $c_{zus.}: c_I \gg 1{,}0:1{,}0$ wird ε_{max} konstant. Die Relaxationszeit des **I**-Gels wird durch **II, III** u. **IV** stark vermindert; die Reifung wird beschleunigt. O. Lebtag 162△

0427 **Untersuchungen an „Brown Gel" (Eisen(III)-hydroxid). 1. Mitt. Das Altern des Gels unter Wasser.** Ichirō Kataoka und Tetsurō Kitamura. (J. Sci. Soil Manure Japan **29,** 403—05, 1958; jap., Auszug: engl.) — 3. vgl. C. **1963,** 19 507. — Der braune, bei der Fällung von $FeCl_3$-Lsgg. mit NH_4OH erhaltene gelartige Nd. altert nach Entfernung von Cl^- u. NH_4^+-Ionen bei Raum-Temp. zu α-$Fe_2O_3 \cdot H_2O$, bei 100° zu einem Gemisch von α-$Fe_2O_3 \cdot H_2O$ u. α-Fe_2O_3. R. Grundmann 162□

0428 **Entstehung der Porenstruktur der Alumosilicagele. 1. Mitt. Die Rolle der Synärese bei der Entstehung der Porenstruktur der Alumosilicagele.** E. M. Kaganowa, T. Je. Schachowa und A. Je. Panitkowa. (Kolloid-J. [UdSSR] **23,** 568—73, 1961; Leningrad, Allunions-Forschungs-Inst. für petrolchem. Prozesse; russ., Auszug: engl.) — Vff. zeigen, daß der Grad der Synärese bei der Entstehung der Porenstruktur von Alumosilicagelen durch die Menge der ausgeschiedenen Fl., bezogen auf das Anfangsgew. von $SiO_2 + Al_2O_3$, ausgedrückt werden kann. Bei konst. Bedingungen der Trocknung u. des Glühens wird die Porenstruktur durch die Synärese bestimmt. Mit zunehmender Synärese nimmt das Schüttgew. ab; das Vol. der Gesamt- u. der Großporen nimmt zu. Die spezif. Oberfläche erreicht beim Schüttgew. von 0,6—0,7 ein Maximum. Bei der Zunahme der Temp. u. des pH-Werts des Gels u. des Mediums nimmt die Synärese zu; bei Zunahme des Al_2O_3-Geh. nimmt sie ab. O. Lebtag 165△

0429 **Über die Abhängigkeit der Oberflächen-Exzeßenergie eines Tropfens von seinem Radius.** Ss. N. Sadumkin. (J. physik. Chem. [UdSSR] **35,** 2818—19, 1961; Kabardin-Balkar Univ.; russ.) — Vf. leitet theoret. ab, daß die überschüssige Oberflächenenergie σ_R kleiner Tropfen bei $R > \varrho_t$ ($R < \varrho_t$) größer (kleiner) ist als die entsprechende Größe σ_∞ für ebene Fl.-Oberflächen der Grenze Fl.–gesätt. Dampf, wo R den Radius einer die ebene Fl.-Oberfläche berührenden Kugel darstellt u. ϱ_t den Radius der mol. Wrkg.-Sphäre bedeutet. Die Beziehung zwischen σ_R u. σ_∞ ist formelmäßig ausgedrückt. H.-J. Lunk 166◇

0430 **Demulgierende Eigenschaften von oberflächenaktiven Substanzen und die strukturmechanischen Eigenschaften ihrer Adsorptionsschichten.** M. A. Filatowa, Ss. A. Nikitina, A. B. Taubman und P. A. Rehbinder. (Ber. Akad. Wiss. UdSSR **140,** 874—76, 1961; Inst. für physik. Chem. der Akad. der Wiss. der UdSSR; russ.) — Vff. zeigen am Beispiel der Emulsion von W. in Mineralöl mit dem „schwarzen Emulgator", wie die demulgierende Wrkg. von oberflächenakt. Substanzen u. Netzmitteln (OP-10 u. Saponine) durch Unterss. der strukturmechan. Eigg. (zweidimensionale Grenzscherspannung) der Adsorptionsschicht der Emulgatoren an (Öl in W.)-Emulsionen ermittelt werden kann. J. v. Schroeder 166□

0431 **Über den ersten Virialkoeffizienten der Gleichung für den osmotischen Druck.** I. F. Jefremow. (J. physik. Chem. [UdSSR] **37,** 1001—06, 1963; Leningrad, Technol. Lensowjet-Inst.; russ., Auszug: engl.) — Bei nichtidealen Lsgg. wird der erste Virialkoeff. sowohl durch Entropie- als auch durch Energiekomponenten bestimmt. In diesem Fall stellen die osmot. Molgew. nicht die wahren Werte dar, sondern sie sind Funktionen der Entropie- u. Energieeinflüsse. Die Abweichung der Lsgg. von Verbb. mit niedrigem Molgew. vom idealen Wert ist weitgehend auf zwei Energiekomponenten zurückzuführen: Veränderung der beiden Energien der Wechselwrkg. der Lsgm.-Moll. miteinander bei der Bldg. der Lsg. u. der Wechselwrkg dieser Moll. mit denen des gelösten Stoffes. Bei Lsgg. von Verbb. mit hohem Molgew. spielt außer diesen Energiekomponenten die Vol.-Verschiedenheit der sie zusammensetzenden Moll. in der Lsg. eine große Rolle. Sie verursacht nicht nur die Entropieabweichung der Mischung vom idealen Wert, sondern kann auch die Energiebeziehungen weitgehend verändern. Die osmot. Eigg. von hochmol. Verbb. mit starren, „impermeablen" Makromoll. werden stark durch die Energieeinfl. bestimmt. Der Einfl. der Vol.-Unterschiede der Konstituenten auf den Lösungsprozeß von Polymeren, die in den Monomeren aufgelöst sind, wird erörtert. Die erste Stufe der Gummiaufquellung, die durch ein Abnehmen der Entropie des Lsgm. u. des Quelldruckes charakterisiert ist, wird durch die Veränderung der Potentialenergie des Lsgm. beim Übergang in die polymere Phase bestimmt. W. Pump 170◇

0432 **Über die Berechnung der mit dem Polarisationsinterferometer gefundenen Diffusionskoeffizienten.** A. W. Podalinski. (J. physik. Chem. [UdSSR] **37,** 1189—90, **1963;** Allunions-Lebedew-Forsch.-Inst. für synthet. Kautschuk; russ., Auszug: engl.) — Es wurde eine Gleichung abgeleitet, mit der die Diffusionskoeff. von Moll. in Fll. aus Daten von Polarisationsmessungen einfach u. mit guter Genauigkeit berechnet werden können. W. Pump 171◇

0433 **Interdiffusion in Thalliumamalgamen.** W. T. Foley und L. E. Reid. (Canad. J. Chem. **41,** 1782—86, **1963;** Antigonish, Nova Scotia, St. Francis Xavier Univ., Dep. of Chem.; engl.) — Mit der Capillar-Reservoir-Meth. bestimmen Vff. die Diffusionskoeff. D von Tl in Tl-Amalgamen mit Tl-Molenbrüchen x zwischen 0,00365 u. 0,404 bei 25°. D ist konzentrationsabhängig u. erreicht für $x = 0{,}0895$ bei $(1{,}50 \pm 0{,}09) \cdot 10^{-5}$ (cm^2/s) ein Maximum u. für $x = 0{,}288$ ein Minimum bei $(0{,}83 \pm 0{,}08) \cdot 10^{-5}$. Die Extrema in $D = f(x)$ werden mit Hilfe der Werte von $d \ln a/d \ln x$ (a = Aktivität) für das Syst. Tl–Hg gedeutet. Das D-Minimum bei $x = 0{,}288$ zeigt den Einfl. der intermetall. Verb. Tl_2Hg_5 auf die Diffusion. Herbert Müller 171◇

0434 **Betrachtung der Gasadsorption bei Gegenwart von Oberflächenzuständen.** W. D. Ssutula und A. P. Seif. (Kinetik u. Katalyse [UdSSR] **3,** 698—703, 1962; Inst.

für Katalyse der Sibir. Abt. der Akad. der Wiss. der UdSSR; russ.) — Vff. betrachten ein lineares Modell für die Adsorption von Gasatomen an Feststoffen u. nehmen die Existenz von sich nur wenig überlappenden Oberflächenniveaus an. Der Einfl. der Elektronenwechselwrkg. auf die Adsorptionsenergie wird untersucht. Diese Wechselwrkg. ist bei unvollständig besetzten Energiezonen gering, während man bei fast gefüllten Zonen eine starke Elektronenwechselwrkg. beobachtet. W.-D. Heußner 176◇

0435 **Kinetische Gleichung der Adsorptionsmonoschicht.** B. W. Filippow. (Ber. Akad. Wiss. UdSSR **150,** 290 bis 293, 1963; russ.) — Vf. gibt eine Gleichung für den Zusammenhang zwischen Energieaustausch, Adsorption u. Desorption in der Monoschicht an. Zwei Lösungen für für den Bedeckungsgrad gehen unter bestimmten Bedingungen in die Langmuir-Isotherme über. D. Hoene 176◇

0436 **Adsorptionsenergie von CO_2, SO_2, $(CH_3)_2CO$ und $(C_2H_5)_2O$ an Graphit.** N. N. Awgul, A. W. Kisselew und I. A. Lygina. (Nachr. Akad. Wiss. UdSSR, Abt. chem. Wiss. **1961,** 1395—1403, Akad. der Wiss. der UdSSR, Inst. für physikal. Chem.; russ.) — Vgl. C. **1963,** 15700. — Theoret. Berechnung der Adsorptionsenergien (AE) von CO_2, SO_2, $(CH_3)_2CO$ u. $(C_2H_5)_2O$ an den Basisflächen von Graphit unter Berücksichtigung der Orientierung u. der Adsorbat-Eigenschaften. Ferner werden behandelt die Adsorbat–Adsorbat-Wechselwrkg. u. die Veränderung der Adsorptionswärme mit der Oberflächenbelegung sowie der Platzbedarf der Moleküle. Die AE sind in der oben angegebenen Reihenfolge —5,5; —7,7; —10,0 u. —10,4 kcal/Mol. D. Hoene 176◇

0437 **Adsorptionsenergie von Wasser, Alkoholen, Ammoniak und Methylamin an Graphit.** N. N. Awgul, A. W. Kisselew und I. A. Lygina. (Nachr. Akad. Wiss. UdSSR, Abt. chem. Wiss. **1961,** 1404—09; russ.) — Vgl. vorst. Referat. — Berechnungen für *W.*, CH_3OH, C_2H_5OH, *n*-C_3H_7OH, *n*-C_4H_9OH, *iso*-C_4H_9OH, *sek.*-C_4H_9OH, *tert.*-C_4H_9OH, NH_3 u. CH_3NH_2 werden nach dem l. c. beschriebenen Verf. durchgeführt. Die Ergebnisse werden tabellar. angegeben. D. Hoene 176◇

0438 **Adsorptionsarbeit und -wärme von Lösungen.** A. W. Kisselew und L. F. Pawlowa. (Nachr. Akad. Wiss. UdSSR, Abt. chem. Wiss. **1962,** 2121—27; russ.) — Vgl. vorst. Referate. — Mit der Oberfläche des Adsorbens treten alle Moll. der Oberflächenschicht in Wechselwirkung. Der Zustand aller dieser Moll. unterscheidet sich vom Zustand der entsprechenden Moll. im Innern der Lösung. Daher betrachten die Vff. bei der Best. der thermodynam. Eigg. der Oberflächenschicht diese Schicht als ganzes, d. h., sie berücksichtigen nicht die Gibbsschen Adsorptionsgrößen, sondern die abs. Konzz. der der Komponenten in der Adsorptionsschicht. Vff. erhielten Ausdrücke für die integrale u. differentiale Adsorptionsarbeit der Lsgg. u. Formeln zur Berechnung der Adsorptionswärmen der Lsg. aus den abs. Konzz. der Komponenten in der Adsorptionsschicht bzw. aus verschiedenen möglichen calorimetr. Messungen. H.-J. Lunk 176◇

0439 **Untersuchung der Reaktion des Isotopenaustausches mit Oberflächenhydroxylgruppen von chemisch modifiziertem Siliciumdioxid durch Infrarotspektroskopie.** W. I. Lygin und A. W. Kisselew. (Kolloid-J. [UdSSR] **23,** 299—303, 1961; Moskau, Lomonossow-Univ.; russ., Auszug: engl.) — Vgl. vorst. Referate. — Vff. untersuchen IR-spektroskop. den Isotopenaustausch zwischen D_2O u. SiOH-Gruppen von nichtverändertem (A) u. von durch Trimethylsilylgruppen (B) bedecktem Aerosil. Im Falle A geht der Austausch leicht vor sich, während im Falle B die $Si(CH_3)_3$-Gruppen den Austausch der an der Aerosil-Oberfläche befindlichen OH-Gruppen stören u. z. T. verhindern. Ferner wird die Veränderung des IR-Spektrums von Aerosil mit SiOD-Gruppen zwischen 2600 u. 3800 cm^{-1} bei Adsorption von C_2H_5OH untersucht. D. Hoene 176◇

0440 **Adsorbat-Adsorbent- und Adsorbat-Adsorbat-Wechselwirkung in Monoschichten an der Oberfläche fester Körper. Adsorptionswärme und Adsorptionsgleichgewicht.** A. W. Kisselew. (J. physik. Chem. [UdSSR] **35,** 234—57, 1961; russ.) — Vgl. vorst. Referate. — Vortrag auf der Gordon-Konferenz 1960. — 77 Literaturangaben. D. Hoene 176◇

0441 **Benetzungswärme von Aluminiumoxid durch Lösungen von Benzol, Cyclohexan und Cyclohexen in n-Heptan.** I. W. Smirnowa, A. A. Kubassow und K. W. Toptschijewa. (Ber. Akad. Wiss. UdSSR **139,** 150—53, 1961; Moskau, Lomonossow-Univ.; russ.) — Vff. bestimmen die Benetzungswärmen bei 20° v. Bzl., Cyclohexan (**I**) u. Cyclohexen (**II**) aus n-Heptan-Lsg. an einem Katalysator-Al_2O_3 (250 m^2/g, 40 Å Porendurchmesser, Korngröße 0,1—0,25 mm, ausgeheizt 500°/5 h u. 200° bei $5 \cdot 10^{-5}$ Torr bis zur Gew.-Konstanz) in Abhängigkeit von der Lsg.-Konzentration. Die Messungen werden mit Adsorptionsmessungen für die gleichen Verbb. verglichen. Benetzungswärmen: Bzl. 7,6, **I** 8,4 u. **II** 4,6 kcal/Mol, für n-Heptan 4,5 cal/g. D. Hoene 176◇

0442 **Sorption von Germanium an Aluminiumhydroxid.** I. W. Tananajew, M. Ja. Schpirt und T. I. Ssendulskaja. (Ber. Akad. Wiss. UdSSR **139,** 907—09, 1961; russ.) — Vff. untersuchen die Sorption von GeO_2 bzw. $HGeO_3^-$ beim Alkalischmachen von $Al_2(SO_4)_3$-Lsgg. in Abhängigkeit von der Ge-Konz., dem pH, der Temp. u. der Kontaktzeit. Maximale Sorption wird bei pH-Werten von 6—9,6 beobachtet. D. Hoene 176◇

0443 **Sorption langlebiger Spaltprodukte an erdigen und lehmigen Mineralen.** Ju. A. Kokotow und R. F. Popowa. (J. angew. Chem. [UdSSR] **35,** 1242—45, 1962; russ.) — Vgl. C. **1963,** 17213. — Die Adsorption von ^{90}Sr, ^{137}Cs u. ^{144}Ce an natürlichen Lehmen, Tonen, Bentoniten u. Vermiculiten aus Bodenproben wird untersucht. Zur Charakterisierung wird der Verteilungskoeff. bestimmt. Er liegt bei den untersuchten Erden bei pH 5—8 am günstigsten. Es gelingt, über 90% der radioakt. Isotopen zu binden, ^{137}Cs sogar bis 99,5%. R. Teichmann 176◇

0444 **Kationenaustauschverhalten von Gemischen von Vermiculit und Biotit.** Galen R. Frysinger. (Clays and Clay Minerals **9,** 116—21, 1960; Chapel Hill, N. C., Univ. of North Carolina; engl.) — Vf. untersuchte die Kationenaustauschkapazität von im Handel erhältlichen Vermiculit-Biotitmineralien. Austauschverss. wurden durchgeführt mit einer 0,01 n *CsCl*-Lsg., die eine geringe Menge ^{134}Cs enthielt, wie einer Lsg., die je 0,01 n an *NaCl* u. CsCl (^{134}Cs) war. Die Austauschkapazität für Cs ergab sich zu 0,695 (mVal/g); für Na wurde ein Wert von 0,243 gefunden. Bei Verw. des gemischten Elektrolyten wurde eine hohe Selektivität der Mineralien für das Cs-Ion gefunden, wobei ein großer Teil des adsorbierten Ions die K-Ionen in den Biotitschichten ersetzt. Dieser Ersatz in dem Biotit ist ein sehr viel langsamerer Prozeß als der normale Ionenaustausch. Das Cs-Ion kann nicht leicht in dem mit Cs gesättigten Vermiculit entfernt werden. Ein Austausch von ^{133}Cs gegen ^{134}Cs entfernte eine sehr geringe Menge des fixierten Cs. Auch Kochen mit NaCl-Lsg. erwies sich als nur sehr wenig wirksam. C. Gottfried 177△

0445 **Der Einfluß der Chlorkomplexbildung auf den R_F-Wert einiger Kationen.** Jaakko Halmekoski und Franciska Sundholm. (Suomen Kemistilehti B **36,** 63—65, 1963; Helsinki, Univ., Dep. of Chem.; engl.) — Die R_F-Werte von Hg^{2+}, Cu^{2+}, Cd^{2+}, Bi^{3+}, As^{3+}, Sn^{2+}, Sb^{3+}, Fe^{3+} u. UO_2^{2+} nehmen proportional dem HCl-Geh. des Laufmittels zu. Die Steigung der durch Auftragen des R_M-Wertes gegen log [HCl] erhaltenen Geraden stellt ein Maß für das Vorliegen von Chlorokomplexen dar. Das Wanderungsverh. wird in den Syst. Wasser–Cyclohexanon u. Wasser–Methylisobutylketon untersucht. F. M. Friedrich-Anderseck 177◇

0446 **Begründung der Natur der Wirbeldiffusion in der Gaschromatographie aus Daten inerter (nichtsorbierender) Säulen.** J. Calvin Giddings. (Analyt. Chem. **35,** 1338 bis 1341, 1963; Salt Lake City, Utah, Univ.; engl.) — Aus der Gegenüberstellung der Gaschromatographie der Luftpeaks u. der Dispersion hydrodynam. Syst. wird für die Wirbeldiffusion eine Beziehung gewonnen, die näherungsweise für einen begrenzten Bereich den experimen-

tellen Ergebnissen genügt. Dadurch wird die klass. Theorie der Wirbeldiffusion in Frage gestellt.
K. Dorfner 177◇

0447 **Gaschromatographie: Experimentelle Untersuchung der Luftpeaks.** Richard Kieselbach. (Analytic. Chem. **35,** 1342—45, 1963; Wilmington, Del., E. I. du Pont de Nemours & Co., Engng. Dep., Engng. Res. Labor.; engl.) — Zur Überprüfung der van Deemter-Gleichung für die Höhe eines theoret. Bodens $H = A + B/u + Cu$ werden an Chromosorb u. Microbeads unter bes. Vorsichtsmaßregeln zur Eliminierung von Strömungsfehlern die korr. Luftbandenmaxima bei verschiedenen Vordrücken u. Strömungsgeschw. gemessen. Die Ergebnisse zeigen, daß dem Term A keine reale Bedeutung zukommt. Er ist lediglich ein von der mathemat. Ableitung herrührendes Glied, dessen Größe innerhalb der Größenordnung der Meßfehler liegt. Da der Faktor C des dritten Terms nicht in dem Maß, wie angenommen werden dürfte, reproduzierbar ist, kann geschlossen werden, daß die Höhe eines theoret. Bodens gaschromatograph. Säulen von einem Massentransportwiderstand abhängt, der aus der Geschw. folgt.
K. Dorfner 177◇

A_6. Strukturforschung

0448 **Parasitäre Mehrfach-Bragg-Streuung im Neutronenkristallspektrometer.** D. A. O'Connor und J. Sosnowski. (Acta crystallogr. [Copenhagen] **14,** 292—97, 1961; Warsaw, Inst. of Nucl. Res.; engl.) — Die Aufnahmen von Kernreaktorspektren langsamer Neutronen mittels Kristallmonochromator zeigen eine Anzahl unregelmäßiger Schwankungen in Form umgekehrter Maxima, die den Schwankungen in der Reflexionsfähigkeit des Kristalls entsprechen. Vff. zeigen, daß diese Schwankungen auf einer Bragg-Reflexion durch reflektierende Ebenen des Kristalls u. nicht des Monochromators beruhen. Am Beispiel eines Mosaikkristalls werden Näherungsformeln für die Größe u. Halbwertsbreite dieser inversen Maxima abgeleitet. Verss. an *Cu*- u. *Al*-Einkristallen zeigen, daß diese Maxima unter Bragg-Winkeln auftreten, die vom Strukturtyp u. nicht von den Gitterkonst. abhängen. Die gemessene Tiefe der besser abgegrenzten Maxima steht in befriedigender Übereinstimmung mit der nach der Näherungsformel berechneten. Durch Vgl. von Messungen an Kristallen bei Zimmertemp. u. der Temp. der fl. Luft gelang es indessen nicht, das Auftreten unelast. Streuung als Beitrag zu den untersuchten Schwankungen nachzuweisen. G. Ruban 181◇

0449 **Neutronenbeugung an Strukturen mit schraubenförmigem Spin.** W. C. Koehler. (Acta crystallogr. [Copenhagen] **14,** 535—36, 1961; Oak Ridge, Tenn., O.R.N.L.; engl.) — Theoret. Behandlung der magnet. Strukturen mit schraubenförmigem Spin („helical spin") sowie Berechnung der betreffenden Strukturfaktoren für Neutronenbeugung. G. Ruban 181◇

0450 **Elektronenmikroskopische Untersuchung der Form der Rillen von Gittern.** P. Croce und M. Gandais. (J. Physique Radium **22,** 25 S—26 S, 1961; Paris, Inst. d'Opt.; franz.) — An Hand von Abdrücken wurden *Al-Kreuzgitter* elektronenmkr. untersucht. Die Ergebnisse werden in Abb. zusammengefaßt.
C. Gottfried 181△

0451 **Elektronendiffraktometrie mit einem Scintillationszähler.** Yasuyuki Tomoda, Saburo Nagata und Yosio Soezima. (Technol. Rep. Osaka Univ. **10,** 675—80, 1960; engl.) — Vff. beschreiben eine automat. Vorr. zur Aufnahme von Elektronenbeugungsspektren mit einem Scintillationszähler.
G. M. Neumann 181□

0452 **Untersuchung über eine Aufdampfmethode für die Elektronenmikroskopie.** Tadatosi Hibi und Kaiji Yada. (Sci. Rep. Res. Inst. Tôhoku Univ., Ser. A **13,** 105—15, 1961; Res. Inst. for Sci. Measurem.; engl.) — Vff. untersuchen die Aufdampf-Meth. unter dem Gesichtspunkt eines besseren metall. Schattens u. einer Vergrößerung der Auflösung des Abdrucks, wobei eine Beziehung zwischen Schattenqualität u. dem Abstand der Bedampfungsquelle von der Probe gesucht wird. Je kürzer dieser Abstand gewählt wird, desto besser ist die Schattenqualität, wenn der Einfl. der Wärmestrahlung von der Bedampfungsquelle aus vernachlässigt wird. Ferner wird eine dynam. Aufdampfmeth. versucht, die bei Proben mit hoher Bedampfungs-Temp. zu guten Ergebnissen führt. G. Ruban 181◇

0453 **Zählrohrdiffraktometer: Der Einfluß der Probendurchsichtigkeit auf Intensität, Lage und Breite von Röntgenbeugungslinien.** J. I. Langford und A. J. C. Wilson. (J. sci. Instruments **39,** 581—85, 1962; Cardiff, Univ. Coll., Viriamu Jones Labor.; engl.) — Theoret. Betrachtungen. C. Gottfried 181△

0454 **Zusatzgerät zum Röntgengoniometer GUR-3 für Arbeiten unter den Bedingungen eines Zweikristallspektrometers.** W. T. Zygan, W. G. Fomin und M. A. Gurewitsch. (Betriebs-Lab. [UdSSR] **29,** 1383—84, 1963; Forsch.- u. Projekt.-Inst. der Seltenmetall-Ind.; russ.) — Beschreibung des speziell für die Röntgengoniometertypen GUR-3 u. GUR-4 entwickelten Zusatzgerätes. W.-D. Heußner 181◇

0455 **Eine vereinfachte Formel zur Berechnung der Röntgenbeugungsintensitäten einer eindimensional fehlgeordneten Struktur.** G. Allegra. (Acta crystallogr. [Copenhagen] **14,** 535, 1961; Milano, Politecn., Ist. di Chim. Ind.; engl.) G. Ruban 181◇

0456 **Bemerkungen zu der Veröffentlichung von Allegra „Eine vereinfachte Formel zur Berechnung der Röntgenbeugungsintensitäten einer eindimensional fehlgeordneten Struktur".** Jiro Kakinori und Yukitomo Komura. (Acta crystallogr. [Copenhagen] **15,** 292, 1962; Kita-ku, Osaka, Univ., Fac. of Sci.; engl.) — Vgl. vorst. Referat.
G. Ruban 181□

0457 **Zentrale Streuung von Röntgenstrahlen durch faserförmige Teilchen.** V. Luzzati und H. Benoit. (Acta crystallogr. [Copenhagen] **14,** 297—300, 1961; Strasbourg, Centre de Rech. sur les Macromol.; franz.) — Vff. bestimmen die asymptot. Form der durch ein Faserbündel gestreuten Röntgenintensität für große Identitätsabstände; die geometr. Parameter werden angegeben. Der Einfl. verschiedener Konfigurationstypen auf das asymptot. Verh. wird diskutiert. G. Ruban 181◇

0458 **Experimentelle Bestimmung der Compton-Streuung von Röntgenstrahlen an Kohlenruß und anderen nichtkristallinen Materialien.** M. A. Short. (Acta crystallogr. [Copenhagen] **14,** 486—88, 1961; University Park, Pa., Pennsylvania State Univ., Dep. of Fuel Technol.; engl.) — Vf. entwickelt eine Meth. zur experimentellen Best. des Anteils der Compton-Streuung an der gesamten Röntgenstreuung von nichtkristallinen Proben. Die an Ruß gemessene Compton-Streuung stimmt mit der theoret. Voraussage gut überein. G. Ruban 181◇

0459 **Bemerkungen über Elektronendichtemaximaformen.** James A. Ibers. (Acta crystallogr. [Copenhagen] **14,** 538—39, 1961; Emeryville, Calif., Shell Developm. Comp.; engl.) — Am Beispiel des C-Atoms untersucht Vf. Form u. Gestalt der Elektronendichtemaxima für verschiedene Röntgenwellenlängen (Mo-, Cu-, Cr-Strahlung), Temp.-Faktoren u. Abbruchеffekte.
G. Ruban 181◇

0460 **Der Einfluß von Wasserätzung auf Einkristalle der festen Lösung KCl–KBr.** Pertti Luova. (Suomen Kemistilehti B **36,** 139—40, 1963; Turku, Finland, Univ., Dep. of Phys.; engl.) — KCl–KBr-Einkristalle mit 47 Mol-% KCl werden für Diffraktometerunterss. poliert u. dann mit W. als Lsgm. gereinigt. Vf. weist durch Goniometermessungen nach, daß durch das Reinigen der Oberfläche diese an KBr verarmt, d. h. sie enthält 63% KCl. Daraus folgt, daß Einkristalle nach dem Waschen durch Tempern homogenisiert werden müssen.
H. G. Moslé 181◇

0461 **Einfache Aufbewahrungsmethode für dünne selbsttragende Kohlenstoffilme.** M. Nobes. (J. sci. Instruments **38,** 410, 1961; Harwell, A.E.R.E., High Voltage Labor.; engl.) C. Gottfried 181△

0462 **Bestimmung der Orientierung von Germaniumkristallen mit einem optischen Verfahren.** Ss. W. Ziwinski und A. W. Stepanow. (Betriebs-Lab. [UdSSR] **29,** 1333—35, 1963; Leningrad, Physiko-techn. Joffe-Inst. der Akad. der Wiss. der UdSSR; russ.) — Eine Meth. zur Best. der Anordnung aller kristallograph. Richtungen bei einem maximalen Fehler von $\pm 1°$ mit einem einzigen Reflexionsbild unter Verw. eines opt. Goniometers wird beschrieben. W.-D. Heußner 181◇

0463 **Über das Auflösungsvermögen verschiedener Methoden der Texturuntersuchung.** H. J. Bunge. (Metallphysik u. Metallkunde [UdSSR] **13,** 512—16, 1962; Inst. für Strukturunterss. der DDR; russ.) — Vgl. C. **1963,** 22620. — Unter Verw. von orthogonalen u. linear-unabhängigen Kugelfunktionen wird ein Syst. von Gleichungen entwickelt, aus dem sich das maximale Auflösungsvermögen bei Texturunterss. berechnen läßt. R. K. Müller 181◇

0464 **Stand und einige Probleme der Theorie der Elektronenhüllen von Molekülen.** N. D. Ssokolow. (Fortschr. Chem. [UdSSR] **32,** 967—83, 1963; Inst. für Chem. Phys. der Akad. der Wiss. der UdSSR; russ.) — Übersicht, in der behandelt werden: das Problem der quant. Berechnung von Moll., die Theorie konjugierter Syst., die Abhängigkeit der Energie des Grundzustandes von Moll. u. Radikalen von ihrer Struktur, die Geometrie von Moll., der angeregte Zustand, die Wahrscheinlichkeit opt. Übergänge u. die Berechnung schwacher Wechselwirkungen. — 155 Literaturangaben. Ch. Weiske 182◇

0465 **Koordinatenstreckung und das Virialtheorem.** G. Hunter, D. G. Rush und H. O. Pritchard. (J. physic. Chem. **67,** 2494—95, 1963; Manchester, England, Univ., Chem. Dep.; engl.) — Diskussion der Zusammenhänge am Beispiel des H_2^+. A. Blaschette 182◇

0466 **Das Jahn-Teller-Theorem.** Norman S. Ham. (Fortschr. Chem. [UdSSR] **32,** 1010—23, 1963; russ. — C. **1962,** 15866.) Ch. Weiske 182◇

0467 **Die Vorstellung von der Elektronegativität der Atome.** 2. Mitt. **Analyse der Definition der Elektronegativität durch verschiedene Autoren.** W. P. Spiridonow und W. M. Tatewski. (J. physik. Chem. [UdSSR] **37,** 994—99, 1963; russ., Auszug: engl.) — Die Analyse zeigt, daß, wie auch immer man die numer. Werte der Elektronegativität erhält, die Definitionen den fundamentalen Grundsätzen der Quantenmechanik widersprechen, daß sie keine bestimmte physikal. Bedeutung haben u. tatsächlich keine Definitionen einer neuen physikal. Größe, der Elektronegativität, sind. W. Pump 182◇

0468 **SCF-Atom- und -Molekül-Orbitale und ihre näherungsweise Darstellung durch lineare Kombination von Orbitalen des Slater-Typs.** R. S. Mulliken. (Rev. mod. Physics **32,** 232—38, 1960; Chicago, Ill., Univ. of Chicago, Dep. of Phys., Labor. of Mol. Structure and Spectra; engl.) A. Blaschette 182◇

0469 **Grundzustand von Systemen aus drei Teilchen mit Coulombscher Wechselwirkung.** W. Kolos, C. C. J. Roothaan und R. A. Sack. (Rev. mod. Physics **32,** 178—79, 1960; Chicago, Ill., Univ. of Chicago, Dep. of Phys., Labor. of Mol. Structure and Spectra; engl.) — Verallgemeinerung der Wellenfunktion in der Form $\Psi = \text{const} \cdot \exp(-\alpha_{12}r_{12} - \alpha_{23}r_{23} - \alpha_{31}r_{31}) P(r_{12}, r_{13}, r_{23})$; maschinelle Berechnungen für *He*, das Positronium-Ion $e^+e^-e^-$, die μ-meson. Moll. $p\mu p$ u. $d\mu d$ sowie das Mol. H_2^+. A. Blaschette 182◇

0470 **SCF-Theorie für offene Schalen von Elektronensystemen.** C. C. J. Roothaan. (Rev. mod. Physics **32,** 179—85, 1960; engl.) — Vgl. vorst. Referat. — Übersicht über die SCF-Theorie für abgeschlossene Schalen; Entw. der Theorie für offene Schalen; Symmetriebetrachtungen; LCAO-Formulierung der Theorie für offene Schalen; Anwendbarkeit. A. Blaschette 182◇

0471 **Analytische SCF-Funktionen für die Atomkonfigurationen $1s^2$, $1s^22s$ und $1s^22s^2$.** C. C. J. Roothaan, Lester M. Sachs und A. W. Weiss. (Rev. mod. Physics **32,** 186—94, 1960; engl.) — Vgl. vorst. Referate. — Allg. Formulierung für $Z = 2—10$. A. Blaschette 182◇

0472 **Korrelierte Orbitale für den Grundzustand heliumartiger Systeme.** C. C. J. Roothaan und A. W. Weiss. (Rev. mod. Physics **32,** 194—205, 1960; engl.) — Vgl. vorst. Referate. — Korrelierte Wellenfunktionen für He-artige Syst.; Singularitäten der Wellenfunktionen u. des Hamilton-Operators; Iterationsgleichungen zur Best. der Koeff. der Reihenentwicklung; Ermittlung der Supermatrixelemente; Ergebnisse für H^-, *He*, Li^+, Be^{2+}, B^{3+}, C^{4+}, N^{5+}, O^{6+}, F^{7+}, Ne^{8+} u. Diskussion. A. Blaschette 182◇

0473 **Korrelierte Orbitale für den Grundzustand des Wasserstoff-Moleküls.** W. Kolos und C. C. J. Roothaan. (Rev. mod. Physics **32,** 205—10, 1960; engl.) — Vgl. vorst. Referate. — Singularitäten der Wellenfunktion u. des Hamilton-Operators; Iterationsgleichungen für die Koeff. der Reihenentwicklung; Ermittlung der Supermatrixelemente; Bestimmung der Grundintegrale; Ergebnisse u. Diskussion. A. Blaschette 182◇

0474 **Genaue Elektronenwellenfunktionen für das H_2-Molekül.** W. Kolos und C. C. J. Roothaan. (Rev. mod. Physics **32,** 219—32, 1960; engl.) — Vgl. vorst. Referate. A. Blaschette 182◇

0475 **Konfigurationswechselwirkung im Wasserstoff-Molekül. Der Grundzustand.** A. D. McLean, A. Weiss und M. Yoshimine. (Rev. mod. Physics **32,** 211—18, 1960; engl.) A. Blaschette 182◇

0476 **Kraftkurven für angeregte Elektronenzustände.** William L. Clinton und Walter C. Hamilton. (Rev. mod. Physics **32,** 422—25, 1960; Upton, N. Y., Brookhaven Nat. Labor., Chem. Dep.; engl.) — Im Rahmen der MO-Theorie erhaltene Formeln zur Berechnung von intramol. Kräften bei der Elektronenanregung u. der Ionisation werden auf O_2, O_2^+ u. *NO* angewendet. A. Blaschette 182◇

0477 **Energieniveaus von F_2 und F_2^+.** Katsunori Hijikata. (Rev. mod. Physics **32,** 445—46, 1960; Norman, Okla., Univ. of Oklahoma, Dep. of Phys.; engl.) — ASMO—CI-Berechnungen für zwei verschiedene Kernabstände u. drei verschiedene Kombinationen von effektiven Kernladungen. A. Blaschette 182◇

0478 **Verbesserte MO-Wellenfunktionen und Kernquadrupol-Kopplung in CO, N_2 und Li_2.** James W. Richardson. (Rev. mod. Physics **32,** 461—65, 1960; Lafayette, Ind., Purdue Univ., Dep. of Chem.; engl.) A. Blaschette 182◇

0479 **Über die Neuberechnung der Potentialkurven von J_2 und H_2 im Grundzustand.** Stanley Weissman, Joseph T. Vanderslice und Rubin Battino. (J. chem. Physics **39,** 2226—28, 1963; College Park, Md., Univ. of Maryland, Inst. for Mol. Phys.; Chicago, Ill., Illinois Inst. of Technol., Dep. of Chem.; engl.) — Unter Verw. spektroskop. Daten wurden die Potentialkurven von J_2 u. H_2 für den Grundzustand nach der Meth. von Rydberg, Klein u. Rees neu berechnet; die Werte sind tabelliert. G. Gattow 182◇

0480 **Kriterium zur Bestimmung der Reihenfolge der Bindungsstärken neutraler und positiv geladener Hydride.** R. E. Stanton. (J. chem. Physics **39,** 2368—73, 1963; Tarrytown, N. Y., Union Carbide Res. Inst.; Buffalo, N. Y., Canisius Coll., Dep. of Chem.; engl.) — Ausgehend vom Hellmann-Feynman-Theorem wird ein einfaches Kriterium zur Ermittlung der relativen Bindungsstärken isoelektron. Hydride entwickelt, bes. positiver Ionen der Formel $_{Z+1}MH_n^+$ (I) u. der entsprechenden neutralen Moll. $_ZMH_n$ (II) (Z = Ordnungszahl). Das für nachst. Paare **I/II** vorliegende experimentelle Material wurde zur Prüfung herangezogen: HF/OH^-, BeH^+/LiH, HJ^+/TeH, CH^+/BH, HBr^+/SeH, XeH^+/HJ, HCl^+/HS, KrH^+/HBr, OH^+/NH, NH^+/CH, ArH^+/HCl, NH_2^+/CH_2, H_2O^+/NH_2, H_2S^+/PH_2, H_2Se^+/AsH_2, NH_3^+/CH_3, H_3O^+/NH_3, NH_4^+/CH_4. Regeln: Bei Monohydriden ist die Bindungsstärke des Ions größer als die des neutralen Mol., wenn das Ionisationspotential des Atoms $_{Z+1}M < 13{,}6$ eV ist u. umgekehrt; bei Polyhydriden ist die Gesamtdissoziationsenergie des Ions fast immer größer als die des neutralen Moleküls. A. Blaschette 182◇

0481 **Das Perbromat-Problem.** D. S. Urch. (J. inorg. nuclear Chem. **25,** 771—78, 1963; London, Queen Mary Coll.; engl.) — Unter der Voraussetzung, daß chem. Bindung zwischen zwei Elementen auftritt, wenn Atomorbitale 1. der gleichen Symmetrieklasse angehören, 2. sich wirksam überlappen u. 3. die Orbitalenergien ähnlich sind, wird das Bindungsverhalten von Nichtmetallen der 2., 3. u. 4. Periode mit Sauerstoff diskutiert. Die Bldg. sehr stabiler tetraedr. Anionen SiO_4^{4-}, PO_4^{3-}, SO_4^{2-} u. ClO_4^- erklärt sich durch das Vorhandensein freier 3d-Orbitale am Zentralatom, die unter π-Bindung mit O reagieren können ($p\pi$ — $d\pi$-Bindung). Diese überkompensiert die Schwächung der aus sp^3-Hybridisierung hervorgehenden σ-Bindungen, die bei Zentralatomen mit großem s–p-Energieabstand auftritt. Bei den Ionen GeO_4^{4-}, AsO_4^{3-}, SeO_4^{2-} u. BrO_4^- nimmt die Stabilität der σ-Bindungen in gleicher Reihenfolge ab, ohne durch Zunahme der $4d\pi$–$2p\pi$-Bindungsanteile kompensiert zu werden, so daß das Perbromat-Ion nicht stabil ist. Die wachsende Tendenz zur Bldg. der Ionen XO_3^{n-} in der Reihe X = Si, P, S, Cl erklärt sich aus der wachsenden Tendenz zur Ausbildung von 3 starken σ-Bindungen u. der zunehmend festeren Bindung des freien Elektronenpaars am Zentralatom in einem s-A_1-Orbital. In der Reihe GeO_3^{4-}, AsO_3^{3-}, SeO_3^{2-}, BrO_3^- steigt der Einfl. der zusätzlich möglichen π-Bindungen in gleicher Reihenfolge. Da mindestens 3 starke kovalente Bindungen gebildet werden können, werden in allen Fällen die Ionen XO_2^{n-} u. XO^{n-} leicht oxydiert. Bei den analogen Elementen der 4. Periode scheinen 4f-Orbitale an Stelle der 5d-Orbitale zu π-Bindungen herangezogen zu werden.
P. Sartori 182◇

0482 **Zur Problematik der Schwefel–Schwefel-Bindung.** Max Schmidt. (Österr. Chemiker-Ztg. **64,** 236—46, 1963; Marburg/Lahn, Univ., Inst. für Anorg. Chem.; dt.) — Nach einem Überblick über verschiedene Synth. von Verbb. mit S–S-Bindungen u. über Abbaurkk. solcher Bindungen wird eine zur Deutung der experimentellen Befunde entwickelte qual. Bindungsvorstellung für S_x-Ketten zur Diskussion gestellt, die auf der Tendenz des S-Atoms zur Überschreitung der Achterschale u. der dadurch bewirkten Ausbildung von Mehrfachbindungen beruht. — 39 Literaturangaben. A. Blaschette 182◇

0483 **Bestimmung der Geometrie von Lithiumoxid, $Li_2O(g)$, durch elektrische Ablenkung.** Alfred Büchler, James L. Stauffer, William Klemperer und Lennard Wharton. (J. chem. Physics **39,** 2299—2303, 1963; Cambridge, Mass., Arthur D. Little, Inc.; Harvard Univ., Dep. of Chem.; engl.) — Ein konventionelles Massenspektrometer vom Inghram-Typ wurde für die Unters. der Polarität von bei hohen Temp. auftretenden Mol.-Arten durch Ablenkung im elektr. Feld (Quadrupollinse) abgeändert. Gasförmiges Li_2O wird im inhomogenen elektr. Feld nicht abgelenkt u. ist demnach prakt. unpolar (Dipolmoment < 0,2 D) mit einem Li–O–Li-Winkel von ca. 180° u. r(Li–O) = 1,55 Å. Daneben tritt in der Gasphase polares *LiO* in geringen Mengen auf (Dipolmoment ca. 6 D, analog dem LiF). Bei Verw. von Mo-Tiegeln ließ sich oberhalb 1150° auch Li_2MoO_4 in der Gasphase nachweisen. Entsprechende Unterss. mit Al_2O_3 zeigten, daß die gasförmige Species Al_2O ebenfalls unpolar ist, doch kann ihre lineare Struktur noch nicht als gesichert angesehen werden. A. Blaschette 182◇

0484 **Kraftkonstanten und thermodynamische Eigenschaften von Rheniumoxidchlorid und -oxidbromid.** M. Radhakrishnan. (J. Chim. physique Physico-Chim. biol. **60,** 1084—85, 1963; Annamalainagar, South India, Annamalai Univ., Dep. of Phys.; franz.) — Aus den bekannten Raman- u. IR-Daten wurden die Kraftkonst. für ReO_3Cl u. ReO_3Br nach der Wilsonschen Meth. berechnet u. daraus unter der Annahme starrer Rotatoren u. harmon. Oscillatoren die thermodynam. Funktionen $(H^0 - E_0^0)/T$, $-(F^0 - E_0^0)/T$, S^0 u. C_p^0 für Temp. zwischen 100° u. 1000 °K ermittelt.
B. Krebs 182◇

0485 **Gruppentheoretische Betrachtung der Überschneidung von Zeeman-Termen von Kristallionen.** S. A. Marshall, D. Sperber und E. A. Fagen. (Amer. J. Physics **31,** 847—53, 1963; Chicago, Ill., IIT Res. Inst., Phys. Div.; Pittsburgh, Pa., Univ. of Pittsburgh, Dep. of Phys.; engl.) — Es wird gezeigt, in welcher Art sich die Terme eines magnet. Ions in einem Kristall verändern, wenn ein zeitunabhängiges Magnetfeld am Ort des Kristalls herrscht. Die Diskussion beruht auf dem Theorem von v. Neumann und Wigner über die Nichtüberschneidung von Termen mit äquivalenten Transformationseigenschaften. Als Beispiel wird das Energieniveau-Schema eines Fe^{3+}-Ions im Korundgitter behandelt.
A. Blaschette 182◇

0486 **Zur Untersuchung der energetischen Spektren der Elektronen in einem Kristall.** 2. Mitt. W. A. Tschaldyschew und N. W. Kudrjawzewa. (Hochschulnachr. [Tomsk], Physik **1962,** Nr. 2, 104—07; Tomsk, Kuibyschew-Univ., Sibir. phys.-techn. Inst.; russ.) — 1. vgl. C. **1964,** 11-0474. — Für das Verhältnis zwischen den durch die räumliche Kristallsymmetrie bedingten Parametern des Dispersionsgesetzes wird eine allg. Berechnungsmeth. in Gleichungen für die einzelnen Matrizen entwickelt. Daraus lassen sich die möglichen Dispersionsgesetze in der Umgebung aller Punkte der Brillouin-Zone für alle Raumgruppen feststellen.
R. K. Müller 190◇

0487 **Zur Deformation der Elektronenwolken in einigen Ionenkristallen.** U. Korhonen und S. Vihinen. (Suomalaisen Tiedeakatemian Toimituksia [Ann. Acad. Sci. fenn.], Ser. A VI **1961,** Nr. 73, 1—8; engl.) — Aus den experimentellen Strukturfaktoren des *NaCl*-Kristalls ergibt sich in der Elektronenverteilung des Cl^- eine leichte Deformation, die von der kristallograph. Richtung abhängt. Außerdem erscheint Cl^- geringfügig verkleinert u. K^+ im selben Maße vergrößert. Die gleichen Verhältnisse zeigen sich bei der Elektronenverteilung von K^+ im trigonalen KNO_3-Kristall. G. Ruban 190◇

0488 **Die Untersuchung von Festkörpern bei hohen Drücken.** Roger Maury. (Nature—Sci. Progr. [Paris] **1963,** 441—50; franz.) — Übersicht über experimentelle Vorr. u. neuere Ergebnisse (Phasenumwandlungen, bes. *Diamant*-Synth.). A. Blaschette 190◇

0489 **Züchtung von Tellur-Einkristallen mit einer zur c-Achse senkrechten Ziehrichtung.** R. v. Kujawa. (Physica Status solidi [Berlin] **1,** Nr. 2, K 34—K 35, 1961; Berlin, Humboldt-Univ., Phys. Inst.; dt.) — Nach dem Czochralski-Verf. ergaben sich bei Ziehgeschw. von 3 u. 4,5 cm/h wohlausgebildete, abgeplattete Einkristalle, deren Größe bei passender Temp. nur noch durch die Abmessungen der App. begrenzt war. Die Korngrenzenbldg. war gemindert. Die Kristalle werden von zwei parallelen spiegelglatten Flächen begrenzt, die parallel zur c-Achse u. einer der Nebenachsen liegen. An den Schmalseiten kommt es nicht zur Ausbldg. von indizierten Kristallflächen. Das Größenverhältnis bei der Ausbldg. von Breit- u. Schmalseiten beträgt im Durchschnitt 2 : 1.
J. J. Pohl 190◇

0490 **Zum Eindringen von Eisenionen in Ammoniumnitratkristalle.** Je. W. Chamski und Je. G. Nasarowa. (J. angew. Chem. [UdSSR] **35,** 1206—09, 1962; Nowomoskowsk, Forsch.- u. Projektierungs-Inst. für die Stickstoffind. u. Prodd. organ. Synth.; russ.) — NH_4NO_3 wird aus $Fe(NO_3)_3$-haltiger Lsg. auskrist., wobei Fe in die Kristalle eindringt. Zur Entfernung von Eisenhydroxid werden die Kristalle abgesaugt u. in 60%ig. NH_4NO_3-Lsg. gegeben. Die im Kristall gefundene Fe-Menge steigt mit Zunahme der Kristallisationstemp. u. der Konz. an $Fe(NO_3)_3$ in der Lsg. u. fällt beim Rühren. Der Fe-Geh. im Kristall liegt im Bereich zwischen 0,04 u. 0,18%, wenn bis zu 15% $Fe(NO_3)_3$ in der Lsg. vorliegen.
R. Teichmann 190◇

0491 **Untersuchungen an den aus wäßriger Lithiumnitratlösung abgetrennten Kristallen.** G. Aravamudan und S. Ramaseshan. (Canad. J. Chem. **39,** 256—58, 1961; Bangalore, South India, Indian Inst. of Sci.; engl.) Das von Campbell u. Bailey (C. **1961,** 1493) isolierte u. durch Debye-Scherrer-Diagramm gesicherte $LiNO_3 \cdot 3H_2O$ (I) wurde von den Vff. aus gesätt. Lsg. bei −5° spontan in kleinen Kristallen ausgefällt. Aus 50%ig. $LiNO_3$-Lsg. bilden sich dagegen nach Animpfen bei konst. Temp. von + 25° schöne großflächige Krist. von 6 × 2 × 1,5 cm Größe. Bestimmt wurden die kristallograph. Daten: Orthorhomb., a = 6,82, b = 12,78 u. c = 6,05 Å; die Flächen a u. b sind gut entwickelt, während c nur in seltenen Fällen erkannt werden kann; $D_{flot.}$ 1,55; Z = 4. Lsgg. von I neigen stark zur Unterkühlung, so daß I-Kristalle bei > − 5° nur durch Impfen erhalten werden können. P. Nachtwey 190◇

0492 **Zur Realstruktur von CdS-Einkristallen.** W. Möhling und H. Thiel. (Ann. Physik [7] **7,** 381−86, 1961; Berlin, Dt. Akad. der Wiss., Phys.-Techn. Inst., Bereich elektron. Halbleiter; dt.) — Die Winkeldesorientierungen der Ebenen (01$\bar{1}$0) u. (0001) von 30 aus der Dampfphase gezüchteten CdS-Blättchen werden bestimmt, zeigen aber keinen Zusammenhang mit der Zahl u. Stärke der Rippen. Verschiedene Kristalle sind gekrümmt, wahrscheinlich infolge Bldg. überschüssiger Stufenversetzungen eines Vorzeichens während des Wachstums bzw. während der ersten Phase der Abkühlung. Das Aufkleben der Blättchenkristalle verspannt das Gitter im allg. beträchtlich. Ein eventueller Einfl. auf die Leitfähigkeit, selbst bei Beanspruchung bis zur Bruchgrenze, liegt unterhalb 1%. G. Ruban 190◇

0493 **Über die Existenz begrenzter fester Lösungen in amorphen Oxidhydrat-Mitfällungsprodukten.** Jacques Livage und Charles Mazières. (C. R. hebd. Séances Acad. Sci. **257,** 914−16, 1963; Paris, E.N.S.C.P., Labor. de Chim. minér.; franz.) — Am Beispiel des Syst. $Mg\cdot(OH)_2$–*Zirkoniumoxidaquat*, das differentialthermoanalyt. u. röntgenograph. untersucht wurde, wird gezeigt, daß bei den als Kopräzipitat anfallenden festen amorphen Phasen eine genau definierte begrenzte Löslichkeit der beiden Metall-Ionenarten besteht. Diese Erscheinung tritt wahrscheinlich auch in anderen hydroxid. Syst. auf. Sie zeigt, daß in den amorphen Phasen eine gewisse Ordnung vorhanden sein muß, durch die sich schon Eigg. der stabilen kristallinen Phase andeuten. B. Krebs 190◇

0494 **Wachstum von nahezu perfekten Fluorideinkristallen für optische Maser.** H. Guggenheim. (J. appl. Physics **34,** 2482−85, 1963; Murray Hill, N. J., Bell Telephone, Labor. Inc.; engl.) — Vf. beschreibt ein Verf. der Einkristallzüchtung, mit dem aus CaF_2, SrF_2, BaF_2, CdF_2, LaF_2, CeF_2, PrF_2, TbF_2, MgF_2, ZnF_2 sowie aus mit Seltenerdmetallen, Co bzw. Ni dotiertem CaF_2, SrF_2, LaF_2, ZnF_2 u. MgF_2 von opt. Verunreinigungen u. Spannungen freie Einkristalle hergestellt werden können, die als opt. Maser brauchbar sind. Durch Rk. der Chloride oder Oxide mit wasserfreiem HF werden die entsprechenden Fluoride hergestellt, die dicht unterhalb der FF. gesintert werden. Die Kristallzüchtung erfolgt in einem einseitig verjüngten Pt- oder Graphitgefäß im He-Strom von 1 atm, dem HF bis zu Partialdrücken von 0,1 atm zugesetzt sind. Das Zuchtgefäß wird mit 1−5 mm/h durch die Hochtemp.-Zone bewegt, wobei Temp.-Gradienten von 7−30°/cm auftreten. Die Einkristalle werden mit 25°/h auf Raumtemp. abgekühlt. Herbert Müller 190◇

0495 **Der Einfluß der Elektronenbestrahlung auf Kaliumchloridkristalle.** M. R. Tubbs und A. J. Forty. (Philos. Mag. [8] **7,** 709−14, 1962; Bristol, UK, Univ., Phys. Labor.; engl.) — Berichtet wird über die gleichzeitige Erzeugung u. Beobachtung von durch Elektronenstrahlen erzeugten Defekten in KCl-Einkristallen mit Hilfe des Elektronenmikroskopes. K. Jaeger 190◇

0496 **Sichtbarmachen von Versetzungen in Ferriteinkristallen mit hexagonaler Struktur.** I. A. Derjugin, W. N. Danilow und W. W. Danilow. (Festkörperphysik [UdSSR] **4,** 1364−66, 1962; Kiew, Univ.; russ.) — Durch Ätzen von (0001)-Flächen von *Magnetoplumbit* $PbFe_{12}O_{19}$ u. Fe_2O_3 mit reinem HF können Versetzungen der Einkristalle sichtbar gemacht werden. M. Wiedemann 190◇

0497 **Beobachtungen der Zersetzung von Bleijodid-Kristallen im Elektronenmikroskop.** A. J. Forty. (Philos. Mag. [8] **5,** 787−97, 8 Tafeln, 1960; Bristol, Univ., H. H. Wills Phys. Labor.; engl.) — Vgl. C. **1963,** 16462. — Aus der Lsg. gewachsene dünne PbJ_2-Kristalle werden im Durchstrahlungselektronenmikroskop untersucht. Die Kristalle sind im Elektronenstrahl hinreichend stabil, um Versetzungen sichtbar werden zu lassen, aber nach längeren Beobachtungszeiten bei hohen Strahlintensitäten erfolgt Zers., die sich stufenweise bis zur vollständigen Zers. fortpflanzt. Die Anfangs- u. Zwischenzustände sind von einem Klettern bereits existierender Versetzungen, der Bldg. neuer Versetzungen sowie von der Entstehung anderer Eigg. begleitet, die als Löcherbildungen im Kristall gedeutet werden können. Letztere lassen sich in gewissem Maße als Resultat der Bldg. von Leerstellen im Kristall als Folge der Bestrahlung mit Elektronen erklären. In der Endstufe zersetzen sich die Kristalle vollständig u. hinterlassen ein dichtes Aggregat von Kristalliten, wahrscheinlich metall. Pb; gleichzeitig wird wahrscheinlich gasförmiges J_2 abgegeben. Der Mechanismus dieser Endstufe der Zers. ist noch nicht lückenlos aufgeklärt. G. Ruban 190◇

0498 **Dynamische Theorie von Atomsprüngen in Kristallen.** Edgar Pearlstein. (Amer. J. Physics **31,** 842−47, 1963; Lincoln, Nebr., Univ. of Nebraska; engl.) — Die Sprungfrequenz eines in einem Kristall diffundierenden Atoms wird vom dynam. Standpunkt diskutiert, indem seine Bewegung als die Überlagerung vieler unabhängiger Sinuswellen (Gitterschwingungen) angesehen wird. A. Blaschette 190◇

0499 **Über die Messung der Selbstdiffusionskoeffizienten in Festkörpern durch Selbstabsorption von β-Strahlung in Proben endlicher Dicke.** Jean-Pierre Renouf, Pierre Fouilloux und Paul Bussière. (C. R. hebd. Séances Acad. Sci. **256,** 3290−91, 1963; Villeurbanne, Rhône, Inst. de Rech. sur la Catalyse; franz.) — Vff. untersuchen theoret. eine Vereinfachung der allg. Meth. von Krjukow u. Shuchowitzki (C. **1954,** 2980), die zur Unters. der Selbstdiffusion in Festkörpern verwendet werden kann, wenn eine Selbstabsorption von β-Strahlung vorliegt. Herbert Müller 190◇

0500 **Bestimmung des Absorptionskoeffizienten bei Diffusionsuntersuchungen in Metalloxiden.** W. I. Iswekow und N. Ss. Gorbunow. (Nachr. Akad. Wiss. UdSSR, Abt. chem. Wiss. **1963,** 450−54; Moskau, Inst. für phys. Chem. der Akad. der Wiss. der UdSSR; russ.) — Für die Best. des Diffusionskoeff. D mit Hilfe von radioakt. Indicatoren muß die Absorption μ der Strahlung im untersuchten Metalloxid bekannt sein. Für die Berechnung dieses Wertes leiten Vff. die empir. Formel $\mu = 99{,}2\,\varrho$ ab, in welcher ϱ die Dichte des Oxids in g/cm^3 bedeutet. — Bei der prakt. Anwendung der Meth. bei der Best. des D-Wertes von ^{59}Fe in TiO_2 (Tabletten von 10 mm ⌀, ca. 5 mm Stärke, gesintert 50 Std.) geht $D = 3{,}21\cdot10^2 \exp(-35500/RT)$ hervor. Dieser Wert stimmt gut mit dem bei der Analyse einzelner Schichten ermittelten Wert überein. J. Tůmová 190◇

0501 **Chemische Reaktionen in fester Phase und ihre röntgenographische Untersuchung.** Ryôiti Kiriyama. (Chem. and chem. Ind. [Kagaku to Kôgyô] **16,** 1103 bis 1111, 1963; Osaka-Daigaku, Sangyôkagaku-Kenkyûzyo; jap.) — Übersicht. — 7 Literaturangaben. E. Maekawa 190◇

0502 **Über die Möglichkeiten der Fluorsubstitution durch Sauerstoff in Apatit.** Józef Berak. (Chem. stosowana **5,** 565−73, 1961; Wroclaw, Kat. Chem. Nieorgan., Politechn., Kat. Chem. Wydzialu, Inzynier.-Ekonom. Wyższej Szkoly Ekonom.; pol.) — Untersucht wurde der Einfl. von SiO_2- u. $MgSiO_3$-Beimengungen auf das Syst. CaO–P_2O_5–CaF_2. Thermoanalyt., mkr. u. röntgenograph. wurde im Syst. CaO–$Ca_3(PO_4)_2$–CaF_2 das Gebiet Apatit-„Oxyapatit" untersucht. Es zeigte sich, daß F nicht durch O substituiert werden kann u. daß ein „Oxyapatit" nicht existiert. K. Jaeger 190◇

0503 **Beitrag zur kristallographischen Untersuchung von Zinkorthotitanat. Nachweis von Ordnung-Unordnungs-Umwandlungen.** Yves Billiet und Paul Poix. (Bull. Soc. chim. France **1963,** 477−79, Centre d'Orsay, Fac. des Sci. de Paris, Labor. de Chim. Min.; franz.) — Gemische von TiO_2 u. 2 ZnO werden nach dem Verf.

von Poix u. Michel (C. **1961,** 15673) bei 900° umgesetzt u. anschließend mehrere Tage bei 1200° gesintert. Nach Abschrecken auf Raumtemp., Abkühlung mit 2°/h bzw. erneutem Anlassen auf 600° werden die Proben röntgenograph. mit CuK_α-Strahlung untersucht. Durch Abschrecken bzw. erneutes Anlassen werden inverse kub. Spinellstrukturen mit der Gitter-Konst. a = 8,467 ± 0,002 Å erhalten, die sich lediglich in der Besetzung der Oktaeder- u. Tetraederplätze im O^{2-}-Gitter durch Ti^{4+} u. Zn^{2+} unterscheiden. Durch langsames Abkühlen wird eine inverse tetragonale Spinellstruktur mit a = 8,494 ± 0,003 (Å) u. c = 8,415 ± 0,003 erhalten, in der die Oktaederplätze mit Zn^{2+} u. Ti^{4+} im Verhältnis 1:1 besetzt sind. Herbert Müller 195◇

0504 **Germanatspinelle mit sechsfach koordiniertem Ge.** J. Dulac. (J. Physique Radium **23,** 872, 1962; Grenoble, Labor. d'Electrostat. et de Phys. du Métal; franz.) — Durch 24std. Sintern von Gemischen aus GeO_2, Li_2CO_3 u. Rh_2O_3 wird der Germanatspinell *Li[RhGe]O₄* (I) mit a = 8,38 Å, Z = 8 u. D_x = 5,55 g/cm³ hergestellt u. röntgenograph. mit CoK_α-Strahlung untersucht; die d-Werte u. Intensitäten sind tabellar. angegeben. Ge^{4+} u. Rh^{3+} besetzen in der Spinellstruktur Oktaederplätze, während Li^+ Tetraederplätze einnimmt. **I** ist mit Li · $[CrGe]O_4$ isomorph. Herbert Müller 195◇

0505 **Röntgenographische Untersuchung zweier Modifikationen des Bleiselenats.** B. A. Popowkin und Ju. P. Ssimanow. (J. anorg. Chem. [UdSSR] **7,** 1743—46, 1962; russ.) — Angaben der Auswertung von Pulveraufnahmen (Cu-K_α-Strahlung) von α-$PbSeO_4$ (**I**) u. β-$PbSeO_4$ (**II**). **I** krist. monoklin, a = 7,15; b = 7,40; c = 6,96 (alle ± 0,02) kX; β = 103° 21 ± 20′, $D_{\cdot exp.}$ = 6,36; $D_{\cdot R}$ = 6,49 g/cm³, Z = 4. **II** krist. rhomb. mit a = 8,575 ± 0,015; b = 5,62 ± 0,01; c = 7,115 ± 0,015 kX; $D_{\cdot exp.}$ = 6,59; $D_{\cdot R}$ = 6,78 g/cm³; Z = 4. Unter der Annahme, daß **I** u. **II** isotyp mit α- u. β-$PbCrO_4$ sind, ergeben sich P 2_1/n für **I** u. Pnma für **II**. $SrSeO_4$, das sehr ähnliche Röntgenogramme wie **I** gibt, krist. ebenfalls monoklin. D. Hoene 195◇

0506 **Über die Polymorphie von Verbindungen des TRNbTiO₆-Typs.** A. I. Komkow. (Ber. Akad. Wiss. UdSSR **148,** 1182—83, 1963; Allunions-Forsch.-Inst. für Geol.; russ.) — Bei der Hydrothermalsynth. im Bereich von 250—300° bilden sich aus äquivalenten Mengen der Oxide TR_2O_3, Nb_2O_5 u. $2TiO_2$ (TR = Seltenerdmetall) Verbb. vom Typ $TRNbTiO_6$. Die Verbb. krist. mit Z = 4 in D_{2h}^{16}–Pbnm u. sind isotyp mit den Mineralen der Aeschynit-Priorit-Gruppe. $GdNbTiO_6$, $TbNbTiO_6$, $DyNbTiO_6$, $ErNbTiO_6$, $TmNbTiO_6$, $YbNbTiO_6$ u. $LuNbTiO_6$ bilden bei Temp. von 750—900° eine α-Modifikation mit D_{2h}^{14}–Pcan u. Isotypie mit den Mineralen der Gruppe Euxenit–Polykras. Die Gitterkonst. der Hochtemp.-Modifikationen wurden aus Debye-Aufnahmen berechnet u. sind tabellar. angegeben. $LaNbTiO_6$, $CeNbTiO_6$, $PrNbTiO_6$, $NdNbTiO_6$, $SmNbTiO_6$ u. $EuNbTiO_6$ bilden auch bei Glühen um 1300° keine α-Modifikation. Bei 1300° zersetzt sich lediglich $EuNbTiO_6$ zu $EuNbTiO_4$ (isotyp mit dem monoklinen Fergusonit) u. zu TiO_2 (Rutil). Alle anderen Verbb. zeigen keinerlei Veränderungen in der chem. Zus. u. im Feinbau des Kristallgitters. Peter Krüger 195◇

0507 **Verfeinerung der Kristallstruktur von Kaliumperoxochromat nach der Methode der kleinsten Quadrate.** Rolf Stomberg. (Acta chem. scand. **17,** 1563—66, 1963; Göteborg, Sweden, Chalmers Univ. of Technol., Dep. of Inorg. Chem.; engl.) — K_3CrO_8 krist. in I $\bar{4}$2m mit a = 6,703 ± 0,003 u. c = 7,632 ± 0,003 Å, Z = 2. Im CrO_8^{3-}-Ion ist ein zentrales Cr(V)-Ion von vier Peroxogruppen umgeben, in denen der O–O-Abstand 1,47 ± 0,03 Å beträgt. Die einzelnen Peroxogruppen sind nicht symm. zum Cr(V) angeordnet; der Abstand Cr–O_I (1,87 ± 0,02 Å) ist merklich kürzer als Cr–O_{II} (1,97 ± 0,02 Å). A. Blaschette 195◇

0508 **Struktur von Se₂Fe₃(CO)₉ und Nachweis eines neuen Typs einer 7-Koordination um ein Metall.** Lawrence F. Dahl und Paul W. Sutton. (Inorg. Chem. [Washington] **2,** 1067—69, 1963; Madison, Wis., Univ. of Wisconsin, Dep. of Chem.; engl.) — Die Struktur von *Se₂Fe₃(CO)₉* (**I**) wurde röntgenograph. ermittelt. **I** krist. triklin mit a = 6,83; b = 9,22; c = 13,12 Å; α = 93°50′; β = 94°20′; γ = 110°40′ u. Z = 2 in P $\bar{1}$. R_1 = 13,5%. Das Mol. besteht aus einem $Se_2Fe_2(CO)_6$-Fragment mit idealisierter C_{2v}–2 mm-Symmetrie, das über zwei Fe–Se-Bindungen u. zwei Fe–Fe-Bindungen mit einer $Fe(CO)_3$-Gruppe verbunden ist. Das Se–Fe-Grundgerüst bildet eine leicht verzerrte Pyramide mit angenähert quadrat. Se–Fe–Se–Fe-Grundfläche u. mit dem Fe der $Fe(CO)_3$-Gruppe ($Fe_{(3)}$) als Spitze. Zusammen mit den an $Fe_{(3)}$ gebundenen drei CO-Gruppen ergibt sich also eine 7-Koordination um $Fe_{(3)}$ u. zwar in folgender erstmalig beobachteter Anordnung: Das Zentralatom (Fe) bildet die gemeinsame Spitze zweier umgekehrt aufeinanderstehender Pyramiden, u. zwar einer tetragonalen (Fe–Se–Fe–Se) u. einer trigonalen (CO–CO–CO); wird das Modell von oben betrachtet, steht eine CO-Gruppe über einem Se-Atom, d. h. das Molekül besitzt eine Symmetrieebene. Durch eine 45°-Drehung der tetragonalen Gruppe um die Mol.-Achse kann die Anordnung in die bei NbF_7^{2-} auftretende in Zusammenhang gebracht werden. Für **I** ermittelte Abstände: (Fehler ± 0,02 Å): Fe–Fe (bindend): 2,64—2,66; (nichtbindend): 3,51; Fe–Se: 2,34 bis 2,37; Se–Se (nichtbindend): 3,10; Fe–C u. C–O: als Durchschnittswerte 1,79 bzw. 1,14 Å (Fehler der Einzelwerte ± 0,030 bzw. 0,034 Å). B. Krebs 195◇

0509 **Gitterkonstanten und Raumgruppen der polymorphen Tief- und Hochtemperaturform von wasserfreiem Kobaltsulfat.** Carl W. F. T. Pistorius. (Acta crystallogr. [Copenhagen] **14,** 543—44, 1961; Los Angeles, Calif., Univ., Inst. of Geophys.; engl.) — $CoSO_4 \cdot 7H_2O$ wird bei 300° entwässert u. zeigt nach 2 Std. keinen Gew.-Verlust; Erhitzen des $CoSO_4$ auf 700° führt zur Bldg. der Hochtemperaturform. Beide Modifikationen werden bei 25° mittels Pulveraufnahmen untersucht (Fe_{K_α}-Strahlung, λ = 1,9373 Å, Mn-Filter). Die Tieftemp.-Modifikation ist rhomb. mit a = 5,191 (± 0,002 Å), b = 7,864, c = 6,516; wahrscheinlichste Raumgruppe D_{2h}^{17}–Cmcm, isotyp mit $NiSO_4$; $D_{\cdot exp.}^{25}$ 3,870, $D_{\cdot R}$ 3,791 g · cm⁻³, Z = 4. — Die Hochtemp.-Modifikation von $CoSO_4$ ist ebenfalls rhomb., a = 4,738 (± 0,002 Å), b = 8,603, c = 6,699, D_{2h}^{16}–Pbnm; $D_{\cdot exp.}^{25}$ 3,770, Z = 4; wahrscheinlich isotyp mit $ZnSO_4$ u. $CuSO_4$. G. Ruban 195◇

0510 **Kristallographische Eigenschaften von CuSO₄ · H₂O und ZnSO₄ · H₂O.** Carl W. F. T. Pistorius. (Acta crystallogr. [Copenhagen] **14,** 534, 1961; Pretoria, Council for Sci. and Ind. Res., Nat. Phys. Res. Labor.; engl.) — Vgl. vorst. Referat. — Die aus $CuSO_4 \cdot 5H_2O$ bzw. $ZnSO_4 \cdot 7H_2O$ durch therm. Entwässerung hergestellten Monohydrate werden röntgenograph. (Mo_{K_α}-Strahlung, λ = 1,7902 Å, Philips-Weitwinkeldiffraktometer) untersucht. Beide sind wahrscheinlich isotyp mit Kieserit, Raumgruppe C_{2h}^6 — A 2/a; Gitterkonstanten für $CuSO_4 \cdot H_2O$ (± 0,010 Å): a = 7,635; b = 7,426; c = 7,176; β = 116° 9′ ± 2′; $ZnSO_4 \cdot H_2O$ (± 0,008 Å): a = 7,566; b = 7,586; c = 6,954; β = 115° 56′. Die Indizierungen, relativen Intensitäten sowie die beobachteten u. berechneten Netzebenenabstände sind tabellar. aufgeführt. G. Ruban 195◇

0511 **Untersuchung einiger Verbindungen vom Typ NaFeO₂ und CuFeO₂.** A. Durif-Varambon und J. C. Joibert. (J. Physique Radium **23,** 871, 1962; Grenoble, Labor. d'Electrostat. et de Phys. du Métal; franz.) — Mit $NaFeO_2$ bzw. $CuFeO_2$ isomorph sind die in der Raumgruppe D_{3d}^5 — R$\bar{3}$m kristallisierenden Verbb. *Cu₂NiTiO₄*, mit a = 3,01 (Å), c = 17,25 u. $D_{\cdot R}$ = 5,48 (g/cm³), *Cu₂NiSnO₄* mit a = 3,12, c = 17,30 u. $D_{\cdot R}$ = 5,75, *Na₂NiTiO₄* mit a = 3,00, c = 16,05 u. $D_{\cdot R}$ = 4,29 bzw. *Na₂NiSnO₄* mit a = 3,10, c = 16,11 u. $D_{\cdot R}$ = 4,75. Herbert Müller 195◇

0512 **2.2′-Bis-[salicylidenamino]-diphenylato-kupfer(II).** Keiji Nakamura. (Sci. Pap. Inst. physic. chem. Res. [Tokyo] **57,** 103—04, 1963; engl.) — Lions u. Martin (C. **1957,** 11247) schlossen auf eine tetraedr. Struktur der Verbindung. Vf. nimmt auf Grund des Abstandes der beiden N-Atome u. der van der Waalsschen Gruppenradien an, daß dieses Chelat eine quadrat.-ebene Struktur hat. Strukturparameter: a = 17,2 ± 0,05, b = 13,2 ± 0,1, c = 18,7 ± 0,05 Å; Z = 8; D_{exp} 1,42, D_R 1,42 g · cm^{-3}; D_{2h}^6 – Pnna. J. J. Pohl 195◇

0513 **Einige kristallchemische Besonderheiten von Phosphiden.** G. W. Samsonow. (J. Strukturchemie [UdSSR] **4**, 395–404, 1963; Kiew, Inst. für Metallkeramik u. Spezial-Legg. der Akad. der Wiss. der UkrainSSR; russ.) – In einem Fortschrittsbericht werden vom Vf. Unterss. über Kristallstrukturen von Phosphid-Phasen aus der Literatur zusammengefaßt u. eine vorläufige Struktur-Klassifizierung der Übergangsmetall-Phosphide vorgeschlagen. Die Analyse aller Daten von physikal. u. therm. Eigg. der Metall- u. Übergangsmetall-Phosphide ergibt, daß durch Größe u. Charakter der Änderung dieser Eigg. auf die Elektronendichteverteilung in Phosphidkristallen geschlossen werden kann. Tabellar. Angabe der Bldg.-Wärmen von Na_3P, Cu_3P, CuP_2, AgP_2, AgP_3, Au_2P_3, Mg_3P_2, Ca_3P_2, Zn_3P_2, Cd_3P_2, BP, AlP, SiP, GeP, TiP, Fe_3P, Fe_2P, FeP, FeP_2, Co_2P, CoP, CoP_3, Ni_3P, Ni_5P_2 ($Ni_{12}P_5$), Ni_2P, NiP_2 u. NiP_3 an Hand von 26 Literaturangaben. W.-D. Heußner 195◇

0514 **Zur Struktur dünner, bei tiefer Temperatur kondensierter Salzschichten. 4. Mitt. Die Systeme KCl/TlCl und RbCl/TlCl.** Horst Mittendorf. (Z. Physik **163**, 321 bis 338, 1961; Göttingen, Univ., I. Phys. Inst.; dt.) – 3. vgl. C. **1960**, 10504. – Dünne Filme aus KCl/TlCl bzw. RbCl/TlCl werden bei tiefer Temp. auf Substraten kondensiert (Abschreckkondensation); sofort anschließend u. während des Anlassens werden die Filme mit Debye-Scherrer-Aufnahmen untersucht. Nach Kondensation bei 20°K erscheinen die Filme hochgradig fehlgeordnet, unter Umständen sogar amorph. Bei hoher TlCl-Konz. tritt der CsCl-Typ auf, mit wachsender KCl- u. RbCl-Konz. dagegen der NaCl-Typ. Die Diagramme der eingefrorenen Zustände der kondensierten Filme werden mit den üblichen Gleichgewichtsdiagrammen der bin. Systeme verglichen. G. Ruban 196◇

0515 **Untersuchung des Elektronenbeschusses von dünnen Schichten.** G. B. Gilbert, T. O. Poehler und C. F. Miller. (J. appl. Physics **32**, 1597–1600, 1961; Baltimore, Md., Johns Hopkins Univ., Dep. of Electr. Engng.; engl.) – Auf polierte Glasträger werden bei < 10^{-4} Torr *Ge-*, *In-* bzw. *Bi*-Schichten aufgedampft. Die amorphen Schichten werden mit 50-kV-Elektronen beschossen, wobei der Elektronenstrahl in einer Richtung mit ca. 1 μs ausgelenkt u. die bestrahlte Zone mit einer Geschw. von 1–10 cm/s in die andere Richtung gezogen wird. Durch den Elektronenbeschuß werden in den Schichten Temp. erreicht, die jeweils der halben Schmelz-Temp. entsprechen. Die mit dem Verf. der Zonenrekristallisation erhaltenen Strukturänderungen werden mikrograph. beobachtet. Das Verf. liefert polykristalline Schichten mit beträchtlicher Korngröße u. mechan. Spannungen in den Kristalliten. Herbert Müller 196◇

0516 **Einkristalline Zinnfilme.** Richard W. Vook. (J. appl. Physics **32**, 1557–61, 1961; Yorktown Heights, N. Y., IBM Corp.; engl.) – Vgl. C. **1963**, 21850. – Auf polierte, bei 500° getemperte (001)-Spaltflächen von NaCl werden bei 10^{-8}–10^{-7} Torr mit Aufdampfgeschw. von ca. 50 Å/s 1000–3600 Å dicke Sn-Schichten aufgedampft. Die Träger-Temp. T wird während des Aufdampfens bei 77 bzw. 273°K gehalten. Die Schichten werden nach Erwärmung auf Raumtemp. an Luft gebracht u. elektronenmkr. u. mit Hilfe der Elektronenbeugung untersucht. Für T = 77°K u. kurze, aufeinanderfolgende Aufdampfzeiten t werden einkristalline Schichten erhalten, während bei T = 273°K u. t > 10 s polykristalline Schichten entstehen, die nach (100) orientiert sind. In allen polykristallinen Schichten wird unter dem Einfl. des Elektronenbeschusses im Elektronenmikroskop ein Kornwachstum beobachtet. Die Bedingungen für das Kristallwachstum in den Aufdampfschichten werden diskutiert. Herbert Müller 196◇

0517 **Selektiver Angriff von Eisenoxidschichten.** Pierre Haymann und Christiane Waldburger. (C. R. hebd. Séances Acad. Sci. **256**, 3280–82, 1963; Bellevue, S.-et-O., C.N.R.S., Labor. de Rayons X; franz.) – Elektrolyt. polierte Schichten eines Kristalls aus Elektrolyt-Fe werden bei 20–960° mit 10-keV-Ar^+-Ionen beschossen u. die während des Beschusses gebildeten Oxidschichten elektronenmkr. untersucht. Oberhalb 570° wird die Bldg. von FeO beobachtet, das epitakt. aufwächst. Die Dicke des FeO nimmt mit steigender Temp. ab, u. gleichzeitig verringert sich der Einfl. des selektiven Angriffs. Herbert Müller 196◇

0518 **Über eine „anomale" Verdampfung von dünnen metallischen Blättchen.** Henri Martina, Lynn Merritt jun., Dong Hokim und Pierre Haymann. (C. R. hebd. Séances Acad. Sci. **257**, 1849–52, 1963; franz.) – Vgl. vorst. Referat. – Zwischen Korundplatten werden ca. 2000 Å dicke, gewalzte Blättchen aus *Pt*, *Au*, *Ag* bzw. *Cu* gebracht u. bei 5 · 10^{-5} Torr mit Hilfe von Graphitringen auf Temp. zwischen 400 u. 850° erhitzt. Von den Blättchen werden Gew.-Verlust sowie elektronenmkr. die Struktur untersucht. Bei gegebener Temp. erfolgt die Verdampfung 10^5mal rascher als theoret. berechnet wird, während an Aufdampfschichten derselben Metalle die theoret. Verdampfungsgeschw. beobachtet werden. Der Einfl. von Struktur, Oberflächenzustand u. Trägermaterial auf die Verdampfungsgeschw. wird diskutiert. Herbert Müller 196◇

0519 **Bildungsgeschwindigkeit und Struktur von dünnen Silberschichten.** Roger Philip. (J. Physique Radium **24**, 120–22, 1963; Marseille, Fac. des Sci., Labor. de Phys.; franz.) – Während der Bldg. dünner metall. Aufdampfschichten werden die zunächst abgeschiedenen ellipsoiden Inseln mit steigender Dicke flacher; einen bes. starken Einfl. auf den Schichtaufbau zeigt die Aufdampfgeschwindigkeit. Unter Berücksichtigung von opt. Messungen an 12–140 Å dicken Ag-Schichten bei Wellenlängen von 300–1000 nm werden Bldg. u. Struktur der Schichten mit der Theorie von David [1939] gedeutet. Herbert Müller 196◇

0520 **Fehler in durch Aufdampfen des Metalls auf Glimmer erzeugten Silberfilmen.** J. W. Matthews. (Philos. Mag. [8] **7**, 915–32, 1962; Johannesburg, Univ. of the Witwatersrand; engl.) – Auf 0,1–0,2 mm dicke Plättchen von *Muskovit*-Glimmer (**I**) mit Temp. von 280 ± 15° werden bei < 10^{-4} Torr mit Aufdampfgeschw. von 20 Å/s 50–1500 Å dicke Ag-Schichten aufgedampft. Nach Abkühlung auf Raumtemp. wird so viel **I** abgespalten, daß die Schichten im Elektronenmikroskop durchstrahlt werden können. Die Ag-Schichten, deren (111)-Ebene parallel zur Trägerfläche liegt, enthalten Versetzungen, ebene, gebogene u. tetraedr. Stapelfehler sowie Verzwilligungen mit der Zwillingsebene parallel zu (111). Die seitlichen Begrenzungen der Verzwilligungen sind parallel zu {211}. Die Mechanismen der Fehler-Bldg. während des Schichtwachstums werden diskutiert. Herbert Müller 196◇

0521 **Über den Verlust von Versetzungen während der Herstellung eines dünnen Films.** R. K. Ham. (Philos. Mag. [8] **7**, 1177–82, 1962; Melbourne, Univ., CSIRO, Div. of Tribophys.; engl.) – Vgl. C. **1963**, 9608. – Streifen einer *Al-Leg.* mit 0,5 Atom-% *Ag* werden nach dem Homogenisieren von 77°K auf Raumtemp. gebracht, um 18 bzw. 45% ausgewalzt u. erneut auf 77°K abgekühlt. Die Dicke einer Streifenhälfte wird sofort nach Erwärmung auf Raumtemp. elektrolyt. auf 1000–5000 Å vermindert u. die Struktur mikrograph. untersucht. Der andere Teil des Streifens wird 1 Woche lang bei 100° gealtert u. nach elektrolyt. Abtragung ebenfalls mikrograph. untersucht. In der verformten Leg. werden während oder kurz nach der Film-Herst. mindestens 60% der gebildeten Versetzungen abgebaut. Der Mechanismus des Abbaus wird diskutiert. Herbert Müller 196◇

0522 **Über die Polymorphie von Gallium bei Atmosphärendruck.** L. Bosio, A. Defrain und I. Epelboin. (J. physique Radium **23**, 877–79, 1962; Paris, Sorbonne, C.N.R.S., Labor. de Phys.; E.S.P.C., Labor. de Chim. Phys.; franz.) – Ga krist. in den orthorhomb. Phasen Ga I bzw. Ga II mit den Raumgruppen D_{2h}^{18} bzw. D_{2h}^{17}. In Mengen von ca. 1 g krist. fl. Ga bei –43° als Ga I. Keimbldg. von Ga II erfolgt nur in Ggw. von Pb, da Ga II unter diesen Bedingungen unterhalb –23° instabil ist. In 400 μ großen Ga-Tröpfchen setzt bei –60° Kristallisation zu Ga II ein, das sich bei — 130° in Ga I umwandelt. Noch kleinere Tröpfchen von fl. Ga kristallisieren offenbar bei — 60°, u. die feste Phase wandelt sich zwischen — 85 u. — 110° in Ga II um.

Herbert Müller 197◇

0523 **Mikrodifferentialthermoanalytische Untersuchungen zweier bei Atmosphärendruck instabiler fester Phasen von Gallium.** Louis Bosio und André Defrain. (C. R. hebd. Séances Acad. Sci. **257**, 901—03, 1963; franz.) — Vgl. vorst. Referat. — Es wird eine App. beschrieben, in der die Kristallisation sehr kleiner Metalltröpfchen differentialthermoanalyt. u. röntgenograph. untersucht werden kann. Mit dieser Anordnung wurde die Kristallisation des Ga untersucht, wobei das fl. Metall zunächst in einer gesätt. alkohol. Na-Oleat-Lsg. emulgiert wurde. Tröpfchen von über 0,3 mm ⌀ erstarrten zwischen — 65 u. — 105° in der Hochdruckmodifikation Ga II. Bes. bei sehr kleinen Tropfen trat jedoch eine neue, bei — 35,6 $\pm$ 0,3° schmelzende feste Phase auf, die röntgenograph. identifiziert u. deren F. durch das DTA-Diagramm ermittelt wurde. Die neue Phase ist bei Atmosphärendruck nicht stabil. Sie ist wahrscheinlich ident. mit der von Jayaraman u. Mitarbeitern aufgefundenen neuen Hochdruckmodifikation Ga III (vgl. C. **1963**, 17987).

B. Krebs 197◇

0524 **Über die Wertigkeiten der Allotropen von Cer.** K. A. Gschneidner jun. und R. Smoluchowski. (J. less-common Metals [Amsterdam] **5**, 374—85, 1963; Los Alamos, N. Mex., Univ. of California, Los Alamos Sci. Labor.; Princeton, N. J., Princeton Univ.; engl.) — Zur Unters. der metall. Valenzen der α-, β- u. γ-Phase u. α–γ-Zwischenphase von Ce werden die Bindungslängen u. Werte der magnet. Susceptibilität herangezogen. Bei Raumtemp. u. normalem Druck haben β- u. γ-Ce eine „Wertigkeit" von 3,06 $\pm$ 0,06, die Wertigkeit von α-Ce ist druck- u. temperaturabhängig u. beträgt 3,67 $\pm$ 0,09 bei 116°K u. 1 atm, am krit. Punkt $\alpha \rightleftharpoons \gamma$ 3,26. Für die Zwischenphase wird 3,20 gefunden. Der von anderer Seite früher angenommene „vierwertige" Zustand von metall. Ce konnte nicht festgestellt werden. Ein Modell zur qual. Erklärung der Beobachtungen wird vorgeschlagen.

H. Roschkowski 197◇

0525 **Ausheilen von Zwillingsbildungen und Baufehlern in Niob.** R. L. Segall. (Acta metallurg. [New York] **9**, 975—76, 1961; Cambridge, UK, Cavendish Labor., Crystallograph. Labor.; engl.) — Beobachtet wurden in Nb Zwillingsbildungen mit der Zwillingsachse in [031] u. den inkohärenten Begrenzungen in {521}, {013} u. {121} sowie Baufehler, die neben {211} hauptsächlich in {310} lagen. Ferner wurde das Ausheilen der Gitterfehler bei 600° im Vakuum verfolgt.

K. Jaeger 197◇

0526 **Eine mögliche Verifikation der Unschärfe von Versetzungen bei Anwendung auf die Erzeugung von Punktfehlern.** H. R. Peiffer. (Acta metallurg. [New York] **11**, 435—38, 1963; Baltimore, Md., RIAS, Div. of Matin Marietta; engl.) — Wie gezeigt wird, ist bei kaltverformtem Cu die Widerstandszunahme infolge von Punktfehlern proportional der Widerstandszunahme infolge linearer Fehler. Innerhalb der Grenzen gewisser Annahmen verifizieren diese Experimente das Prinzip der Unbestimmtheit der Versetzungsachsen in seiner Anwendung auf die Erzeugung von Punktfehlern. Andere mögliche Deutungen werden vorgetragen.

W. Pump 197◇

0527 **Zur thermischen Modellierung von Kupfer- und Silberkristallen.** W. Stössel. (Acta metallurg. [New York] **9**, 522—24, 1961; Darmstadt, TH, Phys. Inst.; dt.) — Kugelförmige Cu-Einkristalle werden während des langsamen Abkühlens (von 960° auf 20° in 111 Min.) mkr. untersucht, wobei Oberflächenmodellierungen (kreisförmige Stufenprofile) beobachtet werden. Vf. zeigt, daß diese Stufen mit einer kohärenten Vorausscheidung von O aus dem übersätt. Mischkristall (Cu mit einigen 10^{-3} Gew.-% O) im Zusammenhang stehen könnten, u. diskutiert analoge Beobachtungen anderer Autoren an Ag u. Ni–Cr-Legierungen.

G. Ruban 197◇

0528 **Wachstum von für Elektronen transparenten Silberplättchen.** T. H. Alden. (Philos. Mag. [8] **7**, 1435—36, 1962; Schenectady, N. Y., Gen. Electric Co., Metallurg. and Ceram. Res. Dep.; engl.) — Wss., 0,1 m $Fe(ClO_4)_2$- u. 0,2 m $AgClO_4$-Lsgg. werden, durch einen Filtrierpapierbecher getrennt, in Kontakt gebracht. An der Kontaktfläche wird Ag^+ red. u. das Wachstum von ca. 2 mm langen Ag-Plättchen beobachtet, die für 100-kV-Elektronen transparent sind. Die Kristalle wachsen in [$2\bar{1}\bar{1}$]-Richtung u. weisen (111) als Wachstumsebene auf. In den Kristallen können elektronenmkr. Bldg., Wanderung u. Wechselwrkg. von Versetzungen beobachtet werden.

Herbert Müller 197◇

0529 **Röntgenographische Untersuchung der Verzerrung des Kristallgitters von bei niedriger Temperatur verformten Metallen.** W. R. Golik, G. A. Ssirenko und W. I. Chotkewitsch. (Metallphysik u. Metallkunde [UdSSR] **8**, 235—39, 1959; Charkow, Univ., Inst. für Metallkunde; russ.) — Vff. untersuchten röntgenograph. die Mikroverformung u. die Größe der Bereiche der kohärenten Streuung in *Fe*, *Al* u. *Pb*, die bei Timmertemp. u. bei 77°K verformt wurden. Es wird gezeigt, daß die stärkste Ansammlung der Mikroverformungen u. die Verkleinerung der Gebiete der kohärenten Streuung zu Beginn der Verformung stattfinden. Zu den gleichen Erscheinungen führt eine Erniedrigung der Verformungstemperatur. Die entstehenden Mikrospannungen werden mit der bei entsprechender Temp. ermittelten Fließgrenze verglichen.

G. Rudakoff 197□

0530 **Röntgenographische Untersuchung der Temperaturabhängigkeit von Verzerrungen des Kristallgitters von Metallen.** G. A. Ssirenko und W. I. Chotkewitsch. (Metallphysik u. Metallkunde [UdSSR] **8**, 700—04, 1959; russ.) — Vgl. vorst. Referat. — Nach der Meth. der harmon. Analyse wurde die mittlere lineare Abmessung der Bereiche der kohärenten Streuung u. die Mikrospannung in *Al* u. *Pb*, die im Temp.-Intervall 90—293°K plast. verformt wurden, untersucht. Es wird gezeigt, daß mit der Veränderung der Verformungs-Temp. die Bereiche der kohärenten Streuung sich so verändern, daß a) für jede Verformungsstufe eine gewisse Grenztemp. existiert, oberhalb deren keine Verkleinerung der Gebiete der kohärenten Streuung beobachtet wird; b) diese Temp. um so höher liegt, je geringer der Verformungsgrad ist und umgekehrt. Analog wurden auch die Restmikrospannungen des Gitters mit der Verformungs-Temp. in Zusammenhang gebracht. Einer jeden Verformungs-Temp. entspricht eine bestimmte Grenzverformung; bei stärkerer Verformung werden keine Restmikrospannungen beobachtet.

G. Rudakoff 197□

0531 **Die Erzeugung von Zwischengitter-Punktdefekten durch Beschuß mit Ionen niedriger Energie.** P. Bowden und D. G. Brandon. (J. nuclear Mater. [Amsterdam] **9**, 348—54, 1963; Cambridge, Univ., Metallurg. Dep.; engl.) — Dünne Folien aus *Au*, *Cu* u. *Ni* wurden mit 100 eV Ar^+-Ionen bei senkrechtem Einfall auf eine Oberfläche beschossen. Die Proben wurden danach elektronenmkr. untersucht. Es treten durch Anhäufung von Zwischengitterpunktdefekten gebildete Versetzungsringe auf, deren Bldg.-Mechanismus behandelt wird.

H. Roschkowski 197◇

0532 **Besonderheiten der Diffusionsfortpflanzung der Phasengrenzfläche in kompliziert legierten Legierungen.** A. A. Popow. (Metallphysik u. Metallkunde [UdSSR] **6**, 643—49, 1958; Uraler polytechn. Kirow-Inst.; russ.) — Ausgehend vom Zweikomponentensyst. wird die Phasenfortpflanzung bei Phasenumwandlungen bei Mehrkomponentensyst. theoret. untersucht u. die Ergebnisse auf die $\alpha \rightleftharpoons \gamma$-Umwandlung bei legiertem Stahl übertragen. — Es wird gezeigt, daß eine bedeutende Rolle die Zus. der anliegenden Grenzgebiete bei den Phasengrenzen spielt. Die Zus. wird durch das Gleichgew.-Diagramm sowie durch Diffusionsvorgänge bestimmt. Die Diffusion (Größe u. Richtung) verschiedener Elemente kann durch einzelne Vektoren dargestellt werden; diese folgen der Richtung der Konode, die die Grenzgebiete der Phasen mit den verschobenen Phasengrenzen verbindet.

J. Tůmová 197◇

0533 **Verteilungskoeffizient von Zinn in Antimonselenid.** Sch. Mowlanow und A. A. Kulijew. (Ber. Akad. Wiss.

AserbaidshanSSR **17,** 275—78, 1961; Physikal. Inst. der Akad. der Wiss. der AserbaidshanSSR; russ., Auszug: aserbaidshan.) — Durch Mischung stöchiometr. Mengen Sb u. Se wird bei Temp. zwischen 650 u. 900° Sb_2Se_3 dargestellt, dessen Reinheit durch Leitfähigkeitsmessungen kontrolliert wird. Zusätze bis 0,004% ^{113}Sn im Sn werden bei 700° während 35 Std. zur Messung der Diffusion im Sb_2Se_3 verwendet u. die Verteilung nach 1, 3, 6 u. 10 Zonenschmelzdurchgängen bei einer Zonenbreite von 7 mm u. bei 10 mm/h Schmelzvorschub gemessen. Aus der Änderung der Impulsrate läßt sich graph. ein Verteilungskoeff. K = 0,8 u. damit ein effektiver Diffusionskoeff. für Sn in Sb_2Se_3 zu D = 1,56 · 10^{-3} cm²/s bestimmen. W.-D. Heußner 197□

0534 **Röntgenographische Untersuchung von Gallium- und Indiumantimoniden.** G. W. Osolinsch, G. K. Awerkijewa, N. A. Gorjunowa und A. F. Ijewinsch. (Kristallographie [UdSSR] **8,** 272, 1963; Akad. der Wiss. der LettSSR, Chem. Inst. u. Akad. der Wiss. der UdSSR, Physikotechn. Inst.; russ.) — Bei 25° beträgt die Gitter-Konst. für GaSb a = (6,09612 ± 0,00009) Å u. für InSb a = (6,47962 ± 0,00012) Å. Diese Werte sind prakt. unabhängig von Ga-, In- oder Sb-Überschüssen. K. Jaeger 197◇

0535 **Zur Struktur der Ätzfiguren auf Wismutselenideinkristallen.** B. Kołakowski. (Acta physica polon. **20,** 103—17, 1961; Warsaw, Pol. Acad. of Sci., Inst. of Phys.; engl.) — Untersucht wurde das Ätz-Verh. der (0001)-Oberfläche von p-Bi_2Se_3 (8 · 10^{18}—2 · 10^{19} Defektelektronen/cm³). Die Zus. der geeignetsten Ätz-Lsg. war HNO_3 : HCl : A. = 2 : 1 : 1, Br_2 u. J_2 bis zur Sättigung eingeleitet. Ein Modell zur Deutung der beobachteten Ätzfiguren wird diskutiert. K. Jaeger 197◇

0536 **Diffusion und Löslichkeit von Cadmium in Wismuttellurid.** B. I. Boltakss und N. A. Fedorowitsch. (Festkörperphysik [UdSSR] **5,** 944—46, 1963; Leningrad, Inst. für Halbleiter der Akad. der Wiss. der UdSSR; russ.) — Der Diffusionskoeff. von Cd in Bi_2Te_3-Einkristallen im Temp.-Gebiet zwischen 350—530° wurde mit Hilfe von ^{115}Cd, Abheben dünner Schichten u. Best. von deren Aktivität ermittelt. Der Diffusionskoeff. zeigt eine bedeutende Anisotropie (C-Achse) u. ergibt Werte von $D_{\parallel} = 4{,}8 \cdot 10^{-3} \exp(-0{,}48/kT)$ cm²/s u. $D_{\perp} = 10^2 \exp(-1{,}8/kT)$ cm²/s (Aktivierungsenergien in eV). Die gleichzeitig bestimmte Löslichkeit von Cd in Bi_2Te_3 beträgt im untersuchten Temperaturgebiet 2 · 10^{18} bis 6 · 10^{18} (Atome/cm³), wobei das Maximum von 6 · 10^{18} bei 400° erreicht wird. J. Tůmová 197◇

0537 **Zn/Tl-Phasendiagramm bei sehr niedrigen Thalliumkonzentrationen.** E. H. McLaren und F. Weinberg. (Canad. J. Physics **39,** 588—95, 2 Tafeln, 1961; Ottawa, Can., Nat. Res. Council, Appl. Phys. Div.; Dep. of Mines and Techn. Surv., Phys. Metallurg. Div., Mines Branch; engl.) — Die Liquiduskurve Zn—Tl wird sehr genau bestimmt, u. zwar vom reinen Zn (419,505°) bis zur monotekt. Übergangs-Temp. (416,926° bei 0,42 At.-% Tl) mit Hilfe von Präzisions-Widerstandsthermometern. Die obere Soliduslinie wird angenähert aus Messungen des Verteilungs-Koeff. (ca. 0,01) u. der Grenze der festen Löslichkeit von Tl in Zn (ca. 0,004 At.-% Tl) ermittelt. Aus der Gefrierpunktsdepression errechnet sich die latente Schmelzwärme von reinem Zn zu 1,53 ± 0,1 kcal/Mol. G. Ruban 197◇

0538 **Untersuchungen in den Systemen Tantal–Aluminium–Silicium und Wolfram–Aluminium–Silicium.** H. Nowotny, C. Brukl und F. Benesovsky. (Mh. Chem. **92,** 116—27, 1961; Wien, Univ., Inst. für Phys. Chem.; Reutte/Tirol, Metallwerke Plansee A.G; dt.) — Der Aufbau von Ta–Al–Si-Legg. wird im Gebiet von 20—80 (At.-%) Si u. 10—75 Al ermittelt. Im bin. Syst. Ta–Al wird die Phase $TaAl_3$ bestätigt, eine weitere nicht näher identifizierte Kristallart mit 33—50 Ta sowie eine σ-Phase mit einem breiten homogenen Bereich (ca. 64 bis 80 Ta) festgestellt. In den Phasen $TaSi_2$ u. Ta_5Si_3 (T 2) läßt sich Si in erheblichem Maße durch Al ersetzen. In dem untersuchten Teil des Dreistoffs besteht keine tern. Phase. Die Aufteilung der Phasenfelder bei W–Al–Si-Legg. im Gebiet bis 70 Si u. 79 Al ist wie beim analogen Mo-System durch die Ggw. der tern. Mischphase W. $(Si_{0,7-0,3}Al_{0,3-0,7})_2$ vom Typ C 40 gek.; in WSi_2 vom Typ C 11 wird Si durch Al bis ca. W. $(Si_{0,8}Al_{0,2})_2$ substituiert. Dagegen beobachtet man fast keinen Austausch Si/Al in W_5Si_3. G. Ruban 197◇

0539 **Der Dreistoff: Niob–Aluminium–Silicium.** Vorl. Mitt. H. Nowotny, F. Benesovsky und C. Brukl. (Mh. Chem. **92,** 193—96, 1961; dt.) — Vgl. vorst. Referat. — Unterss. im Syst. Nb–Al–Si zeigen, daß nach einem schmalen heterogenen Bereich eine tern. Kristallart $Nb(Si, Al)_2$ mit $TiSi_2$-Struktur (Typ C 54) auftritt. Daneben erfolgt im Typ C 40 eine Substitution Si/Al bis ca. 0,2, wobei die Gitterparameter von a = 4,78₇ u. c = 6,58 kX auf a = 4,80 u. c = 6,63 kX (Probe mit 33 [At.-%] Nb, 10 Al u. 57 Si) anwachsen. G. Ruban 197◇

0540 **Die Kristallstruktur von $HfBe_2$, $HfBe_{13}$ und HfBeSi; Teilsysteme: $MeBe_2$–MeB_2–$MeSi_2$ (Me = Zr, Hf).** E. Rudy, F. Benesovsky, H. Nowotny und L. E. Toth. (Mh. Chem. **92,** 692—700, 1961; dt.) — Vgl. vorst. Referate. — Legg. im Zweistoff Hf–Be sowie auf den Schnitten $HfBe_2$–$HfSi_2$, $ZrBe_2$–$ZrSi_2$, $ZrBe_2$–ZrB_2, $HfBe_2$–HfB_2, $ZrSi_2$–ZrB_2 u. $HfSi_2$–HfB_2 wurden an Hand durchgesinterter Proben röntgenograph. untersucht. $HfBe_2$ krist. im AlB_2-Typ mit a = 3,788 u. c = 3,168 Å. $HfBe_{13}$ ist mit $NaZn_{13}$ isotyp, a = 10,010 Å. Auf dem Schnitt $HfBe_2$–$HfSi_2$ liegt eine tern. Phase HfBeSi, die mit $HfSi_2$ bzw. HfSi u. $HfBe_2$ im Gleichgewicht steht; HfSiBe besitzt eine aufgefüllte NiAs-Struktur mit a = 3,693 u. c = 7,135 Å. $HfBe_2$ vermag kein Si bzw. $HfSi_2$ zu lösen. Die Kristallarten ZrSiBe, $ZrBe_2$ u. $ZrBe_{13}$ (a = 10,044 Å) werden bestätigt. ZrSiBe tritt in einem homogenen Bereich auf, u. zwar mit a = 3,722 u. c = 7,232 Å an der Si-reichen, mit a = 3,718 u. c = 7,217 Å an der Be-reichen Homogenitätsgrenze. ZrB_2 u. HfB_2 nehmen bei 1400° ca. 12 bzw. 15 Mol.-% der entsprechenden Diberyllide auf, während umgekehrt diese kein Diborid lösen. In dem Schnitt $MeSi_2$–MeB_2 (Me = Hf, Zr) lassen sich keine Phasen vom Typ MeSiB nachweisen. G. Ruban 197◇

0541 **Die Kristallstrukturen von TiSi, $Ti(Al,Si)_2$ und $Mo(Al,Si)_2$.** C. Brukl, H. Nowotny, O. Schob und F. Benesovsky. (Mh. Chem. **92,** 781—88, 1961; dt.) — Vgl. vorst. Referate. — TiSi ist auf Grund von Pulveraufnahmen mit der FeB-Struktur isotyp, Gitterparameter: a = 6,53₁, b = 3,63₁, c = 4,987 kX. Die Struktur $TiAl_{0,3-0,6}Si_{1,7-1,4}$ kann zum $ZrSi_2$-Typ gerechnet werden, ist aber pseudotetragonal mit b = 13,49 u. a = c = 3,58₃ auf der $TiSi_2$-reichen Seite bzw. 3,61₁ kX auf der Al-reichen Seite. — Neben $Mo(Si, Al)_2$ vom Typ C 40 besteht noch eine weitere Al-reichere, tern. Kristallart $MoAl_{1,3}Si_{0,7}$ mit $TiSi_2$-Typ, Gitterparameter: a = 8,23₉, b = 4,78₃ u. c = 8,75₈ kX. G. Ruban 197◇

0542 **Die relativen Anteile der Dispersions- und Lösungsverfestigung bei Zr–Sn–Nb-Legierungen.** D. L. Douglass. (J. nuclear Mater. [Amsterdam] **9,** 252—60, 1963; Pleasanton, Calif., Gen. Electr. Co., Vallecitos Atom. Labor.; engl.) — Die Dispersionsverfestigung durch Zr_4Sn in einer Matrix konst. Zus. im Syst. Zr–Nb–Sn ist wesentlich größer als die Leg.-Verfestigung durch Nb oder Sn. Nb hat einen größeren Einfl. auf die Leg.-Verfestigung als Sn. Die Dispersionsverfestigung stimmte am besten mit der Theorie von Gensamer überein, die eine lineare Beziehung zwischen der Fließspannung u. dem negativen Logarithmus des Teilchenabstandes voraussetzt. Eine Kombination von Leg.- u. Dispersionsverfestigung führt zu einer beträchtlichen Festigkeitsverbesserung u. Erhöhung der Korrosionsbeständigkeit von Zr-Legierungen. H. Roschkowski 197◇

0543 **Phasenumwandlungen in einer Uran–Zirkonium-Legierung mit 2 Gewichtsprozent Zirkonium.** G. Lagerberg. (J. nuclear Mater. [Amsterdam] **9,** 261—76, 1963; Stockholm, Sweden, AB Atomenergi; engl.) — Die Phasenumwandlungen in U–Zr-Legg. mit 0,5; 2 u. 5 Gew.-% Zr wurden metallograph. sowie mit Hilfe der DTA einschließlich der isothermen Umwandlungen von γ u. Abkühlen der γ-Phase mit verschiedener Geschw. untersucht. Bei Abschrecken aus dem γ-Bereich bildet

sich (M_s = ca. 490°) die martensit. übersätt. α-Phase, zwischen 735 u. 700° die β-Phase in Form Widmanstättenscher Platten. Die Gleichgew.-Struktur besteht aus β u. γ_1. Unterhalb 700° wandelt sich die γ-Phase in Widmanstättensche Platten um, die über 600° aus der β-, bei tieferen Temp. aus der α-Phase bestehen. Die weiteren Ergebnisse werden in einem Zeit-Temp.-Umwandlungsdiagramm zusammengefaßt.
H. Roschkowski 197◇

0544 **Das System Uran–Osmium.** A. G. Knapton. (J. nuclear Mater. [Amsterdam] **9**, 309–19, 1963; Aldermaston Court, Aldermaston, Berks., Assoc. Electr. Ind., Res. Labor.; engl.) — Das Syst. U–Os wurde im gesamten Konz.-Bereich röntgenograph., metallograph., dilatometr. u. therm. untersucht. Die maximale Löslichkeit von Os in γ-U ist hoch u. beträgt 18 (Atom-%) am Eutektikum bei 970°, β-U löst bis 3% Os, α-U nur 0,5% Os. Es treten die Verbb. U_3Os, U_2Os, U_5Os_4 u. UOs_2 auf. Die Löslichkeit von U in Os ist < 1 Atom-%. Weitere zwei Eutektika treten bei ca. 900 u. 2170° auf. Das Zustandsdiagramm wird angegeben.
H. Roschkowski 197◇

0545 **Die Schmelzpunkte von $LaRu_2$, $CeRu_2$ und $PrRu_2$.** Robert D. Reiswig und Karl A. Gschneidner jun. (J. less-common Metals [Amsterdam] **5**, 432–33, 1963; Los Alamos, N. Mex., Univ. of California, Los Alamos Sci. Labor.; engl.) — Die Verbb. sind kub. Laves-Phasen mit a = 7,7034 ± 0,0004; 7,5364 ± 0,0002 u. 7,6223 ± 0,0001 Å, ihre FF. liegen bei 1431 ± 30; 1539 ± 30 u. 1681 ± 15°. H. Roschkowski 197◇

0546 **Einfluß des Abschreckens und Temperns auf die Struktur einer hypoeutektoiden Cu–Al-Legierung.** Gunji Shinoda und Yoshitsugu Amano. (Technol. Rep. Osaka Univ. **10**, 357–65, 1960; Dep. of Appl. Phys. and Precis. Machin.; engl.) — Cu-Al-Legg. mit 9,96 u. 10,5 Gew.-% Al werden abgeschreckt, getempert, kalt bearbeitet u. anschließend röntgenograph. untersucht. Die zwischen β' u. α gefundene tetragonal-flächenzentrierte Struktur wird analysiert u. hierbei martensit. Umwandlung sowie Diffusion der Atome nachgewiesen. Ebenso wird die Umwandlung von β' in α infolge Kaltbearbeitung näher untersucht. Für die Löslichkeitsgrenze von Al in der prim. Lsg. wird ein Absinken mit fallender Temp. unterhalb ca. 400° gefunden. G. Ruban 197◇

0547 **Über Umwandlungen im festen Zustand in kupferreichen Legierungen des Systems Kupfer–Mangan.** Je. M. Ssokolowskaja, A. T. Grigorjew und Je. M. Smirnowa. (J. anorg. Chem. [UdSSR] **7**, 2636–38, 1962; russ.) — Durch DTA-, Festigkeits- u. Mikrostruktur-Unterss. sowie Widerstandsmessungen bei hohen Temp. werden an Cu–Mn-Legg. mit 0,5–31 Atom-% Mn nach Glühen u. Härten in Ar-Atmosphäre Veränderungen der Legg. im festen Zustand beobachtet, die durch die Bldg. intermetall. Phasen der Zus. Cu_5Mn [16,3 (Atom-%) Mn] u. Cu_3Mn (25 Mn) bei 400 u. 450° erklärt werden können.
W.-D. Heußner 197◇

0548 **Über die Ursachen des Einflusses geringer Beimengungen auf die Alterungskinetik von Legierungen. 4. Mitt. Über den Einfluß geringer Antimon- und Berylliumbeimengungen auf die Alterung von Kupfer–Silber-Legierungen.** W. I. Archarow, M. M. Belenkowa, M. N. Michejew, A. I. Moissejew und I. P. Polikarpowa. (Metallphysik u. Metallkunde [UdSSR] **6**, 633–42, 1958; Inst. für Metallphys. der Uralzweigstelle der Akad. der Wiss. der UdSSR; russ.) — 3. vgl. ibid. **5**, [1957], 516. — Die Alterung wurde durch Best. der Härte, magnet. Susceptibilität u. Leitfähigkeit der von 780–790° in W. abgeschreckten u. bei 370° gealterten Cu-Ag-Proben mit Sb- u. Be-Geh. bis 0,5% ermittelt. — Die graph. Darstellungen zeigen bei konst. Sb-Geh. ein Anstieg des isothermen Zerfalls mit steigendem Be-Geh. bis zu einem flachen Maximum (zwischen 0,02–0,1% Be); der Zerfall ist um so intensiver, je höher der Sb-Geh. ist, u. das Maximum wird auf die Seite des höheren Sb-Geh. verschoben. — Es wird angenommen, daß diese Erscheinung durch die innere Absorption der Beimengungen in struktur-gestörte Zonen hervorgerufen wird, wobei bei Ggw. beider Beimengungen eine ergänzende komplexe Absorption beider Atomarten möglich ist. Die durch Sb oder Be hervorgerufenen Alterungserscheinungen sind jedoch nicht additiv. J. Tůmová 197◇

0549 **Eine ternäre Verbindung in dem System U–Fe–C.** P. Baldock, J. R. McLaren, H. J. Hedger und G. Briggs. (J. nuclear Mater. [Amsterdam] **5**, 257–58, 1962; Sheffield, UK, Univ., Dep. of Refract. Technol.; engl.) — Beschrieben wird die Verb. $UFeC_2$: tetragonal (Z = 4) mit a = 4,965 ± 0,005 u. c = 7,450 ± 0,005 Å, $D_{exp.}$ 11,2; D_R 11,52 g/cm³, F. 1750° (+40°, −20°), Härte ~ 600 kg/mm². Darst.: Ar-Bogenschmelzen von $UC_2 + Fe$. K. Jaeger 197◇

0550 **Abscheidung von Niobcarbid an Versetzungen in Austenit.** D. M. Haddrill, R. N. Younger und R. G. Baker. (Acta metallurg. [New York] **9**, 982–84, 1961; Cambridge, UK, Brit. Welding Res. Assoc.; engl.) — Elektronenmkr. wurde die Abscheidung u. Alterung von NbC an den Versetzungen in austenit. Stahl beobachtet (Stahl- Zus.: 18 Cr/12 Ni/1 Nb mit 0,08% C).
K. Jaeger 197◇

0551 **Über die α–γ-Umwandlung in reinem Eisen.** M. de Jong und G. W. Rathenau. (Acta metallurg. [New York] **9**, 889–92, 1961; Amsterdam, Nederland, Univ., Natuurkundig Labor.; engl.) — Berichtet wird über Torsionsmessungen an Drähten aus reinem Fe, die mit einem Temp.-Gradienten von 2,5°/cm entlang ihrer Achse unter verschiedenen Torsionsmomenten einer α–γ-Umwandlung (röntgenograph. u. opt. Beobachtung) unterworfen wurden. K. Jaeger 197◇

0552 **Einfluß der Korngröße auf die Streckgrenze von Kupferlegierungen.** W. Köster und M. Speidel. (Physica Status solidi [Berlin] **3**, K 401–K 405, 1963; Stuttgart, MPI für Metallforsch.; dt.) — Die Gültigkeit der Beziehung $\sigma_s = \sigma_0 + k_y d^{-1/2}$ (σ_s = Spannung an der unteren Streckgrenze, d = mittlerer Korndurchmesser, σ_0, k_y = Konst.) für *Cu-Zn*-Legg. mit 19,3; 28,0 u. 36,0 (Atom-%) Zn, für *Cu–Al*-Legg. mit 9,35, 15,2 bzw. 17,5 Al, *Cu–Sn*-Legg. mit 0,53, 3,05 u. 4,32 Sn u. *Cu–(Ni, Zn)*-Legg. mit 42,0; 59,5 u. 74,5 Cu, Rest Ni u. Zn im Verhältnis 1 : 1 sowie die Temp.- u. Konz.-Abhängigkeit von σ_0 u. k_y wurden untersucht. Die Beziehung gilt für die untersuchten Proben im gesamten Temp.- (ca. 90 bis 573 °K) u. Konz.-Bereich. k_y fällt bei tiefen Temp. schwach ab u. ist in einem weiten Temp.-Bereich nahezu konstant. σ_0 hängt in gleicher Weise von Temp. u. Konz. ab, wie die an Einkristallen gemessene Schubspannung. Der starke Anstieg nach tiefen Temp. wird durch die Hinderung der Versetzungsbewegung durch Fremdatomwolken nach Cottrell erklärt. Die Konz.-Abhängigkeit ist bei Legg. mit vergleichbaren Atomradien durch Stapelfehlerenergie u. Nahordnungsparameter bestimmt.
H. Roschkowski 200◇

0553 **Die Erscheinung der Sprödigkeit beim Zerfall der festen Lösung von Mn und Si auf Kupferbasis.** W. D. Ssadowski und Je. N. Ssokolkow. (Metallphysik u. Metallkunde [UdSSR] **6**, 954–55, 1958; Ural-Abt. der Akad. der Wiss. der UdSSR, Inst. für Metallphys.; russ.) — Vff. untersuchen die Änderung der Kerbschlagfestigkeit von Mn–Si-Bronze (1,5% Mn, 3,5% Si, Rest Cu) beim Anlassen des gehärteten Materials bei 200–800°. Der Zerfall der festen Leg. beim Anlassen (Abscheidung von Mn_2Si) wird von keiner deutlichen Änderung der Plastizität begleitet. Werden die angelassenen Proben einer nachfolgenden kalten plast. Verformung unterworfen, so weisen sie eine deutliche Verringerung der Plastizität auf, die bei den bei 500–600° angelassenen Proben ein Minimum besitzt. H. Jäger 200◇

0554 **Versetzungsdichten in kaltverformten Kupfersiliciumlegierungen.** R. J. Tainsh, G. K. White und P. R. Klemens. (Acta metallurg. [New York] **9**, 966 bis 968, 1961; Sydney, Australia, Nat. Stand. Labor., C. S. I. R. O., Div. of Phys.; Pittsburgh, Pa., Westinghouse Res. Labor.; engl.) — Gemessen wurden die Versetzungsdichten u. Gitterwärmeleitfähigkeiten K_g kaltgezogener Cu–Si-Proben (1 u. 2 Gew.-% Si). Es zeigte sich, daß die Änderung der Gitterwärmeleitfähigkeit in kaltgezogenen Cu-Legg. im wesentlichen durch Versetzungen verursacht wird u. daß die gleiche Deformation bei doppeltem Si-Geh. zu etwa doppelt so großer Versetzungsdichte führt. K. Jaeger 200◇

0555 **Durch Stoßwellen in Kupfer erzeugte Temperaturen.** John W. Taylor. (J. appl. Physics **34,** 2727—31, 1963; Los Alamos, N. Mex., Univ. of California, Los Alamos Sci. Labor.; engl.) — Cu wird durch auftreffende Stoßwellen, die eine genügend hohe Verdichtung verursachen, zum Glühen gebracht. Das dabei ausgesandte Licht kann einige Zehntel μs später mit einem Sekundärelektronenvervielfacher gemessen und daraus die Temp. berechnet werden. H. U. Borgstedt 200◇

0556 **Temperaturabhängigkeit der Gleitrichtung für {110}-Gleitung in α-Uran.** L. T. Lloyd, P. Lacombe, D. Calais und N. Simenel. (J. nuclear Mater. [Amsterdam] **3,** 241—45, 1961; Argonne, Ill., Nat. Labor.; Paris, France, Ecole des Mines, Centre de Rech. Métallurg.; engl.) — Untersucht wurde die {110}-Gleitung in α-U im Temp.-Bereich —196 bis 600°. Die Gleitrichtung bei hohen Temp. ist ⟨110⟩, bei Zimmer- u. tiefen Temp. [001]. Es ist dabei jedoch nicht ausgeschlossen, daß die {110}–[001]-Gleitung das Resultat zweier {110}–⟨112⟩-Gleitungen ist. K. Jaeger 200◇

0557 **Ein bei der Untersuchung von verformtem Aluminium feststellbares Maximum der inneren Reibung.** D. M. Ibragimowa und A. I. Moissejew. (Metallphysik u. Metallkunde [UdSSR] **6,** 952—54, 1958; Akad. der Wiss. der UdSSR, Inst. für Metallphys.; russ.) — An verformtem Al wurde neben dem bei 350° stets auftretenden Maximum der inneren Reibung ein weiteres bei 500° festgestellt, das auf die Relaxation von Spannungen an den Lokalisationsstellen der plast. Verformung zurückgeführt wird. H. Jäger 200◇

0558 **Ultraschallabsorption in Magnesium und Magnesiumlegierungen bei tiefen Temperaturen.** Shigeyasu Koda, Kazuo Kamigaki und Hideo Kayano. (J. physic. Soc. Japan, Suppl. Nr. I, Proc. int. Conf. Crystal Lattice Defects, Tokyo **1962,** 195—99, 1963; Sendai, Tohoku Univ., Res. Inst for Iron, Steel and other Metals; engl.) — Die Ultraschallabsorption im MHz-Bereich zeigt für Mg zwischen 4,2°K u. 300°K vier Maxima, von denen das erste bei 20°K Wechselwrkg. der Schallwellen mit den Leitungselektronen zugeschrieben wird. Die beiden folgenden Maxima mit Aktivierungsenergien von 0,009 u. 0,09 eV werden Versetzungsbewegungen in verschiedenen Richtungen zugeordnet. Die Maxima in *Mg–N*-Legg. (0,0048% N) entsprechen denen im Mg; in *Mg–Li*-Legg. (1,88 u. 4,45% Li) ist das Verhältnis der Aktivierungsenergien geringer. Das vierte Maximum mit einer hohen Aktivierungsenergie von 0,5 eV scheint anderen Ursprungs zu sein. H. U. Borgstedt 200◇

0559 **Theorie der Absorption von Schallwellen in Metallen.** B. V. Paranjape. (Physics Letters [Amsterdam] **6,** 145—46, 1963; Edmonton, Canada, Univ. of Alberta, Phys. Dep.; engl.) — In einem Metall führt die Elektron–Phonon-Wechselwrkg. zum Austausch von Quantenenergie. Die Berechnungen stimmen mit den Befunden bei hohen Frequenzen überein. Für niedere Frequenzen wurde eine neue, zu befriedigenderen Ergebnissen führende Berechnung angestellt. H. U. Borgstedt 200◇

0560 **Besonderheiten der Struktur von Dauerbrüchen von Proben und Gegenständen aus warmfesten Legierungen.** T. A. Gordejewa, T. A. Wolodina und A. M. Saitzew. (Betriebs-Lab. [UdSSR] **27,** 894—99, 1961; russ.) — Es wird gezeigt, daß charakterist. Eigenheiten eines Dauerbruchs warmfester Werkstoffe die gleichzeitige Entstehung vieler Bruchzentren, die Fortpflanzung der Zerstörung auf einigen Gleitflächen im Kristallit sowie auch die Entstehung vieler prim. Risse in den ersten Zerstörungsstadien sind. Der Dauerbruch warmfester Legg. unterscheidet sich vom Nichtdauerbruch in der Hauptsache durch die Ggw. von Gleitmikroflächen, die ein runzeliges Relief der Oberfläche der zerrissenen Körner bilden. H. Hochstein 200◇

0561 **Aussehen eines Bruches als Kriterium für die Beurteilung der Sprödigkeit.** L. Ss. Liwschitz und A. Ss. Rachmanow. (Betriebs-Lab. [UdSSR] **27,** 899—903, 1961; Allunions-Forsch.-Inst. für den Leitungsröhrenbau; russ.) — Es wird gezeigt, daß das Bruchaussehen von Proben nach einer Unters. auf Schlagzähigkeit eindeutig mit der Zerstörungsarbeit der Probe zusammenhängt u. nicht die Verformungsarbeit wiedergibt u. infolgedessen nicht die gesamte Größe der Schlagzähigkeit kennzeichnen kann. Eine Überwachung auf Grund des Bruchaussehens kann als Kriterium der Beurteilung der Neigung des Metalles zum Sprödbruch (jedoch nicht zur Entstehung dieses Bruches) dienen. Hierbei ist das Bruchaussehen ein Kriterium für die Beurteilung der Eigg. einer jeden Stahlsorte. H. Hochstein 200◇

0562 **Analyse der Methoden zur Beurteilung der Dauerfestigkeit von Metallen, die unter Spannungsrelaxationsbedingungen mit periodischer Unterbelastung arbeiten.** N. W. Wolkowa. (Betriebs-Lab. [UdSSR] **27,** 1380—84, 1961; russ.) — Eine Reihe von früher vorgeschlagenen Meth. der Beurteilung der Dauerfestigkeit von Metallen, die unter Bedingungen einer period. Spannungsabnahme arbeiten, wird einer Kritik unterzogen. Vorgeschlagen wird eine neue Meth., welche genauer die lineare Abhängigkeit der Erschöpfung des Festigkeitsvorrats der Metalle von der Zeit bei Dauer-Unterss. erfaßt. H. Hochstein 200◇

0563 **Einfluß des Mediums auf Entstehung und Entwicklung von Oberflächenmikrorissen deformierter Gläser.** I. I. Kitaigorodski und L. N. Kopytow. (Ber. Akad. Wiss. UdSSR **149,** 580—82, 1963; Moskau, physikal.-technolog. Mendelejew-Inst.; russ.) — Vff. untersuchen die Festigkeit eines Glases mit 72 (in %) SiO_2, 15 Na_2O, 8 CaO, 3,5 MgO u. 1,5 Al_2O_3 ohne u. mit künstlich eingeführten Defekten sowie nach Ätzen mit HF in verschiedenen Medien (Luft normalen Feuchtigkeits-Geh., W., A., Kerosin, Bzl., Polysiloxan-„Butter" (Prod. Nr. 5) u. Formamid). Die Festigkeit wird durch kurzzeitige Behandlung mit Luft oder W. nur wenig erniedrigt, bei Behandlung mit organ. Verbb. wird sie um 14—15% erniedrigt. Von sehr großem Einfl. auf die Festigkeit ist jedoch die Belastungsdauer; bei gleichbleibender Belastungszeit u. Bldg. der Defekte in W. nimmt sie mit steigender Belastung zunächst sehr stark, danach nur noch schwach ab. Für alle Benetzungsmittel sind die Ergebnisse graph. dargestellt. D. Hoene 200◇

0564 **Bruchbildung in Eisplatten durch thermischen Stoß.** L. W. Gold. (Canad. J. Physics **41,** 1712—28, 2 Tafeln, 1963; Ottawa, Canada, Nat. Res. Council, Div. of Building Res., Snow and Ice Section; engl.) — Eisoberflächen (5×5—10×10 cm²) mit Festigkeiten von 30—40 kg/cm² zeigten bei der Kontaktierung mit anderen Eisflächen Bruch- u. Riss-Bldg., wenn die den therm. Stoß auslösende Fläche $\geq 6°$ kälter als die Probefläche war. Die Risse verliefen vorzugsweise parallel zur Grund- u. Prismenfläche. Diskutiert werden die frei werdenden Spannungsenergien (150—200 erg/cm²). K. Jaeger 200◇

0565 **Über die elastischen Eigenschaften von Kristallgittern mit Wurtzitstruktur. 2. Mitt. Das elastische Verhalten des Wurtzit- und des Zinkblendegitters in einem Modell mit Zentralkräften zwischen nächsten und übernächsten Nachbarn.** E. Gutsche. (Physica Status solidi [Berlin] **1,** 147—59, 1961; Phys.-Techn. Inst. der Akad. der Wiss. zu Berlin, Bereich elektr. Durchschlag; dt.) — 1. vgl. C. **1963,** 19142. — Die elast. Eigg. von Kristallgittern mit Wurtzitstruktur werden unter der Voraussetzung von Zentralkräften mit Wechselwrkg. zwischen nächsten u. übernächsten Nachbarn theoret. untersucht. Es werden Ausdrücke für die elast. Konst., die Kompressibilität u. die opt. Grenzfrequenzen abgeleitet, mit experimentellen Daten verglichen u. diskutiert. Parallel hierzu werden das Zinkblendegitter in der gleichen Näherung behandelt u. Analogien u. symmetriebedingte Unterschiede im elast. Verh. beider Strukturen erörtert. H. Jehne 200◇

0566 **Plastische Verformung von MgO-Einkristallen durch rollende Belastung.** M. F. Amateau und J. W. Spretnak. (J. appl. Physics **34,** 2340—45, 1963; Columbus, Ohio, Battelle Memorial Inst.; Ohio State Univ.; engl.) — MgO-Einkristalle werden bei 1800°F zur Gitterausheilung u. besseren Spaltbarkeit getempert. Oberflächenunebenheiten werden mit heißem konz. H_3PO_4 weggeätzt. In einer beschriebenen App. erfolgt definierte Belastung von 130000—173000 psi durch eine vor- u. zurückrollende Stahlkugel in ⟨010⟩-Richtung auf der (001)-Ebene. Belastungszyklen: einmal u. bis 10^6mal. Nach der Belastung werden die Proben geätzt u./oder gespalten, um die entstandenen Deformationen unter dem Mikroskop beobachten zu können. Resultate bei einmaliger Rollbelastung: in der Rollspur sind nur wenig Gleitlinien zu finden. Die meisten Gleitlinien zeigen sich in ⟨100⟩- u. ⟨010⟩-Richtung. Maximale Deformation u. damit Scherspannung zeigt sich auf den Ebenen, die die Kontaktfläche unter 45° schneiden. Diese Ebenen schneiden sich 0,02 mm unter der Rolloberfläche. Resultate bei wiederholter Rollbelastung: Die Spurbreite nimmt stufenweise mit den Belastungszyklen zu. Das ist möglicherweise auf eine Kombination von Härtung u. Schwächung zurückzuführen. Die Ätzgrübchen- u. Gleitliniendichte werden so groß, daß sie außer an den Kanten der Rollspur nicht mehr aufgelöst werden können. Für den Abstand des Gebietes maximaler Scherspannung von der Oberfläche wird eine Beziehung angegeben. Die Resultate werden theoret. gedeutet. Die MgO-Einkristalle verhalten sich in dem untersuchten Bereich nahezu isotrop. G. Beck 200◇

0567 **Innere konische Ultraschallbrechung in Steinsalz und Calcit.** Emmanuel P. Papadakis. (J. appl. Physics **34,** 2168—71, 1963; Cambridge, Mass., MIT, Labor. for Insul. Res.; engl.) — In NaCl- u. $CaCO_3$-Einkristallen scheint es bei der Ausbreitung von transversalen Schallwellen in Richtung einer dreizähligen Symmetrieachse zu einer inneren kon. Brechung des Ultraschalls zu kommen. Die Impuls-Echo-Meth. zeigte, daß sich der Vektor des Energieflusses von der Wellennormalen entfernt. Die Abweichung wird größer, wenn die Orientierung der dreizähligen Achse u. der Wellennormalen von einander abweichen. H. U. Borgstedt 200◇

0568 **Temperaturabhängigkeit der Elastizitätskonstanten von Kaliumjodid-Einkristallen.** Ss. P. Nikanorow und A. W. Stepanow. (Festkörperphysik [UdSSR] **3,** 3551—53, 1961; Erratum: **4,** 1073, 1962; Leningrad, Physiko-techn. Joffe-Inst. der Akad. der Wiss. der UdSSR; russ.) — Mit der Meth. des zusammengesetzten Oscillators werden der Elastizitätsmodul E u. der Schwingungsmodul G längs der Richtungen [100] u. [110] gemessen. In den Meßfehlergrenzen ergibt sich für den Temp.-Bereich von 20—600° eine lineare Abhängigkeit von der Temp., die durch eine Gleichung angegeben wird. Der Faktor der elast. Anisotropie A für KJ wächst mit Temp.-Vergrößerung u. beträgt für 0 (°K) 0,27 u. 996 (F. von KJ) 0,69. W.-D. Heußner 200◇

0569 **Das Kriechen von NaCl-Einkristallen bei 500 bis 750°.** B. Ilschner und B. Reppich. (Physica Status solidi [Berlin] **3,** 2093—2100, 1963; Göttingen, Univ., Inst. für Metallphys.; dt.) — Kompression von NaCl in [001]-Richtung bei erhöhten Temp. ergab einen schwach S-förmigen Anfangsteil der Kriechkurve. Die Temp.- u. Spannungsabhängigkeit der Abgleit-Geschw. a_{st} im stationären Bereich der Kurve wurde bei Schubspannungen $25 < \tau < 75$ p/mm² untersucht. Die Ergebnisse werden durch a_{st} ca. $\exp[-(U_0 - V\tau)/kT]$ mit $U_0 = 2{,}65$ eV; $V = 1{,}6 \cdot 10^{-10}$ cm³ beschrieben. Sie lassen sich durch die Annahme deuten, daß nichtkonservative Bewegung von Sprüngen in Schraubenversetzungen der geschwindigkeitsbestimmende Faktor ist. Bei größeren Zeiten wird ein anderes, nichtlineares Zeitgesetz des Kriechens beobachtet. H. Roschkowski 200◇

0570 **Phononenstreuung durch Versetzungen.** S. Ishioka und H. Suzuki. (J. physic. Soc. Japan, Suppl. Nr. II, Proc. int. Conf. Crystal Lattice Defects, Kyoto **1962,** 93—98, 1963; Ibaraki-ken, Tokai-mura, Japan Atomic Energy Res. Inst.; engl.) — Im Temp.-Bereich von 4°K bis 13°K bestätigen Messungen der Wärmeleitfähigkeit u. der Schallstreuung an Versetzungen an *NaCl*-Einkristallen die beim *LiF* gefundenen Werte. Die Schallstreuung ist um den Faktor 10³ größer als nach der Theorie zu erwarten. Die verbesserte Theorie berücksichtigt die Phononenstreuung durch vibrierende Versetzungen unter Heranziehung einer quantenmechan. Rechenmethode. H. U. Borgstedt 200◇

0571 **Innere Reibung von LiF bei tiefen Temperaturen.** Akira Ikushima und Taira Suzuki. (J. physic. Soc. Japan **16,** 2587—88, 1961; Tokyo, Univ., Inst. for Solid State Phys.; engl.) — Gemessen wurde an LiF-Einkristallen die Ultraschallabschwächung in Abhängigkeit von der Temp. (50—300°K), der Deformation (Kompression) u. der Ultraschallfrequenz (15 u. 35 MHz). Die Aktivierungsenergien (Haupt- u. Nebenmaximum) betrugen $Q_H = 0{,}090$ u. $Q_N = 0{,}02$ eV. K. Jaeger 200◇

0572 **Der Rehbinder-Effekt und die Adsorptionsblockierung von Versetzungen im Lithiumfluorid.** A. R. C. Westwood. (Philos. Mag. [8] **7,** 633—45, 1962; Baltimore, Md., Res. Inst. for Adv. Stud.; engl.) — Durch Ätzverss. mit langkettigen Fettsäuren ($C_7 - C_{17}$) konnte gezeigt werden, daß chemisorbierte polare Moll. an LiF die Beweglichkeit (Quergleiten) von Schraubenversetzungen unterdrücken (Adsorptionsblockierung). Die Blockierungskräfte werden abgeschätzt. Entgegen dem Rehbinder-Effekt an Metallen verursachen an LiF adsorbierte polare Moll. eine Zunahme der Fließ- u. krit. Scherspannung. K. Jaeger 200◇

0573 **Berechnung der elastischen Konstanten dritter Ordnung der Alkalimetallhalogenidkristalle.** Helmut Bross. (Z. Physik **175,** 345—69, 1963; Stuttgart, TH, Inst. für theoret. u. angew. Phys.; Stuttgart, MPI, Metallforsch.; dt.) — Die stat. elast. Konst. dritter Ordnung der Alkalimetallhalogenid-Kristalle werden mit einem Modell berechnet, bei dem die Coulomb-Kräfte zwischen den Gitterionen exakt berücksichtigt u. zwischen nächsten Nachbarn noch nichtcoulombsche Zentralkräfte angenommen werden. Die Parameter der zuletzt genannten Kräfte werden durch Vgl. mit den experimentellen Werten des Kompressionsmoduls u. dessen Druckabhängigkeit festgelegt. Für NaCl-Kristallstrukturen wird außerdem der Einfl. von Nichtzentralkräften zwischen nächsten Nachbarn bzw. von Zentralkräften zwischen übernächsten Nachbarn untersucht. H. Jehne 200◇

0574 **Schnell bewegliche Kantenversetzungen in der (110)-Ebene anisotroper kubisch-innenzentrierter Kristalle.** J. Weertman. (Philos. Mag. [8] **7,** 617—31, 1962; Evanston, Ill., Univ., Technol. Inst., Dep. of Materials Sci.; engl.) — Abgeleitet wird das elast. Verschiebungsfeld um eine Kantenversetzung herum, die sich mit gleichförmiger Geschw. entlang ⟨111⟩ in (110) eines kub.-innenzentrierten Gitters bewegt. Unter Benutzung der abgeleiteten Ergebnisse werden die Versetzungswechselwirkungen, Anisotropie-Effekte, Elastizitätsmodulen u. Rayleigh-Wellengeschw. diskutiert. K. Jaeger 200◇

0575 **Die Bestimmung der Elastizitätsmoduln aus Eigenschwingungen von Würfeln und kurzen Prismen.** G. Martinček. (Acustica [Stuttgart] **13,** 123—30, 1963; Bratislava, Tschechoslowakei, Inst. für Bauwesen u. Architektur der Slowak. Akad. der Wiss.; dt.) — Zur Beschreibung der Eigenfrequenzen von prismat. Körpern bei Dehnschwingungen werden zwei Frequenzgleichungen 6. Grades abgeleitet. Die erstere von beiden wurde schon von Giebe, Scheibe u. Blechschmidt (1931; 1933) angegeben. Aus diesen Gleichungen ergeben sich 6 positive Wurzeln, die die Serie von 6 longitudinalen Grundschwingungen eines Prismas mit rechteckigem Querschnitt bestimmen. Beim Würfel reduziert sich die Anzahl der Grundschwingungen auf vier. Weiterhin wird eine neue Ableitung der für die Eigenfrequenz von Biegeschwingungen benötigten Korrekturfaktoren angegeben. H. Jehne 200◇

0576 **Die Wechselwirkungen von Versetzungen mit Korngrenzen und Oberflächenschichten.** A. K. Head. (Austral. J. Physics **13,** 278—83, 1960; Melbourne, Australia, C.S.I.R.O., Div. of Tribophys.; engl.) — Berechnet wurden die Gleichgew.-Lagen von Versetzungen an Gebieten mit anderen Schermodulen, als sie im Inneren des betrachteten Kristalles herrschen, u. zwar an ebenen Korngrenzen mit größerem u. kleinerem u. an ebenen Oberflächenschichten mit größerem Schermodul. Die Versetzungen befinden sich in Gleitebenen, die senkrecht zu diesen Flächen mit veränderten Moduln stehen. Für die Oberflächenprobleme werden die Beispiele *Rh*-Schicht auf *Ag* u. *Oxid*schicht auf *Al* behandelt. K. Jaeger 200◇

0577 **Die Bestimmung der dynamisch-elastischen Eigenschaften von aufliegenden Filmen.** R. S. Jackson und G. E. Overend. (Brit. J. appl. Physics **14**, 575–79, **1963**; Manchester, Assoc. Electrical Ind. Ltd.; engl.) — Plättchen aus rostfreiem Stahl werden mit 0,075–0,33 mm dicken Filmen von *X(K)-Polyester* überzogen, ausgehärtet u. 30–911 Std. lang bei 200° gealtert. Mit Hilfe piezoelektr. Kristalle wird in die Lackfilme period. mit 40–2000 Hz ein halbkugelförmiger harter Körper eingedrückt u. aus der mechan. Dämpfung die komplexe dynam. Steifheit u. der Verlustwinkel tan δ abgeleitet. Die Beziehung zwischen Temp. u. log ν (ν = Frequenz) stimmt mit der von Williams, Landel u. Ferry (C. **1957**, 3831) angegebenen Gleichung überein. Herbert Müller 200◇

0578 **Elastische Wellen endlicher Amplitude in Festkörpern und Abweichungen vom Hookeschen Gesetz.** A. A. Gedroitz und W. A. Krassilnikow. (J. exp. theoret. Physik [UdSSR] **43**, 1592–99, 1962; russ.) — Bei der Fortpflanzung longitudinaler Ultraschallwellen von hinreichender Intensität (Größenordnung von einer Atmosphäre) in Festkörpern tritt eine Verzerrung der Sinuswelle auf. Die zweite Harmon. steigt mit dem Abstand vom Emitter bis zu einem Maximum an u. fällt dann infolge von Streuverlusten ähnlich wie in Flüssigkeiten. Die Verzerrung wird hauptsächlich durch die Asymmetrie des Potentialtopfes verursacht (Nichtlinearität der Molekülwechselwrkg. führt zur Anharmonizität des Gitters). Durch Messung des Verhältnisses der Druckamplitude der 2. Harmon. zu der der Fundamentalfrequenz ist es möglich, das Koeff.-Verhältnis des quadrat. u. linearen Terms in der Zustandsgleichung für Festkörper zu bestimmen. Der Wert dieses Verhältnisses stimmt gut mit dem aus stat. Messungen unter allseitigem Druck überein. P. Sliwinski 200◇

A₇. Gleichgewichte, Kinetik

0579 **Stabilität von Erdalkalimetallchelaten des Tetracyclins.** D. C. Maxwell, P. J. A. Smith und S. P. Wilford. (Nature [London] **198**, 577–78, **1963**; Aldermaston, Atomic Weapons Res. Establ., Chem. Div.; engl.) — Durch potentiometr. Titration mit KOH-Lsg. in KCl-Lsg. (Ionenstärke 0,11) werden bei 30° die Dissoziations-Konst. von Tetracyclin (T) zu pK_1 3,39, pK_2 = 7,45, pK_3 = 9,09 ermittelt. Die Stabilitätskonst. (log K_{MeHT}, K_{MeT}, K_{MeT_2}) betragen für die Ca-Verbb. 3,06, 5,52 u. 3,3–3,9, für die Sr-Verbb. ~ 2,2, 4,35 u. 3,5–3,8. Bei Mg^{2+}, das ab pH ~ 7,5 Ndd. bildet, ergeben sich die ersten Konst. zu 3,53 bzw. 4,85. F. M. Friedrich-Anderseck 223◇

0580 **Untersuchung des Verhaltens von Indium in Sulfationen enthaltenden Lösungen nach der Methode des Ionenaustauschs.** Je. P. Zinzewitsch, Ss. G. Stantschewa und I. P. Alimarin. (Nachr. Moskauer Univ., Ser. II **17**, Nr. 5, 45–49, 1962; Lehrst. für anal. Chem.; Sofia, Chem.-technol. Inst.; russ.) — Vff. untersuchten unter stat. Bedingungen das Verh. von In in Lsgg. von Li_2SO_4, Na_2SO_4, K_2SO_4, $(NH_4)_2SO_4$, $MgSO_4$ u. H_2SO_4 in Ggw. der Kationenaustauscher KU-2, KU-1 u. SsBSs in der H^+-Form u. den entsprechenden Salz-Formen u. des Anionenaustauschers EDE-10P in der SO_4^{2-}-Form. Mit Erhöhung der Na_2SO_4-Konz. durchläuft der Verteilungs-Koeff. φ ein Minimum u. Maximum, um dann allmählich gegen Null zu gehen. Bei allen übrigen Salzen u. den Kationenaustauschern in Salz-Form geht φ bei Konz.-Erhöhung infolge der Bldg. negativ geladener Komplex-Anionen monoton gegen Null. Vom Anionenaustauscher wird In quant. sorbiert. Bei KU-2 in H^+-Form sinkt φ mit H_2SO_4-Konz.-Erhöhung monoton u. erreicht bei 1,5 m H_2SO_4 Null. In wird von EDE-10P in 0,1–7 m H_2SO_4-Lsgg. nicht sorbiert. Nach 3 Std. langer Elektrophorese von 4 · 10^{-3} m In-Lsg. in 1 m H_2SO_4 bei 160 V waren 90% In im Kathoden-, 8% im Anoden- u. 2% im Mittelraum. Daraus folgt die Annahme von $[In(SO_4)]^+$ in Lösung. H.-J. Lunk 223◇

0581 **Über Peroxo-Mischkomplexe von Titan, Niob und Tantal. 1. Mitt. Das Sorptionsverhalten von Titan, Niob und Tantal an Dowex A-1 in Gegenwart von Wasserstoffperoxid und von verschiedenen Chelonen.** R. Püschel und E. Lassner. (Z. anorg. allg. Chem. **326**, 317–30, 1964; Graz, Univ., Inst. für med. Chem. u. Pregl-Labor.; Reutte/Tirol, Metallwerk Plansee AG, Vers.-Anst., Chem. Labor.; dt.) — In Ggw. von Chelonen u. H_2O_2 zeigen Ti(IV), Nb(V) u. Ta(V) am Chelonharz „Dowex A-1 Chelating Resin“ [Styrol–Divinylbenzol-Copolymerisat mit eingebauten austauschakt. $-N(CH_2COOH)_2$-Gruppen] ein anderes Sorptionsverh. als in Lsgg., die nur H_2O_2 enthalten. Aus diesem Befund wird die Bldg. bin. Mischkomplexe dieser Metalle mit H_2O_2 u. Chelonen als Liganden gefolgert. Solche H_2O_2-Mischkomplexe werden von Ti, Nb u. Ta mit *EDTA*, *1.2-Diaminocyclohexan-N.N.N'.N'-tetraessigsäure* (DCTA) u. *Nitrido-tris-[essigsäure]* (NTA) sowie von Nb u. Ta (Ti nicht untersucht) mit *Diäthylentriamin-N.N.N'.N''.N''-pentaessigsäure* (DTPA) *Chel 242* (Substanz der Fa. Geigy, wahrscheinlich eine aromat. Aminopolycarbonsäure), *N-β-Hydroxyäthyläthylendiamin-N.N'.N'-triessigsäure* (HEEDTA) u. *Pyridin-2.6-dicarbonsäure* gebildet. Über die Stöchiometrie der nachgewiesenen Komplexe ist noch nichts bekannt; ihre Stabilität ist im untersuchten Bereich (pH 1–6) stark pH-abhängig. Analyt. Gesichtspunkte werden kurz diskutiert. A. Blaschette 223◇

0582 **Über Peroxo-Mischkomplexe von Titan, Niob und Tantal. 2. Mitt. Peroxo-Mischkomplexe von Niob und Tantal mit Methylthymolblau und 4-[2-Pyridylazo]-resorcin und photometrische Untersuchungen zum Nachweis der Bildung von Niob- und Tantalperoxochelonaten.** Erik Lassner und Richard Püschel. (Mikrochim. ichnoanalyt. Acta [Wien] **1963**, 950–61; dt.) — 1. vgl. vorst. Referat. — Methylthymolblau (MTB) bildet mit Nb(V) in Ggw. von H_2O_2 einen intensiv blauen, zwischen pH 3 u. 5 beständigen Mischkomplex, dessen Stabilität von der H_2O_2-Konz. (bis zu 1000fachem Überschuß) prakt. unabhängig ist. Diese sehr empfindliche Rk. (molarer Extinktionskoeff. 35000 cm²/Mol) eignet sich zum selektiven Nachw., nicht aber zur photometr. Best. von Nb. Die Gelbfärbung der Nb–H_2O_2-Chelonate mit EDTA u. DCTA gestattet eine photometr. Best. von Nb neben Ta, erscheint aber wegen ihrer Unempfindlichkeit nur für höhere Nb-Konzz. geeignet. Mit NTA, DTPA, HEEDTA, Chel 242, *Chel GL 40* (Fa. Geigy) u. *Äthylenglykol-bis-[2-aminoäthyläther]-N.N.N'.N'-tetraessigsäure* (EGTA) ergeben Nb–H_2O_2-Lsgg. keine oder nur sehr schwache Gelbfärbungen. Nb(V) u. Ta(V) bilden mit 4-[2-Pyridylazo]-resorcin (PAR) in Ggw. von H_2O_2 im schwach sauren Bereich einen violettroten (Stabilitätsmaximum pH 5) bzw. einen rotvioletten (pH 6) Mischkomplex. Durch Schwächung der Farbe von Nb–H_2O_2–MTB- bzw. von Nb–H_2O_2–PAR- u. Ta–H_2O_2–PAR-Chelat auf Zusatz von Chelonen werden Aussagen über Bldg. u. Stabilität von Nb–H_2O_2- u. Ta–H_2O_2-Chelonkomplexen erhalten. Danach nimmt die Stabilität der Nb–H_2O_2-Chelonate in der Reihenfolge NTA > Chel GL 40 > DTPA > HEEDTA > EDTA > Chel 242 > EGTA > DCTA > DPA ab; Ta–H_2O_2 bildet Komplexe hoher Stabilität mit NTA, DTPA, Chel 242, EDTA, HEEDTA u. Chel GL 40, u. solche geringer Stabilität mit EGTA u. DCTA. A. Blaschette 223◇

0583 **Untersuchung der Umsetzung von Uran(VI) mit Komplexon III.** D. I. Rjabtschikow, P. N. Palei und S. K. Michailowa. (J. analyt. Chem. [UdSSR] **14**, 581 bis 587, 1959; Moskau, Vernadsky-Inst. für Geochem. u. Analyt. Chem. der Akad. der Wiss. der UdSSR; russ., Auszug: engl.) — Die Abhängigkeit der Sorption von U aus Komplexon III-Lsgg. (**I**) vom pH-Wert u. der Konz. von U(VI) u. **I** am Kationit KU-2 u. dem Anionit EAE-10 wird untersucht. U wird photometr. über UO_4 im Filtrat (Anionit) oder in schwefelsaurer Lsg. vanadatometr. bestimmt. U bildet mit **I** unter bestimmten Bedingungen anion. Komplexe, die vom Anionit sorbiert werden u. durch die Kolonne mit dem Kationit gehen. Der Komplexbldg.-Grad hängt von [H^+] ab. In sauren Lsgg. (pH 1,7) beobachtet man eine 100%ig. Sorption von U auf dem Kationit in Ggw. von **I.** Vom Anionit wird es hier prakt. nicht sorbiert. Bei pH 5,5 ist U teilweise als anion. Komplex gebunden. Eine weitere Erhöhung des pH-Wertes führt zur Konz.-Erhöhung der anion. Form. Die Komplexverbb. sind instabil. Mit Konz.-Erhöhung von U (bei pH konst.) verringert sich die Sorption auf dem Kationit, auf dem Anionit wird sie größer. Nach konduktometr. Unterss. findet die Komplexbldg. von UO_2^{2+} mit **I** bei pH-Werten > 3 statt. Eine 0,00084 m-Lsg. von Uranylnitrat wurde mit einer 0,1 u. 0,05 m **I** konduktometr. titriert. In der Lsg. bilden sich je nach dem Konz.-Verhältnis zwei Verbb. mit dem molaren Verhältnis **I** : U = 1 bzw. 0,5. Die Beständigkeit der Komplexverbb. wächst im Intervall pH 3—8. Die beiden isolierten Komplexverbb. haben annähernd die Zus. $(UO_2)_2\gamma \cdot 3H_2O$ u. $(NH_4)_2[UO_2\gamma] \cdot 3H_2O$ (γ = Anion der ÄDTE). E. Steinberg 223◇

0584 **Physikalisch-chemische Untersuchung des Mangansalicylaldoximatkomplexes.** M. S. Kachhawaha und Arun K. Bhattacharya. (Z. anorg. allg. Chem. **325,** 321—24, 1963; Saugor, India, Univ. of Saugar, Chem. Labor.; engl.) — Vff. untersuchten das Syst. $MnCl_2$–Salicylaldoxim konduktometr. u. spektrophotometrisch. Es bildet sich ein 1:1-Komplex mit der Dissoziations-Konst. $K = 9{,}7 \cdot 10^{-4}$. Ein Strukturvorschlag für den Komplex wird mitgeteilt. J. Kraetsch 223◇

0585 **Sichtbare Spektren und Säureassoziationskonstanten der Verbindungen vom Typ $[ReO_2(en)_2]^+$.** R. Kent Murmann und D. R. Foerster. (J. physic. Chem. **67,** 1383—85, 1963; Columbia, Mo., Univ. of Missouri, Dep. of Chem.; engl.) — An Hand der Absorptionsspektren im Sichtbaren wird gezeigt, daß bei Säurekonz. von 0—8 m nacheinander die Komplexe $[ReO_2L_2]^+$ (**I**), $[ReO(OH)L_2]^{2+}$ (**II**) u. $[Re(OH)_2L_2]^{3+}$ (**III**) auftreten (L = en, 1.2- bzw. 1.3-Propylendiamin). Die spektrophotometr. u. durch pH-Titration ermittelten Assoziationskonst. K_i sind unabhängig von L: **I** + H^+(aq) ⇌ **II**, log K_1 = 3,26 ± 0,02 bei μ = 0,02 u. 25,3°, ΔH_1 = — 3,28 bis — 3,50 kcal/Mol; **II** + H^+(aq) ⇌ **III**, log K_2 = — 0,9 ± 0,1 bei μ = 5 u. 25,3°. Die Ligandenfeldstabilisierung nimmt mit zunehmender Protonierung ab. Hieraus wird geschlossen, daß die Komplexe vom Typ **I** eine verzerrt oktaedr. Struktur besitzen, daß die trans-O-Atome fester als die planaren N-Atome gebunden sind u. daß im Grundzustand ein Elektronenpaar das d_{xy}- oder das $d_{z^2-y^2}$-Orbital besetzt (Diamagnetismus). A. Blaschette 223◇

0586 **Spektrophotometrische Untersuchung der Eisen-Bis-[2-hydroxymethyl-5-hydroxy-4-pyron-(6)]-keton-Komplexe.** R. F. Wilson und R. C. Daniels. (Z. anorg. allg. Chem. **325,** 119—21, 1963; Houston, Texas, Texas Southern Univ., Dep. of Chem.; engl.) — Vgl. C. **1962,** 11675. — Bei der Rk. von Fe(III) mit Bis-[2-hydroxymethyl-5-hydroxy-4-pyron-(6)]-keton werden zuerst 1:1- u. dann 2:3- u. 1:2-Komplexe gebildet. J. Kraetsch 223◇

0587 **Komplexe des Kupfer(II) mit Pyrrolidin.** J. A. Broomhead, H. A. McKenzie und D. P. Mellor. (Austral. J. Chem. **14,** 649—54, 1961; Univ. of Sydney, Dep. of Chem.; Biochem. Dep.; C.S.I.R.O., Div. of Food Preservation, Phys.-Chem. Unit; engl.) — Die Stabilitäts-Konst. log K von $[Cu(py)_4]^{2+}$ (py = Pyrrolidin; pK 11,4 bei 25° u. μ = 0,20) wurde potentiometr. bei 25° u. μ = 0,2 (HNO_3–KNO_3) zu 23,0 bestimmt. Beim Vermischen methanol. Lsgg. von py u. wasserfreiem $CuCl_2$ im molaren Verhältnis 4:1 entsteht ein brauner, in Chlf. lösl. Feststoff der Zus. *$CupyCl_2$*. P. Scharner 223◇

0588 **Spektrophotometrische Untersuchung der Biuret-Reaktion der Cyanursäure.** Wahid U. Malik, Rizwanul Haque und Najma Khwaja. (Current Sci. [Bangalore] **31,** 503, 1962; Aligarh, Muslim Univ., Dep. of Chem.; engl.) — Nach 3 üblichen Meth. wurde das System Cu–Cyanursäure UV-spektroskop. untersucht. In Übereinstimmung mit polarograph. Werten wird nur ein 1:1-Komplex gebildet, dessen Stabilitäts-Konst. ($7{,}7 \cdot 10^2$) u. dessen Freie Energie (— 3,957 kcal bei 25°) bestimmt wurden. W. Kupfer 223◇

0589 **Palladium-1-Nitroso-2-naphthol-3.6-disulfonat-Chelat. Eine spektrophotometrische Untersuchung.** Samir K. Banerji und Madhuri Garg. (Z. anorg. allg. Chem. **325,** 315—20, 1963; Pilani, Rajasthan, India, Birla Coll. of Engng., Dep. of Chem.; engl.) — Pd u. 1-Nitroso-2-naphthol-3.6-disulfonat (**I**) bilden einen 1:2-Komplex bei pH 1—6 (λ_{max} = 500 nm). Bei 25° beträgt der Wert der Stabilitäts-Konst. log K = 8,75 ± 0,5 u. der der Freien Energie ΔF = 12,07 ± 0,7 kcal. J. Kraetsch 223◇

0590 **Löslichkeiten von Kupfer(II)-α-Aminosäure-Chelaten. Ein neuer sterischer Effekt.** D. P. Graddon und L. Munday. (Chem. and Ind. **1959,** 122; Birkenhead, Techn. Coll.; engl.) — Die Cu(II)-Chelate mit *Glycin, Alanin* u. *α-Aminoisobuttersäure* sind in W. im Konz.-Bereich 0,01—0,001 m gut, die mit *α-Amino-n-buttersäure* u. *Valin* mäßig u. die mit *Norvalin, Leucin, Norleucin* u. *α-n-Hexylglycin* nicht löslich. Es wird angenommen, daß Alkylreste mit mehr als 2 C-Atomen mit dem senkrecht zur Ebene der Chelatringe koordinativ gebundenen W. in Wechselwrkg. treten können. Die Cu(II)-Verb. der *1-Amino-cyclohexan-1-carbonsäure,* in der eine derartige ster. Hinderung nicht möglich ist, löst sich bis zu Konzz. von 0,005 m. H. U. Kibbel 224◇

0591 **Über einige Probleme der gegenwärtigen chemischen Kinetik.** W. W. Wojewodski. (Kinetik u. Katalyse [UdSSR] **3,** 627—32, 1962; Inst. für chem. Kinetik der Sibir. Abt. der Akad. der Wiss. der UdSSR; russ.) — Zusammenfassende Übersicht. W.-D. Heußner 225◇

0592 **Stoßtheorie der Geschwindigkeiten chemischer Reaktionen.** B. Widom. (Advances chem. Physics **5,** 353 bis 386, 1963; Ithaca, N. Y., Cornell Univ., Dep. of Chem.; engl.) — Übersicht über neuere Ergebnisse der Theorie dimol. Reaktionen. — 23 Literaturangaben. A. Blaschette 225◇

0593 **Quantentheorie chemischer Reaktionen.** Ludwig Hofacker. (Z. Naturforsch. **18a,** 607—19, 1963; Göttingen, Univ., Inst. für phys. Chem.; dt.) — Die Quantentheorie der chem. Elementarprozesse läßt sich mit einem geeignet gewählten, vollständigen Funktionssyst. be. einfach darstellen. Die Quantentheorie eines reagierenden Gases, das sich nicht im Gleichgew. befindet, wird in ihren wesentlichen Zügen entwickelt, um einen krit. u. expliziten Aufbau der Theorie des Übergangszustandes zu ermöglichen. Ein Operator der chem. Rk.-Geschw. wird definiert u. Ausdrücke für die chem. Rk.-Geschw. werden durch Bldg. der Spur dieses Operators mit einer Dichtematrix hergeleitet. H. Jehne 225◇

0594 **Zur Kinetik der exothermen Reaktionen zwischen Molekülen und Molekülionen.** O. B. Firssow. (J. exp. theoret. Physik [UdSSR] **42,** 1307—10, 1962; russ., Auszug: engl.) — Bei der exothermen Rk. eines Molekülions mit einem Mol. nach $A^+ + B \rightarrow C^+ + D$ kann die Bldg. eines relativ langlebigen Komplexes $(AB)^+ = (CD)^+$ angenommen werden, wenn die kinet. Energie von A^+ u. B < 0,1 eV ist. Der durch die Polarisationswechselwrkg. bestimmte Querschnitt der Bldg. von $(AB)^+$ ist von der Größenordnung 10^{-15}—10^{-14} cm². Die Wahrscheinlichkeit des Zerfalls von $(AB)^+$ in C^+ u. D ist annähernd 1, wenn man die nicht unbegründete Annahme macht, daß im Mittel der Zustand des Komplexes von den Ausgangsstoffen (A^+ u. B bzw. C^+ u. D) unabhängig ist. Auf dieser Grundlage ergibt sich bei der Berechnung für die Rk. $H_2^+ + H_2 \rightarrow H_3^+ + H$ + 1,1 eV das Prod. $\overline{v_1\sigma_{12}} = 2{,}1 \cdot 10^{-9}$ cm³/s. R. K. Müller 225◇

0595 **Zur Analyse von Rekombinationsreaktionen in einem sich ausdehnenden Gasstrom.** F. T. Smith. (VIIth Sympos. [int.] Combust., London and Oxford **1958,** 93—97, 1959; engl.) — Theoret. Unters. möglicher Rkk. in den aus einer Verbrennungskammer ins Freie austretenden Gasen unter Berücksichtigung ion., radikal. oder atomarer Formen. H. Roschkowski 225◇

0596 **Die Kinetik des Zerfalls zweiatomiger Moleküle beim Fehlen eines Schwingungsgleichgewichts.** Ss. I.

Anissimow und G. Ss. Romanow. (Ber. Akad. Wiss. BelorussSSR **7**, 376–77, 1963; Inst. für Physik der Akad. der Wiss. der UdSSR; russ.) — Vff. leiten Näherungsgleichungen für den Einfl. der Schwingungsrelaxation auf die Dissoziationsgeschw. ab.
R. Teichmann 225◇

0597 **Über die Verteilung der Schwingungsenergie von durch Quellen erzeugten Molekülen.** A. I. Ossipow. (Nachr. Moskauer Univ., Ser. III **17**, Nr. 2, 41–45, 1962; russ.) — Betrachtet wird ein Syst. aus einem einatomigen Gas A u. einer geringen Beifügung von zweiatomigen Moll. B bei gleichmäßig verteilten konst. wirkenden Quellen. Die Verteilungsfunktion der Schwingungsenergie der Moll. wird abgeleitet. Die Ergebnisse werden benutzt, um die Wahrscheinlichkeit der Umwandlung von Schwingungsenergie des O_2 bei Stößen mit NO_2-Moll. nach den experimentellen Befunden von Norrish (vgl. Lipscomb u. Mitarbeiter, Proc. Roy. Soc. [London], Ser. A **233**, [1956], 455) zu berechnen.
M. Wiedemann 225◇

0598 **Absorptionsspektroskopische Untersuchung der Kinetik des Zerfalls von Stickstoffoxid.** W. N. Iwanow. (Nachr. Akad. Wiss. UdSSR, physik. Ser. **27**, 35–37, 1963; Krasnodarsk, Pädagog. Inst.; russ.) — Zur Unters. des Zerfalls von NO kombinierte Vf. die Absorptionsspektroskopie mit chem. Methoden. Bei 600–1000° treten neben den Linien von NO die Linien für NO_2 auf. Die Zeit zur Einstellung des Gleichgew. beträgt etwa 10 Std. u. ist vom Druck abhängig. Die NO-Konz. betrug bei den Verss. $n = 0{,}32 \cdot 10^{19}$ bis $1{,}94 \cdot 10^{19}\ cm^{-3}$. NO_2 scheint oberhalb 650° einen katalyt. Einfl. auszuüben.
R. Teichmann 225◇

0599 **Die Reaktion von Wasserstoffatomen mit Stickstoffmonoxid.** R. Simonaitis. (J. physic. Chem. **67**, 2327–28, 1963; Los Angeles, Calif., Univ. of California, Dep. of Chem.; engl.) — Vf. untersucht die Rk. H + NO nach der von LeRoy entwickelten isothermen calorimetr. Meth. in der von Elias u. Mitarbeitern (C. **1961**, 3899) angegebenen App. mit beweglichem Detektor. Unter Berücksichtigung des Einfl. des Detektors auf die H-Atomkonz. (Rekombination am Pt-Draht), des Atomtransportes durch Strömung u. axiale Diffusion u. unter Vernachlässigung der radialen Diffusion sowie der Änderung der linearen Strömungsgeschw. in der Rk.-Zone erhält Vf. für den geschwindigkeitsbestimmenden Schritt $H + NO + M(H_2) \rightarrow HNO + M$ $k_1 = 11{,}0 \cdot 10^{15}\ cm^6/Mol^2 \cdot s$, in guter Übereinstimmung mit dem von Clyne u. Thrush (C. **1962**, 11120) durch Intensitätsmessungen der von angeregtem HNO emittierten roten Strahlung erhaltenen Wert.
M. Schenk 225◇

0600 **Über die Absorption von Stickstoffdioxid durch Salpetersäure.** M. Je. Posin, B. A. Kopylew, L. Ja. Tereschtschenko und G. W. Beltschenko. (J. angew. Chem. [UdSSR] **35**, 473–82, 1962; Leningrad, Lensowjet-Inst. für Technol.; russ.) — Vff. untersuchen in einer genau erläuterten App. die Absorption von NO_2 in HNO_3. Mit der Zunahme der Konz. der nitrosen Gase steigt der Umsetzungsgrad von NO_2 in HNO_3 schnell bis $p_{NO_2} \cong 0{,}03$ atm. Für die Absorptionsgeschw. wird eine Gleichung angegeben. Der Absorptionskoeff. ist der Strömungs-Geschw. des Gases proportional. Bei konst. hydrodynam. Bedingungen fällt der Umsetzungsgrad mit steigender Konz. an HNO_3 u. ist prakt. gleich Null bei 45% HNO_3. Der Absorptions-Koeff. hangt nicht von der Konz. der Säure ab, wenn $p > 0{,}01$ atm.
R. Teichmann 225◇

0601 **Zersetzung von Tris-[1.10-phenanthrolin]-eisen(III)-Salzen in konzentrierter Schwefelsäure.** A. F. Richards, J. H. Ridd und M. L. Tobe. (Chem. and Ind. **1963**, 1726; London, Univ. Coll., William Ramsey and Ralph Forster Labor.; engl.) — Vff. fanden eine merkliche Zers. des Fe(III)-Komplexes in 98%ig. H_2SO_4 bei 80° erst nach ca. 1 Woche. Die Zers.-Geschw. bei 100,7° u. verschiedenen Säurekonzz. wurde spektralphotometr. gemessen. Die thermodynam. Stabilität erhöht sich auffällig beim Übergang von 2 m zu 8 m H_2SO_4. Vff. erklären sie mit der beträchtlichen Abnahme freien W. u. schließen auf eine bi- oder höhermol. Substitutions-Rk., bei der die teilweise Bindung von H_2O an das Metall im Übergangszustand für den Rk.-Fortgang wesentlich ist. HSO_4^- u. H_2SO_4 wirken aus ster. Gründen nicht ein. Der entsprechende Ni(II)-Komplex wird von 98%ig. H_2SO_4 bei Raumtemp. sofort zerstört, obwohl er in 0,01 n Säure 10mal beständiger ist als der Fe(III)-Komplex. Das Verh. dieser u. ähnlicher Komplexe in konz. H_2SO_4 gestattet die Unterscheidung zwischen einem monomol. Mechanismus, wie beim Ni(II)-Komplex, u. einem höhermol. Substitutionsmechanismus.
K. Bencker 225◇

0602 **MO-Theorie von Organometallverbindungen. 4. Mitt. Substitutionsreaktionen von Tricarbonylbenzolchrom.** David A. Brown. (J. chem. Soc. [London] **1963**, 4389–94; Dublin, Univ. Coll., Chem. Dep.; engl.) — 3. vgl. C. **1963**, 6492. — Die Substitutionsrkk. am aromat. Ring des $Cr(CO)_3(C_6H_6)$ werden diskutiert, indem die MO-Theorie in einer einfachen Form auf einen Übergangszustand vom Wheland-Typ angewendet wird. Es ergibt sich, daß für alle vernünftigen Werte des Kohlenstoff–Kohlenstoff-Resonanzintegrals nucleophile Substitutionen am komplex gebundenen Bzl. leichter erfolgen als am freien Bzl.-Molekül. Für elektrophile u. radikal. Substitutionen werden keine endgültigen Aussagen erhalten, doch dürften die Unterschiede in den Rk.-Geschw. hier wesentlich geringer sein.
A. Blaschette 225◇

0603 **Untersuchung des Mechanismus der Reduktion von Nickel durch Hypophosphit unter Benutzung von Deuterium als Tracer. 1. Mitt. Lösungen ohne organische Zusätze.** A. A. Ssutjagina, K. M. Gorbunowa und M. P. Glasunow. (J. physik. Chem. [UdSSR] **37**, 2022 bis 2026, 1963; Moskau, Akad. der Wiss. der UdSSR, Inst. für phys. Chem.; russ., Auszug: engl.) — Durch teilweise Deuterierung der P–H- oder P–OH-Gruppen des Hypophosphit-Mol. wird festgestellt, daß nur der aus der P–OH-Bindung stammende Wasserstoff an der Red. von Ni-Ionen teilnimmt. Die H_2-Entw. bei der Red. von $NiCO_3$ ist das Ergebnis der Mol.-Bldg. der Wasserstoffatome, die zum großen Teil aus der P–H-Bindun kommen u. nicht an der Rk. teilnehmen. Die Ursa für den relativ niedrigen Wrkg.-Grad von Hypoph sind die verschiedenen Reaktivitäten des verschie n P gebunden Wasserstoffs u. der begrenzte Brucl an H-Atomen aus der P–OH-Bindung, die zur Red ähig sind.
W. Pump 225◇

0604 **Kinetik der Reaktion von Wasserdampf mit aufgedampften dünnen Uranschichten.** Jean Besson und Jean-Paul Santon. (C. R. hebd. Séances Acad. Sci. **256**, 3702–04, 1963; Grenoble, Centre d'Études nucl., Sect. de Métallurg.; franz.) — Auf Au- oder Ta-Träger werden 15 μ dicke U-Schichten aufgedampft; als Dampfquelle dient durch Elektronenbeschuß geheiztes, carburiertes U. Die U-Schichten werden unter Wasserdampfdrücken p von 1–15 Torr bis ca. 40 Min. auf Temp. zwischen 160 u. 410° erhitzt u. die Gew.-Zunahmen Δm der Schichten mit einer Thermowaage verfolgt. Unterhalb 210° zeigt $\Delta m = f(t)$ (t = Zeit) nach einer Inkubationsperiode parabol. Verlauf. Oberhalb 230° steigt Δm linear mit t an. Für Temp. zwischen 250 u. 410° folgt aus log v $= f(1/T)$ (v = Rk.-Geschw.) eine Aktivierungsenergie von 11,5 kcal/Mol. Mit steigendem p werden die Geraden parallel zu höheren v-Werten verschoben. Im Bereich der parabol. Kinetik liegt eine Diffusion durch die gebildete UO_2-Schicht vor, während im linearen Bereich eine Grenzflächen-Rk. die Geschw. bestimmt.
Herbert Müller 225◇

0605 **Kinetische Untersuchung der Nitridierung von Uranpulver.** Claude Moreau und Joseph Philippot. (Bull. Soc. chim. France **1963**, 283–89; Grenoble, Centre d'Études Nucl.; franz.) — Aus calciotherm. hergestelltem U werden 5 bzw. 8 μ große kugelförmige Teilchen ausgesiebt, die bei 375–550° mit 100 Torr N_2 oder NH_3 umgesetzt werden. Die Gew.-Zunahme Δm wird als Funktion der Zeit t thermogravimetr. unter stat. u. dynam. Bedingungen bestimmt. Aus den Isothermen von $\Delta m = f(t)$ folgen für die Rk.-Geschw. (RG) drei Bereiche. Im ersten Bereich erfolgt die Diffusion von N durch eine festhaftende Nitridschicht mit einer Aktivierungsenergie $E_a = 33$ kcal/Mol. Oberhalb einer bestimmten Schichtdicke d reißt die Nitridschicht auf, so daß im zweiten Bereich bei konst. d eine pseudolineare RG mit E_a zwischen 32 u. 35 kcal/Mol beobachtet wird; die Schicht besteht offenbar aus U_2N_3. Im dritten Bereich ist der Durchmesser der U-Kügelchen schon so gering, daß erneut eine stabile Schicht der Rk.-Prodd. auftritt u. die RG durch Diffusion mit E_a zwischen 33 u. 36 kcal/Mol bestimmt wird. Die Deutung der Vers.-Ergebnisse mit den Gleichungen von Valensi [1935] u. Carter (C. **1962,** 5957) wird diskutiert. Herbert Müller 225◇

0606 **Einige Untersuchungen über die Oxydation von Urandioxid.** K. T. Scott und K. T. Harrison. (J. nuclear Mater. [Amsterdam] **8,** 307—19, 1963; Harwell, Didcot, Berks., A. E. R. E., Metallurg. Div., UKAEA Res. Group; engl.) — Die Anwendung einer neuen automat. Mikrowaage zur Thermogravimetrie wird beschrieben. Diese Technik wurde angewandt zur Unters. der Oxydation von verschiedenen U-Dioxiden in Luft bis 800°. Bei linear ansteigender Temp. zeigte sich, daß feine U-Dioxid-Pulver in einem charakterist. Zweistufenprozeß oxydiert werden. Die erste Stufe entspricht einer tetragonalen Phase der Zus. $U_{2,35 \pm 0,02}$. Die zweite Stufe entspricht dem Übergang zu U_3O_8. Als Aktivierungsenergie wurden 19,1 kcal für den Übergang $UO_2 \rightarrow U_3O_7$ ermittelt. Uranoxid mit kleiner Oberfläche zeigt nur eine einstufige Oxydation $UO_2 \rightarrow U_3O_8$. Die anfänglichen Rk.- u. Oxydationverhältnisse sind proportional zur Erhitzungsgeschwindigkeit. H. Jehne 225◇

0607 **Oxydation von Titan, Zirkonium, Molybdän und einigen Legierungen.** W. W. Andrejewa und Je. L. Alexejewa. (J. angew. Chem. [UdSSR] **35,** 1175—83, 1962; Inst. für physikal. Chem. der Akad. der Wiss. der UdSSR; russ.) — Nach einer opt. Polarisations-Meth. wird die Kinetik der Oxydation von Ti, Mo u. Zr u. Ti-Legg. mit 10% Mo bzw. 5% Cr + 3% Al im Temp.-Bereich 20—400° untersucht. Die Bereiche, in denen die Oxydations-Geschw. logarithm. oder parabol. Gleichungen folgt, werden angegeben. Zr wird oberhalb 200° zur monoklinen Modifikation des ZrO_2 oxydiert. Die Oxydationsbeständigkeit steigt in der Reihenfolge Zr, Mo, Ti, Ti + 10% Mo, Ti + 5% Cr + 3% Al, Cr, Al. Die Aktivierungsenergien werden wie folgt angegeben: Ti (aus Jodid) im Temp.-Bereich 250—300° 10000 (cal/Mol), Zr (aus Jodid) 200—250° 21200, Mo (techn.) 150—300° 20000, Ti + 10% Mo, 200—350° 12000. R. Teichmann 225◇

0608 **Oxydation von Legierungen des Titanborids mit Metallen der Eisengruppe bei hohen Temperaturen.** W. F. Funke und Ss. I. Judkowski. (J. physik. Chem. [UdSSR] **37,** 1557—62, 1963; Moskau, Forschungs-Inst. für feste Legg.; russ., Auszug: engl.) — Vff. untersuchen die atmosphär. Oxydation von Legg. von TiB_2 mit Fe, Co u. Ni im Temp.-Bereich von 500°—1000°. Die Oxydations-Geschw. bei 500—750° sind für alle Legg. ungefähr gleich, jedoch bei 1000° für TiB_2–Fe um eine Größenordnung größer als für TiB_2–Ni u. TiB_2–Co. Die Phasen-Zus. der Oxidfilme hängt von den Leg.-Komponenten u. den Oxydations-Temp. ab. Als Oxydations-Prod. treten auf TiO_2, eine unbekannte Phase, die wahrscheinlich ein Mischoxid $Me_xB_yO_z$ darstellt, Eisenoxide wie FeO u. Fe_2O_3, Ni- u. Co-Titanat. Die Aktivierungsenergie der Titanboridoxydation wurde zu 17,5 kcal/Mol bestimmt. A. Kumm 225◇

0609 **Untersuchung der Kinetik der Oxydation von Kupferkristallen bei erhöhten Temperaturen.** Marcel Perdereau und Jean Bardolle. (C. R. hebd. Séances Acad. Sci. **256,** 4895—98, 1963; Reims, Fac. des Sci.; Paris, E. N. S. C. S.; franz.) — Cu-Einkristalle werden bei 850 u. 900° unter O_2-Drücken p von 2 bzw. 20 Torr sowie an Luft oxydiert u. die Gew.-Zunahme $\Delta m/S$ (S = Oberfläche) mit einer Thermowaage als Funktion der Zeit bestimmt. Bei 850° u. 2 Torr O_2 wird nur das Auftreten von Cu_2O beobachtet, während bei 900° u. höherem p stets Gemische von Cu_2O u. CuO beobachtet werden. Aus $\Delta m/S = f(t)$ folgt, daß keine Fläche bevorzugt oxydiert wird; außerdem zeigen polykristalline Cu-Proben den gleichen Verlauf der Rk.-Geschwindigkeit. Herbert Müller 225◇

0610 **pH-Änderungen während der Oxydation von gefälltem $Fe(OH)_2$ mit Luftsauerstoff.** A. Krause, St. Kolaczkowski und B. Zurawski. (Z. anorg. allg. Chem. **326,** 209—15, 1963, Poznań, Polen, Forschungsanst. des Inst. für Kommunale Wirtschaft; dt.) — Das aus $FeSO_4$-Lsgg. mit verschiedenen NaOH-Unterschußmengen gefällte $Fe(OH)_2$ zeigt nach anfänglichem pH-Anstieg im Rk.-Gemisch ein allmähliches Absinken der pH-Werte im Verlauf der Oxydation mit O_2. Der pH-Wert, bei dem man die Fällung des $Fe(OH)_2$ vornimmt, hat einen bedeutenden Einfl. auf die $Fe(OH)_2$-Oxydation hinsichtlich der Rk.-Geschw. u. vor allem der Struktur der dabei entstehenden Oxydations-Produkte. Die Oxydations-Geschw. wird manganometr., der pH-Wert der Rk.-Proben durch colorimetr. Analyse bestimmt. Folgende Rk.-Schritte werden angenommen: $(FeOH)_2SO_4 + {}^1/_2O_2 \rightarrow H_2O + (FeO)_2SO_4$, $(FeO)_2SO_4 + 2H_2O \rightarrow SO_4^{2-} + 2H^+ + 2\,\gamma\text{-FeOOH}$. Die Bldg. des γ-FeOOH ist experimentell gesichert. Die Tatsache, daß sich homogenes Eisen (Fe^{2+}-Ionen) nicht oder schwer, daß heterogenes Eisen [gefälltes $Fe(OH)_2$] sich hingegen äußerst leicht oxydieren läßt, wird auf die Aktivierung des mol. Sauerstoffs durch OH-Gruppen zurückgeführt. A. Kettrup 225◇

0611 **Der Einfluß von Fremdanionen auf die Luftoxydation von $Fe(OH)_2$ und die Struktur der Oxydationsprodukte.** A. Krause und A. Borkowska. (Z. anorg. allg. Chem. **326,** 216—24, 1963; dt.) — Vgl. vorst. Referat. — Bei der Oxydation von gefälltem $Fe(OH)_2$ mit Luftsauerstoff in einem pH-Bereich zwischen 4,8 u. > 12 wird durch Spurenmengen von Arsenat-, Diantimonat-, Chromat-, Molybdat- u. Wolframat-Anionen die Struktur der Oxydationsprodd., u. a. auch die Magnetit-Bldg., beeinflußt. Die Ergebnisse deuten auf ein unterschiedliches Verh. der Elemente der 5. u. 6. Gruppe hin. Phosphat, Arsenat u. Antimonat verhindern sicher, obschon in verschiedenem Ausmaß, die Magnetit-Bldg. aus $Fe(OH)_2$. Die genannten Anionen belegen das $Fe(OH)_2$ u. verhindern seine Umsetzung mit dem Eisen-(III)-hydroxid, das bei der Oxydation von $Fe(OH)_2$ zugleich entsteht. Damit wird die Magnetit-Bldg. gemäß folgender Gleichung verhindert: $Fe(OH)_2 + 2FeOOH \rightarrow Fe(FeO_2)_2 + 2H_2O$. Die Anionen der Elemente der 6. Gruppe dagegen gehen leicht Heteropolyverbb. ein u. können das im Magnetitbereich bereits negativ aufgeladene Metaeisen(III)-hydroxid (γ-FeOOH) aufnehmen. Diese Fremdanionen blockieren also das $Fe(OH)_2$ nicht, das sich ungehindert an der Magnetit-Bldg. beteiligt. Die Oxydationsprodd. wurden röntgenograph. identifiziert. Ferner wurden D. u. Ferromagnetismus bestimmt. A. Kettrup 225◇

0612 **Mechanochemische Reaktionen von Elementen der 4. Hauptgruppe mit einigen organischen Verbindungen.** Hans Grohn und Romann Paudert. (Z. Chem. **3,** 89—97, 1963; Leuna-Merseburg, TH für Chem., Inst. für Chem. u. Technol. der Hochpolymeren; dt.) — Vff. führen bei Raumtemp. eine mechan. Bearbeitung von Elementen der IV. Hauptgruppe in Ggw. niedermol. organ. Verbb. in einer Schwingmühle unter N_2-Atmosphäre durch. Aromat. Verbb., z. B. Chlorbenzol oder Benzonitril, führen mit Si, Ge, Sn u. Pb während der mechan. Bearbeitung zu keinerlei Umsetzungsprodukten. Bei Verw. von araliphat. Verbb., z. B. Benzylchlorid oder -bromid, entstehen mit Si, Ge u. Pb Polybenzyle u. die entsprechenden Halogenwasserstoffe. Pb liefert geringe Mengen Bleitetrabenzyl. Aus Sn u. Benzylhalogeniden erhalten Vff. die entsprechenden Dibenzyldihalogenstannane. Benzylcyanid u. -acetat reagieren nicht. Mit Benzal- u. Benzotrichlorid entsteht neben $SnCl_2$ im ersten Falle 1.2-Dichlor-1.2-diphenyläthan neben einer möglicherweise höhermol. zinnorgan. Verb. unbekannter Konstit. u. im zweiten Falle 1.1.2.2-Tetrachlor-1.2-diphenyläthan neben einem Harz, welches teilweise aus Polydichlorbenzylen besteht. Pb verhält sich gegenüber Benzal- u. Benzotrichlorid ähnlich dem Sn, gibt nur andere Ausbeuten. Es werden Analysen der Gasphase im Schwingmahlbehälter durchgeführt. Aus Sn u. p-Halogenbenzylhalogeniden entstehen p-Halogendibenzyl-

dihalogenstannane, während die Halogenäthylbenzole keine zinnorgan. Verbb., sondern 1.4-Diphenylbutan u. die Zinnhalogenide liefern. Für die zu verschiedenen Endprodd. führende Rk. zwischen Sn u. Benzylhalogeniden auf therm. Wege (Polybenzyle) u. durch mechan. Bearbeitung (Dibenzyldihalogenstannane) wird eine theoret. Erklärung gegeben. Die Bldg. von Dibenzyldihalogenstannan wird kinet. untersucht (zeitlicher Verlauf der Umsetzung, Rk.-Ordnung). Die Ausbeuten der Stannane sind von Füllgrad, Molverhältnis, Füllverhältnis, Mahlkörpergröße u. -Gew. u. dem Zusatz von Feststoffen abhängig. Die Rk. zeigt zwischen 5 u. 150° keine Temp.-Abhängigkeit. Mahlungen unter Luft zeigen lange Anlaufzeiten oder völliges Ausbleiben der Reaktionen. Es werden die Ausbeuten an Dibenzylzinnchlorid bei Verw. verschiedener mechan. Vorrichtungen (Schwingmühlen, Schnellrührer u. Schüttler) verglichen. Diskussion der Ergebnisse. — 58 Literaturangaben.
W. Dusdorf 225◇

0613 **Thermische Zersetzung von Ammoniumnitrat in Gegenwart von Chloriden.** B. Ju. Rosman. (J. anorg. Chem. [UdSSR] **6**, 783—85, 1961; russ.) — Vf. untersucht den therm. Zerfall von NH_4NO_3 in Ggw. von NH_4Cl u. Alkalimetallchloriden an Hand von Daten aus der Literatur u. gibt einen Zerfallsmechanismus an, der aber die beobachteten Erscheinungen nicht vollständig erklärt. — 17 Literaturstellen. W.-D. Heußner 225◇

0614 **Umsetzungen von Beryllium mit Uran(IV)-oxid.** A. G. Knapton und K. B. C. West. (J. nuclear Mater. [Amsterdam] **3**, 239—40, 1961; Aldermaston, UK, Assoc. Electr. Ind., Res. Labor.; engl.) — Im Hinblick auf die Kernreaktortechnik wurden an Hand von Schichtdickenmessungen die Umsetzungsgeschw. von Be-Blech mit UO_2-Tabletten, *Fe*, *Ni*, rostfreiem *Stahl* u. *U* im Temp.-Bereich 500—1000° untersucht.
K. Jaeger 225◇

A_8. Präparative anorganische Chemie, Komplexverbindungen, Metallorganische Verbindungen

0615 **Gasförmige Hydroxide.** Oskar Glemser. (Österr. Chemiker-Ztg. **64**, 301—12, 1963; Göttingen, Univ., Anorg.-chem. Inst.; dt.) — Vgl. C. **1962**, 6700. — Zusammenfassender Überblick über gasförmige Hydroxide mit ausführlichen Literaturangaben. G. Gattow 228◇

0616 **Untersuchungen über die Reaktion von Oxiden mit Wasser bei höheren Drücken und Temperaturen.** H. G. Wendlandt und O. Glemser. (Angew. Chem. **75**, 949—57, 1963; dt.) — Vgl. vorst. Referat. — Ausführliche Beschreibung einer App. zur Best. von Dampfdrücken, die im Prinzip nach der Mitführungs-Meth. arbeitet u. in der mit Drücken von 5—500 atm. H_2O u. zwischen 400 u. 700° gearbeitet werden kann; die Auswertemeth. der Meßergebnisse wird mitgeteilt. Vff. untersuchten die Syst. von SiO_2 (**I**), MoO_3 (**II**) u. WO_3 (**III**) mit H_2O (**IV**) zwischen 400 u. 700° in nachst. Dichtebereichen (DB) von **IV**: < 0,05 (**1**), 0,1—0,45 (**2**) u. > 0,65 (**3**) g/cm³. Im Syst. **I**—**IV** wurden die gasförmigen Hydroxide $Si(OH)_4$, $Si_2O(OH)_6$ bzw. $[SiO(OH)_2]_x$ in den DB **1**, **2** bzw. **3** nachgewiesen. In den Syst. **II**—**IV** u. **III**—**IV** sind im DB **1** die gasförmigen Verbb. $MoO_2(OH)_2$ u. $WO_2(OH)_2$ existent. Bei höheren Dichten (DB **2** u. **3**), bei denen die überkrit. Phase mehr u. mehr die Eigg. einer Fl. zeigt, treten Isopolymolybdän- bzw. Isopolywolframsäuren auf, über deren Zus. diskutiert wird. G. Gattow 228◇

0617 **Die Reaktion zwischen ozonhaltigem Sauerstoff und Schwefelwasserstoff in der Gasphase.** I. K. Gregor und R. L. Martin. (Austral. J. Chem. **14**, 462—69, 1961; Broadway, Univ. of New South Wales, School of Chem.; engl.) — Bei der Einw. von O_3-haltigem O_2 in stat. Syst. auf H_2S bei 20° unter Lichteinw. erfolgt Rk. nach $H_2S \rightarrow (1-x)H_2SO_4 + x\,H_2O + x\,SO_2$ mit $o \leq x \leq 1$ u. $x \rightarrow o$ wenn $[O_3]_0/[H_2S]_0 \geq 18$. A. Blaschette 253◇

0618 **Neue polymere Stickstoffsulfide.** J. Buckley und H. G. Heal. (J. inorg. nuclear Chem. **25**, 321—22, 1963; Belfast, Queen's Univ., Chem. Dep.; engl.) — Beim Schütteln einer Suspension von 1,92 mMol $Hg(S_7N)_2$ in 5 ml CS_2 mit 1,92 mMol J_2 in 10 ml CS_2 bei 0° verschwindet die J_2-Farbe u. nach dem Abtrennen von HgJ_2 verbleibt eine rot-orangefarbene Lösung. Aus dieser lassen sich durch Chromatographie mit Silicagel Polymere der Zus. $S_{10}N$ u. $S_{11,5}N$ sowie S_4N_4 u. S_7NH isolieren. Die Polymeren sind transparente, rote, viscose, nur in CS_2 lösl. Fll. (Molgew. 2400—3400), die von Luft u. W. nicht angegriffen werden u. aus denen sich bei mehrmonatigem Stehen rhomb. S ausscheidet. Die IR-Banden der Polymeren zwischen 2,5 u. 15 μ liegen bei 12,9 (s), 12,4 (m) u. 13,5 (m). H. Kuckertz 253◇

0619 **Darstellung von Natrium- und Kaliumtetrahydridoborat durch Reduktion von Borhalogeniden mit Natrium- und Kaliumhydriden in Gegenwart von Triäthylaluminium.** L. I. Sacharkin und W. W. Gawrilenko. (Nachr. Akad. Wiss. UdSSR, Abt. chem. Wiss. **1962**, 173—74; Inst. für elementorg. Verbb. der Akad. der Wiss. der UdSSR; russ.) — $NaBH_4$ u. KBH_4 lassen sich durch Rk. von NaH bzw. KH mit BCl_3 oder $BF_3 \cdot$ Ae. in Ggw. von Aluminiumtriäthyl (**I**) als Katalysator darstellen. — $NaBH_4$, a) man leitet in 50 g NaH u. 3 ml **I** in 250 ml abs. Toluol bei 80—95° unter N_2 53 g BCl_3 ein, erhitzt 20 Min. lang, saugt gut ab, wäscht mit Ae. u. extrahiert mit Diglym; 14,2 g (Ausbeute); b) man gibt zu 30 g NaH in 150 ml Toluol u. 2,5 ml **I** unter N_2 bei 85° 38 g $BF_3 \cdot$ Ae.; 6,5 g. — KBH_4, man gibt zu 51 g KH u. 2,5 ml **I** in 150 ml Toluol unter N_2 bei 75—85° 34 g BCl_3, erhitzt 20 Min. lang, zersetzt überschüssiges KH mit A., löst die Salze in W. u. dampft ein; 80 g, die 17,7% KBH_4 enthalten. Helmut Schäfer 258

0620 **Bemerkungen über Kaliummetaphosphat.** Tamotsu Yamada, Chitose Kondo und Sadao Nakamura. (Bull. Nagoya Inst. Technol. **14**, 326—33, 1962; jap., Auszug: engl.) — Vgl. Thilo u. Grunze, C. **1956**, 9939. — Vff. untersuchten die Bldg. von *hochmolekularem Kaliumphosphat* („Kaliummetaphosphat"), das papierchromatograph. eindeutig von Mono- u. Diphosphat unterschieden werden kann, aus KH_2PO_4 (**I**) durch Anwendung von DTA. Danach liegt der Peak der Dehydratation bei 245°. Es wurde eine Beziehung zwischen der Fläche, die von der DTA-Kurve beim Peak gebildet wird, u. der umgesetzten Menge **I** gefunden.
W. Feldmann 264◇

0621 **Das thermische Verhalten einiger Schwermetallhypophosphate.** H. Falius. (Naturwissenschaften **50**, 546, 1963; Braunschweig, TH, Inst. für Anorg. Chem.; dt.) — Die Herst. nachst. Schwermetallhypophosphate erfolgte durch Umsetzung äquimol. Mengen wss. Lsgg. der Metallacetate mit $Na_2H_2P_2O_6 \cdot 6H_2O$ u. anschließendem Trocknen im Vakuum über P_2O_5: $Ag_4P_2O_6$ (**I**), $Hg_2P_2O_6$ (**II**), $Cu_2P_2O_6 \cdot 6H_2O$ (**III**) u. die analogen H_2O-haltigen *Pb-*, *Co-* u. *Ni-Verbindungen*. Das blaue **III** geht beim Erhitzen auf 105° (Vakuum) in das grüne $Cu_2P_2O_6 \cdot H_2O$ über. Die therm. Zers. von **I**, **II**, **III** u. von $Ag_5P_3O_8$, die unter Metallabscheidung u. Polyphosphat-Bldg. verläuft, wurde quant. durch langsames Erhitzen in N_2-Atmosphäre untersucht; die Rk.-Prodd. wurden chem. u. papierchromatograph. charakterisiert. Der Zerfall (bei **II** explosiv) tritt bereits < 200° ein.
G. Gattow 264◇

0622 **Natur, Stabilität und Bindung der Peroxogruppe in Peroxotitanverbindungen.** C. C. Patel und G. V. Jere. (J. inorg. nuclear Chem. **25**, 1155—59, 1963; Bangalore, Indian Inst. of Sci., Dep. of Inorg. and Phys. Chem.; engl.) — Vgl. C. **1963**, 6089. — An Verbb. des Typs $[Ti(O_2)L(H_2O)_2] \cdot H_2O$ (L = zweizähniger Ligand) werden die IR-Spektren im festen Zustand, die Absorptionsspektren in wss. Lsg. u. die Dissoziation nach (1) $TiO_2L + H_2O \rightleftharpoons TiOL + H_2O_2$ (molar-ratio-Meth.) bzw. $TiO_2L + x\,H_2O \rightleftharpoons [TiO_2 \cdot aq]^{2+} + L^{2-}$ (Leitfähigkeitsmessungen) untersucht. Die Spektren u. die rote Farbe der Verbb. werden durch das Vorliegen eines gespannten (= TiO_2)-Dreirings an Stelle einer linearen Gruppierung >Ti–O–OH bzw. >Ti–O–O–Ti< gedeutet. Der Winkel O–Ti–O soll ca. 90° betragen, so daß nur eine partielle u. unter Verzerrung der Orbitale zustandekommende Überlappung der bindenden Zustände in der O–O-Bindung an-

genommen werden kann. Hierdurch erklärt sich auch die Instabilität der Peroxogruppe, die in der Reihenfolge *L* = *Oxalat* > *Maleinat* > *Malonat* > *Sulfat* > O_2^{2-} (Ti-Peroxid) zunimmt. In der gleichen Reihenfolge steigt auch die Dissoziationskonst. gemäß (1).
A. Blaschette 321◇

0623 **Bildung einiger flüchtiger Germaniumverbindungen bei erhöhten Temperaturen.** W. I. Dawydow und W. G. Djatschko. (J. physik. Chem. [UdSSR] **37,** 193–96, 1963; Tscheljabinsk, Rat der Volkswirtschaft, Forsch.-Inst. für Metallurg.; russ.) — Gemäß der thermodynam. Literatur-Daten der Bldg.-Rkk. von GeO (**I**), GeS u. GeS_2 (**II**) u. $GeCl_4$ (**III**) bei 960–1115° zeichnet sich die Sulfidierungs-Rk. aus metall. Ge u. die Bldg. von **I** durch Red. von GeO_2 (**IV**) durch besonders große Wahrscheinlichkeit aus. Die Rk.-Prodd. wurden im Luftstrom entfernt, der Rückstand mit einem maximalen Fehler von ± 5% auf Ge untersucht. Bei 1030–1070° sind die Bldg.-Geschw. von **I, II** u. **III** gemäß GeO_2 + 6C, GeO_2 + FeS_2 + 2C u. GeO_2 + 2$CaCl_2$ + 2C fast gleich u. bedeutend größer als die Bldg.-Geschw. gemäß GeO_2 + 2$CaCl_2$ u. GeO_2 + FeS_2. Bei 940–1000° ist die Bldg.-Geschw. von **II** gemäß Ge + FeS_2 größer als die von **I** nach Ge + 1/2 O_2 u. beide größer als die von **III** gemäß Ge + 2$CaCl_2$.
H.-J. Lunk 326◇

0624 **Röntgenographische Untersuchung von Sintergemischen im System BaO–GeO_2.** Je. Ss. Shmud, A. B. Iwanowa, A. A. Kotljar und Je. P. Osstaptschenko. (J. anorg. Chem. [UdSSR] **7,** 2581–90, 1962; russ.) — Bei der Sinterung von $BaCO_3$–GeO_2-Gemischen an Luft bilden sich folgende Verbb.: Ba_2GeO_4, $BaGeO_3$ u. $BaGe_2 \cdot O_5$. Vff. bestimmen in Abhängigkeit vom Temp.-Bereich von 920–1300° u. des BaO-Geh. (10–90%) die Zus. der erhaltenen Phasen. Danach ist bei höheren Temp. die Zahl der gleichzeitig anwesenden Phasen begrenzt; oberhalb 1200° wird kein $BaGe_2O_5$, sondern nur die einphasigen Verbb. $BaGeO_3$ oder Ba_2GeO_4 gebildet. Bei Sinterung in H_2-Atmosphäre läßt sich nur Ba_2GeO_4 darstellen, das bei einem Mischungsverhältnis $BaCO_3$: GeO_2 = 2:1 neben überschüssigem BaO auch noch metall. Ge enthalten kann. Die Kristallstruktur der Ba–Ge-Verbb. entspricht der von Ba–Si-Verbindungen.
W.-D. Heußner 326◇

0625 **π-Komplexe der Übergangsmetalle.** 11. Mitt. **Additionsreaktionen der Triarylchromverbindungen.** W. Metlesics und H. Zeiss. (J. Amer. chem. Soc. **81,** 4117, 1959; Dayton, Ohio, Monsanto Chem. Co., Res. and Engng. Div.; engl.) — 10. vgl. C. **1960,** 11232; vgl. auch C. **1964,** 6/7-0770. — Die Umsetzung von Chrom(III)-trimesityl (**I**) mit Butin-(2) ergibt *2-Mesitylbuten-(2)*, $C_{13}\cdot H_{18}$, das mit OsO_4 unter Bldg. von *2-Mesitylbutandiol-(2.3)*, $C_{13}H_{20}O_2$, F. 110–112° reagiert. Die Umsetzung von Chrom(III)-triphenyl (**II**) mit Acetylendicarbonsäuredimethylester führt zu *cis-Diphenylmaleinsäuredimethylester*, F. 110–112°. Wahrscheinlich werden die dem Chromtriaryl koordinierten Tetrahydrofuran-Moll. schrittweise durch die Acetylen-Derivv. ersetzt in einer Weise, die von der Menge des vorhandenen Acetylens abhängig ist. Unter dem Einfl. elektronenanziehender Gruppen, wie –C(O)OCH_3, wird infolge Delokalisierung der π-Elektronen des Acetylen-Deriv. die Additions-Rk. gegenüber der cycl. Kondens. begünstigt.
H. G. Henkel 335□

0626 **Gleichgewichte der Sauerstoffverbindungen des Urans zwischen 1500 und 2000° K.** A. M. Anthony, R. Kiyoura und T. Sata. (J. nuclear Mater. [Amsterdam] **10,** 8–14, 1963; Paris, C. N. R. S., Labor. des Echanges Therm.; Tokyo, Inst. of Technol.; franz.) — Das Zustandsdiagramm der O-Verbb. des U wurde im Temp.-Bereich von 1500–2000° K festgelegt. Die benutzte Meth. besteht im Abschrecken der U-Oxid-Proben, nachdem sie auf einer bestimmten Temp. unter bekanntem O-Partialdruck gehalten wurden. Messungen mit Hilfe einer Thermowaage erlaubten die Best. des O/U-Verhältnisses, während Röntgenfeinstrukturunterss. die Zahl der vorliegenden Phasen angeben. Es wurden drei Bereiche gefunden: ein einphasiger Bereich, in dem eine Lsg. des O im UO_2 vorliegt; ein Zweiphasenbereich mit der Zus. $UO_{(2+x)}$–$UO_{2,61}$ u. ein homogener Bereich mit der Zus. $UO_{2,61}$–U_3O_8. Außerdem wurden die thermodynam. Funktionen berechnet u. mit den bisher veröffentlichten Werten verglichen.
H. Jehne 339◇

0627 **Beobachtung einer Uran(V)-Ionenart in geschmolzenen Chloridlösungen.** M. D. Adams, D. A. Wenz und R. K. Steunenberg. (J. physic. Chem. **67,** 1939–41, 1963; Argonne, Ill., Argonne Nat. Labor., Chem. Engng. Div.; engl.) — Vff. untersuchen die Absorptionsspektren von in geschmolzenen Chloridsyst. gelöstem $MgUO_4$ (**I**), UO_2Cl_2 (**II**), U_3O_8 (**III**), UO_3 (**IV**) u. $UOCl_3$ (**V**); als Lsgm. dienten Schmelzen der folgenden Zus. (in Klammern Mol-% der Komponenten): LiCl-KCl-Eutektikum (**VI**), $MgCl_2$–NaCl–KCl (50–30–20) (**VII**) u. $MgCl_2$–LiCl (50–50) (**VIII**). Die beobachteten Spektren lassen sich nicht durch eines der Ionen U^{3+}, U^{4+} oder U^{6+}, sondern lediglich durch die Annahme von U^{5+} deuten. Das U^{5+}, das in Form des Ions UO_2^+ vorliegt, entsteht durch die Gleichgewichtsrk.: $UO_2Cl_2 \rightleftharpoons UO_2Cl + {}^1/_2Cl_2$ (1), die oberhalb von 600° spontan nach rechts verläuft, jedoch bereits bei 450° durch Abpumpen des Cl_2 eingeleitet werden kann. In den $MgCl_2$-haltigen Schmelzen setzen sich höhere U-Verbb. wie **IV**, zu **I** u. **II** um: 2UO_3 + $MgCl_2$ → $MgUO_4$ + UO_2Cl_2 (2). **II** reagiert weiter nach (1), **I** setzt sich mit weiterem $MgCl_2$ um gemäß $MgUO_4$ + $MgCl_2$ → UO_2Cl_2 + 2MgO (3). Die Lsgg. von UO_2^+ in Chloridschmelzen sind gelb bis grüngelb u. werden beim Erstarren schwarz oder grau. Das Absorptionsspektrum von UO_2Cl in den drei Schmelzen **VI, VII** u. **VIII** ist in allen Fällen das gleiche mit einem ausgeprägten Maximum bei 1500 nm. Das gleiche Maximum wurde im Absorptionsspektrum von **V** beobachtet, wobei jedoch noch zwei zusätzliche Maxima bei 1070 u. 1270 nm auftreten, die in den Salzschmelzen nicht beobachtet werden.
F. Weigel 339◇

0628 **Gewinnung und Eigenschaften von Plutoniumhalogeniden.** 1. Mitt. **Über Plutoniumchloride.** W. W. Fomin, N. A. Dmitrijewa und W. Je. Resnikowa. (J. anorg. Chem. [UdSSR] **3,** 1999–2005, 1958; russ.) — Vgl. C. **1960,** 14985. — Ausgehend vom thermodynam. Potential wählten Vff. CCl_4 als Chlorierungsmittel. Pu, sowie als Vgl. UX_1(^{234}Th), in nicht wägbaren Mengen, wurden mit La-Oxalat mitgefällt. Das Oxalat wurde durch Glühen in La_2O_3 überführt. Nach anderen Meth. wurde Th auf La-Oxalat adsorbiert oder mit $Fe(OH)_3$ mitgefällt u. Pu trägerfrei eingedampft u. geglüht. Sodann wurde bei 450–700° im Quarzrohr CCl_4-Dampf über die Proben geleitet. Aus der Differenz der Radioaktivität vor u. nach der CCl_4-Einw. wurde der Anteil der Chlorid-Bldg. berechnet, da die Oxide nicht sublimieren. Die Chlorierungs-Temp. von Pu liegt tiefer. Weiter wurden < 1 mg PuO_2 u. UO_2 unter 3 atm CCl_4-Druck chloriert. Es bildeten sich bei 500° bzw. bei 350–450° vollkommen lösl. Produkte. Die Pu- u. U-Mengen wurden erhöht, so daß eine Cl^--Analyse die Bldg. von $PuCl_3$ u. UCl_4 bestätigen konnte. Bei beiden Oxiden läuft die Rk. unter Bldg. von CO_2 u. Chlorid ab. Bei PuO_2 entsteht außerdem Cl_2 nach der Rk. PuO_2 + CCl_4 → $PuCl_3$ + CO_2 + ${}^1/_2Cl_2$. Bei 425° bildet sich aus UO_2 das Chlorid u. Phosgen (UO_2 + 2CCl_4 → UCl_4 + 2$COCl_2$). Das spezif. Gew. von $PuCl_3$ beträgt 5,33 g/cm³. Beim Verdampfen einer salzsauren Lsg. von $PuCl_4$ wurde ein hellbraunes Prod. mit einem Verhältnis Pu:Cl = 2:3 gewonnen. Im Vacuum verliert das Prod. W. oder Sauerstoff. Möglicherweise besitzt es die Struktur $(OH)_3 \cdot$ Pu–O–PuCl_3 · 2H_2O oder OH(O)Pu–O–PuCl_3 · 3H_2O. Thermodynam. wurde die Beständigkeit von Pu^{4+}-Komplex-Verbb. bewiesen u. eine auf trocknem Weg durch Erhitzen einer Mischung aus PuO_2 u. RbCl im CCl_4-Dampf erhalten.
G. Ewald 343◇

0629 **Untersuchung der physikalisch-chemischen Eigenschaften von Plutonylfluorid.** I. F. Alentschikowa, L. L. Saitzewa, L. W. Lipiss, N. Ss. Nikolajew, W. W. Fomin und N. T. Tschebotarew. (J. anorg. Chem. [UdSSR] **3,** 951–55, 1958; russ.) — Eine salzsaure PuO_2Cl_2-Lsg. wurde durch Oxydation von $PuCl_4$ mit Cl_2 bei ca. 100° erhalten. PuO_2F_2 (**I**) wurde mit 38%ig. HF gefällt. Jedoch zeigten die rosa Farbe der Lsg. u. die Absorptionsspektren, daß **I** in einer HCl/HF-Mischung z. T. lösl. ist. Es wurde sodann mit fl. HF gefällt. Der weiße Nd. wurde chem. analysiert, das Absorptionsspektrum u. das IR-Spektrum der Verb. wurde aufgenommen. Außerdem wurde eine Röntgenstrukturanalyse durchgeführt. Pu wurde radiometr. u. gravimetr. über PuO_2 bestimmt, F colorimetr. über den Thoronkomplex. Die Zus. PuO_2F_2 wurde bestätigt. Das Absorptionsspektrum zeigte keine Pu^{4+}-Linien. Das Laue-Diagramm zeigt die Identität der beiden Ndd. aus 38%ig. HF u. fl. HF. Das Infrarotspektrum zeigt die für MeO_2^{2+} charakterist. Schwingungsbande. Das Laue-Diagramm bestätigt die Isostruktur zu UO_2F_2: rhomboedr. Gitter mit $a = 5{,}797 \pm 0{,}005$ Å; $\alpha = 42° \pm 3'$ $D_{R} = 6{,}50$ g/cm³. Die Löslichkeit in W. bei 20° beträgt 1,07 g/Liter. In W. zeigt sich eine Strukturänderung.

G. Ewald 343◇

0630 **Fällung von Manganhydroxid bei konstantem pH-Wert der Lösung.** T. W. Kaschtschejewa und A. L. Zeft. (Nachr. Akad. Wiss. KasachSSR, Ser. Metallurgie, Erzaufbereit. **1961**, Nr. 2, 33—38; russ.) — Die Zus. der bei Fällung verd. $MnCl_2$-Lsgg. mit NaOH bei 25° gebildeten Ndd. wurde nach der Meth. der Fällung bei konst. pH-Wert der Lsg. untersucht. Die Vers.-Anordnung ist wiedergegeben. Im pH-Bereich 8,5—9,5 fällt reines $Mn(OH)_2$. Zur quant. Fällung von Mn^{2+} ist ein pH $\geqq$ 9 erforderlich.

G. Winkhaus 350◇

0631 **Chemie der Metallcarbonyle.** 24. Mitt. **Bis-[pentacarbonylmangan]-german.** A. G. Massey, A. J. Park und F. G. A. Stone. (J. Amer. chem. Soc. **85**, 2021, 1963; London, Univ., Queen Mary Coll., Dep. of Chem.; engl.) — 23. vgl. C. **1963**, 19959. — $H_2Ge[Mn(CO)_5]_2$, F. 87—88°, wird aus $HMn(CO)_5$ u. GeH_4 in THF (15°/8 Tage) im Vakuum erhalten. Die an der Luft stabile, hellgelbe, in organ. Lsgm. etwas lösl. Verb. ließ sich durch Sublimation bei 80°/10^{-3} Torr reinigen.

H. Kuckertz 350◇

0632 **Über die Umsetzung von Rheniumhexafluorid mit Metallfluoriden.** N. Ss. Nikolajew und Je. G. Ippolitow. (Ber. Akad. Wiss. UdSSR **140**, 129—32, 1961; russ.) — Gemäß den Rkk. $ReF_6 + 2MeF = Me_2ReF_8$ u. $Me_2ReF_8 + ReF_6 \leftrightarrows 2MeReF_7$ wurden die Verbb. Na_2ReF_8 (**I**), K_2ReF_8 (**II**), Rb_2ReF_8 (**III**), Cs_2ReF_8 (**IV**), $KReF_7$ (**V**), $RbReF_7$ (**VI**), $CsReF_7$ (**VII**) synthetisiert: **II** im Autoklav bei 200° durch 6std. Erwärmen von KF: ReF_6 = 2:1 (molares Verhältnis) mit 95%ig. Ausbeute bzw. durch 4std. Erwärmen von KF:ReF_6 = 0,3:1 u. Waschen des Rohprod. mit ClF_3; **I** u. **III** analog der 1. Meth. von **II**; **IV** durch 48std. Erwärmen von CsF: ReF_6 = 2,2:1 im Autoklav auf 200°; **V** durch 36std. Rk. von KF:ReF_6 = 0,5:1 bei 0°; **VI** u. **VII** durch 6std. Rk. bei Zimmertemp. analog **V**, jedoch mit geringerem ReF_6-Überschuß. **IV** u. **VII** werden auch durch Rk. von ReF_6 u. CsF im entsprechenden molaren Verhältnis in ClF_3 erhalten. LiF reagiert nicht gemäß den angeführten Darst.-Meth. mit ReF_6. **I–IV** sind rosafarbene, therm. stabile Verbb., **II** zeigt erst bei 700° einen geringen Gew.-Verlust. **V**, **VI** u. **VII** sind gelb gefärbt u. dissoziieren schon bei 50, 100 bzw. 200°. **V** zersetzt sich in N_2 bei 200—300° zu ReF_6 u. **II**. **VI** u. **VII** reagieren bei 200° quant. gemäß $AReF_7 + AF = A_2ReF_8$, A = Rb bzw. Cs. Für **I–III** sind die Röntgenspektren schemat. angegeben. $D_{(II)} = 4{,}35$ g/cm³, $D_{(III)} = 4{,}5$ g/cm³. Die magnet. Momente entsprechen für **I–IV** mit 1,7—1,6 μ_B dem sechswertigen Zustand von Re; für **V–VII** (0,6 bis 0,7 μ_B) sind sie zu klein. Außer **I** sind die Verbb. der ersten Form (**II–IV**) fast unlösl. in Wasser. Nach einigen Min., bei **I** sofort, entsteht infolge Hydrolyse gemäß $3Me_2ReF_8 + 12H_2O = 2MeReO_4 + ReO_2 \cdot 2H_2O + 20HF + MeF$ eine blaue Lsg. über den Verbindungen. **V–VII** sind unter Bldg. blauer Lsgg. in kaltem W. gut löslich.

H.-J. Lunk 352◇

0633 **Das pseudobinäre System $BaO \cdot 6Fe_2O_3$–$BaO \cdot Fe_2O_3$.** Z. Ziołowski. (Prace Inst. hutniczych **14**, 155 bis 163, 1962; Inst. Metalurgii Żelaza; pol.) — Das Syst. $BaO \cdot 6Fe_2O_3$–$BaO \cdot Fe_2O_3$ wird zwischen 900 u. 1500° an der Luft thermograph., röntgenograph. u. mkr. untersucht. Zwischen 12 u. 54,5 Gew.-% BaO werden 22 Zuss. geprüft. Die DTA zeigt, daß die charakterist. Punkte der Liquidus- u. Soliduskurve im Gebiet der Dissoziation der Fe-Oxide liegen. Das eutekt. Gemisch mit F. 1320 ± 10° enthält 37 Gew.-% BaO. $BaO \cdot Fe_2O_3$ (Ferrit) geht unter Zers. u. Bldg. einer Lsg. von BaO in der Spinellphase u. Bldg. von magnet. Ferrit $BaO \cdot 8Fe_2O_3 \cdot 2FeO$ bei ca. 1450° in Fl. über. Genaue Messungen der Gitterkonst. zeigen, daß bei Temp. < 1300° weder Fe_2O_3 noch $BaO \cdot Fe_2O_3$ feste Lsgg. in $BaO \cdot 6Fe_2O_3$ bildet. Als neue Verb. wird $BaO \cdot 2Fe_2O_3$ gefunden, das durch chem. Rk. von $BaO \cdot 6Fe_2O_3$ u. $BaO \cdot Fe_2O_3$ (1:4 Mol) in festem Zustand entsteht u. bei Temp. > 1145° wieder in die Komponenten zerfällt. Die magnet. Eigg. werden durch die polymorphen Umwandlungen von $BaO \cdot Fe_2O_3$ beeinflußt.

R. K. Müller 354◇

0634 **Reduktion von Eisen–Titan-Konzentraten in fester Phase ohne Schmelzen.** 1. Mitt. M. B. Rapoport und W. M. Koslow. (J. angew. Chem. [UdSSR] **34**, 734—43, 1961; Allunions-Inst. für Aluminium u. Magnesium; russ.) — Durch Red. von Fe–Ti-Konzentraten (**I**; z. B. angereicherte Ilmenit-Arizonit-Perowskitgemische) mit Hilfe von Anthrazit (**II**) bei 1000—1300° entstehen neben *Fe* die Oxide Ti_3O_5 u. Ti_2O_3. Bei engem Kontakt von **I** u. **II** verläuft der Red.-Prozeß bei 1200° intensiv. Beim reduzierenden Schmelzen der **I** wird der größere Anteil der Fe-Oxide in fester Phase vor dem Beginn der Schlacken-Bldg. reduziert. Es wird bestätigt, daß zur Intensivierung der Red. der Fe-Oxide in fester Phase eine gemeinsame Brikettierung von **I** u. **II** notwendig ist.

S. Baryschnikow 354

0635 **Kobalt(II)-cyanid, seine dreidimensionale Skelettstruktur und Einlagerungsverbindungen.** Armin Weiss und W. Rothenstein. (Angew. Chem. **75**, 575—76, 1963; Heidelberg, Univ., Anorg.-Chem. Inst.; dt.) — Aus den ident. Röntgendiagrammen von $Co(CN)_2$ u. $Co(CN)_2 \cdot 3H_2O$ (Elementarlänge = 10,12 Å) schließen Vff., daß im wasserfreien $Co(CN)_2$ große Hohlräume vorliegen, in die auch andere polare Verbb. X, deren van der Waals-Durchmesser < 3,6 Å ist, eingelagert werden können (z. B. n-Alkohole, Nitrile, Aldehyde, Carbonsäuren, Amine, Arylhalogenide, HCN usw.). Die Einlagerungsverbb. sind nicht durch ein bestimmtes Molverhältnis $Co(CN)_2$:X, sondern durch ein konst. Vol.-Verhältnis $V_{Co(CN)_2}:V_X$ charakterisiert. Pro Mol wasserfreies $Co(CN)_2$ werden ca. 30 ml X eingelagert. Als Kristallstruktur wird ein weitmaschiges, dreidimensionales Gerüst aus $Co(CN)_3^-$ angenommen, in dessen zweitem Teilwürfel jeweils ein Co^{2+} gebunden ist.

H. Kuckertz 355◇

0636 **Thermische Zersetzung von Metallkomplexen.** 6. Mitt. **Einige Amminkobalt(II)-komplexe.** W. W. Wendlandt und J. P. Smith. (J. inorg. nuclear Chem. **25**, 985—93, 1963; Lubbock, Tex., Texas Technol. Coll., AFOSR Center for Molecular Res., Dep. of Chem.; engl.) — 5. vgl. ibid. **25**, [1963], 843; 3. vgl. C. **1963**, 21474. — Die therm. Zers. der Komplexe $[Co(NH_3)_6]X_2$ (*X = Cl, Br* bzw. *J*) ergibt bei 180, 178 bzw. 192° $(Co \cdot (NH_3)_2]X_2$, bei 219 oder 220° (mit Ausnahme von X = J) $[Co(NH_3)]X_2$ u. bei 302 oder 300° CoX_2; an Stelle von CoJ_2 wurde bei 315° Co_3O_4 erhalten. $[Co(NH_3)_6](NO_3)_2$ wird bei 125° zu $[Co(NH_3)_4](NO_3)_2$ u. explodiert bei 210° nach der Gleichung: $9[Co(NH_3)_6](NO_3)_2 \rightarrow 3Co_3O_4 + 30NH_3 + 36H_2O + 17N_2 + 4NO + 2N_2O$. $[Co(NH_3)_6] \cdot SO_4$ wird bei 113° zu $[Co(NH_3)_4]SO_4$, bei 303° zu $[Co \cdot (NH_3)_{0,5}]SO_4$ u. bei 340° zu $CoSO_4$ abgebaut.

Versuche: $[Co(NH_3)_6]Br_2$, aus konz. HBr u. $CoCl_2$ u. Neutralisieren mit NH_4OH. — $[Co(NH_3)_6]J_2$, analog trans-$[Co(NH_3)_2]Br_2$, aus vorst. Verb. durch 24std. Erhitzen bei 100° im Vakuum. — Analog: *trans-$[Co(NH_3)_2]Cl_2$*, *trans-$[Co(NH_3)_2]J_2$*, $[Co(NH_3)_4]SO_4$ u. $[Co(NH_3)_4](NO_3)_2$ — $[Co(NH_3)_{0,5}]SO_4$, durch 24std. Erhitzen des Hexammins im Vakuum auf 275°.

G. Heller 355◇

0637 **Thermische Zersetzung von Metallkomplexen.** 8. Mitt. **Einige Diaquotetramminkobalt(III)- und Halogenoaquotetramminkobalt(III)-halogenide.** W. W. Wendlandt, W. R. Robinson und W. Y. Yang. (J. inorg. nuclear Chem. **25**, 1495—1502, 1963; engl.) — 7. vgl. C. **1964**, 13-0582; 6. vgl. vorst. Referat. — Mit den Meth. der Thermogravimetrie, der DTA, der Analyse der Gasentw. u. der Reflexionsspektroskopie wurde der therm. Abbau von $[Co(H_2O)_2(NH_3)_4]Cl_3$ (**I**) u. $[CoCl(H_2O)(NH_3)_4]\cdot Cl_2$ (**II**) sowie von $[Co(H_2O)_2(NH_3)_4]Br_3$ (**III**) u. von $[Co\cdot Br(H_2O)(NH_3)_4]Br_2$ (**IV**) untersucht. In N_2-Atmosphäre bildet sich aus **I** bzw. **III** in den Temp.-Bereichen 65—100° bzw. 55—100° unter H_2O-Abspaltung **II** bzw. **IV**. Die Rk. ist 1. Ordnung u. besitzt die Aktivierungsenergie E = 33 kcal für **I** → **II** bzw. E = 21 kcal für **III** → **IV**. Zwischen 100 u. 180° bzw. 100 u. 160° spalten **II** bzw. **IV** erneut H_2O ab unter Bldg. von $[CoCl_2(NH_3)_4]Cl$ (**V**) bzw. $[CoBr_2(NH_3)_4]Br$ (**VI**). Für **II** → **V** ist die Rk. 1. Ordnung mit E = 22 kcal **V** bzw. **VI** dissoziieren weiter unter Abspaltung von NH_3, N_2 u. NH_4Cl. Bei 300 bzw. 235° liegen 1:1-Mischungen $CoCl_2$ + NH_4Cl bzw. $CoBr_2$ + NH_4Br vor, bei 375 bzw. 420° reines $CoCl_2$ bzw. $CoBr_2$. Offenbar red. das koordinierte NH_3 Co(III) zu Co(II). Die Reflexionsspektren von **I** bzw. **II** besitzen Maxima bei 510 bzw. 540 nm, diese verschieben sich bei ansteigenden Temp. u. gehen bei 150° über in das Spektrum von **V** mit einem breiten Maximum bei ca. 660—720 nm.

E. Steinrücke 355◇

0638 **Thermographische Untersuchung von Hydroxiden einiger Metalle.** 1. Mitt. **Individuelle Hydroxide.** W. P. Tschaly, O. I. Schor und Ss. P. Roshenko. (Ukrain. chem. J. **27**, 3—6, 1961; Inst. für allg. u. anorgan. Chem. der Akad. der Wiss. der UkrainSSR; russ.) — Die unter gleichen Bedingungen frisch gefällten Hydroxide $Mg(OH)_2$, $Ni(OH)_2$, $Cu(OH)_2$, $Zn(OH)_2$, $Cd(OH)_2$, $Al(OH)_3$, $Cr(OH)_3$, $Fe(OH)_3$ u. $In(OH)_3$ wurden thermograph. untersucht. Eine direkte Abhängigkeit zwischen der Dehydratationstemp. (DT) u. dem Abstand OH^-–OH^- im Hydroxidgitter wurde für strukturisomorphe Hydroxide der zweiwertigen Metalle bestätigt. Eine Parallelität zwischen DT u. der Übergangsgeschw. des Hydroxids aus dem amorphen in den kristallinen Zustand (Alterung des Hydroxids) wurde für die Hydroxide der dreiwertigen Metalle festgestellt. S. Baryschnikow 356

0639 **Thermographische Untersuchung von Hydroxiden einiger Metalle.** 2. Mitt. **Binäre Systeme von Hydroxiden.** W. P. Tschaly und O. I. Schor. (Ukrain. chem. J. **27**, 7—11, 1961; Inst. für allg. u. anorg. Chem. der Akad. der Wiss. der UkrainSSR; russ.) — Die frischbereiteten bzw. 20 Tage stehengelassenen bin. Hydroxid-Syst. $Ni(OH)_2$–$Mg(OH_2)$, $Ni(OH)_2$–$Zn(OH)_2$ u. $Ni(OH)_2$–$Cd\cdot(OH)_2$ bei Komponentenverhältnissen 4:1, 1:1 u. 1:4 sowie die Syst. $Zn(OH)_2$–$Al(OH)_3$, $Zn(OH)_2$–$Cr(OH)_3$ u. $Zn(OH)_2$–$Fe(OH)_3$ (frisch bereitete Ndd.; Verhältnis Zn/Me^{3+} = 1:2) wurden thermograph. untersucht. In Syst. von Hydroxiden zweiwertiger Metalle ändert sich die Dehydratationstemp. gemäß der Art der Rk. zwischen den Komponenten: Bldg. einer kontinuierlichen Reihe fester Verdrängungslsgg. im Syst. $Ni(OH)_2$–$Mg(OH)_2$, einer begrenzten Reihe fester Lsgg. im Syst. $Ni(OH)_2$–$Zn(OH)_2$ bzw. eines mechan. Gemisches von Hydroxiden im Syst. $Ni(OH)_2$–$Cd(OH)_2$. In bin. Syst. von Hydroxiden zwei- u. dreiwertiger Metalle findet eine Rk. zwischen den Komponenten statt: es entstehen chem. Verbb. des Spinelltypus ($ZnAl_2O_4$, $ZnCr_2O_4$ u. $ZnFe_2O_4$). Die Temp. bei der auf Erwärmungskurven dieser Syst. ein exothermer Effekt infolge Bldg. der Spinelle auftritt, ist vom Dispersionsgrad der Ausgangskomponenten abhängig. — 1. vgl. vorst. Referat.

S. Baryschnikow 356

0640 **Bildung von $NiAl_2O_4$-Spinell durch Reaktion in festem Zustand.** 1. Mitt. **Analyse des Spinells durch Wasserstoffreduktion.** Yoshio Iida und Kenzo Shimada. (Rep. Government ind. Res. Inst., Nagoya **8**, 711—13, 1959; jap., Auszug: engl.) — 4. vgl. C. **1963**, **20339**. — Vff. beschreiben eine Best.-Meth. für den aus NiO u. α-Al_2O_3 gebildeten $NiAl_2O_4$-Spinell. Reines NiO wird bei 200° durch H_2 red., dagegen wird NiO in fester Lsg. mit Al_2O_3 erst bei 300°, das Nickelion im $NiAl_2O_4$-Spinell erst bei ca. 700° reduziert. Die Red.-Eigg. des Nickelions wurden zur Best. der Spinell-Bldg. verwandt.

A. Kumm 356◇

0641 **Untersuchung von Kobalt- und Nickelselenocyanatkomplexen.** A. M. Golub und W. W. Skopenko. (Ber. Akad. Wiss. UdSSR **141**, 851—54, 1961; Kiew, Schewtschenko-Univ.; russ.) — Vgl. C. **1963**, **12727**. — Vff. untersuchen die bei Umsetzung von NaSeCN (KSeCN) mit $Co(ClO_4)_2$ ($Ni(ClO_4)_2$ entstehenden Verbb. $Co(SeCN)_2$ u. $Ni(SeCN)_2$, die in W., CH_3OH u. Aceton sehr gut lösl. sind. Die wss. Lsgg. von $Co(SeCN)_2$, bes. aber von $Ni(SeCN)_2$ sind wenig beständig, neigen aber bei Zugabe eines Überschusses des Co- bzw. Ni-Salzes zur Bldg. der stabilen Komplexe $[MeSeCN]^+$. Durch Leitfähigkeitsmessungen u. spektrophotometr. Unterss. in Methanol-Lsgg. werden die Komplexe $Ni(SeCN)_m^{2-m}$ (m = 1, 2, 3, 4) u. $Co(SeCN)_n^{2-n}$ (n = 1 bis 6) nachgewiesen. In Aceton-Lsg. verläuft bes. leichte Komplex-Bldg., die höchsten Komplexe haben m = 6 (Ni) u. n = 2 (Co). Die Dissoziations-Konst. der Komplexe werden potentiometr. bestimmt. Aus Lsgg. von KSeCN u. $Co(NO_3)_2$ bzw. $Ni(NO_3)_2$ im Verhältnis 2:1 in Aceton werden in Ggw. von Dioxan (DN) folgende DN-Anlagerungsverbb. erhalten: $Ni(SeCN)_2\cdot 6\,DN$ (**I**), blaugrüne Kristalle, $Co(SeCN)_2\cdot 4\,DN$ (**II**), hellbraune Kristalle. Aufbewahren von **II** unter DN führt zur Bldg. von $Co(SeCN)_2\cdot 6\,DN$ (**III**), rosafarbige Kristalle. **I** u. **III** verlieren unter Bldg. von $Ni(SeCN)_2$ bzw. $Co(SeCN)_2\cdot 2\,DN$ (blaßrosa) leicht DN. $Co(SeCN)_2$ bildet sich nicht. Aus der gleichen Lsg., jedoch bei Verw. von $CoCl_2$ u. KSeCN im Verhältnis 1:4 bildet sich ein grüner pulverförmiger Nd. von $K_2[Co(SeCN)_4]\cdot 3\,DN$; analog mit NaSeCN $Na_2[Co(SeCN)_4]\cdot 7\,DN$. Aus Aceton-Lsgg. mit Co^{2+}: $SeCN^-$ = 1:6 bei Ggw. von 50 Vol.-% DN wird $K_3[Co(SeCN)_5]\cdot 3\,DN$ erhalten u. aus DN-Aceton umkristallisiert. Aus Aceton-Lsg. mit $Ni(NO_3)_2$:KSeCN = 1:6 krist. $K_4[Ni(SeCN)_6]\cdot 2\,CH_3COCH_3$. Die Verss. ergeben ein im allg. übereinstimmendes Verh. der Thiocyanat- mit den Selenocyanatkomplexen.

W.-D. Heußner 356◇

0642 **Das System InJ_3–CuJ.** P. I. Fedorow, A. G. Dudarewa und N. F. Drobot. (J. anorg. Chem. [UdSSR] **8**, 1286—87, 1963; russ.) — Das Syst. InJ_3–CuJ wurde mit Hilfe der therm. Analyse untersucht. Es wurden 2 Verbb. aufgefunden: $InJ_3\cdot CuJ$ (**I**) von peritekt. Typ, F. 300°, inkongruent sowie $InJ_3\cdot 3\,CuJ$, F. 560° unter Zerfall in 2 fl. Phasen. **I** bildet ein Eutektikum mit InJ_3 (5% CuJ), F. 170°; InJ_3 bildet ein Eutektikum mit β-CuJ (92,5 CuJ), F. 500°. G. Ewald 358◇

0643 **Untersuchung der thermischen Zersetzung von Kupfersulfat.** A. N. Ketow, W. W. Petschkowski, B. N. Warskoi und N. P. Starkow. (J. angew. Chem. [UdSSR] **34**, 517—21, 1961; russ.) — Thermograph. Unterss. zeigen, daß die therm. Zers. von $CuSO_4$ über das Zwischenstadium der Bldg. von $CuSO_4\cdot CuO$ (**I**) verläuft. Für **I** werden die d-Werte von Debye-Aufnahmen u. die Intensitäten der Reflexe zusammengestellt. **I** ist opt. negativ, 2ν = — 34°, N_p = 1,705 ± 0,003, N_m = 1,86, N_g = 1,89. Die Zers.-Geschw. von $CuSO_4$ wird durch Temp.-Erhöhung von 600 auf 750° stark gesteigert u. durch zunehmende O_2-Konz. (0—100%) in der Gasphase herabgesetzt. Durch Zugabe von Fe_2O_3 u. Cr_2O_3 wird die Zers.-Geschw. des chem. reinen $CuSO_4$ etwas erhöht; ein Zusatz von SiO_2 erwies sich als unwirksam.

S. Baryschnikow 358

0644 **Darstellung einiger wasserfreier Cu-Phosphate.** P. Royen und H. Brenneis. (Naturwissenschaften **50**, 547, 1963; Frankfurt a. M., Univ., Inst. für anorg. Chem.; dt.) — Systemat. Unterss. im Syst. CuO–P_2O_5–H_2O ergaben die Existenz nachst. Verbb.: hellgrünes $CuHPO_4$ (**I**); blaugrünes $Cu_3(PO_4)_2$ (**II**); graugrünes $Cu_3(PO_4)_2\cdot CuO$ (**III**); dunkelgrünes $Cu_3(PO_4)_2\cdot 2\,CuO$ (**IV**). **III** krist. in 2 Modifikationen. **I** wandelt sich beim Erhitzen auf 200° in $Cu_2P_2O_7$, Tief-**III** bei ca. 700° irreversibel in Hoch-**III** um. **IV** hat in Richtung CuO wahrscheinlich eine Strukturbreite bis etwa $Cu_3(PO_4)_2\cdot 3\,CuO$. Die Darst. von **I**, **II**, **III** u. **IV** werden kurz beschrieben.

G. Gattow 358◇

0645 **Die cyclische Tetramerisation von o-Aminobenzaldehyd in Gegenwart von Metallionen.** Gordon A. Melson und Daryle H. Busch. (Proc. chem. Soc. [London] **1963**, 223—24; Columbus, Ohio, Ohio State Univ., Evans and McPershon Chem. Labor.; engl.) — Vff. erhielten bei der Rk. von o-Aminobenzaldehyd mit Cu^{2+}, Co^{2+} u. Ni^{2+} die durch diese Metallionen stabilisierten u. durch Tetramerisation des Aldehyds entstandenen Verbb. $[C_{28}H_{20}N_4Me]^{2+}$, wobei der organ. Teil aus einem makrocycl., als vierzähniger Ligand dienenden Ringsystem, einem *Tetrabenzo-[b; f; j; n]-[1.5.9.13]-tetra-azacyclohexadecin*, $C_{28}H_{20}N_4$, besteht. Die Verbb. sind stabil gegen Mineralsäuren, auch gegen sd. konz. HNO_3. Mit 60%ig. $HClO_4$ bilden sich die Perchlorate. Die magnet. Momente weisen darauf hin, daß Cu zweiwertig vorliegt u. daß die Struktur der Ni-Verb. planar ist.

B. Krebs 358◇

0646 **Komplexverbindungen der Schiffschen Basen von 3-Formylsalicylsäure.** Sailendra Nath Poddar. (Z. anorg. allg. Chem. **322,** 326–36, 1963; Calcutta, Indian Assoc. for the Cult. of Sci., Inorg. Chem. Labor.; engl.) — Darst. u. Eigg. der Schiffschen Basen (S) aus 3-Formylsalicylsäure (**I**) u. Anilin (**II**), Glycin (**III**), Anthranilsäure (**IV**), Sulfanilsäure (**V**) u. Sulfanilamid (**VI**, S:I = 1:1) u. von Äthylendiamin (**VII**) u. o-Phenylendiamin (**VIII**, S:I = 1:2) werden beschrieben. Diese Verbb. sind in W. unlösl., aber mit Ausnahme der Verb. mit **VII**, in A. u. anderen organ. Lsgm. sowie in NH_3 u. Alkalilaugen lösl. u. werden durch Säuren zersetzt. Die Cu^{2+}-, Ni^{2+}-, Co^{2+}- u. UO_2^{2+}-Chelate (1:1) dieser S werden durch Rkk. letzterer mit den Metallacetaten in wss. alkohol. Medium dargestellt. Die S mit Monoaminen u. Aminosäuren wirken als 3zähnige, die mit Diaminen als 4zähnige Liganden, wobei im letzteren Falle noch Salz-Bldg. über die beiden freien COOH-Gruppen erfolgen kann. Die Messungen der magnet. Momente zeigen, daß diese Metallkomplexe mit Ausnahme der beiden nachst. erwähnten Verbb. Ionen-Komplexe sind. Die beiden Ni-Komplexe der S von **I** u. **VII** bzw. **VIII** sind diamagnet. u. Durchdringungskomplexe mit wahrscheinlich planarer dsp^2-Konfiguration.

Versuche: Schiffsche Basen (1:1) aus **I** u. nachst. Verbb.: *Anilin* (**II**), F. 192°; durch 2std. Kochen von 1 Mol **I** u. 1 Mol **II** in alkohol. Medium unter Rückfluß; gelbe Nadeln. — Analog: *Anthranilsäure* (**IV**), F. 182°; orangegelbe Kristalle; *Sulfanilsäure* (**V**), F. 178°; hellorangegelbe Kristalle; *Sulfanilamid* (**VI**), F. 186°; tieforangegelbe Kristalle; *Glycin* (**III**), F. 165°; hellgelbe Nadeln. — Schiffsche Basen (2:1) aus **I** u. nachst. Verbb.: *Äthylendiamin* (**VII**), F. 290° (Zers.); analog der S mit **II**, aber 2 Mole **I** u. 1 Mol **VII**; hellgelber Niederschlag; analog *o-Phenylendiamin* (**VIII**), F. 200°; orangegelbe Kristalle. — Metallkomplexe der S von **I** u. **II**; (Metall =) *Cu(II)*, $C_{14}H_9CuNO_3 \cdot H_2O$; durch Zugabe einer Lsg. von Cu-Acetat in 50%ig. A. zu einer warmen Lsg. der S in A. u. 1–2std. Kochen unter Rückfluß; grüne Kristalle. — Analog: *Ni(II)*, $C_{14}H_9NNiO_3 \cdot H_2O$; gelblichgrüne seidige Nadeln; *Co(II)*, $C_{14}H_9CoNO_3 \cdot H_2O$; hellrosaroter Niederschlag; UO_2^{2+}, $C_{14}H_9NO_5U \cdot H_2O$; gelber Niederschlag. — Metallkomplexe der S von **I** u. **IV**: *Cu(II)*, $C_{15}H_9CuNO_5 \cdot H_2O$; olivgrüne seidige Nadeln; *Ni(II)*, $C_{15}H_9NNiO_5 \cdot H_2O$; gelbe Nadeln; *Co(II)*, $C_{15}H_9CoNO_5 \cdot H_2O$; gelblichroter Niederschlag; UO_2^{2+}, $C_{15}H_9NO_7U \cdot H_2O$; hellgelbes Produkt. — Metallkomplexe der S von **I** u. **V**: *Cu(II)*, $C_{14}H_9 \cdot CuNO_6S \cdot H_2O$; glänzende grüne Kristalle; *Ni(II)*, $C_{14}H_9 \cdot NNiO_6S \cdot H_2O$; grüne Nadeln; *Co(II)*, $C_{14}H_9CoNO_6S \cdot H_2O$; rötlichgelbe Kristalle; UO_2^{2+}, $C_{14}H_9NO_8SU \cdot H_2O$; tiefgelbe Kristalle. — Metallkomplexe der S von **I** u. **VI**: *Cu(II)*, $C_{14}H_{10}CuN_2O_5S \cdot H_2O$; grünes Produkt; *Ni(II)*, $C_{14}H_{10}N_2NiO_5S \cdot H_2O$; grünlichgelbe Kristalle; *Co(II)*, $C_{14}H_{10}CoN_2O_5S \cdot H_2O$; hellrosarote Substanz; UO_2^{2+}, $C_{14}H_{10}N_2O_7SU \cdot H_2O$; tiefgelbes Produkt. — Metallkomplexe der S von **I** u. **III**: *Cu(II)*, $C_{10}H_7CuNO_5 \cdot H_2O$; leuchtend grüne Kristalle; *Ni(II)*, $C_{10}H_7NNiO_5 \cdot H_2O$; grüne Kristalle; *Co(II)*, $C_{10}H_7CoNO_5 \cdot H_2O$; rosarote Kristalle; UO_2^{+}; $C_{10}H_7NO_7U \cdot H_2O$, hellorangegelbes Produkt. — Dinatrium- bzw. Barium-Salze der Metallkomplexe der S von **I** u. **VII**: *Cu(II)*, $Na_2[Cu(C_{18}H_{12}N_2O_6)] \cdot H_2O$, durch Lösen der S in Na_2CO_3-Lsg., die NaOH enthält, Zugabe von Cu-Acetat in A. zu der heißen Lsg. u. ½std. Erhitzen; violettgefärbte seidige Nadeln; $Ba \cdot [Cu(C_{18}H_{12}N_2O_6)]$, durch Zugabe von $BaCl_2$-Lsg. zu einer wss. Lsg. des Dinatriumsalzes; hellvioletter Nd.; analog vorst. Verbb.: *Ni(II)*, $Na_2[Ni(C_{18}H_{12}N_2O_6)] \cdot H_2O$, orangerote seidige Nadeln; *Co(II)*, $Na_2[Co(C_{18}H_{12}N_2O_6)]$, dunkelbraune Kristalle; $Ba[Co(C_{18}H_{12}N_2O_6)]$, braune Kristalle; UO_2^{2+}, $Na_2[UO_2(C_{18}H_{12}N_2O_6)]$, orangegelbe Kristalle. — Metallkomplexe der S von **I** u. **VIII**: *Cu(II)*, $C_{22}H_{14} \cdot CuN_2O_6$, gelbgrünes Produkt; UO_2, $C_{22}H_{14}N_2O_8U$, rotgelb. — *Dinatrium-* bzw. *Barium*-Salze der Metallkomplexe der S von **I** u. **VIII**: *Cu(II)*; $Na_2[Cu(C_{22}H_{12}N_2O_6)] \cdot H_2O$, durch Zugabe von Na_2CO_3 zu einer Lsg. von vorvorst. Verb. u. Verdampfen über konz. H_2SO_4; grüne Nadeln; *Ni(II)*, $Na_2[Ni(C_{22}H_{12}N_2O_6)] \cdot H_2O$, durch 2std. Kochen alkohol. Lsgg. von 1 Mol der S, 1 Mol Ni-Acetat u. 2 Molen NaOH; orangegelbe seidige Nadeln; *Co (II)*; $Na_2[Co(C_{22} \cdot H_{12}N_2O_6)]$, durch 3std. Kochen der S u. $[Co^{III}(NH_3)_6]Cl_3$ unter Zugabe von NaOH; tiefbraune Kristalle; $Ba[Co \cdot (C_{22}H_{12}N_2O_6)]$, durch Zugabe von $BaCl_2$-Lsg. zu einer wss. Lsg. vorst. Verb.; braune Kristalle. G. Heller 358◇

0647 **Metallkomplexe von Glucosylbiguaniden.** Sailendra Nath Poddar. (Sci. and Cult. [Calcutta] **29,** 212–13, 1963; engl.) — Vgl. vorst. Referat. — Die aus Glucose u. Biguanid bzw. $N_{(1)}$-Methyl-, $N_{(1)}$-Dimethyl-, $N_{(1)}$-Äthyl-, $N_{(1)}$-Diäthyl- u. $N_{(1)}$-Phenylbiguanid oder Guanylharnstoff bzw. $N_{(1)}$-Methyl-, $N_{(1)}$-Äthyl-, $N_{(1)}$-n-Propyl- u. $N_{1)}$-n-Butylguanylharnstoff in 95%ig. A. gebildeten Schiffschen Basen (LH_2) reagieren in alkal. wss. A. mit *Cu(II)*-, *Ni(II)*-, *Mn(II)*-, UO_2^{2+}-, *Fe(III)* u. *Co(III)*-Salzen beim Rückflußkochen unter Bldg. von in W. unlösl. Komplexsalzen der Form $[Me(II)L(H_2O)]$ oder in W. lösl. Salzen $Na[Me(III)L_2]$; in polaren organ. Lsgm. ist die Löslichkeit umgekehrt. Der orangegelbe Ni(II)-, der gelbe UO_2^{2+}- u. der braune Co(III)-Komplex sind diamagnet. u. Komplexe des „inner orbital"-Typs, vermutlich auch der dunkelschokoladenbraune Cu(II)-Komplex mit 1,7–1,95 BM. Dagegen sind der braune Mn(II)- mit 5,7–6,1 BM u. der dunkelbraune Fe(III)-Komplex mit 6,0–6,4 BM „outer orbital"-Komplexe.

G. Heller 358◇

0648 **Darstellung und Identifizierung der Doppelsalze AgBr · 2 TlBr, AgJ · 2 TlJ und AgJ · TlJ.** H. Hirsch. (J. chem. Soc. [London] **1963,** 1318–19, Wealdstone, Harrow, Middlesex, Kodak Ltd., Res. Labor.; engl.) — Lsgg. von $TlNO_3$ u. $AgNO_3$ werden bei 60° nach u. nach zu Lsgg., die einen Überschuß an KBr bzw. KJ u. 1% Gelatine enthalten, gegeben. Nach 1 Std. werden die Ndd. abzentrifugiert, gewaschen u. röntgenograph. untersucht. Mit KBr bildet sich bei einem Verhältnis Tl : Ag = 2:1 das Doppelsalz *AgBr · 2 TlBr*. Mit KJ bildet sich bei Tl : Ag = 2 : 1 farbloses *AgJ · 2 TlJ*, bei Tl : Ag = 1 : 1 tiefgelbes *AgJ · TlJ*. Für AgJ · TlJ wurde röntgenograph. eine tetragonale Zelle mit $a = b = 8{,}34$ Å, $c = 7{,}66$ Å gefunden. R. Krämer 369◇

0649 **Darstellung und Spektren einiger Rhodium(III)-komplexverbindungen.** 2. Mitt. **Rhodiumhexamminjodide und die entsprechenden Kobaltverbindungen.** H.-H. Schmidtke. (Z. physik. Chem. [Frankfurt/M.] [N. F.] **38,** 170–83, 1963; Cologny, Genf, Schweiz, Cyanamid European Res. Inst.; dt.) — 1. vgl. C. **1963,** 13809. — $[Rh(en)_3]X_3$, $[Rh(pn)_3]X_3$ u. $[Rh(den)_3]_3$ sowie die entsprechenden Co-Verbb. wurden dargestellt (letztere nach bekannten Verff.), X = Cl, J u. pn = 1.2-Propylendiamin, den = Diäthylentriamin. Vff. nahmen Absorptionsspektren im Sichtbaren u. nahen UV auf u. untersuchten bes. die das Lambert-Beersche Gesetz nicht erfüllenden Bereiche des Spektrums. Rh-Verbb. zeigten keine Abhängigkeit des Extinktionskoeff. von Komplexsalz-Konz. oder zugesetztem KJ. Die komplexen Co-Jodide weisen eine konzentrationsabhängige Bande auf, die einem Ladungsübergang in dem Ionenpaar $[Co(AA)_3]J^{2+}$ zugeordnet werden kann. Das Fehlen dieser Bande u. anderer Ladungsübergänge im UV-Gebiet bis 50000 cm^{-1} bei Rh-Verbb. ist mit der höheren Lage des e_g-Zustandes im Energieschema des Komplexions zu erklären.

Versuche: $[Rh(en)_3]J_3$, durch Umsetzen von RhJ_3 (3,7 g) mit wenig H_2O u. Äthylendiamin (2,7 g); kurz auf dem Wasserbad erwärmen, mit A. oder gesätt. alkohol. KJ-Lsg. fällen, mit einer Spatelspitze Ascorbinsäure in wenig heißem 50%ig. A. lösen, abkühlen, mit 3facher Menge A. fällen. — $[Rh(pn)_3]J_3$, analog darzustellen, jedoch 2 Std. auf dem Wasserbad erwärmen. — $[Rh(pn)_3](ClO_4)_3$, aus $RhCl_3 \cdot 3\,H_2O$ (1,0 g), wenig H_2O u. 1.2-Propylendiamin (2 ml); nach beendeter Rk. in H_2O lösen, 20fache Menge A. zugeben, mehrere Tage stehenlassen, Nd. in 10 ml 60%ig. $HClO_4$ lösen, Nd. mit A. säurefrei waschen u. umkristallisieren. — $[Rh(den)_2]J_3$, aus $RhCl_3 \cdot 3 H_2O$ (2,6 g) in 15 ml H_2O gelöst u. Diäthylentriamin (3,3 g); auf dem Wasserbad erwärmen, mit 20facher Menge A. fällen, Nd. in 5 ml H_2O lösen u. mit KJ in der Wärme fällen, aus H_2O unter Ascorbinsäurezusatz fällen. — *[Rh(den)₂]Cl₃*, durch Umsetzung von $[Rh(den)_2]J_3$ mit AgCl u. Fällen des Chlorids mit Äthanol. K. Bencker 364◇

0650 **Tetrakis-[trifluormethyl]-cyclopentadienon und einige Hexafluorbutin-(2)-Komplexe des Rhodiums.** R. S. Dickson und G. Wilkinson. (Chem. and Ind. **1963,** 1432; London, Imp. Coll., Inorg. Chem. Res. Labor.; engl.) — Vff. erhielten *Tetrakis-[trifluormethyl]-cyclopentadienon* (I) in guter Ausbeute durch Erhitzen von $[RhCl \cdot (CO)_2]_2$ mit einem Überschuß von Hexafluorbutin-(2) unter hohem CO-Druck auf 150°; gelbe Kristalle, F. 44 bis 45°, sehr flüchtig, gut lösl. in organ. Lösungsmitteln. I reagiert mit $Fe(CO)_5$ zu $Fe(CO)_3(C_9F_{12}O)$. *Dicarbonyl-π-cyclopentadienylrhodium*(I) ergab mit Hexafluorbutin-(2) zwei Prodd. in ungefähr gleicher Ausbeute, die chromatograph. getrennt wurden: π-$C_5H_5RhC_9F_{12}O$ (II), F. 199°, gelbe Blättchen; π-$C_5H_5Rh(C_4F_6)_3$ (III), F. 185°, orangegelbe Kristalle, Molgew. 650 ± 5. IR- u. KMR-spektroskop. Unterss. ergeben für $C_9F_{12}O$ in II die Struktur von I, für $(C_4F_6)_3$ in III die Struktur eines Hexakis-[trifluormethyl]-benzols, in der eine Lokalisierung der π-Elektronen des aromat. Ringes durch die π- u. σ-Bindungen zum Metallatom in Erscheinung tritt. J. J. Pohl 364◇

0651 **Komplexe mit Rhodium–Quecksilberbindungen.** R. S. Nyholm und K. Vrieze. (Proc. chem. Soc. [London] **1963,** 138–39, London, Univ. Coll.; engl.) — Der durch Red. von Trichloro-tris-[diphenylmethylarsin]-rhodium(III) mit H_3PO_2 gewonnene Monohydrido-Komplex $RhHCl_2[As(C_6H_5)_2CH_3]_3$ (I) (Chem. and Ind. **1960,** 1386), reagiert mit HgX_2 (X = F, Cl, Br, J, CH_3COO) in warmem A. unter Bldg. von Verbb. mit Rh–Hg-Bindungen (Ausbeuten 10–30%), wobei das H-Atom von I durch HgX ersetzt wird. Diese Verbb. sind diamagnet., an der Luft stabil, in Nitrobenzol u. Nitromethan Nichtelektrolyte, in Aceton u. A. lösl., in W. unlösl. u. in benzol. Lsg. monomer. Die charakterist. Rh–H-Valenzschwingungsfrequenz bei 2077 cm^{-1} fehlt bei den Hg-Komplexen. UV-Bestrahlung der Komplexe erzeugt auf den Kristalloberflächen Schwärzung.

Versuche: L_3Cl_2Rh–HgX, L = *Diphenylmethylarsin*, (X =) *F*, F. 195°; aus I u. HgF_2 in warmem A., hellgrün; analog: *Cl*, F. 205°, gelb; *Br*, F. 165°, orangegelb; *J*, F. 155°, orange u. CH_3COO, F. 172°, gelb. G. Heller 364◇

A₉. Mineralogische und geologische Chemie

0652 **Über den Ursprung der Farbe von Amazoniten.** K. K. Shirow, Ss. M. Stischow und B. D. Ryshikow. (Geochemie [UdSSR] **1959,** Nr. 8, 727–30; Moskau, Lomonossow-Univ., Lehrstuhl für Geochem. u. Lehrstuhl für Optik; russ.) — Die Farbe der Amazonite (verschiedene Nuancen von grün u. blau) ändert sich in Abhängigkeit vom Pb-Geh. (0,009–0,083%). Die intensiveren Farbtöne entsprechen hohen Pb-Gehalten. Eine Unters. über die Beziehung zwischen der Farbe u. der Geochemie von Amazoniten folgt. H. Noack 380△

0653 **Petrographische und strukturelle Besonderheiten der nordkaukasischen Amphibol-Asbeste am Beispiel der Chatzawitsker-Lagerstätte.** W. M. Ajanow. (Nachr. Akad. Wiss. UdSSR, geol. Ser. **27,** Nr. 5, 41–51, 1962; Krasnodar, Nordkaukas. Geol. Amt; russ.) — Subintrusive Gabbroide u. Porphyritoide sind die Quelle für Fe, Mg u. Ca bei der Aktinolith-Bldg. Eindringende hydrothermale Lsgg., anfangs nur Quarz- u. Albit abscheidend, führen nach Rk. mit den Gestein zur Epidot- u. Aktinolithbildung. Dem Aktinolith der Lagerstätte Chatzawitsk kommt folgende Formel zu: $(Na_{0,23}K_{0,05}Ca_{1,78})_{2,06}(Mg_{3,76} \cdot Fe_{0,96}^{2+})_{4,72}(Fe_{0,34}^{3+}Al_{0,36})_{0,70}(Al_{0,29}Si_{7,71})_8O_{22}[OH]_2$. M. Hähnert 380◇

0654 **Cosalit aus der Mongolei.** A. D. Kalenow. (Ber. Akad. Wiss. UdSSR **142,** 443–44, 1962; russ.) — Das erste Vork. von Cosalit in der Ostmongolei wird in Quarzmuskovitkreisen angetroffen, die sich durch Veränderung von Granitporphyren bildeten. Die Vergreisung ging in 2 Stadien vonstatten, die zu folgenden Mineralbldg. führten: 1. *Quarz I, Muskovit, Wolframit, Beryll, Fluorit, Scheelit, Molybdänit, Helvin,* Cosalit, *Arsenopyrit* u. *Pyrit*. 2. Quarz II, *Chlorit, Carbonate,* Molybdänit, Pyrit, *Galenit* u. *Sphalerit*. Cosalit tritt in kleinen prismat. Kristallen auf. Die chem. Analyse ergibt eine nahezu theoret. Zusammensetzung. M. Hähnert 380◇

0655 **Eisenhaltiger Böhmit und Diaspor in dem Bauxit von Péreille (Ariège).** Simonne Caillère und Thérèse Pobeguin. (C. R. hebd. Séances Acad. Sci. **254,** 137–39, 1962; Paris, Mus. d'Histoire naturelle, Labor. de Minér.; Sorbonne, Labor. de Rech. Phys.; franz.) — Vgl. C. **1962,** 2674. — Der Bauxit mit der Zus. in % 1 SiO_2, 63 Al_2O_3, 11,5 Fe_2O_3, 3 FeO, 1,2 TiO_2, 3 CaO, 2 H_2O^+, 15,5 Glühverlust, besteht, wie auch röntgenograph. u. mittels DTA u. IR-Unters. hervorgeht, vorwiegend aus Böhmit u. Diaspor. Zwischen diesen treten Pisolithe auf, in denen Fe^{3+} angereichert ist, das in das Gitter der beiden Al-Oxidhydrate eingebaut wird. F. Ensslin 380◇

0656 **Djurleit, $Cu_{1,96}S$, ein neues Mineral.** Eugene H. Roseboom jun. (Amer. Mineralogist **47,** 1181–84, 1962; Washington, D. C., U. S. Geol. Surv.; engl.) — Von Djurle (vgl. C. **1959,** 8795) wurden drei polymorphe Formen einer neuen synthet. Verb. $Cu_{1,96}S$ beschrieben. Vf. berichtet, daß er die Tieftemp.-Form dieser Verb., das $Cu_{1,96}S$ III in der Natur gefunden hat. Er schlägt für das neue Mineral den Namen Djurleit vor. Die Identifizierung basierte hauptsächlich auf der Übereinstimmung zwischen den Pulverdiagrammen des natürlichen Minerals u. dem Pulverdiagramm von $Cu_{1,96}S$ III. Schwierig ist die Unterscheidung von Chalkosin. Die beiden Mineralien besitzen ähnliche Pulverdiagramme, unterscheiden sich chem. nur um etwa 0,3 Gew.-% S u. ähneln sich sehr unter dem Metallmikroskop. Die Identität von Djurleit mit $Cu_{1,96}S$ III wurde weiter durch Umwandlung des Minerals in das tetragonale $Cu_{1,96}S$ II bestätigt. Pulveraufnahmen von $Cu_{1,96}S$ II u. des umgewandelten Minerals stimmten vollständig überein. Die Umwandlung geschah durch 15std. Erhitzen in einer evakuierten Röhre bei 465° u. Abschrecken. C. Gottfried 380△

0657 **Lalwarsker Dumortierit.** E. G. Malchassjan. (Ber. Akad. Wiss. ArmenSSR **34,** 31–35, 1962; Inst. der geolog. Wiss. der Akad. der Wiss. der ArmenSSR; russ.) — Dumortierit führende sek. Quarzite (Quarz, Andalusit, Sillimanit (?), Albit, Apatit, Sericit) lagern inmitten oberjurass. Porphyrite Mittelarmeniens. Die Dumortierit-Geh. liegen bei 5–8%, seltener bei 10%. Dumortierit bildet radialstrahlige Aggregate einer Größe von 2–2,5 mm ⌀; seine Mikrohärte wurde bestimmt zu 1071 kg/mm²; $-2V = 31°$, $n_x = 1{,}705$, $n_z = 1{,}685$; $\Delta = 0{,}020$; Angabe der d-Werte. M. Hähnert 380◇

0658 **Enargit von Havrania Dolina nördlich von Mlynky im Slowakischen Erzgebirge.** Milan Rieder. (Časopis Mineralog. Geol. **8,** 43–48, 1963; Praha, Karlovy univ., Katedra miner., geochem. a krystalogfie; tschech., Auszug: engl.) — Das im Gebiet von Havrania Dolina u. Biela Voda in Halden gefundene Enargit bildet längliche bis linsenartige Anhäufungen von einigen cm Länge u. bis 1 cm Stärke; die Kristalle sind nadelförmig (1–5 mm Länge) von stahlglänzender blauvioletter Farbe. Von *Tennantit* wurde Enargit durch Ätzen mit 20% KCN u. röntgenograph. unterschieden. J. Tůmová 380◇

0659 **Ein neuer Fund von Gedrit in der UdSSR.** M. L. Gelman. (Ber. Akad. Wiss. UdSSR **141,** 709–12, 1961; Nordöstliche geol. Administration; russ.) — Im Kontaktgebiet des Bystrinsker Granitmassivs (Untere Kreide — 100 bis 123 · 10^6 Jahre) sind granit. Gedrite ausgebildet. Sie setzen sich zusammen aus: Gedrit, *Almandin, Biotit, Cordierit, Plagioklas* (An_{28}), *Quarz, Zirkon, Apatit, Pyrochlor,* Hercynit, *Korund* u. *Magnetit*. Die durchschnittlichen Geh. an Gedrit betragen 30%. Er bildet garbenartige Aggregate schwachen Pleochroismusses: n_z — blaßrosa, n_x — farblos; 2 V = ± 90°; n_z = 1,697 ± 0,001; n_y = 1,684 ± 0,001; n_x = 1,672 ± 0,001. Chem. Zus.: SiO_2 — 42,52; TiO_2 — 1,04; P_2O_5 — 0,08; Al_2O_3 — 17,65; Fe_2O_3 —

7,85; FeO — 17,60; MnO — 0,14; CaO — 0,66; MgO — 8,60; K_2O — 0,91; Na_2O — 1,55; H_2O^- — 0,11; H_2O^+ — 1,17; F — nicht bestimmt. Aus der chem. Analyse folgen 2 Arten des isomorphen Ersatzes: (Mg, Fe) Si → (Al, Fe)·Al sowie 2 (Mg, Fe) → Na, Al. Die Assoziierung des Gedrits mit Cummingtonit in bestimmten Zonen weist auf eine Verringerung der Al_2O_3-Beträge. M. Hähnert 380□

0660 **Hibonit aus Gornaja Shoria.** T. A. Jakowlewskaja. (Schr. mineralog. Allunions-Ges. [UdSSR] [2] **90,** 458—61, 1961; Moskau, Inst. für Geol. Erzlagerstätten, Petrographie, Miner. u. Geochem. der Akad. der Wiss. der UdSSR; russ.) — Chem. Analysen, opt. Daten sowie d-Werte des inmitten von Skarnen u. metamorphen Kalken gefundenen Materials stimmt mit den Angaben von Curien u. a. für Hibonit (Ca, SE)(Al, Fe, Ti, Si)$_{12}$O$_{19}$ überein. M. Hähnert 380◇

0661 **Weitere Wechselbeziehungen zwischen der Kristallinität von Kaolinit und den chemischen und physikalischen E[igen]schaften.** Haydn H. Murray und Sanford C. Lyons. (Clays and Clay Minerals **9,** 11—17, 5 Tafeln, 1960; Elizabeth, N. J., Georgia Kaolin Co.; engl.) — An 12 verschiedenen Proben von Kaolinit der Tuscaloosa-Formation in Georgia u. South Carolina wurde die Basenaustauschkapazität gemessen, die BET-Oberfläche sowie der Geh. an TiO_2 + Fe_2O_3 bestimmt u. mit dem Kristallinitätsgrad der Proben verglichen. Mit Zunahme dieser 3 Werte nimmt die Kristallinität deutlich ab. Die gut krist. Kaoline bildeten beim Erhitzen *Mullit*-Nadeln mittlerer Größe, die den hexagonalen Habitus der Kaolinkristalle zeigten, während die schlechter krist. Kaoline beim Erhitzen größere Mullitkristalle lieferten, die diesen hexagonalen Habitus nicht mehr zeigten. C. Gottfried 380△

0662 **Neues über die Lotrite der Volksrepublik Rumänien.** Dan P. Rădulescu. (Commun. Acad. Republ. Populare romîne [Bucureşti] **11,** 103—10, 1961; rum.) — Gegenüber dem von Munteanu-Murgoci [1900] erstmals beschriebenen Lotrit der Zus. $4SiO_2 \cdot 2Al_2O_3 \cdot 3(Ca, Mg)O \cdot 2H_2O$ unterscheidet sich das untersuchte Mineral mit hohem Fe-Geh. (8,01% Fe_2O_3, 1,55% FeO) durch höheren Geh. an SiO_2 u. Na_2O, seine Zus. entspricht der Formel $Ca_4R_6Si_6O_{23}(OH)_3 \cdot 2H_2O$. Es wird vorgeschlagen, dieses Mineral nicht als Lotrit, sondern als Pumpellyit zu bezeichnen. R. K. Müller 380◇

0663 **Über die Korrelation von Rhenium, Selen und Tellur im Molybdänit der Kupfer–Molybdän-Lagerstätte von Kadscharan.** K. A. Karamjan. (Geochemie [UdSSR] **1962,** 171—74; Erewan, Inst. für geol. Wiss. der Akad. der Wiss. der ArmenSSR; russ., Auszug: engl.) — Die mittleren Konzz. von Re, Se u. Te im Molybdänit betragen 0,0430(%); 0,0335 u. 0,0033. Die verschiedenen Konzz. dieser Elemente im Molybdänit sind von den Ionenradien von Mo^{4+} u. Re^{4+} sowie S^{2-}, Se^{2-}, Te^{2-} abhängig. Aus der Korrelation zwischen Se- u. Te-Geh. wird die intermediäre Beteiligung des Se am Einbau des Te in das Molybdänitgitter abgeleitet. H. Noack 380△

0664 **Neptunit vom Seal Lake, Labrador.** E. Wm. Heinrich und Shi H. Quon. (Canad. Mineralogist **7,** 650—54, 1963; Ann Arbor, Mich., Univ. of Michigan; engl.) — Das in der Arbeit von Vf. u. Mitarbeiter (Amer. Mineralogist **47,** [1962], 758) über das Vork. von Barylith beschriebene nicht identifizierte Mineral wurde als der seltene Neptunit ($Na_2FeTiSi_4O_{12}$) bestimmt. Die opt. Daten u. die d-Werte werden mit denen anderer Vork. verglichen u. die Paragenese diskutiert. E. Schulte 380◇

0665 **Neue Daten über die elementare Zusammensetzung der Phosphorite im Karatau-Gebiet.** A. I. Smirnow. (Ber. Akad. Wiss. UdSSR **125,** 177—80, 1959; Forsch.-Inst. für montanchem. Rohstoffe; russ.) — Übersicht über die Ergebnisse von 250 chem. u. 300 Spektralanalysen der Phosphorite an 3 Hauptfundorten des Karatau-Gebiets. — Neben den Hauptelementen der Phosphorite (I) P, F, Ca, C haben sich in den I noch die Elemente B, Be, Mo, Pb u. Ag konz. (infolge Verwitterung), während Al, K, Na, Ti, N, Cr, V, Ni, Cu u. Ga in etwa 15mal geringerer Menge vorliegen, wenn man sie mit den Sedimentgesteinen vergleicht. Die 3 Hauptfundorte weisen eine ziemlich gleichartige Zus. der I auf. Über die Genesis der I wird verschieden geurteilt. In sehr spezif. Prozessen schieden sich aus dem Meerwasser Phosphate, SiO_2 u. Carbonate neben sehr beschränkten Silicatmengen ab. Metamorphosen veränderten die I nur geringfügig, die nicht biochem., noch effusiv-sedimentär entstanden sein können. A. v. Wilpert 380□

0666 **Beobachtungen über Plagioklas-Aventurine vom südlichen Norwegen.** Henrich Neumann und Olav H. J. Christie. (Norsk geol. Tidsskr. **42,** 389—93, 1962; Oslo, Miner.-Geol. Mus.; engl.) — Die rote Färbung der Feldspate wird durch feine zwischengelagerte Schichten von Haematit hervorgerufen u. verschwindet beim Erhitzen auf 1200°, kehrt aber beim Tempern bei 1000° zurück. Der weiße Mantel der Feldspate enthält gegenüber dem roten Kern oft mehr K_2O u. mehr K-Feldspat. Der Fe_2O_3-Geh. zeigt keinen nennenswerten Unterschied. Röntgenograph. ergibt sich eine höhere Strukturordnung im weißen Mantel als im Kern, außerdem zeigt ersterer oft statist. ungeordnete Strukturen. Alle Aventurinfärbungen gehören zum niedrigsten th[er]malen Typ. Es wird angenommen, daß diese eine Entmischungsstruktur bei niedrigen Temp. von Feldspaten darstellen, die bei hohen Temp. hohe Fe_2O_3-Geh. aufwiesen. F. Ensslin 380◇

0667 **Nochmals über sekundäre Quarzite.** W. W. Onichimowski. (Sowjet-Geol. **5,** Nr. 4, 53—62, 1962; Komsomolsker Expedition; russ.) — Die Gegenüberstellung der Bldgs.-Stadien der Sn-Erzzonen des Gebietes von Komsomolsk mit den Entstehungsetappen sek. Quarzite zeigt eine große Ähnlichkeit der dabei auftretenden hydrothermalen Prozesse. Hydrothermale Prozesse in oberflächennahen Gebieten führen mitunter zu Bldg.-Prozessen, die für sek. Quarzite typ. sind. Derartige Metasomatite entstehen in kontaktnahen Teilen von Granitoidintrusionen, in Erzzonen sowie als Ergebnis von Fumarolen- u. Solfatorentätigkeit vulkan. Gebiete. M. Hähnert 380◇

0668 **Rhodonitkristalle von Chvaletice (Ostböhmen).** Lubor Žák. (Časopis Mineralog. Geol. **8,** 60—63, 1963; Praha, Přírodovědecká fak. Karlovy univ., Katedra miner., geochem. a krystalografie; tschech., Auszug: engl.) — In einem Steinbruch östlich von Chvaletice wurden bis 3 cm große, durchsichtige u. gut entwickelte rote Rhodonitkristalle, umgeben von braunschwarzem *Neotokit*, gefunden. Die Kristalle bilden zusammen mit *Pyrit* u. *Quarz* die Füllung von Rissen im metamorphen sedimentären Carbonat des ostchvalet. Algonkiums. J. Tůmová 380◇

0669 **Mineralogisch-petrographische Untersuchungen am Rhyolith vom Typ Hohnsdorf, nördlich Halle (Saale).** Helmut Kelch. (Geologie **12,** 401—38, 1963; Berlin; dt.) — In einer Bohrung nördlich Halle (Saale) treten im Rhyolith vom Typ Hohnsdorf umfangreiche Mineral-Verdrängungen u. -Neubldg. auf. Die Mineralparagenesen weisen auf eine Propylitisierung mit Vor- u. Nachphase hin. Im zwischenlagernden Tuff sind Titanomagnetit u. Hitzemartit vorhanden, während sie im Rhyolith durch Anatas, Titanit u. Pyrit verdrängt sind. Das deutet auf eine Propylitisierung unmittelbar nach der Eruption, noch während der Abkühlung, hin. Die Umwandlungen sind von unterschiedlicher Intensität. Es sind Reste der opazitbildenden Vorphase (Braunfärbung) u. eine intensive Propylitisierung (Grünfärbung) zu beobachten. Die Illite zeigen mit zunehmender Tiefe einen stärkeren Einbau von K^+- auf Kosten von H_3O^+-Ionen u. Annäherung an die Glimmertypenformel. Kaolin-Bldg. ist eine Verwitterungserscheinung, die den Rhyolith bis 50 m Tiefe ziemlich einheitlich verändert hat. H. Jehne 380◇

0670 **Strontiumapatit – ein neues Mineral.** A. F. Jefimow, Ss. M. Krawtschenko und S. W. Wassiljewa. (Ber. Akad. Wiss. UdSSR **142,** 439—42, 1962; Moskau, Inst. für Miner., Geochem. u. Kristallchem. Seltener Elemente der Akad. der Wiss. der UdSSR; russ.) — In Alkalipegmatiten (Mikroklin, Eckermannit, Albit) Südjakutiens wurde das Mineral in Form schlecht ausgebildeter Kristalle (0,2 · 1 cm) gefunden. Seltener finden sich prismat. Kristalle mit $(10\bar{1}0)$ u. $(10\bar{1}1)$. Neben den erwähnten Mineralen kommt es in paragenet. Assoziationen mit Batisit [einem noch unbestimmtem (Ba, Ti)-Silicat], Ramsayit u. Eudialyt vor. Die Farbe des Minerals ist blaßgrün oder blaßgelbgrün; Härte (Mohs): 5; Spezif. Gew. 3,48; $n_0 = 1{,}651$, $n_e = 1{,}637$. Zus.: $(Sr_{5,91}Ca_{2,56}Ba_{0,23}Mg_{0,54}SE_{0,3}Fe_{0,03}Th_{0,03}Na_{0,3})_{9,90}(P_{5,70} \cdot Si_{0,20}Al_{0,10})_6O_{24}(F_{1,16}OH_{0,9})_{2,06}$. Die Gitterkonst. liegt bei $a_0 = 9{,}66$, $c_0 = 7{,}19$ Å. Tabellar. Gegenüberstellung der chem. Analysenwerte, der d-Werte, Gitterkonst., Brechungsindices u. Spezif. Gew. des Minerals mit ähnlichen natürlichen u. synthetisierten Sr-haltigen Apatiten.

M. Hähnert 380◇

0671 **Zur Kenntnis des Teineits.** Anna Zemann und J. Zemann. (Beitr. Mineralog. Petrogr. **7,** 436—38, 1960; Göttingen, Univ., Miner.-Kristallograph. Inst.; dt.) — Vgl. C. **1963,** 1982. — Teineit krist. in der Raumgruppe $P2_12_12_1$-D_2^4 mit den Gitterkonst. a = 6,63 (Å), b = 9,61 u. c = 7,43. Aus den engen röntgenkristallograph. Beziehungen zu *Chalkomenit*, $CuSeO_3 \cdot 2H_2O$, wird geschlossen, daß Teineit nicht wie bisher angenommen ein Kupfertellurat ist, sondern das zu Chalkomenit isotype Kupfertellurit $CuTeO_3 \cdot 2H_2O$.

H. Noack 380

0672 **Die Existenz von Tinticit.** Bronson Stringham. (Amer. Mineralogist **47,** 1187—89, 1962; Salt Lake City, Utah, Univ.; engl.) — Die Vgl. von Probenaufnahmen u. IR-Absorptionsspektren von *Beraunit* u. Tinticit zeigten deutliche Unterschiede, so daß Tinticit als selbstständiges Mineral angesehen ist.

C. Gottfried 380△

0673 **Tscheffkinit-Kristalle aus den Wischnew-Bergen im Ural.** B. W. Tschessnokow. (Schr. mineralog. Allunions-Ges. [UdSSR] **2(90),** 281—82, 1961; Swerdlowsk, Berg-Inst., Lehrst. für Miner. u. Kristallograph.; russ.) — Kurze Beschreibung des Minerals, Vgl. der Kristalle verschiedener Fundorte (Wischnewyje gory (Ural) u. Ilmenskije gory). Aufzählung der Begleitminerale am Fundort.

W. Kundorf 380◇

0674 **Neue Daten über den sogenannten Wiikit.** A. A. Beuss und A. P. Kalita. (Ber. Akad. Wiss. UdSSR **141,** 705—08, 1961; Inst. für Miner., Geochem. u. Kristallchem. seltener Elemente der Akad. der Wiss. der UdSSR; russ.) — Die durchgeführten Unterss. (chem., röntgenograph., DTA) zeigen, daß die als Wiikit zusammengefaßten Minerale sich als: *Euxenit, Obruchewit, Risörit* u. Abarten des *Betafits* erweisen. Die chem. Zus. der Obruchewite der Pegmatite Nuolainniemis ist der der bräunlichen Obruchewite aus Alakurta sehr ähnlich: $(Y_{0,24}Ce_{0,18}Ca_{0,58}Na_{0,01}U_{0,14}{}^{6+})(Nb_{1,11}Ta_{0,15}Ti_{0,22}Zr_{0,02} \cdot Fe_{0,33}{}^{3+}Al_{0,13}Mg_{0,06}) \cdot O_{4,82}(OH)_{2,18} \cdot xH_2O$.

M. Hähnert 380□

0675 **Zur Frage der Genese der Begleitminerale der Diamanten in den Kimberliten Jakutiens.** I. P. Ilupin, I. T. Koslow und A. A. Pankratow. (Schr. mineralog. Allunions-Ges. [UdSSR] [2] **90,** 488—92, 1961; Amakinsker Expedition des jakut. Geol. Amtes, Hauptgeol. der RSFSR; russ.) — Teile des *Pyrops* u. *Olivins*, wahrscheinlich auch bedeutende Teile des *Chromdiopsids* u. *Chromspinells* gelangten als Ergebnis der Zerkleinerung der ultrabas. Gesteine u. Eklogite in die Kimberlite. Bedeutende Teile des Olivins (der 1. Generation), Teile des Pyrops, *Ilmenit, Zirkon, Enstatit, Diopsid, Apatit* u. die Diamanten krist. unmittelbar aus dem kimberlit. Magma.

M. Hähnert 380◇

0676 **Über die mineralogische Zusammensetzung der Tone der Kalinsker Suite.** E. Ch. Madatow, G. M. Kassumowa und S. A. Kerimowa. (Erdöl-Wirtsch. Aserbaidshan **37,** Nr. 12, 10—11, 1958; russ.) — Die Tone der Kalinsker Suite (KS) bestehen hauptsächlich aus Hydroglimmermineralien mit Beimengungen von Montmorillonit (**I**) u. Beidellit. Zwecks Präzisierung der Zus. wurde daher je eine Probe aus 3 Horizonten der Suite röntgenograph. u. chem. untersucht. Die Debye-Aufnahmen zeigten die Identität aller Proben. Nach den röntgenolog. Unters.-Ergebnissen können die Tone zur Gruppe von **I** gerechnet werden Die chem. Unters. ergab fast völlige Übereinstimmungen mit dem Ton aus Montmorillon (Frankreich). **I** der untersuchten Tone gehören der tonsandigen Reihe u. alkal. Abarten (Na–K) an. Für eine Probe entspricht die Zus. der Formel $Na_{0,16}K_{0,23} \cdot Ca_{0,05}(Mg_{0,24}Fe_{0,08}{}^{2+}Fe_{0,23}{}^{3+}Al_{1,54})[Al_{0,44}Si_{3,56}O_{10}](OH)_2 \cdot 1{,}66H_2O$.

N. Hviid 380

0677 **Über einige Gesetzmäßigkeiten der Bildung eines Hofes primärer Erzindicatoren um Quecksilber-Lagerstätten.** W. P. Fedortschuk. (Geochemie [UdSSR] **1961,** 911—19; Taschkent, mittelasiat. Forsch.-Inst. für Geol. u. mineral. Rohstoffe; russ.) — Die Form der Höfe des dispers auftretenden *Hg* rings um die Hg-Lagerstätten ist abhängig von den Besonderheiten der Strukturfaktoren u. der litholog. Zus. der Einschlußgesteine. Hg liegt in der Mehrzahl der Fälle als *Zinnober* vor. Weiterhin wird es in den Adern u. Erzmineralen als isomorphe Beimengung u. gediegen konzentriert. Elementares Hg ist charakterist. für Gesteine terrigener Zus., vorwiegend Ton- u. Mergelschiefer (0,00045—0,00075%). In Dolomiten beträgt der Hg-Geh. 0,00033—0,00143%.

H. Noack 380△

0678 **Die Verteilungshöfe von Quecksilber in Kalksteinen der polymetallischen Lagerstätte der Gruski-Schlucht (Nagolni-Gebirgszug).** A. G. Dwornikow. (Geochemie [UdSSR] **1962,** 464—70; Simferopol, Inst. für Mineralvork. der Akad. der Wiss. der UkrainSSR; russ., Auszug: engl.) — Die Breite der Hg-Dispersionshöfe im Kalkstein beträgt 1600 m, das ist der 10fache Wert der Erzzone u. der 100fache Wert der Erzadern. Der Hg-Geh. der Kalksteine beträgt $1{,}0 \cdot 10^{-5}$—$7{,}0 \cdot 10^{-4}$%. Die Zonen der erhöhten Pb-, Zn-, Cu- u. Sb-Mineralisation überschneiden sich mit der des Hg. Die Breite der Hg-Höfe überschreitet 2-, 3- u. 2,5mal die des Pb, Zn u. des Cu, Sb. Die prim. Dispersionshöfe können als Indicatoren zur Prospektierung neuer Erzzonen im Nagolni-Gebirgszug verwendet werden.

H. Noack 380△

0679 **Beziehung zwischen der primären Kupfervererzung mit den Rissen der Gesteine.** T. S. Sakirow. (Usbek. geol. J. **1958,** Nr. 5, 49—53; Inst. für Geol. der Akad. der Wiss. der UsbekSSR; russ.) — In der Cu-Lagerstätte Kalmakyr im Gebiet von Taschkent entsprechen die Vererzungszonen den tekton. Zonen starker Riß u. Spaltenbildung. Ein maximaler Cu-Geh. ist an Gebiete intensivster Rißbldg. (Südwesten) gebunden. Die Rißbldg. hängt von der petrograph. Zus., Morphologie, physikal. Eigg., relativem Alter u. der Tiefe der erzführenden Gesteinsvork. ab.

H. Noack 380△

0680 **Untersuchung der Mineralvorkommen der Lagerstätten von Baryt und Metallsulfiden in der Gegend von Somova.** V. Ianovici, D. Giuşcă, V. Stiopol und V. Bacalu. (An. Univ. „C. I. Parhon" Bucureşti, Ser. Ştiinţ. Naturii **6,** Nr. 15, 149—60, 1957; rum.) — Die untersuchte Lagerstätte liegt in Kalksteinen des mittleren Trias (seltener in Quarzporphyren) u. ist mesothermalen Charakters. Den Ablagerungen von Baryt sind Polymetallsulfide überlagert. Es werden 2 Arten von *Quarz*, Baryt u. *Flußspat* nachgewiesen. Die Folge der Sulfide ist: *Pyrit* → *Zinkblende* → *Chalkopyrit* → *Tetraedrit* → *Bleiglanz.*

R. K. Müller 380□

0681 **Das Vorkommen der Minerale der alpinen Paragenese in der Umgebung von Hnúšta (Slowakisches Erzgebirge).** Zdeněk Trdlička und František Novák. (Časopis Mineralog. Geol. **8,** 89—93, 1963; Kutná Hora, Inst. für Mineralrohstoffe; tschech., Auszug: dt.) — Beschreibung des Vork. von Kluftmineralen der alpinen Paragenese (Mächtigkeit einige mm bis 15 cm) in den chlorit. u. biotit. Schiefern in Umgebung der Magnesitlagerstätten Samo III u. Mútnik. Es überwiegt *Quarz* (Bergkristall); weiter sind anwesend: *Orthoklas, Albit, Rhipidolith, Calcit, Dolomit, Rutil* (Sagenit), *Anatas, Pyrit* u. *Magnetkies*. Die Verteilung der Elemente in den Mineralen wurde spektrograph. ermittelt u. tabellar. zusammengestellt.

J. Tůmová 380◇

0682 **Die Schwerminerale im Granit von Liberec und von Železný Brod.** Eva Fediuková. (Časopis Mineralog. Geol. **8,** 12—20, 1963; Praha, Ústřed, ústav geol.; tschech., Auszug: dt.) — Im Riesengebirge-Isergebirge-Granitbecken erscheint neben dem überwiegenden Anteil von grobkörnigem Biotitgranit (**I**) (Granit von Liberec) im südlichen u. westlichen Teil eine ca. 2 km breite Zone von mittelkörnigem Zweiglimmergranit (**II**) (Granit von Železný Brod). Die für beide Granitarten gemeinsamen Schwerminerale sind *Magnetit, Apatit, Zirkon, Epidot* u. *Titanit*. Für **I** sind *Monazit, Xenotim* u. *Turmalin*, für **II** *Granat u. Andalusit* charakteristisch. Der Geh. an Schwermineralen ist in **I** ca. sechsmal höher als in **II**. — Der bedeutende Unterschied zwischen beiden Granitarten weist auf die Unwahrscheinlichkeit der Theorie von Milch hin, nach welcher **II** eine sek. veränderte Fazies von **I** ist. J. Tůmová 380◇

0683 **Assoziation einer sulfidischen Cassiterit- und Quecksilbervererzung mit basischen Eruptivgesteinen im Terney-Gebiet (Primorje).** W. I. Tschanikow. (Geol. d. Erzlagerstätten [UdSSR] **1961**, Nr. 2, 90—99; Wladiwostok, Sibir. Abt. der Akad. der Wiss. der UdSSR, Fernöstliches Geol. Inst.; russ.) — Das untersuchte Gebiet zeichnet sich dadurch aus, daß die vorgefundene eigenartige Zinnvererzung sich nicht an die saueren Intrusivgesteine, sondern an die subvulkan. Körper bas. Zus. anschließt. Es wird angenommen, daß die Lagerstätte eine einheitliche genet. Reihe der Erzminerale von Zinn bis Quecksilber aufweist. W. Kundorf 380◇

0684 **Die strukturellen Grundmerkmale der Lagerstätte von Nord-Kantau im Erzfeld von Kansai.** W. N. Titow und W. M. Babenko. (Geol. d. Erzlagerstätten [UdSSR] **1961**, Nr. 2, 109—18; Kalinin-Inst. für Buntmetalle, Kanssaische Verwaltung der Bodenschätze; russ.) — Untersucht wurde die geolog. Situation der Blei-Zink-Lagerstätte von Nord-Kantau am südwestlichen Karamasar. Die geolog.-tekton. Besonderheiten des Erzfeldes ermöglichten, einige Gesetzmäßigkeiten bei der Lokalisierung von abgeflachten röhrenförmigen Erzkörpern aufzuzeigen u. ihre Beziehung zu den tekton. Elementen zu erkennen. W. Kundorf 380◇

0685 **Magnetit-Skarne des Erzvorkommens von Teja.** P. W. Komarow. (Geol. d. Erzlagerstätten [UdSSR] **1961**, Nr. 2, 119—24; Moskau, Akad. der Wiss. der UdSSR, Inst. für Geol. der Erzlagerstätten; russ.) — Die Erze der Lagerstätte vom Teja-Fluß im Gebiet von Kusnezk-Alatau bestehen aus 79% Serpentin-Magnetiten, 15% Carbonat-Magnetiten, 1,5% Phlogopit-Serpentin-Magnetiten, 4,5% Haematit-Magnetiten. Eine geolog.-tekton. Skizze der Lagerstätte wird angegeben. W. Kundorf 380◇

0686 **Einige Angaben über die Bedeutung terrigener Minerale für die Korrelation geologischer Schnitte zentraler Gebiete.** I. D. Schuss. (Bull. Moskauer Ges. Naturforscher, geol. Abt. **66(132)**, Nr. 36, 102—07, 1961; russ., Auszug: engl.) — Quant. Betrachtungen über terrigene Minerale zeigen korrelative Merkmale zu Ablagerungen verschiedenen Alters, die sich in zentralen Regionen bildeten: In quart. Ablagerungen werden erhöhte *Hornblende*- u. *Pyroxen*-Geh., in tert. erhöhte *Sillimanit*-Geh. (bei fast völligem Fehlen von Granat) beobachtet. Mesozoische Bldg. zeigen umgekehrte Beziehungen. Im Paläozoikum spielen die stabilsten Minerale die Hauptrolle, *Zirkon* im Karbon u. *Turmalin* im Devon. M. Hähnert 380◇

0687 **Versuch zur Verwendung der Ultraschallmethode zur Bestimmung der dynamischen elastischen Parameter von vulkanischen Gesteinen unter Feldbedingungen.** W. I. Jemelin und K. Ss. Tschuprow. (Nachr. Akad. Wiss. UdSSR, geophysik. Ser. **1962**, 472—77; russ.) — Mittels der Ultraschallmeth. wurde unter Verw. eines Seignettesalz-Kristalls in Feldverss. die longitudinalen u. die Rayleigh-Wellen bei Gesteinsarten registriert u. folgende dynam. elast. Konst. bestimmt: Poisson-Koeff. u. Elastizitätsmodul. Die Werte sind tabelliert. M. Wiedemann 385□

0688 **Über die Bestimmung der Temperatur bei der Gesteinsbildung entsprechend der Methode von T. F. W. Barth.** M. D. Krylowa. (Geochemie [UdSSR] **1962**, 529—35; Leningrad, Labor. für Geol. des Präkambriums der Akad. der Wiss. der UdSSR; russ., Auszug: engl.) — Nach der Meth. von Barth, die zwischen K = Mol.-% Albit in Alkalifeldspat/Mol.-% Albit in Plagioklas u. der Kristallisationstemp. eine gesetzmäßige Beziehung herstellt, werden die Bldg.-Temp. von Pegmatiten, Graniten u. Gneisen des Stanow-Gebietes, die unter den Bedingungen der Amphibolit- u. Granitfazies durch Metamorphose verändert wurden, zu 504° (475—540°) u. des Aldan-Schildes zu 430—480° bestimmt u. mit den Bldg.-Temp. der gleichen Gesteine analoger metamorpher Fazies Nordkareliens u. Norwegens verglichen. Die Meth. von Barth ist zur Best. der Kristallisationstemp. von intrusiven u. metamorphen Gesteinen mit Ausnahme der Fälle anwendbar, die durch intensive alkal. Metasomatose beeinflußt wurden. H. Noack 385△

0689 **Niedrigthermale Quarz-Albit-Nebengesteinsveränderungen von Uranerzkörpern.** G. A. Lissitzina, B. I. Omeljanenko und P. A. Raudoniss. (Geol. d. Erzlagerstätten [UdSSR] **5**, Nr. 1, 7—16, 1963; russ.) — Diorite, alaskit. Granite u. Diabase verschiedenen Alters, vulkanogen-sedimentäre Nebengesteine u. Porphyrite wurden hydrothermal-metasomat. verändert. An den Diabasen sind die Stadien der Umwandlung deutlicher erkennbar als an allen anderen Gesteinen; sie sind daher Hauptgegenstand der Untersuchungen. Die gebildeten Umwandlungsaureolen zeigen deutliche Zonalität in der Verteilung der Mineralparagenesen: 1. Innere Zone mit Quarz, Quarz + Albit oder nur Albit; 2. Zwischenzone mit Albit + Ankerit; 3. Äußere Zone mit Albit + Ankerit + Chlorit. Die mit der Metasomatose verbundene Mineralumlagerung auf Klüften beeinflußt die chem. Charakterisierung der Umwandlungs-Prodd. vor allem hinsichtlich der Fe-, Ca- u. Mg-Geh. sehr stark, wenn diese Kluftminerale nicht sorgfältig abgetrennt werden. Die Metasomatose zeigt 2 Tendenzen: 1. Bldg. eines Albit-Gesteins, 2. Bldg. eines Quarz-Gesteins unter Wegfuhr jeweils aller anderen Komponenten. Die Konz.-Kurven über dem Profil der Umwandlungsaureolen zeigen für alle Komponenten schwankenden Verlauf, der bes. für das in den meisten metasomat. Prozessen sehr inerte Al_2O_3 bemerkenswert ist. Gemeinsam mit Al_2O_3 zeigen TiO_2 u. P_2O_5 eine auffallende Beweglichkeit u. sind z. T. auf das 4—5fache der Konz. im Ausgangsgestein angereichert. Der Mineralbestand der Quarz-Albit-Metasomatite ist abhängig von der Konz. des Na u. K in den hydrothermalen Lsgg. u. entsteht nur aus Na-reichen Gesteinen. In allen anderen Fällen werden aus sauren bis intermediären Gesteinen Beresite u. aus bas. bis ultrabas. Gesteinen Listwänite gebildet. Quarz-Albit-Metasomatite sind in vergrünten u. propylitisierten Vulkaniten Spiliten u. Albitophyren zu erwarten. Dieter Wolf 385◇

0690 **Über die Herkunft der Anzass-Albitite.** D. I. Pawlow. (Geol. d. Erzlagerstätten [UdSSR] **1961**, Nr. 4, 54—60, 1 Tafel; Moskau, IGEM, Akad. der Wiss. der UdSSR; russ.) — Die Bldg. bedeutender Teile der grobkörnigen Albitite des Erzfeldes der Anzass-Eisenerzlagerstätte erfolgte wahrscheinlich auf dem Wege einer metasomat. Umbldg. der Paragneise. Mikroalbitite u. porphyr. Albitite entsprechen bestimmten Abarten ähnlicher Bildungen. Letztere sind von einer Na- u. Al-Zufuhr u. einem SiO_2-Abtransport begleitet. M. Hähnert 385□

0691 **Neue Angaben über devonische Ablagerungen des Uljanowsk-Gewölbes.** N. Ss. Iljina und M. F. Filippowa. (Ber. Akad. Wiss. UdSSR **141**, 177—80, 1961; Allunionsforschungsinst. für geolog. Erdölerkundung; russ.) — Die Ergebnisse der Unters. der Bohrung Alatyrsk zeigen die Ähnlichkeit zum Profil der Bohrung Uljanowsk: Der untere Horizont des Devons lagert unmittelbar auf Gesteinen des Fundamentes. M. Hähnert 385◇

0692 **Zur Petrochemie der Kimberlite des Gebietes von Merchimdensk (Bassin des Olenek-Unterlaufes).** M. W. Ssussow. (Sowjet-Geol. **5**, 40—47, 1962; Allunions-aerogeolog. Trust; russ.) — Die mineralog. Zus. u. Struktur der Kimberlite des Merchimdensker Gebietes zeigt, daß sie zu bedeutendem Grade durch autometamorphe Prozesse verändert sind. Einige der betrachteten Kimberlite sind durch ihre hohen Diopsid-Geh. charakterisiert, andere unterscheiden sich davon durch die hohen Phlogopit-Beträge u. einzelne Arten sind Pyroxen-frei. M. Hähnert 385◇

0693 **Über Eulysite des Chudskoje-See-Gebietes, Halbinsel Kola.** L. P. Bondarenko und W. B. Dagelaisski. (Schr. mineralog. Allunions-Ges. [UdSSR] [2] **90,** 408 bis 424, 1961; Leningrad, Labor. für Geolog. des Präkambriums der Akad. der Wiss. der UdSSR; russ.) — Die Eulysite besitzen folgende modale Zus.: Quarz, Fayalit (2V = 55—56°; Fe_2SiO_4 — 96,6; Mg_2SiO_4 — 3,2 u. Ca_2SiO_4 — 0,2%), Granat (Pyrop — 3,3; Almandin — 75,5; Spessartin — 0,5; Andradit — 4,9; Grossular — 15,8%), Hedenbergit (3 morpholog. Typen), Orthoferroselit (2 genet. Typen; 2V = +88°), Apatit (n_y = 1,638), Rutil, Carbonate, Erzminerale [Pyrrhotin, Melnikovit, Kupferkies, Magnetit. Den Eulysiten sind eine Reihe von petrochem. Besonderheiten eigen: Alle Gesteine, die nach ihren mineralog. Assoziationen zu dieser Gruppe zu zählen sind, besitzen eine sehr ähnliche chem. Zus.; typ. sind die niedrigen Geh. an SiO_2 (26—50%) sowie die unbedeutenden Al_2O_3-Mengen (0,3—3%); weiterhin die hohen FeO- (40—58%) u. geringfügigen Alkalibeträge. Im Hinblick auf ihre Genese werden sie als stark Fe-haltige Arten der Granulite betrachtet.
M. Hähnert 385◇

0694 **Die hauptpetrologischen Besonderheiten der Gesteine des Syenitmassivs von Almalyk.** A. W. Pokrowski. (Usbek. geol. J. **1958,** Nr. 5, 27—41; Inst. für Geol. der Akad. der Wiss. der UsbekSSR; russ.) — Zus. u. Verteilung der Gesteine des Syenitmassivs hängen von der Zus. der Einschlußgesteine u. dem Grad ihrer Kontaminierung, der mit zunehmender Basizität der Gesteine steigt, ab. Die Formierung der Gesteine bei der metamorphen Umbldg. wird durch flüchtige Komponenten beeinflußt, wie das häufige Vork. accessor. Elemente zeigt. Die Kristallisationsfolge der Minerale wird durch die Zus. der Gesteine, in 1. Linie durch Alkalien, aber auch durch Ca, Mg, Fe bestimmt. Die Basizität der Gesteine verringert sich von der 1. Intrusionsphase bis zur Bldg. von Alaskit-Graniten in der letzten. Im Endstadium führt die Anhäufung Mg- u. Fe-reicher postmagmat. Lsgg. zur Amphibolisierung u. Biotitisierung der Gesteine, aber auch der Einschlußgesteine.
H. Noack 385△

0695 **Schriftgranit aus dem Ramona Pegmatitdistrikt, Kalifornien.** Dale R. Simpson. (Amer. Mineralogist **47,** 1123—38, 1962; Bethlehem, Pa., Lehigh Univ.; engl.) — Petrograph. Untersuchung. C. Gottfried 385△

0696 **Über rätselhafte Bildungen in Andesitlaven der Transkarpaten.** W. W. Solotuchin. (Bull. Moskauer Ges. Naturforscher, geol. Abt. **67(133),** Nr. 3, 102—03, 1962; russ.) — In der Umgebung des Wygorlat-Gutin-Grates wurden bauchige, fladenförmige Bildungen auf ebenen Andesitblockflächen beobachtet. Die Bäuche u. ihre Substrate bestehen aus Zweipyroxen-Hyaloandesiten porphyr. Struktur. Die Bldg. dieser Fladen soll die Folge des Eindringens von Gasportionen in die zähe Lava zur Zeit der beginnenden Verfestigung sein.
M. Hähnert 386◇

0697 **Brom in einigen Fumarolenprodukten des Vesuvs und des Ätnas.** Guido Carobbi und Nara Coradossi. (Atti. Accad. naz. Lincei, Rend., Cl. Sci. fisiche, mat. natur. [8] **33,** 3—12, 1962; ital.) — Vff. bestimmten an einer größeren Anzahl von Fumarolenverbb. des Vesuvs u. des Ätnas bei Entnahmetemp. bis zu 700° den Br-Geh. u. das Verhältnis Cl/Br. Br wurde quant. mit Hilfe von Röntgenfluorescenz u. einer Se-Standardlinie bestimmt. Der Br-Geh. ist in den Fumarolen mit höherer Temp. höher u. niedriger in denen eine niedrigere Temp. ist, d. h. das Verhältnis Cl/Br nimmt mit sinkender Temp. zu. Zwei mögliche Erklärungen für diese Beobachtungen werden besprochen. C. Gottfried 386△

0698 **Mikrosondenanalyse von „organisierten Elementen" des Orgueil-Meteoriten.** Bartholomew Nagy, Kurt Fredriksson, Harold C. Urey, George Claus, Christian A. Andersen und Joan Percy. (Nature [London] **198,** 121—25, 1963; San Diego, Calif., Univ. of California; engl.) — Mit der Mikrosonde wurden 28 „organisierte" Strukturen des C-haltigen Orgueil-Meteoriten untersucht. In einigen dieser Objekte wurde Fe mit kleineren Geh. an Cl u./oder Ni festgestellt. Morpholog. weniger gut ausgebildete Partikel sind aus Silicaten zusammengesetzt. Mit 6 n HCl behandelte Proben enthalten Elemente mit niederen Ordnungszahlen (keine höher als Na) u. können im Einklang mit ihrer Form Reste der organisierten Formen darstellen. Es werden Gründe dafür angeführt, daß die 28 untersuchten Strukturen biolog. Formen sind u. keine ird. Verunreinigungen darstellen.
E. Schulte 388◇

0699 **Die Herkunft schwarzer Kügelchen, die auf Pazifikinseln, in Tiefseesedimenten und im antarktischen Eis gefunden wurden.** Kurt Fredriksson und L. Robbin Martin. (Geochim. cosmochim. Acta [London] **27,** 245 bis 248, 1963; engl.) — Vgl. vorst. Referat. — Der Vgl. der Unters.-Ergebnisse mit früheren Veröffentlichungen zeigt, daß Kügelchen extraterrestr. Herkunft mit solchen, die industrielle Verunreinigungen enthalten. u. mit Kügelchen vulkan. Entstehung verwechselt werden können.
J. Heinze 388◇

0700 **Bitumen der kohlenstoffhaltigen Chondrite Grosnaja und Mighei.** G. P. Wdowykin. (Geochemie [UdSSR] **1962,** 134—39; Moskau, Lomonossow-Univ., Allunions-Forsch.-Inst. für Naturgase; russ., Auszug: engl.) — Der Bitumengeh. der Chondrite Grosnaja u. Mighei wurde durch kalte Extration zu 0,0965 u. 0,1573% bestimmt. Die Elementzus. des Bitumens des Chondrits Grosnaja ist durch geringen C- u. H-Geh. (35,19 u. 7,8% des Bitumengew.) gekennzeichnet. Der aliphat. Charakter der KW-Stoffe wurde bestätigt. Die Bitumina enthalten weiterhin einen sauren Bestandteil. Die Bldg. der Bitumeneinschlüsse erfolgte gleichzeitig mit der Kondens. der meteorit. Materie unter der Bedingung einer reduzierenden Atmosphäre bei Temp. von etwa 300° durch Polymerisation.
H. Noack 388△

0701 **Oberflächenmerkmale metallischer Kügelchen.** R. A. Schmidt, K. V. Venkataraman, M. L. Jackson und G. P. Woollard. (Science [Washington] **142,** 581 bis 582, 1963; Madison, Wis., Univ. of Wisconsin, Geophys. and Polar Res. Center and Dep. of Soil Sci.; Honolulu, Hawai, Univ. of Hawaii, Hawaii Inst. of Geophys. engl.) — Metall. Kügelchen aus antarkt. Schnee wurden untersucht u. nach ihren Oberflächenmerkmalen in drei Gruppen eingeteilt: 1. Glatte, polierte Kügelchen, die wahrscheinlich durch Schmelzen der Oberflächen von Partikeln beim Eintritt in die Erdatmosphäre entstanden sind; 2. Kügelchen mit gerieften Oberflächen, entstanden infolge unterschiedlicher Härte im Innern, mit dazwischen liegenden Lamellen u. modifiziert durch zusätzliche Grübchen; 3. Kügelchen mit wahllos verteilten kreisförmigen Grübchen, die vermutlich durch Zusammenstoß mit submkr. kleinen Partikeln entstanden sind. Die Typen 2 u. 3 sind zu klein, als daß sie durch Abtragung beim Eintritt in die Erdatmosphäre entstanden sein können; es wird vermutet, daß ihre Oberflächen durch Erosion im Raum gebildet worden sind. Die Oberflächen-Details können sich bilden, wenn der Eintritt in die Atmosphäre mit kleiner Geschw. u. auf Flugbahnen mit kleinem Eintrittswinkel erfolgt.
E. Schulte 388◇

0702 **Die Assoziation bituminösen Stoffes mit Quarz, Saponit und Calcit in intrusiven Basalten.** N. A. Minski und Ju. M. Korolew. (Schr. mineralog. Allunions-Ges. [UdSSR] [2] **90,** 469—72, 1961; Moskau, Wiss. Allunionsforschungsinst. für geol. Erdölerkundung; russ.) — Die beschriebenen Basaltstöcke lagern in Schichten unterkretaz. Alters (tuffogene, kieselige Sandsteine, tonige bitumenführende Schiefer, Argillite u. Mergel). Nach der Abscheidungsart u. der Zus. der bituminösen Stoffe lassen sich 3 Typen unterscheiden. Bitumen I (C 90,2, H 4,25, S + N + O 5,55%) ist assoziiert mit Saponit, Bitumen II (85,04, 14,92, 0,04%) findet man als kleine Äderchen in Quarz u. Bitumen III (83,42, 9,94, 6,64%) bildet disperse mkr. Einschlüsse in Calcit.
M. Hähnert 390◇

0703 **Die Verteilung der organischen Stoffe in den quartären Ablagerungen des Untersuchungsgeländes Mischowdag.** N. W. Paschaly und T. M. Digurowa. (Erdöl-Wirtsch. Aserbaidshan **37,** Nr. 12, 8—10, 1958; russ.) — Untersucht wurden Körner quartärer Ablagerungen aus Bohrungen in verschiedenen Stellen des Mischowdagschen Schürfgeländes. Diese Ablagerungen bestehen aus Gesteinen der bakin. Stufe (**I**), gjurgan. Suite (**II**), chasar. (**III**) u. chwalyn. Stufen (**IV**). Litholog. sind es Tone mit ihren aleurit. u. sandig-aleurit. Varianten, Aleurolithen, Sandsteinen, unsortierten, grobgebrochenen, carbonat. u. pyroklast. Gesteinen. **II** enthält die größte Menge sandig-aleurit. u. grobgebrochenen Materials. **I**, **III**, **IV** enthalten bedeutend weniger davon. Die Geh. der einzelnen Gesteine u. Gesteinsfraktionen von organ. C u. N, Bitumen u. Huminsäuren wurden bestimmt. Aus den Analysen von **I** bis **IV** ging hervor, daß im stratigraph. Schnitt sich der mittlere C-Geh. von **IV** zu **III** erhöht, bei **II** geringer ist u. in **I** den kleinsten Wert erreicht. Durch therm. Analysen konnten zwei Varianten der organ. Substanz festgestellt werden, die exotherme Effekte bei 350° bzw. 485° zeigen. Das Verhältnis des organ. C zu N (C/N) zeigt den Zers.-Grad des organ. Materials an. Den geringsten zeigen Tone u. Mergel infolge ihrer feindispersen Struktur, welche die Metamorphose der Ablagerung u. deren organ. Substanz verlangsamte. C/N war am geringsten in den Gesteinen von **II**, weil hier, infolge Vorherrschens sandig-aleurit. u. grobgebrochenen Materials, die Zirkulation des Grundwassers eine Zers. des zugebrachten Materials gefördert hatte. Die Bitumengeh. lagen allg. bei 0,01—0,03%. Das Bitumen war leicht, ölig u. hellbraun. Da Asphaltene fehlten, konnte prim. Bldg. vorliegen. Eine Abhängigkeit des Bitumengeh. von der litholog. Struktur bzw. Zus. wurde nicht nachgewiesen. Im Schnitt erhöht sich der Bitumengeh. von unten nach oben zu **II**, in stratigraph. höheren Lagen ist er erniedrigt u. hat seinen geringsten Wert in **IV**. Es ist anzunehmen, daß in **II** neben dem prim. auch zugeführtes (allotigenes) Bitumen enthalten ist. Der Huminsäuregeh. in den gleichen Proben schwankt zwischen 0,01 u. 0,09%. Die Gegenüberstellung von Bitumen- u. Huminsäuregeh. in den verschiedenen Gesteinstypen zeigt für diese ein Maximum in Tonen u. Mergel. Fast in allen Fällen sind die mittleren Bitumengeh. den Huminsäuregeh. umgekehrt proportional. Der Geh. an organ. C ist umgekehrt proportional dem mittleren Korndurchmesser in den zerkleinerten Gesteinen. Direkt proportional hierzu ist, bis zu einem gewissen Grad, der Huminsäuregehalt. N. Hviid 390

B. Allgemeine und theoretische organische Chemie

0704 **Aromatische Diazo- und Azoverbindungen.** 41.Mitt. **Ultraviolette Spektren und Konformation von heterocyclischen Analoga des Diphenyls.** V. Chmátal, Z. J. Allan und J. Poskočil. (Collect. czechoslov. chem. Commun. **26,** 67—78, 1961; Pardubice-Rybitví, Forsch.-Inst. für organ. Synth.; dt.) — 40. vgl. Collect. czechoslov. chem. Commun. **25,** [1960], 2831. — An Hand des UV-Spektrums von *2-Phenylnaphtho-[1.2:d]-triazol, 2-[o-* u. *-p-Hydroxyphenyl]-, 2-[o-* u. *-p-Methoxyphenyl]-, 2-[o-* u. *p-Nitrophenyl]-, 2-[o-* u. *p-Aminophenyl]-, 2-[o-* u. *p-Acetamidophenyl]-*, von den Salzen des *2-[o-* u. *p-Diazoniophenyl]-naphtho-[1.2:d]-triazols*, von *2-[Naphthyl-(1′)]-naphtho-[1.2:d]-triazol* bzw. dessen *6-Sulfonsäure, 2′.6-* u. *4′.6-Disulfonsäure* wurde auf den Einfl. der Substituenten (ster. Hinderung, H-Brücken-Bldg.) auf die Koplanarität der Triazol(**I**)-Derivv. geschlossen. Nur bei den Hydroxyphenyl-Derivv. in neutralen Lsg. erwies sich der Phenylring als koplanar mit dem Naphthotriazol-Syst.; bei den Aminophenyl-Derivv. ist nur teilweise Koplanarität vorhanden. Die auf Grund der UV-Spektren (Abb.) aufgestellten Konformationen der vorst. **I**-Derivv. werden ausführlich diskutiert.

Versuche: (FF. im Kofler-Mikroblock) *2-[o-Hydroxyphenyl]-naphtho-[1.2:d]-triazol*, F. 141° (50%ig. A.), durch Kupplung von diazotiertem o-Aminophenol (2,1 g) mit 2,8 g 2-Naphthylamin (**II**) in 90%ig. HCOOH bei 20° u. Oxydation des Farbstoffes mittels Luft-O_2 in natronalkal. Lsg. bei 90° u. in Ggw. von etwas $CuSO_4$ u. $KMnO_4$ als Katalysatoren; 0,7 g (Ausbeute). — *2-[p-Hydroxyphenyl]-naphtho-[1.2:d]-triazol*, F. 200°, wie vorst. Verb. aus p-Aminophenol. — *2-[o-Nitrophenyl]-naphtho-[1.2:d]-triazol* (**III**), $C_{16}H_{10}N_4O_2$, F. 123° (Eisessig), durch Oxydation des aus o-Nitranilin u. **II** hergestellten Farbstoffes mittels $CuSO_4$ in Pyridin; gelbliche Nadeln. — *2-[p-Nitrophenyl]-naphtho-[1.2:d]-triazol* (**IV**), F. 249,5°, wie **III** aus p-Nitranilin; gelbliche Nadeln. — *2-[o-Aminophenyl]-naphtho-[1.2:d]-triazol*, $C_{16}H_{12}N_4$, F. 124°, durch 1std. Red. von 2,9 g **III** mittels $SnCl_2$ in salzsaurer Lsg. auf dem Wasserbad; hellgelbe Kristalle. *Acetylderiv.*, $C_{18}H_{14}N_4O$, F. 159°, in Pyridin mit $(CH_3CO)_2O$; schwachgelbe Nadeln. — *2-[p-Aminophenyl]-naphtho-[1.2:d]-triazol*, F. 203°, wie vorst. Verb. aus **IV**; gelbe Nadeln; *Acetylderiv.*, F. 235° (90%ig. A.). — *2-[Naphthyl-(1)]-naphtho-[1.2:d]-triazol*, F. 167° (Eisessig), durch Oxydation des Farbstoffes aus 1-Naphthylamin (**V**) u. **II** analog **III**. — *2-[Naphthyl-(1)]-naphtho-[1.2:d]-triazol-6-sulfonsäure, Na-Salz* (**VI**), $C_{20}H_{12}N_3NaO_3S$, aus diazotiertem **V** durch Kupplung mit 2-Naphthylamin-6-sulfonsäure (**VII**) u. Oxydation des Farbstoffes mit $CuSO_4$ in ammoniakal. Lösung. — *2-[Naphthyl-(1′)]-naphtho-[1.2:d]-triazol-2′.6-disulfonsäure, Na-Salz*, $C_{20} \cdot H_{11}N_3Na_2O_6S_2$, aus **VII** u. 1-Naphthylamin-2-sulfonsäure analog **VI**. — *2-[Naphthyl-(1′)]-naphtho-[1.2:d]-triazol-4′.6-disulfonsäure, Na-Salz*, $C_{20}H_{11}N_3Na_2O_6S_2$, aus **VII** u. 1-Naphthylamin-4-sulfonsäure analog **VI**.

A. Emr/Prag B 118

0705 **Die Elektronenstruktur und das Spektrum von Nitrobenzol.** T. E. Peacock. (Proc. physic. Soc. **78,** 460 bis 463, 1961; London, King's Coll., Chem. Dep.; engl.) — *Nitrobenzol* hat drei Hauptbanden bei 40000, 36000 u. 30200 cm^{-1}. Vf. berechnet nach der SCF-MO-Meth. die π-Elektronenverteilung u. folgert: 1. Die 30200-Bande ist einem $\pi \rightarrow \pi^*$-Übergang der NO_2-Gruppe zuzuordnen; 2. Die 36000-Bande entspricht einer Ladungsverschiebung vom Ring zur NO_2-Gruppe von etwa $^1/_2$ Elektron; 3. Die 40000-Bande gehört zu einer Ladungsverschiebung von einem Elektron von der Nitrogruppe zum Ring.

W. Schindelhauer B 118◇

0706 **Über die Struktur von 2-Mercaptotroponen.** Tetsuo Nozoe und Kazuo Matsui. (Bull. chem. Soc. Japan **34,** 616—18, 1961; Katahiro-cho, Sendai, Tohoku Univ., Fac. of Sci., Dep. of Chem.; engl.) — Die UV-Spektren von *2-Mercapto-* (**I**), *4-Isopropyl-2-mercapto-* (**II**), *6-Isopropyl-2-mercapto-* (**III**), *2-Methylmercapto-* (**IV**), *4-Isopropyl-2-methylmercapto-* u. *6-Isopropyl-2-methylmercaptotropon* u. die IR- u. NMR-Spektren von **I**—**IV** werden untersucht. Danach liegen die 2-Mercaptotropone in der Thioketoform vor.

G. Pötzscher B 118

0707 **Deutung des Ultraviolettspektrums von Oxalylchlorid.** B. D. Saksena und G. S. Jauhri. (J. chem. Physics **36,** 2233—35, 1962; New Delhi, Nat. Phys. Labor. of India; engl.) — Es werden Argumente zur Widerlegung der von Sidman (C. **1956,** 11940) gegebenen Deutung des UV-Spektrums des *Oxalylchlorids* aufgeführt, nach der die cis-Form ein kontinuierliches Spektrum, die trans-Form dagegen eine diskrete Bandenstruktur liefern sollte. Vff. treten den Beweis an, daß die diskrete Struktur durch beide Strukturisomeren bedingt ist.

E. Ühlein B 118◇

0708 **Spektren von p-Phenoxydiphenylsulfon und den entsprechenden Methyl-, Chlor-, Nitro-, Amino- und Acetylaminoderivaten im nahen UV.** Antonio Arcoria, Nunziata Marziano und Riccardo Passerini. (Gazz. chim. ital. **91,** 223—41, 1961; Catania, Univ., Ist. di Chim. organ.; ital.) — Vff. untersuchten die Spektren nachst. Verbb. in alkohol. Lsg.: 4-Phenoxy-x′-X-diphenylsulfone: *unsubstituiert* (**I**), F. 86—87°; *-2′-methyl-*, $C_{19}H_{16}O_3S$, F. 105,5° (A.); *-4′-methyl-*, $C_{19}H_{16}O_3S$, F. 150° (A.); *-2′-chlor-*, $C_{18}H_{13}ClO_3S$, F. 74° (A.); *-4′-chlor-*, F. 112—113°; *-2′-nitro-*, F. 82°, *-4′-nitro-* (**II**), F. 117—118°; *-4′-amino-*, F. 176°; *-4′-acetylamino-*, F. 196°. — 4-[x-X-Phenoxy]-diphenylsulfone: *4-[2-Methyl-*, $C_{19}H_{16}O_3S$, F. 97° (A.); *4-[4-Methyl-*, $C_{19}H_{16}O_3S$, F. 120° (A.); *4-[2-Chlor-*, $C_{18}H_{13}ClO_3S$, F. 107,5° (A.);

4-[4-Chlor-, $C_{18}H_{13}ClO_3S$, F. 116° (A.); *4-[2-Nitro-*, F. 112°; *4-[4-Nitro-*, F. 128°; *4-[2-Amino-*, F. 191°; *4-[2-Acetylamino-*, F. 134°; *4-[4-Amino-*, F. 160°; *4-[4-Acetylamino-*, F. 169°. — *4-[4-Methylphenoxy]-4′-methyl-*, $C_{20}H_{18}O_3S$, F. 124° (A.); *4-[2-Chlorphenoxy]-2′-chlor-*, $C_{18}H_{12}Cl_2O_3S$, F. 98° (A.); *4-[4-Chlorphenoxy]-4′-chlor-*, $C_{18}H_{12}Cl_2O_3S$, F. 122° (A.); *4-[2-Nitrophenoxy)-2′-nitro-*, F. 135°; *4-[4-Nitrophenoxy]-4′-nitro-*, F. 193°; *4-[4-Aminophenoxy]-4′-amino-*, F. 153—154°; *4-Phenoxy-2′.4′-dinitrodiphenylsulfon*, F. 154°. Die Unters. ergab: Der Grund-Chromophor von **I** u. der Mehrzahl seiner Derivv. ergibt sich aus der Konjugation O → SO_2 u. kann durch eine chinoide Grenzform mit positivem O u. negativem S dargestellt werden. Eine solche Struktur wurde auch im Verlauf einiger Dipolmomentmessungen in Betracht gezogen. Der Beitrag der Konjugation zwischen dem Äther-O u. dem Phenylkern wie auch zwischen der SO_2-Gruppe u. dem Bzl.-Ring ist nicht erheblich. Eine CH_3-Gruppe oder Halogen beeinflußt den Verlauf des Spektrums nicht wesentlich. Eine NO_2-Gruppe in Konjugation zum O (p-ständig) bewirkt die Beteiligung eines $\pi_{(O\text{-}NO_2)}^{10}$-Chromophors, ähnlich dem in Nitrodiphenyläthern; der Chromophor O → SO_2 bleibt trotzdem wirksam. Ein typ. Beispiel für die individuellen Einfl. der Chromophore ist das Spektrum von **II**, in dem neben dem durch die NO_2-Gruppe induktiv beeinflußten O → SO_2-Chromophor auch der $\pi_{(NO_2)}^{8}$-Chromophor des Nitrobenzols auftritt. In den Aminoderivv. tritt an die Stelle des O → SO_2- der H_2N → SO_2-Chromophor.

Versuche: *p-Methylmercaptodiphenyläther* (**VI**), $C_{13}H_{12}OS$, Kp.$_{0,2}$ 121—122°, aus 4-Mercaptodiphenyläther u. $(CH_3O)_2SO_2$ in 2 n NaOH. — 4-[Phenoxy]-diphenylsulfide (durch Diazotieren der entsprechenden Aminodiphenyläther in HCl bei 4—5°, Zers. der Diazoniumsalze mit wss.-alkal. Lsgg. der entsprechenden Thiophenole in Ggw. von Cu-Bronze bei 40°, ca. 1std. Erhitzen auf dem Wasserbad, Ae.-Extraktion, Kochen der verd. H_2SO_4-sauren Lsg. des Rückstandes mit Zn-Pulver auf dem Wasserbad u. Dampf-Dest.): *4-Phenoxy-2′-methyl-*, $C_{19}H_{16}OS$, Kp.$_{0,2}$ 176,5°, aus 4-Aminodiphenyläther (4-Amino-DPA) u. o-Thiokresol (o-**III**). — *4-Phenoxy-4′-methyl-*, $C_{19}H_{16}OS$, F. 41—42° (A.), Kp.$_{0,2}$ 172—174°, aus 4-Amino-DPA u. p-**III**. — *4-Phenoxy-2′-chlor-*, $C_{18}H_{13}ClOS$, Kp.$_{0,4}$ 194°, aus 4-Amino-DPA u. o-Chlorthiophenol (o-**IV**). — *4-[2-Methylphenoxy]-*, $C_{19}H_{16}$·OS, Kp.$_{0,2}$ 180°, aus 2′-Methyl-4-amino-DPA u. Thiophenol (**V**). — *4-[4-Methylphenoxy]-*, $C_{19}H_{16}OS$, F. 59 bis 60° (A.), Kp.$_{0,2}$ 176°, aus 4′-Methyl-4-amino-DPA u. **V**. — *4-[2-Chlorphenoxy]-*, $C_{18}H_{13}ClOS$, Kp.$_{0,5}$ 186°, aus 2′-Chlor-4-amino-DPA u. **V**. — *4-[4-Chlorphenoxy]-* $C_{18}H_{13}$·ClOS, F. 50,5 (A.), Kp.$_{0,2}$ 183°, aus 4′-Chlor-4-amino-DPA u. **V**. — *4-[2-Methylphenoxy]-2′-methyl-*, $C_{20}H_{18}OS$, Kp.$_{0,1}$ 128—131°, aus 2′-Methyl-4-amino-DPA u. o-**III**. — *4-[4-Methylphenoxy]-4′-methyl*, $C_{20}H_{18}OS$, F. 59,5 bis 60,5°, Kp.$_{0,4}$ 166°, aus 4′-Methyl-4-amino-DPA u. p-**III**. — *4-[2-Chlorphenoxy]-2′-chlor-*, $C_{18}H_{12}Cl_2OS$, Kp.$_{0,5}$ 210°, aus 2′-Chlor-4-amino-DPA u. o-**IV**. — *4-[4-Chlorphenoxy]-4′-chlor-*, $C_{18}H_{12}Cl_2OS$, F. 71—72° (A.), aus 4′-Chlor-4-amino-DPA u. p-**IV**. — Sulfone: Aus den Sulfiden in Eisessig mit Überschuß an 36%ig. H_2O_2. — *p-Methylsulfonyldiphenyläther*, $C_{13}H_{12}O_3S$, F. 85—86° (A.), aus aus **VI** wie vorstehend.

J. Richter B 118◇

0709 **Infrarotspektren fester Kohlenwasserstoffe bei sehr niedrigen Temperaturen.** J. J. Comeford und John H. Gould. (J. molecular Spectroscopy **5**, 474—81, 1960; Washington, D. C., Nat. Bureau of Stand.; engl.) — Es werden die IR-Spektren bei 4,2 bzw. 20° K von *Methan, Äthan, Propan, Butan* (**I**), *Pentan, Äthylen, Propylen, Buten-(1)* u. *Penten-(1)* mit Ar verdünnt u. z. T. als reine Fl. aufgenommen u. im Bereich 700—3500 cm^{-1} wiedergegeben. Im Gegensatz zu den untersuchten KW-Stoffen mit niedrigerem Mol.-Gew. zeigt reines **I** eine ausgesprochene Temp.-Abhängigkeit des Absorptionsspektrums. Beim Erwärmen von 20 auf 77° K treten Verschiebungen, Löschungen u. Intensitätsänderungen einiger Banden irreversibel auf. W. Sobieski B 120◇

0710 **Schwingungsspektren und Kraftkonstanten des Kohlenstofftetrajodids.** H. Stammreich, Yara Tavares und Darwin Bassi. (Spectrochim. Acta [London] **17**, 661—64, 1961; Sao Paulo, Brazil, Univ.; engl.) — Vff. fanden bei *CJ_4* die Raman-Frequenzen 90, 123 u. 178 cm^{-1} u. die IR-Banden 123, 127, (276), (360) u. 555 cm^{-1}. Die Werte in ( ) ordnen sie Verunreinigungen zu. An Hand eines Urey-Bradlay-Feldmodelles berechneten sie die Kraft-Konst. K = 1,12 mdyn/Å für die C–J-Valenzschwingung, H = 0,094 für die J–C–J-Deformationsschwingung u. F = 0,313, F = — 0,01 für Wechselwrkg. zwischen den Jodatomen.

W. Schindelhauer B 120◇

0711 **Infrarotspektren und Molekularstruktur von meso- und dl-2.4-Dichlorpentan als Modellverbindung für PVC.** T. Shimanouchi und M. Tasumi. (Spectrochim. Acta [London] **17**, 755—60, 1961; Hongo, Tokyo, Japan, Univ.; engl.) — Vff. geben die Spektren von *dl-2.4-Dichlorpentan* (**I**) für den gasförmigen, fl. u. festen Zustand (6 Spektren) u. vom *meso-2.4-Dichlorpentan* (**II**) im fl. Zustand an (2 Spektren). Aus der Lage der Valenzschwingungsbanden schließen die Vff., daß im fl. Zustand die trans-Konstellation vorliegt. Durch Vgl. der Banden von **I**, **II** u. PVC wird die Strukturidentität von **I** (trans-Form) u. PVC bewiesen.

W. Schindelhauer B 120◇

0712 **Ramanspektren von Fluorbenzol bei verschiedenen niedrigen Temperaturen.** Deb Kumar Mukherjee. (Indian J. Physics Proc. Indian Assoc. Cultivat. Sci. **34(43)**, 402—06, 1960; Calcutta, Indian Assoc. for the Cultivation of Sci., Optics Dep.; engl.) — Es werden die Raman-Spektren von festem *Fluorbenzol* (**I**) bei — 60 u. — 180° untersucht u. mit dem von fl. **I** verglichen. Bei — 60° erscheint eine neue niederfrequente Linie bei 95 cm^{-1}, die bei — 180 auf 100 cm^{-1} verschoben wird. Diese u. weitere Frequenzverschiebungen bei der Verfestigung u. weiteren Abkühlung von **I** werden mit der Bldg. von Dimeren erklärt. Vf. führt ferner eine Neuunters. der Polarisation der Raman-Linien von **I** durch, wobei die Linie bei 517 cm^{-1} als nicht vollständig depolarisiert gefunden wird ($<$ 6/7), obwohl der Depolarisationsfehler recht groß ist. W. Sobieski B 120◇

0713 **N–H-Banden von primären, aromatischen Aminen im nahen IR-Bereich.** Kermit B. Whetsel. (Spectrochim. Acta [London], **17**, 614—26, 1961; Kingsport, Tenn., Tennessee Eastman Co., Div. of Eastman Kodak; engl.) — Vf. untersucht bei prim. aromat. Aminen die Lage u. Intensität der ersten Oberschwingungsabsorptionsbande der symm. u. asymm. N–H-Valenzschwingung in Abhängigkeit von den Substituenten u. dem Lösungsmittel. Von *Anilin* u. 37 ringsubstituierten Derivv. wird die Bandenlage u. die mol. Extinktion für Chlf. u. CCl_4-Lsgg. angegeben (2 Tabellen). Aniline mit nachst. Substituenten werden angeführt: *p-$N(C_2H_5)_2$, p-NH_2, p-OC_2H_5, p-CH_3, p-OCH_3, p-C_2H_4OH, m-CH_3, p-C_6H_5, 3.5-$(CH_3)_2$, p-Cl, m-OC_2H_5, m-Br, m-$COCH_3$, m-Cl, p-SCN, m-CF_3, m-NO_2, p-$COCH_3$, p-SO_2CH_3, p-COOH, p-CN, p-NO_2, 2-CH_3-4-$N(C_2H_5)_2$, o-OC_2H_5, 2.5-$(OC_4H_9$-$n)_2$, 2.5-$(OC_2H_5)_2$, o-OCH_3, 2.5-$(OCH_3)_2$, 2.4.6-Cl_3, o-SO_2CH_3, o-Br, o-CH_3, 2.4.5-Cl_3, 2.4-Cl_2, o-Cl, o-NO_2* u. *o-CH_2CH_2OH*. Die Banden sind in Chlf.-Lsg. gegenüber CCl_4-Lsg. teilweise zu größeren Wellenzahlen verschoben. Die Verschiebung ist proportional der Basizität des Amins u. beruht auf H-Brückenbindungen des Typs $R–NH_2 \cdots H–CCl_3$. Für die mol. Extinktion ist der Lsgm.-Effekt ($\varepsilon_{CHCl_3}/\varepsilon_{CCl_4}$) eine stetige Funktion der Hammett-Substituenten-Konst. u. des pK-Wertes.

W. Schindelhauer B 120◇

0714 **Die C–N-stretching-Frequenzen in para-substituiertem Anilin.** F. Ritschl. (Z. Chem. **1**, 285, 1961; Berlin, Humboldt-Univ., II. Chem. Inst.; dt.) — Vf. bestimmt die C–N-Valenzschwingungen [in ( )] nachst. Aniline (0,45 m in Tetrahydrofuran) u. setzt sie in Beziehung zu den Hammettschen Substituentenkonst., wobei eine Gerade erhalten wird: *p-Amino-* (1261), *p-Hydroxy-* (1258), *p-RO* (?, 1270), *p-CH_3-* (1280), *p-Fluor-* (1284), *p-Chlor-* (1292), *p-Brom-* (1290), *p-Jod-* (1290), *p-Nitroanilin* (1319) u. *Anilin* (1285).

Hubertus Zimmer B 120◇

0715 **Dispersion und Absorption von Wasser und einigen gesättigten aliphatischen Alkoholen im nahen IR.**

Janine Dayet. (C. R. hebd. Séances Acad. Sci. **253,** 2905—07, 1961; Paris, Sorbonne, Labor. de Rech. physiques; franz.) — Mit Hilfe einer interferometr. Meth. wurden zwischen 1,8 u. 6 μ die Brechungsindices von *W., A., Methyl-, Isopropyl-, n-* u. *tert.-Butyl-, tert.-* u. *Isoamylalkohol* gemessen. Mit diesen Best. u. einer von der Ketteler-Helmholtzschen Dispersionsformel abgeleiteten Gleichung wurde es möglich, die Intensität der Absorptionsbanden der OH- u. CH_3-Gruppe zu berechnen. Die Intensität der beiden Banden nimmt mit Zunahme der C-Kettenlänge ab. Bei konst. C-Atomzahl vermindert sie sich mit Zunahme der Verzweigung. Die Zuverlässigkeit dieser Meth. muß jedoch noch an einer größeren Zahl von Verbb. geprüft werden.
H. G. Henkel B 120◇

0716 **Infrarot-Analyse der Struktur der dimeren Aggregate von Cyclohexanol in CCl_4-Lösung.** W. Masschelein. (Spectrochim. Acta [London] **18,** 1557—66, 1962; Bruxelles, Univ. Libre, Fac. des Sci., Labor. de Chim. Alicycl.; franz.) — Vf. untersuchte die IR-Spektren im Gebiet der ν(OH)-Grundschwingungen von Lsgg. von *Cyclohexanol* in CCl_4 im Konz.-Bereich von 10^{-3}–$50 \cdot 10^{-3}$ Mol/Liter. An Hand einer neuen Deutungsmeth. wird bewiesen, daß im Konz.-Bereich von 10^{-2} bis $5 \cdot 10^{-2}$ Mol/Liter ein Gleichgew. zwischen „offenen" u. „cycl." Dimeren vorliegt, das von der Alkohol-Konz. abhängt. Die neue Meth. besteht in der parallelen Best. der Konz. an Monomerem u. offenen u. cycl. Dimeren u. des scheinbaren mol. Absorptionskoeff. (AK) des Monomeren u. der offenen Dimeren an Hand der Bande der freien sowie des AK der offenen u. cycl. Dimeren an der Bande der assoziierten OH-Gruppe. Die Meth. basiert auf folgender Hypothese: Im Konz.-Bereich, in dem die Bldg. von höheren Assoziaten als Dimeren vernachlässigt werden kann, tragen neben den Monomeren die offenen Dimeren zur Bande der freien OH-Gruppe bei. Dieser Beitrag der Dimeren stellt in Abhängigkeit von der Konz. einen konst. Bruchteil der Gesamtintensität der Absorption der freien OH-Gruppe dar. Die Gültigkeit der Hypothese ergibt sich aus Linearität der Funktion $\log \alpha_x C = f[\log(1 - \alpha_x) C]$ [$\alpha_x = (x/10)\, \alpha_{10}$ mit $\alpha_{10} = \varepsilon_c/\varepsilon_0$, dem Verhältnis der mol. AK bei den Konz. C u. 0 Mol/Liter], aus der Best. der Konz. an offenen Dimeren u. ihrem Beitrag zur Intensität der freien ν(OH) u. daraus, daß die auf Basis dieser Hypothese bestimmten Konzz. an offenen u. cycl. Dimeren mit der Intensität der Bande der assoziierten OH-Gruppe übereinstimmen. Die Monomeren gehorchen dem für den Konz.-Bereich, in dem die Aggregation vernachlässigbar ist, gültigen Beer-Lambertschen Gesetz.
J. Richter B 120◇

0717 **Infrarot- und Raman-Spektren von Bortrifluorid-Dimethyläther-Komplexen.** G. M. Begun, W. H. Fletcher und A. A. Palko. (Spectrochim. Acta [London] **18,** 655—65, 1962; Oak Ridge, Tenn., Oak Ridge Nat. Labor., Chem. Div.; engl.) — Die IR- (300—4000 cm^{-1}) u. Raman-Spektren der folgenden Verbindungen wurden aufgenommen (Spektren, Tabellen u. die beobachteten Schwingungen teilweise zugeordnet: $^{10}BF_3 \cdot (CH_3)_2O$, $^{11}BF_3 \cdot (CH_3)_2O$, $^{10}BF_3 \cdot (CD_3)_2O$ u. $^{11}BF_3 \cdot (CD_3)_2O$.
U. Uhlich B 120◇

0718 **Das Schwingungsspektrum von p-Chlorthiophenol.** R. A. Nyquist und J. C. Evans. (Spectrochim. Acta [London] **17,** 795—801, 1961; Midland, Mich., USA, Dow Chem. Co.; engl.) — Das IR-Spektrum wurde von festem, gelöstem u. gasförmigem, das Raman-Spektrum von fl. (bei 70°) *p-Chlorthiophenol* aufgenommen (2 IR-Spektren). Sämtliche Banden wurden zugeordnet; 33 Banden können mit denen von p-Dichlorbenzol verglichen werden. Aus den Spektraldaten wurden die thermodynam. Eigg. [C_p^0, S^0, $(H^0 - H_0^0)/T$, $-(F^0 - H_0^0)/T$] berechnet; die Bindungsabstände u. -winkel hierfür wurden aus dem Bzl.- u. Methylmercaptan-Mol. übernommen.
W. Schindelhauer B 120◇

0719 **Lösungsmitteleffekt auf die Carbonylvalenzfrequenz von Ketonen.** Kōzō Inuzuka, Mitsuo Ito und Sunao Imanishi. (Bull. chem. Soc. Japan **34,** 467—71, 1961; Hakozaki, Fukuoka, Kyushu Univ., Fac. of Sci., Dep. of Chem.; engl.) — Die ν(CO) von *Aceton, Mesityloxid, Acetophenon* u. *Benzophenon* in verschiedenen Lsgm. wird gemessen u. die durch das Lsgm. induzierten Frequenzverschiebungen $\Delta\nu$ an Hand der McRae-Gleichung (C. **1957,** 13244) gedeutet, die danach auf Wechselwrkg. zwischen Gelöstem u. Lsgm. zurückzuführen sind. Die Intensität der ν(CO) wird mit den nach der 2-Atom-Mol.-Näherung berechneten Ableitungen des CO-Bindungsmoments verglichen. Die Unterschiede dieser Momentableitungen für Lsgg. in polaren u. unpolaren Lsgm. betragen nur 1 D/Å. Diese Erhöhung ist eine Folge der Ladungsübertragung infolge H-Brückenbindungen.
G. Pötzscher B 120◇

0720 **N–H-Valenzfrequenzen von Aminen und Amiden.** A. G. Moritz. (Nature [London] **195,** 800, 1962; London, Imperial Coll., Organ. Chem. Res. Labor.; engl.) — Vgl. Krueger u. Thompson, C. **1963,** 15360 u. Puranik u. Ramiah, C. **1962,** 787. — An Hand von Literaturwerten weist Vf. nach, daß die aufgestellten Beziehungen zwischen symm. u. asymm. NH_2-Valenzfrequenzen bei prim. Aminen ($\nu_s = 0{,}876\, \nu_{as} + 345{,}5$), m- u. p-substituierten Anilinen ($0{,}682\, \nu_{as} + 1{,}023$) u. prim. Amiden ($1{,}1214\, \nu_{as} - 542{,}5$) nur im Falle vollkommener Äquivalenz der beiden H-Atome der N–H–H-Gruppe gelten. Wie am Beispiel partiell deuterierter Amide mit NHD-Gruppierung gezeigt wird, ist das besonders bei Amiden nicht der Fall. Es treten dort im Abstand von 20—30 cm^{-1} 2 ν(NH)-Banden auf, die von der cis- u. trans-Form herrühren dürften.
U. Uhlich B 120◇

0721 **Infrarotspektren und Normalschwingungen von Formamid; $HCONH_2$, $HCOND_2$, $DCONH_2$ und $DCOND_2$.** Isao Suzuki. (Bull. chem. Soc. Japan **33,** 1359—65, 1960; Hongo, Univ. of Tokyo, Fac. of Sci., Dep. of Chem.; engl.) — Es werden die IR-Spektren von *Formamid* (**I**, Kp.$_5$ 86°), $D_{(C)}$-, $D_{2(N.N.)}$- u. *Perdeutero*-**I** aufgenommen, die Normalschwingungen berechnet u. für jede derselben Kraftkonst., Schwingungsmodus u. Energieverteilung ermittelt (Tabellen). Zuordnung, Art u. Modus der einzelnen beobachteten Banden wird diskutiert.
W. Sobieski B 120◇

0722 **Über die Mikrowellenspektren einiger substituierter Acetylene.** Werner Zeil, Manfred Winnewisser, Hans Karl Bodenseh und Hermann Buchert. (Z. Naturforsch. **15a,** 1011—13, 1960; Karlsruhe, TH, Inst. für Physikal. Chem. u. Elektrochemie; dt.) — Vff. berichten über mikrowellenspektroskop. Messungen an folgenden Acetylen-Verbb.: *tert.-Butylacetylen* (**I**), $D_{(CH)}$-**I** [Kp. 37—38°, aus **I** u. C_2H_5MgBr im Mol.-Verhältnis 0,85 : 1 in Di-n-butyläther, Zers. der Grignard-Verb. mit D_2O, 84% (Ausbeute)], *tert.-Butylchlor-* (**II**) u. *Phenylacetylen* (**III**). Die tert.-Butylacetylene liefern Spektren von symm. Kreiseln. Wegen der Größe der Moll. sind die Effekte der Zentrifugalverzerrung u. der K-Aufspaltung so gering, daß sie mit dem verwendeten Spektrometer nicht mehr beobachtet werden konnten. Es wurden dagegen eine Reihe von Satelliten beobachtet, deren Interpretation jedoch vorläufig noch nicht gegeben werden kann. **III** zeigt das Spektrum eines asymm. Kreisels. Die kleine Differenz der Trägheitsmomente ($I_c^0 - I_a^0 - I_b^0 = 0{,}080$ atomare Masseeinheiten Å^2) beweist den ebenen Bau des Moleküls. Aus den angegebenen Rotationskonst. konnten die gemessenen Linien der beiden Übergänge ohne Korrektur für die Zentrifugalverzerrung berechnet werden. H. G. Henkel B 121◇

0723 **Angeregte Lichtemission durch optisches Pumpen und durch Energieübertragung in organischen Molekülen.** D. J. Morantz, B. G. White und A. J. C. Wright. (Physic. Rev. Letters **8,** 23—25, 1962; London, Woolwich Polytechnic, Chem. Dep.; engl.) — Auch organ. Syst. sind zur angeregten Lichtemission fähig, was auf den spinverbotenen Triplett → Singulett-Übergang zurückzuführen ist. Durch opt. Pumpen werden vom Grundzustand S ausgehend S' oder höhere Singulettniveaus angeregt. Die höheren Niveaus strahlen bis zum 1. angeregten Zustand ab, der strahlungslos in den tiefsten metastabilen Triplettzustand T übergeht. Der T-Zustand gibt seine Energie als Phosphoreszenz mit einer Halbwertszeit zwischen 10^{-6} u. 10 s ab. Durch die große Zahl der zur angeregten Lichtemission fähigen aromat. Moll., die im sichtbaren, teilweise auch im UV- u. im IR-Bereich abstrahlen, ist es möglich, opt. Maser nach Maß herzustellen.

— Wird z. B. *Benzophenon* (**I**) oder *Naphthalin* (**II**) (jeweils in einer Konz. von ca. 902%) in einer festen, glasähnlichen organ. Matrix bei 77°K mit einem intensiven weißen Lichtblitz bestrahlt, absorbieren zwar beide Moll. oberhalb der Emissionsschwelle; es erfolgt jedoch keine angeregte Lichtemission, da das Syst. momentan unter den Schwellenwert abfällt. Erst in einem Gemisch von **I** u. **II** in glasartiger Matrix wird durch Energieübertragung vom **I** die Emissionsschwelle von **II** wieder überschritten, so daß Luminescenz von **II** (gemessen bei 4700 Å) zu beobachten ist. H. Pförtner B 125□

0724 **Untersuchungen der Phosphorescenzlebensdauer in einigen organischen Kristallen bei tiefen Temperaturen.** D. Olness und H. Sponer. (J. chem. Physics **38**, 1779—82, 1963; Durham, N. C., Duke Univ., Dep. of Phys.; engl.) — Es wurde der Triplett–Singulett-Zerfall für *Naphthalin* (**I**), *Phenanthren* (**II**), *Chrysen* (**III**), *Durol* (**IV**) u. *Hexamethylbenzol* (**V**) im krist. Zustand zwischen 4 u. 29°K u. zum Vgl. in festen, glasigen Lsgg. in verschiedenen festen Lsgm. untersucht. Der Zerfall in den echten verd. Lsgg. folgt einem exponentiellen Gesetz. Im krist. Zustand bei 4°K erfolgt die Phosphorescenzemission bei **I**, **II** u. **III** ebenfalls nach einem exponentiellen Gesetz, während sie bei **IV** u. **V** nicht exponentiell erfolgt. Verschiedene Theorien bzgl. des Zusammenhanges zwischen dem nicht exponentiellen Zerfall bzw. der Änderung des allg. Verlaufes der Zerfallskurve mit der unterschiedlichen Präparation der Proben u. der Temp. werden diskutiert. Hubertus Zimmer B 125◇

0725 **Excitonendiffusion in Molekülkristallen.** W. M. Agranowitsch und Ju. W. Konobejew. (Festkörperphysik [UdSSR] **5**, 1373—76, 1963; russ.) — Gestützt auf die experimentellen Daten von Kazzaz u. Zahlan (C. **1962**, 10404) wird die Übertragung von Anregungsenergie vom Wirtsgitter auf *Anthracen*-Verunreinigungen in *Naphthalin*-Kristallen analysiert. Es wird gezeigt, daß diese Übertragung auf „freien" Excitonen beruht, deren mittlere freie Weglänge durch die Phononstreuung bei tiefen Temp. u. durch die Streuung therm. Gitterfehlstellen bei hohen Temp. bestimmt werden kann. K. Jaeger B 125◇

0726 **Zerfallskinetik der Triplettzustände von 1-Naphthaldehyd und Benzophenon in Benzol.** Jerry A. Bell und Henry Linschitz. (J. Amer. chem. Soc. **85**, 528—32, 1963; Waltham, Mass., Brandeis Univ., Dep. of Chem.; engl.) — Mittels der Blitzanregungs-Meth. wurden direkt die Geschw.-Konst. für den Triplettzerfall k_d, die H-Abspaltung k_r u. die Triplett-Löschung k_q für die Triplettzustände von *1-Naphthaldehyd* (**I**, UV-Spektren in verschiedenen Lsgm.) u. *Benzophenon* (**II**) in Bzl. bei Zusatz von H-Donatoren [z. B. Benzhydrol (**III**), A.] u. Schwermetallchelaten (Fe(III)-Acetylacetonat (**IV**, F. 180 ± 3°, aus Pentandion-(2.4) u. $FeCl_3$; UV-Spektrum) u. Fe(III)-Dipivaloylmethid (**V**, UV-Spektrum)] gemessen. Die Verhältnisse k_d/k_r u. k_q/k_r stimmen gut mit früher erhaltenen Werten überein. Der Triplettzustand von **II** in Bzl. zeigt eine anomal geringe Lebensdauer. Zerfallskinetik u. UV-Spektrum des aus **II** gebildeten Ketylradikals werden dargestellt. Für die Photored. von **I**, **II** u. Acetophenon durch **III**, **IV**, **V**, Tributylzinn, Bzl., Toluol u. Cumol werden — zum Teil errechnete — Geschw.-Konst. angegeben. W. Schramm B 125◇

0727 **Darstellung und Massenspektrum von Hexachlorcyclopropan.** Ellis K. Fields und Seymour Meyerson. (J. org. Chemistry **28**, 1915—17, 1963; Whiting, Ind., Amoco Chem. Corp., Res. Dep.; American Oil Co., Res. and Dev. Dep.; engl.) — Durch Rk. von CCl_2 u. Tetrachloräthylen wurde *Hexachlorcyclopropan* (**I**) dargestellt u. sein Massenspektrum — zum Vgl. auch die von *Hexachlorpropen*, *Cyclopropan* (**II**) u. *Propen* — aufgenommen. Die Unterschiede in den Spektren der chlorierten u. nicht chlorierten Moll. geben die schwierigere Bldg. von **I** aus CCl_2 u. C_2Cl_4 relativ zu der von **II** aus C_2H_2 u. CH_2 wieder in Übereinstimmung mit der geringen Ausbeute bei der Synth. von **I**. — **I**, C_3Cl_6, F. 106° (A), durch 20std. Erhitzen einer Mischung von 204 ml C_2Cl_4, 25 ml Dimethoxyäthan u. 185 g Na-Trichloracetat unter Rühren; 26 g Reinausbeute. W. Schramm B 131◇

0728 **Isocyanide. 3. Mitt. Elektronenstoßuntersuchung von aliphatischen Isocyaniden.** R. G. Gillis und J. L. Occolowitz. (J. org. Chemistry **28**, 2924—25, 1963; Maribyrnong, Victoria, Australia, Australian Defense Sci. Serv., Defense Standards Labor.; engl.) — 2. vgl. C. **1963**, 20353. — Von *Methyl-* (**I**), *Äthyl-* (**II**), *Propyl-* (**III**) u. *Butylisocyanid* sowie von *Methyl-* (**IV**), *Äthyl-* (**V**), *Propyl-* u. *Butylcyanid* werden die Massenspektren aufgenommen. Bei den Isocyaniden (**A**) u. Cyaniden (**B**) ist der β-Bindungsbruch die wesentlichste Spaltungsart, jedoch erfolgt bei den **A** zu einem merklichen Betrag auch Bruch der α-Bindung. Dies zeigt, daß die R–N-Bindung der **A** beträchtlich schwächer als die R–C-Bindung der **B** ist. Die Appearancepotentiale der Mol.-Ionen betragen für **I** 11,8 **II** 11,2, **III** 11,1, **IV** 12,3 u. **VI** 11,9 eV. G. Pötzscher B 131◇

0729 **Die Bestimmung von absoluten Übergangsmomentrichtungen von Dipolmomenten angeregter Moleküle aus Messungen des elektrischen Dichroismus. 2. Mitt. Ergebnisse.** J. Czekalla und G. Wick. (Z. Elektrochem., Ber. Bunsenges. physik. Chem. **65**, 727—34, 1961; Würzburg, Univ., Inst. für Phys. Chem.; dt.) — 1. vgl. C. **1962**, 4857. — Vff. führen Messungen der Wellenzahl, des Anstiegs $d\ln\varepsilon/\bar{\nu}/d\bar{\nu}$ der Krümmung $d^2\ln\varepsilon/\bar{\nu}/d\bar{\nu}$ u. der Kuhn-Koeff. K an folgenden Verbb. in Bzl., Dioxan, Hexan u. CCl_4 durch: *4-Dimethylamino-4'-nitro-*, *4-Amino-4'-nitro-*, *4-Dimethylamino-4'-cyanstilben*, *2-Amino-7-nitrofluoren*, *4-Dimethylamino-4'-nitro-*, *4-Amino-4'-nitrodiphenyl*, *p-Dimethylamino-ω-nitrostyrol*, *p-Dimethylaminozimtsäurenitril*, *p-Nitro-*, *p-Nitrosodimethylanilin*, *p-Nitranilin*, *p-Dimethylaminobenzonitril* u. ermitteln die Dipolmomente μ der Verbb. im angeregten u. Grundzustand (Tabellen, Abb. der App., Kurven) der Wellenzahl [hK], Anstiege $d\ln\varepsilon/\bar{\nu}/d\bar{\nu}\cdot 10^3$. Die Meßergebnisse zeigen, daß die μ der ersten Absorptionsbanden sämtlicher Moll. in Übereinstimmung mit theoret. Überlegungen in der Längsachse des Mol. liegen. Im ersten angeregten Singulettzustand ist μ zwei- bis viermal so groß wie im Grundzustand. Eine Abnahme von μ mit wachsender Länge des konjugierten Syst. (Bzl. < Styrol < Diphenyl < Stilben) mit steigender Elektronendonator-Eigg. des Substituenten [$NH_2 < N(CH_3)_2$] u. mit größer werdender Elektronenaffinität ($CN < NO_2$) wird festgestellt. Aus den Ergebnissen wird gefolgert, daß die Ursache der Solvatochromie im wesentlichen in der Differenz der μ im Grund- u. Anregungszustand liegt u. nicht wie bisher angenommen, in der Mesomeriebeeinflussung des Grundzustandes. W. Untze B 132□

0730 **Über eine Methode zur Messung intermolekularer Assoziationen durch Bestimmung der statischen Polarisation ternärer Gemische.** Eugene Constant und Ladislas Raczy. (C. R. hebd. Séances Acad. Sci. **253**, 2493—95, 1961; Lille, Fac. des Sci., Labor. de Radioélectricité et Électron.; franz.) — Es wurde eine Meth. entwickelt, die in einer großen Zahl von Fällen die quant. Best. des Assoziationsgrades, Lsgm./gelöster Stoff, erlaubt, indem die DK ε_0 gemessen u. nach Frölich die Polarisation berechnet wird. Die Meth. wird an den Syst. *Aceton–Chlf.* u. *Eisessig–Dioxan* in CCl_4 demonstriert. H. G. Henkel B 132◇

0731 **Über die Bestimmung der intermolekularen Assoziationstypen durch Untersuchung der Polarisation und der Hertz-Spektren verdünnter Lösungen.** Robert Liebaert, André Lebrun und Yves Leroy. (C. R. hebd. Séances Acad. Sci. **253**, 2496—98, 1961; franz.) — Vgl. vorst. Referat. — Bei geeigneter Wahl der polaren Körper, des Lsgm. u. der Temp. ist es möglich durch Messung der DK, ε_0, u. Berechnung der Orientierungspolarisation sowie durch Unters. der Hertz-Spektren verd. Lsgg. qual. Aussagen über den Mechanismus der intermol. Assoziation zu machen. Untersucht wurde *n-Hexanol* (**I**) in Hexan (**II**) u. in Bzl. (**III**) bei Temp. von 6, 25 u. 50° u. Konzz. von 0,002—0,2 m. Bei 25° liegt **I** in **II** bis 0,001 m, in **III** bis 0,01 monomer vor. Es wird eine Assoziation von **I** u. **III** angenommen. Bei 6° liegen

jedoch offenkettige u. ringförmige Polymere von **I** vor, da die Assoziationsenergie **I**—**III** kleiner ist als die **I**—**I**. Bei 50° liegt in **III** erst ab 0,02 m Polymere von **I** vor.
H. G. Henkel B 132◇

0732 **Dielektrische Eigenschaften von einigen Alkenen.** Aubrey P. Altshuller. (J. physic. Chem. **59**, 32—34, 1955; Cleveland, Ohio, Nat. Advisory Committee for Aeronaut., Lewis Flight Propulsion Labor.; engl.) — Vf. bestimmt die Dipolmomente (nach Onsager) u. Atompolarisationen von nachst. Verbb. u. vergleicht sie mit den nach der Näherungsgleichung $\mu = (\varepsilon - n_{\text{eff.}}^2)^{1/2}$ berechneten Werten u. mit denen der gasförmigen Verbb.: *Penten-(1)* (μ nach Onsager: 0,34 D), *Hexen-(1)* (0,34), *Hepten-(1)* (0,34), *Octen-(1)* (0,34), *2-Methylbuten-(1)* (0,50), *Cyclohexen* (0,28), *cis-* (0,34) u. *trans-Hexen-(3)* (0), *cis-* (0,29) u. *trans-Octen-(3)* (0), *cis-* (0,26) u. *trans-Octen-(4)* (0), *cis-* (0,24) u. *trans-Decen-(5)* (0).
Hubertus Zimmer B 132◇

0733 **Untersuchung der Struktur von Iso- und Terephthalaten nach der Methode der Dipolmomente.** Je. N. Gurjanowa und N. I. Grischko. (J. Strukturchemie [UdSSR] **4**, 368—71, 1963; Nowomoskowsk, Filiale GIAP, Karpow-Inst. für phys. Chem.; russ.) — Die Dipolmomente μ (in D) in Bzl. bei 25° wurden gemessen von *Dimethyl-* (F. 141—142°, $Kp._{16}$ 165°) μ = 2,30, *Diäthyl-* (F. 44°, $Kp._{2}$ 142°, $D._4^{45}$ 1,1098) 2,42, *Di-n-propyl-* (F. 26—28°, $Kp._{4,5}$ 168—173°) 2,44, *Di-n-butyl-* (F. 16°, $Kp._{4}$ 180°, $D._4^{17,5}$ 1,0615, $n_D^{17,5}$ 1,4972) 2,53, *Di-n-amyl-* (F. 24—24,5°, $Kp._{3}$ 190°, $D._4^{25}$ 1,0362, n_D^{25} 1,4908) 2,56, *Di-n-hexyl-* (F. 36—37, $Kp._{13}$ 235°) 2,52, *Di-n-heptyl-* (F. 35—36°) 2,58, *Di-n-octyl-* (F. 42—43°) 2,54, *Diisooctylterephthalat* ($Kp._{5}$ 240°, $D._4^{17,5}$ 0,9956, $n_D^{17,5}$ 1,4905) 2,57; *Dimethyl-* (F. 67°) 2,23, *Diäthyl-* (F. 11,5°, $Kp._{75}$ 285°, $Kp._{4}$ 170°, $D._4^{17,5}$ 1,1239, $n_D^{17,5}$ 1,5089) 2,41, *Di-n-propyl-* ($Kp._{4}$ 160°, $D._4^{17,5}$ 1,0918, $n_D^{17,5}$ 1,5021) 2,48, *Di-n-butyl-* ($Kp._{5}$ 184°, $D._4^{17,5}$ 1,0660, $n_D^{17,5}$ 1,4981) 2,52, *Di-n-amyl-* ($Kp._{5}$ 195°, $D._4^{17,5}$ 1,0341, $n_D^{17,5}$ 1,4915) 2,58, *Di-n-hexyl-* ($Kp._{6,5}$ 218—220°, $D._4^{17,5}$ 1,0184, $n_D^{17,5}$ 1,4919) 2,57, *Di-n-heptylisophthalat* (Kp_{3-4} 223—225°, $D._4^{17,5}$ 1,0034, $n_D^{17,5}$ 1,4885) 2,55. Die μ-Werte hängen bei den Tere- u. Isophthalaten prakt. nicht von der Länge der Alkylgruppen ab. Deshalb wird angenommen, daß die CO_2R-Gruppen keine freie Drehbarkeit besitzen. Durch Vgl. der beobachteten mit den für verschiedene Konfigurationen berechneten μ-Werten wird für die wahrscheinlichste Konfiguration die mit cis-ständigen COOR-Gruppen angenommen.
G. Pötzscher B 132◇

0734 **Einfluß von Gasen auf die Leitfähigkeit organischer Festkörper. 1. Mitt. Anthracen–Jod-Wechselwirkung.** M. M. Labes und O. N. Rudyj. (J. Amer. chem. Soc. **85**, 2055—59, 1963; Philadelphia, Pa., Chem. Div., Franklin Inst. Labor.; engl.) — Vff. untersuchen die elektr. Leitfähigkeit (eL) von *Anthracen*(**I**)-Einkristallen senkrecht u. parallel zur ab-Ebene. Im stat. Syst. wird eine Änderung der eL von einem J_2-Dampfdruck von 10^{-5} mm an aufwärts, im Strömungs-Syst. ab J_2-Konzz. von 0,2‰ an aufwärts im Trägergas festgestellt. Bei einem gegebenen Dampfdruck an J_2 ist der Widerstand (ϱ) parallel zur ab-Ebene größer als senkrecht dazu, aber die Empfindlichkeit gegenüber kleinen J_2-Konzz. ist parallel zur ab-Ebene kleiner als senkrecht dazu. Die eL-Änderung tritt schnell ein: Im Strömungs-Syst. 10 Sek. nach Beginn der J_2-Einwrkg. u. erreicht 50% der Gleichgew.-Leitfähigkeit nach 30 Sek., im Verlauf von 20—30 Min. tritt dann keine Änderung mehr ein. Im stat. Syst. wird der maximale ϱ-Wert in weniger als 3 Min. erreicht. Bei Unterbrechung der J_2-Strömung bzw. Abpumpen der J_2-Atmosphäre stellt sich der ursprüngliche ϱ-Wert ein, bei hohen J_2-Konzz. allerdings erst nach langer Abpumpzeit. — Sehr hohe Konzz. von feuchter Luft (ca. 60% Feuchtigkeit), SO_2, O_2 oder HCl rufen keine Änderung der Dunkelleitfähigkeit im Innern von **I** hervor. NO_2 erzeugt eine teilweise irreversible u. nicht reproduzierbare Änderung der eL. Bei Umströmen eines **I**-Kristalls mit einem Gemisch aus HCl, SO_2 u. (mit W. gesätt.) Luft (Geschw. 1 Liter/min.) tritt keine ϱ-Änderung ein, zusätzliches J_2 ruft eine ϱ-Änderung hervor, die etwas größer ist als der J_2Konz. entspricht. Ein Einfl. der J_2-Konz. auf die Aktivierungsenergie konnte nicht festgestellt werden. ESR-Signale waren ebenfalls nicht feststellbar. *Pyren* zeigt ähnliches Verh. wie **I**. Die Unterss. beweisen, daß den Kristall umgebender J-Dampf auch die eL im Innern des Kristalls reversibel erhöht. Es wird angenommen, daß die Ladungsübertragungs-Wechselwrkg. an der Oberfläche organ. Kristalle ein Eindringen von Ladungsträgern ins Innere des Kristalls hervorrufen kann.
Hubertus Zimmer B 135◇

0735 **Einfluß von Gasen auf die Leitfähigkeit organischer Festkörper.** 2. Mitt. **Die p-Chloranil–Amin-Wechselwirkung.** P. J. Reucroft, O. N. Rudyj und M. M. Labes. (J. Amer. chem. Soc. **85**, 2059—62, 1963; engl.) — 1. vgl. vorst. Referat. — Die von Vff. untersuchte Dunkelleitfähigkeit im Innern von *p-Chloranil*(**I**)-Einkristallen wird durch Triäthyl- (**III**), Methyl- (**II**), Trimethylamin- (**IV**) u. NH_3-Dämpfe erniedrigt, wobei die Wirksamkeit in der vorst. Folge abfällt. Diäthylchlorphosphat- u. J_2-Dämpfe erhöhen dagegen die Leitfähigkeit im Innern von **I**, HCl- u. Wasserdampf zeigen nur einen vernachlässigbar kleinen Einfluß. Bei den Unterss. an den **I**–Amin-Syst. erreicht der Widerstand kurz nach Einw. der Amindämpfe ein Maximum u. strebt dann schnell einem Gleichgew.-Wert zu, der wenig unter dem Maximalwert liegt. Das Maximum wird bei hohen Amin-Dampfdrucken schneller als bei tiefen erreicht. Das Strom–Spannungs-Verhältnis ist bis zu 4000 V/cm für den **I**-Kristall im Vakuum u. bis 6000 V/cm in Ggw. von NH_3 linear. Oberhalb der angegebenen Feldstärken wird in beiden Fällen eine Abhängigkeit von V^2 festgestellt. Im Gegensatz zum J_2-Anthracen-Syst. (l. c.) ist die Aktivierungsenergie der Stromleitung in **I** sehr empfindlich gegenüber Konz.-Änderungen der umgebenden Amine, sie nimmt ab mit steigendem Druck der Amine: E_a = 0,85 [eV] bei p_{NH_3} = 0 [mm Hg], 0,50 bei 505; in Ggw. von **II** 0,63 bei 0, 0,29 bei 41; in Ggw. von **III** 0,85 bei 0, 0,44 bei 43. Die Einfl. sind unterhalb 50° u. unterhalb 100 mm Amin-Druck reversibel. **IV** zeigt den gleichen qual. Einfl. auf E_a. Bei höheren Amin-Konzz. treten Rkk. zwischen Amin u. **I** an der Kristalloberfläche ein. Um den Einfl. der umgebenden Gasatmosphäre auf die Oberflächenleitung u. die Leitung im Innern vergleichen zu können, werden Messungen mit Kristallen durchgeführt 1. ohne Schutzring, 2. mit aufgestrichenem Schutzring ohne Erdung desselben, 3. mit Erdung. Der Widerstand ist 5—10mal größer ohne geerdeten Schutzring. Ein **I**-Einkristall (0,1 g, 1 cm² Oberfläche) zeigt keine ESR-Signale, 1 g einer fein gemahlenen **I**-Probe weist dagegen ein ESR-Signal auf, dies wird aber wiederum nicht beobachtet, wenn die gemahlene Probe der Luft ausgesetzt wird, woraus hervorgeht, daß die ungepaarten Spins nicht durch den Mahlvorgang gebildet worden sind. Hubertus Zimmer B 135◇

0736 **Inhomogene Photoleitfähigkeit in organischen Halbleitern.** A. I. Burstein. (Festkörperphysik [UdSSR] **5**, 1264—78, 1963; Nowosibirsk, Akad. der Wiss., Inst. für chem. Kinetik u. Verbrennung; russ.) — Berechnet wird die stationäre Photoleitfähigkeit organ. Halbleiter (*Anthracen*, *β-Carotin*) unter der Annahme, daß durch Photoanregung Excitonen entstehen, die durch Exciton–Exciton-Wechselwrkg. freie Ladungsträger schaffen. Vernachlässigt wird dabei die Diffusion der freien Ladungsträger u. der Excitonen. Änderung der Feldstärke u. der Lichtintensität bewirken dabei verschiedene Zustände mit stark unterschiedlichen Eigg. des Photoeffektes. K. Jaeger B 135◇

0737 **Eine NMR-Untersuchung über Orientierungseffekte bei der katalytischen Deuterierung und Tritiierung aromatischer Verbindungen. Vereinfachung von spingekoppelten NMR-Spektren durch die Methode der massiven Deuterierung.** J. L. Garnett, L. J. Henderson, W. A. Sollich und George Van Dyke Tiers. (Tetrahedron Letters [London] **1961**, Nr. 15, 516—22; Sydney, Univ. of New South Wales; St. Paul, Minn., Minnesota Mining and Mfg. Co., Centr. Res. Dep.; engl.) — Die durch Übertragermetall katalysierte Deuterierung des aromatischen Kerns (untersucht: *Na-Benzoat*, *Phenol*, *Pyridin*) wurde mittels NMR-Spektroskopie untersucht. Durch die Meth.

der sog. „massiven Deuterierung", d. h. durch bis zu 90% gehende Deuterierung (bzw. auch durch Tritiierung) wird erreicht, daß die Spins der übrigbleibenden H-Atome praktisch nur mit den Spins der D gekoppelt sind, was die aufgenommenen NMR-Spektren wesentlich vereinfacht. Es ließ sich nach dieser Meth. feststellen, an welchen Stellungen der untersuchten Aromaten bevorzugt Deuteriumaustausch stattfindet. L. Heinisch B 137◇

0738 **Detaillierte Hyperfeinstruktur im Spektrum der paramagnetischen Elektronenresonanzabsorption des Phenazinsemichinon-Ions.** D. W. Schieser und P. Zvirblis. (J. chem. Physics **36**, 2237—38, 1962; Maryland, U. S. Army Chem. Center, Chem. Res. and Develop. Labor., Directorate of Med. Res., Physiol. Chem. Branch; engl.) — Berichtet wird über eine weitere Hyperfeinaufspaltung (je Linie 11 weitere Linien von gleichem Abstand) des Siebenlinien-EPR-Hyperfeinspektrums des *Phenazinsemichinon*-Ions, die durch eine 100 kHz-Feld-Modulierung u. Verw. einer wss. Lsg. des Radikals erreicht wurde. Die Spindichte der Protonen in α- u. β-Stellung wurden zur 0,053 bzw. 0,027 bestimmt. E. Ühlein B 137◇

0739 **Elektronenspin-Resonanz-Spektren von aromatischen Amin–Halogen-Komplexen.** Kwang-Tze Shu und You-Chi Tang. (Scientia sinica **12**, 1240—41, 1963; Peking, Acad. Sinica, Inst. of Chem.; engl.) — Vff. teilen die ESR-Spektren der Komplexe (durch Zusammengeben der Komponenten in Bzl., CCl_4 oder Chlf.) von *o-Tolidin* (**I**) mit J_2 u. Br_2 u. von *Diphenylbenzidin* (**II**) mit J_2 u. Br_2 mit. Folgende Schlüsse werden gezogen: **I** u. **II** können mit J u. Br Ladungsübertragungskomplexe bilden. Anscheinend besitzen die Komplexe im festen Zustand Fehlstellen. Die Dipol–Dipol-Wechselwrkg. u. die Delokalisierung ungepaarter Elektronen verschmieren die Hyperfeinstruktur der ESR-Signale. Hubertus Zimmer B 137◇

0740 **Elektronenspin-Resonanz-Spektren freier Radikalsalze von Tetrachlor-p-benzochinon.** Kwang-Tze Shu und You-Chi Tang. (Scientia sinica **12**, 1241—42, 1963; engl.) — Vgl. vorst. Referat. — Es werden die ESR-Spektren der *Na-*, *K-* u. *NH_4-Salze* (nach Torrey u. Hunter [1912]) von *Tetrachlor-p-benzochinon* (**I**) aufgenommen. Es wird gefunden, daß die Rk. von **I** mit NaJ, KJ bzw. NH_4J von den unterschiedlichen Radien der Kationen nicht wesentlich beeinflußt wird, die Chloride reagieren nicht mit **I**. Letzteres wird darauf zurückgeführt, daß das Oxydationspotential von $(C_6Cl_4O_2)^-$ unter dem von J^-, aber über dem von Cl^- u. Br^- liegt. Hubertus Zimmer B 137◇

0741 **Fernbereich-Protonenkopplungskonstanten in Vinylformiat.** T. Schaefer. (J. chem. Physics **36**, 2235, 1962; Winnipeg, Canada, Univ. of Manitoba, Dep. of Chem.; engl.) — Durch Aufnahme des Protonenresonanzspektrums des *Vinylformiats* bei 60 MHz werden folgende Kopplungskonst. (in Hz) erhalten: J_{12}^{cis} 6,3 $\pm$ 0,1; J_{14} $\pm$0,6 $\pm$ 0,05; J_{13}^{trans} 13,8 $\pm$ 0,1; J_{24} $\pm$1,7 $\pm$ 0,1; J_{23}^{gm} −1,7 $\pm$ 0,1; J_{34} $\pm$0,8 $\pm$ 0,1. Das Spektrum ist vom ABCX-Typ mit chem. Verschiebungen im ABC-Bereich, welche groß sind im Vgl. zu den weitreichenden Kopplungskonstanten. Die relativen Vorzeichen der drei weitreichenden Kopplungskonst. (J_{14}, J_{24} u. J_{34}) ließen sich nicht erhalten, da die Lsgm.-Effekte für diese Best. nicht ausreichten. Der vorliegende Fall bildet wahrscheinlich das erste Beispiel einer acycl. Verb., bei der die Protonenkopplung über 5 Bindungen größer ist als über 4 Bindungen. E. Ühlein B 137◇

0742 **Über die Veränderung des paramagnetischen Elektronenresonanz-Signals von γ-bestrahltem Glykokoll.** André Bottreau. (C. R. hebd. Séances Acad. Sci. **253**, 2341—42, 1961; Bordeaux, Fac. des Sci., Labor. d'Optique ultrahertzienne; franz.) — Vgl. C. **1962**, 3400. — Es wurden die Unterss. an γ-bestrahltem polykrist. *Glykokoll*-Pulver bei niederen Temp. wiederholt u. präzisiert. Außerdem wurden *Glykokoll*-Einkristalle bei gleichzeitiger Änderung der Orientierung (Drehung um die Hauptachse A_3) u. der Temp. untersucht. Die Ergebnisse erklären die Gesamtergebnisse früherer Unterss. von Servant, Augoyard u. Chau (C. **1961**, 5381) u. liefern ein neues analyt. Hilfsmittel zu sehr genauen Best. der bei niedrigen Temp. (unter −100 °C) verschwindenden Linien. H. G. Henkel B 137◇

0743 **Der Effekt von Substituenten auf die pK_a-Werte von „meta"-substituierten 1- und 2-Naphtholen.** A. Bryson und R. W. Matthews. (Austral. J. Chem. **16**, 401—10, 1963; Kensington, N. S. W., Univ. of New South Wales, School of Chem., Dep. of Analyt. Chem.; engl.) — Von nachst. Verbb. werden die pK_a-Werte für W. bei 25° bestimmt: *3-Amino-* [pK_a 4,27 (1. Dissoziationskonst.) u. 10,02 (2. Dissoziationskonst.)] u. *3-Acetylaminophenol* (9,59), *3-Chlor-* (F. 108°; 8,40), *3-Brom-* (F. 120°; 8,34), *3-Jod-* (8,36), *3-Methoxycarbonyl-* (8,75), *3-Carboxy-* (4,25 u. 9,59), *3-Amino-* (**II**, 4,08 u. 9,36) u. *3-Acetylaminonaphthol-(1)* (8,87), *Naphthol-(1)* (9,40) u. *-(2)* (9,57), *4-Nitro-* (**I**; 8,09), *4-Chlor-* (8,82), *4-Brom-* (F. 122°; 8,74), *4-Jod-* (F. 127—128°; 8,81), *4-Cyan-* (8,41), *4-Methoxycarbonyl-* (8,88), *4-Äthoxycarbonyl-* (8,89), *4-Carboxy-* (3,69 u. 9,78), *4-Amino-* (3,48 u. 9,84) u. *4-Acetylaminonaphthol-(2)* (9,31). Es wird gefunden, daß das Verh. der Naphthole ähnlich dem der entsprechenden Naphthylamine ist. Die Gleichung $\Delta pK_a = \varrho_I\sigma_I + \varrho_R\sigma_R$, wobei σ_I u. σ_R die für m-Substituenten gebräuchlichen induktiven u. mesomeren Konst. sind, wird erfüllt. Die Rk.-Konst. ϱ_I u. ϱ_M werden als Energieterme interpretiert u. zur π-Elektronenverteilung im Mol. in Beziehung gesetzt.

Versuche: *3-Nitronaphthol-(1)*, F. 169°, nach Vertalier u. Sannié (C. **1950/54**, 8419 S); 75% (Ausbeute). — *1-Hydroxy-3-naphthylammoniumchlorid*, F. 244 bis 246° (Zers., 2n HCl), aus vorst. Verb. mit $SnCl_2$ u. HCl. — *3-Chlornaphthol-(1)*, $C_{10}H_7ClO$, F. 108° (PAe.), aus 3-Chlor-1-naphthylamin (F. 66°, nach Hodgson u. Walker [1933]) durch Diazotieren u. Zers. durch Eintropfen in 50 Vol.-%ig. H_2SO_4 unter Wasserdampf-Dest. u. Extraktion mit Benzol. — *3-Bromnaphthol-(1)*, $C_{10}H_7BrO$, F. 120° (PAe.), ähnlich vorst. Verb. aus 3-Brom-1-naphthylamin (F. 67—69°). — *3-Jodnaphthol-(1)*, $C_{10}H_7JO$, F. 133—134° [Cyclohexan (Cyh)], aus 3-Jod-1-naphthylamin durch 2std. Erhitzen mit 5%ig. H_2SO_4 im Bombenrohr oder in geringer Ausbeute durch Diazotierung. — *4-Nitro-2-naphthonitril*, $C_{11}H_6N_2O_2$, F. 171 bis 172° (A.), aus 4-Nitro-2-naphthylamin durch Diazotierung in 5n H_2SO_4, Zers. des HNO_2-Überschusses mit Harnstoff, langsame Zunahme der Diazoniumsalzlsg. bei 70° zu einer Lsg. von CuCN u. KCN, 30 Min. bei 70°. — *3-Cyan-1-naphthylamin*, F. 128° (Cyh mit Tierkohle), aus vorst. Verb. mit $SnCl_2$ u. HCl; 79%. — *3-Carboxynaphthol-(1)* (*4-Hydroxy-2-naphthoesäure*), F. 221—222° (W.), aus vorst. Verb. durch direkte Hydrolyse beider Gruppen nach Cason [1941]; 85%. *Methylester*, $C_{12}H_{10}O_3$, F. 159—160° (Cyh), durch Hindurchleiten von HCl durch eine sd. Lsg. der Säure in Methanol; 77%. — *4-Aminonaphthol-(2)*, F. 206° (Cyh, evakuierte Kapillare) durch Red. von **I** an Raney-Ni. — *4-Chlornaphthol-(2)*, F. 100° (nach Vakuumsublimation), durch Red. von 4-Chlornaphthalin-1.2-diazoxid nach Hodgson u. Birtwell (J. chem. Soc. [London] **1944**, 539 u. früher). Analog die Br- u. J-Verbindung. — *4-Cyannaphthol-(2)*, F. 138° (Cyh), aus 3-Nitro-1-naphthylamin über 3-Nitro-1-naphthonitril (F. 178°) u. 4-Cyan-2-naphthylamin (F. 116—117°), Diazotierung letzterer Verb. u. Zers. in 30 Vol.-%ig. H_2SO_4. — *4-Carboxynaphthol-(2)* (*3-Hydroxy-1-naphthoesäure*), F. 240° (W.), durch Zutropfen von diazotierter 3-Amino-1-naphthoesäure zu einer sd. Lsg. von 40 Vol.-%ig. H_2SO_4 u. 10 Min. sd.; 60%. *Äthylester*, $C_{13}H_{12}O_3$, F. 118°, mit A. u. HCl-Gas. — *3-Methoxy-1-nitronaphthalin*, F. 103—104°, durch Methylierung von **I**. — *3-Methoxy-1-naphthylamin*, F. 80° (PAe.), durch Raney-Ni-Red. vorst. Verb.; 72%. Verss. zur direkten Hydrolyse der NH_2-Gruppe ergaben geringe Mengen 1.3-Dihydroxynaphthalin (F. 123°). Zers. des Diazoniumsalzes in 50 Vol.-%ig. H_2SO_4 bei 150° → 2-Hydroxy-1.4-naphthochinon, F. 192° (Cyh); 25%. — *3-Acetylaminonaphthol-(1)*, $C_{12}H_{11}NO_2$, F. 210° (80%ig. A.), aus **II** mit Acetanhydridüberschuß in Pyridin 30 Min. auf dem Dampfbad u. anschließende Hydrolyse der Estergruppe durch Erwärmen in 1n NaOH. — *4-Acetylaminonaphthol-(2)*, F. 178° (W.), analog vorst. Verbindung.

Hubertus Zimmer B 139◇

0744 **Koordinationsverbindungen. 5. Mitt. Bestimmung der Dissoziationskonstanten von Acetylaceton in gemischten Lösungsmitteln.** Philip S. Gentile, Michael Cefola und Alfred B. Celiano. (J. physic. Chem. **67,** 1083–86, 1963; Bronx, N. Y., Fordham Univ., Dep. of Chem.; South Orange, N. J., Seton Hall Univ., Dep. of Chem.; engl.) — **4.** vgl. C. **1963,** 8850. — Die Dissoziations-Konst. pK_D von *Acetylaceton* wurden potentiometr. bei 25° in Methanol-, A.-, Propanol-(1)-, Propanol-(2)- u. Dioxan–Wasser-Gemischen sowie in Methanol–A.–Wasser-Gemischen verschiedener Zus. bestimmt. Zwischen pK_D u. 1/DK des Mediums besteht eine lineare Beziehung, wenn die Werte von DK zwischen 30 u. 80 liegen. Es wird ein Schema entwickelt, nach dem pK_D-Werte angenähert aus dem Molgew. des organ. Lsgm. oder aus dem „scheinbaren" Molgew. der zur Darst. des Lsgm.-Syst. benutzten Lsgm. berechnet werden können. P. Scharner B 139◇

0745 **Der Einfluß der Temperatur auf die Kinetik der Elektroreduktion ungesättigter organischer Verbindungen.** M. Je. Manshelei. (J. physik. Chem. [UdSSR] **36,** 1958–62, 1962; Kischinew, Univ., Lehrstuhl für physikal. Chem.; russ., Auszug: engl.) — Der Einfl. der Temp. auf die Red. von *Acryl-*, *Malein-*, *Zimtsäure* u. *Allylalkohol* (**I**) an der platinierten Pt- u. Hg-Kathode wurde untersucht. Der Temp.-Koeff. bei der Red. an der Pt-Kathode ist groß. Die effektive Aktivierungsenergie liegt in der Nähe der für die katalyt. Hydrierung von Äthylen gefundenen. An der Hg-Kathode wird **I** nicht reduziert. Der Temp.-Einfl. bei Red. an der Hg-Kathode ist Null oder sehr gering. Für die Red. ungesätt. Verbb. an der Pt- u. Hg-Kathode wird ein unterschiedlicher Mechanismus angenommen. Helmut Schäfer B 141△

0746 **Polarographisches Verhalten von Nitroaminokohlensäuren in wäßrigen Medien. 1. Mitt. Nitroharnstoff.** Keiho Namba und Kyoichi Suzuki. (Bull. chem. Soc. Japan **28,** 620–22, 1955; Tokyo, Univ. of Tokyo, Fac. of Engng., Labor. of Explosives; engl.) — Die Beziehungen pH — $E_{1/2}$ (gegen gesätt. Kalomelelektrode) u. pH — i_l werden untersucht, i_l folgt in saurer Lsg. dem Diffusionsgesetz. Bei der Red. werden 5 Elektronen umgesetzt; es wird folgender Mechanismus erwogen; $2H_2NCONHNO_2 + 10H^+ + 10e \rightarrow H_2NCO(NH)_4CONH_2 + 4H_2O$. G. Pötzscher B 142◇

0747 **Polarographisches Verhalten von Nitroaminokohlensäuren in wäßrigen Medien. 2. Mitt. Nitroguanidin.** Keiho Namba und Kyoichi Suzuki. (Bull. chem. Soc. Japan **28,** 623–25, 1955; engl.) — 1. vgl. vorst. Referat. — Die l. c. genannten Beziehung werden an *1-Nitroguanidin* untersucht. i_l folgt dem Diffusionsgesetz, die Ilkovič-Gleichung ist anwendbar. Die Zahl der an der Red. beteiligten Elektronen wird berechnet, sie kann jedoch nicht zur Diskussion des Mechanismus herangezogen werden. G. Pötzscher B 142◇

0748 **Anwendung der polarographischen Methode zur Untersuchung der thermischen Zersetzung von Azinen.** N. P. Schimanskaja, L. Ja. Malkess und W. D. Besugly. (J. allg. Chem. [UdSSR] **33(95),** 2094–98, 1963; Charkow, Allunions Forsch.-Inst. für Einkristalle, Scintillat.-Materialien u. chem. Reinverb.; russ.) — Von *Benzalazin* (**I,** $E_{1/2}$ −1,42, −2,12 V gegen gesätt. Kalomelelektrode), *Stilben* (**II,** −2,18), *α-Naphthalazin* (**III,** −1,24, −1,74) u. *1.2-Bis-[α-naphthyl]-äthylen* (**IV,** −1,94) wurden in 0,02n $N(C_2H_5)_4J$-Lsgg. in 92%ig. Methanol die Halbstufenpotentiale $E_{1/2}$ ermittelt. Die polarograph. Best. von **I** neben **II** ist infolge des Verschmelzens des $E_{1/2}$-Wertes von **II** mit dem 2. $E_{1/2}$-Wert von **I** schwierig, die von **III** neben **IV** dagegen leicht. An Hand der polarograph. Meth. wurden die optimalen Bedingung der therm. Zers. von **I** zu **II** u. von **III** zu **IV** bestimmt. Die Geschw.-Konst. k (min^{-1}) u. Aktivierungsenergien (E_a kcal/Mol) der therm. Zers. betragen: **I** $k = 4{,}95 \cdot 10^{-3}$ (270°), $6{,}51 \cdot 10^{-2}$ (310°), E_a 41,5; **II** $1{,}16 \cdot 10^{-2}$ (270°), $3{,}73 \cdot 10^{-2}$ (300°), E_a 23,8. G. Pötzscher B 142◇

0749 **Polarographische Untersuchung von Azoderivaten der Salicyl- und α-Hydroxynaphthoesäure.** K. R. Woronowa und A. G. Stromberg. (J. allg. Chem. [UdSSR] **33(95),** 2098–2102, 1963; Tomsk, Polytechn. Inst.; russ.) — Von folgenden Verbb. werden in alkohol.-wss. (1:1) Boratpuffern bei pH 12,4 die Halbstufenpotentiale $E_{1/2}$ (gegen gesätt. Kalomelelektrode), die Winkelkoeff. b der Stufen u. die Konst. des Diffusionsstroms ermittelt: 5-[X-Phenylazo]-salicylsäuren (**A**): X = *H* ($-E_{1/2}$. 0,912 V), *p-CH₃* (1,046), *m-CH₃* (0,966), *o-CH₃* (1,140), *p-CH₃O* (1,124), *p-J* (0,798), *p-Br* (0,783), *p-Cl* (0,872), *p-NO₂* (**I**, 0,558), *m-NO₂* (0,615), *o-NO₂* (0,596); 4-[X-Phenylazo]-1-hydroxynaphthoesäuren (**B**): X = *H* (0,752), *p-CH₃* (**II**, 0,786), *m-CH₃* (0,762), *o-CH₃* (0,805), *p-CH₃O* (0,826), *p-J* (0,744), *p-Br* (0,713). Für die Mehrzahl der Verbb. ist $b > 0{,}03$, die Rk. ist also irreversibel u. erfolgt unter Beteiligung von 2 Elektronen. Bei den **A** werden die $E_{1/2}$-Werte nach negativeren Werten in der Reihe $p\text{-}NO_2 < o\text{-}NO_2 < m\text{-}NO_2 < Br < J < Cl < H < m\text{-}CH_3 < p\text{-}CH_3 < CH_3O$ verschoben; analoges gilt für die **B**. Die pH-Abhängigkeit der $E_{1/2}$-Werte von **I** u. **II** ist in zwei pH-Bereichen durch eine lineare Beziehung gegeben: bei pH 2–8 ist b = 0,07 V/pH (für **I**) bzw. 0,08 (für **II**), bei pH 8–12 0,023 bzw. 0,027. Daraus geht hervor, daß im sauren Bereich die Red. $R\text{–}N = N\text{–}R + 2H^+ + 2e \rightarrow RNH\text{–}NHR$ u. im alkal. Bereich die Red. $R\text{–}N = N\text{–}R + H^+ + 2e \rightarrow RNH\text{–}N^-R$ erfolgen. Zwischen den $E_{1/2}$-Werten u. den Hammettschen σ-Konst. besteht eine lineare Beziehung mit $\varrho = 0{,}52$ für die **A** u. $\varrho = 0{,}16$ für die **B**. G. Pötzscher B 142◇

0750 **Polarographische Untersuchungen von Pharmazeutika. 25. Mitt. Polarographie von Narcotin-N-oxid.** Yutaka Asahi. (Bull. chem. Soc. Japan **34,** 1185–88, 1961; Higashiyodogawa-ku, Osaka, Takeda Pharm. Ind. Ltd., Res. Labor.; engl.) — **24.** vgl. J. pharmac. Soc. Japan [Yakugakuzasshi] **80,** [1960], 1226. — *Narcotin-N-oxid* (**I**) zeigt eine katalyt. H_2-Stufe wie Narcotin (**II**) u. andere Alkaloide. Die Red.-Stufen von **I** werden der 2-Elektronenred. von **I** zu **II** zugeschrieben. Der erste Schritt ist eine Adsorptionsstufe von **I,** die adsorbierten Filme stören die weitere Elektrodenrk., u. bei höheren Konzz. wird eine anomale Minimumstufe beobachtet. Der 2. Schritt bei pH 1–5 entspricht dem Protonaddukt der **I**-Lactonform u. der 3. bei pH 5–10 der **I**-Base. **I** u. **II** ändern sich reversibel mit Alkali zur Hydroxycarboxylat-Form, die bei **I** negativere Red.-Potentiale u. ein nach kürzeren Wellenlängen verschobenes UV-Maximum aufweist. Die Geschw.-Konst. der Spaltung der Lactonform bzw. die der Rückrk. sind proportional $[OH^-]$ bzw. $[H^+]$. G. Pötzscher B 142◇

0751 **Physikalische Eigenschaften von zwölf isomeren alkylsubstituierten Naphthalinen, Tetrahydronaphthalinen und Dekahydronaphthalinen.** Joseph A. Dixon, G. R. Yarnell und J. A. Mountain. (J. chem. Engng. Data **8,** 572–73, 1963; University Park, Pa., Pennsylvania State Univ., Coll. of Chem. and Physics, Whitmore Labor.; engl.) — Vff. teilen von nachst. KW-Stoffen folgende physikal. Eigg. mit: Viscosität u. D. bei 5 Temp., n_D bei 3 Temp., Kpp. bei 5 verschiedenen Drücken. *2-Butyl-3-hexyl-* ($Kp._{10}$ 212,0°, n_D^{20} 1,5471, $D.^{20}$ 0,9330), *7-Butyl-1-hexyl-* [Konst. in gleicher Folge (für gleiche Bedingungen (wenn keine bes. Angabe): 207,5°, 1,5514, 0,9284], *1.4-Dimethyl-5-octyl-* (223,5°, 1,5589, 0,9507), *2.6-Dimethyl-3-octylnaphthalin* (221,0°, n_D^{30} 1,5506, $D.^{37,8}$ 0,9231), *6-Butyl-7-hexyl-* (202,0°, 1,5075, 0,9086), *7-Butyl-1-hexyl-* (197,5°, 1,1527, 0,9093), *5.8-Dimethyl-1-octyl-* (209,0°, 1,5162, 0,9217), *2.6-Dimethyl-7-octyl-1.2.3.4-tetrahydronaphthalin* (207°, 1,5087, 0,9035), Dekahydronaphthaline (cis–trans-Isomerengemische) *2-Butyl-3-hexyl-* (194,5°, 1,4763, 0,8755), *7-Butyl-1-hexyl-* (194,0°, 1,4785, 0,8713), *1.4-Dimethyl-5-octyl-* (193,0°, 1,4781, 0,8755), *2.6-Dimethyl-3-octyl-* (195,8°, 1,4759, 0,8697). Hubertus Zimmer B 148◇

0752 **Schnelle Bestimmung von Dampf–Flüssigkeit-Gleichgewichten.** W. M. Smit und J. H. Ruyter. (Recueil Trav. chim. Pays-Bas **79,** 1244–56, 1960; Utrecht, Netherlands, TNO, Inst. for Phys. Chem.; engl.) — Vff. beschreiben Aufbau u. Arbeitsweise einer App. (Abb.) zur Best. von Dampf–Fl.-Gleichgew. bei konst. Druck im Bereich 10–760 mm Hg, wobei 8 Probenpaare mit nebeneinander beständigen Dämpfen u. Fll. im genannten Konz.-Bereich in einem Vers. (2 Std.) gleichzeitig bestimmt werden können. Zum Nachw. der Verwendbarkeit werden folgende bin. Syst. untersucht u. die Werte von J ($\int \ln \gamma_1/\gamma_2\, dx$), W (Mischungswärme in cal/Mol) u. $W^*\Delta T/RT^2$ (W* Integral von W) bestimmt: *CCl$_4$* (n_D^{20} 1,4603) — *Bzl.* (n_D^{20} 1,5010), < 2 · 10^{-3}; 28,3 bei x 0,5 u. 40°; 3,5 · 10^{-4}; *CCl$_4$* — *Toluol* (**I**, n_D^{20} 1,4965), 23 · 10^{-3}; 64 bei x 0,5 u. 20°; 7,5 · 10^{-3}; *Bzl.* — *Dichloräthan* (n_D^{20} 1,4447), < 10^{-3}; 17,7 bei x 0,7 u. 41,8°; < 2 · 10^{-4}; *n-Heptan* (n_D^{20} 1,3877) — *Methylcyclohexan* (**II**, n_D^{20} 1,4237), < 10^{-3}; 11 bei x 0,5 u. 20°; 10^{-4}; **II**—**I**, < 10^{-3}; 100 bei x 0,5 u. 20°; 3,5 · 10^{-3}; *n-Decan* (n_D^{20} 1,4023) — *trans-Dekahydronaphthalin* (n_D^{20} 1,4700), < 10^{-3}; 5 bei x 0,5 u. 20°; 10^{-4}. — Die Vers.-Ergebnisse stimmen mit dem thermodynam. Kriterium überein.

W. Sobieski B 150◇

0753 **Eine empirische Methode zur Berechnung der normalen Siedepunkte und anderer physikalischer Eigenschaften von Alkenkohlenwasserstoffen.** Mikio Tamura, Michio Kurata, Koichiro Nakanishi und Isamu Nagata. (Bull. chem. Soc. Japan **34**, 684—88, 1961; Sakyo-ku, Kyoto, Kyoto Univ., Fac. of Engng., Dep. of Ind. Chem.; engl.) — Eine Meth. zur Berechnung des Kp., der krit. Temp., des krit. Druckes u. der Verdampfungswärme H_v wird entwickelt, die auf einer Strukturkonst., der „effektiven C-Zahl", einer von Zahl u. Lage der Doppelbindungen u. Seitenketten abhängigen, von äußeren Einfl. (Temp.) jedoch unabhängigen Größe beruht. Durch Kombination mit dem früher aufgestellten Nomogramm (Nakanishi, Kurata u. Tamura, J. chem. Engng. Data **5**, Nr. 2, [1960], 210) werden für nachst. Alkene die Kpp. u. für die ersten 10 Verbb. die krit. Daten u. H_v-Werte berechnet: *Äthylen*, *Propylen*, *Buten-(1)* u. *-(2)*, *2-Methylpropen*, *Penten-(1)* u. *-(2)*, *2-Methylbuten-(1)* u. *-(2)*, *3-Methylbuten-(1)*, *Hexen-(1)*, *(-2)* u. *-(3)* (*trans*), *2-*, *3-*, *4-Methylpenten-(1)*, *2-*, *3-*, *4-Methylpenten-(2)*, *2-Äthylbuten-(1)*, *2.3-*, *3.3-Dimethylbuten-(1)*, *2.3-Dimethylbuten-(2)*, *Hepten-(1)*, *-(2)* u. *-(3)*, *2.3.3-Trimethylbuten-(1)*, *Octen-(1)*, *2-Isopropyl-3-methylbuten-(1)*, *Nonen-(1)*, *2.3.3.4-Tetramethylpenten-(1)*, *Decen-(1)*, *2.3.3.4.4-Pentamethylpenten(-1)*; *Hexadien-(1.4)* u. *-(1.5)*, *2-*, *3-Methylpentadien-(1.4)*, *Heptadien-(1.4)* u. *-(1.5)*, *2-*, *3-Methylhexadien-(1.5)*, *5-Methylhexadien-(1.4)*, *2.4-Dimethylpentadien-(1.4)*, *Octadien-(1.7)*, *3-Methylheptadien-(1.5)*, *2-Methylheptadien-(1.6)*, *2.4-Dimethylheptadien-(1.5)*, *2.6-Dimethyloctadien-(2.6)*. Die Übereinstimmung mit den beobachteten Werten ist befriedigend.

G. Pötzscher B 150◇

0754 **Kritische Temperaturen von kovalenten Fluoriden.** D. C-H. Cheng und J. C. McCoubrey. (J. chem. Soc. [London] **1963**, 4993—95; London, Imperial Coll. of Sci. and Technol., Chemical Engng. Dep.; engl.) — Vgl. Trans. Faraday Soc. **58**, [1962], 224. — Vff. stellen die l. c. gemessenen u. aus der Literatur entnommenen krit. Temp. (T_k) für verschiedene hochfluorierte KW-Stoffe u. polymere Phosphornitriddifluoride zusammen. Es kann verallgemeinert werden, daß die T_k für Verbb. mit kovalent gebundenem F im Vgl. zu ihrem hohen Molgew. bemerkenswert niedrig sind. Einführung einer Doppelbindung hat einen positiven, aber kleinen Einfl. auf T_k (ca. 5°), Überführung eines F-KW-Stoffs mit einem H in eine Dipolverb. läßt T_k um ca. 20° über den Wert für die entsprechende Perfluor-Verb. ansteigen. Für die Verbb. wird ω (vgl. Pitzer u. Mitarbeiter, C. **1956**, **4634**) berechnet. Aus dem Verhältnis $T_{K(F)}/T_{K(H)}$ (T_k für den F-KW-Stoff bzw. KW-Stoff) wird geschlossen, daß die kovalenten Fluoride intermol. Kräfte besitzen, die durch die F-Atome beherrscht werden. Die F-Atome schirmen die intermol. Kräfte zwischen den Mol.-„Kernen" weitgehend ab, welche hauptsächlich zur Best. der räumlichen Anordnung dienen.

Hubertus Zimmer B 150◇

0755 **Isotopeneffekt auf die spezifische Wärme einiger Deuteroverbindungen.** I. B. Rabinowitsch und P. N. Nikolajew. (Ber. Akad. Wiss. UdSSR **142**, 1335—38, 1962; Gorki, Lobatschewski-Univ., Forschungsinst. für Chem.; russ.) — Vff. bestimmen c_p, c_v u. $c_p - c_v$, den Ausdehnungskoeff. α u. die isotherme Kompressibilität β_i sowie deren Temp.-Abhängigkeit bei 10—55° für folgende Verbb.: *C_6D_6*, *C_2H_5OD*, *$CH_2OD \cdot CH_2OD$* (**I**), u. *$CH_2OD \cdot CHOD \cdot CH_2OD$* (**II**) im Vgl. mit den entsprechenden H-Verbindungen. Der Isotopeneffekt $(c_D/c_H)_v$ fällt mit steigender Temp. bei A. u. Bzl. u. steigt bei **I** u. **II**. Der Austausch von H gegen D bewirkt eine Erhöhung von β_i um 0,5—1,5%.

W.-D. Heußner B 151□

0756 **Über die Gesetzmäßigkeiten in den physikalisch-chemischen Eigenschaften von Alkylcyclohexanen.** W. A. Benderski, N. Ss. Nikitin und W. M. Tatewski. (J. physik. Chem. [UdSSR] **36**, 63—71, 1962; Moskau, Lomonossow-Univ.; russ., Auszug: engl.) — Auf der Grundlage der früher vorgeschlagenen Meth. wurden Berechnungen der Mol.-Volumina, der Verdampfungswärmen, der Dichten u. der Kpp. von *Cyclohexan*, *Methyl-*, *Äthyl-*, *Isopropyl-*, *Isobutyl-*, *1.1-Dimethyl-*, *cis-* u. *trans-1.2-Dimethyl-*, *cis-* u. *trans-1.3-Dimethyl-*, *cis-* u. *trans-1.4-Dimethyl-*, *n-Propyl-*, *cis-* u. *trans-1-Methyl-2-äthyl-*, *cis-* u. *trans-1-Methyl-3-äthyl-*, *cis-* u. *trans-1-Methyl-4-äthyl-*, *1.1.2-*, *1.1.3-*, *1.1.4-Trimethyl-*, *n-Butyl-*, *sek.-Butyl-* u. *tert.-Butylcyclohexan* durchgeführt. Die Berechnungsergebnisse sind mit den experimentell ermittelten Angaben in guter Übereinstimmung. Es wurde an *cis-* u. *trans-1-Methyl-3-* u. *-4-tert.-butylcyclohexan* nachgewiesen, daß diese Meth. der Berechnung von physikal.-chem. Konst. auch zur Identifizierung der cis-trans-Isomeren von Alkylcyclohexanen angewendet werden kann.

C. Kozák B 155□

0757 **Die Thermochemie von Molekülen und Radikalen, die Schwefel enthalten.** 1. Mitt. **Verbrennungs- und Bildungswärmen.** H. Mackle und P. A. G. O'Hare. (Tetrahedron [London] **19**, 961—71, 1963; Belfast, Queen's Univ., David Keir Building, Dep. of Chem.; engl.) — Aus der Literatur werden für über 100 organ. Schwefelverbindungen (*Mercaptane*, *Thioäther*, *Disulfide*, *Sulfoxide*, *Sulfone*) die Verbrennungswärmen u., auch für eine Reihe anorgan. Verbb., die Standard-Bildungswärmen für die Gasphase tabelliert. Eingehend diskutiert werden die Bldg.-Wärmen in der Gasphase für SO, H_2S, COS u. einatomigen S. — 112 Literaturangaben.

Hubertus Zimmer B 156◇

0758 **Thermische Untersuchungen von Oxydationen in kalten Flammen.** G. H. Meguerian. (J. physic. Chem. **67**, 1020—24, 1963; Whiting, Ind., American Oil Co., Res. and Developm. Dep.; engl.) — Eine therm. Meth. zur Unters. von Oxydationen im Bereich kalter Flammen in einem Syst. mit laminarer Strömung wurde entwickelt, daß auf der Messung der Temp.-Erhöhung beruht: $\Delta T_m = B[F]_i \cdot ([O_2]_i - [O_2]_0)$; B Exothermizitäts-Konst., [F] Brennstoff- u. $[O_2]_0$ minimale O_2-Konzentration. B ist direkt proportional der Verweilzeit. Die Oxydation von *Isooctan* in kalter Flamme wird durch n-Heptan beschleunigt u. durch Propionaldehyd u. aromat. Amine inhibiert: Anilin, N-Methyl- u. N.N-Dimethylanilin (Folge fallender Wirksamkeit). Initiierung ist auf die Aktivierung von O_2-Moll. in der Reaktoroberfläche zurückzuführen.

W. Schramm B 157◇

0759 **Oberflächenpotential und Oberflächenspannung der wäßrigen Lösungen einfacher Methylketone.** B. Zapiór. (Roczniki Chem. [Ann. Soc. chim. Polonorum] **36**, 335 bis 344, 1962; Kraków, Jagellonian Univ., Dep. of General Chem.; pol., Auszug: engl.) — Untersucht wurde die Parallelität von Oberflächenpotential u. Oberflächenspannung bei einfachen Ketonen (*Aceton*, *Methyläthyl-*, *Methylpropyl-*, *Methylbutyl-*, *Methylamylketon*). Bei der Errechnung des Oberflächenpotentials der angewandten Lösungen kann man die Gleichung von Szyszkowski in modifizierter Form benutzen.

P. Kadach B 166◇

0760 **Oberflächenpotential und Oberflächenspannung wäßriger Lösungen der para-Fluorbenzoesäure und der Einfluß der Molekularstruktur von Isomeren auf die Oberflächenaktivität.** B. Kamieński und M. Paluch. (Bull. Acad. polon. Sci., Sér. Sci. chim. **8**, 383—89, 1960; Cracow, Pol. Acad. of Sci., Inst. of Phys. Chem.; Labor. of Phys. Chem. of Surface Phenom.; engl.) — Die Konz.- u. pH-Abhängigkeit der Oberflächenspannung (σ) u. des Oberflächenpotentials (φ) (gemessen gegen Luft mit Hilfe

von Hg_2Cl_2-Elektroden nach einer bereits früher [1935] benutzten dynam. Meth.) von Lsgg. der *p-Fluorbenzoesäure* (**I**) sowie der *o-* (**II**), *m-* (**III**) u. *p-Hydroxybenzoesäure* (**IV**) werden im Konz.-Bereich 0,0005—0,01 m gemessen. Es soll untersucht werden, wie sich die Substitution der OH-Gruppe von **III** u. **IV** durch F auf σ u. φ der Lsgg. auswirkt, die im Falle der Hydroxysäuren infolge der Tendenz der OH-Gruppe zur Ausbldg. von H-Bindungen einen anomalen Gang mit der Konz. u. dem pH aufweisen. Es zeigt sich, daß bei **I** σ mit wachsender Konz. abnimmt, während mit steigendem pH σ zunimmt u. φ weniger negativ wird, wobei der Potentialabfall viel stärker ausgeprägt ist als bei der p- u. der m-Hydroxysäure. Bei **II** ist das Potential dagegen bei niedrigem pH stark positiv u. nimmt mit zunehmendem pH ab.
W. Betcke B 166◇

0761 **Viscosität von flüssigem, gasförmigem und übersättigtem n-Butan.** J. P. Dolan, K. E. Starling, A. L. Lee, B. E. Eakin und R. T. Ellington. (J. chem. Engng. Data **8**, 396—99, 1963; Chicago, Ill., Inst. of Gas-Technol.; engl.) — Vff. teilen Viscositätsdaten für *n*-Butan für den Temp.-Bereich von 100—340°F u. das Druckgebiet von Atmosphärendruck bis 8000 p.s.i.a. mit u. vergleichen diese mit Werten aus der Literatur (Zusammenstellung für Tempp. von 100—460°F u. Drücke von Atmosphärendruck bis 10000 p.s.i.a.).
Hubertus Zimmer B 172◇

0762 **Viscosität von Kohlenwasserstoffen. n-Butan.** L.T. Carmichael und B. H. Sage. (J. chem. Engng. Data **8**, 612—16, 1963; Pasadena, Calif., California Inst. of Technol., Chem. Engng. Labor.; engl.) — Vff. untersuchen die Viscosität von *n-Butan* (**I**) bis zu einem Druck von 5000 p.s.i.a. im Temp.-Bereich von 40—320°F. Die Ergebnisse werden verglichen mit Werten, die mit einer völlig andersgearteten App. erhalten wurden u. mit solchen anderer Autoren. Im allg. wird gute Übereinstimmung gefunden. Die Strömungsdaten zeigen einen geringeren Einfl. des Druckes auf die Viscosität von **I** bei 100 u. 160°F u. einen geringeren Wert bei Atmosphärendruck als er früher gefunden worden war.
Hubertus Zimmer B 172◇

0763 **Sorption von Aminen an Montmorillonit.** Jay Palmer und Norman Bauer. (J. physic. Chem. **65**, 894—95, 1961; Logan, Utah, State Univ., Chem. Dep.; engl.) — Die Sorption von gasförmigen Aminen zwischen Schichten von Montmorillonit (M) wurde durch Messung der Gew.-Zunahme von M bei konst. Temp. u. konst. Gasdruck verfolgt, wobei die Probe an einer Spiralfeder aus Quarz aufgehängt war. Verwendet wurden *Methyl-* (**I**), *Dimethyl-* (**II**), *Trimethyl-* (**III**) u. *Äthylamin* (**IV**). Durch Beziehung der Sorptionsgeschw.-Konst. mit D des 2. Fickschen Diffusionsgesetzes wird gezeigt, daß die Prozesse dem $\sqrt{t}$-Gesetz gehorchen. Für die Sorption ergab sich die Reihenfolge **I** > **IV** > **II**, die wahrscheinlich durch die ster. Hinderung während des Prozesses gegeben ist. Die scheinbare Aktivierungsenergie beträgt bei **I**, **II** u. **IV** $\sim$ 1,5, bei **III** 5 kcal/Mol. Die Kurve für die Sorptionsgeschw. zeigt bei etwa 80%ig. Sorption eine Unstetigkeitsstelle, die wahrscheinlich auf die Bldg. einer 2. Sorbatschicht oder auf eine dichtere Packung der sorbierten Moll. zurückgeht. Die Extrapolierung auf die Zeit 0 läßt erkennen, daß $\sim$ 5—20% momentan sorbiert werden, entweder infolge Sorption auf der Außenfläche von M oder weil hierdurch eine Auflockerung der Kristallschichten erreicht wird. E. Ühlein B 176□

0764 **Sorption von Phenol durch Ionenaustauscherharze geringer Kapazität.** R. S. Turse, W. H. Gerdes und Wm. Rieman III. (Z. physik. Chem. [Frankfurt/M.] [N. F.] **33**, 219—24, 1962; New Brunswick, N. J., State Univ., Rutgers, School of Chem.; engl.) — Von mit 8% Divinylbenzol vernetztem u. bis zu 2,03 Milliäquivalent/g Trockenharz sulfoniertem Polystyrol wird *Phenol* (**I**) aus 10^{-5}—10^{-1} m wss. Lsgg. ca. siebenfach stärker sorbiert als durch vollsulfoniertes Harz. Im Falle der analogen Anionenaustauscherharze mit Trimethylbenzylammoniumgruppen ist bei 10^{-5}-m-Lsg. von **I** das Sorptionsvermögen des Harzes der Kapazität 1,16 etwa dreimal so stark wie das eines Harzes der Kapazität 3,4 Milliäquivalent/g; aus 0,1 m Lsg. sorbiert jedoch letzteres **I** stärker.
E. Ühlein B 176◇

0765 **Neue Entwicklungen der Einelektron-Theorie von π-Elektronensystemen.** H. Hartmann. (Advances chem. Physics **5**, 1—31, 1963; Frankfurt/M., Univ., Inst. of Phys. Chem.; engl.) — Übersicht: Einelektronzustände des C_2H_4-Mol.; Strukturmatrix; formale Entw. der Theorie; Parameter; Absorptionsspektren aromat. KW-Stoffe; Resonanzenergien; Ladungsdichte, Konsistenz u. Bindungsgrad; quant. Analyse der Parameter; Folgerungen aus der Regel des geometr. Mittels. — 17 Literaturangaben. A. Blaschette B 182◇

0766 **Untersuchungen über die Methode der alternierenden Molekülorbitale. 5. Mitt. Ein vielparametriger Ausdruck für die Energie von Zuständen verschiedener Multiplizität; Anwendung auf Benzol.** J. De Heer und R. Pauncz. (J. chem. Physics **39**, 2314—20, 1963; Boulder, Colo., Univ. of Colorado, Chem. Dep.; Haifa, Israel, Inst. of Technol., Technion, Dep. of Chem.; engl.) — 4. vgl. C. **1963**, 10371. — Im Rahmen der verfeinerten AMO-Theorie wird ein allg. Ausdruck für die Energie des niedrigsten Zustands jeder gewünschten Multiplizität für ein beliebiges Syst. mit abgeschlossenem Schalenaufbau abgeleitet. Durch numer. Analyse des jeweils niedrigsten Singulett-, Triplett- u. Quintett-Zustands des π-Elektronensextetts von *Bzl.* wird gezeigt, daß mit Hilfe der vielparametrigen AMO-Wellenfunktion ca. 90% der in einer vollständigen CI-Rechnung erreichbaren Verbesserung des Energiewertes erhalten werden können. Für den Triplett- u. den Quintett-Zustand wird die AMO-eingehend mit der CI-Wellenfunktion verglichen. Beide Meth. ergeben einen zu geringen Singulett-Triplett-Abstand, was auf eine prinzipielle Unzulänglichkeit der quantenchem. Behandlung konjugierter KW-Stoffe zurückgeführt wird. A. Blaschette B 182◇

0767 **Berechnung der π-elektronendiamagnetischen Susceptibilität von aromatischen Molekülen mit Heteroatomen mit Hilfe des eindimensionalen Modells.** B. A. Koslow und T. K. Rebane. (J. physik. Chem. [UdSSR] **36**, 143—47, 1962; Physikal.-chem. Karpow-Inst.; russ., Auszug: engl.) — Vff. berichten über die Anwendung eines eindimensionalen Modells zur Berechnung des Beitrages χ der zwischenatomaren π-Elektronenströme zur diamagnet. Susceptibilität von aromat. heterocycl. Molekülen. Es werden Formeln zur Best. der Form des eindimensionalen Potentials vorgeschlagen unter Berücksichtigung der Charakteristik der an der π-Elektronenkonjugation teilnehmenden Atome. Es wurde festgestellt, daß die χ-Werte für *Pyridin* u. *symm.-Triazin* mit dem des *Bzl.* prakt. übereinstimmen, während die berechneten χ-Größen für *Thiophen*, *Furan* u. *Pyrrol* nur 60—70% des χ-Wertes für Bzl. darstellen. Für *Borazol* u. *Trimethyltribortrioxan* wurden nur kleine χ-Werte ($\leq$ 10% von Bzl.) gefunden.
C. Kozák B 182□

0768 **Elektronenstruktur von Phenylazid und einigen seiner Derivate.** Giorgio Favini. (Gazz. chim. ital. **91**, 270—79, 1961; Milano, Univ., Ist. per la Laurea in Chim. ind., Labor. di Chim. fis.; ital.) — Vf. berechnet nach der LCAO—MO-Meth. die Elektronendichten, Bindungsordnungen u. -abstände für die beiden möglichen Strukturen ($\measuredangle$ C—N—N 120 bzw. 180°) von *Phenylazid* mit linearer Azidgruppe. Aus dem Vgl. des theoret. Dipolmoments mit dem experimentellen ergibt sich als wahrscheinlichste Struktur diejenige mit einem $\measuredangle$ von 120°. Unter Anwendung der Störungsmeth. wird an *p-Brom-*, *p-Chlor-*, *p-Methyl-*, *p-Hydroxy-* u. *p-Methoxyphenylazid* der Einfl. des p-Substituenten auf den Phenylrest untersucht. Es ergibt sich im Hinblick auf die angenommene Struktur eine befriedigende Übereinstimmung zwischen berechneten u. experimentell bestimmten Dipolmomenten.
J. Richter B 182◇

0769 **Die Kristallstruktur vom Calcium- und Strontiumsalz der Arabonsäure.** Sven Furberg und Sten Helland. (Acta chem. scand. **16**, 2373—83, 1962; Blindern-Oslo, Inst. of Chem.; engl.) — $Ca(C_5O_6H_9)_2 \cdot 5H_2O$ (**I**) u. $Sr(C_5O_6H_9)_2 \cdot 5H_2O$ (**II**) sind isomorph u. krist. mono-

klin u. haben folgende Gitterparameter: **I**, a 14,74; b 5,82; c 11,40 Å; β 99°, D_{ge} 1,59, **II**, a 14,79; b 5,83; c 11,78 Å; β 99°; D_{ge} 1,69 g cm^{-3} sowie beide Z = 2 u. die Raumgruppe C2. Die C-Atome bilden eine gestreckte, nahezu ebene Zickzackkette mit den O oberhalb u. unterhalb der Ebene. Die Carboxylgruppe bildet mit der von C_1, C_2 u. dem O der α-Hydroxylgruppe definierten Ebene einen Winkel von 20°. 8 O umgeben Ca bzw. Sr an den Ecken eines verzerrt quadrat. Antiprismas u. entstammen 2 H_2O u. 2 Anionen, die jeweils ein Carboxyl-, ein α- u. ein β-Hydroxyl-O beisteuern. H-Brückenbindungen verknüpfen die Moll. zu einem dreidimensionalen Netzwerk. Die Atomkoordinaten, Strukturfaktoren, Bindungslängen, Elektronendichte- u. Strukturprojektionen werden angegeben (Tabellen).
R. Uttech B 195◇

0770 **Polyedrische Clathrathydrate. 3. Mitt. Struktur des Tetra-n-butylammoniumbenzoathydrats.** M. Bonamico, G. A. Jeffrey und R. K. McMullan. (J. chem. Physics **37,** 2219—31, 1962; Pittsburgh, Pa., Univ., Cryst. Labor.; engl.) — 2. vgl. C. **1962,** 12204. — Bei 0° krist. *(n-$C_4H_9)_4N \cdot C_6H_5COO \cdot 39^1/_2H_2O$* aus wss. Lsg. tetragonal u. hat die Raumgruppe P 4_2/mnm u. a 23,57 ± 0,04; c 12,45 ± 0,02 Å (bei —30°); D_{Flot} 1,05, $D_{Rönt}$ 1,032 g cm^{-3} u. Z = 4. Über H-Brücken bauen die H_2O eine dreidimensionale Wirtsstruktur auf, deren polyedr. Fachwerk aus 10 fünfeckigen Dodekaedern, 16 Tetrakisdekaedern u. 4 Pentakisdekaedern je Elementarzelle gebildet wird. Von den 172 H_2O-Lagen der Grundstruktur werden 4 von den N der $(C_4H_9)_4N^+$ eingenommen, während die C_4H_9 in die tetraedr. angeordneten Polyederlücken ragen. Weitere 4 gleichwertige Lagen bleiben unbesetzt u. 8 Lagen sind von den O der 4 CO_2^--Gruppen besetzt. Es resultiert eine Verzerrung des Netzwerks, das sich nur noch aus 156 H_2O aufbaut u. in den Tetrakisdekaedern die C_6H_5-Gruppen enthält. 2 zusätzliche H_2O verteilen sich statist. über 8 verzerrte Dodekaederlücken, so daß sich 39,5 H_2O pro Mol. ergeben.
R. Uttech B 195◇

0771 **Polyedrische Clathrathydrate. 4. Mitt. Die Struktur des Tri-n-butylsulfoniumfluoridhydrats.** G. A. Jeffrey und R. K. McMullan. (J. chem. Physics **37,** 2231—39, 1962; engl.) — 3. vgl. vorst. Referat. — *$(n\text{-}C_4H_9)_3S^+F^- \cdot 20H_2O$* (**I**) krist. bei 5° aus 1—1,5 molarer Lsg. in Prismen u. aus 2—2,5 molarer Lsg. kub. mit a 12,34 (—20°); 12,26 Å (—80°); der Raumgruppe Pm3n u. D_{ge}^{-80} 1,082; $D_{Rönt.}^{-80}$ 1,050 g cm^{-3}, Z = 2. Die Struktur entspricht dem polyedr. H_2O-Netzwerk des $6Cl_2 \cdot 46H_2O$ (vgl. Pauling u. Marsh, C. **1955,** 8099) mit den S der Kationen in H_2O-Lagen, die eine Unterbringung der 6 Alkylgruppen in den 6 Tetrakisdekaedern gestatten. Diese besonderen Lagen bleiben unbesetzt, wenn sie nicht von S^+ eingenommen werden. Das F^- ist so eingebaut, daß es von H_2O nicht unterschieden werden kann. Das polyedr. Gerüst der H_2O ist verzerrt u. enthält in den fünfeckigen Dodekaedern H_2O oder F^-. Die kub. Symmetrie wird in der einzelnen Elementarzelle durch das nichtkub. Gast-Kation aufgehoben, aber durch deren statist. Anordnung über einen Bereich vieler Elementarzellen wiederhergestellt.

Versuche: *Tri-n-butylsulfoniumjodid* (n-$C_4H_9)_3SJ$, a) aus äquimol. Mengen von n-Butyljodid u. Di-n-butylsulfid durch mehrwöchiges Kochen am Rückfluß bei 50°; ca. 10% (Ausbeute); b) über einen HgJ_2-Komplex (1—2std. Stehen obiger Mischung bei Raumtemp. mit HgJ_2) u. Zers. des Komplexes u. Abtrennung des Salzes mit $AgNO_3$ u. Fällung mit KJ. — *Tri-n-butylsulfoniumfluoridhydrat,* 2 Formen, kub. oder prismat. je nach Konz. der Lsg. (bei 5°) aus wss. Suspension vorst. Verb. mit AgF.
R. Uttech B 195

0772 **Vergleichende Untersuchung von Monoketonen und Diketonen in flüssigem, verdünntem und dampfförmigem Zustand.** Jean Gerbier. (C. R. hebd. Séances Acad. Sci. **253,** 2210—12, 1961; Poitiers, Fac. des Sci., Labor. de Phys. mol.; franz.) — An Hand der IR-Spektren wird die Enolisierung von Mono- u. Diketonen verglichen. Untersucht werden *Aceton, Äthylmethyl-, Diäthyl-, Methylpropyl-, Methylisobutylketon, Acetylaceton* u. *Acetonylaceton* als reine Fll., im Dampfzustand u. die Diketone auch in verd. CCl_4-Lösung. Die Monoketone liegen im fl. Zustand partiell enolisiert vor, nicht mehr dagegen im Dampfzustand. Bei den Diketonen liegt im fl. Zustand eine partielle Enolisierung vor, die in verd. CCl_4-Leg. verstärkt wird u. im Dampfzustand vollständig ist. Diese Beobachtungen stimmen mit den chem. Unterss. von Grignard [Chim. organ. **7,** 1297] überein. Das Fehlen der **3600** cm^{-1}-Bande der enolisierten Diketone weist auf eine starke Chelatisierung zwischen dem H der Enolfunktion u. dem O der nicht-enolisierten Ketonfunktion hin. Das Mol. scheint in einer der Hypothese von Kohlrausch [Ramanspektren, 278] entsprechenden Resonanzzustand vorzuliegen.
H. G. Henkel B 221◇

0773 **Physikochemische Untersuchungen über Vitamin B_1 und verwandte Substanzen.** 3. Mitt. **Quantitative Untersuchungen über das Verhalten von Thiamin des Thioltyps in wäßriger Lösung.** 1. Mitt. Atsushi Watanabe und Yutaka Asahi. (J. pharmac. Soc. Japan [Yakugakuzasshi] **75,** 1046—49, 1955; Juso-nishino-cho, Higashiyodogawa-ku, Osaka, Takeda Pharmaceutical Industr., Ltd., Res. Labor.; jap., Auszug: engl.) — 2. vgl. ibid. **74,** [1954], 297. — Die Rk., durch die *Thiamin* (**I**) reversibel durch Alkali in wss. Lsg. in die Thiolform übergeht, wurde potentiometr. verfolgt. Die Geschw. der Rk. der **I**-Salze mit Alkali oder Säure ist sehr schnell unterhalb u. langsam oberhalb pH 7, größer bei höheren Temp. u. unabhängig vom benutzten **I**-Salz u. der zugefügten Säure. Die pK_a-Werte verschiedener reiner **I**-Salze wurden von 0—50° gemessen. Die Werte sind kleiner bei höheren Temp. u. unabhängig vom benutzten **I**-Salz. Aus diesen Resultaten folgt, daß das Gleichgew. zwischen **I** u. seiner Thiolform extrem dynam. ist, u. es wird deshalb die Möglichkeit der Anwesenheit der **I**-Thiolform unter physiolog. Bedingungen angenommen. Eine Tabelle der pK-Werte der **I**-Salze (*Hydrochlorid, Mononitrat, Perchlorat, Acetat* u. *Na-Mercaptid*) wird angegeben.
R. Henning B 221

0774 **Physikochemische Untersuchungen über Vitamin B_1 und verwandte Substanzen.** 4. Mitt. **Quantitative Untersuchungen über das Verhalten von Thiamin des Thioltyps in wäßriger Lösung.** 2. Mitt. Atsushi Watanabe und Yutaka Asahi. (J. pharmac. Soc. Japan [Yakugakuzasshi] **75,** 1050—53, 1955; jap., Auszug: engl.) — 3. bzw. 1. vgl. vorst. Ref.; 6. vgl. C. **1963,** 16885. — Die Gleichgew.-Konzz. von *Thiamin* (**I**) in der Thiolform wurden bei verschiedenen pH-Werten u. Temp. aus der anod. Stufenhöhe im Polarogramm bestimmt u. es wurde festgestellt, daß die Thiolform unter physiolog. Bedingungen existieren kann. Die Rk. zwischen p-[Chlormercuri]-benzoat (**II**) u. **I** wurde durch Polarographie verfolgt. Da die Red.-Stufe von **II** stark bei pH = 9,2 u. langsam bei pH = 6,8 abfällt, ist bewiesen, daß die Thiolform aus **I**-Salzen gebildet wird. Seine Bldg.-Geschw. ist prakt. unabhängig von der Art des **I**-Salzes.
R. Henning B 221

0775 **Die Kinetik der thermischen cis-trans-Isomerisierung von 2-Methylbicyclo-[2.1.0]-pentan.** John P. Chesick. (J. Amer. chem. Soc. **84,** 3250—53, 1962; New Haven, Conn., Yale Univ., Sterling Chem. Labor.; engl.) — Die Kinetik der reversiblen cis-trans-Isomerisierung von *2-Methylbicyclo-[2.1.0]-pentan* (**I**) wurde zwischen 203,3 u. 231,7° bei **I**-Drücken von 0,08 bis 1,7 mm Hg untersucht. Unter der Annahme, daß die niedriger siedende Verb. die trans-Form ist, wurde $K_{220°} = k_{trans}/k_{cis}$ zu 0,58; $|\Delta H| \leq 0{,}5$ kcal/Mol u. $(k_{trans} + k_{cis}) = 10^{14{,}45} \exp[(-38{,}9 \pm 0{,}8 \text{ kcal})/RT]\ s^{-1}$ bei der nach 1. Ordnung verlaufenden Rk. ermittelt. Bei Erniedrigung des **I**-Druckes auf 0,1 mm Hg nehmen die k_1-Werte um < 10% ab. Als Übergangszustand wird aus merklichen bicycl. Restspannungen ein unvollkommener Bruch der Brückenkopf-Brückenkopf-Bindung angenommen. Die NMR-Spektren von **I** u. *3-Methylcyclobuten* (**II**) werden diskutiert.

Versuche: *3-Methylcyclobutancarbonsäure* (**III**), durch Hydrierung an 5% Pd/C bei 50 lb. H_2-Druck) von exo-3-Methylencyclobutancarbonsäure in Äthylacetat. — *3-Methylcyclobutylisocyanat,* durch Behandeln von **III** mit Chlorameisensäureäthylester u. NaN_3 u. therm. Zers. des Säureazids. — *3-Methylcyclobutylaminhydrochlorid*, aus vorst. Verb. in Toluol durch 12std. Kochen mit 18%ig. HCl, Ausbeute 7,5 g (bzgl. 25 g **III**). — *3-Methylcyclobutyltrimethylammoniumjodid*, $C_8H_{18}JN$, F. 214,3—214,8° [Zers., Propanol; Butanol-(2)] durch Methylierung vorst. Verb. nach Applequist u. Roberts (C. **1957**, 5832). — *3-Methylcyclobuten* (**II**), aus vorst. Verb. durch Hoffmann-Eliminierung. — *2-Methylbicyclo-[2.1.0]-pentan*, durch Einleiten von CH_2N_2 in eine Lsg. von **II**, die Cu_2Cl_2 u. Harnstoff enthält, Trennung der *cis*- u. *trans*-Isomeren durch Gaschromatographie; trans/cis ~ 2,0/1. U. Uhlich B 225◇

0776 **Die Neophyl-Carben-Umlagerung.** H. Philip und James Keating. (Tetrahedron Letters [London] **1961,** Nr. 15, 523—26, 1961; Winona, Minn., St. Mary's Coll.; engl.) — *1-Diazo-2-methyl-2-phenylpropan* (**I**, aus Benzylcyanid, Methylierung mit CH_3J + $NaNH_2$, Red. mit $LiAlH_4$, Umsetzung des entstandenen Amins mit Chlorkohlensäureäthylester, Nitrosierung mit $NaNO_2$ u. schließliche Spaltung des N-[2-Methyl-2-phenylpropyl]-N-nitrosoäthylurethans mit Na-Äthylat) wird bei 59° therm. zersetzt (0,1 m in Hexan). Aus der Zus. der Zers.-Prodd. folgt die Wahrscheinlichkeit 10:1 für das Eintreten der Phenyl/Methylwanderung, woraus auf eine hochaktive Carbenzwischenstufe geschlossen wird. Das Verhältnis Phenylwanderung zu eingesetztem Prod. beträgt 1,2. Versuchsweise wird für Wanderungsfähigkeit die Reihe H, C_6H_5, CH_3 angegeben. Die Folge stimmt nicht mit der für Umlagerungen über ein Carboniumion gefundenen überein. L. Heinisch B 225◇

0777 **Heterolytische Isomerisierung von einigen Acylsulphonylperoxiden.** G. A. Rasuwajew, V. R. Likhterow und V. S. Etlis. (Tetrahedron Letters [London] **1961,** Nr. 15, 257—29, 1961; Moscow, USSRAcad. of Sci.; engl.) — Durch therm. Zers. entstehen aus gemischten Peroxiden der Zus. $RSO_2OOC(O)C_6H_5$ (mit R = CH_3 u. C_2H_5) die dazu isomeren gemischten Anhydride der Alkansulfonsäuren mit Phenoxyameisensäure (83% Ausbeute in Bzl., 80% in Isopropanol, 54% in CCl_4). Die Isomerisierung ist unabhängig von der Polarität des Lsgm., u. sie wird katalysiert durch Alkansulfonsäure, entstanden durch homolyt. Zers. der Peroxide. Die Peroxidzers. wird außerdem beschleunigt durch K_2CO_3 sowie durch Lewis-Säuren wie $AlCl_3$, $SnCl_4$ u. $SbCl_5$. Der Mechanismus der Isomerisierung wird diskutiert. — *Methansulfonsäure-phenyloxyameisensäureanhydrid*, $C_8H_8O_5S$, Kp.$_4$ 144°, aus CH_3SO_3Ag u. Chlorkohlensäurephenylester. L. Heinisch B 225◇

0778 **Die Autoxydation von Mercaptanen in nichtwäßrigen alkalischen Medien.** H. Berger. (Recueil Trav. chim. Pays-Bas **82,** 773—89, 1963; Amsterdam, Koninklijke/Shell-Labor.; engl.) — Die Autoxydation von Mercaptanen RSH [*n-Octylmercaptan* (**I**), *Thiophenol* (**II**), *tert.-Butylmercaptan* (**III**)] mit mol. O_2 in alkal. Medium wurde unter Verw. von tert.-Butanol als Lsgm. u. von variierenden Mengen K-tert.-Butylat als Base bei 25—50° untersucht. Schwermetallionen (Cu, Fe, Co) stören in diesem Rk.-Medium nur wenig. Während **III** nur langsam u. unübersichtlich oxydiert wird (oxydative Zers. des Sulfinats zu SO_4^{2-} u. a. Prod.), entstehen aus **I** u. **II** als einzige Prodd. die Disulfide (RSSR) u./oder die entsprechenden Sulfin- u. Sulfonsäuren (RSO_2H u. RSO_3H). Im einzelnen wurden untersucht: Die relativen Anteile der Oxydationsprodd. in Abhängigkeit von der Basenkonz.; die Bldg. eines oxydierenden Zwischenprod., das Triphenylphosphin (**IV**) zu Triphenylphosphinoxid (**V**) zu oxydieren vermag; die Kinetik der Rk. (Geschw. der O_2-Aufnahme u. der Prod.-Bldg.); die mögliche Rolle von Thiylradikalen (**A**) bei der Oxydation (durch therm. Zers. von Azoisobuttersäurenitril in **II** oder durch Photolyse von Diphenyldisulfid gebildete **A** reagieren nicht mit O_2; durch Triphenylphenoxyradikale aus **II** gebildete **A** beeinflussen die Geschw. der Autoxydations-Rk. nicht); der Einfl. von Hydroperoxiden u. möglicher Zwischenprodd. auf die Autoxydation (tert.-Butylhydroperoxid, Anthrachinon-1-sulfensäure u. Phenylbenzolthiosulfinat wirken katalysierend, Pyridin-N-oxid u. Azoxybenzol sind inakt.). Aus den Ergebnissen folgt: Die Autoxydationsrk. ist jeweils 1. Ordnung bzgl. [RS^-] u. p_{O_2}. RSO_2H u. RSO_3H entstehen aus RS^-, RSSR aus RSH; letzterer Vorgang wird durch katalyt. Mengen RS^- bewirkt. Die Autoxydation des Sulfenat-Anions RSO^- ist ein wesentlicher Schritt bei der Bldg. der Säuren. Die Rk. von RS^- mit O_2 liefert vor der RSO^--Bldg. ein Zwischenprod., welches RSH zu RSSR zu oxydieren vermag; weitere Zwischenprodd. vermögen RSO_2^- zu RSO_3^- u. **IV** zu **V** zu oxydieren. **A** spielen keine Rolle bei der Autoxydation. Es wird nachst. Kettenmechanismus (Kettenlänge 25—30) für die Bldg. von RSO_2H u. RSO_3H vorgeschlagen u. durch entsprechende Unterss. mit *o-Dimercaptobenzol* erhärtet: $RS^- + O_2 \rightleftharpoons RSOO^-$, $RSOO^- + RS^- \rightarrow 2RSO^-$, $RSO^- + O_2 \rightarrow RS(O)OO^-$, $RS(O)OO^- + RS^- \rightarrow RSO^- + RSO_2^-$, $RS(O)OO^- + RSO^- \rightarrow 2RSO_2^-$, $RS(O)OO^- + RSO_2^- \rightarrow RSO_2^- + RSO_3^-$, $RSOO^- + RSO_2^- \rightarrow RSO^- + RSO_3^-$. Die RSSR-Bldg. müßte sinngemäß nach $RSOO^- + RSH \rightarrow RSSR + HO_2^-$, $HO_2^- + 2RSH \rightarrow RSSR + H_2O + OH^-$, $RSH + OH^- \rightarrow RS^- + H_2O$ erfolgen, doch werden einige Befunde besser durch einen anderen Mechanismus gedeutet: $RS^- + O_2 \rightleftharpoons (RSOO^-)^*$ (Triplettzustand), $(RSOO^-)^* \rightarrow RSOO^-$, $(RSOO^-)^* + 2RSH \rightarrow RSSR + H_2O_2 + RS^-$, $H_2O_2 + 2RSH \rightarrow RSSR + 2H_2O$. A. Blaschette B 225◇

0779 **Kinetik der Zersetzung von Xanthaten in Gegenwart von Kupfersalz.** S. Ramachandra Rao und C. C. Patel. (J. sci. ind. Res. [New Delhi], Sect. D **20,** 299 bis 303, 1961; Bangalore, Indian Inst. of Sci., Dep. of Inorg. and Phys. Chem.; engl.) — Vff. untersuchten den Einfl. von $CuSO_4$ auf die Zers. der *K-Salze der Äthyl-, Isopropyl-, n-Butyl- u. Isoamylxanthogensäure* in wss. Lsg. in Ggw. von O_2, O_2–CO_2 (1: 1) u. CO_2. In Ggw. von O_2 u. O_2–CO_2-Gemischen steigert $CuSO_4$ die Oxydation von Xanthaten (**I**) in wss. Lsgg., deren pH zu Beginn bei 7 lag; das Ausmaß der Zers. ist in Ggw. von CO_2–O_2 größer als in Ggw. von O_2 allein. Allg. steigt das Ausmaß der Oxydation mit zunehmender Kettenlänge des KW-Stoffs bei prim. **I** u. mit der Verzweigung der Kette an. Erhöhung des pH verzögert die Oxydation. Als Mechanismus für die Zers. von **I** wird angenommen, daß zuerst Cu^{2+}-Ionen in Lsg. mit Ionen von **I** zu relativ unlösl. Cu(II)-Xanthat reagieren, das instabil ist u. sich sofort zu Cu(I)-Xanthat (**II**) u. Dixanthogen zersetzt; **II** wird durch O_2 wieder oxydiert. In Ggw. von O_2 ist die Oxydation von **I** eine Rk. nullter Ordnung, die Geschw. der Oxydation hängt vermutlich von der Auflösung des O_2 in der wss. Lsg. ab. Die Säure-Zers. von **I** durch CO_2 wird durch die Ggw. von $CuSO_4$ nicht beeinflußt. P. Scharner B 225◇

0780 **Der katalytische Einfluß von Metallsalzen auf die Borhydridreduktion von α-Bromketonen.** Toshio Goto und Yoshito Kishi. (Tetrahedron Letters [London] **1961,** Nr. 15, 513—15; Nagoya, Japan, Univ., Dep. of Chem.; engl.) — Die Red. von *7α-Bromcholestan-3β.5α-diol-6-ondiacetat* ergibt in Ggw. von Spuren Pb^{++} (als Acetat oder Nitrat) nicht das erwartete Bromhydrin, sondern die entbromierte Verb. Cholestan-3β.5α-diol-6-on-diacetat (**I**). Hg- und Ni-Acetat wirken ebenso, während andere Zusätze [$SnCl_2$, $BaCl_2$, $AgNO_3$, BiO_3Na, $CuSO_4$, H_2O $(C_6H_5COO)_2$, HCHO, $(CH_3)_2CO$, HCOOH] teils das Bromhydrin und teils **I** entstehen lassen. Die Rk.-Geschw. wird durch Zusatz von Pb-Acetat nicht beeinflußt. L. Heinisch B 225◇

0781 **Autoxydation und Wirkungsmechanismus des Carotins.** C. Bodea, E. Nicoară, M. Florescu und J. Gross. (Rev. Chim. [Bucarest] **1,** 133—42, 1956; dt.) — Vgl. C. **1959,** 3426. — Vff. geben ein Schema für den Autoxydationsprozeß des *β-Carotins* (**I**). Danach verläuft die Autoxydation von **I** über ein durch O_2-Aufnahme entstehendes Hydroperoxid (HOO- an $C_{(3)}$) u. dessen Rk. mit einem weiteren Mol. **I** zu Xanthophyll (**II**) u. dem 5.6-Epoxid von **I**. **I** u. auch andere Carotinoide (Car.) können demnach sowohl als Spender als auch als Acceptoren von akt. O_2 wirken. Dadurch erscheinen **I** u. die anderen autoxydablen Car. als eine Stoffgruppe, die die Konz. des akt. peroxid. O_2 regelt. Vff. beweisen, daß sowohl die Xanthophylle als auch die Epoxide u. Furanoidoxide des **I** Autoxydationsprodd. des **I** darstellen. Folgende Verss

werden durchgeführt: Eine mit I versetzte Indigocarmin-Lsg. verblaßt, während die Probe ohne I unverändert bleibt. Die Autoxydation von Benzaldehyd, Acetaldehyd, Butyraldehyd u. Önanthaldehyd wird in Ggw. von *α-Carotin* (III), I, *Lycopin*, II (*Lutein*) u. *Crocetin* untersucht. Die Autoxydation der Aldehyde wird durch Zusatz der Car. einige Zeit blockiert. 15—20tägiges Stehen von I oder III in Aceton u. 0,01n H_2SO_4 bei Zimmer-Temp. u. im Licht liefert nach Aufarbeitung bei I folgendes Gemisch: I u. dessen Monoepoxid, Monofuranoidoxid u. Diepoxid, Kryptoxanthin u. dessen Monoepoxid u. Monofuranoidoxid, Zeaxanthin, Zeaxanthinmonofuranoidoxid u. eine unbekannte Verbindung. Aus III wird entsprechend α-Carotinmonofuranoidoxid, II u. Xanthophyllmonofuranoidoxid (Chrysanthemaxanthin) erhalten.
Gottfried Schreiber B 225△

0782 **Dirigierende Einflüsse bei aliphatischen Substitutionen.** 20. Mitt. **Lösungsmitteleinflüsse bei Reaktionen von freien Radikalen und Atomen.** 8. Mitt. **Die Photochlorierung von Aralkylkohlenwasserstoffen.** Glen A. Russell, Akihiko Ito und Dale G. Hendry. (J. Amer. chem. Soc. **85,** 2976—82, 1963; Ames, Iowa, Iowa State Univ., Dep. of Chem.; engl.) — 14. bzw. 6. vgl. C. **1961, 435.** — Bei der Photochlorierung von *Äthylbenzol* (I), *Cumol* (II), *Indan* (III) u. *Tetralin* mit Cl_2 fällt das Verhältnis $k_{\alpha/\beta}$ der Reaktivität der α- gegenüber den β-Atomen beim Verdünnen mit Nitrobenzol (NB) oder Cyclohexan (CY) stark ab, so bei I von 14,5 auf 2,0, bei II von 42,2 auf 3,5, bei III von 6,39 auf 1,2 u. bei IV von 5,57 auf 1,15. Die hohe Selektivität in den fl. Verbb. ist eine Folge der Komplexbldg. zwischen dem Aromaten u. dem Cl-Atom; dieser Komplex zeigt eine größere Selektivität bei H-Abspaltungsrkk. als das freie Cl-Atom, die durch nicht komplexbildende Lsgm. verringert wird. Durch Konkurrenzchlorierung von Arylalkan–CY-Gemischen u. Extrapolation der Geschw.-Konst. auf unendliche Verdünnung wurden die relativen Reaktivitäten R (pro H-Atom) für α- oder β-Stellung der Seitenkette ermittelt: *Toluol* R 1,4; I R_α 3,5; R_β 1,8; II 7,8; 2,2; III 6,1; 4,7; IV 5,8; 5,5; *Diphenylmethan* R_α 2,7; *Triphenylmethan* R_α 10; *Phenylcyclopentan* R_α 13; *Phenylcyclohexan* 9,9; *tert.-Butylbenzol* (in CCl_4) R_β 0,63; *n-Butylbenzol* (in CCl_4) R_α 5,9; R_β 2,7; R_γ 4,0; R_ω 1,0.

Versuche: *α-Chlorbutylbenzol*, $Kp._1$ 60—61°, n_D^{20} 1,5164, aus α-Propylbenzylalkohol ($Kp._{10}$ 110—113°, n_D^{20} 1,5137, aus Benzaldehyd u. C_3H_7MgBr) durch Einleiten von HCl unter Kühlung; 81% (Ausbeute). — *1-Phenylbutanol-(2)*, $Kp._1$ 74—75°, n_D^{20} 1,5161, durch Red. von 1-Phenylbutanon-(2) mit $LiAlH_4$; 74%. — *β-Chlorbutylbenzol*, $Kp._1$ 63,2—64°, aus vorst. Verb. mit $SOCl_2$ in Pyridin; 18%. — *4-Phenylbutanol*, $Kp._{14}$ 124°, n_D^{20} 1,5172, aus 250 g Benzalaceton durch Hydrierung an $Cu\text{-}Cr_2O_3$ bei 150—175° u. 2000 p.s.i.; 100 g. — *γ-Chlorbutylbenzol*, $Kp._1$ 61—64°, aus vorst. Verb. mit $SOCl_2$ in Pyridin; 23%. — *ω-Chlorbutylbenzol*, $Kp._{14}$ 118,5°, n_D^{25} 1,5167, aus 60 g N-Benzoyl-4-phenylbutyl-(1)-amin [F. 83 bis 83,5°, aus 4-Phenylbutyl-(1)-amin mit Benzoylchlorid; 70%] mit PCl_5 durch Erhitzen auf 150° (Abdest. von $POCl_3$), dann auf 180—250 u. Abdest. des Benzonitrils in Vakuum; 12 g.
G. Pötzscher B 225◇

0783 **Isotopeneffekte bei Halogenierungen in Eisessig.** E. Berliner. (Chem. and Ind. **1960,** 177—78; Bryn Mawr, Pa., Bryn Mawr Coll., Dep. of Chem.; engl.) — Bei der Jodierung von *Anisol* (I) u. $D_{3(2,4,6)}$-I mit JCl in Eisessig (EE) bei 25° wird ein Isotopeneffekt (k_H/k_D 3,9 ±0,1) von der gleichen Größenordnung wie bei derselben Rk. in W. gefunden. Daraus schließt Vf., bei zwar verschiedenen Mechanismen, auf sehr ähnliche Übergangszustände bei der Jodierung in EE u. W. u. die Spaltung einer C–H-Bindung als Teil des geschw.-bestimmenden Schrittes der Reaktion. Bei analogen Bromierungen (Rk. 3. Ordnung) wird prakt. kein Isotopeneffekt gefunden, was mit der geringeren Elektronegativität von J gegenüber Br u. ster. Gedränge im Übergangszustand der Jodierung erklärt wird.
W. Sobieski B 225◇

0784 **Die Untersuchung des Wasserstoffisotopenaustausches zwischen Wasser und Thiolen.** K. I. Ssakodynski, Ss. I. Babkow und N. M. Shaworonkow. (J. physik. Chem. [UdSSR] **36,** 2169—75, 1962; Physikochem. Karpow-Inst.; russ., Auszug: engl.) — Es wurden die Koeff. α der H–D-Gleichgewichtsverteilung der Rk. $RSD + H_2O \rightleftharpoons RSH + HOD$ zwischen H_2O u. *n-Butyl-, sek.-Butyl-, Isoamyl-, n-Hexyl-, n-Nonylmercaptan* u. *Thiophenol* bei 20—80° bestimmt. Die Temp.-Abhängigkeit von $\alpha = ([D]/[H])_{Wasser}([D]/[H])_{Thiol}$ beträgt (in gleicher Reihenfolge der Verbb.): $\log\alpha = 92{,}07/T + 0{,}0282$; $\log\alpha = 105{,}62/T + 0{,}0313$; $\log\alpha = 88{,}52/T + 0{,}0283$; $\log\alpha = 69{,}48/T + 0{,}1376$; $\log\alpha = 81{,}24/T + 0{,}0433$; $\log\alpha = 132{,}93/T - 0{,}01213$. Die Kinetik des Isotopenaustausches wurde in Ggw. von KOH, NaOH, H_2S u. H_2SO_4 untersucht. Alkalien u. H_2S beschleunigen, H_2SO_4 hemmt den Austausch. γ-Strahlung beschleunigt den Austausch, ohne das Gleichgewicht zu verschieben. Der Isotopenaustausch wird durch den Widerstand der wss. Phase begrenzt. Bei Verw. eines inerten Lsgm. zwecks Eliminierung des Diffusionswiderstandes stellt sich das Austauschgleichgewicht in einigen Sek. ein. In einer Füllkolonne findet die D-Übertragung mit einer Geschw. statt, die in der Nähe der für Diffusionsvorgänge im Syst. Fl.–Fl. typ. liegt.
Helmut Schäfer B 225△

0785 **Kinetik der Protonenübertragung in Methanol-Lösungen von Benzoesäure und Natriumbenzoat.** Ernest Grunwald, Charles F. Jumper und S. Meiboom. (J. Amer. chem. Soc. **85,** 522—28, 1963; Murray Hill, N. J., Bell Telephone Labor.; engl.) — Die Kinetik der Protonenübertragung in *Methanol*, das *Benzoesäure*-(HBz)–*Na-Benzoat*-Puffer enthält, wird NMR-spektroskop. gemessen. Die Ergebnisse zeigen, daß neben dem Protonenaustausch zwischen CH_3OH u. den Ionen $CH_3OH_2^+$ u. CH_3O^- (vgl. C. **1964,** 13-0707) noch zwei weitere Prozesse unter Beteiligung der Pufferkomponenten ablaufen. Für diese Prozesse gilt bei 24,8°: $R_m = k_1 [HBz] + k_2 [HBz][Bz^-]$ mit $k_1 = 1{,}3 \cdot 10^5\ s^{-1}$, $k_2 = 1{,}2 \cdot 10^8$ Liter/Mol · s (R_m = Anteil des OH-Protonenaustauschs von CH_3OH mit den Pufferkomponenten). Zu k_1 gehört ein cycl. Prozeß unter Beteiligung von 2 CH_3OH-Moll., zur k_2 ein solcher mit 1 Mol. CH_3OH. Messungen bei —81,6° zeigen das Auftreten eines 3. Terms, $k_3 [HBz]^{1/2}[Bz^-]^{1/2}$, der polymol. in CH_3OH ist. Die Geschw.-Konst. haben die Werte: $k_1 = 2{,}2 \cdot 10^2\ s^{-1}$, $k_2 = 1{,}7 \cdot 10^6$ Liter/Mol. s^{-1} u. k_3 $1{,}1 \cdot 10^4\ s^{-1}$. — KCl zeigt nach Leitfähigkeitsmessungen bei —78,8° in CH_3OH das Verh. eines starken Elektrolyten; dennoch ist auch Na-Benzoat bei —81,6° nicht stark assoziiert.
W. Schramm B 225◇

0786 **Die Reaktion von A. Vilsmeier und A. Haack.** Marie-Robert de Maheas. (Bull. Soc. chim. France **1962,** 1989—99; Paris, Muséum Nat. d'Hist. Natur., Labor. de Chim.; franz.) — Übersicht. Beschrieben werden die in der Literatur vorgeschlagenen Mechanismen sowie die wichtigsten Anwendungen unter tabellar. Angabe der Reaktanten (geordnet nach den Nucleophilen: aromat. Amine, KW-Stoffe, Phenole, Ketone, Heterocyclen), der Prodd. u. Ausbeuten. — 81 Literaturangaben.
J. Richter B 225◇

0787 **Die säurekatalysierte Hydrolyse von (—)-Octyl-(2)-äthylmethanphosphonat.** Leonard Keay. (J. org. Chemistry **28,** 1426—27, 1963; London, Queen Mary Coll., Dep. of Chem.; engl.) — Die Kinetik der Hydrolyse von (—)-*Octyl-(2)-äthylmethanphosphonat* wurde bei 100° in 50%ig. Dioxan in Ggw. von Benzolsulfonsäure (1n) untersucht. Die aus der Säure-Bldg. bzw. Racemisierung ermittelten Geschw.-Konst. waren etwa gleich u. betrugen ca. 0,18 h^{-1}. Die Geschw. der Racemisierung von (—)-Octanol-(2) (I) betrug unter diesen Bedingungen nur $^1/_5$ der der Esterhydrolyse. Die Ergebnisse bestätigen die Auffassung von Gerrard u. Mitarbeitern (C. **1955,** 6264), daß die Alkyl-O-Spaltung bei gleichzeitigem Angriff eines H_2O-Mol. auf das C-Atom stattfindet.

Versuche: *Methanphosphonsäurechloridoctyl-(2)-ester*, durch Rk. von I ($[\alpha]_D^{20}$ —9,95°) u. Methanphosphonsäuredichlorid in Ggw. von Triäthylamin; D. 1,036, $[\alpha]_D^{18}$ —12,65°. — (—)-*Octyl-(2)-äthylmethanphosphonat*, $Kp._{0,2}$ 73—74°, durch Rk. vorst. Verb. mit H_2O-freiem A. in Ggw. von Diäthylanilin, D. 0,945, $[\alpha]_D^{18}$ —11,87°; 80% Ausbeute.
W. Schramm B 225◇

0788 **Polymerisation von festem Äthylen durch ionisierende Strahlung: Beweis für eine Ion-Molekül-Kondensation.** C. D. Wagner. (J. physic. Chem. **65,** 2276—77, 1961; Emeryville, Calif., Shell Dev. Co.; engl.) — *Äthylen* liefert bei —196° bestrahlt zu über 90% verzweigte Monoolefine bis zum Octadecen. Massenspektrograph. Unters. der Bestrahlungs-Prodd. einer äquimol. Mischung von C_2H_4 u. C_2D_4 ergab, daß n · 4 D-Atome im Mol. am häufigsten sind. Es werden also keine H- bzw. D-Atome ausgetauscht. W. Schindelhauer B 225◇

0789 **Die Carbene.** Philippe Miginiac. (Bull. Soc. chim. France **1962,** 2000—14; Paris, Fac. des Sci., Labor. de Chim. Organ.; franz.) — Übersicht über Bldg. (durch Zers. von Diazoäthanen, Ketenen, Olefinen, Yliden; durch Eliminierungen), Rkk. (Inversionen, Additionen, intramol. Rkk., Einw. auf Diazoverbb., Dimerisationen) u. Eigg. spezieller Carbene (biradikal., Ketocarbene, nucleophile). — 357 Literaturangaben.
J. Richter B 225◇

0790 **Untersuchungen zur Theorie der nucleophilen Additionen. 10. Mitt. Kinetik und Mechanismus der Addition von Jodwasserstoff an Acetylenverbindungen in Wasser.** G. F. Dworko und Je. A. Schilow. (Ukrain. chem. J. **29,** 73—79, 1963; Akad. der Wiss. der Ukrain-SSR, Inst. für organ. Chem.; russ.) — 9. vgl. ibid. **28,** [1962], 1073. — Die Rk. von *HJ* u. *Acetylendicarbonsäure* (**I**), *Propiolsäure* (**II**) oder *Propargylalkohol* (**III**) in wss. NaJ-Lsgg. ist von dritter Ordnung — $d[HJ]/dt = k_3[A][H^+][J^-]$ ([A] = Konz. an Acetylenverb.). Nach der Rk.-Geschw. ordnen sich die Verbb. in die Reihe **I** > **II** > **III**. **III** reagiert nicht mit HJ. Es wird die Annahme ausgesprochen, daß die Anlagerung von HJ an die Dreifachbindung nach einem nucleophilen Mechanismus erfolgt. Für **I** betragen $k_3^{0°}$ 0,12 · 10^{-3}, $k_3^{25°}$ 1,4 · 10^{-3}, $k_3^{40°}$ 4,5 · 10^{-3} (Liter^2 · Mol^{-2} · s^{-1}) u. die Aktivierungsenergie E 15,4 (kcal · Mol^{-1}); für **II** ist $k_3^{60°}$ 6,4 · 10^{-5}.
J. v. Schroeder B 225◇

0791 **Kinetik der Dimerisation des Atropanitrils.** H. Hopff, H. Lüssi und A. Borla. (Helv. chim. Acta **46,** 723—26, 1963; Zürich, ETH, Techn.-chem. Labor.; dt.) — Die Kinetik der Dimerisation von *Atropasäurenitril* zu 1.4-Dicyan-4-phenyl-1.2.3.4-tetrahydronaphthalin wurde im Temp.-Bereich 0—38° untersucht. Die Rk. ist 2. Ordnung, die Aktivierungsgrößen betragen in: Toluol log A 3,885 (Liter/Mol · s), E_a 13,0 (kcal/Mol); Methyläthylketon 6,272, 16,4; Äthylacetat 6,315, 16,5; A. 9,331, 20,2 u. Eisessig 5,570, 16,0. Säuren wirken nicht katalyt., zwischen E_a u. log A besteht eine lineare Beziehung. Die Geschw.-Konst. sind niedriger als die anderer Diels-Alder-Reaktionen.

Versuche: *Acetophenoncyanhydrinacetat*, Kp.$_{1,5}$ 107—108°, durch Zusatz von 40%ig. H_2SO_4 zu einem Gemisch von Acetophenon u. NaCN in W. u. 2std. Rühren, Aufnehmen in Ae. u. Rk. mit Acetanhydrid in Pyridin; n_D^{25} 1,5013; 36% (Ausbeute). — *Atropasäurenitril*, Kp.$_{0,35}$ 61—63°, durch Eintropfen vorst. Verb. in ein Kontaktrohr bei 425°, n_D^{25} 1,5498; 69%.
W. Schramm B 225◇

0792 **Beziehungen zwischen der geometrischen Konfiguration und der Reaktivität cyclischer quarternärer Ammoniumverbindungen. Untersuchung cyclischer quarternärer Ammoniumverbindungen mit sieben Gliedern.** Joseph Angel. (C. R. hebd. Séances Acad. Sci. **253,** 2072—74, 1961; Gif-sur-Yvette, Seine-et-Oise, C.N.R.S., Inst. de Chim. des Subst. natur.; franz.) — Siebengliedrige cycl. quartern. Ammonium-Verbb. unterliegen bei Einwirkung von Na-α-Cyclohexylbenzylat (**I**) oder Na-Pentylat (**II**) der Ringöffnung durch Eliminierungs-Rk. u. nicht wie das bei den entsprechenden 3-, 4- u. 5gliedrigen Derivv. der Fall ist, durch Substitutions-Reaktion. So ergeben *Dimethyl-N.N-hexamethylenammoniumbromid* u. *-jodid* mit **I** u. **II** *1-Dimethylaminohexen-(5)* (**III**), Kp.$_{760}$ 138—140°, *Diäthyl-N.N-hexamethylenammoniumbromid* mit **I** u. **II** *Äthyl-N.N-hexamethylenamin. N.N-Hexamethylenpiperidiniumbromid* (**IV**) ergibt mit **I** *N-Hexen-(5)-ylpiperidin*, Kp.$_{40}$ 115—117°. Die Rk. mit **IV** zeigt, daß die Öffnung des 7-Ringes gegenüber der des 6-Ringes bevorzugt ist. Alle Ergebnisse zeigen, daß bei der Rk. eine Konformation des 7-Ringes mit dem N-Atom an der Spitze des „Sessel"- u. nicht des „Boots"-Teiles vorliegt. Modelle zeigen, daß die C(β)-H-Bindungen der C(α)-N-Bindung nicht antiparallel sind. Der Rk.-Weg ist ferner von der Art der N-Substitution abhängig. Dagegen scheint die Natur des Halogenions keine bedeutende Rolle zu spielen. Die Rk.-Prodd. wurden in A. über PtO_2 hydriert. **III** ergibt 1-Dimethylaminohexan, Kp.$_{760}$ 138—140°, Hydrochlorid, F. 178°, Pikrat F. 104°; **IV** ergibt N-Hexylpiperidin, Kp.$_{24}$ 102—104°, Hydrochlorid, F. 194°, Pikrat F. 108°. H. G. Henkel B 225◇

0793 **Geschwindigkeit der Decarboxylierung substituierter Anthranilsäuren in Nitrobenzol-Lösung.** G. E. Dunn und Russell Prysiazniuk. (Canad. J. Chem. **39,** 285 bis 296, 1961; Winnipeg, Manitoba, Canada, Univ. of Manitoba, Chem. Dep.; engl.) — Die Synth. einer Reihe von m- u. p-substituierten Anthranilsäuren wird angegeben, ebenso die Decarboxylierungs-Geschw. in Nitrobenzol bei 210,5° (bzw. in 1-Methylnaphthalin bei 242°) für *Anthranilsäure* (**I**, k · 10^5 6,17 Mol/Liter · s; bzw. 15,8), *D_3*-**I** (78,5%) (3,14) u. (berechnet für 100% 2,32), *4-*(3,18; bzw. 11,7), *5-Chlor-* (1,92; bzw. 7,4), *4-* (2,66), *5-Brom-* (2,37), *4-* (0,175), *5-Nitro-* (0,527), *5-Methyl-* (9,61), *4-Amino-* (300), *N-Methyl-* (43), *N-Acetyl-* (0,61), *N-Phenylanthranilsäure* (6,69) u. *p-Aminobenzoesäure* (1,32). Die Rk. ist 2. Ordnung bezogen auf **I**. Die Geschw. wird durch elektronenabgebende Substituenten vergrößert, durch D in den funktionellen Gruppen verringert. Die relativen Geschw. werden mit Hilfe der Hammett-Gleichung interpretiert, u. es wird gefolgert, daß der Geschw.-bestimmende Schritt im Angriff eines Protons von einem Mol. **I** auf das $C_{(1)}$-Atom eines 2. Mol. besteht.

Versuche: *Acet-o-toluidid* (**IV**), F. 110—111° (Bzl.); durch 1std. Kochen von o-Toluidin mit Acetanhydrid in Bzl.; 70% (Ausbeute). — *2-Methyl-5-bromacetanilid* (**II**), F. 158—159°; durch Bromierung von **IV** bei 15—16° in Eisessig u. 1std. Kochen des Hydrobromids in W.; 84%. — *4-Bromacetanthranilsäure* (**III**), F. 214 bis 215° (sd. H_2O); durch 12std. Oxydation von **II** in H_2O bei 85° mit Mg_2SO_4 u. $KMnO_4$ u. Ausfällen durch HCl; 65%. — *4-Bromanthranilsäure*, F. 217—218° (A.); durch 1std. Kochen von **III** (5,5 g) mit 50%ig. H_2SO_4 u. Neutralisation; 4 g. — *5-Bromanthranilsäure*, F. 215 bis 217° (A.); analog **II** aus **I**; 65%. — *2-Methyl-5-nitroacetanilid* (**V**), F. 149—150° (sd. H_2O); a) aus **IV** in konz. H_2SO_4 bei —5° mit konz. HNO_3; 45%; b) durch 2std. Kochen von 2-Methyl-5-nitroanilin mit Acetanhydrid. — *4-Nitroacetanthranilsäure* (**VI**), F. 215—216° (W.); analog **III** aus **V**; 61%. — *4-Nitroanthranilsäure* (**VII**), F. 262 bis 264° (W., Zers.), durch 2std. Kochen von **VI** in A. mit konz. HCl; 90%. — *2-Methyl-4-nitroacetanilid* (**VIII**), F. 198—200°, analog **V**, Meth. b); 70%. — *5-Nitroacetanthranilsäure* (**IX**), analog **III** aus **VIII**. — *5-Nitroanthranilsäure*, F. 268—269° (Zers.), analog **VII** aus **IX**. — *2-Methyl-5-chloracetanilid* (**X**), F. 131—132°, durch 1/4std. Kochen von 2-Methyl-5-chloranilin in Eisessig u. Acetanhydrid; 91%. — *4-Chloranthranilsäure*, F. 235° (A.), Oxydation analog **III** aus **X** u. Hydrolyse analog **VII**. — *2-Nitro-5-methylbenzoesäure* (**XI**), F. 131—132°, durch Rk. von m-Toluylsäure in konz. H_2SO_4 mit KNO_3 bei 0° neben *2-Nitro-3-methylbenzoesäure*, Extraktion mit W.; 36%. — *5-Methylanthranilsäure* (**XII**), F. 175—177° (A.), durch Red. von **XI** in konz. NH_4OH mit $FeSO_4$-Lsg., kurzes Aufkochen, Filtrieren u. Ansäuern; 90%. — *4-Aminoanthranilsäure*, F. 134—136° (A.), analog **XII** aus **VII**; 40%. — *N-Acetylanthranilsäure*, F. 184—185°, durch Acetylierung von **I** in sd. Acetanhydrid; 80%. — *D_3-Anthranilsäure* (D_3-**I**), aus **I** in Dioxan u. D_2O; 78,5 Atom-% D. K. W. Udluft B 225◇

0794 **Kinetik und Mechanismus der spontanen Zersetzung von einigen Peroxysäuren, Wasserstoffperoxid und tert.-Butylhydroperoxid.** E. Koubek, M. L. Haggett, C. J. Battaglia, Khairat M. Ibne-Rasa, H. Y. Pyun und J. O. Edwards. (J. Amer. chem. Soc. **85,** 2263—68, 1963; Providence, R. I., Brown Univ., Metcalf Chem. Labor.; engl.) — Die Kinetik der unter O_2-Entw. u. Bldg. der Stammsäure verlaufenden spontanen Zers. von *Peroxyessigsäure* (**I**), *-chloressigsäure* (**II**) u.

-monophosphorsäure (III) sowie des spontanen Zerfalls von H_2O_2 u. *tert.-Butylhydroperoxid* (IV) wurde in wss. alkal. Medium (NaOH) durch jodometr. Titration des peroxid. Sauerstoffs verfolgt. Zur Unterdrückung einer evtl. homogenen Katalyse durch Schwermetallionen wurde EDTA (10^{-3})m) zugesetzt. Die Zers. der drei Peroxysäuren ROOH ist 2. Ordnung bzgl. [ROOH] u. erreicht eine maximale Geschw. (Geschw.-Konst. k_{max}) bei demjenigen pH-Wert, der einer 50%ig. Dissoziation der Peroxysäure entspricht (pH = pK_a; [ROOH] = [ROO^-]). Für I ist $k_{max} = 2,7 \cdot 10^{-3}$ [Liter/Mol · s] bei pH 8,2 u. 25° (pK_a = 8,2), für II $k_{max} = 1,0 \cdot 10^{-1}$ bei pH 7,2 u. 15° (pK_a 7,2), für III $k_{max} = 7,1 \cdot 10^{-4}$ bei pH 12,5 ± 0,2 u. 38,5° (pK_{3a} 12,8 ± 0,2). Die Aktivierungsenergie für den Zerfall von I beträgt 30 kcal/Mol. Abweichungen von den genannten Bedingungen, bes. Abwesenheit von EDTA, führen zu einer Erniedrigung der Rk.-Ordnung (katalyt. Zers. 1. Ordnung?). Bei der Zers. von $CH_3C(O)^{18}O^{18}OH$ enthaltender I erscheint das ^{18}O zu 83% als $^{18}O_2$. II zerfällt ca. 100mal schneller als I, oxydiert Nitrosobenzol aber nur etwa 30mal schneller (vgl. nachst. Referat). Die nach Literaturangaben rasch verlaufende Zers. von H_2O_2 im pH-Bereich 10—13 wird bei Verw. von sorgfältig gereinigtem NaOH u. Zusatz von EDTA prakt. vollständig gehemmt. Der basenkatalysierte Zerfall von IV erfolgt zu langsam, um auswertbare kinet. Daten zu liefern. Für die spontane Zers.-Rk. von Peroxysäuren wird ein Mechanismus vorgeschlagen, bei dem der aktivierte Komplex durch bimol. nucleophilen Angriff des Anions ROO^- am Carbonyl-C-Atom (Verbb. I u. II) bzw. am P-Atom von III (ebenso am S-Atom im Falle der Zers. von H_2SO_5) des undissoziierten Mol. ROOH gebildet wird.

A. Blaschette B 225◇

0795 **Die Bildung von Kobalt(III)-acetat bei der katalytischen Zersetzung von Peroxyessigsäure.** E. Koubek und J. O. Edwards. (J. inorg. nuclear Chem. **25**, 1401 bis 1408, 1963; engl.) — Vgl. vorst. Referat. — *Peroxyessigsäure* (I) wird in acetatgepufferter wss. Lsg. durch Co(II), Mn(II), Fe(III), Cu(II), UO_2(II) u. Cr(III) katalyt. zersetzt. Die Wirksamkeit sinkt in der vorst. Reihenfolge; Pb(II), Tl(I) u. Ni(II) sind inaktiv. Die stark exotherme Rk. mit 10^{-6}—10^{-3} m $CoSO_4$ ist von der Ordnung 1 bzgl. [I], 1—0,5 bzgl. [Co(II)] (in Abhängigkeit von der Anfangskonz. $[Co(II)]_0$) u. 0,2 bzgl. [OH^-] (im pH-Bereich 4,5—5,8). Bei konst. Temp. u. konst. pH-Wert gilt Rk.-Geschw. = $k [I] \cdot [Co(II)]_0 / (K_1 + [Co(II)]_0^{0,5})$; die Aktivierungsenergie beträgt 21,6 ± 1 kcal/Mol. Bei der Zers. entsteht „Co(III)-Acetat“, das als amorphes grünes Prod. isolierbar ist u. dem nach Elementaranalyse, IR-Spektrum, Molgew.-Best. in Eisessig, alkalimetr. Titration u. Rk. mit Nitrilotriessigsäure die Struktur $[(CH_3COO)_2Co(OH)_2Co(OOCCH_3)_2]$ mit Acetat als Chelatligand zugeschrieben wird. Das bei der katalyt. Zers. von I durch Co(II) gebildete Gas besteht aus O_2 u. CO_2 im annähernden Verhältnis 1:1 nebst 3—4% CO. Mit ^{18}O-markiertem I wird gezeigt, daß bei [Co(II)] = 10^{-3} m die O-O-Bindung intakt bleibt u. zu 86% als $^{18}O_2$ erscheint, entsprechend dem Mechanismus: $I + Co^{2+} \rightarrow Co^{3+} + CH_3CO_2 + OH^-$ (schnell), $2\,Co^{3+} \rightleftharpoons Co_2^{6+}$, $Co^{3+} + I \rightleftharpoons Co^{2+} + H^+ + CH_3C(O)OO$ (II), II + $Co^{3+} \rightarrow$ Produkte. Bei [Co(II)] = 10^{-4} m beginnt ^{18}O-Austausch aufzutreten, d. h., es muß zusätzlich eine Rk. vom Typ 2 II $\rightarrow O_2$ + Prodd. beteiligt sein.

A. Blaschette B 225◇

0796 **Das chemische Verhalten von Peroxychloressigsäure in wäßriger Lösung.** E. Koubek und John O. Edwards. (J. org. Chemistry **28**, 2157—60, 1963; engl.) — Vgl. vorst. Referate. — *Peroxychloressigsäure* (I) wird in 50—60%ig. Reinheit [Rest: 1—5% H_2O_2, 40—50% Peroxyessigsäure (II)] durch Rk. von 30%ig. H_2O_2 mit Chloressigsäureanhydrid in konz. H_2SO_4 u. Extraktion mit CH_2Cl_2 erhalten. Es ist die stärkste in wss. Lsg. bekannte Peroxysäure (pK_a 7,2). Die säurekatalysierte Hydrolyse von I u. II liefert H_2O_2 u. die entsprechende Stammsäure. Die Geschw.-Konst. dieser Rkk. 1. Ordnung bzgl. [I] bzw. [II] wurden als Funktion der $HClO_4$-Konz. (0,50—11,6 m bzw. 0,10—8,00 m) u. der Temp. (0, 24,8 u. 35,3) ermittelt; die Aktivierungsenergien u. -entropien betragen 13,7 [kcal/Mol] u. —29,3 [cal/Mol · Grad] für die nichtkatalysierte Hydrolyse von I bzw. 16,8 u. —22,6 für die säurekatalysierte Hydrolyse von II. Die Hydrolysegeschw. beider Säuren ist gegeben durch $v = k_0 \cdot [ROOH] + k_H[ROOH][H_3O^+]$. Bei I ist der nichtkatalysierte Rk.-Anteil im untersuchten Aciditätsbereich vorherrschend. Die Hydrolyse erfolgt bei beiden Verbb. wahrscheinlich durch nucleophilen Angriff des W. am unprotonierten ROOH-Molekül. Die kinet. Reaktivität von I als elektrophiles Agens folgt aus seiner Wirksamkeit bei der Oxydation von Nitroso- zu Nitrobenzol: die Geschw.-Konst. 2. Ordnung dieser Rk. wurde bei 30° zu $5,15 \cdot 10^{-4}$ [Liter/Mol · s] für II, $35 \cdot 10^{-4}$ für H_2SO_5, $167 \cdot 10^{-4}$ für I ermittelt.

A. Blaschette B 225◇

0797 **Photochemische Hydrolyse aliphatischer Ester der Phosphorsäure durch ultraviolettes Licht.** Eugen Bamann, Klaus Gubitz und Heinz Trapmann. (Arch. Pharmaz. **294**/**66**, 240—46, 1961; München, Univ., Inst. für Pharm. u. Lebensmittelchem.; dt.) — Mit zunehmender Kettenlänge des organ. Restes von Phosphorsäureestern nimmt das Ausmaß der Spaltung ab in der Reihe: Äthyl > n-Propyl > n-Butyl- > n-Cetyl-. *Monoisopropyl*-(I), wird schneller zerlegt als *Monoisobutylphosphat* (II). *Mono-n-propylphosphat* (VI) hydrolysiert langsamer gegenüber I. Der zunehmende Grad der Veresterung (Mono- →, Di- →, Tri-Ester) bewirkt eine Verringerung des Umsatzes. Tri-Ester werden im Gegensatz zu metallionenkatalyt. u. enzymat. Hydrolyse auch durch photochem. Einw. aufgespalten. Bei pH 4,0—5,5 liegt ein Wirkungsminimum für UV-Licht, obwohl das Monoanion $ROPO_3H^-$ seine höchste Konz. hat. Durch elektronegative Substituenten am alkohol. Rest von I u. II steigt die Zerfallsgeschwindigkeit. Aktivitäts-pH-Kurven sind angegeben für *Monomethyl-*, *äthyl-*, *Di-* u. *Triäthyl-*, I, II, sowie für *Propylenglykol-*, *Glycerin-α-* u. *Glycerin-β-phosphorsäure*. Untersucht wurden ferner: *Mono-n-butyl-*, *n-amyl-* u. *-n-cetylphosphat*. Aktivitäts-pH-Kurven (Abb.) zeigen deutlich die Unterschiede in der Spaltung der Mono-, Di- u. Tri-Ester u. der Verbb. mit geradem u. verzweigtem organ. Rest.

W. Untze B 226□

0798 **Quantitative Untersuchung der Einelektronen-Photooxydation in einem starren Medium.** W. C. Meyer und A. C. Albrecht. (J. physic. Chem. **66**, 1168—77, 1962; Ithaca, N. Y., Cornell Univ., Dep. of Chem.; engl.) — Zur quant. Unters. der Einelektronen-Photooxydation einer Lsg. von *N.N.N'.N'-Tetramethyl-p-phenylendiamin* (I) in glasartigem *3-Methylpentan* (MP) bei 77°K als Beispiel eines prim. photochem. Prozesses wurde die abs. Quantenausbeute in 5 mμ-Intervallen im Spektralbereiche 295—345 mμ verfolgt, wobei sich Beträge zwischen $7 \cdot 10^{-4}$ u. $6 \cdot 10^{-3}$ ergaben. Die relativen Quantenausbeuten als Funktion der anregenden Wellenlänge λ für die Fluorescenz u. Phosphorescenz von I erwiesen sich als ziemlich unabhängig von λ (Spektren, Kurven, Tabellen). Vff. schließen eine Bedeutung des Triplettzustandes für die Einelektronen-Photooxydation aus, nehmen statt dessen jedoch an, daß das Elektron diejenige Schranke durchbricht, die die verschiedenen angeregten Schwingungsterme des angeregten Singulettzustandes von den langlebigen Ladungsübertragungszuständen einer photochem. Einheit trennt, die aus einem Mol. I u. einer unspezif. Anzahl von benachbarten Lsgm.-Moll. besteht. Das UV-Absorptionsspektrum von I in MP zeigt im Unterschied zur Lsg. in Isopropanol (IP) bei gewöhnlicher Temp. Maxima bei 325 u. 265 mμ mit mol. Extinktionskoeff. ε von 2770 ± 70 bzw. 19200 ± 600; bei 77°K steigt ε_{325} auf 3560 ± 90 an. Das UV-Absorptionsspektrum von Wursters Blau in MP bei 77°K erwies sich als sehr ähnlich dem bekannten Spektrum dieser Verb. in IP/Isopentan als starrem Lösungsmittel. — Photochem. Diskussion eines starren Syst. mit sich überlagernder Absorption von Photoreaktand u. -prod. u. weder homogener noch isotroper Absorptionsverteilung.

E. Ühlein B 226◇

0799 **Mit ^{13}N markierte Produkte aus der ^{12}C(d, n)-Reaktion in Alkoholen.** W. C. Perkins und W. S. Koski. (J. physic. Chem. **66**, 474—77, 1962; Baltimore, Md., Johns Hopkins Univ., Dep. of Chem.; engl.) — Vgl.

C. **1961,** 12412. — Die Bldg. von ^{13}N-markierten Prodd. bei Bestrahlung von gasförmigem *Methan* (I), *Methanol* (II) u. *A.* mit Deuteronen von 2 MeV wurde gaschromatograph. unter Verw. von He als Trägergas in Abhängigkeit von Zeit, Strahlungsintensität, der Wrkg. von Zusätzen an N_2 u. Edelgasen zu den Rk.-Gasen bei der Bestrahlung, sowie von Druck der Alkohole u. einer Reihe von App.-Größen verfolgt. Bei der Bestrahlung von **I** u. **II** entstanden $HC^{13}N$ u. $CH_3C^{13}N$, bei der von A. bildete sich zusätzlich noch $C_2H_5C^{13}N$, was vermuten läßt, daß das CN-Ion oder -Radikal als ^{13}N-Träger fungiert, nicht dagegen NH oder NH_2, zumal weder die Bldg. von NH_3 noch die von Aminen beobachtet werden konnte. Zusätze von Br_2 als Radikalfänger zeigten, daß die Rk. der ^{13}N-Träger unter Bldg. des Enprod. ohne Beteiligung der bei der Einw. der ionisierenden Strahlung entstehenden Spaltprodd. im Gas, sondern durch direkte Rk. mit dem an der Gefäßoberfläche vorliegenden Material (im Falle des HCN durch Entzug von H) oder mit den Moll. in der Gasphase (im Falle des CH_3CN) erfolgt.
E. Ühlein B 226◇

0800 **Durch Bestrahlung von Silicagel erzeugte Oberflächen-Carbonium-Ionen.** Harold W. Kohn. (J. physic. Chem. **66,** 1185—86, 1962; Oak Ridge, Tenn., Oak Ridge Nat. Labor.; engl.) — Es ließ sich zeigen, daß bei der Bestrahlung mit γ-Strahlen in *Silicagel* (I) gebildete positive Ionen ihre Ladung auf adsorbierte Substanzen übertragen können, was zur Bldg. von stabilen Carbonium-Ionen führt. Zu diesem Zwecke wurden **I** u. SiO_2/Al_2O_3-Crack-Katalysatoren nach Entgasung bei 520 ± 10° mit folgenden Adsorbaten beschickt: *Bzl., Toluol, Diphenyl-, Triphenylmethan* (II), *Naphthalin, Anthracen, Phenanthren, 1.1-Diphenyl-, Triphenyläthylen, o-, m-, p-Terphenyl, p-Quaterphenyl,* Wursters *Blau, Diphenyl, Diphenyläther* u. *Triphenylen.* In sämtlichen Fällen nahm die SiO_2/Al_2O_3-Kombination sofort eine deutliche Färbung an, während das **I** nur schwach nachdunkelte. Nach 1std. γ-Strahleneinw. bei 78° (^{60}Co, 600 c) nahmen **I** u. organ. Adsorbat vielfach die gleiche Farbe an wie die entsprechenden unbestrahlten SiO_2/Al_2O_3-Proben. Eine Färbung durch die Bestrahlung wurde dann nicht erreicht, wenn die organ. Substanzen an entwässertem **I** adsorbiert waren. Eine entsprechend entwässerte Probe von **I** mit adsorbiertem **II** wurde bei UV-Bestrahlung (2537 Å) orange; diese Farbe ist charakterist. für das freie *Triphenylmethyl*-Radikal, aber deutlich von der bei γ-Bestrahlung gebildeten Gelbfärbung verschieden. Da die SiO_2/Al_2O_3-Kombination als starke Säure bekannt ist, wird angenommen, daß bei der Bestrahlung von **I** einfach dessen Acidität erhöht wird.
E. Ühlein B 226◇

0801 **Aus den Arbeiten des Instituts für organische Katalyseforschung seit 1952.** Wolfgang Langenbeck. (Z. Chem. **3,** 129—34, 1963; dt.) — Übersicht über eigene Arbeiten auf dem Gebiet der Katalyseforschung seit 1952. Hubertus Zimmer B 227◇

C. Präparative organische Chemie, Naturstoffe

0802 **Über die Peroxide und Ozonide von Äthern und Carbonylverbindungen.** Alfred Rieche. (Magyar tudományos Akad., kém. Tudományok Osztályának Közleményei [Ung. Akad. Wiss., Ber. Abt. chem. Wiss.] **12,** 143—74, 1959; Berlin-Adlershof, Német Tud. Akad. Szerv., Kémiai Int.; ung.) — Übersicht. — 101 Literaturangaben. W. Hampel 460△

0803 **Untersuchungen über die Perjodsäureoxydation von N-Glykosiden.** 11. Mitt. **Untersuchungen über die Oxydation von Anilinen mit Perjodsäure.** 4. Mitt. Hiroya Tanabe. (J. pharmac. Soc. Japan [Yakugakuzasshi] **78,** 410—14, 1958; Tokyo, Nat. Hygien. Labor.; jap., Auszug: engl.) — 10. bzw. 3. vgl. C. **1964,** 19-0784. — Der Einfl. des pH-Wertes auf die Oxydation von Anilin mit HJO_4 wird untersucht. Während bei pH 12,0 keine Rk. eintritt, wird bei pH 1,0 zunächst *Emeraldin* gebildet, das beim Stehen bis zum konst. JO_4^--Wert in eine schwarze Substanz übergeht. Bei pH 9,0—9,4 verläuft die Rk. sehr langsam u. erreicht nach 120 Std. einen konst. JO_4^--Verbrauch. Es entstehen neben *Dianilino-p-benzochinon* [F. 343° (Zers.)] eine *Verb.* $C_{12}H_{14}N_2$ [F. 151° (Zers.); aus Chlf. rötlichbraune Nadeln] u. eine *Verb.* $C_{18}H_{14}N_2O$ (F. 174°; aus Methanol gelbe Platten).
H.-J. Weigmann 460△

0804 **Die Reaktion von Enaminen cyclischer Ketone mit Acetylendicarbonsäuredimethylester.** Glenn A. Berchtold und George F. Uhlig. (J. org. Chemistry **28,** 1459—62, 1963; Cambridge, Mass., MIT, Dep. of Chem.; engl.) — Vgl. nachst. Referat. — Enamine cycl. Ketone reagieren mit Acetylendicarbonsäuredimethylester (I) zu Cyclobuten-Derivv., die sich unter Erweiterung des carbocycl. Ringes um 2 C-Atome umlagern. Bei der Hydrolyse dieser Prodd. werden die zugehörigen Ketodicarbonsäurediester erhalten, deren Strukturen durch IR-, UV- u. NMR-Spektren gesichert werden. NMR-Daten der Umlagerungs- u. Hydrolyse-Prodd. sind tabellar. zusammengestellt. Charakterist. IR-Banden u. λ_{max}-Werte der UV-Spektren sind für alle dargestellten Verbb. angegeben.

Versuche (FF. korr.): *1-Morpholino-2.3-di-carbomethoxycycloheptadien-(1.3)* (II), $C_{15}H_{21}NO_5$, F. 167—168° (Aceton), durch Zugabe von **I** zu 1-Morpholinocyclopenten in abs. Toluol < 50°, 12std. Kochen u. Fällen mit Ae.; 48% (Ausbeute). — Analog: *1-Pyrrolidino-2.3-dicarbomethoxycycloheptadien-(1.3)* (III), $C_{15}H_{21}NO_4$, F. 145 bis 146° (Aceton), aus 1-Pyrrolidinocyclopenten; 71%, — *1-Morpholino-2.3-dicarbomethoxycyclooctadien-(1.3)*(IV) $C_{16}H_{23}NO_5$, F. 210—211° (Aceton), aus 1-Morpholinocyclohexen; 42%. — *1.2-Benzo-4.5-dicarbomethoxy-6-morpholinocyclooctatrien-(1.3.5)* (V), $C_{20}H_{23}NO_5$, F. 133 bis 134° (Aceton), aus 3-Morpholino-1.2-dihydronaphthalin; gelb; 30%. — *1.2-Benzo-4.5-dicarbomethoxy-6-pyrrolidinocycloheptatrien-(1.3.5)* (VI), $C_{19}H_{21}NO_4$, F. 159 bis 160° (Aceton), aus 2-Pyrrolidinoinden; gelb 78%. — *3.4-Benzo-6.7-dicarbomethoxy-1-morpholinocycloheptatrien-(1.3.5)* (VII), $C_{19}H_{21}NO_5$, F. 170—171° (Aceton), aus 2-Morpholinoinden; gelb; 30%. — *2.3-Dicarbomethoxycyclohepten-(3)-on* (VIII), $C_{11}H_{14}O_5$, F. 63,5—64° (wss. CH_3OH), durch Kochen von **II** bzw. **III** in CH_3OH/konz. HCl, Zusatz von W. u. Erhitzen (10 Min., Dampfbad); 89—92%. — Analog: *2.3-Dicarbomethoxycycloocten-(3)-on,* $C_{12}H_{16}O_5$, F. 75,4—76,3 (wss. CH_3OH), aus **IV**; 86%. — *5.6-Benzo-2.3-dicarbomethoxycycloheptadien-(3.5)-on,* $C_{15} \cdot H_{14}O_5$, F. 103—104° (wss. CH_3OH), aus **VI** bzw. **VII**; 90%. — *5.6-Benzo-2.3-dicarbomethoxycyclooctadien-(3.5)-on,* $C_{16}H_{16}O_5$, F. 103—104° (wss. CH_3OH), aus **V**; 87%. — *2.3-Dicarbomethoxycycloheptanon* (IX), $C_{11}H_{16}O_5$, Kp.$_{0,65}$ 134—138°, durch Hydrieren von **VIII** in Eisessig an Pt bei Raumtemp. u. 1 at.; n_D^{26} 1,4785; 40%. — *3-Carboxycycloheptanon,* F. 40—41° (Bzl./Cyclohexan), Kp.$_{0,65}$ 200°, a) durch 6std. Kochen von **IX** mit 29%ig. methanol. KOH, Abdest. des Lsgm., Waschen mit Chlf. u. Ansäuern mit HCl; 61%; b) durch Zugabe von KCN-Lsg. zu Cyclohepten-(2)- bzw. -(3)-on in 95%ig. A./Eisessig, 8std. Rühren bei 0°, Extraktion mit Ae., Abdest. des Lsgm. u. 12std. Kochen des erhaltenen *3-Cyancycloheptanons* (Kp.$_{10}$ 131—134°; 38%) mit 20%ig. methanol. KOH; 28%. G. O. Jäger 470◇

0805 **Enaminchemie.** 2. Mitt. **Reaktionen mit Acetylendicarbonsäureestern.** Kent C. Brannock, Robert D. Burpitt, V. Wilson Goodlett und John G. Thweatt. (J. org. Chemistry **28,** 1464—68, 1963; engl.) — 1. vgl. C. **1964,** 20-0809; vgl. vorst. Referat. — Die Rkk. von Enaminen mit *Acetylendicarbonsäuredimethyl-* (X) u.

-*diäthylester* (**VI**) werden untersucht. Der erste Rk.-Schritt besteht in der Bldg. eines Cyclobuten-Deriv., das sich umlagert. Rk.-Prodd. bei Enaminen, die sich von acycl. Ketonen ableiten, sind offenkettige Verbb.; bei Enaminen alicycl. Ketone tritt Ringerweiterung unter Einschiebung von 2 C-Atomen ein. Die Konstit. der Prodd. wird auf chem., u. NMR- u. IR-spektroskop. Wege sichergestellt.

Versuche: *1-Äthyl-N.N-dimethylpropen-(1)-ylamin* (**I**), $C_7H_{15}N$, Kp. 127—128°, durch 24std. Stehen des N.N-Dimethylimmoniumjodids von Pentanon-(3) in Bzl. mit 2 Val Triäthylamin bei Raumtemp.; n_D^{20} 1,4479; 46% (Ausbeute). — *1-[Cyclododecen-(1)-yl]-pyrrolidin* (**VIII**), $C_{16}H_{29}N$, Kp.$_{0,4-0,5}$ 120—125°, durch 3tägiges Kochen von Cyclododecanon mit 3 Val Pyrrolidin (**III**) in Ggw. von p-Toluolsulfonsäure in Xylol/Hexan; n_D^{20} 1,5237; 77%. — *1-[2.5-Dihydrofuryl-(3)]-pyrrolidin* (**IX**), $C_8H_{13}NO$, Kp.$_{0,2}$ 55—59°, durch 3std. Stehen von 4.5-Dihydrofuranon-(3) mit 1 Val **III** u. K_2CO_3 bei 0°; n_D^{20} 1,5148; 32%. — *1-[Cycloocten-(1)-yl]-piperidin* (**IV**), $C_{13}H_{23}N$, Kp.$_1$ 87—88°, nach Kuehne (C. **1960,** 7828); n_D^{20} 1,5164; 72%. — *2-Dimethylaminomethylen-3-isopropylidenbernsteinsäure, Dimethylester* (**VII**), $C_{12}H_{19}NO_4$, F. 83,5—84,5° (Hexan), Kp.$_{0,55}$ 119—121°, durch Zutropfen von 1 Val 2.N.N-Trimethylpropen-(1)-ylamin (**II**) (nach Brannock u. Burpitt, J. org. Chemistry **26,** [1961], 3776) zu **X** in Ae. bei 25—30° u. 1½std. Kochen; 49%. *Diäthylester* (**V**), $C_{14}H_{23}NO_4$, F. 59° (Hexan), durch Zutropfen von **VI** zu **II** in Ae. bei 44—46° u. Stehen bei Raumtemp. über Nacht; 73%. — *2-Formyl-3-isopropylidenbernsteinsäure, Dimethylester*, $C_{10}H_{14}O_5$, F. 56—58°, Kp.$_{0,8}$ 93—96°, durch Lösen von **VII** in verd. HCl unter Erwärmen u. 1std. Stehen; n_D^{20} 1,4909; 64%. *Diäthylester*, $C_{12}H_{18}O_5$, Kp.$_3$ 110—112°, durch 1std. Stehen von **V** in verd. HCl; 70%; *Semicarbazon*, $C_{13}H_{21}N_3O_5$, F. 144—146°. — *Teraconsäure*, $C_7H_{10}O_4$, F. 174° (Zers., W.), durch 3std. Kochen vorst. Verb. mit wss. NaOH u. Ansäuern mit konz. HCl; 97%. — *2-Piperidinomethylen-3-propylidenbernsteinsäuredimethylester*, $C_{15}H_{23}NO_4$, Kp.$_{1,5}$ 150—156°, durch Zutropfen von **X** zu 1 Val 1-[Buten-(1)-yl]-piperidin (nach Mannich [1936]) in Ae.; n_D^{20} 1,5354; 50%. — *2-Formyl-3-propylidenbernsteinsäuredimethylester*, $C_{10}H_{14}O_5$, Kp.$_1$ 93—96°, durch 1½std. Stehen vorst. Verb. in verd. HCl; n_D^{20} 1,4833; 48%. — *2-Propylidenbernsteinsäure*, F. 166—167° (W.), durch 1½std. Kochen vorvorst. Verb. mit wss. NaOH u. Ansäuern mit konz. HCl; 77%. — *2-Äthyliden-3-propionylbernsteinsäuredimethylester*, $C_{11}H_{16}O_5$, Kp.$_{1,2}$ 102—104°, durch Zutropfen von 1 Val **X** zu **I** in Ae. bei 35° unter Kühlung, 2std. Stehen, Abdest. des Ae. u. 18 std. Stehen in verd. HCl; n_D^{20} 1,4743; 89%. — *2.3-Dicarbomethoxy-4-pyrrolidinocycloheptadien-(1.3)*, $C_{15}H_{21}\cdot NO_4$, F. 147—148° (Hexan/Bzl.), durch Zugabe von **X** zu 1-[Cyclopenten-(1)-yl]-pyrrolidin (nach Kuehne, l. c.) in Ae. bei 25—35° u. ½std. Stehen; 71%. — *2.3-Dicarbomethoxy-4-oxocyclohepten*, $C_{11}H_{14}O_5$, F. 55—57°, Kp.$_{0,4-0,5}$ 101—106°, durch 15std. Stehen vorst. Verb in verd. HCl; 49%. — *Cycloheptendicarbonsäure-(2.3)*, $C_9H_{12}O_4$, F. 168—170° (W.), durch Hydrieren vorvorst. Verb. in Essigsäure bei Raumtemp. u. 40 lb./sq.in. in Ggw. von PtO_2, Filtrieren, Abdest. des Lsgm. im Vakuum u. 2std. Erhitzen mit 20%ig. $NaOH/CH_3OH$ auf dem Dampfbad; 25—73%. — *Cycloheptandicarbonsäure-(1.2) cis-Form*, F. 130—131° (Toluol), durch Hydrierung vorst. Verb. in NaOH bei 125° u. 1500 lb./sq.in. in Ggw. von Raney-Ni; 95%. *trans-Form*, F. 116—120 bzw. F. 156—157° (Polymorphie?; CH_3CN), durch 12std. Erhitzen der cis-Form in 30%ig. H_2SO_4 im Autoklaven auf 150°; 80%. — *7.8-Dicarbomethoxy-1-pyrrolidinobicyclo-[4.2.0]-octen-(7)*, $C_{16}\cdot H_{23}NO_4$, F. 77—81° (Ae.), durch Zugabe von **X** zu 1-[Cyclohexen-(1)-yl]-pyrrolidin (nach Kuehne, l. c.) in Ae. bei 25—35°, Stehen (10 Min.) u. Zusatz von Pentan; 70%. — *2.3-Dicarbomethoxy-4-pyrrolidinocyclooctadien-(1.3)*, $C_{16}H_{23}NO_4$, F. 141—142° (Ae.), durch 18std. Erhitzen vorst. Verb. auf dem Dampfbad; 11%. — *2.3-Dicarbomethoxy-4-oxocycloocten*, $C_{12}H_{16}O_5$, F. 74—75° (Hexan), durch 24std. Stehen vorst. Verb. in 10%ig. HCl bei Raumtemp.; 53%. — *2.3-Dicarbomethoxy-4-pyrrolidinocyclononadien-(1.3)*, $C_{17}H_{25}NO_4$, F. 109,5—110,5°, durch Zufügen von **X** zu 1-[Cyclohepten-(1)-yl]-pyrrolidin (nach Kuehne, l. c.) in Ae. bei 30—35°, ½std. Stehen bei Raumtemp. u. Kühlen auf 10°; 93%. — *2.3-Dicarbäthoxy-4-piperidinocyclodecadien-(1.3)*, $C_{21}H_{33}NO_4$, F. 91—92°, durch Einw. von **VI** auf **IV** in Ae.; 60%. — *2.3-Dicarbomethoxy-4-pyrrolidinocyclotetradecadien-(1.3)*, $C_{22}H_{35}NO_4$, F. 94—95° (Ae.), durch portionsweise Zugabe von **X** zu **VIII** in Ae. bei 30—35°; 90,5%. — *2.3-Dicarbomethoxy-4-oxocyclotetradecen*, $C_{18}H_{28}O_5$, F. 73 bis 74° (Ae.), durch Hydrolyse vorst. Verb. mit verd. HCl; 83%. — *1.2-Dicarbomethoxy-3-oxocyclotetradecan*, $C_{18}\cdot H_{30}O_5$, F. 93° (CH_3OH), durch Hydrierung vorst. Verb. in CH_3OH bei Raumtemp. u. 3 at in Ggw. von 5%ig. Pd/Al_2O_3; 84%. — *3-Oxocyclotetradecancarbonsäure*, $C_{15}\cdot H_{26}O_3$, F. 142,5—143,5° (Toluol), durch 5std. Kochen vorst. Verb. mit $NaOH/CH_3OH/W.$ u. Ansäuern mit konz. HCl; 85%. — *4.5-Dicarbomethoxy-3-pyrrolidino-2.7-dihydrooxepin*, $C_{14}H_{19}NO_5$, F. 162—163° (Bzl./Hexan), durch portionsweise Zugabe von **X** zu **IX** in Ae. bei 25—30° u. Stehen über Nacht; 17%.

G. O. Jäger 470◇

0806 **Einige Beobachtungen zur Michael-Reaktion.** Ernst D. Bergmann. (Selecta Chim. [São Paulo] **17,** 3—11, 1958; engl.) — Übersicht.

H.-J. Weigmann 470△

0807 **Synthese von ^{14}C-markiertem Kaliumoxalat und ^{14}C-markierter Oxalsäure.** Mieczysław Zieliński und Henryk Wincel. (Roczniki Chem. [Ann. Soc. chim. Polonorum] **32,** 1189—90, 1958; Warszawa, Univ., Dep. of Nuclear Chem.; pol.) — Eine Meth. zur Darst. von CO_3^{--}-freiem ^{14}C-K-Oxalat in hoher Ausbeute wird beschrieben.

H.-J. Weigmann 480△

0808 **Herstellung von ^{18}O-markiertem Furan.** Børge Bak, Jørgen Tormod Nielsen und Marianne Schottländer. (Acta chem. scand. **16,** 771, 1962; Copenhagen, Univ., Chem. Inst.; engl.) — *^{18}O-Furan* (**I**) wird analog der Meth. von Feist [1901] durch Kochen von *3-Bromcumalinsäuremethylester* (F. 134,5—135,5°) mit KOH in mit 32% ^{18}O-angereichertem W. unter N_2 erhalten. Nach Abkühlen wird unter Hochvakuum gasförmiges HCl zugegeben, gerührt u. eingeengt. Zurückbleiben markierte *Furan-2.4-dicarbonsäure*, KBr, KCl u. evtl. geringe Mengen HCl. Nach 24std. Trocknen über NaOH u. P_2O_5 zeigt das IR-Spektrum die reine Verb. an. Diese wird mit geringen Abwandlungen nach Bak u. Mitarbeitern (Acta chem. scand. **16,** [1962], 123) in einer Ausbeute von 26% in *Furan* umgewandelt, das ca. 25% **I** enthält.

E. Reichelt 480◇

0809 **Enaminchemie.** 1. Mitt. **Reaktionen mit nichtaktivierten terminalen Acetylenverbindungen.** Kent C. Brannock, Robert D. Burpitt und John G. Thweatt. (J. org. Chemistry **28,** 1462—64, 1963; Kingsport, Tenn., Eastman Co., Res. Labors.; engl.) — Die Addition unaktivierter Acetylen-Verbb. mit terminalen Dreifachbindungen an die Doppelbindung von N.N-Dimethyl-2-methylpropen-(1)-ylamin (**I**), 1-[2-Methylpropen-(1)-yl]-piperidin (**II**) u. 1-[Buten-(1)-yl]-piperidin durch längeres Erhitzen oder bei Zusatz von CuCl in kürzerer Zeit führt zu entsprechenden *α-Aminoalkinen*. Die Struktur des Adduktes aus **I** u. Äthinylbenzol (**IV**) wird durch Hydrolyse zu *4-Methyl-1-phenylpenten-(2)-on-(1)* sichergestellt.

Versuche ($n = n_D^{20}$): *1-Isopropyl-N.N-dimethylpropin-(2)-ylamin*, Kp.$_{100-109}$ 68—69°, durch Erhitzen von **I**, CuCl u. Bzl. im Autoklaven auf 100° unter N_2 u. Einpressen von C_2H_2 bis zur Druckkonstanz (14 at.); 21% (Ausbeute); daneben *N.N.N'.N'-2.7-Hexamethyl-3.6-diaminooctin-(4)*, Kp.$_9$ 106°; n 1,4575; 47%. — *1-[1-Isopropyl-3-phenylpropin(2)-yl]-piperidin*, Kp.$_{1,5}$ 118—124°, durch 15std. Erhitzen von **II** u. **IV** auf 145—150°; n 1,5393; 64%. — *3-Acetoxy-6-dimethylamino-3.7-dimethyloctin-(4)*, Kp.$_{0,5}$ 60—65°, durch Zutropfen von 3-Acetoxy-3-methylpentin-(1) zu **I** + CuCl bei 40—45° u. 2std. Rühren; n 1,4477; 89%. — Analog: *2-Methyl-3-dimethylaminononin-(4)*, Kp.$_{0,5}$ 45—50°, n 1,4453; 76%. — *1-[1-Isopropylheptin(2)-yl]-piperidin*, Kp.$_{0,5-1,5}$ 67—77°; n 1,4688; 72%. — *1-[1-Propylheptin-(2)-yl]-piperidin*, Kp.$_{0,5}$ 75—77°, n 1,4708; 77%. — *3-Dimethylamino-4-methyl-1-phenylpentin-(1)* (**III**), Kp.$_{0,5}$

70—75°, n 1,5258; 86%. — *1-Acetoxy-4-dimethylamino-5-methylhexin-(2)*, Kp.$_{0,5}$ 57—60°, n 1,4523; 79%. — *2-Acetoxy-5-dimethylamino-2.6-dimethylheptin-(3)*, Kp.$_{0,5-1}$ 45—53°, n 1,4451; 75%. — *4-Acetoxy-2.4.8-trimethyl-7-dimethylaminononin-(5)*, Kp.$_{0,5}$ 68—74°, n 1,4498; 88%. — *1-Acetoxy-1-[3-dimethylamino-4-methylpentin-(1)-yl]-cyclohexan*, Kp.$_{ca.\ 0,5}$ 83—89°, n 1,4714; 89%. — *5-Dimethylamino-2.6-dimethylheptin-(3)-ol-(2)*, Kp.$_{1-1,5}$ 58 bis 67°, durch Zutropfen von 2-Methylbutin-(3)-ol-(2) zu einem sd. Gemisch von **I**, CuCl u. Hydrochinon u. Erhitzen (10 Min.) auf 110°; n 1,4570; 76%. — *4-Methyl-1-phenylpenten-(2)-on-(1)*, F. 142—143°, durch 4std. Erhitzen von **III** mit konz. H_2SO_4/W. u. $HgSO_4$ auf dem Dampfbad, Gießen auf Eis, Waschen mit Ae., Alkalisieren mit NaOH, Ausäthern, Abdest. des Lsgm. u. 5,5std. Erhitzen mit 10%ig. NaOH/A. auf dem Dampfbad; 41%. G. O. Jäger 530◇

0810 **Über die Herstellung der Alkyldichlormethyläther.** 2. Mitt. (Vorläufige Mitteilung). Heimo Laato. (Suomen Kemistilehti B **32,** 67, 1959; Turku, Univ., Chem. Inst.; dt.) — Vgl. C. **1963,** 16140. — Sek.-*Alkyldichlormethyläther* können in guter Ausbeute durch Umsetzen von Alkylformiat mit asymm. Dichlordimethyläther gewonnen werden.

Versuche: Dichlormethyläther, durch 5std. Erwärmen von Alkylformiat mit asymm. Dichlordimethyläther in Ggw. von $HgCl_2$ auf 40° u. Dest. im Vakuum: *Äthyl-*, Kp. 107,3°; n_D^{20} 1,4293, $D._4^{20}$ 1,1972; 52% (Ausbeute). — *Isopropyl-*, Kp.$_{50}$ 48°; n_D^{20} 1,4289, $D._4^{20}$ 1,1378; 41%. — *sek.-Butyl-*, Kp.$_9$ 38,5—39°; n_D^{20} 1,4364, $D._4^{20}$ 1,1085; 10%. W. Hampel 560△

0811 **Bildung und Spaltung von Sulfochloriden.** E. Neumann. (Mber. dtsch. Akad. Wiss. Berlin **3,** 679—83, 1961; Jena, Friedrich-Schiller-Univ., Inst. für techn. Chem.; dt.) — Übersicht über verschiedene Darst.-Meth. u. die Spaltung von *Sulfochloriden* u. deren Ausbeuteabhängigkeit von der Natur des organ. Restes, der Rk.-Zeiten, Temp., Konzz. u. Mischungszusätze. — 8 Literaturangaben. T. Oppermann 600◇

0812 **Isomerisierung von sekundären γ-Äthylenalkoholen zu gesättigten Ketonen.** Jean Colonge und Jean-Claude Brunie. (Bull. Soc. chim. France **1963,** 1799 bis 1802; Lyon, École Sup. de Chim. Ind. et Fac. des Sci.; franz.) — Durch Rk. mit Polyphosphorsäure werden *sek.-γ-Äthylenalkohole* (**A**) in die entsprechenden, auch durch Hydrieren der analogen Alkenone erhältlichen *gesätt. Ketone* (**B**) übergeführt. Red. von **B** liefert die entsprechenden *Alkanole.* Ein Rk.-Verlauf über Tetrahydropyrane, die sich zu **B** isomerisieren, wird postuliert, da 6-Methylhepten-(5)-ol-(2) (**I**) mit H_2SO_4 *2.2.6-Trimethyltetrahydropyran* liefert, das mit Polyphosphorsäure zu dem auch direkt aus **I** u. Polyphosphorsäure erhältlichen *6-Methylheptanon-(2)* (**VIII**) umgesetzt wird.

Versuche: Sek.-γ-Äthylenalkohole (**A**), durch Zutropfen des entsprechenden γ-Äthylenketons in Ae. zu $LiAlH_4$ in Ae. < 10°, Zusetzen von W. u. 10%ig. H_2SO_4, Sättigen der wss. Schicht mit NaCl, Ausäthern u. Dest. der vereinigten, gewaschenen u. getrockneten äther. Schichten: *6-Phenylhexen-(5)-ol-(2)* (**II**), $C_{12}H_{16}O$, Kp.$_{15}$ 151—152°, $D._4^{25}$ 0,988, n_D^{25} 1,5482; 85% (Ausbeute). *Dinitrobenzoat* (DNB), $C_{19}H_{18}N_2O_6$, F. 86° (A.). — *6-Phenylhepten-(5)-ol-(2)* (**III**), $C_{13}H_{18}O$, Kp.$_{1,5}$ 131—132°, $D._4^{25}$ 0,981, n_D^{25} 1,5427; 89%. *DNB*, $C_{20}H_{20}N_2O_6$, F. 97,5°, aus A. blaßgelb. — *6-p-Tolylhepten-(5)-ol-(2)* (**IV**), $C_{14}H_{20}O$, Kp.$_{0,7}$ 135—136°, $D._4^{25}$ 0,964, n_D^{25} 1,5330; 90%. *DNB*, $C_{21}H_{22}N_2O_6$, F. 114° (A.). — *6-Phenylocten-(5)-ol-(2)* (**V**), $C_{14}H_{20}O$, Kp.$_1$ 131—135°, $D._4^{25}$ 0,963, n_D^{25} 1,5277; 89%. *DNB*, $C_{21}H_{22}N_2O_6$, F. 82° (A.). — *6-Phenyl-7-methylocten-(5)-ol-(2)* (**VI**), $C_{15}H_{22}O$, Kp.$_{16}$ 154—159°, $D._4^{25}$ 0,946, n_D^{25} 1,5160; 87%. *DNB*, $C_{22}H_{24}N_2O_6$, F. 93° (A.). — *6.7-Diphenylhepten-(5)-ol-(2)* (**VII**), $C_{19}H_{22}O$, Kp.$_{0,9}$ 167—170°, $D._4^{25}$ 1,033, n_D^{25} 1,5731; 86%. — *2.2.6-Trimethyltetrahydropyran*, Kp.$_{749}$ 120°, durch 5std. Erhitzen von **I** (aus Methylheptenen durch Hydrieren mit Na u. W.) mit 25%ig. H_2SO_4 auf dem Wasserbad u. Wasserdampf. Dest.; $D._4^{25}$ 0,840, n_D^{25} 1,4220; 78%. — Gesätt. Ketone (**B**): *6-Methylheptanon-(2)* (**VIII**), $C_8H_{16}O$, Kp.$_{760}$ 160°, a) durch 1½std. Erhitzen des entsprechenden **A** (**I**) mit 85%ig. H_3PO_4/P_2O_5 in A. auf 100°, Gießen auf Eis, Neutralisieren mit Na_2CO_3 u. Ausäthern; $D._4^{25}$ 0,810, n_D^{25} 1,4120; 80%; b) analog a) aus vorst. Verb.; 90%. *Semicarbazon* (SC), F. 155° (A.). *Dinitrophenylhydrazon*, F. 79°, aus A. orangefarben. — *6-Phenylhexanon-(2)*, $C_{12}H_{16}O$, Kp.$_{13}$ 133 bis 135°, analog **VIII** nach a) aus **II**; n_D^{20} 1,5050; 23%. SC, F. 142° (A.). — *6-Phenylheptanon-(2)* (**X**), $C_{13}H_{18}O$, Kp.$_{12}$ 141°, Kp.$_{1,5}$ 113—114°, a) analog **VIII** nach a) aus **III**; $D._4^{25}$ 0,951; n_D^{25} 1,5012; 70%; b) durch Hydrieren von 6-Phenylhepten-(5)-on-(2) in A. über Raney-Ni. *SC*, F. 84° (A.). — *6-p-Tolylheptanon-(2)* (**XI**), $C_{14}H_{20}O$, Kp.$_5$ 137—138°, Kp.$_{0,5}$ 118—119°, a) analog **VIII** nach a) aus **IV**; $D._4^{25}$ 0,945, n_D^{25} 1,504; 62%; b) analog **X** nach b) aus 6-p-Tolylhepten-(5)-on-(2). *SC*, F. 135° (A.). — *6-Phenyloctanon-(2)* (**XII**), $C_{14}H_{20}O$, Kp.$_{16}$ 150°, a) analog **VIII** nach a) aus **V**; $D._4^{25}$ 0,942, n_D^{25} 1,499; 56%; b) analog **X** nach b). *SC*, F. 89° (A.). — *6-Phenyl-7-methyloctanon-(2)* (**XIII**), $C_{15}H_{22}O$, Kp.$_{14}$ 151—153°, analog **VIII** nach a) aus **VI**; $D._4^{25}$ 0,951, n_D^{25} 1,499; 81%. *SC*, F. 118° (A.). — *6.7-Diphenylheptanon-(2)*, $C_{19}H_{22}O$, F. 37° (PAe.), Kp.$_3$ 208—210°, a) analog **VIII** nach a) aus **VII**; b) analog **X** nach b) aus 6.7-Diphenylhepten-(5)-on-(2). *SC*, F. 96° (A.). — Sek. Alkanole, durch Hydrieren der entsprechenden **B** mit Na u. W. in Ggw. von $NaHCO_3$: *6-Phenylheptanol-(2)* (**IX**), $C_{13}H_{20}O$, Kp.$_{13}$ 139°, aus **X**; $D._4^{25}$ 0,954, n_D^{25} 1,5073; 73%. *DNB*, $C_{20}H_{22}N_2O_6$, F. 57° (A.). — *6-p-Tolylheptanol-(2)*, $C_{14}H_{22}O$, Kp.$_5$ 130—132°, aus **XI**; $D._4^{25}$ 0,941, n_D^{25} 1,5051; 83%. — *6-Phenyloctanol-(2)*, $C_{14}H_{22}O$, Kp.$_{0,3}$ 116—117°, aus **XII**; $D._4^{25}$ 0,938, n_D^{25} 1,5006; 88%. *DNB*, $C_{21}H_{24}N_2O_6$, F. 83° (A.). — *6-Phenyl-7-methyloctanol-(2)*, $C_{15}H_{24}O$, Kp.$_{0,6}$ 112—114°, aus **XIII**; $D._4^{25}$ 0,945, n_D^{25} 1,5020; 88%. *DNB*, $C_{22}H_{26}N_2O_6$, F. 75° (A.). — *1-Methyl-5-äthyl-1.2.3.4-tetrahydronaphthalin*, $C_{13}H_{18}$, Kp.$_{13}$ 114—116°, durch 1½std. Kochen von **IX** mit H_3PO_4 u. P_2O_5; $D._4^{25}$ 0,940, n_D^{25} 1,5320; 80%. — *1-Methyl-5-äthylnaphthalin*, $C_{13}H_{14}$, Kp.$_{13}$ 133—135°, durch 1½std. Erhitzen vorst. Verb. mit S auf 220°, Kochen mit NaOH u. Hydrieren über Raney-Ni; $D._4^{25}$ 0,992, n_D^{25} 1,5820. *Pikrat*, $C_{19}H_{17}N_3O_7$, F. 98°, aus A. rotorangefarbene Nadeln. H. Gleinig 700◇

0813 **Ketene.** 1. Mitt. **Cycloaddition von Keten und Dialkylketenen an Enamine.** Robert H. Hasek und James C. Martin. (J. org. Chemistry **28,** 1468—74, 1963; Kingsport, Tenn., Eastman Co., Res. Labor.; engl.) — Ausführliche Wiedergabe der C. **1962,** 15943 referierten vorl. Mitteilung. — Die Struktur des aus Dimethylketen (**II**) u. 2. N. N-Trimethylpropen-(1)-ylamin (**VII**) dargestellten *3-Dimethylamino-2.2.4.4-tetramethylcyclobutanons* (**IX**) wird durch das IR- u. das NMR-Spektrum sowie durch Überführen in *2.2.4-Trimethylpenten-(3)-säure* bewiesen. Die Rkk. werden zweckmäßig durch Zugabe des Dialkylketens zur Lsg. des Enamins durchgeführt. Zugabe von **VII** zu **II** oder Zusammengeben von **II** u. **VII** führen zur Bldg. von **II**-Polymeren. Die Rk. in hochpolaren Lsgm. liefert neben den 1:1- noch 2:1-Addukte, denen auf Grund ihrer IR- u. NMR-Spektren u. der Red. zu den *Diolen* die Struktur von *5-Dialkylamino-2.2.4.4.6.6-hexaalkylcyclohexandionen-(1.3)* zugeschrieben wird. Für 3:1-Addukte, die daneben in geringen Mengen erhalten werden, steht die Charakterisierung noch aus. Die 3-Dialkylamino-2.2.4.4-tetraalkylcyclobutanone werden zu den entsprechenden *Cyclobutanolen* reduziert. Die aus Keten (**I**) bzw. Enaminen mit β-H-Atomen dargestellten enolisierbaren Cyclobutanone werden bei der Dest. in *Aminovinylketone* gespalten. So geben die Rk. von **I** u. **VII** u. Dest. des Prod. *1-Dimethylamino-4-methylpenten-(1)-on-(3)*, dessen Struktur durch IR- u. NMR-Spektrum sowie durch Synth. bewiesen wird. Das intermediäre Cyclobutanon-Deriv. kann im IR-Spektrum der Rk.-Lsg. oder durch Red. mit $LiAlH_4$ in der Lsg. zur *3-Dimethylamino-2.2-dimethylcyclobutanol* nachgewiesen werden. Auch bei der Rk. von **II** mit 1-[Buten-(1)-yl]-piperidin (**XI**) zwischen —20 u. 0° kann das prim. gebildete *2-Äthyl-4.4-dimethyl-3-piperidinocyclobutanon* IR-spektroskop. nachgewiesen u. der zugehörige Alkohol durch Red. mit $LiAlH_4$ isoliert werden; die Dest. des Prod. liefert *2-Äthyl-4-methyl-1-piperidinopenten-(1)-on-(3)*. Die Rk. von **I** u. **XI** führt zu

2-Äthyl-3-piperidinocyclobutanol (**VI**), das bei der therm. Spaltung ein Gemisch von *2-Äthyl-1-piperidinobuten-(1)-on-(3)* u. *1-Piperidinohexen-(1)-on-(3)* (1:2) gibt, das durch Dest. nicht getrennt werden konnte. **II** reagierte nicht mit N-[2-Methylpropen-(1)-yl]-N-methylanilin. Die leichte Addition von Ketenen an die stark nucleophilen Enamine u. der große Einfl. der Polarität des Lsgm. auf die Rk.-Geschw. sind Hinweise für einen ion. Additionsmechanismus, der von den Vff. diskutiert wird.

Versuche: Cyclobutanone: *3-Dimethylamino-2.2.4.4-tetramethyl-* (**IX**), $C_{10}H_{19}NO$, Kp.$_{24}$ 83—85°, durch Zutropfen von **II** zu **VII** in Essigsäureisopropylester unter N_2 bei 25—45° u. 6std. Rühren; n_D^{20} 1,4439; 64% (Ausbeute). — Analog: *3-Piperidino-2.2.4.4-tetramethyl-* (**X**), Kp.$_{4,2}$ 95—97°; n_D^{20} 1,4705. — *3-Morpholino-2.2.4.4-tetramethyl-* (**XIII**), F. 58—59,5° (Hexan). — *2.2.2'.2'.4.4.-4'.4'-Oktamethyl-3.3'-[piperazindiyl-(1.4)]-bis-*, F. 256° (Zers.; Toluol). — *3-[4-Methylpiperazino]-2.2.4.4-tetramethyl-*, Kp.$_3$ 105—107°. — *2-Äthyl-3-morpholino-2.4.4-trimethyl-*, Kp.$_{1,3}$ 101—103°; n_D^{20} 1,4736. — *2.2-Diäthyl-3-dimethylamino-4.4-dimethyl-* (**XV**), Kp.$_8$ 95—98°; n_D^{20} 1,4585. — *3-Piperidino-2.2.4.4-tetraäthyl-*, Kp.$_{1,5}$ 130 bis 132°. — *2-Äthyl-2-butyl-3-dimethylamino-4.4-dimethyl-* (**XVII**), Kp.$_2$ 94°; n_D^{20} 1,4592. — *4.4-Dimethyl-2.2-pentamethylen-3-piperidino-* (**VIII**), F. 81—82,5° (A.). — *2.2-Diäthyl-4.4-dimethyl-3-morpholino-*, Kp.$_{0,7}$ 101—104°; n_D^{20} 1,4794. — *3-Dimethylamino-2.2.4.4-tetraäthyl-* (**XVI**), Kp.$_5$ 112°; n_D^{20} 1,4662. — *2.2.4-Trimethylpenten-(3)-säure*, $C_8H_{14}O_2$, Kp.$_2$ 86°, durch Erhitzen von **IX** mit p-Toluolsulfonsäuremethylester über Nacht auf dem Dampfbad, Zusatz von KOH u. 6std. Erhitzen auf dem Dampfbad; n_D^{20} 1,4472; 71%. — Cyclobutanole: *3-Dimethylamino-2.2.4.4-tetramethyl-, trans-Form* (**XIV**), $C_{10}H_{21}$·NO, F. 70—72° (Hexan), durch langsame Zugabe von $NaBH_4$ in W. zu **IX** in A. bei 25—30° u. 1std. Rühren; 92%; *N-Phenylurethan*, $C_{17}H_{26}N_2O_2$, F. 134,5—135,5° (Hexan), mit Phenylisocyanat in Ggw. von 1.3-Bis-[dimethylamino]-butan. *cis-Form*, F. 129—130° (Hexan), durch Einw. von H_2 bei 3000 lb./sq. in. im Autoklaven auf 100 g **IX** in Isooctan in Ggw. von Ru/Kohle bei 100° (32 g; daneben 53,7 g **XIV**); *Pikrat*, $C_{16}H_{24}N_4O_8$, F. 238 bis 239° (A.). — *2-Äthyl-2-butyl-3-dimethylamino-4.4-dimethyl-* (**III**), Kp.$_{1,3}$ 99—102°, durch Zutropfen von **XVII** in Ae. zu $LiAlH_4$ in Ae. bei 10—15° u. 1std. Rühren bei Raum-Temp.; n_D^{20} 1,4804; 84%. — *3-Dimethylamino-2.2-dimethyl-*, F. 58—60° (Hexan), Kp.$_7$ 88—91°, durch Einleiten von 1 Val **I** in eine Lsg. von **VII** in Ae. bei —15 bis —20°, 1std. Rühren u. langsame Zugabe von $LiAlH_4$ in Ae. bei 15—25°; 83%. — *2-Äthyl-4.4-dimethyl-3-piperidino-*, Kp.$_{0,5}$ 87—89°, durch Zugabe von 1 Val **II** bei —20 bis 0° zu **XI** in Ae., Zufügen von $LiAlH_4$/Ae. bei 10—20° u. 1std. Rühren bei Raum-Temp.; n_D^{20} 1,4870; 68%. — *2-Äthyl-3-piperidino-* (**VI**), Kp.$_{0,8}$ 98°, durch Einleiten von **I** in eine Lsg. von **XI** in Ae. bei —20°, 1std. Rühren, Zusatz von $LiAlH_4$ in Ae. bei 15 bis 25° u. 1std. Rühren bei Raum-Temp.; n_D^{20} 1,4930; 71%. — *2.2.4.4-Tetramethyl-3-piperidino-*, F. 92—94° (Hexan), durch Red. von **X** mit $NaBH_4$ analog **XIV**. — *2.2.4.4-Tetramethyl-3-morpholino-*, F. 100,5—103° (Hexan), durch Red. von **XIII** mit $LiAlH_4$ analog **III**. — *2.2-Diäthyl-4.4-dimethyl-3-dimethylamino-*, F. 74 bis 75° (Hexan), aus **XV** analog **XIV**. — *2.2.4.4-Tetraäthyl-3-dimethylamino-*, F. 75—78° (Hexan), aus **XVI** analog **III**. — *3-Piperidino-2.2-pentamethylen-4.4-dimethyl-*, F. 141—142° (Bzl./Hexan), aus **VIII** analog **XIV**. — *2.2.4.4.6.6-Hexamethyl-5-piperidinocyclohexandion-(1.3)* (**IV**), C_{17}·$H_{29}NO_2$, Kp.$_{1,2}$ 134—136°, durch Zugabe von **II** zu 280 g N-[2-Methylpropen-(1)-yl]-piperidin (**V**) in Dimethylformamid bei 40—50° unter Eiskühlung, 6std. Rühren u. fraktionierte Dest.; n_D^{20} 1,5090; 31%; daneben 51,3 g *3:1-Addukt*, $C_{21}H_{35}NO_3$, F. 216,5—217,5°, Toluol. — *5-Dimethylamino-2.2.4.4.6.6-hexamethylcyclohexandion-(1.3)*, (**XII**) $C_{14}H_{25}NO_2$, Kp.$_4$ 132—134°, durch Rk. von **II** u. 297 g **VII** in CH_3CN; n_D^{20} 1,4948; 32%; daneben 123 g **IX** u. 19,4 g *3:1-Addukt aus* **II** *u.* **VII**, $C_{18}H_{31}$·NO_3, F. 168—169° (A., dann Toluol). — *2.2.4.4-Tetraäthyl-6.6-dimethyl-5-dimethylaminocyclohexandion-(1.3)*, Kp.$_{0,8}$ 130—133°; n_D^{20} 1,4950. — *2.2.4.4.6.6-Hexamethyl-5-piperidinohexandiol-(1.3)*, $C_{17}H_{33}NO_2$, F. 212—213° (Toluol), durch Zugabe von **IV** in Tetrahydrofuran (THF) zu $LiAlH_4$ in THF bei 10—20° u. 1std. Kochen; 72%. — Analog: *2.2.4.4.6.6-Hexamethyl-5-dimethylaminocyclohexandiol-(1.3)*, $C_{14}H_{29}NO_2$, F. 208—210°, aus **XII**. — Penten-(1)-one-(3): *1-Dimethylamino-4-methyl-*, C_8H_{15}·NO, Kp.$_2$ 105—107°, durch Einleiten von 1 Val **I** in eine Lsg. von **VI** in Ae. bei 20—30°, 1std. Rühren bei Raum-Temp. u. Dest.; n_D^{20} 1,5301, 93%. — *2-Äthyl-4-methyl-1-piperidino-*, Kp.$_{0,6}$ 119—121°, durch Zufügen von 1 Val **II** zu **XI** in Ae. unter N_2 u. $^1/_2$std. Rühren, n_D^{20} 1,5424; 82%. — Analog: *4-Methyl-1-piperidino-*, Kp.$_{1,7}$ 133°; n_D^{20} 1,5485. — *4-Methyl-1-morpholino-*, Kp.$_{1,3}$ 137°; n_D^{20} 1,5518. — *4-Methyl-1-[N-methylanilino]-*, Kp.$_{0,6}$ 121 bis 127°; n_D^{20} 1,6074. — *4-Methyl-1-[bis-β-cyanäthylamino]-*, F. 158—159° (A.). — *4-Methyl-1-dibenzylamino-*, Kp.$_{0,002}$ 100—105°. — *1.1'-[Piperazindiyl-(1.4)]-bis-[4-methylpenten-(1)-on-(3)]*, F. 253—254° (wss. A.), durch Einleiten von 2 Val **I** in eine gekühlte äther. Lsg. von 1.4-Diisobutenylpiperazin; 73%. — *4-Äthyl-1-dimethylaminohexen-(1)-on-(3)*, Kp.$_{0,7}$ 100—103°; n_D^{20} 1,5235. — *1:2-Gemisch von 2-Äthyl-1-piperidinobuten-(1)-on-(3) u. 1-Piperidinohexen-(1)-on-(3)*, $C_{11}H_{19}NO$, Kp.$_{0,3}$ 137°, a) durch Zugabe von 1 Val **I** zu **XI** in Bzl. bei 10—25°, 1std. Rühren u. Dest.; n_D^{22} 1,5544; 60%; b) durch längeres Stehen von **VI** in Ae. (bei Raum-Temp.).

G. O. Jäger 700◇

0814 **Vorkommen von 2-Methylbutylestern in Hopfenöl.** G. A. Howard und R. Stevens. (Chem. and Ind. **1959,** 1518—19; Nutfield, Surrey, Brewing Industr. Res. Foundation; engl.) — Vgl. C. **1960,** 2375. — Durch Dest. von Hopfenöl, Chromatographie der Fraktion vom Kp.$_1$ 44—56° u. Gaschromatographie der O-haltigen Fraktion (**OF**) an Apiezon M wird ein opt. akt. *Ester* $C_9H_{18}O_2$ (**E**; $[\alpha]_D$ + 4,08°; D.$_{22,5}^{22,5}$ 0,833) erhalten, der durch Hydrolyse u. Veresterung *(+)-3.5-Dinitrobenzoesäure-[2-methylbutyl]-ester* [(+)-**I**; F. 76—78°] liefert. Der R_F-Wert von (+)-**I** stimmt mit einem der beiden 3.5-Dinitrobenzoate überein, die durch alkal. Hydrolyse von **OF** u. Veresterung der wasserdampfflüchtigen Alkohole papierchromatograph. gefunden wurden (die andere Verb. scheint 3.5-Dinitrobenzoesäuremethylester zu sein). Der durch Red. von 2-Methylbuttersäuremethylester mit $LiAlH_4$ unter Bldg. von *(±)-2-Methylbutanol* [(±)-**II**] u. Veresterung dargestellte *rac.* -**I** hat den gleichen R_F-Wert wie (+)-**I**. Da (—)-**II** im allgemeinen rechtsdrehende Ester bildet, scheint (—)-**II** eine Komponente von **E** zu sein. Auf Grund eines IR-spektroskop. Vgl. besitzt **E** die Konstit. des *Isobuttersäure-[(—)-2-methylbutyl]-esters.*

L. Lamza 810△

0815 **Untersuchungen über fungicide Substanzen. 1. Mitt. Struktur einer Undecensäure-Quecksilber-Verbindung.** Nobuhiko Iritani, Mamoru Misumi und Yoshihide Hagiwara. (J. pharmac. Soc. Japan [Yakugakuzasshi] **77,** 1036—37, 1957; Shizuoka, Coll. of Pharmacy; Osaka, Yamashiro Pharmac. Co., Ltd., Res. Labor.; jap., Auszug: engl.) — Durch Abbau-Rk. wird bewiesen, daß beim Behandeln des Na-Salzes der Undecen-(10)-säure mit Hg-Acetat in wss. Lsg. *10-Hydroxy-11-acetoxymercuriundecansäure* (**I**) entsteht.

Versuche: *10-Hydroxy-11-acetoxymercuriundecansäure* (**I**), durch Zugeben von Undecen-(10)-säure (Kp_4 136—138°) zu einer mit Essigsäure angesäuerten wss. Lsg. von Hg-Acetat u. Neutralisieren mit NaOH; 99% (Ausbeute). — *10-Hydroxy-11-hydroxymercuriundecansäure*, $C_{11}H_{22}HgO_4$, aus dem Ammoniumsalz. *Ammoniumsalz*, $C_{11}H_{25}HgNO_4$, durch Behandeln von **I** mit NH_4OH. — *10-Hydroxy-11-brommercuriundecansäure*, durch Erhitzen vorst. Säure mit KBr; 98%. — *10-Oxo-11-bromundecansäure* (**II**), $C_{11}H_{19}BrO_3$, F. 94°, durch Umsetzen vorst. Verb. in Chlf. mit Br_2; aus Ligroin Nadeln; 30%. — *10-Oxoundecansäure*, $C_{11}H_{20}O_3$, F. 59° (PAe.), a) durch Umsetzen von **II** mit Na-Amalgam in A.; b) aus dem Methylester. *Methylester*, Kp.$_{13,5}$ 163—164°, durch Red. von **II** in Methanol in Ggw. von Pd/Kohle. *Semicarbazon*, $C_{12}H_{23}N_3O_3$, F. 136°; Nadeln.

H. Krause 810△

0816 **Synthese langkettiger Säuren. 4. Mitt. Synthese von Octadecadien-(5.12)-säuren.** D. E. Ames und P. J. Islip. (J. chem. Soc. [London] **1963,** 4363—68; London,

Chelsea Coll. of Sci. and Technol., Chem. Dep.; engl.) — 3. vgl. C. **1963**, 22685. — Kondens. von 2-[5-Chlorpentyloxy]-tetrahydropyran mit Heptin-(1)-yl-Na liefert *2-[Dodecin-(6)-yloxy]-tetrahydropyran* (**II**) nur in geringen Ausbeuten. Überführung vorst. Chloräthers in das *Jodid* liefert infolge Zers. während Best. nur unreines Prod., dessen Rk. zu **II** jedoch in wechselnder Ausbeute gelingt. Kondens. des aus 5-Brompentanol erhältlichen *2-[5-Brompentyloxy]-tetrahydropyrans* (**I**) mit Heptinyl-Na gibt **II**. Hydrolyse u. Halbhydrierung von **II** an Pd/$BaSO_4$ in Ggw. von Chinolin liefern *cis-Dodecen-(6)-ol-(1)*, das in *cis-Dodecen-(6)-ylbromid* (**III**) übergeführt wird. Die Synth. von *N.N-Dimethylhexin-(5)-säureamid* (**IV**) aus *γ*-Brombuttersäure gelingt nicht. Rk. von *γ*-Brombutyrylchlorid mit Dimethylamin (DA) liefert zwar eine dem erwarteten N.N-Dimethylbutyramid entsprechende *Verb.* $C_6H_{12}BrNO$, die jedoch mit Na-Acetylid nicht reagiert. Auf Grund physikal. Unterss. wird vorst. Verb. vorläufig die Struktur *2-Methyliminotetrahydrofuranmethobromid* zuerkannt. **IV** wird aus Hexin-(5)-säure dargestellt u. liefert durch Kondens. mit **III** u. anschließende alkal. Hydrolyse *cis-Octadecen-(12)-in-(5)-säure* (**V**). Halbhydrierung von **V** führt zu *Octadecadien-(cis-5.cis-12)-säure.* Rk. von **V** mit J_2 u. Ag-Acetat in Essigsäure liefert *erythro-12.13-Dihydroxyoctadecin-(5)-säure,* die zu *erythro-12.13-Dihydroxy-cis-octadecen-(5)-säure* (**VI**) hydriert wird. Bromierung von **VI** gibt ein *Gemisch öliger Isomerer,* die in die *Tetrabromsäure* übergeführt werden, die durch Veresterung u. Debromierung *Octadecadien-(cis-5.cis-12)-säureäthylester* (5—10% trans-Isomers) liefern. Perameisensäure-Hydroxylierung von **V** mit anschließender Hydrolyse führt zu *threo-12.13-Dihydroxyoctadecin-(5)-säure.* Verss., vorst. Säure mit Na in fl. NH_3 zur entsprechenden trans-Olefinsäure zu red., gelingen nicht. Weitere Hydroxylierung von **V** liefert ein *Isomerengemisch* von *γ-Lactonen* der *threo-threo-5.6.12.13-Tetrahydroxyoctadecansäure,* das analog über die *Tetrabromsäure* in *Octadecadien-(trans-5.trans-12)-säure* (**VII**) übergeführt wird. Durch analoge Rkk. werden aus **VI** *Octadecadien-(trans-5.cis-12)-säure* u. aus threo-12.13-Dihydroxy-cis-octadecen-(5)-säure (**VIII**) *Octadecadien-(cis-5.trans-12)-säure* erhalten.

Versuche: *5-Chlorpentanol-(1)*, Kp.$_{0,7}$ 57°, durch 2tägiges Stehen von 5-Chlorpentylacetat mit alkohol. 2 n NaOH bei Zimmer-Temp., Eindampfen im Vakuum u. Extrahieren mit Bzl.; n_D^{20} 1,4520; 86% (Ausbeute). — *5-Brompentanol-(1)*, Kp.$_{0,5}$ 75—76°, analog vorst. Verb.; n_D^{21} 1,4839; 72%. — *2-[5-Chlorpentyloxy]-tetrahydropyran,* $C_{10}H_{19}ClO_2$, Kp.$_{0,7}$ 86—87°, durch 3std. Stehen von 187 g Dihydropyran, vorvorst. Verb. u. konz. HCl unterhalb 20° u. Waschen mit 2 n NaOH u. W.; n_D^{20} 1,4607; 351 g. — *2-[5-Brompentyloxy]-tetrahydropyran* (**I**), $C_{10}H_{19}BrO_2$, Kp.$_{0,4}$ 84°, analog vorst. Verb.; n_D^{20} 1,4770; 68%. — *2-[5-Jodpentyloxy]-tetrahydropyran,* $C_{10}H_{19}JO_2$, Kp.$_1$ 90—96°, durch 5std. Kochen von vorvorst. Verb. mit NaJ in Aceton, Gießen des Filtrats in W. u. Extrahieren mit PAe.; rotes Öl. — *2-[Dodecin-(6)-yloxy]-tetrahydropyran* (**II**), $C_{17}H_{30}O_2$, Kp.$_{0,9}$ 146—148°, durch 1std. Rühren von 23,2 g Heptin-(1) in Tetrahydrofuran (THF) mit $NaNH_2$ in fl. NH_3, Zusetzen 72,8 g **I** in THF, 5std. Kochen, Eindampfen, Zusetzen von W. u. Ausäthern; n_D^{20} 1,4649; 34,3 g. — *Dodecin-(6)-ol-(1)*, $C_{12}H_{22}O$, Kp.$_{0,5}$ 100—101°, durch Stehen von 34,3 g vorst. Verb. in alkohol. 2 n HCl bei Zimmer-Temp. über Nacht, Gießen in W. u. Extrahieren mit Äthylacetat; n_D^{21} 1,4600; 19,3 g. *Naphthyl-(1)-urethan,* $C_{23}H_{29}NO_2$, F. 71 bis 72°, aus PAe. Nadeln. — *cis-Dodecen-(6)-ol-(1)*, $C_{12}H_{24}O$, Kp.$_{0,4}$ 90—92°, durch Hydrieren von 36 g vorst. Verb. in Methanol an Pd/$BaSO_4$ in Ggw. von Chinolin; n_D^{20} 1,4570; 33 g. — *cis-Dodecen-(6)-ylbromid* (**III**), $C_{12}H_{23}Br$, Kp.$_{0,4}$ 82—83°, durch 1std. Rühren der eiskalten Lsg. von PBr_3 u. 34,9 g vorst. Verb. in Ae. u. Pyridin, Stehen über Nacht, Gießen in W. u. Ausäthern; n_D^{20} 1,4711; 19,2 g. — *cis-Dodecen-(6)-ylisothiuroniumpikrat,* $C_{19}H_{29}N_5O_7S$, F. 101—102°, aus wss. A. gelbe Platten. — *2-Methyliminotetrahydrofuranmethobromid (?)*, $C_6H_{12}BrNO$, F. 55—60°, Kp.$_{0,7}$ 92—94°, durch 1std. Rühren von *γ*-Brombuttersäurechlorid u. DA in Ae. bei — 5°, Zusetzen von W., Waschen der organ. Schicht mit gesätt. $NaHCO_3$-Lsg. u. W. u. Ausäthern der wss. Schichten; Würfel. — *N.N-Dimethylhexin-(5)-säureamid* (**IV**), $C_8H_{13}NO$, Kp.$_{0,5}$ 75°, durch 1std. Rk. von 25 g Hexin-(5)-säure mit $SOCl_2$ bei 30°, 2std. Rk. bei 100°, Einengen, Rühren mit Ae. u. DA bei — 5 bis 0° u. Isolieren; n_D^{21} 1,4739; 22 g. — *cis-Octadecen-(12)-in-(5)-säure* (**V**), $C_{18}H_{30}O_2$, F. 12—13°, Kp.$_{0,3}$ 170—172°, durch 6std. Kochen von 2 g **Va** in 2-Methoxyäthanol u. wss. KOH, Gießen auf Eis-H_2SO_4 u. Extrahieren mit PAe.; n_D^{21} 1,4719; 1,4 g. Hydrieren an Pd/Kohle → *Stearinsäure* (F. 68—69°). *N.N-Dimethylamid* (**Va**), $C_{20}H_{35}NO$, Kp.$_{0,5}$ 178—180°, durch 1std. Rühren von 9 g **IV** in THF mit $NaNH_2$ in fl. NH_3, Zusetzen von 19,2 g **III** in THF, 7std. Kochen, Eindampfen, Zusetzen von W. u. Ausäthern; n_D^{21} 1,4789; 8,8 g. — *Octadecadien-(cis-5.cis-12)-säure,* $C_{18}H_{32}O_2$, F. — 30° bis — 28°, Kp.$_{0,4}$ 172—174°, durch Hydrieren von 1,04 g **V** in Methanol an 5%ig. Pd/$BaSO_4$ in Ggw. von Chinolin, Filtrieren, Einengen, Aufnehmen in Ae. u. Waschen mit 2 n HCl u. W.; n_D^{21} 1,4668; 0,7 g. *Äthylester,* $C_{20}H_{36}O_2$, Kp.$_{0,2}$ 200°, durch 30 Min. Rühren von 0,3 g **VI** u. Br_2 in Chlf., Waschen mit W., Eindampfen, Zusatz von HBr, Essigsäure u. konz. H_2SO_4, Stehen über Nacht, 8std. Erhitzen auf 100°, Zusetzen von W., Ausäthern der *Bromsäure,* azeotrope Veresterung, Debromieren mit Zn in A., Filtrieren, Ansäuern des Filtrats u. Aufnehmen in PAe.; n_D^{20} 1,4593; 50 mg. — *erythro-12.13-Dihydroxyoctadecin-(5)-säure,* $C_{18}H_{32}O_4$, F. 97—99°, durch Schütteln von 2,96 g **V** mit J_2 u. Ag-Acetat in Essigsäure, 1std. Kochen, Filtrieren, Eindampfen des Filtrats, 2std. Kochen des Rückstands in alkohol. 2 n NaOH, Gießen in 2 n HCl u. Extrahieren mit Äthylacetat; aus Methanol Prismen; 0,9 g. — *erythro-12.13-Dihydroxy-cis-octadecen-(5)-säure* (**VI**), $C_{18}H_{34}O_4$, F. 80—82°, durch Halbhydrierung vorst. Säure analog **V**; aus Methanol Prismen. — *threo-12.13-Dihydroxyoctadecin-(5)-säure,* $C_{18}H_{32}O_4$, F. 71 bis 73°, durch 1std. Erwärmen von 2,78 g **V** mit 98%ig. Ameisensäure u. 30%ig. H_2O_2 auf 40°, Stehen über Nacht, Eindampfen im Vakuum, 1std. Kochen mit alkohol. 5 n NaOH, Einengen u. Gießen auf Eis-2 n HCl; aus Äthylacetat Nadeln; 1,8 g. — *threo-12.13-Dihydroxy-octadecansäure,* $C_{18}H_{36}O_4$, F. 95—96°, durch Hydrieren vorst. Verb. an Pd/Kohle. — *threo-12.13-Dihydroxy-cis-octadecen-(5)-säure* (**VIII**), durch Hydrierung von 1,4 g vorvorst. Verb.; aus Ae./PAe. Prismen; 1,1 g. — *Octadecadien-(trans-5.trans-12)-säure* (**VII**), F. 16—19°, Kp.$_{0,4}$ 175—176°, durch 1std. Kochen von 0,38 g des Äthylesters in alkohol. 2 n NaOH u. Gießen in verd. Säure; n_D^{20} 1,4671; 0,18 g. *Äthylester,* Kp.$_{0,4}$ 153—154°, durch 1std. Erwärmen von 1,07 g vorvorst. Säure mit 98%ig. Ameisensäure u. 30%ig. H_2O_2, Stehen über Nacht, Eindampfen, 2std. Kochen mit alkohol. 5 n NaOH, Gießen in 2 n HCl, Behandeln des Rk.-Prod. mit HBr in Essigsäure-H_2SO_4, Verestern der erhaltenen *Tetrabromsäure* u. Debromieren; n_D^{21} 1,4568; 0,42 g. — *Octadecadien-(trans-5.cis-12)-säure,* F. — 9° bis — 12°, Kp.$_{,03}$ 168—170°, durch alkal. Hydrolyse des Äthylesters; n_D^{20} 1,4684. *Äthylester,* Kp.$_{0,2}$ 150—152°, durch Hydroxylieren von **VI** analog **VII**; n_D^{20} 1,4590. — *Octadecadien-(cis-5.trans-12)-säure,* F. — 4° bis — 2°, Kp.$_{0,3}$ 170°, durch alkal. Hydrolyse des Äthylesters; n_D^{20} 1,4677. *Äthylester,* Kp.$_{0,2}$ 148—151°, durch 10 Min. Rühren von 1,4 g **VIII** mit Br_2 in Chlf. bei 0°, Waschen mit W., Eindampfen, Behandeln mit HBr in Essigsäure-H_2SO_4, Verestern u. Debromieren; n_D^{20} 1,4577; 0,3 g. H. Gleinig 810◇

0817 **Untersuchungen über die Fettsäurezusammensetzung des Tallöls.** 2. Mitt. **cis-Eikosatrien-(5.11.14)-säure.** Timo Lehtinen, Eero Elomaa und Juha Alhojärvi. (Suomen Kemistilethti B **36**, 124—25, 1963; Oulu, Oulu Oy.; engl.) — 1. vgl. Suomen Kemistilehti B **36**, [1963], 52. — Aus 470 g Fettsäuregemisch aus Kiefernsamen wurden durch Darst. des Harnstoffkomplexes, wiederholte Lsgm.-Verteilung des Hg-Methoxy-Adduktes u. Dest. der Methylester 6 g *cis-Eikosatrien-(5.11.14)-säure* (**I**), neben 70% *cis-Octadecatrien-(5.9.12)-säure* u. *Linolsäure* erhalten. **I** gab bei der Hydrierung *Arachinsäure*; die Lage der Doppelbindungen ergab sich aus der Oxydation zu C_6-, C_9-, C_{15}- u. C_{20}-Monocarbonsäuren u. C_5-, C_{11}- u. C_{14}-Dicarbonsäuren. Aus dem NMR-Spektrum des **I**-Methylesters ergab sich die Anwesenheit von 3 Doppelbindungen, eines 1.4-Diensyst

u. einer CH_3–C–Gruppe; das IR-Spektrum von **I** zeigte keine trans-Absorption bei 10,3 μ. Gaschromatograph. wurden folgende Geh. an **I** ermittelt: in der Fettsäurefraktion der Kiefernsamen 5,3%, des rohen finn. Tallöls 4,6%, des frischen Kiefernholzes 4,7%, des finn. Birkenöles 3,0% u. im Fettsäuredestillat von finn. Tallöl Spuren. NMR- u. IR-Spektrum von **I** sind angegeben.

S. Beckmann 810◇

0818 **Synthese von N-Vinylsuccinamiden.** Kiyoshi Kato. (Bull. chem. Soc. Japan **35**, 1736–37, 1962; Osaka, Governm. Ind. Res. Inst.; engl.) — Vf. untersuchte Ringöffnungs-Rkk. von *N-Vinylsuccinimid* (**I**). Umsetzung von **I** mit Benzylamin liefert *N-Vinyl-N'-benzylsuccindiamid.* **I** wurde mit prim. u. sek. aliphat., aromat. u. heterocycl. Aminen umgesetzt. N-Vinylsuccindiamide copolymerisieren leicht mit Methacrylsäuremethylester oder Acrylonitril.

Versuche: N-Vinylsuccindiamide: *N'-Benzyl-*, $C_{13}H_{16}N_2O_2$, F. 172–173° (Zers.), aus einer Mischung von 1,1 g **I** u. 1,25 g Benzylamin bei Raumtemp. nach 30 Min.; 95,2% (Ausbeute); gibt durch kurzes Erhitzen auf 180° in *N-Benzylsuccinimid*, F. 98–99°. — *N'-Methyl-*, $C_7H_{12}N_2O_2$, F. 153,5–154,5° (Zers., A.), analog vorst. Verb.; 94,8%. — *N'-Äthyl-*, $C_8H_{14}N_2O_2$, F. 180 bis 181° (Zers., A.); 87%. — *N'-Allyl-*, $C_9H_{14}N_2O_2$, F. 158,5–159,5° (Zers., Methanol); 93%. — *N'-n-Propyl-* (**II**), $C_9H_{16}N_2O_2$, F. 168–168,5° (Zers., A.); 94,2%. — *N'-Isopropyl-*, $C_9H_{16}N_2O_2$, F. 164,5–165,5° (Zers., A.); 90,2%. — *N'-[2-Hydroxyäthyl]-*, $C_8H_{14}N_2O_3$, F. 134,5 bis 135,5° (Zers., Bzl./A.); 94,8%. — *N'.N'-Dimethyl-*, $C_8H_{14}N_2O_2$, F. 132,5–133° (Zers., A.); 62,9%. — *N'.N'-Pentamethylen-*, $C_{11}H_{18}N_2O_2$, F. 86–87° (Zers., Essigester); 91,5%. — **II** (0,2 g) wurde in 7 ml Dioxan mit 1,8 g Methacrylsäuremethylester u. 0,02 g Benzoylperoxid durch 6std. Erhitzen auf 65–66° copolymerisiert; Eingießen der Mischung in 70 ml Methanol lieferte 0,41 g *Polymeres*, lösl. in vielen organ. Lösungsmitteln.

H. Scholz 820◇

0819 **Eine neue Methode zur Darstellung von Alkylnitrilen aus Alkylhalogeniden und Alkylammoniumcyaniden.** Norio Sugimoto, Tadashi Fujita, Noboru Shigematsu und Akira Ayada. (Chem. pharmac. Bull. [Tokyo] **10**, 427–29, 1962; Osaka, Tanaba Seiyaku, Res. Labor.; engl.) — Benzyltrimethylammoniumcyanid (**I**) liefert mit Alkylhalogeniden in W. schnell u. in guten Ausbeuten *Nitrile.* An Stelle von **I** kann auch Benzyltrimethylammoniumchlorid u. Alkalicyanid benutzt werden, Analog dazu ergeben Alkalirhodanide *Alkylrhodanide.* Die Meth. ist allg. anwendbar.

Versuche: Allg. Darst. der Nitrile u. Rhodanide: Zur Lsg. von 0,12 Mol NaCN oder 0,12 Mol KCNS u. 0,12 Mol (Meth. **A**) oder 0,012 Mol (Meth. **B**) Benzyltrimethylammoniumchlorid in 40–50 ml W. fügt man das Alkylhalogenid (0,1 Mol Mono-, 0,05 Mol Dihalogenid) unterhalb 35° unter Rühren hinzu. Anschließend wird 1–6 Std. bei 80–95° gehalten u. mit Chlf. oder Ae. extrahiert: *Phenylacetonitril*, $Kp._{18}$ 110–115°, (a) aus Benzylchlorid nach **A** in 1,5 Std. bei 35° oder 12 Min. bei 95°; 92% (Ausbeute); b) nach **B** in 1,5 Std. bei 35° oder 1 Std. bei 95°; 89,5%. — *β-Phenylpropionitril*, $Kp._8$ 114–118°, a) aus Phenäthylbromid nach **A** in 3 Std. bei 95°; b) nach **B** in 6 Std. bei 95°; 93,1%. — *Valeronitril*, $Kp._{760}$ 138–140°, a) nach **A** aus n-Butylbromid in 3 Std. bei 85°; 69%; b) nach **B** in 6 Std. bei 90°; 71,4%. — *Pimelodinitril*, $Kp._6$ 150–152°, aus 1.5-Dibrompentan nach **A** in 3 Std. bei 95°; 70,6%. — *Succinodinitril*, $Kp._4$ 115°, a) aus β-Brompropionitril nach **A** in 1,5 Std. bei 70°; 50%; b) aus 1.2-Dichloräthan nach **A** in 4 Std. bei 80°; 40%. — *γ-Chlorbutyronitril*, $Kp._{25}$ 90–95°, a) aus 1-Chlor-3-brompropan nach **A** in 1,5 Std. bei 90°; 48,3%; daneben 23,4% *Glutarodinitril*, $Kp._{25}$ 155–158°; b) nach **B** in 6 Std. bei 90°; 52,1%; daneben 25,1% *Glutarodinitril.* — *β-Cyanpropionsäureäthylester*, $Kp._{20}$ 90–94°, aus β-Brompropionsäureäthylester nach **A** in 2 Std. bei 85°; 40,9%. — *γ-Cyanbuttersäureäthylester*, $Kp._{20}$ 123–126°, aus γ-Chlorbuttersäureäthylester nach **A** in 2 Std. bei 85°; 22,7% (51% Ausgangs-Prod. zurückgewonnen). — *Cyanoacetanilid*, F. 198 bis 200°, aus Chloracetanilid nach **A** in 3 Std. bei 95°; 50%. — *[2-Hydroxy-3-cyanpropyl]-trimethylammoniumchlorid*, F. 218–220°, aus [2-Hydroxy-3-chlorpropyl]-trimethylammoniumchlorid nach **A** in 3 Std. bei 60°; 88%. — *Benzylrhodanid*, $Kp._{30}$ 157–160°, a) aus Benzylchlorid nach **A** in 4 Std. bei 85°; 94,6%; b) nach **B** in 5 Std. bei 90°; 94,6%. — *n-Butylrhodanid*, $Kp._{20}$ 76–79°, aus n-Butylbromid in 4 Std. bei 90°; 88,5%. — Die entsprechenden Nitrile von Cyclohexylbromid, tert.-Butylchlorid, 1-Chlor-4-nitrobenzol u. 6-Chlor-2.4-dimethoxypyrimidin wurden nicht erhalten.

H. Scholz 820◇

0820 **Die Chemie des Tetracyanäthylens.** R. Winkler. (Chimia [Aarau, Schweiz] **16**, 360–66, 1962; Basel, Ciba A. G.; dt.) — Übersicht über Synth., Eigg. u. Rkk. des *Tetracyanäthylens.* — 33 Literaturangaben.

F. Urban 840◇

0821 **Synthese und Umwandlungen von Alkyl(Aryl)-[δ-methoxymethyl-γ-chlorcrotyl]-essigsäuren.** 1. Mitt. M. T. Dangjan und A. A. Achnasarjan. (Nachr. Akad. Wiss. ArmenSSR, chem. Wiss. **12**, 121–24, 1959; Erewan, Univ., Lehrstuhl für organ. Chem.; russ., Auszug: armen.) — Durch Rk. von 1.3-Dichlor-5-methoxypenten-(2) (**I**) mit den Na-Derivv. von Alkyl(Aryl)-malonsäurediäthylestern werden *[3-Chlor-5-methoxypenten-(2)-yl-(1)]-alkyl(aryl)-malonsäurediäthylester* erhalten u. durch Hydrolyse u. Decarboxylierung in *7-Methoxy-5-chlor-2-alkyl(aryl)-hepten-(4)-säuren* {*Alkyl(Aryl)-δ-methoxymethyl-γ-chlorcrotyl]-essigsäuren*} übergeführt.

Versuche: 3-Chlor-5-methoxypenten-(2)-ylmalonsäurediäthylester: *Unsubstituiert* (**II**), $C_{13}H_{21}ClO_5$, $Kp._3$ 150–154°, man gibt zu Na-Äthylat (11,5 g Na, 200 ml A.) 80 g Malonester, erhitzt 2 Std., gibt tropfenweise 84,5 g **I** hinzu, erhitzt bis zum Verschwinden der alkal. Rk., dest. A. ab, verd. mit W. u. extrahiert mit Ae.; $D._4^{20}$ 1,1068; n_D^{20} 1,4585; 63% (Ausbeute). — *Äthyl-*, $C_{15}H_{25}ClO_5$, $Kp._{4,5}$ 141°, analog vorst. Verb.; $D._4^{20}$ 1,0867; n_D^{20} 1,4605; 68%. — *n-Propyl-*, $C_{16}H_{27}ClO_5$, $Kp._4$ 154–155°; $D._4^{20}$ 1,0681; n_D^{20} 1,4595; 64,2%. — *Isoamyl-*, $C_{18}H_{31}ClO_5$, $Kp._{3,5-4}$ 153–155°; $D._4^{20}$ 1,0415; n_D^{20} 1,4575; 70,5%. — *Phenyl-*, $C_{19}H_{25}ClO_5$, $Kp._5$192 bis 194°; $D._4^{20}$ 1,1300; n_D^{20} 1,5070; 47%. — 7-Methoxy-5-chlorhepten-(4)-säuren: *Unsubstituiert*, $C_8H_{13}ClO_3$, $Kp._3$ 149°, durch 4–6std. Erhitzen von 60 g **II** mit 32 g NaOH in 50 ml W., Lösen des Rk.-Gemisches in W., Ausäthern, Ansäuern der alkal. Lsg. u. Ausäthern; n_D^{20} 1,4759; 76%. — *2-Äthyl-*, $C_{10}H_{17}ClO_3$, $Kp._5$ 141–144°, analog; $D._4^{20}$ 1,1008; n_D^{20} 1,4730; 80%. — *2-n-Propyl-*, $C_{11}H_{19}ClO_3$, $Kp._{4,5-6}$ 164–166°; $D._4^{20}$ 1,0751; n_D^{20} 1,4693; 78%. — *2-Isoamyl-*, $C_{13}H_{23}ClO_3$, $Kp._4$ 172–176°; $D._4^{20}$ 1.0405; n_D^{20} 1,4695; 80%. — *2-Phenyl-*, $C_{14}H_{17}ClO_3$, $Kp._4$ 198–201°; $D._4^{20}$ 1,1681; n_D^{20} 1,5325; 78%.

G. Froelich 850◇

0822 **Über die Kondensationen von Aldehyden mit Monochloroxalessigsäurediäthylester.** Emmanuel Gordon und Philippe Bouvier. (C. R. hebd. Séances Acad. Sci. **256**, 2410–12, 1963; Bellevue, C. N. R. S., Centre d'Études et de Rech. de Chim. organ. appl.; franz.) — Monochloroxalessigsäurediäthylester (**I**) wird mit aliphat. Aldehyden zu *α-Chlor-β-hydroxycarbonsäureestern* kondensiert. Beim 3–4std. Erhitzen von **I** mit 1 Val Trioxymethylen in Ggw. von 1% abs. Pyridin auf dem Wasserbad u. nachfolgende Aufarbeitung wurde *α-Hydroxymethyl-α-chloroxalessigsäurediäthylester* ($Kp._{0,2}$ 117–120°) neben *α-Chlor-β-hydroxypropionsäureäthylester* ($Kp._{25}$ 117°) erhalten. Durch Zutropfen von 1% abs. Pyridin zur äquimol. Mischung von **I** u. Acrolein sowie 1std. Erwärmen auf 80–90° u. anschließende Dest. konnte *α-Chlor-α-[1-hydroxyallyl]-oxalessigsäurediäthylester* ($Kp._{0,2}$ 132–138°) neben *α-Chlor-β-hydroxypenten-(4)-säureäthylester* ($Kp._{30}$ 125–130°) isoliert werden. Acetaldehyd u. **I** ergeben im Rohr nur *α-Chlor-β-hydroxybuttersäureäthylester* [$Kp._{20}$ 114–115°]. Bei Verlängerung der Rk.-Zeit, jedoch nicht in alkal. Medium, bildet sich jeweils etwas des in 3-Stellung entsprechend substituierten *Ketoparaconsäureesters*, für dessen Hydrolyse zu *Oxalsäure* u. *substituierten Acrylsäureestern* ein ohne Zwischenstufen verlaufender Rk.-Mechanismus vorgeschlagen wird.

Wolfgang Schreiber 870◇

0823 **Über die Reaktion von Metallderivaten von β-Dicarbonylverbindungen mit α-Halogenoxiden.** 1. Mitt.

Reaktion des Na- und des $C_6H_5CH_2(CH_3)_3N^+$-Derivates des Acetessigesters mit den α-Bromoxiden der isomeren Butene. T. I. Temnikowa und B. A. Jerschow. (J. allg. Chem. [UdSSR] **32(94)**, 2436—42, 1962; Leningrad, Univ.; russ.) — Bei der Kondens. von 3-Brom-1.2-oxidobutan (**I**) u. 1-Brom-2.3-oxidobutan (**II**) mit Acetessigester (**III**) sowie bei der Oxydation von Crotylacetessigester (**IV**) mit Perbenzoesäure (**V**) entsteht *α-[2.3-Oxidobutyl]-acetessigsäureäthylester* (**VI**). Bei der alkal. Spaltung von **VI** wird *Heptanon-(2)-diol-(5.6)* (**VII**) erhalten. **VII** wird auch durch Oxydation von Hepten-(5)-on-(2) (**VIII**) dargestellt. Die Oxydation von **VI** mit HJO_4 führt zu *Acet-* u. *Lävulinaldehyd.* Die Kondens. von Epibromhydrin (**IX**) mit **III** liefert *α-[2.3-Oxidopropyl]-acetessigsäureäthylester* (**X**), der auch durch Oxydation von Allylacetessigester (**XI**) erhalten wird. **VI** u. **X** liegen überwiegend in der trans-Enolform vor.

Versuche: *Crotylacetessigsäureäthylester* (**IV**), $C_{10}H_{16}O_3$, Kp.$_3$ 86—88°, aus **III** u. Crotylbromid; D_4^{20} 0,9757; n_D^{20} 1,4440. — *α-[2.3-Oxidobutyl]-acetessigsäureäthylester* (**VI**), $C_{10}H_{16}O_4$, Kp.$_1$ 113—114°, F. 86—87°, a) durch Zugabe von Na-Acetessigester (**XII**; 2,78 g Na 15,75 g **III**, 30 ml abs. A.) zu 18,3 g **I** in 37 ml A. in $1^1/_2$ Std. u. 12std. Kochen; D_4^{20} 1,1092; n_D^{20} 1,4897; 67% (Ausbeute); b) aus **II** u. **XII** in abs. A.; D_4^{20} 1,1102; n_D^{20} 1,4889; 63,5%; c) durch Lösen von 5,5 g K in 70 ml abs. A. u. 18,2 g **III**, Zugabe von 26 g Trimethylbenzylammoniumchlorid in 60 ml abs. A., Zugabe von 19,5 g **I** in 15 ml A. u. 12std. Kochen; D_4^{20} 1,1106; n_D^{20} 1,4878; 21%; d) analog c) aus **II** u. **III**; D_4^{20} 1,1108; n_D^{20} 1,4872; 61,5%; e) durch Oxydation von **IV** mit **V** in Chlf.; D_4^{20} 1,1205; n_D^{20} 1,4928; 6,5%. HJO_4-Oxydation → *Acetaldehyd* [*2.4-Dinitrophenylhydrazon*, F. 146°] u. *Lävulinaldehyd* [*p-Nitrophenylhydrazon*, F. 286°; orange Nadeln]. — *Heptanon-(2)-diol-(5.6)* (**VII**), $C_7H_{14}O_3$, Kp.$_1$ 102°, a) durch 5std. Erhitzen von **VI** in 10%ig. NaOH auf dem sd. Wasserbad; n_D^{20} 1,4651; 27,4%; b) durch Oxydation von **VIII** mit $Ba(MnO_4)_2$; n_D^{20} 1,4630; 16%. — *Crotylaceton* (**VIII**), Kp.$_{25}$ 58°, durch Hydrolyse von **IV** in 5%ig. KOH; n_D^{20} 1,4308; 49%. — *α-[2.3-Oxidopropyl]-acetessigsäureäthylester* (**X**), $C_9H_{14}O_4$, Kp.$_1$ 100—101°, F. 59°, a) durch Zugabe von 68,5 g **IX** zu **XII** (130 g **III**, 12 gNa, 150 ml abs. A.) bei 5°, 25std. Rühren bei 17° u. 20std. Kochen; n_D^{20} 1,4910; 40%; b) durch Oxydation von **XI** mit Perphthalsäure in Ae.; n_D^{20} 1,4890; 3%.

Helmut Schäfer 870△

0824 **Synthese und einige Umwandlungen β-substituierter Acroleine.** W. T. Klimko, T. W. Protopopowa und A. P. Skoldinow. (Ber. Akad. Wiss. UdSSR **146**, 1084—87, 1962; Akad. der med. Wiss. der UdSSR, Forschungsinst. für Pharmakol. u. Chemotherapie; russ.) — Durch Rk. von Na-Malondialdehyd mit Chlorkohlensäureestern wurden *β-Formylvinylcarbonate* der Struktur R'OC(O)OCH=CRCHO dargestellt u. durch Einw. katalyt. Mengen Säure unter Abspaltung von CO_2 in *β-Alkoxyacroleine* R'OCH=CRCHO übergeführt. Diese lieferten bei Einw. von $SOCl_2$ oder $COCl_2$ *Alkoxydichlorpropene* der Struktur $R'OCH{=}CRCHCl_2$ oder R'OCHCl · CR=CHCl. Die IR-Analyse macht die letztere Struktur wahrscheinlicher. Bei der Hydrolyse der Alkoxydichlorpropene entstanden die entsprechenden *β-Chloracroleine.* β-Chloracrolein wurde durch Einw. von PCl_5 in *1.1.3-Trichlorpropen-(2)* übergeführt. Aus den β-Äthoxyacroleinen wurden durch Rk. mit Aminen *β-Aminoacroleine* erhalten. Phenyl- u. Methyl-β-formylvinylcarbonat gingen beim Stehen unter CO_2-Abspaltung in *β.β'-Diformyldivinyläther* über. — β-Formylvinylcarbonate: *Äthyl-*, Kp.$_{1,5}$ 61—63,5°, F. 15—16°; 76,5% (Ausbeute). — *n-Butyl-*, Kp.$_2$ 85,5—87°; 83,0%. — *Phenyl-*, Kp.$_2$ 119—120°, F. 41—42°; 77,0%. — *Benzyl-*, F. 52,5—54°; 71,0%. — *Methyl-β-formylpropenylcarbonat*, F. 64—65°; 70,0%. — *Methyl-[2-formyl-3-methylbuten-(1)-yl-(1)]-carbonat*, F. 43 bis 44°; 80,0%. — Acroleine: *β-Methoxy-*, Kp.$_{1,5}$ 35,5—37°, F. 14—15°; 73,4%. — *β-Äthoxy-*, Kp.$_{2,5}$ 48—49°; 80,0%. — *β-n-Butoxy-*, Kp.$_2$ 68—68,5°; 49,0%. — *β-Benzyloxy-*, Kp.$_2$ 120—123°; 59,0%. — *α-Methyl-β-methoxy-*, Kp.$_2$ 57—59°; 87,5%. — *α-Methyl-β-äthoxy-*, Kp.$_3$ 60—61°; 83,3%. — *α-Äthyl-β-äthoxy-*, Kp.$_3$ 70—72°; 54,6%. — *α-Phenyl-β-chlor-*, F. 23—24°. — *α-Isopropyl-β-chlor-*, C_6H_9ClO, Kp.$_{20}$ 45—47°; n_D^{20} 1,4670; 57,6%. — *β-Amino-*, C_3H_5NO, F. 105—106°; 70,0%. — *α-Methyl-β-amino-*, F. 108—109°; 51,7%. — *α-Äthyl-β-amino-*, F. 105 bis 106°; 53,8%. — *α-Phenyl-β-amino-*, F. 97—100°; 81,6%. *β-Methylamino-*, Kp.$_{1,5}$ 85—87°; F. 41—43°; 60,0%. — *β-Äthylamino-*, Kp.$_1$ 90—94°, F. 22—25°; 55,5%. — *β.β'-Diformyldivinyläther*, $C_6H_6O_3$, F. 105° (Zers.). — *1-Methoxy-1.3-dichlorpropen-(2)* oder *1-Methoxy-3.3-dichlorpropen-(1)*, $C_4H_6Cl_2O$, Kp.$_{30}$ 55—59°; D_4^{20} 1,4700; n_D^{20} 1,2289; 70,0%. — *1-Methoxy-2-methyl-1.3-dichlorpropen-(2)* oder *1-Methoxy-2-methyl-3.3-dichlorpropen-(1)*, Kp.$_{30}$ 65—68°; D_4^{20} 1,1025; n_D^{20} 1,4701; 78,4%. — *1-Äthoxy-2-methyl-1.3-dichlorpropen-(2)* oder *1-Äthoxy-2-methyl-3.3-dichlorpropen-(1)*, Kp.$_{12}$ 68—70°; D_4^{20} 1,0920; n_D^{20} 1,4645; 80,7%. — *1-Äthoxy-2-äthyl-1.3-dichlorpropen-(2)* oder *1-Äthoxy-2-äthyl-3.3-dichlorpropen-(1)*, Kp.$_{10}$ 71—75°; D_4^{20} 1,1036; n_D^{20} 1,4690; 62,0%. — *1-Äthoxy-2-isopropyl-1.3-dichlorpropen-(2)* oder *1-Äthoxy-2-isopropyl-3.3-dichlorpropen-(1)*, Kp.$_6$ 73—76°; D_4^{20} 1,0695; n_D^{20} 1,4635; 50,7%. — *1.1.3-Trichlorpropen-(2)*, Kp. 136—137°; D_4^{20} 1,3895; n_D^{20} 1,4935.

Helmut Schäfer 880△

0825 **Über Acylaminobiguanide.** 1. Mitt. Willy Logemann, Domenico Artini, Lavinio Canavesi und Giampaolo Tosolini. (Chem. Ber. **96**, 2909—13, 1963; Milano, Inst. „Carlo Erba per Ric. Terapeut."; dt.) — Dicyandiamid (**II**) liefert mit den Hydraziden der Isonicotin-, Nicotin-, Benzoe-, p-Nitrobenzoe- u. Trimethylessigsäure *1-Acylaminobiguanide* (**A**), während Phenylessigsäure- u. Propionsäurehydrazid nicht analog reagieren. Die **A** mit Ausnahme von 1-Trimethylacetamidobiguanid (**I**) werden durch Alkali zu *5-Guanidino-1.2.4-triazolen* (**B**) cyclisiert, deren IR-Spektren diskutiert werden. Mit HCOOH/HCOONa reagieren die **A** nicht einheitlich: 1-Isonicotinoyl- u. 1-Nicotinoylaminobiguanid geben die **B**, **I** zersetzt sich, 1-Benzamidobiguanid (**III**) liefert *4-Amino-2-benzoylhydrazino-symm.-triazin* u. 1-[p-Nitrobenzamido]-biguanid (**V**) führt zu *4-Amino-2-[p-nitrobenzoylhydrazino]-symm.-triazin* u. *3.5-Diamino-2-[p-nitrobenzoyl]-1.2.4-triazol* nebeneinander. — Zur Darst. von *Hydrazino-symm.-triazinen* wird 4-Amino-2-phenoxy-symm.-triazin (**IV**) mit Hydraziden umgesetzt. Die **B** zeigten im Mäuse-Vers. keine Schutzwrkg. gegen *Virus influenzale Typ B.*

Versuche: Biguanid (**A**)-Hydrochloride: *1-Nicotinoylamino-*, $C_8H_{11}N_7O \cdot HCl$, F. 178—179° (Zers.; A.), durch 6—8std. Kochen von Nicotinsäurehydrazid-dihydrochlorid mit **II** in A. unter Rühren; 80% (Ausbeute). — *1-[p-Nitrobenzamido]-* (**V**-HCl), $C_9H_{11}N_7O_3 \cdot HCl$, F. 204—205° (Zers.; CH_3OH), analog aus p-Nitrobenzhydrazidhydrochlorid in 10 Std.; 80%. — *1-Trimethylacetamido-* (**I**-HCl), $C_7H_{16}N_6O \cdot HCl$, F. 191—192° (A.), aus Trimethylessigsäurehydrazidhydrochlorid in 8 Std.; 48%. *Pikrat*, $C_7H_{16}N_6O \cdot C_6H_3N_3O_7$, F. 212—215° (Zers.; Wasser). — 5-Guanidino-1.2.4-triazole (**B**): *3-[Pyridyl-(4)]-*, $C_8H_9N_7$, F. 292° (Zers.; W.), durch 6std. Kochen von 1-Isonicotinoylaminobiguaniddihydrochlorid mit HCOONa u. 33%ig. HCOOH, Einengen im Vakuum, Verdünnen mit W. u. Neutralisieren mit 10%ig. NH_4OH; 70%. — *3-[Pyridyl-(3)]-*, F. 275—276° (Zers.; W.), analog vorst. Verb. in 20—24 Std.; 65%. — *3-Phenyl-* $C_9H_{10}N_6$, F. 244—246° (Zers.; A.), durch 24std. Rühren von **III**-Hydrochlorid in 1%ig. NaOH bei Raumtemp.; 60%. — *3-[p-Nitrophenyl]-*, $C_9H_9N_7O_2$, F. 298° (Zers.; CH_3OH), analog vorst. Verb. in 4—5 Std. auf dem Wasserbad; ca. 35%. 4-Amino-symm.-triazine: *6-Chlor-2-phenoxy-*, $C_9H_7ClN_4O$, F. 226—227° (A.), durch 15 bis 16std. Rühren von Phenol, $NaOC_2H_5$ u. 4.6-Dichlor-2-amino-symm.-triazin in A. bei Raumtemp.; 80%. — *2-Phenoxy-* (**IV**), $C_9H_8N_4O$, F. 202—204° (Aceton), durch Hydrieren vorst. Verb. in Dioxan in Ggw. von Triäthylamin an Pd/Kohle; 60%. — *2-Isonicotinoylhydrazino-*, $C_9H_9N_7O$, F. 277—280° (Zers.; W.), durch 20std. Erhitzen von **IV** mit Isonicotinsäurehydrazid in A. unter Rühren; 50%. — *2-Nicotinoylhydrazino-*, F. 235—237° (A.), analog vorst. Verb.; 70%. — *2-Benzoylhydrazino-*, $C_{10}H_{10}N_6O$, F. 233—235° (A.), durch 6std. Kochen von **III**-Hydrochlorid mit HCOONa u. HCOOH; 65%. — *2-[Trimethylacetylhydrazino]-*, $C_8H_{14}N_6O$, F. 239° (A.), durch 24std. Kochen von **IV** mit Trimethylessigsäurehydrazid in A.; 40%. — *2-[p-Nitrobenzoylhydrazino]-*, $C_{10}H_9N_7O_3$, F. 290° (Zers.; CH_3OH), a) aus der Eisessig-Mutterlauge nachst. Verb.; 0,2 g; b) analog vorst. Verb.; 50%. — *3.5-Diamino-2-[p-nitrobenzoyl]-1.2.4-triazol*, $C_9H_8 \cdot N_6O_3$, F. 291—293° (verd. Essigsäure, Eisessig), durch 10std. Erhitzen von 5 g **V**-HCl mit 1,5 g HCOONa u. 30 ml 99%ig. HCOOH auf 120°, Einengen im Vakuum u. Alkalisieren mit halbkonz. NH_4OH; 0,8 g.

I. Spaeth 880◇

0826 **Über Acylaminobiguanide.** 2. Mitt. Willy Logemann, Domenico Artini und Lavinio Canavesi. (Chem. Ber. **96**, 2914—17, 1963; dt.) — 1. vgl. vorst. Referat. — Bei der Einw. von Alkali auf *disubstituierte Acylaminobiguanide*, die aus den entsprechenden Dicyandiamiden u. Säurehydraziden erhätlich sind, bilden sich *3.5-disubstituierte 1.2.4-Triazole.* Diese entstehen auch aus den Isonicotinoylaminobiguaniden durch Einw. von HCOONa/HCOOH, während Benzoylaminobiguanide hierbei *symm.-Triazine* liefern.

Versuche: $N_{(1)}.N_{(1)}$-*[3-Oxapentamethylen]-dicyandiamid* (**I**; $N_{(1)}.N_{(1)}$-*[Anhydro-bis-(β-hydroxyäthyl)]-dicyandiamid*), $C_6H_{10}N_4O$, F. 224—226° (W.), durch Einrühren von $NaNO_2$ in W. in eine Lsg. von $N_{(1)}.N_{(1)}$-[3-Oxapentamethylen]-biguanidhydrochlorid in W. u. Essigsäure bei 0—5°, 5—6std. Rühren bei Raumtemp. u. 1 Std. auf dem Wasserbad u. Alkalisieren mit konz. NH_4OH; 12—15% (Ausbeute). — $N_{(1)}.N_{(1)}$-*[3-Oxapentamethylen]-$N_{(5)}$-isonicotinoylaminobiguanid*, $C_{12}H_{17} \cdot N_7O_2$, F. 179—180° (Zers.; A.), durch 12std. Erwärmen von 7,7 g **I** mit 10,5 g Isonicotinsäurehydraziddihydrochlorid in CH_3OH auf 60° u. Versetzen der wss. Lsg. des *Dihydrochlorids* (F. 170—172° (A.); 12,5 g] mit konz. NH_4OH. — $N_{(1)}.N_{(1)}$-*[3-Oxapentamethylen]-$N_{(3)}$-[3-pyridyl-(4)-1.2.4-triazolyl-(5)]-guanidin*, $C_{12}H_{15}N_7O$, F. 220 bis 221° (W.), a) durch 36std. Rühren von 3,6 g vorst. Dihydrochlorids mit 1 g NaOH in 60 ml W. bei Raumtemp. u. 3 Std. auf dem Wasserbad; 1,35 g; b) durch 6std. Erhitzen von 3,6 g vorst. Dihydrochlorids in 1,5 g HCOONa u. 25 ml 99%ig. HCOOH auf 110—120°, Einengen im Vakuum u. Alkalisieren mit 20%ig. NH_4OH-Lsg.; daneben durch Einengen der alkal. Mutterlaugen u. Aufnehmen des Rückstands in wenig W. 0,4 g *Verb.* $C_4H_5N_5O_2$, F. > 300° (A.), die bisher nicht identifiziert werden konnte. — $N_{(1)}.N_{(1)}$-*[3-Oxypentamethylen]-$N_{(5)}$-benzoylaminobiguanidhydrochlorid*, $C_{13}H_{18}N_6O_2 \cdot HCl$, F. 195 bis 200° (Zers.; A.-Ae.), durch 7std. Erhitzen von 7,7 g **I** mit 8,6 g Benzhydrazidhydrochlorid (**II**) in A. unter Rühren, Einengen u. Fällen mit Ae.; 13 g. *Freie Base*, $C_{13}H_{18}N_6O_2$, F. 158—159° (A.), mit NH_4OH. — $N_{(1)}.N_{(1)}$-*[3-Oxapentamethylen]-$N_{(3)}$-[3-phenyl-1.2.4-triazolyl-(5)]-guanidin*, $C_{13}H_{16}N_6O$, F. 201—203° (A.-W. 1:3), durch 8std. Erhitzen von 3,3 g vorst. Hydrochlorids mit 0,5 g NaOH in W. auf dem Wasserbad; 1,8 g. — *2-Benzoylhydrazino-4-morpholino-symm.-triazin*, $C_{14}H_{16}N_6O_2$, F. 177 bis 180° (W.), durch 6std. Erhitzen von 1,6 g vorvorst. Hydrochlorids mit 0,35 g HCOONa in 25 ml HCOOH auf 110—120°, Einengen im Vakuum u. Alkalisieren mit NH_4OH; 0,4 g. — $N_{(1)}$*-Methyl-$N_{(1)}$-[p-chlorphenyl]-$N_{(5)}$-benzoylaminobiguanidhydrochlorid*, $C_{16}H_{17}ClN_6O \cdot HCl$, F. 193° (A.), durch 15std. Kochen von $N_{(1)}$-Methyl-$N_{(1)}$-[p-chlorphenyl]-dicyandiamid mit **II** in A.; ca. 53%. *Freie Base*, $C_{16}H_{17}ClN_6O$, F. 174° (Isobutylacetat), aus dem Hydrochlorid mit NaOH (2 Std. bei 70°); 80%. — *2-Benzoylhydrazino-4-[methyl-(p-chlorphenyl)-amino]-symm.-triazin*, $C_{17}H_{15}ClN_6O$, F. 245° (A.), durch 15std. Erhitzen vorst. Hydrochlorids mit HCOONa in HCOOH auf 105°, Eindampfen im Vakuum, Aufnehmen in Eisessig u. Fällen mit W.; 50%. I. Spaeth 880◇

0827 **Acylierung von Aminen mit Diacylamiden.** Stanisław Mejer, Marian Kocór und Emil Taschner. (Roczniki Chem. [Ann. Soc. chim. Polonorum] **32**, 277—82, 1958; Wroclaw, Wyzsza Szkola Polnicza; poln., Auszug: engl.) — Beim 7std. Erhitzen von prim. Aminen mit 5 Mol Diacetylamin oder 2 Mol Dibenzylamin in Toluol oder ohne Lsgm. auf 130° entstehen die entsprechenden *N-Acylamine.* Saure Katalysatoren, wie $HClO_4$, wirken beschleunigend. Die Meth. ist geeignet zur Acylierung unter neutralen Bedingungen oder zur Trennung von prim. von sek. Aminen. W. Hampel 910△

0828 **Über die Anlagerung von Äthylendinitrodiamin an Nitroalkene.** I. Ss. Iwanowa (Korssakowa), Ju. W. Konnowa und Ss. Ss. Nowikow. (Nachr. Akad. Wiss. UdSSR, Abt. chem. Wiss. **1962**, 920—21; Zelinsky-Inst. für organ. Chem. der Akad. der Wiss. der UdSSR; russ.) — Die Anlagerung von Äthylen-N.N′-dinitrodiamin (**I**) an 1-Nitrobuten-(1) (**II**) u. 1-Nitropenten-(1) (**III**) liefert *1.3.6.8-Tetranitro-2.7-diäthyl-* u. *1.3.6.8-Tetranitro-2.7-dipropyl-3.6-diazaoctan.*

Versuche: *1.3.6.8-Tetranitro-2.7-diäthyl-3.6-diazaoctan*, $C_{10}H_{20}N_6O_8$, F. 123,5—125° (Aceton-W.), durch Zugabe von 2,02 g **II** u. wenig Diäthylamin zu 1,5 g **I** in 5 ml Dimethylformamid u. mehrtägiges Stehen; 32,5% (Ausbeute). — *1.3.6.8-Tetranitro-2.7-dipropyl-3.6-diazaoctan*, $C_{12}H_{24}N_6O_8$, F. 148—149° (Aceton-W. 1:3), analog aus **I** u. **III**; 35,0%. B. Lange 910△

0829 **Untersuchungen über carcinostatische Verbindungen.** 35. Mitt. **Chemische Eigenschaften und Antitumor-Wirkung von quaternären Derivaten von N-Alkoxy-2.2′-dichlordiäthylamin.** Masahiro Torigoe. (Chem. pharmac. Bull. [Tokyo] **9**, 613—18, 1961; Tokyo, Jastrochem. Inst. of Pharmacol. Res. Found.; engl.) — 34. vgl. **9**, ibid. [1961], 485. — Analog dem früher (l. c.) beschriebenen 2.2-Bis-[2-chloräthyl]-isoxazolidiniumchlorid (**I**) besitzen *O-Äthyl-N.N-bis-[2-chloräthyl]-hydroxylamin* (**II**)*-methojodid* (**IIa**) u. *O.N.N-Tris-[2-chloräthyl]-hydroxylamin*(**III**)*-methochlorid* (**IIIa**) starke carcinostat. Wrkg., während *Tris-[2-chloräthyl]-methylammoniumchlorid* keine u. **III** nur schwache Wrkg. zeigen. **IIa** gibt beim Stehen in wss. Lsg. oder bei der Hydrierung an Pd/Kohle in W. *N.N-Bis-[2-chloräthyl]-methylamin*, das analog aus **IIIa** gebildet wird. Zers. von **I** in wss. $NaHCO_3$-Lsg. liefert *Acetaldehyd* (**IV**) u. *2-[2-Hydroxyäthyl]-isoxazolidin*; O-Äthyl-N.N-bis-[2-hydroxyäthyl]-hydroxylamin(**V**)-methojodid (**Va**) wird in W. erst bei 90—100° unter Bldg. von **IV**, *O-Äthyl-N-methyl-N-[2-hydroxyäthyl]-hydroxylamin*, *2-Methylaminoäthanol* u. *N.N-Bis-[2-hydroxyäthyl]-methylamin* zersetzt. — Vgl. auch C. **1963**, 17276.

Versuche: *O-Äthylacetoxim*, Kp. 90—93,5°, durch Zutropfen von 455 g Äthylbromid zu 278 g Acetoxim in verd. NaOH bei 32—40° unter Rühren u. langsames Erhitzen bis 67,5° (Dampf-Temp.); 218 (Ausbeute). — *O-Äthylhydroxylamin*, Kp. 68—69°, durch 1½std. Erhitzen vorst. Verb., 17%ig. HCl u. wenig Hydrochinon auf 80—90°, Eindampfen im Vakuum u. Zugeben von NaOH-Pulver; 49,5 g. — *N.N-Bis-[2-hydroxyäthyl]-O-äthylhydroxylamin* (**V**), $C_6H_{15}NO_3$, $Kp._{1,5}$ 110—115°, durch Zugeben von Äthylenoxid zu 35 g vorst. Verb. in W. bei 5°, 3tägiges Stehen bei 8—10° u. Eindampfen im Vakuum; 67 g. *Pikrat*, $C_{12}H_{18}N_4O_{10}$, F. 92—94° (Bzl./Äthylacetat). *Methojodid* (**Va**), $C_7H_{18} \cdot JNO_3$, F. 70—73° (Aceton), durch 2std. Erhitzen von 59 g **V** 30,4 cm^3 CH_3J u. 10 cm^3 CH_3OH im Rohr auf 70°; 70,6 g. — *N.N-Bis-[2-chloräthyl]-O-äthylhydroxylamin* (**II**), $C_6H_{13}Cl_2NO$, $Kp._{15}$ 98—102°, analog der Darst. des O-Methyl-Deriv. nach Jones u. Wilson (J. chem. Soc. [London] **1949**, 547). *Methojodid* (**IIa**), $C_7H_{16}Cl_2JNO$, F. 93° (A.), durch ½std. Rühren von **Va** u. AgCl in W., Eindampfen des Filtrates im Vakuum < 50°, Zugeben von $SOCl_2$ bei 5—15°, mehrstd. Stehen bei Raumtemp., Eindampfen im Vakuum u. Rk. des rohen Methochlorids mit KJ in Wasser. *Methopikrat*, $C_{13}H_{18}Cl_2N_4O_8$, F. 107 bis 108° (CH_3OH). — *O.N.N-Tris-[2-chloräthyl]-hydroxylamin* (**III**), $C_6H_{12}Cl_3NO$, $Kp._1$ 106—107°, durch 20std. Stehen von 7,7 g Tris-[2-chloräthyl]-aminoxid, KCl u. $NaHCO_3$ in W. bei 30° u. Extrahieren mit Ae.; 4,5 g. *Methochlorid* (**IIIa**), $C_7H_{15}Cl_4NO$, F. 99° (abs. A.), aus dem Methopikrat. *Methopikrat*, $C_{13}H_{17}Cl_3N_4O_8$, F. 91 bis 91,5° (A.), durch ¾std. Erhitzen von 15 g **III**, Dimethylsulfat u. CH_3NO_2 auf 100° (Badtemp.), Zugeben von Ae., Neutralisieren des abgeschiedenen Öls mit $NaHCO_3$ in W. u. Zugeben von Na-Pikrat; 4 g. — *Tris-[2-chloräthyl]-methylammoniumchlorid*, $C_7H_{15}Cl_4N$, F. 198—199° (Zers.; Butanol), durch 2std. Kochen von 10 g Triäthanolamin u. CH_3J in A., Eindampfen des Filtrates im Vakuum, Waschen mit Aceton, ½std. Rühren mit AgCl in W., Eindampfen des Filtrates im Vakuum, 2std. Erhitzen mit $SOCl_2$ auf 70—80° u. Eindampfen; 1,3 g. *Pikrat*, $C_{13}H_{17} \cdot Cl_3N_4O_7$, F. 111°. — *N.N-Bis-[2-chloräthyl]-methylamin*,

Pikrat, $C_{11}H_{14}Cl_2N_4O_7$, F. 129—131° (CH_3OH), a) durch kontinuierliche Extraktion von **II**-Methochlorid (aus 0,86 g Methopikrat) mit Ae., der etwas Pikrinsäure enthält; 0,175 g; b) durch Hydrieren von 0,24 g **IIa** an Pd/Kohle in W. bei Raumtemp. u. Zugeben von Na-Pikrat; 0,25 g; c) analog b) aus 0,27 g vorst. Verb.; 0,23 g. — *2-[2-Hydroxyäthyl]-isoxazolidin*, durch 15tägiges Stehen von 0,4 g **I** u. $NaHCO_3$ in W. bei 37°, Entfernen von **IV** im N_2-Strom u. Extrahieren mit Chlf.; 0,16 g. *3.5-Dinitrobenzoyl-Deriv.*, $C_{12}H_{13}N_3O_7$, F. 106° (A.). — *Acetaldehyd* (**IV**), *Dimedon-Deriv.*, $C_{18}H_{26}O_4$, F. 139—140,5° (A.), a) neben vorst. Verb.; 0,12 g; b) neben nachst. Verbindung. — *O-Äthyl-N-methyl-N-[2-hydroxyäthyl]-hydroxylamin*, durch 1std. Erhitzen von 1,45 g **Va** u. $NaHCO_3$ in W. auf 90—100° u. Extrahieren mit Chloroform. *Pikrat*, $C_{11}H_{16}N_4O_9$, F. 137—139° (W.), 0,47 g. — *2-Methylaminoäthanol, Pikrat*, $C_9H_{12}N_4O_8$, F. 144,5—146,5° (W.), durch Ansäuern der wss. Lsg. von vorst. Verb. mit HCl, Eindampfen im Vakuum, Zugeben von 50%ig. NaOH, Extrahieren mit Chlf. u. Rk. des Extraktes mit Pikrinsäure; 0,43 g. — *N.N-Bis-[2-hydroxyäthyl]-methylamin, Pikrat*, $C_{11}H_{16}N_4O_9$, F. 89—90°, aus der Mutterlauge von vorst. Pikrat; 0,16 g. F. Heller 920◇

0830 **Die Reaktion von Stickstoffwasserstoffsäure mit Pinonsäure und Homoterpenylmethylketon.** B. A. Parkin und G. W. Hedrick. (J. Amer. chem. Soc. **80**, 2899—2902, 1958; Southern Utilization Res. and Development Div., Agricultural Res. Service, U. S. Dep. of Agricultur, Naval Stores Station, Naval Stores Res. Sect.; engl.) — Die Rkk. von dl-Pinonsäure, ihrem Äthylester u. dl-Homoterpenylmethylketon mit Stickstoffwasserstoffsäure werden beschrieben. dl-Homoterpenylmethylketon gibt bei dieser Schmidt-Rk. 69,5% eines Prod., das aus *dl-3-[1-Hydroxy-1-methyläthyl]-5-acetylaminopentansäurelacton* (**I**) (88—90%) u. *dl-3-[1-Hydroxy-1-methyläthyl]-5-[methylaminocarbonyl]-valeriansäurelacton* (10—12%) besteht, aus dem nach Hydrolyse *Essigsäure*, *dl-Homoterpenylsäuremethylamid* u. das *Hydrochlorid* von **I** isoliert u. charakterisiert werden konnten. Die freie Aminosäure aus **I** lagert sich leicht zu dem entsprechenden Lactam, *4-[1-Hydroxy-1-methyläthyl]-piperidon-(2)*, um, das bei der Red. das schon beschriebene *4-[1-Hydroxy-1-methyläthyl]-piperidin* liefert. Unter den Bedingungen der Schmidt-Rk., mit konz. H_2SO_4 bei niedrigen Temp., lagert sich dl-Pinonsäure leicht in *Homoterpenylmethylketon* um. Pinonsäureäthylester verhält sich ähnlich. dl-Pinonsäure u. ihr Äthylester liefern bei der Rk. mit HN_3 unter diesen Bedingungen 70—75% eines Gemischs, bestehend aus 85—90% *dl-2.2-Dimethyl-3-acetylaminocyclobutylessigsäure* bzw. ihren *Äthylester* u. 10—12% *dl-Pinsäuremethylamid*, aus dem nach Hydrolyse *Essigsäure*, *Methylamin*, *Pinsäure* u. *2.2-Dimethyl-3-aminocyclobutylessigsäurehydrochlorid* u. das freie *Amin* isoliert u. charakterisiert werden konnten.

Versuche: *Gemisch aus dl-3-[1-Hydroxy-1-methyläthyl]-5-acetylaminopentansäurelacton* (**I**) *u. dl-3-[1-Hydroxy-1-methyläthyl]-5-[methylaminocarbonyl]-valeriansäurelacton*, Kp.$_1$ 207°, durch Schmidt-Rk. aus dl-Homoterpenylmethylketon; 69,5% (Ausbeute). — *Gemisch aus dl-2.2-Dimethyl-3-acetylaminocyclobutylessigsäureäthylester u. dl-Pinsäuremethylamid*, Kp.$_{0,2}$ 153 bis 156°, analog vorst. Gemisch; 92%. — *Gemisch aus dl-2.2-Dimethyl-3-acetylaminocyclobutylessigsäure u. dl-Pinsäuremethylamid*, F. 105—106°, analog vorst. Verb. aus dl-Pinonsäure; 89%. — *dl-3-[1-Hydroxy-1-methyläthyl]-5-aminopentansäurelacton, Hydrochlorid*, F. 180,5—181,5°, durch 24std. Kochen des Rk.-Gemischs der Schmidt-Rk. von Homoterpenylketon mit 6 n HCl, Extrahieren mit Ae., Eindampfen der wss. Lsg. (daneben 10—12% *dl-3-[1-Hydroxy-1-methyläthyl]-5-[methylaminocarbonyl]-valeriansäurelacton*). *N-[p-Nitrobenzoyl]-deriv.*, F. 77,1 bis 78°. *α-Naphthylharnstoffderiv.*, F. 153—154,5°. — *Homoterpenylsäure*, F. 99,6—101,6°, durch Mischen des Ae.-Extrakts vorst. Verb. mit p-Cymol, Dest. (→ *Essigsäure*) Versetzen des Rückstandes mit einem Überschuß an Soda, Extrahieren mit Ae., Ansäuern u. Extrahieren mit Ae.; 1,5 g (aus 26 g des ursprünglichen Rk.-Gemischs). — *dl-4-[1-Hydroxy-1-methyläthyl]-piperidon-(2)*, F. 130,6 bis 131,2° (Aceton), durch Lösen des Hydrochlorids vorvorst. Verb. in A., Versetzen mit der berechneten Menge NaOH (50%ig. wss. Lsg.) u. Gießen auf einen Büchner-Trichter; 82,5%. — *4-[1-Hydroxy-1-methyläthyl]-piperidin* F. 135—136,6°, durch 36std. Kochen vorst. Verb. mit $LiAlH_4$ in Ae.; nach Sublimation auf dem Dampfbad Nadeln; 32%. — *dl-2.2-Dimethyl-3-aminocyclobutylessigsäure, Hydrochlorid*, F. 167,4—168,2°, durch 16std. Kochen des Rk.-Gemischs aus dl-Pinonsäure oder aus dl-Pinonsäureäthylester mit konz. HCl/W. (3:10), Ausäthern, Einengen der wss. Phase u. Fällen mit Aceton; daneben *Methylaminhydrochlorid*. *N-Acetylderiv.*, *p-Bromphenacylester*, F. 166—166,8°. *α-Naphthylharnstoffderiv.*, FF. 188—189° u. 226—229°. *Freie Base*, F. 240—242°, durch Umwandeln des Hydrochlorids an einem Austauscherharz; 90%. — *Gemisch aus cis- u. trans-dl-Pinsäure*, durch Eindampfen der Ae.-Extrakte vorst. Hydrochlorids u. Dest.; gibt durch Lösen in Aceton u. Fällen mit einigen Tropfen Dicyclohexylamin das *Dicyclohexylaminsalz der cis-dl-Pinsäure*, F. 152,6 bis 153,8°; daneben *Essigsäure* u. *Essigsäureäthylester*; bei der Verseifung mit 6 n H_2SO_4 werden *Methylamin* (charakterisiert als *p-Nitrobenzoylderiv.*) u. *Essigsäure* (als *Anilid*) erhalten. D. Dargel 950△

0831 **Synthesen und Eigenschaften von α-substituierten α-Aminosäuren.** M. M. Chemiakine, E. S. Tchaman, L. I. Denisova, G. A. Ravdel und W. J. Rodionow. (Bull. Soc. chim. France **1959**, 530—36; Moscou, Acad. des Sci. méd. de l'U.R.S.S., Inst. de Chim. biol. et méd.; franz.) — Vff. beschreiben Synth. u. Eigg. von *α-substituierten α-Acylaminocarbonsäuren* (**A**) u. untersuchen, ob sich die **A** in Peptide einbauen lassen. Die durch Abspaltung von W. aus α-Acylaminocarbonsäuren zugänglichen *Oxazolone-(5)* werden zu *4-Brom(Chlor)-oxazolonen-(5)* (**B**) halogeniert, die sich durch Alkohole (**C**), Mercaptane (**D**) u. Amine (**E**) in zahlreiche **A**-*Derivv.* umwandeln lassen. So liefern die **B** mit W. unter Öffnung des Oxazolonringes *α-Hydroxy-α-acylaminocarbonsäuren* (**G**). Läßt man auf **B** zunächst 1 Mol **C** einwirken, so entstehen die nicht isolierten α-Halogen-α-acylaminocarbonsäureester, die mit W. *α-Hydroxy-α-acylaminocarbonsäureester* ergeben. Mit 1 Mol **D** entstehen aus **B** die ebenfalls nicht isolierten α-Halogen-α-acylaminothiocarbonsäure-S-ester, die mit W. *α-Hydroxy-α-acylaminothiocarbonsäure-S-ester* bilden. Setzt man **B** in 1. Stufe mit W. u. in 2. Stufe mit **C** um, so gewinnt man entsprechende *α-Alkyloxy-α-acylaminocarbonsäuren* (**F**). Läßt man auf **B** zunächst **C** bzw. **D** u. darauf **E** einwirken, so entstehen *α-Amino-α-acylaminocarbonsäureester* bzw. *α-Amino-α-acylaminothiocarbonsäure-S-ester*. Rk. von **B** mit **C** u. darauf mit **D** bzw. W. führt zu *α-Mercapto-* bzw. *α-Hydroxy-α-acylaminocarbonsäureestern*. Läßt man auf *4-Brom-2-phenyloxazolon-(5)* (**II**) CH_3OH oder Benzylalkohol (**VI**) u. darauf 2-Aminopyridin (**VII**) einwirken, so wird an Stelle des **A**-Derivv. *3-Benzoylamino-2-oxo-2.3-dihydroimidazo-[1.2:a]-pyridin* isoliert. Während sich die **F** sowie die *α-Amine-* u. *α-Alkylmercapto-α-acylaminocarbonsäuren* als relativ stabil gegen hydrolyt. Einfl. erweisen, erfahren die **G** durch Alkali bei Raum-Temp. oder durch Kochen mit Säuren Spaltung zu Acylamid u. α-Ketocarbonsäure. Ausgehend von **F** u. von **G** werden *Amide* u. *Peptide* dargestellt.

Versuche: 2-Phenyloxazolone-(5), durch ½std. Erhitzen der entsprechenden α-Benzoylaminocarbonsäure mit der 5fachen Menge Acetanhydrid (AC) auf 70—80°, Eindampfen im Vakuum unterhalb 40° u. Dest. des Rückstandes: *unsubstituiert* (**I**); 50% (Ausbeute). — *4-Methyl-* (**IV**); 80%. — *4-Äthyl-* (**V**), Kp.$_{2-4}$ 114—117°; 90%. — *4-Isopropyl-*, F. 48—50° (PAe./AC), Kp.$_{0,5-1}$ 91,5—93°; 80%. — *4-Butyl-*(**X**), Kp.$_{2-3}$ 136 bis 139°; 92%. — *4-Chlor-4-isopropyl-* (**XIII**), F. 68—70° (Bzl./AC), durch Einleiten von Cl_2 in die Lsg. vorvorst. Verb. in Dichloräthan (DC) bei 10—12° unter Rühren, Abdest. von HCl u. DC u. Verreiben des Rückstands mit PAe.; 75%. — *α-Hydroxy-α-benzoylaminoessigsäure* (**III**), F. 200—202° (Dioxan/Chlf.), durch Bromierung von **I** in DC bei 10—12°, 2—3std. Rühren des erhaltenen, als Rohprod. weiter verwendeten *4-Brom-2-phenyloxazolons-(5)* (**II**) in DC mit W. bei 20° u. Absaugen; 70%. *Methylester*, F. 117—118° (Aceton/W.), durch Rk. von **III** mit CH_2N_2

in CH_3OH/Ae. bei 0° u. Eindampfen nach 2 Std.; 90%. *tert.-Butylester*, F. 125—126° (wss. CH_3OH), durch 1std. Rühren von **II** in DC mit tert.-Butanol (**IX**) im Überschuß bei 25—28°, Gießen in W., 1/2std. Rühren u. Aufarbeitung der organ. Phase; 39%. *Benzylester*, F. 125 bis 126° (wss. A.), durch 1std. Rühren von **II** in DC mit der berechneten Menge **VI** bei 0—2°, 2std. Rühren nach Zugabe von W. u. Aufarbeitung der organ. Phase; 31%. *Äthoxycarbonylmethylester* (**XVII**), F. 111—113° (W.), wie vorst. aus **II** u. Glykolsäureäthylester; 40%. *Phenylester*, F. 159—160°(CH_3OH), durch Rühren von **II** in DC mit Phenol im Überschuß bei 25—28°, 2std. Rühren mit W. u. Aufarbeitung der organ. Phase; 29%. — *α-Hydroxy-α-benzoylaminopropionsäure*, F. 103—105° (Dioxan/Chlf.), durch Bromierung von **IV** analog **II** u. Rühren des Bromderiv. in DC mit W. analog **III**; 54%. — *α-Hydroxy-α-benzoylaminobuttersäure*, F. 98—99° (Dioxan/Chlf.), durch Bromierung von **V** u. Rk. des Bromderiv. mit W. analog **III**; 52%. — α-Benzoylaminoessigsäuren: *α-Methoxy-* (**VIII**), F. 195—197° (W.), durch 1—2std. Rühren von nachst. Methylester mit wss.-alkohol. NaOH bei 30—50°, Ae.-Extraktion u. Ansäuern; 71%. *Methylester*, F. 86—87° (Ae.), durch 1std. Rühren von 1 Mol **II** in DC mit 10—16 Mol CH_3OH bei 25—28°, Einengen der mit W. gewaschenen organ. Phase u. Zugabe von Ae.; 56%. — *α-tert.-Butyloxy-*, *Monohydrat* (**XVIII**), F. 103—104° (wss. A.), a) analog **VIII** durch Hydrolyse des nachst. tert.-Butylesters; 48%; b) analog **VIII**-Methylester aus **II** u. wss. **IX** in DC. *tert.-Butylester*, F. 135—137° (CH_3OH), analog **VIII**-Methylester aus **II** u. abs. **IX**; 23%. — *α-Benzyloxy-*, F. 123 bis 125° (wss. A.), a) analog **VIII** durch alkal. Verseifung des nachst. Benzylesters; 95%; b) durch Rk. von **II** mit W. bei 0° u. anschließende Rk. mit **VI**. *Benzylester*, F. 95 bis 96° (A.), analog **VIII**-Methylester aus 1 Mol **II** u. 3 Mol **VI**; 52%. — *α-Äthoxy-*, *Äthylester*, F. 69—71° (wss. A.), analog **VIII**-Methylester aus **II** u. A. in DC; 58%. — *α-Propyloxy-*, *Propylester*, F. 54—55° (wss. A.), wie vorst. aus **II** u. Propanol; 41%. — *α-Dodecyloxy-*, *Dodecylester*, F. 52—53° (CH_3OH), wie vorst. aus **II** u. Dodecanol; 50%. — *α-Isopropyloxy-*, *Isopropylester*, F. 80—81° (wss. CH_3OH), wie vorst. aus **II** u. Isopropanol; 44%. — *α-Cyclohexyloxy-*, *Cyclohexylester*, F. 118—119° (CH_3OH), wie vorst. aus **II** u. Cyclohexanol; 53%. — α-Benzoylaminopropionsäuren: *α-Benzyloxy-* (**XXI**), F. 109 bis 110° (A./W.), durch alkal. Verseifung nachst. Benzylesters; 86%. *Benzylester*, F. 112—113° (A.), aus dem durch Chlorierung von **IV** analog **XIII** erhältlichen, nicht isolierten *4-Chlor-4-methyl-2-phenyloxazolon-(5)* (**XII**) u. **VI**; 22%. — *α-Methoxy-*, *Methylester*, F. 114—115° (CH_3OH/Ae.), durch Bromierung von **IV** u. Rk. des Bromderiv. mit CH_3OH in DC analog **VIII**-Methylester; 29%. — *α-Methoxy-α-benzoylaminobuttersäuremethylester*, F. 110—112° (CH_3OH/Ae.), durch Bromierung von **V** u. Rk. des Bromderiv. mit CH_3OH in DC analog **VIII**-Methylester; 12%. — *α-Benzyloxy-α-benzoylaminocapronsäurebenzylester*, F. 129—131° (CH_3OH), durch Chlorierung von **X** u. Rk. des Chlorderiv. mit **VI**; 29%. — α-Benzoylaminoessigsäureamide: *α-Isopropylamino-*, *Isopropylamid*, F. 133—134° (wss. CH_3OH), durch 1std. Rühren von **II** u. Isopropylamin im Überschuß in DC bei 25°, Waschen der filtrierten organ. Lsg. mit HCl u. W., Eindampfen im Vakuum u. Verreiben des Rückstands mit Ae.; 23%. — *α-Benzylamino-*, *Benzylamid*, F. 146 bis 147° (CH_3OH), wie vorst. aus **II** u. Benzylamin (**XIV**); 52%. — *α-Dibenzylamino-*, *Dibenzylamid*, F. 150 bis 151° (A.), wie vorst. aus **II** u. Dibenzylamin; 17%. — *α-Anilino-*, *anilid*, F. 163—164° (CH_3OH), wie vorst. aus **II** u. Anilin (**XI**); 76%. — *α-[p-Anisidino]-*, *p-Anisidid*, F. 162—164° (A.), aus **II** u. p-Anisidin; 55%. — *α-Piperidino-*, *Piperidid*, F. 139—140° (CH_3OH), aus **II** u. Piperidin (**XVI**); 30%. — *α-Anilino-α-benzoylaminopropionsäureanilid*, F. 150—152° (CH_3OH), wie vorst. aus **XI** u. **XII**; 28%. — *α-Anilino-α-benzoylaminoisovaleriansäureanilid*, F. 171—172° (A.), durch Lösen von **XIII** in Ae., Zugabe von wenig W., 4std. Aufbewahren mit **XI** in Ae., Abfiltrieren von *α-Hydroxy-α-benzoylamioniso-valeriansäureanilid* [F. 156—157° (Aceton); 39%] u. Eindampfen der neutralgewaschenen Ae.-Lsg.; 10%. — *α-Anilino-α-benzoylaminocapronsäureanilid*, F. 153—155° (CH_3OH), durch Chlorierung von **X** u. Rk. des Chlorderiv. mit **XI**; 25%. — α-Benzoylaminoessigsäureester: *α-Benzylamino-*, *Benzylester* (**XV**), F. 118—119° (CH_3OH), durch 1/2std. Rühren von 1 Mol **II** in DC mit 1 Mol bei 0—2°, Zugabe von 2—3 Mol **XIV**, 1std. Rühren bei 25—35°, Neutralwaschen der von *Benzylaminhydrobromid* abfiltrierten organ. Lsg., Eindampfen im Vakuum u. Verreiben des Rückstands mit wss. CH_3OH oder Ae.; 20%. — *α-Anilino-*, *Methylester*, F. 125—126° (A.), analog **XV** durch Rk. von **II** mit CH_3OH u. darauf mit **XI**; 37%. — *α-Anilino-*, *tert.-Butylester*, F. 155—156° (CH_3OH), durch 1std. Rühren von 1 Mol **II** mit 1 Mol **IX** bei 25—30°, 1std. Rühren mit **XI** bei 25—35° u. Aufbearbeitung analog **XV**; 68%. — *α-Anilino-*, *Benzylester*, F. 155—157° (CH_3OH), analog **XV** aus **II**, **VI** u. **XI**; 29%. — *α-Diäthylamino-*, *Benzylester*, F. 58—59° (wss. CH_3OH), analog **XV** durch Rk. von **II** mit **VI** u. darauf mit $(C_2H_5)_2NH$ im Überschuß; 51%. — *α-Dibutylamino-*, *Benzylester*, F. 63—65° (wss. CH_3OH), analog **XV** aus **II**, **VI** u. Dibutylamin; 32%. — *α-Diisoamylamino-*, *Benzylester*, F. 53—55° (wss. CH_3OH), analog **XV** aus **II**, **VI** u. Diisoamylamin; 50%. — *α-Piperidino-*, *Benzylester*, F. 76—79° (wss. CH_3OH), analog **XV** aus **II**, **VI** u. **XVI**; 70%. — *α-Hydroxy-α-benzoylaminoessigsäurebenzylamid*, F. 152—153° (A.), durch 3std. Aufbewahren von **XVII** mit **XIV** in Essigester bei 20° u. Absaugen; 86%. — *N-[α-Hydroxy-α-benzoylaminoacetyl]-aminoessigsäureäthylester*, F. 127—129° (W.), durch 5 Min. langes Erwärmen von Aminoessigsäureäthylesterhydrochlorid (**XIX**) mit $(C_2H_5)_3N$ in Acetonitril auf 50°, Zugabe von **XVII**, 4std. Rühren bei Raum-Temp., Eindampfen der filtrierten Lsg., Verreiben des Rückstands mit W. u. Absaugen; 56%. — *N-[α-Hydroxy-α-benzoylaminoacetyl]-phenylalaninäthylester*, durch 16std. Aufbewahren von Phenylalaninäthylester (**XX**) mit **XVII** in wenig Essigester bei 20°, Verdünnen mit Essigester u. Einengen im Vakuum nach Waschen der Lsg. mit 2%ig. HCl u. W.; Öl. — *α-Methoxy-α-benzoylaminoessigsäureanilid*, F. 135 bis 136° (W.), durch 10 Min. langes Erhitzen von **VIII** mit AC auf 80—90°, Eindampfen im Vakuum, Verreiben des Rückstands mit PAe., Lösen des erhaltenen Nd. in DC, 1 1/2std. Erhitzen mit **XI** auf 30—40° u. Eindampfen im Vakuum; 26%. — *α-tert.-Butyloxy-α-benzoylaminoessigsäureanilid*, F. 176—177° (CH_3OH), durch 2std. Erhitzen von **XVIII** mit AC auf 90—95°, Eindampfen im Vakuum, Aufnehmen in DC, 2std. Erwärmen mit **XI** auf 30—40°, Eindampfen u. Verreiben mit Ae.; 25%. — *N-[α-tert.-Butyloxy-α-benzoylaminoacetyl]-aminoessigsäure*, *Monohydrat*, F. 104—109° (W.), durch Verseifung nachst. Äthylesters mit NaOH. *Äthylester*, F. 161—163° (Aceton), wie vorst. aus **XVIII** mit **XIX** u. $(C_2H_5)_3N$ an Stelle von **XI**; 28%. — *N-[α-tert.-Butyloxy-α-benzoylaminoacetyl]-phenylalanin*, F. 64—68°, durch Verseifung nachst. Äthylesters mit NaOH. *Äthylester*, aus **XVIII** u. **XX**; Öl. — *α-Benzyloxy-α-benzoylaminopropionsäurebenzylamid*, F. 155—156° (wss. A.), durch 2std. Erhitzen von **XXI** u. $(C_2H_5)_3N$ in Chloracetonitril auf 70—80°, Eindampfen im Vakuum, Aufnehmen in W., Ae.-Extraktion, 24std. Aufbewahren der eingeengten Ae.-Lsg. mit **XIV** u. Abdest. des Ae. nach Waschen mit HCl u. H_2O. — *α-Benzylmercapto-α-benzoylaminoessigsäure*, F. 170—171° (CH_3·OH), durch alkal. Verseifung nachst. Verb.; 39%. — *α-Benzylmercapto-α-benzoylaminothioessigsäure-S-benzylester*, F. 103—104° (CH_3OH), analog **VIII**-Methylester aus **II** u. Benzylmercaptan in DC; 77%. — *α-Phenylmercapto-α-benzoylaminothioessigsäure-S-phenylester* (**XXIII**), F. 123 bis 124° (A.), wie vorst. aus **II** u. Phenylmercaptan (**XXII**); 62%. — *α-Phenylmercapto-α-benzoylaminoessigsäuremethylester*, F. 70—72° (A.), analog **XV** durch Rk. von **II** mit CH_3OH u. darauf mit **XXII**; 44%. — *α-Hydroxy-α-benzoylaminothioessigsäure-S-phenylester*, F. 175—176° (A.), durch Rk. von **II** mit **XXII** u. darauf mit W.; daneben **XXIII**. — *α-Benzylamino-α-benzoylaminothioessigsäure-S-phenylester*, F. 166—167° (A.), durch Rk. von **II** mit **XXII** u. darauf mit **XIV**; 25%. — *3-Benzoylamino-2-oxo-2.3-dihydroimidazo-[1.2:a]-pyridin*, F. 170° (W./A.), durch Einrühren von 1 Mol CH_3OH oder 1 Mol **VI** in die Lsg. von 1 Mol **II** in DC bei 0°, 1std. Rühren mit 2 Mol **VII** in DC bei 25—28°, Waschen mit W. u. Aufbewahren der wss. Lsg. zur Kristallisation; 38%. *Hydrochlorid*,

$C_{14}H_{12}ClN_3O_2$. *O-Benzoylderiv.*, $C_{21}H_{15}N_3O_3$, F. 177—179° (Zers.; A.), mit Benzoylchlorid in Pyridin.

K. F. Müller 950◇

0832 **Derivate des Cyanwasserstofftetrameren: Struktur und Chemie.** P. S. Robertson und J. Vaughan. (J. Amer. chem. Soc. **80,** 2691—93, 1958; Christchurch, New Zealand, Univ. of Canterburry, Dep. of Chem.; engl.) — Es werden weitere Beweise physikal. u. chem. Art für die Diaminomaleinsäuredinitril-Struktur des Cyanwasserstofftetrameren sowie seines Acetyl- u. Benzoyl- u. seiner Azomethin-Derivv. werden erbracht. UV-Spektren vgl. Original.

Versuche: *Diaminomaleinsäuredinitril* (*Cyanwasserstofftetrameres*), F. 184° (Zers.), analog der Meth. von Hinkel u. Mitarbeitern [1937]; Platten. *Benzoylderiv.*, $C_{11}H_8N_4O$, F. 235—236° (Zers.); Platten. *Allylidenderiv.*, $C_7H_6N_4$, F. 126—126,5°, aus 1 g durch Erhitzen mit 1,9 ml Acrolein bis zur Lsg. u. schnelles Abkühlen; aus A. gelbe Kristalle; 0,8 g (Ausbeute). *Cinnamylidenderiv.*, $C_{13}H_{10}N_4$, F. 202—203° (Zers.), durch $^3/_4$std. Kochen von 0,5 g mit Zimtaldehyd in A.; aus Aceton u. A. orangegelbe Platten; 0,7 g. *p-Hydroxybenzylidenderiv.*, $C_{11}H_8N_4O$, F. 222,5—223°, aus 1 g mit p-Hydroxybenzaldehyd in A.; aus A. gelbe Kristalle; 1,3 g. *p-Nitrobenzylidenderiv.*, $C_{11}H_7N_5O_2$, F. 258—258,5° (Zers.), a) durch $^1/_2$std. Kochen mit p-Nitrobenzaldehyd in A.; aus A. gelbe Kristalle; b) durch 4std. Kochen von 0,21 g des Benzylidenderiv. mit p-Nitrobenzaldehyd in A. in Ggw. von etwas Eisessig; 0,12 g; c) durch 4std. Kochen von 0,33 g des p-Hydroxybenzylidenderiv. in A. mit p-Nitrobenzaldehyd in Ggw. von Eisessig; 0,1 g; d) durch 50 Min. langes Kochen des Acetylderiv. in A. mit p-Nitrobenzaldehyd in Ggw. von Eisessig; daneben das *Acetyl-p-nitrobenzylidenderiv.*(?). *Benzylidenderiv.*, durch 8std. Kochen des p-Hydroxybenzylidenderiv. in A. mit Benzaldehyd in Ggw. von Eisessig; aus A. blaßgelbe Kristalle. *Benzylidenacetylderiv.*, durch 35 Min. langes Kochen des Monoacetylderiv. mit Benzaldehyd in A. u. Umkristallisieren aus Alkohol.

D. Dargel 950△

0833 **Über die Struktur von Enniatin A.** Ju. A. Owtschinnikow, W. T. Iwanow, A. A. Kirjuschkin und M. M. Schemjakin. (Nachr. Akad. Wiss. UdSSR, Abt. chem. Wiss. **1962,** 1497; Akad. der Wiss. der UdSSR, Inst. für Chem. der Naturstoffe; russ.) — Durch Rk. von p-Nitrocarbobenzoxy-N-methyl-L-isoleucin mit D-α-Hydroxyisovaleriansäure-tert.-butylester wurde *Cyclo-D-α-hydroxyisovaleryl-N-methyl-L-isoleucyl-D-α-hydroxyisovaleryl-N-methyl-L-isoleucyl* [**I**; F. 215—216°; $[\alpha]_D^{20}$ + 13,5° (c = 0,8; Chlf.)] erhalten. **I** ist bis zu Konzz. von 0,1 mg/ml inakt. gegenüber *Mycobacterium phlei* u. nicht mit dem Antibioticum Enniatin A [$C_{24}H_{42}N_2O_6$, F. 121—122°; $[\alpha]_D^{20}$ —92° (c = 0,926 in Chlf.)] ident. [vgl. dagegen Plattner u. Nager (1948)].

Helmut Schäfer 950△

0834 **Synthese von ungesättigten siliciumorganischen Verbindungen durch Dehydrochlorierung von γ-Chloralkylsilylchloriden.** W. F. Mironow und W. W. Nepomnina. (Nachr. Akad. Wiss. UdSSR, Abt. chem. Wiss. **1960,** 2140—45; Zelinsky-Inst. für organ. Chemie der Akad. der Wiss. der UdSSR; russ.) — Es wird eine verbesserte Meth. zur Darst. von *γ-Chlorpropyl-* (**A**) u. *γ-Chlorisobutylalkylchlorsilanen* (**B**) durch Rk. von Allyl- (**I**) u. Methallylchlorid (**II**) mit Silanen in Ggw. von Speier-Katalysator (0,1 n Lsg. von $H_2P + Cl_6 \cdot 6H_2O$ in Isopropanol) beschrieben. Die Rk.-Geschw. nimmt in der Reihe Alkyldichlor-, Dialkylchlor-, Trichlor- u. Trialkylsilan ab, in Nebenrkk. entstehen *Isobutylen* u. *Propylen.* Bei der Dehydrochlorierung von **A** u. **B** in Ggw. von Piperidin (**III**, 5—10% der Menge **A** oder **B**) werden *Allyl-* bzw. *Methallylalkylchlorsilane* erhalten, wobei die letzteren stets im Gemisch mit wechselnden Mengen *Isobutenylalkylchlorsilanen* entstehen.

Versuche: γ-Chlorpropylsilane (**A**): Durch mehrstd. Erhitzen von **I** mit dem entsprechenden Silan u. ca. 1 ml Speier-Katalysator oder durch Erhitzen eines Teiles des Rk.-Gemisches u. langsames Zugeben des restlichen Rk.-Gemisches bei > 100—120°: *Trichlor-*, $Kp._{750}$ 178,4°, aus 113 g **I** u. 200 g Silicochloroform (**IV**); n_D^{20} 1,4668; $D._4^{20}$ 1,3590; 39% (Ausbeute). — *Methyldichlor-*, $Kp._{760}$ 186°, aus 306 g **I** u. 460 g Methyldichlorsilan (**V**); n_D^{20} 1,4585; $D._4^{20}$ 1,2040; 42%. — *Äthyldichlor-*, $Kp._{758}$ 205°, aus 59 g **I** u. 100 g Äthyldichlorsilan (**VI**); n_D^{20} 1,4463; $D._4^{20}$ 1,1810; 40%. — *Methyläthylchlor-*, $Kp._{758}$ 198°, aus 76 g **I** u. 108 g Methyläthylchlorsilan (**VII**); n_D^{20} 1,4548; $D._4^{20}$ 1,0408; 43%. — *γ-Brompropylmethylchlorsilan*, $Kp._{22}$ 109°, aus 90 g Allylbromid u. 85 g **V**; n_D^{20} 1,4855; $D._4^{20}$ 1,4690; 22%. — γ-Chlorisobutylsilane (**B**): *Trichlor-*, $Kp._{740}$ 192,5°, aus 173 g **II** u. 260 g **IV**; n_D^{20} 1,4685; $D._4^{20}$ 1,4685; 81%. — *Methyldichlor-*, $Kp._{750}$ 195°, aus 680 g **II** u. 880 g **V**; n_D^{20} 1,4630; $D._4^{20}$ 1,1710; 63%. — *Äthyldichlor-*, $Kp._{750}$ 215°, $Kp._{65}$ 136°, aus 42 g **II** u. 59 g **VI**; n_D^{20} 1,4676; $D._4^{20}$ 1,1530; 78%. — *Methyläthylchlor-*, $Kp._{755}$ 211°, aus 29,5 g **II** u. 35,5 g **VII**; n_D^{20} 1,4593; $D._4^{20}$ 1,0202; 77%. — *Methyldiäthyl-*, $Kp._{756}$ 210°, aus 69 g **II** u. 60 g Methyldiäthylsilan; n_D^{20} 1,4530; $D._4^{20}$ 0,9002; 45%. — β.β-Bis-[chlormethyl]-äthylsilane: *Methyldichlor-*, $Kp._{18}$ 121,5°, aus 265 g 1.1-Bis-[chlormethyl]-äthylen u. 290 g **V**; n_D^{20} 1,4870; $D._4^{20}$ 1,3025; 20%. — *Trimethyl-*, $Kp._{25}$ 98—100°, durch Zugabe von 106 g vorst. Verb. zu Methyl-MgCl (aus 25 g Mg) in 500 ml Ae., 3std. Kochen u. Zers. mit W.; n_D^{20} 1,4638; $D._4^{20}$ 1,0241; 32%. — Allylsilane: Durch mehrstd. Dest. des entsprechenden **A** in Ggw. von **III** mit solcher Geschw., daß die Temp. des übergehenden Dampfes 120—130° nicht übersteigt: *Trichlor-*, $Kp._{750}$ 116°; n_D^{20} 1,4445; $D._4^{20}$ 1,2224; 34%. — *Methyldichlor-*, $Kp._{747}$ 117,5°; n_D^{20} 1,4406; $D._4^{20}$ 1,0686; 84%. — *Äthyldichlor-*, $Kp._{747}$ 143,5°; n_D^{20} 1,4483; $D._4^{20}$ 1,0529; 69%. — *Methyläthylchlor-*, $Kp._{760}$ 135,8°; n_D^{20} 1,4380; $D._4^{20}$ 0,9109; 54%. — *Methyldiäthyl-*, $Kp._{755}$ 142°; n_D^{20} 1,4342; $D._4^{20}$ 0,7727; 14%. — Methallylsilane: *Trichlor-*, $Kp._{762}$ 139,5°, analog vorst. Verbb., Dampftemp. < 155°; n_D^{20} 1,4535; $D._4^{20}$ 1,2036; 71%. — *Methyldichlor-*, $Kp._{747}$ 139°; n_D^{20} 1,4470; $D._4^{20}$ 1,0521; 45%; daneben 20% *Isobutenylmethyldichlorsilan* [$Kp._{747}$ 149°; n_D^{20} 1,4558; $D._4^{20}$ 1,0476]. — *Äthyldichlor-*, $Kp._{747}$ 164,5°; n_D^{20} 1,4570; $D._4^{20}$ 1,0549; 25%; daneben 11% *Isobutenyläthyldichlorsilan* [$Kp._{745}$ 170,5°; n_D^{20} 1,4620; $D._4^{20}$ 1,0508].

I. Schade 980△

0835 **Phosphorsäureamidester und ihre quaternären Derivate.** 1. Mitt. Paolo Malatesta und Giuseppe Migliaccio. (Ann. Chimica **50,** 1158—66, 1960; Roma, Univ., Ist. di Chim. farmaceut. e tossicol.; ital.) — Äthylphosphonsäuredichlorid (**I**) wird mit Dimethylamin (1:1) zu *Äthylphosphonsäurechloriddimethylamid* (**II**) umgesetzt, aus dem man mit β-Mercaptotriäthylamin (**III**) bzw. β-Diäthylaminoäthanol (**IV**) *S*-[*β-Diäthylaminoäthyl*]-*äthylthiophosphonsäure-* (**V**) bzw. *O*-[*β-Diäthylaminoäthyl*]-*phosphonsäuredimethylamid* erhält. Einige analoge Verbb. wurden auf gleiche Weise synthetisiert u. in die quart. Salze übergeführt. Die Substanzen sind zur Prüfung einer Anticholesterinase-Wrkg. von Interesse.

Versuche: Äthylphosphonsäurechloridamide: *Dimethylamid* (**II**), $C_4H_{11}ClNOP$, $Kp._{0,5}$ 90°, durch Zutropfen von Dimethylamin in Bzl. zu **I** unter Eiskühlung u. 48std. Stehen. — *Diäthylamid*, $C_6H_{15}ClNOP$ $Kp._{0,5}$ 108—110°, analog **II**. — *Morpholid*, $C_6H_{13}ClNO_2P$, $Kp._{0,6}$ 124°. — S-[β-Diäthylaminoäthyl]-äthylthiophosphonsäureamide: *Dimethylamid* (**V**), $C_{10}H_{25} \cdot N_2OPS$, $Kp._{0,7}$ 151°, durch 3std. Kochen von **II** mit **III** u. Triäthylamin in Benzol. *Jodmethylat*, $C_{11}H_{28}JN_2 \cdot OPS$, F. 150° (A.-Ae.). *Jodäthylat.* $C_{12}H_{30}JN_2OPS$, F. 225° (A.-Ae.). — *Diäthylamid*, $C_{12}H_{29}N_2OPS$, $Kp._1$ 187°, analog **V**. *Jodmethylat*, $C_{13}H_{32}JN_2OPS$, F. 218°. *Jodäthylat*, $C_{14}H_{34}JN_2OPS$, F. 220°. — *Morpholid*, $C_{12}H_{27}N_2O_2PS$, $Kp._{0,5}$ 135°. *Jodmethylat*, $C_{13}H_{30}JN_2O_2PS$, F. 208°. — O-[β-Diäthylaminoäthyl]-äthylphosphonsäureamide: *Dimethylamid*, $C_{10}H_{25}N_2O_2P$, $Kp._{0,5}$ 82—84°, analog **V** aus **I** u. **IV**. *Jodmethylat*, $C_{11}H_{28}JN_2O_2P$, F. 164° (A.-Ae.). *Jodäthylat*, $C_{12}H_{30}JN_2O_2P$, F. 210°. — *Diäthylamid*, $C_{12}H_{29}N_2O_2P$, $Kp._1$ 255°. *Jodmethylat*, $C_{14}H_{32}JN_2O_2P$, F. 200°. *Jodäthylat*, $C_{15}H_{34}JN_2O_2P$, F. 221°. — *Morpholid*, $C_{12}H_{27}N_2O_3P$, $Kp._{0,4}$ 110°. *Jodmethylat*, $C_{13}H_{30}JN_2O_3P$, F. 189°. — *Äthyldithiophosphonsäure-S.S-bis-*[*β-diäthylaminoäthylester*], $C_{14}H_{33}N_2OPS_2$, $Kp._{0,1}$ 155°, durch 3std. Kochen von **I** mit **III** in Bzl. in Ggw. von Triäthylamin. *Bis-jodmethylat*, $C_{16}H_{39}J_2N_2OPS_2$, F. 194°. — *Äthylphosphonsäure-bis-*[*β-diäthylaminoäthylester*], C_{14} ·

$H_{33}N_2O_3P$, Kp.$_{0,1}$ 167°, analog aus I u. IV. *Bis-jodmethylat*, $C_{16}H_{39}J_2N_2O_3P$, F. 180°. H.-E. Toussaint 980◇

0836 **Derivate von β-Ketophosphonigsäuren.** W. L. Foss, W. W. Kudinowa, G. B. Posstnikowa und I. F. Lutzenko. (Ber. Akad. Wiss. UdSSR **146,** 1106–08, 1962; russ.) — Die Darst. von *β-Alkoxyvinylphosphonigsäuredialkylestern* u. *-dichloriden* wird beschrieben.

Versuche: *β-n-Butoxyvinylphosphonigsäure, Dichlorid*, $C_6H_{11}Cl_2OP$, Kp.$_9$ 99–100°, durch tropfenweise Zugabe von 20 g n-Butylvinyläther zu 83,2 g PCl_5 in 800 ml abs. CCl_4 bei –10°, 5std. Rühren, Zugabe von 0,3 g Jod, Zugabe von 8 g weißem P in 4 ml CS_2 u. 3½std. Rühren bei –10°; $D._4^{20}$ 1,1675; n_D^{20} 1,5127; 71,6% (Ausbeute) [daneben *α-Chloräthyl-n-butyläther*, $C_6H_{13}ClO$, Kp.$_{70}$ 64–65°; $D._4^{20}$ 0,9340; n_D^{20} 1,4136]. *Dimethylester*, Kp.$_{11}$ 103–104°; $D._4^{20}$ 0,9940; n_D^{20} 1,4635; 37,6%. — *Diäthylester*, Kp.$_{11}$ 116–116,5°; $D._4^{20}$ 0,9584; n_D^{20} 1,4584; 71,2%. — *β-Äthoxy-β-äthylvinylphosphonigsäure, Dichlorid*, $C_6H_{11}Cl_2OP$, Kp.$_7$ 85–86°, durch Rk. von α-Äthylvinyläthyläther mit PCl_5 u. P; $D._4^{20}$ 1,1614; n_D^{20} 1,5140; 50%. — *β-Acetoxy-β-chloräthylphosphonigsäuredichlorid*, $C_4H_6Cl_3O_2P$, Kp.$_3$ 76–77°, durch Rk. von Vinylacetat mit PCl_5 u. P; $D._4^{20}$ 1,4263; n_D^{20} 1,5052; 70%. — *Acetonylphosphonigsäuredichlorid*, $C_3H_5Cl_2OP$, Kp.$_{10}$ 73 bis 74°, durch Rk. von Isopropenylacetat mit PCl_5 u. P; $D._4^{20}$ 1,3452; n_D^{20} 1,5105; 32%. Daneben *α-Acetyl-β-chlorpropenylphosphonigsäuredichlorid*, Kp.$_2$ 113–114°; $D._4^{20}$ 1,4416; n_D^{20} 1,5235; 42,7%. — *β-Äthoxyvinylphosphonigsäure, Dichlorid*, Kp.$_{13}$ 78°; $D._4^{20}$ 1,2482; n_D^{20} 1,5228; 70,5%. *Dimethylester*, Kp.$_{15,5}$ 81–82°; $D._4^{20}$ 1,0261; n_D^{20} 1,4618; 35,4%. *Diäthylester*, Kp.$_{11,5}$ 93–93,3°; $D._4^{20}$ 0,9788; n_D^{20} 1,4567; 56,1%. — *β-Isopropoxyvinylphosphinigsäure, Dichlorid*, Kp.$_{12}$ 84–85°; $D._4^{20}$ 1,1989; n_D^{20} 1,5153; 63,5%. *Dimethylester*, Kp.$_8$ 77–78°; $D._4^{20}$ 1,0050; n_D^{20} 1,4604; 45,6%. *Diäthylester*, Kp.$_{11,5}$ 98,5°; $D._4^{20}$ 0,9648; n_D^{20} 1,4547; 58,2%. — *β-Phenoxyvinylphosphonigsäure, Dichlorid*, Kp.$_3$ 93–94°, F. 16–17°; $D._4^{20}$ 1,3007; n_D^{20} 1,5976; 41%. *Diäthylester*, Kp.$_{2,5}$ 107–108°; $D._4^{20}$ 1,0635; n_D^{20} 1,5228; 51,4%. — *β-n-Butoxypropenylphosphonigsäuredichlorid*, Kp.$_{13}$ 115–116°; $D._4^{20}$ 1,1426; n_D^{20} 1,5140; 50%. — *β-n-Butoxy-β-äthylvinylphosphonigsäuredichlorid*, Kp.$_7$ 110–111°; $D._4^{20}$ 1,1120; n_D^{20} 1,5065; 65%. — *β-n-Butoxy-β-propylvinylphosphonigsäuredichlorid*, Kp.$_7$ 120–121°; $D._4^{20}$ 1,0927; n_D^{20} 1,5050; 70%. Helmut Schäfer 980△

0837 **Äthyl-β-chlorvinylphosphinsäureester.** W. Ss. Ziwunin und Gilm Kamai. (Ber. Akad. Wiss. UdSSR **131,** 1113–16, 1960; Kasan, Chem.-Technolog. Kirow-Inst.; russ.) — Es wird die Synth. einer Reihe von *Vinyl-*, *β-Halogenvinyl-* u. *α.β-Dihalogenäthyläthylphosphinsäuren* beschrieben u. die Polymerisationsfähigkeit der Ester untersucht. Die Polymerisationsfähigkeit nimmt bei Einführung von Halogen in β-Stellung der Vinylgruppe soweit ab, daß auch beim längeren Erhitzen unter Druck keine polymeren Prodd. erhalten werden. Nur *Äthyl-β-chlorvinylphosphinsäureallylester* polymerisiert beim 1std. Erhitzen mit Dibenzoylperoxid oder Azodiisobuttersäurenitril auf 80°, während beim 10std. Erhitzen auf 80° unter Druck in Ggw. von Diazoaminobenzol keine Veränderung eintritt.

Versuche: *Äthyl-α.β-dichloräthylphosphinsäure, Chlorid* (I), $C_4H_8Cl_3OP$, Kp.$_{10}$ 132–133°, durch Einleiten von Cl_2 in 80 g Äthylvinylphosphinsäurechlorid bei < 5° (Gewichtszunahme 50 g); n_D^{20} 1,5100; $D._4^{20}$ 1,4290; 82% (Ausbeute). *Äthylester*, $C_6H_{13}Cl_2O_2P$, Kp.$_3$ 105–107°, aus vorst. Verb. u. A. in abs. Ae. in Ggw. von Pyridin; n_D^{20} 1,4765; $D._4^{20}$ 1,2410; 30%. — *Äthyl-β-bromvinylphosphinsäure, Chlorid*, $C_4H_7BrClOP$, Kp.$_{10}$ 108–110°; n_D^{20} 1,5265; $D._4^{20}$ 1,6470. *Äthylester*, $C_6H_{12}BrO_2P$, Kp.$_{10}$ 97,5–98°; n_D^{20} 1,4800; $D._4^{20}$ 1,3760; 40%. — *Äthyl-β-chlorvinylphosphinsäure, Chlorid*, $C_4H_7Cl_2OP$, Kp.$_{10}$ 92 bis 94°, beim Durchleiten von 75 g I durch ein mit $BaCO_3$-u. Aktivkohle-Schichten gefülltes Quarzrohr bei 330 bis 350°; n_D^{20} 1,4935; $D._4^{20}$ 1,3080; 85%. *Methylester*, C_5H_{10}·ClO_2P, Kp.$_{12}$ 82–86°; n_D^{20} 1,4650; $D._4^{20}$ 1,1870; 51%. *Äthylester*, $C_6H_{12}ClO_2P$, Kp.$_{10}$ 85–89°; n_D^{20} 1,4625; $D._4^{20}$ 1,1260; 63%. *n-Propylester*, $C_7H_{14}ClO_2P$, Kp.$_{12}$ 106–112°; n_D^{20} 1,4600; $D._4^{20}$ 1,1100; 44%. — *Allylester*, $C_7H_{12}ClO_2P$, Kp.$_3$ 93–94°; n_D^{20} 1,4725; $D._4^{20}$ 1,1360; 73%. *n-Butylester*, $C_8H_{16}ClO_2P$, Kp.$_{11}$ 112–115°; n_D^{20} 1,4600; $D._4^{20}$ 1,0760; 55%. *Isobutylester*, $C_8H_{16}ClO_2P$, Kp.$_{12}$ 103–106°; n_D^{20} 1,4590; $D._4^{20}$ 1,0870; 41%. *Phenylester*, $C_{10}H_{12}ClO_2P$, Kp.$_3$ 122–132°; n_D^{20} 1,5305; $D._4^{20}$ 1,1900; 38%. — *Äthyl-α.β.β-trichloräthylphosphinsäurechlorid*, $C_4H_7Cl_4OP$, Kp.$_{10}$ 135°; n_D^{20} 1,5220; $D._4^{20}$ 1,5190; 22%. — *Äthylvinylphosphinsäurephenylester*, $C_{10}H_{13}O_2P$, Kp.$_3$ 114–115°; n_D^{20} 1,5240; $D._4^{20}$ 1,1140; 35%. I. Schade 980△

0838 **Synthese von Halogenphenyl-γ-jodpropargyläthern mit hohen fungiciden Eigenschaften.** Shigeo Seki, Ken Nishihata, Tadayuki Nakayama und Hiroshi Ogawa. (Agric. biol. Chem. [Tokyo] **27,** 150–51, 1963; Yokohama, Meiji Seika Co., Ltd., Central Res. Labor.; engl.) — *Halogenphenyl-γ-jodpropargyläther* erhält man in guter Ausbeute aus Halogenphenol-Na mit Propargylbromid u. Rk. der erhaltenen *Halogenphenylpropargyläther* mit J_2 in wss. CH_3OH in Ggw. von NaOH. Unter den dargestellten Äthern zeigte der *2.4.5-Trichlorphenyl-γ-jodpropargyläther* in Minimal-Konzz. von 0,25, 0,25 bzw. 0,78 mcg/ml gegenüber *Trichophyton asteroides*, *T. rubrum* u. *T. interdigitale* sowie gegen *Staphylokokken*, *Streptokokken*, *Bacillus subtilis* u. *Mycobakterium 607* gute fungicide Wirkung.

Versuche: Halogenphenyl-γ-jodpropargyläther: *Pentachlor-*, $C_9H_2Cl_5JO$, F. 140–140,5°. — *2.3.4.6-Tetrachlor-*, $C_9H_3Cl_4JO$, F. 104–105°. — *2.4.6-Trichlor-*, $C_9H_4Cl_3JO$, F. 101–102°. — *2.4.5-Trichlor-*, F. 113,5–114°. — *2.4.6-Tribrom-*, $C_9H_4Br_3JO$, F. 140 bis 140,5°. — *2.6-Dichlor-*, $C_9H_5Cl_2JO$, F. 65,5–66°. — *3.5-Dichlor-*, F. 49,5–50°. — *3.4-Dichlor-*, F. 76–76,5°. — *2.4-Dichlor-*, F. 91,0–92°. — *p-Chlor-*, C_9H_6ClJO, F. 50 bis 52°. — *p-Brom-*, C_9H_6BrJO, F. 74–75°. — *p-Jod-*, $C_9H_6J_2O$, F. 97–98°. F. Rosendahl 1060△

0839 **Darstellung einiger substituierter Derivate von Sesamol.** 1. Mitt. **Synthese von halogenierten Sesamolestern.** B. H. Alexander, T. A. Oda, R. T. Brown und S. I. Gertler. (J. org. Chemistry **23,** 1969–70, 1958; Beltsville, Md., U. S. Dep. of Agriculture, Agricultural Res. Service, Entomology Res. Div.; engl.) — Halogenierte *Ester von Sesamol* (3.4-Methylendioxyphenol) werden als potentielle Insekticide dargestellt. Eine Meth. zur Bromierung von Sesamol wird beschrieben. Die Bromierung von Chrysanthemsäuresesamylester verläuft als gleichzeitige Addition an die Doppelbindung u. Substitution im Bzl.-Kern.

Versuche: *Essigsäure-[3.4-methylendioxyphenylester]*, Kp.$_{14}$ 144–145°; n_D^{25} 1,5265; 100% (Ausbeute). — *Chrysanthemsäure-[3.4-methylendioxyphenylester]* **(I),** F. 66 bis 67° (PAe.), Kp.$_{0,25}$ 140–141°, nach Beroza (vgl. J. Agric. Food Chem. **4,** [1956], 49) aus synthet. Chrysanthemsäurechlorid; n_D^{25} 1,5302; 92%. — *2-Brom-4.5-methylendioxyphenol*, $C_7H_5BrO_3$, F. 88° (Zers.; Bzl.), durch Zugabe von Br_2/Eisessig zur Lsg. von Sesamol in Eisessig bei < 10° u. Gießen in Eis/W.; 90%. — 2-Brom-4.5-methylendioxyphenylester, durch Rk. vorst. Verb. mit Acylhalogeniden in Ggw. von Pyridin bzw. durch Rk. von 3.4-Methylendioxyphenylestern mit Br_2/Eisessig bei 0°: *Essigsäure-*, $C_9H_7BrO_4$, F. 84–86° (A.); 100%. — *Propionsäure-*, $C_{10}H_9BrO_4$, F. 60–61° (A.), Kp.$_{0,2}$ 108°; 80%. — *Naphthoesäure-*, $C_{18}H_{11}BrO_4$, F. 109 bis 110° (A.); 100%. — *Benzoesäure-*, $C_{14}H_9BrO_4$, F. 131° (A.); 80%. — *3-[1.2-Dibrom-2-methylpropyl]-2.2-dimethylcyclopropancarbonsäure-*, $C_{17}H_{19}Br_3O_4$, F. 140–142° (Bzl.), durch Rk. von I in Eisessig/Pyridin mit Br_2/Eisessig bei 0° u. Gießen in Eis; 96%. — *Chrysanthemsäure-*, $C_{17}H_{19}$·BrO_4, Kp.$_{0,11}$ 163–171°, aus synthet. Chrysanthemsäurechlorid nach Barthel u. Alexander (C. **1958,** 14298); n_D^{25} 1,5483; 67%. — *Chrysanthemsäure-[2-chlor-4.5-methylendioxyphenylester]*, Kp.$_{0,2}$ 142–157°, analog vorst. Verb.; n_D^{25} 1,5355. H.-J. Weigmann 1060△

0840 **Bis-benzylisochinoline.** 4. Mitt. **Darstellung von Diaryläthern aus Diaryljodoniumsalzen.** J. R. Crowder, E. E. Glover, M. F. Grundon und H. X. Kaempen. (J. chem. Soc. [London] **1963,** 4578–85; Belfast, Queen's Univ.; engl.) — 3. vgl. C. **1960,** 7848. — Durch Rk. von durch oxydative Jodierung von Aryl-Derivv. erhältlichen *symm. substituierten Diaryljodoniumsalzen* (**A**) mit Phenolaten wird eine allg. Meth. zur Darst. von *Diaryläthern* (**B**) entwickelt. So liefert *Diphenyljodonium(I)-bromid* mit Na-Phenolat in W. *Diphenyläther*. Die Ausbeute wird durch Rkk. mit dem entsprechenden Chlorid bzw. Perchlorat sowie durch Lsgm. wie Methanol, Butanol oder 2.2'-Dimethoxydiäthyläther nicht gesteigert. Analoge Rkk. von **I**-bzw. Di-p-tolyljodoniumbromid (**II**) mit den Na-Salzen von Phenol, Guajacol (**IX**), Vanillin (**X**) oder Isovanillin (**XI**) führen zu entsprechenden **B**. Oxydative Jodierung von Phenylessigsäuremethylester gibt *4.4'-Bis-methoxycarbonylmethyl]-diphenyljodonium (III)-jodid*, das durch Erhitzen auf 160° oder Kochen in Eisessig zu *p-Jodphenylessigsäure(IV)-Methylester* abgebaut wird. Hydrolyse vorst. Esters bzw. unabhängige Synth. von **IV** sichert die Struktur von **A**. **III**-Chlorid liefert mit Na-**IX**-Verb. bzw. mit 2-Methoxy-5-[2-phthalimidoäthyl]-phenol (**V**) die auch aus **IV**-Methylester u. **IX** oder **V** darstellbaren *2-Methoxy-4'-methoxycarbonylmethyldiphenyläther* bzw. *2-Methoxy-4'-methoxycarbonylmethyl-5-[2-phthalimidoäthyl]-diphenyläther* (**VI**). Die Struktur von **VI** wird weiter durch IR-Spektrum u. unabhängige Synth. bewiesen. Der für die Synth. von *Bisbenzylisochinolinen* gesuchte *5-[2-Aminoäthyl]-4'-carboxymethyl-2-methoxydiphenyläther* (**VII**) wird durch Hydrolyse von **VI** sowie durch Rk. von **IV**-Methylester mit **XI** u. CuO in sd. Lutidin, Hydrolyse zu *4'-Carboxymethyl-5-formyl-2-methoxydiphenyläther* (**VIII**), Überführen in das *Nitril* bzw. in das *Nitrostyrol* u. Hydrierung dieser Prodd. an PtO_2 dargestellt.

Versuche: Diphenyljodoniumsalze: *Unsubstituiert* (**I**), Perchlorat, $C_{12}H_{10}ClJO_4$, F. 174—175°, analog der Meth. von Beringer u. Mitarbeitern (vgl. C. **1956**, 397); aus A. Nadeln. — *4.4'-Bis-[methoxycarbonylmethyl]-* (**III**), *Bromid* (**IIIa**), $C_{18}H_{18}BrJO_4$, F. 166—167°, durch 2,5std. Zusetzen von KJ zu Phenylessigsäuremethylester, Eisessig, Acetanhydrid u. konz. H_2SO_4, weiteres 48std. Rühren, Zusetzen von Eiswasser, Sättigen des Filtrats mit SO_2, Zusetzen von KBr u. Umkristallisieren des Nd. aus W.; aus A. Nadeln; 64% (Ausbeute). *Jodid*, $C_{18}H_{18}J_2O_4$, F. 150°, analog **IIIa** mit KJ; aus A. Nadeln. *Chlorid*, $C_{18}H_{18}ClJO_4$, F. 188°, analog **IIIa**, jedoch Ausäthern der Eiswasser-Mischung, Waschen der äther. Lsg. mit W., Zusatz von NH_4Cl zu den vereinigten wss. Lsgg., 12std. Stehen bei 0°, Erhitzen des Nd. in A. u. Einengen des Filtrats; Nadeln; 32%. — *4.4'-Bis-[cyanmethyl]-*, *Jodid*, $C_{16}H_{12}J_2N_2$, F. 158—160°, analog **IIIa** aus 100 g Benzylcyanid; aus W. Nadeln; 3,3 g; daneben 9,1 g *Bromid* ($C_{16}H_{12}BrJN_2$, F. 201—202°, durch Sättigen der Mutterlauge mit NaBr; aus W. Nadeln). — Diphenyläther: *Unsubstituiert*, $Kp._{10}$ 117—118°, a) durch 24std. Kochen von **I**-Bromid mit je 1 Val Phenol u. NaOH in W., Ausäthern, Waschen des Auszugs mit wss. NaOH u. Eindampfen; 72%; b) analog a) mit **I**-Chlorid; 66%; c) analog a) mit **I**-Perchlorat in 40 Std.; 65%; d) durch 24std. Kochen von **I**-Bromid, Phenol u. Na in abs. Methanol, Eindampfen, Zusetzen von W. u. Ausäthern; 53%; e) analog d) mit **I**-Chlorid; 41%; f) analog d) mit **I**-Perchlorat; 57%; g) analog f) in n-Butanol; 56%; h) durch 24std. Erhitzen von **I**-Bromid, Na, Phenol u. 2.2'-Dimethoxydiäthyläther auf 80°, Eindampfen im Vakuum u. Aufarbeiten; 66%. — *5-Formyl-2-methoxy-*, $C_{14}H_{12}O_3$, F. 48—49°, $Kp._{0,1}$ 160°, durch 24std. Kochen von **I**-Bromid, **XI** u. NaOH in W. u. Aufarbeiten; aus A. Prismen; 84%. *2.4-Dinitrophenylhydrazon* (DNP), $C_{20}H_{16}N_4O_6$, F. 226—227°, aus Eisessig rote Nadeln. — *4-Methyl-*, $C_{13}H_{12}O$, $Kp._8$ 129°, durch 24std. Kochen von **II**, Phenol u. NaOH in W. u. Aufarbeiten; 86%. — *2-Methoxy-4'-methyl-*, $C_{14}H_{14}O_2$, F. 51—52°, $Kp._8$ 158—160°, analog vorst. Verb. aus **II** u. **IX**; aus PAe. Nadeln; 64%. — *4-Formyl-2-methoxy-4'-methyl-*, $C_{15}H_{14}O_3$, $Kp._{0,1}$ 144—146°, aus **X**; 63%. *DNP*, $C_{21}H_{18}\cdot N_4O_6$, F. 202—204° (Zers.), aus Eisessig rote Prismen. — *5-Formyl-2-methoxy-4'-methyl-*, $C_{15}H_{14}O_3$, F. 108°, aus **II** u. **XI**; aus PAe. Nadeln; 65%. — *2-Methoxy-4'-carboxymethyl-*, F. 110—112°, durch Hydrolyse des Methylesters mit wss. KOH; aus PAe. Nadeln. *Methylester*, $C_{16}H_{16}O_4$, $Kp._{0,2}$ 175°, a) analog vorst. Verbb. aus **III**-Chlorid u. **IX** in 24 std. bei 70°; 12%; b) analog a) in 1 Woche; 15%; c) analog a) mit je 3 Val **IX** u. NaOH; 30%; d) durch 48std. Kochen von **IV**-Methylester, **IX**, CuO u. 2.4.6-Trimethylpyridin unter N_2, Eindampfen des Filtrats, Ausschütteln des Rückstands mit einer Mischung aus Bzl., Ae. u. 3 n HCl, Filtrieren, Waschen der organ. Schicht mit 3 n HCl u. 2 n NaOH u. Eindampfen; 40%; n_D^{18} 1,567. — *5-Formyl-2-methoxy-4'-carboxymethyl-* (**VIII**), $C_{16}H_{14}O_5$, F. 149—150°, durch 4std. Kochen des Methylesters mit wss.-alkohol. $KHCO_3$; aus Bzl. oder wss. A.-Prismen; 72%. *Methylester*, $C_{17}H_{16}O_5$, $Kp._{0,002}$ 200—220°, analog vorst. Ester nach d) mit **XI**; 22%. [*DNP*, $C_{23}H_{20}N_4O_8$, F. 182—185°, aus Essigsäure Nadeln]. — *4'-Carboxymethyl-2-methoxy-5-[2-nitrovinyl]-*, $C_{17}H_{15}NO_6$, F. 148—149°, durch 1std. Stehen von **VIII** u. Nitromethan in wss.-alkohol. KOH bei 0°, Gießen in Eis-wss. HCl u. Kristallisieren des Nd. aus wss. A.; aus Bzl. gelbe Platten; 71%. — *4'-Carboxymethyl-5-cyanmethyl-2-methoxy-*, $C_{17}H_{15}NO_4$, F. 152—154°, a) durch 2std. Kochen von **VIII**, Rhodanin u. Na-Acetat in Essigsäure, Stehen über Nacht, Verdünnen mit 30%ig. Essigsäure, Abfiltrieren des *Rhodaninderiv.*, dessen 2std. Erhitzen in 15%ig. NaOH auf 100°, Wasser-Zusatz, Ausäthern des angesäuerten Filtrats, Eindampfen des äther. Auszugs, 1std. Kochen der erhaltenen *Thioketosäure* mit alkohol. NH_2OH, Eindampfen, Ansäuern des Rückstands, Extrahieren mit Chlf., 1std. Erhitzen der erhaltenen *Hydroxyiminosäure* mit Acetanhydrid auf 100°, Zusetzen von W., 12std. Stehen, Behandeln des eingedampften Chlf.-Auszugs mit wss. Na_2CO_3, Ausäthern des Filtrats, Ansäuern der wss. Lsg., Extrahieren mit Chlf., Eindampfen u. Behandeln des Rückstands mit A.; aus CCl_4 Nadeln; 18%. — *5-[2-Aminoäthyl]-4'-carboxymethyl-2-methoxy-* (**VII**), *Hydrat*, $C_{17}H_{19}NO_4\cdot H_2O$, F. 192 bis 193°, a) durch 17std. Hydrieren vorst. Verb. in Eisessig an PtO_2; 46%; b) durch 2½std. Hydrieren vorvorst. Verb. in Essigester/10%ig. H_2SO_4 an PtO_2, Filtrieren, Rühren der wss. Schicht mit Amberlite IR-4B, Eindampfen u. Ausziehen des Rückstands mit A.; 34%; aus A.-W. Prismen. — *4'-Carboxymethyl-2-methoxy-5-[2-phthalimidoäthyl]-*, $C_{25}H_{21}NO_6$, F. 174—176°, durch 3std. Erhitzen von **VII** u. Phthalsäureanhydrid auf 160°, Extrahieren mit Chlf., Eindampfen des Auszugs u. Sublimieren; aus A. Nadeln; 66%. — *2-Methoxy-4'-methoxycarbonylmethyl-5-[2-phthalimidoäthyl]-* (**VI**), $C_{26}H_{23}NO_6$, F. 132—133° (Methanol), a) durch 1std. Stehen von 100 mg vorst. Verb. mit Diazomethan in Ae.-Methanol u. Eindampfen; 70 mg; b) durch 15std. Erhitzen von **III**-Chlorid, **V** u. NaOH in W. auf 65—75°, Zusetzen von **III**-Chlorid u. weiteres 24std. Erhitzen, Extrahieren mit Chlf., Waschen des Auszugs mit wss. NaOH u. mit W., Eindampfen, Ausäthern des Rückstands, Eindampfen der äther. Lsg., Dest. bei $Kp._{0,2}$ 120—130° u. Kristallisieren des Rückstands; 6%; c) durch 48std. Kochen von **IV**-Methylester, **V**, CuO u. 2.4.6-Trimethylpyridin unter N_2, Eindampfen des Filtrats, Ausschütteln des in Chlf. gelösten Rückstandes mit 3 n HCl, Waschen der Chlf.-Schicht, Eindampfen u. Chromatographie an Al_2O_3; 7%; aus A. Nadeln. — *p-Jodphenylessigsäure* (**IV**), F. 138—140°, a) durch Hydrolyse des Methylesters mit wss.-methanol. NaOH; b) aus p-Aminophenylessigsäure (F. 194—199°) nach Giannini u. Fedi (vgl. C. **1962**, 820); aus Bzl. Platten. *Methylester*, $C_9H_9JO_2$, $Kp._{0,1}$ 110—120°, aus 4.4'-Bis-[methoxycarbonylmethyl]-diphenyljodoniumjodid a) durch 5 Min. Erhitzen auf 160°, Dest. im Vakuum, Waschen des Destillats mit wss. $Na_2S_2O_3$ u. Redest.; 75%; b) durch 30 Min. Kochen in Eisessig, Gießen in W., Extrahieren mit Bzl., Aufarbeiten u. Verestern; 54%. — *2-Methoxy-5-[2-phthalimidoäthyl]-phenol* (**V**), $C_{17}H_{15}NO_4$, F. 155—157°, durch Red. von 3-Benzyloxy-4-methoxy-ω-nitrostyrol mit $LiAlH_4$, 1std. Kochen des erhaltenen Amins mit Phthalsäureanhydrid in Eisessig, Zusetzen von W., Umkristallisieren des *2-Methoxy-5-[2-phthalimidoäthyl]-phenylbenzyläthers* (F. 128—129°, Nadeln aus Isopropyläther; 82%] u. Hydrierung in Eisessig an 5%ig. Pd/Kohle; aus Isopropyläther Nadeln; 82%.

H. Gleinig 1060◇

0841 **Ein Bericht über die Chemie von N-Halogenamiden. 8. Mitt. N-Dibromamid der p-Azobenzolsulfonsäure und N-Brom-p-azobenzolsulfonamid-Salze von ein- und zweiwertigen Metallen.** A. Chrząszczewska, B. Bielawski, R. Skowroński, J. Słowiński und M.

Ungier. (Soc. Sci. Lodziensis, Acta chim. **3**, 79—85, 1958; Łodź, Univ., Dep. of Organ. Chem.; engl.) — 7. vgl. C. **1963**, 14653. — Die Darst. von *p-Azobenzolsulfochlorid* durch direkte Einw. von Chlorsulfonsäure auf Azobenzol wird beschrieben. Daraus wird über *p-Azobenzolsulfonamid* (**I**) durch Bromierung *N.N-Dibrom-p-azobenzolsulfamid* (**II**) erhalten. Nach verschiedenen Meth. wurden das *Na-* (**III**), *K-*, *Li-*, *Ca-* bzw. *Mg-Salz* von *N-Brom-p-azobenzolsulfonamid* erhalten.

Versuche: *p-Azobenzolsulfonsäure, Chlorid,* F. 124—125° (CCl_4), durch Zugabe von Azobenzol zu Chlorsulfonsäure innerhalb 30 Min. bei 25—30° unter Rühren u. 4std. Erhitzen auf 100°; 90% (Ausbeute). *Amid* (**I**), F. 224 bis 225°, durch 5std. Erhitzen des Chlorids mit 25%ig. NH_4OH auf 40—60°; *N.N-Dibromderiv.* (**II**), $C_{12}H_9Br_2 \cdot N_3O_2S$, F. 130—131° ($CCl_4$), durch Zutropfen von Br_2 zur Lsg. von **I** in 1 n NaOH bei 25° innerhalb 45 Min.; 83%. *N-Bromamid, Na-Salz* (**III**), a) durch Zutropfen von 1 n NaOH zur wss. Lsg. von 5,2 g **II** in 20 Min. u. 3std. Rühren bei 30°; 2,4 g; b) durch 1std. Zutropfen von wss. NaOH zur wss. Suspension von 6,5 g **I** u. 10,5 g **II** unter Rühren bei 30°; aus W. orangefarbene Kristalle; 12,3 g; *K-Salz,* analog **III**; *Li-Salzdihydrat,* $C_{12}H_9BrLiN_3O_2S \cdot 2H_2O$, a) durch 1/2std. Zutropfen von Br_2 zur Suspension von **I** in LiOH u. 4std. Rühren bei 30°; 67%; b) durch Zutropfen von LiOH zum Gemisch aus **I** u. **II** in W. u. 4std. Rühren bei Raumtemp.; aus W. orangerote Kristalle; 63%; *Ca-Salzpentahydrat,* $C_{24}H_{18} \cdot CaBr_2N_6O_4S_2 \cdot 5H_2O$, durch langsame Zugabe einer Suspension von $Ca(OH)_2$ in W. zur heißen Lsg. von 5 g **I** in wss. KOH unter Rühren, Überführung des ausgefallenen **I**-*Ca-Salzes* (gelborangefarben) in wss. $Ca(OH)_2$-Lsg. u. 1std. Zutropfen von Br_2 bei 30—35° unter Rühren; 5 g; b) durch 3std. Rühren von 1,9 g **I**, 3 g **II** u. CaO in W. bei 35—40°; 3 g; c) aus **III** u. $CaCl_2$ bzw. $Ca(OH)_2$ in W. bei 50°; aus W. orangefarbene Kristalle; *Mg-Salz,* $C_{24}H_{18}Br_2MgN_6O_4S_2$, durch Zugabe von $MgCl_2$ in W. zur wss. Lsg. von **III** bei 50°; orangerote Kristalle.

K. Zieloff 1090

0842 **Untersuchungen über die Synthese von Diaryldisulfiden.** 1. Mitt. **Herstellung von Bis-[3-nitrophenyl]-disulfid durch Reduktion von 3-Nitrobenzolsulfonylchlorid mit rotem Phosphor in Gegenwart von Jod als Katalysator.** Kiyoshi Kawahara. (J. pharmac. Soc. Japan [Yakugakuzasshi] **77,** 959—63, 1957; Osaka, Dainippon Pharmac. Co., Ltd., Res. Labor.; jap., Auszug: engl.) — Durch Red. von 3-Nitrobenzolsulfonylchlorid (**I**) mit rotem P in Ggw. von J_2 wird *Bis-[3-nitrophenyl]-disulfid* erhalten. Die optimalen Rk.-Bedingungen werden ermittelt. Im Gegensatz zur Meth. nach Ekbom [1891] wird bei der Red. von Benzolsulfonylchlorid (**II**) mit der berechneten oder einer geringeren Menge rotem P nicht Benzolsulfonylmercaptobenzol als Zwischenprod. erhalten, während ein Überschuß von rotem P neben *Diphenyldisulfid* auch *Thiophenol* liefert.

Versuche: *Diphenyldisulfid,* F. 61°, a) durch 1—1,5std. Rühren von 0,3 g rotem P, 1,8 g **II** in Essigsäure in Ggw. von J_2 bei 80°, Kühlen, Zugabe von W., Entfärben mit $Na_2S_2O_3$ u. Filtrieren; 54% (Ausbeute); b) durch Behandeln von **II** in Essigsäure mit 6 Mol HJ analog a); 45%; c) analog a) mit 1,2fachem Überschuß an rotem P; 59,8%; daneben *Thiophenol.* — *Bis-[3-nitrophenyl]-disulfid,* F. 83°, analog vorst. Verb. unter a) aus **I**; 45,4%. — *Benzolsulfonylmercaptobenzol,* F. 45°, analog vorvorst. Verb. unter b) mit 3 Mol HJ; 68%.

H. Krause 1090△

0843 **Untersuchungen über die Synthese von Diaryldisulfiden.** 2. Mitt. **Reduktion von Sulfonylchloriden mit rotem Phosphor in Gegenwart von Jod als Katalysator.** 1. Mitt. Kiyoshi Kawahara. (J. pharmac. Soc. Japan [Yakugakuzasshi] **77,** 963—65, 1957; jap., Auszug: engl.) — 1. vgl. vorst. Referat. — Durch Red. von Sulfonylchloriden mit rotem P in Ggw. von J_2 als Katalysator werden die entsprechenden *Alkyl-, Aryl-* bzw. *heterocycl. Disulfide* erhalten. Phenylmethansulfonylchlorid jedoch liefert hierbei *Dibenzylsulfid,* während *Bis-[thienyl-(2)]-disulfid* mit dieser Meth. nur bei tiefer Temp. zu erhalten ist.

Versuche: Disulfide: *Dimethyl-*, Kp. 105 bis 108°, durch Zutropfen von 45,8 g Methansulfonylchlorid zu einer Mischung von 12,4 g P, 2,6 g J_2 u. Essigsäure bei 55—60°, 1std. Erwärmen auf 80°, Gießen in W., Extrahieren mit Ae., Entfärben mit $Na_2S_2O_3$ u. Dest.; 10,5% (Ausbeute). — *Diäthyl-*, Kp. 150—152°; 12,2%. — *Dipropyl-*, Kp. 192,5°; 10,5%. — *Diphenyl-*, F. 61°; 67,8%. — *Bis-[p-tolyl]-*, F. 44—46°; 46,2%. — *Dimesityl-*, F. 123—124°; 63,2%. — *Bis-[α-naphthyl]-*, F. 88—89°; 56,2%. — *Bis-[β-naphthyl]-*, F. 137—138,5°; 12,7%. — *Bis-[chinolyl-(8)]-*, F. 203—204°; 72,6%. — *Bis-[thienyl-(2)]-*, F. 55—56°, bei 0°; 7,4%. — *Dibenzylsulfid,* $C_{14}H_{14}S$, F. 49°, aus Phenylmethansulfonylchlorid; 48%.

H. Krause 1090△

0844 **Untersuchungen über die Synthese von Diaryldisulfiden.** 3. Mitt. **Reduktion von Sulfonylchloriden mit rotem Phosphor in Gegenwart von Jod als Katalysator.** 2. Mitt. Kiyoshi Kawahara. (J. pharmac. Soc. Japan [Yakugakuzasshi] **77,** 965—68, 1957; jap., Auszug: engl.) — 2. bzw. 1. vgl. vorst. Referat. — Diaryldisulfide mit reduzierbaren Gruppen werden durch Red. der entsprechenden Arylsulfonylchloride mit rotem P in Ggw. von J_2 erhalten. Nitro-, Halogen-, Azo- u. Carboxylgruppen bleiben bei der Red. unverändert.

Versuche: Disulfide: *Bis-[2-nitrophenyl]-*, F. 195°, aus 2-Nitrobenzolsulfonylchlorid (s. vorst. Ref.); 71,5% (Ausbeute). — *Bis-[4-nitrophenyl]-*, F. 182°; 65%. — *Bis-[8-nitro-α-naphthyl]-*, F. 214—215°; 41,5%. — *Bis-[5-nitro-α-naphthyl]-*, F. 173—175°; 39,2%. — *Bis-[8-nitro-β-naphthyl]-*, $C_{20}H_{12}N_2O_4S_2$, F. 180°; 49%. — *Bis-[5-nitro-β-naphthyl]-*, F. 180°; 58%. — *Bis-[3.5-dinitrophenyl]-*, F. 175—176°; 60,5%. — *Bis-[2.5-dichlorphenyl]-*, $C_{12}H_6Cl_4S_2$, F. 78°; 62%. — *Bis-[2.5-dibromphenyl]-*, $C_{12}H_6Br_4S_2$, F. 103—105°; 75%. — *Bis-[4-jodphenyl]-*, $C_{12}H_8J_2S_2$, F. 127—129°; 64%. — *Bis-[4-chlorphenyl]-*, F. 70—72°; 60%. — *Bis-[2-chlor-5-nitrophenyl]-*, $C_{12}H_6Cl_2N_2O_4S_2$, F. 146°; 63%. — *Bis-[4-phenylazophenyl]-*, F. 164°; 64,5%. — *Bis-[3-carboxyphenyl]-*, F. 244°; 61,8%. — *Bis-[3-carboxy-4-hydroxyphenyl]-*, F. 235° (Zers.); 81,5%. — *Bis-[3-carboxy-5-nitrophenyl]-*, $C_{14}H_8N_2O_8S_2$, F. 239°; 63%.

H. Krause 1090△

0845 **Untersuchungen über die Synthese von Diaryldisulfiden.** 4. Mitt. **Reduktion von Sulfonylchloriden mit rotem Phosphor in Gegenwart von Jod als Katalysator.** 3. Mitt. Kiyoshi Kawahara. (J. pharmac. Soc. Japan [Yakugakuzasshi] **77,** 969—72, 1957; jap., Auszug: engl.) — 3. bzw. 2. vgl. vorst. Referat. — Arylsulfonylchloride mit hydrolysierbaren Gruppen werden mittels rotem P in Ggw. von J_2 reduziert. Je nach ihrer Stellung wird hierbei die Cyangruppe gleichzeitig mit der Red. der Sulfonylchloridgruppe hydrolysiert oder bleibt unverändert wie die Acetamido-, Äther- u. Estergruppe.

Versuche: Disulfide: *Bis-[4-cyanphenyl]-*, F. 173°, aus 4-Cyanbenzolsulfonylchlorid (s. vorvorst. Ref.); 67% (Ausbeute). — *Bis-[2-carbamoylphenyl]-*, $C_{14}H_{12}N_2 \cdot O_2S_2$, F. 232°, aus 2-Cyanbenzolsulfonylchlorid; 65,8%. — *Bis-[4-cyan-α-naphthyl]-*, $C_{22}H_{12}N_2S_2$, F. 235—236°; 57,2%. — *Bis-[4-methoxyphenyl]-*, F. 42—44°; 62%. — *Bis-[2-methoxy-5-chlorphenyl]-*, $C_{14}H_{12}Cl_2O_2S_2$, F. 102,5°; 75%. — *Bis-[2-methoxy-3.5-dichlorphenyl]-*, $C_{14}H_{10}Cl_4 \cdot O_2S_2$, F. 167°; 77,2%. — *Bis-[3-carboxy-4-methoxyphenyl]-*, $C_{16}H_{14}O_6S_2$, F. 211—213°; 76,4%. — *Bis-[4-phenoxyphenyl]-*, $C_{24}H_{18}O_2S_2$, F. 47°; 10%. — *Bis-[4-benzoyloxyphenyl]-*, F. 166—168°; 76%. — *Bis-[2-benzoyloxy-5-chlorphenyl]-*, $C_{26}H_{16}Cl_2O_4S_2$, F. 127—128°; 8,7%. — *Bis-[2-benzoyloxy-5-bromphenyl]-*, $C_{26}H_{16}Br_2 \cdot O_4S_2$, F. 125—127°; 23,2%. — *Bis-[4-acetamidophenyl]-*, $C_{16}H_{16}N_2O_2S_2$, F. 227°; 73,1%. H. Krause 1090△

0846 **Untersuchungen über die Synthese von Diaryldisulfiden.** 5. Mitt. **Reduktion von Schwefelverbindungen, die mit Arylsulfonylchlorid verwandt sind, mit rotem Phosphor in Gegenwart von Jod als Katalysator.** Kiyoshi Kawahara. (J. pharmac. Soc. Japan [Yakugakuzasshi] **77,** 972—77, 1957; jap., Auszug: engl.) — 4. vgl. vorst. Referat. — Schwefelverbb. mit Atomgruppen, die dem Sulfonylchlorid verwandt sind, werden mittels der verbesserten Ekbom-Meth. zu den entsprechenden *Di-*

sulfiden reduziert. Während die Red. von Sulfinsäuren, Sulfinylchloriden, Sulfinamiden, Disulfoxiden u. Sulfonsäurehydraziden unter den gewählten Bedingungen leicht gelingt, sind bei Sulfonamiden u. Sulfoxiden stärkere Bedingungen erforderlich. Die Red. von Sulfonsäuren u. Sulfonen gelang mit dieser Meth. nicht. Der Red.-Mechanismus wird angegeben.

Versuche: Disulfide: *Bis-[p-tolyl]-* (**I**), F. 46°, a) durch $^1/_2$std. Erhitzen von Bis-[p-tolyl]-disulfoxid u. rotem P in Essigsäure in Ggw. von J_2 auf 80°, Gießen in W., Entfärben mit $Na_2S_2O_3$ u. Extrahieren mit Bzl.; 85% (Ausbeute); b) aus p-Toluolsulfinsäure analog a); 73,3%; c) aus p-Toluolsulfinylchlorid; 71,4%; d) aus p-Toluolsulfinamid; 20%; e) aus p-Toluolsulfonamid in 10 Std. bei 114°; 13%. — *Bis-[3-nitrophenyl]-* (**II**), F. 81—82°, a) analog **I** unter a); 89%; b) aus 3-Nitrobenzolsulfonsäurehydrazid analog **I** unter a); 80%. — *Dimesityl-*, F. 123—124°, analog **I** unter a); 90%. — *Bis-[5-nitro-α-naphthyl]-*, F. 175°, analog **I** unter a); 80%. — *Bis-[8-nitro-β-naphthyl]-*, F. 180°, a) analog **I** unter a); 75%; b) analog **II** unter b); 88%. — *Bis-[5-nitro-β-naphthyl]-*, F. 180°, analog **I** unter a); 79%. — *Bis-[2.5-dibromphenyl]-*, F. 105°; 80%. — *Bis-[2-chlor-5-nitrophenyl]-*, F. 146°; 77%. — *Bis-[4-cyan-α-naphthyl]-*, F. 235—236°; 70%. — *Bis-[p-benzoyloxyphenyl]-*, F. 166—168°; 80,5%. — *Bis-[3-carboxy-4-methoxyphenyl]-*, F. 208—209°; 82%. — *Bis-[8-nitro-α-naphthyl]-*, F. 213—216°, analog **II** unter b); 81%. — *Bis-[2-nitrophenyl]-*, F. 196°, analog **II** unter b); 85%. — *Bis-[4-nitrophenyl]-*, F. 183°, analog **II** unter b); 89,5%. — *Diphenyl-*, F. 58°, analog **I** unter e); 14,4%. — *Bis-[4-chlorphenyl]-*, F. 75°, aus 4-Chlorbenzolsulfinsäure; 80%. — *Diphenylsulfid*, $C_{12}H_{10}S$, Kp.$_4$ 100—105°, durch 8std. Red. von Diphenylsulfoxid bei 120—130°; 54,3%. — *Dibenzylsulfid*, F. 47—50°, aus Dibenzylsulfoxid analog vorst. Verb.; 50%. — Vgl. C. **1964,** 14-0808.

H. Krause 1090△

0847 **Über einige Reaktionen von Thiocyanaten aromatischer Selenverbindungen.** Madeleine Perrier. (Selecta Chim. [São Paulo] **16,** 81—93, 1957; São Paulo, Univ., Fac. de Filosofia, Ciências e Letras, Dep. de Quím.; port.) — Übersicht über die Rkk. der Thiocyanate aromat. Selenverbb. mit W. u. A., Alkalien, Br_2/Chlf., KCNO, Dimethyl- u. Diäthylanilin, Thiokresol, Aceton, Resorcin, Acetophenon, Anilinen, p-Toluidin u. Dialkylanilinen. — 47 Literaturangaben.

H.-J. Weigmann 1090△

0848 **Eliminierungsreaktionen einiger Enol-Ester unter Bildung von Acetylen-Bindungen.** 3. Mitt. **Bildung von α.β-Acetylen-Carbonylverbindungen.** Gen Nakaminami. (Bull. chem. Soc. Japan **35,** 1629—32, 1962; Osaka, Univ. Nakanoshina, Sci. Fac., Dep. of Chem.; engl.) — 2. vgl. Bull. chem. Soc. Japan **35,** [1962], 1488. — *Benzoylphenylacetylen* (**I**) kann nicht aus Enolestern der Form $C_6H_5C(OR){=}CHCOC_6H_5$ (**II**) mit Na-tert.-Butylat in tert.-Butanol dargestellt werden, da sich der Alkohol unter den Rk.-Bedingungen leicht an **I** zu *β-tert.-Butoxychalkon* (**IIc**: R = tert.-C_4H_9) anlagert. Bei Verw. von Bzl. als Lsgm. entsteht **I** aus **II** (**a**: R = $PO(OC_6H_5)_2$, **b**: R = COC_6H_5) in glatter Reaktion. Analog wurde *Phenylpropiolsäure-tert.-butylester* (**III**) aus 3-Phenyl-3-[O.O-diphenylphosphoryloxy]-acrylsäuremethylester (**IV**) neben *Benzoylessigsäuremethylester* u. *Triphenylphosphat* (**V**) erhalten. *Tetrolsäureäthylester* (**VI**) entstand in geringer Menge aus $CH_3C(OR){=}CHCO_2C_2H_5$ (**VII**, **a**: R = $SO_2C_6H_4$-p-CH_3); aus **VII** [**b**: R = $PO(OC_6H_5)_2$] eine nichtidentifizierte Verb. neben **V**.

Versuche: *Benzoylphenylacetylen* (**I**), $C_{15}H_{10}O$, Kp.$_{0,5}$ 142—144°, F. 48—48,5°, a) durch Zutropfen von 18,3 g **IIa** in 200 ml Bzl. zu trockenem $(CH_3)_3CONa$ (aus 0,95 g Na) in 150 ml Bzl. bei Raumtemp., 13,5std. Rühren u. 28std. Stehen; Nadeln aus PAe; 76% (Ausbeute); b) analog a) aus **IIb**; 58%. — *β-tert.-Butoxychalkon* (**IIc**), $C_{19}H_{20}O_2$, F. 97—98° (Methanol), neben 0,1 g *Benzoesäure* beim Zutropfen von 2,0 g **I** in 30 ml Ae. zu $(CH_3)_3CONa$ (0,013 Mol) in 50 ml $(CH_3)_3COH$ bei 25—30°, 2std. Stehen u. Zugabe von Eisessig (0,04 Mol) in Ae.; Zugabe von 0,013 Mol Eisessig in Ae. gibt *Phenylacetylen* (*$HgCl_2$-Verb.*, F. 122—123,5°; aus A. Nadeln) u. *Benzoesäure* (F. 121,5—122°), aber kein **IIc**; gibt mit $FeCl_3$ in A. tiefrote Färbung; beim Erhitzen im Vakuum bei 180—200° entsteht *Dibenzoylmethan*, F. 77,5—78,5°; aus Methanol hellgelbe Nadeln. — *Phenylpropiolsäure-tert.-butylester* (**III**), Kp.$_1$ 93,5—96°, analog **I** aus 17,8 g **IV** u. 0,044 Mol $(CH_3)_3CONa$ in 120 ml Bzl. neben 30% *Benzoylessigsäuremethylester* (Kp.$_1$ 100—101°. *Cu-Komplex der Enolform*, $C_{20}H_{18}CuO_6$, F. 200—202°) u. 16% *Triphenylphosphat* (**V**, F. 48,5—50°; aus PAe. Nadeln. — *Phenylpropiolsäuremethylester*, Kp.$_2$ 78,5—81°, aus **III** mit H_2SO_4 u. CH_3OH durch $12^1/_2$std. Kochen u. 30std. Stehen; hellgelbe Fl.; 100%. — *Phenylpropiolsäure*, $C_9H_6O_2$, F. 135—137°, aus dem Methylester mit KOH in A. durch $^1/_2$std. Kochen; aus CCl_4 u. W. Nadeln; 65%. — *Tetrolsäureäthylester* (**VI**), Kp.$_{10}$ 63—64°, aus 13,4 g **VIIa** u. $(CH_3)_3CONa$ (0,048 Mol) in Bzl. bei Raumtemp., 38std. Rühren u. 75std. Stehen, 0,5 g. — Analog **VI** entstand aus **VIIb** neben **V** eine nicht identifizierte *Verb. vom Kp.$_{0,001}$ 95—105°*; n_D^{20} 1,4838.

H. Scholz 1210◇

0849 **Versuche zur Synthese von mit Tetracyclinen verwandten Substanzen.** 5. Mitt. **Synthese von 3.5-Dimethoxy-4-carboxyphthalsäureanhydrid.** Huang Yao-Tseng, Tu Tung-Yuan und Tai Li-Hsin. (Acta chim. sinica **24,** 322—26, 1958; chin., Auszug: engl. S. 327.) — 4. vgl. C. **1964,** 20-0875. — Die Darst. von *3.5-Dimethoxy-4-carboxyphthalsäureanhydrid* gelingt durch Rk. von *3.5-Dimethoxytrimellitsäure* (**I**) mit Acetanhydrid. Diese Verb. wird aus 2.6-Dihydroxy-4-methylbenzoesäure (**II**) über den *Methylester 2.4-Dihydroxy-3-methoxycarbonyl-6-methylbenzaldehyd* u. *2.4-Dimethoxy-3-methoxycarbonyl-6-methylbenzaldehyd* durch Oxydation der aus letzterer Verb. mit $KMnO_4$ gebildeten *2.4-Dimethoxy-6-methylisophthalsäure* (**III**) bzw. ihres *3-Methylesters* mit $KMnO_4$ im alkal. Medium erhalten.

Versuche: *2.6-Dihydroxy-4-methylbenzoesäure-methylester*, F. 97—99°, durch 24std. Kochen von **II** mit abs. Methanol u. konz. H_2SO_4; 70% (Ausbeute). — *2.4-Dihydroxy-3-methoxycarbonyl-6-methylbenzaldehyd*, $C_{10}H_{10}O_5$, F. 147—148° (90%ig. A.), durch 3std. Einleiten von HCl in die anteilweise mit $AlCl_3$ versetzte abs. äther. Lsg. vorst. Verb. in Ggw. von $Zn(CN)_2$ u. $^1/_4$std. Erhitzen mit W. auf 100°; 95%. *2.4-Dinitrophenylhydrazon*, $C_{16}H_{14}N_4O_8$, F. 255—256° (Dioxan). — *Semicarbazon*, $C_{11}H_{13}N_3O_5$, F. 206—208°. — *2.4-Dimethoxy-3-methoxycarbonyl-6-methylbenzaldehyd*, $C_{12}H_{14}O_5$, F. 95—97° (70%ig. Methanol), durch 15std. Kochen von 2,0 g vorst. Verb. mit Methyljodid u. wasserfreiem K_2CO_3 in Aceton; 2,35 g. *2.4-Dinitrophenylhydrazon*, $C_{18}H_{18}N_4O_8$, F. 244 bis 245°. *Semicarbazon*, $C_{13}H_{17}N_3O_5$, F. 199—200° (50%ig. A.). — *3.5-Dimethoxytrimellitsäure* (**I**), $C_{11}H_{10}O_8$, F. 234—235°, a) durch Zutropfen von wss. $KMnO_4$ zur Lsg. vorst. Verb. in 5%ig. KOH u. 11std. Kochen; b) analog aus nachst. Methylester; c) analog aus **III**. — *2.4-Dimethoxy-6-methylisophthalsäure* (**III**), $C_{11}H_{12}O_6$, F. 210—212°, neben **I** nach a). *3-Methylester*, $C_{12}H_{14}O_6$, F. 123—124°, analog **I** nach a), jedoch im neutralen Medium. — *3.5-Dimethoxy-4-carboxyphthalsäureanhydrid*, $C_{11}H_8O_7$, F. 232—234° (Bzl.), durch 2std. Kochen von **I** mit Acetanhydrid.

H.-J. Weigmann 1250△

0850 **Anlagerung von Nitroessigsäureestern an ungesättigte Ketone.** I. Ss. Iwanowa (Korssakowa), N. N. Bulatowa und Ss. Ss. Nowikow. (Nachr. Akad. Wiss. UdSSR, Abt. chem. Wiss. **1962,** 921—22; Zelinsky-Inst. für organ. Chem. der Akad. der Wiss. der UdSSR; russ.) — Durch Rk. von Nitroessigsäuremethylester (**I**) u. -äthylester (**II**) mit Phenyl(**III**)- u. Chlormethylvinylketon (**IV**) werden *α-Nitro-δ-benzoyl-* u. *α-Nitro-γ-chloracetylbuttersäureester* erhalten.

Versuche: *α-Nitro-γ-benzoylbuttersäure, Äthylester*, $C_{13}H_{15}NO_5$, Kp.$_2$ 182—182,5°, durch Zugabe von 10,6 g **II** u. 0,5 ml Diäthylamin (**V**) zu 0,24 g **III**; n_D^{20} 1,5201; 54% (Ausbeute). *Methylester*, $C_{12}H_{13}NO_5$, Kp.$_2$ 168—170°, F. 37—38°, analog aus **I**, **III** u. **V**; Nadeln aus A.; 54%. — *α-Nitro-γ-chloracetylbuttersäure, Methylester*, $C_7H_{10}ClNO_5$, Kp.$_2$ 156—157°, F. 40—41°, analog aus 6,28 g **IV**, 3,7 g **I** u. wenig **V**; Nadeln aus A.; 64,8%. *Äthylester*, $C_8H_{12}ClNO_5$, F. 55—56°, durch 2 Tage langes Stehen von 3,14 g **IV**, 4,12 g **II** u. wenig **V** u. Vermischen mit 4 ml A. bei 0°; glänzende Blättchen aus A.; 35%.

B. Lange 1270△

0851 **Piperazine. 2. Mitt. Synthese von 1-Methyl-4-[alkoxyphenylthiocarbamoyl]-piperazinhydrochloriden und α.ω-Bis-[4-methylpiperazinocarbonyl]-alkanen.** Yeong-ming Tung, Hong-tsiang Soong und Chi-chiek Chang. (Acta chim. sinica **23**, 455–61, 1957; chin., Auszug: engl.) — 1. vgl. C. **1963**, 19605. — Sieben verschiedene *1-Methyl-4-[alkoxyphenylthiocarbamoyl]-piperazinhydrochloride* (**A**) u. drei verschiedene *α.ω-Bis-[4-methylpiperazinocarbonyl]-alkandihydrochloride* (**B**) werden dargestellt u. auf ihre Wrkg. gegen *Schistosomiasis* bei animal. Infekten mit *Schistosoma japonica* getestet. Die Darst. der **A** erfolgt durch Umsetzen von 1-Methylpiperazin (**I**) mit Alkoxyphenylisothiocyanaten (**C**) in Ae., während die **B** durch Umsetzen von **I** mit entsprechenden dibas. Säurechloriden in Bzl. entstehen.

Versuche: N.N'-Diphenylthioharnstoffe, durch Umsetzen entsprechender Aminoverbb. mit CS_2: *3.3'-Dimethoxy-*, F. 126°. — *3.3'-Diäthoxy-*, F. 103 bis 104°. — *3.3'-Dipropoxy-*, F. 88–89°. — *3.3'-Diisopropoxy-*, F. 77,5–79°. — *3.3'-Dibutoxy-*, F. 74–75°. — *3.3'-Diallyloxy-*, F. 72–73°. — *4.4'-Dimethoxy-*, F. 186 bis 187°. — Phenyldithiocarbamidsäuren, Ammoniumsalze, durch Versetzen entsprechender Aniline mit CS_2 u. NH_4OH in Alkohol: *m-Methoxyphenyl-*, F. 159 bis 160°. — *m-Äthoxyphenyl-*, F. 167–168°. — *m-Propoxyphenyl-*, F. 142,5–143,5°. — *m-Isopropoxyphenyl-*, F. 142–143°. — *m-Butoxyphenyl-*, F. 107–109°. — *m-Allyloxyphenyl-*, F. 134–135°. — *p-Methoxyphenyl-*, F. 210°. — Phenylisothiocyanate (**C**), durch Umsetzen vorst. Verbb. mit $Pb(NO_3)_2$: *m-Methoxyphenyl-*, $Kp._2$ 117–120°. — *m-Äthoxyphenyl-*, $Kp._2$ 110–113°. — *m-Propoxyphenyl-*, $Kp._{0,06}$ 104–105°. — *m-Isopropoxyphenyl-*, $Kp._{0,2}$ 98–100°. — *m-Butoxyphenyl-*, $Kp._{0,04}$ 113–117°. — *m-Allyloxyphenyl-*, $Kp._{0,4}$ 117–120°. — *p-Methoxyphenyl-*, $Kp._2$ 115°. — 4-Phenylthiocarbamoyl-1-methylpiperazine (**A**), durch Umsetzen von **I** mit den **C** in Ae.: *4-[m-Methoxyphenylthiocarbamoyl]-*, F. 93–94°. *Hydrochlorid*, F. 184,5–186,5°. — *4-[m-Äthoxyphenylthiocarbamoyl]-*, F. 67,5–69,5°. *Hydrochlorid*, F. 137–140°. — *4-[m-Propoxyphenylthiocarbamoyl]-*, F. 93–94,5°. *Hydrochlorid*, F. 166–168°. — *4-[m-Isopropoxyphenylthiocarbamoyl]-*, F. 110–111°. *Hydrochlorid*, F. 155°. — *4-[m-Butoxyphenylthiocarbamoyl]-*, F. 72–73,5°. *Hydrochlorid*, F. 157–158°. — *4-[m-Allyloxyphenylthiocarbamoyl]-*, F. 75,5–77,5°. *Hydrochlorid*, F. 162–163°. — *4-[p-Methoxyphenylthiocarbamoyl]-*, F. 169–170°. *Hydrochlorid*, F. 209,5–210°. α.ω-Bis-[4-methylpiperazinocarbonyl]-alkane, durch Umsetzen von **I** mit dibas. Säurechlorid in Benzol: *-äthan*, $Kp._{0,03}$ 185–187°. *Dihydrochlorid*, F. 253–253,5°. — *-propan*, $Kp._{0,04}$ 235°. *Dihydrochlorid*, F. 228–229°. — *-butan*, $Kp._{0,05}$ 229°. *Dihydrochlorid*, F. 204–206°.

W. Hampel 1280△

0852 **Aminierung von Polyhalogenderivaten des Benzols.** N. N. Woroshzow, G. G. Jakobsson und T. D. Rubina. (Ber. Akad. Wiss. UdSSR **134**, 821–23, 1960; Moskau, Chem.-Technolog. Mendelejew-Inst.; russ.) — Bei Unterss. der Rk. von Hexahalogenbenzolen mit KNH_2 in fl. NH_3 oder mit NH_4OH zeigt sich, daß F leichter durch die Aminogruppe substituiert wird als Br u. Cl, weshalb für die Rk. ein bimol. Mechanismus angenommen wird.

Versuche: *Pentachloranilin*, $C_6H_2Cl_5N$, F. 232°, a) durch 10 Min. langes Rühren von KNH_2 (aus 0,02 Mol K in 100 ml NH_3) mit 0,01 Hexachlor- (**I**) oder Pentachlorfluorbenzol (**II**), Zugabe von 1,7 g NH_4NO_3, Abdest. des NH_3, Extrahieren mit Ae., Abdest. des Ae. u. Behandeln des Rückstandes mit konz. H_2SO_4 bei 50–60°; 5 bzw. 57%; b) durch 1std. Erhitzen von 0,02 Mol **I** oder **II** mit 150 ml 30%ig. NH_4OH im Autoklaven auf 200°; 5 bzw. 85%. *Diacetylderiv.*, $C_{10}H_6Cl_5NO_2$, F. 143,5° (A.). — *Pentabromanilin*, $C_6H_2Br_5N$, F. 262°, nach b) 8% aus Hexabrombenzol; 65% aus Pentabromfluorbenzol. *Diacetylderiv.*, $C_{10}H_6Br_5NO_2$, F. 192,5° (A.). — *m-Chloranilin*, $Kp._{68}$ 142°, durch 6std. Erhitzen von 2,93 g m-Chlorfluorbenzol mit 150 ml 30%ig. NH_4OH; $n_D^{16,5}$ 1,5945; 29%. *Acetylderiv.*, F. 77,5° (A.).

I. Schade 1310△

0853 **Reaktion von substituierten Benzolen und Chloral. 7. Mitt. Reaktion von o-Acettoluidid und Chloral.** Masaiti Yasue, Yosiharu Takai und Sigeru Yosizawa. (J. pharmac. Soc. Japan [Yakugakuzasshi] **77**, 1048–49, 1957; Nagoya City, Univ., Pharmac. School; jap., Auszug: engl.) — 6. vgl. Yasue u. Takai, C. **1964**, 18-0844. — Beim 20std. Erwärmen von o-Acettoluidid u. Chloral mit konz. H_2SO_4 auf 50–60° wird eine in Bzl. lösl. Fraktion (**I**) u. eine in Bzl. unlösl. Fraktion (**II**) erhalten. **II** wird größer u. **I** kleiner je tiefer die Rk.-Temp. u. je länger die Rk.-Zeit ist. **I** u. **II** liefern bei der Red. mit Zn-Staub in Eisessig *2-Methyl-5-[2.2-dichloräthyl]-acetanilid* (**III**).

Versuche: *2-Methyl-5-[2.2-dichloräthyl]-acetanilid* (**III**), $C_{11}H_{13}Cl_2NO$, F. 155,5–156°, a) durch 4std. Erhitzen von 12 g **I** in Eisessig mit Zn auf 100°, Filtrieren, Neutralisieren mit NH_4OH, Einengen im Vakuum u. Extrahieren mit Bzl.; aus A. Nadeln; 2,1 g (Ausbeute); b) analog a) aus **II**. — *1.1-Bis-[3-acetamido-4-methylphenyl]-äthan*, $C_{20}H_{24}N_2O_2$, F. 298°, analog **III** unter b) neben **III**. — *2-Methyl-5-[2-chlorvinyl]-acetanilid*, $C_{11}H_{12}ClNO$, F. 173–173,5°, durch 1std. Kochen von 1,7 g **III** in A. mit NaOH; aus A. Nadeln; 1,2 g. — *3-Acetamido-4-methylbenzoesäure*, $C_{10}H_{11}NO_3$, F. 277°, a) durch Zutropfen von $KMnO_4$ zu vorst. Verb. in Aceton, 2std. Stehen, Zugabe von Na_2SO_3, Einengen u. Ansäuern mit H_2SO_4; b) aus 3-Acetamido-4-methylbenzamid in konz. H_2SO_4 durch Behandeln mit $NaNO_2$ bei 0°; aus A. Nadeln. — *3-Amino-4-methylbenzoesäure*, F. 164°, durch 30 Min. langes Erhitzen vorst. Verb. in Essigsäure mit konz. HCl; aus W. Säulen. — *3-Amino-4-methylbenzonitril*, F. 76–78°, durch Red. von 10 g 3-Nitro-4-methylbenzonitril mit Sn + konz. H_2SO_4; 8 g. *Acetylderiv.*, $C_{10}H_{10}N_2O$, F. 153–154° (A.). — *3-Acetamido-4-methylbenzamid*, $C_{10}H_{12}N_2O_2$, F. 185–187°, durch Behandeln vorst. Acetylderiv. in A. mit H_2O_2 u. NaOH; aus W. Säulen.

H. Krause 1310△

0854 **Reaktion von Phenylazid mit Carbonylverbindungen.** L. A. Neiman, W. I. Maimind und M. M. Schemjakin. (Nachr. Akad. Wiss. UdSSR, Abt. chem. Wiss. **1962**, 1498–99; Akad. der Wiss. der UdSSR, Inst. für Chem. der Naturstoffe; Akad. der med. Wiss., Inst. für biol. u. med. Chem.; russ.) — Bei der Zugabe von 5 g Phenylazid in 100 ml Benzaldehyd (**I**) bzw. Cyclohexanon (**II**) zu 300 ml **I** bzw. **II** in $2^1/_2$ Std. in der Siedehitze werden *Benzylidenanilin* [75% (Ausbeute)] bzw. *Cyclohexylidenanilin* [$Kp._1$ 109–111°; n_D^{20} 1,5248; 70%; *Pikrat*, F. 174–175°; *Jodmethylat*, F. 159–160°] erhalten. Zum Mechanismus wird die intermediäre Bldg. von Oxaziranen angenommen, die zu den Schiffschen Basen reduziert werden. Helmut Schäfer 1310△

0855 **Zur Darstellung von Mono- und Diäthanolanilin aus Anilin und Äthylenoxid.** K. D. Petrow. (Plast. Massen [UdSSR] **1960**, Nr. 3, 52–54; russ.) — Kurzer Überblick über die Darst. von *N-[β-Hydroxyäthyl]-anilin* u. *N.N-Bis-[β-hydroxyäthyl]-anilin* aus Anilin u. Äthylenoxid, die — entgegen anderen Literaturangaben — auch in Abwesenheit von W. in guten Ausbeuten erhalten werden. K. Wekua 1320□

0856 **Darstellung von 3-Alkylmercapto-4-methyl-N-[β-diäthylaminoäthyl]-anilinen.** Zhen-Kai Ting und Chi-Chiek Chang. (Acta chim. sinica **24**, 333–37, 1958; Shanghai, Inst. of Med. Sci.; chin., Auszug: engl.) — Vgl. C. **1963**, 4327. — *3-Alkylmercapto-4-methyl-N-[β-diäthylaminoäthyl]-aniline* werden mit Ausnahme der 3-Allylmercapto-Verb. durch Rk. der entsprechenden *3-Alkylmercapto-4-methylacetanilide* (**A**) mit Diäthylaminoäthylchlorid (**I**) u. KOH in Aceton u. saure Hydrolyse erhalten. Die *Citrate* der Aniline werden auf ihre chemotherapeut. Wrkg. an mit *Schistosomiasis japonica* infizierten Tieren getestet.

Versuche: 3-Alkylmercapto-4-methylacetanilide (**A**), durch 2std. Kochen von 3-Mercapto-4-methylacetanilid mit Alkylbromiden u. KOH in 50%ig. A.: *3-[β-Hydroxyäthylmercapto]-*, $C_{11}H_{15}NO_2S$, F. 96–97°; 86,3% (Ausbeute). — *3-Allylmercapto-* (**II**), $C_{12}H_{15}NOS$, F. 66–67°, $Kp._{0,03}$ 152–154°; 80%. — *3-Isobutylmercapto-*, $C_{13}H_{19}NOS$, F. 80–81°; 83,7%. — *3-Amylmercapto-*, $C_{14}H_{21}NOS$, F. 80–81°; 82,2%. — *3-Isoamylmercapto-* (**III**), $C_{14}H_{21}NOS$, F. 78–79°; 84,8%. —

3-Cyclohexylmercapto-, $C_{15}H_{21}NOS$, F. 90—91°; 30%. — *3-[β-Diäthylaminoäthylmercapto]-*, $C_{15}H_{24}N_2OS$, Kp.$_{0,02}$ 170—172°; 71,3%. — *3-Allylmercapto-4-methylanilin*, $C_{10}H_{13}NS$, Kp.$_1$ 132—133°, durch 1std. Kochen von **II** mit konz. HCl in A.; 90%. — *3-Isoamylmercapto-4-methylanilin*, $C_{12}H_{19}NS$, Kp.$_1$ 149—150°, analog vorst. Verb.; 90%. — *3-Isoamylmercapto-4-methyl-N-[β-diäthylaminoäthyl]-acetanilid*, $C_{20}H_{34}N_2OS$, Kp.$_1$ 195—196°, durch 1std. Kochen von **III** mit gepulvertem KOH u. **I** in abs. Aceton; 78,5%. — 3-Alkylmercapto-4-methyl-N-[β-diäthylaminoäthyl]-aniline, analog vorst. Verb. aus den **A**, jedoch durch 2std. Kochen der Prodd. mit konz. HCl in A. u. Isolieren als Citrate in Aceton: *3-Allylmercapto-*, $C_{16}H_{26}N_2S$, Kp.$_{0,025}$ 142—149°, durch Kochen von **II** mit vorst. Verb. in Nitrobenzol (6 Std.); 56%. *Citrat*, $C_{22}H_{34}N_2O_7S$, F. 74—75°; 74%. — *3-[β-Hydroxyäthylmercapto]-*, $C_{15}H_{26}N_2OS$, Kp.$_{0,03}$ 166—170°; 77,5%. *Citrat*, $C_{21}H_{34}N_2O_8S$, F. 79—80°; 84%. — *3-Isobutylmercapto-*, $C_{17}H_{30}N_2S$, Kp.$_1$ 178—179°; 81%. *Citrat*, $C_{23}H_{38}N_2O_7S$, F. 115—117°; 90%. — *3-Amylmercapto-*, $C_{18}H_{32}N_2S$, Kp.$_3$ 190—192°; 77,5%. *Citrat*, $C_{24}H_{40}N_2O_7S$, F. 101—102°; 90%. — *3-Isoamylmercapto-*, $C_{18}H_{32}N_2S$, Kp.$_1$ 179—180°; 77,1%. *Citrat*, $C_{24}H_{40}N_2O_7S$, F. 106 bis 107°; 88%. — *3-Cyclohexylmercapto-*, $C_{19}H_{32}N_2S$, Kp.$_1$ 205—206°; 78,7%. *Citrat*, $C_{25}H_{40}N_2O_7S$, F. 114—115°; 86%. — *3-[β-Diäthylaminoäthylmercapto]-*, $C_{19}H_{35}N_3S$, Kp.$_{0,025}$ 154—155°; 74%. *Dicitrat*, $C_{31}H_{51}N_3O_{14}S$, F. 86,5 bis 87,5°; 86%. H.-J. Weigmann 1320△

0857 **Synthesen von basischen Phenylalkyläthern.** 12. Mitt. Torizo Takahashi, Mikio Hori und Yoshio Hamashima. (J. pharmac. Soc. Japan [Yakugakuzasshi] **78,** 907—10, 1958; Univ. of Kyoto, Med. Fac., Pharmaceut. Inst.; jap., Auszug: engl.) — 11. vgl. J. pharmac. Soc. Japan [Yakugakuzasshi] **74,** [1954], 48. — Zur Überprüfung des Einfl. verschiedener Substituenten auf die Veränderung der physiolog. Aktivität, insbesondere der Antiadrenalin- bzw. uteruskontrahierenden Wrkg., werden verschiedene *N.N-Dialkyl-2-[o-allylaryloxy]-äthylamine* synthetisiert.

Versuche: *m-Allyloxychlorbenzol* (**I**), C_9H_9ClO, Kp.$_7$ 89°, durch mehrstd. Kochen von m-Chlorphenol in Aceton mit Allylbromid in Ggw. von K_2CO_3; 79% (Ausbeute). — *5-Allyloxy-1.2.3.4-tetrahydronaphthalin* (**II**), $C_{13}H_{16}O$, Kp.$_{0,3}$ 108—110°, aus 5.6.7.8-Tetrahydro-α-naphthol analog **I**; 60%. — *6-Allyloxy-1.2.3.4-tetrahydronaphthalin* (**III**), $C_{13}H_{16}O$, Kp.$_1$ 115°, aus 5.6.4.8-Tetrahydro-β-naphthol analog **I**; 81%. — *2-Allyloxy-1-benzylbenzol* (**IV**), $C_{16}H_{16}O$, Kp.$_{0,7}$ 152—155°, aus o-Benzylphenol analog **I**; 60%. — *2-Allyl-5-chlorphenol* (**V**), C_9H_9O, Kp.$_5$ 98°, durch 20 Min. langes Erhitzen von **I** in Dimethylanilin auf 220—230°; 88%. — *2-Allyl-5.6.7.8-tetrahydro-α-naphthol* (**VI**), $C_{13}H_{16}O$, Kp.$_{0,8}$ 115°, aus **III** analog **V** in 8 Std.; 2%. — *1-Allyl-5.6.7.8-tetrahydro-β-naphthol* (**VII**), $C_{13}H_{16}O$, Kp.$_1$ 125°, aus **II** in 5 Std.; 71%. — *2-Allyl-6-benzylphenol* (**VIII**), $C_{16}H_{16}O$, Kp.$_{0,9}$ 154 bis 155°, aus **IV** in 3 Std.; 65%. — *2-Allyl-4-benzylphenol* (**IX**), $C_{16}H_{16}O$, Kp.$_{0,6}$ 148—149°, aus p-Allyloxybenzylbenzol; 62%. — *1-Allyl-2-hydroxy-3-äthoxycarbonylnaphthalin* (**X**), $C_{16}H_{16}O_3$, Kp.$_{0,4}$ 170—172°, aus 2-Allyloxy-3-äthoxycarbonylnaphthalin; 85%. — *1-Allyl-2-hydroxy-3-allyloxycarbonylnaphthalin* (**XI**), $C_{17}H_{16}O_3$, Kp.$_{0,2}$ 182 bis 183°, aus der 3-Allyloxyverb.; 87%. — 2-[o-Allylaryloxy]-äthyldiäthylamine, durch mehrstd. Erhitzen vorst. phenol. Verbb. mit Na-Methylat, -Äthylat oder -Propylat u. 1-Chlor-2-diäthylaminoäthan auf 100°, Filtrieren, Waschen u. Extrahieren mit Ae.: *2-[2-Allyl-6-chlorphenoxy]-äthyl-*, $C_{15}H_{22}ClNO$, Kp.$_{0,4}$ 129—130°, aus 2-Allyl-6-chlorphenol in 6 Std.; 75%. *Hydrochlorid*, $C_{15}H_{23}Cl_2NO$, F. 117°; aus Essigsäureäthylester (**XII**) Nadeln. — *2-[2-Allyl-5-chlorphenoxy]-äthyl-*, $C_{15}H_{22}ClNO$, Kp.$_{0,5}$ 143°, aus **V** in 6 Std.; 70%. *Hydrochlorid*, $C_{15}H_{23}\cdot Cl_2NO$, F. 122°; aus **XII** Nadeln. — *2-[2-Allyl-4-chlorphenoxy]-äthyl-*, $C_{15}H_{22}ClNO$, Kp.$_{0,3}$ 135—136°, analog vorst. Verb. in 10 Std.; 73%. *Hydrochloridmonohydrat*, $C_{15}H_{23}Cl_2NO\cdot H_2O$, F. 72°; aus **XII** Nadeln. — *2-[2-Allyl-6-nitrophenoxy]-äthyl-* (**XIII**), $C_{15}H_{22}N_2O_3$, Kp.$_{0,9}$ 145 bis 155°; aus 2-Allyl-6-nitrophenol in 8 Std.; 67%. *Hydrochloridmonohydrat*, $C_{15}H_{23}ClN_2O_3\cdot H_2O$, F. 42°; aus **XII** hellgelbe Tafeln. — *2-[2-Allyl-4-nitrophenoxy]-äthyl-*, Kp.$_{0,6}$ 175°, analog vorst. Verb. in 15 Std.; 64%. *Hydrochlorid*, $C_{15}H_{23}ClN_2O_3$, F. 122°; aus Aceton gelbe Tafeln. — *2-[2-Allyl-5-acetamidophenoxy]-äthyl-*, *Hydrochlorid*, $C_{17}H_{27}ClN_2O_2$, F. 142°, aus 3-Acetamido-6-allylphenol in 8 Std.; aus **XII** Säulen; 52%. — *2-[2-Allyl-4-acetamidophenoxy]-äthyl-*, $C_{17}H_{26}N_2O_2$, F. 80°, analog vorst. Verb. in 15 Std.; aus PAe. Nadeln; 48%. — *2-[2-Allyl-5.6.7.8-tetrahydro-α-naphthoxy]-äthyl-*, *Hydrochlorid*, $C_{19}H_{30}ClNO$, F. 98—101°, aus **VI** in 6 Std.; aus **XII** Nadeln; 60%. — *2-[1-Allyl-5.6.7.8-tetrahydro-β-naphthoxy]-äthyl-*, Kp.$_{0,7}$ 163—165°, aus **VII** in 8 Std.; 62%. *Hydrochlorid*, $C_{19}H_{30}\cdot ClNO$, F. 117°; aus **XII** Nadeln. — *2-[2-Allyl-6-benzylphenoxy]-äthyl-*, $C_{22}H_{29}NO$, Kp.$_{0,02}$ 155—156°, aus **VIII** in 6 Std.; 80%. *Pikrat*, $C_{28}H_{32}N_4O_8$, F. 93°; aus Methanol Säulen. — *2-[2-Allyl-4-benzylphenoxy]-äthyl-*, Kp.$_{0,2}$ 175—180°, aus **IX** in 10 Std.; 63%. *Hydrochlorid*, $C_{22}H_{30}ClNO$, F. 109—110°; aus **XII** Nadeln. — *2-[1-Allyl-3-methoxycarbonyl-β-naphthoxy]-äthyl-*, *Hydrochlorid*, $C_{21}H_{28}ClNO_3$, F. 138—139°, aus 1-Allyl-3-methoxycarbonyl-β-naphthol in 10 Std.; aus Methanol Säulen; 35%. — *2-[1-Allyl-3-äthoxycarbonyl-β-naphthoxy]-äthyl-*, *Hydrochlorid*, $C_{22}H_{30}ClNO_3$, F. 133—134°, aus **X** in 10 Std.; aus A. gelbe Tafeln; 71%. — *2-[1-Allyl-3-allyloxycarbonyl-β-naphthoxy]-äthyl-*, $C_{23}H_{29}NO_3$, Kp.$_{0,05}$ 188°, aus **XI** in 15 Std.; 42%. — *2-[2-Amino-6-allylphenoxy]-äthyl-*, Kp.$_{0,4}$ 131—132°, durch Red. von **XIII** in Ggw. von Pd/Kohle. *Acetylderiv.*, *Hydrochlorid*, $C_{17}H_{27}ClN_2O_2$, F. 148°. — *2-[2.4-Dichlorphenoxy]-äthyl-*, Kp.$_{0,2}$ 130—131°, aus 2.4-Dichlorphenol in 5 Stunden. *Hydrochlorid*, $C_{12}H_{18}\cdot Cl_3NO$, F. 128°. — 2-Aryloxyäthyldiallylamine, analog vorst. Verbb. durch Umsetzen mit 1-Chlor-2-diallylaminoäthan: *2-[2-Allyl-6-methoxycarbonylphenoxy]-äthyl-*, $C_{19}H_{25}NO_3$, Kp.$_{0,03}$ 158—159°; 61%. — *2-[1-Allyl-3-äthoxycarbonyl-β-naphthoxy]-äthyl-*, $C_{24}H_{29}NO_3$, Kp.$_{0,05}$ 204°, aus **X** in 5 Std.; 40%. — *2-[1-Allyl-3-allyloxycarbonyl-β-naphthoxy]-äthyl-*, $C_{25}H_{29}NO_3$, Kp.$_{0,03}$ 202°, aus **XI** in 7 Std.; 20%. — *2-Allyl-5-chlorphenol*, *v-Nitrobenzoat*, $C_{16}H_{12}ClNO_4$, F. 82°, durch Behandeln von **I** mit p-Nitrobenzoylchlorid in Benzol. H. Krause 1320△

0858 **Untersuchungen über die Synthese von Tetrandin.** 3. Mitt. Hideyo Kataoka. (Annu. Rep. ITSUU Lab. **1957,** 35—38; Tokyo, ITSUU Labor.; engl.) — 2. vgl. Annu. Rep. ITSUU Lab. **6,** [1955], 46. — Die Synth. von *3.4′-Bis-[2-aminoäthyl]-2′.5.6-trimethoxydiphenyläther*, dessen Abtrennung in Form des Oxalates erfolgt, wird beschrieben.

Versuche: *3.4-Dimethoxy-5-bromzimtsäure*, F. 138 bis 139°, durch 1std. Erwärmen von 50 g 5-Bromvertraldehyd mit Malonsäure in Pyridin in Ggw. von Piperidin auf 100°, Einengen im Vakuum, Verdünnen mit W. u. Ansäuern mit verd. HCl; aus Methanol Nadeln; 54 g (Ausbeute). — *β-[3.4-Dimethoxy-5-bromphenyl]-propionsäure* (**I**), F. 113—115°, durch Hydrieren 10 g vorst. Verb. in Methanol an Pd/$BaSO_4$; aus Bzl. Nadeln; 8,4 g. *Methylester*, Kp.$_4$ 160—163°. — *Benzylferulasäure*, F. 190 bis 193°, durch 2std. Erwärmen von 20 g Benzylvanillin mit Malonsäure in Pyridin/Piperidin auf 100°; aus Methanol Platten; 21,5 g. — *Hydroferulasäure*, F. 86—90°, durch Hydrieren von 25,5 g vorst. Verb. in 5%ig. Sodalsg. an Pd/$BaSO_4$; 16 g. *Methylester*, Kp.$_3$ 144—146°. — *3.4′-Bis-[β-carbomethoxyäthyl]-2′.5.6-trimethoxydiphenyläther* (**II**), F. 38—40°, Kp.$_3$ 138—142°, durch Lösen von 20 g vorst. Methylesters in K-Methylatlsg., Zugabe von **I**-Methylester, Eindampfen im Vakuum, 3std. Erhitzen mit Cu u. Cu-Acetat auf 200—205°, Extrahieren mit Ae. u. Waschen mit 5%ig. Sodalsg.; 11 g. — *3.4′-Bis-[β-carboxyvinyl]-2′.5.6-trimethoxydiphenyläther*, F. 221—222° durch 2std. Erwärmen von 7,8 g 2′.5.6-Trimethoxy-3.4′-diformyldiphenyläther mit Malonsäure in Pyridin/Piperidin auf 100°, Einengen im Vakuum, Verdünnen mit W., Ansäuern mit HCl, Lösen des Sirups in 5%ig. Sodalsg., Zugabe von Eis u. Ansäuern; aus Methanol Nadeln; 9 g. — *3.4′-Bis-[β-carboxyäthyl]-2′.5.6-trimethoxydiphenyläther*, F. 127—127,5°, durch katalyt. Red. von 7,5 g vorst. Verb. an Pd/$BaSO_4$ in 8%ig. Sodalsg.; aus Methanol Prismen; 7 g. *Isopropylidenhydrazid*, F. 161—163°, durch 5std. Kochen von 3 g **II** mit Hydrazinhydrat in A., Eindampfen, Lösen in W., Waschen mit Ae., Dest. im Vakuum, Zugabe von Aceton in der Wärme u. Kühlen;

aus A. Nadeln; 2,6 g. — *3.4'-Bis-[2-aminoäthyl]-2'.5.6-trimethoxydiphenylätheroxalat*, F. 111—112° (Zers.), durch Lösen von 2 g vorst. Deriv. in 1 n HCl bei 0°, Zugabe von Ae., Zugabe von wss. $NaNO_2$-Lsg., Trocknen der äther. Lsg. nit Na_2SO_4, Zugabe von Bzl., Abdest. von Ae., 2std. Kochen mit konz. HCl, Zugabe von NaOH, Extrahieren mit Ae. u. Zugabe von äther. Oxalsäurelsg.; aus Methanol Nadeln; 0,5 g. W. Hampel 1320△

0859 **Epoxyäther.** 19. Mitt. **Reaktion von 1.2-Epoxy-1-methoxy-2-methyl-1-phenylpropan mit Aminen.** Calvin L. Stevens und Charles Hung Chang. (J. org. Chemistry **27,** 4392—96, 1962; Detroit, Mich., Wyane State Univ., Dep. of Chem.; engl.) — 12. vgl. C. **1958,** 14291. — Die Rk. von 1.2-Epoxy-1-methoxy-2-methyl-1-phenylpropan (**I**) mit sek. Aminen zu *α-Amino-α-methylpropiophenonen* (**A**), die durch katalyt. oder $NaBH_4$-Red. die entsprechenden *Aminoalkohole* geben. Die Struktur des so aus **I** u. Piperidin (**IV**) erhaltenen *α-Piperidino-α-methylpropiophenons* (**V**) wurde durch Red. zum entsprechenden *Aminoalkohol* (**VII**), dessen Oxydation zum *N-Oxid* (**III**) u. dessen Pyrolyse zu *Isobutyrophenon* (**IX**) u. *N-Hydroxypiperidin* sowie durch Synth. aus α-Piperidino-α-methylpropionitril (**VI**) u. Phenyl-Li, die des aus $HN(CH_3)_2$ u. **I** erhaltenen *α-Dimethylamino-α-methylpropiophenons* wurde analog über das *N-Oxid* (**VIII**) des entsprechenden *Aminoalkohols* durch dessen Pyrolyse zu *N-Hydroxydimethylamine* u. **IX**, durch $NaJO_4$-Spaltung des Aminoalkohols u. durch Synth. sichergestellt. Weitere Hinweise auf die Struktur von **A** gaben ihre IR- u. UV-Spektren. Rk. von **I** u. n-Butylamin (**II**) gibt *α-Butylamino-α-methylpropiophenon* (**X**) u. die entsprechende Schiffsche Base von **X**, die durch Säure zu **X** hydrolysiert u. die aus **X** u. **II** gebildet wird.

Versuche: α-Methylpropiophenone (**A**), aus **I** durch Kochen mit überschüssigem Amin: *α-Morpholino-*, F. 82,5—84°, $Kp._{0,3}$ 125—127°, in 10 Std.; 91,5% (Ausbeute). *Pikrat*, F. 176—177°, *Hydrochlorid*, F. 170 bis 172°. — *α-Dibutylamino-*, $Kp._{0,2}$ 113—114°, in 20 Std.; n_D^{25} 1,5030; 43,8%. *Hydrochlorid*, F. 156—157°. — *α-N-Methylanilino-*, F. 52—53,4°, $Kp._{0,1}$ 118—122°, in 20 Std.; n_D^{25} 1,5857; 38,7%. — *α-Piperidino-* (**V**), F. 37—38° (PAe.), $Kp._{0,2}$ 95—97°, a) nach der allg. Meth. in 17 Std.; n_D^{25} 1,5340; 91,5%; b) aus Phenyl-Li unter N_2 durch Zutropfen von **VI** in abs. Bzl., 10 Min. langes Rühren, 1std. Kochen, Zusatz von ca. 5 n HCl, Eindampfen, Alkalisieren mit NaOH, Ae.-Extraktion u. Dest.; 42%; c) aus **III** durch Hydrierung in A. an 5%ig. Pd/Kohle bei Raumtemp.; 81,2%. *Pikrat*, F. 166—168°. — *α-Dimethylamino-*, $Kp._{4,5}$ 107—108°, a) aus **I** u. $HN(CH_3)_2$ in 22 Std. im Rohr bei 120°; n_D^{25} 1,5195; 92,8%; b) aus **VIII** analog **V** nach c); 85%. *Hydrochlorid*, F. 190—191°. *Pikrat*, F. 188—189°. — *α-Butylamino-* (**X**), $C_{14}H_{21}NO$, $Kp._{0,2}$ 85—87°, a) aus **I** u. **II** in 21 Std. im Rohr bei 120°; n_D^{25} 1,5052; 48,9%; b) durch 2std. Erhitzen nachst. Verb. in 6 n HCl auf dem Dampfbad, Einengen u. Ausäthern; daneben *Butylamin* [als *Hydrochlorid*, F. 205 bis 206° (abs. A.)]; 62,8%. *N-Butylketimin*, $C_{18}H_{30}N_2$, $Kp._{0,2}$ 94—95°, a) neben **X** nach a); n_D^{27} 1,4930; 38,2%; b) durch 21 std. Erhitzen von **X** u. **II** im Rohr auf 120°; 47%. — Benzylalkohole, durch Stehen von $NaBH_4$ u. **A** in CH_3OH oder A. bei Raumtemp., Eindampfen im Vakuum, Zusatz von W., Ae.-Extraktion u. Kristallisation aus PAe.: *α-[1-Piperidino-1-methyläthyl]-* (**VII**), F. 105—106°, a) nach der allg. Meth. in $^1/_2$ Std. in Methanol; 99,7%; b) durch Hydrierung von **V** an Pd/$BaSO_4$ in Eisessig u. Ggw. von $HClO_4$ bei 70°, Zusatz von K-Acetat, Zentrifugieren, Einengen bei 50—60°, Lösen in W., Alkalisieren mit NaOH u. Ae. — Extraktion; 90%. *Hydrochlorid*, F. 260—261°. *N-Oxid*, (**III**) F. 125 bis 126° (Chlf./PAe.), durch Zutropfen von 30%ig. H_2O_2 zu **VII** im Methanol bei Raumtemp., 24std. Rühren, Zugabe von Pt-Schwarz, 24std. Stehen u. Eindampfen mit abs. A. bei niedriger Temp.; 98,2%; *Pikrat*, F. 141—142° (30%ig. A.). — *α-[1-Morpholino-1-methyläthyl]-*, F. 129 bis 130°, in 5std. in Methanol; 99%. — *α-[1-Dimethylamino-1-methyläthyl]-*, F. 54—55°, in 5 Std. in A.; 100% [48std. Stehen mit 0,1 n $NaJO_4$-Lsg. → *Benzaldehyd* (*2.4-Dinitrophenylhydrazon*, F. 237—238°; 56%)]. *Hydrochlorid*, F. 222—223°. *N-Oxid* (**VIII**), F. 109—110°; 97%; *Pikrat*, F. 128—129°. — *α-[1-Dibutylamino-1-methyläthyl]-*, $Kp._{0,1}$ 130—131°, in 12 Std. in A.; n_D^{25} 1,5028; 90%. — *α-[1-N-Methylanilino-1-methyläthyl]-*, F. 64—65°, in 24 Std. in A.; 99,3%. — *α-[1-Butylamino-1-methyläthyl]-*, F. 84—85° (A./W.), in 24 Std. in A.; 99,2%. — *Isobutyrophenon* (**IX**), *2.4-Dinitrophenylhydrazon*, F. 160—161°, a) aus **III** durch Dest. bei 100—190° unter N_2 u. 5 Torr, Lösen in Ae., Zugabe von Oxalsäure, Isolierung von *N-Hydroxypiperidinoxalat* [F. 109—110° (abs. A./Ae.); 95,6%] u. Zugabe von 2.4-Dinitrophenylhydrazin in HCl/CH_3OH; 10,1%; b) aus **VIII** analog a) (Aufarbeiten durch Lösen in Pentan u. Waschen mit 3 n HCl (→ *N-Hydroxydimethylaminhydrochlorid*, F. 101—104°; 42,8%); 12,7%. — *α-Piperidino-α-methylpropionitril* (**VI**), F. 42 bis 45°, $Kp._{18}$ 98—100°, aus Acetoncyanhydrin u. **IV** durch 2std. Rk. bei 50—60°; 73%. — *1-[α.α-Dimethylbenzyl]-piperidin*, $C_{14}H_{21}N$, $Kp._{0,5}$ 88—90°, aus Phenyl-MgBr in Ae. durch Zutropfen von **VI** in Ae. unter Rühren, 6std. Kochen, Eindampfen, Zusatz von W., Ansäuern mit HCl, 1std. Erhitzen auf dem Dampfbad, Alkalisieren mit NaOH u. Ae.-Extraktion; n_D^{25} 1,5210; 17,3%. *Pikrat*, $C_{20}J_{24}N_4O_7$, F. 190—191°.

H.-J. Kötzsch 1340◇

0860 **Untersuchungen in der Reihe der substituierten Arylamide von Dithiocarbonsäuren.** 3. Mitt. **Synthese von substituierten Thiooxanilsäureamiden.** A. D. Grabenko und P. Ss. Pelkiss. (J. allg. Chem. [UdSSR] **32(94),** 735—37, 1962; Inst. für org. Chemie der Akad. der Wiss. der UkrainSSR; russ.) — 2. vgl. C. **1963,** 16521. — Durch Verseifung von substituierten Thiooxanilsäurenitrilen mit 15%ig. NH_4OH werden die entsprechenden *Thiooxanilsäureamide* (*$RNHCSCONH_2$*; R = Aryl) erhalten, die gelb bis gelborange gefärbt sind. Beim Erhitzen mit 10%ig. NaOH gehen die Thiooxanilsäurenitrile in die entsprechenden *Thiooxanilsäuren* über.

Versuche: Thiooxanilsäureamide: *o-Äthoxy-*, $C_{10}H_{12}N_2O_2S$, F. 123°, durch Lösen von o-Äthoxythiooxanilsäurenitril in 15%ig. NH_4OH, Einengen auf $^1/_3$ des ursprünglichen Vol., Filtrieren u. Waschen mit Soda-Lsg. u. W.; aus wss. A. gelbe Kristalle; 50% (Ausbeute). — *o-Propoxy-*, $C_{11}H_{14}N_2O_2S$, F. 97°; 96%. — *o-Isopropoxy-*, $C_{11}H_{14}N_2O_2S$, F. 78°; 75%. — *o-Isobutoxy-*, $C_{12}H_{16} \cdot N_2O_2S$, F. 95°; 64%. — *o-Isoamyloxy-*, $C_{13}H_{18}N_2O_2S$, F. 90°; 93%. — *o-Brom-*, $C_8H_7BrN_2OS$, F. 133°; 44%. — *o-Jod-*, $C_8H_7JN_2OS$, F. 167°; 68%. — *p-Äthoxy-*, $C_{10}H_{12} \cdot N_2O_2S$, F. 173°; 87%. — *p-Isopropoxy-*, $C_{11}H_{14}N_2O_2S$, F. 141°; 92%. — *p-Chlor-*, $C_8H_7ClN_2OS$, F. 184°; 72%. — *p-Brom-*, $C_8H_7BrN_2OS$, F. 187°; 92%. — *p-Jod-*, $C_8H_7 \cdot JN_2OS$, F. 118°; 79%. — *p-Isoamyloxy-*, $C_{13}H_{18}N_2O_2S$, F. 139°; 72%. — *p-Carboxy-m-hydroxy-*, $C_9H_8N_2O_4S$, F. 181°; 83%. — Thiooxanilsäuren: *p-Äthoxy-*, $C_{10}H_{11} \cdot NO_3S$, F. 126°, durch $^1/_2$std. Erhitzen von p-Äthoxythiooxanilsäurenitril mit 10%ig. NaOH, Zugabe der gleichen Menge W., Filtrieren u. Zugabe von HCl; aus verd. Essigsäure gelbe Kristalle; 82%. — *o-Methoxy-*, $C_9H_9NO_3S$, F. 136,5°; 61%. — *o-Äthoxy-*, $C_{10}H_{11}NO_3S$, F. 99°; 90%. — *o-Propoxy-*, $C_{11}H_{13}NO_3S$, F. 106°; 85%. — *o-Isobutoxy-*, $C_{12}H_{15}NO_3S$, F. 109°; 65%. — *o-Jod-*, $C_8H_6JNO_2S$, F. 175°; 70%. — *p-Methoxy-*, $C_9H_9NO_3S$, F. 134°; 93%. — *p-Propoxy-*, $C_{11}H_{13}NO_3S$, F. 118°; 85%. — *p-Isopropoxy-*, $C_{11}H_{13}NO_3S$, F. 98—99°; 77%. — *p-Chlor-*, $C_8H_6ClNO_2S$, F. 136°, 60%. — *p-Jod-*, $C_8H_6 \cdot JNO_2S$, F. 135°; 75%. — *p-Carboxy-*, $C_9H_7NO_4S$; 95%. — *p-Carboxy-m-hydroxy-*, $C_9H_7NO_5S$; 81%.

Horst Dalmer 1350△

0861 **Freie Radikal-Phosphonierung aromatischer Verbindungen.** E. K. Fields und R. J. Rolih. (Chem. and Ind. **1960,** 999—1000; Whiting, Ind., Standard Oil Company (Ind.), Res. and Development Dep.; engl.) — Direkte Phosphonierung aromat. Verbb. erfolgt durch freie, aus Dialkylphosphorigsäureester u. Di-tert.-butylperoxid nach Friedel-Crafts dargestellte Phosphonylradikale. Der Rk.-Mechanismus wird diskutiert. — *p-Carboxyphenylphosphonsäure*, $C_7H_7O_5P$, F. 377—379° (W.), durch 25std. Kochen von Benzoesäuremethylester, Phosphorigsäurediäthylester u. Di-tert.-butylperoxid, Abdest. von *Isobutylphosphonsäurediäthylester* [$Kp._{3mm}$ 83°; 45% (Ausbeute). *Isobutylphosphonsäure*, $C_4H_{11}O_3P$, F. 122—124°, durch Hydrolyse mit konz. HCl], 4std. Ko-

chen des Rückstandes mit konz. HCl, Einengen im Vakuum u. Extrahieren mit sd. Cyclohexan; 65%.
M. Lehmann 1380△

0862 **Reaktionen des Tetraäthylesters von Phosphorigsäurephosphorsäureanhydrid** $(C_2H_5O)_2P$–O–P(O)$(OC_2H_5)_2$ **mit Aminen und Alkoholen.** J. Michalski und T. Modro. (Bull. Acad. polon. Sci., Sér. Sci. chim. **10,** 327–29, 1962; Łódź, Polish Acad. of Sci., Inst. of organ. Synth.; engl.) — Bei der Rk. von Tetra-O-äthylphosphorsäurephosphorigsäureanhydrid (I) mit Alkoholen bzw. Aminen entstehen die entsprechenden *Diäthylalkylphosphite* u. *Diäthylphosphat* (**II**) bzw. *Diäthylphosphorigsäureamide* u. die *Aminsalze* des *Diäthylphosphats.* Phosphorigsäurediäthylesteramide: *-anilid,* aus **I** u. Anilin; 85% (Ausbeute) neben **II**-*Anilinsalz*; 85%. — *-p-toluidid,* aus **I** u. p-Toluidin; als *Benzoesäure-p-toluidid,* 67% neben 78% **II**-*p-Toluidinsalz.* — *-cyclohexylamid,* aus **I** u. Cyclohexylamin; 82% neben 100% **II**-*Cyclohexylaminsalz.* — *-benzylamid,* aus **I** u. Benzylamin; als *Benzoesäurebenzylamid* 50%. — *-morpholid,* aus **I** u. Morpholin; 72% neben 64% **II**-*Morpholinsalz.* — *O-n-Propylphosphorigsäurediäthylester,* aus **I** u. Propanol; 38% neben 44% **II.** — *O-Phenylphosphorigsäurediäthylester,* aus **I** u. Phenol; 40% neben 48% **II.** M. Lehmann 1380△

0863 **Darstellung und Reaktionen einiger Phenylphosphonsäurediamide und Diphenylphosphinsäureamide.** Nathan L. Smith. (J. org. Chemistry **28,** 863–65, 1963; Gainesville, Fla., Univ. of Florida, Dep. of Chem.; engl.) — Vgl. C. **1963,** 8522. — Die Rk. von Phenyldichlorphosphin (I) mit tert.-Butylamin, 3-Azabicyclo-[3.2.2]-nonan oder Hexahydro-1H-azepin liefert *Phenylphosphonigsäurediamide,* die durch Oxydation bzw. Schwefelung in die entsprechenden *Phosphon-* bzw. *Thiophosphonsäurediamide* übergeführt werden. Sie bilden *Metallsalz-Addukte* u. *quatern. Phosphoniumhalogenide.*

Versuche: *N.N'-Di-tert.-butylphenylphosphonigsäurediamid* (**II**), $C_{14}H_{25}N_2P$, Kp.$_{0,4}$ 98–100°, durch Rühren einer Lsg. von **I** in Bzl. u. tropfenweises Zufügen von tert.-Butylamin bei maximal 50°, nach 90 Min. Filtrieren u. Dest.; 64% (Ausbeute); *Methojodid,* $C_{15}H_{28}JN_2P$, F. 176–177°, aus wss. A. Prismen; 88%. *$HgCl_2$-Addukt,* $C_{14}H_{25}Cl_2HgN_2P$, F. 198° (Zers.); 100%. — *Bis-[tert.-butylamino]-benzylphenylphosphoniumchlorid,* $C_{21}H_{32}$ · ClN_2P, F. 232° (Zers.); 69%. — *Bis-{3-azabicyclo-[3.2.2]-nonyl-(3)}-phenylphosphin* (**III**), $C_{22}H_{33}N_2P$, F. 136–137°, analog **II** aus **I** u. 3-Azabicyclo-[3.2.2]-nonan; 67%. *Methojodid,* $C_{23}H_{36}JN_2P$, F. 236° (Zers.); 43%. — *Bis-{3-azabicyclo-[3.2.2]-nonyl-(3)}-benzylphenylphosphoniumchlorid,* $C_{29}H_{40}ClN_2P$, F. 273–274° 44%. *Tetrachloroaurat,* $C_{29}H_{40}AuCl_4N_2P$, F. 166–167°; gelbliches Granulat aus Aceton; 88%. — *3-Azabicyclo-[3.2.2]-nonyl-(3)-diphenylphosphin* (**IV**), *Methojodid,* $C_{21}H_{27}JNP$, F. 206° (Bzl./Ae.), durch 1std. Erwärmen von **IV** mit CH_3J; 55%. *CS_2-Addukt,* $C_{21}H_{24}NPS_2$, F. 168–169°, durch ½std. Erwärmen von **IV** mit CS_2 auf 40° u. Stehen über Nacht; 81%. — *N.N'-Di-tert.-butylphenylphosphonsäurediamid,* $C_{14}H_{25}N_2OP$, F. 188–189°, durch 2std. Erhitzen von **II** mit akt. MnO_2 in sd. Bzl.; 93%. — *Bis-{3-azabicyclo-[3.2.2]-nonyl-(3)}-phenylphosphinoxid,* C_{22} · $H_{23}N_2OP$, F. 160–161°, analog vorst. Verb. aus **III**; 97%. — *Bis-[hexahydro-1H-azepinyl-(1)]-phenylphosphinoxid,* $C_{18}H_{29}N_2OP$, Kp.$_{0,25}$ 188–190°, durch 1std. Erhitzen von Hexahydro-1H-azepin mit Phenylphosphonsäuredichlorid, heiß Filtrieren u. Fraktionieren; 19%. — *N.N'-Di-tert.-butylphenylthiophosphonsäurediamid,* $C_{14}H_{25}N_2PS$, F. 108–109° (wss. Aceton), a) durch 2std. Kochen von **II** mit S in trockenem Bzl., Filtrieren u. Einengen; 100%; b) durch Rk. von tert.-Butylamin mit Phenylthiophosphonsäuredichlorid; 39%. — *Bis-{3-azabicyclo-[3.2.2]-nonyl-(3)}-phenylphosphinsulfid,* $C_{22}H_{33}N_2PS$, F. 125 bis 126°, analog vorst. Verb. aus **III** u. S; 100%. — *p-Xylylen-bis-[phenyl-di-tert.-butylaminophosphoniumchlorid],* C_{36} · $H_{58}Cl_2N_4P_2$, F. > 335°; X8%. M. Lehmann 1380△

0864 **Triallyloxyphosphazosulfonylaryle.** W. I. Schewtschenko, W. P. Tkatsch und A. W. Kirssanow. (J. allg. Chem. [UdSSR] **32(94),** 4047–49, 1962; Inst. für organ. Chem. der Akad. der Wiss. der UkrainSSR; russ.) — Benzol- (I), p-Methylbenzol-, p-Chlorbenzol-, o-Nitrobenzol-, m-Nitrobenzol- (**II**), p-Nitrobenzol- (**III**), α-Naphthalin- u. β-Naphthalinsulfonimidophosphorsäuretrichlorid (**IV**) reagierten mit Na-Allylat (**V**) zu *Arylsulfonimidophosphorsäuretriallylestern* (*Triallyloxyphosphazosulfonylaryle*), die Br_2 anlagern u. in Ggw. von Dibenzoylperoxid (**VI**), polymerisieren. Bei der Darst. von *p-Chlorbenzolsulfonimidophosphorsäuretriallylester* (**VII**) fällt als Nebenprod. *p-Chlorbenzolsulfonamidophosphorsäurediallylester* an, der aus **VII** auch durch Hydrolyse erhalten wird.

Versuche: Arylsulfonimidophosphorsäuretriallylester: *Benzol-,* $C_{15}H_{20}NO_5PS$, durch Zugabe einer benzol. Lsg. von 0,02 Mol **I** zu **V** bei 0–5°, Eindampfen im Vakuum, Extrahieren mit Ae., Waschen des Extrakts mit Soda-Lsg. u. W., Eindampfen u. 5std. Erwärmen des Rückstandes auf 50–60°; n_D^{20} 1,5170; $D._4^{20}$ 1,2069; 73% (Ausbeute); gibt bei 3std. Erhitzen mit **VI** unter N_2 im Rohr auf 80° ein *Polymeres* [F. 200–205° (Zers.)]. — *p-Methylbenzol-,* $C_{16}H_{22}NO_5PS$; n_D^{20} 1,5182; $D._4^{20}$ 1,1895; 76%; gibt analog vorst. Verb. ein *Polymeres* [F. 200–205° (Zers.)]. — *p-Chlorbenzol-*(**VII**), $C_{15}H_{19}ClNO_5PS$; n_D^{20} 1,5230; $D._4^{20}$ 1,2487; 72%. — *o-Nitrobenzol-,* $C_{15}H_{19}N_2O_7PS$; n_D^{20} 1,5270; $D._4^{20}$ 1,2880; 48%. — *α-Naphthalin-,* $C_{19}H_{22}NO_5PS$; n_D^{20} 1,5619; $D._4^{20}$ 1,2283; 82%. — *m-Nitrobenzol-,* $C_{15}H_{19}N_2O_7PS$, analog aus **V** u. fein gepulvertem **II**; n_D^{20} 1,5300; $D._4^{20}$ 1,3091; 41%. — *p-Nitrobenzol-,* $C_{15}H_{19}N_2O_7PS$, aus **V** u. gepulvertem **III**; n_D^{20} 1,5300; $D._4^{20}$ 1,2752; 72%. — *β-Naphthalin-,* $C_{19}H_{22}NO_5PS$, aus **V** u. gepulvertem **IV**; n_D^{20} 1,5660; $D._4^{20}$ 1,2316; 59%. — *p-Chlorbenzolsulfonamidophosphorsäurediallylester,* $C_{12}H_{15}ClNO_5PS$, F. 71 bis 72° (W.), a) durch 1std. Kochen von 0,1 Mol **VII** in 100 ml 0,2 n wss.-äthanol. NaOH, Eindampfen, Zugabe von 30 ml W. u. Ansäuern mit HCl; 79%; b) aus dem bei der Darst. von **VII** anfallenden alkal. Waschwasser durch Ansäuern; 22%. B. Lange 1380△

0865 **N-Dichlorphosphinylareniminosulfonsäurechloride.** Je. Ss. Lewtschenko und A. W. Kirssanow. (J. allg. Chem. [UdSSR] **30(92),** 1553–61, 1960; Inst. für organ. Chem. der Akad. der Wiss. der UkrainSSR; russ.) — Durch Rk. von Arylsulfonamidophosphorsäuredichloriden mit PCl_5 wird eine Reihe von *N-[Dichlorphosphoryl]-arylsulfonimidchloriden* [*ArSO(=NPOCl$_2$)Cl*], erhalten. Ihre alkal. Hydrolyse in der Hitze führt in 80–95%ig. Ausbeute zu *Arylsulfamiden,* ihre Rk. mit Na-Phenolaten zu *N-[Diarylphosphoryl]-arylsulfonsäureesterimiden* {*ArSO[=NPO(OAr')$_2$]OAr'*}. Die Nacharbeitung der von Braun u. Weißbach [1930] beschriebenen Rk. von N-Äthyl-n-butan-, N-Äthylisopentan- u. N-Äthylcyclohexansulfonamid (**II**) mit PCl_5 ergab, daß die dabei erhaltenen Verbb. nicht, wie angegeben, die N-Äthylalkansulfonimidchloride sind. Eindeutig identifiziert wurde nur *N-Äthyltetrachlorcyclohexansulfamid.*

Versuche: N-[Dichlorphosphoryl]-arylsulfonimidchloride: *Benzol-* (**I**), $C_6H_5Cl_3NO_2PS$, durch Erhitzen von 0,1 Mol Benzolsulfonamidophosphorsäuredichlorid mit 0,103 Mol PCl_5 in 20 ml CCl_4 auf 90–100°; 100% (Ausbeute). — *o-Methylbenzol-,* $C_7H_7Cl_3NO_2PS$, F. 70–71°, analog; Prismen aus CCl_4; 68%. — *p-Methylbenzol-,* $C_7H_7Cl_3NO_2PS$, F. 53–54°; Blättchen aus PAe.; 67%. — *o-Chlorbenzol-,* $C_6H_4Cl_4NO_2PS$, F. 74–76°; Blättchen aus PAe.; 40%. — *p-Chlorbenzol-,* $C_6H_4Cl_4$ · NO_2PS, F. 71–72°; Blättchen aus PAe.; 69%. — *p-Brombenzol-,* $C_6H_4BrCl_3NO_2PS$, F. 79–80°; Blättchen aus Hexan; 95%. — *p-Fluorbenzol-,* $C_6H_4Cl_3FNO_2PS$; 100%. — *p-Methoxybenzol-,* $C_7H_7Cl_3NO_3PS$, F. 38–40°; Blättchen aus PAe.; 64%. — *m-Trifluormethylbenzol-,* $C_7H_4Cl_3F_3NO_2PS$; 100%. — N-[Diphenoxyphosphoryl]-arylsulfonsäurephenylesterimide: *Benzol-,* $C_{24}H_{20}NO_5PS$, F. 101–102°, durch 1std. Kochen von 0,01 Mol **I** mit 0,03 Mol Na-Phenolat in 50 ml Bzl.; Prismen aus A.; 73%. — *p-Methylbenzol-,* $C_{25}H_{22}NO_5PS$, F. 61–62°; Prismen aus CCl_4; 57%. — *p-Chlorbenzol-,* $C_{24}H_{19}ClNO_5PS$, F. 95–97°; Nadeln aus Methanol; 66%. — *p-Brombenzol-,* $C_{24}H_{19}BrNO_5PS$, F. 82–83°; Prismen aus Methanol oder A.; 61%. — *p-Fluorbenzol-,* $C_{24}H_{19}FNO_5PS$, F. 92–93°; Prismen aus A.; 83%. — N-[Bis-(p-nitrophenyl)-phosphoryl]-arylsulfonsäure-p-nitrophenylesterimide}: *o-Methylbenzol-,*

$C_{25}H_{19}N_4O_{11}PS$, F. 131—132°; Prismen aus A.; 61%. — *o-Chlorbenzol-*, $C_{24}H_{16}ClN_4O_{11}PS$, F. 133—134°; Prismen aus A.; 44%. — *p-Methoxybenzol-*, $C_{25}H_{19}N_4O_{12}PS$, F. 119—120°; Prismen aus A.; 87%. — *m-Trifluormethylbenzol-*, $C_{25}H_{16}F_3N_4O_{11}PS$, F. 141—142°; Blättchen aus Bzl.; 55%. — *N-Äthyltetrachlorcyclohexansulfamid*, $C_8H_{13} \cdot Cl_4NS$, F. 147—148° (Zers.; PAe.), aus 0,1 Mol **II** u. 0,2 Mol PCl_5, Abdestillieren der flüchtigen Phosphorchloride u. Vermischen des Dest.-Rückstandes mit 10 ml PAe.; 5 g. B. Celms 1380△

0866 **Methylcyclopentadien als Gleichgewichtsgemisch von Isomeren.** W. A. Mironow, Je. W. Ssobolew und A. N. Jelisarowa. (Ber. Akad. Wiss. UdSSR **146**, 1098—1101, 1962; Akad. der Wiss. der UdSSR, Zelinsky-Inst. für organ. Chem. u. Komission für Spektroskopie; russ.) — Bei der Rk. von Cyclopentadienyl-MgBr mit Dimethylsulfat bei —15° u. anschließende Dest. bei < —10° wird in ca. 30%ig. Ausbeute isomerenfreies *5-Methylcyclopentadien-(1.3)* [**I**; mit Maleinsäureanhydrid (**IV**) → *7-Methyl-3.6-endomethylen-Δ^4-tetrahydrophthalsäureanhydrid*, $C_{10}H_{10}O_3$, F. 145,5—146°] erhalten. **I** geht in 3—4 Std./25—28° prakt. quant. in *1-Methylcyclopentadien-(1.3)* [**II**; mit **IV** → *3-Methyl-3.6-endomethylen-Δ^4-tetrahydrophthalsäureanhydrid*, F. 88,5—89°] über. **II** wird in 2—3 Tagen bei 25—28° zu einem Gleichgew.-*Gemisch* (C_6H_8, Kp.$_{747}$ 72,5—73°; D.$_4^{20}$ 0,8098; n_D^{20} 1,4512) aus **II** u. *2-Methylcyclopentadien-(1.3)* (**III**) isomerisiert, das **II** u. **III** im Verhältnis ca. 1:1 u. Spuren **I** enthält [→ *Gemisch* aus *3-Methyl-* u. *4-Methyl-3.6-endomethylen-Δ^4-tetrahydrophthalsäureanhydrid*, Kp.$_3$ 122 bis 123°, F. 47—49°]. Die Isomeren u. ihre Gemische wurden *Raman-* u. IR-analyt. untersucht. Helmut Schäfer 1810△

0867 **Über neue interessante Fälle der Bildung von Nitrosoverbindungen.** I. L. Knunjanz, A. W. Fokin, W. Ss. Blagoweschtschenski und Ju. M. Kossyrew. (Ber. Akad. Wiss. UdSSR **146**, 1088—91, 1962; russ.) — Die Darst. von *Difluorchlornitrosomethan*, *1-Chlor-1-nitrosocyclohexan*, *2-Chlor-2-nitrosopropan* u. *1-Nitrosocyclohexen-(1)* wird beschrieben.

Versuche: *Difluorchlornitrosomethan*, $CClF_2NO$, Kp. —35 bis —36°, a) durch Erhitzen von Nitrodifluoressigsäureäthylester in 21%ig. HCl auf dem sd. Wasserbad; b) durch Zugabe von 48 g Nitrodifluoressigsäure in 200 ml W. zu 400 ml konz. HCl auf dem sd. Wasserbad; 67% (Ausbeute). — *1-Chlor-1-nitrosocyclohexan*, $C_6H_{10} \cdot ClNO$, Kp.$_{11}$ 49—50°, durch Zugabe von Na-Nitrocyclohexan [**I**; aus 8 g Nitrocyclohexan u. Na-Äthylat] zu 100 ml mit HCl gesätt. Ae.; D.$_4^{20}$ 1,0552; dunkelviolett; 93%. — *2-Chlor-2-nitrosopropan*, Kp.$_{108}$ 33—34°, durch Eintragen von Na-2-Nitropropan (aus 2 g 2-Nitropropan u. Na-Äthylat) in äther. HCl; D.$_4^{20}$ 1,001; 90%; violett. — *1-Nitrosocyclohexen-(1)*, C_6H_9NO, F. 65—68° (Bzl.), durch Zugabe von 15,2 g **I** unter Kühlung zu 50 ml Ae. u. 20 ml abs. HF u. Gießen in Eiswasser; 2,5 g. Helmut Schäfer 1810△

0868 **Synthese von 4-substituierten Dihydroresorcinen.** A. N. Kosst und L. G. Owssenjowa. (J. allg. Chem. [UdSSR] **32(94)**, 3983—86, 1962; Moskau, Lomonossow-Univ.; russ.) — Durch Cyanäthylierung einiger aliphat. Ketone werden *δ-Ketonitrile* erhalten, aus denen durch Methanolyse zu *4-Acylalkansäuremethylestern* u. deren intramol. Kondens. nach Claisen einige *Cyclohexandione-(1.3)* (*Dihydroresorcine*) dargestellt werden. Die analoge Cyclisierung von β-[Cyclohexanon-(1)-yl-(2)]-propionsäuremethylester führt zu *Bicyclo-[1.3.3]-nonandion-(2.9)*. UV-Spektren sind angegeben.

Versuche: *γ-Acetyl-γ-phenylbuttersäure, Nitril*, Kp.$_{14}$ 178—180°, durch Lösen von 0,85 g Na in 201 g Phenylaceton bei 90°, Zugabe von 56 g Acrylonitril bei 60—70°, Neutralisieren mit Eisessig u. Extrahieren mit Ae.; n_D^{20} 1,5200; D.$_4^{20}$ 1,0503; 69% (Ausbeute); *Semicarbazon*, F. 160—163° (A.). *Methylester* (**II**), $C_{13}H_{16}O_3$, Kp.$_7$ 159—160°, durch Sättigen von 69 g des Nitrils in 200 ml abs. Methanol mit HCl, Stehenlassen über Nacht, Zugabe von W. u. Ae. u. Extrahieren mit Bzl.; n_D^{20} 1,5078; D.$_4^{20}$ 1,0814; 67,5%. *Semicarbazon*, F. 138—140° (A.). — *γ-Acetylbuttersäuremethylester* (**III**), $C_7H_{12}O_3$, Kp.$_8$ 92—94°, analog vorst. Verb.; n_D^{20} 1,4269; D.$_4^{20}$ 1,0267; 62,5%. — *γ-Acetylvaleriansäuremethylester* (**IV**), $C_8H_{14}O_3$, Kp.$_6$ 90—91°; n_D^{20} 1,4325; D.$_4^{20}$ 1,0096; 66,4%. — *γ-Acetylönanthsäuremethylester* (**V**), $C_{10}H_{18}O_3$, Kp.$_5$ 108—110°; n_D^{20} 1,4381; D.$_4^{20}$ 0,9773; 55,0%. — *γ-Butyrylcapronsäuremethylester*, $C_{11}H_{20}O_3$, Kp.$_8$ 120 bis 121°; n_D^{20} 1,4380; D.$_4^{20}$ 0,9648; 75,0%. — *β-[Cyclohexanon-(1)-yl-(2)]-propionsäuremethylester* (**I**), $C_{10}H_{16}O_3$, Kp.$_{20}$ 174—175°; n_D^{20} 1,4620; D.$_4^{20}$ 1,0552; 63,0%. — Cyclohexandione-(1.3): *4-Phenyl-*, F. 112—113°, durch 2std. Erhitzen von 1,2 g Na in 25 ml abs. Methanol mit 11 g **II** auf dem Wasserbad, Neutralisieren mit 2 n H_2SO_4, Eindampfen im Vakuum, Zugabe von W. u. Extrahieren mit Ae.; 88%; gibt beim 1/2std. Kochen in wss. Suspension mit Br_2 *2-Brom-4-phenylcyclohexandion-(1.3)* [$C_{12}H_{11}BrO_2$, F. 153—155° (A.)]; bei Zugabe von Benzaldehyd zur 4%ig. äthanol Lsg. → *Phenyl-bis-[2.6-diketo-3-phenylcyclohexyl-(1)]-methan* [$C_{31}H_{28}O_4$, F. 163—165° (A.)]; durch Lösen in 10%ig. Na_2CO_3-Lsg. u. Zugabe von Phenyldiazoniumchlorid wird *2-Benzolazo-4-phenylcyclohexandion-(1.3)* [$C_{18}H_{16}N_2O_2$, F. 128—130° (A.); gelb; 100%] erhalten. — *4-Propyl-*, $C_9H_{14}O_2$, F. 74—75° (Ae.), analog vorst. Verb. aus **V** in Ggw. von Na-Methylat; 64,5%. — *4-Methyl-*, Kp.$_8$ 135—137°, a) analog aus **IV**; 75%; b) durch 1/2std. Erhitzen von 4 g **IV** mit 4 g Na-Methylat u. 50 ml abs. Ae. auf dem Wasserbad, Zugabe von W., Ansäuern mit 2 n H_2SO_4 u. Extrahieren mit Ae.; n_D^{20} 1,5255; 80%; *2-Benzolazoderiv.*, $C_{13}H_{14}N_2O_2$, F. 114—115° (A.-W. = 1:1). — *Unsubstituiert*, F. 103—105°, aus **III** in Ggw. von Na-Methylat in Ae.; 80%; *2-Benzolazoderiv.*, F. 130—131° (A.). — *Bicyclo-[1.3.3]-nonadion-(2.9)*, $C_9H_{12}O_2$, F. 141° (Ae.), aus **I** in Ggw. von Na-Methylat in A.; 73%. B. Lange 1970△

0869 **Isolierung und Reinigung von (+)-Pyrethrolon aus Pyrethrumextrakt: Bildung der Pyrethrine I und II.** M. Elliott. (Chem. and Ind. **1958**, 685—86; Harpenden, Herts., Rothamstead Exp. Station, Dep. of Insecticides and Fungicides; engl.) — Vgl. C. **1956**, 11496. — (+)-*Pyrethrolon*, {(+)-*4-Hydroxy-3-methyl-2-[penta-cis-dien-(2.4)-yl]-cyclopenten-(2)-on-(1)* (**I**), $C_{11}H_{14}O_2$, Kp.$_{1,5 \cdot 10^{-2}}$ 124°; $[\alpha]_D^{20}$ +15,1°. *Semicarbazon*, F. 212—214°; $[\alpha]_D^{22}$ —186° (c = 0,63; Pyridin)} wird durch Tieftemp.-Kristallisation seines *Monohydrats* {$C_{11}H_{16}O_3$, F. 38,9 bis 39,6°; $[\alpha]_D^{20}$ +13,7° (c = 12,7; Ae.)} aus Ae. von Cinerolon (aus Pyrethrumextrakt) getrennt u. durch Aufbewahren des Hydrats im Vakuum über P_2O_5 rein erhalten. **I** ergibt durch Verestern mit (+)-Chrysanthemsäurechlorid *Pyrethrin I* {$C_{21}H_{28}O_3$, Kp.$_{5 \cdot 10^{-4}}$ 146—150°; n_D^{20} 1,5242; $[\alpha]_D^{20}$ —30,6° (c = 4,78; PAe., Kp. 40—60°). *2.4-Dinitrophenylhydrazon*, F. 129—131°; $[\alpha]_D^{20}$ —222° (c = 1,87; Bzl.)}. *Pyrethrin II* ($C_{22}H_{28}O_5$, Kp.$_{7 \cdot 10^{-3}}$ 192—193°; n_D^{20} 1,5355; dest. Prod.: $[\alpha]_D^{19}$ +1,9°; nicht dest. Prod.: $[\alpha]_D^{19}$ +14,7°. *2.4-Dinitrophenylhydrazon*, F. 65—66°) wird analog aus natürlichem Pyrethrinsäurechlorid dargestellt. Der Vgl. der $[\alpha]_D$-Werte der dest. u. der nicht dest. Verb. weist auf therm. Isomerisation hin; die nicht dest. Verb. wurde daher an Al_2O_3 chromatographiert u. bei —19° in Ae./Hexan aufbewahrt. UV-Spektren vgl. Original. H.-J. Weigmann 1980△

0870 **α-[Cyclohexen-(3)-yl]-glycin, ein Isoleucinantagonist.** Jerome Edelson, John D. Fissekis, Charles G. Skinner und William Shive. (J. Amer. chem. Soc. **80**, 2698—2700, 1958; Austin, Tex., Univ., Dep. of Chem. and Biochem. Inst., Clayton Foundation for Res.; engl.) — *α-[Cyclohexen-(3)-yl]-glycin* (**I**) wird aus Cyclohexen-(3)-aldehyd durch Umwandeln in *5-[Cyclohexen-(3)-yl]-hydantoin* u. dessen alkal. Verseifung dargestellt. *α-Aminocyclohexylvaleriansäure* (**II**) wird aus der entsprechenden α-Bromvaleriansäure dargestellt. Obwohl die Cyclohexanderivv. von Glycin, Alanin oder α-Aminovaleriansäure in hohen Konzz. keinen wahrnehmbaren Inhibitoreffekt auf das Wachstum von *Escherichia coli* zeigen, wird angenommen, daß α-[Cyclohexen-(3)-yl]-glycin ein Antagonist von Isoleucin in diesem Organismus ist. Die biolog. Wirksamkeiten dieser Verbb. werden mit ihrer Struktur verglichen.

Versuche: *Cyclohexen-(3)-aldehyd*, Kp.$_{24}$ 116—120°, durch 3std. Erhitzen von 0,15 Mol Acrolein u. 0,2 Mol Butadien im verschlossenen Rohr auf 160°; n_D^{19} 1,4729;

14,9 g (Ausbeute). — *5-[Cyclohexen-(3)-yl]-hydantoin*, $C_9H_{12}N_2O_2$, F. 184—186° (A./W.), durch 4std. Erhitzen von 10 g vorst. Verb. mit $(NH_4)_2CO_3$ in 50%ig. A. in Ggw. von KCN auf 60°; 14,9 g. — *α-[Cyclohexen-(3)-yl]-glycin*, $C_8H_{13}NO_2$, F. 312° (Zers., W.), durch 5tägiges Kochen von 14,9 g vorst. Verb. in wss. $Ba(OH)_2$-Lsg.; 4,1 g. *N-Benzoylderiv.*, $C_{15}H_{17}NO_3$, F. 189°. — *5-[p-Methoxyphenyl]-hydantoin*, F. 199°, nach Henze u. Speer (J. Amer. chem. Soc. **64**, [1942], 522). — *5-Cyclohexylhydantoin*, $C_9H_{14}N_2O_2$, F. 226—227° (A./W.), a) durch Hydrieren von 13 g vorst. Verb. in 5%ig. alkohol. HCl am Adams-Katalysator (24 Std.); 5,8 g; b) aus α-Cyclohexylglycin u. KCNO. — *α-[4-Hydroxycyclohexyl]-glycin, Hydrochlorid*, $C_8H_{16}ClNO_3$, F. 208—209° (A./Ae.), durch 9,5std. Hydrieren von α-[p-Hydroxyphenyl]-glycin in verd. Alkali an Raney-Ni bei 150°/2000 lb./sq.in. u. Überführen in das Hydrochlorid; sehr hygroskop.; daneben *Glycin* u. *α-Cyclohexylglycin*. — *α-Brom-α-cyclohexylessigsäure*, $C_8H_{13}BrO_2$, F. 98° (Aceton/W.), Kp.$_2$ 154°, nach Rudman u. Mitarbeitern (J. Amer. chem. Soc. **74**, [1952], 551); gibt bei der Ammonolyse *α-Cyclohexylglycin*. — *α-Acetamido-α-[cyclohexylmethyl]-malonsäurediäthylester*, $C_{16}H_{27}NO_5$, F. 84°, durch 30std. Kochen von 15 g Brommethylcyclohexan in abs. Bzl. mit Acetamidomalonsäurediäthylester in Na-haltigem A.; aus W. Flocken; 5,2 g; gibt bei der Hydrolyse mit 6 n HCl in quant. Ausbeute *β-Cyclohexylalanin*. — *α-Aminocyclohexylvaleriansäure*, $C_{11}H_{21}NO_2$, F. 250° (Zers., W.), durch Zutropfen von Br_2 zu 18,5 g Cyclohexylvaleriansäure u. PCl_3 unter Eiskühlung, 1std. Rühren bei Raumtemp., 48std. Kochen, Dest. im Vakuum u. 5tägiges Schütteln von 6,5 g der entstandenen *α-Bromcyclohexylvaleriansäure* (Kp.$_{1,5}$ 155—160°; 15,5 g) mit konz. NH_4OH; 0,78 g. D. Dargel 2150△

0871 **Aromatische Kohlenwasserstoffe.** 25. Mitt. **Eine neue Synthese von Diphenylen.** W. R. Skwartschenko, D. Z. Zybikowa und R. Ja. Lewina. (J. allg. Chem. [UdSSR] **32(94)**, 1727—29, 1962; Moskau, Lomonossow-Univ.; russ.) — 24. vgl. C. **1964**, 20-0881. — Durch Diensynth. von Zimtsäure (**I**) mit Butadien-(1.3) (**II**), Isopren (**III**) oder 2.3-Dimethylbutadien-(1.3) (**IV**) u. anschließende Decarboxylierung u. Dehydrierung wurden *Diphenyl, 3-Methyl-* u. *3.4-Dimethyldiphenyl* dargestellt.

Versuche: *2-Phenyl-1.2.3.6-tetrahydrobenzoesäure*, F. 83°, durch 16std. Erhitzen von **I** mit **II** im Autoklaven auf 140°. — *4-Phenylcyclohexen-(1)*, Kp.$_{11}$ 98—100°, durch 12std. Erhitzen von 10 g **I** mit 9 ml **II** in Ggw. von je 0,1 g Hydrochinon (**V**) u. Pikrinsäure (**VI**) in abs. Bzl. im Autoklaven auf 140° u. 10 Std. auf 300°; n_D^{20} 1,5535; 66%. — *Diphenyl*, F. 69°, a) durch 11std. Erhitzen vorst. Verb. auf 400°; ca. 80%; b) durch 10—12std. Erhitzen vorvorst. Verb. in abs. Bzl. auf 140°; 52%; c) durch 16std. Erhitzen von 15 g **I** mit 13 ml **II** mit je 0,1 g **V** u. **VI** in abs. Bzl. auf 140° u. 10 Std. auf 400°; 50%. — *3-Methyldiphenyl*, $C_{13}H_{12}$, Kp.$_{20}$ 147—149°, durch 12std. Erhitzen von 5 g **I** mit 4 g **III** u. je 0,1 g **V** u. **VI** in abs. Bzl. auf 180° u. 12 Std. auf 400°; D_4^{20} 1,0100; n_D^{20} 1,6030; 54%. — *3.4-Dimethyldiphenyl*, Kp.$_8$ 139—140°, F. 31,5°, a) durch 10std. Erhitzen von 4.5-Dimethyl-2-phenyl-1.2.3.6-tetrahydrobenzoesäure in abs. Bzl. auf 400°; 50%; b) durch 12std. Erhitzen von 4 g **I** mit 3,5 g **IV** u. je 0,1 g **V** u. **VI** in abs. Bzl. auf 180° u. 11 Std. auf 400°; 47%. Helmut Schäfer 2210△

0872 **Synthese von 5.5′-Dihydroxy-2.2′-dimethylbibenzyl und einige Beobachtungen bei seiner Oxydation.** M. S. Gibson und J. M. Walthew. (J. chem. Soc. [London] **1963**, 4603—05; Manchester, Univ., Fac. of Technol., Chem. Dep.; engl.) — *5.5′-Dihydroxy-2.2′-dimethylbibenzyl* (**I**) wurde aus dem *Dimethyläther* (**II**) gewonnen. **II** entstand aus *5-Methoxy-2-methylbenzylchlorid* (**III**) durch Kuppeln mit der entsprechenden Grignard-Verb. mit $FeCl_3$ als Katalysator, **III** durch Red. von *5-Methoxy-2-methylbenzoesäure* (**IV**) mit $LiAlH_4$ u. Behandeln mit HCl. Das Verf. zur Gewinnung von **IV** durch Alkalischmelze von Dikalium-β-naphthol-6.8-disulfonat (**V**) u. Methylierung der *5-Hydroxy-2-methylbenzoesäure* wurde verbessert. Die Oxydation von **I** mit $K_3[Fe(CN)_6]$ in verd. wss. Lsg. führte zu polymerem Material. Mit MnO_2 wurden 4% monomere, nicht phenol. Substanz erhalten, die noch nicht gereinigt werden konnte. Das UV-Spektrum (λ_{max} 247 mμ, log ε = 4,08) deutet auf (±)-*2.4a.4b.7.9.10-Hexahydro-4a.4b-dimethyl-2.7-dioxophenanthren* als Prod. einer para–para-Kupplung. In geringer Menge wurde bei der Sublimation auch ein Prod. erhalten, das die für das ortho–para-Kupplungsprod. *2.8.9.9b-Tetrahydro-7.9b-dimethylphenanthro-[4.5:b.c.d]-furanon-(2)* zu erwartende UV-Absorption (λ_{max} 228—230 mμ, log ε = 4,3) aufwies.

Versuche: *5-Hydroxy-2-methylbenzoesäure*, F. 184°, durch 20std. Erhitzen von **V**, NaOH u. W. im Autoklaven auf 275°, nach Abkühlen auf 80° Eingießen in W., Ansäuern mit HCl, Lösen des Nd. in Na_2CO_3-Lsg. u. Fällen mit HCl; Nadeln aus W.; 68% (Ausbeute). *Methyläther* (**IV**), F. 148—149°; 83%. — *5-Methoxy-2-methylbenzylalkohol*, $C_9H_{12}O_2$, Kp.$_8$ 136°, durch Zutropfen einer Lsg. von **IV** in abs. Tetrahydrofuran in 6 Std. zu $LiAlH_4$ in Ae., 1std. Kochen, Eingießen in W. u. Ansäuern mit HCl; n_D^{20} 1,5443; 85%. *Hydrogenphthalat*, $C_{17}H_{16}O_5$, F. 98°, aus wss. A. Würfel. — *5-Methoxy-2-methylbenzylchlorid* (**III**), $C_9H_{11}ClO$, F. 43—44°, durch Sättigen einer Lsg. vorst. Verb. in trockenem Ae./PAe. mit trockenem HCl u. 5tägiges Stehenlassen unter gelegentlichem Einleiten von HCl; aus PAe. Tafeln; 88%. — *5.5′-Dihydroxy-2.2′-dimethylbibenzyl* (**I**), $C_{16}H_{18}O_2$, F. 164°, durch 3std. Kochen von **II** in HZ/Eisessig; aus Chlf. Nadeln; 88%. *Dimethyläther* (**II**), $C_{18}H_{22}O_2$, F. 78—79°, durch Zutropfen von **III** in Ae. zu mit Jod aktiviertem Mg, Zugabe von $FeCl_3$ u. 3std. Kochen; aus PAe. Nadeln; 59%. *4.4′.6.6′-Tetrabromderiv.*, $C_{16}H_{14}Br_4O_2$, F. 200°, aus Chlf. Nadeln; 63%. Heinz-Harald Müller 2260◇

0873 **Über 3.4.5-Triphenylanilin.** Eugenia Czerwińska-Fejgin, Wanda Polaczkowa und Alicja Sokołowska. (Roczniki Chem. [Ann. Soc. chim. Polonorum] **32**, 265—70, 1958; Warsaw, Politechn.; pol., Auszug: engl.) — *3.4.5-Triphenylacetanilid* [**I**, F. 213 bis 214° (A.)] entsteht beim Kochen von 3.4.5-Triphenylcyclohexen-(2)-onoxim (F. 214—217°) mit Acetanhydrid in Ggw. von Pyridin, Kühlen, Zugabe von Acetylchlorid, Kochen u. Neutralisieren mit NH_4OH. Beim Erhitzen von **I** mit wss. KOH entsteht *3.4.5-Triphenylanilin* (**II**, F. 160—162,5°). *Hydrochlorid*, F. 211—213°. *Pikrat*, F. 2107—210°. *Benzoylderiv.*, F. 191—192,5°). Die Struktur von **II** wird durch Überführen in *3.4.5-Triphenylphenol* u. *3.4.5-Triphenylchlorbenzol* bewiesen. **II** ist viel reaktionsfähiger bei der Acylierung u. Diazotierung als 4-Phenylanilin. W. Hampel 2510△

0874 **Über Anwendung und Darstellungen von Indandion-(1.3)-Derivaten.** Pavel Hrnčiar. (Chemie [Praha] **10**, 797—800, 1958; Bratislava, Komenskeho Univ.; tschech.) — Übersicht. — 21 Literaturangaben. W. Hampel 2650△

0875 **Versuche zur Synthese von mit Tetracyclinen verwandten Substanzen.** 4. Mitt. **Darstellung von 4-Methyl-8-methoxynaphthol-(1) und 1.8-Dimethoxy-4-methylnaphthoesäure-(2), zweier für die Synthese von Des-[dimethylamino]-tetrarubein nützlicher Zwischenstufen.** Huang Yao-Tseng, Tsung Hui-Chuan, Tai Li-Hsin, Sheng Huai-Yu und Tu Tung-Yuan. (Acta chim. sinica **24**, 311—22, 1958; Acad. Sin., Inst. of Organ. Chem.; chin., Auszug: engl. S. 326.) — 3. vgl. C. **1963**, 17680. — *4-Methyl-8-methoxynaphthol-(1)* (**I**) wird auf zwei Wegen dargestellt: a) aus 1.8-Dihydroxynaphthalin (**II**) über *8-Methoxynaphthol-(1)* u. *4-Hydroxy-5-methoxynaphthaldehyd-(1)*; b) aus 2-Chlor-5-aminobenzoesäurehydrochlorid (**III**) über *2-Chlor-5-hydroxybenzoesäure*, den *Methyläther* u. das *Säurechlorid*, Kondens. mit Diazomethan zum *Diazoketon*, dessen Rk. mit HCl oder HBr zu *2-Chlor-5-methoxyphenacylchlorid* bzw. *-bromid*, *2-Chlor-5-methoxyphenacylmalonsäure*, *β-[2-Chlor-5-methoxybenzoyl]-propionsäure* (**IX**), *γ-Hydroxy-γ-[2-chlor-5-methoxyphenyl]-valerolacton*, *4-[2-Chlor-5-methoxyphenyl]-penten-(3)-säureäthylester*, *γ-[2-Chlor-5-methoxyphenyl]-valeriansäure*, *4-Methyl-5-chlor-8-methoxytetralon-(1)* (**IV**), *2-Brom-4-methyl-5-chlor-8-methoxytetralon-(1)* u. *4-Methyl-5-chlor-8-methoxynaphthol-(1)* (**V**). Bromierung von **I** ergibt *2-Brom-4-methyl-8-methoxynaphthol-(1)*, durch dessen Methylierung *2-Brom-4-methyl-1.8-dimethoxynaphthalin* (**VI**) erhalten wird. *1.8-Dimethoxy-4-methylnaphthoesäure-(2)* (**VII**) wird durch Rk. von **VI** mit Li-Butyl u. CO_2 erhalten. Die Struktur von **VII** wird durch Bromierung von **IV** mit 2 Mol Br_2 zu *2.2-Dibrom-4-methyl-5-chlor-8-methoxytetralon-(1)* u. dessen Überführung in *1.8-Dimethoxy-2-brom-4-methyl-5-chlornaphthalin* (**VIII**), sowie durch Chlorierung von **VI** zu *2.4-Dichlor-5-methyl-7-brom-8-methoxynaphthol-(1)* gesichert, da Chlorierung von **VIII** ebenfalls zu letzterer Verb. führt. Die Darst. von **IX** durch Kondens. von 2-Chlor-5-methoxybenzoylchlorid mit β-Na-β-äthoxycarbonyl-γ-oxovaleriansäureäthylester gelingt nicht.

Versuche: *8-Methoxynaphthol-(1)*, $C_{11}H_{10}O_2$, F. 55°, a) durch Methylieren von 2 g **II** nach Staudinger [1921]; 1,1 g (Ausbeute); daneben 0,2 g *1.8-Dimethoxynaphthol* ($C_{12}H_{12}O_2$, F. 157–159°); b) durch 5std. Kochen von 40 g **II** in Aceton mit Methyljodid in Ggw. von K_2CO_3; 25,8 g. — *4-Hydroxy-5-methoxynaphthaldehyd-(1)*, $C_{12}H_{10}O_3$, F. 112,3–113°, durch 3std. Einleiten von HCl in die Lsg. von 8,5 g vorst. Verb. u. $Zn(CN)_2$ u. KCl in Ae. nach erfolgter Sättigung; 4,9 g. *Semicarbazon*, F. 244°. — *4-Methyl-8-methoxynaphthol-(1)* (**I**), $C_{12}H_{12}O_2$, F. 75–76° (Methanol), a) durch 4std. Kochen von 2 g vorst. Verb. mit Zn/Hg in A./Toluol unter Zutropfen von konz. HCl; 0,28 g; b) durch Wolff-Kishner-Red. von 1,3 g vorst. Verb.; 0,85 g; c) durch Hydrieren von **V** in A. an 2%ig. $PtO_2/SrCO_3$ bei Ggw. von 10%ig. KOH; 70%. *3.5-Dinitrophenyläther*, $C_{18}H_{14}N_2O_6$, F. 210°. — *2-Brom-4-methyl-8-methoxynaphthol-(1)*, $C_{12}H_{11}BrO_2$, F. 104 bis 105,5° (90%ig. Methanol), durch 2½std. Rk. von 7 g **I** mit Br_2/CCl_4 bei 70°; 9,28 g. — *1.8-Dimethoxy-2-brom-4-methylnaphthalin* (**VI**); $C_{13}H_{13}BrO_2$, F. 44–46° (PAe.), Kp.$_3$ 168–178°, durch Rk. von 2,73 g vorst. Verb. mit Dimethylsulfat in 5%ig. KOH/A.; 1,84 g. — *1.8-Dimethoxy-4-methylnaphthoesäure-(2)* (**VII**), $C_{14}H_{14}O_4$, F. 121 bis 122,5° (CCl_4), durch 10 Min. lange Rk. von 0,75 g **VI** mit Li-Butyl in abs. Ae. bei –20°, Einleiten von CO_2 u. Ansäuern mit 6n Essigsäure; 0,37 g. — *2-Chlor-5-hydroxybenzoesäure*, F. 173–175° (Ae./PAe. 3 : 10), durch Diazotieren von 50 g **III** in 10%ig. Essigsäure bei 0–5°, 1std. Stehen u. Kochen mit W.; 20,5 g. — *2-Chlor-5-methoxybenzoesäure*, F. 172–173°, durch Zutropfen von Dimethylsulfat u. KOH (50%) zur Lsg. vorst. Verb. in Methanol/NaOH; 76,5%. *Chlorid*, F. 24–25°, Kp.$_5$ 126 bis 128°, durch Rk. der Säure mit PCl_5 bei 60–70°; 94%. — *4-Chlor-3-diazomethylcarbonylanisol*, $C_9H_7ClN_2O_2$, F. 46–47° (Ae./PAe.), durch Zugabe der Ae.-Lsg. vorst. Säurechlorids zu äther. Diazomethan bei 0° u. 2std. Stehen bei Raumtemperatur. — *2-Chlor-5-methoxyphenacylchlorid*, $C_9H_8Cl_2O_2$, F. 40°, durch Rk. vorst. Verb. in Ae. mit HCl bei 0° u. 1std. Stehen bei Raum-Temp.; 95%. — *2-Chlor-5-methoxyphenacylbromid*, $C_9H_8BrClO_2$, F. 14°, analog vorst. Verb.; 95%. — *α-[2-Chlor-5-methoxyphenacyl]-malonsäure*, $C_{12}H_{11}ClO_6$, F. 170° (Zers.; Aceton/Bzl.), durch 24std. Kochen vorvorst. Verb. mit Malonsäurediäthylester u. Na in Bzl. Eindampfen u. 3std. Kochen mit methanol. KOH; 57%. — *β-[2-Chlor-5-methoxybenzoyl]-propionsäure*, $C_{11}H_{11}ClO_4$, F. 92–93° (Bzl.), durch Zers. vorst. Verb. bei 180°; 82%. — *γ-Hydroxy-γ-[2-chlor-5-methoxyphenyl]-valeriansäurelacton*, $C_{12}H_{13}ClO_3$, Kp.$_{0,03}$ 133–134°, durch 1std. Rk. vorst. Verb. mit Methyl-MgCl bei Raum-Temp., 12std. Kochen u. Zers. mit 2n HCl; 86%. — *4-[2-Chlor-5-methoxyphenyl]-penten-(3)-säureäthylester*, $C_{14}H_{17}ClO_3$, Kp.$_{0,02}$ 120°, durch 1½std. Kochen vorst. Verb. mit $SOCl_2$, mehrstd. Stehen mit abs. A. u. 1std. Erhitzen auf 180°; 86%. — *γ-[2-Chlor-5-methoxyphenyl]-valeriansäure*, $C_{12}H_{15}ClO_3$, F. 82 bis 83° (PAe.), durch Hydrieren vorst. Verb. in Essigsäure an Adams-PtO_2 bei 30° u. 2std. Kochen mit methanol.-wss. KOH; 77%. — *4-Methyl-5-chlor-8-methoxytetralon-(1)* (**IV**), $C_{12}H_{13}ClO_2$, F. 76–77°, durch Rk. vorst. Verb. in Bzl. mit PCl_5 u. $SnCl_4$/Bzl. u. Zugabe von Eis/HCl; 91%. — *2-Brom-4-methyl-5-chlor-8-methoxytetralon-(1)*, $C_{12}H_{12}BrClO_2$, F. 85–86° (Methanol/W.), durch Rk. von **IV** mit Br_2/Chloroform. — *4-Methyl-5-chlor-8-methoxynaphthol-(1)* (**V**), $C_{12}H_{11}ClO_2$, F. 122–123°, durch 3 Min. langes Erhitzen vorst. Verb. mit Morpholin; 69%. — *2.2-Dibrom-4-methyl-5-chlor-8-methoxytetralon-(1)*, $C_{12}H_{11}Br_2ClO_2$, F. 129–130° (Methanol/Chlf.), durch mehrstd. Stehen von **IV** mit Br_2/Chlf.; 80%. — *1.8-Dimethoxy-2-brom-4-methyl-5-chlornaphthalin* (**VIII**), $C_{13}H_{12}BrClO_2$, F. 87–88°, durch Kochen vorst. Verb. mit Na-Methylat/Methanol u. Dimethylsulfat; 73%. — *2.4-Dichlor-5-methyl-7-brom-8-methoxynaphthol-(1)*, $C_{12}H_9BrCl_2O_2$, F. 156–157° (Essigsäure), a) durch Rk. von **VI** mit Cl_2 in Essigsäure; bei Raum-Temp.; b) analog aus **VIII**. — *1-Äthoxy-2-brom-4-methyl-8-methoxynaphthalin*, $C_{14}H_{15}BrO_2$, F. 56–57° (PAe.), Kp.$_{0,07}$ 133,5–138°, durch Kochen von 2-Brom-4-methyl-8-methoxynaphthol-(1) mit K-Äthylat u. Diäthylsulfat. — *2.4-Dichlor-5-methyl-8-äthoxy-7-bromnaphthol-(1)*, $C_{13}H_{11}BrCl_2O_2$, F. 117,5–118,5°, durch Chlorieren vorst. Verb. in Essigsäure. — *β-[3-Methoxybenzoyl]-propionsäure*, $C_{11}H_{12}O_4$, F. 107–108,5°, durch 2std. Kochen von 3-Methoxybenzoylchlorid mit β-Na-β-äthoxycarbonyl-γ-oxovaleriansäureäthylester, 20std. Schütteln mit 1,5%ig. KOH, Isolieren als Semicarbazon u. Hydrolysieren mit 2n HCl bei 130°. *Semicarbazon*, $C_{12}H_{15}N_3O_4$, F. 179–180°.

H.-J. Weigmann 2700△

0876 **Pflanzenwachstumsregulatoren, Benzylderivate der Naphthyl-(1)-essigsäure.** Jan Moszew und Tadeusz Wąchalewski. (Roczniki Chem. [Ann. Soc. chim. Polonorum] **34**, 1387–96, 1960; Kraków, Univ., Katedra Chem. Organ.; Arbeitsstelle Nr. 6 der Abt. für organ. Synthese der Poln. Akad. der Wiss.; pol.) — Durch Chlormethylierung von 1- u. 2-Benzylnaphthalin werden *1-Chlormethyl-4-* (**I**) u. *1-Chlormethyl-2-benzylnaphthalin* (**II**) dargestellt. **I** u. **II** geben mit KCN die entsprechenden *Nitrile*, die zu *4-Benzyl-* (**III**) bzw. *2-Benzylnaphthyl-(1)-essigsäure* (**IV**) verseift werden. **IV** u. besonders **III** besitzen wachstumshemmende Wrkg. auf keimende Senf- u. Leinsamen.

Versuche: *1-Chlormethyl-4-benzylnaphthalin* (**I**), $C_{18}H_{15}Cl$, Kp.$_4$ 216–217°, F. 69–70°, durch 4std. Erhitzen von 1-Benzylnaphthalin, Paraformaldehyd, Eisessig, 85%ig. H_3PO_4 u. konz. HCl auf 80–85°; Nadeln aus A.; 38% (Ausbeute). — *4-Benzoyl-1-naphthoesäure*, F. 180–181°, durch 12std. Kochen von **I** mit 15%ig. HNO_3, Extrahieren des roten Nd. mit 10%ig. Sodalsg. u. Ansäuern mit HCl; Rosetten aus Ligroin; 50% (Rohprod.). — *4-Benzylnaphthyl-(1)-essigsäure* (**III**), $C_{19}H_{16}O_2$, F. 163–164°, durch Ansäuern des Na-Salzes; Nadeln aus wss. A.; 95%. *Nitril*, $C_{19}H_{15}N$, F. 129–130°, durch Zutropfen einer wss. KCN-Lsg. zu einer Lsg. von **I** in A.; 60%. *Na-Salz*, F. 267°, durch 8std. Kochen des Nitrils mit NaOH in wss. A., Abziehen des A., Zugabe von W. u. heiß Filtrieren; Blättchen aus W.; 60%. *Methylester*, $C_{20}H_{18}O_2$, Kp.$_6$ 222–225°, durch 4std. Kochen von **III** mit Methanol in Ggw. von konz.H_2SO_4; 60%. *Äthylester*, $C_{21}H_{20}O_2$, Kp.$_3$ 226–229°, durch 4std. Kochen von **III** mit A. in Ggw. von konz. H_2SO_4; 73%. *Amid*, $C_{19}H_{17}NO$, F. 164–165°; a) durch 4std. Kochen des Nitrils mit wss. alkohol. NaOH; 25%; b) durch Versetzen einer benzol. Lsg. des *Chlorids* [aus **III** u. PCl_5 in benzol. Lsg. u. Stehen über Nacht] mit konz. NH_3; Nadeln aus Toluol. *Anilid*, $C_{25}H_{21}NO$, F. 182–183°, aus dem Chlorid u. Anilin; Nadeln aus Isoamylalkohol. *Hydrazid*, $C_{19}H_{18}N_2O$, F. 166 bis 167°, a) durch 6std. Kochen einer alkohol. Lsg. des Äthylesters mit 30%ig. N_2H_4-Hydrat u. Stehen über Nacht; 90%; b) neben *N.N'-Bis-[4-benzylnaphthyl-(1)-acetyl]-hydrazin* [$C_{38}H_{32}N_2O_2$, F. 254–255° (A./Cyclohexanol)] durch Zutropfen einer benzol. Lsg. des Chlorids zu einer methanol. Lsg. von 30%ig. N_2H_4-Hydrat, Abdest. des Bzl. u. Versetzen mit Wasser. — *1-Chlormethyl-2-benzylnaphthalin* (**II**), $C_{18}H_{15}Cl$, F. 60–62°, durch 6std. Erhitzen von 2-Benzylnaphthalin u. Paraformaldehyd analog **I**; 65%. — *1.2-Benzanthracen*, F. 156 bis 157°, durch Erhitzen von **II** im Rohr auf Rotglut; gelbgrüne Blättchen aus Alkohol. — *2-Benzoylnaphthoesäure-(1)*, F. 139–140°, durch 12std. Kochen von **II** mit 15%ig. HNO_3; Nadeln aus Methanol; 40%. — *2-Benzylnaphthyl-(1)-essigsäure* (**IV**), $C_{19}H_{16}O_2$, F. 149–150°, aus dem Na-Salz [F. 268° (Zers.), durch 60std. Kochen nachst. Nitrils mit wss. alkohol. NaOH; 68%] mit HCl; Nadeln aus verd. A.; ~100%. *Nitril*, $C_{19}H_{15}N$, F. 146–147°, durch 4std. Kochen von **II** mit KCN in wss. A.; Nadeln aus A.; 61%. *Methylester*, $C_{20}H_{18}O_2$, Kp.$_5$ 205–207°, F. 63–64°, durch 4std. Kochen von **IV** mit Methanol in

Ggw. von konz. H_2SO_4; Blättchen aus Methanol; 58%; *Äthylester*, $C_{21}H_{20}O_2$, Kp.$_{18}$ 245—250°, analog dem III-Äthylester; gelbliches, viskoses Öl; 73%. *Amid*, $C_{19}H_{17}$·NO, F. 193—194°, a) durch 40std. Kochen des Nitrils mit wss. alkohol. NaOH; 30%; b) analog III-Amid aus dem Chlorid [aus IV u. PCl_5 in benzol. Lsg. u. Stehen über Nacht]; Nadeln aus Toluol; *Anilid*, $C_{25}H_{21}NO$, F. 182 bis 183°, aus dem Chlorid u. Anilin; aus A. Nadeln. *Hydrazid*, $C_{19}H_{18}N_2O$, F. 180—181°, a) analog III-Hydrazid aus dem Äthylester u. N_2H_4-Hydrat; 85%; b) analog III-Hydrazid neben *N.N'-Bis-[2-benzylnaphthyl-(1)-acetyl]-hydrazin* [$C_{38}H_{32}N_2O_2$, F. 262—263° (A./Cyclohexanol) aus dem Chlorid u. N_2H_4-Hydrat. E. Höft 2700

0877 **Kondensation von Phenoläthern mit aliphatischen Aldehyden. 11. Mitt. Struktur einer bei der Kondensation von Veratrol mit Chloral entstehenden Verbindung.** Antonino Arcoleo, Giuseppe Werber und Guido Lombardo. (Ann. Chimica **50**, 1242—57, 1960; Palermo, Univ., Ist. di Chim. org.; ital.) — 10. vgl. C. **1960**, 14681. — Die bei der Rk. von Veratrol mit Chloral über 1.1-Bis-[3.4-dimethoxyphenyl]-2.2.2-trichloräthan (I), 2.3.6.7-Tetramethoxy-9.10-bis-[trichlormethyl]- u. -9.10-bis-[dichlormethylen]-9.10-dihydroanthracen gebildete Verb., deren Strukturaufklärung noch ausstand, stellt *2.3.6.7-Tetramethoxyanthracen-9-carbonsäure-10-aldehyd* (II) dar. II fällt in 2 verschiedenen Formen an, die beide ident. Derivv. (Oxim, Ester) geben. Die Oxydation von II liefert *2.3.6.7-Tetramethoxyanthrachinon*. II-Oxim wird durch Essigsäureanhydrid zu *2.3.6.7-Tetramethoxy-10-cyananthracen-9-carbonsäure* (III) dehydratisiert, die man durch Decarboxylieren in *2.3.6.7-Tetramethoxy-9-cyananthracen* (IV) umwandelt. Decarboxylieren von II liefert *2.3.6.7-Tetramethoxyanthracen-9-aldehyd* (V), aus dem man über das Oxim ebenfalls IV erhält. Durch Na/Isoamylalkohol wird II zu *2.3.6.7-Tetramethoxy-9.10-dihydroanthracen-9-carbonsäure* reduziert. Der Mechanismus der Bldg. von II aus I wird diskutiert; Spektren der Derivv. sind wiedergegeben.

Versuche: *2.3.6.7-Tetramethoxy-10-formylanthracen-9-carbonsäure* (II), $C_{20}H_{18}O_7$, F. 330° (Essigsäure; zwei Formen: orangerot u. gelb; die orangerote Form wandelt sich bei 280° in die gelbe um), durch vorsichtiges Zugeben von konz. H_2SO_4 zu 8 g I u. Chloralhydrat in Eisessig, 20tägiges Stehen u. Zers. mit Eis; 7,5 g (Ausbeute). *Ag-Salz*, $C_{20}H_{17}AgO_7$. *Methylester*, $C_{21}H_{20}O_7$, F. 254—255° (A.). *p-Nitrobenzylester*, $C_{27}H_{23}NO_9$, F. 219 bis 220° (Eisessig). *Oxim*, $C_{20}H_{19}NO_7$, F. 240° (A.). — *2.3.6.7-Tetramethoxy-10-cyananthracen-9-carbonsäure* (III), $C_{20}H_{17}NO_6$, F. 302—303° (Essigsäure), durch 2std. Kochen von 4,5 g II-Oxim in Essigsäureanhydrid; 4,2 g. — *2.3.6.7-Tetramethoxyanthracen-9-aldehyd* (V), $C_{19}H_{18}O_5$, F. 276° (Eisessig), durch 1std. Kochen von 0,5 g II mit Cu-Pulver in Chinolin; 0,4 g. *Oxim*, $C_{19}H_{19}NO_5$, F. 230° (A.). — *2.3.6.7-Tetramethoxy-9-cyananthracen* (IV), C_{19}·$H_{17}NO_4$, F. 274° (Eisessig), a) durch 1std. Kochen von 1 g V-Oxim in Essigsäureanhydrid; 0,7 g; b) durch 1std. Kochen von III mit Cu-Pulver in Chinolin. — *2.3.6.7-Tetramethoxyanthrachinon*, F. 345—346° (Eisessig), durch 12std. Erhitzen von 0,2 g IV mit $Na_2Cr_2O_7$ in Eisessig; 0,15 g. — *2.3.6.7-Tetramethoxy-9.10-dihydroanthracen-9-carbonsäure*, F. 184° (A.), durch anteilweises Zugeben von Na zu 2 g II in sd. Isoamylalkohol während 12 Std., Stehen über Nacht, Ausziehen mit W. u. Ansäuern; 1,15 g. *Methylester*, $C_{20}H_{22}O_6$, F. 171—172° (A.). *Äthylester*, F. 142° (A.). H.-E. Toussaint 2800◇

0878 **Julius Schmidts Addukt aus N_2O_5 und Phenanthren.** G. W. Gray und P. M. G. Bavin. (Chem. Ber. **96**, 1277 bis 1280, 1963; Hull, Univ.; Welwyn Garden City, Smith Kline and French Labor.; dt.) — Statt der von Schmidt u. Stroebel [1901] für das bei der Einw. von nitrosen Gasen auf Phenanthren (I, F. 97—98°) in Bzl. entstehende *Addukt* $C_{28}H_{20}N_2O_5$ vorgeschlagenen Konstit. wird die Verb. als *9-Nitro-9.10.9'.10'-tetrahydro-10.10'-biphenanthryl-(9')-nitrat* (II, F. 155—157°, Prismen aus Aceton) identifiziert. Als Beweis dienen das IR-Spektrum sowie die therm. Spaltung zu *9.9'-Biphenanthryl* u. die durch Methylat katalysierte Zers. zu nahezu äquimol. Mengen von I u. *9-Nitrophenanthren*. Letztere Rk. entspricht im entscheidenden Schritt formal einer Retro-Michael-Reaktion. Ein weiteres von Schmidt u. Stroebel (l. c.) beschriebenes Addukt konnte von den Vff. nicht isoliert werden.

Versuche: *9.9'-Biphenanthryl*, $C_{28}H_{18}$, F. 188 bis 189,5° (Heptan), a) durch kurzzeitiges Kochen von II in Chlorbenzol, Abdampfen des Lsgm. im Vakuum u. Chromatographie an Al_2O_3; b) durch 2std. Kochen von III mit P_2O_5 in Xylol. — *9.9'-Bis-[hydroxymethyl]-9.9'-bifluorenyl* (III), $C_{28}H_{22}O_2$, F. 225—226° (Bzl./Heptan), durch Red. von 9.9'-Bifluorenyldicarbonsäure-(9.9')-dimethylester mit $LiAlH_4$. — *9-Nitrophenanthren*, F. 114 bis 115° (Hexan), durch Zers. von 2,2 g II mit Na-Methylat in Methanol analog l. c.; 0,61 g (Ausbeute). Daneben 0,52 g I. G. O. Jäger 2850◇

0879 **Untersuchungen über die Äthylenierung.** 19. Mitt. **Stereochemie der Dien-Synthesen mit Äthylensulfoxiden.** 2. Mitt. **β-Phenylsulfinylacrylsäuren.** Diana Albera, Maria Bonincontro und Fernando Montanari. (Gazz. chim. ital. **90**, 709—30, 1960; Bologna, Univ., Ist. di Chim. ind.; ital.) — 18. vgl. C. **1962**. 11162; 1. vgl. Gazz. chim. ital. **89**, [1959], 1504. — Die Dien-Rk. von trans-β-Phenylsulfinylacrylsäure (trans-I) mit Cyclopentadien (II) führt zu einem Gemisch **A** aus *4-exo-syn-* (IIIa) u. *4-exo-anti-Phenylsulfinyl-3.6-endomethylen-Δ¹-cyclohexen-5-endo-carbonsäure* (IIIb), *4-exo-syn-* (IVa) u. *4-exo-anti-Phenylsulfinyl-3.6-endomethylen-Δ¹-cyclohexen-5-exo-carbonsäure* (IVb). Das Gemisch ließ sich nicht direkt trennen. Bei der Umsetzung mit $J_2/NaHCO_3$ liefern IIIa u. IIIb jedoch *4-exo-syn-* (Va) bzw. *4-exo-anti-Phenylsulfinyl-1-hydroxy-2-jod-3.6-endomethylencyclohexan-5-endo-carbonsäurelacton* (Vb), während IVa u. IVb in *4-exo-syn-* (VIa) u. *4-exo-anti-Phenylsulfinyl-1-jod-2-hydroxy-3.6-endomethylencyclohexan-5-exo-carbonsäure* (VIb) übergehen. Va u. Vb werden zum gleichen *4-exo-Phenylsulfonyl-1-hydroxy-2-jod-3.6-endomethylencyclohexan-5-endo-carbonsäurelacton* oxydiert. Durch Red. von Va bzw. Vb mit Zn/Essigsäure lassen sich das reine IIIa u. IIIb gewinnen; daneben fällt jeweils *4-exo-Phenylmercapto-3.6-endomethylen-Δ¹-cyclohexen-5-endo-carbonsäure* (VIIa) an. VIa u. VIb werden mit Cu/Zn zur gleichen *4-endo-Phenylmercapto-1(2?)-hydroxy-3.6-endomethylencyclohexan-5-exo-carbonsäure* reduziert. Konz. H_2SO_4 führt A in ein Gemisch aus zwei *4-exo-Phenylsulfinyl-1-hydroxy-3.6-endomethylencyclohexan-5-endo-carbonsäurelactonen* (VIIIa, VIIIb) über, deren Red. mit HJ zu *4-exo-Phenylmercapto-1-hydroxy-3.6-endomethylencyclohexan-5-endo-carbonsäurelacton* führt. Die Red. von Va oder Vb mit HJ ergibt *4-exo-Phenylmercapto-1-hydroxy-2-jod-3.6-endomethylencyclohexan-5-endo-carbonsäurelacton*, aus dem man mit Perbenzoesäure wieder ein Gemisch aus Va + Vb erhält. — Die Dien-Rk. von cis-I mit II liefert ein Adduktgemisch **B**, das als Hauptprod. *4-endo-anti-Phenylsulfinyl-3.6-endomethylen-Δ¹-cyclohexen-5-endo-carbonsäure* (IIId) enthält; daneben liegt die *4-endo-syn-Verb.* (IIIc) vor. Die Ggw. von exo-Isomeren in **B** wird allein durch die Oxydation mit Peressigsäure u. nachfolgende Einw. von $J_2/NaHCO_3$ bewiesen, wobei sich *4-exo-Phenylsulfonyl-3.6-endomethylen-Δ¹-cyclohexen-5-exo-carbonsäure* fassen läßt. Bei der direkten Umsetzung von **B** mit $J_2/NaHCO_3$ werden *4-endo-syn-* (Vc) u. *4-endo-anti-Phenylsulfinyl-1-hydroxy-2-jod-3.6-endomethylencyclohexan-5-endo-carbonsäurelacton* (Vd), eine *4-endo-Phenylsulfinyl-1-jod-2-hydroxy-3.6-endomethylencyclohexan-5-exo-carbonsäure* (VIc) sowie *4-endo-Phenylsulfinyl-1.2-dihydroxy-3.6-endomethylencyclohexan-5-endo-carbonsäurelacton-(5)* (IX) gebildet. IX entsteht auch aus VIc mit $NaHCO_3$; VIc wird auch durch längeres Behandeln von Vc + Vd mit konz. H_2SO_4 erhalten.

Versuche: *trans-β-Phenylsulfinylacrylsäure* (*trans*-I), $C_9H_8O_3S$, F. 134°—135 (Xylol), durch 2std. Erhitzen von trans-β-Phenylmercaptoacrylsäure mit Peressigsäure auf dem Wasserbad u. Verdünnen mit W.; 78% (Ausbeute). — *cis-Isomeres* (cis-I), $C_9H_8O_3S$, F. 125 bis 127° (Xylol), analog; 88%. *Methylester*, $C_{10}H_{10}O_3S$, F. 80—81° (PAe.). — *Adduktgemisch* **A**, durch 2std. Kochen von trans-I mit II in Bzl.; 93%. — *Adduktgemisch* **B**, analog (40 Min.) aus cis-I; 97,1%. — *4-exo-syn-Phenylsulfinyl-3.6-endomethylen-Δ¹-cyclohexen-5-endo-*

carbonsäure (**IIIa**), $C_{14}H_{14}O_3S$, F. 204—205° (A.), durch 10 Min. langes Kochen mit **Va** mit Zn in Essigsäure; 63%; daneben **VIIa** [*Methylester*, $C_{15}H_{16}O_3S$, F. 122 bis 124° (Ligroin)]. *4-exo-anti-Stereoisomeres* (**IIIb**), $C_{14}H_{14}O_3S$, F. 195—197° (A.), analog **IIIa** aus **Vb**; 65%; daneben **VIIa** [*Methylester*, $C_{15}H_{16}O_3S$, F. 138—139° (Ligroin)]. *4-endo-syn-Stereoisomeres* (**IIIc**), $C_{14}H_{14}O_3S$, F. 194° (A.), aus **Vc**; 88%; daneben **VIIb**. *4-endo-anti-Stereoisomeres* (**IIId**), $C_{14}H_{14}O_3S$, F. 184—185° (A.), a) durch fraktionierte Kristallisation aus **B**; b) durch kurzes Kochen von **Vd** mit Zn in Essigsäure; 48%; daneben **VIIb**. — *4-exo-Phenylmercapto-3.6-endomethylen-Δ^1-cyclohexen-5-endo-carbonsäure* (**VIIa**), $C_{14}H_{14}O_2S$, F. 122—124° (A.), durch längeres Kochen von **Va** oder **Vb** mit Zn in Essigsäure. *4-endo-Stereoisomeres* (**VIIb**), $C_{14}H_{14}O_2S$, F. 95—96° (Ligroin), a) durch ½std. Kochen von **Vc** oder **Vd** mit Zn in Essigsäure; 90%; b) durch 2std. Kochen von **VIc** mit Cu/Zn in Eisessig; 63%. — *4-exo-syn-Phenylsulfinyl-1-hydroxy-2-jod-3.6-endomethylencyclohexan-5-endo-carbonsäurelacton* (**Va**), $C_{14}H_{13}JO_3S$, F. 165—167° (A.), durch 18std. Schütteln von **A** mit KJ/J_2 in wss. $NaHCO_3$/Chlf. u. Eindampfen der organ. Phase; daneben **Vb**. *4-exo-anti-Stereoisomeres* (**Vb**), $C_{14}H_{13}JO_3S$, F. 208—210° (A.), aus **X** u. Perbenzoesäure in Chlf. bei —10°; 65%; daneben **Va**. *4-endo-syn-Stereoisomeres* (**Vc**), $C_{14}H_{13}JO_3S$, F. 210—211° (Essigsäure), durch 20 Min. langes Stehen von **B** mit KJ/J_2 in wss. $NaHCO_3$ u. Ausziehen mit Chlf.; daneben *4-endo-syn-Stereoisomeres* [**Vd**; $C_{14}H_{13}JO_3S$, F. 172—173° (A.)], **VIc** u. **IX**. — *4-exo-syn-Phenylsulfinyl-1-jod-2-hydroxy-3.6-endomethylencyclohexan-5-exo-carbonsäure* (**VIa**), $C_{14}H_{15}JO_4S$, F. 213° (Zers.; Essigsäure), neben den **V**-Isomeren durch Ansäuern der wss. Phase [*Methylester*, $C_{15}H_{17}JO_4S$, F. 240° (A.)]. *4-exo-anti-Stereoisomeres* (**VIb**), $C_{14}H_{15}JO_4S$, F. 177—178° (Zers.; A.), neben **VIa** [*Methylester*, $C_{15}H_{17}JO_4S$, F. 173° (A.)]. *4-endo-Stereoisomeres* (**VIc**), $C_{14}H_{15}JO_4S$, F. 161° (Zers.; A.), a) neben **Vc** + **Vd**; b) durch 30std. Stehen von **Vc** + **Vd** in konz. H_2SO_4; 89% [*Methylester*, $C_{15}H_{17}JO_4S$, F. 163° (Bzl.)]. — *4-endo-Phenylsulfinyl-1.2-dihydroxy-3.6-endomethylencyclohexan-5-endo-carbonsäurelacton-(5→1)* (**IX**), $C_{14}H_{14}O_4S$, F. 224 bis 225° (Essigsäure), durch 12std. Stehen von **VIc** in wss. $NaHCO_3$; 42%. — *4-exo-Phenylmercapto-1-hydroxy-2-jod-3.6-endomethylencyclohexan-5-endo-carbonsäurelactone* (**X**), $C_{14}H_{13}JO_2S$, F. 83—84° (Ligroin), durch 5 Min. langes Kochen von **Va** oder **Vb** mit HJ in Eisessig; 90—92%. *4-endo-Stereoisomeres*, $C_{14}H_{13}JO_2S$, F. 153—154° (A.), a) analog aus **Vc** + **Vd**; 92%; b) durch 3std. Schütteln von **VIIb** mit KJ/J_2 in wss. $NaHCO_3$; 81%. — *4-exo-Phenylsulfonyl-1-hydroxy-2-jod-3.6-endomethylencyclohexan-5-endo-carbonsäurelacton*, F. 175—177° (Bzl.), a) aus **Va** mit Perbenzoesäure in Chlf.; 100%; b) aus **Vb** 85%. *4-endo-Stereoisomeres*, F. 255—256° (Xylol), analog aus **Vc** + **Vd**; 85%. — *4-exo-Phenylsulfonyl-3.6-endomethylen-Δ^1-cyclohexen-5-endo-carbonsäure*, F. 183° (Bzl.), a) durch 2std. Erhitzen von **IIIa** mit Peressigsäure auf dem Wasserbad; 69%; b) analog aus **IIIb** oder **VIIa**. *5-exo-Stereoisomeres*, F. 236—238° (Xylol), durch Oxydation von **B** mit Peressigsäure, Behandeln mit KJ/J_2 in wss. $NaHCO_3$ u. Ansäuern der wss. Phase; 5,1%. — *4-endo-Phenylmercapto-1(2?)-hydroxy-3.6-endomethylencyclohexan-5-exo-carbonsäure*, $C_{14}H_{16}O_3S$, F. 155—156°, (Bzl.), durch 2std. Kochen von **VIb** oder **VIa** mit Zn/Cu in Eisessig; 69%; daneben *4-endo-Phenylmercapto-3.6-endomethylen-Δ^1-cyclohexen-5-exo-carbonsäure*, $C_{14}H_{14}O_2S$, F. 62—64° (Pentan); 14% [wird durch Peressigsäure oxydiert zu *4-endo-Phenylsulfonyl-3.6-endomethylen-Δ^1-cyclohexen-5-exo-carbonsäure*, F. 176—178° (Bzl.)]. — *4-exo-Phenylsulfinyl-1-hydroxy-3.6-endomethylencyclohexan-5-endo-carbonsäurelactone, Form* **VIIIa**, $C_{14}H_{14}O_3S$, F. 124—125° (Bzl.-Ligroin), u. *stereoisomere Form* **VIIIb**, $C_{14}H_{14}O_3S$, F. 75—78° (Bzl.-Ligroin), nebeneinander durch 14std. Stehen von **A** in konz. H_2SO_4, Gießen auf Eis u. Ausziehen mit Chlf.; 44%. *4-endo-Stereoisomeres, Form* **VIIIc**, $C_{14}H_{14}O_3S$, F. 198—199° (A.), u. *stereoisomere Form* **VIIId**, $C_{14}H_{14}O_3S$, F. 104—112° (Ligroin), analog (3 Std.) aus **B**; 49%. — *4-exo-Phenylmercapto-1-hydroxy-3.6-endomethylencyclohexan-5-endo-carbonsäurelacton*, $C_{14}H_{14}O_2S$, F. 63—65° (Ligroin), durch 5 Min. langes Kochen von **VIIIa** oder **VIIIb** mit HJ in Eisessig; 96%; gibt mit Perbenzoesäure wieder **VIIIa** + **VIIIb**. *4-endo-Stereoisomeres*, $C_{14}H_{14}O_2S$, F. 107—109° (Ligroin), analog aus **VIIIc** + **VIIId**; 95%. — *4-exo-Phenylsulfonyl-1-hydroxy-3.6-endomethylencyclohexan-5-endo-carbonsäurelacton*, F. 131—132° (Ligroin), aus **VIIIa** oder **VIIIb** mit Perbenzoesäure in Chlf.; 96%. *4-endo-Stereoisomeres*, F. 166—168° (Xylol), analog aus **VIIIc** + **VIIId**; 90%.

H.-E. Toussaint 2950◇

0880 **Untersuchungen über die Äthylenierung.** 20. Mitt. **Reduktive Desulfurierung bicyclischer, von Bicyclo-[2.2.1]-hepten und Bicyclo-[2.2.1]-heptan abgeleiteter Sulfone, Sulfoxide und Sulfide.** Giacomo Luciani, Fernando Montanari und Maurilio Tramontini. (Gazz. chim. ital. **90**, 731—38, 1960; ital.) — 19. vgl. vorst. Referat. — Bei der Red. von 4-endo-Phenylsulfinyl- (**I**) u. 4-endo-Phenylmercapto-3.6-endomethylen-Δ^1-cyclohexen-5-endo-carbonsäure (**IIa**) mit Ni/Al in alkal. Lsg. tritt gleichzeitig Desulfurierung u. Absättigung der Doppelbindung unter Bldg. von *Norbornan-2-endo-carbonsäure* (*endo*-**III**) ein. 4-endo-Phenylmercapto-3.6-endomethylen-Δ^1-cyclohexen-5-exo-carbonsäure (**IIb**) gibt analog *exo*-**III**; die entsprechenden Phenylsulfonyl-Verbb. werden durch Ni-Al nicht desulfuriert. Bei der Einw. von Na in fl. NH_3 auf **IIa**, **I**, 4-endo- (endo-**IV**) oder 4-exo-Phenylsulfonyl-3.6-endomethylen-Δ^1-cyclohexen-5-endo-carbonsäure (exo-**IV**) tritt neben der Desulfurierung zu *Δ^2-Norbornen-5-endo-carbonsäure* (**V**) auch Allylumlagerung zu *Nortricyclen-3-endo-carbonsäure* (**VI**) ein; aus dem Gemisch läßt sich **V** durch Überführen in *1-Hydroxy-2-jod-3.6-endomethylencyclohexan-5-endo-carbonsäurelacton* mittels $J_2/NaHCO_3$ abtrennen. 4-endo-Phenylsulfonyl-3.6-endomethylencyclohexan-5-endo-carbonsäure (**VIIa**) wird durch Na in NH_3 zu endo-**III**, die entsprechende -5-exo-carbonsäure (**VIIb**) zu exo-**III** reduziert.

Versuche: *Norbornan-2-endo-carbonsäure* (*endo*-**III**), F. 62—63° (W.), a) durch anteilweises Zugeben von Ni/Al-Pulver (1:1) zu **I** in 10%ig. NaOH auf dem Wasserbad, 12std. Erhitzen, Ansäuern mit 30%ig. H_2SO_4 u. Ausziehen mit Chlf.; 94% (Ausbeute); b) analog aus **IIa**; 94%; c) durch Red. von **VIIa** mit Na in fl. NH_3, Ansäuern u. Ausziehen mit Chlf.; 93%. *exo-Stereoisomeres* (exo-**III**), F. 55—56° (Pentan), a) analog endo-**III** aus **IIb**; 92%; b) aus **VIIb**; 84%. — *Nortricyclen-3-endo-carbonsäure* (**VI**), F. 49—50° (Pentan), durch anteilweises Zugeben von Na zu **IIa** in fl. NH_3, Zers. mit NH_4Cl, Eindampfen, Aufnehmen in W., Ansäuern, mit 10%ig. H_2SO_4, Ausziehen mit Chlf. (→ *Thiophenol*, Kp.$_5$ 107—108°), Ausziehen des Extraktes mit gesätt. $NaHCO_3$-Lsg., Ansäuern, 10 Min. langes Stehen des erhaltenen Gemisches aus *Δ^2-Norbornen-5-endo-carbonsäure* (**V**), u. **VI** mit KJ/J_2 in wss. $NaHCO_3$, Ausziehen mit Chlf. u. Ansäuern; daneben *1-Hydroxy-2-jod-3.6-endomethylencyclohexan-5-endo-carbonsäurelacton*, F. 58—59° (Essigester–PAe.); b) analog aus **I**, endo-**IV** oder exo-**IV**. — *4-endo-Phenylsulfonyl-3.6-endomethylencyclohexan-5-endo-carbonsäure* (**VIIa**), $C_{14}H_{16}O_4S$, F. 207 bis 208° (A.), durch 12std. Kochen von endo-**IV** mit Raney-Ni in A.; 88%. *5-exo-Stereoisomeres* (**VIIb**), $C_{14}H_{16}O_4S$, F. 206—207° (Xylol), durch Hydrieren von 4-endo-Phenylsulfonyl-3.6-endomethylen-Δ^1-cyclohexen-5-exo-carbonsäure in A. über Pd/Kohle; 92%.

H.-E. Toussaint 2950◇

0881 **Aromatische Kohlenwasserstoffe.** 24. Mitt. **Mehrkernige Kohlenwasserstoffe mit einem Indan-System: 1-[Cyclopentenyl-(1)]-cyclohexen in der Diensynthese.** W. R. Skwartschenko, Wejen-ljan Lin und R. Ja. Lewina. (J. allg. Chem. [UdSSR] **32(94)**, 1023—25, 1962; Moskau, Univ.; russ.) — 23. vgl. C. **1963**, 22301. — Durch Diensynth. von 1-[Cyclopenten-(1)-yl-(1)]-cyclohexen-(1) (**I**) mit Maleinsäureanhydrid (**II**) oder 3.4.5.6-Tetrahydrophthalsäureanhydrid (**III**) wurden *3.4-Cyclopentano-5.6-cyclohexano-*(**IV**) bzw. *3.4-Cyclopentano-1.2;5.6-dicyclohexano-1.2.3.6-tetrahydrophthalsäureanhydrid* (**V**) dargestellt. Durch Decarboxylierung u. Dehydrierung von **IV** u. **V** wurden *4.5-Tetramethylen-* u. *4.5-Benzindan* bzw. *4.5;6.7-Bis-tetramethylen-* u. *4.5;6.7-Dibenzindan* erhalten.

Versuche: *1-[Cyclohexen-(1)-yl-(1)]-cyclopentanol-(1)*, $C_{11}H_{18}O$, Kp.$_6$ 113—114°, durch 15std. Kochen von 70 g Cyclohexen-(1)-ylchlorid mit 6,9 g Li in 600 ml abs.

Ae., tropfenweise Zugabe von 42 g Cyclopentanon (VI) in 50 ml Ae. u. 4std. Kochen; $D._4^{20}$ 1,0011; n_D^{20} 1,5134; 52% (Ausbeute). — *1-[Cyclopenten-(1)-yl-(1)]-cyclohexen-(1)*, (I), $C_{11}H_{16}$, Kp.$_2$ 81,5—82°, Kp.$_5$ 96—96,7°, a) durch Erhitzen vorst. Verb. in Ggw. von Jod; $D._4^{20}$ 0,9425; n_D^{20} 1,5325; 71%; b) durch Red. eines Gemisches aus Cyclohexanon u. VI (1:1 Mol) mit Al-Amalgam u. Dehydratisierung des erhaltenen Pinakons [Kp.$_{1,5}$ 149—155°] durch Erhitzen mit 15%ig. H_2SO_4; 75%. Daneben *1.1'-Dicyclohexenyl*, Kp.$_5$ 100—101°, u. *1.1'-Dicyclopentenyl*, Kp.$_9$ 77,5—79°. — *3.4-Cyclopentano-5.6-cyclohexano-1.2.3.6-tetrahydrophthalsäureanhydrid* (IV), $C_{15}H_{18}O_3$, F. 105 bis 105,5° (Cyclohexan), durch Erhitzen von 10 g I mit 13 g II u. 0,1 g Pikrinsäure (VII) bis zur Lsg. u. 12std. Stehen; 56,5%. — *3.4-Cyclopentano-1.2;5.6-dicyclohexano-1.2.3.6-tetrahydrophthalsäureanhydrid* (V), $C_{19}H_{24}O_3$, F. 127,5 bis 128,5° (Bzl.-PAe. 3:1), durch 30std. Erhitzen von 13 g I, mit 13,4 g III u. 0,1 g VII in 15 ml Bzl.; 38%. — Indane: *4.5-Tetramethylen-*, $C_{13}H_{16}$, Kp.$_6$ 134—134,5°, durch 2½std. Erhitzen von IV mit P_2O_5 (1:1 Mol) auf 230 bis 250°; $D._4^{20}$ 1,018; n_D^{20} 1,5651; 77%. — *4.5-Benz-*, Kp.$_6$ 140—141,5°, durch 24std. Erhitzen vorst. Verb. mit Se auf 320—325°; $D._4^{20}$ 1,062; n_D^{20} 1,6300. *Pikrat*, F. 109 bis 110° (A.). — *4.5;6.7-Bis-tetramethylen-*, F. 154,5° (A.-Bzl.), durch 5std. Erhitzen von V mit P_2O_5 (1:1 Mol) auf 250—280°; 51%. — *4.5;6.7-Dibenz-*, F. 152—152,5° (A.-Bzl.), durch Erhitzen vorst. Verb. mit Se. *Pikrat*, F. 163—164° (A.-Bzl.). Helmut Schäfer 2950△

0882 **Heterocyclen aus Äthoxymethylencyanamid und Äthoxymethylenurethan.** R. Gompper, H. E. Noppel und H. Schaefer. (Angew. Chem. **75**, 918—19, 1963; Stuttgart, TH, Inst. für Organ. Chem. u. Organ.-chem. Technol.; dt.) — Orthoameisensäuretriäthylester gibt mit Cyanamid *Äthoxymethylencyanamid* [I; 85% (Ausbeute)], mit Urethan in Ggw. von BF_3 *Äthoxymethylenurethan* (II; 90%). Phenylhydrazin u. I geben in sd. Bzl. *5-Amino-1-phenyl-1.2.4-triazol* (60%). Analoge Rk. mit II gibt *Phenylhydrazinomethylenurethan* (71%), das durch Erhitzen in Diphenyläther (DPA) in *1-Phenyl-1.2.4-triazolon-(5)* (81%) übergeführt wird. II u. Hydrazin geben direkt *1.2.4-Triazolon-(5)* (60%). Rk. von Acetamidin, Benzamidin oder Guanidin mit I bzw. mit II gibt *2-Methyl-6-amino-*, *2-Phenyl-6-amino-* oder *2.6-Diamino-* bzw. *2-Methyl-6-hydroxy-*, *2-Phenyl-6-hydroxy-* oder *2-Amino-6-hydroxy-symm.-triazin*. II u. α-Aminopyridin geben bei ~ 100° *N-α-Pyridyl-N'-carbäthoxyformamidin* (~ 100%), das durch Eintragen in sd. DPA in *Pyrido-[1.2:a]-symm.-triazinon-(4)* (41%) übergeführt wird. Rk. von β-Aminocrotonsäureäthylester bzw. von 1.3-Dimethyl-4-aminouracil mit II bei 100—120° gibt *5-Carbäthoxy-6-methylpyrimidon-(4)* (40%) bzw. *1.2.3.4.4a.5.6.8a-Oktahydro-1.3-dimethyl-2.4.5-trioxopyrimido-[4.5:d]-pyrimidin* (86%). Erwärmen von II mit prim. aromat. Aminen u. anschließendes Erhitzen der entstandenen *Formamidine* in DPA führt in einigen Fällen zu *Chinazolonen*, z. B. Anilin → *Chinazolon-(4)* (10%), α-Naphthylamin → *Benzo-[h]-chinazolon-(4)* (51%), β-Naphthylamin → *Benzo-[f]-chinazolon-(1)* (98%) u. 2-Aminoanthracen → *Naphtho-[2.3:f]-chinazolon-(1)* (94%). G. Reinöhl 3000◇

0883 **Doppelte Reaktionsfähigkeit von N-Äthyleniminocarbinol.** R. G. Kosstjanowski und W. F. Bysstrow. (Nachr. Akad. Wiss. UdSSR, Abt. chem. Wiss. **1962**, 1488—91; Akad. der Wiss. der UdSSR, Inst. für chem. Phys.; russ.) — *N-Äthyleniminocarbinol* [I; N-Hydroxymethyläthylenimin] reagiert mit Äthylenimin (II) unter Ring-Aufspaltung, mit höheren heterocycl. Aminen dagegen unter Kondens. an der OH-Gruppe. Die doppelte Rk.-Fähigkeit wird nach Analyse der magnet. Protonenresonanz-Spektren durch Resonanz-Stabilisierung im Syst. Äthylenimmonium-Carbonium-Kation erklärt. Bei dem bei der Darst. von I aus II u. Formaldehyd (III) entstehenden Nebenprod. handelt es sich um *N.N-Bis-[äthyleniminomethyl]-β-äthyleniminoäthylamin* (IV), wie durch Synth. von IV aus N-[β-Aminoäthyl]-äthylenimin (V) u. I gezeigt wird.

Versuche: *N-Äthyleniminocarbinol* (I), C_3H_7NO, F. 33,8—34,6° (Ae.; nach Sublimation), durch Einleiten von III (aus 30 g Polyhydroxymethylen) in 43,1 g II u. 150 ml abs. A. in 1½ Std. bei — 70°; 62,8% (Ausbeute). — *N.N-Bis-[äthyleniminomethyl]-β-äthyleniminoäthylamin* (IV), $C_{10}H_{20}N_4$, Kp.$_{0,1-0,2}$ 97,2—97,4°, durch Zugabe von 9,1 g I zu 5,4 g V, 1std. Rühren u. Abdest. des Rk.-W. als Azeotrop mit Bzl.; $D._4^{20}$ 0,9958; n_D^{20} 1,4918; 50,6%. Helmut Schäfer 3030△

0884 **Phosphororganische Derivate des Azetidins.** N. P. Gretschkin. (Nachr. Akad. Wiss. UdSSR, Abt. chem. Wiss. **1962**, **1495**; Akad. der Wiss. der UdSSR, chem. Arbusow-Inst.; russ.) — Die Rk. von Azetidin mit Diäthylphosphorsäurechlorid in Bzl. bei 0° liefert *Diäthylphosphorsäuretrimethylenamid*, $C_7H_{16}NO_3P$, Kp.$_{10}$ 116°; D. 1,0943; n_D 1,4444; 84% Ausbeute. Helmut Schäfer 3040△

0885 **Über Synthesen mit vinylogen Säurehalogeniden.** 4. Mitt. **Synthese des DL-β-[Indolyl-(5)]-alanins (Isotryptophans).** Hans Behringer und Peter Duesberg. (Chem. Ber. **96**, 377—80, 1963; München, Univ., Organ.-Chem. Inst.; dt.) — 3. vgl. C. **1959**, 8540. — Die Synth. des *rac.-β-[Indolyl-(5)]-alanins* (I) mit Hilfe der einstufigen Azlactonsynth. aus 4-Äthoxymethylen-2-phenyloxazolon-(5) (II) u. Indolin (III) wird beschrieben. Das aus II u. III zunächst erhaltene *4-[Indolinyl-(5)-methylen]-2-phenyloxazolon-(5)* (IV) wird an Pd-Mohr in Xylol zu *4-[Indolyl-(5)-methylen]-2-phenyloxazolon-(5)* dehydriert, dieses mit KOH zur *α-N-Benzoylamino-β-[indolyl-(5)]-acrylsäure* verseift, aus der durch Hydrierung u. Kochen mit $Ba(OH)_2$ schließlich I entsteht.

Versuche: *4-[Indolinyl-(5)-methylen]-2-phenyloxazolon-(5)* (IV), $C_{18}H_{14}N_2O_2$, F. 205—207°, durch Rk. von II mit III u. Digerieren mit Ae.; aus Bzl. hellgelbe Tafeln; 80% (Ausbeute). — *4-{[N-Methylindolinyl-(5)]-methylen}-2-phenyloxazolon-(5)*, $C_{19}H_{16}N_2O_2$, F. 204°, a) durch Rk. von III in NaOH mit CH_3J, Extrahieren mit Ae., Verreiben des *Methylindolins* (V; $C_9H_{11}N$, Kp.$_{11}$ 90—92°, n_D^{20} 1,5715; 67%) mit 4-Chlormethylen-2-phenyloxazolon-(5) u. Digerieren mit W.; aus Tetrahydrofuran goldgelbe Kristalle; 68%; b) aus II u. V analog IV; 80%. — *2-Mercapto-4-[indolinyl-(5)-methylen]-1.3-thiazolon-(5)*, $C_{12}H_{10}N_2OS_2$, Zers. bei 237—238°, aus 2-Mercapto-4-äthoxymethylen-1.3-thiazolon-(5) u. III analog IV; aus Dimethylformamid gelbe Säulen; 60%. — *Indolincarbaldehyd-(5)*, C_9H_9NO, F. 59—60°, Kp.$_{0,5-1}$ 108—112°, aus III, $POCl_3$ u. Dimethylformamid nach Vilsmeyer; aus Ae./Cyclohexan blaßrote Nadeln; 26%. — *4-[Indolyl-(5)-methylen]-2-phenyloxazolon-(5)*, F. 169,5—171°, durch 1—2tägiges Kochen von IV mit Pd-Mohr in Xylol; blaßgelbe Nadeln; 84%. — *α-N-Benzoylamino-β-[indolyl-(5)]-acrylsäure*, $C_{18}H_{14}N_2O_3$, F. 233—236°, durch mehrstd. Stehen vorst. Verb. in wss. Dioxan mit KOH, Einengen u. Zugeben von HCl; Nadeln; 86%. — *N-Benzoyl-β-[indolyl-(5)]-alanin*, $C_{18}H_{16}N_2O_3$, F. 184—186° (Methanol/W. 1:1), durch Hydrierung vorst. Verb. in 1%ig. KOH an Raney-Ni u. Pd-Kohle u. Ansäuern; 92%. — *β-[Indolyl-(5)]-alanin* (I), $C_{11}H_{12}N_2O_2$, F. 213—215°, durch 5tägiges Kochen vorst. Verb. mit $Ba(OH)_2$-Lsg. unter N_2, Einleiten von CO_2, Zugeben von verd. H_2SO_4. Einengen, Digerieren mit Bzl. u. Ae. u. Kristallisation des Rückstandes aus Methanol/W.; sternförmige Kristalle; 78%. E. Schröder 3050◇

0886 **Über Synthesen mit vinylogen Säurehalogeniden.** 5. Mitt. **Synthese des DL-Histidins und des DL-2-Hydroxy-4-methylhistidins.** Hans Behringer und Peter Duesberg. (Chem. Ber. **96**, 381—84, 1963; dt.) — 4. vgl. vorst. Referat. — 4-Chlormethylen-2-phenyloxazolon-(5) (I) reagiert mit Imidazol (II) in Nitromethan unter Kondens. an $C_{(4)}$ bzw. $C_{(5)}$ zu *4-[Imidazolyl-(4)-methylen]-2-phenyloxazolon-(5)*. Aus 4-Methylimidazolon-(2) (III) in I entsteht in Ggw. von $AlCl_3$ *4-[2-Hydroxy-5-methylimidazolyl-(4)-methylen]-2-phenyloxazolon-(5)*, aus dem durch Verseifung u. Hydrierung *β-[2-Hydroxy-5-methylimidazolyl-(4)]-N-benzoylalanin* (IV) erhalten wird. Verseifung von IV mit konz. HCl liefert *α-Amino-β-[2-hydroxy-5-methylimidazolyl-(4)-propionsäure* (*DL-L-Hydroxy-4-methylhistidin*). Analog der Rk. von I mit II dürfte das Prod. der Kondens. von 3-Äthyl-5-chlormethylenrhodanin mit II nicht die in der 3. Mitt. (C. **1959**, 8540) angenommene Konstitut. 3-Äthyl-5-[imidazolyl-(1)-methylen]-rhodanin haben, sondern ist wahrscheinlich *3-Äthyl-5-[imidazolyl-(4)-methylen]-rhodanin.* — Vgl. C. **1964,** 13—0856.

Versuche: *4-[Imidazolyl-(4)-methylen)-2-phenyl-oxazolon-(5),* $C_{13}H_9N_3O_2$, F. 233—236°, durch Erhitzen von I mit II in Nitromethan; aus Tetrahydrofuran kupferfarbene Lanzetten; 77% (Ausbeute). — *α-Benzoylamino-β-[imidazolyl-(4)]-acrylsäure,* $C_{13}H_{11}N_3O_3$, F. 204—205,5°, durch 40 Min. langes Kochen vorst. Verb. mit Na_2CO_3 in W. u. Zugeben von Essigsäure (pH 5); aus W. Spieße; 66%. — *4-[2-Hydroxy-5-methylimidazolyl-(4)-methylen]-2-phenyloxazolon-(5),* $C_{14}H_{11}N_3O_2 \cdot C_2H_4O_2$, Zers. über 270°, durch Zugeben von 24,8 g I u. 11,7 g III in Nitrobenzol zu $AlCl_3$ in Nitrobenzol, 4std. Rühren bei 60° u. Zugeben von W.; aus Eisessig goldglänzende Nadeln; 31 g. — *α-Benzoylamino-β-[2-hydroxy-5-methylimidazolyl-(4)]-acrylsäure,* $C_{14}H_{13}N_3O_4 \cdot {}^1/_2H_2O$, F. 212—215° (verd. NaOH oder NH_4OH/verd. Säure), durch Rk. vorst. Verb. mit 1n NaOH u. Ansäuern. — *β-[2-Hydroxy-5-methyl-imidazolyl-(4)]-N-benzoylalanin* (**IV**), $C_{14}H_{15}N_3O_4$, F. 286 bis 287°, durch Hydrierung vorst. Verb. in NaOH an Raney-Ni u. Pd-Mohr u. Ansäuern; aus Methanol/W. Kristalle; 80%. — *α-Amino-β-[2-hydroxy-5-methylimidazolyl-(4)]-propionsäure* (*DL-2-Hydroxy-4-methylhistidin*), $C_7H_{11}N_3O_3$, F. 288—290°, durch 12std. Kochen vorst. Verb. mit konz. HCl, Einengen, Lösen des amorphen *Hydrochlorids* in abs. A. u. Zugeben von Piperidin (pH 6 bis 7); aus W. Blättchen; 92%. E. Schröder 3050◇

0887 **Isomerisation eines sekundär-tertiären Acetylen-α-glykols zu einem substitutierten β-Furanon.** W. M. Albitzkaja und E. D. Venus-Danilowa. (J. allg. Chem. [UdSSR] **30(92),** 349—50, 1960; Leningrad, Technol. Lensowjet-Inst.; russ.) — *2.3-Dimethyl-5-phenyl-tetrahydrofuranon-(4)* ($Kp._4$ 138—138,5°; n_D^{20} 1,5360) wird durch Erhitzen von 3-Methyl-5-phenylpentin-(4)-diol-(2.3) mit 20—30%ig. H_2SO_4 erhalten. *Semicarbazon,* $C_{13}H_{17}N_3O_2$, F. 116—117° (wss. A.).
Hartmut Berger 3061◇

0888 **Die Struktur von Chloretyl, dem Reaktionsprodukt aus Chloral und Biacetyl.** Nelson J. Leonard, John C. Little und A. Jerry Kresge. (J. Amer. chem. Soc. **79,** 2642—46, 1957; Berichtigung: **80,** 6699, 1958; Urbana, Ill., Univ., Noyes Chem. Labor.; engl.) — Durch chem. Verss. u. Spektren wurde die Struktur von *Chloretyl,* dem Rk.-Prod. aus Chloral u. Biacetyl, als die von *3.7-Bis-[trichlormethyl]-2.6-dioxabicyclo-[3.3.0]-octandiol-(1.5)* bestätigt. Die stereochem. Strukturen des α- (**I**) u. β-Isomeren (**II**) (Racemate) wurden als cis–cis–cis- u. cis–cis–trans nachgewiesen. **I** u. sein Monoacetat rufen bei Injektion einer Dioxan-Lsg. an Fliegen sofort reversible Lähmung hervor. Bei Dosen von etwa 0,01 μg pro Fliege tritt sofort Lähmung ein, die mindestens 45 Min. anhält. Bei oraler Gabe an Ratten wirkt **I** in der Konz. von 400 mg/kg als Antikrampfmittel, u. zwar bietet es 40% Schutz bei der Elektroschock-Meth. u. 25% Schutz bei der Metrazol-Methode.

Versuche (FF. korr.): *α-Chloretyl* (I), $C_8H_8Cl_6O_4$, F. 206° (Zers.; aus heißem saurem Bzl.-Hexan Nadeln), F. 175° (Zers.; aus kaltem bas. Bzl.-Hexan), durch Zugabe von Piperidin zu einer gekühlten Lsg. von Biacetyl, Chloral u. Eisessig in abs. Bzl., 10 Tage langes Rühren bei 25° unter N_2, Lösen des Nd. in Dioxan, Zugabe von W. u. Abkühlen unter Rühren; 41% (Ausbeute); daneben *β-Chloretyl* (II), F. 175—177°, durch Zugabe von Bzl. zu den Mutterlaugen von I, Einengen der gereinigten organ. Schicht u. Suspendieren in sd. Hexan; aus Bzl.-Hexan Nadeln; 17% (Gemisch aus 90% **I** u. 10% **II**). *Monoacetat,* $C_{10}H_{10}Cl_6O_5$, F. 93—94° (wss. A.), durch 20std. Kochen von I, Isopropenylacetat u. p-Toluolsulfonsäure in Bzl., Einengen im Vakuum, Lösen in 95%ig. A. u. Zugabe von W.; 73%. *3.5-Dinitrobenzoat,* $C_{15}H_{10}Cl_6N_2O_9$, F. 215° (Zers.), durch Zugabe von 3.5-Dinitrobenzoesäure u. p-Toluolsulfonsäurechlorid zu Pyridin, Abkühlen auf 0°, Zugabe von **I**, 8std. Stehen bei 0° u. Verdünnen mit Eiswasser; aus Dioxan-A.-W. fast farblose Plättchen; 30%. *2-[2′-Hydroxy-3′.3′.3′-trichlorpropyl]-3-methylchinoxalin,* $C_{12}H_{11}Cl_3N_2O$, F. 148—149°, a) durch 8std. Kochen von **I** u. o-Phenylendiamin in abs. A., Stehen über Nacht u. Verdünnen mit W.; 97%; b) durch 6std. Kochen von **II** u. o-Phenylendiamin in abs. A., Zugabe von W. u. Abkühlen; aus wss. A. elfenbeinfarbene Plättchen; 69%. — *5-Hydroxy-6.6.6-trichlorhexandion-(2.3), Dioxim,* $C_6H_9 \cdot Cl_3N_2O_3$, F. 188—189° (Zers.), durch 12std. Kochen von **I** mit $NH_2OH \cdot HCl$ in abs. A. u. Pyridin, Einengen u. Verreiben mit W.; durch Sublimation Körner. *Bisphenylhydrazon,* $C_{18}H_{19}Cl_3N_4O$, F. 164—165°, durch 3std. Kochen von **I** mit Phenylhydrazin u. Na-Acetat in 95%ig. A., Verdünnen mit W. u. Stehen über Nacht bei 5°; aus wss. A. orangefarbene Nadeln. — *2-Hydroxy-2-methyl-5-trichlormethyl-1-oxacyclopentanon-(3),* $C_6H_7Cl_3O_3$, F. 102° (Zers.), durch Sublimation von **I** oder **II** bei 135—140°/ 0,2 Torr. — *6.6-Dichlorhexantrion-(2.3.5),* gelbes Öl, durch Stehen vorst. Verb. bei 25°; liegt fast nur als Enol vor. — *3.5-Dinitrobenzoesäure-2.2.2-trichloräthylester,* $C_9H_5Cl_3N_2O_6$, F. 140—141°, durch Zugabe von 2.2.2-Trichloräthanol zur kalten Lsg. von 3.5-Dinitrobenzoesäure u. p-Toluolsulfonsäurechlorid in abs. Pyridin, 1std. Stehen bei 0° u. Gießen in Eiswasser unter Rühren; aus A. Plättchen; 68%. D. Freytag 3061△

0889 **Untersuchungen über die aktiven Komponenten von Digenea simplex Ag. und verwandte Verbindungen.** 68. Mitt. **Synthese von 5-[2-Dimethylaminopropyl]-piperidon-(2).** 2. Mitt. **Eine neue Pyrolyse von Betainen.** 1. Mitt. 2. Teil. Kunizo Osugi. (J. pharmac. Soc. Japan [Yakugakuzasshi] **78,** 1328—32, 1958; jap., Auszug: engl.) — 65. vgl. C. **1964,** 19-0828. — 4-Cyan-6-dimethylaminoheptansäuremethylester (**I**) wird in sein Methojodid umgewandelt, das nach Behandlung mit Ag_2O u. Pyrolyse **I**, *4-Cyan-Δ^x-heptensäuremethylester* u. *Trimethylamin* liefert. Der **I** entsprechende Äthylester gibt bei gleicher Behandlung dieselben Zers.-Produkte. Es wird experimentell nachgewiesen, daß die letztere Rk. kein Hofmannscher Abbau, sondern eine Pyrolyse des entsprechenden Betains ist. Als Hauptreaktionsweg wird intermol. stufenweise nucleophile Substitution u. Eliminierung des Betains vorgeschlagen.

Versuche: *4-Cyan-6-dimethylaminoheptansäuremethylester* (**I**), $C_{11}H_{20}N_2O_2$, $Kp._{0,3}$ 105—106°. *Pikrat,* $C_{17}H_{23}N_5O_9$, F. 113—114°; aus A. Nadeln. *Methojodid,* $C_{12}H_{23}JN_2O_2$, F. 192°; aus Methanol Nadeln. — *4-Cyan-Δ^x-heptensäuremethylester,* $C_9H_{13}NO_2$, $Kp._{15}$ 132°, durch $1^1/_2$std. Kochen von 196 g **I** mit CH_3J in Aceton, 12std. Stehen, Einengen im Vakuum u. 3std. Rühren mit W. u. Ag_2O bei 20—30°; 2,5 g (Ausbeute); daneben *Trimethylamin* (*Pikrat,* F. 218°).
Gottfried Schreiber 3081△

0890 **Untersuchungen über die aktiven Komponenten von Digenea simplex Ag. und verwandte Verbindungen.** 69. Mitt. **Synthese von Prolin und seinen 4-Isopropyl-, 4-Propyl- und 4-[1-Methyl-2-äthoxyäthyl]-Derivaten.** Kunizo Osugi. (J. pharmac. Soc. Japan [Yakugakuzasshi] **78,** 1332—38, 1958; jap., Auszug: engl.) — 68. vgl. vorst. Referat. — Eine neue Synth. von *Prolin* u. seinen 4-substituierten Derivv. wird beschrieben. Durch Kochen von 3.3-Dichlorpiperidon-(2) u. seinen 5-substituierten Derivv. mit $Ba(OH)_2$ werden die entsprechenden *Pyrrolincarbonsäureverbb.* (**A**) erhalten, die mit guter Ausbeute zu den entsprechenden Aminosäuren hydriert werden. Für die **A** wird eine 4.5-Dihydropyrrolenin-5-carbonsäurestruktur vorgeschlagen. IR- u. UV-Spektren vgl. Original.

Versuche: *3.3-Dichlor-5-isopropylpiperidon-(2)* (I), F. 126° (Cyclohexan), a) durch $1^1/_2$std. Rk. von 5-Isopropylpiperidon-(2) mit SO_2Cl_2 bei 60—70°, Einengen im Vakuum u. Neutralisieren mit kalter $NaHCO_3$-Lsg.; 66,6% (Ausbeute); b) durch $1^1/_2$std. Rk. von 5-Isopropylpiperidon-(2) mit $SOCl_2$ u. SO_2Cl_2 bei 60—70°, Einengen u. Extraktion mit Ae.; 71,5%. — *3.3-Dibrom-5-isopropylpiperidon-(2),* $C_8H_{13}Br_2NO$, F. 125—127°, durch 4std. Kochen von 5-Isopropylpiperidon-(2) mit $SOCl_2$ u. Br_2, Einengen u. Extraktion mit CCl_4; 53%. — *4.5-Dihydropyrrolenin-5-carbonsäure, Hydrat* (**II**), $C_5H_9NO_3$, F. 140 bis 142° (Zers., W.), durch $2^1/_2$std. Kochen von 4,2 g 3.3-Dichlorpiperidon-(2) mit $Ba(OH)_2$, Einengen, Filtrieren, Zugabe von H_2SO_4 u. Durchgeben durch Amberlite IR-4B; 1,5 g. *Äthylester,* $C_7H_{11}NO_2$, $Kp._{17}$ 110°, durch Rk von 5,2 g Säure mit wss. NaOH u. $AgNO_3$-Lsg. u. 15std. Kochen des erhaltenen Ag-Salzes mit C_2H_5J u. Ae.; 1,6 g. — *3-Isopropyl-4.5-dihydropyrrolenin-5-carbonsäure, Hy-*

drat (**III**), $C_8H_{15}NO_3$, F. 130° (Zers.), aus 10,5 g **I** analog **II**; 1,7 g. *Äthylester*, $C_{10}H_{17}NO_2$, Kp.$_2$ 83°, durch 12std. Stehen der mit HCl gesätt. äthanol. Lsg. von 6,5 g Säure, Einengen im Vakuum, Zugabe von Eiswasser u. K_2CO_3 u. Extraktion mit Ae.; 4 g. — *10-Aza-2.3.10.10a-tetrahydro-1H-benz-[f]-indolizinium-3-carbonsäurebetain* (**IV**), $C_{12}H_{12}N_2O_2$, F. 157° (Zers.), durch mehrstd. Stehen von 0,92 g **II** mit o-Aminobenzaldehyd in wss. A.; aus A. rote Körnchen, 1,5 g. — *1-Isopropyl-10-aza-2.3.10.10a-tetrahydro-1H-benz-[f]-indolizinium-3-carbonsäurebetain, Hydrat* (**V**), $C_{15}H_{20}N_2O_3$, F. 205°, aus 0,79 g **III** analog **IV**, rote Nadeln; 1,2 g. — *Prolin*, $C_5H_9NO_2$, F. 205° (Zers., A./Ae.), a) durch 3std. Kochen von 3.3-Dichlorpiperidon-(2) mit $Ba(OH)_2$-Lsg., Zugabe von H_2SO_4, Hydrieren an PtO_2 u. Geben durch Amberlite IR-4B 87%; b) durch katalyt. Hydrierung von **II** in W. an PtO_2; 95%; c) durch 8std. katalyt. Hydrierung von **IV** in A. an Pd-Kohle. *Pikrat*, $C_{11}H_{12}N_4O_9$, F. 136°; Nadeln. — *4-Isopropylprolin*, $C_8H_{15}NO_2$, F. 242° (Zers., W.), a) aus **I** analog vorst. Verb. nach a); 89%; b) aus **III** analog vorst. Verb. nach b); 91%; c) durch 6std. Hydrierung von **V** analog vorst. Verb. nach c); 77%. *Hemipikrat*, $2\,C_8H_{15}NO_2 \cdot C_6H_3N_3O_7$, F. 172°. — *4-Propylprolin*, $C_8H_{15}NO_2$, F. 222° (Zers.), durch Zers. von 5-Propyl-3.3-dichlorpiperidon-(2) mit $Ba(OH)_2$ analog vorst. Verb. nach a); Blätter; 90%. *Hemipikrat*, $2\,C_8H_{15}NO_2 \cdot C_6H_3N_3O_7$, F. 142°. — *4-[1-Methyl-2-äthoxyäthyl]-prolin*, $C_{10}H_{19}NO_3$, F. 175 bis 177° (Zers.), aus 3.3-Dichlor-5-[1-methyl-2-äthoxyäthyl]-piperidon-(2) analog vorst. Verb.; 75%.

Gottfried Schreiber 3081△

0891 **Untersuchungen über die aktiven Komponenten von Digenea simplex Ag. und verwandte Verbindungen.** 70. Mitt. **Synthese von 4-Allyl- (und Propenyl-)prolinen. Eine neue Pyrolyse von Betainen.** 2. Mitt. Kunizo Osugi. (J. pharmac. Soc. Japan [Yakugakuzasshi] **78**, 1338—42, 1958; jap., Auszug: engl.) — 69. vgl. vorst. Ref.; 1. vgl. vorvorst. Referat. — Rk. von 5-[2-Dimethylaminopropyl]-piperidon-(2) mit SO_2Cl_2 in Ggw. von $SOCl_2$ liefert das entsprechende 3.3-Dichlorderiv., durch dessen Kochen mit $Ba(OH)_2$ das entsprechende *Pyrrolidincarbonsäurederiv.* entsteht, das durch Hydrierung an PtO_2, Veresterung u. Rk. mit Chlorameisensäureäthylester *1.2-Bis-[äthoxycarbonyl]-4-[2-dimethylaminopropyl]-pyrrolidin* (**I**) ergibt. Rk. des Methojodids von **I** mit Ag_2O liefert ein *Betain*, dessen Pyrolyse unter vermindertem Druck *1-Äthoxycarbonyl-4-[2-dimethylaminopropyl]-pyrrolidin-2-carbonsäuremethylester* (**IV**) u. *1-Äthoxycarbonyl-4-allyl- (und -propenyl-)-pyrrolidin-2-carbonsäuremethylester* (**II**) liefert. Das ist eine neue Art der Pyrolyse eines Betains. Der Rk.-Mechanismus wird diskutiert. *4-Allyl-* u. *4-Propenylprolin* werden durch Verseifung von **II** erhalten.

Versuche: *3.3-Dichlor-5-[2-dimethylaminopropyl]-piperidon-(2)*, durch 2std. Kochen von 25,7 g 5-[2-Dimethylaminopropyl]-piperidon-(2)-dihydrochlorid mit $SOCl_2$ u. SO_2Cl_2 bei 80°, Einengen im Vakuum, Geben in Eiswasser u. Einengen im Vakuum; 38,5 g (Ausbeute). — *4-[2-Dimethylaminopropyl]-prolin* (**III**), *Hydrochlorid*, durch $2^1/_2$std. Kochen vorst. Verb. mit wss. $Ba(OH)_2$-Lsg., Einengen, Zugabe von H_2SO_4 u. 14std. Hydrieren an PtO_2. — *4-[2-Dimethylaminopropyl]-pyrrolidin-1.2-dicarbonsäurediäthylester*(**I**), $C_{15}H_{28}N_2O_4$, Kp.$_{0,2}$ 157°, durch Zugabe von 10 n NaOH zu 35 g **III**-Hydrochlorids bis pH 9, Zugabe von Chlorameisensäureäthylester u. Na_2CO_3 bei 10—15° u. Extraktion mit Ae.; 14 g. *Pikrat*, $C_{21}H_{31}N_5O_{11}$, F. 153—155°. *Methojodid*, $C_{16}H_{31}JN_2O_4$, F. 200°; Nadeln. — *1-Äthoxycarbonyl-4-[2-dimethylaminopropyl]-pyrrolidin-2-carbonsäuremethylester* (**IV**), $C_{14}H_{26} \cdot N_2O_4$, Kp.$_{92}$ 145°, durch Verestern von **III** mit Methanol u. HCl u. Rk. mit Chlorameisensäureäthylester; 43,4%. *Pikrat*, $C_{20}H_{29}N_5O_{11}$, F. 150°; Nadeln. — *1-Äthoxycarbonyl-2-methoxycarbonyl-4-allyl-(und -propenyl)-pyrrolidin*, (**II**), $C_{12}H_{19}NO_4$, Kp.$_{0,1}$ 125°, durch $1^1/_2$std. Kochen von 30 g **I** mit CH_3J in Aceton, Zugabe von W., Einengen zur Trockne, Zugabe von W. u. Ag_2O, $2^1/_2$std. Rühren bei 20—25°, Einengen in Vakuum, 40 Min. langes Erhitzen auf 180—240° bei 1 Torr u. Zugabe von Bzl.; 3 g; daneben 14 g **IV** u. *Trimethylamin. Pikrat*, F. 218°. — *Gemisch aus 4-Allylprolin* (**V**) u. *4-Propenylprolin* (**VI**), F. 206—210°, durch 13std. Kochen von 4,4 g **II** mit 20%ig. wss. $Ba(OH)_2$-Lsg., Zugabe von H_2SO_4 u. Geben durch Amberlite IR-4B; 2,8 g. — *Formaldehyd*, durch Oxydation von **V** u. **VI** mit O_3. *Dimedonderiv.*, F. 188°; daneben *Acetaldehyd. Dimedonderiv.*, F. 140°. — *4-Propylprolin*, F. 216—218° (Zers.), durch 20 Min. lange Hydrierung von 0,31 g Gemisch aus **V** u. **VI** an Pd-Kohle; 0,26 g. *Pikrat*, F. 142°. — Trennung des Gemischs von **V** u. **VI** über das Cu-Salz gibt **V** [$C_8H_{13}NO_2$, F. 223° (Zers.)], krist. **VI** wird nicht erhalten.

Gottfried Schreiber 3081△

0892 **Untersuchungen über die aktiven Komponenten von Digenea simplex Ag. und verwandte Verbindungen.** 71. Mitt. **Synthese von 2-Oxopiperidyl-(4)-essigsäureäthylester und seinen 5-Isopropyl-, 5-Propyl- und 5-[1-Methyl-2-äthoxyäthyl]-Derivaten. Eine neue Synthese von Prolin und seinen Derivaten.** 2. Mitt. Kunizo Osugi. (J. pharmac. Soc. Japan [Yakugakuzasshi] **78**, 1343—48, 1958; jap., Auszug: engl.) — 70. vgl. vorst. Ref.; 1. vgl. C. **1964**, 19-0828. — Aus 3-[Äthoxycarbonylcyanmethyl]-glutarsäurediäthylester (**I**) wird *3-Cyanmethylglutarsäurediäthylester* (**IX**) dargestellt, dessen Red. unter Cyclisierung *2-Oxopiperidyl-(4)-essigsäureäthylester* (**II**) liefert. Selektive Abspaltung der Estergruppe aus den Isopropyl-, Propyl- und 1-Methyl-2-äthoxyäthylderivv. von **I** gibt die entsprechenden *Cyanmethylglutarsäurediäthylester*, deren Red. die entsprechenden substituierten *2-Oxo-4α-carbäthoxymethylpiperidine* liefert. Letztere u. auch **II** werden in die entsprechenden *3.3-Dichlorderivv. umgewandelt*. Dabei wird SO_2Cl_2 allein oder in Ggw. von $SOCl_2$ benutzt.

Versuche: Glutarsäuren: *3-[1-Carboxy-1-cyan-2-methylpropyl]-* (**III**), $C_{11}H_{15}NO_6$, F. 185° (Zers., Essigsäureäthylester/Chlf.), durch 2std. Kochen des Triäthylesters mit KOH u. A., Einengen, Ansäuern mit konz. HCl u. Extraktion mit Essigsäureäthylester; 84% (Ausbeute). *Triäthylester*, $C_{17}H_{27}NO_6$, Kp.$_1$ 168°, durch 10std. Kochen von **I** mit Isopropyljodid u. $NaOC_2H_5$ in A., Einengen u. Zugabe von Bzl.; n_D^{33} 1,4481; 78%. — *3-[1-Carboxy-1-cyanbutyl]-*, $C_{11}H_{15}NO_6$ (**IV**), F. 168° (Zers.), durch Verseifen des Triäthylesters analog **III**, 94%. *Triäthylester*, $C_{17}H_{27}NO_6$, Kp.$_{0,4}$ 160°, durch 3std. Kochen von **I** mit Propyljodid u. Na in A.; n_D^{33} 1,4460; 83%. — *3-[1-Cyan-2-methylpropyl]-*, $C_{10}H_{15}NO_4$, F. 112° (Cyclohexan), durch 2std. Kochen von **V** mit wss. KOH u. A., Einengen, Ansäuern mit konz. HCl u. Extraktion mit Ae.; 98%. *Diäthylester* (**V**), $C_{14}H_{23}NO_4$, Kp.$_{0,1}$ 136°, durch 12std. Stehen von **III** mit A. u. konz. H_2SO_4, $1^1/_2$std. Kochen, Einengen im Vakuum, Zugabe von Eiswasser u. K_2CO_3, Ansäuern mit konz. HCl, Extraktion mit Essigsäureäthylester/Ae., Dest., Erhitzen des Rückstandes mit Cu-Pulver im Vakuum auf 175—180° u. Extraktion mit Ae.; 79%. *Anhydrid*, $C_{10}H_{13}NO_3$, F. 110° (Bzl.), durch $2^1/_2$std. Kochen der entsprechenden Säure mit Acetanhydrid in Bzl.; 92%. — Glutarsäurediäthylester: *3-[1-Cyan-1-äthoxycarbonyl-2-methyl-3-äthoxypropyl]-* (**VI**), $C_{19}H_{31}NO_7$, Kp.$_{0,1}$ 177°, durch 2std. Kochen von **I** mit Dimethylformamid, NaH u. 1-Äthoxy-2-brompropan in Bzl.; 40%. — *3-[1-Cyanbutyl]-* (**VII**), $C_{14}H_{23}NO_4$, Kp.$_{0,3}$ 138°, aus **IV** analog **V**; n_D^{31} 1,4413; 74%. — *3-[1-Cyan-2-methyl-3-äthoxypropyl]-* (**VIII**), $C_{16} \cdot H_{27}NO_4$, Kp.$_{0,6}$ 149—153°, aus **VI** analog **III** u. Rk. mit A. u. H_2SO_4 analog **V**; 19,5%. — *3-Cyanmethyl-* (**IX**), $C_{11}H_{17}NO_4$, Kp.$_{2,5}$ 137°, durch 5tägiges Stehen von **I** mit A. u. KOH bei 15°, Einengen, Zugabe von W., Ansäuern mit konz. HCl, Extraktion mit Ae., Dest. u. Erhitzen des Rückstandes mit Cu-Pulver im Vakuum auf 160—165°; 78,6%. — *3-Brom-*, $C_9H_{15}BrO_4$, Kp.$_{0,5}$ 115°, durch Rk. von Propen-1.3-dicarbonsäurediäthylester u. HBr in Chlf. bei 2—5°; 90%. — 4α-Carbäthoxymethylpiperidine: *2-Oxo-5β-isopropyl-* (**X**), $C_{12}H_{21}NO_3$, F. 74—75° (Dibutyläther), durch 5std. Hydrierung von **V** in A. u. Triäthylamin an Raney-Ni bei 95 kg/sq.cm u. 120—130°; 97%. — *2-Oxo-5β-propyl-* (**XI**), $C_{12}H_{21}NO_3$, Kp.$_{0,2}$ 173°, aus **VII** analog **X** bei 100 at; 92%. — *2-Oxo-5β-[1-methyl-2-äthoxyäthyl]-* (**XII**), $C_{14}H_{25}NO_4$, F. 82°, Kp.$_{0,1}$ 190—195°, aus **VIII** analog **X**; 59%. — *2-Oxo-* (**II**), $C_9H_{15}NO_3$, F. 66° (Dibutyläther), Kp.$_{0,5}$ 160°, aus **IX** analog **X**; 98%. — *2-Oxo-3.3-dichlor-5β-isopropyl-* (**XIII**), $C_{12}H_{19}Cl_2NO_3$, F. 168° (Aceton), durch 40 Min.

langes Kochen von **X** mit rotem P u. SO_2Cl_2 in CCl_4, Einengen im Vakuum, Gießen in Eiswasser u. Neutralisieren mit $NaHCO_3$; 78%. — *2-Oxo-3.3-dichlor-5β-propyl-*, $C_{12}H_{19}Cl_2NO_3$, F. 160° (Essigsäureäthylester), aus **XI** analog **XIII**; 68%. — *2-Oxo-3.3-dichlor-5-[1-methyl-2-äthoxyäthyl]-*, $C_{14}H_{23}Cl_2NO_4$, F. 141° (Aceton), aus **XII** analog **XIII**; 41%. — *2-Oxo-3.3-dichlor-*, $C_9H_{13}\cdot Cl_2NO_3$, F. 103—105° (Aceton), aus **II** analog **XIII**; 68%. — *2-Oxo-4α-carboxymethyl-5β-isopropylpiperidin*, $C_{10}H_{17}NO_3$, F. 157—158°, durch ¹/₂std. Erhitzen von **X** mit wss. KOH auf 50—60° u. Ansäuern mit HCl; 88%. — *2.6-Dioxo-4α-carboxymethyl-5β-isopropylpiperidin*, $C_{10}H_{15}\cdot NO_4$, F. 141° (Äthylenchlorid), durch Erhitzen von **III** mit Cu-Pulver im Vakuum auf 150° u. Extraktion mit Aceton; 54%. *Methylester*, $C_{11}H_{17}NO_4$, $Kp._1$ 162°, aus der Säure u. CH_2N_2 in Ae. bei 0°; 72,5%.

Gottfried Schreiber 3081△

0893 **Untersuchungen über die aktiven Komponenten von Digenea simplex Ag. und verwandte Verbindungen.** 72. Mitt. **Synthese von 2-Oxo-5-[2-dimethylaminopropyl]-piperidin-(4)-essigsäureäthylester. Eine neue Pyrolyse von Betainen.** 3. Mitt. Kunizo Osugi. (J. pharmac. Soc. Japan [Yakugakuzasshi] **78**, 1348—52, 1958; jap., Auszug: engl.) — 71. vgl. vorst. Ref.; 2. vgl. vorvorst. Referat. — Die Struktur der Seitenkette des aus 3-[Äthoxycarbonylcyanmethyl]-glutarsäurediäthylester u. 1-Dimethylamino-2-brompropan erhaltenen *3-[1-Cyan-1-carbäthoxy-3-dimethylaminobutyl]-glutarsäurediäthylesters* (**I**) wird untersucht u. als 2-Dimethylaminopropylgruppe erkannt. Dabei wird eine neue Pyrolyse eines Betains entdeckt u. ein Rk.-Mechanismus vorgeschlagen. Verseifung von **I** u. Einengen der salzsauren Lsg. liefert ein *Glutarsäurederiv.*, dessen Veresterung u. nachfolgende Red. unter Cyclisierung *2-Oxo-4α-carbäthoxymethyl-5β-[2-dimethylaminopropyl]-piperidin* gibt. IR-Spektren vgl. Original.

Versuche: *3-[1-Cyan-1-äthoxycarbonyl-3-dimethylaminobutyl]-glutarsäurediäthylester* (**I**), $C_{19}H_{32}N_2O_6$, $Kp._{0,6}$ 182°, $Kp._{0,4}$ 175°, a) durch Rk. von 3-[Äthoxycarbonylcyanmethyl]-glutarsäurediäthylester mit Na in A., Einengen im Vakuum, Zugabe von Bzl., Einengen im Vakuum, Rk. mit 1-Dimethylamino-2-brompropan in Bzl. bei 70—80°, 3std. Kochen, Rühren mit 10%ig. HCl, Zugabe von K_2CO_3 u. Extraktion mit Ae.; 58% (Ausbeute); b) durch Rk. von 3-[Äthoxycarbonylcyanmethyl]-glutarsäurediäthylester mit 1-Dimethylamino-2-brompropanhydrobromid in A., Zugabe der äthanol. Lsg. von $NaOC_2H_5$, 3std. Kochen, Einengen im Vakuum, Rühren mit Bzl. u. 10%ig. HCl u. weiter wie a); n_D^6 1,4595; 76%. *Pikrolonat*, $C_{29}H_{40}N_6O_{11}$, F. 125—127°; Nadeln. — *3-[1-Cyan-3-dimethylaminobutyl]-glutarsäurediäthylester*, $C_{16}H_{28}N_2O_4$, $Kp._{0,3}$ 165°, durch 3¹/₂std. Kochen vorst. Verb. mit 85%ig. wss. KOH, Ansäuern mit konz. HCl, Einengen im Vakuum, Zugabe von W., 1¹/₂std. Kochen des trockenen Rückstandes mit A. u. H_2SO_4, Einengen im Vakuum, Rühren mit Eiswasser u. Ae., Zugabe von K_2CO_3 u. Extraktion mit Ae.; n_D^{26} 1,4530; 56%. *Pikrat*, $C_{22}H_{31}N_5O_{11}$, F. 105°; aus A. Prismen. — *2-Oxo-4α-carbäthoxymethyl-5β-[2-dimethylaminopropyl]-piperidin*, $C_{14}H_{26}N_2O_3$, $Kp._{0,1}$ 195°, durch 7std. Hydrierung vorst. Verb. in A. an Raney-Ni bei 165 at u. 137—145°; 82,5%. *Methojodid*, $C_{15}H_{29}JN_2O_3$, F. 215—216°; Nadeln. — *3-Äthoxycarbonylmethyl-4-cyan-6-dimethylaminoheptansäuremethylester*, $C_{15}H_{26}N_2O_4$, $Kp._{0,07}$ 140°, durch 2std. Kochen von 26 g **I** mit CH_3J in Aceton, Einengen im Vakuum, 2std. Rühren mit W. u. Ag_2O bei 22—30°, Rühren des bei Vakuumdest. erhaltenen Öles mit Bzl. u. 10%ig. HCl, Zugabe von K_2CO_3 zur wss. Schicht u. Extraktion mit Ae.; 5,6 g. *Pikrat*, $C_{21}H_{29}N_5O_{11}$, F. 95—98°; aus A. Nadeln. — *3-Äthoxycarbonylmethyl-4-cyan-$\Delta^{5\ (oder\ 6)}$-heptensäuremethylester*, $C_{13}\cdot H_{19}NO_4$, $Kp._{0,07}$ 135°, neben vorst. Verb.; 6,5 g; daneben *Trimethylamin* (*Pikrat*, F. 218°). — *2-Oxo-4α-carbäthoxymethyl-5β-propylpiperidin*, $C_{12}H_{21}NO_3$, $Kp._{0,15}$ 165—170°, durch 6std. Hydrierung von 5 g vorst. Verb. in A. u. Trimethylamin an Raney-Ni bei 98 at u. 130—140°; 3,4 g. — *2-Oxo-3.3-dichlor-4α-carbäthoxymethyl-5β-propylpiperidin*, $C_{12}H_{19}Cl_2NO_3$, F. 158—160°, durch 40 Min. langes Kochen von 1,7 g vorst. Verb. mit rotem P u. SO_2Cl_2 in CCl_4, Einengen u. Gießen in Eiswasser, aus Essigester Blätter; 0,6 g.

Gottfried Schreiber 3081△

0894 **Untersuchungen über die aktiven Komponenten von Digenea simplex Ag. und verwandte Verbindungen.** 73. Mitt. **Synthese von α- und β-Dihydroallokainsäuren und 2-Carboxy-4-propylpyrrolidyl-(3)-essigsäuren.** Kunizo Osugi. (J. pharmac. Soc. Japan [Yakugakuzasshi] **78**, 1353—60, 1958; jap., Auszug: engl.) — 72. vgl. vorst. Referat. — Kochen von 2-Oxo-3.3-dichlor-4α-carbäthoxymethyl-5β-isopropylpiperidin mit $Ba(OH)_2$-Lsg. liefert *2-Oxo-3-chlor-5-isopropyl-3.4-dehydropiperidyl-(4)-essigsäure*, bei deren katalyt. Hydrierung gleichzeitig *DL-α-* (**I**) u. *DL-β-Dihydroallokainsäure* (**II**) erhalten werden. **I** wird auch durch Retrokaininumlagerung von **II** gewonnen. Die Kaininumlagerung von **I** führt zu *DL*-N-Acetyl-β-dihydroallokainsäureanhydrid, aus dem mit W. *DL-N-Acetyl-β-dihydroallokainsäure* erhalten wird, die auch aus **II**, Acetanhydrid u. W. dargestellt werden kann. *L-* u. *D-α-Dihydroallokainsäure* werden über die entsprechenden *d-* u. *l-Ephedrinsalze* erhalten. Die Rk. von 2-Oxo-4α-carbäthoxy-5β-propyl-3.3-dichlorpiperidin mit $Ba(OH)_2$ liefert analog vorst. zwei Arten von *Stereoisomeren des 2β-Carboxy-3α-carboxymethyl-4β-propylpyrrolidins*. Die mögliche Struktur der Pyrrolincarbonsäurederivv. als Vorstufe dieser Prodd. wird angegeben. IR- u. UV-Spektren vgl. Original.

Versuche: *2-Oxo-3.3-dibrom-4α-carbäthoxymethyl-5β-isopropylpiperidin*, $C_{12}H_{19}Br_2NO_3$, F. 168° (Methanol), durch 2std. Kochen von 2-Oxo-4α-carbäthoxymethyl-5β-isopropylpiperidin mit $SOCl_2$ u. Br_2, Einengen u. Zugabe von Methanol u. Ae.; 22 g (Ausbeute). — *2-Oxo-3-chlor-4-carboxymethyl-5-isopropyl-Δ^3-piperidein*, $C_{10}H_{14}\cdot ClNO_3$, F. 230°, durch 3std. Kochen von 148 g 2-Oxo-3.3-dichlor-4α-carbäthoxymethyl-5β-isopropylpiperidin mit $Ba(OH)_2$ u. Zugabe von H_2SO_4; Nadeln; 1,2 g. — *DL-α-Dihydroallokainsäure* (*3α-Carboxymethyl-4β-isopropyl-2β-carboxypyrrolidin*) (**I**), $C_{10}H_{17}NO_4$, F. 215° (Zers., W.), a) durch Geben der Mutterlauge vorst. Verb. durch Amberlite IR-4B, 8std. Hydrierung an PtO_2, Einengen, 22-tägiges Stehen mit Cu-Acetat u. Einleiten von H_2S; b) durch 8std. Erhitzen von 2 g **IV** (s. unten) in W. auf 195—200°; 1 g. *l-Ephedrinsalz*, $C_{20}H_{32}N_2O_5$, F. 218° (Zers.); neben **I** das *DL-β-Isomere* (**II**), $C_{10}H_{17}NO_4$, F. 217° (Zers.), das auch durch 5std. Kochen von **III** (s. unten) mit $Ba(OH)_2$ u. Behandeln mit H_2SO_4 u. Amberlite IR-4B gewonnen wird. — *L-α-Dihydroallokainsäure*, F. 249° (Zers.), aus 350 mg l-Ephedrinsalz nach Geben durch Amberlite IRC-50; $[\alpha]_D^{17}$ $-23°$ (c = 0,5; W.); 160 mg. — *D-α-Dihydroallokainsäure*, F. 248° (Zers.), analog vorst. Verb.; $[\alpha]_D^{17}$ $+25°$ (c = 1,0; W.). — *DL-β-N-Acetyldihydroallokainsäureanhydrid* (**III**), $C_{12}H_{17}NO_4$, F. 162° (Acetanhydrid), durch 2std. Kochen von 0,54 g **I** mit Bzl. u. Acetanhydrid; 0,53 g. — *DL-β-N-Acetyldihydroallokainsäure*, $C_{12}H_{19}NO_5$, F. 196° (W.), a) durch 1std. Rk. von 300 mg **II** in W. mit Acetanhydrid; 310 mg; b) aus 0,4 g **III**; 0,3 g. — *5β-Carboxy-3β-isopropyl-4α-carboxymethyl-4.5-dihydropyrrolenin* (**IV**), durch 2¹/₂std. Kochen von 29,6 g 2-Oxo-3.3-dichlor-4α-carbäthoxymethyl-5β-isopropylpiperidin mit wss. $Ba(OH)_2$-Lsg., Zugabe von H_2SO_4 u. Behandeln mit Amberlite IR-4B bis pH 3; 12 g. *Diäthylester*, $C_{14}H_{23}NO_4$, $Kp._{0,1}$ 132°, durch 12std. Stehen von 8,5 g Säure mit A. u. HCl, Einengen, Gießen in Eiswasser, Sättigen mit K_2CO_3 u. Extraktion mit Essigsäureäthylester u. Ae.; 4,3 g. — *3-Isopropyl-2-carboxymethyl-2.3.3a.4-tetrahydro-1H-pyrrolo-[2.1:b]-chinazolinium-1-carbonsäurebetain*, $C_{17}H_{20}N_2\cdot O_4$, F. 181—183° (Zers.), durch 12std. Stehen von 0,9 g **IV** mit o-Aminobenzaldehyd in W.; 1,5 g. — *2-Oxo-3-chlor-4-carboxymethyl-5-propyl-Δ^3-piperidein*, $C_{10}H_{14}ClNO_3$, F. 200°, durch 3std. Kochen von 2-Oxo-5β-propyl-4α-carbäthoxymethyl-3.3-dichlorpiperidin mit wss. $Ba(OH)_2$-Lsg. u. Zugabe von H_2SO_4; aus W. Nadeln; 0,8 g. — *2β-Carboxy-3α-carboxymethyl-4β-propylpyrrolidin* (**V**), $C_{10}\cdot H_{17}NO_4$, F. 235° (Zers.), durch 15std. Hydrieren des Filtrats vorst. Verb. an PtO_2, Behandeln mit Amberlite IR-4B bis pH 2,8 u. Reinigen über das *Cu-Salz*; Nadeln. *Stereoisomeres*, $C_{10}H_{17}NO_4$, F. 210° (Zers., W.), a) aus dem Filtrat des Cu-Salzes von **V**; b) durch 8std. Erhitzen von 0,33 g **V** als Ba-Salz in W. auf 185—190°, Zugabe von H_2SO_4 u. Amberlite IR-4B bis pH 2,8; 0,2 g. *l-Ephedrinsalz*, $C_{20}H_{32}N_2O_5$, F. 210° (Zers.). — *5β-Carboxy-3β-propyl-4α-carboxymethyl-4.5-dihydropyrrolenin*, aus 14,8 g 2-Oxo-3.3-dichlor-4α-carbäthoxymethyl-5β-propyl-piperidin analog **IV**; 7 g. *Diäthylester*, $C_{14}H_{23}NO_4$, Kp.$_{0,1}$ 143—145°. Gottfried Schreiber 3081△

0895 **Untersuchungen über die aktiven Komponenten von Digenea simplex Ag. und verwandte Verbindungen.** 74. Mitt. **Synthese von 2-Carboxypyrrolidyl-(3)-essigsäuren.** Kunizo Osugi. (J. pharmac. Soc. Japan [Yakugakuzasshi] **78**, 1361—64, 1958; jap., Auszug: engl.) — 73. vgl. vorst. Referat. — Das beim Kochen von 2-Oxo-3.3-dichlorpiperidyl-(4)-essigsäureäthylester mit $Ba(OH)_2$ entstehende *Pyrrolincarbonsäurederiv.* wird katalyt. zu *cis-2-Carboxypyrrolidyl-(3)-essigsäure* (**I**) hydriert. Erhitzen der wss. Lsg. von **I** im verschlossenen Rohr liefert das isomere *trans-Deriv.* (**II**). **I** wird auch durch Verseifung des aus **II** u. Acetanhydrid entstandenen *1-Acetyl-cis-2-carboxypyrrolidyl-(3)-essigsäureanhydrids* (**III**) erhalten. Aus **III** u. W. entsteht *1-Acetyl-cis-2-carboxypyrrolidyl-(3)-essigsäure*, die auch aus **I**, Acetanhydrid u. W. gewonnen wird. **I** u. **II** werden in *1-Äthoxycarbonyl-cis-* bzw. *trans-2-methoxycarbonylpyrrolidyl-(3)-essigsäuremethylester* umgewandelt. IR-Spektren vgl. Original.

Versuche: *cis-2-Carboxypyrrolidyl-(3)-essigsäure* (**I**), $C_7H_{11}NO_4$, F. 216° (Zers., W.), a) durch 3std. Kochen von 12,7 g 2-Oxo-3.3-dichlorpiperidyl-(4)-essigsäureäthylester mit wss. $Ba(OH)_2$, Zugabe von verd. H_2SO_4 u. Behandeln mit Amberlite IR-4B bis pH 3; 3,2 g (Ausbeute); b) durch 5std. Kochen von 0,3 g **III** mit 15%ig. wss. $Ba(OH)_2$-Lsg., Behandeln mit H_2SO_4 u. Amberlite IR-4B bis pH 3, Eindampfen zur Trockne u. Zugabe von Methanol. *trans-Isomeres* (**II**), $C_7H_{11}NO_4$, F. 206—207° (Zers., W.), a) aus der Mutterlauge von **I** nach a); b) durch 8std. Erhitzen von 0,5 g **I** mit W. im verschlossenen Rohr auf 185—195°; 0,3 g. — *1-Acetyl-cis-2-carboxypyrrolidyl-(3)-essigsäureanhydrid* (**III**), $C_9H_{11}NO_4$, F. 150—151°, durch 1std. Kochen von 1,7 g **II** mit Acetanhydrid; Nadeln; 1,2 g. — *1-Acetyl-cis-2-carboxypyrrolidyl-(3)-essigsäure*, $C_9H_{13}NO_5$, F. 186° (W.), a) durch 4std. Rühren von 1 g **I** mit W. u. Acetanhydrid bei 50°; 0,7 g; b) durch 2std. Kochen von 0,6 g **III** mit Wasser. — *1-Äthoxycarbonyl-cis-2-methoxycarbonylpyrrolidyl-(3)-essigsäuremethylester*, $C_{12}H_{19}NO_6$, Kp.$_{0,7}$ 147°, durch 12std. Stehen von 4 g **I** in mit HCl gesätt. Methanol, Einengen, Zugabe von W. u. NaOH bis pH 9, $^1/_2$std. Rühren mit Chlorameisensäureäthylester u. 20%ig. Na_2CO_3-Lsg. u. Extraktion mit Ae.; 5,3 g. *trans-Isomeres*, $C_{12}H_{19}NO_6$, Kp.$_{0,3}$ 141°, aus 2 g **II** analog dem cis-Isomeren; 2,1 g. Gottfried Schreiber 3081△

0896 **Über die Konstitution der Nebenprodukte der Chinolin-Synthese nach Doebner.** Franco De Martiis und Francesco Toffoli. (Ann. Chimica **50**, 1223 bis 1232, 1960; Roma, Univ., Ist. di Chim. farmaceut. e tossicol.; Ist. Sup. di Sanità, Labor. di Biol.; ital.) — Die Rk. von Brenztraubensäure (**I**) mit Benzaldehyd u. überschüssigem Anilin in A. bei niedriger Temp. liefert zunächst das *Anilinsalz* der *α-Phenylimino-γ-phenylamino-γ-phenylbuttersäure* (**II**), die beim Erhitzen über den F. quant. in *3-Phenylimino-1.5-diphenylpyrrolidon-(2)* (**III**) übergeht. **II** ist demnach als Zwischenprod. der Entstehung von „Anilpyrrolidonen" bei der Chinolin-Synth. nach Doebner anzusehen. Die bei der Rk. von **I** mit Benzaldehyd u. Anilin (1:1:1) anfallende Verb. stellt nicht 1.5-Diphenylpyrrolidindion-(2.3), sondern *α-Phenylimino-γ-phenyl-γ-butyrolacton* (**IV**) dar; sie wird durch heiße Säuren zu *Cinnamoylameisensäure* (**V**) zersetzt. Mit Anilin läßt sich aus **IV** kein **III** gewinnen. Auch geben **IV** u. **V** mit NH_2OH das gleiche *α-Hydroxylimino-γ-phenyl-γ-butyrolacton*, während **III** analog *3-Hydroxylimino-1.5-diphenylpyrrolidon-(2)* liefert. Mit den Ergebnissen ist nachgewiesen, daß die 1:1:1-Nebenprodd. der Doebner-Synth. Lacton- u. nicht Lactamstruktur besitzen.

Versuche: *α-Phenylimino-γ-phenyl-γ-butyrolacton* (**IV**), F. 160—161° (Zers.; Chlf.), a) durch Zugeben von Anilin zu **V** in A. u. $^1/_2$std. Kochen; b) durch Stehen von **I** mit Benzaldehyd u. Anilin (1:1:1) in Eisessig über Nacht. — *3-Phenylimino-1.5-diphenylpyrrolidon-(2)* (**III**), F. 225° (Eisessig), a) durch Stehen von **I** mit Benzaldehyd u. Anilin in Ae. über Nacht; 70% (Ausbeute); b) ebenso in A.; daneben **IV**; c) durch Erhitzen von **II** über 110°. — *α-Phenylimino-γ-phenylamino-γ-phenylbuttersäure* (**II**), *Hemihydrat*, $C_{22}H_{20}N_2O_2 \cdot 0{,}5\ H_2O$, F. 103—105° (Zers.), durch rasche Kristallisation des nachst. Salzes aus wss. Aceton. *Anilinsalz, Äthanolsolvat*, $C_{22}H_{20}N_2O_2 \cdot C_6H_5NH_2 \cdot C_2H_5OH$, F. 76—86°, durch Zugeben von Anilin zu **I** u. Benzaldehyd in A. unter Eiskühlung. — *α-Hydroxylimino-γ-phenyl-γ-butyrolacton*, $C_{10}H_9NO_3$, F. 174°, a) durch 2std. Erwärmen von **IV** mit NH_2OH in A. auf 60—65° u. Versetzen mit HCl; b) aus **V**-Na-Salz u. $NH_2OH \cdot HCl$ in wss. Lösung. — *3-Hydroxylimino-1.5-diphenylpyrrolidon-(2)*, $C_{16}H_{14}N_2O_2$, F. 239—241° (Zers.; A.), aus **III** u. NH_2OH in A. bei 95°. H.-E. Toussaint 3081◇

0897 **Einwirkung von Grignard-Reagentien auf 1-Acetyl-3-benzylidenoxindol.** Ustik Avico, Franco De Martiis und Francesco Toffoli. (Ann. Chimica **50**, 1233—41, 1960; Roma, Univ., Ist. di Chim. farmaceut. e tossicol.; Ist. Sup. di Sanità, Labor. di Biol.; ital.) — 1-Acetyl-3-benzylidenoxindol (**I**) gibt mit CH_3MgJ *1-Acetyl-2-methyl-2-hydroxy-3-benzylidenindolin.* Das mit 2-Methylindolyl-(3)-MgBr erhaltene *1-Acetyl-2-[2-methylindolyl-(3)]-2-hydroxy-3-benzylidenindolin* wird beim Erhitzen über den F. zu **I** u. 2-Methylindol zersetzt. Zum Unterschied von anderen Grignard-Verbb. greift Benzyl-MgCl auch die Acetylgruppe von **I** unter Bldg. von *1-[2-Hydroxy-1-phenylpropyl-(2)]-2-benzyl-2-hydroxy-3-benzylidenindolin* an.

Versuche: *1-Acetyl-3-benzylidenoxindol* (**I**), $C_{17}H_{13}NO_2$, F. 122—123° (abs. A.), durch 6std. Kochen von 3,3 g 3-Benzylidenoxindol (F. 173—175°) in Essigsäureanhydrid; 2,3 g (Ausbeute). — 2-Hydroxy-3-benzylidenindoline: *1-Acetyl-2-methyl-*, $C_{18}H_{17}NO_2$, F. 223 bis 224° (Bzl.), durch $^1/_4$std. Kochen von **I** mit CH_3MgJ in Ae., Stehen über Nacht u. Zers. mit verd. H_2SO_4 u. Eis. — *1-Acetyl-2-äthyl-*, $C_{19}H_{19}NO_2$, F. 207—208° (Bzl.), aus **I** u. C_2H_5MgBr. — *1-Acetyl-2-[2-methylindolyl-(3)]-*, $C_{26}H_{22}N_2O_2$, F. 190—193° (A.), aus **I** u. 2-Methylindolyl-(3)-MgBr. — *2-[2-Methylindolyl-(3)]-*, $C_{24}H_{20}N_2O$, F. 250 bis 254° (Aceton), durch kurzes Erhitzen vorst. Verb. in alkohol. NaOH; Prismen. — *1-[2-Hydroxy-1-phenylpropyl-(2)]-2-benzyl-*, $C_{31}H_{29}NO_2$, F. 186—188° (Bzl.), aus **I** u. Benzyl-MgCl. H.-E. Toussaint 3081◇

0898 **Indolderivate.** 3. Mitt. **Darstellung von α-Alkyl- und α-Aryltryptamin.** S. Pietra und G. Tacconi. (Farmaco [Pavia], Ediz. sci. **13**, 893—910, 1958; Pavia, Univ., Ist. di Chim. Gen.; ital.) — 2. vgl. C. **1959**, 5121. — *α-Methyl-*, *α-Phenyl-*, *α-Isopropyl-*, *α-Methyl-5-methoxy-* u. *α-Phenyl-5-methoxytryptamin* werden durch Red. der *Oxime* von *Oxindolylketonen* mit Na/Propanol dargestellt. Die Darst. der Oxime erfolgt durch Addition von Isatin an Methylketone bei Ggw. von Diäthylamin (DA), Dehydrieren der gebildeten *Aldole* mit HCl zu *Oxindolyliden-(3)-ketonen* u. Hydrieren der Oxime letzterer Verbindungen. IR-Spektren vgl. Original.

Versuche: *2-Oxoindolinylidenaceton*, $C_{11}H_9NO_2$, F. 174°, nach Braude u. Lindvall [1933]; rote Nadeln; 32% (Ausbeute). — *3-[2-Isonitrosopropyl]-oxindol* (**I**), $C_{11}H_{12}N_2O_2$, F. 186—187°, a) durch 1std. Hydrieren vorst. Verb. in A. unter Normalbedingungen an 10%ig. Pd-Kohle, Zugabe von $NH_2OH \cdot HCl$ in wss. NaOH u. 1std. Kochen; aus 50%ig. A. Nadeln; 33%; b) durch Hydrieren nachst. Verb. analog a); 73%. — *3-[2-Isonitrosopropyliden]-oxindol*, $C_{11}H_{10}N_2O_2$, F. 215°, durch 1std. Kochen vorvorst. Verb. in Essigsäure/A. mit $NH_2OH \cdot HCl$ u. Triäthylamin (TA); aus 50%ig. A. gelb-orangefarbene Nadeln; 66%. — *3-[2-Aminopropyl]-indol* (**II**), $C_{11}H_{14}N_2$, F. 100°, durch 2std. Kochen von **I** mit Na/abs. Propanol u. 24std. Behandeln des Pikrats (64%) in A. mit Resin IRA 410; aus Bzn. Nadeln; 84% (bezogen auf Pikrat). *Pikrat*, $C_{17}H_{17}N_5O_7$, F. 222—223°; aus A. orangefarbene Kristalle. — *3-[Benzoylmethylen]-oxindol*, $C_{16}H_{11}NO_2$, F. 188—189°, nach Lindwall u. Maclennan [1932]; rote Nadeln. — *3-Phenacyloxindol*, $C_{16}H_{13}NO_2$, F. 178—179°, durch Hydrieren vorst. Verb.

analog I ($1^1/_2$ Std.); aus A. Nadeln; 78%. — *3-[β-Isonitroso-β-phenäthyl]-oxindol, Hemihydrat,* F. 190—191° (A.), nach Lindwall u. Maclennan [1932]; 97%. — *3-[β-Amino-β-phenäthyl]-indol, Pikrat,* $C_{22}H_{19}N_5O_7$, F. 213—214°, analog II aus vorvorst. Verb.; aus 50%ig. A. orangefarbene Nadeln; 60%. *Hydrochlorid,* $C_{16}H_{17}ClN_2$, F. 250—251°, analog II aus dem Pikrat u. Rk. der Base (80%) in Ae. mit HCl-Gas; aus abs. A./abs. Ae. Schuppen. — *3-Acetonyliden-5-methoxyoxindol,* $C_{12}H_{11}NO_3$, F. 165 bis 166°, durch 5std. Rühren von 5-Methoxyisatin mit Aceton u. DA, mehrstd. Stehen in der Kälte, Extrahieren mit Aceton, Eindampfen u. kurzes Kochen des Rückstandes (F. 171—172°) mit konz. HCl in A.; aus A. dunkelblaue Nadeln; 30%. — *3-[2-Isonitrosopropyliden)-5-methoxyoxindol,* $C_{12}H_{12}N_2O_3$, F. 175°, durch 4—5 Min. langes Erwärmen vorst. Verb. mit $NH_2OH \cdot HCl$/TA in Essigsäure u. A. auf 60—70°; aus A. rote Nadeln; 73%. — *3-[2-Isonitrosopropyl]-5-methoxyoxindol,* $C_{12}H_{14}N_2O_3$, F. 146°, analog I aus vorst. Verb.; aus A. Nadeln; 70%. — *3-[2-Aminopropyl]-5-methoxyindol, Pikrat,* $C_{18}H_{19}N_5O_8$, F. 196—197° (Zers.), analog II aus vorst. Verb.; aus 75%ig. A. dunkelrote Kristalle; 53%. *Base,* $C_{12}H_{16}N_2O$, F. 102°, analog II aus dem Pikrat; aus Bzn. Nadeln; 82%. — *3-Benzoylmethylen-5-methoxyoxindol,* $C_{17}H_{13}NO_3$, F. 173°, durch 12std. Rk. von 5-Methoxyisatin mit Acetophenon u. DA in A. u. 1std. Kochen des Prod. (F. 171 bis 172°) mit konz. HCl/A.; aus A. Nadeln; 55%. — *3-Phenacyl-5-methoxyoxindol,* $C_{17}H_{15}NO_3$, F. 155°, analog I aus vorst. Verb.; aus 50%ig. A. Nadeln; 57%. — *3-[β-Isonitrosophenäthyl]-5-methoxyoxindol,* $C_{17}H_{16}N_2O_3$, F. 189°, durch 2std. Rk. vorst. Verb. mit $NH_2OH \cdot HCl$/10%ig. NaOH in A.; aus 50%ig. A. gelbliche Kristalle; 74%. — *3-[β-Amino-β-phenäthyl]-5-methoxyindol, Pikrat,* $C_{23}H_{21} \cdot N_5O_8$, F. 209°, analog II aus vorst. Verb.; aus 50%ig. A. dunkelrote Kristalle; 43%. *Base.* $C_{17}H_{18}N_2O$, F. 103°, analog II; aus Bzn. Nadeln; 53%. — *3-Hydroxy-3-[2-oxo-3-methylbutyl]-oxindol,* $C_{13}H_{15}NO_3$, F. 138—139° (50%ig.A.) durch 4std. Rühren von Isatin mit Methylisopropylketon u. DA; 80%. — *3-[2-Oxo-3-methylbutyliden]-oxindol,* $C_{13}H_{13}NO_2$, F. 149° (50%ig. A.), durch 20 Min. langes Erwärmen vorst. Verb. mit A./konz. HCl; 65%. — *3-[2-Isonitroso-3-methylbutyl]-oxindol,* $C_{13}H_{16}N_2 \cdot O_2$, F. 161—162°, durch 2std. Hydrieren vorst. Verb. analog I u. 36std. Rk. mit $NH_2OH \cdot HCl$/TA in Essigsäure/A.; 64%. — *3-[2-Amino-3-methylbutyl]-indol, Pikrat,* $C_{19}H_{21} \cdot N_5O_7$, F. 191—192°, analog II durch 3std. Rk. aus vorst. Verb.; aus 50%ig. A. orangefarbene Kristalle; 43%. *Base,* $C_{13}H_{18}N_2$, F. 113° (Bzn.), analog II; 43%. — *3-[2-Oxo-3.3-dimethylbutyliden]-oxindol,* $C_{14}H_{15}NO_2$, F. 158°, durch 5tägige Rk. von Isatin mit Pinakolon u. DA in A., Dest. u. 50 Min. langes Kochen des Prod. (F. 166—167°; W.) mit A./konz. HCl; aus 50%ig. A. orangegelbe Nadeln. — *3-[2-Oxo-3.3-dimethylbutyl]-oxindol,* $C_{14}H_{17}NO_2$, F. 116°, analog I aus vorst. Verb.; aus 50%ig. A. Nadeln, 69%. — *3-[2-Isonitroso-3.3-dimethylbutyliden]-oxindol,* $C_{14}H_{16}N_2O_2$, F. 213°, durch 2tägige Rk. vorvorst. Verb. mit $NH_2OH \cdot HCl$/TA in A./Essigsäure; aus 50%ig. A. gelbe Kristalle; 74%. — *3-[2-Isonitroso-3.3-dimethylbutyl]-oxindol,* $C_{14}H_{18} \cdot N_2O_2$, F. 185—186°, analog I aus vorst. Verb.; aus 50%ig. A. Nadeln, 78%. — *3-[2-Amino-3.3-dimethylbutyl]-indol, Pikrat,* $C_{20}H_{23}N_5O_7$, F. 218—219°, analog II aus vorst. Verb.; aus 50%ig. A. orangefarbene Kristalle; 51%. *Base,* $C_{14}H_{20}N_2$, F. 177°, analog II; aus Bzn. Nadeln; 83%. H.-J. Weigmann 3081△

0899 **Synthesen mit Tris-[alkylarylmercapto]-carbeniumsalzen.** R. Gompper und E. Kutter. (Angew. Chem. **75**, 919, 1963; Stuttgart, TH, Inst. für Organ. Chem. u. Organ.-chem. Technol.; dt.) — Durch Erhitzen der aus Trithiokohlensäureestern u. Alkylierungsmitteln leicht zugänglichen *Tris-[alkylarylmercapto]-carbeniumsalze* mit genügend aciden methylenakt. Verbb. bzw. mit Phenolen in Pyridin-Triäthylamin oder in Eisessig-Pyridin werden *Ketenmercaptale* erhalten: *Äthylendimercaptomethylmercaptocarbeniummethylsulfat* (I) gibt mit Malodinitril *1.1-[Äthylendimercapto]-2.2-dicyanäthylen* [90% (Ausbeute)], mit 1.3-Dimethylbarbitursäure *5-[Äthylendimercaptomethylen]-1.3-dimethylbarbitursäure* (84%), mit 2.6-Di-tert.-butylphenol *2.4-Di-tert.-butyl-3-oxo-6-[äthylendimercaptomethylen]-cyclohexadien-(1.4)* (47%). Analog reagiert I mit Dimedon, 2-Hydroxy-1.4-naphthochinon oder β-Naphthol. Phloroglucin reagiert mit 3 Val I zu *1.3.5-Tris-[äthylendimercaptomethylen]-cyclohexan* (83%). I reagiert unter den gleichen Bedingungen mit 1.3.3-Trimethyl-2-methylenindolin zu *1.3.3-Trimethyl-2-[β.β-äthylendimercaptovinyl]-indoleniniumjodid* (30%), mit Indol *3-[Äthylendimercaptomethylen]-indoleniniumperchlorat* (41%). Analog reagiert I mit tert. aromat. Aminen. 2-Methylmercapto-1.3-benzdithiolium-methylsulfat (II) reagiert noch leichter als I mit Phenolen, z. B. mit Phenol zu *S.S'-Phenylen-ω.ω-dimercapto-p-benzochinomethid* (75%). Tris-[methylmercapto]- u. Methylmercapto-bis-[phenylmercapto]-carbeniummethylsulfat geben mit Dimethylanilin *Kristallviolett* u. reagieren auch mit Phenolen bzw. methylenakt. Verbb., jedoch langsamer als I oder II. G. Reinöhl 3112◇

0900 **Über ein Jodderivat von 1.2-Diphenyl-4-butylpyrazolindion-(3.5).** L. Conti. (Farmaco [Pavia], Ediz. prat. **16**, 240—43, 1961; Firenze, Ist. Chim. Farmac. Militare; ital.) — Um einen Beitrag zur Kenntnis der chem. Eigg. von 1.2-Diphenyl-4-butylpyrazolidindion-(3.5) (I) zu leisten, wird ein *Monojodderiv.* dargestellt, isoliert u. charakterisiert.

Versuch: *1.2-Diphenyl-4-butyl-4-jodpyrazolidindion-(3.5),* $C_{19}H_{19}JN_2O_2$, F. 114°, durch Lösen von 2 g I in A. bei 95°, Zugabe von JCl bei 50—60°, mehrere Min. langes Schütteln u. 1std. Stehen im Dunkeln; aus PAe. u. abs. A. nadelförmige gelbe Kristalle; 2,5 g Rohausbeute. P. Golinske 3122△

0901 **Untersuchungen über die Bestandteile von Coix-Species.** 5. Mitt. **Methylierung von Coixol.** Takaji Koyama, Masatoshi Yamato und Kazuhiko Kubota. (J. pharmac. Soc. Japan [Yakugakuzasshi] **77**, 989—92, 1957; Kumamoto, Univ., Pharmac. Fac.; jap., Auszug: engl.) — 4. vgl. J. pharmac. Soc. Japan [Yakugakuzasshi] **76**, [1956], 1077; 3. vgl. C. **1963**, 21538. — Die Methylierung von Coixol in Ae. mit Diazomethan liefert ein Gemisch von *O-Methyl-*(I) u. *N-Methylcoixol* (II) im Verhältnis 40,5:59,5. Durch Rk. von 2-Chlor-6-methoxybenzoxazol mit Na-Methylat wird allein I u. durch Methylierung von Coixol mit CH_3J allein II erhalten. Die Rk. von 4-, 5- u. 7-Methoxybenzoxazolon-(2) mit Diazomethan ergibt die entsprechenden *O-Methyl-* u. *N-Methylderivate.* IR-, UV-Spektrum u. Extinktions-Koeffizienten von I s. Original.

Versuche: *O-Methylcoixol* (*2.6-Dimethoxybenzoxazol,* I), $C_9H_9NO_3$, F. 55°, a) durch Umsetzen von Coixol in Ae. mit Diazomethan bei 0° u. Chromatographieren an Al_2O_3; b) durch Kochen von 1,5 g 2-Chlor-6-methoxybenzoxazol mit Na-Methylat, Filtrieren, Einengen, Rückstand in Ae. Waschen mit 5%ig. NaOH u. Einengen; aus Bzl. Nadeln; 1,3 g (Ausbeute). — *N-Methylcoixol*(*3-Methyl-6-methoxybenzoxazolon-(2),* II), $C_9H_9NO_3$, F. 103°, a) neben I analog I unter a); b) durch Kochen von 1 g Coixol mit CH_3J; Nadeln; 0,7 g. — Benzoxazolone-(2), durch Umsetzen der entsprechenden Verbb. mit Diazomethan: *3-Methyl-4-methoxy-,* $C_9H_9NO_3$, F. 105° aus 4-Methoxybenzoxazolon-(2); daneben *2.4-Dimethoxybenzoxazol,* $C_9H_9NO_3$, F. 78°. — *3-Methyl-5-methoxy-,* $C_9H_9NO_3$, F. 131—132°; daneben *2.5-Dimethoxybenzoxazol,* $C_9H_9NO_3$, F. 40—41,5°. — *3-Methyl-7-methoxy-,* $C_9H_9NO_3$, F. 127—128°; daneben *2.7-Dimethoxybenzoxazol,* $C_9H_9NO_3$, F. 58,5—59,5°. H. Krause 3132△

0902 **Kondensation von Nitroaceton, Nitroacetophenon und Nitroacetonitril mit o-Aminophenylmercaptan.** A. I. Kiprianow und T. M. Werbowskaja. (J. allg. Chem. [UdSSR] **32(94)**, 3703—07, 1962; Inst. für organ. Chem. der Akad. der Wiss. der UkrainSSR; russ.) — Durch Rk. von o-Aminophenylmercaptan (I) mit Nitroaceton (II) oder ω-Nitroacetophenon (III) werden *3-Methyl-* bzw. *3-Phenyl-2-oximinobenzo-1.4-thiazin* erhalten; aus Nitroacetonitril (IV) u. I entsteht dagegen das *NH_4-Salz* von *2-Nitromethylbenzthiazol* (V), dessen Red. *2-Aminomethylbenzthiazol* liefert. Die Kondens. von IV mit o-[Methylamino]-phenylmercaptan (VI) führt zu *2-Nitromethylen-3-methylbenzthiazolin,* das durch Red. mit Sn/HCl in *2-Aminomethyl-3-methyl-benzthiazoliumchlorid* übergeführt wird.

Versuche: 2-Oximinobenzo-1.4-thiazine: *3-Methyl-*, $C_9H_8N_2OS$, F. 275°, durch $^1/_2$std. Erhitzen von 4,12 g **II** mit 5 g **I** auf 80°; gelbe Tafeln aus Pyridin; 32% (Ausbeute) [*K-Salz*, $C_9H_7KN_2OS$, gelbe Nadeln. *Na-Salz*, $C_9H_7N_2NaOS$, gelbe Nadeln. *Acetylderiv.*, $C_{11}H_{10}N_2O_2S$, F. 143°, gelbe Tafeln aus A.; 90%. *Benzoylderiv.*, $C_{16}H_{12} \cdot N_2O_2S$, F. 177°, gelbe Tafeln aus A., 84%]. Daneben aus dem Filtrat *2-Methylbenzthiazol* (Kp.$_8$ 106°, *Pikrat*, F. 153°). — *3-Phenyl-*, $C_{14}H_{10}N_2OS$, F. 221°, durch $^1/_2$std. Erhitzen von 0,84 g **I** mit 0,54 g **III** auf 100°; gelbe Nadeln aus A.; 56%. *K-Salz*, $C_{14}H_9KN_2OS$; gelbe Nadeln. *Na-Salz*, $C_{14}H_9N_2NaOS$; gelbe Nadeln. *Acetylderiv.*, $C_{16}H_{12}N_2O_2S$, F. 112°; gelbe Nadeln aus A.; 99%. *Benzoylderiv.*, $C_{21}H_{14}N_2O_2S$, F. 156°; gelbe Nadeln aus A.; 93%. — *2-Nitromethylbenzthiazol* (**V**), F. 142° (Zers.; A.), Darst. vgl. C. **1959,** 1101. *NH_4-Salz*, $C_8H_9N_3 \cdot O_2S$, F. 163°, a) aus 2,50 g **I** u. 1,72 g **IV** durch 20 Min. langes Erhitzen auf 60°; gelbliche Tafeln aus A.; 70%; b) durch Sättigen einer äthanol. Lsg. von **V** mit NH_3; geht bei Einw. von Mineralsäuren wieder in **V** über. *K-Salz*, $C_8H_5KN_2O_2S$; gelbe Nadeln. *Na-Salz*, $C_8H_5N_2Na \cdot O_2S$; gelbe Nadeln. — *2-Aminomethylbenzthiazol*, Kp.$_{10}$ 156—157°, F. 51°, durch Zugabe von Sn zur sd. Lsg. von 0,38 g **V** in 10 ml konz. HCl, Eindampfen, Verdünnen mit W., Fällen des Sn durch Einleiten von H_2S, Einengen des Filtrats, Alkalisieren u. Extrahieren mit Ae.; 87%. — *2-Nitromethylen-3-methylbenzthiazolin*, $C_9H_8N_2O_2S$, F. 249°, a) aus **IV** u. **VI**; gelbe Nadeln aus A.; 80%; b) durch 15 Min. langes Kochen von 30 ml 15%ig., NaOH mit 3 g 2-Methylmercaptobenzthiazolmethomethylsulfat u. 3 g Nitromethan; 53%. — *2-Aminomethyl-3-methylbenzthiazoliumchloridhydrochlorid*, durch Red. vorst. Verb. mit Sn/HCl; gelblich, hygroskop.; 96%. B. Celms 3142△

0903 **Untersuchungen über Benzo-bis-thiazole.** 3. Mitt. **Synthese von Derivaten des linearen Benzo-bis-thiazols.** Giuliano Grandolini. (Gazz. chim. ital. **90,** 1221—30, 1960; Perugia, Univ., Ist. di Chim. farmac. e tossicol.; ital.) — 2. vgl. Finzi u. Grandolini, C. **1961,** 11709. — *2.6-Dichlor-* u. *2.6-Disulfobenzo-bis-*[*1.2:d; 5.4:d'*]*-thiazol* werden dargestellt, um die Beweglichkeit der beiden Substituenten in nucleophilen Rkk. zu untersuchen. Es wird festgestellt, daß die Substitutionsgeschw. für die beiden Cl-Atome u. Sulfogruppen gleich ist. So ist die Möglichkeit gegeben, eine Reihe von *2.6-Derivv.* darzustellen.

Versuche: Benzo-bis-[1.2:d; 5.4:d']-thiazole: *2.6-Dimercapto-*, $C_8H_4N_2S_4$, F. 300°, durch portionsweise Zugabe von 1.3-Dichlor-4.6-dinitrobenzol zu $Na_2S \cdot 9\,H_2O$ u. S in W. unter starkem Rühren, Zugabe der erhaltenen dunkelroten Lsg. zu CS_2, 3std. Erhitzen auf 90°, Kühlen, Verdünnen mit der gleichen Menge W., Filtrieren, Ansäuern mit verd. Essigsäure u. Wiederholen dieser Reinigungsmeth.; aus Pyridin Nadelbüschel; 82—86% (Ausbeute). — *2.6-Bis-*[*carboxymethylmercapto*]*-*, $C_{12}H_8N_2O_4S_4$, F. 246—246,5° (Zers.), durch Zugabe vorst. Verb. in 10%ig. NaOH zu Chloressigsäure in 10%ig. NaOH, 1std. Erhitzen auf dem Wasserbad u. Ansäuern mit verd. HCl; aus A. mit Kohle Tafeln oder Nadelbüschel; 85%; gibt durch Erhitzen mit Acetanhydrid/Pyridin ein *blaues Pulver vom F.* > *330°*, das sich beim Stehen an der Luft u. am Licht mit einer Cu-Farbe überzieht. *Äthylester*, $C_{16}H_{16}N_2O_4S_4$, F. 148°, mit HCl/abs. A.; aus A. Tafeln; gibt beim Kochen mit Acetanhydrid u. Pyridin dieselbe blaue Farbe wie die Säure. — *2.6-Dimethylmercapto-*, $C_{10}H_8N_2S_4$, F. 248—249°, durch Zugabe von Dimethylsulfat in kleinen Portionen zu 5 g vorvorst. Verb. in 10%ig. NaOH bei 40—45°; aus A., Dioxan u. Essigsäure hellgelbe Prismen, aus Bzl., Toluol u. Xylol Tafeln; 4,3 g. — *3.5-Dimethyl-2.6-dithiono-2.3.5.6-tetrahydro-*, $C_{10}H_8N_2S_4$, F. > 350°, durch mehrere Min. langes Erhitzen vorst. Verb. in Ggw. von etwas J_2 auf 270°; aus Nitrobenzol gelbe monokline Prismen; 100%. — *2.6-Disulfo-*, *Di-K-Salz*, $C_8H_2K_2N_2O_6S_4$, durch Zugabe von $KMnO_4$ in W. zu der Dimercaptoverb. in wss. KOH bei 50—60°; aus sd. W. Nadeln; 6,5 g. — *2.6-Dichlor-*, $C_8H_2Cl_2N_2S_2$, F. 179—183°, durch Zugabe von SO_2Cl_2 zu 25,6 der 2.6-Dimercaptoverb. unter Kühlung, mehrstd. Stehen bei Raumtemp., Zers. mit Eis u. Extrahieren mit sd. A. Nadeln; 12—13 g; durch einige Std. langes Stehen der 2.6-Dimercaptoverb. mit SO_2Cl_2 bei 40—45° u. durch mehrstd. Stehen der beiden Rk.-Partner bei Raumtemp. wird eine *Verb. vom F. 224—225°* mit unbekannter Struktur erhalten, die weniger in A. lösl. ist als die Dichlorverbindung. — *2.6-Dimethoxy-*, $C_{10}H_8N_2O_2S_2$, F. 210°, durch Zugabe von 1 g vorst. Verb. zu Na-Methylat in Methanol u. Kochen; aus Methanol Nadeln; 0,7 g. — *2.6-Diäthoxy-*, $C_{12}H_{12}N_2O_2S_2$, F. 204°, analog vorst. Verb. aus 1 g vorvorst. Verb.; aus A. Nadeln; 0,8 g. — *2.6-Diamino-*, $C_8H_6N_4S_2$, F. 330°, durch mehrstd. Erhitzen der 2.6-Dichlorverb. mit einer in der Kälte mit NH_3 gesätt. A.-Lsg. im geschlossenen Rohr; aus Pyridin Tafeln. *Diacetylderiv.*, $C_{12}H_{10}N_2O_2S_2$, mit Acetanhydrid; aus Essigsäure Nadeln. — *2.6-Dihydrazino-*, $C_8H_8N_6S_2$, F. 272 bis 273° (Zers.), a) aus dem Di-K-Salz der 2.6-Disulfoverb. durch Erhitzen mit $N_2H_4 \cdot H_2O$ auf dem Wasserbad; aus Äthylenglykol schwachgelbe Prismen; 90%; b) durch $^1/_2$std. Erhitzen von 0,4 g der 2.6-Dichlorverb. mit $N_2H_4 \cdot H_2O$ auf 110—120°; 0,32 g. *Dihydrochlorid*, aus der HCl-Lsg. der Base; Nadeln. — *2.6-Diazido-*, Zers. bei 160°, aus vorst. Hydrochlorid mit $NaNO_2$. — *2.6-Dianilino-*, $C_{20}H_{14}N_4S_2$, F. 288—289°, durch mehrere Min. langes Erhitzen der 2.6-Dichlorverb. mit Anilin auf 190—200°; aus A. Tafeln; 100%. *Diacetylderiv.*, $C_{24}H_{18} \cdot N_4O_2S_2$, F. 331—333° (Zers.), durch $^1/_2$std. Erhitzen mit Acetanhydrid auf dem Wasserbad; aus Xylol Nadeln. — *2.6-Dipiperidino-*, $C_{18}H_{22}N_4S_2$, F. 249—251°, aus der 2.6-Dichlorverb. mit Piperidin; aus A. Nadeln; 100%. — *2.6-Bis-*[*diäthylamino*]*-*, $C_{16}H_{22}N_4S_2$, F. 134—135°, durch Rk. von 0,5 g der 2.6-Dichlorverb. mit Diäthylamin auf dem sd. Wasserbad u. 1tägiges Stehen; aus A. Prismen; 0,2 g. *Dihydrochlorid*, F. 215—216°; Nadeln. — *1.3-Dinitro-4.6-bis-*[*äthoxycarbonylmercapto*]*-benzol*, durch Zugabe von Chlorameisensäureäthylester in A. zu 4.6-Dinitrothioresorcin in 10%ig. wss.-alkohol. NaOH, schwaches Erwärmen, Stehen, Verdünnen mit W. u. Extrahieren mit Ae.; zersetzt sich bei der Dest. im Vakuum. — *2.6-Dihydroxybenzo-bis-*[*1.2:d; 5.4:d'*]*-thiazol*, $C_8H_4N_2 \cdot O_2S_2$, F. > 300°, a) durch Zugabe vorst. Verb. zu konz. HCl, portionsweises Zugeben von Sn-Pulver, Erhitzen auf 60—70° u. dann auf 80—90°; aus A. Prismen, aus Äthylenglykol Nadeln; b) durch 1std. Kochen des Di-K-Salzes der 2.6-Disulfoverb. mit 20%ig. HCl; 100%; c) durch Kochen von 0,5 g der 2.6-Dichlorverb. mit 10%ig. wss.-alkohol. NaOH bis zur vollständigen Lsg.; 0,2 g. *Diacetylderiv.*, $C_{12}H_8N_2O_4S_2$, F. 259—261°, durch Kochen mit Acetanhydrid; aus Essigsäure Prismen; gibt mit rauchender HNO_3 eine intensiv grüne Farbe, die schnell in rubinrot übergeht. — *3.5-Dimethyl-2.6-dioxo-2.3.5.6-tetrahydrobenzo-bis-*[*1.2:d;5.4:d'*]*-thiazol*, $C_{10}H_8 \cdot N_2O_2S_2$, F. 350—352°, a) durch Zugabe von Dimethylsulfat zu vorst. Verb. in 5%ig. NaOH u. 1std. Rühren; aus Dioxan Nadelbüschel; gibt mit rauchender HNO_3 eine grüne Färbung, die in orangerot übergeht; b) durch Erhitzen der 2.6-Dimethoxyverb. mit etwas J_2 auf 240—250° u. mehrere Min. langes Halten bei dieser Temperatur. P. Golinske 3142△

0904 **Reaktionen von phenylsubstituierten heterocyclischen Verbindungen.** 4. Mitt. **Bromierung von 2-Phenyl-1.2.3-2H-triazol.** Brian M. Lynch. (Canad. J. Chem. **41,** 2380—82, 1963; Antigonish, Nova Scotia, St. Francis Xavier Univ., Dep. of Chem.; engl.) — 3. vgl. ibid. **41,** [1963], 2086. — Durch ein aus Ag_2SO_4 u. Br_2 in konz. H_2SO_4 erhaltenes Bromierungsmittel, wahrscheinlich $AgBr_2^+$ (vgl. 2. Mitt. Canad. J. Chem. **41,** [1963], 1540), wird 2-Phenyl-1.2.3-2 H-triazol (**I**) zu *2-p-Bromphenyl-1.2.3-2 H-triazol* (**II**) bromiert. Der Strukturbeweis für **II** wird durch das Protonenresonanzspektrum, durch Vgl. mit dem aus Glyoxalbisphenylhydrazon u. Br_2 (vgl. El Khadem u. Mitarbeiter, C. **1961,** 13542) erhaltenen **II** u. durch Darst. von **II** aus 2-p-Nitrophenyl-1.2.3-2 H-triazol (**III**) geführt. Die Struktur von **III** wird ebenfalls durch das Protonenresonanzspektrum gestützt.

Versuche: *2-p-Bromphenyl-1.2.3-2 H-triazol* (**II**), $C_8H_6BrN_3$, F. 113°, a) durch Zutropfen von Br_2 zu 3 g **I** in H_2SO_4 (D. 1,84), Zusetzen von Ag_2-SO_4-Pulver, 3std. Rühren, Filtrieren, Gießen des Filtrats auf Eis, Extrahieren des Nd. mit heißem Bzl. u. langsames Eindampfen; aus CH_3OH Nadeln; 3,1 g (Ausbeute); b) durch Red. von

III mit Sn/HCl zu *2-p-Aminophenyl-1.2.3-2 H-triazol-hydrochlorid*, Lösen von 1,6 g in 6 n H_2SO_4, Kühlen auf 0°, Diazotieren mit $NaNO_2$ in W., $^1/_2$std. Stehen bei 5°, Zugabe zu Cu_2Br_2 in sd. 48%ig. HBr u. Dampf-Dest.; aus CH_3OH Nadeln; 0,5 g. — Vgl. C. **1963,** 21929.

H. Gleinig 3153◇

0905 **Zur Kenntnis der 2-Amino-1.3.4-oxdiazole. 11. Mitt. Darstellung von 2-Amino-1.3.4-oxdiazolen aus acylierten Semicarbaziden.** Heinz Gehlen und Klaus Möckel. (Liebigs Ann. Chem. **660,** 144—47, 1962; Potsdam-Sanssouci, Päd. Hochschule, Chem. Inst.; dt.) — 10. vgl. C. **1963,** 5838. — 1-Acyl- u. 1-Acyl-4-aryl- (bzw. alkyl)-semicarbazide cyclisieren sich durch Kochen mit $POCl_3$ unter Wasserabspaltung zu den entsprechenden *5-substituierten 2-Amino-* bzw. *2-Aryl-* (bzw. *alkyl*)*-amino-1.3.4-oxdiazolen.*

Versuche: 2-Amino-1.3.4-oxdiazole: *N.5-Diphenyl-*, $C_{14}H_{11}N_3O$, F. 216—217° (A.; Toluol), durch 1std. Kochen von 1-Benzoyl-4-phenylsemicarbazid (F. 218°) mit $POCl_3$, Zugabe zu Eis, 1—2std. Stehen, Neutralisieren u. Absaugen; 81% (Ausbeute). — *N-Phenyl-*, $C_8H_7N_3O$, F. 149—151° (verd. A.), aus 1-Formyl-4-phenylsemicarbazid (F. 177°); 47%. — *N-Phenyl-5-methyl-*, $C_9H_9N_3O$, F. 175—176° (Bzl.; W.), aus 1-Acetyl-4-phenylsemicarbazid (F. 172—173°); 66%. — *N-Phenyl-5-propyl-*, $C_{11}H_{13}N_3O$, F. 127—128° (verd. A.), aus 1-Butyryl-4-phenylsemicarbazid (F. 190°); 80%. — *N-Phenyl-5-benzyl-*, $C_{15}H_{13}N_3O$, F. 146—147° (A.), aus 1-Phenylacetyl-4-phenylsemicarbazid (F. 203—205°); 79%. — *N-Phenyl-5-[p-nitrophenyl]-*, $C_{14}H_{10}N_4O_3$, F. 270 bis 272° (Pyridin), aus 1-[p-Nitrobenzoyl]-4-phenylsemicarbazid (F. 237—238°); 69%. — *N-Phenyl-5-[γ-pyridyl]-*, $C_{13}H_{10}N_4O$, F. 221° (A.), aus 1-[γ-Pyridylcarbonyl]-4-phenylsemicarbazid (F. 212°); 64%. — *N-[p-Tolyl]-5-phenyl-*, $C_{15}H_{13}N_3O$, F. 217—218° (A./Bzl.), aus 1-Benzoyl-4-[p-tolyl]-semicarbazid (F. 244°); 96%. — *N-Äthyl-5-phenyl-*, $C_{10}H_{11}N_3O$, F. 128—129° (Bzl.), aus 1-Benzoyl-4-äthylsemicarbazid (F. 176°); 77%. — *N-Äthyl-5-benzyl-*, $C_{11}H_{13}N_3O$, F. 63° (W.), aus 1-Phenylacetyl-4-äthylsemicarbazid (F. 151°); 71%. — *5-Heptyl-*, F. 150—152° (verd. A.), aus 1-Capryloylsemicarbazid (F. 169°); 73%. — *5-Benzyl-*, F. 158—159° (W.), aus 1-Phenylacetylsemicarbazid (F. 173°); 45%. — *5-[β-Phenyläthyl]-*, F. 190—191° (W.), aus 1-[β-Phenylpropionyl]-semicarbazid (F. 178—179°); 48%. — *5-Phenyl-*, F. 242° (A.), aus 1-Benzoylsemicarbazid (F. 228°); 59%. — *5-[o-Methoxyphenyl]-*, F. 167—168° (verd. A.), aus 1-[o-Methoxybenzoyl]-semicarbazid (F. 212°); 53%. — *5-[p-Hydroxyphenyl]-*, F. 288—290° (W.), aus 1-[p-Hydroxybenzoyl]-semicarbazid (F. 230°); 48%. — *5-Propyl-*, F. 153—154° (W.), durch 1std. Kochen von 1-Butyrylsemicarbazid (F. 160—161°) mit $POCl_3$, Zugabe zu Eis, Neutralisieren, Absaugen, Einengen des Filtrates u. Extrahieren des Rückstandes u. des Filterkuchen mit sd. A.; 26%. — *5-Isobutyl-*, F. 167—169° (W.), aus 1-Isovalerylsemicarbazid (F. 118—119°); 32%. — *α.β-Bis-[2-amino-1.3.4-oxdiazolyl-(5)]-äthan*, F. > 330°, aus Succinyldisemicarbazid (F. 198—200°); 14%. *Hydrobromid*, F. 243—245°. — *α.ω-Bis-[2-amino-1.3.4-oxdiazolyl-(5)]-butan*, F. > 330°, aus Adipinoyldisemicarbazid (F. 212°); 25%. *Nitrat*, F. 161—162°.

W. Hampel 3163△

0906 **γ-Pyran.** Satoru Masamune und Nicholas T. Castellucci. (J. Amer. chem. Soc. **84,** 2452—53, 1962; Pittsburgh, Pa., Mellon-Inst.; engl.) — Vff. gelang es, unsubstituiertes *γ-Pyran* (**I**, Kp.84°, bei leichter Zers.) darzustellen. 2-Acetoxy-3.4-dihydro-2H-pyran wurde in einer mit Glaskörpern gefüllten, auf 350° erhitzen Säule bei Verw. von N_2 als Trägergas pyrolysiert, das Prod. in Hydrochinon/Ae. bei —80° aufgefangen. **I** ist bei Raum-Temp. an der Luft äußerst instabil. Es konnte gaschromatograph. bei 50°, nach Behandlung der äther. Lsg. mit nassem Na_2CO_3 bei 0° während 2 Std. mit 15—30% Ausbeute gewonnen werden. Das IR-Spektrum ist einfach. Das NMR-Spektrum schließt die Möglichkeit der α-Pyranstruktur aus. Katalyt. Hydrierung führt zu *Tetrahydropyran.* **I** läßt sich in *Glutaraldehyd-bis-dinitrophenylhydrazon* (F. 186—188°) überführen. Das NMR-Spektrum von **I** in CCl_4 ist angegeben.

J. J. Pohl 3211◇

0907 **δ-Lactone und δ-Lactame. Chlormethylierung von Pyronen-(2).** N. P. Schuscherina, N. D. Dmitrijewa und R. Ja. Lewina. (Ber. Akad. Wiss. UdSSR **146,** 1113 bis 1116, 1962; Moskau, Univ.; russ.) — Durch Chlormethylierung von 5.6-Dimethyl-(**I**), 5-n-Propyl-6-methyl-(**II**) u. 5.6-Tetramethylenpyron-(2) (**III**) wurden *5.6-Dimethyl-*(**IV**), *5-n-Propyl-6-methyl-*(**V**) u. *5.6-Tetramethylen-3-chlormethylpyron-(2)* (**VI**) dargestellt u. in die entsprechenden *3-Isothiuroniumpikrate, 3-Acetoxymethyl-* u. *3-Diäthylaminomethylpyrone-(2)* übergeführt. Aus **IV**, **V** u. den Acetoxymethylverbb. wurden *Addukte* mit Maleinsäureanhydrid (**VII**) erhalten.

Versuche: 3-Chlormethylpyrone-(2): *5.6-Dimethyl-*(**IV**), $C_8H_9ClO_2$, Kp.$_6$ 139—145°, F. 65—65,5 (PAe.), durch 6std. Erhitzen von 10 g **I** mit 10 ml eines Gemisches von Chlor- u. Bis-chlormethyläther u. 10 ml Eisessig auf 92—95°; 35% (Ausbeute). — *5-n-Propyl-6-methyl-*(**V**), $C_{10}H_{13}ClO_2$, analog aus **II**; Kp.$_5$ 155—156°; D_4^{20} 1,1553; n_D^{20} 1,5308; 41%. — *5.6-Tetramethylen-*(**VI**), durch $7^1/_2$std. Einleiten von HCl bei 85—90° in 15,5 g **III**, 15 ml 34%ig. Formalin u. 15 ml Dichloräthan; zähes Öl; 12,2 g. — Pyron-(2)-yl-(3)-methylisothiuroniumpikrate: *5.6-Dimethyl-*, $C_{15}H_{15}N_5O_9S$, F. 203—204° (Zers.; A.), durch Rk. von **IV** mit Thioharnstoff u. Pikrinsäure in A.; 80%. — Analog aus **V** bzw. **VI**: *5-n-Propyl-6-methyl-*, $C_{17}H_{19}N_5O_9S$, F. 197—198° (Zers.; A.); 79%. — *5.6-Tetramethylen-*(**X**), $C_{17}H_{17}N_5O_9S$, F. 193 bis 194° (Zers.; A.); 60%. — 3-Acetoxymethylpyrone-(2): *5.6-Dimethyl-* (**VIII**), $C_{10}H_{12}O_4$, F. 69—70° (PAe.), durch 6std. Kochen von 0,025 Mol **IV** mit 0,05 Mol Na-Acetat in 10 ml Eisessig; 79%. — *5-n-Propyl-6-methyl-* (**IX**), $C_{12}H_{16}O_4$, Kp.$_4$ 164—165°; D_4^{20} 1,1272; n_D^{20} 1,5050; 50%. — *5.6-Tetramethylen-*(**X**), $C_{12}H_{14}O_4$, F. 76,5 bis 77,5° (PAe.); 33%. — 3-Diäthylaminomethylpyrone-(2): *5.6-Dimethyl-*, $C_{12}H_{19}NO_2$, Kp.$_5$ 145—146°, durch 3std. Kochen von **IV** mit K-Acetat u. Diäthylamin (1,4: 1,4:4 Mol); D_4^{20} 1,0202; n_D^{20} 1,5125; 55%. *Pikrat*, $C_{18}H_{22}N_4O_9$, F. 142—147° (A.). — *5-n-Propyl-6-methyl-*, $C_{14}H_{23}NO_2$, Kp.$_6$ 163—164°; D_4^{20} 0,9868; n_D^{20} 1,5038; 51%. *Pikrat*, $C_{20}H_{26}N_4O_9$, F. 99—100° (A.). — *5.6-Tetramethylen-*, $C_{14}H_{21}NO_2$, Kp.$_5$ 180—181°; D_4^{20} 1.0662; n_D^{20} 1,5322; 48%. *Pikrat*, $C_{20}H_{24}N_4O_9$, F. 137—138° (A.). — 1.4-Endoäthylen-Δ^5-cyclohexen-2.3.7.8-tetracarbonsäuredianhydride: *1-Chlormethyl-4.5-dimethyl-*, $C_{15}H_{13}ClO_6$, F. 304—305°, durch 3std. Erhitzen von 0,5 g **IV** mit 0,5 g **VII** in 5 ml Xylol u. Umfällen aus Äthylacetat mit PAe.; 55%. — Analog aus **V**, **VIII**, **IX** u. **X** durch Rk. mit **VII**: *1-Chlormethyl-4-methyl-5-n-propyl-*, $C_{17}H_{17}ClO_6$, F. 233—234°; 51%. — *1-Acetoxymethyl-4.5-dimethyl-*, $C_{17}H_{16}O_8$, F. 280—281°; 100%. — *1-Acetoxymethyl-4-methyl-5-n-propyl-*, $C_{19}H_{20}O_8$, F. 193—194°; 83%. — *1-Acetoxymethyl-4.5-tetramethylen-*, $C_{19}H_{18}O_8$, F. 286 bis 287° (Zers.); 20%.

Helmut Schäfer 3211△

0908 **Pyrone-(4). 3. Mitt. Reaktionen der Carbonyl- oder Thiocarbonylgruppen einiger 2.6-disubstituierter Pyrone-(4) bzw. Pyranthione.** Mohamed A.-F. Elkaschef und Michael H. Nosseir. (J. chem. Soc. [London] **1963,** 4643—47; Cairo, Dokki, Nat. Res. Centre; engl.) — 2. vgl. C. **1963,** 22712. — Durch Rk. mit Aryl-MgBr wird 2.6-Diphenylpyron-(4) (**II**) in entsprechende *1.3.5-trisubstituierte Penten-(2)-dione-(1.5)* übergeführt. 2.6-Diphenyl-(**VI**) bzw. 2.6-Bis-[p-methoxyphenyl]-pyranthion-(4) (**VII**) reagieren mit C_6H_5MgBr unter Bldg. von *2.2'.6.6'-Tetraphenyldipyranyliden-(4.4')* (**IX**) bzw. *2.6-Bis-[p-methoxyphenyl]-pyron-(4)* (**III**). **IX** entsteht auch bei der Rk. von **VI** mit Cu in sd. Xylol. **VII** wird in Ggw. von O_2 in der Schmelze oder durch H_2O_2/Essigsäure ebenso wie andere Pyranthione-(4) zum entsprechenden *Pyron-(4)* oxydiert. **VII** wird durch Kochen in Xylol in Ggw. von Cu oder durch Rk. mit CH_2N_2 in das *Dipyranyliden* übergeführt, das bereits bei Raum-Temp. u. in sd. $SOCl_2$ zerfällt. **IX** reagiert nicht mit S, wird jedoch durch Kochen mit $SOCl_2$ u. Hydrolyse zu **II** umgesetzt. Mit Diphenyldiazomethan (**IV**) liefern **VII** bzw. 2-p-Methoxyphenyl-6-phenylpyranthion-(4) (**VIII**) unmittelbar die *Diphenylmethylenpyrane*; 2.6-Dimethylpyranthion-(4) (**V**) dagegen gibt *2.6-Dimethylpyron-(4)* (**I**) u. *Tetraphenylthiiran*, das aus der Rk. von Thiobenzophenon mit CH_2N_2 herrühren kann. Mit NH_2OH bilden **VIII** ein Oxim,

VII, III u. **V** bzw. **I** eine bereits von Feist u. Belart [1895] aus NH_2OH u. Heptantrion-(2.4.6) erhaltene, nicht definierte, gelbe Verbindung. **I** reagiert nicht mit C_6H_5MgBr.

Versuche: Pyrone-(4): *2.6-Dimethyl-*(**I**), a) durch $^1/_2$std. Erhitzen von **V** mit 30%ig. H_2O_2 in CH_3COOH auf dem Wasserbad; b) durch 5std. Kochen von **V** mit **IV** in Bzl., Stehen über Nacht, Kristallisieren aus Methanol [→ *Tetraphenylthiiran*, $C_{26}H_{20}S$, F. 176° (A.)], Eindampfen des Filtrats u. Kristallisieren (aus PAe.). — *2.6-Diphenyl-*(**II**), F. 140° (A.), a) analog **I** nach a) aus **VI**; b) durch 4std. Kochen von **IX** mit $SOCl_2$ im Überschuß, Eindampfen, Lösen in heißem A. u. Zusetzen von Wasser. — *2.6-Bis-[p-methoxyphenyl]-*(**III**), $C_{19}H_{16}O_4$, F. 190° (A.), a) analog **I** nach a) aus **VII**; b) durch Kochen von **VII** mit C_6H_5MgBr in Ae. u. Aufarbeiten; c) durch $^1/_4$std. Erhitzen von **VII** auf 230—240° (Erhitzen unter CO_2 u. Waschen mit $(NH_4)_2S$-Lsg. gibt nur **VII**, F. 180°); d) durch 3std. Kochen von **VII** mit $NH_2OH \cdot HCl$ u. $CH_3 \cdot COONa$ in wss. A. u. Zusetzen von Wasser. *Pikrat*, $C_{25}H_{19}N_3O_{11}$, F. 217° (A.). — *2-p-Methoxyphenyl-6-phenyl-*, analog **I** nach a) aus **VIII**. *Oxim*, $C_{18}H_{15}NO_3$, F. 178°, durch 3std. Kochen von 0,3 g **VIII** mit $NH_2OH \cdot HCl$ u. CH_3COONa in wss. A. u. Zusetzen von W.; aus A. gelb; 0,2 g (Ausbeute); *Pikrat*, $C_{24}H_{18}N_4O_{10}$, F. 195° (A.). — Penten-(2)-dione-(1.5): *1.3.5-Triphenyl-*, $C_{23}H_{18} \cdot O_2$, F. 124°, durch 4std. Kochen von 2,5 g **II** in Bzl. mit C_6H_5MgBr in Ae. u. Stehen über Nacht, Zers. mit verd. HCl u. Eis, Eindampfen der organ. Schicht u. äther. Auszüge der wss. Schicht u. Zusetzen von PAe./Ae.; aus PAe. blaßgelb; 0,7 g. *Dioxim*, $C_{23}H_{20}N_2O_2$, F. 145° (PAe.). — *3-p-Methoxyphenyl-1.5-diphenyl-*, $C_{24}H_{20}O_3$, F. 128°, durch 5std. Kochen von **II** in Bzl. u. p-Methoxyphenyl-MgBr in Ae., Zers. mit verd. H_2SO_4, Dampf-Dest., Ausäthern u. Eindampfen; aus A. blaßgelb. *Dioxim*, $C_{24}H_{22} \cdot N_2O_3$, F. 158° (PAe.). — Dipyranylidene-(4.4′): *2.2′.6.6′-Tetraphenyl-* (**IX**), F. 313°, a) durch 15std. Kochen von 1 g **VI** in Bzl. mit C_6H_5MgBr in Ae.; aus Xylol tiefrot; 0,26 g; b) durch 6std. Kochen von 0,5 g **VI** mit Cu-Bronze in abs. Xylol u. Filtrieren der heißen Lsg.; 0,23 g (wird durch Schmelzen mit S in inerter Atmosphäre nicht verändert). — *2.2′.6.-6.′-Tetrakis-[p-methoxyphenyl]-*, $C_{38}H_{32}O_6$, F. 271°, a) analog vorst. Verb. nach b) aus 0,25 g **VII**; aus Bzl. tiefrot; 0,1 g; b) durch 3tägiges Stehen von 0,33 g **VII** mit äther. CH_2N_2-Lsg. in Ae. bei 0° u. 3 Tage bei Raum-Temp., Abdest. des Ae., Waschen mit PAe. u. Methanol u. Kochen in A.; 0,15 g. — Pyrane: *4-Diphenylmethylen-2.6-bis-[p-methoxyphenyl]-*, $C_{32}H_{26}O_3$, F. 210°, analog **I** nach b) aus **VII**; aus A. gelb. — *4-Diphenylmethylen-2-p-methoxyphenyl-6-phenyl-*, $C_{31}H_{24} \cdot O_2$, F. 133°, analog **I** nach b) aus **VIII**; aus A. gelb. — *4-[Fluorenyliden-(9)]-2.6-bis-[p-methoxyphenyl]-*, $C_{32}H_{24}O_3$, F. 224°, durch 7std. Kochen von 0,6 g **VII** u. 9-Diazofluoren in Bzl., Stehen über Nacht u. Abdest. des Bzl.; aus PAe. rot; 0,32 g. — *Verb.* $C_7H_{10}N_2O_2$, F. 244°, a) durch 3std. Kochen von **I** mit $NH_2OH \cdot HCl$ in $CH_3COO \cdot Na$-Lsg. u. Eindampfen; aus W. gelb; b) analog a) aus **V**; c) aus Heptantrion-(2.4.6) u. $NH_2OH \cdot HCl$ nach Feist u. Belart (l. c.). H. Gleinig 3211◇

0909 **Pyrone-(4).** 4. Mitt. **Darstellung und Reaktionen einiger Pyridone-(4) und Pyridinthione.** Mohamed A.-F. Elkaschef, Michael H. Nosseir und Awatef Abdel-Kader. (J. chem. Soc. [London] **1963**, 4647—48; engl.) — 3. vgl. vorst. Referat. — Rkk. von $C_4H_9NH_2$ mit 2.6-Dimethylpyron-(4) bzw. 2.6-Dimethyl- oder 2.6-Diphenylpyranthion-(4) liefern *1-Butyl-2.6-dimethylpyridon-(4)* bzw. *Pyridinthione-(4)* (**A**). Benzylamin reagiert nur mit den Pyranthionen-(4) zu *1-Benzylpyridinthionen-(4)*. Bromieren von Pyridonen-(4) führt zu entsprechenden *3.5-Dibrompyridonen-(4)* (**B**). Verss., **A** zu bromieren, gaben nur Harze, so daß *Dibrom-Derivv.* von **A** durch Rk. von **B** mit P_2S_5 dargestellt werden, die durch H_2O_2-Oxydation wieder **B** liefern. Einige **A** werden mit H_2O_2 in CH_3COOH zu *Anhydro-1-alkyl-1-hydroxypyridin-4-sulfonsäuren* oxydiert, deren Bromierung ebenfalls nicht gelingt.

Versuche: *1-Butyl-2.6-dimethylpyridon-(4)*, $C_{11} \cdot H_{17}NO$, F. 65° (PAe.), durch 8std. Kochen von 1 g 2.6-Dimethylpyron-(4) mit $C_4H_9NH_2$ in A. u. Eindampfen; 0,9 g (Ausbeute). *3.5-Dibrom-Deriv.*, $C_{11}H_{15}Br_2NO$, F. 180° (verd. A.), durch Behandeln von 1 g mit Br_2 in CH_3COOH u. Kochen mit alkohol. $NaHCO_3$-Lsg.; 1,4 g. — Pyridinthione-(4) (**A**): *1-Butyl-2.6-dimethyl-* (**I**), $C_{11}H_{17}NS$, F. 206° (A.), analog vorst. Verb. aus 0,5 g 2.6-Dimethylpyranthion-(4); 0,3 g. — Analog: *1-Benzyl-2.6-dimethyl-* (**II**), $C_{14}H_{15}NS$, F. 208° (A.); 0,4 g. — *1-Butyl-2.6-diphenyl-*, $C_{21}H_{21}NS$, F. 221°, aus 0,5 g 2.6-Diphenylpyranthion-(4); aus Chlf./A. gelb; 0,4 g. — *1-Benzyl-2.6-diphenyl-*, $C_{24}H_{19}NS$, F. 161°, aus A. gelb. — 3,5-Dibrompyridinthione-(4), durch 2std. Kochen der **B** mit P_2S_5 in abs. Bzl., Eindampfen u. Waschen mit $(NH_4)_2S$-Lsg.: *1.2.6-Trimethyl-*, $C_8H_9Br_2NS$, F. 300° (CH_3COOH). — *1-Äthyl-2.6-dimethyl-*, $C_9H_{11}Br_2NS$, F. 262° (Chlf./A.). — *1-Methyl-2.6-diphenyl-*, $C_{18}H_{13}Br_2NS$, F. 244° (CH_3COOH). — *1-Äthyl-2.6-diphenyl-*, $C_{19}H_{15}Br_2 \cdot NS$, F. 276° (Chlf./A.). — Anhydro-1-hydroxy-2.6-dimethylpyridin-4-sulfonsäuren: *1-Butyl-*, $C_{11}H_{17} \cdot NO_3S$, F. 260°, durch $^1/_2$std. Erhitzen von **I** in CH_3COOH mit 30%ig. H_2O_2 u. Eindampfen; ca. 100%. — *1-Benzyl-*, $C_{14}H_{15}NO_3S$, F. 257°, analog vorst. Verb. aus **II**; ca. 100%. H. Gleinig 3211◇

0910 **Untersuchungen über die chemischen Bestandteile von Umbelliferen.** 3. Mitt. **Komponenten der Wurzel von Angelica pubescens Maxim.** 1. Mitt. Kiyoshi Hata und Yasuo Tanaka. (J. pharmac. Soc. Japan [Yakugakuzasshi] **77**, 937—40, 1957; Kyoto, Univ., Med. Fac., Pharmac. Inst.; jap., Auszug: engl.) — 2. vgl. Hata, C. **1964**, 13-0859. — Bei der Ae.-Extraktion der Wurzeln von *Angelica pubescens Maxim* wird *6-Formyl-7-methoxycumarin*(**I**) erhalten. Durch Abbau bzw. Synth. wird die Struktur von **I** bewiesen. Maxima von UV- u. IR-Spektren s. Original.

Versuche: *6-Formyl-7-methoxycumarin* (**I**), $C_{11}H_8 \cdot O_4$, F. 256—257°, durch Extrahieren der Wurzeln von *Angelica pubescens Maxim*; 0,1% (Ausbeute). *Oxim*, $C_{11}H_9NO_4$, F. 225°. — *2.4-Dimethoxy-5-formylzimtsäure*, $C_{12}H_{12}O_5$, F. 182—184°, durch Verseifen von **I** mit 10%ig. NaOH, Methylieren mit Dimethylsulfat u. nochmaliges Verseifen. *2.4-Dinitrophenylhydrazon*, F. 275° (Zers.). — *6-Methyl-7-methoxycumarin*(**II**), $C_{11}H_{10}O_3$, F. 134—134,5°, durch Clemmensen-Martin-Red. von 2,5 g **I**; 0,9 g; daneben *6-Methyl-7-methoxy-3.4-dihydrocumarin*, $C_{11}H_{12} \cdot O_3$, F. 93—94°; 0,7 g. — *2.4-Dimethoxy-5-methylzimtsäure*, $C_{12}H_{14}O_4$, F. 175—176°, aus dem Methylester. *Methylester*, $C_{13}H_{16}O_4$, F. 103,5—104°, durch 30 Min. langes Erhitzen von **II** mit 15%ig. NaOH auf 100° u. Zutropfen von Dimethylsulfat. — *2.4-Dimethoxy-5-methylbenzaldehyd*, $C_{10}H_{12}O_3$, F. 119—121°, a) durch Behandeln von 0,7 g vorst. Säure in 3%ig. KOH mit $KMnO_4$ u. Extrahieren mit Essigsäureäthylester; 100 mg; b) durch Synth. über *4-Methylresorcin* ($C_7H_8O_2$, F. 100 bis 102°), *2.4-Dimethoxytoluol* u. Umsetzen mit $Zn(CN)_2$ + HCl. *Oxim*, $C_{10}H_{13}NO_3$, F. 144—144,5°. H. Krause 3211△

0911 **Untersuchungen über die chemischen Bestandteile von Umbelliferen.** 4. Mitt. **Komponenten der Wurzel von Angelica glabra Makino.** 3. Mitt. Kiyoshi Hata und Aya Nitta. (J. pharmac. Soc. Japan [Yakugakuzasshi] **77**, 941—43, 1957; jap., Auszug: engl.) — 3. bzw. 2. vgl. vorst. Ref.; bzw. C. **1964**, 13-0859. — Nach Isolierung von Glabralacton aus *Angelica glabra Makino* werden aus der Mutterlauge *6-Formyl-7-methoxycumarin* (*Angelical*, $C_{11}H_8O_4$, F. 256—257°), *Osthol* ($C_{15}H_{16}O_3$, F. 83—84°), *Tiglinsäure* ($C_5H_8O_2$, F. 63—64°), *Angelicasäure* ($Kp._{18}$ 85—91°, *p-Bromphenacylester*, F. 66—67°), *Umbelliferon* u. eine kleine Menge eines phenol. *Cumarinderiv.* $C_{15}H_{16}O_5$ (F. 166—167°) erhalten. H. Krause 3211△

0912 **Synthetische Untersuchungen auf dem Gebiet der Flavonoide.** 4. Mitt. **Synthese von 3-Hydroxyflavon (Flavonol).** M. K. Schachowa, M. I. Budagjanz, G. I. Ssamochwalow und N. A. Preobrashenski. (J. allg. Chem. [UdSSR] **32(94)**, 2832—34, 1962; Allunions Vitamin-Forschungsinst.; russ.) — 3. vgl. C. **1963**, 14321. — Durch Methylierung von 3-Nitroflavanon(**I**) wurden die *Methyläther* der *aci-Nitroform*(**II**) u. *Enolform* von **I** dargestellt. **II**-Methyläther wurde durch Disproportionierung in *3-Ketoflavanon-3-oxim*, dieses durch Hydrolyse in *3-Hydroxyflavon* (*Flavonol*) übergeführt. Die UV-Spektren der Verbb. bei 220—380 mμ wurden aufgenommen.

Versuche: *3-Nitroflavanon*(I), *aci-Nitroform*(II), *Methyläther*, $C_{16}H_{13}NO_4$, durch 1std. Rühren von 2,5 g I mit CH_2N_2 (8 g Nitrosomethylharnstoff) in 350 ml abs. Ae., 12std. Stehen u. Chromatographieren mit PAe. an Al_2O_3; gelb; ca. 62% (Ausbeute). Daneben *Enolform, Methyläther*; ca. 30%. — *3-Ketoflavanon-3-oxim*, $C_{15}H_{11}\cdot NO_3$, F. 158—159° (Zers.; Bzl.), durch 1std. Erhitzen von 1,63 g II-Methyläther unter N_2/10 mm auf dem sd. Wasserbad u. 24std. Stehen mit 10 ml Bzl. bei 20°; hellgelb; 0,59 g. — *3-Hydroxyflavon*, $C_{15}H_{10}O_3$, F. 169,5 bis 170° (A.), durch 40 Min. langes Kochen von 0,4 g vorst. Verb. mit 1,3 ml Brenztraubensäure in 5 ml Eisessig u. 10 ml W.; hellgelbe Nadeln; 71,7%.

Helmut Schäfer 3211△

0913 **Eine neue Reaktion von Alkylpyridinen.** Zoltán Földi. (Chem. and Ind. **1958**, 684—85; Budapest, Privatlabor. u. Chinoin-Werke, Forsch.-Labor.; engl.) — Zur Klärung der Bldg. von *N-Methylephedrinhydrochlorid* (I) aus Benzolsulfonylchlorid (II) u. N-Methylephedrin (III) in abs. Pyridin wird diese Rk. in γ-Äthylpyridin (IV) durchgeführt. Durch Rk. äquimol. Gemische von II u. III oder II u. abs. Triäthylamin bei Raum-Temp. im Überschuß IV werden I bzw. *Triäthylammoniumchlorid* u. *4-[α-Benzolsulfonyläthyl]-pyridin* (V, F. 107°) gebildet. V entsteht auch a) neben *γ-Äthylpyridinhydrochlorid* durch Rk. von überschüssigem IV mit II, sowie b) durch Red. von 4-Acetylpyridin (F. 15°) mit $Ca(BH_4)_2$ zu *4-[1-Hydroxyäthyl]-pyridin* (F. 64°), dessen Umsetzung mit Thiophenol zu *4-[1-Phenylmercaptoäthyl]-pyridin* (*Hydrobromid*, F. 119°) u. Oxydation mit $KMnO_4$. Durch Rk. von II mit γ-Picolin bzw. von IV mit p-Tosylchlorid werden in analoger Weise *4-[Phenylsulfonylmethyl]-pyridin* (VI), F. 201,5°) u. *4-[1-(p-Tosyl)-äthyl]-pyridin* (F. 143,5°) erhalten. Die Darst. von VI gelingt auch in der für V nach b) beschriebenen Rk.-Folge aus 4-Äthoxycarbonylpyridin über *4-Hydroxymethylpyridin* (F. 57°) u. *4-[Phenylmercaptomethyl]-pyridin* (F. 48°). *2-Benzolsulfonyl-4-äthylpyridin* (F. 88—90°) wurde aus IV durch Rk. mit $NaNH_2$ zu *2-Amino-4-äthylpyridin* (F. 70°), Rk. mit $HNO_2/HBr + Br_2$ zu *2-Brom-4-äthylpyridin* ($Kp._{11}$ 118°), Umsetzung mit Thiophenol zu *2-Phenylmercapto-4-äthylpyridin* (*Hydrobromid*, F. 130°) u. dessen Oxydation mit $KMnO_4$ dargestellt. In dieser neuen C-Arylsulfonierung wirkt das Alkylpyridin als Protonendonator, es findet eine Wanderung der am N-Atom gebundenen Benzolsulfonylgruppe in die Stellung 4 des Pyridinkerns statt.

H.-J. Weigmann 3231△

0914 **Untersuchungen über Derivate des 4-Hydroxypyridins. 3. Mitt. Über die Carboxylierung von α-Methyl-4-hydroxypyridinen mit Kohlendioxid.** Halina Bojarska-Dahlig und Ilona Gruda. (Roczniki Chem. [Ann. Soc. chim. Polonorum] **31**, 1147—58, 1957; Warsaw, Inst. of Pharmacy, Dep. of Synthesis; pol., Auszug: engl.) — 2. vgl. C. **1959**, 8142. — Die Carboxylierung von *4-Hydroxy-2.6-dimethylpyridin* (I) mit trockenem CO_2 unter den für 4-Hydroxypyridin beschriebenen Bedingungen gelingt nicht; I wird annähernd quant. in Form des *Nitrats* zurückerhalten. *4-Hydroxy-2-methylpyridin* (II) ergibt unter gleichen Bedingungen wahrscheinlich *4-Hydroxy-2-methylpyridincarbonsäure-(5)*. II wird aus *4-Amino-2-methylpyridin* (III) dargestellt, das aus α-Picolin (IV) über *4-Nitro-2-methylpyridin* bzw. durch Hofmannschen Abbau von 2-Methylisonicotinsäureamid erhalten wird. I wird aus Dehydracetsäure (V) oder aus 2.6-Lutidin über *4-Amino-2.6-lutidin* dargestellt.

Versuche: Pyridine: *2-Methyl-4.6-dicarboxy-*, F. 273—274°, nach Efimowsky u. Rumpf (vgl. C. **1950/54**, 6776S) aus Brenztraubensäure u. NH_3. — *2-Methyl-4-carboxy-*, $C_7H_7NO_2$, F. 293,5—295° (W.), durch 1/4 Std. Decarboxylieren vorst. Verb. bei 280°; 82,5% (Ausbeute). *Amid*, $C_7H_8N_2O$, F. 162—162,5° (W.), durch 5std. Erwärmen der Säure in abs. A. mit H_2SO_4 (Wasserbad), Zugabe von W., Neutralisieren mit Na_2CO_3, Ausäthern, Eindampfen u. 48std. Rk. mit 30%ig. NH_4OH; 73,5%. — *2-Methyl-4-amino-* (III), F. 95—96° (Xylol/PAe.), a) aus (IV) über *4-Nitro-2-methylpyridin* durch Red. nach Kuczyński (vgl. Acta polon. pharmac. **12**, [1954], 1370); b) durch Hofmannschen Abbau von vorst. Amid; 35%. *Pikrat*, F. 192,5—193,5° (A.). — *2-Methyl-4-hydroxy-*(II), C_6H_7NO, F. 174—174,5° (wss. Aceton), durch Zugabe von wss. $NaNO_2$ zur Lsg. von III in 50%ig. H_2SO_4 bei 3—4°, 5 Min. langes Stehen, Eintragen in W. u. 20 Min. langes Erwärmen (Wasserbad); 82%. *Nitrat*, $C_6\cdot H_8N_2O_4$, F. 161,5—162° (Wasser). *Pikrat*, F. 178,5—179,5° (A.). *$HgCl_2$-Deriv.*, FF. (Zers.) 110° u. 204—206°. — *2-Methyl-4-hydroxy-5-carboxy-*(?), $C_7H_7NO_3$, F. 258,5 bis 260° (Zers.), a) durch 6std. Rk. des Na-Salzes von II mit CO_2 bei 190—200° bzw. 210—220°/65 at; aus W. Nadeln; > 1,5%; b) durch 11std. Rk. des K-Salzes von II mit CO_2 bei 190—200° /50 at.; 24,8%; c) analog b) aus II mit 50%ig. Überschuß von K_2CO_3 bei 45—65°; 26,2%. *Pikrat*, F. 160° (Zers.; Wasser). *$HgCl_2$-Deriv.*, F. 200—201,5°. *Methylester*, $C_8H_9NO_3$, F. 189,5—190° (A.), durch 8std. Rk.; 74,5%. — *4-Amino-2.6-dimethyl-*, F. 189—190,5° (Bzl.), analog III nach a) aus 2.6-Lutidin (Kp. 140—143°). — *4-Hydroxy-2.6-dimethyl-*(I), F. 230—232° (W.), a) durch 8std. Rk. von V mit 25%ig. NH_4OH bei 110—130° im Autoklaven; 84%; b) durch Rk. vorst. Verb. in 50%ig. H_2SO_4 mit $NaNO_2$ bei 4—5° u. 1std. Erwärmen mit W. auf 80°; 77,9%. *Nitrat*, $C_7H_{10}N_2O_4$, F. 188° (Zers.; HNO_3). *HgCl-Deriv.*, F. 202—205° (Zers.; Wasser). *Hemihydrochlorid*, $C_7H_9NO\cdot {}^1/_2HCl$, F. 254—257° (Zers.; 95%ig. A.), analog dem Nitrat bei versuchter Carboxylierung der Base. — Vgl. C. **1964**, 19-0845.

H.-J. Weigmann 3231△

0915 **Beitrag zur Kenntnis der Nebenprodukte der Reaktion der mittleren Ringketone mit aliphatischen Nitroverbindungen.** Zygmunt Eckstein, Andrzej Sacha und Wiesław Sobótka. (Roczniki Chem. [Ann. Soc. chim. Polonorum] **34**, 1329—37, 1960; Warszawa, Zakład Syntezy Organicznej Polskiej Akademii Nauk; Inst. Farmaceutyczny; pol.) — Cycloheptanon u. Cyclooctanon bilden mit Nitroäthan u. 1-Nitropropan in Ggw. von Piperidin (I) keine Nitroolefine, sondern *Enamine*, die mit den aus den cycl. Ketonen u. I erhaltenen ident. sind. Mit Arcylsäuremethylester oder Acrylonitril erhält man aus den Enaminen *2-[Carboxymethyl]-äthyl-* oder *2-Cyanäthylketone*. *1-[Δ¹-Cyclohexenyl]-piperidin* (II) gibt mit Nitromethan neben einer unbekannten Verb. *Δ¹-Cyclohexenylnitromethan* (III), was für das Auftreten von II als Zwischenprod. bei der Kondens. von Cyclohexanon mit Nitromethan in Ggw. von I spricht. Die IR-Spektren der erhaltenen Verbb. werden diskutiert.

Versuche: Piperidine: *1-[Δ¹-Cyclopentenyl]-* (IV), $C_{10}H_{17}N$, $Kp._3$ 89—90, durch Erhitzen von Cyclopentanon u. I in abs. Bzl. in Ggw. einer Spur p-Toluolsulfonsäure u. Entfernen des W. durch wiederholte azeotrope Dest.; $D._4^{20}$ 0,9426; n_D^{20} 1,5129; 92% (Ausbeute). — *1-[Δ¹-Cyclohexenyl]-* (II), $C_{11}H_{19}N$, $Kp._1$ 91°, analog IV; $D._4^{20}$ 0,9462; n_D^{20} 1,5138; 61%. — *1-[Δ¹-Cycloheptenyl]-*, $C_{12}H_{21}N$, $Kp._{1,2}$ 93,5—95°, $Kp._4$ 98—99,5°, a) analog IV; $D._4^{20}$ 0,9442; n_D^{20} 1,5120; b) durch Erhitzen von 48 g Nitroäthan mit 50 g Cycloheptanon in 100 ml abs. Bzl. in Ggw. von 4 ml I, azeotrope Dest., Zugabe von Bzl. u. I, erneute azeotrope Dest. u. 4fache Wiederholung dieser Operation; $D._4^{20}$ 0,9462; n_D^{20} 1,5118; 20,2 g.; c) analog b) aus 57 g Nitropropan, 50 g Cycloheptanon u. I; 18,1 g. — *1-[Δ¹-Cyclooctenyl]-*, $C_{13}H_{23}N$, $Kp._{2,5}$ 96—97°, $Kp._8$ 126—128°, a) analog IV; $D._4^{20}$ 0,9503; n_D^{20} 1,5129; 51%; b) analog vorst. Verb. nach b) aus 40 g Cyclooctanon, 57 g Nitropropan u. I; n_D^{20} 1,5125; 12,1 g. — 2-[β-(Carbomethoxy)-äthyl]-cycloalkanone: *-cyclopentanon*, $Kp._{0,5}$ 103,5—104°, durch 6—8std. Erhitzen von IV mit Acrylsäuremethylester, Zugabe von Na-Acetat in Essigsäure, 15 Min. langes Erhitzen u. Ausäthern; $D._4^{20}$ 1,0741; n_D^{20} 1,4592; 38%. — Analog: *-cyclohexanon*, $Kp._3$ 115—116°; $D._4^{20}$ 1,0638; n_D^{20} 1,4642; 73,2%. — *-cycloheptanon*, $Kp._1$ 120—122°; $D._4^{20}$ 1,0557; n_D^{20} 1,4682; 93,2%. — *-cyclooctanon*, $Kp._4$ 152°; $D._4^{20}$ 1,0519; n_D^{20} 1,4754; 60%. — 2-[β-Cyanäthyl]-cycloalkanone: *-cyclopentanon*, $Kp._3$ 124—125°, analog vorst. Verbb. aus IV u. Acrylonitril; $D._4^{20}$ 1,0382; n_D^{20} 1,4684; 36,5%. — Analog: *-cyclohexanon*, $Kp._2$ 118°; $D._4^{20}$ 1,0229; n_D^{20} 1,4738; 36,5%. — *-cycloheptanon*, $Kp._6$ 140°; $D._4^{20}$ 1,0186; n_D^{20} 1,4772; 48%. — *-cyclooctanon*, $Kp._4$ 146—147°;

$D._4^{20}$ 1,0161; n_D^{20} 1,4831; 21%. — *Δ¹-Cyclohexenylnitromethan* (**III**), $Kp._1$ 81°, neben einer unbekannten *Verb.* $C_{14}H_{20}N_2O_3$ (F. 259—261°; 2,6 g) durch 3std. Kochen von 16,3 g **II** mit 6,1 g Nitromethan in 20 ml Dioxan, Zugabe von 30 g Na-Acetat, 20 ml Eisessig u. 30 ml W., Erhitzen u. Ausäthern; $D._{20}^{20}$ 1,070; n_D^{20} 1,4883; 4 g. E. Höft 3231◇

0916 **Eine Schiffsche Base aus Isoniazid.** Bhabatosh Bhattacharya. (Indian J. Pharmacy **24,** 292, 1962; Calcutta, Res. Inst., Bengal Immunity; engl.) — *p-Acetylaminobenzaldehydisonicotinoylhydrazon,* das zur Behandlung der Tuberkulose wirksam erschien, wird in reiner Form dargestellt. *p-Aminobenzaldehydisonicotinoylhydrazon* ($C_{13}H_{12}N_4O$, F. 254—255°; gelbe Nadeln aus A.) erhält man durch $^1/_2$std. Kochen einer wss. Lsg. von 13,7 g Isoniazid mit einer alkohol. Lsg. von 12,5 g p-Aminobenzaldehyd. Die Acetylierung mit Essigsäureanhydrid in heißem Eisessig ergibt *p-Acetylaminobenzaldehydisonicotinoylhydrazon* ($C_{15}H_{14}N_4O_2$, F. 287—288°; gelbe Prismen aus Eisessig). UV-Spektrum vgl. Original. E. Sidow 3231◇

0917 **Heteroaromatisch substituierte N-Methylderivate des 2-Aminoäthanthiols.** Thomas P. Johnston und Anne Gallagher. (J. org. Chemistry **27,** 2452—57, Juli 1962; Birmingham, Ala., Southern Res. Inst., Kettering-Meyer-Labor.; engl.) — Cystamin (Bis-[2-aminoäthyl]-disulfid; **I**) reagiert mit Nicotinaldehyd (**II**) unter Bldg. von *Bis-{2-[pyridyl-(3)-methylenamino]-äthyl}-disulfid*(**III**). Entsprechend erhält man aus **I** u. Thiophencarbaldehyd-(2) (**IV**) *Bis-{2-[thenyliden-(2)-amino]-äthyl}-disulfid* (**V**). Bei dem Vers., die Pikrate von **III** u. **V** herzustellen, tritt Hydrolyse ein u. man isoliert das Dipikrat von **I**. Kondens. von 2-Aminoäthanthiol (**IX**) mit **II** bzw. **IV** liefert *2-[Pyridyl-(3)]-thiazolidin* (**XIII**) bzw. *2-[Thienyl-(2)]-thiazolidin* (**XIV**), die sich mit J_2 zu **III** u. **V** oxydieren lassen. Durch $NaBH_4$ in Methanol werden **III** u. **V** zu *2-[Pyridyl-(3)-methylamino]-äthanthiol* u. *2-(Thenyl-(2)-amino]-äthanthiol* reduziert. Beide Thiole gehen durch Oxydation mit Luft bei pH 8—9 in *Bis-{2-[pyridyl-(3)-methylamino]-äthyl}-disulfid* (**VI**) bzw. *Bis-{2-[thenyl-(2)-amino]-äthyl}-disulfid* über. Bei der Oxydation mit J_2 entstehen die entsprechenden *Dihydrojodide.* Bei der Einw. von H_2SO_3 auf **VI**-Dihydrochlorid wird *S-{2-[Pyridyl-(3)-methylamino]-äthyl}-thioschwefelsäure* gebildet. Das aus **IX** u. Indolcarbaldehyd-(3) (**VII**) gewonnene *2-[Indolyl-(3)]-thiazolidin* liefert bei der Oxydation mit J_2 nicht die erwartete Schiff-Base. Rk. von 4 Mol 8-Brommethylchinolin (**X**) mit 1 Mol **I** in Dimethylformamid (DMF) bei 60° in Ggw. von K_2CO_3 liefert *Bis-{2-[bis-(chinolyl-(8)-methyl)-amino]-äthyl}-disulfid,* während bei der Zugabe von 1 Mol **X** zu $1^1/_2$ Mol **I** bei 80° *Bis-{2-[chinolyl-(8)-methylamino]-äthyl}-disulfid* (**VIII**) entsteht. *S-{2-[Chinolyl-(8)-methylamino]-äthyl}-thioschwefelsäure* erhält man entweder aus **VIII**-Tetrahydrochlorid mit SO_2 in wss. Dioxan in Ggw. von Na-Acetat oder aus **VIII** u. SO_2 in Dioxan. Das aus **I** u. p-Toluolsulfochlorid (**XI**) zugängliche *Bis-[2-(p-toluolsulfonylamino)-äthyl]-disulfid* reagiert mit 2-Chlormethylthiophen (**XII**) in DMF in Ggw. von K_2CO_3 unter Bldg. von *Bis-{2-[N-(p-toluolsulfonyl)-N-(thenyl-(2))-amino]-äthyl}-disulfid.* Zur Identifizierung der synthetisierten Verbb. werden die IR-Spektren herangezogen.

Versuche: *2-[Pyridyl-(3)]-thiazolidin* (**XIII**), $C_8 \cdot H_{10}N_2S$, $Kp._{0,3}$ 107—113°, durch 6std. Kochen äquimol. Mengen **IX** u. **II** in Bzl., Abdest. des Bzl. im Vakuum, 1std. Erhitzen des Rückstands im Vakuum auf 60° u. fraktionierte Dest.; gelbes Öl, n_D^{24} 1,6123; 97% (Ausbeute). *Dipikrat,* $C_{20}H_{16}N_8O_{14}S$, F. 192° (Zers.; A.; gelbe Nadeln). — *Bis-{2-[pyridyl-(3)-methylenamino]-äthyl}-disulfid* (**III**), $C_{16}H_{18}N_4S_2$, F. 62—63° (Ae./PAe.), a) durch 1std. Kochen von 1 Mol **I** mit 2 Mol **II** in Bzl. unter Abdest. von W., Eindampfen der filtrierten Lsg. im Vakuum, 1std. Erwärmen des Rückstands im Vakuum auf 60° u. Aufbewahren zur Kristallisation; 100%; b) durch $^1/_2$std. Rühren von **I** u. **II** in wss. Lsg. bei pH 10—11, Extraktion mit Bzl. u. Aufarbeitung analog a); 86%; c) durch Versetzen von **XIII** in wss. Lsg. mit KJ/J_2-Lsg., Bzl.-Extraktion u. Aufarbeitung analog a); liefert mit Pikrinsäure (**XV**) in A. *Bis-[2-aminoäthyl]-disulfid-dipikrat* (**I**-*Dipikrat*), F. 197—198° (Zers.; Eisessig). — *2-[Pyridyl-(3)-methylamino]-äthanthiol,* $C_8H_{12}N_2S$, $Kp._{0,5}$ 106—108°, durch Eintropfen einer 5%ig. methanol. $NaBH_4$-Lsg. zu der 10%ig. methanol. Lsg. von **III**, $^1/_2$std. Kochen, Einengen im Vakuum, Einstellen mit HCl auf pH 8 u. Extraktion mit Chlf.; n_D^{23} 1,5880; 85%. *Dipikrat,* $C_{20}H_{18}N_8O_{14}S$, F. 173° (Zers.; A.). — *Bis-{2-[pyridyl-(3)-methylamino]-äthyl}-disulfid* (**VI**), *Dihydrochlorid,* $C_{16}H_{22} \cdot N_4S_2 \cdot 2$ HCl, F. 262° (Zers.), durch 3std. Durchleiten von Luft durch die wss. Lsg. vorst. Verb., Aufnehmen des ausgeschiedenen Öls in Chlf., Abdest. des Chlf. im Vakuum, 1std. Erwärmen des Rückstandes im Vakuum auf 60°, Versetzen des *freien Amins* (n_D^{20} 1,6042; 90%) mit 1 n HCl, Einengen im Vakuum u. Verreiben mit Methanol; 46%. *Tetrapikrat,* $C_{40}H_{34}N_{16}O_{28}S_2$, F. 234° (Zers.). — *S-{2-[Pyridyl-(3)-methylamino]-äthyl}-thioschwefelsäure,* $C_8H_{12}N_2O_3 \cdot S_2$, F. 210° (Zers.), durch 10 Tage langes Aufbewahren von **VI**-Dihydrochlorid mit Na-Acetat u. einer 10%ig. Lsg. von SO_2 in W., Einengen im Vakuum, Waschen des Rückstands mit Methanol, Digerieren mit kaltem Acetonitril u. Extraktion des erhaltenen Nd. mit sd. Acetonitril; 16%. — *2-[Thienyl-(2)]-thiazolidin* (**XIV**), $C_7H_9NS_2$, F. 47—48° (Cyclohexan; Nadeln), analog **XIII** aus **IX** u. **IV** in Bzl.; 51%. *Pikrat,* $C_{13}H_{12}N_4O_7S_2$, F. 158° (Zers.; A.). — *Bis-{-2-[thenyliden-(2)-amino]-äthyl}-disulfid* (**V**), a) analog **III** nach a) aus **I** u. **IV** in Bzl.; orangefarbenes Öl, n_D^{25} 1,6648; 94,5%; b) analog **III** nach c) aus **XIV** u. KJ/J_2; liefert mit **XV** in A. **I**-*Dipikrat.* — *2-[Thenyl-(2)-amino]-äthanthiol,* $C_7H_{11}NS_2$, $Kp._{0,25}$ 82—84°, durch Eintropfen von $NaBH_4$ in abs. Methanol in die abs. methanol. Lsg. von **V**, $^1/_4$std. Kochen, Eindampfen im Vakuum unter N_2, Suspension des Rückstandes in W., Einstellen mit HCl auf pH 8—9 u. Extraktion mit Bzl.; orangefarbenes Öl, n_D^{24} 1,5910; 93%. — *Bis-{2-[thenyl-(2)-amino]-äthyl}-disulfid, Dihydrojodid,* $C_{14}H_{20}N_2S_4 \cdot 2$ HJ, F. 230° (Zers.; A.; Platten), durch Eintropfen von KJ/J_2-Lsg. in die äthanol. Lsg. vorst. Verb.; 47%. *Dipikrat,* $C_{26}H_{26}N_8O_{14}S_4$, F. 154 bis 155° (wss. A.; gelbe Nadeln). — *Bis-[2-(p-toluolsulfonylamino)-äthyl]-disulfid,* $C_{18}H_{24}N_2O_4S_4$, F. 83° (Bzl./Cyclohexan), durch Einrühren von 2 Mol **XI** in Chlf. zu 1 Mol aus dem Dihydrochlorid mit Na_2CO_3-Lsg. bei 10° freigesetztem **I**, $^1/_2$std. Rühren bei 10° u. 16std. Rühren bei Raumtemp.; 80%. — *Bis-{2-[N-(p-toluolsulfonyl)-N-(thenyl-(2))-amino]-äthyl}-disulfid,* $C_{28}H_{32}N_2O_4S_6$, F. 127° (Isopropanol; Nadeln), durch Einrühren von 2 Mol **XII** in die Lsg. von 1 Mol vorst. Verb. u. K_2CO_3 in DMF, $1^1/_2$std. Kochen bei 100°, Versetzen mit W. u. Verreiben des Rk.-Prod. mit Methanol u. W.; 60%. — *2-[Indolyl-(3)]-thiazolidin,* $C_{11}H_{12}N_2S$, F. 128— 130° (A.; Nadeln), durch 3std. Kochen äquimol. Mengen **VII** u. **IX** in A., Eindampfen im Vakuum u. Digerieren mit A.; 70%. — *Bis-{2-[bis-(chinolyl-(8)-methyl)-amino]-äthyl}-disulfid, Monohydrat,* $C_{44}H_{40}N_6S_2 \cdot H_2O$, F. 160° (2-Methoxyäthanol), durch Einrühren von 4 Mol **X** in DMF in die Lsg. von 1 Mol **I** u. K_2CO_3 in DMF, 3std. Erhitzen auf 60°, Eindampfen im Vakuum, Aufnehmen in W., Neutralisieren u. Digerieren des Nd. mit A.; 51%. — *Bis-{2-[chinolyl-(8)-methylamino]-äthyl}-disulfid* (**VIII**), *Tetrahydrochlorid-Monohydrat,* $C_{24}H_{26}N_4S_2 \cdot 4$ HCl $\cdot H_2O$, F. 200° (Zers.; Methanol/Ae.), durch Einrühren von 1 Mol **X** in DMF in die Lsg. von $1^1/_2$ Mol **I** u. K_2CO_3 in DMF bei 80°, 5std. Erwärmen auf 80°, Abkühlen, Gießen in W., Einstellen auf pH 8—9, Aufnehmen des ausgeschiedenen Öls in Bzl., Aufarbeiten der Bzl.-Lsg., Lösen der *freien Base* (87%) in 1 n HCl u. Eindampfen. — *S-{2-[Chinolyl-(8)-methylamino]-äthyl}-thioschwefelsäure,* $C_{12}H_{14}N_2O_3S_2$, F. 197 bis 198° (Zers.; W.; Nadeln), a) durch 2täg. Aufbewahren von **VIII**-Tetrahydrochloridmonohydrat u. Na-Acetat mit der 10%ig. Lsg. von SO_2 in W. u. Dioxan; 76%; b) analog a) aus **VIII**, wss. SO_2 u. Dioxan in 6 Tagen; 51%. E. Koßmehl 3231◇

0918 **Neue Chinaldinol-(4)-Derivate.** 4. Mitt. L. W. Gjulbudagjan und R. W. Karapetjan. (Nachr. Akad. Wiss. ArmenSSR, chem. Wiss. **12,** 145—48, 1959; Erewan, Univ., Lehrstuhl für organ. Chem.; russ., Auszug: armen.) — Durch Rk. von α-[p-Methoxybenzyl]- (**I**) u. α-[p-Äthoxybenzyl]-acetessigester mit Anilin, p- u. o-Toluidin werden die entsprechenden *α-[p-Alkoxybenzyl]-β-anilinocrotonsäureäthylester* dargestellt u. durch Erhitzen in Diphenyläther-Diphenyl-Gemisch oder Vaselinöl auf 240° zu *3-[Alkoxybenzyl]-chinaldinolen-(4)* cyclisiert.

Versuche: *α-[p-Methoxybenzyl]-β-anilinocrotonsäureäthylester* (II), durch Erhitzen von 0,2 Mol I mit 0,2 Mol Anilin in 100 ml Bzl. u. 1 ml Eisessig u. Eindampfen im Vakuum; wird für die nachst. Rk. ohne Reinigung verwendet. — Chinaldinole-(4): *3-[p-Methoxybenzyl]-*, $C_{18}H_{17}NO_2$, F. 256° (A.), durch tropfenweise Zugabe von 32,5 g II in 10 Min. zu einem auf 240° erhitzten Gemisch aus 50 g Diphenyläther + 50 g Diphenyl, 5 Min. langes Erhitzen, Verdünnen mit PAe. u. Filtrieren; 83,4% (Ausbeute). — *3-[p-Äthoxybenzyl]-*, $C_{19}H_{19}NO_2$, F. 251° (A.), analog vorst. Verb. aus α-[p-Äthoxybenzyl]-β-anilinocrotonsäureäthylester; 78,3%. — *3-[p-Methoxybenzyl]-6-methyl-*, $C_{19}H_{19}NO_2$, F. 286° (Methanol), aus α-[p-Methoxybenzyl]-β-[p-toluidino]-crotonsäureäthylester in Vaselinöl bei 240°; 84,7%. — *3-[p-Äthoxybenzyl]-6-methyl-*, $C_{20}H_{21}NO_2$, F. 283° (Methanol), analog vorst. Verb. in Vaselinöl bei 240°; 81,4%. — *3-[p-Methoxybenzyl]-8-methyl-*, $C_{19}H_{19}NO_2$, F. 264° (A.), aus α-[p-Methoxybenzyl]-β-[o-toluidino]-crotonsäureäthylester; 72%. — *3-[p-Äthoxybenzyl]-8-methyl-*, $C_{20}H_{21}NO_2$, F. 261° (A.), analog vorst. Verb. in Vaselinöl bei 240°; 70%.

G. Froelich 3231◇

0919 **Synthese von 4-Hydroxy-1-methyl-1H-chinolon-(2) und seinen Homologen durch Reaktion von N-Methylanthranilsäure mit aliphatischen Säureanhydriden.** Tatsuo Ohta und Yo Mori. (Annu. Rep. Tokyo Coll. Pharmacy **1958**, 140—42; engl.) — Entsprechend der Meth. von Lutz u. Mitarbeitern (vgl. J. Amer. chem. Soc. **68**, [1946], 1810) werden durch Rk. von N-Methylanthranilsäure (I) mit aliphat. Säureanhydriden *1-Methylchinolon-(2)-Derivv.* synthetisiert.

Versuche: Chinolone-(2): *1-Methyl-4-acetoxy-*, F. 146—147°, durch 4std. Kochen von I mit einem Gemisch aus Acetanhydrid u. 100%ig. Essigsäure u. Gießen auf Eis; aus verd. A. Nadeln. — *1-Methyl-4-hydroxy-*, F. 271—272°, durch Hydrolyse von 6,6 g vorst. Verb. mit 10%ig. NaOH; aus verd. A. Prismen; 5 g (Ausbeute). — *1.3-Dimethyl-4-propionyloxy-* (II), $C_{14}H_{15}NO_3$, F. 112 bis 113°, durch 12std. Kochen von 3 g I mit Propionsäureanhydrid, Einengen im Vakuum u. chromatograph. Reinigung des Rückstandes in Bzl. mittels Al_2O_3; aus verd. A. Säulen; 0,75 g. — *1.3-Dimethyl-4-hydroxy-*, $C_{11}H_{11}NO_2$, F. 220—221°, durch Hydrolyse vorst. Verb. mit 10%ig. KOH; aus A. Prismen. — *1.3-Dimethyl-4-acetoxy-*, $C_{13}H_{13}NO_3$, F. 168—168,5°, durch Kochen vorst. Verb. mit Acetanhydrid in Ggw. von Pyridin; aus A. Prismen. — *1-Methyl-3-äthyl-4-butyryloxy-*, $C_{16}H_{19}NO_3$, F. 86—87°, durch 30std. Kochen von I mit Buttersäureanhydrid analog II; aus verd. A. Prismen. — *1-Methyl-3-äthyl-4-hydroxy-*, F. 185°, durch Hydrolyse vorst. Verb. mit 10%ig. KOH; aus A. Prismen. — *1-Methyl-3-äthyl-4-acetoxy-*, $C_{14}H_{15}NO_3$, F. 163—164°, durch Umsetzen vorst. Verb. mit Acetanhydrid; aus A. Nadeln.

H. Krause 3231△

0920 **Intramolekulare Wasserstoffbindung in 7-Chlor-4-[2-diäthylaminoäthylamino]-chinolin.** F. C. Nachod, A. R. Surrey, G. Y. Lesher, C. M. Martini, J. R. Mayer, M. Priznar und W. G. Webb. (J. Amer. chem. Soc. **81**, 2897—98, 1959; Rensselaer, N. Y., Sterling Winthrop Res. Inst.; engl.) — Durch Vgl. der IR-Spektren, Dipolmomente u. KMR-Spektren von 7-Chlor-4-butylamino- u. 7-Chlor-4-[2-diäthylaminoäthylamino]-chinolin (I) wird bewiesen, daß I innermol. cheliert ist.

L. Lamza 3231△

0921 **Hypotensive Verbindungen.** 1. Mitt. **Der Effekt der Wasserstoffbindung in einigen 4-Dialkylaminoalkylaminochinolinen.** Alexander R. Surrey, George Y. Lesher, J. Richard Mayer und William G. Webb. (J. Amer. chem. Soc. **81**, 2887—93, 1959; Rensselaer, N. Y., Sterling-Winthrop Res. Inst.; engl.) — Durch Rk. von 7-Chlor-4-[2-diäthylaminoäthylamino]-chinolin (I) mit 2-Chlorbenzylchlorid (IX) wird *7-Chlor-1-[2-chlorbenzyl]-4-[2-diäthylaminoäthylimino]-1.4-dihydrochinolinhydrochlorid* (II) erhalten u. in die *freie Base* (III) übergeführt. Das aus III u. HJ erhaltene *Hydrojodid* ist auch durch Rk. von 7-Chlor-1-[2-chlorbenzyl]-4-jodchinoliniumjodid (VI) mit 2-Diäthylaminoäthylamin (VII) zugänglich. Bei der Rk. von I mit überschüssigem IX entsteht neben II *7-Chlor-1-[2-chlorbenzyl]-4-[β-(diäthyl-2-chlorbenzylammonio)-äthylimino]-1.4-dihydrochinolinchloridhydrochlorid* (VIII), das auch aus II u. IX bzw. aus III u. IX u. anschließende Einw. von HCl gebildet wird. II u. III liefern bei der Hydrolyse in verd. A. *7-Chlor-1-[2-chlorbenzyl]-chinolon-(4)* (IV), das auch durch Rk. von IX mit 7-Chlor-4-hydroxychinolin (V) entsteht. Da sich jedoch das III-Dihydrochlorid in wss. Lsg. u. III in 6 n HCl nicht zu IV hydrolysieren lassen, scheint die Hydrolyse nur zu gelingen, wenn die C-N-Doppelbindung nicht protonisiert ist. Deshalb wurde angenommen (u. spektroskop. bewiesen), daß II intramol. cheliert ist u. vor der Hydrolyse in das reaktionsfähige N_ω-Hydrochlorid übergeht. Die Chelatbldg. konnte weiterhin für einige 7-Chlor-4-dialkylaminoalkylaminochinoline u. ihre 1-[Chlor-2-chlorbenzylate] (B) bewiesen werden. Sie ist für die leichte Hydrolysierbarkeit der B zu den entsprechenden *Chinolonen* u. für die deutliche ster. Hinderung am N_ω-Atom (bes. bei 5-Chlor-Verbb.) verantwortlich. Bei den entsprechenden 5-Chlorderivv. findet jedoch nur dann Chelatbldg. statt, wenn das Cl-Atom ster. nicht stört. Die Chelatbldg. ist dann z. B. dafür verantwortlich, daß 5-Chlor-1-[2-chlorbenzyl]-4-[2-diäthylaminoäthylimino]-1.4-dihydrochinolinhydrochlorid sich nicht mit IX zum VIII-analogen bisquartären Salz umsetzen läßt.

Versuche: *7-Chlor-1-[2-chlorbenzyl]-4-[2-diäthylaminoäthylimino]-1.4-dihydrochinolin* (III), $C_{22}H_{25}Cl_2N_3$, F. 107—108,8°, durch Alkalisieren einer wss. Lsg. von II mit 10%ig. NaOH; aus Hexan Prismen; 67,6% (Ausbeute). *Hydrochlorid* (II), $C_{22}H_{26}Cl_3N_3$, F. 207—209°, a) durch 24std. Kochen äquimol. Mengen I mit IX in Acetonitril (X) u. Kühlen; gelbe Kristalle; 67%; b) durch Rk. von 0,29 g III mit methanol. HCl; 0,12 g. *Hydrojodid*, $C_{22}H_{25}Cl_2N_3 \cdot HJ$, F. 195—200° (A.), a) durch Zugabe von 2,5 g VII zu 2,7 g VI in abs. A. u. kurzes Rühren; 2 g; b) aus III u. HJ. — *7-Chlor-1-[2-chlorbenzyl]-4-[β-(diäthyl-2-chlorbenzylammonio)-äthylimino]-1.4-dihydrochinolinchlorid*, $C_{29}H_{31}Cl_4N_3$, F. 150,5—152,5° (Zers.), a) durch 24std. Kochen von 0,00748 Mol III mit 0,0073 Mol IX in X, Zugabe von Essigester u. Kühlen; aus A./Essigester goldgelbe Prismen; 1,45 g; b) durch Rk. von VIII mit alkohol. KOH, Eindampfen u. Kristallisieren aus Isopropanol; 63%. *Hydrochlorid* (VIII), F. 170,5 bis 171,5° (A./Ae.), a) durch 20std. Kochen von 0,18 Mol I mit 0,62 Mol IX in X; 57 g; daneben 23% II; b) durch 24std. Kochen von 5 g II mit 7,35 g IX in X; 55%; c) durch Rk. mit HCl in Isopropanol. — *7-Chlor-1-[2-chlorbenzyl]-chinolon-(4)* (IV), $C_{16}H_{11}Cl_2NO$, F. 205,5—207° (Essigester), a) durch 7std. Kochen von 0,4 g III in 20 ml A. u. 50 ml W.; 0,2 g; b) durch 6std. Kochen von 11 g V mit 6,45 g IX u. 2,24 g KOH in A. u. Gießen in W.; 4 g; c) durch 7std. Kochen von II in W.; 54%; d) durch 6std. Kochen von II mit 0,5%ig. A.; 60,5%; e) analog d) aus 1 g II in 2,9 Liter W. u. 15 ml A.; 0,35 g; f) durch 19½std. Kochen von 7-Chlor-1-[2-chlorbenzyl]-4-[2-morpholinoäthylimino]-1.4-dihydrochinolinhydrochlorid in W.: 25,3%. — *5-Chlor-1-[2-chlorbenzyl]-4-[3-diäthylaminopropylimino]-1.4-dihydrochinolin* (XI), F. 113—114°, durch Zugabe von 1 g XI-Hydrochlorid zu 20 ml W., Rühren u. Filtrieren; 30%. *Dihydrochloridmonohydrat*, $C_{23}H_{27}Cl_2N_3 \cdot 2HCl \cdot H_2O$, F. 215—217°, neben XI durch Eindampfen des Filtrats u. Kristallisieren aus Isopropanol/Essigester; 40%. — *5-Chlor-1-[2-chlorbenzyl]-chinolon-(4)*, F. 235 bis 238°, a) durch Behandeln von 0,53 g XI mit 12,7 ml 0,1 n HCl in A. u. 23std. Kochen; 44%; b) durch 18std. Erhitzen einer wss. Lsg. von 5-Chlor-1-[2-chlorbenzyl]-4-[3-dimethylaminopropylimino]-1.4-dihydrochinolinhydrochlorid; 70%; c) durch 6½std. Kochen von 5-Chlor-1-[2-chlorbenzyl]-4-[2-morpholinoäthylimino]-1.4-dihydrochinolinhydrochlorid in 37%ig. A. bei pH 7,2; 7,4%; d) analog c) durch 19½std. Kochen in W. bei pH 7,4; 39%.

L. Lamza 3231△

0922 **Hypotensive Verbindungen.** 2. Mitt. **Darstellung von quartären Salzen einiger 4-Dialkylaminoalkylaminochinoline.** Alexander R. Surrey, George Y. Lesher, J. Richard Mayer und William G. Webb. (J. Amer. chem. Soc. **81**, 2894—97, 1959; engl.) — 1. vgl. vorst. Referat. — Die Darst. von *4-Dialkylaminoalkylamino-*

chinoliniumsalzen u. *4-Dialkylarylammonioalkylimino-chinolinsalzen* wird beschrieben, von denen einige Vertreter hypotensive Aktivität besitzen.

Versuche: 4-[2-Diäthylaminoäthylamino]-chinoline, nach Wiesner u. Kwartler [1949]: *Unsubstituiert, Dihydrochloridmonohydrat*, $C_{15}H_{21}N_3 \cdot 2HCl \cdot H_2O$, F. 135,6–138,8°. – *7-Chlor-* (**I**), *Dihydrochlorid*, $C_{15}H_{20}ClN_3 \cdot 2HCl$, F. 279,4–283°. – *5-Chlor-, Diphosphat*, $C_{15}H_{20}ClN_3 \cdot 2H_2PO_4$, F. 226,4–228,6°. – *3-Chlor-, Dihydrochlorid*, $C_{15}H_{20}ClN_3 \cdot 2HCl$, F. 219–226,4°. – *3.7-Dichlor-*, $C_{15}H_{19}Cl_2N_3$, F. 67,2–73,4°. – *6.7-Dichlor-*, $C_{15}H_{19}Cl_2N_3$, F. 116,5–118°. *6-Methoxy-*, $C_{16}H_{23}N_3O$, F. 94,8–98,8°. – *8-Methoxy-*, $C_{16}H_{23}N_3O$, F. 126,2 bis 128,8°. – *3-Methyl-, Diphosphat*, $C_{16}H_{23}N_3 \cdot 2H_3PO_4$, F. 241–247,8°. – *3.8-Dimethyl-, Diphosphat*, $C_{17}H_{25}N_3 \cdot 2H_3PO_4$, F. 249,6–251,8°. – Chinoline: *7-Chlor-4-[2-dimethylaminoäthylamino]-*, $C_{13}H_{16}ClN_3$, F. 121–122,8°. – *5-Chlor-4-[2-dimethylaminoäthylamino]-*, $C_{13}H_{16}ClN_3$, F. 94 bis 101°. *Diphosphat*, F. 252,4°. – *5-Chlor-4-[3-dimethylaminopropylamino]-, Diphosphat*, $C_{14}H_{18}ClN_3 \cdot 2H_3PO_4$, F. 233,6–236,2°. – *5-Chlor-4-[3-diäthylaminopropylamino]-, Diphosphat*, $C_{16}H_{22}ClN_3 \cdot 2H_3PO_4$, F. 244,6 bis 247,4°. – *5-Chlor-4-[2-dibutylaminoäthylamino]-, Diphosphat*, $C_{19}H_{28}ClN_3 \cdot 2H_3PO_4$, F. 214,6–217°. – *4-[2-Dimethylaminoäthylamino]-, Dihydrochlorid*, $C_{13}H_{17}N_3 \cdot 2HCl$, F. 224,8–227°. – 7-Chlor-1-[2-chlorbenzyl]-1.4-dihydrochinoline: *4-[2-Diäthylaminoäthylimino]-, Hydrochlorid* (**II**), F. 194–207,6° (Acetonitril), durch 5std. Kochen von 5 g **I** u. 2,9 g 2-Chlorbenzylchlorid (**IV**) in Acetonitril (**V**) u. 48std. Stehen bei 6°; 3,4 g. *Freie Base*, $C_{22}H_{25}Cl_2N_3$, F. 106–107,7° (n-Hexan), durch Lösen von 3 g **II** in warmem W. u. Alkalisieren mit 10%ig. NaOH. – *4-[2-Dimethylaminoäthylimino]-, Hydrojodid*, $C_{20}H_{22}Cl_2JN_3$, F. 230–231° (verd. A.), durch portionsweise Zugabe von 11 g 7-Chlor-1-[2-chlorbenzyl]-4-jodchinoliniumjodid zu 5,28 g 2-Dimethylaminoäthylamin in warmem abs. A.; 7,5 g. *Freie Base*, F. 144–145°, durch Lösen von 3,5 g Hydrojodid in verd. A. u. Zugabe von 5%ig. NaOH; 2,7 g. *Dihydrochlorid, Isopropanolat*, $C_{20}H_{21}Cl_2N_3 \cdot 2HCl \cdot C_3H_7OH$, F. 253,8–255,4° (Isopropanol), durch Lösen von 2,7 g freier Base in Isopropanol u. Behandeln mit alkohol. HCl; 2,3 g. – *4-[2-Dibutylaminoäthylimino]-, Hydrochlorid*, $C_{26}H_{33}Cl_2N_3 \cdot HCl$, F. 179,2–183,2°; 62%. – *4-[2-Morpholinoäthylimino]-, Hydrochlorid*, $C_{22}H_{23}Cl_2N_3O \cdot HCl$, F. 238,2–241,2°; 85%. – *4-[2-(Äthyl-2-chlorbenzylamino)-äthylimino]-, Hydrochlorid*, $C_{27}H_{26}Cl_3N_3 \cdot HCl$, F. 199,8–201,4°; 59%. – *4-[3-Dimethylaminopropylimino]-, Dihydrochlorid*, $C_{21}H_{23} \cdot Cl_2N_3 \cdot 2HCl$, F. 241,8–246,8, aus 7-Chlor-4-jodchinoliniumchlorid (**III**); 56%. – 4-[4-Diäthylaminobutylimino]-, *Hydrochlorid*, $C_{24}H_{29}Cl_2N_3 \cdot HCl$, F. 216,8 bis 226,4°, aus **III**; 79%. – *4-[5-Diäthylaminopentylimino]-, Dihydrochlorid*, $C_{25}H_{31}Cl_2N_3 \cdot 2HCl$, F. 231,8–235,4°, aus **III**; 20%. – *4-[6-Diäthylaminohexylimino]-*, $C_{26}H_{33}Cl_2N_3$, F. 87–88,2°, aus **III**; 24%. – 1-[2-Chlorbenzyl]-1.4-dihydrochinoline: *6-Methoxy-4-[2-diäthylaminoäthylimino]-, Hydrochlorid*, $C_{23}H_{28}ClN_3O \cdot HCl$, F. 223,8 bis 228,4°; 59%. – *8-Methoxy-4-[2-diäthylaminoäthylimino]-, Hydrochlorid*, $C_{23}H_{28}ClN_3O \cdot HCl$, F. 127–130°; 53%. – *4-[2-Diäthylaminoäthylimino]-, Hydrochlorid*, $C_{22}H_{26}ClN_3 \cdot HCl$, F. 162–164,6°; 54%. – *5-Chlor-4-[2-diäthylaminoäthylimino]-, Hydrochlorid*, $C_{22}H_{25}Cl_2N_3 \cdot HCl$, F. 206 bis 208°; 70%. – *5-Chlor-4-[2-dibutylaminoäthylimino]-, Hydrochlorid*, $C_{26}H_{33}Cl_2N_3 \cdot HCl$, F. 206,8–207,7°; 62%. – *5-Chlor-4-[2-morpholinoäthylimino]-, Hydrochlorid*, $C_{22} \cdot H_{23}Cl_2N_3O \cdot HCl$, F. 215,6–221,4°; 82%. 7-Chlor-1-[2-chlorbenzyl]-1.4-dihydrochinoline: *4-[2-(Diäthyl-2-chlorbenzylammonio)-äthylimino]-, Chloridhydrochlorid*, $C_{29}H_{32}Cl_5N_3$, F. 172,2–174,2° (Isopropanol/Essigester), a) durch 24std. Kochen von 3 g **I** u. 4,03 g **IV** in **V**, Eindampfen u. Behandeln des Rückstandes mit Aceton; 5 g; b) durch 24std. Kochen von 5 g **II** u. 7,35 g **IV** in **V**; 3 g. *Freie Base*, F. 154–157° (Isopropanol/Ae.), durch Lösen des Hydrochlorids in Methanol, Zugabe von methanol. KOH, Filtrieren u. Eindampfen im Vakuum. – – *4-[2-Dimethylaminoäthylimino]-, N^{α}-Hydrojodid, N^{ω}-Methojodid*, F. 266–267° (Zers.), durch mehrstd. Rk. von 7 g 7-Chlor-1-[2-chlorbenzyl]-4-[2-dimethylaminoäthylimino]-1.4-dihydrochinolinhydrojodid mit CH_3J in abs. A.; 8,5 g. *Hydrochlorid, N^{ω}-Methochlorid*, $C_{21}H_{25}Cl_4N_3$, F. 247,8–249,8° (Zers.), aus der Jodverb. über Amberlite IRA-400; 93%. – *4-[2-Diäthylaminoäthylimino]-, Hydrochlorid, N^{ω}-Methochlorid, Isopropanolat*, $C_{23}H_{29}Cl_4N_3 \cdot C_3H_7OH$, F. 210–210,4°; 78%. – *4-[3-Dimethylaminopropylimino]-, Hydrochlorid, N^{ω}-Methochlorid*, $C_{22}H_{27} \cdot Cl_4N_3$, F. 243,2–247,2°; 67%. – *4-[2-(Dimethyl-2-chlorbenzylammonio)-äthylimino]-, Chloridhydrochlorid*, $C_{27}H_{28} \cdot Cl_5N_3$, F. 185–188,2°; 95%. – *4-[3-(Diäthyl-2-chlorbenzylammonio)-propylimino]-, Chloridhydrochlorid*, $C_{30} \cdot H_{34}Cl_5N_3$, F. 192,4–195,4°; 96%. *Jodidhydrojodid*, $C_{30} \cdot H_{34}Cl_3J_2N_3$, F. 194,2–205,4°; 7%. – *4-[4-(Diäthyl-2-chlorbenzylammonio)-butylimino]-, Chloridhydrochlorid*, $C_{31}H_{36}Cl_5N_3$, F. 187–190°; 85%. – *4-[5-(Diäthyl-2-chlorbenzylammonio)-pentylimino]-, Chloridhydrochlorid*, $C_{32}H_{38}Cl_5N_3$, F. 172,4–184,2; 97%. – 1.4-Dihydrochinoline: *1-Benzyl-4-[2-diäthylbenzylammonioäthylimino]-, Chloridhydrochlorid*, $C_{29}H_{35}Cl_2N_3$, F. 202,4–203,2°; 10%. *1-Benzyl-5-chlor-4-[2-diäthylbenzylammonioäthylimino]-, Chloridhydrochlorid*, $C_{29}H_{34}Cl_3N_3$, F. 206–208°; 23%. – *5-Chlor-1-[2-chlorbenzyl]-4-[2-(dimethyl-2-chlorbenzylammonioäthylimino]-, Chloridhydrochlorid*, $C_{27}H_{28}Cl_5N_3$, F. 200,8–201,8°; 92%. – *5-Chlor-1-[2-chlorbenzyl]-4-[3-(diäthyl-2-chlorbenzylammonio)-propylimino]-, Chloridhydrochlorid*, $C_{30}H_{34}Cl_5N_3$, F. 131,4–136,2°; 43%. – *7-Chlor-1-[2.4-dichlorbenzyl]-4-[2-(diäthyl-2.4-dichlorbenzylammonio)-äthylimino]-, Chloridhydrochlorid*, $C_{29} \cdot H_{30}Cl_7N_3$, F. 149,4–153,2°; 57%. – *5-Chlor-1-[2-chlorbenzyl]-4-[2-(diäthyl-2-chlorbenzylammonio)-äthylimino]-, Chloridhydrochlorid*, $C_{29}H_{32}Cl_5N_3$, F. 172–173°. – *1-[2-Chlorbenzyl]-3-methyl-4-[2-(diäthyl-2-chlorbenzylammonio)-äthylimino]-, Chloridhydrochlorid*, $C_{30}H_{35}Cl_4N_3$, F. 163,4 bis 165,2°; 80%. – 1-[2-Chlorbenzyl]-chinoliniumsalze: *4.7-Dichlor-, Chlorid*, $C_{16}H_{11}Cl_4N$, F. 192–194° (Isopropanol), durch 2tägiges Erhitzen äquimol. Mengen 4.7-Dichlorchinolin u. **IV** auf 100° u. Zugabe von Äther. – *7-Chlor-4-jod-, Jodid*, $C_{16}H_{11}Cl_2J_2N$, F. 194–196° (Zers.), durch 24std. Kochen von 0,3 Mol 4.7-Dichlorchinolin, 0,6 Mol **IV** u. 1,8 Mol NaJ in Aceton; rotorangefarben; 83%. – *5-Chlor-4-jod-, Jodid*, $C_{16}H_{11}Cl_2J_2N$, F. 201 bis 202° (Zers.), analog vorst. Jodid. L. Lamza 3231△

0923 **Polarisation der heterocyclischen Ringe mit aromatischem Charakter.** 126. Mitt. **Über die Umlagerung von 5-Nitroisochinolin-N-oxid mittels Tosylchlorids.** Eiji Ochiai und Takenari Nakagome. (Chem. pharmac. Bull. [Tokyo] **6**, 495–96, 1958; Tokyo, Univ., Pharmaz. Inst.; dt.) – 124. vgl. C. **1964**, 15-0895. – 5-Nitroisochinolin-N-oxid ergibt durch Rk. mit Tosylchlorid nach Schotten-Baumann *4-Tosyloxy-5-nitroisochinolin* (**I**) neben *5-Nitroisocarbostyril*. Die Darst. von *4-Tosyloxy-5-amino-* u. von *4-Hydroxy-5-nitroisochinolin* wird beschrieben. – Vgl. C. **1964**, 9-0875.

Versuche: Isochinoline: *4-Tosyloxy-5-nitro-* (**I**), $C_{16}H_{12}N_2O_5S$, F. 165–166°, durch Zugabe von Tosylchlorid zur Lsg. von 0,5 g 5-Nitroisochinolin-N-oxid in Chlf., Zutropfen von 10%ig. Na_2CO_3-Lsg. u. mehrstd. Stehen; aus A. Prismen; 0,53 g (Ausbeute). – *1-Oxo-5-nitro-1.2-dihydro- (5-Nitroisocarbostyril)*, $C_9H_6N_2O_3$, F. 245 bis 248°, a) neben **I** durch Chromatographieren der eingedampften Mutterlauge in Bzl. an Al_2O_3; aus A. gelbe Nadeln; 0,08 g; b) durch 8std. Kochen von 0,5 g 1-Chlor-5-nitroisochinolin (F. 183–184°) mit verd. H_2SO_4 (1:2) u. Alkalisieren unter Zugabe von Eis mit Na_2CO_3; 0,42 g. – *4-Tosyloxy-5-amino-*, $C_{16}H_{14}N_2O_3S$, F. 167 bis 168°, durch Hydrieren von 1 g **I** in alkohol. Suspension an Raney-Ni; aus A. schwach gelbe Blättchen; 0,53 g. – *4-Tosyloxy-*, F. 87–89°, durch Diazotieren von 0,5 g vorst. Verb. in verd. HCl, Zugabe einer Lsg. von $Ca_3(PO_2)_2$ in wss. H_2SO_4 bei 0°, 30std. Stehen in der Kälte, Alkalisieren mit NaOH u. Chromatographieren des Ae.-Extrakts in Bzl. an Al_2O_3; aus Methanol Würfel; 0,15 g. *Pikrat*, F. 180°; aus A. Nadeln. – *4-Hydroxy-5-nitro-*, $C_9H_6N_2O_3$, F. 245–247° (Zers.), durch 8std. Kochen von 0,4 g **I** mit verd. H_2SO_4 (1:3), Zugabe von W. nach dem Erkalten u. Neutralisieren mit Na_2CO_3; aus A. sandartige Kristalle; lösl. in NaOH mit roter Farbe; rotviolette $FeCl_3$-Rk.; 0,11 g. H.-J. Weigmann 3231△

0924 **Polarisation der heterocyclischen Ringe mit aromatischem Charakter.** 127. Mitt. **Bemerkung zur Nitrierung des 1.2.3.4-Tetrahydroisochinolins und seiner Deri-**

vate. Eiji Ochiai und Takenari Nakagome. (Chem. pharmac. Bull. [Tokyo] **6**, 497–500, 1958; dt.) – 126. vgl. vorst. Referat. – Die Nitrierung von 1.2.3.4-Tetrahydroisochinolin (**I**) u. seiner 2-Methyl- bzw. 2-Acetyl-Derivv. (**II** bzw. **III**) unter milden Bedingungen wird untersucht. **I** u. **II** ergaben dabei neben dem *7-Nitro-Deriv.*, dem Hauptprod., in geringer Menge das entsprechende *6-Nitro-Deriv.*, während im Falle von **III** außer dem *7-Nitro-Deriv.* nur *1-Oxo-2-acetyl-7-nitro-1.2.3.4-tetrahydroisochinolin* isoliert wurde. UV-Sprektren im Original.

Versuche: Isochinoline: *2-Acetyl-7-nitro-1.2.3.4-tetrahydro-* (**IV**), $C_{11}H_{12}N_2O_3$, F. 85–86°, a) durch Zugabe von 3,5 g **III** (Kp.$_{30}$ 185–187°) zu konz. H_2SO_4 unter Eiskühlung, Zutropfen von HNO_3 (D. 1,35) bei $<$ 10°, 3std. Stehen bei 0°, Gießen auf Eis u. Chromatographieren in Bzl./Bzn. (2:1) an Al_2O_3; aus Bzl./Bzn. Nadeln; ~ 1 g (Ausbeute); b) durch 2$^1/_2$std. Erhitzen von 14,12 g **V** (s. unten) mit geschmolzenem Na-Acetat u. Acetanhydrid auf 100°; 11,2 g. – *1-Oxo-2-acetyl-7-nitro-1.2.3.4-tetrahydro-*, F. 232,5–234°, neben **IV**; aus Methanol schwachgelbe rhomb. Prismen; 0,35 g. – *7-Nitro-1.2.3.4-tetrahydro-, Hydrochlorid* (**V**), F. 258 bis 259° (Zers.), a) durch Verseifen von **IV** mit äthanol. HCl; aus A. Prismen; b) durch Nitrieren von 4 g **I** mit KNO_3/konz. H_2SO_4 nach McCoubry u. Mathieson (vgl. J. chem. Soc. [London] **1951,** 2811]; Gießen auf Eis, Alkalisieren mit NH_4OH u. Behandeln des Chlf.-Extrakts mit äthanol. HCl; 1,62 g; daneben wenig *x.x-Dinitro-1.2.3.4-tetrahydroisochinolinhydrochlorid* [$C_9H_{10}ClN_3O_4$, F. 252° (Zers.); aus Methanol braune Blättchen]; c) durch Zugabe von HNO_3 (D. 1,35) zur Lsg. von 12,2 g **I** in konz. H_2SO_4 bei $<$ 10°, mehrstd. Stehen, Gießen auf Eis u. Rk. des eingedampften Chlf.-Extrakts mit wss.-äthanol. HCl; 8 g. – *7-Nitro-*, F. 178–179°, a) durch Überführen von 0,2 g **V** in die Base u. Erhitzen mit Hg-Diacetat in 25%ig. Essigsäure auf 140–150° (Bombenrohr); aus Bzn. Nadeln; 0,09 g; b) aus 1,1 g des aus der Mutterlauge von **V** isolierten Prod. vom F. 186–195° (insgesamt 6,78 g) durch Rk. mit NH_4OH, Lösen in 25%ig. Essigsäure, Zugabe von Hg-Diacetat in wss. Essigsäure, 5$^1/_2$std. Erhitzen auf 150°, Alkalisieren mit NH_4OH u. Chromatographieren in Bzl. an Al_2O_3; 0,1 g. – *6-Nitro-*, $C_9H_6N_2O_2$, F. 123–124°, neben vorst. Verb.; aus Bzn. Nadeln; 0,1 g. – *6-Amino-*, F. 214–215°, durch Hydrieren vorst. Verb. an Pd-Kohle; aus Bzl. Schuppen. – *2-Acetyl-7-amino-1.2.3.4-tetrahydro-*, F. 109–111°, durch Hydrieren von 10,5 g **IV** in A. an Pd-Kohle; aus Bzl. schwachgelbe Würfel; 8,71 g. – *2-Methyl-7-amino-1.2.3.4-tetrahydro-*, $C_{10}H_{14}N_2$, F. 90–92°, Kp.$_5$ 136–138°, durch Nitrieren von 10 g **II** analog **IV** nach c) u. Hydrieren von 24,1 g des *Hydrochlorids vom F. 254°* (Zers., Ausbeute hier 10 g; daneben 3,6 g *Hydrochlorid vom F. 180–190°*) in A. an 10%ig. Pd-Kohle; aus Bzn. Prismen; 10,2 g. – *2-Methyl-6-amino-1.2.3.4-tetrahydro-*, $C_{10}H_{14}N_2$, F. 76–77°, aus den Mutterlaugen vorst. Verb. über das *Hydrochlorid* [F. 293–295° (Zers.; Methanol) durch Rk. mit 5%ig. NaOH; aus Bzl./Bzn. rhomb. Blätter; 1,8 g. – *2-Methyl-7-hydroxy-1.2.3.4-tetrahydro-*, F. 158–169°, durch Diazotieren von 2,66 g vorvorst. Verb. in verd. H_2SO_4 bei 0–2°, Eintropfen in sd. 10%ig. H_2SO_4 u. 1std. Kochen; aus Aceton rhomb. Prismen; 2,43 g. *Hydrochlorid*, F. 243 bis 245°; aus A. Würfel. *Benzoyl-Deriv.*, F. 96–97°; aus wss. A. Blättchen. – *2-Methyl-6-hydroxy-1.2.3.4-tetrahydro-*, 183–184°, analog vorst. Verb. aus 0,22 g vorvorst. Verb.; Prismen; 0,16 g. *Hydrochlorid*, F. 251–252°; aus A. Prismen. H.-J. Weigmann 3231△

0925 **Ersatz von Hydroxylgruppen durch Chlor in Stickstoffheterocyclen mit Phenylphosphonsäuredichlorid.** Michael M. Robison. (J. Amer. chem. Soc. **80,** 5481–83, 1958; Amherst, Mass., Amherst. Coll., Moore Labor. of Chem.; engl.) – Phenylphosphonsäuredichlorid (**I**) ist ein bequemes Mittel zum Ersatz von Hydroxylgruppen in N-Heterocyclen durch Cl. Die Rk. geht in gleicher Weise vor sich wie mit $POCl_3$, jedoch erhält man teilweise bessere Ausbeuten. Bes. leicht werden OH-Gruppen, die in α- oder γ-Stellung stehen, ersetzt. Die Rk. kann in einem offenen Gefäß in großem Maßstab auch bei hohen Temp. durchgeführt werden.

Versuche: *2-Chlor-3-picolin*, Kp. 188–191°, a) durch 4std. Erhitzen von 3-Methylpyridon-(2) mit 1,2 Mol **I** auf 180°; 83% (Ausbeute); b) durch 1std. Erhitzen von 3-Methylpyridon-(2) mit PCl_5 auf 150°; 41%. – *2.6-Dichlorisonicotinsäure*, F. 202–206°, a) analog vorst. Verb. mit 4 Mol **I** (3,5 Std., 205°); 45%; b) durch 3,5std. Erhitzen der entsprechenden Hydroxy-Verb. mit 3 Mol $POCl_3$ auf 200°; 34%. – *2.6-Dichlor-3.4-lutidin*, F. 61–67°, a) mit 2,5 Mol **I** in 2,5 Std. bei 180°; $<$ 4%; b) mit 2,25 Mol $POCl_3$ in 4 Std. bei 180°; 79%; c) analog a) mit 3 Mol **I** in 4 Std. bei 180°; $<$ 4%. – *2.6-Dichlor-4-picolin*, $C_6H_5Cl_2N$, F. 62–65°, mit 2,5 Mol **I** (1 Std. bei 130°, 4 Std. bei 180°); aus PAe. Blätter; 13%. – *2.6-Dibrom-4-picolin*, mit 1,5 Mol PBr_3 in 4,5 Std. bei 180°; 36%. – *4-Chlorpyridin-2.6-dicarbonsäure*, $C_7H_4ClNO_4$, F. 208,5° (Zers.), a) mit 4 Mol **I** in 2 Std. bei 130°; 52%; b) durch Kochen mit 3 Mol PCl_5. – *3-Chlorpyridin*, Kp. 144–151°, mit 2 Mol **I** in 6 Std. bei 205°; 7,3%. – *2.4-Dichlor-6.7-dihydro-5H-1-pyrindin*, Kp.$_{13}$ 134–136°, a) mit 2,5 Mol **I** in 4 Std. bei 165°; 69%; b) mit 3,7 Mol $POCl_3$ in 6 Std. bei 180°; 82%. – *2.4.6-Trichlorpyrimidin*, F. 19,5–21,5°, Kp.$_{10}$ 94–95°, a) mit 4 Mol **I** in 4 Std. bei 185° aus Barbitursäure; 67%; b) mit 1,5 Mol $POCl_3$ in 1 Std. bei 135°; 66%; c) analog b) mit 4,2 Mol $POCl_3$ durch 5 Min. langes Kochen; 46%. – *2-Chlorchinolin*, F. 35–37°, a) mit 2 Mol **I** in 3,5 Std. bei 130°; 98%; b) mit $POCl_3$ + PCl_5 bei 135°; ~ 100%. – *1.3-Dichlorisochinolin*, F. 120,5–121,5°, a) mit 2 Mol **I** in 3 Std. bei 160°; 87%; b) mit 2,5 Mol **I** in $^1/_2$ Std. bei 160°; 89%; c) mit 3 Mol $POCl_3$ in 3 Std. bei 160°; 41%. – *1-Chlor-4-hydroxyisochinolin*, F. 194–195,5°, a) mit 3 Mol **I** in 6 Std. bei 205°; 33%; b) mit 9 Mol $POCl_3$ in 5 Std. bei 165°; daneben 2,7% *1.4-Dichlorisochinolin*. – *4-Chlorisochinolin*, F. 27,5–28,5°, Kp.$_9$ 127–131°, a) mit 2 Mol **I** in 6 Std. bei 205°; 36%; b) mit 6,5 Mol $POCl_3$ in 22 Std. bei 180°; 73%. – *2.6-Dichlor-7-methylpurin*, mit 12 Mol $POCl_3$ in 3 Std. bei 130°; 30%. – *2.6-Dichlor-8-hydroxypurin*, in 6 Std. bei 165°; 40–50%. D. Dargel 3231△

0926 **Über die Kondensation von N.N'-Di-β-naphthylthioharnstoff mit alicyclischen Ketonen. Die Synthese von Verbindungen des Typs 9-[β-Naphthylamino]-benzohydroacridin.** Jadwiga Schoen und Krystyna Bogdanowicz. (Roczniki Chem. [Ann. Soc. chim. Polonorum] **34**, 1339–48, 1960; Kraków, Jagiello-Univ., Katedra Chem. Organ.; pol.) – Durch Rk. von N.N'-Di-β-naphthylthioharnstoff mit α-Tetralon bzw. Cyclohexanon bildet sich als Hauptprod. *9-[β-Naphthylamino]-3.4;7.8-dibenzo-1.2-dihydroacridin* (**I**) bzw. *9-[β-Naphthylamino]-7.8-benzo-1.2.3.4-tetrahydroacridin* (**II**). Mit Alkali geben **I** u. **II** *3.4;7.8-Dibenzo-1.2-dihydroacridon-(9)* (**III**) u. *7.8-Benzo-1.2.3.4-tetrahydroacridon-(9)*, die bei der Zn-Staubdest. in *3.4;7.8-Dibenzoacridin* (**IV**) u. *7.8-Benzacridin* übergehen.

Versuche: *9-[β-Naphthylamino]-3.4;7.8-dibenzo-1.2-dihydroacridin* (**I**), $C_{31}H_{22}N_2$, F. 199–200°, neben einer unbekannten *Verb. vom F. 156°* (0,35 g) durch 4std. Erhitzen von 16,5 g N.N'-Di-β-naphthylthioharnstoff mit 7,4 g α-Tetralon auf 180–185°, 2std. Erhitzen bis 240°, Zugabe von wenig Bzl. u. A., Lösen des krist. Prod. (6,5 g) in Eisessig u. Neutralisieren mit NaOH; hellgelbe Prismen aus A.; 5 g. *Pikrat*, $C_{31}H_{22}N_2 \cdot C_6H_3N_3O_7$, F. 264 bis 265° (Zers.), aus 0,5 g **I** u. 0,45 g Pikrinsäure in Bzl.; 0,7 g. *Hydrochlorid*, $C_{31}H_{22}N_2 \cdot HCl$, F. 270–273°, durch Zutropfen einer benzol. Lsg. von **I** zu verd. HCl. *N-Nitroso-Verb.*, $C_{31}H_{21}N_3O$, F. 197–200° (Aceton; Zers.), aus 2 g **I** u. 2 g $NaNO_2$ in Eisessig/6%ig. H_2SO_4; 2,1 g. *Jodmethylat*, $C_{31}H_{22}N_2 \cdot CH_3J$, F. 320–321°, durch 5std. Erhitzen von **I** mit CH_3J in Methanol im Einschlußrohr auf 120°; orangegefärbte Nadeln aus Nitrobenzol. – *3.4;7.8-Dibenzo-1.2-dihydroacridon-(9)* (**III**), $C_{21}H_{15}NO$, F. 319–321° (A.), durch 6std. Erhitzen von 4 g **I**, 30 ml A. u. 8 g KOH im Autoklaven auf 190–200° u. Versetzen mit W.; 2,2 g. – *3.4;7.8-Dibenzoacridin* (**IV**), $C_{21}H_{13}N$, F. 228°, durch Erhitzen von 2,5 g vorst. Verb. mit 60 g Zn-Staub im Glasrohr im CO_2-Strom, Lösen des Destillats in Eisessig, Neutralisieren u. Reinigen über das Cr-Salz; aus Toluol hellgelbe Nadeln oder Blättchen; 0,4 g (Rohprod.). – *9-[β-Naphthylamino]-7.8-benzo-1.2.3.4-tetrahydroacridin* (**II**), $C_{27}H_{22}N_2$, F. 209–211°, neben einer unbekannten Verb. vom *F. 216—217°* (Essigsäure) durch 3std. Erhitzen von 12 g Cyclohexanon mit 30 g N.N'-Di-β-naphthylthioharnstoff auf 150—155°, 2std. Erhitzen bis 185°, 1 Std. bis 230° u. Aufarbeiten analog **I**; hellgelbe Blättchen aus A.; 5 g. *Pikrat*, $C_{27}H_{22}N_2 \cdot C_6H_3N_3O_7$, F. 213—214° (Zers.), gelbe Blättchen. *Hydrochlorid*, $C_{27}H_{22}N_2 \cdot HCl$, F. 218—222° (unscharf), durch Zutropfen einer alkohol. Lsg. von **II** zu konz. HCl. *N-Nitroso-Verb.*, $C_{27}H_{21}N_3O$, F. 182—183°, durch Zutropfen von 2 g $NaNO_2$ in W. zu einer Lsg. von 2 g **II** in 20 ml Eisessig u. 3 ml 6%ig. H_2SO_4 bei 2—4°; aus A. gelbliche Blättchen; 2,5 g. *Jodmethylat*, $C_{27}H_{22}N_2 \cdot CH_3J$, F. 185—190° (Zers.), durch 1std. Erhitzen von 2 g **II** mit 4 g Dimethylsulfat, Waschen mit Ae., Lösen in A. u. Versetzen mit wss. KJ-Lsg.; 2,5 g. — *7.8-Benzo-1.2.3.4-tetrahydroacridon-(9)*, $C_{17}H_{15}NO$, F. 342—343°, analog **III**; Blättchen aus Alkohol. — *7.8-Benzacridin*, $C_{17}H_{11}N$, F. 130—131°, aus vorst. Verb. mit Zn-Staub analog **IV**; hellgelbe Nadeln aus Alkohol. E. Höft 3231◇

0927 **Einige α.ω-Bis-[phenanthridinyl-(6)]-alkane.** B. L. Hollingsworth und V. Petrow. (J. chem. Soc. [London] **1961,** 3664—67; London, Univ., Queen Mary Coll.; engl.) — Durch Cyclisieren von N.N'-Bis-[biphenylyl-(2)]-adipinsäurediamid (**I**) mit $POCl_3$ in Nitrobenzol (vgl. Ritchie, J. Proc. Roy. Soc. New South Wales **78,** [1944], 155) wird *1.4-Bis-[phenanthridinyl-(6)]-butan* (**II**) in besserer Ausbeute u. als einziges Prod. erhalten. In analoger Weise werden *α.ω-Bis-[phenanthridinyl-(6)]-pentan, -hexan, -heptan, -octan* u. *-decan* sowie *kernsubstituierte Derivv. von* **II** dargestellt. N.N'-Bis-[biphenylyl-(2)]-glutarsäurediamid ließ sich, auch unter variierten Bedingungen, nicht in dieser Weise cyclisieren. Nitro-Derivv. von **I** gingen diese Ringschluß-Rk. ebenfalls nicht ein. N.N'-Bis-[5-aminobiphenylyl-(2)]- bzw. N.N'-Bis-[4'-aminobiphenylyl-(2)]-adipinsäurediamid konnten in Form ihrer Äthoxycarbonyl-Derivv. cyclisiert werden; Verss., sie in Form der Benzoyl-Derivv. dem Ringschluß zu unterwerfen, gelangen weder mit $POCl_3$ allein noch mit $POCl_3$ in Nitrobenzol. **II** ist *in vivo* u. *in vitro* wirksam gegen *Entamoeba histolytica*.

Versuche: Dicarbonsäuredichloride, durch Kochen der entsprechenden Säure mit überschüssigem $SOCl_2$ in Bzl. u. mehrfache Dest. im Vakuum: *Glutarsäure-*, $Kp._{11}$ 103—104°, n_D^{20} 1,47178. — *Adipinsäure-* (**III**), $Kp._{12}$ 118—119°, n_D^{20} 1,47172. — *Pimelinsäure-*, $Kp._{11}$ 135—136°, $n_D^{20,5}$ 1,47005. — *Korksäure-*, $Kp._{11}$ 147 bis 148°, $n_D^{20,5}$ 1,46923. — *Azelainsäure-*, $Kp._{12}$ 158 bis 159°, n_D^{20} 1,46749. — *Sebacinsäure-*, $Kp._{12}$ 168—169°, n_D^{20} 1,46864. — *Dodecandisäure-*, $Kp._{11}$ 192—193°, $n_D^{20,5}$ 1,46814. — N.N'-Bis-[biphenylyl-(2)]-dicarbonsäurediamide, durch Kochen des entsprechenden Dicarbonsäuredichlorids mit 2-Aminobiphenyl in abs. Bzl. bis zum Ende der HCl-Entw., Alkalisieren mit NH_4OH, kurzes Kochen, Eindampfen, $^1/_4$std. Kochen in 50%ig. A. u. Kühlen: *-adipinsäurediamid* (**I**), $C_{30}H_{28}N_2O_2$, F. 174 bis 175°, aus A. Nadeln; 95% (Ausbeute). — *-glutarsäurediamid*, $C_{29}H_{26}N_2O_2$, F. 160—161°, aus A. Nadeln; 90%. — *-pimelinsäurediamid*, $C_{31}H_{30}N_2O_2$, F. 167—168°, aus A. Nadeln; 90%. — *-korksäurediamid*, $C_{32}H_{32}N_2O_2$, F. 148—149°, aus A./W. Nadeln; 70%. — *-azelainsäurediamid*, $C_{33}H_{34}N_2O_2$, F. 118—119°, aus A./PAe. Tafeln; 85%. — *-sebacinsäurediamid*, $C_{34}H_{36}N_2O_2$, F. 142—143°, aus A. Tafeln; 90%. — *-dodecandisäurediamid*, $C_{36}H_{40} \cdot N_2O_2$, F. 114—115°, aus A./W. Nadeln; 70%. — Analog folgende Adipinsäurediamide: *N.N'-Bis-[4-methylbiphenylyl-(2)]-*, $C_{32}H_{32}N_2O_2$, F. 210°, aus **III** u. 2-Amino-4-methylbiphenyl in Toluol; aus A. Nadeln; 90%. — *N.N'-Bis-[4-chlorbiphenylyl-(2)]-*, $C_{30}H_{26}Cl_2N_2O_2$, F. 229 bis 230°, aus 2-Amino-4-chlorbiphenyl in Toluol; aus Pyridin/A. Nadeln; 80%. — *N.N'-Bis-[5-brombiphenylyl-(2)]-*, $C_{30}H_{26}Br_2N_2O_2$, F. 234—235°, aus Pyridin/A. Tafeln; 85%. — *N.N'-Bis-[3.5-dibrombiphenylyl-(2)]-*, $C_{30}H_{24}Br_4N_2O_2$, F. 267—268°, aus Pyridin/A. Nadeln; 87,5%. — *N.N'-Bis-[4'-nitrobiphenylyl-(2)]-*, $C_{30}H_{26}N_4O_6$, F. 285—286°, aus Pyridin Nadeln; 50%. — *N.N'-Bis-[4'-aminobiphenylyl-(2)]-*, $C_{30}H_{30}N_4O_2$, F. 186°, durch Red. vorst. Verb. mit Fe in wss. A.; aus A./PAe. Nadeln; 20%. — *N.N'-Bis-[4'-äthoxycarbonylaminobiphenylyl-(2)]-*, $C_{36}H_{38}N_4O_6$, F. 231—232°, aus **III** u. 2-Amino-4'-äthoxycarbonylaminobiphenyl in Bzl.; aus A. Pulver; 50%. — *N.N'-Bis-[4'-benzamidobiphenylyl-(2)]-*, $C_{44}H_{38} \cdot N_4O_4$, F. 220°, aus **III** u. 2-Amino-4'-benzamidobiphenyl in Chlorbenzol; aus A./PAe. Tafeln; 50%; wird auch durch Schotten-Baumann-Benzoylierung vorvorst. Verb. erhalten. — *N.N'-Bis-[5-nitrobiphenylyl-(2)]-*, $C_{30} \cdot H_{26}N_4O_6$, F. 266°, aus Pyridin Tafeln; 65%. — *N.N'-Bis-[5-aminobiphenylyl-(2)]-*, $C_{30}H_{30}N_4O_2$, F. 224—225°, durch Red. vorst. Verb. mit Fe in wss. A.; aus A./PAe. Nadeln; 60%. — *N.N'-Bis-[5-äthoxycarbonylaminobiphenylyl-(2)]-*, $C_{36}H_{38}N_4O_6$, F. 190—191°, aus A. Würfel; 75%. — *N.N'-Bis-[5-benzamidobiphenylyl-(2)]-*, $C_{44}H_{38} \cdot N_4O_4$, F. 245°, aus A./PAe. Nadeln; 80%. — *N.N'-Bis-[3.5-dinitrobiphenylyl-(2)]-*, $C_{30}H_{24}N_6O_{10}$, F. 239—240°, aus A./Aceton Nadeln; 70%. — *N.N'-Bis-[5.4'-dinitrobiphenylyl-(2)]-*, F. 308—309°, aus Pyridin Nadeln; 50%. — α.ω-Bis-[phenanthridinyl-(6)]-alkane, durch Erhitzen des entsprechenden Diamids in abs. Nitrobenzol mit $POCl_3$ auf 180° bis zum Ende der HCl-Entw., Kühlen, Gießen auf Eis, Neutralisieren mit NH_4OH u. $^1/_2$std. Erhitzen in 50%ig. A.: *-butan* (**II**), $C_{30}H_{24}N_2$, F. 215°, aus Pyridin hellgelbe Nadeln; 50%. *Bis-methomethylsulfat*, $C_{34}H_{36}N_2O_8S_2$, F. 287° (Zers.), durch Erhitzen mit Dimethylsulfat in fast sd. Nitrobenzol; aus wss. A. Nadeln; 80%. *Dimethojodid*, $C_{30}H_{24}N_2 \cdot 2CH_3J$, F. 287—280° (Zers.), durch Einw. von KJ-Lsg. auf das Bis-methomethylsulfat; aus A./PAe. gelb; 95%. *Monomethojodid*, $C_{30}H_{24}N_2 \cdot CH_3J$, F. 274° (Zers.), durch mehrmaliges Umkristallisieren des Dimethojodids; gelb. *Monomethochlorid*, $C_{30}H_{24}N_2 \cdot CH_3Cl$, F. 228—229° (Zers.), durch Kochen des Monomethojodids mit feuchtem AgCl in abs. A.; aus A./Ae. Nadeln; 60%. — *-pentan*, $C_{31}H_{26}N_2$, F. 135—136°, aus Pyridin Nadeln; 55%. *Diisäthionat*, $C_{35}H_{38}N_2O_8S_2$, F. 173—174°, durch Kochen mit Isäthionsäure in A.; aus A./Aceton Prismen; 70%. — *-hexan*, $C_{32}H_{28}N_2$, F. 171—172°, aus Pyridin Nadeln; 70%. — *-heptan*, $C_{33}H_{30}N_2$, F. 139—140°, aus Pyridin Nadeln; 65%. — *-octan*, $C_{34}H_{32}N_2$, F. 166—167°, aus Pyridin Nadeln; 75%. — *-decan*, $C_{36}H_{36}N_2$, F. 146°, aus Pyridin/A. hellbraune Nadeln; 80%. — Analog folgende Butane: *1.4-Bis-[3-methylphenanthridinyl-(6)]-*, $C_{32}H_{28}N_2$, F. 194°, aus Pyridin/A. Nadeln; 45%. — *1.4-Bis-[3-chlorphenanthridinyl-(6)]-*, $C_{30}H_{22}Cl_2N_2$, F. 248—249°, aus Pyridin rahmfarbene Nadeln; 45%. — *1.4-Bis-[2-bromphenanthridinyl-(6)]-*, $C_{30}H_{22}Br_2N_2$, F. 217—218°, aus Pyridin/A. gelbe Tafeln; 30%. — *1.4-Bis-[2.4-dibromphenanthridinyl-(6)]-*, $C_{30}H_{20}Br_4N_2$, F. 290—291°, aus Pyridin/A. rahmfarbene Nadeln; 20%. — *1.4-Bis-[8-äthoxycarbonylaminophenanthridinyl-(6)]-*, $C_{36}H_{34}N_4O_4$, F. 286—287°, aus Pyridin/A. rahmfarbene Nadeln; 60%; wird durch 5std. Kochen in rauchender HCl oder 2std. Erhitzen in 70%ig. H_2SO_4 auf 150° nicht verändert. — *1.4-Bis-[2-äthoxycarbonylaminophenanthridinyl-(6)]-*, F. 210—211°, aus Pyridin/A. Nadeln; 65%. H. Pagel 3231◇

0928 **Untersuchungen an jodhaltigen heterocyclischen Verbindungen. 2. Mitt. Die Synthese von 3.6-Bis-[dimethylamino]-dibenzopyrjodoniumsalzen und ihre Eigenschaften.** Wen-kuei Hwang. (Acta chim. sinica **23,** 438—45, 1957; Lanchow, Univ.; chin., Auszug: engl.) — 1. vgl. C. **1958,** 10059. — Bei der Rk. von Bis-[p-dimethylaminophenyl]-methan mit $(JO)_2SO_4$ in konz. H_2SO_4 entsteht *3.6-Bis-[dimethylamino]-dibenzopyrjodoniumjodiddihydrojodid* (**I**), aus dem die freie Base bzw. zahlreiche Salze dargestellt werden. Beim Lösen der Salze mit organ. Säuren oder Phenolen in wss. NaCl-Lsg. oder verd. HCl werden dieselben zurückerhalten. Eine wss. Lsg. von 10 γ/ml des Formiates hemmt das Wachstum von *Bacillus subtilis* im „Oxford Cup Test". UV-Spektren vgl. Original.

Versuche: *3.6-Bis-[dimethylamino]-dibenzopyrjodoniumjodid*, F. 195—195,5° (Zers.), durch Umsetzen von **I** mit verd. NaOH in $CHCl_3$. *Dihydrojodid* (**I**), F. 179 bis 181° (Zers.). *Formiat*, F. 136,5° (Zers.), durch Umsetzen der Base mit Ameisensäure in Ggw. von Ag_2O. *Bromid*, F. 197,5° (Zers.), durch Umsetzen des Formiates mit HBr. *Chlorid*, F. 197,5° (Zers.). *Thiocyanat*, F. 153,5 bis 155,5° (Zers.), durch Umsetzen des Formiates mit KCNS. *Pikrat*, F. 152—153° (Zers.). *Benzoat*, F. 144° (Zers.). *o-Nitrobenzoat*, F. 128—130,5° (Zers.). *Cinnamat*,

F. 117,5° (Zers.). *Oxalat*, F. 159° (Zers.). *Malonat*, F. 130° (Zers.). *Maleat*, F. 160° (Zers.). *Fumarat*, F. 171—171,5° (Zers.). *Tartrat*, F. 153,5—154° (Zers.). *Malat*, 156,5° (Zers.). *p-Kresolat*, F. 130° (Zers.). *p-Chlorphenolat*, F. 129° (Zers.). *α-Naphtholat*, F. 128,5—129,5° (Zers.). *o-Nitrophenolat*, F. 138,5° (Zers.). *m-Nitrophenolat*, F. 129,5 bis 130° (Zers.). *p-Nitrophenolat*, F. 124° (Zers.). *2.4-Dinitrophenolat*, F. 145° (Zers.). *Brenzcatechinat*, F. 121,5° (Zers.). *Resorcinat*, F. 143° (Zers.). *Hydrochinonat*, F. 121,5° (Zers.). *Pyrogallolat*, F. 140,5° (Zers.).

W. Hampel 3241△

0929 **Potentielle Antimetabolite. 1. Mitt. Synthese von β-[4-Hydroxy-6-methylpyrimidyl-(2)]-alanin.** Ju. P. Schwatschkin, L. A. Ssyrzowa und M. A. Prokofjew. (J. allg. Chem. [UdSSR] **32(94),** 2431—36, 1962; Moskau, Lomonossow-Univ.; russ.) — Durch Rk. von 2-Chlormethyl-4-chlor-6-methylpyrimidin (**I**) mit Acetylaminomalonsäure(**II**)-dimethylester u. -diäthylester wurden *[4-Methoxy-6-methylpyrimidyl-(2)-methyl]-acetylaminomalonsäuredimethylester* (**III**) bzw. *[4-Äthoxy-6-methylpyrimidyl-(2)-methyl]-acetylaminomalonsäurediäthylester* (**IV**) dargestellt. Durch Hydrolyse u. Decarboxylierung von **III** u. **IV** wurde *β-[4-Hydroxy-6-methylpyrimidyl-(2)]-alanin* erhalten.

Versuche: *2-Chlormethyl-4-chlor-6-methylpyrimidin* (**I**), $C_6H_6Cl_2N_2$, Kp.$_{10}$ 107°, F. 29°, durch Erhitzen von 38 g 2-Hydroxymethyl-4-hydroxy-6-methylpyrimidin mit 110 ml $POCl_3$; 78,3% (Ausbeute). *Hydrochlorid*, F. 126°. — *[4-Methoxy-6-methylpyrimidyl-(2)-methyl]-acetylaminomalonsäuredimethylester* (**III**), $C_{14}H_{19}N_3O_6$, F. 147° (W.), a) durch 6std. Kochen von 5,3 g **I** mit 5,87 g **II**-Dimethylester in Na-Methylat (1,43 g Na, 150 ml abs. Methanol); 64,5%; b) durch 6std. Kochen von 15 g **I** mit 18,4 g **II**-Diäthylester in 9,18 g Na-Methylat u. 250 ml abs. Methanol; 96,7%. — *[4-Äthoxy-6-methylpyrimidyl-(2)-methyl]-acetylaminomalonsäurediäthylester* (**IV**), $C_{17}H_{25}N_3O_6$, F. 68° (W.), durch 6std. Kochen von **I** mit **II**-Diäthylester bzw. **II**-Dimethylester in abs. A. in Ggw. von Na-Äthylat; 77,6 bzw. 56%. — *β-[4-Hydroxy-6-methylpyrimidyl-(2)]-alanin, Hydrat*, $C_8H_{11}N_3O_3 \cdot H_2O$, F. 177—178° (Zers.; W.), durch 2std. Kochen von **III** oder **IV** in 20%ig. HCl; 81 bzw. 54,5%.

Helmut Schäfer 3272△

0930 **Äthyleniminderivate. 2. Mitt. Äthylenimide der Phosphor- und Thiophosphorsäure.** A. A. Kropatschewa, W. A. Parschina und Ss. I. Ssergijewskaja. (J. allg. Chem. [UdSSR] **30(92),** 3584—88, 1960; Allunions-Chem.-Pharmazeut.-Ordshonikidse-Inst.; russ.) — 1. vgl. C. **1964,** 6/7-0831. — Durch Rk. von N-Carbomethoxy- (**I**) u. N-[Diäthylcarbamyl]-piperazin (**II**) mit $POCl_3$ oder $PSCl_3$ werden *1-Carbomethoxy-4-dichlorphosphoryl-*, *1-Carbomethoxy-4-dichlorthiophosphoryl-*, *1-[Diäthylcarbamyl]-4-dichlorphosphoryl-* u. *1-[Diäthylcarbamyl]-4-dichlorthiophosphorylpiperazin* erhalten, die mit Äthylenimin (**III**) in Ggw. von Triäthylamin (**IV**) zu den entsprechenden *Bis-[äthylenimino]-phosphoryl-* u. *Bis-[äthylenimino]-thiophosphorylpiperazinen* umgesetzt werden. Analog werden aus Piperazindihydrochlorid (**V**) über *1.4-Bis-[dichlorphosphoryl]-* u. *1.4-Bis-[dichlorthiophosphoryl]-piperazin 1.4-Bis-[bis-(äthylenimino)-phosphoryl]-* u. *1.4-Bis-[bis-(äthylenimino)-thiophosphoryl]-piperazin* dargestellt.

Versuche: Piperazine: *1-Carbomethoxy-4-dichlorphosphoryl-*, $C_6H_{11}Cl_2N_2O_3P$, F. 74—76° (Bzl.), durch 2std. Rühren einer bei 6—8° hergestellten Mischung aus 3,8 g $POCl_3$ u. der Lsg. von 7,2 g **I** in 30 ml abs. Ae.; 50% (Ausbeute). — *1-Carbomethoxy-4-[bis-(äthylenimino)-phosphoryl]-*, $C_{10}H_{19}N_4O_3P$, F. 106—107° (Essigester), durch Zugabe von 5,2 g vorst. Verb. zu 1,71 g **III** u. 4,04 g **IV** in 30 ml abs. Bzl. bei + 5 bis — 6°, 2std. Rühren u. Stehen über Nacht; 71%. — *1-Carbomethoxy-4-dichlorthiophosphoryl-*, $C_6H_{11}Cl_2N_2O_2PS$, F. 53° (Ae.), aus **I** u. $PSCl_3$; 64%. — *1-Carbomethoxy-4-[bis-(äthylenimino)-thiophosphoryl]-*, $C_{10}H_{19}N_4O_2PS$, F. 96—97° (Essigester), aus vorst. Verb. mit **III** in Ggw. von **IV**; 70%. — *1-[Diäthylcarbamyl]-4-dichlorphosphoryl-*, $C_9H_{18}Cl_2N_3O_2P$, Kp.$_2$ 185°, durch 2—3std. Rühren einer bei 0—2° hergestellten Mischung aus 3,06 g $POCl_3$ in 20 ml abs. A. u. 7 g **II** in 30 ml abs. Ae.; 70,4%. — *1-[Diäthylcarbamyl]-4-[bis-(äthylenimino)-phosphoryl]-*, $C_{13}H_{26}N_5O_2P$, F. 59° (Hexan), aus vorst. Verb.; 72%. — *1-[Diäthylcarbamyl]-4-dichlorthiophosphoryl-*, $C_9H_{18}Cl_2N_3OPS$, F. 72° (Ae./PAe.), aus **II** u. $PSCl_3$; 60%. — *1-[Diäthylcarbamyl]-4-[bis-(äthylenimino)-thiophosphoryl]-*, $C_{13}H_{26}N_5OPS$, F. 78—80° (Hexan); 72,7%. — *1.4-Bis-[dichlorphosphoryl]-*, $C_4H_8Cl_4 \cdot N_2O_2P_2$, F. 175° (Chlf./Bzl.), durch Erwärmen von 7,95 g **V** mit 46 g $POCl_3$ bis zur Lsg. des **V**; 79%. — *1.4-Bis-[bis-(äthylenimino)-phosphoryl]-*, $C_{12}H_{24}N_6O_2P_2$, F. 187° (Bzl.); 75,5%. — *1.4-Bis-[dichlorthiophosphoryl]-*, $C_4H_8Cl_4N_2P_2S_2$, F. 160° (Bzl.), durch 4—5std. Rühren einer bei 0—5° hergestellten Mischung aus der Lsg. von 25,4 g $PSCl_3$ in 150 ml abs. CH_2Cl_2 u. der Lsg. von 12,4 g Piperazin in 400 ml abs. CH_2Cl_2; 72,8%. — *1.4-Bis-[bis-(äthylenimino)-thiophosphoryl]-*, $C_{12}H_{24}N_6P_2S_2$, F. 203° (Bzl.); 83%.

B. Celms 3272△

0931 **Reaktion von 1-Chlor-1-nitrosocyclohexan mit Butadien-(1.3).** Ju. A. Arbusow und A. A. Onischtschenko. (Ber. Akad. Wiss. UdSSR **146,** 1075—77, 1962; Moskau, Lomonossow-Univ.; russ.) — Die Rk. von 1-Chlor-1-nitrosocyclohexan (**I**) mit Butadien-(1.3) (**II**) in Bzl. in Ggw. von A. verläuft nach dem Schema einer Diensynth. unter Bldg. eines *Adduktes*, das mit A. zu *3.6-Dihydro-1.2-oxazinhydrochlorid* (**III**) u. *Cyclohexanondiäthylketal* reagiert. Bei der Rk. von **I** mit **II** in Toluol in Abwesenheit von A. bei — 18° u. anschließender Alkoholyse des Adduktes bei — 20° wird ebenfalls **III** erhalten. Die Rk. von **I** mit 2.3-Dimethylbutadien-(1.3), Cyclohexadien-(1.3), 1-Phenylbutadien-(1.3) oder 3-Chlorbutadien-(1.3) in Ggw. von A. verläuft ebenfalls unter Bldg. von Derivv. des 3.6-Dihydro-1.2-oxazins. Der Rk.-Mechanismus wird diskutiert.

Versuche: *3.6-Dihydro-1.2-oxazinhydrochlorid* (**III**), F. 150—151° (Zers.), a) durch 48std. Stehen von **I** mit **II** in abs. Bzl. u. abs. A. in der Dunkelheit; 78% (Ausbeute). Daneben aus der Mutterlauge *Cyclohexanondiäthylketal*, Kp.$_7$ 61—62°; n_D^{20} 1,4370; D_4^{20} 0,9181; 58%; b) durch 5 Tage langes Stehen von 9 g **I** u. 15 g **II** in abs. Toluol bei — 18° in Ampullen, Waschen des erhaltenen Nd. mit Toluol bei — 20° u. Behandeln des Rückstandes mit A. bei — 20°; 2,1 g.

H. Dalmer 3282△

0932 **Untersuchungen über Heterocyclen. 10. Mitt. Synthese von Tetrahydrobenzo-1.3-diazepinen, einem neuen heterocyclischen System.** George DeStevens und Marylou Dughi. (J. Amer. chem. Soc. **83,** 3087 bis 3091, 1961; Summit, N. J., CIBA Pharmaceutical Products, Inc., Chem. Res. Div.; engl.) — 9. vgl. ibid. **81,** [1959], 6292. — Eine Meth. zur Darst. von 3-substituierten 1.2.4.5-Tetrahydrobenzo-1.3-diazepinen wird beschrieben. Die Konstit. der erhaltenen Verbb. wird chem. u. spektroskop. gesichert. — Vgl. auch C. **1964,** 18-0907.

Versuche: 2-[o-Aminophenyl]-N-alkylacetamide: *-methyl-* (**I**), $C_9H_{12}N_2O$, F. 85—86° (Bzl.), durch Hydrierung von 0,052 Mol o-Nitrophenyl-N-methylacetamid in Äthylmethylketon an 10%ig. Pd/Kohle bei Raumtemp. u. 47 lb./sq. in., Filtrieren u. Eindampfen im Vakuum; 84% (Ausbeute). — *-äthyl-*, $C_{10}H_{14}N_2O$, F. 78—80°; 82%. — *-propyl-*, $C_{11}H_{16}N_2O$, F. 58—60°; 94%. — *-benzyl-*, $C_{15}H_{16}N_2O$, F. 129—130°; 33%. — *2-[o-Benzylidenaminophenyl]-N-methylacetamid*, $C_{16}H_{16}N_2O$, F. 124°, durch 4std. Erhitzen von 0,15 Mol **I** u. 0,15 Mol Benzaldehyd in Äthylenglykoldimethyläther (**II**) auf 95° u. Eindampfen; aus A. gelbe Nadeln; 37,5 g. — *3-Benzylidenoxindol*, F. 175,5—176°, analog in sd. **II**. — *2-[o-Benzylaminophenyl]-N-methylacetamid* (**III**), $C_{16}H_{18} \cdot N_2O$, F. 96—98° (verd. A.), durch portionsweise Zugabe von 0,11 Mol $NaBH_4$ zu 0,11 Mol vorvorst. Amid in Methanol, Zugabe von W. u. mehrstd. Kühlen; 95%. — Benzo-1.3-diazepinone-(4): *1-Benzyl-2.3.4.5-tetrahydro-1H-3-methyl-* (**IV**), $C_{17}H_{18}N_2O$, F. 118—120° (verd. A.), durch 2std. Kochen von 0,012 Mol **III** in **II** mit 37%ig. CH_2O; 2,4 g. — *2.3.4.5-Tetrahydro-3-methyl-1H-* (**VI**), $C_{10}H_{12}N_2O$, F. 150° (W.), a) durch 1std. Rk. von 0,01 Mol **I** u. 37%ig. CH_2O in A. bei Raumtemp., 3std. Kochen u. Eindampfen im Vakuum (Meth. **A**); 1,4 g; b) durch 20std. Schütteln von 1 g **IV** in A./wenig Essigsäure mit 10%ig. Pd/Kohle unter H_2-Druck, 4std. Schütteln bei 40°, Filtrieren u. Eindampfen; 0,55 g. — *3-Äthyl-2.3.4.5-tetrahydro-1H-*, $C_{11}H_{14}N_2O$, F. 144—145°, nach **A**. — *2.3.4.5-Tetrahydro-3-n-propyl-1H-*, $C_{12}H_{16}N_2O$,

F. 128,5—130°, nach **A.** — *3-Benzyl-2.3.4.5-tetrahydro-1H-*, $C_{16}H_{16}N_2O$, F. 192°, nach **A.** — *2.3.4.5-Tetrahydro-1H-3-methyl-5-[2-phenylpropyliden]-*, $C_{19}H_{20}N_2O$, F. 45—46° (verd. A.), durch 2std. Kochen von 0,002 Mol nachst. Amid in A. mit 37%ig. CH_2O; 20%. — *o-Amino-N-methyl-α-[2-phenylpropyliden]-phenylacetamid*, $C_{18}H_{20}N_2O$, F. 144 bis 145°, durch 2std. Erhitzen von je 0,02 Mol o-Amino-N-methylphenylacetamid u. α-Phenylpropionaldehyd in **II** auf 95° u. Eindampfen im Vakuum; aus A. Plättchen; 2,3 g. — *N-Acetyloxindol*, F. 125°, durch Kochen von **I** mit Acetanhydrid. — *3-[o-Carbamoylmethylphenyliminomethyl]-indolinon-(2)*, $C_{17}H_{15}N_3O_2$, F. 227—228°, a) durch 6std. Erhitzen von o-Aminophenylacetamid (**V**) mit Orthoameisensäuretriäthylester in Propylenglykol auf 118—120° u. Eindampfen im Vakuum; aus verd. A. gelbe Kristalle; 0,5 g; b) durch $^1/_4$std. Kochen von je 0,01 Mol 3-Hydroxymethylenoxindol u. **V** in A.; 1 g. — *1.2.4.5-Tetrahydro-3-methylbenzo-1.3-diazepin*, *Maleinat*, $C_{14}H_{18}N_2O_4$, F. 99—101° (Essigester), a) durch portionsweise Zugabe von 0,0136 Mol **VI** in Tetrahydrofuran (THF) zu 1,6 g $LiAlH_4$ in THF, 18std. Kochen u. Zers. mit W., Filtrieren u. Rk. mit Maleinsäure; b) durch Zutropfen von 0,019 Mol **VI** in THF zu 1,43 g $LiAlH_4$ in THF, 18std. Kochen, Zers. mit W., Filtrieren, Eindampfen bei 50° im Vakuum, Lösen des Öls in A., Hydrierung in A. an Pd/Kohle u. Rk. mit Maleinsäure.
L. Lamza 3370△

0933 **Diboranreduktion von Carboxylgruppen in Kohlenhydraten.** F. Smith und A. M. Stephen. (Tetrahedron Letters [London] **1960**, Nr. 7, 17—23; St. Paul, Minn., Univ. of Minnesota, Dep. of Agricult. Biochem.; engl.) — Carboxylgruppen in Monosacchariden, sauren Polysacchariden, Pektinen, sauren Hemicellulosen u. Pflanzengummis lassen sich mit B_2H_6 zu CH_2OH-Gruppen reduzieren. Die Rk. gelingt in Lsg. von Bis-[2-methoxyäthyl]-äther (**I**) bei Raumtemperatur. B_2H_6 wird durch Zugabe einer BF_3-Ätherat-Lsg. in Ae./**I** zu der **I**-Lsg. des Kohlenhydrats u. $NaBH_4$ erhalten ($NaBH_4$:BF_3 = 3:4). Aus Methyl-α-D-galaktopyranuronosid (**II**) entsteht *Methyl-α-D-galaktopyranosid*, aus Methyl-2.3.4-tri-O-methyl-α-D-galakturonosid (**III**) *Methyl-2.3.4-tri-O-methyl-α-D-galaktosid* u. aus Schleimsäure *Galaktit*. Die Prodd. der Red. von Mesquitsäureacetat, Pektinsäureacetat u. Alginsäuredipropionat werden untersucht.

Versuche: *Methyl-α-D-galaktopyranosid*, *Hydrat*, F. 106°, durch Red. von **II** mit einem Gemisch aus $NaBH_4$ u. BF_3-Ätherat in **I**; $[\alpha]_D^{21}$ +180° (c = 0,7); gibt bei saurer Hydrolyse *D-Galaktose* [*p-Nitranilin-Deriv.*, F. 215—216°]. — *Methyl-2.3.4-tri-O-methyl-α-D-galaktosid*, analog aus **III**; $[\alpha]_D^{20}$ +93° (c = 5,6); 56% (Ausbeute). *Anilin-Deriv.*, F. 168—169° (A.). — *Hexa-O-acetylgalaktit*, F. 169—171° (A.), analog aus Tetra-O-acetylschleimsäure u. Acetylierung des Rk.-Prod. mit Acetanhydrid; 75%. — *Mesquitsäure* (Polysaccharid aus *Prosopis juliflora* D. C.), durch Desacetylierung des Acetyl-Deriv. {$[\alpha]_D^{26}$ +68° (c = 1,2; Chlf.)} mit 0,1 NaOH; $[\alpha]_D^{20}$ +70° (c = 1,36; wss. Alkali). — *4-O-Methyl-D-glucose*, durch B_2H_6-Red. vorst. Verb. u. anschließende 14std. Hydrolyse mit 0,01 n Schwefelsäure bei 100°; $[\alpha]_D^{20}$ +69° (c = 1,45; Methanol); 60%. *Phenylosazon*, F. 158—159°; $[\alpha]_D^{21}$ −22° → 0° (c = 0,9; A.); daneben 30% *Arabinose* u. wenig *Galaktose*. — *Galaktose*, durch B_2H_6-Red. u. Desacetylierung eines acetylierten Pektins u. anschließende Hydrolyse; daneben Spuren von *Galakturonsäure*. — *Mannose*, durch B_2H_6-Red. von Alginsäuredipropionat {$[\alpha]_D^{20}$ −150° (c = 1,0; Pyridin)} u. Hydrolyse des erhaltenen Polysaccharids {$[\alpha]_D^{20}$ −86° (c = 0,8; wss. Alkali)}; daneben wenig *Gulose* u. Spuren von *Mannuronsäure*, *Glucose* u. *Pentosen*.
G. Ziebarth 3400△

0934 **Eine weitere Darstellungsmethode von N-Glykosiden des Benzimidazols.** H. Bräuniger und A. Koine. (Arch. Pharmaz. **296/68**, 668—80, 1963; Rostock, Univ., Pharm.-Chem. Inst.; dt.) — Durch Rk. von α-Acetobrom-D-glucose (**II**) bzw. α-Acetobrom-D-galaktose (**III**) oder β-Acetobrom-L-arabinose (**IV**) mit 1 Val *1-Trimethylsilylbenzimidazol* (**I**) werden die entsprechenden *N-Glykoside* (**A**) als Gemische der α- u. β-Form (1:1) erhalten. Aus A.–PAe. krist. aus den entsprechenden Gemischen die Hauptmenge an *1-[Tetra-O-acetyl-β-D-glucopyranosyl]-* (**V**) bzw. *1-[Tri-O-acetyl-α-L-arabopyranosyl]-benzimidazol* (**VI**) aus. Die dazugehörenden Anomeren, ebenso die α- u. β-Form von *1-[Tetra-O-acetyl-D-galaktopyranosyl]-benzimidazol* (**VII**) ließen sich auch nicht durch späteres Acetylieren der reinen, kristallinen entsprechenden *1-Glykopyranosylbenzimidazole* (**B**) in kristalliner Form gewinnen, sondern fielen als Sirupe an. Es wurden daher die nichtkrist. **A** durch Rk. mit HCl in die entsprechenden **B** übergeführt. Durch Rk. von α-Acetobromxylopyranose u. **I** u. nachfolgende saure Hydrolyse wurden lediglich *1-β-D-Xylopyranosylbenzimidazol* in 10%ig. Ausbeute u. ein in W. unlösl., nicht identifizierter Sirup erhalten. Durch HJO_4-Oxydation wurde die Pyranosestruktur der dargestellten Verbb. bewiesen. Die Anomeren weisen in der Oxydationszeit teilweise beträchtliche Unterschiede auf. Der zeitliche Verlauf der Oxydations-Rkk. ist graph. dargestellt. Bei der Darst. von **A** treten als Neben-Prodd. wahrscheinlich 1.3-Diglykosylbenzimidazolium-Verbb. auf. Zur Unters. dieser Neben-Rkk. diente die Rk. von **I** u. Benzylchlorid (**XVI**).

Versuche: Benzimidazole: *1-Trimethylsilyl-* (**I**), durch 10std. Kochen von Benzimidazol u. Hexamethylsilazan; kristallin. — *1-[D-Galaktopyranosyl]-*, *α.β-Form* (**VIII**), durch 3std. Kochen von **VII** in 20%ig. HCl, Filtrieren durch Kohle, Einengen unter Wasserstrahlvakuum bei 50° (Bad), Lösen in W. u. Aufgeben auf eine Ionenaustauschsäule (Wofatit L 150); *Tetraacetat* (**VII**), durch 1std. Verschmelzen von **I** u. **III** im Wasserstrahlvakuum bei 110—130° (Bad); hellbraunes, glasiges Harz. *β-Form* (**IX**), $C_{13}H_{16}N_2O_5$, F. 265—267°, durch $^1/_2$std. Kochen von **VIII** in Methanol u. anschließendes 18std. Stehen bei 5°; aus W. Nadeln, $[\alpha]_D^{15}$ −31,5° (c = 1,18; Pyridin); 33% (Ausbeute); *Tetraacetat*, $C_{21}H_{24}N_2O_9$, mit Acetanhydrid in Pyridin; glasige Masse, $[\alpha]_D^{24}$ −13,4° (c = 0,995; Chlf.); 82%. *α-Form*, $C_{13}H_{16}N_2O_5$, F. 230°, neben **IX** durch Eindampfen der Mutterlauge im Luftstrom bei 50° (Bad) unter Vakuum → *Hydrat* [$C_{13}H_{16}N_2O_5 \cdot H_2O$, F. 130—136° (W.), $[\alpha]_D^{22}$ +115,5° (c = 1,272; Pyridin); 25%] u. 1std. Kochen in abs. Isopropanol; Prismen, $[\alpha]_D^{22}$ +117,7° (c = 1,025; Pyridin); ~ 100%; *Tetraacetat*, $C_{21}H_{24}N_2O_9$, analog der β-Form; Sirup, $[\alpha]_D^{24}$ +161,1° (c = 1,97; Chlf.); 63%. — *1-[D-Glucopyranosyl]-*, *α.β-Form*, *Hydrochlorid*, *Monohydrat* (**X**), $C_{13}H_{16}N_2O_5 \cdot HCl \cdot H_2O$, neben **V** durch Eindampfen der Mutterlauge bei 50° (Bad) unter Vakuum u. Aufarbeiten analog **VIII**, Chromatographie des Roh-Prod. an Al_2O_3, Lösen in 95%ig. A., Zusetzen von konz. HCl u. Aceton; Nadeln, $[\alpha]_D^{24}$ +169,6° (c = 2,351; W.); 3,7 g; *Tetraacetat* (**XI**), analog **VII** aus **I** u. **II**. *α-Form*, $C_{13}H_{16}N_2O_5$, F. 178—179°, durch Eluieren von **XII** an einer Ionenaustauschsäule (Wofatit L 150) bei 60°; Schaum, $[\alpha]_D^{22}$ +169,9° (c = 0,7606; Pyridin); 35%; *Pikrat*, *Hydrat* (**XII**), $C_{19}H_{19}N_5O_{12} \cdot H_2O$, F. 180° (Sintern u. Entweichen von W. bei 125—135°), aus 3,7 g **X** u. 2,7 g Pikrinsäure (**XV**) in heißem W.; aus A. gelbe Nadeln, $[\alpha]_D^{23}$ +93,8° (c = 1,1; Pyridin); 4,52 g; *Hydrochlorid*, $C_{13}H_{16}N_2O_5 \cdot HCl$, F. 185—187°, durch 24std. Stehen des Dihydrats über P_2O_5 im Vakuum bei 100°; $[\alpha]_D^{24}$ +207,2° (c = 2,331), *Dihydrat*, $C_{13}H_{16}N_2O_5 \cdot HCl \cdot 2H_2O$, F. 116—118°, aus wss. A. Nadeln; $[\alpha]_D^{22}$ +198,2° (c = 3,751; W.); 30%; *Tetraacetat*, $C_{21}H_{24}N_2O_9$, Sirup, $[\alpha]_D^{24}$ +156,0° (c = 1,647; Chlf.); 88%. *β-Form*, $C_{13}H_{16}N_2O_5$, F. 216°, durch Aufschlämmen des Tetraacetats in abs. Methanol, Zusetzen von 0,1 n methanol. $Ba(OCH_3)_2$ u. 24std. Stehen; $[\alpha]_D^{24}$ −33,4° (c = 2,68; Pyridin); 27%; *Tetraacetat* (**V**), $C_{21}H_{24}N_2O_9$, F. 156—157°, a) durch 1wöchiges Stehen von **XI** in A. u. PAe. bei +5°; aus A. Nadeln, $[\alpha]_D^{22}$ −27,9° (c = 1,00; Chlf.); 22%; b) neben **XII** durch Rühren der Mutterlauge mit Wofatit L 150, Eindampfen, azeotropes Trocknen mit Bzl., Lösen in Pyridin, Zugeben von Acetanhydrid, 18std. Stehen u. Gießen in Wasser-Eis; 8%. — *1-[L-Arabopyranosyl]-*, *α.β-Form* (**XIII**), neben **VI** durch Aufarbeiten der Mutterlauge; 2,75 g (roh); *Triacetat* (**XIV**), aus **IV** u. **I** analog **VII**; braune, glasartige Masse. *α-Form*, $C_{12}H_{14}N_2O_4$, F. 225—226°, a) durch Eluieren des Pikrats an einer Ionenaustauschsäule (Wofatit L 150) bei 60°; Prismen; $[\alpha]_D^{22}$ −63,5° (c = 2,06; Pyridin); 8%; b) durch 24std. Stehen des Triacetats in Methanol u. 0,1 n methanol. $Ba(OCH_3)_2$; 27%; *Pikrat*, $C_{18}H_{17}N_5O_{11}$, F. 210—213°, durch Chromatographie von rohem **XIII** an Al_2O_3, Einengen u. Zugeben von **XV**; aus Methanol gelbe Prismen; $[\alpha]_D^{23}$ — 31,0° (c = 3,31; Pyridin); 0,82 g; *Triacetat* (**VI**), $C_{18}H_{20}N_2O_7$, F. 165—166°, durch 1wöchiges Stehen von **XIV** in A. u. PAe. bei 5°; aus A. Prismen, $[\alpha]_D^{22}$ — 4,5° (c = 0,878; Chlf.); 24%. *β-Form*, $C_{12}H_{14}N_2O_4$, F. 231°, neben der α-Form durch Rühren der Mutterlauge mit Wofatit L 150 bei 60° u. Einengen unter Vakuum bei 50° (Bad); aus W. Blättchen, $[\alpha]_D^{19}$ — 57,4° (c = 1,596; Pyridin); 22%; *Triacetat*, $C_{18}H_{20}N_2O_7$, Sirup, $[\alpha]_D^{21}$ + 31,7° (c = 0,629; Chlf.); 71%. — *1-Benzyl-*, $C_{14}H_{12}N_2$, F. 115—116°, durch $^1/_4$std. Durchleiten von Luft durch die Schmelze des Benzylochlorids bei 250—270°, Auskochen mit verd. HCl, 18std. Stehen im Eisschrank, Filtrieren, Waschen mit Ae. u. Zusetzen von NH_4OH; aus wss. A. Blättchen; 84%. *Benzylochlorid*, $C_{21}H_{19}N_2Cl$, F. 216—217°, durch $^1/_4$std. Kochen von **I** u. **XVI**, Einengen unter Vakuum u. Auskochen mit A.; Nadeln; 97%. K. Schoene 3400◇

0935 **Über die Bitterstoffe der Simarubaceen.** 7. Mitt. **Über das aus der Nuß von Samadera indica isolierte Samaderosid A.** Jean Zylber, Judith Polonsky und Chittarajan Mitra. (Bull. Soc. chim. France **1963**, 1322—24; Gif-sur-Yvette, Seine-et-Oise, Inst. de Chim. des Substances Naturelles; Lucknow, Nat. Bot. Gardens, Utilization Res. Labor.; franz.) — 6. vgl. C. **1963, 21193.** — Durch Vgl. der IR-, UV-, NMR- u. Massenspektren identifizieren Vff. *Samaderosid A* (**I**; vgl. Mitra u. Garg, Naturwissenschaften **49**, [1962], 327) als *Samaderin C* (**II**; $C_{19}H_{24}O_7$; vgl. 5. Mitt., C. **1963**, 21193). **II** läßt sich durch verd. Säuren unter Aromatisierung zu *Samaderol* [**III**; $C_{19}H_{20}O_5$; *Monoacetat*, $C_{21}H_{22}O_6$, F. 185—190°, $[\alpha]_D$ — 3,8° (Chlf.); *Diacetat* (**VII**), $C_{23}H_{24}O_7$, F. 145 bis 148°, $[\alpha]_D$ — 3,2° (Chlf.)] dehydratisieren, dessen UV-, IR- u. NMR-Spektren mit denjenigen des Samaderacins A (**V**; vgl. Mitra u. Garg, l. c.) übereinstimmen. Die Enolform von **III** wird katalyt. zu *Dihydrosamaderol* [**VI**; $C_{19}H_{22}O_5$, F. 199—200°, $[\alpha]_D$ + 49° (Chlf.); Diacetat (**IV**), $C_{23}H_{26}O_7$, F. 225—230°, $[\alpha]_D$ — 25,5° (Chlf.)] reduziert. Aus dem Befund, daß das UV-Spektrum des *Acetylierungsprod.* (**A**, $C_{23}H_{26}O_7$) von **V** nicht mit demjenigen von **VII**, sondern mit dem von **IV** vergleichbar ist, sowie aus weiteren Vgl.-Verss. schließen Vff., daß **A** mit **IV** ident. ist, u. daß in der Nuß von *Samadera indica* neben **II** *Dihydrosamaderin C* vorhanden sein muß, das sich zu **VI** dehydratisieren läßt. Die IR-Spektren von **I**, **II**, **III**, **IV**, **V** u. **A** sind graph. wiedergegeben.

H.-J. Kötzsch 3450◇

0936 **Umlagerungen von Kurchi-Alkaloiden.** 3. Mitt. **Einige Effekte benachbarter Gruppen in Derivaten von Holarrhimin.** D. D. Godse, M. Ram und P. K. Bhattacharyya. (Tetrahedron [London] **19**, 783—88, 1963; Poona, India, Nat. Chem. Labor.; engl.) — 1. vgl. C. **1963**, 15055. — *Holarrhimintriacetat* (**II**) läßt sich mit alkohol. KOH partiell zu *Diacetylholarrhimin* (*18-Hydroxy-3β.20α-diacetamido-Δ⁵-pregnen*, **III**) verseifen. Dieses liefert nur mit schlechten Ausbeuten ein *Mesylat* u. wird durch CrO_3 zu einem Gemisch aus *3β.20α-Diacetamido-Δ⁵-pregnen-18-aldehyd* u. *-18-säure* oxydiert. Beim Kochen mit verd. H_2SO_4 entsteht aus **II** u. aus **III** *3-Monoacetylholarrhimin* (*18-Hydroxy-20α-amino-3β-acetamido-Δ⁵-pregnen*, **IV**), das bei der Rk. mit HNO_2 in *3β-Acetamido-18.20β-oxido-Δ⁵-pregnen* (**V**) übergeht. **V** läßt sich alkal. zu *3β-Amino-18.20β-oxido-Δ⁵-pregnen* hydrolysieren, das mit HNO_2 ein Gemisch aus *3β-Hydroxy-18.20β-oxido-Δ⁵-pregnen* u. dessen *Salpetersäureester* liefert. Durch Rk. von **IV** mit N-Chlorsuccinimid, nachfolgendem Kochen mit $NaOCH_3$ u. Hydrolyse mit verd. H_2SO_4 wird *18-Hydroxy-3β-acetamido-20-oxo-Δ⁵-pregnen* (**VI**), das in der Hemiketalform vorliegt, erhalten. **VI** gibt leicht das entsprechende *Methylketal*. Holarrhimin (**I**) läßt sich auf analogem Rk.-Weg über *N.N'-Dichlorholarrhimin* in *18-Hydroxyprogesteron* (**VII**) überführen. Dabei werden 2 verschiedenschm. Formen von **VII** durch Chromatographie getrennt. Die höherschm. Form geht jedoch beim Umkristallisieren in die tieferschm. Form über. **IV** läßt sich mit HCOOH u. CH_2O zu *18-Hydroxy-3β-acetamido-20α-dimethylamino-Δ⁵-pregnen* methylieren. Mit BrCN liefert dessen *Acetat* die 20-N-Cyan-N-methylverb., die nach Verseifung zur entsprechenden N-Carboxylverb. jedoch nicht zu 20-N-methylholarrhimin decarboxyliert werden kann.

Versuche ($[\alpha]_D$ in Chlf.): *Holarrhimintriacetat* (**II**), *Hydrat*, $C_{27}H_{42}N_2O_4 \cdot H_2O$, F. 249° ($CH_3OH$/Aceton), durch 24std. Stehen von **I** mit Acetanhydrid/Pyridin bei Raumtemperatur. — *Diacetylholarrhimin* (*18-Hydroxy-3β.20α-diacetamido-Δ⁵-pregnen*; **III**), $C_{25}H_{40}N_2O_3$, F. 285 bis 286° (CH_3OH/Aceton), durch 4std. Kochen von 1,5 g **II** mit KOH in A., $[\alpha]_D$ — 37,0° (c = 1,63, A.); 1,35 g (Ausbeute). *Mesylat*, $C_{26}H_{42}N_2O_5S$, F. 198—199° (CH_3OH/Aceton), aus 250 mg **III** mit Methansulfonylchlorid, Al_2O_3-Chromatographie u. Eluieren mit Chlf.; 15 mg. — *3β.20α-Diacetamido-Δ⁵-pregnen-18-aldehyd*, $C_{25}H_{38}N_2O_3$, F. 189—190° (Hexan/CH_2Cl_2), durch ca. 12std. Rühren von 0,11 g **III** mit CrO_3 in Eisessig bei Raumtemp., Verdünnen mit W. u. Extrahieren mit Chlf., $[\alpha]_D$ — 16,5° (c = 4,60); 92 mg; daneben aus den alkal. wss. Phasen *3β.20α-Diacetamido-Δ⁵-pregnen-18-säure*, F. 220°; 10 mg. — *3-Monoacetylholarrhimin* (*18-Hydroxy-20α-amino-3β-acetamido-Δ⁵-pregnen*; **IV**), $C_{23}H_{38}N_2O_2$, F. 255—256° (Tetrahydrofuran), a) durch 4std. Kochen von 1,1 g **III** mit 2 n wss. H_2SO_4 in CH_3OH; 0,98 g; b) analog aus **II**; $[\alpha]_D$ — 20,7° (c = 1,75). — *3β-Acetamido-18.20β-oxido-Δ⁵-pregnen* (**V**), $C_{23}H_{35}NO_2$, F. 230—231° (Bzl. oder CH_3OH), durch $^1/_2$std. Rk. von 175 mg **IV** mit $NaNO_2$ in verd. wss. Essigsäure, $[\alpha]_D$ — 48,7° (c = 1,54); 147 mg. — *3β-Amino-18.20β-oxido-Δ⁵-pregnen*, $C_{21}H_{33}NO$, F. 143 bis 144° (Aceton), durch ca. 12std. Erhitzen von 500 mg **V** mit 5 n wss. KOH in A. im Rohr auf 110° u. Reinigen über das Hydrochlorid, $[\alpha]_D$ — 51° (c = 2,1); 300 mg. — *3β-Hydroxy-18.20β-oxido-Δ⁵-pregnensalpetersäureester*, F. 133° (CH_3OH), aus 300 mg vorst. Verb. analog **V**, Al_2O_3-Chromatographie u. Eluieren mit PAe. u. Bzl.; 46 mg; daneben durch Eluieren mit Bzl./Chlf. (65:5) *3β-Hydroxy-18.20β-oxido-Δ⁵-pregnen*, F. 167° (Aceton); 106 mg. — *18-Hydroxy-3β-acetamido-20-oxo-Δ⁵-pregnen-(18 → 20)-hemiketal* (**VI**), $C_{23}H_{35}NO_3$, F. 174° (CH_3OH), durch tropfenweise Zugabe von 11,1 ml 1%ig. N-Chlorsuccinimidlsg. zu 288 mg **IV** in CH_2Cl_2, Isolieren des Rohprod., 1std. Kochen mit $NaOCH_3$ in CH_3OH, Zugabe von 2 n H_2SO_4 u. 1std. Kochen, $[\alpha]_D$ + 18,4° (c = 0,077); 260 mg. *Methylketal*, $C_{24}H_{37}NO_3$, F. 288°, mit p-Toluolsulfosäure in CH_3OH. — *18-Hydroxyprogesteron* (**VII**), $C_{21}H_{30}O_3$, F. 162° (wss. Aceton), a) durch tropfenweise Zugabe von 10,4 ml 8%ig. N-Chlorsuccinimidlsg. zu 1,1 g **I** in CH_2Cl_2 [→ *N.N'-Dichlorholarrhimin*, $C_{21}H_{34}Cl_2N_2O$, Zers. bei 130°; 1,15 g], 1std. Kochen von 1,09 g mit $NaOCH_3$ in CH_3OH, Verdünnen mit W., Extrahieren mit Chlf. (0,89 g), 1std. Kochen mit 1 n H_2SO_4 in 50%ig. wss. A., Al_2O_3-Chromatographie u. Eluieren mit Bzl./CH_2Cl_2; 125 mg; daneben durch Eluieren mit CH_2Cl_2 200 mg *Verb. vom F. 182°* (lagert sich beim Kristallisieren aus wss. Aceton in *Verb. mit F. 162°* um); b) aus Conessin nach der Meth. von Buzetti u. Mitarbeitern (Helv. chim. Acta **42**, [1959], 388); $[\alpha]_D$ + 159° (c = 2,0). — *18-Hydroxy-3β-acetamido-20α-dimethylamino-Δ⁵-pregnen*, $C_{25}H_{42}N_2O_2$, F. 246—248° (CH_3OH/Aceton), durch 4std. Erhitzen von 300 mg **IV** mit 98%ig. HCOOH/40%ig. wss. CH_2O (1:1) auf 100°, Verdünnen mit W., Alkalisieren mit NH_4OH u. Extrahieren mit Chlf., $[\alpha]_D$ — 36,7° (c = 1,9); 285 mg. *18-O-Acetat*, $C_{27}H_{44}N_2O_3$, F. 180—181° (Bzl. oder Aceton), $[\alpha]_D$ — 17,4° (c = 1,84).

G. Teege 3500◇

0937 **Untersuchungen über die Alkaloide von Menispermaceen.** 155. Mitt. **Alkaloide von Cyclea insularis (Makino) Diels.** 13. Mitt. **Spaltung von Insularin mit metallischem Natrium in flüssigem Ammoniak.** 1. Mitt. Masao Tomita und Tohru Kikuchi. (J. pharmac. Soc. Japan [Yakugakuzasshi] **77**, 997—1003, 1957; Kyoto, Univ., Med. Fac., Pharmac. Inst.; jap., Auszug: engl.) — 154. bzw. 12. vgl. C. **1964**, 18-0930 bzw. C. **1963**, 9309. — Die früher angenommene Struktur u. ster. Konfiguration von Insularin (**I**) wird bestätigt. Die Spaltung von **I** mittels metall. Na in fl. NH_3 liefert 2 kristalline phenol. Basen — *l-1-[3-Methyl-4-hydroxybenzyl]-2-methyl-6.7-dimethoxy-1.2.3.4-tetrahydroisochinolin* (*l-Homoarmepavin*, **II**) u. *l-N-Methylcoclaurin* (**III**) — u. eine nicht kristalline, phenol. Base (**IV**), die durch partielle Spaltung des Depsidan-Ringes von **I** gebildet wird. Aus **IV** wird durch O-Alkylierung u. nochmalige Spaltung mit Na in fl. NH_3 **II**

u. *l-O.O-Dialkyl-N-methylcoclaurin* erhalten. Maxima der IR-Spektren vgl. Original.

Versuche: *Insularindioxalatdihydrat*, $C_{42}H_{48}N_2 \cdot O_{16}$, F. 188—190° (Zers., Methanol), durch Behandeln von I mit Oxalsäure in A.; $[\alpha]_D^{11}$ + 71,6° (c = 0,4199; 50%ig. Methanol). — *l-1-[3-Methyl-4-hydroxybenzyl]-2-methyl-6.7-dimethoxy-1.2.3.4-tetrahydroisochinolin* (*l-Homoarmepavin*, **II**), $C_{20}H_{25}NO_3$, F. 173—175°, a) durch Zugeben von Na u. 3 g **I** in Bzl./Ae. (1 : 9) zu fl. NH_3 bei —55°, Stehen über Nacht, Einengen u. Behandeln der phenol. Base mit Aceton; aus Aceton/Ae. Tafeln; $[\alpha]_D^9$ —91,02° (c = 0,4394; Chlf.); 0,28 g (Ausbeute); b) aus **IV** (erhalten durch Extrahieren der Mutterlauge von **II** mit Mac-Ilvain-Puffer, Fraktion pH = 5,6) nach Überführung in den Methyläther u. Spaltung analog a); 0,22 g; c) analog b) aus dem Äthyläther; 0,19 g. *Methojodid*, $C_{21}H_{28} \cdot JNO_3$, F. 219—221°; aus Methanol/Ae. körnige Kristalle. — *l-N-Methylcoclaurin* (**III**), $C_{18}H_{21}NO_3$, F. 175—178°, durch Behandeln der analog **II** unter b) gewonnenen Fraktion vom pH = 5,0 mit Chlf./Bzl.; Säulen; $[\alpha]_D^{16}$ —74,9° (c = 0,347, Chlf.); 0,45 g. — Homoarmepavin-methojodide: *O-Methyl-* (**V**), $C_{22}H_{30}JNO_3$, F. 164 bis 165°, durch 1std. Kochen von 0,3 g **II** in Methanol mit Methyljodid in Ggw. von KOH; aus Aceton/Ae. Nadeln; 0,33 g. — *O-Äthyl-* (**VI**), $C_{23}H_{32}JNO_3$, F. 192—194° (A./Ae.), durch Umsetzen von 0,32 g **II**-Methojodid mit Diäthylsulfat; 0,31 g. — *3.4-Dimethoxy-6-[β-dimethylaminoäthyl]-3'-methyl-4'-methoxystilbenhydrobromid* (**VII**), $C_{22}H_{30}BrNO_3 \cdot {}^1/_2 H_2O$, F. 194—195°, durch Hofmannschen Abbau von 0,3 g **V** u. Zugabe von 10%ig. HBr; aus W. Nadeln; $[\alpha]_D^{13}$ ± 0° (c = 0,636; 50%ig. Methanol); 0,26 g. — *3-Methyl-4-methoxybenzoesäure* (**VIII**), $C_9H_{10}O_3$, F. 182—189°, durch Oxydation von 0,23 vorst. Verb. mit $KMnO_4$ bei 0—2°; Säulen; 0,05 g. — *3.4-Dimethoxy-6-[β-dimethylaminoäthyl]-3'-methyl-4'-äthoxystilbenhydrobromid* (**IX**), $C_{23}H_{32}BrNO_3$, F. 221—222°, durch Behandeln von 0,22 g **VI** analog **VII**; Nadeln; $[\alpha]_D^{13}$ ± 0° (c = 0,382, 50%ig. Methanol); 0,15 g. — *3-Methyl-4-äthoxybenzoesäure*, $C_{10} \cdot H_{12}O_3$, F. 198—200°, durch Behandeln von 0,12 g **IX** analog **VIII**; Nadeln; 0,03 g. — *2-Äthyl-4.5-dimethoxybenzoesäure*, F. 137—140°, aus **IX** durch Behandeln der wss. Phase vorst. Verb. mit Dimethylsulfat, 4std. Kochen mit KOH u. Red. der erhaltenen *2-Vinyl-4.5-dimethoxybenzoesäure* in Ggw. von Pd/Kohle; aus W. Nadeln. — *l-O.O.N-Trimethylcoclaurin*, F. 62—63,5°, aus dem Oxalatsemihydrat; Säulen; $[\alpha]_D^9$ —83,38° (c = 0,3358, Chlf.). *Oxalatsemihydrat*, $C_{22}H_{27}NO_7 \cdot {}^1/_2 H_2O$, F. 112° (Zers.), analog **II** unter b) u. Behandeln mit Oxalsäure; aus Methanol/A. Nadeln; $[\alpha]_D^8$ —130,5° (c = 0,4137, 50%ig. Methanol); 0,23 g. — *l-O.O-Diäthyl-N-methylcoclaurin-oxalat*, $C_{24}H_{31}NO_7$, F. 174—176° (Zers.), analog vorst. Verb. wie **II** unter c); Nadeln; $[\alpha]_D^{11}$ —124,6° (c = 0,385, 50%ig. Methanol); 0,23 g. H. Krause 3500△

0938 **Untersuchungen über die Alkaloide von Menispermaceen.** 157. Mitt. **Alkaloide von Stephania Sasakii Hayata.** 5. Mitt. **Struktur von Phanostenin.** 2. Mitt. **Synthese von dl-1.2-Methylendioxy-9-methoxy-10-hydroxyaporphin.** Masao Tomita und Ikuo Kikkawa. (J. pharmac. Soc. Japan [Yakugakuzasshi] **77,** 1015—18, 1957; jap., Auszug: engl.) — 155. vgl. vorst. Referat. — Es wird gezeigt, daß das von Hey u. Lobo (vgl. C. **1956,** 11432) synthetisierte *dl-1.2-Methylendioxy-9-methoxy-10-hydroxyaporphin* (**I**), F. 126—129°, eine verunreinigte Substanz war. Durch Vgl. von UV- u. IR-Spektren wird bewiesen, daß *l-Phenostenin*, F. 210°, u. **I** ident. sind. Maxima der Spektren vgl. Original.

Versuche: *N-[3.4-Methylendioxyphenäthyl]-[3-methoxy-4-benzyloxy-6-nitrophenyl]-acetamid*, F. 195 bis 200°, durch Rk. von 3-Methoxy-4-benzyloxy-6-nitrophenylacetylchlorid mit 3.4-Methylendioxyphenäthylamin in Chlf. u. Ggw. von NaOH. — Isochinoline: *1-[3-Methoxy-4-benzyloxy-6-nitrobenzyl]-6.7-methylendioxy-3.4-dihydro-*, F. 171—172°, aus dem Hydrochlorid. *Hydrochlorid*, F. 229—230°, durch 4tägiges Stehen vorst. Acetamids in Chlf. mit PCl_5 bei Raumtemperatur. *Methojodid*, F. 183° (Zers.). — *1-[3-Methoxy-4-benzyloxy-6-aminobenzyl]-2-methyl-6.7-methylendioxy-1.2.3.4-tetrahydro-*, $C_{26}H_{28}N_2O_4$, durch Red. vorst. Methojodids in Essigsäure mit Zn + HCl bei 0—2°; aus Methanol Tafeln. *Dipikrolonat*, $C_{46}H_{44}N_{10}O_{14}$, F. 178—181°. — *1-[3-Methoxy-4-benzyloxybenzyl]-2-methyl-6.7-methylendioxy-1.2.3.4-tetrahydro-*, Öl. *Pikrat*, $C_{32}H_{30}N_4O_{11}$, F. 146 bis 146,5°, durch Diazotieren von 2 g vorst. Dipikrolonats, 1std. Kochen mit Cu, Filtrieren, Zugabe von NH_4OH, Extrahieren mit Chlf., Chromatographieren des erhaltenen Öles in Bzl./PAe. an Al_2O_3 u. Behandeln mit Pikrinsäure; 0,15 g (Ausbeute). — *dl-1.2-Methylendioxy-9-methoxy-10-benzyloxyaporphin*, $C_{26}H_{25}NO_4$, F. 137—138°, aus dem Pikrat; aus Methanol Nadeln. *Pikrat*, $C_{32}H_{28}N_4O_{11}$, F. 190° (Zers.), neben vorst. Pikrat; 0,26 g. — *dl-1.2-Methylendioxy-9-methoxy-10-hydroxyaporphin* (**I**), $C_{19}H_{19}NO_4$, F. 209—210°, aus dem Hydrochlorid; aus Methanol Tafeln. *Hydrochlorid*, F. 225° (Zers.), durch 1std. Kochen der vorst. Base mit 20%ig. HCl u. Einengen im Vakuum; aus A. Nadeln. H. Krause 3500◇

0939 **Untersuchungen über die Alkaloide von Menispermaceen.** 158. Mitt. **Spaltung von Isotetrandrin durch metallisches Lithium in flüssigem Ammoniak.** 1. Mitt. Masao Tomita und Yoshikazu Kondo. (J. pharmac. Soc. Japan [Yakugakuzasshi] **77,** 1019—23, 1957; jap., Auszug: engl.) — 157. vgl. vorst. Referat. — Durch Spaltung von Isotetrandrin mit metall. Li in fl. NH_3 mit Bzl. oder Toluol als Lsgm. entsteht *l-O.O.N-Trimethylcoclaurin* (**I**) u. *d-N-Methylcoclaurin* (**II**). Die gleiche Rk. liefert bei Verw. von Dioxan als Lsgm. neben **I** u. **II** zwei polymorphe *phenol. Basen vom F. 132°* u. *F. 162°*, die beide beim Methylieren **I** ergeben u. als *l-1-[4-Methoxybenzyl]-2-methyl-6-hydroxy-7-methoxy-1.2.3.4-tetrahydroisochinolin* (**III**) identifiziert werden. Die Oxydation des **III**-Äthyläthers mit $KMnO_4$ ergibt *1-Oxo-2-methyl-6-äthoxy-7-methoxy-1.2.3.4-tetrahydroisochinolin.*

Versuche: *l-O.O.N-Trimethylcoclaurin* (**I**), $C_{20} \cdot H_{25}NO_3$, F. 62—63°, a) durch Spaltung von Isotetrandrin in Bzl. oder Toluol mit Li in fl. NH_3; b) analog a) in Dioxan; c) durch Methylieren von **III**; Nadeln. — *d-N-Methylcoclaurin* (**II**), $C_{18}H_{21}NO_3$, F. 176,5—177°, analog **I** unter a) u. b); $[\alpha]_D^{24}$ + 51,9° (c = 8,014 mg in 2 cm^3 Chlf.). — *l-1-[4-Methoxybenzyl]-2-methyl-6-hydroxy-7-methoxy-1.2.3.4-tetrahydroisochinolin* (**III**), $C_{19}H_{23}NO_3$, F. 132°, aus 2 g Isotetrandrin analog **I** unter b) neben **I** u. **II**; 70 mg (Ausbeute); daneben *isomorphe Verb.*, F. 162°; 250 mg. *Äthyläther*, $C_{21}H_{27}NO_3$, durch 3tägiges Stehen von **III** (F. 162°) in Methanol mit $C_2H_4N_2$; Öl. *Äthyl-ätheroxalat*, $C_{23}H_{29}NO_7$, F. 143° (Zers.). — *1-Oxo-2-methyl-6-äthoxy-7-methoxy-1.2.3.4-tetrahydroisochinolin*, $C_{13}H_{17}NO_3$, F. 97°, durch Zutropfen von 1%ig. $KMnO_4$ zu vorst. Äthyläther in Aceton, 3std. Stehen bei 10—15°, Einengen, Aufnehmen mit Ae. u. Chromatographieren an Al_2O_3; Nadeln. H. Krause 3500△

0940 **Über afrikanische Pfeilgifte.** 14. Mitt. **Voruscharin, ein zweites schwefelhaltiges Herzgift aus Calotropis procera L.** Gerhard Hesse und Gerhard Ludwig. (Liebigs Ann. Chem. **632,** 158—71, 1960; Erlangen, Univ., Inst. für Organ. Chem.; dt.) — 13. vgl. C. **1964,** 9-0917. — Durch Chromatographie wird aus rohem Uscharin (**II**) *Voruscharin* (**I**) abgetrennt. Durch eine auf C=N-Doppelbindungen abgestimmte Red. mit Boresterkomplexen in Dimethylformamid (DMF) sowie durch Spaltung von *Uscharidin* u. durch Teilsynth. aus *Cysteamin* wird gezeigt, daß **I** ein Thiazolidinderiv. ist, das sich mit einer offenen Thiolform im Gleichgew. befindet. UV- u. IR-Maxima sind angegeben.

Versuche: *Voruscharin* (**I**)-*Acetonverb.*, $C_{31}H_{43} \cdot NO_8S \cdot C_3H_6O$, F. 165—166° (Zers.; korr.), a) durch Chromatographie der ersten **II**-Kristallisate, der Mutterlaugen davon u. anderer Fraktionen der Calotropis-Milchsaftaufbereitung an Al_2O_3 mit Chlf./Bzl., Abscheiden als *Hg-Verb.* mit Hg_2Cl_2 u. Zers. derselben mit H_2S; aus Aceton Rhomben; b) durch Lösen von 2,4 g **II** u. 2,4 g frischem Girard-Reagens in sd. A., Zugabe von 2,25 ml Eisessig bei 20°, 24std. Stehen, Kühlen auf —12°, Verdünnen mit Eis/W., Zugabe von ca. 90% der zur Neutralisation nötigen 2n NaOH u. Extraktion mit CH_2Cl_2; daneben *Uscharidin* u. *Calotropin*; c) durch 6tägige Red. von **II** mit $Ca[B(OCH_3)_3H]_2$ in DMF bei 60°, Zugabe von Essigsäure u. W., Extraktion mit CH_2Cl_2 u. Papierchromatographie; d) durch Versetzen von 3,55 g

Uscharidin (Chlf.-Verb.) mit 3,1 g Cysteamin in 1,3 Liter CH_2Cl_2, Einengen u. Chromatographie an Amberlite IRC-50; 8,3% (Ausbeute); daneben *Dicysteamyluscharidin* [$C_{33}H_{50}N_2O_8S_2$, F. 186—189° (Aceton), aus den ersten Fraktionen der Chromatographie (bes. mit A. als Lsgm.); 13,5 mg]. — *Uscharidin*, $C_{29}H_{38}O_9 \cdot CHCl_3$, F. 193 bis 195° (Chlf.), a) durch 140std. Erwärmen von **I** in verd. Aceton mit Hg_2Cl_2 in Ggw. von $CaCO_3$ unter CO_2 auf 52°, Einleiten von H_2S u. Extraktion mit CH_2Cl_2; 86%; b) durch Versetzen von **I** mit n/100 KJ–J_2-Lsg., Ansäuern mit verd. HCl u. Extraktion mit Chlf.; 90,4%. — *N.N'-Bis-[2.4-dinitrophenyl]-cystamin*, F. 176,5 bis 177,5° (A.), durch Oxydation von **I** in verd. A. mit n/100 KJ–J_2-Lsg., Eindampfen, Lösen in A. u. Versetzen mit 2.4-Dinitrofluorbenzol u. $NaHCO_3$; aus Nitrobenzol durch Fällen mit A. citronengelbe Nadeln; 75%.

Kurt Müller/Berlin 3500□

0941 **Die Stereochemie einiger natürlich vorkommender Guajanolide und des Isophotosantonsäurelactons.** J. W. Huffman. (Experientia [Basel] **16**, 120—21, 1960; Atlanta, Ga., School of Chem., Inst. of Technol.; engl.) — Vf. unters. die Stereochemie der Sesquiterpene *Tenulin*, *Balduilin* u. *Helenalin* sowie *Isophotosantonsäurelacton* u. schlägt provisor. Strukturformeln dafür vor.

D. Groß/Berlin 3600◇

0942 **Über die Konfiguration am Kohlenstoffatom 22 des natürlichen 22-Hydroxycholesterins.** Kyosuke Tsuda und Ryoichi Hayatsu. (Chem. pharmac. Bull. [Tokyo] **6**, 580—82, 1958; Tokyo, Univ., Inst. für angew. Mikrobiol. u. Sankyo AG, Takamine Inst.; dt.) — Durch Red. von 3-O-Acetyl-22-oxocholesterin mit $NaBH_4$ wurden die isomeren *3β.22α-Dihydroxy-Δ⁵-cholesten* (**Ia**, F. 185 bis 186°; ident. mit der natürlichen Verb.; $[\alpha]_D$ —39,0°. *O.O-Diacetyl-Deriv.*, F. 102—103°; $[\alpha]_D$ —37,2°. *O.O-Dibenzoyl-Deriv.*, F. 254—256°; $[\alpha]_D$ —9,6°) u. *3β.22β-Dihydroxy-Δ⁵-cholesten* (**Ib**, F. 180—182°; $[\alpha]_D$ —52,0°. *O.O-Diacetyl-Deriv.*, F. 145—146°; $[\alpha]_D$ —51,5°. *O.O-Dibenzoyl-Deriv.*, F. 169—172°; $[\alpha]_D$ —19,6°) dargestellt. Zur Konfigurations-Best. am $C_{(22)}$ wurden die *3β-O-Methyläther* (**IIa** bzw. **IIb**) u. daraus die *Phenylglyoxylsäureester* dargestellt, welche unter gleichen Bedingungen mit Methyl-MgJ zu *Atrolactinsäureestern* umgesetzt wurden. **IIa** (F. 111°) ergibt so nach alkal. Verseifung in 70%ig. Ausbeute L-(+)-*Atrolactinsäure* (**V**; $[\alpha]_D$ +7,0°; Chlf.), **IIb** (F. 80°) analog in 52%ig. Ausbeute D-(—)-*Atrolactinsäure* (**VI**, $[\alpha]_D$ —12,6°; Chlf.). Durch Rk. mit $POCl_3$/Pyridin wird aus **Ia** u. **Ib** unter Wasserabspaltung *3β-Chlor-Δ^{5.20.22}-cholestadien* gebildet, das auch aus **Ia** mit PCl_5/Ae. entsteht. **Ib** ergibt unter diesen Bedingungen *3β.22ξ-Dichlor-Δ⁵-cholesten*. Durch analoge Rk.-Folge werden aus 3β-Acetoxy-22-oxo-22-phenyl-Δ⁵-bisnorcholen *3β.22α-Dihydroxy-22-phenyl-Δ⁵-bisnorcholen* {**IIIa**, F. 203—205°; $[\alpha]_D$ +0,4°. *3-O-Methyläther* (**IVa**), F. 142°} u. *3β.22β-Dihydroxy-22-phenyl-Δ⁵-bisnorcholen* {**IIIb**, F. 242—243°; $[\alpha]_D$ —27,7°. *3-O-Methyläther* (**IVb**), F. 165°} erhalten. Analog **IIa** bzw. **IIb** ergeben **IVa V** (45%) u. **IVb VI** (48%). **IIIa** wird mit PCl_5/Ae. unter Abspaltung von W. in *3β-Chlor-22-phenyl-Δ^{5.20.22}-bisnorcholadien* übergeführt, während aus **IIIb** in analoger Rk. *3β.22ξ-Dichlor-22-phenyl-Δ⁵-bisnorcholen* gebildet wird.

H.-J. Weigmann 3700△

0943 **Säurekatalysierte Disproportionierungsreaktion der 17.21-dihydroxylierten Corticalseitenkette.** R. Hirschmann, G. Bailey und J. M. Chemerda. (Chem. and Ind. **1958**, 682; engl.) — Beim Versetzen von *21-Jod-Δ^{1.4}-pregnadien-11β.17α-diol-3.20-dion* mit Ag_3PO_4 u. H_3PO_4 in sd. Acetonitril entsteht neben dem erwarteten *21-Phosphorsäureester* das *17.21-Epoxid* u. eine amorphe Säure, *3-Oxo-11.20-dihydroxy-Δ^{1.4}-pregnadien-21-säure* [**I**; $C_{21}H_{28}O_5$; $[\alpha]_D$ +37,2° (Chlf.)], die keinen krist. Ester ergibt. **I** entsteht unter stark alkal. Bedingungen direkt aus Prednisolon sowie auch beim Einleiten von wasserfreiem Cl_2 in eine Lsg. von Prednisolon in Dioxan. Wenn Prednisolonphosphat unter den Bedingungen seiner Bldg. mit Methanol versetzt wird, entsteht *11β-Hydroxy-3.20-dioxo-Δ^{1.4}-pregnadien-21-al* (F. 193—194°).

W. Hampel 3800△

0944 **Synthese von Cytidindiphosphatglucose.** 2. Mitt. **Über Analoga der Cofermente des Kohlenhydratstoffwechsels.** E. I. Budowski, W. N. Schibajew, G. I. Jelissejewa und N. K. Kotschetkow. (Nachr. Akad. Wiss. UdSSR, Abt. chem. Wiss. **1962**, 1491—93; Akad. der Wiss. der UdSSR, Inst. für Chem. der Naturstoffe; russ.) — 1. vgl. Kotschetkow u. Mitarbeiter, Nachr. Akad. Wiss. UdSSR, Abt. chem. Wiss. **1962**, **1035**. — Als Analoges des Cofermentes Uridindiphosphatglucose wurde *Cytidindiphosphatglucose* dargestellt. In Ggw. dieser Verb. findet keine enzymat. Synth. von Saccharose statt. — *Cytidindiphosphatglucose*, *Bis-triäthylammoniumsalz*, $C_{27}H_{55}N_5O_{16}P_2$, durch Lösen von Trioctylammoniumglucose-1-phosphat [aus 100 mg des K-Salzes] u. 100 mg des Morpholino-N.N'-dicyclohexylcarboxamidiniumsalzes von Cytidin-5'-phosphomorpholid in abs. Pyridin, 2maliges Eindampfen, Lösen in 2 ml abs. Pyridin, 4std. Erhitzen auf 60° u. Reinigen am Ionenaustauscher; 40% (Ausbeute).

Helmut Schäfer 3850△

0945 **Syntheseversuche in der Griseofulvinreihe.** 1. Mitt. **Eine Totalsynthese von Griseofulvin.** A. Brossi, M. Baumann, M. Gerecke und E. Kyburz. (Helv. chim. Acta **43**, 2071—82, 1960; Basel, Hoffmann-La Roche & Co. AG, Chem. Forsch.-Abt.; dt.) — Vgl. C. **1960**, 17123. — Der aus *2-Hydroxy-3-chlor-4.6-dimethoxybenzoesäuremethylester* u. Bromessigsäuremethylester (**I**) erhältliche *6-Chlor-3.5-dimethoxy-2-methoxycarbonylphenoxyessigsäuremethylester* liefert bei der Dieckmann-Kondens. *4.6-Dimethoxy-7-chlorcumaranon-(3)-carbonsäure-(2)-methylester* (**II**). Michael-Kondens. von **II** mit trans-Penten-(3)-on-(2) (**III**) führt zu 2 durch fraktionierte Kristallisation trennbaren Racematen des *2-[4-Oxopentyl-(2)]-4.6-dimethoxy-7-chlorcumaranon-(3)-carbonsäure-(2)-methylesters* [F. 165° (rac.-**V**) u. F. 185° (rac.-**IV**)], die beide mit methanol. NaOH das Racemat des *2-Oxo-4-methyl-6-chlor-7.9-dimethoxy-1.2.3.4-tetrahydrodibenzofurans* (rac.-**XIV**) liefern. Bei der intramol. Cyclisierung von rac.-**IV** wird *rac.-Epigriseofulvinsäure* (rac.-**VI**) erhalten; als Nebenprodd. isoliert man *2-[1-Carboxypropyl-(2)]-3-carboxymethyl-4.6-dimethoxy-7-chlorbenzofuran* (**XI**) u. *2-[1-Methoxycarbonylpropyl-(2)]-3-methoxycarbonylmethyl-4.6-dimethoxy-7-chlorbenzofuran* (**XII**). **XII** entsteht auch durch Methylierung von **XI**. Da sich rac.-**VI** unter den angewandten Cyclisierungsbedingungen als stabil erweist, können **XI** u. **XII** nicht aus rac.-**VI** entstanden sein. Sie bilden sich vermutlich aus einem intermediären, nicht isolierten Spaltprod. von rac.-**IV**. Bei der Einw. von CH_2N_2 auf rac.-**VI** ergibt sich ein Gemisch aus nahezu gleichen Anteilen zweier stellungsisomerer Enoläther, *rac.-Epigriseofulvin* (rac.-**VII**) u. *rac.-Epiisogriseofulvin* (rac.-**VIII**), die sich an Al_2O_3 trennen lassen. rac.-**VIII** ist auch aus rac.-**VI** u. CH_3OH in Ggw. von HCl darstellbar. Durch SeO_2 erfährt rac.-**VII** Dehydrierung zu *rac.-Dehydrogriseofulvin*. *rac.*-**VII** läßt sich durch $NaOCH_3$-Lsg. mit ca. 40%ig. Ausbeute zu *rac.-Griseofulvin* (**IX**) isomerisieren. Als Nebenprod. wird *2-[2-Methoxy-4-oxo-6-methylcyclohexen-(2)-yloxy]-3-chlor-4.6-dimethoxybenzoesäure* isoliert. Ein Mechanismus für die Epimerisierung von rac.-**VII** zu rac.-**IX** wird vorgeschlagen. rac.-**V** liefert bei der intramol. Cyclisierung nur geringe Mengen *rac.-Griseofulvinsäure* (rac.-**X**) u. daneben **II**. Für das unterschiedliche Verh. von *rac.*-**IV** u. rac.-**V** bei der intramol. Cyclisierung wird ein Mechanismus vorgeschlagen, aus dem gefolgert wird, daß rac.-**VI** *trans*-Konfiguration bzgl. der 3-Carbonyl- u. 6'-Methylgruppe zuerteilt werden muß. rac.-**X** kann auch aus rac.-**IX** durch Behandlung mit HCl in CH_3OH über *rac.-Isogriseofulvin* u. dessen Hydrolyse erhalten werden. Aus rac.-**X** läßt sich mit Brucin (Dihydrat; **XV**) ein (+)-*Brucinsalz* abtrennen, das mit Essigsäure (+)-**X** ergibt; dieses ist ident. mit dem aus dem natürlichen Antibioticum erhaltenen Produkt. Da (+)-**X** schon mehrfach in (+)-**IX** übergeführt wurde, kann die Synth. von (+)-**X** als gleichbedeutend mit der von (+)-**IX** aufgefaßt werden. **XII** geht bei der Red. mit $LiAlH_4$ in *2-[1-Hydroxybutyl-(3)]-3-[2-hydroxyäthyl]-4.6-dimethoxy-7-chlorbenzofuran* über. Bei der Dieckmann-Kondens. entsteht aus **XII** eine Verb., in der vermutlich *1-Methoxycarbonyl-2-oxo-4-methyl-6-chlor-7.9-dimethoxy-1.2.3.4-tetrahydrodibenzofuran* (**XIII**) vorliegt. **XIII** liefert bei der sauren Hydrolyse **XIV**. Mit $NaOCH_3$ entstehen aus **XIII**, **XII** u. **XI**, wobei **XI** sek. durch Verseifung von

XII gebildet wird. Die UV-Maxima u. die IR-Banden der synthetisierten Verbb. sind angegeben. Für die Derivv. von **IX** sind die IR-Spektren graph. wiedergegeben.

Versuche (mit A. Gnirss): *2-Hydroxy-3-chlor-4.6-dimethoxybenzoesäuremethylester,* $C_{10}H_{11}ClO_5$, F. 185 bis 186° (CH_3OH), durch Zugabe von 37 g Dicyclohexylcarbodiimid zu der Lsg. von 37 g 2-Hydroxy-3-chlor-4.6-dimethoxybenzoesäure in Dimethylformamid (DMF)/CH_3OH bei 50°, 24std. Aufbewahren bei Raum-Temp., 2std. Aufbewahren bei 0°, Absaugen, Schütteln mit verd. NaOH, Ansäuern der filtrierten Lsg., Einstellen mit $NaHCO_3$-Lsg. auf pH 8 u. Absaugen; 39 g (Ausbeute). — *3.5-Dimethoxy-6-chlor-2-methoxycarbonylphenoxyessigsäuremethylester,* $C_{13}H_{15}ClO_7$, F. 86—87° (Isopropyläther), durch Lösen von 210 g vorst. Verb. in DMF, Zugabe von 100 ml **I** u. 155 g K_2CO_3 bei 60°, 20std. Rühren bei 60°, Eindampfen der abdekantierten Lsg. im Vakuum, Lösen in Bzl. u. Einengen der mit verd. NaOH u. W. gewaschenen Bzl.-Lsg.; 253 g. — *4.6-Dimethoxy-7-chlorcumaranon-(3)-carbonsäure-(2)-methylester* (**II**), $C_{12}H_{11}ClO_6$, F. 147—149°, durch Zugabe von 250 g vorst. Verb. in Toluol zu 26 g in Toluol suspendiertem Na bei 100°, 4std. Aufbewahren bei 100°, Suspendieren der ausgeschiedenen Nd. in W., Einrühren von HCl u. Essigester u. Aufarbeitung der Essigester-Lsg.; 147 g. *Enolmethyläther,* $C_{13}H_{13}ClO_6$, F. 220° (DMF), durch Rk. von **II** mit CH_2N_2 in CH_3OH. — *rac.-2-[4-Oxopentyl-(2)]-4.6-dimethoxy-7-chlorcumaranon-(3)-carbonsäure-(2)-methylester: rac.-***IV**, $C_{17}H_{19}ClO_7$, F. 184—185° (CH_3OH), durch Lösen von 100 g **II** in abs. CH_3OH, Zugabe einer 40%ig. Lsg. von Triton B in CH_3OH u. von 120 ml **III**, 24std. Rühren bei Raum-Temp. im N_2-Strom unter Lichtausschluß, Einengen im Vakuum bis zur beginnenden Kristallisation u. Stehenlassen; ca. 70 g. *rac.-***V**, $C_{17}H_{19}ClO_7$, F. 164 bis 165° (Essigester, CH_3OH), durch Einengen der Mutterlauge von rac.-**IV**; 12 g. — *2-Oxo-4-methyl-6-chlor-7.9-dimethoxy-1.2.3.4-tetrahydrodibenzofuran* (**XIV**), $C_{15}H_{15}ClO_4$, F. 163—165°, a) durch Lösen von 1 g rac.-**IV** oder rac.-**V** in warmem CH_3OH u. Zugabe von 2n NaOH; 650 mg; b) durch 1std. Kochen von 500 mg **XIII** mit 20%ig. HCl in Eisessig, Chromatographie der auf dem üblichen Wege isolierten Neutralstoffe an Al_2O_3 u. Elution mit Bzl.; 90 mg. *2.4-Dinitrophenylhydrazon,* F. 240—242°. — *rac.-Epigriseofulvinsäure (rac.-***VI**), $C_{16}H_{15}ClO_6$, F. 225—229°, durch 17std. Rühren von 50 g rac.-**IV** u. 2n $NaOCH_3$-Lsg. in CH_3OH bei Raum-Temp. im N_2-Strom unter Lichtausschluß, Einengen, Verteilen zwischen Essigester u. Wasser, Einstellen der wss. Lsg. auf pH 7, Waschen mit Essigester, Ansäuern der von der Essigester-Lsg. (**A**) abgetrennten wss. Lsg. mit HCl bis zur kongosauren Rk., Extraktion mit Essigester, Eindampfen, Lösen des Rückstands in wenig warmem Essigester u. Aufheben zur Kristallisation; 12 g; daneben *2-[1-Carboxypropyl-(2)]-3-carboxymethyl-4.6-dimethoxy-7-chlorbenzofuran* [**XI**; $C_{16}H_{17}ClO_7$, F. 216—218° (Essigester)], durch Stehenlassen der Mutterlauge von rac.-**VI**; 5,3 g; u. *2-[1-Methoxycarbonylpropyl-(2)]-3-methoxycarbonylmethyl-4.6-dimethoxy-7-chlorbenzofuran* [**XII**; $C_{18}H_{21}ClO_7$, F. 91—92° (Ae.)], durch Einengen von **A**; 4,2 g. — *rac.-Epiisogriseofulvin* (rac.-**VIII**), $C_{17}H_{17}ClO_6$, F. 218—220° (CH_3OH), durch 1std. Einleiten von HCl in die Lsg. von 2,5 g rac.-**VI** in CH_3OH u. Einengen; 1,0 g. — *rac.-Epigriseofulvin* (rac.-**VII**), $C_{17}H_{17}ClO_6$, F. 250—251° (Eisessig), a) durch Zugabe von CH_2N_2 in Ae. zu 5 g rac.-**VI** in CH_3OH, Einengen nach 1 Std., Chromatographie des aus ca. gleichen Mengen rac.-**VII** u. rac.-**VIII** bestehenden Rückstands (F. 210—230°; 4,3 g) an Al_2O_3 u. Elution mit Bzl.; 2,2 g; daneben durch Elution mit CH_3OH, Lösen in $NaHCO_3$, Ansäuern u. Umfällen des Nd. aus Eisessig/Ae. durch Verseifung von rac.-**VIII** entstandenes rac.-**VI**; 800 mg; b) analog a) aus rac.-**VI** u. CH_2N_2 in CH_3OH/Ae., Lösen von 10 g rac.-**VII**–rac.-**VIII**-Gemisch in Dioxan, Zugabe von 0,1n Na_2CO_3-Lsg., 10 Min. langes Erwärmen auf 80—85°, Abdest. von Dioxan im Vakuum bei 60° u. Absaugen; 6—7 g; daneben durch Ansäuern der alkal. Lsg. u. Extraktion mit Essigester durch Verseifung von rac.-**VIII** entstandenes rac.-**VI**; 2—3 g. — *rac.-Dehydrogriseofulvin,* $C_{17}H_{15}ClO_6$, F. 278—280°, durch 20std. Kochen von 1 g rac.-**VII** mit 2,3 g SeO_2 in tert.-Amylalkohol in Ggw. einiger Tropfen Eisessig unter N_2, Einengen, Aufkochen mit Essigester, Einengen, Zugabe von Ae., Lösen der 650 mg Rohprod. in Chlf., chromatograph. Adsorption an Al_2O_3, Elution mit Chlf. u. Entfernen von geringen Mengen von Se durch 10 Min. lange Sublimation bei 200° im Hochvakuum. — *rac.-Griseofulvin* (rac.-**IX**), $C_{17}H_{17}ClO_6$, F. 214—216° (Essigester/Ae.), durch 3std. Erwärmen von 3,5 g rac.-**VII** mit $NaOCH_3$ in CH_3OH auf 80° unter Rühren, Eindampfen im Vakuum, Versetzen des Rückstands bei 0° mit Eiswasser, Absaugen von rac.-**VII**–rac.-**IX**-Gemisch (**C**; F. 230—232°; 2,0 g), Lösen von 1 g **C** in Chlf., chromatograph. Adsorption an Al_2O_3, Elution von 450 mg unverändertem *rac.-***VII** mit Chlf. u. weitere Elution mit Chlf.; 350 mg; daneben *2-[2-Methoxy-4-oxo-6-methylcyclohexen-(2)-yloxy]-3-chlor-4.6-dimethoxybenzoesäure,* $C_{17}H_{19}ClO_7$, F. 212—214° (CH_3OH), durch Ansäuern des Filtrats von **C** u. Extraktion mit Essigester; 800 mg (*Methylester,* $C_{18}H_{21}ClO_7$, F. 154—156°; *2.4-Dinitrophenylhydrazon,* F. 178—180°). — *rac.-Isogriseofulvin,* $C_{17}H_{17}ClO_6$, F. 216—218°, durch Lösen von 1,4 g rac.-**IX** in CH_3OH, 4std. Einleiten von HCl u. Einengen im Vakuum; 1,05 g. — *rac.-Griseofulvinsäure* (rac.-**X**), $C_{16}H_{15}ClO_6$, F. 240—242°, a) durch Lösen von 2,0 g vorst. Verb. in Dioxan, 1/4std. Kochen mit verd. Na_2CO_3-Lsg., Abdest. von Dioxan im Vakuum, Ansäuern der mit Essigester u. Ae. gewaschenen alkal. Lsg. mit HCl, Extraktion mit Essigester u. Aufarbeitung der organ. Lsg.; 1,6 g; b) durch 14std. Rühren von 5 g rac.-**V** mit 2n-$NaOCH_3$ in CH_3OH unter N_2, Einengen im Vakuum, Verteilen zwischen Wasser u. Essigester, Aufarbeitung in der üblichen Weise zu einer Neutralfraktion (**B**) u. einer sauren Fraktion, Schütteln der sauren Fraktion (1,2 g) mit $NaHCO_3$-Lsg., Ansäuern der von 0,6 g **II** abfiltrierten alkal. Lsg., Absaugen u. Umlösen aus Eisessig/Ae.; 100 mg (daneben **XIV**, durch Aufarbeitung von **B**; 0,6 g). *(+)-Griseofulvinsäure* [(+)-**X**], $C_{16}H_{15}ClO_6$, F. 258 bis 260°, durch Lösen von 1,0 g rac.-**X** u. 1,13 g **XV** in warmem W., Abtrennen des ausgeschiedenen Öls, Lösen des Öls in warmem W., 10tägiges Aufbewahren zur Kristallisation, Absaugen von *(+)-Brucinsalz* [$C_{16}H_{15}ClO_6 \cdot C_{23}H_{26}N_2O_4$, F. 240—245° (W.); $[\alpha]_D^{25}$ +131° (c = 1,0; CH_3OH); 117 mg], Lösen des letzteren in Eisessig, Versetzen mit W. u. Aufbewahren; $[\alpha]_D^{22}$ +366° (3 mg in 0,1 ml 0,1n NaOH u. 2 ml CH_3OH); 13 mg. — *2-[1-Hydroxybutyl-(3)]-3-[2-hydroxyäthyl]-4.6-dimethoxy-7-chlorbenzofuran,* $C_{16}H_{21}ClO_5$, F. 122—123° (Essigester/PAe.), durch Red. von 1,8 g **XII** mit $LiAlH_4$ in Ae.; 1,2 g. *Diacetylderiv.,* $C_{20}H_{25}ClO_7$, F. 70—71° (Isopropyläther). — *1-Methoxycarbonyl-2-oxo-4-methyl-6-chlor-7.9-dimethoxy-1.2.3.4-tetrahydrodibenzofuran* (**XIII**), $C_{17}H_{17}ClO_6$, F. 156 bis 157° (Essigester), durch Lösen von 3,8 g **XII** in 100 ml Bzl., Zugabe von 1,5 g $NaOCH_3$, Einengen auf die Hälfte des Vol., Eindampfen nach 1std. Kochen, Zugabe von W., Einstellen mit HCl auf pH 7, Ae.-Extraktion u. Aufarbeitung der Ae.-Lsg.; 0,9 g (*2.4-Dinitrophenylhydrazon,* F. 218—220°); durch Zugabe von 2n $NaOCH_3$-Lsg. zu 350 mg **XIII** im CH_3OH bei Raum-Temp., 24std. Rühren unter N_2, Einengen, Verteilen zwischen W. u. Ae. werden aus der Ae.-Lsg. 10 mg **XII** u. durch Ansäuern der alkal. wss. Lsg. mit HCl 250 mg **XI** erhalten. — Vgl. C. **1963,** 11270. K. Maier 3900◇

0946 **Über die Isolierung der Galbansäure aus den Wurzeln von Ferula gummosa Boiss.** A. Je. Bednjak. (Apothekenwesen [UdSSR] **11,** Nr. 3, 28—34, 1962; Moskau, I. med. Inst., pharmazeut. Fakultät; russ., Auszug: engl.) — *Galbansäure* [$C_{25}H_{32}O_5$, F. 94—96° (A.-Bzn.); Nadeln; $[\alpha]_D^{20}$ —34,6° (A.); λ_{max} 324—326 u. 252 mμ; 3% Ausbeute, bezogen auf die trockene Wurzel] wird durch 15—20std. Extraktion der Wurzeln von *Ferula gummosa Boiss.* im Soxhlet mit der 10fachen Menge Ae., Waschen mit wenig 1—2%ig. Na_2CO_3-Lsg., Extraktion aus dem Ae. mit 15—20%ig. Na_2CO_3-Lsg., Lösen des Nd. in W. u. Ansäuern mit H_2SO_4 erhalten. *Na-Salz,* Reinigung durch Kristallisation aus A. oder Ausfällung mit Bzl. aus Chloroform. Helmut Schäfer 3900△

0947 **Untersuchungen an Leukomycin. 2. Mitt. Präparative Chromatographie von Macroliden an Amberlite IRC-50.** Tetsuo Watanabe. (Bull. chem. Soc. Japan **33,** 1100—04, 1960; Tokyo, Metropolitan Univ., Fac. of Sci., Dep. of Chem.; engl.) — 1. vgl. C. **1962,** 15351. —

Durch Chromatographie mit A./0,2 Mol Na-Citratpuffer pH 5,0 (1 : 1) an Amberlite IRC-50 (H-Form) kann *Leukomycin* (**I**) in präparativem Maßstab in 6 Fraktionen A_1[(F. 132—137°), A_2, B_1 ($C_{35}H_{59}NO_{13}$, F. 214,5—216,5°), B_2 ($C_{38}H_{65}NO_{16}$, F. 214,0—216,0°), B_3 ($C_{34}H_{53}NO_{13}$, F. 216,0—217,0°) u. B_4 ($C_{38}H_{59}NO_{16}$, F. 221,0—223,8°)] sowie eine weitere, antibakteriell inakt. Fraktion B_0 aufgespalten werden. Unter den gleichen Bedingungen lassen sich ferner nachst. weitere **I**-Derivv. u. verwandte Verbb. isolieren: *Diacetyl-* ($C_{50}H_{85}NO_{19}$, F. 127—129°), *Propionyl-* ($C_{49}H_{85}NO_{18}$, F. 123—126°) u. *Tetrahydroleukomycin* A_1 ($C_{46}H_{85}NO_{17}$, F. 162—164°), ein **I**-A_1-*Methanolyseprod.* $C_{34}H_{59}NO_{13}$ (F. 154—155°), *Erythromycin, Magnamycin* u. *Spiramycin.* E. Moisar 3900◇

D. Makromolekulare Chemie

0948 **Untersuchungen der Polymeren durch Röntgen-Strahlen.** Kensuke Okuda. (Chem. and chem. Ind. [Kagaku to Kôgyô] **16,** 1096—1102, 1963; Tokyo, Kureha-Kagaku; jap.) — Übersicht, bes. über Unters. der Struktur u. Eig. der kristallinen Polymeren durch Röntgenstrahlbeugung. — 23 Literaturangaben. E. Maekawa 4000◇

0949 **Über die Änderungen der EPR-Spektren des Allylradikals und einiger anderer Radikale in bestrahlten Polymeren mit der Temperatur.** Ju. N. Molin, A. T. Koritzki, W. N. Schamschew und N. Ja. Buben. (Hochmolekulare Verbind. [UdSSR] **4,** 690—95, 1962; Akad. der Wiss. der UdSSR, Inst. für chem. Physik; sibir. Abt., Inst. für chem. Kinetik u. Verbrennung; russ., Auszug: engl.) — Die reversible Temp.-Abhängigkeit der paramagnet. Elektronenresonanzspektren (EPR-Spektren), die in bestrahlten isotropen u. orientierten Proben von *Niederdruckpolyäthylen* bei —130 bis +80° nach der Rekombination der Alkylradikale beobachtet wird, ist durch Allylradikale bedingt. Die reversible Änderung der Spektren wird durch die Aufhebung der Gleichwertigkeit der β-Protonen in den Allylradikalen bei Temp.-Erniedrigung erklärt. Diese ist wahrscheinlich durch eine Störung der geometr. Struktur der Radikale unter dem Einfl. des Kristallgitters des Polymeren bedingt. Reversible Änderungen der EPR-Spektren mit der Temp. wurden auch bei bestrahltem *Capron* u. *Nylon* festgestellt. Helmut Schäfer 4000△

0950 **Kolligative Eigenschaften von Polyelektrolytlösungen bei Salzüberschuß.** Z. Alexandrowicz und A. Katchalsky. (J. Polymer Sci., Part A **1,** 3231—60, 1963; Rehovoth, Israel, Weizmann Inst. of Sci.; engl.) — Theoret. Arbeit. Zur Berechnung der Gleichgewicht-Eigg. von Polyelektrolytlsgg. in Ggw. eines überschüssigen niedermol. Salzes wird das elektr. Potential in 2 Teile zerlegt, von denen sich der eine Teil auf den inneren Bereich in der unmittelbaren coionen-freien Umgebung des Polyions u. der andere Teil auf den äußeren vom Zentralmakroion abgeschirmten Bereich beziehen. Es werden so Gleichungen für das potentiometr. Verh., für die Donnan-Verteilung des Salzes u. für den Donnanschen osmot. Druck erhalten. Der Vgl. mit experimentellen Daten (aus der Literatur) ergibt gute Übereinstimmung. O. Fuchs 4000◇

0951 **Beeinflussung der Diffusion von Wasser in Polymere durch elektrische Gleichfelder.** E. Hellmuth und F. H. Müller. (Z. physik. Chem. [Frankfurt/M.] [N.F.] **37,** 328—32, 1963; Marburg/Lahn, Univ., Inst. für Polymere; dt.) — Bei der Permeation von W. durch Kunststoff-Folien beobachtete kleine elektr. Ströme lassen sich durch einen Aufbau eines Raumladungspotentials während des Einstellvorganges der Diffusion in den stationären Zustand erklären. Die Unters. wurde wie folgt durchgeführt: 30—200 μ dicke Folien wurden mit einer sehr dünnen Ag-Schicht bedampft u. in eine geeignete App. eingepaßt (vgl. Kolloid-Z. **144,** [1955], 125); die Folie ließ sich in beiden Richtungen einbauen. Die Ag-Schicht wurde durch aufgelegte Metallnetze an eine stabilisierte Gleichspannungsquelle (400 V) angeschlossen. Die Anlegung einer Gleichspannungsfeldstärke von 80000 V/cm ergab eine Vergrößerung des Permeationsstromes, wenn auf der feuchten Seite der Folie die positive Elektrode lag, während eine Erniedrigung bei umgekehrter Polung auftrat. Die relative Änderung des Permeationsstromes betrug bei einer *Kautschuk*-Folie (50 μ) ±40% bei einer Differenz des Wasserdampfdruckes von 0,5 Torr. Eine Erhöhung der Wasserdampfdruck-Differenz auf 1,2 bzw. 21,8 Torr ergab einen 100- bzw. 2000fach größeren Permeationsstrom. Die Änderung durch das angelegte Feld betrug dann nur noch ±5 bzw. ±2%. *Kautschuk, Polystyrol, Polyvinylchlorid, Polyäthylen* u. *Polyterephthalsäureglykolester* (*Terylen*) zeigten eine Vergrößerung des Permeationsstroms, während *Polyvinylalkohol* u. *Cellulosetriacetat* eine Verkleinerung des Permeationsstroms ergaben, wenn auf der Folienseite der größeren Wasser-Konz. die positive Elektrode lag. H. Schroeder 4000◇

0952 **Einpunktbestimmung der Intrinsicviskosität.** R. Z. Naar, H. H. Zabusky und R. F. Heitmiller. (J. appl. Polymer Sci. **7,** S 30—31, 1963; Billerica, Mass., Cabot Corp.; engl.) — Eine auf Grund experimenteller Daten von Solomon u. Ciută (ibid. **6,** [1962], 683) aufgestellte Gleichung wird unter Verw. der Huggins-Beziehung analyt. abgeleitet. H. Schroeder 4000◇

0953 **Die Zeit–Feuchtigkeit-Superposition bei einigen kristallinen Polymeren.** Shigeharu Onogi, Kiichiro Sasaguri, Tomio Adachi und Sadahide Ogihara. (J. Polymer Sci. **58,** 1—17, 1962; Kyoto, Kyoto Univ., Dep. of Polymer. Chem.; engl.) — In einem Instrongerät, Modell Table, das mit einer speziellen Glaszelle zur Temp.- u. Feuchtigkeitskontrolle versehen war, wurden Spannungsrelaxationsmessungen an *Polyvinylalkohol* (**PVA**)- bzw. *Nylon-6*-Filmen mit Molgew. von 9,07 u. 2,64 · 10^4 bzw. 1,56 u. 1,13 · 10^4 durchgeführt. Die relative Feuchtigkeit wurde zwischen 0 u. 75% variiert. Für **PVA** ist die Zeit–Feuchtigkeits-Superposition (ZFS) nur bei einer höheren Feuchtigkeit, als dem Umwandlungsbeginn entspricht, anwendbar, bei *Nylon-6* jedoch, ebenso wie die Zeit–Temp.-Superposition, im Umwandlungsgebiet sehr gut u. bei höherer Temp. u. Feuchtigkeit recht gut. Die mit beiden Superpositionen erhaltenen Ergebnisse stimmen sehr gut überein, was die Brauchbarkeit der ZFS beweist. R. Sattelmeyer 4000◇

0954 **Molekulare Eigenschaften von amorphen Hochpolymeren.** 1. Mitt. **Eine Zelltheorie für amorphe Hochpolymere.** A. T. DiBenedetto. (J. Polymer Sci., Part A **1,** 3459—76, 1963; Madison, Wis., Univ. of Wisconsin, Dep. of Chem. Engng.; engl.) — Für die amorphen Polymeren wird folgendes Modell zugrunde gelegt: Die Einheitszelle besteht aus einer homogenen, eine Komponente enthaltenden Phase mit N ident. „n-center" Polymersegmenten, die von 4 parallelen Ketten umgeben sind. Das durchschnittliche Wechselwirkungspotential φ_0 zwischen 2 Zentren benachbarter Ketten ist gegeben durch $\varphi_0 = \varepsilon'[(\varrho'/\varrho)^{12} - 2(\varrho'/\varrho)^6]$, wo ε' = Energieparameter, φ = Abstand zwischen 2 Zentren, φ' = Abstandsparameter für die Potentialfunktion. Auf Grund dieses Modells werden für den therm. Ausdehnungskoeff., die mittlere isotherme Kompressibilität, die Glastemp. u. die Kohäsionsenergiedichten Gleichungen abgeleitet. Die Anwendung auf 8 verschiedene Polymere (*Polybutadien, Naturkautschuk, Neoprene, Polyisobuten, Polyvinylchlorid, Polystyrol, Polyvinylacetat* u. einem *Copolymeren* aus *PVC* u. *PVA*) liefert gute Übereinstimmung zwischen Messung (Literaturdaten) u. Theorie. O. Fuchs 4000◇

0955 **Molekulare Eigenschaften von amorphen Hochpolymeren.** 2. Mitt. **Eine Deutung der Diffusion von Gasen durch Polymere.** A. T. DiBenedetto. (J. Polymer Sci., Part A **1,** 3477—87, 1963; engl.) — 1. vgl. vorst. Referat. — Erweiterung der l. c. angestellten Betrachtungen. Es wird angenommen, daß ein sorbiertes Mol. eines Gases sich im Gleichgew. in einem homogenen Gitter befindet u. daß es sich in dem umgebenden Bündel von parallelen

Polymersegmenten wie ein 3-dimensionaler Oszillator verhält; ein Diffusionssprung soll erfolgen, wenn sich die 4 parallelen Polymersegmente so weit voneinander trennen, daß ein zylindr. Hohlraum, in den das Mol. eindiffundieren kann, entsteht. Es werden so Gleichungen erhalten für die Aktivierungsenergien der Gasdiffusion u. die Selbstdiffusion u. für die Länge eines Polymersegmentes. Experimentelle Daten (aus der Literatur) können so erklärt werden. O. Fuchs 4000◇

0956 **Allgemeine Betrachtungen über die Struktur von kristallinen Polykohlenwasserstoffen.** G. Natta und P. Corradini. (Suppl. nuovo Cimento **1,** 9—39, 1960; Milano, Politecnico, Ist. di Chim. Ind.; engl.) — Übersicht über das allg. Bauprinzip folgender kristalliner Poly-KW-Stoffe: *Polymethylene, isotakt. Polymere, syndyotakt. Polymere, 1.4-Polydiene,* verschiedene *Nylon*-Arten, *Teflon, Polyisobutylen, Polyvinylidenchlorid, Polypropylenoxid, Polyvinylalkohol, Proteine* u. *Polysaccharide.* — 48 Literaturangaben. H.-G. Kirschner 4000◇

0957 **Beziehung zwischen der maximalen Relaxationszeit und der Kettenlänge.** A. V. Tobolsky und K. Murakami. (J. Colloid Sci. **15,** 282—83, 1960; Princeton, N. J., Princeton Univ., Dep. of Chem., Frick Chem. Labor.; engl.) — Vff. weisen darauf hin, daß auf Grund der von ihnen früher (vgl. C. **1961, 10580**) angegebenen Beziehung zwischen der maximalen Relaxationszeit u. der Einfriertemp. das Gew.-Mittel des Molgew. von Polymeren bestimmt werden kann. Bei Messungen in einem Θ-Lsgm. kann ferner der Mittelwert $\bar{r}_{\Theta}^2$ des Kettenendenabstandes erhalten werden. O. Fuchs 4000◇

0958 **Über die Variationsbreite der mechanischen Relaxation in kristallinen Polymeren.** Akira Miyake. (Chem. High Polymers [Tokyo] **15,** 585—90, 1958; Shizuoka, Ōiwa, Shizuoka Univ., Fac. of Liberal Arts and Sci.; jap., Auszug: engl.) — Die Verteilung der Relaxationszeiten in der sog. Rouse-Kette wurde vom Standpunkt der Thermodynamik aus untersucht. Es ergibt sich eine Beziehung zwischen der Form der Verteilungskurve u. der Verteilung der normalen Moduln. Unter der Annahme, daß die zwischenmol. Kräfte anisotrop in bezug auf die kristallinen Bereiche sind, wird für geeignete Bedingungen eine bei langen Relaxationszeiten beinahe flache Verteilungskurve erhalten. Dies steht in Übereinstimmung mit dem Verh. von kristallinen Polymeren, bei denen die mehrdimensionale Verteilung der normalen Moduln in der Kette eine Rolle beim Relaxationsmechanismus spielt. Es wird erklärt, daß bei sorgfältiger Verw. die Red.-Regel von Ferry auch für kristalline Polymere gilt. K. Gröbe 4000◇

0959 **Registrierende Messung des mechanischen Verlustes von Kunststoffproben.** F. H. Müller und Ad. Engelter. (Kolloid-Z., Z. Polymere **187,** 19—27, 1963; Marburg/Lahn, Univ., Inst. für Polymere; dt.) — Ein Verf., das eine unmittelbare u. kontinuierliche Registrierung des mechan. Verlustwinkels δ über einen weiten Temp.-Bereich ermöglicht, wird beschrieben. Die Probe wird einer period. Biegung (f = 2,5 Hz) unterworfen; die Zeit des Kraftnulldurchgangs relativ zur Bewegung ist δ proportional u. wird elektron. ermittelt. δ wurde für weichgemachtes *Polyvinylchlorid* (*Mipolam*) bei Raumtemp., für *Polystyrol* im Temp.-Bereich 25° bis 140° (δ_{max} = 45° u. liegt bei 100°) u. für kristallines *Teflon* (**I**) im Bereich — 170° bis 170° (δ_{max} bei — 100°, 20° u. 120°) gemessen. δ von **I** zeigt bei einer Messung mit erhöhter Empfindlichkeit im Bereich 15°—30° bei ca. 20° die Kristallumwandlung monoklin–hexagonal (durch ein Maximum) u. bei ca. 28° die Kristallumwandlung hexagonal–pseudohexagonal (durch eine breite Schulter) an. Die Meßergebnisse sind weitgehend unabhängig von der Probenform u. deren Änderung während der Messung (Krümmung der Probe, therm. Ausdehnung usw.). G. Vetter 4000◇

0960 **Bestimmung der absoluten Geschwindigkeitskonstanten bei der Polymerisation.** G. Martín Guzmán. (Rev. Ci. apl. **17,** 119—25, 1963; Patronato de Juan de la Cierva de Investigación Técnica, Dep. de Plásticos, Seccion de Fisicoquímica Macromol.; span.) — Zu den Konst. der Wachstum- u. Abbruch-Geschw. bei der Polymerisation tritt als weiterer notwendiger Parameter die mittlere Lebensdauer der Radikale. Als Best.-Meth. dafür werden besprochen: für den stationären Zustand die der intermittierenden Belichtung; für den nichtstationären Zustand die dilatometr., interferometr., therm., viscosimetr. Meth. u. die DK-Methode. Auch für die Emulsionspolymerisation werden die Polymerisations-Geschw.-Konst. besprochen. M. Hagedorn 4000◇

0961 **Kristalline synthetische Polymere hohen Molekulargewichts mit sterisch regelmäßiger Struktur.** G. Natta. (Suppl. nuovo Cimento **1,** 3—8, 1960; Milano, Politecnico, Ist. di Chim. Ind.; engl.) — Übersicht über Entw. u. Probleme der stereospezif. Polymerisation. — 15 Literaturangaben. H.-G. Kirschner 4000◇

0962 **Strahlungsinduzierte Vernetzung von Polymeren und Polymerisation paraffinischer Kohlenwasserstoffe.** W. L. McCubbin und J. J. Weiss. (J. appl. Polymer Sci. **6,** S 68—69, 1962; Newcastle upon Tyne, Univ. of Newcastle, King's Coll.; engl.) — Es wird versucht, die von E. J. Lawton u. Mitarb. (C. **1962,** 4181) u. A. Charlesby u. Mitarb. (Proc. Roy. Soc. [London] Ser. A **262,** [1961], 207) gegebenen einander widersprechenden Deutungen der Ergebnisse ähnlicher Experimente (strahlungsinduzierte Vernetzung von *Polyäthylen* u. von festen *Paraffinen*) einer einzigen Deutung zuzuführen. H. Schroeder 4000◇

0963 **Kristallinitäts-Untersuchungen von Polyäthylen durch Thermolumineszenz.** R. H. Partridge und A. Charlesby. (J. Polymer Sci., Part B **1,** 439—42, 1963; Shrivenham, Swindon, Wilts, Royal Military Coll. of Sci., Phys. Branch; engl.) — Einkristalle aus *Polyäthylen* (**I**), die durch Kristallisation aus der 1%ig. Lsg. in Xylol bei 70° erhalten worden waren, wurden im Glasrohr in Ggw. von Luft bei — 196° mit γ-Strahlen von ^{60}Co bestrahlt (0,15 Mrad); die beim langsamen Erwärmen auftretenden Glimmerscheinungen wurden nach der früher von den Vff. (Proc. Roy. Soc. A **271,** [1963], 170) beschriebenen Meth. aufgenommen. Die gleichen Verss. wurden mit derselben Probe, aber nach dem Schmelzen im Vakuum u. Abkühlen auf Raumtemp., sowie mit *Marlex 50* (**II**, in Form von Granulat) ausgeführt. Während die Glimm-Temp.-Kurven von **II** die α-, β- u. γ-Peaks u. spurenweise auch den ε-Peak erkennen lassen, zeigt **I** nur α u. ε. Nach dem 2. Bestrahlen von **I** u. Aufschmelzen kommen β u. γ stark zum Vorschein. Aus den Verss. folgt, daß die relative Intensität von α, β u. γ stärker von der Kristallinität als von dem Verzweigungsgrad abhängt. Aus den Änderungen der Intensitäten von β u. γ folgt, daß beide Peaks verschiedene noch unbekannte Ursachen haben. O. Fuchs 4010◇

0964 **Die Molekülstruktur von Polyäthylen.** 12. Mitt. **Intrinsicviscositäten von Polyäthylenlösungen.** M. O. de la Cuesta und F. W. Billmeyer jun. (J. Polymer Sci., Part A **1,** 1721—34, 1963; Newark, Del., Univ. of Delaware, Dep. of Chem.; engl.) — 11. vgl. C. **1964,** 5-0912. — Von *verzweigtem Polyäthylen* (**I**) wurde in den Lsgm. α-Chlornaphthalin (**II**) bei 125°, Dekalin (**III**) bei 70°, Tetralin (**IV**) bei 125° u. p-Xylol (**V**) bei 85° die Intrinsicviscosität $[\eta]$ gemessen. Zwischen den so erhaltenen $[\eta]$-Werten bestehen folgende Beziehungen: $[\eta]_{III} = 1{,}50 \cdot [\eta]_{II}^{1,10}$; $[\eta]_{IV} = 1{,}26 \cdot [\eta]_{II}^{1,07}$; $[\eta]_V = 1{,}28 \cdot [\eta]_{II}^{1,04}$; $[\eta]_{III} = 1{,}19 \cdot [\eta]_{IV}^{1,03}$; $[\eta]_V = 1{,}03 \cdot [\eta]_{IV}^{0,97}$ u. $[\eta]_{II} = 1{,}15 \cdot [\eta]_V^{1,06}$. Für *lineares Polyäthylen* (**VI**) gelten nach Literaturdaten andere Zusammenhänge zwischen den $[\eta]$-Werten als für **I**. Aus den Messungen an **I** in **II** bei 70 u. 135° bzw. in **IV** bei 80 u. 125° folgt ein Temp.-Koeff. von — 0,001 · 100 cm³ · g⁻¹ · Grad⁻¹ bzw. von — 0,0002. Die Hugginssche Konst. fällt bei den vorst. Temp. in der Reihenfolge **IV-II-III-V** ab. Für den Zusammenhang zwischen $[\eta]$ u. dem Molgew. gelten für **VI** nach Literaturdaten folgende zuverlässigsten Beziehungen (Messungen in **II** bei 135°): $[\eta] = 2{,}3 \cdot 10^{-4}\ M_n^{0,82}$ u. $[\eta] = 3{,}9 \cdot 10^{-4}\ M_w^{0,74}$ für Fraktionen u. $[\eta] = 2{,}55 \cdot 10^{-4}\ M_w^{0,74}$ für nichtfraktionierte Prodd. ($[\eta]$ je in $100\ cm^3 \cdot g^{-1}$). Für **I** lassen sich keine entsprechenden Gleichungen angeben, da die in der Literatur genannten Beziehungen zu stark voneinander differieren. O. Fuchs 4010◇

0965 **Oxydativer Abbau von Polymeren in Gegenwart von Ozon.** Harold C. Beachell und Spero P. Nemphos. (Advances Chem. Ser. **1959**, Nr. 21, 168—75; Newark, Del., Univ., Chem. Dep.; engl.) — Der Abbau von *Polyäthylen* mit einem O_2–O_3-Gemisch (2% O_3) unter Bldg. von Carbonylgruppen verläuft bei 25° schon in einer Geschw., wie sie mit reinem O_2 erst bei 125° erreicht wird. Die Aktivierungsenergie der Oxydation beträgt 9,2 kcal. Der analoge Abbau von *Polystyrol* (**I**) u. *Polydeuterostyrol* (**II**) wurde im Temp.-Bereich von 65—154° untersucht. Bei Raumtemp. erfolgt in diesem Fall keine Oxydation. Das beim oxydativen Abbau von **I** u. **II** erhaltene Prod. (IR-Absorption bei 5,7 μ) hat vermutlich peroxid. oder Ozonisdtruktur. Es ist unterhalb 140° relativ stabil, zerfällt aber > 140° unter dem Einfl. von O_2 u. O_3 zu carbonylhaltigen Verbindungen. Die Geschw. des oxydativen Abbaus nimmt in der Reihenfolge $(RCH–CHD)_n > (RCH–CH_2)_n > (RCD–CDH)_n > (RCH–CD_2)_n > (RCD–CH_2)_n > (RCD–CD_2)_n$ ab ($R = C_6H_5$). Der Mechanismus ist bei normalen u. deuterierten Verbb. gleich. *α-Deuterostyrol* wird durch Red. von Acetophenon mit $LiAlD_4$ u. Dehydratisierung des dabei erhaltenen Alkohols, *β-Deuterostyrol* (**III**) durch Hydrolyse von Styryl–MgBr mit D_2O dargestellt. Durch Hydrolyse von Na-Phenylacetylid mit D_2O in Ggw. von D_2SO_4 u. $HgSO_4$, nachfolgende $LiAlH_4$-Red. des *α.α.α-Trideuteroacetophenons* (**IV**) u. Dehydratisierung wird *β.β-Dideuterostyrol*, durch $LiAlD_4$-Red. von **IV** u. Dehydratisierung *α.β.β-Trideuterostyrol* erhalten. *α.β-Dideurerostyrol* (**V**) wird aus β-Deuterophenylacetylen über *α.β-Dideutero-β-bromstyrol* u. Hydrolyse des daraus erhaltenen *α.β-Dideuterostyryl–MgBr* dargestellt. Die so erhaltenen Deuterostyrole werden bei 80° ohne Katalysatoren polymerisiert. Die Molgew. der *Polydeuterostyrole* betragen ~ 1000000, bei den *Polymeren* aus **III** u. **V** sind sie niedriger. K. Gröbe 4010◇

0966 **Differentialthermoanalyse von Hochpolymeren. 6. Mitt. Bemerkungen zu einigen Material- und experimentellen Faktoren.** Bacon Ke. (J. Polymer Sci., Part A **1**, 1453—63, 1963; Whiting, Ind., Amoco Chem. Corp., Res. Dep.; engl.) — 5. vgl. C. **1963**, 17330. — Das Schmelzverh. von *Polyäthylen* (**I**) hoher Dichte (*Marlex*) wurde durch Differentialthermoanalyse (DTA) untersucht. Wurde **I** aus der Schmelze in einem kalten Luftstrom schnell abgekühlt, so ergab sich aus dem Thermogramm ein F. von 134°; wurde die Schmelze von **I** aber mit einer Geschw. von nur 1° Min.$^{-1}$ abgekühlt, so stieg F. auf 137°, u. für 0,1° Min.$^{-1}$ auf 138,5°. In der gleichen Reihenfolge verschiebt sich der Beginn des Schmelzens nach höherer Temp. u. die Dichten betragen 0,959, 0,961 u. 0,973, Diese u. weitere Unterschiede sind auf den verschiedenen Kristallisationsgrad der Proben zurückzuführen. F. von *Polymethylen* (**II**) mit $M_w = 50000$ beträgt nach dem Termogramm 136°, aber 139° für $M_w = 2 \cdot 10^6$ bei Messungen in Ggw. von 0,5% Santonox (**III**) als Stabilisator. Wird **II** ohne **III** erhitzt, so ist das Thermogramm breiter, außerdem setzt das Schmelzen bereits ab 115° ein (vermutlich durch einen teilweisen oxydativen Abbau beim Pressen der Proben bedingt). *Poly-4-methylpenten-(1)* (**IV**) gibt in Ggw. von 1% **III** einen gut definierten F. von 238°; ohne **III** ist der F.-Peak weniger deutlich, ferner tritt bei 178° eine exotherme Rk. infolge Oxydation von **III** auf. Mit 0,05, 0,10 u. 0,15 g **I** werden dieselben F.-Werte erhalten; bei Erhöhung der **I**-Menge verschiebt sich F. fälschlicherweise nach etwas höherer Temperatur. DTA-Verss. sollten mit möglichst kleinen Substanzmengen ausgeführt werden. Bei Steigerung der Erhitzungsgeschw. v bei der DTA (Verss. mit **I** für v = 1° Min.$^{-1}$ bis 4° Min.$^{-1}$) steigt F. von 136,7 bis 139,0° an, gleichzeitig nehmen die Höhe u. Fläche des Peaks zu; die bei kleinem v erhaltenen Werte sind die exakteren. Die Verss. wurden mit einem Thermoelement, das mit der Probe nicht in Berührung kam, ausgeführt; befindet es sich bei der Messung aber in der Probe, so wird das Thermogramm verzerrt. O. Fuchs 4010◇

0967 **Copolymerisation von Äthylen mit Buten-(1).** M. A. Dalin, A. A. Bachschisade, A. A. Bunijat-Sade, I. I. Pissman und Ss. D. Pokatilowa. (Ber. Akad. Wiss. AserbaidshanSSR **18**, 13—19, 1962; russ.) — Durch Copolymerisation von *Butem-(1)* mit *Äthylen* am Cr-Kontakt bei < 130° im Autoklaven lassen sich *Copolymere* (**I**) mit günstigen Eigg. darstellen. Die IR-Spektren u. Röntgenogramme von **I** u. *Polyäthylen* (**II**) werden verglichen. **I** hat verzweigte Ketten, u. sein Kristallinitätsgrad ist geringer als der von **II**. Die charakterist. Viscosität, relative Dehnbarkeit u. Festigkeit von **I** werden mit steigendem Buten-(1)-Geh. kleiner. Helmut Schäfer 4010△

0968 **Thermodynamik und makromolekulare Konfiguration des ataktischen Polypropylens in Lösung.** Ferdinando Danusso und Giovanni Moraglio. (Rend. Ist. lombardo Sci. Lettere, A, **93**, 666—82, 1959; Milano, Politecnico, Ist. di Chim. Ind.; ital.) — Vff. bestimmten die Intrinsicviscosität von *atakt. Polypropylenen* im Isoamylalkohol i. Isobutylacetat bei 34° bzw. 58° sowie im Isoanylacetat, Bzl., Chlorbenzol (**I**), Toluol (**II**), n-Heptan (**III**), Isooctan (**IV**) u. Cyclohexan (**V**) bei Temp. zwischen 20 u. 70°. Die Meßergebnisse wurden an Hand der Theorie von Fox u. Flory (vgl. C. **1962**, 6381) ausführlich diskutiert. Es wurde gefunden, daß die mittleren statist. Dimensionen der nicht gestörten Makromoll. mit steigender Temp. kleiner werden. Es wurden die Ausdehnungskoeff. in den verschiedenen Lsgm. u. aus ihnen wiederum die thermodynam. Wechselwirkungsparameter berechnet. Während die Entropiebeiträge zur mol. Wechselwrkg. in allen Lsgm. ziemlich gleiche Weite haben, sind die Enthalpiebeiträge stark verschieden. Die Affinität zum Polypropylen nimmt in der Reihenfolge Bzl., **I**, **II** zu; wesentlich größer ist sie bei **III** u. **IV** u. bes. hoch bei **V**. C. Gottfried 4010△

0969 **Deutung der Intrinsicviscosität von Polymeren, die gleichzeitig abgebaut und vernetzt werden.** Mitio Inokuti und Malcolm Dole. [J. Polymer Sci., Part A **1**, 3289—3302, 1963; Evanston, Ill., Northwestern Univ., Dep. of Chem. and Materials Res. Center; engl.) — In Fortführung früherer Arbeiten (vgl. C. **1961**, 10578; **1962**, 2008) werden die G-Werte (G = Zahl der einzelnen Rk.-Prozesse eines bestimmten Typs pro 100 eV absorbierte Energie) für gleichzeitig stattfindende Abbau- u. Vernetzungsvorgänge bei der Bestrahlung von Polymeren mit Seitengruppen berechnet. Gleichungen für den Einfl. der Bestrahlungsdosis r u. des Verzweigungsgrades auf den Verlauf der Intrinsicviscosität werden angegeben. Falls nur ein Abbau vorliegt, geht $\log(M_w/M_n)$ mit wachsendem $r^{1/2}$ durch ein breites Maximum. In Verbindung mit Literaturdaten folgt daraus, daß G des Abbaues von r abhängt; z. B. berechnet sich für *Polyhexen-(1)* (**I**, Messungen von Cooper u. Gilbert, vgl. C. **1960**, 17127) ein Abfall von G vom Anfangswert 0,15 auf ca. 0,04 bei hohem r. Eine ähnliche Abhängigkeit wurde für *Polypropylen* (Abfall von G von 1,1 auf 0,1) gefunden. Daneben werden für **I** G-Werte für Abbau u. Vernetzung berechnet. Auf die Schwierigkeit der Best. beider G-Werte aus dem Gelpunkt u. aus Viscositätsdaten allein wird hingewiesen. O. Fuchs 4010◇

0970 **Polymerisation von Isobuten und β-Propiolacton durch γ-Bestrahlung bei tiefen Temperaturen.** C. David, F. Provoost und G. Verduyn. (Polymer [London] **4**, 391—99, 1963; Mol, Belgium, Centre d'Etude de l'Energie Nucléaire; engl.) — Die Gschw. der durch γ-Strahlen ausgelösten Polymerisation von *Isobuten* (**I**) in Abwesenheit von Zusätzen ist in der fl. Phase bei — 80° mindestens 20mal höher als in der festen Phase bei — 192°. Festes *β-Propiolacton* (**II**) polymerisiert in festem Zustand bei — 80° 60mal schneller als in fl. Zustand bei — 17°. Zugesetztes ZnO erhöht die Polymerisationsgeschw. (PG) von **I** u. **II** in fl. Phase um den Faktor 24 bzw. 10. Im festen Zustand wird die PG durch zugesetztes ZnO, NiO oder SiO_2 ebenfalls beeinflußt, jedoch viel weniger als in fl. Phase. Für die Unterschiede zwischen fester u. fl. Phase werden Lebenszeit der reakt. Moll. u. geeignete Orientierung der Moll. im Kristallgitter verantwortlich gemacht. Der Einfl. der Zusätze wird durch die Aufnahme oder Abgabe von Elektronen durch den zugesetzten Stoff oder durch die Bldg. positiver Löcher darin erklärt. Bei der Polymerisation von **II** ohne Zusätze verändert sich der elektr. Widerstand während der Bestrahlung nur wenig, nimmt danach jedoch zu, denn das sich bildende Polymere hat einen größeren Dunkelwiderstand als das Monomere, erhöht aber seine Leitfähigkeit unter dem Einfl. der Bestrahlung. U. Müller 4010◇

0971 **Schmelzenthalpie und -entropie von cis-taktischem Polybutadien.** G. Natta und G. Moraglio. (Makromolekulare Chem. **66,** 218–21, 1963; Milano, Italy, Politecnico Ist. di Chim. Ind.; C.N.R., Sez. 1, Centro Naz. Chim. delle Macromol.; engl.) — Ein *cis-takt. Polybutadien* (**I**) mit 98,5%ig. ster. Reinheit wurde durch Polymerisation von Butadien-(1.3) bei 0° mit $Al(C_2H_5)_2Cl$ u. Bis-(acetylacetonato)-cobalt(II) in einem Pentan/Bzl.-Gemisch synthetisiert. Durch Messung der F.-Erniedrigung von **I** in Toluol (**II**) u. in n-Heptan (**III**) konnte die Schmelzenthalpie ΔH_u für **I** mittels der Floryschen Gleichung mit $\Delta H_u = 2200 \pm 100$ cal/Polymereinheit (2180 in **II**, 2200 in **III**) u. die Entropieänderung ΔS_u mit 8 cal · $Grad^{-1}$ · Mol^{-1}/Polymereinheit berechnet werden. Der Parameter χ_1 der Einw. des geschmolzenen **I** auf das jeweilige Lsgm. ist für **II** prakt. Null, d. h. die Lsg. **I**/**II** ist atherm., χ_1 für **III** hat einen positiven Wert, die Lsg. **I**/**III** ist also endotherm. Die unterschiedlichen Schmelz-Temp. T_m, ΔH_u u. ΔS_u von **I**, *trans-takt. Polybutadien, Naturgummi* u. *Guttapercha* werden verglichen u. diskutiert. Der hohe Wert von ΔS_u für **I** ist z. T. durch Größerwerden des Vol. von **I** beim Schmelzen bedingt. G. Vetter 4010◇

0972 **Partielle Molvolumina von gequollenen Sulfobutadienen.** G. L. Starobinetz und N. A. Poljak. (Ber. Akad. Wiss. BelorussSSR **6,** 653–55, 1962; Akad. der Wiss. der BelorussSSR, Inst. für allg. u. anorgan. Chem.; russ.) — Die Dichten von Gemischen der gequollenen H^+-, Na^+-, K^+- u. Rb^+-Formen von *Sulfopolybutadien* wurden bestimmt. Unter Annahme eines konst. Molvol. des W. wurden die Partialvol. der verschiedenen Formen berechnet. Die Gemische zeigen merkliche Abweichungen vom idealen Verhalten. Helmut Schäfer 4010△

0973 **Die elektrostatische Wechselwirkung zwischen den zwei Dipolen der Substituenten in den syndyotaktischen und isotaktischen Vinylpolymeren.** T. Fujiyama und T. Shimanouchi. (J. chem. Physics **39,** 1138–39, 1963; Bunkyo-ku, Tokyo, Japan, Tokyo Univ., Fac. of Sci., Dep. of Chem.; engl.) — Die C–C-Bindungen einfacher Moll. können 3 stabile Formen der inneren Rotation einnehmen. Als Einfl.-Größen für diese Stabilität wurden die elektrostat. Wechselwrkg. u. die Van der Waalsschen Kräfte diskutiert. Die Vff. beschreiben die Dipol–Dipol-Wechselwrkg. von 2 Substituentengruppen, die in Vinylpolymeren in verschiedenen takt. Stellungen gefunden werden. Das ideale Dipol–Dipol-Wechselwrkgs.-Potential wird als Funktion des Dipolmomentes μ u. des Abstands r zwischen dem Dipolzentrum u. dem C-Atom der C–X-Bindung angegeben. Die relative Stabilität der möglichen syndyotakt. u. isotakt. Konfigurationen ist streng abhängig von r. Die Theorie beschreibt gut die experimentell gefundenen Stellungen in *Polyvinylchlorid.* I. Storbeck 4010◇

0974 **Untersuchungen über Konfiguration und Konformation von Vinylpolymeren. 2. Mitt. Temperaturabhängigkeit des Infrarotspektrums von Polyvinylchlorid in Lösung und die Stereoregularität.** Masatami Takeda und Kazuyoshi Iimura. (J. Polymer Sci. **57,** 383–93, 1962; Kagurazaka, Shinjuku-ku, Tokyo; Tokyo College of Sci., Dep. of Chem.; engl.) — 1. vgl. C. **1963,** 13576; vgl. auch C. **1962,** 15984. — Erratum: J. Polymer. Sci. **1,** [1963], 1471. — Die IR-Spektren von ca. 10%ig. Lsgg. 6 verschiedener *PVC*-Proben in Cyclohexanon werden von 25 bis 100° ermittelt u. die C–Cl-Streckschwingungen bestimmten Absorptionsbanden zugeordnet. Maßgebend sind die Banden bei 696 cm^{-1} (S_x Struktur, Cl trans zu C) u. 616 cm^{-1} (S_H Struktur, Cl trans zu H). Das Absorptions-Verhältnis D_{696}/D_{616} nimmt mit steigender Temp. ab; diese Abnahme wird durch reversible Änderungen der Polymerkettenanordnung in den syndyotakt. Sequenzen von PVC erklärt. Die Syndyotaktizität selbst wird, je nach Polymerisations-Temp. (– 60 bis + 50°) der einzelnen *PVC*-Präpp., auf 0,86 bis 0,52 geschätzt. Ausführungen zur stabilen Polymeranordnung von PVC in Lsgg. schließen sich an. — Diskussionsbemerkungen. M. Hagedorn 4010◇

0975 **Die dielektrischen Eigenschaften von halbkristallinem Polychlortrifluoräthylen.** Arnold H. Scott, Donald J. Scheiber, Alexander J. Curtis, John I. Lauritzen jun. und John D. Hoffman. (J. Res. nat. Bur. Standards, A **66 A,** 269–305, 1962; engl.) — Es werden die dielektr. Eigg. von *Polychlortrifluoräthylen* (**I**) im Temp.-Bereich von – 50° bis 250°, bei Frequenzen von 0,1 bis 8,6 kMc/s bei verschiedenen Probenformen u. verschiedenen Kristallinitätsgraden der Proben untersucht. Der Kurvenverlauf der dielektr. Verluste als Funktion der Frequenz wird diskutiert u. mit den mechan. Verlusten verglichen. Die dielektr. Verluste im Bereich hoher Temp. (ca. 150°) werden auf die Anwesenheit von kettenartig gefalteten lamellaren Sphärolithen zurückgeführt. Der Prozeß bei mittleren Temp. (ca. 95°) beginnt mit der Glastemp. von **I** (52°) u. wird durch die komplexen Dipol-Relaxationsprozesse, durch Bewegung einer großen Zahl von Polymerkettensegmenten verursacht. Der Tieftemp.-Prozeß (ca. 40°) wird durch Bewegungen einzelner Kettensegmente hervorgerufen. Es wird ein mit wachsender Temp. steigender Dipol-Beitrag der Kristalle zur stat. DK beobachtet. I. Storbeck 4010◇

0976 **Zur Strömungsdoppelbrechung des Polystyrols.** H. Janeschitz-Kriegl, (Makromolekulare Chem. **33,** 55–84, 1959; Delft, T. N. O.; Centraal Labor.; dt.) — Durch Messungen der Strömungsdoppelbrechung (**A**) verd. u. konz. *Polystyrol*-Lsgg. kann der Beitrag der Eigen- u. der Formdoppelbrechung zu **A** festgelegt werden. Die Messungen von **A** werden in einer einem Rotationsviscosimeter ähnlichen u. von Störungen durch Reflexlicht freien App. durchgeführt. Die quant. Interpretation des Auslöschungswinkels (**B**) ist vorläufig nur für sehr verd. Lsgg. möglich. Die Konz.-Abhängigkeit des Verlaufs der **B**/Strömungsgradienten-Kurve wird bestimmt; erst nach Extrapolieren auf die Konz. Null ist eine quant. Auswertung der Anfangsrichtung dieser Kurve möglich. Die Ergebnisse werden mit denen anderer Autoren verglichen u. die Möglichkeit der Best. des Verzweigungsgrades aus **A** diskutiert. M. Hagedorn 4010◇

0977 **Anisotrope Eigenschaften von viscoelastischen Flüssigkeiten unter Spannung.** 3. Mitt. **Doppelbrechung von Polystyrollösungen.** Robert Toggenburger und Stanley J. Gill. (J. Polymer Sci., Part A **1,** 1765–78, 1963; Boulder, Colo., Univ. of Colorado, Dep. of Chem.; engl.) — 1. vgl. C. **1960,** 11322; 2. vgl. C. **1963,** 15453. — Wird ein isotropes viscoelast. Medium plötzlich verformt, so wird es doppelbrechend; infolge der Relaxationswrkg. geht die Doppelbrechung dann wieder zurück. Gemessen wurde für die Lsgg. von *Polystyrol* (**I**) auf photoelektr. Wege die Größe δ der Doppelbrechung u. deren zeitliches Verschwinden (zur Meth. vgl. 1. Mitt.). Variiert wurden die Konz. c der Lsgg. (12–25 g **I**/100 cm^3 Lsgm.), die Temp. ϑ (0–35°), das Molgew. M (495000–1400000) u. die Breite M_w/M_n der M-Verteilung. Die für verschiedene ϑ erhaltenen Daten wurden gemäß $\delta_r = 298\ \delta/(273 + \vartheta)$ auf 25° reduziert; die so für verschiedene ϑ erhaltenen δ_r-Werte lassen sich durch eine einzige Kurve wiedergeben. log δ_r fällt für **I** mit kleinem M_w/M_n mit wachsendem $t^{1/2}$ (t = Zeit) linear ab; bei höherem M_w/M_n liegt eine Abweichung von der Linearität vor, wobei die Abweichung in Dioxan als Lsgm. etwas größer als in Bzl. als Lsgm. ist. Die Neigung der (log δ_r, $t^{1/2}$)-Kurven ist um so größer, je kleiner c. Aus den Daten wird nach 2 Näherungsmeth. u. nach der Laplace-Transformation die Verteilungsfunktion der Relaxationszeiten berechnet. Diese Verteilungsfunktion ist ähnlich der Spannungsrelaxationsfunktion. — Vgl. auch nachst. Referat. O. Fuchs 4010◇

0978 **Theoretische Berechnungen der Spannungsrelaxation in konzentrierten Lösungen.** R. Toggenburger, K. Beck und S. J. Gill. (J. Polymer Sci., Part A **1,** 1779–87, 1963; Boulder, Colo., Univ o Colorado, Dep. of Chem.; engl.) — Vgl. vorst. Referat. — Die von Mooney (vgl. C. **1960, 3559**) entwickelte mol. Theorie der viscoelast. Eigg. von konz. Lsgg. wurde für verschiedene Mol.-Größenverteilungen u. für eine Poisson-Verteilung numer. ausgewertet. Die erhaltenen Gleichungen beschreiben den Einfl. der Molgew.-Verteilung u. der Verteilung der Mol.-Verschlingungen u. der Polymerwechselwirkung. Das Relaxationsverh. ist hiernach stark von der Zahl N der Wechselwirkungspunkte pro Mol.-Kette abhängig. Die Gestalt der Relaxationskurve hängt nur wenig von der Molgew.-Verteilung u. N ab. Anwendung auf die vorher (l. c.) mitgeteilten Daten über die Doppelbrechungsrelaxation ergibt, daß die Theorie in 1. Näherung diese Messungen auf mol. Basis zu deuten vermag. Pro *Polystyrol*-Mol. in Bzl. bei einer Konz. von 10% ergibt sich daraus N zu 5. O. Fuchs 4010◇

0979 **Beiträge zur Thermodynamik von Polymerlösungen. 1. Mitt. Molekulargewichtsabhängigkeit des zweiten osmotischen Virialkoeffizienten.** Hideto Sotobayashi und Kurt Ueberreiter. (Z. Elektrochem., Ber. Bunsenges. physik. Chem. **66,** 838—44, 1962; Berlin-Dahlem, Max-Planck-Ges., Fritz-Haber-Inst.; dt.) — 2. vgl. C. **1964,** 13-0914. — Durch Zerlegung des ausgeschlossenen Vol. in zwei Anteile, in ein makro- oder inter-ausgeschlossenes Vol., das die Wechsel-Wrkg. zweier Makro-Moll. berücksichtigt u. ein mikro- oder intra-ausgeschlossenes Vol., das die Wechsel-Wrkg. der Segmente in einem Polymeren in Rechnung stellt, wurde eine neue Gleichung für den zweiten osmot. Virialkoeff. abgeleitet: $A_2 = a/M^{0,5} + b$ (wobei a u. b vom Molgew. M unabhängige Konst. sind). Die Gültigkeit der Gleichung wurde an den exothermen Syst. *Polystyrol* in Bzl., Toluol, Naphthalin (Molgew.-Bereich 500—5000000) u. Butanon (2500—1800000), *Nitrocellulose* in Aceton (62000—2500000); sowie an den endothermen Syst. *Polymethylmethacrylat* in Aceton (23000—7800000), Dioxan, Butylacetat (490000 bis 6600000) u. Butylchlorid (30000—4600000) geprüft u. bestätigt gefunden. Die Gleichung ist auch in der Umgebung der Θ-Temp. gültig. Es werden die a- u. b-Werte für die beschriebenen Syst. angegeben. H. Cnobloch 4010◇

0980 **Sedimentationsgeschwindigkeitsuntersuchungen an druck- und konzentrationsabhängigen Systemen.** Irwin H. Billick. (J. physic. Chem. **66,** 1941—44, 1962; Linden, N. J., Esso Res. and Engng. Co., Analyt. Res. Div.; engl.) — Vf. untersuchte das Sedimentationsverh. eines druck- u. konzentrationsabhängigen Syst. als Funktion des Molgew., des Lsgm. u. der Zentrifugiergeschwindigkeit. Untersucht wurde anion. polymerisiertes *Polystyrol* in dem schlechten Lsgm. Cyclohexan bei 35° u. in dem guten Lsgm. Toluol bei 25°. Die erhaltenen Meßdaten wurden mit Hilfe der vom Vf. (Vgl. C. **1963,** 4986) gegebenen Reihenlösung der Fujitaschen Differentialgleichung analysiert. Hierbei wurden der *S* bei der Konz. Null u. Atmosphärendruck, der konzentrationsabhängige u. der druckabhängige Parameter erhalten. Es wurde gefunden, daß die Konz. keinen großen Einfl. auf die Neigung der Kurve *S* gegen Zeit hat. Der Wert für den druckabhängigen Koeff. stimmte gut mit der Literatur überein; er wurde weder durch das Molgew. noch durch die Zentrifugierungsgeschw. beeinflußt. C. Gottfried 4010△

0981 **Unregelmäßigkeiten beim Polymerenfluß.** Richard L. Ballman. (J. appl. Polymer Sci. **7,** S 27—30, 1963; Springfield, Mass., Monsanto Chemic. Co., Plastics Div.; engl.) — Diskussion der Gründe für die beobachteten Unregelmäßigkeiten an Hand von Durchflußmessungen mit einem MCER-Rheometer. Die Unterss. werden an *Polystyrol* mit einem Zahlenmittel des Molgew. von 124000 vorgenommen. H. Schroeder 4010◇

0982 **Eine Berechnung des Quadrats des mittleren Kettenendenabstandes von isotaktischen und syndyotaktischen Vinylpolymerketten in „ungestörter" Lösung.** G. Allegra, P. Ganis und P. Corradini. (Makromolekulare Chem. **61,** 225—41, 1963; Milano, Politecn. Ist. di Chim. Ind.; Napoli, Univ., Ist. di Chim. Gen.; engl.) — Unter Zuhilfenahme der Ergebnisse der von Corradini, Ganis u. Olivero [Atti Accad. naz. Lincei, Rend., Cl. Sci. fisiche, mat. natur. [8] **33,** [1962], 320) durchgeführten detaillierten Konformationsanalyse werden die physikal. Parameter, die die wahrscheinlichsten Konfirmationen einer isotakt. u. einer syndyotakt. Polymerenkette in „ungestörter" Lsg. charakterisieren, berechnet. Außerdem wird eine mathemat. Meth. zur Berechnung des Quadrates des mittleren Kettenendenabstandes sowohl für die isotakt. als auch für die syndyotakt. Kette beschrieben, wobei die Anwendung der Matrizenmeth. von Kramers u. Wannier in einigen Fällen von Vorteil war. Die erhaltenen Werte werden als Funktion der früher berechneten physikal. Parameter angegeben. Der berechnete Ausdruck des Quadrates des mittleren Kettenendenabstandes für isotakt. *Polypropylen* wird mit den für *Polystyrol* bekannten experimentellen Werten verglichen: die sich daraus für ΔE (Extraenergie einer Verknüpfung zwischen in entgegengesetztem Sinne spiralisierten Segmenten) u. Z (Freiheitsgrade in derselben Verknüpfung, bezogen auf eine (TG)- oder (GT)-Monomereinheit) ergebenden Werte stehen in guter qual. Übereinstimmung mit den von den Vff. angenommenen Modellen. J. Sickfeld 4010◇

0983 **Die Assoziation von Polymeren mit ionisierten Endgruppen: Der Einfluß der Ladungsdichte auf den Assoziationsgrad.** H. Brody, D. H. Richards und M. Szwarc. (Chem. and Ind. **1958,** 1473—74; Syracuse, N. Y., State Univ. College of Forestry, Dep. of Chem.; engl.) — Vff. versetzen je $^1/_3$ der Lsg. eines „lebenden" *Polystyrols* (**I**; Carbanionen an beiden Kettenenden) mit W., CO_2 bzw. Äthylenoxid (**II**). Während sich bei der Wasserzugabe die Viscosität der Lsg. nicht ändert, steigt sie beim Einleiten von CO_2 an u. ist bei Zugabe von **II** am höchsten. Beim anschließenden Ausfällen des **I** mit angesäuertem Methanol wird in jedem Fall ein Polymeres mit jeweils gleichen Intrinsicviscositäten u. daher auch gleichen Molgew. erhalten. Daraus schließen die Vff., daß das Ansteigen der Viscosität nicht durch „permanente" Assoziation oder Vernetzung, sondern durch eine ion. Assoziation der die Ladungsgruppen enthaltenden Polymeren bewirkt wird. Der Assoziationsgrad hängt von der Ladungsdichte des entsprechenden Ions ab u. steigt in folgender Reihenfolge: Benzylion < Carboxylion < $-CH_2O^-$-Ion. Die Assoziation wird durch das Vorhandensein der ion. Gruppen an beiden Kettenenden verstärkt. Das Einleiten von trockenem O_2 in ein Gel, das aus Polymerketten mit $-CH_2O^-$-Endgruppen besteht, bewirkt eine Verflüssigung des Gels durch Aufheben der interion. Wechselwirkungen. N_2 zeigt diese Wrkg. nicht. S. Hiller 4010△

0984 **Einfluß von kolloidalem Platin auf die Kinetik und den Mechanismus der Anfangspolymerisation von Styrol in Substanz.** 1. Mitt. A. D. Stepuchowitsch, E. A. Rafikow und A. L. Bortnitschuk. (Hochmolekulare Verbind. [UdSSR] **4,** 85—90, 1962; Saratow, Tschernyschewski-Univ.; russ., Auszug: engl.) — Die Substanzpolymerisation von *Styrol* (**I**) bei 60, 80 u. 95° wird in ihrem Anfangsstadium durch Zusätze von koll. Pt (0,33—5,92 · 10^{-4} g-Atom/Liter) gehemmt. Die Polymerisationsgeschw. w nimmt mit steigender Pt-Konz. nach einer Parabelkurve ab. Die Werte der Konst. A u. B in der Gleichung $1/(w-w_0) = A + BP_{Zus.}$ werden für die **I**-Polymerisation bei 80 u. 95° u. 15 Min. bis 2 Std. Dauer berechnet (Tabelle). Bzgl. des Mechanismus der Inhibitorwrkg. des Pt wird angenommen, daß in der **I**-Lsg. verteilte assoziierte Pt-Atome Polymeren- u. Initiatorradikale binden u. dadurch zum Kettenabbruch führen. Die entstehenden Radikal-Pt-Komplexe können dissoziieren, wobei wieder akt. Zentren entstehen. R. K. Müller 4010◇

0985 **Geschwindigkeitskonstante der Wachstumsreaktion der kationischen Polymerisation im stationären Zustand.** 3. Mitt. **Durch Zinn(IV)-chlorid katalysierte Polymerisation von Styrol.** Natsuki Kanoh, Toshinobu Higashimura und Seizo Okamura. (Chem. High Polymers [Tokyo] **19,** 181—87, 1962; Kyoto, Kyoto Univ., Fac. of Engng., Dep. of Polymer Chem.; jap., Auszug: engl.) — 2. vgl. C. **1962,** 6428. — Zur Best. der Konst. (k_p) wird ein Verf. vorgeschlagen, das auf der Messung der Konz. des von Monomeren u. Katalysator gebildeten π-Komplexes beruht. Es werden für das Syst. *Styrol*/$SnCl_4$/Äthylendichlorid 25,2 [Liter/Mol · min] u. für Styrol/J/Äthylendichlorid 0,22 erhalten. Die Konst. werden mit zunehmender Stärke der Lewis-Säure größer. H. Schroeder 4010◇

0986 **Geschwindigkeitskonstante der Wachstumsreaktion der kationischen Polymerisation im stationären Zustand.** 4. Mitt. **Häufigkeitsfaktor (durch Jod katalysierte Styrolpolymerisation).** N. Kanoh, T. Higashimura und S. Okamura. (Makromolekulare Chem. **56,** 65—75, 1962; engl.) — 3. vgl. vorst. Referat. — Für die kation., durch Jod ausgelöste Polymerisation von *Styrol* in Äthylendichlorid wurden für den Häufigkeitsfaktor A_p u. die Aktivierungsenergie der Wachstums-Rk. ΔE_p die Werte 100 Liter/Mol · s bzw. 6,5 kcal/Mol gefunden. Der Wert für A_p ist, bedingt durch den Einfl. des Gegenions, viel geringer als bei der radikal. Polymerisation. Durch statist. Betrachtungen experimentell erhaltener k_p-Werte ist diese Annahme belegt. H. Schroeder 4010◇

0987 **Geschwindigkeitskonstante der Wachstumsreaktion der kationischen Polymerisation im stationären Zustand.** 5. Mitt. **Copolymerisation.** N. Kanoh, A. Gotoh, T. Higashimura und S. Okamura. (Makromolekulare Chem. **63,** 106—14, 1963; engl.) — 4. vgl. vorst. Referat. — Die Best. der Geschw.-Konst. der Wachstums-Rk. führte zur Aufstellung einer Beziehung zwischen der relativen Reaktivität des Monomeren u. dessen akt. ion. wachsenden Kette. Für die relative Reaktivität der Monomeren wurde die folgende Reihenfolge gefunden: *p-Methoxystyrol* (**I**) > *p-Methylstyrol* (**II**) > *Styrol* (**III**) > *p-Chlorstyrol*(**IV**); *Isobutylvinyläther*(**V**) > *2-Chloräthylvinyläther* (**VI**). Die Reihenfolge der relativen Reaktivität der wachsenden Kette mit Styrol bzw. Alkylvinyläther als letztem Baustein war wie folgt: **I** > **II** > **III** > **IV**; **VI** > **V**. Die Reaktivitätsverhältnisse der dargestellten Copolymeren betragen (Reihenfolge in Klammern: r_1, r_2): **IV/III** (0,45; 2,5), **IV/II** (0,19; 6,5), **III/II** (0,20; 4,2), **II/I** (0,30; 4,3), **III/VI** (3; 36), **II/VI** (5; 45), **I/VI** (11; 2), **V/VI** (2,0; 0,5). *p-Methylstyrol* (**II**, C_9H_{10}, $Kp._{9,5}$ 68,5°; $n_D^{21} = 1{,}541_2$) u. *p-Chlorstyrol* (**IV**; $Kp._{11}$ 71—72°; $n_D^{30} = 1{,}560_4$) wurden dargestellt. H. Schroeder 4010◇

0988 **Geschwindigkeitskonstante der Wachstumsreaktion der kationischen Polymerisation im stationären Zustand.** 6. Mitt. **Theoretische Betrachtung über die Wachstumsreaktion der kationischen Polymerisation.** N. Kanoh, A. Gotoh, T. Higashimura und S. Okamura. (Makromolekulare Chem. **63,** 115—22, 1963; engl.) — 5. vgl. vorst. Referat. — Die l. c. mitgeteilten Vers.-Ergebnisse lassen sich bei Annahme zweier geschw.-bestimmender Schritte deuten: 1. Bldg. einer kovalenten Bindung zwischen polymerem Kation u. β-C-Atom des angreifenden Monomeren u. 2. Wechsel-Wrkg. zwischen Ionenpaar (wachsende Kette) u. Monomerem. H. Schroeder 4010◇

0989 **Über unlösliche polymere quartäre Ammoniumbasen.** Je. B. Trosstjanskaja, Ss. B. Makarowa und A. Ss. Tewlina. (Hochmolekulare Verbind. [UdSSR] **3,** 1358 bis 1363, 1961; Moskau, chem.-technol. Mendelejew-Inst.; russ., Auszug: engl.) — Die Bedingungen u. die Kinetik der Aminierung der *chlormethylierten* quellbaren *Copolymeren* aus *Styrol* u. *Divinylbenzol* oder *Divinyl* wurden untersucht. Die Aminierung wurde mit *Pyridin* bei 50°, mit *Trimethylamin* in Dioxan bei 40°, mit *Dimethylanilin* bei 50° u. mit *Triäthanolamin* in Dichloräthan bei 50 u. 100° ausgeführt. Die Aminierungs-Geschw. hängt vom tert. Amin u. der Makromol.-Struktur der Copolymeren ab. Der Substitutionsgrad ist von dem tert. Amin abhängig. Die erhaltenen *Polyelektrolyte* haben eine geringe Austauschgeschwindigkeit. Ihre Dissoziationskonst. hängen nicht von der Gitterstruktur der Polymeren, sondern nur von den Substituenten am quart. N-Atom ab. Helmut Schäfer 4010△

0990 **Neue Katalysatorsysteme und deren Anwendung zur Polymerisation von Phenylacetylen.** Hiromichi Noguchi und Shu Kambara. (J. Polymer Sci., Part B **1,** 553—59, 1963; engl.) — Phenylacetylen (**I**) wurde in Toluol bei 30° unter Verw. von Bis-(dimethylglyoximato)-nickel(II) (**II**), Bis-(dimethylglyoximato)-kobalt(III) (**III**) u. Bis-(dimethylglyoximato)-eisen(II) (**IV**) einerseits u. $Al(C_2H_5)_3$ (**V**) als Cokatalysator andererseits polymerisiert; das molare Verhältnis von **II/V**, **III/V** u. **IV/V** betrug je 3; es wurden je 2 Mol% **II**—**IV**, bezogen auf **I**, verwendet. Nach der Polymerisation wurde die Lsg. zuerst in Ggw. von 2n HCl zum Sieden erhitzt, gewaschen mit einem Gemisch aus HCl u. CH_3OH, dann mit W., mit wss. Sodalsg. u. schließlich wieder mit W. bis zum Neutralpunkt. Das so erhaltene gefärbte *Polyphenylacetylen* (**VI**) wurde in einen bzl.-unlösl. Teil (A), in einen bzl.-lösl. u. CH_3OH-unlösl. Teil (B) u. in einen CH_3OH-lösl. Teil (C) zerlegt. Die Ausbeuten an A, B u. C (in %) betragen: Spuren bzw. 0,5 bzw. 25,7 für **II**, 0,3 bzw. 3,4 bzw. 12,7 für **III** u. 51,8 bzw. 39,7 bzw. 9 für **IV**. M_n (osmot.) der Proben B betragen 3,6 bei **III** u. 8,0 bei **IV**. Werden an Stelle von **IV** die Komplexe **IV**/2 Pyridin (**VII**) bzw. **IV**/2 NH_3 verwendet (je in Ggw. von **V**), so sind die Ausbeuten für A u. B wesentlich kleiner u. für C höher als bei Verw. von **IV** u. **V** allein; M_n ist prakt. unverändert. Bei Erhöhung des molaren Verhältnisses β = **V**/**VII** (von 2,1—15,7 variiert) geht die Ausbeute an A bei $\beta = 9{,}4$, die an B bei $\beta = 10{,}5$ u. die an C bei $\beta = 10{,}5$ durch ein Maximum (z. B. 38,4% A, 37,2% B u. 14,1% C für $\beta = 9{,}44$); M_n von B ändert sich nur wenig mit β u. liegt zwischen 3,8 u. 8,9. Mit $Al(C_2H_5)_2Cl$/**IV** (molares Verhältnis 3 : 1) konnte keine Polymerisation erzielt werden. Verschiedene Rk.-Mechanismen werden diskutiert. O. Fuchs 4010◇

0991 **Über Produkte mit ungerader Anzahl an monomeren Gliedern, die bei der thermischen Polymerisation von Cyclohexadien-(1.3) entstehen.** B. W. Jerofejew, Ss. F. Naumowa und L. G. Zykalo. (Ber. Akad. Wiss. UdSSR **147,** 106—07, 1962; Akad. der Wiss. der BelorussSSR, Inst. für physikal.-organ. Chem.; russ.) — Das bei der therm. Polymerisation von Cyclohexadien-(1.3) (**I**) bei 140—200° erhaltene *Polycyclohexadien-(1.3)* enthält *Bzl., dimeres* u. *trimeres* **I**. Zum Mechanismus der **I**-Polymerisation wird die intermediäre Bldg. akt. Radikale aus **I** angenommen, die die Polymerisation initiieren bzw. in dimeres u. trimeres **I** oder durch Disproportionierung in Bzl. übergehen. Helmut Schäfer 4010△

0992 **Kristallisation von Polyvinylalkohol durch Hitzebehandlung.** Hiroyuki Tadokoro, Keiji Kôzai, Syûzô Seki und Isamu Nitta. (Chem. High Polymers [Tokyo] **16,** 418—21, 1959; Osaka, Osaka Univ., Fac. of Sci., Dep. of Chem.; Nishiku, Osaka, Central Inst. of Japan synthet. Text. Inspection Inst. Foundation; jap., Auszug: engl.) — Von in Siliconöl verschieden lange u. hoch erhitzten *Polyvinylalkohol*-Filmen werden Dichte, IR- u. UV-Spektren gemessen. Beim Erhitzen der Filme auf Temp. < 180° nehmen Dichte u. Intensität der vom Kristallisationsgrad abhängigen Absorptionsbande bei 1141 cm^{-1} mit der Zeitdauer der Erhitzung zu u. nähern sich konst. Werten. Bei Proben, die auf Temp. > 190° erhitzt wurden, durchlaufen die Dichte- u. Intensitätswerte in Abhängigkeit von der Erhitzungsdauer ein Maximum, was nach den Ergebnissen der UV-Absorptionsmessungen auf einen therm. Abbau zurückzuführen ist. Die Veränderungen im IR- u. UV-Spektrum sind hierbei empfindlicher als die Dichteänderung. Die Dichtemessungen bei verschiedenen Feuchtigkeitsgraden der untersuchten Proben zeigen, daß die Dichte-Feuchtigkeitskurven bei bestimmten Feuchtigkeitswerten ein Maximum besitzen. K. Gröbe 4010◇

0993 **Einfluß der Polymerisationstemperatur und der Umwandlung des Ausgangspolyvinylacetats auf die Eigenschaften des Polyvinylalkohols.** Kiyokazu Imai, Unpei Maeda, Junji Ukida und Masakazu Matsumoto. (Chem. High Polymers [Tokyo] **16,** 446—52, 1959; Sakazu, Kurashiki, Okayama, Kurashiki Rayon Co. Ltd., Res. Labor.; jap., Auszug: engl.) — Es wurde beobachtet, daß bei der Umwandlung von *Polyvinylacetat* in *Polyvinylalkohol* (**PVA**) in wss. Dimethylsulfoxid-Lsg. mit steigender Temp. die Zeitdauer bis zur Trübung der Lsg. zunimmt. Der Grad der Quellung von **PVA** in W. nimmt hierbei zu, die Intensität der vom Kristallinitätsgrad abhängigen IR-Bande bei 8,7 μ nimmt ab. Auch im Falle der Polymerisation in Substanz verändern sich Trübungs-Geschw. u. Quellungsgrad mit den Polymerisationsbedingungen. K. Gröbe 4010◇

0994 **Die Adsorption von Makromolekeln. 4. Mitt. Mehrschichtenadsorption von Polyäthylenglykolen.** Erwin Killmann und Gerhard Schneider. (Makromolekulare Chem. **57,** 212—19, 1962; München, TH, Inst. für Chem. Technol.; dt.) — 3. vgl. C. **1963,** 915. — *Polyäthylenglykole* (Mol. Gew. 1000—28000) wurden an Folien adsorbiert. Die adsorbierte Menge wurde ohne Störung des Syst. durch Wägung bestimmt. Aus den gefundenen stufenförmigen Adsorptionsisothermen, deren Abhängigkeit von Temp. u. Molgew. wird auf das Auftreten einer Adsorption in mehreren Schichten geschlossen. Eine Wrkg. des Adsorbens auf die zweite u. weitere Schichten konnte nicht bemerkt werden. Der Wert der Adsorptionsenthalpie wird von der Bedeckung u. der Zahl der Schichten beeinflußt; daraus wird auf den Vorgang der Adsorption u. die Art der adsorbierten Schicht geschlossen. H. Schroeder 4010◇

0995 **Polyäther. 11. Mitt. Polymerisation von DL-Propylenoxid mit optisch aktiven Katalysatorsystemen.** Nan Shieh Chu und Charles C. Price. (J. Polymer Sci., Part A **1,** 1105—13, 1963; Philadelphia, Pa., Univ. of Pennsylvania, Dep. of Chem.; engl.) — 10. vgl. C. **1962,** 145. — *L-Propylenoxid* wurde mit einem $ZnCl_2$–Al-Isopropylat-Katalysator (**I**) bei 80° (16 Std.) bzw. mit einem $FeCl_3$–L-Propylenoxidkatalysator (**II,** 80°, 284 Std.) bzw. mit einem $Zn(C_2H_5)_2$–H_2O-Katalysator (**III,** Raumtemp., 118 Std.) polymerisiert, entsprechend *DL-Propylenoxid* mit dem Komplex (**IV**) aus *Poly-L-propylenoxid* (**V**) + **I** (80°) bzw. mit dem Komplex (**VI**) aus **V** u. **III** (Raumtemp.) bzw. mit einem Al-L-Propylenglykolat–$ZnCl_2$-Katalysator (**VII,** 80°). Die mit **I, II** u. **III** erhaltenen **V**-Proben wurden durch Abkühlen der Lsg. in Aceton (**VIII**) auf — 20° je in 2 Fraktionen A (unlösl. bei — 20°) u. B (lösl. bei — 20°) zerlegt, von denen ln η_r/c, F. u. $[\alpha]_D^{20}$ bestimmt wurden. Diese 3 Größen variieren nicht nur mit der Art des verwendeten Katalysators, sondern auch A u. B desselben Prod. zeigen gewisse Unterschiede. $[\alpha]_D^{20}$ von A aus **I, II** u. **III** beträgt — 25 ± 3°, während $[\alpha]_D^{20}$ von B etwas höher liegt; ferner ist F. (A) > F. (B). Die Unterschiede werden auf die stereoreguläre Struktur von A zurückgeführt; der relative Anteil von A ist bei Verw. von **I** u. **II** größer als von **III.** $[\alpha]_D^{20}$ von *Poly-DL-propylenoxid* (**IX**), hergestellt mit dem Komplex **IV,** nimmt mit steigender Polymerisationszeit t vom Wert — 14,36° nach 2 Std. auf 0° nach 24 Std. zu, da der Anteil des in **IX** eingebauten **V** des Komplexes **IV** mit wachsendem t relativ geringer wird. Ein ähnlicher Effekt liegt bei mit **VI** erhaltenem **IX** vor. Die Fraktionen von **IX** aus **IV** (Trennung mit **VIII**) unterscheiden sich nur wenig in $[\alpha]_D^{20}$. Die Analyse von **IX** aus **VII** ergibt keine stereospezif. Bevorzugung der L- oder D-Moll. durch den Katalysator. O. Fuchs 4010◇

0996 **Bestimmung des Wassergehaltes in niederen Formaldehydpolymeren mit der Karl-Fischer-Methode. 1. Mitt. Bestimmung des adsorbierten und des gebundenen Wassers.** Kaname Muroi und Kunihiko Ogawa. (Bull. chem. Soc. Japan **36,** 965—69, 1963; Kawasaki-shi, Kanagawa, Mitsubishi Chem. Ind. Ltd., Central Res. Labor.; engl.) — An polymerem *Formaldehyd* adsorbiertes W. kann in Methanol mit Karl-Fischer-Lsg. titriert werden. Die Summe von adsorbiertem u. gebundenem W. kann nach der Pyrolyse in Propylenglykol bei 160° ebenso titriert werden. Die untersuchten Proben enthielten 0,42—2,70% gebundenes W., woraus sich ein Polymerisationsgrad von 140–22 ergibt. R. Sattelmeyer 4010◇

0997 **Kohlenmonoxid–Formaldehyd-Copolymere.** Mario Modena, Mario Ragazzini und Enzo Gallinella. (J. Polymer Sci., Part B **1,** 567—70, 1963; Bollate, Milano, Sicedison S.p.A., Labor. Ric.; engl.) — Bei der Rk. von *CO* mit wasserfreiem *Formaldehyd* in Ggw. von Lewis-Säuren entstehen *Copolymere* (**I**), die nach IR-Analyse u. dem chem. Verh. Ester-, Äthyl- u. Acetal-Gruppen enthalten. Das CO/H_2CO-Verhältnis kann bis zu 1 betragen. **I** ist leicht hydrolysierbar. Vermutlich liegt eine kation. Polymerisation vor. O. Fuchs 4010◇

0998 **Stereospezifische Polymerisation von Acetaldehyd.** 1. Mitt. Shin-ichi Ishida. (Chem. High Polymers [Tokyo] **18,** 187—90, 1961; Nakadaimachi, Shimura, Itabashi-ku, Tokyo, Asahi Chem. Ind. Co. Ltd., Techn. Res. Labor.; jap., Auszug: engl.) — Vgl. auch J. Polymer Sci. **62,** [1962], 1. — Die Tief-Temp.-Polymerisation von Acetaldehyd (— 78°) ist abhängig von der Katalysatormenge [*Triäthyl-Al* (**I**)] u. der Temp. der **I**-Zugabe. Maximaler Umsatz wurde bei 2 Gew.-% **I** im Rk.-Gemisch erreicht. Bei je tieferer Temp. die Polymerisation durchgeführt wird, um so größer ist die Fraktion an kristallinem *Polyacetaldehyd* u. die Polymerisations-Geschwindigkeit. Die scheinbare Aktivierungsenergie der Rk. wurde zu — 8,5 kcal/Mol berechnet. I. Solf 4010◇

0999 **Bildung von Ketiminbindungen in mit freien Radikalen polymerisiertem Acrylonitril.** J. C. Crosthwaite, J. J. McLeskey III und P. Smith. (Canad. J. Chem. **40,** 1879—81, 1962; Durhan, N. C.; Univ., Dep. of Chem.; engl.) — Auf Grund der IR-Absorption bei 4,93 μ wird geschlossen, daß bei der radikal. Polymerisation von *Acrylonitril* bei — 72 ± 2° ebenso wie bei strahlungsinitiierter Polymerisation Ketiminbindungen auftreten. A. Gabert 4010◇

1000 **Verwendung des katalytischen Systems Wasserstoffperoxid–Thioharnstoff bei der Polymerisation von Acrylonitril.** Alberto Bonvicini und Cornelio Caldo. (Chim. e Ind. Milano **45,** 444—46, 1963; ital.) — Über die Resultate der bei verschiedenen Temp., pH-Werten u. Thioharnstoffkonzz. durchgeführten Verss. wird berichtet. Setzt man dem katalyt. Syst. Eisenchlorid zu, so erhöht sich der Umsatz. Als Wert der Aktivierungsenergie werden 3,5 kcal/Mol ermittelt. Die kinet. Konst. der Polymerisation werden angegeben. W. Renker 4010◇

1001 **Katalyse an organischen Halbleitern, die aus Polyacrylonitril durch thermische Behandlung erhalten werden.** Je. Ss. Dokukina, Ss. S. Roginski, M. M. Ssacharow, A. W. Toptschijew, M. A. Geiderich, B. E. Dawydow und B. A. Krenzel. (Ber. Akad. Wiss. UdSSR **137,** 893—95, 1/4. 1961; Inst. für physikal. Chemie der Akad. der Wiss. der UdSSR, Inst. für erdölchem. Synthese; russ.) — Therm. behandeltes *Polyacrylonitril* (**I**) oder **I,** dem vor der therm. Behandlung 0,01% $CuCl_2$ zugegeben wurde (spez. Oberfläche: 0,06 bzw. 0,4 m^2/g), erwiesen sich als gute Katalysatoren für die therm. Zers. von Ameisensäure. Die therm. Behandlung des **I** bestand in 1—3std. Erhitzen auf maximal 450°. Die katalyt. Zers. der Ameisensäure verläuft an diesen Katalysatoren mit ausreichender Geschw., u. hinsichtlich der katalyt. Aktivität steht das therm. behandelte **I,** bes. das mit Cu-Geh., anderen metall. u. anorgan. Halbleitern nicht nach. Dagegen verliefen Verss. zur Hydrierung von Äthylen u. zur therm. Zers. von Alkoholen u. Hydrazinhydrat an therm. behandeltem **I** negativ. Die katalyt. Wrkg. von **I** bei der therm. Zers. der Ameisensäure ist nach Ansicht der Vff. darauf zurückzuführen, daß die N-Atome des Polymeren als Adsorptionsstellen für die Moll. der Ameisensäure wirken. C. Kozák 4010□

1002 **Fraktionierung von Polyacrylonitril.** 3. Mitt. **Fraktionierte Fällung mit Dimethylsulfoxid/Toluol.** Yoshisato Fujisaki und Hidehiko Kobayashi. (Chem. High Polymers [Tokyo] **19,** 49—56, 1962; Sameshima, Fuji Shizuoka, Asahi chem. Ind. Co., Cashimilon Plant; jap., Auszug: engl.) — 2. vgl. C. **1964,** 10-0974. — Für das für die Fällung von *Polyacrylonitril* (**PAN**) geeignete Syst. Dimethylsulfoxid–Toluol wird der Einfl. des Vol.-Anteils v_2' von **PAN** in der Gelphase auf die Wirksamkeit der Fraktionierung an Hand der ermittelten Fraktionierungsdaten erörtert, ebenso auch für die Syst. Dimethylformamid (DMF)–Heptan, DMF–Heptan–Ae., Hydroxyacetonitril–Bzl.–A. u. 60%ig. HNO_3–Butanol. v_2' ist für die Trennwrkg. der Fraktionierung, die durch die Anfangs-Konz. von **PAN** u. die Fraktionierungs-Temp. bestimmt wird, wichtig. Bei konst. Konz. des Gesamtpolymeren werden an den untersuchten Löser–Fäller-Syst. keine merklichen Differenzen bei v_2' u. der Fraktionierungswirksamkeit beobachtet. Die gute mol. Homogenität der Fraktionen geht aus den Messungen der Lichtstreuung, der Diffusions-Konst. u. der Intrinsicviscosität hervor. M. Hagedorn 4010◇

1003 **Fraktionierung von Polyacrylonitril. 4. Mitt. Fraktionierte Fällung mit Salpetersäure–Butylalkohol.** Yoshisato Fujisaki. (Chem. High Polymers [Tokyo] **19,** 56–63, 1962; jap., Auszug: engl.) – 3. vgl. vorst. Referat. – Bei der Fraktionierung unter Verw. von 60%ig. HNO_3 bei 5° werden die Nitrilgruppen nicht hydrolysiert (IR-Messungen, N_2-Geh.). Die Molgew. der Fraktionen bleiben während der Behandlung mit HNO_3 oder mit HNO_3–Butanol konstant. Die Wirksamkeit der Fraktionierung wird durch Erhöhung des HNO_3-Geh. erhöht; störend wirken aber Rkk. zwischen HNO_3 u. Butanol. Mit HNO_3–Butanol verschwindet mit fallendem Molgew. des Präp. allmählich die anomale Gestalt der Molgew.-Verteilungskurve. M. Hagedorn 4010◇

1004 **Fraktionierung von Polyacrylonitril. 5. Mitt. Einige Bemerkungen zur Fraktionierung von Polyacrylonitril.** Yoshisato Fujisaki. (Chem. High Polymers [Tokyo] **19,** 64–72, 1962; jap., Auszug: engl.) – 4. vgl. vorst. Referat. – Bei der Unters. der Fraktionierung von *Polyacrylonitril* (**PAN**) aus Dimethylsulfoxid/Toluol u. aus Dimethylformamid (DMF)/Heptan ergeben sich die folgenden Beobachtungen. Säurezusatz zum Fraktionierungs-Syst. verhindert die Verfärbung von **PAN**; bei hoher Fraktionierungs-Temp. muß aber der mögliche Abbau der Polymerketten von **PAN** beachtet werden. Auch wird die Wirksamkeit der Fraktionierung durch Säurezusatz gemindert. Syst. wie DMF/Toluol, in denen die konz. Phase kolloidal wird, sind für das Fraktionieren von **PAN** nicht brauchbar. Die Wirksamkeit der Fraktionierung wird durch die Adhäsion von Gelteilchen an der Glaswand beeinträchtigt, ebenso auch durch unnötig langes Rühren der Lsg. während der Abtrennung der Gelphase. M. Hagedorn 4010◇

1005 **Photochemische Erzeugung von Polymeren aus Maleinsäureanhydrid.** D. Bryce-Smith, A. Gilbert und B. Vickery. (Chem. and Ind. **1962,** 2060–61; Reading, Berks., Univ., Chem. Dep.; engl.) – Aus *Chlorbenzol, p-Xylol* u. äther. Lsgg. von *Durol, Diphenyl, Naphthalin* u. *Phenol* wurden mit *Maleinsäureanhydrid* im Sonnenlicht u. mit Benzophenon als Sensibilisator fast farblose, feste Polymere hergestellt, die noch Maleinsäureanhydridreste zu enthalten schienen. An feuchter Luft zerflossen sie zu polymeren Säuren, aus denen die Anhydride regenerierbar waren. Außer einem zusätzlichen Maximum im UV entsprachen die UV- u. IR-Spektren denen von *Polymaleinsäureanhydrid.* Ohne den Zusatz des Aromaten wurden rote Öle erhalten, die bei 55° im Vakuum ähnliche Polymere lieferten. Mit *Benzonitril, Nitrobenzol* u. *o-Dichlorbenzol* trat keine Rk. ein. Durch Bestrahlung von *Acenaphten* u. *Maleinsäureanhydrid* mit UV-Licht wurde ein 1:1 Copolymerisat erhalten, F 330°. U. Müller 4010◇

1006 **Leitfähigkeits- und Viscositätsmessungen an Polynatriumacrylaten mit verschiedenen Molekulargewichten.** A. Packter. (J. Polymer Sci., Part A **1,** 3021–27, 1963; London, School of Pharmacy, Chelsea Coll. of Sci. and Technol.; engl.) – Von 4 Proben von *Poly-Na-Acrylat* (**I**) mit verschiedenem Molgew. M (50000 bis 1500000 für die Säure) wurden bei 25° in wss. Lsg. die Abhängigkeit der elektr. Äquivalentleitfähigkeit Λ (300 Hz) u. der spezif. Viscosität η_{sp} von der **I**-Konz. C gemessen. Die Gesamtviscosität η der Lsgg. wurde hierbei im Bereich von 1,1–40 cP variiert. η_{sp}/C fällt mit wachsendem C ab u. steigt bei konst. C mit zunehmendem M an; $\eta_{sp}/\eta_{sp,o}$, wo $\eta_{sp,o} = \eta_{sp}$ für $C = 10^{-4}$ Mol · Liter^{-1}, ist prakt. unabhängig von M. Λ fällt mit steigendem / auf einen Grenzwert ab, während das Prod. ΛC unabhängig von M ist. Die aus den Messungen berechneten Beweglichkeiten der Poly- u. der Gegenionen sind unabhängig von η. Vermutlich bewegen sich beide Ionenarten in einer Umgebung von reinem W.; die Waldensche Regel ist daher auf solche Lsgg. nicht anwendbar. O. Fuchs 4010

1007 **Die Viscoelastizität monomolekularer Schichten aus linearen Polymeren.** Kinsi Motomura und Ryohei Matuura. (J. Colloid Sci. **18,** 295–306, 1963; Fukuoka, Japan, Kyushu Univ., Fac. of Sci., Dep. of Chem.; engl.) – Aus einer früher abgeleiteten (J. Colloid Sci. **18,** [1963], 52) Zustandsgleichung für monomol. Schichten (mm S) aus linearen Polymeren kann erwartet werden, daß die Kohäsionskraft zwischen den Kettensegmenten großen Einfl. auf die Oberflächen-Rheologie der Polymerfilme hat. Daher werden an mm S von *Polymethylmethacrylat* (**I**), *Polymethylacrylat* (**II**) u. *Polyvinylacetat* (**III**) das viscoelast. Verh. untersucht u. die viscoelast. Konst. ermittelt. Die Messungen erfolgen mit Hilfe der Ringtorsionspendel-Meth., wobei die mm S zwischen zwei Ringen erzeugt werden. **I** weist viscoelast. Verh. auf, das in einem 4-Parameter-Modell (2 Federn, 2 Dämpfer) dargestellt werden kann; die viscoelast. Werte wachsen schnell mit kleiner werdenden Fläche. **II** weist nur viscoses Fließen auf, **III** ist nicht viscoelastisch. Dies Ergebnis läuft einer früher festgestellten Beziehung für w/kT – w steht mit der Kohäsionskraft zwischen den Kettensegmenten in Verbindung – parallel, wonach w/kT für **I** > **II** > **III** war. mm S aus linearen Polymeren bestehen demnach wahrscheinlich aus einem, aus gedehnten Makromoll. aufgebauten zweidimensionalen Netzwerk; ihr rheolog. Verh. wird zur Hauptsache durch Kohäsionskräfte zwischen den Segmenten bestimmt. M. Hagedorn 4010◇

1008 **Messung der Kristallinität in verstreckten Polyäthylenterephthalat-Fasern durch Röntgenstrahlbeugung.** G. Farrow und D. Preston. (Brit. J. appl. Physics **11,** 353–58, 1960; Harrogate, Yorkshire, I. C. I., Res. Dep., Fibres Div.; engl.) – Nach einer neuen Meth. der Röntgenstrahlbeugung, unter Verw. streng monochromat. Strahlung u. Evakuierung der Kamera wurde der kristalline Anteil in verstreckten Fasern aus *Polyäthylenterephthalat* bestimmt. Er erreicht bis zu 45%. Die Werte sind viel niedriger als die aus der Dichte ermittelten. Für die meisten Garnarten ergibt sich für den nichtkristallinen Bereich eine Dichte von 1,355 g/ml. M. Wiedemann 4010◇

1009 **Die Kinetik der Polyurethanbildungsreaktion zwischen organischen Diisocyanaten und Glykolen.** 2. Mitt. Hisao Okada und Yoshio Iwakura. (Makromolekulare Chem. **66,** 91–101, 1963; Ookayama, Meguro-Ku, Tokyo, Tokyo Inst. of Technol., Res. Labor. of Resources Utilization; engl.) – 1. vgl. C. **1963,** 11277. – Bei 20, 30 u. 40° wurde die Geschw. der Rk. zwischen *Phenylisocyanat* (**I**) u. *n-Butanol* (**II**) in Bzl. in Ggw. von Butylphenylurethan (**III**), Dibutylurethan (**IV**) u. Tributylamin (**V**) bestimmt. Für die Rk.-Geschw. gilt: $dx/dt = k\,(a-x)\,(b-x)$, wo a bzw. b = Anfangskonz. von **I** bzw. **II**, x = die zur Zeit t umgesetzte Menge von **I** bzw. **II**. Für k gelten folgende Beziehungen: $k = k_a\,(b-x) + k_p x$ ohne Zusatz bzw. $k = k_a\,(b-x) + k_p\,(d-x)$ bei Ggw. von **III** der Anfangskonz. d bzw. $k_a\,(b-x) + k_p x + k_c'e$ bei Ggw. von **IV** der Konz. e bzw. $k_a\,(b-x) + k_p x + k_c''f$ bei Ggw. von **V** der Konz. f. Die Rk.-Geschw. steigt in der Reihenfolge: Ohne Zusatz, Ggw. von **III**, **V** bzw. **IV** stark an. Für k_a, k_p, k_c' u. k_c'' (je in Einheiten von 10^{-4} Liter^2 Mol^{-2} s^{-1}) wurden z. B. bei 30° u. für a = b = 0,250 Mol Liter^{-1} gefunden: 7,39 ± 0,15, 8,85 ± 0,30, 37,9 ± 1,7 u. 375 ± 9. Die zugehörigen Aktivierungsenergien (in kcal Mol^{-1}) sind: 2,7 ± 0,8, 10,7 ± 0,5, 9,5 ± 0,7 u. 2,7 ± 0,3. Zur Deutung der Ergebnisse nehmen Vff. an, daß sich zwischen **I** u. **IV** ein katalyt. wirksamer Komplex bildet, wobei der negative Ladungsschwerpunkt in der NCO-Gruppe nach dem N verschoben wird; der Komplex zwischen **I** u. **III** ist schwächer als der zwischen **I** u. **IV**, weshalb **III** nicht so stark katalyt. wie **IV** wirkt. Bei Ggw. von **V** bildet sich ein ebenfalls katalyt. wirksamer Dreierkomplex aus **I**, **V** u. entstandenem **III**.

Versuche: *Butylphenylurethan* (**III**), $C_{11}H_{15}NO_2$, F. 62,5–62,8° (Hexan) aus 3,97 g **I** u. 2,47 g **II**, mehrstd. Stehen der Mischung bei 0°. – *Dibutylurethan* (**IV**), $C_9H_{19} \cdot O_2N$, Kp.$_4$ 101°, aus 15 g Butylamin u. 13,6 g Butylchlorcarbonat in 100 cm³ trockenem Äther. O. Fuchs 4010◇

1010 **Die Copolymerisation von Acrylamid mit Vinylacetat.** Minoru Matsuda, Takayuki Otsu und Minoru Imoto. (Chem. High Polymers [Tokyo] **16,** 437–40, 1959; Minami-Ogimachi, Kitaku-ku Osaka, Osaka City Univ., Fac. of Engng., Dep. of Appl. Chem.; Sendai, Katahira-cho, Tohoku Univ., Chem. Res. Inst. of Non-aqueous Solution; jap., Auszug: engl.) – Die

Copolymerisation von Acrylamid (I) mit Vinylacetat (II) wird bei 50° in Ggw. von 2.2'-Azo-bis-[isobutyronitril] in abs. Methanol durchgeführt. Die Zus. der I/II-*Copolymeren* in Abhängigkeit von den Monomeren-Konzz. wird aus dem N-Geh. errechnet. Für I werden die folgenden Werte ermittelt: $r_1 = 7{,}5$; $r_2 = 0{,}07$; $Q = 1{,}32$; $e = +0{,}79$. Alle Copolymeren sind wasserlösl. u. können durch alkal. Verseifung in das *Quaterpolymere* aus I, Acrylsäure, II u. Vinylalkohol übergeführt werden.
K. Gröbe 4010◇

1011 **Protonmagnetische Resonanzabsorption in trockenem Nylon 66 und 610.** D. W. Jones. (J. Polymer Sci. **59**, 271–81, 1962; Bradford, Inst. of Technol., Dep. of Chem. Technol.; engl.) — Die von verschiedenen Autoren in der Literartur mitgeteilten Ergebnisse der Temp.-Abhängigkeit der Breite der protonmagnet. Resonanzlinien u. des 2. Momentes von *Nylon 66* (I) u. *Nylon 610* (in Form von Schnitzeln u. Stäbchen) zeigen zwischen 80 u. 400 °K größere Unterschiede. Kontrollmessungen mit einem Pound-Watkins-Spektrometer bei Raumtemp. zeigen, daß beide Größen kaum von der Feldstärke bei Radiofrequenzen abhängen. Vf. nimmt an, daß die Unterschiede bes. bei höherer Temp. auf Differenzen in der Zus. der Proben (z. B. auf verschiedenen Wassergeh.) zurückzuführen sind. Für I wurde eine Aufspaltung der kontinuierlichen Kernresonanzänderungen in diskrete Übergänge bei 120°, 200°, 330° u. 370 °K nachgewiesen.
O. Fuchs 4010◇

1012 **Lichtstreuung und Viscosität der Lösungen von Polyphenylmethacrylamidfraktionen in Aceton.** W. N. Zwetkow und W. G. Aldoschin. (J. physik. Chem. [UdSSR] **33**, 2767–70, 1959; russ., Auszug: engl.) — Die Lichtstreuung u. Viscosität (η) der Lsgg. von *Poly-α-phenylmethacrylamid*-Fraktionen vom Molgew. $0{,}1-3{,}2 \cdot 10^6$ in Aceton wurden untersucht. Die Abhängigkeit von η vom Molgew. (M) wird durch die Gleichung: $\eta = 2{,}82 \cdot 10^{-4} \cdot M^{0{,}75}$ beschrieben. Mit Vergrößerung der Seitengruppe in Polymethacrylsäureestern u. -amiden erhöht sich die nach der Flory-Formel berechnete statist. Länge der Moleküle.
Helmut Schäfer 4010△

1013 **Untersuchung der Konformationsumwandlungen von Makromolekülen in Lösungen.** 3. Mitt. **Über die Konformationsumwandlungen des Copolymeren von 2-Vinylpyridin mit Methacrylsäure.** I. T. Sljussarow und Ss. S. Urasowski. (Hochmolekulare Verbind. [UdSSR] **4**, 481–85, April 1962; russ., Auszug: engl.) — 1. vgl. Urasowski, C. **1963**, 12054. — Es wurde die Temp.-Abhängigkeit der spez. Viscosität, der spez. elektr. Leitfähigkeit u. der Konz. der H-Ionen der Copolymeren von *2-Vinylpyridin* (I) mit *Methacrylsäure* (II) in wss. Lsg. im sauren Medium bei pH-Werten von 3,60–6,66 sowie die Viscosität einer wss.-methanol. u. einer Dimethylformamid-Lsg. des Copolymeren bei einer Konz. von 0,5 bis 10 g/Liter bei 20–60° untersucht. Es wurden Knickpunkte der Temp.-Abhängigkeitskurven der Viscosität bei 40° u. der H-Ionen-Konz. in wss. Lsg. festgestellt. Diese Knickpunkte fehlen in wss.-methanol. Dimethylformamid-Lösung. Diese Knickpunkte werden durch Konformationsänderungen der Makromoll. von I mit II bei 40° in eine weniger spiralartige Form erklärt. Die Konformationsumwandlung findet nur in wss. Lsg. statt, da W. eine wesentliche Rolle durch Assoziation u. Wasserstoffbindungen spielt. Die Herst. des Copolymeren von I mit II wird beschrieben.
R. Erge 4010◇

1014 **Über die Thermo- und Oxydationsstabilität der Alkyl- und Alkylphenylsiliconöle in Gegenwart verschiedener Inhibitoren.** I. Lipovetz und A. Borbély. (Periodica polytechn. [Budapest], chem. Ingenieurwes. **2**, 259–63, 1958; Budapest, Techn. Univ., Inst. für anorgan. Chem.; dt.) — Am Beispiel von linearen, verzweigten u. cycl. *Methyl* (A)- u. *Äthylsiliconölen* (B) wurden durch Einleiten von CO_2-freier Luft (1 Liter/h) bei 170° Verss. zur Ermittlung ihrer therm. u. Oxydationsstabilität durchgeführt. Die Stabilität der A war um 2 Größenordnungen höher als die der B (30210–32750 Std. gegenüber 375–700 Std. Lebensdauer). Der Zusatz von 0,2% des Cu-Chelates von Acetessigsäureäthylester vermindert die Stabilität der A (26750–28480 Std.), erhöht sie dagegen bei den B (1092–1164 Std.). Zusatz von 0,2% Cr-Acetylacetatchelat kehrt die Stabilitätsverhältnisse um (309 bis 525 Std.; 49100–52450 Std.).
K. Gröbe 4010◇

1015 **Die Bestimmung der Konzentrations- und Temperaturabhängigkeit des Brechungsinkrements von Polydimethylsiloxan in Toluol.** Rune Nilsson und Lars-Olof Sundelöf. (Makromolekulare Chem. **66**, 11–18, 1963; Uppsala, Sweden, Univ. of Uppsala, Inst. of Phys. Chem.; engl.) — Für *Polydimethylsiloxan* (Viscosität 12500 cS, Molgew. 63000) in Toluol wurde die Abhängigkeit der Brechungsindexinkremente von der Temp. t (14,6°, 19,9°, 25,4°, 29,9° u. 34,8°) u. von der Konz. (0,005 bis 0,05 g/ml) für die Wellenlängen λ 436 u. 546 mμ gemessen. Die von λ u. t des Syst. abhängigen Koeff. R_1 (in ml/g) betragen für 436 mμ (546 mμ) bei 14,6° –0,1042 (–0,0947), bei 19,9° – 0,1037 (– 0,0941), bei 25,4° – 0,1029 (– 0,0933), bei 29,9° – 0,1027 (– 0,0933) u. bei 34,8° – 0,1023 (– 0,0927); R_2 (in ml^2/g^2) als Mittelwert beträgt für 436 mμ 0,104 u. für 546 mμ 0,099. R_1 u. R_2 stimmen mit berechneten Werten gut überein.
G. Vetter 4010◇

1016 **Synthese von Polyferroorganosiloxanen und Polyferroalumoorganosiloxanen.** K. A. Andrianow, T. N. Ganina und N. N. Ssokolow. (Hochmolekulare Verbind. [UdSSR] **4**, 678–82, 1962; Allunions Elektrotechn. Lenin-Inst.; russ., Auszug: engl.) — Durch Kondens. von Phenylsilantriol-Na-Salz [I; $C_6H_7NaO_3$, durch Hydrolyse von Phenyltrichlorsilan (II) mit konz. NaOH; 80% Ausbeute] mit $FeCl_3$ [3,24 g $FeCl_3$ u. 10,7 g I in 70 ml Toluol 5 Std. auf 80–100° erhitzen] bzw. von Polyphenylsiloxan [III; durch 1std. Rühren von 105,7 g II in 238 ml W., 53 ml Butanol u. 132 ml Toluol bei 20–25°] mit $FeNH_4 \cdot (SO_4)_2$ [48,2 g $FeNH_4(SO_4)_2$ als 20%ig. wss. Lsg. bei 78° tropfenweise zu 65 g III in 20 g NaOH als 16%ig. Lsg. geben] werden in 67–70%ig. Ausbeute *Polyferrophenylsiloxane* der Struktur $[C_6H_5Si(OH)–O]_n–[C_6H_5Si(O_{0,5}–)–O]_n–Fe(O_{0,5}–)–O–$ mit n = 4 bzw. 2 vom Molgew. 3500–4500 erhalten. Die Kondens. von I mit $AlCl_3$–$FeCl_3$ (21,4 g I, 3,24 g $FeCl_3$ u. 2,67 g $AlCl_3$ in 140 ml Toluol $5^1/_2$ Std. auf 96–100° erhitzen) liefert in 77%ig. Ausbeute *Polyalumoferrophenylsiloxane* der Struktur $[C_6H_5Si(O_{0,5}–)–O]_6–Al(O_{0,5}–)–O–[C_6H_5Si(O_{0,5}–)–Fe(O_{0,5}–)–O–$ vom Molgew. 3770. — Die Polymeren sind nur wenig polydispers, in unpolaren u. schwachpolaren Lsgm. lösl. u. schmelzen < 500° nicht.
Helmut Schäfer 4010△

1017 **Polymerisation von Tributylvinylphosphoniumbromid.** J. Pellon und K. J. Valan. (Chem. and Ind. **1963**, 1358; Stamford, Conn., Am. Cyanamid Co., Centr. Res. Div., Chem. Res. Dep.; engl.) — *Tributylvinylphosphoniumbromid* polymerisiert unter der Einw. von Röntgenstrahlung zu einer weißen, hygroskop. Masse mit dem Molgew. 270000 in 60%ig. Ausbeute aus einer 30%ig. wss. Lösung.
R. Becker 4010△

1018 **Über die Kristallinität einiger Hydrierungsprodukte des cis-1.4-Polybutadiens.** B. I. Tichomirow, A. I. Jakubtschik und I. A. Klopotowa. (Hochmolekulare Verbind. [UdSSR] **4**, 25–29, 1962; Leningrad, Univ.; russ., Auszug: engl.) — Bei der Hydrierung von *cis-Polybutadien-(1.4)* wird durch Röntgenunters. nachgewiesen, daß von einer 30%ig. Absättigung an die Kristallinität mit dem Hydrierungsgrad (HG) von 20% auf 60% bei 93,5% HG zunimmt. Die Hydrierungsprodd. können Sphärolithe bilden, wobei auch die Vollkommenheit der Sphärolithe mit dem HG zunimmt. Die Ergebnisse können auf Grund der Theorie der Paketstruktur erklärt werden.
R. K. Müller 4030◇

1019 **Über die chemische Struktur der in Gegenwart von Butyllithium erhaltenen Butadienpolymeren.** A. I. Jakubtschik und W. D. Nikitina. (J. angew. Chem. [UdSSR] **35**, 2749–53, 1962; russ.) — Die Struktur der in Ggw. von n-Butyl-Li erhaltenen *Butadienpolymeren* wurde durch Ozonolyse u. Chromatographie untersucht. Die bei 16 (80°) dargestellten Polymeren enthalten 55,3 (44,7)% 1.4–1.4-, 16,5 (30,8)% 1.4–1.2–1.4- u. 0 (2,2)% 1.4–$(1.2)_2$–1.4-Glieder.
Helmut Schäfer 4030△

1020 **Molekulargewichtsverteilung von synthetischen Hochpolymeren.** 9. Mitt. **Der Einfluß der Mastizierung auf die Molekulargewichtsverteilung von Styrol-Butadien-**

Gummi (SBR 1500). Ryūichi Endō. (Chem. High Polymers [Tokyo] **19,** 39—45, 1962; Kagurazaka, Shinjuku-ku, Tokyo, Tokyo Coll. of Sci.; jap., Auszug: engl.) — 8. vgl. J. Soc. Rubber Ind., Japan **34,** [1961] 915. — *Styrol-Butadien-Gummi* (**I,** Verw. von *SBR 1500*) wurde 10 Min. bei 15° (**Ia**) bzw. 30 Min. bei 15° (**Ib**) bzw. 17 Min. bei 50° (**Ic**) bzw. 35 Min. bei 50° (**Id**) in einer offenen Mühle geknetet. Von **I–Id** wurde durch Fällfraktionierung (Bzl. u. Methanol) die Molgew.-Verteilung aufgenommen. Von den **I**-Fraktionen wurde durch Messen von [η] bei 30° u. M_n (osmot.) in Toluol die Beziehung erhalten [η] = 4,61 $M_n^{0,679}$ g/100 cm³. Die Breite der M-Verteilung nimmt in der Reihenfolge **I, Ic, Id, Ia, Ib** ab, wobei der Einfl. der Temp. stärker als der der Zeit ist. M_w/M_n von **Ia–Id** ist ca. gleich groß aber kleiner als von **I**.
O. Fuchs 4030◇

1021 **Chemie der sauren aminozuckerhaltigen Polysaccharide.** Konoshin Onodera und Shigehiro Hirano. (Kagaku no Ryôiki [J. Jap. Chem.] **16,** 937—44, 1962; Kyoto, Univ., Landw. Fak.; jap.) — Übersicht. — 48 Literaturangaben. E. Maekawa 4050◇

1022 **Einige Angaben zur Frage der Adsorptionseigenschaften der Stärke.** W. I. Nasarow und T. I. Ssuchorukowa. (Kolloid-J. [UdSSR] **25,** 578—80, 1963; Moskau, Technol. Inst. für Lebensmittelind.; russ., Auszug: engl.) — Während die Adsorptionsisotherme von *Methylenblau* (**I**), einem organ. Elektrolyten mit großen Ionen, bei wss. Lsgg. von *Stärke* (**II**) aus Kartoffeln eine gleichmäßig, anfangs schneller, später langsamer ansteigende Kurve zeigt, hat man bei **II** aus Hartweizen u. noch ausgeprägter bei **II** aus Weichweizen eine S-förmige Kurve. Den Unterschied in den Adsorptionsverhältnissen von **I** bei verschiedenen **II** führen Vff. auf eine verschiedene innere Struktur der **I**-Körner zurück. Im Falle S-förmiger Adsorptionsisothermen dürfte anfangs bei einer geringen **I**-Konz. eine Adsorption in monomol. Schicht auf der Kornoberfläche stattfinden. Bei höheren **I**-Konzz. bilden sich polymol. **I**-Schichten aus, oder es treten **I**-Moll. in das Korninnere ein, wodurch ein schneller Anstieg der Adsorptionsisotherme bedingt wird. Außerdem ist die Quellbarkeit des **II**-Kornes zu berücksichtigen. Die Unters. der Filtrationskinetik zeigte, daß die Kurven der Kinetik bei **II** aus hartem Weizen tiefer liegen als bei **II** aus Weichweizen. M. Ulmann 4050◇

1023 **Schäden an Cellulose-Feststoffen durch Wärmestrahlung.** D. L. Simms. (Combust. and Flame **6,** 303—17, 1962; Borchane Wood, Herts., Fire Res. Station; engl.) — Erörterung der verschiedenen Arten, auf die Cellulose durch Wärmestrahlung Schäden erleidet. Die Bedingungen für das Auftreten von Verkohlung, Entzündung u. Verbrennung werden ermittelt u. erörtert. — 38 Literaturangaben. W. Wesly 4050◇

1024 **Methode zur Untersuchung von Kohlenhydrat-Pfropf-Copolymeren.** C. P. J. Glaudemans und E. Passaglia. (J. Polymer Sci., Part. C **1963,** Nr. 2, 189—97; Marcus Hook, Pa., Amer. Viscose Corp., Res. and Dev. Div.; engl.) — 5,5 g Fäden aus *Cellulose* (**I**) wurden 20 Min. in eine Lsg. von $[Fe(NH_4)_2][SO_4]_2$ (0,1%) in 0,1 n wss. Essigsäure gelegt, dann getrocknet u. unter N_2 zu dem sd. Gemisch aus W., 0,03% H_2O_2 u. *Styrol* gegeben; nach 2 Std. wurde das Rk.-Prod. mit sd. Aceton (**II**) u. dann mit sd. Bzl. (3 Tage) extrahiert u. daraus 26,275 g *Pfropfcopolymeres* (**III**) erhalten. Bei der Acetylierung von **III** mit Essigsäureanhydrid in Pyridin wurde ein in **II** u. Bzl. 1:1 lösl. Prod. (**IV**) erhalten. Die Lsg. von **IV** wurde mit methanol. wss. HCl-Lsg. hydrolysiert u. mit Methanol gefällt; der Nd. wurde mit Bzl. behandelt, wobei *Polystyrol* (**V**) in Lsg. ging. Ferner wurde aus **I** das *Cellulosetriacetat* (**VI**) hergestellt. Von **IV, V** u. **VI** wurden die Molgew. M_n (osmot.) bestimmt zu 154000 bzw. 253000 bzw. 103000. Aus diesen Daten wurde der Pfropfungsgrad f zu O berechnet (die Gleichungen zur Berechnung von f aus den M_n-Werten werden abgeleitet). Ferner wurde *Amylose* (**VII,** 5,4 g) zuerst in Ggw. von 200 cm³ W. 2,5 Std. auf 118° erhitzt, nach dem Abkühlen auf unter 40° *Methylmethacrylat* (ferner Zusatz eines Emulgators) u. eine 0,1 mol. Lsg. von $[NH_4]_2[Ce(NO_3)_6]$ in n HNO_3-Lsg. zugegeben; (Rk.-Dauer 2,2 Std.) das Rk.-Prod. mit **II** gefällt, mit W. gewaschen u. aufgearbeitet. Es werden 17,22 g *Pfropfcopolymeres* (**VIII**) erhalten. Die Acetylierung von **VIII** liefert ein Prod. mit M_n = 301000. M_n des acetylierten **VII** beträgt 91000. Bei der Dialyse des in Dimethylsulfoxid gequollenen **VIII** u. Hydrolyse des Dialysates mit 0,7 n H_2SO_4 wurde *Polymethylmethacrylat* mit $M_n = 1,4 \cdot 10^6$ erhalten. Aus diesen Daten lassen sich keine Schlüsse bzgl. der Größe von f von **VIII** ziehen. O. Fuchs 4050◇

1025 **Untersuchung der Form und der Durchmesser von Teilchen kolloider Lösungen von Celluloseestern.** W. I. Klenin, I. D. Rybakowa und Ss. A. Glikman. (Kolloid-J. [UdSSR] **24,** 696—701, 1962; Saratow, Univ., Labor für Chem. u. Physik der Polymeren; russ., Auszug: engl.) — Lichtstreuungsmessungen an Solen von *Nitrocellulose* in Aceton-W. u. von *sek. Acetylcellulose* in Aceton-Methanol wiesen bei letzterem Polymeren auf eine sphär. Form der Teilchen hin. Die koll. Teilchen beider Cellulosederivv. besitzen Radien von ~ 200 Å. Dieses entspricht 200—400 Molekülketten von dichter Packung. Bestätigt wurden frühere Beobachtungen, daß die Teilchenabmessungen eines Soles von der Konz. der Ausgangslsg. abhängen. M. Ulmann 4050◇

1026 **Methoden zur Analyse von Carboxymethyläthern der Cellulose.** I. M. Timochin und M. S. Finkelstein. (J. angew. Chem. [UdSSR] **36,** 415—23, 1963; russ.) — Krit. Gegenüberstellung von Meth. zur Analyse von *Carboxymethylcellulose* (**I**) führte zu Empfehlungen von Meth. für bestimmte Zwecke. Bei Kontrollunterss. bei der techn. Herst. von **I** oder bei Handelsprodd. empfiehlt sich als genügend genaue u. schnelle Meth. die Ausfällung der **I** als Cu-**I** bei pH 4,0—4,1 durch Titration mit $CuSO_4$ u. die jodometr. Best. des Geh. an Cu in Cu-**I** u. der Menge des nicht mit Na-**I** in Rk. getretenen $CuSO_4$. Für die quant. Best. des Geh. an Na-**I** von bekanntem Verätherungsgrad in pharmazeut. Präpp. wird zweckmäßigerweise **I** als Cu-Salz gefällt, hydrolysiert u. die gebildete Glykolsäure unter Verw. von 2,7-Dihydroxynaphthalin kolorimetr. bestimmt. Ist eine Ausfällung von **I** als Salz infolge gleichzeitiger Ausfällung anderer unlösl. Salze nicht möglich, so wird **I** hydrolysiert u. mit Anthron ein farbiger Komplex gebildet. — 32 Literaturangaben.
M. Ulmann 4050◇

1027 **Polymerisation von Styrol, Methacrylsäuremethylester und Acrylonitril auf Wolle durch γ-Bestrahlung.** Masao Horio, Kazuo Ōgami, Takashi Kondo und Ken'ichi Sekimoto. (Bull. Inst. chem. Res., Kyoto Univ. **41,** 10—16, 1963; Kyoto, Univ., Inst. for Chem. Res.; engl.) — *Styrol* (**I**), *Methacrylsäuremethylester* (**II**) u. *Acrylonitril* (**III**) wurden auf *Wolle* aufpolymerisiert, indem Wollfasern in Lsgg. der Monomeren in Aceton (**I** u. **II**) oder W. (**III**) eingetaucht u. mit γ-Strahlen von $2 \cdot 10^5$ bis $4 \cdot 10^6$ r bestrahlt wurden. Anhaftendes Homopolymeres wurde eine Woche lang extrahiert u. nach Trocknung die Menge des aufgepfropften Polymeren durch Wägung bestimmt. Während die Spannungs-Dehnungs-Kurven der mit **III** behandelten Wolle von denen der reinen Wolle nur wenig abweichen, wurde bei nicht zu sehr mit **I** u. **II** beladenen Fasern ein erhöhter Modul u. größere Dehnbarkeit bis zur Fließgrenze bei gleichbleibender Reißgrenze im trockenen u. feuchten Zustand gefunden. Sind die aufpolymerisierten Mengen größer (z. B. 194% Gew.-Zunahme bei **I** u. 87% bei **II**), so verlieren die Fasern ihren Wollcharakter u. werden spröde. Die Schrumpfung der Fasern in 20%ig. wss. Phenollsg. bei 97° wird geringer, je mehr aufpolymerisiert ist; ist der Anteil des Polymeren groß, so überwiegen dessen Eigenschaften. Wenn die Fasern zerkleinert werden, wird die Menge des extrahierbaren Polymeren größer; auch mkr. Unterss. zeigten, daß nicht alles des anhaftenden Polymeren aufgepfropft ist. U. Müller 4070◇

1028 **Die Viscosität von Hämoglobin in Lösung.** Takao Nakamura. (J. Biochemistry [Tokyo] **42,** 745—48, 1955; Tokyo, Univ., Fac. of Sci., Bot. Inst.; engl.) — Es wird überprüft, ob die von Takashima (C. **1956,** 6701) entdeckte charakterist. Änderung der DK einer *Hämoglobin* (**I**)-Lsg. bei der Oxygenierung von einer Änderung der Viscosität begleitet ist. Es zeigt sich, daß die Viscositäts-

zahl (gemessen mit einem Ostwald-Kapillarviscosimeter) einer I-Lsg. (pH 6,8; t = 25,0 ± 0,05°) bei Änderung des O_2-Partialdrucks von 0 bis 50 mm Hg konst. bleibt. Daraus schließt Vf., daß der DK-Effekt nicht mit einer Strukturänderung des I-Mol. zusammenhängt. Da auch der Verlauf des Bohr-Effektes nicht mit dem des DK-Effektes übereinstimmt, verbleibt als mögliche Ursache des DK-Effektes eine Änderung der Ladungsverteilung des Proteins während der Oxygenierung.
W. Haberditzl 4070◇

1029 **Eine Studie über die Wechselwirkung von Ni^{2+} mit Rinderserumalbumin.** M. S. Narasinga Rao. (J. Amer. chem. Soc. **84**, 1788—90, 1962; Poona, India, Nat. Chem. Labor., Phys. Chem. Div.; engl.) — Die Bindung von Ni^{2+} durch *Rinderserumalbumin* (**I**) bei pH 6,5 wurde gemessen mit der pM-Indikator-Meth. mit Murexid als Indikator u. mit der Gleichgew.-Dialysen-Technik, wobei gut übereinstimmende Ergebnisse erzielt wurden. Über die elektrophoret. Beweglichkeit des **I**, bezogen auf die gebundenen Ni^{2+}-Ionen, wurde die wahre Assoziationskonst. zu log k° = 3,17 bestimmt. Dieser Wert läßt sie Bindung des Ni an die Imidazolgruppen des **I**-Mol. vermuten. Die Werte von log k° nehmen mit der Anzahl der pro Mol **I** gebundenen Metallionen ab, was auf den zunehmenden Einfl. von Carboxylgruppen zurückgeführt wird.
K. Heyns 4070◇

E. Biologische Chemie, Physiologie, Medizin

E_1. Allgemeine Biologie und Biochemie

1030 **Biologische Anwendungen der Methode der paramagnetischen Elektronenresonanz.** Claude Nicolau. (Studii Cerdetări Inframicrobiol. [București] **12,** 475 bis 511, 1961; Berlin, Med.-biol. Inst. der Akad. der Wiss.; rum., Auszug: engl.) — Überblick über die Grundlagen, App., Techniken u. biolog. Anwendungsgebiete der Elektronenresonanzmethode — 87 Literaturangaben.
R. K. Müller 4100◇

1031 **Eine Deutung des Übergangs in der Zusammensetzung löslicher Lipoproteine.** W. H. Cook. (Nature [London] **195,** 1308—09, 1962; Ottawa, Ontario, Nat. Res. Council, Div. of Appl. Biol.; engl.) — Bei einer großen Zahl lösl. *Lipoproteine* (**I**) wurde ein Übergang im Verhältnis *Protein* (**II**)/*Phospholipid* (**III**)/*Neutrallipid* (**IV**) beobachtet, wenn **II–IV** in annähernd gleichen Mengen vorhanden waren. Die Summe des CH_2-Geh. von **II** u. **III** ist dann im wesentlichen gleich demjenigen von **IV**. **I**, die im Diagramm Gesamt-CH_2-Geh. (Abszisse) — [CH_2-Geh. von **II–III** — CH_2-Geh. von **IV**] (Ordinate) positive Ordinaten besitzen, haben im **II–III**-Komplex ausreichend CH_2-Gruppen, um mit allen in **IV** in Wechselwrkg. treten zu können u. **IV** kann deshalb im ganzen Mol.-Vol. verteilt sein. Wenn die CH_2-Gruppen von **IV** überwiegen (negative Ordinaten) u. miteinander in starke Wechselwrkg. treten, führt dies zur Bldg. von **I** mit einem Lipid-Core.
K. Maier 4100◇

1032 **Mißbildungen infolge von Colchicin bei Hamsterembryonen.** Vergil H. Ferm. (Proc. Soc. exp. Biol. Med. **110,** 775—77, 1963; Hanover, N. H., Dartmouth Med. School, Dep. of Pathol.; engl.) — Injektion von 10 mg *Colchicin*/kg am 8. Schwangerschaftstag bei Goldhamstern bewirkte eine Mortalität der Föten von 50%. Eine große Zahl der überlebenden Föten weist Mißbldgg. (Mikrophthalmie, Anophthalmie, Nabelhernie, Exencephalie, Skelettanomalitäten) auf.
K. Zingraf 4130◇

1033 **Die Wirkung der Bestrahlung auf die Mitose-stimulierende Aktivität von Rattenserum nach Hepatektomie.** M. Šilha. (Experientia [Basel] **19,** 226—27, 1963; Brno, Czechoslowak Academy of Sciences, Inst. of Biophysics; engl.) — Erhalten partiell hepatektomierte Ratten 24 Std. nach der Operation Serum von gleichfalls 24 Std. vorher hepatektomierten Ratten, so wird die Rate der Zellteilungen in der restlichen Leber wesentlich erhöht. Wird das Serum, in dem nach Meinung des Vf. ein die Zellteilung in der Leber fördernder *Faktor* enthalten ist, mit 700 r bestrahlt, so ist die Zellteilungsgeschw. bei den mit Serum behandelten Tieren zwar gegenüber den Kontrollen erhöht, aber im Gegensatz zu den Tieren, die mit unbestrahltem Serum behandelt wurden, sigenfikant vermindert.
Peter Lange 4150◇

1034 **Die Proteinzusammensetzung der Rattenherzmitochondrien.** R. Caravaglios. (Ital. J. Biochem. **11,** 276—85, 1962; Pisa, Univ., Ist. di Patol. Generale; engl.) — Isolierte Rattenherzmitochondrien wurden homogenisiert u. extrahiert mit destilliertem W. (A), 0,1 m *NaCl*-Lsg. (B), 0,1 m Na_2HPO_4-Lsg. (C) u. 0,4%ig. *Desoxycholat*-Lsg. (D). An *lösl. Proteinen* (**I**) wurden in A 10,5%, in B 16,6%, in C 23,4% u. in D 61,8% gefunden. Nach der D-Extraktion blieben 38,2% *unlösl. Protein* zurück. Die Extraktion mit D war nach 2 Std., die mit C nach 24 Std. vollständig. Bei Elektrophorese von **I** wurden 7 Fraktionen getrennt.
W. Damerau 4150◇

1035 **Beitrag zur histochemischen Kenntnis einiger Glykoproteinbestandteile der Gewebe.** Gianfranco Ghiara. (Atti Soc. Peloritana Sci. fisiche mat. natur. **6.** 157—85, 1960; Napoli, Univ. degli Studi, Ist. di Istol. ed Embriol; ital.) — In der Reticularmembran u. in Reticulumfasern kommen 2 chromotrope *Polysaccharid* (**I**)-Fraktionen oder Glykoprotein-Fraktionen mit chromotropen **I**-Komponenten vor, wovon eine stark an Strukturproteine gebunden ist. In Muskelzellen aus der Wand der Umbilikalgefäße wurde zum erstenmal histochem. das sog. „*Desmoglykogen*", eine fest an *Proteine* (**II**) gebundene oder in die **II**-Struktur eingeschlossene Glykogen-Fraktion, nachgewiesen
K. Zingraf 4150◇

1036 **Physikalische Aspekte der Protein- und Desoxyribonucleinsäure-Synthese.** Ernest Pollard. (J. theoret. Biol. **1,** 328—41, 1961; Pennsylvania State Univ., Coll. of Chem. and Physics.; engl.) — Die Vorstellung, daß die Synth.-Prozesse einer Bakterienzelle durch willkürliche Kollosion u. spezif. Selektion erfolgen, wurde mit Hilfe der Theorie der Brownschen Bewegung untersucht. Die beobachteten Geschw. der *Protein-Desoxyribonucleinsäure* u. *Ribosom*-Synth. dienen zur Berechnung der notwendigen Metabolitkonzz. der synth. Vorgänge. Enzyme mit hoher Aktivierungsenergie müssen in anomal hohen Konz. vorhanden sein.
K. Maier 4150◇

1037 **Über die Verteilung der Pyrimidine in den Desoxyribonucleinsäuren.** B. F. Wanjuschin, L. W. Mascharina und A. N. Beloserski. (Ber. Akad. Wiss. UdSSR **147,** 958—61, 1962; Moskau, Lomonossow-Univ.; russ.) — Die Unterss. über die *Pyrimidine* (**I**) der *Desoxyribonucleinsäuren* (**II**) aus der Thymusdrüse des Kalbes, Bacillus brevis, Clostridium perfringens, Roggen, Weizen u. Anondota sp. ergaben, daß die Hauptmasse der **I** durch **I**-Blöcke (c-**I**; cluster) vertreten sind. Der Geh. an Einzel-**I** (s-I; solitary) beträgt ca. 10—15%. Zwischen dem Geh. an **I**-Bruchstücken u. der Nucleotid-Zus. der **II** besteht eine Abhängigkeit. Die **II** von Thymusdrüse u. Weizen unterscheiden sich voneinander im Geh. an s-I. Außerdem enthält die **II** des Weizens, im Unterschied zur **II** der Thymusdrüse, viel (3,5% der Gesamtbasen) s-5-Methylcytosin (**III**). Die **II** von Roggen enthält 3,6% s-**III**. Mehr als 60% des **III** von Weizen-**II** kommen in der Anordnung Purin-**III**-Purin vor. Vom Cytosin liegen im Weizen-**II** höchstens 3,6% als s-Cytosin vor. Die Mollusken-**II** ist durch den höchsten Geh. an s-Thymin gekennzeichnet u. unterscheidet sich dadurch von den **II** der Pflanzen u. Bakterien. Der hohe Geh. an s- u. c-Thymin in der Polynucleotidkette ist wahrscheinlich ein Charakteristicum der **II** der Wirbellosen. Jeder untersuchte Organismus ist gekennzeichnet durch eine spezif. Verteilung der **I** in der **II**-Kette. Selbst bei naher Nucleotid-Zus. unterscheiden sich die **II** durch die spezif. Anordnung der Nucleotide.
O. Lebtag 4150△

1038 **Die Isolierung von Uracil, Guanin, Hypoxanthin und der entsprechenden Nucleotide aus Ribosomen von**

Escherichia coli. P. Szafranski und B. G. Lane. (Biochim. biophysica Acta [Amsterdam] **61,** 141—44, 1962; New York, N. Y., Rockefeller Inst.; engl.) — Durch Inkubation von Ribosomen aus *E. coli*-Zellen mit radioakt. markierten *Aminosäuren* werden nach ihrem Einbau *Peptid*-Deriv. der *Nucleoside, Nucleotide* oder *Polynucleotide* nachzuweisen versucht. Der Nachweis der *Basen* u. *Nucleoside* aus Ribosomen wird beschrieben. Ch. Zimmer 4150◇

1039 **Einfluß von Harnstoff, Formamid und Glykolen auf die sekundären Bindungskräfte bei der Ionenaustausch-Chromatographie von Polynucleotiden an DEAE-Cellulose.** R. V. Tomlinson und G. M. Tener. (Biochemistry [Washington] **2,** 697—702, 1963; Vancouver, University of British Columbia, Department of Biochemistry; engl.) — Die sek. Bindungskräfte zwischen *Polynucleotiden* u. *Cellulose*, die im wesentlichen auf H-Brücken beruhen dürften, können durch Zugabe von Harnstoff, Formamid oder Glykolen zum Elutionsmittel unterdrückt werden. So konnten mit einer DEAE-Cellulose-Säule bei Zugabe von Harnstoff die *Polynucleotid*-Spaltprodukte bei der Behandlung von Lachs-Testis-*Desoxyribonucleinsäure* mit Pankreas-Desoxyribonuclease unabhängig von ihrer Basenzus. nach ihrer negativen Bruttoladung, d. h. ihrem Polymerisationsgrad, getrennt werden. M. Wiedemann 4150◇

1040 **Vorschlag eines allgemeinen Verfahrens zur Isolierung von Endgruppen von Nucleinsäuren.** R. V. Tomlinson und G. M. Tener. (Biochemistry [Washington] **2,** 703—06, 1963; Vancouver, Univ. of British Columbia, Dep. of Biochem.; engl.) — Vgl. auch vorst. Referat. — Zur Endgruppenbest. wird vorgeschlagen, die *Nucleinsäure* mit einer entsprechenden Nuclease so zu spalten, daß das Polynucleotid, welches das ursprüngliche Endnucleotid enthält, keine oder zwei terminale Phosphatgruppen besitzt, die übrigen aus dem Inneren der Kette stammenden Polynucleotide aber eine endständige Phosphatgruppe. Dann erfolgt Trennung an DEAE-Cellulose bei pH 7,5 mit 7 m Harnstoff u. Behandlung mit Phosphomonoesterase. Das endständige Polymer unterscheidet sich nunmehr um zwei Ladungen von den übrigen u. kann durch Rechromatographie abgetrennt werden. Unters. wurden an einer Mischung von Pentanucleosidtetraphosphaten u. Trinucleotiden durchgeführt. M. Wiedemann 4150◇

1041 **Nucleinsäuren bei Entwicklungsvorgängen.** J. Brachet. (J. cellular comparat. Physiol. **60,** [Part. II] Suppl. Nr. 1, 1—18, 1962; Brussels, Univ. Libre de Bruxelles, Labor. de Morphol. Animale; engl.) — Übersicht über die gegenwärtigen Kenntnisse über die Funktion von *Desoxyribonucleinsäure, Ribonucleinsäure* u. *Protein* bei der Morphogenese von Amphibieneiern u. Acetabularia-Algen. Vers. einer Integration der biol. u. biochem. Beobachtungen in eine Allg.-Hypothese der Differenzierung im Mol.-Bereich. U. Tausendfreund 4150◇

1042 **Die Nucleinsäure-Zusammensetzung des Bacteriophagen ∅ R.** D. Kay. (J. gen. Microbiol. **27,** 201—07, 1962; Univ. of Oxford, Sir William Dunn School of Pathol., British Empire Cancer Campaign Unit for Virus Res.; engl.) — Das mol. Basenverhältnis der Nucleinsäure wird bestimmt: *Adenin* 1,00; *Thymin* 1,41; *Guanin* 1,03; *Cytosin* 0,83. Auf Grund dieses Basenverhältnisses u. der Rk.-Weise der Nucleinsäure mit Formaldehyd wird für die Nucleinsäure ein einfacher Strang angenommen. P. Gregorzewski 4150◇

1043 **Neue Ribonucleinsäure-Arten im Zusammenhang mit der Bildung des Photosynthese-Apparates bei Euglena gracilis.** A. O. Pogo, George Brawerman und Erwin Chargaff. (Biochemistry [Washington] **1,** 128—31, 1962; New York, N. Y., Columbia Univ., Coll. of Physicians and Surgeons, Dep. of Biochem., Cell. Chem. Labor.; engl.) — Die Nucleotide der *Ribonucleinsäuren* (RNS) aus den Fraktionen Plastide (A), Mitochondrien (B), Mikrosomen (C) u. Überstand (D) aus farblosen oder grünen Zellen von *Euglena gracilis*, Stamm Z, werden analysiert u. deren Geh. verglichen. In den farblosen Zellen ist der Geh. an *Cytidylsäure* (**I**) in den einzelnen subzellularen Fraktionen verschieden u. liegt zwischen 24,9 Mol-% in C u. 27,1 in A. Die übrigen Nucleotide weisen dagegen eine annähernd konst. Konz. in A—D auf. Allerdings ist die Zus. der RNS aus D deutlich verschieden von der aus reiner isolierter lösl. RNS aus *E. gracilis*. Demnach setzt sich die RNS in D aus mindestens 2 verschiedenen RNS-Arten zusammen. Die aus grünen Zellen gewonnenen subzullularen Fraktionen A, C u. D enthalten RNS mit deutlich anderer Nucleotid-Zus. als die aus farblosen Zellen, wobei der *Adenylsäure*-Geh. erhöht u. der von **I** erniedrigt ist. Nur die Fraktion B beider Zellspezies weist ähnliche RNS-Basen-Zus. auf. Vff. nehmen an, daß während der Chloroplastenbldg. spezif. RNS-Arten gebildet werden. L. Träger 4150◇

1044 **Die Untersuchung einiger Nucleotidpeptide während der Entwicklung von Azotobacter vinelandii.** G. N. Saitzewa, Ban-tin Tschshao, Tschan-fa Sjui und A. N. Beloserski. (Ber. Akad. Wiss. UdSSR **146,** 937 bis 940, 1962; Moskau, Lomonossow-Univ.; russ.) — Die Unters. der Nucleotid- u. Peptid-Komponenten der Nucleotid-Peptid-Komplexe von *Azotobacter vinelandii* in den verschiedenen Stadien der Entw. ergab, daß die Komplexe während der Entw. qual. unverändert bleiben, dagegen eine starke Abhängigkeit der quant. Zus. von der Entw.-Phase aufweisen. In der latenten Phase nehmen sie zu, in der logarithm. Phase ab, in der stationären Phase wieder zu. Hieraus ist zu schließen, daß diese Komplexe eine Beziehung zur Biosynth. des Eiweißes aufweisen. O. Lebtag 4150△

1045 **Das Fehlen von „Messenger"-Ribonucleinsäure in Reticulocyten-Zellsaft.** A. J. Munro und A. Korner. (Nature [London] **198,** 891—92, 1963; Cambridge, Univ., Dep. of Biochem.; engl.) — Zur Klärung der Frage, ob die für die Kontrolle der Protein-Biosynth. verantwortlichen *„Messenger"-Ribonucleinsäure* (**II**)-Moll. frei im Zellsaft vorliegen, untersuchten Vff. den Einbau von ${}^{14}C_{(1)}$*-DL-Leucin* (**I**) in Hämoglobin in Ggw. von Ribosomen bzw. Zellsaft aus verschiedenen Geweben der Ratte. Während bei der Inkubation der Ribosomenfraktion mit **I** ein deutlicher Einbau erfolgte, war dies im Vers. mit der Zellsaftfraktion nur in sehr geringem Maße der Fall. Vff. sind daher der Ansicht, daß **II** in den Reticulocyten hauptsächlich an die Ribosomen gebunden ist. Es ist jedoch möglich, daß bei der Aufarbeitung der Ribosomenfraktion ein Teil der **II**-Moll. in den Zellsaft gelangen kann u. daß die von verschiedenen Arbeitskreisen erzielten u. sich teilweise widersprechenden Ergebnisse auf unterschiedlichen Darst.-Meth. der einzelnen Fraktionen beruhen. H. Nürnberger 4150◇

1046 **Veränderung der subzellulären Verteilung der Ribonucleinsäure in der Mäuseleber nach Tetrachlorkohlenstoffvergiftung.** Günther Richter. (Biochim. biophysica Acta [Amsterdam] **61,** 144—46, 1962; Jena, Friedrich-Schiller-Univ., Physiol.-chem. Inst.; dt.) — Zur Erklärung der Veränderungen (erhöhter *Ribonucleinsäure* (RNS)-Geh. im Überstand) in der Verteilung der RNS in den Zellfraktionen nach CCl_4-Schädigung der Mäuseleberzellen wurde aus dem 40000 · *g*-Mikrosomen-Überstand eine Postmikrosomenfraktion bei 180000 · *g* durch Ultrazentrifugieren abgetrennt u. die RNS im Überstand chromatograph. an DEAE-Cellulose dargestellt. Es tritt eine RNS-Zunahme in der Postmikrosomenfraktion infolge Einströmens von abgelösten Ribosomen ein. Es wird angenommen, daß die ribosomale RNS während der Schädigung in Untereinheiten zerfällt. Ch. Zimmer 4150◇

1047 **Das Schicksal injizierter Desoxyribonucleinsäure in Mäusen.** Toru Tsumita und Michiko Iwanaga. (Nature [London] **198,** 1088—89, 1963; Tokio, Univ., Inst. for Infectious Diseases, Dep. of Chem.; engl.) — Immunchem. Unterss. an *Desoxyribonucleinsäure* (DNS) lassen das Vork. von spezif. *Anti-DNS-Antikörpern* in sensibilisierten Tieren u. im Serum von Patienten mit system. Lupus erythematosus vermuten. Da die Ergebnisse noch nicht gesichert sind, wird das Schicksal titrierter DNS nach i.v. Injektion untersucht. In den ersten 30 Min. überwiegt im Blut die hochpolymerisierte DNS, die Aktivität nimmt in dieser Zeit um mehr als 99% ab. Die Restaktivität, die hauptsächlich an die Abbauprodd.

der DNS gebunden ist, bleibt für einige Std. konstant. In der Leber findet sich in der Nucleinsäurefraktion eine geringe Aktivität, die sich während der Vers.-Dauer nicht verändert. In der Niere überwiegt die Aktivität in den Abbau-Prodd. der DNS. Der Urin war stark radioaktiv. Die injizierte DNS verschwindet also rasch aus dem Blut und wird durch die Nieren ausgeschieden. Ein Abbau der DNS durch Desoxyribonuclease wird ausgeschlossen, da dieses Enzym im Blut von Mäusen nur wenig aktiv ist. Helmut Schulze 4150◇

1048 **Untersuchungen über Desoxyribonucleinsäuren und Nucleoproteine. 2. Mitt. Tritiieren von Desoxyribonucleinsäuren.** Toru Tsumita, Michiko Iwanaga und Tomoyoshi Komai. (J. Biochemistry [Tokyo] **52**, 433 bis 439, 1962; Tokyo, Univ., Inst. for Infectious Diseases, Dep. of Chem. u. Tokyo, Nat. Inst. of Health, Radiation Labor.; engl.) — Vgl. C. **1962**, 10496. — 200 mg Kalbsthymus-*Desoxyribonucleinsäure* (DNS) wurden 53 Tage bei Raum-Temp. in einem Rohr mit Tritiumgas (2 c) behandelt, die DNS-Faser in 50 ml W. gelöst, 3 Tage kalt gegen W. (bei häufigem W.-Wechsel) dialysiert → 6,5 mg harziges Material, Aktivität $1,4 \cdot 10^5$ c/Min./μg ohne weitere Reinigung. Die Dialyse wurde 3 Tage gegen Leitungs-W. (zuletzt entmineralisiert) fortgesetzt u. durch Lyophilisieren 188 mg markierte DNS erhalten. Analog wurde DNS aus Kükenembryos 49 Tage mit Tritium (2 c) behandelt. DNS aus Kalbsthymusdrüsen u. Kükenembryos wurde durch Tritium-Gas in der Grund-Zus. nicht geändert, ihre ε (P)-Werte aber in beschränktem Umfang erhöht. Die ^{3}H-markierten Säuren wurden auf spezif. Aktivität ihrer Bauelemente, der *Desoxyribose*, des *Desoxyribonucleosids* u. der Proteinreste untersucht. Kalbsthymus-DNS wurde mit Desoxyribonuclease u. mit dem Gift der Habuschlange hydrolysiert, die Komponenten isoliert u. gereinigt. Unter den Bauelementen war *Thymin* ($7 \cdot 10^6$ c/Min./μMol) im Vgl. zu *Guanin*, *Adenin* u. *Cytosin* am stärksten radioaktiv. Desoxyribose aus Desoxyguanosin u. Desoxyadenosin hatte die gleiche Aktivität (5 bis $6 \cdot 10^4$ c/Min./μMol). Die spezif. Radioaktivität von Thymidin war geringer als die der anderen Desoxyribonucleoside (*Desoxyguanosin, Desoxycytidin* u. *Desoxyadenosin*). In der nichthydrolysierbaren Fraktion des Enzymhydrolysats wurde ein hochakt. Anteil von Thymin gefunden. Von den Aminosäuren des restlichen Proteins waren *Glycin* u. *Alanin* höher radioakt. als die anderen Aminosäuren (aus beiden Rohstoffen). Vermutlich sind diese Aminosäuren fester an DNS gebunden u. die Bindung stabiler als die ion. Kräfte. — Tabellen für Radioaktivität der Nucleoside, Bauelemente u. Aminosäuren im Original. — 16 Literaturangaben. G. Vogel 4150◇

1049 **Die Wechselwirkungen einiger Metallionen mit Desoxyribo- und Ribonucleinsäuren in wäßriger Lösung.** K. C. Banerjee und D. J. Perkins. (Biochim. biophysica Acta [Amsterdam] **61**, 1—6, 1962; London, St. George's Hosp. Med. School, Dep. of Chem. Pathol.; engl.) — Unter Verw. der Gleichgew.-Dialyse u. der Isotopenverdünnungsanalyse wird die Bindung der Metallionen Co^{2+}, Zn^{2+}, Mg^{2+}, Ca^{2+} u. Mn^{2+} an *Desoxyribonucleinsäure* (DNS) aus Spermien u. an *Ribonucleinsäure* (RNS) aus Hefe bestimmt. Dazu werden 10 ml einer 0,2%ig. Nucleinsäure-Lsg. in Puffer gegen 110 ml Puffer bei 18° dialysiert, der einen best. Metall-Geh. aufweist. Der pH-Wert des Puffers liegt jeweils zwischen pH 3,6 (Grenze der Nucleinsäuren-Löslichkeit) u. pH 8 (Fällung der reinen Metallhydroxide). Bei Metallkonzz. zwischen $1,5 \cdot 10^{-4}$ m u. $5,1 \cdot 10^{-4}$ m ist im Bereich zwischen pH 5—7 die Metallbindekapazität für das jeweilige Metallion an DNS oder RNS konstant. Die pH-abhängigen Änderungen der Bindekapazität außerhalb dieses Bereiches verlaufen für alle untersuchten Metallionen gleichsinnig. Die Bindung an nativer oder denaturierter DNS war gleich. Aus dem Sättigungswert der Bindung bei Erhöhung der Metallionenkonz. u. dem Verh. von DNS u. RNS bei elektrometr. Titration wird geschlossen, daß die akt. Bindung der Metallionen am P erfolgt. Bei einer Konz. von $5,1 \cdot 10^{-4}$ m Ca^{2+} im Puffer werden maximal bei pH 7,2 0,070 Atome Ca^{2+} pro Atom RNS-P gebunden. Der entsprechende Wert für die DNS beträgt 0,044 Atome pro Atom DNS-P. Die Bindekapazität der RNS ist für Co^{2+} (mit 0,145 Atomen Co^{2+} pro Atom RNS-P bei pH 4,4) am höchsten, die der DNS ist für Ca^{2+} am höchsten. Wird die Menge des gebundenen Metalls auf g DNS bzw. g Rinderplasmaalbumin bezogen, so werden z. B. bei pH 4 bzw. 7 rund 70 bzw. 6mal mehr Metallionen pro 1 g DNS gebunden als durch 1 g Protein. Dieser Vgl. bestätigt gleichzeitig, daß die Metallionen an den Nucleinsäuren nicht an den N-haltigen Basen gebunden werden. L. Träger 4150◇

1050 **Desoxyribonucleinsäure-Instabilität bei UV-bestrahlten Bakterien in Gegenwart von Chloramphenicol.** C. O. Doudney. (Biochem. biophysic. Res. Commun. **4**, 218—22, 10/3. 1961; Houston, Tex., Univ., Anderson Hosp. and Tumor Inst., Dep. of Biol., Sect. of Genetics; engl.) — Gibt man *Chloramphenicol* unmittelbar nach UV-Bestrahlung zu Kulturen von *Escherichia coli* B/v, so findet eine bemerkenswerte Abnahme der Menge an DNS mit der Inkubation statt. Diese Chloramphenicol-begünstigte Instabilität der Desoxyribonucleinsäure (DNS) nach UV-Bestrahlung scheint nicht direkt in Beziehung zu stehen zur UV-induzierten Verzögerung der DNS-Synthese. A. Gabert 4150◇

1051 **Reaktion zwischen Desoxyribonucleinsäure und Chinacrin sowie anderen Antimalariamitteln.** N. B. Kurnick und Irma E. Radcliffe. (J. Lab. clin. Med. **60**, 669—88, Okt. 1962; Long Beach, Calif., Vet. Admin. Hosp.; Los Angeles, Calif., Univ. of California, Med. Center, Dep. of Med.; engl.) — Es wird gezeigt, daß *Chinacrin* (**I**) mit *Desoxyribonucleinsäure* (DNS) eine Kombination im stöchiometr. Verhältnis von 1 Mol.: 4 Nucleotiden eingeht. In diesem Komplex wird das Absorptionsspektrum von **I** verändert, die Viscosität von DNS erhöht u. die Sedimentationskonst. von DNS herabgesetzt. Der Komplex kann durch Desoxyribonuclease nicht depolymerisiert werden. *Chlorochin* verhält sich ähnlich wie **I**, jedoch wird ein höherer Farbstoff/DNS-Quotient benötigt. Die Bedeutung der Befunde bei Lupus erythematodes, DNS-Überempfindlichkeit u. die Wrkg. auf das Lupus erythematodes-Zell-Phänomen ist noch unklar. U. Tausendfreund 4150◇

1052 **Lysogenie und Cancerogenese.** E. Geissler. (Neoplasma [Bratislawa] **9**, 113—21, 1962; Berlin-Buch, Dt. Akad. der Wiss., Inst. für exper. Krebsforschung; dt.) — Vf. stellt neue Hypothesen über die Krebsentstehung auf, der bes. die neueren Ergebnisse der Mikrobengenetik zugrunde gelegt werden. Einen wichtigen Platz nehmen hierbei die intrazellulären Regulationsmechanismen u. die Vorgänge bei der Induktion von Enzymen oder bei der Bldg. von Repressoren, die bei der Einleitung der lyt. Rk. bei der Phageninfektion eine Rolle spielen, ein. — Ein Eingriff von cancerogenen Stoffen in den Ablauf der Regulationsvorgänge könnte z. B. am Regulatorgen, am Operatorgen, am Strukturgen oder am Repressor stattfinden. — 42 Literaturangaben. M. Arnold 4160◇

1053 **Über die blastomogene Aktivität chemischer Substanzen.** T. A. Korosstelewa. (J. chem. Allunions-Mendelejew-Ges. [UdSSR] **7**, 217—20, 1962; russ.) — Kurzübersicht. — 40 Literaturangaben. O. Lebtag 4160△

1054 **Über die cancerogene Wirkung von 3.3'-Dichlorbenzidin.** G. B. Pliss. (Chem. Wiss. Ind. [UdSSR] **4**, 281, 1959; Inst. für Onkologie; russ.) — Durch Verss. an weißen Ratten u. Mäusen, denen im Laufe von 10—12 Monaten *3.3'-Dichlorbenzidin* (**I**) im Futter oder als Injektion zugeführt wurde, wird nachgewiesen, daß nicht nur **I**, sondern auch dessen Stoffwechselprodd. akt. blastomogene Verbb. sind. I. Schade 4160△

1055 **Mechanismus der Hauttumor-Entstehung bei der Maus. Hauttumor-Entwicklung nach Magensondierung von Äthylcarbamat (Urethan), 20-Methylcholanthren und 9.10-Dimethyl-1.2-benzanthracen und nachfolgender dauernder Behandlung der Haut mit Tween 40.** Eino Erkki Niskanen. (Acta pathol. microbiol. scand., Suppl. Nr. **159**, 1—77, 1962; Helsinki, Univ., Dep. of Path.; engl.) — Ausführliche morpholog. Unters. mit 36 Abb. über die Hauttumor-Entstehung nach einmaliger oraler Gabe von *Urethan, 20-Methylcholanthren* u. *9.10-Dimethyl-1.2-benzanthracen* u. nachfolgender Behandlung der Haut der Mäuse mit dem co-carcinogenen *Tween 40*. Die einmalige Gabe der Carcinogene bewirkt bereits deutliche Veränderungen der Mäusehaut.

R. Preußmann 4160◇

1056 **Enzymatische und andere Ähnlichkeiten von Melanomgranula und Mitochondrien.** H. G. du Buy, J. L. Showacre und M. L. Hesselbach. (Ann. New York Acad. Sci. **100,** 569—83, 1963; Bethesda, Md., Public Health Service, Nat. Inst. of Allergy and Infectious Diseases, Labor. of Biol. and Viruses; engl.) — Ähnlichkeiten bzgl. Volumen, *Ribonucleinsäure*-Geh., Anfärbbarkeit mit Janusgrün B oder Tetracyclin, Enzymaktivität (Substrate Glucose, Succinat, p-Phenylendiamin u. DL-Dihydroxyphenylalanin) u. oxydativer Phosphorylierung geben nach Vff. Anhaltspunkte dafür, daß die Melaningranula in pigmentierten Zellen das Gegenstück zu den Mitochondrien in nichtpigmentierten Zellen darstellen. Die Unterss. wurden an Mäuseleber u. -hirn sowie dem S 91-Melanom vorgenommen.

W. Damerau 4150◇

1057 **Subzelluläre Lokalisierung der Melaninbiosynthese.** M. Seiji, K. Shimao, M. S. C. Birbeck und T. B. Fitzpatrick. (Ann. New York Acad. Sci. **100,** 497 bis 533, 1963; Boston, Mass., Harvard Med. School at the Massachusetts General Hosp., Dep. of Dermatol.; London, Chester Beatty Res. Inst., Inst. of Cancer Res., Royal Cancer Hosp.; Boston, Mass., Harvard Med. School, Massachusetts General Hosp., Dep. of Dermatol.; engl.) — B-16-Melanome aus Mäusen (C-57) wurden homogenisiert u. zentrifugiert in Fraktion a (700 · *g*, 10 Min.), b (15000 · *g*, 10 Min.) u. c (105000 · *g*, 60 Min.). a, b u. c wurden elektronenmikroskop. untersucht u. die Aktivität von *Tyrosinase* (**I**), *Succinoxidase* (**II**) u. *Glutamatoxydase* (**III**) bestimmt. — 28% der Gesamtaktivität von **I** wurden in a gefunden. In b war der Hauptteil der **I**-Aktivität in den Melanosomen zu finden, während **II**- u. **III**-Aktivität in b hauptsächlich auf Mitochondrien entfielen. Ein geringer Anteil der **I**-Gesamtaktivität wurde auch in c gefunden. In-vivo-Einbau von *^{14}C-Leucin* in c u. dann in b führen Vff. zu der Annahme, daß **I** in den kleinen Granula (Fraktion c) synthetisiert u. dann in die Melanosomen (b) übergeführt u. dort gespeichert wird.

W. Damerau 4160◇

1058 **Die saure Phosphatase der normalen Prostata und des Prostatakrebses. Differenzierung auf Grund der Wirkung von ionisiertem Calcium.** H. J. Tagnon und Andrée Steens-Lievens. (Rev. franç. Études clin. biol. **7,** 391—94, 1962; Bruxelles, Belgique, Service de Médecine et d'Investigation Clinique, Inst. Jules Bordel, Centre des Tumeurs de l'Univ. Libre; franz.) — Die *saure Phosphatase* bei normaler Prostata wird durch *Ca-Ionen* inaktiviert. Dieser Vorgang ist reversibel. Im Gegensatz dazu wird die saure Phosphatase beim Prostatakrebs durch *Ca-Ionen* nicht inaktiviert.

O. Jansen 4160◇

1059 **Über intrazelluläre proteolytische Enzyme in Organen tumortragender Ratten.** Werner Nagel und Friedrich Willig. (Z. ges. exp. Med. **136,** 183—90, 1962; Heidelberg, Univ., Physiol.-Chem. Inst.; dt.) — Bei Unterss. über Veränderungen intrazellulärer proteolyt. Enzyme in Organen tumortragender Ratten (transplantierbare, metastasenfreudige Rattensarkome) konnte ein Anstieg *enzymat. Aktivität von Gewebehomogenaten gegen Hämoglobin bei pH 3,5* in Leber u. Niere nachgewiesen werden; die gleiche Aktivität zeigte in Thymus u. Muskulatur keine Veränderung. Die Aktivität der *Leucinaminopeptidase* war in der Muskulatur erhöht u. blieb in den anderen Organen unverändert.

U. Tausendfreund 4160◇

1060 **Untersuchungen über hypophysäre thyreotropische Tumoren bei Mäusen.** 3. Mitt. **Das Verhältnis Dijodtyrosin: Monojodtyrosin in der hyperfunktionellen Schilddrüse von Mäusen, die Implantate eines autonomen nichtempfänglichen Stammes tragen.** Raul Grinberg, Eugene M. Volpert und Sidney C. Werner. (Endocrinology **70,** 13—17, 1962; New York, N. Y., Columbia Univ., Coll. of Physicians and Surgeons, Dep. of Med. and Biochem.; engl.) — 2. vgl. Acta endocrinol. [Copenhagen], **51,** [1960], 261; 4. vgl. C. **1963,** 14347; 5. vgl. C. **1963,** 18117. — Mäuse vom LAF_1-Stamm erhalten i.m. den autonomen, nichtempfänglichen L 23-Tumor injiziert. Die Schilddrüsen der tumortragenden Mäuse zeigen 3—4fache Größe. Injiziertes *$Na^{131}J$* wird bei den tumortragenden Tieren viel rascher aufgenommen im Vgl. zu den Kontrollen u. wird in größerer Menge in der Schilddrüse gespeichert, im Serum erscheinen früher markierte Jodtyrosine. Bei den tumortragenden Tieren ist das Verhältnis *Dijodthyronin*: *Monojodthyronin* ungewöhnlich hoch. Ein derartig hohes Verhältnis wird nicht bei gesunden Tieren durch *Thyrotropin*-Gaben erreicht.

W. Hiller 4160◇

1061 **Die Aufnahme von Aminosäuren und die Synthese von Aminen durch neoplastische Mastzellkulturen.** Margaret Day und J. P. Green. (J. Physiology **164,** 210—26, Nov. 1962; New Haven, Conn., Yale Univ., School of Med., Dep. of Pharmacol.; engl.) — Die beiden Mäusemastzelltumorstämme P-815-X-1 u. P-815-X-2 (nahezu tetraploid bzw. diploid) nahmen akt. *Histidin* (**I**), *Tryptophan* (**II**) u. *5-Hydroxytryptophan* (**III**) auf u. bildeten daraus *Histamin* (**IV**) u. *5-Hydroxytryptamin* (**V**). *α-Methyl-DOPA* hemmte Aufnahme u. Decarboxylierung von **III**, nicht jedoch von **I**. Das aus **II** gebildete **III** wurde mit gleicher Geschw. zu **V** decarboxyliert (es konnte eine **III**-Decarboxylase nachgewiesen werden), das aus dem Medium aufgenommene **III** war längere Zeit nachweisbar. Weder **IV** u. **V** noch *Tyramin* u. *Kynuramin* wurden in signifikanten Mengen abgebaut bzw. oxydiert. Die Mastzellen nahmen *Phenylalanin*, *Tyrosin* u. *3.4-Dihydroxyphenylalanin* (**VI**) auf, **VI** wurde zu *Dopamin* abgebaut, welches sonst nicht in den Mastzellen zu finden war. *Reserpin* setzte **V** aus den Zellen frei, *Polymyxin B* setzte **IV** frei, *Verb. 48/80* setzte **IV** u. **V** frei.

U. Tausendfreund 4160◇

1062 **Die Aufnahme biogener Amine durch neoplastische Mastzellkulturen.** Margaret Day und J. P. Green. (J. Physiology **164,** 227—37, Nov. 1962; New Haven, Conn., Yale Univ., School of Med., Dep. of Pharmacol.; engl.) — Die beiden Mäusemastzelltumorstämme P-815-X-1 u. P-815-X-2 (nahezu tetraploid bzw. diploid) nahmen aus Kulturmedium *Histamin* (**I**), *5-Hydroxytryptamin* (**II**), *3-Hydroxytyramin* u. *Tryptamin* auf; die Aufnahmefähigkeit des X-2-Stammes war größer. Bei niedrigem endogenen **I**- u. **II**-Geh. war die **I**- u. **II**-Aufnahme groß. Die Aufnahme war temperaturabhängig. Im Gegensatz zu den Beobachtungen in vivo konnte in vitro durch Monoaminoxydasehemmung keine Vermehrung des **II**-Geh. der Mastzellen erzielt werden. *α-Methyl-DOPA* hemmte die Aufnahme von *5-Hydroxytryptophan* (**III**), nicht jedoch die von **I**, **II** oder *Histidin* (**IV**), *Imipramin* hemmte die Aufnahme von **II** u. **I**, nicht jedoch die von **III** oder **IV**; es führte nicht zur Freisetzung von **I** u. **II**.

U. Tausendfreund 4160◇

1063 **Der Stoffwechsel von Ethidiumbromid in normalen und neoplastischen Geweben.** T. S. Kandaswamy und J. Frank Henderson. (Cancer Res. **23,** Nr. 2, [Part I] 250—53, 1963; Washington, D. C., George Washington Univ., School of Med., Dep. of Pharmacol.; engl.) — Da *Ethidiumbromid* (**I**; *3.8-Diamino-5-äthyl-6-phenylphenanthridiniumbromid*) in Kombination mit Azaserin die Überlebenszeit bei Ehrlich-Ascitescarcinom (EA) steigert, wurde Stoffwechsel u. Verteilung von **I** in Mäusen (♀, ICR Swiss, normal oder mit EA) untersucht. Nach intraperitonealer Injektion von 500 μg **$^{14}C_{(6)}$-I** wurden von normalen u. EA-Tieren nach 3 Std. 86,6 bzw. 9,7 μg **I** u. nach 24 Std. 51% bzw. 23% der verabreichten **I**-Dosis unverändert im Urin ausgeschieden. **I**-Metabolite wurden nicht gefunden. In normalen Mäusen sank die anfänglich hohe **I**-Konz. in den Organen (nach 15 Min. mit 155 $\pm$ 9 μg **I**/g in der Niere am höchsten) sehr schnell ab, während in Skelett- u. Herzmuskel die **I**-Konz. anstieg (nach 24 Std. 23,5 $\pm$ 1,3 μg **I**/g). Die **I**-Konz. im EA-Tumor war nach 15 Min. mit 728 $\pm$ 52 μg **I**/g um ein Vielfaches höher als in allen anderen Geweben, fiel dann jedoch um so schneller ab (nach 4 Std. nur noch 66,0 $\pm$ 6,2 μg/g). Für die Therapie müßte demnach die **I**-Verabreichung in mehreren aufeinanderfolgenden Dosen erfolgen. Die tox. Eigg. von I in Mäusen wurden noch nicht geklärt. W. Damerau 4160◇

1064 **Stoffwechseluntersuchungen an 6-Methylaminopurin.** Camille E. Jamison, John W. Huff und Milton P. Gordon. (Cancer Res. **22**, 1252–56, Nov. 1962; Seattle, Wash., Univ. of Washington, Dep. of Biochem.; engl.) — $^{14}C_{(8)}$-markiertes *6-Methylaminopurin* (I) wird vom tier. Organismus nicht verwertet, sondern kann erst nach Abspaltung der Methylamino-Gruppe, wahrscheinlich über Hypoxanthin, als markiertes Adenin u. Guanin in Ribo- u. Desoxyribonucleinsäure nachgewiesen werden. Der Einbau erfolgt am stärksten in Organen mit hoher Mitosegeschw., bes. in Tumoren. Neben den normalen Stoffwechsel-Prodd. von Adenin u. Guanin konnte im Urin noch *2.8-Dihydroxy-6-methylaminopurin* nachgewiesen werden.

Versuche: *6-Methylaminopurin* (I) $C_6H_7N_5$, F. 315°, aus 6-Chlorpurin u. Methylamin in verd. A., 12 Std. im Bombenrohr bei 125°. 39% (Ausbeute). — Analog $^{14}C_{(8)}$-*6-Methylaminopurin.* — *2.8-Dihydroxy-6-methylaminopurin,* aus I mit Katalase u. Xanthinoxidase bei pH 7,5, 18 Std. bei 20°. R. Preußmann 4160◇

1065 **Die Verteilung und das Schicksal von Joddesoxycytidin in Maus und Ratte.** Joseph P. Kriss, Lucie Tung und Sheila Bond. (Cancer Res. **22**, 1257–64, Nov. 1962; Stanford, Calif., Stanford Univ. School of Med., Dep. of Radiol. and Med.; engl.) — Mit ^{131}J u. ^{125}J markiertes *Joddesoxycytidin* (I) wird nur langsam in Desoxyribonucleinsäure (DNS) eingebaut, bedeutend weniger als das analoge Brom-Derivat. Eine Umwandlung in *Jodcytosin* findet nicht statt. Als Abbau-Prodd. konnten *Joddesoxyuridin* u. *Joduracil* festgestellt werden. In der Ratte erfolgt bevorzugter Einbau von I in DNS des Knochenmarks, der Einbau in DNS von Mäuse-Organen erfolgt mehr ubiquitär. R. Preußmann 4160◇

1066 **Der Stoffwechsel von 5-Bromdesoxyuridin, 5-Bromdesoxycytidin und 5-Joddesoxycytidin im Menschen.** Joseph P. Kriss, Yosh Maruyama, Lucie A. Tung, Sheila B. Bond und László Révész. (Cancer Res. **23**, Nr. 2, [Part I] 260–68, 1963; Stanford, Calif., Stanford Univ., School of Med., Dep. of Med. and Radiol.; engl.) — Es wurde der Abbau von *5-Bromdesoxyuridin* (I), *5-Bromdesoxycytidin* (II) u. *5-Joddesoxycytidin* (III) unter Verw. von ^{82}*Br-I*, ^{82}*Br-II* u. ^{131}*J-III* sowie die Verteilung von ^{131}*J-III* in malignen u. normalen Geweben untersucht. Die Verss. wurden an 12 ♂ Patienten mit inoperablen Tumoren verschiedenen Ursprungs unter i.v. oder intraarterieller Injektion vorgenommen. Nach Injektion von I fiel die ^{82}Br-Konz. innerhalb von 3 Min. stark ab, stieg dann in den nächsten ca. 10 Min., um dann langsam wieder abzusinken. Da der Großteil der ^{82}Br-Konz. auf ^{82}Br-Bromid entfiel, ließ sich berechnen, daß I innerhalb 1 Std. unter Freisetzen von Br^- aus dem Blut verschwand. — Analog wurde ^{82}Br-**II** abgebaut. Die ^{82}Br-Aktivität im Urin entfiel zu $> 95\%$ auf Br^-. Im Plasma wurden 4 Min. nach Injektion nur noch 8% der Aktivität in ^{82}Br-**II**, jedoch 60% in *Bromuracil* u. 32% in ^{82}Br-**I** u. Br^- gefunden, während *Bromcytosin* nicht auftrat. — Injiziertes ^{131}J-**III** wurde innerhalb 15–20 Min. zu Joddesoxyuridin (**IV**), Joduracil (**V**) u. J^- abgebaut. Jodcytidin trat nicht auf. 80% des verabreichten ^{131}J wurden innerhalb 72 Std. nach Injektion im Urin hauptsächlich als J^-, anfangs auch in kleinen Mengen als **III**, **IV** u. **V** ausgeschieden. ^{131}J-Ausscheidung u. ^{131}J-**III**-Abbau zeigten zwischen verschiedenen Patienten Unterschiede. — Mittels Scintillationsspektrometrie (SC) wurde die Anreicherung von ^{131}J in einem Hepatom u. einer intracerebralen Metastase nachgewiesen. Weiter fand sich ^{131}J in Gehirntumoren sowie den umgebenden Geweben u. in verschiedenen Organen (Leber, Magen u. a.). — Die Anwendung von ^{131}J-**III** für diagnost. Zwecke wird von Vff. noch als begrenzt betrachtet. Das gleiche gilt für die SC von ^{82}Br-**I** bzw. -**II** sowie ^{77}Br-**I** bzw. -**II**, da der schnelle Abbau u. die schnelle Verteilung von freigesetztem Br^- die Auffindung der markierten Nucleoside erschweren. W. Damerau 4160◇

1067 **Annäherungsschritte zur Chemotherapie des Krebses mit organischen Verbindungen.** Edward J. Modest. (Nucleus [Cambridge, Mass.] **39**, 130–31, 1962; Boston, Mass., Harvard Med., School, Children's Cancer Res. Foundat., Children's Hosp. Med. Center; engl.) — Vortrag über die eingeschlagenen Wege zur Auffindung geeigneter Verbb. mit krebshemmenden Wrkg., wie z. B. *6-Mercaptopurin, 2-Amino-6-mercaptopurin, 6-Chlorpurin, 4.5-Trimethylenpyrimidin, 5.6.7.8-Tetrahydrochinazolin, 4.5-Pentamethylenpyrimidin.* O. Jansen 4160◇

1068 **Prüfung allylsubstituierter Verbindungen an verschiedenen Mäuse-Tumoren.** Hideo Endo und Kanematsu Sugiura. (Gann, Japan. J. Cancer Res. **49**, 137–49, 1958; New York, Sloan Kettering Inst. for Cancer Res. and allied Diseases, Div. of Exp. Chemotherapy; engl.) — Unters. von 85 Verb. mit der Allylgruppe an 15 verschiedenen Mäuse-Transplantationstumoren. Die Therapie begann 24 Std. nach Tumorüberimpfung u. wurde 7 Tage mit maximal tolerierten Dosen fortgesetzt. Es wurden geprüft: *Allylbenzol* u. folgende substituierte *Allylbenzole*: *2-Mercapto-, 2-Hydroxy-5-acetamido-, 2-Hydroxy-4-acetamido-, 2-Hydroxy-4-amino-, Hydrochlorid, 2-Hydroxy-5-aminohydrochlorid, 2-Hydroxy-3-acetamido, 2-Hydroxy-3-amino-, Hydrochlorid* (**I**); *2-Methyl-3-isopropyl-6-hydroxy-, 2-Hydroxy-6-methoxy-, 2-Hydroxy-4-methyl-, 2.3-Dihydroxy-* als Mono-Na-Salz u. *4-Hydrazino-*. Folgende an dem Phenylrest substituierten Allylphenyläther: *o-, m-,* u. *p-Acetamido-, m-* u. *p-Amino-, o-, m-* u. *p-Methyl-, 2-Isopropyl-5-methyl-, m-* u. *p-Methoxy-, m-Hydroxy-, o-Carboxy-, Na-Salz; o-Carboxymethylester, o-Carbhydrazid, o-Carboxymethylester-p-amino-, o-Carboxy-p-amino-. Allyl-guajacyläther* (**II**); *Allylphenylsulfid. Allylphenylamin* u. folgende am Phenylrest substituierten Allylphenylamine: *o-* u. *p-Methoxy-, o-, m-* u. *p-Methyl-, o-, m-* u. *p-Hydroxy-, p-Acetamido-, p-Amino-, p-Acetyl-, p-Carboxy-, p-Hydrazinocarbonyl, p-Carbamido-, 3-Hydroxy-4-methyl-, o-Chlor-, 3-Hydroxy-6-methyl-, 2-Hydroxy-3-methyl-, 2-Methyl-4-hydroxy-, 3-Nitro-4-methyl-, 3-Methyl-4-hydroxy-, α-* u. *β-Allylaminonaphthalin; 4-Allylaminopyridin; 6-Allylaminochinolin; p-Tosylallylamin* (**III**). *N-Allylthioharnstoff* u. folgende N'-substituierte N-Allylthioharnstoffe: *p-Tolyl-, p-Methoxyphenyl-, o-Hydroxyphenyl-,* u. *p-Sulfonamidophenyl-. 4-Allylthiosemicarbazid* (**IV**) u. *1-Formyl-4-allylthiosemicarbazid; 4-[γ-Chlorallyl]-thiosemicarbazid; p-Allylaminobenzaldehydthiosemicarbazon; N.N'-Diallyl-p-phenylendiamin; N-Allyl-* u. *N.N'-Diallylbenzidin, p-Allylaminoazobenzol* (**V**); *4-Allylaminophenylacetonitril* (**VI**); *N.N'-Diallyl-o-toluidin* (**VII**); *o-* u. *p-Allylaminophenylallyläther; p-Allylaminobenzolsulfonamid; 1-(Allylaminocarbonyl)-piperidin; 1-Phenyl-* u. *1-(o-Methoxy)-phenylallylhydrazin-hydrochlorid; 2-(γ-Chlorallylimino)-1.2.3-thiadiazolin* (**VIII**); *2-Allylimino-1.3.4-thiadiazolinhydrochlorid* (**IX**) u. *2-Allylimino-5-methyl-1.3.4-thiadiazolin.* Schwach wirksam waren: **I** am Carcinom 1025; **II** am Bashford-Carcinom 63; **III**, **IV** u. **V** am Sarkom 180; **VI** u. **VII** am Ridgeway-Osteosarkom u. **VIII** am Harding-Passey-Melanom. **IX** war die wirksamste Substanz der ganzen Reihe u. bewirkte Tumorhemmung an 5 der untersuchten Tumoren. Alle anderen Verbb. waren ohne Wirkung. W. Preußmann 4160

1069 **Einfluß einiger Steroide auf den Stoffwechsel von Rattenlebermitochondrien und von Hepatomasciteszellen in vitro.** Ubaldo Bardi, Giulia Boretti und Aurelio di Marco. (Biochem. Pharmacol. **11**, 1055–65, 1962; Milano, Farmitalia; engl.) — Die oxydative Phosphorylierung von *α-Ketoglutarat* durch normale Rattenlebermitochondrien u. die aerobe Glykolyse von Asciteshepatom AH 130-Zellen wird durch Steroide wie folgt beeinflußt (Steroidkonz. 25 μg/m): *Testosteron* —14(% Änderung der Oxydation von α-Ketoglutarat), +7 (Milchsäurebldg. durch Asciteshepatomzellen). Testosterone: *4-Chlor-*, +10,0; *17α-Methyl-*, —51, +54; *1-Dehydro-17α-methyl-*, —12, +55; *4-Hydroxy-17α-methyl-*, —24; +67; *4.16α-Dihydroxy-17α-methyl-*, 0; +12; *16α-Hydroxy-17α-methyl-* (I), —33, +160; *9α-Fluor-11β-hydroxy-17α-methyl-*, + 19,0; *17α-Methylandrostan-4ζ.5ζ.17β-triol-3-on*, — 7,0. 19-Nortestosterone: *Unsubstituiertes*, —23, +30; *17α-Methyl-*, —50, +66;

4-Hydroxy-17α-methyl- (**II**), −64, +82; *4-Chlor-17α-methyl-*, −67, +58; *16α-Hydroxy-17α-methyl-*, 0, +19. Das P/O-Verhältnis der oxydativen Phosphorylierung von α-Ketoglutarat durch normale Mitochondr en wird durch alle angeführten Verbb. erniedrigt (Kontrollwert 2,5 u. 3,5). **I** u. **II** hemmen die Ketoglutaratoxydation u. die mit ihr gekoppelte Phosphorylierung. Bei **I** ist die Entkopplungswrkg. größer als die Hemmung der Glutaratoxydation. Die *red. Diphosphopyridinnucleotid-Oxydase* wird durch die Steroidverbb. in unterschiedlichem Maße gehemmt. W. Hiller 4160◇

1070 **Aryl-2-halogenalkylamine.** 20. Mitt. **Darstellung und Eigenschaften einiger Bis-[2-chloräthyl]-aminoarylhydantoine und verwandter Aminosäuren.** A. B. Mauger und W. C. J. Ross. (Biochem. Pharmacol. **2,** 847–58, Sept. 1962; London, Royal Cancer Hosp. Inst. of Cancer Res., Chester Beatty Res. Inst.; engl.) – 19. vgl. C. **1962,** 6402. – Zur Unters. ihrer carcinostat. Wrkg. beim Walker-Carcinom werden nach bekannten Meth. einige durch Bis-[2-chloräthyl]-aminoaryl-Gruppen substituierte *Hydantoine* u. durch deren hydrolyt. Spaltung die entsprechenden *Aminosäure-Derivv.* hergestellt. Die Hydrolysen-Geschw. der Cl-Atome ist bei den korrespondierenden Verbb. beider Klassen fast gleich; die biolog. Wrkg. der Hydantoin-Derivv. ist geringer als die der entsprechenden Aminosäuren u. spricht gegen die erwartete selektive Hydrolyse der Hydantoine im Tumor-Gewebe. Die Hydrolysengeschw. u. die pharmakolog. Eigg. werden tabellar. zusammengestellt.

Versuche: *6′-Aminospiro-[hydantoin-5.1′-indan]* (**I**), $C_{11}H_{11}N_3O_2$, F. 260° (Zers.), durch 8std. Rühren von 19,0 g 6-Aminoindanon-(1), NaCN u. $(NH_4)_2CO_3$ in verd. A. (1:1) bei 60°, Einengen u. Einstellen auf pH 9; aus A. blaßgelbe Prismen; 26,3 g (Ausbeute). *N-Bis-[2-hydroxyäthyl]-Deriv.* (**Ia**), $C_{15}H_{19}N_3O_4$, F. 197–199°, durch 16std. Rühren von 26,0 g **I**, Äthylenoxid u. verd. Essigsäure bei Raumtemp., Einengen im Vakuum u. Zugeben von W.; aus W. Platten; 29,1 g. *N-Bis-[2-chloräthyl]-Deriv.* (**Ib**), $C_{15}H_{17}Cl_2N_3O_2$, F. 199°, durch 1½std. Rühren von 5,06 g **Ia** u. $POCl_3$ bei 70°, Einengen im Vakuum, Erhitzen mit konz. HCl auf dem Wasserbad (5 Min.), Einrühren in gesätt. Na-Acetat-Lsg., Extrahieren mit Ae. u. Chlf. u. Filtrieren des Extraktrückstandes (2,42 g) in Aceton über Al_2O_3; aus PAe./Aceton Nadeln. – *1-Amino-6-[bis-(2-chloräthyl)-amino]-indan-1-carbonsäure* (**III**), *Monohydrat*, Zers. bei 220°, durch 2std. Erhitzen von **Ib** u. konz. HCl im Rohr auf 160°, Einengen u. Gießen in gesätt. Na-Acetat-Lsg.; Prismen. – *Spiro-[hydantoin-5.2′-indan]*, $C_{11}H_{10}N_2O_2$, F. 260–267°, analog **I** aus 23,1 g Indanon-(2); aus A. Nadeln; 19,0 g. – *3-Äthyl-5′-nitro-spiro-[hydantoin-5.2′-indan]*, $C_{13}H_{13}N_3O_4$, F. 160°, durch 1std. Stehen von 18,6 g vorst. Verb. u. NHO_3 (D. 1,40) bei 30°, Gießen in W., Lösen des Nd. [F. 235–240° (Zers.)] in wss.-alkohol. NaOH, Eindampfen, azeotropes Entwässern mit sd. Bzl., Lösen des Na-Salzes in A., Zugeben von KJ u. C_2H_5Br, 5std. Kochen, Eindampfen, Lösen in Äthylacetat, Waschen mit verd. NaOH u. W. u. Chromatographie an Al_2O_3; aus CH_3OH Nadeln; 9,1 g. Gibt bei der Oxydation mit $K_2Cr_2O_7$ in konz. H_2SO_4 *4-Nitrophthalsäure*. – *3-Äthyl-5′-aminospiro-[hydantoin-5.2′-indan]* (**IV**), $C_{13}H_{15}N_3O_2$, F. 128–129°, durch Hydrieren von 15,8 g vorst. Verb. an Pd–Kohle in heißem A.; aus A. Platten; 11,7 g. *N-Bis-[2-hydroxyäthyl]-Deriv.* (**IVa**), *Monohydrat*, $C_{17}H_{23}N_3O_4 \cdot H_2O$, F. 88°, analog **Ia** aus 3,02 g **IV**; aus W. Platten; 3,59 g. *N-Bis-[2-chloräthyl]-Deriv.* (**IVb**), $C_{17}H_{21}Cl_2N_3O_2$, F. 158°, analog **Ib** aus 7,2 g **IVa**; aus PAe./Aceton Prismen; 4,91 g. – *2-Amino-5-[bis-(2-chloräthyl)-amino]-indan-2-carbonsäure*, $C_{14}H_{18}Cl_2N_2O_2$, F. 225° (Zers.), analog **III** aus 1,5 g **IVb**; aus Ae./CH_3OH Prismen; 0,79 g. – *x-[Bis-(2-hydroxyäthyl)-amino]-spiro-[hydantoin-5.2′-tetralin]*, *Monohydrat*, $C_{16}H_{21}N_3O_4 \cdot H_2O$, F. 185–187°, durch Zugeben von 20 g Spiro-[hydantoin-5.2′-tetralin] (F. 265°) zu HNO_3 (D. 1,42) bei 20–23° in ¾ Std., 1std. Erwärmen auf 30°, Zugeben von W., Hydrieren der Mononitro-Verbb. ($C_{12}H_{11}N_3O_4$, F. 230–240°; 22 g) an Pd–Kohle in Dimethylformamid u. Rk. von 7 g des Gemisches von Amino-Verbb. ($C_{12}H_{13}N_3O_2$, F. > 300°; 14,8 g) analog **Ia** mit Äthylenoxid; aus W. Nadeln; 1,8 g. – *2-Amino-x-[bis-(2-hydroxyäthyl)-amino]-tetralin-2-carbonsäure*, $C_{15}H_{22} \cdot N_2O_4$, F. 218–219°, durch 2½std. Erhitzen von 4,2 g vorst. Verb. u. $Ba(OH)_2$ in W. im Rohr auf 160°; aus W./Aceton Nadeln; 2 g. – *x-[Bis-(2-chloräthyl)-amino]-spiro-[hydantoin-5.2′-tetralin]*, $C_{16}H_{19}Cl_2N_3O_2$, F. 186 bis 187,5°, durch 5std. Rühren vorvorst. Verb. u. $POCl_3$ bei 50°, Eindampfen im Vakuum, Zugeben von HCl, Eindampfen im Vakuum, Filtrieren in Aceton über Al_2O_3 u. Fällen des Filtrats mit PAe.; amorph. – *2-Amino-x-[bis-(2-chloräthyl)-amino]-tetralin-2-carbonsäure*, $C_{15}H_{20} \cdot Cl_2N_2O_2$, Zers. bei ca. 260°, analog **III** aus 1 g vorst. Verb.; amorph; 500 mg. – Die pharmakolog. Wrkg. wird außerdem von den an der aromat. Aminogruppe substituierten N-Bis-[2-chloräthyl]-Derivv. nachst. Verbb. angegeben: *5-[3-Aminophenyl]-hydantoin*, dessen *3-Methyl-*, *5-Methyl-* u. *3.5-Dimethyl-Deriv.*, *5-[4-Aminophenyl]-5-methylhydantoin*, *5-[4-Aminobenzyl]-hydantoin*, dessen *3-* u. *5-Methyl-Deriv.*, *5-[2-(4-Aminophenyl)-äthyl]-5-methylhydantoin*, *6′-Aminospiro-[hydantoin-5.1′-tetralin]*, *α.3-Diaminophenylessigsäure*, *α.4-Diaminophenylessigsäure*, *2-[3-Aminophenyl)-2-aminopropionsäure*, *3-[4-Aminophenyl]-2-aminopropionsäure*, *3-[4-Aminophenyl]-2-methyl-2-aminopropionsäure*, *1.6-Diaminotetralin-1-carbonsäure*. F. Heller 4160◇

E_2. Enzymologie, Gärung

1071 **Untersuchungen über Cytochrom a.** 2. Mitt. **Spektraleigenschaften von Cytochrom a.** Ichiro Sekuzu, Shigeki Takemori, Takashi Yonetani und Kazuo Okunuki. (J. Biochemistry [Tokyo] **46,** 43–49, 1959; Osaka, Univ. of Osaka, Fac. of Sci., Dep. of Biol.; engl.) – 1. vgl. J. Biochemistry [Tokyo] **45,** [1958], 847. – Es wird gezeigt, daß das früher beschriebene Präp. von *Cytochrom a* (**I**) mit *CO*, *CN⁻*, *NO* u. O_2 reagieren kann, wobei spektrophotometr. Messungen ergaben: KCN (Endkonz. 0,01 m) verschiebt bei oxydiertem **I** (= **Ia**) die γ-Bande con 424 nach 428 mμ; bei reduz. **I** (= **Ib**) tritt das nicht ein; *CO* bewirkt bei **Ia** eine Verschiebung der γ-Bande von 444 nach 430 mμ. Mit **Ib** wird nur eine kleine Änderung im Gebiet der γ-Bande gefunden. *NO* verbindet sich mit **Ib**, u. es treten Absorptionsmaxima bei 430 mμ u. bei 630 mμ auf. – Der O_2-Komplex von **Ib** zeigt Maxima bei 426–428 mμ u. bei 603 mμ; das Spektrum ist von dem des **Ia** deutlich unterscheidbar; in Ggw. einer kleinen Menge *Cytochrom c* zeigt **Ib** eine starke Autoxydierbarkeit. A. Hesse 4210□

1072 **Untersuchungen über Cytochrom a.** 4. Mitt. **Reaktion von Cytochrom a mit Cytochrom c und Cytochrom c_1.** Ichiro Sekuzu, Shigeki Takemori, Yutaka Orii und Kazuo Okunuki. (Biochim. biophysica Acta [Amsterdam] **37,** 64–71, 1960; Osaka, Univ. of Osaka, Fac. of Sci., Dep. of Biol.; engl.) – 3. vgl. C. **1962,** 13066. – Früher (vgl. vorst. Referat) war gefunden worden, daß *Cytochrom a* (**I**) in der mit Dithionit red. Form (**IA**) sich mit O_2 verbinden kann, wobei die γ-Bande von 444 mμ nach 426–428 mμ u. die α-Bande von 605 mμ nach 603 mμ verschoben wird. Diese Oxydation erfolgt nur in Ggw. von *Cytochrom c* (**II**) u. wird durch *CN⁻* bzw. *CO* gehemmt. **IA**, d. h. das *Cytochromoxydase*(**III**)-Präp. der Vff., ist nicht autoxydabel, wenn nicht **II** zugegen ist; hieraus wurde geschlossen, daß **I** u. **II** bei der Bldg. der **III**-Aktivität nicht nur im Elektronentransport, sondern auch bei Bldg. eines stark autoxydablen akt. Komplexes zusammenarbeiten. Unter Verw. von hochgereinigten Präpp. von **I**, **II** u. *Cytochrom c_1* (**IV**) wird jetzt gezeigt, daß **I** durch *p-Phenylendiamin* zwar rasch red. wird, daß es aber nur in Ggw. von **II** durch O_2 oxydiert wird. Die Michaelis-Konst. für **II** ist ähnlich der bei Teilchen-Präpp. gefundenen. Zusatz von **IV** ist ohne Einfl. auf die **III**-Reaktion. Die Rk. zwischen **IV** u. **I** verläuft sehr langsam; sie wird durch **II** vermittelt. Vff. meinen, daß **II** nicht nur als Elektronenträger zwischen **IV** u. **I** wirkt, sondern auch als ein wesentlicher Bestandteil bei der Bldg. eines akt. Komplexes mit **I** in dem **III**-System. A. Hesse 4210◇

1073 **Kupfer in Cytochromoxydase.** D. E. Griffiths und David C. Wharton. (Biochem. biophys. Res.

Commun. **4**, 199—203, 10/3. 1961; Madison, Wis.; Univ., Inst. of Enzyme Res.; engl.) — Vgl. C. **1962**, 15262. — Cu ist in *Cytochromoxydase* so in einer spezif. Konfiguration gebunden, daß es durch die meisten Chelatbildner nicht gebunden wird. Wird diese Konfiguration abgewandelt, so daß Cu mit Chelatbildnern reagieren kann, so tritt ein Verlust einer spezif. katalyt. Funktion auf. A. Gabert 4210◇

1074 **Cytochrom-c-Oxydase-Komponenten.** 2. Mitt. **Eine Untersuchung des Kupfers von Cytochrom-c-Oxydase.** Martin Morrison, Shigeo Horie und H. S. Mason. (J. biol. Chemistry **238**, 2220—24, 1963; Duarte, Calif., City of Hope Med. Res. Inst., Dep. of Biochem.; Portland, Oreg., Univ. of Oregon, Med. School, Dep. of Biochem.; engl.) — 1. vgl. J. biol. Chemistry **238** [1963], 1855. — Ein gereinigtes *Cytochrom-c-Oxydase*-Präp. enthält nach chem. u. Elektronenspinresonanz(ESR)-spektrophotometr. Unterss.: a) locker gebundenes *Cu*, das mit *Bathocuproindisulfonat* direkt ein Chelat bildet, b) fest gebundenes Cu, das erst nach Enzymdenaturierung der Chelatbldg. zugänglich ist. Entfernen von locker gebundenem Cu läßt die Enzymaktivität unbeeinflußt. Nach dessen Entfernung nähert sich der Cu/Häm a-Wert 1. Fest gebundenes Cu ist durch Ferrocytochrom c unter N_2 oder CO reduzierbar u. wird in Luft rasch oxydiert. Das ESR-Signal des gebundenen Cu besitzt keine Hyperfeinstruktur. Nur ein Teil des chem. bestimmten Cu ist durch ESR nachweisbar. K. Maier 4210◇

1075 **Die D-Milchsäure-Cytochromreduktase der Hefe: ihre chemische Natur, Ursprünge und Beziehung zur Atmungskette.** Carlo Gregolin und Thomas P. Singer. (Biochem. biophys. Res. Commun. **4**, 189—94, 10/3. 1961; Detroit, Mich.; Henry Ford Hospital, E. B. Ford Inst. for Med. Res.; engl.) — Vgl. C. **1963**, 12838 u. 21585. — Vff. beschreiben die allg. Charakteristica des Enzyms u. seine Beziehungen zu anderen Milchsäuredehydrogenaten u. zum Elektronentransport-Syst. der Hefe. 90% der Enzymaktivität von Bäckerhefe sind in den Partikeln enthalten, die nach Zerstörung der Zellen durch Differential-Ultrazentrifugation gewonnen werden. 60% der Aktivität wird daraus mit einer Triton X-100-Lsg. bei pH 6,5 ohne Inaktivierung erhalten. Behandlung der Partikel mit Bakterienlipase u. Cobra-Gift führten nicht zur Sensibilisierung, sondern zu Aktivitätsverlust. Dicarbonsäuren (Oxal-, L-Äpfel-, Bernstein- u. Malonsäure) hemmen das Enzym. Das Enzym ist in neutralen u. schwach sauren Rkk. sehr stabil, äußerst instabil bei pH > 8. Durch anaerobe Dialyse gegen o-Phenanthrolin in 0,01 m Phosphat, pH 6,5, anschließender Dialyse gegen 0,1 m Phosphat u. Passage über Sephadex G 25 bewirkt vollständige Inaktivierung; eine Reaktivierung wurde mit sehr niedrigen Konzz. von Zn^{2+}, Co^{2+}, Mn^{2+}, Mg^{2+} u. Fe^{2+} beobachtet. A. Gabert 4210◇

1076 **D-Lacticodehydrogenase aus anaeroben Hefen: Kombination des Apoenzyms mit Zink und Kobalt und Vergleich der rekonstruierten Enzyme.** Andrée Curdel und Françoise Labeyrie. (Biochem. biophysic. Res. Commun. **4**, 175—79, 1961; Paris, Inst. de Biologie physicochim., Service de Biophysique; engl.) — Durch Behandlung mit EDTA wurde *D-Lacticodehydrogenase* vollständig inaktiviert u. dann unters., wie durch Zn^{2+} bzw. Co^{2+} eine Reaktivierung erfolgt. Das mit Zn^{2+} reaktivierte Enzym hatte die gleiche Michaelis-Konst., 1,7 mm, das mit Co^{2+} reaktivierte Enzym hatte dagegen eine Michaelis-Konst. von 0,15 mm. Die Differenzen der K_M-Werte, entsprechend den Co^{2+}-Apoenzym- u. Zn^{2+}-Apoenzymkomplexen, können nicht als aus verschiedenen Substratbindungskapazitäten resultierend interpretiert werden. A. Gabert 4210◇

1077 **Einige Gesichtspunkte über die Aktivität der β-Hydroxybutyrylhydrogenase in der menschlichen Haut (normal–abnorm).** R. H. Cormane und F. L. E. Claessens. (Dermatologica [Basel] **126**, 369—79, 1963; Utrecht, Univ., Div. of Dermatology; engl.) — *β-Hydroxybutyryldehydrogenase* (**I**) wurde in der menschlichen Haut entdeckt u. spielt deshalb im Stoffwechsel eine Rolle. Die Rk.-Fähigkeit der Talgdrüsen, der ekkrinen u. apokrinen Drüsen ist viel höher als die des Haarfollikels u. der Epidermis, gemessen am (mkr. beobachteten) Erscheinen des blauen Diformazankörpers. Die normale Rk. scheint unter patholog. Bedingungen nicht verändert zu sein. Die Aktivität der *red. Nicotinamidadenindinucleotid-Diaphorase* (**II**) wurde durch *p-Hydroxymercuribenzoat* gehemmt, woraus aber Schlüsse auf die Wrkg. dieses Inhibitors auf die Aktivität des untersuchten Enzyms nicht gezogen werden konnten. Die blauen Diformazan-Ndd. stammen offensichtlich aus einer Kette von Rkk., die von der Ggw. der **I** u. **II** abhängt. — Lose, 12 μ dicke, gefrorene Schnitte von normaler bzw. kranker Haut wurden direkt in ein Substratgemisch aus 1,2 (ml) 1m Na-β-Hydroxybutyrat, 0,3 NAD (*Nicotinamidadenindinucleotid*) mit 5 mg NAD/ml), 0,3 *Nitro-BT*, [*2.2'-Di-p-nitrophenyl-5.5'-diphenyl-(3.3'-dimethoxy-4.4'-biphenylen)-ditetrazoliumchlorid*], mit 5 mg Nitro-BT/ml u. 1 Sörensen-Phosphatpuffer (0,2m, pH 7,4) getaucht, bei pH 7,4 15 Min. bei 37° 10 Min. in Formol–Ca–Macrodex fixiert u. in Glyceringallerte gebracht. Das Rk.-Prod. ist ein blaues Diformazan, das durch Red. des Tetrazoliumsalzes Nitro-BT entsteht, wobei die Elektronenübertragung des Tetrazoliumsalzes durch das mit der **I** assoziierte **II**-Syst. vermittelt wird. G. Vogel 4210◇

1078 **Cytochemischer Nachweis von Glucose-6-phosphatdehydrogenase. Anmerkungen zur Technik.** E. Gandini. (Minerva med. [Torino] **52**, 1249—50, 1961; Torino, Univ., Ist. di Genet. Med.; ital.) — Beschreibung des cytochem. Nachw. von *Glucose-6-phosphatdehydrogenase* in Leukocyten durch Formazan-Bldg. mit Tetrazolium-Nitroblau. K. Zingraf 4210◇

1079 **Gesteigerte Glucose-6-phosphatdehydrogenase-Aktivität in pathologischen regressiven Vorgängen im Skelettmuskel.** M. Zatti, F. Rossi und A. Tartarini. (Ital. J. Biochem. **11**, 235—44, 1962; Padova, Univ., Ist. di Patol. Generale; C. N. R., Centro „G. Vernoni" per lo Studio della Fisiopatol.; engl.) — Bei experimentell induzierten Atrophien von Rattenmuskeln wurde eine starke Erhöhung der *Glucose-6-phosphatdehydrogenase*-(**I**)- u. *6-Phosphogluconsäuredehydrogenase*-Aktivität festgestellt. Die *Succinat-Cytochrom-c-Reduktase*-Aktivität war dagegen geringer, die Red. von *Cytochrom c* durch *Dihydrogendiphosphopyridinnucleotid* normal. Für die **I**-Aktivitätserhöhung wird ein Faktor im Überstand von zentrifugierten Homogenisaten verantwortlich gemacht, der ein Erhitzen auf 100° über 5 Min. übersteht. W. Damerau 4210◇

1080 **Die Assoziation von Coenzym Q_{10} mit Serumlipoproteinen normaler und CCl_4-vergifteter Kaninchen.** A. Casu. (Ital. J. Biochem. **11**, 256—59, 1962; Genova, Univ., Ist. di Patol. Generale; engl.) — Nach Inkubation von Serum normaler oder *CCl_4*-behandelter Kaninchen mit *Coenzym Q_{10}* (**I**) wurde bei der elektrophoret. Trennung eine Beweglichkeit von **I** festgestellt, die auf eine Komplex-Bldg. zwischen **I** u. *Lipoprotein* zurückgeführt wird. W. Damerau 4210◇

1081 **Die Struktur der Ribonuclease.** C. H. W. Hirs. (Ann. New York Acad. Sci. **88**, 611—41, 1960; Upton, N. Y., Brookhaven Nat. Labor., Biol. Dep.; engl.) — Übersicht. Frühere Unterss., Teilstrukturformel, Aminosäuresequenz, Disulfidbindungen, Sekundär- u. Tertiärstruktur. — 62 Literaturangaben. K. Maier 4210◇

1082 **Weitere Untersuchungen über die Fraktionierung der Ribonuclease I-Kernsubstanz durch Gel-Filtration.** Hisayuki Ishikura. (J. Biochemistry [Tokyo] **52**, 324—32, 1962; Tokyo, Univ., Fac. of Sci., Dep. of Biophys. and Biochem.; engl.) — *Ribonuclease-I-Kernsubstanz* (RNKS), aus Takadiastase T_1 wurde durch Gelfiltration (GF) in zwei Fraktionen F_1 u. F_2 zerlegt u. diese der Sedimentationsanalyse unterworfen. 250 mg RNKS wurden z. B. in 2,5 ml 0,01m Phosphatpuffer-Lsg., pH 7,0, gelöst, 5 Min. zentrifugiert (10000 · g), die klare Fl. durch eine mit vorst. Puffer gewaschene „Sephadex G-25"-Säule geleitet, mit der Puffer-Lsg. eluiert, zwei Fraktionen von 1,5 ml aufgefangen u. einzeln dialysiert u. lyophilisiert → 119 bzw. 81 mg Oligonucleotide in F_1 bzw. F_2. F_1 zeigte eine größere Wanderungs-Geschw. durch das Gel als F_2 u. bei der Sedimentation eine Hauptspitze bei 3,5 S (S nicht erläutert) u. F_2 eine einzige Spitze bei 0,4 S.

Das Partikelgew. der Nucleotide von F_1 wurde auf mehr als 20000 geschätzt, andererseits wurde eine durchschnittliche Kettenlänge bei F_1 bzw. F_2 (mit Monophosphoesterase bestimmt) von 7,1 bzw. 5,5 (Nucleotidresten mit Molgew. von ca. 350) festgestellt. Diese Diskrepanz beruht wahrscheinlich auf Aggregationen zwischen Guanylresten. Die eluierte F_2-Menge wurde durch GF von RNKS in 6m Harnstoff-Lsg. leicht erhöht u. Streptolysin S' bildende Aktivität nur in F_1 gefunden. Durch GF in 2m NaCl-Lsg. wurden ähnliche Werte wie mit 0,01 Phosphatpuffer erhalten. RNKS aus Takadiastase T_1 oder *Bacillus subtilis* als Ganzes wurden aus einer „Sephadex G-25"-Säule nur langsam eluiert u. die Fraktionierung durch GF nicht erreicht. Auch Ribonuclease I-desamino-Kernsubstanz als Ganzes (aus desaminierter Heferibonucleinsäure durch Digestion mit Ribonuclease erhalten) wurde nur langsam eluiert. GF von RNKS-Fraktionen u. Eluierung aus „Ecteola"-Cellulose führten bei Verw. von 0,3m NaCl-Lsg. nur zu langsamer Eluierung, mit 0,5m NaCl-Lsg. jedoch zur Trennung in 2 Fraktionen. G. Vogel 4210◇

1083 **Die Wechselwirkung von Ribonuclease mit Purin- und Pyrimidinphosphaten.** 1. Mitt. **Bindung von Adenosin-5'-monophosphat an Ribonuclease.** Y. P. Myer und John A. Schellman. (Biochim. biophysica Acta [Amsterdam] **55,** 361—73, 1962; Eugene, Oreg., Univ. of Oregon, Dep. of Chem.; engl.) — In einer Dialysierkammer, in der sich vor Beginn des Vers. 0,5 ml einer *Ribonuclease*(**I**)-Lsg. (20 mg **I**/ml 0,05m Tris-Puffer, pH 7,5) auf der einen Membranseite u. 0,5 ml *$^{14}C_{(8)}$-Adenosin-5'-monophosphat* (**II**)-Lsg. wechselnder Konz. auf der anderen Membranseite befinden, wird eine Gleichgew.-Dialyse durchgeführt. Danach wird **II** durch **I** in Abhängigkeit von Temp. u. **II**-Konz. gebunden. Für diesen Vorgang wird eine mathemat. Funktion angegeben. Der pH-Wert hat im Bereich zwischen 6,5—8,5 keinen Einfl. auf die **II**-Bindung. **II** wird an mindestens zwei Orten auf **I** gebunden. **II** wirkt dabei gleichzeitig als Hemmstoff. Die Enthalpie u. Entropie der **I**–**II**-Bindung beträgt — 4,2 kcal bzw. — 2. L. Träger 4210◇

1084 **Oxydierte und reduzierte Pyridinnucleotid-Spiegel und Enzymaktivitäten in Hirn und Leber von Niacinmangelratten.** Luis Garcia-Bunuel, David B. Mc-Dougal jun., Helen B. Burch, Elizabeth M. Jones und Elizabeth Touhill. (J. Neurochem. [London] **9,** 589—94, 1962; St. Louis, Mo., Washington Univ., School of Med., Beaumont-May Inst. of Neurol., Dep. of Pharmacol.; engl.) — Bei Ratten unter *Niacin*-freier Kost konnten folgende Veränderungen der Pyridinnucleotide festgestellt werden: Im Gehirn Anstieg des Geh. an *NAD* (*Nicotinamidadenindinucleotid* von 1500 auf 2370 μMol/kg Protein, des Geh. an *red. NAD* (*$NADH_2$*) von 310 auf 380, an *NADP* (*Nicotinamidadenindinucleotidphosphat*) von 140 auf 160, an *NADPH* von 81 auf 100, des Quotienten NAD/$NADH_2$ von 4,9 auf 6,2, Abfall des Quotienten NADP/$NADPH_2$ von 1,8 auf 1,6; in der Leber Anstieg des Geh. an NAD von 1450 auf 4320 μMol/kg Protein, an $NADH_2$ von 410 auf 690, an NADP von 820 auf 1120, an $NADPH_2$ von 950 auf 1720, des Quotienten NAD/$NADH_2$ von 3,6 auf 6,1, Abfall des Quotienten NADP/$NADPH_2$ von 0,9 auf 0,7. Die Aktivität der *Glutaminsäuredehydrogenase* ist bei Mangeltieren im Gehirn unverändert u. auch in der Leber (leichter Anstieg) kaum verändert. Die Aktivität der *α-Glycerophosphatase* ist im Gehirn von Mangeltieren um 60% erhöht, in der Leber jedoch auf die Hälfte vermindert. Die Aktivität der *Isocitronensäuredehydrogenase* ist im Gehirn der Mangeltiere unverändert, sinkt jedoch in der Leber um 25%. U. Tausendfreund 4210◇

1085 **Die Stereospezifität der Nicotinamidadenindinucleotid-Oxydase-Reaktion.** Bruce Mackler. (Biochem. biophysic. Res. Commun. **4,** 195—98, 1961; Seattle, Univ., Dep. of Pediatrics; engl.) — Es wird gezeigt, daß red. Nicotinamidadenindinucleotid(NADH)-Oxydase spezif. für die β-Konfiguration von NADH ist. A. Gabert 4210◇

1086 **Enzymatische Oxydation einiger nicht-phosphorylierter Derivate von Dihydronicotinamid.** Shutsung Liao und H. G. Williams-Ashman. (Biochem. biophysic. Res. Commun. **4,** 208—13, 1961; Chicago, Ill., Univ., Dep. of Biochem.; engl.) — Es wird die teilweise Reinigung u. die Eigg. eines Enzyms beschrieben, das die Oxydation von red. *Ribosylnicotinamid* durch *Vitamin K_3* u. bestimmte andere Chinone katalysiert. Das Enzym ist im lösl. Anteil des Cytoplasmas lokalisiert. Das gereinigte Enzym katalysiert ebenfalls die Oxydation von bestimmten *N^1-Alkyldihydronicotinamiden*, verhält sich aber vollkommen inakt. gegen phosphorylierte Derivv. von Dihydronicotinamid wie red. Formen von Nicotinamidmononucleotid u. Nicotinamidadenindinucleotid u. dessen Phosphat. A. Gabert 4210◇

1087 **Der Weg der Biosynthese von Nicotinamidadenindinucleotid in einem Insekt, Hemideina thoracica (White), der neuseeländischen Weta.** B. G. Kitto und M. H. Briggs. (New Zealand J. Sci. **5,** 237—40, 1962; Wellington, Victoria Univ., Dep. of Chem.; engl.) — Die Biosynth. von *Nicotinamidadenindinucleotid* (**I**) erfolgt bei *Hemideina thoracica* auf folgendem Wege: *Nicotinsäure* → *Nicotinsäuremononucleotid* → *Nicotinsäureadenindinucleotid* → **I** → **I**-*Phosphat*. K. Zingraf 4210◇

1088 **Untersuchungen an Polynucleotiden.** 15. Mitt. **Enzymatischer Abbau. Wirkungsweise pankreatischer Desoxyribonuclease auf Thymidin-, Desoxycytidin- und Desoxyadenosinpolynucleotide.** R. K. Ralph, R. A. Smith und H. G. Khorana. (Biochemistry [Washington] **1,** 131—37, 1962; Madison, Wis., Univ. of Wisconsin, Inst. of Enzyme Res.; Vancouver, Brit. Columbia, British Columbia Res. Council; engl.) — 13. vgl. C. **1963,** 3634. — Die Oligodesoxyribonucleotide d $(pT)_n$ mit $n = 2$ bis 10, d(TpTpTpTpTp) (**I**), d(pTpTpTpTpC) (**II**), d$(pC)_n$ mit $n = 4$ bis 10, d$(pA)_n$ mit $n = 4$ bis 10, oder *Thymidylyl-(3' → 5')-desoxyadenylyl-(3' → 5')-desoxycytidin* (**III**, d(TpApC)] werden in Trispuffer, pH 7,3, in Ggw. von Mg- oder Mn-Acetat durch einen Überschuß *pankreat. Desoxyribonuclease* (**IV**) bei 37° abgebaut u. die Bruchstücke (nach Abtrennung von Mg^{2+} bzw. Mn^{2+} mit Amberlite IR-120, Pyridinium-Form) papierchromatograph. identifiziert. **IV** spaltet nur in Ggw. divalenter Kationen. Mn^{2+} ist zweimal wirksamer als Mg^{2+}. Die Spaltgeschw. nimmt in Abhängigkeit von der Kettenlänge von d$(pT)_4$ bis d$(pT)_6$ zu. Di- u. Trinucleotide werden nicht angegriffen. Ebenfalls wird **II** schneller gespalten als d(pTpTpTpC). Aus d$(pT)_4$ wird nach der Spaltung d$(pT)_2$ als Hauptprod. isoliert. d$(pT)_3$ u. d(pT) werden nur in Spuren gebildet. Nach 4 Std. sind 89% d$(pA)_4$, 83% d$(pT)_4$ bzw. $< 5\%$ d$(pC)_4$ gespalten. Aus den Pentanucleotiden bildet **IV** Tri- u. Dinucleotide, während Tetra- u. Mononucleotide nur in Spuren nachweisbar sind. Nach 5 Min. sind 58% d$(pA)_5$, 25% d$(pT)_5$ u. 13% d$(pC)_5$ gespalten. In diesen Fällen wirkt demnach **IV** als Endonuclease. Wird **II** enzymat. gespalten, so erhält man d(TpC), d(TpT), d(TpTpC) u. d(TpTpT). Demnach erfolgt der Angriff des Enzyms gleichzeitig an mehreren Positionen des Oligonucleotides. Auch **I** bildet nach enzymat. Abbau d$(Tp)_n$T mit $n = 1$ bis 3. **III** läßt sich ebenso wie die übrigen Trinucleotide durch **IV** nicht spalten. L. Träger 4210◇

1089 **Nucleotid-Umwandlungen.** 7. Mitt. **Die Wirkung halogenierter und von N-Methylderivaten der Desoxycytidylsäure auf Desoxycytidylatdesaminase und Thymidylatsynthetase.** Frank Maley. (Biochim. biophysica Acta [Amsterdam] **61,** 135—38, 1962; Albany, N. Y., Division Labor. and Res., N.Y. State Departm. of Health and Albany Med. Coll.; engl.) — 6. vgl. Arch. Biochem. Biophysics **96,** [1962], 550. — Durch Messung der Differenzspektren wurde die Desaminierung von halogeniertem (F, Br) *Desoxycytidinmonophosphat* (**I**) in Extrakten aus Rattenembryonen untersucht. Halogeniertes **I** wird anscheinend schneller desaminiert als **I** u. N-Methyl-**I**. F-**I** hemmt die *Thymidylatsynthetase*-Aktivität stärker als Br-**I**. Die Verss. bestätigen, daß der Einbau von Br-**I** in *Desoxyribonucleinsäure* als *Br-Desoxypyridin* durch Umwandlung in **I** u. nachfolgende Desaminierung erfolgt. Ch. Zimmer 4210◇

1090 **Zur Frage des Wirkungsorts von Aminonucleosid.** H. E. Franz, M. Franz und K. Decker. (Hoppe-Seylers

Z. Physiol. Chem. **327,** 243—48, 1962; Freiburg i. Breisgau, Univ., Med. Univ.-Poliklinik u. Physiolog.-Chem. Inst.; dt.) — *Aminonucleosid* (**I**, *6-Dimethylamino-9-[3-desoxy-3-amino-D-ribosyl]-purin*), ein Spaltprod. des Antibioticums Puromycin, hemmt in der Rattenniere weder die Phosphorylierung des *Adenosins* (**II**) noch die *Adenylatkinase*-Reaktion. **I** wird ferner durch *Adenosintriphosphat* (ATP) nicht phosphoryliert, wie durch Verss. mit γ-markiertem ATP gezeigt wurde. Das Auftreten des nephrot. Syndroms in der Rattenniere nach Applikation von **I** bleibt daher weiterhin ungeklärt, da mit **I** keinerlei kompetitive oder nichtkompetitive Hemmungen der typ. Rkk. des **II**-Stoffwechsels gefunden werden konnten.
Winfried Krüger 4210◇

1091 **Beziehung zwischen der Adenosintriphosphat-Konzentration und der Wirkung von Thyroxin auf den Sauerstoffverbrauch von Leberhomogenaten.** Teiichiro Tonoue. (Endocrinology **70,** 68—70, 1962; Sapporo, Hokkaido Univ., Fac. of Agricult., Dep. of Animal Sci.; engl.) — Die Wrkg. von *Thyroxin* (**I**) auf den O_2-Verbrauch von Leberhomogenaten in vitro ist abhängig von der Konz. von *Adenosintriphosphat* (**II**) im Inkubationsmedium. Die Wechselwrkg. zwischen **I** u. **II** ist abhängig vom osmot. Druck des Systems. Aus dem Verh. von PO_4^{3-} ergibt sich, daß **I** nicht auf die Aktivität der *Adenosintriphosphatase* einwirkt. W. Hiller 4210◇

1092 **Wirkung von Na^+ und K^+ auf die Mg^{2+}-stimulierte Adenosintriphosphataseaktivität des Gehirns.** Helen H. Hess. (J. Neurochem. [London] **9,** 613—21, 1962; Belmont, Mass., McLean Hosp., Res. Labor.; Boston, Mass., Harvard Med. School, Dep. of Neuropathol.; engl.) — An Mikroschnitten der Rattenhirnrinde konnte eine 60%ig. Steigerung der Hydrolyse von *Mg-Adenosintriphosphat*(ATP)-Substrat durch Zufügung von 10 mm *NaCl* erzielt werden; durch Kombination von 145 mm NaCl mit 10 mm *KCl* kam es zur Verdoppelung der Geschwindigkeit. Durch Ca^{2+} wurde die Aktivität der *Mg^{2+}-abhängigen Adenosintriphosphatase* (**I**) in jedem Falle gehemmt. Für die genannte Wrkg. von Na^+ u. K^+ war die Ggw. von Mg^{2+} unerläßlich. Die Anregung von **I** durch $Na^+ + K^+$ wurde durch 10^{-5} m *Strophanthin* u. 10^{-3} m *Ascorbinsäure* stark gehemmt. **I** kommt offenbar eine homöostat. Rolle zu (Rk. auf Kationenveränderungen mit Veränderungen des ADP/ATP-Quotienten u. somit Regulierung der Atem- u. Glykolyse-Geschw. zur Wiederherstellung normaler Kationenverteilungen).
U. Tausendfreund 4210◇

1093 **Mitochondrielle und nichtmitochondrielle Adenosintriphosphatase im Gehirngewebe.** 3. Mitt. **Über Eigenschaften der durch Na^+ und K^+ aktivierbaren Adenosintriphosphatase des Gehirns.** Janos Somogyi. (Naturwissenschaften **50,** 157—58, 1963; Budapest, Exp. Res. of Med. Univ.; Heidelberg, Inst. für Physiolog. Chemie der Univ.; engl.) — Vf. untersucht den Einfl. zweier verschiedener strukturschädigender Einw. (Vorinkubation u. Zusatz eines oberflächenaktiven Stoffes) auf die durch Na^+ u. K^+ beeinflußbare Aktivität der *Adenosintriphosphatase* (**I**) des Rattengehirns. Die Aktivität wird in einem Gemisch aus Tris(**II**)-Puffer von pH 7,4, **II**-*Adenosintriphosphat* (ATP) u. $MgCl_2$ bestimmt. Bei der durch substratlose Vorinkubation beeinträchtigen Aktivität der untersuchten Enzym-Präpp. erfolgt in Ggw. von Mg^{2+} bzw. $Mg^{2+} + Na^+$ bzw. $Mg^{2+} + Na^+ + K^+$ eine eindeutige Verringerung der ATP-Spaltung. In Ggw. von Mg^{2+} bzw. $Mg^{2+} + Na^+$ oder $Mg^{2+} + K^+$ nimmt die **I**-Aktivität bei steigender Konz. von Triton-X-10 (Octylphenylpolyglykol) kontinuierlich ab. In Ggw. aller drei Ionen bewirkt Triton-X-10 zunächst eine eindeutige Aktivitätssteigerung, die bei einer Konz. von 0,075% (v/v) ein Maximum aufweist. Aus diesen Beobachtungen wird geschlossen, daß die Na^+- + K^+-abhängige **I** ebenso wie die maskierte, Mg^{2+}-abhängige **I** ein latentes Enzym der Mitochondrien ist. K. Höditz 4210◇

1094 **Zur Frage der Beteiligung der Adenosintriphosphatase an der Durchlässigkeit der Zellenmembran.** A. Ss. Oganessjan. (Ber. Akad. Wiss. ArmenSSR **35,** 217—21, 1962; Biochem. Inst. der Akad. der Wiss. der ArmenSSR; russ., Auszug: armen.) — Im Nierenrindengewebe der weißen Ratte beträgt die mittlere Aktivität der *Adenosintriphosphatase* (**I**) 0,53 mg P je 1 g Frischgewebe u. Stunde. Nach Zufuhr von *Insulin* (**II**) steigt die **I**-Aktivität um 18,8% an. Im Nierenmarkgewebe wird die **I**-Aktivität durch **II** um 21,1% erhöht. **II** wirkt vorwiegend auf die **I** der Membran. Im Muskelgewebe beträgt die Aktivität der Membran.-**I** in der Kontrolle 0,44, nach **II** 0,57. Die **I**-Aktivierung durch **II** ist im Homogenat des Muskelgewebes wesentlich geringer. **II** beschleunigt die Rückresorption von Glucose u. Na^+ in der Niere, verstärkt den Eintritt der Glucose in das Muskelgewebe u. erhöht die Aktivität der Membran.-**II**. **I** ist demnach am Transport von Glucose u. Na^+ in der Niere und im Muskelgewebe beteiligt und spielt eine bestimmte Rolle im Wrkg.-Mechanismus von **II**. Vorläufige Verss. an Hunden in vivo zeigen, daß die hypoglykäm. Wrkg. des **II** nach vorheriger Zufuhr von Strophanthin abgeschwächt ist. Bei Hunden mit experimentellem Diabetes wird die Aufnahme der Glucose durch Muskelgewebe u. Niere durch Adenosintriphosphat verstärkt; die hypoglykäm. **II**-Wrkg. wird ebenfalls intensiviert. O. Lebtag 4210△

1095 **Kreatinphosphoryltransferase und Phosphoglycerylaldehyddehydrogenase im mit Jodacetat vergifteten Muskel.** Prudent Padieu und W. F. H. M. Mommaerts. (Biochim. biophysica Acta [Amsterdam] **37,** 72—77, 1960; Los Angeles, Calif., Univ., Dep. of Med.; Los Angeles County Heart Assoc. Cardiovascular Res. Labor.; engl.) — Bei *Musculus sartorius* von Fröschen ist nach Vergiften mit *Jodacetat* (**I**) die *Phosphoglycerinaldehyddehydrogenase* vollständig gehemmt, wogegen *Kreatinphosphoryltransferase* (**II**), die in vitro durch **I** gehemmt wird, in keiner Weise beeinflußt wird. **II** wird durch *Phosphokreatin* (**III**), *Adenosintrophosphat* > *Adenosindiphosphat, Pyrophosphat* > *Adenosinmonophosphat* > *Phosphat* gegen Vergiftung durch **I** geschützt; *Arsenat* u. *Kreatin* üben diese Schutzwrkg. nicht aus. — Vff. diskutieren die hieraus sich ergebenden theoret. Folgerungen hinsichtlich der Lohmann-Rk. u. der Ansicht, daß **III** als Phosphagen wirkt. A. Hesse 4210◇

1096 **Die Wirkung von wasserfreien Säuren auf die Adenosintriphosphat-Kreatinphosphotransferase.** Florante A. Quiocho und Felix Friedberg. (Canad. J. Chem. **40,** 1018—22, 1962; Washington, D. C., Univ., Dep. of Biochem.; engl.) — Behandlung von *Adenosintriphosphat-Kreatinphosphotransferase* mit wasserfreier H_2SO_4 gestattet eine Umlagerung von 24% der *Threonin*- u. 69% der *Serin*-Reste. Behandlung mit wasserfreier H_3PO_4 liefert ähnliche Ergebnisse: 41% der Threonin- u. 60% der Serinreste werden umgelagert. Wasserfreie *Ameisensäure* bewirkt keine N- zu O-Acyl-Wanderung im Protein. Eine nichtspezif. Hydrolyse der Peptid-Bindungen oder Zerstörung bestimmter Aminosäuren, die gleichzeitig mit der Umlagerung in wasserfreier H_2SO_4 u. H_3PO_4 aufgetreten sein können, scheint nur sehr schwach zu sein. Durch Behandlung des Proteins mit wasserfreier H_2SO_4 verschwindet Phenylalanin fast vollständig aus den Chromatogrammen.
A. Gabert 4210◇

1097 **Der Einfluß von Guanidin und Alkylguanidinen auf die Energieübertragungsreaktionen der Mitochondrien.** Berton C. Pressman. (J. biol. Chemistry **238,** 401—09, 1963; Philadelphia, Pa., Univ. of Pa., Johnson Foundation, Dep. of Biophys. and Physsic. Biochem.; engl.) — Es werden die Alkylguanidine *Methyl-, Äthyl-, Propyl-, Butyl-, Pentyl-, Hexyl-, Heptyl-, Octyl-, Decyl-, Dodecyl-, N.N-Dimethyl-, N.N-Methyläthyl-, N.N-Methylhexyl-, Isopropylguanidin* synthetisiert u. zusammen mit den Verbb. *Synthalin, γ-Guanidobutyrat, Streptomycin* u. *Butyramid* auf ihre Aktivität gegenüber den Mitochondrien auf Grund folgender Kriterien untersucht: Hemmung der Respiration, Hemmung der Ca-induzierten Adenosintriphosphatase u. Einfluß auf anorgan. Orthophosphatbindung. Auf alle drei Kriterien wächst mit steigender Alkylkettenlänge der Einfl. um das mehrhundertfache an. P. Teichgräber 4210◇

1098 **Kaliumaufnahme und glykolytische Aktivität menschlicher Erythrocyten mit verschiedenen Adenosin-**

triphosphatkonzentrationen. M. Tatibana, A. Shimamune, M. Nakao, Y. Ishii, T. Hashimoto und H. Yoshikawa. (Folia haematol. [Leipzig] **79**, 470—74, 1962; Tokyo, Univ. of Tokyo, Fac. of Med., Dep. of Physiol. Chem. and Nutrit.; engl.) — Es besteht offenbar bei menschlichen Erythrocyten ein direkter Zusammenhang zwischen *Adenosintriphosphat*(ATP)-Geh. u. akt. Transport von Kationen. Durch Zusatz von *Adenin* (**I**) u. *Inosin* (im Überschuß) zu 8—10 Wochen lang konservierten Erythrocyten kann je nach **I**-Menge ein verschieden hoher ATP-Geh. der Zellen erzielt werden; je nach ATP-Konz. nimmt dann die glykolyt. Aktivität rasch zu (Maximalwert bei 0,5 μMol ATP/ml Zellen); die Geschw. der *K*-Aufnahme steigt fast proportional zum ATP-Spiegel (bis zu einer Konz. von mehr als 1 μMol/ml Zellen). U. Tausendfreund 4210◇

1099 **Dephosphorylierung von Glucose-1-phosphat in Multienzympräparaten aus Rattenleber.** P. Segni. (Ital. J. Biochem. **11**, 226—34, 1962; Genova, Univ., Ist. di Chimica Biologica; Sassari, Univ., Ist. di Malattie Infettive; engl.) — Es wurde untersucht, ob *Glucose-1-phosphat* (**I**) in Rattenleberhomogenisaten direkt durch eine spezif. Phosphatase oder *Glucose-6-phosphatase* (**II**) oder aber indirekt nach Umwandlung in *Glucose-6-phosphat* (**III**) durch **II** dephosphoryliert wird. Der optimale pH-Wert für die Hydrolyse von **I** betrug 7,5, von **III** 6,5—6,7. Inkubation mit *NaF* oder Ca^{2+} gab keine Anhaltspunkte für den Rk.-Mechanismus. Inkubation mit Zn^{2+}, Mg^{2+} bzw. *Cystein*, die die *Phosphoglucomutase* (**IV**)-Rk. aktivieren, sowie Abtrennung von **IV** mittels Zentrifugierung zeigten die Abhängigkeit der **I**-Dephosphorylierung von der **IV**-Aktivität u. lassen auf Einw. von **II** auf **I** nach dessen Umwandlung in **III** schließen. W. Damerau 4210◇

1100 **Der Glucose-Stoffwechsel in der isolierten Hypophyse und in Hirnschnitten der Ratte.** Anne Beloff-Chain, Rafaella Catanzaro, E. B. Chain, Ines Masi und F. Pocchiari. (Rend. Ist. super. Sanità **23**, 924—35, 1960; Roma, Ist. Super. di Sanità, Labor. di Chim. Biol.; ital.) — In der isolierten Hypophyse der Ratte wurden als Stoffwechselprodd. von $^{14}C_6$-*Glucose* (**I**) *Milchsäure*, CO_2, *Glykogen* (**II**), *Oligosaccharide* (**III**), *Asparaginsäure*, *Glutaminsäure*, *Alanin* (**IV**) u. *Prolin* (als freie *Aminosäuren* (**V**) oder in Proteinen) nachgewiesen, dagegen erfolgte keine Umwandlung in *γ-Aminobuttersäure*. In Hirnschnitten fehlten dagegen **II**, **III** u. gebundene **V**, dagegen erfolgte die Glykolyse rascher; es wurde etwa doppelt so viel **I** umgesetzt wie in der Hypophyse. Der **I**-Stoffwechsel wurde durch Insulin nicht gesteigert. In der Hypophyse von normalen u. Alloxandiabet. Ratten bestanden keine wesentlichen Unterschiede. In Hirn u. Hypophyse von Vitamin-B_6-Mangeltieren war die Bldg. von **IV** aus **I** herabgesetzt. K. Zingraf 4210◇

1101 **Die saure Phosphatase der lysosomalen und löslichen Fraktion der Rattenleber.** S. Shibko und A. L. Tappel. (Biochim. biophysica Acta [Amsterdam] **73**, 76—86, 1963; Davis, Calif., Univ., Dep. of Food Science and Technology; engl.) — Es konnte keine Unterscheidung zwischen den *lysosomalen* u. *lösl. sauren Phosphatasen* getroffen werden, weder hinsichtlich ihrer Spezifität, noch der Km-Werte oder der pH-Wirkung. Die Anwendung von Inhibitoren zeigte Differenzen in der Empfindlichkeit gegenüber Fluorid u. L-(+)-Tartrat, aber nur, wenn *p-Nitrophenylphosphat* als Substrat verwendet wurde. Die Trennung der beiden Fraktionen durch Stärkegel-Elektrophorese u. Säulenchromatographie ergab ähnliche Resultate, obwohl der letztere Vorgang einige quant. Differenzen der verschiedenen Formen der Phosphatase-Aktivität in beiden Fraktionen aufwies. Man folgerte, daß die lösl. saure Phosphatase in ihren Hauptzügen der lysosomalen gleicht. L. Macher 4210◇

1102 **Saure Phosphatase in der Stallfliege, Stomoxys calcitrans.** Shahid H. Ashrafi und Frank W. Fisk. (Ann. entomol. Soc. American **54**, 598—602, Juli 1961; Columbus, Ohio, Ohio State Univ., Dep. of Zool. and Entomol.; engl.). — Das Homogenat von *Stomoxys calcitrans* enthält eine *Phosphomonoesterase* (**I**), deren Aktivität durch spektrophotometr. Best. des aus Di-Na-p-Nitrophenylphosphat gebildeten *p-Nitrophenols* bei 390 mμ gemessen wird. **I** besitzt ein pH-Optimum bei 4,4, ein Temperaturoptimum bei 40° bei $^1/_2$std. Inkubation u. einen Q_{10}-Wert von 2,1 zwischen 20 u. 30°. Die durch **I** katalysierte Hydrolyse ist eine Rk. 0. Ordnung mit einer Michaelis-Konstante $K_m = 9{,}77 \cdot 10^{-4}$ Mol/Liter. K^+-, Mg^{2+}-, Ca^{2+}-, Cd^{2+}-, Fe^{2+}-, Mn^{2+}- u. Co^{2+}-Ionen sind ohne Einfl. auf **I**. F. Heller 4210◇

1103 **Über die Pyrophosphatase des Spermas.** L. M. Buruiana und El. Hadarag. (Naturwissenschaften **50**, 478—79, 1963; Bukarest, Rumänien, Fac. Med. Veter., Labor. de Biochem. animale; franz.) — Zur zahlenmäßigen Best. der maximalen, minimalen u. durchschnittlichen Aktivität der *Pyrophosphatase* (**I**) im Sperma u. der Sperma-Fl. von Säugetieren wurde die Meth. von Heppel so modifiziert, daß statt einer Veronal-HCl-Puffer-Lsg. mit pH 7,2 eine 0,1 m Acetatpuffer-Lsg. mit pH 5,6 (Optimum für **I**) verwendet wurde, u. die Ergebnisse (für Mensch, Bulle u. Widder) werden in Tabellen angegeben [1 **I**-Einheit = 1 mg P (aus $Na_2P_4O_7$)/100 ml Sperma/1 Std. bei 37°]. Daraus folgt, daß die Aktivität der Sperma-**I** (im Gegensatz zu den Aktivitäten von saurer Phosphatase mit pH-Optimum 5 u. alkal. **I** mit pH-Optimum 8,6) in den Spermatoiden viel höher ist als im Plasma, ferner die **I** im Gegensatz zur alkal. **I** durch Alloxan nicht, bzw. durch Mercurisalze stärker, bzw. beide Enzyme durch Heparin stark (85 bzw. 80%ig) u. durch EDTA nivht gehemmt werden. Die Michaelis-Konst. (K_m) betrug $4 \cdot 10^{-3}$ Mol/Liter. G. Vogel 4210◇

1104 **Die Entkoppelung der Oxydation und Phosphorylierung bei Austritt aus dem Hypothermiezustand.** Ss. Je. Ssewerin, W. P. Skulatschew, W. G. Ssiwkowa und Ss. P. Masslow. (Ber. Akad. Wiss. UdSSR **147**, 1489 bis 1492, 1962; Moskau, Lomonossow-Univ.; russ.) — Werden Tauben 1,5 Std. bei —17° gehalten u. danach der Zimmertemp. ausgesetzt, so tritt in den Muskelmitochondrien eine Entkoppelung von Oxydation u. Phosphorylierung ein. Die Oxydation der *Bernsteinsäure* (**I**) wird hierdurch nicht beeinflußt; die phosphorylierende Oxydation wird von der freien Oxydation abgelöst. Die Oxydation der *Äpfelsäure* (**II**) wird gehemmt. Durch Zusatz von *Diphosphopyridinnucleotid* wird die **II**-Oxydation normalisiert. Für das Verhältnis P/O gilt die Reihe: $(P/O)_{Kontr.} > (P/O)_{Hypoth.} \gg (P/O)_{erw.}$. Die starke Abnahme von P/O beim Erwärmen hängt nicht mit Schädigungen der enzymat. Mechanismen zusammen. Im Mäuse-Vers. wird bei langer Anpassung an die Kälte der O_2-Verbrauch durch *Amytal* (**III**) um 15% gehemmt gegenüber 45% in der Kontrolle. Im Tauben-Vers. beträgt die Hemmung des O_2-Verbrauchs durch **III** in vivo nach der Erwärmung 56%, in der Kontrolle 42%. In Verss. in vitro verursacht **III** eine Hemmung von 50 bzw. 47%. O. Lebtag 4210△

1105 **Einfluß von Phosphorylcholin auf endogene, oxydative Phoshorylierung von Rattenlebermitochondrien.** C. R. Rossi, L. Sartorelli und N. Siliprandi. (Biochim. biophysica Acta [Amsterdam] **56**, 156—57, 1962; Padova, Univ., Inst. of Biochem.; engl.) — Die Verss. zeigen, daß in Fettlebermitochondrien die Phosphorylierung u. O_2-Aufnahme beträchtlich red. u. das Verhältnis *P*:*O* signifikant herabgesetzt ist. In normalen u. Fettleber-Mitochondrien reduziert *Phosphorylcholin* die *P*-Veresterung u. in großem Umfang die O_2-Aufnahme, so daß das Verhältnis *P*:*O* signifikant ansteigt. H. Aman 4210◇

1106 **Der Brenztraubensäurestoffwechsel in Leber- und Hirnschnitten der Ratte.** Anne Beloff-Chain, Raffaella Catanzaro, E. B. Chain, Ines Masi und F. Pocchiari. (Rend. Ist. super. Sanità **23**, 936—45, 1960; Roma, Ist. Super. di Sanità, Labor. di Chim. Biol.; ital.) — In Leberschnitten von Ratten wurde $^{14}C_{(2)}$-*Natriumpyruvat* (**I**) in *Glykogen* (**II**), *Oligosaccharide* (**III**), CO_2, *Maltose* (**IV**), *Milchsäure* (**V**), *Glucose* (**VI**), *β-Hydroxybuttersäure*, *Alanin* (**VII**), *Glutaminsäure* (**VIII**) u. einige Zwischenstufen des Tricarbonsäurecyclus umgewandelt. Die in 60 Min. aus **I** u. aus **VI** gebildeten Mengen von **II**,

III u. IV waren etwa gleich u. entsprachen weniger als der Hälfte der aus *Fructose* gebildeten **II**, **III** u. **IV**. In Leberschnitten von Alloxan-diabet. Tieren war die Bldg. von **II** u. **III** um mehr als die Hälfte verringert. In Hirnschnitten wurde **I** in *Asparaginsäure*, **VIII**, *γ-Aminobuttersäure*, **VII**, **V** u. CO_2 umgewandelt.
K. Zingraf 4210◇

1107 **Hemmwirkung einiger organischer Basen auf die Invertase.** F. Toffoli und A. Volpi. (Farmaco [Pavia], Ediz. sci. **18,** 268—74, 1963; Roma, Univ., Ist die Chim. Farm. e Tossicol.; ital.) — *Invertase* wird durch *Strychnin, Scopolamin, Naphthyläthylendiamin, Chinin, Papaverin, Cocain, Codein, Dihydrocodein, Diacetylmorphin, Äthylmorphin, Morphin, Thebain, N.N'-Dibenzyläthylendiamin, Dihydrocodeinon, Homatropin, Novocain, Methadon, Atropin*, u. *Eukodal* stark, durch *Dolantin, Spartein, Nicotin, Pyridin, Stovain, Guanidin, NH_3* u. *Harnstoff* weniger u. durch *Methylamin, Äthylamin, Anästhesin, Diäthylamin, Diamylamin, Triäthylamin, N-Dimethylamin, N-Diäthylamin, Pyramidon, Salze* von *Tetramethylammonium, Cholin, Acetylcholin, Dimethyl-n-propylacetoxyäthylammonium, Trimethyl-γ-cyanpropylammonium*, durch *Glutaminsäure, Phenylalanin, Sulfanilsäure, Benzalsulfanilsäure, Ekgonin, Arecolin, Veronal* u. *Antipyrin* gar nicht gehemmt. K. Zingraf 4210◇

1108 **Untersuchungen über die Glucono-δ-lactonase von Pseudomonas fluorescens.** M. A. Jermyn. (Biochim. biophysica Acta [Amsterdam] **37,** 78—92, 1960; Berkeley, Calif., Univ. of California, Dep. of Bacteriol.; engl.) — Der Stoffwechsel von *D-Glucose* verläuft bei *Pseudomonas fluorescens* in erster Stufe unter Umwandlung der *D-Glucopyranose* in *D-Glucono-δ-lacton* (**II**), welches dann durch eine *Lactonase* (**I**), die sich in der lösl. Fraktion der zellfreien Bakterienextrakte findet, zu *D-Gluconsäure* (**III**) hydrolysiert wird. Die durch Fällungs- u. Adsorptions-Meth. gereinigte **I** ist abs. spezif. für **II**; zahlreiche andere Lactone werden nicht angegriffen; die scheinbare Fähigkeit der **I** zur Hydrolyse von *D-Glucono-γ-lacton* (**IV**) beruht auf der spontanen Umwandlung von γ- u. δ-Lactonen ineinander. — **I**-pH-Aktivitätskurven hängen stark von der Natur u. der erforderlichen verhältnismäßig hohen Konz. der Puffer ab. **I** wird durch *Phosphationen* stark gehemmt; die meisten Puffer hemmten etwas gegenüber Acetatpuffer (für das mehr saure pH-Gebiet) u. Collidin (für das mehr alkal. pH-Gebiet). K_m (bei pH 5,5 in 0,5 m Acetatpuffer) beträgt 1,8 · 10^{-3} Mol/Liter. — Der Mechanismus der Umwandlungen von **IV**, **II** u. **III** ineinander wurde im Gebiet von pH 4—8 untersucht.
A. Hesse 4210◇

1109 **Induzierbare Polysacchariddepolymerasen des Bacillus palustris.** Annamaria Torriani und A. M. Papenheimer, jun. (J. biol. Chemistry **237,** 3—13, 1962; New York, N. Y., New York Univ., School of Med., Dep. of Microbiol.; Cambridge, Mass., Harvard Univ., Biol. Labors.; engl.) — Vff. beschrieben die Bereitung u. Eigg. der *Depolymerasen* (Dpm.) von *Kapselpolysacchariden der* Pneukokokkentypen III u. VIII (S3 u. S8). Stamm N 3574 von *Bacillus palustris* bildet nur dann D S8, wenn die spezif. Substrate für Dpm. S8 (Pneumococcen-Polysaccharid Typ VIII, oxydierte Cellulose) als einzige Kohlenstoffquelle im Nährboden vorhanden sind, während Dpm. S3 schon bei Ggw. kleiner Mengen spezif. Substrate u. anderer Kohlenstoffquellen gebildet wird. Die beiden Enzyme stellen verschiedene Proteine mit unterschiedlichen Antigen.-Eigg. dar. Das Aktivitätsoptimum liegt für Dpm. S3 bei pH 5—7, für Dpm. S8 bei pH 7,5; bei 45° wird Dpm. S3 innerhalb 24 Std. nicht, Dpm. S8 dagegen nach 10 Min. zu 80% inaktiviert. Beide Enzyme lösen mehr Bindungen (vielleicht 1 → 4β zwischen Glucuronsäure u. Glucose) wahllos in der Kette als am Ende der Polysaccharidkette. Das Dpm. S8-Hydrolyseprod. ist ein Tetrasaccharid, vielleicht Glucose-1 → 4β-glucose-1 → 4α-galaktose-1 → 4α-glucuronsäure. Die Dpm. S3-Prodd. sind noch unidentifizierte Oligosaccharide mit der durchschnittlichen Kettenlänge von 4 Hexoseeinheiten. — Die Substratspezifitäten von Dpm. S3 u. Dpm. S8 wurden im Hinblick auf die Spezifitäten der entsprechenden Antikörper diskutiert.
K. Heumann 4210◇

1110 **Jahreszeitliche Unterschiede der Pektinesterase-aktivität und der Pektinbestandteile in Einzelteilen von Citrusfrüchten.** 1. Mitt. **Valencia-Orangen.** A. H. Rouse, C. D. Atkins und E. L. Moore. (J. Food Sci. **27,** 419—25, 1962; Florida, Univ., Citrus Exp. Station; Lake Alfred, Florida Citrus Commission; engl.) — Valencia-Orangen wurden 2 Jahre lang (Dezember 1959 bis Juni 1961) vom Dezember bis Juni jeden 1. des Monats von denselben Bäumen gepflückt, von Hand in 5 Fraktionen (Schale, Segmentmembran, Saftgefäßwand, Samen u. Saft) zerlegt, die *Pektinesterase-Aktivität* (PA) u. 3 Pektinfraktionen period. bestimmt u. in Kurven u. Tabellen zahlenmäßig angegeben. Normal war die PA in Schale, Membran u. Gefäßwand (wie auch das Verhältnis Brix-Grade: Säure) im Dezember am niedrigsten u. im Juni am höchsten, fiel in den Fraktionen in der Reihenfolge Gefäßwände → Membran → Schale → Samen → Saft. Wasserlösl. Pektin blieb in Schale u. Gefäßwand konst., nahm in der Membran erst leicht zu, blieb dann konst. u. war in den Samen während der Erntezeit in unregelmäßiger Höhe vorhanden. Der Geh. an ammonoxalatlösl. Pektin nahm während der Reifung zu, der Protopektin-Geh. in den Fraktionen gewöhnlich zuerst bis zu einem Maximum zu u. dann kontinuierlich ab, ausgenommen in den Gefäßwänden (Maximum im Dezember), wo er fortlaufend abnahm. Der Gesamtpektin-Geh. blieb in Saft u. Samen konst. u. nahm in den 3 anderen Fraktionen während der Reifung langsam ab. Die Membran zeigte während der ganzen Saison den höchsten Geh. an Protopektin u. Gesamtpektin. G. Vogel 4210◇

1111 **Die Veränderungen der leukocytären und thrombocytären Zusammensetzung des Blutes, der Zahl der Mastzellen und der eosinophilen Leukocyten im Bindegewebe und des Kupfergehaltes im Blutserum unter der Einwirkung von Hyaluronidase im Experiment mit weißen Ratten.** I. Lazovskis. (Nachr. Akad. Wiss. LettSSR **1962,** Nr. 11, 89—94; lett., Auszug: dt.) — Nach der subcutanen Zufuhr von *Hyaluronidase* (**I**) nimmt bei der weißen Ratte die Zahl der Leukocyten zu. Andere Veränderungen der Blutelemente sind statist. unsicher. Im Bindegewebe wird die Zahl der Mastzellen nach **I** fast verdoppelt. Die Zahl der eosinophilen Leukoxyten nimmt 8 Std. nach der **I**-Zufuhr zu. Der Cu-Geh. des Blutserums wird durch **I** nicht verändert. O. Lebtag 4210△

1112 **Einfluß der Hyaluronidase und ihrer Inhibitoren auf die Nierenfunktion.** A. G. Ginetzinski und W. F. Wassiljewa. (Ssetschenow-J. Physiol. UdSSR **49,** 519—24, 1963; Leningrad, Ssetschenow-Inst. für Evolut.-Physiol. der Akad. der Wiss. der UdSSR; russ., Auszug: engl.) — Im Hunde-Vers. wird durch i. v. Zufuhr von *Ascorbinsäure* (**I**), *Heparin* (**II**), *Mephenhydramin* (**III**), *Phenergan* (**IV**) oder *Meflophenhydramin* (**V**) die Harnausscheidung auf das 3—5fache erhöht. **I**, **II**, **III**, **IV** u. **V** wirken als Antagonisten zu *Vasopressin* (**VI**). Die Erhöhung der Diurese durch **I**, **II**, **III**, **IV** oder **V** beruht auf der Verminderung der fakultativen Rückresorption des Wassers. Der Konz.-Index von Inulin wird hierbei vermindert. Durch Zufuhr von *Hyaluronidase* (**VII**) wird die Diurese nach 60 Min. auf $^1/_2$ des Ausgangswertes gesenkt. Der Konz.-Index des Inulins wird verdoppelt. Die durch **VII** verursachte Oligurie hängt nicht mit der verminderten Filtration, sondern mit der erhöhten fakultativen Rückresorption des W. zusammen. Hiermit wird der **VII**-Mechanismus der **VI**-Wrkg. bestätigt. Die antidiuret. Wrkg. von **VII** tritt erst nach dem Erscheinen von **VII** im Harn auf. O. Lebtag 4210△

1113 **Anwendungen der Autoradiographie in der Cytochemie unter Verwendung direkt markierender Methoden.** E. A. Barnard und K. Ostrowski. (Biochem. J. **85,** 27P—28P, 1962; London, King's Coll., Zool. Dep.; engl.) — Mit *H-Phosphorsäurediisopropylesterfluorid* (**I**) (10^{-5} mol, pH 7,4, 22°, 30 Min.) konnte autoradiograph. *Acetylcholinesterase* (**II**) scharf in den Endzellen von Mäusezwerchfell lokalisiert werden. Verss. unter vorheriger Verw. von nicht markiertem **I** ergaben keine autoradiograph. Best.-Möglichkeiten. Die spezif. Eignung für Cholinesterase u. das Fehlen einer nicht spezif. Bindung wurden geprüft u. störende Diisopropylphosphoryl-

Gruppen in den Endzellen entfernt. Quant. Best. von **II** sind durchführbar. Nach ähnlichen Meth. konnte in der Leber der Maus viel **I**-empfindliche u. wenig **I**-resistente Esterase nachgewiesen werden.
U. Drehmann 4210◇

1114 **Die Verteilung von Acetylcholinesterase und Butyrylcholinesterase im menschlichen Hirn.** Francis F. Foldes, Elmer K. Zsigmond, Veronika M. Foldes und Ervin G. Erdös. (J. Neurochem. [London] **9**, 559—72, Nov./Dez. 1962; Pittsburgh, Pa., Mercy Hosp., Dep. of Anesth.; engl.) — Nach Warburg u. Koelle wurden im menschlichen Gehirn folgende Verteilungen gefunden: In der grauen Substanz ist die Aktivität der *Acetylcholinesterase* (**I**; *echte Cholinesterase*) höher als die der *Butyrylcholinesterase* (**II**; *Pseudocholinesterase*); die **I**-Aktivität läuft zur Gesamt-Cholinesterase-Aktivität parallel; **I**-Aktivität steigt von Hirnrinde über Kleinhirnrinde, Thalamus, Globus pallidus zu Nucleus caudatus; in der Hirnrinde keine starken **I**-Aktivitätsunterschiede; **I**-Aktivität der weißen Substanz der inneren Kapsel ist höher als die der grauen Hirnrinde; die **II**-Aktivität der weißen Substanz ist höher als die der grauen Substanz; **I**-Aktivität ist histochem. vorwiegend im Protoplasma der Neuronen in granulärem Muster nachweisbar, die Kerne sind frei. Durch 10 μm *1.5-Bis-[4-allyldimethylammoniumphenyl]-pentanon-(3)-dibromid* (*B. W.-284 C 51*) wird die **I**-Aktivität in Hirn u. Erythrocyten gleichermaßen gehemmt. Die durch 0,05 μm [*2-(N.N-Dimethylcarbamoyloxy)-5-phenylbenzyl*]*-trimethylammoniumbromid* (*RO 2-0683*) auf die **II**-Aktivität ausgeübte Hemmwrkg. ist in Hirnhomogenaten geringer als im Plasma.
U. Tausendfreund 4210

1115 **Bemerkungen über β-N-Acetylglucosaminidase.** Masato Asahina und Terue Takahashi. (Seikagaku [Biochemie, Tokyo] **35**, 15—19, 1963; Tokyo, Nat. Inst. Hyg. Sci., Div. Enzymol.; jap.)
J. Lehmberg 4210◇

1116 **Transaminase-Aktivität im Zentralnervensystem des sich entwickelnden Kükenembryos.** Lo-chang Ou. (Sci. Sinica **8**, 1004—13, 1959; Peking, Univ., Dep. Biology; engl.) — Vff. inkubierten Leghorneier bei 38° im Thermostat. In verschiedenen Zeitabständen wurde das Zentralnervensystem (ZNS) der Embryonen herauspräpariert u. in den Homogenaten seiner verschiedenen Teile die Aktivität der *Glutaminsäure-Oxalessigsäure-Transaminase* durch die Menge des gebildeten Pyruvats bestimmt. Vom 17. Tage an nimmt die Enzymaktivität in der Reihenfolge Medulla oblongata > Rückenmark u. Cerebellum > Zwischen- u. Mittelhirn > Cerebrum zu. Die Enzymaktivität steigt nach dem Ausschlüpfen während der weiteren Entw. des Kükens bis zum adulten Tier weiter an, jedoch nicht mehr in dem Maße wie bei der Embryonalentwicklung. Bei 7—8 Tage alten Küken weist das Cerebrum, bei ausgewachsenen Tieren das Rückenmark die geringste Aktivität auf. Die Ergebnisse werden in Verbindung mit weiteren, sich ähnlich verhaltenden Enzymsyst., mit Veränderungen der funktionellen Aktivität des ZNS u. mit seiner Differenzierung diskutiert.
J. Jage 4210◇

1117 **Enzymlokalisation in durch Papierelektrophorese separierten Proteinen der menschlichen Samenflüssigkeit.** H. Povoa jun. (Experientia [Basel] **18**, 552, 1962; Rio de Janeiro; engl.) — In allen papierelektrophoret. Protein-Fraktionen der menschlichen Samenfl. findet sich *Amylase*; *Glutaminsäure-Oxalessigsäure-Transaminase* kann dagegen nur in der α_2-Globulin-Fraktion, *Glutaminsäure-Brenztraubensäure-Transaminase* nur in der Albumin-Fraktion nachgewiesen werden.
U. Tausendfreund 4210◇

1118 **Eine aromatische Aminosäuretransaminase aus Phaseolus aureus.** O. L. Gamborg und L. R. Wetter. (Canad. J. Biochem. Physiol. **41**, 1733—40, 1963; Saskatoon, Saskatchewan, Nat. Res. Council, Prairie Reg. Lab.; engl.) — Ein aus jungen Pflanzen von *Phaseolus aureus* Roxb. isoliertes u. gereinigtes *Enzym* katalysierte die Transaminierung von Phenylalanin bei Ggw. von *α-Ketoglutarat* (**I**), wobei äquimol. Mengen von *Phenylpyruvat* u. *Glutamat* auftraten. Die Messung der relativen Anteile beim Einsaat von *Tyrosin* u. *Tryptophan* zeigten, daß nur ein Enzym im Spiel ist. Bei Ggw. von **I** werden durch das Enzym *Pyruvat* u. bis zu einem gewissen Grade auch *Glyoxalat*, *Oxalacetat* als Aminoacceptoren ausgenützt. In Lsg. ist das Enzym bei 0—4° einige Wochen stabil, u. in Aceton bei 0—4° aufbewahrte junge, pulverisierte Pflanzen behielten mehrere Monate die Enzymaktivität. Durch Ammonsulfatfällung wird das Enzym inhibiert u. seine Aktivität verliert sich auch durch Ausfrierenlassen.
L. Macher 4210◇

1119 **Die Aktivität von Serumtransaminasen nach Carnitingabe.** Erich Strack, Yom-Zä Han, Harald Aurich und Wolfgang Rotzsch. (Hoppe-Seyler's Z. physiol. Chem. **331**, 33—40, 1963; Leipzig, Univ., Physiol.-Chem. Inst.; dt.) — Kleine *Carnitin*(**I**)-Gaben (intraperitoneal) erhöhen bei Ratten die Fermentaktivität der *Alanin-* u. *Aspartat-Transaminase* im Serum große erniedrigen sie. Nach 5—7tägiger Verabreichung ist die Wrkg. statist. signifikant. Die Wrkg. ist dosisabhängig. Wahrscheinlich wirkt **I** auf den Eiweißstoffwechsel.
P. Teichgräber 4210◇

1120 **Die Biosynthese von N-Acetylneuraminsäure.** Leonard Warren und Herbert Felsenfeld. (Biochem. biophys. Res. Commun. **4**, 232—35, 10/3. 1961; Bethesda, Md., Nat. Inst. of Health; engl.) — Es werden die Darst. u. die Eigg. eines neuen Enzymsyst. aus Rattenleber beschrieben, welches die Synth. von *N-Acetylneuraminsäure* (**I**) aus N-Acetylmannosamin u. Phosphoenolbrenztraubensäure in Ggw. von Adenosintriphosphat (ATP) katalysiert. Für die Synth. von **I** sind N-Acetylmannosamin, Phosphoenolpyruvat, ATP, Mg^{2+} u. zwei Fraktionen aus Leber-Präpp. erforderlich; K^+ wirkt stimulierend. Keine der beiden Fraktionen ist dabei allein wirksam. Das neue Enzym-Syst. unterscheidet sich von N-Acetylneuraminsäurealdolase, die die Synth. von **I** aus N-Acetylmannosamin u. Brenztraubensäure katalysiert.
A. Gabert 4210◇

1121 **Die Umwandlung von N-Acetyl-l-asparaginsäure und Dicarbonsäuren in Schnitten der Hirnrinde.** G. W. Aprikjan. (Ber. Akad. Wiss. ArmenSSR **35**, 213—15, 1962; Biochem. Inst. der Akad. der Wiss. der ArmenSSR; russ., Auszug: armen.) — Bei der Inkubation der Hirnrindenschnitte der Ratte nimmt bei Zusatz von *Glucose* (**I**) im Medium der Geh. an *N-Acetyl-l-asparaginsäure* (**II**) von 1.94 (γ/g Frischgewebe) auf 3,67 zu, der Geh. an *Asparaginsäure* (**III**) von 2,87 auf 0,51, der Geh. an *Glutaminsäure* (**IV**) von 7,83 auf 1,09 ab. Ohne Zusatz von **I** nimmt **II** nach der Inkubation von 4,42 auf 1,46 ab; **III** nimmt hierbei von 2,95 auf 9,07 zu, **IV** von 8,2 auf 4,81 ab. Ohne Zusatz von **I** wird bei der Inkubation der Gesamt-Geh. von **IV** im Medium u. im Schnitt von 17,23 auf 6,29 vermindert. In Ggw. von **I** nimmt **II** von 5,94 auf 6,71 zu, **III** von 5,64 auf 3,87 ab, **IV** von 18,47 auf 19,43 zu. Die Synth. von **II** u. **IV** erfolgt aus **I** u. **III**. Die Ergebnisse beweisen, daß in Ggw. von **I** eine Oxydation des C-Gerüstes von **III** möglich ist.
O. Lebtag 4210△

1122 **Faktoren mit Einfluß auf die in-vitro-Aktivität von Tryptophan- und Phenylalanin-hydroxylierenden Systemen.** R. A. Freedland. (Biochim. biophysica Acta [Amsterdam] **73**, 71—75, 1963; Davis, Calif., Univ., School of Vet. Med., Dep. of Physiol. Science.; engl.) — Obwohl *Phenylalanin-4-hydroxylase* u. *Tryptophan-5-hydroxylase* (**I**) als ident. Enzyme anzusprechen sind, üben dennoch verschiedene Faktoren unterschiedliche Wrkg. auf die in-vitro-Aktivitäten dieser beiden Hydroxylasen (**II**) aus. Eine Induktion oder Unterdrückung der einen **II** in vivo erzeugt eine gleiche Veränderung bei der anderen. Eine in-vitro-Addition von *Ascorbinsäure* u./oder *Fe^{2+}* steigerte, Äthylendiamintetraessigsäure verminderte die Aktivität von **I**, doch keine dieser Additionen war wirkungslos auf die Hydroxylierung des Phenylalanins. Cu-Jonen inhibierten beide Rkk., wobei die Tryptophan-Rk. stärker gehemmt wurde. Triphosphopyridinnucleotid konnte bei beiden Rkk. Diphosphopyridinnucleotid ersetzen. **I** hat physiolog. Bedeutung.
L. Macher 4210◇

1123 **Aerobe Zersetzung von Cystein durch Bakterien.** 3. Mitt. **Darstellung und Reinigung von zellfreiem Enzym von Bacillus subtilis.** Akio Imamiya und Naomoto Takasugi. (Seikagaku Biochemie, Tokyo **32,** 864—70, 1960; Sapporo, Hokkaido Univ., Fac. of Sci., Dep. of Biol. Chem.; jap.) H. Guischard 4210◇

1124 **Der Abbau von Cystathionin durch Escherichia coli.** S. Wijesundera und D. D. Woods. (J. gen. Microbiol. **29,** 353—66, Okt. 1962; Univ. of Oxford, Dep. of Biochem., Microbiol. Univ.; engl.) — Durch zellfreie Extrakte von einem auxotrophen *Escherichia-coli*-Stamm, der Pyridoxin, Glycin oder Serin zum Wachstum braucht, wird *Cystathionin* schnell zu *Homocystein, Pyruvat* u. NH_3 abgebaut. Der Umsatz erfolgt in einem Schritt. Die Rk. wird durch Cyanid u. Cu^{2+} vollständig, durch Isonicotinsäurehydrazid u. SH-Verbb. teilweise gehemmt. Aus 1 Mol. Cystathionin wird 1 Mol. Homocystein, 1 Mol. Pyruvat u. 1 Mol. NH_3 gebildet. P. Gregorzewski 4210◇

1125 **Durch Rattenleberhomogenisate katalysierte Thiosulfaterzeugung aus Thiotaurin und Thiolen.** C. de Marco, D. Bognolo und M. Coletta. (Ital. J. Biochem. **11,** 221—25, 1962; Roma, Univ., Ist. di Chimica Biologica u. C.N.R., Centro di Studio per l'Enzimologia; engl.) — Bei Inkubation von Rattenleberhomogenisaten mit *Thiotaurin* (Phosphatpuffer, pH 7,4) wurde in geringem Maße *Thiosulfat* (**I**) gebildet. Die **I**-Bldg. wurde durch Zugabe von *2-Mercaptoäthanol, Cysteamin* oder *Cystein* erhöht. Die möglichen Mechanismen werden diskutiert. W. Damerau 4210◇

1126 **Untersuchungen über das Vorkommen proteolytischer Enzyme in verschiedenen Fisch- und Molluskenorganen.** Rolf Kleine. (Z. vergleich. Physiol. **46,** 619—34, 1963; Varna, Inst. für Fischzucht der Bulg. Akad. der Wiss. und Halle, Univ., Physiol. Chem. Inst.; dt.) — Organhomogenate (Leber, Niere, Appendices pyloricae, Pankreas, Blasengalle) von Fischen (*Engraulis enchrasicolus, Mullus barbatus, Belone akus, Mugil auratus*) hydrolysieren sowohl *L-Leucinamid* (**I**), als auch *Aminosäuren-* u. *Peptidester* optimal in schwach alkal. Milieu; nur Nierenhomogenate spalten *Acetyl-L-tyrosinäthylester* (**II**) maximal in saurem pH-Bereich. Organhomogenate von Mollusken (*Mytilus galloprovincialis*) der Nieren, Mitteldarmdrüse, Kristallstiel, Gonaden spalten nicht nur **I** u. **II**, sondern auch *Glycyl-L-tyrosinäthylester* bes. stark durch die Niere in primärer, esterolyt. Weise. Bei der Molluske *Rapana benzoar* konnten außer *Exopeptidase-* u. *Aminosäureesterase*-Wrkg. keine meßbaren *Endopeptidase*-Aktivitäten festgestellt werden. Im Gegensatz zu Säugetierorganen werden die *Leucinaminopeptidase-* u. Aminosäureesterase-Aktivitäten der Molluskenorgane durch Effektoren (Metallionen u. SH-Enzym-, sowie Esterase-Hemmer) nur schwach beeinflußt. L. Macher 4210◇

1127 **Proteolytische Enzyme und Einbau von $^{14}C_{(CH_3)}$-L-Methionin bei der Regeneration des Schwanzes der Larve von Bufo vulgaris.** Filippo Cecere und Alberto Venuti. (Rend. Ist. sci. Univ. Camerino **4,** 112—15, 1963; Roma, Univ., Cattol. del S. Cuore, Fac. di Med., Ist di Biol. e Zool. generale; Camerino, Univ., Ist di Zool. e Anat. Comp.; ital.) — Während der Regeneration des Schwanzes der Larve von *Bufo vulgaris* ist zunächst die Aktivität der *Caseinproteinase* u. später auch die der *Alanylglycindipeptidase* (**I**) erhöht; der maximale Einbau von *$^{14}C_{(CH_3)}$-L-Methionin* in das Regenerationsblastem fällt mit der Zunahme der Aktivität von **I** zusammen. K. Zingraf 4210◇

1128 **Proteolytische Fermente des Verdauungssaftes und Mitteldarmes der Seidenraupe Bombyx mori.** Yasuhiro Horie, Motozô Tanaka und Toshio Ito. (J. sericult. Sci. Japan **32,** 8—15, 1963; Tokyo, Suginami-ku, Sericult. Exp. Stat.; jap., Auszug: engl.) — Unterss. über die *Proteinase*-Rkk. im Verdauungssaft u. Mitteldarm von *Bombyx mori* (pH-Optima sowie Aktivität gegenüber *Casein* u. *Glycylglycin*) zeigen, daß eine funktionelle Aufteilung zwischen dem Verdauungssaft u. dem Mitteldarmgewebe bzgl. der Hydrolyse von Proteinen besteht. Dabei werden hochmol. Proteine im Verdauungssaft bei einem um 10 liegenden pH-Wert in Peptide gespalten, welche unter dem Einfl. der starken Peptidasen des Mitteldarms zu Aminosäuren aufgespalten werden. U. Tausendfreund 4210

1129 **Die Proteinasen des Blutes.** 2. Mitt. **Zur Herkunft der proteolytischen Proenzyme.** Wilhelm Greuer, Elisabeth Heßs und Ingeborg Wesemann. (Arzneimittel-Forsch. **12,** 497—98, 1962; Göttingen, Penicillin-Gesellschaft Dauelsberg & Co.; dt.) — 1. Vgl. C. **1963,** 9749. — Die s. c. Injektion von 6 mg *Acetylmethylcholinchlorid* (*Mecholyl*), das die Funktion des Pankreas stimuliert, an Kaninchen bewirkte nach einer Std. eine Steigerung der *Plasmolinogen*-(**I**)-Werte im Blut. Damit kann das Pankreas als eine der Bildungsstätten von **I** betrachtet werden. G. Kimmerle 4210△

1130 **Untersuchungen über die Proteinasen der menschlichen Epidermis.** Anna Ranincová. (Českoslov. Dermatol. **36,** 45—50, 1961; Brno, lék. fak. J. Ev. Purkyně, dermatovener. klin.; slowak., Auszug: engl.) — Zur Unters. der proteolyt. Fermente der Epidermis werden nach der Vakuumtechnik unter Bldg. einer nur von Epidermis bedeckten Blase Proben von frischen Leichen genommen. Die Best. der Proteinasen erfolgt spektrophotometr., mittels Phenolreagens, unter Ermittlung der Menge des Nichteiweiß-N. Bei Verw. von 2,5%ig. KCNS-Lsg. sind die gefundenen Tryptophanwerte höher als die bei patholog. Acanthoseprozessen erhaltenen Mengen Tyrosin, was auf die hohe Ionenstärke des Lsgm. zurückgeführt wird. R. K. Müller 4210◇

1131 **Untersuchungen über die Enzym-Depilation von Fellen und Häuten.** 9. Mitt. **Wirkung von Proteasebehandlung auf die Proteinbestandteile der Haut und die Quelleigenschaften von Kollagen.** Harukazu Toyoda, Akira Futami und Masayoshi Kikkawa. (Rep. Government chem. ind. Res. Inst., Tokyo **57,** 351—60, 1962; jap., Auszug: engl.) — 8. vgl. C. **1963,** 14895. — Durch Behandlung von Stierhaut mit *Bacillus megatherium-3E-Protease* (**I**) kommt es zu einer starken Verminderung der in 10% NaCl lösl. *Protein*-Fraktion u. zu einer leichten Verminderung der *Keratin-Elastin*-Fraktion. Die Quelleigg. von *Kollagen* werden durch **I** nicht so stark verändert wie durch Trypsin (Erhöhung der Quelleig. bei pH 11,6 bis 11,8, Verminderung bei pH 2,2); die bei pH 11,6 bis 11,8 auftretende maximale Quellung kann durch langdauernde **I**-Einw. jedoch erhöht werden. U. Tausendfreund 4210◇

1132 **Untersuchungen über die Enzym-Depilation von Fellen und Häuten.** 10. Mitt. **Wirkung von Proteasebehandlung auf die Chrom- und Formaldehydfixierungsfähigkeiten von Kollagen.** Harukazu Toyoda, Akira Futami und Masayoshi Kikkawa. (Rep. Government chem. ind. Res. Inst., Tokyo **57,** 361—69, 1962; jap., Auszug: engl.) — 9. vgl. vorst. Referat. — Durch Behandlung mit *Bacillus megatherium-3E-Protease* (**I**) wird die Fixierung von *Cr* aus bas. Cr-Sulfat-Lsg. an *Kollagen* der Haut kaum beeinflußt, ebenso wird die Cr-Fixierung an Kollagen aus Kaliumdioxalatochromat(III)-Lsg. bei pH 3 durch **I** nicht verändert, bei pH 5 durch **I** vermindert. Die *Formaldehyd*-Fixierung an Kollagen wird durch **I** bei allen pH-Werten vermindert. U. Tausendfreund 4210◇

1133 **Die kollagenolytische Aktivität des Pankreas.** J. C. Houck und Y. M. Patel. (Ann. New York Acad. Sci. **93,** 333—49, 1962; Washington, D. C., Res. Found., Children's Hosp., Georgetown Univ., Med. Center, Dep. of Biochem.; engl.) — Bei der Unters. der Wrkg. von Pankreasenzymen auf gereinigtes, *neutrallösl. Kollagen* aus Essigsäureextrakten von Kälberhaut u. auf Suspensionen von *säurelösl.* Achillessehnen-*Kollagen*-Fasern wird gezeigt, daß *Bridase* (Viobin Corp., getrocknetes, entfettetes *Schweine-Pankreaspulver*) ein Ferment enthält, welches bei pH 8,6 maximal lösl. ist u. Kollagen spezif. in direkter Weise angreift. Dieses Enzym hydrolysiert 3% der Peptidbindungen von gereinigtem Tropokollagen unter Freigebung dialysierbaren, hydroxyprolinreichen Materials. Der nichtdialysierbare Teil besitzt eine Intrinsicviscosität von 600 ml/g, eine opt. Drehung von —250° gegen 1450 ml/g u. von —360° für das intakte Substrat. Die Aktivität ist unabhängig von

Sojabohnen-*Trypsininhibitor*-Überschuß. Das Enzym besitzt keine Wrkg. auf Hämoglobin, Serum, Eialbumin oder Casein. Die kollagenolyt. Aktivität des Enzyms ist durch *Trypsin* u./oder *Chymotrypsin* nicht reproduzierbar. Die Aktivität des Enzyms unterscheidet sich von derjenigen der *bakteriellen Kollagenase.*

U. Tausendfreund 4210◇

1134 129. Mitt. **Der enzymatische Abbau der Hämoproteine zu Gallenpigmenten.** 9. Mitt. **Der Aktivator der Hämo-α-methenyloxygenase.** 1. Mitt. Tsutomu Takemura. (Proc. Japan Acad. **38**, 392—96, 1962; Fukuoka, Kyushi Univ., Fac. of Med., First Dep. of Internal Med.; engl.) — In 0,25m Saccharose-Lsg. homogenisierte Meerschweinchenleber wurde nach 20 Min. langem Stehen (Inkubation) 60 Min. nach der Meth. von Schneider zentrifugiert (100500 · *g*), eine Kernfraktion, grob- u. feinkörnige Fraktionen u. die Fl. getrennt aufgefangen. Ca. 75% der Enzymaktivität des Homogenisats wurden in der fl. Fraktion gefunden. Durch Zusatz anderer Fraktionen zur Fl. wurde deren Aktivität höchstens um 10%, durch 2std. Stehen bei 2° vor dem Zentrifugieren, unabhängig von der Art des Mediums, um 60% im Vgl. zu einem Vers. ohne Inkubation erhöht. Durch vorheriges 15 Min. langes Zentrifugieren des Homogenisats (900 · *g*) zur Entfernung der Kernfraktion wurde die Aktivität nicht erhöht. Durch Vorinkubation der Fl. mit Kern- u. Mitochondrienfraktionen, die vor der Inkubation voneinander getrennt wurden, wurde die Aktivität um 46 bzw. 16% erhöht. Fl., Kern- oder Mitochondrienfraktionen allein erfuhren durch die Vorinkubation keine Aktivierung, die also nur in Ggw. der Kernfraktion erfolgte. Der von der Kernfraktion abgegebene Aktivator scheint eine niedrigmol. Verb. zu sein, deren Isolierung u. Identifizierung bevorsteht. — Tabellen der spezif. Aktivität. G. Vogel 4210◇

1135 **Die reversible thermische Denaturierung von Chymotrypsinogen.** 1. Mitt. **Experimentelle Charakterisierung.** John Brandts und Rufus Lumry. (J. physic. Chem. **67**, 1484—94, 1963; Minneapolis, Minn., Univ. of Minnesota, Dep. of Chem., Labor. for Biophysical Chem.; engl.) — Die therm. Denaturierung von *Chymotrypsinogen* (**I**) wurde in Lsg. bei pH 2—3 mittels Rotationsdispersion, Viskosimetrie, Refraktometrie u. UV-Spektroskopie untersucht. Erste ergab nur einen kleinen oder keinen Helixgeh., der bei Denaturierung in W. unverändert bleibt. Die Änderung aller Parameter ist trotz der sehr großen thermodynam. Änderungen klein. Die Differenzspektren werden durch den Kontakt einiger Indolgruppen mit W. bei der Denaturierung gedeutet. 2 Möglichkeiten des Rk.-Ablaufs werden diskutiert: 1. denaturiertes **I** bildet eine poröse Kugel kleiner Dimensionen. Lösungsm. dringt in fast alle Regionen des Polypeptids ein. Der Denaturierungsbereich umfaßt den größten Teil von **I**. Innerhalb dieses Bereichs besteht weitgehend Rotationsfreiheit um Einzelbindungen. 2. Bei der Denaturierung schmilzt nur ein einziger aus Seitenkette bestehender, mäßig stabiler Oberflächenbereich, wobei die Konformation des Gerüsts unverändert bleibt. Lösungsm. dringt beschränkt in den geschmolzenen Bereich. In beiden Fällen spielen hydrophobe Bindungen u. deren Beeinflussung durch Faktoren der Wasserstruktur eine wesentliche Rolle. Der unveränderte Rotationsparameter a_0 wird anscheinend durch eine Kompensation bewirkt. Die Unters. von org. Zusätzen, wie *Dioxan*, *A.*, u. *Harnstoff*(**II**) ergab 2 Denaturierungsphänomene: bei niedriger Additionskonz. ist natives **I** in der Weise instabil, daß erhöhte Temp. u. erhöhte Additivkonz. gleichsinnig wirken; bei hohen Konzz. org. Additive (nicht an **II**) hebt steigende Temp. den Additiveffekt auf. Bei großen Additionskonzz. erleiden die gemessenen Parameter auffallende Änderungen. Auf Grund der Unters. der Rotationsdispersion nimmt die Faltung zu, obgleich die Größe des Rechts- oder Linkshelixsgeh. nur wenig ansteigt. K. Maier 4210◇

1136 **Mechanismus der Regulation der Fettsäure-Synthese durch den Tricarbonsäure-Cyclus.** Donald B. Martin und P. Roy Vagelos. (J. biol. Chemistry **237**, 1787—92, Juni 1962; Bethesda, Md.; Nat. Heart Inst., Labor. of Cellular Physiol., Enzyme Section. — Vgl. C. **1963**, 6643. — Folgende Verbb. stimulieren 10^{-2} m die Fettsäure-Synth. in Präpp. aus adipösem Rattengewebe: *Citrat* (**I**; weitaus am stärksten stimulierend), *Fumarat*, *cis-Aconitat*, *α-Ketoglutarat*, *Malat*, *Succinat*, *Oxalacetat*. Die Stelle der Stimulation liegt bei der *Acetylcoenzym-A-Carboxylase* (**II**)-Rk., die der geschwindigkeitsbegrenzende Schritt der Fettsäure-Synth. aus Acetylcoenzym A ist. Die Eigg. der **II** wurden untersucht: Fixierung von CO_2 aus $H^{14}CO_3^-$ ist an Ggw. von *Acetylcoenzym-A*, *ATP* u. Mn^{2+} gebunden (unabhängig, ob **I** zugegeben). *Avidin* hemmt **II**, *Biotin* hebt diese Hemmung teilweise auf. Bldg. von *^{14}C-Malonylcoenzym-A* in Ggw. von **I** wurde für die **II**-Rk. analyt. nachgewiesen. Die *Palmitat-Synthetase*-Rk. wird durch **I** nicht stimuliert. Neben den vorst. aufgezählten Verbb. stimuliert auch *Isocitrat* die **II**-Rk. schwach, *Pyruvat*, *Lactat* u. *trans-Aconitat* sind ohne Wirkung. *Jodacetamid* u. *p-Chlormercuriphenylsulfonat* (**III**) hemmen $3 \cdot 10^{-3}$ m die **II**-Rk. teilweise; die **III** Hemmung wird durch überschüssiges *2-Mercaptoäthanol* z. T. wieder aufgehoben. Durch Vorinkubation von **II** mit **I** erfolgt eine Aktivierung, die nicht durch Bldg. eines freien aktivierenden Zwischenprod. aus **I** erklärt werden kann. Vff. nehmen daher an, daß die **II** selbst bei der Inkubation aktiviert wird. Andererseits wird *Propionylcoenzym-A-Carboxylase* durch **I** nicht aktiviert.

S. Dittmann-Mitzscherlich 4210◇

1137 **Untersuchung über einige Lipasen beim Zuchtkarpfen.** N. Şanta und A. Bottesch. (Studii Cercetări Biol. [Bucureşti], Ser. Biol. animală **13**, 143—53, 1961; Bucureşti, Univ. C. I. Parhon, Labor. de fiziol. animal şi a omului; rum., Auszug: franz.) — Die *Lipase* aus Darm, Leber u. Serum hat beim Zuchtkarpfen ein pH-Optimum bei 7—8, die aus den Muskeln bei 5,5. Das Maximum der Lipolyse liegt in vitro bei 35—40°, in vivo bei 10—25°. Nach der Fütterung wird die höchste Lipaseaktivität (LA) in 15—20 Std. erreicht. Jahreszeitliche Veränderungen sind bei der LA in Darm, Leber u. Pankreas stark zu beobachten, nicht aber beim Serum, das die höchste LA aufweist. R. K. Müller 4210◇

1138 **Hydrolyse synthetischer Phosphatide durch Clostridium welchii-Phosphatidase.** L. L. M. van Deenen, G. H. de Haas, C. H. Th. Heemskerk und J. Meduski. (Biochem. biophysic. Res. Commun. **4**, 183—88, 10/3. 1961; Utrecht, Univ., Lab. of Org. Chem.; engl.) — Vff. untersuchen die hydrolyt. Wrkg. der *Clostridium welchii-Phosphatidase* auf synthet. Lecithine mit unterschiedlichen Fettsäuren. In einem rein wss. Syst. werden reine Lecithine durch die Enzym angegriffen; sowohl gesätt. als auch ungesätt. Verbb. werden hydrolysiert. Bei den gesätt. Lecithinen nimmt vom C_{10}-Homologen, das leicht hydrolysiert wird, mit zunehmender Kettenlänge die Hydrolyse-Geschw. signifikant ab. Dagegen waren die leicht Wasser-lösl. C_4- u. C_2-Verbb. gegen die Enzym-Wrkg. beständig. Für die Beobachtungen werden zwei Interpretationen gegeben: es werden geringe Mengen der recht wasserlösl. Diglyceride gebildet u. die Enzym-Rk. wird stark gehemmt; es ist eine minimale Kettenlänge für die Enzym-Lecithin Wechsel-Wrkg. erforderlich.

A. Gabert 4210◇

1139 **Die Bildung von Lysophosphatiden aus Diacylphosphatiden durch Hirnpräparate.** Jennifer Gallai-Hatchard, W. L. Magee, R. H. S. Thompson und G. R. Webster. (J. Neurochem. [London] **9**, 545—54, Nov./Dez. 1962; London, Guy's Hosp., Med. School, Dep. of Chem. Pathol.; engl.) — *Lecithin*(**I**)-Desoxycholat-Emulsionen, die bei 38° pH 7,3 stabil sind, verlieren bei Inkubation mit Homogenaten grauer Hirnsubstanz von nicht an Zentralnervensyst.-Erkrankungen Verstorbenen progressiv einen Teil ihres Diacyl-Substrates unter gleichzeitiger Akkumulierung von *Lysolecithin*(**II**). Die Rk.-Geschw. geht nach 4—6 St., wenn 30—40% des **I** verschwunden sind, zurück. Die nach Ablauf der Inkubationszeit nachweisbare **II**-Menge ist geringer als die aus dem Verlust an **I** erwartete. Durch Hirnhomogenate werden ebenfalls *Phosphatidyläthanolamin* u. *Phosphatidylserin* unter Akkumulierung ihrer entsprechenden Lyso-Derivv. hydrolysiert.

U. Tausendfreund 4210◇

1140 **Die Stimulierung des Oxydationsweges von Phosphogluconat durch Pyruvat unter anaeroben Bedingungen im Zwerchfellmuskel und im braunen Fettgewebe der Ratte.** Anne Beloff-Chain, Raffaella Catanzaro, E. B. Chain, L. Longinotti, Ines Masi und F. Pocchiari. (Biochim. biophysica Acta [Amsterdam] **56,** 153–55, 1/1. 1962; Roma, Ist. Sup. di Sanità, Centro Internaz. di Chim. Microbiol., Labor. di Chim. Biol.; engl.) — Es wurde gezeigt, daß *Pyruvat* (**I**) im isolierten Rattenzwerchfell die Bldg. von $^{14}CO_2$ aus $^{14}C_{(1)}$*-Glucose* stark stimuliert. In ähnlichen Verss. mit $^{14}C_{(6)}$*-Glucose* wurden nur Spuren von $^{14}CO_2$ in An- oder Abwesenheit von **I** gebildet. Eine gleiche Wrkg. von **I** auf den Oxydationsweg von *Phosphogluconat* unter anaeroben Bedingungen war in Schnitten von braunem Fettgewebe zu sehen. H. Aman 4210◇

1141 **Oxydation von Glucose in Homogenaten von braunem Fettgewebe der Ratte.** Anne Beloff-Chain, Raffaella Catanzaro, E. B. Chain und F. Pocchiari. (Rend. Ist. super. Sanità **23,** 946–52, 1960; Roma, Ist. Super. di Sanità, Labor. di Chim. Biol.; ital.) — Ohne Zusatz von *Nicotinamidadenindinucleotid* (**I**) war der O_2-Verbrauch von braunem Fettgewebe der Ratte gering; in Ggw. von **I** war er höher, u. es wurden endogene Substrate verbraucht, dagegen war die Oxydation von *Glucose* (**II**) unter diesen Bedingungen sehr spärlich. In Ggw. von **I** + *Adenosintriphosphat* (**III**) wurde 50% des vom Homogenat aufgenommenen O_2 zur Oxydation von **II** verwendet. **II** + **III** konnten durch *Glucose-6-phosphat* ersetzt werden. *Nicotinamidadenindinucleotidphosphat* (**IV**) steigerte den endogenen O_2-Verbrauch nicht, erhöhte jedoch in Ggw. von **III** die Oxydation von **II** wesentlich. Bei Zusatz von **IV**, nicht jedoch von **I** wurde mehr $^{14}CO_2$ aus $^{14}C_{(1)}$-**II** als aus $^{14}C_{(6)}$-**II** gebildet. K. Zingraf 4210◇

1142 **Synthese von $T_{2(1.1)}$-$^{14}C_{(2)}$- und $D_{2(1.1)}$-$^{14}C_{(2)}$-trans-trans-Farnesylpyrophosphat und seine Ausnutzung bei der Squalen-Synthese.** G. Popják, J. W. Cornforth, R. H. Cornforth und De W. S. Goodman. (Biochem. biophysic. Res. Commun. **4,** 204–07, 10/3. 1961; London, England, Hammersmith-Hosp.; Bethesda, Md., Nat. Inst. of Health, Nat. Heart Inst., Labor. of the Chemistry of Natural Prod.; London, Engl., Mill Hill, Nat. Inst. for Med. Res.; Bethesda, Md., Nat. Insts. of Health, Nat. Heart Inst., Div. of Metabolism and Cellular Physiol.; engl.) — Für die Synth. der Titel-Verbb. wurde folgender Weg beschritten $^{14}C_{(2)}$*-Methylfarnesoat-(3.7.11-Trimethyldodecatrien-(2.6.10)-säuremethylester* wurde aus trans-Geranylaceton u. $^{14}C_{(2)}$-Methylbromacetat über *3-Hydroxy-3.7.11-trimethyldodecadien-(6.10)-säure* u. anschließender Dehydratisierung mit $POCl_3$ in Py als Gemisch der cis-trans- u. trans-trans-Verb. gewonnen, die an Celite 545 mit 10% Apiezon-Vacuumfett L bei 197° präparativgaschromatograph. getrennt wurden. $T_{2(1.1)}$-$^{14}C_{(2)}$- u. $D_{2(1.1)}$-$^{14}C_{(2)}$*-trans-trans-Farnesol* wurden durch Red. von Methyl-$^{14}C_{(2)}$-trans-trans-Farnesoat mit $LiAlT_4$ bzw. $LiAlD_4$ gewonnen, dann phosphoryliert. Die so erhaltenen markierten Farnesylpyrophosphate wurden als Substrate im anaeroben Squalen-Synthetase-Syst. von Rattenlebermikrosomen getestet. A. Gabert 4210◇

1143 **Enzymatische Bildung von Östron-3-glucuronid durch Kaninchenlebermikrosomen.** E. R. Smith und H. Breuer. (Biochem. J. **88,** 168–72, 1963; Bonn, Chirurg. Univ.-Klin., Chem. Abt.; engl.) — Nach Inkubation von *Östron*(**I**) mit einem Kaninchenlebermikrosomenpräp. in Phosphatpuffer, pH 8,2, u. Diphosphatglucuronsäure als Glucuronsäuredonator wurde *Östron-3-glucuronid* identifiziert. Die Bldg. verlief maximal bei pH 8,0–8,2; K_m für **I** 9,7 · 10^{-5} m. K. Maier 4210◇

1144 **Identifikation des Primärproduktes der durch Tyrosinase katalysierten Oxydation von Brenzcatechin durch Elektronenspinresonanzspektroskopie.** H. S. Mason, E. Spencer und I. Yamazaki. (Biochem. biophysic. Res. Commun. **4,** 236–38, 10/3. 1961; Portland, Univ., Dep. of Biochem.; engl.) — Mit Hilfe der Elektronenspinresonanzspektroskopie wurden bei der Oxydation von Brenzcatechinen mit *Tyrosinase* aus Pilzen u. Meerrettich-*Peroxydase* u. H_2O_2 Spektren von *6-Benzosemichinonen* beobachtet. Unter Verwendung einer Fließtechnik wurden d. Konzz. an freien Radikalen als Funktionen der Zeit, des pH-Wertes, der Enzym- u. Substratkonzz. gemessen u. mit den entsprechenden Konzz. verglichen, die beobachtet wurden, wenn Brenzcatechin peroxidisch oxydiert wird. A. Gabert 4210◇

1145 **Umwandlung von Tyrosin in Brenzcatechinamine durch Hirnschnitte von Ratten.** N. T. Iyer, P. L. McGeer und E. G. McGeer. (Canad. J. Biochem. Physiol. **41,** 1565–70, 1963; Vancouver, Brit. Columbia, Univ. of Brit. Columbia, Fac. of Med., Kinsmen Labor. of Neurol. Res.; engl.) — *Tyrosin* wird durch Hirnschnitten von Ratten in *L-Dihydroxyphenylalanin* u. *Brenzcatechinamine* umgewandelt. Die Umwandlung wird durch Adenosintriphosphat u. red. Triphosphopyridinnucleotid gesteigert u. durch Pyridoxalphosphat gehemmt. K. Zingraf 4210◇

1146 **Die Fehlstelle in der Ascorbinsäure-Synthese bei Ratten mit entfernter Hypophyse.** Lothar L. Salomon und Donald W. Stubbs. (Biochem. biophysic. Res. Commun. **4,** 239–42, 10/3. 1961; Galveston, Tex., Univ., Dep. Biochem. and Nutrit; engl.) — Durch Unterss. der Enzyme, die die Umwandlung von D-Glucuronat zu L-*Ascorbinsäure* katalysieren, wird gezeigt, daß in Leber-Extrakten, Mikrosomen u. in der lösl. Fraktion Uronolactonase u. Nicotinamidadenindinucleosidphosphat-L-Hexonsäuredehydrogenase durch die Hypophysektomie nicht beeinflußt werden. Beeinträchtigt wurden durch die Operation die Aldonolactonase (56%) u. die L-Gulonolacton-Oxydase (27%). A. Gabert 4210◇

1147 **Natürlich vorkommende Formen der Folsäure.** 3. Mitt. **Charakterisierung und Eigenschaften von 5-Methyldihydrofolat, ein Oxydationsprodukt von 5-Methyltetrahydrofolat.** Kenneth O. Donaldson und John C. Keresztesy. (J. biol. Chemistry **237,** 3815–19, 1962; Bethesda, Md., U. S. Public Health Serv., Nat. Inst. of Arthritis and Metabolic Diseases; engl.) — 2. vgl. C. **1963,** 3267. — *5-Methyltetrahydrofolat* wurde durch verschiedene oxydierende Agentien zu *5-Methyldihydrofolat* (**I**) oxydiert. **I** stellt kein Substrat der *5.10-Methylentetrahydrofolsäurereduktase* oder der Hühnerleberfolsäurereduktase dar. Weiterhin konnte bewiesen werden, daß **I** *5-Methyl-5.6-dihydrofolsäure* darstellt. H.-W. Wache 4210◇

1148 **Beziehung zwischen der Aktivität der Steroidhydroxylasen und der Verteilung von Pyridinnucleotiden und Cholesterin im Schweine-Adrenocortex.** Masuhisa Nakamura, Tokuji Kimura und Koji Suzuki. (Seikagaku [Biochemie, Tokyo] **35,** 25–29, 1963; Tokyo, St. Paul's Univ., Coll. Sci., Labor. Biochem.; Chiba, Kônodai, Jutendo Univ., Coll. Physic. Ed., Dep. Chem.; jap.) J. Lehmberg 4210◇

1149 **Ein die gemeinsame antigene Substanz von Blutgruppensubstanz und Diplococcus pneumoniae Type XIV zersetzendes Enzym.** 1. Mitt. **Serologische Wirkung des Enzyms auf Blutgruppensubstanz.** Ken Furukawa, Keiichi Fujisawa und Shoei Iseki. (Proc. Japan Acad. **38,** 371–76, 1962; Maebashi, Gunma Univ., School of Medicine, Dep. of Legal Medicine; engl.) — Aus dem Boden wurde ein Stamm von *Clostridium tertium* isoliert, der ein auf die Substanz der Blutgruppe O(H) u. die roten Blutzellen der Gruppe O einwirkendes Enzym-Syst. erzeugt, durch das nicht nur die O (H)-Aktivität, sondern auch die Rk.-Fähigkeit mit dem Antipneumococcus Type XIV-Kükenserum zerstört, die O (H)-Substanz unter Bldg. einer *d-Galactosamin* u./oder *d-Glucosamin* als antigene Determinante enthaltende Substanz u. die Substanz der Blutgruppe Le^a zersetzt wurde. Das Enzym-Syst. enthält auch ein die Blutgruppe A zersetzendes Enzym. Es wurde durch Fällung einer Fraktion mit 40 bis 50%ig. gesätt. $(NH_4)_2SO_4$-Lsg. erhalten, aus der durch Chromatographie auf Diäthylaminoäthylcellulose („DEAE") das die Gruppen O (H) u. Le^a zersetzende Enzym (pH-Optimum 6,8–7,2, Temp.-Optimum 30 bis 37°) von dem die Gruppe A zersetzenden Enzym getrennt wurde. Die Enzyme wurden durch Metallsalze ($HgCl_2$, $CuSO_4$) gehemmt. Die enzymat. Wrkg., Zers. von mit Anti-O(H)-Antikörpern im Aalserum reagierender O (H)-Substanz wurde durch *l-Fucose* stark, durch *Lactose* u. *d-Galaktose* schwach gehemmt. Die Zers. von mit Anti-O(H)-Antikörpern in Anti-*Shigella dysenteriae*-Kükenserum reagierender O(H)-Substanz wurde durch Lactose, d-Galaktose u. andere galaktosehaltige Zucker stark, durch l-Fucose leicht gehemmt u. die Zers. von mit Antikörpern in Antipneumococcus Type XIV-Kükenserum reagierender O(H)-Substanz wurde durch Lactose, d-Galaktose u. *N-Acetyl-d-glucosamin* (**I**) gehemmt. Die Le^a zersetzende Wrkg. wurde durch l-Fucose u. d-Galaktose stark, durch **I** u. *N-Acetyl-d-galaktosamin* (**II**) schwach gehemmt u. das die Gruppe A zersetzende Enzym durch **II**, Lactose, d-Galaktose u. **I** äußerst stark gehemmt. G. Vogel 4210◇

1150 **Substratspezifität gereinigter Nicotinamidase aus säurestabilen Bazillen.** Koji Suzuki und Tokuji Kimura. (Seikagaku [Biochemie, Tokyo] **35,** 20—24, 1963; Juntendo Univ., School Physic. Ed., Dep. of Chem.; St. Paul's Univ., Coll. Sci., Labor. Biochem.; jap.) J. Lehmberg 4210

1151 **Eine enzymatische Basis für die pathogene Spezifität bei Ophiobolus graminis.** Elizabeth M. C. Turner. (J. exp. Botany **12,** 169—75, 1961; Oxford, St. Anne's Coll.; engl.) — Der in Haferwurzeln enthaltene glucosid. Inhibitor des Wachstums von *Ophiobolus graminis*, *Avenacin* [**I**; R_F 0,74 (Propanol/1%ig. NH_4OH; 3:1)] wird durch einen von *O. g.* var. *avenae* in geringer Menge gebildetes Enzym, *Avenacinase*, zu **I**-*Aglykon* (R_F 0,91) gespalten, wodurch die Empfindlichkeit von Hafer gegen diese Varietät auf eine spezif. Enzym-Wrkg., analog der Penicillase-Wrkg. zurückgeführt wird. Extrakte aus Kulturfiltraten von *Neurospora crassa, Aspergillus niger, Penicillium notatum, Gliocladium roseum* u. *Rhizopus nigricans* sind ebenso wie *β*-Glucosidase ohne Wrkg. auf **I**; von den untersuchten Spaltpilzen sind nur *O. graminis* u. *N. crassa* gegen **I** empfindlich. Die Möglichkeiten der Entstehung einer für Hafer pathogenen Varietät aus *O. graminis* wird besprochen. F. Heller 4210◇

1152 **Änderungen im Enzymgehalt der Leber nach Adrenalektomie.** 1. Mitt. J. S. Willmer. (Canad. J. Biochem. Physiol. **38,** 1095—1104. 1960; Ottawa, Ontario, Canada Dep. of Agric., Res. Branch, Animal Res. Inst.; engl.) — Durch Adrenalektomie wird bei Ratten der Geh. an *Phosphorylase* (**I**), *Phosphoglucomutase* (**III**) u. *Phosphoglucoisomerase* (**III**) um ca. 30% herabgesetzt. Durch die glucogenen Steroide *Cortison* (**IV**), *Hydrocortison* (**V**) u. *Corticosteron* kann ein erhöhter Geh. an **I** u. **III** aufrecht erhalten werden. **IV, V** u. *Progesteron* üben eine ähnliche Wrkg. auf **II** aus. — Vergleichende Unterss. über den Einfl. von Hungern u. Adrenalektomie ergaben, daß die Ursache für die niedrigeren **I**-, **II**- bzw. **III**-Geh. bei adrenalektomierten Ratten nicht in Appetitlosigkeit liegen kann. A. Hesse 4210◇

E_3. Mikrobiologie, Bakteriologie, Immunologie

1153 **Untersuchungen über das Hyaluronidase-Hyaluronsäure-System.** 4. Mitt. **Der Einfluß von Hyaluronsäure auf den Wachstumstyp einiger Staphylokokkenstämme in Bouillonkultur.** Artur Ber, Laurencja Dryźek Mikołajczyk und Henryk Mikołajczyk. (Med. doświadczalna Mikrobiol. **10,** 477—85, 1958; Łódź.) — 22 *Staphylococcus albus*-, 20 *St. aureus*-, 1 *St. citreus*- u. 3 andere Bakterienstämme wurden in Bouillon mit (0,5%) u. ohne *Hyalureonsäure*(**I**) hinsichtlich des Wachstumstyps untersucht u. entsprechend ihrer Fähigkeit zur Bldg. von Hyaluronidase u. Mucopolysaccharid in 5 Gruppen aufgeteilt. Möglicherweise erfolgen zwischen **I** u. Bakterienzellstruktur physikochem. Rkk., die den Charakter des Bakterienwachstums ändern. K. Maier 4310□

1154 **Vergleichende Ernährungsuntersuchungen an Pythium spp.** P. G. Fothergill und D. Hide. (J. gen. Microbiol. **29,** 325—34, 1962; Newcastle upon Tyne, King's Coll., Bot. Dep.; Dagenham, Essex, May and Baker Ltd.; engl.) — Maximales Wachstum tritt auf einem Medium mit 10 g Glucose/Liter, 0,5 KCl, wechselnden Mengen K_2HPO_4, KNO_3 u. $MgSO_4$ für die verschiedenen Species u. einer großen Auswahl an anorgan. u. organ. S-Verbb. bei 28° u. pH 6,5 ein. P. Gregorzewski 4310◇

1155 **Nährstoffanforderungen verschiedener Shigella-Typen.** Yeh-kai Liang, Hua-tun Wang und Kang Fang. (Sci. Sinica **8,** 1014—21, 1959; Peking, Chinese Academy Medical Sci.; engl.) — Vff. testeten 14 Stämme verschiedener Shigella-Typen auf ihren Bedarf an Aminosäuren, Glucose u. verschiedenen Wachstumsfaktoren (Uracil, Nicotinsäureamid, Ca-Pantothenat). Entsprechend ihren Anforderungen an das Nährmedium können 3 Shigellagruppen unterschieden werden: a) benötigt nur Wachstumsfaktoren, b) Aminostickstoff + Wachstumsfaktoren, c) nur Aminostickstoff als Zusatz zum anorgan. Grundmedium. I. Jage 4310◇

1156 **Kultur von Streptococcus haemolyticus der Gruppe A in definiertem chemischem Medium auf der Grundlage von Purinen und Pyrimidinen.** A. Zampieri, L. Vella und P. Merucci. (Rend. Ist. super. Sanità **23,** 983—92, 1960; Roma, Ist. Super di Sanità, Labor. di Microbiol.; ital.) — Beschreibung eines Kulturmediums für *Streptococcus haemolyticus* Gruppe A, das Pyrimidine (*Uracil, Thymin, Cytosin*) u. Purine (*Adenin* u. *Guanidin*) enthält, während Aminosäuren außer *L-Glutamin* u. *Cystin* fehlen. In dem Medium wachsen in 15—18 Std. 10^8 Keime/cm^3; ihre biolog. Grundcharacteristica blieben unverändert. K. Zingraf 4310◇

1157 **Der Einfluß des wäßrigen Kartoffelextraktes und seiner Fraktionen auf das Wachstum und die Sporenbildung bei Bacillus pumilus und die Erzeugung des Antibioticum Tetain.** E. Borowski und S. Krynski. (Chemotherapia [Basel] **5,** 313—25, 1962; Gdańsk, School of Med., Dep. of Microbiol.; Inst. of Marine Med., Biochem. Labor.; engl.) — Die *Tetain*-(**I**)-Erzeugung der beiden Varianten Bn u. E des Stammes *ϑ* von *B. pumilus* ist am niedrigsten auf dem modifizierten synthet. Nährboden M_9 nach Anderson. Sie steigt beim Zusatz von wss. *Kartoffelextrakt* stärker als bei der Zugabe der dialysierbaren Fraktion dieses Extraktes u. sehr viel stärker als bei der Zugabe der nicht dialysierbaren Fraktion. Der absolute **I**-Geh. u. die optimale Kulturdauer (1 oder 2 Tage) sowie die Wachstums-Geschw. der Zellen u. die Anzahl der gebildeten Sporen hängen stark von der Einsaat ab u. sind bei beiden Varianten sehr unterschiedlich. K.-W. Glombitza 4310◇

1158 **Ein Vergleich der Fettsäurenzusammensetzung des Lecithins und zwei seiner Phospholipoidvorläufer aus einem Mutantenstamm von Neurospora crassa.** Michael O. Hall und Joseph F. Nyc. (Biochim. biophysica Acta [Amsterdam] **56,** 370—72, 1962; Los Angeles, Calif., Univ. of California, School of Med., Dep. of Physiol. Chem.; engl.) — Aus *Neurospora crassa* Stamm 47904 wurden durch chromatograph. Meth. die 3 Phospholipoide *Phosphatidylmonomethyläthanolamin* (**I**), *Phosphatidyldimethyläthanolamin* (**II**) u. *Lecithin* (**III**) angereichert. Auf gaschromatograph. Wege wurde ihre Fettsäurenzus. bestimmt, die sich als nahezu ident. herausstellte. Die Theorie, daß die 3 Substanzen successive Schritte in der enzymat. Methylierung von **I** nach **III** darstellen, wird durch die Ergebnisse gestützt. H.-G. Trüper 4315◇

1159 **Der Vorrat freier Aminosäuren von Shigella-Stämmen.** R. Sen. (Experientia [Basel] **18,** 68—69, 1962; Ibadan, Nigeria, Univ. Coll., Dep. of Bacteriol.; engl.) — *Shigella dysenteriae 6, S. flexneri 1a* u. *2a*, die sich in ihren Nährbodenansprüchen unterscheiden, zeigten jedoch keine wesentlichen Verschiedenheiten in der Zus. des Vorrates ihrer internen freien Aminosäuren. Ekkehard Schmid 4315◇

1160 **Aminosäuren, Aminozucker und Zucker in der Zellwand einiger Stämme von Streptococcus pyogenes.** M. F. Michel und H. Gooder. (J. gen. Microbiol. **29,** 199—205, 1962; Leiden, Univ. Hosp., Dep. of Rheumatol., Res. Labor.; London, Central Public Health Labor., Streptococcus Reference Labor.; engl.) — In den Zellwandhydrolysaten von 26 Stämmen werden papierchromatograph. als Hauptbestandteile in allen Fällen *Lysin, Glutaminsäure, Alanin, Glucosamin, Muramsäure*

u. *Rhamnose* nachgewiesen. Das mol. Verhältnis der Aminosäuren beträgt 1,1 : 1,4.

P. Gregorzewski 4315◇

1161 **Beziehung von Colominsäure zu Neuraminsäure-enthaltenden Bakterien.** G. T. Barry, Vella Abbott und T. Tsai. (J. gen. Microbiol. **29**, 335–52, 1962; Knoxville, Tenn., Univ. of Tennessee Memorial Res. Center; engl.) — Es wird gezeigt, daß nur *Escherichia coli* Stämme vom K 1-Serotyp *Colominsäure* (*Poly-N-acetylneuraminsäure*; **I**) bilden. Von insgesamt 70 untersuchten gramnegativen Bakterienstämmen konnte nur in 11 Fällen *Neuraminsäure* (**II**) nachgewiesen werden. Vff. nehmen an, daß *E. coli*-Stämme, die **II** enthalten u. zum K 1-Serotyp gehören, auch **I** produzieren.

P. Gregorzewski 4315◇

1162 **Untersuchungen über die Stoffwechselprodukte von Cochliobolus miyabeanus.** 1. Mitt. **Isolierung von Ergosterin aus dem Mycel.** Noritugu Terashima, Takashi Hamasaki und Yuich Hatuda. (Trans. Tottori Soc. agric. Sci. [Tottori Nogaku-Kwaiho] **14**, 69–70, 1962; Tottori Univ., Fac. of Agricult., Labor. of Applied Microbiol.; Nagoya Univ., Fac. of Agricult.; jap., Auszug: engl.) — Aus dem Mycel des auf einem synthet. Medium kultivierten Erregers der Blattfleckenkrankheit des Reis wird *Ergosterin*, F. 151°, isoliert.

P. Gregorzewski 4315◇

1163 **Verhalten von Caryophanon latum gegenüber Sauerstoff.** Donald S. Dean. (J. Bacteriol. **85**, 249–50, 1963; Berea, Ohio; Baldwin-Wallace Coll., Biol. Dep.; engl.) — *Caryophanon latum* findet optimale Kulturbedingungen in einem aeroben Medium. *C. latum* ist in der Lage, anaerobe Bedingungen für 4 Tage zu überstehen u. kann somit die Passage durch den Tiermagen überdauern.

W. Hiller 4320◇

1164 **Schwefelwasserstoffbildung durch Pseudomonas aeruginosa.** 2. Mitt. **Qualitative Substratuntersuchung.** V. Lyle von Riesen. (J. Bacteriol. **85**, 248–49, 1963; Omaha, Nebr., Univ. of Nebraska, Coll. of Med., Dep. of Microbiol.; engl.) — Vf. testet 40 Stämme von *Pseudomonas aeruginosa* u. 31 organ. S-enthaltende Verbb. auf ihre Fähigkeit H_2S zu entwickeln. Das meiste H_2S wurde aus *L-Cystein* entwickelt, danach folgen *DL-Homocysteinthiolacton*, *DL-Homocystein* u. *Thioäpfelsäure*. Kein H_2S wurde entwickelt aus: *L-Cystin*, *DL-Homocystin*, *α-Thioglycerin*, *2.3-Dimercaptopropanol-(1)*, *3-Mercaptopropionsäure*, *Thiodipropionsäure*, *DL-Methionin*, *DL-Äthionin*, *Thioglykolsäure*, *Thiodiglykolsäure*, *2-Mercaptoäthanol*, *Thiodiglykol*, *2-Mercaptoäthylamin*, *Cystamin*, *Thioprolin*, *Thioharnstoff*, *Thioacetamid*, *DL-Dienkolsäure*, *DL-Penicillamin*, *S-Methyl-L-cystein*, *S-Äthyl-L-cystein*, *Äthandiol*, *Thiolessigsäure*, *Propanthiol-(1)*, *2-Methylpropanthiol-(1)*, *Propanthiol-(2)*, *2-Methylpropanthiol-(2)*.

W. Hiller 4320◇

1165 **Einige Stoffwechselunterschiede zwischen Thiobacillus thioparus, T. denitrificans und T. thiocyanoxidans.** D. Woolley, G. L. Jones und F. C. Happold. (J. gen. Microbiol. **29**, 311–16, 1962; Univ. of Leeds, Dep. of Biochem.; engl.) — *Thiobacillus denitrificans* (a) u. *T. thioparus* (b) wachsen anaerob in Thiosulfat + Nitrat-(1) u. Thiocyanat + Nitrat-Medium-(2), *T. thiocyanoxidans* nicht. Während des Wachstums von b in 2 wird Nitrit akkumuliert aber Thiocyanat nicht vollständig oxydiert; unter gleichen Bedingungen wird von a kein Nitrit akkumuliert. Nach mehrfacher Subkultur unter aeroben Bedingungen auf 1 wächst a nicht mehr anaerob auf 1 oder 2, wohl aber b. b, aber nicht a, akkumuliert auf 1 Tetrathionat während des aeroben Wachstums.

P. Gregorzewski 4320◇

1166 **Untersuchungen über die Verwertung von Nitrat durch Micrococcus denitrificans.** Joan P. Chang und J. G. Morris. (J. gen. Microbiol. **29**, 301–10, 1962; Univ. of Oxford, Dep. of Biochem., Microbiol. Unit; engl.) — *Micrococcus denitrificans* wächst mit Nitrat als einziger N-Quelle unter aeroben u. anaeroben Bedingungen. *Nitratase*-Aktivität (Nitrat → N_2) tritt aber nur unter anaeroben Verhältnissen auf, *Nitratreduktase*-Aktivität auch unter aeroben Bedingungen. Durch NH_4^+-Ionen wird sowohl die Nitrataufnahme als auch die Nitrit-Bldg. inhibiert.

P. Gregorzewski 4320◇

1167 **Über die Wege der Ausnutzung von Glycerin durch Actinomyces aureofaciens LS-B-16.** W. N. Schaposchnikow und W. G. Plakunowa. (Ber. Akad. Wiss. UdSSR **148**, 210–13, 1963; Moskau, Lomonossow-Univ.; russ.) — Aus den Beobachtungen über die Stoffwechsel-Prodd. von *Actinomyces aureofaciens* beim Wachstum auf einem Nährboden mit 3% *Glycerin* (**I**), 0,035% K_2HPO_4, 0,5% $(NH_4)_2SO_4$ u. Spurenelementen geht hervor, daß als Zwischen-Prod. der **I**-Verwertung *Dihydroxyaceton* (**II**) auftritt. Die **I**-Umwandlung über **II** als Zwischen-Prod. verläuft wahrscheinlich intensiver als die **I**-Umwandlung über Glycerophosphat. Die *Brenztraubensäure* (**III**) kann nicht als einzige C-Quelle für die Ernährung von Act. aureofaciens LS-B-16 auftreten, auch nicht in Kombination mit Maisextrakt. Während Bernstein-, Fumar-, Milch-, Malein- u. Ascorbinsäure allein oder in ihren Kombinationen nicht als alleinige C-Quelle dienen können, wird durch Zusatz von **III** die Entw. von Act. aureofaciens gewährleistet. Auch die Saccharose kann allein nicht verwertet werden. **III**, Saccharose u. die Komponenten des Maisextraktes werden nur in Ggw. von Di- u. Tricarbonsäuren verwertet. **III** wird beim Wachstum von Act. aureofaciens in der Hauptsache für die Synth. verwertet u. nicht als Energielieferant. Die Umwandlungen von **I** in **II** u. von **II** in **III** sind energet. Prozesse.

O. Lebtag 4320△

1168 **Untersuchungen über die Bildung von D-Arabit durch osmophile Hefen.** E. R. Blakley und J. F. T. Spencer. (Canad. J. Biochem. Physiol. **40**, 1737–48, 1962; Saskatoon, Canada, Nat. Res. Council of Canada, Prairie Reg. Labor.; engl.) — *D-Xylose* (**I**) ist als Vorläufer für *D-Arabit* (**II**) im Stoffwechsel von *Saccharomyces rouxii* (Stamm P 3a) anzusehen. Zwar ist auch *D-Ribulose* ein gutes Substrat, doch führt **I** zu stärkerem Wachstum u. größerer **II**-Bildung. Das gebildete **II** weist $^2/_3$ der Radioaktivität von $^{14}C_{(5)}$-**I** an $C_{(1)}$- auf. Die Hefeextrakte enthalten ein Enzymsyst., welches **I** in Ggw. von red. Nicotinamidadenindinucleotid zu **II** reduziert; die enzymat. Aktivität steigt mit abnehmendem pH bis 4,5, sie wird unterhalb pH 7 jedoch rasch zerstört.

U. Tausendfreund 4320◇

1169 **Das Schicksal von Mesoinosit während des Wachstums einer Inosit-abhängigen Hefe Kloeckera brevis.** R. M. C. Dawson, R. W. White und N. Freinkel. (J. gen. Microbiol. **27**, 331–39, 1962; Cambridge, Babraham, Agricult. Res. Council Inst. of Animal Physiol., Biochem. Dep.; Boston City Hosp., Mass.; engl.) — Nach Kultur auf *Mesoinosit*-limitiertem Medium werden *Kloeckera brevis*-Homogenate fraktioniert. 31–38% des Gesamt-*Inosit* werden im Trichloressigsäureextrakt gefunden (3 Verbb.; davon eine als *Inositmonophosphat* identifiziert) u. 43–65% im Chlf.-Methanol-Extrakt (*Phosphatidylinosit*).

P. Gregorzewski 4320◇

1170 **Die Synthese von Acetamidodesoxyketosen durch Acetobacter suboxydans.** 3. Mitt. J. K. N. Jones, M. B. Perry und J. C. Turner. (Canad. J. Chem. **40**, 503–10, 1962; Kingston, Ontario, Univ., Dep. org. Chem.; engl.) — *1-Acetamido-1-desoxy-D-arabit* (**I**), *1-Acetamido-1-desoxy-D-ribit* (**II**) u. *1-Acetamido-1-desoxy-D-mannit* (**III**) wurden synthetisiert u. charakterisiert. Durch Mikrobiolog. Oxydation mit *Ac. suboxydans* werden aus **I** u. **II** krist. *5-Acetamido-5-desoxy-L-erythro-pentulose* (**V**) bzw. *5-Acetamido-5-desoxy-D-threo-pentulose* (**IV**) erhalten.

Versuche: 1-Acetamido-1-desoxypolyalkohole nach der Meth. von Kagan durch Hydrierung der freien Aldosen in fl. NH_3 bei 2000 Pounds/inch^2, N-Acetylierung in wasserfreiem Essigsäureanhydrid. — *5-Acetamido-5-desoxy-D-threo-pentulose* (**IV**), $C_7H_{13}O_5N$, F. 105 bis 106°, $[\alpha]_D^{23}$ + 34° (H_2O), aus **I** durch biolog. Oxydation, *Phenylosazon*, $C_{19}H_{23}O_3N_5 \cdot H_2O$, F. 197–199°, gelbe Nadeln; — *5-Acetamido-5-desoxy-3.4-o-isopropyliden-D-threo-pentulose*, aus **IV** mit Aceton u. H_2SO_4 als Katalysator. — *5-Acetamido-5-desoxy-L-erythro-pentulose* (**V**), $C_7H_{13}O_5N$, F. 160–164°, aus **II** durch biolog. Oxydation, *Phenylosazon*, $C_{19}H_{23}O_3N_5$, F. 180 –182°, gelbe Nadeln; — *5-Acetamido-5-desoxy-1.3(?)-o-isopropyliden-L-erythro-pentulose*, aus **V** u. Aceton mit H_2SO_4 als Katalysator.

A. Gabert 4320◇

1171 **Isolierung Alanin-produzierender Mikroben und die Alanin-Fermentation.** Takashi Hamasaki. (Trans. Tottori Soc. agric. Sci. [Tottori Nogaku-Kwaiho] **14**, 71—73, 1962; Tottori Univ., Fac. of Agricult., Labor. of Applied Microbiol.; jap., Auszug: engl.) — Es wird ein *Alanin*(I)-produzierender Bakterienstamm isoliert u. als *Brevibacterium quale* identifiziert. Auf einem 5% Glucose enthaltendem Medium werden 25% in I verwandelt. P. Gregorzewski 4320◇

1172 **Veränderung der Biosynthese von Vitamin B_{12} und p-Aminobenzoesäure bei Bacterium megaterium unter dem Einfluß einer Adaptation gegenüber Norsulfazol.** N. D. Ijerussalimski und L. D. Schaforosstowa. (Ber. Akad. Wiss. UdSSR **142**, 1176—79, 1962; russ.) — In Verss. mit *Bacterium megatherium* wird die Synth. von *p-Aminobenzoesäure* (I) nach der Adaptation an steigende Mengen von *Norsulfazol* (II) von 26—34 (γ/g Biomasse) auf 147—200 erhöht. In Ggw. von II beträgt der I-Geh. der gegenüber II toleranten Kultur 186—311. Der Geh. an *Vitamin* B_{12} beträgt bei der II-empfindlichen Kultur 33, in Ggw. von II 23, bei der toleranten Kultur in Ggw. u. in Abwesenheit von II 16 γ/g Biomasse. Die Ergebnisse werden theoret. gedeutet. O. Lebtag 4320△

1173 **Die Stoffwechselfunktionen von Vitamin B_{12}. 3. Mitt. Vitamin-B_{12}-Bindung durch Lactobacillus leichmannii und andere Lactobacillen.** Shelby Kashket, June T. Kaufman und William S. Beck. (Biochim. biophysica Acta [Amsterdam] **64**, 447—57, 1962; Boston, Mass., Harvard Med. School, Dep. of Med., and Massachusetts Gen. Hosp., Hematology Res. Labor. of the Med. Serv.; engl.) — 2. vgl. C. **1963**, 10903. — *Lactobacillus leichmannii* bindet aus gesättigten Lsgg. ca. 10000 Moleküle ^{60}*Co-Vitamin* B_{12} (I) pro Zelle u. kann das gespeicherte I als Wuchsstoff in freien Nährböden ausnützen. Der Bindungsvorgang von I durch *L. leichmannii* ist unabhängig von der Wachstumsphase, von Temp. oder Stoffwechselinhibitoren. Auch zellfreie Extrakte von L. leichmannii binden I, der Absorptionsort scheint ein Ribosomglucoprotein zu sein. *L. acidophilus* (ATCC 4357), *L. casei* u. *L. lactis* verhalten sich wie *L. leichmannii*, *L. cadiophilus* (ATCC 11506) u. *L. delbrückii* können I nicht als Wuchsstoff ausnützen. Ekkehard Schmid 4320◇

1174 **Die Stoffwechselfunktionen von Vitamin B_{12}. 4. Mitt. Bindung von Vitamin B_{12} durch Ribosomen von Lactobacillus leichmannii.** Shelby Kashket, June T. Kaufman und William S. Beck. (Biochim. biophysica Acta [Amsterdam] **64**, 458—69, 1962; engl.) — 3. vgl. vorst. Referat. — *Lactobacillus leichmannii* bindet exogenes ^{60}*Co-Vitamin* B_{12} (I) fast ausschließlich an Ribosomen, da das gesamte I nach Zellzertrümmerung u. Ultrazentrifugierung in der Ribosomenfraktion gefunden wurde. Die I-Bindung erfolgt an ein besonderes I-*affines Protein* (II). Na-Desoxycholat oder 50% Saccharose kann I aus *L. leichmannii* nicht freisetzen. II scheint ein saures Glucoprotein zu sein, welches in den Ribosomen eher an Basen als an Ribonucleinsäure gebunden ist. Ekkehard Schmid 4320◇

1175 **Die Beeinflussung der Cytologie von Candida albicans durch auf die cytoplasmatische Membran wirkende Heilmittel.** Glen R. Gale. (J. Bacteriol. **86**, 151—57, 1963; Durham, N. C., Duke Univ. Med. Center, Dep. of Physiol. and Pharmacol. and of Pathol., Vet. Admin. Hosp.; engl.) — Wird Kulturen von *Candida albicans Amphotericin B* u. *Filipin* zugesetzt, so tritt eine Verminderung der Dichte des Cytoplasmas ein. Nuclei u. Mitochondrien werden nicht beeinflußt. Zusatz von *Benzalkoniumchlorid* verursacht ein weniger dichtes Cytoplasma u. im Elektronenmikroskop werden keine intakten Nuclei u. Mitochondrien beobachtet. Intracytoplasm. Membranen sind nicht mehr vorhanden u. das Cytoplasma zeigt viele kleine Hohlräume. W. Hiller 4330◇

1176 **Untersuchungen über Hydroxyaminosäuren.** 3. Mitt. **Einfluß auf das Wachstum von Escherichia coli 9637.** Theodore T. Otani. (Arch. Biochem. Biophysics **101**, 131—38, 1963; Bethesda, Md., Nat. Inst. of Health, Nat. Cancer Inst., Lab. of Biochem.; engl.) — 2. vgl. ibid., **102**, [1963], 464; 1. vgl. C. **1963**, 14649. — *α-Hydroxymethylserin*, *α-Methyl-DL-serin*, *α-Äthyl-DL-serin*, *α-Äthyl-L-serin*, *α-Äthyl-D-serin*, *β-Hydroxyleucin* (I), *β-Hydroxynorleucin*, *β-Hydroxyasparaginsäure* (II) u. *β-[p-Nitrophenyl]-serin* wurden hinsichtlich ihrer Wrkg. auf das Wachstum von *Escherichia coli* (ATCC 9637) untersucht. Eine signifikante Hemmung des Wachstums ergab sich nur durch I u. II. Eine Stimulierung des Wachstums durch die anderen Aminosäuren konnte nicht festgestellt werden. Verschiedene der natürlich vorkommenden Aminosäuren heben diesen Hemmeffekt in unterschiedlichem Maße wieder auf. M. Lorenz 4330◇

1177 **Eine Untersuchung der Eigenschaften des Eatonschen „Primary Atypical Pneumonia" Organismus.** Gillian M. Goodburn und B. P. Marmion. (J. gen. Microbiol. **29**, 271—90, 1962; Leeds, Univ., Dep. of Bact.; Public Health Labor. Serv., Virus Labor.; engl.) — Es wird über einige Eigg. des Eatonschen filtrierbaren „Primary Atypical Pneumonia" (PAP) Organismus berichtet. Der PAP-Organismus wird in embryonalen Hamster- u. Hühnerlungen durch *Na-Aurothiomalat* inhibiert. Ebenso hemmen Ae. u. *Kanamycinsulfat* das Wachstum in embryonalen Hühnerlungen. P. Gregorzewski 4330◇

1178 **Zuckerrübenmelasse in Gärungskulturen von Penicillium chrysogenum.** F. Giordani, L. Cirie und F. Benigni. (Farmaco [Pavia], Ediz. prat. **17**, 715—20, 1962; Roma, Univ., Ist. die Chim. Farm. e Tossicol.; ital.) — Bei der Gärung von *Penicillium chrysogenum* kann der größte Teil der zu den Kulturen hinzugesetzten *Lactose* durch Zuckerrübenmelasse ersetzt werden, ohne daß die *Penicillin*-Ausbeute abnimmt; die Zugabe muß in bestimmten Zeitabständen erfolgen. K. Zingraf 4340◇

1179 **Vereinfachungen der colorimetrischen Hydroxylamin-Methode zur Bestimmung von Penicillin in Gärungsmedien und in fertigen Salzen.** Lavinia Carta-De Angeli, Maria Teresa Ventura und F. Dentice Di Accadia. (Rend. Ist. super. Sanità **23**, 915—23, 1960; Roma, Ist. Super. di Sanità, Centro Internaz. di Chim. Microbiol.; ital.) — Die vorgeschlagene Modifikation der colorimetr. Hydroxylamin-Meth. zur Best. von *Penicillin* (I) besteht darin, daß I nach Extraktion aus dem Kulturmedium direkt in Butylacetat bestimmt wird; eine Blindprobe, die mit Alkali oder Penicillinase inaktiviert wird, ist dabei nicht mehr erforderlich. Genauigkeit: $\pm$ 2%. K. Zingraf 4340◇

1180 **Biosynthese von Chloramphenicol. 4. Mitt. Der Einbau ^{14}C-markierter Vorstufen.** David Gottlieb, H. E. Carter, P. W. Robbins und R. W. Burg. (J. Bacteriol. **84**, 888—85, 1962; Urbana, Ill., Univ. of Illinois, Dep. of Plant Path.; engl.) — 2. vgl. C. **1958**, 8087. — Verschieden markiertes *DL-Phenylalanin* (I) wurde *Streptomyces venezuelae* (Stamm R—1) angeboten u. im gebildeten *Chloramphenicol* (II) die Verteilung der Radioaktivität in chem. Abbauprodd. von II ermittelt. Die Aktivität aus $^{14}C_{(1)}$-I u. $^{14}C_{(2)}$-I fand sich nur im *Dichloracetyl* (III)-Teil von II u. im Carbonyl-C wieder, die aus $^{14}C_{(3)}$-I im Dichlormethyl-C, im III-Teil u. im geringeren Ausmaß im Carbonyl-C. Bei gleichmäßig markiertem I war die Aktivität im Carbonyl-C etwas höher als im III-Teil von II. Eine ähnliche Verteilung ergab sich auch beim Angebot von gleichmäßig markiertem *DL-Leucin*, während mit $^{14}C_{(2)}$-Norleucin nur das Carbonyl-C markiert war. Durch $^{14}C_{(1)}$-*Acetat* (IV) wird das Carbonyl-C, durch $^{14}C_{(2)}$-IV in der Hauptsache der III-Teil daneben aber auch der Ring u. die Seitenkette des *p-Nitrophenylserinol* (V)-Teiles von II markiert. ^{14}*C–NaHCO$_3$* wird von *S. venezuelae* direkt fixiert u. in das Carbonyl-C eingelagert, ähnlich wie ^{14}*C-Na-Formiat*. Die Radioaktivität von $^{14}C_{(1,3)}$-*Glycerin* verteilte sich über das gesamte II-Mol., die aus gleichmäßig markierter *Milchsäure* wurde nur wenig in V wiedergefunden. Entsprechende Verss. zeigten, daß *Shikimisäure* kein Intermediärprod. bei der II-Synth. ist. Aus NaCl werden von *S. venezuelae* chlorierte organ. Verbb. aufgebaut, die nicht identifiziert werden konnten. In den Kulturfiltraten konnten außer II keine NO_2-haltigen Verbb. nachgewiesen werden. M. Lorenz 4370◇

1181 **Ein Neomycin-Empfindlichkeitstest für die schnelle Unterscheidung von Listeria monocytogenes und Erysipelothrix rhusiopathiae.** M. Füzi. (J. Pathol. Bacteriol. **85**, 524—25, 1963; Budapest, Univ. of Med., Inst. of Microbiol.; engl.) — Auf Blutagarplatten werden 54 *L. monocyt.*-Stämme von 50 μg *Neomycin* (**I**)/Fleck stark u. 10 *E. rhusiop.*-Stämme nicht gehemmt. Das abweichende Verh. ist vermutlich auf Unterschiede im Atmungsmechanismus u. der Resorption des **I** durch die Bakterien zurückzuführen. K. W. Glombitza 4340◇

1182 **Der Einfluß von Puromycin auf Kaninchenreticulocytenribosomen.** David W. Allen und Paul C. Zamecnik. (Biochim. biophysica Acta [Amsterdam] **55**, 865—74, 1962; Boston, Mass., Harvard Univ., John Collins Warren Labor. of the Huntington Memorial Hosp., Massachusetts Gen. Hosp.; engl.) — *^{14}C-Puromycin* (*6-Dimethylamino-9-[3'-p-^{14}C-methoxy-L-phenylalanylamino-3'-desoxy-β-D-ribofuranosyl]-purin*, **I**) wird durch Verätherung der tyrosylanalogen Verb. mit $^{14}CH_2N_2$ radioakt. synthetisiert. Kaninchenreticulocyten werden gewaschen, in 1,5 Vol. modifizierter Krebs-Hensleit-Puffer suspendiert, mit 0,1 Vol. einer Lsg. versetzt (enthaltend 2 mM L-$^{14}C_{(1)}$-Valin u. weitere nichtradioakt. Aminosäuren; vgl. H. Borsook (J. biol. Chemistry **229**, [1957], 1059) u. durch Zusatz von Trispuffer auf 0,02 m Tris, pH 7,4, 0,01 m Glucose u. $5 \cdot 10^{-4}$ m $FeSO_4$ eingestellt. Aus den Reticulocyten werden die Ribosomen isoliert, in 1 ml Trispuffer, pH 7,8, suspendiert u. anschließend mit 0,2 ml des zentrifugierten Überstandes der Reticulocyten bei $105000 \cdot g$, ferner mit 5 μMol Glutathion, 1 μMol Adenosintriphosphat (ATP), 0,25 μMol Guanosintriphosphat, 5 μMol *Phosphoenolbrenztraubensäure* (**II**), 60 μg *Pyruvatkinase* (**III**) u. einem Säuregemisch versetzt, wobei in einigen Verss. ^{14}C-Valin beigegeben ist. Am Schluß der Inkubation werden die Ribosomen durch Zentrifugation abgetrennt. Sie enthalten 40—60% *Ribonucleinsäure* (RNS) u. sind in der analyt. Ultrazentrifuge homogen. Werden die Ribosomen in Ggw. von 200 mμ Mol **I** inkubiert, so erfolgt eine unspezif. Proteinabspaltung. Diese Ablösung erfolgt auch in Abwesenheit von ATP, **II** u. **III**, d. h. es wird zur Abspaltung kein Phosphat-regenerierendes Syst. benötigt. **I** verursacht keinen Abbau der Ribosomen, da weder RNS noch Protein aus dem Ribosomen nach **I**-Inkubation in den $105000 \cdot g$-Überstand wandern. Das durch **I** von der Ribosom-Oberfläche abgelöste Protein weist Valin als N-endständige Aminosäure auf. Durch Vgl. der radioakt. markierten Peptide zeigt sich ferner, daß ein Mol **I** durch 1 Mol abgespaltener Polypeptidkette gebunden wird. Die **I**-Polypeptidbindung wird weder durch heiße Trichloressigsäure noch durch heiße fettlösende Lsgm. gesprengt. L. Träger 4340◇

1183 **Ferrimycin A, ein neues eisenhaltiges Antibioticum.** W. Sackmann, P. Reusser, L. Neipp, F. Kradolfer und F. Gross. (Antibiotics and Chemotherapy **12**, 34—45, 1962; Basle, Ciba Ltd.; engl.) — Das von H. Bichel, E. Gäumann u. a. [Experientia Basel] **16**, [1960], 129) aus *Streptomyces griseoflavus* (Krainsky) isolierte zur Gruppe der Sideromycine gehörige *Ferrimycin A* (**I**) wird auf seine Wrkg. in Vitro u. in vivo untersucht. **I** zeigt eine ungewöhnliche bakteriostat. Aktivität gegenüber grampositiven Mikroorganismen (0,004 μg/ml hemmen das Wachstum von Staphylokokken). Allerdings bilden die meisten Stämme innerhalb von wenigen Std. resistente Formen aus. Durch äquimol. Mengen *Ferrioxamin B* wird die **I**-Wrkg. in vitro u. in vivo vollständig aufgehoben. P. Gregorzewski 4340◇

1184 **Verletzbarkeit der Nucleinsäuren in Staphylokokkenmutanten mit verringerter Respiration.** G. F. Gause und G. V. Kochetkova. (J. gen. Microbiol. **29**, 317—23, 1962; Moscow, Acad. of Med. Sci., Inst. of Antibiotics; engl.) — Verschiedene Inhibitoren werden an durch UV-Bestrahlung erzeugten Mutanten mit verringerter Atmung untersucht. *Tetracycline* haben gleiche Wrkg. auf das Wachstum von Eltern- u. Mutantenkulturen. Gegen *Penicilline* sind die Mutanten resistenter. Dagegen sind die Mutanten gegen Substanzen, die auf die Nucleinsäuren einwirken, sehr viel empfindlicher: *Mitomycin C* (50×), *Actinomycin* (50×), *Trypaflavin* (300×) u. *Stickstofflost* (10—20×). P. Gregorzewski 4340◇

1185 **Untersuchungen über die antimikrobielle Wirkung von Porfiromycin.** Robert F. Pittillo und Barbara Gilbert Quinnelly. (Antibiotics and Chemotherapy **12**, 55—64, 1962; Birmingham, Ala:, Southern Res. Inst., Kettering-Meyer Labor.; engl.) — In Verss. mit *Escherichia coli, Streptococcus faecalis* u. *Bacillus subtilis* wird gezeigt, daß *Porfiromycin* hemmend auf den Purinstoffwechsel einwirkt. Mit Mitomycin C besteht Kreuzresistenz. P. Gregorszewski 4340◇

1186 **Phenylketonurie.** 1. Mitt. **Bewertung der mikrobiologischen Prüfung auf Serum-L-Phenylalanin.** William P. Boger und John J. Gavin. (J. Lab. clin. Med. **60**, 695—99, 1962; Norristown, Pa., Montgomery Hosp., Dep. of Res. Therap.; engl.) — Die mikrobiolog. Best. von *L-Phenylalanin* im Serum unter Verw. von *Leuconostoc mesenteroides P* 60 (ATCC 8042) als Testorganismus erbringt als einfache u. ökonom. Meth. Ergebnisse, die gut mit den Werten der chem. Meth. (La Du u. Michael, ibid. **54** [1960], 491.) übereinstimmen. U. Tausendfreund 4360◇

1187 **Ein neuer Typ eines, durch chemische Koppelung von Mycobacterium tuberculosis und γ-Globulin induzierten Antigens.** L. Forró und Gy. Kocsis. (Experientia [Basel] **18**, 553—54, 1962; Szeged, Univ., Med. School, Dep. of Dermatol.; engl.) — Nach chem. Koppelung von menschlichem *γ-Globulin* (**I**) an humanpathogene, virulente *Mycobacterium tuberculosis*-Stämme (mit Hilfe der Pauly-Diazo-Rk.) büßen die Mycobacterien ihre Virulenz ein. Bei Kaninchen u. Meerschweinchen kann durch Injektion der gekoppelten Bakterien Antikörper-Bldg. gegenüber **I** als auch gegenüber den Mycobacterien erzielt werden. Durch **I** wird das Allergisierungsvermögen der Mycobakterien gesteigert. U. Tausendfreund 4370◇

1188 **Anwendung von Fluoresceinisothiocyanat für die Markierung der Antikörper.** M. M. Ogijewetzkaja-Pischtschurina, G. I. Michailow, N. M. Kosstnikowa und Je. A. Kabanowa. (Nachr. Akad. Wiss. UdSSR, biol. Ser. **28**, 441—44, 1963; Inst. für biol. Physik der Akad. der Wiss. der UdSSR; russ., Auszug: engl.) — Vff. beschreiben eine Meth. zur Gewinnung von *Fluoresceinisothiocyanat* (**I**), die Konjugation von **I** mit der Globulinfraktion des Serums u. die Eigg. der luminescierenden Antikörper in Abgängigkeit von der Art der Konjugation. Die Konjugation wird in der Salz-Lsg. bei pH 9 durchgeführt. Hierbei erfolgt, im Gegensatz zur Anwendung von Aceton, fast keine Denaturierung, so daß der Titer des Antikörpers im Vgl. zum Ausgangsglobulin sich fast nicht verändert. Durch die geringere Schädigung des luminescierenden Serums wird die Empfindlichkeit der Meth. erhöht. O. Lebtag 4370△

1189 **Eine Untersuchung der Physiologie von Pithomyces chartarum (Berk. u. Curt.) M. B. Ellis.** 3. Mitt. **Toxinerzeugung auf einigen Laboratoriumsmedien.** D. J. Ross und R. H. Thornton. (New Zealand J. Sci. **5**, 165—83, 1962; Wellington, Dep. of Sci., and Indust. Res., Soil Bureau; engl.) — 1. u. 2. vgl. ibid. **3**, [1960], 15 u. 441. — *Pithomyces chartarum* (Berk. u. Curt.) M. B. Ellis, Stamm B, erzeugte in Kartoffel–Möhrenextraktmedium (bes. bei 20° u. in anfänglich saurem Medium) u. in verschiedenen synthet. Medien *Toxin* (**I**). Die **I**-Bldg. wurde durch Aminosäuren an Stelle von NH_4^+ oder NO_3^- als N-Quelle gefördert. K. Zingraf 4370◇

1190 **Eine Untersuchung der Physiologie von Pithomyces Chartarum (Berk. u. Curt.) M. B. Ellis.** 4. Mitt. **Der Einfluß der Temperatur und Inkubationsdauer auf die Erzeugung von Sporidesmin in einem Kartoffel–Möhrenextrakt-Medium.** D. J. Ross. (New Zealand J. Sci. **5**, 246—52, 1962; engl.) — 3. vgl. vorst. Referat. — Die Bldg. von *Sporidesmin* durch stark sporenbildende Stämme von *Pithomyces chartarum* (Berk. u. Curt.) M. B. Ellis war bei 20° am stärksten u. bei 28° sehr gering. K. Zingraf 4370◇

1191 **Antivirusmittel und lytische Wirkung von Bakteriophagen.** D. Parvis. (Arch. ital. Sci. farmacol. [3] **12**, 200—05, 1962; Milano, Ist. De Angeli, Labor. Ric.; ital.) — Die lyt. Wrkg. der Bakteriophagen Anti-Coli T 1 u. Anti-Shigella L 3 auf die homologen Erreger wurde durch 2 neue Antivirusmittel, nämlich *p-[α-Äthoxy-p-phenylphenacylamino]-benzoesäure* (*Xenalamin*) u. *N.N'-Anhydro-bis-[hydroxyäthyl]-biguanidhydrochlorid* (*Flumidin, Virugon*) nicht beeinflußt. K. Zingraf 4374◇

1192 **Die Mengen organischer Säuren in Tabakmosaikvirus-infizierten Tabakblättern nach Flotation auf Wasser oder verschiedenen organischen Säuren.** Takeshi Taniguchi. (Virology **17,** 40—43, 1962; Anjyo, Japan, Nagoya Univ., Fac. of Agric., Plant Pathol. Labor.; engl.) — Tabakblätter wurden teils auf der Oberseite, teils auf der Unterseite mit Tabakmosaikvirus (TMV) beimpft, dann ließ man die Blätter mit ihrer Unterseite flotieren auf *W.*, *Succinat, Malat* oder *Acetat.* Überdies wurden die Blätter die ganze Zeit mit fluorescierenden Lampen bei 25° beleuchtet. Dann wurden die Mengen *Bernsteinsäure, Äpfelsäure* (**I**), *Citronensäure* u. *Fumarsäure* in den Geweben gemessen (mittels Anionen–Kationaustauscherharzen). Auf W. zeigte sich nach 1 Tag keine Veränderung, wohl aber nach Succinat bzw. Malat; hier fand sich eine Erhöhung des **I**-Gehaltes. Die höhere **I**-Menge fand sich nur bei Impfung mit TMV auf der unteren Fläche der Blätter. M. Schönberg 4374◇

1193 **Nucleinsäure-Gehalte von Viren.** A. C. Allison und D. C. Burke. (J. gen. Microbiol. **27,** 181—94, 1962; London, Nat. Inst. for Med. Res.; engl.) — Vff. bestimmen den Nucleinsäure-Geh. gereinigter Suspensionen von *Mäuse-Pneumonitis-Organismen, Pockenvirus, Adenovirus* Typ 5, Tipula's *Regenbogenvirus* u. *Myeloblastosis*-Virus. Aus diesen u. bereits von anderen Autoren veröffentlichten Ergebnissen werden die abs. Nucleinsäuremengen einzelner Virus-Partikel berechnet u. tabellar. vorgelegt. P. Gregorzewski 4374◇

1194 **Entwicklung der freien Nucleotide und der Nucleinsäuren in den Blättern von Brassica chinensis bei Infektion mit dem Gelbrübenmosaikvirus (turnip yellow mosaic).** Léon Hirth, Elisabeth Ittel, Colette Richard und Paul Mandel. (C. R. hebd. Séances Acad. Sci. **255,** 3217 bis 3219, 1962; Strasbourg-Cronenbourg, Centre de Rech. nucléaires, Dep. des Applications biol.; franz.) — Markierungsverss. mit ^{32}P zeigten, daß bei der Infektion von chines. Kohl mit dem Gelbrübenmosaikvirus die Virus-Ribonucleinsäure mindestens teilweise über neugebildete freie Nucleotide synthetisiert wird. Ferner wird in den infizierten Pflanzen eine Menge Ribonucleinsäure gebildet, die die der Virus-Nucleinsäure weit übertrifft. M. Wiedemann 4374◇

1195 **Beziehung zwischen Virus-Ribonucleinsäure und Virus-Protein-Synthese.** Eberhard Wecker, Klaus Hummeler und Otmar Goetz. (Virology **17,** 110—17, 1962; Philadelphia, Pa., Univ. of Pennsylvania, Med. School; Children's Hosp. of Philadelphia, Virus Labor.; engl.) — *P-Fluorphenylalanin* (FPA; 5—10 μg/ccm) hemmt die Bldg. von Encephalomyelitis- u. Poliomyelitis-Virus. Für die Hemmung der entspr. *Ribonucleinsäure* (RNS) sind weit höhere Dosen nötig. Mittels fluorescierender Antikörper wurde gefunden, daß die Bldg. von Virus-Antigenen u. Virus-RNS in paralleler Weise durch FPA verhindert wird. Möglicherweise ist die Bldg. der RNS abhängig von der Bldg. des Virusproteins. M. Schönberg 4374◇

1196 **Über die Trennung von Poliovirus-Ribonucleinsäure von cellulärer Ribonucleinsäure.** C. H. Andrewes. (Virology **17,** 219—21, 1962; Hamburg, Stiftung z. Erforsch. d. spinalen Kinderlähmung u. d. Multiplen Sklerose, Labor.; engl.) — Aus Poliovirus-infizierten Amnionzellen wurde celluläre *Ribonucleinsäure* (RNS) chromatographiert. Aus der Säule wird die infektiöse RNS später eluiert. Die Trennung von cellulärer u. infektiöser RNS ist qual. u. quant. abhängig von der Temp. der Kolonne. Es gelang auf diese Weise durch Rechromatographie auch die Trennung von infektiöser RNS aus ^{32}P-markiertem Virus u. unmarkierter cellulärer RNS. M. Schönberg 4374◇

1197 **Das Fehlen phosphorylierter Kettenenden an Tabakmosaikvirus-Ribonucleinsäure.** H. Fraenkel-Conrat und B. Singer. (Biochemistry [Washington] **1,** 120—28, 1962; Berkeley, Calif., Univ. of California, Virus Labor.; engl.) — Es konnte nachgewiesen werden, daß weder die endständige 5'- noch die endständige 2'(3')-Position der Tabakmosaikvirus-*Ribonucleinsäure*-Kette eine Phosphat-Gruppe trägt. U. Tausendfreund 4374◇

1198 **Experimentelle Untersuchungen über mit Einwirkung von Kupferionen hergestellte Rabiesvaccine. Beiträge zum Mechanismus der Umwandlung des pathogenen Virus in immunogenes Virus unter Einwirkung von Kupfer.** St. S. Nicolau, N. Drăgănescu, N. I. Ionescu, V. Boeru und Cien Tín Huai. (Studii Cercetări Inframicrobiol. [București] **12,** 193—203, 1961; Acad. R. P. R., Inst. de inframicrobiol.; rum.) — Bei Zusatz von 0,06%ig. Lsg. von $Cu(NO_3)_2$ in Ringer-Lsg. wird das Tollwutvirus inaktiviert, die immunogenen Eigg. bleiben jedoch erhalten. Cu ist im Protein u. in der *Nucleinsäure* (**I**) des Virus nachweisbar. Da in der **I**-Komponente Spuren von Aminosäuren gefunden werden, erscheint es möglich, daß Cu an Aminosäure gebunden ist. R. K. Müller 4374◇

1199 **Wirkungen von Sulfhydryl-Reagentien auf die Infektiösität von einigen Viren.** A. C. Allison, F. E. Buchland und C. H. Andrewes. (Virology **17,** 171—75, 1962; London, Nation. Inst. Med. Res.; engl.) — Die Sulfhydrylreagentien *p-Chlormercuribenzoat* u. *Jodoacetamid* reduzieren die Infektiosität von Pleuropnomonia- u. Psittacosis-Lymphogranulom-Organismen u. die meisten Gruppen von Viren. Einige, wie die A-Arborviren waren vollkommen resistent, andere wie Polioviren, wurden in verschiedenem Grade inaktiviert. M. Schönberg 4374◇

1200 **Beobachtungen über die Inaktivierung von Viren durch Sulfhydryl-Reagentien.** A. C. Allison. (Virology **17,** 176—83, 1962; London, Nation. Inst. Med. Res.; engl.) — Die Inaktivierung durch Sulfhydryl-Reagentien scheint 1. Ordnung zu sein u. verläuft proportional der Konzentration. Die Inaktivierung durch *Quecksilberchlorid* (**I**), *p-Chlormercuribenzoat* u. *Merthiolat* ist weitgehend rückgängig zu machen mit *L-Cystein* u. *reduziertem Glutathion.* Die Sulfhydryl-Reagentien beeinflussen nicht das primäre Anhaften der Viren an den Wirt, aber es scheint, daß sie die Umhüllung vor der Vermehrung des Virus verhüten. Bei I scheint das Virus nicht mehr vom Antikörper neutralisiert zu werden. M. Schönberg 4374◇

1201 **Die Hemmung der Pflanzenvirus-Vermehrung in 2 Wirtsspecies durch 2-Thiouracil.** R. I. B. Francki. (Virology **17,** 1—8, 1962; New Zealand, Auckland, Univ. of Auckland, Bot. Dep.; Dep. of Sci. and Ind. Res., Plant Dis. Div.; engl.) — *2-Thiouracil* (**I**) erzeugte eine bedeutende Reduktion der Tabakmosaikvirus-Vermehrung in frühen Stadien der Infektion. Bei gleichzeitiger Anwendung von **I** u. *Uracil* war die Wirkung nur eine teilweise. M. Schönberg 4374◇

1202 **Die Infektiosität von Tabakmosaikvirus aus Tabakblättern nach Thiouracil-Behandlung.** R. I. B. Francki. (Virology **17,** 9—21, 1962; engl.) — Vgl. auch vorst. Referat. — Wenn Tabakmosaikvirus-infizierte Pflanzen in *2-Thiouracil* (**I**) gezüchtet werden wird die Virus-Synth. gehemmt u. die Infektiosität sinkt um 80%. Die **I**-Wrkg. erfolgt über die *Ribonucleinsäure.* M. Schönberg 4374◇

1203 **Beziehung zwischen der Einlagerung von 2-Thiouracil in Tabakmosaikvirus-Nucleinsäure und der Virushemmung.** R. I. B. Francki und R. E. F. Matthews. (Virology **17,** 22—29, 1962; New Zealand, Auckland, Univ. of Auckland, Bot. Dep.; Dep. of Sci. and Ind. Res., Plant Dis. Div.; engl.) — Vgl. auch vorst. Referate. — In der *Ribonucleinsäure* (RNS) von Tabakmosaikvirus-infizierten Tabakblättern wurde bei der Behandlung mit *2-Thiouracil* (**I**) nur Thiouridylsäure eingelagert, kein 2-Thiouridin oder Thiouridin-3'(2').5'-diphosphat. In der Ultrazentrifuge unterschied sich diese RNS nicht von normaler. Es wurde nur nach **I**-Behandlung eine 50—80%ig. Abnahme der Infektiosität bei RNS im Virus festgestellt. M. Schönberg 4374◇

1204 **Die Struktur von Bacteriophage R.** D. Kay. (J. gen. Microbiol. **27,** 195—200, 1962; Univ. of Oxford,

Sir William Dunn School of Pathol., British Empire Cancer Campaign Unit for Virus Res.; Univ. of Edinburgh, Dep. of Zool.; engl.) — Auf Grund elektronenmkr. Aufnahmen gelangt Vf. zu einer eikosaedr. Struktur mit einem extrem kleinen Schwanz.

P. Gregorzewski 4374◇

1205 **Elektronenspinresonanzen in Bakteriophagen, lebend, tot und bestrahlt.** A. Müller, G. Hotz und K. G. Zimmer. (Biochem. biophysic. Res. Commun. **4**, 214 bis 17, 1961; Karlsruhe, Kernforschungsz entrum, Inst. für Radiobiol.; engl.) — Die Elektronenspinresonanzspektren für *Escherichia coli* Phagen T_1 u. T_2 werden unter verschiedenen Bedingungen aufgenommen. Aus d. Absorption wird gefunden, daß $10^{18}-10^{19}$ unpaare Elektronen/g der Phage anwesend sind. Phage T_1 überlebt zu einem hohen Prozentsatz den Prozeß der Reinigung, Vakuumtrocknung u. Verpressung, Phage T_2 überlebt diese Prozedur kaum. Die Spektren verschwinden vollständig u. irreversibel bei trockenem Erhitzen der Phagen auf über 200°. Das Verh. der Phagen bei Bestrahlung wird mit u. ohne Cystamin untersucht.

A. Gabert 4374◇

1206 **Über die Zwischenwirkung von Adsorptions-Cofaktoren mit den Bakteriophagen T_2 und T_4.** S. Brenner, S. P. Champe, G. Streisinger und L. Barnett. (Virology **17**, 30—39, 1962; Cambridge, Univ., Medic. Res. Council Unit for Molec. Biology, Cavendish Labor.; engl.) — Es ist bekannt, daß der Bakteriophage T_4 *L-Tryptophan* zur Adsorption an den Bakterienwirt braucht. Wenn T_4 mit ion. *Cadmiumcyanid* inkubiert wird, kann er auch ohne Tryptophan an dem Bacterium adsorbieren. Ähnliche Unterss. wurden mit den Phagen T 2 H gemacht. Hier wirkt *Indol* hemmend bei der Adsorption an Bakterien. M. Schönberg 4374◇

1207 **Der Einfluß einer Substanz aus Escherichia coli B auf die Empfindlichkeit des Phagen T 2 gegen Kaliumpermanganat.** H. Kubiński. (Bull. Acad. polon. Sci., Sér. Sci. biol. **8**, 275—79, 1960; Warsaw, School of Med., Dep. of Microbiol., Labor. of Virol.; engl.) — Eluate von *Escherichia coli* B, die durch Waschen mit heißer NaCl-Lsg. gewonnen wurden, bewirkten keine irreversible Inaktivierung des Phagen T 2, erhöhten aber seine Empfindlichkeit gegen $KMnO_4$; diese nahm jedoch später wieder ab. K. Zingraf 4374◇

E_4. Pflanzenchemie, Pflanzenphysiologie, Pflanzenpathologie

1208 **EPR-Untersuchungen an Phycomyces-Thalli.** W. Brucker, H. G. Thom und Cl. Nicolau. (Arch. Sci. [Genève] **14(166)**, 184—87, 1961; Berlin-Buch, D. Akad. der Wiss., Inst. für Med. u. Biol. Arbeitsbereich Physik; dt.) — Getrocknete u. zerkleinerte Pilze *Phycomyces blakesleeanus* wurden in W., A. (95%), Bzl. oder Dimethylsulfoxyd gelöst, unter verschiedenen Bedingungen getrocknet u. erneut in einem Lsgm. aufgenommen. Man erhält mit den bei Ggw. von Luft oder nach Trocknung im Vakuum oder N_2 wieder unter Luftzutritt aufbewahrten u. gemessenen Proben ein EPR-Signal mit $\Delta H\ ^1/_2 =$ 10 Gauß, g-Faktor = 2 u. einer Intensität von 10^{17} u. Sp./g. Dasselbe wird beobachtet bei Ggw. von Cystein, Propylgallat, N-Acetylhomocysteinthiolacton, S-β-Aminoäthylisothiuroniumbromidhydrobromid, Na-Diäthyldithiocarbamat, Thioctsäure, Thioharnstoff u. a. Ein Löscheffekt findet sich bei Ggw. von Ascorbinsäure u. Hydroxylamin. Das beobachtete Signal wird auf Oxydation bei Ggw. von Luftsauerstoff zurückgeführt.

W. Reusse 4400◇

1209 **Bereitung, Analyse und Ergänzung von Nährlösungen.** Wilfried Hiller. (Wiss. Z. Humboldt-Univ Berlin, math. naturwiss. R. **11**, 523—26, 1962; Berlin-Köpenick, Humboldt-Univ. zu Berlin, Inst. für Zierpflanzenbau; dt.) — Vf. empfiehlt für Zierpflanzen eine Nährlsg. aus *Diammoniumphosphat*, KNO_3, NH_4NO_3 (techn. Salze) u. *Superphosphat*. Zur Ergänzung der Nährlsg. sind vom Vf. Schnellteste entwickelt worden, die innerhalb der geforderten Genauigkeitsgrenzen eine quant. Analyse der Nährlsg. auf PO_4^{3-}, NO_3^-, NH_4^+ u. K^+ gestatten. Die Best. von PO_4^{3-} erfolgt mit NH_4-Molybdat, K-Bisulfit u. Hydrochinon, die von NO_3^- mit Sulfanilsäure + α-Naphthylamin nach Red. des NO_3^- zu NO_2^- mit Zn. NH_4^+ wird mit Neßlers Reagens bestimmt u. K^+ mit Perchlorsäure oder Kalignost. Hinweise für Ergänzungsmöglichkeiten von Nährlsgg. werden gegeben. W. Hiller 4400◇

1210 **Zur Vergleichbarkeit strahlenphysiologischer Untersuchungen an höheren Pflanzen.** 2. Mitt. T. von Kreybig. (Atompraxis **9**, 95—98, 1963; Wien, Univ., Pflanzenphysiolog. Inst.; dt.) — In der Strahlenbiologie ist für den Vgl. der Strahlenwrkg. an verschiedenen Arten die Beachtung mehrerer Bedingungen unerläßliche Voraussetzung. Bei der Kategorisierung der Strahlen-Wrkg. in Pflanzen gelten als Primäreffekte: 1. effektive biochem. u. physikochem. Veränderungen, 2. durch 1. bedingte bzw. strukturell festgelegte Potenzen der einzelnen Zellen, Gewebe, Organe oder des gesamten Organismus u. 3. erbliche Veränderungen. Beim Vgl. von Strahlenrk. u. Strahlenresistenz muß die Beziehung zwischen Dosis u. Effekt näher untersucht u. zwischen primären (Veränderungen während der Bestrahlungszeit) u. sekundären Wrkg. (biolog. Geschehen nach der Bestrahlung unterschieden werden. Erst bei Beobachtung aller angeführten Punkte ist ein Vgl. der Strahleneffekte bei verschiedenen Arten möglich. U. Drehmann 4404◇

1211 **Die Bedeutung des Genotypus für die Regelung der Speicherung von Strontium-89 in Pflanzen.** D. C. Rasmusson, L. H. Smith und W. M. Myers. (Nature [London] **198**, 1008, 1963; St. Paul, Minn., Univ., Dep. of Agron. and Plant Genetics; engl.) — Sechs Varietäten von Gerste u. Weizen wurden in verschiedenen Bodenarten mit einem Geh. von 25 μc ^{89}Sr pro 4 lb gezogen. Später wurden Stengel, Blätter u. Körner getrennt verascht u. mittels Geigerzähler auf ihren Geh. an ^{89}Sr untersucht. In allen Fällen trat in den Blättern der höchste, im Korn der geringste Anteil auf. Bezogen auf 1 g Trokkensubstanz beträgt der Geh. im Korn etwa 3% desjenigen in den Blättern. Ungeachtet dieser allg. Feststellung zeigen die einzelnen Varietäten unterschiedliche Speicherung. Die Bedeutung dieser Feststellungen für die Aufnahme von ^{89}Sr durch die Nahrung in den menschlichen oder tier. Organismus wird erörtert.

W. Reusse 4404◇

1212 **Untersuchungen über Anreicherung und Verteilung von Rubidium in Gerstenkeimpflanzen.** L. E. Lisanti und U. Marckwordt. (Atompraxis **9**, 92—95, 1963; Hannover, Landwirtschaftl. Forschungsanstalt, Büntehof; dt.) — An 7 Tage alten Gerstenkeimpflanzen durchgeführte Unterss. über die Verteilung u. die Anreicherung von ^{86}Rb, das in verschiedenen Kationenmisch-Lsgg. angeboten wurde, zeigten, daß *Ca* u. *Mg* in Abhängigkeit von der Konz. die Rb-Anreicherung beträchtlich förderten, während NH_4^+ Konz.-unabhängig negativ wirkte. Ein ansteigendes Rb-Angebot führte zu einer starken Verminderung von dessen Anreicherung. Ca-Einfl. reicherte Rb in Sproß u. Wurzel gleichmäßig an, Mg beeinflußte die Wurzel auf Kosten des Sprosses, NH_4^+ verursachte eine leichte Förderung des Rb-Transportes in den Sproß u. hemmte gleichzeitig die Rb-Anreicherung in der Wurzel. Vf. nimmt an, daß die untersuchten Kationen ihre Wrkg. in einer Mischlsg. nur teilweise kompensieren u. daß die Einfl. der einzelnen Kationen nicht in jedem Fall spezif. entgegengesetzt sind. U. Drehmann 4410◇

1213 **Untersuchungen von Kieselsäure in der Haferpflanze. 1. Mitt. Chemische und physikalische Eigenschaften von Kieselsäure.** L. H. P. Jones und A. A. Milne. (Plant and Soil [The Hague] **18**, 207—20, 1963; Melbourne, Univ., School of Agricult., Div. of Plant Industry, C. S. I. R. O.; engl.) — Vff. untersuchen die Eigg. der *Kieselsäure* nach verschiedenen Veraschungsverfahren. 1. Trockene Veraschung (Veraschung der Pflanzensubstanz bei 450 oder 550°, Unlöslichmachen von SiO_2 mit HCl). 2. Nasse Veraschung (Zerstören der organ. Pflanzensubstanz mit HNO_3 u. $HClO_4$, Abscheiden von unlösl. SiO_2 mit HCl). Das nach Meth. 1 erhaltene SiO_2 enthält Kohlenstoff u. größere Mengen Na, K, Ca, Mg, Mn u. Fe im Vgl. zu dem nach Meth. 2 erhaltenen. Das nach Meth. 2 erhaltene SiO_2 ist stärker hydratisiert, es

repräsentiert besser das in der Pflanze enthaltene feste SiO_2, alles liegt als Opal vor, u. es besitzt eine Oberfläche von 14,4 m^2/g. Die Oberfläche des nach Meth. 1 (450°) erhaltenen SiO_2 beträgt 1,3 bzw. (550°) 2,6 m^2/g, ein Teil des Opals ist zum Cristobalit geworden, wie Strukturunterss. mit Röntgenstrahlen ergaben.
W. Hiller 4410◇

1214 **Isolierung und Charakterisierung eines komplexen Polysaccharids aus gealtertem Burley-Tabak.** H. E. Wright, jun., W. W. Burton und R. C. Berry jun. (Phytochemistry **1,** 125—29, 1962; Richmond, Va., Amer. Tobacco Comp., Dep. of Res. and Development; engl.) — Vff isolieren aus der nicht dialysierbaren Fraktion eines wss. Extraktes von Tabakblättern ein *lösl. Polysaccharid* (**I**), das nach Hydrolyse (0,1 n HCl) auf papierchromatograph. Wege als Ca–Mg-Salz einer aus *Glucuronsäure* (21,0%), *Galaktose* (37,2%), *Arabinose* (25,7%) u. *Rhamnose* (15,6%) (Molverhältnis: 1:2:2:1) bestehenden komplexen Verb. charakterisiert wird u. 0,9% des Trockengew. der Blätter ausmacht. Als Nebenkomponente wird *Hydroxyprolin* nachgewiesen, ferner werden geringere Mengen an *Lysin, Asparaginsäure, Glutaminsäure, Serin, Glycin, Threonin, Alanin, Valin, Leucin* u. *Isoleucin* gefunden.
P. Fahrnlaender 4420◇

1215 **Die Isolierung einer repräsentativen Lignin-Fraktion aus Holz- und Strohmehlen.** J. M. Pepper und P. D. S. Wood. (Canad. J. Chem. **40,** 1026—28, 1962; Saskatoon, Saskatchewan, Univ., Dep. of Chem.; engl.) — Nach einer von Pepper und Siddiqueullah beschriebenen Meth. wird der Ligningeh. von 15 verschiedenen Materialien bestimmt u. mit dem Klason-Ligningeh. verglichen. Die Werte unterscheiden sich teilweise um den Faktor 2.
A. Gabert 4420◇

1216 **Chromatographische Bestimmung von Glutaminsäure in einigen auf den Philippinen als Nahrungsmittel verwendeten Bohnen und Nüssen.** Luz Ll. Cosme, Lourdes O. Lacebal und Violeta P. Arida. (Philippine J. Sci. **90, 447**—56, 1961; Manila, Nat. Inst. of Sci. and Technol.; engl.) — Vff. beschreiben eine quant. Meth. zur Best. von *Glutaminsäure* (**I**) in pflanzlichem Eiweiß. Nach Hydrolyse des Proteins mit 30%ig. Salzsäure wird das Hydrolysat über eine Ionenaustauschersäule gegeben. Die Best. von **I** erfolgt durch modifizierte Formoltitration nach Soerensen. Zahlreiche einheim. pflanzliche Nahrungsmittel werden auf ihren Eiweiß-, **I**- sowie Wasser- u. Fettgeh. untersucht. Bei wasser- u. fettfreien Proben liegt der **I**-Geh. zwischen 3,4 u. 7,9%, bei lufttrockenen Proben zwischen 0,18 u. 4,7%. Erdnüsse u. Sojabohnen zeigen den höchsten **I**-Gehalt.
D. Groß/Halle 4420◇

1217 **Eine radiochemische Methode zur Bestimmung des Sulfhydryl-Disulfid-Verhältnisses in Weizengluten.** C. C. Lee und E. R. Samuels. (Canad. J. Chem. **40,** 1040—42, 1962; Saskatoon, Saskatchewan, Univ., Dep. of Chem.; engl.) — *S-[N-Äthylsuccinimido]-L-cystein* (**I**), ein Addukt aus *L-Cystein* u. *N-Äthylmaleinsäureimid* (NEM), kann als Träger für die Best. der relativen Mengen von Sulfhydryl- u. Disulfidgruppen in ^{35}S-haltigen Proteinen dienen. Da etwas unverändertes **I** aus dem Säurehydrolysat nach der Hydrolyse der Peptidbindungen wiedergewonnen werden kann, wenn man ein ^{35}S-Protein (Injektion von $^{35}SO_4^{2-}$ in Weizenpflanzen 20 Tage vor der Ernte u. Isolierung des Glutens) mit NEM zur Rk. bringt u. dann hydrolysiert, ergeben alle Sulfhydrylgruppen, die ursprünglich als Cysteinreste vorhanden waren, eine Erhöhung an ^{35}S-markiertem **I**, das dann mit Hilfe von gewöhnlichem **I** als Träger isoliert werden konnte. **I** wird von Cystin u. Methionin papierchromatographisch (zweidimensional; Laufmittel 1: n-Butanol-Pyridin, Essigsäure, Wasser 30:20:6:24; Laufmittel 2: wassergesättigtes Phenol) in absteigender Technik getrennt, die Flecken mit Ninhydrin sichtbar gemacht. Die Auswertung erfolgte an Hand der Radioaktivität der Flecken.
A. Gabert 4420◇

1218 **Chemische Untersuchung des ätherischen Öls von Nardostachys jatamanshi.** G. R. Chaudhry und V. N. Sharma und K. N. Kaul. (J. sci. ind. Res. [New Delhi], Sect. **B 17,** 473—74, 1958; Lucknow, Nat. Bot. Gardens; engl.) — Das äther. Öl, n^{34} = 1,4990, $[\alpha]^{34}$ + 31°, wird fraktioniert u. die Fraktionen getrennt untersucht. *Fraktion 1*, $Kp._4$ 106—108°, liefert nach Verseifung *Isovaleriansäure* u. einen *Alkohol, p-Nitrobenzoat*, F. 207°, *3.5-Dinitrobenzoat*, F. 229°. *Fraktion 2*, $Kp._4$ 116—125°, liefert die gleichen Derivv. wie der Alkohol der Fraktion 1, *p-Nitrobenzoat*, F. 209, *3.5-Dinitrobenzoat*, F. 228°. *Fraktion 3*, $Kp._4$ 130—150°, besteht aus einem KW-Stoff, $C_{15}H_{24}$, mit 2 Doppelbindungen. — Nach 15std. Erhitzen des äther. Öls mit Se-Pulver, kann das gleiche Azulen isoliert werden, das auch aus Jatamanshsäure erhalten wird, *Trinitrobenzoat*, F. 134°, *Trinitrotoluol-Deriv.*, F. 59°.
P. Gregorzewski 4420◇

1219 **Untersuchungen über Aromastoffe.** 4. Mitt. **Verfahren zur Isolierung der flüchtigen Inhaltsstoffe aus Erdbeeren und Himbeeren.** M. Winter, E. Palluy, M. Hinder und B. Willhalm. (Helv. chim. Acta **45,** 2186—95, 1962; Geneve, Firmenich Cie., Labor. de Rech.; dt.) — 3. vgl. C. **1961,** 9085. — Mittels einer bes. Ganzglas-App. (vgl. Original) wird aus Erd- u. Himbeeren durch Dampf-Dest. im Vakuum unter N_2, Extraktion des Destillats mit Ae. bei 1—3° unter N_2 im Dunkeln in einer Spezial-App. u. Abdest. des Ae. das Gemisch der *flüchtigen Aromastoffe* isoliert. Die Ausbeute beträgt 0,005—0,01 bzw. 0,002—0,003‰ bezogen auf frische Beeren.
F. Heller 4420◇

1220 **Untersuchungen über Aromastoffe.** 5. Mitt. **Analyse der Aromastoffe aus Himbeeren.** 1. Mitt. **Die Konstitution der flüchtigen Carbonylverbindungen.** M. Winter und E. Sundt. (Helv. chim. Acta **45,** 2195—2211, 1962; franz.) — 4. vgl. vorst. Referat. — Aus dem Dampfdestillat von Himbeeren werden die Carbonyl-Verbb. als Gemisch der *2.4-Dinitrophenylhydrazone* (DNP) abgeschieden u. durch Chromatographie an Kieselgur/Bentonit getrennt. Die Identifizierung erfolgt papierchromatograph. u. z. T. durch direkten Vgl. der isolierten DNP mit authent. Verbindungen. — *Diacetyl-bis-DNP*, F. > 300° (Zers.), ist wahrscheinlich ein Artefakt; R_F 0 (Dimethylformamid/Dekalin). — *Acetoin-DNP*, $C_{10}H_{12}N_4O_5$, F. 107—109°, aus verd. A. orangefarben; R_F 0,05; gibt mit Dinitrophenylhydrazin u. Mineralsäure in A. vorst. DNP — *Acetaldehyd-DNP*, F. 165—166° (Chlf./Hexan); R_F 0,20. — *Acrolein-DNP*, F. 155—161° verd. (A.); R_F 0,20. — *Aceton-DNP*, F. 123—125°; R_F 0,33. — *Propanal-DNP*, F. 148—155°; R_F 0,34. — *Crotonaldehyd-DNP*, R_F 0,34; Artefakt. — *Pentanon-(2)-DNP*, F. 138—142°; R_F 0,59. — *Hexanal-DNP*, F. 102°; R_F 0,65. — *Δ^2-Hexenal-DNP*, F. 146—148°, entsteht wahrscheinlich durch Isomerisierung nachst. Verb.; aus Bzl./Hexan, rot; R_F 0,55. — *cis-Δ^3-Hexenal-DNP*, $C_{12}H_{14}$·N_4O_4, F. 99—101°, aus Bzl. gelb; R_F 0,53; gibt beim Erwärmen mit Säure vorst. Verbindung. — *trans-Δ^2-Pentenal-DNP*, F. 159—163°, aus verd. A. rot; R_F 0,45. — *β.β-Dimethylacrolein-DNP*, $C_{11}H_{12}N_4O_4$, F. 185,5 bis 187°, rot; R_F 0,37. — *DNP vom R_F 0,76*, nicht identifiziert. — *(+)-α-Ionon-DNP*, $C_{19}H_{24}N_4O_4$, F. 128,5 bis 130,5°; $[\alpha]_D^{22}$ + 476° (Bzl.); R_F 0,90. — *β-Ionon-DNP*, $C_{19}H_{24}N_4O_4$, F. 127—128,5°, durch Trennung von vorst. Verb. an Perlon; R_F 0,90.
F. Heller 4420◇

1221 **Untersuchungen über Aromastoffe.** 6. Mitt. **Analyse der flüchtigen Aromastoffe aus Himbeeren.** 2. Mitt. **Alkohole.** E. Sundt und M. Winter. (Helv. chim. Acta **45,** 2212—18, 1962; franz.) — 5. bzw. 1. vgl. vorst. Referat. — Aus dem von Carbonyl-Verbb. befreiten flüchtigen Öl aus Himbeeren werden die Alkohole durch Verestern mit 3.5-Dinitrobenzoylchlorid/Pyridin abgetrennt u. das Gemisch der *Dinitrobenzoate* (DNB) chromatograph. an Kieselgur/Bentonit getrennt. Isoliert werden: *Δ^1-Pentenol-(3)-DNB* ($C_{12}H_{12}N_2O_6$, F. 67,5—69,5°), *Geraniol-DNB, cis-Δ^3-Hexenol-(1)-DNB* ($C_{13}H_{14}N_2O_6$, F. 48 bis 49°), *Hexanol-(1)-DNB* ($C_{13}H_{16}N_2O_6$, F. 55,5 bis 58°), *3-Methyl-Δ^3-butenol-(1)-DNB* (F. 56—56,5°), *3-Methyl-Δ^2-butenol-(1)-DNB, Pentanol-(1)-DNB* (F. 41 bis 42,5°), *Butanol-(1)-DNB* (F. 63—68°), *trans-Δ^2-Butenol-(1)-DNB* (F. 64—65°), *Äthanol-DNB* ($C_9H_8N_2O_6$, F. 91,5 bis 93°), *Methanol-DNB* (F. 105—107°). Als Artefakt wird daneben *2-Acetoxypropanol-(1)-DNB* ($C_{12}H_{12}N_2O_8$,

F. 75,5–78°) erhalten. Die Identifizierung erfolgte durch direkten Vgl. mit authent. Verbindungen.

F. Heller 4420◇

1222 **Untersuchungen an der Labiate Lavandula stoechas L.** 1. Mitt. S. Fazal Hussain und Georg Hahn. (Pakistan J. sci. ind. Res. **3**, 137–42, Juli 1960; Karachi, Chem. Res. Div., Central Labor., Pakistan Council of Scient. and Ind. Res.; engl.) — Getrocknete oberird. Teile von *Lavandula stoechas* L. werden elfmal mit PAe. extrahiert, die PAe.-Extrakte im Vakuum eingeengt u. auf eine Aluminiumoxid-Säule gegeben. Die Elution erfolgt nacheinander mit PAe., Bzl., Essigsäureäthylester u. Chloroform. Folgende Substanzen werden isoliert: 1. ein wahrscheinlich mit n-Nonacosan ident. gesättigter KW-Stoff, $C_{27}H_{56}$, $C_{28}H_{58}$ oder $C_{29}H_{60}$, F. 61–63° (Aceton); Harnstoffeinschlußverb. F. 132–134°. 2. *D-Campher*, F. 172–173°, $[\alpha]_D^{21}$ + 43° (1%ig. A.). 3. drei bisher unbekannte Sterine. Sterin A, $C_{22-23}H_{32-34}O_2$, F. 204–205°, $[\alpha]_D^{29}$: +39,6° (0,5%ig. Chlf.). Sterin B, $C_{22}H_{36-38}O$, F. 123–126°, $[\alpha]_D^{24}$ –23,5° (1%ig. Chlf.). Sterin C, $C_{26}H_{40-44}O_3$, F. 268–270°, $[\alpha]_D^{27}$ + 67,2° (1%ig. Tetrahydrofuran); Acetylderiv. F. 278–280°, $[\alpha]_D^{26}$ +65° (1%ig. Tetrahydrofuran). Sterin A u. B geben positiven Liebermann- u. Digitonin-Test, Sterin C gibt negativen Digitonin-Test. Sterin C ist zu 2,8% im Pflanzenmaterial enthalten, es könnte evtl. als Ausgangsmaterial bei der Cortisonsynth. dienen.

D. Groß 4420◇

1223 **Die Glykoside der Blätter von Digitalis canariensis L., var isabelliana (Webb) Lindinger.** 1. Mitt. R. Rees, C. R. Gavilanes, W. Meier, A. Fürst und Kuno Meyer. (Helv. chim. Acta **44**, 1607–22, 1961; Basel, Univ., Pharm. Inst. u. F. Hoffmann-La Roche & Co. AG., Forschungslabor.; Las Palmas de Gran Canaria, Inst. Canario de Medicina; dt.) — Vff. isolierten aus *Digitalis canariensis* L., var. *isabelliana* (Webb) Lindinger (*D. c.*) in ca. 5%ig. Ausbeute ein Glykosidgemisch, in dem sich die genuinen *Glykoside A*, *B* (?), *C*, *D*, *E* u. *F* nachweisen ließen. Von diesen konnte nur das amorphe *Glykosid F* in reiner Form isoliert werden. Partieller Abbau des Gemisches mit Strophanthobiase lieferte die *Monoside a*, *b*, *c*, *e*, *f*, *g*, u. *h*. Verb. b erwies sich als *Evatromonosid*; c u. e konnten als *Uzarigenin*(**I**)-*digitoxid* bzw. *Digitoxigenin*(**II**)-*glucomethylosid* aufgeklärt werden, wobei *D*-(+)-*Glucomethylose* (**III**) erstmalig aus einem Herzgift isoliert wurde. a u. h enthalten einen *2-Desoxyzucker* (**V**), der sich papierchromatograph. wie *Boivinose* verhält. a enthält als Aglykon **I**, h ein bisher unbekanntes Aglykon. g u. f sind vermutlich *Digitoxigeningulomethylosid* bzw. *Digitoxigeninallomethylosid*. Die Zuordnung von a u. c zu den Glykosiden A bzw. C gelang durch Acetylierung des Glykosidgemisches, Chromatographie an Al_2O_3, Verseifung mit $KHCO_3$ in wss. Methanol u. fermentativen Abbau. E u. F wurden durch präparative Papierchromatographie abgetrennt u. entsprechend e bzw. f zugeordnet. Vff. nehmen an, daß B (Vorstufe von b) bei der Papierchromatographie mit A oder C zusammenfällt u. daher nicht nachweisbar ist. D ist vermutlich g oder h zuzuordnen. Auf Grund der molekularen Drehungsbeiträge (vgl. Original) der Zucker ergibt sich für b, c, g, f u. e β-glykosid. Verknüpfung. Xysmalogenin (vgl. Breton u. Gorzález, Chem. and Ind. **1960**, 205) wurde von Vff. in *D. c.* nicht gefunden.

Versuche: (F. F. korr.; ausführliche Beschreibung der Aufarbeitung von *D. c.* vgl. Original.) *Glykosidgemisch AK I*, F. 274–281° (Zers.; Aceton), von 1 kg *D. c.* Blattpulver aus dem Chlf./A. (4:1)-Extrakt; 7,5 g (Ausbeute). — *Glykosidgemisch MWK*, F. 274–283° (Zers.; Methanol/W.), aus 7,5 g AK I; 2,7 g; Toxizität nach Hatcher-Magnus an der Katze 0,54 ± 0,04 mg/kg. — *Digilanidobiose*, F. 218–222°, aus 32 g Mutterlauge von AK I durch 1/2std. Kochen mit 0,1 n H_2SO_4 u. Methanol, Extrahieren mit Chlf./Ae., Chlf. u. Chlf./A., Filtrieren der wss. Phase über $BaCO_3$; 2 g. — *Evatromonosid* (*Verb. b*), F. 210–214° (Aceton/Ae./PAe.), aus 30 g Mutterlauge von AK I durch Fermentierung bei 37° in W. u. wenig Toluol mit Strophanthobiase, Einengen, Extrahieren mit Chlf., Chromatographie an Al_2O_3 (Meth. Q) u. Eluieren mit Bzl./Chlf.; $[\alpha]_D^{22}$ –15,1 ± 2° (c = 1,2; Methanol); 120 mg. Daneben *Digitoxigeninglucomethylosid* (*Verb. e*) [$C_{29}H_{44}O_8$, F. 222–224°, durch Eluieren mit Chlf./Methanol; $[\alpha]_D^{22}$ –11,4 ± 2 (c = 1,47; Methanol); aus Aceton/Ae. Blättchen; 240 mg. *Triacetylderiv.*, F. 232–246°, $[\alpha]_D^{22}$ –1,8 ± 2° (c = 1,40; Chlf.); aus Aceton/Ae./PAe. Blättchen] u. ein Gemisch von a, b, c, e, f, g u. h (Gemisch Z). *Diacetylderiv. von Verb. b*, F. 219–222, $[\alpha]_D^{23}$ +13,3 ± 2° (c = 1,65; Chlf.), aus Aceton/Ae./PAe. Prismen. — *Uzarigenin-2-desoxyglykosid* (*Verb. a*), $C_{29}H_{44}O_7$, F. 241–244°, aus 650 mg Gemisch Z durch präparative Papierchromatographie an Al_2O_3 (Meth. R); $[\alpha]_D^{22}$ –29,2 ± 2° (c = 1,1; Methanol); 22 mg; daneben *Digitoxigeningulomethylosid* (?; *Verb. g*) [$C_{29}H_{44}O_8$, F. 225 bis 230°, $[\alpha]_D^{22}$ –5,2 ± 4° (c = 0,8; Chlf.) u. $[\alpha]_D^{23}$ –9,9 ± 2° (c = 1,8; Methanol); 36 mg]. *Diacetylderiv. von Verb. a*, F. 267–273°, $[\alpha]_D^{22}$ –15,4 ± 2° (c = 1,0; Chlf.); aus Methanol/Ae. feine Nadeln. — *Verb. h*, F. 217–227° (Aceton/Ae.), nach R. — *Digitoxigeninallomethylosid* (?; *Verb. f*), FF. 152–156° u. 230–235°, nach R; $[\alpha]_D^{22}$ –11,6 ± 3° (c = 0,70; Methanol); aus Aceton/Ae. körnige Kristalle; 5 mg. — *Uzarigenindigitoxid* (*Verb. c*), $C_{29}H_{44}O_7$, F. 241–244°, aus 10,3 g AK I nach Q, 20-tägiges Fermentieren; $[\alpha]_D^{22}$ –17,2 ± 2° (c = 1,1; Methanol); aus Aceton/Ae. feine Nadeln; 550 mg; daneben 655 mg *Verb. a*. *Diacetylderiv.*, F. 250–253°, $[\alpha]_D^{22}$ + 7,9 ± 2° (c = 2,0; Chlf.). — *Uzarigenin* (**I**), F. 230 bis 255°, aus 300 mg Verb. c durch 1/2std. Kochen mit Methanol u. 0,1 n H_2SO_4, Abdest. von Methanol, 1/2std. Erwärmen der wss. Lsg. auf 70°, Extrahieren mit Chlf. → Genin, wss. Lsg. mit $BaCO_3$ kochen, Filtrat → Zucker (Meth. S); $[\alpha]_D^{22}$ + 14,8 ± 2° (c = 1,2; Methanol); aus Methanol/Ae. prismat. Nadeln; daneben 25 mg *D*-(+)-*Digitoxose* [**IV**, F. 105–109° (Aceton); $[\alpha]_D^{22}$ + 36,6 ± 2° (c = 1,06; Methanol)]. **I**-*Acetylderiv.*, F. 258–268°; $[\alpha]_D^{22}$ + 3,2 ± 2° (c = 1,1; Chlf.); aus Methanol Prismen. — *Digitoxigenin* (**II**), F. 248–255° (Aceton/Ae.), a) aus 100 mg Verb. e durch 7 Tage langes Stehen mit Aceton/HCl im Dunkeln (Mannich-Siewert-Spaltung; Meth. T), Chromatographie an Al_2O_3 u. Eluieren mit Bzl./Chlf.; $[\alpha]_D^{22}$ + 15,2 ± 2° (c = 1,3; Methanol); 23 mg; daneben 4,5 mg *D*-(+)-*Glucomethylose* [**III**, F. 139–146°, $[\alpha]_D^{22}$ + 55,5 ± 5° (c = 0,3; W.; Anfangswert) bzw. + 29,9° (Endwert nach 16 Std.) u. $[\alpha]_D$ +107° (Methanol); körnige Kristalle]; b) aus 160 mg Verb. b nach S; 85 mg; daneben 8 mg **IV**. **II**-*Acetylderiv.*, F. 220–227°, aus Aceton/Ae. Prismen. — *2-Desoxyzucker* (**V**), dest. 70°/0,04 Torr; a) aus 235 mg Verb. a nach S; 35 mg; daneben 138 mg **I**; b) aus Verb. h neben einem *unbekannten Genin* (papierchromatograph. Nachweis = PN); $[\alpha]^{22}$ + 49,5 ± 3° (c = 0,9; Aceton). — *Gulomethylose* (?), aus Verb. g nach T neben **II** (PN). — *Allomethylose* (?), aus Verb. f nach T neben **II** (PN).

B. Mehlis 4420△

1224 **Paraaspidin, ein neues Phloroglucinderivat aus Dryopterisfarnen.** Aneri Penttilä und Jacobus Sundman. (Acta chem. scand. **16**, 1251–54, 1962; Helsinki, Medica Ltd., Res. Labor.; engl.) — Vff. isolieren aus den Rhizomen von *Dryopteris austriaca* u. *D. filixmas Paraaspidin* (*4-[2.4-Dihydroxy-3.3-dimethyl-5-butyryl-6-oxo-3.6-dihydrophenylmethyl]-2-butyryl-5-methoxy-6-methylresorcin*; **I**) ein Isomeres des *Aspidins* (**II**; *2-[2.4-Dihydroxy-3.3-dimethyl-5-butyryl-6-oxo-3.6-dihydrophenylmethyl]-5-methoxy-6-butyryl-4-methylresorcin*). **I** ist in den lufttrockenen Rhizomen in Konzz. von 0,2–0,4% vorhanden. **I** scheint bei allen pH-Werten geringere R_F-Werte zu haben als **II**. Mit tetrazotiertem Di-o-anisidin kann **I** nachgewiesen u. von **II** unterschieden werden. **I** gibt mit diesem Reagens einen rotbraunen Fleck u. **II** einen gelben. Bei alkal. Spaltung von **I** wurden *3-Butyrylfilicinsäure*, F. 98°, *Aspidinol*, F. 142–143° u. *Methylaspidinol*, F. 111° erhalten. **I** wurde synthetisiert aus *3-Butyrylfilicinsäure* u. *Aspidinol* durch Kondens. in Formaldehyd.

Versuche: *Para-Aspidin*, $C_{25}H_{32}O_8$, F. 123 bis 125°, durch Zugabe von 224 mg 3-Butyrylfilicinsäure, 224 mg Aspidinol u. 0,75 ml 4%ig. Formaldehyd zu wss. KOH, 15 Min. Stehenlassen, Ansäuern mit 10%ig. HCl u. Abfiltern des Nd., Umkristallisieren aus Methanol. *Anilinderiv.*, $C_{31}H_{37}NO_7$, F. 168–170°. Vff. erhielten im Gegensatz zu anderen Autoren kein krist. Phenylhydrazon von I. W. Hiller 4420◇

1225 **Isolierung und Beschreibung von pektinasehemmenden Tanninen aus Muskatellerweinlaub.** William L. Porter und Joseph H. Schwartz. (J. Food Sci. **27**, 416—18, 1962; Philadelphia, Pa., U. S. Dep. of Agric., Agric. Res. Serv., Eastern Utilisation Res. and Development Div., Eastern Regional Res. Labor.; engl.) — Aus Muskatellerweinlaub (Scuppernong-Varietät aus North Carolina) wurde ein wss. Extrakt gewonnen, dieser mit einer wss. Coffein-Lsg. gefällt, das Coffein aus dem Tannin-Coffein-Komplex mit Chlf. extrahiert u. das *Tannin*-Prod. weiter gereinigt. Das pektinase- u. cellulasehemmende Prod. ist blaßbraun u. bes. nach Gefriertrocknung sehr voluminös, Ausbeute 39,4% (= 1,6%, auf grüne Blätter bezogen). Bei Konzz. entsprechend 4 mg Laub/ml wurde ein Pektinase-Präp. des Handels 97—98%ig. gehemmt im Vgl. zu einer 98—100%ig. Hemmung durch den ursprünglichen Extrakt. Das Tannin-Prod. ist stabil (gleiche Hemmung nach 1,5 Monate langem Stehen im Eisschrank). Aus der Dialyse, Sedimentation u. Strahlenabsorption wurde ein Molgew. von 10000 bis einige Millionen, ein Mindest-Molgew. von 10000 u. ein durchschnittliches Molgew. von 250000 berechnet. Das erhaltene Tannin erzeugte nach Hydrolyse mit H_2SO_4 rote unlösl. Phlobaphene. Der Ae.-Extrakt zeigte auf dem Papierchromatogramm einen starken Fleck mit der gleichen Wanderungs-Geschw. in allen Lsgm., der gleichen Farb-Rk. mit $FeCl_3$ u. ammoniakal. $AgNO_3$-Lsg. wie Gallussäure u. starke positive Farb-Rk. mit KCN, u. die wss. Phase der Ae.-Extraktion einen schwachen Fleck mit der gleichen Wanderungsgeschw., Rk. mit ammoniakal. $AgNO_3$-Lsg. auf Papier u. p-Anisidinhydrochlorid wie reine Glucose. Der Hemmstoff ist ein Kondens.-Prod. mit extrem hohem Molgewicht. G. Vogel 4420◇

1226 **Über die Triterpene aus Apfeltrockentrestern.** K. Täufel, W. Bock und G. Wahl. (Mber. dtsch. Akad. Wiss. Berlin **4**, 380—83, 1962; Potsdam Rehbrücke, Inst. für Ernährung der Deutschen Akad. der Wiss., Forschungsgemeinschaft; dt.) — Werden von Wachs u. Fettstoffen befreite Apfeltrester erschöpfend mit Ae. ausgezogen, so wird mit 2,2% Ausbeute ein grünlich-gelb gefärbtes Triterpengemisch erhalten. Durch fraktionierte Kristallisation aus A. kann *Ursolsäure*, F. 285°, abgetrennt werden. Durch Chromatographie auf Anionenaustauschpapier weisen Vff. in den vereinigten Mutterlaugen eine weitere Substanz nach. Die Reinigung gelingt über das K-Salz. Die erhaltene Verb. sublimiert bei ca. 230° in Form langer Spieße, F. 260—264°. W. Hiller 4420◇

1227 **Crispanin, ein neues Alkaloid aus Nerine crispa Hort.** Werner Döpke. (Naturwissenschaften **49**, 469, 2. Okt.-H. 1962; Berlin, Humboldt-Univ., Chem. Inst.; dt.) — Frische Zwiebeln enthalten 0,08% Alkaloide. Diese setzen sich aus 60% *Lycorin*, 13,5% *Buphanamin*, 9,8% *Ambellin*, 5,8% *Crinamidin*, 4,5% *Undulatin*, 1% *Amaryllidin*, 0,6% *Narcissidin* u. 1,2% *Acetylnerbowdin* zusammen. Aus dem Restharz wird durch Gegenstromverteilung *Dihydroambellin*, $C_{18}H_{23}NO_5$, F. 198—199°, $[\alpha]_D^{24}$ —12,6° (0,5, Chlf.) in 1,7%ig. Ausbeute gewonnen. Weiter wird in 0,9%ig. Ausbeute ein Alkaloid isoliert, das mit dem *Alkaloid NB* aus *Nerine bowdenii* ident. ist, die Formel $C_{18}H_{21}NO_5$ wird bestätigt; F. 139—141° $[\alpha]_D^{24}$ + 78° (0,2; Chlf.), es wird *Crispanin* genannt. P. Gregorzewski 4420◇

1228 **Untersuchungen über den Phosphorstoffwechsel in Tabakpflanzen. 1. Mitt. Phosphorverbindungen und ihre Veränderungen während des Reifens der Tabakblätter.** Tatsuo Kakie. (J. Sci. Soil Manure, Japan [Nippon Dojohiryogaku Zasshi] **33**, 409—12, 1962; jap.) W. Hiller 4460◇

1229 **Oxydationsprodukte aus Hexosen in wärmebehandeltem Tabak.** R. de la Burde und E. H. Poindexter jun. (Nature [London] **198**, 1089—90, 1963; Richmond, Va., Philip Morris, Inc.; engl.) — Warmluftbehandelte, helle, ungealterte Tabake wurden einheitlich mit ^{14}*C-Glucose* u. *Fructose* (0,66 μc bzw. 0,98 μc/g Tabak) besprüht, die Proben 9 Tage einer Temp. von 38 bzw. 49 bzw. 60° ausgesetzt, das gebildete *HCOOH* als dessen *p-Bromphenacylester*, F. 99°, bestimmt u. dessen Aktivität ausgezählt. Niedrige Ausbeute u. Mangel an Reproduzierbarkeit ließen keine quant. Schlüsse zu, ebensowenig gaschromatograph. Best., da die im Tabak reichlich anwesende Essigsäure störte. Mit synthet. hergestelltem Ester zeigte der erhaltene Ester keine F.-Erniedrigung. Quant. Schlüsse waren nach der von Shmuk modifizierten Meth. von Finke möglich, wobei aus den besprühten Proben ein radioakt. Nd. von Ba-Formiat bzw. bei den auf 60° erhitzten Proben *Arabonsäure* (Tetrahydroxyvaleriansäure; I) als weiteres Hexoseabbau-Prod. gefunden u. als *Benzimidazol*-Deriv., F. 233° abgetrennt wurde. Quant. Unterss. ergaben, daß bei Temp. < 49° nur sehr wenig, bei höheren Temp. proportional steigende Mengen von HCOOH entstanden, HCOOH u. I (nach einem von Nef vermuteten Rk.-Schema) Abbau- u. Oxydationsprodd. der beiden Hexosen sind u. vom gesamten markierten Glucose- bzw. Fructose-Geh. nur 0,954 bzw. 0,927% zu HCOOH umgewandelt wurden. Vorausgesetzt, daß die im Tabak schon vorhandenen Hexosen analog den aufgesprühten reagieren, wäre die Kalkulation möglich, daß selbst bei 60° nur bis 5,8 Glucose u. 5,14 Fructose zu HCOOH u. I umgewandelt wurden. G. Vogel 4460◇

1230 **Über die Markierung von Schwefel enthaltenden Aminosäuren und γ-Glutamylpeptiden nach Injektion von markiertem Sulfat in Zwiebeln (Allium cepa).** Terttu Ettala und Artturi I. Virtanen. (Acta chem. scand. **16**, 2061—63, 1962; Helsinki, Biochem. Inst., Labor. of the Found. for chem. Res.; engl.) — Vff. injizieren Zwiebeln mit $^{35}SO_4$ in verd. NaCl-Lsg., nachdem sie 6 Tage in feuchtem Sand lagerten. Nach 7—85 Tagen nach der Injektion werden die Zwiebeln analysiert. Die Radioaktivität in der Aminosäure- u. Wasserfraktion ist ungefähr gleich stark. Die radioautograph. Unters. der Aminosäurerefraktion zeigt 21 mit ^{35}S markierte Stellen. Nach Hydrolyse dieser Fraktion mit n HCl für 3 Std. bei 100° sind nur noch 12 radioakt. Stellen vorhanden. Diese Abnahme ist auf die Hydrolyse von γ-Glutamylpeptiden zurückzuführen. Vff. identifizieren im Chromatogramm *Cycloallin* (I) u. *γ-Glutamyl-S-[β-carboxypropyl]-L-cysteinylglycin.* Nach der Hydrolyse werden identifiziert *S-[β-Carboxypropyl]-L-cystein, Methionin, Glutathion* u. *γ-Glutamyl-S-[Δ¹-Propenyl]-cysteinsulfoxid.* I ist am stärksten markiert. Die Markierung von I nimmt im Laufe des Wachstums zu. W. Hiller 4460◇

1231 **Untersuchungen über die Bildung von Lipiden durch submerse Kulturen des Ritterling-Pilzes Tricholoma nudum. 1. Mitt. Die Zusammensetzung der Fettsäuren aus neutralen Lipiden und Phosphatiden in Abhängigkeit von der Zeit.** D. C. Leegwater, C. G. Youngs, J. F. T. Spencer und B. M. Craig. (Canad. J. Biochem. Physiol. **40**, 847—55, 1962; Saskatoon, Saskatchewan, Prairie Region. Labor., Nat. Res. Council of Canada; engl.) — *Tricholoma nudum* wurde nach Vorkultur auf 200 ml Nährmedium aus 3 g K_2HPO_4, 0,5 g $MgSO_4 \cdot 7H_2O$, 3 mg $FeSO_4 \cdot 7H_2O$, 3 mg $ZnSO_4 \cdot 7H_2O$, 2 mg $MnSO_4 \cdot H_2O$, 50 mg $CaCl_2$, 2 g neutralem Ammoniumtartrat u. 60 g Glucosemonohydrat pro Liter überimpft u. dort submers kultiviert. Die Lipide des abfiltrierten u. 6 Std. bei 50—55° im Vakuumofen getrockneten Mycels wurden mit PAe. u. Methanol extrahiert u. durch Säulen-, Gas-Fl.- u. Dünnschicht Chromatographie aufgetrennt u. identifiziert. Nach 2 Tagen, als sich der Pilz in einer nicht proliferativen Phase zu befinden schien, wurde der Hauptteil der neutralen Lipide (nL) gebildet. Die nL bestanden aus folgenden Fettsäuren: je 23—25% *Palmitinsäure* (I), *Ölsäure* (II) u. *Linolsäure* (III), 8—13% *Stearinsäure* (IV), 0,5—4,8% *Myristinsäure* (V), *Palmitoleinsäure* (VI) u. *Linolensäure* (VII). Die Phosphatide bestanden aus 55—70% III, 15—19% I, 1,8—4,6% IV, 7—19% II u. 0—2,3% V, VI u. VII. VII war mit 26—30% nur in frühen Wachstumsstadien nachweisbar. 4 Tage alte Kulturen zeigten folgende Zusammensetzung. Die nL enthielten 92% Triglyceride, 1% Ergosterinester, < 1% freie Fettsäuren, 1,7% Ergosterin u. nicht näher erkannte, unverseifbare Verbindungen. Die Phosphatide enthielten

59% *Phosphatidylcholin*, 26% *Phosphatidyläthanolamin* u. 7,8% *Phosphatidylserin* u. *Phosphatidinsäure* sowie ein Inosit-haltiges Phosphatid. H. G. W. Gleiss 4460◇

1232 **Untersuchungen über die Bildung von Lipiden durch submerse Kulturen des Ritterling-Pilzes Tricholoma nudum.** 2. Mitt. **Untersuchungen mit einheitlich markierter Glucose.** D. C. Leegwater und B. M. Craig. (Canad. J. Biochem. Physiol. **40,** 857–67, 1962; engl.) – 1. vgl. vorst. Referat. – *Tricholoma nudum* wurde 2$^1/_2$ Tage auf N-armem Medium kultiviert. Dann wurde das Mycel abfiltriert u. 8 Std. in 150 ml Grundmedium, dem eine Lsg. von 3 g Glucose in 10 ml dest. W. zugesetzt worden war, adaptiert. 40 Min., 2, 6, 12 u. 25 Std. nach Zusatz von 5 ml einer Lsg. von *^{14}C-D-Glucose* wurde das Mycel getrocknet u. der Glucose-Geh. u. die Radioaktivität der Kulturfiltrate bestimmt. Die Best. der aus dem Trockenmycel mit PAe. u. Methanol extrahierten neutralen Lipide (nL) u. Phosphatide durch Gas-Fl.-Chromatographie bestätigte frühere Befunde, wonach in den Phosphatiden *Linolsäure* (**I**) in etwa gleichem Maße wie *Palmitin-*, *Stearin-* oder *Ölsäure* markiert wird, bei den nL die spezif. Aktivität von **I** jedoch anfangs beträchtlich hinter der der 3 letzteren zurückbleibt. Vff. schreiben dieses Phänomen der unterschiedlichen Lage der **I**-Depots, die an der Synth. der 2 Lipidfraktionen beteiligt sind, zu. Nur ein Teil des für die Bldg. der Fettsäuren benutzten Materials stammt direkt aus dem Substrat, der Rest offenbar aus dem Mycel selbst. Durch krit. Wertung eigener u. fremder Vers.-Ergebnisse kommen Vff. zu dem Schluß, daß die Rangordnung, in der Fettsäuren intakter Zellen markiert werden, weitgehend von den Vers.-Bedingungen abhängt, nicht aber unbedingt Kenntnis von den möglichen Beziehungen zwischen Prod. u. Vorläufer gibt.
H. G. W. Gleiss 4460◇

1233 **Über das Lycopin als vermutlichem Vorprodukt von anderen Carotinoiden.** T. N. Godnew und R. M. Rotfarb. (Ber. Akad. Wiss. UdSSR **147,** 962–63, 1962; Biol. Inst. der Akad. der Wiss. der WeißrussSSR; russ.) – Nach der Injektion von *^{14}C-Lycopin* (**I**) in grüne Zwiebelblätter zeigen *Carotin* (α + β) u. *Xanthophyll* (Lutein + Zeaxanthin) eine starke Radioaktivität. Bei der Synth. von Carotinoiden ist **I** danach jenes Glied, von welchem die Bldg. von Verbb. mit 40 C-Atomen ausgeht. Durch Ringschluß geht **I** in Ionon-Verbb. über, welche in den Carotinen u. Xanthophyllen weit verbreitet sind. Der Bldg. von α- u. β-Carotin geht vermutlich die Bldg. von γ-Carotin voraus.
O. Lebtag 4460△

1234 **Über die Umwandlung des 2′.4.4′.6-Tetrahydroxychalkon-2′-glucosids in Phloridzin in Apfelblättern.** Hans Grisebach und Leni Patschke. (Z. Naturforsch. **17b,** 857–58, 1962; Freiburg i. Br., Univ., Chem. Labor.; dt.) – Nach Gabe von *$^{14}C_{(\beta)}$-2′.4.4′.6-Tetrahydroxychalkon-2′-glucosid* (**I**) an Apfelblätter wird durch Extrahieren mit sd. 80%ig. A. u. Dünnschichtchromatographie *^{14}C-Phoridzin* (**II**) isoliert u. mit sd. verd. H_2SO_4 zu *^{14}C-Phloretin* hydrolysiert. Die Umwandlung von **I** in **II** erfolgt auch durch einen Extrakt aus gefriergetrockneten Apfelblättern. Die selektive Hydrierung der Doppelbindung von **I** erfolgt wahrscheinlich durch eine in den Blättern vorkommende Reduktase. F. Heller 4460◇

1235 **Mechanismen der Quantenaufnahme und photochemischen Wirkung bei der Photosynthese.** Jean Lavorel. (Cahiers de Physique **15,** 523–40, 1961; Gif-sur-Yvette, Centre Nat. de la Rech. Scient., Labor. de Photosynth.; franz.) – Übersicht. Hypothese der photosynthet. Einheit, Erregungsübertragung, Ladungsübertragung, photochem. Mechanismus. – 42 Literaturangaben. K. Maier 4460◇

1236 **Sauerstoffabhängigkeit der in vivo Photophosphorylierung.** A. R. Krall und Elaine R. Bass. (Nature [London] **196,** 791–92, 1962; Miami, Univ. of Miami, School of Med., Dep. of Biochem. and Psychatry; engl.) – Vff. untersuchen den Chemismus der Adenosintriphosphat(ATP)-Bldg. an Tabakblättern. Die Geschw. der Stärkebldg. aus Glucose wird als Index für die ATP-Bldg. eines intakten Blattes verwendet. Blattstücke schwammen 24 Std. auf W. bzw. 5%iger Glucoselsg., wobei Licht u. umgebende Gase variiert wurden. Schwimmen die Blätter auf W., so wird weniger Stärke gebildet als auf einer Glucoselösung. Stärkebldg. wird demnach nicht durch photosynthet. CO_2-Aufnahme beeinflußt. Wird das Blatt einer N_2-Atmosphäre ausgesetzt, geht die Stärkebldg. weit zurück. Daraus folgt, daß für die Aktivität der oxydativen Enzyme, die an der photosynth. Bldg. von ATP teilnehmen, unbedingt O_2 erforderlich ist. Da die ATP-Bldg. auf einem cycl. u. einem nichtcycl. Wege möglich ist, wurde die nichtcycl. Phosphorylierung durch 3-p-Chlorphenyl-1.1-dimethylharnstoff gehemmt, was die Stärkebldg. völlig blockierte.
R. Laue 4460◇

1237 **Die Kinetik der spezifischen Aktivitäten der Chlorophylle a und b bei der Dunkelhaltung von Pflanzen nach $^{14}CO_2$-Assimilation.** A. A. Schlyk und G. A. Wetochina. (Ber. Akad. Wiss. UdSSR **150,** **924**–27, 1963; Lab. für Biophysik u. Isotopen der Akad. der Wiss. der WeißrussSSR; russ.) – Werden 8–11 Tage alte Gerstenpflanzen 10–30 Min. in der $^{14}CO_2$-Kammer belichtet u. danach 8 Tage bei 15° in der Dunkelheit gehalten, so nimmt die spezif. Aktivität von *Chlorophyll a* (**Ia**) sofort nach der Verdunkelung zu, erreicht nach einigen Std. ein Maximum u. nimmt danach ab. Es erfolgt eine Neubldg. von **Ia** aus dem zu Beginn der Verdunkelung akt. *Chlorophyllid* (**II**). Die Abnahme der spezif. Aktivität von **Ia** erklärt sich daraus, daß zum späteren Zeitpunkt der Zerfall von **Ia** nicht durch dessen Neubldg. aus **II** verdeckt wird. Bei *Chlorophyll b* (**Ib**) erfolgt eine Neubldg. aus **Ia** während der gesamten Vers.-Dauer; sie ist stärker als der **Ib**-Zerfall, so daß die spezif. Aktivität von **Ib** ständig ansteigt. **Ib** entsteht aus der labilen Form von **Ia**. Durch das Licht wird der Dunkelprozeß der **Ia**-Umwandlung in **Ib** nicht grundsätzlich verändert, sondern nur etwas beschleunigt.
O. Lebtag 4460△

1238 **Über die Rolle der Lipoproteide der Chloroplasten bei der Eiweißsynthese.** N. M. Ssissakjan, E. N. Besinger und A. Ss. Martschukaitis. (Ber. Akad. Wiss. UdSSR **147,** 1493–94, 1962; Bach-Inst. für Biochemie der Akad. der Wiss. der UdSSR; russ.) – In Verss. mit isolierten Chloroplasten aus dem Bohnenblatt inhibiert ungereinigtes *Adenosintriphosphat* (**I**) den Einbau von ^{14}C-Alanin (**II**) in den Lipoidteil der *Lipoproteidfraktion* um 50–60%, je nach Inkubationszeit. Der **II**-Einbau in die Eiweißkomponente wird völlig unterdrückt. Nach der Reinigung wirkt **I** nicht mehr inhibierend. Durch *Adenosinmonophosphat* (**III**) wird der **II**-Einbau in den Eiweißteil völlig, der **II**-Einbau in den Lipoidteil zu 40% gehemmt. Der **II**-Einbau in die Nichtlipoproteid-Proteine wird durch **III** nur zu 20–30% unterdrückt. Die Ergebnisse sind als Beweis dafür zu werten, daß die Lipoproteide an der Biosynth. von Eiweiß in den Chloroplasten direkt beteiligt sind, u. zwar schon in den ersten Stadien der Biosynth., die mit der Aktivierung der Aminosäuren u. mit der Energieübertragung von **I** zusammenhängen. O. Lebtag 4460△

1239 **Lichtinduzierte Veränderungen des α-Tocopherylchinons in Spinat-Chloroplasten.** R. A. Dilley und F. L. Crane. (Biochim. biophysica Acta [Amsterdam] **75,** 142–43, 1963; Lafayette, Ind., Univ. Dep. of Biolog. Science; engl.) – Da *α-Tocopherol* (**I**) u. *α-Tocopherylchinon* (**II**) in Spinat-Chloroplasten (Chl.) die Rolle eines Redoxsystems beim photosynthet. Elektronentransport spielen dürften, wurde die Wrkg. des Lichts u. von Elektronen-Acceptoren auf den Spiegel des **I** u. **II** in Chl. geprüft. Während der **I**-Spiegel keine signifikanten Veränderungen aufwies, veränderte sich **II** in stärkerem Maße. Im Dunkeln erfolgten in Ggw. oder Abwesenheit von *Nicotinamidadenindinucleotidphosphat* (NADP) keine Veränderungen des **II**. Setzt man aber die Chl. einer Lichteinw. aus, so findet eine Abnahme an **II** bei Ggw. von NADP statt. Wenn man einen mit NADP bebrüteten Chl.-Extrakt oxydiert u. Licht aussetzt, dann erhält man mehr **II** als ursprünglich vorhanden war: Es wurde hierbei ein **I** in die Hydrochinonform verwandelt, die sich dann durch die Oxydation in **II** verwandelte. Plastochinone nahmen bei trübem Licht zu, bei hellem wurden sie reduziert. L. Macher 4460◇

1240 **Die Anwendung von ^{14}C-Violaxanthin zur Charakterisierung der Photoumwandlung der Xanthophylle.** D. I. Ssaposhnikow und W. Ss. Ssaakow. (Ber. Akad. Wiss. UdSSR **147,** 1487—88, 1962; Komarow-Inst. für Botanik der Akad. der Wiss. der UdSSR; russ.) — Werden die Chloroplastensuspensionen von Bohne u. Erbse nach Zugabe von *^{14}C-Violaxanthin* (I) 200 Min. lang belichtet, so beobachtet man eine Radioaktivität des *Luteins* (II), die im Mittel 20mal höher ist als bei den nicht belichteten Suspensionen. In den isolierten Chloroplasten erfolgt demnach unter der Einw. des Lichtes eine Umwandlung von I in II. O. Lebtag 4460△

1241 **Spezifische Unterschiede in dem quantitativen Chloridbedürfnis von Lemna minor, L. perpusilla und Spirodela polyrrhyza.** Georges Martin. (Plant and Soil [The Hague] **18,** 258—66, 1963; Paris, Labor. de Chim. Agric. et Biol. du Conservatoire Nat. des Arts; franz.). — *Lemma minor* u. *L. perpusilla* besitzen ein geringes Cl^--Bedürfnis. Um 50% des Höchstertrages zu erreichen, sind bei *L. minor* 7 u. bei *L. perpusilla* 3 μg Cl^- pro Liter erforderlich. Diese beiden Species zeigen auf Grund ihres geringen Bedürfnisses selten Halogenmangelsymptome. *Spirodela polyrrhyza* benötigt 27 μg Cl^- pro Liter zur Erreichung des halben Höchstertrages. W. Hiller 4470◇

1242 **Anorganische Ernährung von Reispflanzen.** 8. Mitt. **Die Wirkung der Blei-, Quecksilber- und Arsenatspiegel in Kulturlösungen auf die Erträge und chemische Zusammensetzung der Pflanze.** Yoshiaki Ishizuka und Akira Tanaka. (J. Sci. Soil Manure, Japan Nippon Dojohiryogaku Zasshi] **33,** 421—23, 1962; jap.) W. Hiller 4470◇

1243 **Der Einfluß von Monuron und verwandten Substanzen auf das Wachstum von Erbsenkeimlingen.** K. A. Hassall. (J. exp. Botany **12,** 47—55, 1961; Univ. of Reading, Dep. of Physiol. Chem.; engl.) — Der inhibierende Einfl. von *N'-p-Chlorphenyl-N.N-dimethylharnstoff* (I; *Monuron*) auf das Wachstum von Erbsenkeimlingen in Phosphatpuffer zeigt bei kontinuierlicher Zufuhr keinen Unterschied zur Wachstumshemmung der Wurzeln. Bei kurzzeitiger Zufuhr höherer I-Mengen sind die Keimlinge jedoch empfindlicher, bes. stark bei hoher Stoffwechselaktivität. Licht ist ohne Einfl. auf die durch I hervorgerufene Hemmung. Die Toxizität von substituierten Harnstoffen, Thioharnstoffen u. Carbaminsäureestern ist direkt proportional ihrer Löslichkeit. Es ist wahrscheinlich, daß die tox. Wrkg. nicht auf die Rk. mit spezif. Enzymgruppen, sondern auf die Veränderung von Oberflächen-Eigg. zurückzuführen ist. Untersucht werden nachst. Verbb.: *Harnstoff, N-Äthyl-, N-Phenyl-, N-[m-Tolyl]-, N-[Naphthyl-(2)], N.N'-Dimethyl-, N.N'-Diphenyl-* u. *N'-Phenyl-N.N-dimethylharnstoff,* **I,** *Thioharnstoff, N-Äthyl-, N-Phenyl-, N-[m-Tolyl]-, N.N'-Diäthyl-, N.N-Di-n-butyl-, N.N-Dimethylol-* u. *Dixenylthioharnstoff, Carbaminsäureäthylester, N-Phenylcarbaminsäureäthyl-* u. *-isopropylester.* F. Heller 4485◇

1244 **1.1.3-Tricyan-2-aminopropen-(1) (U-9189), eine biologisch aktive Komponente wäßriger Lösungen von Malonitril.** Floyd S. Ebertsjun., George Slomp und James L. Johnson. (Arch. Biochem. Biophysics **95,** 305—09, 1961; Kalamazoo, Mich., Upjohn Comp.; engl.) — Vgl. Biochem. biophysic. Res. Commun. **3,** [1960], 107. — Das Auftreten des 272 mμ-Chromophors in wss. Lsgg. von Malonitril ist basenkatalysiert (Boratpuffer, pH 9,7) u. beruht auf Bldg. von *1.1.3-Tricyan-2-aminopropen-(1)* (I), $C_6H_4N_4$, F. 170—172°, hellgelbe, doppelbrechende Kristalle, einem Dimeren von Malonitril. I wurde durch 200stufige Craig-Verteilung im Syst. Butanol- 0,01 n HCl isoliert. I war mit der nach Carboni (J. Amer. chem. Soc. **80,** [1958], 2838) erhaltenen Verb. identisch. K. Maier 4485◇

1245 **Untersuchungen über Auxine und Inhibitoren in Pinus thunbergii.** 2. Mitt. **Existenz von Indolylessigsäure.** Ryuzō Ogasawara und Yoshigorō Kondō. (Trans. Tottori Soc. agric. Sci. [Tottori Nogaku-Kwaiho] **14,** 102 bis 106, 1962; Tottori Univ., Fac. of Agricult., Labor. of Silviculture; jap., Auszug: engl.) — Papierchromatograph. wird *Indolylessigsäure* (I) neben 2 unidentifizierten Auxinen u. einem Hemmstoff nachgewiesen. In Knospen u. Blättern wird ein Enzymsyst. nachgewiesen, das *Tryptophan* in I umwandelt. P. Gregorzewski 4485◇

1246 **Der Einfluß von Gibberellin auf das Wachstum der Weintraube.** M. Ch. Tschailachjan und M. M. Ssarkissowa. (Ber. Akad. Wiss. UdSSR **148,** 219—22, 1963; Timirjasew-Inst. für Pflanzenphysiol. der Akad. der Wiss. der UdSSR; Inst. für Weinbau, Weinbereitung u. Obstbau des Landwirtsch.-Minist. der ArmenSSR; russ.) — Durch Spritzen der Reben im Lauf von 10 Tagen während der Blüte mit *Gibberellin* (I) wird bei Anwendung der 0,01%igen I-Lsg. bei den kernlosen Sorten der Traubenertrag je Rebe auf das 2—4fache erhöht. Hierbei werden Zahl u. Größe der Trauben erhöht. Gleichzeitiges Spritzen mit I u. *Ascorbinsäure* (II) bzw. *Thiamin* (III) verändert den Ertrag gegenüber I allein prakt. nicht. Bei der kernhaltigen Hybride wird der Ertrag durch I wesentlich weniger erhöht als bei den kernlosen Sorten. Bei den kernhaltigen Sorten wird durch I der Ertrag stark vermindert. Unter dem Einfl. von I wird bei den kernlosen Sorten der Trauben-Geh. an Zucker u. an titrierbarer Säure vermindert. Gleichzeitiges Spritzen mit I u. II bzw. III erhöht den Zucker-Geh. der Trauben. Bei der Hybride wird der Zucker-Geh. durch die I-Behandlung stark erhöht. Bei den kernhaltigen Sorten erfolgt nach I eine nur sehr geringe Zunahme des Zuckers. O. Lebtag 4485△

1247 **Über den Einfluß der gibberellinähnlichen Stoffe auf das Tabakmosaikvirus.** Je. G. Budagjan, W. N. Loshnikowa, M. I. Goldin und M. Ch. Tschailachjan. (Ber. Akad. Wiss. ArmenSSR **36,** 111—16, 1963; Physiol. Inst. der Akad. der Wiss. der UdSSR; Inst. für Mikrobiol. der Akad. der Wiss. der ArmenSSR; russ.) — Die aus *Nicotiana sylvestris* u. *N. tabacum* isolierten *gibberellinähnlichen Substanzen* (I) sind ohne Einfl. auf die Aktivität des *Tabakmosaikvirus* (TMV) bei 2std. Exposition in vitro. Die Bldg. von Nekrosen auf dem Blatt von Nicotiana glutinosa wird durch I nicht beeinflußt. In der durch TMV infizierten Pflanze ist die I-Konz. die gleiche wie in der Kontrollpflanze. O. Lebtag 4485△

1248 **Die Veränderung der Aminosäurezusammensetzung des Melonensaftes bei Fusariose.** E. Ss. Awundshjan, Ss. A. Asatjan, G. A. Alexanjan und M. M. Schaldshjan. (Ber. Akad. Wiss. ArmenSSR **35, 223** bis 225, 1962; Inst. für Landwirtsch. des Minist. für Gewinnung u. Bereitstellung landwirtsch. Prodd. der ArmenSSR; russ., Auszug: armen.) — Bei der Infektion der Melonenpflanze durch Fusarium oxysporum wird der Gesamt-Geh. an freien *Aminosäuren* im Pflanzensaft von 8395 (γ/10 ml) in der Kontrolle (a) auf 11292 bei leichter Fusariose (b) u. auf 1777 bei schwerer Fusariose (c) erhöht. Bei b nehmen *Lysin, Arginin, Serin* u. *α-Alanin* (I) stark zu. Bei c verschwindet das Serin; außer I nehmen alle freien Aminosäuren etwas zu. Der Geh. an gebundenen Aminosäuren beträgt bei a 2207, bei b 2995, bei c 1610. Gegenüber a ist bei b die qual. Zus. der Aminosäuren fast unverändert. Bei c finden sich nur *Asparaginsäure* u. *Glutaminsäure.* O. Lebtag 4490△

1249 **Bestimmungsverfahren der Pflanzenschädigung durch landwirtschaftliche Schädlingsbekämpfungsmittel.** 1. Mitt. **Empfindlichkeit einiger Arten Kulturpflanzen bei Laubsprühungen.** Michihiko Sakai, Masayuki Kato und Hiromu Ōnishi. (Annu. Rep. Takeda Res. Lab. **21,** 61—71, 1962; jap., Auszug: engl.) — Unter 12 Kulturpflanzen, die auf Empfindlichkeit gegen Insekticidsprühungen (*Dimethoate, Malathion, EPN, Denapon, γ-BHC, DDT, Heptachlor, Aldrin, Dieldrin* u. *Endrin* sowie 10 Lsgm. u. 7 Emulgatoren geprüft wurden, erwiesen sich als am empfindlichsten und deshalb als Indicatorpflanzen am geeignetsten *Soja hispida, Brassica pekinensis* u. *Impatiens balsamina.* Als der Emulgator mit der geringsten Schädigung bei Laubsprühungen erwies sich *Tween-20.* Bestreichen der Blätter mit Vaseline-Insekticidgemischen war weniger pflanzenschädigend als Sprühen. Fritz Müller/Ludwigshafen 4490◇

1250 $\frac{1}{4}$ **Einfluß von Phytostimulatoren auf Insekten.** N. M. Edelman und A. M. Efross. (Ber. Akad. Wiss. UdSSR **142,** 1172–75, 1962; Leningrad, Landwirtsch. Inst.; Allunions Inst. für Pflanzenschutz; russ.) — Bei Zusatz von *2-Methyl-5-*, *1-Cyanäthyl-5-* u. *1-Cyanäthyl-5-nitrobenzimidazol*, *2-Methyl-5-amino-* u. *4-Acetylamino-2-methylbenzimidazol* zum Futter von *Loxostege sticticalis L.*, *Chloridea obsoleta F.* oder *Lymnathria dispar L.* wird die Entw. beschleunigt, das Gew. erhöht, die Letalität vermindert. Unterschiede in der Wrkg. der angewandten Präpp. sind nicht zu beobachten. O. Lebtag 4485◇

E$_5$. Tierchemie, Tierphysiologie, Tierpathologie

1251 **Über die Verwendung von Polyvinylpyrrolidon und Polyäthylenglykolen für die Anreicherung von biologischen Flüssigkeiten.** R. Plan und M. T. Fayet. (Ann. Biol. clin. **19,** 169–70, 1961; franz.) — Die Anreicherung von biolog. Fl., z. B. an Proteinen, wird durch Dialyse mit Hilfe von synthet., in W. lösl. Polymeren erreicht. Die Fl. wird in einen allseitig geschlossenen Cellophanschlauch gefüllt, der außen mit gepulvertem *Polyäthylenglykol* (**I**), z. B. Carbovax 6000 (Carbide and Carbon Comp., USA) oder Emkapol 6000 (Kuhlmann) bestreut ist. Als *Polyvinylpyrrolidon* (**II**) wird Subtosan von Rhône-Poulenc genannt. Das Gew. des aufgestreuten Pulvers muß etwa $^1/_5$–$^1/_{10}$ des zu entfernenden W. betragen. **II** ist besser als **I**, da es infolge seines hohen Molgew. nicht durch die Cellophanmembran wandert u. das Prod. nicht verunreinigt. F. Zeidler 4500◇

1252 **Die Verteilung von Methylpentinol und von Methylpentinolcarbamat in Geweben und Körperflüssigkeiten von Katzen.** E. Marley und J. R. Vane. (Brit. J. Pharmacol. Chemotherapy **13,** 364–71, 1958; London, Royal Coll. of Surgeons of England, Dep. of Pharmacol.) — Nach i. v. Verabreichung zeigten *Menthylpentinol* (**I**) u. *Methylpentinolcarbamat* im Körper der Katze die gleiche Verteilung wie *Äthanol*. Sie drangen in die Zellen ein u. passierten die Blut–Hirn-Schranke u. die Placenta. Sie wurden in Speichel, Milch, Magensaft, Kammerwasser, Glaskörper, Amnionfl., Galle u. Harn ausgeschieden bzw. sezerniert. **I** wurde auch in der Ausatemluft gefunden. Der Abbau u. die Ausscheidung erfolgten nur langsam, Kumulation ist möglich. K. Zingraf 4520◇

1253 **Die Lokalisierung von chromophoren Resten in Proteinen durch Lösungsmittel-Perturbation.** 2. Mitt. **Tyrosyle in Ovomucoiden.** Theodore T. Herscovits und Michael Laskowski jun. (J. biol. Chemistry **237,** 3418 bis 3422, 1962; Lafayette, Ind., Purdue Univ., Dep. of Chem.; engl.) — 1. vgl. J. biol. Chemistry **237,** 2481. — Die Absorptionsspektren von *Tyrosin-Resten* (**I**) *in Ovomucoiden* (**II**) wurden nach der Meth. der Differenz-Spektralphotometrie unter verschiedenen Bedingungen in zahlreichen Lsgm. aufgenommen. In sauren Lsgm. entzieht sich ein großer Teil von **I** der Best., da es in nativem **II** fest eingeschlossen ist. Mit steigendem pH findet eine Strukturaufweitung von **II** statt. **I** kann dann durch Lsgm. wie Methanol, Dimethylsulfoxid u. Glykol vollständig herausgelöst werden. Glycerin u. andere Polyäthylenglykole haben sperrigere Moll. u. können in **II** nicht eindringen, darum sind sie ungeeignet. K. Heyns 4520◇

1254 **Bestimmung des Gesamtglykogens neben säurelöslichen Metaboliten in Perchlorsäure-Organhomogenaten.** Wolf Isselhard, Hans Merguet und Karin Palm. (Z. ges. exp. Med. **136,** 174–82, 1962; Köln, Univ., Inst. für Normale u. Pathol. Physiol.; dt.) — Zur routinemäßigen nebeneinanderherlaufenden Best. von Gesamt-*Glykogen* (**I**) u. *säurelösl. Metaboliten* an einer Gewebeprobe wird eine Meth. nach den Prinzipien der **I**-Analyse von Good (1933) u. Kerr (1936) an perchlorsauren Organhomogenaten empfohlen. Abgemessene Voll. des perchlorsauren Organhomogenats (0,5–1 ml; 1–3°) lassen sich reproduzierbar abpipettieren u. werden mit 28,5% NaOH für 25 Min. auf 100° erhitzt, **I** mit A. gefällt, der gewaschene **I**-Nd. mit HCl hydrolysiert u. das neutralisierte Hydrolysat auf ein Endvol. eingestellt. *Glucose*-Best. erfolgt im Nicotinamidadenindinucleotid (NAD)-abhängigen opt. Fermenttest. Der mittlere Fehler des Arbeitsganges beträgt ± 1,53%. Kleine Organe oder Organproben können zur Best. möglichst vieler Metaboliten optimal ausgenutzt werden. U. Tausendfreund 4520◇

1255 **Citrat in mineralisierten Geweben. 2. Mitt. Die Isolierung eines Citronensäure und Peptid enthaltenden Komplexes aus Human-Dentin.** A. G. Leaver, J. E. Eastoe und R. L. Hartles. (Arch. oral Biol. **2,** 120 bis 126, 1960; Liverpool, Univ., Biochem. Dep. School of Dental Surgery; London, Dep. of Dental Sci., Royal Coll. of Surgeons of England; engl.) — Eine Fraktion, die sowohl *Citronensäure* als auch ein Peptid enthält, wird aus dem organ. Material, das bei der Entmineralisierung mit verd. Säure von Humandentin erhalten wird, isoliert. Eine quant. Analyse auf Aminosäuren (**I**) zeigt, daß die hydrolysierte Substanz sehr reich an Arginin u. NH_3 ist mit mäßigen Geh. an Valin, Asparaginsäure u. Leucin, auch andere **I** sind vorhanden. Ungefähr 30% des Peptidmaterials scheinen ein Kollagenbruchstück zu sein, dessen Verb. mit dem Komplex zufällig oder auch nicht zufällig sein kann. Vorläufige Unterss. der Struktur des Komplexes zeigen feste Bindungen zwischen Peptid u. Citronensäure. F. Zeidler 4520◇

1256 **Auftreten von 3.4-Dihydroxyphenylessigsäureglucosiden im Hinterleib der weiblichen Heuschrecke, Locusta migratoria subsp.** S. Tomino. (Experientia [Basel] **19,** 231 bis 232, 1963; Tokyo, Japan, Tokyo Metropolitan Univ., Fac. of Sci., Dep. of Biol.; engl.) — Im Hinterleib der Heuschrecke *Locusta migratoria* subsp. konnte eine neue Verb. nachgewiesen werden, die durch Absorptionsspektrum, Papierchromatographie u. chem. Rk. als *3-Hydroxy-4-O-[β-glucopyranosido]-phenylessigsäure* identifiziert wurde. P. Teichgräber 4520◇

1257 **Extraktion und Analyse von sauren Mucopolysacchariden von Organen in einem Falle von Hurler-Syndrom.** G. Prodi und M. P. Prodi. (Ital. J. Biochem. **11,** 250–55, 1962; Bologna, Univ., Ist. di Patol. Generale S. Lazzaro [Reggio Emilia], Ist. Neuropsichiatrico; engl.) — In Organen eines verstorbenen Patienten (♂, 10 Jahre alt) mit Hurler-Syndrom wurden die *sauren Mucopolysaccharide*(**I**) bestimmt: Leber ca. 6% (bezogen auf eingesetztes trockenes Material), Milz ca. 4%, Niere ca. 1,6%, Gehirn 0,4%. Nach Hydrolyse der **I** u. Best. des *Glucosamin*- bzw. *Galaktosamin*-Geh. von **I** wurde auf den Anteil von *Heparitinsulfat* (**II**) bzw. *Chondroitinsulfat B* geschlossen. Die **I** der Leber enthalten danach 75,5% **II**, die von **I** von Milz, Niere u. Gehirn 29,5%, 51,5% bzw. 29,5%. W. Damerau 4520◇

1258 **Tiefe Hypothermie und Östralcyclus der Ratte.** Marie-Françoise Cotte und Jean-François Cier. (C. R. hebd. Séances Acad. Sci. **249,** 2842–44, 1959; Lyon, Fac. de Med., Inst. de Physiol.; franz.) — 3 bis 6 Monate alte Ratten haben Vff. der konstanten Temp. von + 15° auf die Dauer von 4–5 Std. ausgesetzt u. die Temp. im Rectum gemessen. Sie ist bis auf + 20° gesunken. Dabei hat man durch vaginale Abstriche untersucht, ob die Zellen keratinisieren bzw. ob die Abkühlung eine Wrkg. auf den Östralcyclus hat. Aus den Resultaten ist ersichtlich, daß das nicht der Fall ist. J. Spinka 4550◇

1259 **Schicksal injizierten Plasmalogens beim Kaninchen.** A. F. Robertson und W. E. M. Lands. (J. clin. Invest. **41,** 2160–65, 1962; Ann Arbor, Mich., Univ. of Michigan, Dep. of Biol. Chem. and Ped.; engl.) — Innerhalb von 5 Std. werden 90% einer *Plasmalogen*(**I**)-Emulsion [4 ml einer *Cephalin*(**II**)-Emulsion mit 20 μMol **I**] bei erwachsenen ♂ Kaninchen aus dem Kreislauf eliminiert. **I** akkumuliert in der Leber, nicht jedoch in Erythrocyten oder in der Lunge (in der Leber findet sich ein Enzym, welches die Alkenyl–Ae.-Bindung eines α_1-*[O-Alken-(1)-yl]-glycerylphosphoryläthanolamins*, nicht jedoch des **II** hydrolysiert). Durch die rasche Eliminierung von **I** aus dem Kreislauf wird der Wert diagnost. u. prognost. Serum-**I**-Best. bei degenerativen Erkrankungen **I**-reicher Gewebe weitgehend eingeschränkt. U. Tausendfreund 4551◇

1260 **Adenosintriphosphatspaltung und aktiver Ionentransport.** W. Hasselbach. (Arzneimittel-Forsch. **12,**

877—81, 1962; Heidelberg, Max-Planck-Inst. für med. Forsch., Inst. für Physiol.; dt.) — Als Modell für den akt. Ionentransport wird der *Ca*-Transport durch die Membranen der Vesikel des sarkoplasmat. Reticulum untersucht. Dabei wird gezeigt, daß in Ggw. von *Ca, Mg, Adenosintriphosphat* (ATP), *Oxalat* oder *Phosphat* die Vesikel große Mengen von Ca akkumulieren, wenn ATP von einer *Adenosintriphosphatase* (**I**) der Membranen gespalten wird, deren Aktivität 7—8mal größer ist als beim Fehlen von Ca (*Extra*-**I**). Im Verlaufe der Spaltung von ATP durch die Extra-I u. während des Ca-Transportes wird eine *X-Substanz* in der Membran energiereich zwischenphosphoryliert; sie überträgt die endständige Phosphatgruppe des ATP auf Adenosindiphosphat. Es wird angenommen, daß Ca mit Hilfe der phosphorylierten X-Substanz als Trägersubstanz (Carrier) durch die Membran transportiert wird. Ein ähnlicher Mechanismus ist für den mit ATP betriebenen akt. *Na–K*-Transport in der Erythrocytenmembran möglich.
U. Tausendfreund 4550◇

1261 **Beziehung quartärer Ammoniumbasen zu einem gereinigten sauren Polysaccharid und anderen Makromolekülen des elektrischen Organs des elektrischen Aals.** Aida Hassón. (Biochim. biophysica Acta [Amsterdam] **56,** 275—92, 1962; Rio de Janeiro, Univ. de Brasil, Inst. de Biofis.; engl.) — Es wird gezeigt, daß das *saure Polysaccharid* (**I**) aus dem A.-Präcipitat des Trichloressigsäureüberstands eines wss. Organextraktes des elektr. Organs des elektr. Aals zur Bindung einer größeren Zahl von Moll. gelöster Ammoniumbasen [*Acetylcholinchlorid, Succinylcholinchlorid, d-Tubocurarinchlorid* (**II**), *Dimethyl-*II (**III**) u. *Gallamintriäthojodid* (**IV**)] fähig ist. Diese Beziehung besteht auch bei höherer Ionenstärke. Die Bindung ist eine Funktion von Ionenstärke, pH der Lsg. u. der Konz. der Base. Mit der Protein-Fraktion geht **IV** keine spezif. Bindung ein; die Ammonsulfat-Fraktionen u. der Überstand lassen sich gut mit **II**, weniger gut mit **III** fällen, mit **IV** kommt keine Fällung zustande; die Ndd. sind bei pH 9,2 u. 3 lösl.; auch **I** fällt unter diesen Bedingungen aus. Andere Proteine, wie *Insulin, Pepsin* u. *Acetylcholinesterase* werden gleichfalls leicht durch **II**, weniger gut durch **III** u. nicht durch **IV** gefällt.
U. Tausendfreund 4550◇

1262 **Congenitale unspezifische Abwehrfaktoren in vivo.** 5. Mitt. **Mögliche Existenz zweier bactericider Komponenten außer bekannten Abwehrfaktoren.** Hideo Nagai, Tomofusa Usui, Mutsuo Tanaka und Yūjirō Okubo. (Ann. Paediatrici jap. **8,** 134—51, 1962; Kyoto Univ., Dep. of Ped.; engl.) — 1. bis 4. vgl. ibid. **6,** 418 [1960]; **6,** 622; **7,** 321 [1961]; **7,** 410. — Es wird gezeigt, daß im menschlichen u. tier. Serum vermutlich 2 Komponenten enthalten sind, die zusammen eine bactericide Wrkg. gegenüber gramnegativen Bakterien aufweisen u. die nicht mit den wohl erst sek. mobilisierten Properdin-, Lysozym- u. Komplement-Syst. zusammenhängen. Eine dieser Komponenten ist vorwiegend in der Fraktion III_0 des Plasmas lokalisiert.
U. Tausendfreund 4551◇

1263 **Beobachtungen über den Zustand von Kollagen im menschlichen Zahnfleisch.** S. D. Schultz-Haudt und E. Aas. (Arch. oral. Biol. **2,** 131—42, 1960; Oslo Univ. Dep. of Physiology; Fac. of Dentistry, Oral Surgery; engl.) — Der Geh. an Gesamt-, lösl. u. unlösl. *Kollagenen* (**I**) in klin. normalem, chron. entzündeten u. hyperplast. Zahnfleisch von Patienten, die mit *Na-Diphenylhydantoin* (**II**) behandelt worden sind, wird bestimmt. Die Ergebnisse lassen vermuten, daß das histolog. Verschwinden der kollagenen Faserbündel bei chron. Zahnfleischentzündung eher auf eine Zerstörung der Faserbündel sowie mangelnder Fällung der lösl. Vorstufen um unlösl. Fasern zu bilden, als auf erhöhten Zusammenbruch von **I** zurückzuführen ist. Bei Hyperplasie des Zahnfleisches, wie sie bei Behandlung mit **II** erzeugt wird, wird weniger **I** abgebaut. Auf Grund der Ergebnisse werden Vorschläge gemacht, wie man neuerdings den Einfl. von „endogenen sensibilisierenden Faktoren" bei der chron. Wurzelhautentzündung beurteilen kann. F. Zeidler 4552◇

1264 **Das Vorkommen von p-Chinonen im Abdominalsekret von Eleodes hispilabris (Coleoptera: Tenebrionidae).** Murray S. Blum und Ronald D. Crain. (Ann. entomol. Soc. American **54,** 474—77, 1961; Baton Rouge, La., Louisiana State Univ., Dep. of Entomol.; Lake Charles, La., Mc Neese State Coll., Dep. of Phys. Sci.; engl.) — Das Abdominalsekret von *Eleodes hispilabris* Say enthält neben KW-Stoffen ein Gemisch von ca. 40% *2-Methyl-1.4-benzochinon* u. ca. 60% *2-Äthyl-1.4-benzochinon,* das durch direkten Vgl. der IR- u. Massenspektren mit authent. Gemischen identifiziert wird. Das Sekret wirkt auf Arbeiter von *Solenopsis saevissima* var. *richteri* abschreckend u. verursacht abnormales Verhalten.
F. Heller 4555◇

1265 **Die maskierende Wirkung der basischen Proteine auf die Sialsäurecarboxyle in Epithel-Mucinen.** G. Quintarelli. (Experientia [Basel] **19,** 230—31, 1963; Birmingham, Ala., Univ. of Ala. Med. Center; engl.) — Histochem. Unterss. an der Submaxillarisdrüse (vom Affen *Macaca mulatta* u. Hund) zeigen, daß die *Sialsäurecarboxyle* (**I**) zum großen Teil frei vorliegen u. daß nur ein kleiner Teil der Neuraminsäure histochem. nicht in den Geweben nachweisbar ist u. nicht aus dem Glykoprotein-Mol. durch milde Hydrolyse abspaltbar ist. Dieses **I** scheint durch bas. Proteine blockiert zu sein u. wird nur durch Behandlung mit Pepsin bzw. Papain in Freiheit gesetzt. P. Teichgräber 4555◇

1266 **Bildung von Östronglucouronosid durch den Intestinaltrakt beim Menschen.** E. Diczfalusy, C. Franksson, B. P. Lisboa und B. Martinsen. (Acta endocrinol. [Copenhagen] **40,** 537—51, 1962; Stockholm, Serafimerlasarettet, Dep. of Surg. and Karolinska Sjukhuset, Dep. of Women's Diseases, Hormone Labor.; engl.) — Die menschliche Darmschleimhaut ist in der Lage, Östrone zu binden. *Östron* (**I**) wird bei intrajejunaler Verabreichung in erster Linie als *Östronglucouronosid, 17β-Östradiol* (**II**) als *17β-Östradiol-3-glucouronosid* bzw. *17β-Östradiol-3.17-diglucouronosid* gebunden. Von **I** ist viermal mehr in konjugierter Form im Blut enthalten als von **II**. W. Hiller 4559◇

1267 **Direkte Wirkungen ovarieller Hormone und verwandter Verbindungen auf den Uterusmuskel in vitro.** Keisuke Okamura, Akinori Nishiyama und Taizo Suzuki. (Tohoku J. exp. Med. **78,** 134—41, 1962; Sendai, Tohoku Univ., School of Med., Dep. of Applied Physiol.; engl.) — Am Uterus des ovarektomierten, nach 14 Tagen für die Dauer von 7 Tagen mit 25 γ *Östradiolbenzoat* (**I**)/kg/Tag vorbehandelten Kaninchens kann eine elektr. induzierte Kontraktion durch 2—4 mg *Testosteron* (**II**)/100 ml, 2—19 mg *Progesteron* (**III**) u. 2—4 mg *Cortison* (**IV**) vermindert werden. Die durch *Viadril* (**V**) ausgeübte Verminderung ist in Dosen von 2—4 mg nur gering u. wird bei 10 mg ausgeprägt. *Desoxycorticosteron* (**VI**) bewirkt auch bis zu 20 mg nur eine geringe Verminderung. *4-Chlortestosteron* ist wirkungslos (bis zu 20 mg). Die Wrkg. von 2 mg **III**, **V** u. **VI** ist reversibel, während **II** u. **IV** irreversible Einfl. ausüben. Kombinationen von **II** + **III**, **II** + **I**, **II** + **VI**, **II** + **V**, **IV** + **V** u. **IV** + **VI** wirken antagonist., Kombinationen von **III** + **I**, **III** + **VI**, **VI** + **V** u. **III** + **V** wirken synergistisch. Bei starken Reizen ist **III** wirkungslos.
U. Tausendfreund 4559◇

1268 **$^{14}C_{(4)}$-Progesteronstoffwechsel bei jungen und älteren Männern.** Louise P. Romanoff, Carol W. Morris, Patricia Welch, Martha P. Grace und Gregory Pincus. (J. clin. Endocrinol. Metabolism **23,** 286—92, 1963; Shrewsbury, Mass., Worcester Found. for Exper. Biol.; engl.) — Ältere Männer (68—80 Jahre alt) scheiden einen geringeren Anteil (44%) der Radioaktivität von verabreichtem $^{14}C_{(4)}$-*Progesteron* mit dem Harn aus als junge Männer (23—39 Jahre; 54%). 10% der Dosis werden von älteren, 14% der Dosis von jüngeren Männern als *Pregnandiol* ausgeschieden. Auch auf mg/Tag- oder mg/g Kreatinin-Basis sind die Ausscheidungswerte bei älteren Männern niedriger. Diese Beobachtungen stehen im Gegensatz zu den altersbedingten Veränderungen des *Cortisol*-Stoffwechsels.
U. Tausendfreund 4559◇

1269 **Die androgene Aktivität von Androst-4-en-3β.11β-diol und Androst-4-en-3α.17β-diol.** Ralph I. Dorfman,

Adeline S. Dorfman und Marcel Gut. (Acta endocrinol. [Copenhagen] **40,** 565—70, 1962; Shrewsbury, Mass.; Worcester Found. for Exp. Biol.; engl.) — An Kühen zeigen *Androst-4-en-3α.17β-diol* (**I**) u. *Androst-4-en-3β.17β-diol* (**II**) bei oraler Gabe eine androgene Wrkg. von 97 u. 124% im Vgl. zu *Testosteron* (= 100%). Bei subkutaner Anwendung unter den Kamm ist die Wrkg. bei **I** 101% u. bei **II** 99%. Bei Ratten zeigt **II**-*Dipropionat* eine stärkere Wrkg. als *Testosteronpropionat*. (Stimulierung der Samenvesikel). W. Hiller 4559◇

1270 **Regulierung der Nucleinsäuresynthese durch Androgene.** Charles D. Kochakian und David G. Harrison. (Endocrinology **70,** 99—108, 1962; Birmingham, Ala., Univ. of Alabama, Med. Center; engl.) — Kastration ♂ Mäuse bewirkt Abnahme der lösl. *Ribonucleinsäure* (**I**) u. der gesamten *Desoxyribonucleinsäure* (**II**) in Niere, Prostata u. Samenbläschen. Gaben von *Testosteronpropionat, Testosteron, 17-Methyltestosteron* oder *Androstan-17β-ol-3-on* heben die Wrkg. der Kastration auf. Bei der Leber nimmt durch Kastration der Geh. an **I** ab u. der Geh. an **II** zu. Zugabe von Androstan-17β-ol-3-on nicht aber der Testosteronverbb. bewirkt eine Zunahme von **II**. W. Hiller 4559◇

1271 **Die Wirkung anaboler Steroide auf den durch Isotopenmethode untersuchten Proteinstoffwechsel.** Kanji Torizuka, Ken Hamamoto, Katsuo Koshiyama, Kazuyoshi Iwai, Hideyo Takayama und Tadashi Miyake. (Metabolism, clin. and exp. **12,** 11—26, 1963; Kyoto, Kyoto Univ., School of Med., 2nd Div. of Int. Med.; engl.) — Verss. zur Klärung des Mechanismus anabol wirkender Steroide (hier *19-Norandrostenolonphenylpropionat, 2-Hydroxymethylen-17α-methyldihydrotestosteron* u. *4-Chlortestosteron*) unter Verw. von ^{15}N-Glycin u. ^{131}J-Humanserumalbumin bei Personen mit gestörter u. normaler Leberfunktion zeigen, daß die anabolen Steroide den *Eiweiß*-Stoffwechsel nicht indirekt durch Hemmung des Proteinabbaus beeinflussen. Vielmehr wird die Synth. von Protein direkt beschleunigt, wobei allerdings die Integrität der Leberfunktion Voraussetzung ist. U. Tausendfreund 4559◇

1272 **Isolierung, Identifizierung und quantitative Bestimmung von Testosteron im Harn von erwachsenen Normalpersonen und von Patienten mit endokrinen Erkrankungen.** Alvro M. Camacho und Claude J. Migeon. (J. clin. Endocrinol. Metabolism **23,** 301—05, 1963; Baltimore, Md., Johns Hopkins Univ. School of Med., Dep. of Pediatr.; engl.) — Beschreibung einer Meth. zur Isolierung von *Testosteron* aus menschlichem Harn (Hydrolyse mit β-Glucuronidase, Extraktion mit Ae., Chromatographie auf Florisil, Gradientenelutionschromatographie auf Al_2O_3 u. schließlich Papierchromatographie); das Absorptionsmaximum lag bei 240 mμ. Die Ausscheidung von **I** in 24 Std. im Harn betrug bei ♂ Normalpersonen 46—106 μg, bei ♀ < 6 μg. K. Zingraf 4559◇

1273 **Die Aufnahme und subcelluläre Verteilung von ^{14}C-Steroiden in der ventralen Prostata der Ratte nach in vivo Verabreichung von $^{14}C_{(4)}$-Testosteron.** B. W. Harding und L. T. Samuels. (Endocrinology **70,** 109—18, 1962; Salt Lake City, Utah, Univ. of Utah Coll. of Med., Dep. of Biochem.; Cambridge, England, Univ. of Cambridge, A.R.C. Unit for Reproductive Physiol. and Biochim; engl.) — Ratten erhalten eine wss. Lsg. von $^{14}C_{(4)}$-*Testosteron* injiziert. Die höchste Radioaktivität findet sich in Leber u. Niere u. auch in der ventralen Prostata. Milz, Testis, Skelettmuskeln u. Samenbläschen zeigen geringere Aktivität. Die Radioaktivität der ventralen Prostata ist größtenteils Chlf.-lösl. u. ist fast völlig im *Δ^4-Androsten-3.17-dion* enthalten. W. Hiller 4559◇

1274 **Isolierung und Identifizierung von 11-Keto-progesteron, 11-Hydroxyprogesteron und 11-Hydroxyandrostendion im adrenalen venösen Blut des Hundes.** Georg W. Oertel und Kristen B. Eik-Nes. (Endocrinology **70,** 39—42, 1962; Salt Lake City, Utah; Univ. of Utah, Coll. of Med., Dep. of Biol. Chem.; engl.) — Vff. isolieren aus dem venösen Blut der Nebenniere *11-Ketoprogesteron, 11-Hydroxyprogesteron* u. *11-Hydroxyandrostendion* u. identifizieren die drei Δ^4-3-Ketosteroide durch Papierchromatographie u. Infrarotspektroskopie. W. Hiller 4559◇

1275 **Über den Einfluß des antidiuretischen Hormons auf die osmotische Diurese.** M. G. Saks und N. M. Ssokolowa. (Ssetschenow-J. Physiol. UdSSR **49,** 532—34, 1963; Leningrad, Ssetschenow-Inst. für Evolut.-Physiol der Akad. der Wiss. der UdSSR; russ., Auszug: engl.) — In Verss. an weißen Ratten, bei denen zwecks Ausschließung der endogenen Bldg. von *antidiuret. Hormon* (**I**) Hypophyse u. Vorderlappen des Hypothalamus entfernt wurden, wird gezeigt, daß bei gleichzeitiger Zufuhr von **I** u. Mannit die osmot. Diurese sich ebenso entwickelt wie in der Norm. Durch die Zufuhr von **I** wird der Harn sofort hyperton., dadurch bedingt, daß durch **I** die passive Reabsorption des W. wiederhergestellt wird. Im Vers. an intakten Tieren ist das exogene **I** deshalb unwirksam, weil die osmot. akt. Stoffe eine so starke Ausscheidung von endogenem **I** bewirken, daß die Wrkg. durch exogenes **I** nicht mehr beeinflußt werden kann. O. Lebtag 4560△

1276 **Die Wirkung von Calcium auf die Inaktivierung von Vasopressin durch Rattennierenschnitte.** M. W. Smith. (J. Physiology **166,** 22P—23P, 1963; Babraham, Cambridge, A.R.C. Inst. of Animal Physiol.; engl.) — Die Inaktivierungsgeschw. von *Vasopressin* (*Pitressin*; **I**; Parke Davis & Co.) durch Rattennierenschnitte kann mittels Erhöhung der *Ca*-Konz. im (zur Vermeidung von Ca-Fällung nur 0,7 mm Phosphat enthaltenden) Medium von 0 auf 7,5 mm vermindert werden. Verss. am Nierenhomogenat (keine Verlangsamung der hierbei sehr raschen **I**-Inaktivierung) zeigen, daß die hohe externe Ca-Konz. vermutlich eine direkte Wrkg. auf die Nierenzellmembran ausübt u. dabei die Penetration von **I** durch die Membran behindert. U. Tausendfreund 4560◇

1277 **Mit ^{131}J und mit Tritium markiertes Angiotensin.** Benjamin H. Barbour und Frederic C. Bartter. (J. clin. Endocrinol. Metabolism **23,** 313—14, 1963; Bethesda, Md., Nat. Heart Inst., Clin. Endocrinol. Branch; engl.) — Mit ^{131}J u. mit ^{3}H markiertes *synthet. Angiotensin* erleiden nach u. nach eine starke Abnahme ihrer biolog. Wirkstärke. Die Markierung mit ^{131}J ist im wesentlichen biolog. inakt., dagegen steht die ^{3}H-Markierung mit blutdruckwirksamem Material (^{3}H in p-Position am Phenylrest von Phenylalanin in 8-Stellung) in Verbindung. K. Zingraf 4560◇

1278 **Kontrolle der Wirkung der Hormone des Hypophysenvorderlappens auf die Cholerese bei der Ratte.** P. Zamboni und E. Antoncecchi. (Arch. ital. Sci. farmacol. [3] **12,** 130—34, 1962; Bari, Univ., Ist. di Farmacol.; ital.) — 10 I. E. *Luteolactin*/kg i.v. oder 5 Taubeneinheiten *Antefisan* oder 5 Reifungseinheiten *Preloban*/kg i.m. beeinflußten den Gallenfluß von Ratten nicht. K. Zingraf 4560◇

1279 **Wirkungen des Trikosapeptids „ACTH" und des α-Melanocytenstimulierenden Hormons auf die Hautfarbe des Menschen.** Joseph S. McGuire und Aaron B. Lerner. (Ann. New York Acad. Sci. **100,** 622—30, 1963; New Haven, Conn., Yale Univ., School of Med., Dep. of Internal Med., Section of Dermatol.; engl.) — I.m. Verabreichung von *Adrenocorticotropem Hormon* (ACTH) hatte bei einem Patienten keine Wrkg. auf die Hauptpigmentierung, während *synthet. „ACTH"* (mit N-Acetylglutamin statt Glutaminsäure u. einer Formylgruppe in der ε-NH_2-Gruppe des Lysins) eine Hyperpigmentierung hervorrief. Mit synthet. *α-Melanocytenstimulierendem Hormon* (8 mg pro Tag) wurde innerhalb von 3 Tagen ebenfalls eine starke Hyperpigmentation erreicht. W. Damerau 4560◇

1280 **Der Einfluß des Wachstumshormons auf die ischaemisierte Rattenniere.** 1. Mitt. H. E. Köhnlein, J. Rehn und G. C. Berneker. (Arzneimittel-Forsch. **12,** 957—63, 1962; Freiburg i. Br., Univ., Chirurg. Klin.; dt.) — Um den Einfl. des *somatotropen Hormons* (STH) auf die ischaemisierte Rattenniere zu klären, wurde eine Ischaemie der Niere durch 3 std. Abklemmung der Gefäße des Nierenstiels auf einer Seite erzeugt. 3 Wochen später wurde die gesunde Niere entfernt u. die Behandlung mit STH begonnen. STH besitzt eine positive nephrotrope Wrkg. (niedrigere Mortalität, geringere Nierenatrophie, Normalisierung der Urinausscheidung, bes. der Elektrolyte). Diese günstigen Effekte werden völlig aufgehoben, wenn außer STH zusätzlich *Cortison* verabreicht wurde. R. Illhardt 4560◇

1281 **Versagen eines neuen Thyreotropin-Hemmstoffes, des Methyläthers von Trijodthyropropionsäure, bei der Behandlung von endokrinem Exophthalmus.** Heskel Haddad und Marvin E. Levin. (J. clin. Endocrinol. Metabolism **23**, 317—18, 1963; St. Louis, Mo., Washington Univ., School of Med., Dep. of Ophthalmol.; Dep. of Med., Metab. Div.; Washington Univ. Clinics; engl.) — Endokriner Exophthalmus wurde durch *Trijodthyropropionsäuremethyläther* in Dosen bis zu 24 mg täglich, 2—4 Monate lang, nicht beeinflußt.
K. Zingraf 4560◇

1282 **Einfluß der Zufuhr von adrenocorticotropem Hormon auf das Gewicht der Nebenniere und deren Gehalt an Cholesterin im Hühnerembryo.** T. I. Masina. (Ssetschenow-J. Physiol. UdSSR **49**, 589—95, 1963; Leningrad, Ssetschenow-Inst. für Evolut.-Physiol. der Akad. der Wiss. der UdSSR; russ., Auszug: engl.) — In jedem Stadium der untersuchten Embryogenese (12.—18. Tag) bewirkt die Injektion von *adrenocorticotropem Hormon* (**I**) eine Veränderung des *Cholesterin*(**II**)-Geh. im Hühnerembryo. Am 12.—14. Tag verursacht **I** eine Abnahme des Gesamtgeh. an **II** u. der **II**-Konz. in der Nebenniere. Beim 15 Tage alten u. älteren Embryo ist die **II**-Konz. stark vermindert; die Abnahme des Gesamt-**II** ist statist. unsicher. Das Gew. der Nebenniere wird nach **I** beim 12—14 Tage alten Embryo nicht wesentlich verändert, nach 15—18 Tagen stark erhöht. Am stärksten sind die Veränderungen des Nebennieren-Gew. u. des **II**-Geh. 6 Std. nach der **I**-Injektion. O. Lebtag 4560△

1283 **Über die Anwesenheit des corticotropinstimulierenden Faktors im Vorderlappen des Hypothalamus.** A. A. Galojan. (Ber. Akad. Wiss. ArmenSSR **36**, 35—38, 1963; Biochem. Inst. der Akad. der Wiss. der ArmenSSR; russ.) — Im Ratten-Vers. verursacht die intraperitoneale Zufuhr des Vorderlappenextraktes des Hypothalamus nach 2 Std. eine Senkung des *Ascorbinsäure*(**I**)-Geh. in der linken bzw. rechten Nebenniere von 501 bzw. 520 auf 394 mg-%. Nach Zufuhr des Hinterlappenextraktes bleibt der **I**-Geh. mit 501 bzw. 533 mg-% prakt. konstant. Danach entsteht der *corticotropinstimulierende Faktor* (CRF) im Vorderlappen des Hypothalamus. Die Eiweißfraktion des Hinterlappens beeinflußt die für die Bldg. u. Ausscheidung des CRF verantwortlichen biochem. Systeme. O. Lebtag 4560△

1284 **Geschwindigkeit der Cortisolproduktion durch die Nebenniere in Reaktion auf maximale Stimulation mit Adrenocorticotropem Hormon.** C. A. Nugent, Mac-Diarmid, A. R. Nelson und F. H. Tyler. (J. clin. Endocrinol. Metabolism **23**, 684—93, 1963; Salt Lake City, Utah, Univ. of Utah Coll. of Med., Labor. for the Study of Hered. and Metab. Disorders; Dep. of Med.; engl.) — Nach maximaler Stimulierung mit *Adrenocorticotropem Hormon* erzeugten Normalpersonen 100 μg *Cortisol*/kg/Std.; die Erzeugung war bei Patienten mit Nebenniereninsuffizienz u. Cirrhose verringert, bei Patienten mit Cushing-Syndrom gesteigert.
K. Zingraf 4561◇

1285 **Potenzierung der biologischen Wirkung von verabreichtem Cortisol durch Östrogenbehandlung.** Don H. Nelson, Herbert Tanney, George Mestman, Victor W. Gieschen und Lowell D. Wilson. (J. clin. Endocrinol. Metabolism. **23**, 261—65, 1963; Los Angeles, Calif., Univ. of Southern California, School of Med., Dep. of Med.; Los Angeles County Gen. Hosp.; engl.) — Durch *Östrogen*-Behandlung (Äthinylöstradiol) kann die glucosurische Wrkg. von *Cortisol* (**I**) bei Diabetikern gesteigert werden, obwohl Östrogen-Therapie selbst keinen Einfl. auf die Glucose-Ausscheidung besitzt. Eine gleiche Potenzierung der biolog. Corticosteroid-Wrkg. durch Östrogen kann bei Verw. von *Prednison* oder *Prednisolon* statt **I** nicht immer beobachtet werden (vermutlich Folge von Unterschieden im Stoffwechsel der Corticosteroide). Die Östrogen-Behandlung führt bei **I**-Behandlung auch zu einer Erhöhung des Geh. an *Transcortin* (corticosteroidbindendes Globulin) im Plasma.
U. Tausendfreund 4561◇

1286 **Veränderungen im Cortisol des Plasmas während der Schwangerschaft, Entbindung und des Puerperiums.** Frede Bro-Rasmussen, Ole Buus, F. Lundwall und Dyre Trolle. (Acta endocrinol. [Copenhagen] **40**, 571—78, 1962; Copenhagen, Medicinsk Labor., Ltd. and Rigshospitalet, Dep. of Gynaecol. I and Dep. of Obstetrics; engl.) — In der Schwangerschaft beginnt von der 8.—10. Woche eine Zunahme des *Cortisol*-Geh. im Plasma, sie dauert bis zur 20.—22. Woche an, danach erfolgt ein Verharren. Von der 30.Woche erfolgt wieder eine Zunahme u. das Maximum wird in der 36.—37. Woche erreicht. Die Gesamtzunahme beträgt gegenüber Normalpersonen das Doppelte. Bei intrauterinem Tod sind die Cortisolwerte nicht höher als die von nicht schwangeren Frauen. W. Hiller 4561◇

1287 **Die Induktion der Tryptophanpyrrolase und der Einfluß der Adrenocorticoide.** Norman D. Lee und Barbara E. Baltz. (Endocrinology **70**, 84—87, 1962; Memphis, Tenn., Univ. of Tennessee Med. Units, Dep. of Chem. and V. A. Med. Teaching Group Hosp., Radioisotope Serv.; engl.) — Die Aktivität der *Tryptophanpyrrolase* (**I**) der Rattenleber beträgt bei adrenalektomierten Tieren nur die Hälfte im Vgl. zu normalen Tieren (konstitutive **I**). Auch Zusatz von *Tryptophan* (**II**) zum Substrat (induzierbare **I**) ändert an dem relativen Verhältnis der Aktivitäten nichts. Erhalten die Tiere Nebennierenrindenextrakt $^1/_2$ Std. vor der Tötung, so ist die **I**-Aktivität der adrenalektomierten Tiere kaum verändert. Erfolgt die Injektion 2 Std. vor der Tötung, so steigt die konstitutive **I** der Leber geringfügig, die durch **II** induzierbare **I** dagegen stark an. Der Anstieg ist von der Menge des verabreichten Nebennierenrindenextrakts abhängig. *Hydrocortison* (1,5 mg/kg) zeigt eine etwas geringere Wrkg. als Nebennierenrindenextrakt (Upjohn ACE; 2 ml/kg). *Desoxycorticosteronacetat* (5 mg/kg) zeigt eine viel geringere Wrkg. als der Extrakt.
W. Hiller 4561◇

1288 **Beziehung der Plasma-Hydrocortisonkonzentration zu Narkose und Operation.** R. N. Lewis. (Brit. J. Anaesthesia **35**, 84—89, 1963; Salford, Lancashire, Royal Hosp.; engl.) — Die Plasma-Konz. von nicht gebundenem *Hydrocortison* (**I**) wurde papierchromatograph. bei Patienten vor der Narkose, vor dem Operationsbeginn u. nach der Operation bestimmt. Eine statist. signifikante Erhöhung des durchschnittlichen **I**-Wertes wurde nur postoperativ gegenüber den präoperativen Werten gefunden. Peter Lange 4561◇

1289 **Die Isolierung von 6β-Hydroxycorticosteron und seinem 11-Dehydroderivat aus Nebenniere, Nebennierenadenom und Harn eines Patienten mit primärem Hyperaldosteronismus.** Wojciech Nowaczynski, Erich Koiw und Jacques Genest. (Canad. J. Biochem. Physiol. **40**, 1779—96, 1962; Montreal, Canada, Hotel-Dieu Hosp., Clin, Res. Dep.; engl.) — Es wird die erstmalige Isolierung großer Mengen von *6β-Hydroxycorticosteron* (**I**) aus Inkubaten menschlichen hyperplast. u. adenomatösen Nebennierengewebes von einem Patienten mit prim. Hyperaldosteronismus beschreiben; es konnte auch *11β-Hydroxy-Δ^4-androsten-3.17-dion* aus den Inkubaten des gleichen Adenoms isoliert werden. Ebenso wurden aus dem Harn dieses u. eines zweiten Falles **I** u. *6β-Hydroxy-11-dehydrocorticosteron* isoliert.
U. Tausendfreund 4561◇

1290 **Wirkungen zweier Aldosteronantagonisten auf die durchströmte Katzenniere.** Mary F. Lockett und C. N. Roberts. (Brit. J. Pharmacol. Chemotherapy **20**, 443—48, 1963; London, Chelsea Coll. of Sci. and Technol., Dep. of Physiol. and Pharmacol.; engl.) — An der durchströmten Katzenniere üben 5—20 mg/150 ml Blut der beiden *Aldosteron*(**I**)-Antagonisten *Spironolacton* (*β-[7α-acetylmercapto-17β-hydroxy-3-oxo-Δ^4-androsten-17α-yl]-propionsäurelacton* (*SC-9420*, *Aldactone*, Searle & Co.) u. *SC-11480* (*β-[17β-Hydroxy-3-oxo-$\Delta^{1.4}$-androstadien-17α-*

yl]-propionsäure, K-Salz schwache I-artige Wrkg. aus u. führen zu Antidiurese mit Retention von *Na, K* u. *Cl*. Die durch beide Verbb. verursachten Veränderungen im Harn summieren sich mit I ohne kompetitive Beeinflussung. Keine der beiden Verbb. beeinflußt die Nierendurchströmung oder die Glomerulumfiltrationsgeschwindigkeit. Beide Verbb. beeinflussen die durch I verursachte Verminderung des Nierengefäßwiderstandes antagonistisch. U. Tausendfreund 4561◇

1291 **Corticosteroide im menschlichen Blut.** 1. Mitt. **Bestimmung freier und konjugierter 17-Hydroxycorticosteroide im Plasma.** Ludwig Kornel. (J. clin. Endocrinol. Metabolism **22,** 1079—89, 1962; Birmingham, Ala., Univ. of Alabama, Med. Center, Dep. of Med., Div. of Endocrinol. and Metabol.; engl.) — Auf der Grundlage einer Veränderung des Verteilungs-Koeff. der *konjugierten 17-Hydroxycorticosteroide* durch Ansäuern der wss. Phase auf pH 1 u. Sättigung mit Ammonsulfat gelingt eine quant. Extraktion mit einem Solvens mit relativ niedriger Polarität (wie Äthylacetat). Das erzielte Material kann ohne weitere Reinigung einer modifizierten Porter-Silber-Farbrk. unterworfen werden. Es können gleichzeitig die *freien 17-Hydroxycorticosteroide* mitbestimmt werden. Die nach Trocknung der Extrakte mit der Porter-Silber-Meth. erzielte Hintergrundfärbung ist 5—10mal schwächer als der bei anderen Farbmeth. entstehende Hintergrund. Mit Hilfe einer Modifizierung der Meth. können Glucuronid- u. im Lsgm. lösl. (vermutlich Sulfat-)Fraktionen der konjugierten Steroide getrennt bestimmt werden. U. Tausendfreund 4561◇

1292 **Gas-Flüssigkeits-Chromatographie bei der quantitativen Analyse der 11-Desoxy-17-ketosteroide des Harns.** Marvin A. Kirschner und Mortimer B. Lipsett. (J. clin. Endocrinol. Metabolism **23,** 255—60, 1963; Bethesda, Md., Nat. Inst. of Health, Nat. Cancer Inst. Endocrinol Branch; engl.) — Als einfache, genaue, reproduzierbare u. rasche Meth. zur Best. der hauptsächlichen 17-Ketosteroide *Androsteron, Ätiocholanolon* u. *Dehydroepiandrosteron* des Harns wird empfohlen: Chromatographie der Ketosteroide auf Dünnschichtkieselsäuregel nach Hydrolyse der Harnkonjugate, Elution, Bldg. der Trimethylsilyläther, Separierung u. quant. Best. durch Gas-Fl.-Chromatographie. U. Tausendfreund 4561◇

1293 **Iontophoretische Abgabe von Adrenalin, Noradrenalin und 5-Hydroxytryptamin aus Mikropipetten.** K. Krnjević, R. Laverty und D. F. Sharman. (Brit. J. Pharmacol. Chemotherapy **20,** 491—96, 1963; Babraham, Cambridge, Agric. Res. Council, Inst. of Animal Physiol.; engl.) — Ergebnisse der Best. von durch Iontophorese aus Mikropipetten abgegebenen *Adrenalin-, Noradrenalin-* u. *5-Hydroxytryptamin*(I)-Mengen lassen große Abgabeschwankungen bei gleichbleibenden Stromstärken erkennen, wobei der Transport von I noch am weitesten konst. bleibt. Iontophorese kann daher nicht als eine strikt quant. Meth. zur Aufbringung von Substanzen betrachtet werden, wenn es sich um Vgl.-Unterss. handelt. Es müssen Verss. mit verschiedenen Pipetten durchgeführt werden, ehe Schlüsse über die Wirksamkeit irgendeiner Substanz gezogen werden können. U. Tausendfreund 4561◇

1294 **Strukturuntersuchungen über die Adrenalin und Noradrenalin speichernden Granula des Nebennierenmarks.** A. Kleinschmidt und H. J. Schümann. (Naunyn-Schmiedebergs Arch. exp. Pathol. Pharmakol. **241,** 260—72, 1961; Frankfurt/Main, Hygiene Inst. der Stadt u. Univ., Pharmakolog. Inst. der Univ.; dt.) — Mit geeigneter *Os*-Fixierung u. *Polyester*-Einbettung (*Vestopal W*) wurden Dünnschnitte vom Nebennierenmark des Huhnes u. von einem menschlichen Nebennierentumor hergestellt. Bei elektronenmkr. Unters. wurde die Struktur der Granula ermittelt, jedoch konnte der *Adrenalin-* u. *Noradrenalin*-Geh. wegen der leichten Elution der gespeicherten *Brenzcatechinamine* nicht angegeben werden. O. Jansen 4561◇

1295 **Brenzcatechinaminbildung und -abgabe bei Kälteeinwirkung und -akklimatisation.** Jean Leduc. (Acta physiol. scand. **53,** Nr. 183, 1—101, 1961; Stockholm, Karolinska Inst., Fac. of Med., Dep. of Physiol.; engl.) — Vgl. C. **1961,** 13988. — Monographie. Die bekannten Meth. zur Best. von *Brenzcatechinaminen* (I) in Harn u. Organen zeigten erhebliche Genauigkeit. Individuelle u. tägl. Schwankungen der I-Ausscheidung von Ratten bei Raumtemp. waren relativ klein. Die Ausscheidung im Harn wurde von physiolog. Faktoren, wie Gew., Diät, Jahreszeit, beeinflußt. Die Best. von I-Bldg. u. -Freisetzung als Rk. auf akuten u. chron. Kältestress zeigte, daß Kälteeinw. sofort eine große, während der Stressdauer anhaltende Zunahme der *Noradrenalin*(II)-Ausscheidung auslöste. Die *Adrenalin*(III)-Ausscheidung stieg im Laufe einer Woche in der Kälte zu einem Maximum an u. sank dann rasch ab. In Verbindung hiermit erfolgte in den Nebennieren beträchtliche Resynthese. Die I-Ausscheidung hing bei kälteexponierten Ratten von der Stärke des Kältereizes ab. Unter den Versuchsbedingungen bestand zwischen III-Abgabe u. Temp. oder Körpergew. eine lineare Beziehung, während die II-Ausscheidung bei verschärfter Kälteeinw. rasch ein Plateau erreichte (beschränkte Synth. u./oder Sekretion). Kälteakklimatisierte Tiere schieden bei Kältestress weniger I aus als wärmeakklimatisierte. Die Kälteakklimatisierbarkeit ist beschränkt. Die Kälteakklimatisierung übt über eine verstärkte I-Empfindlichkeit, besonders gegen II, eine einsparende Wrkg. auf Synth. u./oder Ausscheidung von II u. III aus. Nach I-Best. bei adrenalektomierten u. Mecamylamin-behandelten Ratten beruht die durch Kälteeinw. hervorgerufene verstärkte III-Exkretion vorwiegend auf einer erhöhten Sekretion des Nebennierenmarks, die vermehrte II-Ausscheidung auf einer vermehrten Abgabe aus den adrenerg. Nervenenden. Adrenalektomierte Ratten widerstanden mäßiger Kälteeinw., wenn Rindenhormone gegeben wurden. Die Tiere starben jedoch sehr rasch nach Hemmung der II-Abgabe aus den adrenerg. Nervenenden. II scheint bei der Rk. von Ratten auf Kältestress u. -akklimatisierung eine prim. Rolle zuzukommen. Akute u. chron. *Reserpin*(IV)-Behandlung bewirkte starke II-Verarmung, verbunden mit verminderter II-Ausscheidung im Harn. Diese Effekte beruhen vielleicht auf direkter Aktivierung eines Abbauenzyms, vermutlich Monoaminoxydase. IV rief ferner eine ausgeprägte Zunahme der III-Ausscheidung der Nebennieren hervor. Wahrscheinlich hemmt IV in gewissem Umfang I-Synth. u./oder -Ausscheidung. Wärme- u. kälteakklimatisierte Ratten vertrugen nach Nahrungseinschränkung keine längere Kälteeinwirkung. Die I-Ausscheidung erreichte rasch Maximalwerte, u. die Tiere starben an Hypothermie. Das gleiche trat bei wärmeadaptierten Tieren ein, deren Isolierung durch Fellentfernen herabgesetzt war. Die Kälteakklimatisierung ist offensichtlich durch die Fähigkeit des Organismus zur Bldg. u./oder Sekretion genügender I-Mengen zur Erhaltung des therm. Gleichgew. begrenzt. — Zahlreiche Literaturangaben. K. Maier 4561◇

1296 **Adrenalinfreisetzung während der Insulinhypoglykämie beim Schaf.** B. P. Setchell und G. M. H. Waites. (J. Physiology **164,** 200—09, 1962; Glenfield, Australia, Veterin. Stat.; Prospekt, Australia, Ian Clunies Ross Animal Res. Labor., Div. of Animal Physiol.; engl.) — Am denervierten Herzen des Schafes kann bei Plasma-*Glucose*(I)-Konzz. von 20—30 mg/100 ml (durch Insulin ausgelöste Verminderung) der Nachw. einer *Adrenalin*(II)-Freisetzung geführt werden; die durch II bewirkte Herzbeschleunigung wird bei weiter absinkenden I-Konzz. größer. Kurz vor dem Beginn hypoglykäm. Krämpfe kann auch am sympathektomierten Ohr des Schafes an Hand der Temp.-Veränderung eine II-Freisetzung konstatiert werden. Durch einseitige Adrenalektomie u. Denervierung der anderen Nebenniere kann die II-Freisetzung unterbunden werden. U. Tausendfreund 4561◇

1297 **Wechselwirkungen zwischen Cocain, Tyramin und Noradrenalin an den Noradrenalindepots.** J. Farrant. (Brit. J. Pharmacol. Chemotherapy **20,** 540—49, 1963; London, Univ., School of Pharm., Dep. of Pharmacol.; engl.) — Es werden Ergebnisse vorgelegt, die mit der Annahme eines gemeinsamen Eintrittsweges für *Tyramin* (I) u. *Noradrenalin* (II) in Gewebedepots übereinstimmen, wobei diese Wege durch *Cocain* (**III**), *Methylphenidat* (**IV**) u. *Pipradrol* (**V**) gesperrt werden können. **II** kann rasch zum Depot vordringen; **I** dringt langsamer vor u. kann dabei für eine zeitlang den Eintritt von zirkulierendem **II** hemmen. **II**, **IV** u. **V** dringen nicht bis zum Depot vor, sondern hemmen nur die Aufnahme von **I** u. **II**. U. Tausendfreund 4561◇

1298 **Untersuchung über zentrale Exzitationswirkung von Brenzcatechin.** Zénon Marcel Bacq, Jean Schlag, Jacques Faidherbe und François Chaillet. (C. R. hebd. Séances Acad. Sci. **249**, 2839–41, 1959; Univ. de Liège, Inst. de Thérapeut. exp.; Fonds Nat. de la Rech. Scient.; franz.) — Es ist bekannt, daß *Brenzcatechin* (**I**) als Polyphenol die Stimulation durch Adrenalininjektion erhöht. Diese Wrkg. hat man mit Hemmung der O-Methyltransferase, welche Adrenalin inaktiviert, erklärt. Vff. haben diese Hypothese elektroencephalograph. an Katzen überprüft. I.v. Injektion von 0,75–10 mg **I**/kg verursacht eine Desynchronisation der elektrocorticalen Kurve (3–25 mm.). Vff. sind der Ansicht, daß die Beobachtungen mit der Hypothese über eine cerebrale Sensibilisation auf Noradrenalin durch **I** im Einklang sind. J. Špinka 4561◇

1299 **Stoffwechsel von Brenzcatechinaminen bei hyper- und hypothyreoten Patienten.** Nozomu Ishida. (Tohoku J. exp. Med. **78**, 228–42, 1962; Sendai, Tohoku Univ., School of Med., Dep. of Int. Med.; engl.) — Da die endogene *Brenzcatechinamin*-Bldg. bei Hypo- u. Hyperthyreose normal ist, *Monoaminoxydase* u. *Brenzcatechin-O-methyltransferase* normal arbeiten u. die Ausscheidungen von *Brenzcatechinaminen* u. Metaboliten über den Harn keine Abweichung von der Norm zeigen, gelang bisher keine Erklärung für die bei Hyperthyreose gesteigerte Sensibilität gegenüber *Noradrenalin*(**I**)-Infusionen; bei Hyperthyreose ist allerdings unter **I**-Infusion die Ausscheidung von *Adrenalin* u. *Metadrenalin* höher als normal. U. Tausendfreund 4562◇

1300 **Wirkung veränderter Schilddrüsenfunktion auf den Tagesrhythmus der Steroide beim Menschen.** Malcolm M. Martin, Daniel H. Mintz und Hideya Tamagaki. (J. clin. Endocrinol. Metabolism **23**, 242–47, 1963; Washington, D. C., Georgetown Univ., Dep. of Med. and Ped.; Georgetown Univ. Hosp.; Mount Alto Veter. Admin. Hosp.; engl.) — Bei Hyperthyreose oder nach Verabreichung von *Trijodthyronin* wird die Eliminierung der freien *17-Hydroxycorticosteroide* (**I**) aus dem Plasma beschleunigt u. die Tagesschwankung der gebundenen **I** im Plasma gesteigert. Im Gegensatz dazu flachen sich die Tagesschwankungen der gebundenen Plasma-**I** beim Myxödem derart ab, daß im Tagesablauf nur noch ein einheitlicher Wert nachweisbar ist; die Eliminierung der freien **I** ist durch verlangsamte Umwandlung verzögert. Durch **I**-Nachw. im Harn können die Veränderungen der gebundenen Plasma-**I** verfolgt werden. U. Tausendfreund 4562◇

1301 **Wirkungen von Jod in der Nahrung auf die Verwertung von radioaktivem Jod durch die Ratte.** G. A. Robinson. (Canad. J. Biochem. Physiol. **41**, 1547–55, 1963; London, Ontario, Univ. of Western Ontario Med. School., Dep. of Biochem.; engl.) — Nach intraperitonealer Injektion von ^{131}*J*- reicherten Ratten, denen täglich 40 µg ^{127}J/kg verfüttert wurden, ^{131}J in der Schilddrüse rascher u. in größeren Mengen an u. zeigten geringere Konz. von *Protein-gebundenem* ^{127}J u. geringeren *Gesamt*-^{127}*J*-Geh. in der Schilddrüse als Tiere, denen 3885 mg ^{127}J/kg verfüttert wurden. K. Zingraf 4562◇

1302 **Erhöhter Jodgehalt der Milch als Mittel zur Bestimmung von Jod-131.** F. W. Lengemann. (Nature [London] **198**, 1217–18, 1963; Ithaca, N. Y., New York State Veter. Coll., Dep. of Phys. Biol.; engl.) — Milchkühe erhielten laufende Gaben von ^{131}*J*, vom 7. bis zum 15. Tag nach Versuchsbeginn gesammelte Milchproben wurden auf ihren ^{131}J-Geh. untersucht. Danach wurde den Tieren inaktives *KJ* (2–8,5 g) zugeführt. Unters. der Milch zeigte, daß ein Anstieg des Geh. an inakt. J von einem verringerten Geh. an ^{131}J begleitet ist. Dieser Tatbestand wird in Verbindung mit der Beobachtung des ^{131}J-Geh. der Schilddrüse nach J-Gaben als eine Verdünnung des Gewebe-Geh. an ^{131}J gedeutet u. die Bedeutung dieser Erscheinung für die Ernährung, bes. des Kleinkindes, hervorgehoben. W. Reusse 4562◇

1303 **Verteilung und Ausscheidung von ^{131}J bei Männern unter Zufuhr pharmakologischer Joddosen.** Y. Takeda und E. B. Reeve. (J. Lab. clin. Med. **60**, 944–53, 1962; Denver, Colo., Univ. of Colorado, School of Med., Dep. of Med.; engl.) — Es wird über Unterss. über ^{131}*J*-Verteilung u. Ausscheidung bei gesunden Männern unter einer Blockierung der Schilddrüsenaufnahmen ausreichenden J-Behandlung (3mal täglich 10 Tropfen gesätt. *KJ*-Lsg. für 3 Tage) u. die Aufstellung entsprechender Gleichungen berichtet. U. Tausendfreund 4562◇

1304 **Biologische Aktivität von 3.3'.5'-Trijod-DL-thyronin.** James A. Pittman, Robert W. Brown und Harry B. Register jun. (Endocrinology **70**, 79–83, 1962; Birmingham, Ala., Univ. of Alabama Med. Center, Dep. of Med. and Veterans Admin. Hosp., Radioisotope Serv.; engl.) — Vff. untersuchen die thyromimet. Aktivität von *3.3'.5'-Trijod-DL-thyronin* (**I**; Fähigkeit der Verzögerung des Verlustes der Radioaktivität der Schilddrüse nach ^{131}J-Gaben; Fähigkeit der Unterdrückung der ^{131}J-Aufnahme durch die Schilddrüse). **I** zeigt keinen Einfl. auf die Geschw. der Freisetzung von ^{131}J, auch nicht in 5mal höheren Konzz., bei denen *Thyroxin* die Freisetzung völlig hemmt. Bei der Unterdrückung der Aufnahme von ^{131}J zeigt **I** eine Aktivität von 75% im Vgl. zu Thyroxin. Anorgan. J zeigt hier die gleiche Wrkg. wie **I**. W. Hiller 4562◇

1305 **Verdrängung von Thyroxin aus menschlichem thyroxinbindenden Globulin durch Hydantoinanaloge. Sterische Aspekte des Thyroxinbindungsortes.** Jack H. Oppenheimer und Richard R. Tavernetti. (J. clin. Invest. **41**, 2213–20, Dez. 1962; New York, N. Y., Montefiore Hosp., Med. Div. Endocrine Serv.; engl.) — Vermutlich besteht zwischen *5.5-Diphenylhydantoin-Na* (*Dilantin*; **I**) u. *Thyroxin* (**II**) bzgl. der Diphenylbindung von **I** bei C_5 u. der Diphenyl–Ae.-Bindung von **II** eine Analogie; beide Substanzen dürften durch ein ster. Komplementärgebiet von **II**-*bindendem Serum-α-Globulin* (**III**) gebunden werden. Diese Annahme gründet auf der Beobachtung einer gegenseitigen kompetitiven Verdrängung von **I** u. **II** an **III** u. der gleichfalls von 10 **I**-Analogen mit Diphenyl-Gruppe bzw. einer Phenyl- u. einer Cyclohexyl-Gruppe bei C_5 ausgeübten, kompetitiven Verdrängung von **II**. Im Gegensatz dazu waren 13 **I**-Analoge, die kein Diphenyl an C_5 aufwiesen, unwirksam. U. Tausendfreund 4562◇

1306 **Verwertung und Ausscheidung von D-Xylose bei Thyroxin-behandelten Ratten.** Selwyn A. Broitman und Norman Zamcheck. (J. Lab. clin. Med. **61**, 476–82, 1963; Boston, Mass., Boston City Hosp., II and IV (Harvard Med. Serv.) Mallory Inst. of Pathol., Gastrointest. Res. Labor.; Harvard Med. School; Boston City Hosp., Boston Univ. School of Med.; engl.) — Ratten, denen *Thyroxin* (**I**) oral oder subkutan mehrere Tage verabreicht u. dann *Xylose* (**II**) durch Magensonde zugeführt wurde, schieden innerhalb von 5 Std. ca. 70% mehr *Pentose* (**III**) im Harn aus als nicht vorbehandelte Tiere. Bei i.v. Infusion von **II** war die Ausscheidung nicht erhöht. Bei beiden Gruppen bestanden 7–9% der ausgeschiedenen **III** aus D-Xylulose. Bei den Kontrolltieren, nicht jedoch bei den mit **I** behandelten Tieren, nahm die Konz. von anorgan. Phosphat innerhalb von 30 Min. nach Gabe von **II** um 1,0 mg% ab u. kehrte in 90 Min. zum Normalwert zurück. K. Zingraf 4562◇

1307 **Die in vitro Stimulierung der Schilddrüsenaktivität durch Propylthiouracil.** Philip F. Mulvey jun. und D. Ward Slingerland (unter techn. Mitarb. v. Aglaia C. Ballas). (Endocrinology **70**, 7–12, 1962; Boston, Mass., Boston Univ. School of Med. and Veterans Admin. Hosp., Radioisotope Serv.; engl.) — 10^{-8} m *Propylthiouracil* (**I**) stimuliert bei Schilddrüsenschnitten von Ratten die ^{131}*J*-Aufnahme unter aeroben u. anaeroben Bedingungen u. bei Schilddrüsenschnitten von Schafen die ^{131}J-Aufnahme unter aeroben Bedingungen.

Durch **I** ist das Verhältnis ^{131}J zu organ. ^{131}J erhöht u. das Verhältnis Monojodthyronin: Dijodthyronin erniedrigt. **I** im Inkubationsmedium stimuliert den O_2-Verbrauch. W. Hiller 4562◇

1308 **Eine neue Methode zur Untersuchung des Jodstoffwechsels in der Schilddrüse unter Verwendung einer Doppelisotopentechnik.** R. Hofer und G. Pfeiffer. (Minerva nucleare [Torino] **7,** 165–69, 1963; Wien, Univ., 2. Med. Clin.; engl.) — Zur Vermeidung der von ungleichmäßigem, intrathyreoidalen ^{131}J-Transfer bei alleiniger Verw. von ^{131}J (bei Unterss. der J-Verteilung in den Aminosäuren der Schilddrüse) herrührenden Schwierigkeiten wird eine Meth. vorgeschlagen, die nur einmalige Biopsie erfordert. Dazu wird 24 Std. vor der Biopsie ^{131}J verabreicht u. 8 Std. vor der Biopsie ^{125}J. Auf diese Weise läßt sich bei chromatograph. Trennung der Aminosäuren die Dynamik des J-Transfers erkennen. U. Tausendfreund 4562◇

1309 **Quantitative Bestimmung der Konzentration von Serum an ^{131}J-Thyroxin und ^{131}J-Trijodthyronin durch Filtration über Dextrangel (Sephadex).** S. Lissitzky und J. Bismuth. (Clin. chim. Acta [Amsterdam] **8,** 269–76, 1963; Marseille, Fac. de Méd. et Pharm., Biochim. Méd.; franz.) — Zur quant. Best. von *^{131}J-l-Thyroxin* (**I**) u. *3.5.3'-Trijod-l-thyronin* (**II**) in Blutserum werden die Proteine teilweise mit Papain zersetzt, die frei gemachten Hormone auf Dextrangel (Sephadex 925) zurückgehalten, mit tert. (mit 2n NH_4OH gesätt.) Amylalkohol eluiert u. aus der alkohol. Phase mit NH_4OH extrahiert. Die von Lipiden u. Pigmenten befreite Lsg. wird zur Best. des Verhältnisses **I** : **II** papierchromatograph. untersucht. W. Wesly 4562◇

1310 **Lebenslängliche kontinuierliche und intermittierende Verabreichung von Propylthiouracil bei Mäusen. Wirkungen auf Schilddrüse, Hypophysenvorderlappen und Gelenke.** Ruth Silberberg und Martin Silberberg. (Pathol. et Microbiol. [Basel] **25,** 840–51, 1962; St. Louis, Mo., Washington Univ., School of Med., Dep. of Pathol.; Zürich, Univ., Histopathol. Inst.; engl.) — Dauernde u. intermittierende Verfütterung von 0,6% *Propylthiouracil* führt zu typ. Auswrkg. an der Schilddrüse (bes. bei senilen Mäusen), zur Entstehung von Thyreoidektomiezellen in der Hypophyse sowie zu charakterist. athyreot. Gelenkveränderungen; spontane Altersarthrosen werden nicht beeinflußt. U. Tausendfreund 4562◇

1311 **Die Wirkung von Nebenschilddrüsenextrakt auf die tubuläre Calciumrückresorption in der Niere des Hundes.** Sidney H. Widrow und Norman G. Levinsky. (J. clin. Invest. **41,** 2151–59, Dez. 1962; Boston, Mass., Boston City Hosp., Boston Univ. Med. Serv.; Boston Univ., School of Med., Dep. of Med.; engl.) — An der Niere des Hundes wird gezeigt, daß *Nebenschilddrüsenextrakt* die tubuläre Rückresorption von *Ca* fördert. Diese Wrkg. wird vorwiegend in distalen Tubulusbereichen ausgeübt. U. Tausendfreund 4563◇

1312 **Nebenschilddrüsenhormon und Magnesiumhomöostase.** I. MacIntyre, S. Boss und V. A. Troughton. (Nature [London] **198,** 1058–60, 1963; London, Postgrad. Med. School; engl.) — Durch Infusion von 1–10 μg *Nebenschilddrüsenhormon* (**I**) bei nebenschilddrüsenlosen Ratten kommt es zu einer Verminderung der *Mg-* u. *Ca*-Ausscheidung, welche synchron. mit den Veränderungen der *Phosphat*-Ausscheidung verlaufen; die *Kreatinin*-Ausscheidung bleibt unverändert. Demnach bewirkt **I** eine Konservierung des Mg u. Ca, vermutlich über direkte renale Wrkg. (Beeinflussung der tubulären Mechanismen). Es wird vermutet, daß ein Anstieg im Plasma-Mg die Sekretion von **I** hemmt, während Verminderung des Plasma-Mg zur Sekretionsanregung von **I** führt u. somit zur Zurückhaltung von Mg. Bei dieser Hypothese sind Mg- u. Ca-Homöostase voneinander abhängig. U. Tausendfreund 4563◇

1313 **Hemmung von normalerweise durch Nebenschilddrüsenhormon oder Dihydrotachysterin hervorgerufenen Organschädigungen mittels Hypophysektomie.** Hans Selye, Giulio Gabbiani und Pierre Jean. (Lab. Invest. **11,** 1332–39, 1962; Montreal, Quebec, Univ. de Montréal, Inst. de Méd. et de Chir. exp.; engl.) — An Ratten konnten die durch *Nebenschilddrüsen-Extrakt* oder *Dihydrotachysterin* (**I**) auslösbare Verkalkung von Weichteilen u. die Osteitis fibrosa-artigen Knochenveränderungen durch Hypophysektomie gehemmt (wenn auch nicht völlig verhütet) werden. Die Hypophysektomie verhütete allerdings nicht die durch **I** induzierte Hypercalcämie; dieses Ca dürfte seinen Ursprung weiterhin im Knochen haben. U. Tausendfreund 4563◇

1314 **Einfluß des Insulins auf den Kohlenhydratumsatz der Fische.** L. G. Leibson, E. M. Plissetzkaja und Je. M. Stabrowski. (Ssetschenow-J. Physiol. UdSSR **49,** 583–88, 1963; Leningrad, Ssetschenow-Inst. für Evolut.-Physiol. der Akad. der Wiss. der UdSSR; russ., Auszug: engl.) — Nach intraperitonealer Zufuhr von *Insulin* (**I**) nimmt der Glykogen(**II**)-Geh. im Blut von *Lampetra fluviatilis L.* u. *Trygon pastinaca L.* ab. Die **II**-Abnahme ist während der gesamten Vers.-Dauer (9 Tage) zu beobachten. Die **II**-Konz. in Leber u. Muskel nimmt nach **I** zu. Bei Lampetra ist die Zunahme der **II**-Konz. in der Leber stärker, bei Trygon im Muskel. Danach nimmt die Bedeutung der Leber für die Entstehung einer **I**-Hypoglykämie in der phylogenet. Reihe ab, die der Muskeln zu. O. Lebtag 4564△

1315 **Untersuchungen über die Regelung des Kohlenhydratstoffwechsels bei Fischen. Die Glykämie des Karpfens (Cyprinus carpio L.).** 1. Mitt. Ion Motelică. (Studii Cercetări Biol. [Bucureşti], Ser. Biol animală **13,** 257–66, 1961; rum., Auszug: franz.) — Vgl. auch vorst. Referat. — Beim 2jährigen Zuchtkarpfen liegt der normale Glucosespiegel des Blutes bei 40–100 mg%. Bei längerem Fasten gehen diese Werte nach der unteren Grenze. Unter der Einw. von Reizen nach Zufuhr von Zucker oder *Glucose* tritt Hyperglykämie ein, die nach 3–6 Std. ihr Maximum erreicht; der normale Spiegel stellt sich erst nach einigen Tagen wieder ein. Die funktionellen Mechanismen, die die Glucose mobilisieren, verlaufen rasch u. wirksam, dagegen erfolgt ihre Verwertung u. Speicherung langsam. R. K. Müller 4564◇

1316 **Der Einfluß von Insulin auf die Glykämie des Karpfens.** 2. Mitt. I. Motelică. (Studii Cercetări Biol. [Bucureşti], Ser. Biol. animală **13,** 535–47, 1961; rum.) — 1. vgl. vorst. Referat. — Beim Zuchtkarpfen kann Hyperglykämie nicht nur durch Zufuhr von Kohlenhydraten mit der Nahrung, sondern auch durch reflexogene Reize ausgelöst werden. Schon relativ geringe Dosen *Insulin* (**I**) beseitigen die künstliche Hyperglykämie, dagegen bewirken hohe **I**-Dosen ($>$ 20 I.E./kg.) eine starke u. $>$ 24 Std. anhaltende Hyperglykämie, ohne daß jedoch ein Schock beobachtet wird, wie er bei Hypoglykämie eintritt. Vermutlich besteht ein enger Zusammenhang zwischen der Glucosemenge u. der zu ihrer Verarbeitung erforderlichen **I**-Menge. Beim Karpfen ist bisher keine rasche u. wirksame Regelung des Kohlenhydratstoffwechsels festgestellt worden, die zu einer glykäm. Homöostasie führt. R. K. Müller 4564◇

1317 **Einfluß von Insulin und Vitamin B_2 auf die Stoffwechselprozesse im isolierten Zwerchfell der Ratte.** Eugen A. Pora, A. Schwartz, I. Madar, M. Ghircoiaşu, Z. Kis, E. Felszeghy, A. Abraham und V. Kovacs. (Studii Cercetări Biol. [Bucureşti], Ser. Biol. animală **13,** 381–93, 1961; Cluj, Univ. Babeş-Bolyai, Cat. de fiziol. anim. şi biochem.; rum., Auszug: franz.) — Die Verwertung der Glucose im Stoffwechsel des isolierten Zwerchfells der Ratte wird durch *Insulin* (**I**) verstärkt, noch 10mal stärker durch *Riboflavin* (**II**). Die Glykogenese wird durch **I** erhöht, durch **II** herabgesetzt, bei Ggw. von **I** u. **II** gleichzeitig tritt sie nicht ein, obwohl die Glykogensynthese noch stärker erfolgt als bei Ggw. von **I** allein. Das normale Diaphragma scheidet im Inkubationsmedium *Glutaminsäure* (**III**) aus, bei Ggw. von **I** auch *Asparaginsäure* (**IV**), *Glycin* (**V**) u. eine nicht identifizierte Fraktion (R_F = 0,13), bei weiterem Zusatz von **II** auch Prolin, Valin u. Isoleucin. Beim Diaphragmahomogenisat löst **I** Tryptophan aus, bringt aber **IV, V** u. **III** zum Verschwinden. Mit **I** u. **II** zusammen wird die Zus. der Aminosäuren komplexer, woraus auf einen verstärkten Proteolyseprozeß zu schließen ist. R. K. Müller 4564◇

1318 **Ausfällung von Insulin mit Seren von Insulinbehandelten Meerschweinchen und Kaninchen.** Yukimasa Hirata und H. T. Blumenthal. (J. Lab. clin. Med. **60,** 194–211, Aug. 1962; St. Louis, Mo., Jewish Hosp., Inst. of Experim. Pathol.; engl.) — Seren von Meerschweinchen u. Kaninchen, welche mit einem *Insulin*(**I**)-Adjuvans-Gemisch behandelt wurden, gaben in einem Agarmedium nach der Röhrchenmeth. von Oudin Fällungslinien mit **I**. Auf diese Weise konnte auch eine Kreuzrk. zwischen Rinder- u. Schafs-**I** nachgewiesen werden. Bei der Immunelektrophorese gaben die Sera der behandelten Tiere eine Fällungslinie mit **I** an der Stelle der γ-Globuline, u. bei der Agarelektrophorese mit ^{131}J-**I** ein Radioaktivitätsmaximum im Bereich der β- u. γ-Globuline (Normalseren hatten das Maximum im Albumin- u. α-Globulin-Bereich). K. Zingraf 4564◇

1319 **Prüfung von Insulin und insulinartiger Aktivität mit Rattennebenhodenfett.** Jack R. Leonards, Bernard R. Landau und Glenn Bartsch. (J. Lab. clin. Med. **60,** 552–70, Okt. 1962; Cleveland, Ohio, Western Res. Univ., School of Med., Dep. of Biochem., Med. and Prevent. Med.; engl.) — Bei Prüfung einer Reihe von Parametern am Nebenhodenfett der Ratte erwiesen sich die Best. von $^{14}CO_2$ (aus $^{14}C_{(1)}$-Glucose) u. von ^{14}C-*Glykogen* (**I**) als am geeignetsten zum Nachw. von *Insulin* (**II**) in wss. Lsgg. (4–6 bzw. 2 Std. Inkubationszeit). Das Fettgewebe muß gleiches Gew. aufweisen, die Ratten sollten nicht nüchtern sein. Der Einbau von ^{14}C in **I** ist beim Nachw. **II**-artiger Aktivität niedriger als die mit anderen Parametern erzielbaren Ergebnisse. Der ^{14}C-Einbau in **I** wird als beste Nachw.-Meth. für **II** im Serum angesehen. **II** u. **II**-artige Aktivität können durch Cystein u. NaOH inaktiviert werden; Versene u. K^+ können die **II**-Wrkg. nachahmen. Die wahre Natur der **II**-artigen Aktivität ist noch ungeklärt, sie ist nicht mit **II** identisch. U. Tausendfreund 4564◇

1320 **Stoffwechsel von Geweben von trächtigen, diabetischen Ratten in vitro.** Dwain D. Hagerman. (Endocrinology **70,** 88–94, 1962; Boston, Mass., Harvard Med. School, Dep. of Biol. Chem. and Res. Labor. of the Boston Lying-in Hosp.; engl.) — Vf. bestimmt in Leber- u. Placentageweben den Kohlenhydratstoffwechsel (O_2-Verbrauch, Lactat-Bldg., Glucoseproduktion, Glykogen-, Glucose-, Pyruvat-Ausnutzung, Umbldg. von Glucose zu Glykogen, von Glucose zu Pyruvat, von Glucose zu CO_2, von Glucose zu Lipid, von Pyruvat zu Glykogen, von Pyruvat zu Glucose, von Pyruvat zu CO_2 u. von Pyruvat zu Lipid). Untersucht werden Leber der Mutter, des Fetus u. Placenta von normalen, von trächtigen, von diabet. u. von trächtigen + diabet. Ratten. Für die Änderungen wird keine einheitliche Hypothese gefunden. Die Wirkungen von Trächtigkeit u. Diabetes scheinen additiv zu sein im mütterlichen Organismus. W. Hiller 4564◇

1321 **Glucose-Verbrauch der durchströmten isolierten Rattenleber.** Ellen R. Gordon. (Canad. J. Biochem. Physiol. **41,** 1611–20, 1963; Toronto, Ontario, Defence Res. Med. Labor.; engl.) — Es besteht eine lineare Beziehung zwischen dem Blutzucker u. dem Netto-*Glucose* (**I**)-Verbrauch der isolierten durchströmten Rattenleber. Netto-**I**-Verbrauch wurde schon bei Blutzuckerwerten von 100 mg% beobachtet. K. Zingraf 4564◇

1322 **Praktische Serumlipidbestimmung bei juvenilem Diabetes.** Bessie Dituri. (Amer. J. Diseases Children **105,** 436–38, 1963; Los Angeles, Calif., Univ. of California, Med. Center, Dep. of Ped.; engl.) — Als rasch durchführbare Meth. zur Best. des Serum-β-*Lipoprotein*(**I**)-Geh. bei juvenilem Diabetes wird die Mischung des unbekannten Serums (aus einem gefüllten Capillarröhrchen mit Fingerbeerenblut) mit handelsüblichem, gegenüber **I** spezif. *Antiserum* (*Beta-L-Test,* Hyland Labor.) u. Best. der Menge des Immunopräcipitats nach Zentrifugierung zur Bldg. eines festen Sediments im Mikrohämatokritröhrchen empfohlen. Bei gesunden Nichtdiabetikern finden sich Werte zwischen 1 u. 2,5 mm Präcipitathöhe, während Werte über 2,5 mm bis zu 4,5 mm bei Kindern mit unzureichend reguliertem Diabetes mellitus nachweisbar sind. U. Tausendfreund 4564◇

1323 **Die Geschwindigkeit der Bildung von reduziertem Nicotinamidadenindinucleotid und reduziertem Nicotinamidadenindinucleotidphosphat in der Leber gesunder und Alloxandiabetes-Ratten.** Edwin E. Gordon. (J. biol. Chemistry **238,** 2135–40, 1963; New York 61, New York, Albert Einstein Coll. of Med. and Bronx Municipal Hosp. Center, Dep. of Med.; engl.) — Vf. untersucht die Geschw. der Gleichgewichtseinstellung der oxydierten u. der red. Form von *Nicotinamidadenindinucleotid* (NAD bzw. NADH) u. der oxydierten u. red. Form von *Nicotinamidadenindinucleotidphosphat* (NADP bzw. NADPH) in der Leber von gesunden, hungernden sowie von Alloxandiabetes-Ratten nach intraperitonaler Injektion von $^{14}C_{(7)}$*Nicotinamid* (**I**). Die Isotopengleichgewichtseinstellung von NADP erfolgt in den gesunden Tieren langsamer als in den an Diabetes leidenden, während die der NAD in beiden Gruppen gleich schnell erreicht wird. In hungernden Ratten entspricht das Verhältnis der spezif. Aktivität von NAD zu NADH bzw. das von NADP zu NADPH 5 Min. nach der Injektion von **I** dem in den Kontrolltieren. Aus den Daten wird geschlossen, daß die Anomalität der Lipoid-Synth. nicht von der Fähigkeit der Leber von Diabetes-Ratten, NADH bzw. NADPH zu bilden, beeinflußt wird. H. Köditz 4564◇

1324 **Die Wirkung von Acetylcholin auf den K- und Na-Flux und ihre pharmakologische Beeinflussung am denervierten Rattenzwerchfell.** W. Klaus, H. Lüllmann und E. Muscholl. (Naunyn-Schmiedebergs Arch. exp. Pathol. Pharmakol. **241,** **281**–92, 1961; Mainz, Pharmakolog. Inst. der Univ.; dt.) — Der *K*- u. *Na*-Efflux wurde mittels ^{42}K u. ^{24}Na gemessen u. die intercelluläre Konz. flammenphotometr. bestimmt. Während der Inkubation in Tyrode-Lsg. sinkt die intracelluläre *K*-Konz. auf einen geringen Prozentsatz u. ist dem Ansteigen der *Na*-Konz. gleichwertig; beide Effekte wurden durch die Anwesenheit von *Acetylcholin* verstärkt. *d-Tubocurarin* wirkt auf den K-Efflux antagonist. ein. *Chinin* u. *Narcotin* reduzieren den restlichen K-Efflux. O. Jansen 4569◇

1325 **Wirkung von Acetylcholin auf Lamellibranchierherzen.** Michael J. Greenberg und Donald A. Windsor. (Science [Washington] **137,** 534–35, 17/8. 1962; Urbana, Univ., of Illinois, Dep. of Zool.; Illinois Marine Biol. Ass.; engl.) — *Acetylcholin* (**I**) besitzt an den isolierten Herzen verschiedener Lamellibranchierarten keine gleichartige Wrkg., obwohl in gleichen Familien eine gewisse Gleichförmigkeit beobachtet werden konnte. Die Herzen der meisten Arten werden sowohl erregt als auch gelähmt, wahrscheinlich durch getrennte Wrkg. von **I**. K. Zingraf 4569◇

1326 **Eine Acetylcholin-ähnliche Substanz und Cholinesterase im glatten Muskel des Hühneramnions.** A. W. Cuthbert. (J. Physiology **166,** 284–95, 1963; London, School of Pharm., Dep. of Pharmacol; engl.) — In Extrakten des Hühneramnions wurde eine *Acetylcholinähnliche Substanz* gefunden. Die Häufigkeit der Spontankontraktionen u. die Rkk. des isolierten Hühneramnions auf *Eserin*(**I**) sind Temp.-abhängig. **I** bewirkt eine Kontraktion in K_2SO_4-Hank-Lösung. *Cholinesterase* wurde im Amnion mit Acetylthiocholin u. α-Naphthylacetat als Substrat histochem. lokalisiert. K. Zingraf 4569◇

1327 **Acetylcholinantagonismus von Adrenalinantagonisten.** B. G. Benfey und S. A. Grillo. (Brit. J. Pharmacol. Chemotherapy **20,** 528–33, 1963; Montreal, McGill Univ., Dep. of Pharmacol; engl.) — *Phenoxybenzamin*(**I**) beeinflußt die Hemmwrkg. von *Acetylcholin*(**II**) auf den isolierten Meerschweinchenvorhof antagonist.; langsam einsetzender, langsam reversibler Antagonismus, Überspielung durch höhere **II**-Konzentrationen. *Atropin*(**III**) hemmt im Gegensatz dazu die **II**-Wrkg. rasch u. kurzdauernd. Der negative log der molaren Konz., der zu einem **II**-Dosis-Quotienten von 10 führt (pA_{10}) beträgt für **I** (2 Std. Kontakt) 6,8, für **III** (30 Min.) 8,4. Im Ggw. von **III** übt **I** keinen langsam reversiblen Antagonismus aus, der **II**-Dosis-Quotient kehrt nach Entzug beider Substanzen rasch zur Norm zurück. **I** wirkt auch am isolierten Meerschweinchenileum **II**-antagonist., höhere **II**-Dosen wirken hierbei jedoch nicht überspielend; pA_{10} =

6,6. pA_{10} für *Chlorpromazin*(**IV**) beträgt am Vorhof (2 Std.) u. Ileum (60 Min.) 5,9. Auch *Phentolamin, 2-Diäthylaminomethylbenzodioxan-(1.4)-hydrochlorid (883 F; Prosympal)* u. *Yohimbin* beeinflussen die **II**-Wrkg. am Atrium antagonist., die benötigten Konzz. sind jedoch höher als die von **IV**. U. Tausendfreund 4569◇

1328 **Über die Natur der bei anaphylaktischen Reaktionen bei Mäusen beteiligten chemischen Mittlersubstanzen.** B. N. Halpern, T. Neveu und S. Spector. (Brit. J. Pharmacol. Chemotherapy **20**, 389—98, 1963; Paris, Coll. du France, Chaire de Méd. Exp.; Inst. Nat. d'Hyd., Centre de Rech. Allerg. at Immunol.; Hôp. Broussais, Assoc. Claude Bernard; engl.) — Aus Verss. über die Wrkg. von *Mepyramin, Promethazin, Chlorpromazin* u. *Lysergsäurediäthylamid* auf die durch *Histamin*(**I**) u. *5-Hydroxytryptamin* (**II**) sowie durch passive kutane Anaphylaxe bei Mäusen hervorgerufenen Capillarpermeabilitätsveränderungen läßt sich der Schluß ziehen, daß die anaphylakt. Rk. bei Mäusen die Folge einer gleichzeitigen Freisetzung der beiden Mittlersubstanzen **I** u. **II** ist, wobei jede von ihnen die Wrkg. der anderen verstärkt. U. Tausendfreund 4569◇

1329 **5-Hydroxytryptamin des normalen Rückenmarks und nach Rückenmarksdurchschneidung.** A. Carlsson, T. Magnusson und E. Rosengren. (Experientia [Basel] **19**, 359, 1963; Göteborg, Univ., Dep. of Pharmacol.; engl.) — Bei erwachsenen Kaninchen findet sich ein *5-Hydroxytryptamin*(**I**)-Geh. im Rückenmark von 0,26 μg/g (gleich in cervicalen u. tiefer gelegenen Abschnitten); 1 Woche nach Querschnittsdurchschneidung (in Höhe des 2. Brustsegmentes) ist der **I**-Geh. unterhalb der Durchschneidung auf ca. 15% des vorherigen Wertes abgesunken. Demnach dürfte **I** (ähnlich wie *Noradrenalin*) im Bereich unterhalb der Läsion vorwiegend in den von zentraler gelegenen Nervenzellkörpern herabziehenden Nervenfasern lokalisiert sein. Verabreichung von *L-Dihydroxyphenylalanin* oder *5-Hydroxytryptophan* erleichtert 2 Std. nach der Durchschneidung die Spinalreflexabläufe der Hinterextremitäten. — Durch die Durchschneidung wird die *Cholinesterase*-Aktivität des Rückenmarks nicht beeinflußt.
U. Tausendfreund 4569◇

1330 **Neurochemische Wechselbeziehungen im Verhalten. 3. Mitt. Schwankungen des Serotoningehaltes verschiedener Hirngebiete und peripherer Gewebe der Taube nach 5-Hydroxytryptophanverabreichung.** M. H. Aprison, Mary Ann Wolf, G. L. Poulos und T. L. Folkerth. (J. Neurochem. [London] **9**, 575—84, Nov./Dez. 1962; Indianapolis, Ind., Indiana Univ., Med. Center, Inst. of Psychiat. Res.; Dep. of Biochem.; Dep. of Psychiat; engl.) — 1. vgl. C. **1962, 916**. — Die Verfolgung des *5-Hydroxytryptamin*(**I**)-Geh. in Hirngebieten u. Geweben der trainierten Taube während der durch 50 mg *DL-5-Hydroxytryptophan*/kg hervorgerufenen Verhaltensänderungen zeigt, daß die **I**-Konz. nur in Telencephalon u. Diencephalon ein Maximum durchläuft mit Rückkehr zur Norm zum Zeitpunkt der Normalisierung des Verhaltens. Die **I**-Veränderungen in anderen Geweben (Pons, Kleinhirn, Herz, Lunge, Leber) stimmen nicht derart mit den Verhaltensänderungen überein. Die Verhaltensänderungen dürften demnach vorwiegend auf einem zentralen Mechanismus beruhen, wobei nicht alle Teile des Gehirns an der Hervorrufung der Veränderungen beteiligt sind. U. Tausendfreund 4569◇

1331 **Einige Wirkungen von Serotonin und verwandten Verbindungen auf menschliches Kollagen.** T. C. Highton und M. H. Garrett. (Lancet **1963(I)**, 1234—36; Dunedin, New Zealand, Univ. of Otago, Wellcome Res. Inst., Rheumatism Res. Labors; engl.) — *Serotonin*(**I**) als Mastzellenprod. u. nahe verwandte Verbb. üben vermutlich einen direkten u. wichtigen Effekt auf das bei rheumat. Arthritis (Polyarthritis) u. Carcinoidsyndrom beteiligte *Kollagen* aus. Monoserotoninmaleinat kann z. B. in 0,32 m Konz. die Schrumpftemp. des menschlichen Sehnenkollagen um über 30° herabsetzen; auch **I**-Kreatininsulfat vermindert die Schrumpftemp., ferner *5-Methoxytryptamin* (geringfügig) u. *Tryptaminhydrochlorid* (gering), während *5-Hydroxytryptophan* u. *5-Hydroxyindolylessigsäure* die Schrumpftemp. erhöhen. Elektronenmkr. lassen sich nach **I**-Einw. progressive Disorganisationsvorgänge im Kollagen erkennen.
U. Tausendfreund 4569◇

1332 **Eigenschaften und Vererbung von Hämoglobin durch asymmetrische Rekombination.** Harvey A. Itano und Elizabeth Robinson. (Nature [London] **184**, 1468—1469, 7/11. 1959; Bethesda, Md., Nat. Inst. of Health, Nat. Inst. of Arthritis and Metabol. Diseases.) — Vgl. C. **1960**, 8248. — *Menschliches CO-Hämoglobin A* (**I**) u. *Hunde-CO-Hämoglobin*(**II**) haben unterschiedliche Polypeptidketten. Wird eine Mischung äquimolarer Lsgg. von **I** u. **II** auf pH 4,7 angesäuert, so findet Dissoziation statt. Bei Neutralisation kommt es dann zu einer Rekombination, wobei zusätzlich 2 neue Komponenten entstehen, die sich von **I** u. **II** hinsichtlich ihrer elektrophoret. Wanderungsgeschw. unterscheiden. Spaltung u. Rekombination von Human- u. Hunde-Ferrihämoglobin führt zu ähnlichen Ergebnissen. Dagegen läßt sich Rinder-CO-Hämoglobin bei pH 4,7 nicht spalten u. kann weder mit den Komponenten von **I** noch mit denen von **II** rekombiniert werden. Die Meth. der Dissoziation u. Rekombination ist besonders wertvoll für das Auffinden anomaler Hämoglobine (l.c). Wie Unterss. an Hopkins-2-Hämoglobin u. Hämoglobin S zeigen, sind 2 verschiedene Gene für die Ausbildung der α- u. β-Seitenkette verantwortlich.
A. Eben 4572◇

1333 **Die Kinetik der Harnstoffdenaturierung des Hämoglobins.** 1. Mitt. **Rinderoxyhämoglobin.** Joseph P. Simko jun. und Walter Kauzmann. (Biochemistry [Washington] **1**, 1005—16,1962; Princeton N. J., Princeton Univ., Frick Chem. Labor.) — Natives *Rinderoxyhämoglobin* (**I**) besitzt Absorptionsmaxima bei 542 u. 575 mμ. In konz. *Harnstoff*(**II**)-Lsg. machen sie einer uncharakterist. schwächeren Absorption Platz. Der Vorgang ist relativ langsam, so daß eine spektralphotometr. Verfolgung des Denaturierungsprozesses gut möglich ist. Die spektralen Veränderungen werden von einer Viscositätszunahme begleitet, ebenso sinkt die Löslichkeit des Proteins in W. am isoelektr. Punkt parallel ab. Es werden deshalb die spektralen Änderungen des **I** einer Auffaltung des Mol. durch **II** zugeschrieben. Die Kinetik der **I**-Denaturierung durch **II** ist bei allen 3 method. Anordnungen annähernd gleich. Die Denaturierung beschleunigt sich mit steigender **II**-Konz. im Ansatz, sie ist bei verd. **I**-Lsgg. schneller, bei konz. **I**-Ansätzen wird eine langsame Initialphase beobachtet (sigmoidförmige Kurven). Bei pH 6,7—6,9 erreicht die Rk.-Geschw. ein Minimum, sie steigt mit der Pufferkonz. u. mit der Temperatur. Die Denaturierung des *Methämoglobins*(**III**) ist im Hinblick auf das Protein eine Rk. 1. Ordnung u. unabhängig von der Proteinkonzentration. Bei der **II**-Denaturierung des **I** u. des **III** bilden sich gleiche Endprodd., in denen das Fe im 3wertigen Zustand vorliegt. **III**-*Cyanid* denaturiert in **II**-Ggw. langsamer als **III**, die Rk. ist gleichfalls 1. Ordnung. Der mögliche Mechanismus der **I**-Denaturierung durch **II** wird diskutiert.
W. Scheler 4572◇

1334 **Hämoglobin-Abbau.** 3. Mitt. **Umwandlung von Hämoglobin zu Choleglobin durch Rattenleberpräparate.** Gordon C. Mills. (J. Biochemistry [Tokyo] **51**, 41—47, 1962; Galveston, Tex., Univ. of Texas Med. Branch, Dep. of Biochem. and Nutrit.; engl.) — 2. vgl. C. **1959**, 5538. — Rattenleberschnitte bzw. -homogenate sind in vivo fähig, *Oxyhämoglobin* (**HbO$_2$**) zu *Choleglobin* (**Ch**) abzubauen. N_3^--Anwesenheit begünstigt durch Hemmung der Leberkatalase diesen Prozeß erheblich. *Methämoglobin* (**MetHb**) bzw. *Kohlenoxydhämoglobin* (**HbCO**) werden unter diesen Bedingungen nicht zu **Ch** abgebaut. *Parachlormercuribenzoat* beeinflußt die **Ch**-Bldg. aus **HbO$_2$** nur unwesentlich. Dialysierte Leberhomogenate sind nicht mehr fähig, **HbO$_2$** zu **Ch** umzuwandeln. Erst nach Zusatz von *Fructose-1.6-diphosphat* + *Diphosphopyridinnucleotid* (DPN) + N_3^- kommt es wieder zu starker **Ch**-Bldg. Wird schließlich noch *red. Glutathion* zugefügt, wird die raktivierte **Ch**-Bldg. wieder stark gehemmt. Weiterhin wird gezeigt, daß durch verschiedene Purin-Verbb. (*Adenosintriphosphat, Inosinmonophosphat, Adenosinmonophosphat, Hypoxanthin, red. Diphosphopyridinnucleotid, DPNH*) die **CH**-Bldg. gesteigert wird. Sie dienen der enzymat. Bldg. von H_2O_2, das in Ggw. von Ascorbinsäure u. a. dialysablen Verbb. eine gekoppelte Oxydation des HbO_2 bewirkt. Die Befunde werden an Hand eines Rk.-Schemas auch im Hinblick auf die in vivo-Verhältnisse diskutiert. W. Scheler 4572◇

1335 **Zonenelektrophorese und die Hämoglobinnebenkomponenten normalen Humanblutes.** Henry G. Kunkel. (Nat. Acad. Sci. – Nat. Res. Council, Publ. Nr. **557,** 157 bis 164, 1958; engl.) — Es wird die Verwendbarkeit von Kartoffelstärke u. Polyvinylchlorid als Elektrophorese-Medium untersucht. In normalem Humanblut sind 2 Hämoglobinnebenfraktionen nachweisbar: *HbO_2*, eine definierte Komponente, ist bei Thalassämie charakterist. erhöht. Die andere Komponente ist eine schnell wandernde heterogene Fraktion, die aus *HbA* entsteht u. der nach Unterss. mit ^{59}Fe biolog. Bedeutung zukommt. K. Maier 4572◇

1336 **Elektrophoretische Analysen der anomalen Humanhämoglobine.** Harvey A. Itano. (Nat. Acad. Sci. – Nat. Res. Council, Publ. Nr. **557,** 144–56, 1958; engl.) — Übersicht über die Anwendung der Ionenelektrophorese auf die Unters. der *Humanhämoglobine.* — 24 Literaturangaben. Diskussion. K. Maier 4572◇

1337 **Eine Methode zur Charakterisierung anomaler Humanhämoglobine auf Grund von Unterschieden im chromatographischen Verhalten an Amberlite IRC 50.** T. H. J. Huisman. (Nat. Acad. Sci. – Nat. Res. Council, Publ. Nr. **557,** 165–71, 1958; engl.) — Vgl. C. **1958,** 9273 u. C. **1962,** 199. — Die Chromatographie der Humanhämoglobine A, S, C, D, E, F, H, I u. J an Amberlite IRC 50 wird beschrieben: E u. J sind leichter papierelektrophoret. identifizierbar. Diskussion. K. Maier 4572◇

1338 **Protoporphyrin IX, Eisen und Transferrin bei chronischer Atmungsinsuffizienz.** L. Moreo. (Med. del Lavoro **52,** 687–93, 1961; Milano, Univ., Clin. del Lavoro „L. Devoto", Centro di Stud. e Ric. sulle Mal Profess. sotto il Patronato dell' I.N.A.I.L.); ital.) — 40 Fälle mit chronischer Atmungsinsuffizienz wurden auf das Verh. von *Protoporphyrin IX* (**I**) in den Erythrocyten, Serum-*Fe* u. *Transferrin* (**II**) im Serum untersucht. Bei leichter Atmungsinsuffizienz waren alle 3 normal, bei schwerer war **I** erhöht, Fe verringert, **III** normal. Es bestand eine enge Beziehung zwischen der Abnahme von Fe im Serum u. einer Erhöhung der Blutkörperchensenkungsgeschw. infolge von Infekten. K. Zingraf 4572◇

1339 **Halbquantitative Bestimmung der Verteilung von fötalem Hämoglobin in Erythrocytenpopulationen.** Marguerite K. Shepard, David J. Weatherall und C. Lockard Conley. (Bull. Johns Hopkins Hosp. **110,** 293–310, 1962; Baltimore, Md., Johns Hopkins Univ., School of Med. and Hosp., Dep. od Med., Hematol. Div.; engl.) — In Anlehnung an die Meth. von Kleihauer u. Betke (Internist [Berlin] **6,** [1960], 292) kann die Verteilung von *fötalem*] *Hämoglobin* in Erythrocytenpopulationen halbquant. untersucht werden. Entsprechende Unterss. zeigen, daß fötales u. *Erwachsenen-Hämoglobin* in der gleichen Zelle gebildet werden u. daß zum Geburtszeitpunkt eine Umschaltung auf die ausschließliche Bldg. von Erwachsenen-Hämoglobin erfolgt. Eine Bldg. der verschiedenen Hämoglobin-Typen durch bes. Zellgruppen findet nicht statt. U. Tausendfreund 4573◇

1340 **Bestimmung der Erythrocytenüberlebensdauer mit Hilfe von ^{32}P-Diisopropylfluorphosphot.** J. G. Eernisse und J. J. van Rood. (Brit. J. Haematol. **7,** 382 bis 404, 1961; Leiden, Univ. Hospital, Dep. of Internal Med.; engl.) — *^{32}P-Diisopropylfluorphosphat* (*$DF^{32}P$*) wurde zur Unters. der Lebensdauer der Erythrocyten von Patienten mit Blutstörungen verwendet u. die Ergebnisse mit denen der *^{15}Cr*-Meth. verglichen. Bei Patienten mit kongenitaler hämolyt. Anämie besteht zwischen mittlerer Lebensdauer u. Reticulocytenzahl sowie hämolyt. Index, nicht aber dem Serumbilirubinspiegel, Korrelation. K. Maier 4573◇

1341 **Ionentransport und Phosphoproteine in menschlichen roten Blutkörperchen.** J. D. Judah, K. Ahmed und A. E. M. McLean. (Biochim. biophysica Acta [Amsterdam] **65,** 472–80, 1962; Philadelphia, Pa., The Wistar Inst. of Anatomy and Biol.; engl.) — Bei hoher intracellulärer Na^+-Konz. u. extracellulärer Abwesenheit von K^+ wird radioakt. Phosphat stetig während 4 Std. in Phosphoproteine eingebaut. Bei der Anwesenheit von extracellulärem K^+ oder Zugabe von K^+ während der Inkubation, erreicht man etwa 67% des Wertes ohne extracelluläres K^+. *Ouabain* hebt den Effekt von K^+ auf u. vermindert den Aufbau radioakt. Phosphoproteins in Ggw. von intracellulärem Na^+. Eine Proteinphosphokinase u. eine Phosphatase konnte in den Membranen aufgezeigt werden. K. Heyns 4573◇

1342 **Über die Ganglioside von Pferdeerythrocyten.** E. Klenk und G. Padberg. (Hoppe-Seyler's Z. Physiol. Chem. **327,** 249–55, 1962; Köln, Univ., Physiolog.-Chem. Inst.; dt.) — Aus 20 l Pferdeblut (245 g Trockenstroma) wurden 3,4 g Gangliosid in Form von weißen Sphärolithen (aus Methanol) gewonnen, dessen Hauptkomponente, $C_{65}H_{120}N_2O_{22}$, die Bausteine *Lignocerinsäure, Sphingosin, Hexose* u. *N-Glykolylneuraminsäure* im Verhältnis 1:1:2:1 enthält. Nach partieller Säurehydrolyse ließen sich *Lignocerylsphingosinhexosid,* $C_{48}H_{93}NO_8$, u. *Lignocerylsphingosindihexosid,* $C_{54}H_{103}NO_{13}$, isolieren. Durch Methylierung des Gangliosids konnte die Verknüpfungsstelle mit dem Kohlenhydrat (Galaktose) ermittelt u. eine Strukturformel vorgeschlagen werden. Winfried Krüger 4573◇

1343 **Die Glykolyse in jungen und ausgebildeten normalen Erythrocyten des Menschen.** A. J. Grimes. (Nature [London] **198,** 1312–13, 1963; London, Postgraduate Medical School, Dep. of Haematology; engl.) — In Erythrocyten-Proben mit einem erhöhten Reticulocytenspiegel ist die Aktivität sowohl der anaeroben Glykolyse als auch der des Hexosemonophosphat-Abbauweges größer als im normalen Blut. Vff. zeigen, daß das Verhältnis der Aktivitäten des Embden-Meyerhof- u. des Hexosemonophosphatweges konst. u. von der Anzahl der vorhandenen jungen Erythrocyten unabhängig ist. Offensichtlich nimmt die Glykolyseaktivität junger Erythrocyten des Menschen so ab, daß ein konst. Verhältnis zwischen beiden Abbauwegen erhalten bleibt. H. Köditz 4573◇

1344 **Die Heinzschen Innenkörper.** Luigi Ghiringhelli. (Med. del Lavoro **53,** 415–56, 1962; Novara, Soc. Montecatini, Serv. Sanit.; ital.) — Übersicht über Bldg., Morphologie, phys. Eigg., Konstitution u. Genese, Färbung, Best. u. prakt. Bedeutung der Heinzschen Innenkörper. — 247 Literaturangaben. K. Zingraf 4573◇

1345 **Die Verknüpfung von Proteinen mit aldehydbehandelten Zellen.** N. R. Ling. (Brit. J. Haematol. **7,** 299 bis 302, 1961; Bath, Manor Hospital, Area Central Labor.; engl.) — Erythrocyten lassen sich, z. B. für Hämagglutinationsteste, vorteilhaft mittels *Brenztraubenaldehyd* (geprüft ferner CH_2O, Glyoxal, Glutardialdehyd, Glyoxylsäure, Gerbsäure) stabilisieren. Proteine verbinden sich unter bestimmten Bedingungen (pH, Temp., Vol., Salzkonz.) direkt mit den Zellen (pH > 6 prakt. keine Rk., pH 6 Verknüpfung des kation. Proteins mit der anion. Zelle, geringe Vernetzungseffekte, pH 5–6, teilweise Rk. des Proteins mit > 1 Zelle u. Spontanagglutination bei sehr niedrigen Eiweißkonzz., pH < 5, Spontanagglutination ohne Proteinzusatz). K. Maier 4573◇

1346 **Plättchenphosphatide. Ihre Fettsäuren- und Aldehydzusammensetzung und Aktivität in verschiedenen Gerinnungssystemen.** Aaron J. Marcus, Harris L. Ullman, Lenore B. Safier und Harold S. Ballard. (J. clin. Invest **41,** 2198–212, 1962; New York, N. Y., New York Vet. Admin. Hosp., Hematol. Sect.; Cornell Univ., Med. Coll., Dep. of Med.; engl.) — Mit Kieselsäure- u. ammoniakal. Kieselsäure-Säulenchromatographie wurden unter N_2 hochgereinigtes *Phosphatidyläthanolamin* (**I**) u. *Phosphatidylserin* (**II**) aus Thrombocyten des menschlichen Blutes gewonnen. **I** u. **II** verkürzen die Gerinnungszeit von recalcifiziertem, plättchenarmem Plasma; im Thromboplastin-Bldg.-Test erweist sich nur **II** als akt.; *Phosphatidylinosit*-Fraktionen enthalten geringe **II**-Mengen u. sind in beiden Testen wirksam. Die nähere Unters. der Fettsäure- u. Aldehyd-Zus. zeigt, daß in der Cephalin-Klasse *Stearinsäure*, *Ölsäure* u. *Arachidonsäure* überwiegen, während *Palmitinsäure* u. Ölsäure die hauptsächlichen Fettsäuren des *Lecithins* sind. *Plasmalogen* befindet sich vorwiegend in der Äthanolaminphospholipidgruppe; 60% des I liegen in Plasmalogenform vor. U. Tausendfreund 4574◇

1347 **Pathophysiologie des Plasminsystems.** 1. Mitt. **Routinebestimmungsmethode des Plasminsystems an dieser Klinik.** Masahiro Maki. (Tohoku J. exp. Med. **78**, 264—73, 1962; Hirosaki, Hirosaki Univ., Fac. de Med., Dep. of Obstet. and Gyn.; engl.) — Es werden die Routinemeth. zur Best. des *Plasmin*-Syst. (Lysiszeit des Vollblutpfropfes, Thrombelastographie, Lysismeth. des verd. Plasmapfropfes, fibrinogenolyt., fibrinolyt. u. caseinolyt. Prüfung der Euglobulinfraktion, Fibrinplattenmeth.), u. Prüfung von *Plasmininhibitor* beschrieben bzw. gegeneinander abgewogen. U. Tausendfreund 4574◇

1348 **Darstellung und Eigenschaften von disulfidreduziertem, alkyliertem Fibrinogen und Fibrin.** Agnes Henschen. (Acta chem. scand. **16**, 1526—27, 1962; Stockholm, Chem. Dep. II, Karolinska Inst.; engl.) — Rinderfibrinogen u. -fibrin wird durch überschüssige *Thioglykolsäure* oder *Mercaptoäthanol* in 8 m Harnstoff-lsg. (pH: 8,5; Konz. 0,3—1%; 4—5 Std.; Raumtemp.) quant. an den Disulfidbrücken reduziert. $NaBH_4$ spaltet z. T. auch Peptidbindungen. Die Red.-Prodd. wurden mit Jodessigsäure zu *S-Carboxymethylfibrinogen* bzw. *-fibrin* alkyliert. Die Prodd. sind fast stets elektrophoret. einheitlich. Mit *Thrombin* bilden sie einen Nd., wobei vom Fibrinogen-Deriv. 2 Peptidbruchstücke abgespalten werden. K. Heyns 4574◇

1349 **Heparin und Fibrinolyse.** R. Holemans, D. Adamis und J. F. Horace. (Experientia [Basel] **18**, 377—78, 1962; Boston, Mass., Tuft's Univ. Med. School, St. Elizabeth's Hosp., Joseph Stanton Memorial Labor.; franz.) — Mit Hilfe der Fibrinplatten-Meth. u. Lysemessung an standardisierten Plasmagerinnseln, welche mit radioakt. markiertem Rinderfibrinogen (J^{131}) versetzt worden waren, wurde der Einfl. des *Heparins* (**I**) auf die einzelnen Phasen der Fibrinolyse untersucht. Es zeigte sich bei den Verss., daß I in Konzz. bis zu 1 mg/ml keine Fibrinolyse auslöste u. keinen Einfl. auf die Aktivität des Rinderplasmins u. der Aspergillusprotease hat. Höhere Konzz. von I bis zu 10 mg/ml hemmten in geringem Umfang die Plasminogenaktivierung durch *Streptokinase* u. *Urokinase*. P. Walsmann 4574◇

1350 **Die hypoprothrombinämische Wirksamkeit der substituierten p-Halogenphenylindandione.** I. Popovič, P. Hrdina und V. Kovalčík. (Naunyn-Schmiedeberg's Arch. exp. Pathol. Pharmakol. **245**, 132—33, 1963; Bratislava; dt.) — *2-Chlor-p-chlorphenylindandion-(1.3)* (**I**), *2-Brom-p-chlorphenylindandion-(1.3)* (**II**), *2-Nitro-p-chlorphenylindandion-(1.3)* (**III**), *2-Rhodan-p-chlorphenylindandion-(1.3)* (**IV**), *2-Chlor-p-bromphenylindandion-(1.3)* (**V**) u. *2-Rhodan-p-bromphenylindandion-(1.3)* (**VI**) wurden nach der Meth. von Quick auf ihren Einfl. auf den *Prothrombin* (**VII**)-Geh. des Blutes untersucht. **V** u. **VI** zeigten eine stärkere, den **VII**-Geh. des Blutes herabsetzende Wrkg. als **I**, **II** u. **IV**. **III** war unwirksam. **I** war wirksamer als **II** u. **IV**, aber **IV** wirkte länger. K. Zingraf 4574◇

1351 **Tryptophan in menschlichem Plasma.** J. Opieńska-Blauth, M. Chareziński und H. Brzuszkiewicz. (Clin. chim. Acta [Amsterdam] **8**, 260—68, 1963; Lublin (Polen), Med. School, Dep. of Biochem.; engl.) — In menschlichem Plasma tritt *Tryptophan* (**I**) frei u. an Albumine gebunden auf. Die Bindung ist labil, wie die Rk. mit Trichloressigsäure zeigt. Der **I**-*Eiweiß* (**II**)-*Komplex* wird durch Fällung mit $(NH_4)_2SO_4$ nicht beeinflußt. Die COOH-Gruppe von **I** spielt eine akt. Rolle in der **I**-Bindung; auch Indolylsäuren (Indolylpropionsäure) binden Plasma-**II**. Serotonin ist wenig wirksam. Ebenso wirksam wie **I** sind *organ. Säuren* u. *2-bas. Aminosäuren*. Die optimale Temp. der Bindungs-Rk. beträgt 37°, der optimale pH-Wert 8,5—9,5. Die Menge des gebundenen **I** wird vom Plasma-Vol. u. der Menge des zugesetzten **I** beeinflußt. Präpp. von l-**I** sind aktiver als dl-**I**. In menschlichem, physiolog. Plasma ist das Verhältnis von endogenem gebundenem zu endogenem freiem **I** konst. u. beträgt 0,8—1,0. 1 ml Plasma bindet ca. 50% von 40 μg zugesetztem dl-**I**. W. Wesly 4574◇

1352 **Absolutmessung der Synthesegeschwindigkeit von leberproduzierten Plasmaproteinen.** A. S. McFarlane. (Biochem. J. **87**, Nr. 2, Proc. biochem. Soc. 22P, 1963; London, N. W. 7, Nat. Inst. for Med. Res.; engl.) — *$^{14}C_{(6)}$-Arginin* wurde synthetisiert u. Kaninchen injiziert. Die Proteine wurden hydrolysiert u. das Guanidin-C enzymat. als CO_2 in Freiheit gesetzt. Die spezif. Aktivitäten an *^{14}C-Guanidin* waren in γ-Globulinen 8—12mal höher als in *leberproduzierten Proteinen*. Bei Injektionen von $NaH^{14}CO_3$ waren die leberproduzierten Proteine 2mal so stark markiert wie die γ-Globuline. Um eine Verfälschung der Ergebnisse durch Verunreinigung der Proteine mit stark markiertem γ-Globulin zu verhindern, wurde vor *$^{14}C_{(6)}$-Arginin*-Injektion ^{131}J-Albumin u. ^{125}J-Fibrinogen injiziert. ^{14}C-markiertes Albumin u. Fibrinogen wurden mit intakt. γ-Globulinen „gewaschen" u. die ^{14}C-Aktivität mit den ^{125}J- u. ^{131}J-Aktivitäten verglichen. K. Heyns 4574◇

1353 **Weltmann-Reaktion und prozentuale sowie Absolutwerte der Bluteiweißkörperfraktionen.** R. Polimeni und G. Marchese. (Minerva med. [Torino] **51**, 3627—33, 1960; Roma, Osped. Riun., Policlin., VII Padiglione; ital.) — An 5 normalen u. 16 patholog. Seren wurde die Weltmann-Rk. u. die nephelometr. Kurve nach Wuhrmann untersucht. Der Gesamteiweißgeh. des Blutes hatte wenig Einfl. auf die Form der Kurven, veränderte aber ihre Höhe u. Breite. Es bestanden Unterschiede im Verh. der Kurven von Patienten mit gleicher Krankheit u. verschiedenem Bluteiweißbild (BEB) bzw. von Patienten mit verschiedener Krankheit u. gleichem BEB, dagegen verhielten sich die Kurven von Patienten mit gleicher Krankheit u. gleichem BEB ähnlich. K. Zingraf 4574◇

1354 **Mikromethode zur Haptoglobin-Typisierung unter Verwendung von Acrylamidgelen.** A. Baumgarten. (Nature [London] **199**, 490—91, 1963; Melbourne, Baker Med. Res. Inst.; engl.) — Zur rascheren *Haptoglobin* (**I**)-Typisierung wird eine Mikrometh. mit Elektrophorese in *Acrylamid* (**II**)-Gel auf Objektträgern empfohlen. Die Trennung der **I**-Typen ist besser als bei Stärkegel-Methoden. Es werden nur 0,1 μl Serum benötigt, die Durchführung ist innerhalb von 50 Min. möglich. Die **II**-Lsg. wird mit 7,5 g **II** (als *AM9*; Cyanamid Australia Pty, Ltd.), 0,5 ml Katalysator DMAPN, 0,5 g Ammoniumpersulfat u. W. ad 100 ml hergestellt. Nach der Elektrophorese wird mit O-Dianisidin in A. gefärbt. Bei dieser Meth. folgt die **I**-1-1-Bande dicht der Hämoglobin-Bande; Typ 2-2 entfernt sich nur wenig vom Auftragungsort; Typ 1-2 liegt in der Zwischenzone. Ein bes. Vorteil ist die Durchsichtigkeit der **II**-Gele. U. Tausendfreund 4574◇

1355 **Das Verhältnis der Neuraminsäure zu den Mucoproteiden im menschlichen Serum.** M. Ledvina. (Clin. chim. Acta [Amsterdam] **3**, 137—42, 1958; Karlsbad, Sanatorium Imperial; dt.) — Da bei patholog. Zuständen die Abweichungen des *Neuraminsäure* (*Sialinsäure*; **I**)-Spiegels weitgehend mit denen der plasmat. *Mucoproteide* (**II**) übereinzustimmen scheinen, wurde die Beziehung von **I** zu Serum-**II** u. anderen Eiweißkörpern untersucht. Dabei ließ sich jedoch keine Beziehung zwischen **I** u. **II** im Serum erkennen, während die **I**-Menge vor allem vom Gesamt-*Eiweiß*-Geh. des Serums abhängt. Die klin. Best. von Serum-**I** muß deshalb immer mit der Best. der Gesamtproteine verbunden werden. U. Tausendfreund 4574◇

1356 **Papiertest in Trichloräthylen. Untersuchung der Labilität der Lipoproteine.** J. Etienne, A. Lemaire, J. Cottet und J. Loeper. (Rev. franç. Études clin. biol. **7**, 432—34, 1962; Paris, Hôpital Saint-Antoine; franz.) — Mit Hilfe der Liebermann-Rk. wird die *Cholesterin*(**I**)-Menge bestimmt, die aus Serum, das auf Papier aufgetragen wird, innerhalb von 30 Min. von Trichloräthylen in Lsg. gebracht wird. Diese ist zugleich ein Maß für die Festigkeit der Protein-Lipid-

Bindung, das zur Diagnose der Atherosklerose herangezogen wird. O. Jansen 4574◇

1357 **Trennung von sulfatierten sauren Mucopolysacchariden des Harns mit Hilfe von Cetyltrimethylammoniumbromid und Äthylalkohol.** George H. Stidworthy, Peggy Jo Ellis und Raymond G. Gottschalk. (Proc. Soc. exp. Biol. Med. **112,** 861—64, 1963; Martinsburg, W. Va.; Veterans Admin. Center, Cancer Res. Labor. and Washington, D. C.; George Washington Univ. School of Med., Dep. of Pathol.; engl.) — Die Trennung geschieht nach folgender Meth.: Einstellen des bei 4° gehaltenen u. mit Thymol versetzten Harns auf pH 7, Stehenlassen für 2 Std. in der Kälte, Abzentrifugieren des Nd., Behandeln des gefilterten Urins mit 6 g *Cetyltrimethylammoniumbromid* (I)/Liter, 1 Std. Schütteln, 4—6 Tage Stehen in der Kälte/Bldg. eines Nd.), Beseitigen des Nd. durch Zentrifugieren (1000 · *g*), Dialysieren des Überstandes u. Best. der *Uronsäure*, Behandeln des Nd. mit NaJ (5%ig. in A.) zur Freisetzung von **I** (**I** ist lösl. in A., die *Mucopolysaccharide* nicht), zweimaliges Waschen der Mucopolysaccharid-Fraktion mit NaJ (5% in A.) u. Lösen in W., Zugabe von A. (Endkonz. 66% A.), Stehenlassen über Nacht bei 4° u. Beseitigen des Nd. durch Zentrifugieren (1000 · *g*, 10 Min., 4°), Zugabe von A. bis zu einer Konz. von 84% u. Behandlung wie vorher, Lösen der beiden Ndd. in wenig W. u. wiederholtes Fällen mit Alkohol. — Nach invivo-Markierung von Personen mit ^{35}S (i.v. Injektion von $Na_2{}^{35}SO_4$) findet sich fast die gesamte Radioaktivität in den beiden Fraktionen des Harns, unlösl. in 66% A. u. lösl. in 66% A. aber unlösl. in 84% Alkohol. Die erste Fraktion stellt *freies saures Mucopolysaccharid* dar mit weniger als 19% Protein. Die zweite Fraktion enthält einen Mucopolysaccharid-Proteinkomplex mit ca. 87% Protein. Verdauung der letzten Fraktion mit proteolyt. Enzymen ergibt ein *nichtdialysierbares saures Mucopolysaccharid* mit ca. 25% *Protein.* W. Hiller 4577◇

1358 **Bestimmung von Uropepsin bei anscheinend gesunden und dystrophischen Kindern.** Isabel Valdivia Valdivia. (An. Fac. Farmac. Bioquím. **7,** 455—63, 1956; Lima, Hosp. 2 de Mayo, Labor. de las Clín.; span.) — Der *Uropepsin*(**I**)-Geh. des Harns nimmt bei Kindern mit dem Alter zu, bes. im 8. Jahr tritt ein starker Anstieg ein. Der **I**-Geh. ist bei Knaben größer als beim Mädchen (Mittelwerte: mit 4 Jahren ♂ 8, ♀ 3,4 Einheiten/Std., mit 11 Jahren ♂ 23,3, ♀ 18,3 Einheiten/Stunde). Bei dystroph. Säuglingen u. Kleinkindern nimmt der **I**-Geh. ebenfalls mit dem Alter zu. K. Zingraf 4577◇

1359 **Bial-Reaktion auf Neuraminsäure in der Cerebrospinalflüssigkeit von Schizophrenen.** F. A. Jenner, R. J. Kerry, D. B. Fowler und E. W. Graves. (J. Mental Sci. **108,** 822—24, 1962; Sheffield, Univ.; Middlewood Hosp., Derby, Pastures Hosp.; engl.) — Beim Vgl. der *Neuraminsäure*-Konz. in der Cerebrospinalfl. Schizophrener u. Nichtschizophrener konnte bei Verw. des Bial'schen Reagens (Orcin-Probe) kein Unterschied der beiden Personengruppen festgestellt werden. U. Tausendfreund 4578◇

1360 **Hormone und verwandte Substanzen in der vier endokrine Drüsen — Hoden, Ovar, Nebennieren und Schilddrüse — verlassenden Lymphe.** P. M. Daniel, Muriel M. Gale und O. E. Pratt. (Lancet **1963(I),** 1232—34; London, Maudsley Hosp., Inst. of Psychiat., Dep. of Neurol.; engl.) — Die Unters. der Lymphfl. von Hoden, Ovar, Nebennieren u. Schilddrüse (bei Affen, Katzen, Kaninchen, Schaf) auf Vorhandensein von *Testosteron, Östrogenen, 17-Hydroxycorticosteroiden* u. ^{131}*J-Thyroxin* zeigt, daß die Lymphgefäße der betreffenden Organe einen größeren oder kleineren Teil der sezernierten Hormone abtransportieren. Der Geh. der Lymphfl. an Hormonen ist bei den ersten 3 Organen allerdings niedriger als im Organvenenblut. Möglicherweise dienen die Lymphwege auch zum intraglandulären Transport unter Weiterleitung höherer Hormonkonzz. zu anderen Organstrukturen. Im Falle der Schilddrüse ist die Hormonkonz. in der Lymphfl. höher als im venösen Schilddrüsenblut, so daß hier direkte Sekretion in die Lymphwege anzunehmen ist. U. Tausendfreund 4578◇

1361 **Säurelösliche Purin- und Pyrimidinverbindungen der Säugetierspermatozoen.** K. A. Abraham und P. M. Bhargava. (Experientia [Basel] **18,** 575—77, 1962; Hyderabad, Reg. Res. Labor.; engl.) — In Stier-, Büffel- u. Ziegenspermatozoen (von nachweisbar fruchtbaren Tieren) konnte bei Best. des Geh. an säurelösl. Purin- u. Pyrimidin-Derivv. ein relativ großer Pool an freien Nucleotiden u. verwandten Verbb. festgestellt werden. Die Größe dieses Pools schwankt zwischen 0,3 u. 1,2% des Spermatozoentrockengew.; 50—60% davon entfallen auf *Adenin-*, 16—22,3% auf *Guanin-* u. 17,7—34% auf *Cytosin*-Derivate. *Uracil-* u. *Thymin*-Derivv. waren nicht nachweisbar. U. Tausendfreund 4582◇

1362 **Histochemische Lokalisierung der sauren Phosphatase und Kathepsin-ähnlicher Aktivitäten in regressierenden Schwänzen von Xenopuslarven bei der Metamorphose.** R. Salzmann und R. Weber. (Experientia [Basel] **19,** 352—54, 1963; Bern, Univ., Zool. Inst., Abt. für Zellbiol.; engl.) — Durch histochem. Rkk. an regressierenden Schwänzen von Krallenfroschlarven wurde nachgewiesen, daß die *saure Phosphatase* u. die *kathepsinartigen Esterasen* vorwiegend in Makrophagen des subepidermalen Bindegewebes angereichert sind. P. Teichgräber 4583◇

1363 **Die Ergänzung der Proteine durch synthetische Aminosäuren. Aktuelle Probleme.** A. Devuyst, R. Arnould, M. Vanbelle, W. Vervack und A. Moreels. (Agricultura [Louvain] [2] **10,** 755—64, 1962; Lovenjoul, Univ. Louvin, Centre de Rech. Zootechnique; franz.) — Nach einer Übersicht über die neuere Literatur (Tabellen mit lebenswichtigen *Aminosäuren* (**I**), deren unterem „Grenzwert", definiert als Verhältnis des Geh. an einer bestimmten **I** in Käse: Geh. an dieser Säure im Ei in %, bzw. Gew.-Zunahmen von Ratten bei Fütterung mit **I** oder deren Gemischen im Original), wurden die gegenwärtigen Möglichkeiten der Proteinergänzung durch synthet. **I** erörtert u. geschlossen, daß es sich aus der bisherigen Grenzwerttheorie nicht mehr voraussagen läßt, welche **I** u. welche Mengen davon zur Ergänzung der Proteinkost nötig sind. G. Vogel 4585◇

1364 **Die Einflüsse von Pyridoxin, γ-Aminobuttersäure und γ-Amino-β-hydroxybuttersäure auf die durch Toxopyrimidin oder Isonicotinsäurehydrazid erzeugten Konvulsionen beim Hund.** Hiroaki Koguchi. (J. Vitaminol. [Kyoto] **8,** 1—9, 1962; Tokyo, Minato-ku, Shiba-Atagocho, Jikei Univ., School of Med., Dep. of Biochem.; engl.) — Inhaltlich ident. mit der in C. **1963,** 7826 referierten Arbeit. P. Gregorzewski 4587◇

1365 **Eine Methode zur Darstellung von Tetrahydrofolsäure.** M. Silverman und J. M. Noronha. (Biochem. biophysic. Res. Commun. **4,** 180—82, 1961; Bethesda, Maryland; Nat. Institutes of Health; engl.) — Folsäure wird mit K-Ascorbat u. $Na_2S_2O_4$ bei 75° 90 Min. red. u. anschließend säulenchromatograph. an DEAE-Cellulose + Hyflo Super-Cel gereinigt. Die Umwandlung (mikrobiolog. bestimmt) betrug 68% der Theorie. Einzelheiten der Darst. u. Reinigung werden angegeben. Das synth. Prod. verlor seine Wachstumsaktivität auf *P. cerevisiae* sowohl durch Belüftung als auch bei Erhitzen auf 75° 1/2 Std. in Ggw. eines Überschusses von HCOOH u. Ascorbinsäure, im letzten Falle unter Bldg. von N^{10}-Formyltetrahydrofolsäure. A. Gabert 4587◇

1366 **Wirkung einzelner Mangelzustände von Vitamin A, Thiamin, Riboflavin oder Ascorbinsäure auf die Dunkeladaptation.** Tatsuo Koyanagi und Teru Takanohashi. (Tohoku J. exp. Med. **78,** 258—63, 1962; Sendai, Tohoku Univ., Fac. of Agric., Labor. of Nutrit.; Morioka, Iwate Univ., Dep. of Home Economics; engl.) — Bei Kindern, die eine Spezialkost mit Mangel an jeweils einem Vitamin erhielten, konnte nach Ablauf einer Woche eines Mangels an *Vitamin A, Thiamin, Riboflavin* oder *Ascorbinsäure* eine verzögerte Dunkeladaptation konstatiert werden. Diese Verzögerung u. Erhöhung der Schwellenwerte konnte durch Zufuhr des betreffenden fehlenden Vitamins in allen 4 Fällen normalisiert werden. U. Tausendfreund 4587◇

1367 **Nährwertgehalt verschiedener Fleischarten.** 1. Mitt. **Vitamin A, Vitamin C, Eisen und annähernde Zusammen-**

setzung. Lilia Kizlaitis, M. I. Steinfeld und A. J. Siedler. (J. Food Sci. **27,** 459–62, 1962; Chicago, Ill., Amer. Meat Inst. Foundation, Division of Biochem. and Nutrition u. Univ., Dep. of Biochemistry; engl.) – Frische Ochsen-, Kalb-, Lamm- u. Schweinefleischorgane wurden auf ihren Geh. an *Vitamin A* bzw. *Vitamin C, Fe, W., Eiweiß,* ätherextrahierbarem *Fett* u. Asche untersucht u. die Ergebnisse für Herz, Leber, Hirn, Pankreas, Zunge, Lunge, Niere, Thymus, Kaldaunen u. Milz in Zahlentabellen zusammengefaßt. Der Vitamin-A-Geh. variierte über die bekannten Werte hinaus beträchtlich, ebenso unter verschiedenen Leberarten. Lammleber hatte den höchsten Vitamin-A-Geh.; geringe Mengen wurden in Nieren u. in Lammlunge gefunden. Der Vitamin-C-Geh. war bei Kalbs- u. Ochsenthymus am höchsten. G. Vogel 4587◇

1368 **Gegenseitige Umwandlung zwischen Vitamin A und Retinen.** Yasuo Mase. (J. Vitaminol. [Kyoto] **8,** 10–14, 1962; Tokyo, Osaki, Sankyo Co., Ltd.; engl.) – Es werden die Oxydation von *Vitamin A* (**I**) mit PbO_2 zu *Retinen* (**II**; *Vitamin-A-Aldehyd*) u. die Red. von **II** mit $LiAlH_4$ in Ae. zu **I** untersucht.

Versuche: *Retinen,* durch 5minütiges Schütteln von 20 mg **I** in 100 ml PAe. mit 3 g PbO_2 bei 26°, 65,8% (Ausbeute; spektroskop. bestimmt). – *Vitamin A,* durch Eintropfen von **II** in Ae. in eine 0,5%ig. $LiAlH_4$-Lsg. in Ae., 41,3%. P. Gregorzewski 4587◇

1369 **Bildung von Anhydrovitamin A aus Vitamin A.** Yasuo Mase. (J. Vitaminol. [Kyoto] 8, 15–19, 1962; Tohyo, Osaki, Sankyo Co., Ltd.; engl.) – Inhaltlich ident. mit der in C. **1961,** 16170 referierten Arbeit. P. Gregorzewski 4587◇

1370 **Anhydrovitamin A_2 und Rehydrovitamin A_2.** 2. Mitt. Mahtab S. Bamji, H. R. Cama und P. R. Sundaresan. (J. biol. Chemistry **237,** 2747–49, 1962; Bangalore, Indien, Indian Inst. of Sci., Dep. of Biochem.; engl.) – 1. vgl. C. **1959,** 14797. – *Anhydrovitamin A_2* (**I**) wurde Ratten oral, intraintestinal (i.i.), intraperitoneal u. i.m. verabreicht u. die Umwandlung in die aktivere Form *Rehydrovitamin A_2* (**II**) untersucht. Nur bei oraler u. i.i. Verabreichung konnte Umwandlung von **I** in **II** nachgewiesen werden. Als Ort der Umwandlung wird der Darm angesehen, da sich **II** zuerst im Darmgewebe anreicherte, bevor es in der Leber nachweisbar auftrat. **II** unterscheidet sich von **I** durch das Fehlen der 4'-Äthoxygruppe. Ekkehard Schmid 4587◇

1371 **Elektronenmikroskopische Beobachtungen über die Wirkung von Vitamin E auf glatte Uterusmuskelzellen.** F. Clementi. (Experientia [Basel] **18,** 406–07, 1962; Milano, Ist. di Farmacol. e di Terap.; engl.) – *Vitamin E* übt einen selektiven, stimulierenden Einfl. auf die Synth. u. Organisation der kontraktilen Muskelproteine der Uteruswandung aus. Diese Ergebnisse stimmen mit biochem. Befunden gut überein. W. Wesly 4587◇

1372 **Transaminierung bei muskulärer Dystrophie und der Einfluß von exogenem Glutamat. Eine Untersuchung über Vitamin-E-Mangel bei Kaninchen und bei Mäusen mit vererbter Dystrophie.** Roland O. Laferté, Harris Rosenkrantz und Louis Berlinguet. (Canad. J. Biochem. Physiol. **41,** 1423–32, 1963; Québec, Kanada, Univ. Laval, Fac. de Méd., Dep. de Biochimie; engl.) – Der Geh. an *Glutaminsäure-Asparaginsäure-Transaminase* (**I**) u. *Glutamin-Alanin-Transaminase* (**II**) in Muskel, Blut u. Leber von Vitamin-E-Mangel-Kaninchen ist an **I** höher als an **II** in allen Geweben außer in der Leber von Mäusen u. Ratten. Die Menge an **I** u. **II** ist bei beiden Tierarten in gleichen Teilen Geweben ziemlich gleich, wobei nur **I** in der Nebenniere der Maus u. **II** im Hoden des Meerschweinchens eine Ausnahme machen. Die entsprechenden Geh. im Serum von Meerschweinchen u. Kaninchen waren höher als bei Maus u. Ratte. Der Geh. an **I** u. **II** im Muskel der Ratte nimmt zu Beginn der Erkrankung der Kaninchen leicht zu, während im Endstadium ein beachtlicher Abfall stattfindet. Im Blut nimmt hingegen **II** stetig stark zu, wohingegen **I** nahezu gleich bleibt. In der Leber sind die **II**-Geh. stark angehoben, während die **I**-Geh. entsprechend abnehmen. Bei der Maus bleiben im Verlauf der Krankheit im Blut **I** u. **II** nahezu gleich, im Muskel nehmen beide Enzyme zunächst leicht zu u. fallen dann ab, in der Leber nehmen sie mit fortschreitender Krankheit zu. Wird den Vitamin-E-Mangel-Kaninchen *Glutaminsäure* (100 mg, dreimal wöchentlich) injiziert, so nimmt das Körpergew. 12 bis 15 Tage lang genau so wie bei den Kontrolltieren zu u. ändert sich erst danach davon abfallend. Die Gesamtlebensdauer beträgt aber bei diesen Tieren 45 ± 6 Tage, während sie bei jenen ohne Glutaminsäureinjektion 24 ± 3 Tage beträgt. K. Dorfner 4587◇

1373 **Die Beziehungen von Selen, Vitamin E und einem nicht identifizierten Faktor zur Muskeldystrophie (Stiff-Lamb oder White-Muscle Disease) beim Lamm.** D. E. Hogue, J. F. Proctor, R. G. Warner und J. K. Loosli. (J. Animal Sci. **21,** 25–29, 1962; Ithaca, N. J.; Cornell Univ., Dep. of Animal Husbandry; engl.) – Fünfjährige Unterss. über die Ursachen der Muskeldystrophie bei Lämmern zeigten, daß *Se* u. *Vitamin E* gegen das Syndrom wirksam sind, wenn sie an die Lämmer direkt verabreicht werden. Bei Applikation an die Mutterschafe während der letzten Trächtigkeitsphase u. während der Säugeperiode war das nicht der Fall. Eine an Mutterschafe verabreichte Kombination von Se + Vitamin E bewirkte eine vollkommene Prophylaxe für die Lämmer. Ebenso konnte bei Verabreichung der gekochten Grundration (Heu u. ausgelesene rohe Buschbohnen) an die Mutterschafe ein vollständiger Schutz der Lämmer erreicht werden. Das deutet auf das Vorhandensein eines hitzelabilen Faktors in der Grundration hin. H. D. Bock 4587◇

1374 **Wirkung von Liposäure (Thioctsäure) auf die normale Rattenleber.** Zolton T. Wirtschafter und Frederic W. Smith. (J. Lab. clin. Med. **60,** 649–54, 1962; Portland, Oreg., Vet. Admin. Hosp., Res. Labor.; Univ. of Oregon, Med. School; engl.) – In Verss. unter Kontrollbedingungen konnten nach intraperitonealer Injektion von 0,5–65 mg *Liposäure* (*Thioctsäure, 1.2-Dithiolan-3-valeriansäure*)/kg dosisabhängige Leberschäden u. Todesfälle bei Ratten beobachtet werden; die Leberveränderungen dokumentieren sich in Fettablagerungen in den Parenchymzellen u. Erhöhungen der Serumwerte für Glutaminsäure-Oxalessigsäure-Transaminase. Nach 65 mg/kg verendeten die Tiere innerhalb 48–72 Std.; die Beteiligung noch anderer Organsyst. kann nicht ausgeschlossen werden. Bis zum Vorliegen weiterer Befunde wird Zurückhaltung bei der Anwendung am Menschen empfohlen. U. Tausendfreund 4587◇

1375 **Harnstoffsynthese in der Schleimhaut des Rinderpansens.** Ss. I. Kussen, A. I. Schibissti, W. Ja. Dorda und I. Ss. Porodko. (Nachr. Akad. Wiss. UkrainSSR **1963,** 508–11; Ukrain, Forschungs-Inst. für Physiol. u. Biochemie der Haustiere; ukrain., Auszug: engl.) – Bei der Inkubation der Schleimhaut des Rinderpansens mit NH_4HCO_3 (**I**) erfolgt im Pansengewebe eine Synth. von *Harnstoff* (**II**). In der serösen Muskelschicht der Pansenwand nimmt bei der Inkubation mit **I** der Geh. an **II** ab. Bei der Inkubation des Lebergewebes mit **I** beobachtet man eine statist. nicht eindeutige Zunahme von **II**. Der Geh. an NH_2–N der freien Aminosäuren u. an extraktivem Gesamt-N nimmt während der Inkubation der genannten Gewebe in Ggw. von **I** weniger stark zu als bei dessen Abwesenheit. Die Ergebnisse bestätigen die Richtigkeit der Annahme, daß die Pansenwand an der **II**-Synth. aus resorbiertem NH_3 beteiligt ist. O. Lebtag 4594△

1376 **Veränderungen der Magensekretion bei Ratten nach Kaliummangeldiät.** William O. Smith und Donald J. Baxter. (Proc. Soc. exp. Biol. Med. **112,** 859 bis 861, 1963; Oklahoma City, Univ. of Oklahoma School of Med., Depl of Med., Oklahoma City, Med. Serv.; engl.) – Ratten erhalten eine *K*-Mangeldiät. Die Geh. des Plasmas an *Cl, P, Na, Mg* u. *Ca* werden dadurch nicht verändert, der K-Geh. vermindert. Im Magensaft ist bei den Mangeltieren nur der HCl-Geh. erniedrigt. Die totale Exkretion (4 Std.) zeigt bei den Mangeltieren signifikant verminderte Geh. an freier HCl, Cl, K, Mg u. Pepsin (im Magensaft), nicht vermindert sind P, Na u. Ca. W. Hiller 4594◇

1377 **Celluläre Mechanismen beim intestinalen Transport von Aminosäuren.** H. Newey und D. H. Smyth. (J. Physiology **164**, 527–51, 1962; Sheffield, Univ., Dep. of Physiol; engl.) — Unterss. über den Transportmechanismus für *Glycin* (**I**) u. *Glycylglycin* durch den Dünndarm der Ratte, sowie über die intracelluläre *Peptidase*-Aktivität zeigen, daß 2 Stadien des **I**-Transfers durch die Epithelzellen existieren müssen: der Eintrittsmechanismus kann kompetitiv durch Methionin gehemmt werden, der Austrittsmechanismus ist von aerober Energie abhängig. U. Tausendfreund 4594◇

1378 **Die Galle und die Pankreasfermente bei normalen Kindern.** Tooru Nakao und Takao Gotooda. (Tohoku J. exp. Med. **78**, 243–48, 1962; Aomori Prefect. Central Hosp., Dep. of Ped.; engl.) — Der pH-Wert der Gallenfl. von Kindern (bis 15 Jahre) beträgt durchschnittlich 6,7, er liegt bei Kindern bis 6 Jahren mit 6,0–6,4 etwas niedriger. Der *Amylase*-Geh. der Duodenalfl. steht in engem Zusammenhang mit dem pH-Wert; die niedrigsten Nüchternwerte betragen 160 Wohlgemuth-Einheiten. Die *Lipase*-Werte sind von den pH-Werten unabhängiger. *Amylase* ist in gallegefärbter Duodenalfl. (A-Galle), Lipase in der hellen Gallenfl. (C-Galle) am stärksten konzentriert. U. Tausendfreund 4594◇

1379 **Der angeborene Mangel an β-Lipoproteinen. Einfluß der Diät auf die Ausscheidung und die Zusammensetzung der Kotlipoide.** J. Rey, J. Polonovski, J. Frézal und M. Lamy. (Rev. franç. Études clin. biol. **7**, 362–67, 1962; Paris, Clinique de Génétique medicale et Labor. de Biochemie de la Faculté de Médicine, Hôpital des Enfants Malades; franz.) — Bei normalen Versuchspersonen bleiben die Kotlipoide mehr oder weniger konst. u. von der Fettaufnahme unabhängig. Die ungesätt. *Fettsäuren* werden schneller u. vollkommener resorbiert als die gesättigten. Bei angeborenem Mangel an *β-Lipoprotein* ist die Fettausscheidung im Kot erhöht. O. Jansen 4594◇

1380 **Verhalten und Löslichkeit von Monoglyceriden in verdünnter micellarer Gallensalz-Lösung.** Alan F. Hofmann. (Biochim. biophysica Acta [Amsterdam] **70**, 306–16, 1963; Lund (Schweden), Univ., Dep. of Physiol. Chem.; engl.) — Als Beitrag zum Verständnis der intestinalen Fettresorption werden Verss. in vitro über das Verh. u. die Löslichmachung von *1-* sowie *2-Monoglyceriden* (**I**; von *Myristin-*, *Laurin-*, *Öl-*, *Elaidin-*, *Palmitin-*, *Decan-*, *Octansäure*), von *1-Mono-*$^{14}C_{(1)}$*-palmitin*, von *Glyceryl-(1)-monododecyläther* u. von *Glyceryl-(1)-monooleyäther* durchgeführt, u. zwar analog den Bedingungen während der Fettresorption im Dünndarm (0,15 m Na^+, 0,04 m Gallensalz [*Na-Taurodesoxycholat*], pH 6, 37°). Die Löslichkeit der **I** wird ermittelt, indem man die Vers.-Ansätze nach beschriebener Arbeitsweise filtriert u./oder zentrifugiert u. in der erhaltenen Lsg. den Geh. an **I** bestimmt. Aus den Befunden wird abgeleitet, daß die **I** mit 10 C-Atomen u. mehr in einer Pufferlsg. allein nur sehr geringe Löslichkeit besitzen, abgesehen von den ungesätt. Vertretern, die dabei fl. Kristalle bilden. In Ggw. von Gallensalz steigt ihre Löslichkeit bei 37° in Abhängigkeit von ihrem F. signifikant an; dies gilt für die **I** mit F. unter 65°; solche mit höherem F. werden in Form von nichtpolaren Partikeln in geringem Ausmaß löslich gemacht. *1-* bzw. *2-Monoolein* zeigen im Gallensalzmilieu ident. Löslichkeit; *2-Monopalmitin* ist stärker lösl. als *1-Monopalmitin*. Es zeigt sich, daß 2-Monoolein u. 2-Monopalmitin während der Verss. bei 37° in die 1-isomeren Verbb. umgesetzt werden (zu 5% in 1 Std., zu 55% in 24 Std.). Wenn gleichzeitig 2 amphophile Monoglyceride der Gallensalzwrkg. ausgesetzt werden, erfolgt eine kompetitive Löslichmachung; die oben erwähnten Glyceryläther werden unter den gewählten Bedingungen analog den **I** in Lsg. gebracht. Auswertung der Ergebnisse unter den Gesichtspunkten der natürlichen Fettresorption. K. Täufel 4594◇

1381 **Untersuchungen über Blutlipide bei körperlicher Betätigung. 3. Mitt. Arterielle Konzentration an freien Plasmafettsäuren bei normalen Frauen während kurzer Arbeitsperioden sowie bei Personen mit durch vasoregulatorische Asthenie bedingter niedriger physikalischer Arbeitskapazität.** Lars A. Carlson und Bengt Pernow. (J. Lab. clin. Med. **60**, 655–61, 1962; Stockholm, Karolinska Hosp., Dep. of Int. Med.; Serafimerlasarettet, Dep. of Clin. Physiol.; King Gustav V. Res. Inst.; engl.) — 2. vgl. C. **1963**, 1350. — Bei normalen Frauen ist im Verlaufe kurzer Perioden körperlicher Tätigkeit (6 Min. Fahrrad-Ergometer, 150 kg/Min. mit Steigerungen) ein Abfall der Plasma-Konz. an *freien Fettsäuren* (**I**) zu beobachten. Dieser **I**-Abfall steht in linearer Beziehung zur Steigerung der Pulsfrequenz, so daß der **I**-Abfall mit der erhöhten Blutströmung in Zusammenhang stehen dürfte. Bei Frauen mit vasoregulator. Asthenie kommt (abgesehen von individuellen Schwankungen) insgesamt bei Arbeit keine **I**-Verminderung zustande, was vermutlich auf Blutverteilungsstörungen (ein zu großer Teil des Blutstroms geht durch ruhendes Gewebe) beruht. U. Tausendfreund 4595◇

1382 **Relative Beobachtungen über osteogene Wirkungen der Lactose.** Paul Fournier, Yvonne Dupuis, und Jean Bescol-Liversac. (C. R. hebd. Séances Acad. Sci. **249**, 2836–38, 1959; Paris, Fac. de Med.; franz.) — Junge Ratten, in 4 Gruppen geteilt, bekamen eine Diät 1. mit nur 50 mg Ca/100 g, 2. wie 1. u. 1,5 g $CoCO_3$, 3. wie 2. u. 20 g Lactose u. 4. wie 2. u. 10 I. E. Vitamin D_2. Nach 8 Tagen wurden die Tibien histolog. untersucht. Es hat sich gezeigt, daß die 3. Gruppe fast dieselbe Ossifikation wie die 4. Gruppe aufweist. J. Sprenka 4596◇

1383 **Veränderungen im Stoffwechsel der Proteine und Nucleinsäuren im tierischen Organismus nach einer Verbrennung.** T. L. Sajetz und T. A. Borissowa. (Ber. Akad. Wiss. UdSSR **150**, 677–79, 1963; Wischnewski-Inst. für Chirurgie der Akad. der med. Wiss. der UdSSR; russ.) — Im Kaninchen-Vers. wurde nach Verbrennungen 3. Grades durch sd. W. an ca. 20% der Körperoberfläche nach 1, 4 u. 20 Tagen der Einbau des 18 Std. vor der Tötung zugeführten ^{35}*S-Methionins* (**I**) in die Proteine von Blutplasma, Leber, Herzmuskel u. Skelettmuskel, daneben der Geh. der genannten Organe an *Desoxyribonucleinsäure* (**II**) u. *Ribonucleinsäure* (**III**) untersucht. Aus den Zahlenwerte geht hervor, daß zwischen dem **I**-Einbau u. dem Geh. an **II** u. **III** nicht immer eine Parallele besteht, wie dies in der Literatur angenommen wird. Die Abnahme von **II** u. **III** in der Leber nach 1 Tag ist von einer Zunahme des **I**-Einbaues begleitet. Im intakten Sklettmuskel beobachtet man neben einer starken Abnahme des **I**-Einbaues eine Zunahme von **II** u. **III**. Die Kompensation des verstärkten Eiweißzerfalls bei Verbrennungen durch intensivierte Synth. verläuft in den verschiedenen Geweben unterschiedlich. Im Skelettmuskel kann die Resynth. den Eiweißzerfall nicht kompensieren. O. Lebtag 4596△

1384 **Der in vitro-Stoffwechsel von Desmosterin mit Nebennieren- und Leberpräparaten.** DeWitt S. Goodman, Joel Avigan und Hildegard Wilson. (J. clin. Invest. **41**, 2135–41, 1962; Bethesda, Md., Nat. Heart Inst., Sect. of Metabol.; Nat. Cancer Inst., Endocrinol. Branch; engl.) — Es konnten in vitro die in vivo-Beobachtungen bestätigt werden, nach denen *Dehydrocholesterin* (**I**; *Desmosterin*) in gleicher Weise wie *Cholesterin* (**II**) als Vorläufersubstanz für die Bldg. von Gallensäuren u. Steroidhormonen dienen kann. Bei Verw. von Leber- u. Nebennieren-Präpp. von mit Triparanol gefütterten Mäusen u. Ratten erwiesen sich ^{14}C-**I** u. ^{14}C-**II** (beide aus $^{14}C_{(2)}$-Mevalonsäure gebildet) als quant. vergleichbare Substrate zur Erzielung von Gallensäuren u. Steroidhormonen. U. Tausendfreund 4596◇

1385 **Die Bildung von Hydroxylysin im Kollagen.** Edwin A. Popenoe und Donald D. Van Slyke. (J. biol. Chemistry **237**, 3491–94, 1962; Upton, N. Y., Brookhaven Nat. Labor., Med. Res. Center; engl.) — Jungen Ratten wurde ^{14}*C-Lysin* (**I**) injiziert, u. die Bldg. von *Hydroxylysin* (**II**) beim Aufbau des Hautbindegewebes der Ratte untersucht. Nach Hydrolyse sehr sorgfältig gereinigter Hautgelatine wurde die Aktivität von **I** u. **II** in einem Zeitintervall von 4 Std. bis 15 Wochen nach Injektion gemessen. Die Aktivität für **I** u. **II** war während der Beobachtungszeit gleich. Hieraus folgern

Vff., daß die Hydroxylierung von **I** vor dem Aufbau des Kollagens erfolgt sein muß. K. Heyns 4597◇

1386 **Einfluß des Alters auf Bindegewebe. Uronsäure und Uronsäure/Hydroxyprolin-Quotient in Aorta, Myocard und Haut des Menschen.** Boy Clausen. (Lab. Invest. **11,** 1340—45, 1962; Copenhagen, Univ., Dep. H, Rigshosp., Conn. Tissue Res. Labor.; engl.) — Unterss. an menschlichen Föten, Neugeborenen u. Kindern, sowie Erwachsenen u. alten Leuten zeigen, daß in Aorta, Myocard u. Haut der *Hexuronsäure* (**I**)-Geh. u. **I**/*Hydroxyprolin* (**II**)-Quotient mit zunehmendem Alter abnehmen. Ebenso wie der früher bereits festgestellte Abfall des *Hexosamin*/**II**-Quotienten der gleichen Gewebe weisen die Befunde auf eine Verminderung des Geh. der Grundsubstanz an *sauren Mucopolysacchariden* im Verhältnis zum *Kollagen.* U. Tausendfreund 4597◇

1387 **Stoffwechsel von Bindegewebemucopolysacchariden in vivo. 1. Mitt. Chondroitinsulfat C und Keratosulfat des Nucleus pulposus.** E. A. Davidson und William Small. (Biochim. biophysica Acta [Amsterdam] **69,** 445—52, 1963; Durham, N. C., Duke Univ. Med. Center, Dep. of Biochem.; Center for the Study of Aging.; engl.) — Im Nucleus pulposus des Kaninchens nimmt das Verhältnis von *Keratosulfat* (**I**) zu *Chondroitinsulfat C* (**II**) gleichförmig als Funktion des Alters zu. *Testosteron* (**III**), *Östrogen* (**IV**) u. *Wachstumshormon* (**V**) können dieses Verhältnis in einer Weise beeinflussen, daß es dem eines jüngeren Alters entspricht. **II** besitzt bei reifen Tieren eine Halbwertszeit (HWZ) von 3—5 Tagen, diese wird durch **IV** u. **V** verlängert. **I** hat eine HWZ von >60 Tagen (wahrscheinlich > 120 Tagen); sie wird durch **III, IV, V** u. Cortison verkürzt. K. Zingraf 4597◇

1388 **Stoffwechsel von Bindegewebemucopolysacchariden in vivo. 2. Mitt. Chondroitinsulfat B und Hyaluronsäure der Haut.** E. A. Davidson und William Small. (Biochim. biophysica Acta [Amsterdam] **69,** 453—58, 1963; Durham, N. C., Duke Univ. Med. Center, Dep. of Biochem.; Center for the Study of Aging.; engl.) — 1. vgl. vorst. Referat. — Die *Chondroitinsulfat* (**I**)- u. *Hyaluronsäure* (**II**)-Fraktion der Haut scheinen in mehr als einem phys. Zustand zu existieren u. können ihre Eigg. nach Neusynth. verändern. Beide Fraktionen scheinen eine ziemlich reaktionsträge Komponente zu enthalten, die auch nach längerer Zeit nicht abgebaut wird. *Testosteron* erhöht den **II**-Geh., nicht jedoch den **I**-Geh. der Haut. Östrogen u. Cortison beeinflussen den **I**- u. **II**-Geh. in der Haut nicht. K. Zingraf 4597◇

1389 **Beziehung zwischen mechanischer Streckung, Wassergehalt und K-^{42}K-Austausch im Muskel.** J. Tigyi. (Acta physiol. Acad. Sci. hung. **22,** 267—71, 1962; Pécs, Med. Univ., Inst. of Biophysics; engl.) — Der *K*-^{42}*K*-Austausch nimmt bei mechan. Streckung des Froschsartoriusmuskels in doppelter Ringer-Lsg. um ca. 17% ab; gleichzeitig kommt es zu einem 26%ig. Verlust des Muskels an *W.*, während osmot. Wasserverlust ohne Streckung eine entgegengesetzte Veränderung des K-Austausches auslöst. U. Tausendfreund 4597◇

1390 **Die Wirkung der Ultraschallbehandlung auf den Na-^{24}Na-, K-^{42}K- und P-^{32}P-Austausch im Muskel.** J. Tigyi. (Acta physiol. Acad. Sci. hung. **22,** 259—66, 1962; Pécs, Med. Univ., Inst. of Biophysics; engl.) — Innerhalb von 20 Min. einer Ultraschallbehandlung (10^6 Hertz, 1—2 W/cm^2) eines Froschsartoriusmuskels (in Ringer-Lsg. mit je 1 μc/ml von ^{24}Na, ^{42}K u. ^{32}P) nimmt die spezif. Aktivität des ^{24}Na im Muskel um 25—45% zu, die spezif. Aktivität des ^{42}K im Muskel nimmt in 3 Std. um 20—35% zu u. die spezif. Aktivität des ^{32}P im Muskel nimmt in 2 Std. um 100% zu. Die Wrkg. auf K wird durch den Bindungszustand von K erklärt. U. Tausendfreund 4597◇

1391 **Adenosintriphosphat und Kontraktion von Proteinfasern.** E. Ernst und Gabriella Metzger-Török. (Acta physiol. Acad. Sci. hung. **22,** 305—18, 1962; Pécs, Med. Univ., Inst. of Biophysics; engl.) — Im Gegensatz zur These der Spezifität von Myosin oder „kontraktiler Proteine" konnten Kontraktionen von *Proteinfasern* aus Casein, Fibrin oder Gelatine in *Adenosintriphosphat*-Lsgg. (10^{-3} m) beobachtet werden. An Fasern oder Stäbchen aus *Polysacchariden* konnten keine Kontraktionen ausgelöst werden. U. Tausendfreund 4597◇

1392 **Einfluß von Caseinhydrolysat-Zufuhr auf den Gehalt des arbeitenden Muskels an energiereichem Nucleotid.** J. M. Afar und V. A. Rogozkin. (Canad. J. Biochem. Physiol. **41,** 1531—36, 1963; Sofia, Centr. Sci. Res. Inst. of Phys. Culture; Leningrad, Sci. Res. Inst. of Phys. Culture, Biochem. Labor.; engl.) — Zufuhr von *Caseinhydrolysat*, einem Gemisch von *Aminosäuren* oder von *Phosphaten* begünstigte bei Ratten unter körperlicher Anstrengung (5std. Dauerschwimmen) die Aufrechterhaltung einer erhöhten Konz. von Adenosintriphosphat u. Phosphokreatin bei entsprechend verringerter Konz. von Adenosindiphosphat u. Adenosinmonophosphat in den Muskeln. K. Zingraf 4597◇

1393 **Die Verwertung von Stoffwechselprodukten in der Muskulatur bei rhythmischen Kontraktionen und während der Restitutionsphase.** O. Hudlická, A. Bass, V. Zbuzek und D. Bartošová. (Physiol. bohemosloven. **11,** 404—12, 1962; Prague, Czechoslovak Acad. of Sci., Inst. of Physiol.; Charles Univ., ITVS Fac., Res. Inst. of Physical Cult.; engl.) — Bei Unters. der Verwertung von Substanzen in der Skelettmuskulatur (beim Hund, in situ) während rhythm. Kontraktionen (Best. der arteriovenösen Differenz u. der Blutströmung) erwies sich die Abgabe von *Brenztraubensäure, Protein-N* u. *veresterter Fettsäuren* als gesteigert. Die Verwertung *oxydierbarer Glucose* zeigte negative Werte, es kam zum O_2-Defizit. Frühere Befunde über erhöhten O_2- u. *Glucose*-Verbrauch sowie *Milchsäure*-Abgabe bei Muskelkontraktionen wurden bestätigt. In der Restitutionsphase ist der respirator. Quotient erhöht (über 1,0), was als Folge der Resynth. O_2-armer Substanzen (Lipide u. Proteine) auf zufassen ist, die bei der Arbeit verbraucht wurden; das Material für die Resynth. dürften die Kohlenhydrate liefern. U. Tausendfreund 4597◇

1394 **Die Verwertung von Stoffwechselprodukten in der denervierten Muskulatur während Reizung und Restitutionsphase.** A. Bass, O. Hudlická, V. Zbuzek und D. Bartošová. (Physiol. bohemosloven. **11,** 413—22, 1962; Prague, Czechoslovak Acad. of Sci., Inst. of Physiol.; Charles Univ., ITVS Fac., Res. Inst. of Physical Cult.; engl.) — Bei Messung der arteriovenösen Differenz u. der Blutströmung erwiesen sich der O_2-Verbrauch sowie die Abgabe von CO_2 u. *Milchsäure* durch den denervierten Hundeskelettmuskel während der Reizung als erhöht. Der bereits bei Ruhe hohe *Glucose*-Verbrauch stieg bei Reizung nicht weiter. Ein O_2-Defizit trat nicht ein; das meiste O_2 wird für die Oxydation von Kohlenhydraten verwendet. Veresterte Fettsäuren wurden bei Reizung nicht abgegeben, dagegen jedoch bei Ruhe. Die Abgabe von *Nichtprotein-* u. *Protein-N* veränderte sich nicht. Die qual. Unterschiede zur normalen Muskulatur sind bedingt durch die fehlende Bldg. eines O_2-Defizits durch den denervierten Muskel. U. Tausendfreund 4597◇

1395 **Untersuchungen über die Transfergeschwindigkeiten von D$_2$O, ^{3}H, ^{36}Cl, ^{22}Na und ^{28}Mg durch das isolierte Hundepericard.** Tsunekazu Takashina, Ralph Lazzara, James A. Cronvich und George E. Burch. (J. Lab. clin. Med. **60,** 662—68, 1962; New Orelans, La., Tulane Univ., School of Med., Dep. of Med.; Charity Hosp. of Louisiana; Tulane Univ., Dep. of Electr. Engin.; engl.) — Am isolierten Pericard des Hundes konnten folgende Transfer-Koeff. für Isotope ermittelt werden: D_2O 3,06 · 10^{-2} (ml/cm^2/Min.), ^3HOH 2,81 · 10^{-2}, ^{36}Cl, 1,95 · 10^{-2}, ^{22}Na 1,75 · 10^{-2}, ^{28}Mg 1,00 · 10^{-2}. Die Koeff. in vivo sind geringer als die in vitro-Werte. Wird der Koeff. für Cl am gefrorenen u. wieder aufgetauten Pericard ermittelt, so ergeben sich höhere Werte als am frisch isolierten Pericard. U. Tausendfreund 4597◇

1396 **Elektrolytkonzentrationen und Enzymaktivitäten im Myocard in Abhängigkeit von der Druckbelastung des Herzens.** H. Hochrein und M. Nagano. (Verh. dtsch. Ges. Kreislaufforsch. **28,** 454—60, 1963; Würzburg, Univ., Med. Klin.; dt.) — Vortrag. — Zur Klärung der Frage, ob Herzinsuffizienz bei Hypertonie durch bereits im kompensierten Stadium des druckbelasteten Herzens

vorliegende myocardiale präinsuffiziente Stoffwechselstörungen bedingt ist, oder ob das Herzversagen bei Hypertonie zunächst eine rein mechan. Ursache hat, wurde das Herz–Lungen-Präp. des Meerschweinchens unter Einfl. einer Druckbelastung untersucht. Zunehmende Druckbelastung des Herzens durch Steigerung des peripheren Widerstandes führte dabei zu Abnahme des intracellulären *K*-Geh. u. Zunahme des intracellulären *Na*-Geh., obwohl das Herz noch völlig suffizient war. Bei höherer Belastung kam es zur Zunahme der *Milchsäuredehydrogenase* im Myocard u. Abnahme der Aktivität von *Hexokinase, Aldolasen* u. *Glutaminsäure-Oxalessigsäure-Transaminase*. Die Aktivität der *Glutaminsäure-Brenztraubensäure-Transaminase* ging erst bei Insuffizienz zurück. Es kommt also offenbar zur Steigerung der Anaerobiose bei relativer Hypoxie des Herzmuskels, was als präinsuffiziente Stoffwechselstörung angesehen wird.
U. Tausendfreund 4597◇

1397 **Über die laufende Bestimmung des Herzzeitvolumens mit ^{85}Kr.** A. Hardewig. (Verh. dtsch. Ges. Kreislaufforsch. **28,** 440—45, 1963; Bad Nauheim, Max-Planck-Gesellschaft, William G. Kerckhoff-Inst., Cardiol. Abt.; dt.) — Vortrag. — Bisherige Schwierigkeiten bei der Best. des Herz-Min.-Vol. durch fortlaufende Infusion eines Indicators lassen sich durch Infusion von in physiolog. NaCl-Lsg. gelöstem ^{85}*Kr* umgehen. Wenn die Infusionsgeschw., die Konz. der Infusions-Lsg., die Konz. in der Pulmonalarterie u. die Konz. in dem zum Herzen zurückströmenden Blut bekannt sind, läßt sich das Herz-Min.-Vol. an Hand der Fickschen Gleichung berechnen. Es bietet sich damit die Möglichkeit, das Herz-Min.-Vol. über längeren Zeitraum fortlaufend integrierend zu verfolgen; sowohl in Ruhe, als auch nach körperlicher Belastung u. Einw. bestimmter Medikamente.
U. Tausendfreund 4597◇

1398 **Wirkung verschiedener Dosen von Orotsäure auf den Lipid- und Phospholipidgehalt der Rattenleber.** M. Marchetti, P. Puddu und C. M. Caldarera. (Ital. J. Biochem. **11,** 245—49, 1962; Bologna, Univ., Ist. di Chimica Biologica; engl.) — Fütterung von 1% *Orotsäure* (**I**) in der Diät erhöhte bei Ratten den Geh. an gesamten *Lipiden* in der Leber beträchtlich, während der *Phospholipid*-Geh. geringfügig gesenkt wurde. 0,1% bzw. 0,001% **I** zeigten keine Wirkung.
W. Damerau 4597◇

1399 **Freie Aminosäuren in Lebern Alloxan-diabetischer Ratten.** E. Kirsten, R. Kirsten, H. J. Hohorst und Th. Bücher. (Biochem. biophysic. Res. Commun. **4,** 169—74, 1961; Marburg, Physiol.-Chem. Inst.; engl.) — Mittels Ionenaustausch-Chromatographie untersuchen Vff. den Geh. an freien Aminosäuren (insgesamt 16) in nicht-diabet. u. Alloxan-diabet. Rattenlebern. Gegenüber den Kontrollen waren in diabet. Lebern folgende Aminosäuren erniedrigt: Asparaginsäure, Alanin, Serin u. Threonin; wenig erniedrigt waren Glycin, Phenylalanin u. Tyrosin, nicht verändert waren Leucin, Isoleucin, Valin, Histidin u. Prolin. Für Glutaminsäure u. Lysin konnten auf Grund starker Streuung der Analysen keine auswertbaren Ergebnisse erzielt werden. Es wird weiter gezeigt daß Asparaginsäure, Alanin, Serin u. Threonin um nahezu den gleichen Faktor erniedrigt sind, das Redox-Verhältnis des Nicotinamidadenindinucleotid-Syst. bei der diabet. Gruppe in Vgl. zur Kontrolle erhöht ist.
A. Gabert 4597◇

1400 **Spektrophotometrie von Bilirubin. Anwendung zum Studium des Morbus haemolyticus neonatorum.** Mathieu-Daudé. (Montpellier méd. [3] **61(105),** 155—246, 1962; franz.) — Bei einer Konz. von weniger als 50 mg/Liter können freies u. konjugiertes *Bilirubin* (**I**) gleichzeitig quant. mit 10%ig. Butylacetat (**II**) aus dem Serum extrahiert werden. Nach weiterer Extraktion des freien **I** mit Bzl. ist eine spektrophotometr. Best. der beiden Farbstoffe möglich. Bei Morbus haemolyticus neonatorum tritt mitunter Hämoglobin im Serum auf; dieses kann in der gleichen **II**-Lsg. wie **I** bestimmt werden. — Klin. Deutung der Untersuchungsergebnisse.
K. Zingraf 4597◇

1401 **Eigentümlichkeiten des extra- und intracellulären Wasser- und Mineralhaushaltes beim experimentellen nephrotischen Syndrom.** F. Sereni, L. Sereni Piceni, L. de Ritis und G. Bortolini. (Minerva nefrol. [Torino] **7,** 25—28, 1960; Suppl. zu: Minerva med. [Torino] Ferrara, Univ., Ist. di Clin. Pediatr.; ital.) — Beim experimentellen nephrot. Syndrom der Ratte wurde im Skelettmuskel eine Zunahme des extracellulären Raumes, eine Abnahme des intracellulären Raumes, eine Anreicherung von Na^+ u. Cl^- in extracellulären Raum, ein starker K^+-Verlust u. eine Zunahme von Na^+ im intracellulären Raum beobachtet. Im ausgeschlachteten Kadaver wurde ein ausgeprägtes K^+-Defizit u. eine Anreicherung von Na^+, Cl^- u. W. festgestellt.
K. Zingraf 4597◇

1402 **Wirkungen von Harnstoff auf den Wasser- und Ionengehalt von Nierenschnitten.** J. R. Robinson. (J. Physiology **164,** 552—62, 1962; Dunedin, New Zealand, Univ. of Otago, Med. School, Dep. of Physiol.; engl.) — Durch *Harnstoff*(**I**)-Konzz. über 500 mm wird der O_2-Verbrauch von Nierenrindenschnitten (Ratten) bei 38° vermindert, gleichzeitig kommt es zu einem Verlust der Schnitte an *K* u. zu einer Aufnahme von *Na, Cl* u. *Wasser*. Durch höhere **I**-Konzz. (bis 2650 mm) wird ein K-Verlust u. eine Na-, Cl- u. Wasseraufnahme auch bei 0° induziert. Die **I**-Konzz. in den Schnitten entsprechen denjenigen im Medium.
U. Tausendfreund 4597◇

1403 **Beobachtungen der renalen Clearence und des Verteilungsvolumens von Polyfructosan-S, einer neuen Inulin-ähnlichen Substanz.** D. P. Mertz. (Experientia [Basel] **19,** 248—49, 1963; Freiburg i. Br., Med. Universitätspoliklinik; engl.) — *Polyfructosan-S* (**I**), ein in der Struktur der Stärke ähnliches Polymeres, verhält sich in bezug auf die Nierenausscheidung wie *Inulin* (**II**). Vergleichende Unterss. am Menschen zeigen auch eine quant. Übereinstimmung der Clearencewerte von **I** u. **II**. **I** soll gegenüber **II** folgende Vorteile haben: Bessere Wasserlöslichkeit u. größere Stabilität gegenüber Alkali u. Säure.
Peter Lange 4597◇

1404 **Wirkung von Acetat auf das maximale p-Aminohippursäureausscheidungsvermögen der Nierentubuli bei Normalpersonen.** B. Fida. (Minerva nefrol. [Torino] **7,** 19—22, 1960; Suppl. zu: Minerva med. [Torino]; Genova, Univ., Ist. di Patol. Spec. Med.; ital.) — Bei 7 Normalpersonen bewirkte *Acetat* eine Zunahme des maximalen *p-Aminohippursäure*-Ausscheidungsvermögen der Tubuli u. der Glomerulusfiltrationsgeschwindigkeit.
K. Zingraf 4597◇

1405 **Wirkung von Acetat auf das maximale p-Aminohippursäure-Ausscheidungsvermögen der Nierentubuli nach einseitiger Nephrektomie.** B. Fida. (Minerva nefrol. [Torino] **7,** 22—25, 1960; Suppl. zu: Minerva med. [Torino]; Genova, Univ., Ist. di Patol. Spec. Med.; ital.) — Nach einseitiger Nephrektomie wurde das maximale *p-Aminohippursäure*-Ausscheidungsvermögen der Nierentubuli durch *Acetat* nur dann erhöht, wenn die verbliebene Niere eine starke Hypertrophie zeigte.
K. Zingraf 4597◇

1406 **Ausscheidung von 5-Hydroxyindolessigsäure im Harn bei Niereninsuffizienz.** A. Amerio und O. Micelli. (Minerva nefrol. [Torino] **7,** 1—8, 1960, Suppl. zu: Minerva med. [Torino]; Bari, Univ., Ist. di Patol. Spec. Med. e Metodol. Clin.; ital.) — Die mittlere tägliche Ausscheidung von *5-Hydroxyindolessigsäure* im Harn betrug bei Normalpersonen 6,27 ± 2,05 mg; sie war bei 15 von 30 Patienten mit Nierenkrankheiten erhöht.
K. Zingraf 4597◇

1407 **Säurebildung der Harne und Erhöhung der Ammonurie nach intravenösen Injektionen von Calciumgluconat beim Menschen.** G. Richet, R. Ardaillou, C. Amiel und M. Lecestre. (Rev. franç. Études clin. biol. **7,** 355—61, 1962; Paris, Hôpital Tenon; franz.) — Nach einer i.v. Injektion von 4 oder 4,5 g *Calciumgluconat* kann man binnen 12—20 Min. eine Säurebldg. des Harns bemerken, welche den durchschnittlichen pH-Wert von 6,85 auf 4,98 verändert. Die titrierbare Säure u. NH_4OH steigen beide an, die *H-Ion*-Ausscheidung erreicht zeitweise Werte von 126 μVal/mg Kreatinin.
O. Jansen 4597◇

1408 **Die Rolle des Nervensystems bei der Verteilung von $NaH_2{}^{32}PO_4$ in den inneren Organen und bei seiner Verwertung durch die Muskeln.** Eugen A. Pora, Ion Oros und Aurora Rejep. (Studii Cercetări Biol. [București], Ser. Biol. animală **13**, 13–28, 1961; Cluj, Univ. Babeș-Bolyai, Acad. R. P. R., Secț. fiziol. anim. comp.; rum.) – Auf Grund der Unters. der Bindung von ^{32}P aus $NaH_2 \cdot PO_4$ wird festgestellt, daß nach Durchschneiden des Vagus bei der weißen Ratte innerhalb 24 Std. eine starke Störung der energet. Darmfunktion eintritt. Herz, Nieren, Pankreas u. Nebennieren zeigen einen verstärkten P-Stoffwechsel, bei Lunge u. Leber ist er abgeschwächt. Auch beim Frosch wird nach Durchschneiden der Medulla oblongata eine anomale P-Bindung in den inneren Organen beobachtet; auch bei Kaltblütern ist der Parallelismus zwischen Temp. u. Stoffwechsel nach Ausschalten des Gehirns nicht mehr möglich. Bei Erhöhung der Temp. von 5 auf 25° nimmt die P-Bindung ab bzw. der P-Verlust zu. R. K. Müller 4598◇

1409 **Permeabilität der Tintenfischaxonmembran gegenüber verschiedenen Ionen.** Ichiji Tasaki. (J. gen. Physiol. **46**, 755–72, 1963; Bethesda, Md., Nat. Inst. of Mental Health, Labor. of Neurobiol.; Woods Hole, Mass., Marine Biol. Labor.; engl.) – Bei Permeabilitätsmessungen an der Tintenfischaxonmembran (unter Verw. von ^{24}N, ^{42}K, ^{45}Ca, ^{134}Cs, ^{137}Cs, ^{82}Br u. ^{86}Rb; Efflux-Best. mit Hilfe intracellulärer Injektion; Influx-Best. mit kontinuierlicher intracellulärer Perfusion von isoton. K_2SO_4-Lsg.) entsprach die Na-Permeabilität der ruhenden (jedoch erregbaren) Axonmembran etwa der K-Permeabilität. Die Permeabilität gegenüber Anionen war geringer als die gegenüber Kationen. Vermutlich weist die Axonmembran Eigg. wie ein Kationaustauscher auf. U. Tausendfreund 4598◇

1410 **Bindung von Calciumion an Lecithinfilme.** H. Kimizuka und K. Koketsu. (Nature [London] **196**, 995–96, 1962; Chicago, Univ. of Illinois, Coll. of Med., Dep. of Psychiatry; engl.) – Ca^{2+} wird von einer monomol. *Lecithin*-Schicht im physiolog. pH-Bereich gebunden. Daraus wird geschlossen, daß Ca^{2+} an die in der Membran lebender, erregbarer Zellen vorhandenen Phospholipide gebunden wird. Bei der Bindung treten einwertige Kationen (Na^+, K^+) mit Ca^{2+} in Wettbewerb. W. Wesly 4598◇

1411 **Celluläre Lokalisation von Hirnmonoaminen.** Arvid Carlsson, Bengt Falck und Nils-Åke Hillarp. (Acta Physiol. scand. **56**, Suppl., 1–28, 1962; Göteborg, Univ., Dep. of Pharmacol.; Lund, Univ., Dep. of Histol; engl.) – Im Hypothalamus von Nagetieren läßt sich (unter Verw. einer Fluorescenz-Meth.) *Noradrenalin*(**I**) in feinen, varikösen Nervenfasern nachweisen, welche als Enden adrenerg. Neurone angesehen werden. Auch in anderen Teilen des Gehirns einschließlich des Rückenmarks sind derartige Fasern erkennbar. Perikarya u. Fortsätze mancher Nervenzellen des Gehirns (bes. Hypothalamus) enthalten in niedrigen Konzz. ein Brenzcatechinamin (vermutlich **I**); diese Zellen stellen vermutlich die Zellkörper der adrenerg. Neurone dar. Ein Brenzcatechinamin (vorwiegend wohl *Dopamin*) findet sich in hoher Konz. in der Zona superficialis des mittleren Hügelgebietes (Rolle bei der humoralen Regulierung der Hypophysenfunktion). U. Tausendfreund 4598◇

1412 **Die Aminosäurenzusammensetzung des zentralen und peripheren Nervenneurokeratins.** Frederick Wolfgram und Augustus S. Rose. (J. Neurochem. [London] **9**, 623–27, 1962; Los Angeles, Calif., Univ. of California, Dep. of Med., Div. of Neurol.; Los Angeles Vet. Admin. Center.; engl.) – *Neurokeratin* (das Chlf.-Methanol-unlösl., trypsinresistente Protein des von Kollagen u. Phosphatidpeptiden befreiten Nervengewebes; hier von der weißen Hirnsubstanz des Rindes u. der Ischiaswurzel des Rindes) ähnelt in der *Aminosäuren*-Zus. (bes. der Gesamtmenge an *Glycin*, *Alanin*, *Leucin* u. *Isoleucin*) weitgehend *Proteolipidprotein* bzw. ist mit diesem sogar identisch. U. Tausendfreund 4598◇

1413 **Bestimmung der Substanz P im Mäusehirn. Die Identifizierung interferierender Nucleotide im Extrakt.** I. Laszlo. (Brit. J. Pharmacol. Chemotherapy **20**, 449 bis 461, 1963; London, St. Thomas's Hosp., Med. School, Dep. of Pharmacol. and Therapeutics; engl.) – Die große Streubreite der Ergebnisse einer biolog. Best. von *Substanz P* (**I**) am isolierten Meerschweinchenileum weist auf das Vorhandensein störender Substanzen hin. Die Konzz. des papierchromatograph. oder durch chem. Rkk. bestimmbaren *Adenosin-5'-monophosphats* (AMP) u. *Adenosin-5'-triphosphats* (ATP) in dem zum Nachw. von **I** bestimmten Hirnextrakten können dabei als ausreichend für eine Interferenz mit der **I**-Best. angesehen werden; AMP vermindert, ATP steigert die durch **I** bewirkten Kontraktionen am Ileum. Die biolog. Aktivität des ebenfalls nachgewiesenen *Adenosin-5'-diphosphats* reicht zur Beeinflussung der **I**-Best. nicht aus. Die Konzz. von *Adrenalin*, *Noradrenalin*, K^+, *NaCl*, *5-Hydroxytryptamin*, *γ-Aminobuttersäure* sind zu gering, um die **I**-Best. stören zu können. U. Tausendfreund 4598◇

E_6. Pharmakologie, Therapie, Toxikologie, Hygiene

1414 **Über die Bedeutung einiger Methoden zur Prüfung der antiödematösen Wirkung von Arzneimitteln.** F. Bertè und A. Crema. (Arch. ital. Sci. farmacol. [3] **12**, 170–80, 1962; Pavia, Univ., Ist. di Farmacol. e Terap. Sperim; ital.) – Die antiödematöse Wrkg. von *Reserpin*, *Syrosingopin*, *Numal*, *Urethan*, *Chlorpromazin*, *BOL*, *Meprobamat* u. *Azacyclonol* wurde am Formalin-, Dextran u. Serotoninödem der Ratte verglichen. Da diese Ödemarten leicht zu beeinflussen sind, ist eine Prüfung der antiödematösen Wrkg. von Arzneimitteln mit ihrer Hilfe sehr problematisch. K. Zingraf 4600◇

1415 **Radioisotope in der pharmazeutischen Forschung und Industrie.** John E. Christian. (J. pharmac. Sci. **50**, 1–13, 1961; Lafayette, Ind., Purdue Univ., School of Pharm. Bionucl. Dep.; engl.) – Es wird zusammenfassend über die folgenden Teilprobleme bei dem Einsatz von Radioisotopen für Forschung u. Fertigung auf dem Gebiet der Pharmazie berichtet: Grundlagen, Assimilation, Ausscheidung, Zellwanddurchtritt, Stoffwechsel, Verteilung von Medikamenten im Organismus, die Synth. markierter Stoffe u. die Durchführung von Analysen mit Hilfe solcher Stoffe, Anwendungen der Isotopentechnik in der industriellen Fertigung, Prozeßüberwachung, Qualitätskontrolle, Dickenmessungen in der Bandagenfertigung, Niveaustandsmessungen, Sterilisierung, mögliche weitere Anwendungen. – 155 Literaturangaben. W. Reusse 4601◇

1416 **Der Einfluß bestrahlter basischer Proteine auf die Lichtstreuung von Nucleinsäuren. Untersuchung intermolekularer Strahlungseffekte.** John W. Preiss. (Radiat. Res. **18**, 121–32, 1963; Newark, Del., Univ., Phys. Dep.; engl.) – Proteine in Mengen von 20 μg wurden mit 7 KeV Elektronen bestrahlt, dann in Phosphatpuffer pH 5,5 aufgenommen (20 μg/ml) u. in Lsgg. von 1 mg *Ribonucleinsäure* (RNS)/4 ml gegeben. Die Lichtstreuung dieser Gemische wurde in 1std. Abständen bei $\lambda = 4360$ Å bestimmt. Bei einer weiteren Versuchsreihe wurde Ribonuclease bestrahlt, wie oben gelöst (10 μg/ml) u. mit RNS inkubiert. Es wird dosisabhängige Trübungszunahme mit Ausbildung eines Maximums beobachtet. daraus wird auf intermol. Wechselwirkungen zwischen verschiedenen Protein-Moll. geschlossen u. die 1-Treffer-Theorie von Lea u. Pollard bestätigt. Es besteht wenig Grund zu der Annahme, daß diese Wechselwrkg. die Energie-Übertragungsmechanismen beeinflussen, wennschon diese nicht völlig ausgeschlossen werden können. Die Enzym-Aktivität der Ribonuclease wird durch die Bestrahlungen dosisabhängig abgebaut. W. Reusse 4601◇

1417 **Die freien Radikale in den Lipiden der Rattenleber in der Norm und zu verschiedenen Zeiten nach der Gammabestrahlung.** I. K. Kolomijtzewa, L. P. Kajuschin und A. M. Kusin. (Ber. Akad. Wiss. UdSSR **147**, 951–53, 1962; Inst. für biol. Physik der Akad. der Wiss. der UdSSR; russ.) – Durch Aufnahme der paramagnet. Elektronenresonanzspektren der Lipide der Rattenleber wird festgestellt, daß 5 Min. nach der Bestrahlung mit 1000 r die Zahl der freien Radikale im Mittel 178% des Ausgangswertes beträgt, nach 48 Std. 236%, nach 66 Std. 64%. Diese Veränderungen beruhen nicht auf der Veränderung des Gesamt-Geh. an Lipiden.

Das Maximum der Zahl der freien Radikale fällt mit dem Maximum des Einbaues von markiertem Acetat zusammen. Auch die Minima zeigen eine zeitliche Übereinstimmung. Dies macht wahrscheinlich, daß zwischen der Zahl der freien Radikale u. der Intensität des Lipidumsatzes ein ursächlicher Zusammenhang besteht.

O. Lebtag 4601△

1418 **Untersuchungen über die chemische Zusammensetzung des Zentralnervensystems in Beziehung zu den Wirkungen von Röntgenstrahlung und den Störungen im Wasser- und Salzhaushalt.** 1. Mitt. **Chemische Zusammensetzung von verschiedenen spezifischen Bereichen und Strukturen des Gehirns bei Hunden und Affen.** Magnus I. Gregersen, Charles Pallavicini und Shu Chien (unter Mitarb. v. Victor Kaljot, Nancy, Bates und Victor Temnikow). (Radiation Res. **17,** 209 bis 225, 1962; New York, N. Y., Columbia Univ., Coll. of Physicians and Surgeons; engl.) — Vff. beschreiben eine Meth., mit welcher die chem. Analyse von 0,5—1 g Hirngewebe durchgeführt werden kann, wobei gleichzeitig der *Wasser-*, *Gesamtfett-*, *Gesamt-N-*, *Cl-*, *Na-*, *K-* u. *Mg*-Geh. bestimmt wird. Die graue Substanz hat einen Wassergeh. von über 80% u. einen Fettgeh. von 4—5%, die weiße Substanz einen Wassergeh. von 68% u. einen Fettgeh. von 17%.

E. Magdon 4601△

1419 **Untersuchungen über die chemische Zusammensetzung des Zentralnervensystems in Beziehung zu den Wirkungen von Röntgenstrahlung und den Störungen im Wasser- und Salzhaushalt.** 2. Mitt. **Wirkungen der Röntgenbestrahlung auf die chemische Zusammensetzung von Hirngeweben bei Hunden.** Magnus I. Gregersen, Charles Pallavicini und Shu Chien (unter Mitarb. v. Nancy Bates und Victor Temnikow). (Radiation Res. **17,** 226—33, 1962; engl.) — 1. vgl. vorst. Referat. — 4 Tage nach der Gesamtkörperbestrahlung (1000r) erhöhte sich der *Wasser*-Geh. in der grauen u. weißen Substanz sowie die *Na*-Konz. in der grauen Substanz u. im Nucleus caudatus bei jungen Hunden, während sich die *K*-Konz. in der grauen u. weißen Substanz verringerte. 4—10 Tage nach der Bestrahlung des Kopfes mit 2000—5000 r konnten keine signifikanten Änderungen festgestellt werden.

E. Magdon 4601△

1420 **Untersuchungen über die chemische Zusammensetzung des Zentralnervensystems in Beziehung zu den Wirkungen von Röntgenstrahlung und den Störungen im Wasser- und Salzhaushalt.** 3. Mitt. **Wirkungen von Störungen im Wasser- und Elektrolytgleichgewicht auf die chemische Zusammensetzung von Hirngeweben bei Hunden.** Shu Chien, Charles Pallavicini, Louis J. Cizek und Magnus Gregersen (unter Mitarb. v. Victor Temnikow). (Radiation Res. **17,** 234—43, 1962; engl.) — 2. vgl. vorst. Referat. — Bestrahlung junger Hunde (vgl. vorst. Ref.) verursachte Verlust von *Na, K, Cl* u. Zunahme an intrazellulärer Hydratation. Wasser-Belastung führte zur Zunahme im Wassergehalt. Nach einer Saccharosediurese verlor das Gehirn mehr W. als Elektrolyte. Wurde den Tieren hypertone NaCl-Lsg. injiziert, so nahm die NaCl-Konz. wesentlich zu, während sich der Wassergeh. verringerte.

E. Magdon 4601△

1421 **Untersuchungen über die chemische Zusammensetzung des Zentralnervensystems in Beziehung zu den Wirkungen von Röntgenstrahlung und den Störungen im Wasser- und Salzhaushalt.** 4. Mitt. **Wirkungen von Röntgenstrahlung auf die chemische Zusammensetzung von Kaninchengehirnen.** George R. Rowley und Robert J. Dellenback (unter Mitarb. v. Victor Temnikow). Radiation Res. **17,** 244—52, 1962; engl.) — 3. vgl. vorst. Referat. — Kaninchen wurden lokal am Kopf mit 2000r bestrahlt. 7 Tage nach der Bestrahlung weist der Wassergeh. der grauen Substanz, der Medulla, des Cerebellum u. des Mittelhirns keine Veränderung auf. Der *Fett-* u. *Protein*-Geh. zeigte im Mittelhirn eine Erhöhung u. im Cerebellum eine Verringerung. Der *Na*-Geh. der grauen Substanz nahm zu, während der *K*-Geh. bei allen untersuchten Hirngeweben unverändert war.

E. Magdon 4601△

1422 **Über die Verteilung der Radionuclide des Fallouts (^{90}Sr, ^{131}J und ^{137}Cs) in natürlich kontaminierter Milch.** H. Lagoni, O. Paakkola und K. H. Peters. (Naturwissenschaften **50,** 495—96, 1963; Kiel, Bundesforsch.-Anst. für Milchwirtschaft, Physikal. Inst.; dt.) — Best. des Geh. von Vollmilch an Radionucliden ergaben pro kg Milch 44,3 pc ^{90}*Sr*, 176,0 pc ^{89}*Sr*, 106,0 pc ^{131}*J* u. 91,0 pc ^{137}*Cs*. Unters. des Verbleibs der Aktivität in den bei der Aufarbeitung der Milch entstehenden Anteilen ergab, daß die Masse der Stoffe der wss. Phase (Magermilchanteil) folgt. ^{90}Sr u. ^{137}Cs finden sich, insoweit sie in die Butter übergehen, wiederum ausschließlich in deren wss. Anteil, während ^{131}J zu 60% im Fett der Butter erscheint. Bei der Weiterverarbeitung der Magermilch befindet sich ^{90}Sr zu 90% in der Molke (Säurefällung) bzw. wird an den Caseinkomplex gebunden (Caseinfällung mittels Lab.)

W. Reusse 4601◇

1423 **Beziehungen zwischen dem Strontium-90-Niederschlag und der Verunreinigung der Milch im Vereinigten Königreich.** E. R. Mercer, J. D. Burton und B. O. Bartlett. (Nature [London] **198,** 662—65, 1963; Wantage, Berks., Agric. Res. Council Radiobiol. Labor.; engl.) — Die Auswertung der Unters. zahlreicher in Großbritannien u. Nordirland entnommener Milchproben auf ihren ^{90}*Sr*-Geh. während der Jahre 1958—61 zeigt Parallelität des Geh. mit den Ergebnissen der während dieser Zeit ermittelten „Fall-out"-Messungen.

W. Reusse 4601◇

1424 **Der Einfluß von Spurenmengen des stabilen Strontiums auf den Mineralumsatz und die Ansammlung von radioaktivem Strontium-90 im Skelett von Ratten.** W. A. Knishnikow und P. F. Bugryschew. (Hyg. u. Sanitätswes. [UdSSR] **28,** Nr. 2, 19—25, 1963; russ., Auszug: engl.) — Zusatz von $SrCl_2$ zum Trinkwasser oder zur Nahrung von Ratten senkt die Anreicherung von ^{90}*Sr* u. ^{45}*Ca* in den Knochen um $^1/_4$—$^1/_3$. Diese Abnahme des ^{90}Sr u. ^{45}Ca ist nicht die Folge einer „Verdünnung" oder „Konkurrenz" zu den Isotopen, sondern der Veränderung des Mineralumsatzes. Die angewandte Menge des stabilen Sr betrug beim Brot 20 mg/kg, beim Trinkwasser 16 mg/Liter.

O. Lebtag 4601△

1425 **Die Verteilung von Radiozink im Ratten-Plasma.** J. P. Okunewick, O. A. Schjeide, E. N. Carlsen und T. G. Hennessy. (Nature [London] **198,** 966—68, 1963; Los Angeles, Calif., Univ. School of Med., Dep. of Biophys. and Nucl. Med. and Radiol.; engl.) — ♀ Ratten erhielten i.v. Injektionen mit 0,5 μc einer trägerfreien $^{65}ZnCl_2$-Lsg. Nach einiger Zeit entnommene Blutproben wurden zentrifugiert u. das Plasma auf diese Weise isoliert. Durch weiteres Zentrifugieren wird das Plasma in vier Fraktionen zerlegt, deren Geh. an *Albumin*, *α-*, *β-* u. *γ-Globulin* elektrophoret. ermittelt wurde. Der Geh. der Fraktionen u. Proteine an ^{65}*Zn* wurde durch Scintillationszählung bestimmt. Dabei wird festgestellt, daß das ^{65}Zn mengenproportional auf die vier Proteine verteilt ist. Bei Vergleichsvers. mit Hühner-Plasma zeigte sich, daß *β*-Lipoproteine das ^{65}Zn relativ leichter binden als die anderen Plasmaproteine. Injiziert man mit ^{65}Zn markiertes Säugetier-Albumin, *α-* oder *γ*-Globulin intracardial bei ♀ Ratten, dann zeigt sich bei Blutproben, die nach 1—60 Min. entnommen wurden, wiederum ein Verteilungsmuster auf die verschiedenen Proteine entsprechend deren Geh. im Gesamtplasma.

W. Reusse 4601◇

1426 **Einige Besonderheiten des Eiweißumsatzes bei Kranken mit Erythrämie im Zusammenhang mit der Anwendung von radioaktivem Phosphor.** A. Slaidyn. (Nachr. Akad. Wiss. LettSSR **1962,** Nr. 11, 95—99; russ.) — Bei den 21 beobachteten Kranken mit Erythrämie bleibt der Eiweiß-Geh. im Blutserum normal. Bei den meisten Kranken nimmt mit fortschreitender Schwere der Erkrankung der Prothrombinindex (PI) ab. Der Geh. des Blutserums an *Albumin* (**I**) nimmt stark ab; der Geh. an α_1- *β-* u. *γ-Globulin* (**II**) nimmt zu. Nach der Verabreichung von $Na_2H^{32}PO_4$ nimmt der PI nach 2—3 Monaten etwas zu. Der **I**-Geh. nimmt nach ^{32}P bei 20 Kranken etwas ab. Der Geh. an α_1-, α_2-, *β-* oder *γ*-**II** nimmt bei den meisten Patienten zu. Der **I**/**II**-Koeff. beträgt nach der ^{32}P-Behandlung 1,13. Die Ergebnisse lassen darauf schließen, daß bei den meisten Patienten die eiweißbildende Funktion der Leber durch ^{32}P gebessert wird.

O. Lebtag 4601△

1427 **Entwicklung einiger experimentellen Viruskrankheiten (Grippe, Poliomyelitis, Coxsackie, Rabies, Herpes) unter der Einwirkung von Radiophosphor (^{32}P) und Radiojod (^{131}J).** N. Cajal, O. Burducea, S. Mateescu, G. Marinescu, M. Cepleanu und Y. Copelovici. (Studii Cercetări Inframicrobiol. [Bucureşti] **12**, 29—37, 1961; Acad. R. P. R., Inst. de inframicrobiol.; rum.) — Bei ausgewachsenen weißen Mäusen sensibilisiert die β- u. γ-Strahlung von ^{32}P u. ^{131}J die pathogene Wrkg. der genannten Viren. Mit einigen Viren, z. B. Poliomyelitisvirus Typ II (MEF$_1$), kann in Ggw. von ^{32}P u. ^{131}J eine Infektion auch auf anderen Wegen als den bevorzugten (peritoneal u. subcutan) erzielt werden, das sonst nichtpathogene Coxsackie-Virus A$_2$ kann zu letalen Paralysen führen. In diesem Zusammenhang wird die Vermutung ausgesprochen, daß die Erhöhung der Radioaktivitätsschwelle durch Atomexplosionen eine Zunahme der Viruskrankheiten zur Folge haben kann.

R. K. Müller 4601◇

1428 **Zur Aldehydbildung bei der UV- und γ-Bestrahlung von Aminosäuren, Dicarbonsäuren und Kohlenhydraten.** K. Täufel und R. Zimmermann. (Z. Lebensmittel-Unters. u. -Forsch. **118,** 105—11, 1962; D. Akad. der Wiss., Potsdam-Rehbrücke, Inst. für Ernährung; dt.) — Proben wss. Lsgg. von Aminosäuren, Kohlenhydraten u. Dicarbonsäuren wurden 1 Std. mit UV bei einer Dosisleistung von 0,8 · 10^7 erg $\sim$ 0,2 cal/Std., andere Proben mit ^{60}Co-γ-Strahlung (Dosisleistung 1280 rep/min, Gesamtdosis 1,5 · 10^6 rep) bestrahlt u. danach auf die Bldg. von Aldehyden mittels der Farb-Rk. mit 2-Thiobarbitursäure geprüft. Untersucht wurden *dl-Alanin, dl-Norvalin, dl-Valin, dl-Norleucin, dl-Leucin, dl-Serin, dl-Cysteinhydrochlorid, l-Methionin, l-Lysinhydrochlorid, l-Argininhydrochlorid, Asparaginsäure, Glutaminsäure, dl-Phenylalanin, Tyrosin, l-Histidinhydrochlorid* u. *dl-Tryptophan*. In den meisten Fällen treten bei diesen Aminosäuren mehr oder weniger positive Rkk. auf, d. h. zwischen 390 u. 532 mμ 1—3 Absorptionsmaxima. Gelegentlich sind die Werte temperaturabhängig (Messungen bei 70 u. 100°). Bevorzugte Maxima finden sich bei 452, 496 u. 530 mμ. Bei den Kohlenhydraten *Arabinose, Xylose, Glucose, Galaktose, Fructose, Maltose, Saccharose, Raffinose, Sorbit, Mannit* u. *Glucosamin* werden im Bereich 420—630 mμ ebenfalls 1—3 Maxima der Absorption gefunden. Dicarbonsäuren (*Malonsäure, Bernsteinsäure, Glutarsäure, Adipinsäure, Äpfelsäure, Weinsäure, Oxalessigsäure, α-Ketoglutarsäure*) verhalten sich ähnlich den Aminosäuren. Die farbgebenden Prodd. lassen sich teilweise bekannten Aldehyden zuordnen.

W. Reusse 4601◇

1429 **Die Möglichkeiten des chemischen und biologischen Schutzes gegen ionisierende Strahlen.** G. Solarino. (Arch. Scienze med. **113,** 247—60, 1962; Bari, Univ., Ist. di Patol. Gen.; ital.) — Vortragsbericht. Es wird zusammenfassend über a) chem. u. b) biol. Strahlenschutzmittel berichtet. Zu a) werden behandelt Stoffe, die Gewebe-Anoxie bewirken, SH-Verbb., u. verschiedene andere wirksame Substanzen, zu b) Hormone, Vitamine, Antibiotica, Stoffe mit spezif. Wrkg. auf das reticuloendotheliale Syst., Milz-, Leber- u. Knochenmarks-Homogenate. W. Reusse 4601◇

1430 **Die Schutzwirkung der Phytolipopolysaccharide und von WB-2 bei Strahleneinwirkung.** W. A. Ssondak, Je. P. Gratschewa, B. N. Gladyschew und W. I. Ssusslikow. (Ber. Akad. Wiss. UdSSR **146,** 925—28, 1962; Akad. der Wiss. der UdSSR, Inst. für biol. Physik u. Zelinsky-Inst. für organ. Chemie; russ.) — Bei Zufuhr von *Phytolipopolysaccharid* (**I**) 24 Std. vor der ^{60}Co-Bestrahlung von weißen Ratten wird die Überlebensrate von 38% in der Kontrolle auf 74% erhöht, durch Zufuhr von **I** + *Präp. WB-2* (polymerer Vinylbutyläther) auf 77%. Hämoglobin-Geh. u. Zahl der Erythrocyten, Reticulocyten u. Thrombocyten (genaue Angaben) werden durch **I** erhöht. Im Unterschied zum bakteriellen Lipopolysaccharid besitzt **I** aus dem Teeblatt eine Schutz-Wrkg. auf die Blut-Bldg., wobei Erythro- u. Thrombocytopoese stimuliert werden, ohne daß das Leukocytenbild wesentlich verändert wird. O. Lebtag 4601△

1431 **Toxizitäts- und Toleranzuntersuchungen über 2-Aminoäthylisothiuroniumbromidhydrobromid.** Calvin Hanna und Norma V. Colclough. (Arch. int. Pharmacodynam. Thérap. **142,** 510—15, 1963; Burlington, Vt., Univ. of Vermont, Coll. of Med., Dep. of Pharmacol.; engl.) — Um die bei anderen Säugern als Ratten zu früh einsetzende Toxizität von *S-2-Aminoäthylisothiuroniumbromidhydrobromid* (**I**) zu umgehen, wurde versucht, mit wiederholten subletalen Dosen oder über die Entw. einer Toleranz genügend hohe Strahlenschutzdosen auch bei Hunden u. Kaninchen verabreichen zu können. Die akute intraperitoneale DL$_{50}$ beträgt für Ratten, Kaninchen u. Hunde 288, 236 bzw. 113 mg **I**/kg. Bei Ratten konnte durch wiederholte, sich steigernde intraperitoneale Dosen, über die Dauer von 14 Tagen verteilt, eine 25% höhere **I**-Dosis vertragen werden; eine ähnliche Toleranz kam beim Hund innerhalb von 12—20 Tagen zustande, nicht jedoch beim Kaninchen (7 Tage). Die Toleranz bei Hund u. Kaninchen war nicht groß genug, um eine Dosis (wie bei der Ratte mit 300 mg **I**/kg) zu vertragen, welche eine Verdoppelung der tolerierten Röntgen- oder γ-Strahlendosis erlaubt hätte.

U. Tausendfreund 4601◇

1432 **Beobachtungen über den Stoffwechsel zweier N-Acylderivate von Jopansäure.** Evan W. McChesney und James O. Hoppe. (Arch. int. Pharmacodynam. Thérap. **142,** 562—71, 1963; New York, N. Y., Sterling-Winthrop Res. Inst.; engl.) — In Fortsetzung von Unterss. über *Acetyljopansäure* (**I**) u. *Butyryljopansäure* (**II**; *Biliopaque*, Winthrop) konnte gute Resorption von **I** u. **II** nach peroraler Verabreichung u. rasche Mobilisierung nach i.v. Injektion bei Katzen konstatiert werden. Die Ausscheidung über die Galle geht in ausreichenden Mengen vor sich (in 1 Falle 70% der Dosis in der Galle). Außer für die Leber besteht keine bes. Gewebeaffinität, die Ausscheidung über die Niere ist gering. Beim Menschen führt eine diagnost Standarddosis von **II** (0,75 g) in Gelatinekapseln peroral innerhalb von 1—4 Std. zu maximalen Blutspiegelwerten; nach 72 Std. liegt der Serum-J-Wert knapp über den Kontrollwerten; innerhalb von 108 Std. sind 94% von **II** ausgeschieden (in Harn u. Faeces zu gleichen Teilen). **I** u. **II** werden vermutlich vorwiegend als Glucuronsäurekonjugate in der Galle ausgeschieden. U. Tausendfreund 4601◇

1433 **Antacidum-Eigenschaften der Calcium-, Magnesium- und Aluminium-Salze von wasserunlöslichen aliphatischen Säuren.** Stuart P. Eriksen, George M. Irwin und Joseph V. Swintosky. (J. pharmac. Sci. **52,** 552—56, 1963; Philadelphia, Pa., Smith Kline & French Labor., Res. and Developm. Div.; engl.) — Folgende Substanzen zeigten in vitro antacide Eigg.: *$Al(OH_3)$, Aluminiumlaurat, Aluminiummyristat, Aluminium-mono-12-hydroxystearat, Aluminium-di-12-hydroxystearat, $Ca(OH)_2$, Calciumpelargonat, Calciumcitrat, $CaCO_3$, Calciumcaprat, Calciumlaurat* (**I**), *Calciummyristat, Calciumpalmitat, Calciumstearat, Calcium-12-hydroxystearat, Calciumacelat, Calciumsebacat, MgO, Magnesiumtrisilicat, Magnesiumlaurat, Magnesiummyristat, Magnesiumstearat* u. *Magnesium-12-hydroxystearat*. **I** besitzt auch in vivo antacide Eigenschaften. Keines der Salze war den üblichen Antacida überlegen. K. Zingraf 4606◇

1434 **Assimilation und Stoffwechsel des Chroms bei der Forelle.** Paul O. Fromm und Robert M. Stokes. (J. Water Pollut. Control. Federat. **34,** 1151—60, 1962; East Lansing, Mich.; Michigan State Univ., Coll of Vet. Med. and Coll. of Sci. and Arts, Dep. of Physiol. and Pharmacol.; engl.) — Es wird gezeigt, daß Regenbogenforellen aus Chromatlsgg. von *1* γ Cr^{6+}/Liter *Chrom* aufnehmen u. speichern können u. daß bei Konzz. von 0,01mg Cr^{6+}/Liter u. darunter nach 10 Tagen der Cr^{6+}-Geh. der Fische konst. bleibt, da Aufnahme u. Ausscheidung sich entsprechen Die Cr^{6+}-Aufnahme erfolgt passiv, der Speicherungsgrad ist daher abhängig von der Cr^{6+}Konz. des W. u. der Expositionzeit. Die in vitro-Amung von Gewebsaufschwemmungen von pylor. Coecum, Leber u. Niere von Fischen, die bis zu 39 Tage 1 mg Cr^{6+}/Liter ausgesetzt waren, entsprach der der Kontrolltiere. Die Forellen können kurzfristige hohe Cr^{6+}-Konzz. besser vertragen als lang andauernde geringere, es werden dabei in den überlebenden Fischen höhere Cr^{6+}-Konzz. als bei den in schwächeren Cr^{6+}-Lsgg. bereits eingegangenen Tieren festgestellt. Hans Thiele 4606◇

1435 **Einflüsse der Phytinsäure auf die Zink-Verfügbarkeit und die Parakeratose beim Schwein.** D. Oberleas, M. E. Muhrer und B. L. O'Dell. (J. Animal Sci. **21,** 57—61, 1962; Columbia, Univ. of Missouri, Dep. of Agricult. Chem.; engl.) — Zusatz von 0,6 oder 1,2% *Phytinsäure* (**I**) zu einer Ration mit animal. Protein bewirkte Parakeratose u. Wachstumsdepressionen bei Schweinen. *Zn*-Supplementierung der Ration schaltete den negativen Einfl. von **I** aus. Offenbar wird durch **I** die Zn-Verfügbarkeit reduziert. Bei Zulagen von 0,8 u. 1,5% Ca zur Ration bewirkte **I**-Zusatz bei der hohen *Ca*-Gabe eine stärkere Wachstumsdepression als bei 0,8% Ca. H. D. Bock 4607◇

1436 **Über die Leukämie-erzeugende Wirkung von Benzol.** Giulio Saita und Enrico C. Vigliani. (Med. del Lavoro **53,** 581—86, 1962; Milano, Univ., Clin. del Lavoro „Luigi Devoto", Centro Studi e Ric. sulle Mal. Prof. sotto il Patronato dell' INAIL; ital.) — Unter 36 Fällen von Blutkrankheit durch Bzl. traten 4 Leukämien (alle vom Hämocytoblastentyp) auf. 2 der Patienten starben rasch, die anderen hatten unter Cortisonen u. Antimetaboliten lange Remissionsdauern. In einem Fall trat die Leukämie erst 12 Jahre nach Ende der Einw. von Bzl. auf. K. Zingraf 4607◇

1437 **Pharmakologische Untersuchungen von Derivaten der Trimethoxybenzoesäure.** A. Pimenta, J. E. Murad, G. V. Baia und D. P. Lenza. (Thérapie **17,** 1189—1200, 1962; Belo Horizonte, Fac. d'Odonto log. et de Pharmacie, Labor. de Chim. Org.; Labor. de Pharmacodyn.; franz.) — *3.4.5-Trimethoxybenzoesäure-p-tolylamid* (**I,** Toxizität 59 mg/kg), *3.4.5-Trimethoxybenzoesäure-[4-diäthylamino-1-methylbutyl]-amid* (**II,** 52), *Äthylen-bis-[3.4.5-trimethoxybenzamid]* (**III,** 72) u. *3.4.5-Trimethoxybenzoesäureacridyl-(9)-amid* (**IV,** 17) werden pharmakolog. untersucht. Die Verbb. hemmen den Herzschlag am isolierten Froschherzen, Atropin hebt die Wrkg. nicht auf. **I** u. **II** hemmen die Acetylcholinkontraktion am isolierten Rectum. **I**—**IV** wirken spasmolyt. auf die glatte Muskulatur u. den Uterus u. zeigen leichte Blutdrucksenkung. W. Holland 4607◇

1438 **Wirkung von Phenoxybenzamine auf die Vagushemmung des Herzens.** B. G. Benfey. (Canad. J. Biochem. Physiol. **40,** 1457—59, 1962; Montreal, McGill Univ., Dep. of Pharmacol.; engl.) — Bei intaktem Rückenmark beeinflußt *Phenoxybenzamine* (*Dibenzylinhydrochlorid,* Smith Kline & French, 20 mg/kg; **I**) die Vagusreizung des Herzens (narkotisierter Hund) nicht, nach Rückenmarksdurchschneidung im oberen Halsmark bringt **I** jedoch die negativ-chronotrope Wrkg. der Vagusreizung u. von *Methacholin* (**II**) innerhalb 60 Min. zum Verschwinden; die **I**-Wrkg. hält 4 Std. an. **I** 1 Tag vorher hemmt die Vaguswrkg. nicht. Die Verhütung der **II**- u. Vaguswrkg. erfordert die gleiche Menge **I**. Bei *Reserpin* (*Serpasil,* Ciba, 0,5 mg/kg)-Vorbehandlung hemmt **I** die Vaguswrkg. erst nach Nachinjektion (30 Min. später) von 10 mg **I**/kg. Im Vgl. zu *Atropin* übt **I** eine 500mal schwächere Antimuscarinwrkg. aus. U. Tausendfreund 4607◇

1439 **Pharmakologische Untersuchung über Phloroglucin. 1. Mitt. Akute und chronische Toxizität.** Raymond Cahen, Emile Assous, Marguerite Sautai und André Pessonnier. (Thérapie **17,** 1349—59, 1962; Maisons-Alfort, Centre de Rech. Lafon; franz.) — Die DL_{50} von *Phloroglucin* (**I**) beträgt oral an der Ratte 4 g/kg, i.v. am Hund 250 mg/kg. Anwendung von **I** über 3 Generationen Ratten zeigt keine Schäden. W. Holland 4607◇

1440 **Durch 7.12-Dimethylbenz-[a]-anthracen hervorgerufene selektive Nebennierennekrose und Apoplexie.** Charles Huggins und Sotokichi Morii. (J. exp. Medicine **114,** 741—59, 1961; Chicago, Univ. of Chicago, Ben May Labor. for Cancer Res.; engl.) — Eine Einzeldosis *7.12-Dimethylbenz-[a]-anthracen* (**I**) ruft bei jeder normalen Ratte (oral, i.v.) Apoplexie u. massive Nekrose der inneren Zonen der Nebennierenrinde hervor. Hypophyse u. Ovar blieben von **I** unbeeinflußt. Eine einzelne starke, aber subletale Verfütterung von *2-[o-Chlorphenyl]-2-[p-chlorphenyl]-1.1-dichloräthan* bewirkte in den Nebennieren von Ratten degenerative Veränderungen geringeren Umfangs u. zu einem kleinen %-Satz. Andere mehrkernige aromat. KW-Stoffe, einschließlich stark carcinogener, z. B. Benz-[a]-anthracen, 9.10-Dimethylanthracen, 1.4-Dimethylphenanthren, 3-Methylcholanthren, Benzo-[a]-pyren, 4-Dimethylaminostilben, 4-Nitrochinolin-N-oxid, 2-Acetylaminofluoren, 7-Methylbenz-[a]-anthracen, 7.12-Diäthylbenz-[a]-anthracen, gaben keine Nebennierenschädigung. Ggw. des Nebennierenmarks ist keine Voraussetzung für eine Rindenschädigung durch **I**. Die **I**-Schädigung trat, wenn auch in geringerem Ausmaß, auch bei hypophysektomierten Tieren auf. Bruchstücke des **I**-Mol. rufen keine Nebennierenschädigungen hervor. Die Isocitronensäuredehydrogenase-Konz. der Nebenniere wird von 17β-Östradiol stark beeinflußt. K. Maier 4607◇

1441 **Die Wirkung von lathyrogenen Verbindungen auf die Kollagenbildung in der Ohrkammer des Kaninchens.** W. J. Cliff, C. I. Levene und A. G. Sanders. (J. Pathol. Bacteriol. **85,** 257—62, 1963; Oxford, Univ., Sir William Dunn School of Pathol.; engl.) — *β-Aminopropionitril* u. *Isonicotinsäurehydrazid* verzögern die Wundheilung in der Ohrkammer des Kaninchens, verhindern sie jedoch nicht. Es wurden keine histolog. Unterschiede gegenüber der unbeeinflußten Wundheilung beobachtet. K. Zingraf 4607◇

1442 **Eine Prüfung von Cavodil (Pheniprazine) bei Depression unter Kontrollbedingungen.** T. E. Lear, M. W. Browne und J. A. Greeves. (J. Mental Sci. **108,** 856—58, 1962; London, Univ. Coll. Hosp., Dep. of Psychol. Med.; engl.) — *Cavodil* (*β-Phenylisopropylhydrazin, Pheniprazine*) zeigte unter Doppel-Blind-Bedingungen bei 48 Fällen mit Depressionen keinen Vorteil gegenüber Placebo. Auch bei den 36 darin eingeschlossenen endogenen Depressionen konnte keine Besserung erzielt werden, so daß dieses Mittel in derartigen Fällen nicht indiziert ist. U. Tausendfreund 4607◇

1443 **Der Einfluß verschiedener Heilmittel und Chemikalien auf die Leber-Glucuronidbildung bei neugeborenen Ratten.** I. M. Arias, L. Gartner, M. Furman und S. Wolfson. (Proc. Soc. exp. Biol. Med. **112,** 1037—40, 1963; New York City, Albert Einstein Coll. of Med. and Bronx Municipal Hosp. Center, Dep. of Med. and Pediatrics; engl.) — *3.4-Benzpyren* (**I**), *1-[4-Chlorbenzhydryl]-4-methylpiperazindihydrochlorid* (*Chlorcyclizin*; **II**), *7-Chlor-4-[4-diäthylamino-1-methylbutylamino]-chinolin* (*Chlorochin*; **III**) u. *8-[4-Diäthylamino-1-methylbutylamino)-6-methoxychinolin* (*Pamachin*) wurden getrennt trächtigen u. neugeborenen Ratten in verschiedenen Dosen gegeben u. die Bldg. von *o-Aminophenolglucuronid* u. *Bilirubin* in Leberhomogenaten unter Zufügen der optimalen Mengen *Uridindiphosphatglucosedehydrogenase* bestimmt. Es zeigte sich, daß **I** bei neugeborenen Ratten die Glucuronidbldg. in der Leber verstärkt, daß **II** u. **III** in den letzten Schwangerschaftstagen bei Ratten die Glucuronidbildung in Homogenaten neugeborener Rattenlebern steigert u. daß bei Ratten u. Menschen **III** die Placenta durchquert u. **III** bei Ratten in der Leber des Muttertieres u. des Foetus angereichert wird. K. Dorfner 4607◇

1444 **Therapeutische Möglichkeiten mit Gallensäuren.** György Seregély. (Gyogyszerészet [Pharmazie] **7,** 46—48, 1963; Budapest, Richter A. G.; ung.) — An Hand der Literatur werden die wichtigsten *Cholansäure*-Verbb., ihre pharmakolog. Wrkg. u. Indikation besprochen. G. Ligeti 4607△

1445 **Die Wirkung von gallensauren Salzen auf das Nebennierenmark und das adrenergische System.** A. Trzebski. (Bull. Acad. polon. Sci., Cl. II **5,** 25—29, 1957; Warschau, School of Med., Dep. of Hum. Physiol.) — Injektion von 0,015—0,1 mMol *Na-Cholat, Na-Taurocholat* oder *Na-Glykocholat* in die Nebennierenvene ruft bei anästhesierten Katzen einen starken Blutdruckanstieg hervor, der wahrscheinlich durch vermehrte *Adrenalin*-Ausschüttung verursacht wird. Dieser Effekt verringert sich bei wiederholter Injektion u. tritt nicht nach Adrenalektomie oder Injektion adrenolyt. oder sympatholyt. Substanzen auf. Unabhängig von der Nebenniere können die gallensauren Salze eine Blutdrucksteigerung auch durch eine zentrale Stimulierung der vasculären Konstriktionszentren bei Injektion in den Cerebralkreislauf oder über die Angioreceptoren des Dünndarms hervorrufen. K. Bohle 4607

1446 **Die Wirkung von Triton auf die Rattenaorta.** W. J. S. Still. (Pathol. et Microbiol. [Basel] **25,** 821–26, 1962; St. Louis, Mo., Washington Univ., School of Med., Dep. of Pathol.; engl.) — Durch das nicht ionisierte Detergens *Triton WR-1339* (Winthrop; 2mal wöchentlich 0,6 ml einer 12,5%ig. Lsg. intraperitoneal) wird die Häufigkeit der bei Verfütterung fettreicher Kost sonst bei Ratten zu beobachtenden Aortenerkrankungen herabgesetzt. U. Tausendfreund 4607◇

1447 **Acetoacetat in Fettleber verschiedenen Ursprungs.** F. M. Baccino. (Ital. J. Biochem. **11,** 260–66, 1962; Ivrea (Torino), Ist. di Ricerche Marxer; Cagliari, Univ., Ist. di Patol. Generale; engl.) — Nach endoperitonealer Injektion von *p-[1.1.3.3-Tetramethylbutyl]-phenylpolyoxyäthylenäthanol* (**I**; *Triton X-100*, 10 mg **I**/100 g Körper-Gew.) wurde in Lebern von Ratten (♂, Wistar) der *Acetoacetat* (**II**)-Geh. verdoppelt. Verabreichung von *gelbem Phosphor* (**III**) in Olivenöl (0,2 ml einer 0,1%ig. **III**-Lsg.) oder von 0,5 ml CCl_4/100 g Körper-Gew. verringerten leicht den **II**-Geh. Durch 45std. Futteraussetzung wurde die **II**-Konz. auf das ca. 74fache erhöht. Die Bedeutung für die Keton-Bldg. wird diskutiert. W. Damerau 4607◇

1448 **Funktionelle Veränderungen von Lebermitochondrien in Ratten, die mit Triton X-100 behandelt wurden.** F. M. Baccino. (Ital. J. Biochem. **11,** 267–75, 1962; Ivrea (Torino), Ist. di Ricerche Marxer; Cagliari, Univ. Ist. di Patol. Generale; engl.) — Vgl. vorst. Referat. — Nach endoperitonealer Injektion von 10 mg *p-[1.1.3.3-Tetramethylbutyl]-phenylpolyoxyäthylenäthanol* (*Triton X-100*) in Ratten stieg der *W.*- u. *Fett*-Geh. der Leber an. Inkubation von Lebermitochondrien zeigte eine Entkopplung der oxydativen Phosphorylierung sowie eine Steigerung der *Adenosintriphosphatase*-Aktivität, die durch Mg^{2+}- oder *2.4-Dinitrophenol*-Zugabe entgegengesetzt zu der in normalen Mitochondrien beeinflußt wurde. Der O_2-Verbrauch in geschädigten u. normalen Mitochondrien war dagegen etwa gleich. W. Damerau 4607◇

1449 **Verteilung von DDT zwischen Hirn- und Fettgewebe bei experimenteller Fütterung an Ratten und Verhalten des fettgespeicherten DDT im Hungerzustand.** T. Hukuhara. (Naunyn-Schmiedebergs Arch. exp. Pathol. Pharmakol. **242,** 522–39, 1962; Göttingen, Univ., Pharmakol. Inst.; dt.) — Bei oraler Verabreichung von 750 mg/kg DDT an Ratten reicherte sich DDT im Hirngewebe auf 33, im Fettgewebe auf 132 μ/g an. Die chron. Zufuhr von DDT im Futter (200 ppm) bei einer Tagesaufnahme von ca. 10 mg/kg ergab in 10 Tagen im Fettgewebe 277, in 15 Tagen 372, im Hirn 6,4 bzw. 6,3 μg DDT. Die Hirne von Kontrolltieren wiesen 2,2 bzw. 5,3 μg/g auf. Bei Ratten, deren Fettdepot stark mit DDT angereichert war, bewirkte Futterentziehung eine Abnahme des Körper-Gew. um ca. 40 u. des Fettkörper-Gew. um ca. 15%. Bei beginnender Fetteinschmelzung stieg der DDT-Geh. der Fettkörper zunächst auf 618 u. fiel in 14 Tagen auf 59 μg/g; die DDT-Werte des Gehirns lagen bei 8,5 bzw. 3,5–6,0 μg/g. Hirn- u. Fettgewebe enthielten neben viel DDT nur 1–4% DDE; beim Einschmelzen der Fettkörper stieg der DDE-Geh. auf 60%. W. Wesly 4607◇

1450 **Funktionelle Bedeutung der Speicherung des Insecticids DDT im Fettgewebe bei Fütterung an Ratten.** T. Hukuhara, D. Heye, H. J. Hildebrandt und U. Schwabe. (Naunyn-Schmiedebergs Arch. exp. Pathol. Pharmakol. **242,** 540–50, 1962; Göttingen, Univ., Pharmakol. Inst.; dt.) — Vgl. vorst. Referat. — An Ratten mit DDT ausgeführte Fütterungsverss. zeigen, daß sich im Fettgewebe viel mehr DDT anreichert als bei akuter Vergiftung mit Krampftod im Hirngewebe. Unterss. des Fermentstoffwechsels im epididymalen Fettkörper von Ratten (Best. von O_2-Verbrauch, anaerober Glykolyse, Glucoseaufnahme, Cholinesterase-Wirksamkeit) zeigen, daß nach 10- bzw. 40tägiger Fütterung mit 200 ppm DDT keine signifikanten Änderungen der Stoffwechselaktivität auftreten. Dabei werden Konzz. von > 300 μg DDT je g Fett erreicht. W. Wesly 4607◇

1451 **Untersuchungen über die Wirkungsart von Dipterex. 2. Mitt. Neue Glucuronide aus dem Harn von mit Dipterex behandelten Kaninchen.** Junshi Miyamoto. (Agric. biol. Chem. [Tokyo] **25,** 566–72, 1961; Osaka, Sumitimo Chem. Co. Ltd.; Osaka Works Res. Dep.; engl.) — 1. vgl. C. **1960, 15441.** — Vff. inkubieren tier. Gewebe (Leber u. Niere der Ratte, Maus u. des Kaninchens [K.] sowie K.-Plasma) mit *Methyl-* u. *Äthylparathion* [*O.O-Dimethyl-*, (*Diäthyl*)-*O*-(*4-nitrophenyl*)-*thiophosphat*], *Methyl-* u. *Äthylparaoxon* [*O.O-Dimethyl-(Diäthyl)-O-(4-nitrophenyl)phosphat*], *Dipterex* (**I**, *O.O-dimethyl-2.2.2-trichlor-l-hydroxyäthylphosphonat*), *DDVP* (**II**, *O.O-dimethyl-2.2-dichlorvinylphosphonat*) u. *DFP* (*O.O-diisopropylfluorphosphat*). Es zeigt sich, daß die organ. Phosphate, außer **I**, in vitro leicht hydrolysiert werden, während die Thiophosphate resistent sind. Im Harn von mit **I** oder *Trichloräthanol* (**III**) behandelten K. lassen sich das **III**-Glucuronid bzw. im Falle von **I** P-Verbb. u. zwei Glucuronide von **I**-Abbauprodukten chromatograph. nachweisen. In beiden Verbb. beträgt das molare P:Glucuronsäure-Verhältnis 1:1, eine CCl_3-Gruppe ist nicht enthalten. Die rascher wandernde Komponente wurde kristallin erhalten: $C_{16}H_{26}Cl_2K_1PO_{11}$, $[\alpha]_D^{25,5}$ — 27,4°. P. Fahrnlaender 4607◇

1452 **Untersuchungsergebnisse des Wirkungsmechanismus von Triäthylenthiophosphoramid auf den tierischen Organismus.** G. Mergina. (Nachr. Akad. Wiss. LettSSR **1962,** Nr. 12, 113–24; russ., Auszug: lett.) — 6–13 Tage nach der einmaligen Zufuhr der DL_{50} (7,27 mg/kg) von *Triäthylenthiophosphoramid* (**I**) zeigt sich im Kaninchen-Vers. sowohl beim gesunden (a) wie beim anämisierten Tier (b) eine Zunahme des Plasma-Vol. u. des Eiseißes im Blutplasma. Die Prothrombinzeit zeigt keine eindeutigen Veränderungen. Die Zahl der Thrombocyten schwankt in der Norm beträchtlich. Nach der Verabreichung von **I** nimmt sie bei a u. b ab (bis zu 57,4%). Das Vol. des zikulierenden Blutes wird durch **I** nicht beeinflußt. O. Lebtag 4607△

1453 **Chromatographische Trennung und Identifizierung einiger Alkaloidstoffwechselprodukte von Nicotin bei bestimmten Insekten.** F. E. Guthrie, R. L. Ringler und T. G. Bowery. (J. econ. Entomol. **50,** 821–25, 1957; Raleigh, N. C., North Carolina Agricult. Exp. Station, Entomol. and Chem. Dep.; engl.) — Als Beitrag zum Verständnis der physiolog. Mechanismen, welche zahlreiche Insekten zur Verarbeitung gefressener Tabakblättern befähigen (gleichzeitig als Beitrag zum Verständnis der Resistenz von Insekten gegenüber Insekticiden) wurden nach oberflächlicher u. peroraler Behandlung von *Blatella germanica* (*L.*), *Periplaneta americana* (*L.*) u. *Prodenia eridania* (*Cram.*) mit *Nicotin* (**I**; 50–300 μg) die **I**-Stoffwechselprodd. untersucht. Bei aufsteigender Papierchromatographie, Vgl. der R_F-Werte u. UV-Lichtabsorptionsunters. konnte *Cotinin* (**II**) als eines der Haupt-**I**-Stoffwechselprodd. in *P. americana* nachgewiesen werden (innerhalb von 10 Std. in den Ausscheidungen erscheinend); in *B. germanica* fand sich ein Stoffwechselprod., das **II** ähnlich war; in *P. eridania* waren mindestens 9 Metaboliten nachweisbar, die erst noch identifiziert werden müssen. **II** erwies sich bei *B. germanica* als relativ ungiftig. U. Tausendfreund 4608◇

1454 **Experimentelle Untersuchungen zur Wirkung des Lobelins bei der Nicotin-Entwöhnung.** H. Schievelbein, E. Werle und Ingrid Eckert. (Arzneimittel-Forsch. **13,** 211–14, 1963; München, Univ., Chirurg. Klin., Klin.-Chem. Inst.; dt.) — Es wird der Entstehungsmechanismus des *Lobelin* (**I**)-*Nicotin* (**II**)-Syndroms bei **II**-Entwöhnungskuren besprochen. Durch perorale Verabreichung von **II** u. **I**-Sulfat werden aus den chromaffinen Zellen das Magendarmtraktes erhebliche Mengen *Serotonin* (**III**) freigesetzt, in den Thrombocyten abgefangen, dann langsam wieder freigesetzt u. in der Leber entgiftet. Die perorale Verabreichung von **I** bewirkt nur eine solche Aufladung der Thrombocyten mit **III**, während die perorale Zufuhr von **II** infolge seiner Resorption in die Blutbahn (die bei **I** ja nicht erfolgt) zu einem Überwiegen der Thrombocytenspeicherung führt. Während **II** ohne **I**-Vorbehandlung keine bes. Erscheinungen hervorruft, kommt es durch **II** nach **I**-Vorbehandlung infolge plötzlicher Entspeicherung der maximal aufgeladenen Thrombocyten zu Blutdruckabfall u. Atemveränderungen, die als experimentelles **I**–**II**-Syndrom bezeichnet werden können. Die **II**-Entwöhnung durch **I** kann als spezif. Entwöhnung bezeichnet werden, da das suchtmachende Agens selbst die Verekelung herbeiführt. U. Tausendfreund 4608◇

1455 **Wirkungen von Asaron und β-Asaron auf bedingte Reaktion, Kampfverhalten und Krämpfe.** P. C. Dandiya und M. K. Menon. (Brit. J. Pharmacol. Chemotherapy **20**, 436—44, 1963; Jaipur, S.M.S. Med. Coll., Dep. of Pharmacol.; engl.) — *Asaron* (*trans-2.4.5-Trimethoxy-1-propenylbenzol* als Bestandteil der in der ind. Volksmedizin zusammen mit *Rauwolfia serpentina*-Wurzeln verwendeten *Acorus calamus*-Pflanze, 1—3 mg/kg; **I**) potenziert die Wrkg. von *Reserpin* (**II**; 1 mg/kg) u. von *Chlorpromazin* (**III**; 3 mg/kg) bei Prüfung am bedingten Fluchtreflex der Ratte u. am Kampfverhalten weißer Mäuse bei elektr. Pfotenreizung. *β-Asaron* (*cis-2.4.5-Trimethoxy-1-propenylbenzol*) ist unwirksam. Die potenzierende Wrkg. von **I** auf **II** u. **III** (bzw. diejenige von *Acorusöl*) ist unabhängig von der *5-Hydroxytryptamin*-Konz. im Gehirn. Bei Prüfung am Elektrokrampf (Ratte) wirkt **I** nicht potenzierend; die Mortalität der mit **III** behandelten Tiere wird durch **I** erhöht; aber nicht bei den mit **II** behandelten Tieren. U. Tausendfreund 4608◇

1456 **Pharmakologie der wirksamen Prinzipien des Kawa-Rhizoms (Piper methysticum Forst).** H. J. Meyer. (Arch. int. Pharmacodynam. Thérap. **138**, 505—36, 1962; Freiburg/Br., Univ., Pharmakol. Inst.; dt.) — Die beiden aus der Wurzel der Kawa-Pflanze (*Piper methysticum* Forst) stammenden akt. Verbb. *Dihydrokawain* (**I**) u. *Dihydromethysticin* (**II**), welche beide gleiche pharmakolog. Eigg. besitzen, weisen eine DL_{50}, intraperitoneal, von 300—400 mg/kg bei Maus u. Kaninchen auf. Bei Mäusen führen sie zu Sedation, Hypothermie u. Verminderung des O_2-Verbrauchs. Beim wachen Kaninchen wird der Blutdruck durch 300 bzw. 250 mg/kg kaum beeinflußt. Durch Prämedikation mit **I** oder **II** kann der *Hexobarbital*(**III**)-Schlaf verlängert u. vertieft werden, dabei Herabsetzung des Stoffwechsels auf Minimalwerte u., als Folge davon, Verminderung der Körpertemperatur. Kombinierte Anwendung von **I** oder **II** mit **III** weist auf Toxizitätsantagonismus u. Anästhesiesynergismus. Die Potenzierung der Barbituratnarkose ist von der hypotherm. Wrkg. unabhängig. U. Tausendfreund 4608◇

1457 **Einfluß einiger natürlicher und synthetischer Isoprenoide auf den Lipidstoffwechsel: Untersuchungen in vitro und in vivo.** F. Piccinini. (Arch. ital. Sci. farmacol. [3] **12**, 111—17, 1962; Milano, Ist. De Angeli, Labor. Ric., Sez. Biochem. e Radioisotopi; ital.) — *Farnesol* (**I**), *Nerolidol* (**II**), *Nerol* (**III**), *Geraniol* (**IV**), *Farnesylidenessigsäure* (**V**) u. *Phytol* (**VI**) beeinflußten die Oxydation von $^{14}C_{(2)}$-*Acetat* (**VII**) zu $^{14}CO_2$ durch Leberhomogenate von Ratten nicht, *Tetrahydrogeraniol* (**VIII**), *Farnesylsäure* (**IX**), u. *Dihydrophytol* (**X**) hemmten sie geringfügig. *Hexahydrofarnesol* (**XI**), *Hexahydrofarnesylsäure* (**XII**), *Farnesylessigsäure* (**XIII**) u. *Farnesylaceton* (**XIV**) steigerten sie. Der Einbau von **VII** in *Cholesterin* (**XV**) wurde durch alle Verbb. verringert, dagegen wurde der Einbau von **VII** in Fettsäuren durch **IV**, **I**, **XII**, **XIII** u. **VI** gesteigert, durch **III**, **VIII**, **XI**, **V**, **XVI**, u. **X** verringert u. durch **II** u. **IX** nicht beeinflußt. Bei normal ernährten Ratten bewirkten **II** u. **XII** eine Zunahme von **XV** in Blut, **II** u. **IX** eine Zunahme u. **XI** eine deutliche Abnahme von **XV** in der Leber. **XI** setzte auch den *Lipid*-Geh. in Blut u. Leber herab. Der Ubichinon-Geh. der Leber wurde in vivo durch **II**, **IX** u. **XII** erhöht, der *Tocopherol*-Geh. durch **II** u. **XII** erhöht u. durch **IX**, **XI** u. **XIII** verringert. K. Zingraf 4608◇

1458 **Untersuchung der chronischen Toxizität eines Gemisches ätherischer Öle bei Ratten.** F. Pusztai, B. Kelentey, L. Szücs und J. Soltész. (Pharmazie **18**, 238 bis 241, 1963; Debrecen [Ungarn], Med. Univ. Debrecen, Pharmacolog. Inst. u. Inst. f. Patholog. Anatomie; Pharmaz. Fabrik Biogal, dt.) — Verabreichung eines Gemisches aus *Ol. Foeniculi*, *Ol. Eucalypti*, *Ol. Therebinthinae rectificatum* u. *Ol. Helianthi* (Präp. „*Biogal*") mittels Magensonde an 50 weiße Ratten während 10—16 Wochen in einer Dosis von 0,338 g/kg, 0,676 g/kg u. 1,014 g/kg. Neben der wöchentlichen Kontrolle des Körpergew. wurden untersucht: Diurese, histolog. Struktur von Leber u. Niere, Harnsediment, pH-Wert u. Eiweißgeh. des Harns, Leberfunktion (Ehrlich-, Goldsol-, Thymol- u. Sgot-Rk.), Reststickstoff im Blutserum. Es wurde eine Verringerung der Diurese, Abnahme des Eiweiß-Geh. u. Verschiebung des pH-Wertes nach sauer festgestellt. Patholog. Veränderungen wurden bei den Tieren nicht beobachtet. K. Winkler 4608◇

1459 **Über die Fähigkeit von Giften, das Tintenfisch-Axon gegenüber Curare und Acetylcholin zu sensibilisieren.** Philip Rosenberg und T. R. Podleski. (Biochim. biophysica Acta [Amsterdam] **75**, 104—15, 1963; New York, N. Y., Univ. Coll. of Phys. and Surg., Dep. of Neurol. and Biochem.; engl.) — Das *Gift der Wasserschlange* (**I**) ist wirksamer als dasjenige der *Kupferkopfschlange* oder der *Western Klapperschlange*, um das Axon für die Reizleitung des *Loligo pealii* für einen Angriff durch *Curare* fähig zu machen. *Bienengift* ist wirksamer als *Schlangengift*, denn es blockiert irreversibel die axonalen Reizleitungen in Konzz. von 10 μg/ml; in niedrigeren, 1—2 μg/ml betragenden Konzz. wird Curare nicht wirksam gemacht. 8,8 · 10^{-4} m *Acetylcholin* (**II**) verminderte merklich die **I**-Giftwirkung auf die axonale elektr. Aktivität. *Physostigmin* wirkte antagonist. auf die Aktion des **II**. **I** aktivierte *Decamethonium*, *Pyridin-2-aldoximmethojodid* u. *2-Benzoylpyridinoxim*; **I** steigerte auch die Wrkg. von *Atropin* u. *A.*; 1 · 10^{-2} m *Nicotin* wirkte schwach; 2 · 8 · 10^{-2} m *Carbamylcholin* beeinträchtigte nicht die Reizleitung nach Behandlung mit **I**. L. Macher 4609◇

1460 **Schlangengiftfaktoren, die die durch Curare beeinflußte axonale Reizleitung blockieren.** Philip Rosenberg und K. Y. Ng. (Biochim. biophysica Acta [Amsterdam] **75**, 116—28, 1963; New York, N. Y., Univ. Coll. of Phys. and Surg., Dep. of Neurol. and Biochem.; engl.) — Vgl. auch vorst. Referat. — Enzyme u. Giftfraktionen wurden geprüft, um zu ermitteln, welche Komponenten die axonale Reizleitung für *Acetylcholin* (**I**) u. *Curare* (**II**) empfindlich machen. Eine an *Phospholipase A* (**III**) reiche Fraktion des *Kobragiftes* u. eine *Phospholipase D* machten das Axon des Tintenfisches (a) für **II**-Einw. empfindlich. Eine Gift-*Phosphodiesterase* wies eine hohe **I**-Aktivität auf. Eine **III**-arme Fraktion des Kobragiftes, *L-Aminosäureoxydase*, *Cobroxin*, *Lysolecithin* u. *Phospholipase C* konnten **II** für das a-Axon nicht aktivieren. Mit Ausnahme der an **III** reichen Fraktion waren alle testierten Enzyme u. Gift-Prodd. zu schwach, um direkt wirken zu können. Erhitzen einer Lsg. des *Wasserschlangengiftes* (**V**) bei einem alkal. pH zerstörte die **III**, Erhitzen in einem sauren pH-Bereich beeinträchtigte kaum die Aktivität der **III**. *Klapperschlangengift* hydrolysiert Ei-*Lecithin* kaum weniger als **V**. Die Hydrolyse des Ochsen-Lecithins durch verschiedene Gifte wurde ebenfalls geprüft. Allg. konnte gefunden werden, daß die **III** der Gifte die Permeabilität der Ganglienzellen des Axons steigert, worauf **I** u. **II** leichter eindringen können u. auf diese Weise die Beeinflussung der Reizleitung durch **I** bzw. **II** zustande kommt. L. Macher 4609◇

1461 **Toxizität von Pyrimethamin (Daraprim) auf das Zentralnervensystem des Menschen.** Richard S. C. Grisham. (Amer. J. Ophthalmol. [3] **54**, 1119—21, 1962; San Antonio, Tex., Brooke Gen. Hosp., Ophthalmol. Serv.; engl.) — Bei einem Patienten mit möglicherweise vorhandener, latenter Krampfneigung kam es nach Belastung mit *Pyrimethamin* (*Daraprim*, 3mal 50 mg/Tag) nach Erhalt von 300 mg zu typ. Grand-mal-Anfall. Bei entsprechender persönlicher oder Familienvorgeschichte sollte deshalb Vorsicht geübt werden, zumal bei Kindern schon nach accidenteller Einnahme von 400 mg Todesfälle unter Krampferscheinungen beobachtet wurden. U. Tausendfreund 4610◇

1462 **Altafur, ein neues Nitrofuran mit chemotherapeutischer Breitspektrumwirkung. Kasuistik.** G. Fiore, C. Ballerini und E. Barzaghi. (Minerva med. [Torino] **52,** 76–80, 1961; Milano, Osped. Magg., Div. Med. „Carati"; ital.) — 42 Patienten mit Bronchopneumonie, Bronchitis, Bronchiektasie, Pharyngitis, Tonsillitis, Cholangitis, Thrombophlebitis, akuter Polyarthritis, Fieberzuständen u. Otitis externa wurden mit *5-[Morpholinomethyl]-3-[5-nitrofurfurylidenimino]-oxazolidon-(2)* (*Furaltadon, Altafur*) behandelt; 28 wurden geheilt, 12 zeigten Besserung. Die besten Erfolge wurden mit einer Tagesdosis von 1000 mg bei Bronchopneumonie erzielt. Bei 5 Patienten traten beim Verzehr von alkohol. Getränken Gesichtsrötung, Dyspnoe u. Exantheme auf. K. Zingraf 4610◇

1463 **Änderungen der antiseptischen Wirkung von Nitrofuranen in vitro nach Berührung mit der Haut oder menschlichem Blut.** A. Delmotte und R. Geeraerts. (Thérapie **17,** 1293–1303, 1962; Bruxelles, Hôp. Univ., Service de Dermato-Syphiligraphie; Fac. de Méd., Serv. d'Hygiène; Serv. Pharm. Univ.; franz.) — Weder die Berührung mit der Haut noch mit Blut beeinträchtigt die antisept. Wrkg. von *5-Nitrofurfurolsemicarbazon* (*Nitrofurazon*), *N-[5-Nitrofurfuryliden]-1-aminohydantoin* (*Nitrofurantoin*), *N-[5-Nitrofurfuryliden]-3-aminooxazolidon-(2)* (*Furazolidon*) u. *N-[5-Nitrofurfuryliden]-3-amino-5-morpholinomethyloxazolidon-(2)* (*Furaltadon*). Die Verbb. können deshalb in der Dermatologie verwendet werden. W. Holland 4610◇

1464 **Bildung von Metaboliten der p-[Benzoylamino]-salicylsäure (^{14}C-B-PAS) in der Rattenleber und deren Ausscheidung in Harn und Galle.** F. Jeunet, E. Lauber und H. Aebi. (Naunyn-Schmiedebergs Arch. exp. Pathol. Pharmakol. **242,** 564–75, 1962; Bern, Univ., Med.-Chem. Inst.; dt.) — Bei Mäusen, Ratten u. Meerschweinchen zeigt sich nach oraler Belastung mit ^{14}C-B-PAS (**I**; *p-[Benzoylamino]-salicylsäure*) eine Anreicherung von **I** bzw. **I**-Stoffwechsel-Prodd. in der Galle. Die Ausscheidung beträgt bei einer Ratte mit Gallenfistel sowie an der isolierten perfundierten Rattenleber 0,05–0,2 μMol **I**/g Leber-Trocken-Gew./Stunde. Bei Perfusions-Verss. an der Rattenleber beträgt die Debenzoylierungs-Geschw. für **I** 10–25 μMol/g/Std.) u. die Acetylierungs-Geschw. 3–5. Die in vitro an der Rattenleber gemessene Decarboxylierungs-Geschw. für ^{14}C-**I** hat dieselbe Größenordnung (5–7 · 10^{-3} μMol/g/Leber/Std.) wie die in vivo beobachtete $^{14}CO_2$-Ausscheidung in der Atemluft. W. Wesly 4610◇

1465 **Beobachtung der Wirkung von Isoniazid auf die Entwicklung des Aneurinmangels.** B. Bhagat. (Arch. int. Pharmacodynam. Thérap. **142,** 440–43, 1963; London, Chelsea Coll. of Sci. and Technol., Dep. of Physiol. and Pharmacol.; engl.) — Mitt. vorl. Vers.-Ergebnisse über die Wrkg. von *Isoniazid* (**I**) auf die Geschw. der Entw. eines *Aneurin*(*Vitamin B_1*; **II**)-Mangels bei Ratten. Dosen von 25–50 mg **I**/kg bewiesen bei **II**-Mangel keinen Einfl. auf das durch **II** verminderte Wachstum; **I** wirkte in diesen Dosen auch nicht krampferzeugend. Erst Verabreichung von 100 mg **I**/kg führte zu größerem Gew.-Verlust; da bei Tieren mit normaler **II**-Zufuhr jedoch durch diese Dosen ein gleicher Gew.-Verlust auftrat, werden die tox. Wrkg. von **I** eher einem *Vitamin B_6*-Mangel u. nicht der Beeinflussung von **II** zugeschrieben. U. Tausendfreund 4610◇

1466 **Chloramphenicoldodecylsuccinat und andere neue geschmacklose Chloramphenicolderivate.** G. Vita, I. de Carneri, G. Bucher und G. Coppi. (Antibiotics and Chemotherapy **12,** 22–26, 1962; Milan, Ist. Carlo Erba per Ric. Terap.; engl.) — Durch Einw. verschiedener Bernsteinsäureesterchloride auf *Chloramphenicol* (**I**) in Pyridin werden mehrere **I**-Derivv. dargestellt. Als einzige der dargestellten Verbb. erweist sich *Chloramphenicoldodecylsuccinat* als geschmacklos, ohne daß durch diese Veresterung die therapeut. Wirksamkeit verlorengeht, da **I** durch Pankreaslipase bei Mensch u. Maus in Freiheit gesetzt wird. Folgende Verbb. werden dargestellt: Chloramphenicolmonosuccinatester: *Äthyl-*, F. 92–92,5° (DL_{50} [Maus] mg/kg > 2000); *Propyl-*, 83–84° (> 2000); *Isopropyl-*, 59,5–60,5° (> 2000); *n-Butyl-*, F. 97–97,5° (2500); *Isobutyl-*, F. 80–81,5 [> 2000]; *sek.-Butyl-*, F. 81,5–83° (1750); *Octyl-*, F. 63–64° (2500); *Dodecyl-*, F. 58–59° (2000); *Cyclohexyl-*, F. 173,5–114° (2000); *Benzyl-*, F. 75–75,5° (> 2000). P. Gregorzewski 4611◇

1467 **Klinische und Laborprüfung neuer synthetischer Penicilline: Phenoxyäthylpenicillin und Dimethoxyphenylpenicillin.** Hiroshi Fukuda. (Ann. Paediatrici jap. **8,** 99–116, 1962; Kyoto Univ., Dep. of Ped.; jap., Auszug: engl. S. 160–61.) — *Phenoxyäthylpenicillin* (*Syncillin*; **I**) u. *Dimethoxyphenylpenicillin* (*Staphcillin*; **II**), welche rasch resorbiert (maximale Konz. im Blut nach 1 Std.) u. rasch ausgeschieden werden (bis 39% der **I**- u. 78% der **II**-Dosis sind nach 6 Std. ausgeschieden), bewährten sich bei Kindern mit Infektionen der oberen Atemwege (hämolyt. Streptokokken, mit **I** behandelt) bzw. Lungenabszeß, Osteomyelitits, Tonsillitits, Ritterscher Pyodermie (mit **II** behandelt) zufriedenstellend. 37,9% von 70 koagulasepositiven Staphylokokken-Stämmen waren resistent gegenüber **I**, 1,4% gegenüber **II**; 72,9% gegen *Penicillin G*, 32% gegen *Tetracyclin*, 30% gegen *Streptomycin*, 18,6% gegen *Erythromycin*, 13,8% gegen *Oleandomycin*, 8,6% gegen *Chloramphenicol*, 3,3% gegen *Novobiocin*, 1,4% gegen *Leukomycin*, keiner gegen *Kanamycin*. U. Tausendfreund 4611◇

1468 **Eine autoradiographische Untersuchung der Verteilung von ^{3}H-Cycloserin in Mäusen.** Håke Hanngren, Eskil Hansson und Sven Ullberg. (Antibiotics and Chemotherapy **12,** 46–54, 1962; Stockholm, Kungl. Veterinärhögskolan, Dep. of Pharmacol.; Karolinska Sjukhuset, Dep. of Med.; engl.) — Autoradiograph. Aufnahmen von Ganztierschnitten zeigen, daß bes. hohe Konz. von *Cycloserin* in den Pleural-, Pericardial- u. Peritonealfl. auftreten. Das wichtigste Ausscheidungsorgan ist die Niere. P. Gregorzewski 4611◇

1469 **Wachstumshemmung von Tetracyclin erhaltenden Frühgeburten.** Sidney Q. Cohlan, Gerrit Bevelander und Teodulita Tiamsic. (Amer. J. Diseases Children **105,** 453–61, 1963; New York, N. Y., New York Univ., Med. Center, Dep. of Ped.; Coll. of Dent., Dep. of Histol.; engl.) — Während beim älteren Kind u. Erwachsenen der Bldg. eines fluorescierenden Komplexes nach Verabreichung von *Tetracyclin* (**I**) keine klin. Bedeutung zukommt, ist die Ablagerung des Komplexes im Skelett des menschlichen Fötus, bei Verabreichung von **I** im letzten Vierteljahr einer Gradvidität, offenbar von der Hemmung des Knochenwachstums begleitet. So kann bei Frühgeburten durch **I** eine bis zu 40%ig. Hemmung des normalen Skelettwachstums (gemessen am Fibulawachstum) bewirkt werden, die nach nur kurzdauernder **I**-Gabe rasch reversibel ist. 40 mg **I**/kg/Tag, vom 10.–15. Trächtigkeitstag, führt bei Ratten z. B. zu einer 28%ig. Verringerung der zu erwartenden Größe der Föten. U. Tausendfreund 4611◇

1470 **Antibiotische Behandlung bei schweren bakteriellen Hautinfektionen.** H. Kürner. (Therapiewoche **10,** 616 bis 618, 1960; Karlsruhe, Hautklinik der Städt. Krankenanstalten; dt.) — Die Ergebnisse der klin. Unterss. des Mittelspektrum-Antibioticum *Oleandocyn* werden diskutiert u. ausgezeichnet befunden. O. Jansen 4611◇

1471 **Hemmung der Proteinsynthese im Gehirn und Lernfähigkeit sowie Gedächtnis nach Puromycin.** J. B. Flexner, L. B. Flexner, E. Stellar, G. de la Haba und R. B. Roberts. (J. Neurochem. [London] **9,** 595 bis 605, 1962; Philadelphia, Pa., Univ. of Pennsylvania, Dep. of Anat.; Inst. of Neurol. Sci.; Washington, D. C., Carnegie Inst. of Washington, Dep. of Terrestrial Magnetism; engl.) — Durch subcutane Injektionen von *Puromycin* (**I**) kommt es bei der Maus zu einer durchschnittlich 83%ig. Hemmung des Einbaus von *^{14}C-Valin* (**II**) in das Eiweiß verschiedener Hirngebiete. Diese Hemmung der Proteinsynth. ist selbst bei längerer Dauer ohne Einfl. auf die Lernfähigkeit u. das Gedächtnis der

Tiere. Durch kombinierte subkutane u. intracerebrale I-Injektionen kann die Hemmung des **II**-Einbaus in Protein jedoch auf 95% gesteigert werden, wobei dann auch Lern- u. Gedächtnisstörungen auftreten.
U. Tausendfreund 4611◇

1472 **Bildung neuer Fraktionen von Aurantin und Untersuchung ihrer chemischen und biologischen Eigenschaften.** W. N. Schaposchnikow, M. W. Nefelowa, T. I. Orlowa, I. B. Mironowa, W. Ss. Kusnetzowa, O. W. Subowa und A. B. Ssilajew. (Ber. Akad. Wiss. UdSSR **147**, 1476—79, 1962; Moskau, Lomonossow-Univ.; russ.) Beim Wachstum von *Actinomyces* auf synthet. Nährboden mit 0,05% KNO_3 u. 3% Glycerin wird durch Erhöhung der zugesetzten *Leucin*(**I**)-Menge von 0,1 auf 0,4% die Synth. von *Aurantin* (**II**) von 515 auf 195 γ/ml gesenkt, die Ausbeute der Fraktion Au_5 von 20 auf 30% der **II**-Gesamtmenge erhöht. Der Au_5-Geh. ist abhängig vom Zeitpunkt der **I**-Einbringung. Er beträgt 28% bei **I**-Einbringung 24 Std. nach der Aussaat, 23% bei Einbringung während der Aussaat, 16% bei Einbringung nach 48 Std. u. 10% bei Einbringung nach 72 Stunden. Au_5 enthält Threonin (**III**), Sarkosin (**IV**). Prolin (**V**), N-Methylvalin (**VI**) u. **I**, jedoch kein Valin (**VII**) oder Isoleucin. Die Fraktion Au_6 enthält **III**, **IV**, **V**, **VI** u. **I**. Ob Au_6 eine selbständige Fraktion von **II** oder ein Gemisch von Au_1 u. Au_5 ist, bleibt noch ungeklärt. Die Fraktion Au_7 enthält **III**, **IV**, **V**, **VI**, **VII** u. **I**. Im Mäuse-Vers. bewirken **II** u. seine Fraktionen eine Verlängerung der Lebensdauer der Tiere mit Leukose. Die Antileukose-Wrkg. nimmt mit steigender Toxizität zu. Die Fraktionen Au_5 u. Au_7 besitzen die geringste Toxizität. O. Lebtag 4611△

1473 **Tierexperimentelle Untersuchungen zur Frage der bakteriostatischen Wirksamkeit des Griseofulvins in vivo.** Brigitte Mehnert. (Arzneimittel-Forsch. **12**, 1166—69, 1962; München, Univ., Inst. für Mikrobiol. u. Infektionskrankh.; dt.) — Bei der Bekämpfung von Hautmykosen durch orale Gaben von *Griseofulvin* (**I**) treten gelegentlich Störungen im Gastrointestinaltrakt auf. Vf. untersucht den Einfl. von **I** auf die Zus. der Darmflora. Zu diesem Zweck erhielten Albinoratten über 4—6 Wochen täglich 5 mg **I** mit Hilfe einer Schlundsonde. Die durchgeführten Faecesunterss. ergaben keine Hinweise für eine bakteriostat. Wrkg. des **I**. Auch die Keimzahlen der im Darm vorkommenden obligaten Hefen waren kaum verändert.
W. Hiller 4611◇

1474 **Pharmakologische Wirksamkeit eines neuen wasserlöslichen Benzoylcarbinolderivates, Morpholinoessigsäurebenzoylcarbinolester.** R. Tommasini, M. Parenti, A. Longoni und F. Berti. (Farmaco [Pavia], Ediz. sci. **18**, 245—53, 1963; Milano, Ist. „Carlo Erba" per Ric. Terap., Labor. di Farmacol.; ital.) — *Morpholinoessigsäurebenzoylcarbinolesterhydrochlorid* (**I**) besitzt neben einer entzündungshemmenden Wrkg., die geringer ist als die von *Butazolidin*, eine Capillarschutzwrkg., die der von Hydrocortison ähnlich ist; auch *Benzoylcarbinol* u. *Trimethylessigsäurebenzoylcarbinolester* zeigen diese Wrkg., jedoch ist sie schwächer als die von **I**.
K. Zingraf 4617◇

1475 **Einige neurochemische Aspekte der depressorischen Wirkung von γ-Butyrolacton auf das Zentralnervensystem.** N. J. Giarman und K. F. Schmidt. (Brit. J. Pharmacol. Chemotherapy **20**, 563—68, 1963; New Haven, Conn., Yale Univ., School of Med., Dep. of Pharmacol.; engl.) — *γ-Butyrolacton* läßt (bei Maus u. Ratte) den Geh. der Hirnrinde an *Acetylcholin* im Verhältnis zur depressor. Wrkg. ansteigen; die Veränderungen im Mittelhirn u. Hirnstamm sind auf den Teil des Mesencephalons beschränkt, in dem sich das Vierhügelgebiet befindet. Der Geh. des Gehirns an *5-Hydroxytryptamin* u. *γ-Aminobuttersäure* wird nicht verändert.
U. Tausendfreund 4620◇

1476 **Die Beziehung zwischen chemischer Struktur und biologischer Wirksamkeit.** J. M. van Rossum. (J. Pharmacy Pharmacol. **15**, 285—316, 1963; Nijmegen, Cathol. Univ., Dep. of Pharm.; engl.) — Übersicht über die Strukturwirksamkeit bei parasympathomimet. u. Antiacetylcholin-Wirkstoffen sowie Histaminomimeticis, Histaminolyticis, Sympathomimeticis u. psychomotor. wirksamen Verbb. unter Berücksichtigung von Gewebe- u. Artunterschieden. P. Fahrnlaender 4620◇

1477 **Untersuchung der Serotonin-Stoffwechselprodukte des Urins nach Verabreichung verschiedener Rauwolfia vomitoria-Alkaloide.** Marie-José Hans und R. van den Driessche. (C. R. Séances Soc. Biol. Filiales **152**, 1273 bis 1274, 1958, herausgeg. 10/1. 1959; Bruxelles, Univ. libre, Labor. de Pharmacodynamic et de Therapeutique; franz.) — Während es nach i.v. *Reserpin*-Gabe (0,5 mg/kg) an Hunde zu einer deutlichen Erhöhung des Geh. an *5-Hydroxyindolylessigsäure* (**I**) im Urin kommt, bewirken 1 mg/kg *Reserpin* oder *Raumitorin* keine **I**-Erhöhung im Urin. S. Groitzsch 4620◇

1478 **Über die Beziehung zwischen Ionisation und biologischer Aktivität einiger sympathomimetischen Amine.** Herbert Shapiro. (J. theoret. Biol. **1**, 289—94, 1961; Philadelphia, Pa., Woman's Med. Coll., Dep. of Pharmacol.; engl.) — Werden die Dissoziationskonst. pK_{a_1}- u. pK_{a_2} der phenol. u. der Aminogruppe der *sympathomimet. Amine* (**I**) gegen den log der biol. Aktivität (Kaninchendarm, -uterus) aufgetragen, dann zeigt sich eine funktionelle Beziehung mit breitem Maximum. Entsprechende Diagramme der Oxydationswrkg. von *Aminoxydase* auf **I** ergeben andersgeartete Abhängigkeiten, wobei eine bezüglich pK_{a_2} linear erscheint. Bei der Oxydation sind vermutlich im Unterschied zur pharmakolog. Wrkg. andere Molekülstellen beteiligt. Es wird auf die Bedeutung der Ionisation als Mol.-Eig., neben der Konstit., für die Erzielung biol. Effekte hingewiesen. Die Endwrkg. einer Verb. ergibt sich aus dem Wechselspiel zwischen Konstit. u. physikochem. Eigenschaften.
K. Maier 4620◇

1479 **Quantitativer Vergleich der elektroencephalographisch erregenden Wirkung von Deanol, Cholin und Amphetamin.** Carl C. Pfeiffer, Leonide Goldstein, Carlos Munoz, Henry B. Murphree und Elizabeth H. Jenney. (Clin. Pharmacol. Therapeutics **4**, 461—66, 1963; Princeton, N. J., Bureau of Res. in Neurol. and Psychiatr.; engl.) — Im EEG von Kaninchen u. Menschen besaßen *α-Dimethylaminoäthanol* (*Deanol*; **I**) u. *d-Amphetamin* (**II**) eine statist. signifikante erregende Wirkung. Bei Kaninchen kehrten **I** u. **II** die hemmende Wrkg. von *Pentobarbital* im EEG um; **II** wirkte sofort, **I** erst nach einer Latenzzeit. Bei Menschen zeigte **I** die Latenzzeit nicht. K. Zingraf 4620◇

1480 **Die Rolle biogener Amine bei der Entwicklung einiger experimenteller Magengeschwüre.** J. Nečina und I. Krejči. (Arch. int. Pharmacodynam. Thérap. **142**, 316—22, 1963; Prag, Res. Inst. for Natural Drugs; engl.) — Die Unters. der möglichen Faktoren, welche eine kausale Beziehung zur Entw. von Magenulcera durch *Reserpin* (**I**) bei Ratten haben könnten, zeigte, daß weder die Aktivierung der Hypophysen-Nebennieren-Achse noch die Verminderung des *5-Hydroxytryptamin*(**II**)-Spiegels eine Rolle bei der Entw. des **I**-Ulcus spielen (normaler **II**-Spiegel nimmt wenigstens teilweise an der erhöhten ulcerogenen Aktivität bei Kältestreß teil). Dagegen stellt die Verminderung des *Brenzcatechinamin*-Geh. einen wichtigen Faktor bei der Entw. des **I**-Ulcus dar. *Monoaminoxydase*-Hemmung wirkt bei anderen Arten experimenteller Ulcusgenese als dem **I**-Ulcus nicht ulcusverhütend. U. Tausendfreund 4620◇

1481 **Die Herzkreislaufwirkungen von Monoaminooxydasehemmstoffen.** M. J. Davey, J. B. Farmer und H. Reinert. (Verh. dtsch. Ges. Kreislaufforsch. **28**, 304 bis 306, 1963; Sandwich, Kent, Pfizer Dep. of Pharmacol.; engl.) — Vortrag. — Unterss. über den hypotensiven Wrkg.-Mechanismus von *Monoaminoxydase-Hemmstoffen* zeigen, daß *Niamid* (**I**) u. *Marsilid* (**II**) am oberen Halsganglion der Katze die Ganglionaktionspotentiale nicht beeinflussen. In vitro bewirken **I**, **II** u. *2-Phenylcyclopropylamin* (*SKF 385*) an dem isolierten Ganglion trotz 3fachen Anstiegs der *Noradrenalin*(**III**)-Konz. keine Potentialveränderungen. Die Beeinfl. der **III**-Wrkg. durch **I** [Potenzierung der Wrkg. nach *Reserpin* (**IV**)] beruht vermutlich auf einer Interferenz von **I** mit der Penetration von **III** in die Zellen, so daß effektive **III**-Konzz. länger an den Rezeptorstellen verbleiben; wird

nicht mit **IV** vorbehandelt, so sind die Rezeptoren vermutlich bereits ausreichend gesätt. u. **I** wirkt nicht mehr potenzierend. Die antihypertensiven Wrkg. der Monoaminoxydasehemmer beruht insgesamt vermutlich auf einer verminderten Verfügbarkeit von Überträgersubstanz bei hyperakt. Nervenwegen als Folge verminderten Zutritts von **III** zu den Nervenendigungen.
U. Tausendfreund 4620◇

1482 **Die Freisetzungwirkung von α-Methyl-3-hydroxyphenylalanin (α-Methylmetatyrosin).** S. M. Hess. (Arch. int. Pharmacodynam. Thérap. **138,** 584–90, 1962; Bethesda, Md., Nat. Inst. of Health, Nat. Heart Inst., Labor. of Clin. Biochem.; engl.) — Der L-Aminosäuredecarboxylase-Hemmstoff *α-Methyl-3-hydroxyphenylalanin* vermindert (beim Meerschweinchen in Dosen von 400 mg/kg intraperitoneal) den Geh. der Gewebe an *Serotonin* (**I**), *Dopamin* (**II**) u. *Norepinephrin* (**III**). Beim Meerschweinchen scheint die Verarmung an **III** durch eine Hemmung des **III**-Gewebebindungsmechanismus bedingt zu sein, wobei auch neu gebildetes **III** nicht aufgenommen werden kann. Derartige Veränderungen am Bindungsmechanismus konnten für **I** u. **II** nicht beobachtet werden.
U. Tausendfreund 4620◇

1483 **Über die Nervenwirkung von Dimethylaminopropylheterocyclischen Basen.** M. Ferrari und C. Lanzani. (Arch. ital. Sci. farmacol. [3] **12,** 141–51, 1962; Padova, Univ., Ist. di Farmacol.; ital.) — *N-Dimethylaminopropylacridan*, *Dimethylaminopropyldiphenylamin*, *N-Dimethylaminopropylcarbazol* (**I**) u. *N-Dimethylaminopropylindol* hemmen die Spontanmotilität von Mäusen u. zeigen zum Teil auch andere Nervenwrkg. von *Iminodibenzyl* (Imipramin) u. *Dibenzocycloheptadien* (Amitriptylin). **I** erhöhte deutlich die motilitätssteigernde Wrkg. von *Amphetamin.* K. Zingraf 4620◇

1484 **Experimentelle Untersuchungen über den Wirkungsmechanismus von Mebutamat. Wirkung von Mebutamat auf die Effekte der Vagusreizung des Herzens und auf die Motilität des überlebenden Darms in vitro.** L. G. De Caro, V. Baldrighi, R. Minelli, G. Baldrighi und G. Buniva. (Arch. ital. Sci. farmacol. [3] **12,** 160 bis 169, 1962; Pavia, Univ., Ist. di Patol. Spec. Med.; ital.) — Blutdrucksenkende Dosen von *Mebutamat*(**I**) hemmen bei Ratten den Eintritt von Bradycardie oder Herzstillstand nach Vagusreizung u. von Hypertension nach Unterbrechung einer elektr. Reizung des intakten Vagus. Höhere Konzz., wie sie in vivo kaum erreicht werden, wirken in vitro spasmolyt. auf die glatte Muskulatur des überlebenden Darms. Dagegen beeinflußt **I** die im Gastrocnemiusmuskel der Ratte bei Kontraktion während tetan. Reizung des peripheren Ischiadicusstumpfes entwickelte mechan. Spannung nicht.
K. Zingraf 4620◇

1485 **Psychopharmakologische Wirkung von Meprobamat.** L. Molinengo. (Arch. ital. Sci. farmacol. [3] **12,** 118–29, 1962; Torino, Univ., Ist. di Farmacol. e Terap. Sperim.; ital.) — Die Wrkg. von *Meprobamat* (**I**) auf das Verh. wurde an Albinoratten in der Skinner-Box an einer Simultanfolge von 2 bedingten Fluchtrkk. mit wechselnder Frequenz sowie an gesteuerter u. einfacher Auslöschung getestet. Bei den ♀ Tieren wurde die Futtermotivierung durch **I** stärker verändert als bei den ♂, bei den ♂ wurde eine Verringerung der durch das Milieu bedingten Rk. beobachtet. Die Unterscheidung zwischen links u. rechts wurde bei beiden Geschlechtern in gleicher Weise beeinträchtigt. Elektr. Schlag-Motivierung wurde nur durch hohe Dosen beeinflußt. In einigen Fällen bewirkte **I** irreversible Verh.-Veränderungen.
K. Zingraf 4620◇

1486 **Der Wirkungsort von ^{35}S-Phenothiazin im Zentralnervensystem.** Fathy W. Tadros und F. Abdel Wahab. (J. Mental Sci. **108,** 816–21, 1962; Cairo, Fac. of Med. and Isotope Centre; engl.) — *^{35}S-Phenothiazin* wird bei Katzen u. Affen vorwiegend im Hirnstamm angehäuft, in geringerem Ausmaß in der Rinde u. am wenigsten in Thalamus, Hypothalamus, Kleinhirn. Im Hirnstamm findet sich die Substanz selektiv im mittleren Teil, entsprechend der Formatio reticularis. Beim Affen ist die Konzentrierung im Hirnstamm gegenüber der Hirnrinde stärker ausgeprägt als bei der Katze. In der Rinde sind mehr die sensor. Teile betroffen, so daß ein Zusammenhang mit der Schlafinduzierung bestehen kann.
U. Tausendfreund 4620◇

1487 **Wirkung von Chlorpromazin und Reserpin auf den Brenzcatechinamin-Gehalt verschiedener Gebiete des Zentralnervensystems beim Hund.** C. L. Malhotra und K. Prasad. (Brit. J. Pharmacol. Chemotherapy **18,** 595–99, 1962; New Delhi, Lady Hardinge Med. Coll., Dep. of Pharmacol. and Therapeutics; engl.) — Bei Hunden wurde der Einfl. von *Chlorpromazin* (**I**) u. *Reserpin* (**II**) auf den Geh. an *Adrenalin* (**III**) u. *Noradrenalin* (**IV**) im Hypothalamus, Hippocampus, Frontal- u. Mittelhirn untersucht. Die **III**- u. **IV**-Konzz. bei Kontrolltieren waren am höchsten im Hypothalamus u. am niedrigsten im Frontalhirn u. Hippocampus. Der Geh. an **IV** war in allen Gebieten etwa 7–9mal höher als der an **III**. Nach **I** kommt es zu einem Anstieg von **III** u. **IV**, der maximal bei 5 mg **I**/kg ist. Mit steigender **I**-Konz. wird diese Wrkg. umgekehrt, u. 25 mg **I**/kg verringern den **IV**-Geh. in allen Gebieten mit Ausnahme vom Hypothalamus. Der **III**-Anstieg ist nach **I** größer als der von **IV**. Beide Amine nehmen bes. im Mittelhirn (**IV** um 670%; **III** um 1348%) u. Hippocampus (**IV** um 436%; **III** um 1037%) stark zu. 2 mg **II**/kg verringern den **III**- u. **IV**-Geh. in allen Teilen des Gehirns. Der Rückgang an **IV** war größer als an **III** in allen Gebieten mit Ausnahme des Frontalhirns. Im allg. war die Verringerung von **III** u. **IV** ausgesprochener im Frontal- u. Mittelhirn als in den anderen Hirngebieten.
K. Böhm 4620◇

1488 **Einige endokrine Wirkungen zweier Phenothiazinderivate, Chlorpromazin und Perphenazin, bei der weiblichen Maus.** R. J. Jarrett. (Brit. J. Pharmacol. Chemotherapy **20,** 497–506, 1963; London, Guy's Hosp., Med. School, Dep. of Pharmacol.; engl.) — Verss. bei noch nicht geschlechtsreifen ♀ Mäusen mit 5–10 mg *Chlorpromazin* oder *Perphenazin*/kg zeigen, daß beide Substanzen die Freisetzung von *Gonadotropinen* aus der Hypophyse unabhängig von der Wrkg. auf die Freisetzung von *adrenocorticotropem Hormon* hemmen. Sexuelle Reifung u. Vaginalöstrus werden verzögert bzw. verhindert, Ovar-, Vagina- u. Uterus-Gew. werden verringert, Ovarhypertrophie nach einseitiger Ovarektomie wird verhindert, die Rk. auf exogene Gonadotropine u. Östrogene bleibt bestehen, der Geh. der Nebennieren an Ascorbinsäure bleibt unverändert, der Geh. der Hypophyse an gonadotroper Aktivität steigt.
U. Tausendfreund 4620◇

1489 **Einfluß von äußeren Faktoren und Weckmechanismen auf die Geschwindigkeit der Gewöhnungsausbildung.** Samuel Irwin. (Arch. int. Pharmacodynam. Thérap. **142,** 152–62, 1963; Bloomfield, N. J., Schering Corp., Dep. of Neuropharmacol.; engl.) — Die Geschw. der Ausbildung einer Gewöhnung an *Chlorpromazin* wurde durch Steigerung der Intensität eines bedingten Summtonreizes oder eines nicht bedingten Elektroschockreizes bei Ratten erhöht. K. Zingraf 4620◇

1490 **Prüfung eines neuen Phenothiazins bei chronischer Schizophrenie.** J. W. Garry und E. J. Hill. (J. Mental Sci. **108,** 521–24, 1962; Melton, Woodbridge, Suffolk, St. Audry's Hosp.; Ipswich, Suffolk, St. Clement's Hosp.; engl.) — Mit dem niedrig dosierbaren *SKF 7261* (Smith Kline & French; *10-{3-[4-(2-[β-Hydroxyäthoxy]-äthyl)-piperazino]-propyl}-2-trifluormethylphenothiazindihydrochlorid*) konnte bei langjährigen Schizophrenen eine Besserung in 8 von 20 Fällen erzielt werden, falls die Dosierung 6 mg/Tag betrug u. die Behandlung für 3 Monate fortgesetzt wurde. Diese Dosierung liegt nahe derjenigen, welche zu plötzlich auftretendem, schwerem Parkinsonismus bzw. zu extrapyramidalen Nebenwrkg. führen kann. In einem für Leber-Rk. anfälligen Fall kam es nach 1,5 mg/Tag für 5 Wochen zu Ikterus. U. Tausendfreund 4620◇

1491 **Die Wirkung von Thioproperazin bei kontinuierlicher Verabreichung an langjährig schizophrene Patienten.** J. W. Affleck, J. C. D. Booth, A. D. Forrest und K. J. Mackay. (J. Mental Sci. **108,** 862–64, 1962; Edinburgh, Royal Edinburgh Hosp.; engl.) — Bei 22 von

46 langjährig Schizophrenen, die vorher mit Phenothiazinen oder Reserpin behandelt worden waren, konnte unter der vierwöchentlichen Behandlung mit *Thioproperazinmethansulfonat* (*Majeptil*), mit Dosisanstieg bis zu 90 mg/Tag, eine leichte Besserung erzielt werden. Trotz *Cogentin* (*Benztropin*)-Verabreichung wurden allerdings neurolog. Nebenwrkg. vermerkt.
U. Tausendfreund 4620◇

1492 **Wirkung ununterbrochener Abgabe auf die Resorption und Exkretion von ^{35}S-markiertem Trimeprazintartrat.** Philip C. Johnson und Yanna F. Masters. (J. Lab. clin. Med. **59,** 993—99, 1962; Oklahoma City, Okla. Univ., Med. School, Dep. of Med., Veterans Administ. Hosp.; engl.) — Die ununterbrochene Abgabe von *^{35}S-Trimeprazin* aus einer oral gegebenen Kapsel wurde in ihrer Wrkg. auf Serum- u. Urinkonz. des Phenothiazins radiometr. untersucht u. mit den Wrkg. von täglich 1- bzw. 3maliger Gabe verglichen. Die Werte nach der Kapselapplikation entsprechen denen nach 3maliger Verabreichung. Nach i.v. Injektion verschwindet Trimeprazin schnell aus dem Serum u. tritt einige Std. später wieder auf. U. Drehmann 4620◇

1493 **Über einen neuen Tranquillizer, 7-Chlor-1-methyl-5-phenyl-(3H)-1.2-dihydro-1.4-benzodiazepinon-(2) (Diazepam).** B. Taccardi. (Arch. ital. Sci. farmacol. [3] **12,** 181—91, 1962; Milano, Serv. Sci. Simes, Ist. di Cardiol Sperim.; ital.) — *7-Chlor-1-methyl-5-phenyl-(3H)-1.2-dihydro-1.4-benzodiazepinon-(2)* (*Diazepam*) zeigte bei gleicher Toxizität eine 5—10mal stärkere sedative, krampfhemmende u. muskelerschlaffende Wrkg. als *Chlordiazepoxid*. K. Zingraf 4620◇

1494 **Wirkungen bestimmter Amine auf Hirnrindenneuronen.** K. Krnjević und J. W. Phillis. (Brit. J. Pharmacol. Chemotherapy **20,** 471—90, 1963; Babraham, Cambridge, Agric. Res. Council, Inst. of Animal Physiol.; engl.) — Eine Reihe von Tryptamin-Derivv. [*Tryptamin*, *DL-Tryptophan*, *Indolyl-(3)-essigsäure*, *N.N-Dimethyltryptamin*, *N.N-Diäthyltryptamin*, *3-Hydroxytryptamin*, *4-Hydroxytryptophan*, *5-Hydroxytryptamin* (**I**), *5-Hydroxytryptophan*, *6-Hydroxytryptamin*, *6-Hydroxytryptophan*, *7-Hydroxytryptamin*, *4-Methoxytryptamin*, *5-Methoxytryptamin*, *4-Hydroxy-N.N-dimethyltryptamin* (*Psilocin*), *5-Hydroxy-N.N-dimethyltryptamin* (*Bufotenin*), *6-Hydroxy-N.N-dimethyltryptamin*, *N-Acetyl-5-methoxytryptamin* (*Melatonin*)], von Phenäthylamin-Derivv. (*DL-Phenylalanin*, (±)-*Amphetamin*, (—)- u. (+)-*Ephedrin* (**II**), (—)- u. (+)-*Pseudoephedrin*, *N-Methylephedrin*, *Norephedrin*, *Norpseudoephedrin*, *Tyramin*, *Tyrosin*, *DL-* u. *L-3.4-Dihydroxyphenylalanin* (**III**), *3-Hydroxytyramin* (**IV**), *Noradrenalin*, *Adrenalin* (**V**), *Isoprenalin*, *Mescalin*], von *Lysergsäure*-Derivv. [*D-Lysergsäurediäthylamin* (**IV**), *Ergometrin* (**VII**), *Methylergometrin* (**VIII**), *12-Hydroxyergometrin*, *Methysergid* (*UML-491*)], sowie verschiedene andere Verbb. (*Imidazolylessigsäure* (**IX**), *L-Histidin*, *Histamin*, *Chlorpromazin*, *Dichlorisoprenalin*, *Yohimbin*, *Harmin*, *Adenosintriphosphat*) wurden an Neuronen der Katzenhirnrinde über iontophoret. Abgabe aus Mikropipetten getestet. Die charakterist. Wrkg. vieler dieser Verbb. war eine Hemmung der Neuronenentladungen nach synapt. Aktivität oder nach Aufbringung von *L-Glutamat*, wobei **IX, IV, II** u. **VII** bes. wirksam sind. Brenzcatechinamine, Hydroxytryptamine u. **IX** haben eine rasche u. schnell reversible Wrkg., nicht unähnlich derjenigen von *γ-Aminobuttersäure*, während **II** u. **VI**-Derivv. zu einer langsameren u. längerdauernden Depression der Amplituden, eher wie *Atropin*, führen. Verschiedene Verbb., einschließlich **I, V, VII** können das gleiche Neuron mit größeren Mengen auch zur Erregung bringen. Einige Substanzen, wie **III** u. **VIII**, haben eine vorwiegend erregende Wirkung.
U. Tausendfreund 4620◇

1495 **Wechselwirkung zwischen Imipramine und sympathicomimetischen Aminen sowie Reserpin.** M. Osborne. (Arch. int. Pharmacodynam. Thérap. **138,** 492—504, 1962; Ardsley, N. Y., Geigy Res. Labor.; engl.) — *Imipraminhydrochlorid* (**I**; 5 mg/kg) wirkt (beim Hund) auf sympathicomimet. Amine in unterschiedlicher Weise. Amine der Gruppe I werden in ihrer vasopressor. Wrkg. gesteigert (in absteigender Reihe: *Norepinephrinhydrochlorid*, 2 µg/kg; *Dopaminhydrochlorid*, 50 µg/kg; *Epininhydrochlorid*, 20 µg/kg) bzw. nicht antagonist. beeinflußt (*Epinephrinbitartrat*, 2 µg/kg; *Neosynephrinhydrochlorid*, 100 µg/kg). Gruppe II wird stark antagonist. beeinflußt (*Tyraminhydrochlorid*, 300 µg/kg; *Ephedrinhydrochlorid*, 200 µg/kg; *Propadrinhydrochlorid*, 350 µg/kg) bzw. sogar völlig blockiert (*Amphetaminsulfat*, 200 µg/kg; *Vonedrinhydrochlorid*, 400 µg/kg; *Methamphetaminhydrochlorid*, 400 µg/kg; *Paredrinhydrochlorid*, 250 µg/kg; *Paredrinolsulfat*, 250 µg/kg). Die Amine der Gruppe II zeigen bei wiederholter Injektion (bis zur Tachyphylaxieentw.) Ähnlichkeiten mit **I** [Steigerung der Vasodepression nach Vagusreiz oder Acetylcholin, Verminderung des Carotisocclusionsreflexes, Anstieg des Blutdruckes bei nachfolgender *Reserpin*(**II**)-Injektion, welcher nicht durch Ganglienblocker beeinflußbar ist]. **I** weist Kreuztachyphylaxie mit der Gruppe II auf. Die durch **I** bewirkte Blockierung der vasopressor. Rk. auf Amine der Gruppe II wird nach **II** aufgehoben. Bei der mit 2 mg *Chlorisondaminchlorid* (**III**)/kg blockierten Katze führen 2 mg **I**/kg zu Vasopressor-Reaktion. Die unterschiedliche Wrkg. von **I** auf die Amine u. der Antagonismus gegenüber **II** u. **III** wird über cholinerg. Mechanismen erklärt. U. Tausendfreund 4620◇

1496 **Einige Beobachtungen über die Einflüsse von Aminosäuren und Aminen auf die Reserpin-Wirkung auf das Rattenintestinum.** B. C. Bose, R. Vijayvargiya und S. K. Sharma. (Arch. int. Pharmacodynam. Thérap. **138,** 1—10, 1962; Indore, M.G.M. Med. Coll., Dep. of Pharmacol.; engl.) — Die durch *Reserpin* (**I**) hervorgerufene Entspannung des isolierten Rattenileums wird durch Aminosäuren (*L-Tryptophan* (**II**), *DL-Tryptophan*, *L-Histidin*, *L-Tyrosin*, *5-Hydroxytryptophan* (**III**), *L-Glutaminsäure*, *L-Prolin*, *L-Hydroxyprolin*, *DL-Phenylalanin*) antagonist. beeinflußt. **I** u. **II** erhöhen den *5-Hydroxytryptamin*(**IV**)-Geh. auf das 2,5- bzw. 1,5fache, **I** verringert den **IV**-Geh. in isolierten Segmenten des Rattenileums. Die spasmogene Rk. auf Acetylcholin, **IV** u. Histamin wird durch niedrige **I**-Konz. verstärkt, durch höhere inhibiert. P. Gregorzewski 4620◇

1497 **Die neuroleptische Wirkung von Raumitorin.** Jean La Barre und Jean-Jacques Desmarez. (C. R. Séances Soc. Biol. Filiales **152,** 1272—73, 1958, herausgeg. 1959; Bruxelles, Univ. libre, Labor. de Pharmacodynamie et de Therapeutique; franz.) — I.m. Gaben von *Raumitorin* (1 mg/kg) entwickeln sowohl bei Hunden als auch bei Ratten ausgeprägte Tranquillizer-Wirkung.
S. Groitzsch 4620◇

1498 **Der chemische Charakter und die hypotensiven Eigenschaften des Raumitorin.** Jean La Barre und Marie-José Hans. (C. R. Séances Soc. Biol. Filiales **152,** 1269—75, 1958, herausgeg. 1959; Bruxelles, Univ., Labor. de Pharmakodynamie et de Thérapeutique; franz.) — Vgl. vorst. Referat. — Aus *Rauwolfia vomitoria* wird *Raumitorin* (**I**), $C_{22}H_{28}N_2O_4$, F. 138°, $[\alpha]_D^{20}$ +60° (Chlf.), Plättchen, isoliert. 0,5 mg **I**/kg verursachen bei der Katze den gleichen Blutdruckabfall wie 0,5 mg Reserpin. Beim Hund rufen 1—2 mg **I**/kg (i.v.) einen schwachen Anstieg, der von einer langdauernden Hypotension gefolgt wird, hervor. S. Groitzsch 4620◇

1499 **Der Einfluß von Raumitorin auf die Sekretion und Motilität des Magens.** Jean La Barre, Charles S. Lieber und Jean Castiau. (C. R. Séances Soc. Biol. Filiales **152,** 1270—71, 1958, herausgeg. 1959; Bruxelles, Univ. libre, Labor. de Pharmacodynamie et de Thérapeutique; franz.) — Vgl. vorst. Referate. — Im Gegensatz zu Reserpin beeinflußt *Raumitorin* (0,5—1,0 mg/kg, i.v.) weder die Sekretion noch die Motilität des Hundemagens in vivo. S. Groitzsch 4620◇

1500 **Über die Wirkung der optischen Isomere atropinartiger Substanzen auf das Zentralnervensystem.** Albert Herz. (Naunyn-Schmiedebergs Arch. exp. Pathol. Pharmakol. **242,** 508—21, 1962; München, Univ., Pharmakol. Inst.; dt.) — Die Einw. der opt. Isomeren von *Hyoscyamin*, *1-Cyclohexyl-1-[α-thienyl]-3-piperidinopropanol* u. *β-Dimethylaminoäthyl-2-tert.-butylbenzhydryl-*

äther auf das Zentralnerven-Syst. wird untersucht. Dabei wird die motor. Reizung bei Mäusen nach Verabreichung von d-Amphetamin, die Anti-Arecolin-Aktivität, der morphininduzierte Stupor von Ratten, das Verh. von wachen Kaninchen bei elektroencephalograph. Untersuchungen bewertet. Es zeigt sich, daß die linksdrehenden Isomeren viel wirksamer als die rechtsdrehenden Verbb. sind. Die Unterschiede sind von der gleichen Größenordnung wie bei der mydriat. Aktivität auf die Pupillen von Mäusen. W. Wesly 4620◇

1501 **Amitryptiline: eine Prüfung bei chronisch depressiven Zuständen unter Kontrollbedingungen.** Andrew Skarbek und Daphne Smedberg. (J. Mental Sci. **108**, 859–61, 1962; London, Univ. Coll.; Coulsdon, Surrey, Cane Hill Hosp.; engl.) — Bei einem Doppel-Blind-Vers. mit Wechsel zwischen Arzneimittel u. Placebo konnte bei 23 Frauen mit chron. Depression durch *Amitryptilinhydrochlorid* (*5-[3-Dimethylaminopropyliden]-dibenzo-[a.d]-cycloheptadien-(1.4)-hydrochlorid*; *Tryptizol*, Merck, Sharp & Dohme) eine Besserung des Krankheitszustandes erzielt werden, obwohl die Patientinnen meist vorher mit anderen antidepressiven Mitteln ohne Erfolg behandelt worden waren. U. Tausendfreund 4622◇

1502 **Erste Erfahrungen mit einem neuen Isophenabkömmling „AN I" (als Therapeuticum bei depressiven Syndromen, der Narkolepsie und sexueller Impotenz).** R. D. Koch, M. Pambor, K. H. Parnitzke und G. Rabending. (Z. ges. inn. Med. Grenzgebiete **17**, 122–26, 1962; Magdeburg, Med. Akad., Nervenklin.; Hautklin.; dt.) — An insgesamt 93 Patienten mit gehemmt-depressiven Syndromen verschiedener Herkunft, Narkolepsien u. psych. bedingter sexueller Impotenz erweist sich *AN I* (*α-Phenyl-α-[1-methyl-2-phenyläthylamino]-acetonitril*) als wirksames Therapeuticum. P. Gregorzewski 4622◇

1503 **Die Wirkung antidepressiver Substanzen und einiger verwandter Verbindungen auf den Gehalt des Rattenhirns an Adeninnucleotiden, anorganischem Phosphat und Phosphokreatin.** J. J. Lewis und G. R. van Petten. (Brit. J. Pharmacol. Chemotherapy **20**, 462–70, 1963; Glasgow, Univ., Inst. of Physiol., Exp. Pharmacol. Div.; engl.) — *Iproniazidphosphat*, *Isoniazid*, *Pheniprazinhydrochlorid*, *Tranylcyprominsulfat*, *Imipraminhydrochlorid* (I), *Amitriptylinhydrochlorid*, *Orphenadrinhydrochlorid* u. *Cocain* (II) führen zu einer Erhöhung des *Adenosintriphosphat* (ATP)-Geh. im Rattenhirn; außer durch I u. II kommt es zu einer Verminderung des Geh. an *Adenosindiphosphat* (ADP). *Diphenhydraminhydrochlorid* läßt den ADP-Geh. ansteigen, während der ATP-Geh. eine Verringerungstendenz zeigt. *Harminhydrochlorid* hat keinen Einfl. auf den Adeninnucleotid-Geh. des Gehirns. Es scheint eine Beziehung zwischen der Fähigkeit der Verbb. zur Verursachung zentralnervöser Stimulation u. zur Erhöhung des ATP/ADP-Quotienten zu bestehen; diese Wrkg. könnte ein Faktor bei der antidepressiven Wrkg. der Substanzen sein. U. Tausendfreund 4622◇

1504 **Schutzwirkung von Cyproheptadine, einer neuen Antihistamin-Antiserotonin-Verbindung, bei letalen Verbrennungen bei Mäusen.** Oswald H. Ganley. (Arch. int. Pharmacodynam. Thérap. **138**, 125–32, 1962; Rahway, N. J., Merch Inst. for Therapeut. Res.; engl.) — In Mäuseverss. erweist sich *Cyproheptadine* (*1-Methyl-4-[dibenzo-[a.e]-cycloheptatrienyliden]-piperidinhydrochlorid*) als wirksames Antihistaminicum bei normalerweise tödlichen Verbrennungen. P. Gregorzewski 4625◇

1505 **Tryptaminreceptoren im Zentralnervensystem: die Wirkung von Narcoticis.** E. Marley und J. R. Vane. (Nature [London] **198**, 441–44, 1963; London, Maudsley Hosp., Dep. of Psych. u. Royal Coll. of Surgeons of England, Dep. of Pharmacol.; engl.) — Die reflexaktivierende Wrkg. von *Tryptamin* (I) wird durch verschiedene Narcotica unterschiedlich beeinflußt. An der Katze wurde die Beeinflussung folgender Vorgänge studiert: Der Patellarsehnenreflex, die Kontraktion der Beinmuskulatur bei elektr., tetan. Reizung der sensiblen Anteile des Nervus tibialis, sowie die Biopotentiale nach elektr. Reizung einzelner Rückenmarkssegmente. — *Chloralose* (II) u. *Hydroxydion* (III) hemmen die Reflexe u. deren Aktivierung durch I nur schwach. *Halothan* wirkt stärker, die Aktivierung durch I bleibt aber noch erhalten. Die Kombination von Halothan mit II u. III hebt die Reflextätigkeit auf; I stellt unter diesen Bedingungen die Reflextätigkeit teilweise wieder her. *Pentobarbital* (IV) hemmt die Reflexe schon in nichtnarkot. Dosen u. hebt die I-Aktivierung auf. Die Vff. führen die starke Wrkg. von IV auf eine selektive Hemmung der Interneuronen im Rückenmark zurück. P. Lange 4627◇

1506 **Bestimmung von Diphenylhydantoin und Phenobarbital in kleinen Mengen Serum.** Ole Svensmark und Poul Kristensen. (J. Lab. clin. Med. **61**, 501–07, 1963; Copenhagen, Univ., Inst. of Neurophysiol.; engl.) — Beschreibung einer Best.-Meth. für 0–100 μg *Diphenylhydantoin* (I) oder *Phenobarbital* (II)/ml Serum, wobei I oder II aus angesäuertem Serum extrahiert, durch Chlf. u. Boratpuffer von pH 8,8 getrennt u. spektrophotometr. bestimmt wird. Erforderlich sind 1–2 ml Serum. K. Zingraf 4627◇

1507 **Der Einfluß von Barbituraten auf die Förderung der Glucuronsäureausscheidung.** H. R. Nitze und H. Remmer. (Naunyn-Schmiedebergs Arch. exp. Pathol. Pharmakol. **242**, 555–63, 1962; Berlin, Freie Univ., Pharmacol. Inst.; dt.) — Ratten zeigten nach subcutaner Verabreichung von *Veronal* (I) oder *Luminal* eine auf das 2–3fache verstärkte Ausscheidung von *Glucuronsäure* (II). Die Mehrausscheidung von II ließ sich nach einmaliger, subcutaner Gabe von *Salicylsäureamid* u. von *Salicylat* durch Vorbehandlung mit I nicht steigern. Durch *CFT 1201* (*Phenyldiallylessigsäure-β-diäthylaminoäthylester*) konnte weder die Ausscheidung von Glucuronid nach Salicylatgaben noch die Mehrausscheidung von II unter I-Einw. gehemmt werden. W. Wesly 4627◇

1508 **Wirkungen von Narkoticis und Analepticis auf vagale Atemreflexe der Ratte.** H. dal Ri und G. Schmidt. (Naunyn-Schmiedebergs Arch. exp. Pathol. Pharmakol. **241**, 293–308, 1961; Göttingen, Pharmakolog. Inst. der Univ.; dt.) — Bei Tieren in Urethannarkose ergaben Reizungen inspirator. Effekte, während höherfrequente Reizungen zu exspirator. Stillständen führten. Bei Vertiefungen der Narkose mit Dosen, die die Spontanatmung deprimierten, führten sowohl *Methan* als auch *Barbiturate* (*Barbital-Na*, *Aprobarbital*) zur Abschwächung der obigen Reflexe; Analeptica (*Metrazol*, *Bemegrid*) wirkten antagonistisch. *Prethcamid* zeigte keine Wirkung. O. Jansen 4627◇

1509 **Die Wirkung von Konzentration und Geschwindigkeit der intravenösen Injektion von Thiopenton.** L. Naftalin und A. Stephens. (J. theoret. Biol. **1**, 407–09, 1961; Lincoln, St. George's Hospital; engl.) — I.v. Injektion von *Thiopenton* (I) kann in manchen Fällen unmittelbar anschließend einen signifikanten Anstieg der Ketonkörper auslösen. Es wurde eine annähernde quant. Wiedergabe des Ergebnisses der Herabsetzung des injizierten I u. der gleichzeitigen Verlängerung der Injektionsdauer versucht. Die exakte Pharmakologie i.v. gegebener Pharmaca bedarf unter Umständen einer Unters., welche Konz. u. Geschw. des Zelleintritts tatsächlich in Einzelfällen bestanden. K. Maier 4627◇

1510 **Die Wirkung von Thiopenton auf die Gefäßdehnbarkeit an der Hand.** W. E. Watson, Eve Seelye und A. C. Smith. (Brit. J. Anaesthesia **34**, 19–23, 1962; Oxford, Churchill Hosp., Dep. of Neurol. and Anesth.; engl.) — In 6 von 7 Fällen mit Einleitungsdosen von *Thiopenton* u. bei 1 Vollnarkotisierten konnte eine vorübergehende Verminderung des diastol. arteriellen Blutdrucks u. Pulsdruckverminderung mit gleichzeitiger vorübergehender Steigerung der Dehnbarkeit der venösen Gefäße der Hand konstatiert werden. In 1 Fall mit ausbleibender arterieller Blutdrucksenkung kam es zu einer Verminderung der Dehnbarkeit der Gefäße. U. Tausendfreund 4627◇

1511 **Die Wirkungen von Halothane auf den peripheren Kreislauf des Menschen.** Gerald W. Black und Leo McArdle. (Brit. J. Anaesthesia **34**, 2–10, 1962; Belfast, Royal Belfast Hosp. for Sick Children; Mater Infirmo-

rum Hosp.; engl.) — Während *Halothane*-Anästhesie kommt es zu einer neural gesteuerten Vasodilatation der Extremitäten. Der normale Vasoconstrictorentonus wird herabgesetzt. Es kommt zur Interferenz mit der Fähigkeit von Noradrenalin zur peripheren Vasoconstriction u. zu einer verminderten sympathoadrenalen Reaktion. Die Verminderung des arteriellen Blutdrucks ist einem verminderten Herz-Min.-Vol. zuzuschreiben.
U. Tausendfreund 4627◇

1512 **Experimentelle Untersuchungen über die Beeinflussung funktioneller uteriner Blutungen durch Phenylbutazon.** S. Görgens. (Arzneimittel-Forsch. **12,** 477—79, 1962; Erlangen, Univ., Frauenklinik; dt.) — Es wird gezeigt, daß die durch *Phenylbutazon* (*Butazolidin*) bewirkte quant. Verminderung der Blutungsmenge u. Verkürzung der Dauer bei der Menstruationsblutung der Frau eindeutig nicht auf einem direkten Östrogeneffekt beruht. U. Tausendfreund 4627◇

1513 **Einfluß des akuten und chronischen Alkoholismus auf die Wirkung von Lokalanaestheticis am Kaninchen und Meerschweinchen.** André Quevauviller und Patrick Bourrinet. (Thérapie **17,** 1219—23, 1962; Paris, Fac. de Pharmacie, Chaire d'Hygiène et d'Education san.; franz.) — Akute u. chron. *A.*-Vergiftung steigert die lokale Oberflächenanaesthesie mit Cocain u. die Infiltrationsanaesthesie mit Procain. Daher ist bei Alkoholikern Vorsicht geboten. W. Holland 4627◇

1514 **Über die Beeinflussung zentral dämpfender und erregender Morphinwirkungen durch Anticholinenergica, Nicotinolytica und Antihistaminica an der Ratte.** Albert Herz. (Naunyn-Schmiedebergs Arch. exp. Pathol. Pharmakol. **241,** 236—53, 1961; München, Pharmakolog. Inst. der Univ.; dt.) — Die Verstärkung der narkoseähnlichen Wrkg. des *Morphins* an der Ratte durch *Scopolaminhydrobromid, Atropinsulfat, Trihexyphenidyl; 1-Cyclohexyl-1-phenyl-3-piperidino-propanol-(1)-hydrochlorid; Caramiphen, 1-Phenylcyclopentancarbonsäure-β-diäthylaminoäthylesterhydrochlorid* (*Parpanit*); *3-Piperidino-1-phenyl-1-[bicyclo-[2.2.1]-hepten-(2)-yl-(5)]-propanol-(1)-hydrochlorid* (*Akineton*); *Benactyzin, Benzylsäure-β-diäthylaminoäthylesterhydrochlorid* (*Suavitil*); *α-Phenyl-α-diäthylaminoäthylglutarsäureimidhydrochlorid* (*Aturban*); *Diethazin, N-[β-Diäthylaminoäthyl]-phenothiazin* (*Latibon*); *Diphenylhydramin, Benzhydryl-β-dimethylaminoäthyläther* (*Benadryl*); *Hydroxyzin, 1-[p-Chlorbenzhydryl]-4-[2-(2-hydroxyäthoxy)-äthyl]-piperazinhydrochlorid* (*Atarax*); *Captodiamin, p-Butylmercaptobenzhydryl-β-dimethylaminoäthylsulfidhydrochlorid* (*Covatix*); *SKF 525A, β-Diäthylaminoäthyldiphenylpropylacetathydrochlorid; CFT 1201, β-Diäthylaminoäthylphenyldiallylacetathydrochlorid; Morphinhydrochlorid,* zeigten Charakteristica einer echten Potenzierung. O. Jansen 4627◇

1515 **Über die Bedeutung des Exponenten der Konzentration eines Arzneimittels beim Massenwirkungsgesetz für die Muskelkontraktion.** P. Zamboni und D. Chieppa. (Arch. ital. Sci. farmacol. [3] **12,** 192—99, 1962; Bari, Univ., Ist. di Farmacol.; ital.) — Vff. analysieren die durch die Gleichung

$$\frac{[D]^n \cdot [R]}{[nDR]} = k$$

ausgedrückte Beziehung zwischen der Arzneimitteldosis D u. der ausgelösten Kontraktion R für den Fall der Reizung des Meerschweinchendarms durch *Carbaminoylcholin* (**I**) u. fanden, daß der Konz.-Exponent n in enger Korrelation mit der Gleichgew.-Konst. k zunimmt, wenn die Empfindlichkeit des Präp. abnimmt. Jede Muskelzelle scheint verschiedene Receptoren zu besitzen, von denen jeder einen **I**-Receptorkomplex zu bilden versucht. Aber nur in erschöpften Präpp. kommt es zur Bldg. eines 2. Komplexes (n = 2), wenn der 1. Komplex infolge Zunahme der Dissoziation die Zelle nicht genügend stimuliert. K. Zingraf 4628◇

1516 **Die Wirkung von L-Glutaminsäure und strukturell verwandten Verbindungen auf den Hinterdarm des Krebses.** Hazel C. Jones. (J. Physiology **164,** 295—300, 1962; Oxford, Univ., Dep. of Pharmacol.; engl.) — *L-Glutaminsäure* (**I**; Schwellenwert $5 \cdot 10^{-6}$ g/ml) führt am isolierten Hinterdarm von *Astacus astacus* L. ebenso wie *Acetylcholin* (**II**), *Noradrenalin* u. *Adrenalin* zu Kontraktionen, die jedoch durch **II**-Antagonisten (im Gegensatz zu **II**) nicht blockiert werden können. *D-Glutaminsäure* ($4 \cdot 10^{-5}$) ist 10mal weniger wirksam als **I**. Wirksam sind auch *L-Asparaginsäure* (**III**; $1 \cdot 10^{-5}$), *DL-α-Aminoadinpinsäure* ($6 \cdot 10^{-5}$), *L-γ-Methylenglutaminsäure* ($1 \cdot 10^{-5}$), *L-Allo-γ-hydroxyglutaminsäure* ($2 \cdot 10^{-5}$), *DL-allo-β-Hydroxyglutaminsäure* ($2 \cdot 10^{-5}$), *DL-threo-β-Hydroxyasparaginsäure* ($2 \cdot 10^{-5}$), *DL-erythro-β-Hydroxyasparaginsäure* ($2 \cdot 10^{-5}$). Unwirksam sind *DL-α-Aminopimelinsäure, L-Glutamin, L-Asparagin,* **I**-*Diamid,* **III**-*Diamid, β-Aminoglutarsäure, DL-α.γ-Diaminoglutarsäure, α.β-Diaminobernsteinsäure.* **I** ist die wirksamste Verb.; wichtig für die Aktivität scheint die Ggw. zweier COOH-Gruppen u. einer α-Aminogruppe zu sein; durch OH- oder Methylen-Gruppen wird die Aktivität leicht vermindert.
U. Tausendfreund 4628◇

1517 **Synthese und antikonvulsive Wirkung einiger N-Phenäthylacetamide.** G. S. Sidhu, P. B. Sattur und Salma Jaleel. (J. Pharmacy Pharmacol. **14,** 125, 1962; Hyderabad, Regional Res. Labor.; engl.) — Eine Reihe α-Chlor-N-phenäthylacetamide werden synthetisiert. *α-Chlor-N-phenäthylacetamid* (**I**) selbst ist mit 5 mg/kg in der krampfhemmenden Wrkg. mit *Phenobarbiton* vergleichbar *α-Chlor-N-m-chlorphenäthylacetamid* (**II**) zeigt $^2/_3$ dieser Wirkung.

Versuche: α-Chlor-N-phenäthylacetamide: **I**, F. 70—71° (wss. A.), durch Zugabe von Chloracetylchlorid zu Phenäthylamin in 10%ig. wss. NaOH. — **II**, $C_{10}H_{11}Cl_2NO$, F. 66°. — *p-Chlor-*, F. 91°. — *o-Methoxy-*, $C_{11}H_{14}ClNO_2$, F. 84°. — *p-Methoxy-*, F. 102°.
W. Holland 4628◇

1518 **Untersuchung über Spasmolytica.** 10. Mitt. **Der Stoffwechsel von 3.5.5-Trimethylcyclohexylmandelat (Cyclandelate).** M. J. E. Ernsting, R. F. Rekker, H. M. Tersteege und W. Th. Nauta. (Arzneimittel-Forsch. **12,** 930—31, 1962; Amsterdam, Koningl. Pharmaceut. Fabr. v/h Brocades Stheeman en Pharmacia, Res. Dep.; engl.) — 9. Vgl. C. **1963,** 12128. — Ein Vgl. zwischen peroral u. als Suppositorium verabreichtem *3.5.5-Trimethylcyclohexylmandelat* (*Cyclandelate, Cyclospasmol, Cyclomandol, Spasmocyclone*) zeigt, daß nach rektaler Anwendung die Mandelsäure-Ausscheidung nur wenig niedriger als nach peroraler Verabreichung ist u. daß es zu guter Resorption kommt. Zur Erzielung gleich großer therapeut. spasmolyt. Wrkg. sind bei beiden Verabreichungswegen etwa gleiche Dosen erforderlich.
U. Tausendfreund 4628◇

1519 **Die Wirkung von Arzneimittel auf das Zirkulärmuskelpräparat des isolierten Meerschweinchenileum.** J. Harry. (Brit. J. Pharmacol. Chemotherapy **20,** 399 bis 417, 1963; London, King's Coll., Dep. of Pharmacol.; engl.) — Das Zirkulärmuskelpräp. des isolierten Meerschweinchendarms ist im Gegensatz zum Längsmuskel unempfindlich gegenüber Arzneimitteln, die auf autonom reagierende Gewebe wirken, reagiert jedoch (nach Hemmung der Cholinesterase) leicht auf *Cholinester, 5-Hydroxytryptamin* (**I**), *Histamin* (**II**) u. *Nicotin* (**III**). Es ist deshalb immer Vorbehandlung mit *Bis-[isopropylamino]-fluorphosphinoxid* (Mipafox) als Anticholinesterasemittel notwendig. Die durch **I, II** oder **III** ausgelösten Kontraktionen werden durch *Procain, Botulinustoxin* (*Typ A*) (**IV**), *Morphin* (**V**) u. *Hemicholinium* (**VI**) ausgelöscht, während die Wrkg. von *Acetylcholin* u. *Methacholin* unbeeinflußt bleiben; alle durch bereits genannte Substanzen bewirkten Kontraktionen werden durch *Atropin* u. *Hyoscin* ausgelöscht. Die Wrkg. von **III** wird durch *Hexamethonium* spezif. antagonist. beeinflußt, die von **I** durch Desensibilisierung des Gewebes gegenüber **I** u. die von **II** durch Desensibilisierung des Gewebes gegenüber **II** oder durch *Mepyramin.* Vermutlich stimulieren **I, II** u. **III** spezif. Rezeptoren im intramuralen Nervenplexus des isolierten Meerschweinchendarms. **IV, V** u. **VI** hemmen die Kontraktionen nach **II** u. **III** stärker als diejenigen nach **I**. U. Tausendfreund 4628◇

1520 **Wirkung von Arzneimitteln auf die Elektroschockkrampfschwelle bei verschiedenen endokrinen Mangelzuständen.** Salvatore de Salva. (Arch. int. Pharmacodynam. Thérap. **142,** 361—65, 1963; Kankakee, Ill., Armour Pharm. Comp., Dep. of Pharmacol. and Chemother.; engl.) — Die minimale Elektroschockkrampfschwelle wird bei Ratten durch Adrenalektomie (maximal), Hypophysektomie, Adenohypophysektomie, Neurohypophysektomie u. Thyreoidektomie (minimal) in genannter Reihenfolge herabgesetzt. *Diphenylhydantoin* (**I**), *Phenobarbital* (**II**), *Meprobamat* (**III**), *Serotonin* (**IV**), *Reserpin* (**V**) u. *Ephedrin* (**VI**) setzen die Elektrokrampfschwelle herauf, *Lysergsäurediäthylamid* (**VII**) setzt die Schwelle herab, *Diphenhydramin* (**VIII**) ist ohne Wirkung. Hypophysektomie, Adenohypophysektomie u. Thyreoidektomie blockieren die depressive Wrkg. von **I** u. **II**, wandeln die depressive Wrkg. von **IV**, **V**, **VI** in erregende Wrkg. um u. lassen **VIII** erregend wirken bzw. steigern die erregende Wrkg. von **VII**. Neurohypophysektomie ändert die Wrkg. von **I** nicht, vermindert jedoch die Wrkg. von **III**, **IV** u. **V**, läßt **VI** u. **VIII** stark exzitator. wirken u. steigert die erregende Wrkg. von **VII**. Bei Adrenalektomie setzen **I**, **III** u. **IV** die Schwelle stärker als normal herauf, die Wrkg. von **II** bleibt unverändert.
U. Tausendfreund 4628◇

1521 **Wirkungen der Elektroschockkrampfschwelle auf Diphenylhydantoin bei hypophysektomierten Ratten.** Salvatore de Salva. (Arch. int. Pharmacodynam. Thérap. **142,** 366—70, 1963; Kankakee, Ill., Armour Pharm. Comp., Dep. of Pharmacol. and Chemother. engl.) — Vgl. auch vorst. Referat. — Zur Klärung widersprüchlicher Resultate über die Wrkg. von *Diphenylhydantoin* (**I**) auf die minimale Elektroschockkrampfschwelle bei hypophysektomierten Ratten wurden erneute akute u. subakute Verss. bei hypophysektomierten Ratten mit Na-**I** durchgeführt. Diese bewiesen, daß **I** bei Hypophysektomie die Elektroschockkrampfschwelle in geringerem Maße anhebt. U. Tausendfreund 4628◇

1522 **Wechselwirkung zwischen Benzochinonium und Anticholinesterasen im Skelettmuskel.** L. C. Blaber und W. C. Bowman. (Arch. int. Pharmacodynam. Thérap. **138,** 90—104, 1962; London, School of Pharm., Dep. of Pharmacol.; engl.) — Am Musculus tibialis anterior der Katze wird der Einfl. verschiedener Anticuraremittel (*Neostigmin*, *Physostigmin*, *Edrophonium*, *Ambenonium*, *Methoxyambenonium*) auf die *Benzochinoniumchlorid* (**III**)-Paralyse untersucht. Lediglich **I** u. **II** haben schwache antagonist. Wrkg. auf die durch **III** hervorgerufene Blockierung. In Muskelhomogenaten hemmt **III** die Acetylcholinesterase. P. Gregorzewski 4628◇

1523 **Die cholinergisch blockierende Wirkung adrenergisch blockierender Substanzen bei der pharmakologischen Analyse autonomer Innervation.** Helen Boyd, G. Burnstock, G. Campbell, Alison Jowett, Judith O'Shea und Margaret Wood. (Brit. J. Pharmacol. Chemotherapy **20,** 418—35, 1963; Melbourne, Victoria, Univ., Dep. of Zool.; engl.) — Da die adrenerg. blockierend wirkenden Substanzen *Tolazolinhydrochlorid* (*Priscol*, Ciba), *Phentolaminmethansulfonat* (*Regitine*), *Piperoxan*[*2-(Piperidinomethyl)-benzodioxan-(1.4)*], *Yohimbinhydrochlorid*, *Phenoxybenzaminhydrochlorid* (*Dibenzyline*, Smith Kline & French), *Bretyliumtosylat* (*Darenthine*, Wellcome Res. Labors.) u. *Guanethidin* (Ciba) bei einer Reihe von glatten Muskelpräpp. von Wirbeltieren sowohl die Erregungswrkg. cholinerg. Nerven als auch von Acetylcholin blockieren, werden diese adrenerg. blockierenden Substanzen als nicht geeignet zur schlüssigen Unterscheidung zwischen adrenerg. u. cholinerg. Nerven angesehen. Zur Analyse autonomer Innervationen müssen deshalb die bei Nervenreizung freigesetzten Substanzen durch spezif. biochem. Meth. oder Proben identifiziert werden.
U. Tausendfreund 4628◇

1524 **Weitere Beobachtungen über die Wirkung von Carisoprodol auf die reticuläre Regulierung spinaler monosynaptischer Reflexe.** J. del Castillo und T. E. Nelson jun. (Arch. int. Pharmacodynam. Thérap. **142,** 572—90, 1963; San Juan, Puerto Rico, School of Med., Dep. of Pharmacol.; engl.) — Zur Erweiterung der Kenntnisse über die Wrkg. von *Carisoprodol* (**I**, *N-Isopropyl-2-methyl-2-n-propylpropylen-(1.3)-dicarbamat*) wurde die **I**-Wrkg. auf die submaximale Rückenmarkshemmung u. nach gleichzeitiger Reizung der anregenden u. hemmenden Gebiete der Formatio reticularis untersucht. Danach steigert **I** das Ausmaß der durch Medullareizung bei der decerebrierten Katze hervorgerufenen Spinalhemmung (selektive Hemmwrkg. auf die reticulospinale Bahnung). Die sogen. submaximale Hemmung kann als myograph. Ausdruck eines Gleichgew. zwischen Bahnung u. Hemmung angesehen werden, welches sich nach Verminderung des einen der beiden Anteile verschiebt. Die Möglichkeit einer direkten Potenzierungs-Wrkg. von **I** auf die Übertragungsfunktionen hemmender Bahnen kann nicht ausgeschlossen werden. Bei Unters. des Antagonismus zwischen **I** u. *Eserin* (**II**) scheint **II** die spinalen monosynakt. Reflexe durch Beeinflussung von Strukturen zu potenzieren, die mit der reticulospinalen Bahnung im Hirnstamm zusammenhängen.
U. Tausendfreund 4628◇

1525 **Wechselwirkung zwischen Curare und löslichen Hirnproteinen, nachgewiesen durch die Technik gekreuzter Papierelektrophorese.** Kazutami Kiyota. (J. Neurochem. [London] **9,** 555—58, 1962; Kumamoto, Univ., School of Med., Dep. of Neuropsychiat.; engl.) — Die mit Hilfe gekreuzter Papierelektrophorese zwischen *Curare* u. *lösl. Proteinen* u. Serum sich bildenden Komplexe sind lediglich in α- u. *β-Proteinfraktionen des Hirngewebes* von Rind, Hund, Ratte u. Maus nachweisbar. Der durch den Komplex entstehende Fleck ist im Bereich der α-Fraktion am größten. Diese Komponente läßt sich bes. in Proteinen aus Caudatum u. Thalamus nachweisen u. ist geringer in der Hirnrinde u. am geringsten in der weißen Substanz. U. Tausendfreund 4628◇

1526 **Pharmakologische Wirksamkeit von 5-Phenyl-1.3.4-thiadiazol (L 1538), 2-Amino-5-phenyl-1.3.4-thiadiazol (L 1460) und 2-Amino-5-(2′-thienyl)-1.3.4-thiadiazol (L 1458).** G. Maffii und E. Soncin. (Brit. J. Pharmakol. Chemotherapy **13,** 357—63, 1958; Milano, Lepetit S. p. A., Pharmacol. Labor.) — Die Muskelrelaxantien *5-Phenyl-1.3.4-thiadiazol* [L 1538], *2-Amino-5-phenyl-1.3.4-thiadiazol* [L 1460] u. *2-Amino-5-[2′-thienyl]-1.3.4-thiadiazol* [L 1458] besitzen bei Mäusen, Ratten, Katzen u. Hunden eine lähmende Wrkg., blockieren die ton. Komponente von maximalen Elektroschockanfällen u. schützten Mäuse gegen Strychnin-, nicht jedoch gegen Cardiazolkrämpfe. Sie lähmten die polysynapt. spinale Übertragung in Dosen, die auf die monosynapt. Übertragung prakt. keinen Einfl. hatten u. verringerten den Rigor der enthirnten Katze, hoben ihn aber nicht immer auf. Eine Synchronisation im epiduralen EEG wurde nicht beobachtet. Dosen, welche den Muskeltonus u. die Spontanaktivität nicht wesentlich beeinflußten, verlängerten die hypnot. Wrkg. von *Pentobarbiton* u. anderen *Barbituraten* bei Mäusen. K. Zingraf 4628◇

1527 **Die Wirkung von Atropin auf durch Brenzcatechinamine, Angiotensin, Histamin, Serotonin und Acetylcholin beim wachen Hund hervorgerufenen Herz-Kreislaufreaktionen.** K. D. Bock und M. Meier. (Arch. int. Pharmacodynam. Thérap. **142,** 444—56, 1963; Basel, Ciba Ltd., Res. Labor.; engl.) — Da die Auswertung von an narkotisierten Tieren gewonnenen Erfahrungen über die Herz-Kreislauf-Physiologie u. -Pharmakologie problemat. ist, wurden Verss. an wachen Hunden durchgeführt, u. zwar sollten die Wrkg. einer durchaus bekannten Substanz (*Atropin*; **I**) auf die cardiovasculären Wrkg. endogener Substanzen geprüft werden. **I** allein (0,04—0,1 mg/kg) verursachte einen Blutdruckanstieg (vorwiegend diastol.) u. eine Verminderung des Pulsdrucks; dazu Tachycardie. **I** verstärkte die Pressor-Wrkg. von *Noradrenalin* (**II**), *Angiotensin* (**III**) u. *Adrenalin* (**IV**), ließ diejenige von *Serotonin* (**V**) unbeeinflußt, verstärkte die depressor. Wrkg. von *Histamin* (**VI**) u. verringerte die von *Acetylcholin* (**VII**). **I** schwächte oder löschte die durch **II**, **III**, **IV** hervorgerufene Verringerung der Herzfrequenz u. verstärkte die Verringerung nach **V**. **I** verminderte die Tachycardie nach **VI** u. **VII**. **I** hemmt den Anstieg des zentralen Venendruckes nach **II, IV** u. **III**.

U. Tausendfreund 4630◇

1528 **Pharmakologische Wirkungen von N.N-Diisopropyl-N′-isoamyl-N′-diäthylaminoäthylharnstoff (P-286), einem Hemmstoff des Nebennierenmarks.** W. Osswald. (Naunyn-Schmiedebergs Arch. exp. Pathol. Pharmakol. **245,** 131—32, 1963; Proto; dt.) — *N.N-Diisopropyl-N′-isoamyl-N′-diäthylaminoäthylharnstoff* (*P-286*) blockiert spezif. das Nebennierenmark, verringert den Blutdruckanstieg infolge von Splanchnicusreizung, Carotissinusentlastung, Asphyxie, zentraler Vagusreizung, *Dimethylphenylpiperaziniumjodid* u. *m-Bromphenyloxycholinbromid* u. hemmt die durch chem. oder nervöse Reize ausgelöste Freisetzung von Brenzcatechinaminen aus der Nebenniere. 2,5—5,0 mg/kg blockieren die Ganglien nicht; höhere Dosen hemmen vorübergehend die Übertragung in Parasympathicusganglien. K. Zingraf 4630◇

1529 **Hämodynamische Wirkungen von Hexadylamin auf den Körperkreislauf und die Coronargefäße.** George G. Rowe, Skoda Afonso, William C. Boake, Cesar A. Castillo, Jorge E. Lugo und Charles W. Crumpton. (Proc. Soc. exp. Biol. Med. **112,** 545—47, 1963; Madison, Univ. of Wisconsin Med. School Cardiopulm. Res. Labor.; Dep. of Med.; engl.) — Bei narkotisierten Hunden bewirkte i. v. Infusion von *Dicyclohexylpiperidyläthylenhydrochlorid* (*Hexadylamin, MRL 38*) eine Erweiterung der peripheren u. Coronargefäße sowie eine Zunahme des Herzminutenvol., der Coronardurchblutung u. des O_2-Geh. im Coronarsinus. Es wurde auch eine geringe Zunahme der Arbeit der linken Herzkammer u. des O_2-Verbrauchs des Herzmuskels beobachtet.

K. Zingraf 4630◇

1530 **Die Verteilung von 2.6-Bis-[di-(β-hydroxyäthyl)-amino]-4.8-dipiperidinopyrimido-[5.4:d]-pyrimidin im Organismus und in der Herzmuskelzelle von Ratten und Mäusen.** W. Kunz, E. Mueller und M. Siess. (Arzneimittel-Forsch. **13,** 179—85, 1963; Marburg/Lahn, Univ., Pharmakol. Inst.; dt.) — Unters. über die Verteilung von *2.6-Bis-[di-(β-hydroxyäthyl)-amino]-4.8-dipiperidinopyrimido-[5.4:d]-pyrimidin* (*Dipyridamol, Persantin,* Thomae; **I**) bei Ratten u. Mäusen zeigen höhere **I**-Konzz. in Leber, Lunge, Niere, Milz u. Herz als im Blut, während im Skelettmuskel u. Fettgewebe die **I**-Konz. nur wenig über der im Blut liegt, im Gehirn keine über die Blutkonz. hinausgehende Ansammlung von **I**. Die **I**-Konz. im Herzmuskel liegt 100% über der im Skelettmuskel. Selbst bei niedrigen Dosen finden sich im isolierten Vorhof stoffwechselfördernde **I**-Konzz., die im coronarwirksamen Bereich liegen. Die höchste Konz. des im Herzen zu findenden **I** (bis zu 85%) ist, bezogen auf den Proteingeh., in den für den Stoffwechsel wichtigen Sarkosomen u. den für den Kontraktionsvorgang wichtigen Grana nachweisbar. U. Tausendfreund 4630◇

1531 **Eine Untersuchung des Mechanismus der hämodynamischen Wirkungen von Hydralazin beim Menschen.** Bengt Åblad. (Acta pharmacol. toxicol. [København] Suppl. 1. **20,** 1—53, 1963; Göteborg, Univ., Dep. of Pharmacol.; engl.) — Unterss. der vasodilator. Wrkg. von *Hydralazin* beim Menschen weisen darauf hin, daß die Wrkg. auf das periphere Gefäßbett als Hauptmechanismus der hämodynam. Wrkg. anzusehen ist.

U. Tausendfreund 4630◇

1532 **Die Wirkung von Eledoisin auf den systemischen Blutdruck einiger Versuchstiere.** V. Erspamer und A. Glaesser. (Brit. J. Pharmacol. Chemotherapy **20,** 516—27, 1963; Parma, Univ., Inst. of Pharmakol.; Milan, Farmitalia S. p. A., Res. Labors.; engl.) — *Eledoisin* (**I**) wirkt beim Hund in jedem Falle bereits in sehr niedrigen Dosen (Schwellenwert 0,2—0,5 mg/kg bei rascher i. v. Injektion) hypotensiv. Die Wrkg. wird durch Vorbehandlung mit *Atropin*, Sympathicolytica, Ganglienblocker oder *Reserpin* nicht beeinflußt. **I** wirkt gegenüber Brenzcatechinaminen u. Angiotensin antagonistisch. Durch i. v. Infusion oder s. c. Injektion kommt es zu langanhaltendem Effekt. Die Wrkg. ist beim Hund vorwiegend als peripher bedingt aufzufassen (geeignetes Vers.-Tier). Bei Kaninchen, Meerschweinchen u. Katze ähnliche, jedoch weniger intensive Reaktionen. Die Ratte reagiert nach Ganglienblockierung oder Rückenmarksentfernung mit Blutdruckanstieg. Beim narkotisierten Huhn kommt es zu biphas. Rk., beim dekapitierten Huhn nur zur Hypertension (abhängig von der Brenzcatechinamin-Freigabe aus Organdepots).

U. Tausendfreund 4630◇

1533 **Wirkungen von Desacetyllanatosid C auf die Leistung, auf die Coronardurchblutung und auf den O_2-Verbrauch des Hundeherzens in situ.** G. Marchetti und L. Merlo. (Arch. ital. Sci. farmacol. [3] **12,** 135—40, 1962; Milano, Ist. di Cardiol. Sperim.; ital.) — Die durch Ermüdung herabgesetzte Leistung des Herzmuskels wurde durch *Desacetyllanatosid C* deutlich gesteigert.

K. Zingraf 4630◇

1534 **Die Entstehung von „Nachkontraktionen" im Herzmuskel unter Einwirkung von Calcium und von Digitalisglykosiden in Abhängigkeit von der Reizfrequenz.** M. Reiter. (Naunyn-Schmiedebergs Arch. exp. Pathol. Pharmakol. **242,** 497—507, 1962; München, Univ., Pharmakol. Inst.; dt.) — An Papillarmuskeln von Meerschweinchen bei 25° ausgeführte Unterss. zeigen, daß „Nachkontraktionen" auftreten, wenn die Ca-Konz. der einwirkenden Krebs-Henseleit-Lsg. auf 7,2 mMol/Liter bei einer Frequenz von 1/Sek. oder die Erregungsfrequenz erhöht wird; sie treten auch unter der Einw. von *Dihydroouabain* in Abhängigkeit von der Glykosid- u. Ca-Konz. u. der Reizfrequenz auf. Dabei ist die Kontraktionszeit verkürzt. Als Ursache der „Nachkontraktionen" wird eine Steigerung des zellulären Ca-Geh. erörtert. W. Wesly 4630◇

1535 **Wirkung von Harnstoff und Acetazolamid auf Hirnvolumen und Cerebrospinalflüssigkeitsdruck.** D. J. Reed und D. M. Woodbury. (J. Physiology **164,** 265—73, 1962; Salt Lake City, Utah, Univ. of Utah, Coll. of Med., Dep. of Pharmacol.; engl.) — Durch Unterss. an nephrektomierten Sprague-Dawley-Ratten mit Injektionen von 1—2 g *^{14}C-Harnstoff* (**I**)/kg (in 5% Glucose-Lsg.) u. 5 mg *Acetazolamid* (**II**)/kg wird die Annahme bestätigt, nach der das Ausmaß u. der Zeitablauf des Druckabfalls der Cerebrospinalfl. nach hyperton. **I** primär durch die Geschw. bestimmt werden, mit welcher das intracraniale Gefäßvol. u. das Cerebrospinalfl.-Vol. zur Kompensierung der durch **I** bewirkten Entfernung des W. aus dem Gehirn ansteigen. Durch **II** wird der Wassergeh. des Gehirns noch weiter (um 50%) vermindert, die Zeit zur Erreichung des Minimaldruckes der Cerebrospinalfl. u. zur Rückkehr zur Norm wird verlängert (200%), der Druckabfall der Cerebrospinalfl. wird größer (100%); die Aufnahmegeschw. für **I** durch das Gehirn bleibt unverändert.

U. Tausendfreund 4634◇

1536 **Untersuchung von Markierungstechniken in vivo zur Arzneimittelprüfung.** Billy D. Rupe, William F. Bousquet und John E. Christian. (J. pharmac. Sci. **52,** 579—83, 1963; Lafayette, Ind., Purdue Univ., School of Pharm., Bionucleonics Dep.; engl.) — An Ratten wurde der *Na*-Stoffwechsel nach Injektion von *^{22}NaCl* untersucht. Die durch *Desoxycorticosteronacetat* bei der adrenalektomierten Ratte ausgelöste Na-Retention kann durch *Spironolacton* aufgehoben werden (Rascher Wrkg.-Eintritt, Wrkg.-Dauer über 5 Stunden). Die natriuret. Wrkg. von *Acetazolamid, Chlorothiazid, Hydrochlorothiazid* u. *Meralllurid* konnte bestätigt werden. *Amphenon B* hemmt die Ausscheidung von Na.

K. Zingraf 4634◇

1537 **Klinische Erfahrungen über die diuretische Wirkung eines Isoindolinderivates.** E. Ventura, L. Loiodice und F. Zironi. (Minerva med. [Torino] **52,** 963—73, 1961; Modena, Univ., Ist. di Clin. Med. Generale e Terap. Med.; ital.) — *1-Hydroxy-3-[3′-sulfamyl-4-chlorphenyl]-3-hydroxyisoindolin* (*Igroton,* Geigy) wurde bei 20 Patienten mit Ödemen mit Erfolg angewandt. Bei einigen Personen mit Lebercirrhose trat ein neurolog. Syndrom (Verwirrungszustand) ein.

K. Zingraf 4634◇

1538 **Diuretische Wirkung einiger Derivate der 2-Phenylimidazo-[1.2:a]-pyridincarbonsäure.** G. Marchetti und L. Merlo. (Farmaco [Pavia], Ediz. sci. **18,** 275—87, 1963; Milano, Ist. di Cardiol. Sperim. Simes S. p. A.;

ital.) — Zahlreiche Alkylderivv. von *2-Phenylimidazo-[1.2:a]-pyridincarbonsäure* bewirkten bei der normalen Ratte eine Zunahme der Ausscheidung von W., Na^+ u. Cl^-, nicht jedoch von K^+. Die Wrkg. ist schwächer als die von *Hydrochlorothiazid* u. ihr Mechanismus ist noch ungeklärt. Folgende 2-Phenylimidazo-[1.2:a]-pyridin-6-carbonsäure- bzw. -7-carbonsäure-Derivv. werden geprüft: *Unsubstituiert Na-Salz, -methylester, -amid, -hydrazid, -N.N-dimethylamid, -N.N-diäthylamid, -N-propylamid, -N-hexylamid, -N.N-pentamethylenamid, -N-[β-(N.'N'-diäthylamino)-äthyl]-amid · 2HCl, -β-[N.N-dimethylamino]-äthylester · 2HCl, -β-[N.N-diäthylamino]-äthylester · 2HCl, -β-[N.N-diisopropylamino]-äthylester · 2HCl, -ω-[N.N-dimethylamino]-propylester · 2HCl, -β-[N.N-dimethylamino]-α-methyläthylester · 2HCl, -β-[N.N-diphenylamino]-äthylester, -4-methyl-4-azacyclohexylester · 2HCl.* K. Zingraf 4634◇

1539 **Die Bedeutung der einzelnen Molekülgruppen des N-Dichloracetyl-DL-serins für dessen biologische Aktivität.** G. L. Shdanow, I. B. Ssorokina, W. P. Malkowa und Je. P. Ssemkin. (Ber. Akad. Wiss. UdSSR **147,** 1510—11, 1962; russ.) — Zwecks Klärung der Frage, ob die Wrkg. von *N-Dichloracetyl-DL-serin* (**I**) auf die Regeneration der Rattenleber auf der biol. Aktivität des ganzen **I**-Mol. oder auf der Ggw. bestimmter Gruppen beruht, wurden an teilhepatektomierten Ratten die nachstehenden Verbb. untersucht: **I**, *N-Dichloracetyl-DL-methionin, -alanin* u. *-phenylalanin, DL-Serin, N-Acetyl-DL-serin, N-Dichloracetyläthanolamin, -Dichloracetamid, Dichloressigsäure* (**II**), *Essigsäure, Monochloressigsäure* u. *Trichloressigsäure.* Es zeigte sich, daß die biolog. Aktivität von **I** nicht auf der Ggw. des Aminosäureanteils beruht. Die regenerierende Wrkg. auf die Rattenleber war bei **II** stärker als bei allen anderen untersuchten Verbindungen. Die Essigsäure war nur wenig wirksam. N-Acetyl-DL-serin war unwirksam. Hieraus ist zu schließen, daß die Wrkg. des **I** auf der Ggw. der Dichloracetylgruppe beruht. O. Lebtag 4640△

1540 **Einige pharmakologische Wirkungen des Süßholzextraktes.** J. L. Delso Jimeno. (Medicamenta [Madrid] **24(12)**, Nr. 202, 257—58, 1960; Madrid; span.) — Ein 5%ig. wss. Süßholzextrakt bewirkte eine Kontraktion des Meerschweinchen-Uterus in gleicher Weise wie *Pituitrin*, hemmte am isolierten Meerschweinchenileum die durch *Histamin* (**I**) ausgelösten Kontraktionen u. besaß in hohen Dosen bei der Katze eine blutdrucksenkende Wrkg., die der von **I** ähnlich war. K. Zingraf 4645◇

1541 **Zur experimentellen Prüfung des antiemetischen Effektes einer neuen Thipendyl-Verbindung.** H. Goethe. (Arzneimittel-Forsch. **12,** 321—23, 1962; Hamburg; Esso-Tankschiff-Reederei; dt.) — Die Wrkg. von *Pervetral, 10-[3'-(1''-β-Hydroxyäthyl-4''-piperazinyl)-propyl]-thiophenylpyridylamin · 2HCl* (**I**) wurde mit den bekannten Antiemetika *Cyclizin* (**II**), *Dimenhydrinat* (**III**) u. *Triflupromazin* (**IV**) verglichen. Es wurde der Einfl. auf Erbrechen u. Übelkeit nach einem Test im Drehstuhl oder nach Gabe von *Apomorphin* prophylakt. u. therapeut. getestet. Unter diesen Bedingungen wirkt **I** besser als **II** u. **III**, u. gleichstark wie **IV** bei geringeren Nebenwirkungen. P. Lange 4646◇

1542 **Behandlung der chronischen Bronchitis mit Penimepicyclin.** Maurice Pommier. (Thérapie **17,** 1321—31, 1962; Tourcing, Serv. de Méd. Hommes, Centre Méd. G. Dron.; franz.) — An 24 Fällen wird die gute Wrkg. von *Penimepicyclin* bei bronchialen Affektionen aufgezeigt. W. Holland 4650◇

1543 **Hexachlorophen zur Behandlung von Hautinfektionen bei empfindlichen Kindern.** George G. Graham und Enrique Morales. (Amer. J. Diseases Children **105,** 462—65, 1963; Lima, Brit. Americ. Hosp.; engl.) — *Hexachlorophen* erwies sich als erfolgreich zur Verminderung des Vork. von Hautinfektionen bei unterernährten, chron. kranken Kindern während der Hospitalisierung. Dabei war das 3%ig. *pHiso-Hex* (Winthrop) einer nur 2% enthaltenden Seife (P. Beiersdorf & Co.) überlegen, so daß die routinemäßige Anwendung des fl. 3%ig. Präp. bei der allg. Pflege stark empfindlicher Kinder empfohlen wird. U. Tausendfreund 4661◇

1544 **Eine neue Substanz mit bactericider und fungicider Wirkung und die Anwendung dieser Substanzen bei Pilzerkrankungen.** O. Nejedly. (Dermatologica [Basel] **122,** 167—70, 1961; Erfurt, Med. Akad., Hautklin.; dt.) — Verbb. aus der Gruppe der *2-Thionotetrahydro-1.3.5-thiadiazine* haben gute antimykot. Wirksamkeit. P. Gregorzewski 4661◇

1545 **Anwendung der diuretischen Sulfonamide bei der Behandlung der Bromid-Vergiftung.** I. Ivancevic, J. Taborsky und M. Rabadzija. (Thérapie **17,** 1147—53, 1962; Zagreb, Univ., Fac. de Méd., Inst. de Pharmacol.; franz.) — *Hygroton* (**I**) erweist sich an der Ratte wirksam als langdauerndes Bromid-Diureticum. Die Chlorid-Diurese ist wesentlich geringer. **I** ist dabei mit Hydrochlorthiazid vergleichbar, es kann bei Bromidvergiftungen verwendet werden. W. Holland 4675◇

1546 **Wirkung der durch Inhalation applizierten Reaktivatoren der Cholinesterase.** B. Bošković und P. Stern. (Chemotherapia [Basel] **5,** 343—48, 1962; Sarajevo, Yugoslavia, Univ., Fac. of Med., Inst. of Pharmacol.; engl.) — Weiße Mäuse erhielten i.v. Injektionen der Alkylphosphinsäureester *Armin* (**I**; 0,7 mg/kg, 50fache DL_{50}). Nach Inhalationen von *Atropinpyridin-2-aldoximmethjodid*-Lsg. oder *Atropin-Trimethylen-bis-[4-hydroxyiminoformylpyridinium]-dibromid*-Lsg. (**II**) in der Sprinkler-Kammer überlebten annähernd 50% der Tiere. Es zeigte sich keine Dosisabhängigkeit. Beginnt die Inhalation vor der Injektion von **I**, so wird die Überlebensrate auf 75% angehoben. Durch Messung der Cholinesteraseaktivität wird gezeigt, daß **II** tatsächlich über die Lungen resorbiert wird. *β-Diäthylaminoäthyl-diphenylpropylacetat-HCl* (SKF 525) verändert die Wrkg. der Reaktivatoren nicht. K.-W. Glombitza 4675◇

F. Pharmazeutische Chemie, Desinfektion

1547 **Über die Anwendung von Plasten in der Pharmazie und verwandten Gebieten.** 1. und 2. Mitt. John Autian. (J. pharmac. Sci. **52,** 1—23, 105—22, 1963; Austin, Univ. of Texas, Coll. Pharm., Drug-Plastic Res. Labor.; engl.) — Übersicht. — 148 Literaturangaben. S. Hess 4750◇

1548 **Pyrilamin-„Resinat"-Tabletten mit Aspirin und Vitamin C.** Sheldon Siegel, Roy H. Reiner, James A. Zelinskie und Edward J. Hanus. (J. pharmac. Sci. **51,** 1068—71, 1962; Rahway, N. J., Merck & Co. Inc., Chem. Div., Prod. Dev. Labor.; engl.) — Tabletten u. Kapseln, die *Pyrilamin* (**I**)*-maleinat* neben *Acetylsalicylsäure* (**II**) u. *Na-Ascorbinat* (**III**) enthalten, zeigen bereits nach kurzer Lagerzeit physikal. Veränderungen. Auch die Verw. von *Ascorbinsäure* bewirkt keine Verbesserung der Haltbarkeit. Eine wesentliche Haltbarkeitssteigerung kann erreicht werden, wenn an Stelle des **I**-Materials ein Adsorbat der **I**-Base an einem schwach sauren Ionenaustauscherharz (Type XE-64, Herst. Rohm u. Haas Co., Philadelphia) für die Arzneiformen verwendet wird. Das **I**-Adsorbat ist ein weißes, freifließendes, prakt. geruchloses Pulver mit einem Äquivalent-Geh. von 61,2—64,0% **I**-Maleinat. Der Einfl. der Verpackung bei erhöhter Temp. (40°) wurde geprüft. Je größer die Permeabilität der Verpackung ist, um so besser ist die Haltbarkeit der Zubereitungen. Dies wird mit einer Verflüchtigung von gasförmigen Zers.-Prodd. erklärt, die im Falle der gasdicht verschlossenen Behälter autokatalyt. auf die weitere Zers. wirken. 20—40std. Erhitzen auf 50° vor der Verpackung erhöht die Stabilität der Tabletten außerordentlich. S. Erbe 4766◇

1549 **Die vollständige Deformationszeit von Suppositorien sowie die Fähigkeit der Abgabe des Heilmittels als**

Kriterien zur Beurteilung neuer Grundmassen. 3. Mitt. Grundmassen aus Polyäthylenglykolen. Leszek Krówczyński. (Dissertat. pharmac. [Warszawa] **14**, 237—46, 1962; pol.) — 2. vgl. C. **1964**, 16-1498. — Suppositoriengrundmassen aus Polyäthylenglykol (Suppogen ON, Suppogen O, Suppopharm R) haben wegen ihres hohen F. eine längere Deformationszeit bei 37° als Fettmassen. Die Deformationszeit kann durch Zusatz von Propylenglykol (10%) u. W. (10%) erniedrigt werden. Die in die Masse eingeführten Heilmittel verlängern (z. B. Pyramidon) oder verkürzen (Sulfathiazol-Na) diese Zeit. Die Abgabe des Heilmittels verläuft langsamer als aus Fettmassen. Die Abgabe wird durch die Zus. u. durch die Deformationszeit nicht beeinflußt. Bei alten Suppositorien ist die Abgabe nur wenig verlangsamt.
F. Urban 4766◇

1550 **Schutzüberzüge. 13. Mitt. Amphotere Polyvinylpyridinderivate.** Tadao Ida, Shuzo Kishi, Shoji Takahashi und Isamu Utsumi. (J. pharmac. Sci. **51**, 1061—68, 1962; Osaka/Japan, Tanabe Seigaku Co. Ltd., Osaka Res. Labor.; engl.) — 12. vgl. J. Utsumi, J. Pharm. Soc. Japan **81**, [1961], 878; 8 vgl. C. **1961**, 2025. — *4-Vinylpyridin*, *2-Vinylpyridin*, *2-Methyl-5-vinylpyridin* oder *2-Vinyl-5-äthylpyridin* wurden mit Hilfe von Benzoylperoxid oder α.α'-Azo-bis-isobutyronitril als Katalysator mit *Methacrylsäure* u. *Acrylsäure* polymerisiert. Als weitere Monomere wurden Styrol, Methylacrylat u. Acrylonitril eingesetzt. Die Eigg. der erhaltenen Polymerisate wie Löslichkeit in verschiedenen Lsgm., isoelektr. Zone, Eignung zur Filmbldg., Viscoelastizität u. Wasserdampfdurchlässigkeit der Filme u. Toxizität wurden untersucht. Die überzogenen Tabletten zerfielen in saurer wie in alkal. Lsg., nur in annähernd neutraler Lsg. zeigten die Flime keine Veränderung.
S. Erbe 4766◇

1551 **Eine vorläufige Veröffentlichung über Chaksu und seine Verfälschungen.** S. M. J. S. Qadry. (Indian J. Pharmacy **25**, 305—06, 1963; Delhi, Inst. of History of Med. & Med. Res. Pharmacogn. Labor.; engl.) — Zusammenstellung der bisherigen Literatur über Chaksu, einer in Indien heim. Droge. — 7 Literaturangaben.
U. Drehmann 4782◇

1552 **Pharmakobotanische Analyse einiger Gattungen der Art Elsholtzia Willd. 1. Mitt. Elsholtzia Patrini (Lep.) Garcke.** Maria Świeboda. (Dissertat. pharmac. [Warszawa] **14**, 207—19, 1962; Kraków, Akad. Med., Zakł. Botan. farmac.; pol.) — Im frischen Kraut von *Elsholtzia Patrini* wurden kurz nach der Blüte 1,60% Öl [D_4^{20} 1,004, n_D^{20} 1,529, $[\alpha]_D^{20}$ 0°] gefunden. Vor der Blüte ist der Öl-Geh. am niedrigsten (0,95%). In allen Teilen der Pflanze wurden Polyphenole u. Cholin gefunden. — 29 Literaturangaben. F. Urban 4782◇

1553 **Alkaloide aus Parentucellia flaviflora (Boiss) Nevski und Odontites serotina (Lam) Dum.** T. F. Platonowa, P. Ss. Massagetow und A. D. Kusowkow. (Med. Ind. UdSSR **17**, Nr. 3, 17—18, 1963; Allunions Chem.-Pharm. Ordshonikidse-Inst.; Allunions Inst. für Arznei- u. Duftpflanzen; russ.) — Durch Behandlung mit NH_4OH-Lsg., Extraktion mit Dichloräthan, danach mit verd. H_2SO_4, Behandlung des wss. Extraktes mit NH_4OH u. Extraktion mit Chlf. wird aus der getrockneten Masse von *Parentucellia flaviflora* ein Alkaloidgemisch in einer Ausbeute von 0,04% gewonnen. Hieraus wird die Base $C_{11}H_{13}NO_3$ gewonnen; F. 125,5 bis 126,5° (aus Ae.). Aus der getrockneten Masse von *Odontites serotina* werden 0,07% Alkaloidgemisch erhalten. Die durch Eluierung mit Chlf. gewonnene Fraktion enthält eine Substanz von F. 211—212° (Aceton); *Pikrat* F. 197—198,5° (Aceton); *Hydrochlorid* F. 193—195° (A. + Ae.). Aus der Mutter-Lauge erhält man nach der Ausscheidung der 2. Base das Alkaloid $C_{11}H_{10}N_2O_2$, F. 193—194° (Methanol). O. Lebtag 4782△

1554 **Änderungen des Saponingehaltes und der hämolytischen Aktivität während der Jahresvegetation der Primel Primula officinalis (L.) Hill.** Bohdan Drożdż. (Dissertat. pharmac. [Warszawa] **14**, 221—27, 1962; Poznań, Akad. Med., Zakł. Farmakogn.; pol.) — Die hämolyt. Aktivität (HA) unterird. Teile der Pflanze erreicht im Mai während der Blüte u. im Herbst nach Abschluß der Vegetation maximale Werte. Der Tannin-Geh. geht mit HA parallel, außerdem besteht ein Zusammenhang zwischen dem Saponin(**I**)-Geh. u. HA. Das Frühjahrsmaximum des **I**-Geh. ist eine Folge der Abnahme der Wurzelmasse in dieser Zeit. Während der Frucht-Bldg. u. Reife der Früchte ist der **I**-Geh. in den Wurzeln gering. **I** erscheint weder in den Blüten noch in den Früchten.
F. Urban 4782◇

1555 **Über die Herstellung wäßriger Injektionslösungen der Vitamine D_2 und E und von DOCA mit Hilfe von Netzmitteln.** F. Gstirner und A. B. Jagtap. (Arch. Pharmaz. Ber. dtsch. pharmaz. Ges. **295/67**, Nr. **4**, Mitt. dtsch. pharmaz. Ges. **32**, 65—73, 1962; Bonn, Univ., Pharm. Inst.; dt.) — Als Lsg.-Vermittler für *Vitamin D_2* (**I**), *Vitamin A* (**II**), *Vitamin E* (**III**) u. *Desoxycorticosteronacetat* (**IV**) in Injektionslsgg. wurden *Cremophor EL* (**V**), *Myrj-51* (**VI**), *G-3816* (**VII**) u. *G-3910* (**VIII**) untersucht. Lsgg. mit 272000 I. E. **I** ließen sich durch 10%ig. wss. **V**-Lsg. (pH 8) mit einem Zusatz von 0,02% **III** für 6 Monate stabil erhalten. Die geprüften Lsg.-Vermittler ergaben keine Lsgg. mit höheren **II**-Konzz., als sie mit Tweens erreichbar sind. Die höchste **III**-Konz. war in 10%ig. **VIII**-Lsg. zu erhalten (4,4% **III**); mit 10%ig. **V**-Lsg. wurde eine 3,3%ig. **III**-Lsg. hergestellt. **IV**-Lsgg. konnten mit allen Lsg.-Vermittlern nicht über einen Geh. von 0,09% gebracht werden. Physiolog. indifferent für i.v. Applikation scheint vorläufig nur **V** zu sein.
S. Erbe 4786◇

1556 **Anwendung von Ultraschall bei der Herstellung von Präparaten aus Cortex Rhamni frangulae. 1. Mitt. Der Einfluß von Ultraschall auf die qualitative und quantitative Extraktion des Rohstoffs.** Zbigniew Kubiak. (Dissertat. pharmac. [Warszawa] **14**, 229—36, 1962; Kraków, Akad. Med., Zakł. Farmac. stosow.; pol.) — Die Extraktion der akt. Substanzen von *Cortex Rhamni frangulae* in alkohol.-wss. u. wss. Lsg. wird durch Ultraschall verbessert. Die Wrkg. von Ultraschall geht parallel mit der angewandten Schallenergie u. der Zeit. Die höchste Ausbeute wird mit A. bei erhöhter Temp. (35—45°) erhalten: Sie beträgt 34% mit 60%ig. A. u. nur 31% mit Wasser. Es wurde weder eine Zers. der akt. Substanzen, noch eine Oxydation der Anthranole zu Anthrachinonen in der Lsg. beobachtet. — 36 Literaturangaben.
F. Urban 4790◇

1557 **Bewertung von Dashamoolarishtha.** V. G. Pradhan. (Indian J. Pharmacy **25**, 303—04, 1963; Bombay, Cipla Labor.; engl.) — Das ind. Heilmittel *Dashamoolarishtha*, ein Extrakt aus den Wurzeln von 10 Pflanzen, wurde auf seinen Nährwert u. seine stärkenden Eigg. geprüft. Die chem. u. mikrobiolog. untersuchten 10 Proben verschiedener Herkunft waren dunkelbraun, trübe u. hatten einen dicken Bodensatz, der durchschnittlich 18,33% Zucker enthielt. Der A.-Geh. der Muster schwankte zwischen 0 u. 8,8%. Nachgewiesen wurden in 100 ml: Vitamin B_1 0,03—0,08 (mg), Vitamin B_2 0,05—1, Folsäure 0—0,13, Pyridoxin 0,05—0,5, Ca-Pantothenat 0,01—0,12, Vitamin C 1,17—11,7, Proteine 0,06—0,39 g, Ca 0,1—0,55 g, Fe 0—0,26 g, P 0,0018—0,02 g, Essigsäure, Wein-, Citronen-, Äpfel-, Malon- u. Milchsäure. Auf dem reinen Heilmittel wurde nur bei Hefe ein Wachstum beobachtet. U. Drehmann 4790◇

1558 **Neue Arzneimittel.** Anonym. (Modern Drugs **1962**, 901—16; engl.) — *Covangesic Liquid* (Vanpelt & Brown, USA): Lsg. von 3,75 (mg) Phenylephrinhydrochlorid, 6,25 Phenylpropanolaminhydrochlorid, 1 Chlorpheniraminmaleat, 6,25 Pyrilaminmaleat, 120 Paracetamol je 5 ml Analgeticum, Antihistaminicum. — *Diutensen* (Irwin, Neisler, USA): Tabletten mit 2 (mg) Cryptenamintannat, 2,5 Methyclothiazid; *Diutensen-R*: 1 Cryptenamintannat, 2,5 Methyclothiazid, 0,1 Reserpin. Antihypertonicum. — *Drolban* (Lilly, USA): Ampullen mit 500 mg 17β-Hydroxy-2α-methyl-5α-androstan-3-on-propionat. Cytostaticum. — *Hedulin* (Walker, USA): Tabletten mit 20, 50 u. 100 mg Phenindion. Anticoagulans. — *Kaoresin* (National Drug, USA): Suspension mit Polyaminmethylen-Harz, Na-Al-Silicat, Mg-Al-Silicat, Kaolin, Pektin, Antidiarrhoicum. — *Persantin* (Geigy, USA): Dragees mit 25 (mg) Dipyridamol; Ampullen mit

10 Dipyridamol, 4 Weinsäure, 100 Polyäthylenglykol 600. Cardiacum. K. Gerecke 4800◇

1559 **Neue Arzneimittel.** Anonym. (Modern Drugs **1962,** 995—1018; engl.) — *Adeflor* (Upjohn, USA): Lsg. von 5000 (Einheiten) Axerophthol, 1000 Calciferol, 50 (mg) Ascorbinsäure, 1 Pyridoxinhydrochlorid, 0,5 Fluorid als Na-Salz. Gegen Caries. — *Ananase* (Rorer, USA): Tabletten mit Bromlain. — *Android* (Brown, USA): Tabletten mit 2,5 (mg) Methyltestosteron, 50 Glutaminsäure, 10 Thyroid-Extrakt, 10 Thiaminhydrochlorid; *Android-HP*: Tabletten mit 5 Methyltestosteron, 50 Glutaminsäure, 30 Thyroid-Extrakt, 10 Thiaminhydrochlorid. Gegen Hypogonadismus. — *Anthrone* (Fisher, USA): 9.10-Dihydro-9-oxyanthracen. Diagnosticum. — *Arcolase Plus* (Arco, USA): Tabletten mit 30 (mg) Amylase, 6 Protease, 2 Cellulase, 25 Lipase, 8 Phenobarbital, 0,02 Atropinsulfat, 0,1 Hyoscyaminsulfat. Deflatulens. — *Bitrate* (Arco, USA): Tabletten mit Nitroglycerin, Pentaerythrittetranitrat. Angioticum. — *Epinephrin-Injektion U. S. P.* (Wyeth, USA): Ampullen mit 1 (mg) Epinephrinhydrochlorid, 5 Chlorbutanol, 1 Na-Bisulfit, 8,5 NaCl, Na-Acetat. Sympathomimeticum. — *Lipo-Nicin PTZ* (Brown, USA): Elixir mit 100 (mg) Pentamethylentetrazol, 100 Nicotinsäure 100 Ascorbinsäure, 50 l-Glutaminsäure, 5 Niacinamid, 2 Riboflavin, 5 d-Panthenol je 5 ml; Kapseln mit 100 Pentamethylentetrazol, 100 Nicotinsäure, 100 Ascorbinsäure, 25 Thiaminhydrochlorid, 50 l-Glutaminsäure, 5 Niacinamid, 2 Riboflavin, 3 Pyridoxin. Geriatricum. — *Lixaminol* (Ferndale, USA): alkohol. Lsg. von Aminophyllin; *Lixaminol AT*: Lsg. von Aminophyllin, Dextromethorphanhydrobromid.Antiasthmaticum.—*Mesulfin* (Ayerst, USA): Tabletten mit Sulfamethizol, Methenaminmandelat. Urologicum. — *Niapent* (Ferndale, USA): Elixir u. Tabletten mit Pentamethylentetrazol, Nicotinsäure, Glutaminsäure. Geriatricum. — *Pergantene-V* (Pergantene, USA): Lsg. von 5000 (Einheiten) Axerophthol, 1000 Calciferol, 50 (mg) Ascorbinsäure, 0,3 Pyridoxin, 1,1 Na-Fluorid je 0,6 ml. Gegen Caries. — *Pilocar* (Smith, Miller & Patch, USA): Lsg. von 0,5, 1, 2, 3, 4 u. 6 (%) Pilocarpinhydrochlorid, 0,33 Methylcellulose, 0,01 Benzalkoniumchlorid, 0,01 Di-Na-Äthylendiamintetraacetat. Ophthalmicum. — *Winstrol* (Winthrop, USA): Tabletten mit 2 mg 17β-Hydroxy-17α-methylandrostan-[3.2:c]-pyrazol (Stanozolol). Anabolicum. K. Gerecke 4800◇

1560 **Neue Arzneimittel** Anonym. (Modern Drugs **1962,** 1077—1100; engl.) — *Ambenyl Expectorant* (Parke, Davis, USA): Sirup mit Codeinsulfat, Bromdiphenhydraminhydrochlorid, Diphenhydraminhydrochlorid, Ammoniumchlorid, K-guajacolsulfonat, Menthol, Alkohol. Antitussicum. — *Balanced salt solution* (Alcon, USA): Sterile Lsg. von 0,4 (%) NaCl, 0,075 KCl, 0,036 $CaCl_2$, 0,03 $MgCl_2$; Na-Acetat, Na-Citrat-Puffer. Ophthalmicum. — *BufOpto Sulfapred* (Professional Pharmacal, USA): Lsg. von 0,25 (%) Prednisolonacetat, 10 Sulfacetamid-Na, 0,12 Phenylephrinhydrochlorid; Propylenglykol, Na-Phosphat, Na-Thiosulfat, Methylcellulose, 0,04 Methylparaben, 0,02 Propylparaben. Ophthalmicum. — *Buta-Penite* (Carnrick, USA): Tabletten mit 10 (mg) Pentaerythrittetranitrat, 3 Nitroglycerin, 16 Butabarbital; Kapseln mit 30 Pentaerythrittetranitrat, 9 Nitroglycerin, 48 Butabarbital. Angioticum. — *Coly-Mycin Pediatric Suspension* (Warner-Chilcott, USA): Suspension mit 300 mg Colistin als Sulfat. Antibioticum. — *Cyclospasmol* (Ives-Cameron, USA): 3.5.5-Trimethylcyclohexylmandelat (Cyclandelat). Vasodilator. — *Evasof* (Lemmon, USA): Tabletten mit 50 (mg) Dioctyl-Na-sulfosuccinat, 2 Acetphenolisatin. Laxans. — *Feostat* u. *Feostal 200* (Lloyd, Dabney & Westerfield, USA): Tabletten mit 60-u. 200 mg Fe-Fumarat. Antianämicum. — *Fortizyme* (Breon, USA): Tabletten mit 10 mg α-Amylase. — *Metatensin* (Lakeside, USA): Tabletten mit 2 oder 4 (mg) Trichlormethiazid, 0,1 Reserpin. Antihypertonicum. — *Metopirone* (Ciba, USA): Ampullen mit 100 (mg) Methopyraponbitartrat je ml; Tabletten mit 250 Methopyrapon. Diagnosticum. — *Norflex Injectable* (Riker, USA): Ampullen mit 60 mg Orphenadrincitrat. Myorelaxans. — *Pedo-sol* (Warren Pharmacal, USA): Elixir mit 30 (mg) Butabarbital, 1,5 Chlorpheniraminmaleat, 0,1 Scopolaminhydrobromid je 5 ml. Sedativum. — *Predmycin Ophthalmic Ointment* (Allergan, USA): Salbe mit 0,2 (%) Prednisolon, 0,5 Neomycinsulfat. Ophthalmicum. — *Prenatum* (Ascher, USA): Tabletten mit 6000 (Einheiten) Axerophthol, 400 Calciferol, 100 (mg) Ascorbinsäure, 3 Thiaminhydrochlorid, 2 Riboflavin, 5 Pyridoxinhydrochlorid, 10 Niacinamid, 1 Menadion, 150 Fe-Fumarat, 200 $CaCO_3$ 2 μg Cyanocobalamin. Gegen Hypovitaminosen. — *Prostaphlin* (Bristol, USA): Tabletten mit 250 mg Na-Oxacillin. Antibioticum. — *Ro-Sulfa* (Rowell, USA): Tabletten mit 250 (mg) Sulfamethylthiadiazol, 205 Sulfamethdiamer, 75 Phenylazodiaminopyridinhydrochlorid. Chemotherapeuticum. — *Sibel* (Plough, USA): Tabletten mit 25 (mg) Methylpolysiloxan, 16 Belladonna-Extrakt, 16 Butabarbital-Na. Deflatulens. — *Silain-Gel Liquid* (Plough, USA): Lsg. von 25 (mg) Methylpolysiloxan, 85 Mg-Hydroxid, 282 Al-Hydroxid u. Mg-Carbonat je 5 ml. Deflatulens. — *Tranpoise* (Whittier, USA): Tabletten mit 400 mg 5-[o-Methoxyphenoxymethyl]-oxazolidinon-(2) (Mephenoxalon). Tranquillizer. — *Vio-sal* (Rowell, USA): Tabletten mit 150 (mg) K-Salicylat, 150 Sr-Salicylat, 150 Ca-Salicylat, 0,5 Menadion. Antiarthriticum. K. Gerecke 4800◇

1561 **Neue Arzneimittel.** Anonym. (Modern Drugs **1962,** 1173—95; engl.) — *Aztec* (Arnar-Stone, USA): Tabletten mit 125 (mg) Theophyllin, 25 d-Isoephedrinhydrochlorid, 25 Phenyltoloxamin. Antasthmaticum. — *Butigetic* (McNeil, USA): Tabletten mit 15 (mg) Butabarbital-Na, 200 Paracetamol, 150 Phenacetin, 30 Coffein. Analgeticum. — *Cenagesic Improved* (Central Pharmacal, USA): Tabletten mit 5 (mg) Phenylephrinhydrochlorid, 12 Pyrilaminmaleat. 250 Salicylamid, 120 Phenacetin, 30 Ascorbinsäure, 15 Coffein, Gegen Erkältungskrankheiten. — *Cetril* (Menlo Park, USA): Aerosol mit Cetyltrimethylammoniumbromid. Antisepticum. — *Dimetapp Elixir* (Robins, USA): Elixir mit 4 (mg) Brompheniraminmaleat, 5 Phenylephrinhydrochlorid, 5 Phenylpropanolaminhydrochlorid. Antihistaminicum. — *Flura-Pren* (Kirkman, USA): Kapseln mit 4000 (Einheiten) Axerophtholpalmitat, 400 Calciferol, 3 (mg) Thiaminhydrochlorid, 2 Riboflavin, 10 Pyridoxinhydrochlorid, 10 Nicotinamid, 100 Ascorbinsäure, 0,5 Menadion, 625 $CaCO_3$, 125 Fe-Fumarat, Cyanocobalamin mit intrinsic factor. Gegen Hypovitaminosen. — *Greenies* (Central Pharmacal, USA): Tabletten mit Acetylsalicylsäure, Phenacetin, Coffein. Analgeticum. — *Ioquin* (Abbott, USA): Salbe mit 10% 5.7-Dijod-8-hydroxychinolin. Dermaticum. — *Neo-Synalar* (Syntex, USA): Salbe mit 0,025 (%) Synalar, 0,5 Neomycinsulfat. Dermaticum. — *Panalba KM Drops* (Upjohn, USA): Lsg. von Tetracyclinhydrochlorid, Novobiocin-Ca, K-Metaphosphat. Antibioticum. — *Penthrane* (Abbott, USA): Methoxyfluran. Anaestheticum. — *Rhinoral* (Rhinopto, USA): Sirup mit 3,5 Phenylephrinhydrochlorid, 6,5 Phenylpropanolaminhydrochlorid, 1,25 Chlorpheniraminmaleat, 120 Paracetamol je 5 ml. Gegen Erkältungskrankheiten. — *Tuss-Ornade* (S. K. F., USA): Kapseln mit 20 (mg) Caramiphenäthandisulfonat, 8 Chlorpheniraminmaleat, 50 Phenylpropanolaminhydrochlorid, 2,5 Isopropamidjodid. Gegen Erkältungskrankheiten. — *Unidote* (Panray-Parlam, USA): Pulver aus Carbo Ligni, Mg-Oxid, Gerbsäure. Antidot. K. Gerecke 4800◇

1562 **Neue Arzneimittel.** Anonym. (Modern Drugs **1962,** 1257—94; engl.) — *alpha-Redisol* (Merck, USA): Ampullen mit Hydroxocobalamin, NaCl, Na-Acetat, Methylparaben, Probylparaben. Antianämicum. — *Anthralin Ointment U. S. P* (Dermik, USA): Salbe mit 1,8-Dihydroxyanthranol. Gegen Psoriasis. — *Barba-Niacin* u. *Barba-Niacin Forte* (Cole Chemical, USA): Tabletten mit Phenobarbital, Niacin. Hypnoticum. — *Buta-Penite* (Carnrick, USA): Tabletten mit 10 (mg) Pentaerythrittetranitrat, 0,3 Nitroglycerin, 16 Butabarbital; Kapseln mit 30 Pentaerythritetranitrat, 0,9 Nitroglycerin, 48 Butabarbital. Angioticum. — *Diurobese* (Biber, USA): Tabletten mit 30 (mg) Allylisobutylbarbitursäure, 5 Methamphetaminsulfat, 500 Harnstoff. Appetitzügler. — *Duphaston* (Philips Roxane, USA): Tabletten mit 5 mg Isopregnenon. Gestagen. — *Duracton* (Nordic Biochemicals, USA): Ampullen mit 40 Einheiten Corticotropin, 8,3 (mg) Carboxymethylcellulose, 50 Glucose, 5 Phenol. Antirheumaticum. — *Klaron* (Dermik, USA): Lotio mit 5 (%) Schwefel, 2 Salicylsäure, 0,5 2.2'-Methylen-bis-[3'.4'.6'-trichlorphenol], Dermaticum. — *Lyteca* (Lloyd, Dabney & Westerfield, USA): Tabletten mit 300 mg Paracetamol. Analgeticum. — *Nicozol Complex* (Hart, USA): Lsg. von 150 (mg) Pentamethylentetrazol, 75 Nicotinsäure, 2,5 Methyltestosteron, 0,01 Äthinylöstradiol, 6 Thiaminhydrochlorid, 3 Riboflavin, 6 Pyridoxinhydrochlorid, 2 μg Cyanocobalamin, 0,33 Folsäure, 5 Panthenol, 20 Cholinbitartrat, 15 Inosit, 100 L-Lysinmonohydrochlorid, 3 Tocopherol, 15 Fe (als Fe-Pyrophosphat), 2 Mg, 1 Mn, 1 Zn je 15 ml. Geriatricum. — *Omni-Tuss* (Strasenburgh, USA): Suspension mit 10 (mg) Codein, 5 Phenyltoloxamin, 3 Chlorpheniramin, 25 Ephedrin, 20 Guajacolcarbonat je 5 ml. Antihistaminicum. — *Sansert* (Sandoz, USA): Tabletten mit 2 mg 1-Methyllysergsäurebutanolamid-(2)-maleat (Methysergidmaleat). Gegen Migräne. — *Synate-M* (Central, USA): Tabletten mit 45 (mg) Secobarbital, 330 Theophyllin-Na-Glycinat, 25 Racephedrinhydrochlorid, 300 KJ, 40 Niacinamid. Antasthmaticum. — *Taractan* (Roche, USA): Tablette mit 10, 25 u. 50 mg 2-Chlor-9-[3-dimethylaminopropyliden]-thioxanthen. Antidepressivum. — *Vasopred* (Smith, Miller & Patch, USA): Lsg. von 0,25 (%) Prednisolon-21-phosphat-Na, 0,1 Naphazolinhydrochlorid, 0,3 Chlorpheniraminmaleat, 0,25 Methylcellulose, 0,02 Methylparaben 0,005 Propylparaben. Ophthalmicum. — *Vacu-Tor* (Beutlich, USA): Suppositorien mit Na-Diphosphat, Na-Bicarbonat. Laxans. — *Verequad* (Knoll, USA): Tabletten mit 24 (mg) Ephedrinhydrochlorid, 9 Phenobarbital, 130 Theophyllin-Ca-Salicylat, 100 Guajacolglycerinäther. Expectorans. — *Vytone* (Dermik, USA): Ölige Lsg. von 1 (%) Dijodhydroxychinolin, 0,5 Hydrocortison. Dermaticum. K. Gerecke 4800◇

1563 **Neue Arzneimittel.** Anonym. (Modern Drugs **1962**, 1361—82; engl.) — *Aldactone-A* (Searle, USA): Tabletten mit 25 mg Spironolactone. Diureticum. — *Anafung* (Desitin, USA): Salbe, Puder u. Aerosol mit Na-Undecylat, Na-Propionat, 3.3.4'-Trichlorcarbanilid, Salicylsäure, Menthol, Campher. Antimycoticum. — *Azo-Gantanol* (Roche, USA): Dragees mit 500 (mg) 5-Methyl-3-sulfanilamidoisoxazol, 100 Phenazopyridinhydrochlorid. Urologicum. — *Azolate* (Amfre-Grant, USA): Tabletten mit 25 (mg) Phenylazodiaminopyridinhydrochlorid, 250 Methenaminmandelat, 50 dl-Methionin. Urologicum. — *Butabell HMB SA* (Saron, USA): Tabletten mit 45 (mg) Butabarbital-Na, 30 Homatropinmethylbromid, 0,3 Hyoscyaminsulfat, 0,058 Atropinsulfat, 0,019 Hyoscinhydrobromid. Spasmolyticum. — *Coly-Mycin Otic* (Warner-Chilcott, USA): Lsg. von 3 (mg) Colistin als Sulfat, 3,3 Neomycin als Sulfat, 10 Hydrocortison. Otalgicum. — *Dentafluor* (Saron, USA): Lsg. mit 2,2 mg Na-Fluorid je 0,5 ml. Gegen Caries. — *Fluorouracil* (Roche, USA): Ampullen mit 50 mg 5-Fluorouracil. Cytostaticum. — *Hexadrol* (Organon, USA): Tabletten mit 0,75 mg 9α-Fluor-1α-methylprednisolon (Dexamethason). Antiphlogisticum. — *Hytrast* (Fougera, USA): Suspension mit N-[2.3-Hydroxypropyl]-3.5-dijodpyridon-(4), 3.5-Dijodpyridon-(4), Na-Carboxymethylcellulose, Methylparaben, Propylparaben, Mononatriumphosphat. Diagnosticum. — *Kutrase* (Kremers-Urban, USA): Kapseln mit 30 (mg) Amylase, 6 Protease, 75 Lipase, 2 Cellulase, 15 Phenyltoloxamincitrat, 0,06 Hyoscyaminsulfat. Digestivum. — *Lemiserp Ty-Med* (Lemmon, USA): Tabletten mit 0,5 mg Reserpin. Antihypertonicum. — *Medi-Cof* (Medics Pharmaceutical, USA): Lsg. von 2,5 (mg) Dextromethorphanhydrobromid, 3 Pyrilaminmaleat, 0,5 Phenylephrinhydrochlorid, 25 Guajacolglycerinäther, 15 Na-Ascorbat, 50 NH_4Cl, 50 Na-Citrat. Gegen Erkältungskrankheiten. — *Parens-400* (Hiss, Pharmacal, USA): Kapseln mit 400000 Einheiten Penicillin G-Kalium. Antibioticum. — *Pathilon* Sequels (Lederle, USA): Kapseln mit 75 mg Tridihexethylchlorid. Anticholinergicum. — *Quadsul* (Vale Chemical, USA): Tabletten mit 100 (mg) Sulfadiazin, 100 Sulfamerazin, 100 Sulfamethazin, 200 Sulfacetamid. Chemotherapeuticum. — *Resistopen* (Squibb, USA): Kapseln mit 250 mg Oxacillin. Antibioticum. — *Scolate* (Central Pharmacal, USA): Tabletten mit 15 (mg) Butabarbital-Na, 1 Methscopolaminnitrat, 1 Atropinmethylnitrat. Spasmolyticum. — *Sonilyn* (Mallinckrodt, USA): Tabletten mit Sulfachlorpyridazin. Urologicum. — *Sudolin* (Durst, USA): Tabletten mit 15 (mg) d-Pseudoephedrinhydrochlorid, 15 Phenyltoloxamindihydrogencitrat, 10 Secobarbital, 50 Theophyllin. Bronchodilator. — *Zeasorb* (Stiefel, USA): Pulver mit Cellulose (mikrofein), 0,5(%) Hexachlorophen, 0,5 p-Chlormylenol, 0,2 Al-Dihydroxyallantoinat. Dermaticum. K. Gerecke 4800◇

1564 **Neue Arzneimittel.** Anonym. (Modern Drugs **1962**, 1457—72; engl.) — *Butapap* (Tailby-Nason, USA): Lsg. von 15 (mg) Butabarbital-Na, 120 Paracetamol je 5 ml Analgeticum. *Butiserpazide Prestab* (McNeil, USA): Tabletten mit 30 (mg) Butabarbital, 25 Hydrochlorothiazid, 0,1 Reserpin, Diureticum. — *Butizide Prestab* (McNeil, USA): Tabletten mit 30 (mg) Butabarbital, 25 Hydrochlorothiazid, Diureticum. — *Cosil* (Reed & Carnrick, USA): Lsg. von Dimethylpolysiloxan, Mg-Hydroxid. Laxans. — *Co-Gel* (Arco, USA): Tabletten mit 3 (mg) Amylase, 0,6 Protease, 0,2 Cellulase, 300 $CaCO_3$, 85 Glycin. Antacidum. — *Dimacid Gel* (Otis Clapp, USA): Suspension mit Al-Hydroxid-Gel, Mg-Hydroxid-Gel. Antacidum. — *Ditriokon* (Mallinckrodt, USA): Ampullen mit Na-Diatrizoat, Na-Diprotrizoat, Ca-Di-Na-Äthylendiamintetraacetat, Na-Diphosphat. Diagnosticum. — *Dronactin* (Merck, USA): Tabletten mit 0,25 (mg) Dexamethason, 4 Cyproheptadinhydrochlorid. Dermaticum. — *Endotussin-C* (Endo, USA): Lsg. von 10 (mg) Codeinphosphat, 0,5 Homatropinmethylbromid, 12,5 Pyrilaminmaleat, 60 NH_4Cl, 85 Na-Citrat je 5 ml. *Ferancee* (Stuart, USA): Dragees mit 200(mg) Fe-Fumarat, 150 Ascorbinsäure. Antianämicum. — *Gentlax* (Purdue Frederick, USA): Granulat mit Sennosid A u. B, Polygalacturonsäure. Laxans. — *Medadent* (Upjohn, USA): Tabletten mit 1,5 (mg) Methylpredinisolon, 300 Acetylsalicylsäure, 200 $CaCO_3$. Analgeticum. — *Tristacomp* (Tailby-Nason, USA): Tabletten mit 2,5 (mg) Chlorpheniraminmaleat, 2,5 Phenyltoloxamincitrat, 25 Pyrilaminmaleat, 10 Phenylephrinhydrochlorid, 30 Phenylpropanolaminhydrochlorid. Antihistaminicum. — *Vigran Chewables* (Squibb, USA): Tabletten mit 5000 (Einheiten) Axerophthol, 500 Calciferol, 3 (mg) Thiaminmononitrat, 3 Riboflavin, 1 Pyridoxinhydrochlorid, 2 μg Cyanocobalamin, 12,5 Niacinamid, 50 Ascorbinsäure, 5 Ca-Pantothenat. Gegen Hypovitaminosen. K. Gerecke 4800◇

1565 **Neue Arzneimittel.** Anonym. (Modern Drugs **1962**, 1557—82; engl.) — *Asma-Span* (Edwards Pharmacal, USA): Tabletten mit 240 (mg) Theophyllin, 48 Ephedrinhydrochlorid, 48 Amobarbital. Antasthmaticum. — *Carbocaine* (Winthrop, USA): Lsg. von 1,5 u. 2% Mepivacainhydrochlorid. Lokalanästheticum. — *Cardilate* (Burroughs Wellcome, USA): Tabletten mit 10 mg Erythrittetranitrat. Angioticum. — *Cenalene Tablets* (Central Pharmacal, USA): Tabletten mit 100 (mg) Pentylentetrazol, 1,67 Thiaminmononitrat, 7,5 Niacinamid, 2,5 μg Cyanocobalamin. Analepticum. — *Clysodrast* (Barnes-Hind, USA): Pulver mit 4.4'-Diacetoxydiphenylpyridyl-(2)-methan, Gerbsäure. Laxans. — *Emprazil-C* (Burroughs Wellcome, USA): Tabletten mit 15 (mg) Codeinphosphat, 20 Pseudoephedrinhydrochlorid, 15 Chlorcyclizinhydrochlorid, 150 Phenacetin, 20 Acetylsalicylsäure, 30 Coffein. Antihistaminicum. — *Fulvicin-U/F* (Schering, USA): Tabletten mit 125, 250 u. 500 mg Griseofulvin. Antibioticum, Antimyoticum. — *Funda-Vite (F)/A* (Hoyt, USA): Lsg. von Axerophthol, Calciferol, NaF. Gegen Caries. — *Grifulvin V* (McNeil, USA): Tabletten mit 125, 250 u. 500 mg Griseofulvin. Antibioticum. Antimycoticum. — *Grisactin* (Ayerst, USA): Kapseln mit 125 mg Griseofulvin. Antibioticum, Antimycoticum. —

Hypertensin (Ciba, USA): Ampullen mit 2,5 (mg) Angiotensinamid, 47,4 Mannit, 0,1 Thimerosol. Angioticum. — *Isoclor* (Arnar-Stone, USA): Kapseln mit 10 (mg) Chlorpheniraminmaleat, 65 d-Isoephedrinhydrochlorid. Bronchodilator. — *Isordil Tembids* (Ives-Cameron, USA): Tabletten mit 40 mg Isosorbidedinitrat. Angioticum. — *Maxidex* (Alcon, USA): Lsg. von 0,1(%) Dexamethason, 0,5 Methylcellulose. Ophthalmicum. — *Medihaler-Duo* (Riker, USA): Ampullen mit 5 (mg) Isoproterenolhydrochlorid, 6 Phenylephrinbitartrat. Antasthmaticum. — *Migral forte* (Burroughs Wellcome, USA): Tabletten mit 2 (mg) Ergotamintartrat, 50 Cyclizinhydrochlorid, 100 Coffein. Gegen Migräne. — *Obedrin-La* (Massengill, USA): Tabletten mit 12,5 (mg) Methamphetaminhydrochlorid, 50 Pentobarbital, 200 Ascorbinsäure, 1 Thiaminmononitrat, 2 Riboflavin, 10 Nicotinsäure. Appetitzügler. — *Phenagesic* (Dalin, USA): Tabletten mit 10 (mg) Phenylephrinhydrochlorid, 50 Phenylpropanolaminhydrochlorid, 300 Pyrilaminmaleat, 25 Pheniraminmaleat, 300 Paracetamol. Gegen Erkältungskrankheiten. — *Robaxin-750* (Robins, USA): Tabletten mit 750 mg Methocarbamol. Myorelaxans. — *Sorbutuss* (Dalin, USA): Lsg. von 10(mg) d-Methorphanhydrobromid, 100 Guajacolglycerinäther, 35 Citronensäure, 85 K-Citrat, Extr. Ipecacuanhae fluid je 5 ml Expectorans. K. Gerecke 4800◇

1566 **Neue Arzneimittel.** Anonym. (Modern Drugs **1962,** 1657—86; engl.) — *Bilezyme plus* (Geriatric Pharmaceutical, USA): Tabletten mit 8 (mg) Phenobarbital, 2,5 Homatropinmethylbromid, 200 Dehydrocholsäure, 50 Desoxycholsäure, 30 Amylase, 200 Proteasen. Geriatricum. — *Coryban-D* (Roerig, USA): Kapseln mit 230 Salicylamid, 160 Phenacetin, 30 Coffein, 25 Ascorbinsäure, 2 Chlorpheniraminmaleat, 25 Phenylpropanolamin. Gegen Erkältungskrankheiten. — *Domeboro Otic* (Dome, USA): Lsg. von 2% Essigsäure, Al-Acetat. Otalgicum. — *Eldonal* (Canright, USA): Tabletten mit 0,1 (mg) Hyoscyaminsulfat, 0,019 Atropinsulfat, 0,007 Hyoscinhydrobromid, 16,2 Pentobarbital-Na. Antispasmodicum. — *Ephed-Organidin* (Wampole, USA): Tabletten mit 24 (mg) Ephedrinsulfat, 60 Organidin (30 organ. gebundenem Jod), 50 Methapyrilenhydrochlorid. Antasthmaticum. — *Erasen* (Amfre-Grant, USA): Tabletten mit 16 (mg) Phenobarbital, 5 Thiaminhydrochlorid. Sedativum. — *Gustase* (Geriatric Pharmaceutical, USA): Tabletten mit 8 (mg) Phenobarbital, 2,5 Homatropinmethylbromid, 30 Amylase, 6 Protease, 2 Cellulase. Geriatricum. — *Hexanicotol* (Philadelphia Labs., USA): Kapseln mit Hexanicotinyl-cis-1.2.3.5-trans-4.6-cyclohexan. Gegen Acne. — *Histadur Dura-Tabs* (Wynn, USA): Tabletten mit 12 mg Chlorpheniraminmaleat. Antihistaminicum. — *Humacort* (Parke, Davis, USA): Salbe mit 1% Chloramphenicol, 1 Hydrocortisonacetat, 0,5 Paromycinsulfat. Dermaticum. — *Humatin Syrup* (Parke, Davis, USA): Sirup mit Paromycinsulfat entsprechend 125 mg Paromycin-Base. Antibioticum. — *Myospaz* (Chicago Pharmacol, USA): Tabletten mit 200 (mg) 2-Hydroxy-2-phenyläthylcarbamat, 210 Salicylamid, 150 Phenacetin, 30 Coffein. Myorelaxans. — *Nialift* (Ascher, USA): Tabletten mit 100 (mg) Pentamethylentetrazol, 50 Nicotinsäure, 2-Thiaminhydrochlorid, 2 Riboflavin, 1 Pyridoxinhydrochlorid, 5 Ca-Pantothenat, 50 Ascorbinsäure. Geriatricum. — *Nystaform* (Dome, USA): Salbe mit 100000 Einheiten Nystatin, 10 mg Jodchlorhydroxychinolin. Antimycoticum. — *Poly-Vi-Flor* (Mead Johnson, USA): Tabletten mit 1 (mg) NaF, 75 Ascorbinsäure, 1,2 Thiamin, 1,5 Riboflavin, 15 Niacinamid, 4000 (Einheiten) Axerophthol, 400 Calciferol. Gegen Hypovitaminosen. — *Proctoplex* (Rowell, USA): Salbe mit 5(%) Gerbsäure, 1 Diperodonhydrochlorid, 5 Zn-Oxid. Anästheticum. — *Proklar* (Amfre-Grant, USA): Tabletten mit 250 (mg) Methenaminmandelat, 250 Sulfacetamid. Urologicum. — *Serpatrate* (Amfre-Grant, USA): Tabletten mit 8 (mg) Phenobarbital, 30 Mannithexanitrat, 50 Rauwolfia serpentina, 50 Hesperidin-Komplex, 50 Ascorbinsäure. Antihypertonicum. — *Tenache* (Amfre-Grant, USA): Tabletten mit 15 (mg) Butabarbital, 200 Paracetamol, 120 Phenacetin, 30 Coffein. Analgeticum. — *Tosedrin* (Amfre-Grant, USA): Elixir mit 50 (mg) Guajacolglycerinäther, 2 Chlorpheniraminmaleat, 10 Phenylpropanolaminhydrochlorid, 50 NH_4Cl, 120 Na-Citrat je 5 ml Antitussicum. — *Trecator* (Ives-Cameron, USA): Tabletten mit 250 mg 2-Äthylthioisonicotinamid. Tuberculostaticum. K. Gerecke 4800◇

1567 **Neue Arzneimittel.** Anonym. (Modern Drugs **1962,** 1757—82; engl.) — *Angio-Conray* (Mallinckrodt, USA): Ampullen mit 5-Acetamido-2.4.6-trijod-N-methylisophthalamat. Diagnosticum. — *Bartrate* (Davis & Sly, USA): Tabletten mit 50 (mg) 5-Äthyl-5-isopentylbarbitursäure, 0,5 Atropinmethylnitrat. Anticholinergicum. — *Calgage-S* (Squibb, USA): Lsg. von Oxalsäure, Ammoniumoxalat, K-Biphthalat, K-Phosphat, K-Bicarbonat, Chlorphenol. Diagnosticum. — *Delavan* (Dome, USA): Creme mit 0,1(%) Methylbenzethoniumchlorid, 1 Silicon. Dermaticum. — *Eldobec* (Canright, USA): Tabletten mit 250 (mg) Ascorbinsäure, 25 Thiaminhydrochlorid, 10 Riboflavin, 150 Niacinamid, 5 Pyridoxinhydrochlorid, 20 d-Ca-Pantothenat. Gegen Hypovitaminosen. — *Feverall* (Medics Pharmaceuticals, USA): Ampullen mit 500 mg Dipyron je ml; Tabletten mit 500 Dipyron. Analgeticum. — *Fluorac* (U. S. Vitamin, USA): Dragees mit 0,5 (mg) F (als NaF), 2 Pyridoxinhydrochlorid, 75 Ascorbinsäure, 5000 (Einheiten) Axerophthol, 500 Calciferol. Gegen Hypovitaminosen. — *Gispasmin* (Amfre-Grant, USA): Tabletten mit 16 (mg) Phenobarbital, 250 Mg-Hydroxyaminoacetat, 0,05 Hyoscyaminsulfat, 0,003 Hyoscinhydrobromid, 0,01 Atropinsulfat. Antacidum. — *Lidaform-HC* (Dome, USA): Creme mit Lidocain, Jodchlorhydroxychinolin, Hydrocortison. Dermaticum. — *Numa Dura-Tabs* (Wynn, USA): Tabletten mit 225 (mg) Theophyllin, 50 Ephedrinhydrochlorid, 25 Butabarbital. Antasthmaticum. — *Oragrafin* (Squibb, USA): Granulat (Ca-Salz) u. Kapseln (Na-Salz) mit β-[3-Dimethylaminomethylenamino-2.4.6-trijodphenyl]-propionsäure. Diagnosticum. — *P_2E_1* (Person & Covey, USA): Lsg. von 2(%) Pilocarpinhydrochlorid, 1 Epinephrinbitartrat. Ophthalmicum. — *Pharagesic* (Marion, USA): Tabletten mit 5 (mg) Benzocain, 4 Chlorpheniraminmaleat, 25 Phenylpropanolaminhydrochlorid, 300 Paracetamol. Gegen Erkältungskrankheiten. — *Phemithyn* (Davis & Sly, USA): Lsg. von 3,17% Benzethoniumchloridmonohydrat. Gegen Trichomoniasis. — *Raucylate* (Davis & Sly, USA): Kapseln mit 25 (mg) Rauwolfia serpentina, 325 Acetylsalicylsäure, 65 Al-Hydroxid, 25 Ascorbinsäure. Antihypertonicum. — *Rynalert* (Irwin, Neisler, USA): Kapseln mit 37,5 (mg) Phenylephrintannat, 25 Pyrilamintannat, 8 Chlorpheniramintannat. Gegen Erkältungskrankheiten. — *Sultacof* (Table Rock, USA): Tabletten mit 166 (mg) Sulfadiazin, 166 Sulfamethazin, 166 Sulfamerazin, 6,25 Pyrilaminmaleat, 2 Chlorpheniraminmaleat, 5 Phenylephrinhydrochlorid, 100 K-Guajacolsulfonat. Gegen Erkältungskrankheiten. — *Theratuss* (Squibb, USA): Tabletten mit Pyridino-[2.3:3'.2']-benzothiazin-10-carbonsäurepiperidinoäthoxyäthylesterhydrochlorid (Pipazethate). Antitussicum. — *Tocosamine* (Trent, USA): Ampullen mit 150 (mg) Sparteinsulfat, 4,5 NaCl. Cardiacum. — *Vesprin* (Squibb, USA): Ampullen mit 30 mg Triflupromazin. Antiemeticum. K. Gerecke 4800◇

1568 **Neue Arzneimittel.** Anonym. (Modern Drugs **1962,** 1869—85; engl.) — *Acutuss Expectorant* (Philips Roxane, USA): Lsg. von 15 (mg) Chlophedianolhydrochlorid, 1 Diphenylpyralinhydrochlorid, 5 Phenylephrinhydrochlorid, 100 Guajacolglycerinäther je 5 ml; *Acutuss-AS*: Tabletten mit 7,5 Chlophedianolhydrochlorid, 0,5 Diphenylpyralinhydrochlorid, 2,5 Phenylephrinhydrochlorid, 25 Guajacolglycerinäther, 162,5 Paracetamol. Antitussicum. — *Bufferin, Children's* (Bristol-Myers, USA): Tabletten mit Acetylsalicylsäure, Al-Glycinat, Mg-Carbonat. Analgeticum. — *Capre-Flor* (Marion, USA): Tabletten mit 5000 (Einheiten) Axerophthol, 400 Calciferol, 2 (mg) Thiaminmononitrat, 2 Riboflavin, 2 μg Cyanocobalamin, 100 Ascorbinsäure, 1 Ca-Pantothenat, 10 Niacinamid, 1 Fluorid (als NaF), 150 Fe-Fumarat, 250 Ca, d-Sorbit. Gegen Hypovitaminosen. — *Daricon PB* (Pfizer, USA): Tabletten mit 5 (mg) Oxyphencycliminhydrochlorid, 15 Phenobarbital. Anticholinergicum. — *Ferro-Mandets* (Lederle, USA): Tabletten mit 60 (mg) Fe-Fumarat, 50 Ascorbinsäure. Antianämicum. — *Hexadrol* (Organon, USA): Elixir mit 0,5 mg Dexamethason je 5 ml. Antiphlogisticum. — *Lenetran* (Lakeside, USA): Tabletten mit 400 mg 5-[o-Methoxyphenoxymethyl]-oxazolidinon-(2) (Mephenoxalonum). Tranquillizer. — *Loryl* (Kremers-Urban, USA): Kapseln mit 337,5 (mg) Chloralhydrat, 37,5 Phenyltoloxamincitrat. Sedativum. — *Mysteclin-F Pediatric Drops* (Squibb, USA): Lsg. von 100 (mg) Tetracyclinhydrochlorid, 20 Amphotericin B. Antibioticum. — *Nitrine-TDC* (Canfield, USA): Kapseln mit Nitroglycerin. Angioticum. — *Panscol Ointment* (Baker, USA): Salbe mit Salicylsäure, Cholesterin, Ricinusöl, Phenol, NaCl. Dermaticum. — *Peridex L-A* (Whittier, USA): Tabletten mit 60 mg Pentaerythrittetranitrat. Angioticum. — *Proklar* (Lloyd, Dabney & Westerfield, USA): Tabletten mit 250 (mg) Methenaminmandelat, 250 Sulfacetamid. Urologicum. — *Quinette* (Arnar-Stone, USA): 0,1 (mg) Stilböstrol, 100 Dijodhydroxychinolin, 500 Sulfadiazin, 4 Sorbinsäure, 10 Methylbenzethoniumchlorid, 120 Borsäure. Gegen Trichomoniasis. — *Reletuss* (Scott-Alison, USA): Sirup mit d-Methorpanhydrobromid, Chlorpheniraminmaleat, Phenylephrinhydrochlorid, Phenylpropanolaminhydrochlorid, Paracetamol, Guajacolglycerinäther. Antitussicum. — *Sarinoid-5* (Dumas-Wilson, USA): Kapseln mit 100 (mg) Bioflavonoide, 100 Ascorbinsäure, 5 Prednisolon, 0,75 Menadion. Antiphlogisticum. — *Sedobarb Nr. 2* (Whittier, USA): Tabletten mit 32,4 (mg) Phenobarbital, 64,8 Pentobarbital-Na. Hypnoticum. — *Skelaxin* (Robins, USA): Tabletten mit 400 mg 5-[3'.5'-Dimethylphenoxymethyl]-oxazolidinon-(2) (Metaxalonum). Myorelaxans. — *Strexate* (Massengill, USA): Tabletten mit 200 (mg) Styramat, 210 Salicylamid, 150 Phenacetin, 30 Coffein. Analgeticum. — *Tresatine* (Canfield, USA): Sirup mit 12,5 (mg) Phenylpropanolaminhydrochlorid, 6,25 Pheniraminmaleat, 6,25 Pyrilaminmaleat je 5 ml Antihistaminicum. — *Tuss-Ornade Liquid* (S. K. F, USA): Lsg. von Caramiphenäthandisulfonat, Isopropamidum, Phenylpropanolaminhydrochlorid, Chlorpheniraminmaleat. Gegen Erkältungskrankheiten. — *Uracil Mustard* (Upjohn, USA): Kapseln mit 5-[Bis-(2'-chloräthyl)-amino]-uracil. Cytostaticum. — *Vio-Thene with Phenobarbital* (Rowell, USA): Tabletten mit 10 (mg) Oxyphencycliminhydrochlorid, 30 Phenobarbital. Anticholinergicum.

K. Gerecke 4800◇

1569 **Untersuchungen über die Früchte von Pirus aucuparia Gärtn. (Sorbus aucuparia L.).** G. Rankow und Ass. Popow. (Bull. Inst. chim. Acad. bulg. Sci. **3,** 183—93, 1955; bulg.) — 9 Proben von einheim. *Pirus aucuparia* Gärtn. (*Sorbus aucuparia* L., Subsp. *typica* u. *Fenenkiana Georg et Stoj.*) verschiedener Herkunft werden auf ihren Geh. an Kohlenhydraten, Säuren u. Gerbstoffen untersucht u. auf Grund des hohen Vitamin-C- (60—74 mg-%) u. Carotin-Gehaltes (6,2—9,8 mg-%) die Verw. zur Herst. von Vitamin-Präpp. vorgeschlagen.

I. Schade 4808△

1570 **Desinfektionswirksamkeit einiger chemischer Stoffe gegenüber Mycobacterium phlei.** Jaroslav Bartoš. (Věstník českoslov. Akad. zemědělských Věd **9,** 555, 1962; Brno, Výzk. úst. veter. lékařství; tschech.) — Mit der Suspensionsmeth. hat Vf. die Desinfektionswirksamkeit einiger chem. Verbb. gegenüber *Mycobacterium phlei* überprüft u. folgendes festgestellt: In allen Verss. hat man nach 60 Min. kein Wachstum mit 5% Delegol, 2% Kresolschnitt, 1% techn. Xylenol, 3% Difen (mit Kaliseife verdünnt), 3% Lysol, konstatiert. Andere Verbb., z. B. Renophen, Tego usw. hatten nur in 72,8—88,9% Verss. dieselbe Wirkung.

J. Špinka 4832◇

1571 **Über die Methodik zur Prüfung der baktericiden Aktivität von Desinfektionsmitteln.** B. L. Schura-Bura. (J. Mikrobiol., Epidemiol. Immunobiol. [UdSSR] **32,** Nr. 10, 31—36, 1961; Militär-Med. Kirow-Akad.; russ., Auszug: engl.) — Vf. weist auf die Unzulänglichkeit der 1942 gegebenen „Instruktionen zur Best. der baktericiden Eigg. von Desinfektionsmitteln" (DMt) hin. Zur Erzielung vergleichbarer Ergebnisse bei der Unters. der baktericiden Aktivität von DMt gibt er folgende Empfehlungen: 1. Best. der Phenolresistenz von Testkulturen nur mit chem. reinem Phenol (F. > 40°); 2. einheitlicher Temp.-Bereich von 18—20° bei allen Experimenten; 3. bei Best. der Thermoresistenz von Testkulturen mit Hilfe eines sd. Lsgm. (z. B. W.) Berücksichtigung des äußeren Luftdruckes u. Verw. eines geeichten Thermometers; 4. nach Durchführung der Verss. mit Testobjekten diese mit viel W. auszuwaschen (bzw. mit einem geeigneten Lsg.- oder Neutralisationsmittel bei schlecht wasserlösl. Substanzen), um letzte Anteile des DMt u. einen damit verbundenen bakteriostat. Effekt zu entfernen; 5. Ausrüstung aller Labor. mit resistenten Standard-Testkulturen von einem zentralen Institut aus.

G. Solf 4832◇

1572 **Bestimmung von Sulfonamiden mit verlängerter Wirkung.** 2. Mitt. **Argentometrische Bestimmung von 3-Sulfanilamido-6-methoxypyridazin und 2.4-Dimethoxy-6-sulfanilamidopyrimidin.** Wanda Sztark. (Dissertat. pharmac. [Warszawa] **14,** 197—99, 1962; Kraków, Akad. Med., Zakł. Chem. nieorgan. i analit.; pol.) — 1. vgl. C. **1963,** 22823. — *3-Sulfanilamido-6-methoxypyridazin* u. *2.4-Dimethoxy-6-sulfanilamidopyridin* werden in Methanol gelöst, aliquote Mengen werden mit W. verd., auf pH 4,6 gepuffert u. mit einem Überschuß an $AgNO_3$ versetzt. Das gefällte Ag-Salz des Sulfonamids wird abfiltriert u. das mit 2 n HNO_3 angesäuerte Filtrat mit 0,1 n NH_4SCN-Lsg. potentiometr. titriert. Die Titration nach Volhard liefert das gleiche Ergebnis.

F. Urban 4880◇

1573 **Ein Vergleich verschiedener Bestimmungsmethoden für den Gehalt an Tropaalkaloiden der Belladonna-Wurzel (Radix Belladonnae).** Stanisława Bartkowicz. (Dissertat. pharmac. [Warszawa] **14,** 189—96, 1962; Kraków, Akad. Med., Zakł. Farmac. stos.; pol.) — In Wurzeln von *Atropa belladonna L.* wurden papierchromatograph. *Atropin, Hyoscyamin* u. Spuren von 2 nicht-identifizierten Alkaloiden gefunden. Verglichen mit dem chromatograph. bestimmten Alkaloid-Geh. liefert die acidimetr. Meth. der Best. (Poln. Arzneibuch III) um 10% höhere, die acidimetr. Meth. von Hegnauer u. Flück [1948] um 11% niedrigere u. die colorimetr., volumetr. u. gravimetr. Meth. über die Reinecke-Salze um 4% niedrigere Werte. Die genaueste Meth. ist die colorimetr. über das Reinecke-Salz.

F. Urban 4880◇

1574 **Colorimetrische Bestimmung von Atropin in pharmazeutischen Präparaten.** S. K. Srivastava, B. B. P. Srivastava, G. K. Ray und B. Mukerji. (Indian J. Pharmacy **25,** 304—05, 1963; Lucknow, Central Drug Res. Inst.; engl.) — Die Farbintensität des gelben, Chlf.-lösl. Komplexes von *Atropin* (**I**) u. *Bromkresolgrün* (**II**), die bei pH 5,6 der **I**-Konz. proportional ist, wurde vom Vf. als Grundlage einer schnellen u. genauen **I**-Best. benutzt. **I**-Sulfat-Injektionen, **I**-Salbe u. **I**-Tabletten wurden nach evtl. Vorbehandlung (Herauslösen von **I**) mit einer **II**-Lsg. in Phthalat-Puffer vom pH 5,6 u. reinem Chlf. versetzt. Die Farbmessungen wurden in einem lichtelektr. Colorimeter mit Blaufilter (420 nm) gegen reines Chlf. ausgeführt u. mit Hilfe einer Eichkurve ausgewertet. Die Nachw.-Grenzen liegen zwischen 20 u. 120 μg.

U. Drehmann 4880◇

1575 **Bestimmung einiger Alkaloide photocolorimetrisch mit Hilfe des Reineckesalzes.** Jerzy Weyers und Maria Skóra. (Dissertat. pharmac. [Warszawa] **14,** 201—05, 1962; Kraków, Akad. Med., Zakł. Chem. nieorg. i analit.; Zakł. Chem. toksykol. i sądowej; pol.) — Die colorimetr. Meth. zur Best. der Alkaloide *Strychnin, Atropin, Papaverin* u. *Chinin* nach ihrer Fällung mit dem Reinecke-Salz wird durch Verw. von Dioxan an Stelle des flüchtigeren Acetons beim Lösen des Nd. modifiziert. Die Best. wird dadurch genauer.

F. Urban 4880◇

1576 **Untersuchungen über gepulverte Zubereitungen.** 6. Mitt. **Theoretische Betrachtung über den Prozeß des Tablettenzerfalls durch thermische Analyse.** Yoshinobu

Nakai. (Chem. pharmac. Bull. [Tokyo] **9**, 796—800, 1961; Tokyo, Tokyo Univ. Hosp., Pharmacy; engl.) — 5. vgl. C. **1963**, 22036. — Die charakterist. Werte für den Tablettenzerfall bei der therm. Analyse wurden theoret. geprüft. Der graph. Oberflächenraum α wurde für ein Pulversyst. berechnet. α ist konst. für die gleiche Substanz unter gleichen Vers.-Bedingungen. Bei Tabletten u. Pulvern bestehen keine prinzipiellen Unterschiede. Der Preßdruck ist ohne Bedeutung, soweit das Gew. konst. ist. Die experimentellen Ergebnisse stimmen mit der Theorie überein. An Hand der theoret. Betrachtungen wird die USP-Meth. des Tablettenzerfalls krit. diskutiert.
S. Erbe 4880◇

1577 Olin Mathieson Chemical Corp., New York, N. Y., V. St. A., **Überzugsmittel für Tabletten.** Es besteht aus einer Lsg. eines zwischen 70 u. 135°, bes. 85 u. 125°, schmelzenden Harzes von Terpenpolymeren, bes. Polymeren von β-Pinen, wobei der Lsg. noch Celluloseester u. Farbstoffe zugesetzt werden können. (**E. P. 899390** vom 24/2. 1960, ausg. 20/6. 1962. A. Prior. 27/2. 1959.)
K. Wolk 4767

1578 Dr. med. Hans Voigt Chemisch Pharmazeutische Fabrik (Erfinder: Hans Voigt), Berlin, **Stabilisierung von wäßrigen milchsauren Arzneipflanzenextraktlösungen,** dad. gek., daß man die Pflanzenextrakte mit einer wss. Aneurin- oder Lactoflavinlsg. versetzt, bes. *Aneurinhydrochlorid* bzw. *Aneurinmononitrat* oder *Lactoflavin-5'-phosphat-Natrium*. (**D. A. S. 1155565** Kl. 30h vom 10/3. 1959, ausg. 10/10. 1963.) W. Heyer 4791

1579 Curt-H. Schwietzer, Berlin, **Herstellung von haltbaren, konzentrierten, wäßrigen Orotsäure-Lösungen,** dad. gek., daß man die Orotsäure in W. oder wss.-alkohol. Lsg. mit einer oder mehreren Aminosäuren, bes. Glykokoll u./oder Lysin, als Lösungsvermittler im Mol.-Verh. 1:1 bis 1:2 versetzt. — *Arzneimittel*. (**D. A. S. 1155880** Kl. 30h vom 17/3. 1961, ausg. 17/10. 1963.)
W. Heyer 4791

1580 Lakeside Laboratories Canada Ltd., Toronto, Ontario (Erfinder: Geza S. Delmar und E. Neil Macallum, Quebec), Canada, **Herstellung von mercurierten Propylharnstoffen** der allg. Formel XHg–CH_2–CH(OCH_3)–CH_2–NH–C(=O)–NH_2 (X = Acetylrest oder Halogen), dad. gek., daß man ein mercuriertes Methoxypropylaminsulfat der allg. Formel YHg–CH_2–CH(OCH_3)–CH_2–NH–SO_4 (Y wie X) mit KOCN u. ggf., falls Y = Acetyrest, den mercurierten Propylharnstoff mit einem Salz eines Halogenwasserstoffs umsetzt. — Man erhält z. B. aus 2-Methoxypropylaminsulfat (**I**)-Lsg. in Methanol + konz. H_2SO_4, 2-Methoxypropylamin bis zu lackmusalkal. Rk. u. Mercuriacetat durch 6—10std. Erhitzen auf Rückflußtemp. u. 6std. Erhitzen der Lsg. mit KOCN bei Rückflußtemp. → *3-Acetoxymercuri-2-methoxypropylharnstoff*, gummiartige Masse (aus dem Acetonextrakt) u. daraus in CH_3OH mit wss. NaCl nach dreistd. Rühren → *3-Chlormercuri-2-methoxypropylharnstoff* (**II**), F. 152—153° (A.), 59% Ausbeute. Analog erhält man **II** unmittelbar aus **I** bei Verw. von $HgCl_2$ an Stelle von Mercuriacetat über den A.-Extrakt. — Vgl. D. B. P. 959907; C. **1957**, 7728. (**D. A. S. 1155434** Kl. 12o vom 26/11. 1954, ausg. 10/10. 1963. Can. Prior. 1/12. 1953.) G. Vogel 4807

1581 Badische Anilin- & Soda-Fabrik Akt.-Ges. (Erfinder: Peter Dimroth, Heinrich Pasedach, Karl Adam und Wolfgang Arend), Ludwigshafen/Rh., **1-Diäthylamino-4-aminopentan,** $Kp._{34}$ 97 bis 102°, n_D^{25} 1,4411, wird hergestellt aus 1-Diäthylaminopentan-ol-(4) (**I**) u. fl. NH_3 in Ggw. von Co-Katalysatoren bei erhöhter Temp. u. erhöhtem Druck. Das Prod. enthält noch **I**.-*Zwischenprod.* für Pharmazeutica. (**D. A. S. 1155135** Kl. 12q vom 17/8. 1961, ausg. 3/10. 1963.)
A. Debo 4807

1582 Lentia G. m. b. H., Ein- und Verkauf, München (Erfinder: Josef Kellermair und Walter Polesofsky, Linz, Österreich), **Disubstituierte Amide von alkoxysubstituierten Phenolcarbonsäuren.** Zu Oe. P. 198696; C. **1960**, 9310 ist nachzutragen: Die phenol. OH-Gruppe der Alkoxyphenolcarbonsäuren kann vor der Rk. durch Acylieren oder Veräthern, bes. durch Acetylieren u. Benzylieren geschützt werden. Die Abspaltung dieser Gruppe nach der Rk. kann bei der abgetrennten Verb. oder beim rohen Rk.-Gemisch durchgeführt werden. Ausbeute an Vanillinsäurediäthylamid beträgt 66%. — *Atmungs-* u. *Kreislaufmittel*. (**D. A. S. 1086690** Kl. 12o vom 29/10. 1957, ausg. 11/8. 1960. Oe. Prior. 17/5. 1957.)
G. Krauß 4807

1583 Francesco Vismara S. p. A., Como (Erfinder: Guido Cavallini und Elena Massarani, Mailand), Italien, **Arzneimittel** *gegen Virusinfektionen* wie Influenza, Hepatitis, Herpes simplex oder -zooster, Herpes cornealis, Pemphigus u. a., enthaltend in einem pharmaz. Träger als Wirkst. eine Phenylbenzoylmethyleniminobenzoesäure der allg. Formel **I** R = H, F. Cl oder Br,

I

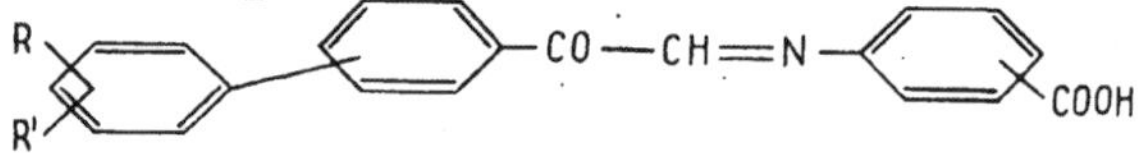

OH-, Methoxy- oder Äthoxygruppe, R' = H, F, Cl oder Br), bes. *4-(p-Phenylbenzoylmethylenimino)-benzoesäure* (**E. P. 911289** vom 26/10. 1960, ausg. 21/11. 1962. It. Prior 15/6. 1960.) W. Heyer 4807

1584 Merck & Co., Inc., Rahway, N. J. (Erfinder: Frederick Charles Novello, Lansdale, Pa.), V. St. A., **Herstellung von Aminobenzoldisulfonylchloriden.** Zu Schwz. P. 337545; C. **1960**, 4284 ist nachzutragen: Analog erhält man folgende *Anilin-4.4'-disulfonylchloride*: aus m-Bromanilin u. SO_2(OH)Cl → *3-Brom-*, F. 143—145°, 62% (Ausbeute). — *3-Methoxy-*, F. 129—130°, 40%. — *3-Fluor-*, F. 131—132°, 60%. — *3-Nitro-*, F. 149—150° (Bzl./Hexan), 25%. — *Zwischen-Prod.* für *Benzothiadiazin-1.1-dioxidverbindungen*. (**D. A. S. 1153761** Kl. 12q vom 13/4. 1957, ausg. 5/9. 1963. A. Prior. 2/5. 1956.)
G. Vogel 4807

1585 J. R. Geigy Akt.-Ges., Basel, Schweiz, **Herstellung von Phenylalaninderivaten** der allg. Formel **I** (R_1 = H, niedermol. Alkyl- oder ein Benzoylrest, R_2 = OH, niedermol. Alkoxy- oder Acyloxyrest, Aryloxy- oder Arylmethoxyrest, R_3 = Carboxy-, niedermol.

I

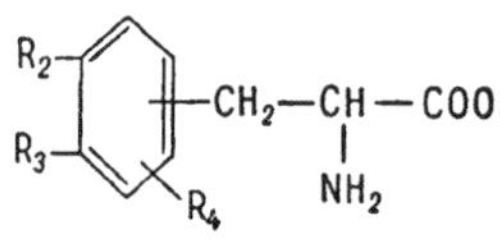

II

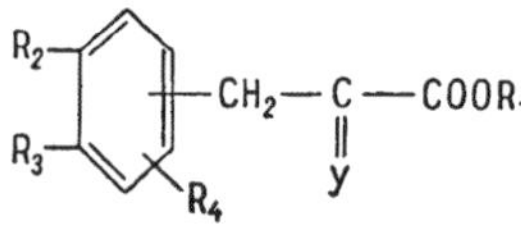

III

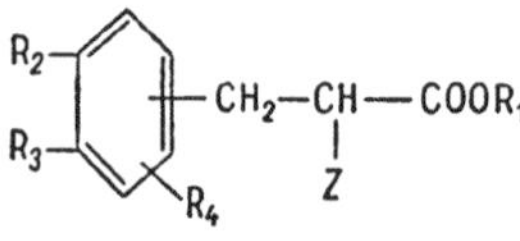

Carbalkoxy-, Cyano- oder Carboxyamidogruppe, R_4 = H, OH, niedermol. Alkyl- oder Alkoxyrest) u. deren Salzen, dad. gek., daß man substituierte β-Phenylpropionsäurederivv. der allg. Formeln **II** oder **III** [y = bivalente N-haltige Gruppe, die durch Red. oder reduktive Spaltung in die Aminogruppe übergeführt werden kann (bes. Imino-, Oximino-, Benzylimino- oder Phenylhydrazongruppe), Z = monovalente N-haltige Gruppe, die ebenso in die Aminogruppe übergeführt werden kann (bes. Nitro-, Azido- oder Dibenzylaminogruppe)] red. oder daß man zur Herst. von Derivv. der Formel **I** (R_1 = H) substituierte Aldehyde der allg. Formel **IV** mit einem Alkalicyanid u. NH_3 oder NH_4-Salz reagieren läßt u. das Aminonitril-Zwischenprod. der allg. Formel **V** verseift oder daß man Verbb., die die Gruppierung der allg.

IV 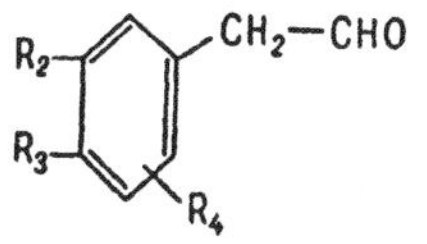

V 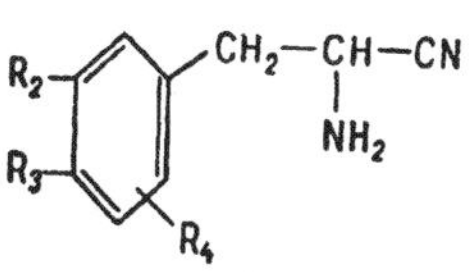

Formel VI, in der die Carbonylgruppe u. das α-ständige N-Atom über 2 oder 3 Glieder untereinander verbunden sind, mindestens einmal im Mol. enthalten, u. zwar

VI 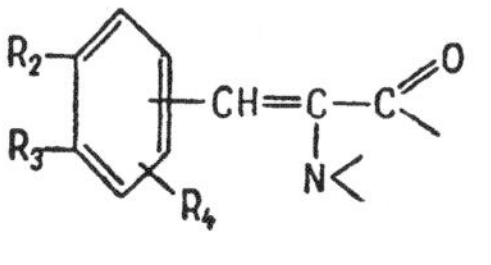

VII 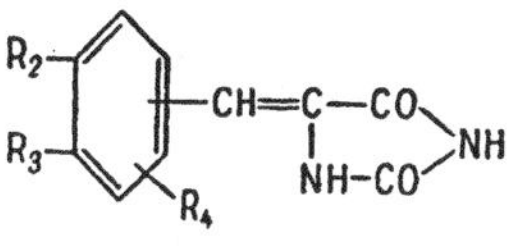

entweder substituierte 4-Benzyliden-hydantoine der allg. Formel **VII** oder substiutierte, 3,6-Bis-benzyliden -2,5-diketopiperazine der allg. Formel **VIII** oder substituierte 4-Benzyliden-oxazolone der allg. Formel **IX** (R_5 = nieder-

VIII 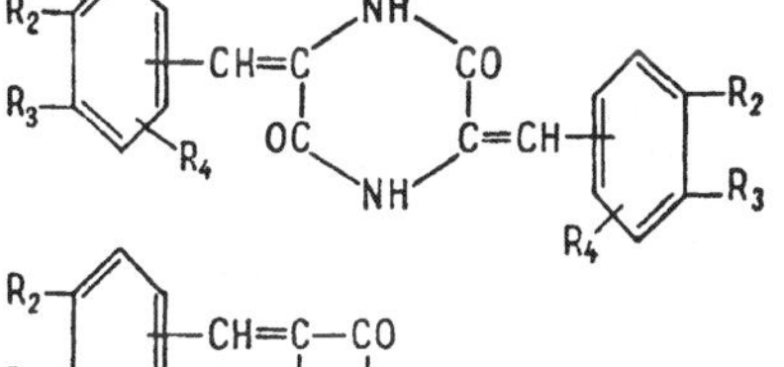

IX 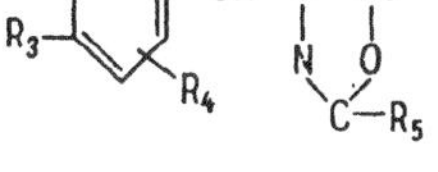

mol. Alkyl- oder der Phenylrest) red. u. hydrolysiert bzw. einer reduktiven Spaltung unterwirft u. ggf. die erhaltenen Basen mit anorgan. oder organ. Säuren in ihre Salze übergeführt . Man erhält so: (*3-Carboxy-4-methoxybenzyl)-acetessigsäureäthylester*, F. 68—69° (Bzl./PAe.), → *α-Oximino-β-(3-carboxy-4-methoxyphenyl)-propionsäureäthylester*, F. 151—152°, → *3-Carboxy-4-methoxy-phenylalanin* (**X**), F. 238—240°; *β-(3-Carboxy-4-methoxyphenyl)-α-phenylazopropionsäure*, F. 185—186° (A./Cyclohexan) → **X** F. 240—241°. — *Methoxy-5-brommethylbenzoesäuremethylester*, Kp.$_3$ 180°, → *5-Cyanomethyl-2-methoxybenzoesäure-methylester*, Kp.$_{1,6}$ 138—140°, → *3-Carbomethoxy-4-methoxyphenylacetaldehyd*, gelbes Öl, (→ *dinitrophenylhydrazon* F. 239—240°) **X** (*-hydrochlorid*, F. 211—213° (A./Ae.). — *5-(3-Carboxy-4-hydroxybenzyliden)-hydantoin*, F. 324—326°, → *5-(3-Carboxy-4-hydroxybenzyl)-hydantoin*, F. 245—246° (A.) → *3-Carboxy-4-hydroxyphenylalanin* (**XI**), F. 275—280° (Zers.); *3.6-Bis-(3-carboxy-4-hydroxybenzyliden)-2.5-diketopiperazin*, F. 350° (CH_3OH) → **XI**-*hydrochlorid*, F. 286—288° (W.); *4-(4'-Acetoxy-3'-carboxybenzyliden)-2-phenyl-5-oxazolon*, F. 205—207° (A.), → *4-(4'-Acetoxy-3'-carbomethoxybenzyliden)-2-phenyl-5-oxazolon*, F. 190—210° (Bzl./A.), → *α-Benzamido-(3-carboxy-4-hydroxy)-hydrozimtsäure*, F. 275 bis 277° (Aceton), → **XI**. Schnell wirkende *analget. Mittel* von niedriger Toxizität, die als freie Verbb. oder als Salze der HCl, HBr, H_3PO_4, Essig-, Oxal-, Wein- oder Citronensäure oral oder parenteral angewendet werden können. (**Oe. PP. 217030, 217031** u. **217032** vom 23/11. 1959, ausg. 11/9. 1961. Alle A. Prior. 24/11. 1958.)

W. Gräger 4807

1586 Geigy Chemical Corp., Greenburgh, übert. von: Frederick Leonard, Yonkers, N. Y., V.St.A., **Phenylalaninverbindungen** der allg. Formel **I** (A = $-CH_2-CH\cdot(NHR_4)-COOR_3$-Rest; R_1 = Carboxy-, niedrigmol. Carbalkoxy- oder Carboxamidrest; R_2 = Halogen oder CF_3; R_3 = H, Benzyl-, Alkyl-(C_{1-6})-Rest; R_4 = H, Acyl(C_{1-6})- oder Benzoylrest) erhält man a) aus entsprechend substituierten Acylamidomalonsäureestern der allg. Formel **I**

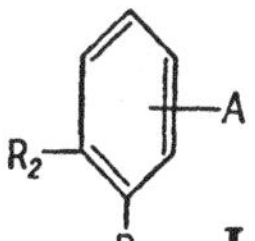

I

[A = $CH_2-C(X)(COOR''_3)-COOR''_3$; X = Acylamido- oder Acylimidorest, R''_3 = niedrigmol. Alkyl- oder Benzylrest) durch Hydrolyse u. Decarboxylieren bzw. b) durch Rk. von substituierten α-Benzylacetessigsäureestern der allg. Formel **I** [A = $-CH_2-CH(COCH_3)-COOR''_3$; R''_3 wie vorst.] mit HN_3 nach Schmidt u. Hydrolyse der substituierten α-Acetamido-β-phenylpropionsäure oder deren Ester zu Prodd. der allg. Formel **I** mit einer freien NH_2-Gruppe in der α-Stellung bzw. c) durch Red. von substituierten β-Phenylpropionsäure-Verbb. der allg. Formel **I** [A = $-CH_2-C(=Y)-COOR_3$ oder $-CH_2CH(Z)-COOR_3$; Y = Imino-, Oximino-, Benzylimino- oder Phenylhydrazonrest; Z = NO_2, Azido- oder Dibenzylaminorest] bzw. d) durch Rk. von substituierten Benzylmalonsäureamidestern der allg. Formel **I** (A = $-CH_2-CH(CO\cdot NH_2)-COOR''_3$; R''_3 wie vorst.] mit einem Alkalihypohalogenit nach Hofmann u. Hydrolyse des Esters oder durch Rk. von substituierten Benzylcyanessigsäurehydraziden der allg. Formel **I** [A = $-CH_2-CHCO(CN)-NH-NH_2$] mit HNO_2, Zers. der Azide nach Curtius mit einer OH-Verb. (A., Benzylalkohol) u. Hydrolyse des gebildeten Carbamats bzw. e) durch Rk. von substituierten α-Halogen-β-Phenylpropionsäure oder deren Estern der allg. Formel **I** [A = $-CH_2-CH(Halogen)-COOR_3$] mit NH_3 oder durch Rk. mit einem Salz eines Dicarbonsäureimids oder Diacylimids, bes. Phthalimid-K, u. hydrolyt. Abspaltung der Imidogruppe, bes. mit H_2SO_4 bzw. f) durch Rk. eines Aldehyds der allg. Formel **I** [A = $-CH_2-CHO$] mit einem Gemisch aus einem Alkalicyanid u. NH_3 u. Hydrolyse der gebildeten Aminonitril-Verb. bzw. g) durch Red. u. anschließende Hydrolyse oder durch reduktive Spaltung von heterocycl. Verbb., wie substituierten 4-Benzylidenhydantoinen bzw. 3.6-Bis-[benzyliden]-2.5-diketopiperazinen bzw. 4-Benzylidenoxazolonen der allg. Formel **I** [A = Rest der allg. Formeln **II** bzw. **III** bzw. **IV**; R'_4 =

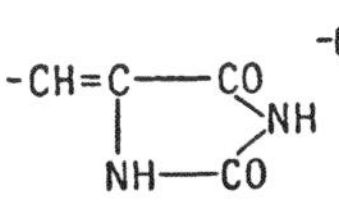

II

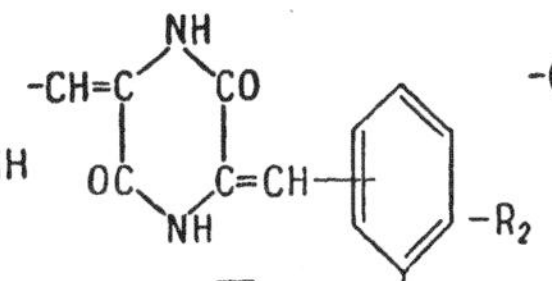

III

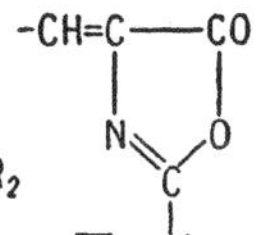

IV

niedrigmol. Alkyl- oder Phenylrest], bzw. durch Teilhydrolyse von Verbb. der allg. Formel **I**, A = **IV** u. Red. der substituierten α-Acylamidozimtsäure-Verbb. der allg. Formel **I** [A = $-CH=C(NH\cdot CO\cdot R'_4)-COOH$] mit H_2 in Ggw. von Pt als Katalysator. Zur Red. von substituierten Benzyl-Verbb. verwendet man Na-Amalgam u. NaOH-Lsg. oder Sn u. HCl, zur Hydrolyse HCl u. zur reduktiven Spaltung HJ in Ggw. von rotem Phosphor. — Man setzt z. B. 84,3 (Teile) 2-Chlor-5-methylacetophenon mit einer Lsg. von 184 NaOH u. 360 Br_2 in W. + Eis unter 25std. abwechselnden Erhitzen auf 65—68° u. Kühlen um, setzt dem Gemisch 100 $Na_2S_2O_5$ u. bei 15° 300 Vol.-Teile konz. HCl zu, filtriert den Nd., wäscht u. trocknet im Vakuum → 74,8 2-Chlor-5-methylbenzoesäure (**V**), F. 153—155 (Bzl.); aus einem Gemisch von 42,6 **V**, 75 1.2-Dichloräthan, 31 Vol.-Teilen CH_3OH u. 4 Vol.-Teilen W. erhält man durch 20std. Erhitzen auf den Kp. der Fl. → 38,7 2-Chlor-5-methylbenzoesäuremethylester, $Kp._{0,85}$ 79—80°, n_D^{22} 1,5338; aus einem Gemisch aus 18,5 der vorst. Verb., 17,8 N-Bromsuccinimid, 120 Vol.-Teilen trockenem CCl_4 u. 4,85 Benzoylperoxid durch 4std. Erhitzen unter Rückfluß → 20 2-Chlor-5-brommethylbenzoesäuremethylester; aus 18,7 der vorst. Verb. u. einer Lsg. von 1,7 Na in 100 Vol.-Teilen abs. A. u. 15,7 Acetamidomalonsäurediäthylester durch 5std. Erhitzen unert Rückfluß → 12,5 Acetamido-[3-carbomethoxy-4-chlorbenzyl]-malonsäurediäthylester, F. 112 bis 114° (Isopropanol); aus 8 der vorst. Verb. durch 16std. Erhitzen unter Rückfluß mit 50 Vol.-Teilen 6 n HCl → 2,7 *3-Carboxy-4-chlorphenylalaninhydrochlorid* (**VI**), F. 255° (Zers.) (Isopropanol); aus **V** u. N-Bromsuccinimid → 2-Chlor-5-brommethylbenzoesäure, F. 40—42° (PAe.), 40% (Ausbeute); daraus mit Na-Äthylat u. Formamidomalonsäurediäthylester durch 8std. Erhitzen unter Rückfluß → Formamido-[3-carboxy-4-chlorbenzyl]-malonsäurediäthylester, F. 165—166° (95%ig. A.), 22%; daraus mit $SOCl_2$ u. dann mit NH_3 → Formamido-[3-carboxamido-4-chlorbenzyl]-malonsäurediäthylester, F. 148—149° (95%ig. A.); daraus mit NaOH u. dann mit HCl → Formamido-[3-carboxamido-4-chlorbenzyl]-malonsäure, F. 175—176° (W.-A. 9:1); daraus durch 26std. Erhitzen mit 50%ig. A. unter Rückfluß → *3-Carboxamido-4-chlorphenylalanin*, F. 269—270° (W.), 65%; aus p-Fluortoluol, $AlCl_3$ u. Acetylchlorid durch 1,5std. Rückfluß u. längerem Stehen → 2-Fluor-5-methylacetophenon, $Kp._{1,2}$ 69—70°, 74%; daraus mit wss. Hypobromit-Lsg. 8 Std. bei 90° → 2.Fluor-5-methylbenzoesäure. F. 146 bis 147° (W.-A.), 82%; daraus Methylester, $Kp._{3,5}$ 95°, 85%; daraus mit N-Bromsuccinimid durch 8std. Rückfluß → 2-Fluor-5-brommethylbenzoesäuremethylester; daraus Acetamido-[3-carbomethoxy-4-fluorbenzyl]-malonsäurediäthylester, F. 115—116° (Bzl.), 33%; daraus mit HCl → *3-Carboxy-4-fluorphenylalaninhydrochlorid*, F. 268—269° (Isopropanol-A.), 73%; analog 2-Brom-5-methylbenzoesäure, F. 134—135° (Bzl.), 76%; daraus Methylester, $Kp._{2,5}$ 115—116°, 58%; daraus 2-Brom-5-brommethylbenzoesäuremethylester, nach chromatogr. Reinigung auf Al-Oxid gelbes Öl, 50%; daraus → Acetamido-[3-carbomethoxy-4-brombenzyl]-malonsäurediäthylester, F. 148—150° (A.-Ae.), 30%; daraus *3-Carboxy-4-bromphenylalanin*, F. 222—223° (W.-A., 3:1), 95%; aus **VI** mit abs. A. u. trockenem HCl-Gas, 3 Tage bei Raumtemp. → *2-Amino-3-[3'-carbäthoxy-4'-chlorphenyl]-propionsäureäthylesterhydrochlorid*, F. 173—174°; analog mit abs. CH_3OH → *Methylester* bzw. mit trockenem n-Hexanol → *Hexylesterverbindung*. — Verw. der Prodd. als *Analgetica* in Form ihrer nichttox. Salze in Racem- oder opt. akt. Form. (**A. P. 3032581** vom 11/7. 1960, ausg. 1/5. 1962.) G. Vogel 4807

1587 Roussel-Uclaf Soc. An., Paris, übert. von: Jean Marie Farthouat, Romainville, Frankreich, **Organische Diol-Aryl-Boronate,** der allg. Formel **I** (n = 0 oder 1, R_1 = H oder niederes Alkyl, R_2 = niederes

I

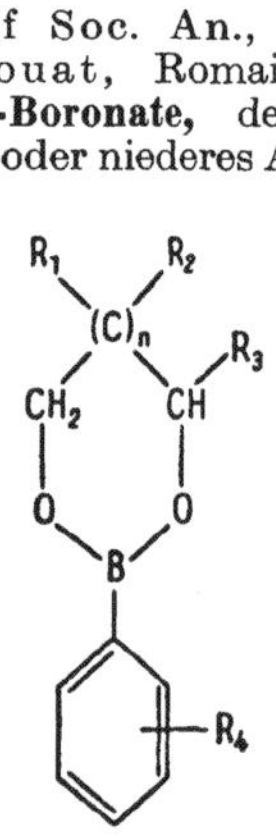

Alkyl oder die Dichloracetamidogruppe, R_3 = H, Phenoxymethyl, Kresoxymethyl, Methoxyphenoxymethyl oder p-Nitrophenyl, R_4 = H, niedere Alkyl-, niedere Alkoxy-, Nitro-, Amino-, oder Carboxyl-Gruppe) können hergestellt werden durch Veresterung der Arylboronsäure mit einem Diol unter Entfernung des W. durch Vacuum oder durch azeotrope Destillation. Beispiel: 10 (g) Phenylboronsäure gelöst in 162 ml Methanol u. 13,6 1-Phenoxypropan-2.3-diol gelöst in 500 ml W. werden auf 60° erwärmt u. gemischt. Nach Abkühlung krist. → *2-Phenyl-4-phenoxymethyl-1.3.2-dioxaborolan*, F. 68°; weitere Beispiele: *2-p-Tolyl-4-phenoxymethyl-1.3.2-dioxaborolan*, F. 98°; *2-p-Tolyl-5-methyl-5-n-propyl-1.3.2-dioxaborinan*, F. 54°; *2-p-Tolyl-4-o-cresoxy-methyl-1.3.2-dioxaborolan*, F. 42°; *Cis-2-p-Tolyl-4-p-nitrophenyl-5-dichloracetamido-1.3.2-dioxaborinan*, F. 177—178°. *Zwischenprodd.*, *Therapeutika*. (**A. P. 3038926** von 22/6. 1959, ausg. 12/6. 1962. F. Prior. 17/9. 1958.) R. Bauereis 4807

1588 Farbenfabriken Bayer Akt.-Ges., Leverkusen (Erfinder: Helmut Timmler, Wuppertal), **Cyclische Harnstoffe und Thioharnstoffe** erhält man durch Rk. von tert.-sek. Diaminen der allg. Formel R · NH · A · N(R')(R") (A = ggf. verzweigter Äthylen- oder Propylenrest; R = Alkyl-, Aralkyl- oder Arylrest; R' u. R" — Alkyl- oder Aralkylreste, wobei R' u. R" gemeinsam mit dem N-Atom einen ggf. durch weitere Heteroatome unterbrochenen Ring darstellen können) mit Phosgen oder Thiophosgen. — In eine sd. Lsg. von 19,2 (g) Diäthylaminoäthylanillin in 100 cm³ Chlorbenzol leitet man 1 Std. lang $COCl_2$. Nach Abdest. von Chlorbenzol u. Behandlung mit Ligroin → 17,5 *1-Äthyl-3-phenylimidazolidinon-(2)*, F. 83°, 92% (Ausbeute). Analog: *1-Methyl-3-phenylhexahydropyrimidinon-(2)*, F. 72°, 64%; *1-Äthyl-3-phenylimidazolidithion-(2)*, F. 69°; außerdem folgende Imidazolidinon-(2) (**I**)-derivv.: *1-Methyl-3-phenyl-5-methyl-I*, $Kp._1$ 148°, 80%; *1-Methyl-3-äthyl-I*, $Kp._1$ 92°, 78%; *1-Äthyl-3-o-chlorphenyl-I*, $Kp._1$ 162°, 90%; *1-Methyl-3-phenyl-I*, F. 110—111°, 90%; *1-(5'-Chlorpentyl)-3-phenyl-I*, F. 40—41°, 70%; *1-Äthyl-3-benzyl-I*, $Kp._2$ 155°, 70%; *1-Äthyl-3-(3'-chlor-4'-methylphenyl)-I*, F. 133°, 76%; *1-Äthyl-3-phenyl-I*, F. 83°. — *Sedativa, Hypnotica*. (**D. A. S. 1126392** Kl. 12p vom 15/10. 1959, ausg. 29/3. 1962.) M. Schaber 4807

1589 U. S. Vitamin & Pharmaceutical Corp., übert. von: Seymour L. Shapiro, Hastings on Hudson, Louis Freedman, Bronxville, und Iva M. Rose, Yonkers, N. Y., V. St. A., **3-[d-α-Methylphenäthyl]-5-methyl-1.3-oxazolidin-2.4-dione** der allg. Formel **I** erhält man 1. durch Rk. eines niederen Alkyllactats (**II**) mit d-α-Methylphenäthylamin (**III**) zum entspr. Hydroxyamid, das bei der

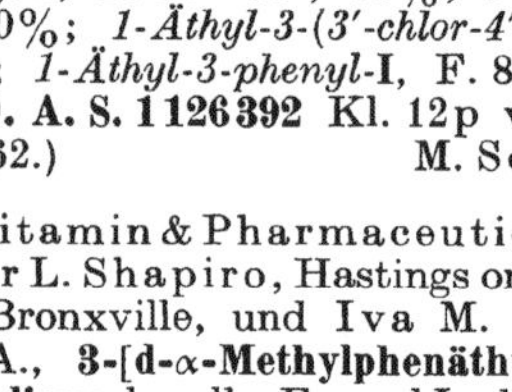

Rk. mit einem niederen Kohlensäuredialkylester (**IV**) in Ggw. einer katalyt. Menge eines bas. Mittels bes. C_2H_5 · ONa, aber auch andere Alkalimetallalkoholate, Benzyltrimethylammoniummethylat zu **I** kondensiert wird oder 2. durch Rk. ca. äquimolarer Mengen **II**, **III** u. **IV** in Ggw. eines bas. Katalysators (R_1 u. R_2 = H, Alkyl, Aryl). — Es wurden die *3-(d-α-Methylphenäthyl)-1.3-Oxazolidin-2.4-dione* erhalten: *5-methyl-*, F. 66—70,5° (Essigester-Hexan). *3-(d-α-Methylphenäthyl)*, $Kp._{0,1}$ 107 bis 127°. — *5.5-dimethyl-*, F. 108—109° (Hexan). — *5-(1-äthylpentyl)-*, $Kp._{0,005}$ 134—139°. — *5-Phenyl-*, F. 120—121° (Essigester-Hexan). — *5-(l-Methyl)-*, F. 68 bis 70° (Hexan), $Kp._{0,1}$ 104—108°. Ferner *3-(l-α-Methylphenäthyl)-5-methyl-1.3-oxazolidin-2.4-dion*, $Kp._{0,03}$ 85 bis 90°. *3-(dl-α-Methylphenäthyl)-5-methyl-1.3-oxazolidin-2.4-dion*, $Kp._{0,05}$ 96—104°. *Anticonvulsiva Analgetica, Sedativa.* (**A. P. 2909467** vom 9/7. 1958, ausg. 20/10. 1959.) A. Jahn 4807

1590 Merck & Co., Inc., Rahway, N. J. übert. von: James M. Sprague, Owynedd Valley, Pa., V. St. A. **10-[ω-Aminoalkyl]-10-hydroxythiaxanthene** der allg., Formel **I** (X u. X' = H, Halogen, Alkyl mit 1—4 C Atomen, Perfluoralkyl mit 1—4 C-Atomen, Alkoxygruppe mit 1—4 C-Atomen oder mononuklearer Arylrest, R u. R' = niederes Alkyl oder zusammen mit den N-Atom einen 1-Piperidyl-, 1-Pyrrolidyl-, 4-Morpholinyl-

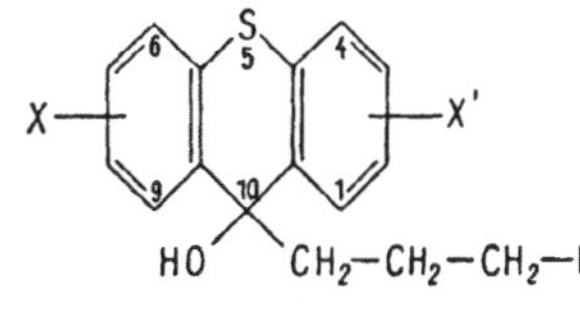
I

oder 1-Niederalkyl-4-piperazinylrest) können hergestellt werden durch Rk. der Grignard-Verb. von einem geeigneten 3-tert.-Aminopropylhalogenid mit einem Thiaxanthon. Die Grignard-Verb. wird in Tetrahydrofuran hergestellt. Beispiele: *10-Hydroxythiaxanthene* : *10-(3-Dimethylaminopropyl)-*, F. 133—136°; *2-Chlor-10-(3-Dimethylaminopropyl)-*, F. 152—154°; *2-Brom-10-(3-Dimethylaminopropyl)-*, F. 147—148°; *2-Methoxy-7-Chlor-10-[3-(4-morpholinyl)-propyl)]-*; *3.8-Dipropoxy-10-(3-dipropylaminopropyl)-*; *2-Chlor-8-äthyl-10-(2-methyl-3-dimethylaminopropyl)-*; *2-Chlor-10-[3-(1-piperidyl)-propyl]-*, F. 138—139°; *7-Propyl-10-[3-(1-pyrrolidyl)-propyl]-*; *2-Chlor-10-(3-diäthylaminopropyl)-*, F. 116,2—118,2°; *2-Methoxy-10-(3-dimethylaminopropyl)-*, F. 123—124°; *2-Chlor-10-(1-methyl-3-piperidylmethyl)-*, F. 182—183,5°; *2-Chlor-10-[3-(4-methyl-1-piperazinyl)-propyl]-*, F. 145 bis 146°; *10-(1-Methyl-4-piperidyl)-*, F. 188,6 —181,1°; *2-Chlor-10-(1-methyl-4-piperidyl)-*, F. 221,8—222,8°; *2-Trifluormethyl-10-(1-methyl-4-piperidyl)* —. Antiemetica, Antihistamin- u. Antiserotonin-Eigenschaften. Zwischenprodukte für 10-Propylidenthiaxanthene. (**A. P. 3047580** vom 29/9. 1961, ausg. 31/7. 1962.)
R. Bauereis 4807

1591 Ward Blenkinsop & Co. Ltd. (Erfinder: Alan August Goldberg und Arthur Hedley Wragg), London, England, **Basische Ester der Xanthyl-(9)-essigsäure** der allg. Formel **I** (R = H oder OH, R_1 u. R_2 = Alkylgruppen mit 1—6 C-Atomen, R_3 = H, Halogen mit einer Atomzahl von mindestens 7 oder eine Alkoxygruppe mit ≦6 C-Atomen u. n = 2—6. R u. R_1 sollen nicht gleichzeitig H bedeuten) erhält man bei der Rk. einer Xanthylessigsäure der allg. Formel **II** mit einem sub-

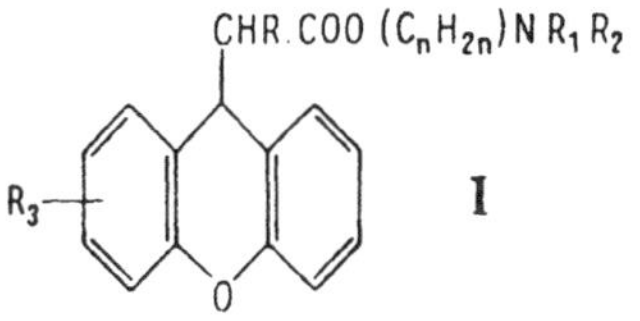
I

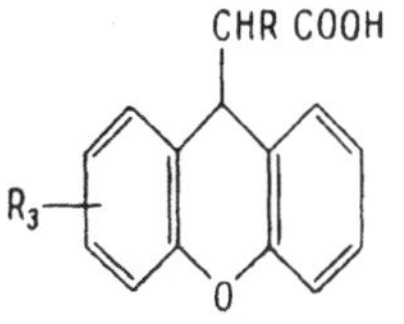
II

stituierten Aminoalkylhalogenid der allg. Formel $R_1R_2N \cdot (C_nH_{2n}) \cdot Hal$ unter Erwärmen u. in Ggw. eines Halogenacceptors (Na_2CO_3, $NaHCO_3$), ggf. in Ggw. eines inerten organ. Lsgm. (Chlf.; überschüssiges Aminoalkylhalogenid). Man kann auch das Xanthylessigsäurehalogenid mit einem substituierten Aminoalkanol der allg. Formel $R_1 \cdot R_2N \cdot (C_nH_{2n})OH$ in Ggw. eines Säureacceptors (Pyridin, Alkyl- oder Polyalkylpyridin) zur Rk. bringen, um **I** zu erhalten. — 3-Chlorxanthyl-9-malonsäure ($C_{16}H_{11}O_5Cl$), F. 167—169° (Zers.), mit Pyridin erhitzt → *3-Chlorxanthyl-9-essigsäure*, $C_{15}H_{11}O_3Cl$, F. 119° (wss. A.), welches mit *β*-Diäthylaminoäthylchlorid in Ggw. von K_2CO_3 u. trockenem Chlf. unter Rückfluß → *β-Diäthylaminoäthyl-3-chlorxanthyl-9-acetat* als gelbes Öl, $C_{23}H_{26}O_7NCl$, Molgew. 463,5. Analog erhält man: *β-Diäthylaminoäthylxanthyl-9-glykolat* über die Ausgangsstoffe Xanthyl-9-tartronsäure, $C_{16}H_{12}O_6$, F. 174—175°, u. Xanthyl-9-glykolsäure, $C_{15}H_{12}O_4$, F. 225—226°. — *β-Diäthylaminoäthyl-3-methoxyxanthyl-9-acetat*; *Diäthylaminoäthylxanthyl-9-glykolatethobromid*, $C_{23}H_{30}O_4NBr$, u. *Diäthylaminoäthyl-3-chlorxanthyl-9-acetatethobromid*, C_{23}·$H_{28}O_3NClBr$, Molgew. gew. 481,5. — *Arzneimittel* mit parasympatholyt. Aktivität. (**E. P. 855861** vom 27/3. 1956, ausg. 7/12. 1960.)
G. König 4807

1592 Ward Blenkinsop & Co. Ltd. (Erfinder: Alan August Goldberg und Arthur Hedley Wragg), London, England, **Basische Ester der Xanthylidenessigsäure** der allg. Formel **I** (R = H, Halogen mit einer Atom-

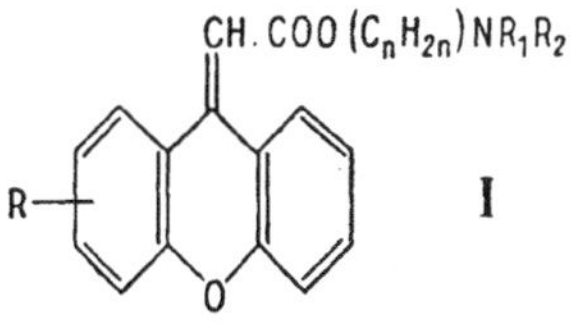
I

nummer von mindestens 17 oder Alkoxygruppe mit ≦6 C-Atomen; R_1 u. R_2 = Alkylgruppen mit ≦6 C-Atomen u. n = eine ganze Zahl von 2—6) erhält man durch Rk. einer Xanthyliden-9-essigsäure mit einem Dialkylaminoalkylhalogenid der Formel $R_1 \cdot R_2N(C_nH_{2n}) \cdot Hal$ in der Wärme, in Ggw. eines inerten organ. Lsgm. u. eines Säureacceptors.-9-Xanthylidenessigsäure in Chlf. wird mit Diäthylaminoäthylchlorid u. K_2CO_3 unter Rückfluß am W.-Bad 24 Std. erhitzt → *β-Diäthylaminoäthyl-9-xanthylidenacetat, Hydrogenoxalat*, $C_{23}H_{25}NO_7$, F. 172—174° (verd. A.). Behandelt man das Acetat in trockenem Bzl. mit C_2H_5Br unter Rückfluß → *β-Diäthylaminoäthyl-9-xanthylidenacetatethobromid*, $C_{23}H_{28}NO_3Br$, Molgew. 445. — *Arzneimittel* mit parasympatholyt. Aktivität. (**E. P. 855862** vom 27/3. 1956, ausg. 7/12. 1960).
G. König 4807

1593 Smith, Kline & French Laboratories, Philadelphia, übert. von: Paul N. Craig, Roslyn, Pa., V. St. A., **Dimethylaminophenothiazinderivate** der allg. Formel **I** (A = zweiwertige gerade oder verzweigte Al-

I
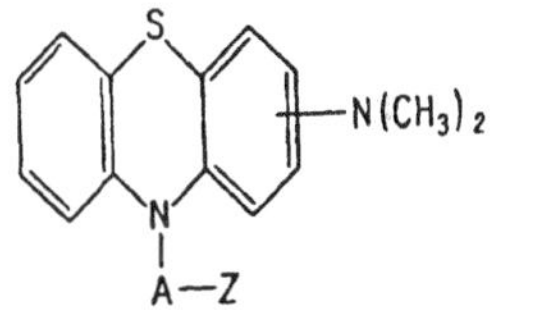

kylenkette mit 2—4 C-Atomen, Z = Dimethylamino-, Diäthylamino-, N-Formylpiperazinyl-, Piprazinyl-, N-Methylpiperazinyl-, N-Hydroxyäthylpiperazinyl-, N-Acetoxyäthylpiperazinyl-, N-Hydroxyäthoxyäthylpiperazinyl-, N-pyrrolidinyl-, N-p-Nitrophenäthyl-piperazinyl- oder N-p-Aminophenäthylpiperazinyl-Gruppe) werden auf folgendem Weg hergestellt; Beispiel: 84 (g) 4-Brom-3-nitrodimethylanilin werden in 600 ml A. unter Rühren u. Rückfluß tropfenweise mit einer wss. alkohol. Lsg. von 57 Bromthiophenol in 300 ml A. u. 12 NaOH in 20 ml W. versetzt. Nach 20 Std. Kochen wird filtriert u. nach Abkühlen → *2'-Brom-nitro-4-dimethylaminodiphenylsulfid*, F. 120—121° (A.); 91,9 dieses Prod. wird unter Rühren zu einer Lsg. von 235 $SnCl_2$ in 690 ml konz. HCl gegeben. Nach 4 Std. Kochen unter Rückfluß wird mit W. verd. u. mit NaOH alkalisiert. Das feste Prod. wird mit Bzl. extrahiert u. mit PAe. das *2'-Brom-2-amino-4-dimethylaminodiphenylsulfid*, F. 126 bis 127°, gefällt. 49,5. Davon, 28,8 wasserfreies K_2CO_3, 8 CuJ u. 2,88 Kupferbronzepulver werden in 500 ml Dimethylformamid 21 Std. unter N_2 am Rückfluß gekocht, filtriert u. mit W. verdünnt → *2-Dimethylaminophenothiazin*, F. 157—158° (Bzl.); 9,5 dieses Phenothiazins, 700 ml Xylol u. 4,0 $NaNH_2$ werden unter Rühren u. Rückfluß 80 Min. gekocht. Nach Zugabe von 12,4 3-Chlor-1-dimethylaminopropan in 50 ml Xylol wird 6 Std. gekocht, gekühlt u. 200 ml W. zugegeben. Die Xylolschicht wird mit Essigsäure extrahiert, diese mit NH_3 neutralisiert u. mit Bzl. extrahiert → *10-(3'-Dimethylaminopropyl)-2-dimethylaminophenothiazin*, Kp.$_{0,3-0,5}$ 215—220°. Das Amin in Ae. gelöst u. mit HCl in Isopropanol versetzt → *Dihydrochlorid*, F. 214—215°. Weitere *2-Dimethylaminophenothiazine*: *10-(Diäthylaminoisopro-*

pyl)-; 10-[2'-Methyl-1'-(N-methylpiperazinyl)-propyl]; 10-[3'-(N-Formylpiperazinyl)-propyl]-; 10-(3'-Piperazinylpropyl)-; 10-[3'-(N-β-Hydroxyäthylpiperazinyl)-propyl]-; 10-[3'-(β-Acetoxyäthylpiperazinyl)-propyl]-; 10-[3'-(N-Hydroxyäthoxyäthylpiperazinyl)-propyl]-; 10-[4'-(N-Pyrrolidinylbutyl)]-; 10-[3'-(p-Aminophenäthylpiperazinyl)-propyl]-. Beruhigungsmittel, Antiemetica, Zentraldepressiva. (**A. P. 3047572** vom 10/12. 1958, ausg. 31/7. 1962.)
R. Bauereis 4807

1594 Sandoz Akt.-Ges., Basel (Erfinder: Jany Renz, Jean Pierre Bourquin, Basel, und Gustav Schwarb, Neuallschwil), Schweiz, **Phenthiazinderivate.** Zu Ung. P. 149981; C. **1963**, 4152 ist nachzutragen: Es werden folgende in 10-Stellung substituierte *3-Methylsulfinylphenthiazine* hergestellt: *β-N-Methylpiperidyl-(2')-äthyl-; Tartrat,* F. 115—120° (sintert ab 80°). — *β-N-Methylpyrrolidyl-(2')-äthyl-; Tartrat,* F. 105—108° (sintert ab 85°). — Das als Ausgangsstoff für vorst. Verbb. verwendete 3-Methylsulfinylphenthiazin, F. 193—195° (aus A.), wird erhalten durch Oxydation von 3-Methylmercapto-10-acetylphenthiazin, F. 89—91°, (aus A.), mit H_2O_2 in A. u. Abspaltung der Acetylgruppe durch Erhitzen mit K_2CO_3 in 90%ig. CH_3OH auf 120°. (**D. A. S. 1154806** Kl. 12p vom 8/3. 1961, ausg. 26/9. 1963. Schwz. Prior. 10/3. u. 22/12. 1960. **A. P. 3084161** vom 27/2. 1961, ausg. 2/4. 1963. Schwz. Prior. 10/3. 1960.)
F. Hirsch 4807

1595 Rhône-Poulenc Soc. An., Paris (Erfinder: Serge Tchelitcheff, Vitry-sur-Seine, Raymond Jacques Horclois, Malakoff, und Jacques Georges Robert, Gentilly), Frankreich, **3-Formyl-10-[dialkylaminoalkyl)-phenthiazine,** worin die Alkylgruppen des Dialkylaminorestes höchstens je 4-C-Atome aufweisen u. die Alkylenbrücke 2—5 C-Atome besitzt, von denen sich mindestens 2 zwischen den N-Atomen befinden, sowie deren Salzen u. quantern. Verbb. werden erhalten durch Rk. des entsprechenden 3-Cyan-10-[dialkylaminoalkyl]-phenthiazins a) mit Na-Triäthoxyaluminiumhydrid in Tetrahydrofuran u. anschließende Hydrolyse oder b) mit H_2 in Ggw. eines Hydrierungskatalysators u. eines Semicarbazidsalzes u. Erhitzen des erhaltenen Semicarbazons mit einer eine CO_2H-Gruppe enthaltenden Verb. auf einer Temp. $< 100°$. — Nach Verf. a) werden aus 15,7 (g) 3-Cyan-10-[3'-dimethylamino-2'-methylpropyl]-phenthiazin (I) 11 rohes *saures Maleinat des 3-Formyl-10-[3'-dimethylamino-2'-methylpropyl]-phenthiazins* (**II**) erhalten, F. 168—170° (aus A.). — Nach Verf. b) werden aus 32,3 **I** 27,2 Semicarbazon von **II** (**III**), F. 199—200°, u. aus 27 **III** mit Brenztraubensäure 26,9 *saures Maleinat* von **II** erhalten. — Nach einem anderen Beispiel wird das gleiche Prod. mit F. 180—182° hergestellt. — *Nicht sedativ wirksame Antihistaminica.* (**D. A. S. 1154116** Kl. 12p vom 23/11. 1960, ausg. 12/9. 1963. E. Prior. 18/12. 1959.)
F. Hirsch 4807

1596 Rhône-Poulenc Soc. An., Paris (Erfinder: Robert Michel Jacob, Ablon-sur-Seine, und Jacques Georges Robert, Gentilly), Frankreich, **Linksdrehendes 3-Methoxy-10-[3'-(4''-hydroxypiperidino)-2'-methylpropyl]-phenthiazin (I)** wird hergestellt durch Rk. von 4-Hydroxypiperidin (**Ia**) mit einem linksdrehenden Deriv. der allg. Formel $R–CH_2–CH(CH_3)CH_2Y$, worin R der 3-Methoxyphenthiazin-(10)-rest u. Y der Rest eines reaktionsfähigen Esters ist. — Aus 42 (g) opt. akt. 3-Methoxy-10-[3'-p-toluolsulfonyloxy-2'-methylpropyl]-phenthiazin (hergestellt aus 3-Methoxy-10-[3'-phthaloyloxy-2'-methylpropyl]-phenthiazin (**II**) über dessen rechtsdrehendes Strychninsalz, F. 210°, das rechtsdrehende **II**, $[\alpha]_D^{21} = +22°$ (c = 14% in A.), das opt. akt. 3-Methoxy-10-[3'-hydroxy-2'-methylpropyl]-phenthiazin, F. 102—104°) u. 18,7 **Ia** werden 27,2 linksdrehendes **I**, $[\alpha]_D^{27}$ —196° (c = 4,71% Bzl.), erhalten über das *neutrale Oxalat,* F. 168—170°, $[\alpha]_D^{22}$ —8,5° (c = 5% Methanol). — *Sedativ, analget. u. antiemet. wirksames Heilmittel.* (**D. A. S. 1154117** Kl. 12p vom 17/4. 1961, ausg. 12/9. 1963.)
F. Hirsch 4807

1597 Ciba Akt.-Ges., Basel, Schweiz (Erfinder: George de Stevens, New Providence, und Lincoln Harvey Werner, Summit, N. J., V. St. A.), **3.4-Dihydro-1.2.4-benzothiadiazin-1.1-dioxide** der allg. Formel

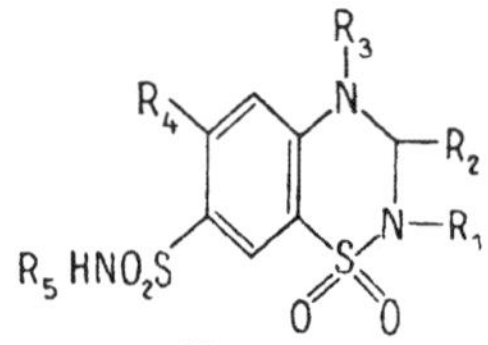

I

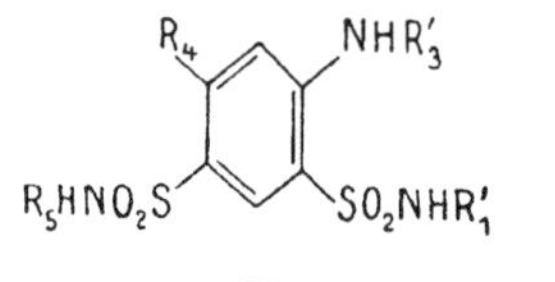

II

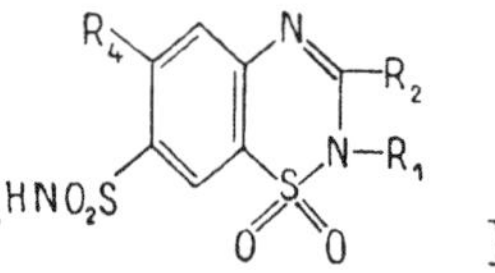

III

I erhält man nach 2 Verfahren. 1. Rk. eines 2.4-Disulfamylanilins der allg. Formel **II** oder dessen Salze mit einem Aldehyd der allg. Formel R_2–CHO bzw. dessen Acetal. 2. Red. eines 1.2.4-Benzothiadiazins der allg. Formel **III** auf elektrolyt. Weg oder mit einem Alkaliboranat. Die erhaltenen Verbb. können dann ggf. alkyliert oder acyliert u./oder erhaltene Salze in die freien Verbb. übergeführt werden u. umgekehrt (R, R_3 u. R_5 = H, Alkyl, Acyl; R_2 = durch Acyloxy-, Phenoxy- oder Aminogruppen, außer Dialkylaminogruppen substituierter Alkyl-, Aryl- oder heterocycl. Rest.; R_4 = Halogen, Alkyl, verätherte OH-Gruppe; R_1' u. R_3' = H, Alkyl). — Die Herst. folgender 6-Chlor-7-sulfamyl-3.4-dihydro-1.2.4-benzothiadiazin-1.1-dioxide wird beschrieben: *3-Piperidinomethyl-,* F. 208—210° (Methanol). *3-Phenoxymethyl-,* F. 262—264° (wss. Dimethylformamid). *3-Acetoxymethyl-,* F. 310—312°. *3-Methylaminomethyl-,* F. (Zers.) 163° (wss. A.). — *Heilmittel* mit *diuret.* u. *natriuret.* Wirksamkeit. (**D. A. S. 1151805** Kl. 12p vom 27/2. 1959, ausg. 25/7. 1963.)
A. Jahn 4807

1598 Hoffmann-La Roche, Inc., Nutley, übert. von: Leo Henryk Sternbach, Upper Montclair, N. J., V. St. A., **Herstellung von 1.4-Benzodiazepin-4-oxiden** der allg. Formel **A**, in der R_1H, ein niedermol. ggf. durch OH- oder Alkoxygruppen substituiertes Alkyl oder ein niedermol. Alkenyl, R_2, R_4, R_5 H oder ein niedermol. Alkyl, R_4 u. R_5 außerdem Halogen u. R_3 den Phenyl-, Halogen-, Nitro- oder Alkoxyphenylrest bedeuten. —

A

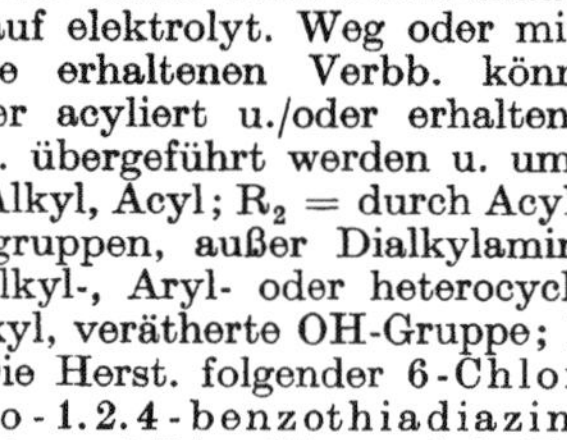

98 g 6-Chlor-2-chlormethyl-4-phenylchinazolin-3-oxid-hydrochlorid werden zu 600 cm³ eiskalter 25%ig. Lsg. von Methylamin (**III**) in CH_3OH gegeben. Das Gemisch wird zunächst auf 30° gekühlt u. dann bei Zimmertemp. gerührt u. nach 15 Std. filtriert. Das Filtrat wird im Vakuum zur Trockne gebracht u. der Rückstand gereinigt. → *7-Chlor-2-methylamino-B* (B = *5-Phenyl-3H-1.4-benzodiazepin-4-oxid*), F. 236—236,5°. Mit methanol. HCl erhält man das *Hydrochlorid* (**I**), F. 213°. — Analog: *7-Chlor-2-amino-B,* F. 255—256°, **I**, F. 245—246°, *7-Chlor-2-äthylamino-B,* F. 231—233°, **I**, F. 208—209°; *7-Chlor-2-butylamino-B,* F. 202—203°, **I**, F. 171—173°; *7-Chlor-2-allylamino-B,* F. 202—204°, **I**, F. 221—227° (Zers.); *7-Chlor-2-hydroxyäthylamino-B,* F. 216—218°, **I**, F. 210—211° (Zers.); *7-Chlor-2-methoxyäthylamino-B,* F. 225—226°, **I**, F. 207—209°. — Aus 6-Chlor-2-[α-bromäthyl]-4-phenylchinazolin-3-oxid in Dioxan (**II**) u. einer eiskalten Lsg. von **III** in **II** → *7-Chlor-2-methylamino-3-methyl-B,* F. 246—247°, **I**, F. 190—191°. — Aus 6.7-Dichlor-2-chlormethyl-4-phenylchinazolin-3-oxid u. **III** in CH_3OH → *7.8-Dichlor-2-methylamino-B,* F.

233—234°, I, F. 231—232°. — Weitere Beispiele zur Herst. von *7-Brom-2-methylamino-B*, F. 242—243°, I, F. 239—240° (Zers.); *7-Brom-2-amino-B*, F. 261—262°, I, F. 243—244°; *2-Methylamino-B*, F. 190—191°, I, F. 225—226°; *7-Methyl-2-methylamino-B*, F. 214—215°, I, F. 224—225°; *7.8-Dimethyl-2-methylamino-B*, F. 259 bis 261°, I, F. 230—231°; *2-Methylamino-5-(p-methoxyphenyl)-*, F. 251—252°, I, F. 218—219°; *7.8-Dimethyl-2-methylamino-5-(p-chlorphenyl)-3H-1.4-benzodiazepin-4-oxid*, F. 258—259°, I, F. 247—248°. — *Sedativa.* (**A. P. 2893992** vom 15/5. 1958, ausg. 7/7. 1959.) C. Lüttgen 4807

1599 Erich Bastian, München (Erfinder: Wilhelm Weißkopf, Gräfelfing bei München), **Zur Behandlung von Erkrankungen des Verdauungstraktes geeignete Wismutsalze der Huminsäuren** erhält man durch Rk. fein verteilter Huminsäuren mit einer Lsg. von Bi-Chlorid, -Nitrat oder -Borat in einem weitgehend wasserfreien Lsgm. (8 Teile Isopropanol + 5 Teile $CHCl_3$) bei 0—100° während > 1 Std., Extraktion des nicht umgesetzten Bi-Salzes mit Methanol u. Trocknen des Rückstandes. (**D. A. S. 1155125** Kl. 12o vom 8/9. 1961, ausg. 3/10. 1963.) A. Jahn 4807

1600 Farbenfabriken Bayer Akt.-Ges., Leverkusen (Erfinder: Fritz Schultz, Wuppertal), **Herstellung von reinen Präparaten des Kallikrein-Inaktivators,** dad. gek., daß man den Kallikrein-Inaktivator aus seinen Lsgg. mit Metaphosphorsäure ausfällt, den Nd. abtrennt, durch Auflösen in Laugen oder Salz-Lsgg. zerlegt u. die Lsg. nach bekannten Methoden von den Salzen befreit. — *Arzneimittel.* (**D. A. S. 1155563** Kl. 30h vom 14/8. 1962, ausg. 10/10. 1963.) W. Heyer 4807

1601 Badische Anilin- & Soda-Fabrik Akt.-Ges. (Erfinder: Wilhelm Sarnecki, Axel Nürrenbach und Werner Reif), Ludwigshafen/Rh., **Quartäre Axerophthylphosphoniumsalze** erhält man durch Rk. von Estern des Vitamin-A-alkohols (Axerophytols) mit tert. Phosphinen u. Säuren bzw. mit Hydrosalzen tert. Phosphine bei Tempp. von ca. —20° bis zur Zers.-Temp. des Vitamin-A-esters. — Triphenylphosphoniumhydrogensulfat + all-trans-Vitamin-A-acetat → *Axerophthyl-triphenylphosphoniumhydrogensulfat*, F. 194—196°. *Zwischenprodd. für Carotinsynthesen.* (**D. A. S. 1155126** Kl. 12o vom 23/5. 1962, ausg. 3/10. 1963.) A. Jahn 4809

1602 Chas. Pfizer & Co., Inc., Brooklyn, N. Y. (Erfinder: Hans-Jürgen Ernst Hess, Groton, George Maxwell Knight Hughes, Gales Ferry, und Gerald David Laubach, Niantic, Conn.), V. St. A., **9α-Fluor-21-methylsteroide der Pregnanreihe.** Man spaltet z. B. 6α-Fluor-9β.11β-oxido-21-methyl-$\Delta^{1.4}$-pregnadien-17α.21-diol-3.20-dion-21-acetat mit HF in Tetrahydrofuran → *6α.9α-Difluor-21-methyl-$\Delta^{1.4}$-pregnadien-11β.17α.21-triol-3.20-dion-21-acetat*, F. 224—226°; $[\alpha]_D^{25}$ 66°. — Analog: *9α-Fluor-21-methyl-$\Delta^{1.4}$-pregnadien-11β.17α.21-triol-3.20-dion-21-acetat*, F. 247—248°; $[\alpha]_D^{25}$ 60,2°. — *9α-Fluor-21-methyl-Δ^4-pregnen-11β.17α.21-diol-3.20-dion-21-acetat*, F. 241—243°; $[\alpha]_D^{25}$ 117,1°. — *Heilmittel.* (**D. A. S. 1152690** Kl. 12o vom 19/10. 1960, ausg. 14/8. 1963. A. Prior. 11/5. 1960.) U. Sievers 4809

1603 Upjohn Co. (Erfinder: Philip Franklin Beal III und John Edward Pike), Kalamazoo, Mich., V. St. A., **6α-Fluormethyl-11β.17α.21-trihydroxy-9α-fluor-$\Delta^{1.4}$-pregnadien-3.20-dion-21-acetat** (I), F. 215 bis 217°, erhält man durch Hydrolyse von 17.20;20.21-Bis-methylendioxy-6α-fluormethyl-11β-hydroxy-$\Delta^{1.4}$-pregnadien-3-on, F. 255—265°, mit 60%ig. Ameisensäure unter N_2 u. chromatograph. Aufarbeitung → *6α-Fluormethyl-11β.17α.21-trihydroxy-$\Delta^{1.4}$-pregnadien-3.20-dion*, F. 232 bis 235°, welches sich über sein 21-Acetat, F. 231—233°, durch Dehydratisierung mit N-Bromacetamid in Ggw. von Pyridin überführen läßt → *6α-Fluormethyl-17α.21-dihydroxy-$\Delta^{1.4.9,11}$-pregnatrien-3.20-dion-21-acetat*; daraus durch Anlagerung von HOBr mit N-Bromacetamid in CH_2Cl_2-tert.-Butanol in Ggw. von $HClO_4$ u. anschließende Dehydrobromierung mit K-Acetat in Aceton → *6-Fluormethyl-9β.11β-oxido-17α.21-dihydroxy-$\Delta^{1.4}$-pregnadien-3.20-dion-21-acetat*, welches sich in üblicher Weise mit HF in Methylenchlorid-Tetrahydrofuran spalten läßt → I. — *Heilmittel.* (**D. A. S. 1150076** Kl. 12o vom 19/12. 1960, ausg. 12/6. 1963. A. Prior. 11/1. u. 16/6. 1960.) U. Sievers 4809

1604 Upjohn Co. (Erfinder: Barney John Magerlein, William Paul Schneider, Oldrich Karel Sebek und George Basil Spero), Kalamazoo, Mich., V. St. A., **Herstellung von therapeutisch wirksamen Steroidverbindungen.** Inhaltlich im wesentlichen ident. mit A. P. 2838546; C. **1959,** 11009. Zu ergänzen ist: *6α.9α-Difluor-11β.16α.17α.21-tetraoxy-$\Delta^{1.4}$-pregnadien-3.20-dion*, F. 266—268°; *6.21-Diacetat*, F. 222—224°. (**D. A. S. 1154102** Kl. 12o vom 14/2. 1959, ausg. 12/9. 1963. A. Prior. 19/2. 1958.) U. Sievers 4809

1605 Upjohn Co. (Erfinder: John Claude Babcock), Kalamazoo, Mich., V. St. A., **9α-Fluor-11-ketoverbindungen der Androstanreihe** erhält man durch übliche Spaltung eines entsprechenden 9.11-Epoxids mit HF u. anschließende Oxydation des Fluorhydrins. — Man setzt z. B. 9β.11β-Epoxy-5α-androstan-17-on in CH_2Cl_2 mit HF bei ca. —40° um u. arbeitet chromatograph. an „Florisil" auf → *9α-Fluor-11β-hydroxy-5α-androstan-17-on*, F. 208°, welches sich mit CrO_3 in Aceton u. in Ggw. von H_2SO_4 oxydieren läßt → *9α-Fluor-11.17-diketo-5α-androstan*, F. 114—117°. — Analog: *9α-Fluor-11β.17β-dihydroxy-17α-methyl-5α-androstan*, F. 208—211°. — *Heilmittel.* (**D. A. S. 1153363** Kl. 12o vom 18/6. 1960, ausg. 29/8. 1963. A. Prior. 31/7. 1959.) U. Sievers 4809

1606 Schering Akt.-Ges. (Erfinder: Volkmar Gödicke), Berlin, **1.3-Diketone der Androstanreihe** erhält man durch Rk. von z. B. Δ^1-Androsten-17β-ol-3-on-17-acetat in Dioxan mit N-Chlorsuccinimid in Ggw. von $HClO_4$ → *2β-Chlorandrostan-1α.17β-diol-3-on-17-acetat*, F. 204—206°, welches sich durch Oxydation mit Chromschwefelsäure überführen läßt → *2β-Chlorandrostan-17β-ol-1.3-dion-17-acetat*, F. 274—276°; daraus durch reduktive Entchlorierung mit Zn-Staub-Essigsäure → *Androstan-17β-ol-1.3-dion-17-acetat*, F. 210—212°, welches sich durch Verseifung mit methanol. KOH überführen läßt → *Androstan-17β-ol-1.3-dion*, F. 215/216—217°. — Analog: *2β-Brom-androstan-1α.17β-diol-3-on-17-acetat*, F. 176—178°; *Androstan-1α.17β-diol-3-on-17-acetat*, F. 231 bis 234°; *Androstan-17β-ol-1.3-dion-17-acetat*, F. 204 bis 206°. — *Heilmittel.* (**D. A. S. 1154467** Kl. 12o vom 22/7. 1961, ausg. 19/9. 1963.) U. Sievers 4809

1607 Soc. Farmaceutici Italia (Erfinder: Bruno Camerino, Renato Modelli, Bianca Patelli, Giovanni Sala und Giuliana Badratti), **Herstellung von 6α-Methyl-17α-hydroxy-progesteron** (und seinen Estern) der allg. Formel **I** (R = H oder Acylrest einer

I

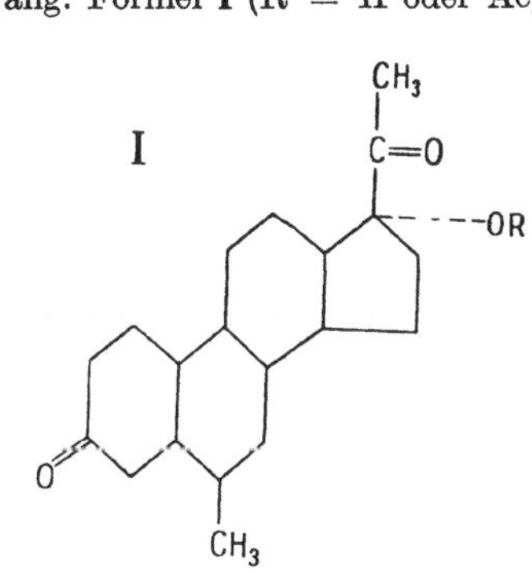

bis zu 9 C-Atomen enthaltenden, aliphat. oder cycloaliphat. Carbonsäure) durch 1. Epoxydieren in 5.6-Stellung eines Δ^5-Pregnen-3β.17α-diol-20-one-20-äthylenglykolketals mit einer organ. Persäure, 2. Abtrennen der 5α.6α-Epoxyderivv. durch Krist., Umsetzen des 5α.6α-Epoxy-allopregnan-3β.17α-diol-20-one-20-äthylenglykolketals in 6β-Methyl-allopregnan-5α.17α-diol-3.20-dion durch Rk. mit Methyl-MgJ$_2$, Hydrolyse des Ketalrests u. Oxydation des 3β-Hydroxyrests mit Alkali; 3. Rk. des erhaltenen 6α-Methyl-17α-hydroxy-progesterons mit

einem Chlorid oder Anhydrid einer nicht mehr als 9 C-Atome enthaltenden aliphat. oder cycloaliphat. Säure in Ggw. von p-Toluolsulfonsäure u. 4. Hydrolysieren des so erhaltenen 3-Enolacylats mit verd. Mineralsäuren. — Beispiele: *5α.6α-Epoxy-allopregnan-17α-ol-3.20-dion-bis-äthylenglykolketal*, F. 178—180°, aus Aceton F. 210—212°; *6β-Methyl-allopregnan-5α-17α-diol-3.20-dion*, F. 265—267°; *6α-Methyl-17α-hydroxyprogesteron*, F. 234—235°, Acetat F. 197—199°. — Vgl. E. P. 882387; C. **1963**, 3328. (**Aust. P. 235439** vom 21/4. 1959, ausg. 12/10. 1961. E. Prior. 24/4. 1958.)
K. Demmler 4809

1608 Farmaceutici Italia Soc. An. (Erfinder: Bruno Camerino, Bianca Patelli und Roberto Sciaky), Mailand, Italien, **4-Hydroxy-3-keto-Δ^4-steroide** erhält man durch Oxydation der entsprechenden 3-Keto-5β-steroide mit Sauerstoff in Ggw. des K-Salzes eines tert. aliphat. Alkohols. — Man setzt z. B. das durch Hydrierung von 17α-Methyltestosteron mit H_2/Pd-Kohle in Dioxan u. in Ggw. von Triäthylamin erhältliche 17α-Methyl-5β-androstan-17β-ol-3-on in Ggw. von K-tert.-Butylat mit Luft um → *4-Hydroxy-17α-methyl-testosteron*, F. 173—175°. — Analog: *4-Hydroxy-17α-methyl-19-nortestosteron*, F. 168—170°. — *4.11β-Dihydroxy-17α-methyl-testosteron*, F. 183—185°. — *4-Hydroxytestosteron*, F. 221—223°. — *4-Hydroxy-19-nortestosteron*, F. 188—190°. — *4.11β-Dihydroxy-testosteron*, F. 210—212°. — *4.17α-Dihydroxy-progesteron*, F. 229 bis 231°. — *17.20;20.21-Bismethylendioxy-Δ^4-pregnen-4-ol-3-on*, F. 280—285°, welches sich in üblicher Weise mit wss. 60%ig. Ameisensäure spalten läßt → *4-Hydroxy-Reichsteins Verb. S*, F. 220—225°. — *17.20:20.21-Bismethylendioxy-Δ^4-pregnen-4.11β-diol-3-on* (**I**), F. 268 bis 270°; *4-Hydroxyhydrocortison*, F. 205—208°; **I**-*4-Acetat*, F. 208—210°. — *17.20;20.21-Bismethylendioxy-Δ^4-pregnen-4-ol-3.11-dion*, F. 275—277°; *4-Hydroxyhydrocortison*, F. 215—218°. — *Heilmittel*. (**D. A. S. 1154801** Kl. 12o vom 8/8. 1961, ausg. 26/9. 1963. It. Prior. 11/8. u. 3/10. 1960.)
U. Sievers 4809

1609 Roussel-Uclaf, Paris (Erfinder: Gérard Nominé, Noisy-le-Sec, Robert Bucourt, Villiers-le-Bel, André Pierdet, Noisy-le-Sec, und Daniel Bertin, Montrouge), Frankreich, **3-Amino-17β-acyloxy-$\Delta^{1.3.5.10, 9.11}$-östratetraenverbindungen.** Man epoxydiert z. B. $\Delta^{8.9}$-3-Methyl-7-keto-8-(3″-ketobutyl)-3.4-[3′-benzoyloxycyclopentano-(2′.1′)]-oktahydronaphthalin in Dichloräthan mit Perphthalsäure → *rac. 3β-Methyl-7-keto-8-(3″-ketobutyl)-8.9-epoxy-3α.4β-[3′-benzoyloxycyclopentano-(2′.1′)]-dekahydronaphthalin* (**I**), F. 147°, welches sich mit K-Acetat in Dioxan cyclisieren läßt → *rac. 9.10-Epoxy-19-nortestosteron-benzoat* (**II**), F. 167°; daraus durch Rk. mit Pyrrolidin in Ggw. von Methanol → *3-Pyrrolidyl-9α.17β-dihydroxy-$\Delta^{1.2.5.10}$-östratrienbenzoat*, F. 200°, welches sich durch Dehydratisierung mit Essigsäure überführen läßt → *3-Pyrrolidyl-17β-benzoyloxy-$\Delta^{1.3.5.10.9.11}$-östratetraen*, F. 240°. — Analog: rechtsdrehendes **I** F. 140°; $[\alpha]_D^{20}$ 113° → *rechtsdrehendem* **II**, F. 173°; $[\alpha]_D^{20}$ 112°. — **II** + Äthanolamin → *3-[β-Hydroxyäthylamino]-9α-hydroxy-17β-benzoyloxy-$\Delta^{1.3.5.10}$-östratrien*, welches sich wie vorst. beschrieben überführen läßt → *3-[β-Hydroxyäthylamino]-17β-benzoyloxy-$\Delta^{1.3.5.10, 9.11}$-östratetraen*, F. 182°. — *Heilmittel*. (**D. A. S. 1154103** Kl. 12o vom 11/10. 1960, ausg. 12/9. 1963. F. Prior. 13/10. 1959 u. 25/5. 1960.)
U. Sievers 4809

1610 N. V. Organon, Oss, Niederlande (Erfinder: Kenneth Wade Thompson, Montclair, Eugene Schapiro, Nutley, Richard Thompson Price, Verona, N. J., Monroe M. Vincent und Fred C. Jensen, Chevy Chase, Md., V. St. A.), **Herstellung von Hypophysenhormonen menschenspezifischer Wirkung,** dad. gek., daß man frisches menschliches Hypophysengewebe, bes. von Hypophysenvorderlappen, in einem für Gewebekulturen bekannten wss. Kulturmedium, das Aminosäuren, Vitamine, anorgan. Salze, Glucose, Antibiotica sowie ca. 10—20% Serum enthält, unter Bldg. indifferenzierter Zellkulturen vermehrt, diese Zellen in stationärer Kultur weitervermehrt, eine epithialähnliche hormonbildende Zellkolonie auswählt, diese Zellkolonie dann unter Bewegung des Kulturmediums vermehrt u. aus dieseer Suspensionskultur die Hypophysenhormone in bekannter Weise isoliert. Das Gonadotropinhormon wird isoliert, wenn man eine solches sezernierende Zellkolonie aus den indifferenzierten Zellkulturen auswählt, u. diese Zellkolonie unter Wahrung ihrer sekretor. Eigg. vermehrt. (**D. A. S. 1154233** Kl. 30h vom 20/5. 1960, ausg. 12/9. 1963. A. Prior. 21/5. 1959.)
W. Heyer 4809

1611 Lepetit S. p. A. (Erfinder: Gustavo Adolfo Weitnauer), Mailand, Italien, **6-Aminopenicillansäure** (**I**) wird erhalten durch Einw. von aus tier. Organen, bes. Ochsenniere, gewonnener Amidasezubereitung auf Penicillin V (**II**) bei pH ca. 7,5. — Ochsenniere wird mit 2 Vol.-Teilen Phosphatpuffer (**III**) pro Gew.-Einheit Niere gemischt, homogenisiert, filtriert u. zentrifugiert. Die Feststoffe werden in 1 Vol-Teil **III** suspendiert. Zu der Suspension werden 5000 Einheiten/cm^3 **II** gegeben. Nach 12—15std. Bebrütung bei 37° sind 75% **II** in **I** umgewandelt. — *Zwischenprod. für Antibiotica.* (**D. A. S. 1155131** Kl. 12p vom 25/1. 1961, ausg. 3/10. 1963. E. Prior. 10/2. 1960. **E. P. 917783** vom 10/2. 1960, ausg. 6/2. 1963.)
F. Hirsch 4811

1612 Farbenfabriken Bayer Akt.-Ges., Leverkusen (Erfinder: Josef Schawartz, Wuppertal), **Abtrennung der L-Form aus DL-α-Phenoxypropylpenicillin** (**I**) wird erreicht durch Rk. von **I** oder **I**-Salzen mit D-threo-1-p-Nitrophenyl-2-amino-1.3-propandiol (**II**) oder seinen Salzen in Lsg. von niedermol. Fettsäureestern, Alkoholen oder Äthern, Abtrennung des schwerlösl. L-α-Phenoxypropylpenicillinsalzes von **II**, $C_{27}H_{34}N_4O_9S$, F. 155—157° (Zers.), $[\alpha]_D^{22}$ +112° (in Dioxan/Methanol/W. 6:2:2), u. Zerlegen des Salzes mit Säure → *L-α-Phenoxypropylpenicillin* (**III**), des mit 1 m K-Caprylatlsg. in Aceton in das *Kaliumsalz* von **III**, $[\alpha]_D^{20}$ +193°, überführbar ist. — *Antibioticum*. (**D. A. S. 1154805** Kl. 12p vom 24/10. 1961, ausg. 26/9. 1963.)
F. Hirsch 4811

1613 Takeda Pharmaceutical Industries Ltd., Osaka (Erfinder: Kinjiro Noda und Renro Hayakawa, Nagano), Japan, **Herstellung eines RH_0-Testserums,** dad. gek., daß man menschliches lösl. Antigen in einem Antiserum von Kaninchen, Meerschweinchen oder Ziegen, die mit Blutkörpern von Macacus fuscatus immunisiert wurden, bis zur Sättigung absorbieren läßt. (**D. A. S. 1154597** Kl. 30h vom 5/3. 1960, ausg. 19/9. 1963. Jap. Prior. 6/3. 1959.)
K. Koebke 4813

1614 Norwich Pharmacal Co. (Erfinder: Frank F. Ebetino), Norwich, N. Y., V. St. A., **5-Nitrofurfurol-N′-[β-cyanoäthyl]-semicarbazon,** F. 223—226°, erhält man durch Kondens. von 5-Nitrofurfurol oder seinen reaktionsfähigen Derivv. mit β-Cyanoäthyl-semicarbazid. — *Mittel gegen Hühnercoccidiose.* (**D. A. S. 1155784** Kl. 12q von 17/1. 1961, ausg. 17/10. 1963. A. Prior. 23/2. 1960.)
R. Bauereis 4817

1615 Norwich Pharmacal Co. (Erfinder: Frank F. Ebetino), Norwich, N. Y., V. St. A., **Herstellung von 5-Nitrofurfurol-N′-[β-chloräthyl]-semicarbazon** (**I**) durch Erhitzen von N-(5-Nitrofurfuryliden)-3-amino-2-imino-oxazolidinhydrochlorid (**II**) in Xylol unter Rückfluß. — Aus 186 g **II** → 178 g **I**, F. 194—196°. — Verw. gegen *Hühnercoccidiose* u. *Staphylococcus-aureus-Infektionen.* (**D. A. S. 1156085** Kl. 12q vom 17/1. 1961, ausg. 24/10. 1963. A. Prior. 23/2. 1960.)
R. Bauereis 4817

1616 Monsanto Chemicals Ltd., London, England (Erfinder: Arthur Marshall Spiocy), **Bakteriostatische Ester substituierter Hydroxybenzoesäuren** der allg. Formel **I** (R = verzweigte Alkylgruppe mit 8 oder mehr

I

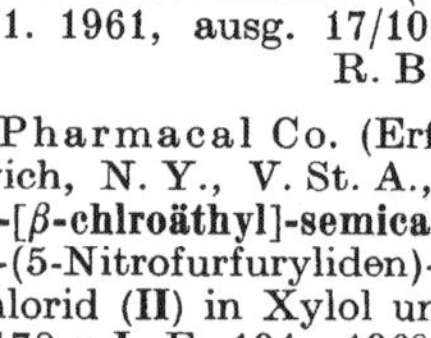

C-Atomen, R_1 u. R_2 = H, aber nicht beide, Halogen oder eine Alkylgruppe) können durch Veresterung einer entsprechenden p-Hydroxybenzoesäure mit einem verzweigten aliphat. Alkohol hergestellt werden. Beispiele: *2-Äthylhexyl-3-Chlor-p-hydroxybenzoat*; *2-Äthylhexyl-3-Brom-p-hydroxybenzoat*, $Kp._{0,2}$ 162°, F. 46—59°; *2-Äthylhexyl-3-jod-p-hydroxybenzoat*, $Kp._{0,5}$ 168—170°, F. 41 bis 44°; *3.5.5-Trimethylhexyl-3-Chlor-p-hydroxybenzoat*, F. 56 bis 59°. *Bakteriostaticum* gegenüber Bakt. mycordes u. Staph. aureus. (**E. P. 874236** vom 31/7. 1958, ausg. 2/8. 1961.) R. Bauereis 4833

1617 Farbenfabriken Bayer Akt.-Ges., Leverkusen (Erfinder: Horst Böshagen, Haan, Ernst Schraufstätter und Maria Brömmelhues, Wuppertal), **Herstellung von 3.5-Dijodsalicylhydroxamsäure (IV)** (F. 199,5°, Aceton), dad. gek., daß man entweder Salicylhydroxamsäure (**I**) jodiert oder eine Rk.-fähiges funktionelles Deriv. der 3.5-Dijodsalicylsäure (**II**) mit NH_2OH (**III**) umsetzt. — Beispiele: 50 (g) **II**-Hydrazid in 500 ml Dioxan + 12,5 $NaNO_2$ in 25 ml W. bei 7—10°, Zugabe von 100 ml Eisessig + 16 ml konz. HCl → 45 (88%) **II**-*Azid*. [F. 112°; (Essigester) nach Erstarren der Schmelze neuer F. 259—260° (Zers.)]. Aus **II**-Azid in Tetrahydrofuran u. **III** in A-Lsg. → **IV**. — **II**-Äthylester + wss. **III**-Lsg. → **IV**. 13,7 **I** in 50 ml konz. HCl + 97,2 ClJ—HCl (50%) bei 50° → 12,2 **IV** (F. 199,5°) u. 9 *5-Jodsalicylhydroxamsäure* [F. 244° Zers., am HCO · $N(CH_3)_2$]. — *Antimykoticum*. (**D. A. S. 1143205** Kl. 12q vom 18/7. 1961, ausg. 7/2. 1963.) O. Müller-Meiningen 4833

1618 Farbwerke Hoechst Akt.-Ges. vormals Meister Lucius & Brüning, Frankfurt/M., **Herstellung von 3.3.3-Triphenyl-propylaminen** der all-Formel I (R_1 u. R_2 = H oder Halogen) durch Red. der

I

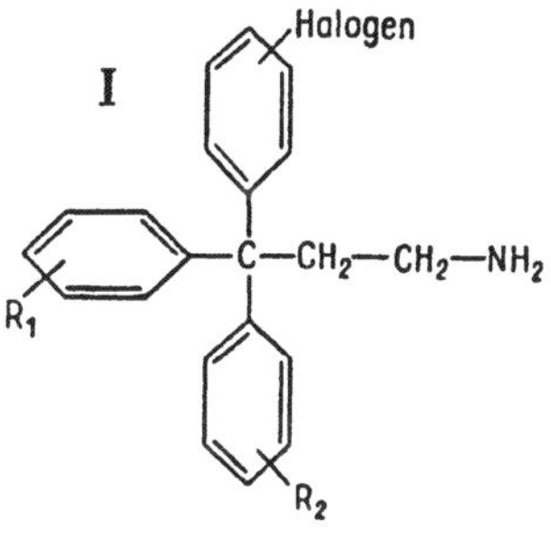

entsprechenden Propionitrile. Beispiele: *3.3.3-Tri-(4-chlorphenyl)-propylamin Hydrochlorid*, F. 248—250°; *3-Phenyl-3.3-di-(4-chlorphenyl)-propylamin Oxalat*, F. 220 bis 225°; *3-(3-Chlorphenyl)-3.3-di-(4-chlorphenyl)-propylamin Oxalat*, F. 196—198 (Zers.); *3-(3-Fluorphenyl)-3.3-di-(4-chlorphenyl)-propylamin Oxalat*, F. 195—197° (Zers.). *Bactericide, Bakteriostatika, Fungistatica, Zwischenprodukte*. (**E. P. 897693** vom 11/12. 1959, ausg. 30/5. 1962. D. Prior. 11/12. 1958.) R. Bauereis 4833

1619 Bergwerksverband G. m. b. H. (Erfinder: Siegfried Paulsen), Essen, **C.C-Dialkyl-N.N'-diacetyldiazacyclopropane** erhält man in guten Ausbeuten durch Rk. von 1 (Mol) eines C.C-Dialkyldiazacyclopropans mit ≧ 2 eines Acetylierungsmittels, bes. Keten, in Ggw. eines inerten Lsgm. bei 20 bis — 40°. Es wurden erhalten: N.N'-Diacetyldiazacyclopropane: *C.C-Diäthyl*, $Kp._1$ 51°. *C-Methyl-C-äthyl*, $Kp._1$ 44°. — *Mikrofungicide, Zwischenprodd. für die Herst. von Bactericiden u. Fungiciden*. (**D. A. S. 1136343** Kl. 12p vom 10/1. 1961, ausg. 13/9. 1962.) A. Jahn 4833

1620 **Wellcome Foundation Ltd.** (Erfinder: **Douglas Stephenson**), *Arzneimitteltablette*. (**Aust. P. 239930** vom 23/4. 1959, ausg. 23/8. 1962. E. Prior. 2/5. 1958. — C. **1964,** 4-1564 [E. P. 906422].)

1621 **William Carl Mende** und **John Ludwig Seidel,** *Arzneimittelträger*. (**Aust. P. 239721** vom 1/7. 1958, ausg. 16/8. 1962. — C. **1963,** 2925 [E. P. 860877].)

1622 **Chemische Werke Witten G. m. b. H.** (Erfinder: **Wolfgang Baenitz**), Witten/Ruhr, *Herstellung von spröden Hartfetten*. (**Schwz. P. 370872** vom 7/10. 1958, ausg. 13/9. 1963. D. Prior. 12/2. 1958. — C. **1963,** 11349 [E. P. 882558].)

1623 **Clinical Products Ltd.** (Erfinder: **Wilfred Herbert Linnell** und **Herbert Timmigton**), *Arzneimittel*. (**Aust. P. 238930** vom 8/10. 1958, ausg. 28/6. 1962. — C. **1962,** 568 [E. P. 857194].)

1624 **A. Nattermann & Co.,** übert. von: **Fritz Blaich,** Köln, *Gewinnung von Sennes-Wirkstoffen*. (**A. P. 3089814** vom 26/2. 1959, ausg. 14/5. 1963. D. Prior. 1/3. 1958. — C. **1962,** 17492 [E. P. 856351].)

1625 **Beecham Research Laboratories Ltd.,** Betchworth, Surrey, übert. von: **Minoo Dossabhoy Mehta,** London, und **Eric Robert Catlin,** Betchworth, Surrey, England, *Äthinylcarbinolverbindungen* (**A. P. 3062870** vom 30/11. 1959, ausg. 6/11. 1962. E. Prior. 1/12. 1958. — C. **1963,** 21645 [D. A. S. 1143804].)

1626 **Clinical Products Ltd.** (Erfinder: **Stemphen Paul Rety, Wilfred Herbert Linnell** und **Herbert Timmington**), *Harzverbindungen von Benzoesäurederivaten*. (**Aust. P. 238929** vom 16/9. 1958, ausg. 28/6. 1962. E. Prior. 3/10., 14/10. 1957 u. 17/3. 1958. — C. **1963,** 11351 [E. P. 823000].)

1627 **C. F. Boehringer & Soehne G. m. b. H.** (Erfinder: **Johann Daniel Achelis, Erich Haack, Rudi Gall, Roth Heerdt** und **Wolfgang Voemel**), *Sulfonamide*. (**Aust. P. 239955** vom 16/3. 1960, ausg. 23/8. 1962. D. Prior. 28/3. 1959. — C. **1963,** 17045 [D. A. S. 1117129].)

1628 **Farbenfabriken Bayer Akt.-Ges.,** Leverkusen (Erfinder: **Walter Gauss,** Köln, und **Siegfried Petersen,** Leverkusen), *N-Arylsulfo-N-alkoxyharnstoffe*. (**A. P. 3047625** vom 19/4. 1960, ausg. 31/7. 1962. D. Prior. 23/4. 1959. — C. **1961,** 16933 [D. A. S. 1106310].)

1629 **Chas. Pfizer & Co., Inc.,** V. St. A. (Erfinder: **Barry Malcolm Bloom** und **Robert Edward Carnahan**), *Mit Carbonsäureamidgruppen substituierte Hydrazine*. (**Aust. P. 235676** vom 6/5. 1959, ausg. 26/10. 1961. A. Prior. 17/7. u. 31/12. 1958. — C. **1963,** 16282 [E. P. 880752].)

1630 **Miles Laboratories, Inc.,** V. St. A. (Erfinder: **Norman David Dawson**), *N-Substituierte N-Alkinyl-w-halogenalkylamine*. (**Aust. P. 235665** vom 25/2. 1959, ausg. 26/10. 1961. A. Prior. 3/3. 1958. Zusatz zu Aust. P. 229410; C. 1962, 14242. — C. **1963,** 10956 [D. A. S. 1139487].)

1631 **Lepetit S. p. A.** (Erfinder: **Emilio Testa, Luigi Fontanella** und **Giulio Maffii**), *3-substituierte 1-Carbamylazetidine*. (**Aust. P. 239948** vom 4/12. 1959, ausg. 23/8. 1962. E. Prior. 23/12. 1958. — C. **1964,** 2-1551 [E. P. 872447].)

1632 **Ciba Akt.-Ges.,** Basel, Schweiz (Erfinder: **Jean Druey, Paul Schmidt, Max Wilhelm** und **Kurt Eichenberger**), *Pyrazole*. (**Aust. P. 235760** vom 18/6. 1959, ausg. 2/11. 1961. Schwz. Prior. 25/6. u. 5/12. 1958. — C. **1963,** 18175 [E. P. 893755].)

1633 **Norwich Pharmacal Co.,** Norwich, N. Y., V. St. A., *Therapeutisch wirksame Salze des N-[5-Nitrofuryliden-(2)]-1-aminohydantoins*. (**Ind. P. 71444** vom 13/4. 1960. E. Prior. 10/2. 1960. — C. **1963,** 4810 [Schwz. P. 358087].)

1634 **C. F. Boehringer & Soehne G. m. b. H.** (Erfinder: **Kurt Stach, Johann Daniel Achelis, Hans-Günther Kroneberg, Alfred Popelak** und **Kurt Stoepel**), *1.2.6-substituierte Piperidone-(4)*. (**Aust. P. 239981** vom 9/2. 1960, ausg. 13/8. 1962. D. Prior. 11/2. 1959. — C. **1963,** 6700 [E. P. 866448].)

1635 **Wellcome Foundation Ltd.** (Erfinder: **Leslie Percy Walls** und **Albert Gordon Caldwell**), *Chinolinderivate*. (**Aust. P. 239928** vom 17/3. 1959, ausg. 23/8. 1962. E. Prior. 17/3., 31/3. u. 24/7. 1958. — C. **1963,** 11745 [D. A. S. 1132557].)

1636 **F. Hoffmann-La Roche & Co. Akt.-Ges.,** Basel Schweiz (Erfinder: **Hermann Bretschneider** und **Wilhelm Klötzer,** Innsbruck, Österreich), *Herstellung von 4-Sulfanilamido-2.6-dimethoxypyrimidin*. (**Schwz. P. 369454** vom 10/3. 1958, ausg. 15/7. 1963. Oe. Prior. 26/3. 1957. — C. **1960,** 14115 [Oe. P. 201595].)

1637 **Hoffmann-La Roche, Inc.,** Nutley, N. J., V. St. A., übert. von: **Arnold Brossi** und **Otto Schnider,** Basel, Schweiz, *Herstellung von substituierten 2-Oxobenzochinolizinen*. (**A. P. 3079395** vom 26/3. 1958, ausg. 26/2. 1963. Schwz. Prior. 2/4. 1957. — C. **1960,** 12434 [Oe. P. 202145].)

1638 **Laboratoires Français de Chimiothérapie,** Paris, Frankreich, *Herstellung von Phenoxazinen*. (**Ind. P. 71105** vom 17/3. 1960. — C. **1963,** 15151 [D. A. S. 1120450].)

1639 **Lepetit S. p. A.** (Erfinder: **Emilio Testa**), *5.5-Diäthyl-tetrahydro-1.3-oxazindione-(2.4)*. (**Aust. P. 239944** vom 13/11. 1959, ausg. 23/8. 1962. A. Prior. 8/6. 1959. — C. **1962,** 12765 [Oe. P. 212323].)

1640 **F. Hoffmann-La Roche & Co. Akt.-Ges.** (Erfinder: **Hans Spiegelberg,** Basel, und **Bruno Peter Vaterlaus,** Binningen), Schweiz, *Herstellung von 6.7-Dihydro-5H-dibenz-[c.e]-azepin*. (**Schwz. P. 371118** vom 8/5. 1958, ausg. 30/9. 1963. — C. **1962,** 951 [E. P. 846676].)

1641 **Biorex Laboratories Ltd.,** London, übert. von: **Siegfried Gottfried,** Ilford, und **Lily Baxendale,** London, England, *Derivate der Glycyrrhetinsäure*. (**A. P. 3070623** vom 26/6. 1958, ausg. 25/12. 1962. E. Prior. 16/7. 1957. — C. **1961,** 2031 [D. A. S. 1076684].)

1642 **Glaxo Laboratories Ltd.,** Greenford, England, *Gewinnung von 12-Ketosapogleninen oder deren 3-Acetaten*. (**Ind. P. 68221** vom 30/6. 1959. E. Prior. 28/5. 1959. Zusatz zu Ind. P. 68220; C. 1963, 12145. — C. **1962,** 13134 [D. A. S. 1106321].)

1643 **Hoffmann-La Roche, Inc.,** Nutley, N. J., V. St. A., übert. von: **Konrad Bernhauer** und **Siegfried Spaude,** Aschaffenburg, *Herstellung von Cobalaminen*. (**A. P. 3007916** vom 28/1. 1960, ausg. 7/11. 1961. Schwz. Prior. 6/2. 1959. — C. **1962,** 12765 [D. P. [DDR] 22145] u. C. **1963,** 8650 [D. A. S. 1125941].)

1644 **Upjohn Co.,** Kalamazoo, Mich., V. St. A., *Herstellung von Steroiden*. (**E. P. 916138** vom 1/11. 1960, ausg. 23/1. 1963. A. Prior. 7/12. 1959. — C. **1963,** 15536. [A. P. 3009925].)

1645 **Scherico Ltd.,** Luzern, Schweiz, *Herstellung von alkylierten Pregnadienen*. (**E. P. 915636** vom 17/3. 1959, ausg. 16/1. 1963. A. Prior. 1/4. u. 29/10. 1958. — C. **1961,** 15126 [D. A. S. 1097440].)

1646 **Laboratoires Français de Chimiothérapie** (Erfinder: **André Allais** und **Pierre Girault**), *Steroide der Androstanreihe*. (**Aust. P. 240199** vom 22/5. 1959, ausg. 6/9. 1962. F. Prior. 12/6. 1958. — C. **1963,** 11357 [Niederl. P. 99473].)

1647 **American Cyanamid Co.,** New York, N. Y., V. St. A., *Herstellung von Δ^4-Androstenen*. (**E. P. 917944** vom 5/4. 1960, ausg. 13/2. 1963. A. Prior. 6/4. 1959. — C. **1961,** 3089 [A. P. 2908694].)

1648 **Soc. An. Farmaceutici Italia** (Erfinder: **Bruno Camerino, Roberto Sciaky** und **Giovanni Sala**), Mailand, Italien, *Herstellung therapeutisch wirksamer Derivate des 4-Hydroxy-17α-methyltestosterons*. (**D. A. S. 1152688** Kl. 12o vom 29/12. 1960, ausg. 14/8. 1963. It. Prior. 4/1. 1960. — C. **1964,** 11-1649 [E. P. 899219].)

1649 **National Research Development Corp.,** London, England, *Gewinnung von Cephalosporin C*. (**Ind. P. 74921** vom 16/1. 1961. E. Prior. 25/1. 1960. — C. **1963,** 7096 [D. A. S. 1126564].)

1650 **Ciba Akt.-Ges.,** Basel (Erfinder: **Ernst Gäumann, Vladimir Prelog,** Zürich, und **Ernst Vischer,** Basel), Schweiz, *Herstellung von Holomycin*. (**Schwz. P. 370196** vom 25/7. 1958, ausg. 15/8. 1963. — C. **1961,** 4457 [D. A. S. 1085297].)

1651 **American Cyanamid Co.** (Erfinder: **Anthony Joseph Shay, James Alfred Lowery, Nestor Bohonos** und **Edward James Backus**), *Antibioticum Aspartocin.* (**Aust. P. 239942** vom 9/11. 1959, ausg. 23/8. 1962. A. Prior. 14/11. 1958. — C. **1963,** 2554 [D. A. S. 1116862].)

1652 **Commonwealth Engineering Co. of Ohio,** Dayton, Ohio, V. St. A. (Erfinder: **Leo J. Novack** und **Everett E. Witt**), *Erzeugung von klinischem Dextran.* (**E. P. 910736** vom 24/10. 1960, ausg. 21/11. 1962. — C. **1962,** 14250 [A. P. 2972567].)

1653 **National Research Development Corp.,** London, England, *Herstellung von Viruspräparaten.* (**Ind. P. 74894** vom 12/1. 1961. E. Prior. 28/1. 1960. — C. **1963,** 6706 [Ung. P. 150128].)

1654 **Abbott Laboratories,** North Chicago, übert. von: **Clarence J. Endicott,** Winthrop Harbor, Ill., V. St. A., *Herstellung von Arzneimittelpräparaten.* (**A. P. 3087860** vom 19/12. 1958, ausg. 30/4. 1963. — C. **1963,** 7865 [Oe. P. 214573].)

1655 **Riker Laboratories, Inc.** (Erfinder: **Emanuel Windsor**), *Therapeutica.* (**Aust. P. 239967** vom 4/8. 1959, ausg. 23/8. 1962. A. Prior. 18/8. 1958. — C. **1963,** 14059 [E. P. 896876].)

1656 **Bristol-Myers Co.** (Erfinder: **George Linton Wolcott**), *Eisenpräparat.* (**Aust. P. 239935** vom 26/5. 1959, ausg. 23/8. 1962. A. Prior. 4/6. 1958. — C. **1963,** 19712 [A. P. 3027303].)

1657 **Francesco Vismara S. p. A.** (Erfinder: **Guido Cavallini** und **Elena Massarani**), *α-[p-Phenylbenzoyl]-α-arylaminocarbinolderivate.* (**Aust. P. 239737** vom 18/8. 1959, ausg. 16/8. 1962. E. Prior. 24/9. 1958 u. 21/5. 1959. — C. **1963,** 9815 [D. A. S. 1124963].)

1658 **R. J. Strasenburgh Co.** (Erfinder: **Richard D. Mierswa**), *Suspension von Dihydrocodeinon-Amberlite IR-120, Aluminiumhydroxid und Chloromycetin.* (**Aust. P. 239739** vom 25/8. 1959, ausg. 16/8. 1962. A. Prior. 26/8. 1958. — C. **1962,** 10937 [E. P. 867803].)

1659 **Imperial Chemical Industries Ltd.,** London, England, *Tierarzneimittel.* (**Ind. P. 71904** vom 24/5. 1960. E. Prior. 17/6. 1959. — C. **1963,** 16673 [E. P. 884610].)

1660 **American Cyanamid Co.** (Erfinder: **Victor Jack Cabasso**), *Hundestaupevaccine.* (**Aust. P. 238925** vom 9/2. 1960, ausg. 28/6. 1962. A. Prior. 24/2. 1959. — C. **1962,** 15336 [A. P. 2965544].)

1661 **Ernst Habicht,** *Kontrastmittel.* (**Aust. P. 238924** vom 8/1. 1960, ausg. 28/6. 1962. Schwz. Prior. 9/1. 1959. — C. **1963,** 17054 [Can. P. 635373].)

1662 **Glaxo Laboratories Ltd.** (Erfinder: **Alexander Bertus Arnold Jansen** und **Thomas Ronald Carrington**), *Tetrajodphthalamidsäurederivate.* (**Aust. 239832** vom 19/3. 1959, ausg. 16/8. 1962. E. Prior. 26/3. 1958. — C. **1963,** 11360 [E. P. 859818].)

1663 **Boots Pure Drug Co. Ltd.** (Erfinder: **Albert Henry Fenton**), *Arzneimittel* (**Aust. P. 239740** vom 1/9. 1959, ausg. 16/8. 1962. — C. **1962,** 9448 [E. P. 865672].)

1664 **J. R. Geigy Akt.-Ges.** (Erfinder: **Jacob Bindler** und **Ernst Model**), *Biocide Guanidine.* (**Aust. P. 239835** vom 11/6. 1959, ausg. 16/8. 1962. Schwz. Prior. 20/6. 1958. — C. **1962,** 1330 [D. A. S. 1107215].)

1665 **Norwich Pharmacal Co.,** Norwich, N. Y., V. St. A., *Herstellung von 1-[2-Hydroxy-äthyl]-3-[5-nitrofurfurylidenamino]-imidazolidinthion-(2).* (**Ind. P. 73804** vom 22/10. 1960. E. Prior. 21/9. 1960. — C. **1962,** 17860 [D. A. S. 1117591].)

1666 **Imperial Chemical Industries Ltd.,** London (Erfinder: **Bernard William Langley,** Macclesfield), England, *2.6-Dihydroxypyrimidinderivate.* (**Schwz. P. 369458** vom 5/1. 1959, ausg. 15/7. 1963. E. Prior. 6/1. u. 29/10. 1958. — C. **1961,** 18425 [D. A. S. 1103338].)

1667 **Wellcome Foundation Ltd.** (Erfinder: **George Herbert Hitchings** und **Kurt W. Ledig**), *2.4-Diaminopyrido-[2.3:d]-pyrimidine.* (**Aust. P. 239833** vom 5/4. 1959, ausg. 16/8. 1962. — C. **1963,** 11751 [D. A. S. 1137741].)

G. Analyse, Laboratorium

1668 **Kryoskopische Analyse mit kleinen Proben.** N. I. Ljaschkewitsch. (J. physik. Chem. [UdSSR] **35,** 2762—65, 1961; Akad. der Wiss. der UdSSR, Inst. für Erdölchem.; russ.) — Vf. beschreibt die Meth. der kryoskop. Analyse kleiner Mengen (0,05 g) organ. Verbb. auf der Grundlage kinet. Zeit-Temp.-Schmelzkurven bei progressiver Erwärmungsgeschwindigkeit. Es wird gezeigt, daß beim Schmelzen des Stoffs unter Atmosphärendruck die Kurve der Abhängigkeit der Temp. T von 1/(1—r) (r = Teil des krist. Stoffes) gekrümmt ist. Auf Grund dieser Kurve werden Gleichungen für die Berechnung des Verteilungskoeff. der Beimengung in fester u. fl. Phase im Fall der Bldg. fester Lsgg. angegeben. Beim Schmelzen kleiner Mengen organ. Verbb. unter Atmosphärendruck können die Kurven T gegen 1/(1—r) auch bei Fehlen der Bldg. fester Lsgg. gekrümmt sein.
H.-J. Lunk 5018◇

1669 **Analyse von Lösungsmitteln und ein einfacher Destillieraufsatz.** R. G. Reynolds und J. L. Monkman. (Mikrochim. ichnoanalyt. Acta [Wien] **1963,** 829—30; Ottawa, Dep. of Nat. Health and Welfare, Environmental Assessment Unit.; engl.) — Beschreibung des Destillieraufsatzes u. seiner Anwendung zur groben, aber schnellen Analyse von Lösungsmitteln.
P. Kurzmann 5038◇

1670 **Modifizierte Apparatur nach Victor Meyer.** G. Wilson Drake. (J. chem. Educat. **40,** 606—07, 1963; Houston, Tex., Univ. of Houston; engl.)
A. Blaschette 5044◇

1671 **Beiträge zur qualitativen anorganischen Halbmikroanalyse.** 2. Mitt. U. Bogs und W. Göthe. (Mikrochim. ichnoanalyt. Acta [Wien] **1963,** 931—40; Halle/S., Martin-Luther-Univ., Pharmazeut. Inst.; dt.) — 1. vgl. C. **1964,** 10-1762. — Vff. überprüften die mikrochem. Fällungs-Rkk. von KJO_3 mit Ba^{2+}, Sr^{2+} u. Ca^{2+} sowie die von Ca^{2+}, Mg^{2+} u. Li^+ mit Urotropin + $K_4Fe(CN)_6$ bzw. $K_3Fe(CN)_6$. Ca bildet mit JO_3^- nicht, wie bisher beschrieben, eine Gallerte oder einen fein kristallinen Nd., sondern prismat. Kristalle. Ca^{2+} u. Mg^{2+} werden besser mit $K_4[Fe(CN)_6]$ + Urotropin als mit $K_3[Fe(CN)_6]$ + Urotropin nachgewiesen. Für den Nachw. von Li^+ ist weder $K_4[Fe(CN)_6]$ noch $K_3[Fe(CN)_6]$ zusammen mit Urotropin bes. geeignet. Störungen u. Toleranzgrenzen werden angegeben. P. Kurzmann 5050◇

1672 **Untersuchung der Unterschiede zwischen den bei der quantitativen organischen Mikroelementaranalyse gefundenen und den berechneten Werten.** A. Campiglio. (Farmaco [Pavia], Ediz. sci. **17,** 818—47, 1962; Pavia, Univ., Ist. di Chim. farm. e tossicol., Labor. di Microchim.; ital.) — Statist.-mathemat. Meth. zur Bewertung von Analysenergebnissen. G. Platzer 5050◇

1673 **Physikalische Analysen- und Kontrollmethoden.** Pierre Margotin. (Chim. analytique **45,** 579—84, 1963; Établ. Kuhlmann, Labor. Central; franz.) — Kurze Übersicht (thermogravimetrie; DTA; Dilatometrie; Magnetometrie; Konduktometrie an Metallen, Halbleitern u. Isolatoren; Messung der inneren Reibung). — 33 Literaturangaben. A. Blaschette 5052◇

1674 **Anwendung von kurzlebigen Radionucliden in der Aktivierungsanalyse.** B. Chinaglia, L. Ciuffolotti, G. B. Fasolo und R. Malvano. (Energia nucleare **9,** 503—12, 1962; Saluggia, Centro Ric. Nucl.; engl.) — Für Radionuclide mit Halbwertzeiten von 10 Sek. bis 10 Min. werden folgende Nachw.-Empfindlichkeiten berechnet (in g): ^{20}F $4 \cdot 10^{-6}$, ^{27}Mg $1 \cdot 10^{-6}$, ^{28}Al $3 \cdot 10^{-8}$, ^{46m}Sc $1 \cdot 10^{-9}$, ^{51}Ti $3 \cdot 10^{-7}$, ^{52}V $2 \cdot 10^{-9}$, ^{60m}Co $1 \cdot 10^{-9}$, ^{66}Cu $4 \cdot 10^{-8}$, ^{77m}Se $3 \cdot 10^{-8}$, ^{94m}Nb $2 \cdot 10^{-9}$, ^{104}Rh $2 \cdot 10^{-11}$, ^{110}Ag $2 \cdot 10^{-9}$, ^{165m}Dy $2 \cdot 10^{-10}$ u. ^{179m}Hf $2 \cdot 10^{-9}$. Die charakterist. γ-Spektren werden mitgeteilt. Als Beispiele für zerstörungsfreie Analysen werden näher beschrieben: die Best. von ^{60m}Co in Al, von ^{179m}Hf in Zr u. ZrO_2 sowie von ^{52}V u. ^{28}Al in Kunststoffen. Durch nicht zerstörungsfreie Aktivierungsanalyse werden ^{60}Co in biolog. Material sowie ^{60m}Co in Fe u. Stahl bestimmt.
Hartmut Braun 5052◇

1675 **Einführung in die Grundlagen und Methoden der Gaschromatographie.** G. E. Howard. (Chem. and Ind. **1963,** 622—28, D. S. I. R., Tropical Prod. Inst.; engl.)
Gerhard Schulze 5062◇

1676 **Beitrag zur quantitativen Gaschromatographie.** H. Luy. (Z. analyt. Chem. **194,** 241—48, 1963; Erlangen, Siemens-Schuckertwerke AG, Forschungs-Labor.; dt) — Vf. leitet, ausgehend von der Wärmeleitfähigkeit bin. Gasgemische, eine Gleichung für die molare Anzeigeempfindlichkeit von Wärmeleitfähigkeitsmeßzellen ab, überprüft die errechneten Werte experimentell u. diskutiert die Abweichungen. R. Krämer 5062◇

1677 **Gaschromatographie mit Programmierung der Temperatur.** M. Ss. Wigdergaus und K. A. Golbert. (Betriebs-Lab. [UdSSR] **29,** 1029—35, 1963; russ.) — Übersicht über die theoret. Grundlagen. — 20 Literaturzitate. R. Gerbatsch 5062◇

1678 **Verbesserte Leistungsfähigkeit bei der Gaschromatographie mit Molekularsiebmehl.** Karl J. Bombaugh. (Nature [London] **197,** 1102—03, 1963; Merriam, Kans., Spencer Chem. Co., Res. and Developm. Div.; engl.) — Mit einer Säulenpackung aus 2 Teilen Chromosorb u. 1 Teil Molekularsiebmehl 5 A wurde eine sechsfache Erhöhung der Leistungsfähigkeit der Trennsäule für Luft erzielt. D. Noack 5062◇

1679 **Gaschromatographische Vakuumanlage.** P. F. Komissarow und D. A. Wiachirew. (Betriebs-Lab. [UdSSR] 28, 1504—06, 1962; Gorki, Univ., Chem. Forsch.-Inst.; russ.) — Vff. beschreiben die Konstruktion u. den Bau einer gaschromatograph. Vakuumapparatur. Die verwendete Vakuumpumpe gestattet, bei Drücken bis herab zu 20 Torr zu arbeiten. Am Beispiel der Trennung der Bestandteile von techn. Isopropylbenzol wird die wesentlich erhöhte Empfindlichkeit der Vakuumapp. gegenüber der gaschromatograph. Trennung bei gewöhnlichem Druck dargestellt. Als stationäre Phase wurde Polyäthylenglykol (30%) verwendet. Trägergas war N_2 (45 ml/min.). Die Temp. betrug 85°.
H.-P. Pietsch 5062◇

1680 **Anpassung eines Gas-Chromatographen für die Analyse radioaktiver Gasproben.** A. D. Horton, A. S. Meyer jun. und J. L. Botts. (Analytic. Chem. **35**, 1988—89, 1963; Oak, Ridge, Tenn., Oak, Ridge Nat. Labor., Analyt. Chem. Div.; engl.) — Es wird die Konstruktion eines Gaschromatographen beschrieben, der für Unterss. der Hydrolyseprodd. von Neutronen-bestrahlten Th- u. U-Carbiden verwendet wird. Bes. Hinweise zum Umbau eines Gaschromatographen, um auch die in den Proben enthaltenen radioakt. Gase ^{85}Kr u. ^{133}Xe gefahrlos analysieren zu können.
W. Reusse 5062◇

1681 **Anwendung der Gas-Chromatographie zur Untersuchung fester Katalysatoren.** Louis de Mourgues. (Chim. analytique **45**, 103—10, 1963; Villeurbanne [Rhône], Inst. de Rech. sur la Catalyse; franz.) — Übersicht über App., theoret. Grundlagen u. prakt. Anwendungen der Gas-Chromatographie zur Unters. katalyt. Rkk., zur Best. der Adsorption u. zur Beurteilung der chem. Eigg. von Oberflächen. — 16 Literaturangaben.
K. Dorfner 5062◇

1682 **Eine neue Methode zum Füllen gaschromatographischer Säulen mit großem Durchmesser.** C. L. Guillemin. (J. Chromatogr. [Amsterdam] **12**, 163—66, 1963; St. Gobain, Aubervilliers, Seine, Soc. des Prod. Chim. Pechiney, Centre de Rech.; engl.) — Die ohne bes. Vorsicht in die Säule geschüttete Füllung wird durch einen unten eingeleiteten kräftigen Gasstrom für kurze Zeit aufgewirbelt u. ergibt bei langsamer Drosselung des Gasstromes eine regelmäßige Packung mit minimalem Strömungswiderstand. Die Herst. von Säulen von 1 m Länge u. 6 cm ⌀ dauert ca. 10 Min.; die Reproduzierbarkeit beträgt ca. 8% bei > 300 Trennstufen für n-Hexan.
G. Bock 5062◇

1683 **Die Modifizierung gaschromatographischer Säulen durch Zugabe von Glycerin.** R. MacDonald und P. E. Brunet. (J. Chromatogr. [Amsterdam] **12**, 266—67, 1963; Quebec, Canad. Arinament Res. and Developm. Establishm.; engl.) — Zur Trennung von Methanol, A., Aceton, Ae., Essigester u. W. wird eine 12 ft. · 0,25 inch-Säule mit einer Füllung von 30% Trikresylphosphat u. 5% Glycerin auf Firebrick bei 100° empfohlen, die W. länger zurückhält als die anderen Komponenten.
G. Bock 5062◇

1684 **Die Konstruktion eines automatischen, absoluten Strömungsmessers für die Gaschromatographie.** M. van Swaay. (J. Chromatogr. [Amsterdam] **12**, 99—103, 1963; Eindhoven, Techn. Univ., Labor. for Instrumental Analysis; engl.) — Die nach dem Prinzip einer automat. Bürette konstruierte Vorr. ermöglicht äußerst genaue Messung des Gasmengenstromes u. der Gas-Geschw. u. kann auch als wenig empfindlicher Detektor benutzt werden.
G. Bock 5062◇

1685 **Querschnitt-Ionisationsdetektor als Vergleichsstandard in der quantitativen Analyse durch Gaschromatographie.** P. G. Simmonds und J. E. Lovelock. (Analytic. Chem. **35**, 1345—48, 1963; Houston, Tex., Lipid Res. Center, Baylor Univ. Coll. of Med.; engl.) — An zwei Trennsäulen, 1% Silicongummi SE-30 auf Gas-Chrom P, 100—120 mesh, u. 1% fluoriertes Siliconöl QF-1 auf Gas-Chrom P, 60—80 mesh, 180 cm, 3,4 mm innerer ⌀, Säulentemp. 240°, werden Steroide mit einem Querschnitts-Ionisationsdetektor mit T als Strahlenquelle chromatographiert. Der Detektor, der über ein kleines Vol. verfügt, ist zwar vergleichsweise unempfindlicher, liefert aber abs. Meßwerte. Unter Bezugnahme auf den inneren Standard α-Anthracen werden die Verluste während der Chromatographie verschiedener Steroide unter verschiedenen Arbeitsbedingungen, Silanisierung des Trägermaterials, Veränderung der Trägergasgeschw., der Säulentemp. u. der Beladung, bestimmt. Für die Verluste ist die Trennsäule durch Adsorptionswrkg. am meisten verantwortlich, wenn auch therm. Abbau u. Oxydation ebenso eine Rolle spielen.
K. Dorfner 5062◇

1686 **Die Genauigkeit in der Gaschromatographie.** A. F. Williams und W. J. Murray. (Talanta [London] **10**, 937—59, 1963; Stevenston, Ayrshire, Scotland, I. C. I., Nobel Div., Res. and Developm. Dep.; engl.) — Eingehende Unterss. der quant. Analyse einiger Gemische von Aromaten (*Bzl., Toluol, Xylol*), Chlor-KW-Stoffen (*Methylenchlorid, Chlf.*, CCl_4), Nitroestern (*Äthylenglykoldinitrat, Nitrobenzol, -glycerin*), Chlorsilanen (*Mono-, Dimethyl-, Diphenylichlorsilane*) u. Methylsiloxanen ($[(CH_3)_2 \cdot SiO]_n$ mit n = 3, 4 u. 5) mit Wärmeleitzelle u. Flammenionisationsdetektor (FJD) ergaben: eine Eichung ist immer erforderlich; Probe u. Eichgemisch sollen gleiche Zus. aufweisen u. unter gleichen Bedingungen chromatographiert werden, da die Eichfaktoren auch von der Probengröße u. der Konz. abhängen; beim FJD spielt mitunter auch der Abstand der Elektroden eine Rolle; die Auswertung über die Bandenhöhen ergibt gleiche Genauigkeit wie die über die Flächen, so daß Planimetrieren oder Verw. von Integratoren oft keine Vorteile bringen. Bei Beachtung dieser Faktoren werden sehr genaue Ergebnisse erhalten.
G. Bock 5062◇

1687 **Eine schnelle Methode zur Beurteilung stationärer Phasen in der Gas-Flüssigkeit-Chromatographie.** M. B. Evans. (J. Chromatogr. [Amsterdam] **11**, 401—03, 1963; Welwyn Garden City, Herts., The Natural Rubber Producers Res. Assoc.; engl.) — Zur Beurteilung der Trennsäulen bei der GLC wird ein Verf. in fünf Schritten vorgeschlagen. 1. Die nach den üblichen Verff. hergestellten Trennsäulen sollen bei Temp. < 100° vorbehandelt werden, um den therm. Abbau der stationären Phase auf ein Minimum zu beschränken. 2. Die höchstmögliche Arbeitstemp. soll aus Messungen des Detektorsignals im Verhältnis zum Austrag an Trennfl. mit einem Flammenionisationsdetektor bestimmt u. durch die Konstanz der Retentionszeiten überprüft werden. 3. Die Kalibrierung soll mit einem Gemisch von wenigstens vier n-Alkanen u. fünf im Chromatogramm dazwischenliegenden möglichst polaren Verbb. aus 5%ig. Lsgg. vorgenommen werden. 4. Die Säulentemp. soll täglich im Bereich von 60—100° u. der höchstmöglichen Arbeitstemp. geändert werden u. während der Aufnahme der Chromatogramme von Tag zu Tag Schwankungen von ± 0,2° bei konst. u. reproduzierbarer Trägergasgeschw. nicht überschreiten. 5. Die Retentionszeiten sollen vom Start zum Bandenmaximum gemessen u. die Retentionsindices nach Kovats (vgl. C. **1959**, 15300) berechnet werden. Die Konstanz der Retentionsdaten kann durch Auftragen gegen das Alter der Trennsäule ermittelt werden.
K. Dorfner 5062◇

1688 **Die Dünnschichtchromatographie.** Xorge Alejandro Domínguez S. (Rev. Soc. quím. México **7**, 151—58, 1963; Monterrey, N. L., México, Inst. Technol. de Monterrey, Esc. de Graduados, Dep. de Quím.; span.) — Übersicht über Grundlagen u. prakt. Arbeitsweise mit Angabe von Laufmitteln u. Entwicklern. — 81 Literaturhinweise.
P. Kurzmann 5062◇

1689 **Dünnschichtchromatographie und ihre Anwendung in der Praxis.** Dieter Waldi. (Afinidad **20**(**42**), 156—58, 1963; span.) — Vgl. C. **1963**, 14060. — Beschreibung der Ausrüstung u. prakt. Arbeitsweise.
P. Kurzmann 5062◇

1690 **Präparative Dünnschichtchromatographie. Herstellung einer Silicagel-Gips-Mischung, die eine gleichmäßige Schichtdicke und ein Trocknen ohne Risse ermöglicht. Anwendung mit Hilfe einer neuen Apparatur.** Pierre Dauvillier. (J. Chromatogr. [Amsterdam] **11**, 405—07, 1963; Bellevue, S.-et-O., Centr. de Rech. sur la Nutrition du C. N. R. A.; franz.) — Vf. verbessert die

Eig. des Silicagels G nach Stahl u. der daraus hergestellten Schichten durch 4std. Erhitzen auf 500° u. anschließendes Sieben, Verminderung des $CaSO_4$-Geh. auf 5% durch Zusatz von Silicagel, Veränderung des Wasseranteils beim Ansetzen der Paste, Verw. einer neuartigen App. zum Auftragen der Schicht sowie Trocknen u. Aktivieren der Schicht in einer bes. beschriebenen Heiz-Vorrichtung. Trennung u. R_F-Werte verschiedener Lipide als Anwendungsbeispiele werden mitgeteilt.

H. Nentwig 5062◇

1691 **IR-Quelle mit hohen Flußdichten.** W. H. Butler. (Brit. J. appl. Physics **13**, 227–30, 1962; London, Brunel Coll. of Technol; engl.) – Beschrieben wird eine IR-Quelle, die sich bes. auch für den Betrieb in Luft eignet u. deren Emissionswerte bei 20 W cm^{-2} liegt.

K. Jaeger 5063◇

1692 **Ein Vakuumgitterspektrometer für das ferne Infrarot.** L. R. Blaine. (J. Res. nat. Bur. Standards, C. **67**, 207–15, 1963; engl.) – Beschreibung eines Vakuumspektrometers (Aufbau, Kenngrößen) für den Bereich 30–400 cm^{-1}. Als Strahlungsquelle dient ein Hg-Bogen; zur Monochromatisierung werden Plangitter, als Detektor wird ein Golay-Detektor benutzt. Die spektrale Auflösung beträgt 0,5–1,0 cm^{-1} zwischen 30 u. 200 cm^{-1}. Die Eichung erfolgte mit Wasserdampf. Als Probeaufnahmen werden die Spektren (in CCl_4) von *Pentachloräthan* (Banden bei 175,5; 164,5 u. 85 cm^{-1}), *symm.-Tetrachloräthan* (172,0 u. 87) u. 1-Brom-2-chloräthan (202,0 u. 123) wiedergegeben.

D. Hoene 5063◇

1693 **Antireflexions-Beläge aus drei Schichten auf Glas für den sichtbaren und nahen IR-Wellenlängenbereich.** J. T. Cox, G. Hass und A. Thelen. (J. opt. Soc. America **52**, 965–69, 1962; Fort Belvoir, Va., U. S. Army Engineer Res. and Dev. Labor.; Santa Rosa, Calif., Optical Coartings Labor., Inc.; engl.) – Mit Hilfe von Antireflexions-Belägen aus drei Schichten auf Glas lassen sich größere Wellenlängenbereiche mit geringer Reflexion als mit Einfach- oder Doppelschichtbelägen erreichen. Von den möglichen Dreischichtkombinationen wurden bes. Schichten der Dickenverhältnisse 0,25 λ : 0,50 λ : 0,25 λ als günstig erkannt. Für die Abhängigkeit des Reflexionsvermögens von den Wellenlängen u. der Schichtdicke werden Berechnungen für folgende Schichtkombinationen durchgeführt: äußere Schicht, MgF_2; innere Schicht, ZrO_2, ZnS, Nd_2O_3, CeO_2 (bei 200 u. 50° niedergeschlagen) SiO; Schicht am Glas, SiO, CeF_3. Die Schichten wurden im Vakuum aufgedampft. Während kleine Änderungen der Schichtdicke bei den beiden inneren Schichten auf den Wirkungsgrad der Beläge ohne bedeutenden Einfl. sind, spielen Dickenänderungen bei der äußeren Schicht eine große Rolle. Die Schichtdicken liegen allg. in der Größenordnung der Wellenlängen. Ferner wurde die Abhängigkeit des Reflexionsvermögen vom Einfallwinkel untersucht. Es konnten haltbare Filmbeläge hergestellt werden, die im Wellenlängenbereich von 415–840 mμ ein Reflexionsvermögen < 1% besitzen. D. Noack 5063◇

1694 **Modulationsmethoden für Infrarotstrahlen.** T. S. Moss. (Infrared Physics **2**, 129–39, 1962; Farnborough, Royal Aircraft Est., Hampshire; engl.) – Vf. untersucht verschiedene Meth. zur Modulation von IR-Strahlung unter bes. Berücksichtigung des Mikrowellen-Gebiets bis zu 1 cm. 1. Anw. des elektroopt. Effekts in festem KH_2PO_4 oder fl. CS_2 mit einem Energieaufwand von < 1 KW bis zu 1,3 μ. 2. Veränderung der Absorptionskante in Halbleitern durch elektr. Felder. 3. Modulation der freien Ladungsträgerabsorption durch Veränderung der Beweglichkeit der Ladungsträger durch ein elektr. Feld hoher Feldstärke, wobei eine Modulationsenergie von $\sim 10^6$ W für Wellenlängen < 50 μ benötigt wird. A. Kumm 5063

1695 **Prüfung der photometrischen Skala von Zweistrahl-Infrarotapparaturen.** E. W. Broun und A. W. Iоganssen. (Betriebs-Lab. [UdSSR] **29**, 1264–66, 1963; Forsch.- u. Projektierungs-Inst. der Stickstoff-Ind. u. für Prodd. der organ. Synth.; russ.) – Vff. beschreiben ein Verf. zur Überprüfung der Linearität der photometr. Skala von IR-App. auf Grundlage der Additivität der Lichtschwächung von zwei hintereinander geschalteten Proben (Filme aus LiF, CaF_2, NaCl, KBr). Einige Standard-App. werden überprüft.

H. Roschkowski 5063◇

1696 **„Pulse"-Polarographie.** G. C. Barker und A. W. Gardner. (Chim. analytique **45**, 316–20, 1963; Harwell, A. E. R. E.; franz.) – Inhaltlich ident. mit C. **1961**, 11825. K. Stammbach 5066◇

1697 **Untersuchung über ein Verfahren zum Sauerstoffausschluß bei polarographischen Probenlösungen.** Makoto Takagi und Kisuke Tanaka. (J. Kyoto prefect. med. Univ. **58**, 695–96, 1955; Kyoto, Prefect. Med. Univ., Dep. of Forens. Med.; jap., Auszug: engl. S. LVIII). – Die Verw. von H_2-Gas zum O_2-Ausschluß bei polarograph. Probenlsgg. ist nicht für Konz.-Änderungen in der Probenlsg. u. damit nicht für Fehler bei quant. Best. verantwortlich zu machen.

Gottfried Schreiber 5066△

1698 **Methode der Niederfrequenz-Polaroskopie und universelle Schaltung zur Aufzeichnung von Polarisationskurven.** A. W. Gorodyski, Ju. K. Delimarski, E. W. Panow und E. A. Balesin. (Betriebs-Lab. [UdSSR] **29**, 1035–41, 1963; Kiew, Inst. für allg. u. anorg. Chem. der Akad. der Wiss. der UkrainSSR; russ.) – Die Niederfrequenzpolarographie (Dauer eines Cyclus einige Sek.) gestattet, sowohl die Nachteile der gewöhnlichen Polarographie (Polarisation der Elektroden) wie auch die der oscillograph. Polarographie (hohe Entladungsströme) zu vermeiden. Die Meth. wurde für Schmelzflußelektrolyten entwickelt. Eine universelle App. zur Registrierung des Stroms, des Potentials u. deren Differentialquotienten in Abhängigkeit voneinander u. von der Zeit für verschiedenste polaroskop. Unterss. wird beschrieben.

R. Gerbatsch 5066◇

1699 **Halogenierungssubstitution aromatischer Verbindungen in wäßriger Lösung durch Interhalogenverbindungen. 2. Mitt. Herstellung und Untersuchung einer Standardlösung von Brommonochlorid.** E. Schulek und K. Burger. (Talanta [London] **1**, 219–23, 1958; Budapest, L. Eötvös Univ., Inst. of Inorgan. and Anal. Chem.; engl.) – 1. vgl. ibid. **1**, [1958], 147; vgl. auch C. **1963**, 846. – Eine HCl-haltige 0,1 n BrCl-Lsg., die sich nach 3monatiger Lagerung als auf 3–5% titerbeständig erweist, läßt sich durch Lösen von 2,7835 g $KBrO_3$ u. 3,9670 g KBr in W., Zusatz von 365 ml 20%ig. HCl u. Auffüllen mit W. zu 1 Liter darstellen. Analyt. Meth. zur Best. von evtl. vorhandenen BrO_3^--Ionen oder von freiem Cl_2 wurden beschrieben. Die Rk. zwischen BrCl u. Br^- wird eingehend untersucht. Der Titer der BrCl- Lsg. läßt sich jodometr. oder gegen Hydrazinsulfat bestimmen.

K. F. Müller 5070□

1700 **Anwendung von Phenothiazin und seiner Derivate in der analytischen Chemie.** J. Blažek. (Pharmazie **18**, 391–94, 1963; Prag, Staatl. Inst. für Arzneimittelkontrolle; dt.) – Die Verw. von Phenothiazin u. seiner Derivv. zum Nachw. von Chloraminen, sek. Aminen, einiger anorgan. Ionen, zur quant. B-Best., Fe^{3+} u. Au, sowie als Indicator in der Cerimetrie wird beschrieben.

G. Zessin 5072◇

1701 **Analytische Anwendung einiger Isonitrosoacetanilide und der sich davon ableitenden Oxime: Carboxy-4-isonitrosoacetanilid und seine Reaktivität mit anorganischen Ionen.** F. Buscaróns und J. Duñach. (Chim. analytique **43**, 457–61, 1961; Barcelona, Univ., Labor. de Chim. analit.; Inst. „Alonso Barba", Sect. de Chim. analyt. C. S. I. C.; franz.) – Carboxy-4-isonitrosoacetanilid aus p-Aminobenzoesäure u. $NH_2OH \cdot HCl$ nach Sandmeyer ist ein empfindl. Reagenz für anorgan. Kationen. Bes. empfindl. ist der Nachw. für Mn u. Co ($1/10^6$). Eine ähnliche Rk. mit anorgan. Kationen erhält man mit 2-Isonitrosoacetanilid.

A.-M. Fretzdorff 5072◇

1702 **Metallfällungen mit isomeren Dimethylphenylarsonsäuren.** R. Pietsch und P. Ludwig. (Mikrochim. ichnoanalyt. Acta [Wien] **1963**, 1007–13; Graz, Univ., Inst. für anorg. u. analyt. Chem.; dt.) – Vff. bestimmten den Fällungsbeginn (pH-Wert) von Be^{2+}, Mg^{2+}, Ca^{2+}, Sr^{2+}, Ba^{2+}, Al^{3+}, Y^{3+}, La^{3+}, Pr^{3+}, Ce^{4+}, Ti^{4+}, Zr^{4+}, Ru^{3+}, Rh^{3+}, Pd^{2+}, Ir^{4+}, Pt^{4+}, Cu^{2+}, Ag^+, Au^{3+}, Hf^{4+}, Th^{4+},

V (V), Cr^{3+}, Mo(VI), W(VI), UO_2^{2+}, Mn^{2+}, Fe^{2+}, Fe^{3+}, Co^{2+}, Ni^{2+}, Zn^{2+}, Cd^{2+}, In^{3+}, Tl^{+}, Sn^{2+}, Pb^{2+} u. Bi^{3+} mit 2.3-, 3.4-, 2.4-, 2.5- u. 2.6-Dimethylphenylarsonsäure. Durch Vgl. mit den Rkk. der nicht substituierten Phenylarsonsäure u. der Monomethylphenylarsonsäuren lassen sich Zusammenhänge zwischen der Stellung der Methylgruppen u. der fällenden Wrkg. der Säuren erkennen.

P. Kurzmann 5072◇

1703 **Metallfällungen mit 2.4.5- und 2.4.6-Trichlorphenylarsonsäure.** R. Pietsch und P. Ludwig. (Mikrochim. ichnoanalyt. Acta [Wien] **1963,** 1027;—32; dt.) — Vgl. vorst. Referat. — Vff. bestimmten den Fällungsbeginn (pH-Wert) von Be^{2+}, Mg^{2+}, Al^{3+}, Y^{3+}, La^{3+}, Ce^{4+}, Ti^{4+}, Zr^{4+}, Th^{4+}, Hf^{4+}, Pr^{3+}, Cr^{3+}, UO_2^{2+}, Mn^{2+}, Fe^{2+}, Fe^{3+}, Co^{2+}, Ni^{2+}, Cu^{2+}, Ag^{+}, Zn^{2+}, Cd^{2+}, In^{3+}, Sn^{2+}, Pb^{2+} u. Bi^{3+} mit 2.4.5- u. 2.4.6-Trichlorphenylarsonsäure. Ca, Sr, Ba, Pd, Ir u. Pt reagierten nicht. Die Fähigkeit der AsO_3H_2-Gruppe zur Salz-Bldg. wird durch die Einführung von 3 Cl-Atomen in den Kern teilweise sehr verstärkt. Der Einfl. der ster. Hinderung durch o-Substitution läßt sich einwandfrei beobachten.

P. Kurzmann 5072◇

1704 **Oberflächenfeuchtemessung nach der Neutronenmethode.** Volkmar Schuricht. (Wiss. Z. Techn. Dresden **11,** 1435—40, 1962; Dresden, TH, Fak. für Kerntechnik, Inst. für Anwendung radiakt. Isotope; dt. — C. **1963,** 17432.) Renate Krämer 5074◇

1705 **Messung der Feuchtigkeit in Feststoffen durch Neutronen.** Robert L. Carver. (Instruments Control Syst. **36,** 106—07, 1963; Nuclear-Chicago Corp.; engl.) — Das beschriebene Gerät ist über einem kontinuierlich laufenden Förderband, welches das zu überwachende Gut trägt, montiert. Es besteht aus einer Neutronenquelle aus Pu–Be oder Am–Be u. einem therm. Neutronendetektor, der die reflektierten u. gebremsten Neutronen mißt. Das vom Detektor abgegebene Signal wird an eine elektron. Anlage mit Schreiber oder Regler weitergegeben. Eine unmittelbar daneben angebrachte, gleichzeitig arbeitende Dichtemeßeinrichtung besteht aus einer Gammastrahlenquelle mit ^{137}Cs als Strahler u. einem Detektor. Dieser gibt seine Signale ebenfalls an die elektron. Anlage, die bei der Best. des Feuchtigkeits-Geh. diese Eingabe berücksichtigt. H. Nentwig 5074◇

1706 **Messung des Feuchtigkeitsgehaltes in Flüssigkeiten.** D. J. Fraade. (Instruments Control Syst. **36,** 109—11, 1963; Consolidated Electrodynam.; engl.) — Beschreibung u. Gegenüberstellung der kapazitiven Feuchtigkeitsmessung im kontinuierlich arbeitenden Gerät Foxboro BS & W Monitor (speziell für techn. Anwendung auf dem Erdölgebiet), der titrimetr. Meth. nach Karl Fischer u. einem elektrolyt. Hygrometer, das sich zur Unters. von Düsentreibstoffen, Aromaten u. Transformatorenöl eignet u. die Feuchtigkeit der Fl. in ein Abstreifergas übernimmt, in dem sie durch einen Detektor quant. bestimmt wird. Als vierte Meth. wird ein infrarotspektroskop. Verf., bei dem das Verhältnis der Durchlässigkeit bei zwei verschiedenen Wellenlängen zur quant. Best. des Wassergeh. benutzt wird, herangezogen. Auch diese Meth. kann zu kontinuierlichem Messen eingesetzt werden. H. Nentwig 5074◇

1707 **Gerät zur differentiellen dielektrischen Bestimmung von Wasser in Lösungsmitteln.** Winthrop C. Wolfe. (Analytic. Chem. **35,** 1884—87, 1963; Washington, D. C., Nat. Bureau of Standards; engl.) — Vf. gibt eine Meth. zur Best. von geringen Schwankungen des Wassergeh. von p-Dioxan oder Bis-[2-äthoxyäthyl]-äther an. Der Wassergeh. von Feststoffen kann nach Extraktion bestimmt werden. Die Best. beruht auf der Messung der Kapazitätsdifferenz zweier gleichartiger, mit den zu vergleichenden Fll. gefüllter Zellen (Skizze) mit einem handelsüblichen Gerät. Die Auswertung erfolgt mit Hilfe von Eichgeraden. Eine genaue Temp.-Kontrolle ist nicht erforderlich. Berechnungen des Dipolmoments zeigen, daß W. in verd. Dioxan-Lsgg. nicht assoziiert ist.

P. Kurzmann 5074◇

1708 **Differential-Mikrocalorimeter.** R. A. Arndt und F. E. Fujita. (Rev. sci. Instruments **34,** 868—72, 1963; Upton, N. Y., Brookhaven Nat. Labor.; engl.) — Beschreibung eines Differentialmikrocalorimeters, das minimale Wärmemengen von $5 \cdot 10^{-3}$ cal zu messen gestattet (Fehler 1—2%). Die Temp. der Proben steigt linear mit der Zeit an. Neben den genauen Abmessungen des eigentlichen Calorimeters werden Schaltbilder für den Temp.-Regler angegeben. Die Gleichung zur Auswertung der Messungen wird abgeleitet.

A. Helms/Merseburg 5084◇

1709 **Zur Verwendung von Thermistoren in der Calorimetrie.** K. A. Scharifow, Ss. N. Gadshijew und M. Ja. Agarunow. (J. physik. Chem. [UdSSR] **37,** 2368—70, 1963; Baku, Akad. der Wiss. der Aserbaidshan-SSR, Inst. für Phys.; russ., Auszug: engl.) — Eine Meth. zur Verw. von Thermistoren in Calorimetern mit isothermer Umhüllung wird vorgeschlagen, mit der Temp.-Differenzen von 0,0005° erfaßt werden können.

H. Roschkowski 5084◇

1710 **Mikromethode zur Messung der Verdampfungswärme.** W. Je. Baranowski. (Ukrain. chem. J. **28,** 326—28, 1962; Kiew, Schewtschenko-Univ.; russ.) — Vf. gibt ein isotherm. arbeitendes Calorimeter zur Best. der Verdampfungswärme kleiner Mengen (20 cm³) sowohl reiner Fll. als auch von Lsgg. bei Zimmertemp. bis 90° an. Das Temp.-Intervall kann auch erweitert werden. Die Messung dauert ~1 Std. Die bei 40° erhaltenen Werte (cal/Mol) für A. (1040), Butanol (12300), Hexan (7150), Heptan (8300) u. Octan (9470) stimmen gut mit Literaturwerten überein. H.-J. Lunk 5084◇

1711 **Fünf neue Methoden für die spektrophotometrische Bestimmung von Alkylierungsagentien einschließlich einiger äußerst empfindlicher autokatalytische Methoden. Anwendung auf Luftverunreinigung.** Eugene Sawicki, D. F. Bender, T. R. Hauser, R. M. Wilson jun. und J. E. Meeker. (Analytic. Chem. **35,** 1479—86, 1963; Cincinnati, Ohio, U. S. Dep. of Health, Educ. and Welfare, Public Health Serv., Robert A. Taft Sanitary Engng. Center, Div. of Air Pollution, Labor. of Engng. and Phys. Sci.; engl.) — Die Herst. folgender Reagentien zur Best. von Spuren von Alkylierungs- u. Acylierungsmitteln in der Luft wird beschrieben: 4-(4-Nitrobenzyl)-pyridin (**I**), 4-Pyridincarboxaldehyd-4-nitrophenyl-hydrazon (**II**), 4-Pyridincarboxyaldehyd-2-benzothiazolylhydrazon (**III**), 4-Acetylpyridin-4-nitrophenylhydrazon (**IV**), 4-Acetylpyridin-2-benzothiazolylhydrazon (**V**) u. Arbeitsvorschriften zur spektrophotometr. Best. werden angegeben. Konz. λ_{max} u. Extinktion folgender Stoffe bei ihrer Best. mit **I** werden mitgeteilt: Jodmethan, Jodoform, Jodäthan, 1-Jodpropan, 2-Jodpropan, 1-Jodbutan, 2-Jodbutan, 2-Jod-2-methylpropan, 1-Jod-2.2-dimethylpropan, 1-Jodhexan, 1-Jodheptan, 1-Jodoctan, 1-Joddecan, 1-Joddodecan, 1-Jodhexadecan, 1-Jodoctadecan, 1.1-Dibrompropan, 1-Brombutan, 2-Brombutan, 1-Brompentan, 2-Brompentan, 1.5-Dibrompentan, 3-Bromhexan, 1-Bromheptan, 2-Bromheptan, 1-Bromoctan, 2-Bromoctan, 1-Bromnonan, 1-Bromdecan, 1-Bromdodecan, 1-Bromtetradecan, 1-Bromhexadecan, 1-Bromoctadecan, 1-Chlor-2.2-dimethylpropan, 1-Chloroctan, 2-Chloroctan, 3-Jodpropen, 3-Brompropen, 3-Chlorpropen, 3-Brompropin, 2-Brom-1-buten, 2-Brom-2-buten, β-Bromstyrol, Jodcyclopentan, Jodcyclohexan, Bromcyclopentan, Bromcyclohexan, Bromcycloheptan, Bromcyclooctan, 2-Brommethyloxiran, 2-Chlormethyloxiran, 1-Phenyloxiran, 1-Phenoxymethyloxiran, 1.2-Bis-chlormethyloxiran, 2-Bromacetophenon, 4'-Phenyl-2-bromacetophenon, 9-Bromfluoren, 2-Nitro-9-bromfluoren, 4-Nitrobenzylbromid, 4-Nitrobenzalbromid, Benzylchlorid, 2.4-Dinitrochlorbenzol, 2.4-Dinitrofluorbenzol, Pikrylchlorid, 2-Nitrophenylsulfenylchlorid, 2.5-Dichlor-p-benzochinon, Chloranil, 2-Chlormethyl-5-hyroxy-γ-pyron, Cyanurchlorid, Jodessigsäure, 2-Jodpropionsäure, Bromessigsäure, 2-Brompropionsäure, 3-Brompropionsäure, 2-Brombuttersäure, 3-Brombuttersäure, 2-Brompentansäure, Diäthylbrommalonat, Chloressigsäure, Difluoressigsäure, Dibromessigsäure, Dimethylsulfat, Diäthylsulfat, Methyl-p-toluolsulfonat, Äthyl-p-toluolsulfonat, Äthylmethylsulfonat, Butyltrifluoracetat, Butylheptafluorbutyrat, Benzylthiocyanat, Triphenylmethylperchlorat. 3-Methyl-2-methylthiobenzothiazolium-p-toluolsulfonat, 0.0-Dimethyl-2.2.2-trichlor-1-hydroxyäthylphosphonat, Diazinon, Malathion, Jod. Mit **I, II, III, IV, V** wurden Jodoform, Jodessigsäure, 1-Jodoctadecan, 1-Bromoctadecan, 1-Chloroctadecan, Äthylmethylsulfonat, Äthyl-p-toluolsulfonat umgesetzt u. Konz., λ_{max} u. die Extinktion bestimmt. Die Nachw.-Grenzen von Acetylchlorid, Chloracetylchlorid, Dichloracetylchlorid, Succinylchlorid, Phenylacetylchlorid, Nonylchlorid, α-Furylchlorid, Benzoylchlorid, 4-Nitrobenzoylchlorid, 2-Äthoxybenzoylchlorid, Anisoylchlorid, Cinnamoylchlorid, 1-Naphthoylchlorid, 4-Phenylazobenzoylchlorid, Essigsäureanhydrid, Methansulfonsäureanhydrid, p-Toluolsulfonylchlorid, p-Nitrobenzolsulfonylchlorid, Methansulfonylchlorid, Trichlormethansulfonylchlorid, 2-Bromacetophenon, Cyanbromid, Cyanurchlorid, p-Nitrobenzylbromid, 2-Chloracetophenon, Diphenylphosphorylchlorid, 1-Methyl-2-jodchinolylmethylsulfat mit **III** werden angegeben. W. Luchsinger 5088◇

1712 **Chromatographische Trennung und quantitative Bestimmung von Nitrophenolen in der Luft.** I. B. Kogan und I. P. Wassiljewa. (Betriebs-Lab. [UdSSR] **28,** 1428—29, 1962; Ukrain. Inst. für Arbeitshygiene u. Berufskrankheiten; russ.) — Nach Durchleiten von 75—100 Liter nitrophenolhaltiger Luft durch eine Filterpatrone mit einer Geschw. von 5—10 Liter/min werden die isomeren Nitrophenole (**I**) mit 0,1 n NaOH extrahiert, in Bzl. aufgenommen u. chromatograph. an einer Silicagelsäule (25—30 mm lang, 5 mm ⌀) getrennt. Nach Elution mit 0,1 n NaOH erfolgt die quant. Best. der **I** colorimetr. durch Auswertung der gelben Färbung oder polarographisch. Bei der Red. an der Hg-Tropfelektrode äußern sich die **I** durch eine 2-Elektronenstufe (Diffusionspotential: 0,78 · 10^{-5} cm^2 · s^{-1}, Halbstufenpotential: — 0,79 V). H.-P. Pietsch 5088◇

a) Analyse der Elemente und anorganischen Verbindungen

1713 **Amperometrische Methode zur Bestimmung von Sauerstoff in Wasser.** W. M. Kutjurin. (J. analyt. Chem. [UdSSR] **18,** 765—68, 1963; Moskau, Akad. der Wiss. der UdSSR, Vernadsky-Inst. für Geochem. u. Analyt. Chem.; russ., Auszug: engl.) — Bei der amperometr. O_2-Best. nach Tödt müssen neben allg. bekannten Bedingungen, wie Temp. u. pH-Wert, auch folgende Punkte eingehalten werden: die Fe-Elektrode muß ein genügend negatives Potential besitzen, die Pt-Elektrode muß nach einen bestimmten Verf. hergestellt sein. Außerdem muß in bes. Fällen der innere Widerstand der Zelle berücksichtigt werden. H. Kuchenbecker G 239◇

1714 **Bestimmung von freiem Kohlenstoff in SiC-Körnern.** Marie-Jeanne Bastin-Nerkeman und Raoul Goffaux. (Bull. Soc. chim. France **1963,** 248—51; Charleroi, A. C. E. C., Labor. de Rech. Phys.; franz.) — Vgl. C. **1963, 17** 625. — In einem trocknen O_2-Strom werden ca. 0,2 mm große SiC-Körner 15—480 Min. lang auf 687 ± 1° bzw. 735 ± 1° erhitzt. Die durch Oxydation von freiem C gebildete CO_2-Menge wird durch Absorption an Ascarit gravimetr. bestimmt. Wird die Diffusionsgleichung unter Berücksichtigung der Vers.-Ergebnisse gelöst, so folgt für die Temp.-Abhängigkeit des Diffusionskoeff. von C in SiC $D = 3{,}3 \cdot 10^{-3} \cdot \exp\,[(-0{,}82 \pm 0{,}03)/kT]$ cm^2/s. Die Diffusion von C erfolgt über Zwischengitterplätze. Bei Verw. des Verf. zur analyt. Best. des freien C werden nach 4std. Oxydation bei 735° in 0,2 mm großen Körnern nur 80% des vorhandenen freien C gefunden. Herbert Müller G 260◇

1715 **Bestimmung des Carbonatgehaltes von Nebenprodukten der Tonerdeerzeugung.** Sándor Zsindely. (Fémipari Kutató, Intézet Közleményei [Mitt. Forsch.-Inst. NE-Metalle] **6,** 361—66, 1962; Budapest, Forsch.-Inst. NE-Metalle; ung.) — Die von Maros u. Mitarbeiter ausgearbeitete Methode C. **1964,** 4-1778) ist auch für diese Best. einwandfrei anwendbar. L. Zombory G 260△

1716 **Anwendung einer neuen Methode zur Bestimmung von Phosphor.** R. Aragonés Apodaca. (Quím. e Ind. [Bilbao] **9,** 167—68, 1962; span.) — Die Best. von P-Spuren (z. B. in Farbstoffen, Plastikmaterialien, Insektiziden u. pharmazeut. Präpp.) erfolgt spektrophotometr. durch Extinktionsmessung von Molybdänblau bei 800 bis 850 nm. Eine Mischung von Mo(VI) u. Mo(V) in stark saurer Lsg. dient als Reagens, die zu untersuchenden Substanzen werden durch Behandlung mit $HClO_4$–H_2SO_4-Mischung in Lsg. gebracht. Die Genauigkeit der Meth. beträgt ± 0,04%. F. Zeidler G 264◇

1717 **Anwendung einer Hexanol-Celite-Säule zur Bestimmung von anorganischem Phosphat.** Tsuyoshi Ohnishi und Tomoko Ohnishi. (J. Biochemistry [Tokyo] **49,** 83—84, 1961; Nagoya, Univ., Fac. of Sci., Phys. u. Biolog. Inst.; engl.) — Zur Abtrennung anorgan. von organ. Phosphats dient nach Hagihara u. Lardy (C. **1960,** 16 134) eine kleine Säule (1 cm Höhe u. 0,8 cm Durchmesser) aus siliconisiertem Celite + Hexanol, an der anorgan. Phosphat haften bleibt. K. F. Müller G 264◇

1718 **Identifizierung und polarographische Bestimmung von Arsen und Antimon allein oder als Gemisch.** L. Vignoli, B. Cristau und F. Gouezo. (Chim. analytique [4] **34,** 439—48, 1961; Marseille, Fac. de Méd. et de Pharm., Labor. de Pharm. Chim. et de Toxicol.; franz.) — In einem Spezialapp. werden bei 40° aus Zn, HCl, $SnCl_2$ u. Substanzprobe die Hydride AsH_3 u. SbH_3 dargestellt u. mit $AgNO_3$-Papier aufgefangen, das anschließend mit wss. Weinsäure-Lsg. u. HCl behandelt wird. Die Lsg. wird polarographiert. Die Halbstufenpotentiale (Sb: — 0,15 V, As: — 0,43 V) gestatten eine Best. von As u. Sb nebeneinander. Bei Geh. von 2—100 μg As bzw. 10—100 μg Sb nebeneinander. Bei Geh. von 2—100 μg As bzw. 10 bis 100 μg Sb wurden As zu 97 ± 3%, Sb zu 87 ± 5% wiedergefunden. I. Balke G 266◇

1719 **Natrium- und Kaliumbestimmungen mit einem neuen, genauen Flammenphotometer.** A. J. Zwart Voorspuij und W. van der Slik. (Chem. Weekbl. **59,** 405—08, 1963; Dordrecht, Gemeente Ziekenhuis, Klin. Labor.; niederl.) — Beschreibung eines Flammenphotometers, das bei Na-Best. eine mittlere Standardabweichung von 0,5—0,6, bei K-Best. von 1,3—1,6% gibt. W. Wesly G 275◇

1720 **Refraktrometrische Bestimmung der Zusammensetzung von Lösungen, die Kaliumchlorid und Natriumnitrat enthalten.** N. L. Jarym-Agajew, W. Ja. Rudin und T. A. Zeitlenok. (J. analyt. Chem. [UdSSR] **18,** 701—05, 1963; Polytechn. Inst., Donez; russ., Auszug: engl.) — Vff. schlagen eine Meth. zur Best. der Zus. äquimolarer Lsgg. von KCl u. $NaNO_3$ vor, wie sie bei der Herst. von KNO_3 durch Konversion Verw. finden. Die Meth. beruht auf der Best. von Brechungsindex u. Cl^--Geh. der Lösung. Das Verf. wurde unter Betriebsbedingungen getestet u. zeigte zufriedenstellende Ergebnisse. H. Kuchenbecker G 275◇

1721 **Spektrophotometrische Mikrobestimmung von Kalium mit Natriumtetraphenylborat.** Enrico Bovalini und Adriana Casini. (Ann. Chimica **52,** 482—87, 1962; Siena, Univ., Ist. di Chim. gen.; ital.) — 20 ml Probelsg. (0,4—8 mg K) werden nach Ansäuern mit Eissgsäure (pH 3,0) u. Erwärmen auf 70° tropfenweise mit Na-Tetraphenylboratlsg. [3 g in 100 ml wss. 0,01 n NaOH-Lsg. mit einem Zusatz von 1 g $Al(OH)_3$] in 50%ig. Überschuß versetzt, mindestens 15 Min. stehengelassen u. filtriert. Der Nd. wird mit 5—10 Tropfen W., dann 5—6mal mit je 10—20 Tropfen Waschlsg. [aus 15 mg in wss. Lsg. gefälltem u. aus Aceton umkrist. K-Tetraphenylborat in 100 ml W. unter Zusatz von 0,5 g $Al(OH)_3$] u. schließlich mit 5—10 Tropfen dest. W. gewaschen, u. vom Filter mit 2 ml Wasser–Aceton (1:1) gelöst. Die Lsg. wird auf ein Vol. von 25 oder 50 ml unter Verw. von Wasser–Aceton aufgefüllt. Zu 2 ml dieser Lsg. (100 bis 300 μg K) fügt man unter Kühlen 30 ml konz. H_2SO_4, dann 10 ml Carminsäure [1 g in 1000 ml konz. H_2SO_4 (Dichte 1,84)] zu, füllt mit konz. H_2SO_4 auf 50 ml auf, läßt 1 Std. lang stehen u. bestimmt die Absorption bei 610 nm. G. Platzer G 275◇

1722 **Analytische Verwendung von Embelin. 4. Mitt. Bestimmung der Erdalkalien und von Magnesium.** Ch. Bheemasankara Rao und V. Venkateswarlu. (Z. analyt. Chem. **198,** 183—84, 1963; Waltair, India,

Andhra Univ. Chem. Dep.; engl.) — 3. vgl. C. **1963,** 1793. — Embelin fällt Ca, Sr, Ba u. Mg als farbige Komplexe der Zus. $MeC_{12}H_{24}O_4$, die unlösl. in W. u. A. sind u. sich nach dem Trocknen bei 100—115° auswägen lassen. H. Nentwig G 282◇

1723 **Trennung des Bariums vom Strontium mit Komplexon III. Eine Sulfatmethode zur Trennung der Erdalkalielemente.** L. I. Afanassjewa. (J. analyt. Chem. [UdSSR] **18,** 712—16, 1963; Leningrad, Akad. der Wiss. der UdSSR, Labor. für Präcambriumgeol.; russ., Auszug: engl.) — Ein Verf. zur Trennung von $BaSO_4$ u. $SrSO_4$ mit Komplexon III-Lsg. bei pH 6,4—6,8 wird entwickelt u. an synthet. Mischungen von 5—50 mg Ba u. Sr (Verhältnis von 1:10 bis 10:1) überprüft. Es wird eine Sulfat-Meth. zur Trennung von Ba, Sr u. Ca in komplexonhaltiger Lsg. vorgeschlagen. Ferner wird eine Meth. zur Trennung u. Best. kleiner Mengen Ba u. Sr in Gesteinen beschrieben. H. Kuchenbecker G 285◇

1724 **Bestimmung des Bariums in Baryt durch Lösen der Probe in Alkalilösung von Komplexon III.** B. Karadakow und A. Alexijewa. (Annu. Inst. chim.-technol. [Sofia] **8,** Nr. 2, 33—38, 1962; russ., Auszug: dt.) — Die Probe wird in alkal. KomplexonIII-Lsg. (pH ~ 12) 2 Std. lang unter Rückfluß gekocht. Anschließend wird filtriert, mit H_2SO_4 angesäuert u. Ba als $BaSO_4$ gravimetr. bestimmt. Mit geringer Abänderung läßt sich die Meth. auch zur Best. des Ba in Fe-Erzen mit hohem $BaSO_4$-Geh. anwenden. Die Ergebnisse stimmen innerhalb von ± 0,5% mit den nach der klass. Meth. erhaltenen Werten überein. H. Kuchenbecker G 285◇

1725 **Chemische Analyse von Baryt.** E. Pavlíková, M. Kvapil und D. Weiss. (Rudy **10,** 13—18, 1962; Praha, Úst. pro vyzk. rud.; tschech.) — Bei der Best. der Komponenten von Baryt wird $BaSO_4$ aus homogener Lsg. mit $S_2O_8^{2-}$ gefällt. Ca^{2+}, Sr^{2+} u. Ba^{2+} werden an Dowex 50 getrennt. Ca^{2+} u. Sr^{2+} werden mittels Flammenphotometrie bestimmt. Bei der SiO_2-Best. wird Entwässerung mit $HClO_4$ empfohlen. Für die Best. von Cu^{2+} u. Bi^{3+} wird eine oscillopolarograph. Meth. ausgearbeitet. Alle übrigen Beimengungen werden photometr. bestimmt: Mg^{2+} mit KJO_4, Sb^{3+} mit Kristallviolett, Hg^{2+} mit Mercupral, Fe^{3+} mit NH_4CSN, bei größerem Fe-Geh. nach Zers. mit $HClO_4$ + H_3PO_4 nach der Meth. von Penny-Knop. R. K. Müller G 285◇

1726 **Betriebsbestimmung von Baryt nach der Methode der mathematischen Statistik.** Milan Beneš, Petr Klein und Václav Skřivánek. (Rudy **10,** 120—24, 1962; Praha, Úst. pro výzk. rud; poln.) — Die Best. von $BaSO_4$ in Barytkonzentraten kann indirekt auf Grund des konst. Verhältnisses zwischen dem Geh. an $BaSO_4$ u. an Fe erfolgen. Wenn der Fe-Geh. x ist, gilt für den $BaSO_4$-Geh. y = 98,02 — 2,33 x. Für die Fe-Best. wird die Meth. der Titration mit $K_2Cr_2O_7$ mit Diphenylamin oder besser Na- oder Ba-Diphenylaminosulfonat als Indicator nach Penny-Knop empfohlen. Diese mathemat.-statist. Meth. ist zuverlässiger als die direkte Best. von $BaSO_4$. R. K. Müller G 285◇

1727 **Über die Grundlagen der colorimetrischen Bestimmung von Aluminiumspuren mit Eriochromcyanin R.** A. J. Hegedüs. (Mikrochim. ichnoanalyt. Acta [Wien] **1963,** 831—50; Budapest-Ujpest [Tungsram], Forsch.-Inst. nachrichtentechn. Ind. [HIKI], Abt. für Grundstoffprüfung; dt.) — Verss., die Zus. des Rk.-Prod. von Al u. Eriochromcyanin R (I) zu bestimmen, ergaben unübersichtliche Ergebnisse. Die aus der Literatur bekannte Zus. Al I_3 konnte nicht bestätigt werden. I zeigt in Abhängigkeit vom pH fünf Farbänderungen, ist also ein Säure-Base-Indicator. Eingehende Diskussion der Ergebnisse. G. Günzler G 294◇

1728 **Bestimmung des Galliumgehaltes der Aluminatlauge mit komplexometrischer Titration.** Károly Solymár und István Somosi. (Fémipari Kutató Intézet Közleményei [Mitt. Forsch.-Inst. NE-Metalle] **6,** 371—78, 1962; Budapest, Forsch.-Inst. NE-Metalle; ung.) — Die salzsaure Probelsg. (5,5—6,0 n HCl) wird mit Ae. extrahiert, Ga aus der äther. Phase mit NaOH-Lsg. extrahiert, die alkal. Lsg. mit Acetatpuffer auf pH 4 eingestellt u. gegen V-Komplexonat-Diphenylcarbazon komplexometr. titriert. Zn u. Fe stören, V aber nicht. L. Zombory G 295△

1729 **Untersuchung über das Verhalten von Indium in Lösungen, die Sulfationen enthalten, nach der Methode des Ionenaustausches,** 2. Mitt. **Trennung des Indiums vom Zink.** St. Stantschewa, I. Alimarin und Je. Zinzewitsch. (Annu. Inst. chim.-technol. [Sofia] **8,** Nr. 2, 17—23, 1961; russ., Auszug: engl.) — 1. vgl. ibid. **8,** [1961], 89. — In wird von Anionenaustauschern (SO_4^{2-}-Form) als komplexes Sulfatanion zurückgehalten u. läßt sich so von anderen Metallen, die in kation. Form vorliegen, abtrennen. Nach dieser Meth. durchgeführte Trennungen kleiner Mengen In von großen Mengen Zn (Verhältnis 1:10² u. 1:10³) in 1 n $(NH_4)_2SO_4$-Lsg. (pH ~ 9) zeigten gute Ergebnisse. Zur Trennung großer Mengen In von kleinen Mengen Zn (10³:1 u. 10⁴:1) wurde ein Kationenaustauscher (NH_4^+-Form) verwendet. Es wurde mit einer Lsg. gearbeitet, die 0,7 n an $(NH_4)_2SO_4$ u. 0,02 n an H_2SO_4 war. Das In blieb in diesem Falle als komplexes Anion in Lsg., jedoch wurden für Zn je nach Konz. um 1—3,5% zu tiefe Werte erhalten. H. Kuchenbecker G 296◇

1730 **Antipyrin und seine Derivate als analytische Reagentien für Cer(IV).** N. A. Kanajew. (J. analyt. Chem. [UdSSR] **18,** 575—84, 1963; russ., Auszug: engl.) — Möglichkeiten zur photometr. Best. kleiner Mengen Ce(IV) mit Hilfe von Antipyrin (I) u. I-Derivv. werden angegeben. Folgende Verbb. werden untersucht: **I**, Dimethylamino (**II**), Benzalaminoantipyrin, Diantipyrylmethan, -methylmethan, -propylmethan, -phenylmethan (**III**), -2-hydroxyphenylmethan, -3-aminophenylmethan, -4-isopropylmethan, -4-chlorphenylmethan, -4-bromphenylmethan, -4-dimethylaminophenylmethan, -4-methoxyphenylmethan, -3.4-dihydroxyphenylmethan, 2.4-dihydroxyphenylmethan, -3-nitrophenylmethan, -furfurylmethan, -thiophenylmethan, -äthylenmethan, 3.3'-Diantipyryl-1-phenylpropylen-(1.2) u. Triantipyrylmethan (**IV**). Die Absorption der durch photochem. Oxydation u. durch Oxydation mit Ce(IV) entstehenden Prodd. wird untersucht. Es wird gezeigt, daß **III** u. **XII** mit Ce(IV) im Molverhältnis 1:2 reagieren. Auf der Grundlage der Molverhältnisse werden die molaren Extinktions-Koeff. der Oxydations-Prodd. von **II**, **III** u. **IV** ermittelt. H. Kuchenbecker G 304◇

1731 **Trennung und Bestimmung von Scandium und Thorium in Mikrogrammengen.** Che-Ming Nee und Shu-Chuan Liang. (Scientia sinica **12,** 1238—39, 1963; Peking, Acad. Sinica, Inst. of Chem.; engl.) — Aus wss. Lsgg. von pH 3,2—3,4 wird Th mit einer Lsg. von 5.7-Dichlor-8-hydroxychinolin in $CHCl_3$ extrahiert. Eine Lsg. von Xylenolorange in A. wird direkt zur organ. Phase gegeben u. nach Waschen mit W. die Extinktion bei 540 nm gemessen. Die wss. Phase wird dann mit Urotropin auf pH 5—5,5 eingestellt u. in der gleichen Weise Sc extrahiert, mit Xylenolorange versetzt u. die Extinktion bei 530 nm gemessen. Die Meth. ist für 3—15 μg Sc u. 10—100 μg Th anwendbar. Fe(III) wird zusammen mit Th extrahiert. Al entwickelt bei Raumtemp. keine Farbe in der organ. Phase. Für 10 μg Sc genügt 1 ml, für 40 μg Th reichen 4—5 ml einer 0,1%ig. Lsg. von Xylenolorange. Die Farbe des Sc-Komplexes ist ca. 3 Std. lang stabil die des Th-Komplexes ca. 1 Std. lang. R. Drautzburg G 324◇

1732 **Quantitative Trennung von Thorium und Titan durch eine ionenaustauschchromatographische Methode.** I. P. Alimarin, A. M. Medwedewa und M. A. Burlowa. (J. analyt. Chem. [UdSSR] **18,** 468—73, 1963; Moskau, M. V. Lomonossow-Inst. für feinchem. Technol.; russ., Auszug: engl.) — Th wird in Ggw. von 3—4 n HCl u. H_2O_2 von dem Kationiten KU-2 quant. zurückgehalten, während Ti als gelbes $[TiO(H_2O_2)]^{2+}$ durchläuft. Th kann mit NH_4-Oxalat-Lsgg. der Konzz. > 0,1 m als $[Th \cdot (C_2O_4)_3]^{2-}$ eluiert werden. P. Kurzmann G 324◇

1733 **Phasenanalyse einiger Germaniumverbindungen.** E. I. Ssokolowa und A. N. Gurowitsch. (Betriebs-Lab. [UdSSR] **27,** 1472—73, 1961; Baikow-Inst. für Metallurgie; russ.) — Die Meth. besteht darin, daß von

drei Ge-Verbb. — GeO_2, GeS_2 u. GeS — die beiden ersten mit W. unter Bldg. von Ge-Säure bzw. K_2S reagieren, nach dessen Menge der GeS_2-Geh. berechnet wird. Im ungelösten Rückstand wird GeS gravimetr. bestimmt. GeO_2 wird aus dem Unterschied zwischen dem Gesamt-Ge-Geh. u. dem Ge-Geh. der Sulfide berechnet.
H. Hochstein G 326◇

1734 **Mikrokristalloskopischer Nachweis von Zinn.** A. Alexandrov und P. Vassiléva-Alexandrova. (Mikrochim. ichnoanalyt. Acta [Wien] **1963**, 851—54; Plovdiv, Bulgarie, Inst. sup. des Ind. Alimentaires; franz.) — Sn (II) reagiert mit Pikrolonsäure unter Bldg. eines gelben Nd. (kleine, sternförmige angeordnete Nadeln). Die Rk. kann zum Nachw. von Sn in qual. Trennungsgang verwendet werden. G. Günzler G 327◇

1735 **Verwendung bestimmter Hydroxamsäuren in der analytischen Chemie. 3. Mitt. Spektrophotometrische Untersuchung und analytische Anwendung der Reaktion von Vanadin(V) mit Thiophen-2-hydroxamsäure.** Jerzy Minczewski und Zofia Skorko-Trybula. (Talanta [London] **10**, 1063—76, **1963**; Warschau, Ecole Polytechnique, Dép. Chim. Anal.; franz.) — 2. vgl. Chem. analit. [Warszawa] **6**, [1961], 523. — In alkal. Lsg. liegt Thiophen-2-hydroxamsäure (**I**) als Keto- u. Enol-Form vor, in saurer Lsg. nur in der Ketoform. Der pK-Wert 7,77 wurde potentiometr. bestimmt. Mit V(V) bildet **I** violette Komplexe, deren Zus. pH-abhängig ist: Bei pH 3,5 ist das Mol-Verhältnis V:Rest = 1:3, das Absorptionsmaximum liegt bei 590 nm, Extraktion ist möglich mit aliphat. Alkoholen von Butanol an aufwärts. Die Butanol-Extrakte sind rot-gelb u. haben ein Absorptionsmaximum bei 485 nm. Bei V(V)-Konzz. von 10^{-5}—10^{-4} m gilt das Lambert-Beersche Gesetz. Bei der V-Best. in Aschen u. Stahl-Legg. nach dieser Meth. stören alle reduzierenden Substanzen, da der V(IV)-Komplex sich nicht extrahieren läßt. Fe wird mit extrahiert. In Ggw. von Fe wird V(V) mit Fe(II) red., überschüssiges Fe(II) mit Jodat oxydiert, Fe(III) zusammen mit Cu, U, Th u. Mo mit Tributylphosphat extrahiert, dann V(IV) mit Persulfat oxydiert u. nach Extraktion mit Butanol die Extinktion gemessen.
R. Dreutzburg G 330◇

1736 **Zur Frage der oxydimetrischen Bestimmung von Niob in komplexen Carbidgemischen.** Je. Je. Kotljar und T. N. Nasartschuk. (J. analyt. Chem. [UdSSR] **18**, 474—79, 1963; Kiew, Akad. der Wiss. der UkrainSSR, Inst. für Metallkeramik u. Spezial-Legg.; russ., Auszug: engl.) — Vff. untersuchten die Red. von Nb-Lsgg. mit Al-Pulver, Zn-Staub, Zn-Amalgam, metall. Cd u. in einem Cd-Reduktor bei verschiedenen Aciditäten. Die Bedingungen zur Red. zu Nb(III) werden angegeben. Auf dieser Grundlage wurde eine Meth. zur oxydimetr. Best. von Nb mit Fe(III) u. Titration des entstehenden Fe(II) mit $K_2Cr_2O_7$-Lsg. in NbC u. komplexen Carbiden des Typs NbC–ZrC ausgearbeitet.
P. Kurzmann G 331◇

1737 **Niob, Tantal und Titan mit 7.8-Dihydroxy-4-methylcumarin.** V. Patrovský. (Collect. czechoslov. chem. Commun. **27**, 1824—29, 1962; Prag, Inst. für mineral. Rohstoffe; engl.) — Vf. schlägt 7.8-Dihydroxy-4-methylcumarin (**I**) zur gravimetr. Trennung u. Best. von Nb, Ta u. Ti anstatt Tannin (**II**) bzw. Morin u. Quercetin vor. Unter Verw. von geeigneten Maskierungsmitteln kann in dieser Weise eine selektive Best. der genannten Metalle neben Sn, W u. a. Elementen ausgeführt werden. Die Fällung von Nb (Ta, Ti) mit **I** erfolgt aus schwach saurer, oxalat- bzw. tartrathaltiger Lösung. Zum Unterschied von **II** verläuft die Fällung mit **I** bei höheren pH-Werten im Bereich von 4—6,8. Als Maskierungsmittel haben sich Pyrogallol (**III**), Brenzcatechin (**IV**) u. EDTA (**V**) bewährt. — Best. von Nb (Ta, Ti): Die Probelsg. wird auf ca. 100—200 ml verd., mit 20 ml 0,1 m **V**-Lsg. u. 2 g NH_4-Acetat (**VI**) versetzt u. auf ca. pH 6 eingestellt. Nach Zugabe von 5 ml 3%ig. **I**-Lsg. wird unter zeitweisem Rühren ca. 2 Std. lang stehen gelassen. Der Nd. wird filtriert, mit 2%ig. NH_4NO_3-Lsg. gewaschen, getrocknet u. nach Glühen gewogen. Für 7—21 mg TiO_2, 4—20 mg Nb_2O_3 u. 3—15 mg Ta_2O_5 beträgt der relative Fehler ± 3%. — Nb- u. Ta-Trennung von Ti, W u. Sn(IV): In Ggw. von **IV** werden mit **I** lediglich Ta u. Nb gefällt, während Ti, W u. Sn(IV) in Lsg. verbleiben. Die erforderliche vorangehende Abtrennung anderer Begleitelemente erfolgt in der üblichen Weise. H_2SiO_3 wird mit HF + H_2SO_4 abgeraucht: Fe, Al, Mn u. a. zahlreiche andere Elemente werden mit **V** maskiert. Bei der Fällung aus oxalathaltiger Lsg. stört Ca, aber nicht die Seltenerdmetalle. — Gegenseitige Trennung von Nb u. Ta: 10—100 mg eines Gemisches der Ta- u. Nb-Oxide, das durch vorherige Behandlung z. B. mit **I** von den Begleitelementen befreit wurde, wird im Pt-Tiegel mit ca. 0,5 g $KHSO_4$ aufgeschlossen. Die Schmelze wird nach Erkalten mit 10—15 ml 10%ig. warmer Oxalsäure-Lsg. aufgenommen u. auf ca. 150 ml verdünnt. Hierauf werden 5—10 ml 10%ig. **III**-Lsg. u. etwas **VI** zugefügt u. pH 4,4—4,5 eingestellt. Nach Zugabe von 5 ml 3%ig. alkohol. **I**-Lsg. wird die Fl. unter zeitweisem Umrühren 2—5 Std. lang (im Falle kleiner Ta-Mengen noch länger) stehen gelassen. Unter diesen Umständen scheidet sich nur Ta aus, während Nb in Lsg. bleibt. Die Nd. wird wie vorher behandelt u. Ta_2O_5 gewogen. Aus dem Filtrat wird Nb durch Erhöhung des pH auf 6—7 ausgeschieden; die vollständige Ausscheidung erfolgt jedoch erst nach mehreren Stunden. Bei kleinen Nb-Mengen empfiehlt es sich, die Lsg. anzusäuern u. Nb mit Cupferron auszufällen. — Best. von Ti(Nb, Ta) in Legierungen, Schlacken u. Mineralien: Die Probe-Lsg., aus der SiO_2 in üblicher Weise beseitigt wurde, wird mit 0,1 m **V**-Lsg. sowie mit **VI** u. NH_3 bis pH 5—6 versetzt. Alsdann werden 5—10 ml 3%ig. **I**-Lsg. in A. hinzugefügt, u. die Fl. wird ca. 1 Std. stehengelassen, worauf der ausgeschiedene Nd. wie vorher behandelt u. als TiO_2 gewogen wird. Nb, Ta u. Sn werden mitgefällt. In Ggw. von W wird nach Entfernung von SiO_2 etwas Weinsäure (**VII**) zugegeben. Best. von Nb u. Ta: 0,5—2 g der feingepulverten Probe werden durch Abrauchen mit 1 ml H_2SO_4 (1:1) u. 5—15 ml HF aufgeschlossen. Der trockene Rückstand wird mit $KHSO_4$ geschmolzen u. die Schmelze mit 10—15 ml ca. 1 g **VII** enthaltendem sd. W. aufgenommen. Die Lsg. wird auf 100—200 ml verd. u. ggf. filtriert. 10—25 ml 0,1 m **V**- u. 5—15 ml 10%ig. **IV**-Lsg. werden zugegeben u. mit **VI** u. NH_3 wird pH 6—7 eingestellt. Nach Zugabe von 5 ml vorst. **I**-Lsg. u. 2std. Stehen wird der Nd. wie vorher behandelt. Das so erhaltene Gemisch von Ta- u. Nb-Oxiden wird auf die beschriebene Weise weiter getrennt, bzw. können die beiden Metalle colorimetr. bestimmt werden. Die Ergebnisse stimmen mit jenen nach den klass. zeitraubenden Meth. gut überein.

Versuche: **I** durch Erwärmen von 12,6 g **III** u. 8,6 g Acetessigäthylester mit 1—2 ml konz. HCl, Auskochen mit W., Absaugen des kalten Rk.-Gemisches u. Umkristallisieren aus CH_3OH bzw. C_2H_5OH. Weißliche Nadeln, wenig lösl. in W., gut lösl. in Ae., CH_3OH u. A., unlösl. in nichtpolaren Lösungsmitteln.
K. Kámen G 332△

1738 **Gravimetrische Methode zur quantitativen Bestimmung von Niob und Tantal durch Extration mit Cyclohexanon.** Ja. G. Goroschtschenko, M. I. Wolkowa, A. G. Babkin und N. K. Pyrjajew. (J. analyt. Chem. [UdSSR] **17**, 739—42, 1963; Anality, Kola-Abt. der Akad. der Wiss. der UdSSR; russ., Auszug: engl.) — Nb u. Ta werden aus einer wss. Lsg., die pro Liter 400 g H_2SO_4, 200 g $(NH_4)_2SO_4$ u. 100 g HF enthält, extrahiert. Anschließend wird Nb aus der organ. Phase mit einer wss. Lsg., die pro Liter 100 g H_2SO_4 u. 50 g $(NH_4)_2SO_4$ enthält, rückextrahiert. Mit der Meth. lassen sich Nb u. Ta in den verschiedensten Materialien bestimmen, wenn der Geh. an $(Nb, Ta)_2O_5$ > 0,5—1% ist. P stört, wenn der Geh. an P_2O_5 in der eingewogenen Probe 50 mg übersteigt. H. Kuchenbecker G 332◇

1739 **Schnellbestimmung des Urangehaltes von $NaUF_5$ und NH_4UF_5.** József Lovasi. (Fémipari Kutató Intézet Közleményei [Mitt. Forsch.-Inst. NE-Metalle] **6**, 385 bis 389, 1962; Budapest, Forsch.-Inst. NE-Metalle; ung.) — Der U(IV)-Geh. kann in $NaUF_5$ u. NH_4UF_5 nach Auflösen in H_3PO_4 (1,65—1,7) in Ggw. von Fe(III) u. Ba-Diphenylaminsulfonat mit NH_4-Vanadat-Maßlsg. genau bestimmt werden. L. Zombory G 339△

1740 **Schnellnachweis von Uranspuren in Gegenwart von Eisen und Kupfer.** Kazimierz Majchrzak. (Nukleonika [Warszawa] **5,** 886; 1960; Warszawa, Inst. of Nuclear Res. Dep. of Chem. Technol.; engl.) — Die Meth. beruht auf der Sorption des UO_2^{2+}-Sulfat-Komplexes an stark bas. Anionenaustauschern. Der Nachw. des U erfolgt mit $K_4[Fe(CN)_6]$ direkt auf dem Austauscher. In Ggw. von Fe u. Cu muß vorher einige Male mit kleinen Mengen W. gewaschen werden. Die Empfindlichkeit beträgt 1 μg/ml u. verringert sich bei Ggw. von Fe auf 2—2,5 μg/ml. H. Kuchenbecker G 339◇

1741 **Untersuchung über Uranisotope durch Atomarabsorption.** Joseph A. Goleb. (Analytic. Chem. **35,** 1978, 1963; Argonne, Ill., Argonne Nat. Labor.; engl.) — Es wird die Absorption des U mit einer Hohlkathodenentladungsröhre beschrieben. Damit sind Best. von U u. U-Isotopen-Häufigkeitsverhältnissen möglich. Hartmut Braun G 339◇

1742 **Thermogravimetrie in der Analytischen Chemie. 4. Mitt. Thermogravimetrische Untersuchung von Plutonium(IV)-jodat.** I. Ss. Skljarenko und T. M. Tschubukowa. (J. analyt. Chem. [UdSSR] **18,** 492—95, 1963; Moskau, Akad. der Wiss. der UdSSR, Vernadsky Inst. für Geochem. u. Analyt. Chem.; russ., Auszug: engl.) — 3. vgl. C. **1962,** 14258. — Wasserfreies $Pu(JO_3)_4$, das sich bei 150—250° bildet, kann gut ausgewogen werden u. besitzt einen günstigeren analyt. Faktor als PuO_2. In Ggw. eines KJO_3-Überschusses wird $Pu(JO_3)_4$ bei Temp. > 850° quant. in PuO_2 übergeführt. Die therm. Zers. von $Pu(JO_3)_4$ verläuft unter intermediärer Bldg. von $Pu(JO)_2 (JO_3)_2$, das bei Temp. von 350—450° stabil u. nicht hygroskop. ist. P. Kurzmann G 343◇

1743 **Höhere Nachweisempfindlichkeit von Eisen bei Untersuchungen mit der doppelt rotierenden Funkenstrecke in Argon.** W. Guttmann. (Acta chim. Acad. Sci. hung. **37,** 27—35, 1963; Potsdam-Rehbrücke, Dt. Akad. der Wiss. Berlin, Inst. für Ernährung; dt.) — Die doppelt rotierende Funkenstrecke wird in ihrer endgültigen Form mit Einsatzspindeln geliefert, so daß auch Festelektroden untersucht werden können. Für Arbeiten in Ar wird in die Funkenstrecke eine Gaskammer eingebaut. Die in der Literatur beschriebene Steigerung der Empfindlichkeit bei Fe-Unterss. in Ar um eine Zehnerpotenz bei lösungsspektralanalyt. Unterss. wurde bestätigt. Die Funkenstrecke — bisher mit einem Spektrographen kombiniert — läßt sich gut mit einem Monochromator zusammen einsetzen. Der Aufbau eines solchen Kleinquantometers wird beschrieben. Hiermit lassen sich auch biolog. Fragen spektroskop. lösen (z. B. Unterss. des Fe-Geh. von Körperflüssigkeiten). R. Drautzburg G 354◇

1744 **Chemische Analysenmethoden für gewöhnliche Kohlenstoffstähle.** Anonym. (Rev. brasil. Quím. **52(26),** 796—812, 1961; port.) — Es wird die Best. von W als WO_3, Si als SiO_2, Ni mit Dimethylglyoxim, Cr mit $FeSO_4$ u. $KMnO_4$, V mit $KMnO_4$, Co mit α-Nitroso-β-naphthol u. Mo mit $SnCl_2$ u. KSCN (colorimetr.) oder Zn u. $KMnO_4$ in Sonderstählen beschrieben. P. Kurzmann G 354◇

1745 **Mathematische Analyse der Probenentgasung unter Vakuum bei konstanter Temperatur.** J. Calmettes, J. Bertin und P. Bastien. (Mém. Sci. Rev. Métallurgie **57,** 659—75, 1960; Crensot. Soc. des Forges et Ateliers; franz.) — Aus dem Fickschen Gesetz läßt sich das Entgasungsgesetz ($\log \varrho = -Kt$) für eine Stahlprobe von konst. Temp. unter Vakuum ableiten, wenn der in Stahl enthaltene Wasserstoff vollständig im Einlagerungszustand im Fe-Gitter vorliegt. Dieses Entgasungsgesetz wird für Proben aufgestellt, deren H-Gehh. entsprechend drei verschiedenen Zuständen auf drei additive Teile verteilt vorliegt, nämlich: eingelagertes H, in Gitterfehlstellen eingefangenes H sowie mol. H_2 in Mikro-Hohlräumen. Die mathemat. Analyse dieses Gesetzes zeigt, daß die experimentelle Kurve, $\log \varrho = f(t)$, nur eine Gerade bei bestimmten Temp. zwischen 20° u. 600° ist. Es wird experimentell die Folgerung hieraus bestätigt, wonach bei einem Baustahl durch aufeinander folgende Entgasungen bei bestimmten Temp. (150°, 275° u. 600°) die drei möglichen Zustände des H unterschieden werden können. H. Hochstein G 354◇

1746 **Über die Bestimmung von Wasserstoff in Stahl durch anodische Auflösung.** Ss. M. Beloglasow. (Betriebs-Lab. [UdSSR] **27,** 1468—69, 1961; Perm, Gorki-Univ.; russ.) — Eine bereits früher von Kljatschko u. Mitarbeiter (ibid. **26,** [1960], 1047) beschriebene App. zur Best. von H_2 in Stahl wird verbessert. Als Elektrolyte wurden die l. c. beschriebene wss. Lsg. von 150 g/Liter) NaCl + 25 $NaKC_4H_4O_6$ bzw. als Anolyt 0,1 n KBr mit 10% Na-Citrat u. als Katolyt 10%ig. $CuSO_4$-Lsg. verwendet. Die Verteilung von H in Stahl 10 nach kathod. Polarisation in 0,1 n H_2SO_4 (z. T. mit Zusatz von 2,5 mg/Liter As_2O_3) wird angegeben. Der Haupt-Geh. an Wasserstoff wird in der Oberflächenschicht bis zu einer Tiefe von einigen Zehntel mm festgestellt. H. Hochstein G 354◇

1747 **Bestimmung von Zink in Stahl und Gußeisen.** Teiji Ôkubo und Fumio Uehara. (Japan Analyst **11,** 761—62, 1962; Tokyo, Ind. Unters.-Labor.; jap.) — Zur Best. geringer Mengen Zn in Eisen wird die ca. 2%ig. Probe-Lsg. in 2 m HCl durch eine Ionenaustauschersäule (0,48 cm², 7 cm) mit Dowex 1-X8 passiert (1 ml/Min.) u. mit 0,5 m HCl in 2 Anteilen Fe u. dann mit 0,005 m HCl Zn eluiert. Zn wird nach Zusatz von 2 m Na-Acetat-Lsg. polarograph. (Halbstufenpotential — 1,04 V) bestimmt. 99,7% des Zn wurden erfaßt bei Zn-Geh. von 0,47 mg/1 g Fe 0,03 mg in 5 g $FeSO_4$. L. Schuler G 354◇

1748 **Beitrag zur polarographischen Bestimmung von Blei in Automatenstählen.** E. Schöffmann. (Z. analyt. Chem. **199,** 95—97, 1964; Duisburg, Niederheinische Hütte AG, Chem.-metallurg. Vers.-Anst.; dt.) — Vf. beschreibt zwei polarograph. Analysen-Verff. zur Best. von Pb in Automatenstählen. In Stählen mit weniger als 0,5% Cu (1. Verf.) wird Pb aus salzsaurer, ascorbinsäurehaltiger Lsg. bestimmt. Bei Cu-reicheren Stählen (2. Verf.) wird Cu vorher durch Zusatz von $SbCl_3$ u. Al-Pulver abgeschieden u. der Pb-Geh. im Filtrat wie beim 1. Verf. ermittelt. Der relative Fehler der Best.-Meth. beträgt 1,5% bei 0,01 bis 0,30 Gew.-% Pb im Stahl. K. Scheffler G 354◇

1749 **Polarographische Bestimmung von Molybdän in Stahl.** Moriji Kurobe, Hiroaki Terada und Nobuo Tajima. (Japan. Analyst. **11,** 767—69, 1962; Yutakada K. K.; jap.) — Die polarograph. Best. von Mo (0,15 bis 0,4%) in Stahl gelingt in gut reproduzierbarer Weise in Ggw. von 0,6 m H_2SO_4 u. 1,0 m $HClO_4$ als Leitelektrolyt u. bei Red. von Fe zu Fe^{2+} mit 3%ig. Hydrazinsulfat-Lsg. (**I**), das kein Mo(VI) reduziert. Störend ist nur Pb, nicht aber Co, Ni, Mn u. Cr. 1 g Stahl werden in 4 ml HNO_3 u. 10 ml $HClO_4$ gelöst, 100 ml W. + 1 ml H_2SO_4 zugegeben. Von 100 ml der Lsg. werden 10 ml mit 10 ml 3%ig. **I** versetzt, auf 50 ml verd. u. durch Erwärmen Fe^{3+} reduziert u. dann durch 3 Min. langes Kochen überschüssiges **I** zersetzt. Nach Überführen in einen Meßkolben werden 3,5 ml H_2SO_4 u. 11,7 ml $HClO_4$ zugesetzt u. wenn nötig noch 0,5 ml 0,1 n $KMnO_4$; nach Auffüllen auf 100 ml wird die polarograph. Mo-Best. ausgeführt. L. Schuler G 354◇

1750 **Halbquantitativer Nachweis von Molybdän in rostfreiem Stahl.** S. Oenema. (Nederl. Melk-en Zuiveltijdschr. **17,** 306—12, 1963; Leeuwarden, Coöp. Condensfabriek „Friesland"; engl.) — Vf. beschreibt eine zerstörungsfreie Meth. zur Mo-Best. in App. aus rostfreiem Stahl. Zwischen dem Probematerial als Anode u. einem Al-Stab als Kathode wird mit 4,5 V 15 Sek. lang eine Gleichstromelektrolyse durchgeführt. Als Elektrolyt dient 0,1 ml 5%ig. KCl-Lsg., die auf Löschpapier (20 × 20 mm) gegeben wird. Diese Standardbedingungen müssen immer eingehalten werden. Das Papier, das die Metalle als Chloride enthält, wird mit 5 ml 5%ig. $SnCl_2$-Lsg. in 1 n HCl behandelt (Fe^{3+} muß vollständig red. werden), die Lsg. mit 1 ml 10%ig. NH_4SCN-Lsg. versetzt, der Mo-SCN-Komplex nach 5 Min. mit 5 ml Isoamylalkohol extrahiert u. bei 465 nm die Extinktion mit derjenigen einer Blindlsg. verglichen, der 1 ml $FeCl_3$-Lsg. mit 10 mg Fe zugesetzt wurde. Durch den Fe-Geh. der Probe-Lsg. wird die Extinktion des Mo–SCN-Komplexes verstärkt. Störung durch V kann durch zweimaliges Schütteln der alkohol. Lsg. mit je 5 ml SnCl-Lsg. beseitigt werden. R. Drautzburg G 354◇

1751 **Bestimmung kleiner Mengen Kupfer in Stahl, Gußeisen, Aluminium, Nickel und Zink durch Chromatographie mit direkter Indication.** V. Marjanović-Krajovan, S. Turina, N. Indjić und V. Jovanović. (Z. analyt. Chem. **195,** 427—28, 1963; Zagreb, Technol. Fak., Inst. für analyt. Chem.; dt.) — Die quant. Best. des *Cu* erfolgt in einer in 0,1 ml eingeteilten Meßpipette, die mit CdS, das auf Sand (Korngröße 0,1 bis 0,2 mm) als inerten Träger nach Ziegler gefällt wurde, gefüllt ist. Ein aliquoter Teil der essigsauren Lsg. des zu untersuchenden Metalls wird mit Hilfe von Vakuum durch die Pipette gesaugt. Die Länge der entstehenden schwarzen Zone ist proportional dem Cu-Gehalt. Man eicht die Säule mit einer Lsg. von bekanntem Cu-Gehalt.
H. Nentwig G 358◇

1752 **Analytische Bestimmungen.** Paolo Carboni. (Rassegna Chim. **11,** Nr. 3, 18—19, 1959; Milano, Staz. Sperim. per la Seta; ital.) — 2 Best. werden beschrieben: Ag-Best. in versilberten Cu-Drähten u. mikrochem. Nachw. von $S_2O_3^{2-}$. Zur Ag-Best. (0,77—1,02% in Cu) wird 1 g der Drahtprobe in konz. HNO_3 gelöst; nach Vertreibung der nitrosen Gase durch Luft u. nach Verdünnung mit 50—100 ml W. wird mit halbkonz. NH_3 titriert: Nd. von grünblauem $[Cu_2(OH)_2](NO_3)_2$; NH_3-Überschuß bewirkt blauviolette Färbung der überstehenden Lsg.: $[Cu(NH_3)_4](NO_3)_2$; das pH der Lsg. ist dann 8,00—8,10; sie enthält das Ag als $[Ag(NH_3)_2]NO_3$ gelöst. Nach Filtrieren u. Auswaschen mit dest. W. wird nach Ansäuern des Filtrates mit konz. HNO_3 in Ggw. von Fe^{2+} mit 0,01 n KSCN titriert. Fehlergrenzen zwischen — 0,21 u. + 0,38%. — Zur qual. Mikro-Best. von $S_2O_3^{2-}$ wird ein Tropfen der neutralen u. Alkaliionen freien Lsg. mit einem Tropfen einer 0,1%ig. $FeCl_3 \cdot 6\,H_2O$ Lsg. in 0,01 n HCl (pH = 2) u. mit einem Tropfen einer 2%ig. äthanol. α.α-Dipyridyl-Lsg. (Vorteile gegenüber Verw. von NaN_3) versetzt: Rotfärbung durch gebildetes Fe^{2+}, S^{2-} u. SO_3^{2-} stören. Erfassungsgrenze 0,1 μg $S_2O_3^{2-}$; Verdünnungsgrenze 1:500000. G. Piekarski G 359◇

1753 **Thermometrische Titration von Silber, Nickel und Quecksilber mit KCN.** Jette Lindblad Rasmussen und Torben Nielsen. (Acta chem. scand. **17,** 1623—29, 1963; Copenhagen, Techn. Univ., Chem. Dep.; engl.) — Vff. verwenden eine durch Motor angetriebene Spritzbürette u. zur Temp.-Messung einen Thermistor. Beide sind an ein Registriergerät angeschlossen, das die Titrationskurve aufzeichnet. Diese hat im allg. einen verwaschenen Endpunkt. Daher muß man der Ag^+-Lsg. vorher etwas NH_3 zusetzen, damit kein Ag_2O ausfallen kann. Man erhält in Lsgg. über 0,03 n einen scharfen Endpunkt u. erreicht eine Genauigkeit von 0,3%. Der Ni^{2+}-Lsg. muß vorher NH_4^+-Salz zugesetzt werden, damit keine bas. Ni-Salze ausfallen. Man erhält in Lsgg. über 0,01 n einen scharfen Endpunkt u. erreicht eine Genauigkeit von 0,3%. Eine Simultan-Best. von Ag u. Ni nach dieser Meth. ist nicht möglich. Hg kann nach dieser Meth. nicht bestimmt werden, weil die Komplexierung mit CN^- zu langsam verläuft. R. Drautzburg G 359◇

1754 **Abtrennung des Rutheniums mit Hilfe von Naphtholen aus salpetersauren Lösungen.** C. Konečný. (Collect. czechoslov. chem. Commun. **27,** 2878—85, 1962; Řež bei Prag, Tschechoslow. Akad. der Wiss., Inst. für Kernforsch.; dt.) — Vf. berichtet über die geeigneten Bedingungen zur Isolierung der farbigen Verbb. der Nitrosylruthenium (III)-Ionen mit Naphtholen im Hinblick auf die Abtrennung kleiner Ru-Mengen aus salpetersaurem Medium. Es wurden die Abhängigkeiten der Werte der Verteilungsquotienten des Ru im Syst. verd. HNO_3-1-Naphthol (**I**) von der Ewärmungsdauer, von der **I**-Menge u. von der Säure-Konz. in wss. Phase sowie bes. die Extrahierbarkeit des Ru durch geschmolzenes **I** verfolgt. Im letzteren Fall variierten die entsprechenden **I**-Mengen, die in Form von 1m äthanol. Lsg. stets zu 40 ml der erwärmten Proben zugegeben wurden, in den Grenzen von 4,8—96 mg **I** je ml der wss. Phase. Nach Verflüchtigen des A., intensivem Rühren der **I**-Schmelze mit der wss. Phase unter Rückfluß bei 98° u. Abkühlen des Rk.-Gemisches auf 20° wurde die feste, die Rk.-Prodd. des Ru mit **I** enthaltende **I**-Phase durch Zentrifugieren oder doppelte Extraktion mit je 15 ml Bzl., Toluol bzw. CCl_4 abgetrennt. Die Meth. läßt sich unter den angegebenen Temp.-Bedingungen u. im Konz.-Bereich von $1 \cdot 10^{-4}$—$1 \cdot 10^{-9}$ m Ru bei HNO_3-Konz. unterhalb 1,5 m benutzen. Bei höheren Säure-Konzz. entstehen Prodd., die das Ru nicht extrahieren. J. Vaněček G 363△

1755 **Methoden der gravimetrischen auf Hydrolyse beruhenden Bestimmung von Ruthenium.** J. Brandštetr und J. Vřešťál. (Collect. czechoslov. chem. Commun. **27,** 1798—1810, 1962; Brno, TH, Chem. Inst.; Militär-Akad. „A. Zápotocký"; dt.) — Vgl. C. **1963, 8852.** — Es wurden die Eigg. von Ru(IV)-Hydroxid (**I**) u. seine Fällungsbedingungen untersucht, die optimalen Bedingungen bei der gravimetr. Ru-Best. in metall. Form nach Red. des mit $(NH_4)_2CO_3$ (**II**) ausgeschiedenen **I** ermittelt u. eine Meth. zur Ru-Best. als RuO_2 nach Dehydratation von **I** ausgearbeitet. Ru-Best. als Metall: Die 5—100 mg Ru(IV) enthaltende Lsg. wird bis fast zur Trockne eingedampft, mit sd. W. auf 100—200 ml verd., mit einigen ml Papierbrei versetzt, u. die sd. Lsg. durch Zutropfen 2%ig. (bei sehr kleinen Ru-Mengen 0,5%ig.) **II**-Lsg. bis zur beginnenden Koagulierung des Nd. gefällt, hierauf ca. 5 Min. lang unter Zugabe einiger Tropfen 3%ig. H_2O_2-Lsg. gekocht u. 5 Min. lang in der Wärme stehen gelassen. Der Nd. wird abfiltriert u. mit sd. W. gewaschen. Nach Veraschen des Filters wird die Temp. auf ca. 600° erhöht; nach 3 Min. langem Glühen wird der noch warme Tiegel mit einem zur Gaszufuhr eingerichteten Deckel bedeckt u. unter H_2-Einleiten mit milder Flamme 1 Min. lang erwärmt. Nach weiteren 2 Min. wird der H_2-Strom unterbrochen u. der Tiegel 5 Min. lang an der Luft u. 25 Min. lang im Exsiccator abkühlen gelassen u. das metall. Ru gewogen. — Ru-Best. als RuO_2: Die Lsg. mit einem Geh. von 30—60 mg Ru(IV) wird wie vorher behandelt, wobei die Fällung mit 1%ig. **II**-Lsg. durchgeführt u. die gefällte Lsg. 10 Min. lang gekocht u. 15 Min. lang stehen gelassen wird. Der filtrierte u. gewaschene Nd. wird im teilweise bedeckten Tiegel 30 bis 40 Min. lang im Trockenschrank bei 180° getrocknet u. $2^1/_2$ Std. lang bei 580—600° geglüht. Abkühlen u. Wägen des RuO_2 wie oben. — Das erste Verf. liefert selbst im Halbmikromaßstab sehr genaue Ergebnisse; das andere Verf. ist etwas weniger genau u. die Resultate sind mit einem durchschnittlichen Fehler von — 0,12% behaftet. NH_4-Salze (< 0,2 n) stören nicht. Falls Ru(III) bestimmt werden soll, ist seine vorherige Oxydation zu Ru(IV), z. B. mit Cl_2-W. in saurer Lsg. in der Siedehitze, erforderlich. K. Kámen/Prag G 363△

1756 **Lösungsmittelextraktion der Elemente Ruthenium und Osmium.** G. Dinstl und F. Hecht. (Mikrochim. ichnoanalyt. Acta [Wien] **1963,** 895—901; Wien, Univ., Analyt. Inst.; dt.) — Os wird aus schwach salzsaurer Lsg. als Hexachlorokomplex mit einer Lsg. des fl. Ionenaustauschers Amberlite LA 1 in Chlf. extrahiert. Die maximale Extraktionsausbeute von 96% (Verteilungs-Koeff. 24) wird bei der HCl-Normalität von 0,058 erreicht. Ru bleibt in der wss. Phase u. kann nach der Oxydation zu Perruthenat mit KJO_4 nach Zusatz von Tetraphenylarsoniumchlorid mit Chlf. extrahiert werden (96—98% des Ru in einem Arbeitsgang).
P. Kurzmann G 366◇

1757 **Bestimmung des Osmiums auf katalytischer Grundlage mittels einer Photokomparationsmethode.** János Bognár und László Sipos. (Mikrochim. ichnoanalyt. Acta [Wien] **1963,** 1066—71; Miskolc, Ungarn, TU für die Schwerind., Lehrkanzel für Chem.; dt.) — Vff. beschreiben die Best. von OsO_4 durch seine katalyt. Wrkg. auf die Luminescenz-Rk. zwischen Lucigenin u. H_2O_2 nach der Simultankomparations-Meth. im Konz.-Bereich 1—60 μg/5 ml. Die Toleranzgrenzen für Ag^+, Pb^{2+}, Hg^{2+}, Cu^{2+}, Cd^{2+}, Co^{2+}, Ni^{2+}, Mn^{2+}, Fe^{3+}, Cr^{3+}, Al^{3+}, Zn^{2+}, Ca^{2+}, Mg^{2+}, Na^+, K^+, VO_3^-, WO_4^{2-}, MoO_4^{2-}, UO_2^{2+}, Cl^-, Br^-, J^-, F^-, NO_3^-, SO_4^{2-}, SCN^-, PO_4^{3-}, CN^- u. EDTA werden angegeben. Die Störungen durch Cu, Cd, Pb, Hg, Co, Ni, Ca u. Mg lassen sich durch EDTA-Zusatz beseitigen, die durch Ag, Cr u. Mn verursachten jedoch nicht.
P. Kurzmann G 366◇

1758 **Radiometrische Titration von Hexachloroplatinat-(IV)-Ionen.** A. T. Casey und W. Robb. (Nature [London]

198, 581—82, Parkville, Victoria, Univ. of Melbourne, Dep. of Inorg. Chem.; engl.) — Zur fällungsvolumetr. Best. von $[PtCl_6]^{2-}$ neben $[PtCl_4]^{2-}$ werden verschiedene Proben-Lsgg. mit je einem aliquoten Vol. eingestellter $^{137}CsCl$-Lsg. versetzt u. die Restaktivität der überstehenden Lsg. nach Abzentrifugieren des Nd. gemessen. Bestimmbar sind Lsgg. $> 4 \cdot 10^{-3}$ Mol $[PtCl_6]^{2-}$/Liter. Nach dieser Meth. wird das Löslichkeits-Prod. von $Cs_2 \cdot PtCl_6$ bei 20° zu $(3{,}51 \pm 1{,}09) \cdot 10^{-12}$ ermittelt.
F.-M. Friedrich-Anderseck G 368◇

1759 **Phasenanalyse von Legierungen auf Titanbasis.** N. I. Blok, A. I. Glasowa, N. F. Laschko, W. P. Kurajewa und Je. K. Moltschanowa. (Betriebs-Lab. [UdSSR] 27, 1470—72, 1961; russ.) — Vgl. C. 1963 5144. — Ausgearbeitet wird eine elektrochem. Meth. der Phasenanalyse von α + β-Ti-Legg. sowie von eutektoidbildende Elemente enthaltenden Ti-Legg. durch anod. Auflösung in einem nichtwss. Elektrolyten (3 g KSCN oder 2 g LiCl + 10 g Citronensäure in 1200 ml Methanol) u. chem. bzw. röntgenograph. Analyse des Anodenniederschlags. Es wird gezeigt, daß in den α + β-Legg. die zu Ti isomorphen Elemente hinsichtlich der die β-Phase stabilisierenden Wrkg. in der Reihe Mo >, V > Nb > Ta eingeordnet werden können. In den Legg. des Syst. Ti-Al-Cu-Sn, die bis zu 3,5% Cu enthalten, wird eine Phase vom Typ Ti_3Cu von veränderlicher Zus. beobachtet. H. Hochstein 5282◇

b) Analyse organischer Verbindungen

1760 **Mikroschnellbestimmung von Kohlenstoff und Wasserstoff mit Magnesiumoxid-Katalysatoroxid-Gemischen.** G. J. Kakabadse und B. Manohin. (Analyst 88, 816—18, 1963; Manchester, Coll. of Sci. and Technol., Dep. of Chem.; engl.) — Beschrieben wird eine in 16—18 Min. mit 5—15 mg Substanz ausführbare Best. von C u. H. Zur Füllung des vertikal oder horizontal angeordneten Verbrennungsrohres erwies sich ein Katalysator aus gleichen Gewichtsteilen MgO u. CuO, der durch Ansteigen der Oxidmischung mit W., Trocknen bei 120° u. Glühen bei 850° hergestellt wurde, als am geeignetsten. Das 35—60 cm lange Rohr wurde zu $^1/_3$ mit dem Katalysator gefüllt. Die Verbrennung erfolgte bei 950° unter Durchleiten von O_2. Die Verbrennungsgase wurden vor der Adsorption von CO_2 u. H_2O über 180° heiße Silberwolle geleitet. H. P. Harke 5352◇

1761 **Bestimmung von Kohlenstoff, Wasserstoff und Stickstoff im Submilligramm-Maßstab.** C. W. Koch und E. E. Jones. (Mikrochim. ichnoanalyt. Acta [Wien] 1963, 734—40, Berkeley, Calif., Univ. of California, Dep. of Chem., Microchem. Labor.; engl.) — Vff. beschreiben Aufbau u. Handhabung einer App. zur manometr. Best. von C, H u. N bei Einwaagen von 100—1000 μg. Nach der Verbrennung werden aus den entstandenen Gasen H_2O in einer auf — 95° u. CO_2 in einer auf — 196° gekühlten Falle ausgefroren. Dann wird zunächst das Vol. des N_2 bestimmt, anschließend das des CO_2 u. schließlich das des H_2 nach Konvertierung des W. an auf 750° erhitzten Uranwendeln. Verbrennungsgase halogenhaltiger Substanzen werden zunächst über 300—350° heiße Silberwolle geleitet. Bei S-haltigen Verbb. friert man SO_2 zusammen mit CO_2 aus u. trennt anschließend durch Überleiten der Gase über 350° heißes Bleichromat.
H. P. Harke 5352◇

1762 **Untersuchungen über die organische Mikroanalyse. 17. Mitt. Eine verbesserte Bestimmungsmethode für Kohlenmonoxid bei der direkten Sauerstoffbestimmung nach Schütze.** Kazuo Imaeda. (J. pharmac. Soc. Japan [Yakugakuzasshi] 78, 386—91, 1958; Kyoto, Univ., Med. Fac., Pharmaceut. Inst.; jap., Auszug: engl.) — 16. vgl. C. 1964, 12-1622. — Die Best.-Meth. für O in organ. Verbb. durch Oxydation von CO mit J_2O_5 u. Wägen des gebildeten CO_2 wurde apparativ verbessert. Die Verw. eines innen heizbaren Einfüllrohres, sowie Darst.-Meth. für J_2O_5 u. die benötigten Ag-Granalien werden beschrieben. H.-J. Weigmann 5352△

1763 **Die relativkonduktometrische Mikrobestimmung von Schwefel in organischen Substanzen.** E. Pell, L. Machherndl und H. Malissa. (Mikrochim. ichnoanalyt. Acta [Wien] 1963, 615—27; Wien, TH, Ist. für analyt. Chem. u. Mikrochem.; dt.) — S-haltige Substanzen werden im O_2-Strom ohne Kontaktsubstanzen bei 1200—1400° verbrannt, das entstehende SO_2 wird relativ konduktometr. bestimmt. Als Absorptions-Lsg. dient eine Mischung aus 1 Liter verd. H_2SO_4 u. 0,5 ml 35%ig. H_2O_2-Lösung. Die Verbrennung erfolgt in einem Doppelrohrsilitstabofen. Das O_2 wird durch Erhitzen auf die Verbrennungstemp. u. nachfolgende Adsorption von CO_2 u. H_2O vorgereinigt. Nach der Substanzverbrennung werden die Verbrennungsgase mit einer Saugleistung von 273 cm³/min abgesaugt u. über $CaCl_2$, Ag-Wolle u. einen Kontakt aus gleichen Teilen zusammengeschmolzenem Ag_2SO_4 u. $K_2S_2O_7$ zur Adsorption von W., Halogenen u. Halogenwasserstoffen geleitet. Dann treten die Verbrennungsgase in die thermostatierte Meßwertgeberapp. ein, die aus Meßzelle u. H_2SO_4 enthaltener Vgl.-Zelle besteht. Die verstärkte Differenzspannung der beiden Elektrodenmeßstrecken wird graph. registriert. Bei der Verbrennung von 18 Testsubstanzen betrug die Gesamtstandardabweichung ± 0,10%. Durch Teilung der Verbrennungsgase lassen sich neben S auch C u. H automat. in einem Gang bestimmen.
H. P. Harke 5352◇

1764 **Quantitative Bestimmung von aktivem Wasserstoff nach einer modifizierten Zerewitinoff-Methode.** J. F. Lees und R. T. Lobeck. (Analyst 88, 782—90, 1963; Barry, Glamorgan, Midland Silicones Ltd., Analyt. Res. Labor.; engl.) — Beschrieben wird ein Verf. zur Best. des Hydroxyl-Geh. von Silanolen, das aber auch für andere CH-acide Verbb. brauchbar ist, bei dem der Fehler nur noch ± 1,5% beträgt u. nach dem noch bis hinab zu 0,04% OH bestimmbar sind. Rk.-Gefäß, Manometer u. Gasbürette werden thermostatiert. Um den durch Auflösung von entstehendem CH_4 u. Löslichkeitsänderungen des Inertgases im Reaktionsmedium entstehenden Fehler auszuschließen, wurden die bei Blindverss. u. die bei Umsetzung verschiedener Mengen β-Naphthol entstehenden Mengen CH_4 bestimmt (B u. V_o), die zu erwartenden Mengen CH_4 berechnet (V_t) u. daraus das Korrektur-Vol. (V_c) ermittelt. Aus der graph. Darst. von V_c gegen (V_o–B) wurde bei den Analysen jeweils V_c abgelesen u. V_t berechnet. Zur Ausführung der Analyse wägt man soviel Substanz ein, daß ca. 25 ml CH_4 entstehen, setzt 2 ml Xylol u. 5 ml 0,75 m Methylmagnesiumjodidlsg. in Dibutyläther zu u. mißt nach ca. 5 Min. das entstandene CH_4. Die Meth. ist allg. anwendbar, es stören W., Aceton u. PAe., mit denen Ndd. entstehen.
H. P. Harke 5364◇

1765 **Titrimetrische Mikrobestimmung der Hydrazingruppe in organischen Verbindungen.** Margherita Marzadro und Arsenia De Carolis. (Mikrochim. ichnoanalyt. Acta [Wien] 1963, 726—33, Roma, Ist. Super. di Sanità; dt.) — Die verschiedenen Oxydationsmöglichkeiten von Hydrazin (I) u. seinen Derivv. durch KJO_3, HJO_3, J_2, ClBr u. BrO_3^- wurden auf ihre Brauchbarkeit zur Anwendung bei titrimetr. I-Best. untersucht. Zur Best. von Hydraziniumsulfat sowie mono- u. disubstituierten I-Verbb. werden 2—4 mg Substanz in 20 ml bidest. W. gelöst u. mit 25 ml HCl (1:1), 0,5 ml 10%ig. KBr-Lsg. u. einem Überschuß an 0,02 n Bromatlsg. versetzt. Nach 10 Min. setzt man 2 ml 10%ig. KJ-Lsg. zu u. titriert mit 0,02 n $Na_2S_2O_3$-Lösung. Monosubstituierte I-Verbb. lassen sich auch nach folgendem Verf. bestimmen: 2—3 mg Substanz, gelöst in 25 ml bidest. W., werden mit 6—9 ml 0,02 n Jodlsg. u. 5 ml 20%ig. NaOH-Lsg. versetzt, nach 5 Min. mit HCl (1:1) angesäuert, mit einer Spatelspitze KJ versetzt u. mit 0,02 n $Na_2S_2O_3$-Lsg. titriert. Die anderen getesteten Oxydationsmittel erwiesen sich als für analyt. Zwecke nicht geeignet.
H. P. Harke 5364◇

1766 **Bestimmung von Tetrabromäthan (TBÄ).** A. Alon, D. Ader, B. Bernas und N. Levite. (Bull. Res. Council Israel, Sect. C 11, 225—34, 1962; Israel Mining Ind. Labor. Haifa; engl.) — Tetrabromäthan (TBÄ) wird zur Erzaufbereitung benutzt, indem das Erz mit TBÄ behandelt, von der Gangart getrennt u. restliches TBÄ aus dem Erz durch Waschen mit KW-Stoffen zurückgewonnen wird. Vff. beschreiben eine Meth. zur Best. des Rest-

Geh. TBÄ im Erz (Dolomit, Quarz, Fe-, Phosphat-, Cr-, Sn–W-Erz) u. des Geh. an TBÄ in KW-Stoffen. TBÄ wird der Dehydrohalogenierung mittels alkohol. KOH unterworfen u. das entstandene Br^- anschließend jodometr., colorimetr., argentometr. oder nephelometr. bestimmt. Bei der jodometr. Best. (anwendbar in Ggw. von Cl) ist die Mikro- oder Makro-Meth. (im Bereich von 400 μg—10 mg) möglich. Das bei der Dehydrohalogenierung entstandene Br^- wird mittels NaOCl zu Bromat oxydiert, anschließend das durch Zugabe von KJ ausgeschiedene J_2 mit $Na_2S_2O_3$ bestimmt. Die langwierigere aber spezif. colorimetr. Meth. (im Bereich von 0—20 μg) beruht auf Messung der Lichtabsorption einer Tetrabromrosanilin-Lsg. mit Grünfilter (540—570 nm). Dabei wird ebenfalls Br^- zu Bromat oxydiert u. die Bromat-Lsg. mit einer KBr-Ammoniummolybdat-Lsg. versetzt. Das freiwerdende Br_2 reagiert sofort mit einer gleichzeitig zugesetzten schwefelsauren Rosanilin (Fuchsin)-Lsg. zu Tetrabromrosanilin. Den gesuchten TBÄ-Geh. bestimmt man durch Vgl. mit einer Eichlösung. Vff. halten die argentometr. Meth. für befriedigend im Makrobereich (10—200 mg TBÄ) bei Abwesenheit von Cl^-, die schnelle u. genaue nephelometr. Meth. (Best. als Ag Br) empfehlenswert für Produktionskontrollen.

G. Jahn G 510◇

1767 **Eine modifizierte Methode zur Bestimmung des Glyceridglycerins.** J. H. Moore. (J. Dairy Res. **29,** 141—47, 1962; Shinfield, Reading; Nat. Inst. for Res. in Dairying; engl.) — Durch Modifizierung der Meth. zur Best. des Glyceridglycerins nach van Handel u. Zilversmit (C. **1958,** 3125) sowie Carlson u. Waldström (Clin. chim. Acta [Amsterdam] **4,** [1959], 197) werden Ergebnisse mit guter Übereinstimmung erzielt. Danach wird der A. nicht durch Eindampfen der Verseifungsmischung zur Trockne entfernt. Mit einer in gleicher Weise zu behandelnden Standardserie (50—300 μg Tripalmitin) wird die Probe mit 0,5 ml 0,4%ig. alkohol. KOH-Lsg. bei 70° 30 Min. lang verseift. Nach Zugabe von 0,5 ml 0,3 n H_2SO_4 u. 10 ml Hexan, vollständigem Abtrennen der Hexanschicht, Umsatz mit 0,2 ml 0,05 m $NaJO_4$-Lsg., Entfernung überschüssigen $NaJO_4$ mit Na_3AsO_3 werden 10 ml Chromotropsäurereagens zugefügt, sowie nach Erhitzen auf 100° (45 Min. lang) u. Abkühlen bei 570 nm gemessen. A. Täufel G 580◇

1768 **Trennung der Äthylamine in Anwesenheit von Ammoniak und Wasser durch Verteilungs-Gas-Chromatographie.** J. Janák, J. Novák und G. Zöllner. (Collect. czechoslov. chem. Commun. **27,** 2628—37, 1962; Brno, Tschechoslowak. Akad. der Wiss., Labor. für Gasanalyse; dt.) — Best. der spezif. Retentionsvol. von NH_3, sämtlicher Äthylamine u. W. an Dinonylphthalat (I), Polyäthylenglykol 400, Triäthanolamin (II) u. an einem **I-II**-Gemisch im Temp.-Bereich 40—100°. Die Messungen wurden mit einem Gerät mit Wärmeleitfähigkeitsdetektor (Trennsäule 80—320 cm lang, 7 mm innerer ⌀; Trägergas H_2; Trägermaterial Celite 545, Korngröße 0,2—0,3 mm ausgeführt. Die Optimalbedingungen für die Trennung sind: Temp. 80°, Trennfl. 75 Gew.-% **I** u. 25 Gew.-% **II**.

K. Setínek G 910△

1769 **Über die säulenchromatographische Bestimmung der Aminosäuren.** Lothar Prahl. (Wiss. Z. Techn. Univ. Dresden **12,** 587—88, 1963; Potsdam-Rehbrücke, Inst. für Ernährung; dt.) — Vf. vergleicht die Best. in der Aminosäurentrennapp. nach Hannig mit der Meth. nach Matthias. Vor- u. Nachteile der beiden Verff. werden kurz besprochen. Vf. gibt der Arbeitsweise nach Matthias den Vorzug. J. Trupke G 950◇

1770 **Gaschromatographische Bestimmung der Methylester von Aminosäuren als freie Basen und durch Dissoziation ihrer sauren Salze.** C. H. Nicholls, Satoru Makisumi und H. A. Saroff. (J. Chromatogr. [Amsterdam] **11,** 327—30, 1963; Bethesda, Md., Nat. Inst. of Arthritis and Metabolic Diseases, Nat. Inst. of Health, Public Health Serv. U. S. Dep. of Health Educ., and Welfare; engl.) — Vff. konnten durch Zerlegung der sauren Salze (Chloride, Acetate) in der Hitze 15 der gewöhnlich vorkommenden Aminosäuren (außer Histidin, Tyrosin u. Tryptophan) gaschromatograph. bestimmen. Als Vgl.-Grundlage wurden die mittels eines Anionenaustauschers aus der Methanollsg. der Chloride hergestellten freien Basen untersucht. Aus den Chloriden wurden beim Erhitzen auf über 170° scharfe Peaks für Alanin, Glycin, Valin, Leucin, Isoleucin, Methionin, Phenylalanin, Cystein u. Cystin erhalten, wobei die Werte annähernd denen der freien Basen entsprachen. Prolin, Hydroxyprolin, Serin, Threonin, Asparagin- u. Glutaminsäure ergaben zu geringe Ausbeuten, Lysin, Arginin, Tyrosin, Histidin u. Tryptophan negative Reaktionen. Die Acetate dissoziierten bereits bei niedrigeren Temp. (120°), abgesehen von Lysin u. Arginin; Acetate sind also für die Gaschromatographie besser geeignet als Chloride. Cystein konnte als freie Base nicht, jedoch als Acetat gut bestimmt werden.

J. Trupke G 950◇

1771 **Trennung und Bestimmung der 2.4-Dinitrophenylderivate von Glutamin- und Asparaginsäure.** A. V. Portugal, R. Green und T. M. Sutherland. (J. Chromatogr. [Amsterdam] **12,** 183—88, **1963**; Bucksbeern, Aberdeen, The Rowett Res. Inst.; engl.) — Die Darst. der Derivv. erfolgt durch Behandeln der Aminosäuren mit 2.4-Dinitrofluorbenzol in Ggw. von $NaHCO_3$, die quant. Trennung voneinander u. von allen anderen Aminosäuren säulenchromatograph. an Hyflo–Super-Cel mit Essigester–Pufferlsg. (3% NaCl in 0,1 m CH_3COONa-Lsg., pH 4,8)–Isoamylalkohol (10:2:5) als Elutionsmittel bei 20° oder papierchromatographisch. Zur quant. Best. wird die Adsorption bei 360 nm gemessen.

G. Bock G 950◇

1772 **Einige Probleme der gaschromatographischen Analyse von Methylchlorsilanen.** B. Lengyel, G. Garzó und T. Székely. (Acta chim. Acad. Sci. hung. **37,** 37—51, **1963**; Budapest, L. Eötvös Univ. Inst. of Gen. and Anorg. Chem.; engl.) — Zur Trennung von $SiHCl_3$, CH_3SiHCl_2, $SiCl_4$, $(CH_3)_3SiCl$, CH_3SiCl_3 u. $(CH_3)_2SiCl_2$ ist 20—25% Nitrobenzol auf Celite am besten geeignet; Sterchamol u. Termalit zeigen zu große Oberflächenaktivität, Paraffinöl, Siliconöl, Dibutylphthalat u. α-Chlornaphthalin zu geringe Trennwirkung. Die quant. Auswertung der nach Hydrolyse durch Messung der Leitfähigkeit erhaltenen Chromatogramme ist möglich.

G. Bock G 980◇

1773 **Neue Nachweismethode für aromatische Verbindungen.** László Khin und György Szász. (J. Chromatogr. [Amsterdam] **11,** 416—18, 1963; Budapest, Med. Univ., Inst. für Pharm. Chem.; engl.) — Br_2 wurde an Stelle von J_2 zur Sichtbarmachung von Flecken bei der Papierchromatographie organ. Verbb. verwendet. Die Einw. von Br_2-Dämpfen führt nur zu einer schwachen unstabilen Färbung, doch ergibt das gebildete HBr bei Nachbehandlung mit einem Säure-Basen-Indicator, vorzugsweise Dimethylgelb (4-Dimethylaminoazobenzol; Farbumschlag Rot zu Gelb, pH 2,9—4,0) ein lebhaftes Rot, das die Flecken gut bis sehr gut erkennbar hervorhebt. Die Empfindlichkeit der Meth. wurde für folgende Verbb. angegeben: Acetanilid; Amidazophen; Atropiniumsulfat; Azophen; Thiaminiumchlorid; Äthylmorphiniumchlorid; Phenacetin; Phenolphthalein; Physostigminsalicylat; Hexamethylentetramin; Kaliumguajacolsulfonat; Codeinchlorid; Coffein; β-Naphthol; Methyl-p-hydroxybenzoat; Äthyl-p-aminobenzoat; Na-[1-Phenyl-2.3-dimethylpyrazolon-(5)-yl-(4)]-methylaminomethansulfonat; Papaverinhydrochlorid; Resorcin; Salicylsäure; Strychninnitrat; Sulfanilamid u. Amethocainhydrochlorid. Papierverunreinigungen müssen vorher durch Waschen entfernt werden, da sie sich rot anfärben u. die R_F-Werte verfälschen können.

J. Trupke G 1000◇

1774 **Halogensubstitution aromatischer Verbindungen in wäßriger Lösung durch Interhalogenverbindungen.** 3. Mitt. **Bestimmung aromatischer Verbindungen durch Bromierung mit Brommonochlorid.** E. Schulek und K. Burger. (Talanta [London] **1,** 224—37, 1958; Budapest, L. Eötvös Univ., Inst. of Inorgan. and Analytic Chem.; engl.) — 2. vgl. C. **1964,** 20-1699. — Die Bromierung gewisser Phenole [*Phenol* (**I**), *p-Hydroxybenzoesäure* (**II**), *Salicylsäure* (**III**), *o-* (**IV**)-, *m-*(**V**)- u. *p-*(**VI**)-*Nitrophenol*, *m-*(**VII**)- u. *p-*(**VIII**)-*Kresol*] durch BrCl

wurde untersucht. Zur quant. Best. werden 5—10 ml einer wss. 0,1 n Probelsg. (u. U. nach Alkalizusatz) mit W. zu 80—100 ml verdünnt. Anschließend gibt man entsprechend der zu bestimmenden Verb. überschüssige Bromlsg. (2,7835 g $KBrO_3$ + 3,967 g KBr, mit W. zu 1 Liter verd.) u. 10 ml 20%ig. HCl hinzu. Nach Beendigung der Bromierung (1 Min. bei **I**, **II**, **V** u. **VII**; 1/2 Min. bei **IV** u. **VI**; 2 Min. bei **III**; 3 Min. bei **VIII**) fügt man KJ hinzu, läßt 3—5 Min. lang stehen u. titriert das freigewordene J_2 mit 0,1 n Thiosulfat-Lösung. Das Endprod. der Rk. ist bei **I**, **II** u. **III** Tribromphenol; bei **VIII**, **IV** u. **VI** wird die entsprechende Dibromverb., bei **VII** u. **V** die entsprechende Tribromverb. erhalten.
K. F. Müller G 1210□

1775 **Nachweis und Unterscheidung von Aminobenzoesäuren durch Tüpfelreaktionen.** F. Feigl und E. Jungreis. (Z. analyt. Chem. **198**, 419—21, 1963; Jerusalem, Hebrew Univ., Dep. of Inorg. and Anal. Chem.; Rio de Janeiro, Ministerio das Minas e Energia, Labor. da Prod.-Mineral; dt.) — Durch Tüpfel-Rk. ist der Nachw. der 3 isomeren Aminobenzoesäuren (**I**) möglich: o-**I**, blaue Fluorescenz, die bei Zusatz von Mineralsäure verschwindet, m-**I**, blaue Fluorescenz, die bei Zusatz von Säure oder Lauge verschwindet u. p-**I**, keine Fluorescenz. m-**I** kann an der Violettfärbung nach Zugabe zu einer 0,5%ig. wss. Lsg. von Pyridin-2-aldehyd in Ggw. von Eisen(II)-ammoniumsulfat durch Tüpfel-Rk. erkannt werden. Die anderen Isomeren geben diese Färbung ebenfalls, bei Zusatz von A. ist jedoch nur die Färbung mit m-**I** beständig. p-**I** wird in alkal. Lsg. im Gemisch mit den anderen Formen durch Zusatz von $KBrO_3$-Lsg. u. 2 n HNO_3 nachgewiesen. o-**I**, Rot, m-**I**, Gelb-, p-**I**, Violettfärbung, allmählich in gelb übergehend. Die Erfassungsgrenzen für die angegebenen Rkk. liegen im µg-Bereich. W. Rehner G 1350◇

1776 **Bestimmung von Fluorenon und Phthalsäure im Produkt der Gasphasenoxydation von Fluoren.** G. P. Petrenko und G. N. Terentjewa. (J. analyt. Chem. [UdSSR] **18**, 1012—15, 1963; Odessa, Polytechn. Inst.; russ., Auszug: engl.) — Es wird eine photometr. Meth. zur Best. von Fluorenon (**I**) in Ggw. von Fluoren (**II**) durch Extinktionsmessung bei 428 nm entwickelt. Der experimentelle Fehler beträgt 2—3%. Es wird ferner eine Meth. zur Trennung u. Best. von **I** u. Phthalsäure (**III**) angegeben. Weiterhin wird ein chromatograph. Verf. zur Abtrennung störender Bestandteile u. eine Schnell-Meth. zur Best. von **I** u. **III** im Prod. der Dampfphasenoxydation des **II** ausgearbeitet.
H. Kuchenbecker G 2750◇

1777 **Bestimmung von Tropan-3α-ol und Tropan-3β-ol in ihren Gemischen.** Anne Sekera und Ales Sekera. (Boll. chim. farmac. **101**, 691—94, 1962; Paris, Fac. de Méd., Inst. de Pharmacol.; franz.) — Die beiden raumisomeren 3-Tropanole (**I**) können wegen ihrer unterschiedlichen pK-Werte (11,0 u. 10,3) papierelektrophoret. in 2%ig. NH_3-Lsg. als Leitelektrolyt getrennt werden. Zum Nachw. werden die Pherogramme mit $HBiJ_4$-Lsg. besprüht. Die Konz. der beiden Isomeren wird densitometr. gemessen. Die Meth. ist zur Best. der Epimerisierung von **I** geeignet. W. Kupfer G 3081◇

1778 **Untersuchungen über Tannine. 7. Mitt. Colorimetrische Bestimmung von d-Catechin in Catechu.** Kōiti Kimura, Yukishige Satomi und Shigeaki Kuwano. (J. pharmac. Soc. Japan [Yakugakuzasshi] **78**, 325—29, 1958; Osaka, Univ., Pharmaceut. Fac.; jap., Auszug: engl.) — 6. vgl. ibid. **78**, [1958], 296; 8. vgl. C. **1962**, 15270. — d-Catechin (**I**) wird mit Vanillin/HCl colorimetr. bestimmt. Die Trennung von **I** u. Gambirtannin gelingt durch Papierchromatographie u. Elution des **I** mit Methanol. Die so erhaltene Gesamtmenge von **I** u. seinen opt. Isomeren wird als **I** berechnet.
H.-J. Weigmann G 3211△

1779 **Tüpfelnachweis von Pyridinaldehyden, Pyridin-2-aldehyd, Phenylhydrazin, Phenylhydrazonen und Osazonen.** F. Feigl und L. Ben-Dor. (Talanta [London] **10**, 1111 bis 14, 1963; Jerusalem, Hebrew Univ., Dep. of Inorg. and Analyt. Chem.; engl.) — Beim Mischen von 1 Tropfen wss. Substanzlsg. mit 1 Tropfen 0,1%ig. Lsg. von Phenylhydraziniumchlorid zeigt eine Gelbfärbung Pyridinaldehyd an; Nachw.-Grenze 0,5 µg. Furfurol stört in Mengen über 200 µg. Die Farbe entsteht durch Bldg. des Phenylhydrazons. Beim Zusammengeben von 1 Tropfen wss. Probe-Lsg., einigen mg $NH_2OH \cdot HCl$ u. je einem Tropfen einer 5%ig. Lsg. von $(NH_4)_2Fe(SO_4)_2$ u. Pyridin entsteht bei Ggw. von wenigstens 5 µg Pyridin-2-aldehyd (**I**) eine rote Färbung auf Grund der Chelat-Bldg. mit Fe(II). Umgekehrt lassen sich Salze des Phenylhydrazins ($\geq$ 0,5 µg) durch die Gelbfärbung mit **I** nachweisen. Die Rk. wird möglicherweise von allen Alkyl- u. Arylhydrazinen mit freier Aminogruppe gegeben. Werden 1 Tropfen der wss. oder alkohol. Substanzlsg. u. 1 Tropfen 2n HCl einige Min. lang im Wasserbad erhitzt u. dann mit 1 Tropfen wss. **I**-Lsg. u. 1 Tropfen Pyridin versetzt, so zeigt eine Gelbfärbung die Anwesenheit von Phenylhydrazonen oder Osazonen an; Nachw.-Grenze ca. 1 bis 2 µg. H.-P. Harke G 3231

1780 **Polarographische Bestimmung des Pyridoxals und Pyridoxal-5-phosphate.** Osvald Manoušek und Petr Zuman. (J. electroanalyt. Chem. [Amsterdam] **1**, 324 bis 330, 1960; Prag, Zentralforsch. Inst. der Lebensmittelind. u. Polarograph. Inst. der Tschechoslowak. Akad. der Wiss.; dt.) — Vgl. C. **1963**, 21673. — Die polarograph. Best. von Pyridoxal (**I**) u. Pyridoxal-5-phosphat (**II**) in Konzz. von $5 \cdot 10^{-5}$ m beruht darauf, daß die Differenz der Stufenhöhen bei pH 2 u. pH 9 (Veronal- oder Trimethylaminpuffer) der Konz. von (**I**) proportional ist, da sich die Stufenhöhe des (**II**) mit dem pH nicht ändert. 2. Meth.: Nach Überführung in die Oxime können (**I**) u. (**II**) direkt polarograph. bestimmt werden, da im Veronalpuffer von pH 8,95 das Halbstufenpotential des Pyridoxaloxims —0,872 u. das des Pyridoxaloxim-5-phosphats —0,950 V beträgt. Mit Hilfe der Ableitungsschaltung kann (**I**) in einer Konz. von $3 \cdot 10^{-5}$ m neben einem 50fachen Überschuß von (**II**) bestimmt werden. Die Best. von kleinen Mengen von (**II**) neben einem Überschuß von (**I**) ist weniger empfindlich. Pyridoxin, Pyridoxamin u. Pyridoxinsäure stören nicht.
J. Balke G 3231◇

1781 **Reaktionen von Kohlenhydratderivaten während der Verteilungsgas-Chromatographie.** C. T. Bishop, F. P. Cooper und R. K. Murray. (Canad. J. Chem. **41**, 2245 bis 2250, 1963; Ottawa, Nat. Res. Council, Div. of Appl. Biol.; engl.) — Es werden Beispiele für 4 Rk.-Möglichkeiten angegeben: Desaminierung, Veränderung der Ringgröße, Umlagerung von Acetal- bzw. Ketalgruppen u. Umlagerung der O-Acetylverbb. von Aminozuckern. Da Rkk. auch stattgefunden haben können, wenn im Chromatogramm nur eine Bande auftritt, sollte stets die Identität von Eluat u. Ausgangsprod. festgestellt werden. G. Bock G 3400◇

c) Analyse von Bestandteilen und Organen der Pflanzen und Tiere

1782 **Anwendung der Gaschromatographie in der Biologie.** Arthur Karmen. (Science [Washington] **142**, 163—72, 1963; Baltimore, Md., Johns Hosp.; engl.) — Überblick. — 25 Literaturangaben. G. Bock 5660◇

1783 **Eine einfache Methode zur Differentialbestimmung von T und ^{14}C in wasserlöslichen biologischen Materialien.** Darwin J. Prockop und Paul S. Ebert. (Analyt. Biochem. [New York] **6**, 263—71, 1963; Philadelphia, Pa., Univ. of Pennsylvania, School of Med., Dep. of Med. and Biochem. u. Philadelphia Gen. Hosp.; engl.) — Zur Best. der abs. Menge von T u. ^{14}C u. zur Best. der $^{3}H/^{14}C$-tpm-Verhältnisse wird das Scintillatorsyst. Äthylenglykolmonomethyläther sowie 15 g 2.5-Diphenyloxazol u. 50 mg 1.4-Bis-2-(5-phenyloxazolyl)-benzol in 1 Liter Toluol verwendet. Eine graph. Darst. von $^{3}H/^{14}C$-ipm gegen $^{3}H/^{14}C$-tpm ist linear über einen weiten Bereich. Die $^{3}H/^{14}C$-ipm-Verhältnisse sind bei diesem Scintillatorsyst. relativ stabil gegenüber HCl- u. NaCl-Verunreinigungen, daher kann es auch zu Best. in verdampften HCl-Hydrolysaten u. anders gereinigten biolog. Materialien benutzt werden. Es wurden weiter die Aktivitäten in verd. Lsg. von ^{14}C- u. T-markierten Proteinen bestimmt. Hartmut Braun 5666◇

d) Medizinische und toxikologische Analyse

1784 **Das revidierte pH-log pCO_2 Blut-Säure-Base Nomogram.** O. Siggaard Andersen. (Scand J. clin. Lab. Invest. **14,** 598—604, 1962; Copenhagen, Rigshosp., Dep. of Clin. Chem.; engl.) — Das von Vf. vorgeschlagene Nomogram (C. **1961,** 17322) wird auf Grund neuer Messungen verbessert. Das neue Nomogram wurde aus 4 Titrations-Verss. unter bes. Berücksichtigung der Einhaltung einer normalen Ionenstärke u. einer normalen osmot. Konz. berechnet. Auf der Grundlage des neuen Normalwertes für Blut (ohne NaF) wird der Basenüberschußwert neu definiert als titrierbare Basenmenge unter pH 7,400 (vorher 7,380) bei pCO_2 = 40 mm Hg u. 38°. Die Abweichungen der Nomograme werden diskutiert, im Normalbereich sind die Differenzen der berechneten Werte gering. W. Rehner 5727◇

1785 **Verbesserung der Hämoglobinometrie.** Thomas B. Smith. (Amer. J. med. Technol. **29,** 226—30, 1963; California, Travis Air Force Base, USAF Hospital Travis, Clinical Labor.; engl.) — Genaue Beschreibung des Verfahrens. G. Seltmann 5727◇

1786 **Eine vereinfachte Methode für die Mikrobestimmung des Serumgesamtproteins.** Ronald L. Searcy, Galal S. Gough und Lois M. Bergquist. (Amer. J. med. Technol. **29,** 241—44, 1963; Los Angeles, Calif., Los Angeles County Gen. Hospital, Div. of Labor.; engl. — 4 μl Serum werden auf Celluloseacetatsegmente gebracht, mit Ponceau S in verd. CCl_3COOH angefärbt, die gefärbten Proteine mit NaOH eluiert u. bei 560 nm spektrophotometr. bestimmt. G. Seltmann 5728◇

1787 **Eine teilweise automatisierte Methode zur Bestimmung von Protein-gebundenem Jod im Serum.** G. M. Widdowson und B. E. Northam. (Clin. chim. Acta [Amsterdam] **8,** 636—39, 1963; Birmingham, General Hosp. Biochem. Dep.; engl.) — Beschreibung einer Best. mit dem „Autoanalyzer" nach Verdauung mit $HClO_3$ nach Zak, Willard, Meyers u. Boyle (1952), wobei die Konz. von $(NH_4)_2Ce(SO_4)_3$ erhöht u. die Endrk. bei 37° verkürzt wird. K. Zingraf 5728◇

1788 **Eine Kieselsäure-Mikrosäule für kontinuierliche, Gradientenelution von Lipiden für Untersuchungen sympathetischer Rattenganglien.** Martin G. Larrabee und Jack D. Klingman. (Analyt. Biochem. [New York] **6,** 111—24, 1963; Baltimore, Md., Johns Hopkins Univ., Thomas C. Jenkins Dep. of Biophys.; engl.) — Eine neue, verhältnismäßig schnelle (2—3 Std.) Meth., bei der auf einer Säule mit 200 mg SiO_2 ca. 1 mg mit anorgan. ^{32}P-Phosphat u. ^{14}C-Glucose inkubierte Lipide des oberen Cervicalganglions von Ratten getrennt werden können, erlaubt den Nachw. von ^{32}P-, ^{14}C-Phosphatidylinosit, ^{32}P, ^{14}C-Phosphatidylcholin, ^{32}P-, ^{14}C-Phosphadyläthanolamin, ^{14}C-Cholesterin u. einfachen ^{14}C-Lipiden. U. Drehmann 5756◇

1789 **Die Anwendung der Neutronenaktivierung bei der papierchromatographischen Analyse von Phospholipiden in der klinischen Forschung.** R. Blomstrand und F. Nakayama. (Scand. J. clin. Lab. Invest. **14,** 28—35, 1962; Lund, Univ., Swedish Med. Res. Council, Unit for Biochem. Res. on Atherosclerosis; engl.) — Der Geh. verschiedener Phospholipide im menschlichen Plasma u. mehreren Leberschnitten wird papierchromatograph. mit Hilfe der Neutronenaktivierung ($5 \cdot 10^{11}$ Neutronen/cm^2/s) bestimmt. Die Meth. eignet sich für Substanzen, die sich nicht mit ^{32}P markieren lassen u. in geringer Menge vorliegen. J. Behlke 5756◇

1790 **Über die quantitative Bestimmung von Lipoiden (Mikromethode) mittels der vielen natürlichen Lipoiden (allen bekannten Plasmalipoiden) gemeinsamen Sulfophosphovanillin-Reaktion.** Nepomuk Zöllner und Katharina Kirsch. (Z. ges. exp. Med. **135,** 545—61, 1962; München, Univ., Med. Poliklinik; dt.) — Die von Chabrol u. Charonnat (1937) beschriebene Sulfophosphovanillin-Rk. eignet sich gut zur Best. kleinster Lipoidmengen. Es werden Beispiele u. method. Hinweise gegeben. Die Farbbildg. kommt durch die Rk. von Vanillin oder anderer aromat. Aldehyde mit Ketonen (**I**) oder **I** mit der benachbarten OH-Gruppe zustande. Anwendungsmöglichkeiten ergeben sich u. a. für die Säulenchromatographie u. Dünnschichtchromatographie. J. Behlke 5756◇

1791 **Quantitative Bestimmung von Sulfaten in Lipidextrakten.** Erik Mårtensson. (Biochim. biophysica Acta [Amsterdam] **70,** 1—8, 1963; Gothenburg, Sweden, Univ., Dep. of Med. Biochem.; engl.) — Die beschriebene Best.-Meth. basiert auf der Red. der SO_4^{2-}-Gruppen zum Sulfid. Lipidextrakte (15—150 μg SO_4^{2-}) werden nach Eindampfen zur Trockne u. Lösen in abs. A. mit 5 ml des Red.-Reagenses bestehend aus HCl, H_3PO_2 u. HJ u. 0,5 ml Octanol zur Verminderung des Schäumens versetzt u. erhitzt. Das entstehende H_2S wird mit dem Trägergas (N_2) in eine gepufferte Lsg., bestehend aus Wismutnitrat, Glycerin u. Gummi arabicum eingeleitet. Die Extinktion des Wismutsulfidsols wird bei 400 nm (Beckman-B-Spektrophotometer) gemessen. An Hand von Testlipiden wird festgestellt, daß etwa 98—99% des Sulfats nachweisbar sind. Durch S- enthaltende Aminosäuren wird die Meth. nicht beeinflußt. A. Täufel 5756◇

1792 **Forensische Chemie heute.** Hans Brandenberger. (Chimia [Aarau, Schweiz] **17,** 249—57, 1963; Zürich, Schweiz, Univ., gerichtlich-Med. Inst.; dt.) — Gifte werden beim Lebenden im Blut, Haar, Urin oder Stuhl nachgewiesen, beim Toten im Magen, Darm oder Gehirn, in der Leber oder Niere u. zwar durch Dünnschichtchromatographie u. -elektrophorese, Gaschromatographie, Spektrophotometrie im UV, Sichtbaren u. IR, Flammenemissionsspektrophotometrie oder Funkenspektrometrie, enzymat. Teste sowie Isotopenverdünnungsmethoden. An 1. Stelle der Gifte steht der A., an 2. CO. Es folgen Pb u. Hg als Gewerbegifte, Schlafmittel, Alkaloide, Psychopharmaka, flüchtige organ. Stoffe wie Cl-KW-Stoffe, Lsgm. u. flüchtige Insektizide, Tl u. As bei Mord, KCN bei Selbstmord. Zur Best. von Chloralhydrat wird die Blutprobe oder das wss. Destillat eines Organs bei Ggw. eines wasserentziehenden Mittels mit Ae. oder einem KW-Stoff extrahiert u. der organ. Extrakt gaschromatographiert. Bei Verw. von $CaCl_2$ erhält man einen Chloral-Peak neben $CHCl_3$, mit NaOH oder KOH nur $CHCl_3$, das quant. bestimmt werden kann, am besten mit einem Wärmeleitfähigkeitsdetektor. Mit einem Flammenionisationsdetektor arbeitet man direkt mit dem wss. Destillat. Zur spektrophotometr. Best. von Carboxyhämoglobin wird das Spektrum einer hämolysierten u. gepufferten Blutprobe gegen die Pufferlsg. aufgenommen u. die Extinktionsdifferenz A zwischen dem Minimum u. 620 nm bestimmt, dann ein Differenzspektrum der mit Dithionit red. Blutlsg. gegen die ursprüngliche Lsg. aufgenommen. Ein Minimum u. ein Maximum der Extinktionswerte werden zu ΔA addiert. $A/\Delta A$ = CO-Sättigungswert des Blutes. Organ. Giftstoffe werden mit Hilfe von UV- u. IR-Spektren identifiziert. A. wird zur Best. im Blut oder in Sekretionsmaterialien zunächst unter Säurezusatz abdest., das Destillat wird interferometr. gemessen oder der A. durch Bichromat in schwefelsaurer Lsg. oxydiert u. die Grünfärbung des entstehenden Cr^{3+} bei 600 nm colorimetr. erfaßt. Beide Meth. sind nicht spezif. im Gegensatz zu der enzymat. Oxydation von A. mit A.-Dehydrogenase u. der gaschromatograph. Analyse mit Wärmeleitfähigkeitsdetektor, bei der alle Fremdsubstanzen abgetrennt werden. Die Blutprobe oder das wss. Destillat wird bei Ggw. von K_2CO_3 mit Butylacetat extrahiert, 40 μl des organ. Extraktes werden gaschromatographiert. Die Genauigkeit beträgt bei 1 mg 5%, bei Verw. des Destillates 2%. Bei Hg gelten 10 μg pro 1 kg Blut als tox. Grenz-Konz., die Genauigkeit ist daher geringer. Radioaktivierung von Substanzproben durch Neutronenbeschuß erlaubt den Nachw. von As-, Sb- u. Hg-Vergiftungen. Zur Erfassung von kleinen Mengen von organ. Giftstoffen ist die inverse Isotopenverdünnung möglich. Salicylsäurespuren wurden von Breckinridge mit ^{131}J-markiertem Jodchlorid umgesetzt die entstehende 3.5-Dijodsalicylsäure mit nicht radioakt. Trägermaterial verd. u. ausgezählt. Chlortetracyclin wurde mit ^{14}C-markiertem CH_3J quarternisiert. Bei 1 μg rechnet der Autor mit einer Genauigkeit von $\pm$ 10%. J. Balke 5762◇

1793 **Psychopharmaka und deren Nachweis bei Mißbrauch.** James Bäumler. (Chimia [Aarau, Schweiz] **17,** 257—62, 1963; Basel, Schweiz, Gerichtlich-Med. Inst. der Univ.; dt.) — Psychopharmaka sind Phenothiazinderivv., Rauwolfiaalkaloide oder Derivv. aliphat. Alkohole, die bei suiciden u. akzidentellen Vergiftungen, nach Verkehrsunfällen u. zur Kontrolle Süchtiger im Blut oder Urin mit der Dünnschichtchromatographie nachgewiesen werden u. evtl. anschließend aus dem Chromatogramm eluiert u. spektrometr. bestimmt werden. Als Fließmittel für bas. Substanzen dient Methanol, Aceton, Triäthanolamin (1:1:0,03), als Nachw.-Reagens nach Dragendorff u. $PdCl_2$, das mit S-haltigen Verbb. violette oder gelbe Komplexe gibt. Liegen mehrere Arzneimittel vor, so sind wegen der zahlreichen Flecken der Metaboliten u. Oxydationsprodd. verschiedene Fließmittel u. Sprühreagentien notwendig. Reserpin tritt bei einem R_F-Wert von 0,9 auf u. wird begleitet von Reserpinsäuremethylester (R_F = 0,6) u. Reserpsäure (R_F = 0,3). Tofranil, das durch $PdCl_2$ nicht gefärbt wird, tritt bei einem R_F-Wert von 0,45 auf, neben 2 Metaboliten unterhalb R_F = 0,45. Librium läßt sich noch in 0,02 μg durch Diazotierung u. Kupplung von 2-Amino-5-chlorbenzophenon nachweisen, das durch Hydrolyse mit HCl aus Librium-Metaboliten entsteht. Zum Nachw. von stimulierenden Dopingmitteln (Amphetamin, Dexedrin, Pervitin, Coffein, Coramin) bei Pferden wird eine Speichelprobe oder der Harn mit verd. Essigsäure extrahiert u. mit NH_3 u. $CHCl_3$ ausgekocht. Nach Verdampfen des $CHCl_3$ wird der Rückstand mit Dünnschichtchromatographie u. UV- oder IR-Spektrographie untersucht.

J. Balke 5762◇

1794 **Einige moderne Gesichtspunkte zur Heroin-Analyse.** Melvin Lerner und Albert Mills. (Bull. on Narcotics **15,** Nr. 1, 37—42, **1963**; Baltimore, Md., U. S. Customs Labor.; engl.) — IR-Spektren, UV-Maxima u. -Minima u. Farb-Rkk. von *Heroin* (**I**), *3-* (**II**) u. *6-Monoacetylmorphin* (**III**) u. *Morphin* (**IV**) werden verglichen. Kristallformen von **II** u. **III** mit Metallsalzen werden beschrieben. Eine papierchromatograph. Trennung der 4 Verbb. kann mit Isoamylalkohol–Eisessig–Wasser erreicht werden, die Gaschromatographie sollte möglich sein, u. außerdem ist ein klass. Trennungsschema ausgearbeitet worden. Das meiste illegal hergestellte **I** enthielt beträchtliche Mengen **III**; einige beschlagnahmte Präpp. enthielten **II** u. **IV**. H. Althoff 5762△

1795 **Untersuchung über eine Aufbewahrungsmethode für eine Probe zur quantitativen polarographischen Bleibestimmung in Blut.** Makoto Takagi. (J. Kyoto prefect. med. Univ. **58,** 692—94, 1955; Kyoto, Prefect. Med. Univ., Dep. of Forens. Med.; jap., Auszug: engl. S. LVIII). — Die Proben können nur getrocknet oder verascht längere Zeit aufbewahrt werden.

Gottfried Schreiber 5762△

H. Angewandte Chemie

H_1. Allgemeine chemische Technologie

1796 **Die Wechselbeziehung technischer Größenangaben.** P. N. Rowe. (Trans. Instn. chem. Engr. **41,** Nr. 2, Chem. Engr. Nr. 166, CE69—CE74, 1963; Harwell, Didcot, Berks. Chem. Engng. Div.; engl.) — Am Beispiel der Wärmeübertragung beim Wirbelschicht-Verf. werden die gegenseitigen Beziehungen an Hand der Kennzahlen der Strömungslehre (Nusselt-, Reynolds-, Stanton-, Weber-, Froude-, Grashof-Zahl) dargelegt u. graph. dargestellt. Es wird auf die Fehlermöglichkeiten bei der Auswertung solcher Zahlenbeziehungen hingewiesen u. die statist. Meth. zur Abschätzung von Fehlern vorgeschlagen. R. Truckseß 5800◇

1797 **Hitzebeständige Boride.** R. Thompson. und A. A. R. Wood. (Trans. Instn. chem. Engr. **41,** Nr. 2, Chem. Engr. Nr. 166, CE51—CE56, 1963; Chessington, Surrey, Borax Consolidated Ltd., Res. Centre; engl.) — Als feuerfeste Boride sind bes. die der leichteren Elemente der IV., V. u. VI. Gruppe des Period. Syst. geeignet wegen des hohen F., der Härte u. der guten elektr. u. therm. Leitfähigkeit. Nur Bornitrid ist weich („Weißer Graphit"). Die Herst. der Metallboride erfolgt in exothermer Rk. durch Synth. aus den Elementen bzw. B u. Metallhydrid, durch endotherme Red. von B u. Borcarbid mit Metalloxiden, Schmelzelektrolyse von Metall-B-Oxiden, Zers. von flüchtigen B- u. Metallverbindungen. Die physikal. Eigg. (F., Härte, Dichte, elektr. Widerstand, Wärmeleitfähigkeit) der B-Verbb. mit Ca, C, Si, N, Ti, Zr, Hf, V, Nb, Ta, Cr, Mo, W, U, Th sind tabellar. zusammengefaßt. Die chem. Eigg. bei höherer Temp. zeigen, daß Metallboride beständig sind gegen geschmolzene Metalle, geschmolzene Mineralien u. nichtbas. Schlacken u. gegen atmosphär. Oxydation bei Temp. bis 1400°. Die Herst. u. Verarbeitung erfolgt nach pulvermetallurg. u. keram. Meth. durch Kaltpressen mit nachfolgender Sinterung, Warmpressen, Sinterguß u. im Plasmastrahl. Die prakt. Anwendungen werden beschrieben in Bezug auf die chem. Beständigkeit, elektr. u. therm. Leitfähigkeit, FF., Härte bei hohen Temperaturen. Bes. Verw. finden UB_4 u. ThB_4 in der Kernenergietechnik. Boride der seltenen Erden wie LaB_6 haben eine hohe Elektronenemission. Borcarbid findet Anwendung als verschleißfestes Material u. in der Kerntechnik, Bornitrid ist weich (1 bis 2 Härtegrade der Mohsschen Skala) temperaturbeständig bis 1700°, beständig gegen Cl bis 700°, geschmolzene Fluoride u. hat gute elektr. isolierende Eigg. bei hohen Temperaturen. R. Truckseß 5804◇

1798 **Tieftemperaturwärmeaustauscher.** P. M. Schuftan. (Brit. chem. Engng. **5,** 12—14, 1960; London, The British Oxygen Engng. Co. Ltd.; engl.) — Überblick über die verschiedenen Typen u. ihre speziellen Funktionen. I. Köditz 5814△

1799 **Die Anwendung von Regeneratoren und Wärmeaustauschern.** D. E. Ward. (Brit. chem. Engng. **5,** 15—17, 1960; London, Brit. Oxygen Engng. Co.; engl.) — Vergleichender Überblick über die Vor- u. Nachteile von Wärmeaustauschern u. Regeneratoren für die Wärmeübertragung bei tiefen Temperaturen.

I. Köditz 5814△

1800 **Anwendung und Konstruktion von Wärmeaustauschern mit Rippenplatten.** W. H. Denton und D. E. Ward. (Brit. chem. Engng. **5,** 18—26, 1960; Harwell, Atomic Energy Res. Establishment; Edmonton, Brit. Oxygen Engng. Ltd.; engl.) — Überblick über die Vorteile dieser Wärmeaustauscher bei der Gasreinigung in Tieftemp.-Anlagen u. der Gasverflüssigung, Hinweise auf die bei der Konstruktion zu beachtenden Probleme (Berechnung der Temp.-Unterschiede, Wärmeübergangs-Koeff., Druckabfall, Größe des Wärmeaustauscherblocks).

I. Köditz 5814△

1801 **Wärmeaustauscher mit Sekundäroberflächen.** A. G. Lenfestey. (Brit. chem. Engng. **5,** 27—32, 1960; Wolverhampton, Marston Excelsior Ltd.; engl.) — Die Konstruktion, Anwendung u. Wärmeaustausch-Eigg. dieser Wärmeaustauscher für die Gasverflüssigung werden beschrieben. I. Köditz 5814△

1802 **Untersuchung der Wärmeabgabe an flüssiges Natrium in Rohren.** W. I. Ssubbotin, A. K. Papowjanz, P. L. Kirillow und N. N. Iwanowski. (Atomenergie [UdSSR] **13,** 380—82, 1962; russ.) — Vff. führen Verss. in vier nacheinander angeordneten Rohren aus *Cu*, *St-10*, *Ni* u. Stahl *1Ch18N9T* durch. *Na* wurde laufend gereinigt. Die Parameter lagen in den Bereichen: Temp. 190—310°, Heizflächenbelastung 18500—58200 kcal/m²h, Na-Geschw. 0,065—2,17 m/s. Die Wärmeabgabe wurde nach der Temp.-Verteilung am Rohrradius u. an den Rohrwänden berechnet. Die Verss. wurden bei period. u. kontinuierlicher Na-Strömung durchgeführt. Der Koeff. der Wärmeabgabe wird im Bereich der Re-Zahlen 40—1150 durch die Formel $Nu = 5 + 0{,}025\ Re^{0,8}$ charakterisiert. G. Ewald 5814◇

1803 **Der Wärmeübergang in Schüttbetten bei großen Temperaturunterschieden.** Shigeki Toyama. (Rep. Government chem. ind. Res. Inst., Tokyo **58**, 179—86, 1963; jap., Auszug: engl.) — Unter Berücksichtigung der den Wärmeübergang bei großen Temp.-Unterschieden im Schüttbett bestimmenden Parameter werden Gleichungen für die Berechnung der Wärmeverteilung entwickelt u. analyt. Näherungslösungen für diese Gleichungen diskutiert. I. Köditz 5816△

1804 **Erzwungene Konvektion in einem Kanal bei konstanter Wärmekapazität der Wand und bei in Abhängigkeit von der axialen Stellung und Zeit veränderlicher Wärmezufuhr.** Robert Siegel. (Int. J. Heat Mass Transfer **6**, 607—20, 1963; Cleveland, Ohio, Lewis Res. Center, Nat. Aeronautics and Space Administration; engl.) — Vf. untersucht den Wärmeübergang an einer Fl. bei erzwungener Konvektion zwischen zwei parallelen Platten mit endlicher Wärmekapazität unter der Annahme der gleichmäßigen Strömung im Kanal, einer konst. Wand-Temp. durch die Wanddicke in jeder axialen Lage, einer über den Kanalquerschnitt veränderlichen Fl.-Temperatur. Die Verknüpfung des Wärmeübergangs-Verh. in der Fl. mit dem in der Wand ermöglicht die Best. der Umgebungs-Temp. in einem Kanal nach einer plötzlichen Wärmezufuhr zur Wand, die in axialer Richtung entlang dem Kanal u. mit der Zeit variieren kann. Es wird eine allg. Lösungs-Meth. angegeben u. an spezif. Beispielen, wie gleichmäßige Wandheizung mit sinusförmiger Zeitabhängigkeit u. sinusförmig veränderlicher Beheizung längs des Kanals u. exponentielle Zeitabhängigkeit erläutert. I. Köditz 5816

1805 **Ein mathematisches Modell für den Wärme- oder Stoffübergang an einer durch Blasen bewegten Grenzfläche zweier miteinander nicht mischbarer Flüssigkeiten.** J. Szekely. (Int. J. Heat Mass Transfer **6**, 417—22, 1963; London, Imp. Coll. of Sci. and Technol., Dep. of Metallurgy; engl.) — Unter der Voraussetzung von nichtstationären Bedingungen (Diffusion) zwischen den einzelnen Blasen leitet Vff. eine Gleichung für die Geschw. des Wärme- u. Stoffübergangs an einer von Blasen bewegten Grenzfläche zweier miteinander nicht mischbarer Fll. ab. Das für die Beschreibung des Mechanismus unter diesen Bedingungen entwickelte mathemat. Modell kann für die Deutung der Wechsel-Wrkg. zwischen Schlacke u. Metall im offenen Schmelzofen dienen. Die für diesen Fall erhaltenen Werte für den Übergangs-Koeff. sind von derselben Größenordnung wie der für ähnliche Bedingungen experimentell erhaltene Wert. I. Köditz 5816

1806 **Nachahmung eines Siedewärmeübergangs durch Gasinjektion an der Grenzfläche.** G. E. Sims, U. Aktürk und K. O. Evans-Lutterodt. (Int. J. Heat Mass Transfer **6**, 531—35, 1963; London, Imp. Coll., Mechan. Engng. Dep.; engl.) — Unters. des Siedewärmeüberganges von Fll. durch Injektion von Luft an verschieden geformten Grenzflächen u. Vgl. der erhaltenen Werte mit denen aus bekannten theoret. Ansätzen. Als Fll. fanden H_2O, Äthylenglykol sowie Shell-Tellus-Öl Nr. 15 u. 69 Verwendung. G. Gattow 5816◇

1807 **Der Wärmeübergang bei der Kondensation von Dampfgemischen.** G. G. Haselden und W. A. Platt. (Brit. chem. Engng. **5**, 37—39, 1960; London, Imp. Coll. of Sci. and Technol., Chem. Engng. Dep.; engl.) — Überblick über die Berechnungs-Meth. der Wärmeübergangszahlen bei der Kondens. von Dampfgemischen u. Hinweise auf die beim Entwurf von Kondensatoren zu beachtenden Faktoren. I. Köditz 5816△

1808 **Untersuchungen des Quecksilberdampfüberganges: Übergangscharakteristika bei Gewebegittern.** B. Gay und R. Maughan. (Int. J. Heat Mass Transfer **6**, 277—87, 1963; Manchester, Coll. of Sci. and Technol., Fuel Technol. and Metallurgy, Dep. of Chem. Engng.; engl.) — Mit Hilfe der Hg-Verdampfungs-Technik wurden die Übergangscharakteristika bei Gewebegittern (GG) mit 4 verschiedenen Gittergrößen (10, 16, 24 u. 60 mesh) bestimmt. Das Schumann-Modell für instationären Wärmetransport in porösen Festkörpern kann für eingebaute GG unter den vorliegenden Vers.-Bedingungen nicht angewendet werden. Abweichungen zwischen den Vers.-Ergebnissen u. früheren Wärmeübergangs-Unterss. werden von den Vff. als Modell-unzulänglichkeiten erklärt. Eine Analyse, die den Einfl. der Längsleitung in GG berücksichtigt, führt zur Verminderung der Abweichungen. G. Gattow 5816◇

1809 **Gasstrahlung bei hohen Temperaturen.** Edmond Brun. (Génie chim. **90**, 89—95, 1963; Paris, Fac. des Sci.; franz.) — Vf. stellt die wesentlichen Ergebnisse der Unterss. auf dem Gebiet der Strahlung von Gasschichten zusammen. Er leitet zunächst die Gleichung der von einer ebenen Schicht heißer Gase auf eine ebene Platte ausgehenden Wärmestromdichte ab u. untersucht dann die Struktur der aus der Gasschicht ausgesendeten Strahlung. W. Renker 5816

1810 **Entstehen und Wandern von Unstetigkeiten der Feststoffkonzentration in Suspensionen.** Peter Grassmann und Richard Straumann. (Chemie-Ing.-Techn. **35**, 477—82, 1963; Zürich, Eidg. TH; dt.) — Vff. geben mathemat. Berechnungen über den Sedimentationsverlauf an der oberen Begrenzung der Suspensionen sowie am Boden des Absetzbehälters. Es werden ferner stationäre Fälle mit Diffusion u. interstationäre Fälle ohne Diffusion rechner. behandelt. Die Sinkgeschw. eines suspendierten, gleichfälligen Feststoffes ist abhängig von dessen Konzentration. Unter bestimmten Bedingungen können bei der Sedimentation gewisse Konz.-Sprünge auftreten. A. Knickenberg 5824◇

1811 **Aufbau und Wirkungsweise von Sedimentationsbeschleunigern und Filterhilfsmitteln.** Ulrich Bilsing. (Bergakademie [Freiberg] **15**, 100—105, 1963; Freiberg; dt.) — Aus der Unters. der Wrkg.-Weise von Sedimentationsbeschleunigern u. Filterhilfsmitteln u. deren Aufbau lassen sich einige Erscheinungen erklären, die für die Auswahl von Flockungsmitteln (**I**) von Bedeutung sind. Um die bei örtlicher Überdosierung auftretende dispergierende Eig. einiger **I** zu vermeiden, muß die Zugabe von **I** in sehr verd. Lsgg. erfolgen u. den Strömungsverhältnissen an der Zugabestelle große Beachtung geschenkt werden. Die Relativbewegung zwischen Feststoff u. W. muß so groß sein, daß **I** schnell verteilt wird, aber nicht so groß, um die gebildeten Flocken wieder zu zerstören, während die Sedimentation selbst ruhiges W. verlangt. Es ist außerdem gelegentlich zweckmäßig, um die Wrkg. gebildeter Elektrolyte oder die „Gewöhnung" des Feststoffes an das verwendete **I** zu umgehen, ein anderes **I** zu verwenden. Bei **I** mit einem Wrkg.-Maximum ist es vorteilhaft, für optimale Klärleistungen etwas unterhalb der maximalen Wrkg. zu bleiben, um Schwankungen im Feststoff-Geh. ausgleichen zu können. Das wirksamste **I** für bestimmte Klärprobleme läßt sich nur durch Absetz-Verss. mit der vorliegenden Trübe bestimmen. **I** sollte folgende Eigg. aufweisen: große Absetzbeschleunigung, möglichste Unempfindlichkeit gegenüber pH-Wert-Schwankungen u. Elektrolyt-Konz., keine dispergierenden Eigg., Erzeugung von Flocken mit möglichst geringem Sedimentationsvolumen. I. Köditz 5824

1812 **Ein Gerät für Laboruntersuchungen über die Wirksamkeit von Flotationsreagentien.** Jan Kloubek. (Bergakademie [Freiberg] **15**, 386—88, 1963; Prag, Tschechoslowak. Akad. der Wiss., Inst. für Geochem. u. mineral. Rohstoffe; dt.) — Mit dem bereits früher beschriebenen Gerät (Kloubek u. Marhoul, C. **1962**, 3924) werden die Eignung verschiedener Reagentien (K-Äthylxanthat, K-n-Propylxanthat, K-n-Butylxanthat, α- u. β-ar-Aminotetralin) auf ihre Eignung als Flotationsmittel u. der Einfl. verschiedener Faktoren (Unterschiede in den Dimensionen einzelner Geräteteile, Hubzahl, pH-Wert, Sammler-Konz., Natur des Flotationsmittels) auf die Ausbringung von Pyrit u. Quarz untersucht. I. Köditz 5828

1813 **Mechanische Festigkeit und feuerhemmende Eigenschaften von Hochleistungs-Aerosolfiltern.** Kenneth D. Mulcaster. (Staub **23**, 64—69, 1963; Guildford, Surrey, Engl., Vokes Ltd.; dt.) — Es werden Meth. für die Prüfung der mechan. Festigkeit von Filtern u. der feuerhemmenden Eigg. von Hochleistungs-Aerosolfiltern beschrieben,

die die mechan. Belastung von Filtern in Lüftungsanlagen bei Flammen-Einw. im Modell beschreiben u. sich für Typen-Vgl. der verschiedenen Filter eignen. Es wird gezeigt, daß durch bestimmte Kombinationen von Vorfiltern ein prakt. vollkommener Feuerschutz des Hauptfilters gewährleistet ist. Für die genaue u. reproduzierbare Prüfung von Hochleistungsfiltern wird der photoelektr. Kochsalz-Flammentest an Stelle des bisher verwendeten Methylenblau-Tests empfohlen.
I. Köditz 5830△

1814 **Der Prototyp des willkürlich arbeitenden Rütteltisches.** Isao Toriumi. (Technol. Rep. Osaka Univ. **12,** 381—87, 1962; Dep, of Struct. Engng.; engl.) — Beschreibung von Entwurf u. Modellen eines willkürlich arbeitenden Rütteltisches u. seiner Prüfung.
W. Wesly 5840◇

1815 **Gasabsorption mit chemischer Reaktion 1. Ordnung in einem kugelförmigen Flüssigkeitsfilm.** G. Astarita. (Chem. Engng. Sci. **17,** 708, 1962; Neapel, Univ., Istituto di Chim.; engl.) — Vf. weist darauf hin, daß die von Ratcliff u. Mitarbeitern (C. **1963,** 245) angegebene Beziehung prakt. nur für den Fall rein physikal. Absorption anwendbar ist u. erweitert sie entsprechend.
J. Martins 5848◇

1816 **Die Adsorption von Tridecylsäure und Natriumcetylsulfat an Hübnerit, Wolframit und Fluorit.** W. N. Slawina und Ss. I. Mitrofanow. (Nichteisenmetalle [UdSSR] **33,** Nr. 4, 1—3, 1960; russ.) — Die Verss. werden mit ^{14}C-Tridecylsäure (I) u. ^{35}S-Na-Cetylsulfat (**II**) vorgenommen u. ergeben, daß **I** von Fluorit (**III**) schneller adsorbiert wird als von Hübnerit (**IV**) u. folglich besser flotiert. Gewaschenes **III** adsorbiert **I** schneller als nicht gewaschenes. Die Adsorptionsfähigkeit als Funktion der Zeit ist bei gewaschenem u. nicht gewaschenem **IV** konstant. Temp.-Erhöhung von 20 auf 40° bei Wolframit (**V**) u. von 6 auf 20° bei **III** vergrößert die Adsorptionsgeschw., die sich bei Steigerung auf 60—70° wieder vermindert. Maximale I-Adsorption an **III** u. **IV** erfordert einen pH-Wert von 6,5. Die Adsorption von **II** an allen 3 Mineralien ist im sauren Medium (pH 3) am höchsten u. steigt proportional der Konzentration.
J. Lehmberg 5848△

1817 **Reinigung von Gasen mit erhöhtem CO_2- und H_2S-Gehalt unter Druck.** Pierre Roussey. (Génie chim. **90,** 74—76, 1963; Soc. générale de Constructions thermiques; franz.) — Es wird die Entfernung von CO_2 u. H_2S aus einem Gasgemisch beschrieben, das als Hauptbestandteil über 60% CH_4 enthält u. als Antriebs- oder Heizgas verwendet werden soll. Als Waschmittel dient W. unter einem Druck von 12 kg/cm². Auf die einzelnen Teile der Anlage, die für eine Gasmenge von 400 m³/h ausgelegt ist, wird eingegangen. Nach der Reinigung beträgt der CH_4-Geh. des Gases 95—98%. W. Renker 5850◇

1818 **Entschwefelung der Rauchgase nach dem Reinluftverfahren.** E. Wahnschaffe. (Mitt. Vereinig. Großkesselbesitzer **1963,** 72—74; Wolfsburg; dt.) — Die durchgeführten Verss. lassen erkennen, daß mit dem Reinluft-Verf. Rauchgase, auch bei sehr wechselnden Betriebs bedingungen, sich prakt. vollständig entschwefeln lassen. Alle größeren Teile der Vers.-Anlage, wie Desorber, Adsorber, Gebläse u. Rohrleitungen, die oberhalb des Wasserdampftaupunktes betrieben werden, sind nicht korrosionsgefährdet. Die Ergebnisse mit der Vers.-Anlage lassen auf die großtechn. Anwendbarkeit dieses Verf. schließen. I. Köditz 5850

1819 **Entschwefelung von Rauchgasen.** H. G. Heitmann und J. Sieth. (Mitt. Vereinig. Großkesselbesitzer **1963,** 82—83; Erlangen; dt.) — Bei der Verw. von Metalloxiden, bes. Eisenoxid u. mit Eisenoxid gesätt. Trägersubstanzen, wird als Folge einer Superposition von chem. Rk., katalyt. u. Adsorptionsvorgängen eine weit über das stöchiometr. Verhältnis von Eisenoxid u. Schwefeldioxid hinausgehende Reinigung der Rauchgase von Schwefeloxiden erreicht. Die Rk.-Masse läßt sich durch Erhitzen auf 600° vollständig regenerieren. Vf. gibt weiter Hinweise für die techn. Anwendung des Verfahrens. Nähere Einzelheiten werden allerdings nicht gebracht.
I. Köditz 5850

1820 **Versuche der Entschwefelung vor und hinter dem Brenner zur Verringerung des SO_2-Auswurfs.** K. Wickert. (Mitt. Vereinigt. Großkesselbesitzer **1963,** 74—82; Berlin; dt.) — Überblick über die Möglichkeit der Entfernung von S-Verbb. aus Abgasen durch Entschwefelung vor u. hinter dem Brenner u. über die dabei auftretenden Probleme, wie Temp.-Abhängigkeit, der Entschwefelung, Haft-Temp. von Entschwefler in Mischung mit Ölasche, Prüfung der Entschwefler u. Wirtschaftlichkeit. Durchgeführte Groß-Verss. zeigen, daß es grundsätzlich möglich ist, mit Staub bas. Oxide im Feuerraum zu entschwefeln, doch läßt sich noch nicht sagen, ob die Entschwefelung mit CaO oder mit CaO · MgO vorteilhafter ist. I. Köditz 5850

1821 **Die Abgas-Entschwefelung nach Dr. Pauling.** K. Gasiorowski. (Mitt. Vereinig. Großkesselbesitzer **1963,** 83—84; Hamburg; dt.) — Kurzer Überblick über die Grundlagen des Abgas-Entschwefelungs-Verf. nach Pauling für die Reinigung SO_2-haltiger Abgase aus der Verfeuerung schwerflüssiger Heizöle.
I. Köditz 5850

1822 **Elektrische Abscheidung feinster Eisenoxidrauche bei höheren Gastemperaturen.** Alfred Schütz. (Staub **23,** 76—77, 1963; Bonn, Staubforsch.-Inst. des Hauptverbandes der gewerblichen Berufsgenossenschaften e.V.; dt.) — Kurze zusammenfassende Darst. der Ergebnisse einer Unters. über die verschiedenen, die elektr. Abscheidung feinster Eisenoxidstäube beeinflussenden Faktoren.
I. Köditz 5850△

1823 **Ein neuartiger Elektroentstauber.** Hermann Schnitzler. (Staub **23,** 78—83, 1963; Ewersbach; dt.)
I. Köditz 5850△

1824 **Einheitswerte des Stoffübergangs im System: Wäßrige Lösung von Natriumsulfat–Natriumsulfit–Phenol–Benzol.** Zdzisław Ziołkowski und Danuta Belina. (Chem. stosowana **6,** 167—90, 1962; Wroclaw, Politechn., Katedra Inzynierii Chem., i Polskiad. Nauk, Zaklad Inzynierii Chem. i Konstrukcji Aparatury; pol.) — Für das Syst. W.–Na_2SO_4–Na_2SO_3–C_6H_6–C_6H_5OH werden die Verteilungs-Koeff. u. die Einheitswerte des Stoffübergangs bei verschiedener Salz-Konz. ermittelt. Die Extraktion wird in einer mit Raschig-Ringen gefüllten pulsierenden Kolonne durchgeführt.
I. Köditz 5862△

1825 **Arbeitsweise von pulsierenden Kolonnen zur Extraktion von Uranylnitrat.** Ph. Renault und X. Talmont. (Énergie nucléaire **5,** 177—90, 1963; Inst. Franç. du Pétrole und Centre d'Études Nucl. de Fontenay-aux-Roses; franz.) — Für eine Extraktion von $UO_2(NO_3)_2$ mit Tributylphosphat (TBP) aus wss. Phase in pulsierenden Kolonnen (von 1—4 m Höhe) werden von Vff. Angaben über variable Größen u. Parameter (Extraktions-Geschw., H^+-Konzz., Retentionszeiten u. Temp.) aufgeführt, deren charakterist. Einfl. bei Verw. eines bes. Extraktionsgerätes beobachtet worden sind. Über die Zus. sowie die physikal. Eigg. der miteinander in Kontakt stehenden fl. Phasen der Kolonne u. deren Einfl. auf den Wrkg.-Grad der Extraktion werden Angaben gemacht. W.-D. Heußner 5862◇

1826 **Die Entwicklung der Methoden zur automatischen Regulierung von Anlagen für die fraktionierte Destillation.** A. Crico. (Génie chim. **90,** 102—10, 1963; Paris, C.A.E.; franz.) — Es werden zunächst die klass. Regelungsverff. beschrieben u. deren Vorzüge u. Grenzen dargelegt. Nach Beschreibung der Arbeitsweise einer Dest.-Kolonne wird ein Schema für die vollkommene Regelung des Dest.-Prozesses mit Hilfe industrieller Digitalrechner angegeben. Ein solcher Rechner kann gleichzeitig für eine große Zahl von Dest.-Kolonnen eingesetzt werden.
W. Renker 5864

1827 **Die Zweifilmtheorie der Destillation in Füllkörpertürmen.** W. S. Norman, T. Cakaloz, A. Z. Fresco und D. H. Sutcliffe. (Trans. Instn. chem. Engr. **41,** 61—71, 1963; Manchester, Dep. of Chem. Engng. Manch. Coll. of Sci. and Technol.; engl.) — Untersucht werden wss. Syst. mit Methanol, n-Propanol u. Anilin als 2. Komponente u. die KW-Stoff-Paare Bzl.–Heptan u. Toluol–Heptan in Füllkörperkolonnen. Die Diffusionswider-

stände der Dampf-(H_G) u. Fl.-Phasen (H_L) stehen mit dem Größenäquivalent des „theoret. Bodens" (H_{OG}) in Beziehung: $H_{OG} = H_G + (mG_M/L_M)H_L$ (G_M/L_M = Dampf/Fl.-Belastung). Bei den Verss. mit den gut benetzenden Syst. wird die Füllkörperoberfläche gleichmäßig u. vollkommen benetzt u. die H_{OG}-Werte stimmen mit den errechneten gut überein, wie die Ergebnisse in den Alkoholsyst. bei niederen Konzz. u. bei Anilin/W. zeigen. Bei den Verss. mit schlecht benetzenden Syst. (Propanol/W. bei höherer Konz. oberhalb des azeotropen Punktes) sind die H_{OG}-Werte bis zu 50% höher als die errechneten.
R. Truckseß 5864◇

1828 **Stoffübergang in einer Füllkörper-Rektifizierkolonne.** Mieczysław Serwiński und Czesław Strumiłło. (Chem. stosowana **7**, 47—78, 1963; Łódz, Politechn., Kat. Inżynierė Chem.; pol.) — Für den Stoffübergang in einer Füllkörper-Rektifizierkolonne werden Gleichungen abgeleitet u. auf das Syst. n-Heptan–Toluol angewandt. — 27 Literaturangaben. W. Wesly 5864◇

1829 **Relative Versuchsergebnisse der Rektifizierung in einem evakuierten Rohr.** Jacques Peuscet. (Bull. Soc. chim. France **1961,** 1839—42; franz.) — An der beschriebenen App. wird der Einfl. einer zusätzlichen Heizung der Kolonne, der mittleren Zus. der rektifizierten bin. Mischung u. einer Druckänderung bei der Dest. auf die theoret. Bodenhöhe H_G der Kolonne untersucht. Außerdem werden die H_G-Werte für die bin. Gemische *Isooctan–Toluol* bzw. *Methylcyclohexan–Toluol* für verschiedene Dampfströmungs-Geschw. verglichen.
Herbert Müller 5864□

1830 **Die Ablagerung von Feststoffen in einem vertikalen Röhrenverdampfer.** D. J. Pulling und J. G. Collier. (Ind. Chemist **30,** 129—33, 200—03, 1963; Harwell, Atomic Energy Res. Establishment; engl.) — Vff. führen experimentelle Unterss. in einem Kletterfilmverdampfer aus, der aus Cu-Doppelrohren (⌀ = 1 in. o. d. bei 16 s.w.g.) in einem eisernen Mantel (8 ft. Länge, 3 in. i. d.) bestand. Die Ergebnisse zeigen, daß bzgl. der Ablagerung von lösl. Feststoffen 3 Regionen unterschieden werden können. Im Gebiet des Blasensiedens wird durch Blasenbldg. an Kristallkeim-Bldg.-Zentren der Rohrwand, begleitet von starker Verdampfung u. lokaler Übersättigung, die Ablagerung fester Stoffe begünstigt. Am entgegengesetzten Ende („liquid deficient region") werden vom Dampf mitgeführte Tröpfchen an der nur teilweise benetzten Rohrwand sofort verdampft u. der gelöste Feststoff ausgeschieden. In der Zwischenregion, dem „Kletterfilm", oder dem Gebiet der erzwungenen 2-Phasen-Konvektion, bleibt die Rohrwand frei von Feststoffen, weil sie vollkommen mit einem dünnen Fl.-Film bedeckt ist u. die Verdampfung an der Grenzschicht Fl./Dampf erfolgt. Die Analyse der Wärmeübertragungsmerkmale u. der Wärmeflußverteilung längs der Verdampferrohre unterstützen die Ergebnisse der Untersuchungen. R. Truckseß 5864◇

1831 **Analyse der Trocknung als einheitlicher Vorgang: ein Problem des Wärmeüberganges, der Stoffübertragung und des Materials.** David Hansen und A. H. Nissan. (Trans. New York Acad. Sci. [2] **25,** 705—15, 1963; Troy, N. Y., Rensselaer Polytechn. Inst., Dep. of Chem. Engng.; West Virginia Pulp and Paper Comp.; engl.) — Allg. Überblick über die gegenwärtige Theorie u. eine verfeinerte klass. Theorie des Trocknungsvorganges. — 15 Literaturangaben. G. Gattow 5874◇

1832 **Genauigkeit von Dosierkolbenpumpen.** G. Vetter. (Chemie-Ing.-Techn. **35,** 267—72, 1963; Leonberg b. Stuttgart, Firma Lewa, Herbert Ott K. G.; dt.) — Vf. berichtet über das Vers.-Programm zur Ermittlung der Dosiergenauigkeit, der Reproduzierbarkeit u. der Einstellgenauigkeit an einer Dosierkolbenpumpe mit einer Förderleistung vom 4 Liter/h bei 120 Hub/min. Die Förderdrücke bei reinem Fördermedium lagen zwischen 2,5 u. 127 atü. Die Dosierfehler u. die Reproduzierbarkeit der Pumpe, bezogen auf die maximale Fördermenge, liegen in der Größenordnung ± 0,1—0,2%. Im Interesse euner genauen Förderung wird empfohlen, den Hubbereich nicht über das Verhältnis 1:10 zu verändern.
A. Knickenberg 5880◇

1833 **Chemischer Temperatur-Anzeiger. Thermoindicator.** V. Armeanu, E. Diamandescu, S. Hornar und L. Marinescu. (Bul. Inst. politehn. Iaşi [N. S.] **7(11),** Nr. 3/4, 133—38, 1961; rum.) — Unter zahlreichen untersuchten Verbb. werden 20 neue Prodd. (einfache Salze, Komplex-Verbb. oder Gemische) festgestellt, die durch ihren Farbumschlag als Temp.-Indicator dienen können. Sie sind für Temp. von 40—305° bei einer Genauigkeit von ± 2—3° geeignet. Einige dieser Substanzen zeigen einen reversiblen Farbumschlag, beim Abkühlen wird wieder die Ausgangsfarbe erhalten. Im einzelnen werden folgende Substanzen empfohlen (Pyridin = Py): $HgJ_2 + AgJ$, $(CuPy_2)(Cr_2O_7)$, $Fe(NO_3)_3 \cdot 6\,H_2O$, $CdSO_4 \cdot {}^8/_3\,H_2O$ + Kohle, $Ag_2(HgJ_4)$, $Co(CH_3 \cdot COO)_2 \cdot 4\,H_2O$, HgJ_2, Ag_2CO_3, $(CuPy_2)(SCN)_2$, $CoCl_2 \cdot 6\,H_2O$, $HgJ_2 + 2\,AgJ$, $Ag_2CrO_4 + Pb(NO_3)_2$, $C_8H_{14}N_4 \cdot O_4Ni$, $Pb(HgJ_4)$, $K_2Na[Co(NO_2)_6]$, $Co(NO_3)_2 \cdot 6\,H_2O + Zn(CH_3COO)_2$, $AgSCN$, $Bi_2(HgJ_4)_3$, $(CuPy_2)_2[Fe(CN)_6]$, $Cr_2(SO_4)_3 + KNO_3 + Na_2CO_3$.
R. Grundmann 5886◇

1834 **Instrumente und Verfahren zur Produktionsüberwachung durch Radioisotope. Beispiele einer industiellen Anwendung.** A. Loverdo. (Energie nucléaire **5,** 31—34, 1963; Soc. Saphymo, Dep. des Appl. ind. des Radioisotopes; franz.) — Übersicht der grundlegenden Arbeitsprinzipien sowie deren techn. u. wirtschaftliche Vorteile für eine industriell nutzbare Produktionsüberwachung durch radioalkt. Detektoren u. Regelvorr., die bes. für die petrochem.-, Zellstoff- u. Kohle-Industrie Verw. finden. W.-D. Heußner 5888◇

1835 **Die Anwendung der Bestrahlung in der Industrie.** W. G. Busbridge. (Advancement of Sci. **20,** 149—53, 1963; London, U.K.A.E.A., Isotope Res. Div.; engl.) — Übersicht über Kernstrahlung. W. Wesly 5894◇

1836 **Wärmeübertragung in Flüssigkeiten in Kernreaktoren.** H. Mondin. (Génie chim. **90,** 96—101, 1963; franz.) — Um die spezif. Leistung der Kernreaktoren zu steigern, versucht man, immer höhere Wärmeübertragungskoeff. u. Kühlmitteltemp. zu erreichen. Hinsichtlich der Kühlung mit Fll. in einer Phase sind dabei beträchtliche Fortschritte erreicht worden. Dagegen sind die Kenntnisse der Wärmeübertragung an in 2 Phasen vorliegenden Kühlmittel noch zu gering, um schon jetzt bedeutende Fortschritte verzeichnen zu können.
W. Renker 5894

1837 **Berechnung von thermischen Neutronenspektren in heterogenen Reaktoren.** W. Oldekop. (Nukleonik [Berlin] **5,** 214—22, 1963; Erlangen, Siemens-Schuckertwerke A.G.; dt.) — 3 Meth. werden beschrieben: 1. Eine Verallgemeinerung der Wilkinsschen Thermalisierungstheorie auf heterogene Medien, bei der die Reaktorzelle in n räumliche Zonen unterteilt wird. Die Neutronenübergänge in den einzelnen Zonen werden durch Stoßwahrscheinlichkeiten beschrieben. Die Meth. liefert ein kontinuierliches Spektrum u. ist deshalb bes. für die Berechnung von Rk.-Raten bei Stoffen geeignet, deren Absorptionsquerschnitte eine komplizierte Energieabhängigkeit besitzen. 2. Die Multigruppen-P_1-Approximation gestattet insbes. die Berücksichtigung anisotroper Streuung. 3. Die Multigruppen-Multizonen-Meth. ist methemat. bes. einfach u. deshalb für Routinerechnungen geeignet. — Ein typ. D_2O-Leistungsreaktor wird betrachtet u. der Einfl. der Kühlmittel- u. Brennstofftemp. untersucht. W. Knoch 5894◇

1838 **Semianalytische und seminumerische Berechnungen für die optimale Stoffverteilung in Kernreaktoren.** C. I. Gunnar Andersson. (Nukleonik [Berlin] **5,** 185 bis 191, 1963; Stockholm, AB Atomenergi; engl.) — Die Anwendung der Störungsrechnung auf Multigruppendiffusionsgleichungen ergibt eine allg. Bedingung für die optimale Anordnung von Reaktormaterial. Zur numer. Lsg. von Multigruppengleichungen mit bekannten Gruppenkonst. werden Multigruppen, Diffusionstheorie u. Hassit-Linde-Programme benutzt.
W. Knoch 5854◇

1839 **Fabrikationsmethoden für Brennstoffelemente.** J. Doumerc. (Énergie nucléaire **5,** 4—15, 1963; C.E.R.C.A.; franz.) — Das Problem des Wärmeüberganges zwischen

Brennmaterial u. Kühlsyst. des Reaktors wird durch die Art der Halterung der Spaltstoffe bedingt u. insbes. durch eine unvollständige Verbindung von Hülse u. Brennstoff erschwert. In einer Übersicht werden Unterss. zitiert, deren Ergebnisse zahlreiche Herst.-Verff. für verbesserte Brennstoffelemente durch Formgebungsänderungen sind. Diese basieren auf einer unabhängigen Formgebung zweier Bestandteile oder der gleichzeitigen Formgebung, deren Verbindung miteinander mechan. oder metallurg. sein kann. — 33 Literaturangaben. W.-D. Heußner 5854◇

1840 **Hochtemperatur-Reaktorbrennstoff mit spaltproduktrückhaltefähigen Charakteristika.** M. J. Higatsberger. (Radex-Rdsch. **1963,** 486—93; Wien, Oester. Studienges. für Atomenergie; dt.) — Kugelförmige (U,Th) C_2-Mischcarbide können durch Sintern oder Heißpressen bei 2300° u. 200—1000 at Druck, Zerkleinerung in einer Mörsermühle u. nachfolgender Sphäroidisierung in einem 3-Phasen-Lichtbogenschmelzofen hergestellt werden. Zur Verw. in einem geplanten Kugelhaufenreaktor, bei dem der Brennstoff nicht aufgearbeitet werden soll, sollen auf den Kugeln aufgedampfte Schichten von Graphit u. SiC die Spaltprodd. bei Temp. bis 1800° quant. zurückhalten. Die Diffusion von U, Th u. Spaltprodd. aus beschichteten Teilchen wurde durch elektromagnet. Analyse gemessen. Te, Ba, Cs, Sr u. J zeigten eine unerwartet große Diffusionsfähigkeit in Graphit. — 18 Literaturangaben. W. Knoch 5894◇

1841 **Untersuchung der Sinterung von mit Molybdän überzogenen Uranoxidteilchen.** H. S. Gadiyar und J. Balachandra. (Indian J. Technol. **1,** 162—64, 1963; Trombay, Bombay, Atomic Energy Establ. Metall. Div.; engl.) — Körniges UO_2 geringer Wärmeleitfähigkeit, aber hoher Beständigkeit gegenüber Temp.-Unterschieden bildet mit einem gut wärmeleitenden Metall mit hohem Neutroneneinfangquerschnitt wie Mo die handelsübliche Type eines Reaktorbrennelements hoher Streuung. Es hat sich aus Vergl.-Verss. ergeben, daß gegenüber dem langwierigen Mischer von 100—150 μm UO_2-Körnern mit 1—5 μm Mo-Pulvern beim Aufdampfen von Mo (aus $MoCl_5$ in N_2-Atmosphäre) ein hinsichtlich Dichte u. Porenarmut bei kürzerem Arbeitsaufwand gleichwertiges Prod. erhalten wird, wenn die Aufdampfung bei 700° u. der Sinterungsbrand der unter 32 t/sq. in. hergestellten Pellets bei 1500° erfolgt. Dichte 10,01 (gegenüber Gemenge 10,10), totale Porosität 6,0 (5,8)%, offene Poren 3,5 (3,4)%; Mikroschliffe zeigen bei 52,6 Vol.-% UO_2-Anteilen eine gleichmäßige 12 μm Deckschicht von Mo auf den einzelnen UO_2-Körnern.
R. Kaiser 5894◇

1842 **Chemische Probleme im Betrieb des Dounreay-Schnellreaktors (DFR).** J. L. Phillips. (Ind. Chemist **39,** 186—94, 1963; U.K.A.E.A. Reactor Div., Dounreay Exp. Reactor Establishment; engl.) — Beim Betrieb des DFR mit metall. U als Brennstoff, Nb als äußeren Brennstoffzellenmantel u. einer 70/30 Na-K-Leg. als Kühlmittel entstanden neben den techn. Schwierigkeiten im prim. Kreislauf chem. Probleme durch das Vorhandensein von geringen Mengen O_2, H_2O, C u. die ursprüngliche Verw. von N_2 als Schutzgas. Nb-Oxid wird durch das Kühlmittel zu einem niederen nichthaftenden Oxid reduziert, so daß Korrosionen am Nb-Mantel entstehen. Na-Hydrid u. N_2 führen zu einer Versprödung u. C zur Aufkohlung des Nb-Metalls. Zur Beseitigung des Oxids u. Hydrids wird die geringere Löslichkeit bei der Abkühlung des fl. Metalls ausgenützt (180 ppm bei 300°, < 5 ppm bei 100°). In einer 2. Reinigungsstufe wird das Oxid durch heißes Zr auf den tragbaren Geh. von 1—2 ppm verringert. Die Ursachen der Verunreinigungen u. die Maßnahmen zu ihrer Beseitigung (Kühlung eines Teilstroms des fl. Metalls, Filtration, Temp.-Veränderung, Wechsel des Schutzgases von N_2 auf Ar), der Einfl. der Strahlung u. die ungelösten Probleme werden geschildert.
R. Truckseß 5894◇

1843 **Der Reaktor G-1.** D. Martin. (Énergie nucléaire **5,** 221—25, 1963; franz.) — Allg. techn. Übersicht über das Arbeitsprinzip des im Jahre 1956 mit einer Leistung von maximal 42500 kW erstellten Reaktors u. seine Verw. zur Pu-Produktion. W.-D. Heußner 5894◇

1844 **Das industrielle Zusammenwirken von G-2 und G-3.** L. Maillard. (Énergie nucléaire **5,** 226—30, 1963; franz.) — Übersicht über prinzipiell techn. Aufgaben.
W.-D. Heußner 5894◇

1845 **Die Handhabung des Brenners der Reaktoren G-2 und G-3.** P. David, G. Derome und A. Ertaud. (Énergie nucléaire **5,** 231—37, 1963; Soc. Alsacienne de Constructions Mécaniques; franz.) — Überblick über den Zyklus der Brenndauer, Brennerbeladung u. -entladung sowie prinzipielle Kontrollmöglichkeiten im Betrieb.
W.-D. Heußner 5894◇

1846 **Der Aufbau der Umhüllung.** M. Allès. (Énergie nucléaire **5,** 257—62, 1963; franz.) — Überblick auf den äußeren Aufbau einer Umhüllung von Brennstoffelementen für die Reaktoren G-2 u. G-3.
W.-D. Heußner 5894◇

1847 **Die Anlage zur Extraktion von Plutonium und ihre Ausnutzung.** C. Jouannaud. (Énergie nucléaire **5,** 263 bis 270, 1963; franz.) — Für die Extraktion von Pu aus Brennstoffelementen der Reaktoren G-1, G-2 u. G-3 wird die Trennung von U(VI) u. Pu(IV) in salpetersaurer Lsg. durch Tributylphosphat erreicht, wobei im Gegenstrom-Verf. als gegenläufige untere Phase 0,2 oder 2,5n HNO_3 verwendet wird. Die Pu-reiche obere Phase erfährt nach Konzentrierung u. Aufarbeitung eine Reinigung des Pu dadurch, daß Pu als Oxalat abgeschieden wird. Dieses Verf. kann durch die bes. Entw. der Anlage nur diskontinuierlich arbeiten. W.-D. Heußner 5894◇

1848 **Dampfgekühlter, leichtwassermoderierter Reaktor (SCLMR) von Mitchell als wettbewerbsfähiger Schiffsreaktor.** H. J. Coles. (Nuclear Engng. **8,** Nr. 81, 58—63, 1963; Mitchell, Engng., Nucl. Power Div.; engl.) — Der Reaktor ist eine dampfgekühlte, leichtwassermoderierte Einheit mit nuclearer Überhitzung u. Urandioxid in Kugelform mit Hülle als Brennstoff. Die Dampfzustandsgrößen sind 43 at u. 454°. Die Lebensdauer des Cores wird auf 5 Jahre geschätzt. Gerhard Schmidt 5894◇

1849 **Dekontamination mittels Ultraschall.** W. Lehfeldt. (Kerntechn., Isotopentechn. u. -chem. **4,** 415—16, 1962; Heppenheim/Bergstr.; dt.) — Vf. empfiehlt für die Dekontamination von beliebigen radioakt. verseuchten Teilen Ultraschallbäder eigener Produktion. Es empfiehlt sich ein Reinigungs- u. ein Spülbad einzurichten. Als Reinigungs-Fl. kann W. mit Netzmittel dienen. Entsprechende Anlagen haben sich in Kernforschungsinstituten bewährt. G. Ewald 5894◇

1850 **Behandlung und Lagerung hochradioaktiver Abfälle. — Symposium der Internationalen Atomenergiebehörde vom 8. bis 13. Oktober 1962 in Wien.** H. Krause. (Chemie-Ing.-Techn. **35,** 108—10, 1963; Kernforsch.-Zentrum Karlsruhe; dt.) — Überblick über die heute gegebenen Möglichkeiten der Aufbewahrung von hochradioakt. Abfällen in Form von Fll. u. die daraus durch Calcinierung, Umsetzung mit S, Umsetzung zu Gläsern, Ionenaustausch, Gefriertrocknung, Mitfällung mit TiO_2-Hydraten gewonnenen festen Stoffe.
I. Köditz 5894

1851 **Untersuchungen über die Teilchenentnahme aus einem Fließbett.** Shigeki Toyama. (Rep. Government chem. ind. Res. Inst., Tokyo **58,** 172—78, 1963; jap., Auszug: engl.) — Aus der Analyse einer experimentell erhaltenen Mischungsverhältniskurve u. einer Rk.-Geschw.-Kurve für eine Festkörper—Gas-Rk. in einem Fließbett wird eine Gleichung für die Rk.-Geschw.-Kurve entwickelt. Für die Lösung dieser Integralgleichung werden zwei Lösungswege (numer. Entw. des Integrals bzw. Näherungslösung) beschrieben.
I. Köditz 5904△

1852 **Das Verhalten der Teilchen im Fließbett.** Shigeki Toyama. (Rep. Government chem. ind. Res. Inst., Tokyo **58,** 93—96, 1963; jap., Auszug: engl.) — Unterss. über das Verh. der Teilchen im Fließbett (bei 2-dimensionaler Beobachtung), das aus einer rechteckigen Säule von durchsichtigen Acrylsäuretafeln u. mehreren, dünnen Schichten gefärbter Proben besteht, zeigen, daß eine Störung der Wanderung an der Grenzzone zwischen Säulenwand u. der Umgebung der Ableitungsdüse erfolgt. Für die Höhe, bei der die Fließart sich zu ändern beginnt, wird eine Gleichung abgeleitet. Fließgeschw., Füllhöhe u. Bettdichte sind unabhängig von der Bewegungsart der Teilchen. W. Wesly 5904◇

1853 **Die Sublimation in durch Membranen gekühlten Wirbelschichtbetten.** Janusz Ciborowski und Stanisław Wroński. (Chem. stosowana **6**, 153–65, 1962; Katedra Inzynierii Chem. Politechn., Warszawskiej i Zaklad Inzynierii Chem. Inst. Chem. Ogolnej; pol.) — Aus der Unters. der Sublimation in gekühlten Wirbelschichtbetten, die aus feinkörnigem Sublimat bestehen, werden verallgemeinerte Gleichungen unter der Voraussetzung abgeleitet, daß der Kristallisationseffekt auf die Teilchen des Bettes von der spontanen Kondens. des Sublimatdampfes in der Gasphase abhängt. I. Köditz 5904△

1854 Witco Chemical Co., Inc., New York, N. Y., übert. von: Clarence Bobbe und Robert J. Kufrin, Chicago, Ill., V. St. A., **Thermoplastische Isolier- und Dichtungsmassen.** bestehend aus homogenen, freifließenden, trockenen Mischungen von a) 30–70 (Gew.-%) eines organ., teilchenförmigen Bindemittels (**I**), b) 69–30 eines anorgan. Füllstoffes (z. B. Diatomeenerde, Ton, Talkum) u. c) 1–5 eines fl. organ. Weichmachers (wie Fluxöl oder fl. Polymerisate). Die Teilchen von **I** sind kleiner als $^1/_2$ inch u. passieren zu mindestens 50% ein „10-Maschen"-Sieb. (**A. P. 3035931** vom 23/7. 1958, ausg. 22/5. 1962.) P. Krug 5811

1855 Mercedes Bietresato, Rom, Italien, **Wärmeerzeugende Mischung,** bestehend aus Fe-Feilspänen, einem Fe-Salz u. KCl, $KClO_3$ oder K_2CO_3. — Z. B. 450 bis 600 (g) Fe-Späne, 5 bis 15 $FeCl_3$, 10 bis 20 K_2CO_3. Auf Zugabe von geringen Mengen W. entwickelt die Mischung eine Temp. von 60 bis 80° für 3 bis 4 Stunden. Man kann die Rk. bis zu 30mal wiederholen durch weitere Zugabe von Wasser. Die Mischungen sind für Wärmflaschen brauchbar. (**It. P. 527822** vom 14/8. 1954.) K. Koebke 5817

1856 Comcolloid, Inc., New York, übert. von: George D. Fronmuller, Mamaroneck, und Michael J. Mirra, Woodside, N. Y., V. St. A., **Emulgatoren zur Herstellung von Paraffin- und Öl-Emulsionen** sind Gemische aus ca. gleichen Mengen von Glyoxalidin oder dessen Salzen mit Säuren u. Kondens.-Prodd. eines Glycerids mit Mono-, Di-, Triäthanol- u. propanolaminen. Man setzt die Gemische dem Öl bzw. Paraffin zu, wodurch diese im W. emulgierbar werden. — Beispiel: Selbstemulgierbares Paraffin aus 100 (Gew.-Teile) Paraffin, 10 Emulgator aus 50 Kondensat Diäthanolamin-Cocosöl u. 50 Glyoxalidin-Stearinsäuresalz ergibt mit 300 W. eine beständige Emulsion. (**A. P. 2974106** vom 2/12. 1955, ausg. 7/3. 1961. **E. P. 830112** vom 29/5. 1958, ausg. 9/3. 1960.) E. Drews 5825

1857 Shell Oil Co., Del., übert. von: Jayarajan Chanmugam, Princeton, N. J., V. St. A., **Regenerierung eines Stickstoffbasen enthaltenden Ionenaustauschers.** Bei der Raffination von organ. N-Basen enthaltenden fl. KW-Stoffen behandelt man letztere mit einem sulfonierten Kationenaustauscherharz vom Wasserstofftyp, das Protonen großer Beweglichkeit aufzuweisen hat, wobei N-Basen als organ. Ammoniumionen durch den Austauscher zurückgehalten werden. Man entfernt den gereinigten KW-Stoff-Strom u. behandelt den Austauscher mit einer wss. Lsg., die 5–25 Gew.-% eines Protonen abgebenden Stoffes (HCl, NH_4Cl) aus der Gruppe der starken Mineralsäuren, Alkalisalze starker Mineralsäuren, anorgan. NH_4-Salze starker Mineralsäuren u. deren Gemische. Die wss. Lsg. enthält weiterhin 0,001–1 Gew.-% eines oberflächenakt. Mittels (Alkalisalze alkylierter aromat. Sulfonsäuren u. Alkalisalze sulfatierter Olefine), wodurch eine Regenerierung des Ionenaustauschers zum Wasserstofftyp bewirkt wird. (**A. P. 3019182** vom 15/8. 1958, ausg. 30/1. 1962. Niederl. Prior. 29/8. 1957.) P. Unger 5827

1858 Imperial Chemical Industries Ltd., London, England (Erfinder: Frederick Maurice Tayler), **Mit Boranationen beladener Anionenaustauscher,** der durch Behandeln eines Polystyrol-Austauscherharzes, wie „Amberlite", mit einer entsprechenden Boranat-Lsg. bei oder unter Raum-Temp. erhalten wird, dient z. B. als Red.-Mittel oder zur Herst. anderer Boranate durch Behandeln mit entsprechenden Metallsalzen. (**E. P. 876034** vom 10/10. 1958, ausg. 30/8. 1961.) H. Roos 5827

1859 Council for Scientific and Industrial Research (Erfinder: Alan Sidney Lindsey), London, England, **Zwischenprodukt für die Herstellung eines Anionenaustauscherharzes,** dad. gek., daß man Pyridin unter Einleiten von N_2 mit feinzerteiltem Na-Metall in Dekahydronaphthalin umsetzt, das Reaktionsprod. mit wasserfreiem CO_2 behandelt, nach ca. 5 Std. filtriert u. im Vakuum trocknet. (**E. P. 910147** vom 14/8. 1957, ausg. 14/11. 1962.) W. Heyer 5827

1860 VEB Farbenfabrik Wolfen, Wolfen (Erfinder: Friedrich Wolf, Leipzig, und Ulrich Krauß, Halle), **Herstellung stark saurer Kationenaustauscherharze** aus vernetzten Polystyrolsulfonsäureharzen. Man behandelt die Harze mit einer Lsg. einer polymerisierbaren sulfonsauren Verb. mit einem Äquivalentgew. < 184,2 (Äthylensulfonsäure, Buten-(1)-disulfonsäure-(3.4), deren Salze) u. polymerisiert. — Man quellt 40 (g) mit 8% Divinylbenzol vernetztes Polystyrolsulfonsäureharz in der Na^+-Form in einer Lsg. von 50 Na-Äthylensulfonat u. 5 30%ig. H_2O_2 in 80 cm^3 W. u. erhitzt 6 Std. bei 85–95°. Das Harz zeigt gegenüber dem Ausgangsmaterial eine erhöhte Austauschkapazität (**F. P. 1276878** vom 21/11. 1960, ausg. 21/3. 1962. **Oe. P. 223545** vom 29/10. 1960, ausg. 25/9. 1962. D. Prior. 30/8. 1960.) M. Pankow 5827

1861 B. W. Jerofejew, Ss. F. Naumowa und T. P Makssimowa, **Herstellung eines Polymeren** aus Dihydronaphthalin (**I**) in Ggw. von $TiCl_4$ (**II**) in Toluol (**III**) bei — 80° in Inertgasatmosphäre. — Zu einer Lsg. von 5,72 (g) **I** in **III** werden 0,1997 **II** in **III** (ingesamt 5,49 **III**) unter N_2 gegeben; nach 10 Std. bei — 80° ist die Polymerisation quantitativ: Weißes amorphes Pulver, D. 1,138, Erweichungstemp. 140°, das durch Sulfurieren *Ionenaustauscher*-Eigg. erhält. (**UdSSR. P. 134022** vom vom 28/1. 1960.) L. Großner 5827

1862 Saichirô Nakanishi, Tôkyô (Erfinder: Hiroshi Kayama, Urawa), Japan, **Behandlung vernetzter nitrilgruppenhaltiger Hochmolekularer** mit Aminen. Die erhaltenen Prodd. enthalten Amidin- u. Amingruppen. — 200 (g) feinkörniges, durch Perlpolymerisation von Acrylnitril mit je 10% Divinylbenzol u. Äthylvinylbenzol erhaltenes Polymeres gibt man in 600 Diäthylentriamin, erwärmt langsam unter Rühren u. hält 7 Std. bei 140 bis 165°, 14 Std. bei 180–200° u. 7 Std. bei 200° u. wäscht mit n-HCl u. n NaOH: *Austauscherharz*, das noch in nHCl 5 Std. gekocht werden kann. (**Jap. A. S. 14042/1961** vom 16/9. 1959, ausg. 22/8. 1961.) M. Pankow 5827

1863 Union Carbide Corp., New York, N. Y., V. St. A., **Zerlegen von Luft** durch Tieftemp.-Rektifikation in einem mit 3 verschied. Drucken arbeitenden Kreislauf-Verf., bei dem ein komprimierter Luftstrom (**I**) auf die Kondens.-Temp. der O_2 abgekühlt wird. Der größere Teil von **I** wird in die unter höchstem Druck stehende Rektifikationszone (**II**) geführt u. in eine N_2-reiche Fl. (**III**) u. eine erste O_2-reiche Fl. (**IV**) zerlegt, während der größere Teil wenigstens teilweise durch Wärmeaustausch mit einer zweiten **IV** kondensiert wird. Die **III** wird unter Verringerung des Druckes als Rücklauf in die unter niederstem Druck stehende **II** geführt. Die **III** wird auf einen mittleren Druck eingestellt u. in der unter mittlerem Druck stehenden **II** in eine zweite **III** u. zweite **IV** zerlegt, worauf die **III** u. ein Teil der **III** nach Verringern des Druckes am Boden bzw. als Rücklauf in die unter dem niedersten Druck stehende **II** geführt werden, aus der die Endprodd. abgenommen werden. — Verf.-Schema. (**Ind. P. 68264** vom 3/7. 1959, ausg. 14/11. 1961.) C. Lüttgen 5857

1864 Universal Oil Products Co., Des Plaines (Erfinder: William Galloway Nixon, Westchester), Ill., V. St. A., **Aktivierung eines Katalysators,** der mindestens ein Schwermetall aus den Nebengruppen der Gruppen I, V, VI oder VIII des Period. Syst. oder dessen

Verb. u. einen feuerfesten Al_2O_3-Träger enthält, dad. gek., daß ein N-Oxid (z. B. NO, NO_2) bei 25—1000° durch die getrocknete Katalysatormasse geleitet u. diese dann in bekannter Weise einer Oxydationsbehandlung mit freien O_2 enthaltendem Gas u. einer Red.-Behandlung mit H_2-haltigem Gas unterzogen wird. Die Behandlung mit N-Oxid kann in Ggw. von Halogen oder von im Katalysator anwesendem gebundenem Halogen durchgeführt werden. (**D. A. S. 1153727** Kl. 12g vom 6/12. 1960, ausg. 5/9. 1963.) H. Roos 5905

1865 Chemical Construction Corp., V. St. A. (Erfinder: Axel Christensen), **Durchführung katalytischer, exothermer Reaktionen** in gasförmiger Phase, z. B. die Synth. von NH_3, von CH_3OH aus CO u. H_2, von KW-Stoffen nach Fischer-Tropsch oder die Hydrierung von höheren Alkoholen bei erhöhter Temp. u. erhöhtem Druck unter Wärmeaustausch zwischen den gasförmigen Rk.-Prodd. u. den Ausgangsstoffen. — Ausführliche Beschreibung der Anlage; 6 Zeichnungen. (**F. P. 1249152** vom 25/2. 1960, ausg. 15/3. 1961. A. Prior. 9/3. 1959.) G. Colsmann 5905

1866 **Dow Chemical Co.** (Erfinder: **Melvin Jay Hatch**), Midland, Mich., V. St. A., *Herstellung eines amphoteren Ionenaustauschharzes.* (**D. A. S. 1156236** Kl. 39c vom 12/12. 1955, ausg. 24/10. 1963. A. Prior. 13/12. 1954. — C. **1961**, 10696 [F. P. 1140490].)

1867 **Robert M. Mercier, Yoland P. P. Mayor** und **Dirk Bieselaar**, Paris, Frankreich, *Oxydieren von Ferro- zu Ferrisalzen.* (**A. P. 3077488** vom 12/3. 1959, ausg. 12/2. 1963. — C. **1963**, 640 [F. P. 1209068).)

1868 **W. R. Grace & Co.**, New York, N. Y., V. St. A., *Herstellung von SiO_2-Al_2O_3-Katalysatoren zum Cracken von Kohlenwasserstoffölen.* (**Niederl. P. 104070** vom 30/8. 1956, ausg. 15/3. 1963. A. Prior. 30/8. 1955. — C. 1961, 15151 [D. A. S. 1069582].)

H_2. Betriebsschutz, Feuerschutz

1869 **Grundlagen der wissenschaftlichen Theorie des Arbeitsschutzes in der Mineralölindustrie.** Karol Jahoda. (Nafta [Katowice] **19**, 42—45, 1963; pol.) — Kurze Einführung in das gesamte Gebiet des Arbeitsschutzes. K. Pluta 5930◇

1870 **Kohlenwasserstoff/Luft-Detonationen — Industrielle Aspekte.** I. Ginsburgh und W. L. Bulkley. (Chem. Engng. Progr. **59**, Nr. 2, 82—86, 1963; Whiting, Ind., American Oil Co.; engl.) — Ein Maß für die Detonationsfreudigkeit eines brennbaren Gases in Luft kann durch die sog. Detonations-Induktionsentfernung (DID) (Entfernung des Detonationsortes von der Zündquelle) gegeben werden. Mit Hilfe von Testrohren werden für verschiedene KW-Stoff/Luft (bzw. KW-Stoff/O_2/N_2)-Konzz. sowie auch für H_2- u. NH_3-Luft-Gemische die DID-Werte angegeben, wobei der Eingangsdruck variiert wurde. Mit Hilfe der DID-Werte, dem Rohrdurchmesser u. dem Molgew., wird — in Abhängigkeit vom Eingangsdruck — die Verbrennungs-Geschw. ermittelt. Der Einfl. des Druckes auf die DID-Werte ist im allg. gering. Weiterhin zeigte sich, daß bei einer Verbrennungs-Geschw. $> \approx$ 20 ft./sec. die DID-Werte sich kaum noch verändern. Es werden außerdem Betrachtungen über die Entstehung von Detonationen in großen Behältern angestellt. Wermann 5936◇

1871 **Brand- und Explosionsgefahren in Staubabscheideanlagen.** Gustav Kühnen. (Staub **23**, 92—94, 1963; Bonn, Staub-Forsch.-Inst. des Hauptverbandes der gewerblichen Berufsgenossenschaften; dt.) I. Köditz 5936△

1872 **Registrierende Signal-Apparatur für kontinuierliche Fernmessungen des Gefahrengrades von Explosionen in geschlossenen Objekten der Mineralölindustrie.** Zbigniew Jaszczewski, Ludwik Dobrzyniecki und Bolesław Wyżliński. (Nafta [Katowice] **19**, 32—38, 1963; pol.) — Erläuterungen über die Anwendung, Konstruktion sowie die gesammelten Erfahrungen beim Einsatz der Prototyp-App. ERW-1 zur Registrierung explosiver Gemische aus Dämpfen u. Gasen. Das Funktionsprinzip beruht auf der „Meth. der katalyt. Verbrennung". K. Pluta 5936◇

1873 **Vermeiden von Kohlenstaub-Verpuffungen durch Inertgasbetrieb.** A. Narjes. (Zement-Kalk-Gips **16(52)**, 357—63, 1963; Vorwohle; dt.) — Bes. gasreiche Kohlen verursachen beim Vermahlen zu Kohlenstaub leicht Verpuffungen. Die einzelnen Aggregate einer neuen Mahltrocknungsanlage wurden so aufeinander abgestimmt, daß in ölgefeuerten Heißgaserzeugern der Anlage nur eine Konz. von 8,5% zu erreichen ist. Nur ein Teil des Gases wird entstaubt. Unter diesen Voraussetzungen ergeben sich bei der Mahltrocknung mit Umluft Werte für die Luftüberschußzahl von n = 2,4, für die Temp. von ca. 1000° u. für die Mühleneintrittstemp. von 340°. H. Schumann 5936◇

1874 **Atmosphärische Verunreinigungen.** Paolo Armandola. (Chimica [Milano] **39**, 400—01, 1963; ital.) R. Kaiser 5942◇

1875 **Mögliche Gefahren der Einwirkung von Blei.** 1. Mitt. **Umgang mit Bleitetramethyl enthaltenden Treibstoffen und ihre Verwendung.** Robert A. Kehoe, J. Cholak, J. A. Spence und Wilson Hancock. (Arch. environmental Health **6**, 239—54, 1963; Cincinnati, Univ., Coll. of Med., Dep. of Preventive Med.; engl.) — Die Menge des in der Luft von Garagen vorhandenen, aus $Pb(CH_3)_4$ enthaltenden Brennstoffen stammenden Pb u. die Einw. auf den menschlichen Organismus (Blut, Urin) werden ermittelt. W. Wesly 5942◇

1876 **Mögliche Gefahren der Einwirkung von Blei.** 2. Mitt. **Weitere Untersuchungen über Herstellung, Umgang und Verwendung von Bleitetramethyl enthaltenden Brennstoffen.** Robert A. Kehoe, Jacob Cholak, James G. McIlhinney, G. A. Lofquist und Theodor D. Sterling. (Arch. enviromental Health **6**, 255—72, 1963; engl.) — 1. vgl. vorst. Referat. — Unterss. über die Einw. von Pb in der Luft, das aus $Pb(CH_3)_4$ enthaltenden Brennstoffen stammt, auf den menschlichen Organismus zeigen, daß die Wrkg. vernachlässigt werden kann. W. Wesly 5942◇

1877 **Untersuchungen über das brandtechnische Verhalten von brennbaren Stoffen.** 1. Mitt. **Alterungseffekte von Textilgeweben und Kunststoff-Folien durch Warmluftbehandlung unterhalb des Flammpunktes.** Wilhelm Jach. (VFDB-Z., Forsch. Techn. Brandschutz **11**, 132—36, 1962; Kiel, Schleswig-Holstein. Landesbrandkasse, Labor. für Brandursachenforsch. u. vorbeugenden Brandschutz; dt.) — Verschiedene Textilgewebesorten u. Kunststoffe, die bei der Herst. von Wärmegeräten Verw. finden, wurden auf die Veränderung ihrer materialtechn. Eigg. bei Temp.-Zeitbelastungen untersucht. Es ergab sich, daß die Eigg. von Textilfasern bei 110° erheblich, bei 135° sehr verschlechtert werden. Vf. empfiehlt, Textilien in Geräten nur einzusetzen, wenn die längerfristige Temp.-Belastung 100° nicht überschreitet u. Kunststoffe in derartigen Geräten nur einer Temp. von 70—80° auszusetzen. Die Aufstellung von Gütebedingungen für die verschiedenen Kunststofftypen wird für notwendig gehalten. S. Glempe 5944◇

H_3. Elektrotechnik

1878 **Zur Beständigkeit von elektroisolierenden Plasten gegenüber einem Lichtbogen.** Ss. N. Usstinow. (Plast. Massen [UdSSR] **1961**, Nr. 3, 37—39; russ.) — Die erforderlichen Eigg. für Plaste, die in Schaltanlagen verwendet werden u. dabei der Einw. eines Lichtbogens ausgesetzt sind, werden beschrieben. Es wird die Abhängigkeit der Beständigkeit gegenüber einem Lichtbogen von der chem. Struktur des Polymers, vom C-Geh. u. von anorg. Füllstoffen untersucht. Eine Prüf-Meth. der Beständigkeit von Isolationsmaterialien gegenüber einem Gleichstromlichtbogen großer Leistung wird beschrieben. S. Schischkin 5956△

1879 **Die direkte Erzeugung von Elektrizität aus der kinetischen Energie schnell bewegter elektrisch leitender Gase.** M. W. Thring und R. G. Siddall. (Advancement of Sci. **19**, 5—10, 1962; Sheffield, Univ. of Sheffield; engl.) — Beschrieben wird ein einfacher Generator (u. drei Abwandlungen), der auf dem Prinzip des Durchganges eines elektr. leitenden Gases (*Cs, K, Na* + Trägergas, 1000—3000°) mit erhöhter Geschw. durch ein Magnetfeld beruht. Der Wirkungsgrad solcher Generatoren liegt bei 50—60%. K. Jaeger 5990◇

1880 Oskar Scheffler, Berlin, **Herstellung von Kunstkohle,** bes. für *Kohle-* oder *Graphitelektroden.* Halbkokse, die > 13% flüchtige Bestandteile enthalten, werden auf eine Korngröße von 3 mm zerkleinert, unter Preßdruck eines Kolbens bei 800° gesintert u. anschließend in demselben Induktionsofen in einer tiefer liegenden Inertgaszone bei > 2500° graphitiert. Halbkokse mit < 25% flüchtigen Bestandteilen werden mit Bindemitteln gemischt. — Zeichnung. (**D. P.** [**DDR**] **14494** Kl. 21f vom 26/3. 1955, ausg. 24/3. 1958 [Wirtschaftspatent].) J. Bardeleben 5953

1881 Standard Telephones & Cables Ltd., London, England (Erfinder: Henly Frank Sterling und Frederick John Raymond), **Herstellung von reinen Halbleiterwerkstoffen,** z. B. Si, durch therm. Zers. der entsprechenden Hydride, z. B. *Silan.* Die Zers. wird in einem wassergekühlten Tiegel, z. B. aus *Ag,* in dem ein Saatkristall, z. B. aus Si, angeordnet ist, vorgenommen. Erhitzt wird durch Wirbelströme. Nach der Maßgabe des Kristallwachstums wird der Kristall in eine Zone inerten Gases, z. B. *Ar,* überführt. Den Hydriden können zur Zufügung bestimmter Fremdstoffmengen entsprechende flüchtige Verbb. zugemischt werden. — Vorrichtung. (**E. P. 882719** vom 6/1. 1958, ausg. 15/11. 1961.) F. Vier 5953

1882 Raytheon Co., V. St. A., **Herstellung von Halbleitern durch gleichzeitiges Legieren und Aufdampfen.** Auf einen Halbleiterkörper aus *Si* wird eine Fremdstoffpille aus einer *Sn–Sb-* oder *Sn–Bi-*Leg. aufgebracht u. in einer Schutzgasatmosphäre, z. B. *Ar,* in einem Quarzrohr *Al* verdampft, das Oberflächendiffusionsschichten auf dem Halbleiterkörper bildet. Auf diese Weise entsteht ein Halbleiter mit p-n-Übergängen. (**F. P. 1264804** vom 8/8. 1960, ausg. 20/10. 1961.) F. Vier 5953

1883 Libbey-Owens-Ford Glass Co., V. St. A., **Elektrischleitender Überzug auf Glas.** Auf einer Glasfläche wird durch Umwandeln von aufgespritzter Zinnchloridlsg. in SnO_2 ein leitender Film erzeugt. Die Stromzuführungen werden mittels einer Schmelzpaste [65(%) 1 g-Pulver, 7,8 Flußmittel, 18 organ. Bindemittel u. 8,54 Verdünnungsmittel], der auf 20 ml 0,8 g Sb oder 1 g Sb_2O_3 bzw. Sb_2S_3 zugesetzt sind, hergestellt. — 4 Abbildungen. (**F. P. 1157591** vom 21/9. 1956, ausg. 30/5. 1958.) J. Bardeleben 5953

1884 Siemens & Halske Akt.-Ges., Berlin und München (Erfinder: Heinz Grüß, Berlin), **Gießharzisolation für Hochspannungsgeräte.** Ein Schutzüberzug aus hochfluorierten C-Verbb., die als Emulsion oder als Lsg. aufgebracht u. nahe dem Kp. des Emulsions- oder Lsgm. getrocknet werden, wird durch kurze, die Gießharzisolation nur durch Bldg. einer dünnen Diffusionsschicht zwischen Überzug u. Gießharz verändernden Wrkg. eines Gas- oder Fl.-Stromes von erhöhter Temp. auf Sinter-Temp. gebracht u. gesintert. (**D. A. S. 1140617** Kl. 21c vom 7/8. 1959, ausg. 6/12. 1962.) H. Kessel 5957

1885 Willi Lehmann und Siegfried Wehner, Leipzig, **Isolation von Spulenkernen,** bes. Ringkernen. Die Kerne werden durch Tauchen mit einer Haut von Benzylcellulose oder Cellulosetriacetat an Stelle der Bandagierung versehen. (**D. P.** [**DDR**] **14573** Kl. 21g vom 8/2. 1955, ausg. 15/4. 1958 [Wirtschaftspatent].) J. Bardeleben 5957

1886 Evelyn Prikryl und Hans Winkler, Zwickau/Sa., **Gasdicht verschlossener Ni–Cd-Sammler.** Den elektrochem. akt. Elektrodenmassen wird ein Metalloxid oder ein leicht oxidbildendes Metall, das mehrere Wertigkeitsstufen besitzt, wie Mo, W oder V, zugesetzt. (**D. P.** [**DDR**] **14699** Kl. 21b vom 11/1. 1955, ausg. 12/6. 1958 [Wirtschaftspatent].) J. Bardeleben 5971

1887 Hans Winkler, Zwickau/Sa., **Aktivierung der positiven Elektroden alkalischer Sammler.** Die aus $Ni(OH)_2$ bestehende elektrochem. akt. Elektrodenmasse wird mit einer $CoSO_4$-Lsg. durchfeuchtet, anschließend mit NaOH oder KOH behandelt u. darauf mit W. gewaschen. Anstelle von NaOH oder KOH kann auch Na_2CO_3 verwendet werden. (**D. P.** [**DDR**] **14368** Kl. 21b vom 23/3. 1955, ausg. 17/2. 1958 [Wirtschaftspatent]. **Zusatz zu D. P.** [**DDR**] **8511; C. 1956, 13228.**) J. Bardeleben 5971

1888 VEB Grubenlampenwerke, Deutschland (Erfinder: Hans Winkler), **Gasdichter alkalischer Akkumulator.** In einem Ni–Cd-Akkumulator enthält die vorzugsweise aus Cd bestehende elektrochem. akt. Masse der negativen Elektrode 0,1—3% fein verteiltes Ni-Pulver, das sich im Innern der Elektrode durch Ionenaustausch mit einer Nickelsalzlsg. gebildet hat. Die positive Elektrode aus $Ni(OH)_2$ wird durch ein Co-Salz aktiviert u. enthält außerdem 0,01—1% Cd. Außerdem enthalten die Elektroden feinpulveriges Polystyrol oder Polyamid u. zum Absorbieren des Elektrolyten 1% Silicagel, Gelatine, Na-Carboxymethylcellulose, regenerierte Cellulose oder Polyvinylalkohol. (**F. P. 1199307** vom 27/1. 1958, ausg. 14/12. 1959.) J. Bardeleben 5971

1889 Waldfried Schubert, Coswig, Bez. Dresden, und Hans Winkler, Zwickau/Sa., **Scheider für galvanische Sekundärelemente mit löslicher Elektrode.** Vulkanfiber wird mit unlösl., elektrochem. indifferenten, nichtleitenden Stoffen, vorwiegend Oxiden, Hydraten, Oxidhydraten, z. B. $Mg(OH)_2$, imprägniert. (**D. P.** [**DDR**] **15371** Kl. 21b vom 26/5. 1955, ausg. 25/9. 1958 [Wirtschaftspatent].) J. Bardeleben 5971

1890 Jean Lagreraudie und René Giequel, Frankreich, **Thermoelemente aus mit J_2 dotiertem Bi_2Te_3.** 4,18 (g) Bi u. 0,127 J_2 werden in einem Rohr im Vakuum oder Schutzgas 10 Min. bei 300° erhitzt. 4,307 dieser Mutter-Leg. werden mit 37,62 Bi u. 38,15 Te wie vorst. 15 Min. bei 625° erhitzt; Abkühlzeit jeweils 30 Minuten. (**F. P. 1161521** vom 5/10. 1956, ausg. 1/9. 1958.) J. Bardeleben 5971

1891 Westinghouse Electric Corp., East Pittsburgh (Erfinder: Robert Schneeberger, Pittsburgh), Pa., V. St. A., **Emissionselektrode für elektrische Entladungsröhren,** die Elektronen auf einer Seite emittiert, wenn sie auf der anderen mit Elektronen beschossen oder bestrahlt wird. besteht aus einer für Elektronen oder Bestrahlung durchlässigen Schicht aus leitendem Material u. einer Emissionsschicht aus schwammigem Isolierstoff mit einer Dichte, die sehr klein ist gegenüber der des Isolierstoffs in kompakter Form. (**D. A. S. 1138482** Kl. 21g vom 7/3. 1961, ausg. 25/10. 1962. A. Prior. 11/3. 1960.) H. Kessel 5975

1892 Kurt Richter, Berlin, **Glühkathode für Hochvakuum- oder gasgefüllte Entladungsgefäße.** Die Kathode besteht aus einem porösen Metallkörper, z. B. aus W, Mo, Re oder Ni, der ein hochschm. Red.-Mittel, wie Ti, Hf, Zr oder Th, sowie eine die Poren ausfüllende Erdalkali-Verb. enthält. Vor dem Einbau wird der Kathodenkörper durch therm. u. elektr. Behandlung aktiviert. (**D. P.** [**DDR**] **14438** Kl. 21f vom 27/4. 1955, ausg. 10/3. 1958 [Wirtschaftspatent].) J. Bardeleben 5975

1893 Radio Corp. of America, New York, N. Y. (Erfinder: Robert William Etter, Lititz, Pa.), V.St.A., **Indirekt geheizte Kathode für elektrische Entladungsröhren.** Der kataphoret. gewonnene Überzug des Heizdrahtes enthält außer Al_2O_3 je 0,7—3,0% der Oxide von mindestens 2 der Elemente Ti, V, Cr, Mn, Fe, Co, Ni, Zr, Mo, Rh, W u. Ta. Al_2O_3 kann ganz oder teilweise durch B_2O_3 ersetzt sein. (**D. A. S. 1126520** Kl. 21g vom 9/4. 1959, ausg. 29/3. 1962. A. Prior. 29/4. 1958.) H. Kessel 5975

1894 Comp. Industrielle Française des Tubes Électroniques Soc. An., Courbevoie (Erfinder: Pierre Oscar Kahn, Puteaux), Frankreich, **Elektronenröhre** mit innen verspiegelter Wandung aus Glas, Keramik oder Metall, bei der sich die Elektroden in einer topfartigen Anode befinden. Die Außenfläche der Anode ist verspiegelt. (**D. A. S. 1135581** Kl. 21g vom 30/1. 1961, ausg. 30/8. 1962. F. Prior. 15/2. u. 28/10. 1960.) H. Kessel 5975

1895 Texas Instruments, Inc., Dallas, Tex. (Erfinder: Frederick Christian Ochsner und Edwin Acheson Miller, Attleboro, Mass.), V. St. A., **Anode für elektrische Entladungsröhren.** Zur Herst. dient ein mehrschichtiges Verbundmetall, dessen Cu-Kernschicht (Stärke < 40% der Gesamtstärke) beiderseits Stahl- u. darüber Al-Schichten trägt. (**D. A. S. 1131815** Kl. 21g vom 20/8. 1960, ausg. 20/6. 1962. A. Prior. 10/9. 1959.) H. Kessel 5975

1896 Pittsburgh Plate Glass Co. (Erfinder: William Orland Lytle), **Transparente, elektrisch leitende Teile für Kathodenstrahlröhren,** bestehend aus einem elektr. nicht leitenden transparenten Grundstoff, bes. Glas, mit darauf in Abständen aufgebrachten Streifen aus transparentem, elektr. leitendem bzw. schlecht oder nicht leitendem Material (SnO_2, In_2O_3, CdO, Sb_2O_3, TiO_2, SiO_2, ZnO oder Gemische aus SnO_2 u. ZnO oder B_2O_3, aus SnO_2 u. CoO oder aus SnO_2 u. TiO_2), wobei die Zwischenräume zwischen den Streifen mit bloßem Auge nicht sichtbar sein sollen. — Zeichnungen. (**Aust. P. 228286** vom 9/12. 1958, ausg. 9/6. 1960. A. Prior. 19/12. 1957.) K. Demmler 5975

1897 Hans Schulz, Joachim Lesche, Walter Bludau, Gera, und Erika Kramer, Ronneburg, **Elektrolyt für Kondensatoren.** Als Lsgm. für den Grundelektrolyten bzw. für die Herst. des Grundelektrolyten werden ungesätt. Alkohole, wie Allylalkohol, oder ungesätt. Glykole, mehrfach ungesätt. Alkohole oder auch Mischungen der genannten Alkohole untereinander u./ oder ein oder mehrere dieser Alkohole mit anderen bekannten Lsgm. verwendet. Die ungesätt. Alkohole werden vollständig oder teilweise mit H_3BO_3 verestert. (**D. P. [DDR] 16132** Kl. 21g vom 26/6. 1955, ausg. 31/12. 1958 [Wirtschaftspatent].) J. Bardeleben 5983

1898 Franz Bandel und Erich Trübner, Hettstedt, **Heizelement mit einem Widerstandskörper aus Glas für elektrische Öfen.** Eine reaktionsträge Masse, die z. B. aus 50(%) SiO_2, 20—30 Na_2O, 10—30 Al_2O_3 + TiO_2 u. bis 10 sonstigen Zusätzen unter Ausschluß von Zn besteht, ist in einer flachen Wanne untergebracht, die schubkastenartig im Ofen angeordnet ist. — 3 Zeichnungen. (**D. P. [DDR] 14373** Kl. 21h vom 5/8. 1955, ausg. 27/2. 1958 [Wirtschaftspatent].) J. Bardeleben 5991

1899 Magneto-Chemie N. V., Niederlande, **Herstellung von Metallmischoxiden** durch Elektrolyse von Metallsalz-Lsgg. oder Gemischen dieser in einer mit einem Diaphragma ausgerüsteten Elektrolyse-Zelle. Als Elektrolyt wird z. B. eine 7%ig. Na_2SO_4-Lsg. verwendet; die Anode besteht aus platiniertem Ti, die Kathode aus nicht oxydierbarem Fe. Bevor die zu fällende Metall–Salz-Lsg. in die Zelle eingebracht wird, wird kurze Zeit mit 10 A elektrolysiert. In den Anodenraum wird ein Gemisch aus Cu- u. Mn-Oxid in dem Mischungsverhältnis, in dem die Fällung erwünscht ist, eingebracht. In den Kathodenraum wird 1 Liter einer Lsg. von 350 g $MnSO_4$ u. 30 g $CuSO_4$ eingefüllt. Man elektrolysiert bei 80° 4 Std. mit 30 A je Stunde. Das im Kathodenraum gebildete Oxidgemisch enthält 90% Mn u. 10% Cu, als Metall berechnet. Zur gleichen Zeit hat sich im Anodenraum eine Lsg. von 350 g $MnSO_4$ u. 30 g $CuSO_4$ gebildet, welche von neuem verwendet werden kann. Das Prod. eignet sich als *Depolarisator* in Primärzellen. — Weitere Beispiele. (**F. P. 1227544** vom 5/5. 1959, ausg. 22/8. 1960. Niederl. Prior. 5/5. 1958.) W. Wittholz 5993

H_4. Wasser, Abwasser

1900 **Die maximale Leistung von Elektrodialysezellen.** F. L. Tye. (Trans. Instn. chem. Engr. **41,** 72—83, 1963; London, The Permutit Co., Ltd.; engl.) — Bei der elektrodialyt. Entsalzung von Brackwasser kann die Leistung durch Erhöhung der Stromdichte gesteigert werden. Dieser Erhöhung sind durch Ionentransport- u. Diffusionswiderstand u. dem Verhältnis der Salzkonzz. im Zu- u. Ablauf Grenzen gesetzt. Durch mehrere Spannungsstufen u. durch Einstellung eines optimalen Konz.-Verhältnisses durch entsprechenden Rücklauf läßt sich die Leistung pro Zelle erhöhen. Zur Errechnung der maximalen Leistung unter Zugrundelegung der beschriebenen 3 Meth. der Rücklaufführung (Einfachmischtank-, Doppelmischtank- u. Umpumpverf.), mehrerer Spannungsstufen u. Mehrzellensyst. werden die erforderlichen mathemat. Gleichungen entwickelt. R. Truckseß 6028◇

1901 **Gesichtspunkte und Erfahrungen einer Flußüberwachungsbehörde.** C. Lumb. (Chem. and Ind. **1963,** 1377—81, engl.) — Aus der Praxis der Überwachungsbehörde erörtert Vf. die Probleme, die sich aus quant. großen u. qual. vielgestaltigen Schmutzbelastungen eines Flußlaufes in einem dicht besiedelten engl. Industriegebiet ergeben. Die Abwässer werden — wenn überhaupt — vor Einleitung in den Fluß nur mechan. behandelt. Durch die verbleibende Schmutzlast aus gelösten, kolloidalen u. suspendierten Inhaltsstoffen wird das Selbstreinigungsvermögen des Flusses minimal oder völlig ausgeschaltet. Die bei der geltenden Rechtslage möglichen behördlichen Anforderungen u. Auflagen an Abwasserproduzenten gewährleisten keinen ausreichenden Gewässerschutz. M. Bittmann 6038◇

1902 **Technische Durchführung der Polyacrylamidgewinnung in der Jassinower kokschemischen Fabrik.** A. A. Filippow, Ss, G. Faingold und L. G. Aisenberg. (Koks u. Chem. [UdSSR] **1960,** Nr. 10, 7—9; russ.) — Vff. beschreiben die Herst. von *Polyacrylamid* als dem besten Koagulationsmittel für das Klären von *Abwasser* in kokschem. Fabriken. Acrylamid (**I**) wird durch Verseifung von Acrylonitril in Ggw. von H_2SO_4 hergestellt. H_2SO_4 wird aus der erhaltenen **I**-Lsg. mit Kalkmilch entfernt. Die Polymerisation von **I** geht in Ggw. der Initiatoren $Na_2S_2O_4$, $K_2S_2O_4$ u. $(CH_2OHCH_2)_3N$ vor sich. K. Wekua 6042□

1903 **Untersuchungen über die Behandlung von Gerbereiabwasser.** 3. Mitt. **Einflüsse chemischer Behandlungen.** Harukazu Toyoda, Tetsuo Yarisawa, Akira Futami und Masayoshi Kikkawa. (Nihon Hikaku Gijutsu Kyokai-Shi [Bull. Jap. Assoc. Leather Technol.] **8,** 79—92, 1963; Tokyo, 7. Dep. of Gov., Chem. Ind. Res. Inst.; jap., Auszug: engl.) — Der Reinigungseffekt chem. Behandlungen (Belüftung, Oxydation mit $CaOCl_2$, Koagulation mit Säuren, Basen, organ. u. anorgan. Verbb.) auf Gerbereiabwässer wird untersucht. Die Ergebnisse zeigen, daß von allen Behandlungen die Fällung mit $Ca(OH)_2$ bei pH = 11,5 sowie die Fällungen mit $FeCl_3$ u. Al-Alaun bei weitem am wirksamsten sind. H. G. Fröhlich 6042◇

1904 **Untersuchungen über die Behandlung von Gerbereiabwässern. 4. Mitt. Eisen(III)-chlorid-Behandlung.** Harukazu Toyoda, Tetsuo Yarisawa, Akira Futami und Masayoshi Kikkawa. (Nihon Hikaku Gijutsu Kyokai-Shi [Bull. Jap. Assoc. Leather Technol.] **8,** 123—35, 1963; jap., Auszug: engl.) — 3. vgl. vorst. Referat. — $FeCl_3$-Lsg. kann über einen weiten pH-Bereich eingesetzt werden. Die Wirksamkeit wird durch Rühren während u. nach der Zugabe beeinflußt u. ist abhängig von der Art der zur Neutralisation verwendeten Säure oder Lauge. Die erforderliche Menge an $FeCl_3$-Lsg. steigt mit dem Geh. des Abwassers an Gerbstoff, Sulfid, Protein u. a.; Chromsalze u. Protein-Zers.-Prodd. sind nach dieser Meth. nur unvollständig zu fällen. Chromsalze können durch zusätzliche Alkalibehandlung entfernt werden. Dagegen lassen sich Eiweiß-Zers.-Prodd. auf chem. Wege nicht, wohl aber durch biolog. Behandlung wirksam beseitigen. F. Schade 6042◇

1905 **Der Einfluß von Spurenelementen auf die Erschöpfung von Rieselfeldern.** Gustav Rohde. (J. Proc. Inst. Sewage Purificat. **1962,** 581—85; Berlin, Humboldt-Univ.; engl.) — An Bodenproben wurde der Einfl. folgender Faktoren auf die Ertragserschöpfung von mit städt. Abwasser berieseltem Boden untersucht: Organ. Bestandteile, pH-Wert, Einfl. von Ca, Mg, K, Na, P_2O_5 sowie der Konz. der Spurenelemente Mn, Fe, B, Mo, Cu, Zn, Co, Cd, Ba, Pb, Ag, Ti. Sowohl in Berlin als auch in Paris scheint die Erschöpfung der Rieselfelder vornehmlich auf zu hohen Cu- u. Zn-Konzz. im Boden zu beruhen. B. Franz 6044◇

1906 **Die Trocknungscharakteristiken von verschiedenen Klärschlämmen.** P. Coackley und R. Allos. (J. Proc. Inst. Sewage Purificat. **1962,** 557—64; Manchester University, England, Dep. of Municipal Engng., Fac. of

Technol.; engl.) — Vortrag u. Diskussion anläßlich einer Veranstaltung des North Western Branch in Manchester am 21. Febr. 1962. Bei der Trocknung auf Trokkenbeeten wird den Klärschlämmen gewöhnlich mehr W. durch Verdunstung als durch Drainage entzogen. Die die Verdunstung hauptsächlich beeinflussenden Faktoren werden untersucht. Die verschiedenen Schlämme verhielten sich bei der Drainage sehr unterschiedlich, dagegen in der Verdunstungsgeschw. etwa gleich. Die Ergebnisse weisen auf 4 verschiedene Wasser-Syst. hin: a) freies oder drainierbares W.; b) Kapillarwasser; c) in Flocken oder Teilchen eingeschlossene Feuchtigkeit; d) chem. gebundenes Wasser. W. der Art b) u. c) kann nur durch Verdunstung entzogen werden. B. Franz 6048◇

1907 **Das Verhalten radioaktiver Isotope in der Abwasserkanalisation.** N. T. Mitchell, K. R. Brendish und G. E. Eden. (J. Proc. Inst. Sewage Purificat. **1962,** 586—91, Stevenage, Water Pollution Res. Labor.; engl.) — Isotope von Elementen, die normalerweise in Abwässern enthalten sind, wie ^{24}Na, ^{32}P, ^{35}S u. ^{131}J, werden in der Kanalisation kaum zurückgehalten. Dagegen neigen Isotope von Elementen, die in Abwässern normalerweise abwesend oder in unlösl. Form vorliegen, z. B. ^{51}Cr, ^{60}Co, ^{198}Au, zur Retention. Eine Sonderstellung nimmt ^{137}Cs ein. Auf Grund seiner sehr geringen Adsorbierbarkeit an Schlamm oder biolog. Filmen eignet sich ^{82}Br-Bromid bes. als Tracer. B. Franz 6050◇

1908 **Natürliche Radioaktivität im Grundwasser.** Werner N. Grune. (Water Sewage Works **108,** 409—11, 449 bis 452, 1961; **109,** 25—29, 1962; Atlanta, Ga., Inst. of Technol., School of Civil Engng.; engl.) — Überblick über Geräte, Ausrüstungen u. Meth. für den Nachweis u. die Analyse natürlich vorkommender Radioisotope sowie die Ergebnisse der Unterss. in Maine u. New Hampshire. H. Völz 6060◇

1909 **Die kontinuierliche Messung der Wasserradioaktivität.** Jan Pazderník und Adolf Mansfeld. (Vodni Hospodářství **13,** 105—07, 1963; tschech.) — Die maximale β-Radioaktivität von Trinkwasser beträgt $5{,}3 \cdot 10^{-12}$ c/Liter. Weil die β-Strahlen ein schwaches Durchdringungsvermögen haben, kann man direkte Messungen nicht ausführen. Die aufgelösten u. suspendierten Stoffe im W. werden konzentriert. Die App. von Frieseke & Hoepfner hat eine Empfindlichkeit von $1{,}92 \cdot 10^{-12}$ c/Liter, die für die Trinkwassermessungen genügend ist. V. Kolář 6060◇

1910 **Die Peroxidbestimmung im Wasser.** Helena Kalhousová. (Vodní Hospodářství **13,** 108—09, 1963; tschech.) — Eine einfache u. schnelle colorimetr. Meth. zur Na_2O_2-Best. im W. mit Hilfe von $TiCl_4$ wird beschrieben. V. Kolář 6060◇

1911 **Bakteriologische Untersuchung von Haushaltswässern aus Vorratsbehältern in Rom.** A. D'Arca, L. Sebastiani und V. Lionetti. (Nuovi Ann. Igiene Microbiol. **11,** 507—18, 1960; Rom, Univ., Ist. di Igiene „G. Sanarelli"; ital.) — In Rom sind noch in vielen Häusern Wasservorratsbehälter in Gebrauch. 31 Proben aus diesen Behältern werden im Vgl. zu fließendem W. untersucht. Von über 200 Proben enthalten 86,5% freies Cl_2 in Geh. zwischen 0,01 u. 0,06 mg/Liter. B. Franz 6064◇

H_5. Anorganische Industrie

1912 **Anwendung von Radioisotopen zur Untersuchung der Chlor-Alkali-Elektrolyse.** Shigeru Mizumo. (Bull. Tokyo Inst. Technol. **1961,** 53—67, engl.) — Mit Hilfe von ^{203}Hg entwickelt Vf. eine neue Meth., bei der die Elektrolyse mit einer Hg-Strahlelektrode ausgeführt wird. Hg tritt mit großer Geschw. durch Kapillardüsen aus nichtleitendem Material aus. Es wird eine 100 A-Zelle mit 40 Düsen vom Durchmesser 0,8 mm (Hg-Fluß-Geschw. von 50—80 cm/s; Kathodenstromdichte von 300—700 A/dm²) beschrieben. Mit dieser Meth. kann konz. Seewasser, das einen Überschuß von Verunreinigungen enthält, mit hoher Stromausbeute direkt elektrolysiert werden. U. Drehmann H 247◇

1913 **Betrieb für die Herstellung von Schwefelsäure aus Pyrit und Schwefel.** Milan Bulička. (Chem. Průmysl **13 (38),** 113—16, 1963; Přerov, Morav. chem. závody n.p.; tschech.) — Verfahrens- u. Konstruktionsbeschreibung der Herst. von H_2SO_4 aus Pyrit u. aus S. — S wird nach dem Schmelzen filtriert, in trockener Luft verbrannt (Feuchtigkeit ca. 0,1 g H_2O) u. das Gas in Wärmeaustauscher auf 150° abgekühlt. u. mit trockener Luft auf 7,5% SO_2 verdünnt. J. Tůmová H 253◇

1914 **Untersuchung des Einflusses von Luftblasen auf die Körnung und das Wachstum von Calciumsulfatausscheidungen auf einer Wärmeübergangsoberfläche.** D. R. Golightly und E. R. McCartney. (Trans. Instn. chem. Engr. **41,** Nr. 5, chem. Engr. Nr. 169, CE 170 bis CE 175, CE 183, 1963; Kensington, New South Wales, Univ. of New South Wales, School of Chem. Engng.; engl.) — In einer ausführlich beschriebenen App. untersuchten Vff. den Einfl. von Luftblasen auf die Körnung u. das Wachstum von $CaSO_4$ (**I**) aus wss. **I**-Lsgg. auf einer Metalloberfläche (Cu), die auf 212°F erhitzt wurde. G. Gattow H 253◇

1915 **Zerkleinerung und Klassierung von Kalirohsalzen.** Gerhard Beyer. (Freiberger Forsch.-H., Reihe A **291,** 25—47, 1963; Dorndorf/Rhön; dt.) — An Hand von Fließbildern werden die verschiedenen Möglichkeiten der Kombination von Mahl- u. Siebanlagen zur Aufbereitung der Rohsalze diskutiert. F. Rosendahl H 275△

1916 **Beiträge zum Schlammproblem der Kaliindustrie des Südharzes.** 1. Mitt. Heinz Schnabel. (Bergakademie [Freiberg] **15,** 478—82, 1963; Sondershausen, Zentr. Forsch.-Stelle für die Kaliind.; dt.) — Vf. berichtet über Verss. zur Verw. von synthet. makromol. Flockungsmitteln. Bes. geeignet ist Polyacrylamid, das als Klärmittel bei der Bekämpfung der durch Primärschlämme hervorgerufenen Schlammeinbrüche eingesetzt werden kann. Die für die Kaliwerke des Südharzes bes. interessanten Tonmineralien werden kristallopt. untersucht; Hauptbestandteil ist ein durch Calcit verunreinigter Chloritglimmer, der geringe Beimengungen von Magnesit, Boracit, Kaolinit u. Allophan enthält. D. Zobel H 275

1917 **Filtrationsprobleme in der Kaliindustrie.** 1. Mitt. Jürgen Steussloff. (Bergakademie [Freiberg] **15,** 471—77, 1963; Sondershausen, Zentr. Forsch.-Stelle für die Kaliind.; dt.) — Nach einer kurzen Darst. der Filtrationsprobleme in der Kaliindustrie (Schlammfiltration mit Scheibenfiltern, Rückstandsfiltration mit Planfiltern, Kristallisatfiltration mit Trommelfiltern) geht Vf. auf die Arten der Zwischenraum-Fl., das Verh. der Zwischenraum-Fl. unter der Einw. äußerer Kräfte sowie auf die Anwendbarkeit verschiedener Filtrationsgleichungen im Zusammenhang mit den Filtrationsproblemen der Kaliindustrie ein. D. Zobel H 275

1918 **Einige Vorschläge zur Verbesserung der Vakuumkühlung in der Kaliindustrie.** Hans Liebisch und Georg Ende. (Freiberger Forsch.-H., Reihe A **291,** 49—61, 1963; Dresden; dt.) — Nach Darlegung der physikal. Grundsätze einer guten Konstruktion von Verdampfern u. Mischkondensatoren werden die verschiedenen Möglichkeiten des Umbaus bestehender Kühlanlagen erörtert. F. Rosendahl H 275△

1919 **Die Trocknung von Kaliumsulfat und Bittersalz mit Stromtrocknern.** Kurt Bornkessel. (Freiberger Forsch.-H., Reihe A **291,** 63—71, 1963; Merkers/Rhön; dt.) — Es werden die mathemat. Grundlagen zur Berechnung von Lufttrocknern behandelt, bei denen warme Luft oder Verbrennungsgase als Trocknungs- u. Fördermittel dienen. Konstruktionen für solche Anlagen werden beschrieben, wobei der Trockner für K_2SO_4 mit Unterdruck u. der für $MgSO_4$ mit Überdruck arbeitet. Die App. haben einen hohen therm. Wirkungsgrad, da die Wärmeverluste nur 8% betragen. F. Rosendahl H 275△

1920 **Gewinnung von Beryllium hoher Reinheit nach der Chloridmethode.** I. Je. Wilkomirski, G. F. Ssilina, A. Ss. Berengard und W. N. Ssemakin. (Atomenergie [UdSSR] **11,** 233—39, 1961; russ.) — BeO mit höchstens

0,006% Schwermetallbeimengungen u. mindestens 28% *Be* wird unter Zugabe von Dextrin zu Briketts gepreßt, bei 200° getrocknet, bei 600° geglüht, danach mit techn. CCl_4 bei optimal 650—700° chloriert (25 g CCl_4/Min). Das erhaltene $BeCl_2$ enthält nur geringe Beimengungen (Fe, Al, Si, Ni, Mn, Cu — 0,0002—0,03%) u. einen wasserunlösl. Rückstand (0,01—0,1%). Als Kondensatormaterial sind Ni u. Legg. auf Ni-Basis am stabilsten. Ofen u. Kondensatoren werden im N_2-Strom erhitzt. Der Kondens.-Grad von $BeCl_2$ beträgt 97,8%, die Ausbeute an Be 85,7%, bei Verarbeitung der Abfälle bis 96%. Durch Elektrolyse von $BeCl_2$ in Ggw. von chem. reinem NaCl wird Be gewonnen: glänzende Dendrite, die mit W., 1%ig. NaOH, 4%ig. HNO_3, zuletzt A. gewaschen werden u. 99,94—99,97% Be enthalten. Das Umschmelzen erfolgt im Vakuum. Verss. lassen die Möglichkeit einer Kombination beider Prozesse (Chlorieren u. Elektrolyse) erkennen. A. v. Wilpert 4281□

1921 **Untersuchung einiger physikalischer Prozesse bei der Carbidfabrikation mit Hilfe von radioaktiven Isotopen.** Fl. Bunuş und M. Popescu. (Rev. Chim. [Bucureşti] **13,** 601—03, 1962; rum.) H. Völz H 283◇

1922 **Die Gewinnung einer hochwertigen Tonerde (Marke GO und GOO) bei der Verarbeitung von Nephelingesteinen.** B. Ch. Schwarzman und N. Ss. Wolkowa. (Nichteisenmetalle [UdSSR] **34,** Nr. 2, 61—65, 1961; russ.) — Bei der Verarbeitung von Nephelingesteinen ist die Gewinnung von hochwertiger Tonerde durch Ausscheidung von Hydroxid durch eine Einzel- oder eine kombinierte Meth. möglich. Die vollständigste Ausscheidung wird mit einer Erhöhung des SiO_2-Moduls der Lsg. nicht unter 550 erzielt. Da das bei einer 100%ig. Zers. der Lsg. ausgeschiedene $Al(OH)_3$ nicht als Ausgangsmittel benutzt werden kann, muß in dem technolog. Schema die Verarbeitung der gesamten Lsg. durch die kombinierte Meth. erfolgen. In diesem Falle wird ein Teil der Mutterlsg. zur Auslaugung des Nephalins, ein anderer Teil zur Vorbereitung der Beschickung u. ein dritter zur Carbonisation bis zur vollständigen Ausscheidung der Tonerde in den Nd. verwendet. Der Nd. enthält dann eine bedeutende Menge SiO_2 u. $Al_2O_3 \cdot Na_2O \cdot 2CO_2 \cdot 5H_2O$. — 12 Literaturangaben. H. Hochstein H 294◇

1923 **Ein Verfahren zur Zersetzung eines Alkali-Calciumniederschlages, der beim Prozeß der Nephelinverarbeitung auf hydrochemischem Wege erhalten wird.** M. G. Manweljan, A. G. Ssajadjan, A. A. Abramjan, Dsh. A. Mikajeljan und E. Je. Kapjanzjan. (Nichteisenmetalle [UdSSR] **34,** Nr. 2, 56—61, 1961; russ.) — Eine Regeneration der Lauge aus dem Autoklaven-Nd., der bei der hydrochem. Verarbeitung der Uskursker Nephelin-Syenite nach der Ponomarew-Isashin-Meth. (C. **1958,** 10178) anfällt, kann durch Carbonisation der Trübe aus dem Fällprod. u. W. oder einer Sodalsg. verwirklicht werden. Bei der Carbonisation zersetzt sich der Autoklaven-Nd. ($Na_2 \cdot 2CaO \cdot 2SiO_2 \cdot 2H_2O + CO_2$) vollständig nach einem angeführten Schema. Der carbonisierte u. gewaschene Nd. besteht aus einem homogenen Gemisch aus $CaCO_3$, Silicagel u. den Ausgangsbeimengungen. Durch Carbonisation der wss. Trübe des Autoklaven-Nd. kann man einen Auszug von 90% Na_2O in die Lsg. bei einem Fl.-Fest-Verhältnis von (3,3—4) : 1 u. einer Dauer von 60 Min. erzielen. Die Na_2O-Konz. im Filtrat beträgt hierbei 30 g/Liter. Der Autoklaven-Nd. kann man in einer Soda-Lsg. (Konz. 30 g/Liter Na_2O) bei einem Fl.-Fest-Verhältnis von 4 : 1 ohne Erwärmung in 60 Min. carbonisieren. Hierbei beträgt der Na_2O-Auszug 90—96%. Die Konz. des erhaltenen Filtrats ist 60 g/Liter Na_2O. Die von der Carbonisation der wss. Suspension des Autoklaven-Nd. erhaltenen Filtrate u. Waschwässer können zur Behandlung neuer Mengen von Autoklaven-Nd. verwendet werden. Der SiO_2-Höchstgeh. (1,5 g/Liter) in den Lsgg. behindert nicht den Regenerationsprozeß der Lauge auch bei wiederholter Benutzung der Lsg., deren Zus. sich bezüglich des SiO_2-Geh. fast nicht verändert. Die bei günstigsten Behandlungsbedingungen des Autoklaven-Nd. erhaltenen Trüben lassen sich leicht läutern, filtrieren u. auswaschen. H. Hochstein H 294◇

1924 **Einige Besonderheiten im Charakter des Temperatureinflusses bei der Reduktion von Titantetrachlorid mit Natrium.** A. I. Woinitzki, O. W. Perfiljew, W. A. Pjankow und R. A. Ssandler. (J. angew. Chem. [UdSSR] **34,** 1351—54, 1961; Allunions-Aluminium-Magnesium-Inst.; russ.) — Die Temp.-Zeit-Abhängigkeit der Rk. $TiCl_4 + Na = 4NaCl + Ti$ wurde in einem großen Reaktor mittels 18 Thermoelemente in 5 Temp.-Zonen untersucht. $TiCl_4$ wurde kontinuierlich mit großer Geschw. zugegeben, Na period. in fl. Form (bei 150°) nach 95—98%ig. Umsatz der vorherigen Na-Portion. Bei Na-Überschuß verläuft die Rk. in bedeutendem Maße in der Gasphase mit der maximalen Temp. über dem Schmelzbad. Löst sich das Na im bei der Rk. entstehenden NaCl, so verläuft die Rk. hauptsächlich in der Schmelze. Die Temp.-Kontrolle der Red.-Rk. mittels an der Außenwand des Reaktors angebrachter Thermoelemente erlaubt eine wesentliche Steigerung seiner Produktivität. H.-J. Lunk H 321◇

1925 **Thermodynamik der Reduktion von Urantetrafluorid durch Calcium.** N. P. Galkin, U. D. Werjatin und Ju. W. Smirnow. (Atomenergie [UdSSR] **11,** 257—60, 1961; russ.) — Auf Grund von Berechnungen der physikal.-chem. u. thermodynam. Daten (Wärmeeffekt, freie Energie, Gleichgew.-Konst.) für die Rk. $UF_4 + 2Me = U + 2MeF_2 + Q$ ist zu ersehen, daß ab Kp. 1417° von UF_4 u. Kp. 1690° von Ca der Wärmeeffekt der Rk. scharf ansteigt. Thermodynam. berechnet sich die Temp. der Red. von UF_4 mit Ca auf 2100°; gemessen wurden 2000°. Da diese Temp. den F. der Schlacke (1418°) weit übersteigt, muß beim therm. Prozeß mit Ca die Charge nicht vorerhitzt werden. A. v. Wilpert H 339□

1926 **Auflöseerscheinungen durch Spülversatzlaugen in carnallitischen Feldesteilen des Südharz-Kalibergbaues.** Dietrich Fulda. (Bergakademie [Freiberg] **15,** **448**—55, 1963; Sondershausen, Zentr. Forschungsstelle für die Kaliind.; dt.) — Vf. schlägt zur Verringerung der Auflösung die Verspülung mit $MgCl_2$-reicher Spüllauge, die Verkürzung der Verweilzeit der Spüllauge im Abbau sowie die Vermeidung von Spüldämmen oder Laugenbecken im Bereich des Carnallits vor. D. Zobel 6148

1927 **Verarbeitungsverfahren für Mischrohsalze in der Kaliindustrie.** Kurt Körber. (Bergakademie [Freiberg] **15,** 455—60, 1963; Merkers, Kalikombinat „Werra"; dt.) — Vf. gibt einen Überblick über die Löse-Verff., die zur Verarbeitung von Mischsalzen mit geringen bzw. hohen carnallitischen Beimengungen dienen. Ferner werden neben der Flotation die Dichtesortierung sowie die elektrostat. Abtrennung von Carnallit aus Mischrohsalzen nach Autenrieht behandelt. D. Zobel 6148

1928 **Verarbeitung von gemahlenem Kalkstein auf der Watauga-Grube der Watauga-Stone-Co., Cater-County, Tennessee** H. L. Riley und H. J. Schroeder. (US. Dep. Interior, Bur. Mines, Inform. Circ. **1963,** Nr. 8198 1—21, Knoxville, Tenn., u. Washington, D. C., Bur. Mines; engl.) F. Rosendahl 6148△

1929 **Methoden und Kosten der Aufbereitung und einer Versuchsanlage zur Verarbeitung eines ilmenithaltigen Sandes der Lakehurst-Mine der Glidden Co., Ocean-County N. J.** Richard Quirk und N. A. Eilertsen. (US. Dep. Interior, Bur. Mines, Inform. Circ. **1963,** Nr. 8197 1—68, Jackson, N. J., The Glidden Co. u. College Park, Md., Bur. Mines, Mineral Resource Office; engl.) F. Rosendahl 6148△

1930 **Untersuchungen über die Oxydation von Pyriten.** 1. Mitt. **Analyse des Pyrits von Abuta, Japan.** Hiroo Sasuga. (J. chem. Soc. Japan, ind. Chem. Sect. [Kōgyō Kagaku Zasshi] **63,** 934—37, 1960; Tôkyô-Daigaku, Kôgakubu, Ôyô-Kagakuka; Jap., Auszug: engl. S. A 51.) — Der Pyrit aus der Mine Abuta (Hokkaidô/Japan) oxydiert sehr leicht u. verbrennt oft spontan. Das Erz enthält 1,98—2,05 Mol S auf 1 Mol Fe, höchstens 10% des FeS_2 im Erz liegen als Markasit vor. Die Kristalle des Abuta-Pyrits sind im Vgl. zu denen von Pyriten aus anderen Minen in Japan nicht genügend entwickelt, worauf offenbar seine leichte Oxydierbarkeit beruht. Der labile

Markasit muß bei der Oxydation des Erzes auch eine große Rolle spielen. E. Maekawa 6148□

1931 United States of America, Secretary of Navy, übertr. von: Joseph C. White, University Park, Md., und Guy W. Work, Bloomfield, N. J., V. St. A., **Abwechselnde Herstellung von Wasserstoff und Sauerstoff durch Elektrolyse.** Man entlädt eine aus Ni-Platten u. mit akt. Cd versehenen Platten bestehende Batterie, indem man einen direkten Strom durch einen wss. Elektrolyten der Zelle leitet, wobei das Cd-aktivierte Material oxydiert u. H_2 an den Ni-Platten abgeschieden wird, u. kehrt dann den Strom um, wobei das aktvierte Material red. u. an den Ni-Platten O_2 abgeschieden wird. — Zeichnungen. (**A. P. 2984607** vom 5/6. 1957, ausg. 16/5. 1961.) K. Demmler H 238

1932 United Kingdom Atomic Energy Authority, London, England (Erfinder: Albert Raymond Kenyon und Arthur John Birch), **Anreichern von Deuterium in Ammoniak** erfolgt dadurch, daß Wasserstoffgas durch ein aus fl. NH_3 u. einem prim. oder sek. aliphat. Amin, bes. einem cycl. sek. Amin, wie Pyrrolidin, bestehendem Gemisch, in welchem ein ionisierter Katalysator, z. B. K-Amid, gelöst ist, bei tiefen Temp., z. B. — 60°, geleitet wird. (**E. P. 896269** vom 4/2. 1960, ausg. 16/5. 1962.) K. Wolk H 238

1933 Food Machinery & Chemical Corp., New York, N. Y., V. St. A., **Herstellung von Wasserstoffperoxid** nach dem Anthrachinonverf., dad. gek., daß als Hydrierungskatalysator Pd verwendet wird, das auf Erdalkalicarbonat, bes. $CaCO_3$, $SrCO_3$ u. $BaCO_3$, $MgCO_3$ oder Dolomit niedergeschlagen ist. (**Ind. P. 65428** vom 3/10. 1958, ausg. 30/5. 1961.) C. Lüttgen H 241

1934 FMC Corp., übert. von: Donald H. Porter, Tonawanda, N. Y., V. St. A., **Herstellung von Wasserstoffperoxid nach dem Anthrachinonverfahren.** Die Arbeitslsg. wird durch ein Festbett des Hydrierungs-Katalysators, der eine Korngröße von 4—100 mesh aufweist u. aus Edelmetall auf einem Träger besteht, mit einer Strömungs-Geschw. von 20—200 Liter/min/sq.ft. des Katalysatorquerschnitts geleitet, wobei der H_2-bis zu 25 at betragen kann. (**A. P. 3009782** vom 22/5. 1958, ausg. 21/11. 1961.) K. Demmler H 241

1935 Chemical Construction Corp., New York, N. Y. (Erfinder: Abe Warshaw, Lindon, N. J.), V.St.A., **Stabilisierte wäßrige Wasserstoffperoxidlösung** mit einem Geh. von bis zu 40% H_2O_2, dad. gek., daß in der H_2O_2-Lsg. Ascorbinsäure (d-Arabo-, d-Gluco-, l-Rhamno- u. l-Ascorbinsäure) als Stabilisierungsmittel in einer Menge von 0,02—0,1 Gew.-% vorhanden ist. (**D. A. S. 1156057** Kl. 12i vom 23/2. 1961, aus. 24/10. 1963. A. Prior. 29/2. 1960.) K. Demmler H 241

1936 United States Steel Corp., N. J., V. St. A., übert. von: Rudolf Nowak, Frankfurt/M., **Gewinnung von reinem Ammoniak aus Koksofengas.** Das Gas wird auf 20—40° gekühlt, nach Abtrennung des fl. Kondensats auf 20—40° über die Kondens.-Temp. erwärmt u. durch SiO_2-Gel, das Borsäure enthält, geleitet. Das NH_3 wird dann bei Temp. von ca. 300° aus dem SiO_2-Gel ausgetrieben. (**A. P. 3056657** vom 28/9. 1960, ausg. 2/10. 1962.) H. Roos H 243

1937 United States Steel Corp., N. J., übert. von: Marwin C. Fields, Wilkinsburg, und Robert D. Rice, Monroeville, Pa., V. St. A., **Gewinnung von Ammoniak aus Dampfgemischen mit Wasser durch 2-Stufen-Destillation.** Das Wasser–NH_3-Dampfgemisch wird in einer 1. Kolonne bei niedrigem, z. B. Normal-Druck, fraktioniert, das über Kopf abgehende an NH_3 höher %ig. Gemisch kondensiert u. die Lsg. nach Komprimierung einer 2. Kolonne zugeführt. Nach Kondens. der in dieser Kolonne erhaltenen Dämpfe wird NH_3 in prakt. wasserfreier, fl. Form erhalten. Von den Kondensaten wird jeweils ein Teil dem Kopf der vorhergehenden Kolonne aufgegeben. (**A. P. 3054726** vom 29/10. 1959, ausg. 18/9. 1962.) H. Roos H 243

1938 Gelsenkirchener Bergwerks-Akt.-Ges., Essen, **Herstellung von schwefelwasserstoff- und kohlendioxidfreiem Ammoniak** aus NH_3-Wasser. Die im oberen Teil eines üblichen Abtreibers (**I**) aufsteigenden, bei 95—98° gehaltenen Schwaden werden durch direkte Kühlung allmählich auf 20—30° abgekühlt. Diese Kühlung wird dadurch bewirkt, daß man einen Teil des im **I** zurückfließenden Kondensats oberhalb der NH_3–Wasser-Zufuhr abzieht, es außerhalb des **I** indirekt kühlt u. einer höher gelegenen Stelle der auf den **I** gesetzten Kühlstufe wieder zuführt, wobei ein Teil des Kondensats diesem Kreislauf entzogen wird. Die Kühlung kann auch in mehreren Kreisläufen erfolgen, wobei dann die zu entziehende Fl. demjenigen Kreislauf entnommen wird, in dem das Verhältnis der in der Lsg. befindlichen NH_3-Menge zu der Menge der in Lsg. befindlichen flüchtigen Säuren am kleinsten ist. (**D. A. S. 1155426** Kl. 12k vom 21/7. 1961, ausg. 10/10. 1963.) H. Roos H 243

1939 Dr. C. Otto & Co. G.m.b.H. (Erfinder: Erich-Heinz Becker-Boost), Bochum, **Aufarbeitung von Flüssigkeiten,** die bei der Verarbeitung von Kokerei- u. Synthesegasen anfallen u. *Ammoniak* in gebundener Form enthalten, wobei das NH_3 mittels Kationenaustauscher aus der Fl. abgeschieden u. nach Anreicherung aus demselben entfernt wird, dad. gek., daß der mit NH_3, das bei der halbdirekten NH_3-Gew. aus den Vorlage- u. Kühler-Kondensaten anfällt, beladene Austauscher mit H_2SO_4 regeneriert u. die ablaufende $(NH_4)_2SO_4$-Lsg. dem Sättiger zugeführt wird. Ggf. kann der Ablauf des Kationenaustauschers zur Gew. der darin enthaltenen Säuren, über Anionenaustauscher geführt werden. (**D. A. S. 1153002** Kl. 12k vom 26/5. 1956, ausg. 22/8. 1963. **Zusatz zu D. B. P. 975924; C. 1963, 21767.**) H. Roos H 243

1940 Badische Anilin- & Soda-Fabrik Akt.-Ges. (Erfinder: Heinrich Diekmann, Ludwigshafen/Rh., Karl Opp, Heidelberg, Herbert Roos, München, und Hans Schulz, Ludwigshafen/Rh.), **Herstellung von granuliertem Ammonnitrat** mit geringer Hygroskopizität u. hohem Schüttgewicht durch Zusatz von Na^+- u. PO_4^{3-}-Ionen in irgendeiner bei der Herst. des NH_4NO_3 durch Neutralisation von HNO_3 mit NH_3 der Granulation vorangehenden Stufe, dad. gek., daß neben Na^+- u. PO_4^{3-}-Ionen auch Mg-Ionen zugesetzt werden, wobei der Phosphatzusatz mindestens 0,05%, bes. 0,3—1%, u. der Na_2O- u. MgO-Zusatz jeweils mindestens 0,1%, bes. 0,3—1% beträgt. (**D. A. S. 1154445** Kl. 12k vom 11/8. 1960, ausg. 19/9. 1963.) H. Roos H 243

1941 Imperial Chemical Industries Ltd., London, England (Erfinder: Peter Evans und Gerrit Fokke Bousma), **Freifließendes, nichtbackendes Ammoniumnitrat** wird erhalten durch Zumischen von 0,2—1% eines feinverteilten, inerten Materials (z. B. $CaCO_3$) u. 0,02 bis 0,20% eines aliphat. Amins, bes. mit bis zu 25 C-Atomen, z. B. *Octadecylamin.* (**E. P. 897642** vom 7/8. 1959, ausg. 30/5. 1962.) H. Roos H 243

1942 Nitroglycerin Aktiebolaget (Erfinder: Bertil Petrus Enoksson), Gyttorp, Schweden, **Herstellung von nichtbackendem Ammonnitrat** durch Zusatz einer Hydrazin- oder Guanidin-Verb. mit mindestens einer hydrophoben Gruppe mit mindestens 6 C-Atomen zu dem bereits krist. NH_4NO_3 oder zu dessen Lsg. oder Schmelze vor oder während des Kristallisationsprozesses in einer Menge von 1—500 mg je 100 g NH_4NO_3. — Beispielsweise werden genannt: Monooctadecylhydrazin, N.N′-Bis-allylthiocarbamylhydrazin, 3-Hydroxy-2-naphthoesäurehydrazid, Octadecylcarbamylguanidin, Monooctadecylguanidin. (**D. A. S. 1155100** Kl. 12k vom 7/3. 1961, ausg. 3/10. 1963.) H. Roos H 243

1943 E. I. du Pont de Nemours & Co., übert. von: Richard Edward Githens jun., Wilmington, Del., Howard Edward Hesketh, Fleetwood, und David Francis Wells, Acondale, Pa., V. St. A., **Kontinuierliche Kühlung und Trocknung von Ammonnitrat.** Das Salz wird in einem niedrigen, langgestreckten Wirbelbett in kontinuierlichem Durchlauf mit Kühlgasen behandelt. (**D. A. S. 1155764** Kl. 12k vom 16/5. 1961, ausg. 17/10. 1963. A. Prior. 18/5. 1960.) H. Roos H 243

1944 Elektroschmelzwerk Kempten G.m.b.H., München (Erfinder: Günter Wiebke, Kempten), **Herstellung von Nitriden des Bors, Aluminiums oder Siliciums oder Mischungen dieser Nitride** durch Umsetzung O enthaltender Verbb. der Elemente im Lichtbogen in Anwesenheit N_2-haltiger Gase u. Abtrennung der Nitride aus dem Rk.-Gemisch. Die im Ausgangsmaterial vorliegenden Oxide bzw. die daraus gebildeten Säuren oder Salze werden im Lichtbogen verdampft, im Wirkungsraum des Lichtbogens oder im Gasraum oberhalb des Lichtbogens mit NH_3 oder einem Gemisch aus N_2 u. H_2 zur Rk. gebracht u. die Rk.-Prodd. mit dem Gasstrom ausgetragen. — Vorr., Zeichnung. (**D. A. S. 1140558** Kl. 12i vom 11/11. 1959, ausg. 6/12. 1962.) E. Miessgang H 243

1945 Chemical Construction (G. B.) Ltd., London, England (Erfinder: Roland Syers), **Herstellung von Ammoniumsulfat** durch Anteigen mit Abfall-H_2SO_4, Durchleiten von NH_3 durch die Masse, z. B. in einer Trommel bei Normaltemp., u. Trocknen. Ein Teil des erhaltenen Ammoniumsulfats wird nach Anteigen mit H_2SO_4 in den Prozeß zurückgeführt. (**E. P. 883313** vom 16/4. 1957, ausg. 29/11. 1961.) H. Ross H 243

1946 Union Oil Co. of California, Los Angeles, übert. von: Herbert J. Jones, Rolling Hills, Calif., V. St. A., **Herstellung von Ammoniumsulfat** aus H_2SO_4-Schlamm (I) nach der H_2SO_4-Behandlung von KW-Stoffen. I wird mit Kreislauf-Mutterlauge (**II**) behandelt, die ölige Phase abgetrennt, die saure wss. Phase mit NH_3 im Unterschuß behandelt u. mit **II** zur Einstellung eines pH von 4—5 vermischt. Durch Eindampfen wird $(NH_4)_2SO_4$ gewonnen u. die **II** in den Kreislauf zurückgeführt. (**A. P. 3013860** vom 22/9. 1958, ausg. 19/12. 1961.) H. Roos H 243

1947 Crucible Steel Co. of America, Pittsburg, Pa., übert. von: George E. Muns, Beaver, Donald C. Berkebile, Industry, und John Dasher, Mount Lebanon, Pa., V. St. A., **Herstellung von Ammoniumsulfat** durch Behandeln einer $FeSO_4$-haltigen Abfall-Beizlauge mit Koksofengas in einer 2-Stufenkolonne, wobei das Fe als Sulfid u. Ferrocyanid, das Pyridin als Pyridin-Ferrocyanid bei einem pH von 7,5—7,8 ausgefällt wird u. nach Abtrennen vom Unlöslichen, Einstellen eines pH-Wertes von 2—4,5, bes. 3—3,5 u. Eindampfen des $(NH_4)_2SO_4$ gewonnen wird. — Vorrichtung. (**A. P. 3014785** vom 22/5. 1958, ausg. 26/12. 1961.) H. Roos H 243

1948 Asahi Kasei Kogyo Kabushiki Kaisha, Osaka, übert. von: Hideo Arita und Hiroyuki Kusaka, Tokyo, Japan, **Gewinnung von reinem Ammoniumchlorid** (I) aus der Mutterlauge des Ammoniak-Soda-Prozesses durch Abfiltrieren des $NaHCO_3$, so daß in der Lsg. NH_4Cl, $NaHCO_3$ u. $(NH_4)HCO_3$ (**II**) bleibt, Zersetzen des **II** bei einem Unterdruck von 20—60 mm Hg, Entfernen des entstandenen CO_2, bis das pH der Lsg. den Wert von 8—9 erreicht hat, Kühlen der Lsg. auf 5—15°, Sättigen der Lsg. mit NaCl, wobei **I** ausfällt u. abgetrennt wird. (**A. P. 3014782** vom 22/9. 1958, ausg. 26/12. 1961. Jap. Prior. 1/10. 1957.) H. Roos H 243

1949 Engelhard Industries, Inc., V. St. A. (Erfinder: Holger C. Andersen und Carl D. Keith), **Selektive Entfernung von Stickoxiden aus Sauerstoff enthaltenden Gasen** (bes. Restgasen der NH_3-Oxydation) durch Behandlung der Gase mit NH_3 in Ggw. von auf Al_2O_3 als Träger niedergeschlagenen Schwermetall-Katalysatoren, wie Co, Ni, Fe, bei 120—427° u. 10,5 at. Mengenmäßig entfallen auf 1 Vol. Katalysator ca. 20000 Vol. Gasgemisch. Die Durchsatz-Geschw. beträgt ca. 2 m^3 Gasgemisch je Stunde. (**F. P. 1233712** vom 3/6. 1959, ausg. 12/10. 1960. A. Prior. 5/6. 1958.) W. Wittholz H 243

1950 Süddeutsche Kalkstickstoff-Werke Akt.-Ges. (Erfinder: Thomas Fischer), Trostberg, **Konzentrationserhöhung von Salpetersäure** durch Abscheidung von durch NH_3-Verbrennung erhaltenen raumoxidierten Stickoxiden in der zu konzentrierenden Säure bei Tempp. $< 0°$. Die Abscheidung der Stickoxide erfolgt in Wasserhaltiger HNO_3 in einem Absorptions-Syst. unter einer derartigen Kühlung, daß sich die Stickoxide ganz oder teilweise in fester Form abscheiden. Das so gewonnene Gemisch oder nur eine NO-reiche Schicht dieses Gemisches wird durch Oxydation zu HNO_3 höherer Konz. verarbeitet. — Darst. der Anlage. (**D. A. S. 1126361** Kl. 12i vom 4/7. 1959, ausg. 29/3. 1962.) E. Miessgang H 243

1951 National Research Development Corp., London (Erfinder: Archie Hickling, Wallasey Village, und George Reginald Newns, Moreton, Cheshire), England, **Herstellung von Hydrazin** durch Elektrolyse einer elektr. leitfähigen NH_3-haltigen Flüssigkeit. Unter Anlegen einer Spannung von > ca. 400 V an die Elektroden wird eine Glimmentladung zwischen der Fl. u. mindestens einer von der Fl. durch die sich über der Fl. ausbildenden Gasphase getrennten Elektrode erzeugt u. das gebildete N_2H_4 aus dem Rk.-Gemisch isoliert. — Vorr., Zeichnung. (**D. A. S. 1133352** Kl. 12i vom 7/5. 1960, ausg. 19/7. 1962. E. Prior. 7/5. u. 12/10. 1959. **E. P. 896113** vom 7/5. 1959, ausg. 9/5. 1962.) E. Miessgang H 243

1952 Farbenfabriken Bayer Akt.-Ges. (Erfinder: Heinrich Kohnen, Rudolf Mundil, und Jobst Steinbrecht), Leverkusen, **Herstellung von Hydrazinhydrat** aus wss. Ketazin- bzw. Hydrazonlösungen. Die Lsgg. werden unter Druck rektifiziert (1,5—20 ata). (**D. A. S. 1130797** Kl. 12i vom 8/2. 1961, ausg. 7/6. 1962.) E. Miessgang H 243

1953 Chemical Construction Corp., New York, N. Y., übert. von: Robert L. Boyle, Scotch Plains, N. J., und George Russell James, Armonk, N. Y., V. St. A., **Herstellung von reinem, wasserfreiem Fluorwasserstoff.** Man kühlt den bei der Rk. von CaF_2 mit H_2SO_4 erhaltenen gewaschenen Gasstrom auf 67—72°F., führt das Kondensat in die Waschstufe zurück, leitet den Restgasstrom in eine 1. Dest.-Zone, zieht aus derselben über Kopf einen inerten Abgasstrom von 65—67°F. u. einen Bodenabfluß von 70—75°F. ab, der in die Waschstufe zurückgeführt wird. Ein fl. Zwischenprod.-Strom (HF mit ca. 2% SO_2) wird mit 63—68°F. oberhalb des Restgaseintritts der 1. Dest.-Zone abgeleitet u. in einer 2. Dest.-Zone von SO_2 befreit u. als reiner fl. HF gewonnen, der maximal 0,02(%) H_2SiF_6, 0,01 SO_2, 0,005 H_2SO_4, 0,05 W. enthält. — Verfahrensschema. (**A. P. 3004829** vom 23/5. 1960, ausg. 17/10. 1961.) K. Demmler H 246

1954 Fritz Seel, Saarbrücken, **Herstellung von Lösungen des Nitrosylfluorids in flüssigem Fluorwasserstoff.** Nitrosylverbb. werden mit HF in fl. Phase umgesetzt u. die bei der Rk. gebildeten Nebenprodd. durch Dest. abgetrennt. — Verw. der Lsgg. als *Fluorierungsmittel.* (**D. A. S. 1123297** Kl. 12i vom 8/8. 1960, ausg. 8/2. 1962.) E. Miessgang H 246

1955 Imperial Chemical Industries Ltd., London, England (Erfinder: Hugh Leithead Roberts), **Herstellung eines Gemisches von Schwefel-Fluor-Sauerstoffverbindungen,** in dem als Hauptanteile $S_2F_{10}O$ u. $S_2F_{10}O_2$ u. als Nebenbestandteil Verbb. der allg. Formel SF_5-$(O\text{-}SF_4)_n$-OSF_5 vorliegen, wobei n 1, 2 oder größer bedeutet. SF_5Cl u. O_2 werden unter wasserfreiem Bedingungen UV-Licht ausgesetzt. $S_2F_{10}O$: Kp. 29°; kann als *Kühlmittel,* als *Dielektrikum* oder zur Einführung der -SF_5-Gruppe in organ. Verbb.; $S_2F_{10}O_2$: Kp. 59°, als *Initiator in katalysierten Syst.* verwendet werden. (**E. P. 905003** vom 25/8. 1959, ausg. 5/9. 1962.) E Miessgang H 246

1956 Imperial Chemical Industries Ltd., London, England (Erfinder: George Ernest Edwards und Normann James LePage), **Gewinnen von Chlor aus noch freies Chlor enthaltenden Solen.** An die Elektroden einer elektrolyt. Zelle wird eine EMK gelegt, die zumindest dazu ausreicht, daß zwischen den Elektroden ein Strom fließt, jedoch nicht so hoch ist, daß an der Kathode merklich H_2 entwickelt wird. Durch Anlegen einer EMK von z. B. 2,25 V wird eine 0,059% Cl enthaltende Sole vollständig entchlort. (**E. P. 885818** vom 27/6. 1958, ausg. 28/12. 1961.) K. Demmler H 247

1957 Bataafse Petroleum Mij. N. V., Den Haag, Niederlande (Erfinder: Shelton Edward Steinle und

Charles Richard Greene), **Herstellung von Jod** aus HJ, dad. gek., daß man eine wss. Lsg. von HJ in sehr kleinen Tropfen, bes. von $\leqq 500\,\mu$ ⌀, bei 80—150° in eine O_2-haltige Atmosphäre einbringt, in der ein Partialdruck des mol. O_2 von $\geqq 0{,}7$ kg/cm² aufrecht erhalten wird. (**Ind. P. 58880** vom 27/8. 1959, **Aust. P. 233840** vom 27/8. 1959, ausg. 8/6. 1961.)
C. Lüttgen H 249

1958 Shell Oil Co., übert. von: Robert L. Magovern, El Cerrito, Harold C. Ries, Berkeley, und Irwin L. Breier, Lafayette, Calif., V. St. A., **Gewinnung von wasserfreiem Jod** aus J, HJ u. W. enthaltenden Gemischen. Man oxydiert die dampfförmigen Gemische mit mol. O_2 enthaltenden Gasen, bringt die prakt. nur elementares J u. W. enthaltenden Gase in einer Kondens.-Zone mit einer wss., kein oder wenig HJ enthaltenden Fl. in Kontakt, trennt die J-Phase von der wss. Phase, zieht von der wss. Phase wenigstens einen Teil ab, streift mit einem inerten Gas das J ab u. führt die J-haltigen Dämpfe in die Kondens.-Zone zurück. — Verfahrensschemata. (**A. P. 3006731** vom 29/10. 1957, ausg. 31/10. 1961.)
K. Demmler H 249

1959 Metallgesellschaft Akt.-Ges. (Erfinder: Günter Friese und Friedrich Pape), Frankfurt/M., **Abröstung von basischen Schwefelgesteinen** im Wirbelschichtofen. Die Temp. im Wirbelbett wird auf den Bereich von 300—400° (bes. 300—350°) u. die Gasgeschw. auf einen Wert eingestellt, der knapp oberhalb demjenigen liegt, bei dem die Winkler-Bewegung einsetzt u. das Doppelte dieses Wertes nicht überschreitet. (**D. A. S. 1133349** Kl. 12i vom 1/9. 1959, ausg. 19/7. 1962.) E. Miessgang H 253

1960 Universal Oil Products Co., Des Plaines, übert. von: Peter Urban, Chicago, Ill., V. St. A., **Gewinnung von Schwefel** durch Umsetzung von H_2S mit O_2 in einer Lsg. einer bas. N-Verbindung. Als Katalysator wird Co-Histidin eingesetzt. (**A. P. 2972522** vom 30/8. 1956, ausg. 21/2. 1961.) E. Miessgang H 253

1961 Soc. d'Étude et de Développement de la Catalyse Industrielle „Socaty" (Erfinder: Roger Morel), Paris, Frankreich, **Gewinnung von Elementarschwefel** aus H_2S, welcher als Verunreinigungen organ. u. anorgan. S-Verbb. sowie KW-Stoffe enthält. In einer 1. Stufe wird ein Gemisch aus dem unreinen H_2S, der bis zu 12 Vol.-% KW-Stoffe enthält, bei 250—950° in einem aus mehreren Schichten gebildeten Katalysatorbett (Katalysator: 0,1—2 Gew.-% Pt auf Tonerde) mit Luft bzw. O_2 umgesetzt, wobei die gesamte eingesetzte Luft- bzw. O_2-Menge zugeführt wird. Der in dieser Stufe gebildete S wird abgeschieden u. gewonnen. Das aus der 1. Stufe abgezogene Gasgemisch wird in einer 2. Stufe bei 250—600° über einem Katalysator, der 0,05—0,1 Gew.-% Pt, Ni, Co, Cu, Cr oder Legg. dieser Metalle auf Tonerde enthält, umgesetzt u. der anfallende S ebenfalls abgetrennt. In einer 3. Stufe wird die Umsetzung vervollständigt. (**D. A. S. 1122500** Kl. 12i vom 23/10. 1958, ausg. 25/1. 1962. F. Prior. 23/10. 1957.)
E. Miessgang H 253

1962 Socony Mobil Oil Co., Inc., New York, N. Y., übert. von: George C. Johnson, Woodbury, und George T. Kerr, Delaware Township, Camden County, N. J., V. St. A., **Gewinnung von Elementarschwefel** durch Oxydation von H_2S mit freiem O_2 enthaltenden Gasen. Als Katalysator wird ein kristalliner Al-Silicat-Zeolith mit homogener Porenstruktur u. Poren-⌀ von $> \sim 5$ Å verwendet u. die Umsetzung bei 175—700° durchgeführt. Bes. werden Molekularsiebe 5A, 10X, 13X verwendet. — Verf.-Schema. (**A. P. 2971824** vom 11/8. 1958, ausg. 14/2. 1961.) E. Miessgang H 253

1963 Universal Oil Products Co., Des Plaines, übert. von: Peter Urban, Northbrook, Ill., V. St. A., **Gewinnung von Schwefel** durch Umsetzung von SO_2 u. H_2S in fl. Phase, die aus einem organ. Lsgm. (z. B. CH_3OH, C_2H_5OH, Glykol, Aceton) u. W. besteht. Es wird noch ein Amin (N.N-Dimethyl-, N.N-Diäthyl-, N.N-Dipropylanilin, Dimethyl-, Trimethyl-, Diäthylamin, oder ähnliche Amine) zugesetzt. Der dabei in Form von Granalien anfallende S wird abgetrennt. — Verf.-Schema. (**A. P. 2987379** vom 15/12. 1958, ausg. 6/6. 1961.)
E. Miessgang H 253

1964 Universal Oil Products Co., Des Plaines, übert. von: Ralph B. Thompson, Hinsdale, und Frank Stolfa, Park Ridge, Ill., V. St. A., **Gewinnung von Schwefel.** SO_2 u. H_2S werden in Ggw. von W. in einem alkylaromat. Lsgm. (tert.-Butyl-, α.α-Dimethylpropyl-, α.α-Dimethylbutyl-, α.α.β-Trimethylbutyl-Benzol) zu S umgesetzt. Nach Abtrennung des S wird das Lsgm. durch Fraktionierung bei < 320°F regeneriert. — Verf.-Schema. (**A. P. 2992076** vom 24/2. 1959, ausg. 11/7. 1961.) E. Miessgang H 253

1965 Robert Fourmanoit, Genua, Italien, **Gewinnung von Schwefel** aus SO_2-haltigen Gasen. Das von Staub gereinigte Gas wird im Gegenstrom mit einer ammoniakal. Lsg. von NH_4HSO_3 u. $(NH_4)_2SO_3$ behandelt. In 1. Stufe wird SO_2 zu NH_4HSO_3 umgesetzt, durch weitere Zugabe von NH_3 entsteht $(NH_4)_2SO_3$ u. das erhaltene Gemisch von NH_4HSO_3 u. $(NH_4)_2SO_3$ wird im Autoklav unter Bldg. von $(NH_4)_2SO_4$ u. S disproportioniert. Überschüssiges NH_4HSO_3 geht in den Prozeß zurück. — Vorr., Zeichnung. (**It. P. 528179** vom 13/12. 1954.)
H. Koebke H 253

1966 Ralph M. Parsons Co., Los Angeles, übert. von: Joseph G. Weiner, Los Angeles, und Charles William Leggett, Alhambra, Calif., V. St. A., **Gewinnung von Wasserstoff und Schwefel.** In einem Kreisprozeß werden zunächst FeS-Teilchen (20—30 mesh) bei Normaldruck u. ~ 820°F mit H_2S behandelt, wobei H_2 u. ein höheres Sulfid (FeS_2) gebildet werden. Das erhaltene Gas wird durch NaOH geführt, wobei das nichtreagierte H_2S abgeschieden wird. Das restliche Gas ist H_2 (Ausbeute prakt. quantitativ). Nach Unterbrechung der H_2S-Zufuhr wird der Reaktor auf > 1300°F erhitzt. Hierbei erfolgt die Regenerierung zu einem niedrigeren Sulfid unter gleichzeitiger Bldg. von Elementar-S. Der Reaktor wird kontinuierlich mit CO_2 beaufschlagt, um den verdampften S auszutreiben, der anschließend kondensiert wird. Nach Kühlung des Reaktors auf 830°F wird erneut H_2S eingeleitet u. der Verfahrenscyclus wiederholt. In gleicher Weise können Sulfide von Co u. Ni eingesetzt werden, die auch auf einem Trägermaterial (Bauxit, Al_2O_3, Kieselgel) aufgebracht sein können. (**A. P. 2979384** vom 22/12. 1958, ausg. 11/4. 1961.)
E. Miessgang H 253

1967 Gas Council, London, England (Erfinder: John David Francis Marsh und William Barry Savile Bewling), **Gewinnung von Schwefel aus Schwefelwasserstoff enthaltenden Gasen.** 35% des 1—5% H_2S enthaltenden Ausgangsgases werden mit der zur Umsetzung des gesamten Gases zu S erforderlichen Menge Luft gemischt. Das Gas–Luft-Gemisch wird aufgeheizt, u. über ein auf 250—400° gehaltenes erstes Katalysatorbett (Schwermetallsulfid, bes. ZnS, oder akt. C) geführt. Das erhaltene SO_2-haltige Gas wird mit dem das restliche H_2S enthaltenden Gas gemischt u. über einem zweiten auf einer Temp. über dem Taupunkt des S gehaltenen Katalysatorbett (aktiviertes Al_2O_3, Bauxit, TiO_2) zu S umgesetzt. — Verf.-Schema. (**E. P. 867853** vom 20/5. 1958, ausg. 10/5. 1961.)
E. Miessgang H 253

1968 Imperial Chemical Industries Ltd., London, England (Erfinder: Ronald Barron Mooney), **Überhitzen von Schwefeldampf.** S-Dampf mit einer Temp. $< 700°$ wird über die Oberfläche eines geschmolzenen Salzes ($CaCl_2$, Silicatglas) oder Salzgemisches, welches auf $> 700°$ gehalten wird, geführt. (**E. P. 895105** vom 27/5. 1959, ausg. 2/5. 1962.) E. Miessgang H 253

1969 Sun Oil Co., übert. von: Lames L. Lauer, Philadelphia, Pa., V. St. A., **Umwandlung des in Raffineriegas enthaltenen Schwefelwasserstoffs in Schwefel und Schwefelkohlenstoff.** Das Gas wird intensivem Blitzlicht mit UV-Strahlen einer Energie von > 105 kcal. ausgesetzt. In einem Beispiel wird eine Umwandlung von 1,5% (bezogen auf H_2S im Ausgangsgas) in CS_2 u. 11% in S angegeben. — Schema der Anlage. (**A. P. 2987456** vom 27/7. 1959, ausg. 6/6. 1961.) E. Miessgang H 253

1970 Zaklady Cynkowe Trzebinia, Trzebinia, Polen, **Kontinuierliche Herstellung von Schwefeldioxid enthaltenden Gasgemischen,** wobei $CaSO_4$ (in Form von Anhydrit oder Gips) mittels eines Brennstoffes (pulverisierte Kohle), der dabei in situ verbrannt wird, zersetzt wird, durch die den Reaktionsofen verlassenden Gase vorerhitzt. Als fester Rückstand wird ein Calciumsilicat-Zement erhalten. (**E. P. 861855** vom 22/7. 1957, ausg. 1/3. 1961. Poln. Prior. 31/7. 1956.)
E. Miessgang H. 253

1971 Chemische Werke Hüls Akt.-Ges. (Erfinder: Hermann Röhl, Heribert Seibring, Werner Eversmann), Marl, Kr. Recklinghausen, **Aufarbeitung schwefeldioxidhaltiger Abwässer** durch Ausgasen mit Luft unter gleichzeitiger Weiterverarbeitung des gewonnenen SO_2 zu SO_3. Die heißen SO_2-haltigen Abwässer aus der direkten SO_2-Gaskühlung werden über einen Füllkörperturm geleitet u. im Gegenstrom mit einem Teil der für die Oxydation von SO_2 zu SO_3 notwendigen Luftmenge im Unterdruckteil der Anlage ausgegast. Die so mit SO_2 angereicherte Luft wird vor den Trockenturm dem Produktionsgas zugeführt, getrocknet u. katalyt. zu SO_3 oxydiert. — Verf.-Schema. (**D. A. S. 1130416** Kl. 12i vom 23/7. 1959, ausg. 30/5. 1962.)
E. Miessgang H 253

1972 Imperial Chemical Industries Ltd., London, England (Erfinder: Phineas Davies), **Herstellung eines Katalysators für die Oxydation von Schwefeldioxid zu Schwefeltrioxid.** Einem aus Na–K-Silicat-Lsg. gefällten, Na- u. K-Ionen enthaltenden Kieselgel wird eine V-Verb. zugesetzt, wobei die Anteile so gewählt werden, daß sich nach dem Trocknen u. Calcinieren ein fertiger Katalysator folgender Zus. ergibt: SiO_2, 6—10 (Gew.-%) V_2O_5, 6—16 K_2O, 1,5—6 Na_2O u. 10—30 SO_3. Der SO_3-Geh. wird durch Zugabe von H_2SO_4 vor dem Trocknen eingestellt. Umsetzungsgrad von SO_2 am Katalysator: 33% bei 400°, 82% bei 500°. (**E. P. 895624** vom 17/12. 1958, ausg. 2/5. 1962.) E. Miessgang H 253

1973 Th. Goldschmidt Akt.-Ges. (Erfinder: Hellmuth Stamm, und Kurt Stürzer), Essen, **Stabilisierung von Schwefeltrioxid.** Fl. SO_3 werden bis zu 1% am N-Atom aromat. acylierte Lactame zugesetzt. (**D. A. S. 1134058** Kl. 12i vom 6/5. 1961, ausg. 2/8. 1962.)
E. Miessgang H 253

1974 Chemolimpex Magyar Vegyiáru Külkeres-Kedelmi Vállalat (Erfinder: József Kerti), Budapest, Ungarn, **Herstellung von Schwefelsäure und Natronlauge** durch elektrolyt. Zers. einer wss. Na_2SO_4-Lsg. mit Pb- u. Hg-Elektroden, wobei auf der als Anode geschalteten Pb-Elektrode $PbSO_4$ (**I**) u. auf der Hg-Elektrode Na-Amalgam (**II**) entsteht u. durch die Zers. des **II** NaOH hergestellt wird, worauf die Na_2SO_4-Lsg. (**III**) in der Zelle durch H_2SO_4 ersetzt wird u. das vorher gebildete **I** als Kathode geschaltet unter H_2SO_4-Bldg. zu Pb. red. wird. Die Elektrolyse wird unter Verw. einer indifferenten, zwischen der unteren Pb-Elektrode u. der oberen Hg-Elektrode angeordneten Elektrode durchgeführt. Während der Elektrolyse der **III** wird nur so viel **III** verwendet, daß die Lsg. die als Kathode geschaltete Hg-Elektrode bedeckt. Bei der H_2SO_4-Bldg. wird nur so viel Lsg. verwendet, daß sie nur mit der als Anode geschalteten indifferenten Elektrode in Berührung kommt. — Vorrichtung. (**D. A. S. 1141266** Kl. 12i vom 31/3. 1960, ausg. 20/12. 1962. Ung. Prior. 7/4. 1959.)
E. Miessgang H 253

1975 Fabriques de Produits Chimiques de Thann et de Mulhouse, Thann (Erfinder: Félix Oster, Straßburg), Frankreich, **Wiedergewinnung von 50- bis 75%iger Schwefelsäure** aus den Mutterlaugen der Hydrolyse schwefelsaurer Aufschluß-Lsgg. von Ti-haltigen Erzen. Die Mutterlaugen werden auf eine H_2SO_4-Konz. von 50—75% freier Säure eingedampft, die dabei erhaltene Suspension etwa auf Raumtemp. gekühlt u. auszentrifugiert. Die abgezogene H_2SO_4 wird gewonnen. Der auf der Zentrifuge zurückbleibende Schlamm wird durch weitere Hydrolyse-Mutterlauge so verd., daß die H_2SO_4-Konz. 30—40% beträgt. Unter ungefährer Beibehaltung der Raumtemp. wird die durch Verd. erhaltene Suspension innerhalb von < 6 Std. ausgeschleudert u. das Filtrat in die 1. H_2SO_4-Konz.-Stufe zurückgeführt. — Verf.-Schema. (**D. A. S. 1132101** Kl. 12i vom 31/5. 1960, ausg. 28/6. 1962. F. Prior. 23/2. 1960.)
E. Miessgang H 253

1976 Titaan N. V., Ritterdam, Niederlande, **Herstellung konzentrierter Schwefelsäurelösungen aus Abfallflüssigkeiten,** die außer H_2SO_4 Fe(**II**)-, Mg- u. Ti-Verbb. u. ggf. außerdem noch alaunbildende, dreiwertige Kationen enthaltende Verbb. (**I**) enthalten, wie sie bei der Herst. von TiO_2-Pigmenten aus Ti-haltigen Fe-Erzen anfallen. Man kühlt die Fl., ggf. unter Zufügung einer Ti-Verb., wie $TiOSO_4$, auf eine solche Temp. u. so lange (z. B. 4 Std. auf 40°), bis das Mol-Verhältnis der in der Fl. verbliebenen, nicht ausgeschiedenen Bestandteile $\frac{FeSO_4 + MgSO_4}{TiOSO_4}$ 0,8 bis 1,25 beträgt. Sofern in der Fl. **I** enthalten sind, fügt man gleichzeitig einwertige alaunbildende Kationen enthaltende Verbb., wie $(NH_4)_2 \cdot SO_3$. zu, wodurch die **I** ebenfalls als Alaunkristalle niedergeschlagen werden. Die abgeschiedene Kristallmasse läßt sich bei Einhaltung der genannten Bedingungen gut filtrieren. Das Filtrat wird eingeengt u. nochmals filtriert. Die erhaltenen konz. H_2SO_4-Lsgg. bleiben auch bei längerer Lagerung klar. (**Niederl. P. 103611** vom 9/5. 1958, ausg. 15/1. 1963. A. Prior. 9/5. 1957.)
F. Böhm H 253

1977 California Research Corp., San Francisco, übert. von: Joseph Nils Ospensoh, Concord, Calif., V. St. A., **Herstellung anorganischer Schwefelbromide (S_2Br_2, $SOBr_2$).** S_2Cl_2, SCl_2 oder $SOCl_2$ wird mit einem stöchiometr. Überschuß an HBr (in wss. Lsg.) bei < ~10° umgesetzt. Verw. zum *Bromieren* von organ. Stoffen zur *Kautschukvulkanisierung*, zum *Verbessern von Schmierölen.* (**A. P. 2979383** vom 4/10. 1956, ausg. 11/4. 1961.) E. Miessgang H 253

1978 Fritz Seel, Saarbrücken, **Herstellung einer wäßrigen Lösung von Hydroxylamindisulfonaten** durch Umsetzung von Alkali-, Erdalkali- oder Ammoniumhydrogensulfiten mit SO_2 u. Alkali- oder Erdalkalinitriten in wss. Lösung. Die Umsetzung wird in einer Lsg. vorgenommen, die mehr als 2 Mol 4wertigen S auf ein Mol Nitrit enthält. Der Überschuß an Sulfit-S wird durch Ca-Ionen in Form von $CaSO_3$ ausgefällt u. abgetrennt, mit der Maßgabe, daß der zur Ausfällung erforderliche Geh. an Ca-Ionen über als Rk.-Teilnehmer eingesetztes $Ca \cdot HSO_3$ oder $Ca(NO_2)_2$ eingestellt oder die Ausfällung durch $Ca(OH)_2$ bewirkt wird. (**D. A. S. 1135431** Kl. 12i vom 12/8. 1960, ausg. 30/8. 1962.) E. Miessgang H 253

1979 Phelps Dodge Corp., New York, übert. von: Sidney B. Tuwiner, Baldwin, N. Y., V. St. A., **Gewinnung von Selen** aus Schlämmen der elektrolyt. Kupferraffination. Das ca. 8,36% Se enthaltende Ausgangsmaterial wird mit Na_2CO_3 u. W. bei >96°F zu einer Paste angeteigt. Das nach Trocknung erhaltene Material wird bei <887°F ca. 1 Std. mit im Kreislauf geführten oxydierenden Gasen (Luft) geröstet. Das oxydierte Gut wird bei >200°F mit W. ausgelaugt u. das mit konz. H_2SO_4 auf einen pH-Wert von 6,2 eingestellte Filtrat mit einem Überschuß an $Na_2S_2O_5$ versetzt. Nach einer Behandlung der Lauge mit NaCl, H_2SO_4 u. Cl_2 wird Se mittels SO_2 als Schlamm ausgefällt, entwässert, getrocknet u. geschmolzen. Nach Dest. wird Se mit <10 ppm Te erhalten. (**A. P. 2981603** vom 26/8. 1957, ausg. 25/4. 1961.) E. Miessgang H 254

1980 United States Borax & Chemical Corp., Los Angeles, Calif., V. St. A., **Herstellung von Boriden,** bes. von Diboriden von Ti, Zr, Cr, Ta oder von BP durch Elektrolyse einer Alkalichlorid bzw. -fluorid enthaltenden Schmelze, dad. gek., daß eine Schmelze aus Alkalichlorid oder -fluorid, B_2O_3 resp. H_3BO_3 u. dem Oxid, Halogenid u./oder dem Alkalihexa- bzw. -tetrafluorid des Metalls, dessen Borid hergestellt werden soll, u. ggf. unter Zusatz saurer Substanzen (z. B. HF, HCl, KHF_2, $NaHF_2$ u. a.) bei Temp. zwischen 700 u. 920° elektrolysiert wird. (**D. A. S. 1153001** Kl. 12i vom 14/10. 1959, ausg. 22/8. 1963. E. Prior. 29/10. 1958.) H. Roos H 258

1981 United States Borax & Chemical Corp., Los Angeles, Calif., V. St. A., **Herstellung von Alkalimetaboraten** durch Einw. von wss. NaOH-Lsg. auf bewegtes (Drehtrommel) $Na_2B_4O_7$ mit verschiedenem Wassergehalt. Durch Zugabe von $NaClO_3$ u./oder Na-Trichlorbenzoat kann eine *herbicid* wirkende Mischung erhalten werden. (**E. P. 882972** vom 23/6. 1960, ausg. 22/11. 1961. A. Prior. 27/7. 1959.) H. Roos H 258

1982 W. I. Chatschischwili, Ja. W. Assatiani und B. Ja. Smoljar, **Reinigen von BBr_3** von HBr u. Br_2 durch Überleiten über Al-Späne bei 280—300° u. fraktionierte Kondens. von $AlBr_3$ bei 20° u. von BBr_3 mit fl. N_2. — Vorrichtung. (**UdSSR. P. 133867** vom 19/3. 1960.) L. Großner H 258

1983 Standard Oil Co., Chicago, Ill., übert. von: Harmon Madison Knight, La Marque, und Joe T. Kelly, Dickinson, Tex., V. St. A., **Gewinnung von Bortrifluorid aus einer Bortrifluorid und Eisenpyrophosphat enthaltenden Komplexverbindung.** Man bringt die Komplexverb. mit wenigstens 1, bes. 1,2—1,5 (Mol.) $HFSO_3$ pro 1 BF_3 bei 50—200°, bes. 113—170°F so lange in Kontakt, bis alles BF_3 aus der Komplexverb. freigemacht worden ist. (**A. P. 3012859** vom 17/6. 1958, ausg. 12/12. 1961.) K. Demmler H 258

1984 Callery Chemical Co., V. St. A., **Herstellung von Metallborhydriden.** Man setzt ein Dialkoxyboran (**I**) mit Hydriden der Alkali- oder Erdalkalimetalle in fl. Rk.-Medium bei 20—25° um, wobei **I** im Überschuß zur stöchiometr. Menge angewendet wird u. seine Konz. zu Beginn der Rk. $>2\%$ beträgt. Anstelle der Metallhydride können auch ihre Alkoxy-Derivv. oder Tetraalkoxyborate verwendet werden. Ggf. wird mit flüchtigen Lsgmm., wie Hexan, u. in Ggw. von Inertgasen gearbeitet. Für **I** sind Dimethoxy-, Diäthoxy- u. Dipropoxyborane, als Hydride Na-, K-, Li-, Mg-Hydrid, Tetraalkoxy-Mg-Borat oder die entsprechenden Ba- u. Ca-Verbb. genannt. (**F. P. 1233923** vom 25/8. 1959, ausg. 13/10. 1960.) W. Wittholz H 258

1985 United States Borax & Chemical Corp., Calif., V. St. A., **Herstellung von Dibortetrahydroxid,** $B_2(OH)_4$ (**I**) durch Rk. von Dibortetraalkylamin (Alkylgruppe bis 6 C-Atome) oder Dibortetraarylamin (Aryl- = Phenyl-, Tolyl- oder Naphthyl-) mit Säuren (HCl, HBr, HJ, H_2SO_4, H_2SO_3, H_3PO_4, $H_4P_2O_7$, Oxalsäure, u. a.), bes. durch Rk. von Dibortetramethylamin mit HCl, in Anwesenheit von mindestens der stöchiometrischen Menge Wasser. (**E. P. 884621** vom 27/7. 1960, ausg. 13/12. 1961. A. Prior. 21/9. 1959.) H. Roos H 258

1986 Mole Norton S. p. A., Corsico, Mailand, Italien, **Herstellung von Boriden des Chroms und anderer Metalle** dad., daß man die Oxide der Metalle (Ti, V, Cr, Zr, Hf, Mo, Ta, W) unter reduzierenden Bedingungen (CO) bei einer Temp., die mindestens der Zers.-Temp. von B_4C entspricht, mit C u. B_4C umsetzt. (**It. P. 528135** vom 25/10. 1954.) K. Koebke H 258

1987 Albrecht Fischer, Hannover, **Herstellung von kubisches Bornitrid enthaltenden Gemischen.** Ein Gemisch von BN u. AlN oder von BN u. BP wird unter hohem Druck erhitzt u. anschließend sehr langsam abgekühlt. (**D. A. S. 1131645** Kl. 12i vom 7/8. 1957, ausg. 20/6. 1962.) E. Miessgang H 258

1988 Mole Norton S. p. A., Corsico, Mailand, Italien, **Herstellung von Borcarbid(I)-Pulvern für das Pressen von Gegenständen in Graphitformen.** Anteile von rohem **I** mit einem Geh. von wenigstens 98(%) B + C u. einem Verhältnis B/C von 3,65 bis 4,05 werden so gemischt, daß insgesamt ein Verhältnis B/C von 3,80 bis 3,90 resultiert. Das Gemisch wird gemahlen, bis es zu 80 bis 90 aus Teilchen von 5 bis 50 μ besteht, weniger als 12 Teilchen unter 5 μ, keine Teilchen über 100 μ aufweist u. wenigstens 99 B + C enthält. Man mahlt mit Fe-Kugeln u. extrahiert das Fe bis zu einem Geh. unter 0,1 u. feuchtet mit 0,5 bis 2 W. an, das etwas Netzmitttel (Na-Benzolsulfonat enthält. (**It. P. 522255** vom 25/11. 1954.) K. Koebke H 258

1989 Olin Mathieson Chemical Corp., V. St. A., **Herstellung von Diboran.** Man läßt zu einer Suspension von $LiBH_4$ in einem Dialkyläther mit 3—4 C-Atomen, z. B. Diisopropyl- oder Di-n-butyläther, langsam BCl_3 unter Rühren in Ggw. von Inertgas, wie N_2, bei 42—80° fließen u. gewinnt das *Diboran* in einer auf —196° gehaltenen Kühlfalle. (**F. P. 1237380** vom 17/9. 1959, ausg. 25/11. 1960.) W. Wittholz H 258

1990 Farbenfabriken Bayer Akt.-Ges., Leverkusen (Erfinder: Friedrich Schubert, Neuried, Elmar-Manfred Horn, Aachen, und Konrad Lang, Leverkusen), **Herstellung von Diboran** durch Rk. von Borazanen mit B-Halogen-Verbb., dad. gek., daß z. B. N-triorganosubstituierte Borazane, mit Halogenborsäureestern, z. B. F-Estern, bei niederen Difluorborsäurealkylestern, bes. bei erhöhter Temp. umgesetzt werden. — Aus N-Triäthylborazan u. Difluorborsäure-n-propylester bei 125—130° $\rightarrow$ B_2H_6 in 96,4%ig. Ausbeute. (**D. A. S. 1156061** Kl. 12i vom 7/7. 1961, ausg. 24/10. 1963.) H. Roos H 258

1991 E. I. du Pont de Nemours & Co., Wilmington (Erfinder: Joseph Dean Chrisp, Claymont, George Ellwood Dieter jun. und William Andrews Jenkins, Wilmington), Del., V. St. A., **Gewinnung von Graphit einer Mindestdichte von 1,9 g/cm³,** bes. $>2,0$ g/cm³. Zur Gew. von Prodd. mit $>70\%$ relativer Kristallitausrichtung wird in einer Hülse untergebrachtes Graphitpulver mit einem Detonationssprengstoff umhüllt u. dieser zur Explosion gebracht. — Vorr., Zeichnung. (**D. A. S. 1136677** Kl. 12i vom 21/12. 1960, ausg. 20/9. 1962. A. Prior. 23/12. 1959 u. 7/11. 1960.) E. Miessgang H 260

1992 Surface Chemical Development Corp., übert. von: David C. Aberegg, Columbus, Ohio, V. St. A., **Herstellung einer wäßrigen Suspension von kolloidalem Graphit.** Graphit (**I**) (100 Teile), W. (200—250) u. Polyvinylpyrrolidon (**II**) (2,5—100) werden gemischt, wobei **I** u. **II** abwechselnd unter Rühren dem W. zugesetzt werden u. die Viscosität abwechselnd ansteigt u. fällt. Nach beendeter Zugabe wird auf koll. Feinheitsgrad aufgemahlen, die Suspension absitzen gelassen u. die obere Schicht abdekantiert. (**A. P. 2978428** vom 1/8. 1957, ausg. 4/4. 1961.) E. Miessgang H 260

1993 Klaus Wetzel, Zwenkau b. Leipzig, Günter Kretzschmann und Roland Kießling, Leipzig, bzw. Deutsche Akademie der Wissenschaften zu Berlin, Forschungsgemeinschaft Institut für Physikalische Stofftrennung, **Anreicherung der Kohlenstoff- und bzw. oder Schwefelisotope.** CS_2 wird in gelöster oder fl. Form im Gegen- oder Gleichstrom mit einer wss. Xanthogenat-Lsg. geführt u. die schweren C- u. bzw. oder S-Isotopen dem Xanthogenatstrom in Form des Xanthogenats, die leichten C- u. bzw. oder S-Isotopen dem CS_2-Strom in Form des CS_2 entzogen. Wenn die Kolonne bei erhöhter Temp. oder unter vermindertem Druck betrieben wird, kann der CS_2 in Dampfform mit der Xanthogenat-Lsg. zum Austausch kommen. Als Lsgm. für den CS_2 wird bes. CCl_4 verwendet. (**D. P. [DDR] 25135** Kl. 12i vom 21/12. 1959, ausg. 16/4. 1963 [Wirtschaftspatent]. **F. P. 1250377** vom 9/3. 1960, ausg. 31/3. 1961.) W. Wittholz H 260

1994 International Standard Electric Corp., New York, N. Y., V. St. A., übert. von: Henley Frank Sterling und Eric Langley Bush, London, England, **Herstellung von Silicium,** bes. Si-Einkristallen. Reines Silan wird auf einen Si-Keim geleitet, der sich in einer Umhüllung befindet u. der durch eine mit Hochfrequenzwechselstrom gespeiste Spule auf eine oberhalb der Zers.-Temp. des Silans liegende Temp. erhitzt wird, so daß sich das Silan ausschließlich auf der Oberfläche des Keimes zersetzt, wobei der Druck in der Zers.-Kammer zwischen 8 u. 17 mm Hg u. die Durchflußmenge des Silans zwischen 12 u. 25 Liter pro Std. eingestellt u. der Si-Keim zwischen 1050 u. 1150° erhitzt wird. Das obere Ende des Keimes wird dabei stets unterhalb der Hochfrequenzspule gehalten. (**A. P. 2993762** vom 7/10. 1957, ausg. 25/7. 1961. E. Prior. 16/10. 1956.) R. Zimmermann H 261

1995 Siemens-Schuckertwerke Akt.-Ges., Berlin, übert. von: Konrad Reuschel, Pretzfeld, **Herstellung**

von Silicium. Gasförmige Si-Verbb. werden in Ggw. von H_2 an einem durch elektr. Widerstandsheizung auf etwa 1100° erhitzten Si-Stab therm. zersetzt. Dabei wird die gegen die Reaktionskammer isolierte Stromzuführung für den Si-Stab mit H_2 unter Überdruck nicht unter 300° gekühlt. Der vorgewärmte H_2 wird dann ganz oder teilweise in die Reaktionskammer eingeleitet. (**A. P. 2999735** vom 20/4. 1960, ausg. 12/9. 1961. D. Prior. 11/6. 1959.) R. Zimmermann H 261

1996 British Titan Products Co. Ltd. (Erfinder: Arthur Wallace Evans, William Hughes und Bernard Harris), **Herstellung von Siliciumdioxid, Titandioxid oder Aluminiumtrioxid** durch Rk. von $SiCl_4$-, bzw. $AlCl_3$-Dämpfen (I) mit O_2 bei ihrem Durchgang durch ein Wirbelbett aus inerten festen Stoffen (II), dad. gek., daß das Bett so stark isoliert ist, daß die durch die exotherm. Rk. erzeugte Hitze erhalten bleibt. Die Geschwindigkeit der eingeführten **I** muß so groß sein, daß sich die **II** im Wirbelzustand halten u. die gebildeten Oxyde mit dem entstandenen Cl_2 u. unverbrauchtem O_2 abgeführt werden. — Vorrichtung. (**Aust. PP. 232699** u. **233700** vom 27/2. 1959, ausg. 1/6. 1961. E. Prior. 4/3. 1958.) C. Lüttgen H 261

1997 Kali-Chemie Akt.-Ges., Hannover (Erfinder: Herbert Jenkner, Hannover, und H. W. Schmidt, Isernhagen), **Herstellung von Siliciumnitriden.** Halogenfreie Si–H-Verbb. werden mit NH_3 zwischen 500 u. 1000° bes. zwischen 600 u. 900°, umgesetzt. Zus. der festgestellten Si-Nitride: $Si_{1,1}N$ bis $SiN_{1,3}$. Sie können durch Si-Oxid, SiP, BN dotiert werden. (**D. A. S. 1136315** Kl. 12i vom 5/7. 1961, ausg. 13/9. 1962.) E. Miessgang H 261

1998 E. I. du Pont de Nemours & Co., V. St. A., **Herstellung von Silan.** In Abwesenheit von Luft oder Feuchtigkeit erhitzt man eine Si-Verb., wie SiO_2, Kieselsäurehydrat, ein Silicat bzw. Fluorosilicat, zusammen mit einem elektropositiven Metall in Pulverform, dessen Atomgew. zwischen 3 u. 30 liegt u. dessen Elektrodenpotential mindestens 0,44 V beträgt, mit H_2 bei vorzugsweise 130—400° unter 100—1000 at ca. 8 Std. unter Rühren in Ggw. von Al-Chlorid, -Bromid oder -Jodid. Nach Abkühlen unter H_2 gewinnt man in einer angeschlossenen Kühlfalle nahezu reines *Silan.* Als Metalle sind Al, Ca, Zn genannt. (**F. P. 1233321** vom 10/8. 1959, ausg. 12/10. 1960.) W. Wittholz H 261

1999 Stauffer Chemical Co. (Erfinder: William V. Bauer), **Herstellung von Chloriden aus Oxiden.** Man leitet durch ein Fließbett aus C u. einem feinteiligen Oxid einen elektr. Strom u. leitet Cl_2 durch das erhitzte Fließbett. Hergestellt wurden z. B. BCl_3, $AlCl_3$, $ZrCl_4$, $SiCl_4$, VCl_4. (**Aust. P. 234216** vom 17/2. 1959, ausg. 13/7. 1961.) K. Demmler H 270

2000 British Titan Products Co. Ltd. (Erfinder: Robert William Ancrum und James Dennis Groves), **Herstellung von Oxiden** durch Oxydation von Metall- u. Metalloidchloriden mit O_2 in der Dampfphase, dad. gek., daß man die heißen Rk.-Prodd. mit W. so rasch abkühlt, z. B. auf $< 200°$, bes. $< 100°$, daß die Rk. zwischen dem W. u. den Cl_2-Dämpfen verhindert wird. — Vorrichtung. (**Aust. P. 233677** vom 20/11. 1958, ausg. 1/6. 1961. E. Prior. 29/11. 1957.) C. Lüttgen H 270

2001 I. Ss. Morosow, Ss. L. Stefanjuk und D. Ja. Toptygin, **Reinigung und Auftrennung von Chlorierungsprodukten eines Nb, Zr und Ti enthaltenden Materials** durch Hindurchleiten der gasförmigen Chloride durch eine brikettierte Schicht von Koks u. Alkalichloriden, wobei infolge der unterschiedlichen Flüchtigkeit u. Zers.-Temp. der gebildeten Verbb. $NaFeCl_4$, $NaAlCl_4$, $NaNbCl_4$, $NaTaCl_6$ u. Na_2ZrCl_6 eine Trennung ermöglicht wird. Nb-Chloride werden von Zr-, Fe- u. Al-Chloriden bei 500°, $TiCl_4$ wird von Al-, Fe-, Nb- u. Zr-Chloriden bei 300° getrennt. (**UdSSR. P. 133866** vom 2/2. 1960.) L. Großner H 270

2002 Chemical Products Corp., übert. von: Arvel O. Franz, Cartersville, Ga., V. St. A., **Umwandlung von Alkali-, Erdalkali- oder Ammoniumsulfid in Hydroxide.** Die wss. Lsgg. der Sulfide werden über einen bifunktionellen Kunstharzionenaustauscher (Anionenaustausch durch tert. oder quatern. NH_3-Gruppen, Kationenaustausch durch Carboxyl- oder Sulfonsäuregruppen) geleitet u. die Hydroxide u. Hydrosulfide werden nacheinander eluiert. (**A. P. 3013861** vom 8/10. 1958, ausg. 19/12. 1961.) K. Wolk H 270

2003 Karl Ziegler, Mülheim, **Elektrolytische Herstellung von Alkylverbindungen des Be, Mg, Hg oder der Metalle der III. bis V. Hauptgruppe des Periodischen Systems** bei Stromdichten über 2 A/dm², bes. 5—100 A/dm², einer Klemmenspannung von 1—5 V, Elektrodenabständen von wenigen mm u. 100—160°, ggf. im Vakuum. Als Elektrolyt werden Verbb. der allg. Formel $Me[Al(R)_3 \cdot R']$ (R = Alkylrest mit bes. 2—6 C-Atomen; R′ = F, Alkylrest mit bes. 2—6 C-Atomen, Alkoxyrest mit 2—20, bes. 2—8 C-Atomen, Cycloalkoxy- oder ggf. substituierte Aroxy-Reste; Me = Na, K oder deren Mischungen mit bes. $\leqq 80\%$ K), bes. $Me[Al(R)_4]$, $NaF \cdot Al(R)_3$ (**I**) oder $NaF \cdot 2Al[R)_3$ (**II**) oder deren Mischungen, ggf. unter Zusatz von $Al(R)_2R'$ oder Al-Trialkylen in Form ihrer Ätherate oder Trialkylaminate, verwendet. Die Anode besteht aus dem Metall der zu gewinnenden Metall-Alkyl-Verb. (**A**), die Kathode aus Hg. Die Trennung des anod. gebildeten **A** vom Elektrolyten u. den Al enthaltenden Zers.-Prodd. erfolgt durch Dest., bes. im Vakuum, durch Anordnung der Anode als Plattenbündel mit einigen mm Zwischenraum, so daß **A** nach oben wandern kann, wenn **A** leichter als der Elektrolyt ist, oder, wenn **A** schwerer ist, durch Arbeiten mit über die Hg-Oberfläche strömenden Elektrolyten, der **A** mitführt u. in einem strömungsfreien Teil der App. zu Boden sinken läßt. Das durch anod. Na-Abscheidung gebildete Na-Amalgam wird bei einem Na-Geh. von 1,5 Gew.-% entnommen oder kontinuierlich abgeführt u. das in einer Sekundärelektrolyse regenerierte Hg zurückgeführt, während das Na mit den Al enthaltenden Zers.-Prodd. des Elektrolyten durch Behandlung mit H_2 u. Olefinen in die verwendete Elektrolyt-Verb. zurückverwandelt wird, bes. unter Rückbldg. von $Na[Al(R)_4]$ aus **II** in der Menge, in der während der Elektrolyse aus **I II** gebildet worden ist, wenn in der elektrolysierten Lsg. **I** u. **II** enthalten sind. — Analog werden *Mg-Dialkyle* u. *Al-Trialkyle* bei $\leqq 80$ A/dm², 0,5—5 V u. 100—140° hergestellt, wobei als Kathode ein Metall verwendet wird, das mit Na keine Leg. bildet, der Geh. an Al-Trialkyl an der Kathode $< 3\%$, bes. $< 1\%$, gehalten wird, die Elektrodenräume durch ein Diaphragma getrennt sind u. während der Elektrolyse ständig mit einem mit dem Elektrolyten nicht mischbar. gesätt., bes. aliphat. oder hydroaromat., KW-Stoff extrahiert wird. — *Pb-Tetraäthyl*, durch Elektrolyse unter Verw. einer Pb-Anode u. eines Elektrolyten aus 50% $KAl(C_2H_5)_4$ u. 50% $NaAl(C_2H_5)_4$ unter Zusatz von 166 g $NaAl(C_2H_5)_4$ pro 26,8 A · h bei 100°, 60 A/dm² u. einer Klemmspannung von 7,5 V; 100% (Ausbeute). — Analog: *Mg-Diäthyl*, 96,5%. — *In-Triäthyl*, 86,5%. — *Sb-Triäthyl*, 100%. — *Zinntetraäthyl*, 85%. — *Tl-Triäthyl*, 88%. — *Bi-Triäthyl*, 89%. — *Hg-Diäthyl*, 93%. — *Al-Triäthyl*, 99%. — *Al-Tripropyl*, 94%. — *Al-Tributyl*, $Kp._{0,5}$ 100°. — Vorr.; 14 Zeichnungen. (**Oe. PP. 218027** u. **218028** vom 6/5. 1960, ausg. 10/11. 1961. Beide D. Prior. 6/5. 1959.) G. Colsmann H 270

2004 Ethyl Corp., New York, N. Y., übert. von: Sidney M. Blitzer und Tillmon H. Pearson, Baton Rouge, La., V. St. A., **Organometallverbindungen von Metallen der Gruppe IIb des Periodischen Systems** erhält man durch Rk. von Salzen organ. Säuren von Gruppe IIB-Metallen (I), in denen das Metall über O oder S an den Säurerest gebunden ist, mit Organometall-Verbb. der Metalle der Gruppe IIIA. **I** sind bes. niedere aliphat. Säuren von Zn, Cd u. Hg, die bes. mit Alkyl-Verbb. von B, Al, Ga, In u. Tl umgesetzt werden. — 3,9 (Teile) $(C_2H_5)_3B$, 70 Dimethoxyäthan u. 6,4 $Hg(OOCCH_3)_2$ werden 2 Std. unter Rückfluß erhitzt, worauf 5 NaOH in 15 W. zugegeben werden. Bei der Dest. der abgeschiedenen unteren Schicht erhält man 3,4 $(C_2H_5)_2Hg$ (Ausbeute 66%). (**A. P. 2969381** vom 1/5. 1959, ausg. 24/1. 1961.) J. Mühleisen H 270

2005 Houillères du Bassin du Nord et du Pas-de-Calais, Douai, und Commissariat à l'Énergie

Atomique, Paris (Erfinder: Gérard Lepoutre, Lille, und Bernard Lefrançois, Noeux-les-mines, Pas-de-Calais), Frankreich, **Herstellung von ammoniakalischen Lösungen von Alkalimetallamiden** durch Elektrolyse von Lsgg. der Alkalimetallsalze in fl. NH_3 in einem geschlossenen Behälter. Die Elektrolyse wird über dem Kp. des fl. NH_3 (bes. bei 10—30°) unter dem vom NH_3 erzeugten Druck vorgenommen. — Vorr., Zeichnung. (**D. A. S. 1133351** Kl. 12i vom 21/7. 1960, ausg. 19/7. 1962. **E. P. 915899** vom 18/7. 1960, ausg. 16/1. 1963. Beide F. Prior. 22/7. 1959.) E. Miessgang H 272

2006 Ethyl Corp., New York, N. Y. (Erfinder: David Otte DePree und Earl George DeWitt, Baton Rouge, La.), V. St. A., **Metallsalze eines Alkalimetallderivates einer ungesättigten Carbonsäure** werden hergestellt durch Rk. eines Metallsalzes einer Säure der allg. Formel $R_2C{:}C(CR_2H)COOM$ (R = H, KW-Stoff-Gruppe, M = Alkalimetall) mit MNH_2 oder MH, wobei die letzteren z. T. durch das entsprechende Alkalimetall ersetzt werden können. — 216 (Teile) Na-Methacrylat u. 80 $NaNH_2$ vermengt man in einem Mischer u. mischt $2^3/_4$ Std. bei 240° → 246 *Na-Salz des 2-Carboxy-3-natriumpropens*, gelber Feststoff, 67% (Ausbeute). — Zu 100 Diäthylenglykolmethyläther gibt man unter N_2 u. bei Siedetemp. 15,3 Na-1-Cyclohexencarboxylat u. 3,9 $NaNH_2$ → *Na-Salz des 2-Carboxy-3-natrium-1-cylohexens*, gelb, über 10%. — *Zwischenprodd.* für organ. Synthesen. (**D. A. S. 1155778** Kl. 12o vom 1/12. 1959, ausg. 17/10. 1963. **E. P. 893268** vom 30/11. 1959, ausg. 4/4. 1962. Beide A. Prior. 2/12. 1958. **A. P. 3051748** vom 2/12. 1958, ausg. 28/8. 1962.)
A. Debo H 272

2007 National Distillers & Chemical Corp., New York, N. Y., übert. von: Robert E. Robinson, Cincinnati, und Karl Koch, Norwood, Ohio, V. St. A., **Herstellung von Natriumdispersionen** durch Zerkleinern von Na, z. B. in einer Kolloidmühle, in einem organ., inerten Medium mit einem Kp., der über dem F. des Na liegt, z. B. in fl. KW-Stoffen oder fl. Äthern, auf eine Teilchengröße von weniger als 5 μ in Anwesenheit eines Dispergiermittels, bes. Al-Stearat, u. von 0,1—1,5%, bes. 0,4—0,8% Wasser. (**A. P. 3012974** vom 13/3. 1958, ausg. 12/12. 1961.) H. Roos H 274

2008 Wolfgang Sonneck, Staßfurt, und Reinhard Tschech, Bernburg, **Herstellung von calcinierter Soda.** Aus dem Ammoniak-Soda-Prozeß gewonnenes $NaHCO_3$ wird nach dem Wirbelschichtverf. in einem mehretagigen Wirbelschichtreaktor, in den das $NaHCO_3$ in granuliertem Zustand eingeführt wird, mit einem an CO_2 reichen, zugleich als Wärmeträger dienenden Gasstrom calciniert. — Schemat. Zeichnung. (**D. P. [DDR] 16304** Kl. 121 vom 29/8. 1956, ausg. 3/2. 1959 [Wirtschaftspatent].)
J. Bardeleben H 274

2009 Dow Chemical Co., V. St. A., **Entfernen von $NaClO_3$ und NaCl aus konzentrierter Natronlauge.** Man fügt zu der wss. Lsg. eine $FeSO_4$-Lsg., deren Geh. das 8,55—9fache an $FeSO_4$ beträgt, bezogen auf das in der Lsg. enthaltene $NaClO_3$, hält die Mischung zwischen 20 u. 80°, bes. 50—60°, bis die Red. des Chlorates zu Chlorid nahezu beendet ist, u. filtriert die unlösl., NaCl enthaltenden Komplex-Verbb. ab. (**F. P. 1166857** vom 8/2. 1957, ausg. 17/11. 1958.) W. Wittholz H 274

2010 Hamoetza Hamadait und Shmuel Perlmutter, Israel, **Herstellung von K_2SO_4.** KCl wird mit $CaSO_4$ zu Syngenit umgesetzt, den man mit K_2CO_3 zu $CaCO_3$ u. K_2SO_4 reagieren läßt. An Stelle von K_2CO_3 kann eine Lsg. von K_2CO_3, die durch Zerlegen von Engelschem Salz erhalten wird, Na_2CO_3 oder $(NH_4)_2CO_3$ verwendet werden. (**F. P. 1162699** vom 19/10. 1956, ausg. 16/9. 1958. Israel. Prior. 7/11. 1955.)
J. Bardeleben H 275

2011 Sabino Jannuzzi, Neapel, Italien, **Gewinnung von Kaliumsalzen aus Meerwasser.** Man versetzt das Meerwasser mit der stöchiometr. Menge an Na–Bi-Thiosulfat, filtriert das niedergeschlagene K–Bi-Salz u. zersetzt es durch Behandlung mit einer Mineralsäure, wobei das entsprechende K-Salz in Lsg. geht, während das Bi ungelöst zurückbleibt u. in den Prozeß wieder eingeführt wird. (**It. P. 527422** vom 3/8. 1954.)
K. Koebke H 275

2012 Sabino Jannuzzi, Neapel, Italien, **Gewinnung von Magnesiumsalzen aus Meerwasser** durch Fällung mit Alkalicarbonaten, dad. gek., daß man Meerwasser u. eine 48,5%ig. Lsg. von Na_2CO_3 gleichzeitig rasch in den Fällbehälter einfließen läßt. Man erhält eine Fällung von 3 $MgCO_3 \cdot Mg(OH)_2 \cdot 3\,H_2O$. (**It. P. 528067** vom 3/8. 1954.) K. Koebke H 282

2013 Carlo Randaccio, Bologna, Italien, **Herstellung von organischen Magnesiumverbindungen,** dad., daß ungesätt., bes. olefin. KW-Stoffe, bes. bei 60—120° u. ggf. erhöhtem Druck u. in Ggw. von Katalysatoren mit Mg u. H_2 umgesetzt werden. An Stelle der ungesätt. Verb. kann man auch eine der gewünschten Mg-Verb. entsprechende metallorgan. Verb., bes. die Hg-Verb. verwenden u. mit Wellenlänge von 2530 Å bestrahlen. (**It. P. 548183** vom 27/1. 1956.) K. Koebke H 282

2014 Imperial Chemical Industries Ltd., London, England (Erfinder: Thomas Leigh), **Grignardverbindungen** der Formel RMgX, worin R einen KW-Stoff-Rest oder einen heterocycl. Rest bedeutet u. XCl, Br oder I ist, erhält man durch Rk. von Verbb. der Formel RX, worin R u. X die obige Bedeutung haben, mit Mg in Ggw. von Tetrahydrofuran (**I**) u. einem einen Kp. von 75—200° aufweisenden KW-Stoff, wie Bzl., Toluol (**II**), Xylol, Tetrahydronaphthalin, PAe. oder Kerosin. — CH_3Cl-Dampf wird mit einer Geschw. von 100—200 cm^3/Min. in ein Gemisch von 100 (Teilen) **II**, 15 **I**, 4,8 Mg-Späne u. 0,05 **I** bei 60° eingeleitet, bis das Mg aufgelöst ist. Man erhält CH_3MgCl in 97%ig. Ausbeute. Zwischenprodukte. (**E. P. 870415** vom 29/5. 1959, ausg. 14/6. 1961.) J. Mühleisen H 282

2015 Antonio Pani, Iglesias, Cagliari, Italien, **Gewinnung von Zink** aus oxid. Zn-Mineralien, dad., daß man das Mineral mit HNO_3 in Lsg. bringt, die Lsg. durch Zugabe von $CaCO_3$ u. $KMnO_4$ u. danach Zn-Pulver reinigt, aus der Lsg. mit $Ca(OH)_2$ das $Zn(OH)_2$ fällt u. daraus durch Dest. oder nach Überführen in $ZnSO_4$ elektrolyt. das Zn gewinnt. Das in der Lsg. zurückbleibende $Ca(NO_3)_2$ dient zur Rückgewinnung von HNO_3 u. $Ca(OH)_2$. (**It. P. 527216** vom 27/2. 1954.)
K. Koebke H 288

2016 Council of Scientific & Industrial Research, New Delhi (Erfinder: Veeraragava Aravamuthan und Rangachari Srinivasan, Karai Kudi), **Gewinnung von Zink** in Form leicht abziehbarer Folien durch Elektrolyse von $ZnCl_2$-Lsg., die pro Liter 100 bis 120 g Zn u. 0,5—1,5 g NaF enthält, bei 25—35°. Als günstigste Stromdichte wird 30 A/sq. ft. angegeben. (**Ind. P. 62293** vom 16/11. 1957, ausg. 11/3. 1961.)
C. Lüttgen H 288

2017 Soc. Mineraria e Metallurgica di Pertusola, Genf, Italien, **Anreichern von oxydischen Zink-Mineralien** durch Flotation mit Na_2S oder anderen Sulfurierungsmitteln u. Aminen, dad. gek., daß man die Amine vorher emulgiert u. ihnen ggf. Xanthate höherer Alkohole oder der Kondens.-Prodd. von Äthylenoxid (**I**) u. höheren Alkoholen oder Dithiocarbamate zusetzt. — Ein Gemisch aus 30 (g) Palmitylamin, 40 Oleylamin u. 30 Stearylamin (**II**) wird mit 10 des Kondensationsprod. aus **II** mit 11 Mol **I** emulgiert u. die Emulsion nach Zugabe von 2000 Na_2S u. W. zur Flotation verwendet. Bei dem Verf. stört die Ggw. von Ton im Mineral nicht u. man kann auch hartes W. verwenden. (**It. P. 528721** vom 22/2. 1955.) K. Koebke H 288

2018 Carlo Randaccio, Bologna, Italien, **Herstellung von organischen Zinkverbindungen,** dad., daß ungesätt., bes. olefin. KW-Stoffe, bes. bei 60—120° u. ggf. bei erhöhtem Druck u. in Ggw. von Katalysatoren mit Zn u. H_2 oder mit ZnH_2 umgesetzt werden. An Stelle der ungesätt. Verb. kann man auch eine der gewünschten Zn-Verb. entsprechende metallorgan. Verb., bes. die Hg-Verb. verwenden u. mit Licht der Wellenlänge 2530 Å bestrahlen. (**It. P. 548184** vom 28/1. 1956.) K. Koebke H 288

2019 P. I. Wolpin und N. Ss. Malz, **Herstellung von Tonerde** durch Kombination mit dem Bayer-Verfahren

unter Fortfall der Entsilicierung, dadurch, daß der Schlamm sofort abgetrennt wird u. anschließend mit der zweiten (verd.) Wasch-Lsg. des Bayer-Verf. ausgelaugt wird, wobei sich diese Lsg. auf ca. den Geh. der ersten Wäsche des Bayer-Verf. (35–40 g Na_2O/Liter) konzentriert. Diese Lsg. wird nach dem Bayer-Verf. weiterverarbeitet. (**UdSSR. P. 132208** vom 23/11. 1959.)
F. Eßer H 294

2020 Pechiney Comp. de Produits Chimiques et Électrométallurgiques, Frankreich (Erfinder: Charles Eyraud und Pierre Lanaspeze), **Herstellung von Al_2O_3 aus Natriumaluminat-Laugen,** durch Zusatz vom Impfmaterial (I) bei $\leq 25°$. Das I wird durch Abkühlen der Aluminat-Lsg. auf ca. – 78° innerhalb von 10 Min. in einer Korngröße von ca. 0,1 μ erhalten. (**F. P. 1233030** vom 27/4. 1959, ausg. 12/10. 1960.)
W. Wittholz H 294

2021 Aluminium-Industrie Akt.-Ges. (Erfinder: Hrvoje Ivekovic), **Gewinnung von Aluminiumoxidhydrat** aus beim Aufschluß von Bauxit oder dgl. anfallenden Aluminatlsgg. durch Behandeln der Lsgg. mit einer organ. Fl., die einen Kp. < 100°, eine Verdampfungswärme unter der des W. u. eine Löslichkeit von wenigstens 10 Vol.-% in W. aufweist, sowie durch die Aluminat-Lsg. nicht verändert wird, z. B. Methyl- oder Äthylalkohol, u. anschließendes Abtrennen des ausgefallenen Al · $(OH)_3$ von der Restflüssigkeit. (**Aust. P. 233434** vom 15/12. 1959, ausg. 11/5. 1961. Jugoslaw. Prior. 15/12. 1958.) K. Demmler H 294

2022 Ciba Akt.-Ges., Basel (Erfinder: Jost Frey, Monthey), Schweiz, **Herstellung von Aluminiumchlorid** durch Rk. von geschmolzenem Al mit Cl_2. Dabei läßt man das fl. Al durch 2 hintereinandergeschaltene Zonen zirkulieren, wobei es in der 1. Zone mit Cl_2 reagiert, während in der 2. Zone das von dem gebildeten $AlCl_3$ befreite Al gekühlt u. so ein Absetzen der darin enthaltenen Verunreinigungen erreicht wird. Das so gereinigte Metall geht dann in die 1. Zone zurück. Man läßt das Al in der 1. Zone schneller zirkulieren als in der 2. Zone, ersetzt in dieser Kühlzone durch Zugabe von festem Al das verbrauchte Al u. führt auch hier die entstandenen Schlacken period. ab. – Vorr., Zeichnungen. (**D. A. S. 1139104** Kl. 12m vom 19/3. 1960, ausg. 8/11. 1962. Schwz. Prior. 18/12. 1959.)
H. Nebelsiek H 294

2023 Comp. Française Thomson-Houston, Frankreich (Erfinder: Arrigo Addamiano), **Herstellung von Aluminiumphosphid** durch Umsetzen von Zinkphosphid mit Al bei 700–900° in inerter Gasatmosphäre. (**F. P. 1236395** vom 23/9. 1959, ausg. 16/11. 1960. A. Prior. 23/9. 1958.) W. Wittholz H 294

2024 Pechiney Comp. de Produits Chimiques et Électrométallurgiques, Paris (Erfinder: René Antoine Paris, Lyon, Rhône, und René Perieres, La Tronche, Isère), Frankreich, **Herstellung von Aluminiumnitrid** durch Umsetzung von Al-Oxid, gasförmigen KW-Stoffen u. überschüssigem N_2 bei 1000–2000°. Es wird eine Crackung der KW-Stoffe in Berührung mit dem Al-Oxid unter Bldg. eines C-Nd. bei > 1200° u. die Nitrierung dieser Mischung aus Al-Oxid u. C bei < 1750° durchgeführt. Durch eine mit Hilfe von zugeführter Luft bewerkstelligte Verbrennung eines Teiles der KW-Stoffe wird die ganze für die endothermen Crackungs- u. Nitrierungsrkk. erforderliche Wärme oder ein Teil derselben erzeugt. Hierbei wird so viel Luft zugeführt, daß die Menge des in ihr enthaltenen O_2 geringer ist als die für die vollständige Verbrennung der KW-Stoffe erforderliche Menge. – Verfahrensschemata. (**D. A. S. 1131194** Kl. 12i vom 13/2. 1960, ausg. 14/6. 1962. F. Prior. 13/2. 1959.) E. Miessgang H 294

2025 Union Carbide Corp., New York, N. Y. (Erfinder: Victor Mandorf jun., Fortoria, Ohio), V. St. A., **Herstellung von Aluminiumnitrid** durch Umsetzung von feinverteiltem Al mit N_2 bei 800–1100°. Al wird in einer Mischung mit einem Trägermaterial aus AlN oder/u. AlF_3 umgesetzt, wobei das Al zwischen 41,5 u. Gew.-% der Mischung ausmacht. Diese Mischung wird allmählich auf 1900° erhitzt, wobei N_2 ca. bei 1500° durch ein Inertgas ersetzt wird. (**D. A. S. 1131195** Kl. 12i vom 31/5. 1960, ausg. 14/6. 1962. **E. P. 896766** vom 17/6. 1960, ausg. 16/5. 1962. Beide A. Prior. 24/6. 1959.)
E. Miessgang H 294

2026 Union Carbide Corp., übert. von: Rostislav Didchenko, Cleveland, Ohio, V. St. A., **Herstellung von Indiumphosphid.** Man bringt eine organ. In-Verb., die flüchtige Rk.-Prodd. durch Ersatz des In durch H bildet, z. B. In-Acetylacetonat, -formiat, -oxalat, bei < 300° mit Phosphin zur Reaktion. (**A. P. 3010792** vom 31/8. 1959, ausg. 28/11. 1961.)
K. Demmler H 296

2027 National Lead Co., New York, N. Y., übert. von: Olav Moklebust, Homewood, Ala., V. St. A., Gunnar Olavesen, Fredrikstad, und Harald Bjoranesset, Hauge i Delane, Norwegen, **Oxydation des dreiwertigen Titans in Titan enthaltenden Materialien.** Die bei der therm. Red. in Drehöfen erhaltenen Ti-Konzentrate enthalten 50–80% des Ti als Ti^{3+}. Das in einer Korngröße zwischen ~ 1 u. ~ 5 μ vorliegende Material wird zur Oxydation des Ti^{3+} (durch Zugabe von verd. H_2SO_4) pelletisiert u. mit einem O_2-haltigen Gas (Luft) zuerst auf < 100° u. dann auf 250–400° erhitzt. (**A. P. 2990250** vom 25/11. 1958, ausg. 27/6. 1961.)
E. Miessgang H 321

2028 Laporte Titanium Ltd., England, **Behandlung von Feststoffe enthaltenden Gasen.** Die bei der *Herst. von TiO_2* durch Oxydation von $TiCl_4$ entstehenden, TiO_2-Staub enthaltenden Abgase werden zur Abkühlung u. Wiedergewinnung des TiO_2 durch ein aus Feststoff-Teilchen, bes. aus TiO_2-Teilchen bestehendes Wirbelbett u. anschließend durch eine Absetzkammer sowie durch ein Filter geführt. (**F. P. 1227285** vom 2/2. 1959, ausg. 19/8. 1960. A. Prior. 4/2. 1958.)
W. Wittholz H 321

2029 E. I. du Pont de Nemours & Co., Wilmington, übert. von: Kenneth L. Beray, Hockessin, Del., V. St. A., **Herstellung von faserförmigem Titandioxid.** Ein Halogenid von Ti(IV) (bes. $TiCl_4$) wird über eine Schmelze von Boroxid, Alkaliborat oder Mischungen dieser Verbb. geleitet. (**A. P. 2980510** vom 21/7. 1959, ausg. 18/4. 1961.) E. Miessgang H 321

2030 British Titan Products Co. Ltd., Billingham, England (Erfinder: Arthur Wallace Evans und James Dennis Groves), **Herstellung von Titantetrachlorid aus titanhaltigem Material.** Das Ausgangsmaterial wird im Gemisch mit Kohle, Koks oder Anthrazit in einem Schachtofen unter Wirbelschichtbedingungen mit Cl_2 (oder Cl_2-haltigem Gas) behandelt. $TiCl_4$ wird zusammen mit $FeCl_3$ u. den leicht flüchtigen Chloriden anderer verunreinigender Metalle ausgetragen. Die Temp. wird so eingestellt, daß sich die schwer chlorierbaren Anteile des Ti-haltigen Material im Wirbelbett anreichern. Das an Verunreinigungen angereicherte Material wird absatzweise oder kontinuierlich aus dem Bett ausgetragen. (**E. P. 861991** vom 28/6. 1956, ausg. 1/3. 1961.)
E. Miessgang H 321

2031 Columbia National Corp., Pittsburgh, Pa. (Erfinder: Irvon Charles Klimaszewski, Pensacola, Pa.), V. St. A., **Herstellung von Zirkoniumdioxid** mit einem Schüttgew. von wenigstens 800 kg/m³ unter Austreibung von Stickoxiden durch Calcinieren eines thixotropen Gemisches von Zirkonylnitrat (I) u. Wasser. I erhält man durch Erhitzen einer wss. Suspension von festem Zirkoniumnitrat u. Abtrennen des W. unter Bldg. einer Paste. (**D. A. S. 1150961** Kl. 12m vom 10/6. 1960, ausg. 4/7. 1963. A. Prior. 12/6. 1959.)
H. Nebelsiek H 322

2032 Atomenergikommissionen, Kopenhagen (Erfinder: Bror Borge Skytte Jensen, Roskilde, und Ernst Thomas Rosenberg, Lyngby), Dänemark, **Herstellung von zur Tränkung von Trägern von Ionenaustauschsäulen verwendbaren Zirkoniumphosphatlösungen bzw. von Zirkoniumphosphaten,** die als Ionenaustauscher zu verwenden sind. Man setzt einen NH_4-Zr-Carbonatkomplex oder einen Alkyl-NH_4-Zr-Carbonatkomplex in Lsg. mit einem Ammoniumphosphat oder einem Alkylammoniumphosphat oder einer Phosphorsäure um. Dabei werden CO_2 u. NH_3 oder das Alkylamin, wenn

dieses bei < 100° flüchtig ist, ggf. durch Luftdurchleiten, Erwärmen u./oder Rühren des Rk.-Gemisches entfernt, das erhaltene Rk.-Gemisch zur Trockne eingedampft u. das Trockenprod. mit einer starken Säure behandelt. Die dabei zerfallenen Körner werden getrocknet. (**D. A. S. 1136680** Kl. 12m vom 15/2. 1961, ausg. 20/9. 1962. Dän. Prior. 17/2. 1960.)
H. Nebelsiek H 322

2033 Kali-Chemie Akt.-Ges., Hannover, **Herstellung von Zinnhydriden,** die auch bis zu 3 organ. Reste enthalten können. Man bringt ein organ. oder anorgan. Sn-Halogenid, z. B. Diäthyl-Sn-dichlorid oder $SnCl_4$, mit einem organ. Al-Hydrid, bes. Diäthyl-Al-hydrid, zur Rk. u. erhält z. B. $(C_2H_5)_2SnH_2$ oder SnH_4. (**E. P. 871642** vom 29/10. 1959, ausg. 23/6. 1961. D. Prior. 5/11. 1958.)
K. Demmler H 327

2034 Pechiney Comp. de Produits Chimiques et Électrométallurgiques (Erfinder: Bernard Desbois), **Herstellung von Nioboxid.** Man bringt wss. Lsgg. von Verbb. des Nb in anion. Form u. anderen Metallen der III., IV., V. u. VIII. Gruppe des Period. Syst. in Kontakt mit einem aliphat., aromat. oder heterocycl. quatern. NH_4-Salze enthaltenden Anionenaustauscher, wobei das gesamte Nb u. nur 1% des Fe zurückgehalten werden, u. eluiert mit einer neutralen wss. Salzlsg. (NaCl) zuerst das Fe u. dann das Nb, das mit NH_3 als Hydroxid aus dem Eluat gefällt wird. (**Aust. P. 234069** vom 9/7. 1959, ausg. 29/6. 1961. F. Prior. 11/7. 1958.)
K. Demmler H 331

2035 Nova Beaucage Mines Ltd., Montreal (Erfinder: Charles Alexander Sutherland, Trail), Canada, **Herstellung der Pentachloride des Niobs und/oder Tantals** durch Erhitzen der entsprechenden Oxide mit C u. anschließende Chlorierung der gebildeten Carbide. Dabei zündet man ein trockenes Gemisch aus Oxiden des Nb u./oder Ta mit der stöchiometr. Menge Al-Pulver u. einem Überschuß an C unter einem Inertgas, erhitzt dann auf 1600—2200° u. chloriert dann das entstandene Carbid zu dem oder den entsprechenden Pentachloriden. Das entstandene $NbCl_5$ bzw. $TaCl_5$ ist frei von Oxidchloriden. (**D. A. S. 1152094** Kl. 12m vom 16/2. 1960, ausg. 1/8. 1963.)
H. Nebelsiek H 332

2036 Ciba Akt.-Ges., Basel (Erfinder: Walter Scheller, Neuewelt, und Jean Renard, Muttenz), Schweiz, **Herstellung von Doppelsalzen der Niob- und Tantalchloride** durch Rk. der Chloride dieser Metalle mit Alkalibzw. Erdalkalihalogeniden bei erhöhter Temperatur. Dabei leitet man das dampfförmige Pentachlorid über festes, grobkörniges Alkali- bzw. Erdalkalihalogenid u. hält die Temp. > F. des so gebildeten Doppelsalzes, so daß dieses in fl. Form aus der Rk.-Zone abläuft. Will man ein niedrigerwertiges Doppelsalz erhalten, so leitet man das dampfförmige Pentachlorid in Ggw. von H_2 über die festen Alkali- oder Erdalkalihalogenide. — Zeichnungen. (**D. A. S. 1136681** Kl. 12m vom 9/3. 1960, ausg. 20/9. 1962. Schwz. Prior. 10/3. 1959 u. 27/1. 1960.)
H. Nebelsiek H 332

2037 Karl Jonard, Paris, Frankreich, **Herstellung von wasserunlöslichem, basischem Wismutnitrat** mit einem Schüttgew. von < 0,3 g/cm³ u. einem Bi_2O_3-Geh. > 90%, bestehend aus einem Gemisch von Hydroxid, Carbonat u. bas. Nitrat. Man gibt eine saure $Bi(NO_3)_3$-Lsg. in eine verd. ammoniakal., CO_2 enthaltende Lsg., wäscht die durch Hydrolyse entstandene Fällung von bas. Bi-Nitrat mit W. u. trocknet unter Vermeidung von Stoß- u. Druckeinwirkung. (**E. P. 881810** vom 19/1. 1959, ausg. 8/11. 1961. F. Prior. 28/10. 1958.)
K. Demmler H 334

2038 Monsanto Chemical Co., St. Louis, Mo., V. St. A., **Bis-aren-komplexverbindungen von Metallen der VI. und VII. Nebengruppe, Co und Ni** werden hergestellt durch Rk. einer Aryl-Grignard-Verb. oder eines Alkaliaryls mit einem wasserfreien Halogenid oder Phenolat des entsprechenden Metalls, Oxydation des so erhaltenen Komplexes mit O_2, einem flüchtigen Oxid (außer W.) oder einer organ. Verb., die eine Doppel- oder Dreifachbindung zwischen C u. einem anderen Atom oder eine Azogruppe enthält u. ggf. anschließende Hydrolyse. — 3 (g) $CrCl_3$ gibt man innerhalb 2 Std. bei −10° zu 225 ml einer äther. Lsg. von C_6H_5MgBr (160 m Mol), rührt 2 Std. nach, leitet trockenes CO_2 ein u. verdrängt das überschüssige CO_2 mit N_2. Dann gibt man schnell 25 g NaOH in 150 ml W. bei −5° zu, filtriert, wäscht den Nd. mit 200 ml Alkali u. die vereinigten Filtrate mit Ae. u. Chlf. filtriert die wss. Schicht, gibt 1,5 $NaB(C_6H_5)_4$ zu u. filtriert 1,7 Feststoff ab. 0,5 dieses Feststoffes behandelt man mit 300 ml heißem W., filtriert vom Bis-benzol-chrom(1)-tetraphenylborat ab, behandelt das Filtrat mit wss. $BaCl_2$ → 0,2 gelbes Salz, das *Benzol-bariumbenzoat-chrom(1)-tetraphenylborat*, $[(C_6H_6)(C_6H_5 \cdot COOBa_{0,5})Cr]^+[B(C_6H_5)_4]^-$, IR-Banden bis 6,24 u. 7,23 μ ist, verunreinigt durch $[(C_6H_5{-}C_6H_5)(C_6H_5COOBa_{0,5}) \cdot Cr^I]^+[B(C_6H_5)_4]^-$. — Ähnlich erhält man: *Bis-diphenyl-chrom*(**1**)*-tetraphenylborat*, orangerote Flocken. — $[(C_6H_5 \cdot D)(C_6H_5{-}C_6H_5)Cr^I]^+[B(C_6H_5)_4]^-$, 15% (Ausbeute). — $[(C_6H_5D)_2Cr^I]^+[B(C_6H_5)_4]^-$, gelbe Blättchen aus Aceton, 10%. — $(C_6H_5D)_2Cr^0$, F. 282—284°, schwarze Nadeln nach Sublimation bei 150°/20 Torr, IR-Bande bei 4,42 μ. — $[(C_6H_6)(C_6H_5CH_2OH)Cr^I]^+[B(C_6H_5)_4]^-$, $C_{37}H_{34}BCrO$. — $[(C_6H_5CH_2CH_3)(C_6H_5CH{:}CH_2)Cr]$. — $(C_6H_5COOH)_2 \cdot Cr$. — An Stelle von Cr kann man auch W, Mo, Ni, Mn, Co verwenden. Rk.-Gleichungen sind angegeben. — *Zwischenprodd.* für Polymere, *Polymerisationskatalysatoren*, Verw. zur Herst. von *Metallüberzügen.* (**E. P. 879168** vom 1/4. 1958, ausg. 4/10. 1961. A. Prior. 1/4. 1957. **Zusatz zu E. P. 868650; C. 1962, 15368.**)
A. Debo H 335

2039 Mark Crosby Whiting, England, **Herstellung von aromatischen Tricarbonylchrom-Verbindungen.** Aromat. Tricarbonylkomplexe der Metalle der VI. Nebengruppe des Period. Syst., bes. Cr, werden durch Rk. der entsprechenden Hexacarbonyle mit entsprechenden, ggf. durch elektrophobe Gruppen substituierten Aromaten in einem inerten, polaren Lsgm., bes. Diglykoldimethyläther oder Dimethylformamid (**I**), erhalten. Sie können in nucleophil substituierte aromat. Tricarbonyl-Cr-Komplexe umgewandelt u. daraus die Aromaten durch therm. Zers., Bestrahlung mit UV-Licht oder Umsetzung mit einem Elektronen abgebenden Komplexbildner, wie CO, regeneriert werden. — Tricarbonylchromkomplexe: *Benzol*-(**II**), F. 161—163°, aus $Cr(CO)_6$ u. Bzl. durch 20std. Kochen in **I** unter N_2; 78% (Ausbeute). — *Chlorbenzol*-(**III**), F. 97—100°, aus $Cr(CO)_6$ u. Chlorbenzol in Dioxan durch 170std. Kochen; 57%. — *Phenylessigsäureäthylester*-(**IV**), F. 46,5—47,5°; 95%. — *Benzoesäure*-, aus 687 (Teilen) $C_6H_5COOCH_3 \cdot Cr(CO)_3$ in wss. methanol. K_2CO_3-Lsg. durch Verseifen; 617 Teile. — *Phenylessigsäure*-, F. 134—135°, aus 2,3 **IV** durch Verseifen; 2,03 Teile. — *Methoxybenzol*-, F. 85,5 bis 86,5°, aus 235 **III** u. 212,5 $NaOCH_3$ in CH_3OH durch 24std. Kochen; 207 Teile. — *p-Dimethoxybenzol*-(**V**), F. 97,5—99,5, aus 2,2 [p-Chloranisol]–$Cr(CO)_3$ u. 1,73 $NaOCH_3$; gelbe Nadeln; 1,42 Teile. — *Hydroxybenzol*-(**VI**), aus 2 **III** mit wss. K_2CO_3-Lsg.; 0,45 Teile. — *p-Äthoxytoluol*-, F. 71,5—73,5° (Isopropyläther), aus [p-Chlortoluol]–$Cr(CO_3)$ u. $NaOC_2H_5$ in abs. A.; gelbe Prismen; 62%. — *Tris-[dimethylphenylarsin]*-, F. 98 bis 100°, aus 293 [Methylbenzol]–$Cr(CO)_3$ (**VII**) u. 117 Dimethylphenylarsin durch 1std. Erhitzen auf 150—160°; gelbe Prismen; 358 Teile. — *Tris-[cyclohexylamin]*-, aus **II** u. Cyclohexylamin; 67%. — *Bis-[triphenylphosphin]-chromtetracarbonyl*, F. 175—178° (Chlf.), aus 3020 Triphenylphosphin u. 467 **VII**; 971 Teile. — *2.4.6-Tribromphenol*-, aus 0,45 **VI** u. Br_2 in CCl_4; 0,65 Teile. — *Diphenylacetonitril*-, F. 74—75° (Isopropyläther/PAe.), aus einer durch Umsetzung von 1,87 Phenylacetonitril u. 0,368 Na in fl. NH_3 erhaltenen äther. Lsg. u. 2 **III** durch 2std. Kochen; gelbe Kristalle; 0,97 Teile. — *p-Dimethoxybenzol*, F. 52—54° (PAe.), aus **V** in Tetrahydrofuran u. CO bei 180° u. 56 at; 75%. (**F. P. 1246563** vom 28/1. 1960, ausg. 8/2. 1961. E. Prior. 29/1. 1959.)
G. Colsmann H 335

2040 B. G. Korschunow und W. I. Goldin, **Reinigen von Molybdän- und Wolframchloriden und -hydroxychloriden** von $FeCl_3$ u. $AlCl_3$ durch Einleiten der Dämpfe in eine Alkalichloridschmelze von 250—400°, wobei Fe u. Al als $NaFeCl_4$ bzw. $NaAlCl_4$ gebunden werden; das gereinigte Prod. enthält < 0,005(%) Fe_2O_3 u. < 0,003

Al_2O_3 (bezogen auf WO_3 bzw. MoO_3). (**UdSSR. P. 134257** vom 3/3. 1960.) L. Großner H 337

2041 Union Carbide Corp., übert. von: Fritz O. Wienert, Niagara Falls, N. Y., V. St. A., **Reinigung von Dämpfen flüchtiger Halogenide von Titan, Vanadin, Chrom, Zirkonium, Niob, Molybdän, Hafnium, Tantal oder Wolfram,** die mit den entsprechenden Oxiden verunreinigt sind. Die verunreinigten Halogeniddämpfe werden mit gasförmigem freiem Halogen, welches dem Halogenid in der Verb. entspricht, behandelt. Das erhaltene Gemisch wird bei solcher Temp. durch ein Filterbett aus C-haltigem reduzierenden Material (A-Kohle) geführt, daß die verunreinigenden Oxide in das gasförmige Halogenid des Metalls übergeführt werden. — Vorrichtung. (**A. P. 2985507** vom 23/12. 1957, ausg. 23/5. 1961.) E. Miessgang H 337

2042 VEB Hartmetallwerk (Erfinder: Rudolf Kohlermann, Walter Dubel und Walter Flurschütz), Immelborn, Thüringen, **Herstellung von Uranmonocarbid.** Ein dem stöchiometr. Verhältnis entsprechendes Gemisch von Uranoxid u. C wird bei erhöhter Temp. im Vakuum umgesetzt. Das Gemisch wird in Tiegeln aus hochschmelzenden, $< 1600°$ mit N-oxid, C u./oder UC wenig reagierenden Metalloxiden, bes. Sinterkorund, im Vakuum bei $< 1600°$ zur Rk. gebracht. (**D. A. S. 1130798** Kl. 12n vom 27/1. 1960, ausg. 7/6. 1962.) E. Miessgang H 339

2043 Hans Huber, Wiesbaden, **Herstellung von Uran-(IV)-phosphat** aus roher Phosphorsäure (**I**), die oxydiert, bis oder annähernd bis zur Monoalkaliphosphatstufe neutralisiert u. vom U-freien Nd. abgetrennt ist, durch Reduktion. Vor der U-Phosphatfällung wird die oxydierte **I** bei erhöhter Temp. unter Druck, bes. zwischen 110 u. 200°, partiell bis zum pH-Wert 3,5 neutralisiert. (**D. A. S. 1136317** Kl. 12n vom 5/1. 1960, ausg. 13/9. 1962.) E. Miessgang H 339

2044 Diamond Alkali Co. (Erfinder: Thomas L. O'Connor, Walter Juda, Paul H. McNally und Norman W. Rosenberg), **Herstellung von Actinidenoxide enthaltenden wäßrigen Solen** durch Entfernen der lösl. Ionen aus einer Lsg. einer ein Actinid enthaltenden Verb. in W. u./oder D^2O, wobei die Ionen mittels Ionenaustausch oder Elektrodialyse entfernt werden. Als Actiniden kommen bas. Th, U u. Pu in Betracht. (**Aust. P. 235299** vom 18/6. 1959, ausg. 5/10. 1961. A. Prior. 19/6. 1958.) K. Demmler H 341

2045 United Kingdom Atomic Energy Authority, London, England (Erfinder: Leslie Airey), **Reinigen von Plutonium.** Man oxydiert Pu-Oxalat mit Ozon oder anod. O_2 in Ggw. von HNO_3. Dabei zersetzt sich das Oxalat u. Pu geht als Nitrat in Lösung. (**E. P. 905274** vom 20/8. 1952, ausg. 5/9. 1962.) H. Nebelsiek H 343

2046 United Kingdom Atomic Energy Autority, London, England, **Gewinnung von Plutoniumverbindungen** durch Fällung mit einem Trägerstoff. Man stellt eine Pu-haltige saure Ausgangslsg. her u. neutralisiert mit wss. NaOH-Lösung. Anschließend erhält man den Nd. mit LaF_3 bzw. durch Zusatz einer verd. $La(NO_3)_3$-Lsg., der man tropfenweise konz. HF zufügt. (**E. P. 902741** vom 6/2. 1946, ausg. 9/8. 1962. A. Prior. 20/1. 1945.) H. Nebelsiek H 343

2047 United States Atomic Energy Commission, übert. von: Burt F. Faris, Oak Ridges, Tenn., V. St. A., **Abtrennen von Plutoniumverbindungen** aus einer wss. Lsg., die durch Beschuß von U mit Neutronen erhalten ist. u. neben Pu- noch U-Verbb. enthält. Man oxydiert die Lsg., so daß die Pu-Verb. in der 6wertigen Stufe vorliegt, fällt durch Zusatz von Wismutphosphat u. trennt den Nd. von der Lsg. ab. Aus der abgetrennten Lsg. fällt man das $Bi(OH)_3$ aus, digeriert den Nd. bei 80—125° u. trennt den digerierten Pu-haltigen Nd. von der Lsg. ab. (**A. P. 2981591** vom 2/9. 1944, ausg. 25/4. 1961.) H. Nebelsiek H 343

2048 Walter M. Weil, Shaker Heights, Ohio, V. St. A., **Gewinnung von Manganverbindungen aus metallurgischen Schlacken, Stäuben, Erzen.** Man behandelt die Ausgangsstoffe bei $< 650°$ mit Cl_2, laugt die chlorierte Masse, bes. mit W., aus u. gewinnt aus der Lsg. die Chloride des Mn u. des ggf. anwesenden Alkalis. $MnCl_2$ kann durch Dissoziation zu Mn u. Cl_2, das in den Prozeß zurückgeführt wird, aufgearbeitet werden. — Verfahrensschema. (**E. P. 880017** vom 18/4. 1958, ausg. 18/10. 1961. A. Prior. 3/5. 1957.) K. Demmler H 350

2049 Ethyl Corp., New York, N. Y., übert. von: Richard D. Gorsich, Baton Rouge, La., V. St. A., **Mangancarbonylkomplexe** der allg. Formel $R_aX_bM \cdot [Mn(CO)_4ER_3']_c$ (R = KW-Stoff-Rest mit bis 18 C-Atomen; R' = KW-Stoff oder Hydroxy-KW-Stoff-Rest mit bis 18 C-Atomen; X = Halogen; M = Si, Ge, Sn, Pb; E = P, As, Sb; a, b = 0—3, mindestens eines davon ungleich 0; c = 1—4; a + b + c = 4) werden hergestellt durch Rk. von Komplexen der allg. Formel $M'Mn(CO)_4ER' \cdot$ (M' = Alkalimetall) mit Organomethallhalogeniden der allg. Formel $R_{4-d}\,MX_d$ (d = 1—4). — Zu Na-Amalgam aus 2 (g) Na u. 200 Hg gibt man 100 ml Tetrahydrofuran u. 9 $Mn(CO)_4P(C_6H_5)_3$, rührt 25 Min., dekantiert vom Hg u. gibt zu der organ. Lsg. portionsweise 7,7 $(C_6H_5)_3SnCl$. Man zieht das Lsgm. ab, extrahiert mit Bzl., filtriert, engt ein u. fällt mit A. → 11,5 $(C_6H_5)_3SnMn(CO)_4P \cdot (C_6H_5)_3$, F. 232—234°, 74% Ausbeute. — Analog erhält man [$Mn(CO)_4$ = **I**]: $(CH_3)_3Sn$-**I**-$As(CH_3)_3$; $(C_2H_5)_3Pb$-**I**–$Sb(C_4H_9\text{-}tert.)_3$; $(C_2H_5)_2Pb$-**I**–$P(C_8H_{17}\text{-}iso)_3]_2$; $(C_{12}H_{25})_2Si \cdot$ [**I**-$As(CH_3)_3]_2$; $(C_{18}H_{37})_2Si$[**I**-$Sb(C_6H_5)_3]_2$; C_3H_7Ge[**I**-$P \cdot (CH_3)_3]_3$; $CH_2{:}CHGe$[**I**-$As(C_{12}H_{25})_3]_3$; $CH_2{:}CHCH_2Sn \cdot$ [**I**-$Sb(C_6H_5)_3]_3$; $(CH_2{:}CH_3)Sn$-**I**-$P(CH_3)_3$; $(CH_3)_3Pb$–**I**-$As(CH_2CH{:}CH_2)_3$; $(C_6H_5)_3Pb$-**I**-$Sb(C_2H_5)_3$; $(O\text{-}CH_3C_6H_4)_2 \cdot Si$[**I**-$P(C_6H_5)_3]_2$; $(2.4\text{-}Xyllyl)_2Si$[**I**-$As(C_2H_5)_3]_2$; $(C_5H_5)_2 \cdot Ge$[**I**-Sb $(C_4H_9\text{-tert.})_3]_2$; $p\text{-}Cumyl\text{-}Ge$[**I**-$P(C_8H_{17}\text{-}iso)_3]_3$; C_6H_5Sn[**I**-$As(C_6H_4CH_3\text{-}o)_3]_3$; $m\text{-}C_2H_5C_6H_4Sn[I\text{-}Sb(C_6H_4 \cdot C_2H_5\text{-}m)_3]_3$; $(C_6H_5CH_2)_3Pb$-**I**-$P(CH_2C_6H_5)_3$; $(C_3H_7)_3Pb$-**I**-$As(CH_2C_6H_5)_3$; $(C_6H_5)_3Ge$-**I**-$Sb(CH_3)_3$; $(C_6H_5CH_2)_2Ge \cdot$ [**I**-$As(C_6H_5)_3]_2$; $(C_6H_5CH_2)_2Si$[**I**-$Sb(CH_2CH_2C_6H_5)_3]_2$; $Cl_3 \cdot Sn$-**I**-$P(C_6H_5)_3$; Cl_2Sn[**I**-$P(C_6H_5)_3]_2$; $ClSn$[**I**-$P(C_6H_5)_3]_3$; $Cl(C_2H_5)_2Sn$-**I**-$As(C_3H_7)_3$. — Zahlreiche weitere möglichen Verbb. sind angegeben. — *Antiklopfmittel*, Verw. zur Herst. von Leg.-Überzügen; die As-haltigen Komplexe sind *Insekticide*, die Sn-haltigen *Stabilisatoren* für PVC. — (**A. P. 3030396** vom 29/3. 1961, ausg. 17/4. 1962.) A. Debo H 350

2050 International Nickel Co. of Canada Ltd. (Erfinder: Alexander Illis und Paul Etienne Queneau), **Extrahieren von Nickel, Kobalt und Eisen aus laterischen Erzen des Eisenoxidtyps.** Man erhitzt das Erz in selektiv reduzierender Atmosphäre bei 500—815°, wobei die Gesamtmenge an Ni u. Co u. ein kleiner Teil des Fe zu Metall red. werden, kühlt in nichtoxydierender Atmosphäre, behandelt das erhaltene Prod. mit CO bei 38—93° u. verflüchtigt so das meiste Ni u. wenig Fe als Carbonyle; der Rückstand wird mit trockenem Cl_2 bei 38—93° behandelt, in oxydierender Atmosphäre bei 93—260° erhitzt u. mit W. werden Ni u. Co ausgelaugt. (**Aust. P. 233496** vom 24/3. 1959, ausg. 18/5. 1961. A. Prior. 25/8. 1958.) K. Demmler H 354

2051 Union Carbide Corp., New York, N. Y., V. St. A. (Erfinder: Karl Walter Huebel), **Acetylen-Carbonylkomplexe von Übergangsmetallen** werden hergestellt durch Erhitzen von Carbonylen oder Carbonyl-Verbb. von Fe, Ni, Ru, Rh, Pd, Os, Ir, Mn, Re, Cr, Mo oder W in wasserfreiem Medium mit ggf. substituiertem Aoetylen. — Die Carbonyle bzw. -Verbb. können auch in situ hergestellt werden. — 2,5 (g) $Fe_3(CO)_{12}$, 3,3 ml *Phenylacetylen* (**I**) u. 750 ml PAe. (Kp. 60—70°) kocht man 105 Min. unter Rückfluß, wobei man 400 ml PAe. abdest., man trennt chromatograph. über Al_2O_3 auf → $Fe(CO)_4(\mathbf{I})_5$, orange Nadeln, F. 242° (Zers.); $Fe(CO)_4(\mathbf{I})_3$, dunkelrote Stäbchen in 2 Formen, F. 148—150° u. 162—165°; $Fe(CO)_4(\mathbf{I})_3$, orange Stäbchen, F. 154—155°, Isomeres zu vorst. Verb., Debyeogramm u. IR-Spektren sind verschieden; *Diphenylcyclobutadiendieisenhexacarbonyl*, orangerote *Kristalle* (= **II**), F. 180° (Zers.), sublimiert bei 75°; $Fe(CO)_4(\mathbf{I})_2$, dunkelrote **II**, F. 225 bis 235° (Zers.); *2.5-Diphenylcyclopentadienoneisentricarbonyl*, gelbe Nadeln, F. 228° (Zers.), sublimiert bei 130°; $Fe_2(CO)_6(\mathbf{I})_3$, schwarze **II**, F. 178° (Zers.), Raumgruppe

P 21/n mit a = 12,01 Å, b = 20,38 Å, c = 10,33 Å, β = 94°, Dichte 1,52 (g/ccm). — Ähnlich erhält man aus 25 $Fe_3(CO)_{12}$ u. 25 *Diphenylacetylen* (= III) → 1,15–1,2 *$Fe_2(CO)_6$*(**III**), orangerote trikline **II**, F. 146°, Dichte 1,67, Raumgruppe P_1 oder P_1^- mit a = 7,15 Å, b = 8,68 Å, c = 15,87 Å, α = 73°, β = 76°, γ = 80°; 8,4–8,44 *$Fe_2(CO)_6$*(**III**)$_2$, gelborange **II**, F. 200° (Zers.), sublimiert bei 130°, D. 1,44, Raumgruppe P 21 oder P 21/m, mit a = 11,38 Å, b = 7,92 Å, c = 16,73 Å, β = 98°, 5,51 bis 8,89 *$Fe_3(CO)_8$*(**III**)$_2$, F. 210° (Zers.), Raumgruppe P 21/o mit a = 9,46 Å, b = 18,45 Å, c = 18,40 Å, β = 98°, D. 1,57; 3,48–3,51 *$Fe_2(CO)_7$*(**III**)$_2$, dunkelrote **II**, F. 160° (Zers.), D. 1,43, Raumgruppe P 21/n mit a = 13,20 Å, b = 11,51 Å, c = 21,62 Å, β = 95°; 3,48–3,51 *$Fe(CO)_4$* · (**III**)$_2$, gelbe trikline **II**, F. 177–180° (Zers.), D. 1,35, Raumgruppe P_1 oder P_1^- mit a = 9,79 Å, b = 10,23 Å, c = 14,92 Å, α = 86°, β = 83°, γ = 115°, nach dem IR-Spektrum ein π-Komplex des Tetraphenylcyclopentadienons mit $Fe(CO)_3$. — Ähnliche Verbb. erhält man mit Di-(4-chlorphenyl)-acetylen, Phenyltrimethylsilylacetylen, Phenylmethylacetylen u. Diäthylacetylen. — Man erhitzt 3,64 $Fe_2(CO)_9$ mit 2,5 Di-(4-chlorphenyl)-acetylen in 200 ml Bzl. unter Rühren langsam auf 70° u. chromatographiert → *$Fe_2(CO)_6(ClC_6H_4C_2C_6H_4Cl)_2$*, gelbe **II** in 2 verschiedenen Formen mit F. 130° (Zers.) u. 185° (Zers.), die Debye-Diagramme sind verschieden, die IR-Spektren gleich; *$Fe_2(CO)_7(ClC_6H_4C_2C_6H_4Cl)_2$*, tiefrote trikline **II**, F. 220° (Zers.), hieraus in siedendem Bzl. → Tetra-(4-chlorphenyl)-cyclopentadienon. Die beiden Komplexe entstehen quantitativ im Verhältnis 1:2. Analoge Ergebnisse erhält man mit **III**: 1,5 ml $Fe(CO)_5$ u. 4,46 **III** erhitzt man mit 10 ml PAe. (Kp. 90–100°) 4 Std. auf 160° → 2 $Fe_2(CO)_6$(**III**)$_2$ u. 2,8 $Fe(CO)_4$(**III**)$_2$; bei 240° erhält man mehr an der vorst. Verb., aber an Stelle von $Fe_2(CO)_6$(**III**)$_2$ → *$Fe(CO)_3$*(**III**)$_2$, hellgelbe **II**, F. 233°, sublimiert bei 180°. — $Fe(CO)_5$ u. **III** in Ggw. von wenig Pyridin → kleine Ausbeuten an $Fe_2(CO)_6$(**III**)$_2$-, $Fe_2(CO)_7$ · (**III**)$_2$ u. $Fe(CO)_4$(**III**)$_2$. — 1 hochakt. Fe-Pulver, 2 **III** u. 6 ml Dekalin erhitzt man im Autoklav 4 Std. auf 300° bei 400 at CO → $Fe(CO)_3$(**III**)$_2$ u. $Fe(CO)_4$(**III**)$_2$. — 2 ml Acetylendicarbonsäuredimethylester erhitzt man in 200 ml PAe. (Kp. 90–100°) auf 70–80°, gibt 2 $Fe_2(CO)_9$ zu, schüttelt 1 Min. → *$Fe(CO)_2(CH_3OOCC_2COOCH_3)_3$*, gelbe Nadeln, F. 110° unter Zers. zum Mellitsäurehexamethylester. Durch Luft u. Licht entsteht hieraus ein schwarzes Polymeres, ähnliche Polymere erhält man auch mit **I**, p-Brom-**I** u. Phenylpropiolsäure. — 5 $W(CO)_6$, 6,5 **III** u. 30 ml PAe. (Kp. 90–100°) erhitzt man im geschlossenen Rohr 4 Std. auf 200°. Nach chromatograph. Aufarbeitung → *Dunkelgrüne* **II**, F. 140° (Zers.), IR-Banden bei 5, 17, 5,34 u. 5,79 μ; *Rotbraune* **II**, F. 162° (Zers.), IR-Banden bei 5,11 u. 5,32 μ; *Dunkelgrüne* **II**, F. 140° (Zers.), IR-Banden bei 5,07 u. 5,19 μ. — 2 [Mn · $(CO)_5]_2$ löst man in 5,8 **I** u. erhitzt unter CO_2 auf 120° → *Farblose Blättchen*, F. 242°, IR-Banden bei 4,94, 5,14 u. 5,22 μ; *Gelbe* **II**, F. 160°, IR-Banden bei 4,94 u. 5,16 μ; *Hellgelbe* **II**, F. 185° (Zers.), IR-Banden bei 4,90, 4,94, 5,06 u. 5,16 μ; *Gelbe* **II**, F. 103° (Zers.), IR-Banden bei 4,94 u. 5,15 μ. Ähnliche Rkk. erhält man mit Tolan in Dekalin bei 170°. — 1,6 $FeCl_3$, 2 hochakt. Mg, 2 **III** u. 5 ml Dekalin erhitzt man 17 Std. im Autoklav auf 300° unter 450 at CO → 3 verschiedene Fe-Carbonyl-**III**-Komplexe. — Aus $Fe_2(CO)_6(I)_3$ oder $Fe(CO)_4$ (**I**) bei 170° → 1.3.5-Triphenylbenzol. — Alle Sublimations-Temp. gelten für Hochvakuum. Zahlreiche Angaben über Löslichkeiten in verschiedenen Lsgm., z. T. sind Strukturformeln angegeben. — *Zwischenprodd., Stabilisatoren* für Polymere, *Antiklopfmittel*, Verw. zur Herst. von Metallspiegeln. (**E. P. 885514** vom 18/1. 1957, ausg. 28/12. 1961.)
A. Debo H 354

2052 Union Carbide Corp., übert. von: Donald C. Freeman jun., Grand Island, und Tudor L. Thomas jun., Snyder, N. Y., V. St. A., **Metallocene** werden hergestellt durch Rk. von zunächst verdampften Halogeniden von Übergangsmetallen mit der Ordnungszahl 21–28, bes. Fe, Co, Ni mit Cyclopentadien (**I**). In den oder deren Alkyl-, Alkenyl-, Phenyl- u. Benzylderivv. bei 150–600° unter Verw. eines Trägergases. — Man leitet Ar über auf 700° erhitztes $FeCl_2$ u. läßt es bei 400–500° mit Ar, das mit **I** gesätt. ist, in einem McDanel-Rohr reagieren → *Dicyclopentadienyleisen*, Ausbeute bei einem Durchgang: 68% bezogen auf $FeCl_2$ u. 5,2% bezogen auf **I**; ähnliche Ergebnisse mit N_2 als Trägergas. — Analog: $FeCl_3$ u. **I** → Ferrocen; $NiCl_2$ u. **I** → *$(C_5H_5)_2Ni$*, grüne Kristalle; $CoCl_2$ u. **I** → schwarzes *$(C_5H_5)_2Co$* u. grünes $[(C_5H_5)_2Co]_2$ · $CoCl_4$; $FeCl_2$ u. Methyl-**I** → *Di-methylcyclopentadienyleisen*. — *Kraftstoffzusätze, Wärmeüberträger, Pigmente, Trocknungsmittel* für Öle, *Oxydations-* u. *Hydrierungskatalysatoren, Gummizusätze.* (**A. P. 3032569** vom 9/4. 1956, ausg. 1/5. 1962.)
A. Debo H 356

2053 International Nickel Co. (Mond) Ltd., London, England (Erfinder: Cyril Jack Keattch), **Herstellung von Rutheniumdioxidmonohydrat** durch Rk. von RuO_4 mit H_2 bei 30–50° u. 15–100 lbs./sq. in., bes. in Ggw. eines inerten Trägerstoffes. Verw. des bei Temp. bis 900° geglühten Prod. als Katalysator für die Zers. von H_2O_2. (**E. P. 915785** vom 9/8. 1960, ausg. 16/1. 1963.)
K. Demmler H 363

2054 Atomic Energy of Canada Ltd. (Erfinder: Woodland E. Erlebach und Danny T. Nishimura), **Abtrennen von radioaktivem Ruthenium und Cäsium aus Gasen,** dad. gek., daß man diese über auf 120–1350°, bes. 400–1000°, erhitzte Oxide von Fe, Ni, Cr, Co oder Ti, die mit dem Ru unter Bldg. therm. stabiler Verbb. reagieren, u. über feuerfeste Silicate, die das Cs binden, leitet. — Zeichnung. (**Aust. P. 233825** vom 10/7. 1959, ausg. 8/6. 1961. Can. Prior. 31/7. 1958.)
C. Lüttgen H 363

2055 Ethyl Corp., New York, N. Y., übert. von: Kryn G. Ihrman, Farmington, Mich., V. St. A., und Thomas H. Goffield, Heidelberg, **Cycloheptatrienmetalltricarbonyle** werden hergestellt durch Rk. von ggf. substituiertem Cycloheptatrien mit dem Pentacarbonyl eines Metalls der VIII. Gruppe. — 9,8 (Teile) $Fe(CO)_5$, 4,6 C_7H_8, 28,7 n-Nonan u. eine Spur Hydrochinon kocht man 7 Std. unter N_2 unter Rückfluß, filtert, engt im Vakuum ein u. chromatographiert in PAe. (Kp. 37–43°) über Al_2O_3. Man dest. das Eluat → *Cycloheptatrieneisentricarbonyl*, Kp.$_1$ 50°; Kp.$_3$ 70°; (R-Banden bei 3,3; 3,5; 3,6; 4,9 u. 5,1 μ. — Analog erhält man: *$C_7H_8Ru(CO)_3$*; *Methylcycloheptatrien-$Os(CO)_3$*; *2.4-Diäthylphenylcycloheptatrien-$Fe(CO)_3$*; *Chlormethylcycloheptatrien-$Ru(CO)_3$*; *Trimethylcycloheptatrien-$Os(CO)_3$*. — *Antiklopfmittel, Ölzusätze*, Verw. zur Herst. von *Metallspiegeln.* (**A. P. 3037999** vom 20/11. 1959, ausg. 5/6. 1962.)
A. Debo H 366

H_6. Silicatchemie, Baustoffe

2056 **Über die Elektrolyse geschmolzener Silicate.** Akira Adachi, Kazumi Ogino und Ichiro Kurashige. (Technol. Rep. Osaka Univ. **12**, 423–27, 1962; Dep. of Metallurgy; engl.) — Geschmolzene Syst. aus 63–64% MnO, 35–40% SiO_2 u. 0–20% Al_2O_3 werden 15–30 Min. bei 1282–1316° in H_2-Atmosphäre in einer bes. App. (Beschreibung) elektrolysiert, wobei die Kathode aus fl. Cu u. die Anode aus Graphit oder einer fl. Cu–Mn-Leg. mit 11,3% Mn besteht. Aus den während der Elektrolyse an der Kathode abgeschiedenen Mn-Mengen u. den theoret. Werten nach Faraday wird die Stromausbeute errechnet (82,7–96,8%). Aus dem Gew.-Verlust der Anode ergeben sich dagegen Stromausbeuten von 96,4–106,8%. Als Ursache für die Abweichungen wird die Oxydation von Mn(II) zu Mn(III) in Betracht gezogen.
O. Henning 6160◇

2057 **Die Glasindustrie 1962.** H. E. Simpson. (Glass Ind. **44**, 71–75, 133–38, 1963; Alfred Univ., Coll. of Ceramics; engl.) — Übersicht. — 47 Literaturangaben.
L. Kühnert 6168◇

2058 **Über einige Verunreinigungen und die Homogenität von Sand für die Herstellung von Glas.** Paweł Schleifer und Elżbieta Rykiert. (Szkło i Ceram. **14(29)**, 206 bis 209, 1963; Krakow, Katedra Technol. Szkla AGH; pol.) — Die Verunreinigungen des für die Glasherst. in Polen hauptsächlich verwendeten Sands von Biała Góra werden spektrograph. untersucht u. analysiert. Bei entsprechender Reinigung lassen sich diese Sandlager für die Herst. von Gläsern hoher Qualität verwenden.
I. Köditz 6170△

2059 **Radioaktive Elemente als Verschleißanzeiger in Glaswannen.** H. Stübner. (Glastekn. Tidskr. **18,** 66 bis 68, 1963; Lenhovda, AB Värends Glasbruk; schwed.) — In Ofenwand u. -boden werden Präpp. von ^{60}Co in verschiedenen Entfernungen von der Glasschmelze so eingesetzt, daß sie bei fortschreitender Korrosion nacheinander herausgelöst werden u. der dabei erhaltene Meßwert Schlüsse auf die noch vorhandene Wandstärke zuläßt. Kosten für die Ersteinrichtung werden angegeben, ebenso Hinweise auf den Strahlungsschutz.
L. Kuhnert 6172◇

2060 **Oberflächenerscheinungen an den Grenzflächen von Siliciumgläsern und feuerfestem Material.** 1. Mitt. Jan Chmieleński. (Szkło i Ceram. **14(29),** 209—14, 1963; pol.) — Vf. gibt einen Überblick über die Forschungsarbeiten auf dem Gebiet der chem. Rkk. u. physikal. Prozesse, die an der Berührungsstelle von Glas u. feuerfestem Material beim Glasschmelzen ablaufen. Auf der Grundlage theoret. Überlegungen werden zahlreiche systemat. Arbeiten durchgeführt.
I. Köditz 6174△

2061 **Reinigungsprozesse bei Borosilicatglas.** Robert M. Tichane. (Amer. ceram. Soc. Bull. **42,** 441—43, 1963; Corning, N. Y.; Corning Glassworks; engl.) — An die Oberflächenreinheit von Gläsern für Hochvakuumsyst. werden bes. Anforderungen gestellt. Speziell für Borosilicatglas hat sich folgender Reinigungsprozeß bewährt: 1. Vorpolieren mit ausgefälltem $CaCO_3$, 2. 10 Min.-Ätzung mit 1%ig. NaOH bei 95°, 3. 2 Min.-Reinigung mit 5%ig. HCl bei 50°, 4. Nachspülen mit reinem W. bei Raumtemperatur. F.-M. Nehmzow 6176◇

2062 **Über die technologischen Parameter der Herstellung von geätztem Sicherheitsglas.** Béla Lőscei, Géza Kocsis und Antal Somogyi. (Veszprémi Vegyipari Egyetem Közleményei [Mitt. Univ. chem. Ind. Veszprém] **6,** 243—50, 1963; Lehrst. Silicatchem.; ung.) — Vff. bestimmen die Ätzbarkeits-Parameter eines ungar. u. rumän. Tafelglases, wobei als einziger Unterschied die Absorption im IR-Spektralbereich festgestellt wurde. Zufolge der größeren IR-Absorption des rumän. Glases erwärmt sich dieses schneller, daher muß das Ätzen rascher ausgeführt werden. J. Plank 6188△

2063 **Die Anwendung einer kontrollierten Atmosphäre in einigen Zweigen der keramischen Industrie.** P. W. Berg. (Dansk Kemi **44,** 142—44, 1963; dän.) — An einigen Beispielen wird versucht, die bisher überwiegend empir. Zus. der Atmosphäre bei der Wärmebehandlung (Brennen) keram. Stoffe durch theoret. Überlegungen kontrollierbar zu machen. Berechnungen zeigen, daß z. B. bei der schwierigen Färbung mit kupferhaltiger Bleiglasur zwischen 700 u. 900° als Red.-Bedingung gilt: $p_{H_2}/p_{H_2O} > 10^{-4}$ u. $p_{H_2}/p_{H_2O} > 10^{-2}$ für Cu- bzw. Pb-Verbindungen. W. Knoch 6206◇

2064 **Das Mahlen von feinkörnigem Aluminiumoxid in Kugelmühlen.** Tadeusz Gibas. (Szkło i Ceram. **14(29),** 253—57, 1963; pol.) — Vf. untersucht die Ursachen für die Verringerung des Durchsatzes beim Vermahlen von Al_2O_3 zu einer Korngröße von unter 60 μm u. den Einfl. einiger Faktoren (Kinetik u. Beschicken der Mühle, Korngröße) auf den Durchsatz. I. Köditz 6206△

2065 **Vorkommen von feinkörnigem Siliciumdioxid in der Natur.** Robert H. S. Robertson. (Cement, Lime Gravel **38,** 112—16, 1963; engl.) — Quarz mit Korngrößen < 0,25 μm wird weder in marinen noch in aeol. Lagerstätten gefunden. Bei hydrothermaler Entstehung bzw. Ausfällung als Gel liegt die mittlere Korngröße bei ca. 0,045 (0,03—0,09) um. Bei einigen dieser Materialien, bes. Flint, konnte partielle Lsg. festgestellt werden. Dabei entsteht feinkörniges, umgelagertes SiO_2, das das einzige Sediment ist, welches ohne Einw. von Organismen (Diatomeen, Radiolarien) gebildet wird. Das Verhältnis zwischen Dicke u. Länge dieser Partikel liegt im Bereich 1:1 — 1:100; bei isolierten Partikeln liegt der Bereich nahe an 1:7. Hydrothermal entstandenes SiO_2, z. B. das von Milos, kann sehr viel reiner sein als etwa das umgelagerte Material von Indre-et-Loire.
J. Heinze 6208◇

2066 **Ferngas in Schachtöfen zum Brennen von Schamotte.** G. Niedergesäß. (Int. Z. Gaswärme **12,** 263 bis 268, 1963; Essen, Ruhrgas A.G.; dt.) — Aus den angegebenen Meßergebnissen beim Brennen von Schamotte in verschiedenen Schachtöfen mit Ferngasfeuerung wird gefolgert, daß die Einhaltung einer Ofenatmosphäre mit geringem Luftüberschuß in der Brennzone, die Vermeidung zu hoher Abgastemp. am Ofenkopf u. eine kontinuierliche Bewegung der Ofenfüllung zu günstigstem Wärmeverbrauch u. zur Vermeidung von Störungen notwendig sind. O. Henning 6210◇

2067 **Änderung der Ofenkonstruktion für das Einbrennen bei Temperaturen von 1400°F und darunter.** John A. Dvorak. (Int. Enamelist **10,** Nr. 4, 10—11, 1960; Cleveland, Ohio, Ferro Corp.; engl.) — Um einen erfolgreichen Betrieb bei niedrigeren Temp. zu gewährleisten, müssen die vorhandenen Emaillieröfen geändert werden. Bei Muffelöfen muß in der Vorwärmzone die Heizkapazität erhöht u. ein Syst. zur Luftkonvektion eingebaut werden. Dadurch können zugleich Brennstoffeinsparungen bis 30% erreicht werden. Unterhalb 1300°F sollen Muffelöfen nicht mehr brauchbar sein.
H. Ziegler 6212◇

2068 **Nucerit.** Alberto Feroci. (Calore **34,** 252—56, 1963; Milano; ital.) — Nucerit ist ein Email-Prod. der Pfaudler Co., Rochester, u. in 2 unterschiedlichen Arten lieferbar, als *Nucerit SA* u. *RC*. Auf Grund seiner Zus. bildet es durch Tempern Kristallite innigster Verwachsung, die seine hervorragenden Eigg. (Temp.-Wechselbeständigkeit, Festigkeit gegen Stoß, Abrasion u. chem. Korrosion) bedingen. Als Kristallite wurden ermittelt: β-Spodumen, β-Eukryptit u. a. Li_2O-Silicate, Rutil, Ceroxid, Albit, Anorthit, Sphen, Diopsid. Spez. Gew. 2,6, Mohs-Härte 6—7, maximaler Wärmeschock $\Delta T = 550°$, Wärmeleitzahl 8,2 kcal/m. h.°C, Biegebruchfestigkeit 60 kg/mm², elektr. Durchschlagfestigkeit (60 Perioden) bei 20° 29400 bzw. 21280 (V/mm Schichtdicke), bei 121° 34200 bzw. 22720, bei 540° 168 bzw. 533.
R. Kaiser 6212◇

2069 **Die Tonvorkommen im Weser-Ems-Gebiet.** A. Graupner. (Ziegelindustrie **16,** 423—26, 1963; Niedersächs. Landesamt für Bodenforsch.; dt.) — Mit Hilfe des geoelektr. Meßverf. nach der Vierpunktemeth. wurden Tonlagerstätten in Oldenburg untersucht. Das geoelektr. Meßverf. arbeitet sehr preiswert, da keine Bohrungen durchgeführt zu werden brauchen u. pro Messung nur $^1/_2$ bis 1 Std. benötigt werden. Die Messungen geben Hinweise darauf, ob überwiegend fette oder magere Tone zu erwarten sind. Albert Krause 6216◇

2070 **Physikalische und chemische Eigenschaften einiger halloysitischer Tone der pazifischen nordwestlichen Gebiete.** Hal J. Kelly, George J. Carter und Thomas R. Rehm. (U. S. Dep. Interior, Bur. Mines, Rep. Invest. **1963,** Nr. 6211, 1—32; Albany, Oreg., Bur. of Mines, Albany Metallurgy Res. Center; Seattle, Wash., Bur. of Mines, Seattle Nonmetallics Labor.; engl.) — Die dispergierende Wrkg. von $Na_4P_2O_7$ übersteigt die aller anderen untersuchten Reagentien. Die Adsorption des Na^--Ions durch Ton in einer Ton–Wasser-Suspension wurde mit Hilfe radioakt. Tracer (^{32}P) verfolgt. Halloysit. Tone wurden mittels Extrusion im fl. u. plast. Zustand u. Mahlen in Kugelmühlen dispergiert. Die größte Zunahme an Feinkorn ließ sich durch Hochdruckextrusion (7500 lb./sq. in.) der fl. Tonsuspensionen erzielen. J. Heinze 6216◇

2071 **Über die Dehnung von feuerfesten Tonen einiger Vorkommen im Ural.** T. Ss. Ignatowa und A. D. Chomutinina. (Feuerfeste Mater. [UdSSR] **26,** 86 bis 90, 1961; Östl. Inst. für feuerfeste Mater.; russ.) — Untersucht werden feuerfeste *Tone* verschiedener Fundstätten aus dem Ural, deren chem. u. Kornzus. angegeben werden u. deren Dehnung in Abhängigkeit von Preß-Druck u. -Dauer, Feuchtigkeit der Masse sowie der Verw. von Zusätzen untersucht wird. Durch Erhöhung des Schamottegeh. der Masse wird die Dehnung des Rohstoffes bedeutend vermindert. Steigerung der Feuchtigkeit u. des Druckes beim Pressen führt zu einer Vergrößerung der Dehnung, Anfeuchtung der Masse mit

Schlicker vermindert sie u. erhöht die Dichte der Masse mit 65%ig. Schamotte-Gehalt. Bei höherem Schamotte-Geh. muß dem Schlicker 1% Soda zugefügt werden. Unter Versuchsbedingungen gewährleistete eine Preßdauer von 30 Sek. u. eine Haltezeit von 10 Sek. die Herst. eines Rohstoffes mit einem Vol.-Gew. von 2,12 g/cm³.
P. Scheer 6218◇

2072 **Feuerbeständige Baustoffe für die Hochtemperaturverwendung in Stahlschmelzöfen.** J. R. Lakin. (Trans. Instn. chem. Engr. **41,** Nr. 2, Chem. Engr. Nr. 166, CE 56 bis CE 61, 1963; Moorgate, Rotherham, The United Steel Corp. Ltd.; engl.) — Für die Stahlerzeugung bei Temp. von > 1600° haben sich 5 Hauptgruppen feuerfester Werkstoffe bes. bewährt: Al-Silicat-(**I**), Silica-(**II**), Dolomit-(**III**), Magnesit-(**IV**) u. Chromit-Magnesit-Steine (**V**). **I** ist widerstandsfähig gegen Wärmeschock u. Schlackenangriff. Steigender Al_2O_3-Geh. verbessert Feuerbeständigkeit u. chem. Stabilität. **II** zeigt die höchste Feuerbeständigkeit unter Last, so daß es bis 1680° verwendet werden kann. **III** ist hoch widerstandsfähig gegen bas. Schlacken u. das billigste feuerfeste Material, bildet jedoch mit Fe-Oxiden relativ niedrig schm. Ca-Ferrite. **IV** eignet sich wegen seiner Toleranz gegen Fe-Oxide besser als **III**, nachteilig ist seine Schrumpfneigung u. Wärmeschockempfindlichkeit. **V** zeigt hohe Resistenz gegen bas. Schlacken, hohe Feuerbeständigkeit u. wird bes. für Deckenkonstruktionen eingesetzt. Die Anwendung der genannten feuerfesten Stoffe für Decken, Seitenwände u. Herd in Siemens-Martin-Öfen u. Elektro-Stahlöfen ist ausführlich beschrieben. — Diskussion.
R. Truckseß 6218◇

2073 **Der Mechanismus der Korrosion feuerfester Steine durch Aschen von mit Borax imprägnierten Bauhölzern.** E. R. Segnit, R. M. Liversidge und T. Gelb. (Austral. J. appl. Sci. **14,** 155—67, 1963; Melbourne, C. S. I. R. O., Div. of Building u. Div. of Forest Products; engl.) — Es wird die Korrosion u. Verschlackung feuerfester Steine, die zur Auskleidung von *McCashney*-Veraschern verwendet werden, bei der Beseitigung (Verbrennung) von Holzabfällen (Späne u. Mehl von Schneidmühlen) untersucht. In den an verschiedenen Stellen der Öfen entnommenen Schlacken wurde mkr. u. röntgenograph. *Quarz, Tridymit, Cristobalit, Korund, Magnetit, Mullit, Wollastonit, Diopsid, Anorthit, Gehlenit* u. *Alkaliglas* nachgewiesen, B-Verbb. wurden nicht gefunden. Als Ursache für die Korrosion wird Na_2O, das beim Imprägnieren mit 2%ig. Borax-Lsg. in das Holz gelangt (Asche dieses Holzes enthält 14,42% Na_2O) angesehen. Es werden die Bedingungen angegeben, die zu einer Verringerung der Korrosion führen.
O. Henning 6218◇

2074 **Feuerfeste Stoffe zum Schmelzen von Faserglas.** W. A. Miller und Roy W. Brown. (Glass Ind. **44,** 323 bis 325, 1963; Harbison-Carborundum Corp., Glass Refractory Res.; engl.) — Übersicht über Auswahl, Eigg. u. Anwendung von feuerfesten Stoffen zum Schmelzen von Faserglas.
W. Wesly 6218◇

2075 **Verhalten einiger feuerfester Oxide beim Benetzen mit Glasschmelzen.** R. Dinescu. (Rev. roum. Métallurgie **8,** 111—22, 1963; dt.) — Unterss. über das Verh. mehrerer Oxide gegen Schmelzen von Glas mit 46,40 (%) PbO, 6,35 K_2O, 0,25 Al_2O_3 u. 47,00 SiO_2 zeigen, daß Al_2O_3 u. BeO eine starke Benetzungsfähigkeit u. V_2O_5 u. ZrO_2 eine geringe Adhäsion aufweisen, wobei Kontaktwinkel u. Adhäsionsarbeit bei Temp. bis 1200° bestimmt wurden.
W. Wesly 6218◇

2076 **Über eine feuerfeste Gießmasse auf Spodumen-Basis.** R. R. Van Der Beck. (Amer. ceram. Soc. Bull. **42,** 448—49, 1963; Exton, Pa., Foote Mineral Co.; engl.) — Vf. beschreibt die Aufbereitung einer gußfesten Gießmasse auf *β*-Spodumen-Basis (mit Versatzangabe). Die Werkstücke zeigten gute Temp.-Wechselfestigkeit u. gute Dimensionsstabilität. Der Zusatz von feuerfester Schamotte ergab extrem niedrige Trocken- u. Brennschwindungen. Als günstigstes Bindemittel erwiesen sich kolloidale Kieselsäure u. ein Spodumenschlicker.
F.-M. Nehmzow 6218◇

2077 **Herstellung und Eigenschaften von Spinell durch Verdampfung und Diffusion im System $MgO-Al_2O_3$.** 3. Mitt. **Einfluß von Zeit und unterbrochener Kühlung auf den Diffusionsmechanismus.** Louis Navias. (J. Amer. ceram. Soc. **46,** 152, 1963; Schenectady, N. Y., Gen. Electric Co., Res. Labor., Metallurgy an Ceramics-Res. Dep., Ceramic. Stud. Sect.; engl.) — 2. vgl. C. **1963,** 18989. — Durch kontinuierliche Diffusion wandeln sich Saphirstäbe in Spinelle nahezu stöchiometr. Zus. um. Unterbrechen des Heizens stört den Ablauf der Diffusion nicht.
J. Heinze 6220◇

2078 **Mullitbildung in AlF_3 enthaltenden Systemen.** Béla Lőcsei. (Veszprémi Vegyipari Egyetem Közleményei [Mitt. Univ. chem. Ind. Veszprém] **6,** 217—42, 1963; Lehrst. Silicatchem.; ung.) — Bei der Rk. von Kaolinit u. AlF_3 zwischen 300—600° entsteht unter Bldg. von HF prim. amorpher Al-Metafluorkaolinit, welcher bei höherer Temp. quant. in Mullit übergeht. Der „Supermetakaolinit" enthält im Gegensatz zum Metakaolinit mehr Al-Ionen u. auch F. Auf Grund ihrer analogen Struktur wird auf die Kinetik der Teilvorgänge beim Übergang von Kaolinit in Mullit geschlossen. Der SiO_2-Überschuß wird abgegeben ohne daß sich immer eine Spinellphase ausbildet. Diese Ergebnisse weisen auf eine Möglichkeit zur Erhöhung des Mullit-Geh. von feinkeram. Prodd. bei niedrigerer Temp. u. die Herst. eines techn. Prozellans ohne Quarzphase hin. — 46 Literaturangaben.
J. Plank 6220△

2079 **Über den Einfluß einer thermischen Vorbehandlung und der Vibrationsmahlung von Magnesiumoxid auf dessen Dispersität, Hydratationsfähigkeit und Sinterung.** D. N. Polubojarinow, R. Ja. Popilski und Dun-chua Zsjan. (Feuerfeste Mater. [UdSSR] **26,** 80—86, 1961; Chem.-Technol. Mendelejew-Inst.; russ.) — In dem Maße wie sich die Temp. beim Vorrösten von *MgO* (**I**) erhöht, vergrößert sich das Schüttgew. der nichtgemahlenen Pulver, verringert sich die abs. spezif. Oberfläche, fällt die Hydratationsfähigkeit u. verschlechtert sich das Sinterungsvermögen beim nachfolgenden Brennen. Es besteht eine fast lineare Abhängigkeit der Hydratationsfähigkeit der nichtgemahlenen Pulver von der spezif. Oberfläche. Der Zerkleinerungsgrad der **I**-Pulver ist bei trockener Vibrationsmahlung abhängig von der Vorrüstung. Bei 1500° geröstetes Pulver sowie geschmolzenes **I** weist nach dem Mahlen hohe Dispersion auf, während bei 1100° geröstetes Pulver sich verdichtet. Die geringste Hydratation wird für gemahlenes u. bei 1300° vorgeröstetes **I** festgestellt. Proben aller gemahlener Pulver sintern vollständig bei 1700—1750°. Die Sinterungstemp. der bei 1100—1300° gerösteten Proben verringert sich um 100—150°. Techn. bei 1300° vorgerüstetes u. während 60 Min. gemahlenes **I** zeigt gutes Sinterungsvermögen u. mäßigen Schwund.
J. Lehmberg 6220△

2080 **Über die ungleichmäßige Schwindung beim Sintern.** K. D. Reeve. (Amer. ceram. Soc. Bull. **42,** 452, 1963; Lucas Heights, New South Wales, Australien, Austral. Atomic Energy Commiss.; engl.) — Im Zusammenhang mit der Entw. hochdichter Werkstoffe für die Kernreaktortechnologie stieß Vf. auf unterschiedliches Schwindungsverh. von BeO, UO_2-ThO_2-Gemischen u. UO_2-ThO_2-Partikeln, dispergiert in BeO. Über die mutmaßlichen Ursachen u. eine Bewältigung dieser Phänomene wird berichtet.
F.-M. Nehmzow 6220◇

2081 **Flammspritzen von keramischen Werkstoffen.** E. Kretzschmar. (Technik **18,** 405—10, 1963; Halle/Saale, Zentralinst. für Schweißtechnik der DDR; dt.) — Die Bedeutung gespritzter Keramiküberzüge liegt in ihrer Funktion als Wärmeschranke, elektr. Isolation u. Verschleißschutz. Die erforderlichen Geräte werden beschrieben: Gerät zum Verspritzen von Keramikstäben u. Gerät zum Verspritzen von Keramikpulver. Die Spritzwerkstoffe können in Stab-, Pulver- u. Drahtform zugeführt werden. Vf. beschreibt die Eigg. gespritzter Keramikschichten (Haftung, Gefüge, Temp.-Beständigkeit) u. gibt technolog. Hinweise zur Spritztechnologie. Anwendungsgebiete: Schutz von Strahltriebwerken, Raketen, Schutzschicht für Kupferblasformen für Hochöfen, Senkung des Gleitverschleißes an Kolbenstangen, Plunger u. a. mit.
H. Süße 6220◇

2082 **Struktur- und Wärmeleitfähigkeitscharakteristika poröser, kunstharzimprägnierter Keramikkörper.** Eric L. Strauss. (Amer. ceram. Soc. Bull. **42,** 444–47, 1963; Baltimore, Md.; Space Syst. Div. Martin Co.; engl.) – Geschäumte keram. Werkstücke (SiO_2-, Al_2O_3-, SiC- u. ZrO_2-Massen), imprägniert mit Mischungen aus thermoplast. u. Phenol-Harzen (Polyäthylenharze) haben sich als Wärmeisolierstoff in der Raumfahrttechnik bewährt. Die besten Ergebnisse wurden mit porösen SiO_2-Werkstücken erreicht. F.-M. Nehmzow 6220◇

2083 **Elektrostatische Abscheider in der Zementindustrie.** Robert J. Plass und Harold H. Haaland. (Metalurgia y Electr. **24,** Nr. 278, 146–59, 1960; Western Precipitation Div., Joy Manufacturing Co.; span.) – Geschichtlicher Überblick über die Entwicklungsarbeiten an den Elektroscheidern seit 1910 bis heute, bes. für den Bedarf der Zementfabrikation. Die Schwierigkeiten der Staub- u. Rauchabscheidung als Folge der häufig wechselnden Geh. an Alkalien in der Rohstoffbeschickung der Öfen, die Anwendung von Sprühdüsen am Klinkeraustragende der Drehrohröfen, vor allem beim sog. Naßverf., die entsprechenden Einrichtungen der Abscheider u. ihrer Elektroden werden näher erläutert. R. Kaiser 6222◇

2084 **Bildungswärmen von Klinker und Brennstoffeinstellung in Zementschachtöfen.** Mariano Suana Tomás. (Cemento-Hormigón [2] **29(31),** 430–38, 1963; span.) – Die gegenüber von Drehtrommelöfen empfindlichere Fahrweise des preisgünstigeren Schachtofens erfordert sehr genaue u. verläßliche Meßeinrichtungen für die Einsätze von Rohstoff u. Brennmaterial. Im Ofenbetrieb auftretende Variationen des CaO/SiO_2-Verhältnisses, der Güte von Kalkstein u. Quarzsand, des Heizwertes der Kohle führen zu wechselnden Klinkerbildungswärmen. Die zwecks Schaffung eines gleichmäßig guten Klinkers zu ergreifenden Maßnahmen werden erörtert. R. Kaiser 6222◇

2085 **Beweis für das Vorkommen einer neuen Phase in Portland-Zement.** A. E. Moore. (Nature [London] **199,** 480–81, 1963; Wexham Springs, Stoke Poges, Cement and Concrete Assoc., Res. and Dev. Div., Materials Dep.; engl.) – Die röntgenograph. Unters. einiger Zementproben ergab das Auftreten einer Anzahl bisher nicht beobachteter Linien, die einer neuen Phase zugeordnet werden. Wahrscheinlich besteht die Phase aus der Verb. $3CaO \cdot Al_2O_3$, in der zusätzliche Oxide wie Na_2O, K_2O, MgO u. Fe_2O_3 oder Spuren von TiO_2 die Symmetrie von kub. zu rhomb. erniedrigen: pseudokub. mit $a' = 3{,}8$ Å; d-Werte werden angegeben. Ernst Schulte 6222◇

2086 **Reinigen von Sand und Kies.** F. W. Parker. (Cement, Lime Gravel **38,** 91–92, 1963; Leicester, Frederick Parker Ltd.; engl.) – Mechan. Verff. zur Reinigung der Zuschlagstoffe für Beton von Lehm u. a. werden beschrieben. G. Frikell 6224◇

2087 **Die Wirkung des Dämpfens von Beton mit Dampf von normalem Druck.** G. D. Gusselnikow. (Hydrotechn. Bau [UdSSR] **31,** Nr. 2, 22–25, 1961; russ.) – Das Dämpfen von Beton mit Dampf von normalem Druck darf bei 80° nicht länger als 6 Std. dauern. Unter dieser Bedingung beträgt der Wrkg.-Koeff. beim Dämpfen von Beton aus Portlandzement (Marke 300, 400 u. 500) 0,75. P. Scheer 6224◇

2088 **Untersuchung von Betonen aus alkalihaltigen Zementen und Füllmitteln mit aktiver Tonerde.** I. F. Ponomarew und R. D. Aselitzkaja. (Beton u. Eisenbeton [UdSSR] **1961,** Nr. 8, 370–73; russ.) – Untersucht wird die chem. Aktivität einiger Gesteinsarten gegenüber alkalihaltigen Zementen u. ihr Einfl. auf den Härteprozeß von Zementmörtel. Der Geh. an akt. SiO_2 von Opal- oder kryptokristalliner Form im Gestein wird ermittelt, wobei festgestellt wird, daß die SiO_2-Menge die Intensität der Rk. mit den Alkalien bestimmt. $Ca(OH)_2$ des Zements reagiert lebhaft mit dem akt. SiO_2 des Füllmittels unter Bldg. von Ca-Hydrosilicat (**I**). Die Ggw. von R_2O im Zement bewirkt bei schwachakt. Füllmitteln eine Verzögerung des Kristallisationsprozesses von **I** u. vergrößert die Menge der gelbildenden Masse. Zu Beginn der Härteperiode erfolgt in dem Maß, wie der Alkaligeh. im Zement steigt u. die chem. Aktivität der Füllmittel sich vergrößert, eine Ausdehnung des Zementmörtels, darauf tritt ein beträchtlicher Schwund ein, der in einigen Fällen in der Schlußperiode wieder nachläßt. J. Lehmberg 6224△

2089 **Hochfeste Füllmittel zur Herstellung von Eisenbetonwerkstücken.** Ss. F. Tschaikin. (Beton u. Eisenbeton UdSSR **1961,** Nr. 7, 323–25; Inst. für hydromechan. Projektierung; russ.) – Beschreibung der Technologie der mechan. u. automat. Anreicherung von Kies-, Sand- u. Schuttfüllmassen zur Herst. von Eisenbetonerzeugnissen. J. Lehmberg 6224△

2090 **Gasbeton mit Zementkalk-Bindemitteln für Großkonstruktionen.** Ss. A. Mironow und M. Ja. Kriwitzki. (Beton u. Eisenbeton UdSSR **1961,** Nr. 8, 361–64; russ.) – Bei den Unterss. von *Gasbeton* mit Bindemittelgemischen wird die Zus. des Geh. an Portlandzement (**I**), Zement-Kalk u. Sand stark variiert. Maximale Festigkeit wird mit 20(%) **I**, 20 Branntkalk u. 60 Sand erreicht. Der Festigkeitskoeff. beträgt in diesem Falle bei einem Vol.-Gew. von 500, 700 u. 900 kg/m³ 28, 56 u. 140 kg/cm². Die Frostfestigkeit ist nicht geringer als die von Gasbeton aus reinem **I**. J. Lehmberg 6224△

2091 **Das Problem der Bindung von „frischem" und „altem" Beton und die Bindung von Betonen bei hydrotechnischen Bauten.** N. W. Michailow und N. B. Urjew. (Hydrotechn. Bau [UdSSR] **31,** Nr. 9, 33–36, 1961; russ.) – Der Hauptgrund der schwachen Kohäsion von frischem Beton an altem liegt in der ungenügenden Menge des in die Betonmischung eintretenden Zementbindemittels. Die Carbonisierung der Oberfläche des alten Betons durch die Bearbeitung mit HCl-Lsg. führt zu keiner bedeutenden Erhöhung der Bindefestigkeit. Bei einem Verhältnis Wasser/Sand + Zement im neuen Beton von 0,4–0,45 wird eine maximale Festigkeit der Naht ohne Durchführung irgendwelcher zusätzlicher Maßnahmen erzielt. Durch Auftragen einer dünnen Schicht koll. vibroaktivierten Zementbindemittels aus feingemahlenem Portlandzement (spezif. Oberfläche 5000–7000 cm²/g; Frequenz 10000–14000) auf die angefeuchtete Oberfläche des alten Betons wird eine Bindung hoher Festigkeit (45–50 kg/cm²) erhalten. P. Scheer 6224◇

2092 **Beton als biologischer Schutz für den Nahal Soreq-Atomreaktor.** R. Malinowski. (Bull. Res. Council Israel, Sect. C **11** C, 297–312, 1963; Haifa, Technion – Israel Inst. of Technol.; engl.) – Vf. beschäftigt sich mit den techn. Anforderungen, die an diesen Beton gestellt werden u. legt dabei bes. Wert auf bestimmte Probleme allg. Charakters, wie das Mischen von $BaSO_4$-Beton oder das Gießen von $BaSO_4$-Beton in trocken-heißem Klima, Dichteprüfungen für diesen Beton usw. Für die Verss. wurden italien. $BaSO_4$ u. sehr reines SiO_2 verwendet. Es zeigt sich, daß der untersuchte $BaSO_4$-Beton zum biolog. Schutz ausreicht. Sämtliche Ergebnisse, die jeweils vergleichsweise für gewöhnlichen u. $BaSO_4$-Beton ermittelt wurden, werden tabellar. zusammengefaßt u. an Hand von Abb. im Text erläutert. Albert Krause 6224◇

2093 **Versuche zur Herstellung von Mauergips aus dem Gipsstein von Perkupa nach dem Wirbelschicht-Verfahren.** Zoltán Adonyi, Jenő Németh, Ivánné Pallai und Edit Raáb. (Magyar Kémikusok Lapja [Z. Ver. ung. Chemiker] **18,** 66–71, 1963; Budapest, TU, Lehrst. chem. Technol.; ung.) – Die Dehydratation wurde im Wirbelschicht-Verf. kontinuierlich bzw. period. bei verschiedenen Temp. u. Luft-Geschw. untersucht. Die Bindefestigkeit des bei 110–120° hergestellten Mauergipses ist größer als die des bei höheren Temp. erhaltenen. Bei den kontinuierlichen Verss. wurde festgestellt, daß die Leistung des verwendeten App. (10 cm ⌀, Luftgeschw. $3{,}0-6{,}0 \cdot 10^{-2}$ m · sec⁻¹) ca. 20mal größer ist als die der gewöhnlichen Kesselanlagen. J. Kis 6226△

2094 **Leichtaggregate. Ausdehnungskoeffizienten von Kalksteinen, Schiefern und Tonen aus Minnesota.** W. A. Grosh und H. P. Hamlin. (US Dep. Interior, Bur. Mines, Rep. Invest. **1963,** Nr. 6313, 1–30; Minneapolis, Minn., Bur. Mines, Area III, Mineral Resource Office, u.

Norris, Tenn., Bur. Mines, Norris Res. Labor.; engl.) — Die 21 Proben verschiedener Vork. zeigen gute Quelleigenschaften. Als Leichtaggregat bes. gut geeignet ist ein Schiefer aus Decorah nach Entfernung des Kalksteins. F. Rosendahl 6228△

2095 **Ein Versuch zur Pressung von normalen Ziegeln aus Lehm und Kaolin im thermoplastischen Zustand.** I. Ss. Kainarski, I. G. Orlowa und Je. W. Merkulowa. (Feuerfeste Mater. **26,** 74—80, 1961; Ukrain. Forsch.-Inst. für feuerfeste Mater.; russ.) — Normale *Ziegel* aus einer Mischung von 50% Wladimir-Kaolin (Fraktion 3—1 mm) u. 50% Tschasow-Jarsk-Ton (Fraktion < 0,5 mm), die unter Druck von 100 kg/cm² gepreßt u. bei 1380° gebrannt werden, besitzen bei einem Geh. von 40% Al_2O_3 u. dem Vol.-Gew. von 2,52 g/cm³ hohe therm. Stabilität. P. Scheer 6228◇

2096 **Über Preßfehler bei Flachziegeln.** A. M. Illing. (Amer. ceram. Soc. Bull. **42,** 435—37, 1963; Cincinnati, Ohio; Cambridge Tile Mgf. Co.; engl.) — Vf. berichtet im Rahmen eines Vortrages kurz über die häufigsten Fehler u. gibt Hinweise zur Beseitigung. Diskutiert werden Lunker, Verziehen der Werkstücke durch ungleichmäßige Schwindung, Aufwerfen, Reißen, ungleichmäßige Wandstärke durch ungleich eingestellte Matrizen, Beschädigung der Ziegeloberfläche durch Hängenbleiben in der Form, Gratbldg. bei abgenutzten Formen. F.-M. Nehmzow 6228◇

2097 **Versuche zur Erhöhung des Frostwiderstandes von Dachziegeln.** Walter Neumann. (Ziegelindustrie **16,** 416—22, 1963; Wienerberger Ziegelfabriks- u. Bauges.; Forsch.-Stelle des Zentrallabor.; dt.) — Es wurden verschiedene Zuschläge zu den zur Ziegelfabrikation verwendeten Tonen der Wiener Bucht erprobt, mit dem Ziel, die Frostwechselbeständigkeit der hergestellten Dachziegel zu verbessern. Als am günstigsten erwiesen sich Zuschläge von sandigen Tonen aus Niederösterreich u. von Ziegeltonen aus Gebieten nahe der ČSSR-Grenze. Albert Krause 6228◇

2098 **Festigkeit von glasfaserverstärkten Kunststoffen bei einseitiger Erwärmung.** B. I. Panschin und G. Je. Wischnewski. (Plast. Massen [UdSSR] **1961,** Nr. 3, 71—73; russ.) — Es wurde eine Meth. zur Unters. der Festigkeit von Platten aus glasfaserverstärkten Kunststoffen (GfK) bei Ausdehnung u. Kompression unter Bed. der einseitigen Erwärmung (Dauer bis zu 30 Min., Intensität bis zu 80000 kcal/m² · h u. einer Erhöhung der Temp. der Oberfläche bis zu 800°) ausgearbeitet. Je schneller der Wärmestrom auf das Material einwirkt, um so mehr u. schneller verringert sich dessen Festigkeit. Meistens vollzieht sich in der erhitzten Zone eine Schichtentrennung des Materials. Die untersuchten Proben behalten jedoch innerhalb gewisser Zeitspannen sogar bei äußerst intensiver Erwärmung eine bestimmte Verwendungsfähigkeit bei u. können als *Wärmeisolationsmaterialien* empfohlen werden. L. Nossowa 6228△

2099 **Die Bedeutung des gebrochenen Natursteins im Asphaltmischgut.** Fritz Kind. (Straßen- u. Tiefbau **17,** 539—43, 1963; Wiesbaden; dt.) — Würflige bzw. eckige Gesteinskörner weisen gegenüber dem runden Korn (Kugel- oder Eiform) erhebliche Vorteile auf. Während das Rundkorn wegen seiner meist nur punktförmigen Berührung im Korngemisch geringere Reibung bzw. geringeren Verformungswiderstand bewirkt, ist bei dem eckigen Gesteinskorn infolge innerer Verzahnung u. Verkeilung mit besseren Effekten zu rechnen. Aus dieser höheren Standfestigkeit des Bitumen-Mineralgemisches mit gebrochenem Naturstein kann geschlossen werden, daß die Dicke einer Tragschicht aus gebrochenem Gestein bei gleicher Beanspruchung kleiner sein kann als bei alleiniger Verw. von Rundkorn-Material. N. Peters 6230◇

2100 **Mikroskopische und chemische Analysen von basaltischem Tuff aus Lucaret, Bezirk Banat.** V. Lațiu und V. Cristea. (Bul. științ. tehn. Inst. politehn. Timișoara [N. S. 2] **6**(20), Nr. 2, 65+68, 1961; rum.) — Basalt. Tuff wird chem. u. mkr. untersucht. Die Analysen beweisen, daß dieses Prod. mit Erfolg bei der Herst. von hydraul. Zement verwendet werden kann. R. Grundmann 6240◇

2101 **Elektrische Leitfähigkeit binärer, bei hohen Temperaturen gesinterter Systeme von ThO_2, ZrO_2 und Y_2O_3. 1. Mitt. Untersuchungen über Oxid-Widerstands-Heizelemente.** Chihiro Kawashima, Shinroku Saito und Osamu Fukunaga. (J. ceram. Assoc. Japan [Yogyo Kyokai Shi] **71,** 49—54, 1963; Tokyo, Inst. of Technol., Res. Labor. of Engng. Nat.; jap., Auszug: engl.) — Die elektr. Leitfähigkeit der Syst. ThO_2–ZrO_2, ThO_2–Y_2O_3 u. ZrO_2, stabilisiert mit ThO_2, werden bei 400—1400° gemessen, um Oxid-Widerstandselemente zu entwickeln. Die Energie der schwachen Aktivierung beträgt für ThO_2–ZrO_2 0,56—0,65 (e. V.), für ThO_2–Y_2O_3 1,04 bis 1,16 u. für ZrO_2 mit ThO_2 stabilisiert, 1,38—1,46. Die Möglichkeit der Verw. von ThO_2–ZrO_2 zur Entw. von Oxid-Widerstands-Heizelementen wird erörtert. W. Wesly 6240◇

2102 **Untersuchung einiger Eigenschaften von Antimongläsern.** Paweł Schleifer. (Szkło i Ceram. **14(29),** 205—06, 1963; Krakow, Katedra Technol. Szkła AGH; pol.) — Aus den Unterss. folgt, daß Sb_2O_3 u. Sb_2O_5 zu den glasbildenden Verbb. gehören. Sb-Ionen erhöhen den Brechungsindex, das spezif. Gew., den elektr. Widerstand, den Koeff. der Wärmeausdehnung u. verringern die Dispersion sowie den therm. Widerstand von Glas. Sb-Gläser zeichnen sich durch ihre große Durchlässigkeit für IR-Strahlung aus. I. Köditz 6242△

2103 **Eine schnelle und genaue elektrolytische Methode für die Bestimmung von PbO in Blei–Barium-Gläsern.** 1. Mitt. Zdzisław Karch. (Szkło i Ceram. **14(29),** 215—17, 1963; pol.) — Die von der Forschungs- u. Prüfstelle der Glasindustrie entwickelte Meth. beruht auf der elektrolyt. Abscheidung von PbO_2 in einem HNO_3-haltigem Medium. Die Grundlagen, die Entw. der elektrolyt. Analyse sowie die elektrolyt. Ausfällung von Pb werden beschrieben. I. Köditz 6242△

2104 **Mullitisierungsgrad eines calciumhaltigen Porzellans.** R. Abramovici und P. Velica. (Bul. științ. tehn. Inst. politehn. Timișoara [N. S. 2] **6**(20), 47—51, Nr. 2, 1961; rum.) — Auf chem. u. opt. Weg wird der Mullitisierungsgrad eines Porzellans, in dem das Flußmittel durch eine Fritte aus dem Syst. CaO–Al_2O_3–SiO_2 ersetzt ist, untersucht. Die Best. werden im Vgl. mit einem Feldspatporzellan u. zwecks Unters. des Einfl. von Quarz auf die Mullitisierung mit einer Kaolin-Frittenmasse durchgeführt. Es wird eine intensivere Mullitisierung des Ca-Porzellans festgestellt. R. Grundmann 6246◇

2105 **Beitrag zur Bestimmung gewisser Tonminerale durch die Dilatometrie: Quantitative Untersuchungen.** Pol Paquin. (Mém. Soc. franç. Céram. Suppl. zu: Bull. Soc. franç. Céram. **1963,** Nr. 58, 1—148; Paris, Soc. franç. de Céram.; franz.) — 15 Kaoline, 42 Tone aus dem Becken von Provins u. 34 Tone aus dem Becken von Aquitaine wurden chem., thermogravimetr., röntgenograph., elektronenmkr. u. dilatometr. untersucht. Außerdem wurden DTA durchgeführt u. die Korngrößenverteilung bestimmt. Zwischen dem Geh. an Verunreinigungen u. dem Verlauf der Dehnungs–Schwindungs-Kurven wurde eine Beziehung gefunden. Die Dilatometrie erwies sich als ein wertvolles Analysen-Schnell-Verf. zur Best. der hauptsächlichsten Verunreinigungen (Quarz, Muskovit) in den untersuchten Rohstoffen. J. Heinze 6248◇

2106 **Über die Möglichkeit eines chemischen Prüfverfahrens der Reaktionsfähigkeit eines Puzzolanmaterials als Zusatz zum Portlandzement. Vorschlag an Comitato Tecnico ISO/74.** Carlo Goria und Alfredo Negro. (Ind. ital. Cemento **33,** 491—98, 1963; Torino, Ist. di Chim. gen. ed appl. del Politecn., Fac. di Architectura; ital.) — Die Bezeichnung „puzzolanerdehaltiger Portlandzement" für Gemische mit weniger als 20% Puzzolanerde (Pz), die im vergangenen Jahre auf einer Plenarsitzung des ISO-TC/74 in London beschlossen wurde, gibt nach der festgelegten „Florentin"-Prüfmeth. (F) nicht die Qualitäten verschiedener Pz wieder. Es wird eine Zusammenfassung der Löslichkeits-Best. nach **F** u. der bekannten Säure/Basen-Behandlung (**AB**) hydratisierter Proben nach 1, 3 u. 8 Tagen Abbindezeit bei 70°

vorgeschlagen für 4 Prädikate: Zement mit vortrefflich, normal, mäßig, nicht reaktionsfähiger Pz.

R. Kaiser 6252◇

2107 **Untersuchung von Produkten der beginnenden Hydratation von Tonerdezementen.** Enrico Crepaz und Alvise Raccanelli. (Ind. ital. Cemento **33**, 519–26, 1963; Padua, Univ., Ist. di Chim. Ind.; ital.) — Die Feststellung der bei der Hydratation eines Tonerdezementes (TZ) auftretenden Zwischenbestandteile in den Abbindezeiten 1, 3, 7, 24 u. 48 Std. erfolgte durch Vgl. der DTA-Kurven des TZ mit den aus der Literatur bekannten Entwässerungskurven von Synth.-Prodd. bzw. eigenen Unterss. im Erhitzungsbereich bis ∼375°. Der vorgelegte TZ besaß die Zus. 40,53(%) Al_2O_3, 36,42 CaO, 6,85 SiO_2, 7,31 Fe_2O_3, 6,96 FeO, 0,41 MgO, 0,95 TiO_2, 0,15 nicht bestimmter Rest, 0,22 Glühverlust, Anmachwasser 0,4 kg/kg TZ, Hydratations-Temp. im Thermostaten 4, 14, 27 u. 37°. Nach jeweiliger Unterbrechung der Hydratation wurde die Probe rasch zerkleinert, mit Aceton ausgewaschen u. getrocknet. Die DTA wurde mit dem auf 4900 Maschen/cm^2 feingemahlenen Prod. ausgeführt. Als Prodd. der ersten Stadien traten im wesentlichen AH_3 u. C_3AH_6 auf; weiterhin folgten C_4AH_{19}, CAH_{10} u. C_2AH_8. Die Bldg. des letzteren spielte für den Erhärtungsgrad die Hauptrolle, C_2AH_8 trat auch bei tiefliegenden Temp. auf. — 22 Literaturhinweise.

R. Kaiser 6252◇

2108 **Ein Beitrag zur Prüfung von Zementen aus lange Zeit im Freien gelagerten Klinkern.** Pablo Raúl Verzini. (Cemento-Hormigón [2] **29(31)**, 324–28, 1963; Corp. Cementera Argentina, S. A.; span.) — Vf. gibt chem. u. physikal. Unterss. bekannt über die Einw. der Witterung auf eine notwendigerweise 30 Monate im Freien lagernde Klinkermenge von 50000 t. Es hatte sich auf den 15 m hohen Schüttkegeln der ca. 7–8 cm großen Klinkerstücke eine geschlossene Feinkorndecke von 15 cm Stärke gebildet, deren chem. Zus. mit Ausnahme des Glühverlustes u. einer geringen Änderung des SO_3-Geh. nur unwesentlich von dem darunterliegenden Klinkermaterial u. vom ursprünglichen frischen Material abwich. Zug- u. Druckfestigkeiten nach 7 u. 28 Tagen Abbindezeit entsprachen den im ursprünglichen Erzeugnis gewohnten Werten der Administración General. Die endliche Abbindezeit des aus dem verkrusteten Material gewonnenen Zementes war etwa $^1/_2$ so lang wie die des unter der Kruste befindlichen Klinkers nach der Vermahlung. Demnach hatten durch die lange Lagerung die Klinker keine nennenwerte Einbuße erlitten. Laut beigegebener Witterungstafel lagen die Monatsmittel der Temp. in den 3 Jahren zwischen 7 u. 24°, der Niederschlagsmengen zwischen 0 u. 134 mm in der Umgebung von Mendoza. R. Kaiser 6252◇

2109 **Der Einfluß vorzeitigen Gefrierens auf Beton mit Zuschlagstoffen geringer Dichte.** I. A. Benjamin und G. D. Ratliff jun. (Proc. Amer. Soc. Testing Mater. **60**, 1080–86, 1960; St. Louis, Mo., Granco Steel Prod., Subsidiary of Granite City Steel, Co.; engl.) — Betonproben von 3 in. Stärke u. bis zu 10 sq.ft. Fläche wurden 2 bis 50 Std. nach ihrem Ansetzen Frostbedingungen ausgesetzt. Die Gleichgew.-Temp. beträgt nach Berechnungen von Saul 40°F. Im Innern der Probe zeigten sich nach 10 Std. nur unbedeutende Veränderungen, dagegen ging die Oberflächenfestigkeit auf Null zurück. Beton, der durch vorzeitiges Gefrieren nicht zerstört wurde, erlitt auch nach mehreren Frost–Tau-Perioden keine Schäden. Glimmer- u. kieselartige Zuschläge zeigen keine unterschiedlichen Ergebnisse. H. Schumann 6252◇

2110 **Einfluß hoher Temperaturen auf Beton mit verschiedenen Zuschlagstoffen.** N. G. Zoldners. (Proc. Amer. Soc. Testing Mater. **60**, 1087–1108, 1960; Ottawa, Canada, Constr. Mat. Sect., Mineral Process., Div. Mines Branch, Dep. of Mines and Techn. Surveys; engl.) — Die Druckfestigkeit von Beton nimmt beim Erhitzen der Proben auf 300° um 10% zu, während die Biegezugfestigkeit bei Beton nach Zusatz von Kalkstein um 34% u. Kies um 55% abnimmt. Über 500° sinkt die Druckfestigkeit um 19–24% u. die Biegezugfestigkeit um 56–80%, da eine Dehydratation der chem. Konstituenten einsetzt. Von allen Probematerialien eignet sich Kalkstein über 700° am vorteilhaftesten, da bei dieser Temp. die Oberfläche der Testwürfel decarbonisiert wird. Beton mit Schlackenzusatz besaß bei 600° noch 71% seiner ursprünglichen Druckfestigkeit, jedoch schon bei 400° nur noch 16% der Biegezugfestigkeit.

H. Schumann 6252◇

2111 **Untersuchungen über innere Schwingungen von Beton.** Lars Forssblad. (Nordisk Betong **7**, 83–114, 1963; Stockholm, AB Vibro-Verken; schwed.) — Es werden für Verss. mit Rüttelbeton in einer Form Rüttler mit einem Kopfdurchmesser von 60 mm verwendet, wobei der Radius der Einw. mit steigender Rüttelfrequenz bis 10000 Hz schnell u. dann bis 12000 Hz langsamer steigt, bei weiterer Frequenzerhöhung abnimmt. Vergrößerung der Rüttelamplitude bewirkt Erhöhung des Wrkg.-Radius, ebenso Vergrößerung des Rüttelkopfes. Ergebnisse mit verschiedenen Rüttlerkonstruktionen werden mit Hilfe eines Fluiditätsmesser eigner Konstruktion verglichen. Konsistenz u. Zus. des Betons wirken ebenfalls ein. Erwähnenswert ist, daß die Porenzahl mit der Entfernung vom Rüttelzentrum zunimmt.

L. Kühnert 6252◇

2112 **Methoden und Technik der elektronenmikroskopischen Untersuchung von Elektrokeramik.** Irena B. Puchalska, Jerzy Chudziński und Krystyna Brańska. (Szkło i Ceram. **14(29)**, 249–53, 1963; Warschau; pol.) — Nach einem knappen Überblick über die in der Elektrotechnik verwendeten keram. Werkstoffe werden die Meth. zur Herst. von Mikroschnitten der zu untersuchenden Proben sowie die Herst. von Duplikaten solcher Schnitte beschrieben. I. Köditz 6260△

2113 Alberto Quentin, Florenz, Italien, **Zum Tempern geeignetes Glas.** Es besteht aus 100 (kg) Sand, 38 bis 42 Soda, 2 Borsäure, 5 bis 7 Pottasche, 10 bis 12 $CaCO_3$, 4 bis 5 $NaNO_3$, 1 Arsenik, 1 ZnO, 0,012 bis 0,015 Se u. 0,007 bis 0,010 Co-Oxid. — Milchglas kann bestehen aus: 100 SiO_2, 43 bis 45 Feldspat, 26 bis 28 Na_2CO_3, 8 bis 10 K_2CO_3, 12 bis 14 ZnO, 8 bis 10 Mennige, 20 bis 22 Flußspat, 5 bis 7 $NaNO_3$, 8 bis 9 Kryolith u. 0,100 bis 0,150 MnO_2 nach Reinheit der Ausgangsmaterialien. Man schmilzt im Laufe von 7 Std. durch Temp.-Steigerung auf ca. 1450°, kühlt auf 1050°, erwärmt während der Verformung auf höchstens 1100° u. temperiert in einem oder nacheinander in mehreren Bädern (Öl oder Salzschmelzen), deren Temp. $< 300°$, bes. bei 140 bis 150° liegt. — Zeichnung. (**It. P. 528294** vom 15/1. 1955.)

K. Koebke 6201

2114 Pieraldo Montelatici, Florenz, Italien, **Temperieren von Glasgegenständen,** dad. gek., daß man die Gegenstände auf eine Temp. unter dem Erweichungspunkt (500 bis 550°) erwärmt, bis der Gegenstand in allen seinen Punkten diese Temp. erreicht hat, kurze Zeit (bis die Oberfläche, aber nicht das Innere des Gegenstandes die Temp. erreicht hat) auf 700 bis 750° erhitzt u. ins Temperierbad gibt. (**It. P. 528262** vom 27/12. 1954.)

K. Koebke 6201

2115 A. T. Troschtschenko und G. I. Pusstoschkin, **Schützen von Glas gegen biologische Infektionen** durch mindestens 4std. Wärmebehandlung mit Trialkylzinntrichlorsilylacylaten oder Trichlorsilylalkylzinndiacylaten in unpolaren organ. Lösungsmitteln. (**UdSSR. P. 134408** vom 8/4. 1960.) L. Großner 6201

2116 Associated Lead Mfg. Ltd., London, und Helen Dolores Jamieson, Cardiff, South Wales, England, **Rosa Farbpigmente für keramische Glasuren** werden hergestellt durch Calcinieren eines Gemisches aus 10–20 (Gew.-Teilen) ZrO_2, 5–10 SnO_2, 3–10 Kreide u. 0,5–1,0 $K_2Cr_2O_7$ bei 1000–1400°, Waschen mit Mineralsäure u. W. nochmaliges Calcinieren bei 1100–1400°. (**E. P. 903135** vom 25/4. 1960, ausg. 9/8. 1962. **A. P. 3053685** vom 13/4. 1961, ausg. 11/9. 1962. E. Prior. 25/4. 1960.) G. Frikell 6213

2117 John H. S. Skoning, Los Angeles, Calif., V. St. A., **Anorganisches Bindemittel für Feuerfest-Körper.** Ein Bindemittel, das jede Art von Körnern aus feuerfestem Material gut benetzt, in verkürzter Zeit abbindet u. bei seiner Verw. zur Herst. von Metallgußkernen keine wesentliche Gas-Entw. ergibt, wird hergestellt aus einer 5—20%ig. wss. Lsg. eines Gemisches aus 60—80% Al·$(H_2PO_4)_3$ u. 40—20% Na-Hexametaphosphat. (**A. P. 3057740** vom 5/8. 1959, ausg. 9/10. 1962.) G. Frikell 6219

2118 Ralph W. Eatough und Mildred L. Eatough, Orange, David A. Yeomans und Marilyn E. Yeomans, Santa Ana, William E. Ripley jun. und Gertrude S. Ripley, Whittier, Charles H. Leppe und Anne Legge, Oakland, James McLain und Stella McLain, Whittier, Kenton J. Leeg und Norma Leeg, Garden Grove, Bruce F. Brown und Louise Brown, Santa Ana, Francis P. McGowan und Catherine A. McGowan, Baldwin Park, Calif., V. St. A., **Herstellung von hochtemperaturbeständigem Material** aus einem gepulvertem oder faserigem nichtmetall. Material, wie Glasfasern, einem natürlichen oder synthet. organ., bes. harzigen Bindemittel u. elementarem B zur Erhöhung der Festigkeit, evtl. unter Zusatz von elementarem C, wie Graphit, durch Erhitzen auf über 1300°F. — Zum Beispiel werden gemischt: 31,8 (lbs.) Harzlsg. mit 65% Feststoffen u. 35 Lsgm., 25,1 Isopropylalkohol, 1 Hexamethylentetramin, 1,3 W., 8 Graphitpulver u. 15,8 B-Pulver. Ein damit imprägniertes Gewebe wurde bei 300 lbs./sq. in. 25 Min. bei 320°F gepreßt u. 30 Min. auf 2000°F erhitzt. Das Prod. hatte eine Querbiegefestigkeit von 5000—6000 lbs./sq. in. (**E. P. 908494** vom 26/5. 1959, ausg. 17/10. 1962. A. Prior. 18/6. 1958.) G. Frikell 6219

2119 Soc. Générale de Produits Réfractaires, Paris, übert. von: Jean Pierre Kiehl, Lyon, Frankreich, **Feuerfeste Gegenstände mit hohem Mullitgehalt** werden hergestellt bei 1350—1450° aus einem Gemisch von 45—55 (Gew.-%) Kaolin mit einem Geh. an 15—50 Al_2O_3 u. einer spezif. Oberfläche (O) von mehr als 25 m^2/g u. 45—55 Boehmit, dessen O mindestens 3 m^2/g beträgt u. der nach dem Brennen mehr als 90—100% Al_2O_3 enthält. (**A. P. 3003887** vom 28/10. 1958, ausg. 10/10. 1961. F. Prior. 31/10. 1957.) G. Frikell 6219

2120 Gas Council, London, England (Erfinder: Brian Jackson und Roger Alfred Hancock), **Poriges, wärmeisolierendes feuerfestes Material** wird hergestellt aus feuerfesten Granalien, wie Al_2O_3, einem feuerfesten hydraul. Bindemittel, wie Tonerdezement, einer Lsg. von NH_3 oder eines NH_4-Salzes u. einer gesonderten Lsg. von H_2O_2. — Zum Beispiel werden gemischt 1000 g Al_2O_3, 200 g Tonerdezement, 60 ml H_2O_2 (20%ig.), 3 ml NH_3 (D = 0,880) u. 120 ml Wasser. Bei Temp. $< 10°$ erfolgt keine Gasentw. Sie findet jedoch unter 100° statt, so daß die in Formen gegossene Masse zur Gasentw. u. Härtung auf 50—70° erwärmt wird. (**E. P. 915461** vom 30/11. 1957, ausg. 16/1. 1963.) G. Frikell 6219

2121 Carborundum Co., Niagara Falls, übert. von: Roland V. Van Der Beek, Grand Island, und Kenneth M. Taylor, Lewiston, N. Y., V. St. A., **Feuerfeste Formkörper** aus den Boriden oder Siliciden von Ti, Zr oder Mo werden hergestellt aus einem Oxid dieser Metalle, einem Carbid von B oder Si u. einem Red.-Mittel, wie C. Das Gemisch wird in einer Form unter Druck von mindestens 500 lbs./sq. in. auf wenigstens 1800° erhitzt, wobei unter Bldg. des Borides bzw. Silicides u. Entw. von CO ein dichter, kristalliner u. bindemittelfreier Körper gebildet wird. (**A. P. 3041142** vom 29/5. 1953, ausg. 26/6. 1962.) G. Frikell 6219

2122 General Electric Co., übert. von: Donald L. Schwartz, Detroit, Mich., V. St. A., **Feuerfeste Formkörper hoher Dichte.** Eine Annäherung an das theoret. mögliche Maximum wird erreicht, wenn die Rohprod. so zerkleinert werden, daß zwischen Teilchen mit Korngröße 0,1—0,8 μ u. solchen von 0,8—2,5 μ mindestens ein Verhältnis von 1:3 besteht. Die Masse wird mit einem Bindemittel zu einem fließenden Gemisch angerührt, dessen Dichte mindestens 23% der theoret. Dichte (D) beträgt. Beim Formen werden 40% von D erreicht. Beim Vorsintern zwischen 400 u. 900°F verbrennt das Bindemittel u. beim 2200—3500°F sintern die Körper auf 94—100% von D. — Schemata. (**A. P. 3051566** vom 20/1. 1959, ausg. 28/8. 1962.) G. Frikell 6219

2123 International Standard Electric Corp., New York, N. Y., V. St. A., übert. von: Maurice Andrew Strivens, London, England, **Herstellen von keramischen Formkörpern** aus sinterfähigen Materialien unter Verw. einer *Transportsubstanz* (**I**), die die Verarbeitung durch Pressen, Strangpressen u. Spritzen ermöglicht. Hierzu dient die Beimischung eines *wärmeleitenden Kunstharzes*, eines Modifizierers u. eines Weichmachers. Nach dem Formen dient ein geringer Teil von **I** durch seine Härtung zum Beibehalten der Form, während der Hauptteil von **I** durch Vakuumdest. oder Extraktion mit einem Lsgm. zurückgewonnen wird. (**A. P. 2939199** vom 7/8. 1953, ausg. 7/6. 1960. E. Prior. 11/8. 1952.) G. Frikell 6221

2124 Adicon Ltd., London (Erfinder: Wilfred Huon Achilles Mumby, Harlow, Essex), England, **Herstellung von Leichtmörtel oder Leichtbeton mittels Schaumbildnern.** Die Beständigkeit der z. B. mit Saponin im Zementgemisch erzeugten Blasen wird durch Zusatz von Bentonit, z. B. im Verhältnis 1:0,5 bis 1:15, stark erhöht. (**D. A. S. 1155050** Kl. 80b vom 18/6. 1960, ausg. 26/9. 1963. E. Prior. 17/6. 1959 u. 13/6. 1960.) G. Frikell 6227

2125 Gebr. Knauf, Westdeutsche Gipswerke (Erfinder: Karl Knauf, Franz Wirsching und Bruno Wandser, Iphofen/Mfr.), **Baugips mit Eigenschaften eines Putzgipses.** Zur Herst. wird einem aus Naturgips gebranntem Halbhydratgips mindestens 0,25, bes. 0,5 Gew.-% in W. lösl. Ca-Phosphat u. so viel $Ca(OH)_2$ zugesetzt, daß sich ein Gew.-Verhältnis $P_2O_5:Ca(OH)_2$ = 1:0,5 bis 1:1,5 ergibt. (**D. A. S. 1156348** Kl. 80b vom 17/4. 1962, ausg. 24/10. 1963.) G. Frikell 6227

2126 Farbwerke Hoechst Akt.-Ges., vormals Meister Lucius & Brüning, Frankfurt/M. (Erfinder: Jakob Palm, Stromberg/Hunsrück, Guido Lorentz, Oes, und Gerhardt Schultz, Frankfurt/M.), **Herstellung von Kalksandsteinen.** Dem Rohgemisch werden zur beschleunigten Hydratation des Kalkes 0,005—0,2% seines Gew. eines durch Rk. von 2—30 Mol Alkylenoxid mit je 1 Mol Alkylphenol hergestellten Prod. zugesetzt. (**D. A. S. 1154031** Kl. 80b vom 17/1. 1962, ausg. 5/9. 1963.) G. Frikell 6229

2127 Stausziegel-Industrie Akt.-Ges., St. Pölten (Erfinder: Emmerich Tropp, Feldkirch-Tosters), Österreich, **Herstellung eines Drahtziegelgewebes.** Das Gewebe wird mindestens an den freiliegenden Stellen vor bzw. nach dem Aufpressen der Tonstücke auf die Verbindungsstellen der einzelnen Gewebedrähte mit einer korrosionsverhindernden Schicht, z. B. aus Wasserglas u. Al-Pulver, überzogen, die nachher eingebrannt wird. (**D.A.S. 1150014** Kl. 80b vom 24/2. 1959, ausg. 6/6. 1963. Oe. Prior. 27/12. 1958.) H. Widmann 6229

2128 Wasag-Chemie Akt.-Ges., Essen (Erfinder: Alois Seidl, Thürnstein/Ndb.), **Glasartige poröse Formkörper** werden hergestellt durch Aufschließen faserigen silicat. Materials mit Alkalisilicaten im Verhältnis 0,02 bis 0,7:1 in W. bis zur völligen Lsg., Eintrocknen, Zerkleinern des festen Rückstandes zu Körnern von 0,1 bis 10 mm ⌀ u. Erhitzen in Formen auf 700—900°. (**D. A. S. 1154752** Kl. 80b vom 3/3. 1960, ausg. 19/9. 1963.) G. Frikell 6229

2129 Norton Co., Troy (Erfinder: James R. Quinau, Watervliet, und James W. Sprague, Melrose), N. Y., V. St. A., **Schleifmaterial,** bestehend aus einer mit Kunststoffen imprägnierten, faserhaltigen Trägerschicht, auf der mittels eines Bindemittels die Schleifmittelkörner befestigt sind, dad. gek., daß es eine Trägerschicht enthält, auf die ein Terpolymerisat aus Styrol, Butadien u. Acrylsäurenitril u. ein mit dem Terpolymerisat verträgliches filmbildendes, hitzehärtbares Harz als Mischung oder als getrennte Schichten aufgebracht worden sind. Es kann z. B. ein Terpolymerisat verwendet worden sein, dem eine geringe Menge Polystyrol beigemischt worden ist. — Beispiel: Trägerschicht mit einer Fadenzahl von 76—48, 1,07 m breit, von der 1,79 m 0,454 kg wiegen, wird zunächst entschlichtet, ausgehakt, gefärbt u. getrocknet. Dann Imprägnierung mit einem Butadien-Acrylsäurenitril-Styrol-Terpolymerisat (70:25:5) in

Form einer 40%ig. Emulsion, wobei 35% der Emulsion im Gewebe verbleiben. Dann Bestreichen der geköperten Seite mit 5% der Emulsion, so daß 2,538 kg Terpolymerisat je Sandpapier-Ries vorhanden sind. Dann 5—6 Min. bei ca. 93° trocknen. Hierauf weitere Imprägnierung mit einem 1:1-Gemisch des Terpolymerisats mit einem fl. hitzehärtbaren, alkalikatalysierten Phenol-Aldehydharz als 30%ig. Lsg. u. Wiederholung, bis eine Gesamtsättigung der 2. Stufe 0,634 kg je Sandpapier-Ries erreicht war, dann wieder Trocknung bei 93°. Schließlich Auftragung einer mit $CaCO_3$ gefüllten Harz-Deckschicht auf beide Seiten. (**D. A. S. 1153517** Kl. 39b vom 27/2. 1959, ausg. 29/8. 1963. A. Prior. 27/2. 1958.)
W. Overbeck 6239

2130 **Corning Glass Works** (Erfinder: **Stanley Donald Stookey**), *Halbkristalline keramische Körper.* (**Aust. PP. 238920** u. **238921** vom 21/12. 1959, ausg. 28/6. 1962. Beide A. Prior. 31/12. 1958. — C. **1963,** 5175 [E. PP. 863569 u. 863570].)

2131 **N. V. Philips' Gloeilampenfabrieken,** Eindhoven, Niederlande, *Polykristallines gesintertes Material mit piezo-elektrischen Eigenschaften.* (**Niederl. P. 102059** vom 15/12. 1954, ausg. 15/8. 1962. A. Prior. 21/12. 1953. — C. **1958,** 3141 [D. A. S. 1011801].)

2132 **National Lead Co.,** New York (Erfinder: **Jerald Lynn Bliton,** Niagara Falls, und **William John Baldwin,** Buffalo), N. Y., V. St. A., *Poliermittelmischung.* (**D. A. S. 1152776** Kl. 22g vom 23/2. 1960, ausg. 14/8. 1963. A. Prior. 25/2. 1959. — C. **1962,** 17222 [A. P. 2955031 u. E. P. 869185] u. C. **1963,** 5176 [F. P. 1249046].)

H$_7$. Agrikulturchemie, Schädlingsbekämpfung

2133 **Rohphosphat von Rao-Kai.** Takafumi Kanazawa. (J. Sci. Soil Manure, Japan [Nippon Dojohiryogaku Zasshi] **31,** 181—84, 1960; jap.)
R. Grundmann 6282◇

2134 **Untersuchung eines Ammoniumfluoridprozesses zur Gewinnung von Fluor aus Superphosphat in einer Versuchsanlage.** F. G. Heil, R. D. Young und J. J. Stumpe. (J. agric. Food Chem. **9,** 457—59, 1961; Wilson Dam, Ala., Tennessee Valley Authority; engl.) — Vff. beschreiben halbtechn. Verss. zur Absorption von SiF_4-Gasen aus dem Aufschluß von Rohphosphat mit Superphosphorsäure in einer schwach sauren NH_4F-Lösung. Die resultierende $(NH_4)_2SiF_6$-Lsg. wird durch Zugabe von NH_3 auf ein Mol-Verh. von NH_3:F = 1.1 bis 1.5 zu NH_4F u. SiO_2 zersetzt. Ein Teil der NH_4F-Lsg. wird in die Absorption zurückgeführt u. die restliche Lsg. mit $Al_2(SO_4)_3$-Lsg. zu $(NH_4)_3AlF_6$ umgesetzt. Durch therm. Zers. des Ammoniumkryoliths erfolgt die Bldg. von AlF_3. Die erhaltenen Prodd. sind sehr rein. Die wirtschaftliche Mindestgröße für eine Produktionsanlage liegt oberhalb von 400 t F pro Jahr. Die F-Ausbeute in der Absorption beläuft sich auf 99%, wenn die F-Konz. im Abgas > 0,3 lb/1000 cuft beträgt. Die NH_3-Verluste betragen 0,04 Gew.-Teile pro Gew.-Teil F.
W. Kölling 6282◇

2135 **Untersuchungen über die Produktion von Phosphatdüngern.** 3. Mitt. **Herstellung von ammonisierten Komplexdüngern, die Polyphosphat enthalten.** Shigeo Ueki und Toshihiko Kakizaki. (Rep. Government chem. ind. Res. Inst., Tokyo **55,** 460—66, 1960; jap., Auszug: engl. S. 49) — 2. vgl. C. **1961,** 12611. — Die Herst. von ammonisierten Komplex-Düngern durch Zusatz von *Na-Tripolyphosphat* (**I**), das das Unlöslichwerden des Düngers verhindern soll, wird beschrieben. Dabei wird **I** nach der ammoniakal. Aufschlämmung des Düngers bei pH 1—6 zugesetzt u. der Dünger bei 200—300° bei normalem Druck oder bei tieferem Druck im Vakuum getrocknet. Es ist ausreichend, **I** in einer Menge von 3% im Falle der gewöhnlichen Trocknung u. von 0,7% im Falle der Vakuum-Trocknung zuzusetzen.
R. Grundmann 6282◇

2136 **Flüssige Dünger aus nach dem Naßverfahren hergestellter Phosphorsäure.** J. M. Potts, D. W. Rindt und A. V. Slack. (Chem. Engng. Progr. **58,** Nr. 9, 89—93, 1962; Wilson Dam, Ala., Tennessee Valley Authority; engl.) — Bei der Herst. von fl. Mischdüngern durch Neutralisation von H_3PO_4 mit NH_3 stören bei der Verw. von Säure aus dem Naß-Verf. deren Verunreinigungen, die bei der Neutralisation ausfallen u. zu Schwierigkeiten bei Lagerung u. Anwendung führen. Vff. beschreiben ein Verf., bei dem die ausgefällten Verunreinigungen durch Filtrieren oder Dekantieren abgetrennt werden. Die Neutralisationsbedingungen, bei denen ein gut abtrennbarer Nd. fällt, werden beschrieben. Neben dem klaren Flüssigdünger fällt ein Filterkuchen oder eine Trübe an, die wegen ihres Geh. an Nährstoffen direkt als Dünger verkauft oder auf feste oder Suspensionsdünger aufgearbeitet wird.
I. Vieweg 6290◇

2137 **Polyacrylamid und Harnstoff-Formaldehydharz als Grundlage komplexer Düngemittel.** W. P. Batjuk und P. F. Shabitzki. (Plast. Massen [UdSSR] **1960,** Nr. 11, 35—36; russ.) — Die beschriebenen Komplex-Düngemittel, die Superphosphate, Mikroelemente, Insekticide, Fungicide u. Herbicide sowie Wuchsstoffe enthalten, werden entsprechend der Verw. in Tafel-, Würfel- u. Kugelform nach angegebener Technologie aus *Polyacrylamid* (**I**) u. *Harnstoff-Formaldehydharz* (**II**) hergestellt. Sie zeichnen sich durch eine hohe Druckfestigkeit (25 kp/cm^2) u. ein langsames, aber gleichmäßiges Auflösen aus. Die Geschw. des Auslaugens kann man durch die Änderung des %-Geh. an **I** u. **II** von 24 Std. bis zu 2 Monaten variieren. Bei der Verw. von vorst. Düngemitteln erhöht sich die Ernte um das 1,5fache.
Nadja Winkler 6292△

2138 **Über die mechanische Stabilität trockener Schollen. Untersuchungen über Winderosion vom Standpunkt der Bodenkunde und Düngung.** 3. Mitt. Kin'ichi Kokubun. (J. Sci. Soil Manure, Japan [Nippon Dojohiryogaku Zasshi] **31,** 155—58, 1960; jap.) — 2. vgl. ibid. **30,** [1959] 401.
R. Grundmann 6302◇

2139 **Über die Beziehungen zwischen dem Wasserhaltevermögen und der Struktur der 3 Phasen des Bodens.** Shigeru Misono. (J. Sci. Soil Manure, Japan [Nippon Dojohiryogaku Zasshi] **34,** 53—56, 1963; jap.)
R. Grundmann 6302◇

2140 **Untersuchungen über die Feuchtigkeitsbewegung (im Boden).** Shiro Terasawa. (Bull. nat. Inst. agr. Sci. [Tokyo], Ser. B Nr. **13,** 1—115, 1963; jap., Auszug: engl., S. 109.) — Vf. untersucht die Wasser-Bewegung in vulkan. Ascheböden u. ihre Beeinflussung durch natürliche (Klima) u. künstliche Faktoren (Bodenbearbeitung usw.). Zum Vgl. werden auch Böden nicht vulkan. Ursprungs herangezogen. Im einzelnen werden untersucht: Die Abhängigkeit der Bodenfeuchtigkeit vom Grundwasserspiegel, die Bedeutung der Bodenstruktur im Profil auf die Wasser-Bewegung, die Verlagerung lösl. Salze durch die Wasser-Bewegung, die energet. Verhältnisse im Syst. Boden–Bodenw. u. ihre jahreszeitlichen Veränderungen sowie die Beziehungen zwischen Bodenfeuchtigkeit u. Pflanzenwachstum.
Wilfried Werner 6302◇

2141 **Über das lösliche und austauschbare Aluminium im Boden und seine Wirkung auf die Pflanze.** U. Schwertmann. (Landwirtsch. Forsch. **14,** 53—59, 1961; Hannover, TH, Inst. für Bodenkunde; dt.) — An Hand der Literatur sowie der Ergebnisse eigener Unterss. gibt Vf. einen Überblick über die Rolle des *austauschbaren Al* (**I**) u. des *lösl. Al* (**II**) im Boden. Säureschäden an Pflanzen sind vorwiegend auf die bei tiefen pH-Werten verstärkt auftretenden Al-Ionen zurückzuführen. Auf Böden mit 0,5—7 ppm Al waren z. B. die Pflanzen gesund, bei 7 bis 21 ppm Al waren sie chlorotisch. Der Geh. der Böden an **I** stieg mit abnehmendem pH-Wert an, unterhalb pH 4 sprunghaft. Durch Kalkung wird der Geh. der Böden an **I** deutlich erniedrigt u. das Wurzelwachstum verbessert. Auch **II** kann durch Kalkung beseitigt werden. Der Anteil an **I** am Ionenbelag kann in sauren Böden mehr als 80% betragen. Die Austauschacidität kann zum überwiegenden Teil oder völlig aus **I** bestehen. Bei der pH-Messung in KCl wird **I** erfaßt, nicht dagegen bei der Messung in Wasser. Die Differenz zwischen $pH_{(KCl)}$ u. $pH_{(H_2O)}$ kann daher als Maß für den Geh. des Bodens an **I** gelten.
Wilfried Werner 6304◇

2142 **Kobalt und Nickel in den Böden einiger Gebiete von Malyj Kawkas.** F. I. Wekilowa und Ju. B. Borowskaja. (Nachr. Akad. Wiss. AserbaidshanSSR, Ser. geol.-geogr. Wiss. **1960,** Nr. 6, 51—64; russ., Auszug: aserbaidshan.) — Untersucht werden Bodenproben aus verschiedenen Teilen von Malyj Kawkas auf ihren Geh. an

Co u. *Ni* u. das Verhältnis der beiden Elemente zueinander. Diese Resultate werden mit denen aus anderen Ländern verglichen. Die Verteilung von Co u. Ni in Ton u. Schiefer wie in Granit u. sauren Böden ist im allg. fast gleich. Die Konz. von Co u. Ni wächst mit steigendem Humusgeh. im Boden. — 31 Literaturangaben.

J. Lehmberg 6304△

2143 **Chemische Mangananalyse in Böden.** Arne Johansson. (Kungl. Lantbrukshögskolan Statens Lantbruksförsök, Statens Jordbruksförsök, Medd. **132,** 25 bis 40, 1962; schwed.) — In Bodenproben werden bestimmt: Gesamt-Mn ($Mn_{ges.}$), gegen Mg austauschbares Mn (Mn_{Mg}), „akt. Mn" ($Mn_{akt.}$ = leichtreduzierbares + austauschbares Mn) u. gegen Co austauschbares Mn (Mn_{Co}), ferner pH-Wert, Geh. an austauschbaren Basen u. Gesamtaustauschkapazität. Bei niedrigem pH ist ein großer Teil des $Mn_{ges.}$ austauschbar. Bei pH > 6 ist $Mn_{akt.}$ überwiegend leicht reduzierbar. Mn_{Co} ist im Mittel doppelt so groß wie Mn_{Mg}. Zwischen den verschiedenen Mn-Arten werden Beziehungen gefunden. Bei Blattspritzung mit Mn-Salzlsgg. ist ein hoher Ertrag bes. von $Mn_{akt.}$ u. Mn_{Co} abhängig. R. K. Müller 6304◇

2144 **Untersuchung über die Nitrifizierung in Böden.** 4. Mitt. **Nitrifizierungs-Aktivität jungfräulicher Böden im vulkanischen Ascheland in Tokachi.** Hiroshi Sakai. (J. Sci. Soil Manure, Japan [Nippon Dojohiryogaku Zasshi] **31,** 149—54, 1960; jap.) — 3. vgl. ibid. **30** [1959] 149. — 2. vgl. C. **1963,** 10636. R. Grundmann 6304◇

2145 **Untersuchungen über den Humifizierungsprozeß in Hochlandböden.** Jiro Kosaka. (Bull. nat. Inst. agr. Sci. [Tokyo], Ser. B Nr. **13,** 253—352, 1963; jap., Auszug: engl. S. 348.) — Ziel der umfassenden Unterss. war eine Vorstellung von der Humusbldg. zu erarbeiten, die sowohl auf kaum humifiziertes Material als auch auf dem extrem umgebildeten Humus der vulkan. Ascheböden angewandt werden kann. Als Index des Humifizierungsgrades wurde der Methoxyl-Geh. herangezogen. Die Huminsäuren wurden in 3 Fraktionen zerlegt: in Aceton lösl., in Bzl.-A. lösl. u. unlösl. Fraktion. Die beiden lösl. Fraktionen nahmen mit abnehmendem Methoxyl-Geh. zu. Sie weisen ein kleineres Mol.-Gew. auf als die unlösl. Fraktion. Bei allen Fraktionen bestand eine Beziehung zwischen dem C/N-Verhältnis u. dem Carboxyl-Gehalt. Durch Vgl. der Löslichkeit synthet. Humate in verschiedenen Lsgm. mit der Löslichkeit der Humuskomponenten verschiedener Böden konnte nachgewiesen werden, daß in vulkan. Böden vorwiegend Al-Humate u. in nichtvulkan. Böden vorwiegend Fe-Humate vorliegen.

Wilfried Werner 6304◇

2146 **Über die Beweglichkeit der Humusstoffe von Torf.** W. P. Zyplenkow. (Bodenkunde [UdSSR] **1963,** Nr. 8, 58 bis 67; Leningrad, Univ.; russ., Auszug: engl.) — Zur Best. der Beweglichkeit der *Humusstoffe.* (**I**; Humin- u. Fulvosäuren) von Torf wurde die Meth. der Kapillaraszension der **I**-Lsgg. in reinem bzw. mit H^+, Ca^{2+}-, Fe^{3+}- u. Al^{3+}-gesätt. Kaolinit (**II**) angewandt (**II** u. Quarzsand im Verhältnis 1:10 enthaltendes Gemisch). Die weniger beweglichen **I** werden mit verschiedenen Adsorptionsenergien am **II** fixiert, die beweglicheren **I** bleiben in Lösung. Die Beweglichkeit einzelner **I**-Fraktionen wird ebenfalls durch die Natur des Kations, mit welchem **II** gesättigt ist, bedingt. S. Baryschnikow 6304△

2147 **Der Phosphatgehalt in Feldern von Fruchtfolgen mit Gräsern.** P. W. Nossow. (Wiss. Hochschulber. [Moskau] biol. Wiss. **1960,** Nr. 2, 203—206; Kuban. Landw. Inst., Lehrstuhl für Agrikulturchemie; russ.) — Das Verhältnis zwischen organ. u. anorgan. *P* war auf dem Schlag unter mehrjährigen Gräsern am niedrigsten, unter Weizen am höchsten. Der Geh. an organ. P betrug, in Abhängigkeit von der Kulturart, 40,7—49,1%. Der größte Teil des organ. P erscheint in Form von Nucleoproteiden bzw. deren Derivaten. Die Löslichkeit der Phosphate auf verschiedenen Feldern ist unterschiedlich. Sie ist am größten unter Winterweizen (nach dem Umbruch der Grasnarbe), am geringsten unter Sonnenblume u. Mais. M. Gordienko 6304◇

2148 **Untersuchungen über die Produktion von Phosphatdüngern.** 4. Mitt. **Vorläufige Untersuchungen über die Düngewirkung von ammonisierten Komplex-Düngern, die Polyphosphat enthalten, auf den Ertrag von Sumpfreis.** Shigeo Ueki und Toshihiko Kakizaki. (Rep. Government chem. ind. Res. Inst., Tokyo **55,** 472—75, 1960; jap., Auszug: engl. S. 50) — 3. vgl. C. **1964,** 20-2135.) — Auf einem vulkan. Ascheboden wurde die Wrkg. von 3 ammonisierten Komplex-Düngern die Pholyphosphat enthielten, zu Wasserreis mit der von Superphosphat (**I**) verglichen. Dabei zeigte sich, daß der Ertrag bei Anwendung der Komplexdünger wesentlich größer ist als bei **I**-Düngung. R. Grundmann 6304◇

2149 **Untersuchungen über die Verhütung von Verlusten an pflanzenverfügbarer Phosphorsäure.** 4. Mitt. **Orientierende Untersuchungen über die Düngewirkung von ammonisierten Komplex-Düngern, die Natriumpolyphosphat enthalten, auf Wasserreis.** Shigeo Ueki und Toshihiko Kakizaki. (J. Sci. Soil Manure, Japan [Nippon Dojohiryogaku Zasshi] **31,** 170—72, 1960; jap.) — 3. vgl. C. **1964,** 8-2050. R. Grundmann 6304◇

2150 **Düngeversuche zu Kirschen und Pflaumen.** K. Sandvad. (Tidsskr. Planteavl **66,** 609—42, 1962; Blangstedgaard, Statens forsøgsstation; dän.) — Bei Kirsch- u. bes. bei Pflaumenbäumen fördert die Düngung mit 100 kg K_2O/ha das Baumwachstum, den Ertrag u. die Größe der Früchte. P_2O_5-Düngung mit *Superphosphat* zeigt keine merkliche Wirkung, *N*-Düngung erhöht nur bei Pflaumen den Ertrag ein wenig, nicht aber bei Kirschen. Kirschbäume wachsen am besten auf Böden mit pH-Wert 7. Bei Pflaumenbäumen auf Sandböden wird das Wachstum durch pH-Zunahme gefördert, auf Tonböden wird keine Wrkg. festgestellt. Der Ertrag an Kirschen ist bei niedrigem pH-Wert am höchsten, bei Pflaumen bei pH = 7,0 höher als bei 6,5 u. 7,6.

R. K. Müller 6304◇

2151 **Die Toxizität von Ammoniumbicarbonat.** A. Wallace, M. I. Biely und K. C. Bhan. (Calif. Agric. **13,** 12, 1959; Los Angeles, Univ. of Calif.; engl.) — Die Wurzeln von Avocado wurden in Nährlsg.-Kulturen sehr stark durch NH_4HCO_3 (**I**), *Harnstoff* + HCO_3', $(NH_4)_2SO_4$ in Ggw. von $CaCO_3$ u. in weniger starkem Maße von HCO_3' + NO_3' geschädigt. Diese Erscheinungen traten teilweise bereits nach wenigen Std. auf. Citrus- u. Sojabohnenwurzeln wiesen ähnliche Schädigungen auf, jedoch verging bis zu ihrem Auftreten mehr Zeit u. durch HCO_3' + NO_3' erfolgte keine Beeinträchtigung. Nur die Kombination von Ammoniak u. HCO_3' wirkte toxisch. Beide Komponenten allein blieben wirkungslos. Bei der Düngung neutraler, alkal. oder kalkhaltiger Böden mit NH_4–N stellte die Umwandlung in NO_3–N durch nitrifizierende Bakterien einen gewissen Sicherheitsfaktor dar, der die Toxizität von **I** verringerte.

W. Kreipe 6304◇

2152 **Versuche mit steigenden Mengen Kalksalpeter zu Winterraps.** Holger Hansen. (Tidsskr. Planteavl **66,** 700—06, 1962; Aarslev; dän.) — Bei einer Grunddüngung mit 200—400 (kg/ha) Superphosphat u. 120 bis 455 K_2O werden Winterraps 0—1600 $Ca(NO_3)_2$ zugeführt. Mit steigender $Ca(NO_3)_2$-Menge nimmt der Rohfettgeh. der Samen ab, bezogen auf 100 kg/ha jedoch zu, der Rohproteingeh. nimmt nach beiden Berechnungen zu, auch das Tausendkorngew. nimmt etwas zu. Im allg. erscheint eine Zufuhr von 1000—1200 kg/ha angezeigt. Bei starker N-Düngung wird der Beginn der Blüte u. vor allem die Reifung um einige Tage verzögert.

R. K. Müller 6304◇

2153 **Kalkstickstoff und Spargelqualität.** K. Jungermann und H. Schlüter. (Landwirtsch. Forsch. **14,** 98—100, 1961; Darmstadt, Landw. Versuchsanst.; dt.) — Vermutungen aus Verbraucherkreisen, daß eine Düngung mit *Kalkstickstoff* (**I**) der Spargelqualität schade, konnten durch die Verss. der Vff. nicht bestätigt werden. Weder die chem. Zus., noch der Geschmack u. die Konservierbarkeit wurden durch **I** negativ beeinflußt.

Wilfried Werner 6304◇

2154 **Der Einfluß der Düngung auf den Ertrag und den Gehalt an Stickstoff von Mais und Futterbohnen bei gemischter Saat.** I. W. Guljakin, M. M. Gukowa und R. I. Bogeomolowa. (Nachr. landwirtsch. Timirjasew-

Akad. [UdSSR] **1963,** Nr. 3, 7—18; russ., Auszug: engl.) — Gemischte Aussaat (gA) erhöht die N-Akkumulation u. steigert den Ertrag an Trockenmasse. Mineraldüngung beeinflußt bei gA die Gesamternte u. das Gew.-Verhältnis Mais: Futterbohnen. Stärkere Gaben von N verbessern das Mais-Wachstum, unterdrücken jedoch die Entw. der Leguminosen u. verringern die N-Akkumulation. Größere Anteile K im Dünger-Gemisch wirken stimulierend auf die Erträge an Futterbohnen. N u. K müssen gleichzeitig ausgebracht werden, wobei K in stärkerem Maße vertreten sein muß, um das Erntegut mit der höchsten Menge N-haltiger organ. Stoffe anzureichern.
H. Findeisen 6304◇

2155 **Die Einflüsse von Kultivierungspraktiken auf den Grünfutterertrag und den Protein-Prozentgehalt von Panicum antidotale Retz.** Neal Wright. (Agronomy J. **54,** 413—16, 1962; Tucson, Ariz., Univ. of Arizona, Crops Res. Division; engl.) — Düngungsverss. (bis 875 lb. N, bis 525 lb. P_2O_5 u. bis 350 lb. K_2O pro acre) ließen eine signifikante Erhöhung des Grünfutterertrages u. des Proteingeh. von Panicum antidotale Retz mit steigenden N-Düngermengen erkennen, wobei auch eine hohe signifikante Korrelation zwischen Ertrag u. Proteingeh. bestand. Beide wurden durch eine P- oder K-Düngung sowie die Kombinationen NP, NK, PK u. NPK nicht beeinflußt. Erhöhte N-Düngung verursachte eine Abnahme des prozentualen Trockensubstanzgehaltes. Ferner werden der Einfl. des Reifestadiums, der Schnitthöhe u. einer Feuchtigkeits-Stress-Behandlung des Bodens untersucht. W. Kreipe 6304◇

2156 **Wurzelbildung und Anreicherung des Wurzelmaterials bei jährlicher Düngung.** Cyrus M. McKell, Milton B. Jones und Eugene R. Perrier. (Agronomy J. **54,** 459—62, 1962; Riverside, Calif., Univ. of Calif., Dep. of Agron.; engl.) — In vierjährigen Düngungsverss. wurde Grasland mit 66,6 (lb./acre) P (als konz. Superphosphat), 100 N (als Harnstoff) oder 100 N + 66,6 P behandelt. Gegenüber den unbehandelten Kontrollen bildeten die N-gedüngten Futterpflanzen 24% mehr Wurzelmaterial. Auch die Wurzelbldg. der mit P u. N + P versorgten Pflanzen war noch stärker als die der ungedüngten Kontrollen. Die Steigerung des Futterertrages ergab in Abhängigkeit von der Düngung folgendes Bild: Ungedüngt $< P < N <$ NP. Mit zunehmender Bodentiefe (bis 24 in.) wurde die Wurzelbldg. geringer, u. es bestand keine signifikante Abhängigkeit der Wurzelanreicherung in einer bestimmten Tiefe von der Düngung.
W. Kreipe 6304◇

2157 **Der Einfluß von Winterroggen als Deckpflanze auf die Bodenfruchtbarkeit und den nachfolgend angebauten Süßmais.** G. W. Morgan und W. J. Hanna. (Agronomy J. **54,** 396—99, 1962; New Brunswick, N. J., State Univ.; Rutgers, Agric. Exp. Stat.; engl.) — Durch Düngung mit 600 lb/acre eines 10:4:8-NPK-Mischdüngers konnten der Ertrag sowie der N-, P- u. K-Geh. von Secale cereale, var. Balboa erhöht werden. Dabei lieferte die Frühjahrsdüngung höhere Werte als die Herbstdüngung, deren Ergebnisse aber noch über denen der ungedüngten Kontrollen lag. Wurde dieser gedüngte oder ungedüngte Winterroggen untergepflügt, so trat während der folgenden drei Monate keine Zunahme des NO_3–N-, P- u. K-Geh. des Bodens ein. Ferner blieben der Ertrag sowie der N-, P- u. K-Geh. von auf diesem Boden angebautem Süßmais (Zea mays, var. Iochief) unbeeinflußt. W. Kreipe 6304◇

2158 **Die Kaliumdüngung von intensiv kultivierten Gräsern unter humiden tropischen Bedingungen.** José Vicente-Chandler, Robert W. Pearson, Fernando Abruña und Servando Silva. (Agronomy J. **54,** 450 bis 453, 1962; Puerto Rico, Univ., Agric. Exp. Stat.; Southern Branch, Soil and Water Conservation Res. Div.; engl.) — In dreijährigen Feldverss. wurde der Einfl. jährlicher *KCl*-Düngungen [200, 400, 800 u. 1600 (lb./acre) K] auf den Ertrag u. die Zus. von Panicum maximum, Pennisetum purpureum, Panicum barbinode u. Digitaria decumbens sowie den Geh. des Bodens an austauschbarem K untersucht. Ferner erhielten die Pflanzen jährlich 87 P u. 600 N. Bei allen Gräsern, außer D. decumbens, konnte bis zu 400 K eine beträchtliche Ertragssteigerung beobachtet werden, die jedoch bei Erhöhung der K-Gaben (bis zu 1600) gering war. Nur bis zu 200 K stieg der Ertrag von D. decumbens stark an. Eine Abnahme des Geh. an austauschbarem K im Boden erfolgte bis zu etwa 800 K, während Mengen bis 1600 K eine starke Zunahme bewirkten. Die Festlegung u. Auswaschung im Boden war gering. Bei Düngergaben bis zu 800 K enthielten die Futterpflanzen etwa $^2/_3$ der eingesetzten K-Menge. Dieses Verhältnis nahm jedoch mit noch höheren Düngerkonzz. ab. Mit steigender K-Düngung erhöhte sich der K-Geh. der Gräser, u. zwischen ihm sowie dem maximalen Ertrag bestand eine signifikante Beziehung. Andererseits sanken der Protein-, Ca- u. P-Geh. leicht u. der Mg-Geh. der Pflanzen stärker.
W. Kreipe 6304◇

2159 **Kaliumgehalt von Boden und Grünlandfutterpflanzen in Beziehung zum Ertrag.** R. G. Hemingway. (J. Sci. Food Agric. **14,** 188—95, 1963; Glasgow, Glasgow Univ., Veterinary School; engl.) — An Knaulgras, Klee u. Raygras auf Lehmboden ausgeführte Unterss. über die Beziehung zwischen K-Geh. des Bodens u. Ertrag zeigten, daß zur Aufrechterhaltung der Ertragshöhe eine Kombination von N- u. K-Düngung erforderlich war. Der fortschreitende K-Entzug durch die Ernten (4 Schnitte pro Jahr) spiegelte sich in einer Verminderung des austauschbaren K im Boden wider. Im Verlauf von 3 Jahren wurden 2,7 mg/100 g Boden nicht austauschbares K freigesetzt. Der K-Geh. der Pflanzen fiel auf 0,4%, wenn nur mit N, u. auf 1,1%, wenn mit N u. K gedüngt wurde. W. Wesly 6304◇

2160 **Der Einfluß einer Kalidüngung auf den Ertrag von Kartoffeln in Apscheron.** M. G. Dshabrailow. (Ber. Akad. Wiss. AserbaidshanSSR **16,** 881—84, 1960; aserbaidshan., Auszug: russ.) — Die Verss. wurden mit variablen *K*-Gaben (15—60 kg/ha) zu einer NP-Grunddüngung durchgeführt. Die Einbringtiefe lag bei 8—10 cm mit anschließender Wässerung. Auf graubraunen Böden wurden beste Ergebnisse bei 60 kg/ha K in viermaliger Kopfdüngung erzielt. Die *Kartoffel*-Erträge steigerten sich mit erhöhter K-Düngung u. Anzahl der einzelnen Düngergaben. Außerdem wurde damit eine qual. Verbesserung des Erntegutes erreicht. Harri Findeisen 6304◇

2161 **Über die Wirkung hoher Kupfergaben auf das Wachstum von Getreide.** H. Kühn und E. Schaumlöffel. (Landwirtsch. Forsch. **14,** 82—90, 1961; Gießen, Univ., Agrikulturchem. Inst.; dt.) — Um festzustellen, in welcher Höhe auf Cu-Mangelböden eine Cu-Düngung verabreicht werden kann, ohne daß tox. Nebenwrkg. bei den Pflanzen auftreten, wurden einjährige Gefäßverss. mit verschiedenen Getreidearten auf verschiedenen Böden durchgeführt. In Aufwandmengen, die 100, 300 u. 1000 kg *Cu*/ha entsprachen, wurde leichlösl. *$CuSO_4$* mit den Cu-Düngern „*Metallmehl*" (enthaltend 75,6% Cu u. 19,6% Zn) u. „*Excello 25%ig*" (enthaltend 25—27% Cu) verglichen. Die beiden Dünger lagen in feinster Verteilung vor (> 50% durch 1000 Maschen-Sieb). Die Versuchsböden enthielten zwischen 0,10 u. 0,71 ppm pflanzenverfügbares Cu. Die Empfindlichkeit gegenüber Cu war bei Sommerweizen u. Sommergerste größer als bei Hafer. Cu-Aufnahme u. tox. Erscheinungen bei hohen $CuSO_4$-Gaben waren auf sorptionsschwachen Böden am größten. Die Cu-Aufnahme aus Excello war dagegen von der Sorptionskapazität unabhängig, weshalb hohe Excello-Gaben auf sorptionsstarken Böden tox. wirkten, wo äquivalente $CuSO_4$-Gaben infolge der Bindung des Cu keine Schädigungen erkennen ließen. Excello erhöhte neben dem Cu- auch den Zn-Geh. der Pflanzen erheblich. Aus den Vers.-Ergebnissen kann gefolgert werden, daß die Schädigungsgrenze für Düngungs-Cu oberhalb 100 kg Cu/ha liegt. Wilfried Werner 6304◇

2162 **Spritzversuche mit Mangansulfatlösung.** Rune Lagerquist. (Kungl. Lantbrukshögskolan Statens Lantbruksförsök, Statens Jordbruksförsök, Medd. **132,** 5—23, 1962; schwed.) — In Feldverss. werden Frühgetreide u. Kartoffeln auf Mn-armen Böden mit wss. *$MnSO_4$-Lsg.* von 0,25, 0,50, 1,0 u. 2,0%ig. Konz. (entsprechend 0,36, 0,72, 1,45 u. 2,89 kg Mn/ha) in Mengen von 500 Liter/h gespritzt. Die kleinste Dosis genügt für Gerste, Hafer u.

deren Mischkulturen, die größte Dosis brauchen Kartoffeln. Der Mn-Geh. von Hafer nimmt mit der Konz. bis 1,0% zu. Die Mn-Spritzung kann auch mit der Unkrautbekämpfung kombiniert werden.

R. K. Müller 6304◇

2163 **Die Anwendung von Phosphobacterin zur Verbesserung des Wachstums von Sämlingen.** W. A. Schesstakowa. (Forst-Wirtsch. [UdSSR] **16**, Nr. 10, 32–35, 1963; russ.) — *Phosphobacterin* (I) wird zur Bakterisierung von Samen verwendet (25 g/ha), wobei auf Schwarzerde-, Torf- u. humusreichen, kalkhaltigen Rasen-Podsol-Böden die besten Ergebnisse gezeitigt wurden. Vf. empfiehlt gleichzeitige Verw. von I mit *Azotobacterin* (II) u. a. Bakterien-Präpp; die Wrkg. ist jeweils von den Bodenverhältnissen abhängig. In der Forstwirtschaft wird I bisher noch nicht verwendet. Die Bakterisierung findet kurz vor der Aussaat statt. I u. II wirken intensiv auf Sämlinge von Holzgewächsen, was im Längenwachstum, dem ⌀ des Wurzelhalses u. dem Gew. der Sämlinge zum Ausdruck kommt.

H. Findeisen 6304◇

2164 **Mikrobiologische Aktivität von Böden in Iwata-Hara, Präfektur Shizuoka, Zentral-Japan. 7. Mitt. Die Wirkung des Animpfens des Bodens mit nitrifizierenden Bakterien auf das Wachstum von Spinat.** Keiichiro Matsuda und Takeo Nageta. (J. Sci. Soil Manure, Japan [Nippon Dojohiryogaku Zasshi] **31**, 177–80, 1960; jap.) — 6. vgl. C. **1957**, 13462.

R. Grundmann 6306◇

2165 **Untersuchungen über den Einfluß der Bodenmikroorganismen auf die Redoxverhältnisse im Boden.** L. Karbach. (Landwirtsch. Forsch. **14**, 64–69, 1961; Koblenz-Metternich; dt.) — Zur Klärung der Frage, ob die organ. Substanz des Bodens oder die Mikroorganismen (oder beide) das Potential des potentialbestimmenden Redoxsyst. des Bodens (Fe-Syst.) beeinflussen, führte Vf. Redoxtitrationen an Proben aus verschiedenen Tiefen einer Schwarzerde bei Wassersättigung mit u. ohne Toluol-Zusatz durch. Während der sterilisierte Boden in allen Schichten hohe Potentiale aufwies, war bei dem lediglich mit W. gesätt. Boden mit der Tiefe eine deutliche Potentialabnahme zu verzeichnen. In den sterilisierten Proben lag das Redoxsyst. in jedem Falle in oxydierter Form vor. Die Potentiale im nicht sterilisierten Boden wurden dagegen mit der Tiefe zunehmend negativer. In 15 cm Tiefe lag das Fe zu 75% in red. u. zu 25% in oxydierter Form vor. Aus den Ergebnissen kann gefolgert werden, daß das Potential des potentialbestimmenden Redoxsyst. unter anaeroben Verhältnissen im Boden durch Mikroorganismen erniedrigt wird.

Wilfried Werner 6306◇

2166 **Chemische Unkrautvernichtung in Forstkulturen durch Derivate des Triazins.** N. M. Pankratowa. (Forst-Wirtsch. [UdSSR] **16**, Nr. 9, 39–44, 1963; russ.) — Vf. empfiehlt *Simazin* (I), *Propazin* (II) u. *Atrazin* (III) als Herbicide. Ausbringung erfolgt im Sprüh-Verf. bei einer Dosierung von 2,5–10 kg/ha. Bei Verss. erwies sich III als bes. giftig (10 kg/ha vernichtete alle Unkräuter für zwei Vegetationsperioden). Im allg. sind bei I, II u. III 2,5 kg/ha ausreichend. Bei Lärchen-Kulturen sollte man wegen der bes. Toxizität von II u. III nur I (2,5–5 kg/ha) anwenden.

Harri Findeisen 6312◇

2167 **Der derzeitige Stand der chemischen Grabenentkrautung.** Wilhelm Holz und Heinrich Johannes. (Nachrichtenbl. dtsch. Pflanzenschutzdienstes [Braunschweig] **15**, 145–49, 1963; dt.) — Übersicht über die Grabenflora, die Bekämpfung der Überwasserpflanzen, das Niederhalten der Böschungsflora, die Bekämpfung der Schwimm- u. Unterwasserpflanzen, das mechan. Nachräumen gespritzter Gräben, die Geräte u. Technik, die Kostenfrage u. die Frage der Toxizität der Mittel (*Aminotriazol, Simazin, TCA, DCP, 2.4-D, MCPA, CMPP, 2.4.5-T*).

R. Grundmann 6312◇

2168 **Vergleich des Einflusses der Behandlung der Sommerbrache mit Chemikalien und durch Bodenbearbeitung auf einige Eigenschaften des Pullman-Schlammlehms.** T. M. McCalla, T. J. Army und A. F. Wiese. (Agronomy J. **54**, 404–07, 1962; Lincoln, Nebr. u. Fort Collins, Colo., Soil and Water Conservation Division, Northern Plain Branch; Bushland, Tex., Texas Agric. Exp. Stat.; engl.) — In fünfjährigen Feldverss. wurden bei der Fruchtfolge Weizen-Sorghum-Brache zur Bekämpfung des Unkrauts während der Sommerbrache *Dalapon* (I), *2.4-D* (II) u. *Amitrol* (III) an Stelle der mechan. Bodenbearbeitung erfolgreich eingesetzt. Im Boden konnte in keinem Falle eine Veränderung des Aggregationsgrads, des Geh. an organ. Substanz, des pH oder der Mikroorganismenzahl (Pilze u. Gesamtbakterienzahl) festgestellt werden. I, II u. III verringerten jedoch die Zahl der Nematoden u. den NO_3-Geh. in der Bodenoberfläche. Bei Labor.-Unterss. bewirkten I, II u. III in den ersten zwei Wochen ebenfalls eine Abnahme des NO_3-Geh., der danach aber unverändert blieb u. nach vier u. acht Wochen bei Anwendung von II u. III sogar leicht erhöht war. Auch *Polychlorbenzoesäure* (IV) ließ nach acht Wochen eine stimulierende Wrkg. auf den NO_3-Geh. erkennen. Wurden die bei den Feldverss. eingesetzten Mengen bei den Laborverss. übermäßig erhöht (100fach), so stimulierten II u. III die Nitrifikation, während I u. IV sie verzögerten. Darüber hinaus hemmten sehr hohe II- u. IV-Mengen nach kurzer Wrkg.-Dauer (1 bis 4 Tage) die O_2-Aufnahme der Mikroorganismen leicht.

W. Kreipe 6312◇

2169 **Die Anwendung von Dalapon bei der Bekämpfung von Gräsern in Korbweiden-Beständen und seine Wirkung auf einige Unkräuter.** K. G. Stott. (Annu. Rep. agric. horticult. Res. Stat., Long Ashton, Bristol **1961**, 191–96, 1962; engl.) — Die Anwendung von *Dalapon* führt oft nicht sofort zum Erfolg, z. B. wachsen Butterblumen u. Fingerkraut zunächst verstärkt an Stelle von Gras, gehen dann aber im Herbst wieder ein.

R. Grundmann 6312◇

2170 **Chemische Bekämpfung des Pflanzenwachstums und der Pflanzenentwicklung.** J. Bruinsma. (Netherl. J. agric. Sci. **10**, 409–26, 1962; Wageningen, Plant Physiol. Res. Centre; engl.) — Übersicht. — 94 Literaturangaben.

R. Grundmann 6312◇

2171 **Fungicide.** N. M. Golyschin. (Pflanzenschutz [UdSSR] **8**, Nr. 10, 31–33, 1963; russ.) — Übersicht über drei Hauptgruppen mit bes. Hinweisen auf folgende Präpp.: Bordeauxbrühe, Cu-Naphthenat, Schwefelblüte, Kalkschwefel-Brühe, Bariumpolysulfid (Solbar), Netzschwefel, Eisenvitriol u. Na_2CO_3.

Harri Findeisen 6312◇

2172 **Durch Phytophthora verursachte Stengel- und Blattfäule der „Brujas" (Bryophyllum spp.)** Luis A. Alvarez García. (J. Agric. Univ. Puerto Rico **46**, 363, 1962; Dep. of Phytopathology and Botany; engl.) — Eindeutig konnte nachgewiesen werden, daß für das Auftreten der bei Zierpflanzen („Brujas") der Spezies Bryophyllum beobachteten Stengel- u. Blattfäule der Pilz Phytophthora parasitica verantwortlich ist. Wöchentliche Spritzungen der Pflanzen mit *Bordeaux-Brühe* ermöglichten eine wirksame Bekämpfung der Krankheit. Behandlungen mit *Zerlate* u. *Fermate* blieben jedoch wirkungslos.

W. Kreipe 6312◇

2173 **Saatbeizmittel.** Je. I. Andrejewa. (Pflanzenschutz [UdSSR] **8**, Nr. 8, 36–38, 1963; russ.) — Vgl. C. **1963**, 9474. — Empfohlen werden *Tetramethylthiuramdisulfid* (*TMTD*), 50%ig. (I), *Hexachlorbenzol* (II) u. *Formalin* (III). I wird an Kaolin gebunden u. als Suspension verwendet (1 kg I/5 Liter Wasser). Anwendung: 1–2 (kg/t) Samen (bei Mais), 5–6 (Zuckerrüben), 3 (Leinsaat). I ist auch wirksam gegen Wurzelfäule der Baumwolle. II wird gegen Weizenhartbrand (2 kg/t) angewendet. Zur Naßbeize kommt III im Verhältnis 1:300 Teilen W. zur Verw., wobei 100 Liter Lsg. für 1 t Samen ausreichen. I u. II können gleichzeitig mit Mikro- bzw. Biodüngung verbunden werden.

Harri Findeisen 6312◇

2174 **Versuche der Bekämpfung von Nematoden [Heterodera Marioni (Cornu) Goodey].** Cornelia Hrisafi, C. Beratlief, E. Romaşcu und A. Mircescu. (Comun. Acad. Republ. Populare romîne **10**, 355–60, 1960; rum.) — Die besten Resultate bei der Bekämpfung von Heterodera Marioni (Cornu) Goodey wurden erhalten durch Erdwechsel, Behandeln mit *D-D* u. durch Sterilisation mit Dampf. Selbst bei großen Mengen war die nematocide Wrkg. von *Parathion* nur schwach. *Aldrin* u. *DNOC* hatten bei den angewandten Mengen keine nematocide Wirkung. R. Grundmann 6312◇

2175 **Verbreitung und Bekämpfung der im Jahre 1959 in Finnland die Cerealien schädigenden Blattläuse.** Mikko Raatikainen und Aulis Tinnilä. (Valtion Maatalouskoetoiminnan, Julkaisuja Nr. **183,** 1—27, 1961; Tikkurika, Finland, Agric. Res. Centre, Dep. of Pest Investigations; engl.) — Der im Jahre 1959 außerordentlich starke Befall von Rhopalosiphum padi (L.) auf nahezu allen Getreidearten, bes. aber Hafer, wurde mit zahlreichen Mitteln intensiv bekämpft. 100%ig. Wrkg. nach 1—2 Tagen mit: 100 u. 350 (g/ha) *Parathion* (**I**)-Spritzungen (100% **I**), 75 u. 225 netzbarem **I**-Pulver (100% **I**), 625 *Malathion*(**II**)-Spritzungen (100% **II**), 625 u. 750 netzbarem **II**-Pulver (100% **II**), 500 *Methyldemeton* (**III**)-Spritzungen (100% **III**), 750 *Chlorthion* (**IV**)-Spritzungen (100% **IV**) u. 20 kg/ha **II**-Staub (4% **II**); etwa 90%ig. Wrkg. mit: 500 (g/ha) **IV**-Spritzungen (100% **IV**), 1200 *Dipterex* (**V**)-Staub (100% **V**) u. 20 kg/ha **I**-Staub (1,5% **I**); nur wenig wirksam waren: **I** + *DDT*, **II** + DDT-Staub u. DDT-Spritzungen; keine Wrkg. zeigten: 20 kg/ha **V**-Staub (5% **V**) u. 24 Liter/ha *Toluol*-Spritzungen. Der Verlauf u. der wirtschaftliche Nutzen der Bekämpfungsmaßnahmen werden eingehend beschrieben. W. Kreipe 6312◇

2176 **Versuche mit Schädlingsbekämpfungsmitteln in Raps und Klee.** E. Nøddegaard. (Tidsskr. Planteavl **66,** 643—66, 1962; Lyngby, Statens plantepatol. Forsøg; dän.) — Die untersuchten Schädlingsbekämpfungsmittel sind fast alle gegen Meligethes aeneus (**a**) wirksamer als gegen Ceutorrhynchus assimilis (**b**). Nur *Lebaycid* (**I**), *Äthylgusathion-40* (**II**) u. *Methylparathion* sind bei **b** etwa so wirksam wie *Parathion* (**III**). *Monsur* wirkt schwächer, auch bei **a**. Für *Toxaphen* u. *Thiodan* (**IV**) genügte die Temp. nicht zur Entfaltung ihrer Wirksamkeit. Gegen Dasyneura brassicae ist **IV** so wirksam wie *DDT*, seine Larven werden mit 1,5 kg 35%ig. **III** bei 25—28° (nicht bei 12—14°) vernichtet, *Dipterex W. P. 50* (**V**, 8 kg/ha) wirkt auch bei 15°. Blattbehandlung vor der Blüte ist hier wie gegen **b** ohne Erfolg. Rotklee wird gegen Apionarten am besten durch **I** oder *Malathion* geschützt, auch **I** u. **II** sind wirksam, DDT wirkt etwas langsamer, **IV** läßt in der Wrkg. nach, **V** ist wenig wirksam. Ähnlich sind die Ergebnisse gegenüber Sitonaarten. R. K. Müller 6312◇

2177 **Die gemeinsame Anwendung von DDT mit Präparaten der Diensynthese.** N. I. Rasswetajewa. (Pflanzenschutz [UdSSR] **8,** Nr. 10, 23—24, 1963; Leningrad, Landwirtschafl. Inst.; russ.) — Verss. wurden mit Suspensionen von 25%ig. *Aldrin*- u. *Heptachlorpulver* mit Beimischung von 5% *DDT*-Staub durchgeführt. Die Suspensionen kamen in Mengen von 125—500 g/Pflanze zur Verw. (abhängig von den Niederschlägen). Neben sehr guter Wrkg. gegen Kohlfliegen-Befall wurden wachstumsstimulierende Eigg. der Suspensionen beobachtet. Bei Verw. von 0,1(%) DDT + 0,1 (bzw. 0,05) Aldrin lagen die Ernteerträge bei Kohl um 23—32 höher. Harri Findeisen 6312◇

2178 **Über die Toxizität der Milch von Kühen, die mit DDT-Staub behandelt wurden.** W. N. Ssemenowa. (Fragen d. Ernähr. [UdSSR] **22,** Nr. 5, 80—83, 1963; Rostow a. Don, Forschungs-Inst. für med. Parasitol. des Gesundheitsminist. der RSFSR; russ., Auszug: engl.) — Die systemat. Behandlung von Milchkühen mit *DDT* 2,5 Monate lang führt zu einem ständigen DDT-Geh. in der Milch, der bis zu 55 mg/Liter erreicht. Vor der Anwendung von DDT zur Bekämpfung von blutsaugenden Insekten wird daher gewarnt. O. Lebtag 6312△

2179 **Die Verwendung sorptiver Staube gegen Flöhe.** I. Barry Tarshis. (Calif. Agric. **13,** 13—14, 1959; Los Angeles, Univ. of Calif.; engl.) — Da die Flöhe von Hunden u. Katzen sich als weitgehend resistent gegenüber Chlordan, Lindan u. DDT erwiesen, wurden die Wrkg. von *Silica-Aerogel SG 67* (**I**) u. *Silicagel SG 77* (**II**) untersucht. Da **I** 2,5mal schwerer war als **II**, fand es fast ausschließlich Verwendung. Je nach Größe der Tiere genügten 1—2 ounces. Innerhalb 1 Std. starben die Flöhe, bes. Ctenocephalides felis (Bruche) u. C. canis (Curtis). Die Behandlung ist für Mensch u. Tier nicht toxisch. W. Kreipe 6312◇

2180 **Bestimmung der Evapotranspirations-Geschwindigkeit.** E. T. Linacre. (J. Austral. Inst. agric. Sci. **29,** 165—77, 1963; engl.) — Überblick. — 217 Literaturhinweise. R. Grundman 6320◇

2181 **Bestimmung von löslicher Phosphorsäure in hochkonzentrierten Düngern, die Magnesiumsalz enthalten.** Yasuo Seo, Tutao Hashimoto, Saturo Kondo und Kozo Morita. (J. Sci. Soil Manure, Japan [Nippon Dojohiryogaku Zasshi] **34,** 64, 1963; jap.) R. Grundmann 6322◇

2182 **Ersatz von Natrium durch Lithium als Zusatzbase bei dem Verfahren von Lindo-Gladding zur Bestimmung von Kalium in Düngemitteln.** J. F. Duggar jun. (J. Assoc. off. agric. Chemists **46,** 773, 1963; Atlanta, Ga., Dep. of Agric.; engl.) — Bei der K-Best. in Düngemitteln nach Lindo-Gladding kann NaOH durch eine äquivalente Menge LiCl ersetzt werden. W. Wesly 6322◇

2183 **Methoden zur Bestimmung des Magnesiumanteils in schwefelsaurer Kalimagnesia, verglichen an Proben verschiedener Herkunft.** R. Dörr. (Landwirtsch. Forsch. **14,** 94—97, 1961; Stuttgart-Hohenheim, Landw. Hochschule, Inst. für Pflanzenernährungslehre u. Bodenbiol.; dt.) — Vf. vergleicht an 8 Proben *Kalimagnesia* verschiedener Herkunft u. Zus. die gravimetr. (**a**), die alkalimetr. (**b**) u. die komplexometr. (**c**) Meth. der Mg-Bestimmung. Im Vgl. zum Verf. **a** wurden mit der Meth. **b** um 3%, mit der Meth. **c** um 1,5% niedrigere Werte gefunden. Bei Verw. von verd. HCl an Stelle von W. als Extraktionsmittel wurden mit der Meth. **a** höhere Werte gefunden (im Mittel 1%). Die Meth. **b** u. **c** waren aus verschiedenen Gründen in salzsaurer Lsg. nicht befriedigend durchführbar. Vf. schlägt vor, die Mg-Best. in Kalimagnesia in Zukunft nur noch in salzsaurer Lsg. u. gravimetr. durchzuführen. Wilfried Werner 6322◇

2184 **Altersbestimmung aus Restaktivitäten und ihre Bedeutung für Bodenkunde und Agrikulturchemie.** H. W. Scharpenseel. (Landwirtsch. Forsch. **14,** 69—82, 1961; Bonn, Univ., Inst. für Bodenkunde; dt.) — Vf. beschreibt die bisher gebräuchlichen Prinzipien der experimentellen Altersbest. aus Restaktivitäten. Da die Bodenbldg. vorwiegend dem Quartär entstammen, ist vor allem die ^{14}C-Altersbest. nach Libby von großer Bedeutung; noch relativ wenig erprobt sind die Meth. der Tritium-, Radium (^{266}Ra)- u. Ionium(^{230}Th)-Datierung. Vf. gibt einen Literaturüberblick über die verschiedenen method. Ansätze zur ^{14}C-Datierung u. wägt sie hinsichtlich einiger maßgeblicher Kriterien gegeneinander ab. Im Hinblick auf die verläßliche Messung der geringen Aktivitätsraten gegenüber dem Nulleffekt der kosm. Strahlung werden die CO_2-Messung unter Druck im Proportionalzählrohr u. die Flüssigkeits-Scintillationsmessung als am günstigsten beurteilt. Ein eigener Ansatz der Messung in der Gasphase mit Hilfe von Plastik-Scintillator-Kügelchen in einer druckfesten Plexiglasküvette wird beschrieben. Auf die Bedeutung einer exakten Altersbest. im Rahmen der bodenkundlichen u. agrikulturchem. Forschung wird hingewiesen. Wilfried Werner 6324◇

2185 **Über den Ionenaustausch der Böden unter dynamischen Bedingungen.** N. K. Krupski und O. Ju. Zyganenko. (Bodenkunde [UdSSR] **1963,** Nr. 8, 103—06; Ukrain. Ssokolowski Inst. für Bodenkunde; russ.) — Die Möglichkeit der Verw. künstlicher Strukturbildner, bes. Polyacrylamid, bei der Unters. des Ionenaustausches in Schwarzerden unter dynam. Bedingungen wird gezeigt. Durch Einw. der Strukturbildner wird der Charakter des Ionenaustausches nicht beeinflußt. Kurven des Ionenaustausches von Ca^{2+} u. Na^{+} (Ca-haltige Schwarzerde wurden aufgenommen. S. Baryschnikow 6324△

2186 **Zur Bestimmung des beweglichen Phosphors im Boden.** Ju. Ja. Masel, W. W. Ratschinski, Dshunwen Tao und T. P. Schitt. (Bodenkunde [UdSSR] **1963,** Nr. 8, 101—03; Moskau, Landwirtsch. Timorjasew-

Akademie; russ.) — 50 g getrocknete, 200—240 mg % P_2O_5 enthaltende Podsol-Komposterde werden mit 100 ml einer ca. 100 μc ^{32}P enthaltenden Lsg. aufgenommen. Nach Abdampfen des W. wurden im lufttrockenen Rückstand radiometr. der gesamte (**a**) u. der bewegliche (= in 0,2 n HCl lösl.) *P* (**b**) bestimmt. Es wird gezeigt, daß ^{32}P nur in **b** übergeht. Das Verf. ermöglicht die Best. der **b**-Reserven im Boden. S. Baryschnikow 6324△

2187 **Infrarot- und ultraviolett-spektrophotometrische Verfahren zur Bestimmung von Rotenon.** Robert C. Rund. (J. Assoc. off. agric. Chemists **46,** 668—72, 1963; Hammond, Ind., Swift and Co., Agric. Chem. Div.; engl.) — Ein Vgl. des IR-Verf. (C. **1962,** 18247) u. UV-Verf. (C. **1961,** 2417) mit dem amtlichen amerikan. Verf. zur Best. von *Rotenon* ergibt befriedigende Werte u. führt zur Empfehlung der spektrophotometr. Arbeitsweisen. W. Wesly 6328◇

2188 **Analytische Verfahren zur Bestimmung von Pyrethrinen.** Donald B. McClellan. (J. Assoc. off. agric. Chemists **46,** 664—67, 1963; Minneapolis, Chim., McLaughlin Gormley King Co.; engl.) — Als Abwandlung des amtlichen amerikan. Verf. zur Best. von *Pyrethrin II* [Titration von *Chrysanthemumdicarbonsäure* (**I**) mit NaOH] wird empfohlen, wasserunlösl., saure Stoffe, die als **I** erfaßt werden, zu eliminieren. W. Wesly 6328◇

2189 Süddeutsche Kalkstickstoff-Werke Akt.-Ges., Trostberg (Erfinder: Thomas Fischer, Hermann Kronacher, Trostberg, und Franz Kaess, Traunstein), **Herstellung von Kalkstickstoff aus staubförmigem Carbid und Stickstoff** durch Umsetzung im Anreicherungsbereich einer Drehtrommel; gek. durch die Verw. eines Carbidstaubes von einer 0,15 mm nicht überschreitenden Korngröße, dessen Hauptanteil eine Feinheit aufweist, die mit einem Sieb mit 10000 Maschen/cm^2 erhalten wird. (**Schwz. P. 367811** vom 18/4. 1959, ausg. 30/4. 1963.) H. Roos 6285

2190 Lucien Albert Eugène Gardinier, Frankreich (Erfinder: Lucien Albert Eugène Gardinier und Jean Paul Gardinier), **Löslichmachen von Ca-Phosphaten** durch Erhitzen von feingemahlenem Rohphosphat in Mischung mit $KHCO_3$ gleicher Feinheit auf 400—1200°, bes. zwischen 600 u. 800°, während ca. 1 Std. im Drehrohrofen. Das Endprod. weist 10—20% Gesamt-P_2O_5 auf, welches bis zu $^2/_3$ citratlösl. ist. (**F. P. 1236592** vom 10/6. 1959, ausg. 18/11. 1960.) W. Wittholz 6291

2191 Potasse et Engrais Chimiques, Frankreich, **Herstellung von festen granulierten Komplexdüngemitteln.** Mit HNO_3 aufgeschlossenes Rohphosphat wird ammonisiert. Ein Teil des aus dem Ammoniseur kommenden Prod. wird unter Rückführung der aus dem Aufschlußgefäß kommenden Masse oder unmittelbar dem Ammoniseur wieder zugeführt; auch kann die Rückführung eines Teiles der Masse nach dem Granulieren bzw. Absieben der feineren Teile unter Rückführung dieser vorgenommen werden. Außerdem können während der Granulation noch Kalisalze, Antiseptica u. geringe Mengen Metallsalze zugesetzt werden. Die Ammonisierung wird zweckmäßig in einer Drehtrommel unter Gegenstromführung des NH_3 zum Materialstrom oder durch Einleiten des NH_3 in die Masse selbst vorgenommen. — Anlage- u. Verf.-Schemata; 3 Abbildungen. (**F. P. 1229649** vom 25/3. 1958, ausg. 8/9. 1960.) W. Wittholz 6291

2192 Wintershall Akt.-Ges., Celle (Erfinder: Hans Henne, Kassel, und Wilhelm Appel, Krefeld), **Herstellung von calciumhaltigen NPK-Düngemitteln** mit Pflanzennährstoff-Geh. von > 45% u. einem Nährstoffverhältnis von $N:P_2O_5$ = ca. 1:1 durch Aufschluß von Rohphosphaten mit HNO_3 in Ggw. von NH_4HSO_4, teilweise Fällung des Ca-Geh. der Aufschluß-Lsg. mit $(NH_4)_2SO_4$, Abtrennung des $CaSO_4$ u. Kombination mit der Rk. von Kieserit oder Bittersalz-Lsg. mit NH_3 zu $(NH_4)_2SO_4$ u. $Mg(OH)_2$, gek. durch die Vereinigung folgender Maßnahmen: a) Verw. von ca. 75(%) der zum Aufschluß der Rohphosphate erforderlichen HNO_3-Menge in Ggw. von 25 der Säuremenge als NH_4HSO_4, b) Herst. des verwendeten NH_4HSO_4 durch therm. Abspaltung von NH_3 aus $(NH_4)_2SO_4$, wobei das erhaltene NH_3 zur Fällung von $Mg(OH)_2$ aus Kieserit oder Bittersalz-Lsg. dient u. das dabei gewonnene $(NH_4)_2SO_4$ teils zur Herst. von NH_4HSO_4, teils in unterschüssiger Menge zur Fällung von Ca aus der Rohphosphataufschluß-Lsg. verwendet wird, bes. in solcher Menge, daß ein Äquivalent von ca. 8,7% SO_3, an Ca gebunden, im Düngemittel bleibt, c) Neutralisierung der vom $CaSO_4$ abgetrennten Rohphosphataufschluß-Lsg. mit NH_3 u. Verarbeitung der neutralisierten Masse unter Zusatz von K-Salzen, wie K_2SO_4, zu einem wasser- u./oder ammoncitratlösl. P_2O_5 enthaltenden Mehrnährstoffdüngemittel, bes. mit einem N-:P_2O_5-:K_2O-Geh. von ca. 13:13:21. Ein Teil des aus Kieserit gewonnenen $(NH_4)_2SO_4$ wird durch Erhitzen auf ca. 225—310° aufgespalten u. das erhaltene NH_4HSO_4 als Schmelze oder wss. Lsg. der zum Aufschluß der Rohphosphate dienenden HNO_3 zugesetzt. (**D. A. S. 1153037** Kl. 16 vom 7/1. 1961, ausg. 22/8. 1963.) H. Karst 6291

2193 Hermann Jung und Walter Schröder, Viersen, **Aufbereitung von Abwasserschlamm zu hygienisch unbedenklichem Humusdünger,** wobei der vorentwässerte Schlamm zunächst bei hohen Temp., bei denen die im Schlamm enthaltenen tier. u. pflanzlichen Organismen u. deren Dauerformen mit Sicherheit abgetötet werden, u. dann bei niedrigeren Temp. bis auf einen Restwasser-Geh., der 20% nicht unterschreiten darf, getrocknet wird, nach D. B. P. 953613, dad. gek., daß die Hoch-Temp.-Trocknung durch einen Hitzestoß durchgeführt u. nach Abtötung der im Schlamm enthaltenen Organismen die anschließende Weitertrocknung bei niedrigeren Temp. durch Kompostierung in Mieten oder in maschinellen Kompostierungsanlagen vorgenommen wird. Zur Beschleunigung der Kompostierung wird von außen Wärme, werden ggf. Impfstoffe u./oder biolog. akt. Schlamm zugeführt. Die Vorentwässerung kann durch Zugabe von bereits fertiggetrocknetem Schlamm durchgeführt werden. (**D. A. S. 1152117** Kl. 16 vom 13/2. 1962, ausg. 1/8. 1963. **Zusatz zu D. B. P. 953613; C. 1957, 10045.**) H. Karst 6295

2194 Heinrich Metz, Bielefeld, **Herstellung von Humusdünge- und Bodenverbesserungsmitteln durch Kompostierung von Abfallstoffen,** bes. Müll, Klärschlamm oder landwirtschaftlichen Abfallstoffen, bei denen die aufgeschichteten Abfallstoffe von 10—40 cm Höhe mit Nährstoffen, bes. Spurenelemente enthaltende Mineralien oder Gesteinsmehle, für die darin befindlichen Mikroorganismen versetzt werden, die den die Abfallstoffe bevölkernden Regenwürmern als Nahrung dienen, dad. gek., daß den einzelnen Schichten der Abfallstoffe als Nährstoff verd. Abfallhefe, bes. *Brauerei-Abfallhefe*, mit W. im Verhältnis 1:10 bis 1:20 verdünnt u./oder mit W. im Verhältnis 1:100 bis 1:200 hoch verd. *Petroleum* zugegeben wird. In den einzelnen Schichten wird ein Feuchtigkeits-Geh. von 20—40(%) bes. 30, eingehalten, werden Entlüftungskanäle angeordnet u. die Haufen gegen Licht- oder Wärmestrahlen abgedeckt. Zur Änderung des pH werden saure organ. Stoffe, wie Torf zugesetzt. Behandlungsdauer ca. 6—7 Wochen. (**D. A. S. 1151005** Kl. 16 vom 10/12. 1958, ausg. 4/7. 1963.) H. Karst 6295

2195 William Shive und Charles G. Skinner jun., Austin, Tex., V. St. A., **Herstellung von substituierten Diaminopurinen.** 6-Thioguanin wird in verd. NaOH gelöst u. mit CH_3J versetzt → 2-Amino-6-methylmercaptopurin, F. 237—241° (Zers.), mit Benzylamin im Cariusrohr 14 Std. auf 165° erhitzt → *2-Amino-6-benzylaminopurin*, F. 229—232° (Zers.). — Analog *2-Amino-6-(2-furfuryl)-*, F. 206—208°, *-6-(3-pyridylmethyl)-*, F. 251 bis 253°, *-6-(4-pyridylmethyl)-*, F. 227—230° (Zers.), u. *-6-(2-phenyläthyl)-aminopurin*, F. 202—203° (Zers.). — Mittel zum *Stimulieren der Keimfähigkeit von Samen*, im Gemisch mit *Gibberellinsäure* synergist. wirksam. (**A. P. 2993048** vom 31/7. 1959, ausg. 18/7. 1961.) C. Lüttgen 6297

2196 Vineland Chemical Co., übert. von: Arthur Schwerdle, Vineland, N. J., V. St. A., **Bekämpfung von Crabgras im Vorauflaufverfahren.** Kulturböden, welche die Samen von *Digitaria ischaemum*, *D. longiflora*, *D. serotina* u. *D. sanguinalis* (Crabgras) enthalten, werden mit Lsgg., Granalien oder Stäubemitteln versetzt, die einen Geh. an aliphat. Organoarsonaten des Ca oder Ti als Wirkstoff aufweisen. Bes. geeignete Herbicide sind: *Methyl-*, *Äthyl-*, *Propyl-*, *Butyl-*, *Amyl-*, *Hexyl-* u. *Allylarsonate* des *Ca* oder *Ti*. Die Verbb. werden durch Rk. von z. B. Di-Na-methylarsonat in wss. Lsg. mit $CaCl_2$ oder $TiCl_4$ hergestellt. Verwendete Mengen der Wirkstoffe 0,225—1,8 kg/1000 sq.ft. Als Lsgm. für die Organoarsonate werden bes. „*Stoddard*“-Lsgm. oder andere organ. Fll. verwendet. Die nützlichen u. erwünschten Grasarten werden durch die Organoarsonate nicht geschädigt. Tabellen mit Ergebnissen aus Vgl.-Versuchen. (**A. P. 3030199** vom 9/8. 1960, ausg. 17/4. 1962.) H. Karst 6313

2197 FMC Corp., übert. von: Kenneth P. Dorschner und Joe R. Willard, Middleport, N. Y., V. St. A., **Vernichtung von Unkrautsamen in Erdböden.** Die verunkrauteten Böden werden mit Lsgg. von *Propargylalkohol* [2-Propin-1-ol] in inerten Hilfsmitteln, z. B. W., besprüht. Zur Bekämpfung von Nematoden kann der Lsg. noch Äthylendibromid zugesetzt werden. Verwendete Mengen des Wirkstoffs ca. 112,5—180 kg/4050 m^2. Er besitzt ein hohes Eindringungsvermögen in den Boden, hinterläßt dort keine tox. Rückstände u. vernichtet bes. die Samen u. Keimlinge von *Chenopodium botrys*, *Amaranthus retroflexus*, *Brassica juncea*, *Lactuca sativa* u. *Lolium spp.* Die Anwendung des Mittels kann innerhalb weiter Temp.- u. Feuchtigkeitsbedingungen des behandelten Bodens erfolgen. — Tabellen mit Ergebnissen aus Vgl.-Versuchen. (**A. P. 3034881** vom 9/12. 1957, ausg. 15/5. 1962.) H. Karst 6313

2198 Farbwerke Hoechst Akt.-Ges., vormals Meister Lucius & Brüning, Frankfurt/M. (Erfinder: Josef Kaupp, Erich Hambsch, Gersthofen, Heribert Hahne und Ernst Welte, Hofheim/Taunus), **Selektive Mittel zur Vernichtung unerwünschter Pflanzenarten,** bes von *Grasarten* in landwirtschaftlichen u. gärtner. Kulturen, gek. durch einen gleichzeitigen Geh. an einem *Salz der Trichloressigsäure*, z. B. einem Alkali-, Erdalkali-, NH_4- oder Aminsalz, u. *N-(1-Hydroxy-2.2.2-trichloräthyl)-monochloracetamid*, bes. im Verhältnis von 65:35% bis 50:50%. Das Mittel enthält das Wirkstoffgemisch im Gemisch mit festen Trägerstoffen als Streumittel oder in Kombination mit Dispergiermitteln als Spritzpulver. Schädigungen der Kulturpflanzen werden vermieden. (**D. A. S. 1151975** Kl. 45l vom 11/11. 1960, ausg. 25/7. 1963.) H. Karst 6313

2199 Soc. des Usines Chimiques Rhône-Poulenc, Frankreich (Erfinder: Jean Métivier und Hubert Guivier), **Herstellung von Phenoxyessigsäurederivaten.** Zu Ung. P. 149361; C. **1962,** 7668 sind die folgenden Verbb. nachzutragen: *2.4-Dichlorphenoxyessigsäure-N-dimethylaminomethylamid*, F. 89—90° (Cyclohexan), aus 55 (g) 2.4-Dichlorphenoxyessigsäureamid in wss. Dimethylamin-Lsg. durch 5std. Erwärmen mit wss. Formalin-Lsg. auf 70°; 62 g (Ausbeute). — *2.4-Dichlorphenoxyacetamidomethyltrimethylammoniummethylsulfat*, F. 159 bis 160°, aus vorst. Verb. u. Dimethylsulfat in Aceton. — Analog: *2.4-Dichlorphenoxyacetamidomethyltrimethylammoniumjodid*, F. 215°(A.). — *Herbicide.* (**F. P. 1240597** vom 28/7. 1959, ausg. 20/12. 1960.) Eberhard Riedel 6313

2200 Amchem Products, Inc., V. St. A. (Erfinder: Laurence Andrew Sanderson), **Vernichtung von Farnkraut,** wie Königs- u. Adlerfarn, mit Lsgg. oder Emulsionen, welche als Wirkstoff *4-Chlorphenoxyessigsäure* (I) oder ihre funktionellen Derivv., z. B. den Isooctyl- oder Nonylester oder den Ester mit einem Alkohol der allg. Formel $R(OC_nH_{2n})_mOH$ enthalten (R = H oder Alkylrest mit 1—4 C-Atomen, ggf. substituiert; m u. n = ganze Zahlen von 1—3), bes. der *I-Butoxyäthylester.* Die Anwendung erfolgt zur Zeit der vollen Entw. der vegetativen Form in Mengen von 3,3—22,5 kg, bes. 5,6—7,9 kg je ha. (**F. P. 1233237** vom 25/7. 1959, ausg. 12/10. 1960. A. Prior. 25/7. u. 20/11. 1958.) W. Wittholz 6313

2201 Monsanto Chemical Co., St. Louis, Mo., übert. von: John J. D'Amico, Charleston, und Anton G. Weiss, Nitro, W. Va., V. St. A., **Vernichtung von Unkräutern mit Phenoxyalkylaminen.** Zur Bekämpfung breit- u. schmalblättriger Unkräuter u. zur Kontrolle unerwünschten Pflanzenwachstums, bes. *in Baumwoll-* u. *Maiskulturen*, werden Lsgg., Emulsionen, wss. Dispersionen oder Stäubemittel bzw. Granalien, die 0,005—0,5% *2-(p-Nitrophenoxy)-äthyldiäthylamin*, *2-(p-Dodecylphenoxy)-* oder *2-(p-Nonylphenoxy)-äthyldiäthylamin* als Wirkstoff enthalten, auf die Unkräuter aufgebracht. Als Lsgm. für die Herbicide dienen Heptan, A., CCl_4, Äthylacetat, Aceton, Ae. u. Bzl., wobei Emulgier-, Dispergier- oder Netzmittel zugefügt werden können. Neben der herbiciden Wrkg. weisen die Wirkstoffe z. T. auch *chlorotische* u. *entblätternde* Wrkg. auf, z. B. *bei Bohnenpflanzen.* Mais- u. Baumwollkulturen, sowie erwünschte Grasarten, werden nicht geschädigt. (**A. P. 3032406** vom 1/5. 1959, ausg. 1/5. 1962.) H. Karst 6313

2202 American Cyanamid Co., New York, N. Y., übert. von: Lucille Theresa Morin und Ken Matsuda, Stamford, Conn., V. St. A., **Herstellung von asymmetrischen Triazinen** der allg. Formel **I**, worin R eine

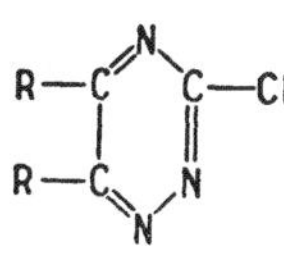

I

niedermol. Alkylgruppe oder den Phenyl- bzw. Naphthylrest bedeutet, dad. gek., daß man bei bes. 50—150° 1-Cyanformimidsäurehydrazid (**II**) [hergestellt durch Rk. von $(CN)_2$ mit Hydrazin in Dioxan-CH_3OH bei 3—10°] mit einem α-Dicarbonyl der Formel $(RCO)_2$ zur Rk. bringt. — Aus 42 (Teilen) **II** (F. 83—86°) u. 43 Diacetyl in 300 abs. A. unter Zusatz von 0,01 Eisessig bei 78° → *3-Cyan-5.6-dimethyl-as-triazin*, F. 41—43°; analog aus **II** u. Benzil → *3-Cyan-5.6-diphenyl-as-triazin*, F. 154—155°. — *Herbicide Mittel.* (**A. P. 3021328** vom 6/5. 1960, ausg. 13/2. 1962.) W. Heyer 6313

2203 Pechiney Comp. de Produits Chimiques et Électrométallurgiques, Seine, Frankreich (Erfinder: François d'Ogny), **Herbicide,** wie p-Chlorphenyldimethylharnstoff, Aminotriazol, 2-Chlor-4.6-bis-[äthylamino]-symm.- triazin u./oder α.α-Dichlorpropionsäure werden durch Zusatz von durch Alkyl-, Aryl-, Aralkyl-, Cycloalkyl- oder heterocycl. Reste di- oder trisubstituierten Phosphorsäureestern, bes. Tributyl-, Triisobutyl- oder Trikresylphosphat, u. ggf. von Lsgm. oder Emulgiermitteln aktiviert. — Beispiele. (**F. P. 1249883** vom 21/11. 1959, ausg. 29/3. 1961.) G. Colsmann 6313

2204 Soc. des Usines Chimiques Rhône-Poulenc, Seine, Frankreich (Erfinder: Jean Métivier), **Herstellung von Carbaminsäureestern.** Zu Ung. P. 149459; C. **1963,** 6762 sind folgende Propionsäureamide nachzutragen: *2-[Phenylcarbamoyloxy]-N.N-dimethyl-*, F. 132 bis 133° (Bzl.), aus 17,8 (g) Phenylisocyanat (**I**) u. 17,5 N.N-Dimethyllactamid (**II**) in Bzl. durch 1std. Stehen u. 4std. Kochen; 22 g (Ausbeute). — Analog: *2-[2'.4'-Dichlorphenylcarbamoyloxy]-N-methyl-*, F. 145° (Bzl.), aus 15,5 2.4-Dichlorphenylisocyanat (**III**) u. 8,5 N-Methyllactamid (**IV**); 21 g. — *2-[2'.4'-Dichlorphenylcarbamoyloxy]-N.N-dimethyl-*, F. 100° (CCl_4), aus 15,5 **III** u. 9,7 **II**; 11 g. — *2-[3-'Chlorphenylcarbamoyloxy]-N-methyl-*, F. 126 bis 127° (A.) aus 15,3 3-Chlorphenylisocyanat (**V**) u. 10,3 **IV**; 10 g. — *2-[3'-Chlorphenylcarbamoyloxy]-N.N-dimethyl-*, F. 123—124° (Bzl.), aus 15,3 **V** u. 11,7 **II**; 19,5 g. — *2-[3'-Chlorphenylcarbamoyloxy]-N-äthyl-*, F. 128° (A.), aus 21 **V** u. 16 N-Äthyllactamid (**VI**); 11 g. — *2-[3'-Methylphenylcarbamoyloxy]-N-methyl-*, F. 98° (Aceton/Ae.), aus 10,3 3-Methylphenylisocyanat u. 8 **IV**; 6,5 g. — *2-Phenylcarbamoyloxy-N-methyl-*, F. 122° (W.), aus 23,6 **I** u. 20,6 **IV**; 36 g. — *2-Phenylcarbamoyloxy-N-äthyl-*, F. 116° (PAe./Essigsäureäthylester), aus 23,8 **I** u. 23,4 **VI**; 19 g. — *Herbicide.* (**F. P. 1249434** vom 17/11. 1959, ausg. 17/3. 1961.) G. Colsmann 6313

2205 Fisons Pest Control Ltd., England, **Herstellung von 4-Halogenbutin-(2)-yl-N-[3-halogenphenyl]-carbamaten,** dad. gek., daß man in 4-Halogenbutin-(2)-ol-(1) in Ggw. von Pyridin mit 3-Chlorphenylisocyanat (I) umsetzt 18,4 (g) 4-Chlorbutin-(2)-ol-(1) u. 15,3 I werden in Bzl. mit etwas Pyridin 3 Std. gekocht. Man verd. mit PAe. u. erhält *4-Chlorbutin-(2)-yl-N-[3-chlorphenyl]-carbamat,* F. 75—76°. — *4-Brombutin-(2)-yl-N-[3-chlorphenyl]-carbamat,* F. 76—78°, aus 4-Brombutin-(2)-ol-(1). — *4-Chlorbutin-(2)-yl-N-[3-bromphenyl]-carbamat,* F. 78—78,5°, aus 3-Bromanilin u. 4-Chlorbutin-(2)-ylchlorformiat. — *Herbicide.* **(F. P. 1238961** vom 28/8. 1959, ausg. 5/12. 1960.) S. Böttcher 6313

2206 Montecatini Soc. Gen. per l'Industria Mineraria e Chimica, Mailand, Italien, **Fungicide Mittel für die Landwirtschaft** enthalten als Wirkstoff eine Mischung aus einem organ. Fungicid (Zn- oder Fe-Äthylen-bis-dithiocarbamat, Zn-Dimethyldithiocarbamat, neutrales Hydroxychinolinsulfat, Cu-Salz des 8-Hydroxychinolins, Tetramethylthiuramdisulfid oder Gemische davon) u. einem anorgan. Metallsalz $[Al_2(SO_4)_3 \cdot 16H_2O$, 35 bis 65 (Teile) auf 30 organ. Wirkstoff; $ZnSO_4]$ u. $Ca(OH)_2$ oder Na_2CO_3. **(It. P. 528008** vom 23/3. 1954.) K. Koebke 6313

2207 UCLAF (Erfinder: Jean Racine und André Couillaud), Frankreich, **Herstellung von dimethylthiocarbamathaltigen Fungiciden.** Zur Verw. als *Fungicid* wird ein *Cu-Dimethyldithiocarbamat-Komplex* ($C_3H_6CuNS_2 \cdot$ *CuCl*) hergestellt durch Umsetzung von Na-Dimethyldithiocarbamat mit einer wss. CuCl-Lsg. in Ggw. von NaCl u. etwas $NaHSO_3$, bei 20—100, bes. 50—80°, Abfiltrieren des gebildeten Nd., Waschen mit Bisulfit-Lsg., mit W. bis zur Chloridfreiheit u. Trocknen. **(F. P. 1247988** vom 26/10. 1959, ausg. 27/2. 1961.) Eberhard Riedel 6313

2208 Rumianca S. p. A., Turin, Italien, **Fungicide Mittel für den Pflanzenschutz** enthalten als Wirkstoff ein Gemisch aus einem Dithiocarbamatsalz u. einem wenigstens teilweise an Bentonit (I) gebundenen Cu-Salz, bes. 20 (Teile) *Zn-Äthylen-bis-dithiocarbamat,* 55 *Cu-Oxychlorid* (50% Cu), 25 *Cu-Ammoniak*-I (14% Cu), das man erhält, indem $CuSO_4$ u. I trocken oder in wss. Medium mit gasförmigem NH_3 behandelt wird. Synergist. Wirkung. **(It. P. 562605** vom 12/4. 1956.) K. Koebke 6314

2209 E. I. du Pont de Nemours & Co., Wilmington, Del., übert. von: Johnnie M. Aulbaugh, Baytown, Charles J. Kramis, Houston, und Howard T. Siefen, Pasadena, Tex., V. St. A., **Herstellung von Phenylcarbamylchloriden** durch Rk. äquimol. Mengen eines aromat. Isocyanats u. Cl_2 bei —15 bis 90° in Cl_2CH–$CHCl_2$, Chlf., CCl_4, Cl_3C–CCl_3, Chlor-, o-Dichlor-, Trichlor- oder Nitrobenzol oder Chlortoluol, dad. gek., daß man die Rk. in Ggw. von < 250, bes. < 100 ppm W. ausführt. — Man setzt z. B. eine 14%ig. Phenylisocyanat-Lsg. in Chlorbenzol mit Cl_2 bei ca. 40° in Ggw. von < ca. 20 ppm W. um → p-Chlorphenylcarbamylchlorid, 74,5% (Ausbeute) im Vgl. zu < 50% bei Ggw. von ca. 500 ppm Wasser. — Zwischenprod. zur Herst. von substituierten *Phenylharnstoff-Herbiciden.* **(A. P. 3020313** vom 13/8. 1958, ausg. 6/2. 1962.) G. Vogel 6313

2210 Schering Akt.-Ges., Berlin (Erfinder: Alfred Czyzewski, Wolfenbüttel, und Albert Jäger, Berlin), **Schädlingsbekämpfungsmittel mit insekticider und akaricider Wirkung.** Es enthält als Wirkstoff *N-Monomethylcarbaminsäure-3-methyl-5-isopropylphenylester* u./oder *N.N-Dimethylcarbaminsäure-3-methyl-5-isopropylphenylester.* Wirksam gegen Fliegen, bei zahlreichen pflanzenschädigenden Insekten u. Spinnmilben bei geringer Warmblütertoxizität. **(D. A. S. 1156272** Kl. 451 vom 7/5. 1960, ausg. 24/10. 1963.) R. Bauereis 6313

2211 Union Carbide Corp., New York, N. Y. (Erfinder: John Robert Kilsheimer, Westfield, N. J., und Herbert Hughes Moorefield, Raleigh, N. C.), V. St. A., **Insekticid** enthält als Wirkstoff *1-(4-Chlornaphthyl)-N-methylcarbamat,* F. 143°. Es kann mit üblichen Trägerstoffen vermischt zum Schutz von Pflanzen verwendet werden. **(D. A. S. 1156273** Kl. 451 vom 23/12. 1961, ausg. 24/10. 1963. A. Prior. 30/12. 1960.) R. Bauereis 6313

2212 California Research Corp., San Francisco, übert. von: Gustave K. Kohn, Berkeley, Joseph E. Moore, Pinole, und Joseph N. Ospenson, Concord, Calif., V. St. A., **Mittel zur Bekämpfung von Insekten, Milben, Nematoden, Spinnen** u. anderen Kaltblütern enthalten als Wirkstoff *3-tert.-Amyl-6-chlorphenyl-N-methylcarbamat* (I), das Anticholinesterase-Wrkg. besitzt. I erhält man durch Rk. von 3-tert.-Amyl-6-chlorphenol mit Methylisocyanat oder COS u. CH_3NH_2. **(A. P. 3062707** vom 29/6. 1959, ausg. 6/11. 1962.) K. Koebke 6313

2213 Fisons Pest Control Ltd., England, **Herstellung von Phosphorsäureestern** der Formel $R_1O(R_2O) \cdot$ $P(:X_1)$–X_2–CH_2–CO–$N(R_3)$–R_4 (R_1 = CH_3-Rest; R_2 = niederer Alkylrest; X_1 u. X_2 = S oder O; R_3 u. R_4 = H, niederer Alkyl- oder zusammen mit dem N-Atom ein heterocycl. Rest) durch Umsetzung von Alkali-, Erdalkali- oder NH_4-Salzen der entsprechenden Phosphorsäureester mit entsprechenden α-Brom- oder α-Chloracetamiden bei 15—90° in einem fl. zweiphas. Syst. aus W./organ. Lsgm., bes. Ketone, Äther oder Alkohole mit je ≧ 4 C-Atomen oder ggf. halogenierten aliphat. oder aromat. KW-Stoffen oder deren Gemischen, wie 3.5.5-Trimethylhexanol, 2.2-Dichlordiäthyläther, Bzl., Chlor-Bzl., Xylol, Chlf., CCl_4/Cyclohexanon oder CCl_4/Methylcyclohexanon, im Verhältnis 4:1 bis 1:4, bes. 2:1 bis 1:2, wobei die Ausgangsstoffe bei pH < 10 weitgehend in der wss. Phase u. das Rk.-Prod. in der organ. Phase gelöst sind. — *O.O-Dimethyl-S-[N-methylcarbamoylmethyl]-dithiophosphat,* aus einer wss. Lsg. von O.O-Dimethyldithiophosphorsäureester u. $NaHCO_3$ durch Zugabe einer Lsg. von N-Methyl-α-chloracetamid in CCl_4 u. 3std. Rühren bei 55°; Ausbeute 88%. — *Insekticide.* **(F. P. 1248739** vom 29/1. 1960, ausg. 10/3. 1961. E. Prior. 30/1. 1959.) G. Colsmann 6313

2214 Stauffer Chemical Co., übert. von: Llewellyn W. Fancher, Donald G. Stoffey, Richmond, Richard C. Maxwell, Santa Clara, und Julius J. Menn, San Jose, Calif., V. St. A., **Insekticide und acaricide Mittel** enthalten als Wirkstoffe *Carbamate* der allg. Formel $(R_1O)_2$–$P(Y_1)$–Y_2–R_2–O–$C(O) \cdot N(R_3, R_4)$ [Y_1 u. Y_2 = O oder S; wobei Y_1 oder Y_2 wenigstens einmal für S steht, R_1 = niedrigmol. Alkylrest; R_2 = O–CH_2–CH_2–, R_3 u. R_4 bedeuten H, einen niedermol. Alkyl-, Alkenyl-, alkylsubstituierten Phenyl-, chlorsubstituierten Phenyl- oder Morpholylrest]; z. B. (Äthylcarbamat = I) β-(O.O-Dimethyldithiophosphoryl)-**I**, β-(O.O-Diäthyldithiophosphoryl)-**I**, β-(O.O-Diäthyldithiophosphoryl)-äthyl-N.N-dimethyl- u. -N.N-diäthylcarbamat, β-(O.O-Diäthylthionophosphoryl)-äthyl-4-morpholinocarboxylat. **(A. P. 2998347** vom 24/7. 1959, ausg. 29/8. 1961.) E. Petersen 6313

2215 Eastman Kodak Co., Rochester, N. Y., übert. von: Richard L. McConnell und Harry W. Coover jun., Kingsport, Tenn., V. St. A., **Organophosphor-Verbindungen von Bis-(halogenmethyl)-oxetanen und Thietanen** der allg. Formel I (R = Alkyl mit 1—4 C-Atomen,

I

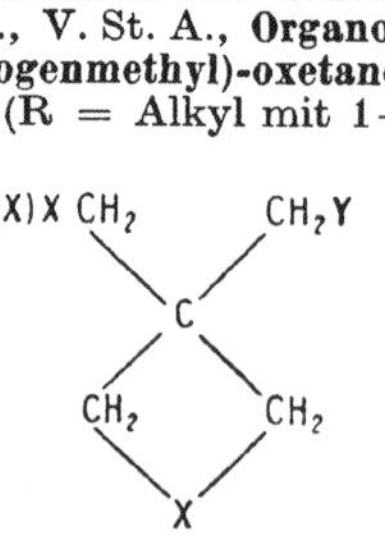

X = O oder S, Y = Halogen) können hergestellt werden durch Rk. eines Dialkylphosphorsäureesters mit einem entsprechenden Oxetan oder Thietan. Beispiele: *O.O-Diäthyl-S-[(3-chlormethyl-3-oxetanyl)-methyl]-phosphorthiolthionat; O.O-Diisopropyl-S-[(3-brommethyl-3-oxetanyl) methyl]-phosphorthiolat; Diäthyl-(3-chlormethyl-3-oxetanyl) methylphosphat; O.O-Dimethyl-S-[(3-chlormethyl-3-thietanyl)-methyl]-phosphorthiolat; O.O-Diäthyl-S-[(3-jodmethyl-3-oxetanyl)-methyl]-phosphorthiolthionat; Insekticide, Zwi-*

schenprod. für Polymere. (**A. P. 3041350** vom 10/9. 1959, ausg. 26/6. 1962.) R. Bauereis 6313

2216 Werner Freyberg, Kirschhausen bei Heppenheim, **Mittel zur Bekämpfung von Insekten und Nagetieren** besteht aus Phosphiden der Alkali-, Erdalkali- oder Erdmetalle. Durch Zusätze von leicht flüchtigen festen organ. Stoffen, die ihrerseits schädlingsbekämpfende Wirksamkeit besitzen können, wird die Ausgasungsgeschw. des Phosphorwasserstoffs eingestellt. — Beispiele: *p-Dichlorbenzol, Naphthalin, Campher, Hexachloräthan, Paraformaldehyd.* Anwendung in Form von pastösen Massen, Pulvern, Preßkörpern oder Granulaten. (**D. A. S. 1155631** Kl. 451 vom 1/4. 1959, ausg. 10/10. 1962.) R. Bauereis 6313

2217 Farbenfabriken Bayer Akt.-Ges. (Erfinder: Wolfgang Czerch), Leverkusen, **Herstellung von stabilen Konzentraten organischer Phosphorinsekticide,** dad. gek., daß als Lsgm. bzw. Dispergiermittel Alkylenglykoläther der allg. Formel $C_nH_{2n+1}O-C_mH_{2m}-O-C_nH_{2n+1}$ (**I**) oder $HO-C_mH_{2m}-O-C_nH_{2n+1}$ (**II**), in denen m u. n ganze niedere Zahlen bedeuten, oder deren Gemische mit niederen aliphat. Alkoholen verwendet werden, bes. *Äthylenglykolmonomethyläther* allein oder im Gemisch mit CH_3OH; z. B. für *1-Hydroxy-2.2.2-trichloräthylphosphonsäuremethylester* oder einen *Alkylsulfoxylalkyl-(thio)-phosphor(-on, -in)-säureester* als Wirkstoff. Das Verf. ist von Bedeutung für Phosphorinsekticide, die wegen geringer Löslichkeit in aromat. u. aliphat. KW-Stoffen wie Xylol u. Kerosen zur Herst. höherprozent. Konzentrate in Dimethylformamid oder Dimethylsulfoxid gelöst werden müssen, jedoch darin nicht stabil sind. (**D. A. S. 1154973** Kl. 451 vom 3/6. 1961, ausg. 26/9. 1963.) W. Heyer 6313

2218 Shell Oil Co., New York, N. Y., V. St. A., übert. von: Geert C. Vegter, Amsterdam, Niederlande, und Anthony M. Thrush, Ickenham, England, **Insekticides Mittel** gek. durch einen Geh. an einem Phosphorsäureester der allg. Formel $(R'O)_2P(S)-X-R-S-R''-O-Z-R^{\circ}$, worin X = O oder S ist, R u. R″ eine Alkylengruppe mit bis zu 12 C-Atomen, R′ eine Alkylgruppe mit bis zu 10 C-Atomen eine Phenyl- oder Nitrophenylgruppe darstellt, Z die Gruppe –CO– oder $-SO_2-$ u. R° = H oder eine Alkylgruppe mit 1—6 C-Atomen, eine Phenyl-, Tolyl- oder Halogenmethylgruppe bedeutet, z. B. den *O.O-Diäthyl-O-(2-acetoxymethylmercaptoäthyl)-thiophosphorsäureester,* bzw. den entsprechenden *-O-(2-propionyloxy)-, O-(2-butyryloxy-* oder *-O-2-isobutyryloxymethylmercaptoäthylthiophosphorsäureester.* (**A. P. 3050438** vom 5/4. 1960, ausg. 21/8. 1962. E. Prior. 2/6. 1959.) W. Hayer 6313

2219 Farbenfabriken Bayer Akt.-Ges., Leverkusen (Erfinder: Hans-Gerd Schicke und Gerhard Schrader, Wuppertal), **Thio- oder Dithiophosphor-(on, in)-säureester** der allg. Formel $R_1(R_2)P(:O, S)S-CH_2-C(R_3)(Hal)-CHR_4-SR_5$ erhält man durch Addition von Alkylsulfensäurehalogeniden an Thio- oder Dithiophosphor-(on, in)-säureester der allg. Formel $R_1(R_2)P(:O, S)-S-CH_2-C(R_3) = CHR_4$ (R_1 u. R_2 = Alkyl, Arylreste, die ggf. über O an das P-Atom gebunden sind: R_3 u. R_4 = H oder eine weitere C–C-Bindung; R_5 = Alkyl; Hal = Halogen). — *Insekticide.* (**D. A. S. 1153746** Kl. 12o vom 6/9. 1961, ausg. 5/9. 1963.) A. Jahn 6313

2220 Farbenfabriken Bayer Akt.-Ges., Leverkusen (Erfinder: Hans-Gerd Schicke und Gerhard Schrader, Wuppertal), **(Thio)Phosphor(on,in)säureester** der allg. Formel $R_1(R_2)P(X)Y-CH_2CH_2-S-(CH_2)_n-CN$ (R_1 u. R_2 = gleiche oder verschiedene Alkyl- oder Arylreste, die ggf. über O gebunden sind; X u. Y = O oder S; n = 1 oder 2) erhält man durch Rk. von β-Cyanalkylmercaptoäthanolen mit (Thio)Phosphor(on,in)säurehalogeniden der allg. Formel $R_1(R_2)P(X)$ Halogen, bes. in Ggw. Säure bindender Mittel. — Es wurden erhalten: ($-CH_2-CH_2-S-CH_2-CN$ = **I**): *$(C_2H_5O)_2P(S)O$*-**I**, farbloses, in W. unlösl. Öl, $Kp._{0,01}$ 96°. *$C_2H_5(C_2H_5O)P(O)O$*-**I**, farbloses wasserunlösl. Öl, $Kp._{0,01}$ 108°. *$C_2H_5(C_2H_5O)P\cdot(S)O$*-**I**, $Kp._{0,01}$ 112°. *$(CH_3)_2P(S)O$*-**I**, farbloses, in W. unlösl. Öl, $Kp._{0,01}$ 118°. *$CH_3(C_2H_5O)P(S)O$*-**I**, farbloses, in W. unlösl. Öl, $Kp._{0,01}$ 109°. *$C_2H_5(C_2H_5O)P(O)S$*-**I**, farbloses, in W. unlösl. Öl, $Kp._{0,01}$ 104°. — *Insekticide.* (**D. A. S. 1156070** Kl. 12o vom 28/11. 1961, ausg. 24/10. 1963.) A. Jahn 6313

2221 Farbenfabriken Bayer Akt.-Ges., Leverkusen (Erfinder: Günter Oertel, Hans Holtschmidt und Peter Fischer, Köln), **Phosphonsäureester** der allg. Formel $R(R_2)N-C(=N-R_1)P(:O)(OR_3)_2$ erhält man durch Rk. von N.N.N′-trisubstituierten Halogenformamidinen der allg. Formel $R(R_2)N-C(X)=N-R_1$ mit Trialkyl, Trialkenyl- bzw. Tri-(halogenalkyl)-phosphiten bei 20—150° (X = Halogen; R u. R_1 = Alkyl, cycloalkyl, Aralkyl oder ggf. durch 1—2 Cl-Atome substituierte Arylreste, die ggf. durch Isocyanatgruppen substituiert sind; R_2 = Acylrest; R_3 = niederer Alkyl, Alkenyl oder Halogenalkylrest). — N.N′-Diphenyl-N-chlorformylchlorformamidin + $(CH_3O)_3P$ → *$C_6H_5-N[CO-P(:O)(OCH_3)_2]-C(=N-C_6H_5)-P(:O)(OCH_3)_2$*, gelbes Öl. — *Schädlingsbekämpfungsmittel.* (**D. A. S. 1155446** Kl. 12o vom 5/1. 1961, ausg. 10/10. 1963.) A. Jahn 6313

2222 Velsicol Chemical Corp., übert. von: Eugene P. Ordas, Chicago, Ill., V. St. A., **Insekticide Zubereitungen,** die neben einem oder mehreren Wirkstoffen, wie „Endrin", „Isodrin", „Aldrin", „Dieldrin", „Chlordan", „Heptachlor", „Malathion", „Parathion" u. „Methylparathion" einen Träger aus der Gruppe der Kaoline, Montmorillonite, Attapulgite, Vermiculite u. Diatomeenerden enthalten, werden durch einen Zusatz von 2 bis 14% *Dimethylsulfoxid* stabilisiert, welches den Trägerstoff inert macht. (**A. P. 3062709** vom 30/8. 1960, ausg. 6/11. 1962.) K. Koebke 6313

2223 Farbenfabriken Bayer Akt.-Ges., Leverkusen, **Alkanolamin-Salze von Salicylaniliden** der allg. Formel **I** (R_1 = H oder aliphat. Acylrest, R_2 u. R_3 = Nitro-Gruppe, Chlor oder Brom, wobei mindestens R_2

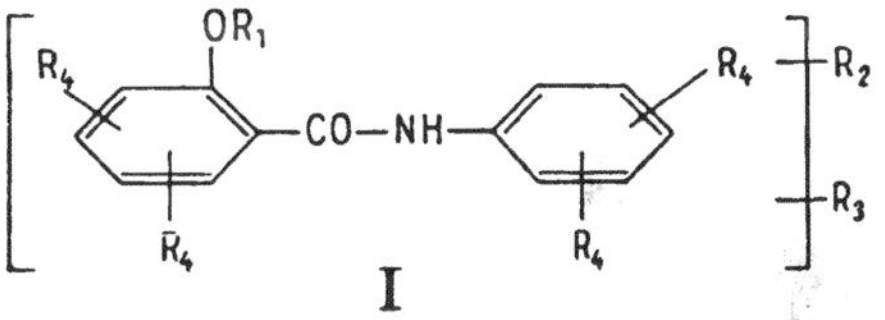

I

oder R_3 ein Halogenatom ist, R_4 = H, Halogen, Alkyl mit 1—5 C-Atomen oder eine Nitrogruppe, wobei mindestens ein R_4 eine Nitrogruppe ist) können hergestellt werden durch Rk. von Salicylaniliden mit einem oder mehreren Alkanolaminen. Beispiele *Diäthanolaminsalz des 5.2′-Dichlor-4′-nitrosalicylanilids,* F. 186°; *1.2-Dimethyläthanolaminsalz des 5.2′.5′-Trichlor-4′-nitrosalicylanilids,* F. 201°; *Äthanolaminsalz des 5.2′-Dichlor-4′-nitrosalicylanilids; 3-Hydroxypropyl-1-aminsalz des 5-Brom-2.′5′-dichlor-4′-nitrosalicylanilids,* F. 209; *3-Hydroxypropyl-1-aminsalz des 3-Methyl-5.3′.5′-trichlor-4′-nitrosalicylanilids,* F. 189°; *N-Methyl-äthanolaminsalz des 5.2′.5′-Trichlor-4′-nitrosalicylanilids;* F. 149°; *N-Methyl-äthanolaminsalz des 5.3.′5′-Trichlor-2′-nitrosalicylanilids,* F. 178°; *3 Aminobutanol(1)-Salz des 3-Methyl-5.2′.5′-trichlor-4′-nitroacetylsalicylanilids,* F. 160°. *Schneckenbekämpfungsmittel.* (**E. P. 892263** vom 25/8. 1960, ausg. 21/3. 1962. D. Prior. 27/8. 1959.) R. Bauereis 6313

2224 Farbwerke Hoechst Akt.-Ges., vormals Meister Lucius & Brüning, Frankfurt/M. (Erfinder: Heinz Frensch, Wilhelm Staudermann und Walter Finkenbrink), **Mittel zur Bekämpfung tierischer Schädlinge,** bes. von Ektoparasiten. Es besteht aus *5-Brommethyl-hexachlorbicyclo-(2.2.1)-hepten-(2)* (**I**), $Kp._{1-2}$ 154° in einem Träger, der nicht CH_3OH oder A. sein darf. Man kann damit z. B. bekämpfen: *Koloradokäfer, Fuproctis chrysorrhoea, Phyllodromia Germanica, Kakerlaken, Ornithodorus moubata, Calandra granaria, Tribolium, Calandra oryzae, Acanthoscelides obtectus, Trichodectes canis.* **I** erhält man durch Rk. eines entsprechend chlorierten Cyclopentadiens mit Allylbromid bei erhöhter Temp. u. ggf. erhöhtem Druck. (**E. P. 920800** vom 20/3. 1959, ausg. 13/3. 1963.) K. Koebke 6313

2225 Ruhrchemie Akt.-Ges., Oberhausen (Erfinder: Hans Feichtinger, Dinslaken, und Hanswerner Linden, Oberhausen/Rhld.), **Insektenbekämpfungsmittel,** gek. durch einen Gehalt an *1¹.2.3.4.5-Pentachlor-1.6-dihydrotoluol* (I) als wirksamem Bestandteil. **I** sd. bei 116°, n_D^{20} 1,5803, läßt sich aus den durch Diels-Alder-Umsetzung von 1.2.3.4-Tetrachlor-5.5-dimethoxy-cyclopentadien-(1.3) mit Allylchlorid zugänglichen 1.2.3.4.5¹-Pentachlor-7.7-dimethoxy-5-methyl-bicyclo-(2.2.1)-hept-2-en gewinnen, indem man dieses mit konz. H_2SO_4 bei 90 bis 100° in 1.2.3.4.5¹-Pentachlor-5-methylbicyclo-(2.2.1)-hept-2-en-7-on umwandelt u. diese Verb. durch therm. Decarboxylierung in **I** überführt. (**D. A. S. 1154972** Kl. 451 vom 12/8. 1959, ausg. 26/9. 1963.) K. Koebke 6313

2226 F. Hoffmann-La Roche & Co. Akt.-Ges., Basel, Schweiz, **Insektenlockmittel.** Zu D. A. S. 1108976; C. **1961,** 18849 ist nachzutragen: Außer den angegebenen Alkoholen können auch Aldehyde mit 10—18 C-Atomen u. 2 Doppelbindungen im Mol. verwendet werden. (**Oe. P. 221867** vom 2/2. 1960, ausg. 25/6. 1962. Schwz. Prior. 16/2. 1959.) W. Wittholz 6313

2227 Jean Silve und René François, Frankreich, **Giftköder zur Nagetierbekämpfung** enthält als Wirkstoff ,Cumafen' (3-[1-Phenyl-2-acetyläthyl]-4-hydroxycumarin), zusammen mit Fraß- und Lockstoffen, wie Gersten-, Hafer-, Mais- u. Weizenmehl sowie Anethol, Honig u. Zucker. (**F. P. 1236636** vom 10/6. 1959, ausg. 18/11. 1960.) W. Wittholz 6313

2228 Walter Völker, Holm-Seppensen, **Verhinderung von Wildverbiss** durch Aufbringen von Kunststoffschaum auf die zu schützenden Pflanzen. (**D. A. S. 1155938** Kl. 451 vom 22/3. 1961, ausg. 17/10. 1963.) R. Bauereis 6313

2229 **Imperial Chemical Industries Ltd.**, London, **Thomas Edmund Tomlinson,** Bracknell, Berkshire, und **Robin Charles Clinch,** Berkshire (Erfinder), England, *Korrosionshindernde herbicide Mittel.* (**D. A. S. 1125714** Kl. 451 vom 5/10. 1959, ausg. 15/3. 1962. E. Prior. 4/10. 1958 u. 28/9. 1959. — C. **1963,** 6763 [E. P. 862847].)

2230 **Montecatini Soc. Gen. per l'Industria Mineraria e Chimica,** Mailand, Italien, *Unkrautbekämpfungsmittel.* (**Ind. P. 67438** vom 21/4. 1959, ausg. 13/1. 1962. — C. **1961,** 3457 [E. P. 824557].)

2231 **Imperial Chemical Industries of Australia & New Zealand Ltd.,** Melbourne, Victoria, und **Commonwealth Scientific & Industrial Research Organization,** East Melbourne, übert. von: **Bertram De Carle Robinson,** Heathmont, **Kevin Desmond Kirby,** Pascoe Vale, und **Charles Gordon Greenham,** Deakin, Australien, *Vernichtung von Unkräutern mit Hydrazinsalzen von Phenoxycarbonsäuren.* (**A. P. 3031291** vom 3/10. 1958, ausg. 24/4. 1962. Aust. Prior. 8/10. 1957. — C. **1962,** 14295 [E. P. 857063].)

2232 **Soc. des Usines Chimiques Rhône-Poulenc,** Paris, Frankreich (Erfinder: **Jean Metivier**), *Phytohormonales Mittel.* (**Aust. P. 235834** vom 3/4. 1959, ausg. 9/11. 1961. F. Prior. 30/4. 1958. — C. **1962,** 2879 [Oe. P. 211337].)

2233 **Olin Mathieson Chemical Corp.** (Erfinder: **Bernard A. Starrs**), V. St. A., *$SnCl_2$-Bis-[1-oxopyridyl-(2)]-disulfid.* (**F. P. 1266494** vom 4/5. 1960, ausg. 10/11. 1961. A. Prior. 4/5. 1959. — C. **1963, 16728** [A. P. 3027372].)

2234 **Rohm & Haas Co.,** Philadelphia, Pa., V. St. A., *Dithiocarbamate.* (**E. P. 848894** vom 27/2. 1957, ausg. 21/9. 1960. **Belg. P. 555426** vom 1/3. 1957, ausg. 12/2. 1960. Beide A. Prior. 1/3. 1956. — C. **1964,** 9-2096 [D. A. S. 1063594].)

2235 **Farbenfabriken Bayer Akt.-Ges.,** Leverkusen, übert. von: **Ernst Schegk, Hanshelmut Schlör** und **Gerhard Schrader,** Wuppertal, *Phosphonsäureester.* (**A. P. 3014943** vom 16/6. 1958, ausg. 26/12. 1961. D. Prior. 24/6. 1957. — C. **1960,** 3012 [D. A. S. 1058992] u. C. **1962,** 6557 [F. P. 1207524].)

2236 **Farbenfabriken Bayer Akt.-Ges.** (Erfinder: **Gerhard Schrader**), Deutschland, *Herstellung von Thiolphosphonsäureestern.* (**F. P. 1261694** vom 2/7. 1960, ausg. 13/9. 1961. D. Prior. 2/7. 1959. — C. **1963,** 7929 [D. A. S. 1132131].)

2237 **Farbenfabriken Bayer Akt.-Ges.,** Deutschland (Erfinder: **Walter Lorenz** und **Gerhard Schrader**), *Thiolphosphonsäureester.* (**F. P. 1250859** vom 25/2. 1960, ausg. 10/4. 1961. D. Prior. 28/2. 1959. — C. **1960,** 15195 [D. A. S. 1083827].)

2238 **Farbenfabriken Bayer Akt.-Ges.,** Deutschland (Erfinder: **Gerhard Schrader**), *Pyrophosphonsäureester.* (**F. P. 1252568** vom 2/4. 1960, ausg. 4/5. 1961. D. Prior. 9/4. 1959. — C. **1961,** 4142 [D. A. S. 1087600].)

H_8. Metallurgie, Korrosion

2239 **Eine Einführung in die statistische Planung von Experimenten der metallurgischen Forschung.** S. J. Hussey, P. L. Placek und C. H. Schack. (U. S. Dep. Interior, Bur. Mines, Rep. Invest. **1963,** Nr. 6232, 1—111; Salt Lake City, Utah, Bur. of Mines, Metallurgy Res. Center; engl.) J. Heinze 6350◇

2240 **Physikalische Metallurgie.** A. S. Darling. (Rep. Progr. appl. Chem. **47,** 417—28, 1962; Johnson Matthey & Co. Ltd.; engl.) — Fortschrittsbericht. Behandelt wird: Supraleitfähigkeits-Legg., Pulvermetallurgie, Dispersionshärten, hochfeste Ni-Stähle. — 69 Literaturangaben. M. Gehlen-Keller 6350◇

2241 **Die Bergbaumethoden und -kosten bei der Deep-Creek-Blei-Zink-Mine der Goldfield Consolidated Mines Co. im Stevens County, Washington.** Galen G. Waddell. (U. S. Dep. Interior, Bur. Mines, Inform. Circ. **1963,** Nr. 8174, 1—39; Spokane, Wash., Bureau of Mines; engl.) — Die Erze wurden im Rollenabbau mit offenem Rollenloch gewonnen. J. Heinze 6354◇

2242 **Abbau-, Zerkleinerungs- und Schmelzmethoden der San Manuel Copper Corp., Pinal County, Arizona.** V. B. Dale. (U. S. Dep. Interior, Bur. Mines, Inform. Circ. **1962,** Nr. 8104, 1—145, 2 Tafeln; Anchorage, Alaska, Bur. of Land Management; engl.) — Die Lagerstätte gehört zum „disseminated"-Typ mit *Pyrit, Chalkoyprit, Chalkosin, Molybdänit, Chrysokoll, Cuprit,* gediegen *Cu* u. schwarzen *Cu-Oxiden* u. liegt im *Quarz-Monzonit-Porphyr* u. *Quarzmonzonit.* Die Erzreserven betragen 367624000 t Sulfide u. 111876000 t Oxiderz mit 0,785% *Cu* bzw. 0,717, 0,02 *Mo* u. wenig *Au* u. *Ag.* Die Kapazität des Bergwerks beträgt 12 Millionen jato Erz. Zur Aufbereitung gehören 2 Brechstufen (Symons-Brecher), 2 Mahlstufen u. die Flotationsanlage mit 624 48-in.-Zellen. Es werden ein 95%ig. *MoS_2*- u. ein 28%ig. Cu-Konzentrat gewonnen. Das Cu-Konzentrat wird in Flamm-Öfen zu einem Rohstein mit 32—35% Cu angereichert, danach in Konvertern geschmolzen u. zu 700-lb.-Anoden gegossen. — 26 Literaturangaben. J. Heinze 6360◇

2243 **Zweckmäßigkeit alter und neuer Systeme für die Extraktion des Metallgehalts aus Kupfererzen auf Grund von Wärmebilanzen.** G. Porro. (Metallurgia ital. **50,** 453—60, 1958; Florenz; ital.) — Als Meth. zur Beurteilung von chem. Prozessen wird die Unters. der Wärmebilanz am Beispiel der Metallgewinnung (Cu_2S + FeS, „metallina") aus Cu-Erzen nach verschiedenen Verff. erläutert: Pyritschmelze ohne äußere Wärmezufuhr; Halbpyritschmelze mit Zusatz von Kohle als Heizquelle; Schmelze in O_2-Atmosphäre („Oxygen Flash Smelting Process") u. Schmelze mit vorgeheizter Luft. Die Unters. zeigt, daß die einzelnen Verff. meist nur für bestimmte Erzsorten zweckmäßig sind. R. K. Müller 6360◇

2244 **Die Funktion der Flockenbildner bei der Sedimentierung, beim Eindicken und bei der Filtrierung von Flotationskonzentraten.** Vl. Šindelář und Vl. Kolář. (Rudy **9,** 271—77, 1961; Praha; tschech.) M. Gehlen-Keller 6362◇

2245 **Ein Beitrag zur Schwerspatraffinierung. Der Einfluß von Resten von Flotationsreagentien auf die Auslaugung von Eisen.** Karel Vetejška. (Rudy **10,** Nr. 7, Beil.: Práce výzkumných Ústavů 41—44, 1962; Praha, Ústav pro výzkum rud; tschech.; Auszug: russ., dt., engl.) — Das schädliche *Fe* wird aus Schwerspat-Konzentraten durch Laugen mit *H_2SO_4* (130 Liter/t bei 2% Fe_2O_3) bei 90° durchgeführt. Dadurch wird der Fe-Geh. auf ca. 30% gesenkt. Durch Beseitigung des organ. Sammlers durch Auswaschen mit CCl_4 geht beim Auslaugen der Fe-Geh. um weitere 15% herab. Einen bes. störenden Einfl. bei dem Auslaugen des Fe üben *Fettsäuren* mit einer langen Kette aus. Es ist empfehlenswert als Sammler nicht Fettsäuren, oder wenigstens nicht solche mit langen Ketten zu gebrauchen. J. Tůmová 6362◇

2246 **Extraktion und Reinigung von Metallen.** A. R. Powell. (Rep. Progr. appl. Chem. **47,** 402—16, 1962; Wembley, Johnson Matthey & Co. Ltd.; engl.) — Fortschrittsbericht. Behandelt wird *Fe, Al, Sn, Pb, Ti, Zr, Hf, Th, V, Mo, W* u. *U.* — 118 Literaturangaben. M. Gehlen-Keller 6380◇

2247 **Erfahrungen mit radiographischen Untersuchungen in Gießereien.** Károly Varga und László Répás. (Kohászati Lapok [Ung. Z. Hüttenwes.] **96,** Nr. 8, Öntöde **14,** 185—91, **1963**; Landeskomiss. Atomenergie; ung.) — Es werden Arbeiten besprochen, welche unter Verw. von Isotopen in der Prüfung der inneren Fehler der Gußstücke durch eine radiograph. Arbeitsgruppe in den ungar. Gießereien ausgeführt wurden. Als Ergebnis dieser Prüfungen ist es gelungen, eine bessere Gießtechnologie auszuarbeiten. L. Zombory 6382△

2248 **Investmentguß.** D. Morris. (Metal Ind. [London] **101,** 179—81, 1962; B. S. A. Precision Castings Ltd.; engl.) — Die Formherst. u. Gießverff. werden beschrieben u. aufgezeigt, welche Legg. so vergossen werden können. K. Hillinger 6382◇

2249 **Stahlgußerzeugung mit Regelung des Abkühlvorganges in der Form.** P. F. Vassilevsky und W. V. Shiriajev. (Mod. Castings **42,** Nr. 3, new Technol. 62 bis 74, 1962; Moskau, Zentr.-wiss. Unters.-Inst.; engl.) — Durch eine zwangsläufige Abkühlung eines Stahlformgußstückes wird die Wärmeabgabe aus einzelnen Teilen so geregelt, daß Warmrißbldg. in den Wärme-Konz.-Zonen dickwandiger Gußstücke von komplizierter Gestalt, bes. bei der Herst. von Gußstücken aus legiertem Stahl, verhütet wird. H. Hochstein 6382◇

2250 **Die Reaktion zwischen Metall und Form bei Aluminium- und Kupferlegierungen; die Bedeutung dieser Reaktion für die Herstellung druckdichter Bronzegußstücke.** H. Boswinkel. (Metalen **13,** 220—23, 234—38, 1958; Metaalinst., T. N. O., Gieterijcentrum; niederl.) — Bei Herst. von Guß-Legg., bes. von *P* enthaltenden *Bronzen* u. *Mg* enthaltenden *Al*-Legg. kann eine Rk. zwischen dem Metall u. dem Wassergehalt der Form unter Bldg. von Metalloxid u. H_2 stattfinden, der das Gußstück porös macht. Die Einfl. mehrerer Faktoren auf diese Rk. werden ermittelt. Zu ihrer Verhütung oder Einschränkung dienen Zusätze von H_3BO_3 u./oder NH_4HF_2 zum Formsand. Andererseits ist eine überwachte Rk. zwischen Metall u. Form ein Mittel zur Herst. druckdichter Gußstücke. W. Wesly 6382◇

2251 **Die Verwendung von Schüttgut beim Schleuderguß.** P. P. Berg und P. W. Ssemenow. (Gießerei-Betr. [UdSSR] **1963,** Nr. 3, 36—37; Zentr. Forsch.-Inst. für Technologie u. Maschinenbau; russ.) — Zur Verminderung von Rißbldg. auf der Kokillenoberfläche beim Schleudergußverf. werden verschiedene wärmeisolierende Materialien aufgetragen, welche die Intensität des Wärmeübergangs verringern. Hierbei sind die fl. (Farben, Emulsionen), die halbtrockene (verschiedene Formgemische) u. die trockene Wärmeisolation (Schüttgut wie Quarzsand) möglich. Die mit verschiedenem Schüttgut (Quarzsand, Zirkonsand, Zirkonmehl, Marshallit) in mehreren Schleudergießereien erhaltenen Ergebnisse zeigen die Wege zur Erreichung einer hochwertigen Oberflächenbeschaffenheit unter gleichzeitiger Verminderung der Kokillenvibrationen sowie die Möglichkeit der Herst. zweischichtiger Wärmeisolationen.
H. Hochstein 6382◇

2252 **Messen und Regeln im Eisenhüttenwesen.** Hans Weineck. (VDI-Z. **105,** 1474—81, 1963; Oberhausen/Rhld.; dt.) — Jahresübersicht. — 137 Literaturangaben. M. Gehlen-Keller 6390◇

2253 **Eisenhüttenwesen. Roheisen-Erzeugung und Stahl-Herstellung.** Georg Bulle. (VDI-Z. **105,** 1465—1470, 1963; Mülheim (Ruhr); dt.) — Jahresübersicht. — 83 Literaturangaben. M. Gehlen-Keller 6390◇

2254 **Kinetik der Wasserstoff-Reduktion von armem siliciumhaltigem Eisenoxiderz.** Renato G. Bautista und Theodore D. Tiemann. (Trans. metallurg. Soc. AIME **224,** 1264—68, 1962; Madison, Wis., Univ.; engl.) — Eine kinet. Unters. der H_2-Red. von Taconit aus dem Wisconsin Gogebic Gebiet wurde im Temp.-Bereich von 500 bis 1000° an 11 Kornfrakionen von 4—150 mesh durchgeführt. Es wurden dabei zwei Red.-Stufen beobachtet, eine schnelle Anfangsrk., der eine langsamere Red. folgte u. die vermutlich an einer inneren zurückweichenden Fe_xO-Fe-Trennfläche stattfand. Die berechneten mittleren Aktivierungsenergien für die beiden Rkk. waren 7800 bzw. 14600 cal/Mol. — 24 Literaturangaben.
H. Hochstein 6390◇

2255 **Die Reduktion von Eisenoxid-Einzelteilchen in inerten festen Betten.** A. E. El-Mehairy und W. O. Philbrook. (Trans. metallurg. Soc. AIME **224,** 1280 bis 1282, 1962; Kairo, Ägypten, Univ., Pittsburgh, Pa., Carnegie Inst. of Technol.; engl.) — Die Red. durch H_2 von individuellen Teilchen aus dichtem Hämalit, der in Betten mit inerter Umgebung eingebettet ist, wird durch Einzel-Partikel-Kinetik geregelt. Die optimale Korngröße für die schnellste Red. von solchen Betten aus homogenen Erzen ergibt sich aus dem Einfl. auf das durch Zufuhr u. Verbrauch bestimmte Red.-Potential des Gases. H. Hochstein 6390◇

2256 **Neuere Entwicklungen in der physikalischen Chemie von Schlacke/Metall-Prozessen.** S. Klemantaski. (Iron Coal Trades Rev. **182,** 847—51, 1961; British Iron and Steel Res. Assoc.; engl.) — Überblick. — 26 Literaturstellen. H. Hochstein. 6390◇

2257 **Über die Aktivität von Cr und C in geschmolzenen Fe-Cr-C-Legierungen.** Masayasu Ohtani. (Tetsu to Hagané [J. Iron Steel Inst. Japan] **42,** 1095—1101, 1956; jap., Auszug: engl.) — Messung der EMK der Konz.-Zelle Fe, Cr/SiO_2, CaO, Cr-Oxid, MgO/Fe, Cr, C bei 1540°. Aufstellung einer Aktivitätsgleichung für Cr u. C u. Erörterung der Einw. von C auf den Aktivitätskoeff. von Cr u. umgekehrt. W. Wesly 6390

2258 **Regelung der Kristallorientierung in Silicium-Eisen-Blöcken.** H. J. Fisher und J. L. Walter. (Trans. metallurg. Soc. AIME **224,** 1271—77, 1962; Reading, Pa., Beryllium Corp. u. Schenectady, N. Y., General Electric Res. Labor.; engl.) — Zwei Arten von Kornorientierungen in Blöcken aus einer Fe-Si-Leg. mit 3,25% Si wurden hergestellt, u. zwar 1. Blöcke mit [001]-Richtungen der Kristalle parallel zu den Blocklängsachsen u. 2. bekeimte Blöcke (seeded ingots; in Art der Einkristallzüchtung), in denen alle Kristalle die (100) [001]-Richtung in Bezug auf die Blockseiten haben. Messungen der Erstarrungsgeschw. u. der Temp.-Gradienten zeigen an, daß Stengelerstarrung so lange auftritt, wie der Temp.-Gradient vor der Erstarrungsfront größer als Null ist.
H. Hochstein 6390◇

2259 **Die dielektrische Verschiebung von Schwefel in geschmolzenem Gußeisen.** W. A. Grigorjan und G. A. Grigorjew. (Hochschulnachr. [Moskau], Eisenmetallurgie **6,** 140—43, 1963; Moskau, Inst. für Stahl u. Legg.; russ.) — Die dielektr. Verschiebung von S in fl. Gußeisen mit 8,09% S wird in vertikalen Graphitkapillarrohren von 35—40 mm Länge mit einem Innen-⌀ von 2,2 u. einem Außen-⌀ von 5 mm untersucht. Bei den Verss. tritt eine Ausseigerung oder Verdampfung von S prakt. nicht auf. Es zeigt sich, daß die Mehrheit der Beimengungen des Gußeisens, welche die Art der Leitfähigkeit von Fe nicht wesentlich verändern, zur Kathode hin wandern u. eine negative Aufladung bewirken. Daher zeigt sich die elektr. Verschiebung gegenüber der Art der Leitfähigkeit der gegebenen Leg. sehr empfindlich.
H. Hochstein 6402◇

2260 **Rosettengraphit in der Struktur von nach dem Schleudergießverfahren hergestellten ringartigen gußeisernen Rohlingen.** P. G. Beresin, D. M. Krymski und L. M. Leontjew. (Gießerei-Betr. [UdSSR] **1963,** Nr. 3, 31—33; russ.) — In den Oberflächenschichten von der Herst. von gußeisernen Kolbenringen dienenden, nach dem Kokillen-Schleudergießverf. hergestellten Rohlingen mit Wandstärken von 18—25 mm tritt stets Rosettengraphit auf. Diese Graphitform ist das Ergebnis einer Unterkühlung der äußeren Schichten bei der Gußeisenerstarrung. Bei unveränderter chem. Zus. von voreutekt. Gußeisensorten für die Kolbenringe muß die Höhe dieser Unterkühlung dadurch vermindert werden, daß die Kokillenvorwärmtemp. erhöht, die Wärmeleitfähigkeit ihres Überzuges erniedrigt, die Gießgeschw. erhöht u. die Gießtemp. erniedrigt wird. Die hohe Verschleißfestigkeit von Kompressor-Kolbenringen wird durch die minimale Ausziehfähigkeit der Grenzen der gleichmäßig verteilten Graphiteinschlüsse in der perlit. Grundmasse des Gußeisens bestimmt. Bei Verw. von legierten Gußeisensorten wird ihre Verschleißfestigkeit durch die Feinheit des Perlits sowie durch die Gleichmäßigkeit der Verteilung einer geringen Menge am Ferrit u. Phosphideutektikum bestimmt, jedoch haben die chem. Zus. u. Graphitform hierbei eine nur zweitrangige Bedeutung. Die Verschleißfestigkeit der Ringe wird durch einen geringen Zusatz von Cr u. Ni zum Gußeisen verbessert.
H. Hochstein 6402◇

2261 **Der Einfluß der chemischen Zusammensetzung auf die Entstehung von Graphitisierungszentren bei Niedertemperaturerhitzung von Gußstücken aus weißem Gußeisen.** I. I. Choroschew. (Hochschulnachr. [Moskau], Eisenmetallurgie **6,** 148—50, 1963; Rostow a. Don, Inst. für den landwirtschaftl. Maschinenbau; russ.) — Ein unterschiedlicher Geh. der chem. Elemente in einem modifizierten weißen Gußeisen zeigt keinen wesentlichen Einfl. auf die Alterungsvorgänge u. auf die Entstehung von Graphitisierungszentren bei einer Niedertemp.-Erhitzung von Gußstücken in Bereich von 250—450°. H. Hochstein 6404◇

2262 **Über die Rolle von Fehlstellen bei der Beschleunigung des Graphitisierungsprozesses nach der Härtung.** I. N. Bogatschew und Ss. B. Roshkowa. (Hochschulnachr. [Moskau], Eisenmetallurgie **6,** 143—47, 1963; Uraler polytechn. Inst.; russ.) — Der Hauptgrund für die beobachtete Graphitisierungsbeschleunigung nach einer vorangegangenen Wärmebehandlung ist offenbar die Erleichterung der Erzeugung von Graphitzentren. Die Fehlstellen der Kristallstruktur (Versetzungen u. dgl.) müssen eine energ. Diffusion von C-Atomen in fester Lsg. bewirken, was die Bldg. von Seigerungen aus C-Atomen rund um diese Fehlstellen ermöglicht u. so die Erzeugung der Graphitzentren erleichtert. H. Hochstein 6404◇

2263 **Verschleißfestes magnesiumhaltiges Gußeisen.** N. A. Woronowa, Ss. A. Fedorowa und N. T. Tkatsch. (Gießerei-Betr. [UdSSR] **1963,** Nr. 5, 10—11; russ.) — Als verschleißfestes Mg-haltiges Gußeisen für die Zementindustrie wird ein Gußeisen mit 3,2—3,5(%) C, u. 3,0 bis 3,2 Si u. 3,4 Cu verwendet, dessen Graphitisierungsglühdauer 30 Min. beträgt. Bei einer isotherm. u. einer gestuften Härtung bei 200 u. 250° wird damit eine Härte über 480 HB erzielt, während bei einer solchen Härtung bei 300° ein Gußeisen mit bainit. Grundstruktur u. 450 HB erhalten wird. Empfohlen wird die Verw. eines Mg-haltigen Gußeisens, das einer Graphitisierungsglühung u. einer isotherm. Härtung bei 250—300° unterworfen worden ist. H. Hochstein 6404◇

2264 **Die Glühdauer von modifiziertem Tempereisen.** I. I. Choroschew. (Gießerei-Betr. [UdSSR] **1963,** Nr. 5, 8—9; russ.) — Zur Untersuchung des Einfl. der Anzahl von Graphitkeimen auf die Dauer des ersten u. zweiten Graphitisierungsstadiums werden mit einem nach dem Duplexverf. erzeugten Tempereisen der Zus.: 2,68(%) C, 0,36 Mn, 1,17 Si, 0,15 S u. 0,03 Cr, das mit 0,02 Al modifiziert ist, Verss. angestellt, bei denen die erste Graphitisierungstufe bei 950—1000° mit anschließender Luftabkühlung u. die zweite bei 820° (2 Std.) mit Abkühlung auf 760° (1,5 Std.) u. weiterer Abkühlung auf 720° von 0,5—14 Std. Dauer durchgeführt wurden. Auf Grund der Unters.-Ergebnisse wird für das Tempereisen ein Glühprogramm aufgestellt. H. Hochstein 6406◇

2265 **Die theoretische Grundlage der Stahlherstellung mittels Sauerstoff.** J. Pearson. (Iron Coal Trades Rev. **181,** 1407—13, 1960; Brit. Iron and Steel Res. Assoc.; engl.) — Vgl. C. **1961,** 7376. — Überblick. — 10 Literaturangaben. M. Gehlen-Keller 6408◇

2266 **Unvollständiges Mischen bei der Stahldesoxydation.** John Chipman. (Trans. metallurg. Soc. AIME **224,**1288 bis 1289, 1962; Cambridge, Mass., MIT; engl.) — Krit. Überblick. — 13 Literaturangaben. H. Hochstein 6408◇

2267 **Desoxydation von Stahl. Thermodynamik und Kinetik.** Arne Apold. (Tidsskr. Kjemi, Bergves., Metallurgi **23,** 79—86, 1963; Oslo, FONAS Fabriker A/S.; norw.) — Übersicht. — 24 Literaturangaben. M. Gehlen-Keller 6408◇

2268 **Die natürliche Alterung von Siemens-Martin-Schienenstahl.** N. Ss. Michailetz und N. G. Nikulin. (Stahl [UdSSR] **23,** 648—50, 1963; Kusnetzk, metallurg. Kombinat; russ.) — Die mechan. Eigg. von Schienenstahl mit 0,60—0,80% C ändern sich während der natürlichen Alterung (Lagernlassen bei Raumtemp.) nicht so, wie die Eigg. eines niedriggekohlten Stahles: Die Streckgrenze u. Zugfestigkeit sowie die Härte bleiben unverändert; die spezif. Dehnung u. die Einschnürung werden im Laufe der ersten 8—23 Tage stark erhöht; die Kerbschlagzähigkeit ändert sich im Ablauf der ersten 140 Tage nicht, wird dann aber etwas erniedrigt. Ein Vgl. des Einfl. von verschiedenen Veränderungen in der Technologie auf die Kennwerte der plast. Eigg. ist nur bei gleicher Haltezeit der Proben nach dem Walzen zulässig. H. Hochstein 6408◇

2269 **Carbide in Molybdänstählen.** Tomo-o Sato, Taiji Nishizawa und Koreaki Tamaki. (Trans. Japan Inst. Metals **3,** 196—202, 1962; Nagoya, Inst. of Technol. u. Sendai, Tohoku Univ.; engl. — C. **1962,** 5213.) H. Hochstein 6410◇

2270 **Die Untersuchung von legiertem chrommanganhaltigem austenitischem Stahl.** R. Ss. Scharipkulow. (Nachr. Akad. Wiss. UsbekSSR, Ser. techn. Wiss. **7,** Nr. **3,** 78 bis 84, **1963;** Akad. der Wiss. der UsbekSSR Abt. Bergbau; russ.) — Bei der Herst. eines austenit. Cr–Mn-Stahles mit 18—22(%) Cr u. 11—18 Mn mit 0,2—0,7 N werden fehlerfreie Gußstücke erhalten. Die N-haltigen austenit. Cr–Mn-Stähle übertreffen hinsichtlich ihrer mechan. Eigg. im abgeschreckten Zustand bei Raumtemp. den austenit. Cr–Ni-Stahl mit 18 Cr u. 9 Ni. Sie besitzen nach dem Abschrecken sowie nach dem Abschrecken u. Anlassen eine höhere Härte als der austenit. Cr–Ni-Stahl *1Ch 18N9T*. Ein Anlassen der Stähle führt zu einer wesentlichen Verringerung der Kerbschlagzähigkeit im Zusammenhang mit der Ausscheidung komplizierter Carbide oder Carbonitride an den Korngrenzen. Sie können als Ersatz für *1Ch 18N9T* im abgeschreckten Zustand dienen. H. Hochstein 6410◇

2271 **Der Einfluß von Zirkonium auf das Anlassen von legiertem Baustahl.** W. F. Subarew und W. M. Chlesstow. (Hochschulnachr. [Moskau], Eisenmetallurgie **6,** 138—42, 1963; Shdanow-Hüttenwerk; russ.) — In drei legierten Baustählen mit 0,36—0,37 (%) C, 1,28—1,33 Mn, 0,33—0,37 Si, 0,95—1,06 Cr ohne oder mit 0,25 bzw. 0,38 Zr verzögert *Zr* die dritte Umwandlung beim Anlassen, wobei das Ende der Umwandlung um 25—30° auf die Seite hoher Temp. hin nach Abschrecken von 860° u. um 40—50° nach Abschrecken von 1300° verschoben wird. Bei Anlassen der von 1300° abgeschreckten Stähle ist der Restaustenit in den Zr-haltigen Baustählen beständiger u. seine Zerfallstemp. um 20—30° höher als im gleichen, jedoch Zr-freien Stahl. Nach der Abschreckung von 860° wird ein Zerfall von Restaustenit nicht beobachtet. Unter dem Zr-Einfl. nimmt die Härte der Stähle beim Anlassen im Temp.-Bereich der dritten Umwandlung langsamer ab. Der Zr-Einfl. beim Anlassen kann durch die Zr-Auflsg. im Austenit während der Erhitzung u. während des Haltens des Stahles auf Abschrecktemp. erklärt werden. H. Hochstein 6410◇

2272 **Der Einfluß einer angelegten Spannung auf die Martensit-Umwandlung.** Iwao Hagiwara und Shogo Kanazawa. (Trans. Japan Inst. Metals **3,** 133—37, 1962; Sapporo, Japan, Hokkaido Univ. u. Sagamihara, Fuji Iron & Steel Co.; engl.) — Vgl. C. **1962,** 4320. — Unterss. über den Einfl. einer angelegten Spannung auf die Martensit-Umwandlung eines gehärteten Stahles mit 1% *C* u. 5% *Ni* bestätigten hinsichtlich des Restaustenitgeh. die bisherigen Unters.-Ergebnisse von Hagiwara, Kanazawa u. Kumata (ibid. **2,** [1961], 71). Es wird angenommen, daß die Spannung auf die Keimzahl anders als auf die Antriebswrkg. der Martensitumwandlung einwirkt. H. Hochstein 6410◇

2273 **Isothermische Martensitumwandlung in Eisenlegierungen mit niedrigem Kohlenstoffgehalt.** R. B. G. Yeo. (Trans. metallurg. Soc. AIME **224,** 1222—27, 1962; Bayonne, N. J., Internat. Nickel Co., Inc.; engl.) — Eine ausgeprägte isotherm. Martensit-Bldg. bei Raumtemp. wurde dilatometr. in einem *Stahl* mit 0,01(%) C, 24,9 Ni, 0,26 Al, 1,58 Ti u. 0,15 Nb gemessen. Es zeigt sich, daß sich Martensit isotherm. bilden wird, wenn eine Stabilisierung der Austenit–Martensit-Umwandlung durch C-Beseitigung vermieden wird. Die Entkohlung von zwei *Fe-Ni*-Legg. ermöglicht eine isotherm. Umwandlung zu Martensit bei Temp. oberhalb ihrer atherm. M_s-Temperaturen. In einer Fe-Leg. mit 22,4 *Ni* ist bei 0,008 C die M_s-Temp. während der Luftabkühlung um 85°F höher

als während der Wasserabschreckung. Bei 0,15 C wird dieser Unterschied auf nur 5 °F verringert. Die Einführung von C verursacht Stabilisierung während der Luftabkühlung, was die M_S-Temp. auf dieselbe Höhe erniedrigt wie während der Wasserabschreckung. So ist in einer solchen Leg. mit 0,15 C die M_S-Temp. fast unabhängig von der Abkühlungsgeschwindigkeit.
H. Hochstein 6410◇

2274 **Die martensitische Umwandlung in Eisen mit 31% Nickel.** J. F. Breedis und C. M. Wayman. (Trans. metallurg. Soc. AIME **224,** 1128—33, 1962; Philadelphia, Pa., Franklin Inst. Labor. u. Univ. of Illinois; engl.) — Die Kristallographie der martensit. Umwandlung in einer Fe–Ni-Leg. mit ca. 30% *Ni* wurde wieder untersucht. Hierbei wurde gefunden, daß der Streubereich in der Habitus-Ebene kleiner ist als dies bisher angenommen wurde; ferner wurde das Orientierungsverhältnis aus einer Martensitlamelle mit bekanntem Richtungskosinus bestimmt. Aus der Übereinstimmung mit der kristallograph. Theorie sowie aus Beobachtungen der Morphologie der Martensitlamellen wird geschlossen, daß eine beobachtete Mittelrippen-Ebene das Ausgangsgebiet der martensit. Umwandlung ist. H. Hochstein 6410◇

2275 **Verfestigung und Glühen von durch die umgekehrte Martensitumwandlung gebildetem Austenit.** George Krauss jun. und M. Cohen. (Trans. metallurg. Soc. AIME **224,** 1212—21, 1962; Cambridge, Mass., MIT; engl.) — Die umgekehrte martensit. Umwandlung (d. h. die Umwandlung von Martensit zu Austenit beim Erhitzen) wird in *Fe–Ni*-Legg. mit 30,5—33,5% *Ni* untersucht. Dabei tritt ein umgekehrter Austenit auf, der verzerrt ist, ausgeprägte Unterschiede in den Festigkeitseigg. aufweist u. bei der weiteren Erhitzung einer Erholung u. Rekristallisation unterliegt. Bes. ist die Streckgrenze des umgekehrten Austenits um das 2,5fache höher als der des ursprünglichen Austenits; mit fünf Wechseln der direkten u. umgekehrten Martensitumwandlung ist die Streckgrenze um 2,8mal höher. Es gibt einen gleichzeitigen Abfall in der Reckalterungsfähigkeit u. in der stabilen Duktilität oder in der gleichmäßigen Dehnung. Die Rekristallisation folgt einer S-förmigen Kinetik, wird aber gekennzeichnet durch eine anormal große Temp.-Abhängigkeit, welche offenbar von der C-Seigerung an den wandernden Korngrenzen herrührt. Nach der Rekristallisation kehren die Festigkeitseigg. wieder auf die Werte des ursprünglichen Austenits zurück, nicht dagegen die Duktilität, es sei denn, daß durch einen weiteren Temp.-Anstieg die C-Seigerung an den Korngrenzen beseitigt wird. Die Umwandlung von umgekehrten Austenit zur Erzeugung von Martensit der zweiten Generation ergibt eine ungewöhnlich unvollkommene Struktur, was zu einer zusätzlichen Verfestigung führt. Jedoch ist die Martensitphase viel weniger in dieser Beziehung verantwortlich als der Austenit. — 29 Literaturangaben.
H. Hochstein 6410◇

2276 **Besonderheiten eines Stranggußblockes von Transformatorstahl.** G. M. Itzkowitsch, N. A. Nikolajew, Je. I. Akimowa, N. A. Korobowa, T. E. Prawdina und L. P. Kamyschewa. (Stahl [UsSSR] **23,** 643—48, 1963; russ.) — In nach dem Stranggießverf. hergestellten Blöcke aus Transformatorenstahl liegt eine über Querschnitt u. Länge des Stranges verteilte Stengelstruktur vor; im Falle einer tieferen Gießtemp. wird seltener eine kugelige Struktur beobachtet. Im Feingefüge u. auf die Qualität der warmgewalzten Bramme wirken sich diese Unterschiede nicht aus; bestimmende Faktoren sind in den Brammen die chem. Zus. u. die Phasen-Zus. (Austenitmenge) des Stahles sowie auch die Temp.-Verhältnisse beim Walzen. H. Hochstein 6410◇

2277 **Verfahren zur Herstellung von als Elektrolyt für die Bleiraffination anwendbare Sulfamatsäure.** Galia Gruder und Paula Anghel. (Rev. Chim. [București] **14,** 156 bis 157, 1963; rum.) — Es werden Bäder mit 45—50 g/Liter Sulfamatsäure (I) u. 80—85 g/Liter Pb verwendet. Durch direkte Rk. zwischen NH_3 u. SO_3 erhält man bei 200 bis 250° in 2—3 Std. bei Überschuß von NH_3 *NH_4-Imidobisulphat* (**II**). Anwendung von konz. SO_3 wirkt sich günstig aus (Ausbeute bei ca. 95%). Die Hydrolyse von **II** erfolgt bei 55° in 20%ig. H_2SO_4; durch anschließende Erhöhung der H_2SO_4-Konz. auf 38% u. Kühlen, kristallisiert I (Ausbeute 95%). P. W. Kittner 6430◇

2278 **Die Wirkung der Form-Metall-Reaktion und der Querschnittsgröße auf die Eigenschaften von Bronze.** 1. u. 2. Mitt. F. Hudson. (Fonderie belge **32,** 235—41, 301—04, 1962; franz.) — Vgl. C. **1963,** 11809.)
M. Gehlen-Keller 6432

2279 **Einige Aspekte des Glockengießens.** André Lehr. (Metalen **16,** 128—32, 152—56, 168—71, 1961; Asten, Niederlande, Ned. Klokhengieterij B. Eijsbouts N. V.; niederl.) — Übersicht über Wesen u. Bedeutung von Glockengießereigeheimnis u. der Herst. von Glockenform, -guß, -bronze u. Glockenspielen.
W. Wesly 6432◇

2280 **Aluminium, von Bauxit bis Metall.** E.-M. Brenner und J. Pellmer. (Svensk. kem. Tidskr. **75,** 481—92, 1963; Stockholm, AB Svenska Aluminiumkomp.; schwed.) — Überblick. M. Gehlen-Keller 6446◇

2281 **Elektronenoptische Untersuchungen des Alterns von Aluminiumlegierungen mit 4% Kupfer.** R. B. Nicholson. (J. Inst. Metals **87,** Bull. 4, Nr. 14, 105—06, 1958; Cambridge, Univ.) — Die Unterss. ergeben, daß bei best. Bedingungen der Härtungseffekt nicht durch die Ausscheidung bei Al–Cu-Legg. bewirkt wird. Vgl. Thomas u. Nuthing, C. **1958,** 12040, Koda u. Takeyama, C. **1959,** 8306. F. Vier 6446

2282 **Wiedergewinnung von Uran als Sulfatlaugen durch Anionenaustausch. Adsorption und Elution in Gegenwart von Phosphat.** M. V. Nayak, T. K. S. Murthy und D. V. Bhatnagar. (J. sci. ind. Res. [New Delhi], Sect. B **19,** 20—24, 1960; Bombay, Atomic Energie Establ., Trombay; engl.) — Der größere Teil der U-Produktion stützt sich auf Erze mit niedrigem U-Geh., die durch H_2SO_4 (**I**) ausgelaugt werden. Die Wiedergewinnung aus **I** erfolgt durch Ionenaustauscher wie Amberlite *IRA-400, De Acidite FF* u. a., deren Aufnahmefähigkeit zwischen 30—100 g *U_3O_8*/Liter schwankt. Bei der Elution werden zunächst SO_4^{2-}- u. komplexe Fe(III)-Sulfat-Ionen mit einem kleinen Anteil von absorbiertem U_3O_8 eluiert, während U bei nun folgender Elution fast frei von Fe erhalten wird. Mit den üblichen Eluiermischungen (0,9 [Mol] NaCl + 0,1 HCl oder 0,9 $NaNO_3$ + 0,1 HNO_3) ist die Elution gut u. wird gewöhnlich mit dem 6—7fachen Austauscher-Vol. vollständig. Die durchschnittliche U_3O_8-Konz. im Eluat beträgt 5—10 g/Liter. Die Adsorption kann durch Zusatz größerer Mengen an Phosphat zu der Auslauge-Lsg. beträchtlich gesteigert werden. Dagegen war die Elution des aus phosphatfreier Lsg. adsorbierten U mit einer Mischung von 0,9 NaCl + 0,1 HCl wirksamer als die des aus phosphathaltiger Lsg. adsorbierten U. Die Sättigungskapazität der von Vff. angewandten Austauschersäule (1,6 cm ⌀, 25 cm Höhe mit 25 g lufttrockenem Amberlite *IRA-400*, B. S. S. — 20 + 36mesh) betrug nach 160 Durchgängen mit einer Lsg., die 1—20 g P_2O_5/Liter enthielt, 4,5—4,9 g U_3O_8, wogegen sie ohne P_2O_5 nur 2,8 g/Liter betrug. Diese Kapazitätssteigerung wird auf die Adsorption von U_3O_8 zurückgeführt, das teilweise als anion. Phosphatkomplex vorliegt. Der pH-Wert der Eluier-Lsg. hat auf die U_3O_8-Adsorption großen Einfl.; ein höherer begünstigt die Aufnahme im Harz. Fe setzt die Sättigungskapazität der Austauschersäule wegen der Adsorption von Fe wesentlich herab. Höhere Säure-Konz. in der Eluier-Lsg. ist für die Elution günstig.
P. Nachtwey 6448◇

2283 **Wirkung der Temperatur und Belastungsgeschwindigkeit auf die Verformung von Tantal.** B. Harris. (J. less.-common metals [Amsterdam] **5,** 195—97, 1963; Cambridge, Cavendish Labor.; engl.) — Ta-Einkristalle hergestellt durch Elektronenstrahlzonenschmelzen wurden bei 1940, 2225 u. 2540° unter Wechsel der Belastungs-Geschw. verformt. Es wurden 2 Verformungsmechanismen beobachtet. Der eine ist diffusionsabhängig durch Stufenversetzungsklettern, der andere ist unabhängig von der Diffusion durch die Verfestigung bestimmt, deren Geschw. abhängig von der Überschneidung gleitenderVersetzungen mit ruhenden Versetzungen ist.
F. Vier 6448

2284 **Rückgewinnung von Germanium aus Polierpasten.** Karol Akerman, Maria Falkowska und Władysław Szponder. (Przemysł chem. **41**, 723—26, 1962; Warschau, Inst. Badań Jadrowych; pol.) — Aus demGemisch von *Ge*-Pulver aus Abfällen vom Schleifen der Einkristalle für Halbleiterelemente u. *Karborund*- u. *Korund*-Polierpulver erhält man GeO_2 durch Auslaugen mit einer Lsg. von *NaOH* u. H_2O_2, Dest. mit *HCl*, Reinigung des $GeCl_4$, Hydrolyse u. Fällung von $Ge(OH)_4$ u. Rösten. Die Abhängigkeit des Grades der Auslaugung von der Menge des verwendeten NaOH u. H_2O_2 u. von der Auslaugzeit wird untersucht. Das so erhaltene GeO_2 ist von hoher Reinheit. (94,0% Ausbeute). I. Kalzendorf 6448

2285 **Rückgewinnung von Germanium aus seinen Lösungen.** Józef Kaliciński und Henryk Hoffman. (Przemysł chem. **41**, 726—27, 1962; Warschau, Fabr. Polpraewodnikow TEWA; pol.) — Ergebnisse der Labor.-Unterss. über die Möglichkeit der Ge-Rückgewinnung aus seinen Lsgg. mit *HF*. Die beschriebene Meth. macht es unmöglich, in Glas-App. zu arbeiten. I. Kalzendorf 6448

2286 **Neue Instrumente zur Mikrohärteprüfung.** Wolfgang O. Oettel. (Metal Treatment Drop. Forging **30**, 450—52, 1963; engl. — C. **1963**, 15974.) M. Gehlen-Keller 6480◇

2287 **Die Bestimmung einer S–N-Kurve aus Wechselspannungs-Härtungswerten.** T. H. Alden. (Trans. metal lurg. Soc. AIME **224**, 1287—88, 1962; Schenectady, N. Y., General Electric Res. Labor.; engl.) — Die Best. der S–N-Kurve aus Wechseldehnungs-Härte-Messungen hängt von der Gültigkeit der Coffinschen Gleichung über einem Amplitudenbereich ab, welcher die eine lange Dauerhaltbarkeit gewährleistenden Amplituden mitumfaßt. H. Hochstein 6480◇

2288 **Interkristalline Sprödigkeit von Chrom–Nickel-Gußstählen.** I. S. Brammer und R. W. K. Honeycombe. (J. Iron Steel Inst. **201**, 761—62, 1963; engl.) — Diskussion zu der C. **1963**, 17117 referierten Arbeit. M. Gehlen-Keller 6480◇

2289 **Über den Fortpflanzungsmechanismus eines Sprödbruches in Stahl.** H. C. van Elst, W. L. Korbee und C. A. Verbraak. (Trans. metallurg. Soc. AIME **224**, 1298—99, 1962; Delft, Holland, Metaallinst. T.N.O.; engl.) — Die Auslösung eines Spannungsfeldes an der Spitze eines laufenden Bruchs erzeugt eine Spannungswelle, die mit einer fünfmal so großen Geschw. verläuft wie die Geschw. des Bruches selbst. Diese Spannungswelle kann Zwillingsbldg. u. die Bldg. von Mikrorissen in der Bruchfront selbst verursachen, bis die Energie der Spannungswelle zu stark zerstreut wird, um noch Zwillinge zu bilden. In der Fläche, in der Zwillinge u. Mikrorisse gebildet werden, kann der laufende Bruch nun einem leichten Weg folgen. Sobald sich der Bruch dem Ende dieser Fläche nähert, wird ein neues Spannungsfeld aufgebaut, welches wieder wie zuvor eine neue Spannungswelle erzeugt, so daß der Vorgang wiederholt wird. H. Hochstein 6480◇

2290 **Mikrodehnung in faserverstärktem Silber.** T. J. Koppenaal und N. M. Parikh. (Trans. metallurg. Soc. AIME **224**, 1173—76, 1962; Argonne, Ill., Nat. Labor.; Chicago, Ill., Armour Res. Found. Technol. Center; engl.) — Der Verfestigungsmechanismus von faserverstärktem Ag wird in Abhängigkeit von der Faserdichte u. dem Fasermaterial untersucht. Spannung–Dehnung-Kurven werden in dem Bereich von $2 \cdot 10^{-6}$ bis $2 \cdot 10^{-3}$ plast. Dehnung bestimmt u. die Gleitlinien geprüft. Die Streckgrenze bei 0,2% bleibender Dehnung ist deutlich von der Faserdichte abhängig, jedoch ist die zur Einleitung der plast. Verformung erforderliche Spannung von der Faserdichte unabhängig. Der Verfestigungsmechanismus der Fasern ist analog der Korngrenzenverfestigung in vielkristallinen Metallen. Die Veränderungen in der Verfestigung mit unterschiedlichen Arten von Fasern werden besprochen. H. Hochstein 6480◇

2291 **Vergleichbare Kriechversuche von kurzer und halblanger Dauer an einem Stahl mit kleinem Kohlenstoffgehalt.** I. Hajdu, L. Kovats und P. Nicola. (Studii Cercetări [Timişoara], Stiinte tehn. **9**, 243—59, 1962; rum.) — Es werden Kriechkurven für verschiedene Beanspruchungen, die bei 450° an einem Stahl *OLK 1* mit kleinem C-Geh. erhalten wurden, besprochen u. die Anwendungsmöglichkeit der verallgemeinerten Formel von Andrade: $\varepsilon = Bt^0 + \alpha t$ untersucht. Die Best. der drei Formelkonstanten für verschiedene Bereiche der Kriechkurven ergab, daß diese Werte für dieselbe Kurve sehr große Unterschiede aufweisen u. in den untersuchten Fällen die Gleichung von Andrade nicht angewendet werden kann. Dagegen wurden gute Ergebnisse durch Anwendung der Formel nach Cottrell $\varepsilon = A + B^{1/3} + Ct$, erhalten. Die Werte der Konstanten A, B und C wurden für jede Kurve mit Hilfe des Verf. der kleinsten Quadrate bestimmt. Anne Marie Tache 6480△

2292 **Die Verwendung von Zwischenreckgeschwindigkeiten bei der Untersuchung des Kavitationskriechens von Magnox A 12.** S. J. Tyler und V. N. Whittaker. (Metallurgia [Manchester] **68**, 17—22, 1963; Birmingham, Coll. of Adv. Technol.; engl.) — Zug- u. Kriech-Verss. wurden an der für Umhüllungszwecke im Kernreaktorbau verwendeten Leg. *Magnox A 12* mit 0,8(%) *Al*, 0,05 *Be*, 0,003 *Fe*, 0,005 *Si*, Rest. *Mg* bei Reck-Geschw. von 14,5%/Std. durchgeführt. Bei 200° lassen sich an der Last-Dehnungskurve 3 Stufen feststellen. Zuerst findet vorherrschend Verformung durch Gleiten u. Zwillings-Bldg. statt. Dann geht die Verformung unter Begleitung von sek. Kriechen vor sich, d. h. unter gleichzeitigem Korngrenzengleiten. In der 3. Stufe beginnt die Einschnürung. Im eingeschnürten Gebiet bilden sich Hohlräume, die zum interkristallinen Bruch am Ende des Zug-Vers. führen. Metallograph. Unterss. ließen erkennen, daß die Hohlraum-Bldg. bereits zu Beginn der 2. Stufe einsetzte, ohne daß ein Einfl. auf die Zug-Eigg. bis zum Beginn der Einschnürung zu beobachten war. Grobkörnige Proben hatten eine beträchtlich niedrigere Duktilität als feinkörnige, wahrscheinlich wegen der kleineren Anzahl von Ansatzpunkten für die Hohlraumkeimbildung. F. Vier 6480◇

2293 **Einfluß der Spannung auf die Kriechgeschwindigkeit von sehr reinem Aluminium im Quergleitungs-Gebiet.** N. Jaffe und J. E. Dorn. (Trans. metallurg. Soc. AIME **224**, 1167—73, 1962; Berkeley, Calif., Univ.; engl.) — Der Einfl. der Spannung auf die Kriechgeschw. von hochreinem vielkristallinem Al im Zwischentemp.-Bereich wurde durch Kriechprüfungen untersucht, die bei einer Reihe von verschiedenen Spannungen u. mit einer plötzlichen Senkung der Spannung während des Ablaufs des prim. u. sek. Fließens durchgeführt wurden. 3 Reihen von Abnahmen in den Spannungsprüfungen wurden durchgeführt: die Spannung wurde im prim. u. sek. Kriechgebiet bei 347,5°K u. die Spannung wurde beim prim. Kriechen bei 327°K verringert. Die Ergebnisse lassen die Einfl. von Gefüge u. Temp. auf die Spannungsabhängigkeit der Kriechgeschw. erkennen. Der Verlauf in der Kriechgeschw. nach dem Spannungsabfall ist kompliziert u. zeigt, daß Erholung stattfindet. Die experimentellen Ergebnisse werden mit der Theorie von Friedel über Quergleiten verglichen; die experimentell bestimmte Energie für eine Einschnürung steht in guter Übereinstimmung mit der von Stroh vorgeschlagenen theoret. Schätzung. Die Aktivierungsenergie für das Kriechen u. der Spannungseinfl. auf die Kriechgeschw. von Al in der Nähe von 340°K unterscheidet sich deutlich von der bei 475°K, wo das Kriechen durch Klettern der Versetzungen stattfindet. H. Hochstein 6480◇

2294 **Gleitpolygonisation in bei höherer Temperatur gerecktem Aluminium im Elektronenmikroskop.** B. H. Kear. (Acta metallurg. [New York] **11**, 624—26, 1963; Philadelphia, Pa., Franklin Inst.; engl.) — Vielkristalline Proben aus Al wurden im Elektronenmikroskop bei 350 bis 400° gereckt. In der Nähe der Bruchzone wurde Gleitpolygonisation beobachtet. Die Gleitbewegungen der Versetzungen sind durch schwach sichtbare Verwerfungsspuren erkennbar. Kippkorngrenzen u. verschiedene Stufen der Bewegung konnten beobachtet werden. Auch hier sind die einzelnen Versetzungen an ihren Verwerfungsspuren im Gebiet des dunklen Kontrastes der Mikrographie erkennbar. Es wird angenommen, daß Versetzungsklettern eine große Rolle bei der endgültigen Gestaltung der Versetzungen spielt. F. Vier 6482◇

2295 **Eine neue Technik zur automatischen Herstellung von Mikrophotographien zur Untersuchung des Feingefüges von Metallen.** Michael Lorant. (Chem. Rdsch. [Solothurn] **16,** 509—10, 1963; London; engl.) — Die neue Meth. des US Nat. Bur. of Standards, die eine neue elektron. Computortechnik verwendet, u. ihre Anwendung wird beschrieben. F. Rosendahl 6482△

2296 **Die Bedeutung und Grenzen der Elektronenmikroskopie für die Untersuchung von Metallen.** W. Bollmann. (Schweiz. Arch. angew. Wiss. Techn. **27,** 447—49, 1961; Genf, Battelle Mem. Inst.; dt. u. franz.) — Es wird gezeigt, daß das Elektronenmikroskop heute eher ein Forschungs- als ein Materialprüfungsinstrument ist. W. Wesly 6482◇

2297 **Röntgenographische und fraktographische Untersuchung eines Stahlbruchs.** W. M. Finkel, P. I. Krotenok und A. M. Ssaweljew. (Hochschulnachr. [Moskau], Eisenmetallurgie **6,** 130—37, 1963; russ.) — Untersucht wird die verschiedenen Vers.-Temp. entsprechende Bruchoberfläche von Stahl durch Interferenz-Fraktographie u. Röntgenographie im dichten Mikrostrahlenbündel. Auf Grund der Röntgen-Struktur-Analyse wird mit einer Abnahme der Zerstörungstemp. die einen Riß begleitende plast. Verformung verringert, was mit der Abnahme der Kerbschlagzähigkeit u. der allg. Versprödung des Materials übereinstimmt. Die fraktograph. Unters. bestätigt das Vorhandensein einer plast. Verformung, die bei der Bldg. eines flußartigen Reliefs auf der Oberfläche auftritt. Gleichzeitig wird eine Vergrößerung der Facettenabmessungen beobachtet. Die Verwicklung der Morphologie der Bruchoberfläche trägt zu den Besonderheiten des Zerstörungsvorganges u. vor allem zur Kinetik der Rißbewegung bei. Erörterung der Unters.-Ergebnisse aus 20 Literaturangaben. H. Hochstein 6484◇

2298 **Neue Walzverfahren bei der Verformung von Metallen.** Elemer Köves. (Freiberger Forsch.-H., Reihe B Heft **87,** 131—41, 1963; Budapest; dt.) — Übersicht. — 10 Literaturangaben. M. Gehlen-Keller 6490◇

2299 **Die Textur und Festigkeitseigenschaften von in einem Magnetfeld rekristallisiertem Eisendraht.** Vittal S. Bhandary und B. D. Cullity. (Trans. metallurg. Soc. AIME **224,** 1194—1200, 1962; Bombay, Indian Smelting and Refining Co., Ltd. u. Notre Dame, Ind., Univ.; engl.) — Gezogener Fe-Draht hat eine zylindr. {001} <110>-Textur. Die Textur ist ebenfalls zylindr. nach Rekristallisation bei Abwesenheit eines Magnetfeldes, jedoch treten <111>- u. <112>-Komponenten zu dieser Textur hinzu, wenn die Rekristallisation in einem Magnetfeld stattfindet. Die mechan. Eigg. bei Zug- u. Verdrehbeanspruchung werden durch diese Änderungen in der Textur nicht sehr verändert. H. Hochstein 6490◇

2300 **Einfluß der Anfangsorientierung auf die Verformungstextur sowie auf die Zug- und die Drehfestigkeit von Kupfer- und Aluminium-Drähten.** K. S. Sree Harsha und B. D. Cullity. (Trans. metallurg. Soc. AIME **224,** 1189—93, 1962; University Park, Pa., Univ.; Notre Dame, Ind., Univ.; engl.) — Wenn ein Cu- oder Al-Einkristall zu Draht gezogen wird, hängt die daraus resultierende Verformungstextur von der ursprünglichen Kristallorientierung ab. Die ⟨100⟩- u. ⟨111⟩-Orientierungen sind im wesentlichen stabil, während die ⟨110⟩-Orientierung unstabil ist. Je größer der ⟨100⟩-Anteil der Verformungstextur ist, desto größer ist die Verdrehfestigkeit des Drahtes; je größer der ⟨111⟩-Anteil ist, desto höher ist seine Zugfestigkeit. H. Hochstein 6490◇

2301 **Herstellung, Qualifizierung und Verwendung von gut verformbaren Blechen aus AlMg-Legierungen.** Robert K. Vassel, István Limpár und Gábor Sinay. (Fémipari Kutató Intézet Közleményei [Mitt. Forsch.-Inst. NE-Metalle] **6,** 187—211, 1962; Budapest, Forsch.-Inst. NE-Metalle; ung.) — Vff. untersuchten an verschiedenen, mit 2—3% Mg legierten Werkstoffen auf Al-Basis Festigkeits- u. Plastizitäts-Eigg., Verformbarkeit, Polierbarkeit, Anodisierbarkeit u. Korrosionsfestigkeit. Die Ergebnisse wurden mit den entsprechenden Parametern von 99,0—99,5%ig. Hütten-Al u. betriebsmäßig erzeugten Al–Mg–Si-Blechen verglichen. Es konnte festgestellt werden, daß hauptsächlich die Zugverss. u. die mit drei verschiedenen Stempeln ausgeführten Näpfchenziehproben nach Guillery zur Labor.-Qualifizierung der Verformbarkeit geeignet sind. L. Zombory 6490△

2302 **Die Schweißbarkeit von gehärtetem, niedrig legiertem Baustahl.** L. I. Gladstein und Ju. P. Kusmin. (Schweißtechn. Fertig. [UdSSR] **1963,** Nr. **7,** 4—7; russ.) — Mitgeteilt werden die Unters.-Ergebnisse einer Schweißung von therm. verfestigtem, Ni-freiem, niedriglegiertem Baustahl zur Feststellung des Grades seiner Entfestigung während des Schweißens. Hierbei zeigt sich, daß ein solcher Stahl mit einer Streckgrenze von 60 u. von 75 kg/mm² um ca. 10—30% der Anfangsfestigkeit durch Schweißwärme-Einw. entfestigt wird. Diese Entfestigung ist durch das hohe Anlassen bedingt u. tritt in der Hauptsache in einem engen Bereich in der Nähe der Zonengrenze einer unvollständigen Umkristallisation auf. Der Entfestigungsgrad ist um so größer, je größer die Höhe der Schweißenergie je Längeneinheit ist u. je höher der Stahl bei der Härtung verfestigt wurde. Durch Veränderung der Höhe der Schweißenergie kann man in gewissen Grenzen den Entfestigungsgrad regeln. Die Ggw. von 0,1—0,2% *V* im gehärteten niedriglegierten Stahl erniedrigt wesentlich seinen Entfestigungsgrad beim Schweißen. H. Hochstein 6506◇

2303 **Oberflächenbehandlungsverfahren von Magnesium und seinen Legierungen.** Lester F. Spencer. (Metal Finishing **58,** Nr. 9, 56—59, 62, Nr. 10, 63—70, Nr. 11, 63—66, 1961; Cleveland, Ohio; engl.) — Überblick über Beizen, Reinigen u. chem. Oberflächenbehandlung, sowie Herst. von *Cu-* u. *Zn*-Überzügen. — 32 Literaturangaben. F. Vier 6508◇

2304 **Schäden an abgeschliffenen Oberflächen.** Elder Gadotti. (Engenharia, Mineração Metalurg. **34,** 283 bis 285, 1961; port.) — Behandelt werden: Risse, Oberflächenspannungen, Verbrennungen, Gegenmaßnahmen u. Gefügeunterss. an *Stahl.* R. K. Müller 6508◇

2305 **Die Entfernung von Zunder auf hydraulischem Wege.** W. I. Salesski, A. M. Zwentarny, D. M. Kornejew und A. A. Shukow. (Hochschulnachr. [Moskau], Eisenmetallurgie **6,** 135—39, 1963; Moskau, Inst. für Stahl u. Legg.; russ.) H. Hochstein 6510◇

2306 **Neue Richtungen in der Spültechnik.** Vl. Bahenský und M. Macháček. (Korose Ochrana Mater. **1961,** 85—87; tschech.) M. Gehlen-Keller 6510◇

2307 **Berechnung des Wasserbedarfs bei der Gegenstromspülung.** J. Průšek und J. Matějovský. (Korose Ochrana Mater. **1961,** 87; tschech.) M. Gehlen-Keller 6510◇

2308 **Ätzen von nichtrostendem Stahl.** Max Straschill. (Galvanotechnik **54,** 689—90, 1963; dt.) — Übersicht. M. Gehlen-Keller 6512◇

2309 **Sparbeizzusätze und Bestimmung ihrer Inhibitionswirkung und Konzentration in den Beizlösungen.** J. Roneš und M. Tůma. (Korose Ochrana Mater. **1961,** 81—85; tschech.) M. Gehlen-Keller 6512◇

2310 **Bestimmung des Netzmittels in Nickelbädern.** Petr Wild. (Galvanotechnik **54,** 562, 1963; Cheb, Tschechoslowakei; dt.) — Die Best. beruht auf der Rk. von Methylenblau mit dem anionaktiven Emulgator. Das Prod. ist in Chlf. lösl. u. kann colorimetr. bestimmt werden. F. Vier 6520◇

2311 **Der Korrosionsschutzwert von Mattnickel- und Glanznickel-Niederschlägen.** Johannes Elze. (Galvanotechnik **54,** 548—51, 553, 1963; Berlin, BMP.; dt.) — Verss. ergaben, daß bei Glanznickel-Überzügen infolge der eingebauten Fremdstoffe in aggressivem W. u. an der Atmosphäre mit einer um das 200fache erhöhten Korrosion gegenüber Mattnickel-Überzügen gerechnet werden muß. Auf den Ersatz der Glanznickelschichten durch Mattnickel-, Cr-, Doppelnickel- u. Sperrschichten wird hingewiesen. F. Vier 6520◇

2312 **Spritzen von Schutzschichten mit Plasmabrennern.** Vl. Veselý. (Korose Ochrana Mater. **1961**, 77—81; tschech.) M. Gehlen-Keller 6528◇

2313 **Oxid-Bindung und die Kriech-Bruchfestigkeit von Nickel.** T. R. Cass und M. R. Achter. (Trans. metallurg. Soc. AIME **224**, 1115—19, 1962; Berkeley, Calif., Univ.; Washington, D. C., U. S. Naval Res. Labor.; engl.) — Eine Technik zur Messung des Kriechens u. der Bruchfestigkeit von durch gesinterte Oxidschichten verbundene Ni-Proben wird zur Unters. der Bedeutung von Korngrenzenoxid bei der Oxydationsverfestigung von Ni während des Kriechens bei 817° entwickelt. Aus der umgekehrten Abhängigkeit der Bindungsgeschw. von der Dicke des Ausgangsoxids wird angenommen, daß die Diffusionsgeschw. von Ni^{+++} durch NiO der regelnde Prozeß zu Beginn der Sinterung ist. Vgl. der Kriech- u. Bruchfestigkeit u. des Feingefüges der Sinterpaare mit den konventionellen Kriechproben ergeben, daß ein Bruch in Ni durch lasttragende, interkristalline Oxidschichten verhütet wird. H. Hochstein 6530

2314 **Eloxal- und Tauchverfahren für Aluminium.** Jürgen Weigel. (Galvanotechnik **54**, 563—74, 1963; Hamburger Flugzeugbau G.m.b.H.; dt.) — Der Korrosionsschutz verschieden hergestellter *Eloxal*-Schichten wurde ermittelt, um eine geeignete Arbeitsmeth. zum Schutz von korrosionsanfälligen Al-Legg., bes. für stranggepreßte Teile, aufzustellen. Die im H_2SO_4-Elektrolyten hergestellten Eloxalschichten sind sehr porenreich, die Poren werden am besten durch Behandeln mit $K_2Cr_2O_6$-Lsgg. verstopft. Die im CrO_3-Elektrolyten hergestellten Eloxalschichten sind porenarm, sie reißen aber bei zu dicken Schichten auf. Am günstigsten wirkt sich hier Heißwasserverdichtung aus. F. Vier 6530◇

2315 **Zur Ausbildung von amorphen Phosphatschichten.** V. Čupr und J. B. Pelikán. (Korose Ochrana Mater. **1961**, 76—77, tschech.) M. Gehlen-Keller 6532◇

2316 **Die Wasserstoffsprödigkeit von niedrig gekohltem Stahl in Lösungen von Orthophosphorsäure.** Ss. A. Balesin und I. W. Nikolski. (Hochschulnachr. [Moskau], Eisenmetallurgie **6**, 151—52, 1963; Moskau, staatl. padägog. Fern-Inst.; russ.) — Bei der *Phosphatierung* von Teilen aus einem zur intensiven Versprödung neigenden Stahl muß zwecks Vermeidung einer H-Versprödung das Einlegen in eine Lsg. aus *NaF* vermieden werden. H. Hochstein 6532◇

2317 **Korrosion.** J. B. Cotton, I. Dugdale und P. E. Gallant. (Rep. Progr. appl. Chem. **47**, 429—40, 1960; Imp. Metal Ind. (Kynoch) Ltd.; engl.) — Fortschrittsbericht über experimentelle Meth., Kerntechnik, Al, Al-Legg., Cu, Cu-Legg., Ti u. Korrosion durch Schweiß. — Bibliographie u. 72 Literaturangaben. M. Gehlen-Keller 6538◇

2318 **Beherrschung der Korrosion durch die Auswahl geeigneter Werkstoffe.** Carl H. Samans. (Metal Progr. **84**, Nr. 3, 74—78, 1963; Whiting, Ind., American Oil Co.; engl.) — Es wird gezeigt, daß es möglich ist, durch die Wahl geeigneter Werkstoffe die Korrosion weitgehend einzuschränken. Die Verw. von *C-Stahl* mit Überzügen von *rostfreiem Stahl* u. anderen Legg. wird beschrieben u. auf die Bedeutung der Unters. der Mikrostruktur u. die Wrkg. von Leg.-Zusätzen wird hingewiesen. F. Vier 6538◇

2319 **Die Ursachen der Festigkeit von rostfreiem Stahl gegen Säure.** U. R. Evans. (Chem. and Ind. **1962**, 1779—81; engl.) — Übersicht über die theoret. Grundlagen u. prakt. Erfahrungen über die Säurefestigkeit von rostfreiem Stahl. — 8 Literaturangaben. W. Wesly 6538◇

2320 **Das Phänomen der Spannungskorrosions-Rißbildung in rostfreiem Stahl.** Takaaki Shimose und Akira Takamura. (Kinzoku [Metals] **33**, Nr. 15, 57—61, 1963; jap.) — Übersicht über den Einfl. der korrosiven Umgebung u. der Änderungen in der chem. Zus. der Werkstoffe auf die Anfälligkeit austenit. u. rostfreier Stähle zur Bldg. von Spannungskorrosionsrissen u. verschiedene Theorien über das Wachstum der Risse. W. Wesly 6538◇

2321 **Verhalten von nachbehandelten Zink- und Kadmiumüberzügen auf Stahl in Gegenwart von Preßmassen auf Phenolharzbasis.** Gerhard Kloetz und Jürgen Jordan. (Galvanotechnik **54**, 556—61, 563, 1963; Hameln, AEG; dt.) — Das Korrosions-Verh. von mit verschiedenen Chromatierungs-Verff. behandelten verzinkten u. verkadmeten Stahlteilen in Verbindung mit Preßmassen unterschiedlichen NH_3- u. Essigsäure-Geh. wurde untersucht. Ein eindeutiges Absinken des Korrosions-Verh. von Cd-gelb, über Zn-gelb, Cd-glänzend, Zn-irisierend, Cd-transparent, Cd-unbehandelt bis Zn-unbehandelt wurde festgestellt. F. Vier 6538◇

2322 **Natürlicher Lochfraß auf den Spaltflächen von Zinkkristallen.** R. Kamel. (Acta metallurg. [New York] **11**, 629—30, 1963; Cairo, Univ.; engl.) — Auf der Basisfläche gespaltener Zn-Einkristalle wurde die Lochfraß-Bldg. verfolgt. In trockener Luft wurde die Bldg. verlangsamt, sichtbare Löcher wurden erst nach längerer Auslagerung beobachtet. Verstärkter Lochfraß trat auf, wenn die Einkristalle vor dem Spalten kalt verformt waren. Nach Kaltverformung u. längerem Auslagern wurde auf den frischen Spaltflächen Polygonisation beobachtet. Auf diesen Spaltflächen bildeten sich nach einigen Tagen bei Raumtemp. rechtwinklige Löcher aus. F. Vier 6538◇

2323 **Der Einfluß von geschmolzenem Blei auf Wolfram.** Charles Wurms und Robert Steinitz. (Trans. metallurg. Soc. AIME **224**, 1283—84, 1962; Farmingdale, N. Y., Republic Aviation Corp. u. Bayside, N. Y., General Telephone and Electronics Labor.; engl.) — Bei im Temp.-Bereich von 650—1740° durchgeführten Verss. wird ein merklicher Einfl. von fl. Pb auf W nicht festgestellt. Die maximale Löslichkeit, auch am Kp. von Pb, liegt unter 0,1% W in fl. Pb. Fl. Pb ist daher mit W bis zu seinem Kp. von 1740° verträglich. H. Hochstein 6538◇

2324 **Korrosionsprobleme bei Blei–Säure-Batterien.** H. C. Wesson. (Corrosion Prevent. Control **9**, 36—40, 1962; Lead Dev. Assoc., Berichtigung: 56, 58, 60; engl.) — Übersicht über Ursachen und Maßnahmen zur Bekämpfung der Korrosion der aus Pb-Legg. bestehenden Akkumulatorengitter. — 11 Literaturangaben. W. Wesly 6538◇

2325 **Das Eindringen von flüssigem Wismut in die Korngrenzen in orientierten Nickel-Bikristallen.** G. H. Bishop, B. F. Addis, C. A. Steidel und C. W. Spencer. (Trans. metallurg. Soc. AIME **224**, 1299—1300, 1962; Ithaka, N. Y., Cornell Univ. u. Wilmington, Mass., AVCO; engl.) — Es wird über Vorverss. vom Eindringen von Bi-reichen Ni–Bi-Fll. in orientierte Ni-Bikristallproben hinein berichtet u. nachgewiesen, daß die isotherm. Eindringung einem parabol. Geschw.-Gesetz folgt u. eine deutliche Richtungs-Anisotropie auf der Korngrenzenoberfläche zeigt. H. Hochstein 6538◇

2326 **Einwirkung von Seewasser auf Oberflächenkondensatoren aus 70/30-Cupronickel.** H. A. Todhunter. (Corrosion [Houston] **16**, Nr. 5, 226t—228t, 1960; Los Angeles, Calif., Dep. of Water and Power, Steam Design Sect.; engl.) — Unterss. über die Wahl eines geeigneten Werkstoffes für Oberflächenkondensatoren eines Dampfkraftwerkes führten zu 70/30-Cupronickel. Die Verw. von Schutzüberzügen, die Eliminierung von galvan. Elementen u. die Korrosionsfestigkeit von Metallen gegen Seewasser werden erörtert. W. Wesly 6538◇

2327 **Einige Feststellungen im Zusammenhang mit einem Korrosionsfall bei einem Sulfit-Zellstoffkocher mit einer Innenverkleidung aus säurefestem Stahl.** H. Nacu. (Celuloža şi Hîrtie **10**, 433—36, 1961; rum.) — Im Anschluß an die Celuloža şi Hîrtie 8 [1958] 325 mitgeteilten Korrosionserscheinungen werden die Ursachen u. Verbesserungen, die an diesem Kocher vorgenommen werden müssen, erörtert. H. Herper 6538◇

2328 **Prüfung von Werkstoffen für Dampfkessel von Druckwasser-Kernreaktoranlagen an einem Dampfkesselmodell.** E. Howells, T. A. McNary und D. E. White. (Corrosion [Houston] **16**, Nr. 5, 241t—245t, 1960; Alliance, Ohio, Babcock and Wilcox Co., Res. and

Developm. Center; engl.) — Das Korrosions-Verh. von rostfreiem Stahl, C-Stahl, *Croloy* $2^1/_4$, *Croloy 16-1*, *Ni*, *Inconel* u. *Monel* auf der Sekundärseite eines Dampfkesselmodells (600°F., 2000 psig) wird untersucht. Die Ergebnisse werden unter Berücksichtigung des O_2-Geh. im Speisewasser erörtert (Lochfraß, Lage der am meisten der Korrosion ausgesetzten Rohre). W. Wesly 6538◇

2329 **Untersuchungen über die rostverhindernde Wirkung der Rohrzuckerfettsäureester.** Mitsuo Okahara, Saburo Komori und Akira Shinsugi. (J. chem. Soc. Japan, ind. Chem. Sect. [Kogyo Kagaku Zasshi] **66,** 222—27, 1953; Ôsaka-Daigaku, Kôgakubu; jap., Auszug: engl. S. 14) — Saccharose-di-, -tri- u. -tetra-ester mit langkettigen gesätt. Fettsäuren zeigen hervorragende rostschützende Wrkg. in Mineralöl. Laurinsäure u. ungesätt. Säuren eignen sich nicht als Esterkomponenten. Saccharose-mono-ester sind schwer lösl. in Mineralöl u. können nicht verwendet werden. Die Polyester aus Saccharose u. verschiedenen di-bas. Säuren zeigen auch gute rostschützende Wirkung. E. Maekawa 6538◇

2330 **Neue Entwicklungen der Kathodenschutz-Gleichrichter.** Harry R. Aschan. (Corrosion [Houston] **16,** Nr. 5, 235t—240t, 1960; Ogallala, Nebr., Good-All Electric Mfg. Co.; engl.) — Fortschrittsbericht. W. Wesly 6538◇

2331 **Elektrische Bedeutung des Kathodenschutzes von gefährdeten Flächen von Stahldocks.** T. A. Mullett und J. W. Johnstone jun. (Corrosion [Houston] **16,** Nr. 5, 215t—220t, 1960; Philadelphia, Pa., Atlantic Refining Co.; engl.) — Unterss. u. Erörterungen der elektr. Eigg. von Stahldocks mit Kathodenschutz in korrosiver Umgebung. Diskussion. W. Wesly 6538◇

2332 **Erörterung der Aus- oder Umschalttechnik bei der Potentialmessung für den kathodischen Korrosionsschutz.** Wilhelm Schwenk. (Werkstoffe u. Korrosion **14,** 944—47, 1963; Duisburg, Forsch.-Inst. der Mannesmann AG.; dt.) — Die Aus- bzw. Umschalttechnik kann für Potentialmessungen beim kathod. Korrosionsschutz mit vernachlässigbarem Fehler angewendet werden. M. Gehlen-Keller 6540◇

2333 **Elektronische Metallographie der Korrosion von Beryllium und Beryllium–Calcium-Legierungen.** V. D. Scott und G. V. T. Ranzetta. (J. nuclear Mater. [Amsterdam] **9,** 277—89, 1963; Aldermaston, Berks., Atomic Weapons Res. Establ.; engl.) — Die Oxydation von Be u. einer Be-Leg. mit 0,7 Gew.-% Ca in CO_2 + 2% CO-haltigem Wasserdampf wurde elektronenmkr., mit Hilfe der Elektronenbeugung sowie von Elektronensonden-Mikroanalysen untersucht. Durch den Ca-Zusatz wird die intergranulare Oxydation verringert. Auf den Oberflächen bilden sich *BeO*-Plättchen (⌀ einige 1000 Å) u. lokale Bereiche stärkeren Angriffs mit BeO-Whiskern. Suboberflächenbereiche der korrodierten Leg. enthalten eine mit Ca angereicherte Schicht, die wahrscheinlich die mechan. Stabilität der Oxidschicht erhöht u. die Diffusion zwischen Gas u. Metall behindert. Die Abwesenheit eines Ca-reichen Korrosions-Prod. führt zur Annahme einer dünnen Schicht von $Be_{13}Ca$ auf der Leg.-Oberfläche. H. Roschkowski 6540◇

2334 **Korrosionsbeständigkeit von nichtrostenden Chromnickelstählen in Natrium in Abhängigkeit von dessen Sauerstoffgehalt.** Georgi Ilintschew. (Atomenergie [UdSSR] **14,** 375—82, 1963; Prag, Akimons-Forsch.-Inst. für Materialschutz; russ.) — Beschrieben wird eine Prüfanlage zur Unters. der Korrosionsbeständigkeit von Baumaterialien in umlaufendem geschmolzenem Na, wobei auf die Meth. zur kontinuierlichen Reinigung des Na von Oxiden mittels poröser metall. Filter sowie der Best. des O-Geh. im Na erörtert werden. Die Ergebnisse von Korrosionsunterss. u. Messungen der mechan. Eigg. von nichtrostenden Stählen werden mitgeteilt, deren Proben sich bei 550° in Na mit einem Geh. von $3 \cdot 10^{-3}$ u. $(4-5) \cdot 10^{-2}$ % O befunden haben. Die Strömungsgeschw. betrug 1,5 m/s. Hierbei zeigt sich, daß die Korrosionsgeschw. der nichtrostenden Stähle mit 18% Cr in 8% Ni in Na mit $(4-5) \cdot 10^{-2}$% O nicht 21,3 mg/dm² je Monat übersteigt; diese Stähle unterliegen keiner interkristallinen Korrosion u. ihre mechan. Eigg. sind fast unverändert. H. Hochstein 6540◇

2335 **Schnellmethode zur Bestimmung der Neigung von Legierungen des Duralumintyps zur Korrosionsrißbildung.** Je. M. Saretzki und F. A. Kirejewa. (Betriebs-Lab. [UdSSR] **29,** 1098—1101, 1963; russ.) — Zur Schnellprüfung der Neigung von Duralumin-Legg. zur Rißbldg. während der Korrosion wird eine Lsg. vorgeschlagen, die *NaCl*, HNO_3 u. KNO_3 enthält. Die Prüfungsdauer beträgt ca. 1 Stunde. H. Hochstein 6540◇

2336 **Prüfung von Zirkoniumlegierungen im Autoklaven.** O. Flint. (Corrosion [Houston] **16,** Nr. 5, 229t—232t, 1960; Harwell, England, Atomic Energy Res. Establ.; engl.) — Unterss. im Autoklaven zeigen, daß kein signifikanter Unterschied zwischen der Korrosion von amerikan. u. brit. (b) *Zircaloy 2* durch W. bei 320° besteht. In b rufen N-Geh. bis 220 ppm keine Beschleunigung des Angriffs hervor. Durch mechan. Polieren oder Beizen der Proben in HNO_3–HF wird die Korrosion verringert. Durch Schweißen wird die Korrosionsfestigkeit nicht vermindert, wenn die Schweißoberfläche poliert ist. W. Wesly 6540◇

2337 **Aspekte der Verschleiß- und Temperaturentwicklung in radioaktiven Bronze–Stahl-Reibungspaaren.** Dan Pavelescu und Ivan Iliuc. (Studii Cercetări Mecan. apl. [București] **14,** 95—101, 1963; rum.) — Es werden eine Reihe experimenteller Ergebnisse gezeigt, die mit Hilfe einer Einrichtung zur Unters. des Verschleißes mittels radioakt. Meth. erzielt werden, wobei die Einrichtung für die Messung von zeitlich relativ langsam variierenden Übergangserscheinungen besonders ausgebaut war. V. N. Constantinescu 6546△

2338 Charbonnages de France, Paris, Frankreich, **Flotationsmittel für die Erzflotation,** das wenigstens aus einem Kondens.-Prod. von Aceton in einem alkal. Medium besteht. Speziell genannt werden *Triacetondialkohol* u. dessen Dehydrationsprodd., *Acetonphoron* u. *2.2.6.6-Tetramethyltetrahydro-γ-pyron.* (**E. P. 915778** vom 2/8. 1961, ausg. 16/1. 1963. F. Prior. 20/10. 1960.) P. Iohn 6363

2339 International Minerals & Chemical Corp., Skokie, Ill., V. St. A., **Naßaufbereitung von unklassierten Phosphatmineralien,** gek. durch folgende Verf.-Schritte: 1. Man unterwirft das Mineral zunächst einer Schaumflotation mit einem kation. Sammler, z. B. *aliphat. Amin* u. *Kerosen*, zur pH-Werteinstellung dient *NaOH*. Es wird ein kieselsäurereiches Schaumprod. ausgetragen, während das phosphatreiche Material in der Trübe gedrückt bleibt. 2. Der phosphatreiche Rückstand aus (1) wird mit einem anion. Sammler, z. B. *Tallöl* oder *Bunker-C-Öl* u. *NaOH* als pH-Regler erneut flotiert u. geht nunmehr in den Schaum. 3. Der phosphatarme Rückstand aus (2) wird mittels Schwerkraftaufbereitung (Humphrey-Spirale, Herd) in einen phosphatreicheren u. einen silicatreicheren Teil getrennt. (**E. P. 919199** vom 29/8. 1961, ausg. 20/2. 1963. A. Prior. 2/9. 1960.) P. Iohn 6363

2340 Angelo Caserini, Pavia, Italien, **Herstellung von Dosierungseinheiten für metallurgische Schmelzofenzuschläge.** Ein Block von Solvay-Soda oder einem anderen Zuschlagsmittel wird mittels einer Mischung von Zement u. Marmorpulver ummantelt. (**It. P. 522479** vom 24/12. 1954.) K. Koebke 6371

2341 Commonwealth of Australia, Canberra, übert. von: Alan R. Edwards, Surrey Hills, Victoria, Australien, **Chromlegierungen hoher Festigkeit und Widerstandsfähigkeit gegen hohe Temperaturen** bestehen aus 1 bis 12(%) *W*, 0,1—5 *Ti*, *Nb*, *Mo* u./oder *Si*, Rest mindestens 85 Cr neben unvermeidlichen Verunreinigungen, wobei die Verunreinigungen einschließlich der gasförmigen, sowie *Fe*, *Al* u. andere Metalle, insgesamt 0,5 nicht übersteigen. Die Legg. werden im gegossenen, kalt- oder warmverformten Zustand mit oder ohne Wärmebehandlung verwendet, die aus einem Lösungsglühen bei 1200—1600° u. einem Aushärten bei 900—1200° über 5—50 Std. besteht. Die Legg. finden bes. Verw. für

Gasturbinenschaufeln u. zur Herst. von Gegenständen, die eine hohe Zeitstandfestigkeit unter hoher Belastung bei 900° u. darüber erfordern. — Vgl. auch F. P. 1185027; C. **1961,** 5602 u. E. P. 866060; C. **1963,** 5206. (**A. P. 3067031** vom 2/5. 1960, ausg. 4/12. 1962. Aust. Prior. 22/10. 1956.) C. F. Gross 6441

2342 Giuseppe de Varda, Mailand, Italien, **Elektrolytische Gewinnung von Aluminium** im Kryolythbad, dad. gek., daß man eine dreiteilige Zelle verwendet, deren oberer für die anod. entstehenden Gase bestimmter Raum durch schräg nach unten verlaufende Zwischenräume zwischen den Elektroden mit dem unteren Raum für das fl. Al verbunden ist. Man beginnt mit einem Elektrodenabstand von 2—4 cm u. vergrößert den Abstand bis zu 8—12 cm. — Vorr., Zeichnungen. (**It. P. 527989** vom 19/1. 1954.) K. Koebke 6447

2343 Agency of Industrial Science & Technology, Tokio, Japan, **Herstellung von Uran durch Schmelzflußelektrolyse** in einem Elektrolyten aus UCl_4 u. einem Zusatz von mindestens 2 Trägersalzen der *Alkali-* oder *Erdalkalichloride.* Dieses Trägersalzgemisch soll so zusammengestellt werden, daß sein F. < 670° u. der F. des Elektrolyten < 878° (Kp. v. UCl_4) liegt. Der UCl_4-Geh. des Elektrolyten soll > 10% u. die Bad-Temp. < 878° betragen. Bei Verw. eines Elektrolyten aus 1300 g UCl_4, 830 g *KCl*, 130 g *NaCl* u. 640 g *LiCl* (Bad-Temp. ca. 450°), einer *Graphit*-Anode u. einer Kathode aus *Mo*-Draht wird eine Stromausbeute von 81% erzielt, wenn eine anod. Stromdichte von 0,57 A/cm^2 u. eine kathod. Stromdichte von 0,12 A/cm^2 eingehalten werden. (**E. P. 828258** vom 12/4. 1957, ausg. 17/2. 1960. Jap. Prior. 11/7. 1956.) K. Bayer 6449

2344 Stauffer Chemical Co., V. St. A. (Erfinder: Jack K. Y. Hum und Alfred L. Donlevy), **Nioblegierung** hoher Festigkeit bei hohen Temp., die sich schon unter 482°, in einigen Fällen sogar bei 260° u. darunter gut verarbeiten, z. B. zu glatten Blechen walzen läßt, besteht aus 9—11(%) *W*, 5—32 *Ta*, 0,25 bis 1 *Zr*, 0,5—2 *Mo*, ggf. 0,01—0,3 *B*, Rest Nb. Bevorzugte Zus.: 11 W, 30 Ta, 2 Mo, ggf. 1 Zr oder 0,01—0,3 B, Rest Nb. Der B-Zusatz bewirkt neben der Verringerung der Korngröße eine weitere Verbesserung der Verarbeitbarkeit. Die Zugfestigkeit der bevorzugten Leg. beträgt im weichgeglühten Zustand (1300°/1 Std.) bei Raum-Temp. 7300 kg/cm^2 u. bei 1315° 1900 kg/cm^2. (**F. P. 1307197** vom 1/12. 1961, ausg. 11/2. 1963. A. Prior. 6/12. 1960.) C. F. Gross 6449

2345 H. A. Montgomery Co., Detroit, übert. von: Angelo M. Fucinari, Detroit, und Edward L. King, Warren, Mich., V. St. A., **Überzugsmasse für Metalle bei der Verformung.** Sie besteht aus einer nicht gelierenden wss. Lsg. einer Alkali- u. einer Aminseife, wobei letztere ca. 25—75% der Gesamtseife ausmacht, von Fettsäuren eines Titers < 30°C. Sie enthält als Amin wasserlösl. aliphat. Amine von Kp. > 100°. Der Geh. an W. in der Masse ist so hoch, daß ein Gelieren verhindert u. die Viscosität zwischen 20 u. 5000 cP/70°F gehalten wird. — Beispiele für Amine: *2-Amino-2-methyl-1-propanol* (**I**) oder *-1.3-propandiol* u. *2-Amino-2-äthyl-1.3-propandiol.* — Beispiel: Masse aus 5,3 (Gew.-%) **I**, 0,9 kaust. Soda, 23 Soyafettsäuren, 70 Wasser. (**A. P. 3023163** vom 18/2. 1959, ausg. 27/2. 1962.) E. Drews 6491

2346 Union Carbide Corp., New York, N. Y., V. St. A. (Erfinder: Philip Roger Marvin), **Herstellung von metallischen Gegenständen** durch Herst. eines metall. Überzuges durch therm. Zers. von gasförmigen Metall-Verbb., z. B. *Carbonylen* von *Ni*, *Cr*, *W*, *Mo* oder *Cu-Acetylacetonat*, auf einer Unterlage aus einem brennbaren Stoff, wie Pappe oder einem Gewebe, u. Abbrennen der Unterlage durch Erhitzen auf höhere Temperatur. — Vorrichtung. (**E. P. 890147** vom 30/1. 1958, ausg. 18/10. 1961.) F. Vier 6493

2347 Paolo Aita, Turin, Italien, **Löten von Metallen** mit Sn, dad. gek., daß man eine Lötspitze aus *Ni* oder aus einer *Ni–Fe-* oder *Ni–Cu*-Leg. verwendet. Die Spitze wird vom Lötzinn benetzt u. ist dauerhafter als eine Cu-Spitze. (**It. P. 527251** vom 17/4. 1950.) K. Koebke 6505

2348 Paul Beyersdorfer, Weißwasser/OL., und Georg Becker, Finsterwalde/NL., **Schweißpulver für die Unterschlackenschweißung.** Zu der aus 1 g/mol Basen, wie MgO, CaO, MnO, u. 1 g/mol Säuren, wie SiO_2, ZrO_2, bestehenden Grundsubstanz werden mindestens 0,5 g/mol Al_2O_3 u. 1 g/mol CaF_2 oder sonstige einfache oder komplexe F-Verbb. sowie 10^{-1}% C als Hilfssubstanz zugefügt. (**D. P. [DDR] 14426** Kl. 21h vom 22/2. 1956, ausg. 10/3. 1958 [Wirtschaftspatent].) J. Bardeleben 6507

2349 Paul Müller, Halle, und Hans-Joachim Kahl, Merseburg, **Schweißelektroden** für Elektroschweißungen unter der Schlackendecke an Werkstücken, die hohen mechan. u. therm. Beanspruchungen ausgesetzt sind, bestehend aus einer *Fe*-Leg. mit 3—4,2(%) C, 0,3—0,6 B, 0,3—0,5 Cu, 0,3—1,2 Mn, 0,8—1,2 Mo, 0,4 P, < 0,09 S, 0,3—1,2 Si, 0,1—0,2 Ti u. 1—3 W. (**D. P. [DDR] 15532** Kl. 21h vom 18/2 1956, ausg. 30/9. 1958 [Wirtschaftspatent].) J. Bordeleben 6507

2350 Josef Springer, Finsterwalde/NL., **Schweißelektrode,** deren Kerndrähte aus Al-Mehrstoff-Bronze bzw. aus Zinnbronze bestehen. Auf Kerndrähte wird eine Umhüllungsmasse folgender Zus. gepreßt: 40 (Teile) $CaCO_3$, 25 Na_3AlF_6, 4 Kaolin, 1 Ferromangan aff., 2 Ferrosilicium, 13 SiO_2, 2 Acetylenruß u. 2 Ruß- u. Bindemittel (Wasserglas Kali-Spezial). Durch Herab- bzw. Heraufsetzen des Anteils von Na_3AlF_6, SiO_2, Kaolin u. Acetylenruß wird die Abschmelzcharakteristik der Schweißelektroden in exothermer bzw. endothermer Richtung beeinflußt. Für Zinnbronze-Kerndrähte werden diese Anteile erhöht. (**D. P. [DDR] 14563** Kl. 21h vom 10/1. 1956, ausg. 8/4. 1958 [Wirtschaftspatent].) J. Bardeleben 6507

2351 Gebr. Böhler & Co. Akt.-Ges., Wien (Erfinder: Franz Ablasser, Kapfenberg), Österreich, **Ummantelungsmasse für Schweißelektroden,** die die 0,5—6fache Menge des TiO_2-Geh. an CaF_2 neben 10—50(%) Fe- oder Stahlpulver, sowie bis zu 20 Leg.-Metalle in Form von Ferrolegg., wie *Ferromangan, -silicium, -titan,* enthält. Der Anteil Mn kann bis zu 75 des Gesamtleg.-Geh. betragen. Zur Regulierung des Basizitätsgrades werden bis zu 25 SiO_2 oder *Silicate* u./oder bis zu 20 $CaCO_3$, $MgCO_3 \cdot CaCO_3$ oder $MgCO_3$ zugefügt. (**D. P. [DDR] 15280** Kl. 21h vom 9/9. 1953, ausg. 22/9. 1958 [Ausschließungspatent].) J. Bardeleben 6507

2352 Lawrence Robbins, Vallejo, Calif., V. St. A., **Lichtbogenschweißen eines niedriglegierten, kerbschlagfesten Stahles hoher Streckgrenze,** bestehend aus 0—0,4%) *C*, 0,10—2 *Mn*, 0,04—2,5 *Cr*, 0,05—4,5 *Ni*, 0,13—0,7 *Mo*, ≤ 0,04 P, ≤ 0,045 *S*, 0,12—0,7 *Si*, Rest *Fe*, nach dem Schutzgas-Lichtbogen- oder dem Unterpulver-Schweiß-Verf. mit einer ferrit. Schweißelektrode, bestehend aus 0—0,06 *C*, 1—2,5 *Mn*, 0—1,5 *Cr*, 1,3—3,75 *Ni*, 0—1,25 *Mo*, ≤ 0,1 *Ti*, ≤ 0,1 *Zr*, ≤ 0,1 *Al*, ≤ 0,008 *P*, ≤ 0,012 *S*, ≤ 0,4 *Si*, Rest *Fe*. Als Schutzgas kommt O_2-haltiges CO_2 u./oder Ar zur Anwendung. Die Schweißnähte sind im wesentlichen gas- u. porenfrei sowie duktil u. fest, bes. kerbschlagfest bis —200°F u. darunter. (**E. P. 914339** vom 2/1. 1961, ausg. 2/1. 1963. A. Prior. 31/12. 1959.) C. F. Gross 6507

2353 Aluminium-Walzwerke Singen G. m. b. H. (Erfinder: Wolfgang Post und Eduard Worschischek), Singen/Hohentwiel, **Elektrolytisches Ätzen von Aluminiumoberflächen,** bes. von Elektroden für Elektrolytkondensatoren, in einer wss. Lsg. einer Halogenverb. mittels eines pulsierenden Gleichstromes, dad. gek., daß in Kombination ein Pulsierungsausmaß, ausgedrückt als Ges.-Stromänderung in % des Strommittelwertes von unter 50%, eine mittlere Stromdichte von über 50 A/dm^2, eine Elektrolytkonz. von 3 Mol/Liter bis zur Sättigung u. eine Elektrolyt-Temp. von 70° bis zum Kp. angewendet werden. — Abb. (**D. A. S. 1144562** Kl. 48a vom 21/9. 1961, ausg. 28/2. 1963) H. Hänle 6515

2354 Richard Steding, Lüdenscheid, **Galvanoplastische Herstellung von Scherfolien für elektrische Rasierapparate, von Sieben, Filtern oder Gittern für Radioröhren.** Polierte u. gereinigte Metallplatten werden mit lichtempfindlichen Schichten versehen, diese Schichten nach dem Trocknen durch entsprechende Muster belichtet, dann entwickelt. Die belichteten Stellen werden gehärtet, u. zwar unter einer solchen Hitze, daß die Farbe der Schicht von dunkel nach hellocker übergeht. Hierauf wird die Metallplatte mit der gehärteten Schicht kurzzeitig in 50%ig. HNO_3 u. nach dem Spülen in W. ebenfalls kurzzeitig in verd. H_2SO_4 getaucht u. danach in das galvan. Bad gebracht. Die galvan. erzeugte Folie läßt sich durch leichtes Biegen von der Metallplatte abziehen. (**D. A. S. 1147818** Kl. 48a vom 3/11. 1958, ausg. 25/4. 1963.) F. Markhoff 6515

2355 Union Carbide Corp., Dayton, Ohio, V. St. A. (Erfinder: Jack John Bulloff), **Herstellung von Metallüberzügen** durch therm. Zers. organ. dampfförmiger Metallverbindungen. Es wird eine Poly-enyl-Metall-Verb. verwendet, z. B. *Mg-Dicyclopentadienyl*, *Mn-Cyclopentadienyl*, *Ti-Dicyclopentadienyl* oder *V-Dicyclopentadienyl*. Bei der therm. Zers. in nichtoxydierender Atmosphäre scheidet sich ein *Metall–Metallcarbid*-Überzug ab. (**E. P. 878508** vom 26/6. 1959, ausg. 4/10. 1961.) V. Vier 6517

2356 General Electric Co., übert. von: Newell C. Cook, Schenectady, N. Y., V. St. A., **Erzeugen eines berylliumhaltigen Überzugs auf einer Metallegierung mit einem Schmelzpunkt von mindestens 600°.** Mindestens 50% der zu behandelnden Leg. soll mindestens eins der Metalle mit den Atomzahlen 21–29, 39–47, 57–79 u. 89–98 enthalten. Zur Erzeugung des Überzugs wird eine elektrolyt. Zelle gebildet, deren Kathode die zu überziehende Leg. ist, die außerhalb des schmelzfl. Elektrolyten mit einer *Be*-Anode leitend verbunden ist. Der Elektrolyt besteht aus einer Schmelze von BeF_2 mit 10–66²/₃ Mol-% von mindestens einem *Alkalifluorid*. Temp. 600–900°, aber unterhalb des F. der Metalllegierung. Die Elektrolyse wird unter Ausschluß von O_2 mit nicht mehr als 3 A/dm² ohne Stromunterbrechung durchgeführt. Die Elektrolyse kann auch mit von außen zugeführtem Strom durchgeführt werden. (**A. P. 3024175** vom 4/8. 1959, ausg. 6/3. 1962.) F. Markhoff 6517

2357 General Electric Co., übert. von: Newell C. Cook, Schenectady, N. Y., V. St. A., **Elektrolytische Erzeugung eines borhaltigen Überzugs auf Metalllegierungen mit einem Schmelzpunkt von mindestens 600°.** Mindestens 50% der zu überziehenden Leg. soll mindestens eines der Metalle mit den Atomzahlen 21 bis 29, 39–47, 57–79 oder 89–98 enthalten. Zur Herst. des Überzugs wird eine elektrolyt. Zelle gebildet, deren Kathode die zu überziehende Leg. ist, die außerhalb des schmelzfl. Elektrolyten mit einer *B*-Anode leitend verbunden ist. Der Elektrolyt besteht aus mindestens einem *Alkalifluorid* u. 0,5–50 Mol-% von mindestens einem *Alkalifluorborat*, Temp. 600–800°. Kathod. Stromdichte bis 3 A/dm². Der Strom kann auch von außen zugeführt werden. Unter Ausschluß von O_2, z. B. im Vakuum, entsteht eine borhaltige Oberflächenschicht. (**A. P. 3024176** vom 4/8. 1959, ausg. 6/3. 1962.) F. Markhoff 6517

2358 United States Steel Corp., übert. von: John N. Crombie und Robert M. Hudson, Pittsburgh, Pa., V. St. A., **Vorbehandeln von Stahl vor dem elektrolytischen Verzinnen.** Der Stahl wird auf 1000–1400°F in einer N_2-Atmosphäre erhitzt, in der 2–16 Vol.-% H_2, nicht mehr als 1 CO, nicht mehr als 0,1 CO_2 u. Wasserdampf enthalten sind. Das Vol.-Verhältnis W. zu H_2 soll beim Anwärmen auf 1000°F nicht größer als 0,2 sein, während der Erhitzung auf 1000° u. mehr zwischen 0,1 u. 0,38 betragen u. beim Abkühlen auf mindestens 300°F nicht mehr als 0,04 sein. Durch das Verf. wird ein verbesserter Korrosionswiderstand des Sn-Überzuges erzielt. Diagramm u. Abbildung. (**A. P. 3030240** vom 11/8. 1959, ausg. 17/4. 1962.) F. Markhoff 6525

2359 Deutsche Gold- und Silber-Scheideanstalt vormals Roessler, Frankfurt/M. (Erfinder: Gerhard Heilmann, Pforzheim), **Galvanisches Abscheiden von Au-Cu-Cd-Legierungsüberzügen** aus cyanid. Bädern mittels period. umgepolten Gleichstroms, dad. gek., daß ein aus 1–3 (g/Liter) Au als *KAu-Caynid*, 5–15, bes. 8–13, Cu als *KCu-Cyanid* oder *NaCu-Cyanid*, 0,1–0,8 Cd als *KCd-Cyanid* oder *NaCd-Cyanid* u. 3–8 freiem *CN*, berechnet als KCN, mit einem pH-Wert von 9–11 bestehendes Bad verwendet u. mit einer Stromdichte von 0,5–1,5 A/dm² für die Dauer der kathod. Phase von 4–20 Sek. u. mit einer Stromdichte von 0,75–3,75 A/dm², bes. 1,0–3,0 A/dm², für die Dauer der anod. Phase von 0,5–2,0 Sek. betrieben wird. Zum Beispiel 2,2 (g/Liter) Au als KAu-Cyanid, 12 Cu als NaCu-Cyanid, 0,5 Cd als KCd-Cyanid u. 7 freies KCN. Das Bad wird bei 1,5 A/dm² während einer Dauer der kathod. Schaltung für 7,5 Sek. u. 3,2 A/dm² während der Dauer der anod. Schaltung für 1,2 Sek. unter period. Stromumkehr betrieben u. z. B. Überzüge von 10 oder 20 μ Dicke hergestellt. (**D. A. S. 1141849** Kl. 48a vom 18/4. 1961, ausg. 27/12. 1962.) H. Hänle 6527

2360 **Armour Research Foundation of Illinois Institute of Technology**, Chicago, Ill. (Erfinder: **Walter C. Troy**, Riverside, Calif.), V. St. A., *Herstellung poröser Metallgegenstände aus Metallfasern*. (**D. A. S. 1118468** Kl. 40b vom 2/3. 1956, ausg. 30/11. 1961. A. Prior. 3/3. 1955. – C. **1963**, 9885 [Schwz. P. 345461].)

2361 **Esso Research and Engineering Co.**, Elizabeth, N. J., V. St. A., *Reduzieren von Eisenerzen*. (**E. P. 907354** vom 23/3. 1959, ausg. 3/10. 1962. A. Prior. 12/5. 1958. – C. **1962**, 2893 [F. P. 1232557].)

2362 **Lucas Sofoclis Moussoulos**, Athen, Griechenland, *Rückgewinnung von Eisen aus Schlacken*. (**E. P. 922586** vom 6/8. 1959, ausg. 3/4. 1963. Griech. Prior. 15/1. 1959. – C. **1962**, 6956 [F. P. 1245260].)

2363 **Dow Chemical Co.**, Midland, Mich., V. St. A., *Magnesium-Legierungen mit Aluminium und feiner Kornstruktur*. (**E. P. 906438** vom 13/1. 1960, ausg. 19/9. 1961. A. Prior. 26/1. 1959. – C. **1962**, 17197 [E. P. 1245477].)

2364 **British Aluminium Co. Ltd.**, London (Erfinder: **Charles Eric Ransley**, Amersham), England, *Aluminium-Magnesium-Legierungen zur Warmverformung*. (**D. A. S. 1148386** Kl. 40b vom 2/12. 1955, ausg. 9/5. 1963. E. Prior. 9/12. 1954 u. 18/5. 1955. – C. **1960**, 11465 [Niederl. P. 92417].)

2365 **N. V. Philips' Gloeilampenfabrieken** (Erfinder: **Adrianus van Wieringen**), Eindhoven, Niederlande, *Reinigen von Germanium*. (**D. B. P. 976458** Kl. 40a vom 12/9. 1952, ausg. 12/9. 1963. Anmeldung bekanntgemacht 29/7. 1954. Niederl. Prior. 13/9. 1951. – C. **1955**, 5889 [F. P. 1062889].)

2366 **Nobel-Bozel Soc. An.**, Paris (Erfinder: **Raymond Gabriel Chauvean**, Boulogne, Seine, und **Maurice Henri Florentin Briault**, Le Villars-par-Bozel, Savoie), Frankreich, *Elektrothermische Herstellung von Silicium-Calcium-Legierungen mit einem Eisengehalt unter 7%* (**D. A. S. 1151129** Kl. 40c vom 16/5. 1959, ausg. 4/7. 1963. F. Prior. 29/5. 1958. – C. **1962**, 3620 [F. P. 1199043].)

2367 **Duisburger Kupferhütte**, Duisburg, *Elektrolytische kontinuierliche Herstellung von Indium* (**Oe. P. 225432** vom 23/9. 1960, ausg. 25/1. 1963. D. Prior. 12/7. 1960. – C. **1963**, 16735 [D. A. S. 1132342].)

2368 **Höganäs Billesholms Aktiebolag** (Erfinder: **Nils Herman Brundin**), Höganäs, Schweden, *Herstellung von Formkörpern auf pulvermetallurgischem Wege*. (**D. B. P. 976306** Kl. 40b vom 8/3. 1951, ausg. 20/6. 1963. – C. **1954**, 1112 [E. P. 689349].)

2369 **Metallwerk Plansee Akt.-Ges.**, Reutte, Österreich (Erfinder: **Arnold Blum**, Pittsburgh, Pa., V. St. A.), *Harte Formkörper hoher Beständigkeit*. (**D. A. S. 1147759** Kl. 40b vom 25/8. 1959, ausg. 25/4. 1963. Oe. Prior. 28/8. 1958. – C. **1961**, 9584 [Oe. P. 206184].)

2370 **Vacuumschmelze Akt.-Ges.**, Hanau/M., *Verfahren zur Sekundärrekristallisation*. (**Oe. P. 225430** vom 24/2. 1960, ausg. 25/1. 1963. D. Prior. 12/6. 1959. – C. **1963**, 19012 [D. A. S. 1128878].)

2371 **Jewgenij A. Kolenko** und **Anatolij G. Schtscherbina**, Leningrad, Sowjetunion, *Lot zum Verbinden von Halbleiterthermoelementen untereinander und mit Metallen*. (**D. A. S. 1152002** Kl. 49h vom 1/4. 1961, ausg. 25/7. 1963. **A. P. 3045341** vom 15/4. 1960, ausg. 24/7. 1962. – C. **1963**, 17492 [E. P. 878481].)

2372 **Air Preheater Corp.**, New York, N. Y., V. St. A. (Erfinder: **Thomas Logan Woolard**), *Hartlot*. (**Aust. P. 235657** vom 28/11. 1958, ausg. 26/10. 1961. A. Prior. 11/2. 1958. – C. **1961**, 7021 [A. P. 2911298].)

2373 **Union Carbide Corp.**, V. St. A. (Erfinder: **Joseph Harrison Brennan**), *Hilfsmittel zum Elektroschweißen*. (**F. P. 1227159** vom 16/6. 1959, ausg. 19/8. 1960. A. Prior. 19/6. 1958. – C. **1963**, 16737 [Aust. P. 234134].)

2374 **Albright & Wilson (Mfg.) Ltd.**, Oldbury, England, *Lösung zum chemischen Polieren von Kupfer*. (**Niederl. P. 103626** vom 28/7. 1958, ausg. 15/1. 1963. E. Prior. 20/8. 1957. – C. **1963**, 9481 [D. A. S. 1086513].)

2375 **Metal & Thermit Corp.**, Rahway, N. J. (Erfinder: **Frank Passal**, Detroit, Mich.), V. St. A., *Cyanidisches Bad zum galvanischen Abscheiden von Kupferüberzügen*. (**D. A. S. 1154990** Kl. 48a vom 29/2. 1960, ausg. 26/9. 1963. A. Prior. 19/3. 1959. – C. **1962**, 15397 [F. P. 1250128].)

2376 **Metal & Thermit Corp.**, Woodbridge, N. J. (Erfinder: **Frank Passal**, Detroit, Mich.), V. St. A., *Saures galvanisches Nickelbad*. (**D. A. S. 1151706** Kl. 48a vom 29/3. 1960, ausg. 18/7. 1963. A. Prior. 21/4. 1959. – C. **1963**, 13360 [A. P. 2986500].)

H_9. Organische Industrie

2377 **Untersuchungen auf dem Gebiet der petrochemischen Synthese und der Chemie der Polymeren.** Ss. R. Rafikow, B. W. Ssuworow, W. G. Gutzaljuk und B. A. Shubanow. (Nachr. Akad. Wiss. KasachSSR, chem. Ser. **1960**, Nr. 2 (18), 40–51; Akad. der Wiss. der KasachSSR, Chem. Inst.; russ., Auszug: kasach.) — Überblick über die Arbeiten des Institutes zur Synth. von Ausgangs- u. Zwischenprodd. für die Herst. von Polymeren, zur Synth. von Polyamiden mit aromat. Ringen in der Kette, zur Unters. von Erdölen u. Erdölrückständen u. Darst. von Polymeren daraus u. über techn. Spezialprobleme. R. K. Müller 6550◇

2378 **Die Reaktion von Maleinsäureestern mit pflanzlichen Ölen unter Druck.** W. R. Miller, E. W. Bell, J. C. Cowan und H. M. Teeter. (J. Amer. Oil Chemists' Soc. **38,** 235–37, 1961; Peoria, Ill., U. S. Dep. of Agric., Agric. Res. Serv., North. Utilizat. Res. and Dev. Div., North. Reg. Res. Labor.; engl.) – *Saflor-* (**A**), *Leinsamen-* u. *Sojabohnenöl* werden der Dien-Synth. mit versch. *Maleinsäureestern* unterworfen. **A** reagiert mit dem *Dimethylester* (**I**) (100% Überschuß an **I**, Katalysator SO_2, Inhibitor Hydrochinon, 290°, 1 Std.) zu 80–90%. Der *Di-n-butylester* reagiert schlechter: **A** mit Anthrachinon als Katalysator zu 53%, mit Ni zu 64%. *Fumarsäuredimethylester* ergibt unter den Bedingungen von **I** 71%. Bei gleichzeitiger Ggw. von *Linol-* u. *Linolensäure* reagiert letztere schneller. *Ölsäure* setzt sich kaum um. K. Gröbe H 470◇

2379 **Gesetzmäßigkeiten der Acetylenbildung bei der thermischen Methanspaltung.** G. I. Koslow und W. G. Knorre. (Gas-Ind. [UdSSR] **8,** Nr. 1, 38–39, 1963; russ.) – Die Zers. von CH_4 erfolgt über die Stufen $C_2H_6 \rightarrow C_2H_4 \rightarrow C_2H_2 \rightarrow C_2$. Aus dem Experiment u. aus den Gleichungen für die Geschw.-Konst. der einzelnen Rkk. geht hervor, daß die Konz. des C_2H_6 immer sehr gering ist u. daß bei hoher Temp. C_2H_6 in den Rk.-Prodd. gar nicht vorkommt. C_2H_4 ist immer zugegen, wenn auch nur in geringer Konzentration. Die Ggw. von C_2H_4 ist nur oberhalb 1500°K möglich. Der Bldg.-Bereich von C_2H_2 liegt oberhalb 1500°K. Oberhalb 3000° ist die Umwandlung von CH_4 in C_2H_2 maximal. Bei 2000°K u. der Rk.-Dauer von 1 ms wird eine Umwandlung von 0,6 erzielt. O. Lebtag H 530△

2380 **Über die Anwendungsmöglichkeit von Ionenaustauschern bei der katalytischen Hydratation von Acetylen.** Maria Fiti, I. Găinar, Ileana Gherghescu und E. Gîrd. (Studii Cercetări Chim. [Bucureşti] **10,** 243–49, 1962; Bucureşti, Inst. de fiz. atomică; rum.) – Verss., bei der Herst. von CH_3CHO aus C_2H_2 (**I**) den üblichen Katalysator, $Hg + H_2SO_4$, durch z. T. oder ganz in Mercuri-Form übergeführte sulfonierte Kohle bzw. den Phenol–Formaldehyd-Kationenaustauscher CS-1 (**A**) zu ersetzen, zeigen, daß die katalyt. Wrkg. von der Menge von auf dem Austauscher adsorbiertem Hg^{2+} abhängt, während die Stabilität des Katalysators durch die Temp., die H^+-Konz. u. die Ggw. anderer Kationen – bes. Fe^{3+} – beeinflußt wird. Prakt. Anwendungsmöglichkeiten bietet sulfonierte Kohle in Hg^{2+}-gesätt. Form bei 90° mit 40%ig. Umwandlung u. relativ guter Beständigkeit u. in Hg^{2+}-gesätt. Form bei Raumtemp. mit 80%ig. Umwandlung, jedoch geringer Beständigkeit. – Vorläufige Verss., Hg^{2+} durch Zn^{2+}, Cd^{2+}, Cu^+ zu ersetzen, zeigen, daß in diesem Fall bevorzugt andere Rkk. von **I** stattfinden. H. Roth H 670◇

2381 **Die Oxydation von Isoparaffinkohlenwasserstoffen.** P. G. Igonin, W. W. Switkin, A. A. Koloshwari, Ju. Ss. Slepzow und Je. M. Glotzer. (Chem. Technol. Brennstoffe, Öle [UdSSR] **8,** Nr. 5, 34–38, 1963; Grosny, Kossior-Erdöl-Forsch.-Inst.; russ.) – Das Grundschema der Gewinnung von Säuren der Isoreihe ist demjenigen der Gewinnung synthet. Fettsäuren analog. Die Säuren aus Isoparaffin-KW-Stoffen bilden keine Komplexe mit Harnstoff („Motoalkylate"). Bei der Oxydation von Isoparaffin-KW-Stoffen kommt es zur Bldg. beträchtlicher Mengen von Prodd., die in PAe. unlösl. sind. Ihr Geh. in den Säuren nimmt nach einer Wärmebehandlung beträchtlich ab. Bei der Oxydation von Motoalkylaten entstehen Säuren, deren Siedebereiche denen der synthet. Fettsäuren entsprechen. Diese Säuren besitzen jedoch niedrigere Epp. u. höhere SZ. J. Fohl H 810◇

2382 **Reindarstellung von aromatischen Isomeren mittels eines vielseitigen Clathrationsverfahrens.** Pierre de Radzitzky und Jacques Hanotier. (Erdöl-Kohle-Erdgas-Petrochem. **15,** 892–98, 1962; Brüssel 12, Labofina S.A.; dt.) – Über 60 neue kristallin. Ni-Komplexe mit selektiver Clathrationsfähigkeit, die mit aromat. Moll. Einschlußverbb. bilden, werden beschrieben. Zur Trennung von aromat. Isomerengemischen durch Clathration können Komplexe (**A**) der Formel $Ni(NCS)_2 \cdot (R{-}C_6H_4{-}CHR'{-}NH_2)_4$ mit Erfolg eingesetzt werden. Es kann jede Art von aromat. Verbb. durch diese **A** eingeschlossen werden. Auch Nitrotoluole, Kresole oder Diisopropylbenzole lassen sich mit geeigneten **A** einwandfrei clathrieren, so z. B. ein Gemisch von Nitrotoluol-Isomeren durch den **A** $[Ni(NCS)_2\{p{-}(CH_3)_2N{-}C_6H_4{-}CH(CH_3){-}NH_2\}_4]$. Die Herst. der **A** u. die Darst. der Clathrate durch Kontakt, durch Titration, aus dem 2-Basen-**A** u. durch Temp.-Änderung sowie deren Spaltung durch chem. Zers., Elution u. Dampfstrippen werden mitgeteilt. Ferner werden der Clathrationsmechanismus u. die Selektivitätsregelung diskutiert. Die Leistungsfähigkeit dieses Verf. für Trennungen von industriellem Interesse zeigen zahlreiche Beispiele. P. Bornemann H 1000◇

2383 **Darstellung von Phenol durch direkte Oxydation von Benzol.** I. I. Ioffe und Ja. Ss. Lewin. (Org. Zwischenprodukte, Farbstoffe, Samml. Aufsätzen **2,** 88–117, 1961; russ.) – Vgl. C. **1950/54,** 3091 S. – Es wurde die katalyt. u. kontaktlose Oxydation von *Bzl.* zu *Phenol* durch O_2 untersucht. Die direkte Oxydation von Bzl. ist techn. durchführbar, u. unter optimalen Bedingungen kann Phenol in einer maximalen Ausbeute von 48–50% der Theorie erhalten werden, wobei der Konversionsgrad von Bzl. 5–6% beträgt, wenn die Oxydation mit einem Gemisch von O_2 u. Wasserdampf ausgeführt wird. Es wurde die Kinetik der therm. (kontaktlosen) Oxydation von Bzl. unter verschiedenen Bedingungen untersucht. Die gebildeten Oxydationsprodd. wurden vollständig analysiert (Tabellen, graph. Darstellungen). Die Oxydation erfolgt nach einem Kettenmechanismus, für den ein Schema angegeben wird. Die Erhöhung der Ausbeute beim Verdünnen mit Wasserdampf wird durch die Rk. von H_2O mit Hydroxyphenylradikalen erklärt. – 38 Literaturzitate. Helmut Schäfer H 1060

2384 **Vergleich der Syntheseverfahren für 4-Chloracetophenon nach Friedel-Crafts.** G. L. Besborodko. (Plast. Massen [UdSSR] **1961,** Nr. 3, 64–66; russ.) – Vf. schlägt eine Herst.-Meth. von *4-Chloracetophenon* nach Friedel-Crafts unter Verw. von $(CH_3CO)_2O$ ohne Lsgm. vor. Es wurden die optimalen Mengen u. Konzz. der Ausgangsstoffe gefunden. Ausbeute: 85–88%. Vf. weist auf die Vorzüge der Verw. von $(CH_3CO)_2O$ an Stelle von CH_3COCl hin. R. Kapler H 1160△

2385 **Beiträge zur Reduktion von Nitrobenzol zu p-Aminophenol.** L. Floru, H. Sanielevici, C. Stoicescu und M. Comăneanu. (Rev. Chim. [Bucureşti] **12,** 649 bis 651, 1961; rum.) – *p-Aminophenol* (**I**, F. 184–185°) wird durch *Red.* von *Nitrobenzol* (**II**) mit Al-Spänen u. verd. H_2SO_4 in 77–80%ig. Ausbeute erhalten. Dabei werden die Rk.-Bedingungen so festgelegt, daß bei maximaler **I**-Ausbeute möglichst wenig Anilin (**III**) erhalten wird. Ein Verf. zur Trennung von **I, II** u. **III** wird ausgearbeitet. **I** wird durch seine Rk. mit 2.4-Dinitrochlorbenzol als *2.4-Dinitro-4-hydroxydiphenylamin* (F. 193 bis 195°) nachgewiesen. R. Grundmann H 1320◇

2386 **Untersuchung der thermischen Kondensation von Erdölbenzol zur Gewinnung von Diphenyl.** 1. Mitt. R. G. Issmailow, D. A. Alijew und T. M. Iwanowa. (Erdöl-Wirtsch. Aserbaidshan **42,** Nr. 4, 35–37, 1963; russ.) – Labor.-Verss. werden mit reinem *Bzl.* ($D._4^{20}$ 0,876) bei 600–850° vorgenommen; die Verweilzeit beträgt bei 850° 0,33–0,38 Sekunden. Als Reaktor dient ein Cr–Ni-Rohr. Bei 800–850° bilden sich 88,4–91,5(%) Harz, 2,5–4 Gas u. 3,3–4,6 Koks. Das Gas besteht aus 89,3 bis 90,6 H_2 u. 9,4–10,7 CH_4. Bei Steigerung der Temp. von 800 auf 850° erhöht sich die Ausbeute an *Diphenyl* aus dem Harz von 8,7–11,4 auf 18,6; die Ausbeute an rückdest. Bzl. verringert sich von 74,4–76,2 auf 64 bis 64,3. Die Menge des Kesselrückstandes schwankt zwischen 4,1 u. 5,3. Bei Verkürzung der Verweilzeit auf 0,33 Sek. erhöht sich bei 850° die Ausbeute an Diphenyl auf 19,6. P. Scheer H 2210◇

2387 **Antioxydative Eigenschaften einiger Derivate des Pyrazolins.** A. S. Dorogotschinski, L. A. Nachapetjan, W. I. Lawrentjew, Je. P. Boikowa, A. N. Kosst und W. W. Jerschow. (Hochschulnachr. [Baku] Erdöl;

Gas **3**, Nr. 3, 69—71, 1960; Moskau, Lomonossow-Univ.; russ.) — Die Verss. erfolgen mit dem Gemisch aus dem Druckdestillat des Thermocrackens (Fraktion 60—250°) u. der direkten Bzn.-Ligroin-Fraktion (62—256°) zu gleichen Teilen, $D._4^{20}$ 0,765 u. dem Gemisch aus den gleichen Komponenten im Verhältnis 30:70, $D._4^{20}$ 0,778. Als Antioxydantien dienen folgende synthetisierte Verbb.: 1-Aminocarbonyl-3-phenyl-, 1-Anilinocarbonyl-2-phenyl-4-äthyl-, 1-Aminothiocarbonyl-3.5.5-trimethyl- (**I**), 1-Anilinothiocarbonyl-3.5.5-trimethyl- (**II**), 1-Anilinothiocarbonyl-3-methyl-5.5-pentamethylen-, 1-Anilinothiocarbonyl-3.5-diphenyl- (**III**), 1.3.5-Triphenyl- u. 3-Amino-1-phenylpyrazolin (**IV**). Die Wrkg. als Inhibitor wird an p-Hydroxydiphenylamin sowie an 2.6-Di-tert.-butyl-4-methylphenol mit u. ohne Cu-Lamellen getestet. Die besten Resultate werden mit **IV**, **I**, **II** u. **III** als Zusatz zum 1. Gemisch erzielt. In Ggw. von Cu-Lamellen sind die Ergebnisse unbefriedigend. Als Zusatz zum 2. Gemisch ist **II** als Inhibitor am geeignetsten.
J. Lehmberg H 3122△

2388 **Beiträge zur Synthese von Melamin aus Harnstoff.** A. Brenman und Maria Weinberg. (Rev. Chim. [Bucureşti] **12**, 652—55, 1961; rum.) — *Melamin* wird durch Rk. von *Harnstoff* u. NH_3 (1:0,75) in einem Autoklav aus V2A-Stahl hergestellt.
R. Grundmann H 3313

2389 Esso Research and Engineering Co., V. St. A. (Erfinder: Jackson Eng und Samuel B. Baker), **Halogenierung von Kohlenwasserstoffen,** dad. gek., daß an einem krist. Zeolith mit Poren von 4—15 Å, bes. 5 Å ⌀ aus Al-Silicat adsorbiertes Halogen, bes. Cl_2, oder adsorbierter aromat. oder gesätt. oder ungesätt. aliphat. KW-Stoff mit dem entsprechenden KW-Stoff oder dem ggf. durch ein inertes Gas verd. Halogen bei —34 bis +427°, bes. —34 bis +135°, u. 20 mm bis 200 at, bes. ~1 at, unter Beleuchtung zur Rk. gebracht wird. Ggf. erfolgt die Umsetzung in einem chlorierten KW-Stoff als Lsgm., bes. CCl_4. — *2.3.5.6-Tetrachlor-p-xylol*, F. 221—223° (Essigsäure), aus 48 (g) p-Xylol, adsorbiert an 300 des Zeoliths, in einer Kolonne von 38 mm ⌀ bei Durchleiten eines 25% Cl_2 enthaltenden N_2-Stromes bei 27°. Durch die exotherme Rk. steigt die Temp. in der Rk.-Zone auf 204°; Nadeln; Ausbeute 25 g. (**F. P. 1248893** vom 18/2. 1960, ausg. 13/3. 1961. A. Prior. 27/3. 1959.)
G. Colsmann 6565

2390 Ohio State University Research Foundation, übert. von: Harold Shechter und Ralph B. Kaplan, Columbus, Ohio, V. St. A., **Herstellung von polynitrierten Verbindungen** durch Rk. einer prim. oder sek. Nitroverb. der Formel (R)(R')CH—NO_2 (R u. R' = H, niedrigmol. Alkyl-, Hydroxyalkyl- oder Nitroalkylreste, Fluorenyl- oder Phenylrest), bes. Phenylnitromethan, 9-Nitrofluoren, Nitroäthan, 2-Nitropropan, 2-Nitropropanol-(1) u. 2-Nitropropandiol-(1.3), mit einem Nitrit (KNO_2, $NaNO_2$, $LiNO_2$, NH_4NO_2, $AgNO_2$) in Ggw. von Ag- oder auch Hg-Ionen in einem inerten Lsgm., bes. W. oder auch CH_3OH, A., Äthylenglykol, bei neutraler oder alkal. Rk., normalem Druck u. 0—100°. Man erhält so: *1.1-Dinitroäthan*, $Kp._{4,25-4,5}$ 55,5—56°, n_D^{20} 1,4341—1,4346, $D._4^{20}$ 1,355, *K-Salz*, F. 155° (explodiert), *Ag-Salz*, F. 155° (Zers.); *1.1-Dinitropropan*, $Kp._{4-4,5}$ 56 bis 58°, n_D^{20} 1,4340, $D._4^{20}$ 1,267; *2.2-Dinitropropan*, F. 53,5—54° (PAe.); *2.2-Dinitrobutan*, $Kp._{10}$ 77,8—78°, n_D^{20} 1,4353, $D._4^{20}$ 1,212; *1.1-Dinitrocyclohexan*, $Kp._{35}$ 142—143°, n_D^{21} 1,4732, $D._4^{21}$ 1,2452, F. 35,5—36° (PAe.); *9.9-Dinitrofluoren*, F. 130—131° (Ae./PAe., Zers.); *9.9-Dinitro-9.9-bifluoren*, F. 182—183° (Bzl./PAe.); *Phenyldinitromethan*, F. 79—80° („Skellysolve B"); *α-1.2-Dinitro-1.2-diphenyläthan*, F. 233—234° (A., Zers.), *β-Verb.*, F. 149—150° (A.); *2.3-Dimethyl-1.3-dinitropropan*, F. 93°; *2.2-Dimethyl-1.1.3-trinitropropan*, F. 121—122° (Ae./PAe.), sublimiert bei 60—70°/5 mm; *2.2-Dinitropropanol-(1)*, F. 89—90°; *3.3-Dinitrobutanol-(2)*, $Kp._2$ 73 bis 75°, n_D^{20} 1,4586—1,4590, $D._4^{20}$ 1,332; *2.2-Dinitropropandiol-(1.3)*, F. 139—140° (Bzl.); *K-2.2-Dinitroäthanol*, Zers. 130—230°; *K-Dinitromethan*, explosive Zers. 210°, *Ag-Salz* bei 135°; *2.2.4.4-Tetranitropentan* F. 87—87,5° (Bzl./PAe.). — Rk.-Schema. (**A. P. 2997504** vom 2/4. 1951, ausg. 22/8. 1961.) W. Gräger 6569

2391 Badische Anilin- & Soda-Fabrik Akt.-Ges. (Erfinder: Heinz August Staab), Deutschland, **Herstellung von Carbonsäureestern.** Zu D. A. S. 1111186; C. **1962**, 3979, sind folgende Verbb. nachzutragen: *4-Äthyleniminobuten-(1)-yl-(3)-butyrat*, $Kp._{12,5}$ 102 bis 103,9°, aus Butyrylimidazol u. 3-Hydroxy-4-äthyleniminobuten-(1) in Tetrahydrofuran durch 3,5std. Kochen; n_D^{20} 1,4462; 72% (Ausbeute). — Analog: *4-Äthyleniminobuten-(1)-yl-(3)-acetat*, $Kp._{9,5}$ 79,6—80,9°; $n_D^{20,8}$ 1,4500; 54,3%. (**F. P. 1249104** vom 24/2. 1960, ausg. 15/3. 1961. D. Prior. 25/2. 1959.) G. Colsmann 6573

2392 Scientific Design Co., Inc., New York, N. Y., V. St. A., **Sauerstoffhaltige, organische Verbindungen** erhält man durch Oxydation von nicht aromat., organ. Verbb., bes. mit 8—32 C-Atomen, in fl. Zustand mit O_2 oder diesen enthaltenden Gasen in Ggw. eines Schwermetalls (Mn, Co, Ni, Cr, V, Mo, W, Sn, Ce, bes. deren Salze mit Carbonsäuren, oder deren Borate, Halogenide, Nitrate, 8-Hydroxychinolinate, Acetylacetonate, Äthylendiamintetraacetate) als Katalysator u. von Br_2 oder dieses liefernden Stoffen, wie NH_4Br, K-Bromat, Tetrabromäthan u. Benzylbromid u. einer Monocarbonsäure als Lsgm. (Essig-, Propion-, Butter-, Isobutter-, Valerian-, Phenylessig-, Äthoxyessig- u. Benzoesäure), mit 1—8 C-Atomen bei 50—250, bes. 145—250° u. 100—1500 lps./sq. in. Bei 50—145, bes. 95—120° entstehen höhermol. Carbonsäuren. — Aus 75 (Teilen) Methylcyclohexan in 150 Essigsäure in Ggw. von 1 $MnBr_2$ bei 180° unter Einpressen von Luft u. ca. 350 lbs./sq. in. → 46 *HCOOH* u. 164 *Essigsäure*, die auch aus Paraffin, F. 50—60°, erhältlich sind. Als Katalysatoren sind auch in Ggw. von Br_2 oder NH_4Br verwendbar: Be, Al, Bi, Cd, Fe, Pd, Pb, Nd u. Cu. Ferner können oxydiert werden: Cyclohexan, Alkylcyclohexan, alicycl. Verbb., die ein Heteroatom enthalten, Alkane, Polyäthylene, Alkanole, Aceton, Methyläthylketon, Aldehyde, wie Propionaldehyd, Olefine, Olefincarbonsäuren, bes. Ölsäure, aus der z. B. *8-(1.2-Epoxydecyl)-octansäure* entsteht, u. Propylen zu *Propylenoxid*. Ferner sind herstellbar: *Glutar-*, *Adipin-*, *Bernstein-*, *Acetylvalerian-*, *Kork-* u. *Azelainsäure*. — Vgl. F. P. 1230434; C. **1962**, 17929 u. Aust. P. 222865; C. **1963**, 292. (**E. P. 875531** vom 28/8. 1957, ausg. 23/8. 1961. A. Prior. 14/9. 1956.)
G. Krauß 6583

2393 André Anselme Marie Luc Cier und Claude André Joseph Nofre, Rhône, Frankreich, **Oxydation und Polymerisation organischer Verbindungen** in mittels Phosphatpuffer auf pH ~7 eingestellter wss. Lsg. oder Emulsion <37° durch eine wss. Lsg. von Ionen der niedrigsten Wertigkeitsstufe eines Metalls der Übergangsgruppen des Period. Syst., bes. Fe^{++} oder Sn^{++}, ferner 1 oder 2 Moläquivalenten Äthylendiamintetraessigsäure (**I**) als Chelatbildner, ~0,5 Mol/Mol **I** Ascorbinsäure oder ihren Salzen u. 4 Mol/Mol **I** H_2O_2. — *L-α.α'-Diaminoadipinsäure*, F. 265°, aus einer wss. Lsg. von L-Alanin, **I**-Tetra-Na-Salz u. $FeSO_4$ in Ggw. von Phosphatpuffer-Lsg. bei pH 7,2 durch Zugabe von H_2O_2 u. 1std. Rk. bei 37°. — Analog: *Glykokoll*, aus Äthanolamin; 40% (Ausbeute). (**F. P. 1249953** vom 24/11. 1959, ausg. 24/3.1961.)
G. Colsmann 6583

2394 UCLAF, Seine (Erfinder: Maurice Pesez und Jaroslav Bartos), Frankreich, **Reduktionen mit Alkaliborhydriden** werden in Ggw. eines vorher mit Alkali-BH_4 behandelten Katalysators aus Pd, Pt, Ag, Cu, Co oder Ni oder deren Salzen in schwach alkal. wss. Lsg., ggf. unter Zusatz eines neutralen Lsgm. vorgenommen. — *p-Aminodimethylanilinsulfat*, F. 196° (W.), aus 2 (g) p-Nitrosodimethylanilin u. 2 KBH_4 in W./A. in Ggw. von Pd-Chlorid durch 30 Min. Kochen, Extraktion mit A. u. Zugabe von H_2SO_4 in A.; Nadeln; 2,46 g (Ausbeute). *Oxalat*, F. 200° (W.), analog in Ggw. von $CuSO_4$; 58%. — *p-Aminobenzoesäure*, F. 186° (W.), aus p-Nitrobenzoesäure u. KBH_4 in sodaalkal. wss. Lsg. in Ggw. von Pd-Chlorid, Cu-Acetat oder $NiSO_4$ bei ~40°; 78% bzw. 59% bzw. 69%. — *α-Aminonaphthalin* (*Pikrat*, F. 165—167° [Zers.]), aus α-Nitronaphthalin u. KBH_4 in W./A. in Ggw. von Pd-Chlorid durch 1,5std. Kochen; 76%. — *Anilin* (*Pikrat*

F. 163° [Zers.]), aus Nitrobenzol u. KBH_4 in Ggw. von Pd-Chlorid oder $CuSO_4$; 57% bzw. 38%. (**F. P. 1242932** vom 18/8. 1959, ausg. 11/1. 1961.)
G. Colsmann 6585

2395 Montecatini Soc. Gen. per l'Industria Mineraria e Chimica (Erfinder: Giacomo Fauser), Italien, **Herstellung von Acetylen und Olefinen** durch unvollständige Verbrennung von KW-Stoffen mit O_2 bei 2—6 at, dad. gek., daß die Rk.-Prodd. durch Einspritzen zunächst von KW-Stoffen mit ≥ 2 C-Atomen u. darauf von W. auf $> 100°$ abgekühlt werden, um die überschüssige Wärme zur Regenerierung der selektiven Lsgm. zu verwenden u. gleichzeitig die Rk.-Prodd. auf die zur Isolierung von *Acetylen* u. *Äthylen* notwendige Temp. abzukühlen. — Beispiel. — 2 Zeichnungen. (**F. P. 1248686** vom 22/12. 1959, ausg. 10/3. 1961. It. Prior. 23/12. 1958.)
G. Colsmann H 500

2396 Heinrich Koppers G.m.b.H., Deutschland, **Herstellung von gasförmigen Kohlenwasserstoffen** mit niederem Molgew., z. B. *Olefine*, durch Rk. von höhermol. fl. oder gasförmigen KW-Stoffen im Gemisch mit einem Wärmeträger aus Dampf oder Gas, der durch Eindüsen einer verdampfbaren Fl. in diesen eine konst. Temp. im Reaktor gewährleistet. (**F. P. 74086** vom 11/8. 1958, ausg. 3/3. 1961. D. Prior. 17/8. 1957. **Zusatz zu F. P. 1151561; C. 1962, 15411.**) G. Colsmann H 520

2397 Phillips Petroleum Co., übert. von: Joseph R. Cobb jun., Bartlesville, Okla., V. St. A., **Gewinnung von gasförmigen Olefinen,** bes. *Äthylen* u. *Propylen,* aus diese u. CO, CO_2, Acetylene u. H_2S enthaltenden Gasen. Durch Behandlung des Gasstromes mit Diäthanolamin u. wss. Alkalilsgg. wird zuerst H_2S u. CO_2 entfernt; dann werden die Acetylene selektiv mit H_2 in Ggw. eines Katalysators aus 87(%) Fe_2O_3, 3 Cr_2O_3 u. 10 KOH, der bei 950 °F mit H_2 red. wurde, hydriert; hierauf werden aus dem Gas mit einer wss. $CuNO_3$-Monoäthanolaminlsg. das CO u. die Olefine herausgelöst u. anschließend durch Erwärmen aus der Lsg. ausgetrieben. Aus diesen Gasen wird dann das Olefin mit einem gesätt. KW-Stoff mit 3—12 C-Atomen, wie Isoparaffinen u. Cycloparaffinen (bes. Cyclohexan u. Isobutan) ausgewaschen; die erhaltene Olefinlsg. kann unmittelbar zum *Alkylieren* von Isoparaffinen bzw. zur *Polymerisation* zu fl., halbfesten oder festen Polymeren verwendet werden. — Vorr., Zeichnung. (**A. P. 2970177** vom 6/11. 1956, ausg. 31/1. 1961.)
G. Krauß H 520

2398 Shell Internationale Research Mij. N. V., Den Haag, Niederlande, **Herstellung von gasförmigen Olefinen,** bes. *Äthylen* u. *Propylen,* durch Cracken von KW-Stoffen, bes. von Erd- oder Raffineriegas, eines Bzn. vom Kp. 35—200°, bes. 100°, eines rückstandsfrei verdampfenden KW-Stoffes bei 800—1000° oder eines Rückstandöles vom Kp. $> 350°$ bei 750—900° in einer Salzschmelze, bes. einem Alkali- oder Erdalkalichloridsalz, wie $BaCl_2$ oder einer Mischung von NaCl u. KCl, in einem Rohrreaktor bei einer Verweilzeit in der Rk.-Zone von $< 0{,}02$ Sek., Trennung der Rk.-Prodd. von dem Salz in einer Trennzone bei einer Verweilzeit $< 0{,}5$ Sek. u. anschließende Reinigung des Salzes mit einem oxydierenden Gas. — Beispiele. — Vorrichtung. (**Oe. P. 217993** vom 12/5. 1960, ausg. 10/11. 1961. F. Prior. 14/5. 1959.) G. Colsmann H 520

2399 Dow Chemical Co., übert. von: Ralph A. Davis, Midland, und Max R. Broadworth, Bay City, Mich., V. St. A., **Fluorierungskatalysator mit verlängerter Lebensdauer** bei Verw. von HF bei der Fluorierung von Chlor-KW-Stoffen, bestehend aus einem innigen Gemisch von 80% Chromoxyfluorid u. 20% AlF_3. Synergist. Wrkg., Erhöhung der Lebensdauer der Einzelkomponenten von 10 bzw. 4 Std. auf 20 Std.; auch bei anderen Mischungsverhältnissen kann schon ein Erfolg erzielt werden. Bei der Herst. von Chlorfluormethan, 1.1.1-Trifluoräthan oder 3.3.3-Trifluorpropen sehr gute Ausbeuten. (**A. P. 3002934** vom 6/2. 1937, ausg. 3/10. 1961.)
W. Gräger H 520

2400 Dow Chemical Co., Midland, Mich., V. St. A., **Herstellung von 3.3.3-Trifluorpropen,** Kp. etwa —25°, durch Rk. eines halogenierten C_3–KW-Stoffs mit 3 oder 4 H-Atomen u. 3 oder 4 Halogenatomen außer J aber nicht > 2 F, wobei an einem endständigen C-Atom kein H enthalten sein darf, [1.1.1.3-Tetrachlor- oder -brom-, 3-Brom-1.1.1-trichlor- oder 1.3-Dichlor-1.1-difluorpropan, 3.3.3-Trichlor- oder -brom-, 3.3-Dichlor-3-brom-, 3.3-Dichlor (oder-brom)-3-fluor-, 3-Chlor (oder 3-Brom)-3.3-difluorpropen, 1.1.3-Trichlorpropen-(1) oder 1.1-Dichlor-3-brompropen-(1)] mit der wenigstens 3fachen, 7—18-fachen, bes. 10—12fachen Molmenge HF in Ggw. von bas. Chromfluorid, ggf. im Gemisch mit AlF_3, als Katalysator bei $> 150°$, 225—600°, bes. 300—400°, bzw. 350° während wenigstens 0,5 bzw. 3, bes. 5—6 Sek. unter beliebigem Druck. Das erhaltene Trifluorpropen dient als sehr reaktionsfähiges Mittel zur Einführung von Trifluormethylgruppen in andere Verbindungen. — Tabelle. (**E. P. 844597** vom 14/4. 1959, ausg. 17/8. 1960.)
W. Gräger H 520

2401 National Distillers and Chemical Corp., New York, N. Y. (Erfinder: Lloyd Maurice Watson, Cincinnati, Ohio, und Gerald Holmes Slattery, Glen Burnie, Md.), V. St. A., **Alkalimetallderivate von aliphatischen Diolefinen mit konjugierten Doppelbindungen oder vinylaromatischen Verbindungen.** Zu A. P. 2816935; C. **1959,** 6633 ist nachzutragen: Die Rk.-Fl. besteht aus einem Monoäther mit einer Methoxygruppe, in dem das Verhältnis von O : C mindestens 1 : 4 ist, wie Dimethyl-, Methyläthyl-, Methyl-n-propyl-, Methylisopropyläther, Polyäther, Dimethyl-, Methyläthyl-, Diäthyl-, Methylbutyläther von Äthylenglykol, die als Aktivierungsmittel eine polycycl., aromat. Verb. enthalten können, wie Naphthalin, Phenanthren, Diphenyl, Terphenyl, Dinaphthyl, Tetraphenyläthylen. Als Mahlhilfsmittel zur Zerkleinerung des Alkalimetalles dienen bes.: KCl, NaCl, K_2SO_4 u. Na_2SO_4, SiO_2, Kieselgur („Celite"), Rutil, Fe-Oxide, MgO, Al_2O_3, Graphit, C-Pulver. Umsetzbar sind: Isopren, Dimethylbutadien, Methyl-1.3-pentadien, Styrol, o- u. p-Methylstyrol. Die entstandenen Dimetallderivv. der dimeren Olefine geben bei der Rk. mit CO_2 die entsprechenden ungesätt. *Dicarbonsäuren*; z. B. aus Butadien $\rightarrow$ *Di-Na-octadien* + CO_2 $\rightarrow$ ungesätt. Säuren + H_2 $\rightarrow$ *Sebacin-*, *2-Äthylkork-* u. *2.2'-Diäthyladipinsäure.* (**Schwz. PP. 357714** vom 16/8. 1956, ausg. 15/12. 1961. A. Prior. 17/8. 1955 u. **336062** vom 14/12. 1954, ausg. 31/3. 1959. A. Prior. 14/12. 1953.) G. Krauß H 520

2402 Dow Chemical Co., V. St. A., **Herstellung von konjugierten Diolefinen** mit ≥ 4 C-Atomen, bes. *Butadien,* dad. gek., daß alternierend die Dehydrierung von dampfförmigen Monoolefinen im Gemisch mit Wasserdampf u. bei gleicher oder erhöhter Temp. die Regenerierung des verwendeten Katalysators aus granuliertem Ca–Ni-Phosphat u. Cr-Oxid mit einem Gemisch von Wasserdampf/O_2 oder Luft vorgenommen wird. — Beispiele. (**F. P. 74186** vom 19/9. 1958, ausg. 6/3. 1961. **Zusatz zu F. P. 1189865; C. 1962, 4349.**)
G. Colsmann H 520

2403 Farbwerke Hoechst Akt.-Ges., vormals Meister Lucius & Brüning, Frankfurt/M. (Erfinder: Walter Krause, Frankfurt/M., Werner Fischer, Bad Soden, Rudolf Wirtz und Hartmut Schilken, Frankfurt/M.), **Durchführung chemischer Reaktionen bei hohen Temperaturen** zur Herst. von *ungesättigten Kohlenwasserstoffen,* bes. mit 2—4 C-Atomen. Zu D. A. S. 1040533; C. **1960,** 4022 ist nachzutragen: Als Brennstoffe zur Herst. der heißen Gase dienen gasförmige oder fl. oder feste KW-Stoffe sowie in versprühter Form bes. H_2, CO, Wassergas in Mischung mit unterschüssigem O_2 oder Luft. Ausgangsstoffe zur Herst. der ungesätt. Verbb. sind: Methan, Äthan, Propan, Butan, Pentan, Heptan, Octan, Decan, Dodecan, Erdöldestillate, Kuweit-Öl, Erdgas, Isobutan, Isooctan, Isoheptan, Äthylen, Propylen oder Butylen, bes. KW-Stoffe mit 1—30 C-Atomen. — Vorr., Zeichnung. (**Schwz. P. 353733** vom 12/5. 1956, ausg. 15/6. 1961. **A. P. 2941021** vom 8/5. 1956, ausg. 14/6. 1960. Beide D. Prior. 13/5. 1955.) G. Krauß H 530

2404 Institute of Gas Technology, Chicago, übert. von: Elmore S. Pettyjohn, Evanston, Henry R. Linden, Franklin Park, und Jack M. Reid, Villa Park, Ill., V. St. A., **Ungesättigte Kohlenwasserstoffe,** bes.

Acetylen u. *Äthylen* erhält man durch Cracken von KW-Stoffen (Propan u. dessen Homologe, Petroleumöle, Schieferöle, Gasöle, Naturgas) bei 2000—2500°F, bes. im Vakuum, wobei die auf 800—900°F erhitzten KW-Stoffe in schnellströmenden, auf 3000—4000°F erhitzten Wasserdampf eingeleitet oder eingesprüht werden; die entstandenen Rk.-Gase werden dann unmittelbar, bes. mit W. < 1000°F abgeschreckt. Das Verhältnis von KW-Stoff: Wasserdampf beträgt 1 : 5—12 u. mehr. Bei der Acetylenherst. beträgt die Verweilzeit 0,01—1 Sekunde. Die Äthylenherst. erfolgt bei 1500—2000°F u. 0,1—1 Sek. Verweilzeit. — Aus Butan werden bei 2300°F, 0,5 at u. 0,025 Sek. Verweilzeit 16,9% Acetylen u. 24,5% Äthylen erhalten. Die Rk. erfolgt in einer bes. Vorr., vgl. Zeichnung. (**A. P. 2921100** vom 5/12. 1955, ausg. 12/1. 1960.)
G. Krauß H 530

2405 Sinclair Refining Co., New York, N. J., übert. von: Bernard S. Friedman, Chicago, Fred L. Morritz, Park Forest, Ill., Carl D. Keith, Münster, Ind., Robert R. Chambers, Park Forest, und John L. Gring, Homewood, Ill., V. St. A., **Reaktivieren eines sulfonierten H-Ionen-Austauscherharzes,** welches bei der Wasseranlagerung von Monoolefinen mit 2—4 C-Atomen verwendet wurde, erfolgt durch Behandlung des getrockneten Harzes mit konz. H_2SO_4, Chlorsulfonsäure, SO_3 oder SO_2 u. O_2. (**A. P. 2992189** vom 10/6. 1955, ausg. 11/7. 1961.) G. König H 560

2406 Solvay & Cie., Belgien, **Herstellung von Allylalkohol** in kontinuierlichem Verf. durch Hydrolyse von 0,5—2,5 (Mol) Allylchlorid in wss. Emulsion in Ggw. eines oberflächenakt. Mittels mit der entsprechenden Menge oder einem Überschuß eines Alkalihydroxids u./oder -carbonats, bes. NaOH u./oder Na_2CO_3, in einem Rohrreaktor bei turbulenter Strömung, einer Verweilzeit > 30 Sek., Temp. > 100°, bes. 140—180°, erhöhtem Druck, anschließender Rektifikation des Alkohols u. ggf. Rückführung des aus dem gebildeten Bicarbonat regenerierten Carbonats. Der Reaktor ist in der Rk.-Zone zur Vermeidung von Korrosion mit Ag, Ta, Zr, Graphit oder Cr-, Mo- oder Ni-Legg. ausgekleidet; Ausbeute bis zu 96%. (**F. P. 1248829** vom 17/2. 1960, ausg. 13/3. 1961. Belg. Prior. 3/4. 1959.) G. Colsmann H 560

2407 Laboratori Riuniti Studi e Ricerche S. p. A., San Donato Milanese, Italien, **Herstellung von sekundären Alkinolen** der Formel *R-CH(OH)-C≡CR'* (R u. R' = H, Alkyl oder Arylreste) durch Umsetzung von aliphat. oder aromat. Aldehyden mit einem Überschuß von Acetylen (**I**) oder Acetylen-Verbb. bei — 40 bis + 40°, bes. 0—25°, u. 0,2—20 at in einem geeigneten Lsgm., bes. fl. NH_3, in Ggw. von < 0,2 Mol pro Mol Aldehyd Alkali- oder Erdalkalimetall, ihren Acetyliden oder Verbb., die sich in Ggw. von Acetylen-Verbb. in das entsprechende Acetylid umwandeln lassen. — *Butin-(1)-ol-(3)*, durch Eintragen von K in fl. NH_3 in einen Autoklaven bei — 40°, Einpressen von **I** bis zu 11,5 at Druck u. 10° u. mehrstd. Zugabe von Acetaldehyd (**II**), u. zwar 0,15—0,5 Mol/Std.; 48% (Ausbeute), bezogen auf **II**. — Analog: *2-Methylpentin-(4)-ol-(3)*, aus Isobutyraldehyd (**III**); 92%. — *4-Methyl-1-phenyl-3-hydroxypentin-(1)*, aus Phenylacetylen u. **III**; 60%. — *1-Phenyl-1-hydroxypropin-(2)*, aus Benzaldehyd (**IV**) u. **I**; 45,7%. — *2-Methylnonin-(4)-ol-(3)*, aus Hexin-(1) u. **III**. (**Oe. P. 217440** vom 8/10. 1959, ausg. 10/10. 1961. It. Prior. 22/9. 1959.)
G. Colsman H 560

2408 Udic Soc. An., Vevey, Schweiz, übert. von: Alfons Apel, Mannheim, **Kontinuierliche Reduktion von wässerigen Holzzuckerlösungen aus Fichtenholz** durch Säurehydrolyse, enthaltend Xylose u. Hexosen, zu den entsprechenden *Polyolen*, erfolgt unter katalyt. Hydrierung einer 40%ig. Zuckerlsg. in einer 1. Stufe bei etwa 70° u. einem H_2-Druck von etwa 60 at u. weitere Hydrierung mit dem gleichen Katalysator bei einem H_2-Druck von 40 at u. etwa 110°. — Skizze. (**A. P. 2989569** vom 17/6. 1958, ausg. 20/6. 1961.) G. König H 580

2409 Polak & Schwarz International N. V. übert. von: Muus G. J. Beets und Harm Van Essen, Hilversum, Niederlande, **Herstellung von Pseudo-isomethyljonon** durch Kondens. von Butanon (**I**) u. Citral (**II**) unter Anwendung eines Molverhältnisses von **I**:**II** > 1, bes. 8 : 1 oder höher, in einem Rk.-Medium (niedrigmol. aliphat. Alkohol, wie CH_3OH oder A., aber auch Äthylbutyläther, Pyridin oder Benzylalkohol), in dem 0,33 bis 2,0 Mol (pro Mol **II**) eines Kondens.-Mittels gelöst sind, welches aus einer quatern. Ammonium-, Phosphonium-, Arsonium- oder Stibonium-Verb. oder tert. Sulfonium-Verb. u. einer stark bas. Komponente, wie Alkalihydroxid -alkoholat, -phenolat oder -cyanid, gebildet wird, bes. Triäthylbenzylammoniumhydroxid, bei 50° bis zum Kp. des Rk.-Mediums. Bessere Ausbeuten. — Vgl. F. P. 1182578; C. **1961,** 14457. (**A. P. 2957027** vom 10/9. 1957, ausg. 18/10. 1960. E. Prior. 11/9. 1956.)
W. Gräger H 710

2410 Badische Anilin- & Soda-Fabrik Akt.-Ges. (Erfinder: Walter Stilz und Horst Pommer), Deutschland, **Herstellung von α.β-ungesättigten Nitrilen.** Zu D. A. S. 1108208; C. **1962,** 10274 sind folgende Verbb. nachzutragen: *1-Cyan-2-methylpropen-(1)-yl-(3)-O.O-diäthylphosphonat* (**I**), $Kp._{0,01}$ 105—107°, aus 110 (Teilen) γ-Brom-β-methylcrotonsäurenitril u. 130 Triäthylphosphit durch Rk. bei 140° u. 1/2std. Erhitzen auf 180°; ölige Fl.; 108 Teile (Ausbeute). — *1-Cyan-2-methyl-4-[p-dimethylaminophenyl]-butadien-(1.3)*, F. 190—191° (Essigester), aus 24 **I** u. 15 p-Dimethylaminobenzaldehyd in Dimethylformamid durch Zugabe von 20 30%ig. methanol. $NaOCH_3$ u. 1std. Rühren; gelb-grün fluorescierende Kristalle; 17 Teile. — *Phenylcyanmethyl-phosphinsäureäthylester* (**II**), $Kp._{0,5}$ 162—164°, aus 76 Chloracetonitril u. 220 Phenyl-O.O-diäthylphosphonit; fahlgelbes viscoses Öl; 141 Teile. — *β-Jonyliden-(2)-acetonitril*, $Kp._{0,3}$ 111—112°, aus 46 **II** u. 38 β-Jonon; ölige Fl.; 37 Teile. — *Vitamin-A-säurenitril*, F. 50—51° (CH_3OH), aus 22 **I** u. 22 β-Jonyliden-(2)-acetaldehyd bei 20°; 23 Teile. (**F. P. 1249763** vom 3/3. 1960, ausg. 22/3. 1961. D. Prior. 4/3. 1959.) G. Colsmann H 800

2411 Wacker-Chemie G. m. b. H., Deutschland, **Gewinnung von Peressigsäure (I)** durch Zerlegung der Oxydationsprodd. des Acetaldehyds (**II**) u. Trennung des Gemisches in kontinuierlichem Verf. bei — 5 bis + 70°, bes. 5—45°, dad. gek., daß die Oxydationsprodd. in fl. Form am Kopf einer Kolonne eingeführt werden u. inerte Dämpfe einer < 100° sd. Fl. zur Abtrennung von **II** im Gegenstrom geführt werden, während **I** am unteren Ende der Kolonne abgezogen wird. — Beispiele. (**F. P. 1259073** vom 23/2. 1960, ausg. 14/3. 1961. D. Prior. 16/3. 1959.) G. Colsmann H 810

2412 Distillers Co. Ltd., Edinburgh, Schottland, übert. von: David James Hadley, Epsom Downs, und Charles Albin Woodcock, Beckenham, England, **Ungesättigte Nitrile** erhält man in 2 Stufen aus Olefinen. Zu Schwz. P. 306049, Belg. P. 514875 u. E. P. 723003; C. **1956,** 7936 ist nachzutragen: Die Oxydation des Olefins zum ungesätt. *Aldehyd* erfolgt in Ggw. von Se, Metallseleniten, -telluriten oder organ. Se-Verbb. u. ggf. von Metallen oder Metalloxiden des Cu, V, Fe, Co, Ni, Mn, Cr, Mo, W, U, Sn, Ce, Ag oder von Aluminaten, Silicaten, Molybdaten, Chromaten, Wolframaten oder Vanadaten des Cu. Oxydierbar sind: Propylen, Isobuten, 2-n-Buten, 2-Methyl-1- oder -2-buten, 2-n-Penten, 2-Methyl-1-penten, 2.4.4-Trimethyl-1-buten, 2.4.4-Trimethyl-1-penten, 2.4.4-Trimethyl-2-penten u. n-Buten- u. Isobutendimere. (**A. P. 3009943** vom 15/10. 1952, ausg. 21/11. 1961. E. Prior. 18/10. 1951.)
G. Krauß H 810

2413 E. I. du Pont de Nemours & Co., V. St. A. (Erfinder: Theodore Augur Koch, Ivan Maxwell Robinson und William Lee Wiley), **Herstellung von Acrylsäure und Alkylacrylsäuren** durch Dampfphasenoxydation eines entsprechenden Alkens-(1) (**A**), bes. Propylen oder Buten-(1), mit O_2 in Ggw. von Wasserdampf, wobei das Mol-Verhältnis W./**A** 0,5/1 bis 20/1 betragen soll, in Ggw. eines Ni/Mo- oder Co/Mo-Oxid-Katalysators, der ferner ein B-, P- oder V-Oxid enthält u. ein Ni/Mo- bzw. Co/Mo-g-Atom-Verhältnis von 1/1 bis 5/1 besitzt, bei 300—500°. — Beispiele. (**F. P. 1247411** vom 30/11. 1959, ausg. 21/2. 1961. A. Prior. 24/12. 1958.)
Eberhard Riedel H 810

2414 Distillers Co. Ltd. (Erfinder: James Robert Bethell und David James Hadley), England, **Herstellung von Acrylsäure und Methacrylsäure** durch Oxydation von 2—10 (Vol.-%) Propen, Isobuten, Acrolein oder Methacrolein in gasförmiger Phase mit durch Wasserdampf, N_2 oder ihren Gemischen verd. 2—15 O_2 bei 300—500° in Ggw. eines TeO_2 enthaltenden Katalysators aus Co-Molybdat u./oder aus Co- u. Mo-Oxidgemischen, hergestellt aus der wss. Lsg. der Salze oder aus den entsprechenden Komplexen mit NH_3 oder einem in W. lösl. aliphat. Amin durch therm. Behandlung bei 400—700°. Als Trägersubstanz dienen Silicate. — Beispiele. (**F. P. 1248368** vom 16/2. 1960, ausg. 3/3. 1961. E. Prior. 17/2. u. 15/4. 1959.) G. Colsmann H 810

2415 Soc. des Usines Chimiques Rhône-Poulenc, Frankreich (Erfinder: Robert Genod), **Herstellung von Sorbinsäure,** F. 132,2—132,4°, durch Erhitzen des durch Kondens. von Keten u. Crotonaldehyd gewonnenen Polyesters mit konz. Alkalihydroxid-Lsg. auf 110 bis 145°; Ausbeuten 79—83,5%. (**F. P. 1241776** vom 31/7. 1959, ausg. 28/12. 1960.) Eberhard Riedel H 810

2416 Soc. des Usines Chimiques Rhône-Poulenc, Paris (Erfinder: Robert Genod, Lyon), Frankreich, **Herstellung von Sorbinsäure (I),** F. 132,2—132,4°, durch Kondens. von Keten mit Crotonaldehyd (**II**) in Ggw. von Metallsalzen höherer Fettsäuren u. 1,5—2std. Erhitzen des erhaltenen Polyesters mit konz. NaOH unter N_2 auf 100—145°, z. B. 125°. Die Ausbeute an **I** (bezogen auf **II**) beträgt z. B. 83,5%. (**Oe. P. 217446** vom 17/5. 1960, ausg. 10/10. 1961. F. Prior. 31/7. 1959.) G. Colsmann H 810

2417 Comp. de Saint-Gobain, Seine, Frankreich (Erfinder: Raymond Uettwiller), **Herstellung eines Katalysators** zur Oxydation von aromat. KW-Stoffen zu *Maleinsäureanhydrid* in gasförmiger Phase, dad. gek., daß einem Katalysator aus V_2O_5, MoO_3, SnO u. Ti- u./oder Ce-Oxid eine U-Verb., bes. 0,02—20 Gew.-%, bezogen auf V_2O_5, $(CH_3COO)_2UO_2 \cdot H_2O$, zugesetzt wird, die bei der Herst. des Katalysators UO_3 bildet. (**F. P. 1248508** vom 4/11. 1959, ausg. 8/3. 1961.) G. Colsmann H 820

2418 Knapsack-Griesheim Akt.-Ges., Deutschland, **Kontinuierliche Herstellung von Cyanhydrinen** durch Umsetzung von Carbonyl-Verbb., bes. Acetaldehyd u./oder Crotonaldehyd u./oder Aceton, mit HCN in solchen Mengen, daß die Ausgangsstoffe in der 10—400-fachen Menge des Rk.-Prod., das im Kreislauf in den Prozeß zurückgeführt wird, gelöst sind, in Ggw. eines alkal. Katalysators, bes. Alkalihydroxide, -carbonate, -cyanide, -cyanate, organ. Basen oder Alkalisalze organ. Säuren, ggf. in wss. Lsg., bei 5—20° u. pH 6—8 u. Stabilisierung des Rk.-Prod., das einen Überschuß von 0,3—0,5% HCN enthält, durch Zusatz von H_3PO_4. Zur Einleitung der Rk. werden KW-Stoffe u./oder W. als Lsgm. verwendet. — *Milchsäurenitril* (**I**), aus 27,135 (kg/h) HCN u. 44 (kg/h) CH_3CHO durch Einleiten in 70 l **I** unter Rückführung von 11 (m^3/h) gebildetem **I** bei 10—15° u. pH 6,8—7,5 u. Stabilisieren des Prod. durch Zusatz von 85%ig. H_3PO_4 bis pH 3,98; 2% (Ausbeute). — Analog: *2-Hydroxypenten-(3)-säurenitril*; 94,8%. — *2-Hydroxy-2-methylpropansäurenitril*, 91,6%. — Verf.-Schema. (**F. P. 1243654** vom 22/12. 1959, ausg. 18/1. 1961.) G. Colsmann H 850

2419 Joh. A. Benckiser G.m.b.H., Chemische Fabrik, Ludwigshafen/Rh. (Erfinder: Johannes Miksch, Mannheim, und Lieselotte Bauer, Frankeneck), **Herstellung von bis-Citronensäureestern,** dad. gek. daß man 2 Mol eines Citronensäure(**I**)-triesters eines C_1—C_{18}-Alkohols an seiner tert. OH-Gruppe mit einem Chlorid einer gesätt. aliphat. oder aromat. Dicarbonsäure umsetzt. — Es wird z. B. ein Gemisch aus 14 g (0,1 Mol) Malonylchlorid u. 55 g (0,2 Mol) **I**-Triäthylester 5 Std. auf 80° erhitzt, der Rohester in W. eingerührt, mit $NaHCO_3$-Lsg. neutralisiert, der Ester mit Ae. extrahiert u. aus der Ae.-Lsg. 75% *Malonsäure-1.3-bis-*(**I**-*triäthyl*)-*ester*, als Oel erhalten. VZ. 718 gef., 732 ber. — Analog werden folgende Ester erhalten: *Bernsteinsäure-1.4-bis-*(**I**-*trimethyl*)-; F. 70—72°, VZ. 813 gef., 815 ber. — *Triäthyl-*, F. 42—44°, VZ. 707 gef., u. ber. — *Tripropyl-*, VZ. 625 gef., 624 ber. — *Tributyl-*, VZ. 560 gef., 559 ber. — *Triisooctyl-*, VZ. 395 gef., 394 ber. — *Trinonyl-*, VZ. 360 gef., 367 ber. — *Tridecyl-*, VZ. 345 gef., 343 ber. — *Tricyclohexyl-*, VZ. 406 gef., 468 ber. — *Diäthyl-monopropyl-*, VZ. 677 gef. u. ber. — *Diäthyl-monocyclohexyl-*, VZ. 610, gef., 604 ber. — *Dimethyl-monopropyl-*, VZ. 725 ber., 732 gef. — *Glutarsäure-1.5-bis-*(**I**-*trimethyl*)-, VZ. 790 gef., 794 ber. — *Triäthyl-*, VZ. 686 gef., 691 ber. — *Adipinsäure-1.6-bis-*(**I**-*trimethyl*)-, F. 67—68°; VZ. 778 gef., 775 ber. — *Triäthyl-*, VZ. 680 gef., 677 ber. — *Tributyl-*, VZ 538 gef., 540 ber. — *Triisooctyl-*, VZ. 377 gef., 384 ber. — *Sebacinsäure-1.10-bis-*(**I**-*trimethyl*)-, VZ. 704 gef., 707 ber. — *Triäthyl-*, VZ. 623 gef., 624 ber. — *Azelainsäure-1.9-bis-*(**I**-*triäthyl*)-, VZ. 638 gef., 636 ber. — *Phthalsäure-bis-*(**I**-*triäthyl*)-, VZ. 654 ber., 657 gef. — Weichmacher für Plastisole, Organosole, Nitrocelluloselacke, Hilfsmittel in der Textilfärberei, zum Ausrüsten von vegetabil. Fasern, regenerierter Cellulose, Geweben, Papieren u. Pappen. (**D. A. S. 1143502** Kl. 12o vom 9/12. 1960, ausg. 14/2. 1963.) O. Müller-Meiningen H 850

2420 Merck & Co., Inc., Rahway, übert. von: Frederick W. Holly, Cranford, und Arthur F. Wagner, Princeton, N. J., V. St. A., **Zwischenprodukte zur Synthese von α-Liponsäure.** Durch Red. einer disubstituierten 6.8-Dimercapto-5-oxocaprylsäure mit einem Boranat zum δ-Lacton der entsprechenden 5-Hydroxycarbonsäure, Red. des Lactons oder der Säure mit P/J_2 zur disubstituierten 6,8-Dimercaptocaprylsäure, ggf. Veresterung oder Salz-Bldg. u. anschließende Thioätherspaltung mit konz. Mineralsäuren. 6.8-Dimercaptocaprylsäure wird zur α-Liponsäure oxydiert. Durch Rk. von 6.8-Di-alkenyl- oder -aralkylmercapto-5-hydroxycaprylsäure oder deren δ-Lacton mit Alkalimetall in fl. NH_3 erhält man 5-Hydroxy-α-liponsäure bzw. deren δ-Lacton. — Zu 8,5 (g) 6.8-Di-methylmercapto-5-oxocaprylsäure in 370 ml A. u. 26 ml W. gibt man unter Eiskühlung portionsweise 6,7 $NaBH_4$, läßt 2 Std. bei Raumtemp. stehen, säuert mit konz. HCl auf pH 3 an, filtriert u. bringt mit 8 n NaOH auf pH 8, filtriert wieder u. zieht den A. ab. Man gibt 100 ml W. zu, stellt pH 3 ein, extrahiert mit Chlf. u. dest. → *6.8-Di-methylmercapto-5-hydroxycaprylsäure-δ-lacton* (**I**), $Kp._{75-300\mu}$ 165—190°, n_D^{25} 1,5348—1,5398. — Analog erhält man folgende *5-Hydroxycaprylsäure-δ-lactone*: *6.8-Di-äthylmercapto-*, *6.8-Di-allylmercapto-*, *6.8-Di-phenylmercapto-*, *6.8-Di-benzylmercapto-* u. *6-Methylmercapto-8-äthylmercapto-*. — Zu 1,36 **I**, 25 ml Eisessig u. 5 ml W. gibt man 0,54 roten P u. 2,21 J_2, kocht 17 Std. unter Rückfluß, kühlt, filtriert, verd. mit 120 ml W., gibt wss. $NaHSO_3$ zu u. extrahiert mit Chlf. → *6.8-Di-methylmercaptocaprylsäure* (**II**), hieraus mit PCl_3 u. dem entsprechenden Alkohol → **II**-*Methylester*, **II**-*Äthylester*, **II**-*Propylester*, **II**-*Benzylester* u. **II**-*Phenylester*. — Analog erhält man folgende *Caprylsäuren*: *6.8-Di-äthylmercapto-*; *6.8-Di-allylmercapto-*; *6.8-Di-benzylmercapto-*; *6.8-Di-phenylmercapto-*; *6-Methylmercapto-8-äthylmercapto-*; *6-Benzylmercapto-8-methylmercapto-*. — 0,314 **II** in 5 ml 50%ig. wss. H_2SO_4 erhitzt man $3^1/_2$ Std. auf 85°, gießt die Mischung in W., extrahiert mit Chlf. u. engt ein → *6.8-Dimercaptocaprylsäure* (**III**). Hieraus mit 10%ig. wss. Lsg. von J_2/KJ in Chlf. → α-Liponsäure. — In 100 ml fl. NH_3 löst man 1 6.8-Di-allylmercapto-caprylsäure u. gibt portionsweise 1 Na zu. Man neutralisiert mit NH_4Cl, zieht das NH_3 ab, gibt 50 ml W. zu u. bringt mit konz. HCl auf pH 3. Extraktion mit Chlf. → **III**, die man analog auch aus 6.8-Dibenzylmercapto-caprylsäure erhält. — Man löst 1,2 6.8-Di-allylmercapto-5-hydroxycaprylsäure in 100 ml fl. NH_3, gibt Na zu bis die Lsg. blau bleibt u. neutralisiert mit $(NH_4)_2SO_4$. Das NH_3 dampft man ab, nimmt den Rückstand in 30 ml W. auf u. bringt mit konz. HCl auf pH 3. Extraktion mit Ae. → *6.8-Dimercapto-5-hydroxycaprylsäure-δ-lacton*, IR-Maxima bei 3—4 u. 5,85 μ u. keines mehr bei 6,09 μ. Hieraus mit J_2/KJ in Ae. → *5-Hydroxy-α-liponsäure-δ-lacton*, UV-Maxima bei 273 u. 320 mμ. — 0,133 **II** u. 0,5 n Thiuroniumchlorid erhitzt man 1 Std. auf 160°, kühlt, gibt 3 ml 2,5 n NaOH zu u. erhitzt $1^1/_2$ Std. auf 80°. Bei Raumtemp. bringt man mit

konz. HCl auf pH 3 u. extrahiert mit Chlf. → **III**. (**A. P. 3002011** vom 4/12. 1953, ausg. 26/9. 1961.)
A. Debo H 850

2421 Lonza Elektrizitätswerke und Chemische Fabriken Akt.-Ges., Basel, Schweiz, **Herstellung von Acetessigsäureestern** durch Einführen eines bei 10–40° hergestellten Gemisches von Diketen (**I**) mit einem niederen aliphat. Alkohol (**A**) u. einem Katalysator, bes. H_2SO_4, H_3PO_4 u./oder Sulfonsäuren, in als Rk.-Medium (**B**) dienendes auf 90–140°, bes. 120–140°, erhitztes Rk.-Prod. von **I** mit **A**, wobei gleichzeitig entstehende Neben-Prodd. mit einem Kp. unterhalb der Rk.-Temp. zusammen mit unumgesetzten **A** abdest. werden. Die Einleitungs-Geschw. soll 1 Liter **A** je 0,3–0,7 Liter **B** je Std. betragen. Das Rk.-Prod. wird vor der Reinigung während 1–20 Min. einer Nach-Rk. bei 90–140° unterworfen. — *Acetessigsäure, Methylester*, durch kontinuierliches Einleiten eines Gemisches aus **I**, CH_3OH u. konz. H_2SO_4 in ein auf 125° erhitztes Roh-Acetessigsäureester-Prod. u. ca. 10 Min. lange Nach-Rk. des Rk.-Prod. bei 100°; 94% (Ausbeute, bezogen auf **I**). Analog: *Äthylester*, 93%. *Isopropylester*, 91%. (**Oe. P. 217442** vom 2/8. 1960, ausg. 10/10. 1961. Schwz. Prior. 13/8. 1959.)
G. Colsmann H 870

2422 Chemical Construction Corp., V. St. A. (Erfinder: Lucien Harry Cook und Thomas Edward Gilbert), **Herstellung von Harnstoff** aus CO_2 u. NH_3 bei 140–350 at u. 160–200°, dad. gek., daß das in den Rk.-Prodd. enthaltene Ammoniumcarbamat zunächst unter Erhitzen bei 14–28 at, danach bei < 3,5 at zersetzt wird u. die gasförmigen Prodd. unter Druck ausgewaschen werden. — Beschreibung der Anlage, Verf.-Schema. (**F. P. 1249757** vom 3/3. 1960, ausg. 22/3. 1961. A. Prior. 10/3. 1959.)
G. Colsmann H 880

2423 Sun Oil Co., übert. von: James L. Lauer, Philadelphia, Pa., V. St. A., **Herstellung von Schwefelkohlenstoff.** Ein gasförmiges CH_4/H_2S-Gemisch wird in einem geschlossenen Gefäß diskontinuierlich einer Reihe von durch elektr. Strom erzeugten Funkenentladungen ausgesetzt, die Stoßwellen erzeugen. Gleichzeitig wird intermittierend ein magnet. Feld erzeugt. Bei der mit einem CH_4:H_2S-Verhältnis von 1:3 bis 3:1, bes. 1:2, u. bei einem Druck von 60–125 mm Hg abs. durchgeführten Rk. werden neben CS_2 geringe Mengen an Äthylen, Acetylen, Diacetylen, H_2 u. C gebildet. (**A. P. 2983661** vom 16/7. 1959, ausg. 9/5. 1961.) E. Miessgang H 880

2424 American Cyanamid Co., New York, N. Y., übert. von: George N. Gagliardi, Springdale, Conn., V. St. A., **Alkylguanidinsalze** mit geringem Fe-Geh. erhält man bei der Rk. einer wss. Mischung aus einer organ. Carbonsäure, einem Alkylamin mit 10 u. mehr C-Atomen u. einer wss. Lsg. des Cyanamids bei pH von mindestens 9 unter Aufrechterhalten einer Rk.-Temp. von 0,5–100°. Die Herst. von *Dodecylguanidin* wird beschrieben. (**A. P. 3004065** vom 29/11. 1957, ausg. 10/10. 1961.) G. König H 880

2425 État Francais représenté par le Ministre des Armées (Direction des Poudres) (Erfinder: André Roche und Gérard Desseigne), Frankreich, **Herstellung von Aminoguanidin.** Eine 1–6%ig. bes. 3%ig. wss. Hydrazinhydrat(**I**)-Lsg. wird mehrere Std. bei 20° mit Ca-Cyanamid umgesetzt, danach wird filtriert, das Filtrat mit verd. H_2SO_4 auf pH 3–5 eingestellt u. einige Std. auf 90° erhitzt. Das gebildete *Aminoguanidin* wird durch Zusatz von $NaHCO_3$ als *Aminoguanidinbicarbonat* gefällt; Ausbeute 85% (bezogen auf **I**). (**F. P. 1241151** vom 10/7. 1959, ausg. 20/12. 1960.)
Eberhard Riedel H 880

2426 Berkeley Chemical Corp., Berkeley Heights, übert. von: Sidney Beinfest, Berkeley Heights, und Joseph Halpern, New Providence, N. J., V. St. A., **Herstellung von niedrigmolekularen Alkylcarbamaten** durch Rk. eines (C_{1-3})-Alkanols mit Harnstoff unter Abziehen von alkanolhaltigen Dämpfen aus der Rk.-Zone, dad. gek., daß man die abziehenden Dämpfe zur Kondens. des Alkanols (CH_3OH, A., Isopropanol oder Gemisch) in einem Wärmeaustauscher auf —20 bis 25° kühlt, die Zuleitung dieser Dämpfe in diesen Austauscher unterbricht, weitere abziehende Dämpfe einem zweiten Austauscher zur Kondens. der Alkanole zuführt, unkondensierte Gase entweichen läßt u. die kondensierten Alkanole in die Rk.-Zone (Temp. 130–155°) zurückführt. — Mengenbeispiele, Zeichnung. (**A. P. 3013065** vom 3/6. 1960, ausg. 12/12. 1961.) G. Vogel H 880

2427 General Mills, Inc., V. St. A. (Erfinder: Andreys Zvejnieks), **Herstellung von tertiären Aminen** mit je 6–26 C-Atomen in den Alkylresten durch Umsetzung von aliphat. Nitrilen (**A**) oder aliphat. Alkoholen (**B**) mit NH_3 oder **A** mit **B** oder sek. aliphat. Aminen mit **B** in Ggw. von H_2 im Kreislauf in Ggw. eines Hydrierungskatalysators bei 160–180° u. 7–14 at in fl. Phase. — Beispiele. (**F. P. 1249039** vom 23/2. 1960, ausg. 14/3. 1961. A. Prior. 27/2. 1959.) G. Colsmann H 910

2428 J. R. Geigy Soc. An., Schweiz (Erfinder: John D. Spivack), **Herstellung von tert.-aminoalkylierten primären Aminen** der Formeln $H_2N\text{-}CH(R)\text{-}CH_2\text{-}N(R_6)\text{-}CH_2\text{-}CH(R)\text{-}NH_2$ oder $R_1(R_2)N\text{-}CH_2\text{-}CH(R_3)\text{-}NH_2$ (R_1 u. R_2 = C_{1-18}-Alkyl-, Phenyl-, Aminoalkyl- oder Polyaminoalkylaminoalkyl-Reste; R_3 = H oder Alkylrest; R_6 = C_{6-18}-Alkylrest) durch Umsetzung von entsprechenden Amiden mit Alkali- oder Erdalkalihypochloriten oder -hypobromiten, bes. NaOCl, in wss. Alkalihydroxid-Lsg. durch Einleiten der Rk. bei < 30°. — *β-[N.N-Diäthylamino]-propionsäureamid* (**I**), Kp. 126–130°, aus Diäthylamin (**II**) u. Acrylsäureamid (**III**) in wss. Lsg. durch 2std. Erwärmen auf 55°; 93% (Ausbeute). — *Methylimino-bis-[propionsäureamid]* (**IV**), $C_7H_{15}N_3O_2$, F. 111 bis 112° (CH_3OH), aus **III** u. Methylamin durch 6std. Erhitzen auf 85–90°; 81%. — *Nitrilo-tris-[propionsäureamid]* (**V**), $C_9H_{18}N_4O_3$, F. 182–183°, aus **III** u. 28%ig. wss. NH_3-Lsg. durch 20std. Rk. bei normaler Temp.; 72%. — *N-[β-Bromäthyl]-phthalimid* (**VI**), F. 80°, aus Phthalimid-K u. Äthylenbromid durch 12std. Kochen; 64%. — *N.N.N'.N'-Tetrakis-[2-carbamoyläthyl]-äthylendiamin* (**VII**), $C_{14}H_{28}N_6O_4$, F. 171–172°, aus Äthylendiamin u. **III** durch 4std. Rk. bei 85–90°; 91%. — *n-Dodecylimino-bis-[propionsäureamid]* (**VIII**), $C_{18}\cdot H_{37}N_3O_2$, F. 116–117°, aus n-Dodecylamin u. **III**; 81,5%. — *Anilino-bis-[propionsäureamid]* (**IX**), $C_{12}H_{17}\cdot N_3O_2$, F. 152° (Dioxan), aus Anilin u. **III** in Eisessig; 80%. — *N.N-Diäthyläthylendiamin*, $C_6H_{16}N_2$, Kp. 139 bis 146° bzw. 141–150°, aus **I** u. NaOCl unter Temp.-Anstieg von 10° auf 53° oder aus β-Aminoäthylsulfat u. **II** durch Erhitzen auf 160–165° bei 13,3–14,7 kg/cm²; 76% bzw. 30%. — *N''-Methyldiäthylentriamin*, $C_5H_{15}N_3$, Kp.$_{17-18}$ 85–90°, aus **IV** u. NaOCl durch 2std. Rk. bei 85–90°. — *N.N.N-Tris-[2-aminoäthyl]-amin*, $C_6H_{18}N_4$, Kp.$_{0,80}$ 96–99°, aus **V** u. NaOCl durch 2std. Erhitzen auf 90–95° oder aus N.N.N-Tris-[phthalimidoäthyl]-amin (F. 191°, aus 50 Teilen **VI** u. NH_3 durch 8std. Erhitzen auf 148–153°; 10 Teile) durch Kochen mit 6 n HCl, 56,5% bzw. 4,5%. — *N.N.N'.N'-Tetrakis-[2-aminoäthyl]-äthylendiamin*, Kp.$_{1,2-1,5}$ 195°, aus **VII** u. NaOCl; Versetzen mit Na_2SO_3 u. 2std. Erhitzen auf 95°; 43,5%. — *N''-[2-Äthylhexyl]-diäthylentriamin*, $C_{12}H_{29}N_3$, Kp.$_{0,15-0,20}$ 89–90°, aus 2-Äthylhexylimino-bis-[propionsäureamid] u. NaOCl. — *N-[n-Dodecyl]-imino-bis-[2-äthylamin]*, $C_{16}H_{37}N_3$, Kp.$_{0,2}$ 140°, aus **VIII** u. NaOCl; 52%. — *N''-Phenyldiäthylentriamin*, Kp.$_1$ 148–155°, aus **IX** u. NaOCl; 69,5%. (**F. P. 1244010** vom 1/12. 1959, ausg. 20/1. 1961. A. Prior. 2/12. 1958.)
G. Colsmann H 910

2429 Armour Research Foundation of Illinois Institute of Technology, V. St. A., **Herstellung von Tetramethylammoniumozonat** durch z. B. 15 Min. Einleiten von verd. O_3 in 5 (g) wasserfreies $[(CH_3)_4N]OH$ bei < 35°, z. B. 0°, Extraktion des Ozonates mit fl. NH_3 u. Abziehen des NH_3; Kristalle; 1 g (Ausbeute). (**F. P. 1248892** vom 18/2. 1960, ausg. 13/3. 1961.)
G. Colsmann H 910

2430 Merck & Co., Inc., V. St. A. (Erfinder: Robert Lawrence Peck), **Herstellung von α-Amino-β-[aminoxy]-propionsäure** (**I**) u. ihren Derivv., dad. gek., daß man ein 4-Aminoisooxazolidon-(3) in Ggw. einer Mineralsäure mit einem Alkohol umsetzt unter Bldg. eines **I**-Esters. Diesen setzt man in Ggw. einer Mineralsäure mit einer Carbonylverb. zum Oxim um; außerdem kann man Oxim oder Ester acylieren. – Man kocht 4-Amino-isoxazolidon-(3) 5 Std. in HCl-haltigem Methanol u. erhält aus Ae. **I**-*Methylesterdihydrochlorid* (**II**), F. 145 bis 155° (Zers.), $[\alpha]_D^{25}$ – 12° (2,5%; W.), $[\alpha]_D^{25}$ – 9° (3,2%; n HCl). – **I**-*Äthylesterdihydrochlorid*, F. 145–153°. – *α-Amino-β-[isopropylidenaminoxy]-propionsäuremethylesterhydrochlorid* (**III**), F. 173–174°, aus **II** u. Aceton. – *α-Acetamido-β-[isopropylidenaminoxy]-propionsäuremethylester*, aus vorst. Verb. u. Essigsäureanhydrid. – *α-Benzamido-* (**IV**) u. *-Dibenzamido-Verb.* von **III**, aus Benzoylchlorid; nach Behandlung von **IV** mit $Ba(OH)_2$ u. Säure erhält man $(CH_3)_2C{=}N{-}O{-}CH_2{-}CH(COOH){-}NHCOC_6H_5$, F. 131–134°. – *D-Serinmethylesterhydrochlorid*, F. 158–161° (Zers.), durch Hydrierung von **II** an Pt. – Vgl. A. P. 2772280; C. **1958**, 6677. (**F. P. 1246102** vom 23/12. 1955, ausg. 3/2. 1961. A. Prior. 23/12. 1954.) S. Böttcher H 950

2431 Inventa Akt. Ges. für Forschung und Patentverwertung, Luzern, Schweiz, **Racemisierung von optisch aktivem Lysin (I)** erfolgt durch 1–4std. Kochen von **I** oder eines sauren **I**-Salzes mit einem Gemisch bes. aus je 50 Gew.-% W. u. konz. H_2SO_4 bei 150–200°, bes. 160–180°. (**E. P. 847785** vom 27/4. 1959, ausg. 14/9. 1960. Schwz. Prior. 20/5. 1958.) O. Müller-Meiningen H 950

2432 Parke, Davis & Co., Detroit, Mich., übert. von: John Ehrlich, Grosse Pointe Park, Mildred Penner Knudsen, Birmingham, Quentin R. Bartz, Salvatore A. Fusari, Detroit, und Theodore H. Gaskell, Clawson, Mich., V. St. A., **Herstellen von O-Diazoacetyl-l-serin (I, Azaserin) auf biologischem Wege.** Eine sterile wss. Nähr-Lsg., die z. B. 1,0(%) Glucose, 1,0 mit einer Salz-Lsg. extrahierten Schweinemagen, 0,2 NH_4Cl, 0,5 NaCl u. 0,1 $CaCO_3$ enthält, deren pH-Wert 5,0–8,5, bes. 6,5–7,0, beträgt, wird mit *Streptomyces fragilis* geimpft u. unter aeroben Bedingungen bei 20–35° bebrütet. Die Feststoffe werden dann aus der Kultur entfernt u. **I** aus der wss. Fl. isoliert. (**A. P. 2996435** vom 14/1. 1953, ausg. 15/8. 1961.) E. Petersen H 950

2433 Soc. Française d'Organo-Synthèse, Frankreich, **Herstellung von Azodiisobutyronitril** durch mehrstd. Umsetzung von Acetoncyanhydrin in wasserfreiem Medium mit NH_3 bei 0–60°, bes. 40–50°, Vertreiben des überschüssigen NH_3 durch Einleiten von Luft u. Oxydation der Rk.-Lsg. mit NaOCl-Lsg. unter Zugabe von Eis bei – 7 bis + 10°; Ausbeuten 54,8–71,5% im kontinuierlichen bzw. nichtkontinuierlichen Verfahren. (**F. P. 1240634** vom 29/7. 1959, ausg. 20/12. 1960.) Eberhard Riedel H 950

2434 Callery Chemical Co., V. St. A., **Herstellung von Alkyldiboranen** der Formel $B_2H_{6-x}R_x$ (x = 1–4; R = niederer Alkylrest) durch Erhitzen von Trialkylboranen, bes. Trimethyl- oder Triäthylboran, in Ggw. eines Pt-Katalysators auf 150–600°. (**F. P. 1242514** vom 30/11. 1959, ausg. 6/1. 1961.) Eberhard Riedel H 980

2435 Callery Chemical Co., Pittsburgh, Pa., übert. von: Jack D. Bush, Kansas City, Mo., Richard A. Carpenter, Prairie Village, Kans., und William H. Schechter, Zelienople, Pa., V. St. A., **Dialkoxyborane** (**I**) der allg. Formel $HB(OR)_2$ erhält man bei der Rk. eines Trialkylborats mit einem Hydrid MH_x u. $M[BH_n \cdot (OR)_{4-n}]_x$ bei 30–270° u. anschließende Abtrennung von **I** aus der Rk.-Mischung durch Destillation. In den Formeln bedeuten R niedrigmol. Alkyle mit 1–4 C-Atomen, M ein Alkali- oder Erdalkalimetall, n = eine ganze Zahl von 1–4 u. x entspricht der Wertigkeit von **M**. **I**, bes. *Dimethoxyboran*, sind *Zwischenprodd.* für die Herst. von *Diboran*, wobei Trimethylborat als Nebenprod. anfällt. (**A. P. 3014059** vom 6/7. 1954, ausg. 19/12. 1961.) G. König H 980

2436 Callery Chemical Co., Pittsburgh, Pa., übert. von: Jack D. Bush, Kansas City, Mo., V. St. A., **Dialkoxyborane** (**I**) erhält man aus einem Trialkoxyboroxin mit niedrigmol. Alkyl u. einem Alkalihydrid, Alkaliborhydrid oder einem Alkalialkoxyborhydrid unter Rückfluß. Man kann auch eine Mischung aus einem Trialkoxyboroxin, einem Trialkylborat u. einem Alkalihydrid oder Alkalitrialkoxyborhydrid unter Rückfluß zu **I** umsetzen. Die Alkylgruppen sollen niedrigmol. sein. Vorteilhaft verwendet man Methyl-, Äthyl- u. Propylalkyle, es entstehen die Dimethoxy-, Diäthoxy- u. Dipropoxyborane. Ferner erhält man aus NaH u. Trimethoxyboroxin bei 60° Dimethoxyboran. Die gleiche Verb. erhält man bei der Rk. von $NaHB(OCH_3)_3$ mit Trimethoxyboroxin unter Rückfluß. *Zwischenprodd.* für die Herst. von *Diboran* u. anderen *B enthaltenden Verbindungen.* (**A. P. 3014060** vom 1/4. 1955, ausg. 19/12. 1961.) G. König H 980

2437 Stauffer Chemical Co., V. St. A. (Erfinder: Edward N. Walsh), **Herstellung von Phosphonsäurediamiden.** Zu D. A. S. 1125425; C. **1962**, 14666 ist nachzutragen: Überführung von Bis-[alkylamino]-phosphonsäuren, bes. Bis-[dimethylamino]-phosphonsäure (**I**), in die entsprechenden Phosphorsäurechloride durch Chlorieren, bes. mit N-Chlorsuccinimid (**II**). – *Bis-[dimethylamino]-chlorphosphorsäure* (**III**), $Kp._1$ 80–91°, aus 20,4 (g) **I** u. 26 **II** durch 16std. Rühren bei normaler Temp.; 17,4 g (Ausbeute). – *Tetrakis-[dimethylamino]-pyrophosphorsäure*, aus **III** u. W. in Ggw. von Triäthylamin durch 2std. Erwärmen auf 40–45° u. Extraktion mit CCl_4; n_D^{25} 1,4620; 84%. (**F. P. 1248333** vom 15/2. 1960, ausg. 3/3. 1961. A. Prior. 16/2. 1959.) G. Colsmann H 980

2438 Stauffer Chemical Co., übert. von: Attila E. Pavlath, Berkeley, Calif., V. St. A., **Fluorieren von aromatischen Verbindungen,** ohne deren Doppelbindungen im Kern anzugreifen, durch Rk. der aromat. Verb. mit wenigstens einem am Kern gebundenen H-Atom (Bzl., Toluol, Fluor-, Chlor-, Brom- oder Nitrobenzol, Xylol, Äthyl- oder Trifluormethylbenzol, Naphthalin, Biphenylen, Diphenyloxid, Phenole, Chinone, Ester der Benzoe-, Phthal-, Isophthal- oder Terephthalsäure) mit einem Halogenfluorid, (ClF_3, BrF_3, BrF_5, JF_5, JF_7) in Ggw. von Fluoriden des As, Sb, P, B, Nb, Ta oder V, bes. PF_5, AsF_5, SbF_5 oder BF_3, in einem inerten fluorierten KW-Stoff als Lsgm., ggf. bei – 50 bis – 40°, u. bei Verw. von flüchtigen Fluoriden in N_2. Herst.-Beispiele von *p-Fluortoluol, p-Chlorfluor-, Fluor-* u. *m-Nitrofluorbenzol.* – 5 Tabellen. (**A. P. 2993937** vom 10/10. 1958, ausg. 25/7. 1961.) W. Gräger H 1010

2439 National Research Development Corp. (Erfinder: Maurice Stacey, John Colin Tatlow und Colin Russell Patrick), England, **Herstellung aromatischer Fluorverbindungen.** Zu A. P. 3000976; C. **1963**, 12212 sind folgende Beispiele nachzutragen: *1.2.3.4-Tetrafluorbenzol*, aus 8 (g) 4 H.5 H-Oktafluorcyclohexen durch Erhitzen im N_2-Strom auf 510°; 1,3 g (Ausbeute). Daneben etwas *Penta-* u. *Hexafluorbenzol.* – *Dekafluor-p-xylol*, aus 8 Perfluor-1.4-dimethylcyclohexan analog vorst. Verb.; 2 g. – *Perfluor-o-xylol*, aus Perfluor-1.2-dimethylcyclohexan durch Erhitzen im N_2-Strom auf 470°; 2,4 g. – *Dekafluoräthylbenzol*, aus Perfluoräthylcyclohexan durch Erhitzen im N_2-Strom auf 490°; 23%. (**F. P. 1240807** vom 4/11. 1959, ausg. 20/12. 1960. E. Prior. 5/11. 1958 u. 13/1. 1959.) Eberhard Riedel H 1010

2440 Robert Sancier Aries, V. St. A., **Trennung von o- und p-Chlortoluol,** die im Gemisch im Verhältnis ca. 55:45 vorliegen, in kontinuierlichem Verfahren. Durch fraktionierte Dest. über eine 1. Kolonne mit > 40, bes. > 100 theoret. Böden u. einem Rücklaufverhältnis > 15:1, bes. > 20:1, bei < 200, bes. < 100 oder < 50 mm wird als Kopf-Prod. reines *o-Chlortoluol* ($Kp._{12}$ 45°) erhalten. Unten abfließendes Prod. wird unter gleichen Bedingungen über eine 2. Kolonne dest., wobei unten reines *p-Chlortoluol* ($Kp._{12}$ 48°) abgezogen u. das Kopf-Prod. im Kreislauf der 1. Kolonne wieder zugeführt wird. – Beispiele. (**F. P. 1249483** vom 18/11. 1959, ausg. 17/3. 1961.) G. Colsmann H 1010

2441 Hercules Powder Co., übert. von: Ralph A. Bankert, Wilmington, Del., V. St. A., **Organische Peroxide** der Formel $(R_1)(R_2)(R_3)C{-}O{-}O{-}R$, wobei R_1 = ein Aryl, R_2 u. R_3 = H oder Alkyl mit weniger als 4 C-Atomen u. R = p-Menthyl oder Pinanyl bedeuten, erhält man bei der Rk. eines Aralkylalkohols der Formel $(R_1)(R_2)(R_3)C{-}OH$ mit einem Hydroperoxid der Formel

ROOH, wobei R, R_1, R_2 u. R_3 die oben angegebene Bedeutung haben, in Ggw. eines sauerwirkenden Kondensationskatalysators. — α.α-Dimethylbenzylalkohol u. p-Menthanhydroperoxid ergeben in Ggw. von p-Toluolsulfonsäuremonohydrat bei 75° p-Menthyl-(α.α-dimethylbenzyl)-peroxid. Mit Pinanhydroperoxid erhält man Pinanyl-(α.α-dimethylbenzyl)-peroxid. Analog werden hergestellt: p-Menthyl-(α.α-p-trimethylbenzyl)-; u. p-Menthyl-(p-isopropyl-α.α-dimethyl)-benzyl-; Pinanyl-(α.α-dimethylbenzyl)-; Pinanyl-(α.α.p-trimethylbenzyl)-; u. Pinanyl-(p-isopropyl-α.α-dimethylbenzyl)-peroxid. — Vulkanisationsbeschleuniger für Kautschuk in Mengen von 0,1—10 Gew.-%; Katalysatoren für Copolymerisation von ungesätt. Polyesterharzen mit monomeren Verbb., wie Styrol, ferner für Polymerisation u. Copolymerisation von Vinylverbindungen. (**A. P. 2957030** vom 25/4. 1958, ausg. 18/10. 1960.) K. König H 1050

2442 American Cyanamid Co., New York, N. Y., übert. von: Robert C. Kinstler, Middlesex, N. J., V. St. A., **Acylierung von Aminen,** bes. *Aminoarylsulfiden,* z. B. o.o'-Diaminodiphenyldisulfid, mit aromat. einkernigen Säurechloriden in Ggw. von Alkalimetallhydroxiden im 2-Phasen-System. Sobald die Acylierung zu 85—90% beendet ist, gibt man der Rk.-Mischung genügend Cl-Ionen (**I**) zu, um in der wss. Phase eine I-Konz. von $\geq$ 1,5 Mol/Liter bis zur Sättigungsgrenze zu erzeugen u. aufrechtzuerhalten. Auf diese Weise wird die Hydrolyse vermieden. (**A. P. 2996543** vom 23/12. 1957, ausg. 15/8. 1961.) A. Jahn H 1090

2443 N. V. Philips' Gloeilampenfabrieken, Eindhoven, Niederlande, **Herstellung von 2.6-Dichlorbenzalchlorid oder 2.6-Dichlorbenzaldehyd** aus dem durch Kernchlorierung von Toluol oder o-Chlortoluol gewonnenen, vom Katalysator befreiten Gemisch der isomeren Dichlortoluole durch Seitenkettenchlorierung mit mindestens 3 Moläquivalenten Cl_2, Verseifung der erhaltenen Rk.-Prodd. mit Dampf, warmem W. oder verd. Mineralsäure u. Abtrennung der Benzoesäuren in Form ihrer Na- oder K-Salze, wobei 2.6-Dichlorbenzalchlorid (**I**) unverändert bleibt, oder mit 90—95%ig., bes. 93%ig., H_2SO_4, wobei **I** in den Aldehyd u. die Benzotrichloride in die Benzoesäuren übergeführt werden. — **I**, $Kp._{0,1}$ 68—71°, aus 161 (g) eines Gemisches der isomeren Dichlortoluole durch Einleiten von Cl_2 bis zur Gew.-Konstanz, Bestrahlung mit UV-Licht bei 195—260° u. Verseifung mit wss. $NaHCO_3$; 48 g (Ausbeute). — *2.6-Dichlorbenzaldehyd,* F. 68—70° (PAe.), durch 2std. Verseifen des wie vorst. hergestellten Rk.-Prod. mit 93%ig. H_2SO_4 bei 50—55° unter Rühren; 38 g. (**Oe. P. 218510** vom 25/4. 1960, ausg. 11/12. 1961. Niederl. Prior. 28/4. 1959.) G. Colsmann H 1120

2444 N. V. Philips' Gloeilampenfabrieken, Eindhoven, Niederlande, **Herstellung von 2.6- und 2.3-Dichlorbenzonitril** durch Umsetzung von 1.2.3-Trichlorbenzol (**I**) mit der 0,1—0,3fachen theoret. Menge CuCN oder HCN in einer tert., > 200° sd. N-Base, bes. Chinolin, als Lsgm. bei > 200°, bes. 220—250°, oder durch Leiten von **I** u. HCN in äquivalenten Mengen über einen Cu-haltigen Katalysator bei 500—900°. — Die Ausbeuten betragen ca. 25% *2.3-* u. 25% *2.6-Dichlorbenzonitril.* (**Oe. P. 218515** vom 25/4. 1960, ausg. 11/12. 1961. Niederl. Prior. 28/4. 1959.) G. Colsmann H 1210

2445 Farbwerke Hoechst Akt.-Ges., vormals Meister Lucius & Brüning, Frankfurt/M. (Erfinder: Hans Fernholz, Bad Soden/Taunus, Eberhard Mundlos und Otto Probst, Frankfurt/M.), **Reinigung von schwerflüchtigen, in Wasser mäßig löslichen Carbonsäuren.** Zu D. A. SS. 1035656; C. **1959,** 4969 u. 1044803; C. **1959,** 13001 ist nachzutragen: Die Reinigung kann auch mit dreiwertigen Alkoholen oder deren Teiläthern, wie Glycerin, Trimethylolpropan, Hexantriol, Tripropylenglykol, deren Methyl-, Äthyl-, Propyläthern oder deren Mischungen durchgeführt werden. Die Dest. der Carbonsäuren erfolgt bes. in Ggw. von 1—15, bes. 1—10% dieser Alkohole oder Äther im Vakuum bei 1—15 mm Hg, bes. zwischen 110—180° oder bis ca. 60° im Hochvakuum. Ferner können noch gereinigt werden; Bernstein-, Citracon- u. Mesaconsäure. (**Schwz. P. 357390** vom 15/11. 1956, ausg. 30/11. 1961. D. Prior. 18/11. 1955 u. 28/7. 1956. **E. P. 850373** vom 19/11. 1956, ausg. 5/10. 1960. D. Prior. 18/11. 1955.) G. Krauß H 1210

2446 Hercules Powder Co., V. St. A. (Erfinder: Franklin Thomas Parkinson), **Oxydation von Xylolen** im Überschuß im Gemisch mit einem Alkyltoluylat (**I**), z. B. Methyl-p-toluylat, in fl. Phase in kontinuierlichem Verf. durch Einleiten eines O_2-enthaltenden Gases u. weitere Oxydation von nicht umgesetztem **I** in einer zweiten Zone bei gleichen Bedingungen unter Zusatz von so viel Xylolen, daß die Oxydations-Geschw. in beiden Zonen etwa gleich ist, zu den entsprechenden *Monoalkylphthalaten,* bes. *Methylterephthalat,* u. *Phthalsäuren.* — 2 Verf.-Schemata. (**F. P. 1244325** vom 21/8. 1959, ausg. 23/1. 1961. A. Prior. 5/9. 1958.) G. Colsmann H 1220

2447 Scientific Design Co., Inc., übert. von: David Brown, John White Colton, New York, und Robert B. Egbert, Roslyn Heights, N. Y., V. St. A., **Gewinnung von Maleinsäure- und Phthalsäureanhydrid** aus diese enthaltenden dampfförmigen Mischungen, die durch Oxydation von o-Xylol mit O_2 in Ggw. eines Katalysators erhalten wurden. Man wäscht die Dämpfe mit Phthalsäuredipropyl- oder -dibutylester, bes. im Gegenstrom, bei 60—125°. Aus der entstandenen Lsg. entfernt man das Maleinsäureanhydrid durch Dest., u. das Phthalsäureanhydrid durch fraktioniertes Kristallisieren unter Abkühlen der Lsg., ggf. unter Zusatz von Pentan oder Hexan als Kühlmittel (Verdampfungskälte), wobei Phthalid u. a. Verunreinigungen (Teere) in Lsg. bleiben. Diese Restlsg. wird in den Kreislauf zurückgeführt. Aus einem Teil dieses Lsgm. kann Phthalid u. Teer durch fraktionierte Dest. entfernt werden. (**A. P. 2942005** vom 24/5. 1954, ausg. 21/6. 1960.) G. Krauß H 1220

2448 Union Rheinische Braunkohlen Kraftstoff Akt.-Ges. (Erfinder: Fritz Hübenett und Gert Altena), Deutschland, **Isolierung und Reinigung von Terephthal- und Isophthalsäure** sowie ihren *Estern* durch Behandlung der Roh-Prodd. mit Dialkylsulfoxiden, ggf. im Gemisch mit anderen Lsgm., oder durch Lösen in der Hitze u. Abkühlen oder Zusatz anderer Lösungsmittel. — *Terephthalsäuredimethylester* (**I**), F. 140,6°, aus 50 (g) durch 2% Isophthalsäuredimethylester verunreinigtem **I** durch Lösen in 40 ml $(CH_3)_2SO$ u. Filtrieren bei 50°; 47 g (Ausbeute). — Diagramme. (**F. P. 1248715** vom 20/1. 1960, ausg. 10/3. 1961.) G. Colsmann H 1220

2449 Ciba Akt.-Ges., Basel, Schweiz, **Herstellung von substituierten Halogencarbonylhydrazonen** der Formel $R{=}N{-}N(R'){-}CO{-}X$ (R = ggf. hydrolyt. abspaltbarer Rest, bes. substituierter Benzyliden- oder Furfuryliden-Rest; R' = ggf. substituierter Alkyl-, Cycloalkyl-, Phenyl- oder Pyridyl-Rest; X = Cl oder Br) aus Hydrazonen R=N—NH—R' u. Kohlensäuredihalogeniden, bes. Phosgen (**I**). — Hydrazine: *N_1-[p-Methoxybenzyl]-N_2-[5-nitrofurfuryliden]-* (**II**), F. 122—124°, aus p-Methoxybenzylhydrazin u. 5-Nitrofurfurylaldehyd -(2) in abs. A. in Ggw. von konz. HCl durch 1std. Rühren. — Analog: *N_1-Cyclohexyl-N_2-p-nitrobenzyliden-* (**III**), F. 111 bis 113°, aus p-Nitrobenzaldehyd u. Cyclohexylhydrazin durch 30 Min. Kochen. — N_1-Chlorcarbonylhydrazine: *N_1-Methyl-N_2-benzyliden-* (**IV**), F. 92—93° (Isopropyläther), aus **I** u. N_1-Methyl-N_2-benzylidenhydrazin durch mehrstd. Verrühren in Chlf.; gelbliche Kristalle. *4-Methylpiperazidhydrochlorid,* F. 235—236° (A.), aus **IV** u. N-Methylpiperazin durch 2std. Erhitzen in Bzl.; Kristalle. *2-Methylsemicarbazid,* F. 113° (Bzl.), aus **IV** u. kalt gesätt. alkohol. NH_3-Lsg. durch 1std. Erhitzen auf 50—60° in verschlossenem Gefäß. — Analog: *N_1-Benzyl-N_2-benzyliden-,* F. 75—76° (PAe.). — *N_1-Methyl-N_2-[m-methoxybenzyliden]-,* F. 73—74° (Isopropyläther). — *N_1-Isopropyl-N_2-benzyliden-,* gelbes Öl. — *N_1-[4-Äthoxybutyl-(2)]-N_2-benzyliden-,* gelbes Öl. — *N_1-[p-Methoxybenzyl]-N_2-[5-nitrofurfuryliden]-,* F. 130—132° (Ae.), aus **II** u. **I**, *N_1-Cyclohexyl-N_2-[p-nitrobenzyliden]-,* F. 162—163° (PAe.), aus **III** u. **I**. — *N_1-Methyl-N_2-[o-nitrobenzyliden]-,* F. 115—116° (Isopropyläther), gelbe Kristalle. — *N_1-Methyl-N_2-[p-nitrobenzyliden]-,* F. 182

bis 183° (Bzl.), gelbe Kristalle. — *N_1-[p-Methoxybenzyl]-N_2-[p-nitrobenzyliden]-*, F. 166°. — *N_1-Isopropyl-N_2-[p-nitrobenzyliden]-*, F. 124—126° (Cyclohexan). — *N_1-[p-Chlorbenzyl]-N_2-[p-nitrobenzyliden]-*, F. 135—136° (Bzl.), *N_1-Isopropyl-N_2-[2.4-dichlorbenzyliden]-*, aus N_1-Isopropyl-N_2-[2.4-dichlorbenzyliden]-hydrazin u. **I**; gelbes Öl. (**Oe. P. 217449** vom 27/4. 1960, ausg. 10/10. 1961. Schwz. Prior. 28/4., 19/6. 1959 u. 2/3. 1960.)
G. Colsmann H 1280

2450 Westinghouse Electric Corp., V. St. A. (Erfinder: Albert Kerstukos, Robert Hooke und Richard C. Bollinger), **Erzielung optimaler Betriebsbedingungen einer Produktionsanlage,** z. B. bei der Produktion von *Styrol* aus Äthylbenzol, durch elektr. Messung der Refraktion des Prod. u. automat. Steuerung der Betriebsvariablen, wie Temp. u. Dampfgeschwindigkeit. — Ausführliche Beschreibung der Steueranlage; 14 Zeichnungen. (**F. P. 1248435** vom 24/4. 1959, ausg. 9/3. 1961. A. Prior. 24/4. 1958.) G. Colsmann H 1410

2451 Polymer Corp. Ltd., Sarnia, Ontario, Canada (Erfinder: Douglas Sadler Alexander und John Firko), **Dehydrierung von Monoolefinen mit wenigstens 4 C-Atomen und Alkylarylkohlenwasserstoffen** mit wenigstens 2 C-Atomen im Alkylrest erfolgt in Ggw. von Ca–Ni-Phosphat (vgl. A. PP. 2442320, C. **1949**, I, 1420 u. 2542813; C. **1954**, 1564), 10—50 Vol.-% Wasserdampf u. 5—40, bes. 10—30 Vol.-% O_2 oder diesen enthaltenden oder abgebenden Stoffen, wie Luft, O_3, H_2O_2, NO_2, SO_3, organ. Peroxide u. Hydroperoxide (Benzoylperoxid, Cumol- u. Diisopropylbenzolhydroperoxid), bei 550 bis 650°. Die KW-Stoffe werden auf 450—550 u. der Wasserdampf auf ca. 700—850° vorerhitzt. — Aus 1- bzw. 2-Buten in Ggw. von 20 bzw. 10(%) O_2 bei 610 bzw. 650° → *1.3-Butadien*, Ausbeute 56,2 bzw. 50,1, vgl. Tabellen. — Isopenten → *Isopren.* — Äthylbenzol → *Styrol.* Der Katalysator besteht z. B. aus 5 Ni, 30,3 Ca, 53,2 PO_4, 2,9 Cr_2O_3 u. 2,4 Graphit. Durch den Zusatz von O_2 wird die Lebensdauer des Katalysators verlängert u. die Abscheidung von C auf diesem herabgesetzt, dessen Wiederbelebung durch Behandeln mit O_2 unter Abbrennen des C durchgeführt wird. Vorr., Zeichnung. — Vgl. F. P. 1208682; C. **1962,** 3988. (**E. P. 832677** vom 20/11. 1958, ausg. 13/4. 1960. **A. P. 2945900** vom 3/9. 1957, ausg. 19/7. 1960. Can. Prior. 1/8. 1957.)
G. Krauß H 1410

2452 Soc. des Usines Chimiques Rhône-Poulenc, Frankreich (Erfinder: Georges Collardeau, Maurice Jean Reymermier und François Pierrot), **Herstellung von 1.2-Epoxycyclohexanderivaten.** 1.2-Epoxycyclohexan (**I**) wird mit Diolen kondensiert. — *Äthylenglykol-bis-[2-hydroxycyclohexyl]-äther*, $Kp._{0,4}$ 148—150°, aus Äthylenglykol u. **I** durch 5std. Kochen in Ggw. von NaOH unter N_2; n_D^{25} 1,4908; 53% (Ausbeute). — *Äthylenglykol-[2-hydroxycyclohexyl]-[2-(2-hydroxycyclohexyloxy)-cyclohexyl]-äther*, $Kp._{0,4}$ 192—194°, neben vorst. Prod.; n_D^{25} 1,4945; 29%. — *Diäthylenglykol-bis-[2-hydroxycyclohexyl]-äther*, $Kp._{0,35}$ 184—170°, aus Diäthylenglykol; n_D^{20} 1,488; $D._4^{20}$ 1,088; 80%. — *1.6-Bis-[2-hydroxycyclohexyloxy]-hexan*, aus Hexandiol-(1.6); 86%. — *Phenylglykol-bis-[2-hydroxycyclohexyläther]*, $Kp._{0,3}$ 193—200°, aus Phenylglykol; 55—60%. — *Hydrochinon-bis-[2-hydroxycyclohexyl]-äther*, F. 141°, aus Hydrochinon; 76%. — *Bis-[4-(2-hydroxycyclohexyloxy)-phenyl]-sulfon*, F. 195°, aus Bis-p-hydroxyphenylsulfon. (**F. P. 1241169** vom 31/7. 1959, ausg. 20/12. 1960.)
Eberhard Riedel H 1870

2453 Glaxo Laboratories Ltd. (Erfinder: Peter Alfred Wilkinson und John Caesar Tebby), Greenford, Middlesex, England, **Reinigung von Pseudojonon** (**I**). Man setzt zur Lsg. von **I** in W., wss. A., wss. Dioxan, wss. Isopropanol oder wss. Tetrahydrofuran 1—1,9 (Mol), bes. 1,3—1,7 bzw. 1,5, Alkali-, bes. Na-, K- oder NH_4-, Bisulfit auf 1 **I** zu, erhitzt bis zum Kp. des Lsgm. u. extrahiert aus der wss. Lsg. des erhaltenen Monosulfonsäurederiv. des **I** mittels eines mit W. nicht mischbaren Lsgm. (Ae., Diisopropyläther) die von der Herst. im **I** enthaltenen Verunreinigungen. Durch Zusatz von Alkalihydroxid (NaOH) wird das freie **I** erhalten u. isoliert mit 94% Reinheit. (**E. P. 848287** vom 2/6. 1958, ausg. 14/9. 1960.) W. Gräger H 1960

2454 Commercial Solvents Corp., V. St. A. (Erfinder: Herbert L. Wehrmeister), **Herstellung von Oximen** durch Umsetzung von Ketonen oder Aldehyden mit Aldoximen oder Ketoximen in Ggw. eines sauren Katalysators u. ggf. eines Lsgm. u. langsame Abdest. der Rk.-Prodd. mit dem niedrigeren Kp. unter Rückfluß. — *Cyclohexanonoxim*, F. 78—82,5°, aus 36,5 (g) Dimethylketoxim (**I**) u. 60 Cyclohexanon (**II**) in Ggw. konz. HCl durch langsame Abdest. des entstehenden Acetons bei 150—170° im Rk.-Gefäß u. 55—60° am Kopf der Kolonne oder aus **I** u. **II** in Ggw. von Cyclohexanol (**III**) u. p-Toluolsulfonsäure oder aus Butyraldoxim (**IV**) u. **II** in Ggw. von **III** u. H_3PO_4, 41,5 g; 62% oder 21,7% (Ausbeuten). — *Methyläthylketoxim*, $Kp._{50}$ 78—83,6°, aus Methyläthylketon u. **I** in Ggw. von p-Toluolsulfonsäure; 63%. — *Hexanaldoxim*, $C_6H_{13}NO$, $Kp._{50}$ 112—114°, F. 47—48°, aus Hexanal u. **I** in Ggw. von p-Toluolsulfonsäure; 62%. — *Acetophenonoxim*, aus **I** u. Acetophenon in Ggw. von Butanol u. H_3PO_4 bei pH 3,5; 52,6%. — *n-Heptaldoxim*, aus n-Heptaldehyd u. **IV** in Ggw. von Butanol u. H_3PO_4; orangefarbenes Öl; 22%. (**F. P. 1243659** vom 23/12. 1959, ausg. 18/1. 1961. A. Prior. 16/1. 1959.) G. Colsmann H 1960

2455 Farbenfabriken Bayer Akt.-Ges. (Erfinder: Karl Eiter, Hermann Oediger und Ernst Truscheit), Deutschland, **Herstellung von α.β-ungesättigten Säuren der Vitamin A-Reihe** durch Umsetzung von entsprechenden α.β-ungesätt. Ketonen oder Aldehyden mit α-Halogenfettsäurenitrilen u. Alkali- oder Erdalkalialkoholaten, Überführung des erhaltenen Epoxyiminoesters in den entsprechenden α-Hydroxycarbonsäureester u. anschließende Wasserabspaltung mit nachfolgender Verseifung oder Verseifung mit nachfolgender Wasserabspaltung. — *5-[2.6.6-Trimethylcyclohexen-(1)-yl-(1)]-3-methyl-2.3-epoxypenten-(4)-iminomethylester*, $Kp._{0,003}$ 100 bis 110°, aus β-Ionon (**I**), Chloracetonitril (**II**) u. Na-Methylat durch 20std. Rk. bei 0° in Abwesenheit von O_2 u. Feuchtigkeit; 91% (Ausbeute). *Äthylester* (**III**), $Kp._{0,003}$ 110—120°, aus **I**, **II** u. Na-Äthylat; 91%. — *5-[2.6.6-Trimethylcyclohexen-(2)-yliden-(1)]-2-hydroxy-3-methylpenten-(3)-säure* (**IV**), F. 127—128° (Zers.; Ae./PAe.), durch Verseifung des Äthylesters; 82%. *Äthylester* (**V**), $Kp._{0,003}$ 120—130°, aus **III** durch 4std. Rk. mit 5n HCl bei normaler Temp.; hellgelbes Öl; 95%. — *2-Acetoxyverb., Äthylester*, $Kp._{0,001}$ 120—130°, aus **V** u. Acetylchlorid in Ggw. von Pyridin in abs. Bzl. durch 4std. Kochen; gelbes Öl; 87%. — *5-[2.6.6-Trimethylcyclohexadien-(1.3)-yl-(1)]-3-methylpentadien-(2.4)-säure*, F. 129—131° (Ae./PAe.), aus **IV** durch 1std. Erhitzen auf 110° oder aus dem Methylester durch Verseifen; 81%. *Methylester*, $Kp._{0,001}$ 100—110°, aus 5-[2.6.6-Trimethylcyclohexen-(2)-yliden-(1)]-3-methyl-2-hydroxypenten-(3)-säuremethylester u. PCl_3 in Ggw. von Chinolin durch 1std. Kochen, gelbes Öl; 41%. (**F. P. 1244025** vom 18/12. 1959, ausg. 20/1. 1961. D. Prior. 19/12. 1958.)
G. Colsmann H 2010

2456 American Viscose Corp., Philadelphia, übert. von: John T. Massengale und Theodore H. Fairbanks, West Chester, Pa., V. St. A., **Herstellung von 4.4'-Bis-(chlormethyl)-diphenyl,** F. 136°, durch Rk. von Diphenyl, CH_2O u. HCl bei 40—60° in Ggw. von $ZnCl_2$, W. u. einer aliphat. Monocarbonsäure als Katalysator-Syst., u. zwar in einem Mengenverhältnis von 1 (Gew.-Teil) W. zu 1,5—4, bes. 2,2—3,2, bzw. 2,8 $ZnCl_2$, wobei in dem Rk.-Gemisch auf 1 Mol Diphenyl 1,2—2,55, bes. 1,65 Mol $ZnCl_2$ u. 1—8, bes. 3—5 bzw. 4 Mol einer niedrigmol. aliphat. Monocarbonsäure (bes. Eisessig, auch Ameisen- oder Propionsäure) zu verwenden sind. Die Rk.-Komponenten sind in stöchiometr. Mengen verwendbar, jedoch können HCl u. CH_2O auch in geringem Überschuß angewandt werden. Das von den Ausgangsstoffen in das Rk.-Gemisch eingeführte W. ist bei der Einhaltung der Mengenverhältnisse mitzurechnen. Zweckmäßig wird die Rk. in Ggw. von Cyclohexan durchgeführt. Steigerung der Ausbeute bis zu 85% ohne nennenswerte Bldg. von Isomeren, Analogen oder Polymeren. — Verw. zur Herst. von *Dibenzoesäure* oder von anderen difunktionellen Säuren,

Aminen, Glykolen u. *Kondens.-Polymeren.* (**A. P. 3007975** vom 24/4. 1959, ausg. 7/11. 1961.)
W. Gräger H 2210

2457 Heinrich Koppers G.m.b.H. und Rheinelbe Bergbau Akt.-Ges., Deutschland, **Gewinnung von Naphthalin (I)**, dad. gek., daß man das Rohprod. mit einem Lsgm. vorbehandelt, das selektiv wirkt u. aus dem man gleichzeitig **I** umkristallisieren kann, z. B. aromat. Verbb. (Toluol), Mono- oder Polyalkohole, Ketone, Ester, u. das wenig W. enthält. Nach der Filtration der Lsg. erhält man ein **I** vom Ep. 79,2°. (**F. P. 73702** vom 16/7. 1954, ausg. 13/1. 1961. D. Prior. 18/7. 1953. **Zusatz zu F. P. 1093459; C. 1957, 8652.**)
S. Böttcher H 2700

2458 Svenska Oljeslageri Aktiebolaget, Götenborg, Schweden, **2.3-Dichlor-1.4-naphthochinon (I).** 1.4-Naphthochinon wird in Abwesenheit eines Katalysators u. in Ggw. eines mit W. nicht mischbaren Lsgm. (Nitrobenzol) mit Cl_2 bei höchstens 45, bes. 15—35°, in 1.4-Naphthochinondichlorid übergeführt, aus dem beim Erhitzen auf > 50°, bes. 55—65°, in Ggw. eines Metallhalogenids oder ein solches bildenden Metalls (Fe, $FeCl_3$, $AlCl_3$) **I** entsteht, das abfiltriert wird. Der in der Mutterlauge enthaltene Katalysator wird durch Zusatz von W. unwirksam gemacht, wobei z. B. aus $FeCl_3$ → $FeCl_3 \cdot 6H_2O$ entsteht. Das Lsgm. wird nach dem Entfernen des W., z. B. mit einem Trockenmittel ($CaCl_2$), in die 1. Stufe zurückgeführt; Ausbeute 92%. (**E. P. 854977** vom 30/10. 1957, ausg. 23/11. 1960. Schwed. Prior. 2/11. 1956.)
G. Krauß H 2700

2459 Laboratoires Français de Chimiothérapie (Erfinder: Gérard Nomine, Daniel Bertin und Jean Tessier), Frankreich, **Herstellung von Cyclopentanonaphthalinderivaten.** *$\Delta^{8,9}$-3-Methyl-7-oxo-8-[3''-oxobutyl]-3.4-[3'-acyloxycyclopentano-(2'.1')]-oktahydronaphthaline* werden aus den entsprechenden $\Delta^{9,10}$-8-[3''-Chlorbuten-(2'')-yl]-Verbb. in Ggw. einer Säure, wie HCl, durch Isomerisation zu den entsprechenden $\Delta^{8,9}$-*8-[3''-Chlorbuten-(2'')-yl]*-Verbb. (**A**) u. anschließende Hydrolyse mit z. B. H_2SO_4 gewonnen. — Durch Rk. einer Metall-Verb. von **A** u. Methylhalogeniden werden die entsprechenden $\Delta^{1,9}$-3.8-Dimethyl-8-[3''-chlorbuten-(2'')-yl]-Verbb. erhalten. — 7-Oxo-3.4-[cyclopentano-(2'.1')]-oktahydronaphthaline: *$\Delta^{8,9}$-3-Methyl-3'-benzoyloxy-8-[3''-chlorbuten-(2'')-yl]*-(**I**), aus 0,35 (g) der entsprechenden $\Delta^{9,10}$-Verb. in 70 ml abs. Ae. in Ggw. von Na-tert.-Amylat (**III**) durch Zugabe von 60 ml einer Lsg. von 56 HCl in 1 Liter Ae. u. 2,5std. Rk. bei normaler Temp., Eingießen in gesätt. wss. $NaHCO_3$-Lsg. u. Chromatographie der CH_2Cl_2-Lsg. des äther. Rückstandes mit Silicagel; Harz; 0,30 g (Ausbeute). — *$\Delta^{8,9}$-3-Methyl-3'-benzoyloxy-8-[3''-oxobutyl-(1'')]*-, F. 98° (Ae.), aus 0,093 **I** durch 5 Min. Verreiben mit 0,5 ml konz. H_2SO_4, Eingießen in wss. $NaHCO_3$-Lsg. u. Extraktion mit CH_2Cl_2; 0,065 g. — Analog: *$\Delta^{8,9}$-3-Methyl-3'-acetoxy-8-[3''-oxobutyl-(1'')]*-, F. 117°, $[\alpha]_D^{20}$ +43° (c = 1% CH_3OH). — *$\Delta^{1,9}$-3.8-Dimethyl-3'-benzoyloxy-8-[3''-chlorbuten-(2'')-yl]*-, aus 0,43 ml einer 2,48 n **III**-Lsg. in Toluol (**II**) u. 343 mg **I** in 3,5 ml **II** u. 0,26 ml CH_3J in 2 ml **II** durch 15 Min. Kochen; Harz; 350 mg. (**F. PP. 1246895** vom 15/10. 1959, ausg. 15/2. 1961 u. **1248525** vom 5/11. 1959, ausg. 8/3. 1961.)
G. Colsmann H 2950

2460 Farbenfabriken Bayer Akt.-Ges., Leverkusen (Erfinder: Rudolf Hofmann, Dormagen, Erich Schmidt, München, Alfred Reichle und Fritz Moosmüller, Dormagen), **Addukte aus Carbodiimiden und Mono- oder Polyisocyanaten,** die beim Erwärmen in die Ausgangsstoffe zerfallen. Zu D. A. S. 1012601; C. **1958,** 9348 ist nachzutragen: Aus 0,4 (Mol) Diisopropylcarbodiimid u. 0,2 Hexamethylendiisocyanat → *Addukt,* lösl. in A. oder Cyclohexylamin; beim Erhitzen reagiert es bes. in Ggw. von CuCl, Cu_2SO_4 oder Cu-Acetat mit A. bzw. Amin. Das Addukt mit 1 Phenylisocyanat läßt sich bei 62—67°/20 mm Hg dest., wobei vermutlich im Dampfzustand die Einzelbestandteile vorhanden sind, die sich beim Abkühlen unter Erwärmen wieder vereinigen. Ferner sind Addukte herstellbar aus: Dicyclohexyl-, Methyl-tert.-butyl-, tert.-Butylphenyl- u. Diphenylcarbodiimid mit Phenyl-, α-Naphthyl-, Toluylendiisocyanat, deren Methoxyderivv., Stearyl-, Cyclohexylisocyanat, 1.4-Diisocyanatocyclohexan u. 1-Chlor-6-isocyanatohexan. Die Verbb. sind z. B. in Methanol, A., Aceton, Ae., Methylenchlorid, CCl_4, Bzl. gut, in PAe. wenig u. in W. unlöslich. — *Isocyanatabspalter,* bes. zum *Vernetzen* von *Celluloseacetatfolien* bei > 100°, die dann in Aceton u. Pyridin unlösl. werden. (**Schwz. P. 352998** vom 7/6. 1956, ausg. 15/5. 1961. D. Prior. 24/6. 1955.)
G. Krauß H 3040

2461 Aktiebolaget Defibrator, Schweden, **Herstellung von Furfurol** aus pflanzlichen Abfällen mit < 50% W. nach Zusammenpressen des Materials u. Quellen in einer Fl. durch Austreiben des *Furfurols* mit Dampf unter Druck in Ggw. verd. Säuren. — Beschreibung der App.; Abbildung. (**F. P. 1248315** vom 12/2. 1960, ausg. 3/3. 1961. Schwed. Prior. 13/2. 1959.)
G. Colsmann H 3061

2462 Merck & Co., Inc., V. St. A. (Erfinder: Arthur Clay Cope), **Herstellung von 5-Hydroxymethylfurfurolderivaten** durch Erhitzen von 5-Hydroxymethylfurfurol (**I**) oder D-Fructose (**II**) mit Propionsäureanhydrid (**III**) u. ggf. Propionsäure (**IV**) in Ggw. einer starken Säure, bes. H_2SO_4, Toluolsulfonsäure oder BF_3, u. Extraktion mit einem organ. Lösungsmittel. — *5-[O-Propionyloxymethyl]-furfurol,* $C_9H_{10}O_4$, Kp.$_{0,09}$ 81°, aus **I** u. **III** durch 15std. Erhitzen auf dem Dampfbad oder aus **II, III** u. **IV** durch 1,5std. Kochen; n_D^{25} 1,5104; Ausbeute 66% bzw. 13%. *Semicarbazon,* $C_{10}H_{13}N_3O_4$, F. 183,2—183,8° (A./W.). (**F. P. 1244339** vom 3/9. 1959, ausg. 23/1. 1961. A. Prior. 5/9. 1958.) G. Colsmann H 3061

2463 E. I. du Pont de Nemours & Co., V. St. A., **Herstellung von Dinaphthofurandionen-(7.12) oder -(8.13),** die in 8- oder 11- bzw. 9- oder 12-Stellung durch eine NO_2- oder NH_2-Gruppe substituiert sind, durch Umsetzung von ggf. durch 1 oder 2 Halogenatome substituierten α-Nitro- oder α-Amino-2.3-dihalogennaphthochinonen-(1.4) mit α- oder β-Naphthol, das in o-Stellung zur OH-Gruppe ein H-Atom trägt, in Ggw. eines säurebindenden Mittels u. ggf. Red. der NO_2- zur NH_2-Gruppe u. Trennung des Isomerengemisches auf Grund der Löslichkeitsunterschiede in konz. H_2SO_4. — Dinaphtho-[2.1;2'.3']-furandione-(8.13): *Nitro-*, $C_{20}H_9NO_5$, *Stereoisomeres A* (**I**), F. 342—344° (o-Dichlorbenzol). Beim Eintragen von 10 (Teilen) des nach F. P. 1181537 hergestellten Isomerengemisches in 96%ig. H_2SO_4 bleibt die Verb. ungelöst zurück; gelbe Nadeln; 5,5 Teile (Ausbeute). *Stereoisomeres B* (**II**), F. 312—316° (o-Dichlorbenzol), aus der H_2SO_4-Lsg. durch Schütten auf Eis; orangefarbene Kristalle; 3,5 Teile. — *Amino-*, *Stereoisomeres A*, F. 298—300° (Nitrobenzol), aus 2 **I** u. 10 $NaHSO_3$ in 30%ig. wss. NaOH-Lsg. durch 1std. Rk. bei 35—40°; violette Nadeln; 1,7 Teile. Analog: *Stereoisomeres B*, F. 338° (Nitrobenzol), aus 2 **II**, braune Kristalle; 1,7 Teile. — Dinaphtho-[1.2;2'.3']-furandione-(7.12): *Nitro-*, $C_{20}H_9NO_5$, *Stereoisomeres A* (**III**), F. 344 bis 346° (o-Dichlorbenzol), aus 10 nach F. P. 1181537 hergestelltem Prod. analog **I**, hellorangefarbene Kristalle; 6,5 Teile. *Stereoisomeres B* (**IV**), F. 320—324° (o-Dichlorbenzol); gelbe Kristalle; 3,5 Teile. — *Amino-*, *Stereoisomeres A*, F. 362—364° (Nitrobenzol), aus **III**; braunrote Kristalle. *Stereoisomeres B*, F. 302—304° (Nitro-Bzl.), aus **IV**; rotviolette Kristalle. (**F. P. 73956** vom 19/7. 1958, ausg. 3/3. 1961. **Zusatz zu F. P. 1181537; C. 1962, 2551.**)
G. Colsmann H 3061

2464 Sperry Rand Corp., New York, N. Y., übert. von: George de Stevens, Portland, und Robert H. Sprague, East Hampton, Conn., V. St. A., **Indenothiazole.** Identisch mit der Beschreibung der Ausgangsstoffe zur Herstellung von Cyaninfarbstoffen in A. P. 2912434; C. **1960,** 17006. (**A. P. 2937181** vom 22/8. 1955, ausg. 17/5. 1960.) F. Hirsch H 3142

2465 Sperry Rand Corp., New York, N. Y., übert. von: George de Stevens, New Providence, N. J., V. St. A., **2-Alkylspiro-[4.4]-nonano-[1.2:d]-thiazole.** Identisch mit der Beschreibung der Ausgangsstoffe zur Herstellung von Cyaninfarbstoffen in A. P. 2916488; C. **1962,** 9961. (**A. P. 2928838** vom 27/6. 1956, ausg. 15/3. 1960.)
F. Hirsch H 3142

2466 Ciba Soc. An., Schweiz, **Herstellung von Cyanhydropyridinen** durch Red. von 1-Alkyl- oder 1-Benzyl-3-

oder-4-cyanpyridinium-Verbb. mit Leichtmetallhydriden, bes. $NaBH_4$, ggf. im Überschuß, oder Dithioniten zu den entsprechenden 1.6-Dihydro-(**I**) oder 1.2.5.6-Tetrahydro- (**II**) Verbb., ggf., ohne die CN-Gruppe anzugreifen, weitere Hydrierung in Ggw. eines Katalysators, bes. Pd, mit H_2 oder mit HCOOH, ggf. Umwandlung der 1.4.5.6-Tetrahydropyridine in entsprechende 3.4.5.6-Tetrahydro-Verbb. in saurer Lsg. u. deren Hydrierung zu 1-substituierten 3-Cyanpiperidinen, ggf. Rk. von **I** oder **II** mit $H_3C–NO_2$ oder Verbb. der Formel $(R_1)(R_2)CH–CN$ (R_1 = Aryl- oder ungesätt., arylähnlicher heterocycl. Rest; R_2 = H, ggf. substituierter KW-Stoff- oder heterocycl. Rest), bes. ggf. substituiertes Benzylcyanid, u. ggf. Red. dieser Additions-Prodd. mit Metallhydriden u./oder Bldg. der quartern. Ammoniumbasen u./oder Bldg.ihrer Salze oder ihrer freien Basen. — *1-Methyl-4-cyanpyridiniumjodid*, F. 196—198° (Zers.), aus 4-Cyanpyridin u. CH_3J in Essigester durch 20 Min. Kochen, gelborangefarbene Kristalle. — 1-Methylpyridine: *4-Cyan-1.2.5.6-tetrahydro-* (**IV**), $Kp._{11}$ 93—95°, aus vorst. Verb. u. $NaBH_4$ in W. < 20° bei Extraktion mit Chlf.; Öl. *Hydrochlorid*, F. 178—179° (A.), aus **IV** u. HCl in Essigester; Nadeln. — *3-Cyan-1.2.5.6-tetrahydro-* (**V**), $Kp._{11}$ 92—94°, aus 15 (g) $NaBH_4$ u. 77,5 1-Methyl-3-cyanpyridiniumjodid (**III**) in CH_3OH/W.; gelbliche Fl.; 17 g (Ausbeute). *Hydrochlorid*, F. 227—228° (A./Ae.), Prismen. — *3-Cyan-1.6-dihydro-*(**VI**), $Kp._{0,08}$ 85—92°, F. 41° (Ae./Hexan), nach vorst. Verf. neben **V**; Prismen; 18,5 g. — *3-Cyan-1.4-dihydro-* (**VII**), $Kp._{11}$ 138°, F. 29—30° (Ae./PAe.), aus 49,2 **III** u. 52 Na-Dithionit in sodaalkal. wss. Lsg. durch 1std. Rk.; gelbliche Blättchen; 9,8 g. — *3-Cyan-1.4.5.6-tetrahydro-*, $Kp._{11}$ 145°, aus **VI** oder **VII** u. 1 Moläquivalent H_2 in Essigester in Ggw. von Pd; Öl. *Pikrat*, F. 228° (Zers.; CH_3OH), gelbe Kristalle. *Perchlorat*, F. 131—132°. — 1-Methylpiperidine: *3-Cyan-*, $Kp._{11}$ 87—90°, aus **V** u. H_2. *Hydrochlorid*, F. 212—213° (A./Ae. oder A./Essigester), aus der Base u. HCl oder aus **VII** oder 1-Methyl-3-cyan-3.4.5.6-tetrahydropyridiniumperchlorat u. $NaBH_4$ in CH_3OH bei anschließender Neutralisation mit HCl; glänzende Blättchen. — *4-Cyan-*, $Kp._{11}$ 84—86°, aus **IV**; Öl; n_D^{20} 1,4662. *Oxalat*, F. 193—195° (Zers.; CH_3OH/W.), Würfel. — *3-[Phenylcyanmethyl]-4-cyan-*, $Kp._{0,05}$ 145—155°, aus **IV** u. Benzylcyanid in Ggw. von Triton B durch mehrstd. Erhitzen auf 100—110° u. Aufnahme in Chlf.; gelbes viscoses Öl. *Hydrochlorid*, F. 259—260° (CH_3OH/Ae.). — *3-Cyan-4-nitromethyl-*, $Kp._{0,02}$ 115—122°; bei der Addition wird das *Racemat* erhalten, Öl. *Hydrochlorid*, F. 213° (A./Essigester), Blättchen. — *1-Methyl-3-cyan-4-[phenylcyanmethyl]-1.4.5.6-tetrahydropyridin* (**VIII**), $Kp._{0,1}$ 165 bis 180°, aus **VI**; gelbes Öl. — *1-Methyl-3-cyan-4-[phenylcyanmethyl]-piperidin, Stereoisomerengemisch A* u. *B*, $Kp._{0,01}$ 145—149°, aus 17,1 des **VIII**-Perchlorats u. 20$NaBH_4$ in CH_3OH; Abtrennung des nicht umgesetzten Perchlorats mit 2 n HCl; 8,2 g. *Hydrochlorid*, F. 165 bis 175° (äthanol. HCl/Essigester), aus 14,6 **V** u. 16,8 Benzylcyanid in Ggw. von Triton B; 7,8 g. *Stereoisomeres A, Hydrochlorid*, F. 250—251° (A./Ae.). Durch Chromatographie von 8,2 des Isomerengemisches an Al_2O_3 u. Eluieren mit Bzl./PAe. (1:1) werden 2,55 g der freien Base erhalten, die in das Hydrochlorid übergeführt wird, oder durch fraktionierte Kristallisation der Hydrochloride; leicht lösl. in A.; Kristalle. *Stereoisomeres B, Hydrochlorid*, $C_{15}H_{18}ClN_3$, F. 251—253° (CH_3OH/Essigester), durch Eluieren mit Bzl./Ae. (1:1); 1,05 g; oder durch fraktionierte Kristallisation; schwer lösl. in A.; Kristalle. (**F. P. 1249162** vom 25/2. 1960, ausg. 15/3. 1961. Schwz. Prior. 27/2. u. 8/10. 1959 u. 5/1. 1960.)

G. Colsmann H 3231

2467 Centre de Lyophilisation Pharmaceutique, Lyocentre, Cantal (Erfinder: Danielle Gaillard), Frankreich, **Herstellung von 4-Pentamethylen-2.6-dioxopiperidinen** (*4-Pentamethylenglutarimiden*) durch Umsetzung von ggf. substituierten Cyclohexanon mit der doppeltmol. Menge Cyanessigester zum sog. Guareschi-Imid, Hydrolyse u. Ringschluß. — Cyclohexane: *1.1-Bis-[cyancarboxymethyl]-, Guareschi-Imid*, F. 205,5°, aus Cyanessigsäureäthylester u. Cyclohexanon in mit NH_3 gesätt. Alkohol durch 3tägige Rk. bei — 2° u. Behandeln des Nd. mit konz. HCl. — *1.1-Bis-[carboxymethyl]-* (*β-Pentamethylenglutarsäure*; **I**), F. 179,5° (HCl), aus vorst. Deriv. u. konz. H_2SO_4 durch 24std. Stehen, 18—24std. Kochen u. Rühren. — Analog: *1-Methyl-4.4-di-[carboxymethyl]*-(**II**), F. 154°. — *1-Methyl-3.3-di-[carboxymethyl]*-(**III**), F. 139°. — **I**-*Anhydrid* (*β-Pentamethylenglutarsäureanhydrid*), F. 68,5° (Toluol), aus **I** u. Acetanhydrid durch 2std. Kochen. — **II**-*Anhydrid*, F. 51,5°. — **III**-*Anhydrid*, Öl. — **I**-*Imid* (*4-Pentamethylen-2.6-dioxopiperidin*), F. 169,5° (A.), aus dem Anhydrid als Schmelze durch Einleiten von NH_3 bei 200°. — **II**-*Imid*, F. 155°. — **III**-*Imid*, F. 148°. (**F. P. 1248764** vom 12/2. 1960, ausg. 10/3. 1961.)

G. Colsmann H 3231

2468 Sandoz Akt.-Ges. (Erfinder: Jany Renz, Jean-Pierre Bourquin, Basel, und Gustav Schwarb, Neuallschwil), Schweiz, **Herstellung von neuen Diphenylaminoderivaten** der Formel **I**, worin R_1 = Aryl oder Aralkyl u. R_2 ein niederes Alkyl ist, dad. gek., daß man ein sek. Amin der Formel **II** mit einem Piperidin der Formel **III** kondensiert. — Man kondensiert m-Jodanilin ($Kp._{15}$ 145—146°) mit dem K-Salz der o-Chlorbenzoesäure u. decarboxyliert die entstandene N-(m-Jodphenyl)-anthranilsäure (Kp. 168—170°) durch Erhitzen u. Dest. zum N-(m-Jodphenyl)-anilin ($Kp._{0,05}$ 140—143°). Daraus durch Umsetzen mit Na-Thiophenolat in Ggw. von Cu-Pulver → N-(m-Phenylmercaptophenyl)-anilin ($Kp._{0,005}$ 176°). Durch Kondens. mit 2-(N-Methylpiperidyl-2′)-1-chloräthan ($Kp._{10}$ 84°) in Xylol u. Ggw. von Na-Amid → *N-[m-Phenylmercaptophenyl]-N-[2-(N′-methylpiperidyl-2′)-äthyl-1]-anilin*, $Kp._{0,01}$ 218°; — *Hydrochlorid*, F. 176 bis 178°. (**Schwz. P. 358080** vom 5/8. 1957, ausg. 30/12. 1961. **Zusatz zu Schwz. P. 355145; C. 1963, 16280.**)

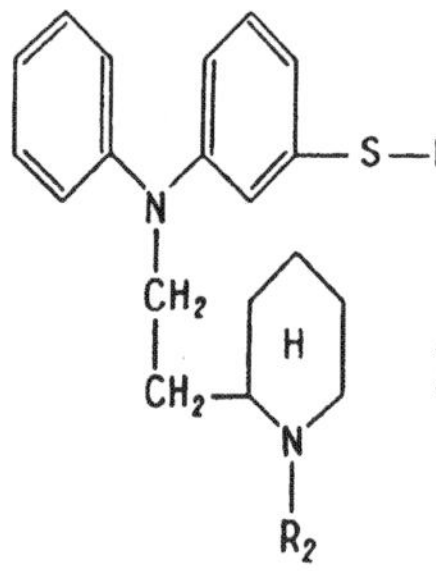

I

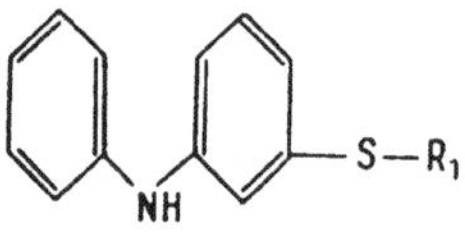

II

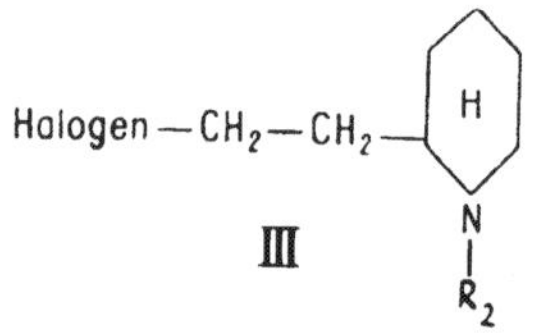

III

W. Heyer H 3231

2469 Sugar Research Foundation, Inc., New York, N. Y., V. St. A. (Erfinder: Henry Bohn Hass und Philip Solomon Skell), **Äthylendiamine und heterocyclische Stickstoffverbindungen** erhält man durch *reduktive Aminolyse* von Polyhydroxyverbb. mit H_2 u. wenigstens 3, bes. 6—12 Mol NH_3, prim. oder sek. Aminen oder diese unter den Rk.-Bedingungen liefernde Verbb. bei 150—300, bes. 180—250° u. 750—15000, bes. 1000 bis 5000 lbs./sq.in. in Ggw. eines Hydrierungskatalysators (Ni-Schwamm, Raney-Ni, Ni-Al_2O_3 oder -Kieselgur, Cu-Al_2O_3, Cu-Cr_2O_3). — Aus 150 g Saccharose, 150 ml W., 350 g fl. NH_3 u. 23 g Ni-Schwamm (bes. in Form von Raney-Ni) u. 1,08 lbs./sq.in. H_2-Druck (gemessen bei 18°) bei 192° u. 3240 lbs./sq.in. → 13 g *Äthylendiamin*, Kp. 110—120°, 48 g einer Mischung aus

Piperazin, *2-Methyl-* u. *Dimethylpiperazin*, Kp. 140 bis 167°, u. 3 g *Äthanolamin* u. *2-Aminopropanol*, Kp. 167 bis 175°; in Ggw. von Dimethylamin entsteht *N.N.N'.N'-Tetramethyläthylendiamin*, dessen *Hydrat* u. geringe Mengen *Dimethyläthanolamin*; in Ggw. von Morpholin → *1.2-Dimorpholinoäthan*, $Kp._9$ 140—141°; in Ggw. von Methylamin → *N.N'-Dimethyläthylendiamin*, Kp. 117 bis 119°, u. *N.N'-Dimethylpiperazin*, Kp. 128—131°; in Ggw. von Isopropanolamin → *2-Methyl-*, *2.5-Dimethyl-* u. *2.6-Dimethylpiperazin*; diese sind auch erhältlich in Ggw. von Propylendiamin. Ferner können in Ggw. von Methyl-, Dimethyl-, Äthyl-, n-Propyl-, Äthanol-, Propanol-, Äthylendi-, Propylendi-, Tetraäthylenpent-, Benzyl-, Cyclohexylamin, Pyrrolidin, Morpholin, Piperidin, Anilin, N-Methylanilin, Harnstoff, Formamid, Acetamid mit H_2 umgesetzt werden: Pentosane, Arabane (Anhydride der Arabinose), Xylane (Anhydride der Xylose), Hexosane, Glucane, Stärke, Cellulose, Mannane, Fructane, Polyuronide, Pektine, Di- u. Monosaccharide, Arabinose, Maltose, Galactose, Lactose, Glucose, Fructose, Glycerin, Propylen-, Äthylen- u. Diäthylenglykol, Erythrit, Sorbit, Mannit, Zuckerrohrbagasse, Zuckerrübenschnitzel, Getreideschalen, Stroh, Hafer- u. Baumwollsamenschalen, Hemicellulose, Lignin, Rinden- u. Sägemehl. (**E. P. 844448** vom 9/10. 1956, ausg. 10/8. 1960.) G. Krauß H 3272

2470 Laboratoire Roger Bellon, Seine, Frankreich (Erfinder: Marcel Pesson), **Herstellung von Triazolo-[4.3:b]-pyridazinen** durch Umsetzung von 4-Amino-1.2.4-triazol mit ggf. in α-Stellung substituierten β-Oxocarbonsäurealkylestern oder mit Alkylestern des 1-Carboxy-2-oxocyclopentans. So hergestellte 8-Hydroxy-Verbb. werden mit $POCl_3$ in die entsprechenden Chlorverbb. u. nach Zerstören des überschüssigen $POCl_3$ mit einem Alkanol durch Rk. mit Verbb. der Formel $HN(R_1)(R_2)$ oder $M{-}O{-}R_3$ (R_1, R_2 u. R_3 = Alkyl-, Aryl- Amino-, Alkylamino- oder Arylamino-Reste oder R_1 u. R_2 zusammen mit dem N-Atom ein ggf. weitere Heteroatome enthaltender heterocycl. Ring; M = Alkalimetall, bes. Na oder K) in die entsprechend substituierten Verbb. übergeführt. — 6-Methyltriazolo-[4.3:b]-pyridazine: *8-Chlor-* (I), F. 185° (W.), aus 6-Methyl-8-hydroxytriazolo-[4.3:b]-pyridazin u. $POCl_3$ durch 2std. Kochen u. nach Eindampfen im Vakuum bei 100° 1std. Kochen mit A.; gelbliche Kristalle. — *8-[Methylamino]-*, $C_7H_9N_5$, F. 230° (W.), aus 28 I in wss. Lsg. u. 150 ml 30%ig. wss. CH_3NH_2 durch 1,5std. Kochen; Ausbeute 20 g. — *8-Amino-*, $C_6H_7N_5$, F. 214° (W.), aus I u. methanol. NH_3-Lsg. durch 8std. Erhitzen im Autoklaven auf 130°. — *8-[Äthylamino]-*, $C_8H_{11}N_5$, F. 204° (W.), aus I u. Äthylamin durch 8std. Kochen. — Analog: *8-[Dimethylamino]-*, $C_8H_{11}N_5$, F. 155°. — *8-[Isopropylamino]-*, $C_9H_{13}N_5$, F. 168°. — *8-[Bis-(β-hydroxyäthyl)-amino]-*, $C_{10}H_{15}N_5O_2$, F. 202 bis 204°. — *8-Hydrazino-*, $C_6H_8N_6$, F. ~261° (Zers.). — *8-[Diäthylamino]-*, $C_{10}H_{15}N_5$, F. 99° (Cyclohexan), gelbliche Kristalle. — *8-[β-Diäthylaminoäthylamino]-*, $C_{12}H_{20}N_6$, F. 154—155° (W.). — *8-[γ-Diäthylaminopropylamino]-*, $C_{13}H_{22}N_6$, F. 102° (Aceton). — *8-[γ-Triäthylammoniumpropylamino]-*, *Jodid*, F. 238°. — *8-[β-Phenyläthylamino]-*, $C_{14}H_{15}N_5$, F. 230° (A.). — *8-Piperidino-*, $C_{11}H_{15}N_5$, F. 118 bis 119° (Essigester), gelbliche Kristalle. — *8-Morpholino-*, $C_{10}H_{13}N_5O$, F. 195°. — *8-[Butylamino]-*, $C_{10}H_{15}N_5$, F. 148°. — *8-Anilino-*, $C_{12}H_{11}N_5$, F. 212°. — *8-Methoxy-*, $C_7H_8N_4O$, F. 200° (Essigester), gelbliche Kristalle. — 6.7-Trimethylentriazolo-[4.3:b]-pyridazine: *8-Hydroxy-*, $C_8H_8N_4O$, F. 260° (W.). — *8-Chlor-*, $C_8H_7ClN_4$, F. 185—186° (A.). — *8-[Methylamino]-*, $C_9H_{11}N_5$, F. 222—224° (W.). (**F. P. 1248409** vom 13/6. 1957, ausg. 9/3. 1961.) G. Colsmann H 3272

2471 Laboratoires Dausse, Seine, Frankreich, **Herstellung von Diphenylmethanderivaten** durch Umsetzung von Phenyl-p-chlorphenylcarbinol (**I**) mit einem Überschuß von β-Morpholinoäthanol (**II**) oder β-[1.2.5.6-Tetrahydropyridino]-äthanol in Ggw. von p-Toluolsulfonsäure (**III**) in einem mit dem entstehenden W. ein azeotropes Gemisch bildenden organ. Lsgm., bes. Toluol (**IV**). — *Phenyl-p-chlorphenyl-[β-morpholinoäthoxy]-methanhydrochlorid*, F. 153—154° (Essigester), aus **I** u. **II** in **IV** in Ggw. von **III** durch 2std. Kochen; nach Abdest. von **IV** im Vakuum Eintragen in Eiswasser, Extraktion mit Ae. u. Einleiten von HCl; 88,6% (Ausbeute). (**F. P. 73922** vom 4/2. 1958, ausg. 3/3. 1961. **Zusatz zu F. P. 1235316; C. 1963, 10961.**) G. Colsmann H 3282

2472 Chemische Fabrik Promonta G. m. b. H., Deutschland, **Herstellung von Hexahydrophenothiazinen,** die ggf. am Bzl.-Kern durch eine oder mehrere Alkyl-, Acyl-, Aryl-, Alkoxygruppen oder Halogenatome u. am hydrierten Kern durch eine oder mehrere Alkylreste substituiert sind, durch Kondens. von entsprechenden 2-Halogencyclohexanonen mit entsprechenden o-Aminothiophenolen, ggf. im Überschuß, in Ggw. einer Base bei erhöhter Temp. u. ggf. anschließende Hydrierung. — *Hexahydrophenothiazin*, $Kp._{0,01-0,04}$ 100—120°, F. 110 bis 112° (Ae.), aus 30 (g) o-Aminothiophenol (**II**) in einer Lsg. von 3,76 Na in 100 ml abs. A. u. 10 2-Chlorcyclohexanon (**I**) durch 4std. Kochen unter N_2 oder aus 15 **II** in einer Lsg. von 2,66 Na in 150 ml abs. A. u. 16 **I** in 30 ml abs. A. in Ggw. von 312 3%ig. Na-Amalgam durch 45 Min. Kochen; Ausbeute 11,17 g bzw. 8,2 g. (**F. P. 1243042** vom 11/9. 1959, ausg. 11/1. 1961. D. Prior. 12/9. 1958.) G. Colsmann H 3292

2473 American Cyanamid Co., V. St. A. (Erfinder: Michael McKay Rauhut), **Herstellung von quaternären Phosphorverbindungen** der Formel $[(R)_2P{-}CH_2{-}CH_2]_n^{+}X_n^{-}$ (**I**), bes. von entsprechend substituierten *1.4-Diphosphacyclohexanen* (R = ggf. substituierter gerader oder verzweigter aliphat. oder alicycl. Rest; X = Cl, Br, J, Sulfat-, Phosphat- oder Carbonsäure-Rest; n ≧ 2) durch Umsetzung von entsprechenden Phosphinen mit entsprechenden Vinyl-Verbb. in Ggw. eines peroxid. Katalysators, wie tert.-Dibutylperoxid, oder 2.2'-Azo-bis-isobutyronitril (**II**), UV-Licht, Röntgenstrahlen oder der herzustellenden Verb., ggf. in einem Lsgm. bei 70—140°. Durch Erhitzen auf mindestens 160° werden polymere **I** in die entsprechenden *dimeren Verbb.* umgewandelt. — 1.4-Diphosphacyclohexane: *1.1.4.4-Tetrakis-[2-cyanäthyl]-*, *Diacetat* (**III**), $C_{20}H_{30}N_4O_4P_2$, F. 149—150° (Isopropylalkohol), aus Bis-[2-cyanäthyl]-phosphin (**IV**) u. Vinylacetat (**V**) in Acetonitril in Ggw. von **II** unter N_2 durch 45 Min. Rühren bei 78—95°; 50% (Ausbeute). Analog: *Dibromid*, $C_{16}H_{24}Br_2N_4P_2$, F. 303 bis 304°, aus 12,5 (g) **IV** u. Vinylbromid oder aus 2 **III** u. gesätt. NaBr-Lsg.; lange Nadeln; 1,8 bzw. 1,9 g. *Dijodid*, $C_{16}H_{24}J_2N_4P_2$, F. 320° (W.). — *1.1.4.4-Tetrakis-[2-carboxyäthyl]-*, *Dichlorid*, $C_{16}H_{28}Cl_2O_8P_2$, F. 280—282° (Aceton), aus **III** durch 1std. Kochen mit 30 ml konz. HCl; 70%. — *1.1.4.4-Tetrakis-[2-butoxyäthyl]-*, *Dijodid*, $C_{28}H_{60}J_2O_4P_2$, F. 271—273° (A./W.), aus 12,2 Bis-[2-butoxyäthyl]-phosphin, 4,5 **V** u. KJ; gelbliche Nadeln; 2 g. — *1.1.4.4-Tetrabutyl-*, *Diacetat* (**VI**), $C_{24}H_{50}O_4P_2$, F. 195° (Bzl.), aus 73,4 Dibutylphosphin (**VII**) u. 43,2 **V**; 69 g. *Dibromid*, $C_{20}H_{44}Br_2P_2$, F. 316—319° (Butanol), aus **VI** u. gesätt. NaBr-Lsg.; lösl. in W. u. A., unlösl. in Aceton. *Dijodid*, $C_{20}H_{44}J_2P_2$, F. 353° (W.), aus 10 **VI** u. KJ-Lsg.; 7,8 g. — *1.1.4.4-Tetradodecyl-*, *Diacetat*, $C_{56}H_{114}O_4P_2$, F. 144—147° (Essigester/Isopropanol); 28%. — *1.1.4.4-Tetracyclohexyl-*, *Diacetat* (**VIII**), F. 80—95°, aus 9,9 Dicyclohexylphosphin u. 4,3 **V**; 2,1 g. *Dijodid*, $C_{28}H_{52}J_2P_2$, F. 317°, aus **VIII** u. KJ-Lösung. — *Polymeres Dibutylphosphoniumacetat* (**IX**), F. 151—155°, aus 73,4 **VII** u. 43,2 **V** in Isopropanol durch 16std. Rk. bei 80°; 50 g. (**F. P. 1246650** vom 2/2. 1960, ausg. 10/2. 1961. A. Prior. 2/2. 1959.) G. Colsmann H 3292

2474 E. I. du Pont de Nemours & Co., Wilmington, übert. von: Stanley Dixon, Brandywine Hundred,

I

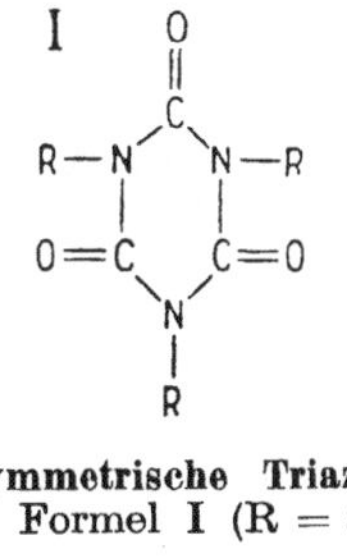

Del., V. St. A., **Symmetrische Triazin-2.4.6-[1H. 3H. 5H]-trione** der allg. Formel I (R = aliphat., aromat., aliphat.-aromat. oder polymerer Rest, der nicht mit einem Epoxid reagiert) erhält man durch Kondens. von 1(Mol) eines organ. Isocyanats der allg. Formel R–NCO (R wie in **I**) u./oder dessen Dimerisat in Ggw. von 0,025 bis 0,15 (für Isocyanate) bzw. 0,05–0,3 (für Dimerisate) eines Epoxids als Katalysator bei ca. 150–250° unter autogenem Druck. – Zum Beispiel Phenylisocyanat u. Äthylenoxid → *Triphenyl-symm.-triazin-2.4.6[1H. 3H. 5H]-trion*; F. 282°. Mengenbeispiele für das Triphenyl- u. *Tributyl-Deriv.* bzw. für die Verw. von Styroloxid, Propylenoxid u. Epichlorhydrin. Ferner sind Methyl-, Chlormethyl-, Äthyl-, β-Chloräthyl-, Butyl-, tert.-Butyl-, Octyl-, Octadecyl-, Cyclopentyl-, Cyclohexyl-, 2.5-Dimethylcyclohexyl-, 2-Methoxycyclohexyl-, Allyl-, Pentenyl-, Phenyl-, p-Chlorphenyl-, o-Tolyl-, m-Nitrophenyl-, m-Bromphenyl-, p-Methoxyphenyl-, p-Carbomethoxyphenyl-, 4-Biphenylyl-, p-Dimethylaminophenyl-, 4-Äthyl-6-nitro-o-tolyl-, m-Fluorphenyl-, 2.3.5.6-Duryl-, 2.4.6-Mesityl-, 1-Naphthyl-, 2-Naphthyl-, 5-Nitro-1-naphthyl-, 4-[Penten-(4)-yl]-, Benzyl-, 3-Chlorbenzyl-, u. 4-Äthoxybenzylisocyanat, 3-Isocyanatopyren, Isocyanatendgruppen besitzende Polyäther, -ester u. -formale, poly-N-alkylsubstituierte Amide, Harnstoffe u. Urethane, polyester-N-alkylsubstituierte Amide, Polyaldehyde u. Polycarbonate mit Molgew. < 10000 sowie 1.3-Bis-[4-äthoxyphenyl]-diaz (diaz = – 1.3-diazacyclobutan-2.4-dion), 1.3-Bis-[m-tolyl]-diaz, 1.3-Diphenyl-diaz, 1.3-Bis-[3-chlorphenyl]-diaz, 1.3-Bis-[4-biphenylyl]-diaz, 1.3-Bis-[4-bromphenyl]-diaz, 1.3-Dinaphthyl-diaz u. 1.3-Dipyrenyl-diaz als Ausgangsstoffe bes. genannt. – Zwischenprodd. zur Herst. von Polyurethanen u. Polyesterharzen. (**A. P. 2977360** vom 13/4. 1959, ausg. 28/3. 1961.) G. Vogel H 3313

2475 Food Machinery and Chemical Corp., V. St. A., **Herstellung von Sobrerol** aus α-Pinenoxid, das in der 2–100fachen Menge mit CO_2 gesätt. W. dispergiert ist, bei 0–35°; Ausbeute 50–100%. (**F. P. 1248647** vom 4/11. 1959, ausg. 9/3. 1961.)
G. Colsmann H 3600

2476 F. Hoffmann-La Roche & Co. Akt.-Ges., Basel, Schweiz, bzw. Hoffmann-La Roche, Inc., übert. von: Max Hoffer, Nutley, N. J., V. St. A., **Herstellung von Derivaten des Uridins und Thymidins.** Zu A. P. 2949449; C. **1963,** 4885 ist die Herst. der Uridin-Derivv. nachzutragen. Man geht von Mono-(5-fluoruracilyl)-Hg aus, das z. B. durch Erhitzen von $(CH_3COO)_2Hg$ u. 5-Fluoruracil in CH_3OH erhältlich ist, suspendiert dieses in Toluol u. setzt es mit 3.5-Di-(p-toluyl)-2-desoxy-D-ribofuranosylchlorid zu 3′.5′-Di-(p-toluyl)-2′-desoxy-5-fluoruridin, F. 195–200°, um, das durch Behandeln mit Pyridin (**I**) in die *β-Form*, F. 229°, α_D^{25} $-17°$ (c = 2% in **I**) u. die *α-Form*, F. 215°, α_D^{25} $-72{,}5° \pm 0{,}3°$ zerlegt wird. Die β-Form wird in CH_3OH suspendiert u. unter Kühlen auf 5–10° so lange mit 0,43 n Ba-Methylat (**II**) in CH_3OH versetzt, bis nach etwa 6 Std. das Gemisch gegenüber Phenolphthalein alkal. bleibt u. Lsg. eingetreten ist. Nach Zusatz von weiterem **II** läßt man das Gemisch 15 Std. Stehen u. gibt eine dem **II** äquivalente Menge n H_2SO_4 zu, dampft im Vakuum ein, löst den öligen Rückstand in Aceton, u. filtriert den Nd. aus $BaSO_4$ ab. Das Filtrat wird zur Trockne gebracht u. der Rückstand mit Ae. gewaschen. *β-2′-Desoxy-5-fluoruridin*, F. 145°. Analog *α-2′-Desoxy-5-fluoruridin*, F. 150–151°, α_D^{25} $-21°$ (c = 2% in W.) (**E. P. 875971** vom 13/1. 1960, ausg. 30/8. 1961. A. Prior. 14/1. 16/1. u. 21/4. 1959. **A. PP. 2949451** vom 21/4. 1959, ausg. 16/8. 1960 u. **3041335** vom 21/4. 1959, ausg. 26/6. 1962.)
C. Lüttgen H 3950

2477 **Esso Research and Engineering Co.** (Erfinder: **Robert Joseph Lang, Robert Byron Long, Carl Ernest Heath** und **Robert Max Skomoroski**), *Oxydieren von Kohlenwasserstoffen.* (**Aust. P. 239936** vom 12/6. 1959, ausg. 23/8. 1962. A. Prior. 15/8. 1958. – C. **1962,** 17922 [F. P. 1231279].)

2478 **British Petroleum Co. Ltd.** (Erfinder: **Peter Thomas White**), *Hydrieren von organischen Verbindungen.* (**Aust. P. 238980** vom 21/7. 1959, ausg. 5/7. 1962. E. Prior. 25/7. 1958. – C. **1963,** 20181 [Ind. P. 68506].)

2479 **Farbenfabriken Bayer Akt.-Ges.** (Erfinder: **Friedrich Povenz** und **Walter Hagge**), Leverkusen, *Chlorierung von Kohlenwasserstoffen.* (**D. B. P. 976461** Kl. 12o vom 11/7. 1950, ausg. 19/9. 1963. Anmeldung bekanntgemacht 28/2. 1952. – C. **1955,** 3000 [Schwz. P. 294017].)

2480 **Polymer Corp. Ltd.,** Sarnia, Ontario, Canada, *Herstellung von brikettiertem Calciumnickelphosphatkatalysator.* (**Niederl. P. 104411** vom 6/5. 1957, ausg. 16/4. 1963. A. Prior. 10/5. 1956. – C. **1962, 13198** [D. A. S. 1067802].)

2481 **Polymer Corp. Ltd.,** Sarnia, Ontario, Canada, *Vorbehandlung eines Katalysators.* (**Niederl. P. 104406** vom 18/4. 1957, ausg. 16/4. 1963. A. Prior. 23/4. 1956. – C. **1962,** 17203 [D. A. S. 1067015].)

2482 **Distillers Co. Ltd.,** Edinburgh, Schottland, *Herstellung von Chloropren.* (**Niederl. P. 104413** vom 14/5. 1957, ausg. 16/4. 1963. E. Prior. 26/5. 1956. – C. **1959,** 15189 [E. P. 798205].)

2483 **Esso Research and Engineering Co.** (Erfinder: **Norman Nicolai Hochgraf**), *Entfernen von Acetylen aus Kohlenwasserstoffen.* (**Aust. P. 239971** vom 2/9. 1959, ausg. 23/8. 1962. A. Prior. 13/11. 1958. – C. **1962,** 18269 [F. P. 1238585].)

2484 **Rütgerswerke Akt.-Ges.,** Frankfurt/M., *Dichlordiäthylformal.* (**E. P. 905436** vom 12/1. 1961, ausg. 5/9. 1962. D. Prior. 23/1. 1960. – C. **1963,** 22899 [D. A. S. 1136684].)

2485 **Magyar Ásvinyolaj és Földgáz Kisérleti Intézet,** Veszprém, Ungarn, *Gewinnung von gelösten Co-Verbindungen aus Katalysatorlösungen.* (**E. P. 893524** vom 19/8. 1959, ausg. 11/4. 1962. Ung. Prior. 22/8. 1958. – C. **1962,** 16840 [F. P. 1233340].)

2486 **Shell Internationale Research Mij. N. V.,** Den Haag, Niederlande (Erfinder: **Martin Luther Courter,** Walnut Creek, Calif., und **David Sprague Thayer,** Cheshire, Conn., V. St. A.), *Gewinnung von wasserlöslichen Kohlenwasserstoff-Oxydationsprodukten.* (**D. A. S. 1147932** Kl. 12o vom 6/4. 1961, ausg. 2/5. 1963. A. Prior. 8/4. 1960. – C. **1964,** 10-2351 [E. P. 911035].)

2487 **Wacker Chemie G. m. b. H.,** München, *Ungesättigte, aliphatische Monocarbonsäurealkylester aus α- oder β-Alkoxymonocarbonsäurealkylestern.* (**E. P. 921993** vom 25/6. 1959, ausg. 27/3. 1963. D. Prior. 25/6. 1958. – C. **1963,** 1433 [D. A. S. 1124482].)

2488 **Union Chimique Belge Soc. An.,** Brüssel (Erfinder: **Albert Verheyden,** Saint-Denis- Westrem, und **Paul Ochsner,** Uccle), Belgien, *Acrylsäure aus Maleinsäure.* (**Schwz. P. 364501** vom 27/8. 1957, ausg. 15/11. 1962. Belg. Prior. 31/8. 1956. – C. **1963,** 2234 [A. P. 2902512].)

2489 **Badische Anilin- & Soda-Fabrik Akt.-Ges.** (Erfinder: **Otto von Schickh**), Ludwigshafen/Rh., *ω, ω′-Diaminoalkane.* (**Schwz. P. 370419** vom 29/4. 1958, ausg. 30/8. 1963. D. Prior. 10/5. 1957. – C. **1960, 13844** [D. A. S. 1058062].)

2490 **Stamicarbon N. V.** (Erfinder: **Johannes Hubertus Ottenheym** und **Johan Willem Garritsen**), *Herstellung von α-Halogencaprolactamen.* (**Aust. P. 236961** vom 16/9. 1959, ausg. 1/2. 1962. Niederl. Prior. 25/9. 1958. – C. **1964,** 10-2359 [A. P. 3000881).]

2491 **Union Carbide Corp.,** New York (Erfinder: **Victor Bird Jex** und **John Eugene McMahon,** Buffalo), N. Y., V. St. A., *γ-Cyanalkylsilane.* (**D. A. S. 1157228** Kl. 12o vom 22/12. 1956, ausg. 14/11. 1963. A. Prior. 23/12. 1955. – C. **1961, 1732** [F. P. 1169052].)

2492 **California Research Corp.,** San Francisco, Calif., V. St. A., *Herstellung von Alkylbenzolen.* (**Niederl. P. 104050** vom 19/10. 1955, ausg. 15/3. 1963. A. Prior. 20/10. 1954. – C. **1959,** 5298 [E. P. 782064].)

2493 **Stauffer Chemical Co.,** San Francisco (Erfinder: **Llewellyn W. Fancher,** Concord), Calif., V. St. A., *Herstellung von Arylthioäthern.* (**Schwz. P. 368503** vom 18/2. 1958, ausg. 31/5. 1963. – C. **1961,** 18131 [F. P. 1191637].)

2494 **Imperial Chemical Industries Ltd.,** London (Erfinder: **Dennis Albert Dowden** und **Alexander Muirhead Ure Caldwell,** Norton-on-Tees, Durham), England, *Herstellung aromatischer Carbonsäuren.* (**D. A. S. 1156398** Kl. 12o vom 26/6. 1958, ausg. 31/10. 1963. E. Prior. 26/6. 1957 u. 13/6. 1958. – C. **1962,** 6584 [F. P. 1207563].)

2495 **Chemstrand Corp.** (Erfinder: **Eugene Lie Ringwald**), *Reinigen von Phthalsäuren.* (**Aust. P. 239753** vom 11/11. 1959, ausg. 16/8. 1962. A. Prior. 18/11. 1958. – C. **1962,** 11371 [D. A. S. 1117100].)

2496 **California Research Corp.,** San Francisco, Calif., übert. von: **Wilton H. Lind,** Walnut Creek, Calif., V. St. A., *Herstellung von Phthalonitril.* (**A. P. 3070621** vom 29/3. 1957, ausg. 25/12. 1962. – C. **1960, 17620** [E. P. 819051].)

2497 **Miles Laboratories, Inc.** (Erfinder: **Ernest Clarence Adams jun.**), *Natriumacetylsalicylate.* (**Aust. P. 239982** vom 24/2. 1960, ausg. 23/8. 1962. A. Prior. 9/3. 1959. – C. **1963,** 4879 [E. P. 882264].)

2498 **Imperial Chemical Industries Ltd.,** London (Erfinder: **Walter Theodore Dent** und **Hubert William Dyson Stubbs,** Norton-on-Tees, Durham), England, *Farbstabilisierung von aromatischen Aminen.* (**D. A. S. 1156817** Kl. 12q vom 12/7. 1957, ausg. 7/11. 1963. E. Prior. 13/7. 1956, 12/4. u. 5/7. 1957. – C. **1961,** 12270 [F. P. 1178865].)

2499 **Rhône-Poulenc Soc. An.,** Paris (Erfinder: **Pierre Lafont,** Lyon, und **Jannik Bonnet,** Tassin La Demi-Lune), Frankreich, *γ-Lacton der 2.3-Dihydroxy-cyclododecen-(1)-carbonsäure.* (**D. A. S. 1156796** Kl. 12o vom 16/1. 1962, ausg. 7/11. 1963. F. Prior. 20/1. 1961. – C. **1963,** 17873 [Ung. P. 150291].)

2500 **Ciba Corp.,** Del., V. St. A., übert. von: **Paul Mueller** und **Robert Trefzer,** Basel, Schweiz, *N-Cycloalkylsulfaminsäuren.* (**A. P. 3060231** vom 6/8. 1958, ausg. 23/10. 1962. Schwz. Prior 23/8. 1957. – C. **1961,** 13720 [Oe. P. 204541].)

2501 **Columbia-Southern Chemical Corp.,** Pittsburgh, Pa., V. St. A. (Erfinder: **Malcolm Korach**), *Epoxycyclopentene.* (**E. P. 855199** vom 17/6. 1957, ausg. 30/11. 1960. A. Prior. 15/6. u. 16/4. 1957. – C. **1963,** 15771 [D. A. S. 1069145].)

2502 **Shell Internationale Research Mij. N. V.,** Den Haag, Niederlande, *Epoxyalkohole.* (**E. P. 899716** vom 23/6. 1960, ausg. 27/6. 1962. A. Prior. 25/6. 1959. – C. **1963,** 1437 [D. A. S. 1124934].)

2503 **Merck & Co., Inc.,** Rahway, N. J., V. St. A., *Herstellung von 2-Aminomethyltetrahydrofuranderivaten.* (**Niederl. P. 104448** vom 2/11. 1957, ausg. 16/4. 1963. A. Prior. 5/11. 1956. – C. **1962,** 16138 [D. A. S. 1125443].)

2504 **Merck & Co., Inc.,** Rahway, N. J., V. St. A., *Komplexverbindungen von 5-Nitrothiazolylharnstoffen.* (**E. P. 877106** vom 2/12. 1957, ausg. 13/9. 1961. A. Prior. 17/12. 1956. – C. **1962,** 10644 [Aust. P. 225184].)

2505 **Chemische Werke Albert** (Erfinder: **Johannes Reese** und **Berthold Brähler**), Wiesbaden, *Thiolthionophosphorsäuretriester.* (**Schwz. P. 368489** vom 26/2. 1958, ausg. 31/5. 1963. D. Prior. 8/3. 1957. – C. **1961,** 3317 [D. A. S. 1057599].)

2506 **Hokkaido Tanko Kisen Kabushiki Kaisha,** Tokio, Japan, *Kontinuierliche Herstellung von Nitrohuminsäure.* (**Ind. P. 69927** vom 3/12. 1959, ausg. 24/5. 1962. – C. **1964,** 10-2383 [E. P. 904953].)

H_{10}. Färberei, Organische Farbstoffe

2507 **Über den Zusammenhang zwischen dem Aufbau einer Reihe von Direktfarbstoffen, dem Teilchendurchmesser in der Lösung und der Diffusionsgeschwindigkeit in Cellulosefasern.** B. N. Melnikow, B. M. Krassowitzki und P. W. Moryganow. (Hochschulnachr. [Iwanowo] Technol. Textil-Ind. **1960**, Nr. 1, 111—20; Iwanowo, Chem.-Technol. Inst. und Charkow, Gorki-Univ.; russ.) — Bestimmt wird der Diffusionskoeff. von 12 Direktfarbstoffen in Kupferammoniak-Stapelfasern bei 50 u. 70° u. in Lsg. bei 25 u. 40° (Vgl. C. **1957**, 12608, **1958**, 10785, **1959**, 14258). Die Ausmaße der Farbstoffteilchen werden nach der Stookes-Einstein-Formel berechnet. Die Konz. der Farbe beträgt 0,05 (g/Liter), die des Elektrolyten (NaCl) 10. Der Einfl. organ. Lsgm. auf die Diffusionsgeschw. (DG) u. den Farbzustand in der Lsg. wird nach Zusatz von 10 g/Liter Pyridin untersucht. Die Ergebnisse zeigen, daß die Sprengung der Ketten konjugierter Doppelbindungen zu einer beträchtlichen Steigerung der DG in der Faser führt u. den Assoziationsgrad der Farbe in der Lsg. vermindert, wobei gleichzeitig die Sorptionsfähigkeit der Cellulose fällt. Eine schnelle Farbdurchdringung der Faser bei guter Sorption durch die Cellulose u. niederem Assoziationsgrad in der Lsg. wird durch die Ggw. einer Harnstoffgruppe in den Farbstoffmoll. erreicht. Ähnliche Eigg. besitzen Farben, die 2 Atome F in 2.2'-Stellung im Diphenylkern aufweisen. Wird F durch Cl oder CH_3-Gruppen ersetzt, so steigt die DG, die Assoziationsfähigkeit wird abgeschwächt u. die Affinität der Farbe zur Faser sinkt stark. Eine Anhäufung von Harnstoffgruppen in den Farbmoll. führt umgekehrt zur Verminderung der DG u. Affinitätssteigerung zur Cellulosefaser. Der Zusatz von Pyridin wirkt sich günstig auf die DG der Farbe in der Faser aus.
J. Lehmberg 7002△

2508 **Die Einflüsse einwertiger anorganischer Anionen auf das Färben von Vinylon.** Akira Katayama, Nobuhiko Kuroki und Kenzō Konishi. (J. Soc. Textile Cellulose Ind., Japan [Sen-i Gakkaishi] 18, 356—60, 1962; Osaka, Japan, Univ. of Osaka Prefecture, Coll. of Engng., jap., Auszug: engl.) — Die Absorption eines Säurefarbstoffs (**A**)(*Na-4-{p-[N.N-Bis-(hydroxyäthyl)-amino]-benzolazo]-naphthalin-1-sulfonat* bzw. *Na-4-[2-Hydroxynaphthalin-(1)-azo]-naphthalin-1-sulfonat)*} an Vinylon (**B**) in Ggw. äquimolarer Mengen NaCl, NaBr, $NaNO_3$ u. NaSCN bei verschiedenen Temp. wird gemessen u. die Affinität sowie die Färbewärme u. -entropie für jedes Salz berechnet. Die Affinität von **A** zu **B** wird durch die einzelnen Anionen wie folgt erhöht: $SCN^- < NO_3^- < Br^- < Cl^-$. Diese Reihenfolge stimmt mit derjenigen der W. abspaltenden Wrkg. der Anionen überein. Zur Erklärung dieses Ergebnisses wird angenommen, daß aus dem in Lsg. befindlichen **A**-Mol. bei der Färbetemp. eine teilweise Wasserabspaltung erfolgt u. diese Anlaß zur Erhöhung der Affinität von **A** zum hydrophoben **B** gibt. Übereinstimmend mit dieser Annahme zeigt **A** auch dann eine höhere Affinität, wenn die W. abspaltende Wrkg. der Salze größer wird. Färbewärme u. -entropie erhöhen sich ebenfalls in dieser Reihenfolge.
R. Bamberger 7002◇

2509 **Untersuchungen der Azofarbstoffe mit Adsorptions-Papierchromatographie.** 2. Mitt. Ferenc Péter, István Rusznák und Istvánné Dolesch. (Magyar Textiltechn. [Ung. Textiltechn.] **12**, 47—50, 1960; ung.) — 1. vgl. C. **1960**, 6666. — Mit Hilfe der Chromatographie werden die Veränderung der Adsorption (Ad.) einiger Mono- u. Disazofarbstoffe untersucht, die infolge der Einwrkg. einiger Hilfsmittel oder von Wasserdampf eintritt. Es wird festgestellt, daß Glycerin u. Harnstoff nur in wenigen Fällen u. in einem kleinen Maße die Ad.-Werte verändern. NaCl u. Wasserdampf vergrößern die Ad., die mit steigender Konz. von NaCl bzw. der Dauer der Dampfeinwrkg. zunimmt. Eine bes. intensive Zunahme der Ad. tritt bei gleichzeitiger Einw. von NaCl u. Wasserdampf ein. C. Kozák 7002◇

2510 **Egalisiermittel beim Färben mit Küpenfarbstoffen.** E. P. Frieser. (SVF Fachorg. Textilveredl. **18**, 146—56, 1963; dt.) — Das färber. Verh. der 3 Gruppen von Küpenfarbstoffen (Kaltfärber, Warmfärber, Heißfärber) wird erläutert. Die Möglichkeiten zur Erzielung egaler Färbungen mit Küpenfarbstoffen werden genannt. Die zum Egalisieren von Küpenfärbungen geeigneten Hilfsmittel werden besprochen, wobei bzgl. der Wrkg. Prodd., die in der 1. Phase des Färbeprozesses (Absorptionsphase) u. Prodd., die in der Ausgleichsphase wirksam sind, zu unterscheiden sind. Die Anwendung u. Wrkg. oberflächenakt. Egalisiermittel (äthoxylierte Fettalkohole u. Alkylphenole, äthoxylierte Fettamine, quart. Ammoniumverbb. mit Fettalkylrest u. anion.-akt. Sulfonierungsprodd.), sowie nicht oberflächenakt. Egalisiermittel (Polyvinylpyrrolidon, Lsgm.-Typen, höhermol. Rk.-Prodd. von Polyaminen mit niedermol. Verbb., Verbb. vom Betaintyp u. niedermol. Aminoverbb.) werden beschrieben.
I. Beßer 7006◇

2511 **Der Einfluß von Schall- und Ultraschallschwingungen auf einige Prozesse der Gewebebehandlung.** W. F. Androssow und A. A. Charcharow. (Hochschulnachr. [Iwanowo], Technol. Textil-Ind. **1960**, Nr. 1, 129—32; Leningrad, Kirow-Inst. für Textilien; russ.) — Untersucht wird das Kochen, Waschen u. Färben von Baumwoll- u. Nitronfasern mit Schall (0,1 KH) u. Ultraschall (18—24 KH). Durch Schallbehandlung werden beim Kochen u. bei nachfolgender Heißwäsche die Capillareigg. von Baumwollgewebe erhöht; das Färben erfolgt 2,14mal schneller als bei unbeschallten Gewebe. Das Aufziehen der Farbe durch Nitron wird nur durch Ultraschall etwas beschleunigt. J. Lehmberg 7016△

2512 **Farbstoffe und Textilhilfsmittel.** Anonym. (SVF Fachorg. Textilveredl. **17**, 531—33, 1962; dt.) — Sandoz AG, Basel: *Drimaren X Reaktivfarbstoffe für das Ausziehfärbeverf.*: Ihre Eigg. u. Anwendungsmöglichkeiten werden in der Musterkarte Nr. 1451/62 besprochen. — *Drimarenviolett X-2RL* zeichnet sich durch sehr gute Löslichkeit, hohe Auszieh- u. Fixierwerte u. gutes Aufbauvermögen auf Baumwolle u. regenerierter Cellulosefasern aus (Musterkarte Nr. 1451/62). — *Pariser Modetöne mit Drimaren Z-Farbstoffen* mit dem Kalt-Aufdockverf. werden in der Musterkarte Nr. 1455/62 besprochen. — *Drimarenätzorange X-3 LG* ist zum Färben von Baumwolle u. regenerierten Cellulosefasern auf Kufe, Jigger u. App. bestens geeignet u. gewährleistet auf Grund seiner hohen Auszieh- u. Fixierwerte höchstes Rendement (Musterkarte Nr. 1451 „Drimaren X-Farbstoffe"). — *Drimarenbraun Z-3GL* eignet sich gut für den Druck u. kontinuierliche Färbung auf Cellulosefasern; neben einwandfreier Beständigkeit in Druckpaste u. Klotzflotte weist das Prod. eine hervorragende Lichtechtheit auf (Musterkarten „Drimarendruck" Nr. 1396/59 u. „Drimaren-Y-Reaktivfarbstoffe für Färbung" Nr. 1400/60). — *Lanasynbraunorange BL* ist zum Färben u. Bedrucken von Wolle, Seide u. Nylon geeignet; seine Eigg. u. Anwendungsmöglichkeiten werden in der Musterkarte Nr. 1279 II/61 „Lanasyn- und Lanasynreinfarbstoffe" u. Nr. 1405/61 „Lanasyndruck" besprochen. — J. R. Geigy AG, Basel: *Reactonorange S-3GL*: Färbungen mit diesem hervorragend lösl. u. sehr gut ziehenden Farbstoff weisen ausgezeichnete Licht-, Kochwasch-, Wasser- u. Schweißechtheiten auf (Zirkular-Nachtrag zu Musterkarte 1328). I. Beßer 7018◇

2513 **Das Färben von Naturseide mit sauren Beizfarbstoffen nach dem Einbadverfahren.** 3. Mitt. Sch. Ch. Awerbuch und M. K. Lepetkowa. (Hochschulnachr. [Iwanowo], Technol. Textil-Ind. **1960**, Nr. 1, 121—28; Leningrad, Kirow-Inst. für Textilien; russ.) — 2. vgl. C. **1960**, 9388. — Ziel der Unterss. ist, den Einfl. des pH-Wertes des Bades, der Cr-Salz-Konz. u. der Dauer des Färbens auf das Einbadverf. festzustellen. Die Färbung der Seide erfolgt bei Siedetemp. mit saurem Chrombordeaux S u. saurem Chromgelb N. Als Beize wird $K_2Cr_2O_7$ dem Farbbad zugesetzt. Die mechan. Festigkeit des gefärbten Gewebes, die Farbe der Proben u. die Waschechtheit werden geprüft. Die besten Resultate werden bei pH 2,48—2,6 in Ggw. von HCOOH u. der $K_2Cr_2O_7$-Konz. von 100—133% im Vgl. zum Gew. der chem.-reinen u. 60—70% im Vgl. zur techn. Farbe erzielt. Die maximale Farbechtheit von Chrombordeaux S wird nach 45 Min., die von Chromgelb N nach 30 Min. Färbedauer erreicht. J. Lehmberg 7020△

2514 **Untersuchungen über Färbereihilfsmittel bei der Hochtemperaturfärbung von Polyesterfaser.** 1. Mitt. Akira Nagata, Michio Mizuno, Seiichi Imahori und Wasaburō Kimura. (J. Soc. Textile Cellulose Ind., Japan [Sen-i Gakkaishi] **18**, 361–66, 1962; Nagoya City, Japan, Tokai Seiyu Kogyo Co. Ltd.; Nagoya City. Japan, Nagoya Univ., Fac. of Engng; jap., Auszug: engl.) — Bei der Hochtemp.-Färbung von Tetronfaser mit gereinigten Dispersionsfarbstoffen [*Dainix Fast Red B, Resolin Blue FBL* (Bayer) u. *Miketon Fast Yellow YL*] u. Zugabe von oberflächenakt. Mitteln bei verschiedenen pH-Werten erweisen sich Alkylsulfonate hinsichtlich Stabilität, Farbstoffabsorption, Migration, Glanz u. Lebhaftigkeit der Färbungen am geeignetsten.

R. Bamberger 7020◇

2515 **Untersuchungen über Färbereihilfsmittel bei der Hochtemperaturfärbung von Polyesterfaser.** 2. Mitt. **Eigenschaften von Dinatriumsalzen von α-Sulfofettsäuren als Dispergiermittel für Farbstoffe bei hoher Temperatur.** Akira Nagata, Michio Mizuno, Seiichi Imahori und Wasaburō Kimura. (J. Soc. Textile Cellulose Ind., Japan [Sen-i Gakkaishi] **18**, 366–70, 1962; jap., Auszug: engl. S. 361.) — 1. vgl. vorst. Referat. — Färbeverss. an Tetronfaser (**A**) mit gereinigten Dispersionsfarbstoffen (**B**, vgl. vorst. Ref.) bei 130° u. unter Zugabe von α-sulfofettsauren Salzen (**C**) u. verschiedenen techn. Produkten werden durchgeführt u. die Farbstoffabsorption, Migration, das Teeren, die Farbe u. der Glanz der Färbungen untersucht. **C** verhindern das Teeren vollständig. α-Sulfopalmitat gibt einen besseren Farbton u. Glanz als α-Sulfolaurat u. erweist sich als das geeignetste Hilfsmittel bei der Hochtemperaturfärbung von **A** mit **B**. R. Bamberger 7020◇

2516 **Ein Einbad-Suspensionsverfahren zum Färben mit Küpenfarbstoffen.** W. Je. Rosstowzew. (Textil-Ind. UdSSR, **21**, Nr. 4, 41–44, 1961; russ.) — Ausarbeitung der Technologie eines Einbadverf. zum Färben von Geweben mit *Küpenfarbstoffen* in mittleren u. dunklen Tönen in einer App., bestehend aus Küpe, Dampfkammer u. Wäsche. Die Unterss. erfolgen mit Orange KCH (**I**), Hellblau K (**II**), Hellgrün Sh (**III**), Violett K (**IV**), von denen nur **I** verhältnismäßig stabile Suspensionen liefert. Die Stabilität der 3 anderen Farben wird in Ggw. von NaOH, Hydrosulfit u. Rongalit nicht vergrößert. Weitere Verss. werden mit den Netzmitteln OP-10, OSs-20, TMSs[0,5 (g/Liter)] u. Sulfitcelluloselauge (10) bei 0 u. 20° vorgenommen. Bei einer Farbstoffkonz. von 15 g/Liter soll der Geh. an NaOH 15–20 (g) für **III**, 20–25 für **II** u. 10 für **IV** betragen, dem ein optimaler Rongalit-Geh. von 25, 45 u. 45 g/Liter entspricht. Der Zusatz von $MgSO_4$ verbessert die Schutzeigg. von Sulfitcelluloseextrakt. Es wird ein Rezept für **II**, **III** u. **IV** angegeben, das eine gleichmäßige Färbung von Baumwoll- u. Stapelfasergewebe gewährleistet.

J. Lehmberg 7020△

2517 **Über das Färben von Rundstuhlartikeln mit Küpenfarbstoffen.** H. Beiertz. (SVF Fachorg. Textilveredl. **17**, 291–98, 1962; Unterkochen; dt.) — Färbemaschinen u. Färbeverff. für das Färben von Rundstuhlartikeln mit Küpenfarbstoffen werden beschrieben. Die Farbstoffauswahl, bes. die Gruppeneinteilung nach dem Egalisiervermögen bei verschiedenen Temp. wird tabellar. angegeben. I. Beßer 7020◇

2518 **Klotz-Aufdock-Färbeverfahren mit Reaktivfarbstoffen.** J. A. Fowler, W. J. Marshall und I. Seltzer. (Amer. Dyestuff Reporter **51**, 917–21, 1962; Manchester, England, ICILtd., Dyestuffs Div.; engl.) — C. **1964**, 5-2392. L. Jentgen 7020◇

2519 **Eine neue Möglichkeit zum Färben von synthetischen und natürlichen Fasern und Mischungen in den Burlington Engineering Twin Pressure Becks.** Charles B. Ordway. (Amer. Dyestuff Reporter **51**, P 22–26, 1962; Graham, N. C., Burlington Engng. Sales Co., Inc.; engl.) — Das Färben von synthet. u. Naturfasern u. Mischungen in Strangform im Hochdruckfärbeapparat (HP) bei ≦ 280°F u. Drücken von 20 pounds u. im Niederdruckapp. (LP) bei ≦ 218°F u. Drücken von 28 ounces hat sich bei vielen Arten von Geweben als prakt. u. wirtschaftlich erwiesen. Der LP-Apparat ist vorteilhaft zum Färben von Nylon mit Chromfarbstoffen, von Acrylfasern u. Mischungen mit kation. oder Dispersionsfarbstoffen, Wolle u. Wollmischgeweben, der HP-App. für Wolle- u. Wolle/Polyester- u. reine Polyester- u. a. synthet. Gewebe. Die Vorteile werden herausgestellt. L. Jentgen 7020□

2520 **Die Behandlung von Wolle/Polyester-Mischgewebe, Nyltest und Ski-Elastic (Wolle/Helanca) auf Baumfärbeapparaten.** E. Hartmann in Zusammenarbeit mit R. Fricker, A. Mikula, W. Staub und L. Thummel. (SVF Fachorg. Textilveredl. **18**, 98–103, 1963; Basel, SANDOZ AG; dt.) — Die Erfahrungen beim Färben von synthet. Fasern u. ihren Mischungen mit Wolle in Gewebeform auf dem Baumapp. werden mitgeteilt. Das Arbeiten auf dem Baumapp. bringt die Vorteile des Breitfärbens der Gewebe, die Vermeidung von Falten u. die Erhaltung der Gewebestruktur. Die Möglichkeit, streifig färbendes Polyamidmaterial bei Hochtemp. auszugleichen, ist in der Baumfärberei als bes. Vorteil zu bewerten.

I. Beßer 7020◇

2521 **Markierungsfärbung von Mischungen in der Wollindustrie.** Dezső Dobos und Béla Mihalik. (Magyar Textiltechn. [Ung. Textiltechn.] **12**, 182–85, 1960; Ujpest, Labor der Wollwebefabrik; ung.) — Folgende Pigmentfarbstoffe sind für die Markierungsfärbung von wollindustriellen Mischungen geeignet: *Anorgan.*: Eisenoxidrot, Chromorange, Chromgelb (licht), Eisenoxidschwarz; *Organ.*: Irgalitechtrot PR, Pigmentscharlach, Irgalitechtrot P4R, Pigmentorange-Teig, Duppon-Rubber-Orange, Blue Solido; *Gemischte Pigmente*: Zementgrünes Konzentrat/Pigmentgrün u. Eisenoxidgelb). Die Erfahrungen im Betrieb zeigen, daß die angeführten Farbstoffe aus den Garnen beim Waschprozeß auch dann gut entfernt werden können, wenn sie gegenüber der nötigen Konz. in 3–4facher Konz. angewendet werden. Die Farbstoffemulsion muß mit Hilfe von Fettalkoholsulfaten hergestellt werden. C. Kozák 7020◇

2522 **Die Eigenschaften, das Bleichen und das Färben der Modacrylfaser Verel.** H. J. Stein und R. Gygax. (SVF Fachorg. Textilveredl. **17**, 260–72, 1962; Basel, IBA AG; dt.) — Eigg., Einsatzgebiete u. Veredlungsmöglichkeiten von Verel werden ausführlich beschrieben. Das Färben u. bes. geeignete Cibalan-Farbstoffe sowie die Echtheiten der Farbstoffe auf Verel werden besprochen.

I. Beßer 7020◇

2523 **Der Druck mit Pigmenten auf Grundlage einer Polyvinylacetatemulsion.** G. I. Schilowa. (Hochschulnachr. [Iwanowo] Technol. Textil-Ind., **1960**, Nr. 1, 133 bis 136; Moskau, Textil-Inst.; russ.) — Um die Farbechtheit u. die Wärmestabilität des Farbfilms zu erhöhen, wird eine thermoplast. Polyvinylacetatemulsion mit Methazin, OP-10, White spirit, NH_3, Dibutylphthalat, NH_4SCN u. verschiedenen Pigmenten kombiniert. Das vorgeschlagene Rezept kann zum Bedrucken von Baumwolle u. Seide verwendet werden. J. Lehmberg 7022△

2524 **Applikationsmöglichkeiten für Cibacron-Farbstoffe im Direktdruck auf Cellulosefaser-Materialien unter Berücksichtigung des neuen Cibacron-Katalysators CCI.** W. Badertscher. (SVF Fachorg. Textilveredl. **18**, 229–35, 1963; Basel, CIBA AG; dt.) — Eine kurze Charakterisierung des neuen Cibacron-Katalysators CCI (**A**) wird gegeben. Das Kurzdämpfverf., das Thermofixierverf. u. die Print-Dry-Meth. unter Verw. von **A** werden beschrieben. Verf.-Prinzip, geeignete Farbstoffe u. Einsatzgebiete werden für das Laugenschock-Verf., die Einsprüh-Meth., das Zweiphasen-Druckverf., die IR-Fixierung u. das Hochtemp.-Dämpf-Verf. angegeben. Tabellar. wird gezeigt, welche maschinellen Vorr. für die Anwendung eines der genannten Druckverf. erforderlich sind, ebenfalls welches Druckverf. sich für einen vorhandenen Maschinenpark eignet. I. Beßer 7022◇

2525 **Das Färben und Bedrucken von Polyacrylnitril-Fasern mit Deorlinlicht-Farbstoffen.** H. Stern und H. J. Stein. (SVF Fachorg. Textilveredl. **18**, 49–50, 1963; Basel, CIBA AG; dt.) — Eigg., Vorteile, Färbevorschriften u. Einsatzmöglichkeiten von *Deorlinlichtgelb 4RL, Deorlinlichtrot CBL* u. *Deorlinlichtblau BL* werden beschrieben. Das Färben von Deorlinlicht-Farbstoffen (A) auf Modacryl-Faserstoffen sowie der Druck mit **A** werden besprochen. I. Beßer 7022◇

2526 **Schutzeigenschaften der Cyanamidpolymeren.** S. I. Ssergejewa und I. L. Chmelnitzkaja. (Textil-Ind. UdSSR **21**, Nr. 4, 45—47, 1961; russ.) — Die Alterungsverss. zeigen, daß *Dicyandiamid* sowie *Melamin* im Gegensatz zu Hexamethylendiamin nicht nur die sich bildende H_2SO_4 neutralisieren, sondern auch in bedeutendem Maße die Oxydation verzögern, die beim Altern von mit S-Schwarz K gefärbten Baumwollgeweben einsetzt. J. Lehmberg 7028△

2527 **Über das Färben von Geweben aus Naturseide mit Metalle enthaltenden sauren Farbstoffen.** A. A. Charcharow und I. Ja. Kalontarow. (Textil-Ind. UdSSR **21**, Nr. 4, 50—51, 1961; russ.) — Bei Unterss. über die Wasch- u. Wetterfestigkeit von mit metallhaltigen sauren Farben behandeltem Crêpe de Chine aus Naturseide zeichnen sich die mit den Farben saures *Dunkelbraun M* u. *Orange 2 Sh* für Kapron gefärbten Proben durch große Stabilität gegen photochem. Zers. aus. J. Lehmberg 7028△

2528 **Untersuchungen in der Phthalocyanin-Reihe.** 1. Mitt. **Sulfonamidfarbstoffe mit Aminonaphtholsulfonsäure („J")-Resten.** J. Reichel, R. Palea und I. Iorga. (Bul. ştiinţ. tehn. Inst. politehn. Timişoara [N. S. 2] **6(20)**, Nr. 2, 53—58, 1961; rum.) — Die Rk. von tetrachlorsulfoniertem Cu-Phthalocyanin mit 2-Aminonaphthol-(5)-sulfonsäure-(7) (24 h, konz. wss. Medium, 5°, in Ggw. von $CaCO_3$) führt zur Bldg. des entsprechenden Disulfonamids (I), das einen wertvollen blau-grünen Farbstoff darstellt. Die Kupplung des Prod. mit diazotierten aromat. Aminen (p-Nitranilin, o-Nitranilin, 2-Methyl-5-chloranilin, 2.5-Dichloranilin, α-Naphthylamin) gibt ebenfalls auf verschiedene Textilfasern allg. anwendbare Farbstoffe. Dieselben Färbungen können auch durch Entw. auf der mit I vorgefärbten Faser (Baumwolle, Wolle, Polyamidgewebe) erzielt werden unter Beachtung der günstigsten pH-Werte der Diazolösungen. Die Färbungen sind allg. violett. Die grünen u. violetten Färbungen auf Nylon sind bes. lebhaft u. weisen gute Naßechtheiten sowie hervorragende Lichtechtheit auf. R. Grundmann 7072◇

2529 **Zur Farbmessung in der Textilindustrie.** E. Rohner. (SVF Fachorg. Textilveredl. **18**, 59, 1963; Pretema AG; dt.) — Ausführungen über Bedeutung u. richtige Anwendung der Farbmessung. I. Beßer 7086◇

2530 **Die Identifizierung von Sulfonsäure-Reduktionsprodukten von Azofarbstoffen.** 2. Mitt. **Sulfonsäuren von 1-Amino-2-naphthol.** E. J. Cross. (J. Soc. Dyers Colourists **78**, 280—85, 1962; Leeds 2, Univ., Dep. of Colour Chem. and Dyeing, Clothworkers Res. Labor.; engl.) — 1. vgl. ibid. **59** [1943], 144. — Sulfonsäuren von 1-Amino-2-naphthol mit 1 HO_3S-Gruppe in 8-Stellung werden leicht durch Behandeln mit $(CH_3CO)_2O$ in die entsprechenden Sulfonsäuren von 2-Methylnaphth-[*1.2:d*]-oxazol übergeführt, während die, bei denen die B-Stellung unsubstituiert ist, NO-Diacetylderivv. liefern. L. Jentgen 7086◇

2531 Shin Nippon Chisso Hiryo Kabushiki Kaisha, Japan, **Verbesserung der färberischen Eigenschaften von Polypropylenfasern** durch Bestrahlung mit UV-Strahlen in Ggw. eines Aktivierungsmittels u. Polymerisation in Ggw. von monomeren Vinylverbb., welche Epoxygruppen tragen, u. Behandlung mit einem Gemisch von Dimethylformamid u. W., in welchem ein Hydroxylamin u. Salze von Aminosäuren gelöst sind. Die Bestrahlung erfolgt 30 Min. bis 2 Std. ggf. unter Vakuum. Die Polymerisation erfolgt z. B. in Ggw. von Glycidylmethacrylat, Glycidylacrylat oder Glycidylurethan oder von Gemischen von Vinylacetat, Methylmethacrylat oder Acrylnitril. — Polypropylenfasern werden mit einer alkohol. Lsg. von Acetophenon behandelt u. danach mit UV-Licht 50 Min. bestrahlt. Danach werden auf 100 (Teile) Fasermaterial 25 Glycidylmethacrylat zugegeben, 60 Min. wird bei 40—50° erwärmt. Nach einer weiteren Behandlung mit einer Lsg. von Diäthanolamin in einem Gemisch von W. mit Dimethylformamid (60 Min. lang unter Sieden) ist die Faser zur Färbung mit direkten, sauren oder bas. Farbstoffen vorbereitet. (**F. P. 1288962** vom 1/3. 1961, ausg. 16/8. 1962. Jap. Prior. 2/3. 1960.) M. F. Müller 7017

2532 Dow Corning Corp. (Erfinder: John L. Speier), V. St. A., **Färben von hydrophobem, Si-freiem Textilfasermaterial,** wie Nylon-, Acryl- u. Methacryl-, Polyester- u. Vinylfasern, mit den üblichen Farbstoffen. Zur besseren Fixierung des Farbstoffes wird das Fasermaterial mit einer wss. Lsg. eines Polyaminoalkylsilans der allg. Formel $R_x''(ZnR')Si(OR)_{3-x}$ vorbehandelt ($x = 0$ oder 1; R = Alkylrest mit 1—3 C-Atomen; R' = aliphat. KW-Stoff-Rest mit ≥ 2 C-Atomen, Wertigkeit $n + 1$ mit $n \geq 1$. Z = einwertiger Rest, an R' durch eine C—N-Brücke gebunden; Z besteht aus C, N u. H u. enthält wenigstens 2 Aminogruppen; R'' = einwertiger KW-Stoff-Rest, der frei von ungesätt. aliphat. Bindungen ist). Die Polyaminoalkylsilane werden hergestellt durch Rk. eines Polyamins mit einem Halogenalkylalkoxysilan, in welchem das Halogenatom an einem C-Atom gebunden ist, das in γ-Stellung zu einem Si-Atom steht; Rk.-Temp. 50—200° unter Ausschluß von Wasser. Hierfür geeignete Polyamine sind z. B. Äthylendiamin, Diäthylentriamin, Hexan-1.6-diamin, 3-Aminoäthyl-1.6-diaminohexan, N.N'-Dimethylhexamethylendiamin, Cadaverin, Piperazin, Methylhydrazin, 1-Aminoguanidin, Δ^2-Pyrazolin, Triaminobenzol, Benzylhydrazin, N-Methyl-p-phenylendiamin. N.N-Dimethyl-p-phenylendiamin. Die Halogenalkylalkoxysilane entstehen durch Additions-Rk. einer halogenierten aliphat. KW-Stoff-Verb., welche eine ungesätt. aliphat. Doppelbindung enthält, an ein Halogensilan, z. B. der Formel $R_x''SiHCl_{3-x}$. Die Additionsverb. wird mit einem oder mehreren Alkoholen alkoxyliert. Für diese Rk. geeignete Halogenverbb. sind z. B. Allylbromid oder -jodid, 1-Chlor-2-methylbuten-(2), 5-Brompentadien-(1.3), 16-Brom-2.6-dimethylhexadecen-(2), 3.4-Dibrombuten-(1), 3-Chlor-2-chlormethylpropen-(1). Die Halogenalkylalkoxysilane entstehen auch durch Halogenierung eines Alkylhalogensilans mit elementarem Halogen mit anschließender Rk. mit einem Alkohol. — Durch Rk. von $HSiCl_3$ mit Allylchlorid in Ggw. von Chlorplatinsäure entsteht $ClCH_2CH_2CH_2SiCl_3$, welches mit Methanol das Chloropropyltrimethoxysilan bildet. Dieses bildet mit Äthylendiamin die Verb. $(CH_3O)_3Si(CH_2)_3 \cdot NHCH_2 \cdot CH_2 \cdot NH_2$, Kp.$_{15}$ 140,5°. — Analog entsteht mit CH_3SiHCl_2 die Verb. $(CH_3O)_2MeSi(CH_2)_3NHCH_2 \cdot CH_2NH_2$, Kp.$_{25}$ 150—152°, u. mit Methallylchlorid u. CH_3SiHCl_2 $(CH_3O)_2MeSiCH_2CH(CH_3)CH_2NHCH_2CH_2 \cdot NH_2$, Kp.$_{15}$ ca. 130°. — Gewebe aus Orlon, Dacron, Nylon, Seide, Acetatseide, Wolle, Baumwolle u. Viscose werden mit einer Lsg. vorbehandelt, welche 1 (Teil) $(CH_3O)_3Si(CH_2)_3NHCH_2 \cdot CH_2 \cdot NH_2$, $(CH_3O)_3Si(CH_2)_3 \cdot NHCH_2CH_2N(CH_2CH_2CN)_2$, $(CH_3O)_2(CH_3)Si(CH_2)_3NH \cdot CH_2 \cdot CH_2 \cdot NH_2$ oder $(CH_3O)_2(CH_3)SiCH_2CH(CH_3)CH_2 \cdot NHCH_2CH_2NH_2$ in 99 W. enthält. Die Färbelsg. enthält z. B. 3 eines Farbstoffes, z. B. Cibaschwarz BLG, Nigrosin ESB, Anthracenblau Erio 4 GL, Brillant Croceinrot 3 BA, Cybalanbraun 2 RL u. Cybalangelb GL, 2 NH_4-Acetat u. 100 Wasser. (**F. P. 1294236** vom 12/4. 1961, ausg. 22/10. 1962. A. Prior. 13/5. 1960.) M. F. Müller 7017

2533 Maurice Perlmutter, Frankreich, **Schwarzfärben von tierischen, pflanzlichen und synthetischen Fasern und Pelzen** mittels eines Färbebades des *Na-Salzes* (I) der *Diphenylamino-p-sulfaminsäure*, ggf. mit Zusätzen von anderen cycl. Aminen. Das zu färbende Material wird vorher einer oxydativen Behandlung unterworfen, z. B. mit H_2O_2, chlorierten Sulfamiden, Chloriten, Chloraten, Perchloraten, Nitraten, Persalzen oder CrO_3. — Das Färbebad enthält z. B. 15—20 (g) **I**, 7—10 Na-Chlorat, 7—10 NH_4-Salz, 0,05 NH_4-Vanadat; damit wird 3—4 Std. bei 40—60° gefärbt. Ggf. erhält das Färbebad einen Zusatz von Anilin u./oder p-Phenylendiamin oder p-Aminophenol. (**F. P. 1288037** vom 15/7. 1960, ausg. 3/8. 1962.) M. F. Müller 7021

2534 Dow Corning Corp. (Erfinder: John L. Speier), V. St. A., **Herstellung von beständigen Färbungen auf Textilfasern** aller Art, z. B. Baumwolle, Leinen, Wolle,

Seide, synthet. Fasern, wie Glas-, Acryl- u. Vinylfasern, Polyesterfasern u. andere. Den Farbbädern werden (Polyaminoalkyl)-alkoxysilane der allg. Formel $R_x'' \cdot (Z_nR')SiY_zO_{\frac{3-x-z}{2}}$ bzw. $R_x''(Z_nR')Si(OR)_{3-x}$ zugesetzt. (R' = aliphat. KW-Stoff-Rest mit 1 oder 2 C-Atomen; n = ganze Zahl; Z = einwertiger Rest der an R' durch einen C–N-Rest gebunden ist; R'' = einwertiger KW-Stoff-Rest, der keine ungesätt. aliphat. Bindungen enthält; Y = OH oder OR, worin R = Alkylrest mit 1—3 C-Atomen; z = 0,1 oder 2; x + z = 0,1 oder 2). Verbb. dieser Art sind (Polyaminoalkyl)-alkoxysilane, die durch Rk. eines Polyamins (**I**) mit einem Halogenalkylalkoxysilan entstehen, worin jedes Halogenatom an einem C-Atom in γ-Stellung zum Si-Atom gebunden ist. Verbb. **I** sind z. B. Äthylendiamin, Diäthylentriamin, Hexan-1.6-diamin, 3-Aminoäthyl-1.6-diaminohexan, N.N'-Dimethylhexamethylendiamin, Cadaverin, Piperazin, dl-Propan-1.2-diamin, Methylhydrazin, 1-Aminoguanidin, Δ^2-Pyrazolin, Benzylhydrazin, N-Methyl-p-phenylendiamin, N.N-Dimethyl-p-phenylendiamin. — Ein Gemisch aus 75 (g) $(MeO)_3Si(CH_2)_3NHCH_2CH_2NH_2$ u. 25 $(HO)(Me)_2SiO([Me]_2SiO)_aSi[Me]_2(OH)$ (worin Me = Methyl, Äthyl, Vinyl oder Phenyl) wird auf 150° unter Rückfluß erhitzt, worauf 8,65 g W. u. 75 g A. zugegeben werden. Ein Drittel des A. wird abdestilliert. Die restliche Lsg. enthält ca. 50% eines Gemisches aus 75% $NH_2 \cdot CH_2CH_2NH(CH_2)_3Si(OMe)_zO_{3-z}$ u. 25% $(Me)_2SiO$. Das Gemisch ist in W. löslich. Die Lsg. wird auf Textilien aufgetragen, das Prod. wird getrocknet u. ein Copolymerisat gebildet, welches die Zus. $Me_2SiO + NH_2 \cdot CH_2CH_2NH(CH_2)_3SiO_{1,5}$ hat. Es bildet mit Essigsäure ein Salz. Die mit diesen Hilfsstoffen hergestellten Färbungen sind dauerhaft u. kräftig. — 7 Beispiele. (**F. P. 1294237** vom 12/4. 1961, ausg. 22/10. 1962. A. Prior. 13/5. 1960.) M. F. Müller 7021

2535 Soc. Rhovyl, Frankreich, **Färben von Textilfasern aus Polyvinylchlorid,** wobei als Färbebad eine Emulsion verwendet wird, die ein fl. Alkylbenzol (Kp. > 100°), z. B. Trimethylbenzole, Methyläthylbenzole, Propylbenzole, u. ggf. ein oder mehrere Emulgierungsmittel enthält, z. B. das Kondens.-Prod. von Äthylenoxid mit Fettalkoholen oder -säuren, Ricinusöl oder Alkylphenolen. — Stabilisierte Chlorofaser „Thermovyl Nr. 2600" wird in einer Färbemaschine mit einer Emulsion gefärbt, welche 30 kg eines Gemisches aus 50% Isopropylbenzol u. 50% eines Kondens.-Prod. von Äthylenoxid u. Alkylphenol, ferner 9 kg Cibacete F_3G-Blau u. 3 Liter eines Kondens.-Prod. von Äthylenoxid u. Ricinusöl enthält. Damit wird 1 Std. bei 75° gefärbt. Wasserfest u. lichtecht. (**F. P. 1288828** vom 14/2. 1961, ausg. 13/8. 1962.) M. F. Müller 7021

2536 Jean Baptiste Dufour und Albert Dufour, Frankreich, **Herstellung von Batik-Druck** auf Gewebe unter gleichzeitigem Aufdrucken von mehreren Farben. Zunächst wird ein Mehrfarbendruck auf einen nicht absorbierenden Träger aus plast. Massen (**I**) aufgebracht u. von diesem auf das Gewebe übertragen. **I** besteht z. B. aus Vinylchlorid oder aus Polyestermaterial. (**F. P. 1286088** vom 20/1. 1961, ausg. 20/7. 1962.) M. F. Müller 7023

2537 Imperial Chemical Industries Ltd., England, **Bedrucken von Textilien** aus Viscoseseide mit sog. „Onium"-Farbstoffen, welche eine oder mehrere Isothiuroniumsalz-Gruppen besitzen, die an einer Methylengruppe direkt gebunden sind. Als Verdünnungsmittel dienen z. B. Traganthgummi, Gummi arabicum, oder Alginate. — Eine Druckpaste enthält z. B. 300 W., 10 Eisessig, 20 Alcian-Blau 8 GX 300, 550 Traganth, 100 4.5-Dihydroxy-1.3-dimethylol-Δ^2-imidazolin u. 8 NH_4NO_3. Das damit bedruckte Viscoseseidegewebe wird bei 70° getrocknet, danach 5 Min. auf 155° erhitzt, mit kaltem W. gespült, geseift u. getrocknet. (**F. P. 1294458** vom 6/7. 1961, ausg. 24/10. 1962. E. Prior. 6/7. 1960.) M. F. Müller 7023

2538 Sandoz Akt.-Ges., Basel (Erfinder: Walter Wehrli, Riehen), Schweiz, **Herstellung von 1-Aminonaphthalin-7-sulfonsäure (I).** 327 (Teile) 1-Amino-4-phenylazonaphthalin-6.3'-disulfonsäure werden diazotiert, die Diazoverb. abgepreßt u. portionsweise in eine Lsg. von 300 HCOONa in 2000 W. bei 20—30° eingetragen. Es wird noch 1 Std. unter N_2-Entw. gerührt u. das gelöste Prod. mit Fe + HCl red., nach Entfernen des Fe fällt bei Zusatz einer konz. Mineralsäure **I** aus. — *Farbstoff-Zwischenprodukte.* (**Schwz. P. 364792** vom 16/12. 1957, ausg. 30/11. 1962.) O. Müller-Meiningen 7049

2539 Imperial Chemical Industries Ltd., London, England (Erfinder: Neville Slater Corby und Donald Graham Wilkinson), **Herstellung von 2.5-Bis-(arylamino)-therephthalsäure(I)estern** erfolgt durch Erhitzen der entsprechenden 3.6-Dihydro-Verbb. der allg Formel **II**

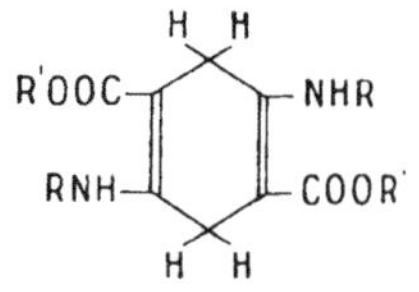

II

(R = carbocycl. oder heterocycl. aromat. Rest, R' = Alkyl $C_1—C_5$) mit einem Chinon (**III**) in Ggw. eines organ. Lsgm. z. B. techn. Amylalkohol, C_6H_5Cl, Dimethylformamid, A., $C_2H_2(OH)_2$, wobei man ggf. noch zusätzlich Luft oder O_2 einleitet. — Beispiele zur Herst. folgender **I**-*Dimethylester Phenylamine.* — *Phenylamino-* (F. 155—162°). — *2'.4'-Dichlorphenylamino-* (F. 297°). — *2'-Methoxyphenylamino-* (F. 168—169°). — *2'.5'-Dichlorphenylamino-* (F. 296—298°). — *4'-Acetylaminophenylamino-* (F. 306—309°). — *4'-Phenylaminophenylamino-* (F. 218—220°). — *Pyridyl-(2*[1]*)-amino-* (F. 340°). — *β-Naphthylamino-* (F. 238—240°). — *4'-Methoxyphenylamino-* (F. 212—214°) u. *2.5-Bis-(phenylamino)-terephthalsäurediäthylester,* F. 140—144°. — Als **III** werden z. B. verwendet: Benzo-1.4- u. 1.2-Naphtho-**III**, Chloranil, Bormanil, 2.5-Dioxylbenzo-, 2.3-Dicyan-5.6-dichlorbenzo-, Anthra-, 2.6-Dioxyanthra- u. Acenaphthenchinon. — *Zwischenprodd.* zur Herst. von *Pigmenten* u. *Farbstoffen,* bes. von „lin."-Acridonen. (**E. P. 868361** vom 4/9. 1958, ausg. 17/5. 1961.) O. Müller-Meiningen 7049

2540 Sandoz Akt.-Ges., Basel (Erfinder: Jacques Günthard, Binningen), Schweiz, **Reaktivfarbstoffe der Anthrachinonreihe** der allg. Zus. **I** (Z = Halogenacetyl-

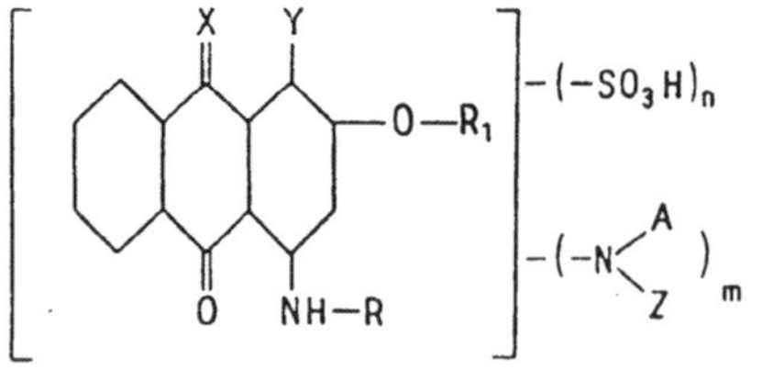

I

oder Halogenpropionylrest oder Rest eines 2 an C-Atome gebundene Halogenatome enthaltenden 6-gliedrigen Triazins, A = H oder niedrigmol. Alkyl, R = Aryl, R_1 = ggf. Substituenten enthaltendes Phenyl, n = 2 oder 3, m = 1 oder 2, X = O u. Y = NH_2 oder zusammen mit X die Gruppierung **II** worin R_2 eine niedrigmol.

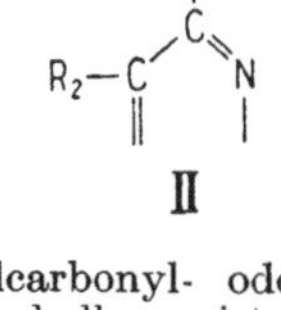

II

Carbalkoxy-, Alkylcarbonyl- oder Phenylcarbonyl- u. R_3 wenn R_2 = Carbalkoxy ist, OH, eine niedrigmol. Alkyl- oder ggf. substituierte Phenylgruppe, oder, wenn R_2 = Alkylcarbonyl oder Phenylcarbonyl ist, OH bedeutet) erhält man durch Acylierung von Verbb. der Zus. **I**, worin Z = H ist, mit funktionellen Derivv. der

Halogenessig- oder -propionsäure oder mit einer 3 Halogenatome an den C-Atomen enthaltendem 6-gliedrigem Triazin. — Die Farbstoffe färben Cellulose-, Casein-, Polyamidfasern oder Leder gut licht-, wasch-, walk- u. schweißecht. — 32,55 (Gew.-Teile) (Anthrachinon = **III**) 1-Amino-2-(4′-tert.-butyl)-phenoxy-4-(4″-methylamino)-phenylamino-**III**-2′.2″-disulfonsäure werden in 1000 W. u. ca. 14 30%ig. NaOH neutral gelöst. Nach Zugabe von 9,3 Cyanurchlorid (**IV**) u. 10 Tropfen eines sulfonierten Fettsäureesters wird bei 0—5° unter Aufrechterhaltung von pH 6—8 durch Zugabe von K_2CO_3 kräftig gerührt bis die Rk. beendet ist. Nach dem Aussalzen mit NaCl erhält man einen Farbstoff, der cellulosehaltige Fasern blaustichigviolett färbt. In ähnlicher Weise erhält man durch Rk. von 38,35 (Azabenzanthron = **V**) 1-Benzoyl-2-hydroxy-4-(4′-methyl)-phenoxy-6-(5″-amino)-phenylamino-3-**V**-2′.2″-disulfonsäure u. 14 Chloracetylchlorid unter Aufrechterhaltung eines pH 8—9 bei 20° einen Farbstoff, der violettstichigrot färbt. Weitere Farbstoffe können z. B. erhalten werden aus 1-Carbäthoxy-2-methyl-4-phenoxy-6-(4″-amino)-phenylamino-3-**V**-4′.2″-disulfonsäure u. Chloressigsäureanhydrid, färbt orangerot; 1-Amino-2-(4′-amino)-phenoxy-4-(4″-methyl)-phenylamino-**III**-2′.2″-disulfonsäure u. **IV**, färbt violett; 1-Acetyl-2-hydroxy-4-(4′-amino)-phenoxy-6-(4″-amino)-phenylamino-3-**V**-2′.2″-disulfonsäure u. **IV**, färbt rot. — 2 Tabellen mit weiteren Farbstoffen, die in blauvioletten, violettstichigroten bis orangeroten Tönen färben. — Färbebeispiele. (**F. P. 1220189** vom 2/2. 1959, ausg. 23/5. 1960. Schwz. Prior. 3/2. u. 29/12. 1958. **Schwz. P. 365471** vom 3/2. 1958, ausg. 29/12. 1962.)
O. Roick 7059

2541 L. B. Holliday & Co. Ltd., Huddersfield, Yorkshire, England (Erfinder: Henry Beilby Appleton), **Schwefelhaltige Küpenfarbstoffe** erhält man in red. gut lösl. Form wenn diese Farbstoffe, z. B. die Thio-Derivv. der Leukoindophenol-carbazole, -alkyl- oder -arylcarbazole oder des N-4-Hydroxyphenol-β-naphthylamins, in einem prakt. neutralem nicht unter einem pH 7 liegenden Medium in Ggw. eines Formaldehyd (**Ia**) bindenden Mittels (**I**) mit Na-Formaldehydsulfoxylat (**II**) in Abwesenheit von Alkali red. werden, wobei **I** in einer zum Binden des freiwerdenden **Ia** mindestens stöchiometr. Menge vorhanden sein muß. **I** kann Na_2SO_3, Harnstoff oder NH_4OH sein. — In 120 (Gew.-Teile) eines wss. 30%ig. Teigs eines Schwefelfarbstoffs aus Carbazol-Leukoindophenol (Colour Index 53630), mit 26 dinaphthylmethandisulfonsaurem Na fließfähig gemacht u. mit NaOH auf den pH-Wert 7 gebracht, werden 10 Na_2SO_3 u. 13 **II** in Form einer 40%ig. wss. Lsg. eingetragen. Es wird dann 1 Std. bei 65—70° gerührt, auf 20° abgekühlt, mit 9 30%ig. NaOH versetzt u. 1 Std. gerührt. Der erhaltene homogene blaue Farbstoffteig eignet sich dispergiert oder gelöst gut zur Apparatefärberei oder für irgendeine andere Färbe-Meth., da die Flotte filtriert nicht absetzt, u. gibt volle, lebhafte blaue Färbungen. — Weitere Beispiele. (**E. P. 884027** vom 20/1. 1960, ausg. 6/12. 1961.) O. Roick 7069

2542 **Ciba Akt.-Ges.**, Basel, Schweiz (Erfinder: **Hans Wilhelm Liechti** und **Rudolf Rüegg**), *Herstellung von Kupferkomplexverbindungen von Azofarbstoffen.* (**Aust. P. 235763** vom 2/7. 1959, ausg. 2/11. 1961. Schwz. Prior. 4/7. 1958. — C. **1963,** 5259 [D. A. S. 1104090].)

2543 **Cassella Farbwerke Mainkur Akt.-Ges.**, Frankfurt/M., *Anthrachinonfarbstoff.* (**F. P. 1307630** vom 6/12. 1961, ausg. 13/2. 1963. D. Prior. 7/12. 1960. — C. **1963,** 20611 [D. A. S. 1141038].)

2544 **Interchemical Corp.**, V. St. A. (Erfinder: **Roy A. Pizzarello** und **Alfred F. Schneid**), *Pigmentfarbstoffe.* (**F. P. 1267081** vom 12/9. 1960, ausg. 16/11. 1961. A. Prior. 18/9. 1959. — C. **1963,** 20967 [E. P. 895618].)

2545 **Badische Anilin- & Soda-Fabrik Akt.-Ges.**, Ludwigshafen/Rh. (Erfinder: **Alfred Schuhmacher** und **Alfred Ehrhardt**), *Herstellung von 7.14-Dioxo-5.7.12.14-tetrahydrochinolino-[2.3-b]-acridinen (lin-trans-Chinacridonen).* (**F. P. 1301053** vom 2/8. 1961, ausg. 19/12. 1962. D. Prior. 8/11. 1960. — C. **1963,** 20202 [D. A.S. 1147342].)

H_{11a}. Farben, Anstriche, Lacke, Naturharze

2546 **Entchlorieren des Zinkgraus.** Dezsö Bódi. (Fémipari Kutato Intézet Közleményei [Mitt. Forsch.-Inst. NE-Metalle] **6,** 315—23, 1962; Budapest, Forsch.-Inst. NE-Metalle; ung.) — Die Entfernung des Cl-Geh. des Zinkgraus durch Glühen u. durch Auslaugen mit einer *Soda*-Lsg. zeigte, daß das Naß-Verf. vom wirtschaftlichen Gesichtspunkt aus günstiger ist.
L. Zombory 7092△

2547 **Rostfreier Stahl als Pigment für Korrosionsschutzfarben.** E. J. Higgins. (Amer. Paint J. **44,** Nr. 1, 27, 30, 32, 1959; American Electric Power Serv. Corp.; engl.) — Bericht über die bes. Bewährung einer Korrosionsschutzfarbe mit rostfreiem Stahl der Zus. 18% Cr, 8% Ni als Hauptpigment in einer Leinöl-Alkydharz Grundlage. L. Kempf 7092◇

2548 **Eine Neuentwicklung fügt Gelbgrün zum Phthalocyaninspektrum.** Robert E. Brouillard und Vellney Tullsen. (Amer. Paint J. **44,** Nr. 1, 42, 46, 48, 50, 1959; General Aniline & Film Corp., Dyestuff & Chem. Div., Pigment Dep.; engl.) — Bericht über ein neues lichtbeständiges, chem. widerstandsfähiges Phthalocyaninpigment in gelbgrünem Farbton, das als Tönungsmittel u. für verschiedenartige Dispersionsfarben geeignet ist. L. Kempf 7092◇

2549 **Das La Plata-Leinöl.** Anonym. (Seifen-Öle-Fette-Wachse **87,** 99—102, 125—26, 150—51, 171—73, 1961; dt.) — Übersicht über die Entw. der Leinöl-Industrie in Argentinien, über die Gewinnung des Leinöls durch Pressen u. Extraktion, über das Bleichen des Öls, Verbesserung des Trockenvermögens u. über die Herst. von Firnissen, Sikkativen u. Standölen.
R. Grundmann 7096◇

2550 **Bessere Anstrichbindemittel auf Kunststoffbasis sind notwendig!** G. Meyer. (Schweiz. Arch. angew. Wiss. Techn. **29,** 236—41, 1963; Rüschlikon ZH, ETH; dt.) — Nach einer theoret. Unters. über die Außenbeständigkeit der heutigen Bindemittel, bes. auf Kunststoffbasis, werden Vorschläge für wetterbeständigere Bindemittel in Anstrichsyst. mit speziellen Copolymeren gemacht. Sehr großes Interesse dürften Propylen-Mischpolymerisate u. partiell oxydiertes Polypropylen oder Polypropylen/Äthylen-Gemische finden. Polypropylenpolysäure erscheint in der Alkydharz-Herst. aussichtsreich.
G. Henning 7096◇

2551 **Hexahydrophthalsäureanhydrid in Alkydharzen.** S. Edmund Berger und A. J. Kane. (Plastics **28,** Nr. 304, 111—13, 1963; Indian Oil Soap J. **28,** 125—32, 1963; Buffalo, N. Y., Allied Chemical International; engl.) — Inhaltlich ident. mit der C. **1963,** 19434 referierten Arbeit. H. Sontag 7096◇

2552 **Entwicklung des elektrostatischen Auftragens von Anstrichmitteln von Hand.** B. Cihelka. (Korose Ochrana Mater. **1961,** 92—93; tschech.) — Es wird die elektrostat. Pistole der französ. Fa. SAMES, Typ *STATRON*, unter dem Gesichtspunkt der Ökonomie u. Arbeitssicherheit beurteilt. Der ökonom. Effekt ist in erster Linie durch die geeignete Herrichtung des Anstrichmaterials (A) bedingt; außer der richtigen Konsistenz spielen auch spezif. Widerstand (SW) u. Oberflächenspannung des A eine wichtige Rolle. Die geeignetsten SW-Werte bewegen sich im Bereich $2 \cdot 10^6$ bis $5 \cdot 10^7$ Ω cm. Bei den überhaupt nicht leitenden A kann man den SW mit Hilfe von 0,5—3% *STATINEUTRON* zu dem angeführten SW-Bereich erniedrigen. Auch mittels Säuren, z. B. HCl, kann man den SW modifizieren. Es werden auch weitere, noch neuere Einrichtungen zum Auftragen von A (*Megastatron, Stajet*) kurz beschrieben.
C. Kozák 7106◇

2553 **Wärmeübertragung durch Gasstrahler.** 9. Mitt. **Anwendung der Infrarotstrahlung zur Trocknung von Lacken, die explosible Lösungsmittel enthalten.** R. Hesse und I. Skunca. (Gaswärme **11,** 401—04, 1962; Essen, Gaswärmeinst.; dt.) — 8. vgl. Gaswärme **11,** [1962], Nr. 7, 248. — Für die Trocknung von Lacken mit explosiblen Lsgm. können sowohl Tieftemp.- als auch Hochtemp.-Strahler eingesetzt werden. Als Beispiel einer Trocknungsanlage für gespritzte Drehstähle wurde ein Katalytofen mit 6 Strahlern u. einer Oberflächentemp. von 400° durchgemessen. Die Meßergebnisse werden diskutiert. R. Zinberger 7106◇

2554 **Eine Diffusionstechnik zur Ermittlung der Antifäulnisaktivität.** A. O. Christie und D. J. Crisp. (Ann. appl. Biol. **51,** 361—66, 1963; Marine Sci. Labor.,

Menai Bridge, Anglesey; engl.) — Beschreibung einer Diffusionsmeth. für die Best. der Antifäulnisaktivität von Chemikalien für Anstriche, bei der die natürlichen Bedingungen fast erreicht werden. Die untersuchten Chemikalien diffundieren in der App. in das für die Vers. benutzte Seewasser. Die Antifäulniswrkg. nimmt in der Reihe Tri-n-Butylzinnoxid, Diuron, Atrazin u. Simazin ab. Die Vers. wurden durchgeführt, um die bisher für diese Zwecke verwendeten Cu- u. Hg-Verbb. zu ersetzen. Herbert Hoffmann 7106◇

2555 **Farbe von fluorescierenden Anstrichfarben.** Y. Nayatani und G. Wyszecki. (J. opt. Soc. America **53**, 744—49, 1963; Ottawa, Canada, National Res. Council, Div. Appl. Phys.; engl.) — Fluorescierende Anstrichfarben werden visuell mit einem 6-Farben-(„six-primary")-Donaldson-Colorimeter gemessen, während sie mit natürlichem Tageslicht eines Nordhimmels u. künstlichem Tageslicht sowie mit einem Hochdruck-Xenonbogen bestrahlt werden. Der Luminiscenzfaktor der Farben, der mit dem Xenonbogen erzielt wird, ist höher als derjenige, den man mit natürlichem Tageslicht erreicht. Die Wrkg. des künstlichen ähnelt der des natürlichen Tageslichtes. Verschiedene fluorescierende Farben zeigen mit verschiedenen Tageslichtquellen bestrahlt, verschiedene Wirkungen. Bei tiefroten, orangenen u. reingelben Fluorescenzfarben wirken sich Lichtquellenänderungen nur wenig aus, dagegen sehr bei blauen u. weißen Farben. Der UV-Anteil des Spektrums der Lichtquelle ist für die Best. von Farbkoordinaten u. Luminescenzfaktoren von Wichtigkeit. M.-L. Kehren 7152◇

2556 **Die polarographische Analyse von Chromatfarben.** J. Baltes und P. Wiertz. (Peintures, Pigments, Vernis **33**, 222—24, 1957; Münster/Westf., Dtsch. Inst. f. Fettforsch. u. Chem. Landesuntersuchungsamt Nordrhein-Westfalen; franz.) — Inhaltl. ident. mit der C. **1957**, 12316 referierten Arbeit. K. Maier 7152◇

2557 **Zur Untersuchung kleinerer Mengen von Lösungsmittelgemischen für Lacke.** M. Hochweber. (Schweiz. Arch. angew. Wiss. Techn. **29**, 234—35, 1963; Dübendorf, EMPA; dt.) — Da Gaschromatographen u. IR-Spektrographen den meisten Labor. der Lackfabriken nicht zur Verfügung stehen, arbeitet man nach den konventionellen Extraktionsmeth. durch Ausschütteln mit verschiedenen Agentien. Beim Vorliegen geringer Mengen Probesubstanz ist diese Meth. ungeeignet. Es wird eine Variante dieser Meth. beschrieben, die es erlaubt, Proben von weniger als 0,1 ml in die Komponenten verschiedener Löslichkeit zu zerlegen. Das Verf. besteht darin, daß eine kleine Menge des zu untersuchenden Lsgm.-Gemisches in eine Stabpipette eingesaugt wird u. innerhalb der Stabpipette nacheinander mit den erforderlichen Extraktionsmitteln ausgewaschen wird. Aus der Verminderung des Proben-Vol., die nach jeder Extraktion an der graduierten Pipette abgelesen wird, lassen sich die Komponenten des Lsgm.-Gemisches bestimmen. Die Pipettenmeth. liefert wie die Schüttelmeth. nur eine Aufteilung in Löslichkeitsklassen u. in sulfurierbare aromat. u. nicht sulfurierbare paraffin. KW-Stoffe. Die Ergebnisse der Pipettenmeth. stimmen mit den Sollwerten einer Test-Lsg. besser überein als die Resultate des Ausschüttelns in größerer Menge. G. Henning 7156◇

2558 **Das „Thixotropiefeld", ein Vorschlag zur Darstellung thixotroper Eigenschaften von Anstrichstoffen.** K. M. Oesterle. (Schweiz. Arch. angew. Wiss. Techn. **29**, 246—51, 1963; Küsnacht-Zürich; dt.) — Mittels der Kugelfallmeth., der Wechselschermeth. u. der Grenzgeschw.-Gefällemeth. oder deren rechner. Auswertung können für thixotrope Stoffe Koordinatenwerte ermittelt werden, die, in ein cartes. Koordinatensyst. eingetragen, den Stoff bzgl. seiner Thixotropie deutlich charakterisieren. Es wird vorgeschlagen, ein solches Koordinatensyst. als Thixotropiefeld zu bezeichnen. G. Henning 7158◇

2559 **Verschleißfestigkeitsmessungen von Anstrichen.** Carl Boller. (Farbe u. Lack **69**, 505—14, 1963; Gießen, Lahn; dt.) — Vf. verfeinert die von Gardner entwickelten Meß-Meth. u. -Apparaturen. Als Untergrund für den zu untersuchenden Anstrich dient Al (Peralumin W 15, halbhart), als Lackierung eine Einbrenngrund- u. Einbrennlackfarbe, eine DD-Grundierung u. -Lackfarbe, eine luftgetrocknete Kunstharz-Grund- u. Kunstharz-Lackfarbe, sowie eine Nitro-Haftgrund- u. Nitro-Lackfarbe, als Abriebmittel Stahlkies bzw. Stahlsand. Die Einbrenn-Grund- u. Einbrenn-Lackfarbe besitzt die größte Verschleißfestigkeit. Unterschiede in der Abriebfestigkeit innerhalb einer Lackschicht werden auf variierender Oberflächen-Eigg. der Lackierung, die sich aus nicht einheitlichen Herst.-Bedingungen ergeben, zurückgeführt. I. Köditz 7158△

2560 American Cyanamid Co., New York, N. Y., übert. von: Earl W. Nelson, James E. Bondurant, Lynchburg, Va., und Guy C. Marcot, Bound Brook, N. J., V. St. A., **Titandioxid-Pigment** wird in sphär. Form erhalten durch Verbrennung von $TiCl_4$ mit O_2 u. CO bei einer Temp. unterhalb des Fließpunktes von TiO_2, wobei eine laminare Flammenfront aufrecht erhalten wird. — Vorrichtung. (**A. P. 3062621** vom 7/7. 1960, ausg. 6/11. 1962.) H. Roos 7093

2561 Farbwerke Hoechst Akt.-Ges. vormals Meister Lucius & Brüning, Frankfurt/M. (Erfinder: Karl-Heinz Kahrs, Frankfurt/M., und Werner Stark, Hofheim/Taunus), **Herstellung wäßriger Polyvinylester-Dispersionen** bzw. Vinylester enthaltender Mischpolymerisat-Dispersionen, dad. gek., daß man die Polymerisation der Monomeren in Ggw. eines Emulgator-(I)-Syst. durchführt, dessen wesentlicher Bestandteil ein wasserlösl. stickstoffhaltiges Polyalkylenglykol der allg. Formel $(HA)_2$–N–R_1–N–$(HA)_2$ ist, worin A eine Alkylenoxyeinheit mit 3 bis ca. 2000 Gliedern darstellt, so daß die Verb. wasserlösl. ist u. einen möglichst hohen Trübungspunkt besitzt, u. R_1 einen zweiwertigen KW-Stoff-Rest bedeuten, der noch weitere prim. oder sek. Aminogruppen mit reaktionsfähigen H-Atomen enthalten kann, die mit Polyalkylenoxiden umgesetzt sind. Die Polymerisation kann in Ggw. geringer Mengen an äthensulfonsauren Alkalien u./oder Acrylamid oder von Gemischen aus oxäthylierten Polypropylenoxiden durchgeführt werden. In den Mengenbeispielen werden stickstoffhaltige Polyalkylenglykole der Formel $[H(OC_2H_4)y \cdot (OC_3H_6)_x]_2{=}N{-}(CH_2)_2{-}N{=}[(OC_3H_6)_x \cdot (OC_2H_4)_yH]_2$ (x = ca. 15 bzw. ca. 25 u. y = ca. 50 bzw. so viel, daß der Äthylenoxidgeh. der Verb. ca. 80% beträgt) mit Mol-Gew. von ca. 12000 bzw. ca. 30000 beschrieben. Als Monomeren werden Vinylacetat u. Maleinsäuredibutylester oder Acrylamid bei bes. 65—85° u. pH 2,5—7,5 zu milchähnlichen, stabilen u. kationanakt. Endprodd. polymerisiert, die bes. als *Binder in Anstrichmitteln* verwendet werden. (**D. A. S. 1123470** Kl. 39c vom 2/1. 1959, ausg. 8/2. 1962.) H. Schindler 7097

2562 Baudier & Fils, Frankreich, übert. von: Walter Marx & Co. K. G., **Pigmentfarbe** auf der Basis von Zinkmetall mit einem Zusatz von 2—40% Al-Pulver, bezogen auf die Zinkmenge, u. eines Bindemittels in Form von Cyclokautschuk, Polystyrol, Epoxidharz oder Polyaminoamidharz. — Zum Beispiel wird ein Gemisch aus 74(%) Zn u. 26 Al in Blättchenform von 0,5—0,1 μ verwendet, u. zwar 60 davon mit 40 Bindemittel. (**F. P. 1291832** vom 15/4. 1961, ausg. 5/10. 1962. Oe. Prior. 15/4. 1960.) M. F. Müller 7107

2563 Baudier & Fils, Frankreich, übert. von: Walter Marx & Co. K. G. **Anstrichfarbe** mit metall. Zinkpigment in Blättchenform von $< 0{,}5\ \mu$, bes. 0,3—0,1 μ, welches mit einem Bindemittel, z. B. Cyclokautschuk, Polystyrol, Epoxidharz, Polyaminoamiden oder einer Polyurethanfarbe, angerührt wird. (**F. P. 1291833** vom 15/4. 1961, ausg. 5/10. 1962. Oe. Prior. 15/4. 1960.) M. F. Müller 7107

2564 Titan Co. A/S, Fredrikstad, Norwegen (Erfinder: J. M. Jarmus, D. Kaufman und F. R. Marchetti), **Herstellung eines pigmentierten polymeren Produktes in Form von Filmen oder Fäden.** Titandioxidpigment wird mit 0,25—10% eines Oxids von Al, Ti, Si oder Zr vermischt u. dann mit 0,2—5% Milchsäure behandelt. Diese Mischung wird dann einer 15%ig. Lsg. von Cellulose-

acetat oder Vinylchlorid in Aceton zugesetzt u. auf einer Glasplatte ausgestrichen. Nach Abdunsten des Lsgm. erhält man einen gleichmäßig pigmentierten Film mit einem Reflektionswert von 68,1% bei 550 mμ. — Vgl. A. P. 2868663; C. **1960,** 11128. (**Schwed. P. 174018** vom 28/8. 1957, ausg. 17/1. 1961. A. Prior. 29/8. 1956.)
K. H. Kähler 7107

2565 Farbwerke Hoechst Akt.-Ges. vormals Meister Lucius & Brüning (Erfinder: Karl-Heinz Kahrs und Anton Staller), Frankfurt/M., **Herstellung wäßriger stabiler Dispersionen von Mischpolymerisaten** aus Vinylestern (I) u. Äthylen (II) mit einem Feststoffgeh. bis zu 60% in Ggw. von W., Peroxiden, geringen Mengen oberflächenakt. Substanzen u. ggf. von Schutzkoll., dad. gek., daß man die wss. Phase einschl. des Aktivators u. der oberflächenakt. Stoffe vorlegt, **II** unter 10—100, bes. 20—60 atm aufpreßt u. unter Aufrechterhaltung des jeweils gewählten **II**-Drucks bei erhöhter Temp. **I** im Maße seines Verbrauchs zuschleußt. Die Konz. des Peroxids wird durch Nachgabe prakt. konst. gehalten. Als **I** wird in den Mengenbeispielen Vinylacetat verwendet, wobei Mischpolymerisation mit Vinylpropionat bzw. Maleinsäureisooctylpolyoxäthylester sowie anderen ungesätt. Verbb. wie Acryl-, Fumar-, Crotonsäure oder deren Derivv. vorgesehen ist. *Filme* großer Weichheit u. Dehnbarkeit. — Tabelle. (**D. A. S. 1127085** Kl. 39c vom 19/8. 1960, ausg. 5/4. 1962.)
H. Schindler 7107

2566 Farbenfabriken Bayer Akt.-Ges. (Erfinder: Günter Kolb), Deutschland, **Wäßrige Überzugs- und Imprägnieremulsion von Mischpolymeren** aus 1—24 (Gew.-%) konjugierten Dienverbb., 2—20 Polymeren von Acryl -u. Methacrylamiden u. 97—56 einer Olefinverb., welche mit den konjugierten Dienverbb. mischpolymerisierbar ist, z. B. Acrylnitril u. seine Substitutionsprodd., wie α-Chloracrylnitril, Styrol u. seine Halogen- u. Alkylverbb., wie p-Chlor-, α-Methylstyrol u. Vinyltoluol, ferner Alkyl- u. Cycloalkylester der Aryl- u. Methacrylsäure, N-Alkyl- u. N.N-Dialkylamide der Acrylsäure u. von α-Alkylacrylsäuren, Diester der Malein- u. Fumarsäure mit aliphat. oder cycloaliphat. einwertigen Alkoholen mit 1—20 C-Atomen, Monoalkyl- oder Monocyclohexyläther von mehrwertigen Alkoholen, wie Äthylenglykol, 1.3-Propylen- u. 1.3- oder 1.4-Butylenglykol, Ester von α.β-ungesätt. olefin. aliphat. Monocarbonsäuren, z. B. Acryl- u. Methacrylsäure, mit aliphat. u. cycloaliphat. gesätt. Ätheralkoholen, Vinylester von geradkettigen aliphat. Monocarbonsäuren mit 1—5 C-Atomen, wie Vinylacetat u. -propionat, ungesätt. olefin. halogenierte KW-Stoffe, wie Vinylidenchlorid, sowie heterocycl. Verbb., z. B. Vinylpyridine, u. ungesätt. Olefin-KW-Stoffe, wie Äthylen, Propylen, Isobutylen. — Eine Lsg. aus 30 (Teilen) eines Kondens.-Prod. aus 1 Mol Oleylalkohol u. 20 Äthylenoxid in 1500 W., enthaltend 90 Styrol, 80 Methacrylamid u. 100 Butylacrylat, wird unter Ausschluß von Luft in N_2-Atmosphäre in einem Polymerisationsgefäß auf 40° erwärmt u. nach Zusatz von 3 Na-Pyrosulfit u. 6 K-Persulfat auf 45° erhitzt. Bei dieser Temp. werden **410** Styrol, 250 Butylacrylat u. 70 Butadien zugegeben, worauf das Gemisch 2 Std. bei 50° nachgerührt wird. Man erhält eine Colopymeren-Emulsion, welche für *Überzüge von Textilien* geeignet ist. — In weiteren Beispielen ist die Herst. von Überzügen auf Papier, Metalle u. von stabilisierten Emulsionen beschrieben. (**F. P. 1287249** vom 27/4. 1961, ausg. 27/7. 1962. D. Prior. 28/4. 1960.)
M. F. Müller 7107

2567 Canadien Industries Ltd. (Erfinder: Neil Bonnette Graham), Canada, **Herstellung von wäßrigen Dispersionen von polymeren Harzen** für *Anstrichmittel* aus linearen Copolymeren von olefin. ungesätt. Verbb., welche ≧ 4% einer α.β-ungesätt. Carbonsäure enthalten u. in welchen die Carboxylgruppen wenigstens teilweise mit Aminen neutralisiert sind. — In 250 ml A. werden innerhalb 1 Std. 50 (g) Styrol, 150 Äthylacrylat, 50 Acrylsäure u. 5 Benzoylperoxid eingetragen, worauf 4 Std. unter Rückfluß erhitzt wird. Dabei werden 92,8% Copolymere gebildet. Nach Abdest. des Lsgm. zu 90% erhält man eine viscose Lsg. des Copolymerisats. 50 des Copolymerisats werden in ein Gemisch aus 11 7%ig. wss. NH_3-Lsg. u. 8 W. eingetragen, wodurch ein Teil der in dem Copolymeren enthaltenen Säure neutralisiert wird. In die erhaltene Emulsion werden 3,25 g Butylenoxid gegeben u. 4 Std. unter Rückfluß erhitzt, worauf 10% eines wasserlösl. Harnstoff-Formaldeharzes zugegeben werden. Die entstandene Dispersion wird auf ein Metallblech gespritzt u. 30 Min. auf 150° erhitzt. Der entstandene Überzug ist hart u. in Aceton u. W. unlöslich. (**F. P. 1281103** vom 20/2. 1961, ausg. 16/5. 1962. Can. Prior. 20/2. 1960.) M. F. Müller 7107

2568 Imperial Chemical Industries Ltd., England, **Dispersionsüberzugsmittel,** welches polare synthet. Polymerverbb. in Form von polymeren oder mischpolymeren Acrylsäure- oder Methacrylsäureverbb. einschl. der Ester, Amide oder Nitrile enthält. welche in einem organ., nicht polaren Lsgm. dispergiert sind, in welchem die Polymerverbb. unlösl. sind. Als Stabilisierungsmittel für die Dispersion dient synthet. oder Naturkautschuk. Zur Verbesserung des Lackfilmes wird ein Polysiloxan, z. B. Dimethyl- oder Methylphenylsiloxan, in Mengen von 0,01—0,1 Gew.-% zugesetzt. (**F. P. 1286199** vom 7/4. 1961, ausg. 20/7. 1962. E. Prior. 7/4. 1960.)
M. F. Müller 7107

2569 Jacques Martial Baudin, Frankreich, **Widerstandsfähiges filmbildendes Überzugsmittel** für Holz, Glas, Keramik, plast. Massen, Kautschuk, Leder, Gewebe u. a. organ. u. anorgan. Stoffe, die ggf. mit Farb- u. Lackanstrichen versehen sind. Das Mittel besteht aus in wss. Emulsion vorpolymerisierten Elastomeren auf synthet. oder natürlicher Basis, z. B. aus Polychloropren, Polyisobutylen, Styrol, Butadien, Polysulfiden, Naturkautschuk, ggf. zusammen mit anderen elastomeren u./oder plastomeren Polymeren. Es enthält keine organ. Weichmachungsmittel u. Katalysatoren. — Die wss. Emulsion wird z. B. hergestellt aus 200 (Teilen) Polychloropren in wss. 50%ig. Emulsion, 14 Polyisobutylen in wss. 50%ig. Emulsion, 6 Naturkautschuk in Form einer 50%ig. wss. Emulsion, 2 eines chem. u. 3 eines mechan. Stabilisierungsmittels, 4 Antioxydationsmittel, 1 eines baktericiden Mittels, 4,5 eines oberflächenakt. Netz- u. 2,5 eines oberflächenakt. Emulgierungsmittels, ferner 10 Polyacrylat, 6 ZnO, 38 W. u. 709 Mineralstoffe. (**F. P. 1293695** vom 29/4. 1961, ausg. 15/10. 1962.)
M. F. Müller 7107

2570 E. I. du Pont de Nemours & Co. (Erfinder: Heinz Fritz Reinhardt), V. St. A., **Herstellung von an der Luft trocknenden filmbildenden Anstrich- und Überzugsmitteln** für Gegenstände aller Art aus Holz, Metall, Keramik, Leder oder Geweben. Man verwendet ein lösl. Co-Sikkativ (**I**) u. ein ungesätt. Dioxolan der allg. Formel **II**, worin R = Vinyl- oder Isopropenylrest, R_1 = H, Vinyl-, Propenyl-, Isopropenyl-, β-Phenylvinyl-, β-[Furyl-(2)]-vinyl-, Phenyl-, Furyl-(2)- oder Bicycloheptadienylrest, R_2 = gesätt. Alkylrest mit ≦ 9 C-Atomen oder Vinyl-, Propenyl-, β-Phenylvinyl-, Phenyl-, Tetrahydrophenyl-, Bicycloheptadienyl-, Furyl-(2)-,

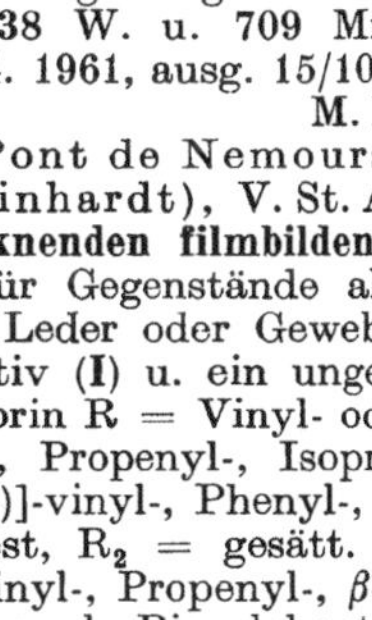

II

Dihydropyranyl, Dichloräthylrest; dabei sind R_1 u. R_2 wenigstens einmal ein Vinyl- oder Isopropenylrest. Von den 1.3-Dioxolanen sind z. B. genannt: 2.4.5-Trivinyl-, 4-Vinyl-2-isopropenyl-, 4.5-Divinyl-2-propenyl-, 4-Vinyl-5-propenyl-2-isopropenyl, 4-Isopropenyl-5-furyl-(2')-2-vinyl u. 4.5-Divinyl-2-methyl-. Die Verbb. **I** werden verwendet als Octanoat, Oleat, Linoleat, Naphthenat, Resinat oder als partielle Ester von Dicarbonsäuren. Weitere Zusätze sind Pigmente, andere filmbildende Mittel, Weichmachungsmittel, Katalysatoren, Härtungs-

u. oberflächenakt. Mittel. Andere filmbildende Mittel sind z. B. pflanzliche Öle, ölmodifizierte Alkydharze, alkylierte Harnstoff-Aldehyd-, Melamin-Aldehyd-, Polyepoxypolyhydroxy-, acetylierte Phenol-Aldehydharze, sowie Cellulosenitrat u. -acetat, polymere u. mischpolymere Vinyl- u. Vinylidenverbb. ,Acryl- u. Methacrylsäure u. ihre Ester, Styrol, Butadien-, Isopren- u. Acrylonitril-Butadien-Kautschuke, Polyurethane u. Silicone. (**F. P. 1276186** vom 25/10. 1960, ausg. 12/3. 1962. A. Prior. 13/11. 1959.) M. F. Müller 7107

2571 E. I. du Pont de Nemours & Co. (Erfinder: James Joseph Sanderson), V. St. A., **Überzugsmittel,** welches wenigstens eine Polymer- oder Copolymerverb. des Methacrylsäuremethylesters sowie eine Nitrocelluloseverb., welche für die Firnisherst. geeignet ist, enthält. Weitere Zusätze sind Weichmachungsmittel, Pigmente, Füll- u. Farbstoffe. — Für das Überzugsmittel werden 162 (Gew.-Teile) einer Mischpolymerlsg. (**I**), 126 einer Lsg. von Zusatzstoffen (**II**), 16,4 Weichmachungsmittel aus Butylbenzylphthalat, 20 Butylacetat u. 20 Äthylacetat. verwendet Die Lsg. **I** entsteht aus einem Gemisch von 360 Methacrylsäuremethylester, 40 Methacrylsäurestearylester, 420 Toluol, 180 Aceton u. 2 Benzoylperoxid, u. die Lsg. **II** aus einem Gemisch von 404 Nitrocellulose, 75 Kohlepigmentschwarz, 209 Butylbenzylphthalat, 351 W., 9,2 Cu-Naphthenat u. 1,68 Farbstoff Indulin B. In dem vorgenannten Mittel sind danach 19 Nitrocellulose, 4,7 Pigmentschwarz auf 100 Copolymere enthalten. (**F. P. 1289818** vom 10/5. 1961, ausg. 24/8. 1962. A. Prior. 11/5. 1960.) M. F. Müller 7107

2572 Dow Chemical Co. (Erfinder: Sherman Carl Lashua), V. St. A., **Herstellung von epoxydierten Überzügen** aus den Terpolymeren von monovinylaromat. KW-Stoffen, Acryl- oder Methacrylsäure u. höhermol. Alkylestern der Acrylsäure in Verb. mit Epoxidharzen. Das Verhältnis der vinylaromat. Verb. in der terpolymeren Verb. wird bestimmt durch die Länge der Ketten der Alkylgruppe des Acrylsäureesters, u. zwar in dem Sinne, daß beim Steigen der Länge der Ketten der Alkylgruppe ebenso das Verhältnis der vinylaromat. Verb. steigt u. die Menge des Acrylsäureesters verringert wird. Der Acrylsäureester enthält wenigstens $\geqq 6$, bes. $\geqq 8$ C-Atome. Die terpolymere Verb. enthält wenigstens 62(%), bes. 80% an vinylaromat. Verbb., 2,5—30 höhere Alkylacrylate u. 5—10 polymerisierte Acryl- oder Methacrylsäure. Das Alkylacrylat ist z. B. Laurylacrylat. Als aromat. Vinyl-KW-Stoff sind Styrol oder Vinyltoluol genannt. Das Epoxidharz (Epoxidzahl > 35) entsteht z. B. durch Kondens. von 2.2-Bis-[p-hydroxyphenyl]-propan mit Epichlorhydrin. Zur Herst. des Überzugs wird die Polymerverb. u. das Epoxidharz in einem Lsgm.-Gemisch aus 70(%) Xylol, 20 Butanol u. 10 Äthylenglykolmonoäthyläther gelöst u. nach dem Auftragen wärmegehärtet. (**F. P. 1289835** vom 12/5. 1961, ausg. 24/8. 1962. A. Prior. 18/5. 1960.) M. F. Müller 7107

2573 Montecatini Soc. Gen. per l'Industria Mineraria e Chimica, Mailand, Italien, **Insektentötende Anstriche für Wände** auf Grundlage wss. Polymerisat-Emulsionen als Filmbildner, welche wirksame Insekticide enthalten. Als Filmbildner sind Polystyrol, Polybutadien, Styrol-Butadien-Mischpolymerisate, Polyacrylate, Polymethacrylat, Polyvinylester, Polyvinylchlorid u. Vinylmischpolymerisate genannt. (**Port. P. 39844** vom 16/7. 1962, Auszug veröff. 19/3. 1963. It. Prior. 20/7. 1961.) W. Wittholz 7107

2574 **Chemische Fabrik Hoesch K. G.**, Dissen, übert. von: **Alfred** und **Margarete Szczepanek**, geb. **Schnoor**, Niederau, *Basische komplexe Bleisalze.* (**A. P. 3072693** vom 20/12. 1956, ausg. 8/1. 1963. D. Prior. 22/12. 1955. — C. **1960**, 6670 [D. A. S. 1068237].)

2575 **J. R. Geigy Akt.-Ges.**, Basel, Schweiz, *Herstellung farbiger Kondensationsprodukte.* (**Niederl. P. 104426** vom 11/7. 1957, ausg. 16/4. 1963. Schwz. Prior. 13/7. 1956. — C. **1959**, 12063 [Oe. P. 199774].)

2576 **Chemische Werke Albert**, Wiesbaden-Biebrich (Erfinder: **Rolf Zimmermann, Ernst Schwenk**, Wiesbaden, **Berthold Brähler**, Fulda, **Willi Scharhag**, Hochheim/M., und **Hermann Hotze**, Wiesbaden-Biebrich), *Kalthärtende, chemikalienfeste Filme liefernde Lacke und Anstrichmittel.* (**D. P. [DDR] 24805** Kl. 22h vom 10/8. 1959, ausg. 27/2. 1963. D. Prior. [Bundesrepublik Deutschland] 16/12. 1958 u. 16/4. 1959. — C. **1962**, **14334** [D. A. S. 1117800] u. C. **1964**, 10-2498 [D. A. S. 1141399].)

2577 **Farbwerke Hoechst Akt.-Ges. vormals Meister Lucius & Brüning** Frankfurt/M., *Überzugsmittel auf Basis wäßriger Dispersionen synthetischer Harze.* (**E. P. 927517** vom 9/9. 1959, ausg. 29/5. 1963. D. Prior. 9/9. 1958. — C. **1963**, 3775 [F. P. 1235804].)

2578 **Balm Paints Proprietary Ltd.**, Victoria, Australien, *Herstellung von acrylmodifizierten Alkydharzen.* (**E. P. 869144** vom 14/2. 1958, ausg. 31/5. 1961. Aust. Prior. 14/2. 1957. — C. **1963**, 5266 [Aust. P. 229998].)

2579 **Union Carbide Corp.** (Erfinder: **Charles Wesley McGary jun.**, und **Charles Theo Patrick jun.**), New York, N. Y., V. St. A., *Epoxyfettsäureester.* (**F. P. 896971** vom 6/1. 1960, ausg. 23/5. 1962. A. Prior. 21/1. 1959. — C. **1963**, 6029 [A. P. 2999827].)

2580 **Rohm & Haas Co.**, Philadelphia, Pa., V. St. A., *Herstellung wäßriger Polymerisatdispersionen.* (**E. P. 872208** vom 20/1. 1958, ausg. 5/7. 1961. A. Prior. 4/2. 1957. — C. **1962**, 8801 [F. P. 1198616].)

2581 **Dr. Kurt Herberts & Co. vorm. Otto Louis Herberts**, Wuppertal, übert. von: **Gustav Hägele, Wilhelm Meyer** und **Friedrich Johannsen**, Wuppertal, *Mischpolymerisate aus Vinylmonomeren und Polyestern.* (**A. P. 3066114** vom 16/4. 1959, ausg. 27/11. 1962. D. Prior. 22/4. 1958. — C. **1962**, 18651 [Oe. P. 220368].)

2582 **Hunter & Co. (Paints) Ltd.**, übert. von: **Robert Hunter Rodwell**, London, England, *Korrosionsschutzüberzüge für Metalle.* (**A. P. 2923643** vom 29/5. 1958, ausg. 2/2. 1960. E. Prior. 18/6. 1957. — C. **1962**, 16145 [Aust. P. 229404].)

H_{IIb}. Plaste (Kunstharze, Plastische Massen)

2583 **Strangpressen, beschrieben durch experimentell bestimmte Gleichungen.** H. J. Donald, J. K. Rieke und E. S. Humes. (SPE Journal **16,** 689—90, 692—93, 1960; Dow Chem. Comp.; engl.) — Technolog.-mathemat. Betrachtung des Strangpressens. L. Kempf 7170◇

2584 **Automatisch gesteuertes Aggregat zum mechanisierten Färben und Trocknen von Kinoleinwänden aus plastischen Massen.** Ju. A. Kosjakow. (Lacke Farben Anwend. [UdSSR] **1962,** Nr. 6, 66—70; russ.) — Beschreibung der Konstruktion u. Arbeitsweise des Gerätes. Hubert Hoffmann 7170△

2585 **Schaumextrudieren von Polystyrol unter Kontrolle der Rohdichte.** F. H. Collins. (SPE Journal **16,** 705 bis 709, 1960; Dow Chem. Comp.; engl.) — Beschreibung eines neuen Extrudierverf., wodurch die Herst. von Schaumstoffplatten, -röhren u. -stangen möglich wird. L. Kempf 7172◇

2586 **Dielektrische Eigenschaften polnischer Polystyrole.** Adam Maison und Zbigniew Gumbrycht. (Polimery — Tworzywa wielkocząsteczkowe **8,** 160—64, 1963; Inst. Tworzyw Sztucznych; pol.) — Die dielektr. Verluste u. die DK verschiedener poln. Polystyrole (**A**) werden in Abhängigkeit von der Frequenz u. der Temp. untersucht. Die untersuchten **A** genügen den allg. elektrochem. Anforderungen. I. Köditz 7172△

2587 **Die Synthese von Acenaphthylen, dessen Polymere und Copolymere mit anderen Monomeren.** A. W. Golubewa, O. M. Neimark, N. F. Ussmanowa, K. A. Ssiwograkowa, G. L. Besborodko und A. A. Mejerson. (Plastische Massen [UdSSR] **1960,** Nr. 8, 3—6; russ.) — *Acenaphthylen* (**I**) wird aus Acenaphthen, das im Steinkohlenteer vorkommt (~ 1,4%), durch katalyt. Dehydrierung bei 640—650° mit einer Ausbeute von 88% erhalten. Bei der **I**-Polymerisation entstehen Polymere mit Molgew. von 11900 u. 160000, die wegen ihrer Sprödigkeit prakt. nicht verwendbar sind. Vff. untersuchen die Prodd. der Copolymerisation von **I** mit *Styrol* (**II**) bei unterschiedlichem Verhältnis **I**:**II**. Es wird festgestellt, daß Copolymere aus **I**:**II** = 20:80 gute therm. u. mechan. Eigg. (bes. hohe Wärmebeständigkeit) aufweisen u. als *Dielektrika* Verw. finden. Nadja Winkler 7172△

2588 **Spritzgießen von Hochdruckpolyäthylen mit Formeinsatzstück.** W. L. Price und W. A. Hunter. (SPE Journal **16,** 697—700, 1960; Celanese Plastics Co.; engl.) — Hinweis auf günstigste Bedingungen für den Spritzguß aus Hochdruckpolyäthylen unter Verw. metall. Einsatzstücke. L. Kempf 7172◇

2589 **Modifizierung der Eigenschaften von Polyolefinen. 2. Mitt. Eigenschaften von Systemen, die durch Vermischen der Schmelzen von Polyäthylenen mit hoher und niederer Dichte erhalten werden.** Andrzej Płochocki und Jerzy Bojarski. (Polimery — Tworzywa wielkocząsteczkowe **8,** 133—37, 1963; Inst. Tworzyw Sztucznych, Zakład Technol. Przetworstwa; pol.) — 1. vgl. C. **1964,** 4-2576. — Kurzer Überblick über die beim Vermischen der Schmelzen auftretenden Probleme unter bes. Berücksichtigung der Möglichkeiten der Beeinflussung der Qualität des

Mischprozesses u. der Homogenität der Mischung. Es werden Beziehungen zwischen Struktur u. physikal. bzw. rheolog. Eigg. der erhaltenen Polyäthylene diskutiert.
I. Köditz 7172△

2590 **Modifizierung der Eigenschaften von Polyolefinen. 2. Mitt. Eigenschaften von Systemen, die durch Vermischen der Schmelzen von Polyäthylenen mit hoher und niederer Dichte erhalten werden.** 3. Mitt. Andrzej Płochocki und Jerzy Bojarski. (Polymery — Tworzywa wielkocząsteczkowe **8**, 186—91, 1963; pol.) — 2. vgl. vorst. Referat. — Block- u. Pfropfpolymere lassen sich durch Mischen von Schmelzen in Ggw. von O_2 oder Antioxydantien nicht darstellen. Das Gemisch zweier unterschiedlicher Polyäthylene kann als ein individuelles Polymer angesehen werden, dessen Eigg. sich additiv aus denen der Ausgangsstoffe zusammensetzen. Als Grundlage für den Vgl. unterschiedlicher Gemische können die physikal. Eigg. u. die Struktur dienen. I. Köditz 7172△

2591 **Über die Alterung von Polyäthylen und seinen Gemischen mit Polyisobutylen unter atmosphärischen Bedingungen.** K. I. Sernowa, W. W. Kirpitschnikowa, W. N. Kotrelew und Ss. Ja. Kusmina. (Plast. Massen [UdSSR] **1960**, Nr. 11, 4—8; russ.) — Bei der Lagerung von Kunststoffen aus *Polyäthylen* (**I**) u. *Polyisobutylen* (**II**) unter atmosphär. Bedingungen zeigen sich schon nach 3—6 Monaten verschiedene Änderungen in der Mol.-Struktur. Als Ursache werden eine Bldg. von reaktionsfähigen Aldehydgruppen (durch IR-Spektroskopie festgestellt) u. eine Verschiebung in der Mol.-Kette angegeben. Mit Erhöhung des **II**-Geh. sinkt die Lichtbeständigkeit, daher können Erzeugnisse aus **I** u. **II** nur 3—4 Monate lang im Betrieb Verw. finden.
Nadja Winkler 7172△

2592 **Untersuchungen auf dem Gebiet der Stabilisierung von Polyvinylchlorid. 2. Mitt. Epoxydierung von Pflanzenölen und von Fischtran und ihre Verwendung als Stabilisatoren für Polyvinylchlorid.** A. Ss. Danjuschewski, A. F. Worobjewa und A. I. Ssergejewa. (Plast. Massen [UdSSR] **1960**, Nr. 11, 20—23; russ.) — 1. vgl. C. **1961**, 8129. — Bei der Behandlung pflanzlicher Öle u. Fette mit organ. Persäuren entstehen Prodd. von unterschiedlichem Epoxydierungsgrad (60—80%) sowie mit einen Epoxid-O-Geh. von 3—7%. Epoxydierte Sonnenblumen-, Lein- u. Baumwollsaatöle (BO) erhöhen die Zersetzungstemp. (ZT) therm. Beständigkeit (TB) von *PVC* (optimaler Öl-Geh. 10% in bezug auf PVC). Als bes. akt. Stabilisator u. Weichmacher wird BO vorgeschlagen, bei dessen Verw. mit Pb-Stearat ein synerg. Effekt bzgl. ZT u. TB hervorgerufen wird. Epoxydierte Pflanzenöle sind zum Unterschied von Epoxidharzen nicht lichtbeständig. Die Epoxyodierung der Öle kann durch Peressig- u. Perameisensäure in zwei Stufen (Gewinnung der Persäure u. nachfolgende Epoxidierung) oder in einer Stufe (gleichzeitige Gewinnung der Säure u. Epoxidierung) durchgeführt werden. Nadja Winkler 7172△

2593 **Widerstand von Polyvinylchloridgemischen gegen Pilzbefall.** A. Savulescu und V. Lazar. (Polimery — Tworzywa wielkocząsteczkowe **8**, 196—97, 1963; pol.) — Die Anfälligkeit gegen Pilzbefall wird an nichtplastifizierten u. an mit Dioctylsebacinat, Dibutylphthalat (**I**), bzw. Saproflex plastifizierten PVC-Gemischen untersucht. Plastifizierte Gemische sind gegen Pilzbefall weniger resistent als nicht plastifizierte. Gemische aus **I** u. a. Weichmachern hemmen das Pilzwachstum nicht.
I. Köditz 7172△

2594 **Synthetische Harze.** H. Warson. (Paint Manufact. **33**, 234, 236—38, 240—41, 1963; engl.) — Überblick über die Herst. von Polyvinyläthern N-haltigen Polyvinyl-Verbb., P- u. B-haltigen Polymeren, Polyvinylalkohol, Polyacrylsäusester, Polyacrylsäuren u. -amiden, Polyacrylsäurenitrilen, Polyacrolein u. Polyvinylhalogeniden sowie über die stereospezif., Kryptoionen- u. anionoide Polymerisation. — 89 Literaturangaben.
I. Köditz 7172△

2595 **Emulsionspolymerisation — Polyvinylacetat.** Kjetil Gauslaa. (Tidsskr. Kjemi, Bergves. Metallurgi **22**, 169—71, 1962; norw.) — Kurze Beschreibung der Theorie der Emulsionspolymerisation.
Alfred Helms 7172◇

2596 **Glasfasern als Füllstoffe für gepreßte Phenol-Formaldehydharze.** Mieczysław Mysona, Tadeusz Hofmann und Herbert Schyra. (Szkło i Ceram. **14(29)**, 218—22, 1963; Krakow, Katedra Towarozuowst WSE; pol.) — Durch Glasfasern werden die elektr. Eigg. von Phenolformaldehyd-Harzen wesentlich verbessert, aber gleichzeitig deren andere physikal. Eigg., bes. ihre mechan. Festigkeit, beeinträchtigt. I. Köditz 7176△

2597 **Untersuchungen über Struktur und Eigenschaften von Polyformaldehyd. 1. Mitt. Die Makrostruktur von Polyformaldehydblöcken.** Jan Skraga. (Polimery — Tworzywa wielkocząsteczkowe **8**, 142—47, 1963; Toruń, Uniw. Mikołaja Kopernika, Katedra Chem. Fiz.; pol.) — Polyformaldehyd „Delrin 50" (D 50) wird bei verschiedenen Temp. krist. u. die Oberfläche geätzter Schnitte u. geätzter sowie nicht geätzter Bruchkanten mkr. untersucht. D 50, das bei der Temp. der fl. Luft, bei Zimmertemp. u. bei 150° krist. wird, weist 2 Hauptstrukturen — sphärolith. u. laminar — auf. Es lassen sich 6 Arten der phärolith. Struktur unterscheiden, während die laminaren Strukturen prakt. gleichmäßig dick sind u. parallele Orientierungen erkennen lassen. Bei der schnellen Kristallisation von D 50 bilden sich überwiegend laminare Strukturen aus, während bei der langsamen Kristallisation hauptsächlich sphärolith. Strukturen entstehen. Die geätzten Oberflächen sind häufig denen von geätzten Metalloberflächen ähnlich. I. Köditz 7176△

2598 **Untersuchungen über Struktur und Eigenschaften von Polyformaldehyd. 2. Mitt. Die Herstellung von Einkristallen durch langes Ätzen von kompaktem kristallisiertem Polyformaldehyd.** Jan Skraga, (Polimery — Tworzywa wielkocząsteczkowe **8**, 181—86, 1963; Toruń, Uniw. Mikołaja Kopernika Katedra Chemii Fiz.; pol.) — 1. vgl. vorst. Referat. — Die Oberfläche von kristallinem Polyformaldehyd „Delrin" 500 (**I**) wird mit H_2SO_4 geätzt. **I** krist. aus der Schmelze in Bündeln u. Fächern, die aus Nadeln, Lamellen u. Fasern bestehen. Die Fasern setzen sich aus dünnen, parallel angeordneten, nadelförmigen Kristallen zusammen. Die laminaren Kristalle formen sternchenförmige Zwillingsaggregate.
I. Köditz 7176△

2599 **Neue Preßmassen auf Epoxidharzbasis.** Paul E. Fina. (SPE Journal **16**, 722—23, 1960; Fiberite Corp.; engl.) — Vorteile von Preßmassen auf Basis Epoxidharz u. Vgl. der technolog. Daten mit denen anderer Preßmassen. L. Kempf 7176◇

2600 **Verwendung von Epoxidharz zur Herstellung von Schleifscheiben zum Schneiden von Eisenbetonerzeugnissen.** W. M. Chrulew. (Plast. Massen [UdSSR] **1961**, Nr. 3, 40—41; russ.) — Es werden die Vorteile der *Epoxidharze* (E) gegenüber Phenolharzen bei der Verw. als Bindemittel für die Herst. von Schleifmassen beschrieben. Proben, in denen als Bindemittel E verwendet wurde (ED-6), zeigten eine um 2—3mal höhere Schlagzähigkeit als die auf Phenolharzbasis hergestellten. Außerdem erniedrigte sich die Verschleiß-Geschw. um das 2—3fache. Die Verw. von E erhöhte außerdem die Geschw. beim Schneiden von Betonteilen.
I. Blochina 7176△

2601 **Zusammensetzung von Polyamid-Epoxid-Massen zur Verkleidung von Autos.** D. E. Peerman und D. E. Floyd. (SPE Journal **16**, 717—19, 1960; Gen. Mills, Inc., Res. Labor.; engl.) — Bericht über Zus. u. technolog. Eigg. von Verkleidungsmassen auf Basis Versamid 125, kombiniert mit niedrigmol. Epoxidharzen.
L. Kempf 7180◇

2602 **Methoden für die Formung massiver oder dickwandiger Teile aus Thermoplasten.** Krzysztof Kunert. (Polymery — Tworzywa wielkocząsteczkowe **8**, 176—81, 1963; Inst. Tworzyw Sztucznych, Dzial Przetworstwa; pol.) — Überblick über die Meth. der Formung massiver u. dickwandiger Teile. Die alkal. Polymerisation von Caprolactam, das Zentrifugengießen, die Extrusion von Stäben u. der Fließgießprozeß werden diskutiert.
I. Köditz 7180△

2603 **Über Silicone. 56. Mitt. Über die Beständigkeit von Siliconfilmen auf Glasoberflächen.** H. Reuther und G. Reichel. (Plaste u. Kautschuk **9**, 183—85, 1962;

Radebeul, Inst. für Silikon- u. Fluorkarbon-Chem.; dt.) — 55. vgl. C. **1964,** 5-0958. — Verschiedene Verff. zur Hydrophobierung von Glasoberflächen werden überprüft. Die beste Beständigkeit der Hydrophobierung gegen W.-Einfluß wird bei Verw. verd. Lsgg. von $(CH_3)_2 \cdot SiCl_2$ erreicht. Die Witterungsbeständigkeit von Siliconfilmen auf Glasoberflächen ist allerdings schlecht.

H. Reuther 7188□

2604 **Schichtstoffe auf Grundlage von Glasfasern.** 6. Mitt. **Über den Einfluß des Grades der Polykondensation von Polyesterharzen und der Konzentration der Endgruppen auf die Eigenschaften der Harze und glasfaserverstärkten Kunststoffe.** P. S. Li, S. W. Michailowa, L. N. Ssedow und Je. L. Kaganowa. (Plast. Massen **1960,** Nr. 3, 9—12; russ.) — 5. Mitt. C. **1963,** 19030. — Vff. untersuchten den Einfl. des Polykondensationsgrades u. des Geh. an Endgruppen von Polydiäthylenglykolmaleinatphthalat auf die mechan., physikal. u. chem. Eigg. einer gehärteten 67%ig. Harz-Lsg. in Styrol (*PN-I*) wie auch auf glasfaserverstärkte Kunststoffe (gK) auf Grundlage dieser Harze. Die Unterss. erstreckten sich u. a. auf die Ermittlung der Härte von Harzen der Marke PN-I, der Abhängigkeit der mechan. Festigkeit gehärteter Polyesterharze von der SZ. u. der Wärmefestigkeit, ferner der Abhängigkeit der Eigg. von gK von der SZ. des Harzes, vom tg des Winkels der dielektr. Verluste des Polyesterglastextolits, von der Verweilzeit der Probe in W. u. a. Die Verss. geben die Erklärung für den Einfl. des Molgew., Geh. an Carboxylgruppen u. Bedingungen der Polykondens. auf die Geschw. der Gel-Bldg. der Polyesterharze; sie bestätigen auch die Wichtigkeit der Auswahl der SZ., deren man sich bei der Synth. von für die Produktion von gK bestimmten Polyesterharzen bedienen muß. K. Wekua 7204□

2605 **Schichtstoffe auf Grundlage von Glasfasern.** 7. Mitt. **Glastextolit auf Grundlage von Polyvinylbutyral.** P. S. Li, T. M. Lukowenko, M. Ss. Akutin, M. P. Butylkina und A. Ja. Mussina. (Plast. Massen **1960,** Nr. 3, 48 bis 49; russ.) — 6. Mitt. vgl. vorst. Referat. — Vff. untersuchten die technolog. Eigg. von Glastextolit auf Grundlage von *Polyvinylbutyral* (**I**). Während Glastextolite auf Grundlage der meisten Bindemittel unter Druck von 50 kg/cm² hergestellt werden, kann man bei **I** höheren Druck anwenden. Die Festigkeit von im Vakuum geformten **I**-Glastextolit ist geringer als die von nach gleicher Meth. auf Phenolgrundlage hergestelltem Glastextolits. Die Erhöhung des spezif. Druckes bei der Verformung verbessert die Eigg. von **I**-Glastextolit. Auch durch zusätzliche therm. Behandlung werden die Eigg. von **I**-Glastextoliten verbessert, so daß diese in verschiedenen Gebieten der Technik Verw. finden können.

K. Wekua 7204□

2606 **Schichtstoffe auf Grundlage von Glasfasern.** 8. Mitt. **Polyesterbindemittel für glasfaserverstärkte Kunststoffe.** P. S. Li, S. W. Michailowa, L. N. Ssedow, Je. B. Petrilenkowa und Ss. L. Libina. (Plast. Mass. [UdSSR] **1960,** Nr. 4, 9—12; russ.) — 7. Mitt. vgl. vorst. Referat. — *Pentaerythritdichlorhydrin* (durch Verseifung des bei der Rk. von Pentaerythrit + $SOCl_2$ in Ggw. von Pyridin entstehendes Prod.) wird mit Maleinsäure- u. Phthalsäureanhydrid bei 170—190° kondensiert. *Polypentaerythritdichlorhydrinmaleinphthalat* (**I**) wird auf 130—150° abgekühlt u. zwecks Stabilitätserhöhung mit Hydrochinon versetzt. **I** ist ein festes, hellgelbes u. durchsichtiges Harz, das eine Erweichungstemp. von 60—62° u. ein Spezif. Gew. von 1,65—1,67 g/cm³ aufweist. Es werden physikal.-chem. u. mechan. Eigg. untersucht. Ein Gemisch von 80 (Gew.-Teilen) **I** mit 20 Styrol ergibt beim Erstarren ein schwer brennendes Prod., das als Bindemittel bei der Herst. von glasfaserverstärkten Kunststoffen mit erhöhter Schlagfestigkeit u. Elastizität verwendet wird. Nadja Winkler 7204△

2607 **Einfluß der Feuchtigkeit auf die physikalisch-mechanischen Eigenschaften von glasfaserverstärkten Kunststoffen.** 2. Mitt. **Einfluß des wäßrigen Mediums auf den Elastizitätsmodul von glasfaserverstärkten Kunststoffen.** K. W. Panferow und I. G. Romanenkow. (Plast. Massen [UdSSR] **1960,** Nr. 11, 31—34; russ.) — 1. vgl. J. 1960, Nr. 4, 35. — Nach einer 960std. Lagerung von glasfaserverstärkten Kunststoffen (GfK) in W. (18°) verringert sich der Elastizitätsmodul (EM) entsprechend für GfK auf 2—3(%) u. 3,6—4,5; für Kunststoffe mit alkalihaltiger Glasfaserunterlage u. Phenolbindemittel (R-21, KF-16, Phenolalkohole) auf 22—34 u. 28—41; für Kunststtoffe „Glakresit" (Bindemittel K-6, Phenol. alkohole) auf 24—32 u. 31—35. Die Wasseraufnahme beträgt für vorst. Kunststoffe: 0,8—2,15%; 2,2—12,5; 17,5—22,1. Eine intensive Herabsetzung von EM wird in den ersten 240 Std. der Lagerung beobachtet.

Nadja Winkler 7204△

2608 **Einfluß der Lagerdauer in Wasser auf die Anisotropie der Festigkeits- und Verformungseigenschaften von glasfaserverstärkten Kunststoffen.** I. G. Romanenkow. (Plast. Massen [UdSSR] **1961,** N. 3, 44—48; russ.) — Für die Herst. von glasfaserverstärkten Kunststoffen (GfK) wurden *Phenol-* u. *Polyesterharze* oder der wasserbeständige Lack *R-21* u. *Phenolalkohole* u. für GfK vom Typus „Glakresit" ein *Phenol*-Bindemittel mit 30% Alabastergeh. verwendet. Es wurde festgestellt, daß sich die Festigkeits-Eigg. u. der Elastizitätsmodul von GfK nach 2160 Std. Lagerzeit in W. beim Strecken u. Biegen stark verändern, wobei die größte Verringerung der Festigkeits- u. Verformungs-Eigg. bei einem Winkel von 45° zur Längsachse (Verringerung der Festigkeit 23—26,3% des Elastizitätsmoduls 40,4—70,8%) zu beobachten ist. Für GfK mit einem Polyesterbindemittel verringern sich die Festigkeits- u. Verformungs-Eigg. nach 6monatiger Lagerung in W. um 31,7—39,9%, der Elastizitätsmodul um 35,6—36,9%. Für GfK auf Grundlage von *R*-21 wird eine viel kleinere Verringerung der Festigkeits-Eigg. beobachtet. Die maximale Verringerung geht bei einem Winkel von 15° vor sich. Für GfK auf Grundlage von Phenolalkoholen wird eine maximale Verringerung der Festigkeit beim Biegen in Längs- u. Querrichtung von 40,6—42,6% festgestellt, der Elastizitätsmodul verringert sich beim Strecken um 23,0 u. 14,1%. Für GfK des Typus „Glakresit" ruft eine 960std. Lagerung im W. nur eine geringere Veränderung der Festigkeit hervor, wogegen sich der Elastizitätsmodul beim Biegen u. Ziehen in Querrichtung (25,3—23,6%) mehr verändert, als bei diesen Einw. in Längsrichtung (23,8—17,9%). Es wurde festgestellt, daß sich die Festigkeits-Eigg. in Richtung der Glasfasern etwas mehr verringern, als die Verformungseigenschaften. L. Nosowa 7204△

2609 **Gerät mit sichtbarer Anzeige für die Messung der Lichtstreuung in Flüssigkeiten.** 1. Mitt. A. Łabudzińska. (Polimery-Tworzywa wielkocząsteczkowe **8,** 154—59, 1963; Inst. Chem. Ogólnej, Zakład Fiz. Techn., Pracownia Fitz. Polimerow; pol.) — Die beschriebene Konstruktion zeichnet sich durch ihre Einfachheit u. ihre relative Genauigkeit aus u. ermöglicht die Best. der relativen Intensität der Lichtstreuung (Streuwinkel 90 u. 135°) sowie die Messung der Streuasymmetrie. Aus den erhaltenen Ergebnissen werden das Molgew., die Größe von Makromoll. u. die 2. Virialkoeff. ermittelt.

I. Köditz 7210△

2610 **Gerät mit Sichtanzeige für die Messung der Lichtstreuung in Flüssigkeiten.** 2. Mitt. **Untersuchung der Genauigkeit der Bestimmung des Molekulargewichts sowie der Dimension von Makromolekülen und des Virialkoeffizienten.** A. Łabudzińska. (Polymery-Tworzywa wielkocząsteczkowe **8,** 191—95, 1963; pol.) — 1. vgl. vorst. Referat. — Die Genauigkeit des Geräts liegt bei 15% für die Best. der Dimension von Makromoll. bei 8% für die Best. des 2. Virialkoeff. u. bei 15% für das Molgew. bei asymm. bzw. 8% bei symm. Lichtstreuung.

I. Köditz 7210△

2611 **Bestimmung der Wirkung des Temperns auf restliche Spannungen nach dem Spritzen.** L. B. Allen. (SPE Journal **16,** 713—16, 1960; Internat. Business Machines Corp.; engl.) — Beschreibung bes. einer Meth. zur Erfassung der Restspannung in Kunststoffen unter Verwendung eines leicht reißenden Lackes.

L. Kempf 7210◇

2612 **Widerstand von Plaste gegen Pilzbefall.** Elżbieta Czerwińska, Romuald Kowalik und Tadeusz Wiśniewski. (Polimery-Tworzywa wielkocząsteczkowe

8, 202—04, 1963; Inst. Przemysłu Org., Pracownia Mikrobiol.; Inst. Tworzyw Sztucznych, Zakład Ocen Pomiarów; pol.) — Eine visuelle Meth. für die Best. des Widerstandes von Plasten gegen Pilzbefall wird beschrieben. Die Meth. wurde von einem internationalen techn. Komitee der ISO/TC 61 ausgearbeitet.
I. Köditz 7210△

2613 **Über die Anwendung der thermischen Analyse zur Untersuchung der Zersetzung von Polymeren.** N. A. Netschitailo, I. M. Toltschinski und P. I. Ssanin. (Plast. Massen [UdSSR] **1960,** Nr. 11, 54—57; russ.) — Angegeben werden Thermogramme von *Polyäthylen* u. *Polypropylen* (Ausgangsstoffe für die Herst. von Plasten), die in dem Temp.-Bereich von 20° bis 800—900° aufgenommen wurden. Auf Grund der Ergebnisse (auch von 14 Literaturangaben) kann man auf den Verlauf der Oxydation bzw. Mol.-Veränderung erhitzter Polymerer schließen. Nadja Winkler 7210△

2614 **Ein neues Prüfverfahren zur Ermittlung der Bedruckbarkeit von Polyäthylen durch eine Apparatur mit neigbarer Testplatte.** T. F. McLaughlin jun. (SPE Journal **16,** 710—12, 1960; E. I. du Pont de Nemours & Co., Inc.; Polychem. Dep.; engl.) — Beschreibung eines neuen Verf. zur schnellen u. einfach durchführbaren Best. der Bedruckbarkeit von Polyäthylen durch Ermittlung der Affinität bzw. Benetzbarkeit mit 1 Tropfen W., dessen Ablaufwinkel gemessen wird.
L. Kempf 7210◇

2615 **Licht- und Wetterbeständigkeit von schlagfestem PVC.** 1. Mitt. **Stabilisierungssysteme und angewandte Prüfmethoden bei Hostalit Z.** 2. Mitt. **Versuche mit Belichtungsgeräten und Vergleiche mit der Außenbewitterung.** Hans-Helmut Frey. (Kunststoffe **53,** 667—71, 1962; **53,** 103—10, 1963; Frankfurt/M.-Höchst; Farbwerke Hoechst AG. vormals Meister Lucius & Brüning; dt.) — Nach allg. Betrachtungen zur PVC-Stabilisierung werden die Wrkg. des Ba–Ca-Syst. in Hostalit Z 820/60 u. Meth. zur Best. der Licht- u. Wetterbeständigkeit besprochen. Über prakt. Ergebnisse der Lichtbeständigkeit von Hostalit Z 820 im Vgl. zu Normal-PVC berichtet, ferner über die Reproduzierung der Belichtungsergebnisse, über die Möglichkeit zur Steigerung der Lichtbeständigkeit, über Ergebnisse der Lichtbeständigkeit von Hart-PVC-Platten, Beispiele für mitteleuropäisches Klima u. Beispiele aus anderen Klimazonen folgen. Nach Betrachtungen der mechan. Eigg. bei der Bewitterung u. Belichtung folgen Angaben über die prakt. Anwendung.
R. Grundmann 7210◇

2616 **Carbonisierung von Polymeren.** 2. Mitt. **Analyse der gasförmigen Produkte einiger Vinylpolymerer und Materialbilanz.** J. B. Gilbert und J. J. Kipling. (Fuel **41,** 249—60, 1963; Hull, Univ.; engl.) — 1. vgl. C. **1964,** 5-0935. — Die bei der Verkokung von Vinylpolymeren (**C**) bei 900° entstehenden gasförmigen Prodd. werden mit denen von Kohle (**A**), Cellulose u. Bakelite (**B**) verglichen u. es wird festgestellt, daß bei den Polymeren die Bldg. an H_2 viel höher ist als bei **A**, während fast kein CO gebildet wird. Der Anfall an gesätt. KW-Stoffen ist gleich. Bei **B** ist ein großer Anfall von CO, dagegen ein geringer von KW-Stoffen zu verzeichnen, was auf die Konstit. zurückzuführen ist; das trifft auch für **A** zu. Die Ausbeute an festen Stoffen (Koks) ist niedriger, die an Teer höher als bei bituminösen **A**. Eine Oxydation von **C** bei 250° steigert die Ausbeute an Feststoffen. Es werden Gleichungen für die Zers. von **C** aufgestellt, aus denen Rückschlüsse auf die Konstit. von **C** gezogen werden. F. Rosendahl 7210□

2617 **Bestimmung des Methacrylats in der Komposition zur Herstellung von Schaumplasten nach den Absorptionsspektren im Ultraviolett.** W. W. Sharkow. (Plast. Massen [UdSSR] **1961,** Nr. 3, 74—75; russ.) — Es wurde eine spektralphotometr. Meth. zur Best. von *Methacrylat* (**I**) in Kompositionen zur Herst. von Schaumplasten auf Grundlage von Polyvinylchlorid (**PVC**) ausgearbeitet. **I** wurde mit Isooctan aus dem Gemisch herausextrahiert u. die opt. Dichte des Extraktes mit einem Spektralphotometer bei $\lambda = 240$, 250 u. 260 mμ bestimmt. Da bei der Extraktion auch teilweise andere Komponenten in Lsg. gehen, wurden bei der Aufnahme der Eichkurve Standardproben verwendet, die eine Lsg. von **I** in Isooctan, PVC, $(NH_4)_2CO_3$, Na_2CO_3 u. Dinitril der Azodiisobuttersäure enthielten. Die maximale Abweichung bei der Best. von **I** beträgt von —0,7 bis 0,4%. Die neue Meth. zeichnet sich durch große Genauigkeit u. Schnelligkeit u. wenig Arbeitsaufwand aus.
E. Sambrowskaja 7210△

2618 **Schnellbestimmungsmethode für Hydroxylgruppen in Polyestern.** Je. A. Jemelin und Ja. A. Zarfin. (Plast. Massen [UdSSR] **1961,** Nr. 3, 75—76; russ.) — Die Schnell-Meth. zur Best. von OH-Gruppen in Polyestern besteht darin, daß 0,5—1 g des Polyesters in 5 ml einer 2mol. Lsg. von Essigsäureanhydrid in Äthylacetat gelöst werden. Nach dem Lösen des Esters bei ~20° wird 15 Min. stehengelassen, danach bei ständigem Rühren 1 ml W. u. 10 ml Pyridin-Lsg. in Wasser (Pyridin : W. = 3 : 1) hinzugefügt u. wieder 5 Min. stehen gelassen. Der Überschuß an $(CH_3CO)_2O$ wird potentiometr. mit einer 0,6n Lsg. von KOH in einem Wasser–CH_3OH-Gemisch bestimmt u. der Geh. an OH-Gruppen berechnet. Die neue Meth. wird mit einer der üblichen Meth. verglichen.
I. Uwarowa 7210△

2619 **Die polyrographiscke Bestimmung des Monomerengehalts von Acrylat–Eiweiß-Gemischen.** Judit G. Géher und G. Vágó. (Plaste u. Kautschuk **9,** 529—31, 1962; Budapest, Lederforsch.-Inst.; dt.) — Monomeres Acrylat gibt in alkohol. Lsgg. von Tetraalkylammoniumleitsalzen eine Meßwelle zwischen —1,6 u. —1,7 V. Durch die Abnahme des Monomerengeh. kann so die Copolymerisation eines Äthylacrylat-Casein-Gemisches verfolgt werden. Es werden die folgenden Einfl. untersucht: a) Art des Initiators: H_2O_2 polymerisiert rascher als $K_2S_2O_8$; b) Material der Gefäßwandung: Fe begünstigt die Polymerisation; c) Dosierung des Katalysators: Period. Zusatz ergibt nach jeder Zugabe ein meßbares, sprunghaftes Absinken des Monomerengehaltes.
K. Gröbe 7210◇

2620 Farbwerke Hoechst Akt.-Ges. vormals Meister Lucius & Brüning, Frankfurt/M., **Auslösung einer ionischen Polymerisation** durch Zers. von bes. monomerlösl., therm. u./oder durch Licht oder Ultraschall aktivierbaren Aryldiazoniumfluorboraten in Ggw. des zu polymerisierenden Monomeren. — Zum Beispiel wird Trioxan in Ggw. von Benzoldiazoniumfluorborat bei 68° polymerisiert. — Weitere 35 Aryldiazoniumfluorborate werden genannt. (**Oe. P. 218538** vom 28/7. 1960, ausg. 11/12. 1961. D. Prior. 30/7. 1959.) G. Colsmann 7171

2621 Moshé Naim, Frankreich, **Antistatische Mittel** für Gegenstände aller Art, z. B. aus plast. Massen u. Isoliermaterial aus Glas oder Holz. Es besteht aus einem Naturharz mit hoher SZ. mit Zusätzen eines Weichmachungsmittels (**I**), eines Lsgm., z. B. A., eines oberflächenakt. Mittels u. eines Bindemittels, z. B. Manilaharz. **I** ist z. B. Octylphthalat, Triphenylphosphat oder Trikresylphosphat. — Das Mittel enthält z. B. 100 (Teile) Naturharz, 5 n-Octylphthalat, 5 Stearamidopropyldimethyl-β-hydroxyäthylammoniumnitrat, 1 eines Lichtstabilisierungsmittel u. 700 abs. Äthylalkohol. (**F. P. 1288745** vom 28/10. 1960, ausg. 10/8. 1962.)
M. F. Müller 7171

2622 B. F. Goodrich Co., New York, N. Y., übert. von: Kornelius Dinbergs, Cleveland, Ohio, V. St. A., **Dinitrophenalhydrazone als Alterungsschutzmittel.** Man schützt harzartige Polymere gegen die schädlichen Einw. von Licht, Hitze u. Witterung durch Zusatz von 0,5—10% 2.4-Dinitrophenylhydrazonen der Formel $(O_2N)_2 \cdot C_6H_3 \cdot NH{-}N{=}C(R_1)(R_2)$, in der R_1 = H, Alkylreste mit 1 bis 15 C-Atomen, Phenyl-, Methoxyphenyl- oder Benzylgruppe, R_2 = H, Alkylreste mit 1—15 C-Atomen, Alkenylgruppen mit $\leqq 9$ C-Atomen, Arylreste mit 1—3 Ringen u. Aldehydzuckerreste, z. B. von Glucose oder Galaktose, wobei in den genannten Resten die H-Atome durch Halogene, Nitro-, Hydroxyl-, Carboxyl-, Cyangruppen oder durch Alkyl- u. Alkoxyreste, die beiden letzteren mit 1—4 C-Atomen, ersetzt sein können, z. B. durch den Zusatz der 2.4-Dinitrophenylhydrazone von Isopentaldehyd, Octanon-(2), Crotonaldehyd oder Benzophenon, bes. zu den fertigen Polymeren. (**A. P. 3010939** vom 25/11. 1959, ausg. 28/11. 1961.) K. Sarre 7171

2623 Farbwerke Hoechst Akt.-Ges. vormals Meister Lucius & Brüning, Frankfurt/M., **Pigmentfarbstoff für plastische Massen, z. B. aus Polyvinylacetat, Polyäthylen, Polypropylen oder Polystyrol** besteht aus 40 bis 70 (Gew.-%) eines Pigmentfarbstoffes, wie eines Azofarbstoffes, eines Perylentetracarbonsäure- oder Dioxazin-Farbstoffes, u. 60 bis 30 eines Polyäthylenwachses mit einem Molgew. von 500 bis 5000. Das mit dem Farbstoff versetzte Wachs ist gut mit den plast. Massen mischbar u. beeinflußt nicht deren Eigg., zumal nur kleine Menge zugesetzt werden. (**E. P. 906973** vom 27/10. 1960, ausg. 26/9. 1962. D. Prior. 29/10. 1959.) F. Markhoff 7171

2624 Godfrey L. Cabot, Inc., Boston (Erfinder: Adam Orzechowski, Brookline, und James C. MacKenzie, Welleshie Hills), Mass., V. St. A., **Herstellung von Polymerisationskatalysatoren.** Nachtrag zu A. P. 2991157; C. **1963,** 5660. Nach dem genannten Titrations-Verf. werden allg. Ziegler-Katalysatoren aus Übergangsmetallverbb. aufgebaut, die mittels in KW-Stoffen lösl. Metallalkyle red. werden. (**Jap. A. S. 14014/1961** vom 24/4. 1959, ausg. 22/8. 1961. A. Prior. 24/4. 1958.) M. Pankow 7173

2625 Phillips Petroleum Co., Del., übert. von: Donald R. Witt, Bartlesville, Okla., V. St. A., **Katalysator für Olefinpolymerisation,** bestehend aus einem SiO_2–Al_2O_3–9 : 1-Gemisch, das mit einer wss. Lsg. von $ZrO\cdot(NO_3)_2\cdot 2H_2O$ getränkt u. mit heißer Luft von 950°F getrocknet u. aktiviert wurde. Geeignet zur Polymerisation von bes. Äthylen, das auch mit 0,5—20 Gew.-% Propylen, 1-Buten, 1-Penten u. 1.3-Butadien bei 200 bis 400°F mischpolymerisiert werden kann. Trotz Zeitverkürzung Ausbeuteerhöhung. — Tabelle. (**A. P. 3006909** vom 13/9. 1957, ausg. 31/10. 1961.) H. Schindler 7173

2626 American Cyanamid Co., New York, N. Y., übert. von: Yun Jen, Anaheim, Calif., Janet L. Johnson und Romeo R. Aloia, New Brunswick, N. J., V. St. A., **Herstellung von festen Polymerisaten** aus Vinylmonomeren (I) mit einem F. $> 35°$, bes. Acrylamid, Methylol-, Meth.-, Methylenbisacrylamid oder deren Mischungen mit (Meth-)Acrylsäure, in Ggw. eines freie Radikale bildenden Polymerisationskatalysators in festem Zustand bei Temp. $<$ als ihr F. u. in Ggw. organ. Lsgm., das weder Monomere noch die erhaltenen Polymeren löst u. Kp. 50—110° hat, z. B. n-Heptan, Hexan oder Octylchlorid. Die Verbesserungen bestehen darin, daß bei der Polymerisation entweder in Ggw. von (0,5—20 (Gew.-%) eines Alkalisalzes eines Sulfobernsteinsäurealkylesters als Dispergiermittel oder 2—5 W. oder 0,5—15 eines festen pulverförmigen Vorpolymerisats der **I** gearbeitet wird. Hierdurch werden eine Überhitzung bei Massepolymerisation u. Schwierigkeiten bei der Trocknung u. Wiedergewinnung einzelner Komponenten vermieden. Mengenbeispiele. — Tabellen. Die Endprodd. haben Molgew. von 200000 bis 5 Millionen u. eignen sich bes. als *Papier*- u. *Textilhilfsmittel*, als *Zusätze* zu *Klebe*- u. *Bindemitteln* u. zu *Nitrolacken*. (**A. PP. 2976262** u. **2976263** vom 6/1. 1959, ausg. 21/3. 1961.) H. Schindler 7173

2627 Union Carbide Corp. (Erfinder: Rudolph Ward Kluiber und Wayne Lee Carrick), **Katalysator zur Herstellung fester Äthylen-1-Olefin-Mischpolymerisate,** bestehend aus einem Gemisch von Al-Trihalogenid, einer organ. Zn-, Cd-, Hg-, Ge-, Sn-, Pb-, Sb- oder Bi-Verb. u. einer Spur einer V-Verb., z. B. 1 g $AlCl_3$, 1 g $(C_6H_5)_4Zn$ u. 5 mg VCl_4. (**Aust. P. 234822** vom 19/6. 1959, ausg. 24/8. 1961. A. Prior. 31/7. 1958.) C. Lüttgen 7173

2628 Phillips Petroleum Co., Bartlesville, Okla., V. St. A., **Entfernen von Feststoffen, besonders Katalysatorresten aus Polymerlösungen** erfolgt in 2 Stufen, wobei im 1. Filter mit Diatomeenerde beaufschlagte Filterflächen u. im 2. solche mit Filterpapier verwendet werden. Die Polymerisation, z. B. von Olefinen mit Cr-Oxid–Al_2O_3–SiO_2-Katalysatoren wird z. B. bei 150 bis 450°F in fl. Phase, z. B. in Cyclohexan, durchgeführt, wobei unter solchem Druck gearbeitet u. dann filtriert wird, daß das Polymere in Lsg. gehalten wird, z. B. 100 bis 150 psi. Der Aschegeh. des Polymeren wird auf $\leq 0{,}0006$ Gew.-% herabgesetzt. — Tabellen. Beschreibung u. Zeichnung der Apparatur. (**E. P. 858675** vom 16/8. 1957, ausg. 11/1. 1961. A. Prior. 27/8. 1956.) H. Schindler 7173

2629 Ethyl Corp., New York, N. Y., V. St. A., **Alterungsschutzmittel** für Mono- u. Diolefin-Polymerisate, z. B. Polyäthylen, Polyisobutylen, Natur- oder Synthesekautschuk, bestehend aus 4.4'-Methylen-bis-(2-methyl-6-tert.-butylphenol). (**E. P. 885787** vom 19/5. 1959, ausg. 28/12. 1961. A. Prior. 27/5. 1958.) W. Overbeck 7173

2630 E. I. du Pont de Nemours & Co., Wilmington, Del., V. St. A., **Polymerisat zur Herstellung von Folien** besteht aus mindestens 97(%) eines verzweigtkettigen Polyäthylens u. höchstens 3 eines ringbildenden KW-Stoffes, z. B. eines Polyäthylens der D. 0,94 bis 0,97. Abb. u. Diagramm. (**E. P. 877750** vom 8/7. 1960, ausg. 20/9. 1961. A. Prior. 9/7. 1959.) F. Markhoff 7173

2631 Imperial Chemical Industries Ltd., London, England (Erfinder: Vivien Reid), **Ein normalerweise festes Polymerisat** besteht aus einem festen Polymerisat von Äthylen oder Propylen, fein gepulvertem Ruß u. 0,05—1% einer Verb. der Formel $(R_2N\cdot CS\cdot S–)_2Zn$, in welcher R Alkylgruppe mit mindestens 2 C-Atomen oder Cycloalkylgruppe, oder $(R^1—N\cdot CS\cdot S–)_2Zn$, beide Reste R = Alkylengruppe, welche mit dem N-Atom einen Ring bildet, z. B. Zn-Dinonyldithiocarbamat. Dieser Zusatz bewirkt eine Stabilisierung gegen Zers. durch Oxydation, ohne selbst färbend zu wirken. (**E. P. 875601** vom 5/6. 1959, ausg. 23/8. 1961. **Zusatz zu E. P. 838325; C. 1962, 13972.**) F. Markhoff 7173

2632 Montecatini Soc. Gen. per l'Industria Mineraria e Chimica, Mailand, Italien, **Polymerisat mit verbesserter Affinität für Farbstoffe** besteht 1. aus einem linearen Polymerisat eines α-Olefins, wie einem isotakt. Polymerisat von Propylen, Styrol oder 4-Methylpenten-(1), u. 2. aus einem linearen, regulären Polymerisat eines oder mehrerer Monomerer mit polaren Gruppen, die mindestens ein N-Atom enthalten, z. B. einem isotakt. Polymerisat. eines Vinylpyridins, wie 2-Vinylpyridin. (**E. P. 879198** vom 29/7. 1960, ausg. 4/10. 1961. It. Prior. 3/8. 1959.) F. Markhoff 7173

2633 Zaidan Hôjin Nippon Kagaku Seni Kenkyûjo (Erfinder: Ichirô Kurada, Seizô Okamura, Hiroshi Inagaki, Kiyoshi Yagi und Saburô Sacki), Kyôto, Japan, **Herstellung einer wäßrigen kationischen Vinylharzemulsion** durch Polymerisation von Vinylmonomeren in wss. Lsg. von kation. Aktivierungsmitteln mit Strahlen hoher Energie. — Man gibt 2 g Vinylacetat in 18 cm³ 0,1%ig. wss. Lsg. von Stearyltrimethylammoniumchlorid, bestrahlt im geschlossenen Rohr mit $2\cdot 10^4$ r/Std. mittels ^{60}Co bei 20° 1 Std. unter Schütteln u. erhält eine Emulsion, die bei der Faser- u. Papierverarbeitung verwendet werden kann. (**Jap. A. S. 13936/1961** vom 27/3. 1959, ausg. 21/8. 1961.) M. Pankow 7173

2634 Phillips Petroleum Co., Del., übert. von: John E. Cottle, Bartlesville, Okla., V. St. A., **Entfernen von niedrigmolekularen Polymeren aus deren Lösungen in Kohlenwasserstoffen,** wobei nicht $> 0{,}5$ Gew.-% Polymeres (**I**) gelöst sind, durch fraktionierte Dest. u. solchem Verhältnis, daß die Überkopf-Fraktion prakt. frei von **I** ist u. deren Menge sich zur Bodenfraktion wie 5:1 bis 10:1 verhält. Die Lsgm. u. **I** enthaltende Bodenfraktion wird dann mit W. gemischt, einer Dampf-Dest. unterworfen u. das über Kopf abgehende Destillat in Lsgm. u. W. zerlegt. Das **I** wird am Fuß der Dampfdest. in W. suspendiert abgezogen. Das wasserfreie Lsgm. wird in den Prozeß zurückgeführt. Beschreibung u. Zeichnung der App.; Beispiel mit *Polyäthylen* u. *Cyclohexan*. (**A. P. 3014849** vom 20/6. 1958, ausg. 26/12. 1961.) H. Schindler 7173

2635 Ethyl Corp., New York, N. Y., V. St. A., Die **Polymerisation von Olefinen,** wie Propylen, 1-Buten, 2-Penten, 4-Vinylcyclohexen, Styrol u. Butadien, wird durchgeführt in Ggw. eines Katalysators, der besteht aus a) einer organometall. Verb. von Metallen der Gruppen I—III des Period. Syst., in der alle Valenzen durch organ. Gruppen abgesätt. sind, b) einer Verb. von Metallen der Gruppen IV—VI u. c) 0,001—1,0 Mol eines anorgan. oder bes. organ. Peroxyds pro Mol der Metallverb. bei 0—250°. Man erhält krist. Polymerisate von hohem Molgew. u. erhöhtem F. Die Beispiele betreffen die Polymerisation von Propylen in Ggw. von Aluminiumtriäthyl/$TiCl_4$/Benzoylperoxid. (**E. P. 876093** vom 17/10. 1957, ausg. 30/8. 1961. A. Prior. 17/10. 1956.) L. Stadelmann 7173

2636 Asahi Kasei Kôgyô Kabushiki Kaisha, Ôsaka (Erfinder: Sumio Fujimoto, Itsuho Aishima und Yûji Kobayashi, Nobeoka, und Yoshio Sumida, Tôkyô), Japan, **Monoolefinpolymerisation** in Ggw. von Katalysatoren aus einer Lsg. oder Suspension einer Mischung oder Leg. von Se u. Mg in Hg u. Halogeniden von Metallen der Gruppen IV—VIa des Period. Syst., ggf. unter Zusatz von Halogenalkyl- oder -arylverbindungen. — Man gibt zu einer Lsg. oder Suspension von 20 (g) 70% Se u. 30% Mg enthaltender Mischung 50 cm^3 n-Hexan u. 3 C_2H_5Br, schüttelt 3 Std. im geschlossenen Rohr bei 60°, gibt im Autoklaven 1,9 $TiCl_4$ in 50 cm^3 n-Hexan zu u. bei —80° 12 Propylen u. rührt bei 80°. Der Druck fällt in 40 Std. von 13 kg/cm^2 auf 5 kg/cm^2. Man gibt nach Propylenentfernung 50 cm^3 CH_3OH zu, trennt Hg ab, reinigt je 3 Std. mit 100 cm^3 sd. 30%ig. methanol. HCl u. danach mit 100 cm^3 sd. methanol. HNO_3. Das *Polymere* hat 64% ätherlösl. Anteil u. 8% heptanlösl. Anteil. (**Jap. A. S. 14038/1961** vom 2/7. 1959, ausg. 22/8. 1961.) M. Pankow 7173

2637 Imperial Chemical Industries Ltd, London, England (Erfinder: Hugh Wilma Boulton Reed und Alan John Wilkinson), **Polymerisation von α-Olefinen** unter Verw. eines Katalysators, der aus einer aluminiumorgan. Verb. u. einem Al, Ti u. Cl im Verhältnis 1:3:12 enthaltenden krist. Material, worin Ti 3wertig vorliegt, besteht u. das durch Erhitzen von $TiCl_4$ mit Al auf etwa 100—137° erhalten wird. Beispiele: Polymerisation von Propylen u. Äthylen. Man erhält *Polypropylen mit hohem kristallinem Anteil.* (**E. P. 877050** vom 27/12. 1956, ausg. 13/9. 1961.) L. Stadelmann 7173

2638 Tokuyama Soda Kabushiki Kaisha, Japan, **Herstellung hochpolymerer α-Olefine.** Man polymerisiert oder mischpolymerisiert Äthylen, Propylen u./oder Butylen in Ggw. eines Katalysators aus red. Hydrid, das man durch Rk. von Halogeniden von niederen Valenzen der Metalle der Gruppen IVa—VIa des Period. Syst. mit Metallen der Gruppe I ihren Legg. oder Mischungen in H_2-Atmosphäre erhält; falls diese Halogenide gesätt. Metallhalogenide enthalten, behandelt man sie zusätzlich mit Cyclopentadien oder dessen Derivv., Alkoholen, deren Metallderivv., Cyclopentadiene u. deren Metallderivv. enthaltenden polycycl. Verbb. u. erst danach mit den oben genannten Stoffen der Gruppe I u. läßt sie gleichzeitig oder danach in H_2-Atmosphäre reagieren. — 3,81 (g) $TiCl_4$, 0,95 Na u. 100 ml Toluol werden unter H_2 von 8 kg/cm^2 bei 80—100° 1 Std. umgesetzt, nach Zusatz von 100 ml Bzn. wird kontinuierlich Äthylen bei 80° u. 10—12 kg/cm^2 $2^1/_2$ Std. zugesetzt. Man zersetzt den Katalysator wie üblich mit CH_3OH-HCl: *Polymeres* vom Molgew. 200000. (**F. P. 1281602** vom 4/2. 1961, ausg. 25/5. 1962.) M. Pankow 7173

2639 Farbwerke Hoechst Akt.-Ges. vormals Meister Lucius & Brüning, Frankfurt/M.-Höchst, **Gegen Licht- und Sauerstoffeinwirkung stabilisiertes Polyolefin** durch Zusatz eines Polysulfiddicarbonsäureesters $[ROOC(CH_2)_n]S_m$ (R = Alkyl-, Aryl-, Cycloalkyl- oder heterocycl. Rest; m = 2—4; n = 1—20, bes. 1, 2, 3 oder 4; die $(CH_2)_n$-Gruppen können auch durch aromat. Reste, wie Phenylen-, Cycloalkylenreste oder O-, N- oder S-haltige Ketten ersetzt sein), auch zusammen mit phenolhaltigen Stabilisatoren. — Genannt sind z. B. Diessigsäuredisulfiddiacetylester, -laurylester, Diessigsäuretrisulfid- oder -tetrasulfiddioctyl-, -didodecyl- oder -dioctadecylester, Dipropionsäuretetrasulfiddilauryl- oder -stearylester. (**F. P. 1275650** vom 5/12. 1960, ausg. 5/3. 1962. **Oe. P. 224339** vom 3/12. 1960, ausg. 12/11. 1962. Beide D. Prior. 5/12. 1959.) M. Pankow 7173

2640 Koppers Co., Inc., übert. von: Kenneth W. Doak und Arnold E. Jeltsch, Pittsburgh, Pa., V.St.A., **Fördern der Kristallisation von isotaktischem Polystyrol.** Das Polystyrol wird mit Triarylphosphat oder Dialkylestern von dibas. Säuren, wie Trikresylphosphat oder Dibutylphthalat, gemischt, die Mischung geformt u. auf ca. 160° erhitzt, bis ein Maximum der Kristallisation erreicht ist. (**A. P. 3000845** vom 17/9. 1959, ausg. 19/9. 1961.) F. Markhoff 7173

2641 Phillips Petroleum Co., Del., übert. von: Grant C. Bailey, Bartlesville, Okla., V. St. A., **Katalysator für Propylenpolymerisation,** bestehend aus einer Trägerkombination aus 87(%) SiO_2, u. 13 Al_2O_3, die mit einer 1 mol. wss. Lsg. von CrO_3 getränkt wurde. Nach dem Trocknen bei 300°F wird im trockenen Luftstrom auf 500°, zum Schluß bei 400° in N_2 erhitzt. Anschließend wird die Masse nach 5 Min. bei 250°F mit Chlorgas behandelt. Der so erhaltene Katalysator polymerisiert Propylen bei 150—250°F zu einem festen Prod. bei hoher Ausbeute. — Tabelle. (**A. P. 3007905** vom 21/3. 1958, ausg. 7/11. 1961.) H. Schindler 7173

2642 Eastman Kodak Co., Rochester, N. Y. (Erfinder: Harry W. Cooper jun., Frederick B. Joyner und Newton Henry Shearer jun., Kingsport, Tenn.), V. St. A., **Herstellung kristalliner, fester Polymerer aus Propylen** oder höheren Olefinen mit einem Mischkatalysator aus Al, Ti-Tetrahalogenid u. der Verb. R_3Z (Z = N, P, As, Sb; R = H oder C_{1-12} Alkyl-, Aryl- oder Aralkylrest) oder Amiden, Estern oder Esteramiden der Formel $P(O)Y_3$, PY_3, RCOY u. $RCO(CH_2)_nCOY$ (Y = niederer Alkylaminorest oder niederer Alkoxyrest; R = C_{1-8}-Alkylrest; n = 1—4). — 0,75 (g) eines Katalysators aus $TiCl_4$ u. Al (Mol-Verhältnis 1:1) u. Tributylphosphin (Mol-Verhältnis 0,25) werden 90 Min. unter N_2 bei 200° aktiviert, 51 Propylen zugegeben, u. 4 Std. wird bei 85° geschüttelt: Hochkrist. *Polymeres,* das mit Dibutyläther extrahiert werden kann; D. 0,919. — Vgl. A. PP. **2969345,** 2969346, 2972607 u. 2973348; alle C. **1963, 11830.** (**Jap. A. S. 13937/1961** vom 26/1. 1959, ausg. 21/8. 1961. A. Prior. 31/3. 1958.) M. Pankow 7173

2643 Badische Anilin- & Soda-Fabrik Akt.-Ges., Ludwigshafen/Rh., **Herstellung von Oligomeren von 1.3-Dienen.** Zur Polymerisation der 1.3-Diene, bes. Butadien oder Isopren, verw. man eine Katalysatorsuspension, die durch inniges Vermischen u. Mahlen von Fe^{III}-Halogenid oder einer Ti-Verb. mit Al-Pulver, ggf. zusätzlich mit einem Al-Halogenid u./oder einer Verb., die mit dem Al-Halogenid Komplexe bildet, z. B. Äther, Thioäther, Amine, Alkalihalogenide, Erdalkalihalogenide, Cyanide, vorzugsweise in dem Lsgm. erhalten wird, in dem dann polymerisiert wird. Vorzugsweise wird Bzl. als Lsgm. verwendet. Man erhält z. B. aus Butadien *Cyclododecatrien-(1.5.9), Kp.₇ 85°,* u. aus 2.3-Dimethylbutadien ein gelbes Öl der Formel $(C_6H_{10})_7$. (**E. P. 878120** vom 23/3. 1960, ausg. 27/9. 1961. D. Prior. 24/3. u. 16/7. 1959.) L. Stadelmann 7173

2644 Sumitomo Kagaku Kôgyô Kabushiki Kaisha, Ôsaka (Erfinder: Kinichi Fukui, Yukio Yuasa, Katao Shimizu, Masaaki Hirooka und Kiyoshi Yasuno, Kyôto), Japan, **Polymerisieren von Olefinen** bei 120—190° mit einem Katalysator aus Vanadylhalogenid u. Äther. — Zu 0,87 g $VOCl_3$ u. 1,35 Al-Pulver gibt man 10 ml n-Heptan u. 44 kg/cm^2 Äthylen im 50 ml-Autoklaven; bei 135° beginnt Druckabfall. Man hält 2 Std. bei 160°. Bei Raumtemp. sind noch 17 kg/cm^2 Druck vorhanden: 3,5 g festes Rk.-Prod., F. 130—138°. (**Jap. A. S. 13940/1961** vom 20/4. 1959, ausg. 21/8. 1961.) M. Pankow 7173

2645 Kôgyô Gijutsu Inchô (Erfinder: Yoshinobu Hosaka, Masaaki Takehisa, Yôkichi Urano und Masahiko Yasumoto, Tôkyô), Japan, **Äthylenpolymerisation** mit Initiatoren, wie Peroxiden oder Hydroperoxide, u. Bestrahlen mit ionisierenden Strahlen zur Abkürzung der Induktionsperiode. — 0,04% O_2 enthaltendes, dest. Äthylen wird mit 0,6 m Mol Di-[tert.-butyl]-peroxid versetzt u. mit 6,5 Megarad 144 Std. bei

40° u. 80 at bestrahlt: Die Polymerisation setzt ohne Induktionsperiode ein. (**Jap. A. S. 13938/1961** vom 1/4. 1959, ausg. 21/8. 1961.) M. Pankow 7173

2646 Monsanto Chemical Co., St. Louis, Mo., V. St. A., **Äthylenpolymerisation** bei höherem Druck u. in Ggw. von Polymerisationskatalysatoren, wie Lauroylperoxid, in einem Rk.-Rohr. Längs des Rk.-Rohres sind Einlässe angebracht, durch die zusätzliche Mischungen aus Äthylen u. Beschleuniger eingesprüht werden. (**Jap. A. S. 14147/1961** vom 17/12. 1959, ausg. 23/8. 1961. A. Prior. 17/12. 1958.) M. Pankow 7173

2647 Eastman Kodak Co., Rochester, N. Y., V. St. A. (Erfinder: David Carlock Hull, William Raymond Saunders und Robert J. Schrader), **Herstellung von Äthylenharz.** Man polymerisiert Äthylen zuerst mit einem Peroxydicarbonat RO · CO · O · O · CO · OR' (R u. R' = Alkyl-, Aralkyl-, Cycloalkylrest) als Katalysator bei 140—190° u. danach mit einen anderen Peroxykatalysator (aber kein Peroxydicarbonat) bei 190—270°, z. B. so, daß Rk.-Zonen von 165—185°, 190—210° u. 245—265° entstehen. Man erhält so Telomere, die Carboxygruppen an der Polymerisatkette enthalten. Sie sind transparent, lassen sich gut bedrucken, sind fest gegen Oxydation u. Blocking. Man kann z. B. mit einem zylindr. Rührgefäß arbeiten, in das man eine Mischung aus Äthylen (**I**) u. Diisopropylperoxydicarbonat u. getrennt **I** von 1300 at u. in die untere Hälfte des Gefäßes Di-[tert.-butyl]-peroxid einleitet. — 2 Zeichnungen. — Das Polymere kann mit Wachs gemischt u. auf *Filme Überzüge* u. Preßmassen verarbeitet werden. (**Jap. A. S. 13646/1961** vom 31/3. 1960, ausg. 17/8. 1961. **F. P. 1264148** vom 23/6. 1960, ausg. 13/10. 1961. Beide A. Prior. 26/6. 1959.) M. Pankow 7173

2648 Anaconda Wire and Cable Co., New York, N. Y., übert. von: Allen C. Bluestein und Richard F. Grossman, Marion, Ind., V. St. A., **Vernetzen von Polyäthylen.** Ein normalerweise festes Äthylenpolymerisat wird mit einer kleineren Menge eines Chinhydrons (**I**) u. alkal. Ruß, der bei Suspendierung in W. diesem pH-Wert 8—10 verleiht, innig gemischt. Die Mischung wird dann auf eine Temp. erhitzt, bei welcher **I** Radikale bildet, wodurch eine Vernetzung eintritt. Als **I** werden z. B. p-Benzochinon — Hydrochinon, Tetrachlorbenzochinon–p-Benzochinondioxion, p-Benzochinon–p-Phenylendiamin verwendet, als Weichmacher z. B. ein Mischpolymerisat von Butadien u. Styrol. (**E. P. 875734** vom 13/1. 1960, ausg. 23/8. 1961. A. Prior. 26/6. 1959. **A. P. 3036982** vom 26/6. 1959, ausg. 29/5. 1962.) F. Markhoff 7173

2649 Anaconda Wire and Cable Co., New York, N. Y., V. St. A., **Herstellen eines mit einem Pigment versehenen, vernotzten Polyäthylens.** Polyäthylen wird mit einem Pigment, wie Lithopone oder Sb_2O_3, sowie einer beim Erhitzen Radikale liefernden Verb., wie organ. Peroxid, z. B. Di-α-cumylperoxid, vermischt u. dann der Einw. von γ-Strahlen oder Neutronen ausgesetzt oder zur Aufspaltung des Peroxids erhitzt, wobei eine Vernetzung der Polyäthylenkette unter Einschluß des Pigments eintritt. (**E. P. 876011** vom 8/2. 1960, ausg. 30/8. 1961. A. Prior. 17/4. 1959.) F. Markhoff 7173

2650 Union Carbide Canada Ltd., Toronto, Canada, **Gegen Druckrisse widerstandsfähige Polyäthylene** bestehen aus normalerweise festem Polyäthylen in Mischung mit 1,5—12 Gew.-% eines in trocknendem Öl lösl. Kondens.-Prod. eines Phenols u. eines aliphat. Aldehyds, wie p-[tert.-Butyl]-phenol u. HCHO, mit einem Zusatz von Ruß u. einem Antioxydationsmittel für Polyäthylen, wie N.N'-Diphenyl-p-phenylendiamin. (**E. P. 877128** vom 8/4. 1960, ausg. 13/9. 1961. Can. Prior. 10/4. 1959.) F. Markhoff 7173

2651 Union Carbide Corp., New York, N. Y., V.St.A. (Erfinder: Joseph N. Craver jun.), **Behandeln der Oberfläche einer biegsamen, selbsttragenden Folie mit einem reaktionsfähigen Gas.** Um eine Folie, z. B. aus Polyäthylen, bedruckbar u./oder heiß siegelbar zu machen, zieht man eine Folie über einen hohlen Dorn, durch den das Gas, z. B. Cl_2, strömt, wobei der Dorn eine längliche Öffnung besitzt, die von der Folie überdeckt wird, so daß das Gas mit der einen Seite der Folie in Berührung kommt. Eine UV-Lampe kann angebracht werden, welche mit ca. 2800—4000 Å Folie u. Öffnung bestrahlt. — 4 Zeichnungen. (**E. P. 882008** vom 30/6. 1960, ausg. 8/11. 1961. A. Prior. 1/7. 1959.) K. Sarre 7173

2652 Adolphe Chapiro und Michel Magat, **Herstellung von Pfropfpolymerisaten,** dad. gek., daß man Polyperhalogenolefine, bes. Polytetrafluor- u. Polychlortrifluoräthylen, in Ggw. von Monomeren (**I**), bes. Styrol oder Isopren, u. ggf. in Ggw. eines Lsgm. für **I** der Einw. ionisierender Strahlen, bes. γ-Strahlen, bei ca. 40° unterwirft. (**Aust. P. 234698** vom 27/10. 1958, ausg. 17/8. 1961. F. Prior. 26/10. 1957, 31/1. u. 12/2. 1958.) C. Lüttgen 7173

2653 Monsanto Chemical Co., St. Louis, Mo., übert. von: Robert A. Isaksen, Chicopee Falls, und Edmund H. Merz, Wilbraham, Mass., V. St. A., **Gleichachsig orientiertes Polyvinylchlorid** mit einer Zugfestigkeit > 50000 p.s.i. u. Schrumpffestigkeit. Kristallisierbares Polyvinylchlorid mit einem Geh. von ≦ 20% Lsgm., wie Cyclohexanon, wird in W. von ca. 100° eine Streckung um 500—700% der ursprünglichen Länge unterworfen u. dann bei 150—180° bis zu 30 Min. in dem gestreckten Zustand gehalten. — Diagramme. (**A. P. 2984593** vom 31/8. 1959, ausg. 16/5. 1961.) F. Markhoff 7173

2654 Mitsubishi Monsanto Kasei Kabushiki Kaisha, Tôkyô (Erfinder: Takuji Slumizu, Toyonaka), Japan, **Nichtentflammbare Filme oder Platten aus Polyvinyl- oder -vinylidenchlorid** durch Zusatz von 10—60, bes. 20—60 Gew.-% der NH_4-, Na-, K-, Ca- oder Mg-Salze von H_3PO_4, H_2SO_4, Phenol, HCl, Bicarbonat oder deren Doppelsalzen. — Zu 100 (Teile) Vinylchloridharz, 20 chloriertem Paraffin, 25 Trikresylphosphat, 5 Bleiweiß, 0,5 Stearinsäure u. 0,6 Ruß werden nach dem Trocknen 40 NH_4Cl in möglichst feiner Pulverform gegeben. Man erhitzt auf 160—170° u. walzt zu Filmen aus. (**Jap. A. S. 5544/1961** vom 1/9. 1958, ausg. 24/5. 1961.) M. Pankow 7173

2655 Argus Chemical Corp., übert. von: Otto S. Kauder, Jamaica, und Norman L. Perry, Seaford, N. Y., V. St. A., **Stabilisator für Polyvinylchloridharze** zur Erhöhung der Hitzebeständigkeit aus 15—25 (Teilen) Ca-Benzoat, 10—25 Zn-Salzen von gemischten Fettsäuren, wie Cocusnußöl- u. Talgfettsäuren, u. 50—75 Glycerin. (**A. P. 3003998** vom 15/3. 1960, ausg. 10/10. 1961.) F. Markhoff 7173

2656 Argus Chemical Corp., übert. von: Otto S. Kauder, Jamaica, und Norman L. Perry, Seaford, N. Y., V. St. A., **Stabilisator für Polyvinylchloridharze** aus je 25—40 (Teilen) von Ca- oder Zn-Salzen gemischter Fettsäuren u. 20—50 Sorbit. Die Fettsäuren sollen von eßbaren Fetten oder Ölen stammen, wie Kokosnußöl- oder Baumwollsaatöl Der Zusatz bewirkt bes. eine Erhöhung der Hitzebeständigkeit. (**A. P. 3003999** vom 15/3. 1960, ausg. 10/10. 1961.) F. Markhoff 7173

2657 Chemische Werke Witten G.m.b.H., Witten (Erfinder: Franz Blaschke), **Plastische Massen aus Polyvinylchlorid.** Als Weichmacher dienen Hydroxypolyester aus Sebacinsäure u. Äthylenglykol mit einem Molgew. > 8000, die bei Raumtemp. fest sind. (**F. P. 1291421** vom 8/6. 1961, ausg. 19/9. 1962. **Oe. P. 224915** vom 4/4. 1961, ausg. 27/12. 1962. Beide D. Prior. 3/8. 1960.) M. Pankow 7173

2658 Naigai Gomu Kabushiki Kaisha (Erfinder: Yasunosi Takaoka), Kôbe, Japan, **Herstellung von Polyvinylchloridhartschaum.** 10—40 (Gew.-%). Polyvinylchlorid(I)-Gel werden mit 90—60 einer Mischung aus **I**, Blähmittel u. flüchtigem Lsgm. gemischt, in der Form erhitzt u. in Schaum übergeführt, schließlich wird restliches Lsgm. entfernt. — Man walzt eine Mischung aus 10 (Gew.-Teilen) **I**, 1 Stabilisierungsmittel u. 30 Acrylnitrilkautschuk auf der 140—150° heißen Walze zu einer gelförmigen Platte. Ferner werden 80 **I**, 4 Stabilisiermittel, 10 Dioctylphosphat, 20 Azobisisobutyrodinitril u. 40 Methylisobutylketon gemischt. Die Paste wird auf der 20—30° warmen Walze mit dem Gel zu einer tonartigen Masse verwalzt, in der Form unter Druck auf

170—180° erhitzt, auf 30—40° abgekühlt, frei bei 100—110° expandiert u. das Lsgm. bei 55—65° in > 24 Std. entfernt. (**Jap. A. S. 13928/1961** vom 17/3. 1959, ausg. 21/8. 1961.) M. Pankow 7173

2659 Kurcha Kasei Kabushiki Kaisha, Tôkyô (Erfinder: Seiji Narita, Yono, und Akira Yajima, Tôkyô), Japan, **Herstellung von Formkörpern aus Polyvinylidenchloriden** durch Schmelzen unterhalb der Zers.-Temp., Extrudieren, Halten bei 20—140°, wonach zur Bldg. von 0,2—10 μ großen Kristallen direkt oder nach Abkühlung auf eine das Kristallwachstum erschwerende Temp. bei 20—80° gestreckt wird. — Man schmilzt Vinylidenchlorid-Vinylchlorid (90:10%)-Mischpolymerisat bei 180°, spritzt zu 2 cm breiten 1 mm starken langen Bändern, läßt bei 100° Kristalle von 1,5—3,2 μ ⌀ in 15—30 Sek. bilden, kühlt auf 0° u. streckt um 400°; Festigkeit der Folien 11,35—11,8 kg/mm². (**Jap. A. S. 14392/1961** vom 29/1. 1959, ausg. 25/8. 1961.) M. Pankow 7173

2660 W. R. Grace & Co., Cambridge, Mass., V. St. A., **Aschefreie Mischpolymerisate des Vinylidenchlorids.** Man rührt den Emulsionsmischpolymerisatlatex, der eine Temp. von 0—10° haben soll, zusammen mit einer höchstens 5%ig., bes. unter 1%ig., wss. Lsg. eines Koagulierungsmittels, bes. $Al_2(SO_4)_3$ oder $CaCl_2$, von 20—25° in das verd. wss. Fällungsbad, das eine Temp. von 20—25° hat, ein u. erhitzt dann ggf. zur Kristallisation oder Körnung des Polymerisats auf 60°. — Beispiele: Mischpolymerisate aus 75% Vinylidenchlorid u. 25% Vinylchlorid. Verw. zur Herst. von *Verpackungsfilmen.* (**E. P. 879008** vom 8/1. 1960, ausg. 4/10. 1961. A. Prior. 9/1. 1959.) L. Stadelmann 7173

2661 National Distillers and Chemical Corp., V. St. A. (Erfinder: John F. Noleis und Charles E. Frank), **Herstellung von Dialkylestern der 2.5-Diphenyladipinsäure (I)** durch Verestern von I mit geraden oder verzweigten C_{1-18}-Alkanolen, bes. CH_3OH, A., 2-Äthylhexanol, Isobutanol, 2-Methylpentanol oder Isoamylalkohol, in einem inerten Lsgm., bes. Bzl., Toluol oder Perchloräthylen, in Ggw. eines Katalysators. — I-*Dimethylester*, F. 124—134° (CH_3OH): Aus I wird durch Einleiten von CH_3OH bei 225° oder Lösen in CH_3OH bei 71° in Ggw. von H_2SO_4 oder p-Toluolsulfonsäure ein Gemisch des meso-*Esters* (F. 136—137°) u. des *Racemates* (F. 124—126°) erhalten. Analog: *Diäthylester*, F. 108—109° (A.). *Diisobutylester*, F. 78—84° (CH_3OH). *2-Methylpentylester*, F. 54—64° (CH_3OH). — *Weichmacher* für Polyvinylharze; *Schmiermittel*. (**F. P. 1244311** vom 16/1. 1959, ausg. 23/1. 1961. A. Prior. 17/1. 1958.) G. Colsmann 7173

2662 Farbwerke Hoechst Akt.-Ges. vormals Meister Lucius & Brüning, Frankfurt/M.-Hoechst, **Herstellung wasserlöslicher modifizierter Polyvinylalkohole** mit mindestens 50 Gew.-% an Vinylalkoholeinheiten. Man verseift ein in homogener Phase hergestelltes Pfropfpolymerisat von Vinylestern auf Polyalkylenglykolen oder estert das Prod. um. — 89 (Gew.-Teile) Vinylacetat, 10 Polyäthylenglykol (Molgew. 4000) u. 1 Dibenzoylperoxid werden gemischt, 5—10 der Lsg. bei 80° anpolymerisiert, in 2 Std. wird die restliche Lsg. zugesetzt u. 1—2 Std. die Temp. bis 90° gesteigert. Zu 168,7 15 Gew.-%ig. methanol. NaOH gibt man eine Lsg. von 565 des Pfropfpolymeren in 1695 CH_3OH u. 753 PAe. (Kp. 60—90°), rührt 3 Std. bei 20° u. erhält nach Abfiltrieren einen in W. schnell lösl. *Polyvinylalkohol* mit 0,9% Restacetylgehalt. (**Oe. P. 221811** vom 3/7. 1959, ausg. 25/6. 1962.) M. Pankow 7173

2663 Shinnippon Chisso Hiryô Kabushiki Kaisha, Osaka (Erfinder: Takeo Igarashi, Minoru Shimizu und Hitoshi Takaki, Minomata), Japan, **Vinylformiatsuspensionspolymerisation** in W. oder anorgan. neutralen Salzlsgg. mit Organo-B-Verbb. als Katalysator u. ggf. unter Zusatz von O_2 oder O-Verbindungen. — Zu 6 mg Polyvinylalkohol in 40 (g) W. gibt man 0,12 $(C_2H_5)_3B$ in 20 Vinylformiat u. 0,11 30%ig. H_2O_2-Lsg. u. rührt 1,5 Std. bei 20°: 0,2—0,7 mm große Polymerisationskörner; gut verseifbares Polymeres. (**Jap. A. S. 14039/1961** vom 6/5. 1959, ausg. 22/8. 1961.) M. Pankow 7173

2664 Fuji Shashin Film Kabushiki Kaisha (Erfinder: Tashio Chiba und Teruhiko Yonezawa), Kanagawa, Japan, **Herstellung gefärbter Hochmolekularer** durch Rk. des Mischpolymerisats aus Maleinsäureanhydrid u. Vinylestern oder -halogeniden oder -ketonen nacheinander mit prim. Amin u. Essigsäureanhydrid. — 1 (Teil) Maleinsäureanhydrid-Vinylacetat-Mischpolymerisat wird in 20 Aceton mit 2 n-Butylamin vermischt. Das ausfallende Polymere wird mit 1 Essigsäureanhydrid kurze Zeit erhitzt, wobei es sich färbt. Man fällt die erhaltenen Lsg. mit Bzl.; größte Absorption bei 555 mμ. (**Jap. A. S. 13547/1961** vom 18/11. 1959, ausg. 16/8. 1961.) M. Pankow 7173

2665 Shawinigan Chemicals Ltd., Montreal, Canada (Erfinder: Leo Marcel Germain), **Herstellen eines in der Wärme härtbaren Films für Bänder zum Splissen.** In einer Lsg. von Polyvinylacetat z. B. in Bzl. oder Toluol, werden 3—10 Gew.-% $FeCl_3$ oder $SnCl_4$ gelöst u. diese Lsg. in dünner Schicht auf eine glatte Oberfläche gegossen. Nach dem Verdampfen des Lsgm. < 175°F bleibt ein trockner Film aus dem härtbaren Polyvinylacetat zurück. (**E. P. 878287** vom 15/7. 1960, ausg. 27/9. 1961. Can. Prior. 17/7. 1959.) F. Markhoff 7173

2666 Air Reduction Co., Inc., New York, N. Y., übert. von: Alio J. Buselli, New Providence, und Thomas F. Rutledge, Madison, N. J., V. St. A., **Herstellung von Vinylstearat** durch Rk. eines Vinylesters (Vinylpropionat, -butyrat, -valerat, -hexanoat, -heptanoat oder bes. -acetat) mit Stearinsäure (**I**) in Ggw. eines Umesterungskatalysators aus einer Hg-Verb. (HgO, Hg-Acetat oder -Stearat) u. einer geringen Menge Säure, wie 0,0031—0,0046, bes. 0,0039 Mol H_2SO_4 auf 1 Mol **I** (oder auch H_3PO_4, p-Toluolsulfonsäure oder Trifluoressigsäure) bei 75—85°, bes. 78—80°, zweckmäßig im kontinuierlichen Verf. bis etwa zum Gleichgewicht von z. B. $CH_3COOCH{=}CH_2 + C_{17}H_{35}COOH \rightleftharpoons C_{17}H_{35}COO \cdot CH = CH_2 + CH_3COOH$ bei gleichzeitiger Entfernung der gebildeten Essigsäure, indem dampfförmiges Vinylacetat durch das Rk.-Gemisch geleitet wird. Nach Nautralisierung des Katalysators mittels $Ca(OH)_2$ (oder MgO, $MgSiO_4$, Na- oder Ca-Acetat) u. Entfernung der flüchtigen Bestandteile (Vinylacetat u. etwas Essigsäure) zweckmäßig unter Vakuum wird Vinylstearat aus dem Gemisch mit **I** u. Katalysator mittels eines C_{1-7}-Paraffin-KW-Stoffes, bes. n-Pentan, bei < 15°, bes. 1—2°, extrahiert, u. der so erhaltene Extrakt zwecks Entfernung von Verunreinigungen nacheinander durch 3 Schichten aus MgO, $MgSiO_4$ u. akt. Kohle geleitet, worauf das Lsgm. (Pentan) vom reinen Vinylstearat abdest. wird. — Bes. gute Polymerisationseigenschaften. — Vorrichtung. (**A. P. 2949480** vom 27/8. 1956, ausg. 16/8. 1960. **E. P. 869830** vom 21/8. 1957, ausg. 7/6. 1961. A. Prior. 27/8. 1956.) W. Gräger 7173

2667 Asahi Kasei Kôgyô Kabushiki Kaisha, Ôsaka (Erfinder: Yoshisato Fujisaki, Toshio Ôfuka und Kusuo Kawarasaki, Nobeoka), Japan, **Polymerisieren von Acrylnitril** in wss. Lsg., die Perschwefelsäureionen, Cu-Ionen u. Ketohexonsäurelacton (Ascorbinsäure, deren Alkalisalze, Arabon-, Ramno-, 6-Desoxyascorbinsäure) im Gewichtsverhältnis Cu-Ion : Ketohexonsäurelacton = 0,01 bis $150 \cdot 10^{-4}$:1 enthält. — 180 (g) W., 15 Acrylnitril, 0,6 $(NH_4)_2S_2O_8$, 0,15 l-Ascorbinsäure u. $2{,}8 \cdot 10^{-4}$ $CuSO_4$ werden mit H_2SO_4 auf pH 2 reguliert u. unter N_2 im geschlossenen Rohr 1 Std. bei 45° gehalten (Ausbeute 12,5 g) oder 5 Std. bei 45° gehalten (Ausbeute 14,6 g). (**Jap. A. S. 14044/1961** vom 6/11. 1959, ausg. 22/8. 1961.) M. Pankow 7173

2668 Zaidan Hôjin Nippon Hôshasen Kôbunshi Kenkyu Kyôkai, Tôkyô (Erfinder: Seizô Okamura und Kôichirô Hayashi, Kyôto), Japan, **Anionisches Polymerisieren von Acrylnitril oder Methylmethacrylat** < 0° mit Lsgm. aus Aminen, Amiden oder NH_3 u. Bestrahlen mit ionisierender Strahlung. — Man gibt 5 (g) NH_3 in 2 cm³ Acrylnitril, bestrahlt bei —78° 108,2 Std. mit $6{,}4 \cdot 10^3$ r/Std. γ-Strahlen u. erhält 0,031 g

Polymeres. (**Jap. A. S. 14045/1961** vom 9/11. 1959, ausg. 22/8. 1961.) M. Pankow 7173

2669 Teikoku Jinzô Kenshi Kabushiki Kaisha, Ôsaka (Erfinder: Hideo Nagao, Moriya Urhida, Takashi Tanabe und Toshirô Teramoto, Iwakuni), Japan, **Polyacrylnitrillösungen** in Dimethylformamid, die zur Vermeidung der Viscositätserhöhung u. Färbung 0,1—5% eines nicht ion. oberflächenakt. Stoffes (Polyoxyäthylenoctyl- oder -lauryläther, Butyl-, Nonyl-, Lauryl-, Octylphenol) enthalten. (**Jap. A. S. 13740/1961** vom 4/6. 1959, ausg. 18/8. 1961.) M. Pankow 7173

2670 Farbwerke Hoechst Akt.-Ges. vormals Meister Lucius & Brüning, Frankfurt/M.-Hoechst, **Stabilisieren von Vinylchlorid-Acrylsäureester-Mischpolymerisaten** mit bekannten Pb-Stabilisatoren u. Vernetzungsverhinderern in Form von heterocycl. Mercaptoverbb., die in Nachbarstellung zu dem C-Atom, das die Mercaptogruppe trägt, 1 oder 2 N-Atome besitzen, z. B. 2-Mercaptoimidazol, 2-Mercaptoimidazolin, 2-Mercaptobenzimidazol (I), 2-Mercaptobenzthiazol. — So verwendet man in 100 (g) eines Vinylchlorid-2-Äthylhexylacrylat-(80:20 Gew.-Teile)-Mischpolymerisats 3 3PbO · $PbSO_4 \cdot H_2O$, 1 Pb-Stearat, 2 Polyäthylen u. 0,2 I. (**F. P. 1263863** vom 22/4. 1960, ausg. 11/10. 1961. **Oe. P. 221817** vom 20/4. 1960, ausg. 25/7. 1962. Beide D. Prior. 22/4. 1959.) M. Pankow 7173

2671 Masatoshi Motoyoshi, Tôkyô, Japan, **Polymerisieren von Methacrylsäureestern** bei verringertem Druck. — Man gibt 0,2% Benzoylperoxid enthaltendes Methylmethacrylat zwischen 2 Glasplatten, die mittels Polyvinylchloriddichtung in 5 mm Abstand gehalten werden, verschließt die Form u. hält unter 400 mm u. bei 60° 2 Std. 50 Min.; blasenfreies Polymeres. (**Jap. A. S. 14043/1961** vom 2/10. 1959, ausg. 22/8. 1961.) M. Pankow 7173

2672 Nippon Denshin Denwa Kôsha (Erfinder: Haruaki Watanabe und Seinosuke Sono, Tôkyô), Japan, **Polymerisieren von Methylmethacrylat** mit einem Katalysator, den man erhält, wenn man eine äther. Lsg. von Grignard-Reagenz im N_2-Strom mit gesätt. KW-Stoff als Lsgm. unter Rühren bis zur Dest.-Temp. des Lsgm. erhitzt u. nach Beseitigung des Ae. die abgetrennte Fl. oder deren Mischung ggf. mit organ. Verbb. von Metallen der Gruppe 3 (Trialkyl-B oder -Al) versetzt. — Aus 3 (g) Mg, 17,1 Isobutylbromid u. 20 Ae. hergestelltes Grignard-Reagenz wird im N_2-Strom mit 50 cm^3 Heptan verrührt u. 15 Min. bei 40° gehalten, 5 Min. stehen gelassen, die überstehende Fl. abgezogen, der Rückstand mit 10 cm^3 Heptan gewaschen u. das Heptan nach Absetzen mit der vorherigen Fl. vereinigt. 2 cm^3 dieser Fl. gibt man zu einer Mischung von 9,7 Methylmethacrylat u. 2 cm^3 Hexan von —30°: Temp.-Anstieg auf 19°. Man rührt 25 Min. *Polymeres* mit Molgew. 158000, Stereoblockpolymeres. (**Jap. A. S. 12793/1961** vom 15/5. 1958, ausg. 7/8. 1961.) M. Pankow 7173

2673 Tôyô Bôseki Kabushiki Kaisha, Ôsaka (Erfinder: Osamu Ishiwari, Kazuo Watanabe und Yoshikazu Arimatsu, Shiga), Japan, **Polymerisieren von Methylolacrylamid** in Lsg. oder Emulsion nach Zusatz von 0,005—1% (des Monomeren) einer Carbonsäure (Oxal-, Wein-, Citronen-, Glykolsäure) durch Bestrahlen mit UV-, γ- oder IR-Strahlen: Wärmehärtbares Polymeres, gegen Säuren u. Alkalien u. organ. Lsgm. fest. — Zu einer 50%ig. Lsg. von Methylolacrylamid in W. gibt man 0,3% (des Monomeren) Oxalsäure u. bestrahlt mittels Hg-Lampe mit UV 2 Std. bei 100°, wobei das W. entfernt wird: Hartes, gegen Chemikalien beständiges *Harz.* (**Jap. A. S. 14149/1961** vom 11/12. 1959, ausg. 23/8. 1961.) M. Pankow 7173

2674 Esso Research and Engineering Co., V. St. A. (Erfinder: Anthony H. Gleason), **Herstellung von Cyclododecatrien-(1.5.9)-ylbernsteinsäureanhydrid** u. a. Addukte aus 1—10 (Mol) Cyclododecatrien-(1.5.9) u. 1 Maleinsäureanhydrid, ggf. in 0—20 eines aromat. oder äther. Lsgm., bes. Bzl. oder Dioxan, durch 15—30std. Rk. bei 5—50 at u. 170—200°. Das Molgew. eines so erhaltenen Prod. beträgt 450—1500. — *Kunststoffe, Sikkative.* (**F. P. 1248259** vom 4/2. 1960, ausg. 2/3. 1961. A. Prior. 2/3. 1959.) G. Colsmann 7173

2675 Goodyear Tire & Rubber Co. (Erfinder: Howard Kenneth Foley jun.), **Verhindern der Bildung von Sproßpolymerisaten,** dad. gek., daß man aus dem bei der Emulsionspolymerisation von Dien-Monomeren anfallenden Latex die nicht in Rk. getretenen Monomeren (I) in Ggw. von 0,0005—1% (bezogen auf I) Hydrazin oder unsymmetr. Dimethylhydrazin entfernt. (**Aust. P. 234565** vom 22/6. 1959, ausg. 3/8. 1961.) C. Lüttgen 7173

2676 Koppers Co., Inc., übert. von: Barrymore T. Larkin, Slickville, und William E. St. Clair, Pittsburgh, Pa., V. St. A., **Kunstharze.** Um bei Novolaken den F. zu erhöhen, ohne daß sie unlösl. u. unschmelzbar werden, entwässert man sie, die durch Kondens. von einwertigen Phenolen mit Aldehyden im Molverhältnis 1:0,6—1 in Ggw. eines sauren Katalysators hergestellt sind, bei 110°. Die so erhaltenen Novolake werden dann bei 110° mit soviel Paraformaldehyd (**I**) in kleinen Portionen versetzt, ohne daß die Menge des **I** jeweils die Fähigkeit der Novolake, mit **I** zu reagieren, übersteigt, bis der F. erhöht ist, z. B. von 60 auf 120°, was durch laufende Probenentnahme kontrollierbar ist. — Diagramme. (**A. P. 3005797** vom 13/1. 1958, ausg. 24/10. 1961.) K. Sarre 7177

2677 Armstrong Cork Co., Lancaster, übert. von: David A. Feigley jun., Manor Township, Pa., V. St. A., **Farbbesserung von Phenol-Formaldehyd-Harzen.** Um das Dunkelwerden zu vermeiden, setzt man den Harzen 0,2—1 Gew.-% Glyoxal zu u. härtet in üblicher Weise. (**A. P. 3005798** vom 8/9. 1958, ausg. 24/10. 1961.) K. Sarre 7177

2678 Borden Co., New York, N. Y., übert. von: John M. Hine und John F. Miller, Seattle, Wash., V. St. A., **Phenol-Aldehyd-Kondensationsverfahren.** Man kondensiert ein Gemisch aus 1 Mol Phenol, 3.5-Xylenol oder m-Kresol, 1—3 Mol CH_2O, W. u. einem schwerlösl. Katalysator, wie Oxiden oder Hydroxiden des Mg. Ca, Zn oder Be, wobei man pH 5,2—7,6 aufrecht erhält, bis sich ein in W. lösl. Kondens.-Prod. gebildet hat u. der Geh. an freiem CH_2O nur noch langsam abnimmt. Dann gibt man 0,15—1,15 Mol eines Alkalimetallhydroxids hinzu u. erhitzt weiter, bis man ein Kondens.-Prod. von erhöhter Viscosität erhält, das in W. unlösl., lösl. in A. u. in der Alkalilsg. ist. Durch diese 2stufige Verf. erhält man schnell härtende, aber trotzdem lagerbeständige Kondens.-Prodd., die bes. zur Herst. von *Schichtkörpern* geeignet sind. (**A. P. 2988536** vom 21/8. 1956, ausg. 13/6. 1961.) K. Sarre 7177

2679 Union Carbide Corp., New York, N. Y., V. St. A. (Erfinder: James Harding), **Verbesserte Phenol-Formaldehyd-Harze.** Mit W. verdünnbare, hitzehärtbare Phenol–CH_2O-Harze werden durch Zusatz kleiner Mengen von Polyacrylsäureamid (**I**) bzgl. ihrer Bindefähigkeit für Glas- u. Mineralfasern verbessert. Man verwendet z. B. 0,005—1 Gew.-% **I**, dessen Amidgruppen zu 0,5—40% hydrolysiert sind, ggf. hydrolysierte N-alkylsubstituierte **I**, z. B. N.N-Dimethyl-**I** oder ein ggf. hydrolysiertes Copolymeres, z. B. aus Acrylsäureamid u. dessen N-[Dimethylaminopropyl]-Verbindung. (**E. P. 878034** vom 6/3. 1959, ausg. 20/9. 1961. A. Prior. 7/3. 1958.) K. Sarre 7177

2680 Tonwell Pty. Ltd. (Erfinder: Alan Jack Johnston und John Bernard Hamann), **Herstellung von modifizierten Phenol-Formaldehyd-Harzen,** dad. gek., daß man diese mit 1—20% der bei der Dest. von Styrolmonomeren anfallenden Kolonnenrückstände durch Erhitzen auf 120—160° umsetzt. — Verw. in Pulverform zur Herst. von Formkörpern. (**Aust. P. 234653** vom 15/5. 1959, ausg. 10/8. 1961.) C. Lüttgen 7177

2681 Heyden Newport Chemical Corp., übert. von: William M. Kraft, Verona, N. J., V. St. A., **Dipentaerythritester** erhält man durch Rk. von Pentaerythrit (**I**) 1—3, bes. 1—2 (Mol) einer Fettsäure mit 6—18 C-Atomen, Benzoesäure oder deren Mischungen bei 150 bis

230° u. Entfernen von 1 W. je Mol Carbonsäure u. anschließende Abspaltung von 0,4—0,8, bes. 0,45—0,65 W. je Mol **I** bei 150—230° in Ggw. eines Wasserabspaltungskatalysators (H_2SO_4, H_3PO_4, Pyrophosphorsäure, p-Toluolsulfonsäure). — Aus 1 techn. **I** (enthält 12% Di-**I**) u. 1,3 Sojabohnenölfettsäuren in Ggw. von 2 g H_3PO_4 bei 220° unter Abspaltung von 1,75 W. (1,3 Esterwasser + 0,45 **I**-W.) → *Dipentaerythritester*, daraus mit 0,28 Sojabohnenölfettsäure u. 1 Phthalsäureanhydrid bei 230° bis SZ. < 10 → *Alkydharz*. — **I** + Benzoesäure → *Dipentaerythrithexabenzoat*, aus Bzl. F. 183—184°. — **I** + $2CH_3\cdot(CH_2)_4COOH$ → $CH_3(CH_2)_4COOCH_2C(CH_2OH)_2CH_2OOC\cdot(CH_2)_4CH_3$. — $2C_{17}H_{33}COOCH_2C(CH_2OH)_2CH_2OOCC_{17}H_{33}$ → $C_{17}H_{33}COOCH_2C(CH_2OH)(CH_2OOCC_{17}H_{33})CH_2OCH_2\cdot C(CH_2OH)(CH_2OOCC_{17}H_{33})_2$. Zur Veresterung sind auch Fettsäuren trocknender oder halbtrocknender Öle geeignet. Durch Rk. derÄtherester mit Dicarbonsäuren entstehen *Alkydharze*. (**A. P. 2985601** vom 22/8. 1955, ausg. ausg. 23/5. 1961.) G. Krauß 7177

2682 Dow Chemical Co., Midland, Mich., V. St. A. (Erfinder: Alexej B. Boccovec), **Polymerisieren von niederen Olefinoxiden** mit ≦4 C-Atomen im Mol. allein oder in Mischung mit anderen Olefinoxiden, wie Äthylen-, Chlorpropylen-, Isobutylenoxid, 1.2-Epoxybutan, 2.3-Epoxybutan u./oder Styroloxid. Nachtrag zu E. P. 842427; C. **1961**, 8497. In der Formel $Fe(OH)_x(OZ)_{3-x}$ kann Z auch einen aromat. Rest bedeuten, z. B. teilweise verseiftes Fe-Phenolat, -m-Kresolat, -Xylenolat oder p-[tert.-Butyl]-phenolat. (**Jap. A. S. 13941/1961** vom 25/8. 1958, ausg. 21/8. 1961.) M. Pankow 7177

2683 Zaidan Hôjin Nippon Kagaku-Seni Kenkyûjo, Kyôto (Erfinder: Junji Furukawa, Teiji Tsusuta und Takeo Gaegusa, Kyôto, und Genjirô Kakogawa, Ôsaka), Japan, **Polymerisieren von Äthylenoxid** mit einem Katalysator aus Organo-Zn-Verb. u. Al_2O_3 oder SiO_2–Al_2O_3. — 5 g 15 Std. bei 500—600° calciniertes Al_2O_3-Pulver u. 15 cm^3 Bzl. werden mit 1,25 cm^3 $(C_2H_5)_2Zn$ unter N_2 1 Std. bei 80° u. mit 11 g Äthylenoxid nach anfänglicher Wärmeentw. 20 Std. bei Raumtemp. gehalten, dann wird mit etwas CH_3OH enthaltenden Bzl. gelöst, Unlösliches abgeschleudert u. mit PAe. das Polymere gefällt. Andere Alkylenoxide können mit polymerisiert werden. — Verw. für *Anstriche, Kunstfäden* u. als *Kunstharze*. (**Jap. A. S. 13446/1961** vom 4/10. 1958, ausg. 15/8. 1961.) M. Pankow 7177

2684 Farbwerke Hoechst Akt.-Ges. vormals Meister Lucius & Brüning, Frankfurt/M.-Hoechst, **Herstellung chlorhaltiger Pfropfpolymerisate** aus 1.2-Epoxy-KW-Stoff-Polymeren mit den Einheiten $-CH_2\cdot CR_2\cdot O-$ (R = H, C_{1-6}-Alkyl- oder Phenylrest), mit denen die Monomeren $CH_2:CXCl$ (X = H oder Cl) u. ggf. weitere polymerisierbare Monomere mischpolymerisiert werden. — Man gibt in eine Schmelze von 100 (Gew.-Teilen) oxäthyliertem Polypropylenoxid (Molgew. 4500; Oxäthylgeh. 75%) bei 60° rasch 100 Vinylidenchlorid mit 3,5 einer 25%ig. Lsg. von Diacetylperoxid in Dibutylphthalat u. hält 7 Std. unter Rückfluß: Gelbliches Pfropfpolymeres. — Verw. der wasserlösl. Polymeren als *Textilhilfsmittel, Emulgatoren, Schutzkoll., Verdickungsmittel*, Wärmeempfindlichmacher für Latex, *Klebstoffe*, der wasserunlösl. Polymeren für schlagfeste, antistat. *Formartikel*, benzinfeste *Dichtungsmassen, Kitte*. (**F. P. 1292611** vom 19/6. 1961, ausg. 28/9. 1962. **Oe. P. 223375** vom 16/6. 1961, ausg. 10/9. 1962. Beide D. Prior. 18/6. 1960.) M. Pankow 7177

2685 Farbwerke Hoechst Akt.-Ges. vormals Meister Lucius & Brüning, Frankfurt/M.-Hoechst, **Herstellung von Pfropfpolymerisaten an Polyalkylenglykolen** u./oder deren Derivv. mit Vinyl-,Acrylsäure- u./oder Methacrylsäureestern in Ggw. von radikal. Aktivatoren u./oder durch Bestrahlung. Die Polyalkylenglykolderivv. können endständige OH-Gruppen enthalten, die verestert oder veräthert sein können, oder auch Aminogruppen enthalten. Man erhält Polymere mit niedrigerem K-Wert u. eine innere Weichmachung der Polymeren. Durch Einbau größerer Mengen an Polyalkylenglykolen entstehen Stoffe, die als *Emulgier-* u. *Dispergiermittel*, in der Textilindustrie als *Schlichte* u. *Appreturmittel*, als *Antistatika, Haft-* u. *Klebemittel*, in der *Lederzurichterei*, als Grundstoff in der *Lackindustrie*, als *Gelatineersatz* für die Photoindustrie, als *Haarpflegemittel* dienen können. — Man erwärmt 5 (Gew.-Teile) einer Lsg. von 89% Vinylacetat, 10% Polypropylenglykol u. 1% Dibenzoylperoxid unter Rückfluß u. gibt nach Polymerisationsbeginn in ca. 2 Std. weitere 95 der Lsg. zu. Man erhöht die Temp. bis 90°, hält hier 2 Std. u. erhält 97 Pfropfpolymeres. (**Oe. P. 222879** vom 4/7. 1959, ausg. 10/8. 1962.) M. Pankow 7177

2686 Consolidation Coal Co., Pittsburgh, Pa., übert. von: Eric B. Hotelling, Westport, Conn., V. St. A., **Herstellung von Bis-(N-hexamethyleniminomethyl)-bisphenolen** durch Kondens. eines Bisphenols, das ein freies, reaktionsfähiges Kern-H-Atom aufweist mit Hexamethylenimin (**I**) u. CH_2O (**II**). — Man mischt 0,05 (Mol) 4.4'-Isopropyliden-bis-(o-kresol) mit 0,1 **I** u. 0,1 37%ig. wss. **II** in A., läßt über Nacht stehen, trennt das abgeschiedene Öl ab u. bringt es zur Kristallisation → *6.6'-Bis-(N-hexamethyleniminomethyl)-4.4'-isopropylen-bis-(o-kresol)*, F. 160—163° (korr.). — Analog *6.6'-Bis-(N-hexamethyleniminomethyl)-4.4'-methylen-bis-(o-kresol)*, F. 132 bis 135° (korr.). — *Härter für Epoxyharze*. (**A. P. 2976280** vom 22/5. 1958, ausg. 21/3. 1961.) C. Lüttgen 7177

2687 Union Carbide Corp., V. St. A. (Erfinder: Harry Adams Stansbury jun. und David Treadway Manning), **Herstellung von 1.8-Dioximino-4.7-endomethylen-3a.4.7.7a-tetrahydroinden** durch ½—10, bes. 1—3std. Rk. von 1 (Mol) Cyclopentadien (**I**) mit 0,5—4 NOCl u. der Lsg. eines Alkalihydroxids, bes. NaOH oder KOH, im Überschuß, in einem Alkohol (**A**) mit 1—6 C-Atomen, bes. CH_3OH, bei —10 bis 25°, bes. 5—15°, anschließende Neutralisation bis pH 5—8, bes. 6,5—7,5, durch Einleiten von CO_2, Abdest. von **A** u. Extraktion des gebildeten Dioxims mit einem inerten organ. Lsgm., bes. einem Mono- oder Polyäther oder Dioxan (**II**), dessen Kp. über dem von **A** liegt. — *1.8-Dioximino-4.7-endomethylen-3a.4.7.7a-tetrahydroinden*, F. 167—180°, aus einer bei —3 bis —5° mit NOCl versetzten Lsg. von NaOH in CH_3OH durch Zugabe von **I** u. 2std. Rk. bei 5—10°, Versetzen mit **II**, Neutralisieren bei 5—15° mit CO_2 u. Abdest. des CH_3OH bei 300 mm; Ausbeute 94,6%. — *Härter für Epoxyharze*. (**F. P. 1243710** vom 24/12. 1959, ausg. 18/1. 1961. A. Prior. 30/12. 1958.) G. Colsmann 7177

2688 American Viscose Corp., Philadelphia, übert. von: Edward A. Wielicki, Philadelphia, und Robert D. Evans, West Chester, Pa., V. St. A., **Lineare Polyester** mit guten *Folien-* u. *Faden*-bildenden Eigg., entstehen aus Dibenzoesäure, einem Glykol mit 2—20 C-Atomen sowie einer Dicarbonsäure mit einer geraden oder verzweigten, 1—12 C-Atome enthaltenden Kette, oder einer Dicarbonsäure der allg. Formel $HOO-(RX)_n-R-COOH$; oder einem 2wertigen Alkohol der allg. Formel $HO-(CH_{2m})-A_9-(CH_2)_n-OH$. Es bedeuten R = 2-wertige, gerade oder verzweigte KW-Stoffreste (2—20 C-Atome); X = Äther-O oder Sulfonsäurerest; n, m = 1—4 bzw. 1—6; A_9 = ringförmiger KW-Stoffrest. (**A. PP. 3008935, 3008930** u. **3008932** vom 28/7. 1958, ausg. 14/11. 1961.) F. Koch 7177

2689 Otto Grosskinsky und Walter Thurauf, Dortmund, **Ein verzweigter Polyester** wird hergestellt (bei 140°) aus 3, 4 u. 5 mehrbas., aromat. Säuren (**3**, **4** u. 5bas. Benzolcarbonsäuren u. deren Anhydride) u. mindestens 2 Mol. an aliphat. einwertigen Alkoholen mit 1—4 C-Atomen. 2.5—5,6 Gew.-Teile dieses rohen Diesters werden dann mit einem Teil eines mehrwertigen Alkohols mindestens 6 Std. bei 180° umgesetzt. (**A. P. 3014010** vom 24/9. 1956, ausg. 19/12. 1961. D. Prior. 9/12. 1955.) F. Koch 7177

2690 N. V. Onderzoekingsinstituut Research, Arnheim, übert. von: Gysbertus Johannes Zoethood, Velp, Niederlande, **Polyäthylenterephthalat** — Granulate werden bei einer Temp. bis 110°, 5—60 Min. mit W., gesätt. Dampf, Toluol, Bzl., Nitromethan oder Aceton behandelt, wobei teilweise eine Kristallisation sowie eine Erhöhung von S auf 1,34 eintritt. Die Granulate werden anschließend bei 160—170° getrocknet. (**A. P. 3014011** vom 3/2. 1958, ausg. 19/12. 1961. Niederl. Prior. 20/2. 1957.) F. Koch 7177.

2691 Mitsubishi Reyon Kabushiki Kaisha, Tôkyô (Erfinder: Toshizô Iroshima, Hiroshi Terada und Ittei Sadakata, Ôtaka), Japan, **Herstellung linearer Terephthalsäuregylkolester** durch Rk. von Terephthalsäuredialkylestern mit Alkylenglykolen HO·$(CH_2)_nOH$ (n = ganze Zahl von 1—10) u. Pb-Nitrat (**I**) oder dessen Mischung mit anderen Metallverbb. als Katalysatoren. — 150 (Teile) Dimethylterephthalat (**II**) u. 100 Äthylenglykol werden mit 0,2 Gew.-% (bezogen auf **II**) unter N_2 1,5 Std. auf 180—200° erhitzt, dann wird unter Rühren bei 275° u. bis 1 mm 6 Std. gehalten. (**Jap. A. S. 13944/1961** vom 24/2. 1959, ausg. 21/8. 1961.) M. Pankow 7177

2692 Henkel & Cie. G.m.b.H., übert. von: Wilhelm Jakob Kaiser, Düsseldorf, **Herstellung von N-substituierten Aminobuttersäureäthylestern** erfolgt durch Rk. von überschüssigem CH_3-CO-CH_2-$COOC_2H_5$ (**I**) mit einem Alkylen-, Cyclohexyl- oder Phenylendiamin oder Alkylentriamin bei einer Temp. nicht > 100° u. katalyt. Red. des hierbei erhaltenen Prod. bei 120—160° u. 30 bis 150 at mit H_2. — Man gibt z. B. 390 (Gew.-Teile) **I** bei einer 60° nicht übersteigenden Temp. zu 105 Hexamethylendiamin, läßt 15 Std. bei 55° stehen, trennt die wss. Schicht ab, entfernt aus der organ. Schicht das W. bei 50—55° im Vakuum, dest. **I** bei 4 mm (Bad-Temp. 110°) ab, löst den Rückstand (308) in der gleichen Menge Dekalin, red. bei 120—160° (H_2-Druck bei 20° 80 at) in Ggw. von 5% bei 250° red. Ni u. erhält nach Abdest. des Lsgm. im Vakuum 310 *N.N'-Hexamethylen-bis-(β-Aminobuttersäureäthylester)*, F. 70—71°. Weiter wird beschrieben die Herst. der *N.N'-Tetramethylen-*, *N.N'-p-Phenylen-* u. *N.N'-m-Phenylen-Verbb.*, die als *Härter für Epoxyharze* dienen. — Vgl. D. A. S. 1025884, C. **1958,** 14183. (**A. P. 2987540** vom 18/9. 1956, ausg. 6/6. 1961. D. Prior. 21/9. 1955.) O. Müller-Meiningen 7177

2693 Kunoshima Kagaku Kôgyô Kabushiki Kaisha (Erfinder: Mutsuhiko Okamura und Mikio Matsugane), Mihara, Japan, **Thermoplastisches Material** durch Mischen von Polycarbonat aus 4.4'-Dihydroxydiarylalkan mit 5—95 Gew.-% (der Gesamtmischung) Polyäthylenterephthalat. — 500 (Teile) Polyäthylenterephthalatkugeln werden mit 250 des aus 2.2-Di-[4-hydroxyphenyl]-propan u. $COCl_2$ erhaltenen Polycarbonats bei 290° unter N_2 in der Schmelze gemischt u. zu Körnern geformt, die sehr lösungsmittelfest u. stoßfest sind. (**Jap. A. S. 14035/1961** vom 31/10. 1959, ausg. 22/8. 1961.) M. Pankow 7177

2694 Kunoshima Kagaku Kôgyô Kabushiki Kaisha (Erfinder: Muneyasu Kikuchi, Mikio Matsugane und Jirô Yamamoto), Mihara, Japan, **Herstellung von Polycarbonatharz.** Man läßt $COCl_2$ in Ggw. von Lsgm. u. säurebindendem Mittel mit einer Mischung aus Dihydroxydiarylalkan u. weniger als der äquimol. Menge Phenol reagieren u. polykondensiert das Rk.-Prod. mit Dihydroxydiarylalkan. — 1530 (Teile) W., 179 NaOH, 228 Bisphenol A (**I**), 94 Phenol u. 1100 CH_2Cl_2 werden suspendiert u. in 2 Std. bei 173,5° $COCl_2$ eingeleitet, man rührt noch 4 Std., trennt die organ. Schicht ab u. entfernt das Lsgm., worauf 200 des Rk.-Prod., 63 **I** u. 0,25 Mn-Acetat unter N_2 bei 190—200° u. 50 mm u. unter Entfernung von freiem Phenol $1^1/_2$ Std. gehalten werden. Druck u. Temp. werden auf 1 mm u. 290° verändert, nach 4 Std. wird ein bräunliches *Polycarbonatharz* erhalten. (**Jap. A. S. 13942/1961** vom 11/12. 1958, ausg. 21/8. 1961.) M. Pankow 7177

2695 Edogawa Kagaku Kôgyô Kabushiki Kaisha, Tôkyô (Erfinder: Shôichi Ueno, Mitaka), Japan, **Verhinderung der elektrischen Aufladung von Polycarbonatharzen** durch Überziehen mit einem antistat. Belag aus Polyvinylalkohol, einem antistat. oberflächenakt. Stoff u. Melamin- u./oder Harnstoffharz. — Man taucht Polycarbonatfilme oder -körper in eine Lsg. aus 18 (g) Harnstoffharz für Faserherst., z. B. Sumitex 901, 2 Melaminharz für Faserherst., z. B. Sumitex M-3, 3 oberflächenakt. Stoff Anstex 160, 5 Polyvinylalkohol u. 1 Liter W., trocknet 10 Min. bei 70° u. brennt 10—15 Min. bei 135 bis 140° ein. (**Jap. A. S. 14133/1961** vom 22/2. 1960, ausg. 23/8. 1961.) M. Pankow 7177

2696 Daiichi Kôgyô Seiyaku Kabushiki Kaisha (Erfinder: Mitsu Konishi und Seiichi Hirao), Kyôto, Japan, **Mit mehrwertigen Alkoholen oder deren Derivaten substituierte Polystyrole.** Man setzt Styrol oder dessen Derivv. zu Verbb. $HO[(CH_2)_nO]_mH$ oder HO·$(CH_2)_mOH$ ($n \geq 2$, $m \geqq 1$) u. polymerisiert. — Man gibt zu 10,5 (g) Polyäthylenglykol (Molgew. 300) 0,045 Benzoylperoxid, u. 4,5 Styrol u. hält im geschlossenen Rohr 6 Std. bei 120°, löst in 50 cm^3 Methylacetat u. fällt in 1000 cm^3 CH_3OH; OH-Zahl des Prod. 21,38; lyophile u. hydrophile Eigenschaften. (**Jap. A. S. 5549/1961** vom 22/12. 1958, ausg. 24/5. 1961.) M. Pankow 7177

2697 Tôyo Kôatsu Kôgyô Kabushiki Kaisha, Tôkyô (Erfinder: Takuo Okata, Toshio Yoshii und Hiroshi Takao, Kamakura, und Isahin Itahara, Chigasaki), Japan, **Färben von Harnstoff- oder Melaminharzen** durch Einmischen von Metallpulver, CaF_2 oder prolinsaurem Ca u. fluorescierendem Material, z. B. 0,5—1(%)Ti-Weiß, 0,5—1 CaF_2 u. 1—3 Al-Bronze-Pulver. (**Jap. A. S. 1885/1961** vom 12/2. 1958, ausg. 22/3. 1961.) M. Pankow 7181

2698 Sekisui Kagaku Kôgyô Kabushiki Kaisha, Ôsaka (Erfinder: Masanori Kanai, Ôsaka, Minoru Shimbô, Nara, Yoshimitsu Imada und Tetsuo Ikeda, Ôsaka), Japan, **Verbesserung der Transparenz von Polyamidharzformkörpern** durch Erwärmen an der Luft nach Formgebung bei < 100% Feuchtigkeit u. einer Temp. < der Temp., bei der Trübung erfolgt, z. B. für Nylon X-6021 < 50°. (**Jap. A. S. 3988/1961** vom 28/8. 1958, ausg. 25/4. 1961.) M. Pankow 7181

2699 Farbenfabriken Bayer Akt.-Ges., Leverkusen (Erfinder: Hugo Streib, Wilhelm Hechelhammer, Hermann Schnell und Heinrich Krimm, Krefeld), **Verfahren zur Erhöhung der Schmelzviscosität von -CO-NH-Gruppen enthaltendenden Linearpolymeren.** Die Linearpolymeren werden in der Schmelze mit solchen Epoxiden umgesetzt, die mit Amidgruppen reagieren, ohne flüchtige Verbb. zu bilden. Bevorzugt verwendet man Diepoxide von Monoaminoverbb., Polyepoxide von Polyaminoverbb., oder Dioxide von Dicyclohexenylalkanen. 5000 (g) Polycaprolactam werden mit 87,5 N-Di-(2.3-epoxypropyl)-anilin in einer geschlossenen Trommel während 3 Std. gut homogenisiert, dann in einer auf 240—250° geheizten Schneckenpresse aufgeschmolzen. Austrittstemp. 230°. — *Flachfolien, Schlauchfolien, Rohre, Stangen.* — Vgl. Oe. P. 199880; C. **1959,** 7980 u. D. A. S. 1058729; C. **1959,** 15516. (**Schwz. P. 365541** vom 27/12. 1956, ausg. 29/12. 1962. D. Prior. 17/1. 1956.) A. Dandl 7181

2700 Mitsui Kagaku Kôgyô Kabushiki Kaisha, Tôkyô (Erfinder: Toshio Saitô und Kazumi Yamamoto, Ômuta), Japan, **Herstellung von stabilisierten Polyurethanharz.** Durch Rk. von Polyoxyalkylenpolyol u. Diisocyanat in Ggw. von 2.6-Di-[tert.-butyl]-4-methylphenol (**I**). — Man löst 0,015 Gew.% **I** in Polyoxypropylenglykol (OH-Wert 57, Molgew. 2000; aus Propylenoxid u. Propylenglykol). 100 (Teile) der Lsg. erhitzt man 1 Std. unter N_2 mit 40 Toluylendiisocyanat auf 70°, setzt 0,5 Siliconöl, 0,5 $(C_2H_5)_3N$, 1 N-Methylmorpholin u. 3 W. als Blähmittel zu u. formt unter starkem Rühren. Der Schaum wird 10 Std. in Luft von 70° gehärtet. (**Jap. A. S. 13738/1961** vom 8/9. 1959, ausg. 18/8. 1961.) M. Pankow 7181

2701 Imperial Chemical Industries Ltd. (Erfinder: Geoffrey Arthur Haggis, Arthur Lambert und David James Bryans Coulter), London, England, **Neue Diisocyanate** erhält man bei der Rk. von Diaminodibenzofuran mit $COCl_2$ oberhalb 120°, ggf. in Ggw. eines inerten Lsgm., wie o-Dichlorbenzol. Man erhält eine Mischung der Isomeren, wobei das 3.8-Diisocyanatdibenzofuran, F. zwischen 140 u. 168°, vorherrscht. — *Zwischenprodd. für die Herst. von Polyurethanen.* (**E. P. 845446** vom 17/4. 1957, ausg. 24/8. 1960.) G. König 7181

2702 Böhme Fettchemie G. m. b. H., Düsseldorf, **Härtbare Kondensationsprodukte, enthaltend Epoxydgruppen.** Polyamine, die Polyalkylenoxidreste enthalten, in W. lösl. sind u. mehr als ein reaktionsfähiges H-Atom am N aufweisen, werden mit einer bifunktionellen Verb. umgesetzt, die eine oder mehrere Epoxid- u./oder α-Halogen-β-oxyalkylgruppen aufweisen; oder man setzt Polyalkylenoxide mit der erwähnten bifunktionellen Verb. um u. das so erhaltene Rk.-Prod. zuerst mit Polyamin u. dann mit der bifunktionellen Verbindung. — Zum Beispiel erhitzt man 300 (g) Polyäthylenglykol vom Mol-Gew. 1000 in Ggw. von 6 BF_3 mit 55 Epichlorhydrin bei 68 bis 75°, gibt dann 44 Dipropylentriamin hinzu, hält auf 120—130°, kühlt auf 90—95° ab, setzt noch 30 Epichlorhydrin zu, hält bei dieser Temp., bis pH < 7 ist, u. füllt mit W. auf 600 auf. Viskose, gelbliche, mit W. mischbare Fl., die bei 80—90° bei Zugabe von NaOH-Lsg. schnell geliert u. härtet. Anwendung zur Herst. von Formkörpern u. Überzügen, bes. auf Geweben. (**E. P. 880897** vom 22/12. 1959, ausg. 25/10. 1961. D. Prior. 16/1. u. 5/3. 1959.)
K. Sarre 7181

2703 Dow Corning Corp. (Erfinder: John L. Speier), Midland, Mich., V. St. A., **Herstellung von polyaminoalkylsubstituierten Organosiliciumverbindungen** oder ihrer *Salze* durch Mischen von W. mit Mischungen aus wenigstens einem Polyaminoalkylsilan $R^2(Z_nR^1)Si(OR)_2$ (I) mit wenigstens einer Verb. $R_y{}^3Si(OR)_{4-y}$ (**II**) (R, n, Z, R^2, R^3 s. F. P. 1230820; C. *1963*, 7192; R^1 = CH_3 oder aliphat. KW-Stoff-Rest mit $\geqq$ 3 C-Atomen der Valenz n + 1) für y = 2 ist die **II**-Menge < 50 Mol-% der Menge von **I** + **II** u. die verwendete Wasser-Menge $\geqq$ äquivalent 50 Mol-% der gesamten OR-Menge in der Mischung. Mittels organ. oder anorgan. Säuren kann man daraus Salze herstellen. — Man mischt $(CH_3O)_2Si(CH_3)(CH_2)_3NHCH_2 \cdot CH_2NH_2$ u. W. bei Raumtemp., entfernt überschüssiges W. bei 15 mm durch Erwärmen. Die Fl. enthält etwas $H_2N(CH_2)_2NH(CH_2)_3Si(CH_3)O$ u. $O[Si(OH)(CH_3)(CH_2)_3 \cdot NH(CH_2)_2NH_2]_2$ (**II**) u. gibt bei 130° ein festes *Harz*; mit Xylol gemischt gib **III** 2 Std. unter Rückfluß unter Entfernung von W. als azeotrop. Mischung eine viscose Flüssigkeit. — Verw. als Zwischenprodd. zur Herst. organ. Harze u. als *Härtemittel fµr Epoxyharze*. (**Jap. A. S. 14046/1961** vom 8/6. 1959, ausg. 22/8. 1961. A. Prior. 4/8. 1958.)
M. Pankow 7189

2704 West Virginia Pulp and Paper Co., New York, N. Y., V. St. A., **Herstellung von Ligninharzen** durch Rk. von Lignin, das mit Epoxygruppen reagierbare H-Atome enthält, in gegenseitiger Lsg. mit den Epoxygruppen eines Epoxyharzzwischenprod., wobei eine chem. Bindung zwischen den beiden Komponenten erfolgt. — 50 (g) Bisphenol-Diglycidyläther-Zwischenprod. (Molgew. 350—400) werden bei 190° mit 17,5 Lignin (in Form von Alkalilignin) versetzt. Die erhaltene Lsg. wird bei 120° mit 33 Phthalsäureanhydrid versetzt u. bei 130° gelöst u. bei 160° in die Gießform gegossen, wobei in 5 Min. eine Vorhärtung erfolgt. Man nimmt aus der Form u. härtet 6 Std. bei 136°: Wasser- u. alkalifestes Produkt. (**Jap. A. S. 4991/1961** vom 20/10. 1959, ausg. 17/5. 1961. A. Prior. 20/10. 1958.)
M. Pankow 7199

2705 Dow Chemical Co., übert. von: Harold Jack Donald, Midland, Mich., V. St. A., **Gemische aus alkenylaromatischen Kohlenwasserstoffpolymerisaten und Gummi für das Strangpressen.** Es wird ein gekörntes Gemisch verwendet aus 20 (Gewichts-%) unvulkanisiertem Naturgummi oder synthet. Gummi aus Styrol-Butadien-, Styrol-Isopren-, Acrylnitril-Butadien- oder Isopren-Mischpolymerisaten u. 98—80 Polystyrol, Polvinyltoluol oder Styrol-Vinyltoluol-Mischpolymerisaten. Die Körner haben eine D. von 0,9—1,1 unterhalb der Einfrierungstemp. u. eine mit Rissen versehene Oberfläche von mindestens 0,2 m^2/g. — Abbildung. (**A. P. 3010935** vom 23/10. 1957, ausg. 28/11. 1961.)
F. Markhoff 7205

2706 Dr. Kurt Herberts & Co. vormals Otto Louis Herberts, Wuppertal (Erfinder: Hans-Heinrich Böhlk, Neviges, und Gerhard Kohl, Wuppertal), **Herstellung einer Verbundfolie** aus einer Holzplatte, die mit einer Deckschicht verpreßt wird, welche vorher mit einer Spachtelmasse aus Bindemittel, Pigment, Füllstoff u. Lsgm. beschichtet u. mit dieser Schicht nach außen aufgepreßt wird. — So tränkt man Papier mit einer 45%ig. wss. Melamin–HCNO–Harz-Lsg. u. bringt nach Trocknung eine Mischung aus 15 (Gew.-Teilen) Leinöl-Alkydharz, 30 Lsgm., 20 Pigment, 35 Füllstoff auf, trocknet u. preßt auf die Unterlage. (**Oe. P. 223803** vom 9/12. 1959, ausg. 10/10. 1962.)
M. Pankow 7205

2707 Mitsui Mokuzai Kôgyô Kabushiki Kaisha, Tôkyô (Erfinder: Hiroshi Shiga, Nagoya), Japan, **Herstellung von flammfesten, plastischen und feuchtigkeitsfesten Faserplatten.** Man suspendiert Fasern, z. B. Holzfasern, mit $CaCO_3$ oder Diatomeenerde u. Sb_2O_3 oder $MgCO_3$ u. W., setzt Thermoplastsuspension, z. B. Polyvinylacetat, zu, formt unter Wasserentfernung zu einer Platte, die man mit Lsgg. von > 60% Cl enthaltendem Chlorparaffin, chloriertem Triphenyl oder entsprechenden Stoffen, wie Aminoharzen mit > 30% anorgan. Salze, tränkt. (**Jap. A. S. 13741/1961** vom 5/2. 1960, ausg. 18/8. 1961.)
M. Pankow 7205

2708 Owens-Corning Fiberglass Corp., Toledo, Ohio, V. St. A., **Aus Schaum und anorganischem Material zusammengesetztes Produkt.** Man bringt erhärtende aufschäumbare organ. oder anorgan. Bindemittel, z. B. aufschäumbare Kunstharze oder zementähnliche Bindemittel mit anorgan. Fasern, z. B. Glasfasern oder Schlakkenwolle, von einer gewissen Konsistenz zusammen u. läßt das Bindemittel aufschäumen u. abbinden. — Zum Beispiel vermischt man 5 (Teile) W., 0,48 Bentonit, 1,6 $(NH_4)_2SO_4$ u. 16 fl. Resol innig, gießt die Dispersion in eine Form, ordnet darüber Glaswolle (**I**) an, schließt die Form u. erhitzt sie, wodurch die **I** von dem Harzschaum (**II**) durchdrungen wird u. der **II** erhärtet. (**E. P. 882296** vom 6/3. 1958, ausg. 15/11. 1961. A. Prior. 14/3. u. 18/3. 1957.)
K. Sarre 7205

2709 Chemische Werke Hüls Akt.-Ges., Marl, **Herstellung von Verbundschaumstoffen.** Man tränkt oder besprüht einen vorgegebenen Schaumstoff mit treibmittelhaltiger Polyvinylchloridpaste u. erwärmt ihn bis zur Schaumbldg. u. Ausgelierung in den Zellen des vorgegebenen Schaumstoffes. — Man besprüht eine Polyester–Isocyanat-Schaumstoffplatte mit einer Polyvinylchloridpaste aus 50 (Teilen) Emulsions-Polyvinylchlorid, 70 Dinonylphthalat u. 4 des Treibmittels Porofor D 33, geliert die Platte bei 200° u. erhält nach Abkühlen eine mit Kunstleder verschweißbare Platte. (**F. P. 1294984** vom 10/5. 1961, ausg. 29/10. 1962. **Oe. P. 224346** vom 20/10. 1960, ausg. 12/11. 1962. Beide D. Prior. 16/5. 1960.)
M. Pankow 7205

2710 Tôkyô Shihaura Denki Kabushiki Kaisha, Kawasaki (Erfinder: Yûzô Miura, Tôkyô, Tomomichi Tsukada und Shizuo Hagashi, Kawasaki), Japan, **Schallplattenmischung** aus Polyvinylchlorid oder Polyvinylchloridacetat als Hauptbestandteil u. 2—10% eines kautschukartigen Anteils aus Acrylnitril–Butadien-Polymerem (**I**), Acrylnitril–Butadien–Vinylchlorid-Polymerem oder **I**-Latex u. Polyvinylchloridlatex oder **I**-Latex u. Polyvinylchloridacetatlatex: Verbesserte Hochtonwiedergabe. — So mischt man 95 (Teile) Polyvinylchloridacetat, 5 der Mischung aus 45 Acrylnitril–Butadien-(35:65 Teile)-Mischpolymerisat-Latex u. 55 Polyvinylchloridlatex, 1 Dibutyl–Sn-Dilaurat u. 1 Celitonfarbstoff. — Man kann auch 10—25% des kautschukartigen Anteils verwenden, also z. B. 90 Polyvinylchloridacetat, 10 der im vorst. Beispiel genannten Latexmischung, 1,5 2-bas. Pb-Stearat u. 1,5 Ruß. (**Jap. A. SS. 13743/1961** u. **13744/1961** vom 25/12. 1959, ausg. 18/8. 1961.)
M. Pankow 7205

2711 Howard Smith Paper Mills Ltd., Montreal, Quebec, übert. von: Emile A. Cambron, Cornwall, Ontario, Canada, **Phenol–Formaldehyd–Aceton-Harz,** ggf. mit Zusatz von Lignin. Man kondensiert Aceton (**I**) mit CH_2O (**II**) in alkal. Lsg., z. B. 1 Mol **I** mit 1—1,5 Mol **II**, bis zur Bldg. eines monomeren Monomethylol-Prod., gibt dann Phenol (**III**) etwa im mol. Verhältnis (bezogen auf **I**) hinzu u. weiteren **II**, setzt die Kondens. fort u. entwässert das Harz. Man kann zugleich mit **III** oder auch

nach der Entwässerung unter Zugabe von Alkalihydroxid in W. unlösl. Alkalilignin zusetzen, das sich in dem Harz löst. Die erhaltenen hitzehärtbaren Harze eignen sich zur Herstellung von *Schichtkörpern*. (**A. PP. 3006874** u. **3006883** vom 24/10. 1958, ausg. 31/10. 1961.)
K. Sarre 7205

2712 **W. C. Heraeus G. m. b. H.**, Hanau/M., und **Deutsche Gold- und Silber-Scheideanstalt vormals Roessler**, Frankfurt/M., übert. von: **Otto Schweitzer**, Frankfurt/M., und **Wilhelm Querfurth**, Oberursel, *Stabilisieren von Arylsulfonylalkyl- oder -alkanolaminen*. (**A. P. 3076031** vom 30/12. 1953, ausg. 29/1. 1963. D. Prior. 2/1. 1953. — C. **1961**, 1386 [D. A. S. 1057107].)

2713 **Esso Research and Engineering Co.** (Erfinder: **Erik Gustav Marcus Tornqvist** und **Arthur Walter Langer**), *Polymerisationskatalysator*. (**Aust. P. 239929** vom 22/4. 1959, ausg. 23/8. 1962. A. Prior 27/6. 1958. — C. **1963**, 1088 [E. P. 850910].)

2714 **Oliver Wallis Burke jun.** (Erfinder: **Oliver Wallis Burke jun.**, Pompano Beach, Fla., und **Oskar E. H. Klopfer**, Clawson, Mich.), V. St. A., *Lithiumorganische Verbindungen*. (**D. A. S. 1158067** Kl. 12o vom 18/4. 1957, ausg. 28/11. 1963. A. Prior. 25/4. 1956 u. 19/2. 1957. — C. **1963**, 3072 [E. P. 873657].)

2715 **Montecatini Soc. Gen. per l'Industria Mineraria e Chimica** (Erfinder: **Giulio Natta** und **Lido Porri**), Mailand, Italien, *Herstellung von linearen Polymeren*. (**Schwz. P. 370245** vom 12/7. 1956, ausg. 15/8. 1963. It. Prior. 15/7. 1955. — C. **1959**, 1956 [Oe. P. 196128].)

2716 **Dow Chemical Co.**, Midland, Mich., V. St. A., *Herstellung von Pfropfmischpolymerisaten*. (**E. P. 876535** vom 29/10. 1959, ausg. 6/9. 1961. A. Prior. 5/11. 1958. — C. **1963**, 3792 [A. P. 2987501].)

2717 **Badische Anilin- & Soda-Fabrik Akt.-Ges.**, Ludwigshafen/Rh. (Erfinder: **Hans Craubner**, Karlsruhe, und **Gerhard Illing**, Neuleiningen), *Herstellung von Block-Pfropfpolymerisaten*. (**E. P. 927968** vom 4/10. 1961, ausg. 6/6. 1963. D. Prior. 7/10. 1960. — C. **1963**, 11829 [D. A. S. 1131883].)

2718 **British Celanese Ltd.**, London, England (Erfinder: **Dennis Grady** und **Arthur Hodge**), *Polymerisation von äthylenisch ungesättigten Verbindungen*. (**E. P. 861986** vom 4/7. 1956, ausg. 1/3. 1961. — C. **1963**, 2650 [A. P. 2987493].)

2719 **Dow Chemical Co.**, übert. von: **Charles R. Pfeifer** und **Richard O. Whipple**, Midland, Mich., V. St. A., *Stabilisieren von Polyolefinen*. (**A. P. 2967857** vom 10/10. 1955, ausg. 10/1. 1961. — C. **1961**, 15943 [F. P. 1158804].)

2720 **Ruhrchemie Akt.-Ges.**, Deutschland (Erfinder: **Walter Rottig** und **Otto Roelen**), *Kontinuierliche Herstellung von Olefinpolymeren*. (**F. P. 1188575** vom 12/11. 1957, ausg. 23/9. 1959. D. Prior. 16/11., 19/11. u. 21/11. 1956. — C. **1962**, 668 [Belg. P. 562300].)

2721 **Hercules Powder Co.** (Erfinder: **Carl Andrew Lukach**, **Setha Goodyear Olson** und **Harold Morton Spurlin**), *Katalysator für Äthylenpolymerisation*. (**Aust. P. 239977** vom 23/9. 1959, ausg. 23/8. 1962. A. Prior. 2/3. 1959. — C. **1963**, 3036 [E. PP. 857183 u. 857938].)

2722 **Montecatini Soc. Gen. per l'Industria Mineraria e Chimica** (Erfinder: **Gerlando Marullo**, **Umberto Maffezzoni** und **Ermmanno Susa**), Mailand, Italien, *Herstellung von kristallinen 1.3-Butadienpolymeren*. (**D. A. S. 1156239** Kl. 39c vom 16/11. 1960, ausg. 24/10. 1963. It. Prior. 18/11. 1959 u. 5/4. 1960. — C. **1963**, 7538 [Ung. P. 149764].)

2723 **Goodyear Tire & Rubber Co.** (Erfinder: **Bernard Wargotz** und **William Mose Saltman**), *Polymerisation von 1.4-Polybutadien*. (**Aust. P. 239710** vom 7/8. 1959, ausg. 16/8. 1962. A. Prior. 4/12. 1958 u. 16/4. 1959. — C. **1962**, 8438 [E. P. 859698].)

2724 **Farbenfabriken Bayer Akt.-Ges.**, Leverkusen (Erfinder: **Ernst Roos**, Leverkusen, und **Dietrich Rosahl**, Köln), *Herstellung von Chloroprenpolymeren*. (**Niederl. P. 104481** vom 28/3. 1958, ausg. 16/4. 1963. D. Prior. 30/3. 1957. — C. **1959**, 5311 [D. A. S. 1040247].)

2725 **Rhône-Poulenc Soc. An.**, Paris (Erfinder: **André Fournet** und **Hubert Lemoine**, Lyon), Frankreich, *Herstellung von Mischpolymerisaten des Acrylnitrils*. (**D. A. S. 1156561** Kl. 39c vom 25/2. 1960, ausg. 31/10. 1963. F. Prior. 13/3. 1959. — C. **1963**, 13005 [F. P. 1228335].)

2726 **Rohm & Haas Co.**, Philadelphia, Pa., übert. von: **Stanley P. Rowland**, Cincinnati, Ohio, und **Ellington M. Beavers**, Elkins Park, Pa., V. St. A., *Epoxyhexahydrophthalate und Endoalkylenepoxyhexahydrophthalate*. (**A. P. 2963490** vom 23/11. 1956, ausg. 6/12. 1960. — C. **1962**, 2925 [F. P. 1195241].)

2727 **E. I. du Pont de Nemours & Co.** (Erfinder: **Otto Franz Leopold Vogl**), *Kristalline Polyaldehyde*. (**Aust. P. 239937** vom 17/7. 1959, ausg. 23/8. 1962. A. Prior. 18/8. 1958. — C. **1963**, 3041 [E. P. 870775].)

2728 **Inventa Akt.-Ges. für Forschung und Patentverwertung** (Erfinder: **Manfred Hoppe**), *Herstellung von Epoxyharzen*. (**Aust. P. 239762** vom 17/12. 1959, ausg. 16/8. 1962. Schwz. Prior. 12/2. 1959. — C. **1962**, 16150 [Oe. P. 216765].)

2729 **Ciba Ltd.**, Basel, Schweiz, *N-Epoxyverbindungen*. (**E. P. 887589** vom 26/3. 1959, ausg. 17/1. 1962. Schwz. Prior. 2/4. u. 23/7. 1958. — C. **1963**, 17233 [F. P. 1225947].)

2730 **Union Carbide Corp.**, New York, N. Y., übert. von: **Fritz Hostettler** und **Eugene F. Cox**, Charleston, W. Va., V. St. A., *Herstellung von Polyurethanen*. (**A. P. 3084177** vom 25/9. 1957, ausg. 2/4. 1963. — C. **1963**, 11847 [Jap. A. S. 10543/1960].)

2731 **Switzer Brothers, Inc.** (Erfinder: **Zenon Kazenas**), *Pigmentiertes Kunstharz*. (**Aust. P. 238937** vom 22/4. 1959, ausg. 28/6. 1962. A. Prior. 11/6. 1958. — C. **1961**, 12663 [A. P. 2938873].)

2732 **Monsanto Chemicals Ltd.**, London, übert. von: **Douglas Peter Dodgson**, Newport, England, *Organische Siliconverbindungen*. (**A. P. 3073856** vom 30/7. 1957, ausg. 15/1. 1963. E. Prior. 31/7. 1956. — C. **1961**, 17633 [F. P. 817105].)

2733 **United States Rubber Co.**, New York, N. Y., V. St. A., *Aufbringen eines Polyvinylchloridfilmes auf eine verzinkte Stahloberfläche*. (**Niederl. P. 104407** vom 18/4. 1957, ausg. 16/4. 1963. A. Prior. 20/7. 1956. — C. **1962**, 8089 [F. P. 1173614].)

H_{12}. Kautschuk

2734 **Elastomere zur Anwendung auf dem Strahlungsgebiet. 9. Mitt. Herstellung von strahlungs-, wärme- und wasserbeständigem, chlorsulfoniertem Polyäthylen: Ergebnisse der Prüfungen.** Robert Harrington. (Rubber Age [New York] **93**, 417—28, 1963; Richland, Wash., Gen. Electric Co., Hanford Labor. Operation; engl.) — 8. vgl. C. **1963**, 13771. — Der Einfl. von Wärme, γ-Strahlung u. heißem W. auf eine Reihe unterschiedlicher chlorsulfonierter Polyäthylene (Hypalon 20 u. 40) sowie der Einfl. verschiedener Zusätze (Füllstoffe, Weichmacher, Antioxydantien, Vulkanisationsmittel usw.) auf die Beständigkeit der erhaltenen Polymere werden untersucht.
I. Köditz 7224△

2735 **Die Einarbeitung von Zinkoxiden in Kautschuk mit Banbury-Mischer.** George E. Grove. (Rubber Age [New York] **93**, 405—09, 1963; New York, N. Y., New Jersey Zinc Co.; engl.) — Der Einfl. der ZnO(**I**)-Sorte u. verschiedener Faktoren des Banbury-Misch-Verf. (Kautschuksorte, Temp., Weichmacher, Rotorgeschw., Beschickungsgeschw., Pigment-Kautschuk-Verhältnis, Zugabegeschw. von **I** u. W. usw.) auf die Einarbeitung von **I** u. dessen Dispersion im Endprod. werden untersucht.
I. Köditz 7226△

2736 **Einige neue Vulkanisationshilfsmittel und ihre Wirkung als Radikalbildner.** Junji Furukawa und Shinzo Yamashita. (Mem. Fac. Engng., Kyoto Univ. **23**, 111—22, 1961; engl.) — Dibenzoyldisulfid u. Diazothioäther sind neue Vulkanisationsmittel. Neue Abbaumittel sind quart., Ammoniumsalze der aliphat. Reihe, Sulfinsäuren u. Alkylnitrile. Die Rk. dieser Verbb. beruht auf ihrer Neigung, H-Atome vom Kautschukmol. abzuspalten. Chlor- u. Nitrosoverbb. von Imiden, Iminen, Alkoholen oder Mercaptanen wirken als Acceptor für S-Radikale u. dienen als Anti-Scorch-Mittel. Die Vulkanisationscharakteristik von einigen synthet. Kautschuk-Sorten wird durch Zusätze von Thioacetamid, Trichlorisocyanursäure oder Trichlormelamin verbessert.
R. Drautzburg 7228◇

2737 **Verwendung von Weißpigmenten in der Gummiindustrie.** K. Vohwinkel. (Kautschuk u. Gummi **15**, WT157—64, 1962; Leverkusen, Farbenfabr. Bayer AG., Anwendungstechn. Abt.; dt.) — Die Eignung der Weißpigmente (**B**) Anatas (**I**), nachbehandelter Anatas (**II**), unbehandelter Rutil (**III**), modifizierter, nachbehandelter Rutil (**IV**), nachbehandelter Rutil (**V**) u. Lithopone mit 30% ZnO (**VI**) sowie Lithoblanc mit ca. 90% ZnS (**VII**) auf ihre Wrkg. in weißen Naturkautschuk(Nk)-Mischungen (**A**) wird untersucht, nachdem die Charakteristica der Pigmente (Brechungsindex, Aufhellvermögen, optimale Teilchengröße, Remissionskurven) mitgeteilt werden. Die Mooney-scorch-time einer **A** mit 45 Gew.-Teilen **B** (für **VII** 47,5 Teile)/100 Teile **A** wird durch **B** nur geringfügig geändert, u. zwar durch **I** u. **III** verkürzt, durch die anderen Pigmente verlängert. Die Abkreidung von **A** mit 20 bzw. 45 Teilen **B** bei natürlicher Bewitterung nimmt in der Reihenfolge **I**, **II**, **III**, **VII**, **IV**, **V** ab. Nach der Belichtung mit einer X-Lampe sinkt die Abkreidung in der Reihenfolge **VII**, **I**, **II**, während **III**, **IV**, **V** die gleiche geringste Abkreidung zeigen. Die Schädigung der TiO_2- u. ZnS-**B** durch Belichtung wird erklärt. Der Einfl. von **B** auf das Alterungsverh. von **A** in Heißluft zeigt keine wesentlichen Unterschiede. Bei einer Alterung 24 h/125° u. 7 d/100° verbessern **B** die Abnahme der Zugfestigkeit z. T. beträchtlich; bei 30 d/70° wird die Alterung durch **B** etwas beschleunigt. Die Alterung unter O_2 14 d/60° wird durch alle **B** etwas beschleunigt, bei natürlicher Bewetterung (45 d) etwas u. nach 10 d unter der X-Lampe beträchtlich verzögert. Die Heißluftalterung 8 d/275° von *Siliconkautschuk* wird bes. durch **III** sehr verzögert.
A. Gude 7230◇

2738 **Verwendung der Xenonlampe zur Reproduktion der Lichtalterung.** Madeleine Boucher und Jacqueline de Merlier. (Rev. gén. Caoutchouc **38**, 225—29, 1961; Inst. Franc. du Caoutchouc; franz.) — Die natürliche Alterung von 13 NK-Vulkanisaten (**A**) verschiedener Zus. u. Farbe u. die beschleunigte Alterung derselben **A** unter der X-Lampe zeigen Übereinstimmung in der Verfärbung, der Rißbldg. u. im Abfall der mechan. Eigenschaften. Eine App. wird vorgeschlagen, die die natürliche Alterung reproduziert.
R. Drautzburg 7230◇

2739 **Der Einfluß von γ-Strahlen auf durch Pfropfung modifizierten Naturkautschuk.** Andrzej Orszagh und Robert Gaczyński. (Polimery-Tworzywa wielkoczasteczkowe **8**, 140—42, 1963; Warszawa, Univ., Inst. Przemysla Gumowego; pol.) — Der Geh. an Abbauprodd., die Vernetzungsdichte, die Anzahl der Doppelbindungen u. die Viscosität von Naturkautschuk (**A**) u. von durch Aufpfropfung von Methylmethacrylat u. Styrol modifiziertem **A** wird nach γ-Bestrahlung bestimmt. Der Einfl. der Strahlen ist bei Pfropfpolymeren weniger ausgeprägt als bei Homopolymeren.
I. Köditz 7230△

2740 **Schlagfeste Materialien auf Grundlage von Pfropfpolymeren von Polyvinylchlorid mit Elastomeren.** A. A. Berlin, A. G. Kronman, D. M. Janowski und W. A. Kargin. (Chem. Ind. [UdSSR] **1962,** 96—100; russ.) — Übersicht einer die aus Polyvinylchlorid mit verschiedenen synthet. Kautschuken (**I**; bes. Methylvinylpyridin- u. Nitrilkautschuk) durch Pfropfpolymerisation erhaltenen Prodd. u. die Abhängigkeit ihrer spezif. Schlagfestigkeit von der Temp. u. vom Geh. an **I**. — 19 Literaturangaben. R. K. Müller 7230◇

2741 **Fortschritte auf dem Gebiet der Herstellung von gleitfähigem Gummi.** C. M. Doede. (Rubber Age [New York] **93,** 411—14, 1963; Wallingford, Conn., Quantum Inc.; engl.) — Kurzer Überblick über Darst., Eigg. u. Oberflächenhärtung von wirtschaftlich wertvollen Elastomeren mit gleitfähigen Oberflächen. I. Köditz 7230△

2742 Goodyear Tire & Rubber Co., Akron, Ohio, V. St. A., **Herstellung von Arylsulfonoxygruppen enthaltenden Diarylsulfiden** der allg. Formel $[Ar–SO_2–O–R–Ar^1–S–]_2$, worin R = $–(CH_2)_n–$ oder $–(CH_2)_n–O–$; n = 1—4; Ar = ggf. substituiertes Aryl; Ar^1 = ggf. substituiertes Arylen). — Es werden z. B. zu einer Lsg. von 19 g p-Toluolsulfonylchlorid in 72 ml absol. Pyridin bei —10° 17,1 g 1-β-Hydroxyäthoxynaphthalin (aus 1-Na-Naphtholat u. $CH_2OH–CH_2Br$) gegeben, noch 20 Min. bei dieser Temp. gerührt, dann 210 ml 5 n-H_2SO_4 von 0° zugegeben u. aus dem abgeschiedenen Öl 22,4 g *1-β-p-Toluolsulfonoxyäthoxynaphthalin* (**I**) $(C_{19}H_{18}O_4S)_2$, F. 77—78°, erhalten. Nach Umkrist. aus CH_3OH 13,9 g (40,7%) **I**, F. 98,7—99,2°. — 48,6 g **I** werden in 140 ml Chlf. bei — 5° mit 33 g $ClSO_3H$ zu 36,5 g (58%) *4-Chlorsulfonyl*-**I**, $C_{19}H_{17}ClS_2O_6$; F. 109,6—110°, umgesetzt. — 18,2 g dieser Verb., gelöst in 240 ml Bzl. u. 660 ml Eisessig, werden mit 79,2 g 50%ig. wss. HJ versetzt, bei 25° 16 Std. stehengelassen, freies J_2 durch Zugabe einer 10%ig. 55 g Na-Thiosulfat · 5 H_2O enthaltenden wss. Lsg. entfernt aus der Bzl.-Schicht 20,8 g eines gelben Öls isoliert, aus dem nach Lösen in 3,6 Liter sd. Isopropanol bei 0° 11,5 g (70%) *Bis-(4-β-p-toluolsulfonoxyäthoxy-1-naphthyl)-disulfid*, $C_{19}H_{17}S_2O_4$, F. 142,6—144,6° (Isopropanol) erhalten wurden. — Analog werden erhalten folgende Disulfide: *Bis-(4-β-o-toluolsulfonoxyäthylphenyl)-*; *Bis-(1-β-p-brombenzolsulfonoxyäthoxy-2-naphthyl)-*; *Bis-(4-m-nitrobenzolsulfonoxymethylphenyl)-*; *Bis-(2-β-1'-naphthylsulfonoxyäthyl-1-naphthyl)-*; *Bis-(4-β-benzolsulfonoxyäthoxy-2.6-xylyl-*; *Bis-(4-γ-p-chlorbenzolsulfonoxy-n-propoxy-3-bromphenyl)-*; *Bis-(4-β-o-nitrobenzolsulfonoxyäthoxy-2-chlorphenyl)-*; *Bis-(4-β-2'-naphthylsulfonoxyäthoxy-2-tolyl)-*; *Bis-(4-δ-Benzolsulfonoxy-n-butyloxymethyl-1-naphthyl)-*; *Bis-(1-β-p-toluolsulfonoxyäthyl-2-naphthyl-*; *Bis-(4-β-p-toluolsulfonoxyäthoxyphenyl)-*. *Bis-(2-β-p-toluolsulfonoxyäthoxy-1-naphthyl)-*. — *Modifikatoren für Polymerisation, bes. bei der Herst. von Synth.-Kautschuk.* (**E. P. 848370** vom 18/8. 1958, ausg. 14/9. 1960. A. Prior. 30/1. 1958.) O. Müller-Meiningen 7227

2743 Dunlop Rubber Co. Ltd., London, England (Erfinder: John William Watson, Charles Edwin Kendall und Roy Jervis), **Gehärtetes Kautschukpräparat** aus Natur- oder synthet. Kautschuk u. Ruß, der an der Oberfläche seiner Teilchen KW-Stoff-Gruppen gebunden enthält. — 50 (g) methylierter Ruß, 100 Kautschuk u. 2,5 Dicumylperoxid werden bei 148° 100 Min. gehärtet. — Vgl. Aust. P. 233626; C. **1963,** 9908. (**Jap. A. S. 13538/1961** vom 28/8. 1959, ausg. 16/8. 1961.)
M. Pankow 7227

2744 Chemische Werke Albert (Erfinder: Arnold Giller), Wiesbaden, **Vulkanisieren von Butylkautschuk** mit halogenhaltigen Verbb. u. Metalloxiden oder -salzen als Vulkanisationsbeschleuniger. Nach Einmischung der Stoffe lagert oder walzt man die Mischung einige Zeit bei > 120° u. gibt dann durch alkal. Kondens. von in p-Stellung substituierten Phenolen erhaltene HCHO-Phenolharze als Vulkanisationsmittel zu. — Man mischt in 100 (Teile) Butylkautschuk Butyl 365 60 Kanalruß, 1 Stearinsäure, 4 Polyvinylchlorid (bzw. Polychloropren, Chlorparaffin, chlorsulfoniertes Polyäthylen oder halogenierten Butylkautschuk) u. 1,1 akt. ZnO, walzt 2 Min. bei 190° u. 5 Min. bei 195°, gibt nach Abkühlen 6 aus p-Octylphenol u. HCHO erhaltenes Phenolharz zu u. vulkanisiert 45 Min. in der Presse: Vulkanisate mit hoher Zerreißfestigkeit, Härte u. Zerreißdehnung. (**Oe. P. 223372** vom 24/3. 1960, ausg. 10/9. 1962. **F. P. 1260493** vom 23/6. 1960, ausg. 28/8. 1961. Beide D. Prior. 17/7. 1959.) M. Pankow 7229

2745 **Imperial Chemical Industries Ltd.**, London, übert. von: **John Brewster Rose,** Welwyn Garden City, England, *Mischpolymerisate aus Tetrafluoräthylen und Trifluornitromethan.* (**A. P. 3065214** vom 12/10. 1956, ausg. 20/11. 1962. E. Prior. 24/10. 1955. — C. **1959,** 5972 [E. P. 789254].)

2746 **Phillips Petroleum Co.** (Erfinder: **David Richard Smith** und **Robert Paul Zelinski**), *cis-Butadien-(1.4)*. (**Aust. P. 239527** vom 1/6. 1959, ausg. 9/8. 1962. — C. **1962,** 17952 [E. P. 848065].)

2747 **Farbenfabriken Bayer Akt.-Ges.**, Leverkusen, übert. von: **Dietrich Rosahl** und **Heinz Esser,** Köln, *Herstellung von Polychloroprenlatices.* (**A. P. 3074899** vom 19/12. 1958, ausg. 22/1. 1963. D. Prior. 4/1. 1958. — C. **1963,** 8774 [D. A. S. 1104701].)

2748 **United States Rubber Co.**, New York, N. Y. (Erfinder: **Carl Vincent Bawn, Byron Alexander Hunter, Robert Walter Brown** und **Victor Stanley Chambers,** Naugatuck, New Haven, Conn.), V. St. A., *Teilchenvergrößerung in Synthese-Kautschukdispersionen.* (**D. A. S. 1150195** Kl. 39b vom 21/9. 1959, ausg. 12/6. 1963. A. Prior. 28/11. 1958. — C. **1964,** 10-2753 [A. P. 3015642].)

H_{13}. Ätherische Öle, Parfümerie, Kosmetik

2749 **Physiologische Varietäten von Ocotea pretiosa.** 3. Mitt. **Über Anwesenheit von Campher und Methyleugenol in brasilianischem Sassafrasöl.** Otto Richard Gottlieb, Myrian Fineberg und Mauro Taveira Magalhaes. (Perfum. essent. Oil Rec. **53,** 219—21, 1962; Rio de Janeiro, Brazil, Minist. Agricult. Inst. Quim. Agric.; engl.) — 2. vgl. C. **1960,** 16960. — Unterss. zahlreicher *Ocotea pretiosa* (O. p.) Varietäten mit Sassafrasduft ergaben: 1. *l*- u. *d-Campher* waren in handelsüblichen Sassafrasölen (**I**) aus Santa Catarina in unterschiedlicher Menge vorhanden. 2. Öle von São Paulo enthielten nur teilweise d-Campher. 3. O. p.-Arten ohne Campher zeigten ziemliche Gleichartigkeit der Ölzus., ungeachtet ihrer Verbreitung in verschiedenen geograph. u. klimat. Zonen. 4. Da Safrol in den Nitrophenyläthan enthaltenden Arten von O. p. immer mit *Methyleugenol* (**II**) verbunden ist, wurden mittels Dampfphasen-Chromatographie kleine Mengen (von 0,8—2%) **II** in brasilian. **I** festgestellt. H. Findeisen 7262◇

2750 **Der Duft von Blüten und Blättern. Untersuchung der Duftnoten der geringeren Arten.** 8. Mitt. **Nelkenpfeffer** (*Calycanthus*). Edward S. Maurer. (Manufact. Chemist **33,** 140, 160, 1962; W. J. Bush & Co. Ltd.; engl.) — 7. vgl. C. **1964,** 3-2709. — Verschiedene Varietäten der zur Familie der Nelkenpfeffer gehörenden Arten *Calycanthus* u. *Chimonanthus* werden unter bes. Berücksichtigung ihrer Duftnoten besprochen.
H. Sontag 7276◇

2751 **Das Reifen von Kölnischwasser.** Antonín Kopecký und Miroslav Zahradník. (Průmysl Potravin **14,** 26—29, 1963; Praha, Výz. úst. tukového průmyslu tschech.) — Nach einem Überblick über Meth. zur Beschleunigung des Reifens von Kölnischwasser (Zugabe von Metallsalzen, Oxydationsmitteln, Bestrahlung) beschreiben Vff. ihre Verss. der Bestrahlung mit γ-Strahlen unter gewissen optimalen Bedingungen. — 25 Literaturangaben. J. Špinka 7276◇

2752 **Entzündbarkeit von Aerosoltreibmitteln.** K. Dixon. (J. Soc. Cosmet. Chemists **14,** 491—502, 1963; Berkhamsted, England, Cooper Technical Bureau; engl.) — Nach Übersicht über mögliche Ursachen von Unglücksfällen beim Arbeiten mit Aerosolen wird eine Meth. zur

Einschätzung der Feuergefahr mittels eines „bursting disperser" beschrieben u. das Ergebnis mit dem Flammenextensionstest verglichen. Es wurde gefunden, daß die Feuergefährlichkeit mittels der neuen Meth. eher festgestellt werden kann als mit dem Extensionstest.
J. Seidemann 7280◇

2753 **Therapeutisch-kosmetische Fett-Applikation durch Zusatz zu Bädern.** R. Haensch und W. Blaich. (Fette, Seifen, Anstrichmittel **64,** 854—56, 1962; Wuppertal-Elberfeld, Hautklinik der Städt. Ferd.-Sauerbruch-Krankenanst.; dt.) — Aus 9 (Teile) *Oleum arachidis* u. 1 Emulgator *Cremophor* (**I**) O oder A (fest) oder AP (fest) oder EL wurde ein Ölbad entwickelt, das einen Ölfilm auf der Haut zurückläßt, dessen Verweildauer auf der Haut mindestens 3 Std. beträgt u. dessen Haftfähigkeit sehr gut ist. Die Meßmeth. sind beschrieben u. die Resultate in Diagrammen wiedergegeben. **I** O u. **I** A (fest) zeigen die besten Resultate. Das Ölbad kann therapeut. u. kosmet. überall dort eingesetzt werden, wo Salben u. Öle indiziert sind.
K. Hinterauer 7284◇

2754 **Kosmetische Präparate mit Sonnenschutzwirkung in den Vereinigten Staaten.** W. Schweisheimer. (Parfum., Cosmét., Savons **6,** 329—31, 1963; New York; franz.) — Als Ergebnis neuerer Unterss. über den Einfl. von Sonnenstrahlen auf die Haut werden heute bereits strahlenfilternde Substanzen kosmet. Präpp. zum Schutz gegen vorzeitiges Altern der Haut u. gegen Hautkrebsbldg. zugesetzt.
H. Sontag 7284◇

2755 **Die Kaltdauerwelle.** M. R. Pelotte. (Parfum., Cosmét., Savons **6,** 325—28, 1963; Société Hélène Curtis; franz.) — Der Chemismus der Dauerwellwrkg. von NH_4-Salzen der *Thioglykolsäure* wird beschrieben, auf die Bedeutung des Reinheitsgrades u. der pH-Konstanz solcher Lsgg. bei ihrer Verw. als Kaltwellmittel verwiesen u. in der Praxis bisher ausprobierte Möglichkeiten des Ersatzes sowohl des Kations (durch *Monoäthanolamin*) als auch des Anions (durch *Thiomilchsäure*) dieser Salze krit. bewertet.
H. Sontag 7284◇

2756 **Die Bestimmung der Peroxide in ätherischen Ölen und ihre Bedeutung.** L. Waginaire und B. Guillot. (Fette, Seifen, Anstrichmittel **63,** 1084—85, 1961; Lyon, Gattefossé S. F. P. A.; dt.) — Die genau abgewogene Probe p wird in einen Schliffkolben, aus dem zuvor durch Einleiten von CO_2 oder N_2 die Luft entfernt wurde, gegeben u. in 20 ml eines luftfreien Gemisches von 2 Teilen Chlf. oder Essigester u. 3 Teilen Essigsäure gelöst. Dann gibt man 1 ml einer frisch hergestellten 75%ig. KJ-Lsg. (3 g KJ in 5 ml W.) hinzu, leitet in raschem Strom Inertgas hindurch, verschließt den Kolben u. läßt ihn 10 Min. im Dunkeln stehen. Darauf werden 25 ml W. zugesetzt u. das freigewordene Jod mit 0,01 n $Na_2S_2O_3$-Lsg. unter Zugabe von Stärkelsg. titriert. Ein Blind-Vers. wird in gleicher Weise ausgeführt. 1 ml der n/100 $Na_2S_2O_3$-Lsg. = 80 mg O_2. Die Meth. der Peroxidzahl-Best. ergibt reproduzierbare Werte. Sie ist geeignet, um das Alter äther. Öle zu bestimmen u. um nachzuweisen, ob die Terpene entfernt wurden.
H. P. Fiedler 7286

2757 **Ätherische Öle von Citrus.** 3. Mitt. **Wertbestimmung von natürlichen silizianischen Citronenölen.** C. A. Slater. (J. Sci. Food Agric. **14,** 58—64, 1963; London, The Hyde, Schweppes Ltd. Res. Labor.; engl.) — 2. vgl. C. **1963,** 723. — Mit Hilfe von IR-Spektren gelingt es, oxydierte Fraktionen von natürlichen silizianischen Citronenölen zu bestimmen u. Verfälschungen des Naturöles mit Citral u. Benzylalkohol zu erkennen.
M.-L. Kehren 7286◇

2758 **Pflanzenphysikochemie. — Beitrag zur analytischen Untersuchung von Lavendelöl.** Louis Peyron. (C. R. hebd. Séances Acad. Sci. **254,** 1486—88, 1962; franz.) — Die Gültigkeit der Meth. zur Unterscheidung zwischen Lavendel- u. Lavandinöl auf Grund ihres opt. Drehvermögens als Funktion der Wellenlänge wird unter Verw. verschiedener Lavendelöle bekannter Provenienz u. Erntezeit überprüft. Die Ergebnisse zeigen, daß die angegebenen Grenzwerte für i/j u. i/v nur als Näherungswerte zu betrachten sind u. die unkrit. Anwendung der Meth. zu Fehlergebnissen führen kann.
H. Sontag 7286◇

2759 **Indisches Baldrianöl: Physikalisch-chemische Untersuchungen des ätherischen Öles aus Wurzeln und Rhizomen angebauter Valeriana wallichii DC.** V. K. Seed und M. G. Karnik. (Perfum. essent. Oil Rec. **54,** 576—78, 1963; Dehra Dun., Forest Res. Inst., Chem. Forest Prod. Branch; engl.) — Das in einer Ausbeute von 1,8% durch Dampfdest. gewonnene Öl ist durch folgende Werte gek.: D^{20} 0,9831, [α] —20,25°, n_D^{20} 1,5052, SZ 19,16, EZ 50,33, Gesamtgeh. an Alkoholen (berechnet als $C_{15}H_{24}O$) 43,06%. Gaschromatogramm u. IR-Spektrum lassen auf eine komplexe Zus. des Öles u. hohen Geh. an freien Alkoholen schließen.
H. Sontag 7286◇

2760 Franz Sondheimer, Mexico City, Mexico, **Diinalkohole, -aldehyde, Dienalkohole, -aldehyde und -acetale** erhält man nach dem Schema: HC≡C–$(CH_2)_n$–C≡CH + Alkylhalogenid (in Ggw. von 1 Mol $NaNH_2$ in fl. NH_3) → R–C≡C–$(CH_2)_n$–C≡CH + Alkyl-Mg-Halogenid + Orthoameisensäureäthylester → R–C≡C–$(CH_2)_n$–C≡C–CH$(OC_2H_5)_2$ + H_2 (in Ggw. von Pd auf $CaCO_3$) u. Spaltung des Acetals → R–CH=CH–$(CH_2)_n$–CH=CH–CHO (**I**). Man kann auch R–C≡C–$(CH_2)_n$–C≡CH mit Alkyl-Mg-Halogenid u. gasförmigem HCHO zu R–C≡C–$(CH_2)_n$–C≡C–CH_2OH umsetzen, aus dem durch katalyt. Hydrierung R–CH=CH–$(CH_2)_n$–CH=CH–CH_2·OH entsteht u. daraus durch Oxydation → **I** (R = Alkyl; n = ganze Zahl, bes. 2). — Aus 24,4 g Dipropargyl (1.5-Hexadiin) in wasserfreiem Ae. u. 7,9 g Na als $NaNH_2$ in fl. NH_3 unter Kühlung u. Zusatz von 58 g Äthyljodid in 100 ccm Ae. → 1.5-Octadiin, $Kp._{21}$ 45—47°; aus 15,3 g davon in 60 ccm Ae. u. Äthyl-MgBr (aus 4,3 g Mg u. 25 g Äthylbromid) in 120 ccm Ae. unter Rückfluß u. N_2, dann Zusatz von 45 g Orthoameisensäureäthylester unter Erhitzen → 24,2 g *2.6-Nonadiinaldiäthylacetal*, $Kp._{0,3}$ 104—105°; aus 9 g davon in 100 ccm 2 n-H_2SO_4 unter Dest. — 4,7 g *2.6-Nonadiinal*, $Kp._{0,3\ bzw.\ 18}$ 58—59 bzw. 111—112°; aus 10,3 g des Acetals in 50 ccm Essigsäureäthylester u. H_2 in Ggw. von 1 g 3%ig. Pd auf $CaCO_3$ → 8,5 g *2-cis-6-cis-Nondienaldiäthylacetal*, $Kp._{0,2}$ 67—70°; aus 4,5 g davon u. 75 ccm 2 n-H_2SO_4 unter Dest. mit Wasserdampf → 1,8 g *2-trans-6-cis-Nonadienal*, $Kp._{18}$ 94—95°, 5° gurkenähnlicher Geruch. — 1.5-Octadiin + Äthyl-MgBr + HCHO unter N_2 → *2.6-Nonadiin-1-ol*, $Kp._{0,3}$ 83—85°; daraus mit H_2 wie vorst. → *2-cis-6-cis-Nonadien-1-ol*, $Kp._{24}$ 108—110°; daraus durch Oxydation mit CrO_3 vorst. *Aldehyd*. — *Zwischenprodd.* u. *Riechstoffe*. (**A. P. 2855441** vom 6/7. 1953, ausg. 7/10. 1958. Mex. Prior. 9/7. 1952.)
G. Krauß 7277

2761 Polak & Schwarz Internationaal N. V., Niederlande, **Herstellung von 2-Piperonylpropanal** (*2-Methyl-3-[3'.4'-methylendioxyphenyl]-propanal*), $Kp._3$ 134 bis 135°, n_D^{20} 1,5350—1,5360, dad. gek., daß man 2-Piperonylidenpropanal (**I**) in alkohol. Lsg. in Ggw. von Raney-Ni bei 20—30 kg/cm² hydriert. Man kann auch vom **I**-Diacetal ausgehen u. erhält *2-Piperonylpropanaldiäthylacetal*, $Kp._4$ 152°, n_D^{20} 1,4980—1,4990, das man hydrolysiert. — *Riechstoffe*. — Vgl. D. A. S. 1101669; C. **1962,** 329. (**F. P. 1226524** vom 11/2. 1959, ausg. 13/7. 1960. E. Prior. 11/2. u. 27/11. 1958.)
S. Böttcher 7277

2762 A. Boake, Roberts & Co. Ltd., England (Erfinder: Joseph P. Bain), **Herstellung von acyclischen Dihydroterpenen** durch Umsetzung von z. B. durch Pyrolyse von β-Pinen hergestelltem Myrcen mit ≧ 1,8 (Moläquivalenten) trockenem HCl, HBr oder HJ in Ggw. von 0,5 (Gew.-%) $CuCl_2$ bei normaler Temp., Hydrolyse des erhaltenen Dihydrohalogenids in wss. Lsg. in Ggw. von 1,25—2 (Äquivalenten) einer Base u. ggf. Oxydation des Rk.-Prod. mit Chromsäure u./oder Cu-Chromit. — *2.6-Dimethylocten-(7)-diol-(2.6)* (*2-Hydroxydihydrolinalool*; **I**), $Kp._{10}$ 125°, F. 52,2°, aus 544 (g) eines β-Pinen, Limonen u. β-Campher neben 75% Myrcen enthaltenden Industrie-Prod. durch Einleiten von 253 HCl < 35°, Eintragen des Rk.-Prod. in wss. $CaCO_3$-Suspension, 24std. Rühren bei 46° u. Extraktion mit Bzl. nach Ansäuern mit Essigsäure; n_D^{25} 1,4654; 84 g (Ausbeute). — *2.6-Dimethylocten-(6)-diol-(2.8)* (*2-Hydroxydihydrogeraniol*; **II**), $Kp._{1,5}$ 132°, neben **I** nach vorst. Verf. oder aus **I** u. 90%ig. HCOOH durch 18std. Rk. bei 0—5° u. Verseifen; n_D^{25} 1,4779; 10 g bzw. 73—75%. — *2.6-Dimethyl-octadien-(5.7)-ol-(2)*, $Kp._{10}$ 82°, aus I in wss. Lsg. mit Eisessig. — *2.6-Dimethyloctadien-(2.6)-ol-(8)*, aus I u. Na-Acetat, Essigsäureanhydrid u. Eisessig durch 11std. Kochen u. Verseifen des Esters; 40%. — *2.6-Dimethyl-2-hydroxyocten-(6)-al-(8)* (*Hydroxydihydrocitral*), aus I oder II, Na-Dichromat u. 50%ig. H_2SO_4 durch 4std. Rühren; 58—60% oder 65—68%. — *2.6-Dimethyl-2-hydroxy-octanal-(8)* (*Hydroxydihydrocitronellal*), $Kp._{10}$ 128—130°, aus II u. Cu-Chromit durch mehrstd. Erhitzen auf 165° u. gleichzeitige Dest. des Rk.-Prod. über eine Kolonne; 90—95%. — *Riechstoffe.* (**F. P. 1248456** vom 5/10. 1959, ausg. 8/3. 1961. A. Prior. 20/10. 1958.) G. Colsmann 7277

2763 Oliva Giampaoli geb. Lucchini, Rom, Italien, **Kosmetische Creme.** Sie besteht aus 60(%) reinem Ton, 10 Mandelmehl, 5 Kornmehl, 5 Citronenöl, 8 Lecithin, 10 Erdnußöl, 2 Salicylsäure. (**It. P. 528110** vom 22/9. 1952.) K. Koebke 7285

2764 Irwin Irville Lubowe, New York, N. Y., V. St. A., **Herstellung von kosmetischen und pharmazeutischen Präparaten,** die niedermol. aliphat. Alkohole u. mineral., pflanzliche oder tier. Öle, sowie mindestens einen Ester enthalten, dad. gek., daß als Lösungs-Vermittler zur Herst. einer Lsg. des Öls in einem mit diesem an sich nicht mischbaren einwertigen aliphat. Alkohol mit 1—6 C-Atomen ein Fettsäureester aus einem 1—6 C-Atome enthaltenden einwertigen Alkohol, u. einer 10—24 C-Atome enthaltenden Fettsäure oder ein Gemisch solcher Ester, bes. ein Gemisch aus Laurinsäure- u. Myristinsäureester in einem Anteil von 10—25% des Endprod., verwendet wird. (**D. A. S. 1156202** Kl. 30h vom 14/8. 1958, ausg. 24/10. 1963.) W. Heyer 7285

2765 Modern-Lab., Inc., Baltimore, übert. von: John P. Modderno, Gambrills, Md., V. St. A., **Mittel zum Erzeugen einer flexiblen Maske auf der Haut,** bestehend aus einem wasserlösl. Alginat, einer Emulsion eines gummiartigen Latex, einem wasserlösl. Salz eines mehrwertigen Metalls sowie einem Füllstoff. — Beispiel a: Emulsion: 80 (ccm) 50%ig. G. R. S. Butadien-Styrol-Latex, 1 „Dow-Corning-Silicon"-Antischaummittel, 4 Amerchol L-101", 300 Wasser; b) Pulver: 10 (g) K-Alginat, 60 Diatomeenerde (fein), 10 $CaSO_4$ (reines Präzipitat), 1,4 $Na_4P_2O_7$. 95 ccm a) werden mit 20 g b) in einem Aerosolbehälter mit Ar unter einem Druck von 30 lbs./sq. in. zu einem Aerosol-Präp. verarbeitet. (**A. P. 2996432** vom 7/4. 1961, ausg. 15/8. 1961.) E. Petersen 7285

2766 Rohm & Haas Co., Philadelphia, übert. von: Wayne E. Feely, Rydal, Pa., V. St. A., **Sonnenschutzmittel** für die Haut enthält in einem kosmet. öligen Vehikel 0,5 bis 5% *4-Cyanopyridin-N-oxid* oder ein 4-Cyano-monoalkylpyridin-N-oxid oder ein 4-Cyanodialkylpyridin-N-oxid, wobei die Alkylgruppen 1 bis 4 C-Atome enthalten, bes. *4-Cyano-2.6-dimethylpyridin-N-oxid.* — Wirksamkeitskurven. (**A. P. 3061520** vom 10/3. 1960, ausg. 30/10. 1962.) K. Koebke 7285

2767 Soc. Monsavon-l'Oréal, Paris, Frankreich, **Anionenaktive Waschmittel** in Form von *Aerosolen.* Zu F. P. 1204531; C. **1961,** 17791, ist nachzutragen: Oxäthylierte Alkohole oder Alkylphenole der allg. Formel $R-(O-CH_2-CH_2)_nOH$ werden mit NH_2SO_3H unter Druck bei 110—130, bes. 125—135° zu Verbb. der allg. Formel $R-(O-CH_2-CH_2)_n-O-SO_3NH_4$ in Ggw. des zur Aerosolherst. verflüssigten Gases, das aus einem gesätt. KW-Stoff mit 4—5 C-Atomen u. Chlorfluorderivv. des Methans oder Äthans besteht, umgesetzt. R = geradkettiges Alkyl mit wenigstens 8 u. höchstens 22 C-Atomen, entsprechend den Fettalkoholen, verzweigtkettiges Alkyl- mit wenigstens 10 u. höchstens 20 C-Atomen entsprechend den Oxoalkoholen, oder Alkylphenyl, bes. Octyl- oder Nonylphenyl; n = 1—6. Das Rk.-Prod. wird mit gasförmigem NH_3 oder wasserfreiem Mono-, Di- oder Triäthanolamin bis pH wenigstens 7 u. höchstens 8 neutralisiert. — Eine Mischung aus äthoxylierten Fettalkoholen (80% Alkohole mit 12 u. 20% mit 14 C-Atomen) mit 2,2 bzw. 6 Mol angelagertem Äthylenoxid wird mit NH_2SO_3H in Ggw. von Harnstoff u. Trichlormonofluormethan bei 120° u. 13 at umgesetzt u. die Rk.-Mischung dann mit NH_3 auf pH 7—8 neutralisiert. — Oxoalkohol mit 11—16 C-Atomen bzw. Octylphenol + 2 bzw. 2,5 Mol Äthylenoxid + NH_2SO_3H. Als Treibmittel dienen bes. „Freon" 113 (Trichlortrifluoräthan) u. 11 (Trichlormonofluormethan). — Verw. bes. als *Haarwaschmittel.* (**E. P. 885008** vom 20/3. 1959, ausg. 20/12. 1961. F. Prior. 14/4. 1958.) G. Krauß 7285

2768 **John Thomas Andreadis** (Erfinder: **John Thomas Andreadis** und **Saul Miklean**), *Kosmetikum.* (**Aust. P. 239771** vom 16/2. 1960, ausg. 16/8. 1962. A. Prior. 9/3. 1959 u. 9/2. 1960. — **C. 1963,** 3053 [Port. P. 38053].)

2769 **Warner-Lambert Pharmaceutical Co.** (Erfinder: **Charles Fox** und **Donald Howard Powers**), *Kosmetikcreme.* (**Aust. P. 239954** vom 16/3. 1960, ausg. 23/8. 1962. A. Prior. 25/3. 1959. — **C. 1963,** 7968 [E. P. 884688].)

2770 **Soc. Monsavon-l'Oréal,** Frankreich (Erfinder: **Gregoire Kalopissis** und **André Viout**), *Mittel zur Herstellung von Dauerwellen.* (**Aust. P. 235668** vom 13/3. 1959, ausg. 26/10. 1961. F. Prior. 14/3. 1958. — **C. 1961,** 7778 [F. P. 1193289].)

H_{14}. Zucker, Kohlenhydrate, Stärke

2771 **Die Verarbeitung geschlegelter Rüben.** W. Strube. (Zuckererzeugung **6,** 172—73, 1962; Halle-Trotha, Inst. für Zucker;- u. Stärkeind.; dt.) — Die versuchsweise Verarbeitung geschlegelter Rüben bereitet mechan. keine Schwierigkeiten. Analysen zeigen jedoch, daß Nachteile bei der Saftreinigung u. höhere Saccharoseverluste in der Melasse auftreten werden. M. Reiher 7406◇

2772 **Untersuchungen an mono- und polykarpem Zuckerrübensaatgut.** H.-J. Röstel. (Zuckererzeugung **6,** 177 bis 180, 1962; Kleinwanzleben, Dt. Akad. der Landwirtschaftswiss., Inst. für Pflanzenzüchtung; dt.) — Mono- u. polykarpes Saatgut unterscheiden sich in den wichtigsten Saatguteigg. (Früchtigkeit, Tausendkorn-, Samen-, Keimlings- u. Perikarpmassen sowie Keimschnelligkeit, -fähigkeit u. -energie) nicht wesentlich. Der optimale Schnittzeitpunkt der Samenträger ist bei monokarpem Material in der Vollreife gegeben. M. Reiher 7406◇

2773 **Untersuchungen über die Beziehungen zwischen Saattiefe und Feldaufgang bei Zuckerrübensaatgut.** H. Lüdecke und O. Neeb. (Zucker **15,** 544—49, 1962; Göttingen, Inst. für Zuckerrübenforsch.; dt.) — Saatkasten-Verss. in degradiertem Lößlehm zeigten, daß zur Erzielung eines guten Feldaufgangs Rübensaatgut (bes. bei extremer Dünnsaat von Monogermsaatgut) nicht tiefer als 2,5 cm gesät werden darf u. daß die bedeckende Bodenschicht nicht angedrückt werden sollte. M. Reiher 7406◇

2774 **Fortschritte und gegenwärtige Möglichkeiten der chemischen Unkrautbekämpfung in Zuckerrüben.** Chr. Winner. (Zucker **15,** 332—36, 1962; Göttingen, Inst. f. Zuckerrübenforsch.; dt.) — Beschreibung der im Zuckerrübenanbau gebräuchlichen Unkrautbekämpfungsmittel zur Anwendung vor der Saat, zur Vorauflauf- u. zur Nachauflaufanwendung. Vorteile (Senkung des Arbeitsaufwandes, günstigere Bedingungen für Monogerm- u. Einzelkornsaat, Verlängerung der Verziehspanne, Sicherung des Rübenertrages durch Minderung einer akuten Verunkrautungsgefahr) u. Nachteile (mögliche Schädigung der Rüben, Unsicherheit des herbiciden Effektes bei ungünstigen Boden- u. Witterungsbedingungen) werden einander gegenübergestellt. — 23 Literaturangaben. M. Reiher 7406◇

2775 **Ist eine gezielte Bekämpfung der Blattfleckenkrankheit schon möglich?** H. Wellner und A. Vottor. (Zucker **15,** 337—40, 1962; dt.) — Eine 4malige Spritzung mit 1,8 kg/ha Brestan ist einer 1—2maligen Behandlung mit 3 kg/ha überlegen. Für die Hauptbefallsgebiete wird 3malige vorbeugende Spritzung empfohlen. Dringend erforderlich ist ein Cercospora-Warndienst mit möglichst 10tägiger Vorhersage. — 12 Literaturhinweise. M. Reiher 7406◇

2776 **Der Mechanismus der Malonsäure-Bildung während der Verarbeitung von Zuckerrohrsaft.** S. Bose und S. Mukherjee. (J. sci. ind. Res. [New Delhi], Sect. B **21,** 507—08, 1962; Kanpur, Nat. Sugar Inst., Dep. of Org. Chem.; engl.) — Aus dem gereinigten, mit Kalk behandelten Zuckerrohrsaft wird säulenchromatograph. *Malonsäure* (**I**) isoliert. Es wird angenommen, daß aus

reduzierenden Zuckern Hydroxymalondialdehyd entsteht, dieser durch innermol. Umlagerung in Malonsäurehalbaldehyd übergeht u. zu **I** oxydiert wird.
P. Gregorzewski 7408◇

2777 **Apparatur für die kontinuierliche Extraktion von Rüben und Zuckerrohr.** E. Reinefeld. (Zucker **15**, 554—56, 1962; Braunschweig, T. H., Inst. für landw. Technol. u. Zuckerind.; dt.) — Beschreibung einer in der span. Zuckerfabrik Salobrena installierten App. der Firma Extraction DE SMET S. A., Antwerpen, mit der sowohl Rüben als auch Zuckerrohr extrahiert werden können.
M. Reiher 7412◇

2778 **Die Entsalzung von Zuckersäften mit Lewatiten in der Zuckerfabrik Oestrum AG.** H. J. von der Linde. (Zucker **15**, 340—45, 1962; Leverkusen, Farbenfabriken Bayer AG.; Zuckerfarbik Oestrum AG.; Braunschweig, Braunschweig. Maschinenbauanst.; dt.) — Verf.-Beschreibung einer Entsalzunganlage für Zuckersäfte mit bes. *Lewatiten* der Farbenfabriken Bayer AG. Nach 3 Rübenkampagnen bei der Entsalzung von Kristallablauf-Dünnsaft-Gemischen u. 2 Sommerkampagnen bei der Melasse-Entsalzung war kein Kapazitätsabfall der Austauscher hinsichtlich Entsalzung u. Entfärbung festzustellen. Durch Einsatz von 3 Batterien mit je 4,7 m^3 Kationen- u. 3,3 m^3 Anionenaustauscher konnten in der Kampagne 1961 durch die Entsalzung 1,12% a. R. mehr Kristallzucker gewonnen werden. Der Endablauf Melasse betrugt 1,6% a. R. M. Reiher 7412◇

2779 **Raffination von Rohrrohzucker im VEB Zuckerfabrik Genthin.** E. Gutknecht. (Zuckererzeugung **6**, 174—75, 1962; Genthin, VEB Zuckerfabrik; dt.) — Betriebserfahrungen bei der Verarbeitung von Kuba-Zucker. M. Reiher 7416◇

2780 **Die komplexe Verarbeitung von Kartoffeln auf Stärke und Alkohol.** W. M. Selenski. (Spirituosen-Ind. [UdSSR] **27**, Nr. 4, 30—31, 1961; russ.) — Die Kartoffeln werden gewaschen, zerkleinert u. über ein Sieb geschickt. Die größeren Stücke kocht man u. verarbeitet sie unter Zugabe von Getreiderohstoff auf *Alkohol*. Der feine Brei dient zur Herst. von *Stärke*. In Zentrifugen wird der Saft abgetrennt. Der Ausbringungskoeff. für Stärke beträgt 50—51. I. Weber 7448◇

2781 **Wirbelschichtbildung von feinen Stärkepulvern.** M. Ravindram, G. N. Bhat und N. R. Kuloor. (Indian J. Technol. **1**, 204—07, 1963; Bangalore, Indian Inst. of Sci., Dep. of Chem. Engng.; engl.) — In einer Glaskolonne von 37 mm ∅ wird die Möglichkeit der Herst. von feinem Stärkepulver durch Wirbelschichttechnik untersucht Bei Luftdurchsätzen von 120 Liter/h u. dem Zumischen von Sand zu handelsüblicher Getreidestärke im Verhältnis 4:1 kann das Stärkepulver bei minimalen Staubverlusten einwandfrei gewirbelt werden. Durch Agglomerierung der Stärketeilchen tritt eine Veränderung der physikal. Eigg. des Stärkepulvers ein, die durch die Bldg. neuer, von adsorbierten Gasen freier Oberflächen u. das Auftreten elektrostat. Kräfte in der Wirbelschicht erklärt wird. I. Vieweg 7448◇

2782 **Die Veränderung von Weizenstärke bei feuchtwarmer Behandlung.** M. G. Stoljar. (Spirituosen-Ind. [UdSSR] **27**, Nr. 4, 16—19, 1961; russ.) — Die Konz. der wss. Stärkesuspension hat kaum Einfl. auf die einzelnen Phasen der Veränderung beim Erwärmen. Die Stärkekörner mit einem Anfangs-∅ von 1—3 mm dehnen sich zunächst aus. Bis zur Temp. von 102° erreicht der ∅ 11—16 mm. Bei 103—105° beginnt die Zerstörung der Stärkekörner. Amylose u. Amylopektin werden frei. Bei 124—130° ist die Kornzerstörung beendet. Man erhält ein homogenes Gemisch, eine Stärkelösung.
I. Weber 7448◇

2783 **Eine spektrophotometrische Methode zur Bestimmung von Calcium in Zuckerrohrsaft mittels Äthylendiamintetraacetat.** N. A. Ramaiah, Vishnu und R. K. Chaturvedi. (Current Sci. **27**, 246—47, 1958; Kanpur, Nat. Sugar Inst., Dep. of Phys. Chem.; engl.) — Zur Ca-Best. wird der Zuckerrohrsaft mit Pb-Acetat behandelt u. restliches Pb mit festem $K_4Fe(CN)_6$ ausgefällt. Behandlung mit 1—2 Tropfen konz. HNO_3 konserviert die Lsg. für längere Zeit. Zu einem aliquoten Teil wird ammoniakal. $CuSO_4$-Lsg. (Cu-Konz. 8 mMol); NH_4OH-Konz. 2 mMol) zugesetzt u. in einem Spektrophotometer bei 630 mμ mit 50 mMol Äthylendiamintetraessigsäure so lange titriert, bis nach Bindung von äquivalentem Ca^{2+} die Extinktion zu sinken beginnt als Zeichen des Beginns der Cu-Titration. Die Analyse stimmt auf ± 0,5% mit der Oxalat-Meth. überein, benötigte aber je Best. nur 40 Minuten.
W. Schönborn 7474◇

2784 Tunnel Glucose Refinieries Ltd., London, England (Erfinder: Lucien Simon Wigdor), **Pulver zur Herstellung von gelatinöser Paste** unter Zumischung von W., bestehend aus *Stärke*körnern, denen man einen Zucker zufügt, der, bezogen auf die sich ergebende Zumischung, nur 1—25 Gew.-% Glucose-Monohydrat ausmacht. (**E. P. 915703** vom 11/6. 1958, ausg. 16/1. 1963.) H. Maaß 7449

2785 **Aktieselskabet de Danske Sukkerfabbrikker,** Dänemark (Erfinder: **Henning Anton Brünniche, Olsen James Courtney Wright, Frank Bristol Price, Clarence Richard Steele** und **Harold Farnes Silver**), *Auslaugen von Feststoffteilen.* (**F. P. 1197766** vom 8/1. 1958, ausg. 2/12. 1959. A. Prior. 9/1. 1957. — C. **1963,** 10691 [Oe. P. 210365].)

2786 **Guseppe Assalini,** Italien, übert. von: **S. p. A. Industrie Agricole Ligure Lombarda,** *Reinigen von Zuckersäften.* (**F. P. 1167954** vom 22/8. 1956, ausg. 3/12. 1958. It. Prior. 26/8. 1955. — C. **1961,** 17034 [Ind. P. 58207].)

2787 **Súgar Chemical Co Établissement,** Vaduz, Liechtenstein, übert. von: **Erich Moebes,** Leopoldsdorf, Österreich, *Reinigen und Entfärben von vorbehandelten Zuckersäften.* (**A. P. 3090707** vom 15/9. 1959, ausg. 21/5. 1963. **D. A. S. 1156720** Kl. 89c vom 31/8. 1959, ausg. 31/10. 1963. Beide Schwz. Prior. 23/9. 1958. — C. **1963,** 6819 [E. P. 889647].)

2788 **Corn Products Refining Co.,** V. St. A., *Herstellung von Stärke.* (**F. P. 1188604** vom 18/11. 1957, ausg. 24/9. 1959. E. Prior. 30/9. 1957. — C. **1962,** 6240 [E. P. 853773].)

2789 **N. V. W. A. Scholten's Chemische Fabrieken,** Groningen (Erfinder: **Jan Lolkema** und **Geert Moes,** Hoogezand), Niederlande, *Herstellung kaltquellender Stärkeprodukte.* (**Schwz. P. 370729** vom 12/11. 1955, ausg. 30/8. 1963. Niederl. Prior. 16/11. 1954. — C. **1961,** 8866 [F. P. 1138924].)

H_{16}. Nahrungs-, Genuß- und Futtermittel

2790 **Wirkung des Hochfrequenzstromes auf die Qualität der Lebensmittel.** V. J. Rogatschew. (Acta chim. Acad. Sci. hung. **23**, 541—54, 1960; Moskau, Zentrales wiss. Forsch. Inst. der Konservenind.) — Vf. untersucht bei verschiedenen Lebensmitteln die Wrkg. des Hochfrequenzstromes auf Mikroorganismen, Fermente, *Ascorbinsäure* (**I**), *Pektin* (**II**), Agar (**A**) u. Zucker. Bei Obst u. Gemüse werden Mikroorganismen abgetötet, der Geh. an lösl. **II** vermindert, der Geh. an *Protopektin* erhöht, die Hydrolyse von **II** u. **A** herabgesetzt u. der **I**-Verlust beträchtlich erniedrigt. Weitere Verss. beschäftigen sich mit der Anwendung des Hochfrequenzstromes bei dem Kochen von Wurstwaren, der Extraktion von Knochenfett u. dem Trocknen von Lebensmitteln.
A. Täufel 7630◇

2791 **Physikalisch-chemische und mechanische Wirkungen des Ultraschalls.** R. O. Prudhomme. (Acta chim. Acad. Sci. hung. **23**, 469—81, 1960; Paris, Inst. Pasteur, Labor. des Ultrasons; franz.) — Zusammenfassende Ausführungen über die beim Durchgang eines Ultraschall-Wellenbündels auftretenden primären (therm. Wrkg., Absorption) u. sekundären Phänomene (Luminescenz, UV-Photogenese, Oxydations-Rk., Depolymerisierung, Bldg. u. Ausfällen von Emulsionen, Cytolyse). Es wird festgestellt, daß die Anwendung von Ultraschall bei fl. Lebensmitteln nicht zur vollständigen Beseitigung von Mikroorganismen führt. A. Täufel 7630◇

2792 **Einige Beobachtungen über die Einwirkungen von ionisierenden Bestrahlungen auf verschiedene Lebensmittelprodukte.** M. Blinc. (Acta chim. Acad. Sci. hung. **23**, 555—56, 1960; Ljubljana, Chem. Inst. Boris Kidric; dt.) — Es werden durch Bestrahlung von Lebensmitteln Lagerungsverbesserungen festgestellt: Bei Kartoffeln (10000 rep), bei Zwiebeln (7000—10000 rep), bei Zuckerrüben (10000—15000 rep), bei Fleisch u. Fisch (1000000 rep), bei Gemüse (50000 rep) u. bei Mehl u. Brot (30000 bis 100000). A. Täufel 7630◇

2793 **Haltbarmachung von Lebensmitteln durch ionisierende Strahlen. Anwendung bei Milch, Käse, Fleisch, Fisch und Gemüse.** J. Herrmann. (Acta chim. Acad. Sci. hung. **23**, 503—11, 1960; Berlin, Humboldt-Univ., Inst. für

Technol. u. Vorratspflege; dt.) — Vgl. C. **1960,** 7711. — Allg. Ausführungen über die Haltbarmachung verschiedener Lebensmittel mit β- u. γ-Strahlen. Unter Berücksichtigung der für Gemüse, Milch- u. Fischerzeugnisse erforderlichen unterschiedlichen Strahlungsdosis u. der Begrenzung des Durchdringungsvermögens des Gutes wird gezeigt, daß sich ionisierende Strahlen bes. zur Keimhemmung von Kartoffeln u. Gemüse eignen, während bei Milcherzeugnissen eine die Qualität mindernde Wrkg. erzielt wird. A. Täufel 7630◇

2794 **Über die entkeimende Wirkung der ultravioletten Bestrahlung und über ihre Anwendung bei der Sterilisierung von Luft, Flüssigkeiten, Früchten und granulierten Produkten.** J. Janicki, E. Sobkowska und J. Wierzbowski. (Acta chim. Acad. Sci. hung. **23,** 483—501, 1960; Poznan, Poland, Coll. of Agric., Dep. of Agric. Technol.; engl.) — Nach ausführlichen Betrachtungen der theoret. Belange einer Bestrahlung werden Angaben über die UV-Bestrahlung zur Entkeimung u. Sterilisierung von Luft, W. (unter Berücksichtigung des Fe-Geh.), Wein, Bier, Milch, Mehl, Trockenmilch, Eipulver, Getreide, Weichfrüchten u. Sirupen gemacht. Die krit. Auswertung umfaßt die erwünschten (Entkeimung) u. unerwünschten Eigg. (Gefahr der Entwicklung neuer Mutationen von Mikroorganismen, Ranzigwerden von Ölen, Zerstörung von Vitaminen). — 44 Literaturhinweise. A. Täufel 7630◇

2795 **Neue Möglichkeiten zur Geschmacksmodifikation.** J. R. Wagner, D. S. Titus und J. E. Schade. (Food Technol. **17,** Nr. 6, 52—57, 1963; engl.) — Übersicht über die Verw. von *Mono-Na-Glutamat* u. die mögliche Verw. von natürlich vorkommenden Nucleotiden zur Geschmacksveränderung von Nahrungsmitteln. W. Wesly 7630◇

2796 **Das Rösten, Wirkung der Wärmebehandlung auf die chemische Zusammensetzung und Aromabildung.** P. Navellier. (Acta chim. Acad. Sci. hung. **23,** 291 bis 301, 1960; Paris, Section de Bromatologie du Lab. Municipal; franz.) — Allg. Ausführungen über die beim Rösten von Lebensmitteln (Kakao, Malz, Zichorie) vor sich gehenden chem. Veränderungen in bezug auf den Geh. an W., *Theobromin, Protein,* Stärke u. Aromastoffen. — 22 Literaturhinweise. A. Täufel 7632◇

2797 **Einfluß der Wärmebehandlung auf Aroma und Geschmack der Lebensmittel.** A. R. Deschreider und S. van den Driessche. (Acta chim. Acad. Sci. hung. **23,** 313—26, 1960; Bruxelles, Ministère des Affaires économiques, Labor. central; franz.) — Überblick über die durch Hitzebehandlung verursachten, Geschmack u. Geruch beeinflussenden Faktoren, wie nichtenzymat. Bräunung, Bldg. von Verbb., die durch katalyt. Wrkg. von Fe u. Cu entstehen, Reste von Insekticiden, bes. von *HCH, Lindan* u. *Thiocarbaminsäure.* — 37 Literaturhinweise. A. Täufel 7634◇

2798 **Kombinierte Verfahren zur Nahrungsmittelkonservierung: Behandlung mit Kälte und Antibiotica sowie Kälte und Bestrahlung.** J. A. Munõz-Delgado Ortiz. (Acta chim. Acad. Sci. hung. **23,** 577—91, 1960; Madrid, Centre Expérimental du Froid; franz.) — Übersichtsbericht über die Anwendung von Eis mit Antibiotica-Zusatz bei verschiedenen Lebensmitteln (Fisch, Fleisch, Geflügel), die vornehmlich im gekochten Zustand verzehrt werden, über die Kombination von Eis mit ionisierenden Strahlen sowie über die Strahlenvorbehandlung schnell verderblicher Prodd. vor der Kälteaufbewahrung. — 77 Literaturhinweise. A. Täufel 7634◇

2799 **Fortschritte auf dem Gebiet der Sterilisation. Vorteile der neuen Verfahren: Uperisation, Ultrarapid- und Flashverfahren.** K. Rauscher. (Acta chim. Acad. Sci. hung. **23,** 259—66, 1960; Potsdam-Rehbrücke, Inst. für Ernährung; dt.) — Die allg. Ausführungen über die Sterilisations-Meth. mit kurzzeitiger Hocherhitzung, wie Uperisation, Ultrarapid- u. Flash-Verf., umfassen die bisherigen Erfahrungen auf diesem Gebiet, ihre Vorteile in bezug auf schonendere Behandlung des Lebensmittels u. ihre Anwendungsmöglichkeiten, insbesondere bei Milch, Obst- u. Gemüsesäften. A. Täufel 7634◇

2800 **Pyrokohlensäurediäthylester als mögliches Konservierungsmittel für Lebensmittel.** N. Molin, L. Sätmark und Märta Thorell. (Food Technol. **17,** Nr. 6, 119—23, 1963; Göteborg, Schweden, Swed. Inst. for Food Preserv. Res.; engl.) — Unterss. über die Einw. von *Pyrokohlensäurediäthylester* (**I**) auf eine Reihe von Lebensmittel-Fäulnisbakterien zeigen, daß 0,01% **I** die biolog. Stabilität von Bier, das mit Hefezellen geimpft worden ist, verdoppelt bzw. das Wachstum von *Botrytis cinerea* an frischen Erdbeeren verlangsamt. Die Eignung von **I** zur Konservierung von Apfelmus ist zweifelhaft. W. Wesly 7634◇

2801 **pH-Änderungen einiger gefrorener Lebensmittel während der Lagerung.** L. van den Berg. (Food Technol. **15,** 434—37, 1961; Ottawa, Canada, National Res. Council, Div. of Applied Biol.; engl.) — Frische Lebensmittel wurden während 70—180 Tagen bei —10° u. —18° gelagert u. regelmäßig auf pH geprüft. Grüne Bohnen, Blumenkohl, Dorsch u. Schellfisch zeigten in den ersten 3 Monaten Absinken des pH um 0,3—2,0; nachher wurde das ursprüngliche pH von 6,0—6,5 wieder erreicht. Das pH von Tomaten blieb bei — 10° fast gleich, stieg aber bei — 18° im ersten Monat scharf von 4 auf 5 u. fiel wieder auf 4 zurück. Rindfleisch zeigte ein schwaches Ansteigen des pH von 5,6 auf 6,0 unmittelbar nach dem Gefrieren. Nach Ablauf von 3 Monaten war bei allen Proben keine Änderung mehr festzustellen. K. Schleich 7636◇

2802 **Entfrostung von zubereiteten gefrorenen Lebensmitteln.** 1. Mitt. **Entfrostungs-Temperaturen von gefrorenen Fruchtpasteten, Fleischpasteten und Suppen.** M. J. Fanelli und M. F. Gunderson. (Food Technol. **15,** 419—22, 1961; Camden, N. J., Campbell Soup Co., Bacteriol. Res. Dep.; engl.) — Als „Entfrostungs-Temp." wird die Temp. bezeichnet, welche wegen der latenten Schmelzwärme vor dem eigentlichen Auftauen längere Zeit konst. bleibt. Zu ihrer Best. wurden 14 bei — 13°F tiefgekühlte Konserven in mit Thermoelementen versehenen Kisten in einen Raum von 50°F gebracht zur Aufnahme der Temp.-Kurve bis zum Auftauen. Die Entfrostungs-Temp. betrug 15,2°F (Hackfleisch) bis 29,5°F (andere Fleischarten, Süßspeisen, Suppen) u. blieb während 2,25 (Hackfleisch) bis 32,5 Std. konstant. Diese Entfrostung verursachte irreversible Änderungen, d. h., beim Wiedergefrieren blieb die eingetretene Schädigung bestehen. K. Schleich 7636◇

2803 **Gesundheitliche Aspekte der Behandlung und Zubereitung von Lebensmitteln.** Michael M. Wilson. (Food Preservat. Quart. **23,** 2—5, 1963; Melbourne, Univ., Public Health Labor.; engl.) — Kurze Übersicht über die Möglichkeiten des Auftretens von Infektionen durch verdorbene Lebensmittel, der Schädigungen der Gesundheit durch absichtlich u. unabsichtlich zugesetzte Lebensmittelzusatzstoffe u. durch tox. Substanzen mikrobiellen Ursprungs. E. Lück 7642◇

2804 **Untersuchungen über den ernährungsphysiologischen Wert von Casein.** K. Schiller und E. Ocio. (Z. Tierphysiol., Tierernähr. Futtermittelkunde **18,** 166 bis 174, 1963; Braunschweig-Völkenrode, Forschungsanstalt für Landwirtschaft, Inst. für Tierernährung; dt.) — Im Fütterungstest an Ratten betrug die wahre Verdaulichkeit von *Casein* (**I**) 96—99, die biol. Wertigkeit 62—72 u. der N-Nettowert 61—71. Zugaben von *dl-Methionin*(**II**) führten erst bei Erreichung der doppelten Menge des theoret. Defizits zu biolog. Wertigkeiten von über 80. *Arginin*-Zusätze verursachten keine weitere Steigerung. In vergleichenden Unterss. über die Aufbesserung verschiedener Grundfutterarten erwies sich **I** als Zulage einem entsprechenden Zusatz von Fischmehl gegenüber als gleichwertig. In Bilanz-Verss. an Schweinen liegt die biolog. Wertigkeit von **I** bei 85. **II**-Zusätze führen in diesem Fall zu keiner wesentlichen Steigerung. G. Heder 7646◇

2805 **Glutaminsäure–Asparaginsäure–Transaminase im keimenden Gerstenkeimling.** W. C. Burger. (Cereal Chem. **40,** 220—30, 1963; Madison, Wis., Barley and Malt Labor.; engl.) — Mehrere untersuchte Gerstensorten mit unterschiedlicher Keimkraft (A) zeigten keine Beziehung zwischen A u. der *Glutaminsäure–Asparaginsäure-Transaminase*-Aktivität (**B**). In zweireihigen Gerstensorten mit sehr hohem **A** wurde auch hohe **B** gemessen. Während der Keimung stieg **B** in den ersten 24 Std. von 36 auf 49%, während der Proteingeh. im Keimling von 3 auf 8% stieg. Der frühe Anstieg von **B** resultiert aus einer Aktivierung bereits bestehender Apoenzyme durch endogene Coenzyme u. weniger durch die Bldg. von Apoenzymen oder die niedrige Hydration bestehender Holoenzyme. H. Haevecker 7664◇

2806 **Über die Einwirkung verschiedener physikalischer Verfahren und Einflüsse auf dem Gebiete der Getreideverarbeitung auf den Gehalt an Vitamin B und E von Getreideerzeugnissen und von Brot.** P. F. Pelshenke. (Acta chim. Acad. Sci. hung. **23**, 179–88, 1960; Detmold, Bundesforschungsanstalt für Getreideverarbeitung; dt.) — Es wird der Einfl. von Wärme, Feuchtigkeit, Siebung, Sichtung, Backen, Rösten u. Tiefgefrieren auf den Geh. an *Vitamin* B_1 (**I**), B_2, *E* (**II**) u. *Nicotinsäureamid* von Getreideerzeugnissen untersucht. Bei einem Feuchtigkeitsgeh. bis 15% u. Temp. unter 20° ist bei Weizenmahlerzeugnissen innerhalb von 3 Monaten der Vitaminverlust allg. sehr gering. Bei Roggen treten jedoch bereits nach 2–4 Monaten Verluste auf. Die beim Backprozeß entstehenden Verluste betragen an **I** je nach Brotsorte 10–75%, die an **II** 5–50%. Durch Backen mit Infrarot werden die Werte kaum verändert. Die durch Trocknen auftretenden Verluste sind besonders bei **II** (40%) hoch. Dämpfen u. Darren führen nicht zu größeren **II**-Verlusten. Vf. stellt fest, daß auf Grund der Schwankung des Rohstoffes an Vitaminen einheitliche, allg. gültige Beurteilungsmaßstäbe nur unter Vorbehalt aufstellbar sind. A. Täufel 7664◇

2807 **Verwendung ionisierender Strahlen für die Konservierung von Lebensmitteln.** 1. Mitt. **Einwirkung von Gamma-Strahlen auf die technologischen und biochemischen Eigenschaften des Mehles.** F. Sandret, A. Guilbot und J. Buré. (Acta chim. Acad. Sci. hung. **23**, 513 bis 521, 1960; franz.) — Mehl mit mittlerem u. hohem Backwert u. das zugrunde liegende Getreide werden mit γ-Strahlen der Dosis $2{,}5 \cdot 10^4$ bis $3 \cdot 10^6$ bzw. 10^4 bis 10^6 rad bestrahlt u. auf Veränderungen untersucht. Bei Dosen über $5 \cdot 10^5$ rad tritt eine Verfärbung ein. Der Backwert wird bei Dosen unter $5 \cdot 10^5$ rad gering erhöht, bei darüberliegenden Dosen sinkt er erheblich. Mengen über 10^6 rad führen zur Veränderung der Funktionen der α- u. β-*Amylase* sowie zur Zerstörung der Stärkestruktur. Das Gärungsvermögen wird erst bei Bestrahlungsdosen des Mehles über 10^6 rad beeinträchtigt. Weitere Verss. über die biochem. Eigg. bestrahlter Mehle ergeben bei den lösl. Kohlenhydraten keine Unterschiede, bei Dosen über $5 \cdot 10^5$ rad steigt jedoch die in 10% Trichloressigsäure lösl. Proteidfraktion u. bei der Lipidfraktion ist die Bldg. von Peroxiden nachweisbar. A. Täufel 7670◇

2808 **Verbesserte Methode zur Prüfung von Makkaroni-Produkten.** Adolph Holliger. (Cereal Chem. **40**, 231 bis 240, 1963; Uzwil, Schweiz, Buhler Brothers; engl.) — Beschreibung einer App. zur Messung der mechan. Eigg. von gekochten u. ungekochten Spaghetti im Streck- u. Biegevers. mit besonderer Berücksichtigung von Eierzusatz bei der Herstellung. H. Haevecker 7672◇

2809 **Einige Beobachtungen bei der kontinuierlichen Brotherstellung.** R. A. Bottomley. (Food Technol. **15**, 423–28, 1961; Sydney, Australia, M. B. T. Res. Labor. Pty.; engl.) — Bei der kontinuierlichen industriellen Brotherst. werden die Teigbestandteile (außer Mehl, Oxydationsmitteln u. Fett) in einer Vormischung (VM) einer anaeroben alkohol. Gärung unterworfen. Der VM können auch *Thiamin*, *Riboflavin* u. *Niacin* beigegeben werden, wodurch das an sich schon gute Hefewachstum noch gefördert wird. In den Verss. wurde die Gärung verschiedener Zuckerarten, die Bldg. von A. u. die Entwicklung von pH u. Acidität untersucht. Erst nach Vollendung der Vorgärung wird die VM u. das Fett dem Mehl zur fertigen Teigführung beigegeben. Nach diesem Verf. ist die Zeit zur Teigbereitung von 205 Min. beim nicht kontinuierlichen Verf. auf 63 Min. herabgesetzt worden. K. Schleich 7674◇

2810 **Veränderungen des Säuregrades während der Brotlagerung.** E. Drews. (Arbeitsgemeinsch. Getreideforsch. E. V., Ber. Getreidechem.-Tag. **1962**, 106–15; Detmold, Bundesforschungsanst. f. Getreideverarb.; dt.) H. Haevecker 7674◇

2811 **Eine Gefriertechnik zur Konzentrierung von Präfermenten.** Walter S. Hale und Earl W. Cole. (Cereal Chem. **40**, 287–90, 1963; Albany, Calif. US. Dep. Agr., Western Reg. Res. Labor.; engl.) — Durch Gefrieren lassen sich *Präfermente* ohne Verlust an flüchtigen Substanzen leicht konzentrieren. H. Haevecker 7674◇

2812 **Wirkung der Vorgärung und des Backens auf die Konzentration von organischen Säuren, Carbonylverbindungen und Alkoholen in Brotteigen.** E. W. Cole, W. S. Hale und J. W. Pence. (Cereal Chem. **40**, 260–65, 1963; Albany, Calif. Western Reg. Res. Labor.; engl.) — Die Gär- u. Backverss. ergaben, daß die Gesamtmenge der verschiedenen für Geruch u. Geschmack maßgeblichen Verbb. von der Zucker- u. Hefemenge bei der Vorteiggärung abhängt. In allen Fällen waren die Beträge an organ. Säuren, Carbonylverbb. u. Alkohole größer in den Teigen u. Broten, die mit konzentriertem Präferment hergestellt waren. H. Haevecker 7674◇

2813 **Das Maturometer. Prüfung und Verbesserung.** R. S. Mitchell, D. J. Casimier und L. J. Lynch. (Food Technol. **15**, 415–18, 1961; North Ryde, New South Wales, Australia, Div. of Food Preserv., C. S. I. R. O.; engl.) — Das Maturometer dient zur Messung des Reifegrades von Erbsen u. beruht auf der Messung des Widerstandes, den die Erbsen in einem genau definierten App. dem Eindringen von Stiften entgegensetzen; gemessen wird die für die Kompression von Federn nötige Kraft. Da der ursprüngliche App. innere Reibungen aufwies, wurden Verbesserungen durch unabhängige Aufhängung der Stiftenplatte an Ringfedern angebracht. K. Schleich 7684◇

2814 **Die Sortierung von Taubenerbsen durch Salzsole bestimmter Stärke.** F. Sánchez-Nieva, M. A. González, J. R. Benero und I. Hernández. (J. Agric. Univ. Puerto Rico **47**, 14–23, 1963; Rio Piedras, Univ. of Puerto Rico, Agric. Exper. Station; engl.) — Mittels einer Salzsole bestimmter Konz. ausgeführte Unterss. zur Sortierung von Taubenerbsen in gelbe, überreife u. grüne, zarte zeigen, daß in der Sole die reiferen Erbsen sinken u. die weniger entwickelten schwimmen. Jedoch gelang es nicht, überreife, gelbe von grünen Erbsen zu trennen, weil sie anscheinend das gleiche spezif. Gew. aufweisen. W. Wesly 7684◇

2815 **Prüfung von vier Jahre lang gelagertem Mais in Handelsbehältern.** R. E. Welty, S. A. Quasem und C. M. Christensen. (Cereal Chem. **40**, 277–82, 1963; St. Paul, Univ. of Minnesota, Dep. of Plant, Pathology and Botany; engl.) — Bericht über den Verlauf von Feuchtigkeitsgeh., Temp., Keimkraft u. bakterieller Infektion. H. Haevecker 7686◇

2816 **Die Wirkung der Verarbeitung auf die Verteilung und die Extrahierbarkeit von Niacin aus Mais (Zea mays).** Ricardo Bressani, Roberto Gomez-Brenes und Nevin S. Scrimshaw. (Food Technol. **15**, 450–54, 1961; Guatemala C. A., Inst. of Nutrition of Central America and Panama; engl.) — Nach Verss. an 2 Maissorten enthält die Samenhaut (**A**) 3,2, das Endosperm (**B**) u. der Keimling (**C**) zusammen 2,0 mg *Niacin* (**I**) in 100 g. **A** lieferte 9, **B** 80 u. **C** 11% des gesamten **I**. Mit W. bei Raum-Temp. waren extrahierbar aus **A** 42, aus **B** 55 u. aus **C** 73% des darin enthaltenen **I**. Aus Nixtamal (Mais-„Omeletten“) sind mit W. 76%, aus Tortilla (flachen Maiskuchen) 73% **I** extrahierbar, nach Pepsinhydrolyse 69% u. nach Trypsin- u. Pankreatin-Verdauung 78 bis 100%. Der biolog. Mangel von Mais ist also weniger auf „gebundenes“ **I** als vielmehr auf das unterwertige Eiweiß zurückzuführen. K. Schleich 7686◇

2817 **Einfluß des Beschneidens auf Größe und Qualität der Florida-Grapefruit.** D. W. Kretchman und P. J. Jutras. (Citrus Ind. **43**, Nr. 12, 5–7, 14–15, 1962; Lake Alfred, Fla., Univ. of Florida, Citrus Exp. Station; engl.) — Die Ernteausbeute nach verschiedenen Arten des

Beschneidens der Grapefruit-Bäume wurde untersucht. Der Saft-Geh. nahm nach Beschneiden zu, die Brix-Grade (**A**) u. der Säure-Geh. (**B**) ab. Das Verhältnis **A**:**B** änderte sich nicht. Frank Günther 7688◇

2818 **Untersuchungen über die Beeinflussung der Atmung von McIntosh-Äpfeln durch Verpackungsverfahren.** V. Jurin und M. Karel. (Food Technol. **17**, Nr. 6, 104–08, 1963; Cambridge, Mass., MIT, Dep. of Mutait., Food Sci. and Technol.; engl.) — Die Atmungs-Geschw. von McIntosh-Äpfeln als Funktion der O_2-Konz., der Einfl. der CO_2-Konz. auf die Beziehung zwischen O_2-Druck u. Atmungs-Geschw. u. die krit. Konzz. an O_2 u. CO_2 bei der Atmung werden ermittelt. Die gefundenen Beziehungen werden zur Voraussage der optimalen Verpackungsbedingungen herangezogen (Vol., Oberflächengröße, Durchlässigkeit für O_2 u. CO_2). Die vorausbestimmten Beziehungen zwischen Lagerungszeit u. Gasaustausch bei gegebenen Lagerungsbedingungen werden durch Kurzzeit-Lagerungs-Verss. überprüft. W. Wesly 7688◇

2819 **Tomatenpulver durch Schaummatten-Trocknung.** L. F. Ginette, R. P. Graham, J. C. Miers und A. I. Morgan. (Food Technol. **17**, Nr. 6, 133–35, 1963; Albany, Calif., USDA, Agric. Res. Serv., Western Utiliz. Res. and Dev. Div., Western Reg. Res. Labor.; engl.) — Die Herst. von Tomatenpulver durch Schaummatten-Trocknung unter Verw. von *Glycerylmonostearat* als Schaumstabilisator in einer Vers.-Anlage u. die Eigg. des gewonnenen Pulvers werden beschrieben. W. Wesly 7690◇

2820 **Ein Vergleich der Qualitätsmerkmale normaler und stark pigmentierter Tomaten.** A. E. Thompson. (Proc. Amer. Soc. horticult Sci. **78**, 464–73, 1961; Urbana, Ill., Univ. of Illinois, Dep. of Horticult.; engl.) — In Präparaten (Saft, Purree u. Paste) stark pigmentierter *Tomaten* wurde ein gegenüber normal-pigmentierten Früchten etwa verdoppelter Geh. an *Lycopin* u. *Carotin* festgestellt, während das pH, der Gesamtsäure-, Zucker- u. Festkörper-Geh. beider Typen gleich war. E. Moisar 7690◇

2821 **Der Restgehalt an Vitamin B_6 in gekochtem, frischem oder eingedostem Gemüse im Augenblick des Verzehrs.** H. Gounelle und M. Leclerc. (Acta chim. Acad. Sci. hung. **23**, 255–58, 1960; Paris, Centre de Rech. Foch, Inst. Nat. d'Hyg.; franz.) — Vgl. C. **1962**, 16754. — An Erbsen, Bohnen, Spinat, Kartoffeln, Linsen, Erbsen-Mohrrüben-Gemischen, Mohrrüben u. Kürbissen ausgeführte Unterss. zeigen, daß eingedoste u. gekochte Proben annähernd gleiche Geh. an *Vitamin* B_6 enthalten. Im Vgl. mit rohen Gemüseproben sind die Geh. vermindert. W. Wesly 7690◇

2822 **Stärkesirup für die Bonbonindustrie.** F.-W. Conti. (Süßwaren **5**, 498–500, 556–57, 596–98; 1961; dt.) — Vortrag über die Definition u. die Typen von *Stärkesirup* sowie dessen Wrkg. auf die Bonbonmasse u. auf die Haltbarkeit von Bonbons. R. Grundmann 7704◇

2823 **Untersuchungen über die Haltbarmachung von Apfelsaft durch Pyrokohlensäurediäthylester.** Alfred Mehlitz und Ilse Trommer. (Ind. Obst- u. Gemüseverwert. **47**, 434–37, 1962; Berlin-Dahlem, Techn. Univ., Inst. für Obst- u. Gemüseverwertung; dt.) — Frisch abgepresster Apfelsaft wurde nach Zusatz von 400 mg *Pyrokohlensäurediäthylester* (**I**) pro Liter nach verschiedenen Zeitabständen mit Weinhefe u. *Penicillium* (**A**) beimpft. Bei Hefe findet nach 2 Std. u. bei **A** nach 12 Min. Wachstum statt (= Zerfallszeit von **I**). Wird ebenso beimpfter Apfelsaft sofort mit **I** versetzt, ist die Wrkg. geringer, da die Sporen noch nicht genügend gekeimt sind, später nach erfolgter Keimung **I** jedoch zerfallen ist. Optimale Zeit der Zugabe von **I** ist 20–24 Std. nach Infektion. Hefen sind in allen, **A** nur in höheren Konzz. von **I** angreifbar (100 bzw. 400 mg/Liter). 10–750 mg **I**/Liter ergeben keine geschmackliche Beeinflussung. Frank Günther 7706◇

2824 **Ionenaustauscher-Demineralisierung zur Stabilisierung von Fruchtsäften und Getränken.** L. Genevois. (Acta chim. Acad. Sci. hung. **23**, 571–75, 1960; Bordeaux, Fac. des Sci.; franz.) — Es wird die vollständige Demineralisierung (Verw. von Kationen- u. Anionenaustauscher) u. die teilweise Demineralisierung von Säften (Entfernung von Fe^{++}, Cu^{++}, Pb^{++}, Ca^{++} sowie Tartrat, Malat, Citrat u. Sulfat) mit einer genau berechneten Menge an Ionenaustauschern beschrieben. Der Austauschvorgang erfolgt unter Luftausschluß beim Durchmischen von Austauscher u. Flüssigkeit. Weiterhin werden die zur Stabilisierung von Obstsäften möglichen Zusätze wie SO_2, *Ascorbinsäure* u. *Sorbinsäure* erörtert. A. Täufel 7706◇

2825 **Über den Carotin- und Vitamin-C-Gehalt und Genußwert von einigen im Verkehr befindlichen bzw. selbsterzeugten alkoholfreien Getränken.** Elemérné Szilas und Alfrédné Berndorfer. (Élelmiszervizsgálati Közlemények [Lebensmittelanalyt. Mitt.] **5**, 151–56, 1959; Budapest, TU. Lehrst. Lebensmittelchemie; ung.) — C. **1962**, 2575. J. Plank 7706

2826 **Über einige beim Kaffeerösten auftretende chemische Veränderungen.** P. Navellier. (Acta chim. Acad. Sci. hung. **23**, 303–12, 1960; Paris, Lab. Municipal, Section de Bromatologie; franz.) — Es werden zusammenfassende Angaben über die Veränderungen beim Rösten von Kaffee gemacht. Der beobachtete Gew.-Verlust geht hauptsächlich zu Lasten der Kohlenhydrate u. Gerbsäuren, dagegen kaum auf Kosten der Lipide. Weiterhin entstehen *Mercaptane, Pyrrol, Pyridin* u. *Nicotinsäure* (Zers.-Prod. von *Trigonellin*) sowie freie Radikale. — 28 Literaturangaben. A. Täufel 7720◇

2827 **Der Einfluß von Hochtemperatur-Kurzzeit-Behandlung auf die Viscosität und Farbe von fünf Verdickungsmitteln.** A. S. Kiratsous, F. J. Francis und J. W. Zahradnik. (Food Technol. **16**, Nr. 7, 111–14, 1962; Amherst, Mass., Univ. of Massachusetts, Coll. of Agric.; engl.) — Unterss. von *Getreidestärke* (**I**), *Maisstärke* (**II**), *Traganth* (**III**), *Carboxymethylcellulose* (**IV**) u. *Na-Alginat* (**V**) in W., zuckerhaltigem W., Mager- u. Vollmilch hinsichtlich der Viscositätsveränderung bei kurzzeitiger Behandlung mit hoher Temp. (280°F) u. bei Behandlung unter normalen Bedingungen (240°F) ergaben für **I** u. **II** Viscositätsverluste von 73 bzw. 42% bei kurzzeitiger Einw. hoher Temp. gegenüber Befunden bei normaler Gelatinierung, während die Verluste im Reagenzglas-Vers. bei 50 bzw. 23% liegen. Für **III**, **IV** u. **V** liegen die Verluste bzgl. der Viscosität ähnlich denen von **I** u. **II**, betragen jedoch im Reagenzglas-Vers. ca. 90%. Stärkehaltige Prodd. in W. mit Zucker zeigten höchstes Ausmaß der Verfärbung bei Hitzeeinwirkung. Für Verss. in Milch ergaben sich für alle Proben beträchtliche Verfärbungen, die von Rkk. der Milch selbst stammen dürften. G. Heder 7742◇

2828 **Temperatur-Profile von Verdickungsmitteln bei Hochtemperatur-Kurzzeit- und Retorten-Behandlung.** A. S. Kiratsous, F. J. Francis und J. W. Zahradnik. (Food Technol. **16**, Nr. 7, 107–10, 1962; Amherst, Mass., Univ. of Massachusetts. Coll. of Agric.; engl.) — Vff. beschreiben vergleichende Unterss. bzgl. der Temp.-Profile bei kurzzeitiger Hochtemp.-Einw. (280°F) sowie normaler Temp.-Einw. (240°F) u. der Sterilisationswerte für *Getreidestärke, Maisstärke, Traganth, Na-Carboxymethylcellulose* u. *Na-Alginat* in Leitungswasser, in W. mit 10% Saccharose, Magermilch u. Vollmilch. G. Heder 7742◇

2829 **Fett-Oxydation in heiß sterilisiertem Rindfleisch.** Marelynn W. Zipser und Betty M. Watts. (Food Technol. **15**, 445–47, 1961; Tallahassee, Florida State Univ., Dep. of Food and Nutrition; engl.) — Muster von zerkleinertem Rindfleisch wurden im Autoklav auf verschiedene Temp. zwischen 80° u. 110° erwärmt, dann gekühlt u. während 8 Tagen untersucht. Die mit *2-Thiobarbitursäure* bestimmte Fett-Oxydation war bei Erwärmung auf 99° noch nachweisbar, auf 110° aber auch nach 8 Tagen nicht eingetreten, obgleich kein Antioxydans zugesetzt worden war. Mit der Erhöhung der Temp. wuchs der Verlust an *Myoglobin*; das Fleisch erhielt „Karamel"-Farbe u. unangenehmen Geruch. K. Schleich 7750◇

2830 **Beziehung zwischen Gamma-Strahlen-Emission und dem mageren Anteil von Rindskeulen.** R. Kulwich,

L. Feinstein, C. Golumbic, W. R. Seymour, W. R. Kauffman und R. L. Hiner. (Food Technol. **15,** 411—14, 1961; Beltsville, Md., U. S. Dep. of Agric.; engl.) — Die γ-Strahlen-Emission von natürlich radioaktivem ^{40}K u. ^{137}Cs wurde mit Hilfe eines Scintillationszählers an 16 ganzen Rindskeulen sowie an dem daraus präparierten Magerfleisch, dem Fett u. den Knochen gesondert bestimmt u. mit dem analyt. ermittelten Geh. an Ae.-Extrakt, W. u. Protein verglichen. Aus der Anzahl der Scintillationen/min/pound konnte auf die Menge des fettfreien Magerfleisches geschlossen werden. Immerhin war die Anzahl der Proben zu klein für grundlegende Schlußfolgerungen. K. Schleich 7750◇

2831 **Haftfestigkeit von Schutzfilmen an gefrorenen, gebackenen Hühnern.** Helen L. Hanson und Lorraine R. Fletcher. (Food Technol. **17,** Nr. 6, 115—18, 1963; Albany, Calif., USDA, Agric. Res. Serv., Western Utiliz. Res. and Dev. Div., Western Reg. Res. Labor.; engl.) — Die Neigung von Schutzfilmen für gefrorene Hühner abzublättern wird durch Braten vor Aufbringung des Filmes u. Verw. dünner Filme vermindert. Wachsartige Maisstärke-Verdickungsmittel geben elast. u. wenig zähe Filme. Der Geh. der Schutzfilme an Eigelb beeinflußt zwar die Farbe des Filmes, dessen Haftfestigkeit aber nur geringfügig. Ein Anstieg des Geh. an Eigelb steigert den Fett-Geh. der Schutzfilme. Empfehlenswert sind Gemische von Maisstärke, wachsartiger Maisstärke u. gelbem Maismehl. W. Wesly 7750◇

2832 **Gefrierschaden als ein begrenzender Faktor bei der Lagerung von tierischen Geweben. 3. Mitt. Versuche mit gefrorener Leber mit und ohne Gewichtsverlust durch Verdampfung.** G. Kaess und J. F. Weidemann. (Food Technol. **16,** Nr. 7, 125—30, 1962; Cannon Hill, Queensland, Div. of Food Preserv., C. S. I. R. O.; engl.) — 1. vgl. C. **1963,** 7573. — Vff. diskutieren Gefrierschädigungen an gefrorenen Lebern, die mit der Geschw. u. Dauer des Einfrierens, mit dem beim Einfrieren u. bei anschließender Lagerung entstehenden Gewichtsverlust durch Verdampfung u. mit dem Fett-Geh. der Leberproben in Beziehung stehen. G. Heder 7750◇

2833 **Einwirkung der Tiefkühllagerung auf die Lagerfähigkeit von gefrorenem Weißfisch.** John A. Peters, Edward H. Cohen und Frederick J. King. (Food Technol. **18,** Nr. 6, 109—10, 1963; Gloucester, Mass., Bur. of Commerc. Fisheries, Technol. Labor.; engl.) — An geköpften u. ausgeweideten Weißfischen ausgeführte Unterss. zeigen, daß 2 Tage lang in Eis oder umlaufendem, gekühltem Seewasser von 30°F aufbewahrte Proben eine 12monatige Lagerfähigkeit bei 0°F aufweisen, wie aus Geschmacksprüfungen hervorgeht. Längere Zeit vor dem Gefrieren aufbewahrte Proben haben eine kürzere Lagerfähigkeit in gefrorenem Zustand. W. Wesly 7752◇

2834 **Strahlungspasteurisierte Garnelen und Krebse.** Dorothy J. Scholz, Russell O. Sinnhuber, Dorothy M. East und A. W. Anderson. (Food Technol. **16,** Nr. 7, 118—20, 1962; Dep. of Food Sci. and Technol.; engl.) — Ein mit 0,25 Megarad bestrahltes Krebsfleisch war 3—4 Wochen bei 38°F lagerfähig, während unbestrahltes Fleisch für eine Woche haltbar war. Eine Erhöhung der Strahlendosis auf 0,5 Megarad erhöht die Haltbarkeit auf 5 Wochen. Garnelen erweisen sich nach Bestrahlung mit 0,5—0,75 Megarad für 18 Wochen haltbar. Bei allen unbestrahlten Proben zeigt sich am Ende der Lagerung ein Anwachsen des Geh. an flüchtigen Basen u. Säuren sowie ein erhöhter mikrobieller Befall. Diese Erscheinungen sind bei bestrahlten Proben bei gleicher Lagerzeit in Korrelation zur Strahlendosis unterdrückt. G. Heder 7752◇

2835 **Die Möglichkeit, Zusätze von erhitzter Milch zu Rohmilch und eine Vorerhitzung der Milch auf 55—65° bei Zukaufsmilch festzustellen.** E. Meinl. (Molkerei- u. Käserei-Ztg. **13,** 176—77, 1962; Weihenstephan; dt.) — Da die zum Erhitzungsnachw. herangezogenen Kriterien (Keimgeh., Enzymaktivität, Verh. der Proteine) schon in der Rohmilch sehr starken Schwankungen unterworfen sind, ist ein Zusatz von Rohmilch zu erhitzter Milch bis jetzt nicht exakt nachweisbar. Vf. sieht jedoch eine Möglichkeit in der Best. der SH-Gruppen sowie in der Feinstrukturunters. (Elektrophorese) der Milchproteine. Ob sich diese Verff. zu einem Schnelltest ausarbeiten lassen, bleibt abzuwarten.
Winfried Krüger 7756◇

2836 **Struktur und Synthese von Milchfett. 4. Mitt. Die Bedeutung der Milchdrüse unter besonderer Berücksichtigung der Cholesterinester.** Stuart Patton und R. D. McCarthy. (J. Dairy Sci. **46,** 396—400, 1963; University Park, Pa., Pennsylvania State Univ., Dep. of Dairy Sci.; engl.) — 3. vgl. C. **1963,** 22807. — Da bisher nicht bekannt war, in welchem Ausmaß die Milchlipoide innerhalb der Milchdrüse (M) synthetisiert werden, bemühten sich Vff., den Anteil der M u. den anderer Körperteile gegeneinander abzugrenzen. Durch Infusion markierter u. unmarkierter Fettsäuren in das Euter konnte gezeigt werden, daß *Cholesterinester* (**I**), *Glyceride* (**A**) u. *Phosphatide* (**B**) der Milch innerhalb der M aus Fettsäuren entstehen. Vermutlich werden die meisten oder alle Esterlipoide aus den allg. Fettsäurereserven der M synthetisiert. Eine bes. Bedeutung scheint der M für die Synth. der **I** zuzukommen. Infundierte Fettsäuren, markiert ($^{14}C_{(1)}$-*Palmitat*) u. unmarkiert (*Linolat*), werden bes. intensiv durch die **I**-Fraktion aufgenommen u. vor allem schneller als durch die **A** u. **B**. Die Zus. einiger **I** wird kurz diskutiert. Hans Thiele 7756◇

2837 **Trinkmilch aus Milchpulver. Vergleichende Qualitätsprüfungen im Rahmen eines Großversuchs.** Goercki und Korell. (Molkerei- u. Käserei-Ztg. **13,** 169—72, 1962; Düsseldorf; dt.) — Aus Sprühvollmilchpulver sowie aus Sprüh- u. Walzenmagermilchpulver wurde unter Zusatz frischer Sahne eine Trinkvollmilch rekonstituiert, chem. u. bakteriol. analysiert (Tabellen) u. organolept. mit frischen Prodd. verglichen. Während die aus Magermilchpulvern mit Frischsahne hergestellten Prodd. einwandfrei waren, konnte das rekonstituierte Vollmilchpulver organolept. nicht befriedigen.
Winfried Krüger 7756◇

2838 **Die Messung der Oberflächengröße von Milchpulver mit einem Durchlässigkeitsverfahren.** K. K. Fox, V. H. Holsinger, M. K. Harper, N. Howard, L. S. Pryor und M. J. Pallansch. (Food Technol. **17,** Nr. 6, 127—30, 1963; Washington, D. C., USDA, Agric. Res. Serv., Eastern Utiliz. Res. and Dev. Div., Dairy Prod. Labor.; engl.) — Die spezif. Oberfläche einer Reihe von Milchpulvern wird mit einem näher beschriebenen Durchlässigkeitsgerät ermittelt. Für die Beziehung zwischen der Oberflächengröße dicht nebeneinander liegender Teilchen u. ihrer Durchlässigkeit für Luft dient die erörterte Gleichung von Kozeny-Carman.
W. Wesly 7756◇

2839 **Emulsionen.** M. Samec. (Acta chim. Acad. Sci. hung. **23,** 561—70, 1960; Ljubljana, Chem. Inst. Boris Kidric; dt.) — Allg. Ausführungen über die Begriffsbest. der Emulsion, über Emulgierhilfsmittel, Emulgatoren, Schutzstoffe u. Stabilisatoren an Hand verschiedener Lebensmittel, wie Milch, Milcherzeugnissen u. Margarine.
A. Täufel 7756◇

2840 **Untersuchungen über die Toxizität von Mehl aus ungeschälten, grünen Bananen.** Abdul R. Rahman, C. M. Berrocal, J. R. Cruz-Cay und J. D. Rivera-Anaya. (J. Agric. Univ. Puerto Rico **47,** 11—13, 1963; Rio Piedras, Univ. of Puerto Rico, Agric. Exper. Station; engl.) — An Hühnern mit handelsüblichem Futter (HF) bzw. einem Gemisch von $^1/_3$ HF u. $^2/_3$ Mehl grüner Bananen (MB) bis zu 75 Tagen ausgeführte Fütterungs-Verss. zeigen, daß die nur mit HF gefütterten Tiere schwerer u. fetter als die MB-Tiere waren. Nach dem Schlachten war in keiner der beiden Gruppen von Hühnern eine tox. Wrkg. feststellbar. Organolept. Prüfungen ergaben keine Unterschiede in Farbe u. Geruch des Fleisches beider Gruppen. W. Wesly 7786◇

2841 **Über photometrische Bestimmungsmethoden.** G. Haugaard. (Kem. Maanedsbl. nord. Handelsbl. kem. Ind. **42,** 79—82, 1961; Dänemarks TH., Opt Labor., A. T. V.; dän.) — Vf. beschreibt 2 colorimetr. u. ein nephelometr. Verfahren. Art u. Menge an Kohlenhydrat-Gruppen in *Glykoproteiden* werden mit Hilfe der *Orcin*-Rk. (Messung bei 430 u. 530 nm) bestimmt. Aus der zeitlichen Farb-

änderung der Rk.-Prodd. der Kohlenhydrate ergibt sich dabei die Art der Kohlenhydrate. Zur Best. des Protein-Geh. von entrahmter Milch mißt man bei 277 nm die Absorption des Caseins, Ca^{2+} wird bei pH 9 komplexometr. gebunden. Zur Best. des Fettgeh. der Milch wird die Lichtstreuung durch die Fettkügelchen nach geeigneter Verdünnung gemessen (homogenisierte Milch bei 600 nm, nicht homogenisierte Milch bei 2000 nm).
W. Knoch 7788◇

2842 **Apparat zur automatischen Elution von Weizenprotein-Fraktionen während der Elektrophorese an Stärkegel.** G. A. H. Elton und J. A. D. Ewart. (J. Sci. Food Agric. **14,** 175—79, 1963; engl.) — Vff. beschreiben die Protein-Elektrophorese an Stärkegel, bei der ein mit Puffer gefüllter Schlitz in die Gelschicht einmündet u. die Fraktionen automat. eluiert, die zur weiteren elektrophoret. Trennung in Fraktionssammler geleitet werden. Dieses Verf. gestattet eine scharfe Auftrennung der Fraktionen. G. Heder 7796◇

2843 **Prüfung der Anthocyanogene in Zuckerhirse.** C. W. Blessin, C. H. VanEtten und R. J. Dimler. (Cereal Chem. **40,** 241—50, 1963; Peoria, Ill., Northern Reg. Res. Labor.; engl.) — In wss. Extrakten des Ganzkornes wurden durch Absorption an bas. Ionenaustauschharzen *Anthocyanogene* (**A**; *Leucoanthocyanine*) in gelben u. roten Hirsesorten, aber nicht in der weißen Kafirsorte entdeckt. **A** ist hauptsächlich im Pericarp u. nicht im Endosperm vorhanden. Es werden die Spektraldaten von gereinigtem **A** in verschiedenen Oxydationsstufen mitgeteilt. H. Haevecker 7796◇

2844 **Aromastoffe des Brotes. Versuch einer Auswertung chemischer Geschmacksanalysen mit Hilfe des Schwellenwertes.** M. Rothe und B. Thomas. (Z. Lebensmittel-Unters. u. -Forsch. **119,** 302—10, 1963; Potsdam-Rehbrücke, Inst. für Ernährung der DAW; dt.) — Acht verschiedene Carbonyl-Verbb. (**A**) wurden in vier Brotsorten papierchromatograph. u. durch spezif. Farb-Rkk. bestimmt, wobei sich Werte zwischen 0,01 u. 2,5 mg/100 g Brot ergaben, Der Geh. an **A** erhöht sich in der Reihenfolge Weißbrot—Roggengraubrot—Roggenvollkornbrot—Pumpernickel, wobei in den Krustenbereichen stets höhere Geh. als im Zentrum der Brote anzutreffen sind. Gleichzeitig wird der Geschmacksschwellenwert als Maß für die Geruchswirksamkeit ermittelt. Auf Grund von Konz. u. Geruchswirksamkeit sind *Isobutyraldehyd*, *Isovaleraldehyd* u. *Furfurol* als am Brotgeschmack beteiligte Substanzen zu betrachten, die Mitwirkung von *Acetaldehyd*, *Methylglyoxal* u. *Diacetyl* ist wenig wahrscheinlich, die von *Aceton* u. *Acetoin* ist auszuschließen.
G. Heder 7800◇

2845 **Änderungen der flüchtigen Bestandteile von Bananen während der Reife, Lagerung und Verarbeitung.** H. O. Hultin und B. E. Proctor. (Food Technol. **15,** 440—44, 1961; Cambridge, Mass., Massachusetts Inst. of Technol., Dep. of Nutrition, Food Sci. and Technol.; engl.) — Die flüchtigen Bestandteile von Bananen (**A**) wurden durch Vakuum-Dest. ermittelt. Gefunden wurden CH_3COOH, CH_3OH, *A.*, CH_3COOCH_3, $CH_3COOC_2H_5$, *2-Hexenal*, *2-Pentanon* u. qual. *Isoamylalkohol*, *Isoamylacetat* u. *2-Octanon*. Der bei Reife, Lagerung u. Verarbeitung auftretenden Veränderungen wurden untersucht; deren Bedeutung für den Geruch der **A** wird besprochen. Die Vers., aus den gefundenen Bestandteilen eine **A**-Essenz herzustellen, führte nicht zur Reproduktion des **A**-Geruches. K. Schleich 7808◇

2846 **Ein Verfahren zur Analyse von nichtflüchtigen eingekapselten Substanzen.** Robert T. Maleeny. (Food Technol. **15,** 448—49, 1961; New York, N. Y., Fritzsche Bros., Inc.; engl.) — Beim Sprühtrocknen können nichtflüchtige Substanzen von einem impermeablen Überzug „eingekapselt" werden. Zu deren Best. werden die Unters.-Proben in einer wirksamen Schüttelvorrichtung gleichzeitig mit Ae. u. W. extrahiert. Dann wird A. zugegeben u. nochmals geschüttelt. Im Scheidetrichter werden die Schichten getrennt; die Wasserschicht wird mit Ae., die Ae.-Schicht mit W. gewaschen. Jede Schicht wird zur Trockne gebracht u. der Rückstand gewogen. Auf diese Weise gelang die Best. der Konz. der in Akaziengummi eingekapselten *Oleoresine* von Capsicum, Paprika, schwarzem Pfeffer, Curcuma u. Kaffee.
K. Schleich 7826◇

2847 **Vergleich von Laboratoriumsmethoden zur Bestimmung von Schädlingsbekämpfungsmittelrückständen in Milch.** J. Lloyd Henderson. (J. Assoc. off. agric. Chemists **46,** 209—15, 1963; San Francisco, Calif., Foremost Dairies, Inc.; engl.) — Vf. vergleicht zahlreiche geläufige Test-Meth. zur Best. von *Schädlingsbekämpfungsmittel*-Rückständen in Milch, wobei die Vorzüge der chromatograph. Meth. u. im Falle geringerer Konzz. die der Gaschromatographie bes. hervorgehoben werden.
G. Heder 7856◇

2848 **Analytische Methode zur Bestimmung von 1.1-Dichlor-2.2-bis-[p-äthylphenyl]-äthan im Rattenfett und in der Kuhmilch.** C. F. Gordon, L. D. Haines und Isadore Rosenthal. (J. agric. Food Chem. **10,** 380—84, 1962; Philadelphia, Pa., Rohm & Haas Co.; engl.) — *Perthane* (**I**; *1.1-Dichlor-2.2-bis-*[*p-äthylphenyl*]*-äthan*) wurde Ratten chron. während 2 Jahren verabreicht. Mittels einer analyt. Meth. wurden Unterss. über den **I**-Geh. im Rattenfett u. in der Kuhmilch durchgeführt. Diese Meth. besteht in der Dehalogenierung von **I**, gefolgt von einer Rk. mit konz. H_2SO_4, wobei das Carboniumion entsteht, das eine Farbe mit maximaler Absorption bei 495 nm gibt.
G. Kimmerle 7856△

2849 F. Hoffmann-La Roche & Co. Akt.-Ges., Basel, Schweiz, **Herstellung eines Trockenproduktes** zur Anreicherung von Futter- und Lebensmitteln mit Vitaminen u. bzw. oder carotinoidhaltigem Material durch Unterteilen einer ein gelierbares, filmbildendes Koll., bes. *Gelatine*, u. ggf. eine vitaminakt. u. bzw. oder carotinoidhaltige Substanz in emulgierter Form enthaltenden Lsg. in feine Tröpfchen u. Überführung dieser Tröpfchen in trockene Kleinteilchen, dad. gek., daß man die feinen Tröpfchen in einem gasförmigen Medium suspendiert, dessen Temp. mindestens 10° unter dem F. der aus dem Koll. entstehenden Gallerte liegt, u. die Gelteilchen unter Aufrechterhaltung des Gelzustandes wie üblich trocknet. (**Oe. P. 224607** vom 5/4. 1960, ausg. 10/12. 1962. Schwz. Prior. 17/4. 1959.) T. Oppermann 7637

2850 American Viscose Corp., Philadelphia, Pa., V. St. A., **Herstellung toluollöslicher Mischpolymerisate** durch Polymerisation von 81—87 (Gew.-%) Vinylidenchlorid, 2—10 (C_{1-8}-Alkyl)-acrylat u. 3—17 (C_{8-18}-Alkyl)-methacrylat. Die Mischpolymeren dienen als *Überzüge* auf cellulosehaltigem Material, z. B. auf Celluloseregeneratfilmen für *Verpackungsmaterial* (Oe. P. 220816). — In gleicher Weise kann man auch Polymere durch Mischpolymerisation von 81—87 Vinylidenchlorid mit (C_{6-18}-Alkyl)-acrylat herstellen, z. B. aus 82 Vinylidenchlorid u. 18 Octylacrylat. (**Oe. PP. 220816** vom 12/8. 1958, ausg. 25/4. 1962. A. Prior. 12/8. 1957, u. **220819** vom 12/8. 1958, ausg. 25/4. 1962. A. Prior. 23/10. 1957.)
M. Pankow 7641

2851 Wilson & Co., Inc., Chicago, Ill., V. St. A., **Eiweißpräparat** mit schaumbildenden Eigg. für Getränke, Speisen u. dergleichen. Die bei der Schweineschmalz- oder Talggewinnung anfallende proteinhaltige Tankfl. wird zunächst auf ein pH von 8—12, z. B. 9, eingestellt, zur Entfärbung mit z. B. H_2O_2 behandelt, durch Zugabe von z. B. H_3PO_4 auf pH $< 7{,}0$, z. B. 6,6, eingestellt, durch Verdampfung auf z. B. 55% Feststoffgeh. konz. u. zur Ausfällung des Proteins mit W. u. einem aliphat. Alkohol, z. B. CH_3OH, versetzt. Das Protein wird im Vakuum sprühgetrocknet. Als Ausgangsmaterial kann auch das Kochwasser von Rinderknochen dienen. (**E. P. 875596** vom 24/11. 1958, ausg. 23/8. 1961. A. Prior. 29/11. 1957.)
W. Kranz 7647

2852 A. Nattermann & Cie., Köln (Erfinder: Rolf Lappe, Walter Lappe, Hans Eikermann und Ria Grieshaber-Lappe), **Gewinnung von natürlichen Phospholipiden.** Rohlecithin von Sojabohnen wird zur Entfernung der Ölbestandteile mit Aceton bei maximal 35° unter Licht- u. Luftabschluß, z. B. in einer N_2-Atmosphäre, behandelt. Der Rückstand wird unter Vakuum u. in Ggw. eines inerten Gases destilliert, anschließend mehrmals unter Licht- u. Luftabschluß mit A. bei maximal 35° extrahiert. Der Extrakt wird durch mehrtägiges Stehen geklärt, dekantiert u. unter Vakuum in Ggw. eines inerten Gases destilliert. Zur weiteren Reinigung des im Rückstand verbleibenden Cholinesters der Diglycerinphosphorsäure wird das Prod. durch eine Absorptionskolonne, enthaltend eine alkohol. Suspension eines Oxids oder Carbonats von Al, Mg oder SiSi, unter Licht- u. Luftabschluß geleitet. Das Eluat wird durch Dest. von A. befreit. Es resultiert ein cephalinfreier Cholinester mit einem Geh. von 66—70% essentieller (ungesätt.) Fettsäuren, letztere berechnet auf den Gesamtfettgehalt. Die Fettsäuren können durch Behandlung des in Ae. gelösten Cholinesters mit einer wss. Lsg. eines Schlangengiftes (crotalus adamanteus) abgespalten werden. (**E. P. 877031** vom 8/7. 1958, ausg. 13/9. 1961. D. Prior. 9. u. 10/7. 1957.) W. Kranz 7647

2853 I. R. Short Milling Co., Chicago, übert. von: Charles G. Ferrari, Evanston, und Kazuo Higashiuchi, Chicago, Ill., V. St. A., **Herstellung von Backwaren.** Man stellt einen Teig her aus Mehl, teigbildenden Bestandteilen u. einem Oxydationsmittel mit einem Peroxidgeh., das sich hauptsächlich aus Rk.-Prodd. von Methyläthylketon u. H_2O_2 zusammensetzt. Die Rk.-Prodd. sind mit Thiosulfat titrierbar. Dann verbackt man den Teig. Der Anteil des Oxydationsmittels erzeugt in dem Teig einen H_2O_2 äquival. Wert, bezogen auf das Gew. des Teiges von mindestens einigen 0,001%. (**A. P. 2992922** vom 23/6. 1959, ausg. 18/7. 1961.) H. Maaß 7675

2854 General Foods Corp., White Plains, übert. von: Charles C. Elsesser, Katonah, N. Y., V. St. A., **Fettsparmasse enthaltende Kuchenmischung,** die aus einer innigen Trockenmischung einschließlich Mehl u. Zucker mit einer darin dispergierten Fettsparmasse-Emulsion besteht. Die Verbesserung besteht darin, daß man ein in W. lösl. Salz der Carboxymethylcellulose in einer Menge von 0,01—1 Gew.-% der Trockenmischung benutzt. Dieses in W. lösl. Salz ist in dem Nicht-Fettsparmasse-Anteil der Mischung gleichmäßig verteilt. (**A. P. 2996384** vom 21/7. 1960, ausg. 15/8. 1961.) H. Maaß 7675

2855 Marvin D. Steinberg, Eastchester, N. Y., V. St. A., **Teegetränk mit reduziertem Tanningehalt.** Die Teeblätter werden vor dem Aufguß mit einem *Polyamidharz* (I) in Pulverform, z. B. dem Polymerisationsprod. aus Hexamethylendiamin u. Adipinsäure, gemischt. Die Höhe der Tanninentfernung wird durch Zusatzmenge des I u. Einwirkungsdauer reguliert. (**A. P. 3047396** vom 29/3. 1960, ausg. 31/7. 1962.) W. Kranz 7725

2856 Griffith Laboratories, Inc., Chicago, übert. von: Louis Sair, Evergreen Park, und Stephan L. Komarik, Chicago, Ill., V. St. A., **Herstellung von Fleischemulsionen und -Erzeugnissen.** Man emulgiert eine Fleischmasse, die Nitritpökelsalz zur Bldg. einer gepökelten Fleischemulsion, Pfeffergewürz u. mindestens $^1/_2$ oz. von Gluconsäure-δ-lacton pro 100 lbs. Fleisch enthält u. pökelt dann das Fleisch in der Emulsion in Ggw. von der in der Emulsion aus dem Lacton gebildeten Gluconsäure. (**A. P. 2992115** vom 4/3. 1960, ausg. 11/7. 1961.) H. Maaß 7751

2857 Vaessen-Schoemaker-Holding N. V., Deventer, Niederlande, **Präparat zur Erhaltung der Fleischfarbe** von *Fleisch* u. *Fleisch-Prodd.* enthält Nicotinsäure bzw. deren Derivv., Ascorbinsäure u. einen reduzierenden Zucker (z. B. Glucose). (**Oe. P. 223924** vom 6/4. 1956, ausg. 25/10. 1962. Niederl. Prior. 7/4. 1955.) T. Oppermann 7751

2858 Nippon Kanikanzume Yushutsu Suisangyokumiai, übert. von: Isami Osakabe, Tokio, Japan, **Entfernen von Hämocyanin aus Schalentieren, wie Krebsen, Hummern usw., zum Eindosen oder Gefrieren.** Die Tiere werden höchstens 30 Min. auf eine Temp. zwischen 52 u. 70°, bei der die Muskeln (I) der Tiere, jedoch nicht die Körper-Fl. mit dem Hämocyanin (II) koaguliert, erhitzt; darauf trennt man I von den Schalen u. entfernt die Körper-Fl. u. II durch Auswaschen aus I. (**A. P. 3007802** vom 2/1. 1958, ausg. 7/11. 1961.) C. Petersen 7753

2859 Kelco Co., San Diego, übert. von: Aaron Miller, La Jolla, und Foss E. Corley, San Diego, Calif., V. St. A., **Erhöhung der Wasserlöslichkeit von Pflanzengummen,** z. B. Alginaten, Irish-Moos, Traganth, Guargummi, Pektin, Methylcellulose, Carboxymethylcellulose. — Zum Beispiel wird Na-Alginat in Pulverform mit 10—70% Rohrzuckermelasse (straight cane refiners syrup) benetzt. Das Prod. wird getrocknet bis zur Fließfähigkeit u. vermahlen. Verwendung als *Stabilisierungsmittel,* z. B. für *Eiscreme.* (**A. P. 2992288** vom 19/2. 1957, ausg. 11/7. 1961.) W. Kranz 7757

2860 Nadler-Werke Dr. Paul Nadler, Mannheim, **Sterilisieren oder Pasteurisieren von Fettemulsionen** (z. B. *Milch, Schlagsahne, Butter, Margarine, Mayonnaise, Quark*) durch Erhitzen in einer umgrenzten Zone mittels W. u. bzw. oder Wasserdampf u. anschließende Abpackung unter sterilen Bedingungen, dad. gek., daß die Trennwände zwischen dem Behandlungsmedium u. dem zu behandelnden Gut aus einem Material bestehen, welches für ersteres nur insoweit durchlässig ist, daß während des Sterilisier- bzw. Pasteurisiervorganges eine Verdünnung der mindestens zum Teil aus Fettemulsion bestehenden Nahrungsmittel durch das wss. Medium nicht erfolgt. (**Oe. P. 224423** vom 25/4. 1960, ausg. 26/11. 1962. D. Prior. 13/5., 26/9. u. 6/10. 1959.) T. Oppermann 7757

2861 Birs Beteiligungs- und Verwaltungs-Gesellschaft Akt.-Ges. (Erfinder: Peter Hussmann), **Herstellung von entwässerten, eßbaren, fetthaltigen Milchprodukten** durch Inkontaktbringen des zu 10 bis 2000 μ großen Tropfen versprühten Ausgangsmaterials mit einem Strom von vorgetrocknetem Trockengas, das eine Temp. von 0—30° aufweist, wobei die Berührungsdauer zwischen Tropfen u. Gas 5—1000 Sek. beträgt u. so geregelt wird, daß die Konz. des Ausgangsmaterials nach dem unteren Teil der Behandlungskammer zunimmt u. die im unteren Teil der Kammer aus der Oberfläche der Tropfen verflüchtigten Aroma- u. Geschmacksstoffe im oberen Teil der Kammer wieder von dem dichten Tropfenschleier absorbiert werden. — Man kann z. B. so aus 40—60%ig. Sahne im wesentlichen entwässerte Butter gewinnen. (**Aust. P. 238401** vom 8/1. 1959, ausg. 1/3. 1962. Schwz. Prior. 9/1. u. 28/8. 1958.) K. Demmler 7759

2862 International Flavors & Fragrances I.F.F. (Reinach) Akt.-Ges., Reinach, Aargau, Schweiz, **Herstellung von Sauerrahmbutter,** dad. gek., daß man dem pasteurisierten, abgekühlten Rahm konz., biolog. gesäuertes Lactoserum zusetzt u. unverzüglich verbuttert. (**Oe. P. 223923** vom 10/8. 1960, ausg. 25/10. 1962. Schwz. Prior. 2/5. 1960.) T. Oppermann 7759

2863 Mattox & Moore, Inc., übert. von: William Earl Mattox, Indianapolis, Ind., V. St. A., **Mittel zur Hormonisierung von fleischproduzierenden Tieren.** Das Tränkwasser für fleischproduzierende Tiere, bes. Junggeflügel, wird mit einem Konzentrat von Diäthylstilböstrol oder dessen Salzen in Polyäthylenglykol, dem zur Erhöhung der Löslichkeit ein quatern. Ammoniumsalz zugesetzt wurde, vermischt. Die an Küken täglich zu verabreichende Menge an Diäthylstilböstrol beträgt ca. 0,3—2,0, bes. 0,6—1,0 (mg), während innerhalb eines Zeitraumes von 30 Tagen ca. 10—50, bes. ca. 20, je Tier verfüttert werden sollen. Als Salze sind bes. das *Ni-Na-Salz des Diäthylstilböstroldiphosphats* u. *-di(sulfoacetats)* geeignet. Die Konz. des Konzentrats an Wirkstoff beträgt ca. 2—8%. Das Wachstum der behandelten Tiere wird beschleunigt, die Fleischproduktion erhöht u. die Futterausnutzung verbessert. Dem Konzentrat können noch Germicide u. andere Pharmazeutika beigemischt werden. (**A. P. 3042525** vom 21/3. 1957, ausg. 3/7. 1962.) H. Karst 7781

2864 Bristol Laboratories, Inc. (Erfinder: Frank Harold Buckwalter), **Beifuttermittel,** bestehend aus einem Kanamycinderiv., das den üblichen Futtermitteln in Mengen von 1—400 g pro t Futtermittel zugesetzt wird. — Beispiel: 24,7 (%) gemahlenes Getreide, 70 Sojabohnenmehl, 4 anorgan. Salze, 1 Getreidekeimöl,

0,5 Methionin, 20 mg/kg Kanamycinsulfat. (**Aust. P. 235089** vom 9/2. 1959, ausg. 14/9. 1961. A. Prior. 10/2. 1958.) K. Demmler 7787

H_{17}. Fette, Seifen, Wasch- und Reinigungsmittel usw.

2865 **Bericht des Komitees für Literaturübersichten. Jahresbericht über Literatur auf dem Gebiet der Fette, Öle und Netzmittel.** 1. u. 2. Mitt. V. Mahadevan. (J. Amer. Oil Chemists' Soc. **39,** 351—75, 383—410, 1962; Austin, Minn., Univ. of Minnesota, Hormel Inst.; engl.) H. P. Fiedler 7870◇

2866 **Untersuchungen über die Veränderungen, die die Bestandteile von Ölsaaten während der der Ölgewinnung vorgeschalteten Behandlung erleiden.** A. Uzzan. (Rev. franç. Corps gras **9,** 616—26, 1962; Paris, Inst. des Corps Gras; franz.) — Der Einfl. der der Ölgewinnung (Pressung, Extraktion) vorgeschalteten Behandlung der Ölsaaten (Soja, Raps, Erdnuß, Baumwollsaat, Leinsaat) mit feuchter Wärme auf die Proteine, die Kohlenhydrate, die einfachen u. die komplexen Lipide, die Enzyme wird diskutiert; weitere Betrachtungen gelten den Wechselwrkg. zwischen Proteinen u. Kohlenhydraten (Maillard-Rk.), zwischen Proteinen u. Lipiden, zwischen Lipiden u. Kohlenhydraten. — 30 Literaturangaben. K. Täufel 7894◇

2867 **Die Stabilität einiger tierischer Fette und die Schutzwirkung gewisser Antioxydantien.** P. López Lorenzo, B. Sanz Pérez und J. Burgos. (An. Bromatol. [Madrid] **14,** 197—203, 1962; Zaragoza, Univ., Fac. de Vet.; span.) — Vff. untersuchten die Stabilität des Fettes von Schweinen, Pferden, Kleinvieh (Schafe) u. Hühnern nach der Meth. des akt. Sauerstoffs von D. Wheeler [1932]. Es wird gezeigt, daß die Ranziditätsinduktionszeiten von Hühner (**a**)- u. Pferdefett (**b**) dem Geh. an ungesätt. Fettsäuren nicht entsprechen. An Antioxydantien wurden *Butylhydroxytoluol* (**I**), *Octyl* (**II**)- u. *Dodecylgallat* (**III**) sowie das handelsübliche Präp. P 10 an **a** u. **b** auf ihre Wrkg. geprüft. **II** u. **III**, vor allem **II** zeigten einen besseren Effekt als **I**. Dagegen war P 10 unter den Vers.-Bedingungen unwirksam. Das Verhältnis der Wirksamkeiten der verschiedenen Präpp. untereinander war bei den verschiedenen Fetten ähnlich, jedoch nicht gleich. — 23 Literaturangaben. Hans Thiele 7896◇

2868 **Übersicht über einige kontinuierliche Verseifungsprozesse.** A. L. Schulerud. (J. Amer. Oil Chemists' Soc. **40,** 609—15, 1963; New Brunswick, N. J., Colgate-Palmolive Co.; engl.) — Nach Behandlung der Grundlagen der Seifen-Herst. beschreibt Vf. an Hand von Fließschemen die De Laval-Zentrifuge, den kontinuierlichen Sharples-Meccaniche- u. Mazzoni-Verseifungsprozeß u. vergleicht sie untereinander. H. Brämer 7910◇

2869 **Seifenherstellung aus Fettsäuren.** A. B. Herrick und Eric Jungermann. (J. Amer. Oil Chemists' Soc. **40,** 615—18, 1963; Chicago, Ill., Armour & Co. Soap Res. and Dev. Dep.; engl.) — Vf. beschreibt die Hauptstufen der Seifenherst. durch Fettspaltung oder Hydrolyse (Diagramm des Colgate-Emery Fettspalters mit ZnO als Katalysator) mit folgender Dest., Hydrierung u. Neutralisation der Fettsäuren. Nach vergleichenden Betrachtungen über die Fettspaltung mit der Fettverseifung hebt Vf. folgende Vorteile der Fettspaltung hervor: Verwendbarkeit auch billigerer Fette, einfachere Glycerinaufarbeitung u. bessere Kontrolle über Nebenprodukte. H. Brämer 7910◇

2870 **Die Rolle des Fichtenöles bei der Benetzung.** L. Desalbres. (Chim. et Ind. **82,** 346—52, 1959; franz.) — Erläuterung der Netz- u. Emulgier-Wrkg. des Fichtenöles an Hand allg. Ausführungen über das Verh. polarer u. unpolarer Verbb. u. deren Oberflächen- u. Grenzflächenaktivität in wss. Lösungen. H. Spohn 7912◇

2871 **Alpha-Olefine in der Industrie oberflächenaktiver Stoffe.** T. H. Liddicoet. (J. Amer. Oil Chemists' Soc. **40,** 631—36, 1963; Richmond, Calif., Calif. Res. Corp.; engl.) — In seiner Übersicht über den Einsatz von α-Olefinen in oberflächenakt. Verbb. behandelt Vf. die Oxydation, sowie Additions- u. Substitutionsrkk. von α-Olefinen, die Rk. von α-Olefinen mit SO_3, Chlorsulfonsäure u. N_2O_4, sowie die Herst. von sek. Alkylsulfaten, prim. Alkylsulfonaten, prim. u. sek. Phenylalkanen, von langkettigen Aminen bzw. quart. Ammoniumverbb., von Äthylenkondens.-Prodd. u. Aminoxiden sowie langkettigen Alkoholen u. 1.2-Glykolen aus α-Olefinen. — 68 Literaturangaben. H. Brämer 7912◇

2872 **Langkettige Alkansulfonate und 1-Hydroxyalkan-2-sulfonate: Beziehungen zwischen Struktur und Eigenschaften.** J. K. Weil, F. D. Smith, A. J. Stirton und R. G. Bistline jun. (J. Amer. Oil Chemists' Soc. **40,** 538 bis 541, 1963; Philadelphia, Pa., Eastern Reg. Res. Labor.; engl.) — Die Krafft-Punkte, die krit. Micellkonz., das Wasch- u. Schaumvermögen von Na-Dodecan-, Na-Tridecan-, Na-Tetradecan-, Na-Pentadecan-, Na-Hexadecan-, Na-Heptadecan-, Na-Octadecansulfonaten, von ungeradzahligen Na-Alkansulfonaten, von Na-1-Hydroxydodecan-2-sulfonat (**I**), Na-1-Hydroxyoctadecan-2-sulfonat, von Schwefelsäureestern von Fettalkoholen der Ketttenlängen C_{12}, C_{14}, C_{16} u. C_{18} u. von α-sulfonierten Seifen der Kettenlängen C_{12}, C_{14}, C_{16} u. C_{18} werden miteinander verglichen. Na-Alkansulfonate u. die Decarboxylierungsprodd. aus der alkal. Schmelze von α-Sulfonsäuren sind am besten löslich u. besitzen die besseren Wasch- u. Schaumeigg. **I** ähnelt in den Eigg. den Mono-Na-Salzen von α-Sulfosäuren. Die aus den Na-Salzen durch Ionenaustauscher (Dowex 50W—X8, Säureform) hergestellten Alkansulfonsäuren besitzen niedrigere Krafft-Punkte u. sind schneller löslich. Die krit. Micellkonzz. von 1-Hydroxyalkan-2-sulfonsäuren u. α-Sulfonsäuren sind nahezu gleich u. entsprechen denen der um 1 C-Atom kürzeren Alkansulfonsäuren. H. Brämer 7912

2873 **Kontinuierliche Sulfonierungsverfahren.** S. J. Silvis und Mario Ballestra. (J. Amer. Oil Chemists' Soc. **40,** 618—20, 1963; Milano, Ing. Mario Ballestra & Co., S. p. A.; engl.) — Nach einem Rückblick auf die Entw. der Sulfonierungs- u. Sulfatierungsprozesse beschreiben Vff. den Ballestra-Sulfurex-Prozeß, bei dem geschmolzener Schwefel zu SO_2 verbrannt u. dieses in Ggw. von V_2O_5 bei 420—440° zu SO_3 konvertiert wird, welches nach Abkühlung auf 70° (Wärmeaustauscher) dem Sulfonator zugeführt wird. Die aus Alkylbenzol erhältlichen u. neutralisierten Prodd. enthalten durchschnittlich 97,5% Aktivsubstanz, 1,5% Na_2SO_4 u. 1% freies Öl (Extraktionsmeth.), die Farbe ist weiß. Abwandlungen des Prozesses beruhen auf verschiedenen Möglichkeiten der Abführung der Sulfonierungswärme. H. Brämer 7912◇

2874 **Anionische oberflächenaktive Stoffe auf Phosphatbasis.** R. S. Cooper. (J. Amer. Oil Chemists' Soc. **40,** 642—45, 1963; Chicago Heights, Ill., Victor Chem. Div., Stauffer Chemical Co.; engl.) — Vf. behandelt Darstellungsverff. für Monoalkyl- u. Dialkylester von Phosphorsäure, (Alkyl = n-Octyl, Dimethylhexyl, n-Decyl, Trimethylheptyl, Dodecyl, Tridecyl, Hexadecyl, Eikosyl, Dimethyloctyl), sowie ihrer äquimol. Gemische, den Einfl. der Kettenlänge u. des Verzweigungsgrades auf ihre grenzflächenakt. Eigg. (Grenzflächenspannung u. krit. Micellkonz.) u. die Beziehungen dieser Eigg. zum Waschvermögen für Baumwolle sowie ihre biolog. Abbaubarkeit u. vergleicht die hervorragenden Wascheigg. (auch in Waschmitteln mit Buildern) von verzweigten Na-Didecylphosphaten mit handelsüblichen anderen Waschmitteln. H. Brämer 7912◇

2875 **Physikalische Chemie nichtionogener Detergentien.** M. J. Schick. (J. Amer. Oil Chemists' Soc. **40,** 680—87, 1963; Edgewater, N. J., Lever Brothers Co., Res. Center; engl.) — Nach einer kurzen Übersicht über Darst.-Meth. für nichtionogene oberflächenakt. Verbb. u. Analysenmeth. zur Best. der durchschnittlichen Äthylenoxidkettenlänge behandelt Vf. ausführlich Unterss. über Oberflächenfilme, Micellbldg., Solubilisation u. Phasengleichgew., das Wasch-, Dispergier-, Schaum- u. Emulgiervermögen nichtionogener oberflächenakt. Stoffe. — 54 Literaturangaben. H. Brämer 7912◇

2876 **Einschätzung der Anwendungsmöglichkeiten von Alkoholderivaten in Detergentienzusammensetzungen.** T. P. Matson. (J. Amer. Oil Chemists' Soc. **40,** 636–40, 1963; Ponca City, Okla., Continental Oil Co., Res. and Dev. Dep.; engl.) — Übersicht über den Einsatz von Fettalkoholsulfaten, äthoxylierten Fettalkoholen u. Fettalkoholäthersulfaten im Waschmittelsektor behandelt Vf. Darst. u. Hauptanwendungsgebiete, sowie die Abhängigkeit der Schaumstabilität, des Waschvermögens, der Löslichkeiten u. Trübungspunkte von der Kettenlänge, der Wasserhärte, dem Äthylenoxid-Geh. bzw. dem Geh. an freien Fettalkoholen. H. Brämer 7912◇

2877 **Neuere Fortschritte bei Fettaminoxiden.** 2. Mitt. **Formulierung und Verwendung.** T. P. Matson. (J. Amer. Oil Chemists' Soc. **40,** 640–42, 1963; Ponka City, Okla., Continental Oil Do., Res. and Dev. Dep.; engl.) — In seiner Übersicht über den Einsatz von Dimethylalkylaminoxiden in fl. Fein- u. fl. u. festen Grobwaschmitteln behandelt Vf. die Abhängigkeit ihrer Schaumstabilisierungseigg. von ihrem Molgew., der Wasserhärte u. der Menge u. Art der Aktivsubstanzen der Waschmittel. H. Brämer 7912◇

2878 **Phosphatbuilder für Waschmittel.** L. E. Netherton, Fred McCollough und Allen Urfer. (J. Amer. Oil Chemists' Soc. **40,** 624–28, 1963; Chicago Heights, Ill., Visctor Chem. Div. Stauffer Chem. Co.; engl.) — Die Chemie u. Herst. von Na- u. K-Polyphosphaten ($Na_4P_2O_7$, $Na_5P_3O_{10}$, $(NaPO_3)_n$, $K_4P_2O_7$) u. ihre wichtigsten Eigg. als Waschmittelbuilder, wie Hydrolyse, Hydrationsgeschw. u. Löslichkeiten werden zusammengefaßt. Dichte, Partikelgröße, Körnigkeit, Härte u. Absorptionseigg. von granuliertem $Na_5P_3O_{10}$ werden in Verbindung mit seinem Einsatz als Zusatzprod. zu tablettierten u. pulverförmigen Waschmitteln diskutiert. H. Brämer 7912◇

2879 **Optische Aufheller für Detergentien.** H. W. Zussman. (J. Amer. Oil Chemists' Soc. **40,** 695–98, 1963; Ardsley, N. Y., Geigy Ind. Chem. Div.; engl.) — Überblick über die wichtigsten Typen opt. Aufheller, die Best. ihres Wirkungsgrades, das Problem der gleichzeitigen Aufhellung verschiedener Fasertypen, den Einfl. von Chlor auf Aufheller u. über biolog. Aspekte. H. Brämer 7912◇

2880 **Wiederausfällung des Schmutzes.** H. B. Trost. (J. Amer. Oil Chemists' Soc. **40,** 669–74, 1963; Wilmington, Del., Hercules Powder Comp.; engl.) — In seiner Übersicht über das Phänomen der Wiederausfällung des Schmutzes beim Waschen von Baumwolle behandelt Vf. Laboratoriumsmeth. zur Best. erneut niedergeschlagenen Schmutzes, verwendete künstliche Schmutzzuss., vorgeschlagene Mechanismen der Schmutzwiederausfällung, die Rolle der polymeren Antiredepositionsadditive in Waschmitteln, den Einfl. anorgan. Elektrolyte, des Molgew. u. des Substitutionsgrades auf die Wirksamkeit der polymeren Additive, einige Waschmittelkompositionen zur verbesserten Weißerhaltung von Baumwollgeweben sowie Antiredepositionshilfsmittel für Nichtcellulosefasern. — 56 Literaturangaben. H. Brämer 7912◇

2881 **Untersuchungen über die Grundlagen des Waschvorganges.** 3. Mitt. **Redeposition von hydrophobem Pigmentschmutz. Einfluß der Konzentration der waschaktiven Substanz.** S. V. Vaeck und M. Brouwer. (Fette, Seifen, Anstrichmittel **63,** 1065–71, 1961; dt.) — 2. vgl. C. **1964,** 5-2741. — Der Einfl. der Konz. der waschakt. Substanz (WAS) (Carboxyl-Seife, Alkylbenzolsulfonat, Nonylphenolpolyglykoläther) auf die Redeposition von hydrophobem Pigmentschmutz (Ruß) auf Baumwolle in reinen Lsgg. u. bei Elektrolytzusatz wird untersucht. Das Schmutztragevermögen anionakt. u. nichtionogener Waschmittel zeigt ein Maximum als Funktion der Konz., das abhängig ist von den jeweiligen Mengenverhältnissen Schmutz:Gewebe:Waschmittel-Lsg. u. von der Intensität der mechan. Bewegung. Das Maximum liegt bei idealen Mengenverhältnissen bei Carboxyl-Seife bei 0,25–0,5 Liter, bei Alkylbenzolsulfonat bei 3–5 g/Liter u. bei Nonylphenolpolyglykoläther bei 0,5–3 g/Liter. Durch Elektrolytzugabe wird die Lage des Maximums in allen Fällen nach niedrigeren Konz. verschoben. — 30 Literaturangaben. H. Brämer 7912◇

2882 **Elektrochemische Sauerstoffbestimmung in olefinischen Fetten.** K. Täufel und F. Linow. (Nahrung **7,** 41–49, 1963; Potsdam-Rehbrücke, Dt. Akad. Wiss., Inst. für Ernährung; dt.) — Vff. bestimmten mit dem anderweitig schon mehrfach beschriebenen Verf. der elektrochem. O_2-Best. nach F. Tödt (Verlag W. de Gruyter u. Co., Berlin 1958) die Konz. an gelöstem O_2 in olefin. Fetten. Dieser O_2 ist die prim. Voraussetzung für die Autoxydation solcher Fette u. Öle. Als Elektrolyt wird 0,1 n NaOH, als Elektrodenkombination Au/Zn gewählt. Als niedrigste Konz. kann $2 \cdot 10^{-7}$ g O_2/ml Öl erfaßt werden. — 20 Literaturangaben. Gerhard Günther 7932◇

2883 **Suche nach neuen, industriell verwertbaren Ölen.** F. R. Earle, I. A. Wolff, C. A. Glass und Quentin Jones. (J. Amer. Oil Chemists' Soc. **39,** 381–83, 1962; Peoria, Ill., Northern Reg. Res. Labor.; Beltsville, Maryland, Crops Res. Div.; engl.) — 4. vgl. C. **1962,** 341. — Mit Hilfe der Isomerisations-Meth. wurden die aus 37 verschiedenen Pflanzensamen gewonnenen Öle auf ihre Fettsäuren-Zus. untersucht. Die Ergebnisse werden tabellar. wiedergegeben u. diskutiert. H. P. Fiedler 7932◇

2884 **Beziehung zwischen Rauchpunkt und dem Gehalt an freien Fettsäuren bei der Bestimmung der Fettzersetzung bei konsekutivem Erhitzen.** Mary Ellen Zabik. (Food Technol. **16,** Nr. 8, 111, 1962; Michigan State Univ., Foods and Nutr. Dep., Coll. of Home Economics; engl.) — Der Temp.-Punkt, bei dem eine durch Fettzers. bedingte Rauchbildung beobachtet wird, ist mit steigendem Geh. an freien Fettsäuren im Fett deutlich erniedrigt. G. Heder 7932◇

2885 **Analyse der Fettsäuren des Mukurossi-Samenöls durch Gaschromatographie.** Noriaki Shirahama und Yujiro Sakuragi. (J. chem. Soc. Japan, pure Chem. Sect. [Nippon Kagaku Zasshi] **84,** 267–70, 1963; Kurume-Kôgyô-Tanki-Daigaky; jap., Auszug: engl. S. A18–19.) — Die Fettsäuren des Samenöls von *Sapindus-Mukurossi* Gaerth. aus dem nördlichen Teil der Insel Kyushu/Japan werden gaschromatograph. analysiert: Ölsäure 53,2–60,2(%); eine Eikosensäure 18,4–21,5; Linolsäure 7,6–11,0; Arachinsäure 5,5–9,9; Palmitinsäure 5,5–6,9. E. Maekawa 7932◇

2886 **Über gewisse Eigenschaften der Tafelmargarine.** E. Sambuc und M. Naudet. (Rev. franç. Corps gras **9,** 263–74, 1962; Marseille, Fac. des Sci., Labor. National des Matières Grasses; franz.) — Zur Prüfung gewisser Eigg. der Margarine („Zerreißbarkeit" u. „Klebrigkeit") werden die Meßverff. u. die angewandten App. (App. zur Messung des Widerstandes gegen Bruch bzw. gegen Verformung) u. die Vorbereitung der Proben, bes. ihre therm. Vorbehandlung, beschrieben. Die Reproduzierbarkeit der Resultate wird krit. diskutiert. Die graph. u. tabellar. mitgeteilten Befunde werden unter Hinweis auf frühere Ergebnisse vergleichend in Beziehung gesetzt zu den empir. abschätzenden Testen der Härte u. der Streichbarkeit. K. Täufel 7934◇

2887 **Säulenchromatographische Trennung der Methylester von Öl-, Linol- und Linolensäure unter Verwendung eines Silberionenen enthaltenden Kationenaustauscherharzes.** C. F. Wurster jun., J. H. Copenhaver jun., und P. R. Shafer. (J. Amer. Oil Chemists' Soc. **40,** 513–14, 1963; Hanover, New Hampshire, Dartmouth Coll., Dep. of Chem.; engl.) — Die Methylester von *Öl-* (**I**), *Linol-* (**II**) u. *Linolensäure* (**III**) lassen sich säulenchromatograph. unter Verw. eines Kationenaustauscherharzes (Säureform von AG 50 W-X 8) als Träger für Ag-Ionen u. Elution mit 75%ig. wss. Methanol, reinem Methanol u. mit Buten-(1) gesätt. Ae. trennen. Der Geh. an Doppelbindungen der erhaltenen Fraktionen wurde durch Zugabe überschüssigen J_2 u. spektrophotometr. Best. des nichtreagierten J_2 nach P. Smits [1959] bestimmt. Daraus ergab sich die Rückgewinnung von **I** zu 88%, von **II** zu 89% u. von **III** zu 97%. Ag-Ionen wurden in keinem Fall im Eluat nachgewiesen. H. Brämer 7936◇

2888 **Cis-trans-Isomerisierung von Öl-, Linol- und Linolensäure.** Carter Litchfield, J. E. Lord, A. F. Isbell und Raymond Reiser. (J. Amer. Oil Chemists' Soc. **40**, 553—57, 1963; College Station, Texas, Texas Agric. Exp. Station, Dep. of Biochem. & Nutrition; engl.) — Mittels Gaschromatographie (Apiezon L Diäthylenglykolsuccinatpolyester oder Nitrilsilicon) oder IR-Spektroskopie wurde die Gleichgew.-Zus. der cis-trans-Isomeren von Se- oder HNO_2-isomerisierter Öl-, Elaidin-, Linol-, Linolelaidin-, Linolen- u. Linolenelaidinsäure bestimmt. Die Gleichgew. liegen im Unterschied zu dem bisher gefundenen Wert von 66% für Ölsäure für alle 3 Isomerenpaare zwischen 75 u. 80% der trans-Säuren, wobei die trans-Bindungen im Falle der Linolsäure willkürlich auf die beiden Doppelbindungen verteilt sind. Die Isomerisierungs-Rk. von Linolelaidin- u. Linolenelaidinsäure mit Se wird in 10%ig. Methyllauratlsg. durchgeführt. Bei der Isomerisierung von Linol- u. Linolensäure mit Se entstehen Nebenprodd., die die gleichen gaschromatograph. Elutionszeiten haben wie die 18:2-, 18:1- u. 18:0-Säuren, sie lassen sich weder bei der Isomerisierung mit HNO_2 noch bei der Isomerisierung von Ölsäure nachweisen. Vff. führen obiges Verh. auf Wasserstoffwanderung zurück. — 27 Literaturangaben. H. Brämer 7936◇

2889 **Analyse der bei der Gas–Flüssigkeit-Chromatographie ungesättigter Fettsäuremethylester auf Polyestersubstrat anwendbaren Trennfaktoren.** R. G. Ackman. (J. Amer. Oil Chemists' Soc. **40**, 564—67, 1963; Halifax, Nova Scotia, Fisheries Res. Board of Canada, Technol. Station; engl.) — Die Abhängigkeit der gaschromatograph. (Äthylenglykoladipinsäurepolyester) Trennfaktoren (Retentionszeit bzw. relative Retentionszeit eines Fettsäuremethylesters dividiert durch die Retentionszeit bzw. relative Retentionszeit eines anderen Esters der gleichen Kettenlänge) von Fettsäuremethylestern von der Temp. (197, 173,5°), der Kettenlänge, der Anzahl u. Lage der Doppelbindungen von Methylestern ungesätt. Fettsäuren wird unter Verw. von Methyloctadecanol als Standard dargelegt. Abschließend werden zahlreiche Beispiele der Anwendbarkeit der gaschromatograph. Trennfaktoren zur Identifizierung unbekannter Substanzen u. zur Vorausberechnung von Retentionszeiten gegeben. H. Brämer 7936◇

2890 **Neuere Fortschritte in der Analyse grenzflächenaktiver Stoffe durch physikalische Methoden.** M. J. Rosen. (J. Amer. Oil Chemists' Soc. **40**, 687—91, 1963; Brooklyn, N. Y., City Univ. of New York, Brooklyn Coll., Dep. of Chem.; engl.) — Übersicht über die Anwendung von Ionenaustauschern zur Trennung ionogener von nichtionogenen grenzflächenakt. Stoffen, der Papierchromatographie zur Trennung u./oder Identifizierung einzelner grenzflächenakt. Stoffe, der Gaschromatographie zu ihrer Analyse (nach Überführen in flüchtige Derivv.), über systemat. Best. funktioneller Gruppen u. über quant. Best.-Methoden. — 45 Literaturangaben. H. Brämer 7942◇

2891 **Neue physikalische Bewertungsmethoden.** M. E. Ginn. (J. Amer. Oil Chemists' Soc. **40**, 662—69, 1963; Chicago, Ill., Armour Grocery Prod. Co.; engl.) — In seiner Übersicht über neuere physikal. Testmeth. für Detergentien behandelt Vf. die Best. der krit. Micellkonz., der Löslichkeit, der Solubilisation, der Emulgier- u. Dispergierwirkung sowie des Schaumvermögens von Detergentien. Nach Eingehen auf die Faktoren Schmutz-, Gewebe-, Wasserbeschaffenheit u. Benetzbarkeit behandelt Vf. Meßmeth. für die Schmutzentfernung von Geweben (Reflektometer-, Radiotracer-Meth., mkr. Best. der Schmutzentfernung, Best. der Restwascharbeit) sowie photometr., gravimetr. u. Radiotracer-Meth. zur Messung der Reinigung harter Oberflächen. — 68 Literaturangaben. H. Brämer 7942◇

2892 **Prinzipien und Verwendung der magnetischen Kernresonanz bei der Strukturbestimmung grenzflächenaktiver Chemikalien.** M. M. Crutchfield und R. R. Irani. (J. Amer. Oil Chemists' Soc. **40**, 691—94, 1963; St. Louis, Miss., Monsanto Chem. Co., Inorgan. Chemicals Div., Res. Dep.; engl.) — Vf. behandelt die Theorie der Analyse von granzflächenakt. Stoffen mittels magnet. Kernresonanz-(NMR)-Spektren, die NMR-Spektren von 2.3-Dimethylbuten-(1) u. von 2.3-Dimethylbuten-(2) u. quantitat. Best. mittels NMR-Analysen. — 11 Literaturangaben. H. Brämer 7942◇

2893 **Die flammenspektrophotometrische Bestimmung von Natrium, Kalium und Magnesium in grenzflächenaktiven Stoffen.** E. C. Beck, K. J. Wilson und Eric Jungermann. (J. Amer. Oil Chemists' Soc. **40**, 515—17, 1963; Chicago, Ill., Armour and Co., Dev. Dep.; engl.) — Die direkte u. voneinander unabhängige flammenspektrophotometr. Best. von Na, K u. Mg in Seifen u. Detergentien (Fein-, Grobwaschmittel, sprühgetrocknetes Waschmittel, Seifenstück, Seife-Syndet-Stück) gelingt durch Messung der Maxima bei 589 (Na), 766 (K) u. 285,3 nm (Mg) in einem Beckman-App. DU bei einem O_2-Druck von 10 psi. u. einem H_2-Druck von 2,5 psi. u. durch Vgl. der erhaltenen Werte mit Standardkurven. Der maximale Fehler liegt bei 0,3 ppm. Seifenzusätze, wie Parfüm, Farbstoffe, Überfettungsmittel oder Germicide, stören nicht. H. Brämer 7942◇

2894 **Bewertung und Formulierung von tablettierten Detergentien.** Eric Jungermann, A. B. Herrick und J. R. Story. (J. Amer. Oil Chemists' Soc. **40**, 699—702, 1963; Chicago, Ill., Armour and Co.; Soap Res. and Dev. Dep.; engl.) — Vff. beschrieben Tests zur Best. der Druck- (50—62 psi.) u. Schlagfestigkeit (26—28 in.) u. der Aufbrechgeschw. (45—70 Sek., Auflösegeschw. in W.) von Detergentientabletten. Die Hauptanwendungen der Tests bestehen in der Überprüfung handelsüblicher tablettierter Prodd., der Einschätzung der Herst.-Variablen (angewandter Druck bei der Tablettierung) u. Veränderungen der Zus. (Einfl. des Alkylbenzolsulfonat-Geh. u. des Kristalltyps von Na-Tripolyphosphat auf die untersuchten Eigg.) sowie in der Best. der günstigsten Tablettenformen ($^1/_4$ u. $^7/_8$ Durchmesser). H. Brämer 7942◇

2895 **Thermometrische Titration von kolloidalen Elektrolyten und ihre Anwendung in der Waschmittelanalyse.** Joseph Jordan, Patrick T. Pei und Richard A. Javick. (Analytic. Chem. **35**, 1534—35, 1963; University Park, Pa., Pennsylvania State Univ., Dep. of Chem.; engl.) — Bei der Messung der Enthalpie mit Hilfe der thermometr. Titration erhält man definierte Kurven. Da die Best. des *2-Dodecylbenzolsulfonats* große Schwierigkeiten bereitet, wird die thermometr. Titration der Verb. als schnelle u. zuverlässige Meth. mit gut erkennbarem Endpunkt empfohlen. Die Genauigkeit der Best. wird mit 0,4% angegeben, der relative Fehler beträgt — 1%. W. Rehner 7942◇

2896 **Zusammenhang zwischen dem Durchschnittsmolekulargewicht kommerzieller Alkylbenzole und den Ergebnissen der Gas–Flüssigkeit-Chromatographie.** A. H. Silver, W. H. Adam, H. M. Gardner und H. J. Keily. (J. Amer. Oil Chemists' Soc. **38**, 674—77, 1961; Engewater, N. J., Lever Brothers Comp., Res. and Dev. Div.; engl.) — Unter Verw. von Kapillarsäulen (Innendurchmesser 0,25 mm) werden von eng benachbarten Fraktionsschnitten von Alkylbenzolen (Polypropylen-Typ) die Gaschromatogramme (Trägergas Argon) erhalten. Trägt man den log der relativen Retentionszeit (bezogen auf das höchste Maximum) beim Wert der mittleren Fläche im Chromatogramm gegen das (durch Massenspektroskopie erhaltene) mittlere Molgew. (MM) auf, so erhält man eine lineare Eichkurve. Bei MM $\approx$ 260 zeigt die Eichkurve eine Diskontinuität, die *Dodecylbenzol* von *Tetradecylbenzol* (als Hauptbestandteil der Fraktionen) unterscheidet. Die ermittelten MM-Werte kommerzieller Alkylbenzolproben zeigen gute Übereinstimmung mit den chem. ermittelten (über die Sulfonsäure-Derivv.) N. Trzebowski 7942◇

2897 Fritzsche Brothers, Inc., New York, N. Y., übert. von: Richard L. Markus, Montclair, N. J., V. St. A., **Herstellung von Sesamol (I)** durch Rk. von Piperonal (**II**) in einem nichtpolaren, mit W. nicht mischbaren organ. Lsgm. (Kp. < 200°) mit einer Percarbonsäure, wie Perameisen-, -essig-, -propion-, -butter-, -bernstein-, -benzoesäure, Monopercampher- oder -bern-

steinsäure, bei Temp. von — 10 bis 50°, Überführung des gebildeten I-Carbonsäureesters in nichtoxydierender Atmosphäre in die wss. Lsg. eines Alkalimetallsalzes von I, Neutralisation dieser Lsg. in Ggw. eines Phenols als Stabilisierungsmittel u. Abtrennung des I. — Beispiel: Zu Peressigsäure in Toluol bei 15—20° tropfenweise II → Sesamolformiat, F. 29—30°, → Hydrolyse schon durch Luftfeuchtigkeit zu I, F. 64—65°. — *Antioxydans.* (**A. P. 3058995** vom 8/2. 1960, ausg. 16/10. 1962.)
R. Bauereis 7879

2898 Economics Laboratory, Inc., übert. von: Samuel B. Crecelius, St. Paul, Minn., V. St. A., **Flüssige Fettsäureester von Saccharoseadditionsprodukten** erhält man durch Addition von 2—8, bes. 5,5 (Mol) eines aliphat. Epoxids mit 3—18 C-Atomen, bes. Butylen-, Octylen-, Propylen- oder Dodecylenoxid, an 1 Saccharose, bes. in Ggw. von H_2SO_4 als Katalysator, u. Rk. des Additions-Prod. mit einem ungesätt. Fettsäurechlorid mit 12—18 C-Atomen bei 40—100°, bes. in Ggw. eines sauren Katalysators, Verdünnen des Esters mit einem Lsgm. u. Neutralisieren des gebildeten HCl. — Man rührt z. B. 684 (g) Saccharose u. 400 W. zu einem Sirup, setzt 20 Tropfen konz. H_2SO_4 u. während ca. 6 Std. bei nicht über 75° steigender Temp. 800 Butylenoxid zu, dest. den Hauptteil des W. bei 80° ab, erhitzt auf ca. 130° unter Durchleiten von CO_2-Gas, rührt in 200 des in W., A. u. Bzl. lösl., höchstens 5% W. enthaltenden Addukts während 30 Min. 85 Tallölfettsäurechlorid („Aliphat 44") ein, rührt 1,5 Std. unter Durchleiten von CO_2, setzt A. bis zu 75% Feststoff-Geh. zu, neutralisiert mit gesätt. Na_2CO_3-Lsg., filtriert u. dest. A. u. W. bei 150° ab. Analoge Prodd. erhält man bei Verw. von Cocosölfett-, Laurin-, Caprin-, Caprylsäurechloriden usw. — Tabellen für Rk.-Gemische bzw. physikal. Eigg., bes. Löslichkeit, Schaum-Bldg., Oberflächenspannung u. Auswaschbarkeit der *oberflächenakt. Verbindungen.* (**A. P. 3018282** vom 21/3. 1958, ausg. 23/1. 1962.) G. Vogel 7913

2899 Esso Research and Engineering Co., übert. von: Clyde Lee Aldridge und Edward Allen Hunter, Baton Rouge, La., V. St. A., **Herstellung eines kationenaktiven oberflächenaktiven Mittels,** dad. gek., daß man einen prim., einwertigen Alkohol der allg. Formel $R \cdot O \cdot CH_2 \cdot CH(CH_2OH)R'$ oder $R \cdot O \cdot CH \cdot (CH_2OH) \cdot CH_2 \cdot R'$, worin R eine Alkylgruppe mit 8—13 C-Atomen u. R' eine Alkylgruppe mit 6—11 C-Atomen bedeutet, mit CH_2O in einem organ. Lsgm. unter Einleiten von HCl bei 20—100° bis zur Bldg. einer organ. u. wss. Phase zur Rk. bringt, die organ. Phase mit dem gebildeten Chlormethyläther abtrennt u. diese in einem organ. Lsgm. weiter mit einem heterocycl. Amin wie Pyridin, Chinolin oder Morpholin umsetzt. — *Emulgiermittel,* bes. für die Textil-, Papier-, Seifen- u. Gummiindustrie. — (**A. P. 3062766** vom 4/11. 1957, ausg. 6/11. 1962.)
W. Heyer 7913

2900 Farbwerke Hoechst Akt.-Ges., vormals Meister Lucius & Brüning, Frankfurt/M., übert. von: Josef Kaupp, Günter König, Guido von Rosenberg, Heinrich Träger, Gersthofen, und Albert Thalhofer, München, **Hartwachse mit Glanzeigenschaften und Ölbindungsvermögen.** Zu D. A. S. 1102717; C. **1961,** 12684 ist nachzutragen: Montansäuren, die bes. mit CrO_3 gebleicht wurden, Behen-, Cerotin-, Carnaubawachssäuren oder durch Paraffinoxydation erhaltene Säuren oder deren Mischungen, die alle > 18 C-Atome enthalten sollen, werden mit Oxalkylierungsprodd. der allg. Formel $R\{X\text{–}[(R'\text{–}O\text{–})_nH]_m\}_z$ (R = cycl. Rest; X = O oder N; R' = Alkylenrest mit 2—4 C-Atomen; n = 1—12, bes. 1—8; m = 1 bei X = O, 2 bei X = N; z = 1—4) verestert. R kann aromat. oder heterocycl. sein. Es können umgesetzt werden die Oxalkylierungsprodd. von: Brenzcatechin, Resorcin, Nonyl-, Dodecyl-, Diisobornylresorcin, Hydrochinonen, Phenylendiaminen, Dihydroxy-, Diaminodiphenylen, Aminophenolen, Aminonaphtholen, Dihydroxynaphthalinen, Dihydroxydiphenylmethan, Methylen-bis-p-butylphenol, Methylen-bis-n-octylphenol, Dihydroxydinaphthylmethanen, Diamindinaphthyläthanen, Diaminodiphenylmethanen, Dihydroxydiphenylpropanen, Pyrogallol, Phloroglucin, Tetrahydronaphthalin, Methylendiisobornylphenol, Piperazin, Purin, Carbazol, Pyrrolidin, Thiazolidin, Imidazolin, Piperidin, Tetrahydrochinolin, Dekahydrochinolin, Uracil u. deren Hydrierungsprodukten. Je nach dem Oxalkylierungsgrad werden Prodd. mit verschiedenen Eigg. erhalten: die in ihnen vorhandenen freien OH-Gruppen können noch mit Li, Mg, Ca, Ba, Sr, Zn, Triäthanolamin, Morpholin, Toluylen-, Cyclohexylen-p-, 4.4'-Dicyclohexylmethan-, Hexamethylen-1.6- u. 1.4-Diphenylmethandiisocyanat oder deren Mischungen umgesetzt werden. Die Eigg. der Ester können noch durch Zusatz von Ca-, Al-, Zn-, Mg-Stearaten, -Behenaten oder -Montanaten oder deren Mischungen verbessert werden. Gebleichte Montanwachssäuren werden umgesetzt mit: Resorcin-bis-(β-hydroxyäthyl)-äther in Ggw. von 20%ig. H_2SO_4, Brenzcatechin-bis-(β-hydroxyäthyl)-äther, 2.2-(4.4'-Dihydroxydiphenyl)-propan, 4.4'-Diaminodicyclohexylmethan-bis-diglykoläther, N.N.O-Tri-(β-hydroxyäthyl)-p-aminophenol (aus p-Aminophenol + 3 Mol Äthylenchlorhydrin oder Äthylenoxid), Rk.-Prod. aus 1 Mol Benzidin + 4 Mol Propylenoxid, Bis-oxäthylpiperazin, Methylen-bis-(β-hydroxyäthylnaphthalin)-äther, äthoxyliertem Nonyl- u. Dinonylresorcin, Rk.-Prod. aus 2 Mol Äthylenoxid u. 1 Mol 4.4'-Dihydroxydiphenylpropan u. äthyliertem Methylen-bis-(p-butylphenol). Die Prodd. haben Fließ-Tropf-Punkte nach Ubbelohde von 75—104°. — Verw. als *Schuh-, Boden-* u. *Autopoliermittel,* auch als Emulsion. (**A. P. 3053681** vom 17/10. 1958, ausg. 11/9. 1962. D. Prior. 28/12. 1957.)
G. Krauß 7927

2901 **Procter & Gamble Co.** (Erfinder: **Joseph A. Milenkevich** und **James E. Henjum**), Cincinnati, Ohio, V. St. A., *Herstellung von Reinigungsmitteln.* (**Schwz. P. 368568** vom 15/5. 1957, ausg. 31/5. 1963. A. Prior. 15/5. 1956. — C. **1960,** 7038 [D. A. S. 1050005].)

2902 **Henkel & Cie. G. m. b. H.**, Düsseldorf, übert. von: **Walter Fries**, Erkrathunterbach, und **Herbert Sinner**, Düsseldorf, *Scheuermittel.* (**A. P. 3079344** vom 22/9. 1958, ausg. 26/2. 1963. D. Prior. 27/9. 1957. — C. **1963,** 3433 [D. A. S. 1119435].)

2903 **Sidol-Werke Siegel & Co.** (Erfinder: **Richard Jodl**), Köln. *Saures Putz- und Poliermittel für geschliffene Herdplatten.* (**Schwz. P. 368569** vom 29/7. 1958, ausg. 31/5. 1963. D. Prior. 3/9. 1957. — C. **1959,** 7329 [D. A. S. 1051437].)

2904 **Sidol-Werke Siegel & Co.** (Erfinder: **Richard Jodl**), Köln, *Bohnerwachs in pastöser und flüssiger Form.* (**Schwz. P. 368566** vom 18/8. 1958, ausg. 31/5. 1963. D. Prior. 22/10. 1957. — C. **1961,** 6722 [Oe. P. 208480].)

H_{18a}. Holz, Cellulose, Zellstoff, Papier, Papierdruck, Celluloid, Linoleum

2905 **Ergebnisse vergleichender Pappelanbauversuche in den Jahren 1943 bis 1961.** Georg Jayme und Marianne Harders-Steinhäuser. (Papier **17,** 298—306, 1963; Darmstadt, T.H., Inst. für Cellulosechem. mit Holzforsch.-Stelle; dt.) — Es wird über die seit 19 Jahren laufenden vergleichenden Pappelanbauverss. des Instituts für Cellulosechemie im hess. Altrheingebiet berichtet. Als wesentlichstes Ergebnis der Verss. ist der sehr hohe Ertragsvorsprung der *Jacometti-Pappel 78 B* gegenüber allen anderen angebauten Sorten anzusehen. Ihr fm-Ertrag liegt über doppelt so hoch als der als nächstes folgenden Sorte *P. vernirubens.* Dieser Unterschied bleibt auch erhalten, wenn man die niedrigere Raumdichte dieser Pappelsorte berücksichtigt. Ein weiteres wichtiges Ergebnis stellt der beobachtete, sehr große Unterschied zwischen verpflanzten u. am Stecklingsort erwachsenen Pappeln dar. Noch nach 18 Jahren liegt der Ertrag der verpflanzten Sorten weit unter dem der nicht verpflanzten. Die Sortenunterschiede werden durch das Verpflanzen offenbar etwas ausgeglichen.
F. Zeidler 7952◇

2906 **Beurteilung eines vergleichenden Pappel-Anbau-Versuchs mittels Steckholz verschiedener Sorten aus forstlicher Sicht.** Jörg Schlotterer. (Papier **17,** 306—11, 1963; dt.) — Bei einem seit 1944 durchgeführten Pappelanbauvers. wurde erstmalig eine Plantage mit Steckholz u. vergleichsweise mit gleichaltrigen Pflanzen der verschiedensten Sorten angelegt. Der Anbau von vielen verschiedenen Pappelsorten in engem Verband ist nur bei Kenntnis der Ansprüche am Standort u. bzgl. Wuchsraum auf weitere Sicht vertretbar. Die aus den Stecklingen erwachsenen Pappeln sind von Anfang an den umgepflanzten Pappeln in Längen- u. Dickenwachstum stark überlegen. Der italien. Pappelklon *Jacometti 78 B* übertrifft im Dickenwachstum sämtliche anderen Schwarzpappelklone u. zeigt weitgehende Anpassung an die klimat. Verhältnisse im hess. Rheinauewald bei Lampertheim. F. Zeidler 7952◇

2907 **Die Zeitspanne zwischen Behandlung und Fällen von Pinus ponderosa-Zellstoffholz zwecks Entrindung mit Na-Arsenit.** R. O. Woodfin jun. (Tappi **46,** 73–75, 1963; U. S. Dep. of Agric., Rocky Mountains Forest and Range Exp. Station, Forest Serv.; engl.) — Die Entrindung von Bäumen der Gattung *Pinus ponderosa* durch Behandlung mit Na_3AsO_3 kann, abgesehen von den Wintermonaten, das ganze Jahr über erfolgreich durchgeführt werden. Zum Beispiel lassen sich Stämme, die zwischen April u. Anfang Juni behandelt werden, nach 4–6 Monaten entrinden; vom September bis Februar behandelte Stämme lassen sich erst nach 7–12 Monaten entrinden. Chem. entrindetes Holz wiegt 33%/cord weniger als grünes unbehandeltes Holz. Befall mit Insekten oder Verfärbung treten auch nach 17 Monaten nicht auf. In der Nähe behandelter Bäume wachsende unbehandelte sterben nur ab, wenn beide ein gemeinsames Wurzelsyst. haben. F. Zeidler 7952◇

2908 **Festgehalt, Rindenanteil und Schälverlust von rundem Schichtfaserholz.** Leopold Vorreiter. (Papier **17,** 311–26, 1963; dt.) — Die Anwendung statist. u. mathemat. reduktiver Meth. liefert die vorher nicht geklärten zahlenmäßigen Zusammenhänge zwischen der tatsächlichen Rollenzahl bei einheitlichem Durchmesser sowie von Gemengen verschiedener Durchmesser in kontinuierlichen u. diskontinuierlichen Stufen u. dem wahren Festgeh. von 1 m langen Fichtenrollen in 1 rm großen Stapeln, der aus der Häufigkeitsverteilung der Einzeldurchmesser resultiert. Ebenso werden die Einfl. der Abweichungen der wahren von der Walzenform der Rollen (auch bei Längen bis 4 m), der Stapelbreite u. des Trokkenschwundes auf den Festgeh. eingehend untersucht. Für den wahren Rindenanteil in Abhängigkeit von der jeweiligen Rindendicke u. dem Rollendurchmesser bzw. Schnitzen werden Nomogramme für die Praxis entworfen. F. Zeidler 7952◇

2909 **Der Einfluß der Abmessungen von Holzproben auf deren Resistenz gegen die Zersetzung durch Pilze.** D. Narayanamurti und G. M. Verma. (Holzforsch. u. Holzverwert. [Wien] **15,** 30–33, 1963; Dehra, Dun Indien, Forest Res. Inst.; engl.) — Kernholzproben von *Acacia catechu, Dalbergia sissoo* u. *Tectona grandis,* 10 cm lang, 1 cm breit, $^1/_{16}''$-*1''* dick, werden 4 Monate in Kolle-Schalen dem Angriff von *Polyporus versicolor* ausgesetzt. Wenn die Gew.-Verluste gegen die Fläche der Proben aufgetragen werden, ergibt sich eine Gerade. Beim Auftragen des Gew.-Verlustes pro Flächeneinheit gegen die Fläche ergeben sich zur Flächenachse parallele Linien. Findlay [1953] schreibt den Einfl. der Probengröße einem gasförmigen Austausch zu, der die Diffusion von CO_2, das sich bei der Respiration des Pilzes bildet, aus dem Holz einschränkt. Aus beigefügten Abb. ist zu entnehmen, daß das Phänomen leicht auf Basis der Flächen erklärt werden kann. F. Zeidler 7952◇

2910 **Unterschiede der Terpentin-Zusammensetzung in fünf Populations-Proben von Pinus radiata.** M. H. Bannister, Allette L. Williams, I. R. C. McDonald und Margot B. Forde. (New Zealand J. Sci. **5,** 486–95, 1963; Rotorua, N. Z. Forest Serv., Forest Res. Inst.; N. Z., Dep. of Sci. and Ind. Res., Dominion Labor. and Davis, Calif., USA, Univ. of Calif.; engl.) — Die Zus. des Terpentins von *Pinus radiata* aus Californien u. Neuseeland wird gaschromatograph. analysiert. Das Terpentin besteht zu 98–99% aus α-Pinen u. β-Pinen in stark wechselndem Mengenverhältnis. Der Rest enthält Limonen u. β-Phellandren. In einigen Proben tritt eine nicht identifizierte Substanz auf. Der Mittelwert im α-Pinen-Geh. differiert nur zwischen Proben verschiedener Herkunft aus Californien, während zwischen denen aus Neuseeland keine gesicherten Unterschiede gefunden werden. W. Wergin 7952◇

2911 **Mischfarbstoffe für Holz.** M. Z. Kuschnirskaja und W. M. Prodanenko. (Holzverarb. Ind. [UdSSR] **8,** Nr. 11, 4–6, 1959; russ.) — Allg. über die Anwendung von Farbstoffmischungen für die Färbung von *Holz* (Nuß-, Rot- u. Cedernbaumimitation) unter Angabe der Eindringtiefe, Lichtechtheit u. Löslichkeit der Farbstoffe. O. Lebtag 7952△

2912 **Untersuchungen an heutigen ausländischen Zellstoffen im Vergleich mit denen vor 10 Jahren.** Sakae Goto. (J. Jap. techn. Assoc. Pulp Paper Ind. [Parapu Kami Kogyo Zasshi] **17,** 215–21, 1963; Tokushu Paper Mfg., Co., Ltd.; jap., Auszug: engl.) — Die Qualitätsunterschiede der 1961–1962 erhältlichen Zellstoffe (**I**) im Vgl. mit denen aus den Jahren 1950–1951 werden untersucht. Obgleich keine Vgl. unter den gleichen Bedingungen bzgl. Prüfmeth., Prüfbedingungen u. Art der **I** durchgeführt werden können, lassen sich doch bemerkenswerte Verbesserungen in den Eigg. u. im Schmutzgeh. feststellen. Im allg. ist der Schmutzgeh. auf $^1/_4$ zurückgegangen, die Festigkeit hat sich verbessert. Diese Fortschritte sind auf Verbesserungen beim Kochen u. Sortieren zurückzuführen. F. Zeidler 7956◇

2913 **Stabilität der Weiße gebleichter Zellstoffe.** F. Wultsch, W. Limontschew und G. Schindler. (Papier **17,** 326–30, 1963; dt.) — Über den eigentlichen Erzeugungsvorgang hinaus bleibt im Papier die Wrkg. von Veränderungen des Oberflächengefüges der verwendeten Faserstoffe bestehen, die durch Einfl. von Licht, Wärme u. Feuchtigkeit ausgelöst werden u. die Stabilität des erzielten Weißegrades gefährden. Diese als Vergilbung bezeichnete Störung des Gleichgew.-Zustandes wird durch die Ggw. von Metallspuren im Zellstoff, die im Verlauf der Rkk. katalyt. wirken, gefördert. Um die Weiße des Zellstoffes zu stabilisieren, müssen daher Maßnahmen getroffen werden, die in einer Minderung der Einfl. aus dem physikal. Bereich durch Herabsetzung der Temp. im Zellstoffballen u. in der Zugabe von Chemikalien zur Ausschaltung der katalyt. Wrkg. von Metallspuren bestehen. F. Zeidler 7956◇

2914 **Neue Theorien und Verfahren für die Blattbildung auf dem Langsieb.** Sylvia Schmidt. (Papier **17, 334** bis **343,** 1963; dt.) — Die neuen Theorien über die Vorgänge auf dem Lang- u. Rundsieb werden zusammenfassend behandelt u. davon ausgehend einige neue Siebpartiekonstruktionen betrachtet. F. Zeidler 7974◇

2915 **Des Papiermachers und des Druckers vier Elemente: Luft, Wasser, Druckfarbe und Cellulose.** Börje Steenberg, W. H. Banks und Olle Andersson. (Papier **17,** 286–97, 1963; dt.) — Thermodynam. u. kinet. Grundbegriffe: Scheinbares u. echtes thermodynam. Gleichgew., thermodynam. Funktionen, thermodynam. Aktivität, stat. u. kinet. Bedingungen, stationärer Zustand. Thermodynamik der feuchten Luft: Dampfdruck, relative Feuchtigkeit, Mischung von feuchter Luft verschiedener Zustände. Verhalten von Cellulose in feuchter Luft: Sorption, Sorptionsisotherme, Sorptionshysterese, Sorptionskinetik, Sorptionswärme. Mechan. Eigg. u. Quellung, Dimensionsinstabilität. Grenzflächen fest-fl.: Oberflächenspannung, Kontaktwinkel, Benetzung, Capillarität. Wechselwrkg. zwischen Druckfarben, W. u. Papier. F. Zeidler 7974◇

2916 **Baktericide und fungicide Mittel, die in der Papierindustrie angewendet werden.** F. Bernoud. (Wbl. Papierfabrikat. **91,** 419–25, 1963; dt.) — Die physikal.-chem. Eigg. der in der Papierindustrie verwendeten Biocide, hauptsächlich organ. Hg- u. Pentachlorphenolverbb. werden aufgezählt u. ihre Anwendung bei der Bekämpfung der Schleimbldg. im Kreislaufwasser sowie beim Schutz von Holzschliff u. Zellstoff gegen Pilzbefall bei feuchter Lagerung erörtert. Die wirksamen Konzz. der bioziden organ. Hg-Verbb., der Phenolderivv., der organ. Sn- u. organ. S-Verbb. sind angegeben. — 26 Literaturangaben. F. Zeidler 7974◇

2917 **Über Papierhilfsmittel.** F. Wultsch und G. Schindler. (Wbl. Papierfabrikat. **91,** 541–44, 1963; dt.) — Wrkg. u. Einfl. der Zugabe eines als *Daicol N extra* bezeichneten Mannogalaktanprod. auf 2 Papiersorten, u. zwar ein Schreibpapier u. ein Druckpapier, während eines längeren Zeitraumes werden untersucht.

Durch die Zugabe nehmen Reißfestigkeit u. Aschegeh. zu. Soweit es die gestellten Qualitätsansprüche zulassen, kann auch die Maschinengeschw. erhöht werden. So hergestelltes Papier genügt allen Ansprüchen bzgl. Durchsicht u. Oberflächenbeschaffenheit. F. Zeidler 7978◇

2918 **Über die Eindringgeschwindigkeit geschmolzener Wachse in Papier.** O. Schwab, H. Klingelhöffer und A. Zeman. (Papier **17,** 330—34, 1963; München, Inst. der Papiertechn. Stiftung; dt.) — Zur Kennzeichnung der mit zunehmender Eindringtiefe abnehmenden Eindringgeschw. geschmolzener Wachse in Papier wird die Einführung eines Geschw.-Faktors vorgeschlagen, aus dem sie durch Multiplikation mit der reziproken Steighöhe zu gewinnen ist. Es läßt sich zeigen, daß die Größe des Geschw.-Faktors von der geometr. Anordnung des Fasergefüges, der Oberflächenspannung u. Viscosität der Wachsschmelze abhängt. F. Zeidler 7986◇

2919 **Glätteprüfung durch kontrolliertes Drucken.** C. G. Eckhart, W. O. Kroeschell, C. A. Wynn, W. E. Watson und A. T. Luey. (Tappi **46,** 75—78, 1963; Rittman, Ohio, Packaging Corp. of America; St. Paul, Minn., Waldorf Paper Prod.; Manayunk, Pa., Container Corp. of America; New Haven, Conn., New Haven Board & Carton Co.; Kalamazoo, Mich., Boxboard Res. & Dev.; engl.) — Die Glätteprüfung von Karton wird mit einem „Druckprüfer“ durchgeführt, der eine genaue Einstellung der Farbfilmdicke u. der Kraft des Aufdrucks gestattet. Karton in Stärken von 0,01—0,05 in. kann so geprüft werden. $>$ 6 monatige Erfahrungen von 4 Pappenfabriken zeigen ausgezeichnete Reproduzierbarkeit. F. Zeidler 7988◇

2920 **Litholrot als Pigment in Druckfarben.** Donald H. Stubbs. (Adhäsion **7,** 21—24, 81—84, 1963; dt.) — Durch Kupplung von diazotierter 2-Aminonaphthalin-1-sulfonsäure mit β-Naphthol läßt sich Litholrot (**I**) in orangeroten bis tiefbraunroten Farbtönungen herstellen. Es ist billig, besitzt hohe Färbekraft u. vielseitige Verwendbarkeit. Durch Austausch des H der Sulfogruppe von **I** gegen Metalle lassen sich verschiedene Tönungen von Na-, Ba- u. Ca-**I** herstellen. In Ggw. von Harzseifen erhaltene **I**-Typen enthalten viel kleinere Partikel, sind gelblicher getönt als die ungeharzten, transparenter u. von größerer Färbekraft. Auf Ölbasis lassen sich Buchdruckfarben aus Na-, Ba- oder Ca-**I** mit beliebig hohem Harzungsgrad bereiten. Ca-**I** mittlerer oder starker Harzung eignen sich für feuchtigkeitstrocknende Farben. Für Offsetfarben sind Ba- u. Ca-**I** mit beliebiger Harzung verwendbar, für flexograph. Farben nur ungeharzte **I**. F. Zeidler 7990◇

2921 **Glättemessungen an Druckfarbenfilmen.** A. T. Luey. (Tappi **42,** 185—91, 1959; Kalamazoo, Mich., Boxboard Res. & Dev. Assoc.; engl.) — Die an Druckfarbenfilme zur Erzielung vollständiger Drucke auf Kartonagenpappe gestellten Anforderungen werden ermittelt u. durch eine empir. Gleichung ausgedrückt, die erörtert wird. W. Wesly 7990◇

2922 **Über den Feinbau der „verzierten“ Tüpfel bei der Gattung Plathymenia.** Roswitha Schmid und Raul D. Machado. (Holz Roh- u. Werkstoff **21,** 41—47, 1963; Rio de Janeiro, Botan. Garten, Labor. de Microscopia Electrônica; dt.) — Vgl. C. **1963,** 15643. — Der Aufbau der verzierten Gefäßtüpfel wird elektronenopt. an Schnitten von Splintholzproben von *Plathymenia foliolosa* u. *P. reticulata* aufgeklärt. Die Gefäßtüpfel sind an den lumen- u. kammerseitigen Pori durch Auswüchse verziert, die in Zahl, Größe u. Form verschieden sind, papillösen, koralloiden oder stark verzweigten Aufbau zeigen u. keine Eigenstruktur besitzen. An der von der Tertiärwand ausgekleideten Tüpfelkammer finden sich nahe dem verzierten Porus feine Erhebungen u. zur Peripherie hin warzenförmige Gebilde, die auch auf der Tertiärwand der Gefäße beobachtet werden. Die wechselseitige Beziehung zwischen der amorphen Warzenschicht u. den die Verzierung bildenden Erhebungen wird aufgezeigt u. die Möglichkeit einer Analogie beider der Tertiärwand aufgelagerten Strukturformen diskutiert. Die verzierten Gefäßtüpfel sind charakterist. für beide Plathymeniaarten. — 14 Abbildungen, 22 Literaturangaben. F. Zeidler 8004◇

2923 **Bestimmung der Wasserdampfdurchlässigkeit von Papier und Pappe.** J. A. Bristow. (Svensk Papperstidn. **66,** 312—14, 1963; Stockholm, Swed. Packaging Res. Inst.; engl.) — Bei der Best. der Wasserdampfdurchlässigkeit von Papier u. Pappe nach der Schalenmeth. können auf Grund der Kürze der verfügbaren Prüfzeit u. der verhältnismäßig langen Wägungszeit Fehler entstehen. Eine Meth., um sie zu eliminieren, wird beschrieben. F. Zeidler 8010◇

2924 Aschaffenburger Zellstoffwerke Akt.-Ges. (Erfinder: Alfred Ogait), Aschaffenburg, **Herstellung von Zellstoff** aus cellulosehaltigen Rohstoffen durch 2-stufige Behandlung mit Mg- u. SO_3-Ionen enthaltenden Aufschlußmitteln, wobei in 1. Stufe mit SO_2-ärmeren u. in 2. Stufe mit SO_2-reicheren Mitteln gearbeitet wird, dad. gek., daß in 1. Stufe mit einer Suspension von $MgSO_3$ mit oder ohne Zusatz von $Mg(HSO_3)_2$ oberhalb 80°, bes. über 100°, gearbeitet wird. (**D. A. S. 1151431** Kl. 55b vom 19/8. 1960, ausg. 11/7. 1963.) A. Gradl 7963

2925 Aschaffenburger Zellstoffwerke Akt.-Ges. (Erfinder: Alfred Ogait), Aschaffenburg, **Herstellung von Zellstoff oder Halbzellstoff** durch Druckkochung cellulosehaltiger Rohstoffe mit $MgSO_3$, dad. gek., daß der Kochlauge anorgan., lösl. NH_4-Salze, bes. $(NH_4)_2SO_3$, in einer etwa dem $MgSO_3$ äquivalenten Menge zugesetzt werden. (**D. A. S. 1151432** Kl. 55b vom 14/12. 1960, ausg. 11/7. 1963.) A. Gradl 7963

2926 National Starch & Chemical Corp., V. St. A., **Herstellung von gegen Feuchtigkeit widerstandsfähigem, polymere Aldehyde enthaltendem Papier,** dad. gek., daß man dem wss. Papierstoff eine wss. Dispersion eines kation. Stärke-Präp. (0,5—5%, auf Faser bezogen) der allg. Formeln C_2H_5–$N(C_2H_5)$–C_2H_4–OZ oder $[(CH_3)_3N$–CH_2–$CH(OH)$–CH_2–$OZ]^+Cl^-$ bzw. $R_2(R_1)N$–R–OZ oder $[R_3(R_2)(R_1)N$–R–$OZ]^+X^-$ (Z = Stärkerest; R = Alkyl- oder Hydroxyalkylrest; R_1 u. R_2 = Alkylrest oder H; R_3 = Alkylrest; X = OH, Cl, J oder Sulfatrest) zusetzt, pH auf ca. 4,5 einstellt u. eine wss., 0,5—5% Bisulfit (auf Faser bezogen) u. ein durch ein Perjodat fast völlig oxydiertes Stärkealdehyd-Präp. mit Molgew. 300000—5000000 enthaltende Dispersion zumischt. Das Verf. ermöglicht die Verw. aluminiumsulfatfreier bzw. -armer Stoffgemische. (**F. P. 1290390** vom 23/3. 1961, ausg. 5/9. 1962. A. Prior. 24/3. 1960.) G. Vogel 7987

2927 Ruberoidwerke Akt.-Ges., Hamburg (Erfinder: Siegfried Kranz, Hamburg), **Herstellung einer auf Kunststoff aufgebauten Belagbahn für Bedachungs- und Abdichtungszwecke** auf Basis einer Trägerbahn (**I**) aus verfilzten oder gesponnenen u. gewebten Fasern durch Tränken der **I** mit einer Dichtungsmasse (**II**) u. anschließende innige Verbindung mit einer Belagmasse (**III**), dad. gek., daß die **I** im Streichverf. mit einer fl. **II** aus dem Kunststoff, die mindestens teilweise aus einem wärmehärtbaren, bitumenfesten Kunststoff besteht, u. zwar a) mit einer **II** aus fl. Kondensationsharz, z. B. Butylurethan–Formaldehyd-Weichharz, u. Polyvinylchlorid (**IV**) oder b) mit einer fl. **II** aus Epoxyharzen u. Härtern getränkt wird, worauf der härtbare Kunststoff bei 130—140° verfestigt, aber noch nicht endgültig ausgehärtet wird u. daß danach auf die eine Seite der **I** eine fl. **III** aus **IV**, synthet. Weichmachern u. Füllstoffen aufgetragen u. durch Erhitzen auf Geliertemp. ausgehärtet wird. (**D. A. S. 1148210** Kl. 81 vom 19/3. 1960, ausg. 9/5. 1963.) M. Bötcher 7993

2928 Owens-Corning Fiberglas Corp., Del., übert. von: Allen L. Simison, Toledo, Ohio, V. St. A., **Ein mit Bitumen imprägnierter Filz für Dachpappen** weist faserige Stoffe wie Holz, Papier, Jute auf, sowie einen geringeren Anteil an Glasfasern. (**A. P. 3015582** vom 15/1. 1957, ausg. 2/1. 1962.) M. Bötcher 7993

2929 JI-Te Aktiebolag, Åstorp, Schweden, **Herstellung von Dekorationsplatten,** bestehend aus mit Kunstharz imprägnierten Papierschichten u. Holzfaser-

platten als Unterlage. Die Papierschicht wird zunächst von beiden Seiten mit einer Kunstharzlsg. derart imprägniert, daß sie bis zu 50% Kunstharzlsg. aufgenommen hat, worauf sie durch Wärme u. Druck gehärtet wird. Die so gehärtete Papierschicht wird mittels Kunstharzleim auf die Holzfaserplatte ebenfalls durch Wärme u. Druck aufgeleimt. (**Dän. P. 88250** vom 1/12. 1956, ausg. 29/2. 1960. Schwed. Prior. 3/12. 1955.)
K. H. Kähler 7999

2930 **Midland Chemical Corp.**, V. St. A., *Holzbeizmittel.* (**F. P. 1156595** vom 30/7. 1956, ausg. 19/5. 1958. — C. **1961,** 18919 [E. P. 825857].)

2931 **E. M. Cromwell and Co. Ltd.**, Bishops Stortford, England (Erfinder: **Oliver Derwent Wood**), *Schutz von Holzoberflächen.* (**Aust. P. 235755** vom 29/5. 1959, ausg. 2/11. 1961. — C. **1963,** 11079 [E. P. 824301].)

2932 **Régie Nationale des Usines Renault,** übert. von: **Lucien Peras**, Billancourt, Frankreich, *Oxydierte Cellulosederivate.* (**A. P. 3063982** vom 31/7. 1959, ausg. 13/11. 1962. F. Prior. 14/8. 1958. — C. **1962,** 7378 [F. P. 1222453].)

2933 **Hercules Powder Co.,** Wilmington, Del., übert. von: **John E. Henry,** Harbor Beach, und **George A. Reasor,** Wayne, Mich., V. St. A., *Herstellung von Carboxyalkylcellulosen.* (**A. P. 3069409** vom 12/6. 1958, ausg. 18/12. 1962. — C. **1962,** 15812 [F. P. 1231897].)

2934 **Rayonier, Inc.**, Shelton, Wash., übert. von: **Marcel Gaschke,** Lyndhurst, N. J., V. St. A., *Cellulose-p-xylyl-bis-äther.* (**A. P. 3058975** vom 1/4. 1959, ausg. 16/10. 1962. — C. **1963,** 9156 [E. P. 861430].)

2935 **Glidden Co.**, Cleveland, Ohio (Erfinder: **George Bosworth Taylor,** Collinsville, Ill.), V. St. A., *Pigmentieren von Papierstoff.* (**D. A. S. 1155667** Kl. 55c vom 8/12. 1959, ausg. 10/10. 1963. A. Prior. 30/12. 1958. — C. **1962,** 16177 [F. P. 1246420].)

2936 **Permaco Soc. An.** (Erfinder: **Dietrich Mohnhaupt**), Vésenaz, Schweiz, *Herstellung eines temperaturempfindlichen Registrierpapiers.* (**D. A. S. 1153612** Kl. 55f vom 14/9. 1959, ausg. 29/8. 1963. Schwz. Prior. 16/9. 1958 u. 12/6. 1959. — C. **1963,** 8383 [E. P. 868579].)

2937 **Unilever N. V.**, Rotterdam, Niederlande, *Herstellung von wasserdampf- und fettdichtem, naßfestem Verpackungsmaterial aus zwei Bahnen vegetabilischen Pergamentpapiers.* (**Oe. P. 227075** vom 25/6. 1960, ausg. 25/4. 1963. D. Prior. 27/6. 1959. — C. **1962,** 13995 [D. A. S. 1112693].)

H_{18b}. Textilfasern

2938 **Über die modernen Rohmaterialien der Textilindustrie.** Támasné Poros. (Magyar Textiltechn. [Ung. Textiltechn.] **12,** 1—4, 1960; ung.) — Statist. Angaben über die rasche Zunahme des Anteils der Kunstfasern gegenüber dem Anteil der Naturfasern.
C. Kozák 8022◇

2939 **Anwendungen radioaktiver Tracer in der textilen Verarbeitung.** Robert E. Murdock. (Amer. Dyestuff Reporter **51,** P 18—21, 1962; New Yersey, Shell Chem. Co.; engl.) — Nach Hinweisen auf die bisherige Verw. der Radiochemie zur Qualitäts- u. Arbeitsablaufkontrolle, zur Einleitung u. Durchführung chem. Rkk. u. für Analysen- u. Prüfzwecke werden die Eigg. der Isotopen, wie Halbwertszeit, Energie u. Nachweis der Strahlung u. der Mechanismus der Isotopenverff. u. ein Vers. beschrieben, bei dem durch den Zusatz eines Isotops bei der Harzbehandlung eines Baumwollgewebes neue Aufschlüsse ermöglicht werden. L. Jentgen 8024□

2940 **Untersuchung der Wirksamkeit von Textilhilfsmitteln. 2. Mitt. Kresolfreie Mercerisiernetzmittel.** Andor Lőrinc und Lászlóné Erdélyi. (Magyar Textiltechn. [Ung. Textiltechn.] **12,** 373—75, 1960; Labor. für zentrale colorist. Forsch.; ung.) — 1. vgl. C. **1959,** 16823. — *Mavemercit MA* (**A**) ist ein gutes Netz- u. Mercerisierhilfsmittel beim Mercerisieren von Fasern. Obzwar seine Netz- u. spannungsreduzierende Wrkg. kleiner ist als die der nicht ungar. Erzeugnisse, kann dieses neue ungar. Prod. eine gute Wrkg. beim Mercerisieren gewährleisten. Die Ergebnisse des Vgl. der techn. Eigg. (Löslichkeit in Lauge, Schaumhöhe u. Oberflächenspannung der Mercerisierlsg.) von **A** mit denselben Eigg. von *Mercerol QW* (Sandoz) u. *Muravin KF* (Bayer) werden beschrieben. C. Kozák 8028◇

2941 **Antifilzschrumpfausrüstung.** J. R. McPhee. (SVF Fachorg. Textilveredl. **17,** 727—31, 1962; Geelong, Australia, Commonwealth Sci. and Ind. Res. Organis., Div. of Text. Ind.; dt.) — Allg. industriell angewendete chem. Behandlungen zur Antifilzschrumpfausrüstung, die neutralen Chlorierungen, die Trockenchlorierungen, die Permonoschwefelsäurebehandlung mit anschließender Red. u. das Permanganat/Kochsalz-Verf. werden beschrieben. Die allg. Merkmale der chem. Antifilzschrumpfausrüstung werden besprochen. I. Beßer 8032◇

2942 **Permanente Bügel- und Plisseefalten. Waschfeste Bügelarm-Effekte. Flach-Fixierung.** J. R. McPhee. (SVF Fachorg. Textilveredl. **17,** 732—35, 1962; Geelong, Australia, Commonwealth Sci. and Ind. Res. Organis., Div. of Text. Ind.; dt.) — Die Herst. von permanenten Bügel- u. Plisseefalten u. die Erzielung waschfester Bügelarm-Effekte werden beschrieben. Standardvorschriften für waschmaschinenfeste, bügelarme Gewebe werden angegeben. Die Flach-Fixierung wird besprochen.
I. Beßer 8032◇

2943 **Baktericidität nichtabwaschbarer Appreturen.** L. G. Gussakowa und K. A. Wiss-Mudretzowa. (Textil-Ind. UdSSR **21,** Nr. 4, 48—49, 1961; Moskau, Plechanow-Inst. für Volkswirtsch.; russ.) — Die Unterss. erfolgen mit *Cellulose* L (**I**, Celluloselsg. in einem Gemisch von NaOH u. ZnO), *Latex SsWCh* (**II**, 5%ig. wss. stabile Dispersion aus dem Prod. der Kettenpolymerisation einer Emulsion aus 40% Vinylidenchlorid u. 60% Vinylchlorid) u. *Methacrylat* (**III**, 2%ig. wss. Emulsion aus dem Polymerisationsprod. der Acryl- u. Methacrylsäure). Als Weichmacher für **II** u. **III**- dient *OP-10*. Die größte baktericide Wrkg. hat **III**, aber auch die Behandlung mit **I** u. **II** gewährleistet einen bedeutend höheren Schutz gegen Bakterien als die Stärkeappretur.
J. Lehmberg 8032△

2944 **Über die Herstellung von Kunststofflatices für die Textilindustrie.** G. Müller. (Textil-Praxis **17,** 754—76, 1962; dt.) — Die Herst. der künstlichen Latices, ihre Eigg., Konservierung u. Verw. werden beschrieben.
I. Beßer 8038◇

2945 **Kristallitgröße und Nicht-Fließ-Schrumpfgrad in hochorientierten Fasern.** Arthur V. Tobolsky. (Textile Res. J. **32,** 252—53, 1962; Princeton Univ., Frick Chem. Labor., Text. Res. Inst.; engl.) — Für den Nicht-Fließ-Schrumpfgrad D wird eine einfache Gleichung abgeleitet: $D = \frac{l_s}{l_u}$, worin l_s die Länge der ungeschrumpften u. l_u die Länge der geschrumpften Faser ist. 2 weitere Gleichungen geben sehr einfache Ausdrücke für $\bar{h}$, die mittlere Sequenzgröße des Kristallits im kristallinen Bereich u. $\bar{r}$, die mittlere Sequenzgröße des Kristallits im amorphen Bereich als Funktion von D u. der fraktionellen Kristallinität Φ, die durch Röntgenstrahlen-Verff. bestimmt werden kann.
L. Jentgen 8040◇

2946 **Wohlbehagen von Personen, die Kleidung aus Baumwolle, wasserabweisender Baumwolle und Orlon tragen.** Ruth L. Galbraith, Jane E. Werden, M. K. Fahnestock und Barbara Price. (Textile Res. J. **32,** 236—42, 1962; Urbana, Ill., Univ. of Illinois, Dep. of Home Economics and Mechan. Engng.; engl.) — Der Einfl. des Tragens von Kleidung aus Geweben aus Baumwolle, wasserabweisender Baumwolle u. Orlon auf das Wohlbehagen wird festgestellt. In keinem Fall hatten die Vers.-Personen dabei unterschiedliche Wärmeempfindungen, auch werden keine Unterschiede in den Gesamtgew.-Verlusten, den Verdampfungsgew.-Verlusten u. bei der Körpertemp. festgestellt. L. Jentgen 8040◇

2947 **Verwendung moderner Haushaltwaschmaschinen.** 1. Mitt. **Knitterwirkungen bei Proben von heute verwendeten Geweben.** R. Katherine Taube, Enid S. Ross und Nada D. Poole. (Amer. Dyestuff Reporter **50,** 468—79, 1961; Washington, D. C., U. S. Dep. of Agric. Res. Serv., Clothing and Housing Res. Div.; engl.) — Die Knitterwrkg. auf 27 · 30″ Proben von 27 verschiedenen Geweben aus Arnel-, Baumwoll-, Dacron-, Nylon- u. Orlonfasern u. einigen Mischungen dieser Fasern wird bei 9 Wäschen untersucht. Um den Einfl. der Art der Waschvorr., des Gew. des Waschguts, der Temp. der Wasch- u. Spülwasser, der Geschw. der Umwälzung u. des Ausschleuderns, der Dauer des Waschvorgangs u. verschiedener Trockenmeth. festzustellen, wird die Notwendigkeit des Bügelns durch subjektive Beobachter beurteilt. Zur Best. einiger Variablen werden auch Knitterwinkelerholungsmessungen durchgeführt.
L. Jentgen 8040◇

2948 **Verwendung moderner Haushaltwaschmaschinen.** 2. Mitt. **Reinigungs- und Knitterwirkungen von Wasch-**

lösungen niedriger Temperatur auf natürlich beschmutzte Blusen. Nada D. Poole, Enid S. Ross und R. Katherine Taube. (Amer. Dyestuff Reporter **51**, 2—14, 1962; engl.) — 1. vgl. vorst. Referat. — Natürlich beschmutzte Blusen aus weißen Geweben aus verschiedenen Fasern u. Mischungen werden mit der Maschine gewaschen, um die Knitter- u. Reinigungswrkg. von niedrigen Wassertemp. (15° u. 47°), 2 Reinigungsmitteln u. 3 Trockenmeth. festzustellen. Ein Trend ist zu erkennen, daß die Blusen, die bei 15° gewaschen wurden, weniger knittern. Die Wassertemp. sind ohne Einfl. auf das Boldern der Nähte; die Schmutzentfernung ist gleich. Unterschiede zeigen sich bei den Reinigungsmitteln u. Trockenmethoden. Alle Gewebe blieben über die 17 wash-wear Perioden ausreichend sauber. L. Jentgen 8040□

2949 **Über die Herstellung und Eigenschaften von Filzen und Filzärmeln mit der besonderen Berücksichtigung der Filztheorie.** H. G. Fröhlich. (SVF Fachorg. Textilveredl. **17**, 284—90, 1962; Mönchengladbach, Forsch.-Inst. der Hutind.; dt.) — Die Auslösung des Filzens wird auf verschiedene Faktoren, chem., physikal. sowie morpholog. Größen u. Eigg. zurückgeführt. Die Herst. von Filzen sowie die Herst. u. Eigg. von Filzärmeln wird ausführlich beschrieben. Der Einfl. des Schwödens u. Äscherns auf Wolle, Rinder- u. Kalbshaare wird tabellar. dargestellt. I. Beßer 8042◇

2950 **Die Wirkung des Feuchtigkeitsgehaltes der Baumwolle auf die Verfahren der Baumwollvorbereitung.** Iván Röder. (Magyar Textiltechn. [Ung. Textiltechn.] **12**, 41—47, 1960; ung.) — Die Veränderung des Feuchtigkeitsgeh. (Fg.) bei verschiedenen Vorbereitungsverff. u. der Einfl. des Fg. auf die Ökonomie der Verff. u. die Qualität der Prodd. werden untersucht. Aus den Unterss. ergibt sich, daß der Fg. von Baumwolle (**A**) u. die Atmosphäre der Betriebsräume gewisse rationelle u. optimale Werte haben können. Optimale Bedingungen sind 40 bis 50%ig. relative Luftfeuchtigkeit u. 5—6%ig. **A**-Feuchtigkeit. Dabei wird auch eine maximale Schmutzbeseitigung bei minimalem Faserverlust erreicht. Wenn die optimalen Werte nicht eingehalten werden, treten Verluste von ~0,15—20% **A** ein. C. Kozák 8044◇

2951 **Vernetzen von Cellulose mit polyfunktionellen Sulfonen unter wasserfreien Bedingungen.** Giuliana C. Tesoro. (Textile Res. J. **32**, 189—201, 1962; Garfield, N. J., J. P. Stevens & Co., Inc., Central Res. Labor.; engl.) — Die Rk. von Bis-[β-hydroxyäthyl]-sulfon (**I**) mit Baumwolle (**A**) liefert ausgezeichnete Prodd. mit einem Trocken-Naßknittererholungsverhältnis von annähernd 1. Die Beobachtungen über die Unterschiede zwischen wasserfrei u. in Ggw. von W. mit **I** vernetzter **A** stimmen mit denen bei mit HCHO in verschiedenen Quellzuständen gemachten überein, ebenso mit der Feststellung, daß die Ggw. eines Quellmittels bei der Vernetzungsrk. hauptsächlich die Lage der herbeigeführten Vernetzungen beeinflußt. Bei Molgew. ≦ ~350 ist bei Sulfonen gleicher Struktur die Knittererholungsverbesserung proportional zur erzielten Gew.-Zunahme u. nicht zur Zahl der durch das Reagens vernetzten Molekeln. Bei verschiedener Struktur der Sulfone unterscheiden sie sich weitgehend in ihrer Reaktivität. L. Jentgen 8044◇

2952 **Zum Problem des Reißfestigkeitsverlustes von knitterfrei ausgerüsteter Baumwolle.** R. Loss und E. Egger. (SVF Fachorg. Textilveredl. **18**, 56—58, 1963; dt.) — Am geometr. Modell wird der Reißfestigkeitsverlust von knitterfrei ausgerüsteter Baumwolle untersucht. Da der Schuß fast durchwegs größere Einwebung zeigt u. unter geringer Arbeitsspannung steht, kann das Spannungsverhältnis als Ursache des Reißverlustes angesehen werden. Es besteht die Möglichkeit, bei geeigneter Foulardkonstruktion, wo ohne freie Wegstrecke in den Rahmen gefahren werden könnte, techn. eine partielle Steuerung des Reißverlustes zu ermöglichen. I. Beßer 8044◇

2953 **Messung und Automatisierung bei der Baumwollbleiche.** Géza Keszegh und Ferenc Fazekas. (Magyar Textiltechn. [Ung. Textiltechn.] **12**, 249—53, 1960; ung.) — Die Technologie u. Anlage zur kontinuierlichen Bleiche u. Mercerisierung werden beschrieben. Bewährte kontinuierliche Meßverff. werden beschrieben, die bei der Bleiche mit Erfolg angewendet werden können. Es geht um folgende Messungen: Spezif. Gew. der Laugenlsg. (statt Messen der Konz.) u. der HCl- u. NaOCl-Konzentration. Zur automat. Kontrolle der HCl- u. NaOCl-Konz. hat sich das im ungar. Wärmeforschungsinstitut konstruierte Titrimeter gut bewährt. Die Funktion dieses Gerätes u. die Prinzipien der Temp.-, der Feuchtigkeitsgeh.- u. der Chemikalienmengen-Messung werden beschrieben. C. Kozák 8044◇

2954 **Schädigungswirkung von Mikroben auf Baumwollfasern.** W. I. Makarova. (Magyar Textiltechn. [Ung. Textiltechn.] **12**, 209—10, 1960; ung.) — Der Einfl. u. die Folgen der Schädigung von Baumwoll(**A**)-Einzelfasern durch Mikroben (**B**) auf die Menge des Kammabfalls u. auf die allg. Verluste bei der weiteren Produktion werden untersucht. Durch mkr. Unterss. wird festgestellt, welcher Anteil der Kurzfasern (aus zerrissenen Langfasern) im **A**-Abfall auf Kosten der **B** kommt. Es zeigt sich, daß größere Schädigung durch **B** (20—23%) regelmäßig in den **A**-Partien vorkommt, die in den Frühjahrsmonaten verarbeitet werden, d. h. die aus der Herbstpflückung nach einer langen Lagerung herstammen. Vorteilhaft ist **A** auf ≦7% Feuchtigkeitsgeh. zu trocknen. C. Kozák 8044◇

2955 **Kohäsionserscheinungen bei Baumwollvorgarnen und -garnen. 1. Mitt. Allgemeine Untersuchung.** Alberto Barella und Atonio Sust. (Textile Res. J. **32**, 217—26, 1962; Barcelona, Spain, Patronato „Juan de La Cierva", Secc. Text.; engl.) — Die Kohäsion, d. h. der Zusammenhalt, wird als ein Koeff. minimaler Kohäsionsdrehung ausgedrückt. „Minimale Kohäsionsdrehung" ist die Zahl der Drehungen pro Längeneinheit, die im Garn im Augenblick seines Bruches infolge des Gleitens der Fasern,wenn es gleichzeitig Zug u. Aufdrehung ausgesetzt ist, vorhanden ist. Aus diesbzgl. Unterss. an Baumwollvorgarnen u. -garnen geht hervor, daß die Ergebnisse von den Prüfbedingungen (Länge u. Spannung) u. den Eigg. des Rohmaterials (Zahl der Fasern im Querschnitt, Faserlänge u. -feinheit, Micronaire-Index, Drehung, Nummer) abhängen. Es werden handelsübliche Garne u. Vorgarne verwendet. L. Jentgen 8044◇

2956 **Die Bedeutung von Lignin bei der Hydrolyse von Jutefasern.** H. Chatterjee. (Textile Res. J. **32**, 245—46, 1962; Calcutta 40, India, Indian Central Jute Committee, Technol. Res. Labor.; engl.) — Ob Hemicellulose (**A**), wie sie in Jute vorkommt, genau so hydrolysiert wird wie das isolierte Prod. oder ob Lignin die Hydrolyse verzögert, wird untersucht. Die relativen Hydrolysegrade von nativer u. isolierter **A** in sd. 2,5n HCl u. H_2SO_4 werden durch Gew.-Verlust, Viscosität u. Wasseraufnahme bestimmt. Die Ergebnisse werden mitgeteilt. L. Jentgen 8052◇

2957 **Ein Vergleich der Wasserabsorption in Wollfasern durch verschiedene Verfahren.** B. H. Mackay und I. C. Watt. (Textile Res. J. **32**, 248—50, 1962; Ryde, Sydney, Australia, C. S. I. R. O. Wool Res. Labor., Div. of Text. Phys.; engl.) — Die bei verschiedener relativer Feuchtigkeit von 0—~82% beobachteten Unterschiede im Feuchtigkeitsgeh. von Woll(**A**)-Fasern werden dargestellt. Die Absorptionskurven, die durch Verw. einer Sorptionswaage im Vakuum, eines Vibroskops in einem Strom feuchter Luft u. von 2 Verff. erhalten werden, die das Wiegen einzelner **A**-Muster nach Aussetzung in feuchter Luft während verschiedener Zeiten einschließen, werden verglichen. Diese 4 Verff. u. die Vers.-Bedingungen werden beschrieben. Unter vergleichbaren Bedingungen werden je nach der Meth. verschiedene Sorptionswerte erhalten. Die Gründe hierfür werden weiter untersucht. L. Jentgen 8060◇

2958 **Die Quellung fixierter Keratinfasern in der Längsrichtung.** J. Menkart und Phillip E. Sokol. (Textile Res. J. **32**, 250—51, 1962; Washington, D. C., Hauris Res. Labor.; Chicago 54, Ill., Toni Comp.; engl.) — Über einige Beobachtungen über die Wrkg. des Fixierens auf das Quellen von Woll- u. Haarfasern durch Feuchtigkeit wird berichtet. Das Fixier-Verf. wird beschrieben. Es wird, nach Darlegung anderer Auslegungen, gefolgert, daß die Zunahme der Längsquellung der Fasern ausschlaggebend ist. Die Änderungen in der Faserlänge können Reibungskräfte vermindern u. dadurch zu größerer Knittererholung fixierter Wollgewebe beim Trocknen oder wiederholtem Befeuchten u. Trocknen beitragen. L. Jentgen 8060◇

2959 **Stabilisierung von Wollgewebe durch Grenzflächenpolymerisation.** 4. Mitt. **Polyharnstoffe, Polyester, Polycarbonate und weitere Untersuchungen über Polyamide.** R. E. Whitfield, L. A. Miller und W. L. Wasley. (Textile Res. J. **33,** 440–44, 1963; engl.) — 3. vgl. vorst. Referat. — Zum Erzielen einer Schrumpfbeständigkeit von Wollgeweben beim Waschen hat sich die Grenzflächenpolymerisation zur Bldg. von Polyharnstoffen (**A**), -estern u. -carbonaten auf der Faseroberfläche gut bewährt. Eine bes. gute Dimensionsstabilität wird durch **A** erreicht. G.-D. Gollnisch 8060◇

2960 **Stabilisierung von Wollgewebe durch Grenzflächenpolymerisation.** 3. Mitt. **Polyurethane.** R. E. Whitfield, L. A. Miller und W. L. Wasley. (Textile Res. J. **32,** 743–50, 1962; Alabany 10, Calif., US-Dep. of Agric., Agric. Serv., Western Utilizat. Res. and Dev. Div., Western Reg. Res. Labor.; engl.) — 2. vgl. C. **1963,** 4921. — Wollgewebe lassen sich schrumpffest ausrüsten, indem die Ware hintereinander mit Diaminen u. Bischlorformiaten behandelt wird. Hierbei bildet sich auf der Gewebe- u. Faseroberfläche ein Polyurethan aus, ohne daß eine Wärmebehandlung erforderlich ist. Bereits 1–2% Polyurethanauflage genügen, um eine hervorragende Schrumpffestigkeit zu erzielen. Gleichzeitig werden die Scheuerfestigkeit, Bruchfestigkeit u. Pillingbeständigkeit verbessert, ohne die Feuchtigkeitsaufnahme, Knittererholung, Anfärbbarkeit u. das färber. Verh. der Wolle merklich zu beeinflussen.
H. G. Fröhlich 8060◇

2961 **Haltbarkeit von Reifencord und wirtschaftliche Aspekte der Verwendung.** Mieczysław Gęsiak und Leszek Pawłowski. (Polimery-Tworzywa wielkocząsteczkowe **8,** 198–202, 1963; Inst. Przemysłu Gumowego; pol.) — Die Funktion der Cordfasern in Reifen wird diskutiert. Die Eigg. der verschiedenen in Polen u. im Ausland verwendeten Cordsorten werden miteinander verglichen u. die Haltbarkeit von Viscose-, Polyamid- u. Polyestercord untersucht. Wirtschaftliche Aspekte der Verw. von Cord aus hochwiderstandsfähigen Fasern werden diskutiert. I. Köditz 8070△

2962 **Herstellen und Verweben von synthetischen Luftdüsen-Bauschseiden in Ungarn.** Lajos Gábor. (Magyar Textiltechn. [Ung. Textiltechn.] **12,** 27–29, 1960; ung.) — Arbeitsweise u. Anlagen, die zur Veredelung von Kunstseiden (**A**) durch Lufteinblasung dienen, werden beschrieben. Abb. der üblichen Luftdüsenmaschine u. der Vorr. zum Aufbauschen von **A** werden angegeben. Die Vorteile von Luftdüsen-Bausch-**A** werden angeführt. Verarbeitungs-, Vorbereitungs- u. Verwebungs-Meth. von Bausch-**A**-Sorten werden beschrieben. C. Kozák 8070◇

2963 **Antistatische Behandlung und Ausrüstung synthetischer Gewebe und Trikotagen.** Magda Horovitz und Árpád Jantai. (Magyar Textiltechn. [Ung. Textiltechn.] **12,** 346–48, 1960; ung.) — Die Bedingungen u. Arbeitsweise der antistat. Ausrüstung (aAg.) mit Hilfe von *Amin O, Präparat 9635, Softamin, Elfugin UW* bzw. *Statinol* (ungar. Herkunft) werden eingehend beschrieben. Die durchgeführten Verss. haben nur einen informativen Charakter, beweisen aber, daß die aAg. bei synthet. Geweben unbedingt notwendig ist. Mit *Arkostat P* (Hoechst) werden gute Ergebnisse erzielt; es wird nicht einmal nach 20maligem Waschen ausgewaschen u. kann darum zur aAg. von Kreppstrümpfen u. dgl. angewendet werden. C. Kozák 8070◇

2964 **Die Anwendung von radioaktivem Zink zur Aufklärung des Bildungsmechanismus von Viscosefäden in $ZnSO_4$-haltigen Spinnbädern.** 17. Mitt. **über die Fadenbildung von Viscosecapillarfäden.** Hermann Klare, Anneliese Gröbe, Hartmut Jost und Reinhard Maron. (Faserforsch. u. Textiltechn. **13,** 379–80, 1962; Teltow/Seehof, DAW zu Berlin, Inst. für Faserstoff-Forsch.; Leipzig, DAW zu Berlin, Instit. für angew. Radioaktivität; dt.) — 16. vgl. C. **1963,** 22534. — Spinnverss. mit unmodifizierter u. modifizierter Viscose(**A**) in Spinnbädern, die $^{69}Zn^{2+}$-Ionen enthalten, werden durchgeführt. Aus den gesponnenen Fäden werden Gefrierschnitte hergestellt. Aus den erhaltenen Querschnittsautoradiogrammen ist ersichtlich, daß $^{69}Zn^{2+}$ nur in einer dünnen Randzone des Fadens auftritt u. dementsprechend auch kein Eindringen von $^{69}Zn^{2+}$ in die tieferen Bereiche des Fadens erfolgt. Die Schwärzungskurven der Autoradiogramme von Fäden, aus unmodifizierter u. modifizierter **A** gesponnen, bestätigen quant. die rein opt. Befunde der Bilder. Es ist daher auch unwahrscheinlich, daß die Mantelzone in **A**-Fäden durch intermediäre Zn-Cellulosexanthogenatbldg. entsteht. I. Beßer 8074◇

2965 **Untersuchungen zum Ionenaustausch an Zinkcellulosexanthogenat.** 17. Mitt. **über die Fadenbildung von Viscosecapillarfäden.** Anneliese Gröbe, Tadeusz Pekala, Hartmut Jost, Reinhard Maron und Hermann Klare. (Faserforsch. u. Textiltechn. **14,** 131–40, 1963; dt.) — Vgl. vorst. Referat. — An reinen Zinkcellulosexanthogenat-Modellfäden wird der Ionenaustausch mit Na^+-haltigen Lsgg. untersucht. 40–60% der an Cellulosexanthogenat gebundenen Zn^{++} unterliegen einem Ionenaustausch. An teilweise zersetzten Viscose(**A**)-Modellfäden u. z. T. zersetzten techn. **A**-Fäden läßt sich kein Ionenaustausch mit Na^+-Lsgg. nachweisen. Aus den Verss. folgt, daß unter den Bedingungen des Supercordspinnprozesses an Stelle einer Zinkxanthogenat-Bldg. eine ZnS-Bldg. eintritt. Die Vers.-Durchführung wird ausführlich beschrieben; die Analysenergebnisse sind tabellar. zusammengefaßt. I. Beßer 8074◇

2966 **Ein Beitrag zur Textilmikroskopie der Polyamid- und Polyesterfasern. Über den Standort und die Methoden der Textilmikroskopie.** N. Bigler. (SVF Fachorg. Textilveredl. **18,** 82–97, 1963; Basel, CIBA AG; dt.) — Die Morphologie von Polyamid- (**A**) u. Polyesterfasern (**B**) wird erörtert. Mkr. Beobachtungen an thermoplast. verformten Fasern werden an Hand zahlreicher Abb. erläutert. Durch mechan. Einw. bewirkte Verformungen an **A** u. **B** werden beschrieben. Die mkr. Charakterisierung der cycl. Oligomeren von **B** u. der Abbau der Fasermoll. durch Licht u. Chemikalien werden besprochen.
I. Beßer 8080◇

2967 **Technisch-ökonomische Aspekte der Caprolactam-Produktion.** 1. Mitt. **Die Entwicklung der Produktion synthetischer Fasern.** Henryk Trząski und Leon Szymczak. (Polimery-Tworzywa wielkocząsteczkowe **8,** 173–75, 1963; Inst. Chem. Ogolnej, Zakład Badań Ekonom.; pol.) — Diskussion der Entw. der Prod. synthet. Fasern 1950–1959 u. der Pläne für die weitere Entwicklung. Angaben über die geplante Prod. von Caprolactam u. Polyamiden bis 1968. I. Köditz 8080△

2968 **Mikroskopisch festgesteller Lichtabbau von Nylon 6-Filamenten.** Koichi Kato. (Textile Res. J. **32,** 181–84, 1962; Otsu, Japan, Toyo Rayon Comp., Ltd.; engl.) — Der Lichtabbau kann bes. gut durch Anfärben mit *Procion Black HGS* sichtbar gemacht werden. Er schreitet anscheinend selektiv fort. Aus den Ergebnissen ist zu entnehmen, daß das gebildete Hauptprod. eine aldehydartige Substanz ist, die sich bei längerem Lichtabbau stetig im Faden anhäuft. Diese Feststellung kann sehr wohl zum chem. Mechanismus des Lichtabbaus als auch zum Vergilben der Nylonfasern in Beziehung stehen.
L. Jentgen 8080◇

2969 **Verarbeitungsversuche der baumwollartigen Danulon-Faser.** Endre Rónai. (Magyar Textiltechn. [Ung. Textiltechn.] **12,** 211–14, 1960; ung.) — Die durchgeführte Rohstoffprüfung zeigt, daß die Festigkeits- u. Dehnungseigg. der ungar. Polyamidfaser „*Danulon*" (**A**) sehr gut sind. Zur Herst. von Qualitätsfäden eigneten sich die ersten Partien von **A** (bis 1960) nicht, da zwischen längeren u. kürzeren Fasern ein großer Unterschied, die Zahl der längeren Fasern groß war u. die Fasern zum Zusammenkleben neigten. Die Partien der ersten Operationen (der **A**-Herst.) werden aus dem Gesichtswinkel der Anwendungsmöglichkeit verschiedener Appretiermeth. (Avivage, antistat. Ausrüstung u. a.) beurteilt.
C. Kozák 8080◇

2970 **Polyesterfaserstoffe.** H. U. Schmidlin. (SVF Fachorg. Textilveredl. **18,** 272—81, 1963; Binningen; dt.) — Produktionsdaten, textile Eigg. u. die wichtigsten Einsatzgebiete für Polyesterfaserstoffe (**A**) werden angegeben. **A** in Mischung mit anderen Faserstoffen der Chemismus von **A**, geschichtliche Daten sowie die färber. Unterschiede von **A** werden beschrieben. Die Polyestersituation in der Schweiz wird bes. betrachtet.
I. Beßer 8080◇

2971 **Fixieren von Polyamid-Stückware durch Infrarot-Strahlen.** L. S. Laskowski. (SVF Fachorg. Textilveredl. **17,** 131—38, 1962; Brit. Nylon Spinners Ltd.; dt.) — Die Dampf-, Hot-Roll- u. Heißluft-Fixierung werden kurz skizziert. Die IR-Fixierung von Polyamidgeweben wird ausführlich beschrieben. Die Wrkg. des Feuchtigkeitsgeh. u. der Spannrahmentemp., die Einheitlichkeit der Fixierung in der Breite, der Einfl. des Gewebegew. u. die Wrkg. der Fixierung auf die Gewebeeigg. werden untersucht. Der verwendete IR-App. wird beschrieben.
I. Beßer 8080◇

2972 **Automatische Messung und Regelung des pH-Wertes und des Redox-Potentials in der Textil-Industrie.** H. Rhyn. (SVF Fachorg. Textilveredl. **18,** 25—29, 1963; Zürich, Polymetron AG; dt.) — Die physikal. Voraussetzungen zur pH-Messung werden aufgeführt. Die für die Messung des pH-Wertes zur Verfügung stehenden Meßgeber in der Textilindustrie werden beschrieben. Die Anwendung der Redox-Potentialmessung wird besprochen.
I. Beßer 8096◇

2973 **Einige neue Untersuchungsmethoden von Textilhilfsmitteln.** Ernö Bene. (Magyar Textiltechn. [Ung. Textiltechn.] **12,** 25—26, 1960; ung.) — Die gegenwärtigen Meth. zur Unters. von knitterfestmachenden, schmutzabweisenden, „wash and wear", chlorabweisenden u. a. Appretiermitteln werden bes. im Hinblick auf solche Textilhilfsmittel bzw. Fasern diskutiert, die auf Kunststoffbasis hergestellt werden. Außerdem werden Meth. zur Best. des $(CH_3)_3N$-Geruchs, zur Berechnung elektr. Aufladung, der Leitfähigkeit, des Dispergiervermögens (in einer Kugelmühle mit ZnO u. Ruß), der Wirksamkeit der „Carrier" u. der Wasser-Aufnahmefähigkeit (von Geschirrtüchern) mitgeteilt. C. Kozák 8098◇

2974 **Über den Nachweis von Kunstharzappreturen.** 2. Mitt. Helga Milster und Lothar Meckel. (Textil-Rdsch. [St. Gallen] **17,** 485—89, 1962; Berlin-Dahlem, Bundesanstalt für Materialprüfung; dt.) — 1. vgl. C. **1963,** 19866. — Die l. c. beschriebene Meth., die einen sicheren Schluß auf die in Gewebe eingelagerte Harze (**A**) gestattet, wird am Beispiel des Nachw. folgender **A** erläutert: Dicyandiamid–Harnstoff–Formaldehyd–Harz, Dimethyloldihydroxyäthylenharnstoff, Tetramethylolacetylendiharnstoff u. Dimethylolpropylenharnstoff. Die nach Abtrennung von **A** vom Gewebe u. anschließende papierchromatograph. Trennung (alkal. Ferricyanid-Nitroprussid-Na-Lsg. als Sprühmittel) erhaltenen Chromatogramme werden durch die R_E-Werte ihrer Flecken u. deren Farbe bzw. Farbwechsel gek. u. die Flecken identifiziert. H. Sontag 8098◇

2975 **Bestimmung des Prozentsatzes schwimmender Fasern unter Verwendung des Digitalfibrographen.** Ja Prakash. (Textile Res. J. **32,** 244—45, 1962; Bombay 19, India, Indian Central Cotton Committee, Technol. Labor.; engl.) — Der Prozentsatz an schwimmenden Fasern wird durch Best. der Werte von S [= 2,5% Spannweite (S. L.)] u. L (mittlere Faserlänge im Verband) mit dem Digitalfibrographen an mit der Hand hergestellten Baumwoll(**A**)-Mustern verschiedener Längen erhalten. Die Werte liegen bei 35—100% u. darüber. Um einen plausiblen Grund für diesen hohen Prozentsatz zu finden, werden die Werte von L, berechnet aus 66,7% S. L., in einer Graphik den tatsächlichen mittleren Werten M, erhalten mit dem Handmodell des Fibrographen, gegenübergestellt. Die mit 12,5% S. L. für diese **A** erhaltenen Werte sind in derselben Figur eingezeichnet. Es wird gezeigt, daß 12,5% S. L. sehr gut mit der tatsächlichen mittleren Länge M übereinstimmt, während die aus 66,7% S. L. berechneten Werte für die mittlere Länge 12—15% unter dem tatsächlichen Mittelwert liegen. L. Jentgen 8100◇

2976 **Die Bestimmung der Lage der Achsen in Faserkristalliten.** A. Włochowicz und T. Sródka. (Polimery-Tworzywa wielkocząsteczkowe **8,** 148—51, 1963; Lódz, Politechn.; pol.) — Ausgehend von den Parametern der Elementarzelle einer Faser, die im triklinen Syst. krist., wird die geometr. Abhängigkeit zwischen den para- u. diatropen Ebenen im Polanyi-Röntgenstrahl-Diagramm untersucht. Auf der Grundlage der gefundenen Beziehungen wird eine Gleichung abgeleitet, die es ermöglicht, die Lage der Achsen von Faserkristalliten zu berechnen.
I. Köditz 8100△

2977 **Messung von Fasertemperaturen.** James Benson. (Rubber Age [New York] **93,** 410, 1963; Hampton, Va., Hastings-Raydist, Inc.; engl.) — Kurze Beschreibung eines Geräts, das die genaue Messung der Temp. von bewegten Fasern (gestreckte Nylonfasern) bzw. von Material mit einer geringen Wärmekapazität ermöglicht, ohne das Wärmegleichgew. zu stören oder die Oberfläche des untersuchten Materials zu beschädigen.
I. Köditz 8100△

2978 **Stoffreißprüfungen mit Streifen- und Grab-Reißmethoden.** Judit Albertiné-Csapó. (Magyar Textiltechn. [Ung. Textiltechn.] **12,** 186—88, 1960; Forsch.-Inst. für Text.-Ind.; ung.) — Aus den Unterss. ergibt sich, daß die mittels der Grab-Meth. (Gm) erhaltenen Werte in allen Fällen größer als die mit der Streifen-Meth. (Sm.) erhaltenen Werte sind. Die Streuung der Ergebnisse nach der Gm. ist im Durchschnitt ~ 18 (bei Baumwollstoffen) bzw. ~ 5 (bei der Kunstseide) u. ~ 20% (bei Wollstoffen) größer, als die Streuung der Ergebnisse nach der Sm. Obzwar die Prüfung nach der Gm. etwas weniger Zeit erfordert, kann sie wegen geringerer Zuverlässigkeit der Messungen nicht als allg. Meth. empfohlen werden. C. Kozák 8100◇

2979 **Kristallitorientierung und Spiralstruktur von Baumwolle: Betrachtungen über die Bestimmung der Kristallinität.** Loyd B. DeLuca und Rollin S. Orr. (Textile Res. J. **32,** 243—44, 1962; New Orleans, La., U. S. Dep. of Agric., South. Utilizat. Res., and Dev. Div., South. Reg. Res. Labor.; engl.) — Die Arbeit von Hermans u. Weidinger (C. **1962,** 4388) bietet eine Möglichkeit für die Kristallinitäts-Best. von Cellulosefasern. Es wird dargelegt, daß die Kristallinität in Übereinstimmung mit diesen Arbeiten am besten aus der Wrkg. von Röntgenstrahlen auf hoch orientierte Muster der ganzen Faser bestimmt werden kann. Jedoch kann die Kristallinität nicht aus der Analyse der äquatorial, radialen Bögen der Röntgenstrahlendiagramme von Faserbündeln allein bestimmt werden. Es ist deshalb notwendig, nicht nur die radiale, sondern auch die Azimut-Form der Beugungsbögen zu kennen, wenn die Kristallinität bestimmt werden soll. L. Jentgen 8102◇

2980 **Der Micronaire-Wert und seine Messung.** István Gyenis. (Magyar Textiltechn. [Ung. Textiltechn.] **12,** 215—17, 1960; ung.) — Der Micronaire-Wert (MW) dient zur Beurteilung der Reifheit von Baumwolle (**A**). Diese Eig. beeinflußt in beträchtlichem Maß die Noppenzahl des Fadens u. die Färbung der fertigen Ware. Darum ist die Messung dieser Eig. neben der Faserlängen- u. Klassenbest. bei der Auswahl von **A** sehr wichtig u. sehr verbreitet. Bekannt ist auch das zum Messen des MW dienende Gerät. Meß- u. Unters.-Ergebnisse, die mit diesem Gerät erhalten wurden, werden mitgeteilt.
C. Kozák 8102◇

2981 **Instrumentale Bastfaser-Feinheitsmessung.** Pál Kerékgyárto. (Magyar Textiltechn. [Ung. Textiltechn.] **12,** 165—69, 1960; Forsch.-Inst. für Text.-Ind.; ung.) — Das Problem der Feinheitsmessung von Flachs-, Hanf- u. a. Bastfasern wurde bis 1960 nicht befriedigend gelöst. Eine Meßmeth., die auf der Grundlage des in der Baumwollindustrie schon bekannten Luftstrom-App. beruht, aber mit Hilfe eines Faserstöpsels durchgeführt werden kann, wird angegeben. Dieser Stöpsel wird aus parallel zusammengelegten Langfasern vor der Messung hergestellt. Die gehechelten Bastfasern können in ihrer ursprünglichen Form gemessen werden. Die Durchführung der Messung u. ihre Auswertung werden beschrie-

ben. Auch Ergebnisse der Feinheitsmessung sowjet. u. belg. gehechelter Bastfasern werden angeführt.
C. Kozák 8104◇

2982 **Der Torsionswiderstand von Bastfasern.** Ferenc Darabos. (Magyar Textiltechn. [Ung. Textiltechn.] **12,** 50—54, 1960; ung.) — Der Torsionswiderstand (Tw.) ist eine charakterist. Eig. einiger, als Rohstoff dienender Bastfasern (**A**). Da der Tw. wichtig u. maßgebend für das Verflechten u. die Anwendungsmöglichkeiten von **A** ist, wurde im ungar. Forschungsinstitut für Textilindustrie ein Gerät zum Messen des Tw. von Hanf-, Jute- u. Flachsfasern konstruiert. Der Tw. wird durch eine gegen die Verflechtungsrichtung von unten mit der Probe verbundenen Spiralfeder ermittelt. Die Funktion des App. u. die Auswertung der Meßergebnisse werden beschrieben. Außerdem wird auch die Rolle der Feuchtigkeit bei der Tw.-Best. erläutert. C. Kozák 8104◇

2983 **Spezielle Wollstoffuntersuchungen.** 1. Mitt. **Formhaltung.** János Gyimesi, László Kelemen, Lászlóné Ábrahám, Róbertné Máj und Árpádné Vágvölgyi. (Magyar Textiltechn. [Ung. Textiltechn.] **12,** 258—63, 1960; ung.) — Die Eigg., die mit der Formhaltung von Geweben (**A**) zusammenhängen, u. zwar die Rückgängigkeit des Knitterns (RK.), Bügelschnitthältigkeit (BH.) u. Biegsamkeit (B.) werden untersucht. Diese Eigg. hängen bes. von der Rohstoff-Zus. u. der Ausrüstungsart von **A** ab. Zwischen RK. u. BH. u. zwischen RK. u. B. bestehen nur sehr geringe Zusammenhänge.
C. Kozák 8108◇

2984 **Spezielle Wollstoffprüfungen.** 2. Mitt. **Physiologische Eigenschaften.** János Gyimesi, László Kelemen, Lászlóné Ábrahám, Róbertné Máj und Árpádné Vágvölgyi. (Magyar Textiltechn. [Ung. Textiltechn.] **12,** 362—64, 1960; ung.) — 1. vgl. vorst. Referat. — Die Wärmehaltungsfähigkeit (Wf.), Porosität (P.) u. das Luftdurchlaßvermögen (L.) von Wollgeweben werden untersucht. u. ein enger Zusammenhang zwischen der Wf. einerseits u. der Rohstoffzus., Dicke (Dk.), P. u. L. andererseits wird festgestellt. Bes. zwischen der Wf. u. Dk., wie auch zwischen der Wf. u. L. besteht eine enge Beziehung, während diese zwischen der Wf. u. Rohstoffzus. geringer ist. Das L. beeinflußt nur wenig die Wf. der untersuchten Gewebe. C. Kozák 8108◇

2985 **Über eine Laboratoriums-Viscose-Kleinstanlage zur Testung von Chemiefaserzellstoffen.** Erich Treiber, Janne Rehnström, Christer Améen und Frans Kolos. (Papier **16,** 85—94, 1962; Stockholm, Zentrallabor. der schwed. Celluloseind.; dt.) — Eine Kleinstanlage zur laboratoriumsmäßigen Viscoseherst. u. Filterwertbest., die mit 20 g Zellstoff (**A**) arbeitet, wird beschrieben. Die Anwendung einer Maischalkalisierung ermöglicht die Testung von laborgekochten **A** u. erlaubt eine geeignetere Probenahme bei Industrie-**A**, da in dieser Größenskala auf Inhomogenitäten innerhalb einer **A**-Partie bes. Rücksicht genommen werden muß. Eine bes. Aufgabe in dieser Skala ist jedoch die Herst. eines homogenen Xanthats sowie eines homogen zusammengesetzten Alkali-**A** u. die Vermeidung einer Carbonatisierung des letzteren. Ein bes. Problem bei der Ausführung der eigentlichen Filterwertbest. ist die Beschaffung hinreichend homogener Filter. Im vorliegenden Fall werden sie durch einen zerstörungsfreien Porositätstest ausgewählt. Die Reproduzierbarkeit beim Filterwert ist bei Parallelfiltrierungen besser als $\pm$ 4%, bei getrennt bereiteten Viscosen merklich besser als $\pm$ 10%.
F. Zeidler 8112◇

2986 **Thermisches Röntgenstrahlen-Diffraktometer-Verfahren zur Untersuchung struktureller Veränderungen in Celluloseverbindungen.** Joseph J. Creely und Carl M. Conrad. (Textile Res. J. **32,** 184—89, 1962; New Orleans, La., U. S. Dep. of Agric., Agric. Res. Serv., South. Utilizat. Res. and Dev. Div., Southern Reg. Res. Labor.; engl.) — Beschrieben werden ein Diffraktometer-Heizofen u. eine programmierte Temp.-Kontrollvorr. zur Steuerung des Temp.-Anstiegs nach einer vorher bestimmten Geschwindigkeit. Ein Verf. für seine Anwendung in Verbindung mit einem handelsüblichen Röntgenstrahlen-Diffraktometer zur kontinuierlichen Registrierung der Beugungsintensität von Proben modifizierter Cellulosematerialien unter dynam. Temp.-Bedingungen wird dargelegt. Die Beugungsintensität u. die Temp. des Prüflings werden gleichzeitig auf derselben Karte mittels eines Spannungsregistrierapp. mit 2 Federn aufgezeichnet. Therm. Diffraktogramme von Celluloseacetat, Benzyl- u. Cyanäthylcellulose zeigen die Vorteile u. Möglichkeiten dieses Verfahrens.
L. Jentgen 8112◇

2987 **Die Identifizierung synthetischer Fasern.** Béláné Füredi, Tibor Szentpály und Kálmán Raposák. (Magyar Textiltechn. [Ung. Textiltechn.] **12,** 70—76, 1960; ung.) — Ein relativ einfaches Syst. zur Identifizierung von synthet. Fasern auf der Grundlage von Polyamiden (Nylon 66, Nylon 6, Nylon 11), Polyurethanen, Polyacrylonitril, Polyestern (Diolen, Terylen u. a.), PVC (auch nachchloriert), Polyäthylen, Polytetrafluoräthylen u. Copolymeren wird zusammengestellt. Die in der Arbeit angeführten Best.-Meth. (durch Mikroskopie, Verbrennen, Trockendest., Lösen in Lsgm., mikrochem. Rkk.) eignen sich nur für die einzelnen synthet. Fasern. Wenn diese in Gemischen auftreten, müssen die anderen Fasern oder andere störende Stoffe, entfernt u. die zurückgebliebene Komponente bestimmt werden.
C. Kozák 8116◇

2988 Československá Socialistická Republika (Erfinder: Eugen Oltus, Alex. Letenay und Rudolf Borišek, Preßburg), Tschechoslowakei, **Beseitigung von Verunreinigungen aus Zellstoff, Hemizellstoff, Holzschliff und anderen Faserstoffen** durch Zusatz von oberflächenakt. Stoffen von kation., anion. oder nichtionogenem Charakter u. Durchblasen von Luft oder Dampf durch die so vorbereitete Suspension des Stoffes. Der sich bildende Schaum enthält eine namhafte Menge der Verunreinigungen (wie Bitumen, Asche, Kurzfaser usw.) u. wird kontinuierlich beseitigt. (**Tschech. P. 99861** vom 30/7. 1959, ausg. 15/6. 1961.) L. Macher 8027

2989 Solvay & Cie., Brüssel, Belgien, **Bleichverfahren** mit $NaClO_3$ (**I**) in wss. Lsg., dad. gek., daß es in einem Kessel aus nichtoxydierbarem Stahl, z. B. Ni–Cr–Mo-Stahl, unter Durchleiten eines elektr. Stromes von $\geqq$ 0,3 c A (c = g I pro Liter) unter Verw. einer Ti-Anode durchgeführt wird, wobei der Kessel die Kathode darstellt. (**Ind. P. 67679** vom 14/5. 1959, ausg. 26/8. 1961. **Zusatz zu Ind. P. 40981.**) C. Lüttgen 8027

2990 Joh. Kleinewefers Söhne, Deutschland, **Bleichen von Textilien aus Cellulosefasern** in breiter Bandform. Sie werden durch eine kalte Lsg. aus 40 cm^3/Liter NaOH (36° Bé), 40—50 cm^3/Liter H_2O_2 (40 Gew.-%ig.), 20 cm^3/Liter Na_2SiO_3 (36° Bé) geführt. Dann wird mit heißem u. kaltem W. gewaschen, nochmals mit derselben Fl. bei 80—85° imprägniert u. 10—20 Min. getrocknet. — Beispiele: vgl. D. A. S. 1094697; C. **1961,** 13046. (**F. P. 1244158** vom 31/12. 1959, ausg. 20/1. 1961. D. Prior. 2/1. u. 25/6. 1959.) H. Meltzer 8027

2991 Badische Anilin- & Soda-Fabrik Akt.-Ges. (Erfinder: Manfred Kracht und Ernst Wilhelm), Ludwigshafen/Rh., **Bleichbad,** bes. für *Cellulosefasern,* enthält im Liter je 1—30 g eines Alkalichlorits, eines oder mehrerer unter 60° schm. Ester von organ. Säuren als Aktivator u. eines Emulgators für den Ester. Geeignete Ester sind z. B. Butandiol-(1.4)-diacetat, Diäthylphthalat u. Benzylacetat. (**E. P. 879508** vom 30/6. 1960, ausg. 11/10. 1961. D. Prior. 1/7. 1959.) F. Böhm 8027

2992 Olin Mathieson Chemical Corp., New York, übert. von: Homer L. Robson, Lewiston, N. Y., Lorenzo D. Taylor, St. Petersburg, Fla., und Richard R. Heinze, Ransomville, N. Y., V. St. A., **Wäßrige saure Bleichlösung** mit einem pH-Wert von 2—7 enthält neben einem Alkali- oder Erdalkalichlorit soviel eines Amins der allg. Formel $NH_2(CH_2CHR \cdot NH)_nH$ (R = H oder CH_3; n = 1—4), bes. Äthylendiamin, daß die Entw. von ClO_2 verhindert, die Bleichkraft des Chlorits jedoch nicht vernichtet wird. Bei einem Geh. von 1000—2000 (ppm) Chlorit soll der Amin-Geh. ca. 10—1000 betragen. (**A. P. 2988514** vom 11/6. 1958, ausg. 13/6. 1961. **E. P. 898305** vom 29/5. 1959, ausg. 6/6. 1962. A. Prior. 11/6. 1958.) F. Böhm 8027

2993 Staley Mfg. Cl., übert. von: John W. McDonald, Decatur, Ill., V. St. A., **Flüssige Wäschestärke.** Übliche Stärke, die mit $NaHCO_3$ stabilisiert ist, führt beim Bügeln damit ausgerüsteter Wäsche leicht zu Vergilbungen. *Borverb.* als Zusatz zeigen diesen Nachteil nicht. Geeignet sind H_3BO_3, HBO_2, $H_2B_4O_7$, $NH_4B_5O_8 \cdot 4H_2O$, $Na_2B_4O_7 \cdot 10H_2O$, $NaBO_2 \cdot 2H_2O$, $KB_5O_8 \cdot 4H_2O$ sowie $(NH_4)_2$- bzw. $K_2B_4O_7 \cdot 8H_2O$. – In 1000 (g) W. werden 100 Stärke, 20 Borax u. gegebenenfalls geringe Mengen Seife, Türkischrotöl, Riechstoff u. dergl. verteilt. (**A. P. 2994615** vom 9/10. 1957, ausg. 1/8. 1961.) H. Möllering 8029

2994 Commonwealth Engineering Co. of Ohio, übert. von: Malvern J. Hiler, Dayton, Ohio, V. St. A., **Textilschlichte,** bestehend aus 10 (Teilen) einer wss. Paste (10%ig.) von *Butoxymethyl-2-formyldodecyl-dimethylammoniumchlorid* u. 5(%, ? der Ref.) in W. lösl., unhydrolysiertem nativen *Dextran.* – 5 (Teile) Paste werden z. B. mit 95 W. verd. zum Ausrüsten von Baumwollgarn oder -gewebe verwendet, worauf das Gut bei 100° getrocknet wird. Es wird eine Rk. zwischen den beiden Schlichtekomponenten beim Erhitzen angenommen, die zu einem in W. unlösl. Prod. auf dem behandelten Gut führt. (**A. P. 2989409** vom 2/9. 1955, ausg. 20/6. 1961.) H. Möllering 8031

2995 N. V. W. A. Scholten's Chemische Fabrieken (Erfinder: Jan Lolkema, Geert Moes und Willem Freerk Vogel), **Schlichten von Garn** durch Behandeln mit einer wss. Lsg. eines Äthers, Esters oder Acetats von Amylose, bes. Amylosemethyl-, -äthyl-, -propyl-, -hydroxypropyl-, -äthylbenzyl-, -carboxymethyläther oder Amyloseacetat u. anschließendes Trocknen. (**Aust. P. 232192** vom 24/3. 1959, ausg. 23/2. 1961. F. Prior. 24/3. u. 23/6. 1958.) C. Lüttgen 8031

2996 Esso Research and Engineering Co., Del., übert. von: Frederick T. Lense, Greenville, S. C., V. St. A., **Konditioniermittel für Gewebe** sind wss. Emulsionen von prim., einwertigen verzweigten C_{13}- bis C_{32}-Alkoholen, die bei 4,4° fl. sind u. mit nichtion. Emulgatoren emulgierbar sind. – Ein aus einem C_7-Olefin nach dem ALDOX-Verf. erhaltener C_{16}-Alkohol wird mit einem Dinonylphenol-äthoxylierungsprod. emulgiert. – Derartige Emulsionen werden z. B. zum *Weichmachen* den *Waschflotten für Badetücher* in Waschautomaten zugesetzt. Die Tücher nehmen beim Gebrauch leichter W. an als ohne den Zusatz gewaschene Tücher. (**A. P. 3010849** vom 25/5. 1959, ausg. 28/11. 1961.) H. Möllering 8033

2997 American Viscose Corp., Philadelphia, Pa., übert. von: Alden R. Adams, Wilmington, Del., V. St. A., **Diisocyanatvernetzung von Fasern** (Baumwolle, Acetatseide oder Proteinfasern) erfolgt unter Verwendung von Dimethylsulfoxid (**I**) als Lösungsmittel. Besonders geeignet sind 5–10%. Lsgg. von m-Toluoldiisocyanat (**II**) in **I**, wobei das Gut mit der Lsg. 24–72 Std. unter Rückfluß gekocht wird. – Zum Beispiel wird Zellwolle mit der angegebenen 5- bzw. 10%ig. Lsg. 24 u. 72 Std. bei Raumtemp. u. bei Kp. behandelt; für die Prodd. ist in einer Tabelle die Gew.-Zunahme u. der N-Geh. angegeben. (**A. P. 3007763** vom 18/11. 1955, ausg. 7/11. 1961.) H. Möllering 8033

2998 Goodyear Tire & Rubber Co. (Erfinder: Wallace Aucil Combellick und Kenneth Nicholas Remita), **Herstellung von festen elastischen Mischpolyesterblättern.** Man benetzt ein Nylongewebe mit einer Lsg. eines organ. Polyisocyanates, imprägniert das getrocknete Gewebe mit einer Lsg. eines Äthylenglykolterephthalat-Äthylenglykolisophthalat-Mischpolyesters, in dem die Äthylenglykolterephthalateinheiten 70–20% der Summe der Äthylenglykolterephthalat- u. -isophthalateinheiten betragen, u. trocknet das so behandelte *Gewebe.* (**Aust. P. 234458** vom 17/4. 1959, ausg. 27/7. 1961. A. Prior. 22/8. 1958.) K. Demmler 8033

2999 Ciba Ltd., Basel, Schweiz, **Fasern aus OH-Gruppen aufweisendem Material** werden mit einem wasserlösl. Salz eines 2.4-Dihalogen-6-hydroxy-1.3.5-triazins, bes. Dichlorcyanursäure, bes. in Ggw. eines Säurebinders, ggf. unter Erwärmen behandelt, wodurch die Quellfähigkeit, die Affinität zu Imprägniermittel u. der Widerstand gegen Fäulnis erhöht wird. (**Ind. P. 67285** vom 6/4. 1959, ausg. 27/9. 1961.) C. Lüttgen 8033

3000 Hickson & Welch Ltd., Castleford, England (Erfinder: Dennis Arthur William Adams und Asim Kumar Sakkar), **Optische Bleichmittel** bilden Verbb. der allg. Formel **I** (R = ggf. substituierter Phenyl-

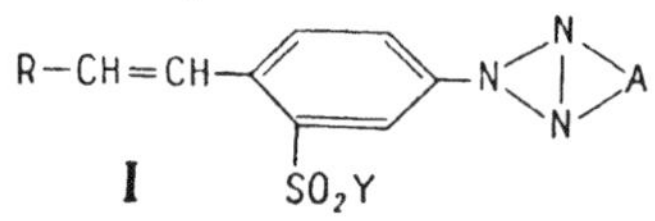

I

rest, Y = Alkyl-, Aryl-, Aralkyl-, mono- oder disubstituierter NH_2-, ggf. substituierter Aryloxyrest oder eine der Gruppen $NH \cdot CO \cdot NH_2$, $NH \cdot CO \cdot NH \cdot$Alkyl oder $NH \cdot CO \cdot NH \cdot$Aryl. A = einer der Reste **II**–**V**:

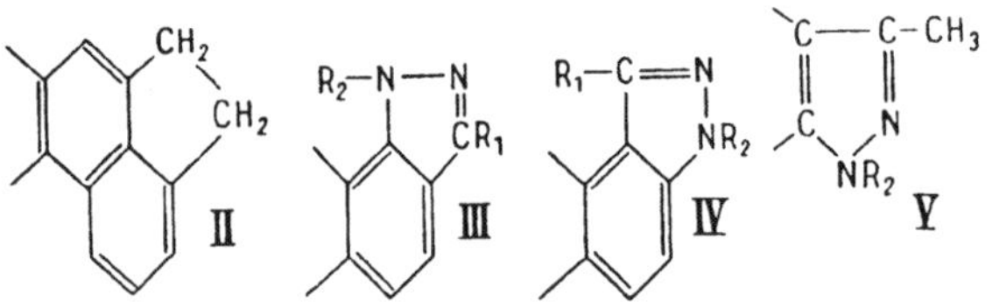

II III IV V

Herst. nach bekannten Verff., z. B. durch Einw. von schwachen Oxydationsmitteln (**VI**) auf Azofarbstoffe der allg. Formel **VII**, bes. auf o-Aminoazofarbstoffe, in denen statt SO_2Y auch SO_3H stehen kann. Beispiele für **VI**:

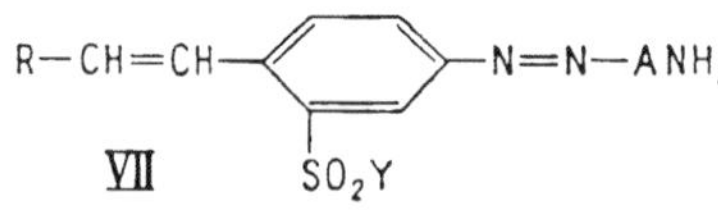

VII

Alkalihypochlorite, Thionylchlorid, Sulfurylchlorid, $CuSO_4$ + Diäthanolamin oder Pyridin usw. Beispiele: *2-Stilbylacenaphtheno-(4.5.6'.7')-triazolo-3''-sulfoncyclohexylamid,* blaßgelbe Kristalle aus Pyridin + W.; *2-Stilbylacenaphtheno-(4.5.6'.7')-triazolo-3''-phenylsulfonat,* gelbe Kristalle aus Pyridin + W. (8 : 2); *2-Stilbylacenaphtheno-(4.5.6.'7')-triazolo-3''-sulfondimethylamid,* gelbe Kristalle aus Bzl., *2-Stilbylacenaphtheno-(4.5.6'.7')-triazolo-3''-sulfondibutylamid,* F. 156° aus Aceton; *2-Stilbylacenaphtheno-(4.5.6'.7')-triazolo-3''-sulfon-β-hydroxyäthylamid,* hellgelbe Masse aus Pyridin + W. 1 : 1, F. 240°; *2-Stilbylacenaphtheno-(4.5.6'.7')-triazolo-3''-sulfondecylamid,* gelbe Kristalle aus Pyridin + 15% A., F. 170°; *2-Stilbylacenaphtheno-(4.5.6'.7')-triazolo-3''-sulfonoctylamid,* F. 142° aus A.; *2-Stilbylacenaphtheno-(4.5.6'.7')-triazolo-3''-sulfonmethylanilid,* F. 214° aus 35%ig. alkohol. Pyridin; *2-Stilbylacenaphtheno-(4.5.6'.7')-triazolo-3''-sulfonmorpholid,* F. 232° aus A. + Pyridin 1 : 1; *2-Stilbylacenaphtheno-(4.5.6'.7')-triazolo-3''-sulfonanilid,* F. 235°, aus 35%ig. alkohol. Pyridin; *2-Stilbyl-acenaphtheno-(4.5.6'.7')-triazolo-3''-chlorphenylsulfon,* gelbes Pulver, F. 128° aus A.; *2-Stilbylacenaphtheno-(4.5.6'.7')-triazolo-3''-phenylsulfonat,* F. 204°, aus 80%ig. wss. Pyridin; *2-Stilbylacenaphtheno-(4.5.6'.7')-triazolo-3''-tolylsulfonat,* F. 200° aus 45%ig. alkohol. Pyridin; *2-Stilbylacenaphtheno-(4.5.6'.7')-triazolo-3''-(p-chlorphenyl)-sulfonat,* F. 222° aus 60%ig. wss. Pyridin; *2-(4'''-Methoxy)-stilbylacenaphtheno-(4.5.6'.7')-triazolo-3''-sulfonanilid,* F. 239° aus 25%ig. alkohol. Pyridin; *2-Stilbyl-(1'-phenyl-3'-methyl)-pyrazolo-(4.5.4'.5')-triazolo-3''-sulfondimethylamid,* tiefgelbe Kristalle aus $POCl_3$, F. 204°; *2-Stilbyl-(1'-phenyl-3'-methyl)-pyrazolo-(4.5.4'.5')-triazolo-3''-sulfonanilid,* gelbe Kristalle, F. 233° aus 25%ig. alkohol. Pyridin; *2-Stilbyl-(1'-phenyl-3'-methyl)-pyrazolo-(4.5.4'.5')-triazolo-3''-phenylsulfon,* schmutziggelbe Masse aus A., F. 80°; *2-Stilbyl-(1'-phenyl-3'-methyl)-pyrazolo-(4.5.4'.5')-triazolo-3''-phenylsulfonat,* citronengelbes Pulver aus 60%ig. wss. Pyridin, F. 191°; *2-Stilbylindazolo-(4.5.4'.5')-triazolo-3''-sulfondimethylamid,* senfgelbe Masse aus W. + Pyridin, F. 259–260°; *2-Stilbylindazolo-(4.5.4'.5')-triazolo-3''-sulfonpiperidin,* F. 236°; *2-Stilbylindazolo-(4.5.4'.5')-triazolo-3''-phenylsulfonat,* gelbe

Kristalle, F. 234—235° aus Pyridin + W. 1 : 1; *2-Stilbyl-indazolo-(4.5.6.'7')-triazolo-3''-sulfondimethylamid*, braunes Pulver aus 80%ig. wss. Pyridin, F. 227°. (**E. P. 875274** vom 1/3. 1957, ausg. 16/8. 1961.)
A. Kalix 8033

3001 Ciba Akt.-Ges., Basel (Erfinder: Max Dünnenberger, Birsfelden, und Adolf-Emil Siegrist, Basel), Schweiz, **2.5-Di-[benzimidazolyl-(2')]-furanverbindungen** werden hergestellt durch Rk. von o-Diaminen der Benzolreihe, deren eine Aminogruppe prim. u. deren andere Aminogruppe höchstens sek. ist, mit Furan-2.5-dicarbonsäure in wasserfreiem Medium bei mindestens 190° unter Ausschluß von Sauerstoff u. ggf. Zusatz von Borsäure. — 108 (Teile) 1.2-Diaminobenzol, 78 Furan-2.5-dicarbonsäure u. 3 Borsäure rührt man in N_2-Atmosphäre 70 Min. bei 142—146°, erhitzt in 30 Min. auf 210° u. hält 1 Std. bei 210—220°. Nach Aufarbeiten → 105 *2.5-Di-[benzimidazolyl-(2')]-furan·H_2O*, F. 278—279°. Analog: *2.5-Di-[6'-methyl-benzimidazolyl-(2')]-furan·H_2O*, F. 343 bis 344°; *2.5-Di-[6'-methoxy-benzimidazolyl-(2')]-furan·H_2O*, F. 178—180°; *2.5-Di-[6'-chlor-benzimidazolyl-(2')]-furan*, F. 306—307,5°. — *Opt. Aufheller.* (**Schwz. P. 364510** vom 14/1. 1958, ausg. 15/11. 1962.) M. Schaber 8033

3002 United States Steel Corp., N. J., übert. von: John O. Hawthorne, Pittsburgh, und Edward L. Mihelic, Penn Hills Township, Allegheny County, Pa., V. St. A., **2.3-Diphenyldibenz-[f.h]-chinoxalin,** F. 274 bis 275°, erhält man durch Rk. von 2.2'-Diphenyldialdehyd mit 2 Mol Benzylamin u. Dehydrierung des dabei erhältlichen 2.2'-Di-(N-benzylidenbenzylamins). — *Optischer Aufheller.* (**A. P. 2988549** vom 11/5. 1960, ausg. 13/6. 1961.) F. Obermeier 8033

3003 Rohm & Haas Co., V. St. A. (Erfinder: Leo Samuel Luskin), **Herstellung von Tetrahydrofuryl- und Tetrahydrofurfurylglycidyläthern,** die ggf. im Furankern durch 1 oder 2 CH_3-Gruppen substituiert sind, zur *Imprägnierung von cellulosehaltigen Fasern* in wss. Lsg. in Ggw. eines Katalysators, wie Zn-Fluorborat. — *3'*-Chlor-2'-hydroxypropyläther: *Tetrahydrofurfuryl-(2)-* (I), $C_8H_{15}ClO_3$, aus 918 (g) Tetrahydrofurfuryl-(2)-alkohol u. 277,5 Epichlorhydrin in Ggw. von BF_3·Ae. durch 4,5std. Erwärmen auf 85° u. 16std. Stehen nach Zers. des Katalysators; Öl; n_D^{25} 1,4712; 376 g (Ausbeute). — Analog: *Tetrahydrofuryl-(3)-*, $C_7H_{13}ClO_3$, Kp.$_{0,15-0,2}$ 88—105°, in Ggw. von konz. H_2SO_4 oder BF_3·Ae.; Öl; n_D^{24} 1,4742, n_D^{25} 1,4755; 25%. — *2'.3'*-Epoxypropyläther: *Tetrahydrofurfuryl-(2)-*, $C_8H_{14}O_3$, Kp.$_{0,4-0,5}$ 73—76°, aus I in abs. Ae. durch Zugabe von 50%ig. wss. NaOH bei 8°, 3std. Kochen, 16std. Stehen u. Dest. der äther. Phase; Öl; n_D^{27} 1,4500, 88,5%. — Analog: *Tetrahydrofuryl-(3)-*, $C_7H_{12}O_3$, Kp.$_{0,2}$ 70—73°; Öl; n_D^{26} 1,4532; 51%. — *3-Methyltetrahydrofurfuryl-(2)-*, 30%. — *5-Methyltetrahydrofurfuryl-(3)-*, 30%. — *Tetrahydrofurfuryl-(3)-*, 30%. *3.5-Dimethyltetrahydrofurfuryl-(2)-*, 30%. (**F. P. 1248285** vom 6/2. 1960, ausg. 2/3. 1961. A. Prior. 6/2. 1959.)
G. Colsmann 8037

3004 American Cyanamid Co., New York, N. Y., übert. von: Edward B. Lawler und Kenneth D. Ballou, Charlotte, N. C., V. St. A., **Textilhydrophobierung.** Das Vernetzen der mit üblichen Hydrophobiermitteln zu imprägnierenden Textilien erfolgt mit einer NH_4-Seife eines Gemischs aus 20—80% Abietinsäure u. 80—20% einer C_8—C_{22}-Fettsäure. Das dann in üblicher Weise imprägnierte Gut wird zur Zerstörung der Seife auf 104—204° erwärmt. Man kann die Seife auch gleich der Hydrophobiermittel-Emulsion zusetzen. — Die Seife ist auch geeignet, hydrophob ausgerüstete Textilien von Schmutz u. dgl. zu befreien. Das Verf. ist anwendbar auf mit methylolierten Fettsäureamiden oder Siliconfinisch ausgerüstete oder auszurüstende Textilien. — Diagramme. (**A. P. 2997407** vom 23/1. 1956, ausg. 22/8. 1961.) H. Möllering 8037

3005 Textile Research Institute, übert. von: Eugene Pacsu und Robert F. Schwenker jun., Princeton, N. J., V. St. A., **Flamm- bzw. nachglimmfeste Cellulosetextilien (I).** Man „mesyliert" I bei <70° mit einem Gemisch aus einem organ. Sulfonylchlorid, bes. *Methansulfonylchlorid* (**II**) u. einer organ. Base, bes. *Pyridin* (**III**) über eine Zeit von 1 Min. bis 48 Std., worauf das Prod. mit einer wss. (Metall-) Halogenid-Lsg. von pH 5 bis 9, bes. 7 in Berührung gebracht wird. — Mit einer wss. 15%ig. NaOH-Lsg. 15 Min. gequollene **I** werden alkalifrei gewaschen, bei 50° getrocknet, in **III** suspendiert u. 5—10 Min. mit **II** (Mol-Verhältnis **II** : **I** wie 1 : 3) behandelt, dann mit Seifenlsg. gewaschen u. getrocknet. Gewichtszunahme der **I** = 9%. Das Prod. wird in eine wss., z. B. 20%ig. Lsg. von NaJ oder NaBr von pH 7 gegeben u. 3 Std. unter Rückfluß behandelt. Anschließend wird gewaschen u. getrocknet. — Nach A. P. 2990233 wird wie oben „mesylierte" **I** mit einem niedrigmol. *Dialkylphosphorchlorid*, zweckmäßig in **III** gelöst, bei 40° über die Zeit von 1 Min. bis 1 Std. behandelt. So behandeltes Gut ist nachglimmfest; es kann wie nach dem 1. Patent noch mit einer wss. NaJ oder NaBr-Lsg. nachbehandelt werden. — Wie oben mit einer **II**–**III**-Lsg. mesylierte **I** wird nach dem Abseifen u. Trocknen in **III** suspendiert u. mit *Dichloräthylphosphat* (3 Mol auf 1 Mol **I**) bei Raumtemp. behandelt, gewaschen u. getrocknet. Das Prod. wird als *Mesyl-phosphocellulose* bezeichnet. Es glimmt beim Brennen nicht nach. Die Nachbehandlung mit NaJ lder NaBr erhöht die Flammfestigkeit. (**A. PP. 2990232** u. **2990233** vom 31/12. 1956, ausg. 27/6. 1961.)
H. Möllering 8037

3006 Associated Lead Manufacturers Ltd., London, übert. von: Norman John Read, Greenford, England, **Weichmachendes Flammschutzmittel für Gewebe,** bestehend aus einer wss. Dispersion mit einem Geh. von 10—20(%) Sb_2O_3, 30—50 Weichmachungsmittel (**I**) u. als Rest Vinyl(iden)-chlorid-(Misch)Polymere. **I** soll mindestens 15% Cl enthalten, wie das als „Cereclor" (I. C. I.) bezeichnete Chlorparaffin (40—70% Cl) oder das als „Arochlor" (Monsanto) bezeichnete chlorierte Diphenyl (40—70% Cl), u. z. T. aus einem Dialkylester einer Dicarbonsäure oder Alkyl- oder Arylestern der H_3PO_4 bestehen. — Geeignet ist z. B. ein Gemisch aus 17(%) Sb_2O_3, 49,5 Polyvinylchlorid, 16,75 Dioctylphthalat u. 16,75 Cereclor. — Der Ansatz kann z. B. unter Verw. von Ammoniumoleat u. Carboxymethylcellulose in W. dispergiert u. so auf Textilien aufgebracht werden. — Diagramme. (**A. P. 3014000** vom 8/2. 1960, ausg. 19/12. 1961.) H. Möllering 8037

3007 Raymond S. Babiarz, Wilmington, und Alton D. Hicks, New Castle, Del., V. St. A., **Knitter- und meltaufeste (Regenerat)-Cellulosetextilien.** Eine Cellulose, die über Esterbindung mit einer starken mehrbas. Säure mit Harnstoff (I) verknüpft ist, wird mit der wss. Lsg. eines Metallsalzes behandelt u. danach in eine unlösl. Verb. des Metallsalzes verwandelt. — Als 1. Imprägnierbad dient z. B. ein Ansatz aus 150 (Teile) H_3PO_4 (70%ig.), 85 Dicyandiamid, 300 I u. geringen Mengen polyäthoxyliertes Kondensat als Netzmittel in 450 Wasser. Das hiermit imprägnierte, getrocknete u. bei 160° vergütete Gut wird mercerisiert u. dann mit einer wss. Lsg. mit einem Geh. von 2 $SnCl_2$ u. 3 HCl (75%ig.) behandelt, worauf nach dem Spülen mit einer wss. 2%ig. Lsg. von Na-Silicat nachbehandelt, gewaschen, geseift u. getrocknet wird. — Zur Rk. auch verwendbare mehrbas. Säuren sind Phosphaminsäure, Phosphorwolframsäure, H_2SO_4, Sulfaminsäure oder dgl. sowie Phthalsäure . Das Sn-Salz kann auch durch ein Al-Salz, wie $Al_2(SO_4)_3$ ersetzt werden. (**A. P. 2991146** vom 22/10. 1958, ausg. 4/7. 1961.)
H. Möllering 8037

3008 Monsanto Chemical Co., St. Louis, Mo., übert. von: Milton I. Scott, Lexington, Mass., V. St. A., **Filz- und krumpffreie Wolltextilien.** Man behandelt das Gut bei 5—75° mit einer auf pH 0,25—9,5 eingestellten wss. Dispersion von *1.3.5-Trichlor-2.4.6-trioxo-1.3.5-triazin* (*Trichlorcyanursäure*; I) oder einem Gemisch von **I** mit *Dichlorcyanursäure*. — Wolle wird in eine wss. Lsg. mit einem Geh. von 0,5% **I** mit pH 3,5 eingelegt, bis Cl nicht mehr nachweisbar. Man spült erst mit einer wss. Bisulfitlsg. u. dann mit Wasser. (**A. P. 2993747** vom 18/2. 1955, ausg. 25/7. 1961.) H. Möllering 8037

3009 Farbwerke Hoechst Akt.-Ges., vormals Meister Lucius & Brüning (Erfinder: Ludwig Orthner, Karl Horst und Heino Ernst Wellens), Frankfurt/M., **Härtbare Kondensationsprodukte aus modi-**

fiziertem Harnstoff und Aldehyden, erhält man bei der Rk. eines Polyamins (**I**) mit „n“ reaktionsfähigen Aminogruppen, wobei „n“ mindestens 3 sein soll, mit mindestens 2 Mol einer Verb., welche befähigt ist, höchstens n-1 Harnstoffgruppen in **I** einzuführen. Als solche sind zu nennen: Harnstoff, Nitroharnstoff, KCN. Das Einführen der Harnstoffgruppen erfolgt bei 90—160°. Anschließend läßt man eine langkettige aliphat. Verb. (**II**), die eine funktionelle Gruppe besitzt, auf das Kondens.-Prod. einwirken. In die erhaltene Harnstoffverb. wird durch Rk. mit einem Aldehyd eine Methylolgruppe, die auch substituiert sein kann, eingeführt. Die Methylolgruppe kann ferner in an sich bekannter Weise veräthert werden. Als **I** kommen z. B. Diäthylentriamin, Triäthyltetramin, Tetrapropylenpentamin, ferner Polyaminobenzole, Polyaminonaphthaline in Frage. Je nach der Anzahl der Rk.-Teilnehmer entstehen verschiedene Rk.-Proddukte. Als **II** kommen in Betracht: aliphat. Carbonsäuren oder deren Derivv. mit mindestens 10 C-Atomen, wie Stearinsäure, Stearinsäurechlorid, ferner Tetradecylchlorid, Octadecylchlormethyläther, Octadecylisocyanat. Die Rk. erfolgt hierbei vorteilhaft bei 25—190°. Bei den höhermol. Stoffen verwendet man zweckmäßig ein Lösungsmittel. Als Aldehyde eignen sich CH_2O, Paraformaldehyd, Acetaldehyd, Glyoxal u. die Rk.-Temp. beträgt 20—100°. Die Einführung der Methylolgruppe wird in stark saurem Medium, vorteilhaft mit einem niedrigmol. Alkohol (Methanol), durchgeführt. Hydrophobierungsmittel für Baumwolle, Cellulose, Wollstoffe, synthet. Fasern u. Leder. Verwendung in Verb. mit anderen Textilausrüstungsmitteln, wie Aminoplasten, Gelatine, Paraffin u. Wachsen sowie mit wasserlösl. Cellulosederivaten. (**E. P. 868080** vom 1/11. 1957, ausg. 17/5. 1961.)
G. König 8037

3010 Commonwealth Engineering Co. of Ohio, übert. von: Leo I. Novak, Dayton, Ohio, V. St. A., **Tribo-elektrisch leitende Verbindungen, d. s. antistatische Avivagemittel** für Textilien sind *Carboxyalkyläther von Dextran*, die aus wss. Lsg. aufgebracht werden. Die Ca-Salze dieser Verb. sind bes. geeignet. — Eine 10%ig. Lsg. von *Carboxymethylbenzyldextran* in einem 80 : 20 Gemisch aus Dioxolan u. W. wird auf *Viscoseseide* aufgesprüht. — *Nylon-Gewebe* wird in eine gesätt. wss. Lsg. von $Ca(OH)_2$ getaucht, abgequetscht u. in eine Lsg. wie oben eingetaucht, worauf gewaschen u. bei 80° getrocknet wird. (**A. P. 2990299** vom 30/9. 1959, ausg. 27/6. 1961.)
H. Möllering 8037

3011 United States of America, Secretary of Agriculture, übert. von: Elias Klein, Mobile, Ala., David J. Stanonis und Pieter Harbrink, New Orleans, La., V. St. A., **Reiß- und verrottungsfeste Cellulosetextilien.** Das Gut wird in Ggw. niedrigmol. aliphat. Alkohole mit Alkali u. *Benzylchlorid* (**I**) behandelt. — 1,25 (g) *Baumwollfasern* werden mit 2,2 cm³ NaOH-Lsg. von Mercerisierstärke (23%ig.) u. 0,5 A. genetzt u. dann 2 Std. bei 95° mit 22 **I** unter Rückfluß behandelt. Man wäscht nach mit CH_3OH, verd. wss. $NaNO_3$-Lsg. u. mit Wasser. Das Gut behält 65% der ursprünglichen Festigkeit gegenüber nur 43% bei gleicher Behandlung ohne Zusatz von Alkohol. (**A. P. 2990234** vom 13/3. 1959, ausg. 27/6. 1961.) H. Möllering 8045

3012 United States of America, Secretary of Agriculture, übert. von: Ralph J. Berni und Thomas F. Fagley, New Orleans, La., V. St. A., **Perfluoralkylierte Cellulosetextilien** sind auch bei niedriger Substitution öl- u. wasserabweisend. Zur Herst. netzt man das Gut mit *Dimethylformamid* (**I**), behandelt mit einem Perfluoralkanoylhalogenid, wobei man zur Neutralisation der sauren Nebenprodd. ein tert. aromat. Amin zusetzt. Anschließend wird bei bis 30° mit W. gewaschen. — 1,2 g *Baumwollgewebe* wird in 5 cm³ **I** von 25° eingelegt u. dann mit 2 cm³ *Perfluoroctanoylchlorid* ($Kp._{744}$ 130°) unter Schütteln behandelt. Nach Zusatz von 1 cm³ Pyridin schüttelt man weitere 4 Min., worauf mit W. u. schließlich mit CH_3OH gewaschen wird. (**A. P. 2992881** vom 6/7. 1959, ausg. 18/7. 1961.)
H. Möllering 8045

3013 United States of America, Secretary of Agriculture, übert. von: William G. Sloan, Arthur M. Du Pré jun., Hermann J. Janssen, New Orleans, La., Edmund M. Buras jun., Washington, D. C., und John D. Tallant, Kenner, La., V. St. A., **Dimensionsstabilisierung von partiell cyanäthylierter Baumwolle,** bei der 0,5—2 OH-Gruppen je Anhydroglucoseeinheit substituiert sind, erfolgt durch Zuganwendung bis $^1/_3$ bzw. $^1/_2$ der Bruchfestigkeit bei 100—235° über 20 Sek. bis 8 Minuten. (**A. P. 2993749** vom 23/5. 1958, ausg. 25/7. 1961.)
H. Möllering 8045

3014 Ford Machinery and Chemical Corp., New York, N. Y., V. St. A., **Bleichen von cellulosehaltigen Geweben** durch Imprägnieren mit einer wss. Lsg., die 1,0—1,75(%) H_2O_2, 2—4 $Na_5P_3O_{10}$, $(NaPO_3)_6$ oder $Na_4 \cdot P_2O_7$ u. 0,3—0,6 eines Sequestrierungsmittels enthält u. einen pH-Wert von 8,5—10 aufweist, Erhitzen auf 100 bis 135° (20—90 Sek.) u. Auswaschen der Chemikalien. (**Ind. P. 68758** vom 30/7. 1959, ausg. 17/8. 1961.)
C. Lüttgen 8045

3015 E. F. Drew & Co., Inc., New York, N. Y., V. St. A., **Reinigungsmittel,** bes. zum *Entschweißen von Wolle*, bestehend aus einem bei 90—110° hergestellten Kondens.-Prod. einer C_8—C_{18}-Fettsäure oder deren Esters mit einem Mono- oder Diäthanol- (**I**) oder Mono- oder Di-n- oder iso-propanolamin (**II**), einem sulfatiertem Kondens.-Prod. eines C_6—C_{30}-Alkohols oder eines C_1—C_{10}-Alkylphenols mit 2—20 Mol Äthylen- oder Propylenoxid u. **I** oder **II** oder einer bas. Alkaliverb., z. B. NaOH oder K_2CO_3. (**E. P. 877897** vom 20/10. 1959, ausg. 20/9. 1961. A. Prior. 19/11. 1958.) C. Lüttgen 8061

3016 White Wool Corp. Soc. An., Uruguay (Erfinder: Fernand Frederick Schwartz), **Oberflächenreinigung von Wolle** zur Entfernung der gelblichen u. grauen Pigmenttönungen u. zur Gewinnung einer weißen Ware durch Behandlung mit einem Red.-Mittel in wss. Medium bei pH < 6. Als Red.-Mittel dienen z. B. H_2 entwickelnde Substanzen, wie ein Metall u. eine Mineralsäure oder ein Hydrazinsalz, $SnCl_2$, ein Aldehyd, wie Form- oder Acetaldehyd, Formaldehyd-Na-Sulfoxylat, Na_2SO_3, $NaHSO_3$ oder Alkali- u. Ca-Metabisulfit. — Gelblich gefärbte Wolle wird mit einer wss. Lsg. 5 Sek. behandelt, welche 0,4% Na-Metabisulfit u. 0,5 HCl enthält. — Eine andere Behandlungslsg. enthält z. B. 0,7(%) Hydrazinsulfat oder 0,5 $SnCl_2$ bei pH 6. Die Säureeinstellung erfolgt mit H_2SO_4, HF, H_3PO_4 oder H_3BO_3. (**F. P. 1268032** vom 10/8. 1960, ausg. 1/12. 1961. E. Prior. 28/8. 1959 u. 29/7. 1960.) M. F. Müller 8061

3017 Československá Socialistická Republika (Erfinder: Karel Heidler, Brünn), Tschechoslowakei, **Chlorierung woll- oder halbwollartiger Waren mit Chlor in flüssiger Phase,** wobei das Gut mit 10—20% Feuchte in 10—45 Min. kontinuierlich durch eine Kammer geführt wird, in der mit Luft verd. Chlorgas circuliert. Die Konz. des Cl_2 soll 1—10 Vol.-% betragen. (**Tschech. P. 98328** vom 17/12. 1959, ausg. 15/1. 1961.)
L. Macher 8061

3018 United States of America, Secretary of Agriculture, übert. von: Charles H. Binkley, Berkeley, Calif., V. St. A., **Weiche krumpffreie Wolltextilien** erhält man durch Imprägnierung des Gutes mit 0,5—10% eines Gemisches aus einem *Polyepoxid* (**I**), einem *Polyamid* u. (erfindungsgemäß) einem *Glycerin-Adipinsäurepolyester* (**II**), wobei auf 1 Teil **I** etwa 0,5—2 Teile **II** entfallen. — 4 (Teile) **II** (aus 6 Mol Adipinsäure u. 8 Mol Glycerin) werden in 4 Äthoxyäthanol gelöst. 4 **I** [aus 2.2-Bis-(2.3-epoxypropoxyphenyl)-propan] werden in 4 Methyläthylketon (**III**) gelöst. 4 Polyamid werden in 4 **III** gelöst. Die 3 vereinigten Lsgg. werden in 375 W. gegossen u. ergeben eine zur Wollimprägnierung geeignete Emulsion. Damit imprägniertes Gut wird an der Luft getrocknet u. 30 Min. auf 121° erhitzt. (**A. P. 2992944** vom 13/11. 1959, ausg. 18/7. 1961.)
H. Möllering 8061

3019 United States of America, Secretary of Agriculture, übert. von: Clay E. Pardo jun., Albany, und Harold P. Lundgren, Berkeley, Calif., V. St. A., **Schrumpffreie Proteintextilien,** bes. aus *Wolle* erhält man durch Behandlung mit N.N′-Methylen-bis-acrylamid (**I**) in Ggw. eines Redox-Katalysatorsyst., wobei die Polymerisation auf der Wolle in situ erfolgt. — Das Gut wird mit der wss. Lsg. mit Geh. von 0,5(%) Hydrazinsulfat u. 0,05 Na-Alkylbenzolsulfonat getränkt, abgequetscht u. in eine wss. Lsg. mit einem Geh. von **I**, 0,5 H_2O_2 u. 0,05 Na-Alkylbenzolsulfonat bei 60° 30—180 Min. behandelt. In einer Tabelle ist die Aufnahme von **I** bei verschied. Einwirkungszeiten angegeben. (**A. P. 3005730** vom 25/10. 1954, ausg. 24/10. 1961.) H. Möllering 8061

3020 National Lead Co., New York, N. Y., übert. von: Harry H. Beacham, Plainfield, N. J., und Irene M. Panik, Columbus, Ohio, V. St. A., **Verformen von Keratinfasern, wie lebendem Haar.** Das in die gewünschte Form gelegte Gut wird mit der wss. Lsg. mit einem Geh. an 1—10% *Thioglycerin* u. mindestens 1% *Triäthanolamintitanat* sowie Stabilisierungsmittel (*Sorbit, Gluconsäure* oder dgl.) behandelt. Die Lsg. soll pH 6—9 aufweisen. (**A. P. 2989365** vom 9/5. 1957, ausg. 20/6. 1961.) H. Möllering 8067

3021 E. I. du Pont de Nemours & Co., Wilmington, Del., V. St. A. (Erfinder: Gordon Ivor Jenkins, London), **Festes, wasserfreies Bleichmittel** zum Bleichen von im Gebrauch verfärbten synthet. Textilfasern, bestehend aus 2 (Gew.-Teilen) eines Monopersulfat-Tripelsalzes ($KHSO_5$, $KHSO_4$ u. K_2SO_4 im Molverhältnis ca. 2:1:1), 0,2—4 eines Alkalimetallchlorids, 1,2—2,4 K_2CO_3 u. einem sauren Pufferungsmittel in einer solchen Menge, daß es 0,008—0,016 H liefert, zum Bleichen bei pH 7—8,5. (**Oe. P. 225140** vom 27/5. 1959, ausg. 27/12. 1962. A. Prior. 30/12. 1958.) T. Oppermann 8071

3022 E. I. du Pont de Nemours & Co., Wilmington, Del., übert. von: Osborne C. Bacon, Pennsville, N. J., V. St. A., **Katalysator für die Aminoplastausrüstung von Cellulosetextilien** ist ein 1:1- bis 5:1-Gemisch aus $(ZnNO_3)_2$ u. einem *Alkalimetallacetat*; z. B. Na-Acetat (**I**). Durch die Mitverwendung von **I** wird der Vergilbungseffekt von $(NO_3)_2$ als Katalysator bei der Textilausrüstung bes. mit *Dimethyloläthylenharnstoff* u. *Tetramethylolharnstoff* behoben. (**A. P. 2992138** vom 17/4. 1958, ausg. 11/7. 1961.) H. Möllering 8075

3023 Geoffrey Sly (Erfinder: Edwin Ira Stearns, Carolin Butler Villaume und Frederick George Villaume), **Mittel zum Bleichen von Cellulosefasern,** bestehend aus CaOCl u. opt. Aufhellern der Dibenzothiophendioxyd-Type. (**Aust. P. 232324** vom 27/8. 1958, ausg. 23/2. 1961.) C. Lüttgen 8075

3024 Imperial Chemical Industries Ltd., London, England, **Behandeln von cellulosehaltigem Material** in wss. alkal. Lsg. mit einer nichtfärbenden Verb. (**I**), die mindestens einen durch 2 Halogenatome substituierten 1.3.5-Triazinring u. einen prim. oder sek., an ein N-Atom gebundenen Aminrest aufweist, gemäß Hauptpatent, dad. gek., daß die die **I** lösl. machende Gruppe positiv geladen oder nichtion. ist. Als Beispiel für **I** werden genannt: p-(4.6-Dichlor-1.3.5-triazin-2-yl)-aminophenacyltrimethylammoniumchlorid, β-(4.6-Dichlor-1.3.5-triazin-2-yl)-aminoäthyldiäthyloctadecylammoniumbromid N-(4.6-Dichlor-1.3.5-triazin-2-yl)-glucosylamin u. N-β-Hydroxyäthylglucosylamin. (**Ind. P. 66093** vom 10/12. 1958, ausg. 28/8. 1961. E. Prior. 15/1. 1958. **Zusatz zu Ind. P. 57326; C. 1961, 18516.**) C. Lüttgen 8075

3025 Rayonier, Inc., New York, N. Y., V. St. A. (Erfinder: Marcel Gaschke), **Herstellung fluorescierender Celluloseverbindungen.** NH_3-aktivierte Cellulose wird mit Na umgesetzt u. dann mit α.α'-Dibrom-p-xylol (**I**) veräthert. — 1 (Teil) Cellulosepulver wird in Abwesenheit von Feuchtigkeit bei —40 bis —50° mit 125 NH_3 u. 0,212 Na versetzt, bis zum Verschwinden der blauen Farbe gerührt u. danach mit 0,244 **I** bei —45° ca. 5 Std. verrührt, mehrere Std. stehen gelassen u. mit wss. HCl u. W. gewaschen. Daraus hergestellte *Viscose* u. Regeneratcellulose (-fäden, -filme) fluorescieren ebenfalls. (**Jap. A. S. 15292/1961** vom 16/10. 1959, ausg. 4/9. 1961. **F. P. 1233320** vom 10/8. 1959, ausg. 12/10. 1960. A. Prior. 1/4. 1959.) M. Pankow 8075

3026 Courtaulds Ltd., London, England, übert. von: Files de Caleis, Pont du Leu, Frankreich, **Herstellung spinngefärbter Cellulosefäden.** Man dispergiert einen Pigmentfarbstoff in einer hochviscosen wss. Lsg. eines Salzes von hochmol. Acrylsäure- oder Methacrylsäurepolymerisat u. injiziert diese Lsg. kurz vor dem Düsenaustritt in die Viscose, die zweckmäßig die gleiche Viscosität besitzt wie die Pigmentdispersion. (**E. P. 885462** vom 28/1. 1958, ausg. 28/12. 1961.) F. Böhm 8075

3027 Files de Calais, übert. von: Felix Steinlin, Pont du Leu, Frankreich, **Spinngefärbte Viscosekunstseide.** Eine wss. Pigmentdispersion, die als alleiniges Dispergiermittel das Na-, K- oder NH_4-Salz von Poly(meth)acrylsäure enthält, wird während des Spinnens in den Viscosestrom injiziert, worauf unmittelbar in das Fällbad gegangen u. verstreckt wird. — Zur Injektion in die Spinnlsg. geeignet ist ein Ansatz aus 31 Litern W., 60 kg Polyammoniummethacrylat-Lsg. (15%ig.) u. 350 kg wss. Ruß-Paste (15% C), der 4 Std. homogen verrührt worden ist. (**A. P. 2993018** vom 6/1. 1959, ausg. 18/7. 1961. E. Prior. 28/1. 1958.) H. Möllering 8075

3028 Phrix-Werke Akt.-Ges., Hamburg, **Herstellung hochfester Fäden und Fasern aus Regeneratcellulose.** Viscose, die als quellungserniedrigende Zusätze N-freie Verbb., wie äthoxylierte Polyalkohole, äthoxylierte Ricinusöle, Polyalkylenoxide, oder N-Verbb., wie Polyamin-Polyglykoläther, enthält, wird in ein H_2SO_4–$ZnSO_4$-Fällbad gesponnen, das Di- oder Polyamine, wie Äthylendiamin oder Diäthylentriamin, enthält. — So spinnt man Viscose, die 2,5% äthoxylierten Sorbit enthält, in ein Spinnbad mit 86—88 g/Liter H_2SO_4, 100 g/Liter $ZnSO_4$ u. 1 g/Liter Äthylendiamin. — Das Verf. gestattet auch das Verspinnen unreifer oder schwach reifer Viscose. (**Oe. P. 224259** vom 25/7. 1960, ausg. 12/11. 1962. D. Prior. 5/11. 1959.) M. Pankow 8075

3029 American Enka Corp., übert. von: Robert D. Smith und Nick Floros, Enka, N. C., V. St. A., **Avivage für Regeneratcellulose mit antistatischer Wirkung,** bestehend aus (z. B.) Mineralöl [84(%)], *Stearinsäureester von Alkylenoxid*: $C_{17}H_{35}COO(C_2H_4O)_{7,4}\cdot H$ (15), *2.2'-Methylen-bis-(4-methyl-6-tert.-butylphenol)* (0,5) u. Wasser (1). Angewendet wird z. B. eine wss. 0,75%ig. Lsg. des Gemisches. (**A. P. 2993811** vom 11/5. 1959, ausg. 25/7. 1961.) H. Möllering 8075

3030 E. I. du Pont de Nemours & Co., Wilmington, Del., übert. von: Arthur Ferreira Cacella, Waynesboro, Va., und Helen Lyng White, Chadds Ford, Pa., V. St. A., **Celluloseacetat-Mischung.** Celluloseacetat mit einem Geh. an 59,8—60% gebundener Essigsäure wird bei unter —20° mit einem Lsgm.-Gemisch aus 20—80% Methylacetat u. dem Rest Aceton gemischt. Dann wird die Temp. bis zur Bldg. einer 16—18%ig. Lsg. erhöht. Verw. bes. für *Spinnlösungen*. (**A. P. 2999760** vom 23/5. 1958, ausg. 12/9. 1961.) W. Overbeck 8077

3031 Eastman Kodak Co., Rochester, N. Y., übert. von: Harry W. Coover jun. und Donald J. Shields, Kingsport, Tenn., V. St. A., **Schlichten von Celluloseacetatgarnen.** Man behandelt das Garn mit der wss. Lsg. des Na-Salzes des Mischpolymerisates aus 9 (Teilen) *N-Isopropylacrylamid* u. 1 *Acrylsäure*, trocknet das Garn u. vergütet. Geeignet sind z. B. wss. 5%ig. Lösungen. (**A. P. 2992943** vom 19/6. 1959, ausg. 18/7. 1961.) H. Möllering 8077

3032 E. I. du Pont de Nemours & Co., Wilmington, Del., übert. von: Esperanza Parrish, New Castle, Del., John Richard McCartney und Paul Winthrop Morgan, West Chester, Pa., V. St. A., **Herstellung faserartiger Gebilde** (fibrids), dad. gek., daß eine Lsg. von völlig synthet. Polymeren in ein Fällbad unter Scher-Bedingungen eingeführt wird, wobei die absol. Scher-Geschwindigkeit in reziproken Sek. u. die Fällzeit in Mikrosek. mindestens 100 u. nicht mehr als 1300000 ist. (**A. P. 2988782** vom 22/1. 1959, ausg. 20/6. 1961.) A. Gradl 8081

3033 Kôgyô Gijutsu Inchô (Erfinder: Toshitsugu Ônishi, Tôkyô), **Pfropfpolymerisation an Hochmoleku-**

laren, wie Polyäthylen, Polyacrylnitril, durch Einbringen in fl. oder gasförmige Verbb. mit O-haltigem 3-gliedrigem Ring (Äthylen-, Propylenoxid, Epichlorhydrin) oder deren Derivv. u. Bestrahlen mit radioakt. Strahlung. — Man bestrahlt Polyäthylenfasern, die mit Äthylenoxid im geschlossenen Gefäß zusammengebracht werden, mit 10^4-r-γ-Strahlen von 60 Co: Gew.-Zunahme 0,4%, bessere Färbung mit Direktfarbstoffen. (**Jap. A. S. 6685/1961** vom 2/10. 1958, ausg. 3/6. 1961.)
M. Pankow 8081

3034 Montecatini Soc. Gen. per l'Industria Mineraria e Chimica, Italien (Erfinder: Piero Giustiniani, Giulio Natta, Giorgio Mazzanti und Giovanni Crespi), **Verbesserung der Anfärbbarkeit von polymeren Kohlenwasserstoffen** [Propylen, Styrol, 4-Methylpenten-(1)] durch Lösen von linearen Polymeren aus Monomeren mit polaren Gruppen mit wenigstens einem O-Atom in den geschmolzenen polymeren KW-Stoffen. — Man verspinnt z. B. eine Polypropylenmischung, die 10% hochkrist. isotakt. Polyisopropylacrylat oder krist. Poly-[1-Methyl-2-isobutoxyäthylen] enthält. Färben mit bas. u. Acetatfarbstoffen. Die erhaltenen Fasern können ggf. vor der Färbung teilweise verseift werden. (**F. P. 1266083** vom 2/8. 1960, ausg. 8/11. 1961. It. Prior. 3/8. 1959.)
M. Pankow 8081

3035 Yamato Bôseki Kabushiki Kaisha und Ôsaka Vinzoku Kôgyô Kabushiki Kaisha, Ôsaka (Erfinder: Hideo Tanaka, Itami, Kazuo Okamura, Suita, Takaomi Satogawa, Kyôto, und Jô Yonetami, Sanda), Japan, **Spinnlösungen zur Herstellung von Fäden aus Mischpolymerisaten** von Vinylchlorid (**I**) u. Fluoräthylen (**II**) $X(X^1)C{=}C(X^2)F$ (X, X^1 u. X^2 = H oder Halogen), die > 70 Gew.-% **I** u. < 30 Gew.-% **II** u. ggf. weitere mischpolymerisierbare Monomere enthalten u. die einen Polymerisationsgrad besitzen, der einer Grenzviscosität η von 0,10—0,53, bes. 0,21—0,53 in Cyclohexanlsg. von 30° entspricht. Man löst die Polymeren in einem Lsgm. mit > 30 Vol-% Dimethylformamid, -acetamid, Nitrobenzol, Cyclohexylamin, Acetophenon u./oder Acetonylaceton. — Zu 100 (Teilen) W., je 0,01 Diisopropylperoxycarbonat, $NaHSO_3$ u. $FeSO_4$ gibt man nach Kühlung mit Trockeneis 45 **I** u. 5 Trifluorchloräthylen u. schüttelt 5 Std. bei 5°. Das Mischpolymere enthält 9,1% **I** u. hat η = 0,247. 12 des Mischpolymeren u. 88 Dimethylformamid werden bei 120° klar gelöst u. in W. von 50° gesponnen. Nach Trocknen wird der Faden bei 145° auf das 4fache gestreckt u. noch 5 Min. bei 150° gehalten. (Jap. A. S. 3993/1961.) — Statt der genannten Lsgm. kann man Cyclohexan u. als Fällbad eine 30—35° warme W.-CH_3OH (1:1)-Mischung verwenden (Jap. A. S. 3994/1961) oder Dimethylsulfoxid, Furfurol, Tetrahydrofuran, Dichlorbenzol oder Benzaldehyd u. CH_3OH-W. (2:1)-Fällbad (Jap. A. S. 3995/1961) oder Isophoron oder Morpholin mit CH_3OH als Fällmittel. (**Jap. A. SS. 3993/1961, 3994/1961, 3995/1961** u. **3996/1961** vom 25/12. 1958, ausg. 25/4. 1961.) M. Pankow 8081

3036 Osaka Kinzoku Kogyo Kabushiki Kaisha und Daiwa Boseki Kabushiki Kaisha, Japan, **Herstellung von Fasern und Fäden** aus Mischpolymeren aus Vinylchlorid (**I**) u. einem fluorierten Äthylen (**II**) $X(X^1)C{:}C(X^2)F$(X-X^2 = H oder Halogen), die man erhält, wenn man die beiden Komponenten bei +5 bis —60° so polymerisiert, daß das Mischpolymere 0,5—20, bes. 2—15 Gew.-% **II** enthält u. die Intrinsicviscosität des Mischpolymeren in Cyclohexanon von 30° 0,1—0,53, bes. 0,21—0,53 beträgt. Das Mischpolymere wird trocken oder naß versponnen. Die erhaltenen Fäden werden mindestens 1mal bei 110—190° gestreckt u. können bei etwa 140—250° nacherhitzt werden. — Zu einer Mischung von 100 (Gew.-Teilen) W. u. je 0,01 Diisopropylperoxydicarbonat, $NaHSO_3$ u. $FeSO_4$ werden 45 **I** u. 5 Trifluorchloräthylen gegeben u. 5 Std. bei 5° gehalten. Das Polymere hat die Intrinsic-Viscosität 0,247. 15 des Polymeren werden in 85 Cyclohexanon in ein Bad aus CH_3OH-W. (1:1) von 30—35° versponnen. Die Fäden werden bei 145° verstreckt u. bei 160° therm. 10 Min. nacherhitzt. (**F. P. 1231908** vom 20/6. 1959, ausg. 4/10. 1960. Jap. Prior. 20/6., 17/11. u. 9/12. 1958.)
M. Pankow 8081

3037 Tôhô Reyon Kabushiki Kaisha, Tôkyô (Erfinder: Masaichi Taniyama und Masatoshi Yoshida, Tokushima), Japan, **Herstellung von Lösungen von Acrylnitrilpolymeren** oder -mischpolymeren durch Polymerisation von Acrylnitril, auch mit bis zu 15% anderen Vinylverbb., in einer 52—60%ig. wss. $ZnCl_2$-Lsg., die zur Regulierung des Molgew. 1—9% damit mischbare Alkohole, Aceton oder Acetonitril enthält, wobei erhöhter Zusatz letzterer Stoffe verringertes Molgew. des Polymeren ergibt. — 20 (Teile) Acrylnitril, 1 Methylacrylat, 57 $ZnCl_2$, 3 Isopropylalkohol u. 40 W. werden nach Lsg. mit 0,1 $(NH_4)_2S_2O_8$ 120 Min. bei 60° zu einer viscosen Lsg. polymerisiert, die in ein 10% $ZnCl_2$ enthaltendes Koagulationsbad zu Fäden gesponnen wird. (**Jap. A. S. 3892/1961** vom 4/3. 1959, ausg. 24/4. 1961.) M. Pankow 8081

3038 Montecatini Soc. Gen. per l'Industria Mineraria e Chimica, Italien (Erfinder: Cornelio Caldo und Giuseppe Cantatore), **Gewinnung von Harzen,** die sich zur Herst. gut färbbarer *Textilfasern* aus synthet. Polymeren eignen. Außer den in Ung. PP. 149404; C. **1962,** 7753, u. 149766; C. **1963,** 18682 genannten harzartigen Prodd. kann man auch die durch Rk. der aus Epichlorhydrin u. Aminen erhaltenen Harze mit Acrylchloriden oder Iminen (Äthylenimin) oder polyfunktionellen Amiden gewonnenen Harze der Spinnlsg. zusetzen. (**F. P. 1257522** vom 23/5. 1960, ausg. 17/7. 1961. It. Prior. 26/5., 22/10 u. 10/12. 1959 u. 22/2. 1960.)
M. Pankow 8081

3039 Chemstrand Corp., Decatur, Ala., V. St. A., **Mit Pigmenten überzogene Polyamidteilchen.** Man bringt auf die Oberfläche von Nylonteilchen einen homogenen Überzug aus einer Mischung aus wasserunlösl. Pigmenten u. niedrigmol. Nylon. — Man mischt 300 g Hexamethylendiammoniumadipat (Nylon 6-6-Salz) mit 100 W. u. erhitzt im Autoklaven unter O_2, wobei der Druck 250 psig u. die Temp. 212° erreicht, hält 1 Std. ohne das W. aus dem Autoklaven zu entfernen, u. preßt das niedrigmol. Rk.-Prod. in W., wobei ein feinpulveriges Material entsteht. Man verrührt eine Mischung aus W. u. diesem Polyamidpulver mit 100 g Phthalocyaningrün u. 30 g eines Verteilungsmittels, wie Shinsratan ACA, 30 Min. heftig, filtriert, wäscht u. zerkleinert. 100 g fadenbildendes Polyhexamethylenadipamid wird mit 12 g der Pigmentmischung gemischt u. die erhaltenen Flocken werden zu gleichmäßig grünen *Fäden* versponnen. (**Jap. A. S. 3837/1961** vom 24/11. 1959, ausg. 24/4. 1961. A. Prior. 25/11. 1958.) M. Pankow 8081

3040 Nippon Reyon Kabushiki Kaisha, Ube (Erfinder: Motohiro Tsuruta, Seizô Okamura, Fumio Kobayashi und Tateo Iwasaki, Kyôto), Japan, **Pfropfpolymerisation von Polyamiden mit Vinylverbindungen.** Polyamidformkörper, wie Filme oder Fäden, werden mit radioakt. Strahlen bestrahlt, dann mit Acrylnitril, Styrol, Vinylpyridin oder einer CH_3OH-Lsg. von Acrylamid imprägniert u. in Abwesenheit von Luft oder in N_2 erneut bestrahlt. — Man bestrahlt Nylon-6-Fäden bei Raumtemp. in Luft mittels 60 Co von 200° mit $2{,}5 \cdot 10^6$ rep., imprägniert mit 33%ig. CH_3OH-Lsg. von Acrylamid u. bestrahlt bei Raumtemp. in N_2 mit $5 \cdot 10^4$ rep. γ-Strahlen, extrahiert die Fäden 6 Std. mit 100° heißem W. zur Entfernung von ungebundenem Polyacrylamid: Verbesserte Färbbarkeit mit Direktfarbstoffen gegenüber unbehandelten Nylonmaterial. (**Jap. A. S. 4250/1961** vom 11/9. 1958, ausg. 27/4. 1961.)
M. Pankow 8081

3041 E. I. du Pont de Nemours & Co., Wilmington, Del., V. St. A., **Herstellung von Lösungen von Kondensationspolymeren** mit der Einheit: $-NH \cdot C_6H_4 \cdot NH \cdot CO-$ in Dimethylformamid, N-Methyl-2-pyrrolidon, Dimethylsulfoxid, oder Dimethylacetamid erfolgt unter Zusatz von LiCl oder $CaCl_2$. Nach den tabellar. Beispielen wird die Löslichkeit von m-Phenylendiamin-Isophthaloylchlorid oder -Sebacylchlorid-Polykondensaten von 0,5—5 auf 3—20 g/100 cm³ Lsgm. gesteigert. Die Salzkonz. soll

0,2—10 Gew.-% des Lsgm. betragen. Die auf diese Weise lösl. gemachten Prodd. eignen sich bes. zur *Herst. von Fasern oder Filmen* nach der Trocken- oder Naßmethode u. können leicht von Lsg. u. dem Salz befreit werden. (**E. P. 871580** vom 28/2. 1958, ausg. 28/6. 1961. A. Prior. 27/3. 1957.) H. Schindler 8081

3042 Böhme Fettchemie G. m. b. H., übert. von: Karl Goldann, Düsseldorf, **Eigenschaftsverbesserung von Polyamidseiden oder dergleichen** erfolgt durch Behandlung des Gutes mit kleinen Mengen Hydroxyalkylierungsmitteln, zweckmäßig mit niedrigmol. Alkylenoxiden, Glyciden oder Alkylenhalogenhydrinen in Ggw. eines alkal. Alkylierungskatalysators innerhalb 1—4 Std. u. bei 50—90°. — Polyamidstapelfaser wird mit einer 3%ig. Lsg. von NaOH in CH_3OH imprägniert u. mit 300 Toluol aufgeschwemmt in einen Autoklaven gegeben. Nach N_2-Einleitung erwärmt man auf 90° u. leitet 2 Std. Äthylenoxid ein. Die gewaschene u. getrocknete Faser zeigt keine Gew.-Zunahme; ihre hydrophilen u. antistat. Eigg. sind besser als die der Ausgangsfaser. — Polyurethanfasern werden analog behandelt. (**A. P. 2998295** vom 5/8. 1957, ausg. 29/8. 1961. D. Prior. 8/8. 1956.) H. Möllering 8081

3043 E. I. du Pont de Nemours & Co., Wilmington, Del., V. St. A. (Erfinder: Harvey Steadley), **Herstellung hochschmelzender Polyester** aus Glykolestern von Dicarbonsäuren, die wenigstens 75% Bis-2-hydroxyäthylterephthalat enthalten, oder in deren niedrigmol. Polykondensationsprodd. durch Polykondens. in Ggw. von 3—20% B (berechnet als Mol B pro Mol Dicarboxylatgruppe) in Form von Verbb. $X_{m-1}B_pO_q$ (X = H, einwertiger organ. Rest oder n-wertiges Metall, m, n, p u. q sind kleine ganze Zahlen, die der Beziehung $m = \frac{2q-3p}{n} + 1$ gehorchen, z. B. $B(OCH_2CH_2OH)_3$, $B(OC_6H_5)_3$, $Na_2B_4O_7$. — 4536 (Teile) Dimethylterephthalat, 3062 Äthylenglykol, 2,04 Manganoacetat u. 1,46 Sb_2O_3 werden unter CH_3OH-Dest. u. nach CH_3OH-Entfernung auf 230° erhitzt. Die Rk.-Mischung wird im Druckgefäß mit 1,5 H_3PO_4, 13,6 TiO_2, 350 Glykol u. 0,9 (Gew.-% des Dicarboxylatgew.) Methylpolyborat $[(CH_3O)_3B]_2(B_2O_3)_3$ bei 275° u. 1 mm gerührt u. nach 1 Std. bei 60 lbs/sq. in. 2—5 Std. unter Entfernung von Glykoldampf gehalten. Die erhaltenen Rk.-Prodd. können im Schmelzspinnverf. verarbeitet werden. (**Jap. A. S. 6190/1961** vom 28/12. 1959, ausg. 29/5. 1961. **F. P. 1244142** vom 30/12. 1959, ausg. 20/1. 1961. Beide A. Prior. 31/12. 1958.) M. Pankow 8081

3044 Tôyo Reyon Kabushiki Kaisha, Tôkyô (Erfinder: Naoya Yorita, Ôtsu), Japan, **Herstellung von Polyanhydriden** durch Erhitzen u. Polykondens. von Dicarbonsäuren $[HOOC(CH_2)_m]R$ [R = C_6H_4, p-OC_6H_4O–, –OC_6H_4–, –$C(CH_3)_2C_6H_4O$–] mit Essigsäureanhydrid (I). Es entstehen lineare Polymere $OCO(CH_2)_mR(CH_2)_mCO_n$ mit F. zwischen 150 u. 300°, die sich zur Herst. von *Fäden, Filmen* u. a. Formkörpern eignen. — Man erhitzt 30 (Teile) 2.2-Bis-[4-hydroxyphenyl]-propan-O.O'-diessigsäure u. 250 **I** 15 Std. unter Rückfluß u. erhält das Diacetat, das mit Aktivkohle entfärbt u. aus dem überschüssigen **I** entfernt wird. Man erhitzt nun bei 140—200° u. 1 mm u. leitet trocknen N_2 in geringer Menge in die Rk.-Fl., wobei die endständigen Acetylgruppen als **I** im Fortschreiten der Polymerisation entfernt werden; dann erhitzt man 10 Std., bei 220—300° u. erhält ein Harz vom F. 290°, aus dem man durch Schmelzspinnen stabile *Fäden* herstellen kann. (**Jap. A. S. 4841/1961** vom 7/11. 1958, ausg. 15/5. 1961.) M. Pankow 8081

3045 Globe Mfg. Co., Fall River, übert. von: Seymour Polansky, Somerset, Mass., V. St. A., **Herstellung von Polyurethanfäden.** Um isocyanatmodifizierte Polyester nach dem Naßspinnverf. verformen zu können, löst man das bei der Rk. des Polyesters (z. B. aus Adipinsäure u. Äthylenglykol, OH-Zahl 32, SZ 2) mit dem Isocyanat (z. B. Toluylendiisocyanat) erhaltene Rk.-Prod., bevor die Rk. zu Ende geführt u. ein unlösl. Prod. entstanden ist, in einem Lsgm., z. B. Dimethylformamid u. verspinnt es, ggf. nach einer Verweilzeit bei erhöhter Temp. beinahe bis zur Gelierung u. ggf. nach Verdünnen der Lsg., in ein Fällbad, z. B. Wasser. Erst dann erfolgt die endgültige Aushärtung durch Erhitzen. (**A. P. 3047356** vom 26/9. 1959, ausg. 31/7. 1962.) F. Böhm 8081

3046 **Deutsche Gold- und Silber-Scheideanstalt vormals Roessler**, Frankfurt/M., *Peroxymonophosphorsäure.* (**E. P. 925290** vom 21/7. 1960, ausg. 8/5. 1963. D. Prior. 23/7. 1959. — C. **1961**, 14511 [D. A. S. 1096339].)

3047 **Algemeene Kunstzijde Unie N. V.** (Erfinder: **Kurt Heuer, Arnold Lawrence McPeters** und **Albin Franciso Knight**), *Herstellung von Viscosefäden.* (**Aust. P. 239933** vom 19/5. 1959, ausg. 23/8. 1962. A. Prior. 2/6. 1958. — C. **1962**, 16537 [Oe. P. 212485].)

3048 **Dow Chemical Co.**, Midland, Mich. (Erfinder: **Forrest Alden Ehlers**, Walnut Creek, und **Donald Raphael Tommela**, Concord, Calif.), V. St. A., *Herstellung von Pfropfpolymerisaten im Acrylnitril auf Polyvinylpyrrolidon.* (**D. A. S. 1156984** Kl. 39c vom 13/12. 1957, ausg. 7/11. 1963. A. Prior. 13/12. 1956. — C. **1963**, 9536 [E. P. 869180].)

3049 **E. I. du Pont de Nemours & Co.** (Erfinder: **Bernard Magel, Otto Jack Matray, Louis Charles Palmer** und **David Tanner**), *Strukturveränderung von Polyamidfasern.* (**Aust. P. 239931** vom 28/4. 1959, ausg. 23/8. 1962. A. Prior. 31/12. 1958. — C. **1962**, 17615 [F. P. 1226024].)

H_{19}. Brennstoffe, Erdöl, Mineralöle

3050 **Unlösliche Niederschläge, die sich beim Erhitzen von Brennstoffen bilden.** G. F. Bolschakow. (Chem. Technol. Brennstoffe Öle [UdSSR] **8**, Nr. 5, 55—57, 1963; russ.) — Beim Erhitzen von Brennstoffen, die unzureichende thermooxydative Stabilität besitzen, bilden sich unlösl. Niederschläge. Dieser Prozeß wird durch Wrkg. einiger Metalle beschleunigt. Vf. stellte z. B. fest, daß Cu-Legg. (Messing u. Bronze) den Prozeß der Autoxydation von Brennstoffen beschleunigen u. die Korrosionsaktivität vergrößern. Duraluminium weist in dieser Hinsicht beträchtlich geringere Wrkg. auf. Aus den Verss. geht hervor, daß die Metalle die Bldg. von Ndd. nicht nur katalyt. beeinflussen, sondern selbst akt. an diesem Prozeß teilnehmen. J. Fohl 8120◇

3051 **Physikalisch-chemische Eigenschaften von Braunkohlen und Braunkohlenkomponenten.** 1. Mitt. **Die extraktive Zerlegung von Braunkohle.** Carl Kröger und Hans-Heinz Kaspers. (Erdöl-Kohle-Erdgas-Petrochem. **15**, 906—10, 1962; Aachen, Rhein.-Westfäl. TH, Inst. für Brennstoffchem.; dt.) — Braunkohle (**A**) wird durch extraktive Zerlegung mit leichtsd. organ. Lsgm. wie Chlf., Bzl., Chlorbenzol, Propanol oder einem azeotropen Bzl./A.-Gemisch in Bitumen u. humit. Restsubstanz zerlegt. Die Extraktion von Huminsäure (**B**) aus entbituminisierter **A** geschieht mit Kalilauge oder wss. organ. Aminen. Bei der Aminextraktion wird ein Teil des Extraktionsmittels in die gewonnene **B** u. in die Rückstände eingebaut, wobei N-haltige Kondens.-Prodd. entstehen. Die Bilanzen u. Analysen der verschiedenen Meth. zur **A**-Zerlegung u. **B**-Gewinnung sind tabellar. zusammengestellt. P. Bornemann 8124◇

3052 **Untersuchungen der Abhängigkeit der spezifischen Oberfläche von Steinkohlen von der Teufe.** Błazej Roga und Teresa Siemieniewska. (Zeszyty naukowe Politechn. Wrocławskiej, Chemia **7**, 21—39, 1961; Wrocław, Politechn., Kat. Technol. Chem. Węgla; pol.) — Kohlen der Steinkohlengrube Barbara-Wyzwolenie in Oberschlesien aus verschiedener Teufe werden nach der B.E.T-Meth. (mit N_2 bei tiefer Temp.) untersucht. Die spezif. Oberfläche nimmt mit der Tiefe des Vork. von 6,34 auf 0,78 m^2/g ab. Die Abnahme geht mit der Veränderung des C- u. H-Geh., der hygroskop. Feuchtigkeit, der Verbrennungswärme u. der Sinterfähigkeit parallel. F. Urban 8126◇

3053 **Die physikalisch-chemischen Eigenschaften von oxydierten Steinkohlen und ihren Koksen.** 1. Mitt. **Die Veränderung der Kohleeigenschaften während der Oxydation.** Harald Jüntgen und Joachim Karweil. (Erdöl Kohle-Erdgas-Petrochem. **15**, 898—906, 1962; Essen-Kray, Bergbau-Forsch.-GmbH, Forsch.-Inst. des Steinkohlenbergbaus; dt.) — Da bei der Luftoxydation von Steinkohle (**A**) die begrenzte Eindringtiefe von O_2 bisher zu wenig beachtet worden ist, wird für alle Verss. feinkörnige **A** verwendet, die eine Korngröße von $< 100 \mu$ aufweist u. eine vollständige Oxydation bis weit ins Innere der **A**-Körner sichert. Die Eigg. der bei 230° u. 270° weitgehend durchoxydierten **A**-Körner sowie die Gew.-Änderung, die O_2-Aufnahme u. die Änderung der Verbrennungswärme (V.), der Dichte, der inneren Oberfläche einschließlich des Benetzungsverh. in Abhängigkeit von der Oxydationsdauer werden untersucht. Ein linearer Zusammenhang zwischen der Erniedrigung der V. u. der Zunahme des O_2-Geh. wird festgestellt, der für einen weiten Inkohlungsbereich gilt. Deshalb kann die V.-Erniedrigung auch zur Kennzeichnung der Oxykohlen (**B**) verwendet werden. Durch Messung wird nachgewiesen, daß die Benetzungswärme in polaren Stoffen mit steigendem O_2-Geh. zunimmt, während die innere Oberfläche von **B** kleiner wird. P. Bornemann 8126◇

3054 **Die physikalisch-chemischen Eigenschaften von oxydierten Steinkohlen und ihren Koksen. 2. Mitt. Die Eigenschaften der Oxykokse.** Harald Jüntgen und Joachim Karweil. (Erdöl Kohle-Erdgas-Petrochem. **15,** 985—90, 1962; dt.) — 1. vgl. vorst. Referat. — Die innere Oberfläche u. das Porensyst. der durch Verkokung von luftoxydierten Steinkohlen hergestellten Oxykokse werden untersucht u. wesentlich größere innere Oberflächen u. ausgeprägtere Feinstporensyst. als bei gewöhnlichen Koksen festgestellt. Die Abhängigkeit dieses Porensyst. von der Pyrolyseendtemp., der Aufheizgeschw., von Oxydations- u. Inkohlungsgrad der Ausgangskohle wird untersucht u. im Zusammenhang mit der Tatsache diskutiert, daß bei Oxykohlen durch die Beseitigung des Backvermögens kein Schmelzen der Kohlekörner eintritt u. die Koksstruktur weitgehend vom Verlauf der Entgasung abhängig ist. Das Porenvol. der Oxykokse ist mindestens 3mal größer als das normaler Kokse. M. Finke 8126◇

3055 **Umwandlung von Methankohlenwasserstoffen in Verbrennungsmotoren vor der Entflammung.** B. G. Gawrilow, Je. I. Gulin, A. P. Lessnikow und A. K. Tarassow. (J. angew. Chem. [UdSSR] **33,** 421—24, 1960; russ.) — Bei der Unters. der Umwandlung von Methan-KW-Stoffen der Reihe C_6—C_8 von n- u. Isostruktur in normalen Vorentflammungsbedingungen eines Verbrennungsmotors stellten Vff. fest, daß sich in den Temp.-Bereichen von 150—300° u. 250—400° eine Spaltung der Moll. vollzieht. KW-Stoffe mit Isostruktur zeigen im Vgl. mit denen von Normalstruktur in den meisten Fällen eine größere Festigkeit der Mol.-Struktur. Der Grad der Mol.-Spaltung erleichtert die Oxydierbarkeit von KW-Stoffen. Die unerheblichen quant. Umwandlungen von KW-Stoffen, die während der Kompressionszeit von 0,015 Sek. 1% nicht übersteigen, bestimmen die Richtung u. den Charakter der Massenverbrennung des Brennstoffs im Motor. W. Wekua 8128□

3056 **Der Wärmeverbrauch bei der Verkokung in Abhängigkeit vom Inkohlungsgrad und von der mikropetrographischen Zusammensetzung der Kohle.** Anonym. (Gas- u. Wasserfach, Ausg. Gas **104,** 774—77, 1963; dt.) — Die Verkokungswärme kann wegen der zahlreichen Einflußgrößen beim Verkokungsprozeß schlecht definiert werden. Man kann den Einfl. der einzelnen Parameter festlegen, wenn man bestimmte Kohlenmischungen, deren petrograph. Analyse bekannt ist u. die man unter idealen Bedingungen verkokt, bezüglich des Wärmeverbrauchs vergleicht. Bei Kohlen mit mehr als 26% Flüchtigen ist die Verkokungswärme von der mikropetrograph. Zus. abhängig, so daß Verbrauchsgarantien unsicher werden. Es wird empfohlen, einen „techn. Wirkungsgrad" μ_{th} = Wärmeverbrauch —

$$-\frac{\text{Schornsteinverluste} + \text{Strahlungsverluste}}{\text{Wärmeverbrauch}}$$

u. einen „qual. Wirkungsgrad" $\mu_{qual.}$ = Grad der Gleichförmigkeit der Koksbildg. im Ofen in räumlicher u. zeitlicher Hinsicht einzuführen. F. Rosendahl 8142△

3057 **Beziehung zwischen der Schrumpfung von Kohle und der Geschwindigkeit der Entgasung.** V. Stuchlík. (Paliva **43,** 3—7, 1963; VZÚ NHKG, Koksárenský výzkum; tschech.) — Auf Grund von Labor-Unterss. wird festgestellt, daß die Kurve der Geschw. der Entgasung nicht mit der Schrumpfung, die in zu diesem Zweck abgeänderten Dilatometern nach Audibert-Arnu u. Chevenard-Jourier ermittelt wird, vergleichbar ist. Die Kurve der Entgasungsgeschw. kann weder durch die wirkliche Schrumpfkurve noch durch deren Derivationskurve ersetzt werden. Die Schrumpfung muß mit bes. für diesen Zweck bestimmten Dilatometern ermittelt werden. R. Grundmann 8142◇

3058 **Verhalten des Schwefels bei der Verkokung von Kohlen.** B. Tejnický. (Paliva **43,** 7—13, 1963; Běchovice; tschech.) — Arbeiten, die sich mit dem Verh. von S beim Verkoken von Kohlen befassen, werden vom Standpunkt der verschiedenen, in den Brennstoffen vorkommenden S-Gruppierungen u. unter Berücksichtigung der verschiedensten Faktoren, die den Geh. in den Verkokungsprodd. bestimmen, ausgewertet.
R. Grundmann 8142◇

3059 **Die Wahl der Erhitzungsebene für große Koksöfen.** Ju. Ss. Wassiljew. (Koks u. Chem. [UdSSR] **1962,** Nr. 11, 31—34; russ.) — Zur Erhöhung der Brennfackelhöhe in Koksöfen wurden die Rezirkulation der Brennprodd. in den Heizkanälen vergrößert, hohe Brenner eingebaut u. die Erhitzungsebene um $^1/_5$ vergrößert; hierbei wurde eine starke Überhitzung des Oberteils des Kokskuchens erhalten, u. die Temp. des oberen Raumes erreichte 1000°, was zu intensiver Graphitablagerung in den oberen Teilen der Kammern u. starker Pyrolyse der chem. Verkokungsprodd. führte. Im Resultat der durchgeführten Unterss. wird empfohlen, für den weiteren Bau von Öfen des Vol. 30 m^3 die Erhitzungsebene 700 mm von oben entfernt zu legen, was einer Entfernung von 100—150 mm unter dem Oberrand des fertigen Kokskuchens entspricht. Dieses gestattet eine Verringerung des Pyrolysegrades der chem. Prodd. im oberen Raum.
W. Jermolowa 8144△

3060 **Über den Prozeß der Koksbildung aus Braunkohlenbriketts.** Je. M. Taitz und I. A. Andrejewa. (Hochschulnachr. [Iwanowo], Chem. u. chem. Technol.] **2,** 454—59, 1959; Inst. für foss. Brennstoffe der Akad. der Wiss. der UdSSR, Moskau, Berginst.; russ.) — Braunkohle verschiedener Herkunft wird bei 2000 kg/cm^2 gepreßt. Der Feuchtigkeitsgeh. beträgt 10—12%. Die Erwärmung erfolgt während 90 Min. bei 150° u. wird um 3°/Min. bis 950° gesteigert. Der Festigkeitsgrad der Braunkohlenbriketts bei der Erwärmung steht in enger Beziehung zu der Dynamik der Schrumpfung u. erhöht sich mit wachsender Schrumpfung des Einzelkorns. Das Ausmaß der Schrumpfung hängt nicht nur von der Beschaffenheit der Kohle (Plastizität) u. den Brikettierungsbedingungen (Grad der Ausmahlung, Druck) ab, sondern auch von dem Verlauf der Erwärmung. Schnelles Erwärmen läßt die Schrumpfungsgeschw. der einzelnen Körper wachsen, stört aber ihren Kontakt zueinander u. führt zur Festigkeitsminderung. J. Lehmberg 8144△

3061 **Die Verwendung von Braunkohlenhochtemperaturkoks.** Erich Rammler und Georg Bilkenroth. (Freiberger Forsch.-H., Reihe A **270,** 33—52, 1963; Freiberg u. Berlin; dt.) — Übersicht. — 30 Literaturhinweise.
F. Rosendahl 8144△

3062 **Der Einfluß grobkörniger Chargen auf die Eigenschaften des Kokses.** A. Je. Eidelman, F. S. Jelenski und Ju. A. Tschernyschow. (Koks u. Chem. [UdSSR] **1962,** Nr. 5, 10—13; Saporoshke, Kokerei; russ.) — Die Verkokung gasarmer Fettkohle der Korngröße >6 mm mit einem Aschegeh. von 6,0—6,5% ergibt einen abriebfesten stückigen Koks. Werden dieser Kohle 5,0—5,5% gasarme Magerkohle zugesetzt, so verbessern sich diese Eigg. noch, dagegen bei Erhöhung auf 9—15% tritt eine Qualitätsverschlechterung ein. Der Zusatz von leicht backender Magerkohle führt zu starker Sinterung u. Spaltung des Kokses u. großem Staubanfall.
Herbert Hoffmann 8144◇

3063 **Über Gießereikoks.** W. A. Leitess. (Koks u. Chem. [UdSSR] **1962,** Nr. 5, 26—28; russ.) — Rückblick u. Perspektive über das Kokereiwesen. Koksaufkommen u. Bedarf in den einzelnen Landesteilen der SU werden angegeben. Herbert Hoffmann 8144◇

3064 **Der Einfluß einer sekundären thermischen Behandlung auf die Struktur von metallurgischem Koks.** K. A. Bogojawlenski. (Koks u. Chem. [UdSSR] **1962,**

Nr. 8, 23–27, Charkow, Forsch.-Inst. für Kohlechemie; russ.) — Durchschnittsproben von Koks aus vier Kokereien des Donez-Beckens wurden im Labor-Vakuumofen einer therm. Behandlung bei $1 \cdot 10^{-4}$ mm Hg im Temp.-Bereich 1100–1700° unterworfen. Beim Nacherhitzen wird ein bedeutender Gew.-Verlust beobachtet, wobei die Proben Asche- u. S-ärmer werden. Bei 1700° beträgt der Gew.-Verlust 10%, dabei verliert der Koks 25–40% der mineral. Verunreinigungen u. über 50% S. Der nacherhitzte, fein gemahlene u. mit HCl u. HF entaschte Koks wurde mit NaF als Eichpräp. gemischt u. in Debye-Vakuumkammern geröntgt. Die Unters.-Ergebnisse der photometrierten Röntgenogramme werden beschrieben. W. v. Füner 8144◇

3065 **Ausbeutung von Kohlelagern durch Verbrennen in situ.** Gunnar Aasgaard. (Tidsskr. Kjemi, Bregves. Metallurgi **22,** 184–86, 1962; norw.) — Besprechung u. Auswertung eines Berichtes des amerikan. Bureau of Mines über die Vergasung von Steinkohle in situ. Alfred Helms/Ludwigshafen 8148◇

3066 **Grundlegende Untersuchung über die unterirdische Vergasung von Kohle mit Sauerstoff.** Zenjirā Hokao. (J. Mining metallurg. Inst. Japan **77,** 970–74, 1961; jap., Auszug: engl.) — Die unterird. Vergasung von Kohle mit O_2 ergibt einen höheren Heizwert des Gases (> 1000 kcal/Nm³) als die Vergasung mit Luft u. eine größere Vergasungszone. W. Wesly 8148◇

3067 **Die neue Schwachgas-Generatoranlage Duisburg.** Mathias Simon und Jacob Schonz. (Gas- u. Wasserfach, Ausg. Gas **104,** 834–36, 1963; Duisburg; dt.) — Die neue Schwachgas-Generatoranlage (**A**) wurde so gebaut, daß der Betrieb weitgehend automatisiert wurde unter gleichzeitiger Gewährung von Sicherheit u. Wirtschaftlichkeit. Das anfallende NH_3-Wasser wird abgetrieben u. anfallendes NH_3 u. H_2S dem Unterwind von **A** beigefügt. Der Betriebsablauf ist von der Beschickung mit Brechkoks bis zum Ascheaustrag voll automatisch. Die hierfür geschaffenen Maßnahmen werden geschildert. F. Rosendahl 8150△

3068 **Das Austauschen von Gasen.** M. Redman. (J. Inst. Fuel **36,** 329–41, 1963; North Western Gas Board; engl.) — Ökonom. u. techn. Gründe waren maßgebend bei der Erzeugung von Stadtgas aus leichten fl. u. gasförmigen KW-Stoffen. Im Vgl. dazu wird die Gaserzeugung aus Kohle u. schweren Erdölprodd. herangezogen u. in bezug auf die grundlegenden chem. Rkk. u. physikal. Vorgänge miteinander verglichen. Daneben werden auch Kapitalbedarf u. Produktionskosten miteinander verglichen. Neuere Verff. werden beschrieben u. bewertet. Die Untertagespeicherung von Gasen u. die Erzeugung von Gas unter höherem Druck werden kurz besprochen. F. Rosendahl 8156△

3069 **Die Erzeugung von Stadtgas.** Maurice Besson. (J. Usines Gaz **87,** 309–11, 1963; franz.) — Übersicht über die Erzeugung aus Kohle, Gasen u. Ölen. F. Rosendahl 8156△

3070 **Die industrielle Verwendung von Stadtgas.** R. F. Hayman. (J. Inst. Fuel **36,** 391–94, 1963; The Gas Council; engl.) — Übersicht. Brennerformen u. Kontrolle der Verbrennung. F. Rosendahl 8156△

3071 **Die Reinigung des Rohgases.** Gaston David. (J. Usines Gaz **87,** 311–13, 1963; franz.) — Übersicht über verschiedene neuere Verff. der Gasreinigung. F. Rosendahl 8164△

3072 **Der Einsatz von P.-A.-Venturi-Scrubbern in der petrochemischen Industrie.** Kurt Baum. (Erdöl Kohle-Erdgas-Petrochem. **15,** 914–18, 1962; Essen/Ruhr; dt.) — Das schwierige Problem der Feinstreinigung von Crack-, Kokerei- u. weiteren Nutzgasen sowie von Abgasen kann durch Anwendung der Naßabscheidung in Pease-Anthony-Scrubbern gelöst werden. Die vorliegenden Erfahrungen bestätigen die hohe Wirksamkeit der Naßwäscher bei der Abtrennung von Stäuben, Teernebeln, Naphthalindämpfen, polymerisierten KW-Stoffen, Ruß u. a. Verunreinigungen aus Gasen. An Hand von Schaltbildern u. Betriebsdaten werden die Wrkg.-Weise u. der Abscheidungsgrad in verschiedenen Großanlagen nachgewiesen. Bei diesem Verf. sind die Taupunktstemp. u. die Wahl der hohen Gasgeschw. der eingedüsten Waschfl. von bes. Bedeutung. P. Bornemann 8164◇

3073 **Die Gewinnung von technischem Naphthalin aus Zentrifugennaphthalin auf der kokschemischen Anlage von Gubacha.** W. N. Nowikow, L. K. Tolstow, Je. K. Sserebrjakowa und B. M. Ssokolow. (Koks u. Chem. [UdSSR] **1962,** Nr. 8, 35–37, Östl. Forsch.-Anst. für Kohlechem.; russ.) — Zentrifugiertes *Naphthalin* (**I**) wird dreimal mit 92–93%ig. H_2SO_4 bei 80–90° behandelt, nach der Abtrennung des Säureharzes mit heißem W. (80–90°) gewaschen, dann mit heißer 20%ig. Alkalilauge bis zur schwach alkal. Rk. behandelt. Das gewaschene **I** wird rektifiziert u. dient als Rohstoff für die Herst. von Phthalsäureanhydrid u. Nekal. Analyse: 94,84(%) **I,** 0,81 β- u. 0,41 α-Methylnaphthalin, 2,11 Thionaphthen, 0,38 ungesätt. Verbb., 0,08 Phenole, 0,01 Basen, 0,02 Asche u. 1,34 weitere, nicht identifizierte Verunreinigungen. W. v. Füner 8166◇

3074 **Organischer Schwefel im Stadtgas — eine Literaturübersicht.** Anna Stempel. (Gas- u. Wasserfach, Ausg. Gas **104,** 836–38, 1963; Stuttgart; dt.) — 39 Literaturhinweise. F. Rosendahl 8172△

3075 **Thermische Spaltung des Kendirlik-Schiefers unter den Bedingungen eines schnellen Erhitzens.** W. G. Kaschirski und W. Ss. Petelina. (Hochschulnachr. [UdSSR], Chem. u. chem. Technol. **2,** 443–48, 1959; Saratow, Tschernyschewski-Univ., Forsch.-Inst. für Chemie; russ.) — Staubförmig gemahlener Kendirlik-*Schiefer* wird in einem Röhrenreaktor bei 900 u. 1000° im Dampfstrom zersetzt. Die Verweilzeit der Staubteilchen in der Hochtemperaturzone beträgt 0,4–0,5 Sek., was einer Erhitzungsgeschw. in der Wirbelschicht von 1400–1700°/Sek. gleichkommt. Das Pyrolysegas hat einen hohen Heizwert. Der Geh. an ungesätt. KW-Stoffen, bes. *Äthylen,* beträgt bis zu 35%. Neben der gasförmigen Komponente werden *Teer* u. *Gas-Bzn.* gewonnen, über deren fraktionäre Zus. Angaben gemacht werden. J. Lehmberg 8180△

3076 **Produkte der trockenen Destillation einiger Iowa-Ölschiefer.** Lionel K. Arnold. (Proc. Iowa Acad. Sci. **69,** 379–83, 1962; Ames, Iowa, Iowa State Univ., Iowa Engng. Exp. Station; engl.) — Aus dem Ölschiefer werden 40 gallons/ton eines Öles aus 89,4% Penten-(1) u. 9,2% 2-Methylbutan gewonnen. Der Rückstand wird als Kiesersatz im Straßenbau verwendet. K. Strenge 8180◇

3077 **Gewinnung von Haushaltgas aus brasilianischem Schiefer.** L. Ss. Saglodin und A. N. Nemirowski. (Gas-Ind. [UdSSR] **8,** Nr. 1, 18–21, 1963; russ.) — Im Zusammenhang mit der Projektierung einer Gasgewinnung aus brasilian. Schiefer für die Versorgung der Städte Rio de Janeiro u. Sao Paulo werden die chem. u. physikal. Kennzahlen des Schiefers, des Teers, des Gasbenzins u. des Gases sowie die Art der Schieferverarbeitung mitgeteilt. Das Gas enthält 50–60% H_2 u. besitzt einen Heizwert von weniger als 4000 kcal/m³. O. Lebtag 8180△

3078 **Über die chemische Zusammensetzung des Paraffin–Naphthen-Teiles der Fraktion von 150–215° von Schieferteer.** O. G. Eisen, Ss. A. Rang und E. Ch. Arumejel. (Chem. Technol. Brennstoffe Öle [UdSSR] **8,** Nr. 5, 38–42, 1963; russ.) — Die Hauptkomponenten der untersuchten Fraktion sind Nonan, Decan, Undecan, die 70% des Konzentrates bilden. Die Menge der Cyclohexan-KW-Stoffe beträgt 12,1% (auf das Konzentrat bezogen). Im Teil der untersuchten Cyclohexan-KW-Stoffe wiegen n-Propyl- u. n-Butylcyclohexan vor. Unter den Methyl-, Äthyl- u. Methylpropylcyclohexanen wiegen die Verbb., die Alkylgruppen in 1- u. 2-Stellung besitzen, vor. J. Fohl 8180◇

3079 **Untertagelagerung von verflüssigten Petroleumgasen und Erdgas.** M. Bresson. (Bull. Assoc. franç. Techniciens Pétrole **1963,** Nr. 160, 441–56; Gaz de France; franz.) — Die hauptsächlichen Schwierigkeiten bei der Einlagerung von verflüssigten Gasen in Erdhöhlen werden besprochen. Bei dem bes. Fall der Einlagerung verflüssigter Gase (Propan) u. Erdgas bei tiefen

Temp. sichert eine Eisbldg. im Gestein die Dichtheit desselben, jedoch müssen auch bestimmte Vorsichtsmaßnahmen getroffen werden, weil die Eigg. des Gesteins durch die tiefe Kälte geändert werden. Es werden Vers.-Lagerbehälter beschrieben, mit deren Hilfe die Vorgänge in den Erdhöhlen gut untersucht werden können.
F. Rosendahl 8186△

3080 **Tieftemperaturgleichgewichte heliumführender Erdgase: Hogback-Gas.** Lowell Stroud, Will E. De-Vaney und John E. Miller. (Us. Dep. Interior, Bur. Mines, Rep. of Investigat. **6278,** 1—16, 1963; Amarillo, Texas, Bur. Mines, Helium Activity, Helium Res. Center; engl.) — Vgl. C. **1963,** 14982. — Zur Best. des Dampf-Fl.-Gleichgew. im He-haltigen Erdgas von Hogback bei Temp. von 100—250°F u. Drücken bis zu 500 lbs./sq.in. wurde ein Gleichgew.-App. benutzt, der eine mit einem Fenster versehene Zelle hat. Bei —200°F u. oberhalb 200 lbs./sq.in. tritt ein anomales Verh. ein, weil zwei fl. Phasen gebildet werden. Die Bldg. eines solchen Dampf-Fl.-Fl.-Gleichgew. ist bisher nur bei der Unters. des Hogback-Gases beobachtet worden. Es handelt sich dabei nicht um ein rückläufiges Phenomen. Die wichtigsten Voraussetzungen für die Bldg. der beiden Fl.-Phasen sind: Temp. unter —200°F u. ein höherer Druck als 200 lbs./sq.in. Infolge der Bldg. der beiden Fl.-Phasen konnte keine Löslichkeit des Gases ermittelt werden, doch scheinen die krit. Löslichkeitsbedingungen beider Fll. bei —250°F u. 200 lbs./sq.in. zu liegen. Nach einer Flutung der Hogback-Bohrungen traten keine Gase mehr mit anomalen Verhältnissen aus. Zur Gewinnung eines Syst. mit zwei fl. Phasen wurden künstliche Gemische aus N_2, CH_4, C_2H_6 u. He unter den gleichen Bedingungen wie das Hogback-Gas untersucht, doch konnte unter keinen Umständen ein Syst. mit zwei Fl.-Phasen erhalten werden. Es wird angenommen, daß ein höherer KW-Stoff als C_2H_6 die Ursache für die Bldg. der beiden Fl.-Phasen ist.
F. Rosendahl 8186△

3081 **Öl-Gewinnung durch Mischphasenverschiebung: eine Bibliographie.** L. K. Weaver, W. D. Dietzman und M. E. Hawkins. (U. S. Dep. Interior, Bur. Mines, Inform. Circ. **1963,** Nr. 8177, 1—27; Dallas, Tex., Bur. of Mines; engl.) — Nach Jahrgängen bis Febr. 1963 alphabet. geordnete Literatur- u. Patenthinweise über US- u. a. Veröffentlichungen, die sich mit dem Mischphasenverschiebungs-Verf. zur Ölgewinnung befassen.
R. Grundmann 8190◇

3082 **Faktoren, die den Verlauf der Rißbildung im Gestein durch Wassereinfluß bestimmen.** I. R. Dunlap. (J. Inst. Petroleum **49,** 882—88, 1963; Dallas, Texas, Socony Mobil Oil Co. Inc., Field Res. Labor.; engl.) — Es werden theoret. Beziehungen entwickelt, die die Spannungsverhältnisse in einem Bohrloch erklären, wenn diese durch eine zweiaxiale Last erzeugt werden. Auch die örtlichen Veränderungen solcher Spannungen werden dargelegt u. ebenso der Einfl. des Druckes des Bohrloches auf die Spannungen im Gestein. Die verschiedenen Faktoren, wie das Nachlassen des Drucks im Gestein u. das Ausbreiten des Drucks unter Rißbldg., u. die Orientierung der Rißbldg. werden im einzelnen erörtert; dazu eine Diskussion über Beziehungen zwischen Überdruck, horizontalen regionalen u. tekton. Spannungen. Eine analyt. Meth. wurde ausgebildet, mit der demonstriert werden kann, wie die Kenntnisse über die Wasserdruckverhältnisse für die Bewertung der drei hauptsächlichen Formationsspannungen verwendet werden können u. welche Rißbldg. vorzugsweise azimutal verläuft. Beispiele dazu werden gegeben. An Bohrproben wird dargelegt, wie sich die Spannungen zur Rißbldg. mit der Zeit verändern.
F. Rosendahl 8190△

3083 **Verlauf der Rißbildungen und Gesteinsspannungen in den Springer- und Hart-Formationen, Oklahoma.** I. R. Dunlap. (J. Inst. Petroleum **49,** 289—94, 1963; engl.) — Die in der vorst. Mitt. dargelegten theoret. Verhältnisse werden auf die Springer- u. Hart-Formationen in Oklahoma prakt. angewendet.
F. Rosendahl 8190△

3084 **Die Raffinerie von Donges der Soc. Antar-Petroles de l'Atlantique.** M. J. A. Carles. (Techn. Appl. du Pétrole **18,** Nr. 206, 11—20, 1963; franz.) — An Hand von Fließbildern u. ausführlichen Erläuterungen wird der betriebliche Ablauf einer neuerrichteten Erdölraffinerie geschildert.
F. Rosendahl 8192△

3085 **Automatisierung und Optimalisierung von Erdölverarbeitungsprozessen mittels elektronischer Rechensysteme.** Reinhard Rudolf Böhme. (Erdöl Kohle-Erdgas-Petrochem. **15,** 918—21, 1962; Sindelfingen/Württ., Internat. Büro-Maschinen-GmbH; dt.) — Der Einsatz elektron. Prozeßrechner (**A**) ermöglicht im Gegensatz zur konventionellen Prozeßführung eine optimale Fahrweise bei Erdölverarbeitungsprozessen. Die Grundlagen einer solchen Computeranwendung werden dargestellt u. die Weiterentwicklung von **A**-Syst. bis zur Vollautomatisierung aufgezeigt. Voraussetzung für den Einsatz von **A** ist, daß die damit zu fahrende Anlage über eine bestimmte Durchsatzkapazität verfügt.
P. Bornemann 8192◇

3086 **Inhibitorsüßung von Kohlenwasserstoffgemischen.** Ernst G. Nottes. (Erdöl Kohle-Erdgas-Petrochem. **15,** 910—13, 1962; Ludwigshafen/Rh.; dt.) — Die Vorteile des Inhibitorsüßungsprozesses bei der Umwandlung der in Kraftstoffen vorhandenen Restmercaptane in Disulfide mit Hilfe von p-Phenylendiaminderivv. werden erörtert. Alle wesentlichen Faktoren der Inhibitorsüßung sowie die Inhibitorkonz., der Mechanismus des Süßungsverlaufes, die apparative Anordnung u. die Durchführung des Verf. in Abhängigkeit vom Ausgangsprod. werden diskutiert.
P. Bornemann 8194◇

3087 **Brennstoffe für Überschallflugzeuge.** Ja. B. Tschertkow. (Chem. Technol. Brennstoffe Öle [UdSSR] **8,** Nr. 5, 68-71, 1963; russ.) — Vf. gibt Übersicht über den gegenwärtigen Stand der Gewinnung von Brennstoffen für Überschallflugzeuge. Von größter Bedeutung sind die Naphthen-KW-Stoffe, die aus dem Erdöl gewonnen werden. Die Verbesserung der Eigg., bes. der Thermostabilität von Brennstoffen, kann durch Zusätze, von denen langkettige aliphatische Amine die höchste Aktivität bei hohen Temp. besitzen, erreicht werden. Die Thermostabilität wird in Zukunft nicht nur für Brennstoffe für Überschallflugzeuge, sondern auch für Raketenbrennstoffe als die wichtigste Eig. angesehen werden.
J. Fohl 8204◇

3088 **Die Bewertung der Gebrauchseigenschaften von schwefelhaltigen Dieselölen und deren Komponenten durch Laboratoriums-Schnellmethoden.** S. A. Ssablina, A. M. Fomina, Je. Ss. Tschurschukow und T. P. Ssakodynskaja. (Chem. Technol. Brennstoffe Öle [UdSSR] **8,** Nr. 5, 57—61, 1963; russ.) — Die Unters. der Gebrauchseigg. von S-haltigen *Dieselölen* verschiedener technolog. Provenienz durch Laboratoriumsmeth. zeigt, daß sich ihre chemo- u. thermooxydative Stabilität u. auch die Korrosionseigg. mit steigendem Geh. an Mercaptan-S oder unstabilen Komponenten (Kerosin aus dem therm. Cracken oder schweres Gasöl mit hohem S-Geh. aus dem katalyt. Cracken) verschlechtern. Bei hohen Temp. bilden sich neben Prodd., die in Brennstoffen lösl. sind (Säuren u. Harze) in hohem Maße auch unlösl. Ndd., die die Bldg. von lackartigen Rückständen im Heizsyst. beschleunigen. Verbesserung der Stabilität von Brennstoffen bei der Lagerung u. ihrer Verw. können durch Zugabe von speziellen Zusätzen erreicht werden.
J. Fohl 8212◇

3089 **Die Veränderung der Stabilität und der Korrosionsaggresivität von schwefelhaltigen Dieselkraftstoffen bei längerer Lagerung.** M. Ss. Smirnow, W. N. Dneprow und A. A. Libenson. (Chem. Technol. Brennstoffe, Öle [UdSSR], **7,** Nr. 9, 51—55, 1962; russ.) — Sämtliche physikal.-chem. Eigg. des S-armen *Dieselkraftstoffes* (**I**) DS nach GOST 4749-49 sowie des S-haltigen (0,9% S) bleiben auch bei längerer Lagerung (9—10 Jahre) prakt. unverändert. Im **I** aus dem katalyt. Cracken mit 1,25% S vergrößern sich die Mengen an Teerprodd. in 6 Jahren auf das Dreifache. Im **I** mit 1,6% S u. 0,13% Mercaptanen steigt die Korrosionsagressivität stark an. Für 4 verschiedene Sorten **I** wird die Veränderung folgender Eigg. über Zeiträume bis zu 9 Jahren zahlenmäßig angegeben: Dichte, Zähigkeit, S-Geh., Mercaptan-Geh., Fraktionszus., SZ., Verkokung, JZ., Teer-Geh., Flammpunkt, Stockpunkt, Cetanzahl. H. V. Adolphi 8212

3090 **Thermische Behandlung von leichten Rückstandsheizölen zur Verringerung der Wachsabscheidungen.** R. Greatorex. (J. Inst. Petroleum **49,** 259—72, 1963; Brit. Petrol. Co., Ltd.; engl.) — Durch Wachsabscheidungen aus leichten Heizölen treten Schlammbldg. u. Filterverstopfungen ein. Um Unterss. im Labor durchführen zu können, wurde eine geeignete App. geschaffen, deren Arbeitsweise beschrieben wird. In der Annahme, daß der Trübungspunkt eines Heizöles mit dem Beginn der Wachsausscheidungen zusammenfällt, mußte hier auch die krit. Temp. zu suchen sein. Bei der Abkühlung des Heizöles in verschiedenen Lsgm. um 12°F/Min. von 180—60°, 180—90° u. 140—60°F konnten bei mehr als 100 Proben nur 3 mit schlechten Filtereigg. gefunden werden, selbst wenn sie mehr als 6 Monate stehen blieben. Das ausgeschiedene Wachs war sehr feinkristallin. In einer halbtechn. Vers.-Anlage wurden günstige Arbeitsbedingungen ermittelt: schnelles Abkühlen von 135 auf 10°F. Die so erhaltenen Heizöle zeigten ein noch besseres Verh. als die im Labor erhaltenen. Die auf Grund der halbtechn. Vers.-Anlage errichteten techn. Anlagen arbeiten zur vollkommenen Zufriedenheit.
F. Rosendahl 8216△

3091 **Über die Wärmebeständigkeit von Antikorrosionskomponenten und Zusätzen mit mehreren Funktionen.** W. K. Nowikow. (Chem. Technol. Brennstoffe Öle [UdSSR] **8,** Nr. 5, 62—65, 1963; russ.) — Die Antikorrosionskomponenten u. Zusätze mit mehreren Funktionen weisen in Ölen eine Wärmebeständigkeit nur bis 140° auf. Bei weiterer Erhöhung der Temp. nimmt ihre Wärmebeständigkeit u. Antikorrosions-Wrkg. im Öl ab. Die Herabsetzung ist in der Hauptsache durch Oxydation u. z. T. auch durch therm. Zers. von Antikorrosionskomponenten u. Gruppen verursacht. Die größte Wärmebeständigkeit besitzt der Antikorrosionszusatz *AzNII-7* u. die Komponente *V-360*. Bei der Komponenten *AzNII-4* u. *CIATIM-339* ist diese Eig. am geringsten. J. Fohl 8220◇

3092 **Reibung, Verschleiß und Schmierung von Plasten.** G. V. Vinogradov und M. D. Bezborodko. (Wear [Amsterdam] **5,** 467—77, 1962; Moscow (U.S.S.R.), Acad. of Sci. of the U.S.S.R., Inst. of Petrochemical Synt.; engl.) — Der Einfl. von Schmiermitteln (W., 5%ig. wss. Lsgg. von Traubensäure, Citronensäure, Pentaerythrit, Trimethyloläthan, ein nichtpolares Mineralöl — die Naphthen-Paraffinfraktion von MC-20-Öl — mit verschiedenen Zusätzen wie Glycerin, Glykol usw.) auf die Reibungs- u. Verschleißprozesse zwischen 40 X-Chromstahl u. Plasten (ein mit 60 Gew.-% Glasfasern verstärktes Phenolformaldehydharz u. Capron) bei großen Belastungen wird untersucht. Es ist möglich, hochwirksame Schmiermittel für verstärkte Plaste, die auf gehärtetem Stahl gleiten, so auszuwählen, daß Reibungs- u. Verschleißverluste minimal werden.
I. Köditz 8220

3093 **Schmierung von Raumfahrzeugen.** Earl G. Jackson. (Wear [Amsterdam] **5,** 417—33, 1962; Cambridge, Mass., U.S.A., Nat. Res. Corp.; engl.) — Kurzer Überblick über die Probleme u. einige Lösungen, die mit der Schmierung mechan. App. im Weltenraum verknüpft sind. I. Köditz 8220

3094 **Methodische Erkenntnisse im Blasen von Bitumen.** Erich Gundermann. (Chem. Techn. **14,** 324—28, 1962; Leipzig, DAW, Inst. Verf.-Technik der Organ. Chemie; dt.) — Vgl. C. **1962,** 7020. — Auf Grund systemat. Blasverss. in einer Labor-App. unter wechselnden Bedingungen wurden die Dest.-Rückstände von alban. u. sowjet. Erdölen auf ihre Tauglichkeit als Einsatzmaterial zum Blasen untersucht. Daneben konnten allg. gültige Erkenntnisse gewonnen werden, die auf dem Einfl. des Einsatzmaterials, der App., der Blastemp. u. der Blasdauer beruhen. Auch die Luftmenge muß berücksichtigt werden. Die Erkenntnisse können benutzt werden, die vorhandenen Anlagen möglichst wirtschaftlich auszunutzen u. die Güte des anfallenden Blasprod. zu verbessern. F. Rosendahl 8224△

3095 **Beziehungen zwischen der Eindringtiefe und der Viscosität von Bitumen. Ihre Anwendungen.** M. G. Carré. (Bull. Assoc. franç. Techniciens Pétrole **1963,** Nr. 160, 492—503; C.R.S.B.; franz.) — Mit Hilfe der erkannten Beziehungen zwischen Eindringtiefe (E) u. Viscosität (V) von Bitumen war es möglich, die Bedeutung der Best. von E darzulegen. Die Best. von E ist auch deswegen von Bedeutung, weil für die Durchführung der Best. nur geringe Substanzmengen erforderlich sind u. weil sie infolge der Temp.-Empfindlichkeit Auskunft über den kolloidalen Charakter der untersuchten Substanz geben kann. Auch bei Substanzen, die keinerlei Mengen von Bitumen enthalten, aber von ähnlicher Konsistenz sind, kann die Best. von E u. V einen Einblick in das allg. Verh. der Substanz geben. F. Rosendahl 8224△

3096 **Stahlrohrumhüllungen und Stahlrohrauskleidungen mit bituminösen Massen.** Heinrich Klas. (Gas- u. Wasserfach, Ausg. Gas **104,** 725—29, 1963; Düsseldorf; dt.) — Unter Berücksichtigung in- u. ausländ. Erfahrungen wird eine Übersicht über die verschiedenen Maßnahmen gegeben, um Stahlrohre beim Verlegen in die Erde durch bituminöse Umschläge vor korrosiven Angriffen zu schützen. F. Rosendahl 8224△

3097 **Zur Frage der thermischen Spaltung von Steinkohlenpechen.** A. N. Tschisstjakow. (Hochschulnachr. [Iwanowo] Chem. chem. Technol. **2,** 449—53, 1959; Leningrad, Technol. Lensowjet-Inst.; russ.) — Die Verss. werden mit *Mittel-* (**I**) u. *Hochtemp.-Pech* (**II**), Erweichungspunkt 78,6 bzw. 151,5°, in einer Labor.-Anlage bei 500—900° vorgenommen. Temperatursteigerung erhöht die Ausbeute an Gas von 14 auf 230 (Nm^3/t) für **II** u. von 35 auf 260 für **I** u. senkt den Heizwert des Gases von 4740 auf 3060 ($Kcal/Nm^3$) bzw. von 4160 auf 3200. Die Koksausbeute ist bei **II** um 9% größer als bei **I**. Die Erhöhung der Erhitzungsgeschw. führt zu einer Vergrößerung der Teer- u. Senkung der Koksausbeute. Bei der Verkokung von **II** (900°) gehen 41% S in die flüchtigen Verbb. über.
J. Lehmberg 8228△

3098 **Untersuchungen über Asphalt.** 1. Mitt. **Die Fließbarkeit von Asphalt.** Kenji Murayama. (J. Fuel. Soc. Japan [Nenryo Kyokwai Shi] **42,** 480—85, 1963; Nippon Petroleum Refining Comp.; jap.) — Unterss. an Asphalten über das spez. Gew., die Viscosität bei hohen Temp. u. die Fließbarkeit bei normaler Temperatur. Diskussion der Meth. der Herst. der Asphalte.
F. Rosendahl 8228△

3099 **Neuzeitliche Entemulgierung im Ölfeld.** 2. Mitt. Fred Steinhauff. (Petroleum [London] **25,** 335—37, Okt. 1962; Atlas Chem. Ind. Inc., Petrol.; Ind. Sales, Internat. Divis.; engl.) — 1. vgl. C. **1963,** 19459. — Die Verff. der elektr. u. chem. Entwässerung von Emulsionen, die Chemie der Emulsionszerstörer u. deren Unters. auf Geeignetheit werden beschrieben.
F. Rosendahl 8230△

3100 **Neue Ansichten über Mineralschwarz.** E. Laviosa. (Fonderia ital. **10,** 267—73, 1961; ital.) — An 8 Proben von Lignit, Kohle u. Pech werden die chem. Zus., der Geh. an flüchtigen Anteilen, der Aschegeh. u. das mkr. Strukturbild untersucht u. der Einfl. dieser Eigg. auf das Verh. in Formmassen erörtert. R. K. Müller 8242◇

3101 **Zur Bestimmung der scheinbaren Dichte von Koks.** A. Seichter und G. Gruson. (Paliva **43,** 17—18, 1963; Freiberg/Sa., NDR, DB; tschech.) — Ein Vorf. zur Best. der scheinbaren Dichte von Koks im Seger-Volumenometer nach Paraffintränkung wird beschrieben. Die gewonnenen Ergebnisse des bestimmten Vol. sind sehr gut reproduzierbar. Die Vol.-Best. wird auch ohne Paraffintränkung in W. durchgeführt; die Ergebnisse stehen im guten gegenseitigen Verhältnis zueinander.
R. Grundmann 8246◇

3102 **Bestimmung der Feinstruktur von Koks mittels Chrom-Strahlung und monochromatischer Strahlung.** V. Večeříková und M. F. Kessler. (Paliva **43,** 13—16, 1963; ČSAV, Hornický ústav; tschech.) — Die Debye-Scherrer-Meth., bei der Cr-Strahlung u. W als Bezugsstoff angewandt werden, u. die Durchgangsmeth. bei Anwendung monochromatischer Cu-Strahlung hat sich für das Verfolgen der Qualität von Betriebskoks bewährt. Bei Anwendung der Cr-Strahlung verschieben sich die Linien zu größeren Winkeln, bei denen der Einfl. störender Faktoren kleiner ist. Die hinteren Linien von W ermöglichen eine präzise Best. des effektiven Kammerradius u. dadurch die Ausscheidung von Fehlern, die während des Entw.-Prozesses entstanden sind. Bei Benutzung der Cu-Strahlung lassen sich die Änderungen der Kristallitgröße in der Richtung der c- u. a-Achse ausführlicher verfolgen, weil sich die Grundschwärzung wesentlich vermindert. R. Grundmann 8246◇

3103 **Colorimetrische Schnellbestimmung von Phosphor in Kohle und Koksasche.** N. Biswas, S. N. Mukherjee, P. B. Dutta und A. Lahiri. (J. sci. ind. Res. [New Delhi], Sect. D **21,** 101–02, 1962; Jealgora, Central Fuel Res. Inst.; engl.) — Eine colorimetr. Schnellbest. von P (0,007–0,20%) in Kohle u. Koksasche durch Behandeln der Asche mit HNO_3, H_2SO_4 u. $HClO_4$ wird beschrieben. Pt u. H_2F_2 werden dabei nicht verwendet. Die Meth. gibt gute Ergebnisse u. benötigt zu ihrer Durchführung nur 90 Minuten. R. Grundmann 8246◇

3104 **Die Spektraluntersuchung der Asphaltene aus der Hydrierung von Steinkohlen.** O. I. Jegorowa, L. K. Markow und W. I. Kassatotschkin. (Chem. Technol. Brennstoffe Öle [UdSSR] **8,** Nr. 5, 31–34, 1963; Inst. für foss. Brennstoffe der Akad. der Wiss. der UdSSR, Ost-Sibir. Fil. der Sibir. Abt. der Akad. der Wiss. der UdSSR.; russ.) — Die IR-Spektren u. Röntgen-Spektren der Proben von Steinkohlen (Stk.) u. Asphaltenen (**I**), die bei der Hydrierung von Stk. mit 200 at H_2 in Ggw. von $FeSO_4$ als Katalysator bei 370–450° entstehen, werden untersucht. Der charakterist. Unterschied zwischen den Spektren von Stk. u. **I** liegt im Spektralbereich 7,8–8,8 μ. Auf Grund dieser Unterss. kann man sagen, daß die Hydrierung von Stk. als ein Prozeß der therm. Zers. unter Teilnahme von H_2 verläuft. Die ausführliche Unters. der Zus. von **I** ermöglicht, näher den chem. Aufbau von Stk. kennenzulernen. J. Fohl 8246◇

3105 **Neues Gerät zur automatischen Überwachung der brennbaren Eigenschaften von Gasen.** I. Hypr. (Paliva **43,** 139–41, 1963; Běchovice, ÚVP; tschech.) — Ein Gerät wird beschrieben, dessen Funktion auf der Überwachung der Höhe des nichtleuchtenden Flammenkegels auf opt.-elektr. Wege beruht. R. Grundmann 8250◇

3106 **Über die Abweichungen realer Gase und Gasgemische vom idealen Gasgesetz und deren Auswirkungen auf die Gasdichte, die Gleichgewichtskonstanten und die Verbrennungsrechnung.** Janfried Gapp. (Gaswärme **8,** 334–43, **8,** 365–77, 1959; Essen, Gaswärme-Inst.; dt.) — Als Maß für die Abweichung realer Gase vom idealen Gasgesetz wird ein als Realfaktor z bezeichneter Korrekturfaktor verwendet, mit dem das ideale Gasgesetz zu multiplizieren ist. Abhängig ist z von Gasart, Temp. u. Druck. Für eine Auswahl bin. u. tern. Gasgemische bei Drücken bis **30** at wird z in Diagrammen als Funktion von Gasart u. Druck angegeben. Die Gasdichtefaktoren f einiger Gasgemische bei verschiedenen Drücken sind bestimmt u. tabelliert. Eine genauere Verbrennungsrechnung u. Vol.-Messung von Stadtgas ist beschrieben. Für die exakte Berechnung der Gleichgew.-Konst. wird auf die notwendige Berücksichtigung der Realwerte zur Best. der Partialdrücke hingewiesen. D. Brockmüller 8250◇

3107 **Die Bestimmung von Phosphor in schweren Erdölprodukten und Zusätzen nach einer volumetrischen Methode bei trockener Veraschung.** P. T. Makarow, N. M. Inkowa und N. F. Klementjewa. (Chem. Technol. Brennstoffe Öle [UdSSR] **8,** Nr. 5, 65–66, 1963; russ.) — Die Best. beruht auf der Überführung von org. *P* bei trockener Veraschung in Ggw. von $Mg(NO_3)_2$ bei 500–600° in H_3PO_4. Die Asche wird mit konz. H_2SO_4 u. HNO_3 zersetzt u. gewaschen. Nach Zugabe von NH_4NO_3 u. $(NH_4)_2MoO_4$ in HNO_3 wird der entstehende Nd. im Überschuß von 0,1 n NaOH gelöst. Der Geh. an P wird nach Umrechnung aus dem Vol. der verbrauchten 0,1 n NaOH, das durch Rücktitration festgestellt wird, bestimmt. Die Meth. ist im Vgl. mit der Standardmeth. 5–10mal schneller. J. Fohl 8252◇

3108 **Methoden zur Untersuchung von Kraftstoffen, Brennstoffen und Schmierstoffen im Laboratorium.** H. Bannuscher. (Glas- Instrumenten-Techn., Fachz. Lab. **7,** 298–300, 302, 352–54, 356–57, 479–83, 1963; Hamburg; dt.) — Übersicht über die im Mineralöl-Labor. gebräuchlichen Meth. u. App. zur Unters. von Vergaserkraftstoffen, Dieselkraftstoffen, Heizölen, Flüssiggasen u. Schmierstoffen. Die Bedeutung der einzelnen Unters.-Meth. für die Anwendungstechnik dieser Prodd. wird kurz charakterisiert. R. Grundmann 8254◇

3109 **Papierchromatographie von gemischten Bleialkylen und von Benzin, das sie enthält.** Mario Pedinelli. (Chim. e Ind. [Milano] **44,** 651–52, 1963; Trento, Soc. Lavorazioni Org. Inorg.; ital.) — Papierchromatograph. werden die R_f-Werte der durch Ersatz eines Alkylrestes durch Halogen entstehenden Monohalogenide von Pb · $(C_2H_5)_4$, $Pb(CH_3)_3C_2H_5$, $PbCH_3(C_2H_5)_3$ u. $Pb(CH_3)_4$ bestimmt. Gut durch ihre R_f-Werte lassen sich unterscheiden $Pb(CH_3)_3Br$, $Pb(CH_3)_2C_2H_5Br$, $PbCH_3(C_2H_5)_2Br$ u. $Pb(C_2H_5)_3Br$. Die entsprechenden R_f-Werte in dieser Reihenfolge sind 0,600; 0,700; 0,810 u. 0,900. Das Verf. wird genau beschrieben. C. Gottfried 8254△

3110 **Elektronenmikroskopie von Schmierfettsträngen unter Verwendung von Kohlenstoffaufstreuungen.** G. Rooney und R. J. Bird. (J. Inst. Petroleum **18,** 256 bis 58, 1963; Chester Shell Res. Ltd., Thornton Res. Centre; engl.) — An Hand von Abb. wird die neue Technik der Herst. elektronenmikroskop. Aufnahmen von Schmierfettsträngen erläutert. F. Rosendahl 8258△

3111 **Wandeffekt beim Fließen von Abschmierfett in Kolbenviscosimetern.** A. D. Bramhall und J. F. Hutton. (Brit. J. appl. Physics **11,** 363–71, 1960; Chester, Shell Res. Ltd., Thornton Res. Centre; engl.) — Die Fließkurven einiger Schmierfette zwischen Kolben u. Zylinder in Kolbenviscosimetern hängen vom Spielraum ab, während bei anderen Schmierfetten die Fließkurven davon unabhängig sind. Die Ergebnisse für Schmierfette aus Al-Seife in hochviscosem Öl; Ca-Seife in mittelviscosem Öl u. Li-Seife in synthet. Esteröl niederer Viscosität lassen sich am besten mit der Existenz eines geschmeidigeren Zustands des Schmierfetts an den Wänden des Viscosimeters mit dazwischen befindlichem unverändertem Schmierfett erklären. Für ein gegebenes Schmierfett ist die Schichtdicke unabhängig vom Spielraum zwischen Kolben u. Zylinder. Eine theoret. Analyse zeigt Übereinstimmung mit dem Experiment u. gestattet die Korrektur der Ergebnisse auf eine einheitliche Fließkurve für das unveränderte Schmierfett. Die Größe der Korrektur scheint mit steigender Rauheit der Wände, steigender Viscosität des zugrundeliegenden Öls u. mit abnehmender Größe der kristallinen Seifenaggregate in den Schmier-Fll. abzunehmen. H. Roschkowski 8258◇

3112 Československá Socialistická Republika (Erfinder: Bedřich Fottr-Smolík, Prag), Tschechoslowakei, **Katalysator für die Umwandlung von Kohlenwasserstoffen in ein Gemisch von Kohlenmonoxid und Wasserstoff.** Die aus Magnesitklinker (am besten aus Ferromagnesit) gebildete Trägersubstanz wird entweder in prim. Form direkt aus der Erzeugung oder in sek. Form nach seiner prim. Verarbeitung durch 4–7 (Gew.-%) Ni u. 0,4–0,7 Mg aktiviert. (**Tschech. P. 98145** vom 5/5. 1958, ausg. 15/2. 1961.) L. Macher 8155

3113 Cities Service Research and Development Co., New York, N. Y., übert. von: William B. Hughes, Webster Groves, Mo., und Wayne S. Fallgatter und Jack Newcombe, Pulsa, Okla., V. St. A., **Erhöhung der Durchlässigkeit ölhaltiger Kalkformationen.** Gewisse neue Verbb. (**I**) verhindern beim Einführen in Kalkformationen, die hydratisierbare, W. aufnehmende Kreiden enthalten, deren Aufblähung. Dieselben Stoffe, vermindern bei der bisher üblichen Säuerungs- u. Flutungstechnik die Korrosivität. Man erhält auf diese Weise eine erhöhte Ausbeute an Öl u. Gas. Man erhält die **I**, indem man zuerst äquimol. Mengen von Polyäthylenamin, wie Diäthylentriamin, u. einer Monocarbonsäure zu einem Zwischenprod. mit Imidazolinstruktur umsetzt, das dann mit 1—4 Mol Äthylenoxid umgesetzt wird. Es hat die obengenannten Eigg. u. dient dem genannten Zweck. (**A. P. 2950246** vom 1/2. 1956, ausg. 20/8. 1960.) P. Unger 8189

3114 Petrolite Corp., Los Angeles, übert. von: Louis T. Mouson, La Puente, und Fred W. Jenkins, Los Angeles, Calif., V. St. A., **Brechen von Öl-in-Wasser-Emulsionen** (Ölphase nicht mehr als 20%) durch den Ester aus einer Polycarbonsäure mit einem hochmol., nichtion. oberflächenakt. Mittel, bestehend aus einem oxyalkylierten Derivat. Letzteres erhält man durch Rk. eines Harzes aus einem in 2.4.6-Stellung durch C_4—C_{14}-KW-Stoffreste substituierten einkernigen Phenol u. einem C_1—C_8-Aldehyd mit einem Alkylenoxid mit 2—4 C-Atomen (Äthylen-, Propylen-, Butylenoxid, Glycid u. Methilglycid). Das Mol.-Gew. des oxyalkylierten Deriv. ist 100—10000. Polycarbonsäuren sind: Diglykol-, Maleinsäure, Phthalsäureanhydrid. (**A. P. 2944978** vom 29/7. 1957, ausg. 12/7. 1960.) P. Unger 8191

3115 Petrolite Corp., Wilmington, Del., übert. von: Melvin De Groote, University City, und Owen H. Pettingill, Kirkwood, Mo., V. St. A., **Brechen von Erdölemulsionen** des Wasser-in-Öl-Typs durch einen Demulgator, bestehend aus einer gleichzeitig entstandenen Mischung (**I**) homologer Reihen von Glykoläthern von Pentaerythrit (Glucose, acyl. Diglycerin, Tris-(hydroxymethyl)-aminoäthan, Tris-(hydroxymethyl)-aminomethan, ferner Triäthylentetramin). Die Ausgangsstoffe Pentaerythrit usw., Butylenoxid, Propylenoxid u. Äthylenoxid liegen in der Ausgangsmischung in solchen Gewichtsverhältnissen vor, daß die durchschnittliche Zus. der **I** bezüglich ihrer Bestandteile innerhalb einer abgestumpften dreieckigen Pyramide im Diagramm (einer 5seitigen Figur im Diagramm) liegt, mit der Maßgabe, daß Äthylenoxid im Bereich von 2—39,5 Gew.-% u. die übrigen 3 Rk.-Teilnehmer, zurückgerechnet auf 100%, innerhalb eines Dreieckes, das im Diagramm durch bestimmte Punkte festgelegt wird, liegen [analog Mindestglucosegeh. 1,5%, Mindestdiglyceringeh. 1,5%, Mindestgeh. an Tris-(hydroxymethyl)-aminoäthan 1,75%]. — Diagramme. (**A. PP. 2944979, 2944980, 2944981,** vom 24/5. 1954, **2944982, 2944983, 2944984** vom 10/6. 1954 u. **2944985** vom 10/8. 1954, alle ausg. 12/7. 1960.) P. Unger 8191

3116 Phillips Petroleum Co., Del., übert. von: Forrest E. Gilmore, Bartlesville, Okla., V. St. A., **Verhinderung der Hydratbildung in gekühlten Überkopfkondensern und Sammlern.** Zur Desäthanisierung leitet man ein Ausgangsmaterial, das Äthan, höhersd. KW-Stoffe als Äthan, Feuchtigkeit u. Hydratbildner enthält, in eine Fraktionierzone (**I**) unter Desäthanisierungsbedingungen, wobei Äthan, Feuchtigkeit u. Hydratbildner als dampfförmiger Strom über Kopf destillieren, den man durch Wärmeaustausch in einem Wasserkühler kühlt, wobei ein Teil der Feuchtigkeit kondensiert. Man trennt sie von dem nichtkondensierten Material ab, gibt einen Strom fl. Trockenmittels zu dem umkondensierten Strom u. leitet die Mischung in einen gekühlten Kondensator, wo sich Kondensat bildet, während das Trockenmittel die Feuchtigkeit aufnimmt. Man trennt Kondensat u. Trockenmittel u. leitet ersteres in die **I** als Rückfluß. Trockenmittel: Diäthylenglykol. — Zeichnung. (**A. P. 2956411** vom 24/6. 1957, ausg. 18/10. 1960.) P. Unger 8195

3117 Shell Oil Co., Del., übert. von: Frank T. Eggertsen, Orinda, Calif., V. St. A., **Trennung von normalen und verzweigten Kohlenwasserstoffen.** Bei der Trennung u. Gewinnung normaler u. nichtnormaler KW-Stoffe aus einer Mehrzahl ihrer Gemische, die aus aufeinanderfolgenden, nahe beieinander sd. Fraktionen bestehen u. KW-Stoffe mit mindestens 5 C-Atomen im Mol. enthalten, bedient man sich eines festen, säulenförmigen Bettes aus zeolith. Material mit starrem dreidimensionalen anion. Gitter u. einheitlichen innerkristallinen Zwischenräumen von 5—6 Å-Einheiten im Durchmesser. Kontakttemp. 380 bis ca. 600°. Man leitet (1) die höchstsiedende Fraktion dampfförmig durch die Säule, wobei die normalen KW-Stoffe festgehalten, die nicht-geradkettigen durchgelassen werden. Dann läßt man (2) die anderen Fraktionen dampfförmig durch die Säule in der Reihenfolge sinkender Siedebereiche. Die Fraktionen werden in solchen Anteilen durchgeleitet, daß die kleinsten u. größten normalen KW-Stoffe die Zone gleichzeitig verlassen. Man setzt das Durchleiten nicht fort, bevor (3) normale KW-Stoffe in wesentlicher Menge im Abfluß auftreten. Dann leitet man (4) ein gasförmiges Eluiermittel in der gleichen Richtung wie die Fraktionen durch die Säule u. erhält einen mit normalen KW-Stoffen angereicherten Strom. Dann wiederholt man die Stufen 1, 2, 3 u. 4. — Zeichnung. (**A. P. 2987471** vom 19/11. 1956, ausg. 6/6. 1961.) P. Unger 8195

3118 Shell Oil Co., Del., V. St. A., übert. von: Adolf C. van Beest und Jacobus W. Le Nobel, Amsterdam, Niederlande, **Verringerung des Schwefel-, Stickstoff- und Naphthensäuregehaltes von Kohlenwasserstoffölen** durch Behandlung mit einer wss. Alkaliwaschlösung, wobei die Naphthensäuren in wasserlösl. Seifen umgesetzt werden, die man mit der wss. Lsg. abtrennt. Die mit Alkali gewaschenen KW-Stofföle behandelt man mit überschüssiger H_2SO_4 um N-Basen zu entfernen u. die restlichen Naphthensäureseifen anzusäuern. Anschließend behandelt man die mit Säure behandelten KW-Stofföle, die überschüssige Säure enthalten, mit der bas. wss. Lsg. eines Salzes einer schwachen Säure (z. B. $NaHCO_3$) u. einer starken Base, deren pH-Wert $< 8{,}5$ ist, um die restliche H_2SO_4 von der Säurebehandlung zu neutralisieren, ohne die Naphthensäuren merklich zu verseifen, so daß sich bei Berührung des Öles mit W. nicht ein permanenter Schleier bildet. — Zeichnung. (**A. P. 2980606** vom 12/8. 1957, ausg. 18/4. 1961. Niederl. Prior. 14/8. 1956.) P. Unger 8195

3119 Československá Socialistická Republika (Erfinder: Bedřich Schnabel, Litvínov, Franz Smutný und Mojmír Večerka, Ostrava), Tschechoslowakei, **Entfernung von Schwefelverbindungen aus hochmolekularen Erdölfraktionen bei der Niederdruck-Reinigungs-Hydrierung** in Ggw. von H_2 oder H_2 enthaltenden Gasen, wobei nach der Zumischung von niederen Erdölfraktionen zu hochmol.Erdölfraktionen die Reinigungshydrierung in fl. Phase bei 350—420°, bes. bei 395°, u. 5—200 at (am besten bei 50 at) über einen in festem Zustand vorliegenden Katalysator (MoO_3 + CoO (NiO) auf Al_2O_3 oder auch MoO_3 auf Al_2O_3) erfolgt. (**Tschech. P. 98167** vom 27/7. 1959, ausg. 15/1. 1961.) L. Macher 8195

3120 Shell Oil Co., Del., V. St. A., übert. von: Cornelius Th. Douwes und Pieter A. van Weeren, Amsterdam, Niederlande, **Entfernung von Stickstoffverbindungen aus Kohlenwasserstoffölen.** Man behandelt die Öle in Ggw. von H_2 unter Hydrofinierbedingungen (Raumgeschwindigkeit, Temp., Druck) mit einem Katalysator, bestehend aus einem Xerogelträger (größerer Anteil SiO_2, innig gemischt mit kleinerem Anteil Al_2O_3), dessen Oberfläche (100 Teile des Trägers mit 1—8 Teilen) mit einem Metall (Co, Ni u. deren Gemischen) u. zusätzlich mit 1—20 Gew.-Teilen Al_2O_3 imprägniert ist. (**A. P. 3014860** vom 27/8. 1959, ausg. 26/12. 1961. Niederl. Prior. 22/1. 1959.) P. Unger 8195

3121 Československá Socialistická Republika (Erfinder: Oldrich Švajgl und Bohumil Chocholatý, Most, und František Cír, Litvinov), Tschechoslowakei, **Beseitigung von Arsen aus Teer oder Erdöl.** Man verwendet hierzu eine Dest.-Kolonne, die mit porösen Raschigringen aus Ton, Schamotte u. Sand beschickt ist, welche mit Sulfaten oder Nitraten des Ni, Co oder V getränkt (z. B. bis auf einen Gehalt von 4,8% Ni) u. nach Abtrocknen in einem Luft- oder besser in einem H_2 u./oder H_2S enthaltenden Gasstrom bei 400—500° geglüht wurden. (**Tschech. P. 98217** vom 3/11. 1959, ausg. 15/10. 1961.) L. Macher 8195

3122 British Petroleum Co. Ltd., London, England, **Katalytische Hydrierung eines Gasolins,** das harzbildende ungesätt. KW-Stoffe enthält, dad. gek., daß der H_2-Verbrauch mindestens etwa 21,4 m^3/m^3 beträgt, jedoch unterhalb des Wertes liegt, bei welchem die Hydrierung von Monoolefinen u. bzw. oder Aromaten das zur Gewährleistung der erforderlichen Verbesserung der Neigung zur Harzbldg. notwendige Minimum überschreitet, wobei als Katalysator auf einen Träger aufgebrachtes Ni verwendet wird (Temp. 0—200°, bes. 80—100°). (**Oe. P. 216126** vom 24/7. 1959, ausg. 10/7. 1961. E. Prior. 25/7. 1958.) T. Oppermann 8195

3123 Československá Socialistická Republika (Erfinder: Bedřich Jiříček, Litninov, Hana Kostková, Most, und Karel Grundfest, Litvinov), Tschechoslowakei, **Zur Verbesserung des Benzins und zur Herstellung aromatischer Kohlenwasserstoffe** wird ein Katalysator folgender Zus. verwendet. Akt. Al_2O_3 u. eine feinvermahlene, hochmol. organ. Substanz (Dextrin, Pepton) werden mit organ. oder anorg. Säuren bzw. ihren Salz-Lsgg. vermischt, die Masse quellen gelassen, der Einw. von auf peptonhaltigem Nährboden gezüchteten Saccharomyces cerevisiae ausgesetzt, hierauf eine wss. Lsg. einer Pt-Verb. oder eines Metalls der Pt-Gruppe + HCl zugesetzt, u. das viscose Gemisch nach einer Quelldauer von ca. 50 Std. bei 30—40° geformt, getrocknet u. ausgeglüht. — Beispiel: 28(%) Al_2O_3 + 10,5 Dextrin + 0,5 $H_2(PtCl_6)$ + 61 H_2O quellen 90 Std. bei 30—40°; in cylindr. Form von 5 · 5 mm trocknet man 15 Std. bei 100° u. glüht 8 Std. bei 500°. Sperrigkeit des Katalysators 500 g/l, sein Porenvol. = 0,626 ml/g, spez. Oberfläche 267 m²/g u. sein Pt-Gehalt 0,54%. (**Tschech. P. 98235** vom 10/11. 1959, ausg. 15/1. 1961.) L. Macher 8201

3124 Shell Oil Co., New York, N. Y., übert. von: Weigert C. Bimingh, Amsterdam, und Cornelis D. Ten Have, Rotterdam, Niederlande, **Entfernung von Stickstoffverbindungen aus Leichtbenzin,** das ungesätt. KW-Stoffe enthält, durch Behandlung mit H_2SO_4 (mindestens 65%) im Gleichstrom über einer hydrophilen Oberfläche eines festen, inerten Kontaktbettes (Vol.-Verhältnis H_2SO_4 : KW-Stoff < 1). Die Kontaktzeit wird in Abhängigkeit von der H_2SO_4-Konz. so bemessen, daß einer Polymerisation der ungesätt. KW-Stoffe zuvorgekommen wird (< 30 Sek.). Man entfernt die Mischung aus H_2SO_4 u. KW-Stoff als kontinuierliche Phasen aus dem Kontaktbett. Das Verhältnis von H_2SO_4 zu N-Verbb. wird so bemessen, daß während des Kontaktes nicht mehr als 15% der H_2SO_4 verbraucht werden. — Zeichnungen. (**A. P. 2999807** vom 23/10. 1959, ausg. 12/9. 1961. Niederl. Prior. 31/3. 1959.) P. Unger 8201

3125 Universal Oil Products Co., Des Plaines, Ill., V. St. A., **Isomerisierung von Kohlenwasserstoffen,** wobei der isomerisierbare KW-Stoff bei erhöhter Temp. u. höherem Druck einer Isomerisierung unterworfen wird, in Ggw. von H_2 u. eines Katalysators, der durch Aufdampfen eines Friedel-Crafts-Metallhalogenids auf einen Träger aus einem schwerschm. Oxid mit einem Geh. an einer Hydrierkomponente u. Erhitzen der Zus. auf eine Temp. > ca. 300° über eine Zeit, die genügt, um daraus alles nicht zur Rk. gekommene Friedel-Crafts-Metallhalogenid auszutreiben, hergestellt wurde, dad. gek., daß man einen den isomerisierbaren KW-Stoff u. zumindest eine der Verunreinigungen O_2, S u. N_2 in einer zur wenigstens teilweisen Desaktivierung des Katalysators genügenden Menge enthaltenden Einsatz einer Vorbehandlung unterwirft, durch welche der Geh. an der Verunreinigung auf einen nicht mehr desaktivierenden Spiegel herabgedrückt wird, u. den so gereinigten Einsatz anschließend zur Isomerisierung mit dem Katalysator in Berührung bringt. (**Oe. P. 217142** vom 5/2. 1960, ausg. 11/9. 1961.) T. Oppermann 8201

3126 Socony Mobil Oil Co., Inc., New York, N. Y., V. St. A., **Katalysator,** dad. gek., daß er Hydrocrackaktivität aufweist u. im wesentlichen aus 15—40 (Gew.-%) SiO_2, 1—8 Co-Oxid, 3—20 Mo-Oxid u. dem Restanteil Tonerde besteht. — Diagramme. (**Oe. P. 216125** vom 11/9. 1959, ausg. 10/7. 1961. A. Prior. 12/9. 1958.) T. Oppermann 8201

3127 Socony Mobil Oil Co., Inc., übert. von: Paul B. Weiß, Media, Pa., V. St. A., **Herstellung von Düsentreibstoff.** Eine Erdölfraktion vom End-Kp. 500°F wird katalyt. reformiert. Das Reformat wird in eine Fraktion vom Kp. < 400°F u. eine Fraktion vom Kp. > 400°F zerlegt. Die höhersd. Fraktion wird katalyt. hydriert. — Zeichnungen. (**A. P. 3012961** vom 14/5. 1959, ausg. 12/12. 1961.) E. Kahles 8201

3128 Standard Oil Co., Cleveland, Ohio, V. St. A., **Treibstoff für Motoren,** bestehend aus Bzn., mit Zusatz von 0,001—0,1% cycl. Borsäureestern (**I**), bes. Kondens.-Prod. aus Borsäure (**III**) u. Butan-1.3-diol (**II**), u. ggf. Pb-Tetraäthyl, Äthylendihalogenid u. **II**. Die Herst. der **I** erfolgt z. B. durch Erhitzen von 1 (Mol) **III** u. 1 **II** auf 130°, bis 2 W. abdest. sind. (**Ind. P. 67271** vom 6/4. 1959, ausg. 29/9. 1961.) C. Lüttgen 8205

3129 Ethyl Corp., New York, N. Y., V. St. A. (Erfinder: Gene Conrad Robinson), **Herstellung von Organometallverbindungen** durch Umsetzung eines mehrwertigen Metalles, bes. Pb, Sn, Sb, Al, Zn oder Mg, mit einem organ. Ester einer anorgan. Säure, bes. Alkylchloriden, wie C_2H_5Cl, u. mit einer organ. Bimetall-Verb. (**A**) der Formel $Me_1[Me_2(Alkyl)_x]$ (Me_1 = Metall der 1. oder 2. Hauptgruppe des Period. Syst.; Me_2 = Metall der 2. Neben- oder 3. Haupt-Gruppe des Period. Syst.; Alkyl = C_{1-6} Alkylrest; x = 3—5), bes. $Na[Al(C_2H_5)_4]$, in Ggw. von $Al[C_2H_5]_3$ bei 25—150°. Ggf. wird **A** in der Rk.-Mischung durch Umsetzung von entsprechenden Metallhydriden mit einem Olefin u. einem entsprechenden Metallalkyl erzeugt. — *Bleitetraäthyl,* aus NaPb u. C_2H_5Cl durch 3std. Rk. in einem Autoklaven bei 80° unter Rühren, Abkühlen auf —20°, Versetzen mit $Al\cdot[C_2H_5]_3$ u. 3std. Rk. bei 70—80°; Ausbeute 68,2%. — Weitere Beispiele. (**F. P. 1246453** vom 5/1. 1960, ausg. 8/2. 1961. **E. P. 884784** vom 21/12. 1959, ausg. 20/12. 1961. Beide A. Prior. 5/1. 1959.) G. Colsmann 8209

3130 Herbert C. Brown, West Lafayette, Ind., V. St. A., **Gleichzeitiges Gewinnen von Borkohlenwasserstoffen und Abtrennen von α-Olefinen aus solchen KW-Stoffmischungen,** die noch Olefine mit *nicht endständiger Doppelbindung* enthalten, erfolgt durch Behandeln der Mischung bei 0—150, bes. 25—50°, mit B_2H_6, bes. in Ggw. eines gesätt. Äthers als Lsgm. oder Verdünnungsmittel. — Aus einer Mischung aus je 3 Mol 1- u. 2-Penten erhält man mit 0,5 Mol B_2H_6 bei 50° in 50 Teilen Tetrahydrofuran *Tri-(n-pentyl)-B*; Ausbeute quant.; 2-Penten reagiert nicht. Die entstandene B-Verb. kann z. B. mit H_2O_2 zum entsprechenden *Alkohol* oxydiert werden. Es können getrennt werden Mischungen aus: Äthylen, Propylen, 1-Buten, 1-Penten, 1-Octen, 1-Hexen, 2-Methyl-1-penten, 3-Methyl-1-penten, 1-Diisobutylen, 1-Decen, 1-Tetradecen, 1-Octadecen, 1.1-Diphenyläthylen, Styrol u. 2-Penten, 2- u. 3-Hexen, 2-Methyl-2-penten, 2-Methylstyrol, 3-Octen, 4-Octadecen, Cyclopenten, Cyclohexen, Cyclohepten, 1.2-Diphenyläthylen. Die Olefine können bis zu 30 C-Atome enthalten. — *Tri-(n-octyl)-B.* Die von den α-Olefinen befreiten Olefine mit nicht endständiger Doppelbindung haben eine *höhere Octanzahl,* sind *bessere Antiklopfmittel* u. *beständiger.* (**A. P. 2993933** vom 28/5. 1958, ausg. 25/7. 1961.) G. Krauß 8209

3131 Gulf Research & Development Co., Pittsburgh, übert. von: John P. Pellegrini jun., und Harold O. Strange, Pittsburgh, Pa., V. St. A., **Schmieröle** auf der Basis neutraler Ester von C_{2-6}-Dicarbonsäuren mit aliphat. C_{2-18}-Alkoholen enthalten zur Verbesserung ihrer Viscosität Salze seltener Erden einer Atomzahl 57—71 von Dialkylorthophosphaten, in denen ein Alkylrest 1—3 u. der andere 8—20 C-Atome enthält. — Beispiele: Schmieröl aus 97,5 Diisooctylazelat u. 2,5 Neodymium- oder Ceriumäthyloleyl-o-phosphat. (**A. P. 2983678** vom 31/12. 1958, ausg. 9/5. 1961.) E. Drews 8221

3132 Texaco, Inc., Del., übert. von: Richard C. Givens und Melvin R. Hefty, Port Arthur, Tex., V. St. A., **Schmieröle** auf der Basis sulfurierter Mineralöle mit einem Geh. von 0,3—1,5 (Gew.-%) „stabilem", d. h. nicht korrosiv wirkendem, S enthalten außerdem 5—20 Pb-Naphthenat oder Pb-Seifen von Fettsäuren ab 8 C-Atomen, 0,5—5 sulfuriertes fettes Öl, 0,1—10 öllösl. Erdalkali-, Cd- oder Zn-Dithiocarbamat. Die Ölbasis wird erhalten durch Erhitzen eines Mineralöls mit S auf Temp. >350°F, bis das sulfurierte Prod. im Kupferstreifentest keine Korrosionswirkung zeigt. (**A. P. 2999813** vom 18/12. 1956, ausg. 12/9. 1961.) E. Drews 8221

3133 Texaco, Inc., Del., übert. von: Kenneth L. Dille, Stanley R. Newman, und Robert Y. Heisler, Fishkill, und Norman Alpert, Poughkeepsie, N. Y., V. St. A., **Schmieröle** auf der Basis von Mineralölen oder Esterölen, z. B. Di-2-äthylhexylsebacat, enthalten zur Verringerung von Ausscheidungen einen Polyglykolkohlensäureester d. allg. Formel $R'OCOO(RO)_nCOOR''$ mit einem C:O-Verhältnis <2,5, Kp. ca. 650°F, in der R ein 2wertiger aliphat. Rest mit mindestens 2 C-Atomen, R' u. R'' aliphat. C_{3-18}-KW-Stoffreste sind u. n 2—10. — Beispiel: Diäthylenglykol-bis-(amylcarbonat), Tetraäthylenglykol-bis-(allylcarbonat). (**A. P. 3001941** vom 23/12. 1955, ausg. 26/9. 1961.) E. Drews 8221

3134 Standard Oil Co., Cleveland, Ohio, übert. von: Glenn R. Brown, Solon, und Arthur Letcher Jones, Lyndhurst, Ohio, V. St. A., **Motorenöle** einer Viscosität <200 SUS/100°F, mindestens 50 SUS/210°F, vom Viscositätsindex mindestens 140 u. einer Flüchtigkeit von <5(%)/735°F u. <50/800°F, bestehen aus mindestens 80 (Vol.-%) eines nach dem Thermaldiffusionsverf. behandelten solventextrahierten Mineralöls (Viscositätsindex des Ausgangsprod. 95—105, des Endprod. 115 bis 130) u. maximal 5 eines hochmol. polymeren Verbesserers des Viscositätsindexes, z. B. „Paratone" (Polybuten vom Mol.-Gew. ca. 10000—15000). (**A. P. 2996455** vom 28/12. 1956, ausg. 15/8. 1961.) E. Drews 8221

3135 Shell Internationale Research Mij. N. V., Den Haag, Niederlande, **Schmierölmischung,** welche gegen Oxydation bei hohen Temp. beständig ist, dad. gek., daß sie zum überwiegenden Teil ein Mineralöl u. in untergeordneter Menge folgende Zusatzstoffe enthält: 1. ein öllösl. Amin der allg. Formel R_2NH, worin R = gleiche oder verschied. aromat. Reste (z. B. *Phenyl-α- oder Phenyl-β-naphthylamin*), u. 2. einen öllösl. Borester der allg. Formel $(R_1O)_3B$, in welchem mindestens ein Rest R_1 ein verzweigtkettiger Alkylarylrest ist, während die anderen Reste R_1 gleiche oder verschied. KW-Stoff-Reste sind (z. B. *2.6-Di-[tert.-butyl]-4-methylphenyl-di-n-butylborat*). (**Oe. P. 216127** vom 23/6. 1960, ausg. 10/7. 1961. A. Prior. 25/6. 1959.) T. Oppermann 8221

3136 Pure Oil Co., Chicago, übert. von: Ernest T. Fronczak, Crystal Lake, Ill., V. St. A., **Nichttropfende Schmieröle** enthalten als Ölbasis ein Gemisch aus einem 200 vis. solventraffinierten Neutralöl u. ca. 10% eines Solventextraktes von hochviscosem Bright-Stock-Öl u. als Zusatz 0,05—1 Gew.-% Alkaliseifen von Mischsäuren, die als flüchtige Fraktion bei der Vakuumdest. bei $Kp._{4-20}$ 200—270°F der Nebenprod.-Säuren aus der Herst. von Sebacinsäure aus Ricinusöl durch Alkalibehandlung erhalten werden. (**A. P. 2979458** vom 29/7. 1957, ausg. 11/4. 1961.) E. Drews 8221

3137 Gulf Research & Development Co., Pittsburgh, übert. von: Joseph J. McGrath, Monroeville, und John P. Pellegrini jun., Pittsburgh, Pa., V. St. A., **Zur Fettkonsistenz eingedickte Schmieröle** enthalten als Verdicker Gemische aus Biphenyldicarbonsäure (I) u. organophilem Material auf Si-Basis (II) im Gewichtsverhältnis I : II ca. 1 : 1 bis 20 : 1. — Beispiel: Fett aus 60 (Gew.-%) Di-2-äthylhexylsebacat, 35 4.4-Biphenyldicarbonsäure, 5 Dimethyldidodecylammoniumbentonit. (**A. P. 2979461** vom 26/6. 1959, ausg. 11/4. 1961.) E. Drews 8221

3138 Gulf Oil Corp., Pittsburgh, Pa., übert. von: Leslie U. Franklin und Julius C. Gebhart, Port Arthur, Tex., V. St. A., **Mit Al-Seifen gedickte Schmieröle** enthalten in einer Mineralschmierölbasis eine homogene Dispersion von 0,3—2 (Gew.-%) Al-Tristearat (I), 0,03 bis 0,3 Al-Naphthenat (II) u. 0,3—2 Al-Seifen einer verzweigtkett. gesätt. C_8-Fettsäure (III). Die relativen Mengen sind: I : III ca. 1 : 1 bis 1 : 3, III : II ca. 6 : 1 bis 12 : 1 u. I : II ca. 2 : 1 bis 12 : 1. (**A. P. 2998385** vom 17/7. 1959, ausg. 29/8. 1961.) E. Drews 8221

3139 Standard Oil Co., Chicago, Ill., übert. von: John J. Plemich, Whiting, Ind., V. St. A., **Transparentes Schmieröl auf Wasserbasis,** z. B. *für die Metallbearbeitung.* Es weist einen pH-Wert von 6—13 auf u. enthält in W. Zusätze von 0,001—10(%) eines Gemisches aus 5—70 Alkanolamin, 3—90 einer aliphat. C_{12-60} Polycarbonsäure u. 5—40 eines Phosphorsäurealkylesters. Weitere Zusätze sind ggf. Alkalinitrit u. wasserlösl. Glykoläther. — Beispiel: Schmieröl aus 25 (Gew.-%) Triäthanolamin, 19 „Emery 3055-Säuren" (ca. 85% Trimeres u. 15% höhere Polymere, hauptsächlich der Linoleinsäure), 6 Dilaurylphosphat, 0,05 Silicon-Antischaummittel, 50 Wasser. (**A. P. 3006849** vom 14/10. 1958, ausg. 31/10. 1961.) E. Drews 8221

3140 Texaco, Inc., Del., übert. von: Morris A. Wiley und Kenneth L. Kreuz, Fishkill, N. Y., V. St. A., **Herstellung von basischen Alkali- und Erdalkalikonzentraten in Schmierölen.** Eine Mischung von Mineral- oder Polyalkylenöl u. Alkali- oder Erdalkalioxiden oder -hydroxiden mit 5—34 Gew.-% Metallgeh. wird 2 Std. auf 300—400°F u. hierauf auf 400—700°F, jedoch unter der Zers.-Temp. des Öls, erhitzt unter Durchblasen von Luft in Mengen von ca. 0,09 Liter/Std. je g Öl u. trennt vom Endprod. die nicht umgesetzte bas. Metallkomponente ab. — Zusätze zu Schmierölen, bes. für Verbrennungskraftmaschinen. (**A. P. 3006847** vom 13/3. 1957, ausg. 31/10. 1961.) E. Drews 8221

3141 Esso Research and Engineering Co., Del., übert. von: Arnold J. Morway, Clark, und John J. Kolfenbach, North Plainfield, N. J., und John O. Smith jun., Swampscott, Mass., V. St. A., **Mineralschmieröle,** bes. für Kurbelkästen in Verbrennungskraftmaschinen, enthalten 2,5—8 (Gew.-%) entwässerte Erdalkalisalze von C_{2-5}-(I)- u. C_{7-12}-(II)-Fettsäuren im Molverh. I : II = 2,5—20 : 1, 1—5 eines C_{16-38}-tert.-Alkylprim. Amins u. 0,5—5 Alkoxypolyalkylenoxymono- u. -diester der Phosphorsäure oder deren Gemische, wobei die Alkoxygruppen 2—10 C-Atome, die Alkylenoxygruppen 2—4 C-Atome enthalten u. die Zahl der Alkylenoxygruppen im Ester 8—18 ist. — Beispiel: 86,51 Mineralöl (80 SUS bei 210°F.), 4,24 Eisessig, 1,01 „Wecoline AAC-Säure" (Gemisch aus 28 Capryl-, 56 Caprin- u. 16 Laurinsäure), 3,10 $Ca(OH)_2$, 0,14 Phenyl-α-naphthylamin, 2,50 C_{18-24}-tert. Alkylamine („Primene JM-T" Rohm & Haas), 2,50 50%ig. Lsg. von n-Butyl-(propoxy)$_{12}$-Phosphat. (**A. P. 3000824** vom 13/11. 1957, ausg. 19/9. 1961.) E. Drews 8221

3142 Texaco, Inc., Del., übert. von: Theodore C. Heisig, Beacon, und Brian Corrigan, Fishkill, N. Y., V. St. A., **Mineralschmieröle,** z. B. für Verbrennungskraftmaschinen, die zu schmierende Cu-Ag- u. Pb-Oberflächen aufweisen, enthalten als Korrosionsschutzmittel gegen Cu-Pb ein sulfuriertes, aus H, C u. S bestehendes Terpen (25% S) u. gegen Korrosion von Ag ein sulfuriertes Spermöl. Weiterer Geh. an Detergentien, z. B. Erdalkali-Alkylphenolsulfiden oder -sulfoaromaten. — Beispiel: Schmieröl aus 0,13% sulfuriertem Terpen, 1,3 sulfuriertem Spermöl, 1 „Stan-Add 47" (K-Salz eines P_2S_5-Isobutylenpolymerenprod.), 1 „Paranox" (Ba-Alkylphenolsulfid), Rest Mineralöl. (**A. P. 2993856** vom 18/11. 1957, ausg. 25/7. 1961.) E. Drews 8221

3143 Texaco, Inc., Del., übert. von: Harold J. Watson, Danville, Va., V. St. A., **Mineralschmieröle** enthalten als Hochdruckzusätze 4—16 (Gew.-Teile) chloriertes Paraffin (35—45% Cl) u. 1 eines Di-[halogen-(C_{1-4})-alkyl]-halogen-(C_{1-4})-alkylphosphonates (I). — Beispiele für I: Di-(β-chloräthyl)-β-chloräthan-, Di-(brombutyl)-brombutan-, Di-(fluoräthyl)-fluoräthan-phosphonat. (**A. P. 2993859** vom 29/7. 1958, ausg. 25/7. 1961.) E. Drews 8221

3144 Commercial Solvents Corp., Terre Haute, Ind., übert. von: Edward O. Bennett, Houston, Tex., V. St. A., **Stabilisierte Mineralschmieröle** enthalten zum Schutz gegen Einw. von Bakterien Nitroalkane der allg. Formel $C(R)(R^1)(R^2)NO_2$, in denen R für H, Br u. J, R^1 für H, CH_3, C_2H_5 u. C_3H_7 u. R^2 für Br u. J steht. — Beispiele: *1-Brom-1-nitrobutan* u. *1-Jod-1-nitroäthan.* (**A. P. 2987479** vom 27/6. 1958, ausg. 6/6. 1961.) E. Drews 8221

3145 Farbwerke Hoechst Akt.-Ges., vormals Meister Lucius & Brüning, übert. von: Herbert Bestian und Eberhard Prinz, Frankfurt/M., **Flüssige, gesättigte Äthylenpolymere** mit Molgew. 100–3000, bes. 500–1500, z. B. Olefine mit 4–36 C-Atomen, erhält man durch Polymerisation von Äthylen in Ggw. einer Mischung aus Al- u. Ti-organ. Verbb. als Katalysator. Zu Oe. P. 195412; C. **1959,** 11114 ist nachzutragen: Die Polymerisation erfolgt bei – 100 bis + 100, bes. – 60 bis + 50, u. 1–100 at. Die Mol.-Größe des Polymeren ist von der Art des Lsgm. u. der Temp. abhängig. Der Katalysator kann während der Rk. erzeugt werden. Die Polymerisation wird in Ggw. von CCl_4, CBr_4, Trifluorbrom-, Trichlorbrom-, Tribromchlor-, Dichlordifluor-Dibromdifluormethan, Chlf., Bromoform, Methylenchlorid, -bromid, 1.1-Dichlor-, 1.1-Dibrom-, 1.2-Dichlor-, 1.2-Dibrom-, 1.1.1.2-Tetrachlor-, 1.1.1.2-Tetrabromäthan, Halogenpropanen, -butanen, Butylchlorid, -bromid, tert.-Butylchlorid, -bromid, tert.-Amylbromid, n-Hexylbromid u. Cyclohexylbromid als Lsgm. u. einer Mischung aus Dimethyl-, Diäthyl-, Dipropyl-, Diisobutyl-, Dioctyl-AlCl, Methyl-, Äthyl-, Propyl-, Isobutyl-, Octyl-$AlCl_2$, deren Bromiden u. $TiCl_4$, $TiBr_4$, Ti-Tetramethylat, -Äthylat, -Butylat, $TiCl_2$-Diacetat u. $TiCl_2$-Diäthylat als Katalysator durchgeführt. – Verw. bes. als *Schmieröle.* (**A. P. 2907805** vom 14/8. 1956, ausg. 6/10. 1959. **E. P. 841981** vom 20/8. 1956, ausg. 20/7. 1960. Beide D. Prior. 19/8. 1955.) G. Krauß 8221

3146 Socony Mobil Oil Co., Inc., New York, N. Y., V. St. A., **Öllösliche Metallkomplexsalze von Phosphor und Schwefel enthaltenden oxydierten Kohlenwasserstoffen.** Gerad- oder verzweigtkettige, aliphat., cycloaliphat. oder aromat. KW-Stoffe, die noch eine oder mehrere Alkylgruppen mit wenigstens 8 C-Atomen enthalten, mit Molgew. 200–1000, bes. 600–1000, oder deren Mischungen werden mit O_2 oder dieses enthaltenden Gasen in Ggw. von 0,25–25 (%) eines Oxids oder Hydroxids der Metalle der 1. u. 2. Gruppe des Period. Syst. (K, Na, Ba, Sr, Zn, Mg) bei 125–325, bes. 175 bis 225°, oxydiert bis 0,05–3, bes. 0,05–0,5, Metall gebunden worden sind; die Mischung wird dann, ggf. nach vorherigem Filtrieren, mit einem P-Sulfid (P_2S_5, P_4S_7, P_4S_3) auf 75–150, bes. 75–110° (weil hellere Prodd. entstehen), erhitzt. Hierauf wird die Mischung mit 2–25, bes. 2 bis 10 eines Oxids, Hydroxids, Carbonats oder Chlorids eines Metalles der 1. u. 2. Gruppe des Period. Syst. in Ggw. von W. unterhalb dessen Kp., bes. auf 90°, erwärmt, dann das W., bes. unter Durchleiten von N_2 bei 150–200° entfernt u. die Lsg. filtriert. – 1200 g gereinigtes Mineralöl werden in Ggw. von 87 g $Ca(OH)_2$ bei 190° mit Luft (1,7 Liter je Std. je 100 g) 85 Std. oxydiert; die Lsg. wird dann über 4 „Hyflo" (Diatomeenerde) filtriert, Ca-Geh. 1,49; 300 g davon werden in 100 ml Xylol mit 30 g P_2S_5 $^3/_4$ Std. unter N_2 auf 130–145° erhitzt; zur gelartigen Mischung gibt man 100 ml Toluol, 75 ml W. u. 100 g 96%ig. $Ca(OH)_2$ („Greasemakers' lime") u. entwässert sie bei 200°; das Endprod. enthält nach dem Filtrieren über „Hyflo" u. Entfernen der Lsgm. 6,03 Ca, 2,44 P u. 3,79 S. – Ferner werden umgesetzt in Ggw. von Ca, Na oder Zn oxydierte Rückstandsöle, Dodecylbenzol, Octylbenzol u. „Nujol" (Paraffinöl). – *Schmierölzusatzmittel,* bes. als *Antioxydations-* u. *Reinigungsmittel,* vgl. Tabellen. (**E. P. 835570** vom 6/12. 1956, ausg. 25/5. 1960. A. Prior. 23/12. 1955.) G. Krauß 8221

3147 Gulf Research & Development Co., Pittsburgh, übert. von: Joseph J. McGrath, Monroeville, und John P. Pellegrini jun., Pittsburgh, Pa., V. St. A., **Schmiermittel** bestehen aus einer Schmierölbasis, die bis zur Schmierfettkonsistenz gedickt ist mit einem Gemisch aus Tripentaerythrit (**I**) u. einem organophilen Verdicker auf Si-Basis (**II**) im Gewichtsverhältnis **I**:**II** von 1:1 bis 20:1. – Beispiel: Schmiermittel aus 64 (Gew.-%) Siliconölbasis, 32 **I**, 4 Dimethyldicetylammoniumbentonit. (**A. P. 2998384** vom 27/11. 1959, ausg. 29/8. 1961.) E. Drews 8221

3148 Esso Research and Engineering Co., Del., übert. von: Hugh H. Horowitz, Elizabeth, und Eric O. Forster, Scotch Plains, N. J., V. St. A., **Schmiermittel,** z. B. Multigrad-Schmieröle, enthalten in einer Schmierölbasis 0,5–10 Gew.-% einer Mischung aus einer Al-Hydroxydiseife von C_{8-12}-Fettsäuren u. 0,01–1 Gew.-Teile pro Teil Seife an einem Amin R'N(R)R'', in dem R ein Alkyl- oder ein durch Äthergruppen unterbrochener Alkylrest mit 1–22 C-Atomen, R' = H oder CH_3 u. R'' = R oder R' ist. Die Al-Seife ist die einzige im Schmiermittel. – Beispiel: Zusatz von 1 (Gew.-%) Al-Hydroxy-dioctanoat u. 0,4 Lauryldimethyl-, n-Octyl-, oder Alkylätheramin $ROCH_2CH_2CH_2NH_2$ (R = Alkylrest von techn. Laurinsäure). (**A. P. 3010900** vom 19/5. 1958, ausg. 28/11. 1961.) E. Drews 8221

3149 Gulf Research & Development Co., Pittsburgh, übert. von: Albert G. Rocchini, Oakmont, und Charles E. Trautman, Cheswick, Pa., V. St. A., **Schmiermittel für Verbrennungskraftmaschinen,** die mit V-haltigen Treibstoffen betrieben werden, enthalten in der Ölbasis dispergiert eine anorgan. Mn-Verb. (**I**) einer Härte (Mohs) bis 5 in solchen Mengen, daß der Mn-Geh. des Öls 0,17–1 Gew.-% beträgt. – Beispiele für **I**: Mn-Carbonat, -Phosphat. (**A. P. 3009875** vom 10/4. 1959, ausg. 21/11. 1961.) E. Drews 8221

3150 Sun Oil Co., Philadelphia, übert. von: Howard M. Rue, Media, Pa., V. St. A., **Schwefelhaltige Schmiermittel** auf der Basis von Mineral- oder Fettölen, die auf Fe Flecken bilden, enthalten zur Vermeidung dieser Fleckenbildung 0,1–5 (Gew.-%) eines Partialesters (**I**) eines C_{14-56}-mehrwertigen Alkohols mit einem Gleichgewicht hydrophil: lipophil = 3–6 u. 0,1–5 eines acycl. C_{12-28}-Polyamins (**II**) oder dessen Salz mit einer organ. C_{12-30}-Carbonsäure. Die Ölbasis ist z. B. ein sulfochloriertes fettes Öl oder ein sulfuriertes Mineralöl. – Beispiele: für **I**: Monoglycerid einer natürlichen Fettsäure; für **II**: N-Decyläthylendiamin, N-Dibutyltetraäthylenpentamin, N-Abietylhexamethylen-, N-Naphthenyl-N'-methyläthylendiamin. (**A. P. 2980613** vom 11/10. 1956, ausg. 18/4. 1961.) E. Drews 8221

3151 Sun Oil Co., Philadelphia, übert. von: Jackson S. Boyer, Ridley Park, Pa., V. St. A., **Schmieröl und Sprühmittel für Fahrzeuggestelle.** Es besteht aus einer homogenen Mischung eines Mineralöls mit mindestens 40 Vol.-% Aromatengeh. u. einem Äthylen-Vinylacetatharz, das 5–15 (Mol) Äthylen: 1 Vinylacetat enthält. Die Gewichtsmengen Öl:Harz sind 20:80 bis 96:4. (**A. P. 3010899** vom 18/2. 1960, ausg. 28/11. 1961.) E. Drews 8221

3152 Commonwealth Engineering Co. of Ohio, übert. von: Harry A. Toulmin jun., Dayton, Ohio, V. St. A., **Metallbearbeitungsmittel,** z. B. Schneid-, Bohr- u. Ziehöle, bestehen aus einer Öl-in-Wasser-Emulsion, die 5–150 Gew.-% Zn-, Al-, Ti-, Mg-, Zr-, oder Li-Teilchen (Größe 0,5–50 μ durch Siebbestimmung) u. soviel Äthylendiamintetraessigsäure (**I**) enthält, daß die Metallpartikel in der Emulsion als stabile Suspension gehalten werden. – Beispiel: Schneidöl, bestehend aus „Soho E" (wassermischbares Petroleumsulfonat als 1:20 wss. Emulsion) mit Zusatz von 10 (g) Zn-Staub pro 100 lösl. Öl u. 10 Gew.-% **I**. (**A. P. 2991243** vom 12/10. 1953, ausg. 4/7. 1961.) E. Drews 8221

3153 Texaco, Inc., Del., übert. von: Melvin E. Gililland, Port Arthur, Tex., V. St. A., **Transparentes Metallbearbeitungsmittel** auf der Basis von W. mit Zusätzen von 5–40 (Gew.-%) Polyäthylen- u. Polypropylenglykolen vom Mol.-Gew. 200–800, 3–18 Alkalinitrit u. 2–15 eines Alkanolamins d. allg. Formel RR'R''N, in der R ein Alkyl- oder Hydroxyalkylrest oder H, R' ein Alkyl-, Hydroxyalkyl- u. Aminoalkylrest u. R'' ein Hydroxyalkylrest ist, wobei die Alkyl-, Hydroxyalkyl- u. Aminoalkylreste 1–4 C-Atome enthalten. – Beispiel: Mittel aus 20(%) „Polyäthylenglykol 600", 9 Na-Nitrit, 1 Triäthanolamin, 60 Wasser. (**A. P. 3000826** vom 2/4. 1957, ausg. 19/9. 1961.) E. Drews 8221

3154 British Petroleum Co. Ltd., London, England (Erfinder: Jacques Demeester, Malo-les-Bains, Frankreich), **Katalysatoren für die Schmierölraffination.** Man imprägniert einen Katalysatorträger, z. B. aktiviertes Al_2O_3, das vorher calciniert wurde, mit einer nichtalkal.

$Fe(NO_3)_3$-Lsg., trocknet u. calciniert es. Anschließend imprägniert man den Träger mit einer ammoniakal. Lsg. an $(NH_4)_2MoO_4$, trocknet u. calciniert. Mit diesem Katalysator werden die Schmieröle in Ggw. von H_2 hydrofiniert. (**E. P. 913048** vom 23/4. 1959, ausg. 12/12. 1962. F. Prior. 2/5. 1958 u. 23/1. 1959.) P. Unger 8221

3155 Gulf Research & Development Co., Pittsburgh (Erfinder: Harold Beuther, Richard Alfred Flinn, Penn Hills Township, Pa., Alfred Mathias Henke, Springdale Township, Pa., und Joseph Burns McKinley, New Kensington), Pa., V. St. A., **Verfahren und Katalysator zur Herstellung von Schmierölen** aus entasphaltierten KW-Stoffen des Schmierölbereiches durch Behandlung mit H_2 unter Hydrierbedingungen in fl. Phase gemäß D. A. S. 1115870. Man verwendet Katalysatoren der dort angegebenen Art, deren Trägersubstanz eine Spaltaktivität entsprechend einem Wert von mindestens 14,1% nach der Kellog-Aktivitätsskala hat. (**D. A. S. 1136785** Kl. 23b vom 29/1. 1960, ausg. 20/9. 1962. **Zusatz zu D. A. S. 1115870; C. 1962, 9578.**) P. Unger 8221

3156 Standard Oil Co., übert. von: Ellis Kirby Fields, Chicago, Ill., V. St. A., **Schmieröle** enthalten 0,5—10% eines Rk.-Prod. aus einem P-Sulfid u. einem Addukt von Hexachlorcyclopentadien (I) mit einem Polyolefin mit 4—60 C-Atomen u. 2—3 Doppelbindungen. — Die Herst. erfolgt z. B. durch Verdampfen von 83,22 (cm^3) fl. Butadien (1 Mol) in 160 **I** bei 220°F unter Rühren u. anschließender Vakuumdest. u. Weiterumsetzung von 32,6 g (0,1 Mol) des erhaltenen Adduktes mit 11 g (0,05 Mol) P_2S_5 bei 160° während 4 Stunden. (**A. P. 2963435** vom 26/6. 1956, ausg. 6/12. 1960.) E. Drews 8221

3157 Gulf Oil Corp., Pittsburgh, Pa., übert. von: Richard E. Baus, Philadelphia, Earl E. Fisher, Glenolden, Pa., und Paul R. Pendell, Pennsauken, N. J., V. St. A., **Mineralschmieröl** mit rost- u. korrosionsschützenden Eigenschaften. Es enthält 1—5 (Gew.-%) Alkalisalz einer öllösl. Sulfonsäure, 0,1—1,5 Salz eines C_{3-12}-Alkylthiophosphates mit einem Metall der Gruppe II des Period. Syst., 0,1—5 Partialester einer C_{12-24}-Fettsäure mit einem C_{3-6}-Polyol mit 3—6 Hydroxylresten, 1—3 Äthylen- oder Diäthylenglykoläthylbutyl- oder -methylpentyläther. (**A. P. 2911367** vom 1/7. 1957, ausg. 3/11. 1959.) E. Drews 8221

3158 Pure Oil Co., Chicago, übert. von: Elmer W. Brennan, Carpentersville, Ill., V. St. A., **Mineralschmieröl** mit rostschützender Eigenschaft. Es enthält geringe Mengen folgender Zusätze: Ba- oder Co-Salz von Diisobutyl- oder tert.-Amylphenolsulfid, Ca-Petroleumsulfonat, Zn-Hexyl-, Zn- oder Cd-Heptyl- oder -Octyldithiophosphat u. mindestens 0,2 Gew.-% eines Polyoxyäthylensorbitanmonofettsäureesters mit 3 bis 6 Mol Äthylenoxid/Mol Ester, deren Fettsäureanteil aus Oleat-, Laurat-, Palmitat und Stearatgruppen besteht. (**A. P. 2921027** vom 26/7. 1957, ausg. 12/1. 1960.) E. Drews 8221

3159 E. F. Houghton & Co., Philadelphia (Erfinder: Robert Kinsel Smith, Springfield Township, und Charlotte S. Popoff geb. Schoppenhammer, Ambler), Pa., V. St. A., **Schmiermittel auf Schmierölbasis**, gek. durch einen Zusatz an geringen Mengen einer Verb. der allg. Formel **I**, in der X der Rest CH_2COOY (wobei CH_2 auch alkylsubstituiert sein kann) oder H, ein Schwermetall oder ein teilweise mit anorg. Anionen verknüpftes Schwermetall, n die freie Wertigkeit des

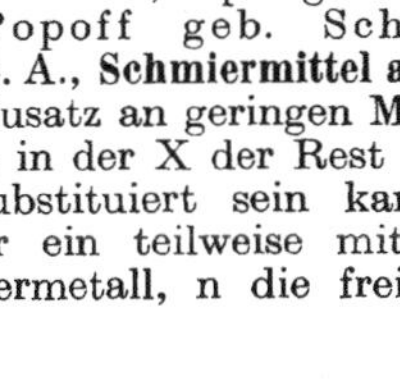

I

Schwermetalls u. Y ein Schwermetall, H oder ein KW-Stoffrest, ggf. mit nicht störenden Substituenten, ist. — Beispiele für **I**: Pentachlorthiophenol, Pentachlorphenylmercaptoessigsäure, Pentachlor-Zn-thiophenolat. Zusatzmenge ca. 2—6 Gewichtsprozent. (**D. A. S. 1149480** Kl. 23c vom 29/9. 1959, ausg. 30/5. 1963. A. Prior. 29/9. 1958. **A. P. 3041280** vom 29/9. 1958, ausg. 26/6. 1962. **E. P. 880991** vom 29/9. 1959, ausg. 1/11. 1961. A. Prior. 29/9. 1958.) E. Drews 8221

3160 N. V. de Bataafsche Petroleum Mij., Den Haag, Niederlande, **Herstellung von Schmierölen mit verbesserten Eigenschaften.** Man setzt dem Schmieröl ein öllösl. Mischpolymerisat der nachst. genannten Art u. außerdem ein öllösl. bas. Metallsalz einer organ. Sulfonsäure, z. B. 0,5 Gew.-% *bas. Ca-Petroleumsulfonat,* zu. Das Mischpolymerisat soll sich von einem oder mehreren α-Olefinen mit mindestens 10 C-Atomen u./oder einem oder mehreren Estern ungesätt. Carbonsäuren mit einem aliphat. Alkohol mit mindestens 8 C-Atomen sowie von einem ungesätt. Alkohol u./oder einer ungesätt. Carbonsäure u./oder einer ungesätt. N-Verbb. ableiten u. ein Molgew. von mindestens 1000, bes. 30000 bis 500000, aufweisen. Vgl. Aust. PP. 216239 u. 216240; C. **1960,** 15965. (**Niederl. P. 102108** vom 24/9. 1956, ausg. 15/8. 1962. A. Prior. 26/9. 1955.) F. Böhm 8221

3161 L. I. Slozowski und M. K. Badajewa, **Schmieröl für Textilmaschinen aus** z. B. 47% Vapor-Öl, 47% Si-organ. Öl, 2,6% Vinipol, 0,3—0,5% Diphenylamin oder 40% IS-14-Öl, 50% Öl Nr. 5, 10% Vinipol, 0,3 bis 0,5% Diphenylamin. (**UdSSR. P. 149172** vom 15/12. 1959.) A. N. 8221

3162 United States of America, Secretary of Army, übert. von: Louise F. Peale, Philadelphia, und Joseph F. Messina, Havertown, Pa., V. St. A., **Schmiermittel** mit Hochdruck- u. Antikorrosions-Eigg., die keinen Abrieb hervorrufen, enthalten in einer Mineralschmierölbasis 2—5 (Gew.-%) Di-(2-äthylhexyl)-lauroxyäthylphosphat oder in einem Di-(2-äthylhexyl)-sebacat-Mineralölgemisch 2—5 Dibutyl-lauroxypropylphosphat. (**A. PP. 2996452** u. **2996453** vom 30/3. 1960, ausg. 15/8. 1961.) E. Drews 8221

3163 Esso Research and Engineering Co., Elizabeth, N. J., übert. von: Dan H. Willson, Houston, und George R. L. Shepherd, Baytown, Tex., V. St. A., **Hydrofinierung von Schmierölfraktionen** in Ggw. eines S-festen Katalysators (Co-Molybdat) bei 400—575°F u. 200—1000 lbs./sq. in. mit einer Raumgeschwindigkeit von 1—10 V/V/Std. in Ggw. von genügend H_2-haltigem Gas (50—5000 SCF/b.), das außerdem 5—95 Vol.-% H_2S enthält. Man gewinnt ein Prod. mit erhöhtem S-Geh. u. mit verbesserten Schmiereigenschaften. — Zeichnung. (**A. P. 2985586** vom 26/11. 1958, ausg. 23/5. 1961.) P. Unger 8221

3164 Shell Oil Co., übert. von: John W. Gibson, Oakland, Calif., V. St. A., **Abtrennung von normalem Paraffin aus Schmieröl mittels Molekülsiebe.** Man leitet den Ölstrom als fl. Film unter den Bedingungen der Träufeltechnik abwärts durch ein durchlässiges Bett stationärer Körner eines Molekülsiebsorbens einheitlichen Porendurchmessers von ca. 5 Å bei 300—500°. Gleichzeitig leitet man abwärts durch das Bett eine inerte Fl. in der Dampfphase, z. B. Methylcyclopentan, in einer Menge von mindestens 50 c.f./b. Dabei wird das Porenvol. zwischen den Körnern mit Dampf ausgefüllt, wodurch nur ein Ölfilm mit den Körnern in Berührung kommen kann. Man zieht ein Öl mit vermindertem Geh. an normalen Paraffinen ab. — Zeichnung. (**A. P. 2982715** vom 11/2. 1958, ausg. 2/5. 1961.) P. Unger 8221

3165 Esso Research and Engineering Co., V. St. A. (Erfinder: Jean Baptiste Signouret und Robert Tirtiaux), **Reinigend wirkende Zusatzmittel für Schmieröle** werden erhalten durch Neutralisieren (mit Kalk, Baryt oder einer organ. Base) eines Gemisches aus a) einem Prod., welches man durch Einw. eines P-Sulfids (z. B. P_2S_5) auf einen Alkohol, ein Phenol oder ein Alkylphenol mit einem Alkylrest mit 4—15 C-Atomen gewinnt, u. b) einem Prod., das man durch Einw. eines P-Sulfids auf einen KW-Stoff oder ein Polymerisat oder Mischpolymerisats eines Esters einer ungesätt. organ. Säure u. eines aromat. oder aliphat. Alkohols mit 3—20 C-Atomen erhält. (**F. P. 1181024** vom 9/8. 1957, ausg. 11/6. 1959.) T. Oppermann 8221

3166 Esso Research and Engineering Co., Del., übert. von: Donald A. Guthrie und Carroll L. Knapp jun., Cranford, N. J., V. St. A., **Herstellung von Mischpolymerisaten** aus einem Phosphorsulfid und einem ungesätt. aliphat. Ester eines C_{8-18}-Alkohols u. einer C_{2-12}-Carbonsäure mit endständiger Doppelbindung erfolgt durch *Bestrahlung mit γ-Strahlen* in einer Menge von $> 10^6$ r. Nucleinsäureanhydrid, Acrylnitril, (α-Methyl-) Styrol können einpolymerisiert werden. Als Ausgangsstoffe sind in den Mengenbeispielen P_4S_3 u. P_2S_5 einerseits u. Laurylmethacrylat, Vinyl-2-äthylhexoat u. Decylfumarat/Styrol andererseits genannt. Tabellen über die Eigg. der Endprodd., die sich bes. als *Schmierölzusätze* eignen. (**A. P. 2978412** vom 25/9. 1956, ausg. 4/4. 1961.) H. Schindler 8221

3167 Shell Internationale Research Mij. N. V., Den Haag, Niederlande, **Antioxydationsmittel für organische Flüssigkeiten, wie Schmiermittel, Brennstoffe** bestehen aus einem Gemisch eines Monoesters einer Thioalkylphosphonsäure u. einem N-haltigen Polymerisat, wie einem Mischpolymerisat eines Vinylpyridins u. eines Acrylsäureesters oder eines Methacrylats u. eines N-Vinylpyrrolidons. Der Phosphonsäureester kann z. B. sein Decylmercaptomethylphosphonsäure. (**E. P. 903066** vom 24/2. 1961, ausg. 9/8. 1962. A. Prior. 26/2. 1960.) F. Markhoff 8221

3168 California Research Corp., San Francisco, Calif., V. St. A., **Dihydroxyanthrachinonalkylenglykoltitanatkomplexverbindungen** sind gute *Korrosionsinhibitoren für Schmieröle* (**I**), bes. in Gasturbinen. Die Verbb. können den **I** in 0,01—10%ig. Gew.-Mengen zugesetzt werden. Man erhält die Komplex-Verbb. durch Erhitzen von 1 Mol eines Dihydroxyanthrachinons, das mindestens eine OH-Gruppe in 1-Stellung aufweist, z. B. Alizarin (**II**) oder Chinizarin mit 1—3, vorteilhaft 2 Mol eines Alkylenglykoltitanats in einem Lsgm. unter Rückfluß u. Entfernen des Lsgm. bei Temp. von 50—150°. — So erhitzt man z. B. 2,4 (g) **II**, 18,5 eines Mono-n-butyltri-(octylenglykol)-titanat-Gemisches aus 60% $Ti(OC_8H_{16} \cdot OH)_3OC_4H_9$ u. 40% n-Butanol sowie 100 ccm Ae. auf dem Wasserbad unter Durchleiten von N_2 u. erhält ein tief rot gefärbtes Gemisch. — Tabellen erläutern die Überlegenheit der neuen Komplex-Verbb. als Zusätze zu Schmierölen gegenüber bekannten Korrosionsinhibitoren. (**E. P. 913156** vom 16/6. 1959, ausg. 19/12. 1962. A. Prior. 30/6. 1958.) O. Roick 8221

3169 Gulf Oil Corp., Pittsburgh, übert. von: Troy L. Cantrell, Drexel Hill, Pa., und John G. Peters, Audubon, N. J., V. St. A., **Korrosionsschutzmischung für Mineralöle,** bestehend aus a) gemischten öllösl. n-Alkylaminen mit 8—18 C-Atomen u. b) einem neutralen Additionsprod. aus einem C_{2-4}-Alkylenoxid u. einem sauren Dialkylphosphat mit 5—8 C-Atomen im Alkylrest, wobei das Gewichtsverhältnis von a):b) 1:50 bis 1:1 ist. Zusatz der Mischung zu Mineralölen in 0,01—0,5 Gew.-%. Beispiel: Zusatz von 0,15 Gew.-% Gemisch aus Cocosamin u. neutralem Additionsprod, aus Propylenoxid u. (3-Methylbutyl)-(2-äthylhexyl)-orthophosphat im Gewichtsverhältnis Amin:Phosphat 1:4. (**A. P. 2934500** vom 11/5. 1956, ausg. 26/4. 1960.) E. Drews 8221

3170 Esso Research and Engineering Co., übert. von: John P. Longwell, Scotch Plains, Peter J. Lucchesi, Cranford, und Robert B. Long, Wanamassa, N. J., V. St. A., **Radiochemische Umwandlung von Kohlenwasserstoffen.** Gesätt. aliphat. KW-Stoffe mit 1—5 C-Atomen werden im Gaszustand bei 100—1100, bes. > 500°F, u. bis zu 1000 lbs./sq. in. in Ggw. von höchstens 75% N_2, CO, CO_2 oder deren Mischungen u. ggf. eines gasförmigen oder festen, porigen Katalysators (BF_3, HCl, NO, Al_2O_3, SiO_2–Al_2O_3, MgO, Zn-Aluminat, ZrO_2; der feste Katalysator kann noch Pt, Mo oder TiO_2 enthalten) mit γ-Strahlen, wenigstens 10^4 r je Std., oder mit wenigstens 10^8 Neutronen je cm² je Sek. bestrahlt. — Nach dem anderen Verf. werden Paraffine, die wenigstens 80% KW-Stoffe mit 21—32 C-Atomen enthalten u. den F. 120—150°F u. Kp. 735—840°F haben, bei 0—900, bes. < 700°F u. 10—1000 lbs./sq. in. in Ggw. eines porösen Feststoffes (Kieselgur, Koks, Crack- u. Hydrierungskatalysatoren) mit wenigstens 10^4 erg je g je Sek., bes. mit wenigstens 10^{10} Neutronen je cm² je Sek., oder mit wenigstens 10^4 r je Std. bestrahlt, bis wenigstens 75% des KW-Stoffes in eine *öllösl., kautschukartige Masse,* bes. mit Kp. > 950°F u. dem F. 400—700°F, umgewandelt sind. — Nach einem weiteren Verf. werden KW-Stofföle, bes. Rohöle, Destillate, Rückstandsöle, Asphalte, Kohlenteere, synthet. Öle, bes. mit Kp. eines C_4-KW-Stoffes bis 1050°F, in fl. Zustand in Ggw. eines hochporigen, gelartigen Katalysators, bes. mit einer Oberfläche von 50 m² je g, einem Porenvol. von $> 0,2$ cm³ je g u. einer Teilchengröße von 1—1000 μ (hydratisierte Oxide von Al, Si, Zr, Ti, Mg oder Zn-Aluminat, Aktivkohle, die noch Oxide oder Sulfide von Pt, Mo, Pd, Ni, Rh, Ru enthalten können) u. der wenigstens 5% adsorbiertes W. enthält, mit wenigstens 10^3, bes. 10^5 r, je Std. oder wenigstens 10^8 Neutronen je cm² je Sek. oder wenigstens 10^4 erg je g je Sek. bei < 500°F bestrahlt. — Eine Mischung aus 50 Mol.-% CH_4 u. 50 Mol.-% CO wird bei 700°F u. 900 lbs./sq. in. mit $2 \cdot 10^5$ r je Std. (^{60}Co, 2900 c) bestrahlt; das Rk.-Prod. enthält *Äthylen* u. *Isopentan.* — Ein 99%ig. n-Paraffin, F. 125°F, wird in Ggw. von SiO_2–Al_2O_3 mit $2,5 \cdot 10^{12}$ Neutronen je cm² je Sek. bei 250—400°F bestrahlt, wodurch 95% des Paraffins in eine kautschukartige Masse übergeführt wurden, die unter N_2 bei 550—650°F fl. ist u. als *Schmierölzusatzmittel* dient. — Vgl. D. A. S. 1057710; C. **1959,** 13042, A. PP. 2904484; C. **1961,** 11951 u. 2904485; C. **1961,** 13413. (**E. PP. 834323** vom 9/7. 1957, ausg. 4/5. 1960. **854948** vom 28/6. 1957, ausg. 23/11. 1960. Beide A. Prior. 25/7. 1956. **A. P. 2962430** vom 21/6. 1956, ausg. 29/11. 1960.) G. Krauß 8221

3171 Esso Research and Engineering Co., V. St. A. (Erfinder: James F. Black und Donald A. Guthrie), **Polymere Zusatzmittel für Schmieröle,** bestehend aus einem Gemisch eines mindestens 95% Isobutylen enthaltenden polymeren Isobutylens (Molgew. 3500 bis 500000) u. einer polymerisierbaren monomeren Verb. (z. B. „Lorol"-Methacrylat, „Lorol"-Maleat, Dibutylitaconat, Vinylacetat, Allylacetat, Butylsorbat, Octen, Styrol, Dipenten, α-Pinen, Butylacetylen, Acrylnitril, Vinylpyrrolidon, -carbazol, -pyridin, Octylacrylamid), welches man einer ionisierenden Strahlung hoher Intensität unterwirft. (**F. P. 1166507** vom 1/12. 1956, ausg. 12/11. 1958. A. Prior. 1/12. 1955 u. 1/8. 1956.) T. Oppermann 8221

3172 Esso Research and Engineering Co., Elizabeth, N. J., V. St. A. (Erfinder: George Robert Lux Shepherd, Ira George Thompson und Albert Theodore Watson), **Schwefeln von aliphatischen Halogenkohlenwasserstoffen,** die bes. durch photochem. Halogenieren, bes. mit Cl_2 oder Br_2, von aliphat. KW-Stoffen mit Molgew. 100—500 hergestellt wurden u. die bes. 1—5 Cl-Atome enthalten, erfolgt durch deren Erhitzen auf 300—500, bes. 380—450°, bei 50—500 lbs./sq. in. mit einer wss. Mischung aus Alkali- oder Erdalkalisulfiten u. -bisulfiten, wobei der Bisulfitgeh. so groß sein soll, daß das pH der wss. Lsg. 5—9, bes. 5—6,5, beträgt. — Ein aliphat. KW-Stoff mit Molgew. 440 wird mit Cl_2 behandelt bis der Cl-Geh. 14,6% beträgt. Dieses Prod. wird dann mit einer wss. Lsg. aus 2 (Teilen) W., 3,9 Na_2SO_3 u. 3 $NaHSO_3$ je Teil W. bei pH 6,31 auf 375° u. 166 lbs./sq. in. 4 Std. erhitzt; das *Rk.-Prod.* enthält 3,9% S u. 9,41% Cl. — 3-(Chlormethyl)-heptan → *Prod.* mit 15,9% S u. 1,73% Cl. Die Rk.-Prodd. sind O-frei u. enthalten das S als Sulfid oder Polysulfid. — *Verw.* als *Schneidöle.* (**E. P. 876447** vom 14/7. 1959, ausg. 30/8. 1961.) G. Krauß 8221

3173 Dow Chemical Co., Midland, Mich. (Erfinder: Jack Brewster, Oklahoma, Okla., Jack Sutherlin, Golden, Colo., Edward August Ernst, Oklahoma, und Edwin Nelson Alderman jun., Tulsa, Okla.), V. St. A., **Zusatz für ölbasische Bohrspülungen und Bohrlochbehandlungsflüssigkeiten** zur Herabsetzung des Fl.-Verlustes, gekennzeichnet durch eine stabile Dispersion von mit einem Weichmacheröl vermischten, feinverteilten Gummiteilchen (unvulkanisierter, nicht regenerierter oder regenerierter vulkanisierter Altgummi). 1 Teil Weichmacheröl enthält vorzugsweise 0,3—1 Teil Gummi.

Das Öl ist z. B. eine Mischung von Dieselöl u. dem Bodenrückstand aus der Dest. von Äthylbenzol. Zur Herst. der Dispersion läßt man das Weichmacheröl 1/2 Std. bis 5 Std. bei 200—290° auf die Gummiteile einwirken. (**D. A. S. 1144666** Kl. 5a vom 3/2. 1961, ausg. 7/3. 1963. A. Prior. 17/2. 1960.) W. Hauswald 8221

3174 Esso Research and Engineering Co., Del., V. St. A., übert. von: Warren C. Pattenden, Courtright, und Francesco G. Bonmartini und Lorne W. Sproule, Sarnia, Ontario, Canada, **Schmierfette** auf Schmierölbasis enthalten als Verdicker Alkali- oder Erdalkalisalze von sauren Rk.-Prodd. aus äquimol. Mengen einer gesätt. C_{3-10}-Dicarbonsäure, einer C_{12-30}-Fettsäure u. eines C_{1-12}-Glykols. — Beispiel: Li-Salz eines Prod. aus 1 (Mol) Stearin-, 1 Adipinsäure u. 1 Äthylenglykol, hergestellt durch Erhitzen auf 350°F des sauren Anteil u. Verseifen im Schmieröl. (**A. P. 2940930** vom 15/5. 1956, ausg. 14/6. 1960.) E. Drews 8223

3175 Esso Research and Engineering Co., Del., übert. von: Arnold J. Morway, Clark, und Alfred H. Matuszak, Westfield, N. J., V. St. A., **Schmierfette auf Schmierölbasis** enthalten als Verdicker bei 450—550°F hergestellte Seife–Salz-Komplexe von Alkali-, Erdalkali- u. Zn-Salzen von Essigsäure (I), hochmol. C_{12-30}-Carbonsäuren (II) u. Aminocarbonsäuren (III), der Formel $NH_2(CH_2)_xCOOH$, (x = 3—5), wobei das Molverhältnis von **III**:**II** = 1:1 bis 10:1, das von **I**:(**II** + **III**) = 0,5:1 bis 20:1 ist. Die **III** können hergestellt werden durch saure Hydrolyse entsprechender Lactame, wobei die Herst von **III** u. des Seife–Salz-Komplexes in situ im Schmieröl bei 450—550°F erfolgt. — Beispiel: Fett aus 12 (Gew.-%) Eisessig, 4 α-Caprolactam, 2 Stearinsäure, 10 $Ca(OH)_2$, 0,5 Phenyl-α-naphthylamin, 71,5 Mineralschmieröl, (Verhältnis von **I**:(**II** + **III**) = 5,4). (**A. P. 2976241** vom 30/6. 1955, ausg. 21/3. 1961.) E. Drews 8223

3176 Esso Research and Engineering Co., Del., übert. von: Arnold J. Morway, Clark, und Jeffrey H. Bartlett, New Providence, N. J., V. St. A., **Schmierfette** auf Schmierölbasis enthalten als Verdicker 5—40 Gew.-% Alkalisalze von Halbestern aus gesätt. C_{8-18}-aliphat. Alkoholen u. C_{8-22}-Alkenyl- u. Alkenylmethylbernsteinsäuren. — Beispiel: Fett aus 10(%) hydrierten Fischölsäuren („Hydrofolsäuren 51"), 10 Halbester der Hexadecenylbernsteinsäure mit C_{13}-Oxoalkohol (hergest. aus Tetrapropylen nach dem Oxoverf.), 4 Eisessig, 6 NaOH, 1 Phenyl-α-naphthylamin, 69 Mineralschmieröl. (**A. P. 2980615** vom 20/3. 1959, ausg. 18/4. 1961.) E. Drews 8223

3177 Esso Research and Engineering Co., Del., V. St. A., übert. von: Lorne W. Sproule, Laurence F. King, Sarnia, und Warren C. Pattenden, Courthright, Ontario, Canada, **Wasserfreie Schmiermittel** enthalten als Oxydationsverhinderer u. Hochdruckzusatz Trinatriumorthophosphat in Mengen von ca. 0,1—10 (Gew.-%). Bei Zusatz zu Schmierfetten sind diese gedickt mit Seifen, z. B. 5—40 Na-12-Hydroxystearat. (**A. P. 2988506** vom 29/6. 1954, ausg. 13/6. 1961.) E. Drews 8223

3178 Esso Research and Engineering Co., Del., übert. von: Alvin M. Natkin, Metuchen, John J. Kolfenbach, North Plainfield, und Eric O. Forster, Scotch Plains, N. J., V. St. A., **Verbesserung des Tropfpunktes von Schmierfetten** auf der Basis von mit Na-Seifen von C_{12-30}-Fettsäuren gedickten Mineralölen. Man bestrahlt die Fette mit γ-Strahlen im Bereich von 10^5 bis $3 \cdot 10^{10}$ Röntgen. (**A. P. 2990346** vom 23/3. 1956, ausg. 27/1. 1961.) E. Drews 8223

3179 Esso Research and Engineering Co., Del., übert. von: Arnold J. Morway, Clark, N. J., V. St. A., **Schmiermittel,** bes. für Rollen von Zwirn- u. Seilmaschinen, bestehend aus Petrolatum mit Zusatz von 5—30 (Gew.-%) eines wss. Gemisches von Salzen von C_{1-3}-Carbonsäuren (I) u. von C_{7-10}-Carbonsäuren (II), wobei das Molverhältnis der Salze von I u. II zwischen 2:1 u. 40:1 liegt. — Beispiel für **I**: Essigsäure; für **II**: Caprylsäure (**III**). — Beispiel: Schmiermittel aus 6 Eisessig, 3 techn. **III**, 4,9 $Ca(OH)_2$, 86,1 „light Amber Petrolatum" (F. 115/125°F, ASTM-Konsistenz — 210), Mol-Verhältnis der Essigsäure: **III** 5,8:1. (**A. P. 2992762** vom 13/2. 1956, ausg. 26/1. 1960.) E. Drews 8223

3180 Esso Research and Engineering Co., Del., übert. von: Francesco Giovanni Bonmartini, Elizabeth, N. J., V. St. A., und Warren C. Pattenden, Mooretown, Ontario, Canada, **Schmierfette** einer ASTM-Penetration von 100—350 mm/10 (60 Schläge/77°F) u. eines Tropfpunktes ca. 400—500°F enthalten in einer mineral. oder synthet. Schmierölbasis als Verdicker 10—30 Gew.-% Li-Salz eines sauren Phosphates d. allg. Formel RO · P(O)(OX)(OY), in der R ein aliphat. C_{2-5}-Rest, Y = Li u. X = H oder Li ist, wobei der Gesamt-C-Geh. 2—10 C-Atome beträgt. Weiterer Zusatz an oberflächenakt. Verbb. der allg. Formel R'NH · P(O) · (OR) · O · NH_3R'', in der R ein C_{1-4}-Alkyl- u. R' u. R'' C_{8-20}-Alkylreste sind, z. B. der unter der Handelsbezeichnung „Victamine C" bekannten Verb. (R' = C_{12}, R = C_2, R'' = C_{12}). (**A. P. 3000821** vom 24/6. 1959, ausg. 19/9. 1961.) E. Drews 8223

3181 Gulf Research & Development Co., Pittsburgh, übert. von: James M. Fulton, Verona, Pa., und William E. Brown, Dallas, Tex., V. St. A., **Schmiermittel** enthalten als Verdicker, die in der Schmierölbasis dispergiert sind, Verbb., deren anion. Komponente ein Al-Silicat der Basenaustauschkapazität von ca. 5 Milliäquivalenten/100 g u. deren kation. Komponente eine substituierte Aminogruppe ist, die 2 KW-Stoffreste trägt, von denen mindestens einer eine freie NH_2-Gruppe trägt. — Beispiel: Wyoming-Bentonit, behandelt mit der doppelten Menge, bezogen auf 1 g Ton, entsprechend 1 Milliäquivalent Basenaustauschkapazität, von „Duomeen-Monochlorhydrat", hergestellt aus Duomeen (R–NH–CH_2–CH_2–CH_2–NH_2, wobei R ein Gemisch von geradkettigen KW-Stoffen aus Talg vom Molgew. ca. 247 ist). 14,3 (Gew.-%) Bentonit u. 85,7 Mineralschmieröl geben ein Fett hoher Belastbarkeit. (**A. P. 3014871** vom 17/9. 1956, ausg. 26/12. 1961.) E. Drews 8223

3182 Institut Dr. Ing. Reinhard Straumann Akt.-Ges., übert. von: Gustav Krüger, Eric Schütz und Hans Bourquin, Waldenburg, Basel-Land, Schweiz, **Selbstschmierende Massen für Wand- und Taschenuhren,** mit denen mindestens eine Reibungsoberfläche bedeckt ist, bestehen aus einem dünnen, zusammenhängenden, nichtklebrigen Film eines Stearates u. einer die Adhäsion fördernden Substanz, z. B. eines thermoplast. oder hitzehärtenden synthet. Harzes, das in dem Lsgm., in dem die Masse aufgetragen wird, unlösl. sein muß. — Beispiel: In eine 0,02—3%ig. wss. Suspension des Stearates wird unter Rühren das Harz in solchen Mengen eingetragen, daß das Verhältnis des Gesamtgew. der dispersen Phase zum Gew. der wss. Phase > 0,1% ist; der zu überziehende Uhrenteil wird ca. 45 Min. eingetaucht, getrocknet u. bei ca. 50 at gehärtet. — Zeichnungen. (**A. P. 2989417** vom 23/6. 1958, ausg. 11/4. 1961. **E. P. 873234** vom 25/6. 1958, ausg. 19/7. 1961. Beide Schwz. Prior. 26/6. 1957.) E. Drews 8223

3183 Klöckner-Werke Akt.-Ges., Duisburg, **Nicht brennbares Schmiermittel** auf Basis einer wss. MoS_2-Dispersion, der viscositätserhöhende Zusätze, z. B. Sorbit u./oder Polyvinylpyrrolidon u./oder Polyalkylenglykole u./oder Acrylsäurepolymerisationsprodd. u./oder Polyvinylalkohole u. deren Derivv. u./oder Tylose u. emulgierbare Mineralöle beigegeben sind. (**Oe. P. 217143** vom 14/8. 1959, ausg. 11/9. 1961. D. Prior. 14/10. 1958.) T. Oppermann 8223

3184 Minnesota Mining & Mfg. Co., St. Paul, Minn., übert. von: Charles D. Dipner, Cranford, N. J., V. St. A., **Schmierfette** bestehen aus Lsgg. von 5— < 25 Gew.-% fester Mischpolymere von Chlortrifluoräthylen (I) u. Vinylidenfluorid (Geh. an I 20—80 Mol.-%) in Polymeren von **I**, die Molgew. im Bereich von Ölen, Fetten oder Wachsen aufweisen. — Beispiel: Man mischt 11 Teile eines Mischpolymeren aus 61 (Mol.-%) **I** u. 49 Vinylidenfluorid (Lösungsviscosität in 0,5%ig. Lsg. in 1.1.3-Trifluorpentachlorpropan 1,47 cSt) in 33 Teilen **I** vom Typ eines leichten Mineralöls (Siedebeginn 110°, Gießpunkt unter —37°). (**A. P. 2992988** vom 23/11. 1954, ausg. 18/7. 1961.) E. Drews 8223

3185 Pure Oil Co., Chicago, übert. von: Thomas W. Martinek, Crystal Lake, Elmer W. Brennan, Carpentersville, und Ernest T. Fronczak, Crystal Lake, Ill., V. St. A., **Herstellung von anorganischen Schmierfettverdickern** (**I**). Um **I** einer möglichst hohen Dichte (bulk density) zu erhalten, werden diese (z. B. Kieselsäuregele) innig mit fl. Bindern, wie Schmierölen auf der Basis von Mineralölen, fetten Ölen, öligen KW-Stoffen, organ. Phosphaten, Siliconen, Dicarbonsäurediestern u. Polyäthylenglykolen, vermischt, um die Oberfläche der Partikel zu bedecken u. hierauf zusammengepreßt, z. B. auf $^1/_3$ ihres ursprünglichen Volumens. Man erhält einen Verdicker mit einer Bruchfestigkeit < 10 lbs./sq. in. von erhöhter Dispergierkraft. (**A. P. 2960467** vom 16/12. 1955, ausg. 15/11. 1960.) E. Drews 8223

3186 Pure Oil Co., Chicago, übert. von: Ernest T. Fronczak, Crystal Lake, Ill., V. St. A., **Schmierfette auf Mineralschmierölbasis** enthalten als Basis solventraffinierte Öle oder deren Gemische mit aromat. Solventextrakten u. als Verdicker Alkali- oder Erdalkaliseifen von Mischsäuren (**I**), die als flüchtige Fraktion bei der Vakuumdest. bei 200—270°/4—200 mm der Nebenprod.-Säuren aus der Herst. von Sebacinsäure aus Ricinusöl durch Alkalibehandlung erhalten werden. — Beispiel: Fett aus 4,17 (%) **I**, 0,88 NaOH, 10,01 Solventextrakt aus der Herst. von Brighstocköl, 83,90 „20° vis. solventraffiniertes Neutralöl", 1,04 Polyäthylenglykolgemisch (Mol.-Gew. 500—600). (**A. P. 3014867** vom 11/7. 1957, ausg. 26/12. 1961.) E. Drews 8223

3187 Union Oil Co. of California, Los Angeles, übert. von: Ralph A. Potter, Fullerton, Calif., V. St. A., **Wasserbeständige seifenfreie Schmierfette** werden hergest. aus Mineralölen oder Estern von gesätt. C_{8-12}-Dicarbonsäuren mit gesätt. C_{6-10}-Monoalkoholen, denen 3—30 (Gew.-%) feinverteiltes Kiselsäure- oder Al-Aerogel u. 0,1—10 Polyoxyäthylensorbitanpartialester einer C_{12-22}-Fettsäure mit einem Gleichgewichtswert hydrophil:lipophil ca. 9—12 zugesetzt u. das Gemisch auf mindestens 250°F erhitzt wird. — Beispiel: Fett aus 90 (Teilen) Mineralöl, 9 koll. Kieselsäure, 1 Polyoxyäthylensorbitantristearat (HLB-Wert 10,5, „Twen 65"). (**A. P. 2980612** vom 12/8. 1957, ausg. 18/4. 1961.) E. Drews 8223

3188 Texaco, Inc., Del., übert. von: Norman R. Odell, Fishkill, und Joseph F. Lyons, Poughkeepsie, N. Y., V. St. A., **Schmierfette** auf Schmierölbasis, die mit 5—45 (Gew.-%) feinverteilten polaren Feststoffen, wie mit höheren aliphat. Aminen behandeltem Bentonit, Kieselsäure, Mg-, Al- u. Zn-Oxiden gedickt sind, enthalten zur Erhöhung ihrer Gelstruktur u. Stabilität 0,50—5 *Formamid*. (**A. P. 2986517** vom 6/2. 1958, ausg. 30/5. 1961.) E. Drews 8223

3189 Texaco, Inc., Del., übert. von: George W. Eckert, Glenham, N. Y., V. St. A., **Schmierfette** auf Schmierölbasis enthalten als Verdicker Seifen von Epoxyfettsäuren, z. B. *Li-Epoxystearat*. Es können außerdem fettsaure oder hydroxyfettsaure Seifen zugesetzt werden, z. B. in Mengen zu den Epoxyseifen = 1:3 bis 3:1. — Beispiel: Fett aus 74 (Gew.-%) Mineralöl, 16,7 Li-Epoxystearat, 8,3 Li-Stearat, 1 Phenyl-α-naphthylamin. (**A. P. 3009878** vom 12/7. 1954, ausg. 21/11. 1961.) E. Drews 8223

3190 Texaco, Inc., Del., übert. von: James R. Roach, Beacon, N. Y., V. St. A., **Schmierfette auf Schmierölbasis** enthalten als Verdicker 5—20 (Gew.-%) feinverteilten Indigo (**I**) u. 5—20 eines Gemisches (**II**) aus Na- u. Li-Seifen von C_{12-16}-Fettsäuren, Pektaten u. C_{1-5}-Fettsäuren, wobei das Mol.-Verhältnis von **I**:**II** 1:3 bis 3:1 beträgt. — Beispiel: Fett aus 9,9 (**I**), 4,1 Na-Myristat, 3.8 Na-Pektat, 2,1 Na-Acetat, 1 Estolid von 12-Hydroxystearinsäure, 0,2 NaOH-Überschuß, 1 N.N'-Diphenyl-p-phenylendiamin, 3 Trikresylphosphat, 74,9 Mineralöl. (**A. P. 3009879** vom 1/10. 1957, ausg. 21/11. 1961.) E. Drews 8223

3191 Texaco, Inc., Del., übert. von: Norman R. Odell, Fishkill, und Joseph F. Lyons, Poughkeepsie, N. Y., V. St. A., **Hochdruckschmiermittel** auf der Basis von aliphat. Polyestern oder Siliconen enthalten 0,5—12 Gew.-% Asbestfaser eines mittleren ⌀ von $< 0,1$ μ, wobei die Hauptmenge einen solchen von 0,02—0,05 μ aufweist, u. einer Faserlänge von ca. 50—3000 μ. Die Fasern können mit oberflächenakt. Verbb., z. B. Sulfonaten, überzogen sein. Die Schmiermittel können mit anorgan. oder organ. Verdickern (Seifen, Ruß, Kieselsäure) zu Fetten verdickt sein. (**A. P. 3010896** vom 26/8. 1959, ausg. 28/11. 1961.) E. Drews 8223

3192 California Research Corp., San Francisco, übert. von: Bruce W. Hotten, Orinda, Calif., V. St. A., **Amide von Alkylendiaminpolyalkylencarbonsäuren,** z. B. das aus 50 (g) Äthylendiamintetraessigsäure (**I**) u. 156 Octadecylamin bei 400°F erhältliche **I**-*Trioctadecylamid*, F. 90—96° (A.), dienen als *Rostschutzmittel u. Oxydationsinhibitoren für Hochtemperaturschmierstoffe*. (**A. P. 3024277** vom 18/3. 1959, ausg. 6/3. 1962.) O. Müller-Meiningen 8223

3193 **Hirosaburo Osawa,** Tokio, Japan, *Sink- und Schwimmaufbereitung von Kohle*. (**A. P. 3031074** vom 31/8. 1953, ausg. 24/4. 1962. Jap. Prior. 30/8. 1952. — C. **1957,** 5450 [E. P. 746863].)

3194 **Badische Anilin- & Soda-Fabrik Akt.-Ges.,** Ludwigshafen/Rh. (Erfinder: **Ernst Bartholomé**, Heidelberg, **Alfred Helms, Otto Frey** und **Helmut Nonnenmacher**, Ludwigshafen/Rh.), *Flammlose Umsetzung von gasförmigen Kohlenwasserstoffen*. (**D. B. P. 974909** Kl. 12i vom 23/6. 1954, ausg. 15/6. 1961. Anmeldung bekanntgemacht 15/3. 1956. **D. A. S. 1152385** Kl. 12i [Zusatz-Anmeldung] vom 12/8. 1955, ausg. 8/8. 1963. — C. **1958,** 1189 [E. P. 1126353] u. C. **1962,** 5159 [F. P. 70449].)

3195 **„Shell" Research Ltd.,** London, England, *Flüssiger Treibstoff*. (**Niederl. P. 104075** vom 9/11. 1956, ausg. 15/3. 1963. E. Prior. 11/11. 1955, 2/1. u. 9/10. 1956. — C. **1960,** 14571 [Oe. P. 207027].)

3196 **„Shell" Research Ltd.,** London, England, *Erhöhung des Ausbreitungsdruckes von Kohlenwasserstoffölen auf festen Oberflächen*. (**Niederl. P. 104441** vom 11/9. 1957, ausg. 16/4. 1963. E. Prior. 13/9. 1956. — C. **1960,** 698 [Oe. P. 200243].)

3197 **Phoenix-Rheinrohr Akt.-Ges. Vereinigte Hütten- und Röhrenwerke,** Düsseldorf, *Schmierung von Metallen*. (**Niederl. P. 104410** vom 6/5. 1957, ausg. 16/4. 1963. D. Prior. 16/5. 1956. — C. **1959,** 15880 [D. A. S. 1050486].)

3198 **Robert N. Haszeldine,** Cambridge, England, *Herstellung von Telomeren oder Addukten von Fluoralkenen oder Fluorpolyenen*. (**D. A. S. 1155910** Kl. 39c vom 9/8. 1955, ausg. 17/10. 1963. E. Prior. 9/8. 1954 u. 25/5. 1955. — C. **1961,** 15260 [E. P. 824229].)

Redaktionsschluß: 21. Februar 1964

Herausgeber: Prof. Dr. Heinrich Bertsch, Berlin, u. Prof. Dr. Dr. h. c. Wilhelm Klemm, Münster.
Chefredakteure und verantwortlich für den Inhalt: Dr. Eugen Klever, 1 Berlin 30, Geisbergstraße 39, Fernsprecher: 249541 und Prof. Dr.-Ing. Eberhard Leibnitz, Berlin N 4, Schiffbauerdamm 19, Fernsprecher: 425571.
©
Verlag: Akademie-Verlag GmbH, Berlin W 8, Leipziger Str. 3—4 (Fernsprecher: 220441, Telex-Nr. 011773, Postscheckkonto Berlin 35021), und Verlag Chemie, GmbH, Weinheim/Bergstr. (Fernsprecher: Weinheim 3635 [Sammelnummer]; Fernschreiber: 0465516 chemieverlwhn; Postscheckkonten: Frankfurt/M. 145314 u. Berlin[West] 7430). Bestellnummer: 1007/135. Das Chemische Zentralblatt erscheint wöchentlich. Preis des Jahrganges einschl. Autoren-, Patent-, Sach- u. Formelregister: DM 1800,—; einseitig bedruckte Ausgabe: DM 2200,—. Abgabe der Zeitschrift nur mit sämtlichen Registern. Abbestellungen nur bis spätestens 6 Wochen vor Ablauf des Kalenderjahres.

Satz u. Druck: VEB Druckhaus „Maxim Gorki", Altenburg u. VEB Leipziger Druckhaus, Leipzig, III/18/203. VIII. 63.
Veröffentlicht unter der Lizenznummer 1273 des Presseamtes beim Vorsitzenden des Ministerrates
Printed in Germany.

FSC
www.fsc.org
MIX
Papier | Fördert
gute Waldnutzung
FSC® C083411

Kolibri 360 GmbH
Ferdinand-Jühlke-Straße 7
99095 Erfurt, Deutschland
produktsicherheit@kolibri360.de